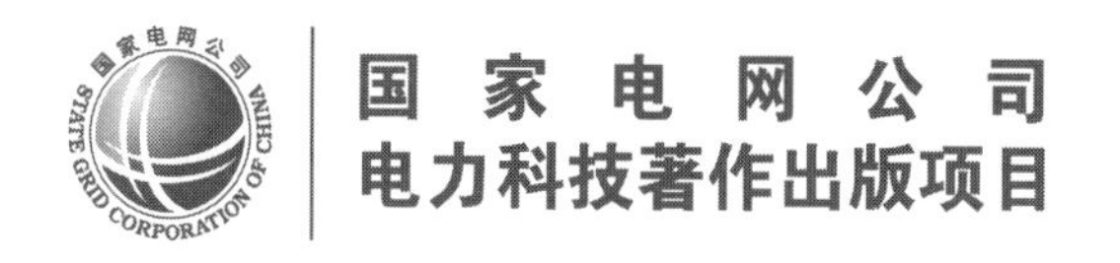

CHOUSHUI XUNENG DIANZHAN SHEJI

抽水蓄能电站设计

（上 册）

中国水电顾问集团华东勘测设计研究院
张春生　姜忠见　主编

图书在版编目（CIP）数据

抽水蓄能电站设计：全2册/张春生，姜忠见主编. —北京：中国电力出版社，2012.3（2022.10重印）

ISBN 978-7-5123-2744-3

Ⅰ.①抽…　Ⅱ.①张…②姜…　Ⅲ.①抽水蓄能水电站-设计　Ⅳ.①TV743

中国版本图书馆CIP数据核字（2012）第028495号

中国电力出版社出版、发行

（北京市东城区北京站西街19号　100005　http://www.cepp.sgcc.com.cn）

三河市万龙印装有限公司印刷

各地新华书店经售

*

2012年3月第一版　2022年10月北京第三次印刷

889毫米×1194毫米　16开本　70印张　1961千字　1插页

印数3001—4000册　定价 **480.00** 元（上、下册）

《抽水蓄能电站设计》编写人员名单

主编 张春生　姜忠见

篇　章	撰写人	统稿人
上　册		
第一篇 绪　论	张春生	曹克明　计金华
第二篇 抽水蓄能电站规划设计	杨立峰　赵佩兴	计金华　王达邦
第三篇 抽水蓄能电站枢纽布置	姜忠见	张春生
第四篇 抽水蓄能电站水文气象条件	陈美丹	计金华
第五篇 抽水蓄能电站工程地质问题	单治钢　李孙权	吴火才
第六篇 抽水蓄能电站上、下水库	徐建军　王樱畯　李金荣　姜忠见	蒋效忠　徐建军　蒋　逵
第七篇 抽水蓄能电站输水系统	侯　靖　彭六平　陈丽芬　姜长飞 黄东军　张　伟　冯仕能	彭六平　张克钊
第八篇 抽水蓄能电站发电厂房	江亚丽　徐文仙　吴喜艳　戚海峰 徐跃明　鲍利发	江亚丽　郑芝芬
下　册		
第九篇 抽水蓄能电站施工组织设计	周垂一　陈中华　王　勤　蔡建国 胡建华　包　俊	周垂一　施仁忠
第十篇 抽水蓄能电站工程安全监测	王玉洁	姜忠见

篇　章	撰写人	统稿人
第十一篇 抽水蓄能电站机电及金属结构	陈顺义　周才全　王小军　周　杰 严　丽　李成军　羊　鸣　和　扁 方　杰　沈剑初　杨建军　金晓华 胡涛勇　赵　政　曹　平　时雷鸣 李　骅　黄　锐　徐　涵	陈顺义　李渝珍　周才全
第十二篇 抽水蓄能电站建设征地移民安置	徐春海　周建新　仇庆松　卞炳乾 毛振军　韩晓劲	龚和平
第十三篇 抽水蓄能电站环境保护与水土保持	芮建良　李　健　丁明明　陈根兴 詹晓燕　常　勇　廖琦琛	芮建良
第十四篇 抽水蓄能电站水库蓄水与机组调试	郑齐峰　王　红　徐建军　傅新芬 李成军	姜忠见
第十五篇 抽水蓄能电站运行设计	王　红	计金华
第十六篇 抽水蓄能电站经济效益和经济评价	赵佩兴	计金华　王达邦
附　录 抽水蓄能电站工程项目核准工作程序	郑齐峰　陈中华	姜忠见

特邀编辑　费京伟

前　言

抽水蓄能电站发展至今已有100多年的历史。20世纪上半叶，抽水蓄能电站发展缓慢，到1950年，全世界建成抽水蓄能电站28座，投产容量约2000MW。20世纪60年代后，抽水蓄能电站开始快速发展，60年代增加容量13942MW，70年代增加40159MW，80年代增加34855MW，90年代增加27090MW。到2010年，全世界共有40多个国家和地区已经建成和正在建设抽水蓄能电站，投入运行的抽水蓄能电站超过350座，总装机容量超过160000MW。目前很多发达国家抽水蓄能电站的装机容量已占相当的比例（例如奥地利16%、日本13%、瑞士12%、意大利11%、法国4.2%、美国2.4%）。

我国研究开发抽水蓄能电站始于20世纪60年代。1968年，在冀南电网的岗南水电站安装了一台可逆式机组，建成我国第一座混合式抽水蓄能电站。1993年，安装了三台90MW可逆式机组的潘家口混合式抽水蓄能电站建成投产，随后广州抽水蓄能电站（一、二期各1200MW）、天荒坪抽水蓄能电站（1800MW）、十三陵抽水蓄能电站（800MW）也在20世纪90年代相继投产发电。

抽水蓄能电站运行具有两大特性：一是它既能调峰又能填谷，其填谷作用是其他任何类型的发电厂所不具备的；二是启动迅速，运行灵活、可靠，对负荷的急剧变化可以作出快速反应。此外，抽水蓄能电站还适合承担调频、调相、事故备用、黑启动等任务。与化学储能、压缩空气储能等相比，抽水蓄能电站是目前最经济的大型储能设施。同时，抽水蓄能电站是智能电网的重要组成部分，也是充分吸纳风电、保障核电运行、促进清洁能源发展的必要手段。

华东勘测设计研究院（简称“华东院”）是国内最早进行抽水蓄能电站研究的设计院之一。从20世纪70年代开始，在华东地区进行了抽水蓄能电站的规划选点和相关项目的勘测设计研究工作，几十年来，华东院的足迹遍及浙江、江苏、安徽、山东、福建、江西、河南、重庆等，先后设计建成了天荒坪、桐柏、泰安、宜兴、宝泉等抽水蓄能电站，目前在建的电站有响水涧、仙游、洪屏、仙居、绩溪等抽水蓄能工程，已建、在建装机规模达到12900MW。已经完成和正在开展可行性研究、预可行性研究的项目包括浙江天荒坪二、江苏句容、福建厦门、福建永泰、安徽金寨等十余座抽水蓄能电站，总装机规模约23600MW。

几十年的技术研究和工程实践，使华东院在抽水蓄能电站的勘察设计、技术发展方面取得了丰硕的成果，涵盖了抽水蓄能电站的站址选择、枢纽总体布置、各功能性建筑物之间的协调和谐布置，以及抽水蓄能电站特有的水库防渗、复杂地形地质条件下的成库与筑坝方式、高压水道设计理论、厂房结构振动控制、厂房内部布置、机电设备的结构与参数选择、水力学过渡过程、电站调洪方式、环境保护与景观设计等，一系列新的设计理念、建设技术在诸多具体工程建设中得到推广和应用，推动了我国抽水蓄能事业的发展，取得了良好的经济效益和社会效益。

本书结合工程实践，对抽水蓄能技术与工程设计的各个方面进行了较为系统的总结介绍，参与编著的人员为华东院抽水蓄能各个专业的技术骨干，许多技术人员也为本书的成稿付出了不懈的努力，本书是集体智慧的结晶。

希望本书能为业内同行们提供参考和借鉴。

编著者

2012年9月

目　录

第三篇 抽水蓄能电站枢纽布置

第四篇 抽水蓄能电站水文气象条件

第五篇 抽水蓄能电站工程地质问题

第六篇　抽水蓄能电站上、下水库

第七篇 抽水蓄能电站输水系统

第八篇 抽水蓄能电站发电厂房

下 册

第九篇 抽水蓄能电站施工组织设计

第十篇 抽水蓄能电站工程安全监测

第十一篇　抽水蓄能电站机电及金属结构

第十二篇 抽水蓄能电站建设征地移民安置

第十三篇 抽水蓄能电站环境保护与水土保持

第十四篇　抽水蓄能电站水库蓄水与机组调试

第十五篇 抽水蓄能电站运行设计

第十六篇 抽水蓄能电站经济效益和经济评价

第一篇 绪论

第一章 抽水蓄能电站的地位和作用

1.1 电力系统的形成和特点

在电力系统发展初期，发电厂的容量很小且多数建设在用户附近，各个发电厂之间没有联系，彼此孤立运行。随着社会的发展，对电力需求日益增加，对供电质量也提出了更高的要求，不但需要建设越来越多的大容量发电厂以满足日益增长的电能需求，对供电可靠性的要求也越来越高。显而易见，单个孤立的发电厂是无法解决这个问题的。比方说，一个孤立运行的发电厂一旦发生故障，与之相关的用户将被中断电力供应；另外，随着发电容量的加大，大型的发电厂往往建设在距离用户更远的地区，例如大型的坑口电站建设在大型煤矿附近，核电站建设在远离城市的地区，水电站建设在水力资源富集的河流上，这些地区都可能离需要供电的城市、大工业区和其他电力用户很远。伴随用电量的增加和电力在生产生活中作用的日益显现，各个孤立运行的发电厂需要通过输电线路和变电站相互连接起来，以达到相互支援、提高供电可靠性和互为备用的目的。

随着高压输电技术的发展，地理上相隔一定距离的不同类型的发电厂就逐步连接起来并列运行，规模越来越大，开始在一个地区之内，后来发展到地区之间互相连接，庞大的电力系统就形成了。以中国（大陆）为例，到2008年底全国的电力装机规模已经达到7.9253亿kW，在全国范围形成了庞大的电力传输和配送网络，如图1-1-1所示。全国的电力网分成华东、华北、东北、华中、西北、南方等区域电网，以及山东、内蒙古、新疆、西藏等省际电网，网与网之间又实现了互连，“西电东送”的北、中、南三个骨干通道正在实施，“南北互送、大区互联”的格局在逐步形成。

与其他工业产品不同，电能的生产、输送和分配、消费具有其自身特点：

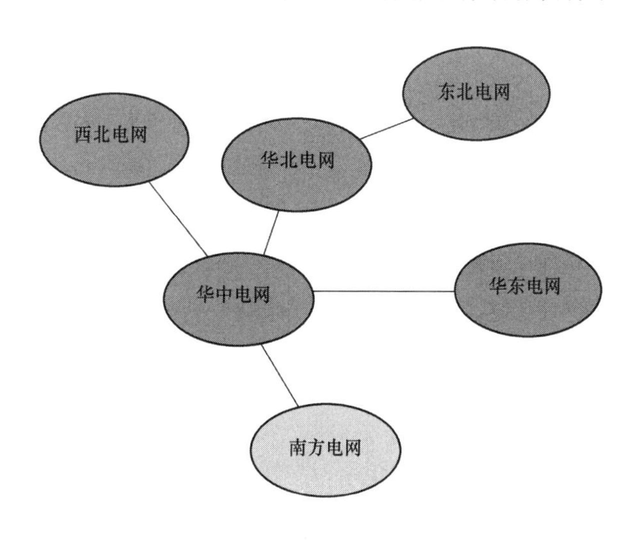

图1-1-1 全国电网主网架示意图

（1）电能不能大量储存。

电能的生产、输送、分配和消费是同时进行的，发电厂在任何时刻生产的电能必须等于该时刻用户消耗的电能与输送、分配环节中损耗的电能之和，即发电容量与用电和损耗的能量必须随时保持平衡。

（2）电力系统的暂态过程非常短促。

电能是以电磁波的形式传播的，传播速度为 3×10^5km/s，电力系统在运行过程中的负荷在不断变化，发电容量跟着做相应的变化，以便适应负荷的变化需求。电力系统从一种运行状态变化到另一种运行状态时，所引起的电磁方面和机电方面的过渡过程十分短暂，电动设备的启停和负荷的增减很快，变压器、输电线路的投运和切除都在瞬间完成。当电力系统出现异常状态，例如短路、过电压、发电机失去稳定等，其过程更是极其短暂，往往只能以微秒或毫秒来计。这种非常短促的暂态过程，给维持电力系统的运行稳定带来了一系列问题。

（3）电力系统已经覆盖社会生产生活的各个方面，影响巨大。

随着现代社会的发展，电能已经渗透到国民经济的各个领域，并与人民生活的各个方面息息相关，今天的世界已经不能想象离开电能会是怎样的局面，即使是短时间的电能缺失，也会对社会的生产和人民的生活带来难以估量的损失，甚至是灾难。仅仅 2006 年，世界范围就发生了多起重大停电事故，给事发地区的社会和经济生活带来巨大影响，例如 5 月 25 日，俄罗斯莫斯科南部、西南和东南城区及郊区发生大面积停电，并波及距莫斯科 200km 的图拉州和卡卢加州，给上述地区的生产生活造成巨大影响，甚至商店也被迫停止营业；7 月 17 日，由于暴风雨、高温和 22 条主要供电线路中的 10 条同时出现故障，美国纽约发生历史上最严重的一次停电事故，直到 8 月 28 日才全部恢复电力供应；8 月 14 日，日本东京及周边地区发生大停电，东京、千叶、神奈川的 139.1 万用户饱受停电之苦；9 月 24 日，巴基斯坦发生全国大停电，全国 70%以上的居民受到停电影响，数百万人无电可用；11 月 4 日，法国、德国、意大利、比利时、西班牙等西欧多国遭遇特大停电事故，约 1000 万人受到影响。因此，保证电力系统的安全和可靠性，已经成为涉及社会生活各个方面、不容忽视的重大问题。

（4）电力系统的地区性特点较强。

电力系统的电源结构与一个地区的能源资源分布情况和特点有关，例如我国东部沿海地区煤、油等一次能源资源缺乏，华东四省一市水能资源技术可开发量仅占全国的 3%左右，而西南地区水力资源富集，仅云、贵、川、渝、藏五个省区就占全国水能资源的 66.7%，因此各个地区电力系统的组成情况呈现不同的特点；而不同地区的负荷结构却与工业布局、城市规划、电气化水平等密切相关。不同地区电源结构、电网构成、负荷结构之间的差别，对整个电力系统的运行调度提出了既有共性、又有特点的不同要求。

上述特点，对电力系统的运行提出了相应的基本要求，这就是：供电安全要可靠、供电质量要良好、响应速度要快捷、系统运行要经济。

（1）保证安全可靠的供电。

保证安全可靠的发、供电是对电力系统的首要要求。在电力系统运行过程中，供电的突然中断大多由各种事故引起。为了防止事故的发生，除了加强对系统内各种设施的监测、加强对设施的维护维修、不断提高运行人员的技术水平外，在系统内还必须配备足够的有功功率电源和无功功率电源，完善包括电源结构在内的电力系统的结构，提高电力系统抵抗干扰的能力，增强系统运行的稳定性。

（2）保证良好的供电质量。

电压和频率是衡量电能质量的主要指标。在电力系统正常运行时，要保证系统电压和频率的偏差不超过规定的范围。频率决定于系统中有功功率的平衡，系统发出的有功功率不足，频率就偏低；电压则主要取决于系统中无功功率的平衡，无功功率不足时，电压就偏低。因此，要保证良好的电能质量，关键在于系统发出的有功功率和无功功率都应满足在额定频率和额定电压下的功率平衡要求，电源要配置得当，系统中要有合适的调整手段。

（3）要提高电力系统的响应速度。

电力系统中，需求侧的负荷是在不断变化的。有季节性的变化、周际的变化、一天之内的昼夜变化，以及输送、分配过程中由于事故产生的瞬间的负荷缺失。但电能本身不能大量储存，它的生产、输送、分配和消费基本上是同步进行的；电力系统的暂态过程又非常短促，一旦负荷发生变化，就要求发电容量同步跟踪做相应的变化，满足负荷增减对电源侧发电容量增减的要求。在以煤电为主的电力系统中，由于煤电机组出力调节得较慢，例如50～300MW机组出力的增加速度为每分钟1%～2%额定功率，300MW机组的增加速度为每分钟3%～5%额定功率，从机组启动到带满负荷需要几十分钟，若从冷态启动，所需时间更长。因此，发电侧要满足这种负荷变化所带来的快速调节需求、提高系统的响应速度，已经成为现代电网所要解决的主要问题之一。

（4）提高电力系统运行的经济性。

我国能源资源从总量上看比较丰富，但人均储量较低，仅为世界人均的56%（化石能源），且结构不合理，优质能源比例低。我国石油资源已经探明的人均储量仅为世界人均的8%，天然气为6%，水能资源丰富，但水能资源在一次能源中所占的比例不大，按经济可开发装机总容量，其年发电量相当于7亿t标准煤。预测2020年我国一次能源年需求总量为40亿t标准煤。能源问题已经成为保持经济稳定增长、涉及国家安全的主要问题之一。另外，环境对能源消费也已经构成了重要制约，以煤为主的能源结构已成为大气污染的主要原因，全国二氧化碳排放量的70%、二氧化硫排放量的90%、氮氧化物排放量的67%来自于燃煤，环境容量压力巨大。能源资源的有效利用，对于节能减排具有特别重要的意义。以一台300MW煤电机组为例，机组出力由100%降为50%时，其厂用电增加1.5%左右，单位电度的耗煤增加30g左右。因此，要在保证供电可靠和良好电能质量的前提下，优化电源结构，最大限度提高电力系统运行的经济性，节约资源，保护环境。

事实上，上述几个方面对电力系统的要求是相互联系的。一般地说，一个可靠性指标差的电力系统，就谈不上优质和经济；电能质量差的电力系统，也不可能是可靠和经济的；对可靠和优质的要求，有时候又会与经济性发生矛盾。统筹兼顾，提高电力系统运行水平，是摆在我们面前的一大课题。

1.2　抽水蓄能电站工作原理

电力系统的用电需求是随时变化的，当电力系统出现用电高峰时，一般情况下发电设备除检修、备用、受阻外，基本处于满负荷运行，而在电力系统出现负荷低谷时，由于用电负荷减少，为保证电力系统功率平衡，各类电源必须降低出力运行。由于安全和经济的原因，以火电、核电为主的电力系统一般较难适应这样的要求。

抽水蓄能电站是一种特殊形式的电站，它由上水库、下水库、输水系统、厂房等组成。目前水头不超过800m的电站，都采用单级水泵水轮机，这样可以较大地降低电站和输水系统布置的复杂性，减少工程量和工程投资。如图1-1-2所示为抽水蓄能电站基本组成示意图。

抽水蓄能电站利用其兼有水轮机和水泵的功能，以水为载体，在电力负荷低谷时做水泵运行，吸收电力系统多余的电能将下水库的水抽到上水库储存起来；在电力负荷高峰时做水轮机运行，将水放至下水库，将水的重力势能转换成电能送回电网。这样，既避免了电力系统中火电机组反复变出力运行所带来的弊端，又增加了电力系统高峰时段的供电能力，提高了电力系统运行的安全性和经济性。

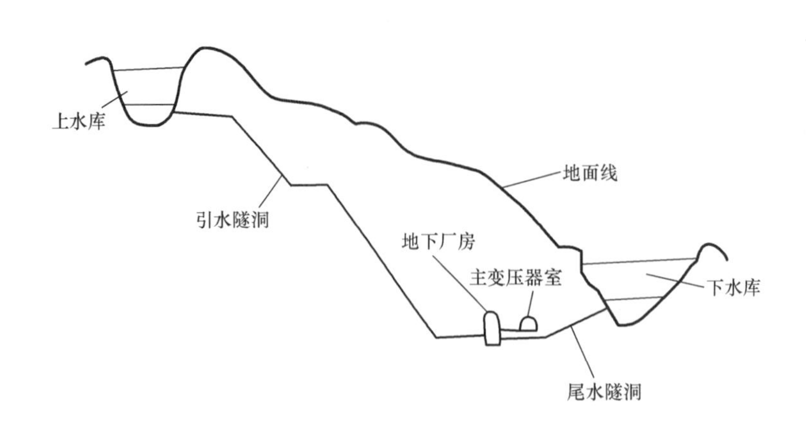

图 1-1-2 抽水蓄能电站基本组成示意图

一方面，抽水蓄能电站是一个能量转换装置，将电力系统发电能力在时间上重新分配，以协调电力系统发电出力和用电负荷之间的矛盾，从而使电力系统达到安全、经济运行的目的。现代抽水蓄能电站的效率一般可达75%～80%，虽然在转换过程中不可避免地要产生能量损失，但从整个电力系统考虑还是经济的。

另一方面，抽水蓄能机组借助于发电机和电动机两种运行工况，可以十分便利地进行调相运行，补偿系统无功不足或增加无功负荷，根据电网需要提供或吸收无功功率，维持电网电压稳定。其调相运行功能可减少电网无功补偿设备，从而节省电网投资及运行费用。

1.3 抽水蓄能电站的类型

（一）按开发方式分

（1）纯抽水蓄能电站。纯抽水蓄能电站的特点是上水库没有或有很少量的天然径流汇入，蓄能电站的用水在上、下水库间循环使用，发电和抽水用水量基本相等。目前我国已建和在建的蓄能电站大部分为纯抽水蓄能电站，如天荒坪、十三陵、泰安、宜兴、宝泉、西龙池等均属这一类。

（2）混合式抽水蓄能电站。混合式抽水蓄能电站上水库有一定的天然径流入库，发电用水量大于抽水用水量，一般由常规水电站在新建、改建或扩建时根据电网发展需要加装抽水蓄能机组而成。国内已建的混合式抽水蓄能电站有白山、潘家口、密云和岗南等，这些电站上水库多为具有天然径流入库的大型综合利用水库，如按常规水电开发，其发电运行方式受综合利用要求限制较大，改建成混合式抽水蓄能电站后，既可以满足水库综合利用要求，又可充分发挥电站的调峰能力，满足电力系统需求，可以做到一举两得。

（二）按调节周期分

（1）日调节抽水蓄能电站。日调节抽水蓄能电站以一昼夜为调节周期，上、下水库水位变化循环周期为一昼夜，在每天电网负荷高峰时发电，负荷低谷时抽水。通过日调节抽水蓄能电站的发电、填谷运行或承担系统备用任务，可提高网内火电和核电机组的负荷率及利用小时数，改善电网运行条件、提高电网运行效益。目前我国大部分已建、在建抽水蓄能电站均属这一类。日调节抽水蓄能电站调节库容一般按其装机满发5～6h设计，其运行方式如图1-1-3所示。

（2）周调节抽水蓄能电站。周调节抽水蓄能电站以一周为运行周期，调节一周内电力系统负荷不均匀变化，其运行特点为在周内负荷较大时增加电站高峰发电时间，在周末负荷低落时增加电站抽水时间，储藏更多电能。周调节抽水蓄能电站所需调节库容较大，一般周调节库容按装机满发时间10～20h

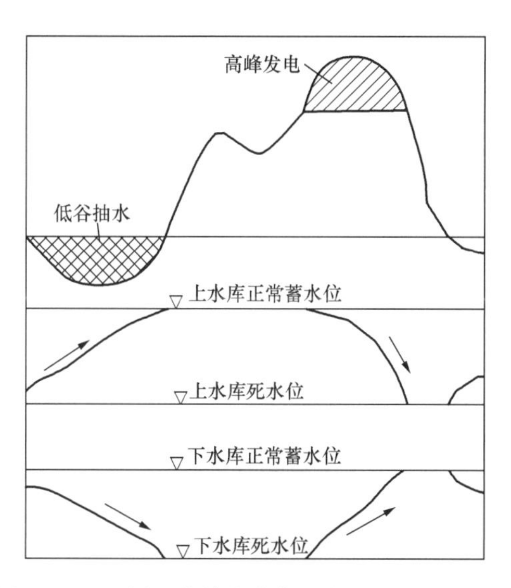

图 1-1-3　日周调节抽水蓄能电站运行方式示意图

考虑。目前在建的惠州抽水蓄能电站和仙游抽水蓄能电站就属这一类。周调节抽水蓄能电站运行示意如图 1-1-4 所示。

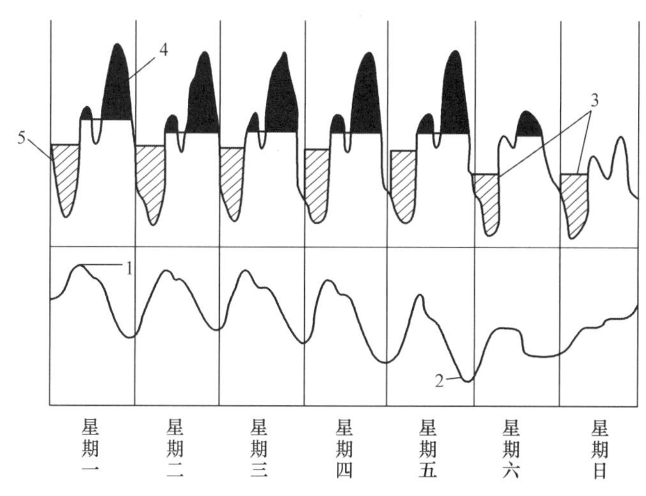

图 1-1-4　周调节抽水蓄能电站运行示意图

1—上水库正常蓄水位；2—上水库死水位；3—周末集中抽水；

4—高峰发电；5—低谷抽水

（3）年调节抽水蓄能电站。年调节抽水蓄能电站可以将汛期丰沛水量抽蓄到上水库供枯水期发电用，承担调节年内丰、枯间不均匀与电力系统负荷之间的矛盾，上、下水库水位变化周期为一年。年调节抽水蓄能电站一般要求上水库具有较大库容，通常不需要建设下水库，在汛期利用系统多余电力将河流水量抽至上水库，在枯水期向系统供电，根据年调节抽水蓄能电站的特点，一般认为在系统水电比重较大且调节能力差、季节性电能较多、枯水期供电紧张的地区建设较为有利。我国已建的西藏羊卓雍湖抽水蓄能电站及规划建设的福建邵武高峰抽水蓄能电站均属年调节抽水蓄能电站，其特点是上水库库容大，下水库利用天然河流取水，径流丰沛。

（三）按机组类型分

（1）四机分置式。这是因受技术条件限制，早期抽水蓄能电站采用的一种布置方式，电站的水泵、水轮机、电动机和发电机分开布置，该布置形式相当于分别建设泵站和电站，工程投资大，布置复杂。早期的一些抽水蓄能电站，例如奥地利的赖斯采克（Reisseck）抽水蓄能电站等为该种型式，目前已很少采用。

（2）三机串联式布置。电动机和发电机结合在一个电机内，电站机组由发电电动机、水泵和水轮机组成并布置在一根轴上，发电时由水轮机带动发电机，抽水时由电动机带动水泵。容量较小的电站通常采用横轴布置，对于大容量机组一般采用竖轴布置。由于三机式布置水泵和水轮机可按各自的工况进行设计，运行效率较高，但因水泵和水轮机分开布置，工程投资较二机式布置要大。我国西藏羊卓雍湖抽水蓄能电站即为三机串联式布置，其示意图如图 1-1-5 所示。

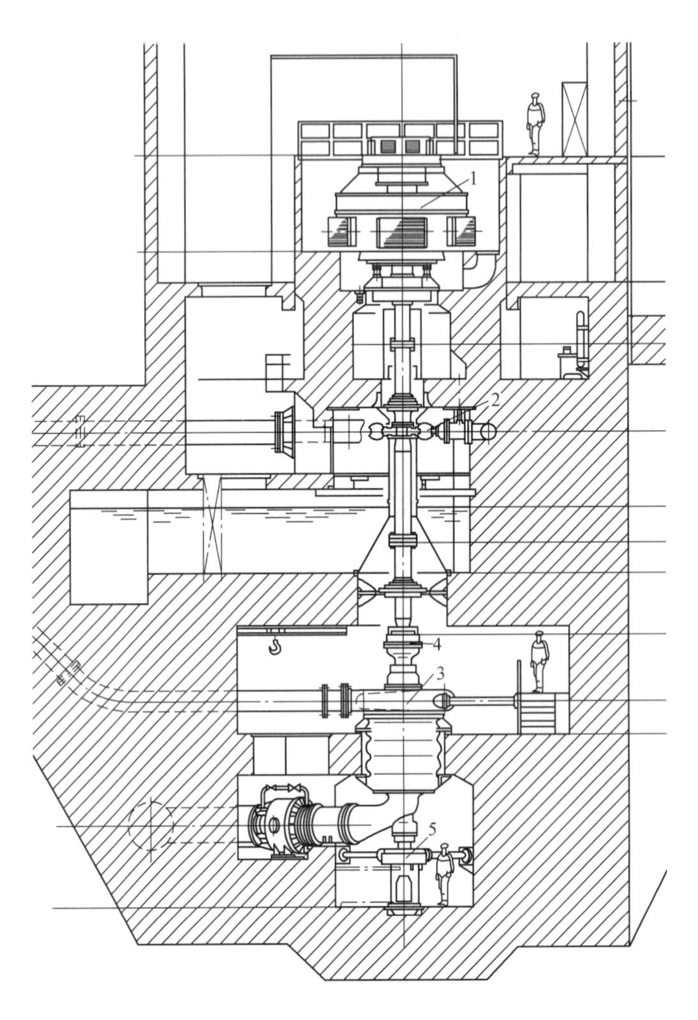

图 1-1-5 西藏羊卓雍湖抽水蓄能电站机组剖面图

1—发电电动机；2—冲击式水轮机；3—六级离心泵；4—联轴器；5—推力轴承

（3）二机可逆式。水电站的水泵和水轮机合并为一套水力机械，与常规水电站布置相似，水轮机正向旋转为水轮机工况，反向旋转为水泵工况。由于水泵、水轮机和电动机、发电机分别合为一体，布置简化，机组尺寸缩小，工程投资相应也可降低。根据水头不同，可逆式水泵水轮机可分混流式、斜流式、贯流式、轴流式四种。贯流式适用于潮汐抽水蓄能电站，轴流式一般用于水头小于 20m 的电站，斜流式适用水头 30～130m 的电站，混流式适用水头 30～800m 的抽水蓄能电站，是目前应用最为广泛的机组型式，我国已建的广州、十三陵和天荒坪等抽水蓄能电站均采用混流式水泵水轮机机组，当今世界上水头最高的单级混流式水泵水轮机为日本的葛野川电站机组，最大扬程为 778m。如图 1-1-6 所示为山东泰安抽水蓄能电站机组剖面图。

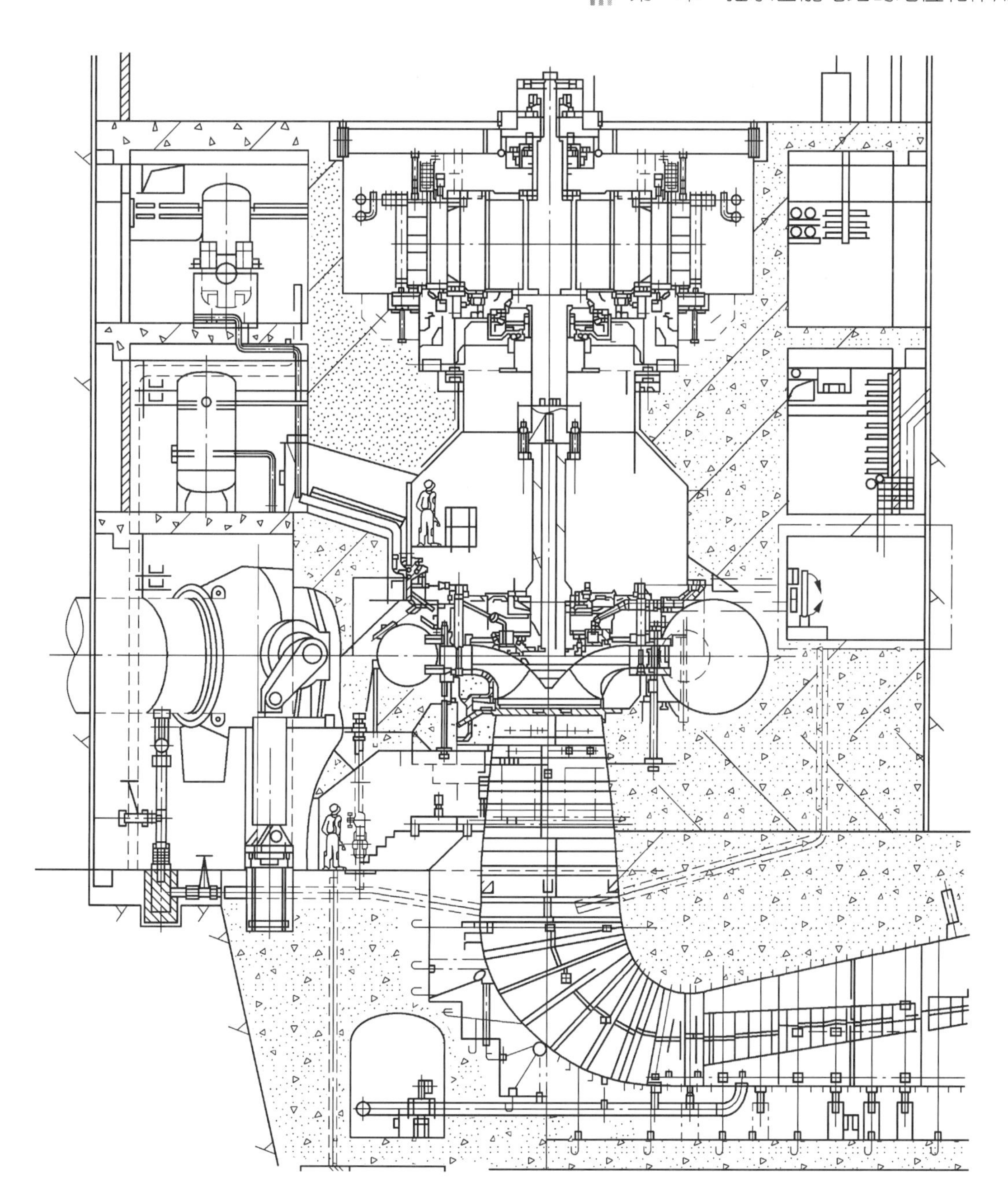

图 1-1-6　山东泰安抽水蓄能电站机组剖面图

1.4　抽水蓄能电站的作用

抽水蓄能电站可在电网中承担调峰、填谷、调频、调相及紧急事故备用等任务，其静态效益、动态效益以及技术经济上的优越性已被世界各国所公认。抽水蓄能电站运行具有两大特性：一是它既是发电厂，又是用户，它的填谷作用是其他任何类型发电厂所没有的；二是启动迅速，运行灵活、可靠，对负荷的急剧变化可以作出快速反应，除调峰、填谷外，还适合承担调频、调相、事故备用、黑启动等任务。

抽水蓄能电站与火电站配合运行，可较大程度地降低网内火电机组的调峰幅度，改善火电机组的运行条件，有利于火电机组保持在高效率区运行，降低其单位电量的燃料消耗，达到经济运行的目的；与核电站配合运行，可较好地解决由于核电在基荷运行带来的调峰问题，提高核电站的发电量与运行的安全性，使所发电量成为满足电网负荷变化要求的优质电能；在水电占比重较大的电网中，抽水蓄能电站可利用水电的低谷电能抽水转换成高峰电量，从而减少水电弃水电量，提高电网运行效益。各种电源运行特性比较见表 1-1-1。

截至 2010 年底，我国大陆已建成抽水蓄能电站装机容量 16949MW。从运行实践看，我国已建抽水蓄能电站在各自电网中都发挥了重要的作用。

表 1-1-1　　各种电源运行特性比较表

项　目		抽水蓄能电站	单循环燃气轮机	联合循环燃气轮机	常规水电	燃煤火电	
						降负荷	启停
所承担负荷位置		峰荷	峰荷	峰荷、基荷	峰荷、基荷	峰荷、基荷	峰荷
最大调峰能力（%）		200	100	85	100	50	100
开启特点	每日启动	√	√	√	√	×	√
	静止～满负荷	95s	3min	60min	2min		
填谷		√	×	×	×	×	×
调频		√	√	√	√	√	×
调相		√	√	√	√	×	×
旋转备用		√	√	√	√	√	×
快速增荷		√	√	√	√	×	×
黑启动		√	√	×	×	×	×

（一）调峰、填谷

调峰、填谷是抽水蓄能电站特有的基本功能，这种双重作用是其他任何电源都无法比拟的。在负荷高峰时，承担系统高峰负荷，起到调峰作用，在系统负荷低谷时，利用系统富裕电能抽水，发挥填谷作用。由于抽水蓄能电站的调峰、填谷作用，可较大程度地降低网内火电机组的调峰幅度，改善火电或核电机组的运行条件，提高电网运行的安全可靠性，使这些机组保持在高效率区运行，从而降低单位燃料消耗，达到经济运行的目的。

2006 年，华东电网统调最高负荷为 1.03 亿 kW，天荒坪抽水蓄能电站 1800MW 投入后，使电网内火电机组调峰幅度下降约 5 个百分点，改善了网内火电机组的运行条件。天荒坪抽水蓄能电站自 1998 年投产以来，电站的典型运行方式是每天早、晚两次发电顶峰（早峰 08：00～12：00，晚峰17：00～22：00），夜间抽水填谷（23：00 至次日 06：00）。随着华东电网负荷的迅速增长，峰谷差日益扩大，使得天荒坪机组具有运行时间长、启停频繁的特点。据统计，2004～2006 年天荒坪抽水蓄能电站年发电量 23.54 亿～26.20 亿 kW·h，折合装机利用小时数 1308～1455h；年抽水电量 29.8 亿～33.15 亿 kW·h，折合装机利用小时数 1656～1842h，接近电站设计指标，充分发挥了电站的调峰填谷作用。典型的日负荷曲线如图 1-1-7 所示。

天荒坪抽水蓄能电站除典型运行方式以外，按不同的负荷需求和特征，运行中还采取了“两发两抽”、“三发两抽”、“一发两抽”等非典型运行方式，即在中午负荷较低时增加一次机组抽水，增加晚间高峰可发电量。

近年来，广东电网的电力负荷增长迅速，供电缺口不断加大，广州抽水蓄能电站在电网中发挥了重

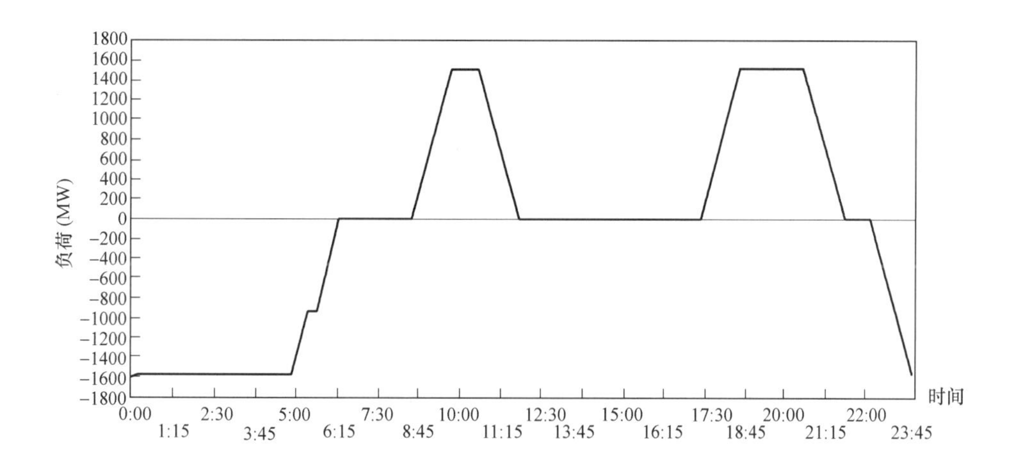

图 1-1-7　天荒坪抽水蓄能电站典型日负荷曲线

要作用。随着“西电东送”及“三峡送电”不断增加，对广东电网安全、稳定运行的要求越来越高，广州抽水蓄能电站肩负的责任也越来越大。2005 年，广州抽水蓄能电站发电量达到 32.7 亿 kW・h，全年发电利用小时数 1363h，年抽水电量达到 42.12 亿 kW・h，全年抽水利用小时数 1755h。由此可以看出，广州抽水蓄能电站在广东电网每天几乎都是满负荷运行，参与电网的调峰、填谷。

十三陵抽水蓄能电站的调峰、填谷作用有力地缓解了京津唐电网的调峰紧张状况。1995 年，京津唐电网拉路次数 81830 路次，累计拉路负荷 114910MW，其中北京地区拉路次数 19231 路次，累计拉路负荷 27990MW；1999 年，京津唐电网拉路次数 70617 路次，累计拉路负荷 5338MW，其中北京地区没有拉路限电发生。由于有十三陵抽水蓄能电站的投入和近几年电源工程的建设，从 2000 年开始京津唐电网基本不再采取拉闸限电，从而为相关地区国民经济的快速发展提供了有力的保证，同时也维护了北京作为我国首都的良好形象。

（二）调频、调相及事故备用

为保证电网稳定运行，需要电网具备随时调整负荷的能力，以适应用户负荷的变化。整个电网的周波应保持一个几乎不变的水平，按照国家规定电网频率要求控制在（50±0.2）Hz。为达到这一标准，电网所选择的调频机组必须快速、灵敏，以适应电网负荷瞬时变化。抽水蓄能电站运行灵活，跟踪负荷能力强，具有火电机组无法比拟的快速反应能力。

为保证电力系统安全、可靠运行，必须预留一定数量的事故备用容量，其中部分需处于旋转状态，在电网发生故障和负荷快速增长时或电网出现故障的情况下，如发电机组停机、外送电力输电线路故障、变电站跳闸等，要求系统内的机组能够迅速作出反应，起到紧急事故备用和负荷调整的作用。一般要求从频率开始波动到系统功率恢复平衡，使频率恢复原状或稳定在新的水平的全过程，不超过几秒至几分钟，这就要求担任旋转备用的机组必须作出快速反应。如广东电网要求备用机组第一响应：10s 带负荷，保持 20s；第二响应：30s 带负荷，保持 30min；第三响应：5min 启动，保持 4h。通常火电机组采用带部分负荷运行方式，让一部分容量空转，以此来承担旋转备用。这部分空转容量所消耗的燃料费用，实际上加大了火电厂的运行成本，所以用火电承担旋转备用是不得已而为之。抽水蓄能电站由于其快速、灵活的运行特点，可以很容易实现这一功能，在静止工况下，遇系统突发性停机事故，能在 2～3min 内带满负荷，顶替事故机组运行，即使在抽水工况下，遇紧急事故情况蓄能机组也可自动停止抽水，或由抽水工况直接转换成发电工况，防止事故进一步扩大，是理想的紧急事故备用电源。

抽水蓄能电站主要承担调峰任务，但在满负荷发电时段之外，还可以承担系统的旋转备用，只需在上水库预留相应备用水量即可。天荒坪抽水蓄能机组工况转换时间最长不超过6min，除满负荷发电以外，其余任何情况下都能承担旋转备用。其中，水泵转发电的转换时间是系统对蓄能机组承担旋转备用的最大要求。一台机组在满负荷抽水时卸载，等于给电力系统增加出力300MW，六台机组水泵工况满负荷时卸载，等于给电力系统增加出力1800MW，再转到满负荷发电，又增加出力1800MW，即在紧急情况下，可解决电网出力差额3600MW。当然这是极端情况，抽水工况一般是在系统负荷低谷时段，同时出现事故的几率不大。在发电工况下，如从70%起到满负荷，天荒坪抽水蓄能电站也可向系统提供540MW的紧急事故备用容量，基本可顶替一台600MW或两台300MW事故机组运行，或应付用电负荷突增540MW的紧急需求。

电力系统无功功率不足或过剩，会造成电网电压下降或上升，影响供电质量。电力系统为了稳定系统电压，在变电站经常安装一些电容器或电抗器等设备，对系统的无功功率进行调整，有时在系统中还要建设专用的调相机来对系统的无功功率进行调整，以维持系统的电压稳定和运行安全。抽水蓄能机组本身具有发电机和电动机两种运行工况，调节系统无功负荷十分便利，加上运行工况切换迅速、可靠，很适于进行调相运行，补偿系统无功不足或增加无功负荷。抽水蓄能机组作为调相机运行时，可根据电网需要提供或吸收无功功率，维持电网电压稳定。其调相运行功能可减少电网无功补偿设备，从而节省电网投资及运行费用。

我国已建的广州、天荒坪、十三陵抽水蓄能电站在参与电网调频、调相及事故备用方面均发挥了较好的作用。

天荒坪抽水蓄能电站机组启停也相当频繁，以2002年为例，6台机组总计启动5153次，工况转换1623次。机组在各工况下共运行6711次，运行时间长达20040.94h，平均3.06次/(日·台)，平均运行小时为9.15h/(日·台)，较好地发挥了电站的动态效益。事故备用方面也起到了很好的作用。2005年11月20日13时56分39秒，三峡送华东电网的龙政直流发生双极闭锁故障，故障发生前龙政直流输送功率3000MW(落地华东电网2830MW)，系统频率50.01Hz，华东电网负荷60950MW，发电出力55370MW。故障发生后，华东电网由于大功率缺额，系统频率急剧下降至49.518Hz，天荒坪抽水蓄能电站接华东电网调令，紧急启动两台机组参与事故处理，经历297s后系统频率恢复至50Hz。天荒坪抽水蓄能机组在发电、抽水、发电调相、抽水调相四种工况下均可发出无功提高电网电压，也可吸收无功降低电网电压。由机组励磁调节器自行调节保持18kV机端电压或由成组控制进行控制。电站每隔4～20s接受系统AGC的负荷指令，按设定的优化控制原则分配到机组，调整电站的总出力，维持系统的频率范围。

1993年以前，京津唐电网周波合格率在98%左右，最为严重的1986年周波合格率仅为81%左右。1993年以后，京津唐电网相继投入了潘家口和十三陵抽水蓄能电站，由于抽水蓄能机组具有快速而灵活地开、停机性能，且特别适宜于调整出力，所以能很好地满足电网负荷急剧变化的要求。为此，京津唐电网的调频任务由原来的燃煤火电机组承担改为由抽水蓄能机组承担。目前电网调频主要以十三陵抽水蓄能电站和潘家口抽水蓄能电站为主。1995年后电网周波合格率每年均达到99.997%以上，保证了电网的供电质量。

广州抽水蓄能电站启动次数逐年增加，年启动次数由前几年的7000～8000次，上升到近年的15000次左右，每年应对系统紧急事故在15次左右，在保证电网安全运行方面所发挥的作用越来越大。电站于1994年各台机组陆续投入商业运行以来，对稳定电网电压发挥了重要的作用。如1995年1月12日3时，电网电压515kV，3号机水泵工况运行，吸有功功率33万kW，吸无功功率5万kvar，同一天12时电网电压515kV，3号机再次水泵工况运行，吸有功功率32.5万kW，吸无功功率5.7万kvar。节假日电网负荷轻，平衡无功稳定电压问题更突出。1995年整个春节期间电网电压均很高（1月

31日8时10分达到540kV），广州抽水蓄能机组无论是发电还是抽水均进相运行，而且进相深度很深。例如1月30日（农历年三十）14时50分，电网电压526kV，2号机组发电运转发有功功率25万kW，吸无功功率15.8万kvar。很多时间甚至不得不单独开机作调相（吸无功）运行，春节8天4台机组共调相运行84.38h，吸无功电量2074.1万kvar·h。例如2月4日，4号机单独开机调相吸无功功率12.2万kvar，连续运行长达17.43h；2月6日，1号机单独开机调相吸无功功率12.4万kvar，连续运行长达16.5h。由于机组是在压水下（在空气中）旋转，耗功1.2万～1.5万kW（目前已减小至0.8万～1万kW）。1995年春节广州抽水蓄能机组调相情况见表1-1-2。

表1-1-2　　1995年春节广州抽水蓄能电站机组调相情况

日　期	电网最高电压（kV）	发电工况吸无功最大值（万kvar）	抽水工况吸无功最大值（万kvar）	调相工况		吸无功电量（kvar·h）
				吸无功最大值（kvar）	台小时数（h）	
1月30日	537	15.8	7.2			331.0
1月31日	540	9.8	7.8	16.9	10.62	293.0
2月1日	536	11.5	6.5	13.8	12.83	225.1
2月2日	538	9.0	6.2	14.9	8.52	242.2
2月3日	531	9.3	2.4	14.0	17.28	340.8
2月4日	533	7.6	4.8	12.2	17.43	306.5
2月5日	537	4.6	6.0	14.7	1.17	84.5
2月6日	529	6.1	6.5	12.4	16.53	251.0
合　计					84.38	2074.1

（三）配合核电机组运行

抽水蓄能电站与核电配合运行，一方面可以解决电网的调峰矛盾，以保证电网安全运行，另一方面还可增加核电发电量，提高电网运行效益。为保证核电机组运行安全，一般情况下核电机组在系统内的出力基本是不变的，即使出力有一些变化，幅度也非常小。广东电网大亚湾两台900MW核电机组分别于1994年2月1日、1994年5月7日投入商业运行。2000年1～6月，广东抽水蓄能电站6×300MW在广东电网中，调峰发电日均最大出力占电网最高负荷的9.84%。由于两个电网都有抽水蓄能容量供调度使用，为核电运行创造了良好的环境，实现了稳定运行。核电投产后，1994～2000年年均发电量达到120.6亿kW·h，超过两台机组设计年发电量，亦即正常年份全年运行合同电量100亿kW·h的21%，2004年后年发电量均超过140亿kW·h。由此可见，核电机组在蓄能机组的配合下运行，不仅可以保证核电机组运行的安全，还可以获得很好的经济效益。

（四）为电网作特殊负荷运行

由于抽水蓄能机组既可作电源又可作负荷，因此对电网调度组织特别方便、简易。由于其运行灵活，升降负荷速度快，因此可用于系统内一些特殊情况，如大功率核电、火电机组调试期间甩负荷实验、满负荷振动实验。大亚湾核电站900MW机组、沙角C厂660MW煤电机组甩负荷试验时都由广蓄机组水泵运行作为负荷，一旦它们甩负荷，广蓄机组就低周切机和自动关机，使试验得以顺利进行。

十三陵抽水蓄能电站在北京一些重要节日和重大会议召开期间作为备用电源，为确保系统安全、稳定运行，提高重要用户的供电可靠性，保证首都用电起到了重要作用。

（五）黑启动

随着电力系统的发展，系统的稳定性与可靠性会因局部的问题波及邻近区域而引起重大系统事故，而黑启动已成为事故后系统恢复正常运行的重要措施之一。所谓黑启动是指整个系统因故障停运后，不依赖别的网络帮助，而是通过系统中具有自启动能力的机组启动来带动无自启能力的机组，从而逐渐扩大系统的恢复范围，最终实现整个系统的恢复。提供黑启动服务的关键是启动电源，即具有黑启动能力的机组，抽水蓄能电站可在无外界帮助的情况下迅速自启动，并通过输电线路输送启动功率带动其他机组，从而使电力系统在最短时间内恢复供电能力。天荒坪、十三陵和广州抽水蓄能电站均具有黑启动能力，被列为电网的黑启动电源。

第二章 抽水蓄能电站的发展

2.1 国内抽水蓄能电站发展情况

我国研究开发抽水蓄能电站始于20世纪60年代。1968年在冀南电网的岗南水电站安装了一台可逆式机组，建成我国第一座混合式抽水蓄能电站，1973年和1975年又在北京密云相继安装两台可逆式机组。电站投入运行后，调峰填谷作用明显，在改善系统火电运行条件及缓和发电与其他用水矛盾方面取得了良好的效果。

1978年以后，随着国民经济的快速发展，在电力负荷急剧增长的同时，负荷特性也因用电结构的改变而发生很大变化。总的趋势是负荷水平迅速提高，负荷率下降，峰谷差逐渐加大。在严重缺电的形势下，各地加快了电源建设，特别是火电上得快，一些地区水电比重迅速下降，调峰问题日益严重，拉闸限电频繁，影响各项事业快速发展，并且出现了白天低频率、夜间高频率运行，电网安全受到威胁，这种情况在京津唐、华东和广东等电网表现尤为突出。为了解决电网调峰问题，上述地区加快了对建设抽水蓄能电站必要性、经济性和可行性的调查研究，开展了抽水蓄能电站的站址选择和规划工作。1980～1985年相继选出了第一批大型抽水蓄能站址，并深入开展了各个阶段的勘测设计工作。进入20世纪90年代以后，国家陆续批准华南电网的“广州”，华北电网的“十三陵”、“潘家口”，华东电网的“天荒坪”以及西藏的“羊卓雍湖”等大中型抽水蓄能电站为上述地区第一期开发工程，并相继开工建设。

1991年，京津唐系统较大规模的潘家口混合式抽水蓄能电站第一台机组建成投产。该电站装机容量420MW，其中一台常规水电机组，容量为150MW，3台可逆式机组，单机容量为：抽水90MW，发电82MW，最大发电水头和抽水扬程均为86m。1992年，3台蓄能机组全部建成发电。

1993年，广州抽水蓄能站第一台机组建成投产。该电站为大型日调节纯抽水蓄能电站，总装机容量2400MW，最大发电水头536m，最大抽水扬程550m，分两期建设，第一期4×300MW，1994年3月4台机组全部建成投入商业运行。接着于1994年9月开工建设第二期4×300MW工程，并于2000年3月全部建成投产。

1995年12月，十三陵抽水蓄能电站第一台机组投产发电，1996年4月、1996年8月、1996年12月，另外3台机组陆续建成投产。该电站为大型日调节纯抽水蓄能电站，总装机容量800MW，安装4台200MW机组，最大发电水头477m，最大抽水扬程490m。

1997年，羊卓雍湖抽水蓄能电站第一台机组建成投产。该电站利用羊卓雍湖作为上水库、雅鲁藏布江作为下水库，为季调节抽水蓄能电站。最大发电水头816m，最大抽水扬程847m，总装机容量90MW，安装4台22.5MW三机式水泵水轮发电电动机组（电机、水轮机、水泵同轴）。

1998年9月，华东电网第一座大型日调节纯抽水蓄能电站——天荒坪抽水蓄能电站第一台机组建成投产。电站总装机容量1800MW，安装6台300MW水泵水轮发电电动机组，最大发电水头567m，最大抽水扬程614m。2000年底，6台机全部并网发电。

在进行上述电站建设的同时，我国还建成了一批中、小型抽水蓄能电站，如浙江省装机容量为80MW的溪口抽水蓄能电站、江苏省装机容量为100MW的沙河抽水蓄能电站、安徽省装机容量为80MW的响洪甸抽水蓄能电站等。这些中、小型抽水蓄能电站主要服务于地区电网。

截至2010年底，全国抽水蓄能电站已建22座，在建12座，投产装机容量达到16949MW（包括在建电站投产容量西龙池600MW、宝泉900MW、惠州2100MW），投产装机容量占全国总发电装机容量的1.76%。其中：华北电网抽水蓄能电站投产容量3703MW；南方电网抽水蓄能电站投产容量4504MW；华东电网抽水蓄能电站投产容量4860MW；华中电网抽水蓄能电站投产容量3492MW。

此外还有东北电网2006年投产的吉林白山抽水蓄能电站（300MW）和拉萨电网于1997年建成的羊卓雍湖抽水蓄能电站（90MW）。2010年底我国抽水蓄能电站装机分布情况如图1-2-1所示。

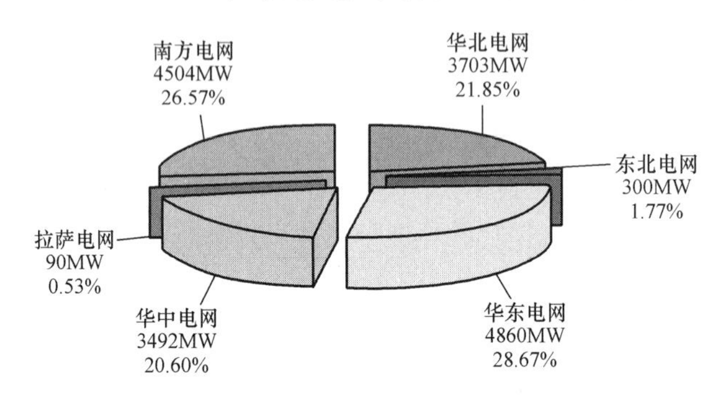

图1-2-1　2010年底我国抽水蓄能电站装机分布情况图

2010年底我国已建抽水蓄能电站的主要工程技术指标参见表1-2-1。2011年初，我国在建抽水蓄能电站有12座，装机容量15040MW，在建规模11440MW，见表1-2-2。我国已建、在建抽水蓄能电站已有34座，装机容量已达28389MW。抽水蓄能电站建设已成为我国能源发展规划中电源结构优化的重要内容。

表1-2-1　　我国大陆2010年底已投产抽水蓄能电站一览

序号	名　称	装机规模（MW）	第一台机投产年份	建设地点	所属电网
1	岗南	11	1968	河北	华北电网
2	密云	22	1973	河北	华北电网
3	潘家口	270	1992	河北迁西	华北电网
4	十三陵	800	1997	北京昌平	华北电网
5	泰安	1000	2006	山东泰安	华北电网
6	张河湾	1000	2008	河北井陉	华北电网
7	西龙池	600	2009	山西	华北电网
8	溪口	80	1998	浙江奉化	华东电网
9	天荒坪	1800	1998	浙江安吉	华东电网
10	响洪甸	80	2000	安徽	华东电网
11	沙河	100	2002	江苏	华东电网
12	桐柏	1200	2006	浙江天台	华东电网

续表

序号	名　称	装机规模（MW）	第一台机投产年份	建设地点	所属电网
13	琅琊山	600	2007	安徽滁州	华东电网
14	宜兴	1000	2008	江苏宜兴	华东电网
15	寸塘口	2	1992	四川蓬溪	华中电网
16	天堂	70	2000	湖北	华中电网
17	回龙	120	2005	河南	华中电网
18	宝泉	900	2009	河南	华中电网
19	白莲河	1200	2009	湖北	华中电网
20	黑麋峰	1200	2009	湖南	华中电网
21	白山	300	2006	吉林桦甸	东北电网
22	羊卓雍湖	90	1997	西藏	拉萨电网
23	东洛水库	4	1997	广东	南方电网
24	广州	2400	1994	广东从化	南方电网
25	惠州	2100	2009	广东	南方电网

表 1-2-2　　我国大陆 2011 年初在建抽水蓄能电站一览

序　号	名　称	装机规模（MW）	第一台机投产年份	建设地点	所属电网
1	西龙池	600	2009	山　西	华北电网
2	响水涧	1000	2011	安徽芜湖	华东电网
3	佛子岭	160	2012	安　徽	华东电网
4	仙游	1200	2013	福建仙游	华东电网
5	溧阳	1500	2015	江苏溧阳	华东电网
6	仙居	1500	2015	浙江仙居	华东电网
7	宝泉	300	2009	河南辉县	华中电网
8	洪屏	1200	2015	江西靖安	华中电网
9	蒲石河	1200	2010	辽　宁	东北电网
10	呼和浩特	1200	2013	内蒙古	东北电网
11	惠州	300	2009	广　东	南方电网
12	清远	1280	2013	广　东	南方电网

2.2 世界抽水蓄能电站发展概况

抽水蓄能电站发展至今已有超百年的历史。1882年，瑞士建成了世界上最早的抽水蓄能电站——苏黎世内特拉抽水蓄能电站，功率515kW，扬程153m。根据《Water Power & Dam Construction》2001年年刊所载世界抽水蓄能电站调查表（中国部分本书作了补充）统计，20世纪上半叶抽水蓄能电站发展缓慢，到1950年，全世界建成抽水蓄能电站28座，投产容量仅约2000MW，进入20世纪60年代后，抽水蓄能电站开始快速发展，60年代抽水蓄能电站装机容量增加13942MW，70年代增加40159MW，80年代增加34855MW，90年代增加27090MW。20世纪60～80年代是世界抽水蓄能电站的快速发展期。20世纪50年代以前，西欧各国领导世界抽水蓄能电站建设潮流；20世纪60年代后期，美国抽水蓄能电站规模跃居世界第一；进入20世纪90年代后，日本超过美国成为抽水蓄能电站装机容量最大的国家。据不完全统计，截至2004年，全世界共有38个国家和地区已经建成和正在建设抽水蓄能电站，投入运行的抽水蓄能电站317座，总装机容量122078.81MW，正在建设的26座，总装机容量16077.85MW。抽水蓄能电站装机容量最多的国家是日本，为23682.78MW，其次是美国，为20010MW。目前全世界抽水蓄能电站装机容量已占总装机容量的3%左右。因能源资源特点、电源结构、电力需求特性以及经济发展水平等方面的差异，世界各国抽水蓄能电站的发展水平相差较大，目前很多发达国家抽水蓄能电站的装机容量已占相当的比例（奥地利16%、日本13%、瑞士12%、意大利11%、法国4.2%、美国2.4%）。我国抽水蓄能电站装机容量占总装机容量的1.36%，虽然这一比例不反映区域电网的具体情况，但总体来看，与部分世界发达国家相比，我国抽水蓄能电站的发展规模还处于较低的水平。如图1-2-2、图1-2-3和表1-2-3所示为各个发展阶段世界抽水蓄能电站装机容量、比重及增长情况。

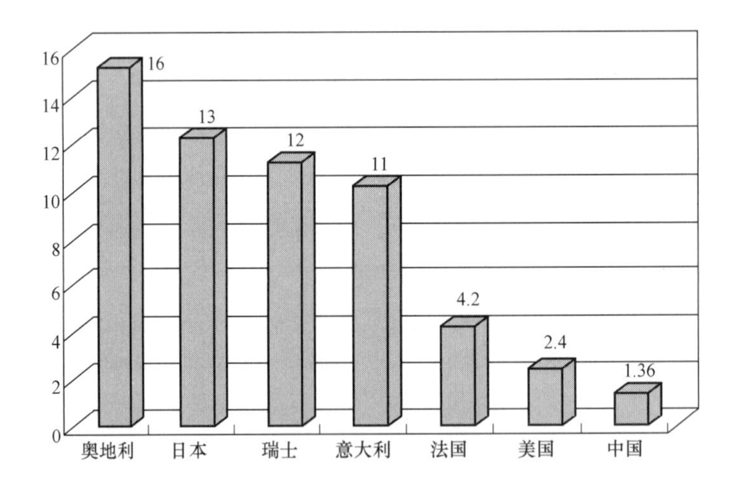

图1-2-2 2004年底世界各国抽水蓄能电站装机比重

表1-2-3 各发展阶段世界抽水蓄能电站增长情况表

项目	1950年以前	1951～1960年	1961～1970年	1971～1980年	1981～1990年	1991～2000年	2000～2004年	
							投产	在建
电站数（座）	28	36	67	91	61	30	4	26
累计（座）		64	131	222	281	313	317	(343)
装机容量（MW）	1994.01	2393.59	13942.30	40158.76	34854.85	27090.30	1645.0	16077.85
累计（MW）	1994.01	4387.60	18329.90	58488.66	93343.51	120433.81	122078.81	(138156.66)
年平均增长率（%）		8.21	15.37	12.30	4.79	2.58	0.34	(3.49)

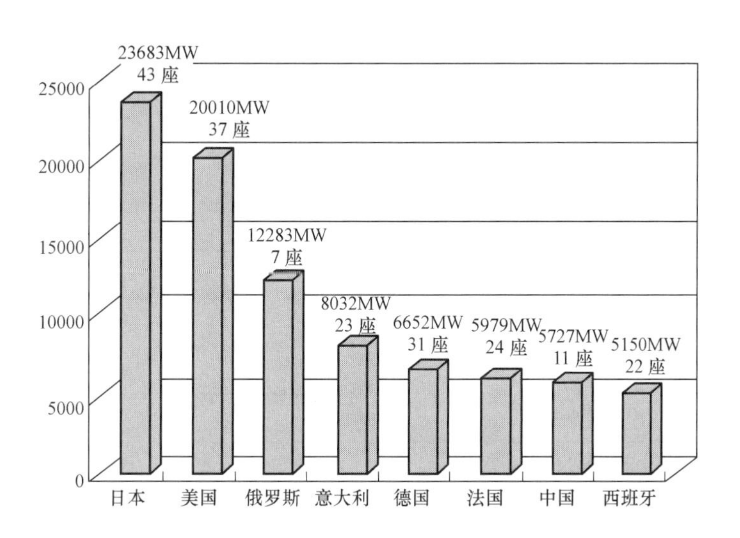

图 1-2-3　2004 年底世界各国抽水蓄能电站装机情况

按装机容量排序，截至 2004 年，世界抽水蓄能电站装机容量排行第一名是日本，第二名是美国，第三名是俄罗斯，中国排在第七名。前十名的国家如表 1-2-4 所示。

表 1-2-4　　世界抽水蓄能电站装机容量排行表（截至 2004 年）

序号	国　家	已建装机容量/站数（MW/座）	在建装机容量/站数（MW/座）	备　　注
1	日　本	23682.78/43	3500/1	在建装机容量中含葛野川 3 号、4 号机组
2	美　国	20010.00/37		
3	俄罗斯	12283.00/7		
4	意大利	8032.10/23		
5	德　国	6651.68/31	15.75/3	
6	法　国	5978.77/24	7.3/1	
7	中　国	5703.00/11	7620/9	未含台湾地区的明潭、明湖两电站
8	西班牙	5151.10/22	700.3/3	
9	英　国	3241.80/5		
10	奥地利	2836.50/17		
合　计		93569.73		

截至 2000 年，世界上已建百万千瓦级以上的有 43 座，总装机容量 61931MW，见表 1-2-5。

初期建设的抽水蓄能电站采用水轮机与水泵分开布置，后来随着水力机械制造技术的进步，逐步采用可逆式机组（发电电动机—水泵水轮机），最早采用可逆式机组的是西班牙 1929 年建成的乌尔迪塞托抽水蓄能电站，该电站装机容量 7.2MW，最大扬程 420m。20 世纪 60 年代以后大量采用可逆式机组，目前单级水泵水轮机的最大扬程已达 778m（日本葛野川电站），最大单机容量已达 475MW（美国的腊孔山电站）。

表 1-2-5　　世界已建大型抽水蓄能电站一览表（截至 2004 年）

序号	国家	电站名称	首台机组投产年份	机组台数	装机容量（MW）	最大水头（m）	调节周期
1	澳大利亚	蒂默特 3	1973	9	1689	161.5	日
2	中国	广州	1993	8	2400	536	日/周
3		天荒坪	1998	6	1800	567	日
4		台湾明湖	1985	4	1008	316.5	日
5		台湾明潭	1994	6	1620	401	日
6	俄罗斯	特尼斯特尔	1993	7	2268	155.4	日
7		凯夏多尔	1990	8	1600	111.5	日
8		卡—涅夫	1993	16	3600	114	周
9		列宁格勒	1995	8	1560	93.3	日
10		塔什累克	1992	10	1820	83.5	日
11		扎戈尔斯克	1998	6	1200	113	日
12	法国	格兰德迈松	1986	12	1800	906	季
13	德国	戈尔戴斯撒尔	2002	4	1060	325	日
14		马克斯巴赫	1979	6	1050	288	日
15	伊朗	夏赫比谢	1996	4	1140	505	
16	意大利	埃多洛	1983	8	1021	1195	日
17		奇奥塔斯	1982	8	1184	1048	日
18		普列森扎诺	1988	4	1000	489	日
19		布康瓦尔格兰德（德里奥湖）	1971	9	1040	753	日
20	日本	今市	1988	3	1080	539.5	日
21		葛野川	1999	4	1648	712.4	日
22		俣野川	1986	4	1234	529.1	周
23		大河内	1992	4	1320		日
24		奥清津	1978	4	1040	490	日
25		奥美农	1994	4	1036		日
26		奥多多良木	1974	4	1240	406	
27		奥吉野	1978	6	1242	505	日
28		下乡	1988	4	1040	421	日
29		新高濑川	1979	4	1344	271.7	日
30		新丰根	1972	5	1150	203	日
31		玉原	1982	4	1340	524.3	日
32	卢森堡	菲安登	1963		1096	276	日
33	菲律宾	卡拉亚纳	1982	2	300（规划 1800）		日
34	南非	德拉肯斯堡	1983	4	1200	451.7	周
35	英国	迪诺威克	1982	6	1890	513	日

续表

序号	国　家	电站名称	首台机组投产年份	机组台数	装机容量（MW）	最大水头（m）	调节周期
36	美　国	巴德溪	1991	4	1000	324	
37		巴斯康蒂	1984	6	2100	330	
38		吉尔博	1973	4	1200	339	
39		卡斯泰克	1973	6	1566	328	
40		赫尔姆斯	1984	3	1195	531	
41		拉丁顿	1973	6	1410	107	
42		诺斯菲尔德山	1972	4	1000	226	
43		腊孔山	1975	4	1900	310	
合　计					61931		

第三章 抽水蓄能电站工程技术与工程设计的特点

3.1 抽水蓄能电站的选点规划

与常规水电站通常的沿拟开发河流寻找合适的坝址不同，抽水蓄能电站的选点规划一般是在给定的区域或电网范围内的面上进行，可选站址相对较多，不同站址建设条件可能相差很大。了解各站址的建设条件，包括地理位置、工程布置，社会影响、环境影响等，从中选出若干建设条件较好的站址开展规划阶段的勘测设计工作，经过综合比较推荐近期开发工程。抽水蓄能电站选点规划是一个地区建设抽水蓄能电站的重要依据，站址的选择将直接影响到电站的作用、规模和效益。

我国抽水蓄能电站规划工作始于20世纪70年代，多年来沿海各省及内陆地区许多省市都开展了抽水蓄能电站站址资源的普查和选点规划工作，选出了大批建设条件优越的抽水蓄能电站站址。在20世纪七、八十年代，我国抽水蓄能电站建设处于起步阶段，由于对站址普查及选点规划的重要性认识不足，往往抓住个别站址就深入开展前期工作，结果使规划结论多变。自20世纪90年代以来，华东电网选点规划开始注意全面了解选点范围内抽水蓄能电站站址资源情况，在此基础上进行相应的勘测设计工作并多方面比较，使选点规划具有坚实的工作基础，所选站址经过一段时间的考验证明是合适的。

在进行抽水蓄能电站站址选择时，除地形、地质条件等本身的工程技术条件外，需要考虑的建设条件有：地理位置、水源、水库淹没、环境影响、现有上下水库利用等。这些外部建设条件有时可能成为站址选择的决定性因素。

地理位置是抽水蓄能电站站址选择考虑的重要条件。由于抽水蓄能电站运行的特殊性，运行过程中既要发电又要抽水，抽水蓄能电站如建在负荷中心，则从保证电网安全、节约电网建设投资及减少电能损耗降低电网运行成本等方面均较为有利，同时有利于电网潮流的合理流动，也有利于抽水蓄能电站调峰、填谷、调频、调相和事故备用功能的发挥。因此，站址选择应尽量靠近电网的负荷中心。我国已建、在建的抽水蓄能电站一般均位于所在电网的负荷中心。例如，天荒坪抽水蓄能电站距上海、杭州和南京的直线距离分别为175、75、175km；桐柏抽水蓄能电站距杭州和宁波直线距离为150km和94km；广州抽水蓄能电站距广州90km；十三陵抽水蓄能电站距北京40km。

抽水蓄能电站所需水量在上、下水库中循环运行，初期蓄水完成后，只要补充蒸发渗漏水量即可维持正常运行，不像常规水电站那样依赖于河川径流。蓄能电站对水源要求不高，但保证运行期水量是建设抽水蓄能电站的必要条件。一般上、下库坝址集水面积较小，特别是在北方降水较少的地区必须重视这个问题，部分抽水蓄能电站在水量不足时需考虑设置水量备用库容或考虑补水措施，有时为了下游供水还需设置一定数量的供水库容。例如江苏宜兴抽水蓄能电站上、下库集水面积分别为0.21km^2和1.87km^2，电站天然来水不能满足初期蓄水及正常运行时蒸发及渗漏水量的需要，设计时考虑了从附近湖泊进行补水的工程措施。天荒坪抽水蓄能电站下库集水面积24.2km^2，初步设计阶段考虑到下游用水等原因，在库容设计时预留了30万m^3供水备用库容。

规划中，对上、下水库选择的认识也在不断深入。初期选点规划由于缺乏经验，总以为利用天然水域作为上水库或下水库最有利，认为这样可以节省工程量、降低工程投资。在这种思想的指导下，华东电网初期选点总是围着太湖周边的低丘山区寻找合适的上水库，结果受地形、地质条件的限制，所选站址水头均不超过150m，地质条件也不好，经济指标也较差。后来通过调整规划思路，扩大选点范围，发现了天荒坪等优良站址，逐渐体会到地形、地质条件和一定的高差是一个重要条件。规划选点不要一味地追求利用天然水域作为上（下）水库。

同样，抽水蓄能规划中对已建水库的利用问题也经历了一个认识过程。早期选点规划认为利用已建水库作为上（下）水库可以少建一个水库，使工程简化，节约工程投资。但工作实践中发现，利用已建水库，通常需占用其调节库容，对已建水库综合利用功能的发挥有一定的影响，并存在电站运行调度较为复杂、协调难度大等问题。对占用已建水库的库容一般也仍需进行补偿，补偿费用与新建水库造价也相近。例如，桐柏抽水蓄能电站利用原桐柏水库作为上水库，为不影响天台县城的供水，电站对原水库进行补偿，并恢复供水需求，由地方新建一个水库作为供水水源。一般而言，采取一次性补偿所需费用与新建一个上（下）水库相差不多。规划建设的溧阳抽水蓄能电站下水库有条件利用已建的沙河水库，但由于沙河水库综合利用要求高，蓄能电站占用部分库容将影响其综合利用效益的发挥，协调难度大，综合比较后采用在沙河水库边开挖形成蓄能电站下水库，减少了协调的难度。因此，规划选点对已建水库的利用应客观对待，综合考虑。

我国抽水蓄能电站选点规划工作历经30多年的实践，取得了许多宝贵的经验。在总结我国抽水蓄能电站选点规划工作基础上，由华东勘测设计研究院主编的《抽水蓄能电站选点规划编制规范》已于2003年颁布实施。多年的实践证明，应高度重视抽水蓄能电站规划工作，它对于优化电源结构、指导抽水蓄能电站建设、保证抽水蓄能电站有序、健康发展具有重要的保证作用。

3.2　抽水蓄能电站的枢纽布置

抽水蓄能电站枢纽建筑物一般由上下水库、输水系统和厂房等组成。具有合适的上下水库地形、地质条件和足够的高差是抽水蓄能电站工程建设的必备条件。

上、下水库的天然高差应尽可能大一些，这样相同装机容量所需的库容就较小，土建工程量相对小一些。但根据当今抽水蓄能机组制造技术，水头并不是越高越好，规划时应注意：电站水头大于800m时，就目前技术水平而言，单级水泵水轮机制造难度较大。因此，电站水头一般应控制在800m以内，水头太高需选用多级水泵水轮机，电站造价将提高，影响电站的经济性。根据各地抽水蓄能电站的建设条件，我国大部分已建、在建和规划建设的抽水蓄能电站水头在200～700m。如果所选站址水头太低，相应所需的水库库容较大，土建工程也相应加大，电站的技术经济指标就不太理想。

上、下水库水平距离的大小说明上、下水库的相对位置，一般情况下宜适当小一些。从多年来抽水蓄能电站的设计实践看，一般距高比2～10较为合适，早期抽水蓄能电站规划时有这样一个观点：认为距高比越小越好，这样可节约电站输水系统工程量，可以节约工程投资。但实践中发现，这样做容易引起一些工程问题，距高比太小容易引起地下洞室布置过于集中、布置困难并可能出现高陡边坡等问题，因此规划时不宜过分追求距高比。华东电网已建、在建抽水蓄能站址的距高比为：天荒坪2.5、桐柏4.1、响水涧4.3、宜兴6.8、琅琊山9.5、仙游4.8。

3.3　地质勘察

抽水蓄能电站的地质勘察工作既有常规水电工程的一些共性，又有其自身的特殊性。

根据抽水蓄能电站主要建筑物的特点和电站运行特性，其主要工程地质问题可以归纳为以下几个方面：

(1) 地下工程洞室多、埋藏深、规模大，围岩稳定问题。

(2) 上、下水库间高差大，压力隧洞均要承受高水头的内水压力，围岩的渗漏及渗透稳定问题更为复杂、特殊。

(3) 上水库库盆渗漏及防渗问题。

(4) 水库运行期间水位骤升骤降频繁、变幅大，库岸稳定问题。

(5) 相对于土建工程量而言，工程开挖及弃渣量大，一般水库大坝多采用当地材料建坝，挖填平衡问题。

其中需要重点关注的是：上水库渗漏条件、水库水位频繁骤升骤降带来的库岸稳定问题以及水道系统岩体条件和渗透性。

上水库的勘探应根据库（坝）区的地形地质条件、可能的坝型及防渗型式，查明库（坝）区的渗漏、库岸稳定及坝基稳定条件。抽水蓄能电站的上水库库容一般较小，且多无天然径流补给，不允许有大的渗漏量，勘察工作应重点查明库内、外泉（井）的出露位置、高程、水量及动态，以及库岸岩体的透水性、含（透水）水层及相对隔水层的分布特征、库周山体地下水位与水库正常蓄水位的关系等，分析可能产生渗漏的地段，并将可能渗漏地段的钻孔设置为地下水位长期观测孔，为库区防渗方案的选择和防渗设计提供地质依据。

由于运行期库水位升降频繁，上、下水库库岸边坡稳定问题更趋复杂，地质勘查和分析的重点是潜在不稳定库岸、潜在变形破坏体等地段。应综合考虑以下因素，对库岸边坡的稳定性首先进行定性分析与评价，包括：地形地貌条件、坡面形态，地层岩性条件及岩（土）体的性质、风化程度，断层、节理及软弱夹层的发育程度、延伸性、充填物性状，边坡岩体的完整性及岩体结构类型，各种结构面及切割组合，岩（土）体的透水性、地下水位及库水位的变化情况等。在此基础上，要根据水位频繁大幅度升降的特点，对潜在不稳定库岸段进行定量计算分析，尤其对工程安全有威胁的潜在不稳定体和变形破坏体，应重点进行稳定性计算分析。通过定性分析和定量计算，预测库岸失稳的可能性、规模，并对工程的影响和危害进行评价（施工、运行期），提出防治措施和长期监测方案的建议。

抽水蓄能电站的输水系统水头高、线路长，根据总体枢纽布置需要比选的方案多，相应的工程地质勘察考虑的因素多、工作量较大。在洞线选择时，要结合枢纽总布置和水工隧洞的要求，尽可能地避开区域断裂带、主要断层和软弱岩带等对水道系统不利的复杂地质条件区段。对因地质条件限制或枢纽布置的需要不能避开不良地质地段时，应查明其条件，并重点对地应力条件、围岩上抬、水力劈裂、渗透破坏，渗漏及其引起的山体失稳等进行评价，对于采用钢筋混凝土衬砌的高压水道系统，这一点尤其重要。

3.4 抽水蓄能电站的上、下水库

抽水蓄能电站上、下水库水位升降频繁、变幅大，水库渗漏影响大、防渗要求高，存在天然洪水和发电流量遭遇以及上水库超蓄危害等问题，在建筑物布置、防渗、泄洪建筑物的设计等方面均有其特点。

影响水库布置的因素较多，包括水库库容、地形地质条件、土石方平衡、环境保护等。为满足库容要求，上水库大多采用开挖与筑坝围合相结合的方式，结合地形地质条件和土石方平衡，以面板堆石坝坝型居多，坝轴线也不限于常规的直线型，如我国的天荒坪抽水蓄能电站和西龙池抽水蓄能电站、英国的迪诺威克抽水蓄能电站、德国的格兰姆斯抽水蓄能电站等，上水库坝轴线均采用弧线型，而琅琊山抽水蓄能电站的上水库坎轴线则为折线型，均可以较小的工程代价取得较大的有效库容；为解决泥沙问题，呼和浩特抽水蓄能电站的下水库采用了上、下游两座大坝在河道中截建水库的方式，西龙池抽水蓄能电站也没有直接在滹沱河上建库，而是利用地形采用了岸边全人工下水库的解决方式。

大部分抽水蓄能电站的上水库都存在库盆渗漏问题，需要采取一定的工程措施进行防渗处理。当工程区地质条件相对优良，水库库盆渗漏问题不太严重、断层及构造带不太发育、且无严重的库岸稳定问题时，以垂直灌浆帷幕防渗方案为宜，以节省工程造价，例如桐柏、仙游、仙居、洪屏、深圳等抽水蓄能电站；当库岸地下水位或相对隔水层较普遍地低于水库正常蓄水位，或断层、构造带发育，或库盆存在较严重渗漏问题时，则多采用表面防渗型式，例如天荒坪、西龙池、张河湾等抽水蓄能电站上水库采用沥青混凝土面板全库盆防渗，十三陵、宜兴等抽水蓄能电站采用钢筋混凝土面板全库盆防渗。此外，根据工程具体工程地质、水文地质条件，也有的电站采用综合防渗型式，例如泰安抽水蓄能电站上水库采用库岸混凝土面板＋库岸灌浆帷幕＋库底土工膜，美国的拉丁顿抽水蓄能电站、国内的宝泉抽水蓄能电站采用库岸沥青混凝土面板＋库底黏土铺盖等。

在泄洪方面，对于无天然来水、集水面积较小的上水库，通常不需要设置专门的泄洪设施，这种情况下建筑物设计时，考虑将相应设计标准的暴雨所产生的水量全部置于水库正常蓄水位以上，水库多余水量通过水轮机泄至下水库，例如天荒坪、泰安、宜兴、西龙池、张河湾等抽水蓄能电站的上水库。但采用这一形式时，应当对降雨产生的水位上升有足够的估计，并对上水库水位监测、水位控制采取可靠的措施，防止类似美国塔姆·索克抽水蓄能电站上水库溃决事故的发生。由于上水库高程高、库水的位能大，上水库溃坝造成的危害将非常大，在抽水蓄能电站设计中应充分重视泄洪问题。目前，用于抽水蓄能电站上水库工程的泄洪建筑物主要有溢洪道、泄洪洞、泄水底孔、自溃溢洪道等。

下水库应考虑的主要是发电流量和天然洪水的叠加问题。大多数情况下，下水库都是建在有一定流域（集水）面积的天然河道上。正常情况下，上、下两水库的有效存水量之和等于其中任一库的调节库容。当下水库出现天然洪水并存储于库内，而系统又要求电站发电运行时，将发生洪水与机组发电流量叠加的问题，此时，要么限制电站运行、要么增加下游河道防洪负担。因此，下水库需设置具有一定预泄能力的泄洪设施。下水库泄洪设施的设置以“尽量少影响电站发电运行，下泄流量不超过天然洪峰流量、不加大下游防洪负担”为原则。通过多年的设计实践，对下水库洪水调度及泄洪设施的布置已总结出一套较为成熟的方法：考虑洪水与机组发电的不利组合，除利用溢洪道泄洪外，采用泄洪洞等深孔设施，在上、下库合计总蓄水量超过设计值时泄放多余水量，已建的天荒坪、桐柏等抽水蓄能电站均采用这种方式。选择合适规模的底孔与表孔泄流能力组合，有利于降低大坝高度、节省工程投资和提高电站的运行灵活性和安全性。

3.5　抽水蓄能电站的引水发电系统

与常规水电站相比，抽水蓄能电站的引水发电系统有如下的主要特点：发电和抽水双向水流；水头高、承受的内水压力大；机组吸出高度大、安装高程低。

由于水流是双向流动，因此抽水蓄能电站的进/出水口、分岔管等的体型轮廓设计要求更为严格。进水时，要逐渐收缩，出水时，应逐渐扩散，全断面上流速尽量均匀，不发生回流、脱离或吸气漩涡。要求发电和抽水时的水头损失要尽可能小，否则整个系统的总效率将降低。

抽水蓄能电站工况转换迅速、启停频繁，使得其输水系统水力过渡过程较常规水电站更为复杂。可逆机组过流特性曲线中存在“倒S形”区域，该区域内机组转速的变化对过流特性影响巨大，较小的转速变化，会引起较大的流量变化，从而在输水系统中产生较大的水锤，由此导致抽水蓄能电站过渡过程中发生的水锤与常规水电站有较大的区别；同时，在过渡过程分析中，既要考虑发电工况事故甩负荷，又要考虑抽水工况事故断电，对于设置了上游或尾水调压室的输水系统还必须考虑各种最不利的水位、流量组合，所以抽水蓄能电站水力过渡过程分析所要考虑的因素比常规水电站要复杂得多。

抽水蓄能电站的水头普遍较高，输水道结构所承担的内水压力普遍较大，其输水道采用钢衬的较多，例如日本的大多数电站，我国的宜兴、十三陵、西龙池等抽水蓄能电站。用于压力钢管的主要有低合金钢和高强调质钢，目前抽水蓄能电站500MPa级低合金钢板一般采用16MnR；600MPa级或更高一级的高强调质钢板，2000年以前一般采用日本的HT（SM）系列或美国的ASTM A系列调质钢，2000年以后我国舞阳钢铁公司生产的WDB620钢板与武汉钢铁公司生产的WDL610钢板也开始大量使用。

当地质条件比较优良时，为方便施工、降低造价，有不少电站的压力输水道采用钢筋混凝土衬砌的型式。大量的理论和实践表明，当内水压力大于120～150m时，混凝土衬砌将发生开裂，因此与钢衬压力水道的设计理念完全不同，钢筋混凝土衬砌压力水道中，衬砌只是起平顺水流、减小糙率、为围岩灌浆创造条件的作用，这时围岩是真正的承载体。采用钢筋混凝土衬砌地下高压管道的前提是围岩应相对新鲜完整，工程设计的核心是对地形地质条件、地应力、围岩渗透、围岩水力稳定性等的研究。目前常用最小覆盖厚度准则、水力劈裂准则、最小地应力设计准则等来对钢筋混凝土衬砌地下高压管道的设计进行分析判断，对水头特别高的混凝土衬砌高压管道或重要工程，还需结合高压渗透试验对围岩在高水压作用下的渗透性、水力稳定性等进行研究论证。我国在高水头大型钢筋混凝土衬砌地下高压管道的设计方面已走在了世界前列，天荒坪、广蓄、桐柏、泰安、惠州等抽水蓄能电站均采用了该种型式。

3.6 抽水蓄能电站的机电设备

抽水蓄能电站的功能、作用和运用方式，需通过机电设备的安全、稳定、可靠、有效运行才能得以实现，机电设备的合理设计和合理配置，必须满足机组快速起动、灵活迅速工况转换、强大负荷跟踪能力、宽广负荷适应范围、灵活调度运用和自动控制功能。

水泵水轮机、发电电动机的选型、设计，开始时采用经验公式估算，随着经验的积累和实际投运电站的增加，目前已采用经验估算、类比选择、参数计算选择并举，互相验证的科学的选型技术和方法，在额定水头和额定转速的选择、模型试验、额定电压选择、SFC谐波分析、机组拆卸方式、机组稳定性分析、机组结构等方面已经逐步形成了一整套的技术方法。

从设备制造能力角度，目前已建单级可逆混流式水泵水轮机工作水头最高的为日本的葛野川抽水蓄能电站，最高扬程达778m（水轮机最大输出功率412MW），神流川抽水蓄能电站的最高扬程为728m，水轮机最大输出功率482MW。基于比转速和水头（扬程）的综合参数比速系数，是判断水泵水轮机发展水平和趋势的常用数据，据统计，目前国内外已建、在建水泵水轮机水泵工况 K_p（$K_p=n_{sp}\times H_p^{0.75}$）值在2000～4000之间，水轮机工况 K_t（$K_t=n_{st}\times H_t^{0.5}$）值在2000～2800之间。总的来说，水泵水轮机的比转速趋于提高，反映了水泵水轮机试验、设计和制造水平的逐步提高，对于提高机组综合效率、减小厂房尺寸、降低工程造价有利，但选择过高的比转速也可能使机组空化性能变差，同时也会对机组的稳定性带来不利的影响。

近年来，我国水电机组在能量和效率性能方面的发展很快，对单机容量、额定水头、最大输入功率以及涉及制造经济性的转速等方面综合考虑，制定合理的效率考核指标和合理的加权因子、加权平均效率考核指标，是水泵水轮机选型设计的重要工作，在这方面我国目前已经处于国际先进水平。但与此同时，已投产的机组在稳定性方面也暴露一些问题。对水泵水轮机的设计已经注意到这个问题，开始将包括压力脉动、机组噪声、振动、摆度、水轮机工况低水头空载稳定性、水泵工况高扬程运行稳定性等方面的稳定性量化指标纳入性能保证重点关注的范畴，以保证有较好能量、效率指标的同时，使机组有较好的稳定性、可用率指标，达到效率与稳定运行的平衡。

抽水蓄能电站在电网中起着特殊的作用，其接入系统除了满足基本的电站接入系统的功能外，应根据其调峰、填谷、调频、调相和事故备用等功能，按照简明、安全、可靠、经济的设计原则进行。宜尽量以单一的高电压等级，在满足输送容量的前提下以较少的线路回路数，成辐射状接入邻近的电网主环网枢纽变电站，避免有穿越功率通过抽水蓄能电站，潮流流向应畅通合理，不对电网结构和参数造成不利影响，发生故障时不影响电网的稳定；主接线设计应简单、清晰、可靠，适应多变的运行工况，操作方便、运行灵活；发电电动机—主变压器组合应尽可能减少高压引出线的回路数，简化地下厂房布置；其高压配电装置目前普遍采用气体绝缘全封闭组合电器 GIS，以提高整体运行的可靠性，并适当简化相应的电气主接线。

第四章

我国抽水蓄能电站的发展前景

4.1　应解决好抽水蓄能电站发展中存在的一些问题

自20世纪90年代以来，伴随着我国电力工业的快速发展，为改善电源结构，提高电网运行效益和供电质量，抽水蓄能电站也得到了较快的发展。截至2010年底，我国已投产的抽水蓄能电站装机容量占全国总装机容量的比重为1.76%，与发达国家相比，我国抽水蓄能电站的发展规模还处于较低水平。在节能减排、大力发展清洁能源、建设智能电网的背景下，我国抽水蓄能电站将进入高速发展阶段，应解决好发展过程中存在的一些问题。

（1）结合各个地区能源发展新格局，加强对抽水蓄能在系统中配置比例的研究。

抽水蓄能电站不同于常规电源，其在电源总量中应占多大比重及布局规划涉及面广、影响因素多，在新的历史时期抽水蓄能电站的合理建设规模应结合电源结构优化、电网安全、节能降耗、国家能源发展战略等多方面进行综合研究。

由于我国幅员辽阔，地区之间电网结构和电源组成有着较大的差别。例如，在华东地区，以大容量火电机组为主，核电、风电发展较快，由于常规能源资源的缺乏，为“西电东送”的主要受端，区内装机容量已超过1亿kW，是我国最大的区域电网；在华中地区，水电比重较大，2008年底水电比重达到42%，水电调节性能较差，弃水电量较多；在华北地区，除抽水蓄能电站外，几乎为纯火电电网；在广东电网，网内主要以火电为主，由于资源缺乏，“西电东送”容量占有较大比重。因此，由于各个区域电网的网架结构、电源组成、用电负荷特性不同，对区域内抽水蓄能电站的配置要求也会有所区别。

从解决调峰问题的角度看，除了抽水蓄能、常规水电和燃气轮机以外，随着技术的进步，煤电也可较大幅度地参与系统调峰，因此，对于抽水蓄能电站的合理规模应从电源优化的角度进行论证。在以火电（核电）为主的电网，建设抽水蓄能电站可改善火电（核电）机组的运行条件，降低系统运行费用，提高系统运行的安全性和可靠性。建设合理规模的抽水蓄能电站可减少电力系统总的燃料消耗，有利于节能降耗及环境保护和降低电力系统的运行费用；从国内外抽水蓄能电站的发展可以看出，常规水电比重较大的电网，也都建有一定规模的抽水蓄能电站，说明常规水电调节性能不足也需要建设抽水蓄能电站，在这样的电网中，抽水蓄能电站的投入可以改善系统运行条件、减少水电弃水电量、提高电网运行效益；随着“西电东送”战略的逐步实施，我国华东、广东电网区外来电容量逐年增加，超高压直流的单回输送容量将达6000MW，对受端电网的备用要求将会更高；随着电网的不断扩大，大容量机组将逐年增加，大机组一旦跳闸所带来的系统风险会更高，电网对旋转备用也会提出更高的要求；根据国家能源发展战略，国家鼓励风电等可再生能源的发展，鉴于风力资源的特殊性，抽水蓄能电站建设也将有利于电网更好地消纳风电所发电能。所有这些，都预示我国对抽水蓄能电站建设有较大的需求。

对于抽水蓄能在电网中的合理比例问题，经常有不同的观点，争论较大。一种观点认为国外如日本已达到13％，我国目前还仅仅占1.76％，尚远远不够；另一种观点认为，抽水蓄能不宜过多，有3％～5％就足够了。究其原因，一方面是对抽水蓄能在系统中的作用、地位的认识不同，更主要的是针对具体区域电网的网架结构和电源构成特点的全面系统分析研究还不够。离开具体的电网系统特性笼统地谈抽水蓄能合理配置比例是没有意义的。结合各个地区电网特性和电源构成特点，加强对抽水蓄能在系统中配置比例的研究，将有助于统一认识、加快抽水蓄能的发展。

（2）进一步加强抽水蓄能站点规划工作。

抽水蓄能电站的选点规划是在给定的区域或电网范围内的面上进行，可选站址相对较多，不同站址建设条件可能相差很大，站址的选择将直接影响到电站的作用、规模、成本和效益。

在各个不同时期，不同程度地开展了有关网、省区域内的抽水蓄能规划选点工作，对于抽水蓄能的发展起到了积极的推动作用，目前正在建设的一批电站是前期规划选点工作的主要成果。

虽然在有关网、省区域内不同程度地开展过抽水蓄能电站的选点规划工作，但工作深度不一。由于近年来电网发展规划变化很快以及人们对抽水蓄能电站认识的加深，很多地区抽水蓄能电站的选点规划没有及时根据电网发展规划及新的情况进行滚动修编，抽水蓄能电站的前期工作及建设安排缺乏统一的规划。此外，有些地方政府从促项目、拉动地方经济角度出发，纷纷在局部区域选择抽水蓄能站址开展前期工作，缺乏总体规划。

随着电网的快速发展，网、省区域内的装机规模和电源结构近年来也变化较大，社会经济的发展使已有规划选点中有关站址的具体建设环境条件也在发生变化，为充分发挥抽水蓄能电站在电网中的作用，做到合理、有序开发，必须做好抽水蓄能电站规划研究工作，编制不同区域或电网抽水蓄能电站的中长期发展规划，提出抽水蓄能电站发展规模和布局，并选择一批站点作为后续建设项目抓紧进行前期工作，满足相关区域内电力系统对抽水蓄能电站建设的需要。

（3）经营管理模式尚在探索之中，效益回收机制需尽早确立。

自20世纪90年代以后，我国建设的抽水蓄能电站出现了不同的运营模式。由电网公司投资建设的抽水蓄能电站，一般采取电网公司统一运营，统一核算的模式。由电源公司或多方参股投资建设的抽水蓄能电站，一般采取独立经营管理核算方式。目前市场环境条件下，各种经营核算模式均存在一定的问题。

抽水蓄能电站作为一种经济、有效的调峰电源，除调峰填谷外，还可以承担调频、调相、事故备用以及黑启动等任务。可提高电网供电质量，改善电网内火电、核电机组运行条件，降低系统发电综合成本，经济效益显著。尽管抽水蓄能电站在电力系统中的作用和效益显著，但由于其效益以容量效益为主，动态效益难以量化，在现行电力体制和市场环境下，其财务效益难以较好地实现，投资者的合理回报得不到有效保障，影响和制约了抽水蓄能电站的生存与发展。当前部分已建抽水蓄能电站的效益回收通过销售侧电量加价的方式实现，这一措施不利于抽水蓄能电站的健康发展，没有很好地体现“谁受益、谁分担”的原则。抽水蓄能电站的效益主要体现在降低网内火电和核电等电源的供电成本、提供辅助服务保证电网的安全稳定运行等方面，存在着“看得见、算得出、拿不着”的问题。由于电力市场尚未真正建立，价格传导机制尚未形成，发电侧和用户侧峰谷分时电价还不能准确地反映市场供需关系，两部制电价尚处于探索阶段，辅助服务市场也未建立，抽水蓄能电站提供的辅助服务尚无法通过市场获取合理的回报，财务效益难于实现，特别是动态效益无法回收。目前经营模式和效益回收采取行政手段通过电网电量加价方式对抽水蓄能电站效益进行回收，难以体现抽水蓄能电站的真正作用和价值。

目前迫切需要解决抽水蓄能电站效益回收机制问题，从受益方入手，分析抽水蓄能电站投入后对发电侧、电网、用户等的受益程度，制定相关政策，保证抽水蓄能电站效益得到合理回报，促进抽水蓄能电站的健康发展。

（4）充分发挥市场机制，促进抽水蓄能电站的发展。

2004年国家发改委下发《关于抽水蓄能电站建设管理有关问题的通知》（发改能源［2004］71号），对抽水蓄能电站建设主体提出了明确意见。这种建设体制，有利于明确建设主体的责任，有利于规范管理。由于是电网企业为主体，可避免电网与电站之间的利益矛盾，有利于电站作用的充分发挥。

从国外抽水蓄能电站建设管理模式看，应该充分发挥市场机制，一种方式是按照“谁受益、谁分担”的原则，合理确定抽水蓄能运行成本分担比例，以发电企业承担为主，给予目前的建设主体——电网企业相应的利润，鼓励其积极性；另一种方式是在统一规划、以电网企业为主进行建设的情况下，允许、鼓励其他建设主体进行抽水蓄能电站的建设，充分发挥市场机制，促进抽水蓄能建设的发展。

4.2 我国抽水蓄能电站的发展前景

随着我国经济和社会的快速发展，电力负荷迅速增长，峰谷差不断加大，用户对电力供应的安全和质量期望值也越来越高。抽水蓄能电站以其调峰填谷的独特运行特性，发挥着调节负荷、促进电力系统节能和维护电网安全、稳定运行的功能，将成为我国电力系统有效、不可或缺的调节工具。

截至2010年，我国已建、在建抽水蓄能电站装机容量已有2800万kW，比重约为2%～3%。为实现到2020年我国一次能源消费中非化石能源达到15%及单位GDP能耗与2000年相比降低40%的承诺，国家大力鼓励发展可再生和清洁能源。根据有关规划，预计至2020年我国风电装机容量达到1.5亿kW左右，核电装机容量达到7000万kW左右。伴随着风电和核电的大规模发展，我国抽水蓄能电站将得到快速发展，按有关规划2020年抽水蓄能装机规模将达到5000万～7000万kW。抽水蓄能电站建设将成为我国能源发展规划中电源结构优化的重要内容，到2020年，除已建、在建的站址外，还需新建并投产的装机容量达到3000万～5000万kW，抽水蓄能电站建设前景广阔。

（1）能源资源优化配置的需要。

我国能源资源总量比较丰富，2006年中国煤炭保有资源量10345亿t，剩余探明可采储量约占世界的13%，列世界第三位；水力资源理论蕴藏量折合年发电量为6.08万亿kW·h，经济可开发年发电量约1.75万亿kW·h，相当于世界水力资源量的12%，列世界首位。

中国的能源总量虽较丰富，但分布不均衡。煤炭资源主要赋存在华北、西北地区，水力资源主要分布在西南地区，石油、天然气资源主要赋存在东、中、西部地区和海域。

我国东部经济发展较快但缺乏资源，决定了必须进行大范围的资源优化配置，大力推进西电东送与全国联网。通过三峡水利枢纽的建设，已初步形成全国联网，随着未来特高压电网的逐渐形成，跨区送电规模将大大增加。为保证受端电网的电压支撑，解决送电线路故障带来的稳定问题，克服故障工况下受端电网的有功功率和无功功率不足等问题，应在受端负荷中心建设适当规模的抽水蓄能电站担当紧急事故备用的保安电源，化解电网运行风险，提高系统运行安全性。

（2）改善电能质量、提高服务水平的需要。

抽水蓄能电站是为包括发电、输电、配电、电力用户的整个电力系统服务的一种发电方式，从其自身看，它虽然以一定的电量消耗为代价，但却能够实现整个系统的节能降耗、电网的安全稳定、用户供电质量提高等效益。

随着我国经济社会的快速发展，为满足用户对电力供应安全和质量要求的不断提高，发挥抽水蓄能电站的动态效益，建设适当比例的抽水蓄能电站显得十分必要。

英国、美国、日本等国家电源构成中，调峰性能优越的天然气发电机组比重分别达到33%、22%和25%，但抽水蓄能电站仍然占有相当比重。美国抽水蓄能机组占全国装机容量的比重超过2%，英、法等国均超过4%，日本超过10%，一定程度上验证了抽水蓄能电站不仅仅具有调峰的作用，还具有其他机组所无法替代的动态效益。

（3）优化电源结构，提升电网调峰能力。

从经济与安全运行的角度，核电应当尽可能避免调峰，主要承担基荷。风电等可再生能源发电的可控性较差，具有反调节特性，往往给调峰带来更大的困难。因此，随着核电、风电及其他可再生能源发电比重的不断提高，为提高系统运行的安全性与灵活性，需要配置相应规模的抽水蓄能电站，提高电网调峰能力。

我国是一个以煤炭消耗为主的国家，受一次能源结构制约，我国的电源结构以燃煤火电机组为主。为减少化石能源消耗，控制大气污染物排放，应积极优化我国的电源结构。长远来看，国家将大力发展核电、风电及其他可再生能源发电。

到2020年，全国核电运行装机容量将达到7000万kW左右，我国核电处于发展初期，从保证核电的经济性和运行安全性角度考虑，核电机组宜带基荷运行，不宜参与调峰。大规模建设核电，将使系统调峰需求加大，调峰问题更加突出，必须配套建设一定比例的调峰电源。抽水蓄能电站配合核电运行，可保证核电在基荷安全、平稳运行，改善核电机组的运行条件，从而明显提高核电发电量，提高核电的运行效益。

到2020年，全国风电总装机容量将达到1.5亿kW，风力发电虽具有良好的环境效益和社会经济效益，但是由于风速的随机不确定性，风力发电出力变化非常频繁，间歇性、不稳定性是风力发电的最大缺点之一。随着风电较集中开发或大规模开发，为保证电网供电的稳定性及供电质量，配套建设一定规模的抽水蓄能电站，可把随机的、质量不高的风电电能转换为稳定的、高质量的峰荷电能。风力发电输出的波动性很大，在很大程度上影响了风电的利用，风能的随机性往往造成部分风能不得不被舍弃，造成了能源的浪费，降低了风电场的效益。在发展风电的同时配套建设一定规模的抽水蓄能电站，实现风蓄联合开发，可利用抽水蓄能电站的多种功能和灵活性弥补风力发电的随机性和不均匀性，不仅可以提高风电装机的利用程度，而且可以打破电网规模对风电容量的限制，为大力发展风电创造条件。

我国水电资源丰富，但存在地区上分布不均的特点，80%集中在西部地区，中、东部负荷中心水电资源较少，且大部分已开发完毕，进一步开发的潜力非常有限。我国天然气资源并不十分丰富，加之优先满足居民与化工应用，发电用气供应将非常有限，并随着燃气价格的不断上涨，天然气发电的市场竞争力也受到很大影响。相比而言，中、东部负荷中心具有一些建设条件优越的抽水蓄能电站站址，可因地制宜地建设一定规模的抽水蓄能电站，以解决调峰问题或弃水问题，这是系统配置调峰电源较好的选择。根据有关资料及研究，2020年我国电力装机容量将达14亿～15亿kW，抽水蓄能电站装机容量应达到5000万kW以上。

（4）是智能电网建设的有机组成部分，是推动低碳经济发展的重要工具。

按照国家电网公司规划，到2020年，我国将基本建成坚强智能电网，形成以华北、华东、华中特高压同步电网为接受端，东北、西北电网为输送端，连接全国各大煤电、水电、核电和可再生能源发电基地的坚强电网结构。

智能电网在电源侧可以支持多样化的电源，方便各类电源并入，实现可靠消纳。智能电网的主要特点是信息化、数字化、自动化、互动化，能够使电网更高效、更清洁。智能电网的建设是风能、太阳能光伏等可再生能源发展的一个重要选择，建设智能电网是推动低碳经济发展的重要载体和有效途径。

抽水蓄能电站具有调峰、填谷、调频、调相、承担紧急事故备用和黑启动的功能，运行灵活，启停迅速，其配合风电、太阳能光伏发电等可再生能源运行、配合特高压送电、配合核电运行，可保证电网的安全、稳定、经济运行，有利于可再生能源在电网中的消纳，促进我国可再生能源的发展，有利于实现全国资源的优化配置，有利于实现节能减排、促进低碳经济发展。抽水蓄能电站是智能电网建设的有机组成部分，是推动低碳经济发展的重要工具。

第二篇

抽水蓄能电站规划设计

第一章 建设抽水蓄能电站必要性分析

1.1 抽水蓄能电站建设必要性的再认识

我国研究开发抽水蓄能电站始于20世纪60年代。1968年在冀南电网的岗南水电站安装了一台可逆式机组，建成我国第一台混合式抽水蓄能电站。该电站装机容量41MW，安装2台15MW常规水电机组，1台11MW抽水蓄能机组。1973年和1975年又在北京密云水电站相继安装了2台可逆式机组，其发电额定出力13MW。电站投入运行后，调峰、填谷作用明显。

1978年以后，随着国民经济的快速发展，电力负荷急剧增长，在京津唐、华东和广东等以火电为主电网调峰问题日益严重，保证电网安全，这些地区开展了抽水蓄能电站建设必要性论证和前期研究，并在20世纪90年代相继建成了十三陵、天荒坪、广州等大型抽水蓄能电站，以增加电网调峰能力。第一批建设的大型抽水蓄能电站对其作用和必要性论证主要是着眼于从技术上解决电网的调峰填谷问题。

随着电网规模的扩大，大容量、高参数火电机组大量投运以及老机组改造，火电机组的调峰能力得到了较大的提升。根据有关部门分析，仅从火电调峰能力讲，未来火电机组出力变化可基本满足负荷变幅的需求，但其调峰的经济性和灵活性相对较差。

随着长距离、大容量的"西电东送"、"北电南送"、"西气东输"战略的实施，网内风电、核电机组的发展，大容量火电机组的投产，其事故风险将越来越大，网内急需配置一定规模的紧急事故备用容量。

随着国家新能源战略的实施，核电、风电必将得到大力发展，太阳能发电也快速起步，新能源在电网中的比重日益增加，由于核电需要稳定运行，而风电、太阳能发电等具有不可调节性，因此对电力系统的安全、稳定、经济运行带来更大的挑战。

抽水蓄能电站的建设有利于改善电网的结构，改善火电机组的运行条件，提高系统的经济性，未来抽水蓄能电站的主要功能除承担系统调峰（顶峰、填谷）、紧急备用任务外，还兼顾调频、调相和黑启动等其他辅助服务功能，对抽水蓄能电站必要性的论证应更多地从电力系统运行的经济性和安全性等方面考虑。

1.2 抽水蓄能电站建设必要性论证的主要工作内容

随着地区经济的快速发展，社会对电力系统装机的需求也越来越大，产业结构的进一步调整和居民生活用电的进一步提高，使得电网峰谷差也越来越大，用户对电能质量也提出了更高的要求。对于电网本身，随着电网规模的日益加大，大容量、高参数火电机组的建设，核电装机容量的增加，大规模的"西电东送"、"北电南送"和"西气东输"战略的实施，电网的安全、稳定、经济运行显得十分重要。抽水蓄能电站具有调峰、填谷的特殊功效，机组启停迅速，运行灵活，有利于优化电源结构。对于改善煤电运行条件，保障核电运行安全，更好地消纳外区来电，保证电网安全、稳定、经济运行具有重要的意义。抽水蓄能电站是社会经济、电力系统快速发展和地区能源资源优化配置的必然产物。

在当今科学技术水平的条件下，还不能大规模地直接储存电力，只能采取机械的办法或改进发电设备的性能增大变负荷运行能力，或以某种介质为载体用能量转换的办法改变电力系统发电出力在时间上的分配，以适应用电负荷随时间变化的需求。抽水蓄能就是其中一个有效的办法，并且从其适应负荷变化的灵活性、可靠性以及技术经济特性等方面考量，在诸多电力调节手段中具有相当的比较优势，在一定程度上成为现代电力系统重要的调节手段，甚至是不可或缺的组成部分。

抽水蓄能电站建设必要性的分析工作主要包括：

（1）收集地区社会经济现状及发展规划，作为设计水平年负荷、需电量以及用电特性预测的依据。

（2）了解地区能源资源的开发和利用现状、开发规划。

（3）收集电力系统电力负荷现状及远景预测成果，分析设计水平年系统负荷水平、负荷特性及系统调峰需求。

（4）收集电力系统电源组成现状及远景规划资料，根据地区能源资源条件和电力发展规划，分析设计水平年电源结构。

（5）对于接受区外送电或有核电建设规划的电力系统，还应收集相关资料，根据外来电源的送电特性及调峰能力、核电规模及运行特性，分析其对电力系统运行的影响。

（6）根据电力系统用电结构、负荷特性及水电调节能力，分析电力系统对抽水蓄能电站的需求。

（7）根据电力系统负荷特性和电源组成，从安全、稳定、经济运行等方面分析电网对抽水蓄能电站的需求。

（8）根据设计水平年电力系统的调峰需求及各类电源的调峰能力，进行调峰容量平衡，分析电力系统调峰容量盈亏。

（9）根据地区能源资源条件，分析电力系统可能采取的其他调峰措施，通过电源结构优化分析和技术经济综合比较，论证建设抽水蓄能电站的必要性和经济性，并提出设计水平年电力系统对抽水蓄能电站的需求规模。

1.3 地区社会经济现状及发展

抽水蓄能电站是近代社会经济及电力系统发展的产物。当社会经济发展到一定阶段，社会对电力需求急剧增长，三次产业结构的调整以及城乡居民生活用电和第三产业用电比重加大，使得电力负荷变化速度和变化幅度加大，由此造成调频、调相、负荷及事故备用等动态需求更为迫切。电力系统不仅要满足经济发展对负荷容量和电量需求，而且要适应负荷随时变化的需求，电力系统需提供可靠、优质的电能。

因此，地区社会经济的现状和历史发展、产业结构的变化、地区国民经济远近期的发展规划，是电力需求预测的依据。

1.4 地区能源资源开发利用情况

解决电网调峰的手段较多，一般包括建设常规调峰水电站、抽水蓄能电站、燃气轮机和调峰煤电。抽水蓄能电站的建设与能源资源及开发利用有着紧密的关系。日本能源资源缺乏，抽水蓄能电站的比重较大，而美国有丰富的天然气资源，其抽水蓄能电站的比重则相对较低。我国油气资源并不丰富，但水能资源较丰富，主要特点是分布不均，主要集中于西部地区，经济发达地区水能资源缺乏。抽水蓄能电站的建设应结合地区能源资源特点。在经济发达、水力资源缺乏或并不丰富的地区，建设抽水蓄能电站有利于电网电源结构的优化，有利于电网的安全、稳定、经济运行，比如华东电网、广东电网、华北电网等；对于水电比重较大，但网内常规水电站调节性能较差的地区，建设抽水蓄能电站可以有效减少弃水，更好地利用水力资源，如华中地区的湖南、湖北电网等。

因此，在开展建设必要性论证工作时，需要了解地区能源资源特点。能源资源主要包括水能资源（常规电站、蓄能电站、潮汐资源）、煤炭、石油、天然气资源、风力资源和太阳能资源，水能资源主要了解区域内水能资源的理论蕴藏量、技术可开发量、经济可开发量以及已、正开发量，了解水电站的调节性能；对于煤、油、气资源，主要了解保有储量和可开发量等；对于风力资源，也需了解其理论蕴藏量和可开发量。

1.5 地区电力系统现状及电力发展规划

1.5.1 电力系统现状

了解电力系统现状资料，是为了更好地预测规划水平年的负荷需求及负荷特性，更好地配置各类电源。在开展抽水蓄能建设必要性论证工作时，需了解电力系统现状资料，主要有：装机组成及发电量现状，主要包括水电（含抽水蓄能电站）、火电（含燃油机组及燃气机组）、核电及其他（包括风电、太阳能发电等）电源的装机构成、各类机组的发电量以及各类机组的历史发展过程，分析各类电源的比重以及其在电网中的作用；用电负荷、用电量（三次产业及居民生活用电等）；负荷特性；网架现状；区外电力交换等资料。

1.5.2 电力系统规划

随着社会经济发展和经济体制改革的深入进行，产业结构不断调整，用电结构不断改变，用电负荷水平及负荷特性也随之不断变化。为此，需要根据地区经济发展规划，对规划水平年用电量、最高负荷及各项负荷特性指标进行预测。一般情况下，应采用地区电力主管部门编制的电力发展规划中的预测成果。当有关部门没有相应预测成果时，可采用一定的预测手段，根据经济发展、电力系统现状资料，预测规划水平年的需电量、用电负荷和其他负荷特性指标。

一般情况下，有关政府部门或电网企业会根据规划水平年负荷和电量的需求，相应地开展电源规划工作。

1.6 抽水蓄能电站建设必要性主要论证分析工作

应根据地区经济现状及发展规划、地区能源资源特点、地区电力现状及规划，开展抽水蓄能电站建设必要性的分析论证工作，主要包括电力市场供需平衡分析、调峰容量平衡分析、建设抽水蓄能电站经济性分析等。

1.6.1 电力市场供需平衡分析

分析电力市场供需平衡的主要手段是电力电量平衡。

在进行抽水蓄能电站建设必要性论证时，开展电力电量平衡分析的主要目的是：根据负荷及需电量预测成果，通过电力电量平衡、系统所需备用以及各类机组检修安排等分析各设计水平年需要的装机容量；根据已建、在建和已明确新建的各类电源的装机容量、发电量，分析各设计水平年装机容量缺口，分析抽水蓄能电站是否具有建设空间，分析设计电站能否在设计水平年被系统充分利用。

（一）电力系统电力电量平衡分析的方法和步骤

（1）明确设计水平年。

设计水平年是指装机容量充分发挥容量效益的年份。设计水平年的选择应根据电力系统的能源资源、电力系统各类电源的比重以及设计电站的具体条件论证确定。一般情况下，可采用第一台机组投产后的5～10年作为设计水平年，也可经过逐年电力、电量平衡，通过经济比较，在选择装机容量的同时一并选择。抽水蓄能电站设计水平年的选择，一般采用后一种方法。

（2）确定平衡范围。根据地区能源资源，电力系统发展规划，抽水蓄能电站的规模及其在电力系统中的作用分析或论证确定。

（3）水文代表年选择及各水电站丰平枯水文年平均出力计算。

将所有参加平衡的水电站同期发电出力累计，绘制补偿期、非补偿期及全年的总能量保证率曲线，将水电站群当作一个水电站看待，选出全系统统一的各种代表性水文年。

将所有电站分为补偿电站与被补偿电站两大类进行补偿调节计算。通过全系统的补偿调节计算得出各电站在代表性水文年的各月的平均出力过程线。

对于具有跨区域、长距离输送水电的电力电量平衡，选择统一的水文代表年较复杂，一般情况下可按各区域选择水文代表年，在电力电量平衡时按丰—丰、平—平、枯—枯进行组合参与平衡。

（4）根据电力系统大小，选择合理的负荷和事故备用率。系统负荷备用容量可采用系统最大负荷的2%～5%，大系统用较小值，小系统用较大值。系统事故备用容量采用系统最大负荷的10%左右，但不得小于系统中最大一台机组的容量。

根据系统对负荷备用和事故备用的要求，安排各类电站承担系统备用。一般情况下，备用容量由常规调峰水电站、抽水蓄能电站、燃气轮机电站和煤电承担，核电和区外送电一般不承担备用。

（5）确定各类机组的检修时间。《水利水电工程动能设计规范》规定各类机组的年计划检修时间平均可采用：火电机组为45天；常规水电站和抽水蓄能电站机组为30天，但多沙河流上的水电机组，年大修可适当增加；核电站机组为60天。

（6）参加平衡电站的确定。

参加平衡的主要有水电（含抽水蓄能）、火电（含燃油机组及燃气机组）、核电、其他电站（包括风电等）和区外电力。

对于常规水电而言，需根据枯水年电力平衡，扣除由于水头较低而引起的出力受阻，对于调节性能较差、装机容量较小的常规水电站，应按其有效容量参与平衡。

对于燃气轮机、煤电机组，由于机组发电出力与环境温度有较大的关系，当环境温度较高时，其出力存在不同程度的受阻，在平衡时应考虑该因素。

对于区外送电，应考虑输电损失。

对于风电，由于其风力资源的特殊性，一般情况下，其容量为重复容量，可不参与电力平衡。

（7）在用电负荷曲线图上，分别寻求各类电站的最佳工作位置，求取各类电站日发电运行曲线。一般情况下，由常规水电、抽水蓄能、燃气轮机担负尖峰和腰荷，核电和区外送电承担基荷，火电承担剩余负荷。

（8）通过年内各类电站逐月典型日生产模拟，求取各类电站承担的工作容量、备用、机组检修、受阻和空闲容量，按满足火电检修要求计算煤电逐年装机规模，从而计算全系统电力装机需求。

（9）抽水蓄能电站填谷。抽水蓄能电站一般利用夜间负荷低谷时进行抽水填谷。在日负荷图上，利用晚间23时～次日7时低谷时间，根据抽水蓄能电站抽水容量和抽水时间安排蓄能电站抽水工作位置。

（二）各项平衡的基本关系式

（1）电力平衡关系。

$$P_{系}=N_{工系}=N_{工水}+N_{工火}+N_{工核}+N_{工其他}$$

式中　$P_{系}$——电力系统最大负荷；

$N_{工系}$——电力系统工作容量；

$N_{工水}$——水电工作容量；

$N_{工火}$——火电工作容量；

$N_{工核}$——核电工作容量；

$N_{工其他}$——其他电源工作容量。

一般情况下，鉴于风电利用风能资源的特殊性，该部分装机可不参与系统电力平衡。

（2）电量平衡关系。

$$E_{需}=E_{系}=E_{水}+E_{火}+E_{核}+E_{其他}$$

式中　$E_{需}$——电力系统需要的电量；

$E_{系}$——电力系统总发电量；

$E_{水}$——水电发电量；

$E_{火}$——火电发电量；

$E_{核}$——核电发电量；

$E_{其他}$——其他电源发电量。

（3）备用容量平衡关系。

为确保供电可靠性和电能质量，电力系统应具有一部分容量以备急需，该部分容量为备用容量。备用容量由事故备用容量（$N_{事备}$）、负荷备用容量（$N_{负备}$）和检修备用容量（$N_{检备}$）组成。

$$N_{系备}=N_{事备}+N_{负备}+N_{检备}$$

式中　$N_{系备}$——电力系统备用容量；

$N_{事备}$——事故备用容量，为电力系统中发电和输变电设备发生事故时，保证正常供电所需设置的发电容量。规范要求系统事故备用容量采用系统最大负荷的10%左右，但不得小于系统中最大一台机组的容量，华东电网电力平衡时一般采用8%～9%；

$N_{负备}$——负荷备用容量，为电力系统一天内瞬时的负荷波动、计划外负荷增长所需设置的发电容量。规范要求系统负荷备用容量可采取系统最大负荷的2%～5%，大系统用较小值，小系统用较大值，华东电网电力平衡时一般采用2%～3%；

$N_{检备}$——检修备用容量，利用电力系统一年内低负荷季节，不能满足全部机组按年检修计划而必须增设的发电容量。系统检修备用容量的设置及其大小，应根据系统设计枯水年的电力平衡确定。

（4）容量平衡关系。

装机容量系指各类电站额定容量的总和。

$$N_{装系}=N_{装水}+N_{装火}+N_{装核}+N_{装其他}$$

或：

$$N_{装系}=N_{工}+N_{备}+N_{空闲}+N_{受阻}$$

式中　$N_{装系}$——系统装机容量；

$N_{装水}$——水电装机容量；

$N_{装火}$——火电装机容量；

$N_{装核}$——核电装机容量；

$N_{装其他}$——其他电源装机容量；

$N_{工}$——工作容量；

$N_{备}$——备用容量（包括事故、负荷、检修备用容量）；

$N_{空闲}$——空闲容量；

$N_{受阻}$——受阻容量。

（5）检修容量平衡关系。

系统机组检修容量的检修面积按下式计算

$$N_{\mathrm{T}} = \sum_{j=1}^{N} \sum_{i=1}^{M} N_i \times D_j$$

式中　N_{T}——系统需要的检修面积；

N——机组类型数；

M——第 j 类机组台数；

N_i——第 j 类机组的单机容量；

D_j——第 j 类机组的检修时间。

系统各月可供检修面积按下式计算：

$$N_{\mathrm{K}} = \sum_{y=1}^{12} (N_{装系} - P_y - N_{受阻 y} - N_{事备 y} - N_{负备 y}) \times D_y$$

式中　N_{K}——系统可提供的检修面积；

$N_{装系}$——电力系统总装机容量；

y——月份；

P_y——y 月系统最高负荷；

$N_{受阻 y}$——y 月受阻容量；

$N_{事备 y}$——事故备用容量；

$N_{负荷 y}$——负荷备用容量；

D_y——第 y 月份天数。

当 $N_{\mathrm{T}} > N_{\mathrm{K}}$ 时，表明靠电力系统提供的检修面积不能满足检修需要，此时需要设置检修备用容量。当需要设置专门检修容量时，一般以装在火电站上为宜。

（三）电力市场供需平衡分析

根据电力电量平衡成果确定系统装机需求，与已建、在建、规划建设电源以及计划退役容量相比较，分析规划水平年的电力盈亏。一般情况下，规划建设电源宜采用国家有关部门已核准和批复的项目。

1.6.2　调峰容量平衡

调峰容量平衡的目的，是为了测算设计水平年电力系统根据电力发展规划所确定的电源组成能否满足系统调峰要求，如果不能满足要求，则测算调峰容量缺额是多少。为了计算电力系统的调峰能力，需要根据电力系统发展规划所确定的设计水平年的电源组成及各类电源的技术经济特性，分析计算各类机组能够承担的调峰容量。对于已运行机组的可调峰幅度，一般可通过调查、收集运行实际资料，分析其实际可承担的调峰能力。对于新建机组的可调峰幅度，一方面可根据机组生产厂家提供的技术经济指标进行分析，另一方面也可收集已运行同类型机组实际运行资料来分析、采用。

电网调峰一般由常规调峰水电站、抽水蓄能电站、火电站（包括煤电、燃气和燃油机组）承担，无调节能力的常规水电站、核电站不承担电网调峰任务。

常规调峰水电站调峰能力一般为100%，抽水蓄能电站为200%；煤电机组调峰能力与机组单机容量大小有较大的关系，随着机组制造水平的提高、单机容量的增大，其煤电机组调峰能力也有较大的提高，100MW以下机组的调峰能力20%左右，300～600MW机组的调峰能力为50%左右，600MW及以上机组的调峰能力可达60%；简单循环燃气机组和燃油机组的调峰能力一般为100%；联合循环燃气机组应根据机组前后置机的特性确定调峰能力，一般情况下，其调峰能力可采用70%。

电力系统调峰容量平衡计算方法和步骤如下：

（1）根据设计水平年的最高负荷及典型日最小负荷率，计算日负荷峰谷差，即

$$\Delta P = P_{\max} \times (1-\beta)$$

式中 ΔP——日负荷峰谷差；

$P_{\max}$——典型日最高负荷；

β——典型日最小负荷率。

（2）根据系统负荷备用及事故备用率计算系统旋转备用容量。旋转备用容量亦称热备用容量，为事故备用的一半与负荷备用之和。

$$N_{负备} = P_{\max} \times K_{负备}$$

$$N_{事备} = P_{\max} \times K_{事备}$$

$$N_{热备用} = N_{负备} + N_{事备}/2$$

式中 $N_{热备用}$——旋转备用容量（热备用）；

$K_{负备}$——负荷备用率；

$K_{事备}$——事故备用率。

（3）系统需要的调峰容量为电网峰谷差和热备用之和：

$$N_{系需峰} = \Delta P + N_{热备用}$$

（4）系统开机容量，按下式计算：

$$N_{系开} = P_{\max} + N_{热备用}$$

（5）根据系统电力电量平衡成果，提出各类电源的开机容量；水电站（含蓄能电站）、燃气轮机组承担的备用可全部作为热备用。

（6）计算各类电源的调峰能力及系统可供调峰能力。一般情况下，电力系统所需调峰容量主要由常规调峰水电站、抽水蓄能电站、燃气轮机和燃煤火电站承担。核电不参与调峰，区外水电在汛期视调节能力考虑是否参与调峰。

1）具有日调节及以上调节能力的常规水电站承担的调峰容量为：

$$N_{水调峰} = \alpha_{水} \times N_{水开}$$

式中 $N_{水调峰}$——常规水电的调峰能力；

$\alpha_{水}$——常规水电的调峰幅度一般按100%计，当该水电站具有供水航运等综合利用要求时，应考虑综合利用对调峰的影响；

$N_{水开}$——常规水电的开机容量。

2）抽水蓄能电站能够承担的调峰容量为：

$$N_{蓄调峰}=\alpha_{蓄}\times N_{蓄开}$$

式中 $N_{蓄调峰}$——抽水蓄能电站的调峰能力；

$\alpha_{蓄}$——抽水蓄能电站的调峰幅度，一般按200%计；

$N_{蓄开}$——抽水蓄能电站的开机容量。

3）燃气轮机能够承担的调峰容量为：

$$N_{气调峰}=\alpha_{气}\times N_{气开}$$

式中 $N_{气调峰}$——燃气轮机的调峰能力；

$\alpha_{气}$——燃气轮机的调峰幅度，根据目前国内有关资料，联合循环燃气轮机一般按其前置机参与调峰考虑取70%，简单循环燃气轮机一般按100%计；

$N_{气开}$——燃气轮机的开机容量。

4）燃煤火电厂能够承担的调峰容量为：

$$N_{煤调峰}=\alpha_{煤}\times N_{煤开}$$

式中 $N_{煤调峰}$——燃煤火电厂的调峰能力；

$\alpha_{煤}$——燃煤火电厂的调峰幅度，100MW以下机组调峰能力20%左右，300～600MW机组调峰能力为50%左右，600MW及以上机组调峰能力可达60%；

$N_{煤开}$——煤电机组的开机容量。

5）系统可供调峰能力为：

$$N_{系供峰}=N_{水调峰}+N_{蓄调峰}+N_{气调峰}+N_{煤调峰}$$

需要注意的是，在分析系统可供调峰能力时，需要保证电力平衡。一般情况下，装机不足部分，可暂由煤电补充。

（7）调峰容量盈亏分析。

$$\Delta N_{峰}=N_{系供峰}-N_{系需峰}$$

电力系统可供调峰能力与系统调峰容量需求相比较，即可得出系统调峰容量余缺量。有时为了计算某方案燃煤火电需有多大的综合调峰幅度，可先不计燃煤火电的调峰容量，而将系统调峰容量需求与其他各类电源的调峰容量之和的差值除以燃煤火电的开机容量，即可得出燃煤火电的综合调峰幅度。

具体可列表计算，见表2-1-1。

表2-1-1　　某电力系统调峰容量平衡表　　MW

序号	项　目	夏　季	冬　季	备　注
1	最高负荷	196300	176670	
2	日最小负荷率β(%)	65	60	
3	峰谷差	68705	70668	$(1-\beta)\times$最高负荷

续表

序号	项　　目	夏　季	冬　季	备　　注
4	系统旋转备用容量	15704	14134	负荷备用＋事故热备用
5	系统调峰容量需求	84409	84802	旋转备用＋峰谷差
6	系统总开机容量	212004	190804	最高负荷＋旋转备用
6.1	其中：常规水电	8740	7261	
6.2	抽水蓄能	5860	5610	
6.3	燃气轮机	12401	13768	
6.4	核电	10706	10406	
6.5	区外来电	22763	19953	
6.6	火电	151534	133806	
7	系统可供调峰能力	80427	83136	
7.1	其中：常规水电	6993	5671	
7.2	抽水蓄能	11720	11220	
7.3	燃气轮机	8677	9630	调峰幅度按70%计
7.4	核电	0	0	
7.5	区外来电	0	9783	夏季不调峰，冬季50%工作容量调峰
7.6	煤电	53037	46832	综合调峰幅度取35%
8	系统调峰容量余缺 $\Delta N_{峰}$	−3982	−1666	
9	煤电综合调峰幅度需求(%)	37.63	36.25	调峰缺口全由煤电承担的煤电调峰幅度

当 $\Delta N_{峰}>0$，则表明系统调峰容量有余，不需增加调峰容量；反之，当 $\Delta N_{峰}<0$，则表明系统调峰容量不足，需增加调峰容量。

(8) 水电弃水调峰。

对于水电比重较大的电网，当系统调峰容量不足时，可考虑水电弃水调峰。

1.6.3　调峰电源比较

(一) 主要调峰电源的优缺点

当系统需要新增调峰电源时，应当通过技术经济比较来选择最佳调峰电源。

一般来讲，要解决电网调峰问题，可以通过新建常规调峰水电站（包括增容、扩机）、抽水蓄能电站、燃气轮机电站和煤电深度调峰电站等途径，通过技术经济比较来选择。

选择何种调峰电源进行技术经济比较，还需根据地方能源资源特点、水力资源及开发等特点，如华东电网，水力资源不丰富，开发程度已很高，可以不选择常规水电调峰方案，但对于水力资源丰富且具备建设常规调峰水电的地区，需要进行与常规水电方案的比较。

各类调峰电源的主要特性和优缺点如下：

(1) 常规水电。

常规水电具有较好的调峰性能，调节性能较好的水电其调峰幅度可达100%，且运行灵活。但水电的调峰性能受来水条件和综合利用要求的限制，当来水较丰时，为合理利用水能资源，减少弃水，调峰能力有所降低，当电站具有供水、航运等综合利用要求，还应考虑这些综合利用对调峰的影响；

（2）调峰煤电机组。

300～600MW 调峰煤电机组最小技术出力已达到 40%～60%，发展这些机组理论上讲也可以满足电力系统调峰容量的需求。但是煤电机组调峰运行，特别是承担高峰负荷时设备故障增多，会影响机组的安全运行和电力系统供电的可靠性。煤电机组的升荷、卸荷速度慢，一般为其额定出力的（2%～3%）/min，远满足不了用电负荷急剧变化的需要。煤电机组频繁调峰运行会使煤耗上升、厂用电增加、检修周期缩短、检修费用增加，影响电站运行的经济性，会加剧设备的损伤和减少机组的使用寿命。

（3）燃气轮机机组。

燃气轮机机组启停较灵活，可以开停调峰运行，电站投资较少，工期较短，是一种比较理想的调峰电源。但是燃气轮机组以天然气和燃油为燃料，燃料价格昂贵，而且热效率低，发电燃料成本较高，经济性较差。燃气轮机组只适宜作为电力系统的辅助调峰电源，承担 1～2 小时尖峰负荷及热备用容量，而不宜作为电力系统的主力调峰电源。

（4）抽水蓄能电站。

抽水蓄能电站和系统中其他调峰电源相比具有如下优点：既可调峰又可填谷，具有双倍的调峰功能，在以煤电为主的电力系统中运行可以取得事半功倍的效果；机组启停及升降负荷灵活、方便、可靠，具有快速跟踪负荷的能力，可以在几十秒钟之内由空载至满出力运行；运行成本低，抽水蓄能电站在低谷抽水时虽然增加燃料消耗，但是由于其调峰、填谷的作用，可以减少煤电机组的压荷和开停运行，改善煤电机组的运行条件，降低系统的煤耗率，从而达到减少系统燃料总消耗的目的；降低煤电机组的运行修理费用，提高煤电机组的使用寿命；可为电力系统提供紧急事故备用，并承担调频、调相等任务，增加系统的动态效益。

（二）调峰电源方案拟定

满足电力系统调峰及其动态需求的手段较多，主要有以下 4 种：

（1）利用具有一定调节性能的常规水电站；

（2）利用调峰能力较好的煤电厂；

（3）利用燃气轮机电站；

（4）利用抽水蓄能电站。

一般缺乏调峰电源的电力系统，都是常规水电资源不足或水电资源开发殆尽，因此不存在新建常规水电站方案，通常只取后 3 个方案进行比较。

（三）各方案系统电源组合推求

在同等程度满足电力系统设计水平年用电需求（包括静态需求和动态需求）的条件下，拟定各调峰电源方案的电源组合，包括电源类别、装机容量等。

（四）各方案电力系统生产模拟计算

通过对各方案电力系统生产模拟，推求每个方案各类机组的年发电量、运行费用及燃料费用。一般涉及以下计算内容：

（1）合理安排系统机组检修计划；

（2）将系统需要的备用容量分配给各类机组；

（3）计算水电站群各月平均出力；

（4）将系统负荷合理分配给各类机组：首先将径流式水电机组及供热火电机组安排在基荷运行，将有调节能力的水电站及抽水蓄能电站通过电力电量平衡，安排在腰荷及峰荷运行，然后按照等微增率原理将剩余负荷分配给各类火电（按燃料消耗特性分类）机组，加上各类火电机组分得的旋转备用容量，确定各类火电机组的开机容量，并计算各类机组的年发电量；

（5）根据各类火电机组的工作容量和相应发电量，计算其燃料消耗及燃料费；

（6）根据各类机组的运行费率，计算年运行费。

（五）各方案年费用现值计算

根据各方案电源组成中各类机组的单位投资、施工期投资分配比例，计算各类电源的投资流程，各类机组投资流程之和即为方案的投资流程。同时，列出各方案运行费流程及燃料费流程。

将计算期内上述三项费用之和逐年折算到计算期第一年，即得各方案年费用现值。

（六）各调峰电源方案技术经济比较

以年费用现值最小为原则，并综合分析选取最佳调峰电源方案。当最佳调峰电源方案中包含设计抽水蓄能电站，则说明建设该抽水蓄能电站既是必要的也是经济的。

1.7 电力系统动态需求分析

1.7.1 电力系统事故备用需求

统计电力系统各类机组台数、单机容量、计划检修及强迫停运率，分析系统事故备用需求。

统计电力系统输变电设备种类、数量及其计划检修和强迫停运率，分析系统事故备用需求。

1.7.2 电力系统调频需求分析

统计电力系统日运行方式负荷曲线陡坡部分负荷增减幅度和速率，分析各类机组变出力运行可调幅度和增减负荷能力及其在陡坡部分运行现实可行性，论证系统调频需求。

1.7.3 电力系统调相需求分析

根据系统无功平衡条件或历年运行电压控制情况，分析系统调相需求。

1.7.4 其他动态需求

分析系统保安电源需求及在处置大面积停电事故预案中关于黑启动需求等。

1.8 抽水蓄能电站建设必要性综合分析和结论

根据调峰电源比较结果，结合系统动态需求，提出抽水蓄能电站建设必要性分析结论。结论主要包括：

（1）是否符合电力发展规划和抽水蓄能电站选点规划；

（2）抽水蓄能电站是否具有建设空间；

（3）建设抽水蓄能电站是否有利于优化电源结构，是否可降低煤电综合调峰幅度，是否改善火电、核电和新能源等运行条件，是否有利于区外水电的消纳；

（4）是否能增加电网备用容量，增强应对大容量机组、核电机组、长距离大容量的西电东送、北电南送、西气东输等事故的反应能力，提高系统安全性、稳定性；

(5) 是否能提高系统运行的灵活性;

(6) 是否有利于提高电网经济性;对于水电比重较大的地区,是否可以增加水电弃水电能的利用;能否节约系统煤耗,减轻环境压力;

(7) 是否能促进地方经济发展,增加旅游资源等。

1.9 我国抽水蓄能电站建设必要性论证工作内容的变化

从我国1968年第一台抽水蓄能电站建成至今已有几十年的历史,对建设抽水蓄能电站的认识也在逐步提高,随着负荷水平的增长,峰谷差的加大,网内电源结构的变化,核电机组和大容量火电机组的投产,燃气轮机的建设,西电东送、西气东输和超高压送电等方面的变化,对抽水蓄能电站的建设必要性和在电网中的作用有了进一步的认识,有关建设必要性论证工作相应也有较大的变化。

1.9.1 早期建设必要性论证工作的主要内容

20世纪80年代,抽水蓄能电站建设的必要性论证,主要是从抽水蓄能电站可增加电网调峰能力、解决电网调峰问题方面出发论证,即根据电网内电源调峰能力不足、火电调峰能力较差、调峰经济性较差、水电比重低、调峰能力不能满足电网日趋增长的调峰需求、电网需要建设抽水蓄能电站以增加调峰能力等论证抽水蓄能电站的建设必要性。

以天荒坪抽水蓄能电站的建设必要性论证为例,说明我国早期建设必要性论证的主要内容。

天荒坪抽水蓄能电站是我国建设的第一批大型抽水蓄能电站,装机容量1800MW,供电华东三省一市电网,由华东勘测设计研究院设计,2000年全部建成投产。当时电站建设必要性论证主要侧重于如何从技术上解决电网调峰矛盾。天荒坪抽水蓄能电站初步设计(现可行性研究)报告于1989年完成。

1988年,华东电网内主要以火电为主,火电比重为88%,水电比重为12%,且均为常规水电,电源结构较单一。网内火电主力机组为100MW和300MW级机组,根据对全网38台100MW以上火电机组(总容量5925MW)调峰能力的调查分析,38台火电机组调峰容量约占总容量的20.8%,火电调峰性能较差,全网调峰容量不足,调峰经济性也较差。由于缺少调峰容量,电网出现用电负荷低谷高频率和高峰低频率的不正常运行情况,1988年全网频率合格率仅为91.87%,全年发生高频率136次,计2516min,低频率668次,计40315min。建设天荒坪抽水蓄能电站的主要目的是解决电网调峰问题。

天荒坪抽水蓄能电站初步设计阶段建设必要性论证从电网调峰现状及远景调峰的技术解决方案进行分析。

(一)调峰现状分析

分析历史实际负荷和峰谷差的增长情况、峰谷差占最高负荷的比重、网内已有水电调峰能力、火电的可调能力和实际调峰能力,得出网内水、火电调峰能力不能满足电网调峰需求。

由于调峰容量的不足,只能在高峰时拉路限电,出现低频率运行,而低谷时又迫使火电机组压火运行,增加操作运行困难,出现低谷时电网高频率运行的不正常状态。严重的低频率,造成电网多次低频率保护动作(跳闸),威胁电网安全运行。1988年华东电网频率合格率为91.87%,为1980年以来最低点。原水电部发出紧急通知,要求华东电网尽快采取措施,恢复频率正常运行。同时,由于拉路限电造成了很大的经济损失,并且给人民群众工作、生活都带来了不便。

(二)华东电网远景调峰解决方案

(1)根据网局规划预测,2000年最高负荷41500MW,峰谷差达13300MW。届时即使滩坑、珊溪等新建水电站如期投入,全网大中型水电站增至10座,总装机容量达到3781.2MW(全网水电总装机容量 3970.2MW)，可调峰容量增至 2500MW 左右，尚有 10800MW 的峰谷差需火电机组承担，同时还有 1600MW 的热备用需要解决。这样，各类火电机组的平均调峰幅度需达 30%以上，而当时网内各类火电机组的平均调峰幅度仅为 20%左右。其后，新增火电机组多为高温、高压的 300MW 机组和 600MW 机组，从技术性能看，均比已有火电机组的调峰能力有所增强，但这些机组煤耗率较低，适应于基荷运行，实际调峰幅度不会有大的增加。

(2) 秦山核电站第一期 300MW 于 1990 年投产，并已确定第二期扩建 2×600MW，届时将至少投入 1500MW 核电机组，从安全和经济角度考虑，核电机组以在基荷运行为宜。

(3) 葛洲坝至上海的±500kV 直流输电线已架通，届时输送功率将达到 1200MW，年送电量达 60 亿 kW·h，基本上属季节性基荷电能。

所有这些因素都将进一步加剧华东电网调峰容量严重不足的局面，兴建调峰电站刻不容缓。

(三) 总结

华东电网水电资源不足，建设条件较好的大中型水电站已经开发，可供经济开发的水电资源有限，水电比重逐年下降，仅靠增建常规水电站无法解决华东电网的调峰问题。

分析认为解决华东电网日趋严重的调峰问题，除继续开发剩余的水电资源、合理利用新增火电的调峰能力之外，尚需建设一定规模的抽水蓄能电站。

另外，天荒坪抽水蓄能电站经规划选点可行性研究论证，其建设条件优越。不仅电站本身的地理位置、地形和地质条件好，而且外部建设条件也很好，水库淹没影响很小，地方积极性高，前期工作也较充分，建设资金筹集已经有关方面签订协议。电站建成后能顶替峰荷 1800MW，填谷 1800MW，共可承担峰谷差 3600MW，是一个适应负荷变化能力很强的电站，对于缓解华东电网的调峰矛盾将起重要作用，并有一定的节煤效益和多方面的动态效益。经中国国际工程咨询公司、原水利水电规划设计总院、原华东电管局及浙江省两次组织专家审查，都认为建设天荒坪抽水蓄能电站是必要的，也是可行的。

1.9.2 目前建设必要性论证工作的主要内容

与 20 世纪 80 年代相比，现阶段华东电力系统特性发生了很大的变化，主要表现在：

(1) 电网规模扩大：华东电网从原三省一市（江苏、浙江、安徽和上海）电网发展到四省一市（江苏、浙江、安徽、福建和上海）电网，电压等级从 220kV 发展到以 500kV 为主。

(2) 装机规模和电源结构发生了巨大的变化：装机规模从 1988 年的 15250MW 增加到 2008 年底的 177060MW；电源结构从原先的以火电为主、水电为辅的较为单一的结构发展到现在的以火电（含燃气轮机、油机）为主，常规水电、抽水蓄能、核电、风电和其他电源并存的格局，核电和风电还将继续扩大建设规模。

(3) 西电东送、西气东输和超高压交流送电的规模持续加大。

(4) 随着电网的快速发展，大容量火电机组（单机容量 600MW 及以上）将成为电网的主力机组，该类机组调峰能力较强，且调峰经济性相对较好。

(5) 用电需求仍将保持较快的增长势头，峰谷差将进一步加大。

对于华东电网，仅从调峰能力而言，网内火电机组和其他调峰机组（燃气轮机、常规水电、抽水蓄能电站等）的调峰能力可以满足电网对调峰的需求。

华东电网装机容量已超过 1 亿 kW，是我国最大的区域电网之一，保证电网安全、稳定和经济运行是最重要的。电网发生事故的主要风险来自于网内大容量火电和核电机组的事故风险、“西电东送”长距离大容量送电事故风险、“西气东输”长距离输气和气源风险以及特高压交流送电网络事故风险等，电网需要配置一定规模的紧急事故电源（或保安电源），同时需优化电源结构。

近期开展的抽水蓄能电站建设必要性论证工作主要围绕上述问题进行分析：

（1）是否具有建设抽水蓄能电站的市场空间和调峰容量空间。

电网中是否具有抽水蓄能电站建设的市场空间和调峰容量空间是建设抽水蓄能电站的前提条件。在分析市场空间时，应考虑设计水平年以前电网内已明确计划投产的电源、区外电力送入、机组退役、机组容量利用情况等，对设计水平年进行电力电量平衡，分析电力市场空间。在分析调峰容量空间时，应分析各类电源的调峰能力和煤电经济调峰幅度，进行设计水平年调峰容量平衡，分析煤电机组所需要的调峰幅度是否能满足电网安全、稳定、经济运行的要求，判别电网是否需要配备其他调峰电源，分析设计水平年抽水蓄能电站经济合理规模。

（2）优化电源结构，减轻电网调峰压力，提高电网运行经济性。

对于华东电网而言，它是一个以火电为主的电网，水电比重小，电源结构不尽合理。随着产业结构的进一步调整，第三产业、居民生活用电和市政用电比例进一步上升，负荷峰谷差将进一步加大；区外来电、核电、风电规模的大幅增加进一步加剧电网调峰的难度，使电网调峰面临更加严峻的形势，而煤电调峰经济性又相对较差。新增合理规模的抽水蓄能电站可以增加电网调峰容量，减轻网内煤电机组调峰压力，有效降低煤电的综合调峰幅度，改善系统煤电的运行工况，降低发电单位能耗，节约电网的发电用煤。华东地区抽水蓄能电站资源条件良好，单位千瓦建设投资相对降低，而建设抽水蓄能电站可以同等程度替代煤电装机，从而节约建设投资。

（3）促进清洁能源和可再生能源的发展。

华东电网内常规水电已基本开发殆尽，开发利用程度也较高，且主要分布于福建和浙江两省，特别是福建省水电大多调节性能较差，其中季调节以上水电比重不足水电装机容量的1/3，年调节性能以上水电站仅有1/8，福建省水电丰、枯水期的出力差异、水资源的综合利用要求以及水电自身调节性能不足等因素的综合影响，导致汛期水电弃水调峰，水电电能不能充分利用，枯期因水量不足发电量大幅减少，影响电力供应。

华东电网地处我国东部沿海，沿海风力资源丰富，随着江苏省千万千瓦级风电和华东电网其他省市风电的大规模开发，风电间歇性出力、夜间负荷低谷时风电出力较大等因素将对电网产生较大的不利影响。

华东地区能源资源匮乏，为此将积极发展核电，从保证核电的经济性和运行安全性角度考虑，核电机组宜带基荷运行，不宜参与调峰，大规模建设核电，将使系统调峰需求加大，调峰问题更加突出。

随着“西电东送”、特高压交流送电战略的实施，华东电网将更多地接受区外水电送电和特高压交流送电（煤电和风电），区外水电主要为三峡水电、金沙江水电、雅砻江水电等西部水电，由于西部水电在汛期主要以送基荷为主，特高压交流主要以送电量为主，区外来电特别是“三北风电”间歇性电力将增加华东电网的调峰负担。

抽水蓄能电站可利用其“调峰”、“填谷”双倍容量功能，充分发挥电网“储能器”的作用，建设抽水蓄能电站将节约建设投资，能有效增强电网调峰能力，缓解电网缺少调峰容量的局面，改善系统运行条件，降低煤电调峰幅度，降低系统煤耗量，提高水电、风电资源的利用程度，保证核电机组安全、平稳运行，提高核电运行效益，有利于区外电力在受端电网的消纳，从而提高电网运行经济性。

（4）增加电网紧急事故备用容量，提高系统安全性和稳定性。

对华东电网而言，区内一次能源缺乏，随着电力需求快速增长，将通过直流输电和特高压交流输电网络接受区外来电，长距离、大容量送电对受端电网安全、稳定运行以及电网紧急事故备用容量提出了更高的要求。

根据电源发展趋势，小容量煤电机组将逐步退役，电网将建设大容量煤电机组和单机容量达百万千瓦级以上的核电机组，大机组跳闸引起的事故风险大大增加。

抽水蓄能电站具有运行灵活、启动快、跟踪负荷能力强的特点，抽水蓄能电站的建设可增加系统的紧急事故备用容量，可作为“西电东送”、特高压交流送电受端电网的电源支撑，有利于区外电力在受端电网的消纳，同时可减轻大机组跳闸引起的事故风险，有利于保证核电和电网的安全、稳定运行。

（5）电站运行灵活、启动快，是电网的理想调频电源和调压设备。

在负荷快速上升时段，负荷变化的平均速率较大。现有煤电机组出力增加速度：50～300MW 机组约为（1%～2%）额定功率/min、300MW（引进型）机组约为（3%～5%）额定功率/min。煤电机组从启动到带满负荷至少需要几十分钟，若从冷态启动所需时间更长。抽水蓄能电站一般情况下满载抽水到满载发电转换时间小于 400s，紧急情况下可以做到小于 220s，1000MW 装机出力变化速度达 330MW/min。如果遇事故，抽水蓄能机组作为紧急事故备用将更具有优势。1 台 300MW（或 250MW）抽水蓄能机组跟踪负荷的能力可和 5～7 台 300MW（引进型）煤电机组跟踪负荷的能力相当。机组出力调整速度跟不上负荷变化的速度将直接影响电网频率的稳定，而抽水蓄能电站对负荷变化适应能力强的优势将在一定程度上改善电网频率不稳定现象。同时，抽水蓄能电站亦有着其他调峰电源无可代替的填谷优势，可以吸纳电网低谷多余电力，避免电网低谷高频率出现，提高电网频率合格率，控制燃煤机组运行在低煤耗的高效率状态。

抽水蓄能机组在调相运行时，可以向系统输送容性无功，在低谷抽水可向系统输送感性无功，抽水蓄能电站的投运可改善电网的电压水平，减少电网无功设备投资。

（6）利于环境保护、节能减排，有利于地区经济发展。

建设合理规模的抽水蓄能电站，可减轻网内煤电机组调峰压力，能有效降低煤电机组综合调峰幅度，改善系统煤电运行工况，降低发电单位能耗，节约电网发电用煤，有利于缓解电力行业面临的二氧化硫、二氧化碳、氮氧化物、烟尘等的排放压力，有利于环境保护、节能减排。

随着抽水蓄能电站的建设，抽水蓄能电站上、下水库和地下厂房等均将成为新的旅游景点，有利于促进地区旅游事业的发展，已建十三陵、天荒坪、广州等抽水蓄能电站就是最好的例证。兴建抽水蓄能电站工程还可促进当地建筑业、建材业和第三产业的发展，促进地方基础设施建设，改善当地交通条件，活跃地区商品市场，增加地方就业机会，增加地方税收，对地区国民经济发展作出贡献。

（7）抽水蓄能电站建设条件分析。

主要从站址所处地理位置、电站接入系统条件、潮流输送是否合理、工程自然条件和建设条件是否优越等方面加以论述。

第二章

抽水蓄能电站选点规划

2.1 抽水蓄能电站站址普查

2.1.1 抽水蓄能电站基本建设条件

（一）地理位置及接入系统条件

抽水蓄能电站的地理位置以位于负荷中心地区并接近枢纽变电所为最佳，因为它提供了最好的接入系统条件，使受、送电线路最短，输电损失最小，并且有利于抽水蓄能电站调频、调相、旋转备用等多项功能的发挥。

（二）地形条件

（1）上、下水库的成库条件，包括库岸地形是否平顺、封闭性是否好，库周垭口是否多，垭口的底高程高低如何，库底是否开阔、平顺，是否具有足够的蓄水库容。

（2）上、下水库之间的高差大小、水平距离远近，是判断抽水蓄能电站地形条件好坏的最主要标准之一，一般可以用落差和距高比进行判别。

上、下水库落差大，表明机组运行水头高，单位装机容量的机组过流量小，相应的机组转轮直径、输水道尺寸、水库调节库容和挡水建筑物规模均可以减小，工程造价相应降低；但如落差过大，机组制造难度将增加，按目前的技术水平，当最大水头超过800m时，可能需要采用多级式水泵水轮发电电动机组，多级式水泵水轮发电电动机组的经济性较差，已经不是抽水蓄能电站发展的主流机型，也与国内抽水蓄能机组技术的发展方向不相适应。因此，一般以上、下水库平均落差在300～700m为宜。日本葛野川抽水蓄能电站，其第一台机组和第二台机组分别于1999年12月和2000年6月投产运行，单机容量达到418MW，最大/最小毛水头达到763m/716m，最大扬程达到779m，是当前世界上采用单级式水泵水轮发电电动机组扬程最高的抽水蓄能电站。国内部分已建、在建及拟建大型纯抽水蓄能电站最大水头指标见表2-2-1。从该表可知，国内大型纯抽水蓄能电站最大水头大多在300m以上，符合目前抽水蓄能电站向高水头、大容量的发展趋势；那些最大水头低于300m的电站，大多与以利用现有水库或天然湖泊作为上水库或下水库的因素相关，如桐柏、泰安、琅琊山、白莲河、马山等抽水蓄能电站，另外也与地区抽水蓄能电站资源条件密切相关。

表2-2-1　　国内部分已建、在建及拟建大型纯抽水蓄能电站最大水头指标表

序　号	电站名称	建设地点	装机容量（MW）	最大水头（m）	建设阶段
1	广州	广东从化	2400	536	已建
2	十三陵	北京昌平	800	422	已建

续表

序　号	电站名称	建设地点	装机容量（MW）	最大水头（m）	建设阶段
3	天荒坪	浙江安吉	1800	567	已建
4	桐柏	浙江天台	1200	285.7	已建
5	泰安	山东泰安	1000	253	已建
6	琅琊山	安徽滁县	600	136	已建
7	宜兴	江苏宜兴	1000	410.8	已建
8	宝泉	河南新乡	1200	562.5	已建
9	西龙池	山西五台	1200	687.8	已建
10	张河湾	河北井陉	1000	343	已建
11	白莲河	湖北罗田	1200	212.8	已建
12	惠州	广东博罗	2400	554.3	已建
13	黑麋峰	湖南望城	600	334.4	已建
14	响水涧	安徽繁昌	1000	217	在建
15	蒲石河	辽宁宽甸	1200	327.5	已建
16	呼和浩特	内蒙古 呼和浩特	1200	585 （毛）	在建
17	仙游	福建仙游	1200	459	在建
18	深圳	广东深圳	1200	441	在建
19	马山	江苏无锡	700	149.1	拟建
20	天荒坪二	浙江安吉	2100	765	拟建
21	洪屏	江西靖安	1200	566	在建
22	仙居	浙江仙居	1500	490	在建

距高比小则表明输水系统短，不仅可以节省工程投资，而且抽水、发电双向水头损失也小，有利于提高电站的长期运行效益。另外，从实践经验看，距高比也不宜过小，距高比过小，表明地形过于陡峻，容易出现高边坡开挖问题，输水系统和发电厂房的布置难度也会增大，不一定有利。实践经验表明，距高比一般以在2～10之间为宜。

(3) 主、副坝的筑坝条件，包括坝底地形是否平顺、有无陡坡、底宽大小、底高程高低、两岸地形是否对称、山体是否雄厚等，同时筑坝工程量不宜太大，以降低工程投资。

(4) 进/出水口山坡是否平顺，坡度是否合适，前缘是否开阔，是否可满足双向水流要求。

(5) 输水系统和地下厂房沿线地形起伏变化对输水隧洞、调压井、地下厂房平面和立面布置的利弊以及施工支洞布置的利弊。特别是输水系统和地下厂房的埋藏深度是否满足要求，调压室能否满足涌浪高度要求等。

（三）地质条件

(1) 区域地质条件，包括工程区主要地层岩性、区域构造是否发育，有无大的构造断裂通过及地震基本烈度大小等。

（2）上、下水库的防渗条件，包括库盆有无区域性断层通过形成永久性渗漏通道、库周山坡岩体风化程度，特别是垭口处岩体风化程度。库岸地下水位高低，是否低于设计蓄水位，是否需要局部垂直防渗或需要大面积水平防渗等。

（3）上、下水库边坡稳定条件，包括库岸基岩风化程度及顺坡向缓倾角卸荷裂隙、节理是否发育，是否存在崩塌体等。

（4）主、副坝工程地质条件，包括坝基基岩岩性、风化、构造发育程度、坝基稳定及防渗条件，坝址两岸岩体风化及地下水埋藏深度等关系坝肩稳定和绕坝渗漏等不利因素。

（5）输水隧洞及地下厂房的围岩岩性、风化程度、结构面规模、产状、性状、地应力水平及主应力方向，以及关系围岩稳定的不利因素。

（6）与地下工程渗流控制相关的永久地质条件。

（四）水源条件

抽水蓄能电站的调节蓄水量是在上、下水库中循环使用的，在完成初期蓄水后，一般只需要补充蒸发、渗漏等损失水量即可维持电站正常运行。初期蓄水量是上、下水库死库容、发电调节库容、事故备用库容等蓄满所需要的水量。其中，发电调节库容和事故备用库容随初期机组安装进程逐步增加，因此有一个蓄水过程。对于大型抽水蓄能电站而言，其装机过程一般较长，可能跨越一个汛期或更长时间，在考虑水源条件时，应按由装机进度决定的蓄水周期进行水量平衡，不要求在很短时间内蓄满。一般在南方年降雨量较大地区，只要上水库或下水库有一定的集水面积即可满足要求。例如，浙江天荒坪抽水蓄能电站装机容量 1800MW，上水库总库容 919.2 万 m^3（包括发电调节库容、事故备用库容和死库容），加上下水库死库容 57.48 万 m^3 后初期蓄水量为 976.7 万 m^3，其下水库坝址以上集水面积 24.5km^2，电站建成投产初期蓄水完全能够满足要求。

对于水源条件稍差的站址，还可以调整施工进度，尽可能使下水库在雨季到来之前下闸蓄水；对于水源条件不足的站址，应研究从相邻地区引水补充的可能性。总之，在选点规划阶段，对于水源问题要从多种途径考虑，不要轻易放弃条件好的站址。

福建仙游抽水蓄能电站上、下水库坝址以上集水面积 21.4km^2，多年平均径流量 2473 万 m^3，因周调节开发，初期需蓄总水量较大，为 1847 万 m^3，水源相对偏少。但设计时通过上、下水库施工进度调整，安排在机组投产前一年的汛期初就下闸蓄水，经分析，即使遇到特枯年也完全可以满足初期蓄水的要求。

江苏宜兴抽水蓄能电站上水库利用沟谷源头筑坝形成，下水库利用低洼圩区筑堤围建，其自身集水面积很小，但宜兴抽水蓄能电站临近太湖，下水库距太湖运河水系距离近，水源问题可通过从太湖运河水系引水加以解决。

（五）建设征地及移民安置

普查阶段主要了解库区及工程区有无国家重要设施、大型工矿企业及大面积的农田和密集的居民点，初步判断淹没损失大小。

抽水蓄能电站的水库规模一般都不大，水库淹没损失较小。应尽量避免引起重要基础设施、大型工矿企业、大面积的农田及密集的居民点的淹没。

（六）环境影响及水土保持

普查阶段主要了解站址所在地区是否存在珍稀动植物、名胜古迹及自然保护区、水源保护区、当地生产生活用水水源及水质情况，初步判断工程建设对环境的影响程度。涉及自然保护区、水源保护区等重要环境影响敏感因素的，应尽量避免。

位于浙江北部地区的临安千顷塘抽水蓄能电站站址，靠近华东电网负荷中心，上、下水库具有良好的地质地形条件，水库淹没损失及移民数量小，但由于上水库位于千顷塘野生梅花鹿自然保护区的核心区，考虑到在电站建设过程中以及上库水位的抬高，均对野生梅花鹿的生存与繁殖带来重大影响，其造成的损失是无法估算的，从环境保护角度分析以及根据国家有关自然保护区管理条例规定予以否定。

（七）施工条件

（1）对外交通条件，包括铁路、公路、水路等交通干线及其中转站距离工程区远近。

（2）施工区内部各施工点，包括上、下水库，主、副坝址，进/出水口，施工支洞口，出渣场，拌和楼，物资仓库，生活办公区等场内交通连接和布置条件。

（3）各项施工辅助设施包括沙石料筛分及储运场地、混凝土拌和楼、物资仓库、办公及生活区的布置条件。

（4）施工用水和用电条件。

（5）当地建筑材料储量、质量、开采及运输条件。

站址选择阶段主要了解对外对内交通条件、施工场地布置条件、用水和用电条件、沙石料采运条件等，初步判断所选站址施工条件的好坏。

2.1.2　抽水蓄能电站上、下水库

华东勘测设计研究院自1974年起先后在苏南、皖东南、浙北以及浙、苏、闽、赣四省全境和皖、鲁两省部分地区开展抽水蓄能选点工作，根据对150余座抽水蓄能电站站址查勘所得以及部分国内已选抽水蓄能站址初步统计，抽水蓄能电站上、下水库主要有以下几种开发类型：

（1）上水库利用高山盆地筑坝形成，下水库在溪流上筑坝形成，如广东广州、浙江天荒坪、福建仙游、江西洪屏等抽水蓄能电站。

（2）上水库利用高山盆地筑坝形成，下水库利用已建水库，如北京十三陵、山东泰安、河南宝泉、浙江仙居等抽水蓄能电站。

（3）上水库利用已建水库进行加固改造，下水库在溪流上筑坝形成，如浙江桐柏抽水蓄能电站。

（4）上水库利用高山盆地筑坝形成，下水库利用低洼圩区筑堤围建，如江苏宜兴、安徽响水涧等抽水蓄能电站。

（5）上水库利用沟谷源头筑坝形成，下水库利用天然湖泊，如江苏马山抽水蓄能电站。

（6）上水库利用天然湖泊，下水库利用大江大河，如西藏羊卓雍湖抽水蓄能电站。

（7）上、下水库均利用已建水库进行加固改造，如安徽佛磨抽水蓄能电站。

（8）上水库利用高山台地筑坝形成，下水库为海洋，如福建口门海水抽水蓄能电站。

2.1.3　抽水蓄能电站资源普查基本程序

（一）站址筛选

（1）在地形图上按照抽水蓄能电站必备的条件初步挑选可以建设抽水蓄能电站的地点。对于普查范围不大的地区，可在1∶10000地形图上作业；对于普查范围较大的地区，可先在1∶50000地形图上作业，对于初步筛选出的站址再用1∶10000地形图进行复核作业。

（2）查阅有关地质资料（如一定比例的区域地质图），粗略了解所选站址的地质条件。

（3）量求所选站址上、下水库的库容曲线，地形图比例不应小于1∶10000。

（4）初步拟定各站址上、下水库的特征水位，估算水库蓄能量指标，计算有关工程参数，包括上、下水库坝址以上集水面积、正常蓄水位、死水位、调节库容和死库容、最大和最小水头、装机容量、主副坝最大坝高和坝顶长度、引水系统水平距离、距高比等参数，并列表以便比较。

（5）进行初步比较，将那些建设条件明显不好的站址剔除，保留相对较好的站址作为现场查勘对象。

（二）现场查勘

组织相关专业人员组成查勘组，一般应有规划、地质、水工、施工、水库、环保等专业人员参加。应加强与地方有关部门的联系，争取地方政府支持，有利于查勘工作的顺利进行。

查勘前应做好准备，明确需要通过现场查勘、了解的问题和收集的资料。查勘过程中，应及时开展对主要工程技术问题的讨论，适时编写查勘记录。在现场，一般应注意考察以下各方面的问题：

（1）观察库区地形地貌，了解主、副坝址位置及工程布置条件。

（2）观察库区出露基岩岩性、风化及构造情况，了解库盆防渗、边坡稳定及坝址地质条件。

（3）根据区域地质资料及现场查勘分析地下工程区的岩层、岩性及主要构造，初步判断围岩的成洞条件。

（4）观察输水系统沿线地形地貌，了解输水系统、地下厂房及施工支洞布置条件。

（5）调查流域径流汇集情况，了解电站蓄水水源及施工临时用水条件。

（6）调查工程区耕地及居民点分布情况，了解水库淹没损失及控制条件。

（7）观察工程区地形地貌，了解施工场地布置条件。

（8）调查工程区现有交通基础设施情况，了解工程区内外交通条件。

（9）调查工程区及库区环境现状及主要环境影响问题。

（三）普查报告编制

根据现场查勘和收集到的有关资料，编制普查区域内抽水蓄能电站普查报告。报告应简述普查区域内自然地理、区域地质、社会经济、能源资源、电力发展规划等基本情况，说明普查缘由及过程，阐明各站址工程建设条件，初拟各站址工程特征参数，绘制各站址枢纽布置简图，进行抽水蓄能电站资源汇总及评价，提出下一步工作建议。

2.1.4　抽水蓄能电站资源普查应注意的问题

（一）不同地区要有不同的评价标准

我国幅员辽阔，各地的情况千差万别，因此关于抽水蓄能电站的建设条件也不是绝对的，而要区别对待。

如对于降水丰沛、山地面积占大多数的浙江省、福建省等地区，上、下水库地形地质条件良好、落差大、距高比小等建设条件好的资源点较多，在开展工作过程中，应将主要精力集中在近负荷中心地区。

如对于以平原地区为主的江苏省苏南地区，抽水蓄能资源条件差，地形条件（特别是上、下库落差）往往成了决定性的因素，因此只要是上、下库落差相对较大的站址，均要进行精心谋划，尽量使之成为可能。

又如对于降水量偏少、水资源紧缺的山东省等地区，需要特别重视对站址水源条件的评价，站址自身集水面积大小是否能满足电站初期蓄水的要求、与当地其他用水户是否产生矛盾、水源不足时是否具备从临近区域引水的条件等。

（二）应定期或不定期地进行资源复查工作

一方面，大范围的站址筛选往往是从小比例尺地形图上开始的，由于条件所限，即使有足够的责任心和耐心，遗漏还是不可避免的。通过开展定期或不定期的资源复查工作，往往又会有新的发现，以避免遗漏建设条件良好的抽水蓄能电站站址资源。浙江省经20世纪七、八十年代的抽水蓄能电站资源普查及选点规划工作，发现了建设条件较好的天荒坪、桐柏抽水蓄能电站站址，而经过20世纪90年代和21世纪初的新一轮抽水蓄能电站资源普查及选点规划工作，又推荐了天荒坪二、仙居、乌龙山等建设条件优越的抽水蓄能电站站址。

另一方面，站址自身的条件也不是一成不变的。如原来建设条件很好的站址，由于旅游资源开发、重要工矿企业或重大基础设施建设、环境保护要求等原因，开发难度大大增加；或者原来因某方面影响太大而放弃的站址，由于该方面的影响消除而成为可能。这也要求开展定期或不定期的抽水蓄能电站站址资源复查工作。福建安溪龙门抽水蓄能电站站址地理位置优越、地形地质条件好、水头高、规模大，建设条件优越，2001年完成的福建省抽水蓄能电站选点规划报告中，位列5个抽水蓄能电站规划站址第二名，建议予以保护，但在2006年复勘时发现，下水库已建设高速公路，由于重大基础设施的建设，该站址基本已不具备开发的条件。福建宁德抽水蓄能电站站址地形地质条件好、水头高、规模大，但因上水库淹没损失较大，2001年完成的福建省抽水蓄能电站选点规划报告中，没有被推荐为福建省抽水蓄能电站的规划站址，在2006年复勘时发现，上水库大部分村民已经搬迁，水库淹没损失大大减少，在后一轮的选点规划中，则可以被推荐为规划站址。

2.2 抽水蓄能电站选点规划

2.2.1 规划站址选择

（一）合理选定抽水蓄能电站选点范围

根据电力发展规划，考虑电力系统负荷的地区分布和骨干输电网络布局，合理确定选点范围。

抽水蓄能电站的选址与常规水电站选址不同，常规水电站依靠河川径流蓄水或引水发电，其调节水库需建在河流的干流或支流上，选址范围受河流及流域限制。抽水蓄能电站的调节水量是在上、下水库中循环使用的，不需要大量的河川径流，调节水库不一定要建在河流的干流或支流上，可选的范围较大。其地理位置主要应考虑与电网的关系，尽可能接近用电负荷中心及枢纽变电所。因此，靠近负荷中心地区应作为选点的重点地区，但也不应忽略离负荷中心地区稍远而可能蕴藏有建设条件优越站址的山区。对于大型电网覆盖面积较大、网内负荷分布较广、实行分区平衡的电力系统，应按分区确定选点范围。

（二）全面了解选点范围内抽水蓄能资源条件

应通过普查全面了解选点范围内适合建设抽水蓄能电站的地点，做好地区抽水蓄能电站站址资源的普查工作，全面掌握选点范围内抽水蓄能站址的地理分布及各项基本建设条件，防止好的站址被遗漏，保证选点规划结论的合理性和稳定性。

（三）规划站址选择

根据建设必要性论证提出的电网设计水平年新增抽水蓄能电站装机规模，结合资源普查及复勘成果，选择若干条件较好的站址作为选点规划比选方案。规划站址个数一般应不少于3个，规划站址装机容量合计一般应不低于设计水平年电网需要新增抽水蓄能装机容量的2倍，当新增抽水蓄能电站规模较大或规划站址较多时，倍数可适当降低。

规划站址的选择条件：

(1) 地理位置靠近电网负荷中心。对于大型区域电网，规划站址的选择不宜过于集中，宜与分区负荷中心相对应，适当分散选择，合理的站址布局有利于电网的经济和稳定运行。

(2) 上、下水库地形封闭性及成库条件好，不存在大规模渗漏问题，库岸边坡稳定性好。站址工程地质、水文地质、水源条件较好。

（3）上、下水库的天然高差尽可能大一些，一般以300～700m为宜，上、下水库的水平距离应适当小一些，一般以距高比不大于10且不小于2为好。

（4）电站装机规模能与电网发展需要相适应。

（5）水库淹没损失不大，没有制约性环境问题。

（6）内外交通、施工场地、用水用电等施工条件好。

（7）对地方社会经济发展具有促进作用。

规划站址的拟定是很重要的工作，将直接决定规划选点工作的成败。首先通过抽水蓄能资源普查，全面了解选点范围内的抽水蓄能站址资源条件，并选择若干综合建设条件较好的站址作为规划备选站址；组织各方面专家对备选站址进行实地复查，再次考察评价各方面建设条件，并与地方政府职能部门进行交流，分析站址建设与地方社会经济发展的关系；对备选站址进行综合评价和比较，依据规划站址选择基本条件，综合考虑各方面因素，选择合适的规划站址参与比较。

2.2.2　站址规划设计

规划选点阶段站址规划设计内容与河流水电规划基本相同，各专业均需开展相应深度的工作，包括水文泥沙、工程地质、水利和动能、建设征地及移民安置、环境影响评价、工程布置、机电和施工、投资估算等。

（一）水文泥沙

（1）收集规划站址附近有关测站的气象、水文、泥沙资料，当利用已建水利水电工程建设抽水蓄能电站时，应收集其水文泥沙分析成果及运行资料。

（2）进行规划站址径流计算，提出设计控制断面的径流系列成果。

（3）分析规划站址的暴雨洪水特性，提出设计控制断面的设计洪水成果。

（4）分析提出规划站址设计控制断面多年平均含沙量和多年平均输沙量成果。

（5）分析提出规划站址设计控制断面水位流量关系曲线。

（二）地质勘察

根据《抽水蓄能电站选点规划编制规范》规定，本阶段应进行工程区1∶5000地形图测量，主要建筑物区域进行1∶2000地形图测量。

地质勘察工作应以地质测绘为主，配合必要的物探和轻型勘探手段；对于推荐为近期开发的工程，应布置必要的钻孔和探洞。本阶段地质勘察工作主要了解以下问题：

（1）区域地质构造稳定性，提出各规划站址地震动参数。

（2）上、下水库库区及坝址区地层岩性、地质构造、风化深度、水文地质条件，分析水库渗漏特性、库岸边坡稳定及坝址工程地质条件。

（3）输水系统及地下厂房围岩岩性、地质构造、水文地质条件，分析进/出水口边坡、输水隧洞及地下厂房等的成洞条件和围岩稳定性。

（4）进行天然建筑材料调查。为了减少施工开挖对环境的影响和增加库容，一般应首先考虑从库内蓄水位以下取料。

（三）水利和动能

本阶段水利动能规划设计主要工作是拟定规划站址电站装机容量、上下库特征水位和库容等主要工程规模参数。与常规水电不同，抽水蓄能电站抽水、发电水量是在上、下水库反复使用，并不真正消耗水量，因此水利动能规划设计工作有其特点。抽水蓄能电站各特征参数之间关系特别密切，且相互影响，包括装机容量与特征水位的关系、上下水库特征水位间的关系、特征水位与机组水头变幅的关系、正常蓄水位和死水位的关系等，还有工程规模与电力系统的关系、发电与防洪及其他综合利用的关系等。

抽水蓄能电站的上、下水库一般均在河川上筑坝形成，或利用已建水库、天然湖泊等，与常规水电、防洪、灌溉、供水等综合利用任务或要求有千丝万缕的关系，因此，在开展规划设计工作以前，首先应做好综合利用调查工作，规划设计时应尽量协调好抽水蓄能电站开发与综合利用的关系。

选点规划阶段各特征参数需要通过综合分析拟定，一般可按以下步骤开展各规划站址水能规划设计工作。

（1）死水位拟定。

上、下水库死水位应以满足进/出水口布置、淹没水深及泥沙淤积要求拟定。

降低下水库死水位，对于增大电站工作水头、降低下水库坝高以及减小初期蓄水负担有利，但将加大下水库水位消落深度和机组运行水头变化幅度。相反，提高上水库死水位，对于增大电站工作水头、降低上水库水位消落深度和机组运行水头变化幅度有利，但将增大上水库坝高，增大死库容，加大初期蓄水负担。

规划阶段一般通过综合考虑以上因素，拟定合适的上、下水库死水位。

（2）正常蓄水位上限拟定。

先根据上、下水库地形地质条件、淹没损失控制、环保要求等因素初拟上、下水库的正常蓄水位上限，根据库容曲线计算库容，按上、下水库发电库容相等为原则，以上、下水库中发电库容较小的为控制，初拟上、下水库正常蓄水位上限值。

上、下水库正常蓄水位上限值还需根据允许的水库水位消落幅度要求和水泵水轮机工作水头允许变化幅度要求进行复核和调整，一般以水泵最大抽水扬程与水轮机最小发电水头的比值进行判别。

（3）水库最大蓄能量。

根据拟定的上、下水库正常蓄水位上限值，进行水库蓄能量计算。水库蓄能量计算时，可将上水库工作深度等分成若干段，然后自上而下分别计算上水库每层水体流入下水库的发电量，累计即得水库最大蓄能量。

（4）电站蓄能小时数确定。

电站蓄能小时数指水库发电调节库容所蓄全部水量按装机容量满发所能持续发电的时间。应通过对电力系统负荷特性分析，结合地区抽水蓄能电站站址建设条件，合理确定电站正常发电小时数和备用发电小时数，正常发电小时数与备用发电小时数之和即为蓄能小时数。

对日调节纯抽水蓄能电站而言，正常发电小时数主要根据系统负荷高峰持续时间和低谷可提供抽水时间综合确定。我国大多数地区负荷高峰持续时间一般为4～6h，低谷持续时间一般为7h左右，因此正常发电小时数一般可按5h左右确定。由于各地抽水蓄能电站资源条件差异很大，目前各地区抽水蓄能电站选择的正常发电小时数差异较大，资源条件较差的地区一般按4～5h选取，资源条件好的地区按5～7h选取。

对周调节纯抽水蓄能电站，根据国内外的研究及实践，正常发电小时数一般按10～18h选取。

根据规范，有关备用发电小时数，一般可按正常发电小时数的20%确定。

（5）装机容量拟定。

根据水库的最大蓄能量和蓄能小时数，即可计算站址最大可装机容量。

当站址最大可装机容量小于系统规划水平年需要新增装机容量时，装机容量一般可按本站址最大可装机容量初拟。

当站址最大可装机容量大于系统规划水平年需要新增装机容量时，一般可按需要新增装机容量的规模初拟本站址的装机容量。资源条件差的地区或站址条件特别优越的，可考虑按分期开发的方式初拟装机容量。

根据上述条件，结合机组机型、台数拟定规划站址的装机容量。

（6）正常蓄水位拟定。

根据拟定的装机容量和蓄能小时数，经水库蓄能量计算复核，拟定上、下水库正常蓄水位和发电调节库容，上、下水库的发电调节库容应保持一致。

对水库汇水面积小、正常运行时因水量损失可能产生补水不足的站址，宜设置水量备用库容。水量备用库容可根据上、下水库的条件进行配置，可以设置在上水库或下水库，也可以同时在上、下水库设置。

当有其他综合利用要求时，综合利用调节库容可根据要求相应设置，但应不影响抽水蓄能电站的正常运行。

（7）设计、校核洪水位。

1）上水库洪水调节计算。对于设有泄洪设施的上水库，一般可不考虑机组抽水发电流量的影响，洪水调节计算方法与常规水库相同。对于集水面积很小的上水库，一般可不设泄洪设施，为简化计算，直接可按 24h 降水量存入正常蓄水位之上确定设计、校核洪水位。

2）下水库洪水调节计算。抽水蓄能电站下水库由于受机组抽水发电流量影响，而且往往占洪水流量的比例较大，抽水蓄能电站运行对水库洪水调度影响很大，因此洪水调节计算中必须考虑抽水蓄能电站抽水发电运行的影响，而且应按设计洪水过程与抽水发电流量过程的最不利组合工况确定设计、校核洪水位。

（四）工程布置

根据规划站址建设条件及拟定的工程规模，初步拟定工程总布置、主要建筑物规模、基本型式、尺寸及库盆防渗、边坡稳定等工程处理方案，初步估算主要工程量。

（1）工程设计标准。

根据电站建设规模及有关规定拟定电站工程等别、主要建筑物级别及洪水设计标准及地震设防烈度。

（2）上、下水库枢纽布置。

1）挡水建筑物布置。

根据规划站址上、下水库的地形地质及建筑材料等条件，初步选定主、副坝的坝轴线、坝型及基本尺寸。

由于堆石坝具有对地形、地质条件要求不高，施工方便、造价相对较低等优点，被广泛应用于抽水蓄能电站。有时当水库容积有限，为了减少坝体侵占库容，地形地质条件许可时，也有采用混凝土重力坝或拱坝及其他混凝土坝型。

2）泄洪设施布置。

上水库的集水面积一般很小，常不需布置泄洪设施。当集水面积较大，暴雨形成一定洪水流量时，也要布置相应的泄洪设施。

下水库集水面积一般相对较大，泄洪设施是必不可少的。并且考虑到发电流量与洪水流量存在遭遇的问题，对泄洪设施的型式和规模都有一定的要求。除考虑上、下游特定防洪要求外，一般要求下水库的最大下泄流量不能超过天然洪峰流量，以不人为加大下游防洪负担为原则。为此，泄洪设施需具备预泄能力，以便根据上、下水库蓄水量及洪水情况泄放多余水量，以避免洪峰、最高库水位及最大发电流量三者同时出现的最不利局面。因此，溢洪道堰顶高程及是否设置闸门和泄水底孔等都需认真考虑。

当选用当地材料坝时，宜利用左（或右）坝头的有利地形布置敞开式溢洪道。随着筑坝技术的发展，出现了在当地材料坝上设置坝身溢洪道的布置型式。目前国内已建混凝土面板堆石坝坝身溢洪道一般坝高不超过70m，单宽流量不大于20m^3/s。

3）防渗体布置。

库区局部地段基岩风化破碎严重或有断层通过时，需作局部防渗处理，一般作垂直防渗帷幕，或将断层破碎带挖除，回填混凝土，隔断渗漏通道。当库底和库岸基岩风化破碎严重，地下水位低于水库正常蓄水位时，需作大面积防渗处理，可以采用沥青混凝土防渗体或钢筋混凝土防渗体或黏土铺盖防渗体。为了确保防渗体在水库水位骤降时的稳定性，防渗结构下部必须设置良好的排水系统。

4）当利用高位台地筑堤坝围建成水库时，常采用当地材料坝，并考虑开挖量与填筑量平衡并形成所需库容来选择堤坝布置和断面尺寸。此种型式上水库因无坡面洪水入库，常不设泄洪设施。

5）当利用天然湖泊作上、下水库时，一般不存在筑坝和防渗问题，只需选择合适位置结合引水隧洞走向布置进（出）水口，并根据地形、地质条件使进洞条件最佳。

6）当利用已建人工水库作上、下水库时，需复核已建挡水建筑物对库水位频繁剧烈升降的适应性，如不能满足要求需采取加固措施，同时还要考虑原水库的设计标准与本抽水蓄能电站的设计标准是否一致，如不一致需按抽水蓄能电站的设计标准进行加固处理。

（3）发电厂房布置。

1）发电厂房型式。

抽水蓄能电站的发电厂房有地面厂房、半地下式厂房、地下式厂房等几种型式，由于抽水蓄能电站通常水头较高，机组的吸出高度负值较大，机组装置高程较低，因此常采用地下厂房。

水头较低、吸出高度负值较小的抽水蓄能电站可采用地面厂房布置方案，有时在特殊的地形条件下，如下水库坝后有陡坡，厂房可以放在陡坡下，用尾水管反向连接下水库。

当输水道末端地势平坦且高程较低，又与下水库有一定距离，若布置地下式厂房尾水与下水库连接不便，若布置地面式厂房因装机高程较低，厂房顶仍位于地下，或开挖量很大，在此情况下采用半地下厂房较为有利。

2）地下厂房布置。

地下厂房的布置型式随其在输水隧洞中的位置分为首部式、中部式、尾部式3种布置型式。

地下厂房的内部布置主要涉及主厂房与副厂房、机组段与安装场的相对位置，为减小主厂房的跨度，一般采用副厂房、机组段及安装场呈“一”字形布置。

厂房长轴方位的选择也很有讲究，要避免与构造层面、节理等薄弱面平行，二者交角越接近正交越好，与最大地应力方向的交角则是越小越好，尤其是在高地应力情况下。传统上厂房长轴方向与压力管道正交，但在地质条件许可时，为缩小厂房宽度，也可斜交，如天荒坪抽水蓄能电站的厂房长轴与压力钢管的交角采用64°，使厂房宽度减小1m多。

3）地下厂房辅助洞室群的布置。

地下厂房辅助洞室群包括副厂房、主变压器洞、母线洞、尾水闸门洞、电缆出线洞、进厂交通洞、通风兼安全洞、排水洞以及施工支洞等，在规划阶段也要根据地形地质条件作出初步安排，以体现各站址布置地下洞室群地形地质条件的差异。

主变压器洞和尾水闸门洞一般位于主厂房下游，与主厂房平行布置，相互之间的距离应满足洞室围岩稳定要求。母线洞为厂房与主变压器洞之间的连接廊道，垂直于厂房和主变压器洞。

出线洞常采用竖井或坡度较大的斜井，以减小高压电缆的长度，但高差不宜太大，一般不宜大于

100m。出线洞常与排风洞相结合，因其抽风能力较大，二者结合优势明显。

抽水蓄能电站厂房高程较低，因交通洞洞底坡度一般要求不大于7%～8%，一般洞身较长，通常在下水库下游地势较低的地方寻找合适的进口位置。与厂房的连接多采用沿纵向从厂房端部进入，以避免与其他洞室交叉，对围岩稳定不利。交通洞常采用与通风洞（进风洞、排风洞）相结合，也常与安全洞相结合，做到一洞多用，节省工程投资。

排水洞由厂房集水井向下水库坝下拉出，出口高程应满足排水要求，其具体位置由下水库坝下游河道比降决定。当下水库坝下游河道比降较小，有可能不具备自流排水条件，此时需考虑机械排除厂房集水。

施工支洞的布置需按输水道及地下厂房的具体位置及沿线地形条件而定，其目的是为了增加施工工作面。并尽可能与永久性洞室相结合，有条件时常与进厂交通洞相连，以便尽可能利用一部分进厂交通洞，如从进厂交通洞分出支洞到各引水支洞。也可与尾水洞、出线洞及其他永久性洞室结合布置施工支洞。

（4）输水系统布置。

1）上、下水库进（出）水口。

上水库进（出）水口随引水道与水库连接方式不同而定，主要有岸坡式、竖井式两种型式。

岸坡式进（出）水口适用于引水隧洞与上水库的连接可以采用平洞或接近水平洞的情况。这种型式进（出）水口布置在上水库的岸边，要求布置进（出）水口部位的岸坡具有较好的进洞地形地质条件。为了达到进、出水流条件好，防止出现涡流、进气及过大的水头损失，进水口渐变段需有足够的长度，因而岸坡开挖量较大，要避免出现高边坡。

竖井式进（出）水口适用于引水隧洞与上水库的连接采用竖井的情况。这种型式进（出）水口布置在上水库中，在引水隧洞上端设塔架，塔架四周布置孔口。为使进、出水流均匀平顺，竖井和塔架与岸边应有一定的距离，以工作桥与库岸相连。

下水库进（出）水口一般随厂房型式而定，地下式厂房因尾水道较长，便于采用岸坡式进（出）水口。地面式和半地面式厂房的下水库进（出）水口即为尾水管出口，半地下式厂房的下水库进（出）水口常与尾水管结合起来布置，实际上是延长了的尾水管出口。

2）压力管道。

抽水蓄能电站一般水头较高，相应机组安装高程低，常采用地下式厂房和埋藏式压力管道。且因多数抽水蓄能电站选在地质条件较好的地区，常可采用钢筋混凝土衬砌或预应力混凝土衬砌。但当覆盖厚度不够时应采用钢板衬砌，另外在厂房前的高压段也需采用钢板衬砌。

压力管道的平面布置需考虑运行需要，通过经济比较来确定，如天荒坪抽水蓄能电站的引水管采用一管三机，尾水管采用一机一管，广州抽水蓄能电站的引水管和尾水管均采用一管四机，十三陵抽水蓄能电站的引水管和尾水管均采用一管二机。

压力管道的立面布置取决于上、下水库之间的地形地质条件。主要有斜井式、竖井式两种布置型式。

斜井式引水管道一般由上平段、斜井段和下平段组成，为便于开挖溜渣，斜井与水平面的夹角以不小于50°为宜。当上、下水库水平距离或高差较大时，可以加设中平洞将其布置成两个斜井段。尾水段一般为缓倾角倒斜管或一段平管接缓倾角倒斜管。

竖井式引水管道一般由上平段、竖井段和下平段或竖井段和下平段组成，尾水管的布置型式与斜井式相似。此种型式适用于上、下水库之间的水平距离较短，不宜布置斜井的情况，或者上、下水库之间的水平距离较长，需要设置调压室，而又无合适地点布置调压室的情况。

当采用一管多机布置时，一般在下平段距地下厂房一定距离布置岔管，经支管分别与蜗壳连接。

3）调压室。

调压室的布置型式主要有引水调压室、尾水调压室、双调压室 3 种。

引水调压室位于厂房上游的引水道上，通常出现在厂房为尾部布置或中部布置型式。非气垫式调压室的顶部要求高于最高涌浪水位，此种布置型式要求引水道沿线具有高出上水库正常蓄水位足够高度的合适地形条件，当不具备这个地形条件时，则不宜采用引水调压室，或需研究采用气垫式调压室的可能性。

尾水调压室位于厂房下游的尾水道上，此种布置型式常出现在厂房为首部布置或中部布置型式。

双调压室在厂房上、下游均布置调压室，此种布置型式常出现在输水距离较长，仅在厂房一端布置调压室不能满足要求的情况。

规划阶段输水系统布置不作详细比较，只作初步拟定。

（五）机电设备选型

（1）根据电站特征水头及装机容量，初选水泵水轮机型式和台数，初拟水泵水轮机主要参数及外形尺寸，提出进水阀、调速器及起重桥机等辅助设备清单。

（2）初选接入系统方案，根据各规划站址在电力系统中的位置，按照电网发展规划，初步提出电站接入系统设想。

（3）初拟电气主接线方式，根据各规划站址的发电电动机组及主变压器台数、布置，初拟发电电动机与主变压器的接线方式和出线方式，初选开关站型式。

（4）初拟主要电气设备清单，初拟发电电动机、主变压器等主要电气设备的型号、规格和数量。

（5）根据输水系统布置型式，初拟上、下水库进（出）水口、厂房尾水闸门以及溢洪道闸门型式、尺寸，初选启闭设备。

（六）施工规划

（1）施工导流。

上水库一般集水面积较小，洪水流量小，导流问题不突出，常可采用坝内埋管的方式将雨水引向下游，施工围堰相对较简单。下水库一般具有一定的集水面积，施工导流有一定的工程量，需要提出初步导流方案，估算相应的导流工程量。

（2）主体工程施工。

1）上、下水库主副坝施工。根据所选坝型及筑坝工程量，提出施工方法及主要施工设备。

2）地下工程施工。根据输水系统及地下厂房的布置型式，提出施工支洞布置、洞室开挖和衬砌方案、主要施工设备、出渣线路和出渣场地布置以及相应临时工程量估算。

（3）施工总布置。

根据施工导流、施工支洞等临时工程布置以及主体工程施工方案，初步安排各部分施工场地及施工区内部交通道路，估算相应临时工程量。

（4）施工总进度。

根据各规划站址施工条件、临时及主体工程施工方案，提出工程筹建期进度、准备期进度、主体工程施工进度安排以及第一台机组投产期和工程总工期。

（七）建设征地及移民安置

（1）实物指标调查。

抽水蓄能电站上、下水库一般淹没范围不大，本阶段淹没实物指标调查工作，主要收集地方政府的有关人口土地等社会经济资料，在此基础上根据水库地形图量算和统计各项淹没指标。

（2）水库淹没处理补偿投资估算。

水库淹没补偿项目及补偿单价根据国家有关规定并参照同类电站数据拟定。

（八）环境影响评价

（1）环境影响因素调查。进行现场调查，收集有关资料，分析识别主要环境影响因素，提出主要环境评价问题。

（2）主要环境影响因素评价。对主要环境影响因素进行定量或定性分析，说明其影响程度，作出初步评价。

（3）环保费用估算。对于不利的影响因素提出初步处理对策，估算相应环保工程量和水土保持工程量。

（九）工程投资匡算

根据国家主管部门关于水电工程设计概算编制办法和费用标准、水电工程建筑工程概算定额、设备安装工程概算定额以及施工机械台时费定额，按照设计主体工程量、施工辅助工程量及主要机电设备清单、当前物价水平匡算建筑工程投资、机电设备及金属结构工程投资、施工辅助工程投资以及各项费用，提出工程总投资及分年投资。

2.2.3　近期工程选择

全面比较各规划站址各项建设条件和技术经济指标，并结合电力发展规划、负荷地区分布、输电网络布局及电力潮流走向，进行综合分析，推荐近期开发工程，提出抽水蓄能电站开发顺序。当推荐1个近期开发工程尚不能满足电力系统发展需要时，可推荐2个或以上的近期开发工程。

建设条件比较包括站址地理位置、地形条件、地质条件、水源条件、施工交通条件、水库淹没、环境影响、综合利用等各个方面。技术经济指标比较包括单位千瓦投资、总费用现值、差额经济内部收益率、上网电价等。

实际工作中，有时各站址的建设条件好坏是比较容易判断的，有的站址建设条件明显好于其他站址，被推荐为近期开发工程时很容易被各方面所接受。但有时各站址往往各有特点，而选点规划阶段又由于工作深度关系，站址自然条件的好坏还难以全面反映到经济指标中，这时对近期工程的选择各方面就较难达成共识，此时也可以通过模糊评判的办法进行筛选，往往能达到比较理想的效果。

如在福建省抽水蓄能电站选点规划设计中，在资源普查和复勘基础上，择优选取了福州鼓岭、永泰白云、仙游西苑、安溪龙门和漳州长泰等5个抽水蓄能电站站址作为规划站址开展选点工作。工作表明，虽然该五站址综合开发条件均较好，单位千瓦投资又均较低，均具有良好的开发价值，但其中的仙游西苑各方面综合建设条件较为突出，在五站址中相对较优，作为近期开发工程较易得到各方认同，因此被推荐为近期开发工程。

再如在胶东地区抽水蓄能电站选点规划设计中，在资源普查和复勘基础上，择优选取了文登昆嵛山、海阳招虎山、青岛泉心河3个抽水蓄能电站站址作为规划站址开展选点工作。工作表明，虽然该三站址均具开发价值，但又各有比较明显的优、缺点，在经济指标比较中难以取舍。为合理推荐近期开发工程，采用了模糊评判的比选方法，首先通过专家讨论确定了参与比选的项目及权重，再根据各规划站址的具体条件打分，然后计算各规划站址的综合得分，以得分高者为优。最终得出3个规划站址建设条件优劣排序为：文登昆嵛山—青岛泉心河—海阳招虎山，因此推荐文登昆嵛山为近期开发工程。

2.3　福建省抽水蓄能电站选点规划

下面，以2001年开展的福建省抽水蓄能选点规划为例，对抽水蓄能电站选点规划设计中需遵循的原则和工作步骤进行介绍。

2.3.1　选点规划工作简况

自 20 世纪 80 年代以来，华东勘测设计研究院和福建省水利水电勘测设计研究院对福建省抽水蓄能资源进行了大量的调查研究及普查选点工作，基本摸清了福建全省的抽水蓄能资源情况。普查表明，福建省抽水蓄能资源丰富，可开发站址多、水头高、装机容量大，初步统计全省具有开发价值的抽水蓄能站址共 41 处，合计可开发装机容量 57170MW。

福建省抽水蓄能电站站址资源丰富，建设条件优越，单位千瓦造价较低，具有极强的竞争力，是福建电网理想的调峰电源。建设一定规模的抽水蓄能电站不仅可以优化电源结构，提高电网的供电质量和可靠性，减少大气环境污染，还可以较大幅度地节省电源建设资金，经济效益和社会效益都非常显著。分析认为：福建电网 2010 年前后应有一定容量的抽水蓄能电站参与调峰；2010 年以后，对抽水蓄能电站规模的需求日益加大；到 2015 年水平福建电网抽水蓄能电站投产规模应达到 1200MW，2020 年水平福建电网抽水蓄能电站建设规模应在 2500MW 左右。

2.3.2　规划站址选择

（一）选择原则

根据建设抽水蓄能电站的基本条件和福建省的实际情况，规划站址的选择原则是：

（1）装机容量：本次选点规划主要针对解决福建电网中远期的调峰问题，若站点规模过小难以满足电网的调峰需求，因此规划站址的装机规模界定在 1000MW 以上。

（2）地理位置：为减少输电线路投资和降低能耗，抽水蓄能电站选址宜尽量靠近负荷中心、主干输电线路或大型抽水动力源。

（3）地形地质：有合适的地形建造上、下水库，要尽量避开具有重大工程地质问题的地区。

（4）水头：抽水蓄能电站水头越高，单位水体所能转换的能量越大，一般来说其经济指标就越好。因此，电站平均毛水头一般应大于 300m，最好在 400～600m 之间。

（5）上、下水库水平距离：水平距离越近，引水道的投资和水头损失就越小，引水道水平长度与平均毛水头之比（即距高比）应在 10 以下。

（6）水库淹没：尽量减少淹没损失，避免淹没军事设施、风景名胜区、自然保护区、大型工矿企业、城镇或人口密集区域。

（7）环境影响：尽量避开环境影响敏感区域，降低电站建设对环境的影响程度。

（8）水源条件：考虑到抽水蓄能电站的运行特点和降水、蒸发等自然条件，选址时要求各站址集水面积一般不小于 $10km^2$。

（二）选择范围

闽东南地区是福建省的政治、经济、文化中心，是全省用电负荷中心、电源中心，又具有丰富的抽水蓄能电站资源，所以福建省第一座抽水蓄能电站应建在福建省东南沿海地区，它既符合全省电源的优化布局，也便于就地调峰填谷、节省线路投资以保证电网安全、经济运行。因此，首批规划站址选择范围定为闽东南地区，包括福州、莆田、泉州、厦门及漳州等五市所辖地区。

（三）规划站址选择

根据普查成果，闽东南地区共筛选出 30 个站址，其中福州市 14 个、莆田市 3 个、泉州市 4 个、厦门市 2 个、漳州市 7 个，合计可开发装机规模 42620MW。

在多次复勘的基础上，综合比较、分析了各站址地理位置、地形地质、水头、距高比、水源、水库淹没、环境影响及施工交通等建设条件因素，本阶段择优推荐（自北向南）福州市郊鼓岭、福州永泰白云、莆田仙游西苑、泉州安溪龙门及漳州长泰等五站址为规划站址，进一步开展选点规划阶段的勘测设计工作。

2.3.3 规划站址自然条件比较

（一）地理位置

福建省抽水蓄能电站规划站址地理位置比较见表2-2-2，五站址均靠近负荷中心，送受电条件均较好。相对而言，仙游、龙门站址靠近福建省最大的泉州、莆田负荷中心，送受电条件较好，地理位置更加优越。

表2-2-2 福建省抽水蓄能电站规划站址地理位置比较表 km

项目	鼓岭	白云	西苑	龙门	长泰
距用电中心福州市、泉州市和厦门市距离	4、147、225	37、120、190	95、65、125	175、48、52	210、90、40
距500kV变电站距离	7	42	38	32	20
距拟建惠安核电站距离	130	100	60	80	110

（二）地形条件

五站址水头较高，平均水头均在400m以上，装机规模较大，均在1000MW以上，距高比较小，L/H值均在6以内，地形条件均比较优越。长泰站址平均水头895m，已接近或超过当前可逆式单级转轮的应用水头上限，如选用两级转轮，则不但机组造价会增加，电站综合效率也可能会有所降低，其他站址平均水头均在400～650m之间，采用单级转轮在技术上已很成熟。电站装机规模以西苑站址为最大，并可分期开发，能较好地满足电力系统发展的需要，而鼓岭、白云站址由于受上水库的库容制约，装机容量1200MW基本已是上限。输水系统水平距离以长泰站址为最长，距高比以龙门站址为最大，鼓岭站址输水系统水平距离最短，仅为1200m，距高比也最小。五站址地形条件特征参数见表2-2-3。

表2-2-3 福建省抽水蓄能电站规划站址地形条件比较

项目	鼓岭	白云	西苑	龙门	长泰
平均水头（m）	520	430	448.5	Ⅰ方案607.5 Ⅱ方案552.5	895
装机规模（MW）	1200	1200	2400 （1200）	Ⅰ方案1800 Ⅱ方案1200	1800 （1200）
输水系统水平距离（m）	1200	1783	2080	Ⅰ方案2969 Ⅱ方案3273	4045
L/H值	2.4	4.15	4.64	Ⅰ方案4.89 Ⅱ方案5.92	4.61
上库最大坝高/坝顶长度（m）	90/442	30/130	76/256 （66.5/179.9）	Ⅰ方案60/298 Ⅱ方案87/318	65/503 （58/478）
下库最大坝高/坝顶长度（m）	55/126	55/150	67.7/203.5	Ⅰ方案70.5/228 Ⅱ方案78/252	32.3/138

注 括号内为一期指标。

（三）地质条件

五站址均具备建设大型抽水蓄能电站的条件，经初步地质调查，均不存在影响工程成立的重大地质问题。五站址工程地质条件比较见表2-2-4。

表2-2-4　　福建省抽水蓄能电站规划站址工程地质条件比较

项目		鼓岭	白云	西苑	龙门	长泰
区域地质		工程区处于一相对稳定的地区内，本区域基本烈度为Ⅶ度	工程区未发现区域性断裂通过，本区域基本烈度为Ⅵ度	区域地质构造较复杂，新华夏系断裂比较发育，本区域基本烈度为Ⅵ度	区域地质构造简单，近工程区未发现区域性断裂迹象，本区域基本烈度为Ⅶ度	工程区属构造相对稳定区，本区域基本烈度为Ⅶ度
上水库	库区	库区左岸及库尾山体较雄厚，岩体完整性较好，右岸存在垭口地形，较单薄，除右岸须经防渗处理外，无永久性渗漏问题，库岸整体稳定性较好	库岸多为土质边坡，稳定条件较差。推测部分库段弱风化基岩顶板埋深低于正常蓄水位，可能存在水库渗漏问题，需处理	库区山体较雄厚，岩体完整性较好，无永久性渗漏问题，库岸整体稳定性较好，建库工程地质条件较好	上库Ⅰ：库岸整体稳定，库尾地势较平缓，高程较低，岩石风化较深，存在渗漏问题； 上库Ⅱ：库周山体雄厚，库岸整体稳定，无永久性渗漏问题	库岸为土质边坡，稳定条件较差。库区南侧可能存在水库渗漏问题，须处理
	坝址区	基岩风化浅，地质构造较简单，岩体完整性较好，可建当地材料坝或混凝土重力坝	左岸山体较宽厚，右岸山体较单薄，存在坝基渗漏问题，主坝工程地质条件较差，副坝岩石风化深，宜建当地材料坝	两岸山体雄厚，无区域性断裂通过，两岸山坡岩体风化强烈，可建当地材料坝或混凝土重力坝	上库Ⅰ：两岸山体较雄厚，坝基可能存在渗漏问题。宜建当地材料坝； 上库Ⅱ：两岸山体较雄厚，左坝头存在渗漏问题、坝基可能存在渗漏问题。可建当地材料坝或混凝土重力坝	主、副坝坝址地形平坦开阔，两岸地形平缓，坡积层及全风化岩体较厚，且厚度不均一，存在不均匀沉陷问题。宜建当地材料坝
下水库	库区	山体雄厚，库岸整体稳定，不存在渗漏问题，工程地质条件较好	库周山体雄厚，无区域性断层通过，库岸稳定，不存在渗漏问题	山体雄厚，库岸整体稳定，多泉水出露，但不会形成渗漏通道	库周山体雄厚，无区域性断层通过，库岸稳定，无水库渗漏问题	库周山体雄厚，库岸稳定，无水库渗漏问题
	坝址区	基岩裸露，岩石坚硬，岩体完整性较好，顺河向F_{51}断层须处理，具备建重力坝的工程地质条件	两岸山体较雄厚，风化浅，基岩裸露，工程地质条件良好	两岸山体较雄厚，坝址处构造较发育，应作工程处理。可建当地材料坝或混凝土重力坝	两岸山体较雄厚，覆盖层较薄，基岩裸露，工程地质条件良好	现有土坝加高4.15m可满足要求，因原土坝曾出现漏水问题，经处理已不漏，加高时应做好加固防渗措施

续表

项 目	鼓 岭	白 云	西 苑	龙 门	长 泰
输水系统及地下厂房	上库进出水口岩石风化较浅，属Ⅲ类围岩，具备进洞条件。输水系统及地下厂房埋深大，围岩为微风化～新鲜，坚硬完整，以Ⅱ类围岩为主，成洞条件良好，F_2、F_5 与洞线交角较小，对围岩稳定有一定影响。下库进出水口地形平缓，风化深，第四系覆盖厚，工程地质条件较差	上库进出水口岩石风化强烈，地质条件较差，属Ⅳ～Ⅴ类围岩。输水系统及地下厂房埋深大，以Ⅱ类围岩为主，地质条件良好。下库进出水口基岩风化较浅，属Ⅲ～Ⅳ类围岩，具备进洞条件	上库进出水口边坡稳定和进洞条件较差，属Ⅲ～Ⅳ类围岩。输水系统及地下厂房埋深大，围岩为微风化～新鲜，坚硬完整，以Ⅱ类围岩为主，成洞条件良好。下库进出水口基岩风化较浅，属Ⅲ～Ⅳ类围岩，经处理具备进洞条件	两上库进出水口岩石风化较浅，属Ⅲ类围岩，具备进洞条件。输水系统及地下厂房埋深大，围岩为微风化～新鲜，致密坚硬，以Ⅱ类围岩为主，成洞条件良好。下库进出水口岩石风化强烈，属Ⅳ类围岩，进洞条件较差	上库进出水口弱风化基岩裸露，属中等完整岩体。输水系统及地下厂房埋深大，以Ⅱ类围岩为主，地质条件较好。下库进出水口岩体完整性较差，进出水口附近发育的断层与洞线的交角较小，属Ⅲ～Ⅳ类围岩，工程地质条件稍差

（四）水库淹没

五站址水库淹没指标见表2-2-5，各站址水库淹没损失均较小，比较而言以白云站址水库淹没损失最大，以长泰站址水库淹没损失最小。

表2-2-5　　福建省抽水蓄能电站规划站址水库淹没指标比较

项 目	单 位	鼓 岭	白 云	西 苑		龙 门		长 泰	
				一期	二期	Ⅰ方案	Ⅱ方案	一期	二期
迁移人口	人	257	1115	290	65	70	670	119	10
淹没耕地	亩	463	1190	430	60	230	340	0	31

（五）水源、施工、交通条件

五站址水源充沛，对外交通较便利，施工条件均较好，没有明显差异。

（六）环境影响

五站址水库淹没损失小，移民少，对社会环境的影响相对均较小。施工时对地貌和植被总会产生一定的破坏，需做好水土保持工作；施工过程中的“三废”、施工噪声对周围环境也将产生不利影响，但除鼓岭站址地处鼓山风景区、上库紧靠鼓岭避暑山庄，施工会对旅游等产生影响外，其他站址建设地点偏僻，这些影响相对就较小。施工对环境的影响是暂时的，只要组织管理得当，均可将不利影响减少到较低程度。

2.3.4 规划站址经济比较

五站址经济指标见表2-2-6。

表 2-2-6　　福建省抽水蓄能电站规划站址经济指标比较

项　目	单　位	鼓　岭	白　云	西　苑		龙　门		长　泰	
				一期	二期	Ⅰ方案	Ⅱ方案	一期	二期
装机容量	MW	1200	1200	1200	1200	1200	1800	1200	600
总工期	年	6	6	6	6	$6\frac{1}{6}$	7	7	
静态总投资	亿元	30.07	30.93	31.33	24.48	32.64	47.09	49.09	
单位千瓦投资	元/kW	2506	2577	2611	2040	2749	2645	2727	
上网电价	元/(kW·h)	0.478	0.518	0.519	0.445	0.536	0.531	0.546	
还贷期	年	17	17	17	16	17	18	17	

从规划阶段的投资估算来看，各站址单位千瓦投资还是比较接近的，相比较而言，以鼓岭、白云、西苑等三站址造价较低，长泰站址造价较高。

经按全部投资财务内部收益率（所得税后）10%为控制测算上网电价，抽水电价均为 0.15 元/（kW·h）时，五站址所测算的上网电价在 0.44～0.55 元/（kW·h）之间，在电力市场中具有较强的竞争能力。根据本阶段工作深度总体分析，以西苑站址经济指标较好。

2.3.5　近期工程选择

福建省抽水蓄能资源较丰富，本次参与选点规划的站址是在前期工作的基础上择优选取的。五站址地理位置适中、水源条件好、水头较高、输水距离较短、地形地质条件较好、水库淹没损失和环境影响较小、施工交通等综合开发条件均较好。五站址单位千瓦投资均较低，单位千瓦造价远低于火电站，也低于燃气联合循环电厂，与燃气轮机电厂接近。因此，五站址均具有良好的开发价值，逐步开发这些站址对优化福建电网电源结构、解决福建电网不同时期调峰问题和实现福建电网安全、经济、稳定运行将起重要作用。

通过技术经济比较，本阶段推荐仙游西苑站址为福建省抽水蓄能电站的近期开发工程。仙游西苑站址地处闽东南地区最佳地理位置，为闽东南沿海福州、莆田、泉州、漳厦四大平原的中介面，又位于福建省最大的负荷中心、火（核）电电源基地中心区域和 500kV 线路的必经之地，送受电条件好，接入系统方便，还可与核电配合运行，保证核电安全。西苑站址装机规模大，可分期开发，满足 2015～2020 年设计水平的调峰需要。仙游西苑站址坝址地形条件较好、水源充足、水库淹没损失较少，综合建设条件较好，经济指标较优越。另外，仙游西苑站址的前期工作已进行多年，工程地质条件相对较为明朗。

第三章 抽水蓄能电站主要水能参数选择

3.1 装机容量选择

抽水蓄能电站装机容量选择关系到电站的建设规模、工程投资和经济效益，并且决定着抽水蓄能电站在电力系统中的作用，是最重要的基本工程参数之一，需要通过技术经济综合比较选定。

3.1.1 供电范围及设计水平年

（一）供电范围

抽水蓄能电站与电网的关系特别密切，供电范围的确定是开展电站装机规模论证的基本前提。一般根据设计电站在电力系统中的地理位置、负荷地区分布和电网发展需要，结合站址资源条件，分析确定供电范围。

目前我国大陆地区基本由国家电网和南方电网所覆盖，国家电网又分成东北、华北、华中、华东等若干跨省区域电网，并兼管西藏电网，南方电网则有华南地区各省级电网组成。跨省区域电网一般由若干省级电网组成，如华东电网由江苏、浙江、安徽、福建、上海等四省一市电网组成，除西部个别地区外，各个省级电网一般都已经覆盖全省，并形成了较为坚强的省级电网。跨省区域电网则各地情况有所不同，以华东电网为例，江苏、浙江、安徽、上海等三省一市电网相互之间联系紧密，基本没有明显的界限，已经形成了相当坚强的区域电网；而福建电网原为独立省级电网，与华东三省一市电网的联系较为薄弱，由于能源资源的互补性较差，可以预计，目前或将来，福建电网仍将立足于自身发展，以自身平衡为主，与华东区域电网的关系主要是互为备用的关系。

对于省级电网之间联系紧密的区域电网，其抽水蓄能电站建设需在区域电网范围内统筹考虑，对于与区域电网相对独立的省级电网，其抽水蓄能电站建设则需在省级电网范围内统筹考虑。如华东地区，江苏、浙江、安徽、上海三省一市的抽水蓄能电站，其供电范围可定为华东三省一市电网，福建省的抽水蓄能电站供电范围可定为福建省电网。

对规模和范围较大的电网，特别是区域电网，一般存在多个用电负荷中心，还应根据电力系统分区平衡的要求，确定分区电网的范围，区域电网一般可按省级电网范围进行分区。

（二）设计水平年

设计水平年是指装机容量充分发挥容量效益的年份。抽水蓄能电站装机容量选择与设计水平年选择也是密不可分的。总体而言，随着设计水平年的推迟，设计电站供电范围内的用电水平随之提高，对抽水蓄能电站的需求也将相应增加，反之则减少。

设计水平年的选择应根据电力系统的能源资源、电力系统的水火电比重以及设计电站的具体条件论证确定。一般情况下可采用第一台机组投产后的5～10年作为设计水平年，也可经过逐年电力、电量平衡，通过经济比较，在选择装机容量的同时一并选择。抽水蓄能电站设计水平年的选择一般采用后一种方法。另外，我国有制定五年发展计划的惯例，因此设计水平年在选择时宜与此适应。

3.1.2　装机容量方案拟定

决定电站装机容量大小的因素有很多，而归根结底则主要由两大方面的因素决定，一是电站自身条件可能提供的装机容量规模，二是设计水平年电力系统需要的抽水蓄能建设规模。

当电站自身条件可能提供的装机容量规模小于电力系统需要的抽水蓄能规模时，电站装机容量方案应以自身条件可能提供的合理装机容量规模为基础进行拟定。典型的如山东泰安抽水蓄能电站，该站址所处的山东电网规模较大，且以火电为主，经分析，设计水平年对抽水蓄能电站的需求规模在2000MW以上，但泰安站址由于受上水库条件控制，按日调节开发最大装机容量仅可达800MW左右，因此在装机容量方案拟定时，需根据自身可能提供的装机容量规模为基础拟定，可行性研究设计时拟定的装机容量比较方案为600、800、1000MW，经技术经济比较，考虑到山东电网对抽水蓄能电站的迫切需求，通过库容挖潜和适当调整蓄能小时数，最终选定装机容量为1000MW。

当电站自身条件可能提供的装机容量规模大于电力系统需要的抽水蓄能规模时，电站装机容量方案应以电力系统需要规模为基础进行拟定。典型的如福建仙游抽水蓄能电站，仙游站址自身条件较好，按日调节开发最大装机容量可达2400MW左右，但站址所处的福建电网规模相对较小，且水电占相当比重，经分析设计水平年对抽水蓄能电站的需求规模约1200MW，因此仙游抽水蓄能电站装机容量方案拟定需以福建电网需求为基础进行拟定，可行性研究设计时拟定的装机容量比较方案为1000、1200、1400MW，经技术经济比较，最终选定装机容量为1200MW。

抽水蓄能电站装机容量的比较方案数目一般可按拟定3～4个考虑，关于电站装机容量方案间的容量差距，目前也没有明确的规定，一般按10%～20%的容量差距考虑，预可行性研究设计阶段范围宜定得大一些，可行性研究设计阶段宜适当缩小范围。实际工作中，也有将装机容量比较范围定得比较大的特殊情况，如在江西洪屏抽水蓄能电站预可行性研究设计时，由于江西电网当时规模较小，对抽水蓄能电站的需求较为有限，因此装机容量比较时考虑了不同的供电范围，将洪屏一期装机容量比较方案拟定为600、900、1200MW等3个方案，其中600MW以供电江西电网为主，而1200MW方案除供电江西电网外兼顾华中电网，后经技术经济比较，初选电站一期装机容量为1200MW。

3.1.3　装机容量方案特征参数拟定

结合电力系统特性和电站开发方式，合理确定电站蓄能小时数。日调节抽水蓄能电站蓄能小时数一般可取4～7h，周调节抽水蓄能电站蓄能小时数一般可取10～18h，各装机容量方案宜采用相同的蓄能小时数。

根据上、下水库地形地质条件和水工布置要求，以满足各装机容量方案水库蓄能量要求为前提，初步拟定各装机容量方案的上、下水库正常蓄水位、死水位和调节库容。初步拟定各装机容量方案的机组机型和特征水头参数，提出各装机容量方案的水能特征参数。

各装机容量方案水能参数应根据电力电量平衡分析结果进行复核调整，并在电力电量平衡基础上求出发电出力过程及抽水入力过程，结合设计洪水成果和泄洪设施布置方案计算各方案的上、下水库设计洪水位。

3.1.4　电力电量平衡分析

抽水蓄能电站的效益主要在电力系统，因此装机容量选择时，系统电力电量平衡分析是十分重要的内容。

随着计算机技术的普及，电力电量平衡分析已经是一个全过程的电力系统生产模拟优化运行分析计算，包括日年电力电量平衡计算、调峰容量平衡计算、水电弃水调峰损失电量计算、系统燃料消耗计算、系统运行费用计算等内容。

通过电力电量平衡分析，求出设计电站各装机容量方案的必需容量、发电量、抽水电量、火电替代率及系统调峰效益、水电弃水调峰损失电量、燃料（煤、油、气）消耗量、运行费用等指标，从电力系统角度分析各装机容量方案的差异。抽水蓄能电站装机容量比较时，电力电量平衡宜从第一台机组投产年份开始分析，应进行逐年电力电量平衡分析工作，直到达到设计效益年份为止。

3.1.5　工程设计和投资估算

开展各装机容量方案的工程枢纽布置设计、机电设备及金属结构选择、施工组织设计、水库淹没处理和环境保护设计和工程投资估算，从电站自身角度分析各装机容量方案的差别。

3.1.6　经济比较计算

经济比较计算应包括经济指标、系统总费用现值、财务指标等内容。

经济指标主要反映各装机容量方案的静态经济指标，包括单位千瓦投资、补充千瓦投资、单位电度投资、补充电度投资等。

在同等程度满足电力系统需求的条件下，根据各比较方案各类电源的投资流程及年运行费流程，按照选定的社会折现率计算各方案的系统费用现值。

按抽水蓄能电站财务评价有关规定，对各装机容量方案财务指标进行测算。

在进行经济比较时，要特别注意电站容量效益的体现，目前容量效益一般按容量价格或峰谷电价计算，对不同方案的动态效益尽可能给予定量或定性说明。

3.1.7　装机容量选择

根据各方案在满足电力系统需求和作用、站址各方面建设条件及经济比较计算结果，经综合比较选择装机容量。

对电站自身可能提供装机规模较大而以电力系统需要规模为主进行方案比较的站址，装机容量选择时应着重考虑各装机容量方案在满足电力系统需求和作用方面的差异，进而推荐合理的装机容量方案。

对电站自身可能提供装机规模小于电力系统需要规模的站址，装机容量选择时应着重考虑各装机容量在建设条件方面的差异，进而推荐合理的装机容量方案。

3.1.8　天荒坪二抽水蓄能电站装机容量初选

天荒坪二抽水蓄能电站位于浙江省安吉县，靠近华东电网用电负荷中心，地理位置优越，与已建天荒坪抽水蓄能电站隔河相望，工程地形地质条件良好，上、下水库落差大，电站最大水头 760m 左右，水库淹没损失很小，无不利环境制约影响，电站规模大，综合建设条件优越。天荒坪二抽水蓄能电站预可行性研究阶段勘测设计工作开始于 2003 年，2004 年提出预可行性研究报告。

（一）供电范围及设计水平年

根据电站规模和地理位置，天荒坪二抽水蓄能电站投运后，将是华东电网主要调峰、调频、调相电厂之一，也是“西电东送”的保安电源之一，因此供电范围选定为华东电网。

根据华东电网抽水蓄能电站建设必要性论证，结合天荒坪二抽水蓄能电站前期工作进度、施工工期等因素，初选电站设计水平年 2015 年。

（二）装机容量方案拟定

根据华东地区能源资源状况和电力发展规划、西部大开发及“西气东输”战略，结合经济比较，考虑煤电综合调峰幅度、煤电年利用小时和系统总耗煤量等综合指标，分析认为华东电网2015年抽水蓄能总规模选择13760MW左右比较合理，除已在建抽水蓄能电站及拟建响水涧抽水蓄能电站外，2015年前需再新增7900MW左右。

规划阶段初拟电站装机容量2400MW。上水库库盆底部平坦而开阔，两岸不对称。左岸山体雄厚，右岸山体相对单薄，山脊高程相对较低，且右岸山脊有一垭口，垭口高程993.8m，按装机容量2400MW开发基本已经充分利用了上水库的地形条件。下水库位于已建天荒坪抽水蓄能电站下水库大坝下游约2.2km的山河港上，装机规模2400MW时，水库正常蓄水位已经接近已建天荒坪下水库大坝下游侧量水堰高程，抬高余地很小。此外，天荒坪二抽水蓄能电站装机规模2400MW时，电站最大毛水头已达到765m，在正常运行情况下（不考虑事故备用情况），水泵最高扬程和水轮机最小水头的比值约为1.136，极限运行情况下（考虑事故备用情况）该比值约为1.161，上述参数已经接近目前单转速水泵水轮机制造的最高水平。因此，受上、下水库地形条件及机组制造能力等限制，电站装机规模上限宜控制在2400MW。

分析认为，本站址装机容量选择主要受地形条件因素控制，因此预可行性研究阶段拟定了1800、2100和2400MW 3个装机容量方案。

（三）各装机容量方案水能参数拟定

根据最新地形地质资料，结合规划阶段的工作成果，装机容量比较阶段初拟上水库死水位为930m，下水库死水位为210m，上、下水库按5h正常发电库容与1h事故备用库容之和设置调节库容，通过上、下水库水量平衡计算，拟定各装机容量方案上、下水库的正常蓄水位，并据此分析各装机容量方案的特征水能参数。

为减少上水库水位变幅、降低上水库工程投资，根据上水库地形地质条件，各装机容量方案均对水库区进行了开挖，按挖填平衡进行上水库的特征水位选择和库盆设计，并根据成库后的地形进行库容计算。下水库的特征水位选择考虑了下库大坝填筑和进出水口开挖对库容的影响，在库容计算时预留一定的裕度。

天荒坪二抽水蓄能电站各装机容量方案水能参数（方案比较阶段）见表2-3-1。

表2-3-1　天荒坪二抽水蓄能电站各装机容量方案水能参数表（方案比较阶段）

项　目	单　位	1800MW方案	2100MW方案	2400MW方案
一、上水库				
正常蓄水位（正常运行高水位）	m	969.0	972.0	975.0
相应库容（天然/开挖填筑后）	万m^3	759/848	818/918	880/989
正常运行低水位	m	940	940	940
相应库容（天然/开挖填筑后）	万m^3	301/285	301/285	301/285
死水位	m	930.0	930.0	930.0
死库容（天然/开挖填筑后）	万m^3	179/133	179/133	179/133
需要有效库容	万m^3	641	748	855
实际有效库容（天然/开挖填筑后）	万m^3	580/672	639/757	701/856

续表

项　目	单　位	1800MW 方案	2100MW 方案	2400MW 方案
二、下水库				
最高蓄水位（事故运行高水位）	m	249.2	252.8	256.1
相应库容	万 m^3	761	868	974
正常蓄水位（正常运行高水位）	m	244.9	248.3	251.3
相应库容	万 m^3	647	736	822
死水位（正常运行低水位）	m	210.0	210.0	210.0
死库容	万 m^3	118	118	118
调节库容（正常发电调节库容）	万 m^3	529	618	704
调节库容（含事故库容）	万 m^3	643	750	856
三、电站				
最大毛水头（正常/极限）	m	759.0	762.0	765.0
平均毛水头（正常/极限）	m	727.6/719.9	727.4/719.6	727.4/719.5
最小毛水头（正常/极限）	m	696.1/680.8	692.7/677.2	689.7/673.9
最大毛水头/最小毛水头（正常/极限）		1.09/1.117	1.10/1.127	1.11/1.137
最高扬程/最小水头（正常/极限）		1.117/1.14	1.127/1.15	1.136/1.161
额定水头	m	700.0	700.0	700.0
装机容量	MW	1800	2100	2400
机组台数	台	6	6	6
单机容量	MW	300	350	400

（四）电力电量平衡分析

根据华东电网2015年电力电量平衡计算结果，各装机容量方案计算成果汇总见表2-3-2。计算表明，天荒坪二抽水蓄能电站装机1800、2100、2400MW 3个方案均为系统的必需容量。

表2-3-2　　天荒坪二抽水蓄能电站各装机容量比较方案电力平衡汇总表　　MW

项　目	1800MW 方案	2100MW 方案	2400MW 方案
系统需要总装机容量	160820	160805	160791
一、华东电网区内装机容量	145729	145715	145701
其中：常规水电	6178	6178	6178
抽水蓄能	8360	8660	8960
燃气轮机	19178	19178	19178
煤电	102947	102633	102318

续表

项　　目	1800MW 方案	2100MW 方案	2400MW 方案
核　　电	9066	9066	9066
二、区外送电华东容量			
其中：三峡	7200		
溪洛渡、响家坝	4390		
川电	3500		

（五）经济比较计算

为了更全面、合理衡量各装机容量方案间的差异，分别计算了各方案系统总费用现值指标和财务评价指标。

按照各装机方案同等程度满足电力系统的容量和电量需求，通过电力生产模拟，计算蓄能电站装机容量利用情况及所需要的替代电源投资、年燃料消耗及年固定运行费，求出各装机方案相应的电力系统总费用现值。

考虑天荒坪二抽水蓄能电站作为独立核算的企业，为了解电站不同装机容量方案投产后的盈利能力、综合电价及财务现实可行性，对各装机容量方案的主要财务指标按照《抽水蓄能电站经济评价暂行办法实施细则》的规定进行了测算。按全部投资财务内部收益率为8%的控制条件分别测算各装机方案的综合电价水平。各装机方案经济、财务指标见表2-3-3。

表 2-3-3　　各装机方案经济、财务指标

项　　目	单　　位	数　　值		
装机容量	MW	1800	2100	2400
年发电量	亿 kW·h	30.15	35.18	40.20
固定资产投资	万元	466324	505338	543922
火电总装机容量	MW	102947	102633	102318
系统发电煤耗	万 t	17003.91	17002.59	17001.24
系统燃料费	万元	6801564	6801036	6800496
系统总费用现值	万元	2845.2	2839.3	2833.3
电站综合电价	元/（kW·h）	0.417	0.399	0.385
静态单位容量投资	元/kW	2591	2406	2266
静态单位电度投资	元/（kW·h）	1.55	1.44	1.35

（六）装机容量初选

（1）根据华东电网抽水蓄能电站建设必要性分析，考虑已建、在建及前期工作比较充分的响水涧等抽水蓄能电站容量外，2015年前华东电网新建抽水蓄能电站合理规模为7900MW左右。电力电量平衡分析表明，各装机容量方案均无空闲容量，均可替代同等规模的火电机组建设。因此，从电力系统的调峰需要、改善系统运行条件及提高电网运行可靠性方面分析，天荒坪二抽水蓄能电站装机规模1800～2400MW均是必要的。

（2）根据本工程上、下水库和地下工程情况，从地形地质条件以及施工总布置等方面分析，天荒坪二抽水蓄能电站装机规模1800MW、2100MW和2400MW均成立，各方案都不存在重大颠覆性影响因素。

（3）为满足不同装机容量方案所需的调节库容，并结合上水库大坝填筑用料的需要，各方案均对上库库盆进行开挖。其中：装机容量1800MW方案约需增加61万m^3有效库容，经水工布置仅需进行清库和少量开挖即可满足；装机容量2100MW方案约需增加109万m^3有效库容，按水工布置开挖库盆约290万m^3，上水库主、副坝的填筑约需278万m^3，该开挖方案既能满足有效库容增加的要求，又能达到开挖有用料与上库大坝填筑量基本平衡；装机容量2400MW方案约需增加154万m^3有效库容，为满足该方案对有效库容的要求，水工布置共需开挖约350万m^3，而上水库主、副坝的填筑约需320万m^3，开挖有用料与上库大坝填筑量也基本平衡。因此，从上水库的库盆设计和土石方平衡方面考虑，天荒坪二抽水蓄能电站装机规模1800～2400MW均是可行的。

（4）经济比较结果表明，当同等程度满足电力系统的容量和电量要求时，装机容量2400MW方案的系统年燃料消耗总量相对最小，随着装机容量的增加，系统总费用现值减小，但3个装机方案的总费用现值较接近，总费用现值差基本相同。财务比较分析表明，各装机方案的主要财务指标基本接近，综合上网电价也随着装机容量的增加而有所降低。因此，从经济分析指标分析，天荒坪二抽水蓄能电站以2400MW装机容量方案相对较优。

（5）从电站最大水头、机组运行稳定性来看，3个装机规模方案的最大水头值已接近目前单级可逆式抽水蓄能机组制造的最高水平，对抽水蓄能机组的制造水平要求较高。由于水泵水轮机分别在水泵和水轮机两种不同工况下运行，要使这两种运行工况都有较高的效率并不致产生振动及空蚀等不良情况，通常要求水泵最大扬程和水轮机最小水头的比值不能太大，以确保单转速机组能稳定、高效运行。根据目前水泵水轮机制造水平和经验，700～775m水头段该值应控制在1.15左右，以不超过1.2为宜。根据1999年12月成功投入运行的日本葛野川抽水蓄能电站的有关资料，葛野川抽水蓄能电站机组最大扬程达778m，机组最大出力达412MW，水泵最大扬程和水轮机最小水头比值为1.142，基本代表了当前水泵水轮发电机组制造的最高水平。

从初步计算结果来看，1800MW、2100MW、2400MW 3个方案在正常运行情况下（不考虑事故备用情况），水泵最大扬程和水轮机最小水头比值分别约为1.117、1.127和1.136，均在较合理的范围内；极限运行情况下（考虑事故备用情况），水泵最大扬程和水轮机最小水头比值分别约为1.14、1.15和1.161，接近目前单转速机组制造的最高水平。考虑到装机容量2100MW方案经优化设计后，极限工况的水泵最大扬程和水轮机最小水头比值可控制在1.15以下，与日本葛野川抽水蓄能电站的机组制造难度相当，因此从水泵水轮发电机组制造角度分析，天荒坪二抽水蓄能电站装机容量以不超过2100MW为宜。

综合以上各方面因素，从华东电网负荷发展需求、电站资源条件、地形地质条件及经济财务评价指标等方面来看，天荒坪二抽水蓄能电站建设条件优越，电站装机规模选择大一些是有利的。但该电站的水头较高、水头变幅较大，对机组制造技术水平有较高的要求。考虑到目前已具备的机组制造水平、已投入运行的高水头单转速机组的经验及技术发展水平，为降低机组制造难度和机电设备投资，初选天荒坪二抽水蓄能电站装机规模为2100MW。

3.1.9 洪屏抽水蓄能电站装机容量选择

江西洪屏抽水蓄能电站位于江西省西北部靖安县境内，紧靠江西省用电中心，距南昌、九江、武汉直线距离分别为65、100km和190km，鄂、赣联网的500kV输电线路从洪屏抽水蓄能电站附近通过。

洪屏站址是在江西省抽水蓄能资源普查和选点规划基础上优选出来的，地理位置优越，工程建设条件优良，是江西省综合建设条件较好的抽水蓄能电站站址之一。洪屏抽水蓄能电站可行性研究阶段勘测设计工作开始于2006年，2008年提出可行性研究报告。

（一）站址特点

洪屏抽水蓄能电站上库为一高山盆地，集水面积6.67km^2，盆底高程690～710m，地势平坦开阔，盆地四周环山，山体雄厚，四周山岭东北高、西南低，盆地西、南各有一垭口，筑坝后即可形成上水库。根据上水库地形条件，上库蓄水位最高可达745m左右，对应库容约5100万m^3，调节库容可达4300万m^3。下水库利用规划中的丁坑口水库，该水库规划正常蓄水位186m，对应库容6600万m^3，调节库容4982万m^3，具有与上库相匹配的较好条件。

洪屏抽水蓄能电站工程地质条件较好，上库主坝址具备修建混凝土重力坝、副坝具备修建当地材料坝的工程地质条件；下库坝址可以兴建混凝土重力坝。地下厂房地质条件优良，其余建筑物地区均不存在大的地质构造问题。同时，该站址上水库、下水库、输水系统及地下厂房等都具有较好的分期开发条件。

洪屏抽水蓄能电站上、下水库天然库容、落差和水库蓄能量都较大，当上水库水位为733m时，水库蓄能量约2800万kW·h；当上水库水位为745m时，水库蓄能量约达5600万kW·h。上库蓄水位每抬高1m，水库蓄能量可增加200万kW·h以上。从洪屏抽水蓄能电站的地形特点分析，按日调节、蓄能发电小时数7h计，电站最大装机容量可达8000MW左右，按周调节、蓄能发电小时数10～18h计，电站最大装机容量也可达3000～5000MW，是一个建设大型抽水蓄能电站的优良站址。

因此，像洪屏抽水蓄能电站这样的站址，其装机容量的选择主要取决于电力市场的需要。

（二）供电范围论证

华中电网包括河南、湖北、湖南、江西、四川和重庆五省一市，其中河南、湖北、湖南和江西四省电网为华中东四省电网。华中东四省电网联络较为紧密，但与川渝电网联络较为薄弱。四川省可供开发的水力资源较多，2010年以后川电将大规模送往重庆、华中东四省和华东电网，华中东四省电网将成为受端电网。考虑到川渝电网与华中东四省电网距离较远，未来为送受电关系，洪屏抽水蓄能电站的潜在电力市场主要为华中东四省电网地区。

华中东四省电网位于我国腹地，能源资源以水力、煤炭为主，其分布特点是“南水北煤”，94%以上的水力资源在南部三省，82%的煤炭资源在河南省。截至2005年底，全口径发电装机容量79140MW，统调发电装机容量62470MW（含三峡水电站，后同），其中水电23570MW，占37.7%；火电38720MW，占62.0%。2005年全社会用电量、电网统调用电量和统调年最大用电负荷为3201亿kW·h、2515亿kW·h和45100MW。

华中东四省电网水电比重较大，且季调节、日调节和径流电站较多，水电出力和调峰性能季节性特征明显，很多电站还承担着防洪、灌溉等综合利用任务，其调峰能力受到很大限制。相对来讲，枯水期水电调峰能力较好，丰水期水电可调容量较少，水电调峰出力丰枯期差值超过2000MW，夏季调峰问题相对突出。

华中东四省未来最高负荷主要发生在丰水期，届时将出现电量富裕和容量紧张的矛盾。随着三峡电站发电机组的逐步投产、“西电东送”规模逐步加大以及南水北调工程对丹江口水电站调峰能力的影响，为了维持华中电网运行稳定性和安全性，华中东四省需要建设一定规模的抽水蓄能电站。在华中东四省建设抽水蓄能电站，丰水期低谷时段可以充分利用汛期的弃水电量，高峰时段可以替代相应容量的火电机组；在枯水期也可承担一部分系统调峰和备用，对电网安全、稳定运行具有重要作用。

结合华中东四省地区能源资源状况和电力发展规划，分析表明：2015年水平，抽水蓄能电站的经济合理规模约5000MW；2020年水平，抽水蓄能电站的经济合理规模约二抽水蓄能电站7000MW。目前已建、在建的抽水蓄能电站主要为河南宝泉二抽水蓄能电站1200MW、回龙二抽水蓄能电站120MW，湖北白莲河二抽水蓄能电站1200MW、天堂二抽水蓄能电站70MW，湖南黑麋峰二抽水蓄能电站1200MW，共计3790MW，因此，华中东四省电网2015年、2020年水平需新增抽水蓄能电站装机容量约为1200MW、3200MW。

洪屏抽水蓄能电站位于江西省最大的用电负荷中心南昌、九江之间，对江西省而言其地理位置是非常优越的，由于江西省电网位于华中东四省电网的东南部，其用电比重仅占华中东四省的15%，就华中东四省电网而言，其地理位置优势并不明显。江西电网能源资源短缺，目前为电力输入省份，远期将更需要大量吸纳外区电力，从华中东四省电网潮流走向分析，在江西省电网适当建设抽水蓄能电站是非常合理的，不仅有利于优化江西电网的电源结构，而且有利于有效消纳华中电网西部水电与北部火电的低谷电能，但如果江西省抽水蓄能电站建设规模过大，则会引起电网潮流的不合理流动，反而会增加电网建设成本。另外，根据华中东四省电网的电源结构、水电分布特点，结合河南、湖北、湖南电网抽水蓄能电站建设情况及资源条件也较好的特点，抽水蓄能电站也宜按照分区负荷中心适当分散布置的原则，华中东四省电网抽水蓄能电站的新增容量不宜全落点在江西省。

综上所述，洪屏抽水蓄能电站虽具有建设大型抽水蓄能电站的有利条件，完全可满足2020年以前华中东四省电网对抽水蓄能电站的需求。但华中东四省电网抽水蓄能电站的新增容量不宜全落点在江西省，总体上江西省抽水蓄能电站建设应以满足江西电网需要为主，因此，确定洪屏抽水蓄能电站供电范围为江西电网。

（三）江西电网对抽水蓄能电站的需求分析

江西电网以火电为主，截至2005年底，全省统调发电总装机容6640.7MW，其中火电5470MW，占82.4%；水电1171MW，占17.6%。2005年全省统调用电量330.12亿kW·h，统调最高负荷6825MW。目前江西电网是以220kV电压等级为主网架的电网，通过2条500kV线路和1条220kV线路与华中主网相联。江西省能源资源不足，目前发电用煤的一半以上是省外煤，今后新建电厂用煤的大部分需从外省调入。为满足电力增长的需要，远期江西省将需要大量吸纳外区电力，并在2020年前建设核电。根据规划，江西省2015年将吸收三峡水电、金沙江一期水电约2136MW；2020年将吸收区外水电3460MW，建设并投产核电2000MW。从电网远期电力供需分析，江西电网为电力输入省份，不可能向区外送电。

根据江西地区能源资源状况和电力发展规划，远景需要大量吸收外区电力和建设核电，为了解决江西电网调峰和增加电网保安电源，江西电网迫切需要建设一定规模的抽水蓄能电站。分析表明，江西省电网2015年、2020年、2025年水平的抽水蓄能电站经济合理规模分别约为1200MW、1800MW、2400MW。

（四）装机容量选择

考虑到洪屏抽水蓄能电站在江西电网中的地理位置优越，且非常有利于建设大型抽水蓄能电站的条件，结合江西电网中、远期对抽水蓄能电站的需求规模差异较大的特点。经分析论证，确定洪屏抽水蓄能电站工程实行分期开发。

其中，一期工程选定设计水平年2015年，拟定了1000、1200、1400MW 3个装机容量比较方案，经综合技术经济比较，推荐装机容量1200MW。推荐电站终期装机容量为2400MW，满足2025年水平江西电网对抽水蓄能电站的需求。

为充分利用洪屏抽水蓄能电站站址上、下水库库容大的有利条件，经分析研究，推荐电站按周调节开发，选定上库正常蓄水位733m、下库正常蓄水位181m，可以更好地为电网承担调峰、填谷、调频、调相及紧急事故备用等任务。

3.2　上、下水库特征水位选择

3.2.1　特征水位选择应考虑的主要因素

（1）承担电力系统的运行任务。

抽水蓄能电站在电力系统中可以承担调峰、调频、调相和旋转备用等任务，但对于一个具体的抽水蓄能电站来说，承担什么任务是由电站的自身条件和电力系统需要决定的。抽水蓄能电站在电力系统中承担不同的任务，对上、下水库的库容要求是不同的。一般在设计阶段都要考虑承担电力系统的调峰任务和紧急事故备用任务。在这种情况下，需要根据系统要求抽水蓄能电站承担调峰容量的大小、顶峰时间的长短、系统内最大机组的单机容量以及顶事故运行时间等，来分析需要的调节库容及备用库容的大小，据此拟定上、下水库的特征水位。

（2）水库地形地质条件。

上、下水库的地形条件主要考虑库周山脊高低、起伏程度、垭口高程、分水岭山体厚薄等关系蓄水位高低的地形因素。地质条件主要考虑库岸的基岩岩性、地质构造、风化程度、覆盖层厚度以及库周地下水埋藏深度与相对隔水层分布等关系水库渗漏、边坡稳定的地质因素。往往由于地形地质条件的限制，水库的蓄水位不宜超过某一高程，超过了不仅工程量大，而且工程难度增大，因而是不合适的。

（3）水库淹没和环境影响。

当水库的蓄水位超过某一高程，将淹没大片农田、居民点或名胜古迹或重要设施，造成严重的生态环境问题，这个高程便成为水库蓄水位不宜逾越的高程。

（4）水源条件。

当上、下水库的流域面积较小又无其他引水条件时，水库特征水位须考虑水源条件的影响。对枯水期自身补水不足的站址应设水量备用库容，相应地对水库正常蓄水位的选择也有影响。如浙江桐柏抽水蓄能电站由于枯水期补水不足，设置了一定的水量备用库容。

（5）水泵水轮机允许工作水头变化幅度。

水泵水轮机工作水头的变化幅度是有限度的，超过了允许范围机组运行将出现异常，如超限度的震动、噪声以及转速不同步无法并网等。抽水蓄能电站机组水头最大变化幅度取决于水泵工况最大抽水扬程与水轮机工况最小发电水头的比值，水库特征水位选择时必须满足水泵水轮机工作水头变化幅度的要求。对于利用已建水库作为蓄能水库时，还应考虑水库在不同时段所处不同水位，对电站水头、扬程的影响。

（6）水库综合利用要求。

当抽水蓄能电站的上水库或下水库具有综合利用要求时，需要考虑综合利用任务对水库蓄水位的要求。为减少矛盾，蓄能库容与综合利用库容宜分别设置。

当利用具有综合利用任务的已建水库作为抽水蓄能电站的上水库或下水库时，为减少抽水蓄能与综合利用任务的矛盾，最好不要占用综合利用库容，专设蓄能库容。如浙江仙居抽水蓄能电站下水库利用已建的下岸水库，下岸水库为一以防洪、灌溉（供水）为主，结合发电的综合利用枢纽。在进行下水库蓄能库容论证时，以不影响防洪为原则，将蓄能库容与防洪、发电、灌溉库容分别设置，并设置灌溉（供水）限制水位，以保证蓄能库容的专用性。

对于利用已建的属于一级水源保护的水库，进行改建、扩建的，尤应注意采取工程措施，避免由于施工、运行对水库水源的不利影响。

（7）水库蓄水排沙要求。

在工程泥沙问题较突出的河流上修建抽水蓄能电站时，要充分考虑泥沙淤积的影响和排沙设施布置的要求。

（8）进出水口水工布置要求。

抽水蓄能电站进（出）水口布置，一方面要考虑库区地形和泥沙淤积情况；另一方面为了改善取水水流条件，要考虑进（出）水口前有足够开阔的水面和死水位以下有一定的淹没深度，确定死水位时必须满足这些要求。

（9）寒冷地区冬季结冰影响。

严重的结冰会占据一定的有效库容，影响运行效益。因此，严寒地区抽水蓄能电站水库特征水位的确定需要考虑结冰的影响。

（10）机组发电流量对设计洪水位的影响。

对于入库洪水流量相对较小，而机组发电流量相对较大的上（下）水库，洪水调节计算时应考虑机组发电流量对设计洪水位的影响。

3.2.2 死水位选择

抽水蓄能电站上、下水库死水位的选择与进（出）水口布置、水库泥沙淤积、水库正常蓄水位及水库消落深度、机组水头及其变化幅度、水库初期蓄水等都有密切关系，进而影响到工程设计的各个方面，因此需通过技术经济综合比较确定。

上、下水库死水位比较工作一般在电站装机容量已经选定的前提下进行，各死水位方案可按水库蓄能量指标相同的原则拟定。即各死水位方案的电站装机容量和水库蓄能量指标是一样的，其工程效益是相同的，死水位比较方案主要反映的是其自身建设条件、运行条件和投资的差异。

上、下水库的死水位应分别进行比较选择，方法基本相同。上、下水库死水位选择方法和步骤如下：

（1）根据进（出）水口水工布置要求、泥沙淤积及水库地形条件拟定若干上水库或下水库的死水位方案，对应下水库或上水库的死水位暂以拟定值考虑（当对应下水库或上水库的死水位已经选定时，则采用选定值）。

（2）根据发电出力过程及抽水入力过程，进行能量转换计算，按蓄能量指标相同原则确定各死水位方案相应的上、下水库正常蓄水位；根据设计洪水成果及泄洪设施布置，进行洪水调节计算，确定各方案上、下水库设计洪水位和校核洪水位；提出各死水位方案的主要水能参数指标。

（3）开展各方案的工程枢纽布置设计、机电设备及金属结构选择、施工组织设计、水库淹没处理和环境保护设计和工程投资估算，从电站自身角度分析各方案的差别。

（4）开展技术经济比较，由于各死水位方案的电站装机容量和水库蓄能量指标相同，故死水位各方案的工程效益是相同的，因此主要考察各死水位方案建设条件、运行条件和工程投资差异，主要包括进（出）水口布置条件、水库泥沙淤积影响、水库水位消落深度、机组尺寸、水头及变化幅度、枢纽布置及工程量、水库淹没及环境影响、水库初期蓄水、工期、工程投资等，经综合比较选定上水库或下水库的死水位。当死水位变化引起机组投产进度差异时，工程初期发电效益将不相同，此时需补充经济财务比较方面内容。

3.2.3 正常蓄水位选择

上、下水库正常蓄水位也是抽水蓄能电站最重要的基本工程参数之一，与装机容量选择一样，正常蓄水位选择不仅关系到电站的建设规模和投资，并且也直接关系到抽水蓄能电站在电力系统中的运行方式和作用，需要通过技术经济比较选定。

（一）正常蓄水位方案拟定

前面已经讲到，影响正常蓄水位选择的因素有很多，在装机容量和死水位选择时已经对正常蓄水位有了初步分析。在电站装机容量和死水位已经选定及对水库正常蓄水位上限已经基本明确的前提下，可以说影响抽水蓄能电站正常蓄水位最主要的因素将是水库蓄能量，也即电站蓄能小时数指标。

在已经选定电站装机容量和上、下水库死水位的前提下，根据抽水蓄能电站在电力系统中承担的任务和对电站蓄能小时数指标的要求，拟定电站蓄能小时数合理范围，据此拟定一组电站蓄能小时数方案，然后根据水库水位和蓄能量关系，经水库蓄能量转换计算，拟定一组上、下水库正常蓄水位方案。

对纯抽水蓄能电站，上、下水库正常蓄水位方案的发电调节库容应基本保持一致。对有综合利用要求的上、下水库，则应计入满足综合利用要求的调节库容。对枯水期水量补充不足的站址，应考虑设置水量备用库容。

（二）正常蓄水位方案特征参数拟定

各正常蓄水位方案虽然装机容量相同，但由于电站蓄能小时数不同，各正常蓄水位方案在电力系统中的作用和运行方式是各不相同的。

拟定各正常蓄水位方案的水能特征参数，结合电力电量平衡分析，计算各正常蓄水位方案的电站发电出力过程及抽水入力过程，结合设计洪水成果和泄洪设施布置方案计算各方案的上、下水库特征洪水位。

（三）电力电量平衡分析

计算方法和内容同装机容量选择阶段电力电量平衡分析。

通过电力电量平衡分析，求出各正常蓄水位方案电站的必需容量、发电量、抽水电量、火电替代率及系统调峰效益、水电弃水调峰损失电量、燃料（煤、油、气）消耗量、运行费用等指标，从电力系统角度分析各正常蓄水位方案的差异。当未达到设计效益时，还应开展逐年电力电量平衡分析工作，直到达到设计效益年份为止。

特别需要说明的是，各正常蓄水位方案中，随着水库蓄能量的增加，其在响应系统紧急事故备用方面等的能力也将提高，因此各正常蓄水位方案除计算前述静态效益外，还应定性、定量分析其动态效益的差别。

（四）工程设计和投资估算

开展各正常蓄水位方案的工程枢纽布置设计、机电设备及金属结构选择、施工组织设计、水库淹没处理和环境保护设计和工程投资估算，从电站自身角度分析各正常蓄水位方案的差别。

（五）经济比较计算

经济比较计算应包括经济指标、系统总费用现值、财务指标等内容。

经济指标主要反映各正常蓄水位方案的静态经济指标，包括单位千瓦投资、单位电度投资、补充电度投资等。

在同等程度满足电力系统需求的条件下（包括动态效益方面），根据各比较方案各类电源的投资流程及年运行费流程，按照选定的社会折现率计算各方案的系统费用现值。

按抽水蓄能电站财务评价有关规定，对正常蓄水位方案财务指标进行测算。

（六）正常蓄水位选择

根据各方案在满足电力系统需求和作用、站址建设条件及经济比较等方面差异，经综合比较选择正常蓄水位。

（七）正常蓄水位选择的简化方法

在我国很多日调节抽水蓄能电站设计中，电站装机容量基本按以站址自身可能提供的最大装机容量规模选定，站址资源条件基本已经得到了最大限度的利用。在电站装机容量选定的同时，电站蓄能小时数其实已经确定或变动幅度已经很小，这时上、下水库正常蓄水位变动的余地其实也已经不大，开展正常蓄水位比较的主要目的是对工程设计方案进行进一步的优化，而其在电力系统中的作用及效益是基本相同的。

对该类站址水库正常蓄水位选择可适当简化，水库正常蓄水位一般可以和死水位同步选择。在保持各方案水库蓄能量指标相同的前提下，根据站址条件，在满足各项要求的前提下，拟定几组水库正常蓄水位和死水位组合方案，然后经技术经济比较同步选定水库正常蓄水位和死水位，其方法与步骤和死水位选择的方法与步骤基本相同。如浙江天荒坪抽水蓄能电站选定装机容量为 1800MW 后，对上水库、下水库拟定 3 组正常蓄水位和死水位组合方案，使各方案的水库蓄能量和蓄能小时数均保持相同，然后经技术经济比较，同时选定上、下水库的正常蓄水位和死水位。又如山东泰安抽水蓄能电站，上水库也是通过拟定 3 组正常蓄水位和死水位组合方案，使各方案的水库蓄能量和蓄能小时数均保持相同，然后经技术经济比较同时选定上水库的正常蓄水位和死水位。

3.2.4　设计洪水位

日调节抽水蓄能电站多在小流域上建设上、下水库，且库容较小，洪水期电站抽水或发电流量的集中抽放，叠加入库洪水后，使坝址洪水过程发生较大的变化。浙江天荒坪抽水蓄能电站下水库流域面积 24.2km^2，2 年一遇洪峰流量 64m^3/s，而电站发电流量近 400m^3/s，如发电时遭遇 2 年一遇洪水，叠加发电流量后，比 50 年一遇洪水的洪峰流量还大。因此，为避免人为洪水，保障行洪安全、满足电网运行需求，对抽水蓄能电站的洪水调度须十分重视。

多年的实践表明，只要措施得当，造成人为洪水的现象是可以完全避免的，而在工程设计中布置适宜的泄洪设施是根本的解决方案。

抽水蓄能电站的上水库大多选在高山盆地，如北京十三陵、浙江天荒坪、江苏宜兴、山东泰安等抽水蓄能电站，上水库集水面积很小，一般不设专用的泄洪设施，可根据日降雨量在上水库设置一定的蓄洪库容；对库盆特别小的上水库，为防止发生超抽漫溢的现象，蓄洪库容应留适当的余地。对集雨面积较大的上水库，应设专用的泄洪设施，其设计原则与常规水库相同。

对于天然洪峰流量远大于机组发电流量的下水库，可按常规水库设计原则进行泄洪建筑物的布置，并校验抽水蓄能电站抽水发电运行对防洪的影响，使之满足要求。

对于机组发电流量占天然洪峰流量相当比重的下水库，抽水发电流量对过坝洪水影响较大时，则需针对抽水蓄能电站的运行特点对泄洪设施进行专门研究。经验表明，设置具有预泄功能的泄洪建筑物，当发生洪水时，可及时通过高程较低的泄洪建筑物泄放洪水，使洪水尽量少侵占发电调节库容，对降低水库洪水位、较大程度满足电网需求是十分有利的。主要手段有设置泄洪底孔、中孔、闸门控制的表孔等，具体的泄洪设施布置方案及相应尺寸应通过技术经济比较选定。

有关抽水蓄能电站洪水调节计算原则、方法及步骤等，在第十五篇中有详细的介绍，本节从略。

遭遇设计、校核标准洪水时的上、下水库最高水位，即为上、下水库设计、校核洪水位，具体应根据上、下水库洪水调节计算确定，对下游有防洪要求的水库，需设置防洪高水位，方法同常规水库。

3.2.5　其他特征水位

在实际运行中，正常发电库容和备用发电库容的界限往往是很模糊的，而在设计过程中，为便于分清目标功能和理解方便，常将其定量分开。考虑到备用发电库容总是储存在上水库，因此一般将为满足系统正常发电需要（正常发电库容）的上水库正常消落的最低水位定义为上水库正常发电消落水位，将为满足系统正常发电需要（正常发电库容和水量备用库容）下水库蓄到的最高水位也可称为下水库正常发电高水位。

对有综合利用要求的水库，还应设置综合利用任务水位，方法与常规水库同，为避免蓄能电站与综合利用的矛盾，保证抽水蓄能电站的正常运行，应特别注意设置保证发电水位（死水位库容加蓄能发电调节库容之和的对应水位）的必要性，以保证蓄能发电运行。

3.2.6 仙游抽水蓄能电站正常蓄水位选择

仙游抽水蓄能电站位于福建省仙游县，电站装机容量1200MW，2006年完成可行性研究报告。

（一）站址特点

仙游抽水蓄能电站上、下水库库盆及库周地形条件较好。上水库流域面积4.0km^2，库盆四周环山，山体雄厚，库盆底部高程680～700m，左岸近坝湾尾垭口和右岸虎歧隔垭口地面高程分别约为746m和732m。上水库高程740m时，库容可达1406万m^3。下水库流域面积17.4km^2，为峡谷河道型水库，两岸山体雄厚，高程400m以上。下水库高程295m时，库容可达1636万m^3。因此，仙游抽水蓄能电站站址特点为上、下水库库盆大，库周地形条件好，当上水库蓄水位为741m时，相应水库蓄能量达1231万kW·h。

针对上、下水库库周地形条件好、库盆大，并且上水库具备较大水库蓄能量指标的显著特点，根据福建电网电力系统的负荷特性以及对仙游抽水蓄能电站调节库容（以满出力发电小时数计）的需求等因素，可研阶段在选定电站装机容量1200MW的基础上，结合研究分析设置周调节库容的必要性，开展上、下水库正常蓄水位选择研究工作。

（二）正常蓄水位方案拟定

根据对上库库周和坝址左岸坝头山体地形地质、稳定性条件与防渗处理难易程度初步分析，上水库蓄水位高于750m时，库周工程地质条件明显变差，对库周及坝址左岸坝头及坝基的稳定将产生较大的不利影响，处理工程量及难度亦大为增加；蓄水位低于745m高程时，库周工程地质条件明显较好，处理工程量较少。因此结合上水库蓄能量指标、水库调节性能的需要等因素，水库正常蓄水位上限宜在745m左右。下水库为峡谷河道型水库，两岸山体雄厚、高程400m以上，坝址呈“V”形，筑坝、成库条件良好。

根据对上水库正常蓄水位上限的分析结论，并结合水库蓄能量指标、水库调节性能的需要等因素，拟定4个上、下水库正常蓄水位方案开展比较工作，各方案主要水能参数见表2-3-4。因仙游抽水蓄能电站为纯抽水蓄能电站，无其他综合利用要求，按上、下水库调节库容匹配考虑，同步选定上、下水库的正常蓄水位。

表2-3-4　各正常蓄水位方案主要水能参数（比较阶段）

项目		单位	方案一	方案二	方案三	方案四
一	上水库					
	正常蓄水位	m	733.0	737.5	741.0	744.0
	正常蓄水位相应库容	万m^3	977	1241	1476	1699
	死水位	m	715.0	715.0	715.0	715.0

续表

项 目		单 位	方 案 一	方 案 二	方 案 三	方 案 四
	调节库容	万 m^3	688	952	1187	1410
二	下水库					
	正常蓄水位	m	285.0	290.0	294.0	298.0
	正常蓄水位相应库容	万 m^3	1059	1340	1575	1833
	死水位	m	266.0	266.0	266.0	266.0
	调节库容	万 m^3	688	969	1204	1462
三	电站					
	装机容量	MW	1200	1200	1200	1200
	额定水头	m	430	430	430	430
	水库蓄能量	万 kW·h	720	960	1200	1440
	满出力发电小时数	h	6.0	8.0	10.0	12.0
	调节性能		日	日	周	周

（三）基于周负荷曲线的电力电量平衡分析

与一般抽水蓄能电站不同，仙游抽水蓄能电站各正常蓄水位方案的水库调节库容和蓄能量指标相差很大，即其调节性能有较大差异，各方案在电力系统中的作用及运行方式也有很大不同。因此为了能更真实地反映各正常蓄水位方案在电网中的作用及运行方式上的差别，开展了以周负荷曲线为基础的电力电量平衡分析工作。

根据福建电网负荷特点，日调节抽水蓄能电站在每一工作日晚上仅有6～8h的低谷电能可供抽水，水库有效库容提供的满出力发电小时数约5h。但电力负荷不仅在日内不断变化，而且一周内的最大负荷也是变化的。福建电网周负荷变化的统计资料表明，星期日最大负荷一般为周最大负荷的84%～95%，通常冬季较夏季高，这种负荷的不均衡性要求水库的有效库容大于日调节抽水蓄能电站的日循环所需有效库容，使抽水蓄能电站能够基本适应一周的负荷变化特点，在一周的最高负荷期间（工作日）多发电少抽水，在低负荷期间（周末）少发电多抽水，充分发挥抽水蓄能电站周内调峰、填谷的作用，从而使得系统内火电机组运行更加平稳。

（1）电力电量平衡计算。

对各正常蓄水位方案进行福建电网2015年电力电量平衡计算。设计水平年各月典型周逐日电力电量平衡计算时，水电和燃气轮机组首先进行电力电量平衡；可调水电优先承担周负荷曲线的峰荷位置，以最大限度地替代火电机组；根据电力系统周内低谷电能可供抽水的情况，当系统内煤电综合调峰幅度超过其经济调峰幅度时，则安排抽水蓄能机组开始抽水；抽水蓄能电站全周发电量由周内可供抽水电量确定；平衡计算时以“尽可能不产生空闲容量，常规水电站尽可能避免弃水调峰”为原则。

仙游抽水蓄能电站各正常蓄水位方案福建电网电力电量平衡主要成果汇总见表2-3-5，各正常蓄水位方案设计电站各月典型周发电量成果见表2-3-6。方案三典型周上水库蓄能量过程见图2-3-1。

表 2-3-5　　2015 年福建电网电力电量平衡成果汇总（装机容量 1200MW）

项　目	单　位	方　案　一	方　案　二	方　案　三	方　案　四
上水库：					
正常蓄水位	m	733.0	737.5	741.0	744.0
死水位	m	715.0	715.0	715.0	715.0
调节库容	万 m^3	688	952	1187	1410
满出力发电小时数	h	6.0	8.0	10.0	12.0
下水库：					
正常蓄水位	m	285.0	290.0	294.0	298.0
死水位	m	266.0	266.0	266.0	266.0
调节库容	万 m^3	688	969	1204	1462
系统总装机容量	MW	36779			
其中：常规水电	MW	8870			
抽水蓄能	MW	1200			
燃　机	MW	1440			
核　电	MW	4000			
火电等	MW	21269			
系统的发电量（含蓄能抽水电量）	亿 kW·h	1722.8	1724.3	1725.3	1725.6
其中：常规水电	亿 kW·h	331.4	331.4	331.4	331.4
抽水蓄能	亿 kW·h	17.1	18.2	19.0	19.2
燃　机	亿 kW·h	53.4	53.4	53.4	53.4
核　电	亿 kW·h	292.3	292.3	292.3	292.3
火电等	亿 kW·h	1028.6	1029.0	1029.2	1029.3
抽水蓄能年发电利用小时数	h	1425	1517	1580	1600

表 2-3-6　　2015 年平水年各正常蓄水位比较方案仙游抽水蓄能电站各月典型周发电量成果表　　万 kW·h

方案	项　目	1 月	2 月	3 月	4 月	5 月	6 月	7 月	8 月	9 月	10 月	11 月	12 月	年发电量
方案一	周发电量	3290	2660	3030	2290	2930	4400	3300	3080	3360	3480	3770	3800	171327
	周最大蓄能量	720	720	720	600	720	720	720	720	720	720	720	720	
	满出力发电小时数（h）	6.0	6.0	6.0	5.0	6.0	6.0	6.0	6.0	6.0	6.0	6.0	6.0	

续表

方案	项　　目	1月	2月	3月	4月	5月	6月	7月	8月	9月	10月	11月	12月	年发电量
方案二	周发电量	3520	2840	3260	2290	3070	4660	3540	3310	3600	3710	4010	4030	181994
	周最大蓄能量	960	840	960	600	864	960	960	960	960	960	960	960	
	满出力发电小时数（h）	8.0	7.0	8.0	5.0	7.2	8.0	8.0	8.0	8.0	8.0	8.0	8.0	
方案三	周发电量	3765	2839	3382	2291	3067	4885	3559	3362	3776	4048	4341	4273	189631
	周最大蓄能量	1200	840	1080	600	864	1200	984	1008	1140	1200	1200	1200	
	满出力发电小时数（h）	10.0	7.0	9.0	5.0	7.2	10.0	8.2	8.4	9.5	10.0	10.0	10.0	
方案四	周发电量	3860	2840	3380	2290	3070	5130	3560	3360	3780	4110	4400	4340	191943
	周最大蓄能量	1300	840	1080	600	864	1446	984	1008	1140	1273	1265	1261	
	满出力发电小时数（h）	10.8	7.0	9.0	5.0	7.2	12.0	8.2	8.4	9.5	10.6	10.5	10.5	

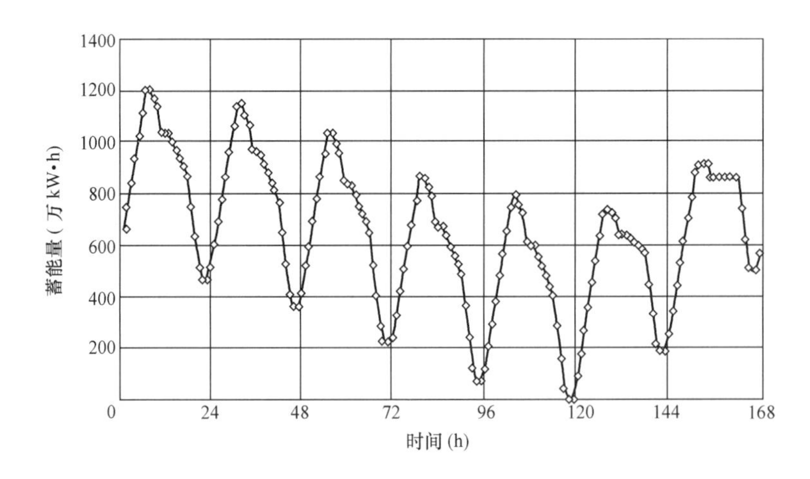

图 2-3-1　仙游抽水蓄能电站上水库典型周逐时蓄能量过程示意图（2015 年平水年 6 月）

（选定方案：满出力发电小时数 10h）

（2）平衡结果分析。

1）方案一和方案二各月典型周蓄能量一般都能达到 720 万 kW·h 和 960 万 kW·h，满出力发电小时数分别为 6h 和 8h，但由于水库有效库容较小，电站只能按日调节方式或近似日调节方式运行，抽水蓄能电站难以适应周内负荷变化的要求。

2）方案三有 7 个月水库最大蓄能量接近或达到 1200 万 kW·h，水库有效库容得到比较充分的利用，说明根据电力系统周负荷的特点，周末有一定的低谷电量可供蓄能电站抽水并达到蓄能电站满出力发电小时数 10h 的相应库容水量。从典型周上水库逐时蓄能量过程来看，周一早峰前水库蓄能量达到全周最大值，周一到周五蓄能电站多发电少抽水后水库蓄能量逐渐下降，至周五晚峰后水库蓄能量下降到最低，利用周末系统低谷电能，蓄能电站少发电多抽水，水库蓄能量逐步加大，基本完成了对一周负荷的有效调节。

3）方案四仅 6 月份水库最大蓄能量达到 1440 万 kW·h，其他月份水库最大蓄能量在 1200 万 kW·h 左右，有效库容的利用率较低，说明该方案在比较方案中虽然有效库容最大，但由于系统周末低谷剩余电量不足，达不到蓄能电站满出力发电小时数 12h 的相应库容水量的要求。

综上所述，从福建电力系统周末低谷剩余电量和系统对仙游抽水蓄能电站调节性能的要求等方面来看，方案三上水库正常蓄水位741.0m，下水库正常蓄水位294.0m，上水库有效库容1187万m^3比较合理。分析计算表明，该方案可供抽水的电力系统周末低谷剩余电能基本达到蓄能电站周最大蓄能量1200万kW·h的要求，满出力发电小时数10h，抽水蓄能电站基本适应系统周内负荷变化特性的要求，能够对电力系统周负荷的不均衡性进行有效的调节。

通过电力电量平衡分析，可以看出：

1）即使是纯日调节抽水蓄能电站，也以进行基于周负荷曲线为基础的电力电量平衡分析为宜，它能更加全面地反映抽水蓄能电站在电力系统中的运行方式及作用，有关抽水电量、发电量等电能指标计算成果也更为客观；

2）为了能更好适应周内负荷变化的要求，利用周末低负荷时段存在的大量可供抽水的低谷电能，条件许可时，有必要适当加大上下水库的有效库容，以更好地发挥抽水蓄能电站的容量、电量效益。

（四）经济比较计算

对各正常蓄水位方案，分别计算了各方案系统总费用现值指标和财务指标进行经济比较。各方案经济、财务指标见表2-3-7。

表2-3-7　各正常蓄水位方案经济、财务指标汇总

项　目	单　位	方案一（733.0m）	方案二（737.5m）	方案三（741.0m）	方案四（744.0m）
电站装机容量	MW	1200	1200	1200	1200
电站年发电量	亿kW·h	17.13	18.20	18.96	19.19
系统发电煤耗	万t	3529.4	3530.6	3531.2	3531.4
项目静态总投资	万元	319791	322983	325181	327947
总费用现值	万元	5994067	5998456	6001126	6003539
综合电价	元/（kW·h）	0.588	0.566	0.554	0.552
静态单位千瓦投资	元/kW	2665	2692	2710	2733
静态单位电度投资	元/（kW·h）	1.867	1.775	1.715	1.709

（五）正常蓄水位选择

（1）根据福建省负荷的发展水平、预测的周负荷变化规律、电源组成特点等因素，福建电网需要建设具有较大调节库容的仙游抽水蓄能电站，周末多抽水少发电，工作日少抽水多发电，以更好地适应系统周内负荷变化特点的要求。方案一和方案二由于水库有效库容较小，可提供的满出力发电小时数分别为6h和8h，电站只能按日调节方式或近似日调节方式运行，抽水蓄能电站难以适应周内负荷变化的要求，仙游站址上、下水库蓄能量较大的有利条件没有充分利用。方案三通过电力系统模拟运行分析表明，电力系统周末低谷电能能够达到蓄能电站周最大蓄能量1200万kW·h的要求，相应可提供满出力发电小时数10h，抽水蓄能电站基本适应系统周内负荷变化特性的要求，能够对电力系统周负荷的不均衡性进行有效的调节。方案四电力系统模拟运行分析表明，虽然该方案在比较方案中有效库容最大，但由于系统周末低谷剩余电量不足，较难达到蓄能电站满出力发电小时数12h的相应库容水量的要求（全年仅一个月达到满出力发电小时数12h）。因此，从福建省负荷的发展水平、预测的周负荷变化规律、可供蓄能电站抽水的负荷低谷剩余电能和福建电力系统对仙游抽水蓄能电站调节性能的要求等因素考虑，方案三是合理的。

（2）仙游抽水蓄能电站上水库库盆四周环山，山体雄厚。库周高程控制性地段为坝址左岸部分山体、左岸近坝湾尾垭口和右岸部分山体、虎歧隔垭口，左岸近坝湾尾垭口和右岸虎歧隔垭口地面高程分别约为746m和732m。工程地形、地质条件相关分析表明，本电站上水库蓄水位上限宜在745m左右。方案一、方案二和方案三的上库正常蓄水位分别为733.0m、737.5m和741.0m，正常蓄水位相对较为合理。方案四的上库正常蓄水位为744.0m，已经接近上限值，上水库最高水位（校核洪水位 $P=0.10\%$）更达到了747.2m。因此，从上水库地形、地质条件合理利用来看，上水库正常蓄水位也不宜过高。

（3）从上水库主坝枢纽布置来看，各正常蓄水位方案的主坝枢纽布置差别不大，另外均需建设虎歧隔副坝，方案三和方案四需再增加弯尾副坝，但弯尾副坝工程规模不大，因此上水库主坝枢纽布置在技术上均是可行的。从下水库主坝枢纽布置来看，各正常蓄水位方案主坝枢纽布置差别也不大，技术上也均可行。从工程投资来看，随着正常蓄水位的抬高，工程投资有一定的增大，但增加值甚小，方案一到方案二工程投资约增加1%，方案二到方案三工程投资约增加0.68%，方案三（上库正常蓄水位741.0m）到方案四（上库正常蓄水位744.0m）工程投资约增加0.85%。因此，各正常蓄水位方案枢纽布置差别不大，技术上均可行，工程量和投资增加不多。

（4）经济比较结果表明，当同等程度满足电力系统的容量和电量要求时，上库正常蓄水位733.0m方案的系统年燃料消耗总量相对最小，各正常蓄水位方案的系统总费用现值以方案一最小，方案四最大，但各方案总费用现值接近。财务比较分析表明，各正常蓄水位方案的综合电价随着正常蓄水位抬高而减小，方案一到方案三综合电价下降明显，方案三和方案四综合电价基本一致。从经济比较角度看，仙游抽水蓄能电站上水库正常蓄水位以741.0m方案相对经济合理。

综合考虑以上各方面因素，从福建电网负荷发展和负荷特性的需要、系统调峰需求、系统低谷剩余电能和福建电力系统对仙游抽水蓄能电站调节性能的要求，上、下水库地形地质条件合理利用，工程枢纽布置以及项目经济评价指标等因素综合考虑，可行性研究阶段选择仙游抽水蓄能电站上水库正常蓄水位为741.0m，下水库正常蓄水位为294.0m。

3.3 输水道尺寸选择

3.3.1 概述

由于水泵水轮机的吸出高度负值较大，抽水蓄能电站常采用地下厂房和埋藏式输水道，并且都为有压水道。抽水蓄能电站的输水道包括从上水库进（出）水口到厂房前进水球阀和从尾水管到下水库（出）进水口的全部输水建筑物。

抽水蓄能电站输水道中的水流方向随着运行工况的改变而变化，发电工况时，由上向下流，抽水工况时，由下向上流，一次循环运行产生双向水头损失，长期运行所造成出力和电能损失是不可忽视的。当装机容量，上、下水库特征水位，水泵水轮机参数，输水道布置型式等选定之后，输水道的直径是决定水头损失大小的主要因素。输水道直径小，工程量和投资小，但电站出力和电量损失大；反之，输水道直径大，工程量和投资大，但电站出力和电量损失小，因此输水道直径需通过技术经济比较确定。

3.3.2 比较方案拟定

一般先按经验公式估算一个输水道直径，然后在此基础上根据地质条件、水工布置及施工要求拟定若干比较方案。经验公式如下：

$$D=\sqrt{\frac{4Q_{\max}}{\pi V_{\text{jing}}}}$$

式中 D——输水道直径；

$Q_{\max}$——输水道最大引用流量；

V_{jing}——经济流速，一般取 4～5m/s。

输水道包括上平洞、高压管道、下平洞、引水支管、尾水支管、尾水隧洞等。实际工作中，一般可以将引水系统部分和尾水系统部分分开进行比较选择，也可以将引水系统和尾水系统合在一起组成几组输水道尺寸组合方案进行比较选择，具体可根据工程实际情况确定。

3.3.3 水头损失计算

（1）计算范围。

抽水蓄能电站输水道的水头损失需分别计算发电工况和抽水工况水头损失，而每种工况的水头损失又包括局部水头损失和沿程水头损失。需根据输水道平面和立面布置逐点、逐段计算。

引水洞局部水头损失一般包括：上水库拦污栅、闸门槽、进口渐变段（矩形变圆形断面）、上弯段、下弯段、分岔管、支管弯段、钢管—球阀等处。尾水洞局部水头损失包括：尾水管渐变段、下弯管、上弯管、门槽、出口渐变段、下水库拦污栅等。

引水洞沿程水头损失一般包括：进水口—闸门井段、闸门井岔管段、岔管—钢衬起点段、钢衬起点—终点段、钢衬终点—球阀段等。尾水洞沿程水头损失一般包括：厂房—尾水闸门段、尾水闸门—出口段等。

（2）计算公式。

局部水头损失：

$$\Delta H_{\text{ju}}=\xi\frac{Q_{\text{X}}^{2}}{2gA^{2}}$$

式中 ΔH_{ju}——计算点的局部水头损失；

ξ——局部水头损失系数，随计算点的断面变化情况及运行工况不同（发电工况——进水，抽水工况——出水）分别采用相应数值；

Q_{X}——计算流量；

A——计算点输水道过水断面积；

g——重力加速度。

将各点局部损失累计，即得输水道方案的局部水头损失。

沿程水头损失：

$$\Delta H_{\text{ya}}=\frac{n^{2}LQ_{\text{X}}^{2}}{A^{2}R^{4/3}}$$

式中 ΔH_{ya}——计算段沿程水头损失；

n——计算段糙率系数；

L——计算段长度；

Q_{X}——计算流量；

A——计算段过水断面积；

R——计算段过水断面水力半径。

将各计算段的沿程水头损失累计，即得输水道方案的沿程水头损失。

3.3.4 出力和电量损失计算

(1) 出力损失计算。

水头损失引起电站发电出力损失按下式计算：

$$\Delta N_i = 9.81\eta_t Q_i \Delta H_i$$

式中 ΔN_i——i 时段的出力损失；

η_t——水轮发电机组效率；

Q_i——i 时段的发电流量；

ΔH_i——i 时段的水头损失。

(2) 电量损失计算。

水头损失引起电站发电量损失和抽水电量损失按下式计算：

$$\Delta E_N = \sum_{m=1}^{12} \left(\sum_{i=1}^{24} \Delta N_i \Delta T_i\right) \rho_M T_M$$

式中 ΔE_N——年电量损失（分发电量损失和抽水电量损失）；

ΔT_i——时段长度，通常取 1 小时；

ρ_M——负荷月不均衡系数；

T_M——M 月的天数。

3.3.5 方案比较与选择

计算各输水道尺寸方案的输水系统投资和运行费用。

将各输水道尺寸方案的出力损失及电量损失以替代电站补充来弥补，计算各输水道尺寸方案的补充容量建设投资和运行费用。

在同等程度满足电力系统需求的条件下，根据各比较方案各类电源的投资流程及年运行费流程，按照选定的社会折现率计算各方案的系统费用现值。

以年费用现值最小原则，并结合水工布置及施工要求优选输水道尺寸。

对于厂房按首部或中部开发的抽水蓄能电站，由于引水隧洞和尾水隧洞均长度较长或工程投资较大，因此需分别开展引水隧洞和尾水隧洞的洞径比较工作，引水支管和尾水支管可以跟随主洞一并选定。

对于厂房按尾部开发的抽水蓄能电站，如尾水隧洞长度较短、工程投资较小，可只开展引水隧洞洞径的比较工作，尾水隧洞的洞径可根据类似工程经验、水工布置及施工要求、输水道总水头损失情况直接拟定。

对于长度较长、且采用钢板衬砌的抽水蓄能电站引水或尾水支管，由于其工程投资往往较大，应专门开展支管洞径比选工作。

3.3.6 仙居抽水蓄能电站输水道直径选择

仙居抽水蓄能电站位于浙东南中心地带，装机容量 1500MW，安装 4 台单机容量 375MW 的立轴单级定转速可逆式水泵水轮机，机组额定水头 437m，采用中部地下厂房开发方式。2007 年 4 月提出《仙居抽水蓄能电站可行性研究报告（审定本）》。

电站输水系统布置在上水库副坝至下水库之间近东西向冲沟北侧山体内，大致呈直线布置。引水及尾水系统均采用两洞四机布置，分两个水力单元，引水隧洞采用斜井方案。上库进出水口采用侧向岸边竖井式，下库进出水口采用侧向塔式。电站输水系统的主要建筑物包括：上库进/出水口、上库事故检修闸门井、引水隧洞上平段、上斜井段、中平段、下斜井段、下平段、引水岔管、引水高压钢支管、尾水支管、尾水岔管、尾水调压室、尾水隧洞、下库事故检修闸门井、下库进/出水口等。上、下库进/出水口之间输水管道总长度为 2219.9m（3 号机输水系统，下同），其中引水隧洞长 1219.2m，尾水隧洞长 1000.7m。

考虑到仙居抽水蓄能电站按地下厂房中部开发、引水隧洞和尾水隧洞长度相当、主洞长度长和支管长度短的特点，分别开展了引水隧洞和尾水隧洞的经济洞径比较工作，并且依托主洞洞径比选，一并完成支管的洞径比选工作。

输水系统直径比较采用了先固定尾水隧洞直径，比较引水隧洞直径，待引水隧洞直径选定后，再固定引水隧洞直径，比选尾水隧洞直径的方法。

（1）方案拟定。

预可行性研究阶段根据总体布置和初步的分析计算，初选引水主洞洞径 6.5m，引水支管洞径 3.8m，尾水主洞洞径 7.0m，尾水支管洞径 4.4m。可行性研究阶段根据经济流速估算和水工布置的要求及类似工程经验，对输水系统拟定 3 个引水隧洞直径比较方案和 3 个尾水隧洞直径比较方案。输水系统洞径比较方案见表 2-3-8。

表 2-3-8　　输水系统洞径比较方案表

方案		引水主洞		引水支管		尾水主洞		尾水支管	
		直径（m）	流速（m/s）	直径（m）	流速（m/s）	直径（m）	流速（m/s）	直径（m）	流速（m/s）
引水隧洞	一	6.5	5.9	4.0	7.8	7.4	4.6	5.2	4.6
	二	7.0	5.2	4.2	7.2	7.4	4.6	5.2	4.6
	三	7.5	4.4	4.5	6.2	7.4	4.6	5.2	4.6
尾水隧洞	一	7.0	5.2	4.2	7.2	7.0	5.2	5.0	5.0
	二	7.0	5.2	4.2	7.2	7.4	4.6	5.2	4.6
	三	7.0	5.2	4.2	7.2	7.8	4.1	5.4	4.3

（2）各方案发电和抽水工况的水头损失计算。

每种工况均根据电站的功率按水力损失最小的原则确定相应的开机台数，然后按以下公式和电站的出力过程逐时计算电站的水头损失：

$$\Delta h = C_1 Q^2 + C_2 Q_0^2$$

式中　Δh——水头损失；

Q——输水总管流量；

Q_0——支管流量；

C_1、C_2——分别为总管、支管水头损失系数，系按输水道布置形式分段计算。

引水隧洞各方案的水头损失比较见表 2-3-9，尾水隧洞各方案的水头损失比较见表 2-3-10。

表 2-3-9　　引水隧洞各方案水头损失比较表　　m

方案	发电工况				抽水工况				说明
	1台	2台	3台	4台	1台	2台	3台	4台	
方案一（6.5m）	4.95	4.95	8.84	10.78	3.81	3.81	6.82	8.33	发电或抽水时最大水头损失
方案二（7.0m）	4.17	4.17	7.30	8.77	3.20	3.20	5.56	6.74	
方案三（7.5m）	3.52	3.52	6.05	7.31	2.69	2.69	4.62	5.59	

表 2-3-10　　尾水隧洞各方案水头损失比较表　　m

方案	发电工况				抽水工况				说明
	1台	2台	3台	4台	1台	2台	3台	4台	
方案一（7.0m）	4.48	4.48	7.90	9.61	3.42	3.42	6.03	7.34	发电或抽水时最大水头损失
方案二（7.4m）	4.17	4.17	7.24	8.77	3.20	3.20	5.56	6.74	
方案三（7.8m）	3.95	3.95	6.76	8.17	3.03	3.03	5.21	6.30	

（3）能量计算。

根据机组检修期和非检修期的机组工作过程及选定的水库正常蓄水位和正常发电消落水位，计算各方案的发电量和抽水电量，并以方案二为基准，计算年发电量和抽水电量的差额。各方案年发电量及抽水电量差额见表 2-3-11。

按设计水平年 2015 年典型日负荷预测成果，通过对水库运行过程模拟计算，各月典型日最高负荷时（晚 18：00～20：00）工作水头均大于额定水头，各比较方案工作容量和机组的运行方式一致，故无需火电替代容量。

表 2-3-11　　输水系统各方案年发电量和抽水电量差额表　　万 kW·h

引水隧洞			尾水隧洞		
方案	年发电量差额	年抽水电量差额	方案	年发电量差额	年抽水电量差额
方案一（6.5m）	−864.43	679.01	方案一（7.0m）	−354.30	259.56
方案二（7.0m）	0	0	方案二（7.4m）	0	0
方案三（7.5m）	581.16	−499.81	方案三（7.8m）	253.25	−187.25

（4）投资估算。

引水隧洞各比较方案的可比投资见表 2-3-12，尾水隧洞各比较方案的可比投资见表 2-3-13。

表 2-3-12　　引水隧洞各洞径比较方案投资表　　万元

方案	固定资产投资	分年投资					
		第一年	第二年	第三年	第四年	第五年	第六年
方案一（6.5m）	17287	0	5186	9162	2593	346	0
方案二（7.0m）	18316	0	5495	9708	2747	366	0
方案三（7.5m）	19508	0	5853	10339	2926	390	0

表 2-3-13　　尾水隧洞各洞径比较方案投资表　　万元

方　　案	固定资产投资	分　年　投　资					
		第一年	第二年	第三年	第四年	第五年	第六年
方案一（7.0m）	14722	294	4417	5889	4122	0	0
方案二（7.4m）	14961	299	4488	5985	4189	0	0
方案三（7.8m）	15366	307	4610	6146	4303	0	0

（5）经济比较计算。

经济比较采用总费用现值最小法。为了使各比较方案具有可比性，各比较方案间发电量、抽水电量差额由火电补足。各方案的费用包括设计电站费用、电站固定运行费和燃料费。电站固定运行费按固定资产投资的 2.0％计取。设计电站各方案燃料消耗差额根据发电量和抽水电量的差额计算。

在总费用现值计算中取社会折现率 10％，计算期采用 36 年，求得引水隧洞各方案总费用现值见表 2-3-14，尾水隧洞各方案总费用现值见表 2-3-15。

表 2-3-14　　引水隧洞各洞径比较方案经济指标汇总表　　万元

方　　案	固定资产投资	投资差额	燃料消耗差额（t）	燃料费差额	总费用现值	总费用现值差额
方案一（6.5m）	17287	−1029	5099	204	16082	194
方案二（7.0m）	18316	0	0	0	15888	0
方案三（7.5m）	19508	1192	−3563	−143	16160	272

表 2-3-15　　尾水隧洞各洞径比较方案经济指标汇总表　　万元

方　案	固定资产投资	投资差额	燃料消耗差额（t）	燃料费差额	总费用现值	总费用现值差额
方案一（7.0m）	14722	−239	2033	81	13153	222
方案二（7.4m）	14961	0	0	0	12931	0
方案三（7.8m）	15366	405	−1458	−58	12971	40

（6）输水道直径选择。

从电站引水系统的地质条件、洞室稳定等结构布置和施工技术方面看，各引水隧洞、尾水隧洞洞径比较方案间无大的差异，技术上均可行。

从经济指标比较结果来看，引水隧洞直径以 7.0m 方案相对较优，尾水隧洞直径以 7.4m 方案相对较优。

因此，经综合比较选定引水隧洞直径 7.0m，相应的引水支管直径 4.2m；选定尾水隧洞直径 7.4m，相应的尾水支管直径 5.2m。

3.4　水泵水轮机额定水头选择

3.4.1　概述

水泵水轮机额定水头的大小影响机组尺寸、质量、运行效率、受阻容量的大小，进而影响电站工程投资及经济效益，额定水头应通过技术经济比较来确定。

抽水蓄能电站在电力系统中主要起调峰、填谷作用，同时也承担调频、调相、旋转备用等任务，其运行方式主要取决于在负荷图上的工作位置，因此抽水蓄能电站额定水头选择与系统负荷特性密切相关。就日调节抽水蓄能电站而言，对于日负荷特性曲线为双峰型、且晚高峰大于早高峰的电力系统，由于抽水蓄能电站顶峰时间已在夜间，此时上水库水位相对较低、下水库水位相对较高，因此额定水头一般宜定得相对低一些。对于日负荷特性曲线为双峰型、且早高峰大于晚高峰的电力系统，抽水蓄能电站顶峰时间在上午，此时上水库水位相对较高、下水库水位相对较低，因此这种情况额定水头可定得相对高一些。对于日负荷特性曲线为单峰型、且高峰大致在中午的电力系统，额定水头一般可在平均水头附近选择。

同时，额定水头选择也与机组最大水头变幅和机组运行特性密切相关。对于机组水头变幅范围已经很大的电站，当机组额定水头定得过低或过高，往往会偏离机组最佳运行工况区域，特别是机组水头变幅范围已经接近极限的电站，机组额定水头定得过低或过高将会影响到机组的正常运行。因此，抽水蓄能电站水泵水轮机额定水头选择时除要考虑满足电力系统运行要求外，还应尽量满足机组运行特性的要求，需进行技术经济综合比较。

3.4.2　额定水头比较方案拟定

额定水头可根据水库特性、电力系统需要及机组运行要求拟定：

(1) 根据设计水平年各月典型日电站抽水发电出力过程，分析日负荷最高峰时段对应的电站发电水头和电站发足额定出力最后时段对应的发电水头，拟定满足电力系统运行要求的额定水头合理范围和较优额定水头值。

(2) 根据电站最大、最小、平均水头（扬程）等特征水头参数，参照该水头段水泵水轮机模型运转特性曲线，拟定满足机组运行特性要求的额定水头合理范围和较优额定水头值。

如按上述两种情况分析得出的额定水头合理范围基本一致，则可直接以上述额定水头范围为基础，拟定一组额定水头比较方案。如按上述两种情况分析得出的额定水头合理范围差距较大，则可以按上述两种情况分析得出的较优额定水头值为额定水头范围上下限，在该额定水头范围内拟定一组额定水头比较方案。

3.4.3　电站受阻容量计算

抽水蓄能电站主要承担电网调峰、填谷任务，发挥的主要是容量效益，而容量效益主要体现在电网负荷尖峰时段，如果在此时产生容量受阻，则认为受阻的容量是电网的必需容量，而不是电网的重复容量，需要建设其他电源进行替代；如果在非负荷尖峰时段，由于电网已有容量富裕，抽水蓄能电站产生部分受阻容量并不需建设其他电源进行替代，因此应是允许的。

结合电力电量平衡，以最高负荷时段末为控制，计算抽水蓄能电站各额定水头方案正常运行时的各月典型日受阻容量，分析不同额定水头方案系统替代电源装机容量差值。

3.4.4　电站工程投资估算

在机组单机容量、转速等参数一定的前提下，机组额定水头越高，发足一定出力时其所需的水量就越少，因此提高额定水头可以减小水泵水轮机转轮直径，降低水泵水轮机质量和造价。根据有关成果分析，水泵水轮机的质量一般与机组额定水头的平方成反比。

由于机组直径不同，机组过流量不同，输水道直径及厂房尺寸也不相同，相应工程量和投资也不同。比较时，需计算各额定水头方案的工程投资。

3.4.5 替代电站容量及投资计算

当最高负荷时段本电站容量出现受阻时，为满足需求，受阻部分容量需要建设其他电站补充替代，需根据各方案受阻容量大小，按同等程度满足系统容量需求计算各方案替代电站的容量和投资。

3.4.6 系统燃料费计算

（一）电站受阻电量计算

根据电站各月典型日需要出力和水头过程，当电站水头降低不能发足需要出力、容量出现受阻时，该时段电量也出现受阻，经逐时计算，如当日上水库蓄能电量不能全部通过发电实现，则剩余部分的蓄能电量即为受阻电量。逐月统计可得各方案年受阻电量。

（二）机组综合效率计算

由于各方案机组运行特性存在差异，各方案的电站综合效率是不同的，可根据电站各月典型日需要的出力和水头过程，结合机组运行效率曲线，逐日计算各方案的电站日发电量和抽水电量，统计各方案电站年发电量和抽水电量，由此计算各额定水头方案机组综合效率。

（三）系统燃料费计算

一方面，由于各方案机组综合效率不同，当发电量为定值时，机组综合效率大的方案可减少抽水电量，使电站抽水燃料费用降低；另一方面，各方案电站受阻容量不同，受阻部分容量需要火电机组补充替代时，受阻容量大的方案相应增加了系统火电机组的开机容量，加大了火电机组的调峰负担和压荷运行幅度，相应地要增加火电机组的单位千瓦时煤耗率，从而增加了系统的燃料费用。因此，为反映各方案的差异，需对各方案的系统燃料费用进行计算。

对各方案进行电力系统模拟运行计算，可得出各方案的系统燃料费用。

3.4.7 方案比较与选择

根据各额定水头方案的电站工程投资、运行费流程和补充电站投资、运行费流程及系统燃料费用流程，按照选定的社会折现率，以同等程度满足系统需求，计算各方案年总费用现值，一般以年总费用现值最小方案为最优。

对抽水蓄能电站来讲，由于主要发挥的是容量效益，额定水头过高会使电站受阻容量偏大，从而对电站容量效益的发挥产生较大影响，额定水头过低则会导致机组转轮流道尺寸（D_1、D_2）加大，从而减少机组部分出力稳定运行范围，降低机组效率（特别是在部分出力运行时）。因此，额定水头选择时，除考虑经济比较结果外，还须考虑电站受阻容量、效率、机组制造技术及运行等因素，经综合比较选定。

3.4.8 泰安抽水蓄能电站额定水头复核

（一）问题的提出

泰安抽水蓄能电站位于泰安市西郊泰山西南麓，距济南 70km，电站装机容量 1000MW，安装 4 台单机容量 250MW 的水泵水轮机组，电站正常运行年发电量为 13.382 亿 kW·h，年抽水用电量 17.843 亿 kW·h。

泰安抽水蓄能电站最大毛水头 256m，最小毛水头 221m。可行性研究阶段经综合分析比较，选定机组额定水头为 220m，根据山东泰安抽水蓄能电站可行性研究报告审查意见，同意电站的额定水头为

220m。在开展招标设计过程中，自1998年9月起华东勘测设计研究院先后收到了一些制造厂家的机组资料或与之进行了技术交流，有的制造厂家提出，机组额定水头选得过低，比较合理的额定水头应为239m。

为此，根据有关制造厂家的意见建议，在前阶段工作的基础上，对泰安抽水蓄能电站额定水头重新进行复核和技术经济比较计算。

（二）额定水头方案拟定

经分析，泰安抽水蓄能电站额定水头选择如按各月典型日最高负荷时段末（第1小时）不产生容量受阻为控制，则机组额定水头冬季为230.1m（18时）、夏季为222.4m（21时）；考虑到负荷特性的不确定性，如按各月典型日最高负荷时段的下一时段末（第2小时）不产生容量受阻为控制，则机组额定水头冬季为224.1m（19时）、夏季为222.4m（夏季晚21时后一般不会出现负荷高峰，因此仍按晚21时控制）。综上所述，该电站机组额定水头基本以220m为下限、230m为上限，拟定220m、225m、230m三个方案，对各方案分别进行年发电量、受阻容量及电量、系统效益差异等计算，并估算各方案的水泵水轮机质量和造价及补充替代电站投资和运行费，开展技术经济比较工作。关于239m方案，由于该水头接近电站平均水头，在山东电网需要抽水蓄能电站承担最大容量时会出现较大的受阻容量，因此是不合适的，不参与比较。

（三）各方案机组重量和造价估算

根据泰安抽水蓄能电站招标设计阶段水泵水轮机参数及结构选择报告和厂家提供的资料，该电站机组台数4台、单机容量250MW、额定水头220m、转速300r/min时，水泵水轮机单机质量为652t、总质量为2608t，水泵水轮机价格约为9.6万元/t。

根据可行性研究报告额定水头选择成果分析，水泵水轮机的质量和额定水头的平方成反比，据此估算的各方案水泵水轮机质量和造价见表2-3-16。

表2-3-16　额定水头方案水泵水轮机质量和造价及替代电站容量和投资

项　目	单　位	数　值		
额定水头方案	m	220	225	230
水泵水轮机单机质量	t	652	623	597
水泵水轮机总单机质量	t	2608	2493	2386
水泵水轮机总造价	万元	25037	23936	22907
水泵水轮机总造价差值	万元	2130	1029	0

（四）各方案受阻容量和替代容量及投资计算

（1）各方案受阻容量计算。

根据厂家提供的资料，泰安抽水蓄能电站额定水头220m、225m及230m方案的水泵水轮机机组预想出力线见表2-3-17。

根据下水库的调节计算成果及对应10%下水库高水位情况，结合电力电量平衡计算结果得出的泰安抽水蓄能电站出力和发电水头过程，以最高负荷时段末为控制，计算电站正常运行时的各月受阻容量。各额定水头方案受阻容量计算成果见表2-3-17。

表 2-3-17　　各额定水头方案机组预想出力线及受阻容量

水头（m）	预想出力（MW）			受阻容量（MW）		
方案	220m	225m	230m	220m	225m	230m
252.1	257	257	257	0	0	0
239	257	257	257	0	0	0
230	257	257	257	0	0	0
225	257	257	248	0	0	9
220	257	248	239	0	9	18
212.5	240	232	224	17	25	33

（2）各方案替代容量及投资计算。

当最高负荷时段本电站容量出现受阻时，为满足需求，受阻部分容量需要建设其他电站补充替代，替代电站选定为 600MW 煤电机组，补充电站容量按三方案同等程度满足系统需求，通过电力电量平衡计算确定，替代电站投资按 4400 元/kW 计，各额定水头方案替代容量及投资计算结果见表 2-3-18。

表 2-3-18　　各额定水头方案替代容量及投资

项　目	单　位	数　值			备　注
额定水头方案	m	220	225	230	
设计电站受阻容量	MW	0	2.32	15.58	
补充替代电站容量	MW	0	2.65	17.77	
补充替代电站投资	万元	0	1166	7819	4400 元/kW

（五）各方案全系统燃料消耗量计算

（1）各方案机组效率计算。

在电站满负荷运行时，额定水头高低对机组效率影响不大，而当在部分负荷运行时，额定水头越高，其发电效率也越高，根据本电站的加权因子计算结果，额定水头由 220m 提高至 230m，其发电平均效率可提高 0.24%，抽水工况效率差异不大。由此估算各额定水头方案综合效率见表 2-3-19。

表 2-3-19　　各额定水头方案电站综合效率

额定水头	m	220	225	230
电站综合效率	%	75	75.12	75.24

（2）各方案受阻电量计算。

根据电站各月典型日需要出力和水头过程，当电站水头降低不能发足需要出力、容量出现受阻时，该时段电量也出现受阻，经逐时计算，如当日上库蓄能电量不能全部通过发电实现，则剩余部分的蓄能电量即为受阻电量。各方案各月典型日受阻电量计算结果见表 2-3-20、表 2-3-21（220m 方案正常运行时，无受阻电量）。

表 2-3-20　　额定水头 230m 方案各月典型日逐时受阻出力　　万 kW·h

时间＼月份	1～4	4	5	6	7	8	9	10～12
11：00	0	0.00	0.00	0.00	0.00	0.00	0	0
18：00	0	0.00	0.00	0.00	0.00	0.00	0.00	0
19：00	0	0.00	0.00	0.00	0.00	0.00	0.00	0
20：00	0	0.00	0.00	0.00	0.00	0.00	0.15	0
21：00	0	0.72	0.49	0.61	0.75	1.40	1.96	0
22：00	0	2.20	1.87	1.97	2.24	4.11	4.65	0
合计	0	2.92	2.36	2.58	2.99	5.52	6.76	0

表 2-3-21　　额定水头 225m 方案各月典型日逐时受阻出力　　万 kW·h

时间＼月份	1～7	8	9	10～12
11：00	0	0.00		0
19：00	0	0.00	0.00	0
20：00	0	0.00	0.00	0
21：00	0	0.12	0.48	0
22：00	0	1.98	2.53	0
合　计	0	2.10	3.01	0

（3）各方案系统年燃料费计算。

为了能定量反映各方案在燃料费用方面的差异，对每一方案通过系统模拟运行，逐时模拟各类机组出力，计算系统的年燃料费。根据年燃料费计算成果，按其差值计算，220m 方案为 11 万元，225m 方案为 0 万元，230m 方案为 47 万元，以 225m 方案的系统年燃料费为最小。

（六）各方案总费用现值计算

电站运行期 30 年，设计电站年运行费率按 2.5%计，补充电站年运行费率按 3.5%计。计算可知，总费用现值以 220m 方案为最小，230m 方案为最大，225m 方案与 220m 方案较接近。

（七）额定水头选择

（1）经济比较：在同等程度满足系统需求的前提下，三个方案总费用现值以 220m 方案为最小，225m 方案与 220m 方案较接近，以 230m 方案为最大，因此，额定水头选择过高经济上是不合理的。

（2）受阻容量：对抽水蓄能电站来讲，主要是考虑发电工况特别是正常运行发电时段末的受阻容量情况，三个方案在考虑事故库容发电时均有不同程度的容量受阻，在正常运行发电时除 220m 方案外其余也存在容量受阻，其中 230m 方案受阻容量较大，225m 方案受阻容量相对较小。受阻容量较大对电站容量效益的发挥影响较大。

（3）机组效率：由于抽水蓄能电站机组是可逆的，所以要尽量使水泵工况与水轮机工况匹配好，同时使机组高效区尽量放在经常出现的水头附近，三个方案在机组较大出力工况时在所有发电水头情况下保持高效、稳定运行，在部分出力工况时额定水头越高越能保证高效、稳定运行，额定水头越高水泵水轮机加权平均效率也越高，但差异较小，额定水头提高一挡，加权平均效率提高约 0.12%。额定水头提高较多时，虽然效率提高可节省电站抽水燃料费用，但由于设计电站容量受阻而增加了火电机组的开机容量会导致火电单位电度煤耗率增加，因此从系统角度出发并不一定能够节省燃料费用，计算可知，三方案燃料费用以225m方案最小，230m方案最大，220m方案与225m方案较接近。

（4）投资：不同的额定水头对应不同的机组转轮直径，因而机组的质量不同，造价也就不同，220m方案电站机组造价最大；但考虑到机组额定水头提高而出现容量受阻情况后，其受阻容量需要建设其他替代电站进行补充，在同等满足系统容量需求情况下，系统总投资相比以220m方案最小，230m方案最大，225m方案与220m方案较接近。

（5）机组制造技术：泰安抽水蓄能电站水头变幅较小，$H_{pmax}/H_{tmin}=1.23$，而该水头段机组允许H_{pmax}/H_{tmin}值最大可达1.40，根据制造厂家提供资料意见，额定水头选择较低并不会引起机组制造上的困难，但额定水头较低时，会影响机组部分负荷运行时的发电效率和运行稳定性。

综合分析，根据山东电网调峰需求特性和泰安抽水蓄能电站运行特点，泰安抽水蓄能电站额定水头在原定220m的基础上适当提高是有利的。考虑到额定水头提高到225m时，在全年较长的时间段内正常运行时容量仍基本不会受阻（备用情况除外），在产生容量受阻时其数值也较小，电站容量效益仍能得到充分发挥，同时额定水头提高对水泵水轮机转轮设计和制造及运行稳定较为有利，但如果额定水头进一步提高至230m，则受阻容量明显增加，其经济性也明显较差，经复核分析，推荐泰安抽水蓄能电站机组额定水头为225m。

第三篇

抽水蓄能电站枢纽布置

第一章 抽水蓄能电站枢纽的特点

1.1 具有上、下两个水库

抽水蓄能电站在电网负荷低谷时段利用剩余电力将水从下水库抽到上水库存蓄起来，在负荷高峰时段将水从上水库放下来发电，因此必须具有上、下两个水库。两个水库之间的高差要大，水平距离要短，以便利用较短的输水道获得较大的水头差。在其他条件基本相同时，水头越高总体造价越低，因此在选点时需考虑合适的水头。抽水蓄能电站水库的水量可以重复利用，水库一般只进行日调节，水量一般只需满足每天蓄水发电的库容即可，因此所需的库容较小。有些抽水蓄能电站为周调节或季调节，所需库容相对较大。水库坝址选择时，只需少量水源补充渗漏和蒸发的损失，无需有较多的径流就可以满足建库要求。

1.2 库水位变幅大、变动频繁，水库防渗要求高

与常规水电站相比，纯抽水蓄能电站的库容要小得多，但水库的水位变幅及单位时间内的水位变幅均很大，而且这种水位的变化每天都要重复进行，水库水位日变幅通常达一、二十米，有些甚至超过三、四十米。在机组满发或抽水时，水库水位变化速率经常在5m/h以上，甚至可达8～10m/h。例如：英国迪诺威克（Dinorwic，1984）抽水蓄能电站上水库水位总变幅34m，机组满发时最大水位变化速率9.5m/h；天荒坪抽水蓄能电站下水库水位总变幅49.5m，其中日循环的水位变幅43.5m，抽水时最大水位变化速率8.85m/h。由于水位大幅度骤升骤降，水库库岸边坡和挡水坝的稳定问题应给予足够的重视。

抽水蓄能电站上水库防渗要求很高。由于纯抽水蓄能电站上水库的水一般是由下水库抽上去的，水量的损失不仅是电能的损失，有时甚至涉及上、下水库之间的山体稳定，因此其防渗的重要性是显而易见的。如果上、下水库都基本无天然径流，而且补水困难，那么上、下水库的防渗要求就更高。对于采用首部开发的抽水蓄能电站，如泰安抽水蓄能电站，如果上水库渗水过大，还会影响地下厂房的运行。因此，上水库防渗设计和渗流影响分析均十分重要，应进行认真研究，以保证工程正常、经济地运行。通常认为，上水库库盆渗漏量在总库容的0.2‰～0.5‰以下较为经济。

1.3 引水发电系统水头高

抽水蓄能电站的距高比（L/H）是衡量一个站址优劣的重要指标之一。其值越小，即上、下水库的水平距离越短，高差越大，站址的条件相对优越。

随着抽水蓄能电站机组研发技术的日益提高，高水头、大容量电站的数量越来越多。另外，由于一

管多机可以缩短施工工期、节省工程投资，输水系统的水头 H 和管径 D 越来越大。通常用水头 H 和管径 D 的乘积 HD 来表示其规模、设计和施工难度。

解决大 HD 值的工程措施，一是将引水系统深埋，充分利用隧洞的围岩承受内水压力；二是采用高强钢，利用其抗拉强度高的特点承受内水压力。这两方面的长足进步，使得输水系统的大 HD 值成为一种趋势。表 3-1-1、表 3-1-2 是国内外部分已建、在建项目引水隧洞和高压钢管 HD 值统计表。

表 3-1-1　　国内外部分抽水蓄能电站高压隧洞 *HD* 值统计表

工程名称	装机规模（MW）	隧洞最大静水头（m）	隧洞最大 HD 值（m·m）	隧洞最小埋深（m）	建成年份
天荒坪	1800	680.2	4761	330	1998
广蓄一期	1200	612	4896	440	1993
广蓄二期	1200	613.3	4906.4	410	1999
仙游	1200	540	3510	405	在建
桐柏	1200	344	3096	380	2005
泰安	1000	309.5	2476	270	2005
宝泉	1200	640.4	4163	580	2009
蒙特齐克	900	400	2120	400	1982
迪诺威克	1800	584	5548	400	1982
赫尔姆斯	1050	577	4749	350	1984
巴斯康蒂	2100	410	3567	315	1984
金谷	1060	540	3348	270	2003

表 3-1-2　　国内外部分已建、在建抽水蓄能电站高压钢管 *HD* 值统计表

电站名称	设计水头（m）	HD 值（m·m）	建成年份
十三陵	686	2600	1995
羊卓雍湖	1000	2400	1997
宜兴	650	3120	2008
西龙池	1015	3552.5	已建
张河湾	515	2678	2008
玉原	817	3431	1982
今市	830	4565	1988
盐原	584	3446	1994/1995
茶拉	1067	4005	1988
奥美浓	747	4109	1994
奥多多良木二期	641	3397	1998
葛野川	1180	4720	1999
神流川	1060	4238	2005
小丸川	878	3424	2006

1.4 机组安装高程低

抽水蓄能电站厂房内安装可逆式水轮发电机组，要求吸出高度绝对值大，机组安装高程较低。因为在相同的水头、流量条件下，可逆式水泵水轮机水泵工况的空蚀系数要比水轮机工况的空蚀系数大得多，因此可逆式水轮发电机组吸出高度的绝对值远大于常规水轮发电机组吸出高度的绝对值，特别是随着抽水蓄能电站愈来愈向高水头、大容量方向发展，水泵工况要求吸出高度常在－20～－60m之间，甚至更低。表3-1-3列出了国内外部分抽水蓄能电站的吸出高度。这一特点对地面厂房影响较大，因尾水位过高，地面厂房厂区建筑物布置难度大，厂房结构复杂，故在地质地形条件允许的情况下，常将抽水蓄能电站厂房布置在地下。

表3-1-3　国内外部分抽水蓄能电站吸出高度 H_S

序号	电站名称	国家	水头 H（m）		H_S（m）	H_S/H（设计）
			最大	设计		
1	沼原	日本	501	478	－46	0.096
2	玉原	日本	543.1	518	－65	0.125
3	新冠	日本	117	100	－40	0.400
4	奥美浓	日本	500	484.3	－74	0.153
5	神流川	日本	675	653	－104	0.159
6	蒙特齐克	法国	423	416.6	－61	0.146
7	迪诺威克	英国	541	536	－60	0.112
8	巴斯康蒂	美国	384	329	－19.8	0.060
9	天荒坪	中国	610.2	526.0	－70	0.132
10	宜兴	中国	420.5	363.0	－60	0.165
11	广蓄一期	中国	550	535	－70	0.131
12	西龙池	中国	687	640	－75	0.117

1.5 水库泄洪建筑物设计需考虑发电流量和天然洪水叠加的影响

通常纯抽水蓄能电站的集雨面积小，天然洪水流量小，发电流量与之相比所占的比重较大。

对于上水库，集雨面积小、暴雨产生的洪峰不大时，可以不设专门的泄洪建筑物。根据降雨形成的洪水流量，适当加大坝顶和库岸的超高或在库岸顶部设置排水沟渠排除其汇聚的洪水。当水库集雨面积较大，暴雨形成洪峰流量需要泄洪时，应布置相应泄水建筑物，以及时泄洪。同时，对于电站抽水运行工况可能造成上水库超蓄（过泵）的问题，应在电站机电控制设计中予以重视，采用计算机控制上水库水位是避免上水库大坝漫顶的重要措施。

下水库泄洪建筑物设计，应重点考虑发电流量和天然洪水叠加问题。当下水库发生天然洪水并存储于库内而系统又要求电站发电运行时，天然洪水将与机组发电流量叠加。为减小对电站运行的限制，不增加下游河道防洪负担，要求下水库应设置有一定预泄能力的泄洪设施。具体的方式可以有多种，如：

考虑洪水与机组发电的不利组合，除利用溢洪道泄洪外，采用泄洪洞等深孔设施，在上、下水库合计总蓄水量超过设计值时泄放多余水量。选择合适规模的低孔与表孔泄流组合，可以较好地解决发电流量和天然洪水叠加问题，同时有利于降低大坝高度、节省工程投资和提高电站的运行灵活性和安全性。

1.6　水库初期运行充排水问题突出

纯抽水蓄能电站的集雨面积通常较小，应根据水库水源条件，拟定水库初期蓄水方案，当水源不足时，应专门设置补水设施。

投运初期的抽水蓄能电站上、下水库，坝体和岸坡对水位急剧升降变化有一个适应期，为了使防渗体、岸坡和地基的固结沉降逐渐缓慢地完成，防止过大的不均匀变形和过大的孔隙水压力导致防渗体产生裂缝、坝体损坏或岸坡产生滑坡，在初期蓄水时需要限制水位的升、降速率，并对水库的初期充排水水位作出必要的限制，防止一次性蓄至正常蓄水位可能带来的危害。

第二章 枢纽总体布置

2.1 布置原则

抽水蓄能电站枢纽布置，应根据工程区的水文气象条件、地形条件、工程地质和水文地质条件、施工条件、环境影响及运行要求等因素，综合各建筑物的功能要求和自然条件，明确各建筑物的布局和相互关系，在系统研究并经技术经济综合比较后确定。

抽水蓄能电站的枢纽布置和总体设计是一项系统工程，应站在电站全局的高度来看待单项工程的布置和结构设计。枢纽布置涉及多专业协作，各专业自身最佳设计的简单组合不一定形成整个工程的最佳设计方案，每个专业的设计方案均应考虑相关专业的布置情况，从全局的角度来考虑各功能建筑物的布置和利用，特别是与许多专业相关的功能建筑物，应尽可能达到综合利用，使得各建筑物在功能上能发挥最大效用，经济上尽可能合理，达到整体的和谐统一。

抽水蓄能电站的主要建筑物通常包括上水库、下水库、输水系统、厂房系统、开关站及出线场、补水工程、场内与对外交通工程等。为顺利地进行主要建筑物的施工，需要设置一些辅助或临时建筑物，包括施工导流设施、施工支洞、施工道路等。

（一）上、下水库选择

抽水蓄能电站具有上、下两个水库，上水库要有较高的位置和合适的库盆地形地质条件，因此，一般抽水蓄能选点阶段进行站址选择首先就是要选择一个合适的上水库，并在附近布置配套的下水库，以便利用较短的输水道获得较大的水头差。也有工程利用现有的水库作为抽水蓄能电站下水库，在下水库附近寻找合适的上水库，如已建的十三陵、宝泉抽水蓄能电站就是利用已建水库作为下水库进行建设，以节省工程投资。在上、下水库确定后，引水发电建筑物的布置范围也就基本确定了。

根据国内工程建设费用的统计，抽水蓄能电站上、下水库工程费用约占电站静态总投资的15%～24%，其下限为上、下水库地形地质条件优越，只需做一般防渗处理，例如桐柏、广州抽水蓄能电站；上限是上、下水库均需做全面防渗处理，例如西龙池抽水蓄能电站。上、下水库之间水头的大小、防渗处理方式的差别，都对电站的经济指标影响很大。因此，在抽水蓄能电站进行站址选择时，上、下水库的选择是十分关键的。

（二）引水发电系统布置

引水发电系统连接上、下水库，由输水建筑物和发电厂房系统组成。

引水发电系统线路较长，沿线地质条件变化较大，其地下建筑物应布置在地质条件较好的地段。

厂房是引水发电系统中的主要建筑物，厂房型式和位置选择在很大程度上决定了输水建筑物的型式和布置，对电站运行和工程造价影响较大，应综合考虑地质条件、枢纽建筑物布置、运行条件、施工条件等各种因素，合理地进行选择。厂址选择时，应注意尽量缩短高压引水隧洞的长度，尽可能避免上、下游同时设置调压室，使输水系统布置协调、顺畅。应力求将厂房洞室群布置在新鲜、完整的岩体中，尽量避开大的断层和破碎带等不利地质构造的影响。地下水对厂房的围岩稳定、施工和运行都非常不利，故厂房位置应尽量选在岩体裂隙水不发育的地区。厂区对外交通应便捷，方便运行、管理；地下厂房位置的选择还应综合考虑交通、出线、施工洞布置等因素。

进/出水口形式选择应适应抽水蓄能电站库水位变幅大、变化频繁以及双向水流运动的特点，保证进出水流平顺，尽可能减小水头损失。进/出水口的位置，应综合考虑水道系统的位置、走线、地形、地质及施工等条件选择。进/出水口宜布置在来流平顺、均匀对称，岸边不易形成有害回流或环流的位置。

抽水蓄能电站可逆式机组运行由发电和抽水两种工况相互转换，且转换频繁，输水系统的布置应满足各种工况下过渡过程的要求，并在结构设计上留有余地。

（三）建筑物的综合利用

施工辅助设施是为满足工程施工需要而设置的基础设施，应根据施工布置和进度要求设置。同时，施工辅助设施的设置应考虑与主体工程结合布置。如下水库施工期的导流洞与运行期泄洪、对下游的供水设施及水库的放空设施结合布置，将导流洞改建为供水、放空或泄洪洞，将各个时期的功能要求结合起来布置，可以最大限度地发挥投资的效用。如桐柏抽水蓄能电站下水库右岸导流洞，导流完成后根据电站运行需要将导流洞改建成永久泄放洞，参与泄洪和放空水库。

发电厂房洞室数量多，工程投资较大，工期较长，在不影响电站运行的条件下，应尽可能地将永久洞室与施工洞结合。一些电站利用施工支洞或探洞改建成通风洞或排水洞，取得较好的经济效果。如宜兴抽水蓄能电站利用地质探洞改建成排水廊道，利用施工支洞改建成通风洞和汽轮机油库，临时洞室得到充分利用。

（四）注重环境保护

抽水蓄能电站上、下水库库容一般较小，输水发电系统常位于地下，总体来说对自然环境的影响比常规水电站要小。但抽水蓄能电站大多紧靠负荷中心，有的在城市附近，有的甚至位于风景名胜区，随着环保意识的提高，环境保护越来越成为工程枢纽布置的重要影响因素。很多抽水蓄能电站对建设中的环境问题给予了充分重视，如泰安抽水蓄能电站位于泰山风景名胜区附近，上库需在樱桃园沟沟尾开挖、沟口筑坝形成，上水库弃渣量大，视角冲击影响也比较大，设计上采用将弃渣填筑于水库死水位以下和坝后坡，并对坝后坡进行植树复绿，形成了新的景观。再如德国金谷抽水蓄能电站在高原台地筑环形坝、库盆开挖形成上水库，沥青混凝土面板堆石坝长3370m，坝高10～40.5m，上水库仅挖除60cm腐殖土，直接将风化岩石作为坝基和沥青混凝土面板的基础，开挖588万m^3，填筑557万m^3，挖填基本平衡，弃料极少，同时在下游坝坡种植草皮覆盖，与周围环境融为一体，此外还在下水库主坝上游约2.4km处建造了一座副坝，副坝上游为外库，设外库的主要目的是拦沙和环境保护，外库水位不受抽水蓄能电站日循环运行的影响，库水位相对稳定，有利于植被生长。

2.2 工程等级及洪水标准

抽水蓄能电站设计中，根据《水电枢纽工程等级划分及设计安全标准》（DL 5180—2003）确定工程等别，见表3-2-1（DL 5180—2003表5.0.1）。抽水蓄能电站所需的调节库容通常较少，工程等别由装机规模确定的情况较多，也有利用已有大型水库作为调节水库，此时需要结合库容确定工程等别。

表 3-2-1　　水电站枢纽工程的分等指标

工程等别	工程规模	水库总库容（亿 m^3）	装机容量（MW）
一	大（1）型	=10	=1200
二	大（2）型	<10 =1	<1200 =300
三	中型	<1.0 =0.1	<300 =50
四	小（1）型	<0.1 =0.01	<50 =10
五	小（2）型	<0.01	<10

注　水电枢纽工程的防洪作用与工程等别的关系，应按照 GB 50201—1994 的有关规定确定。

《防洪标准》（GB 50201—1994）和《水电枢纽工程等级划分及设计安全标准》（DL 5180—2003）规定，大型抽水蓄能电站的上水库大坝、输水系统、地下厂房、开关站、下水库泄放洞等主要永久性建筑物按 1 级建筑物设计，次要永久性建筑物按 3 级建筑物设计。

《水电枢纽工程等级划分及设计安全标准》（DL 5180—2003）第 6.0.7 条规定：当抽水蓄能电站的装机容量较大，而上、下水库库容较少时，若工程失事后对下游的危害不大，则挡水、泄水建筑物的洪水设计标准可根据电站厂房的级别按表 3-2-2（DL 5180—2003 表 6.0.9）的规定确定；若失事后果严重、会长期影响电站效益，则上、下水库挡水、泄水建筑物的洪水设计标准宜根据表 3-2-3（DL 5180—2003 表 6.0.4）的下限确定。

表 3-2-2　　山区、丘陵区水电站厂房的洪水设计标准

发电厂房的级别	1	2	3	4	5
正常运用洪水重现期（年）	200	100～200	50～100	30～50	20～30
非常运用洪水重现期（年）	1000	500	200	100	50

表 3-2-3　　山区、丘陵区水电站枢纽工程永久性壅水、泄水建筑物洪水设计标准

不同坝型的枢纽工程		永久性壅水、泄水建筑物级别				
		1	2	3	4	5
正常运用洪水重现期（年）		500～1000	100～500	50～100	30～50	20～30
非常运用洪水重现期（年）	土坝、堆石坝	PMF 或 5000～10000	2000～5000	1000～2000	300～1000	200～300
	混凝土坝、浆砌石坝	2000～5000	1000～2000	500～1000	200～500	100～200

注　PMF 为可能最大洪水。

对于库容较大的水库，需满足相应等别建筑物洪水标准，根据表 3-2-2 确定。如仙居抽水蓄能电站下水库系利用永安溪上已建的下岸水库，下岸水库于 2003 年 3 月通过蓄水安全鉴定，是一座以防洪、灌溉（供水）为主，结合发电的综合性水利工程。下岸水库大坝为混凝土拱坝，原按 2 级建筑物设计，洪水标准按 100 年一遇洪水设计、1000 年一遇洪水校核。作为抽水蓄能电站下水库，仙居抽水蓄能电站装机容量 1500MW，为一等工程，主体工程为一级建筑物，洪水标准就需提高，并需要根据新的标准复核大坝的稳定性和泄洪能力。因下岸水库的库容超过 1 亿 m^3，所以按照一级建筑物 500 年一遇洪水设计、2000 年一遇洪水校核进行复核，经复核，在大坝右岸增设泄洪洞以加大泄洪能力来满足这一要求。但也有一些已建电站，难以增设泄洪设施提高泄洪能力，提高水位也受到限制，这就需要调整已建工程的特征水位和运行方式以满足要求，同时对抽水蓄能电站的运行方式也会有相应限制。

第三章 枢纽建筑物总体布置型式

抽水蓄能电站可分为纯抽水蓄能电站和混合式抽水蓄能电站。如果上水库天然径流较大，安装了抽水蓄能机组，同时为利用天然径流进行发电，也安装了部分常规水电机组，则称为混合式抽水蓄能电站。

3.1 纯抽水蓄能电站枢纽布置

目前所建的大多数抽水蓄能电站为纯抽水蓄能电站，由于不需要大量水源，电站选址较为自由，一般选择在负荷中心附近，使电网潮流更加合理。水库选择有条件时可利用已建水库或天然湖泊作为上、下水库，多采用高水头有压引水开发，水头一般在200～800m之间，厂房多置于地下，也有一些工程采用半地下或地面厂房。纯抽水蓄能电站枢纽各主要建筑物的布置型式分述如下。

3.1.1 上、下水库

（一）上水库

为了充分利用地形获得落差，纯抽水蓄能电站上水库常布置在山顶洼地或较为平坦的高地上。上水库主要有以下几种型式：

（1）利用天然湖泊作为上水库。

利用高山上的天然湖泊作为抽水蓄能电站上水库，可以大幅度地减少建设费用，是理想的选择，有条件时可优先选用。我国台湾省的明湖、明潭抽水蓄能电站，以及意大利昂特拉克（Entracque）抽水蓄能电站就是这种类型。

明湖、明潭抽水蓄能电站位于台湾省中部日月潭和水里溪地区，分别于1985年和1995年建成。日月潭总库容为1.68亿m^3，有效库容为1.49亿m^3。明湖、明潭两电站都以日月潭作为上水库，建设抽水蓄能电站后，高水位时水位最大变幅1.2m，两电站发电调节库容分别为790万m^3和1200万m^3，水头分别为309m和380m，装机容量共为2600MW，是台湾省的主力调峰电站。

昂特拉克抽水蓄能电站位于意大利北部克尼欧省，装机容量1317MW，1984年投入运行。该电站有两座上水库，奇奥塔斯（Chiotas）上水库由筑坝形成，罗维娜（Rovina）上水库是一天然湖泊。下水库共用，为皮阿斯特拉（Piastra）水库。昂特拉克抽水蓄能电站平面布置见图3-3-1。其中，罗维娜湖集水面积4.2km^2，利用隧洞将两侧流域的水引入，增加集水面积77.2km^2，最高蓄水位1528m，最低蓄水位1517m，有效库容120万m^3。罗维娜水库安装134MW可逆式机组，天然径流发电量为150GW·h，而抽水发电量仅70GW·h，属混合型抽水蓄能电站。

除了直接利用天然湖泊作为上水库以外，如果需要，可以通过修筑堤坝来增加天然湖泊的容积，以作为抽水蓄能电站的上水库，也可把邻近流域的径流引到水库内，产生附加的发电势能。如意大利德里

图 3-3-1　昂特拉克抽水蓄能电站平面布置图

奥湖抽水蓄能电站（Lago Delio，1971 年第一台机组投产）的上水库，英国狄诺威克抽水蓄能电站（Dinorwic，1982 年第一台机组投产）的上、下水库，都是筑坝壅高天然湖泊水位形成的。

（2）垭口筑坝形成上水库。

工程中最常见的是在山顶洼地或山坡沟谷筑一座或多座坝封闭沟口或垭口形成上水库。如广州抽水蓄能电站（1993 年第一台机组投产）、天荒坪抽水蓄能电站（1998 年第一台机组投产）、泰安抽水蓄能电站（2006 年建成）、宝泉抽水蓄能电站等。

（3）台地筑环形坝、库盆开挖形成上水库。

上水库也可布置在地势较高的台地上，多采用筑环形坝、库盆开挖方式形成上水库，这种布置形式在国外较为多见。如美国落基山抽水蓄能电站（Rocky Mountain，1995 年建成）、拉丁顿抽水蓄能电站（Ludington，1974 年建成），德国金谷抽水蓄能电站（Goldisthal，2003 年建成），卢森堡菲安登抽水蓄能电站（Vianden，1963 年第一台机组投产）等。

美国落基山抽水蓄能电站上水库位于落基山顶浅盆形的台地上，用长 3900m 的环形黏土心墙堆石坝围成面积 0.89km² 的水库，总库容 1510 万 m³，如图 3-3-2 所示。环形黏土心墙堆石坝平均坝高 24.4m，最大坝高 35m。上水库基岩主要为页岩、砂岩等，未风化页岩的渗透性很弱，因此上水库未做全库盆防渗，仅在页岩很薄及缺失的区域铺设 3m 厚的黏土作为防渗层。

（4）利用原有水库改建为上水库。

利用原有水库作为抽水蓄能电站上水库，应按照建筑物等级和水库运行要求进行必要的复核，必要

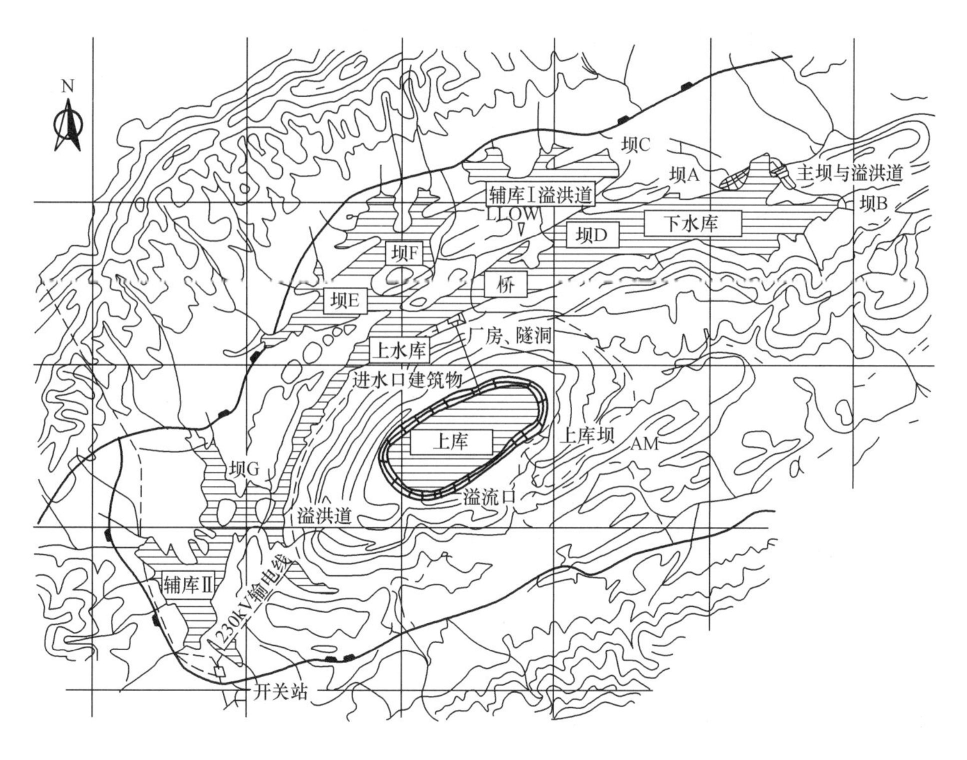

图 3-3-2　美国落基山抽水蓄能电站平面布置图

时加以改建。桐柏抽水蓄能电站（2005 年第一台机组投产）位于浙江省天台县，装机容量 1200MW，上水库由原桐柏水库改建而成，总库容 1231.63 万 m^3。原桐柏水库主副坝为均质土坝，主副坝相连，主坝最大坝高 37.15m，水库多年运行正常，防渗效果良好。将该水库改建为抽水蓄能电站上水库后，由于水库运行水位变幅较大，水位骤降时上游坝坡稳定不能满足要求，下游坝坡稳定也不能满足建筑物级别提高后相应的安全系数要求，因此对原有大坝进行了加固，对主坝和副坝的上、下游面采用了堆石压坡、放缓后坝坡并增设反滤排水等处理措施。

（二）下水库

纯抽水蓄能电站上水库大多集水面积较小，没有足够的来水进行初期蓄水及补充库水损失，在可能的情况下，下水库一般选择在有可靠水源的河流或湖泊上。下水库有以下基本型式：

（1）利用天然的湖海作为下水库。

利用天然湖泊作为下水库，是抽水蓄能电站选址时一个优先考虑的条件。如美国拉丁顿抽水蓄能电站下水库是北美五大湖之一的密执安湖，巴德溪抽水蓄能电站（BadCreek，1991 年第一台机组投产）利用约卡西湖（JocasseeLake）作为下水库，我国马山抽水蓄能电站将太湖作为下水库。

冲绳海水蓄能电站（1999 年建成）为首次利用海水的试验性抽水蓄能电站，位于日本冲绳岛北部，以大海作为下水库，上水库与海平面（下水库）的水位差为 136m。

（2）利用已建水库作为下水库。

由于在高山峡谷地区已建有很多水库，因此可以利用已建水库作为抽水蓄能电站下水库。如我国十三陵抽水蓄能电站（1995 年第一台机组投产）、泰安抽水蓄能电站、宝泉抽水蓄能电站、白莲河抽水蓄能电站均利用原已建水库作为下水库，泰国拉姆它昆抽水蓄能电站（Lam Ta khong，2000 年建成）利用已有的灌溉水库——拉姆它昆水库作为下水库。

利用已建水库作为下水库，一般要考虑原水库的综合利用要求，如宝泉水库为满足抽水蓄能电站的需要，适当扩大灌溉库容，将原水库正常蓄水位 244m 加高至 260m。

另外，将水库改建为抽水蓄能电站下水库后，水库运行条件将发生变化，特别是库容较小的水库，按抽水蓄能运行会引起库水位大幅度的骤升、骤降，需要进行大坝稳定复核，必要时需进行加固改建。泰安抽水蓄能电站下水库系利用原大河水库修建，经复核，大坝在水库水位骤降情况下的坝坡稳定不能满足规范要求，因此对大坝进行了加固处理。

利用原有水库作为下水库时，还应考虑管理者主体的变化。在某些情况下，收购（或参股）并改造原有下水库，不一定比新建水库费用少。

（3）在河流上新建下水库。

在河流上新建下水库是最常见的型式，如广州抽水蓄能电站、天荒坪抽水蓄能电站（1998年第一台机组投产）等均为这种情况。与常规水电站坝址选择不同的是，由于下水库所需的库容较小，水量可以重复利用，所需要的天然来水并不多，新建下水库的坝址并不需要有很大的径流，其天然径流只需满足初期蓄水需要和补充上、下水库渗漏蒸发损失即可。

如果下水库水源不能满足初期蓄水要求，则需进行补水。如宜兴抽水蓄能电站下水库集水面积仅1.87km^2，多年平均径流量104.5万m^3，上水库集水面积仅0.21km^2，上、下水库天然径流不能满足初期蓄水要求，设计采用两级补水泵站，通过潢潼河引取三氿河水作为电站蓄、补水水源。

（4）在岸边、洼地筑环形坝或半环形坝、开挖等形成库盆作为下水库。

溧阳抽水蓄能电站下水库布置在沙河水库边，相邻侧布置黏土心墙堆石坝，最大坝高13.5m，通过坝内侧库盆开挖形成下水库。西龙池抽水蓄能电站下水库布置在龙池沟沟脑部位，集水面积仅1.27km^2，基本没有天然径流，以沥青混凝土面板堆石坝与两侧突出的山梁圈围形成全人工的下水库库盆，总库容为494.2万m^3，其平面布置如图3-3-3所示。

意大利普列森扎诺抽水蓄能电站（Presenzana，1988年第一台机组投产）下水库为在河边台地上开挖并修筑环形坝而成，有效库容600万m^3，全库盆采用沥青混凝土面板防渗，设放空泄水渠排向附近河流。美国霍普山抽水蓄能电站则是利用地下约760m深处已废弃的矿井形成下水库，有效库容620万m^3。

呼和浩特抽水蓄能电站下水库所在的哈拉沁沟河属多泥沙河流，为解决泥沙问题下水库由上、下游两道坝拦河包围形成，左岸设泄洪排沙洞，将上游拦沙坝以上的洪水通过泄洪排沙洞下泄至下游拦河坝以下，校核洪水时泄洪流量为650m^3/s。

3.1.2　引水发电系统

抽水蓄能电站引水发电系统的布置需要综合考虑地形、地质等自然条件以及与其他建筑物的布置关系等因素来进行。

纯抽水蓄能电站由于机组安装高程低，在地形、地质条件许可的情况下，首先考虑采用地下式厂房，因为地下厂房结构不直接承受下游水压力作用，可以避开因厂房淹没深度较大所带来的整体稳定性差、挡水结构承受荷载大、进厂交通布置困难等一系列问题。另外，主要建筑物置于地下，可减小对地面植被的破坏，同时地下厂房远离上、下水库等枢纽建筑物，施工基本不受其他建筑物施工干扰，优势明显。

20世纪90年代之前，在抽水蓄能电站发展较早的欧洲和美国，有一部分大型的抽水蓄能电站采用地面式或半地下式（竖井式）厂房。近年来，随着地下工程设计和施工水平的进一步提高，能够修建的地下洞室规模逐年增大，大型抽水蓄能电站基本上都采用地下式厂房。目前我国已建和在建装机容量1000MW以上的纯抽水蓄能电站均采用地下厂房。日本的大型抽水蓄能电站，除奥清津抽水蓄能电站以外，也都采用地下式厂房。

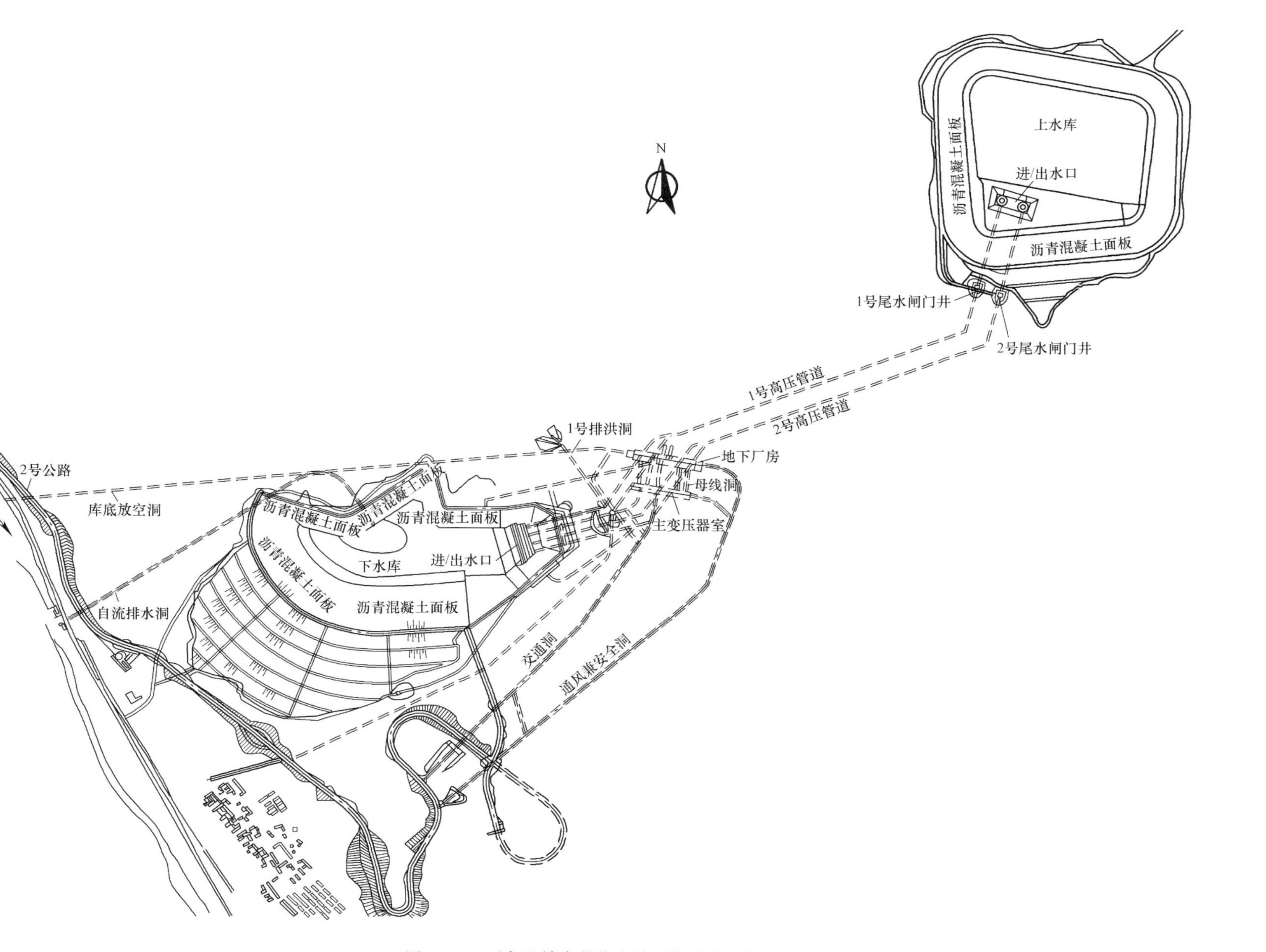

图 3-3-3　西龙池抽水蓄能电站下水库布置图

抽水蓄能电站输水线路一般较长，按照地下厂房在输水系统中的位置，可以分为首部、中部和尾部三种布置方式。

抽水蓄能电站的输水系统具有高差大、承受内水压力高的特点。目前世界上已投入运行的高水头（最大扬程超过500m）抽水蓄能电站约有19座，其中最大扬程600m级的有4座、700m级的有2座、在建700m级的有3座。由于引水系统承受的水压力较高，而尾水系统承受的水压力较低，仅从输水系统的经济性而言，缩短引水系统的长度、厂房采用首部开发方式对节省输水系统的投资是有利的。但厂房采用首部开发方式带来的是厂房的交通、通风、出线系统加长等问题，将会增加厂房和出线系统的投资。反之，如采用尾部开发方式，发电厂房的投资和运行条件较好，但输水系统的投资有可能加大。因此，引水发电系统的布置方式需综合比较地形地质条件、施工条件、工程投资、运行条件等因素确定。

（一）首部式布置

首部式布置的地下厂房位于整个输水道的上游，该布置方式高压引水道较短，常采用一洞一机竖井布置，不需要设置引水调压室，因其尾水隧洞较长，往往需设置尾水调压室。

山东泰安抽水蓄能电站，装机容量4×250MW，受地形地质条件的限制，采用首部式布置。输水道系统布置于横岭南坡北东向山梁及山前丘陵区内，引水系统采用两洞四机布置，尾水系统为四机两洞布置。上水库进/出水口采用侧向竖井式布置，引水平洞和高压竖井洞径均为8.0m，钢筋混凝土引水岔管，高压支管洞径为4.8m，尾水支管洞径为6.0m，尾水隧洞洞径为8.5m，尾水调压室大井内径为17.0m，小井内径为5.0m，上室断面为50m×12m×10m（长×宽×高），输水道总长度为2065.6m，其中上游引水系统总长572.6m，下游尾水系统总长1493.0m。

电站主厂房长×宽×高为180m×24.5m×52.275m，主变压器洞的长×宽×高为164m×17.5m×18.375m，位于主厂房下游35m处，其下游侧有220kV电缆出线竖井（兼电梯井）与地面开关站相通。尾水闸门洞的长×宽×高为111m×8.2m×19m，位于主厂房下游86.5m处。泰安抽水蓄能电站输水系统布置如图3-3-4、图3-3-5所示。

（二）中部式布置

中部式布置的地下厂房位于输水系统中部，上、下游水道长度相差不大。对于输水道较长的电站，往往需要同时设置引水和尾水调压室。

当输水道较短时，厂房应选择合适的位置，尽量避免同时设置引水和尾水调压室。这种情况下，将调压室布置在尾水系统较经济。我国宜兴抽水蓄能电站、日本小丸川抽水蓄能电站，输水道总长度分别为3150m和2300m，厂房布置在输水道的中偏首部，调压室设置在尾水系统。

福建仙游抽水蓄能电站，装机容量为4×300MW，根据电站地形与地质条件，初拟中部和尾部式厂房引水发电系统布置进行方案比较。虽然尾部方案枢纽布置紧凑，开关站位置比较理想，但是引水发电系统中偏下游部位有SN向大冲沟，岔管布置在冲沟的上游，加长了引水高压钢管的长度，投资较大，最终采用地下厂房中部开发方案。

仙游抽水蓄能电站引水及尾水系统均采用两洞四机布置，上、下库进/出水口之间输水管道总长度为2253.59m（1号输水系统长度），其中引水隧洞长1149.09m，尾水隧洞长1104.50m。经水力计算，需设下游调压室。

上、下库进/出水口均采用岸坡竖井式。引水隧洞洞径6.5m，采用钢筋混凝土衬砌，衬砌厚度为0.5m。岔管后的支管采用钢板衬砌，管径2.3～3.8m。

尾水支管段长108m，洞径4.8m，采用钢板衬砌；尾水主管段洞径7.0m，采用钢筋混凝土衬砌，衬砌厚度为0.5m。尾水调压室设置在尾水岔管下游41.78处，采用阻抗+上室式，调压室大井直径

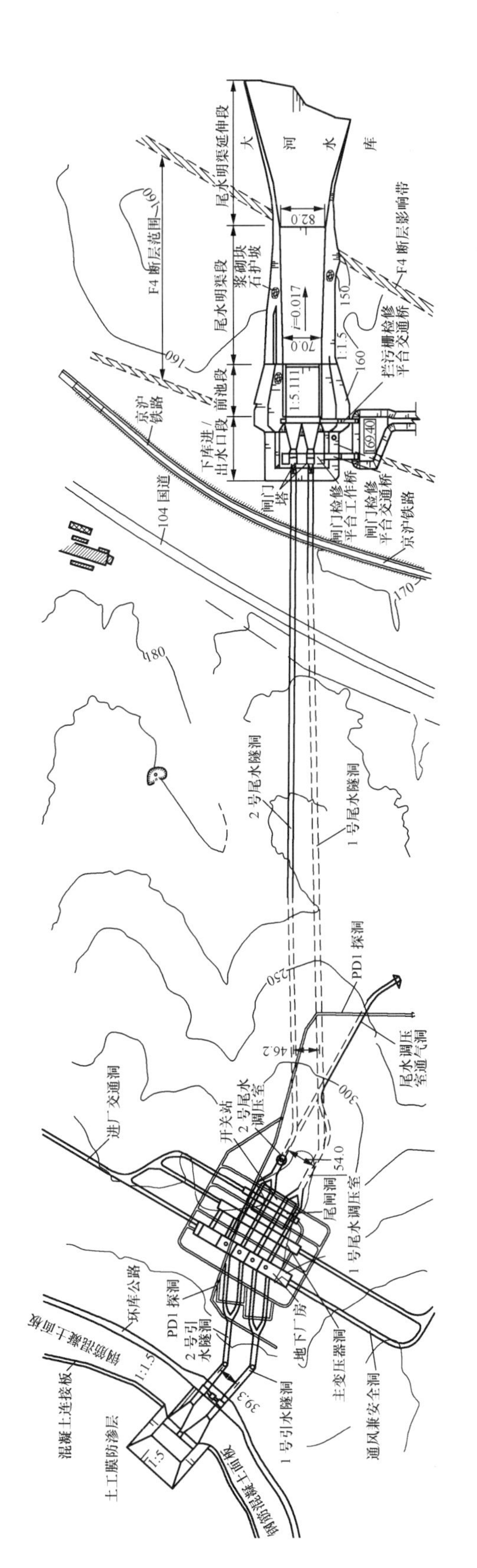

图 3-3-4　泰安抽水蓄能电站输水系统平面布置图

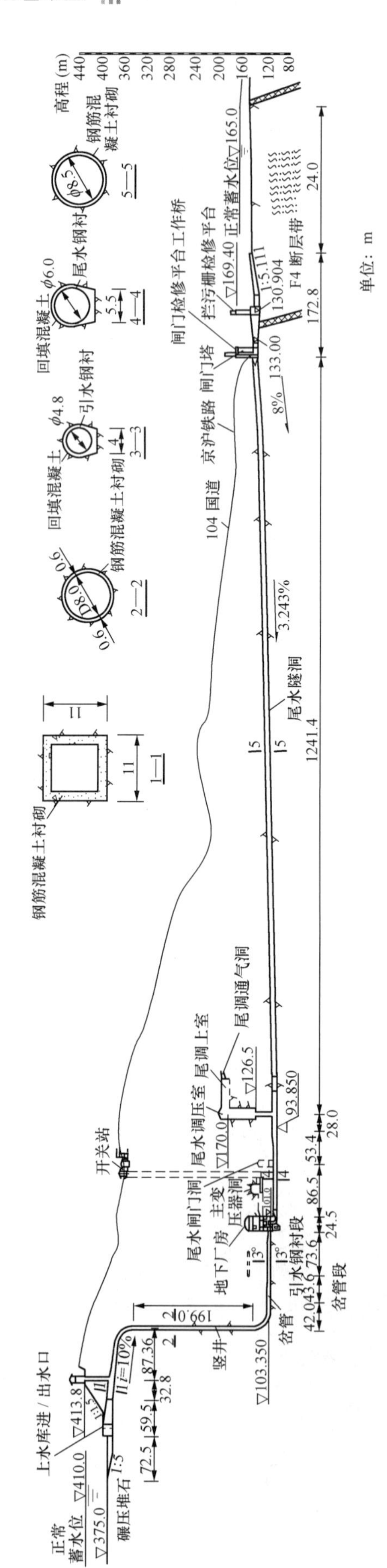

图 3-3-5　泰安抽水蓄能电站输水系统纵剖面图

14m，小井直径 4.8m，采用钢筋混凝土衬砌，大井衬砌厚度为 0.8m，小井衬砌厚度为 0.5m，上室断面为 7.0m×10.0m 的城门洞形，长度为 50m。

地下厂房距离上库进/出水口约 940m。发电厂房由三大主洞（主副厂房洞、主变压器洞、尾闸洞）及其附属洞室等组成。三大主洞平行布置：主变压器洞位于主副厂房洞下游，二者之间净距为 38.75m。

500kV 开关站位于厂房下游右侧山坡上，地面高程 350.0m，开关站场地中央布置 GIS 室，端部布置继保楼。电缆自主变压器洞经 500kV 电缆出线洞引入 GIS 室。

仙游抽水蓄能电站引水发电系统布置如图 3-3-6、图 3-3-7 所示。

（三）尾部式布置

尾部式布置的地下厂房靠近下水库一侧，厂区地势较低，厂房埋深较浅，进厂交通、出线、运行较方便。

输水管路较短时，可不设调压室。当引水系统较长时，往往采用一管多机布置，需要设置引水岔管和上游调压室。

浙江桐柏抽水蓄能电站装机 4×300MW，厂房型式经多方案比较，采用尾部地下厂房。

上库进/出水口位于大坝左侧，为岸坡竖井式。引水隧洞采用二洞四机布置，长约 748m，洞径 9.0m。岔管布置在厂房上游 150～160m 处 F_{10} 和 F_{13} 断层之间。引水系统除岔管下游高压支管采用钢衬外，其余部位均采用钢筋混凝土衬砌。经水力计算不需设置调压室。

尾水隧洞按单机单洞布置，洞径 7.0m，下平洞后以倾角 50°的斜井与下水库进/出水口相接。

主副厂房洞控制尺寸 182.7m×25.9（24.5）m×52.95m，与主变压器洞平行布置，二者之间净距 38m。500kV 开关站布置在下库进/出水口上游约 130m 处，地面高程 154.0m，高于下库坝顶高程。500kV 高压电缆经斜井至开关站。

桐柏抽水蓄能电站引水发电系统布置如图 3-3-8、图 3-3-9 所示。

3.2　混合式抽水蓄能电站枢纽布置

混合式抽水蓄能电站一般上水库有一定的径流，当天然入流量不大时，可不设常规机组，只需延长可逆式水轮发电机组的发电时间即可利用天然来水量发电，如日本新高濑川抽水蓄能电站即属此种类型。当天然入流量较大时，需安装专门的常规机组进行发电，这种混合式抽水蓄能电站多为结合常规水电站新建、改建或扩建而成。此类电站的利用水头一般不高，大多在几十到 100 多米之间，引水发电系统既可与常规厂房布置在一起，也可单独设置。混合式抽水蓄能电站枢纽各主要建筑物的布置型式分述如下。

3.2.1　上、下水库

混合式抽水蓄能电站主要有以下几种布置型式：

（1）利用河流的梯级水库作为抽水蓄能电站的上、下水库。

将河流的梯级水库作为抽水蓄能电站的上、下水库是一种经济的模式。我国的白山抽水蓄能电站（2006 年建成）、佛子岭抽水蓄能电站，日本的安昙抽水蓄能电站和水殿抽水蓄能电站均是其典型布置。

利用已建的上、下水库，不带来淹没和移民的问题。工程布置在已建水库库区内，工程占地很少，环境影响也很小，工程建设条件相对优越。我国白山抽水蓄能电站是在松花江上已建的白山水库和红石水库的基础上建设的。在白山大坝左岸扩建地下厂房，安装两台 150MW 可逆式机组，引水加出水洞总长仅 612m，因而建设投资十分节省，其布置如图 3-3-10 所示。湖北天堂抽水蓄能电站利用天堂河上已建的一级水库和二级水库作为抽水蓄能电站的上、下水库，净水头 38～52m，安装 2×35MW 可逆式机组。

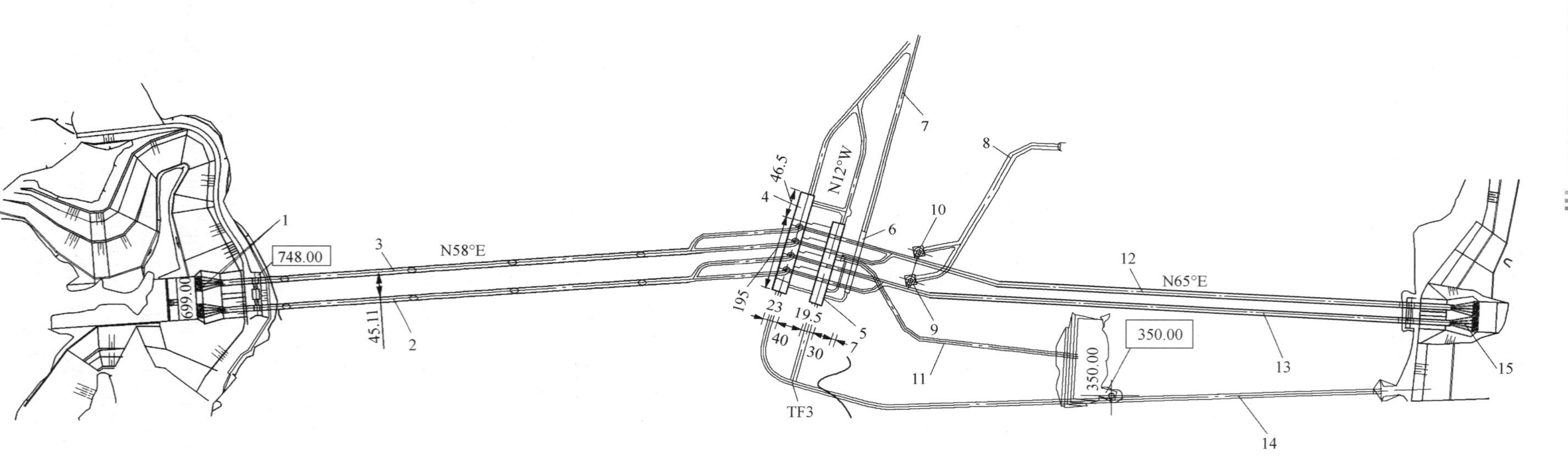

图 3-3-6 仙游抽水蓄能电站引水发电系统平面布置示意图

1—上库进/出水口；2—1 号引水隧洞；3—2 号引水隧洞；4—主副厂房洞；5—主变压器洞；6—尾闸洞；7—尾闸运输洞；8—尾闸通气洞；9—1 号尾水调压井；10—2 号尾水调压井；11—500kV 出线洞；12—2 号尾水隧洞；13—1 号尾水隧洞；14—通风兼安全洞；15—下库进/出水口

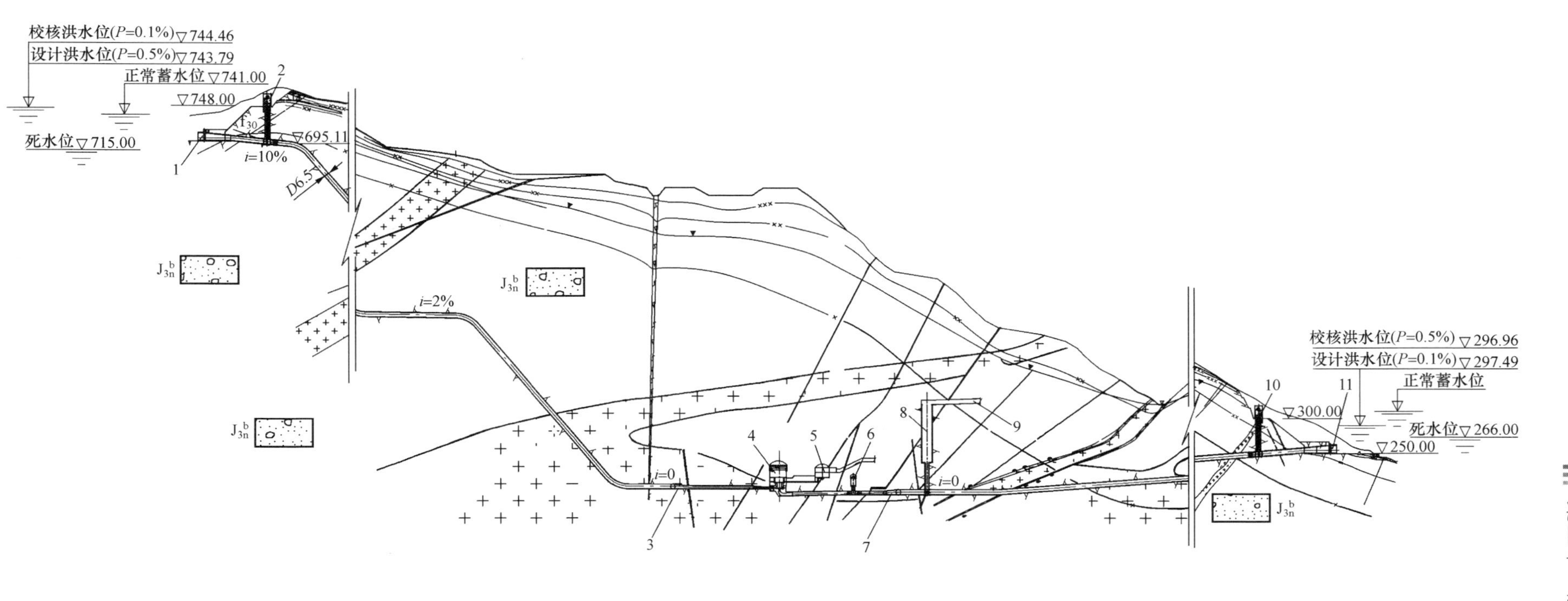

图 3-3-7 仙游抽水蓄能电站引水发电系统纵剖面图

1—上库进/出水口；2—上库启闭机房；3—引水岔管；4—主副厂房洞；5—主变压器洞；6—尾闸洞；7—尾水岔管；8—尾水调压井；9—尾调通气洞；10—下库启闭机房；11—下库进/出水口

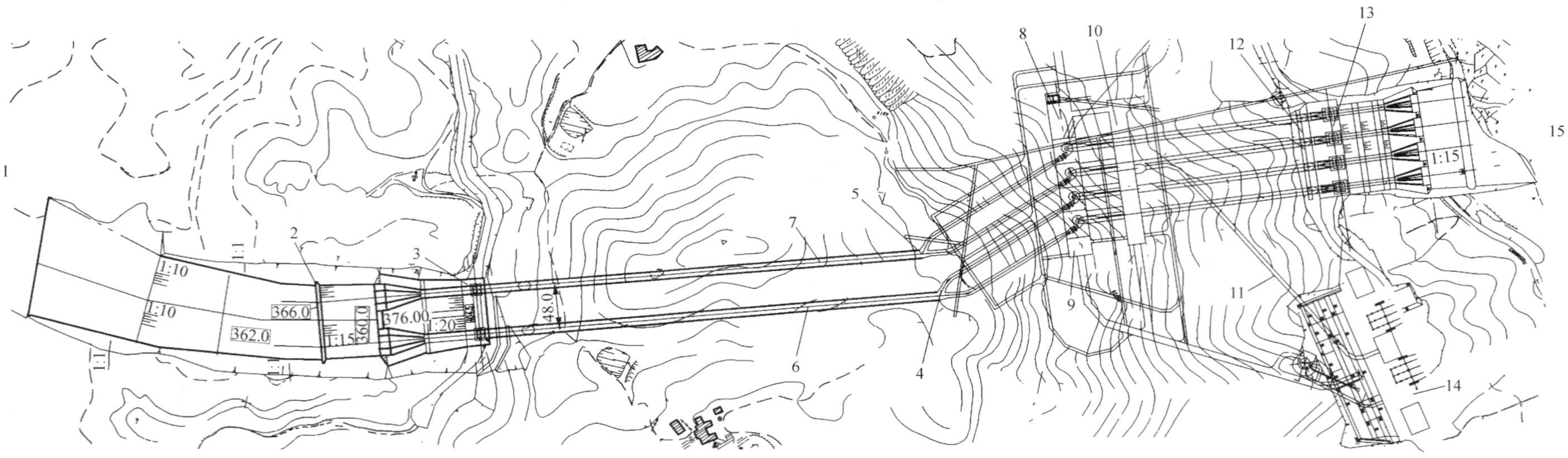

图 3-3-8　桐柏抽水蓄能电站引水发电系统平面布置图

1—上水库；2—拦沙坎；3—上库进/出水口；4—1 号混凝土岔管；5—2 号混凝土岔管；6—1 号引水隧洞；7—2 号引水隧洞；8—主厂房；9—副厂房；10—主变压器洞；11—500kV 出线洞；12—尾水平台；13—下库进/出水口；14—500kV 开关站；15—下水库

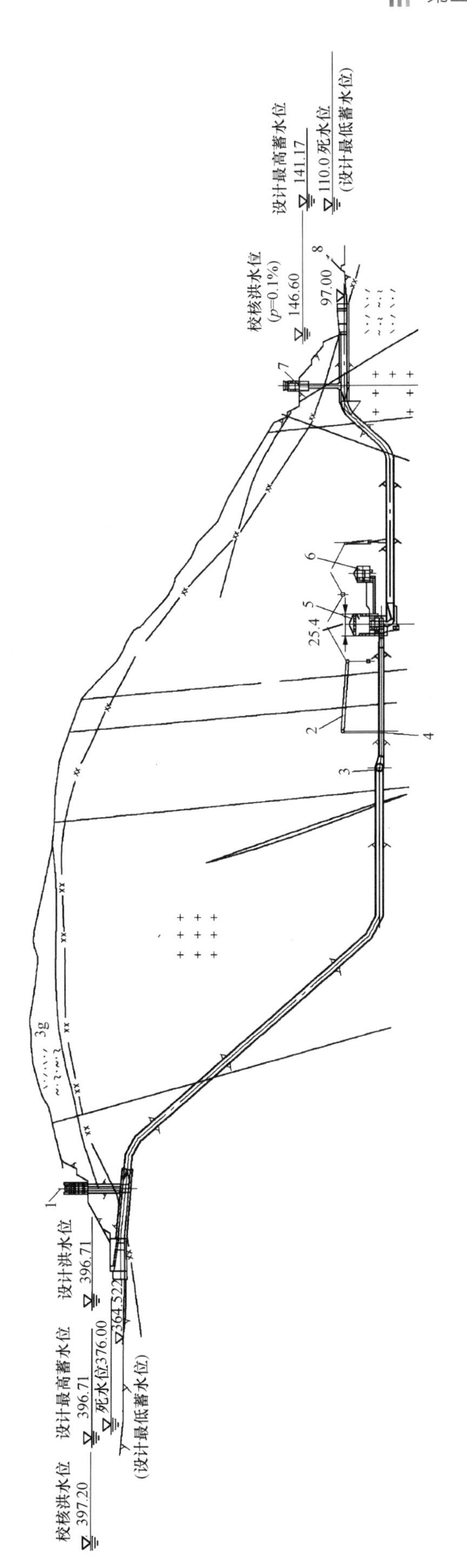

图 3-3-9　**桐柏抽水蓄能电站引水发电系统纵剖面图**

1—上库事故检修闸门；2—B2 排水廊道；3—岔管；4—防渗帷幕；5—主厂房；6—主变压器洞；7—下库事故检修闸门；8—拦沙坎

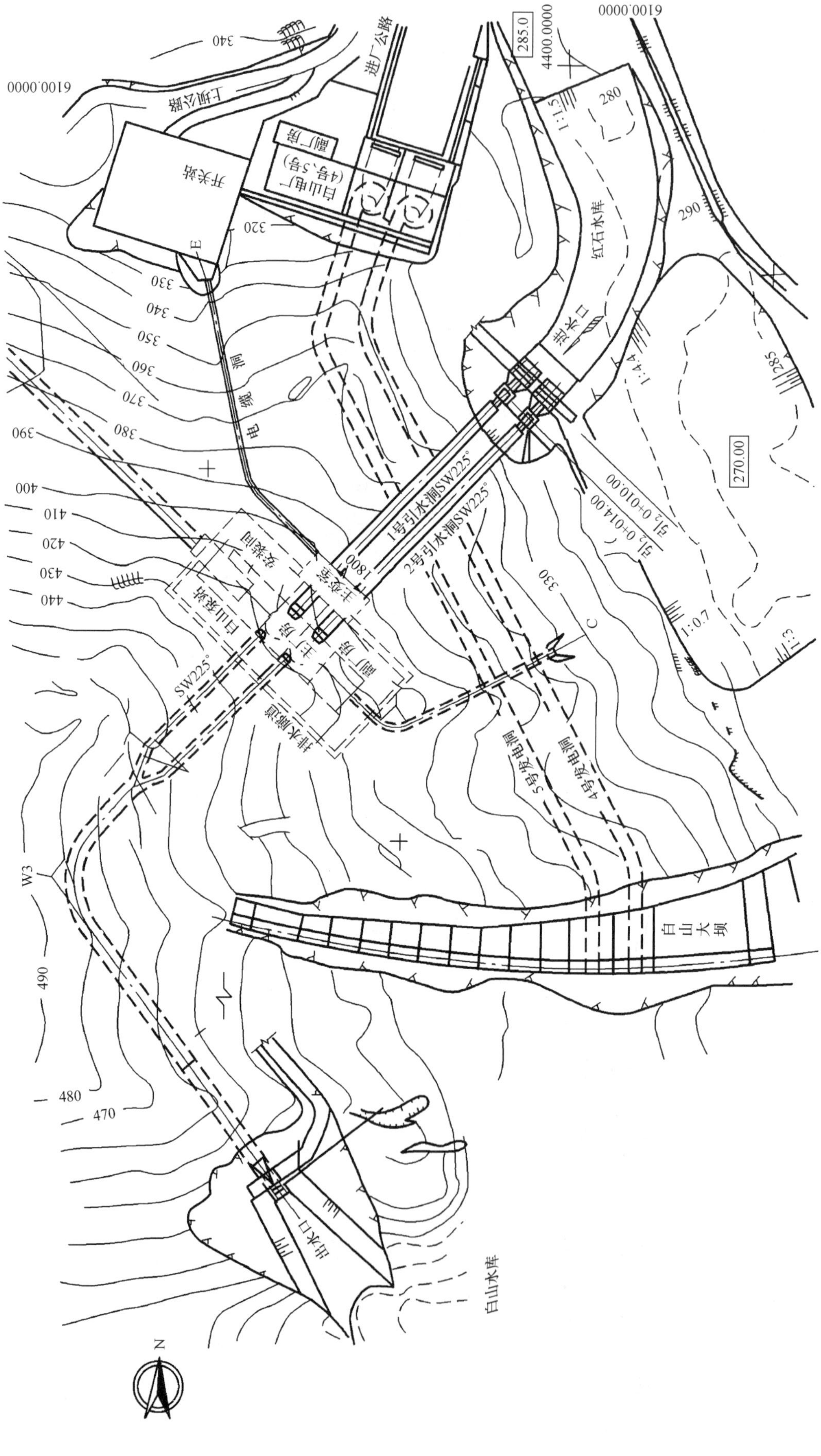

图 3-3-10　白山抽水蓄能电站枢纽布置图

日本的安昙抽水蓄能电站和水殿抽水蓄能电站位于本州岛上信浓川支流梓川，两个电站共涉及3个梯级水库，其中安昙抽水蓄能电站的下水库即为水殿抽水蓄能电站的上水库，3座坝分别是奈川渡拱坝（155m）、水殿拱坝（95.5m）和稻核拱坝（60m）。两个电站均为混合式抽水蓄能电站，其中安昙抽水蓄能电站安装4×103MW可逆式机组和2×105.5MW常规机组，水殿抽水蓄能电站安装2×61MW可逆式机组和2×61.5MW常规机组。

当下一梯级水库水位变幅过大不能满足抽水蓄能电站运行要求时，可考虑修建过渡性下水库。安徽佛子岭抽水蓄能电站利用淮河支流淠河上游已建的磨子潭水库为上水库、佛子岭水库为下水库，在磨子潭水库大坝左岸布置抽水蓄能电站的引水发电系统，装机容量2×80MW。设计上水库正常蓄水位187m，死水位163m，下水库正常蓄水位122.56m，死水位112m，工程布置示意图3-3-11所示。由于佛子岭水库水位变幅较大，为了防止下水库水位偏低时影响抽水蓄能电站运行，在下水库进出水口下游3km处建有一过渡性水坝，坝顶高程116m，有效库容1500万m^3。在佛子岭水库水位较高时，以佛子岭水库作为下水库；在佛子岭水库水位较低时，以过渡性水坝形成的过渡性水库作为下水库，过渡性水库使用机会为15%。与此工程类似的有：南非德拉肯斯贝赫抽水蓄能电站（Drakensberg，1983年建成）上水库，为在斯泰克方丹（Sterkfontein）水库的一个水弯处筑一座高46.6m的堆石坝形成，库容3564万m^3，溢洪道低于斯泰克方丹水库正常蓄水位2m，运行原理与佛子岭抽水蓄能电站相同。

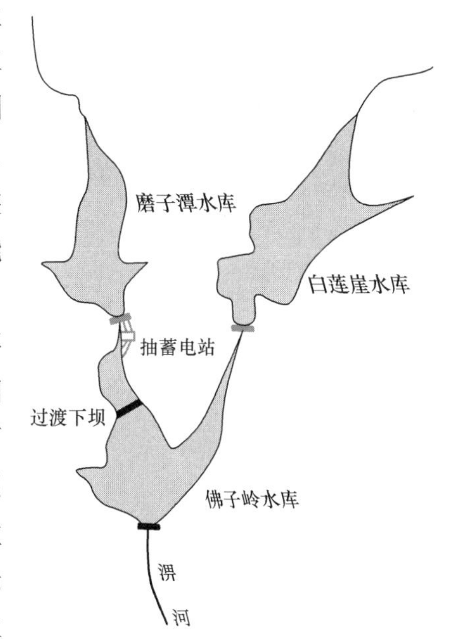

图3-3-11 佛子岭抽水蓄能电站工程布置示意图

日本新高濑川抽水蓄能电站（Shintakasegawa，1979年第一台机组投产）位于日本高濑川中游河段，在河流弯段上游筑坝形成上水库，在河弯下游筑坝形成下水库，有效落差230m，其布置如图3-3-12所示。电站安装4×320MW可逆式机组，由于高濑川有一定的天然径流，天然来水年发电量2.34亿kW·h，占年全部发电量11.99亿kW·h的20%，因此也属于混合式抽水蓄能电站。

（2）利用水库及其调节池作为抽水蓄能电站的上、下水库。

我国最早建设的岗南抽水蓄能电站（1968年建成）和密云抽水蓄能电站（1973年建成）均是利用原水利枢纽及其下游已有的反调节池改建而成。岗南抽水蓄能电站和密云抽水蓄能电站是以灌溉、供水为主的水库，只有下游需要灌溉或供水时才能发电，是在“以水定电”的发电调度方式下运行。为了解决均匀供水和发电集中用水的矛盾，建设时在电站下游修建了反调节池。抽水蓄能电站利用了原水库作为上水库，反调节池作为下水库，实现了不供水时电站可为电网调峰、填谷运行，提高了电站的效益。

（3）在原水库下游筑坝新建水库。

如果上游已有水库可作为抽水蓄能电站上水库，而无现成的水库作为下水库时，就需要新建下水库。我国潘家口抽水蓄能电站（1992年建成）和响洪甸抽水蓄能电站（1998年建成）则均是利用原已建水库作为上水库，另在其下游修建了小型重力坝形成下水库。美国卡斯泰克抽水蓄能电站（Castaic，1973年第一台机组投产）上水库利用皮拉米德（Pyramid）水库，在卡斯泰克水库库湾上建一前池坝形成下水库，大坝为土石坝，最大坝高51.8m，库容451万m^3。

当河流坡降较陡时，抽水蓄能电站可采用引水式开发，利用水头更高。大屋抽水蓄能电站（GrandMaison，1986年第一台机组投产）位于法国欧尔河上，由其上游的格兰德迈松坝形成上水库，其下游10km处新建维尼坝形成下水库，上、下水库落差900余米。电站安装8×150MW可逆式机组

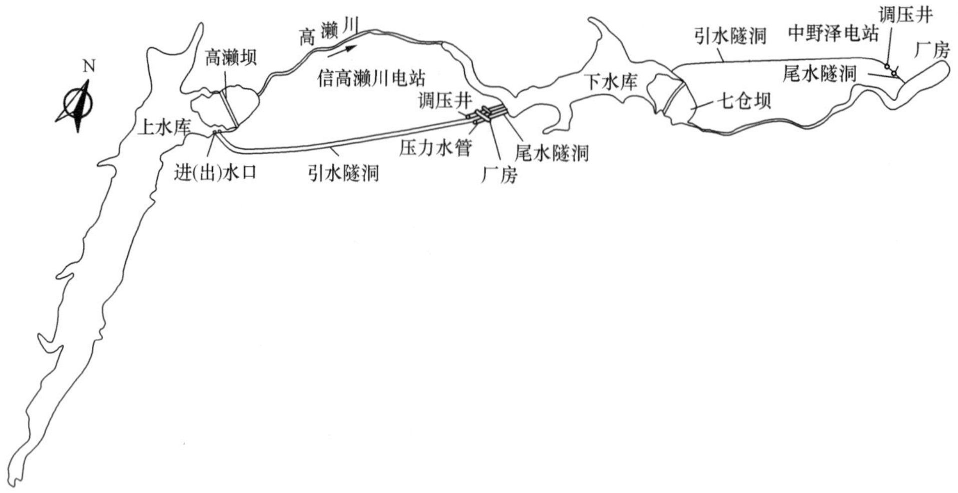

图 3-3-12 新高濑川抽水蓄能电站布置图

和 4×150MW 常规机组。

意大利埃多洛抽水蓄能电站（Edolo，1983 年建成）下水库则是在上水库下游约 8km 处该河流的滩地上，筑环形坝、库盆开挖形成水库，由于库盆透水性强，采用全库盆沥青混凝土面板防渗。这种型式的下水库与纯抽水蓄能电站下水库设计方法是相同的。

（4）利用天然湖泊、河流作为上、下水库。

我国羊卓雍湖抽水蓄能电站（1997 年建成）位于西藏自治区拉萨市西南 86km，厂房地面海拔高程 3604.3m，是世界上海拔最高的抽水蓄能电站。上水库是高原封闭天然湖——羊卓雍湖，流域面积 6100km^2，湖面面积 620km^2，储水量 150 亿 m^3，可利用库容 55 亿 m^3，多年平均入湖径流量 9.54 亿 m^3，每年年内水位变幅 1.23m。下水库为天然的雅鲁藏布江，羊卓雍湖与雅鲁藏布江的天然落差达 840m，是优良的抽水蓄能电站站址。电站安装 90MW 抽水蓄能机组和 22.5MW 常规机组。由于羊卓雍湖的库容巨大，它除了日调节进行调峰、填谷外，还具有年调节的功能，即在夏天多抽些水存在羊卓雍湖，供冬天多发电。

3.2.2 引水发电系统

对于混合式抽水蓄能电站，可逆式机组和常规机组可安装在同一厂房内，也可分别布置在两个独立的厂房内。

电站水头较小时，抽水蓄能机组与常规机组安装高程差别不大，可布置在一个厂房内。两种机型共用一个安装间、副厂房，造价较低，便于管理。我国的密云抽水蓄能电站和潘家口抽水蓄能电站，可逆式机组与常规机组布置在一个厂房内。为了电站运行方便，两种机型的发电机层一般采用相同高程，抽蓄机组的安装高程受到限制，吸出高度仅比常规机组小 4～5m，工作效率受到一定程度的影响。潘家口水电站厂房布置如图 3-3-13 所示。

当电站水头较大，抽水蓄能机组与常规机组安装高程差别较大时，或者利用常规已建电站后期扩建抽水蓄能电站机组时，一般将抽水蓄能机组与常规机组分别布置在两个厂房内，两种机组的引水发电系统可以单独布置，两个厂房可以采用不同的型式。这种布置型式抽水蓄能机组可以采用较低的安装高程，有利于提高抽水蓄能机组的工作效率。如法国的大屋混合式抽水蓄能电站，设计水头约 950m，安装 8 台 150MW 抽水蓄能机组和 4 台 150MW 常规冲击式机组，抽水蓄能机组安装在地下厂房内，常规机组安装在地面厂房内，两个厂房高差约 70m。大屋混合式抽水蓄能电站厂房剖面见图 3-3-14。

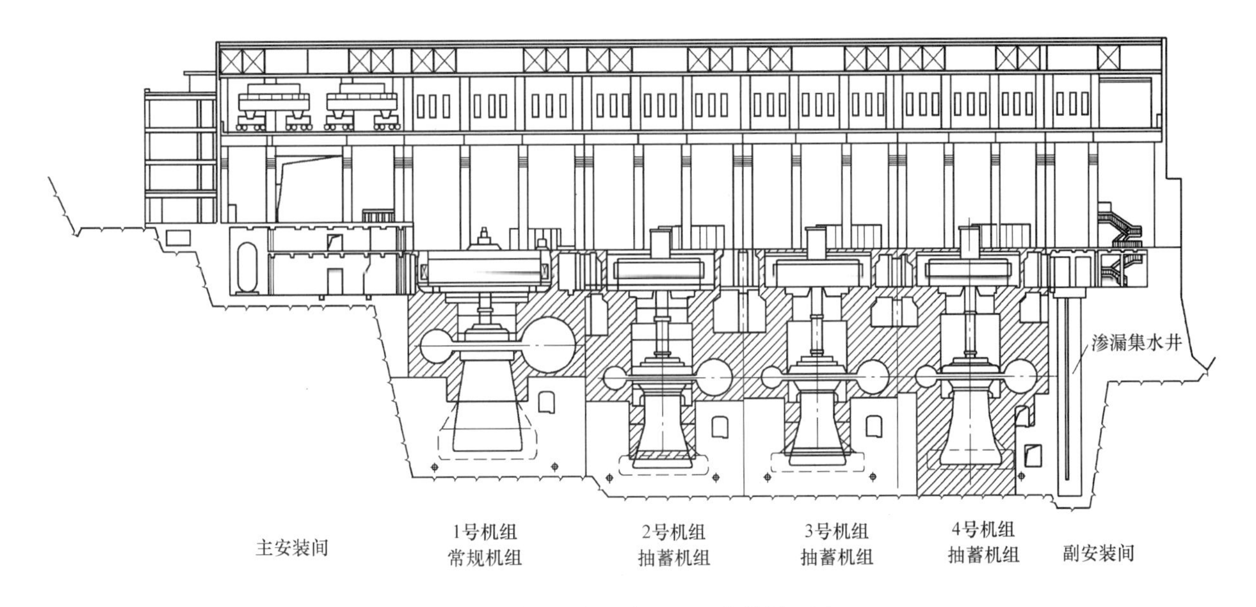

图 3-3-13　潘家口水电站厂房纵剖面图

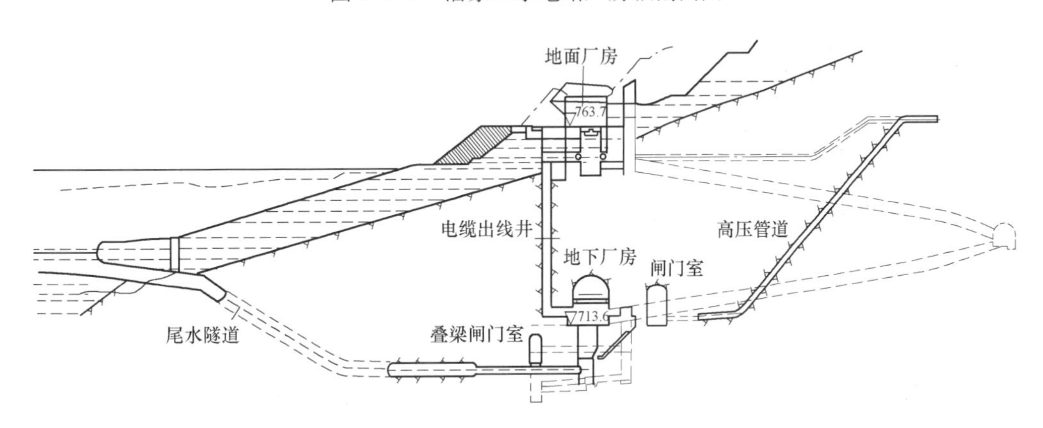

图 3-3-14　大屋混合式抽水蓄能电站厂房剖面图

我国白山、天堂、响洪甸混合式抽水蓄能电站，都是利用常规已建电站后期扩建抽水蓄能电站的机组，抽水蓄能机组采用单独的厂房布置。其中，白山抽水蓄能电站常规机组一期采用地下厂房，布置在右岸坝肩地下，常规机组二期采用地面厂房，布置在坝下左岸岸边，抽水蓄能机组采用地下厂房，布置在左岸坝肩地下，图 3-3-10 为白山电站常规机组二期和抽水蓄能机组平面布置图。天堂抽水蓄能电站常规机组与抽水蓄能机组均采用引水式地面厂房，常规机组厂房布置在上水库主坝坝脚，抽水蓄能机组厂房布置在常规机组厂房的下游岸边，其平面布置如图 3-3-15 所示。

响洪甸混合式抽水蓄能电站一期建设常规水电站，装机容量 4×10MW，采用引水式地面厂房，引水发电系统布置在上库枢纽区的右岸，于 1958 年竣工。2000 年，利用已建水库作为上水库，扩建抽水蓄能电站，装机容量 2×40MW，引水发电系统布置在枢纽区左岸，采用尾部地下厂房。上库进/出水口位于大坝上游 250m，采用水下岩塞爆破施工。引水隧洞采用一洞二机布置，洞长 459.1m。上游阻抗式调压室距进水口 537.047m，大井内径 18.0m。尾水隧洞采用一洞一机布置，洞长 88.75m。地下厂房洞室群主要包括主副厂房洞、母线洞、母线廊道、出线洞、进厂交通洞等。主副厂房控制尺寸为 69.3m×21.3m×48.2m，距下游河道约 130m。该工程采用地面升压站，与开关站、中控楼一起布置在进厂交通洞口与下库进/出水口之间 76.0m 高程的平台上。响洪甸抽水蓄能电站引水发电系统布置如图 3-3-16 所示。

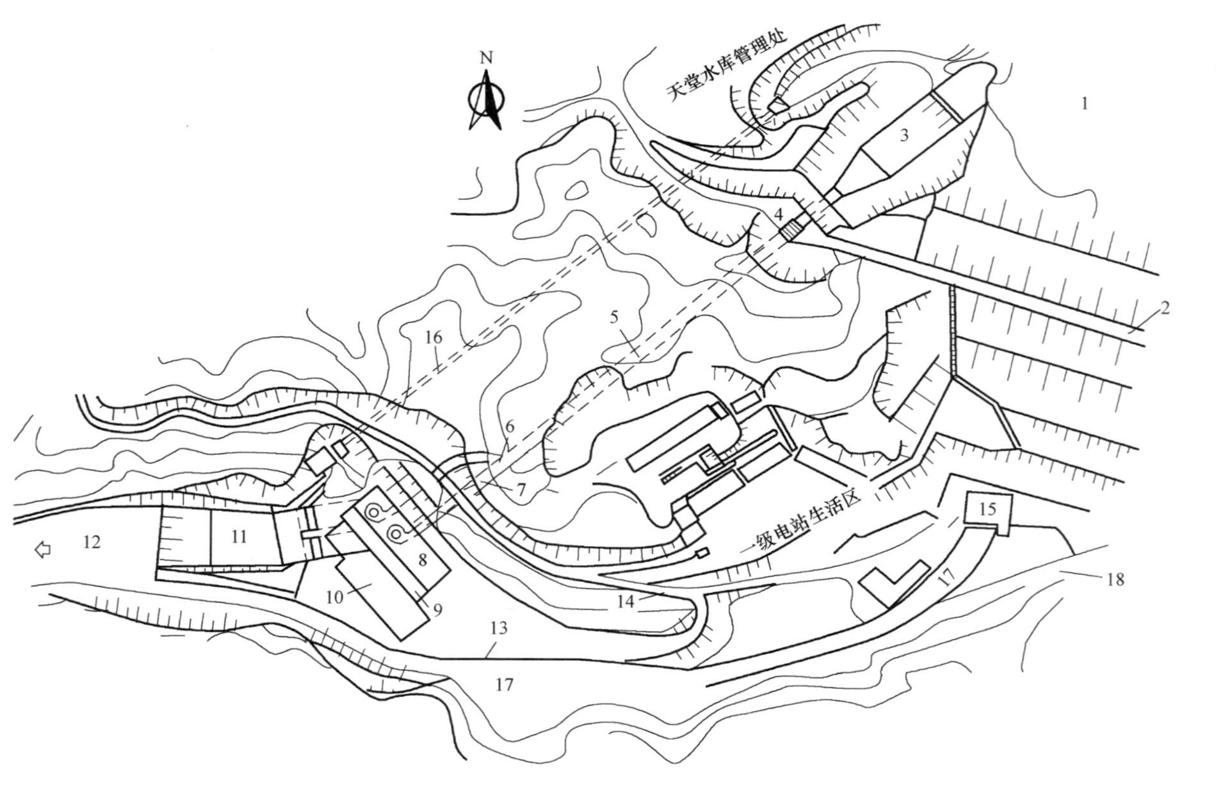

图 3-3-15　天堂抽水蓄能电站枢纽平面布置图

1—上水库（天堂水库）；2—上水库主坝；3—上库进/出水口；4—闸门井；5—隧洞；6—岔管；7—引水钢管；8—主厂房；9—副厂房；10—升压开关站；11—下库进/出水口；12—尾引/水渠；13—防洪墙；14—进厂公路；15—一级常规电站厂房；16—泄洪洞；17—一级常规电站尾水渠；18—溢洪渠

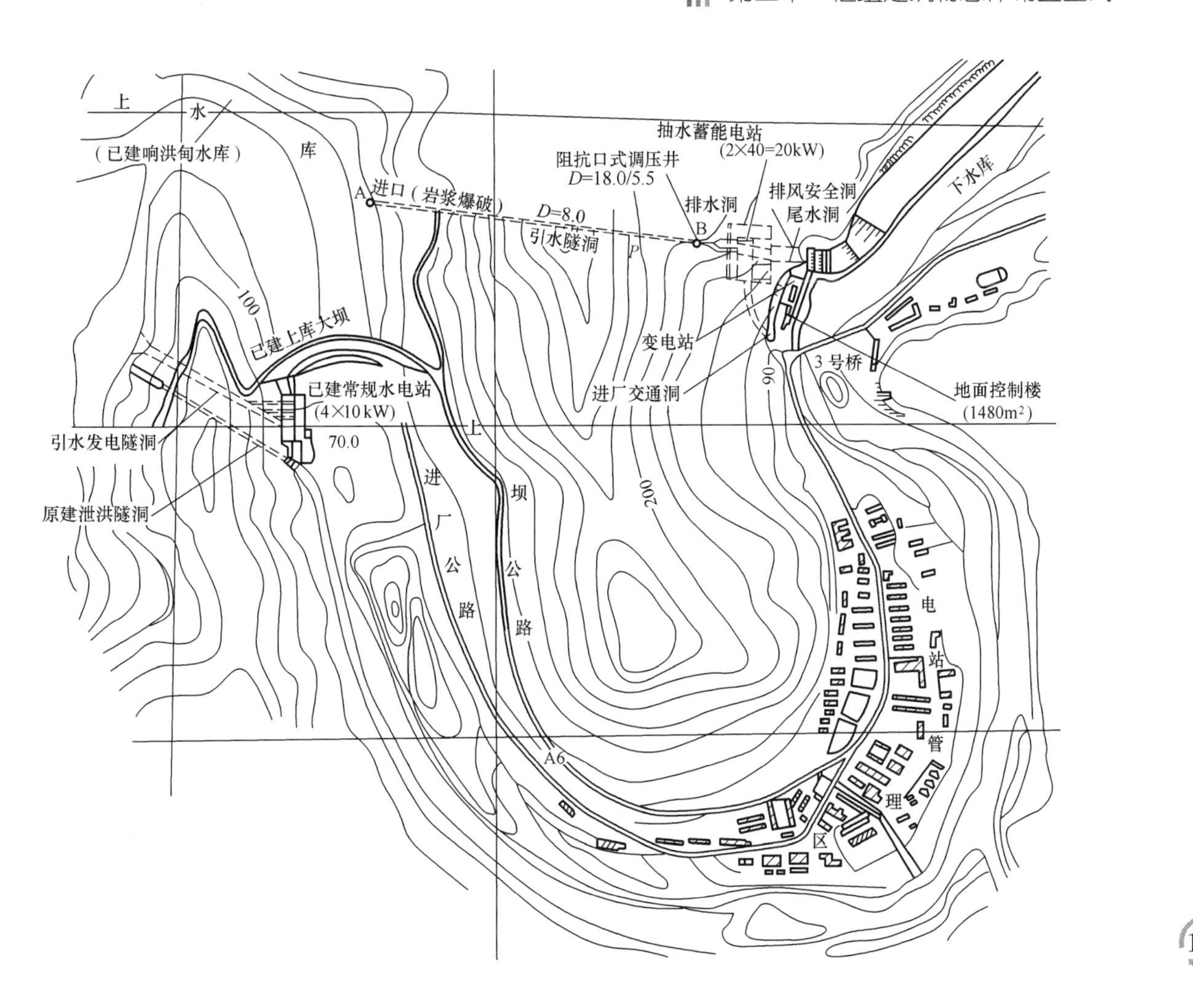

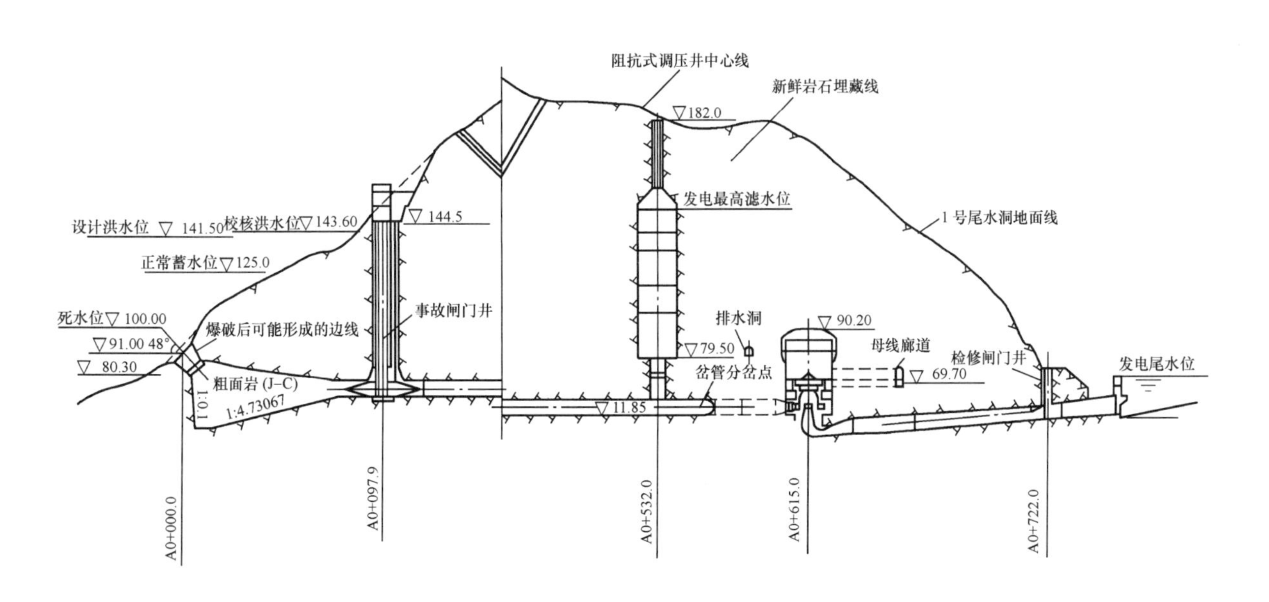

图 3-3-16 响洪甸抽水蓄能电站引水发电系统布置图

第四章 工程实例——天荒坪抽水蓄能电站

4.1 概况

天荒坪抽水蓄能电站位于浙江省安吉县天荒坪镇山河港，电站装机容量 6×300MW。下水库坝址以上集水面积 24.2km²，上水库集水面积为 0.327km²。站址区年平均降水量 1849.6mm，多年平均径流量 2760 万 m³，频率为 99%枯水年年径流量约 1000 万 m³，流入下库的水量足以补偿蒸发和渗漏的水量损失。

电站枢纽所在区域地层为侏罗系上统火山岩，后期有岩脉侵入，第四系地层覆盖面较大。火山岩及岩脉岩性坚硬，呈块状，建筑物所在岩体多属Ⅰ、Ⅱ类。本区域新构造运动以间歇性升降活动为主，属相对稳定地块，地震烈度小于Ⅵ度。

天荒坪抽水蓄能电站枢纽包括上下水库、输水系统、开关站和地下厂房洞室群等部分。输水道长度与平均发电水头之比为 2.5，边坡陡峻。

4.2 工程地质特点

上水库工程地质特点：地形条件不够理想，库周有四处地形垭口，垭口高程低于正常蓄水位，需设副坝。受岩性及构造控制，西库岸和主坝沟底、右侧部位全风化岩（土）普遍分布，且厚度大，最厚达 40 余米。库岸大部分为土质边坡，库水位急骤升降，对边坡稳定不利，需结合库盆整形开挖及防渗方案等采取综合防护处理措施。主、副坝绝大部分坝基全风化层深厚，空间分布、风化程度及物理力学性质存在极大的不均匀性和差异性，易产生不均匀沉降，需采取处理措施。除东库岸进/出水口部位外，其余库岸山脊地下水位均低于正常蓄水位，存在水库渗漏问题。

下水库工程地质特点：两岸山体雄厚，无水库渗漏之忧。库岸主要由弱风化、坚硬的火山碎屑岩构成，高度大，坡度陡，总体上库岸基本稳定。局部岸坡岩体受风化卸荷的影响，岩体风化破碎，卸荷裂隙发育，影响库岸的稳定。坝址处河床窄、岸坡陡，覆盖层及全～强风化岩体仅局部分布，厚度小，不存在坝基（肩）边坡稳定问题。

输水系统及地下厂房工程地质特点：上、下水库之间自然高差大，距离短，距高比小（$L/H=2.5$），沿线上覆岩体厚度较大，均为坚硬、完整、新鲜的火山碎屑岩块状岩体，无大的断层带通过，主要节理与洞线交角大，工程地质条件优良。下平段、岔管段等高压管段上覆岩体厚度大，最小主应力大于内水压力，满足钢筋混凝土衬砌的要求。地下厂房上覆岩体厚实，地应力中等，无大断层通过，地下水不丰富，围岩以Ⅰ～Ⅱ类为主，局部为Ⅲ类。厂房轴线方向为 N30°W，受枢纽布置的限制，厂房轴线与主要节理交角略小。输水系统沿线地形陡峻，施工道路、辅助建筑物布置较为困难，施工难度及相互间的干扰较大。

4.3 上水库布置

上水库位于山河港左岸山顶的一块沟源洼地，由一座主坝和四座副坝所围成。主坝和北副坝为土石坝，东副坝为堆石坝，西副坝及西南副坝为土坝。除进出水口部分外，全库均采取沥青混凝土面板防渗。东库岸进水口的岩质岸坡为喷混凝土护面，进出水口的底部采用钢筋混凝土底板护底。

上水库设计最高蓄水位 905.20m，最低蓄水位 863m；总库容为 885 万 m^3，有效库容 835 万 m^3，其中机组发电备用库容 150 万 m^3，下游枯水季节用水备用库容 30 万 m^3。水库工作深度 42.20m，正常运行时水位日变幅 29.43m。

主坝和北副坝选用土石坝，西副坝、西南副坝选用土坝，以便充分利用库内和坝基开挖出来的大量全风化、强风化石料。东副坝因库外地形陡峭所限采用堆石坝。为了扩大水库库容，主坝坝轴线根据地形地质条件选取向库外弯的弧线，半径 500m。主坝最大坝高为 72m，北、东、西、西南副坝坝高分别为 34、32.5、17m 及 9.3m。坝顶和库岸设环库公路，高程 906.9～908.3m，总长 2321m。

4.4 下水库布置

下水库拦河坝采用钢筋混凝土面板堆石坝，坝轴线处最大坝高 92m。下水库最高蓄水位为 344.50m，设计洪水位为 100 年一遇洪水位 347.31m，校核洪水位为 1000 年一遇洪水位 348.25m，可能最大洪水水位 349.29m，坝顶高程 350.20m。

下水库左岸设置岸边开敞式侧槽溢洪道，溢洪道侧堰长 60m，堰顶高程 344.5m，溢洪道轴线与坝轴线平面交角 74°，由侧堰、侧槽、调整段、二级陡槽段和异型挑流鼻坎等结构组成，采用挑流消能。

4.5 输水系统布置

输水系统连接上、下水库，由上库进/出水口及事故检修闸门井、斜井式高压管道、岔管、分岔后的水平支管、尾水隧洞及检修闸门井和下水库进/出水口等组成，平均长 1415.5m，其中上游输水系统平均长 1159.58m，尾水系统平均长 255.96m。

上水库进/出水口为岸坡式竖井进水口，竖井内设事故检修闸门。进/出水口为两个结构相同、互相平行的箱型钢筋混凝土结构，由防涡梁段、扩散段及方形段组成。竖井位于进口段后，内设事故检修门，由设在 908.3m 高程平台上的油压起闭机操作，动水下降、静水升启。

机组上游输水系统采用“一洞三机”布置，立面布置采用 58°斜井方式，共设置两个相同的水力单元。主管内径为 7.0m，采用钢筋混凝土结构衬砌，在下平段设置钢筋混凝土分岔管，分岔管后为内径 3.2m 的钢衬高压管道，进入厂房前高压钢管内径由 3.2m 渐变为 2.0m，与球阀延伸段相接。

由于尾水洞较短，每台机组各接一条尾水隧洞，在距厂房机组中心线 92.76m 处，设有尾水事故闸门，事故闸门后为倾角 60°的尾水斜井。尾水隧洞和尾水斜井内径均为 4.4m。

下水库进/出水口体型与上水库进/出水口基本相似，由进口段、扩散段和闸门段组成。尾水检修闸门沿着开挖成 1∶0.5 倾斜边坡布置，部分嵌入山坡内。门机操作平台与开关站平台相连。

4.6 厂房系统布置

地下厂房洞室群位于上、下库之间雄厚山体中，上覆岩体厚 160～200m，布置有主副厂房洞、主变压器洞、尾水事故闸门洞，500kV 电缆兼交通竖井和排风兼安全出口竖井，以及进厂交通洞、排风洞、交通电缆道和自流排水洞等总共 38 个洞室。

各洞室尺寸大小各异，上下分层纵横交错布置。主副厂房洞尺寸为 198.7m×（21.0～22.4）m×47.73m（长×宽×高），与高压钢管轴线夹角为 64°，与尾水管轴线夹角为 78.8°；主变压器洞尺寸为 180.9m×18.0m×27.73m，与主厂房平行布置，二者净距为 33.5m；尾水闸门洞尺寸为 147.5m×7.2m×15.13m，平行布置于主变压器洞下游，二者净距为 26.4m。三大洞室左端直接与进厂交通洞相连。

主变压器洞中部下游侧布置有高 126.16m 的 500kV 电缆兼交通竖井，通过竖井顶部的平洞与地面 GIS 开关室及 500kV 开关站连接。

主变压器洞右端布置有排风兼安全出口竖井，主要供地下厂房排风之用，兼作地下厂房与地面的安全通道。

在主厂房上游侧设有上、下两层排水廊道，在主变压器洞下游、尾闸洞上方设下游排水廊道，以截排山体地下水保证地下电站有良好的运行条件。所有地下渗漏水均引入设置于主厂房底部的自流排水洞排放至下水库大坝下游的河道。

500kV 开关站位于下水库进/出水口上方高程 350.20m 平台上，系从山体边坡开挖而成。500kV 开关站及地面 GIS 室位于平台中间，中控楼位于平台南端，35kV 降压站和柴油发电机房布置在北端。

4.7 枢纽布置特点

能否充分利用站址的自然条件进行合理的工程枢纽布置是影响工程经济合理性的重要因素。在枢纽布置上，天荒坪抽水蓄能电站充分利用了站址的自然地形和地质条件，从大方案上保证了电站总体方案上的合理性。

（1）上水库合理选择坝址、坝型和防渗方案。

上水库位于山河港左岸支沟的沟源洼地，其东西两侧分别为搁天岭（顶高程 973.48m）和天荒坪（顶高程 930.19m）。上水库坝址选择结合地形地质条件进行，主坝采用弧形坝线，在基本不增加工程量的情况下可以增加有效库容约 10%；在坝型选择上，主坝采用坝前部堆石料、后部为土料的土石混合坝坝型，西副坝与西南副坝均采用土坝，北副坝与主坝一样采用土石混合坝坝型，充分利用了库盆整形产生的大量全风化土石料。上水库总开挖量 457.5 万 m^3，填筑量 435 万 m^3，大大减少了弃渣量，有利于土地节约和环境保护，经济性明显，最大限度地实现了工程与环境的和谐。

同样，下水库大坝选用钢筋混凝土面板堆石坝，充分利用地下洞室群开挖石渣筑坝，减少弃渣量，减少弃渣场土地占用，有利于环境保护和水土保持。

（2）输水系统斜井采用 58°一坡到底。

天荒坪工程地形陡峻，上、下水库之间水平距离相对较小，输水系统不具备布置中平洞的地形条件。采用 58°斜井一坡到底，不包括上、下弯段的长度达 697.4m，斜井长度罕见。为此，在上、下水库连接公路适当位置设置斜井施工支洞，将斜井分成二段施工，大大缩短了施工工期。

（3）输水系统高压岔管采用钢筋混凝土结构。

充分利用较好的地质条件，高压隧洞与高压岔管均采用钢筋混凝土衬砌结构，建成目前世界上水头最高的大型混凝土衬砌岔管，降低了施工难度并节约了工程投资。

（4）地下厂房采用尾部布置方式缩短其他洞室长度。

在布置上，下水库进出水口尽量靠近下水库大坝，并利用较好的地质条件采用尾部厂房布置方式，极大地缩短了进厂交通洞、出线洞和其他施工支洞的长度。

（5）地下厂房采用自流排水洞排水。

虽然地下厂房埋深较大，但利用下水库河道坡度较陡的特点，在主厂房底部设置自流排水洞，将厂房洞群渗漏水以自流方式排放至下水库大坝下游的河道，不但节省渗漏水机械抽排的设施和运行费用，更主要的是为防止水淹厂房、保证电厂安全提供了一种全新的思路和措施。

天荒坪抽水蓄能电站自 1998 年 9 月首台机组投产以来，为华东电网的经济、可靠、安全、稳定运行作出了突出的贡献。

安装大型可逆式机组的现代抽水蓄能电站综合效率一般为 75%左右，例如：英国的迪诺威克(Dinorwig)抽水蓄能电站，按抽水/发电的日循环工况运行，平均效率为 78%；英国的克鲁瓦强(Cruachan)抽水蓄能电站综合效率为 75%；德国的伦克豪森（Ronkhausen）抽水蓄能电站综合效率为 75.1%。由于天荒坪工程在枢纽布置上充分研究、分析和利用了电站区的自然条件，工程设计中对上、下水库进/出水口体型、输水系统平面和立面设置、分岔管形体和水力特性、机组型参数等开展了大量的研究、优化工作，整套输水建筑物的布置和水力设计先进，电站综合效率大大提高。2000～2007 年间天荒坪电站平均综合效率达到 80.3%，处于世界领先水平。

第四篇

抽水蓄能电站水文气象条件

第一章 概 述

1.1 抽水蓄能电站建设特点

根据抽水蓄能电站的工作原理，抽水蓄能电站的调节水量在上、下水库中循环使用，不需要大量的河川径流，调节水库不一定要建在河流的干流或支流上。

根据国内抽水蓄能电站建设情况，上水库主要有以下几种型式：

(1) 利用高山盆地筑坝（包括主坝和副坝）形成水库，如天荒坪、广州抽水蓄能电站的上水库；

(2) 利用高位台地筑堤坝围建而成水库，如响水涧抽水蓄能电站的上水库；

(3) 利用天然湖泊，如羊卓雍湖抽水蓄能电站的上水库（羊卓雍湖）；

(4) 利用已建人工水库，如桐柏抽水蓄能电站的上水库（桐柏水库）。

下水库主要有以下几种型式：

(1) 峡谷中筑坝形成水库，如天荒坪抽水蓄能电站的下水库；

(2) 利用河谷盆地筑坝形成水库，如广州抽水蓄能电站的下水库；

(3) 利用低洼湖田筑堤坝围建而成水库，如响水涧抽水蓄能电站的下水库；

(4) 利用已有人工水库，如十三陵抽水蓄能电站的下水库（十三陵水库）；

(5) 利用天然湖泊，如无锡马山抽水蓄能电站的下水库（太湖）。

1.2 抽水蓄能电站水文计算主要内容

在不同设计阶段，抽水蓄能电站水文分析的重点不同。在前期设计阶段，为确定工程的规模和工程特征值，需要根据径流系列及其年内、年际变化特点，分析计算发电及其他综合利用任务的效益指标；根据洪水的统计特性及其时程分配，确定泄洪建筑物的规模和配置，拟定合理的防洪调度原则，确定防洪库容的大小和坝高等工程特征值，并分析工程各建筑物的防洪风险及对下游的防洪效益。在工程施工阶段，需要根据工程水文人员提供的施工设计洪水、厂坝区水位流量关系等成果，确定临时建筑物（如围堰、导流建筑物等）的规模，并结合水文预报成果，合理安排施工进度等。在工程运行阶段，需根据径流、洪水、泥沙及冰情等水文预报，合理进行调度，最大限度地发挥工程的效益，并随着水文资料的积累，复核和修正原设计提供的水文成果，研究相应对策，以保证工程的安全、经济运行。

水文计算是以实测或调查考证的水文资料为基础，以相关分析、频率分析和概化推理为主要手段，推求某特定标准的水文成果。与常规水电站设计相似，抽水蓄能电站水文计算内容根据工程设计要求，包括下列全部或部分内容：

(1) 基本资料的搜集、整理和复核；

(2) 径流分析计算；

(3) 洪水分析计算；

(4) 泥沙分析计算；

(5) 水位流量关系拟定；

(6) 气象要素、水面蒸发、水质、水温和冰情分析计算；

(7) 水文测报系统设计；

(8) 其他水文要素分析计算。

1.3　抽水蓄能电站水文计算特点

与常规水电站相比，抽水蓄能电站水文计算具有如下特点：

(1) 设计任务单独成块。抽水蓄能电站有上、下两座水库，水文分析计算应分别按上水库、下水库单独进行。当水源不足而采取引水措施时，尚需进行补水区块的水文分析计算。

(2) 设计流域以小流域居多。抽水蓄能电站上、下水库一般不大，大都分布在山区河流的上游，或在山地沟谷，以小流域或特小流域居多，尤其是位于高山顶部的上水库。一方面，当上水库集水面积特小，除库面雨水外基本无径流洪水入库时，设计可简化计算；另一方面，更突出的问题是小流域内往往短缺实测流量甚至雨量资料，设计除充分利用本流域已有的实测资料外，需特别重视引用区域水文资料。

我国部分设计抽水蓄能电站上、下水库流域情况见表4-1-1。

表4-1-1　　我国部分设计抽水蓄能电站上、下水库流域情况

序号	电站名称	建设地点	上库型式	下库型式	上库流域面积（km^2）	下库流域面积（km^2）	建设阶段
1	天荒坪	浙江安吉	高山盆地筑坝	深切沟谷筑坝	0.327	24.2	已建
2	桐柏	浙江天台	已建水库加固改造	溪流筑坝	6.7（西引水15.5）	21.4（径流5.92）	已建
3	宜兴	江苏宜兴	高山盆地筑坝	已建水库加固改造	0.2106	1.87（不含团氿抽水）	已建
4	广州	广东从化	高山盆地筑坝	河谷盆地筑坝	5.0	13.0	已建
5	响水涧	安徽繁昌	高位台地筑堤围建	洼地筑堤围建	1.12	28.71（泊口河闸以上）	在建
6	仙游	福建仙游	沟谷源头筑坝	沟谷筑坝	4.0	17.4	在建
7	宝泉	河南辉县	高山盆地筑坝	已建水库加固改造	1.10（主、副坝间）	538.4	已建
8	泰安	山东泰安	沟谷源头筑坝	已建水库加固改造	1.432	84.53	已建
9	洪屏	江西靖安	沟谷源头筑坝	河流筑坝	6.67	420（含罗湾水库）	在建
10	仙居	浙江仙居	沟谷源头筑坝	已建水库加固改造	1.21	257	在建
11	天荒坪二	浙江安吉	高山盆地筑坝	深切沟谷筑坝	0.405	29.7	拟建
12	马山	江苏无锡	沟谷源头筑坝	天然湖泊	0.364	36895（太湖总面积）	拟建

(3) 抽水蓄能电站水泵水轮机组水头高，转速快，过机含沙量对水轮机组磨损影响大，要求高。为分析过机泥沙，对入库含沙量资料要求较高。

第二章

气 象 条 件

2.1 气象要素

抽水蓄能电站气象要素包括降水、蒸发、气温、湿度、风速风向、日照等，一般分析多年平均年月统计、累年年月极值及其出现时间等气象要素特征值。

抽水蓄能电站上、下水库高程差异较大，设计需分别收集上、下水库气象资料。规划选点阶段一般收集邻近且有代表性气象台站气象气候统计资料，并根据需要设立上、下水库专用气象站，为后续设计积累实测资料。后续设计根据资料积累情况复核。

2.2 水面蒸发分析

抽水蓄能电站是利用能量转换作用，将低谷电能转换为高峰电能，电站运行本身不消耗水量，但存在蒸发、渗漏及结冰等水量损失。

当抽水蓄能电站站址集水面积较小，河川径流不能满足补水所需的水量，或是利用水面宽广的内陆湖泊和湖泊型水库作为抽水蓄能电站的上水库或下水库时，水库水面蒸发损失计算显得比常规水电站更为重要。我国现行使用的蒸发皿主要有 E-601 型、20cm 口径、80cm 口径蒸发皿。蒸发实验站实验分析表明，$20m^2$ 以上大型蒸发池观测的蒸发量可代表天然大水体的水面蒸发量。

抽水蓄能电站上、下水库水面蒸发分析计算方法与常规水电站基本相同。根据本地区蒸发实验站水面蒸发换算系数，对设计依据气象台站或水文站不同口径的蒸发皿观测资料先换算为标准蒸发皿水面蒸发再进行统计。设计一般计算多年平均年、月蒸发量并提供年、月蒸发量系列。蒸发增损按库区多年平均年水面蒸发量与多年平均年陆面蒸发量的差值计算。例如，天荒坪抽水蓄能电站根据上水库、下水库专用气象站积累已有的 1987～1996 年 10 年 E-601 型蒸发皿实测资料，乘以双林蒸发实验站水面蒸发换算系数复核，上水库多年平均水面蒸发量为 906.5mm，下水库多年平均水面蒸发量为 797.6mm，蒸发随高程升高而增大。水面蒸发分析成果为天荒坪抽水蓄能电站初期蓄水和正常运行设计提供了基本依据。

第三章

水文基本资料搜集与复核

3.1 基本资料搜集

抽水蓄能电站工程水文信息，涉及对已有水文资料的整理和研究，同时还需广泛收集和分析流域自然地理情况，流域水利、水电建设情况，水土保持情况和流域规划等资料和信息。在抽水蓄能电站设计导则以及我国现行的水文计算规范、设计洪水计算规范中，根据我国水电工程设计和建设的实践经验，总结提出了需要收集的基本资料和需要调查的工作内容，可资遵循。

抽水蓄能电站水文基本资料涉及的范围，根据需要包括设计流域及补水工程，需要搜集整理的基本资料与常规水电站基本相同。但抽水蓄能电站往往地处短缺实测资料的小流域或特小流域，设计依据站和主要参证站可为国家基本站，更多的为水文径流站、径流实验站和小河站；也可为已建水库或水电站专用站。水文资料搜集常需扩大范围，搜集所在流域、地区、河段及邻近地区参证流域水文资料，尤需重视区域水文资料的搜集。

3.1.1 基本资料搜集内容

（1）流域基本情况。

流域自然地理情况，包括地理位置、地形、地貌、地质、土壤、植被、气候等。

流域特征情况，包括流域面积、形状、水系，河流的长度、比降，以及工程所在河道形态和纵、横断面等。

流域工程情况，包括流域内已建和在建的水库，引水、提水工程，分洪、滞洪工程以及水土保持工程等。

（2）水文测站基本情况。

流域及邻近地区站网分布与观测项目情况。

设计依据站和主要参证站测验情况，包括测站集水面积，高程系统、水尺零点和水尺位置变动情况，测验河段河道形势，各级水位控制条件，人类活动对测流河段影响等。

（3）水文基本资料。

包括流域及设计依据站和主要参证站水文、泥沙实测资料，历史洪水、暴雨和枯水调查资料及有关历史文献资料；流域及邻近地区水文分析计算成果，区域综合分析研究成果及其配套查算图表，如既往规划设计报告、《水文手册》、《水文图集》、《暴雨径流查算图表》、《水资源评价》、《暴雨洪水图集》、《可能最大暴雨图集》、《暴雨统计参数图集》、《历史洪水调查资料》等；其他非水利部门有关水文资料，如铁路、公路、航运、市政、城建等部门的勘测设计单位拥有的小流域或特小流域暴雨径流和洪水调查资料。

3.1.2 基本资料搜集途径

首先通过既往规划设计报告结合现场查勘初步了解流域概况、水文测站分布情况；然后开展基本资料收集，同时根据工程实际布置外业测验任务，主要有专用水文、水位站设立，为泥沙估算必要的测验、取样等。

3.2 基本资料复核

抽水蓄能电站基本资料复核与常规水电站相同，重点资料重点复核，从查明降水、水位、流量、泥沙的观测方法、测验精度着手，重点复核测验精度较差和对水文成果影响显著的资料，对资料作出评价。

水位资料检查多采用上下游水位相关、水位过程对照以及本站水位过程的连续性等方法。流量资料检查多采用历年水位流量关系曲线比较、流量与水位过程线对照、上下游水量平衡分析等方法。悬移质泥沙资料检查采用本站水沙关系分析、上下游含沙量或输沙率过程线对照、颗粒级配曲线比较等方法。

已建水库或水电站专用水文资料从对水库还原精度主要影响因素考虑，重点检查水库水位的代表性和观测时段、库容曲线变化。其他引水，提水工程，分洪、滞洪工程以及水土保持工程等资料着重从资料来源、水量平衡等方面检查。

第四章 径流分析计算

4.1 径流分析计算的任务和内容

河川径流以通过某一过水断面的水量如时段平均流量、径流量等表示。受众多因素影响，径流地区分布差异较大，年内各月、年际之间亦有明显不同。

年径流分析计算是水电站设计中的一项重要工作，设计年径流是确定工程规模和经济指标的重要因素之一。抽水蓄能电站径流分析计算的任务与常规水电站相同，一般包括以下内容：

（1）径流特性分析，着重分析径流补给来源及年内、年际变化规律；

（2）人类活动对径流影响及还原计算；

（3）径流资料的插补延长和系列代表性分析；

（4）历年逐月或日径流，设计年、期径流及时程分配计算；

（5）径流分析计算成果的合理性检查。

抽水蓄能电站虽然不像常规水电站那样依靠河川径流发电，但也必须有足够的水量，满足初期蓄水和蒸发渗漏损失补给需要。抽水蓄能电站多为日、周调节，实际工作中，资料条件较好时，可提供设计年、汛期、枯期、月、旬和日各时段的径流量或平均流量；资料条件较差时，提供设计代表年的年径流及其年内分配。

4.2 径流系列及其代表性分析

4.2.1 径流系列还原计算

径流计算应采用天然或基础一致的径流系列。当上游兴建水利水电工程、实施水土保持措施或发生分洪、溃口等，受其人类活动影响，设计断面径流系列的一致性发生改变时，需进行径流的还原计算。还原计算以水量平衡为基础，视具体情况采用分项调查法、降雨径流模式法、蒸发差值法等方法。设计流域或河段的时段水量平衡方程式的一般形式为

$$R=P-E+I-O\pm\Delta W$$

式中 R——径流量，mm；

P——降雨量，mm；

E——蒸发量，mm；

I——入流量，mm；

O——出流量，mm；

ΔW——流域下垫面蓄水变量。

抽水蓄能电站设计中涉及水库蓄泄水量还原较多，当已建水库作为上水库或下水库，以及以流域附近水库站作为设计依据站时均涉及，如桐柏抽水蓄能电站上水库桐柏水库、泰安抽水蓄能电站下水库大河水库、仙居抽水蓄能电站下水库下岸水库、宜兴抽水蓄能电站径流设计依据沙河水库等。

遇到不同和多重人类活动影响时，根据资料条件分段分别还原。例如宝泉抽水蓄能电站，由于其设计依据峪河口站上游已先后建有峪河灌区的引水干渠、上干渠、山西陵川磨河抽水站及宝泉水库，峪河口站实测径流已非天然，设计对渠道引水、泵站抽水及水库蓄泄水量一一进行了还原。

4.2.2　径流系列插补延长及代表性分析

径流系列要求具有足够的代表性，尽量包括一个完整的丰、平、枯水周期。当抽水蓄能电站上、下水库径流系列观测年限较短、代表性不足或有缺测年份时，应进行插补延长。根据资料条件，可采用本站水位流量关系、与参证站水位或径流相关关系、降雨径流关系等方法插补延长。对抽水蓄能电站而言，受资料条件所限，以采用降雨径流关系插补延长方法居多。

抽水蓄能电站径流系列代表性分析一般从以下几方面进行：

(1) 径流系列较长时，采用本站径流系列滑动平均、累积平均、差积曲线等方法周期性分析；

(2) 上、下游或邻近地区参证站径流系列较长时，以参证站同步短系列代表性分析类比；

(3) 设计流域或邻近地区雨量站降水系列较长时，以雨量站同步短系列代表性分析类比。

通过径流系列还原、插补延长并经代表性分析，当系列偏丰或偏枯时，可参照参证站长、短系列比例或通过地区综合，修正径流计算成果。

4.3　设计径流分析计算的方法

4.3.1　具有较长系列径流资料

上水库或下水库坝址以上具有30年以上的径流资料时，直接采用频率分析法计算设计年、期径流及时程分配。径流频率曲线采用P-Ⅲ型，拟合时侧重考虑平、枯水年份的点群趋势适线确定参数。

上水库或下水库坝址处短缺径流资料，但坝址上、下游或邻近水文气象相似区域内径流参证测站具有30年以上的径流资料时，缩放移用参证测站分析计算成果。一般当水库坝址与参证测站的集水面积相差不超过15%时，按集水面积比例缩放；当水库坝址与参证测站的集水面积相差超过15%时，需考虑区间水文气象和自然地理条件的差异，较多为同时用多年平均降水量或相应降水量比例进一步修正集水面积比拟成果。

4.3.2　缺乏径流资料

抽水蓄能电站上水库或下水库，多位于中小流域上游山丘区，集水面积较小，水库坝址附近往往短缺径流资料，当相邻流域或附近水文气象相似区域也无径流参证测站时，采用间接法估算设计径流。

(1) 流域内或附近地区具有较长雨量资料。

水库所在地点径流资料短缺，但流域内或附近地区具有较长雨量资料时，可根据本流域降水量，采用邻近相似流域降水径流关系，估算设计径流。

(2) 水库所在地区既无径流资料，又无雨量资料。

水库所在地区既无径流资料，又无雨量资料时，应用区域综合图表进行区域综合分析计算，推求设计径流。根据资料条件和设计需要，并自行综合年降水与年径流的关系，以及区域年径流与集水面积的关系，同刊布的水文图集互相验证。

区域综合图表查算是抽水蓄能电站径流计算经常使用的方法。具体计算中，应采用经主管部门审批的现行最新区域综合图表，查读区域年径流均值、C_v 等值线图及 C_s/C_v 值分区图；或由年降水量均值、C_v 等值线图、C_s/C_v 值及区域综合年降水径流关系，间接推求设计径流。

径流年内分配，参照邻近相似流域的资料，采用水文比拟法、地区综合法确定。

4.4　不同水库类型设计径流分析计算

对于纯抽水蓄能电站，当在沟谷源头筑坝形成或利用高位台地筑坝围建而成的上水库集水面积很小基本无径流入库时，可简化计算，或不进行径流分析，如天荒坪、马山抽水蓄能电站的上水库。

利用已建水库作为上水库（如桐柏抽水蓄能电站上水库——已建桐柏水库）或下水库（如泰安抽水蓄能电站下水库——已建大河水库）时，复核采用已建水库的设计年、期径流量及其年内分配。利用已建水库作为抽水蓄能电站的上水库或下水库，建设年代有早有迟，径流系列长短不同，资料条件同建库时已有了很大变化，因此，除搜集已建水库径流分析计算成果和调度运行资料外，还要补充建库后增加的降水、径流系列，必要时进行枯水调查，在径流系列代表性分析基础上复核水库的设计年、期径流量及其年内分配。

利用天然湖泊作为抽水蓄能电站的上水库或下水库（如马山抽水蓄能电站下水库——太湖）时，天然湖泊水位的年际、年内变化，关系到电站进水口高程等的选择。设计所关心的是多年平均湖水位和不同设计标准湖水位，最高、最低湖水位以及年际、年内湖水位变幅。根据设计要求，应调查分析湖泊水源补给对水位变化所起的作用，蒸发损失对湖泊水量消耗的影响，研究历史与未来水文变化的趋势。根据资料条件的不同，采取与其相适应的方法。当设计断面有 30 年以上实测和插补延长的水位资料时，可直接进行水位频率分析计算，推求多年平均湖水位和设计湖水位。

对于水源偏紧的水库，还需提出设计枯水期各月径流量、蒸发量等成果。对于经分析水源不足以保证时，尚需分析补水工程径流。

4.5　桐柏抽水蓄能电站径流分析计算

4.5.1　流域及资料概况

桐柏抽水蓄能电站下水库坝址集水面积 21.4km²，其中上游集水面积 15.5km² 的地面径流被截入上水库。上水库由原桐柏水库改建，桐柏水库本身集水面积 6.7km²，于 1977 年加高，并通过东、西（下水库上游）引水扩大集水面积 54.2km²，可行性研究阶段上水库及引水区合计集水面积 60.9km²。桐柏抽水蓄能电站蓄水后，保留西引水。

设计流域内设有龙王堂雨量站，1963 年起有完整的雨量资料；桐柏水库建成后，设立大坝雨量站和大坝水尺，1977 年开始逐年整编水库调度资料。此外，邻近流域的姚江陆埠溪黄土岭（磨石坑）径流站，集水面积 17.9km²，与设计流域接近，其径流资料可供设计比较。

本流域径流主要来源于降水，径流年内分配不均匀，6 月来水最大，12 月来水最小，最大与最小月份的径流比接近 10 倍。

4.5.2　径流计算

桐柏抽水蓄能电站上水库由原桐柏水库改建，可行性研究阶段径流系列首先考虑应用已建桐柏电站水库已有1977～1992年调度资料以水量平衡法还原，由于系列不长，同时应用流域内降水、蒸发资料以流域模型法分析延长，并应用邻近的陆埠溪黄土岭（磨石坑）站降雨径流资料以水文比拟法推求比较。

（1）水量平衡法。

原桐柏水电站自1977年加高投产发电以来，运行资料较多。根据电厂运行资料，由水量平衡方程式，还原电厂进库水量及入库径流：

$$W_{入库}=W_{库蓄}+W_{发电}+W_{弃水}+W_{蒸发}+W_{渗漏}$$

桐柏水电站水库来水、弃水包括引水区。水库蓄水变量$W_{库蓄}$以计算时段始末库水位，查库容曲线求得。发电耗水$W_{发电}$复核采用电厂成果。水库蒸发$W_{蒸发}$及渗漏$W_{渗漏}$合并一起按常规计算。

桐柏水电站上水库及西引水区按流域面积比推算，下水库同时考虑面积和雨量修正。

（2）流域模型法。

采用南方湿润地区广泛使用的蓄满产流模型计算设计流域径流过程。蓄满产流模型为：

蓄满前：
$$P-E=W_2-W_1$$

蓄满后：
$$P-E-R=WM-W_1$$

式中　P——时段降水量；

E——时段蒸发量；

W_1、W_2——时段始末的土壤含水量；

R——时段产流量；

WM——田间持水量。

（3）水文比拟法。

设计流域临近姚江陆埠溪，植被条件和降水特性基本相同，区域降水略有差异。选取集水面积接近的黄土岭（磨石坑）站作设计参证站，考虑面积与雨量修正比拟推求桐柏上、下水库及各引水区年月径流。

计算公式如下：

$$Q_{设}=\frac{F_{设}}{F_{参}}\cdot\frac{P_{设}}{P_{参}}\cdot Q_{参}$$

式中　$Q_{设}$——设计流域月平均流量，其年平均流量采用各月天数加权计算各月平均流量而得；

$F_{设}$——设计流域的集水面积；

$P_{设}$——设计流域月降水量，采用龙王堂及大坝站观测资料；

$P_{参}$——参证流域黄土岭（磨石坑）站月降水量；

$Q_{参}$——参证流域黄土岭（磨石坑）站月平均流量；

$F_{参}$——参证流域黄土岭（磨石坑）站集水面积。

（4）可行性研究阶段各种分析方法成果分析。

上述三种分析方法所得1977～1992年同期径流成果比较见表4-4-1。

表4-4-1　　桐柏上水库及引水区（$F=60.9km^2$）各法径流成果比较表　　m^3/s

项目	水量平衡法	流域模型法	水文比拟法
多年平均	1.87	1.84	1.75

由于依据磨石坑站1981～1988年基本断面存有横比降，实测流量较实际为小；同时，该站于1989年撤销，资料已无法验改，故水文比拟法设计径流有偏小可能。水量平衡法和流域模型法成果非常接近，考虑到水量平衡法所求径流系列太短，又难以延长，因而采用流域模型法分析计算径流系列。根据优选确定的参数，计算桐柏水电站上、下水库及各引水区年月径流。

第五章 洪水分析计算

5.1 洪水分析计算的任务和内容

设计洪水直接决定水工建筑物的防洪设计，是水利水电工程防洪安全设计的依据。根据洪水特性和设计需要，抽水蓄能电站上、下水库设计洪水分析计算内容一般包括：各设计频率的年最大及分期最大洪峰流量；各设计频率的不同历时时段洪量；各设计频率的不同历时设计洪水过程线。

此外，当汛期洪水成因随季节变化具有显著差异时，根据水库运行调度需要，分析计算汛期分期设计洪水；当设计水库对下游有防洪任务时，分析水库、区间及防洪控制断面设计洪水，拟定防洪控制断面以上设计洪水地区组成。例如，仙居抽水蓄能电站位居浙东南沿海，梅汛期、台汛期洪水特性迥异，下游又有防洪任务，设计对下水库已建下岸水库分别分析梅汛、台汛设计洪水，同时分析拟定梅汛、台汛坝址、区间、下游防洪控制断面，设计洪水地区组成。

5.2 洪水分析计算方法

与常规水电站相同，抽水蓄能电站设计洪水的计算有两种途径，一是根据流量资料计算设计洪水，二是根据暴雨资料推算设计洪水。根据资料条件，上、下水库设计洪水分析计算采用以下方法：

(1) 坝址或其上、下游邻近地点有30年以上实测和插补延长洪水流量资料，并有调查历史洪水时，采用频率分析法计算设计洪水。

(2) 上水库或下水库所在地区有30年以上实测和插补延长暴雨资料，并有暴雨洪水对应关系时，采用频率分析法计算设计暴雨，推算设计洪水。

(3) 上水库或下水库附近河段实测洪水资料短缺，流域内暴雨资料也缺乏时，采用地区综合法估算设计洪水。

5.3 根据流量资料推算设计洪水

5.3.1 洪水系列及其代表性分析

(1) 洪水系列统计与还原。

洪水系列的选取应满足频率计算中关于样本独立、同分布的要求，洪水的形成条件应具有同一基础。许多地区的洪水常由不同成因（如融雪、暴雨）、不同类型暴雨（如台风雨、锋面雨）形成。一般认为它们是不同分布的，必要时按季节或成因分别进行统计。

洪水系列一般采用年（期）最大值法独立选样。洪峰流量每年（期）只选取最大的一个洪峰流量，洪量采用固定时段独立选取年（期）最大值。时段的选定，根据汛期洪水过程变化、水库调洪能力和调洪方式以及下游河段有无防洪、错峰要求等因素确定。当有连续多峰洪水、下游有防洪要求、防洪库容较大时，则设计时段较长，反之较短。一般情况下，抽水蓄能电站水库库容较小，计算设计洪峰流量或短历时 1、3、6、12h 及 24h 等设计时段洪量。

用数理统计法计算设计洪水，要求各年的洪水是在同一产流和汇流条件下形成的，即流量系列应具有一致性。流域内如修建蓄水、引水、分洪、滞洪等工程，明显影响洪水形成一致性时，需对洪水系列进行还原。

当利用大、中型水库作为抽水蓄能电站下（或上）水库时，往往涉及对原水库设计依据站新增资料受水库调蓄影响的还原，包括入库洪水还原、坝址洪水转换以及水库下游依据站演算还原。如仙居抽水蓄能电站对下水库原下岸水库设计依据曹店站、宝泉抽水蓄能电站对下水库原宝泉水库设计依据峪河口站进行了还原。

（2）洪水系列插补延长。

当抽水蓄能电站设计依据站洪水系列比较短或实测期内有缺测时，同常规水电站一样，需对洪水系列进行插补延长，以增加资料的连续性和代表性。根据资料条件，采用不同的方法进行插补延长：

1）本站实测水位插补流量延长；

2）与参证站流量相关插补延长；

3）本站峰量相关插补延长；

4）暴雨洪水相关插补延长。

（3）洪水系列代表性分析。

当本站洪水系列较长时，采用长短系列均值对比、历史和实测洪水时序分析的方法。

当本站洪水系列较短，而邻近站洪水系列较长时，可与邻近流域洪水长系列比较，类比间接判断洪水系列的代表性。

洪水系列的代表性决定频率计算成果的质量。设计强调通过调查历史洪水、考证历史文献和洪水系列的插补延长等重要手段，来提高系列代表性。

5.3.2　洪水频率分析计算

洪水频率分析计算借助于计算机适线完成，其原理与方法执行现行设计洪水计算规范。

经验频率采用数学期望公式计算：

（1）在 n 项连续实测洪水系列中，按大小顺序排位的第 m 项洪水的经验频率为

$$P_m=\frac{m}{n+1}\qquad m=1,2,\cdots,n \tag{4-5-1}$$

（2）在调查考证期 N 年内有特大洪水 a 个，其中有 l 个发生在 n 年实测连续系列中，这类不连续洪水系列各项洪水的经验频率需分别计算。a 个特大洪水的经验频率为

$$P_M=\frac{M}{N+1}\qquad M=1,2,\cdots,a \tag{4-5-2}$$

除特大值外，$n-l$ 个实测洪水的经验频率为

$$P_m=\frac{a}{N+1}+\left(1-\frac{a}{N+1}\right)\frac{m-l}{n-l+1}\qquad m=l+1,\cdots,n \tag{4-5-3}$$

或

$$P_m=\frac{m}{n+1}\qquad m=l+1,\cdots,n$$

对于含有历史洪水（或作特大值处理的实测洪水）类不连序系列的洪水经验频率，目前国内规范有两种计算方法。一种是将已知的 a 个历史洪水和 n 个实测洪水看成是抽自所研究水文总体的一个容量为 N（调查期）的系列；另一种是将实测系列与特大洪水系列看成是从所研究总体中独立抽出的两个或几个连序系列，故各项洪水可在各个系列中分别进行排位。

频率曲线线型采用 P-Ⅲ型，包括均值 $\overline{x}$、变差系数 C_v 和偏态系数 C_s 3 个参数。以矩法初估参数，考虑洪水资料精度选择适线准则优选。洪水频率计算适线尽可能拟合全部点据，尽量照顾点群的趋势，使曲线通过点群中心，拟合不好时，侧重考虑较可靠的大洪水点据，经验适线确定参数，同时考虑本站峰量统计参数、地区各站统计参数的协调进行合理性调整。

5.4　根据暴雨资料推算设计洪水

抽水蓄能电站多数水库集水面积小，常因流量资料不足无法直接用流量资料推求设计洪水，而暴雨资料相对较多，当设计流域内具有一定暴雨资料时，一般假定设计暴雨与相应的设计洪水同频率，以频率分析法计算设计暴雨间接推求设计洪水。根据暴雨资料推算设计洪水为抽水蓄能电站设计洪水计算的常用方法。

5.4.1　设计暴雨分析计算方法

根据流域面积大小和资料条件，流域各历时设计面平均暴雨量采用相应方法计算。

（1）当流域各种历时面平均暴雨量系列较长时，采用暴雨频率分析的方法直接计算。

（2）当流域面积较小，各种历时面平均暴雨量系列短缺时，采用相应历时的设计点暴雨量和暴雨点面关系间接计算。

（3）当流域面积很小时，设计点暴雨量直接可作为流域设计面平均暴雨量。

5.4.2　点暴雨分析计算

设计点暴雨量可从经过审批的暴雨统计参数等值线图上查算和选择流域内及邻近地区测站实测暴雨系列频率分析计算。

（1）暴雨系列选样与插补延长。

实测暴雨系列按固定历时年最大值法选样。设计暴雨历时围绕设计洪水汇流历时选取，当上水库或下水库的集水面积很小时，一般计算 24h 成洪暴雨，从而确定形成的设计洪量。若水库需设置泄洪设施，根据流域面积大小，分别确定设计频率下的成峰暴雨历时，一般计算 24h 以下 10min、1h、3h、6h、9h、12h 等短历时成峰暴雨，从而确定形成的设计洪峰流量。

由于同次暴雨雨深随距离的变化较大，除长历时大范围暴雨外，插补较难，因而暴雨系列插补延长重点考虑大洪水年份。根据具体条件，插补采用不同的方法：

1）两站相距较近，地形、地理条件差别不大，直接移用或两站系列合并；

2）考虑多年均值修正移用，即采用正常值比率法；

3）周围有较多测站时，绘制等值线图插补；

4）对地形影响较固定地区，绘制两站暴雨相关插补或采用一个倍比估算；

5）小面积流域若暴雨洪水相关较好，可利用洪水资料反推。

抽水蓄能电站设计实际中以前两种方法应用较多，此外，对缺测 24h 暴雨还常利用日雨量推求。

（2）特大暴雨处理及移用。

特大暴雨在频率分析中具有极为重要的影响，特大值的判定和分析对设计暴雨估算十分重要。特大暴雨的重现期根据该次暴雨的雨情、水情和灾情以及邻近地区的长系列暴雨资料分析确定。

若周边有特大暴雨记录，谨慎考虑移用。一方面，大多数测站暴雨系列缺乏特大暴雨资料，特大值很珍贵，有移置需求；另一方面，需了解两地气象、地形情况，分析移置可能性。在分析上述移置需求和移置可能的基础上，两地参数接近则考虑直接移用，两地参数差异较小则考虑改正移用。移置到设计流域的暴雨重现期，采用原暴雨中心发生地点特大暴雨估算的重现期。

例如，桐柏抽水蓄能电站设计暴雨依据站龙王堂各历时暴雨系列中，曾对相邻白溪流域框坑站1988年7月发生的一场特大暴雨进行移用分析。龙王堂和框坑同处浙东南沿海，受台风影响大，台风雨是两地主要暴雨天气成因，存在移置可能。框坑站实测1、3、6、24h暴雨分别为91.8、244.2、354.9、505.7mm，考虑地形影响1、3、6h按两站同期均值比修正到龙王堂，相应暴雨为86.1、223.8、319.6mm，而修正后24h暴雨为416.4mm，有同量级实测值（1962年），重现期也相当，未予移用。

（3）系列代表性分析。

暴雨的邻站相关性一般较差，雨量的系列代表性分析较为困难，只能定性分析。

暴雨资料的代表性主要通过与邻近地区长系列雨量、洪水和灾情资料对比分析。重点是近几十年内流域水文丰枯的变化，大暴雨和大洪水出现量级和次数，分析系列中稀遇暴雨的量级和次数是否与长期变化规律相一致，注意所选用暴雨资料系列是否有偏丰或偏枯等。

设计中常通过对本站暴雨特大值和邻站移置特大暴雨的处理，深入细致分析论证其重现期，以提高系列代表性。

（4）暴雨量频率分析。

设计暴雨频率分析方法一般与洪水频率分析方法相同，暴雨量统计参数估计采用适线法。现行设计洪水规范规定，其经验频率采用数学期望公式计算，线型采用P-Ⅲ型。

设计暴雨的统计参数及设计值必须进行地区综合分析和合理性检查。各频率的雨量随统计时段增大而加大，不同历时的暴雨量频率曲线不应有交叉，否则须作合理性修正。

5.4.3　面暴雨分析计算

根据资料条件，可对面暴雨频率分析直接计算，或据点面关系由设计点暴雨间接推算。

（1）面暴雨频率分析直接计算。

面平均暴雨系列，通过相应历时的点暴雨量常用算术平均法、泰森多边形法或暴雨等值线法计算。由于观测期内站网分布和观测精度差异，一般早期站网稀疏、分段观测粗，其后有时还会调整站点，常通过长短系列相关延长短系列；利用近期多站平均雨量与同期少站平均雨量建立相关，修正展延多站平均面雨量。然后根据面暴雨量系列直接进行各种历时面暴雨量频率分析计算。

（2）暴雨点面关系间接计算及以点代面。

暴雨点面关系间接计算是根据设计点暴雨量配以适当的暴雨点面关系计算设计面暴雨，即由设计点暴雨乘暴雨点面系数求得设计面暴雨。

暴雨点面关系，一般采用本地区综合的定点定面关系。水文系统的一些区域定点定面系数综合分析成果可资查用，如《浙江省短历时暴雨》供有流域面积在20～1000km^2、历时分别为1h、3h、6h、24h、3d的浙江省定点定面关系。

当抽水蓄能电站设计流域面积很小时，可以点代面，设计点暴雨量直接作为流域设计面平均暴雨量。

5.4.4　流域产汇流计算

产流和汇流计算根据设计流域的水文特性、流域特性和资料条件，选用不同的方法。产流计算可采用暴雨径流相关与扣损等方法，汇流计算可采用单位线、河网汇流曲线等方法。抽水蓄能电站根据设计流域面积大小，多采用瞬时单位线法和推理公式法计算。

（1）瞬时单位线法。

把流域对净雨的调节作用视作等效于 n 个串联的线性水库的调节作用，一个单位的瞬时入流通过 n 个水库演进，即有瞬时单位线的一般形式如下：

$$u(0,t)=\frac{1}{K\Gamma(n)}\left(\frac{t}{K}\right)^{n-1}e^{-t/K}$$

式中　$u(0,t)$——t 时刻瞬时单位线纵高；

Γ——伽玛函数；

n——流域汇流调节参数，亦即线性水库个数；

K——流域汇流时间参数，亦即每个水库的滞时。

（2）推理公式法。

特小流域设计暴雨推求设计洪水常采用推理公式法。该方法特点是计算给出最大流量。用推理公式计算设计洪峰流量后，如工程设计需要，采用概化方法推算设计洪水过程线。

最大流量出现的条件，主要决定于净雨过程和汇流面积曲线形状的组合情况，最大流量总是出现在汇流面积与相应净雨过程对应乘积之和为最大的时间。在最大流量形成过程中，在一定降雨条件下，净雨历时 t_c 与汇流时间 τ 的相对大小起了决定性的作用。最大流量是由最大造峰面积上的净雨形成的，而最大造峰面积则与净雨历时 t_c 有密切关系，针对 t_c 与 τ 的相对大小，推理公式的基本公式如下：

当 $t_c>\tau$，即全面汇流时

$$Q_m=0.278\frac{h_\tau}{\tau}F$$

当 $t_c\leqslant\tau$，即部分汇流时

$$Q_m=0.278\frac{h_R}{\tau}F$$

式中　Q_m——洪峰流量，m^3/s；

τ——汇流时间，h；

h_τ——汇流时间对应的净雨，mm；

h_R——单一洪峰的净雨，mm；

F——流域面积，km^2。

汇流时间 τ 计算式如下：

$$\tau=0.278\frac{L}{J^{\frac{1}{3}}mQ_m^{\frac{1}{4}}}$$

式中　L——干流河长，km；

J——河道坡降；

m——汇流系数。

5.5　地区综合法估算设计洪水

抽水蓄能电站上水库或下水库，大都分布在山区河流的上游，或在山地沟谷，水文测站站点稀少，

设计洪水计算面临设计流域集水面积小，工程所在河段不仅没有流量资料，且流域内暴雨资料也短缺，有条件时可利用邻近地区分析计算的洪峰、洪量统计参数，或相同频率的洪峰模数等，进行地区综合估算设计洪水。也可采用“暴雨径流查算图表”估算设计洪水。

近年的实践表明，各种历时的暴雨量统计参数等值线图及相应的产流汇流查算图表，已达到满足推算中小流域设计洪水的要求，可作为推算无资料地区抽水蓄能电站上、下水库设计洪水的主要依据和方法。

计算短缺资料地区设计洪水时，尽可能采用几种方法。对各种方法计算的成果，进行综合分析，合理选定。

5.6　不同水库类型设计洪水分析计算

对于在沟谷源头筑坝或利用高位台地围建而成的集水面积特小的抽水蓄能电站上水库，除库面雨水外基本无洪水入库，设计仅需分析时段洪量即可。若水库所在地区有点暴雨资料，直接用该点暴雨资料作为面暴雨资料，计算设计时段洪量。

对于由常规水电站改建的上、下水库，根据需要复核该水电站设计洪水，若其上游又有调蓄作用较大的水库时，一般还需拟定设计洪水的地区组成，经水库调蓄后的洪水与区间洪水组合，推求抽水蓄能电站的设计洪水。

利用天然湖泊作为抽水蓄能电站的上水库或下水库，当设计断面有实测和插补延长的水位资料时，采用频率分析推求湖泊设计水位。当设计断面有流量资料时，也可按流量频率计算方法计算设计洪峰流量，再通过设计断面的水位流量关系曲线，推求设计水位和水位变幅。

此外，若设计站址存在水源不足，需要从邻近流域的河道或水库引水作为抽水蓄能电站补水水源时，尚应根据补水工程的特点和资料条件，计算补水工程相应深度的设计频率的洪峰、洪量和洪水过程线。

洪水分析计算成果，多通过地区比较分析其合理性。

5.7　天荒坪抽水蓄能电站技施设计下水库设计洪水分析计算

5.7.1　流域及资料概况

天荒坪抽水蓄能电站下水库坝址以上集水面积24.2km²，流域内最早于1974年设立大溪雨量站，人工观测日雨量。1984年坝址段设立天荒坪专用站进行流量测验。设计流域上游分水岭处市岭雨量站有完整的雨量资料；邻近流域东苕溪支流余英溪上游姜湾径流实验站，集水面积为20.9km²，与下水库坝址集水面积接近，下垫面条件、主要暴雨天气成因基本一致，洪水资料可供比拟。流域水系见图4-5-1。

天荒坪流域洪水由暴雨形成，大洪水多为8～9月份的雷阵雨及台风雨造成。由于流域集水面积小，源短坡陡，洪水特点为暴涨暴落，一次洪水过程在1天左右。

5.7.2　设计洪水计算

天荒坪抽水蓄能电站初步设计阶段天荒坪站实测洪水资料只有5年，设计洪水通过查图设计暴雨推理公式法、姜湾站比拟法、地理因子法等比较采用设计暴雨推理公式法成果。技施设计阶段随着天荒坪

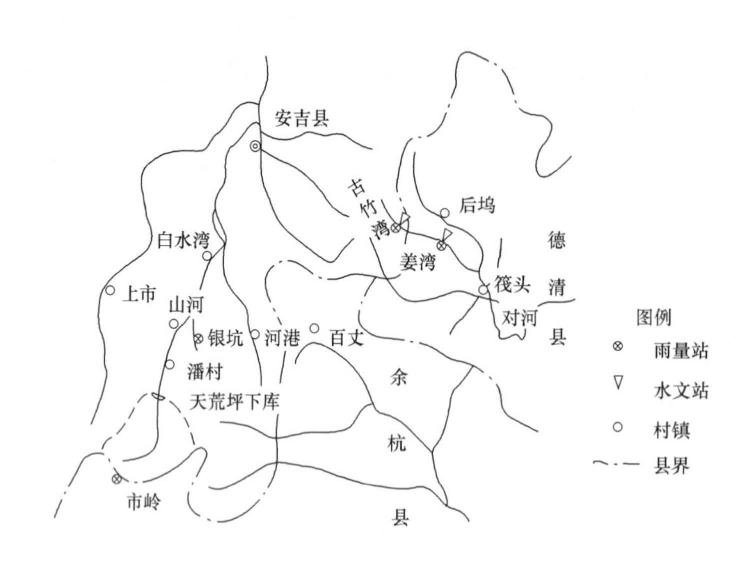

图 4-5-1 天荒坪抽水蓄能电站下水库流域水系图

站流量资料的积累，采用流域雨量法、流量法复核。

（一）雨量法

（1）设计暴雨计算。

分析市岭站与大溪站 24h 暴雨相关关系，$H_{24h大溪}=0.98H_{24h市岭}$，大溪站略小于市岭站。大溪站短历时暴雨观测资料不全，流域设计暴雨计算直接用市岭站分析。

采用市岭站 1956～1996 年共计 41 年资料，统计年最大 1、3、6、12、24h 暴雨系列，进行频率计算，线型采用 P-Ⅲ型，经验频率采用经验公式（4-5-1）计算，适线确定参数。

根据市岭站 12h 设计雨量，设计同时采用衰减指数推求 12h 以下短历时雨量以比较。分析市岭站实测大暴雨资料，1～12h 时段，衰减指数较小，12～24h 时段，衰减指数较大。

与初步设计查图设计暴雨相比，24、12h 雨量稀遇频率适线成果相差较大，但形成坝址洪峰的短历时暴雨两者接近。

（2）设计洪水计算。

因属集水面积小于 $50km^2$ 的特小流域，由设计暴雨推求设计洪水，采用浙江省推荐的推理公式法。

由于设计流域集水面积小，以市岭站设计点暴雨量代表流域设计面平均暴雨量。设计净雨量由设计暴雨扣初损、稳渗计算。

影响汇流参数 m 的因素有土壤特性、植被条件、水系形状、洪水特性、地质构造以及人类活动等，其中以土壤植被条件、坡面和河道特性、暴雨洪水特性三者综合因子为主。根据浙江省多站分析，按流域雨洪特性、河道特性以及土壤植被条件综合分类，相应汇流参数 m 值与 θ（$\theta=L/J^{1/3}$）有 3 条关系线。

天荒坪流域植被良好，依据浙江省 m—θ 关系线Ⅱ，由 $\theta=L/J^{1/3}$，查算汇流参数 m。应用推理公式联合求解推算各频率设计洪峰流量。

（二）流量法

（1）洪水系列统计与插补延长。

天荒坪坝址处天荒坪站仅有 1984～1997 年实测洪水系列，设计通过洪水系列插补延长 1957～1983

年系列。

系列插补延长根据资料条件，通过邻近姜湾参证站年最大流量比拟和建立与市岭站年最大6h暴雨相关两种方法进行。

（2）历史洪水调查分析。

通过对下水库河段沿河居民点实地调查访问，基本上查清流域内近百年来有3次大洪水，其排序依次为1922年、1956年和1988年。

首次大洪水（1922年）访问未能确切指认洪痕位置，但能定性确认比1956年洪水大，接近百年一遇。

1956年洪水年代相对较近，被访者记忆清晰，调查洪痕高程比较可靠。1988年洪水调查时沿河居民房子墙上留有明显洪痕，并有实测水位。经分析，估算坝址处1956年洪峰流量为404m^3/s，重现期约为50年，1988年洪峰流量为365m^3/s，重现期约为33年。

（3）洪水频率分析计算。

分别对两种方法插补延长与实测系列组成的1957～1997年共41年天荒坪坝址年最大洪峰系列，加历史洪水，进行频率分析计算，经验频率a个历史洪水以式（4-5-2）计算，$n-l$个实测洪水以式（4-5-3）计算，线型采用P-Ⅲ型，适线确定参数。

（三）成果比较及其合理性

技施设计天荒坪下水库坝址设计洪水各法成果与初步设计阶段比较见表4-5-1。

流量法尽管受系列插补延长年份较多影响，但由于此期间并没有发生特大洪水，各年的最大洪峰流量从量级上讲，属于中小常遇，通过历史洪水调查及分析估算和实测获取大洪水流量资料及其重现期考证，频率分析计算时，又尽量考虑上部点据，应该说对整个洪水系列的适线精度有一定的保障。雨量衰减法短历时暴雨采用实测资料分析的衰减指数衰减，应该有一定的精度。雨量适线法短历时暴雨由于1956年1h、3h、6h雨量重现期不能确定，影响适线精度。流量法和雨量衰减法设计成果与初步设计成果接近，雨量适线法成果略小。技施复核建议维持初步设计阶段洪水成果。

表4-5-1　　天荒坪下水库坝址设计洪水成果比较　　m^3/s

阶段	方法		P（%）					
			0.01	0.1	0.2	0.5	1	PMF①
初步设计	暴雨查图		1210	859	758	630	536	1280
技施设计	雨量法	市岭适线	1110	819	731	617	532	
		市岭衰减	1270	890	780	638	535	
	流量法	市岭插补	1200	855	754	622	524	
		姜湾比拟	1200	847	744	609	509	

① PMF为可能最大洪水。

第六章

泥 沙 分 析 计 算

6.1 泥沙分析计算的任务和内容

工程水文河流泥沙分析计算任务在于预估未来工程运用期内河流泥沙的数量和变化规律，为工程设计提供有关泥沙特征值。主要分悬移质和推移质两部分内容。

泥沙分析计算的内容根据工程设计要求和资料条件而定。

悬移质泥沙分析计算包括下列全部或部分：

(1) 多年平均含沙量、多年平均年输沙量及其年内分配；

(2) 丰、平、枯不同典型年的年平均含沙量，年输沙量及其年内分配；

(3) 实测最大断面平均含沙量及其出现时间，最大、最小年输沙量及其出现年份；

(4) 多年平均和多年汛期平均颗粒级配，平均粒径、中数粒径、最大粒径及矿物组成；

(5) 泥沙地区分布。

推移质泥沙分析计算包括下列全部或部分：

(1) 年平均和不同典型年推移质年输沙量及其年内分配；

(2) 颗粒级配及平均粒径、中数粒径和最大粒径。

抽水蓄能电站上水库与下水库的组合形式较多，出现的泥沙问题也不尽相同。同时，我国的水文测站并非都进行泥沙测验，有泥沙测验的测站泥沙观测项目也非齐全。相对于降水、水位、流量，泥沙系列较短、精度较差。因而，抽水蓄能电站具体计算内容针对不同工程、不同设计阶段要求根据资料条件而定。由于抽水蓄能电站水泵水轮机组水头高、转速快，泥沙对水轮机磨损严重，应重点关注研究过机泥沙所需的入库水沙系列和悬移质泥沙矿物成分。

6.2 悬移质泥沙分析计算

6.2.1 悬移质泥沙系列及其代表性分析

我国现行规范规定泥沙统计系列长度为20年以上，且要具有一定代表性。

国内现有泥沙观测的水文站，其系列大多超过20年，有的站系列虽不足20年，但可通过插补延长达到20年。

根据资料条件插补延长可采用本站流量与悬移质输沙量（输沙率）关系或本站流量与悬移质含沙量关系、与参证站悬移质输沙量相关关系，并考虑区间或邻近流域产输沙特性的差异等方法进行。

抽水蓄能电站悬移质泥沙系列代表性分析，应根据资料条件采用相应方法进行。

(1) 悬移质泥沙系列较长时，通过系列滑动平均、累积平均、差积曲线等方法周期性分析，评价长系列或代表段系列的代表性；

(2) 悬移质泥沙系列较短、而径流系列较长且水沙关系较好时，通过分析径流相应短系列的代表性，评价泥沙系列的代表性；

(3) 悬移质泥沙系列较短、而上下游或邻近相似流域参证站有较长悬移质泥沙系列时，通过分析参证站相应短系列的代表性，评价设计依据站泥沙系列的代表性。

6.2.2 悬移质泥沙分析计算

(一) 具有较长泥沙资料时的悬移质泥沙分析计算

上水库或下水库坝址设计依据站经代表性分析具有20年以上悬移质泥沙资料时，可直接统计、比拟采用设计依据站入库输沙量、含沙量特征值。

(1) 当水库坝址与设计依据站集水面积相差小于3%且区间无多沙支流汇入时，入库输沙量、含沙量直接采用设计依据水文站测验资料计算。

(2) 当水库坝址与设计依据站集水面积相差大于3%小于15%时，入库输沙量、含沙量应考虑区间来沙影响。区间输沙量根据区间产沙不同采用不同方法：区间为非主要产沙区，采用设计依据站含沙量和区间流量计算，或用流域集水面积比推算；区间为主要产沙区，采用区间输沙模数计算。

(3) 当水库坝址与设计依据站集水面积相差大于15%时，入库输沙量应考虑含沙量沿程变化的影响。若泥沙问题严重，需设站实测泥沙。

悬移质泥沙主要特征除多年平均含沙量、多年平均输沙率、多年平均输沙量外，尚包括多年平均颗粒级配、平均粒径、中数粒径、最大粒径及矿物组成等，可根据设计依据站长系列、代表系列、代表年分析计算，矿物成分组成则需根据洪水期取样分析，一般计算对水轮机磨损影响较大的各粒径组中摩氏硬度大于5的硬矿物成分含量，特殊要求时可统计粒径组中各类矿物成分含量。

(二) 缺乏泥沙资料时的悬移质泥沙分析计算

相对于其他水文观测项目，我国泥沙测验本就存在系列较短、精度较差的现状，抽水蓄能电站上水库或下水库又多位于中小流域上游山丘区，集水面积较小，相对于常规水电站泥沙资料更显短缺。

《水利水电工程水文计算规范》(SL 278—2002) 规定，当缺乏实测悬移质资料时，多年平均输沙量只能进行临时施测、应用泥沙区域综合分析成果等粗略估算。

(1) 进行短期悬移质泥沙测验，插补延长泥沙系列后进行估算；

(2) 上、下游或降水、产沙条件相似的邻近流域有径流、泥沙资料时，采用类比法估算；

(3) 采用经主管部门审批的输沙模数图估算；

(4) 采用遥感分析法估算。

上述各法，采用经主管部门审批的输沙模数图估算在抽水蓄能电站泥沙设计或成果合理性分析中所常用。我国各省水文手册一般均有多年平均悬移质输沙模数等值线图，设计流域的多年平均悬移质输沙模数可通过查图得到。多年平均悬移质输沙模数等值线图系根据地区测站实测资料绘制出来的，在查用等值线图时要注意绘图采用系列，必要时借用参证站对查图成果作长短系列修正。

由于产沙、输沙影响因素复杂，泥沙的年际变化远大于径流，尤其是资料短缺地区，不同方法估算的泥沙特征值差别较大，因此成果合理性分析尤显重要。抽水蓄能电站设计通常通过不同方法成果比较、与产沙条件相似的邻近流域输沙量对照分析，检查其合理性。例如桐柏抽水蓄能电站的悬移质泥沙，设计搜集了邻近地区始丰溪岩下、百步站悬移质资料和《浙江省水资源》图集，分别考虑以下方法进行分析：以参据相邻实测系列较长的百步站1958～1995年资料推算；以上、下游岩下、百步站资料按区间产沙模数估算；查1986年版《浙江省水资源》悬移质输沙模数等值线图，并以百步近期实测资料修正；参据百步站1958～1995年资料，由1986年版《浙江省水资源》悬移质输沙模数等值线图进行地区修正等。各法成果比较后合理采用，为设计提供较为可靠的依据。

6.3　推移质泥沙分析计算

推移质泥沙特征统计与悬移质基本一致，设计依据站具有较长系列的推移质泥沙实测资料时，直接统计特征值。但我国推移质泥沙测验开展较晚、较少，资料系列较短。现行规范认为计算系列可根据实际情况确定，但不宜少于10年，以减少误差。

鉴于我国实测推移质资料短缺，规范规定根据设计要求和资料条件选择下列一种或几种方法估算推移质输沙量：

(1) 推移质泥沙实测系列较短而流量系列较长时，建立流量或断面平均流速与推移质输沙率的关系估算；

(2) 无推移质泥沙实测资料时，进行短期推移质测验，插补延长系列后进行估算；

(3) 利用上、下游或邻近流域已建水库的泥沙淤积量和颗粒级配估算入库推移质输沙量，并考虑地区产沙和推移因素的差异，估算设计依据站推移输沙量；

(4) 采用水槽试验方法估算；

(5) 沙质河床设计依据站有悬移质输沙量及级配资料，且与有实测推移质资料参证站的水深、流速、床沙级配组成相近时，可用参证站推移质与悬移质中床沙输沙率的比例关系，估算设计依据站推移质输沙量；

(6) 采用经验公式估算，并查明公式的适用条件和范围，选用两种以上公式估算，合理选用成果。

一方面，由于推移质测验的手段和方法尚不完善，它的实测资料比悬移质更为缺乏，抽水蓄能电站流域的推移质实测资料更是少之甚少；另一方面，对缺乏实测推移质资料，目前采用的方法均不太成熟。因此，抽水蓄能电站设计，推移质输沙量推求较多采用经验选取推移质与悬移质比（简称推悬比）估算推移质年输沙量。

对一些山塘、水库和堰坝淤积实地调查及库底地形测量，计算泥沙淤积量，分析表明推移质与悬移质比例关系在一定的地区和河道水文地理条件下比较稳定。华东地区，新安江推悬比为0.2，乌溪江黄坛口推悬比为0.27，古亭水上犹江推悬比为0.22。

由陕西省水利科学研究所河渠研究室和清华大学水利工程系泥沙研究所合编的《水库泥沙》建议一般情况下山区河流推悬比采用0.15～0.30，但从该书所列国内几座水库成果看，推悬比有随集水面积减小而增大趋势。该书也介绍山东省水文总站根据该省若干座大中型水库实测淤积量与悬移质输沙量，得出该省大中型水库的推悬比为0.38～1.16，比上述建议值为大。

鉴于推移质泥沙分析经验性较强，因此强调对已建工程的调查研究。天荒坪抽水蓄能电站推移质泥沙计算即根据其下游约4km处的潘村水库上游拦沙坝的泥沙淤积状况估算。潘村水库建于1971年，通过1984年11月和1989年3月两次实地泥沙调查及拦沙坝库区河底地形测量，计算泥沙淤积量，由拦沙坝处推移质输沙量按集水面积比推算天荒坪抽水蓄能电站下水库坝址推移质输沙量成果。桐柏抽水蓄能电站设计对下水库库区河道变化情况、对流域及桐柏水库引水区内山塘、水库和引水堰坝作实地调查，并通过引水堰坝清沙量、淤积量计算分析论证推移质计算成果，为评价成果合理性提供支撑。

第七章

水位流量关系

工程设计一般分析天然河道情况下的水位流量关系。抽水蓄能电站上、下水库设计断面水位流量关系的拟定与常规水电站相同，应以一定的实测资料为依据。

7.1 有实测资料时水位流量关系曲线拟定

设计断面实测水位、流量资料较充分时，拟合实测水位、流量点据拟定水位流量关系曲线。设计断面有实测水位资料，上、下游有可供移用的流量资料时，拟合实测水位、移用流量点据拟定水位流量关系曲线。

上、下游有可供移用的流量资料，设计断面无实测水位资料时，应尽早设站观测水位。设计断面有实测水位资料，上、下游无可供移用的流量资料时，适时在设计断面所在河段施测流量。补充资料后拟合实测水位、流量点据拟定水位流量关系曲线。

水位流量关系曲线的高水外延，应利用实测大断面、洪水调查等资料，根据断面形态、河段水力特性，采用史帝文斯法、水位面积与水位流速关系曲线法、水力学法、顺趋势外延等多种方法综合分析拟定；低水延长，应以断流水位控制。断流水位可从河道纵断面图上的河床凸起处的高程确定，也可用图解法、试算法推求，即取中低水弯曲部分 a、b、c 三点，并且满足 $Q_b=\sqrt{Q_aQ_c}$，则断流水位为：

$$H_0=\frac{H_aH_c-H_b^2}{H_a+H_c-2H_b}$$

也可解 $Q=k(H-H_0)^n$ 得 H_0、k、n。

抽水蓄能电站多处山区河流，河道比降大，水位流量关系常呈稳定单一。

7.2 无实测资料时水位流量关系曲线拟定

抽水蓄能电站设计断面所在河段在规划、预可行性研究阶段往往无实测水文资料，常利用水文调查资料，在设计断面所在河段施测大断面、河槽比降和洪枯水面线、临时观测水位、施测流量，采用多种水力学方法计算水位流量关系，相互检验，合理确定。曼宁公式是设计常用方法，公式为：

$$Q=\frac{1}{n}AR^{2/3}I^{1/2}$$

式中 Q——流量；

n——糙率；

A——过水面积；

R——水力半径；

I——水面比降。

一般枯水由实测点控制，中高水比降据洪水水面线确定，糙率依据河段河床组成、纵横断面形态、岸壁特性以及水流特征等情况，参照有关糙率表选择采用，由实测大断面计算各级水位下流量。

对无实测资料地区，应在开展设计之初同时尽早设站，积累资料，在工程设计和施工期间不间断地进行水文勘测，掌握水流及河段变化情况，及时验证、修正水位流量关系。天荒坪、桐柏抽水蓄能电站设计单位均在坝址河段设立专用水文站，持续观测直至工程竣工验收。

参 考 文 献

[1] 《中国水力发电工程》编审委员会．中国水力发电工程·工程水文卷．北京：中国电力出版社，2000.8.
[2] 华东水利学院．水工设计手册 第二卷 地质 水文 建筑材料．北京：水力电力出版社，1984.2.
[3] 能源部、水利部水利水电规划设计总院主持，水利部长江水利委员会水文局、水利部南京水文水资源研究所．水利水电工程设计洪水计算手册．北京：水利电力出版社，1995.10.
[4] 陕西省水利科学研究所河渠研究室，清华大学水利工程系泥沙研究所. 水库泥沙. 北京：水利电力出版社，1979. 2.
[5] 张春生，姜忠见．天荒坪抽水蓄能电站技术总结. 北京：中国水利水电出版社，2007.
[6] 张克诚．抽水蓄能电站水能设计. 北京：中国水利水电出版社，2007.
[7] 钮泽宸，张佩琳，傅联森. 浙江省瞬时单位线法，1988.2.
[8] 钮泽宸，徐仁斌，张佩琳. 浙江水电院推理公式法，1988.3.

第五篇

抽水蓄能电站工程地质问题

第一章

概　述

继20世纪90年代相继建成广州（一、二期）、十三陵、天荒坪等大型抽水蓄能电站之后，我国目前已建、在建和开展前期勘测设计的抽水蓄能电站多达数十座，站址遍及华东、华中、华北、东北及华南等地区。数十年来的工程地质勘察实践，为抽水蓄能电站工程地质勘察积累了丰富的经验。

抽水蓄能电站既有常规水电工程的一些共性，又有其自身的特殊性，根据抽水蓄能电站主要建筑物的特点、运行特性，其主要工程地质问题可以归纳为以下几个方面：

（1）水库渗漏问题。抽水蓄能电站上水库的水一般是由下水库抽上去的，且多无天然径流补给，与常规水电站的库区渗漏问题相比，上水库防渗要求要严格的多。上水库水量的损失不仅是电能的损失，过大的渗漏量还会影响到位于上、下水库之间地下厂房的运行，有时甚至涉及上、下水库之间的山体稳定，因此上水库防渗的重要性是显而易见的。在下水库也无天然径流需另外补水的情况下（如西龙池抽水蓄能电站），下水库的防渗问题也要同样重视。因此，除了做好与常规水电站类似的勘察工作以外，应重点查明库岸岩体的透水性、含（透水）水层及相对隔水层的分布、库周山体地下水位与水库正常蓄水位的关系，分析可能产生渗漏的地段等，为库区防渗方案的选择和防渗设计提供地质依据。

（2）库岸稳定问题。与常规水电站相比，纯抽水蓄能电站的库容要小得多，但水库水位变幅及单位时间内的水位变幅均很大，通常情况下水库水位日变幅可达一、二十米，有些甚至超过三、四十米。在机组满发或抽水时，水库水位变化速率经常在5m/h以上，甚至可达8～10m/h。这种频繁的水位骤升骤降变化每天都要重复进行，对水库库岸的稳定非常不利。

（3）输水系统渗漏问题。抽水蓄能电站上、下水库间高差大，压力隧洞承受的水头通常达到几百米，为方便施工、降低造价，有不少电站的压力输水道采用钢筋混凝土衬砌的型式。在几百米水头的作用下，混凝土衬砌将发生开裂，真正起承载和防渗作用的是围岩，对输水系统沿程地形地质条件、地应力、围岩渗透、围岩水力稳定性等的勘探试验研究等是地质勘探工作的重点。

（4）开挖土石料的充分利用问题。相对于一些大型常规水电站，同等规模抽水蓄能电站的土建工程量要小一些，但由于要在上水库形成一定的库容，上水库的土石方开挖量通常相对较大，地下工程的开挖量也占较大的开挖比例，抽水蓄能电站又大多紧靠负荷中心，有的在城市附近，有的甚至位于风景名胜区，因此对各种开挖弃料予以充分利用，尽量减少土石料弃方，可以减少弃渣场占地，有利于环境保护。这就要求对各个开挖部位有针对性地开展相应的地质勘探工作，结合枢纽坝型选择对开挖料进行分析评价，达到充分、合理利用开挖土石料的目的。

抽水蓄能电站工程地质勘察一般可分为选点规划、预可行性研究、可行性研究、招标设计、施工详图设计5个阶段。在规划选点和预可行性研究阶段，应根据抽水蓄能电站的特点，对一些宏观层面的、大的工程地质问题予以重点关注，加强分析研究。只有大的问题把握住，才能有利于后续工作的开展，避免被动情况出现。从工程地质角度看，在这一阶段应重点关注以下问题：

（1）站址应选择在地质构造相对简单、区域构造相对稳定的地区，且不宜选在基岩地震动峰值加速度≥0.4g、地震基本烈度≥Ⅸ度的强震区。主要建筑物应避开活动断裂。

(2) 地形条件。上水库多利用山顶盆地、洼地、大型冲沟或已有水库等建库；下水库多利用天然河道、大型冲沟、天然湖泊、已建水库或山脚沟口附近的平原洼地等建库。较优越的地形条件为：上、下水库库盆基本封闭，库岸山体雄厚，地形完整平顺，并有较大的天然库容或有可以开挖扩库的地形；坝址区河谷宽度适当，岸坡应较平顺，沟底纵坡比降不宜过大。其中，需重点关注库周垭口分布情况及单薄分水岭地形条件。

(3) 上、下水库间应有较大的天然落差和合适的距高比（输水隧洞水平长度 L 与平均毛水头 H 的比值）。在装机容量一定的情况下，天然落差大，上、下水库的有效库容就小，大坝高度、输水隧洞洞径及地下厂房尺寸均可减小，相应的库盆工程量也小；距高比一般以在 2～10 之间为宜，距高比比较小，引水发电系统的工程量有效性较高，对节约投资有利。但较大的上、下水库高差和较小的距高比意味着地形高陡，这种情况下，一方面，上、下水库之间的边坡稳定问题往往比较突出，应进行工程地质方面的重点研究；另一方面，施工道路、施工支洞、开关站等的布置及施工难度较大，也会带来一系列边坡问题，其相应的工程地质问题应予以重视。

(4) 布置输水隧洞及地下厂房等大型洞室群的山体应整体稳定，并有足够的上覆岩体厚度和弱风化～新鲜的较完整、弱微透性岩体。沿线山体应能够承受巨大的内水压力，且不产生大的渗漏量，一般要求上覆岩体厚度（包括侧向岩体厚度，h）与隧洞内最大静水头（P）的比值不小于 0.6，即 $\frac{h}{P}\geqslant 0.6$，或满足《水工隧洞设计规范》(DL/T 5195—2004) 推荐的上覆岩体最小厚度计算公式 $\left(C_{RM}=\frac{h_s\gamma_w F}{\gamma_R \cos\alpha}\right)$ 的计算值。此外，还应对上下水库进出水口地形地质条件进行分析。

(5) 对站址的建筑材料料源及开挖料的综合利用进行分析。

鉴于抽水蓄能电站的工程特征和运行特点，对上、下水库的建坝建库、输水发电系统的要求高于常规水电工程，需要更深入地研究主要的工程地质问题。因此，抽水蓄能电站工程的地质勘察除遵循常规水利水电工程的勘探试验方法、手段外，还需根据抽水蓄能电站的特点，采用一些特殊的勘探试验方法和手段来进行勘察试验工作，例如钻孔快速或慢速高压压水试验、钻孔水压致裂法二维及三维地应力测试、围岩的收敛变形试验、地震动效应的实际模拟测试、覆盖层边坡模拟抽水蓄能电站运行条件下的现场原位观测模型试验以及地下厂房长探洞、深钻孔等。同时勘察各阶段工作量的布置重点、时机及工作深度要求等也有别于常规水电站。

几座抽水蓄能电站的主要工程地质问题见表 5-1-1。

表 5-1-1　国内几座抽水蓄能电站的主要工程地质问题一览表

工程名称及规模	最大水头(m)	上水库	下水库	输水发电系统	天然建筑材料
天荒坪(6×300MW)	567.0	山顶沟源洼地建库，存在水库渗漏及全风化岩层的利用问题。运行初期曾出现库盆沥青混凝土开裂问题	拦截天然河道建库，河谷山体陡峻，存在库岸边坡的稳定问题。施工期出现“3·29滑坡”	高压隧洞围岩及岩脉接触带的渗漏及渗透稳定问题；NNE 向节理对地下厂房等边墙的稳定有影响	天然粗骨料缺乏，利用洞挖料人工轧制（熔结凝灰岩），细骨料购买商品砂
泰安(4×250MW)	253.0	利用樱桃园沟建库，存在右岸及 F_1 断层的渗漏和渗透稳定问题	利用已建大河水库改建，存在坝基河床冲洪积层的渗漏及渗透稳定问题	NE～NEE 向节理、断层的渗透稳定问题；NW 向岩脉对地下厂房上游边墙的稳定有影响	天然粗骨料缺乏，利用洞挖料人工轧制（混合花岗岩），细骨料购买商品砂

续表

工程名称及规模	最大水头（m）	上水库	下水库	输水发电系统	天然建筑材料
宜兴（4×250MW）	410.8	山顶洼地，存在水库渗漏、软弱夹层对库岸及坝基稳定的影响	冲沟沟口，存在全风化岩脉段库岸稳定问题。需采取补水措施	层状结构岩体对高压隧洞、地下厂房稳定的影响；高压隧洞围岩的渗漏及渗透稳定问题	天然砂砾料缺乏，采用人工骨料（石英岩状砂岩）轧制粗、细骨料
宝泉（4×300MW）	562.5	冲沟沟源，水库存在岩溶渗漏及坝基深厚冲洪积层的利用问题	利用已建宝泉水库加固改建	高压隧洞古风化壳及石英岩状砂岩的渗漏及渗透稳定和施工、运行期涌水问题	天然砂砾料缺乏，龟山滑坡体灰岩人工骨料料源的岩溶及质量问题
桐柏（4×300MW）	285.7	利用已有水库加固改建	利用河道支流建库，河床 F_1、F_4 区域断层及右岸泥岩趾板地基的压缩变形及断层的渗透稳定问题	沿 NE 向张性断层的集中渗透问题	天然骨料中的软弱颗粒对混凝土强度的影响
响水涧（4×250MW）	217.0	山顶冲沟。存在南、北垭口断层带渗漏问题	山前湖荡洼地开挖围堤，存在岸坡稳定、开挖料的利用、软土地基稳定问题	花岗岩中节理、断层等结构面组合的局部稳定问题及蚀变带的渗透稳定问题	天然砂砾料缺乏，采用花岗岩人工骨料
仙游（4×300MW）	459.0	全风化熔结凝灰岩库岸的稳定问题	河床 F_{38} 断层带的渗透稳定及不均匀变形问题	地下厂房存在 f_{41} 断层、局部节理的不利组合块体的稳定问题，岔管部位局部存在节理发育带的渗透稳定问题	上水库人工骨料石料场，全强风化厚层，具囊状风化，无用剥离层厚度大
琅琊山（4×150MW）	171.8	岩溶地区冲沟交汇处建库，中厚层灰岩库岸的岩溶渗漏问题	利用已建的滁州城西水库	花岗闪长岩蚀变带及陡倾角薄层灰岩对地下洞室围岩稳定的影响	采用灰岩轧制混凝土粗、细骨料
十三陵（4×200MW）	450.0	西库岸外坡沿 f_{207}、f_{212} 缓倾角软弱夹层存在滑动问题。施工期间库内边坡产生过滑坡和蠕变	利用已建的十三陵水库。库尾沿古河道砂砾石层向库外的渗漏问题	2 号高压斜井 F_{20} 陡倾角断层破碎带的突水、涌泥及大体积塌方	—
西龙池（4×300MW）	640.0	岩溶地区冲沟沟源建库，存在岩溶渗漏及沿构造破碎带的集中渗漏问题	岩溶地区沟口洪积扇上建库，洪积、崩坡积物深厚，渗漏问题严重	断层、岩溶对地下洞室围岩稳定的影响和输水隧洞的岩溶渗漏问题	溶洞及溶蚀宽缝充填物对筑坝堆石料及人工混凝土骨料质量的影响
广州（4×300MW）	610.0	—	—	花岗岩蚀变岩体对地下洞室围岩稳定的影响及裂隙岩体的渗透稳定	—
溧阳（4×300MW）	290.0	山顶冲沟。分水岭单薄，水库渗漏问题突出	平缓的残丘阶地上开挖成库。风化破碎、蚀变岩体库岸的稳定问题	断层、层间软弱带对地下厂房围岩稳定的影响	天然砂砾料缺乏，采用灰岩轧制混凝土粗、细骨料

第二章

区域构造稳定及地震

区域构造稳定及地震研究包括：① 区域地质构造背景（区域地貌、地层、构造、新构造活动及变形、地球物理场及深部构造、区域构造应力场、区域地震活动）研究；② 工程近场区断层活动性研究；③ 收集、核查和分析地形变、历史地震和现代地震资料，研究工程近场区地震活动特征，进行地震危险性分析，确定地震动参数和地震基本烈度；④ 地震动效应研究（高山动力反应）；⑤ 根据地质构造、深部构造、地应力、地形变测量、断层活动性和地震活动等综合分析，确定工程近场区和场址区的构造稳定程度。

区域构造稳定及地震危险性评价是工程抗震设计的重要依据，选点规划阶段主要是了解、收集区域的地质及地震资料，根据《中国地震动参数区划图》(GB 18306—2001) 确定地震动参数。区域构造稳定性分析与评价工作应在预可行性研究阶段完成，因此本阶段需在进一步收集区域地质、地震资料的基础上，重点对区域构造背景进行研究，查明近场区的区域断裂分布及活动性，并对区域构造稳定性及地震危险性进行评价，确定地震动参数和地震基本烈度。可行性研究阶段根据需要补充区域构造稳定性评价。

对于抽水蓄能电站而言，区域构造稳定性涉及上、下水库（坝）和输水系统等建筑物，对工程设计有直接影响的问题是地震动参数及其地震基本烈度和建筑物区的活动断裂分布情况。

地震动参数的大小和活动断裂分布直接关系到建筑物的安全，并对工程投资产生重大影响。现行的《水力发电工程地质勘察规范》(GB 50287—2006) 规定，坝址不宜选在震级为 $6\frac{3}{4}$级及以上的震中区或地震基本烈度为Ⅸ度以上的强震区，大坝主体工程不宜建在已知的活动断裂上。因此，无论从工程安全的角度考虑，还是从工程投资的角度考虑，在抽水蓄能电站规划选点时，应尽量避开在高地震烈度区和主体工程有活动断裂分布的区域。

抽水蓄能电站均需进行区域构造稳定性评价，评价范围包括上、下水库（坝）和输水发电系统；遵循的标准为《水力发电工程地质勘察规范》(GB 50287—2006)、《水电水利工程区域构造稳定性勘察技术规程》(DL/T 5335—2006)、《工程场地地震安全性评价技术规范》(GB 17741—2005)。评价内容除进行常规的区域构造背景研究、断层活动性鉴定、地震安全性评价外，还需重点研究上、下水库（坝）和上水库位于孤立的峰顶夷平面时的地震高程效应。

上水库（坝）区的地震动高程效应分析，一般采用山体振动测试和二维波动有限元法。

张河湾、呼和浩特、西龙池和板桥峪 4 个抽水蓄能电站在上水库地震动放大系数的振动测试方面进行了一些探索。采用了人工激振法：测量山体沿高度的振动放大情况，即利用人工爆破，如以平洞开挖爆破为振源，沿上、下水库间山坡的不同高程布置传感器（水平、垂直拾振仪）接收振动信号，经数据处理，得出沿山坡不同高度，主要是指上水库筑坝处振动相对于下水库或河谷谷底的放大倍数。环境振动（脉动）法：测量山体在环境振动下的响应，并用随机信号数据分析的方法，确定山体在小振幅情况下的动态特性——各阶频率、振型和阻力比。

宝泉、宜兴、句容及马山抽水蓄能电站采用二维波动有限元法，将不同概率水准下满足场址区地震动三要素的具有场址区基岩地震动特征的地震动加速度时程作为基岩地震动输入，对山体剖面进行二维有限元时程反应分析，求得各节点在不同概率水平下的水平、垂直方向的动力反应最大加速度值、最大位移值和地振动时程。由山体的地质剖面和各构成岩层的物理力学试验指标建立二维计算模型，输入地震波采用基岩地震危险性分析得出的不同概率下的人造地震波。

多个工程的地震高程效应分析表明，由于场地的高程差异导致的地震动效应差异是存在的（见表5-2-1），造成差异的因素除与地形高程有关外，还与地层岩性和岩体产状有关。

表 5-2-1　地震高程效应现场测试及有限元计算主要成果表

工程名称	上水库坝基相对高程（m）	地质条件	振动基本周期（s）	阻力比	振动放大倍数	山顶地震动水平加速度峰值（g）
张河湾	355	下部变质安山岩，块状结构；上部为石英砂岩等，缓倾层状结构	0.3	0.05	1.83	0.300
呼和浩特	578	片麻状花岗岩，块状结构	0.35	0.05	2.20	0.430
西龙池	685	灰岩为主，下部为页岩，缓倾层状结构	0.14	0.05	1.74	0.270
板桥峪	350	花岗岩，块状结构	0.5	0.03	1.83	0.280
宝泉	520	上部为缓倾层状结构的灰岩、页岩、砂岩；下部为块状结构的花岗片麻岩	—	—	1.12	0.153/0.172
宜兴	318	砂岩、粉砂岩，中倾角层状结构	0.24	0.05	1.33	0.123/0.163
句容	232	灰岩、白云岩，中倾角层状结构	0.36	0.05	1.12	0.171/0.192
马山	140	砂岩、粉砂岩，中倾角层状结构	0.37	0.05	1.37	0.102/0.140

注　山顶地震水平加速度峰值均为输入50年超越概率10%7度人造地震波的计算结果（张河湾、呼和浩特、西龙池和板桥峪的成果摘自《中国水力发电年鉴（第六卷）》）。

由于地震安全性评价是一项复杂和专业性很强的工作，目前一般委托有资质的单位按规程要求进行专题研究，为设计提供地震动参数及相应的地震基本烈度及设计反应谱等。

第三章

上　水　库（坝）

3.1　工程地质特点及主要工程地质问题

为获取较大的水头，抽水蓄能电站上水库多选择在山顶盆地、洼地、大型冲沟沟源等处建坝成库，因此，上水库工程一般具有以下特点：

（1）地形地质条件复杂。库周地形陡峻，坝基地形一般纵向坡降大；岩体风化带及卸荷带厚度较大；岩体透水性较强，山脊地下水位埋藏深。往往在斜坡、覆盖层、全风化岩体上建坝，坝址位置选择余地不大，水库、坝基渗漏问题突出。

（2）库盆多为人工边坡。受地形条件、水库水位变幅及装机容量要求的限制，在上水库的天然库容不能满足要求的情况下，为获得更多的有效库容，需对库盆进行开挖扩容，可能形成大范围的人工工程边坡，边坡稳定与相应的库盆防渗处理较突出。

（3）坝型一般为当地材料坝。库盆进行开挖扩容后，将产生大量的弃渣，弃渣需占用大量土地，同时也对环境带来不利影响；天然砂砾料场运距一般都比较远，作为工程使用经济上也不尽合理。为充分利用工程弃渣，达到少占土地、保护环境和节省投资的目的，上水库筑填料源一般就地取材，充分利用开挖料进行筑坝，以实现挖填平衡。为此，应了解开挖料的性状和适用的坝型。

（4）运行期间水库水位骤升骤降，日变幅大，库岸稳定问题突出。

（5）有效库容较小，既不允许水库有较大的渗漏量，也不允许水库产生大量淤积。抽水蓄能电站是利用电网的谷电来抽水，水库大量渗漏是十分不经济的，渗漏还会对库岸山坡稳定带来危害，增加地下厂房区的排水量；水库产生大量淤积，将使水库过早地失去其应有的功能，同时对水轮机叶片造成磨蚀，影响机组寿命。

因此，抽水蓄能电站上水库对水库淤积、库岸边坡稳定及水库防渗的要求高于常规电站水库。就水库、大坝而言，水库、坝基的渗漏及防渗处理问题，库盆内、外边坡稳定问题，库盆开挖料与筑坝材料的挖填平衡问题，位于较强地震区的高山水库的地震效应问题等，是上水库（坝）存在的主要工程地质问题，也是各勘察阶段关注的重点。

3.2　地质勘察的主要内容及方法

地质勘察的主要内容包括：库（坝）区的地形地貌、地层岩性、地质构造、岩体风化及卸荷、地下水位、岩（土）体的透水性及物理力学性质以及不良物理地质作用等水文地质及工程地质条件，评价库（坝）区的渗漏条件及库岸边坡、坝基（肩）的稳定性，对库岸地下水位及岸坡存在的不稳定体进行观测（如果需要）。

上水库的勘探应根据库（坝）区的地形地质条件、可能的坝型及防渗型式，分别采取地质测绘、物探、钻探、洞探、井探、坑槽探及必要的室内、现场物理力学性质试验等勘探手段，达到查明库（坝）区的渗漏条件、库岸稳定条件及坝基稳定条件的目的。

为满足地质测绘的精度要求，在覆盖较厚的地区，需加大坑槽探的工作量，以弥补基岩露头的不足。库岸的勘探应结合库内石料场的勘探进行。一般来说，层状结构岩体构成的库岸、坝基，可能存在多层含水层和有软弱岩（夹）层分布，水文地质、工程地质条件尤其复杂，应以钻探、洞探、井探为主，坑槽探、物探为辅，勘探线（点）间距宜取不同勘察阶段规范规定的下限值；块状结构岩体构成的库岸、坝基，一般水文地质、工程地质条件相对简单，应以钻探、物探为主，洞探、井探为辅，勘探线（点）间距可取不同勘察阶段规范规定的上限值；坝基部位的钻孔深度一般按相对隔水层控制（透水率 $q=1$Lu 或 3Lu），岸坡的钻孔、平洞深度按库底高程或边坡设计开挖线或相对隔水层及稳定地下水位控制。

（一）水库渗漏

水库渗漏勘察内容应包括：① 库区的地形地貌特征，库周地形分水岭的形态、宽度，沟谷切割情况；地形垭口与岩性、构造及库外山坡冲沟的关系；② 地层岩性的分布及特性，风化程度及卸荷深度；③ 库区地质构造条件，褶皱、断层、节理的发育分布特征，岩体的完整性等；④ 水文地质条件，包括岩体的透水性、地下水位、相对隔水层埋深及高程，井、泉水的分布位置、高程，断层破碎带的透水性，地下水的补排关系、地下水的空间分布特征；⑤ 对水库渗漏问题及渗漏给环境造成的影响进行分析评价，估算天然库盆渗漏量，提出防渗处理措施的建议。

上水库多选择在山顶盆地、洼地、大型冲沟沟源等处，库周地形陡峻且有可能较为单薄，构造发育，风化、卸荷岩体厚度大，库周山脊地下水位及岩体相对隔水层埋藏深，加之受库盆开挖的影响，库岸山脊更显单薄，其水库渗漏问题突出。一般抽水蓄能电站的上水库库容较小，且多无天然径流补给，水库不允许有大的渗漏量，日渗漏量一般要求不大于总库容的 0.5‰，因此库盆多采用可靠的水平防渗型式（钢筋混凝土面板或沥青混凝土面板或与土工膜、黏土铺盖、垂直帷幕相结合的复合防渗型式等），其防渗工程的投资可占到上水库总投资的 1/3 以上。根据水库不同的地形、水文地质及工程地质条件，库盆防渗可分为不防渗或仅局部防渗水库、半库盆水平防渗水库和全库盆水平防渗水库 3 类。目前国内已建或在建抽水蓄能电站的上水库采用全库盆水平防渗的有十三陵、天荒坪、西龙池、张河湾、宜兴、宝泉等抽水蓄能电站；采用半库盆水平防渗的有泰安、洪屏等抽水蓄能电站；采用垂直防渗为主，水平铺盖为辅的有琅琊山等抽水蓄能电站；不防渗或仅局部防渗的有桐柏、响水涧、仙居、仙游、广州、白莲河等抽水蓄能电站。

由于抽水蓄能电站上水库防渗要求高，因此在勘探工作布置上与常规水电工程也存在一定差异。

为查明库区的地形地貌特征、地层岩性分布特性、地质构造条件及水文地质条件，首先应进行水库区的工程地质测绘，测绘比例尺视库盆大小、地质条件复杂程度而定，一般选用 1∶1000～1∶2000；测绘范围包括整个库区及库外邻谷，在初步了解库区基本地质条件的基础上，沿分水岭、地形垭口布置钻探工作。必要时，可在主要渗漏地段的库内、外侧山坡布置钻孔，形成垂直于库岸的横剖面，重点查明库内、外泉（井）的出露位置、高程、水量及动态，以及库岸岩体的透水性、含（透水）水层及相对隔水层的分布特征、地下水位与水库正常蓄水位的关系等，分析可能产生渗漏的地段，并将可能渗漏地段的钻孔设置为地下水位长期观测孔，为库区的防渗设计提供地质依据。在选点规划至可行性研究阶段的实际勘探布置中，钻孔多沿库周山脊线布置，钻孔间距随勘察阶段不同，由点到线，逐渐加密，重点是库岸单薄分水岭、山脊垭口、库底、风化卸荷带、喀斯特通道、强透水岩层及大的断层带部位，勘探点间距 50～100m，钻孔深度应进入稳定地下水位或库底高程以下 20～30m，并应进入相对隔水层（岩体透水率 $q \leqslant 1$Lu 或 3Lu）以下 10～15m，基岩钻孔均应进行压水试验和列为地下水位长期观测孔，地下水位长期观测孔的观测时间应不少于1个水文年，必要时可进行连通试验。对于需采取垂直帷幕防渗的库岸段，若沿库岸设置了环库公路，为方便施工，则防渗帷幕多沿公路内侧布置，因此在招标阶段的勘探孔主要沿帷幕线布置，钻孔间距、孔深按坝基的勘探要求进行。

（二）库岸稳定

库岸边坡勘察内容应包括：① 岸坡的地形地貌特征（坡高、坡向、坡度及沟谷切割情况等）；② 组成岸坡的地层岩性分布及结构特点，层状结构岩体尤其应查明岩层的产状、软弱夹层的分布及与岸坡的关系；③ 断层、节理的产状、性状、连通性及发育分布规律，尤其应重视顺坡缓倾角结构面的性状及发育分布规律；④ 岩体的风化卸荷程度、厚度，以及不良地质作用的分布、规模，岸坡现状等；⑤ 地下水动力条件；⑥ 进行边坡岩（土）体物理性质测试，尤其是对控制边坡稳定的软弱夹层的变形特性和不同条件下的抗剪强度进行研究；⑦ 对边坡进行工程地质分类和岩体质量分级；⑧ 分析各类结构面及其组合与边坡间的关系、可能的变形破坏形式，对水库蓄水前后库岸的稳定性进行分类和评价，对可能失稳的库岸进行模式、机制及危害性分析，提出防护处理措施的建议。

按构成边坡岩（土）体的性质可分为岩质坡、土质坡（包括全风化岩石构成的边坡）两类，目前国内已建或在建抽水蓄能电站的上水库库岸边坡多为人工开挖形成的岩质坡，部分则岩质坡、土质坡兼有，其次多为未经人工开挖的自然库岸边坡，类似这样的情况，往往上水库库盆范围较大，如洪屏、仙游、广州等抽水蓄能电站。

库岸稳定地质勘察应结合水库区、库内石料场的地质勘察进行，勘探手段应以地质测绘、钻孔、平洞或竖井为主，并辅以综合物探、坑槽探及必要的试验，层状结构边坡更为复杂，勘探工作量适当增大，并应以钻孔、平洞或竖井为主。为查明库岸边坡的稳定条件，首先应进行库岸边坡的工程地质测绘，地质测绘要求与水库渗漏勘察基本相同，但重点是潜在不稳定库岸和变形破坏体及其周围有影响的地段，包括库外岸坡一定范围；然后根据地质测绘结果，对库岸天然边坡、工程边坡、水上和水下边坡以及单薄分水岭外侧边坡的地质条件进行勘察，重点是查明影响边坡稳定的结构面特性、水位变幅带边坡稳定条件、库水对软弱结构面和软弱岩体渗透稳定性的影响、潜在不稳定库岸和变形破坏体的稳定条件，勘探孔、洞（井）的间距50～100m，其深度应结合加固处理的要求，满足稳定性评价和确定锚固端位置或抗滑桩深度要求，对控制库岸稳定的主要岩（土）层、软弱夹层或滑动面（带）应取原状样进行黏土矿物成分和物理力学性质试验，必要时进行软弱夹层或滑动面（带）的现场剪切试验、建立地下水位观测和潜在不稳定库岸、变形破坏体的地表或地下深部监测网。

（三）坝基

坝址区的勘察内容应包括：① 坝址区的地形地貌特征；② 组成坝基的地层岩性分布及结构特点，层状结构岩体尤其应查明岩层的产状、软弱夹层的分布等；覆盖层的成因、组成、分布及性状等；岩脉的分布、风化、蚀变特征及接触带的性状等；③ 断层、节理的发育分布规律及产状、宽度、性状等，尤其应重视缓倾角结构面的性状及发育分布规律；④ 岩体风化及卸荷程度、厚度，以及不良地质作用的分布、规模，岸坡现状等；⑤ 坝基区的水文地质结构，岩体渗透性、地下水位、相对隔水层埋深等水文地质条件，对可能导致坝基强烈漏水和产生渗透变形破坏的集中渗漏带应予重点查明；⑥ 对坝基岩（土）体进行室内及现场物理力学性质试验；⑦ 对坝基抗滑稳定、不均匀变形、渗漏及渗透变形进行评价，对坝基可能失稳的模式、机制及危害性进行分析，提出防护处理措施的建议。

根据建基面的性质可分为岩基和土基（包括全风化岩体）两类。目前，大部分抽水蓄能电站上水库大坝都建在岩基上，少部分坝基由于全风化层或冲洪积层深厚，而将大坝置于土基上，如宝泉抽水蓄能电站上水库主坝建在冲洪积的砂砾石层上，天荒坪抽水蓄能电站上水库的主坝、副坝建在全风化岩层上等。

抽水蓄能电站上水库部分坝址区的地形纵向坡度较大，部分坝址区覆盖层厚度大，受断层、岩脉等影响，岩体破碎、风化深、相对隔水层及地下水位埋深大。虽然上水库大坝多采用当地材料坝，对地基不良地质条件有较好的适应性，但是坝基的抗滑稳定、不均匀变形、渗透稳定及坝基渗漏等仍是勘察过程中不容忽视的问题，尤其是建在斜坡上的坝，存在斜坡本身的稳定性和堆石体与斜坡面的稳定性问题。因此，勘察阶段须根据坝址区的地形地质条件、可能的防渗型式及可能的坝型，采取不同的勘探手段和方法，按勘察阶段由点到线、由线到面、逐步加密的原则，以查明坝址区的地层岩性、断层、节理、风化卸荷、软弱夹层、岩体的透水性、相对隔水层及地下水位埋深等工程地质及水文地质条件，对建坝存在的主要工程地质问题进行分析评价。

抽水蓄能电站坝址区的勘察与常规水电站坝址区的勘察方法和布置原则基本相同，一般应以地质测绘、坑槽探、钻探为主，对层状结构岩体构成的坝基需布置平洞、竖井，块状结构岩体构成的坝基一般可少布置竖井、平洞，为查明断层或进行试验，亦可布置必要的勘探平洞、竖井。深覆盖层坝基必须布置竖井。视需要可辅以地震法、综合测井、钻孔间 CT、孔内彩色电视等综合物探手段。开展岩（土）体物理力学性质的室内试验及现场原位测试，如软弱夹层的抗剪、岩体变形试验；覆盖层的动力触探、钻孔旁压、载荷、剪切、渗透变形及室内大三轴压缩试验等。勘探工作布置的重点是坝轴线及上、下游的辅助勘探线、趾板线等，主要勘探线上的基岩钻孔均应进行压水试验，孔深应进入相对隔水层（$q\leqslant$ 1.0Lu 或 3.0Lu）以下 10～15m，两坝头及部分坝基的钻孔需设置为地下水位长期观测孔，孔深应进入稳定地下水位以下 20m 左右。

（四）库盆

抽水蓄能电站上水库采用全库盆防渗或半库盆防渗时，因防渗面板、库底排水廊道地基的差异性、不均匀性而产生的不均匀沉降，易引起上部面板、廊道开裂，致使库水沿裂缝产生渗漏，进而影响坝基、库盆地基及库岸边坡的稳定性。因此，库盆勘察的内容主要包括：① 覆盖层的成因、组成、厚度、分布及性状等；② 岩脉的分布、风化蚀变特征及接触带的性状等；③ 主要断层及破碎带的位置、宽度、性状等；④ 岩体的风化卸荷程度、厚度等；⑤ 主要岩（土）体的物理力学性质；⑥ 对盆基的不均匀变形问题进行评价，提出处理措施的建议。

库盆的勘探可结合库盆防渗设计方案比较进行，宜安排在可行性研究阶段的后期或招标阶段进行，勘探工作的布置应结合库岸边坡、坝址区及库内料场的补充勘探进行，以物探、钻探为主，并辅以必要的室内岩（土）物理力学性质试验和室外钻孔原位测试。勘探工作量的大小及勘探点、线的间距应根据库盆地基地质条件的复杂程度、防渗结构型式、排水廊道的轴线位置等确定，重点放在覆盖层、全～强风化岩层分布区，循序渐进、逐步深入。钻孔孔深以揭穿覆盖层、全～强风化层即可。

3.3 主要工程地质问题及评价

（一）水库渗漏分析与评价

水库渗漏主要侧重于定性分析，定量分析作为辅助和参考。定性分析主要从以下几个方面进行：

（1）库周的地形地貌条件；

（2）库岸岩体的透水性、完整性、岩体结构类型及构造封闭条件；

（3）库周地下水露头的出露位置、高程，以及稳定的地下水位、相对隔水层（$q\leqslant$1Lu 或 3Lu）与设计正常蓄水位的关系；

（4）通向库外的断层、裂隙密集带、岩脉、古风化壳等，相应的透水性及地下水位；分析计算日渗漏量。考虑渗漏对库岸山坡、地下洞室围岩及衬砌稳定的影响，以及对地下厂房运行的影响。

水库的渗漏量估算一般在定性分析的基础上，对存在永久性渗漏的地段进行。由于库岸水文地质结构、渗流特性及边界条件极其复杂，渗漏地段的渗漏量难以准确估算。实际计算过程中，需要对库岸水文地质结构、渗流特性及边界条件进行一定的概化和假定，使之接近和基本符合达西渗流公式的使用条件，然后根据达西渗流公式（$V=k\cdot i$ 或 $Q=k\cdot i\cdot s$）对渗漏量进行估算。

（5）渗透系数 k 值的选取。

渗透系数是渗漏量计算的关键参数。考虑到各透水层的不均匀性和各向异性特点，渗透系数（k）可采用钻孔压水试验成果或其他水文地质测试成果经统计分析后的加权平均值或大值平均值。

同一地区岩体钻孔压水试验吕容值（Lu）与渗透系数（k）之间的换算。当试验段位于地下水位以下，透水性较小（$q<10$Lu），P—Q 曲线为 A（层流）型和 B 型（紊流）时，岩体的渗透系数可按《水电水利工程钻孔压水试验规程》（DL/T 5331—2005）附录 D 推荐公式换算：

$$k=\frac{Q}{2\pi HL}\ln\frac{l}{\gamma_0}$$

式中 k——岩体渗透系数，m/d；

Q——压入流量，m^3/s；

H——试验水头，m（可由试验压力 p 换算成水头）；

l——试验段长，m；

γ_0——钻孔半径，m。

考虑到常规压水试验的段长多为 5m，孔径多为 56mm，则上述公式也可近似简化为 $k\approx 0.012q$（层流时，$q=\frac{Q_3}{lp_3}$；紊流时，$q=\frac{Q_1}{lp_1}$）。

断层、裂隙密集带及一般裂隙岩体的渗透系数获取。泰安抽水蓄能电站在可行性研究阶段利用钻孔——平洞连通试验、钻孔出水量与水头的关系、地下厂房勘探平洞总出水量及钻孔压水试验成果 4 种方法求取。然后，结合断层、裂隙发育程度、水文地质结构特点，综合给出断层带、裂隙密集带和一般裂隙岩体的渗透系数。

水平层状结构裂隙岩体渗透系数的获取，宝泉抽水蓄能电站可行性研究阶段利用泉水观测资料、钻孔压水试验成果及室内试验成果 3 种方法求取。

（6）水力坡降 i 值的选取。

选取、绘制各渗漏地段典型的水库渗漏计算纵、横剖面图，渗漏地段的水力坡降 $i=(H_1-H_2)/L$，其中 H_1 为水库的正常蓄水位，H_2 为库外排泄点的高程，L 为库水位边线到库外排泄点间的水平距离。

（7）渗漏面积 S 值的选取。

渗流面积 S 则为渗漏地段岩体相对隔水层（$q\leqslant 1$Lu 或 3Lu）以上至水库正常蓄水位之间的面积，即为渗漏地段的长度 B 与透水岩层的平均厚度 h 的积。B 值一般取典型水库渗漏计算横剖面图上水库正常蓄水位与最低稳定地下水位或按相对隔水层的交点之间的距离（$q\leqslant 1$Lu 或 3Lu）。h 值一般取典型水库渗漏计算纵剖面图上正常蓄水位线与库外排泄点处透水岩层厚度之平均值。

（二）库岸稳定性分析与评价

库岸稳定性分析一般分有定性分析和定量分析两部分，在定性分析和定量分析的基础上进行综合分析、判断和评价。

定性分析的方法包括自然历史分析法、工程地质类比法、图解分析法和岩体质量分级法。在进行库岸边坡稳定现状的定性分析时，主要考虑以下几个方面的因素：

（1）库岸边坡的地形地貌条件、坡面形态及冲沟发育切割情况。

（2）构成库岸边坡的地层岩性条件及岩（土）体的性质、风化程度。

（3）断层、节理及软弱夹层的发育程度，延伸性、充填物性状等。

（4）边坡岩体的完整性及岩体结构类型，各种结构面及切割组合，与库岸边坡的关系。

（5）岩（土）体的透水性、地下水位及库水位的变化情况。

（6）降雨及边坡开挖情况。

（7）库岸边坡的现状：在定性分析的基础上，对各库岸段可选取代表性的剖面进行定量分析计算，尤其对工程安全有威胁的潜在不稳定体和变形破坏体，应重点进行稳定性分析计算。分析方法包括有限元法和极限平衡分析法，一般采用极限平衡分析法。

（8）计算的边界条件：构成潜在不稳定体和变形破坏体的边界包括：构成可能的滑动面（带）的顺坡缓倾角断层、裂隙和软弱夹层等，构成侧向、后缘切割面的断层、裂隙、岩脉及深切沟谷等，以及构成临空面的断层、风化岩脉及沟谷形态等。

（9）受力条件：作用在库岸边坡潜在不稳定体和变形破坏体上的力主要包括自重、动（静）水压力、扬压力、浮托力、库水压力、工程荷载等，在地震动峰值加速度值较高的地区还需考虑地震荷载的影响。由于上水库多采取全库盆水平防渗型式，因此，水库蓄水后产生的库水压力对库岸的稳定是有利的，但对库外边坡则不利。

（10）计算参数：包括构成边坡岩（土）体的主要物理力学参数，构成滑动面、控制性结构面的顺坡缓倾角断层、裂隙和软弱夹层的抗剪强度参数和岩（土）体的变形特征参数。抗剪强度参数可根据室内和现场抗剪试验成果，结合工程类比、反演分析成果等综合分析确定。

抽水蓄能电站的上水库多为一、二等工程，所影响的水工建筑物级别一般较高，因此抽水蓄能电站上水库库岸一般属1、2级边坡，不允许边坡有变形和失稳现象。根据《水电水利工程边坡工程地质勘察技术规程》（DL/T 5337—2006）的规定，在荷载基本组合（正常运用）条件下的最小抗滑稳定安全系数一般为1.15～1.30。

通过定性分析和定量分析，预测库岸失稳的机制、规模，并对工程的影响和危害进行评价（施工、运行期），提出防治措施和长期监测方案的建议。

（三）坝基工程地质问题及评价

坝基工程地质问题包括：坝基岩体的质量，坝基变形、抗滑及渗透稳定，坝基渗漏。

（1）坝基变形分析：影响坝基不均匀变形的地质因素主要有岩质类型、地质构造、岩体结构、受力状态等。岩性软硬不均、岩体结构差异显著的坝基，以及存在宽度或厚度较大的断层、软弱夹层、裂隙密集带、风化岩脉、蚀变岩带、风化夹层及卸荷岩体带等情况的坝基，易产生不均匀变形，应予以重视。坝基岩体的变形模量、弹性模量及泊松比等，应结合岩体结构类型、坝体受力方向、量级大小等，进行原位测试，并与通过岩体弹性波纵波速得出的模量进行相关性分析，建立相关关系。模量值的选取应结合原位测试成果、岩体结构类型及工程类比提出。

建基面的选择应结合岩体工程地质分类、坝型、坝高及处理的难易程度，在满足大坝安全稳定的基础上，综合确定，并提出建议开挖深度。对于抽水蓄能电站大坝而言，坝高一般都在100m以内，坝型多为当地材料坝，因此，坝基岩体承载力一般都可满足要求，不是建基面选择的控制性因素。

（2）抗滑稳定性评价：在研究岩体结构的基础上，分析构成浅层、深层滑移块体组合的边界条件，需对构成坝基滑移块体边界的缓倾角断层、裂隙密集带、软弱夹层及岩脉的产状、性状、延伸性、连通率等进行深入研究，提出坝基岩体控制性滑移组合模式及相应的抗剪（断）强度参数，配合设计进行抗滑稳定性验算，并对不确定性条件［如连通率、抗剪（断）强度参数等］进行敏感性分析。

计算参数应根据室内和现场抗剪（断）强度试验成果，结合计算边界的具体地质条件、结构面的性状和工程类比等综合分析确定。

（3）渗透稳定性评价：坝基岩体内的软弱夹层、断层带及宽大夹泥裂隙在长期渗透水流作用下，将产生颗粒位移和局部掏空现象，进而使坝基产生破坏。其渗透稳定性评价应在查明软弱夹层、断层带及宽大夹泥裂隙的分布、性状、组成物质成分的基础上，通过试验确定渗透变形参数，结合坝基的水文地质条件、蓄水前后坝基渗流场变化，进行渗透稳定性评价。评价一般从以下几个方面进行：

1）根据坝基岩（土）体类型和软弱夹层、断层带及宽大夹泥裂隙的分布、性状，分析产生渗透变形的可能性；

2）在上述分析的基础上，进行渗透变形类型的判别和临界水力坡降、允许水力坡降的确定；

3）研究、预测蓄水前后坝基渗流场及渗透压力的变化，确定实际的水力坡降；

4）评价坝基岩（土）体的渗透稳定性，提出防治处理的工程措施建议。

（4）坝基渗漏评价：岩体中的断层、裂隙是坝基产生渗漏的主要通道，其发育程度、产状、延伸长度、连通性及充填物性状差异，直接表现在水文地质参数的差异上。除此之外，坝基岩体中存在岩溶地层时，亦可造成坝基渗漏。坝基渗漏量过大，一方面会恶化坝基岩体的性状，进而造成坝基的失稳破坏，另一方面会影响工程的效益。抽水蓄能电站上水库大坝多采用当地材料筑坝，并不允许坝基有过大的渗漏，因此，坝基的防渗要求往往高于一般的水电工程，防渗标准在考虑坝高、坝型、水库是否存在天然补给源、渗漏的危害性等因素的同时，一般按透水率 $q \leqslant 1.0$Lu 控制，对部分有天然补给水源的上水库也可按透水率 $q \leqslant 3.0$Lu 控制。坝基渗漏评价应在查明坝基岩体结构类型、软弱夹层、断层带及裂隙的发育分布特征、性状、岩溶发育条件以及坝基水文地质结构、相应的水文地质参数、两岸地下水位、蓄水前后坝基渗流场变化的基础上，进行坝基渗漏评价。评价一般从以下几个方面进行：

1）根据坝基岩体的结构类型、断层及裂隙的发育程度、岩溶发育情况、岩体的透水性、相对隔水层及两岸稳定地下水位的分布，结合水库正常蓄水位高程进行定性分析，确定渗漏的边界条件及范围；

2）根据钻孔压水、抽水、注水试验成果等估算，并根据类似工程经验确定坝基岩体的渗透系数 k；

选取合适的坝基渗漏及绕坝渗漏计算公式，进行渗漏量计算。

（四）库盆的工程地质问题评价

库盆的主要工程地质问题之一是地基的不均匀变形。不同的防渗型式及建筑物，对变形的要求不同。沥青混凝土面板、土工膜、黏土铺盖防渗型式对库盆地基的要求较低，钢筋混凝土面板则要求较高。不均匀变形评价内容、方法与坝基一致，根据勘探成果，提出开挖处理的范围、程度及处理方法建议。

库盆的另一个主要工程地质问题是不防渗水库或垂直防渗水库的库盆清理。施工期间，库盆一般都存在大量弃渣、库岸坡存在危岩体、全风化土体、覆盖层及植被等，受动水位的影响，岸坡上的全风化土体、覆盖层、危岩体等可能产生失稳而进入库内。一方面将侵占水库的有效库容，另一方面造成库水泥沙含量的增加，若运移至进水口，进入输水管道，将加重机组的磨损。此外，岸坡植被及施工有机质的腐烂将恶化水库水质。因此，水库蓄水前需进行了库盆清理。清理要求是剥除正常蓄水位以下的全部植被、覆盖层、坡面松渣和危岩体；清理施工期间的弃渣；在库尾和库岸各主要沟口设置拦渣设施。

3.4　工程实例

（一）天荒坪上水库

上水库位于冲沟沟源洼地，除东库岸的搁天岭、西库岸的天荒坪部位山体较宽厚外，其余库岸均由单薄的分水岭、垭口及小山头构成。地表覆盖层广布，下伏基岩为黄尖组（J_{3h}）火山碎屑岩组成，呈单斜构造，倾向西库岸。西库岸层间挤压错动带发育，断层较多，受岩性及构造的影响，风化层深厚。从岩体相对隔水层顶板埋深和地下水位长期观测资料分析，除搁天岭一带局部最低地下水位和相对隔水层顶板高于水库正常蓄水位，不具备向库外渗漏条件外，其余地段的地下水位及相对隔水层顶板均低于水库正常蓄水位，水库蓄水后将产生向库外的渗漏，但无大的集中渗漏通道。

为了查清上水库的渗漏条件，采取的勘探方法是在较大范围内进行地面地质测绘及坑槽探工作，重点查清库盆内、外地下水的出露情况及较大断层带的分布、性状；沿库岸山脊和地形垭口的内、外侧布置钻孔，并进行压水试验，了解岩体本身的透水性，形成纵横向上的勘探剖面；建立长期的地下水位观测网，查明山脊的地下水位及动态。

抽水蓄能电站的库水位每天升降变化多次，当库水位上升时，库水缓慢外渗，库水位下降时，地下水又向库内回渗补给库水，如此循环，形成稳定的地下水位浸润曲线历时非常长，达到动平衡后，最终形成的浸润曲线起点将低于正常蓄水位，因此，若采用常规水库渗漏的计算公式，明显存在其不合理性，结果可能偏大。为此，在计算水库渗漏时考虑这一因素，采用近似的计算方法，首先计算出不同蓄水位条件下，相应库周渗漏段的渗漏量（k 值为相应渗漏地段钻孔压水试验成果的加权平均值），然后绘制出渗漏量与蓄水位之间的特征曲线，特征曲线上存在明显的拐点，当库水位低于拐点高程时，渗漏量明显减少。结合库水位不同的日调节曲线，求出日平均渗漏量，最终求得全年日平均渗漏量为 $1214m^3/d$，约占总库容（919.2 万 m^3）的 0.13‰。计算结果显示渗漏量不大，但考虑到抽水蓄能电站的经济性、工程的重要性及渗漏带来的危害，建议水库的防渗结合库岸稳定、库区的清理问题一并考虑。经综合比较，选择了除进/出水口外的全库盆沥青混凝土面板防渗方案，水库运行多年来的稳定渗漏量均小于 5L/s，完全满足设计要求。

上水库采取挖填成库，地层为侏罗系上统的流纹质角砾熔结凝灰岩等，受构造、岩性的影响，全风化层厚度大，以夹大小不等的强、弱风化岩块的黏质粉土为主，可塑状，开挖后地基土的变形模量为 $E_0=7.33\sim15.72$MPa，占库底面积约 75%的全风化岩（土）体变形模量不满足大于 35MPa 的设计要求，因此，南库底大部分采取了换层、回填处理。

主坝坝基从左到右由流纹质角砾（含砾）熔凝灰岩、层凝灰岩及辉石安山岩构成，岩层缓倾右岸，倾角 8°～25°，右坝基断层发育，以 NNE 和 NNW 向为主，NNE 和 NW 向中～陡倾角节理发育。受岩性、构造控制，右岸岩体风化深厚，最厚达 40 余米。为论证其工程性能及可利用程度，主坝坝基及库盆除按网格状布置了大量钻孔外，还对全风化岩（土）进行了大量的室内物理力学性质试验，及现场载荷试验、钻孔旁压试验、静力触探试验、渗透变形试验等。勘探查明 3 种母岩的物理力学性能基本接近，并具有天然含水量高（30%～40%）、干容重低（11.6～13.4kN/m^3）、孔隙比大（1.1～1.4）、黏粒含量较高（14%～40.5%）、抗剪强度较高（约 30°）、中偏低的压缩性（E_s 为 6.94～12.84MPa），及分布不均匀、性能差异大的特征，并有随深度增加物理力学性质变好的趋势，4～6m 以下的全风化岩（土）工程地质性能明显变好，而辉石安山岩全风化土不具上述规律。

主坝虽然采用了对地基土适应性很好的堆石坝坝型，但由于全风化岩（土）性状的差异性和不均匀性，坝基仍存在全风化岩（土）层的利用、差异性沉降及渗透稳定问题。在查明全风化岩（土）层的物理力学性质、空间变化规律和大量分析论证的基础上，地质专业根据工程部位提出了不同的开挖深度建议值，即坝轴线上游开挖深度为 3.0～5.0m、谷底及右岸部分为 8.0～9.0m；下游为 1.5～3.0m、谷底及右岸局部为 3.0～5.0m；并建议设计采取调整坝体结构、延长施工沉降期等措施。从大坝建成至今，运行情况良好，说明采取的措施是正确、合理的，实现了工程安全、经济的目的。

（二）泰安上水库

上水库位于樱桃园沟尾，库盆三面环山，左岸山体雄厚，山脊高程500～600m。右岸（横岭）山体单薄，存在两处地形上的垭口，山脊高程419～500m，正常蓄水位处山体宽90～400m。出露太古界泰山群一套杂岩，主要岩性为混合花岗岩，其间穿插闪长岩脉、辉绿岩脉等。区域断裂F_1沿樱桃园沟纵贯库（坝）区，产状N45°～55°W，SW∠60°～80°，断裂带宽50～70m，由10多条NW向小断层组成，渗透系数为1.08m/d；区域断裂F_2从左岸垭口部位穿过，止于库底F_1断层。从地形地质条件分析，上水库存在渗漏问题。

为查明上水库的工程地质、水文地质条件，勘察期间除重点对库内、外井（泉）的出露情况进行调查外，还采用地质测绘、坑槽探以及沿库岸山脊和地形垭口的内、外侧布置钻孔、平洞、竖井等勘探手段，进行钻孔压水试验及断层带的连通性试验，对切过库岸的断层带、裂隙密集带的分布、性状、透水性等进行勘探查明；建立长期的地下水位观测网，查明山脊的地下水位及动态；勘探重点是右岸（横岭）分水岭。

勘探查明，上水库以F_1断裂带为界，左岸NW向节理、小断层较发育，以微～弱透水岩体为主，最低垭口（F_2断裂带）库内侧ZK62钻孔地下水位413～418m，正常蓄水位410m处山体厚约400m，且无深切邻谷分布，且岸坡存在高于正常蓄水位的常年裂隙性泉水，据此判断左岸不存在库水外渗问题。

库尾垭口有F_1断层穿过，地面高程540m，正常蓄水位410m处山体宽约1km。节理较发育～发育，库尾小山梁处的ZK19钻孔枯水期最低地下水位在409m高程以上，虽F_1断裂带沿走向的渗透性较强，但垭口与ZK19钻孔的距离远，因而地下水渗径较长，水力坡度较小。推算垭口的地下水位将高于正常蓄水位，因此分析库尾也不存在渗漏问题。

右岸NNE～NEE向节理、节理密集带及NE向小断层发育，发育密度约12%，主要有J_4～J_{12}节理密集带及f_{102}、fs_{11}、f_{25}断层带等，其连通性好，透水性强，构成集中渗漏带，是库水外渗的主要途径。渗透系数k采用下述4种方法求取：

（1）通过在山脊钻孔中投放荧光黄试剂，地下厂房平洞内接收，根据断层带的连通试验，估算出断层带的渗透系数为5.0～6.5m/d。

（2）根据钻孔的出水量与水头的关系，估算出裂隙密集带的渗透系数为0.40～0.41m/d。

（3）根据地下厂房平洞出水带的变化及出水量，估算出的裂隙密集带平均渗透系数为0.32m/d。

（4）根据钻孔压水试验成果估算出一般岩体的渗透系数为0.05～0.06m/d。

经综合后的加权平均值为0.19m/d。山体地下水受PD1平洞主、支洞长期排泄的影响，水位总体呈下降趋势，下降幅度为14.20～40.42m，其中厂房上游段山体下降幅度最大，最低地下水位为313.10～352.22m；库尾段受影响较小，天然地下水位为380～386m；山体地下水位低于或接近于对应的库底高程。由PD1平洞对右岸（横岭）地下水的影响程度预测，地下厂房洞室群的开挖，对右岸地下水的影响范围及下降幅度都将进一步增大，地下水分水岭也将进一步北移，水库蓄水后，库水将通过右岸向库外和地下厂房洞室群产生渗漏，渗漏量主要集中在厂房上游段。经计算，该段库岸渗漏量约6900m^3/d，坝基渗漏量为1127 m^3/d，约占总库容（1096.93万m^3）的0.7‰，需采取防渗处理措施。

鉴于抽水蓄能电站的特性及渗漏对地下厂房安全的危害，以及库盆的水文地质特点，采用了右岸钢筋混凝土面板、库底高密度聚乙烯土工膜与周边防渗帷幕相结合的综合防渗方案，招标阶段沿库岸、库底设置的帷幕线布置了大量的勘探孔，勘探孔的间距一般为50～70m，孔深一般在50～80m。地下厂房洞室群开挖期间，在横岭共设12只长期观测孔，历时近4年的观测表明山体地下水位均低于正常蓄水位，且变幅较大；现上水库已蓄水至蓄水位410m高程，地下洞室及右岸渗漏量无异常，说明防渗方案的选择是正确的。

（三）宝泉上水库

上水库建于东沟内，库周山体雄厚，正常蓄水位789.6m时的最小山体宽度约480m，东、南侧为豫北平原和峪河深切河谷，与东沟高差达数百米，地貌上使上水库具有向邻谷渗漏的条件。库区由近水平状分布的寒武系砂页岩、泥灰岩、灰岩、白云岩构成；沟底为冲洪积的漂卵砾石层覆盖，一般厚10～35m，最大厚度可达41m，透水性强，下伏汝阳群巨厚～厚层石英岩状砂岩，层顶有古风化壳分布；页岩、泥灰岩及新鲜完整的石英岩状砂岩中裂隙发育程度弱、延伸性差，构成相对隔水层，而灰岩、白云岩及石英岩状砂岩的顶部，裂隙相对发育，延伸长，构成相对透水层，因此上水库属多层含水层结构，相对隔水层呈水平层状分布，地层结构也有利于地下水的渗透。断层较发育，主要有F_1～F_6，节理发育，泥灰岩、灰岩及白云岩中尚有溶蚀裂隙、溶孔、小溶洞分布，岩体以中等透水性为主，平均透水率达20～25Lu，部分碳酸盐岩地层透水性强，并有岩溶泉出露，个别泉流量较大，其中宝泉流量为0.76～15.0L/s。

由于上水库库周地形分水岭高程高，四周沟谷切割深；库岸由近水平状、相间分布的透水层和隔水层构成；库底又有厚度较大的漂卵砾石层覆盖，因此与其他抽水蓄能电站的上水库相比，水文地质条件更为特殊，库盆除水平向的渗漏外，还存在垂直向的渗漏问题，勘探时，并没有沿库周山脊布置钻孔，而是重点查明工程区的地质结构、井（泉）水文要素及岩层的透水性等，分析地下水渗透型式及补、径、排条件。

勘探查明，寒武系地层均为中等透水性，平均透水率达20～25Lu，部分碳酸盐岩地层透水性强，雨季有大量的季节性泉水涌出；汝阳群地层顶部岩体因长期沉积间断，遭受风化、剥蚀作用，风化卸荷及构造裂隙发育，卸荷带厚度10～50m不等，以中等透水性为主，平均透水率达15Lu，中、下部岩体则以弱微透水性为主。井（泉）流量、钻孔水位与大气降水关系密切。沟底稳定地下水位远低于河床，库周也无地下水分水岭。因此，水库不仅存在沿库岸水平透水层的渗漏，而且还存在先沿库底的漂卵砾石层及古风化壳的垂直渗漏、后转为水平渗漏问题，在查明水库地质结构及渗漏特点的基础上，分段进行水库渗漏估算，渗透系数采用以下3种方法求取：

（1）利用泉水观测资料，采用布西涅斯克泉水流量公式导出渗透系数$k=4\mu L^2(\ln Q_0-\ln Q)/\pi^2 ht$，求得岩体的渗透系数$k=2.77$m/d。

（2）根据钻孔压水试验成果，采用$k=0.0125q$进行换算。

（3）利用断层带的室内渗透试验成果选取，平行于断层带的渗透系数为$k=23.3$～59.9m/d，垂直于断层带的渗透系数为$k=3.6$～18.1m/d。

估算渗漏量达3万～5万m^3/d，约占总库容（773.80万m^3）的3.9‰～6.5‰，因此，水库存在永久渗漏问题，需采取防渗处理措施。

经综合比较，最后采用了库底黏土铺盖（厚度4.5m）、库周沥青混凝土面板的综合防渗型式。

（四）宜兴上水库

上水库建于宜兴市西南铜官山主峰北侧冲沟的沟源，库周山脊高程498～527m，西北侧为垭口，地面高程453.6m，需筑副坝；主沟沟底高程420～440m。库区主要出露泥盆系茅山组上段中厚层岩屑石英砂岩和五通组下段中厚～厚层石英岩状砂岩，层间夹薄层粉砂质泥岩或泥质粉砂岩软岩，连续性较差，岩层产状N40°～80°W/NE∠5°～20°，缓倾左岸偏下游。燕山晚期的花岗斑岩多呈NWW向脉状或枝状产出，风化强烈。主要断层有F_2、F_3、F_4、F_{51}等13条，近EW向为主。除层面节理外，陡倾角节理发育。从地形特征、岩性条件及断层、节理发育情况判断，上水库存在渗漏问题。

为查明水库的渗漏条件，并为防渗型式的选择提供地质依据，勘察期间，主要沿库岸山脊布置钻孔，进行了压水试验和地下水位长期观测，孔深进入库底高程以下。勘探查明，库盆开挖后，除北库岸外，其余库岸单薄，正常蓄水位处库岸宽 20～70m 不等；库岸多由较破碎的弱风化层状岩体构成，相对隔水层（$q \leqslant 1$Lu）顶板以上岩体弱～中等透水性，透水率一般为 2～6Lu，最大达 12.8Lu，近地表 18m 左右的岩体多为中等透水性，相对隔水层顶板埋深一般 15～50m，局部达 130 余米；岩脉、断层近 EW 向贯穿库盆，岩脉与围岩接触带多呈囊状风化，断层带主要由碎裂岩、角砾岩、碎粉岩及断层泥组成，两侧岩体破碎，其中 F_3、F_4 断层间的破碎带宽度达 20～25m，岩脉接触带、断层破碎带连通性好、透水性强，压水试验往往无法进行，钻进过程中无回水现象，为中等～强透水性，是库水向外集中渗漏的通道。山体地下水位均低于正常蓄水位，但多高于库底高程 427m。因此，水库存在渗漏问题，渗透系数按钻孔压水试验成果的加权平均值（$k=1.0$m/d）和大值平均值（$k=1.8$m/d）选取，估算天然状态下的总渗漏量为 9102～10372m^3/d，约占总库容（530.70 万 m^3）的 1.7‰～2.0‰。

考虑水库的渗漏量较大，库水外渗将恶化缓倾角软弱岩（夹）层、断层破碎带及岩脉接触带的性状，并产生渗透变形问题，影响库岸及坝基的稳定等因素，经比较，全库盆采用了钢筋混凝土面板防渗方案。

上水库主坝坝址区地形总体为“二沟夹一山梁”，坝轴线上游地形相对较缓，下游纵向坡度达 40°～55°。坝基主要由中～中厚层石英岩状砂岩、岩屑石英砂岩夹中薄～薄层粉砂质泥岩或泥质粉砂岩构成，并有 5 条 NWW 向、陡倾的花岗斑岩侵入其间，脉宽 8～35m 不等，全～强风化为主。岩层缓倾左岸偏下游，总体产状 N40°～70°W/NE∠5°～20°，层间发育 ST9、ST20、ST21 等软弱岩层，其上、下界面的层间错动带由岩片、岩屑构成，局部泥化，厚度一般 1.0～2.0cm，根据平洞、竖井估计的连通率为 32.1%～41.9%，是坝基抗滑稳定的控制性软弱夹层。近 EW 向、NNE 向断层和节理发育，主要有 F_2、F_3、F_4 等，断层宽 0.6～1.0m，多充填碎裂岩、角砾岩，胶结较好。

受地形条件制约，坝轴线下游坝体只能坐落于倾斜的山体上，为避免贴坡坝体过长，在坝轴线下游约 135.5m 处设置混凝土重力挡墙，形成了较为独特的钢筋混凝土面板混合坝，堆石坝最大坝高 75.2m，重力挡墙最大墙高 45.9m，最大高差达 144.4m。由于坝址区地形纵坡达 40°～55°，大于堆石料和基岩面间的抗剪强度试验值（31.5°～37.5°），坝基有缓倾角软弱夹层分布，因此，堆石体具备沿建基面滑移的条件，坝基也具备浅层、深层滑动的条件。

为查明软弱夹层的分布、性状及坝基滑移的边界条件，在坝址按网格状布置了大量钻探及洞探，并沿重力挡墙轴线附近布置了 7 只竖井，利用平洞、竖井开展了 8 组软弱夹层的抗剪试验、5 组堆石体与建基面的抗剪试验等。根据勘探试验结果分析，软弱夹层以岩屑夹泥型、岩屑型为主，坝基可能产生滑移的型式是以 ST20、ST21 软弱夹层为底滑面、近 EW 向陡倾角岩脉、断层为侧向切割面形成的平面型滑动和以软弱夹层为底滑面、近 EW 向中等倾角断层（F_{51}、F_4）为侧向切割面形成的混合型滑动（平面与楔形）。按可能构成滑移块体的边界，将坝基划分为 6 个地质单元进行抗滑稳定性计算，结果表明部分建基面及深层抗滑稳定的安全系数不满足要求，需采取加固处理措施。措施包括：① 建基面开挖成倾向上游的台阶状，开挖总体坡度 20°～25°，并加大基岩面的起伏差和粗糙度；② 沿重力挡墙轴线设置 16 根钢筋混凝土抗滑桩、桩深 17.2～30m、尺寸 3m×3m；③ 在重力挡墙的施工廊道内布置 85 根 1200kN 预应力锚索，长度 35、45m 的锚索各 38 根、长度 65m 的锚索 9 根，锚索向上游方向倾斜 35°、45°；④ 全～强风化岩脉及断层破碎带进行槽挖置换、铺设土工布及反滤料处理，防止坝基岩体产生渗透破坏；⑤ 设置多层排水洞，以降低地下水位，减少地下水对软弱夹层的影响。经上水库蓄水运行考验，各种监测数据均无异常。

（五）桐柏上水库

上水库利用建于 1960 年的桐柏水电站水库改建，该水库 1977 年进行了大坝的加高，水库集水面积 6.7km^2，另采取跨流域引水扩大集水面积 54.2km^2，多年平均流量为 1.71m^3/s，多年平均年径流量为

5390 万 m^3，大坝为均质土坝，总库容 1072 万 m^3；改为抽水蓄能电站上水库后，正常高水位 395.28m，死水位 374.28m，总库容 1233m^3。

库岸山体雄厚，山脊高程一般 500～700m，库区西侧有地形垭口分布，最低处高程 411.05m，其余垭口高程均在 420m 以上。库岸主要由燕山晚期花岗岩和侏罗系上统高坞组流纹质晶屑玻屑熔结凝灰岩组成，自然坡度 25°～35°，库盆地形平缓开阔。断层不甚发育，较大的断层有 F_{22}、F_{23}、F_{24} 等，F_{22} 断层最宽达 2～3m，带内发育片状岩及断层角砾岩。节理发育，主要为 NNE 向、NE 向及 NW 向，陡倾角。全强风化层厚度一般小于 15m，库底淤积层厚度 1.5～3.8m，近坝和低洼处较厚，局部最厚达 9.76m。

经对库周地形垭口的勘察，除进/出水口地段外，地下水位、相对隔水层顶板（$q\leqslant 3.0$Lu）均高于水库蓄水位，绝大部分库岸不存在永久性渗漏，仅溢洪道一带及上水库进/出水口附近、F_{22} 断层带存在渗漏问题，需进行帷幕灌浆处理；库底经多年运行已淤积一定厚度的淤泥，形成天然防渗铺盖，不需另作处理。水库建成多年来，运行正常，水库无大的渗漏问题。

第四章

下　水　库（坝）

4.1　工程地质特点及主要工程地质问题

下水库多利用天然河道、大型冲沟、天然湖泊、已建水库或山脚沟口附近的平原洼地等建坝成库。在天然河道及大型冲沟上修建的下水库类似于常规水电站水库，一般坝高不高、库容较小，水库渗漏问题不突出，相对而言，库岸稳定、固体径流及坝基防渗、溢洪道边坡稳定则是其主要的工程地质问题。利用天然湖泊作为下水库时，其进/出水口边坡稳定则是其主要的工程地质问题。利用已建水库改建为下水库时，由于部分利用水库等级低、资料缺乏，且多为待加固改造的病险水库，因此，除需收集已建水库（坝）的工程地质资料、对进/出水口进行勘察外，还需对库（坝）区的工程地质条件及坝体在运行期存在的工程地质问题进行详细调查了解。在汇水面积较小的冲沟、山前平原及水源缺乏地区修建的下水库，一般存在水库的补水问题，还需考虑补水工程的地质勘察。

4.2　地质勘察的主要内容及方法

一般情况下，下水库的地质勘察内容、要求及方法，以及主要工程地质问题与上水库基本相同，具体内容参见第三章。但利用天然湖泊、已建水库作为下水库时，情况则较为复杂，布置勘探工作时需加以区别对待。

若已建水库地质资料缺乏且为病险水库时，不仅要收集已建水库（坝）的工程地质资料、施工时的坝基处理资料，还需对库（坝）区的工程地质条件及坝体在运行期存在的重要工程地质问题进行勘察、复核，对改建工程应进行专门的工程地质勘察。勘察、复核内容包括：①复核工程区的地震动参数；②收集分析已有地质、设计、施工和水库运行监测及水库险情资料；③复查工程区工程地质和水文地质条件，检查水库运行以来的地质条件变化；④对坝基、岸坡、地下洞室等处理效果作出地质分析；⑤了解坝体结构和质量，并作出地质分析；⑥进行天然建筑材料勘察；⑦提出处理和改建措施建议。

勘察方法一般采用大比例尺（1∶2000～1∶500）地质测绘，以坑槽探、综合物探、钻探为主，根据需要布置平洞或竖井。勘探布置原则应根据不同勘探阶段有针对性地进行，预可行性研究阶段宜采用综合物探方法探测坝基、坝体隐患；勘探剖面应平行、垂直建筑物轴线或防渗线布置，垂直剖面不少于3条，其中1条应布置在最大坝高处；根据需要布置坑、孔、井勘探工作，防渗剖面钻孔进入地基相对隔水层10m，其他钻孔深度按隐患的情况综合确定；钻孔宜进行压水或注水试验和地下水位观测，进行分层取样，每层不少于6组，对混凝土坝应对坝体混凝土与坝基接触部位、影响坝基（肩）抗滑稳定与变形的结构面和岩体取样进行室内物理力学性质试验；当坝基存在可能液化地层时，应进行标准贯入试验。可行性研究阶段应针对坝体、坝基及坝肩的渗漏及渗透稳定性、不稳定边（岸）坡、坝（闸）基及坝肩抗滑稳定、坝体变形及地基沉降、溢洪道地积抗滑稳定及边坡稳定、土的地震液化等工程地质问题布置勘探，并提出地质评价和处理以及改建措施建议。

若已建水库时间不长，地质资料齐全，运行期间坝基无大的渗漏，库岸也无滑坡、塌岸等异常现象时，应以收集资料为主，适当补充地质勘探工作。

利用天然湖泊，勘探布置应重点放在进/出水口、尾水渠边坡部位。

4.3 工程实例

（一）泰安下水库坝基勘察

下水库利用已建成的大河水库改建加固而成。改建为抽水蓄能电站下水库后，正常蓄水位为165.0m，比原来抬高1.0m。大河水库位于泮汶河中上游，建成于1960年，后经过改、扩建，主坝长约460m，最大坝高22m，副坝长313m，最大坝高7.3m，坝型为均质土坝。由于水库建成年代久远，勘探、设计及施工资料缺失。大坝建在冲洪积成的含泥砂（卵）砾石层上，且未采取有效的防渗措施，部分坝体施工质量较差。水库运行期间，主坝后坡多次发生渗水、裂缝和坍塌，坝后排水沟的渗水点多有粉细砂带出，坝体及坝基漏水量有逐年上升的趋势，估算日渗漏量达8236m^3，说明坝体、坝基存在渗漏及渗透变形问题。为了确保安全，需对坝基砂（卵）砾石层和坝体本身进行防渗、加固处理。

为了解坝体的质量、稳定现状和坝基渗漏的范围，为大坝的加固改建方案提供地质依据和资料，在前期勘察期间，围绕坝体填筑料的质量及坝基土的类型、分布、性状及透水性等进行了大量的勘探试验工作；招标阶段又结合设计改建加固方案进行了勘察，共完成钻孔34个，标准贯入试验55段、重力触探试验95段、常规物理力学性质试验48组，钻孔提水试验2个、压水试验105段。

坝体土以棕黄色含砾壤土为主，黏土次之，局部夹有中砂层及灰色富含有机质的壤土团块，并含少量块石、卵石等。坝体土的物理力学试验指标：容重17.2～21.3kN/m^3，含水量10.4%～25.4%，黏粒含量0～24%，塑性指数9.7～17.3，渗透系数1.46×10^{-4}～2.45×10^{-6}cm/s，压缩模量3.3～11.0MPa，固结快剪强度ϕ=9.7°～30.5°、c=5～70kPa，标准贯入试验击数一般为4～15击，离散性较大。上述数据说明：坝体土具中等压缩性，土料质量基本满足规程要求，大坝施工过程中大部分填筑质量较好，局部坝体较疏松，性状不均，填筑质量较差。

坝体与基岩间分布有一层连续的含泥砂（卵）砾石层，间夹厚薄不一的含砾壤土和中砂透镜体，层厚3.0～12.8m，卵砾石粒径以2～9cm为主，少量达15cm以上，稍密～中密，渗透系数达30m/d，为强透水层，是坝基渗漏的主要通道，且易产生管涌破坏。下伏全～强风化的黑云斜长片麻岩夹斜长角闪岩，全风化层一般厚1.0～4.1m，局部达12.0～18.1m。全～强风化岩体一般属弱透水层，局部为强透水层。

从坝基土的构成、施工条件及防渗效果分析，经比较，最终采用了混凝土防渗墙方案，防渗墙自坝顶延伸至强风化岩体内0.5～1.0m，厚0.8m。现下水库已加固改建完成并蓄水，坝后原有的水塘干涸，渗水点消失，表明采用防渗墙方案是成功的。

（二）仙居下水库勘察

仙居抽水蓄能电站利用2002年建成的下岸水库作为下水库。下岸水库坝型为混凝土双曲拱坝，坝高64m，正常蓄水位208m，总库容13504万m^3，以防洪、灌溉、供水为主。

改为抽水蓄能电站后，所占用库容约为总库容的1/10，水位最大变幅仅4m，水库运行条件的改变不大。由于水库建成时间不长，地质资料齐全，运行期间坝基无大的渗漏，库岸也无滑坡、塌岸等异常现象，因此，勘察期间，以收集前期地质勘察资料，以及水库建成后的库岸稳定、水库渗漏、坝基稳定、渗漏及监测资料为主，勘察工作的重点则放在下水库进/出水口边坡、施工围堰部位。采取的勘探手段主要是钻探及洞探，以查明边坡的稳定条件及尾水洞的成洞条件、围堰地基的渗透性及稳定条件等。

（三）响水涧下水库勘察

响水涧抽水蓄能电站下水库由湖荡洼地开挖、围堤而成，坝型为均质土坝，堤顶高程16.5m，最大堤高约21.5m，长度约3.8km。库（坝）区发育三级阶地，Ⅰ级阶地由全新统（Q_4）黏土、粉质黏土、淤泥质黏土、泥炭质土等组成，下伏地层为上三叠统黄马青组粉砂质泥岩；Ⅱ级阶地由下更新统（Q_3）粉质黏土、含砾粉质黏土等组成，下伏上三迭统黄马青组粉砂质泥岩；Ⅲ级阶地为基座阶地。

结合库盆、坝基及库内土料场的勘探，采取了以钻探、室内试验及现场原位测试为主的勘探手段和试验方法。钻孔主要沿堤线布置，孔距视勘察阶段、地质条件的复杂程度及工程地质单元确定，堤线的拐点、不同的地质单元及建筑物部位均有钻孔控制，间距一般为40～100m；横剖面根据地质单元、建筑物轴线和设计需要布置，剖面间距一般为75～150m，分堤内、堤中和堤外布置3～4只钻孔，孔距一般为50～80m，钻孔揭穿压缩层、软土层后，进入堤基持力层以下5m左右，孔深一般在12～20m；库盆内的钻孔基本按网格状布置，勘探线、点距按大值控制，孔深进入库底开挖高程以下1～2m，共布置钻孔280个。静力触探孔主要沿堤线布置，孔位结合地质单元考虑，孔深12～15m，共布置单、双桥触探孔109个。除在钻孔、坑槽探中，取原状样（1003组）及扰动样（73组）进行常规物理力学性质试验外，还对各土层进行了标准贯入试验（198次），对淤泥质黏土、泥炭质土进行了十字板剪切试验[280.65m/（96孔）]，在Q_3、Q_4地层中各进行2组现场载荷试验，以及物探剖面测试。通过大量的勘探试验，查明了下水库堤基及库盆的工程地质条件，提出了各土层的物理力学参数建议值及工程布置、不良堤基的处理建议。Q_4地层属高压缩性土（$E_s=0.75\sim3.7$MPa），强度低（$\phi=6°\sim10°$，$c=12\sim15$kPa），承载力低（特征值$f_{ak}=45\sim110$kPa），分布范围、厚度变化大，无天然地基条件，需采取工程加固处理；Q_3地层属中等压缩性土（$E_s=10$MPa），强度较高（$\phi=17°\sim20°$，$c=32\sim45$kPa），承载力较高（特征值$f_{ak}=290\sim320$kPa），分布稳定，透水性微弱，是良好的堤基持力层。地质建议堤基尽量避免布置在Q_4地层上，以置于Q_3地层上为宜。开挖边坡坡比为：Q_4软黏土层1∶5～1∶6，Q_3粉质黏土层1∶2～1∶3。由于Q_4地层加固处理技术复杂、施工难度大、经济性差，设计最终采取了堤基挖除全部Q_4地层方案，库底挖至设计高程后，Q_4地层区采取先铺设土工布、后铺20cm碎石层及上覆30cm碾压堆石层护底。Q_3地层区则无需铺设土工布。

（四）马山下水库勘察

马山抽水蓄能电站利用太湖作为下水库，地面式厂房，位于太湖边，下水库进/出水口为岸边侧式，尾水渠紧邻厂房下游边墙布置，位于太湖内，尾水渠中心线长约560m，宽约92～520m，厂房及前池区最低开挖至−52～−15m，尾水渠最低开挖高程为−15～−0.5m。围堰内的厂房、前池及部分尾水渠采取明挖方式施工，围堰以外的尾水渠利用挖泥船进行水下施工。下水库进/出水口上部由全新统（Q_4）冲洪积、冲湖积的粉质黏土、淤泥质粉质黏土、黏质粉土等组成，下部由下、中更新统（Q_{2-3}）洪坡积的卵砾（碎）石夹黏土、含砾粉质黏土等组成，下伏上中泥盆统茅山组细砂岩、泥质粉砂岩和粉砂质泥岩。覆盖层厚度自岸边向湖内渐厚，勘探范围内揭示的最大厚度达52m。

为查明地面厂房及进/出水口部位的工程地质条件，结合建筑物的特点，勘探点、线采取网格状布置，勘探线、点间距一般40～150m，自岸边向湖心勘探线、点间距逐渐增大，布置了9纵、9横共18条剖面，钻孔55个，静力触探孔10个，原状样281组，标准贯入试验115次，重力触探试验49.2m，此外还在卵砾（碎）石夹黏土中进行了3个钻孔的抽水试验。勘探查明，下水库进/出水口及尾水渠覆盖层深厚，物质组成及成因复杂，且有软塑～流塑状的粉质黏土层分布，局部存在透水性较强、易产生流砂的黏质粉土和粉土层透镜体。因此，基坑存在边坡稳定、渗透变形及渗水问题，需采取工程处理措施。基坑边坡采取了系统喷锚支护、排水孔和轻型井点降水、钢筋混凝土板桩截流等工程措施。

第五章

输 水 发 电 系 统

5.1 工程地质特点及主要工程地质问题

抽水蓄能电站的输水发电系统一般具有水头高、线路长、地下厂房深埋等特点，其布置型式根据不同的地形地貌条件及岩性、构造等分布特征和水力过渡过程计算确定。输水系统可采用斜井、竖井方式；地下厂房洞室群（主副厂房、安装场、主变压器室、尾闸室）可采用首部、中部、尾部等型式。

抽水蓄能电站输水发电系统主要工程地质问题有：

(1) 洞线和地下厂房位置选择涉及的工程地质问题；

(2) 引水隧洞和地下厂房区洞室群的围岩稳定性；

(3) 地应力岩爆；

(4) 涌水、涌泥；

(5) 地温、有害气体和放射性；

(6) 外水压力。

5.2 地质勘察的主要内容及方法

抽水蓄能电站输水发电系统工程地质勘察与常规水电站相比，有其特殊要求，主要为上、下水库进出水口边坡的稳定性，大跨度地下厂房洞室群的围岩稳定性，高水头高压管道岩体抗抬、抗劈裂、抗渗条件等。如何针对各勘察设计阶段合理运用相应勘探手段，适时、适度地布置勘察工作，并进行必要的试验、测试，以满足工程设计要求，这是抽水蓄能电站工程地质勘察中需要深入研究的内容之一。华东地区的几个大型抽水蓄能电站，均进行了输水系统深孔钻探、地下厂房长探洞掘进、岩体（石）力学试验、地应力测试、模型洞围岩变形试验、高压岔管段高压渗透试验等勘探及测试工作。

规划、预可行性研究、可行性研究、招标和施工图设计阶段的勘察内容和方法按《水力发电工程地质勘察规范》(GB 50287—2006) 的要求进行，勘察重点是上、下水库进/出水口边坡及大跨度地下厂房洞室群的围岩稳定性和高压岔管段的地质条件。

需要特别指出的是，由于抽水蓄能电站厂房一般均为深埋地下厂房，厂房顶拱高程低于下水库库底高程，为论证输水线及地下厂房工程地质条件，需布置沿输水线及平行地下厂房轴线的勘探深孔和平洞。在预可行性研究阶段，采用深孔钻探并进行孔内地应力测试，初步查明输水发电系统的地质条件与地应力水平。如天荒坪抽水蓄能电站输水系统、地下厂房地形高差约 700m，在预可行性研究阶段布置了 2 个深孔，其中 1 孔进行了水压致裂法地应力测试，最深达 400m；宜兴抽水蓄能电站上、下库地形高差约 430m，预可阶段布置了 2 个深钻孔，结合设计初拟的输水道布置型式，进水口上平段 1 个孔，孔深 107m，揭示了上平段岩性和地下水位，中部厂房方案部位 1 个孔，孔深 325m，达到设计厂房底板以下，揭示了输水隧洞中部及厂房部位岩性，确定了地下水位；桐柏抽水蓄能电站上、下库地形高差约370m，输水道水平距约1200m，输水系统及地下厂房均位于燕山晚期花岗岩内，输水隧洞进行了两个深孔，1个位于输水道前部，孔深370m，1个位于输水道中部，孔深406m，均达厂房底板以下；洪屏抽水蓄能电站上、下库地形高差约700m，输水道水平距约2500m，输水系统及地下厂房地层为震旦系细砂岩、中粗砂岩、含砾粗砂岩，预可行性研究阶段结合水工地下厂房位置及地层控制要求布置了两个深孔，一个位于厂房孔深500m，达厂房底板以下，一个位于输水道中部，孔深540m，达到厂前水平段以下，初步揭示了相应部位的岩性和地下水位。

在可行性研究阶段，需布置沿输水线及平行地下厂房轴线的勘探平洞，平洞布置考虑既能充分满足方案比较的要求，又能兼顾在施工期被利用的要求。由于受下水库地形高程的限制，平洞高程往往高于厂房顶拱，一般为15～40m，部分达80m。因方案比较和相应试验工作的需求，开挖的平洞往往较长，工作量较大，其周期也较长，为争取时间，许多工程在预可行性研究研阶段的后期即开始进行地下厂房勘探平洞的施工。如天荒坪抽水蓄能电站地下厂房勘探平洞高于顶拱15m，主洞长1217m，支洞长300m；响水涧抽水蓄能电站地下厂房勘探平洞高于顶拱17.9m，主洞长720m；桐柏抽水蓄能电站地下厂房顶拱高程91.70m，平洞高于顶拱6.3m，主洞长595m，支洞长370m；泰安抽水蓄能电站的地下厂房顶拱高程140m，平洞高出顶拱约80m，主洞长831m，支洞长260.5m；宜兴抽水蓄能电站地下厂房顶拱高程36.20m，平洞高出顶拱约57.3m，主洞长1710m，支洞长675m。上述抽水蓄能电站的地下厂房勘探平洞均在预可阶段后期开始施工，并在勘探平洞内进行了地应力量测、高压渗透试验、原位模型洞围岩收敛变形测试研究。

5.3　主要工程地质问题评价

（一）洞线和地下厂房位置选择的工程地质问题

洞线选择的工程地质要求是结合枢纽总布置和水工隧洞的要求，尽可能避开区域断裂带、活断层、岩溶洞穴发育带、地下水汇集区等对洞室不利的复杂地质条件区段；沿洞线发育的主要断层和软弱岩带的走向与洞轴线具有较大夹角，一般大于30°。对因地质条件限制或枢纽布置的需要不能避开不良地质地段时，应查明其条件，评价围岩稳定性，提出处理措施建议。

进、出口位置需结合枢纽总体布置的要求，主要考虑自然边坡和工程边坡在水位频繁变动情况下的稳定性。尽量避开滑坡、崩塌、危岩、变形体、泥石流等不良物理地质现象发育及岩体软弱、风化卸荷严重或覆盖层深厚地段，布置于山坡完整、沟谷较少地带，并尽可能减少边坡开挖的高度。

抽水蓄能电站的地下厂房洞室群一般规模较大，有主副厂房、安装场、主变室、尾闸室等地下建筑物，在进行厂区位置选择时首先考虑地下厂房，兼顾其他洞室。在地质条件方面，综合岩性、围岩类别、风化卸荷深度、地应力状态、岩溶和水文地质条件，确定其空间位置。主厂房应置于地应力正常带，满足最小上覆岩体厚度的要求，避免围岩松弛或应力过高等问题。

地下厂房轴线与断层和主要结构面应大角度相交，与初始地应力最大主应力方向的夹角宜大于30°。在低地应力地区，厂房轴线以考虑断层和主要结构面方向为主；在中高地应力区，岩体完整性较好时，以考虑地应力因素为主。当输水隧洞采取混凝土衬砌时，厂房轴线的选择除考虑结构面对围岩稳定性的影响外，还应兼顾引水隧洞的渗水对厂房的影响。

（二）围岩分类及围岩稳定性

引水隧洞和地下厂房的围岩稳定性是抽水蓄能电站输水发电系统的主要工程地质问题之一，包括围岩的整体稳定性和局部稳定性。围岩的整体稳定性采用水电规范规定的围岩工程地质分类进行分析评价，重点是隧洞线的进/出口段、过沟段、超埋深段和地质条件复杂的不良洞段；地下厂房洞室群以岩石强度、岩体完整性和结构面性状为基本因素，地下水、结构面产状为修正因素，围岩强度应力比为限定判据进行围岩分类，并采用 Q 系统进行复核；高地应力区采用 JPF 分类，并用 JPQ 分类进行复核。在一般情况下，跨度大于 25m 的地下厂房洞室应布置于以Ⅰ、Ⅱ类为主的围岩中；跨度 20～25m 的洞室应布置于Ⅲ类及以上的围岩中。围岩的局部稳定性主要评价确定性弱面的不利块体稳定性和一般节理组合的不利块体的稳定性；重点分析主要结构面与边墙、顶拱的关系。利用图解分析方法，找出可能不稳定块体的大体位置、形状及其体积，评价其局部稳定性，为加固处理提供地质依据。

抽水蓄能电站水头高、内水压力大、管道长，高压管道隧洞是一种高压隧洞，除满足一般隧洞的围岩稳定条件外，尚需承受很高的内水压力。可能引起的工程地质问题是围岩上台、水力劈裂、渗透破坏、渗漏及其引起的山体失稳。

高压隧洞（岔洞）采用钢筋混凝土衬砌的前提是围岩条件足够好，必须同时满足：①应有足够的上覆岩层厚度，即遵循“挪威准则”等；② 围岩最小主地应力大于内水压力，保证运行水头下不至于产生水力劈裂，以免引起严重渗漏，即所谓“最小地应力准则”；③ 地质构造简单，没有较大断层和其他十分发育的节理密集带通过，围岩裂隙、节理或岩脉中的充填物质在渗流水作用下不产生冲蚀破坏，保证围岩有足够的抗渗性，避免较大的渗漏或局部渗透破坏，即“渗透稳定准则”。

对高压隧道，欲利用围岩的承载能力，则围岩覆盖厚度是设计中应重视的问题之一。现国际通用准则有覆盖范围的垂直向准则、雪山准则及挪威准则。《水工隧洞设计规范》（DL/T 5195—2004）根据国内工程经验，推荐采用挪威准则（参考图 5-5-1），一般表达式如下：

$$C_{RM}=\frac{H_s\gamma_\omega F}{\gamma_R\cos\alpha}$$

式中　C_{RM}——岩体最小覆盖厚度（不包括全强风化厚度），m；

H_s——洞内部水压力水头，m；

γ_ω——水的密度，N/m^3；

γ_R——岩体的密度，N/m^3；

α——地表岩体坡角，$\alpha>60°$时取 60°；

F——经验系数，一般取 1.30～1.50。

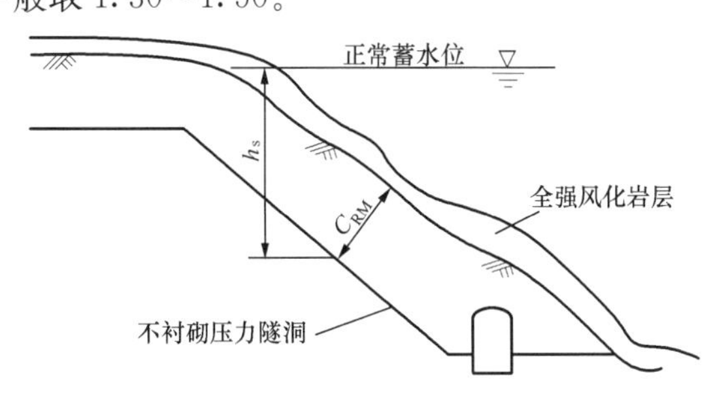

图 5-5-1　不衬砌压力隧洞覆盖范围的挪威准则

最小主应力准则要求不衬砌高压隧洞沿线任一点最小主应力（σ_3）应大于该点洞内的静水压力，并有一定的安全系数，防止发生围岩水力劈裂破坏。该准则是在提出和修改挪威准则的同时，为了求得更合理，更通用的设计准则，由挪威提出的：

$$K_f\gamma H_i\leqslant\sigma_{min}$$

式中　σ_{min}——隧洞周边围岩最小初始应力场中最小主应力，MPa；

γ——水的容重，N/m^3；

H_i——最大静水头，m；

K_f——安全系数。

对于安全系数的取值各国看法不一致。挪威取 $K_f=1.3\sim1.5$，法国电力公司取 $K_f=1.5$（对高压水工隧道分岔钢筋混凝土衬砌）；美国认为 $K_f<1.3$ 时，应采用钢板衬砌。我国《水工隧洞设计规范》（DL/T 5195—2004）中仅规定"满足（岔）洞内静水压力小于围岩最小地应力要求"，没有提出具体的安全系数，而目前国内已建、在建和待建的高水头电站中最小主应力与最大内水压力的比值均大于1.2，见表5-5-1。

表 5-5-1　　围岩承载准则在有关工程中的应用

编号	工程名称	地质条件 H_i	最大静水头 H_i（MPa）	最小主应力准则		围岩渗透准则		挪威准则			工程特性
				围岩实际最小主应力（MPa）	K_f	围岩实际平均透水率（Lu）	渗透稳定标准（Lu）	实际最小埋深 L（m）	山坡平均坡角（°）	F	
1	天荒坪	熔结凝灰岩	6.67	8.2	1.23	<1	2	330	40	0.985	运行良好
2	泰安	混合花岗岩	3.1	5.02	1.62	0.45	2	260	12	2.2	运行良好
3	桐柏	花岗岩	3.38	5.9	1.75	0.6	2	305	40	1.74	运行良好
4	宝泉	花岗片麻岩	6.4	8.2	1.28	1.65	2	580	24	2.2	运行良好
5	仙居	熔结凝灰岩	5.6	7.25	1.29	0.47	2	460	30	1.87	在建
6	马山	砂岩，泥岩	1.77	3.74	2.11	2.0～4.0	2	120	29	1.52	待建
7	响水涧	花岗岩	2.75	3.5	1.27	<1	2	250	22.5	2.1	在建
8	仙游	熔岩、花岗斑岩	5.4	7～8	1.29～1.48	0.40	2	410	44	1.45	在建
9	广蓄一期	花岗岩	6.1	7.5	1.23	<1	2	400	23	1.6	运行良好
10	广蓄二期	花岗岩	6.1	7.3	1.2	<1	2	370	23	1.48	运行良好

由于岩体内存在节理裂隙，而裂隙中往往有充填物，当隧洞衬砌开裂，在一定压力的渗透水长期作用下，岩体有可能产生渗透变形冲蚀破坏，因此渗透稳定准则的原理是要求检验岩体及裂隙的渗透性能，是否满足渗透稳定要求，即内水外渗量不随时间持续增加或突然增加，可进行高压渗透试验来确定。渗透准则判别标准一般包括两个方面内容：一是根据《水工隧洞设计规范》（DL/T 5195—2004）规定，在设计内水压力作用下围岩的透水率或经灌浆后的围岩透水率 $q\leqslant1.0$Lu；二是根据以往工程经验，Ⅱ～Ⅲ类硬质围岩长期稳定渗透水力梯度一般控制不大于10～15。另外，根据法国EDF公司对天荒坪工程的咨询意见，一般以透水率为2Lu作为界线。当围岩的透水率大于2Lu时，必须采用钢衬；反之，可以采用钢筋混凝土衬砌并辅以固结灌浆等工程措施。

（三）岩爆预测

因高地应力引起的岩爆也是抽水蓄能电站地下工程中会遇到的地质问题，需根据围岩岩体结构特征和初始地应力状态对地下洞室的岩爆进行预测，为支护处理提供依据。

岩爆预测需首先对地下工程区的地应力量级、方向和分布状况进行分析，调查方法主要包括地质分析、地应力测量、围岩变形破坏的经验（反）分析等。地质分析是地应力调查的基础，以构造地质分析为主，包括依据地质构造形迹的历史构造地应力分析和现今地壳运动特征的现今构造地应力分析。一般而言，构造格局形成时间越早，历史构造地应力格局与现今地应力场之间的差别可能更大。现今构造地应力场的分析方法可以采用震源机制解了大地位移解获得。地质分析中还需要调查近代地表地质作用的方式和程度，地表抬升和剥蚀强烈时，剥蚀导致的应力释放以垂直方向较水平方向强烈，因此可以导致水平应力与垂直应力比值的增大，而沉积使得水平应力和垂直应力之比减小。

地应力测量一般采用水压致裂法和应力解除法。单点地应力测试成果代表岩体局部范围内的局部地应力，应根据较大范围和较多的地应力测试成果进行回归分析，结合地质分析获得工程区的初始地应力场。

判断初始地应力场方向的另外一种方法是利用钻孔、勘探平洞中出现的高地应力破坏现象进行反分析的方法：

（1）钻孔孔壁破坏所在部位作钻孔孔壁的切线，则切线方向代表了与钻孔垂直平面上最大断面主应力的作用方向；

（2）钻孔孔壁中出现破坏形态较为圆滑的“V”形破坏，则表明该部位最大和最小主应力的比值较大；

（3）勘探平洞或隧洞开挖以后出现岩爆或应力型破坏，其切线方向代表和平（隧）洞横断面上最大断面主应力的作用方向，这些破坏指示了应力集中区的部位，因此也指示了断面主应力的方位特征；

（4）当应力集中区没有出现高应力破坏时，现场可以采用声波测试成果的波速增高和钻孔岩饼等判断应力集中区的部位。

预可行性研究阶段之前，在未进行现场地应力测试的情况下，采用地质分析、理论计算和经验对初始地应力场作出估计；在可行性研究阶段以后，采用实测值；施工期则根据试验获得的岩石强度和初始最大主应力的比值，结合临界埋深对岩爆作出预测，以发生的岩爆现象直接判别，提出处理措施的建议（见表 5-5-2）。

表 5-5-2　　岩爆烈度分级及支护一览表

岩爆分级	主　要　现　象	岩爆判别		支护类型
		临界埋深（m）	围岩强度应力比 R_b/σ_m	
轻微岩爆（Ⅰ级）	围岩表层有爆裂脱落、剥离现象，内部有噼啪、撕裂声，人耳偶然可听到，无弹射现象；主要表现为洞顶的劈裂-松脱破坏和侧壁的劈裂-松胀、隆重等。岩爆零星间断发生，影响深度小于0.5m；对施工影响较小		4～7	不支护或局部锚杆或喷混凝土。大跨度时，喷混凝土、系统锚杆加钢筋网
中等岩爆（Ⅱ级）	围岩爆裂脱落、剥离现象较严重，有少量弹射，破坏范围明显。有似雷管爆破的清脆爆裂声，人耳常可听到围岩内的岩石的撕裂声；有一定持续时间，影响深度0.5～1m；对施工有一定影响	$H\geqslant H_{cr}$	2～4	喷混凝土、加密锚杆加钢筋网，局部格栅钢架支撑。跨度大于20m时，并浇混凝土衬砌
强烈岩爆（Ⅲ）	围岩大片爆裂脱落，出现强烈弹射，发生岩块的抛射及岩粉喷射现象；有似爆破的爆裂声，声响强烈；持续时间长，并向围岩深度发展，破坏范围和块度大，影响深度1～3m；对施工影响大		1～2	应力释放孔，应力解除爆破，喷混凝土、加密锚杆加钢筋网，并浇混凝土衬砌或格栅钢架支撑
极强岩爆（Ⅳ级）	围岩大片严重爆裂，大块岩片出现剧烈弹射，震动强烈，有似炮弹、闷雷声，声响剧烈；迅速向围岩深部发展，破坏范围和块度大，影响深度大于3m；严重影响甚至摧毁工程		＜1	

注　$H\geqslant H_{cr}=0.318R_b(1-\mu)/(3-4\mu)\gamma$

式中：H 为地下洞室埋深，m；H_{cr} 为临界埋深，即发生岩爆的最小埋深，m；R_b 为岩石饱和单轴抗压强度，kPa；μ 为岩石泊松比；γ 为岩石重力密度，$10kN/m^3$。

高地应力条件下硬质脆性岩体围岩破坏受到两方面因素的控制：第一，开挖轮廓线附近的地应力分布格局和应力量级；第二，开挖过程对围岩的扰动。其控制的主要方法也因此可以分为两类，一类以解除围岩应力为途经，另一类则以降低开挖扰动为途径。前一类为以防为主的方案，后一类属以治为主的方案。在实际施工中往往两者结合应用。

在华东地区的几个已建的抽水蓄能电站中，地下工程区的初始地应力大多以中等偏高量级为主，如天荒坪抽水蓄能电站地下厂房区最大主应力（σ_1）量级为15～20MPa，泰安抽水蓄能电站为13.7MPa，宜兴抽水蓄能电站为16.01MPa，仙游抽水蓄能电站为16.6MPa，宝泉抽水蓄能电站为27.6MPa。宝泉地下厂房区的地应力量值较高，属高地应力区，在地下厂房施工过程中发生了轻微等级的岩爆。

（四）涌水、涌泥预测

在抽水蓄能电站建设中，由于地下建筑物大多位于地下水位以下，难以避免穿越导水构造带，并且在岩溶地区也有建设抽水蓄能电站的例子，如琅琊山抽水蓄能电站，因此易遇到涌水和涌泥问题。涌水类型主要有构造涌水和岩溶涌水；涌泥一般是洞室穿越有岩溶堆积物的溶洞或规模较大的断层、挤压带时，有压地下水携带大量碎石泥涌出洞室。涌水、涌泥对输水发电系统的施工影响较大，应查明地下建筑物区的水文地质条件，对其作出预测。

（1）涌水预测。

涌水预测的基础是查明地下建筑物区的水文地质条件，包括含水地层、导水构造、岩溶通道等，观测地表水、泉水流量和降水量，分析地下水补给、径流和排泄条件，采用水均衡法、地下水动力学法、水文地质比拟法、模糊评分法、同位素法、数值模拟法等综合预测隧洞线和地下厂房的稳定涌水量和突发性涌水量，为设计提供依据。

1）水均衡法。

水均衡法适用于地下水运动为非渗流型，无法用抽（压）水试验求得渗透系数，难以根据地下水动力学原理进行隧洞涌水量预测的情况。其预测的涌水量均为稳定流量，不含涌水排泄过程中的静水储量。采用降水入渗系数法和地下水径流模数法。

降水入渗系数法，平均稳定涌水量为：

$$Q_{cp}=\frac{1000\cdot\eta\cdot F\cdot\alpha\cdot R}{365}$$

式中　Q_{cp}——隧洞平均稳定涌水量，m^3/d；

F——地表补给面积，km^2，在汇流型单元为该单元汇流总面积，在散流型单元和碎屑岩区则根据地形圈定；

R——大气降水量（mm），采用实测资料，考虑降水高山效应确定；

α——大气降水入渗系数（无量纲），根据地质结构、岩性条件和拥有资料的情况，在不同洞段分别采用计算值或经验值；

η——折减系数，取值0.2～1.0，取决于洞段所处部位、埋深、岩石富水性、断裂发育特征等，富水性越好，折减系数越大。

地下水径流模数法，地下径流模数为：

$$M_i=\frac{Q_i}{F_i}$$

式中　M_i——隧洞通过区第i个单元或第i条支沟流域的地下径流模数，$m^3/(d\cdot km^2)$；

Q_i——隧洞通过第i个汇流型单元地下水（泉水）流量，采用实测流量，在散流型单元和碎屑岩区则为第i条支沟流域枯水期的地表流，以此代表该流域地下径流量，m^3/d；

F_i——隧洞通过第 i 个汇流单元（泉域）面积，在散流型单元和碎屑岩区则为第 i 条支沟流域地表水汇水面积，以此代表相应区域地下水的流域面积，km^2。

2）地下水动力学法。

初期最大涌水量预测采用大岛洋志法、水力学法和经验公式法进行预测。

a. 大岛洋志法：

$$q_0 = \frac{2\pi \cdot m \cdot k(H-\gamma_0)}{\ln[4(H-\gamma_0)/d]}$$

式中　q_0——洞身通过含水体单位长度可能最大涌水量，m^3/（d · km）；

k——岩体渗透系数，m/d；

H——静止水位至洞底距离，m；

d——洞身横断面等价圆的直径，m；

γ_0——洞身横断面等价圆的半径，m；

m——转换系数，一般取 0.86。

计算概化模型如图 5-5-2 所示。

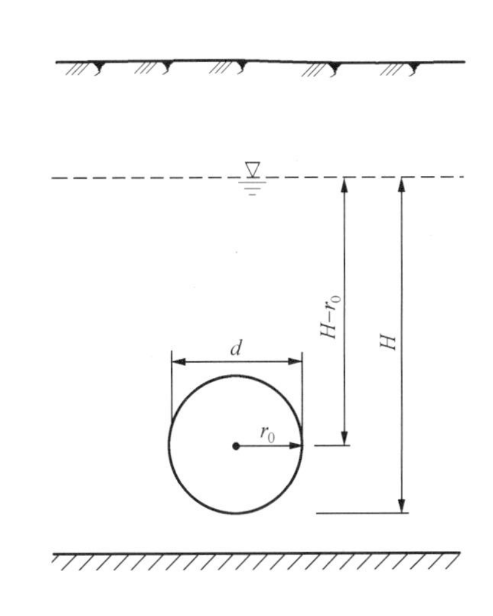

图 5-5-2　大岛洋志法计算概化模型

b. 水力学法，只适用于裂隙管道式突水的初始涌水量预测，其表达式为：

$$Q = \pi\mu\gamma^2\sqrt{2gh}$$

式中　Q——管道状涌水的初始涌水量，m^3/s；

μ——流量系数，视管道断面几何形态规则程度和管道长短曲直及光滑程度而定，一般取值 0.2～0.6；

γ——涌水管道等效于圆形管道的最小喉道半径，m；

h——涌水口至初始涌水的潜水面的高度，m。

经验公式法：

$$q_0 = 0.255 + 1.9224kH$$

式中　q_0——洞身通过含水体单位长度可能最大涌水量，m^3/(d · km)；

k——岩体渗透系数，m/d；

H——静止水位至洞底距离，m。

长期（稳定）涌水流量预测采用落合敏郎法、柯斯嘉科夫法和经验公式法进行预测。

c. 对于基岩山地越岭隧洞，含水体为无界潜水时，可用落合敏郎法估算隧洞长期（稳定）涌水流量，表达式为：

$$q_s = k\left[\frac{H^2 - h^2}{R - r} + \frac{\pi(H-h)}{\ln(4R/W)}\right]$$

式中　q_s——隧洞单位长度长期（稳定）涌水量，$m^3/(d \cdot km)$；

k——岩体渗透系数，m/d；

H——静止水位至洞底距离（含水体厚度），m；

h——隧洞排水沟水深，m；

R——隧洞涌水影响宽度，m；

W——隧洞洞深净宽度，m；

r——$r=W/2$。

计算概化模型如图 5-5-3 所示。

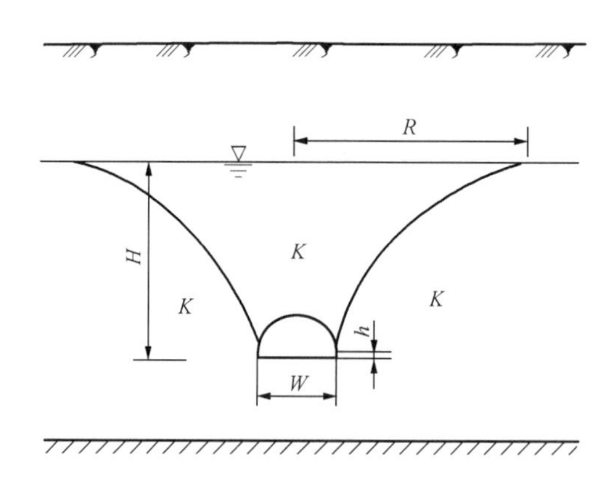

图 5-5-3　落合敏郎法计算概化模型

d. 柯斯嘉科夫法，适用于基岩山地越岭隧洞，含水体为无界潜水的情况，其表达式为：

$$q_s = \frac{2\alpha k H}{\ln(R/r)}$$

式中　α——修正系数，$\alpha = \dfrac{\pi}{2+(H/r)}$。

e. 经验公式法：

$$q_s = kH(0.676 - 0.06k)$$

3）水文地质比拟法。

$$Q = a \cdot q \cdot M$$

式中　Q——预测洞段的稳定涌水量，m^3/s；

M——预测洞段的洞段表面积，m^2；

q——已施工隧洞单位面积涌水量，$m^3/(s \cdot m^2)$；

a——流量折减系数，视隧洞表面涌水构造发育程度而定，一般取值 0.2～0.6。

由于各种隧洞涌水量预测方法均把复杂的隧洞地质条件进行了概化，因此，其预测结果势必与实际情况有出入。鉴于此，在实际工作中应该采用多种方法进行综合预测，结合地质条件的分析提出隧洞涌水量的预测结果。

（2）涌泥预测。

涌泥预测首先应查明隧洞穿越区内砂砾石层、断层破碎带、风化破碎的岩脉、岩溶洞穴和管（通）道及地下暗河的分布、充填以及与洞室的连通情况，在此基础上，参照隧洞涌水量的预测方法对隧洞涌泥作出预测，并评价对工程的影响程度。

（3）环境水文地质预测。

地下工程的涌水、涌泥有时会带来地表水源枯竭等环境地质问题，给环境和居民的生产和生活造成不利影响，因此，在地下工程的工程地质勘察前期，应该对涌水、涌泥后可能出现的环境地质问题作出预测，为处理提供依据。环境地质问题预测，首先应调查工程区的自然水文地质环境，包括工程可能影响区气象、降水入渗条件、泉水、地表沟谷和区内地下水类型以及径流特征等，在此基础上，根据地下水位下降后的影响范围提出可能的环境地质问题预测结果和建议措施。

（五）外水压力

外水压力是作用在衬砌上的地下水的压力，对衬砌的结构有较大影响。确定地下洞室外水压力的主要方法有公式计算法、实测法、折减系数法等，确定地下洞室外水压力的基础是查明地下建筑物区地层岩性、地质构造、岩体透水性、地下水活动状态、地下水位、地下水补给、径流、排泄条件等。喀斯特发育地区，还应调查洞室区及沿线的喀斯特发育特征，地表水与地下水的水力联系等。

（1）公式计算法。

计算模型如图 5-5-4 所示，其表达式为：

$$H_B = \frac{H_0 + \left(\frac{L_1 k_1}{L_2 k_2}\right) H_A}{1 + \frac{L_1 k_1}{L_2 k_2}}$$

式中　H_0——0 点内水压力，m；

H_A——A 点对 MN 面位能与压力之和，m；

H_B——B 点对 MN 面位能与压力之和，m；

L_1——地下水渗径，m；

L_2——衬砌厚度，m；

k_1——岩体渗透系数，m/d；

k_2——衬砌体渗透系数，m/d。

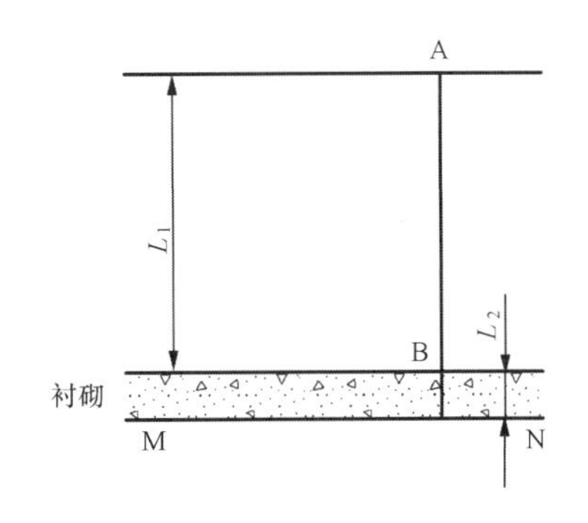

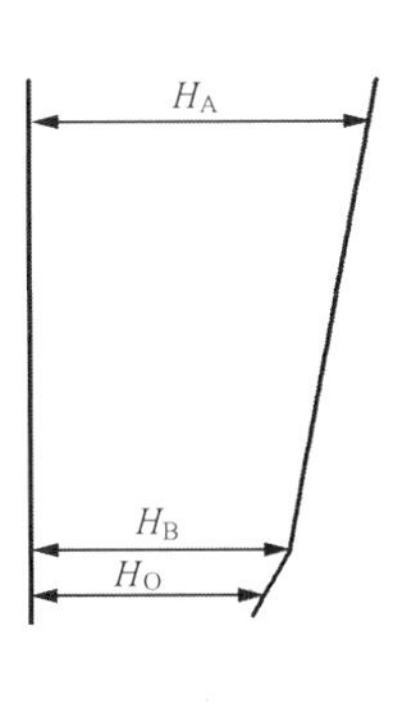

图 5-5-4　外水压力计算概化模型

当隧洞为圆形时：

$$H_B = \frac{k_2 H_0 \ln\frac{r + L_1 + L_2}{r + L_1} + k_2 H_1 \ln\frac{r + L_2}{r}}{k_2 \ln\frac{r + L_1 + L_2}{r + L_1} + k_1 \ln\frac{r + L_2}{r}}$$

式中 r——隧洞半径。

(2) 实测法。

地下水位的获得一般采用钻探、井、洞直接观测确定，无条件观测时可采用岩体卸荷带下限值估计。在施工期，利用埋设在洞室衬砌内的渗压计直接测定外水压力；当存在多层水文地质结构，围岩地下水与上层地下水联系微弱，且采用限裂衬砌结构时，可考虑将内水水头视为外水压力。

(3) 折减系数法。

外水压力的确定采用地下水位折减后获得，见表 5-5-3。

表 5-5-3　　外水压力折减系数经验取值表

级别	地下水活动状态	地下水对围岩稳定的影响	折减系数
1	洞壁干燥或潮湿	无影响	0.00～0.20
2	沿结构面有渗水或滴水	软化结构面的充填物质，降低结构面的抗剪强度。软化软弱岩体	0.10～0.40
3	严重滴水，沿软弱结构面有大量滴水、线状流水或喷水	泥化软弱结构面的充填物质，降低其抗剪强度，对中硬岩体发生软化作用	0.25～0.60
4	严重滴水，沿软弱结构面有小量涌水	地下水冲刷结构面中的充填物质，加速岩体风化，对断层等软弱带软化泥化，并使其膨胀崩解及产生机械管涌。有渗透压力，能鼓开较薄的软弱层	0.40～0.80
5	严重股状流水，断层等软弱带有大量涌水	地下水冲刷带出结构面中的充填物质，分离岩体，有渗透压力，能鼓开一定厚度的断层等软弱带，并导致围岩塌方	0.65～1.00
6	岩溶涌水		0.80～1.00

抽水蓄能电站高压隧洞除考虑天然外水压力外，尚需考虑内水外渗后的外水压力，一般按内水压力折减后确定。

(六) 地温、有害气体和放射性

(1) 地温。

地温预测需首先收集分析地区地质环境条件和地区地温有关资料，根据地下建筑物区的钻孔、平洞不同深度实测地温资料，确定地温梯度。全球的平均地温梯度为 25～30℃/km。在地下工程的地温勘察评价中，应分析所在地区的地质环境差异，一般不宜直接采用全球的平均地温梯度进行估算。

勘探平洞或钻孔已达到地下建筑物区的最大埋深或地温、地热异常区的工程，可直接在平洞或钻孔内采用数字式电桥温度计实测地温作为预测值。通常情况下，地温预测前需要确定地下建筑物区的地温梯度，利用地表温度与地温梯度和地下建筑物区埋深的乘积的和，作为地温预测值。

地温预测还可利用物探测试大地热流值和岩石室内试验的热导率进行估算。

在地形地貌、地层岩性、地质构造复杂的长大深埋隧洞区，可根据岩石的导热系数、导温系数以及水文地质条件，采用有限元模拟隧洞区区域地温场，分析地温场特征，预测隧洞地温。

(2) 有害气体及放射性。

在洞室穿越有机岩类、岩浆侵入岩和灰岩时，洞室可能存在超标的有害气体或放射性危害，需进行探测有害气体和放射性物质的潜在成分，评价其危害，提出必要的防护措施及建议。

有害气体预测应收集工程的基本地质资料，利用平洞、钻孔进行有害气体含量和种类测试，预测有害气体的强度和分布特征，评价对工程的影响，提出工程措施意见。当地下建筑物通过含煤、含油、含气等地层时，应在研究其产出状态和瓦斯生成环境、运移及聚集条件的基础上，利用探洞、钻孔探测瓦斯含量、压力，评价和预测其危害程度，并提出相应的防护措施及建议。

放射性预测应收集放射性洞室区的有关资料，监测地表水、地下水的放射性物质种类和量值，分析研究当地的核辐射环境，同时，进行洞外大气、地表水、土壤和平洞内岩石中天然核素含量检测。根据当地的核辐射环境调查和洞内、外辐射剂量的对比分析，预测地下洞室放射性物质强度，评价对下洞室施工和运行过程的环境污染影响，提出相应的对策及建议。

5.4 工程实例

5.4.1 天荒坪抽水蓄能电站

（一）地质概况

输水系统深埋于大溪河流左岸山体内，处于上、下水库间，地段内山体雄厚，地形陡峻，沿线最高山顶搁天岭（高程 973.01m），下水库进/出水口河床高程 260m 左右，相对地形高差 700 余米。沿线分布侏罗系上统流纹质角砾（含砾）熔凝灰岩（$J_3h^{2(3)}$）、流纹质熔凝灰岩（$J_3h^{2(2)}$）、流纹质火山集块岩（$J_3h^{2(1)}$）及后期侵入主要有花岗斑岩（$r\pi5^{2-3}$）。输水系统及地下厂房深埋于区域断层 F_{105} 和 F_{001} 断层间的地块中，其中上水库进/出水口距 F_{001} 断层 1.3km，为 F_{001} 断层上盘地段，下水库进/出水口靠近 F_{105} 断层，为 F_{105} 断层的下盘，沿线无大的或较大的断层通过。1、2 号输水系统共发育断层 15 条，其中延伸长的计 4 条，如 f_{810}、f_{216}、f_{286}、f_{404}，其他断层延伸不长，断层走向以 NNE 和 NNW 为主，中、陡倾角，破碎带宽 2～30cm，以压碎岩、角砾岩、碎粉岩及少量断层泥，胶结差。输水系统皆埋于地下水位以下。

输水系统地段所测试岩体波速普遍呈高速反应，V_p 值 5000～5800m/s，V_s 值 2800～3500m/s，局部地段因表部岩块松弛或结构面等影响，V_p、V_s 值略小于 5000m/s。岩石单轴抗压强度 102～204MPa，属坚硬岩。岩体采用刚性承压板法进行了 4 组岩体变形（弹性）模量测试（垂直洞壁），从 $P—W_0$ 曲线可知，随压应力的加大，变形（弹性）减小，在 5.88GPa 最大试验压力时，变形模量为 5.86GPa 和 6.59GPa。

（二）主要工程地质问题及评价

天荒坪抽水蓄能电站输水发电系统除进行了深钻孔、长勘探平洞等常规重型勘探外，还进行了岩体变形模量、岩体孔内三向法和水压致裂法地应力测试、原位模型洞围岩变形试验、高压渗透试验、生产性高压灌浆试验等。

（1）岩体地应力。深孔三向应力测试显示地应力的基本特点为：① 厂区岩体应力场的大主应力（σ_1）量级 15～20MPa，方向 S56°W～N44°W，平均方向近 E—W，与大溪河流近垂直，倾向顺坡，倾角 74°～51°，往山里变陡，属中等地应力区；② 中主应力（σ_2）量级 9～14MPa，方向 NNE 和 SSE，平均方向近 N—S，与大溪河流近平行，倾角小于 30°，多近水平；③小主应力（σ_3）量级 9～11MPa 反映完整岩体应力，5.8 和 3.5MPa 是较破碎岩体的应力。水压致裂法实测最小水平主应力（S_h）2.8～6.6MPa，最大达 7.6MPa；计算大主应力（σ_1）3.7～11.4MPa，最大达 12.6MPa，两主应力基本上随深度的增加而增大（见图 5-5-5）；最小水平主应力（S_h）和最大水平主应力（S_H）与钻孔深度呈线性关系：$S_h=2.76+0.01H$，$S_H=5.10+0.013H$；垂直孔第四段压力增到 26MPa，仍未产生较大的破裂；水平孔（处在 PD15 观测洞，洞深 31.0m）孔深 6.10～17.24m 间共选 4 段，其中孔深 6.1～7.0m 破裂压力达 24.5MPa 仍未产生较大破裂，反映出破裂压力随孔深增加（远离洞壁）而减小的趋势。

（2）地下厂房原位围岩变形：为了正确评价地下洞室的围岩稳定性，获得由地质、空间、时间、断面形状等因素综合影响下的围岩收敛变形，为地下洞室围岩稳定性分析，支护设计和施工方法提供依据，进行了地下厂房模型洞围岩变形观测试验。模型洞位于地下厂房勘探平洞 PD15 洞深 305.59m（中心点计），按地下厂房尺寸 9∶1 缩小，两侧设观测洞，埋设多点位移计，收敛计及钢筋应力计 3 种量测仪器。

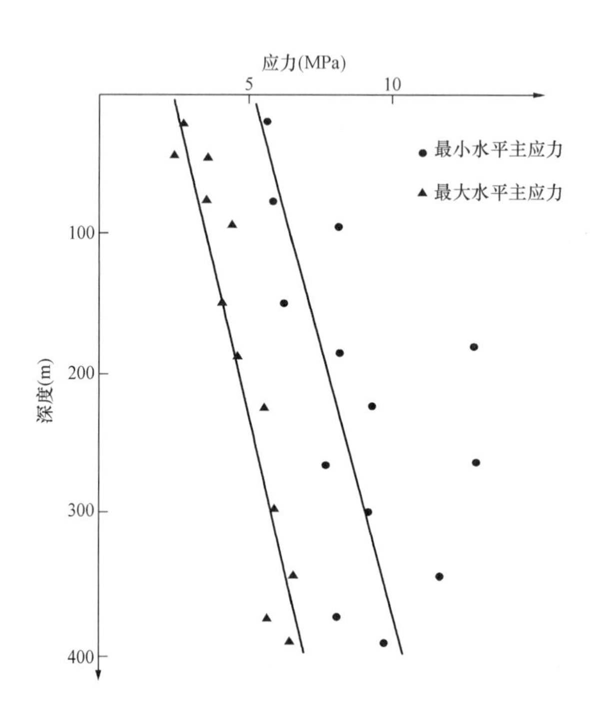

图 5-5-5　主应力值与深度的关系

测试表明，岩体呈弹性变形，一般在放炮后 4h 位移就基本稳定，12h 后位移稳定，岩体变形量小。当掌子面距观测断面为一倍洞高（H，下同）时，观测断面处的围岩开始位移；开挖到距观测断面 0.4H 时，位移迅速增加；当开挖到观测断面时，围岩位移量可达总位移量 40%以上；开挖超越观测断面 1.5H 时，围岩位移渐趋稳定；超挖观测断面约 3H 时，围岩位移全部稳定。

位移与孔深关系：① 近洞壁处变形量最大，变形量随深度增加而减少，呈拉伸变形；② 距洞壁 0.75～1.30m 段内变形量随深度增加而增大，呈压缩变形，1.3m 以后，随深度呈拉伸变形；③ 顶拱岩体变形全呈负值，均为上抬型。

预测地下厂房边墙收敛位移值一般约为 25mm，节理密集带位移可达 35mm。

（3）地下厂房开挖后松弛圈：随地下厂房逐层开挖，对顶拱、拱座附近及两侧边墙的围岩进行松弛圈的测试，前后进行了 3 次，共计 25 个孔，其中顶拱 1 个孔，上游拱座附近 2 个，下游拱座附近 1 个，上游边墙 11 个，下游边墙 10 个，孔深多为 4.40～5.0m，少量 2.6～3.0m。测试结果归纳如下：

顶拱围岩松弛圈厚 0.80m；

上游拱座附近围岩松弛圈厚 0.70m；

下游拱座附近围岩松弛圈厚 1.0m；

上游边墙围岩松弛圈厚 0.60～0.90m，平均厚 0.81m；

下游边墙围岩松弛圈厚 0.55～0.90m，最大 1.10m，平均厚 0.73m。

(4) 岩体高压渗透性（HPPT 试验）：PD15 洞深 464m 处新挖掘一条 180m 长的试验洞，在岔管位置上方布置试验钻孔，钻孔位置及渗压计埋设如图 5-5-6 所示。试验成果作如下分析：

1) 岩体渗透性。水压力（P）与流量（Q）关系曲线存在两种情况。第一种是 P—Q 关系曲线上存在一临界水压力，一旦水压力大于其值，渗水量就急剧增大，如图 5-5-7 所示。临界水压力与裂隙面上的法向地应力及其抗拉强度有关。只要裂隙未受到高压水冲蚀，未超过裂隙面上的法向地应力和抗拉强度，渗水量很小。这种关系曲线反映节理紧密，闭合，充填物密实的岩体。第二种是 P—Q 关系曲线图上不存在明显的临界压力，即不存在渗水量随压力增大而发生突变的现象，如图 5-5-8 所示，但是渗水量显著大于第一种。P—Q 关系可用幂指数 $Q=A\cdot P^{n}$ 来拟合，反映岩体原来就有张开裂隙或过水通道。在高压水作用下，渗水量中的绝大部分通过原有的过水通道。在一定的水压力范围内，由于周围岩体的地应力高于水压力，尽管过水通道随水压力增大而增大，渗水量也随之增大，但岩体仍处于弹性阶段，不至于出现渗水量突变的现象。

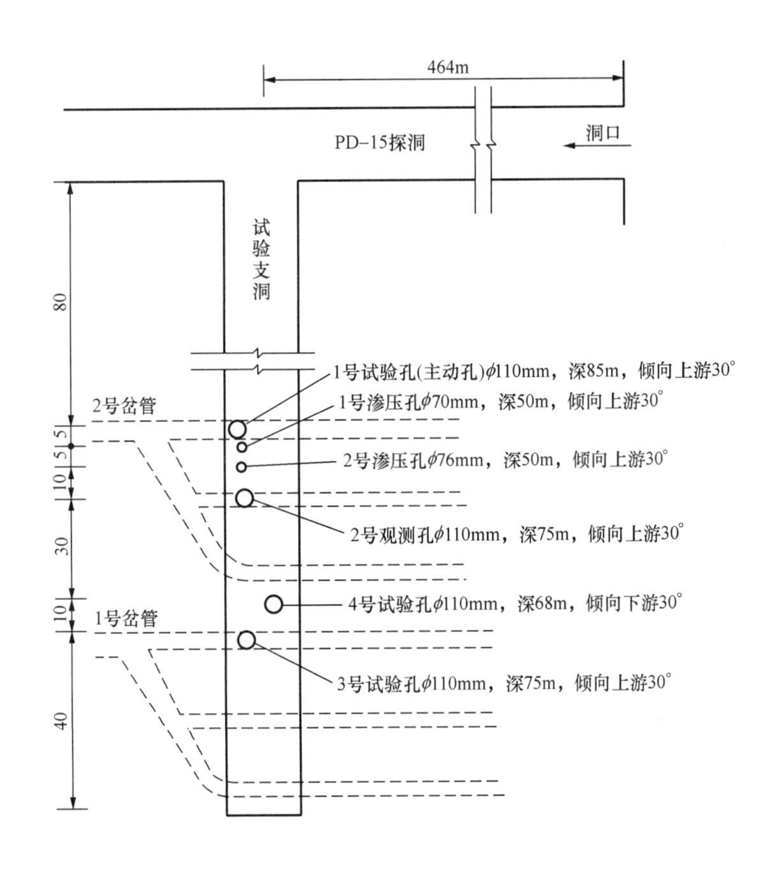

图 5-5-6　天荒坪 HPPT 试验孔位布置图（单位：m）

2) 岩体的临界压力值。绝大多数试验段岩体存在临界压力，其值与压力维持时间，压力循环次数和地应力大小有关。对于同一段岩体，第一次加压所得的临界压力值最高，之后随压力循环次数增加而减小并趋于一稳定值，可得到一个稳定临界压力。这种现象的原因有二，一是临界压力与节理或裂隙面上的法向地应力和抗拉强度有关，法向地应力与岩体自重和构造应力有关，可以认为不变。但其法向抗拉强度却不同，一方面它随荷载作用时间而减小，另一方面抗拉强度一旦被水压力超过，就会丧失。因此，在之后的压力循环中，临界压力相应降低。二是岩体中的渗流主要通过裂隙，裂隙中的充填物经多

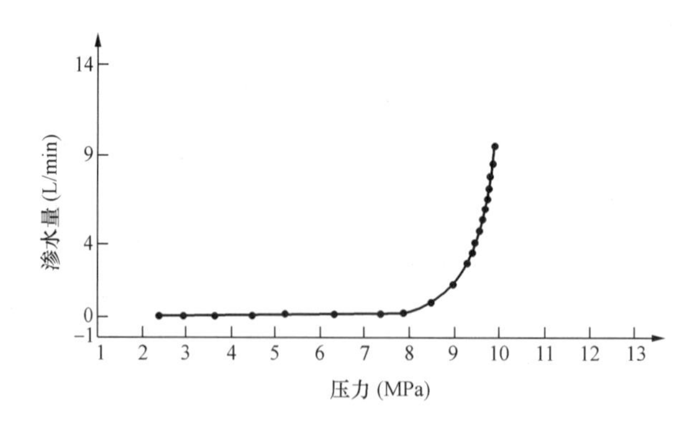

图 5-5-7　压力与渗水量（第一种）

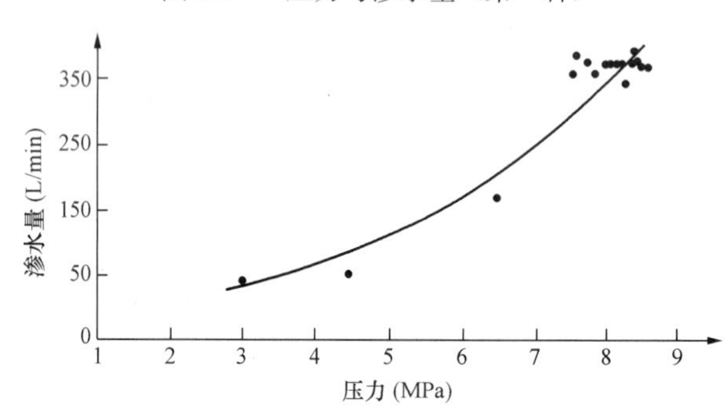

图 5-5-8　压力与渗水量（第二种）

次张开渗水，不同程度被水带走，法向刚度减小，法向压力重新调整，作用在裂隙上的法向压力相应减小。

稳定临界压力与岩体完整性相关。岩体较破碎，节理较发育，由于应力调整，构造地应力减小，相应的稳定临界水压力也就减小。

3）围岩稳定判别。岩体在水压力作用下的渗水量有两种情况：一种为渗水量随时间而增大，如图5-5-9所示，这种现象是由于水压力超过岩体地应力，出现水力劈裂并向外发展或裂隙受高压水冲蚀引起的，岩体在这样的压力作用下是不稳定的；另一种是渗水量随时间的增长而渐趋稳定值，如图5-5-10所示。有的岩体趋于稳定的过程中，其渗水量随时间而减小或渗水量维持不变条件下试验孔压力随时间而升高并趋于一稳定值，这种现象说明水压力未超过岩体地应力，未出现水力劈裂，即使出现了局部的水力劈裂或原先就存在的过水通道，由于数值足够高的外围岩体中的地应力限制其进一步向外发展，这种情况的岩体是稳定的。

4）高压水冲蚀裂隙。钻孔中渗压计很好地反映了岩体裂隙渗水压力变化及裂隙被冲蚀的情况。如在1号孔34.6～50.0m段试验过程中，第一次压力升至约9MPa，历时60min，各渗压计读数没有变化。但当第二次试验时，压力升至7.5MPa，历时不到50min，渗压计读数便开始增大，说明渗透速度增大，即渗透性增强。这是由于节理或裂隙充填物或多或少被高压水带走，减小了渗水阻力。

5）岩体的水力坡降。根据1号孔的试验结果估算其所在岩体的平均极限水力坡降为26；3号孔与2号孔之间岩体的允许坡降至少为25；4号孔与3号孔之间岩体的允许坡降至少大于24。

6）岩体的劈裂压力。快速试验可测定结构面的张开压力，为灌浆提供依据。定义劈裂压力为克服岩体抗拉强度和地应力所需的水压力，也即第一次快速加压所得的临界压力。各孔段岩体的劈裂压力见表5-5-4。

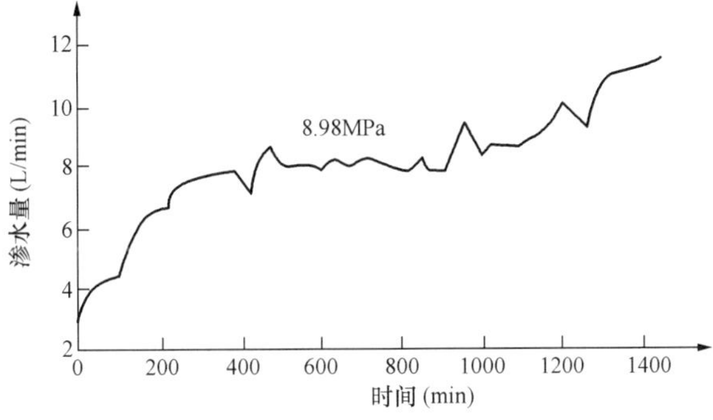

图 5-5-9　时间与渗流量（递增）

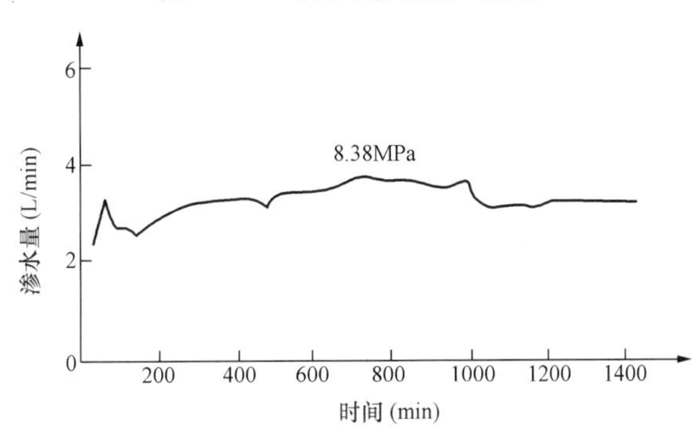

图 5-5-10　时间与渗流量（稳定）

表 5-5-4　　**各孔段岩体的劈裂压力**

试验孔段	高 程 (m)	裂隙劈开压力或劈裂压力（MPa）	劈裂压力与工作压力之比
1 号孔 34.6～50m 段	248.1～234.8	9.20	1.35
1 号孔 64～75m 段	222.7～213.1	7.60	1.12
1 号孔 75～85m 段	213.1～204.5	8.00	1.18
3 号孔 20～50m 段	261.1～235.1	大于 10.17	大于 1.50
3 号孔 50～75m 段	235.1～213.4	10.38	1.53
4 号孔 27～57m 段	255.0～229.0	10.23	1.50
4 号孔 57～68m 段	229.0～219.5	不明显	

（5）高压灌浆试验。为了确定合理的高压灌浆参数，检验水泥灌浆材料及灌浆设备的可行性，进行了高压灌浆试验。通过试验确定灌浆塞的位置、压力升速、升幅、稳定性灌浆液水灰比以及外加剂掺量，然后利用压水试验检验灌浆效果。

帷幕灌浆采用 SGZⅢA 型液压钻机，孔径 ϕ47mm，孔深入岩 10m。固结灌浆采用希姆巴冲击钻，配合 YT27 型风钻，孔径 ϕ48mm。高压灌浆过程中，在确保混凝土衬砌安全的前提下，对不同的灌浆孔分别做了岩下 1.3～0.3m 之间的塞位试验和压力升幅与升速试验，初试压力一般都在短时间内升至 5MPa，多数孔吸浆很小情况下由 5MPa 直接升至 9MPa，个别孔在升压过程中出现串浆或串水现象，由此采用分级升压或加深塞位的方法使压力逐渐升至 9MPa。在设计压力下，吸浆量小于 2.5L/min，持续灌注 20min 可结束灌浆。

根据水泥浆液试验结果，建议采用水灰比为 1∶1，掺用外加剂为 TMS 及 SM-C 两种，掺量各为水泥质量的 2%。浆液搅拌顺序为水—外加剂—水泥，采用高速搅拌机搅拌，搅拌时间不应小于 3min。并可在生产中进一步优化浆液配比。建议初定塞深位置为岩下 0.5～1.0m，在生产中可根据情况适当调整塞深。在吸浆量小时，压力可一次升到 6MPa，在无异常的情况下，再直接升至 9MPa。

（三）主要建筑物开挖与工程处理

（1）输水系统。

输水系统由上水库进/出水口、上平段、斜井、下平段、岔管、钢衬段、尾水隧洞、下水库进/出水口组成。

上水库进/出水口位于搁天岭最高山顶西侧山坡（即东库岸），原始地形坡度 25°左右，开挖坡比 1∶0.5～1∶2 不等，总体开挖坡高 102～119.3m。边坡全为岩质坡，基岩为流纹质角砾（含砾）熔凝灰岩（$J_3h^{2(3)}$），坡体出露弱风化～微风化岩体，坚硬，完整～较完整，无较大规模结构面通过，Ⅲ级结构面不发育，Ⅳ级结构面较发育～发育。迎水面开挖坡比 1∶0.5（高程 908m 以下），设 3 条马道，坡面走向 N5°E，坡体以整体块状结构（Ⅰ）和块状结构（Ⅱ）为主，结构面走向与开挖走向交角小，倾角陡，绝大部分大于开挖坡比，整体开挖边坡稳定～基本稳定。南、北侧坡开挖坡比 1∶0.5～1∶2.0，为变坡体，坡体以块状结构（Ⅱ）为主，部分为碎裂结构（Ⅲ），坡面走向与其中一组结构面走向基本平行或交角甚小，与另组结构面交角较大，其倾角大于开挖坡角。f_{768}、f_{769} 结构面倾角略小于开挖坡角，致使北侧坡与迎水面坡拐角附近局部上盘岩体稳定性差，整体边坡基本稳定～稳定。边坡支护及处理采用：

1）清除松动岩块；

2）对局部不利结构面组合呈不稳定岩体（块），采用随机锚杆支护；

3）f_{768}、f_{769} 断层附近地段及岩体较破碎地段，对原有系统锚杆间距加密呈 1.5m×1.5m 或 2.0m×2.0m；

4）迎水面坡体高程 891.40m 以下岩石完整地段，取消系统锚杆。

上平段及闸门井围岩主要为微风化～新鲜，岩石坚硬，完整～较完整，以整体块状结构（Ⅰ）为主，块状结构（Ⅱ）次之，所通过Ⅲ级结构面规模小，Ⅳ级结构面较发育，经结构面切割、组合分析，洞段围岩稳定～基本稳定，局部有不利结构面组合成稳定性差楔形块体，需进行及时加强支护。

1、2 号斜井埋藏深厚，沿线岩石新鲜，坚硬，完整，局部较完整，脉岩与围岩接触良好，无明显不良现象，Ⅲ级结构面不发育，规模小，其中 f_{810}、f_{806}、f_{805} 断层在 1、2 号斜井贯穿，其他断层延伸不长，Ⅳ级结构面较发育，局部发育，绝大多数闭合，多充填钙膜，岩石赋水性差，地下水初始出露点不多，流量甚少，对岩石稳定无大的影响，无明显不利结构面组合，开挖过程中未遇不稳定楔形块体或掉块，故围岩稳定～基本稳定，局部段由于结构面切割出现稳定性差岩块，需作及时支护。尽管沿线工程地质条件良好，但也存在诸多的结构面。虽然断层规模不大，节理多闭合，岩脉接触紧密等，但在一定高压水作用条件下，部分结构面产生重张，通过混凝土裂隙，沿重张裂隙渗漏，形成渗漏通道。

下平段（含下弯段）上覆岩体厚 240～540m，地下水位埋深 101.69～139m（高程 568～321m），相对隔水层顶板埋深 108～56m（高程 561～402m）。岩体以整体块状结构（Ⅰ）为主，块状结构（Ⅱ）次之。结构面走向与洞轴线具一定交角，且结构面倾角陡，无不利结构面组合，围岩稳定～基本稳定。

岔管地段分布含砾流纹质熔凝灰岩（$J_3L^{1(d)}$），后期侵入煌斑岩脉（X_{62}），岩脉宽 40～50cm，支脉宽 8～40cm 不等，与围岩接触紧密。Ⅲ级结构面基本不发育，仅在 1 号主管的 3 支管桩号引（3）0＋588 发育 f_{808}，产状 SN 近⊥，破碎带宽 10～15cm，局部 20cm。此断层规模小，延伸不长，临近 2、4

号支管未见断层轨迹。岔管埋藏深500余米，岩石新鲜，坚硬，完整。Ⅲ级结构面仅发育一条，规模小，延伸不长，Ⅳ级结构面较发育，局部发育，1、2号岔管主要结构面发育产状基本相同，但工程地质条件略有差异，围岩以整体块状结构（Ⅰ）为主，块状结构（Ⅱ）次之，局部碎裂结构（Ⅲ），无明显不利结构面组合，围岩基本稳定～稳定。虽然1、2号岔管同属一个工程地质单元，但2号岔管地段Ⅳ级结构面比1号岔管相对发育，地下水出露点及煌斑岩脉侵入，对水力联系相对会好些。

高压钢管段共计6条，桩号为引（6）0+593.001～引0+775.52，段长232.7～184.5左右，开挖断面大多呈马蹄形，底宽3.5m，拱肩宽4.20m，渐缩3.60m（至厂房上游边墙，下同），高4.30～3.60m，洞中心线高程225.0m，洞轴线间距19.773m。段内分布含砾流纹质熔凝灰岩（$J_3L^{1(d)}$）及后期侵入两条煌斑岩脉X_{62}和X_{64}，脉宽10～40cm，两者与围岩接触紧密。1～6号洞段岩体弹性波速V_P值基本≥5000m/s，呈高速反映，仅5号洞桩号引(5)0+788～792，V_P=3800m/s，近厂房边墙，岩体拉裂。节理密集带中围岩以碎裂结构（Ⅲ）为主，非节理密集带以整体块状结构（Ⅰ）及块状结构（Ⅱ）为主。诸结构面走向与洞轴线一般交角大，无明显不利结构面组合，而且开挖洞径不大，有利于洞的稳定。经分析：非节理密集带段围岩稳定～基本稳定，节理密集带段围岩基本稳定。洞的末端与地下厂房上游边墙连接，由于厂房Ⅴ层底部超挖和爆破影响，导致1～6号钢管段末端岩体拉裂，缝宽0.5～1.0cm，需加强支护。

尾水隧洞共计6条，沿线长193～214m。开挖洞径5.85～5.20m，洞底开挖高程215.31～283.80m，洞中心间距22.0m。沿线岩石坚硬，完整，Ⅲ级结构面规模小，Ⅳ级结构面一般较发育，节理密集带的节理多闭合，结构面走向与洞轴线方向交角大，无不利结构面组合，各洞段围岩基本稳定～稳定。在尾水洞与地下厂房下游边墙连接段有拉裂、松动现象，需加固支护。

（2）地下厂房洞室群。

地下厂房洞室群埋于地表以下160～220m，分布含砾流纹质熔凝灰岩（$J_3L^{1(d)}$），岩石新鲜，坚硬，完整～较完整，地段内无大的或较大的结构面通过，Ⅲ级结构面稍发育，多呈挤压带，延伸不长，Ⅳ级结构面极发育呈节理密集带，地下厂房、母线洞、主变洞上游边墙大部分处在节理密集范围内，节理方向以SN～N30°E E～SE∠55°～70°为主。厂区岩体应力场大主应力（σ_1）量级15～20MPa，方向S56°W～N44°W，平均近E～W，顺坡向∠51°～74°。结合施工开挖过程中交通洞等曾发生轻微岩爆，厂区应属中等应力区。地下水位和相对隔水层顶板埋深分别为139.4m（高程321.13m）和56.04m（高程402.85m），两洞皆在地下水位和相对隔水层顶板线[ω≤0.01L/(min·m·m)]以下。段内岩体完整，赋水条件差，在基岩裂隙含水层中，两洞开挖中的初始地下水位出露点不多见，沿结构面渗出呈滴水和渗水，其中地下厂房洞2～3处，主变压器洞7～8处，大部分洞潮湿或干燥，后渗、滴水趋增多，局部如应2孔（孔深32.0m以下）存在局部裂隙承压水，已用混凝土封堵。

地下厂房由主、副厂房及安装间组成，其中副厂房及安装间置于地下厂房的两端，总体开挖尺寸（长×宽×高）198.70m×21.0m×47.73m（最大高度），长轴线方向N30°W，与上游高压钢管轴线呈64°夹角，与下游尾水管轴线呈78.8°夹角，主厂房采用岩壁吊车梁，安装间开挖平台高程238.87m。共计分6层，自上而下顺序分层开挖。地下厂房洞围岩新鲜，坚硬，完整～较完整，为块状结构（Ⅱ）和整体块状结构（Ⅰ）和镶嵌碎裂结构（Ⅲ）岩体，无大的或较大的结构面通过，Ⅲ级结构面规模小，延伸不长，Ⅳ级结构面较发育～发育，多数延伸不长，少量延伸长，无延伸长的结构面不利组合。顶拱和边墙岩体稳定～基本稳定，唯下游侧顶拱角附近和上游边墙存在不利结构面组合，由于开挖过程中未及时支护，又受爆破、卸荷等因素的影响，致使部分段岩块松弛、张开，局部呈危石或掉块，上游边墙第Ⅲ、Ⅳ、Ⅴ层多处有超挖现象。下游侧顶拱和上游边墙围岩类别为Ⅱ类为主，局部Ⅲ类，基本稳定，局部稳定性差；上游侧顶拱和下游边墙围岩类别为Ⅰ～Ⅱ类，稳定～基本稳定。

地下厂房工程处理采用系统锚杆长4.50m，锚杆间距1.50m，全部采用挂网，喷混凝土，喷混凝土厚度为15cm；由于节理密集带范围内没有及时喷锚支护，致使下游拱座及边墙，节理裂隙大多呈张开、松动，有几处塌落，采用加密锚杆处理。主厂房、安装场吊顶牛腿超挖段要求混凝土回填，大于20cm采用钢筋网及插筋，岩壁吊车梁超挖增加水平锚杆及注浆锚杆，调整A、B锚杆参数，增设预应力树脂锚杆，同时在吊车梁下部增混凝土护壁等措施；主、副厂房，安装场上、下游边墙（含吊顶牛腿和岩壁吊车梁之间），及两端墙均增设挂网。上游边墙分层开挖中的Ⅲ、Ⅳ、Ⅴ层超挖部分增设混凝土护壁和混凝土回填，部分段进行预应力锚杆或部分随机锚杆等措施。

主变压器洞与地下厂房下游边墙相距34.0m，长轴与地下厂房长轴平行排列，开挖洞底高程238.95m，洞顶高程263.43m，开挖尺寸（长×宽×高）180.9m×18m×24.73m。该洞先后分3层开挖，开挖顺序Ⅰ、Ⅲ、Ⅱ层。主变压器洞围岩新鲜、坚硬，完整～较完整，以块状结构（Ⅱ）为主，Ⅲ级结构面稍发育，规模小，Ⅳ级结构面较发育～发育，下游侧顶拱和上游边墙围岩类别以Ⅱ类为主，局部Ⅲ类，基本稳定，局部稳定性差；上游侧顶拱和下游边墙围岩类别为Ⅱ～Ⅰ类，稳定～基本稳定。工程处理采用系统锚杆长$L=4.1$m，下游侧顶拱增随机锚杆、挂网、喷混凝土厚10cm；边墙系统锚杆高程255.0m以上$L=4.6$m，拱肩$L=6.10$m，挂网、喷混凝土。主变压器排风洞及母线洞口上部加强支护，5号母线洞洞口上部采用预应力锚杆，ϕ36mm，$L=7.10$m。

5.4.2　宜兴抽水蓄能电站

（一）地质概况

输水系统及地下厂房均置于铜官山北麓呈NE向展布的山体内。上水库进/出水口位于上库北岸，地形坡度约20°，山顶高程522.17m，上下库地形相对高差达450m。地下厂房置于山体的中部，埋深在280～370m之间。沿线出露的地层主要为泥盆系沉积的碎屑岩类：

（1）上统五通组下段（D_3w^1）：为灰白色中厚～巨厚状石英岩状砂岩，夹薄层泥质粉砂岩；

（2）中下统茅山组上段（$D_{1-2}ms^3$）：为灰白色中厚层状岩屑石英砂岩夹中薄～极薄层状泥质粉砂岩及粉砂质泥岩；

（3）中段（$D_{1-2}ms^2$）地层：为一套青灰、紫红、灰白等色岩屑砂岩夹灰黄、青灰色泥质粉砂岩及粉砂质泥岩，局部夹灰白色岩屑石英砂岩。岩层产状为N40°～75°∠W，NE∠10°～35°；

（4）茅山组中段（$D_{1-2}ms^2$）：分布于输水系统下竖井、下平段、尾水洞及地下厂房一带，沿线断裂构造发育，大小断层达100余条。

断层规模较大的共33条，走向以NW～NWW向最为发育，其中F_{204}在地下厂房勘探平洞PD6洞内的出露宽度达10～15m；断层带内大多充填碎裂岩、角砾岩、碎粉岩和断层泥；F_{220}断层宽约5m，下盘节理密集带宽30m，带内充填糜棱岩、碎裂岩、碎块岩，上下界面有10～20cm断层泥。

石英岩状砂岩及岩屑石英砂岩抗风化能力较强，地表以弱风化为主；岩屑砂岩的抗风化能力稍弱，地表呈强～弱风化状，而粉砂质泥岩或泥质粉砂岩及花岗斑岩则抗风化能力差，地表常呈全～强风化状，弱风化带下限的最大埋深在250m以上。薄层粉砂质泥岩及泥质粉砂岩因层间挤压及地下水作用常形成软弱夹层。

沿线地下水接受大气降水补给，主要以基岩裂隙性潜水为主，局部裂隙水具一定的承压水性质。断层在倾向方向上具有相对的隔水性，而沿其走向方向具有一定的导水性。输水系统沿线山体赋水性良好，地下水活动强，水量丰富，地下水出露方式以渗滴水、线状流水为主，厂房部位垂直钻孔均有涌水现象，其中最大涌水量达150L/min，涌水压力为0.27MPa。厂房部位孔隙水压力较大，初始孔隙水压力达0.967MPa，稳定后的最大水压力为0.663MPa。

沿线分布的泥质粉砂岩和岩屑砂岩的饱和抗压强度分别为27MPa和56MPa，属较软岩和中硬岩。岩体弹性纵波速一般在2600～4500m/s之间，岩体完整性系数一般为0.45～0.81，断层破碎带一般为2000～2600m/s。微风化泥质粉砂岩、岩屑砂岩和岩屑砂岩夹泥质粉砂岩水平向变形模量为4.4～10.24GPa，垂直向为2.21～2.87GPa，三类岩性平行层理方向的变形模量和弹性模量均高于近垂直层理方向的，且三类岩性近垂直层理方向的变形模量较接近，反映工程区岩体的变形模量具有较强的方向性。

（二）主要工程地质问题及评价

宜兴抽水蓄能电站输水系统及地下厂房进行了深孔、长勘探平洞等勘探工作，试验工作有岩石物理力学性质、现场弹性波测试、变形模量试验、现场模拟洞变形试验、高压渗透试验等。

（1）地应力：工程区大主应力值为8.26～16.01MPa，方向为N65°～78°E；小主应力值为2.38～7.93MPa。岔管部位实际运行压力为6.2MPa，不满足最小主应力准则，需进行钢衬；中平段、下竖井及上竖井段实际运行压力为1.3～3.1MPa，但是该段输水线上覆岩体厚度薄，按一般的地质规律，其所处地应力更小，因而也不满足最小主应力准则，需进行钢衬。

（2）围岩覆盖厚度：岩体覆盖厚度是影响压力管道安全的一个主要因素，引水线除上、下进/出水口处覆盖稍薄外，一般管线的覆盖厚度在100～410m之间。上水库正常蓄水位高程471.5m，则引水线各部位覆盖比（L/H）除尾水洞出口处小于0.6外，其他段覆盖比在0.60～1.51之间，大于0.6，可满足最小覆盖厚度的要求。

（3）围岩变形：宜兴地下厂房地质条件较差，围岩变形稳定是重要的工程地质问题。可研阶段，曾在地下厂房勘探平洞PD6洞布置了5个围岩收敛变形观测断面，其结果表明：① 5个断面各测线最终收敛变形值在0.68～8.47mm之间，各断面变形基本为顶拱小，边墙大，左、右边墙变形无规律可循。上述现象反映节理裂隙的产状及发育程度对断面的收敛变形影响较大，表明各断面节理发育的不均匀性和不一致性。② 第5断面2号测点布置在有断层经过的破碎岩体内，其测线最终收敛变形值最大，为8.47mm，2号测点最终变形值为7.30mm。③5个断面中第3、第4断面较其他3个断面的测线和测点变形小，其最大测点变形只有0.92mm，显示桩号1＋226.7～1＋236.6洞段的岩体相对较完整。

可行性研究后期，为进一步了解洞室围岩的变形情况，在PD6洞桩号1＋602（厂房轴线上游约20m）左侧布置了一试验洞，洞向为N30°E，与厂房轴向一致，洞深48m，试验洞采用光面爆破，断面为4×5m的城门洞型。检测成果表明：① 收敛位移一般为3～6mm，最大约8mm，位移随时间和空间的变化较有规律，当观测断面与掌子面的距离超过2～2.5倍洞高后，收敛变形趋于稳定，以后随时间仍有增加。② 各测点所测得的位移较小，位移最大点M2孔全过程的总变形为1.244mm，其他测点一般在1mm以下，洞室围岩发生位移一般在离洞壁3～6m范围内。③ 长期观测结果表明，尽管试验洞停止开挖，各测线的变形仍有一定的增加，表明围岩具有一定的时间效应，离洞底越远的断面位移值变化较小，离洞底越近，其变形增加较多，因时间效应所产生的变形约占全部变形的10%～20%。

（4）外水压力：因勘探平洞开挖排水，沿线地下水位已降至高程92～95m，下竖井下部、下平段及岔管、尾水隧洞在地下水位以下，上平段及中平段在地下水位之上。下平段地下水埋深200～290m，高程95～112m，地下水静水头98～115m。根据设计布置，除尾水洞段外的输水隧洞均采用钢板衬砌，因此，作用于钢衬上的外水压力为全水头，鉴于原始地下水位埋深较小，最小埋深处的高程为240m。在检修工况下，作用于钢衬上的外水压力比较大，对钢衬尤其是对高压管道段的钢衬稳定不利，因此，需对岔管及下平段、厂前支洞围岩做好防渗和排水措施。

（5）渗漏及渗透稳定：上平段至尾水支洞段引水线采用钢板衬砌，不存在内水外渗问题。虽然输水系统沿线因勘探平洞排水地下水位已降至下竖井的中下部位（高程92m），但上平段、上竖井及中平段岩体较破碎～完整性差，呈弱～微透水性，断层破碎带呈强透水性，雨季时仍有渗水现象，故需对下竖井、下平段、厂前支洞及尾水洞围岩，尤其是 F_{220} 断层带部位，进行灌浆处理，并加强岩体的排水措施。尾水洞采用混凝土衬砌，并处于地下水位以下。该洞段断层、裂隙较发育，地下水丰富，岩体透水性呈弱～微透水，断层破碎带内呈强透水性，存在渗漏问题，同时，也存在沿断层破碎带、节理密集带及软弱夹层的渗透稳定问题，需加强破碎岩体灌浆处理。

（6）围岩类别及稳定性：输水系统围岩大多为微风化岩屑石英砂岩或岩屑砂岩夹泥质粉砂岩及粉砂质泥岩，构造发育，地下水活动强、水量也较丰，外水压力较大，地应力中等为主。根据钻孔岩石质量指标及 PD6 支洞围岩的分类结果，分析上平段围岩为Ⅳ类，上竖井段围岩为Ⅲ～Ⅳ类，中平段围岩以Ⅳ类为主，下竖井段上部（高程 130m 以上）围岩以Ⅳ类为主，下部（高程 130m 以下）以Ⅲ类为主，下平段及厂前段围岩以Ⅲ类为主，Ⅳ类次之，断层破碎带围岩为Ⅴ类，尾水隧洞围岩以Ⅳ类为主。闸门井围岩以Ⅳ类为主，局部Ⅴ类。

厂房部位围岩以微风化岩屑砂岩夹泥质粉砂岩为主，南端墙顶拱附近为弱风化，主要构造线与厂房轴线近正交，对洞室稳定影响较小；F_{220} 断层从厂房南端墙顶拱通过，下盘岩体破碎，F_{204} 断层从北端墙底部通过；厂房区裂隙较发育～发育，尤其是层面裂隙延伸长，软弱岩层面局部夹泥或岩屑。厂房顶拱部位岩石质量指标普遍较低，岩体完整性差～破碎；南端墙 ZK206 孔厂房开挖范围内岩石质量指标 RQD 不足 9%，岩体破碎；北端墙岩石质量指标 *RQD* 加权平均值达 50.2%。统计还表明，厂房区钻孔包括主变压器洞钻孔岩石质量指标均呈自南至北提高的趋势，反映厂房南端墙围岩的完整性呈破碎状，而北端墙围岩的完整性呈完整性差。为了恰当地评价厂房部位围岩的稳定性，按水电工程地质分类法、*Q* 系统分类法及《工程岩体分级标准》进行分类（级），3 种围岩分类（级）表明，围岩以Ⅲ类为主，Ⅳ类次之，F_{220} 断层带为Ⅴ类；主变洞以Ⅲ类为主，*Q* 值在 4.0～6.0 之间，南端墙为Ⅳ类，*Q* 值在 0.5～2.0 之间，围岩稳定性较差。

地下厂房受 F_{204}、F_{220} 两大断层带的限制和影响。一方面，轴线及位置已无调整余地（见图 5-5-11）。另一方面，围岩中断层较发育，节理发育，局部极发育，岩石质量指标 RQD 值低，岩体完整性差～破碎，围岩类别低，为Ⅲ、Ⅳ类，局部为Ⅴ类。缓倾的层面裂隙及软弱夹层、F_{220}、F_{204} 断层是影响厂房围岩稳定的主要因素，其结构面之间不利组合的存在，严重影响厂房顶拱围岩的稳定。丰富的地下水，进一步降低了围岩的稳定性。因此，除需加强厂房区围岩的常规系统支护、不稳定块体的随机支护、系统排水外，建议对厂房南端墙及北端墙下部围岩采取预应力锚索支护，顶拱不稳定块体及 F_{220} 影响范围采用钢肋拱或锚索支护，并根据施工开挖揭示的地质条件及时调整支护型式及支护参数。顶拱开挖施工前，建议先完成厂房排水系统施工，在降低整个厂房区地下水位的前提下，先挖上、下游边导洞，后挖中部岩柱，精细施工，紧跟支护，及时监测反馈，逐步推进。达到地下厂房施工过程的稳妥、安全，经几年运行期监测，地下厂房的支护是成功的。

（7）涌水预测：地下厂房深埋于地表下 300m 的山体内，最低开挖高程为－15m。从竖井部位钻孔地下水观测资料分析，ZK151 孔内水位已从终孔时孔深 246.9m（高程 271.62m）降至 264m（高程 200.51m，间隔 2 个月），说明 F_{220} 断层导水性较强，ZK152 孔终孔水位已临近 PD6 洞底（高程 93.44m），表明 PD6 洞已成为输水系统部位地下水的排泄基准面。地下厂房置于 F_{204}、F_{220} 断层之间。厂房部位钻孔压水试验表明，洞室群开挖部位的岩体为弱～微透水，断层带为强透水，洞内垂直向钻孔均有涌水现象，涌水点深达厂房底部（ZK205 孔高程－8.37～－12.5m、ZK206 孔高程－20.66～－23.66m），单孔最大涌水量达 150L/min（ZK206 孔）。

厂房区地下水涌水量估算采用水文地质比拟法。厂房部位原始地下水高程约 240m，PD6 洞底高程 93m，水位降深 S_1＝147m，洞口总出水量 Q＝2114m³/d，目前钻孔总涌水量约 598m³/d，则 PD6 洞岩

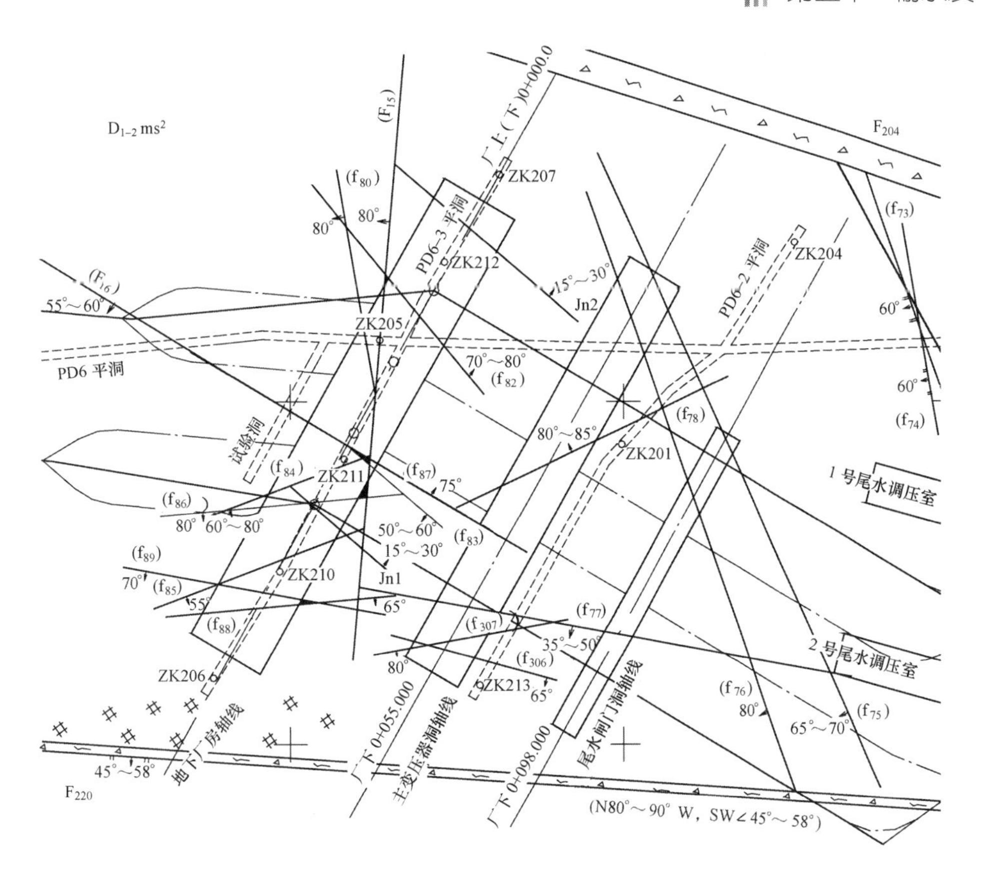

图 5-5-11　宜兴抽水蓄能电站地下厂房 37.10m 高程平切图

体裂隙出水量为 $Q_1=1516\text{m}^3/\text{d}$；厂房底板高程为－15m，水位降深 $S=255\text{m}$，则厂房涌水量为：$Q=Q_1\times S/S_1=2630\text{m}^3/\text{d}$。鉴于 F_{204}、F_{220} 含水构造带导水性好，厂房开挖揭露后，会有较大的涌水量，故预先应打排水洞，疏导地下水，若厂房开挖一次成形，无先期排水措施，按上述方法估算，$Q_1=2114\text{m}^3/\text{d}$，$S_1=147\text{m}$，$S=255\text{m}$，厂房涌水量可达 $3667\text{m}^3/\text{d}$。

(8) 放射性：经在地下厂房长探洞内天然辐射环境监测，洞内氡及氡子气体 α 潜能超过国家标准，人员长期在洞内工作时，应加强通风。

5.4.3　泰安抽水蓄能电站

(一) 地质概况

地下厂房及输水系统均置于横岭地下，横岭山脊走向近 N40°W，岭脊高程 422～426m。地形自岭脊向南西方向渐降，相对高差约 270 m。输水系统沿线基岩裸露，岩性为太古界泰山群的混合花岗岩（γ_m），其间有闪长岩脉（σ_π）、辉绿岩脉（N_π）及石英脉（q）侵入。地下厂房及输水系统位于规模较大的主要断裂 F_1、F_3、F_4 所控制的地块内，除部分尾水隧洞处于 F_3、F_4 之间地块外，其余建筑物均位于 F_1、F_3 地块之间。在局部应力场的作用下，两地块间次级结构面发育性状及程度有所差异，其中 F_1、F_3 地块间次一级断层及裂隙较发育～发育。

混合花岗岩全风化带厚 0～1.0m；强风化带厚 2.0～20.0m；弱风化带厚 25.0～60.0m，地震波纵波速 V_p 值一般为 3000～4000m/s；微风化～新鲜岩体地震波纵波速 V_p 值一般为 5000～6000m/s。输水系统及地下厂房部位岩体为弱风化～微风化及新鲜，以微风化～新鲜岩体为主。横岭坡脚至下水库进/出水口一带，地形平缓、开阔，基岩中存在 2～3m 宽的水平卸荷带，带内近水平缓倾角裂隙多张开发育，间距20cm左右，卸荷带平面分布范围不大。

工程区岩体具有蚀变现象，蚀变型式有蜂窝状蚀变、囊状蚀变、裂隙状蚀变。蚀变岩体有沿构造带分布的特性，并受岩性、结构面性状及地下水的影响较大，因此，在空间上分布不均一并具有一定的随机性，各洞室的开挖施工中都有可能碰到。蚀变岩体矿物成分均以蒙脱石为主，其具有强烈的亲水性和膨胀性，因此开挖暴露后，易膨胀松弛而坍塌。

横岭山体地下水主要接受大气降水补给，以基岩裂隙性潜水为主，局部具脉状或条带状裂隙性承压水。横岭山体NNE～NEE向裂隙发育，北坡发育近10条不同规模的、具张性的裂隙密集带，为地下水的储存、径流创造了条件。原地下水分水岭与地形分水岭基本一致，地表水、地下水的径流、排泄方向一致，沿裂隙密集带透水性好，而带间的岩体透水性差，地下水以不同的水力坡降分别向两侧樱桃园沟和下库泮汶河排泄。

（二）主要工程地质问题及评价

（1）地应力：地下厂房及岔管部位采用了水压致裂法、深孔三维应力解除法及声发射凯塞效应法的地应力测试工作。3种测试方法最大水平主应力方向相近，量值上以声发射凯塞效应法最大，深孔三维应力解除法最小，根据3种方法的测试原理，测试点的地质条件及测试结果，结合区域应力场资料分析，水压致裂法测试结果代表性较好，是本区应力场特征的综合反映，其大小和方向可作为本工程的设计依据，即工程区最大水平主应力方向为N60°～80°E，其值为12MPa，最小水平主应力值为3～7MPa，属于中等地应力区。厂房轴线应尽可能考虑与最大主应力方向以较小角度相交。最小地应力大于内水压力的1.1～1.2倍，岔管具备钢筋混凝土衬砌的条件。

（2）厂房轴线位置及方向选择的地质问题：根据地下厂房勘探平洞PD1主洞及左、右支洞内钻孔揭露，发育的辉绿岩脉$N_{\pi}24$，在PD1主洞桩号0+690m处出露，$N_{\pi}24$脉体宽30cm，岩脉被断层（f_7、f_8）错断，且在PD1左、右支洞钻孔不同深度均有揭露，综合分析其产状为N35°～38°W SW∠55°～70°，岩脉与围岩接触较好，局部接触差，脉体具片理化，见扭曲现象。经分析$N_{\pi}24$将在厂房上游边墙高程116.8～129.0m之间出露，出露宽度1.15～2.20m。厂房岩臂梁高程125m左右，岩臂梁将置于岩脉出露线附近，且与岩脉出露线几乎平行，岩脉对厂房上游边墙岩臂吊车梁的稳定将产生较为不利影响。为尽可能减小岩脉$N_{\pi}24$对厂房上游边墙岩臂梁的影响，建议对厂房轴线位置作适当调整。根据地质条件及水工结构布置要求，将厂房轴线位置向下游平移15m，往厂右平移12m。厂房位置调整后，预估$N_{\pi}24$在厂房上游边墙的出露高程为90～103m之间，且在安装场部位该岩脉出露线位于最低开挖高程以下。在厂房上游边墙岩臂梁位置（高程125m）边墙至岩脉间岩体水平厚度约11.5～20.5m，厂房位置调整后，其工程地质条件无大的变化，但岩脉对岩臂梁的不利影响有所降低。为此，根据地质条件及水工布置要求将原厂房轴线位置适当向下游移是合适的。

从水工布置上考虑，厂房轴线以N40°W垂直于山坡方向布置，可以保证厂房各部位沿上、下游有较大的调整余地，且上覆岩体的厚度和侧向厚度都能满足。从地质角度考虑，厂房区发育的结构面以NNE～NEE向陡倾角为主，地下厂房轴线应尽可能与其以较大角度相交，使结构面对厂房围岩稳定性的影响降至最小，按厂房轴线N40°W方位布置，可基本上满足上述要求；此方向正好平行于片麻理方向，但片麻理一般不构成破裂面，因此，片麻理不会对厂房围岩稳定造成较大的影响。从地应力角度考虑，厂房轴线应尽可能与最大主应力方向以较小角度相交，使地应力对厂房围岩稳定性的影响减至最低。本地区最大主应力方向N60°～80°E，其值为12MPa，为中等地应力区，量级较小，故对厂房轴线的选择不起控制作用。在充分考虑厂房区的地质条件，地应力大小及厂区水工枢纽布置要求的基础上，原选定轴线方向为N40°W是合适的。

（3）围岩覆盖厚度：岩体覆盖厚度是影响压力管道安全的一个重要因素，根据岔管上覆岩体厚度，上水库最高蓄水位高程410m，静水头为309m，下平段覆盖比L/H为0.89～0.90，大于0.6，满足挪威准则对上覆岩体厚度的要求，围岩稳定。根据上述分析，岔管具备钢筋混凝土衬砌的条件。

(4) 围岩在高压条件下的透水性：根据高压压水试验P—Q关系曲线，岔管部位岩体在高压水的作用下，主要表现形式有两种：

1) 岩体在高压水的作用下，P—Q关系曲线有一个明显的转折点，即存在一个较为明显的临界压力，当试验压力小于临界压力时，渗透流量很小，一旦超过了临界压力值，渗透流量则成倍、甚至几十倍的增加，曲线类型以D、C型为主。其临界压力与岩体的完整程度、地应力的大小及岩石的抗拉强度密切相关，根据试验成果其值一般为3.0～4.0MPa，与岔管实际运行压力值相当。

2) P—Q关系曲线没有一个明显的转折点，即不存在临界压力，渗透流量随试验压力的增大而增加，曲线类型以A、B型为主。说明岩体在试验压力值内仍表现为弹性状态，裂隙并未被高压水所冲蚀劈裂，岩体是稳定的。

高压压水试验成果表明，岔管部位岩体渗透性不强，大部分岩体较完整或完整，试段的渗透流量和岩体透水性均较小；少部分岩体破碎，裂隙连通性好，试段的渗透流量和岩体透水性均较大；受地应力及结构面的影响，部分裂隙岩体（断层、结构面发育部位，地应力低的部位），显示在低压阶段（1～3MPa）时，渗透流量较小，而达到一定试验压力（＞3MPa）时，裂隙岩体会被水压裂，裂隙贯穿重张，试段的渗透流量和岩体透水性均将突然增大，此种状况的试段占总试段的43％，而3～4MPa的压力与高压管道的运行压力相近，故应加强衬砌支护和对围岩高压灌浆处理，尤其要提高断层、裂隙密集带和岩脉接触面等弱面的抗渗性及整体性，防止内水外渗。

(5) 断层带的高压渗透变形特性：断层带的渗透变形破坏的主要原因是试验压力超过岩体中裂隙的重张应力后，使裂隙重新张开并连通，流量急剧增大，形成渗漏通道，而发生渗透破坏，表现为断层带及裂隙面的重张和细颗粒被冲蚀。在地下厂房勘探平洞内f_{25}断层带渗透变形试验反映，f_{25}断层带在大于3～4MPa压力条件下，渗透流量明显增大，P—Q关系曲线产生明显的拐点，之后，渗透流量随着压力的增大呈近线性增大，断层开始沿薄弱部位产生渗透破坏；f_{10}应具有同f_{25}相类似的渗透变形特性，只是其抗渗强度略高于f_{25}；试验成果也显示节理裂隙在一定的压力条件下，将产生重张，裂隙贯通，产生渗透破坏，渗透流量增大；断层组成物质的差异性和不均一性，也显示出其抗渗强度具一定的差异性。

(6) 外水压力：输水发电系统一般地下水位埋深110～125m，高程250～300m，地下水静水头压力为150～200m，若按系数0.6～0.8折减，则外水压力为90～160m。下平段、岔管段及高压管道段（钢衬段）正常运行时内水静压力为309m，水锤压力按30％折算，实际瞬时运行压力约4.0MPa，高于天然静水压力，当正常运行时高压水外渗，在下平段、岔管及高压管道段（钢衬段）周边形成一高压力圈，对围岩稳定不利；而在检修工况下，作用于衬砌上的外水压力比较大，对衬砌的稳定不利，尤其是对高压管道段的钢衬稳定不利，因此，需对岔管及下平段围岩做好防渗和排水措施。

(7) 围岩分类及稳定性：上平段洞轴线为S61.5°W，长120～149m，其中前56m为明挖段，闸门井前洞径为11×11m，闸门井后洞径为9.2m，洞口地面开挖高程为366m。岩性为混合花岗岩，穿插有少量的闪长岩脉、辉绿岩脉及石英岩脉，多为弱～微风化岩体，上覆岩体厚35～53m，其中1号输水道上覆岩体相对较厚，2号输水道上覆岩体相对较薄，洞室位于地下水位以上。闸门井平面上呈“凸”形，断面为6×11m，井深约39.5m，井身岩体自上而下为强～微风化，以弱风化为主，裂隙的发育产状、性状与上平段相同，NEE向裂隙与轴线平行的两井壁交角小，且与其他方向裂隙的切割组合，可在井壁形成局部不稳定块体；井口部位岩体为强风化，风化较深，完整性差，成井条件和边坡稳定性较差；与上平段的交接部位，岩体两面临空，受NNE～NEE向裂隙切割，易形成不稳定块体。上弯段岩体为弱～微风化，开挖洞径为9.2m，地质条件与上平段基本相同，因上弯段底板岩体两面临空，受NNE～NEE及NW向裂隙的切割及应力的影响，易沿NW向裂隙回弹张开，形成不稳定块体。洞顶也因弧段的开挖，NW向的裂隙视倾角在与竖井相接的洞段附近，与弧段切面的倾角相近，岩体在NNE～NEE向裂隙的切割下，易张开形成不稳定块体。上平段、闸门井、上弯段围岩以Ⅲ类为主，断层破碎带等为Ⅳ～Ⅴ类围岩，对岩体稳定性差的部位，尤其是进洞口部位及洞室相交部位，应及时采取支护处理措施。

竖井直径为8m，垂直长度约200m。竖井段围岩为混合花岗岩及穿插其间的岩脉，围岩微风化～新鲜，沿线主要发育的断层有f_{101}可能在竖井高程146～196m附近出露，结构面的不利组合其上盘岩体及对应一壁的下盘岩体将出现不稳定岩（块）体需及时加固处理；NNE～NEE向结构面与其他结构面的不利组合，亦将在井壁形成不稳定楔形体；围岩属Ⅱ～Ⅲ类，以Ⅲ类为主，断层破碎带、裂隙密集带及蚀变岩带为Ⅳ～Ⅴ类，围岩属稳定性差～基本稳定。在开挖卸荷、应力回弹中，混合花岗岩中较软弱的暗色矿物聚集带亦将对洞壁产生不利影响，对上述不稳定楔形体，需及时加固处理；对可能遇到的蚀变岩体，亦需作相应的处理措施。竖井段大部分位于地下水位以下，为防止内水外渗，需加强灌浆处理。

下弯段、下平段洞径8.0m，岔管呈倒"Y"形，直径8.0～4.8m，高压管道段洞径4.8m，下弯段至高压管道段开挖中心线高程103.35～101.0m，洞轴线方向S25°W。沿线上覆岩体厚290～250m。该段均为微风化～新鲜坚硬的混合花岗岩，结构面较发育～发育，地应力中等，地下水活动较强烈，围岩为Ⅱ～Ⅲ类（断层破碎带、蚀变岩带为Ⅳ～Ⅴ类），具备钢筋混凝土岔管的条件。但在高压水（=3～4MPa）作用下，部分裂隙岩体（断层、结构面发育部位）被水压裂，裂隙贯穿，产生重张，断层等沿其薄弱部位将产生渗透破坏。重张压力一般仅为3～4MPa，与岔管实际运行时压力相近，在量值上略显不足，岔管段正常运行时，内水静压力3MPa，实际瞬时运行压力约4MPa，高于天然静水压力，如高压水外渗，对围岩稳定不利；在检修工况下作用于衬砌上的外水压力又较大，对衬砌的稳定不利。且由于岔管部位型体结构复杂，特别是分岔部位，开挖后应力产生调整，易形成沿结构面的回弹张开，洞壁岩体松弛，应加强对岔管等围岩衬砌支护和高压灌浆处理，做好对围岩的防渗和排水措施。对局部不利结构面组合，断层破碎带及蚀变岩带部位均应加强支护及灌浆处理。

（8）地下厂房涌水预测：厂房深埋于地表200m以下，最低开挖高程约88m（低于PD1平洞约120m），厂房上游有通风兼安全洞、施工支洞及排水廊道等，厂房顶拱高程低于现地下水位70余米，厂房上游边墙至上水库水平距离约240m。厂房区NNE～NEE向裂隙密集带和断层带渗透性较强，是地下水的储存空间及运移通道，裂隙密集带和断层带中赋存有脉状或带状裂隙性承压水及张性裂隙中赋存的网状裂隙水。由于地下厂房洞室群的开挖高程都比PD1平洞低得多，洞径也都远大于PD1平洞，由此可以推断，随着地下厂房洞室群的开挖，对横岭地下水位的下降幅度、影响范围都将进一步扩大。与PD1平洞进行类比，预估施工中厂房仍会有一定量的涌水，按厂房上、下游水力坡降、岩体渗透系数（平均渗透系数）均相同，且厂房上下游水头保持不变、补给充足的情况分析，预测厂房开挖时涌水量不会大于1000m^3/d。

第六章

天然建筑材料

6.1 工程地质特点

抽水蓄能电站工程的土、石方开挖量较大，为了最大限度地利用工程开挖料，提高社会经济效益，减小占地和对环境造成破坏，上、下水库多采用当地材料坝（面板堆石坝、心墙堆石坝等），力求做到开挖料和筑坝料之间挖填平衡。开挖料的质量、储量、坝体各部位各种级配料的应力应变特性、堆石体与坝基岩体的抗剪强度以及料场开挖边坡的稳定等，是开挖料料场需研究的主要内容。抽水蓄能电站工程混凝土方量不大，附近一般无天然砂砾料场或距离较远，常采用洞挖料进行人工轧制，母岩的物理力学特性、矿物化学成分、碱活性成分及可破碎性、可磨蚀性等，是人工骨料需研究的主要内容。

6.2 料场选择原则

抽水蓄能电站上水库一般选择在高山山顶或沟源洼地，下水库一般选择在深山峡谷或山区平原交接部位，上、下水库地形高差大，公路距离远，库盆汇水面积一般较小，上水库多不需要设置专门的溢洪泄水建筑物；受地形条件限制，天然库容一般不能满足实际需要，需进行环库开挖以扩大有效库容；而输水发电系统多布置于山体地下，地下洞室开挖量大。抽水蓄能电站工程施工过程中往往有大量的洞室开挖料、库盆开挖料，且混凝土方量较小，为了最大限度地利用这部分开挖料，提高经济效益，减小占地和对环境造成破坏，力求做到挖填平衡，因此上、下水库多采用当地材料坝（面板堆石坝、心墙堆石坝等）、岸坡式溢洪道布置。鉴于抽水蓄能电站布置的特殊性，其料场选择时有别于常规水电站，一般应遵循下列原则：

（1）筑坝材料应优先利用工程开挖料或考虑在库盆内开挖解决，坝体防渗、上游铺盖用土料也应充分利用库盆内全风化土料及山坡残坡积层土料。

（2）混凝土粗细骨料用量一般不大，在经济合理、质量保证的前提下，粗骨料应优先利用洞室开挖料进行人工轧制，细骨料可在市场上购买合格的天然砂或人工轧制。

（3）在环境条件允许、经济合理及质量保证的前提下，也可选择距工程区约 40km 以内的天然砂砾料场。

6.3 地质勘探内容及方法

抽水蓄能电站的建筑材料主要包括大坝填筑料（堆石料、土料）、防渗用土料及混凝土粗细骨料，料场的勘察应遵循《水电水利工程天然建筑材料勘察规程》（DL/T 5388—2007）所规定的勘察程序，各勘察阶段的勘察内容、要求及方法，与常规水电站基本相同，但由于库内石料场是水库库岸的一部分，因此，各阶段的勘察工作深度均比常规水电站略深。

（一）库内土、石料场

库内土、石料场的勘探一般应包括下列内容：

（1）料场的地形地貌、地层岩性、岩层产状、断层及节理的发育分布、岩石风化程度及山体地下水位等。

（2）料场的覆盖层厚度、物质组成及岩溶发育状况、洞隙填充物特征等。

（3）岩、土的基本物理力学性质试验，石料一般需进行比重、容重、抗压强度（干、饱和及冻融）、吸水率、硫酸盐及硫化物含量（折算成 SO_3）等项目的试验。作为人工骨料料源时，还需进行岩石矿物化学成分、冻融损失率、岩石碱活性试验，必要时需做人工骨料轧制试验及粗、细骨料相应的试验项目。

土料一般需进行比重、容重、含水量、液塑限、收缩、膨胀、崩解、有机质含量、烧失量、水溶盐含量、pH 值、颗粒分析、硅铝铁氧化物（SiO_2、AL_2O_3、Fe_2O_3）含量、黏土矿物成分以及击实及击实后的压缩、剪切、渗透系数等项目的试验。

坝体堆石料需进行各种级配开挖料的颗粒级配、相对密度、抗剪强度、压缩模量、应力应变参数（E—μ、E—B 模型参数）、渗透及渗透变形等试验。

（4）评价开挖料的质量、料场开采条件及开挖边坡的稳定性。

（5）按开挖料的质量、开采条件及边坡的稳定程度对料场进行分区，计算料场的总储量及分区储量、无用层体积、有用层储量。

库内土、石料场的地质测绘、勘探及试验，应结合库（坝）区的勘察工作进行，尽可能利用库（坝）区的勘探及试验资料，以较小的勘探工作量，达到查明料场质量、储量目的。

料场勘探主要采取地质测绘、物探、坑槽探、钻探及洞探等手段，勘察工作主要安排在可行性研究阶段进行，规划、预可行性研究阶段以地质测绘、物探为主，并布置少量坑槽探及钻探，以满足普查、初查精度要求；可行性研究阶段应满足详查精度要求，地质测绘比例尺与库坝区一致，勘探点一般采取网格状布置，以坑槽探、钻探为主，结合库岸边坡勘探及试验需要，适量布置洞探，勘探点间距、深度根据岩性及岩相复杂程度、构造发育程度、风化程度等进行控制，块状结构岩体的勘探点间距一般控制在 100～150m 为宜，钻孔深度以进入设计开挖边坡以下 5～10m 为宜；层状结构岩体的勘探点间距以小于 100m 为宜，钻孔深度应结合边坡稳定性考虑，适当加深。

堆石坝筑坝材料可选择硬质岩、软质岩，不同质量的堆石料需有不同的坝体断面及排水设计、施工保证措施，以达到减小坝体沉降、提高坝体稳定性的要求。一般要求硬岩主堆石料在压实后有良好的颗粒级配、低的压缩性及高的抗剪强度，且小于 5mm 的颗粒含量不宜超过 20%，小于 0.075mm 的颗粒含量不宜超过 5%。软岩堆石料压实后应具有较低的压缩性和一定的抗剪强度。堆石料除进行岩石常规的物理力学性质试验外，还需进行筑坝堆石料的击实、压缩、渗透及渗透变形试验，以及大型三轴试验（提供邓肯 E—B 模型参数、E—μ 模型参数）。

（二）天然砂砾料场

天然砂砾料场的勘察内容、方法及要求，可按《水电水利工程天然建筑材料勘察规程》（DL/T 5388—2007）进行。

天然砂砾料一般需进行颗粒分析、密度（天然、堆积、表观及砾石的混合、分级紧密）、吸水率、含水量、含泥量、岩石矿物成分含量、针片状颗粒含量、云母含量、软弱颗粒含量、活性骨料含量、有机质含量、硫酸盐及硫化物含量（折算成 SO_3）、轻物质含量、冻融损失率及泥团块含量等项目的试验。用于反滤料的砂砾石料还需进行剪切、自然休止角、渗透系数及临界坡降等项目的试验。

6.4 工程实例

（一）马山抽水蓄能电站

马山抽水蓄能电站位于无锡市太湖北岸的马山半岛上，上水库采用钢筋混凝土面板堆石坝，最大坝高达132.5m。工程所需建筑材料除筑坝堆石料主要来自库内开挖料外，垫层料、反滤料、排水带填筑料及混凝土粗、细骨料均需利用库外蜈蚣岭料场的五通组石英砂岩人工轧制。

工程区建筑材料十分匮乏，受环境保护因素制约，石料场的选择余地小。预可行性研究阶段选择了起双嘴、汤角嘴、蜈蚣岭石料场，并按规程要求进行了勘察，但预可行性研究审查时，起双嘴、汤角嘴石料场遭到环保部门的否决，只允许使用地质条件、开采条件较差的蜈蚣岭石料场，并不允许开过山脊线，因料源范围限制，存在软岩夹层及风化岩脉，料场的勘察精度要求高。

蜈蚣岭石料场位于太湖马山半岛，距离居民点近，受环境的制约明显。主要出露地层为茅山群石英细砂岩、五通组石英砂岩夹薄层泥质粉砂岩、粉砂质泥岩，其间有燕山期的花岗斑岩等侵入，岩脉多呈全～强风化状。为查清开挖料的质量、储量及料场的开采条件，预可行性研究、可行性研究及招标阶段分4次对料场进行勘探，主要采取了地质测绘、钻探、物探、槽坑探及室内试验等勘探手段，勘探点采用网格布置，共布置勘探剖面14条，钻孔49只，勘探点间距约80～100m。考虑到风化岩脉对料场质量、储量的影响，沿每条勘探剖面布置相应的折射法地震剖面。除进行岩石的常规物理力学性质、化学成分试验外，还进行了骨料的碱活性试验3组。勘探查明：软岩夹层多呈透镜状分布，稳定性差；五通组石英砂岩中软岩含量平均为5.2%，夹层厚度0.05～3.5m不等，夹层最多可达10层，岩石质量指标（RQD）平均为53.9%，较完整～完整性差为主，弱风化岩石抗压强度为98MPa；茅山群石英细砂岩中软岩含量平均为17.3%，夹层厚度0.1～3.8m不等，夹层最多可达18层，岩石质量指标（RQD）平均为46.0%，较完整～完整性差，弱风化岩石抗压强度为36MPa，微风化岩石抗压强度为40MPa；泥质粉砂岩、粉砂质泥岩抗压强度仅11～13MPa；岩石无碱活性反应，可作为人工骨料料源。虽然料场总体质量、储量可满足要求，但考虑到软岩夹层及风化岩脉在实际开采过程中难以剔除，开采时弃料量比较大，因此，在提高勘探精度、多扣除无用层体积的同时，还在对钻孔揭示的软岩夹层、岩脉及岩石质量指标（RQD）进行统计、分析的基础上，提出了料场进行质量分区、开挖顺序及边坡支护处理的建议，协同施工专业编制了详细的料场开采规划方案。

（二）宝泉抽水蓄能电站

宝泉抽水蓄能电站位于河南省辉县市境内的峪河上，上水库采用沥青混凝土面板堆石坝，最大坝高达92.5m，库岸采用沥青混凝土面板、库底采用黏土铺盖防渗。上水库所需垫层料、反滤料、混凝土粗细骨料及部分堆石料拟采用龟山石料场张夏组鲕状灰岩人工轧制；沟湾砂砾料场提供下水库、地下工程所需混凝土粗细骨料及上水库所需混凝土细骨料。

龟山石料场位于龟山滑坡体，利用龟山滑坡体开采石料，一方面可获得筑坝堆石料，另一方面可实现滑坡体减载、增加稳定性的目的。滑坡体形成于中晚更新世，岩性为张夏组中、厚层鲕状灰岩。地表反映，岩体完整性好，且溶蚀现象不发育，岩石呈微风化～新鲜状，因此，可行性研究阶段结合滑坡体的勘探，仅布置钻孔4只、勘探平洞1个及少量的槽探、岩石物理力学性质试验，而料场实际仅有2只钻孔。从料场岩石的物理力学性质指标来看，均满足规程要求，但钻孔揭示该料场岩石破碎、岩石质量指标（RQD）为13.6%～71.1%，部分为0，并有溶蚀现象，但未引起注意和重视。施工期间开挖发现，滑坡体内发育有大量的溶蚀裂隙和钙质胶结、疏松的岩石碎屑（块），以及红色黏土、钙华沉积物等，说明滑坡体在高速滑动过程中，已完全破碎解体，后又重新胶结，并非可行性研究报告中所叙述的

“局部较破碎、基本保持原岩的结构”，致使施工开挖困难，并造成了大量开挖弃料，增加了人力、物力成本。

沟湾砂砾料场位于峪河河床及漫滩上，可行性研究阶段按原规程要求进行了详查，布置了浅井 6 个、管钻孔 6 只、竖井 30 个，利用竖井取样 28 组、钻孔取样 7 组，勘察认为该料场储量丰富，质量基本满足要求，开采运输方便，可以作为混凝土骨料料源。

由于料场勘探时间较早，缺少部分试验项目，未充分满足现行规程要求，招标阶段对规划开采区域又进行了补充勘探，共布置竖井 12 只，取样 60 组，现场密度、颗分试验及岩相法活性骨料检测各 12 组。结合可行性研究勘探资料分析，料场中大于 80mm 的颗粒含量为 28.7%～37.3%，5～80mm 的颗粒含量为 46.3%～54.7%，小于 5mm 的颗粒含量为 14.5%～17.6%，因此，料场中的超径颗粒含量大，不能直接被工程利用，需进行二次破碎，开采弃料大；细骨料含量偏少，且含泥量、细度模数、孔隙率不符合规程要求，并含少量的碱活性物质；粗骨料的含泥量也偏大。若要使用，开采成本高。为此，招标阶段建议采用人工骨料，利用洞挖料及上水库开挖灰岩料进行轧制。施工期间业主采纳了设计建议，放弃了该料场。

（三）宜兴抽水蓄能电站

宜兴抽水蓄能电站位于江苏省宜兴市境内，工程选用五通组石英岩状砂岩作为人工骨料料源，轧制混凝土粗细骨料、垫层料、反滤料。

西梅园石料场位于下水库附近，地形坡度 30°～40°，出露地层为五通组的石英岩状砂岩夹灰、灰黄色粉砂质泥岩。可行性研究阶段按《水利水电工程天然建筑材料勘察规程（试行）》（SDJ 17—1978）进行了详细勘察，招标阶段按《水利水电工程天然建筑材料勘察规程》（SL 251—2000）进行了补充勘察，受征地、环境及施工布置的影响，施工图设计阶段又进行了 2 次补充勘察。考虑到料场中已有两个人工采石场，共布置钻孔 21 只，进尺 974.52m，取样 8 组，勘探面积约 9 万 m^2。勘探查明：场区软岩多呈透镜体状，发育层数 3～12 层，发育间距 0.10～25.78m，一般在 1.5～10m；夹层厚 0.1～4.5m 不等，以大于 30cm 者居多，含量 6.3%～58.8%，加权平均值为 22.0%，石英岩状砂岩质地坚硬，弱风化为主，饱和抗压强度为 83MPa；岩层产状为 N50°～75°E，NW∠35°～46°，顺坡倾向；覆盖层厚度一般小于 2.0m，西北侧在高程 110～90m 以下一般厚度为 3.0～5.0m，最厚达 10.25m；有用层储量约 123.5 万 m^3，无用层储量约 83.0 万 m^3，岩石质量指标符合要求，轧制成品料质量也满足要求。虽然料场的质量、储量都满足要求，但料场在杭宁高速公路的视野范围内，受环境因素制约及施工因素的影响，先后多次改变征地方案，造成勘察单位多次进点勘探、业主多次征地的被动局面。

6.5 料场地质勘察的注意事项

抽水蓄能电站的枢纽布置与常规水电站有较大的区别，多采用当地材料坝和人工混凝土骨料，因此在料场的选择、勘察过程中应重视下列内容：

（1）选择的料场宜远离居民点、风景区、交通要道，避开农田保护区、水源保护区等环境保护敏感地区，并考虑开采对周围景观的影响，在征求地方管理部门意见的基础上，开展相应的勘察工作；

（2）筑坝堆石料力求选择在库内，并充分利用施工开挖弃料，以降低造价、减少环境破坏；

（3）库内石料场的勘察应结合库岸边坡、溢洪道、进/出水口等工程部位的勘察进行，并充分利用建筑物区的勘探试验资料，以减少勘探工作量；

（4）砂砾料场、石料场除按规程要求进行勘察、评价外，还需结合料场的环境因素及开采、加工、运输条件进行分析，使勘察结论更加符合实际，为料场的确定提出地质建议；

(5) 勘察工作宜在可行性研究阶段一次性完成，避免多次进点勘探；勘察精度、工作量应大于常规水电站要求，尤其是人工骨料场；

(6) 详查勘察储量不能简单认为满足设计用量的2倍即可，应根据料场的地层岩性特点、构造、岩溶及岩脉发育情况、岩石风化情况、用途综合考虑，留足裕量，沉积岩区裕量宜多一些，岩浆岩、变质岩及火山碎屑岩区裕量可小一些。

第六篇

抽水蓄能电站上、下水库

第一章 上、下水库枢纽布置

1.1 影响水库布置的主要因素

影响抽水蓄能电站上、下水库布置的因素较多，包括水库库容、地形地质条件、土石方挖填平衡、环境保护等。

（1）水库布置首先应满足库容要求。抽水蓄能电站上、下水库的形成和工程布置应结合自然条件，根据电站的装机规模，满足水库正常运行所需的库容要求。

（2）地形地质条件。地形地质条件的优劣对坝型选择、库岸稳定、库盆防渗方案等有决定性的影响，在枢纽布置中应深入研究，并据此选择技术可行、经济合理的设计方案。

（3）土石方挖填平衡。工程开挖的土石方与坝体填筑方尽量达到较好的平衡，这是枢纽布置和坝型选择的原则之一，必须予以高度重视。对于抽水蓄能电站而言，进/出水口、坝基、水库库岸等部位需进行一定的土石方开挖，这些开挖的土石方如不能用于填筑坝体（或利用较少），就只能作为弃料。因此，设计时应充分考虑利用工程开挖料，可有效降低工程造价，避免另开料场，对工程投资、征地、环境保护、水土保持等方面均可带来较大益处。

（4）泄水建筑物的布置。上、下水库泄水建筑物的布置，除应按常规水电站解决洪水对水工建筑物的安全问题外，对下水库尚应考虑适当的洪水预泄设施以尽量减小天然洪峰流量和发电流量叠加对下游河道带来的影响。

（5）环境保护。应重视环境保护对工程建设的要求，设计中应尽量利用工程开挖料筑坝，减少弃渣场范围，同时注意降低开挖边坡，注重边坡和大坝下游坝坡的绿化等。

许多抽水蓄能电站在工程竣工后，成为当地的旅游景点，为促进当地经济发展作出了贡献。因此，在水库布置、坝体设计中应充分贯彻环保、生态的设计理念。

1.2 坝轴线的选择

下水库多为在溪流上筑坝形成，其坝轴线选择与常规水电站基本相同。大部分上水库（包括一些下水库）由筑环形坝或沟（垭）口筑坝、库盆开挖形成。

当水库位于山顶或台地时，为了减少水库的土石方开挖和填筑工程量，并做到土石方平衡，环形筑坝形成的上水库的坝轴线通常沿等高线布置，局部地段为获取足够的开挖料，也有拉成直线状的。如美国的塔姆索克（Taum Sauk，1963年）抽水蓄能电站上水库、法国的勒万（Revin，1974年）抽水蓄能电站上水库、卢森堡的菲安登（Vianden，1963年）抽水蓄能电站上水库（图6-1-1）等。

对于沟谷（垭口）筑坝形成的水库，挡水坝坝轴线形状对库容有较大的影响。相对来说，直线坝轴线的坝体设计及施工较为方便，在库容容易满足时往往成为首选。弧线或折线之所以经常被选用，主要

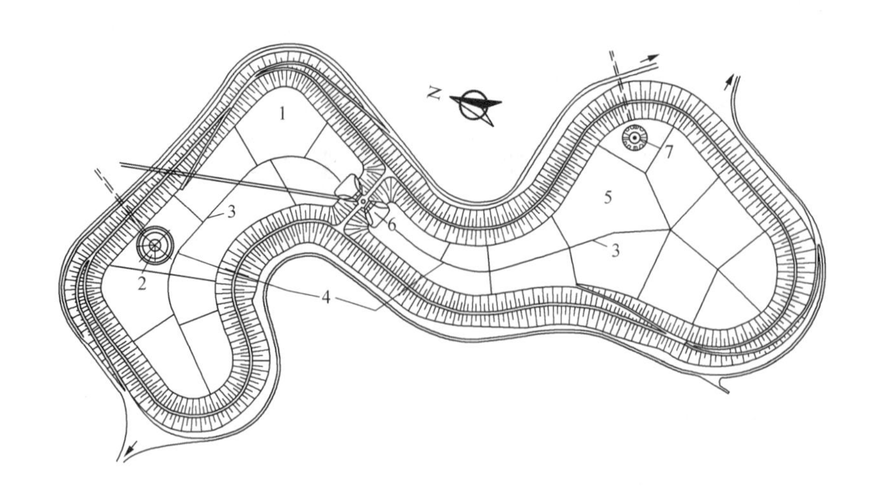

图 6-1-1　菲安登抽水蓄能电站上水库布置图

1—1 号上库；2—1 号压力竖进（出）水口；3—排水廊道；4—排水廊道出入口；5—2 号上库；6—2 号压力竖进（出）水口；7—3 号压力竖进（出）水口

是因为上水库的库容一般较小，弧线或折线有利于增大库容以提高发电效益。一般来说相同的坝高，弧线或折线坝轴线的水库库容可以比直线坝轴线的库容增加近 10%。

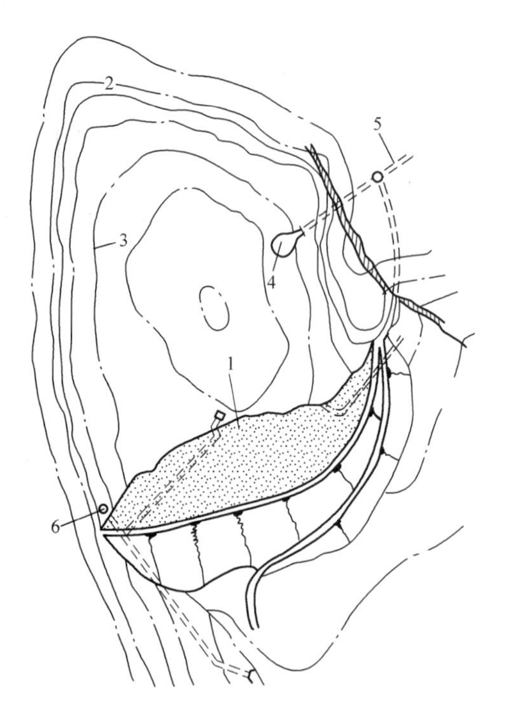

图 6-1-2　迪诺威克抽水蓄能电站上水库挡水坝布置图

1—上水库大坝沥青混凝土面板；2—最高蓄水位；3—最低蓄水位（原来的湖面）；4—上库进（出）水口；5—输水隧洞；6—溢洪竖井

英国的迪诺威克（Dinorwic，1983 年）抽水蓄能电站上水库（图 6-1-2）和我国西龙池抽水蓄能电站下水库，坝轴线长度占水库周边长度的比例较大，均采用了接近于半环形的坝轴线。德国的格兰姆斯（Glems，1964 年）工程上水库有半个库周是挖山而成，另半个库周为环形坝。

我国天荒坪抽水蓄能电站上水库采用凸向库外的圆弧形坝轴线。其上水库主坝采用沥青混凝土面板土石坝，按总库容相等的条件布置了两条坝轴线进行了比较，一条为直线、一条为凸库外的圆弧线，两条坝线的左、右坝头位置相近。圆弧线方案由于坝轴线长度增加，坝基开挖量、坝体填筑量和坝体上游面防渗面积等均大于直线方案，工程费用按当时价格计算为 2053 万元，比直线方案高 524 万元。但坝轴线向外凸后，上水库有效库容增加了 74 万 m^3，相当于增大约 8.4%，见图 6-1-3。

琅琊山（2005 年）抽水蓄能电站上水库为洼地水库，总库容 1804 万 m^3，坝高 65m，坝顶长 665m，为增加库容，坝轴线采用折线布置，其折角约为 23°，折点位于右岸坝高约 35m 处。其面板堆石坝的平面布置见图 6-1-4。

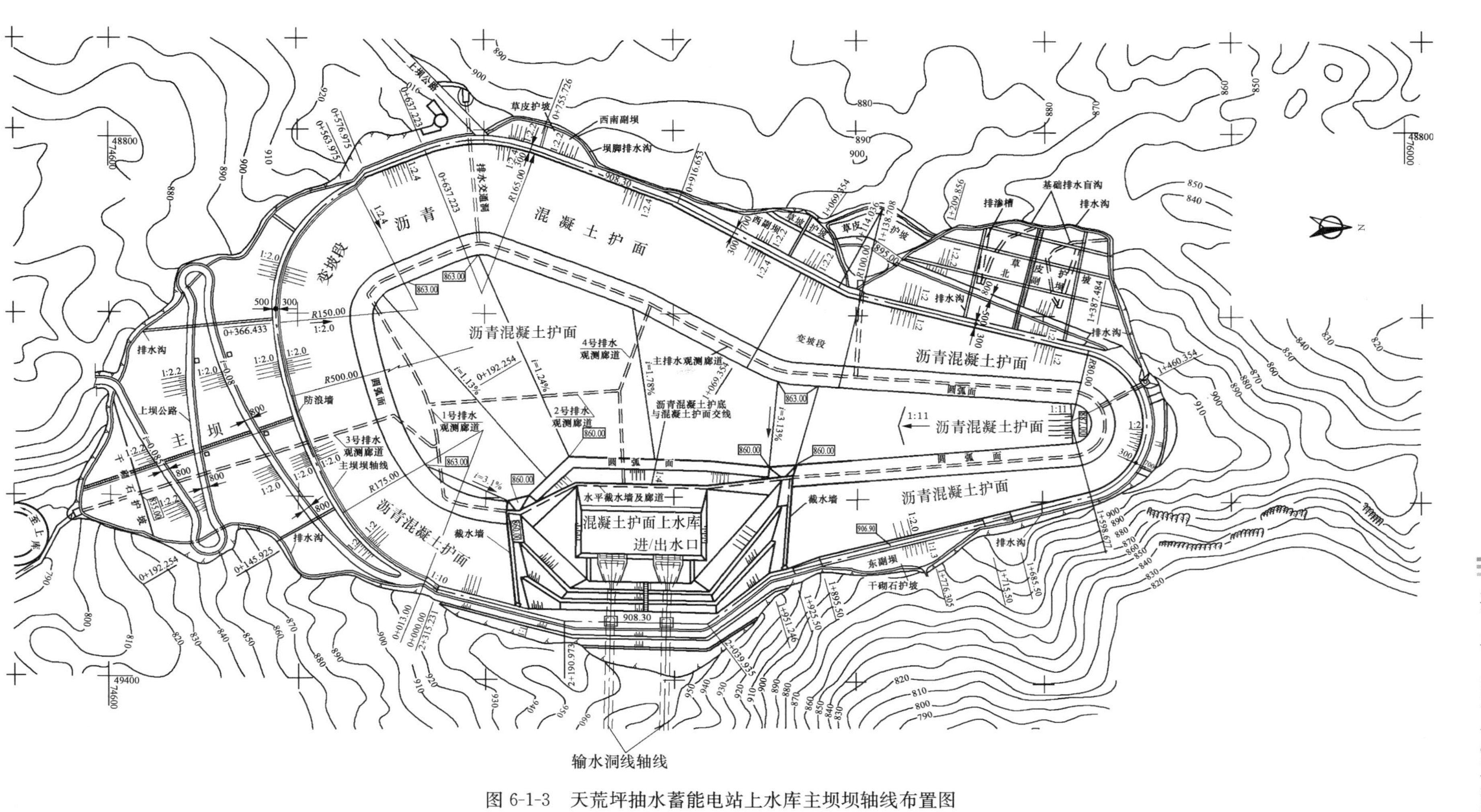

图 6-1-3　天荒坪抽水蓄能电站上水库主坝坝轴线布置图

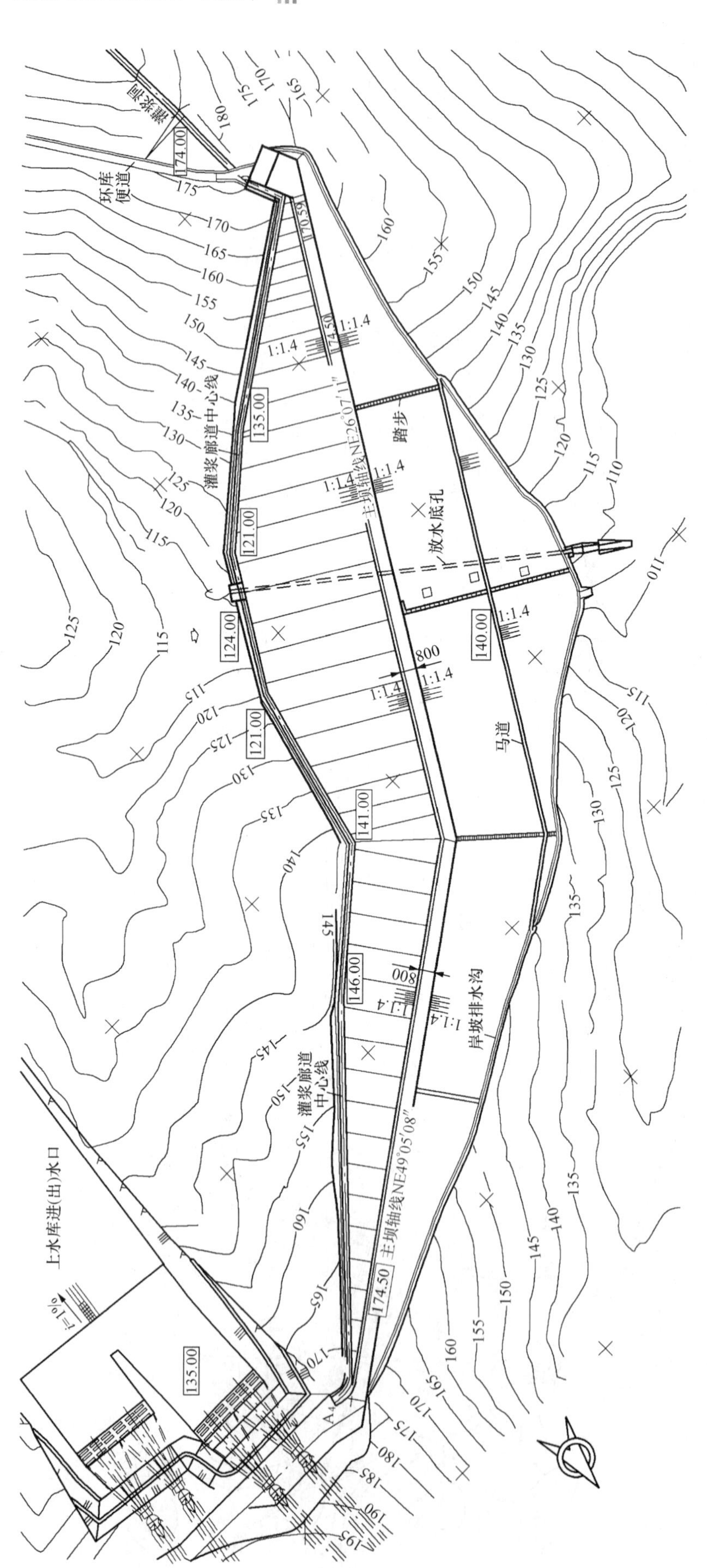

图 6-1-4　琅琊山抽水蓄能电站上水库面板堆石坝布置图

1.3 坝型选择

大部分上水库由库盆开挖、沟（垭）口筑坝形成，坝型选择应与水库库盆开挖、土石方平衡统筹考虑，进行设计。

（一）坝型选择

由于上水库多位于山顶洼地，地形一般较平缓，沟谷开阔，地质条件一般也较差。加上上下水库之间的交通条件不便，外来材料的运输费用会比较高，为最大限度地利用库区开挖料和当地材料，上水库坝型通常是因地制宜地选择土石坝，也只有土石坝可以灵活地布置成圆弧形或环形坝轴线以满足水库库容的要求，土石坝下游坝坡还可以植草绿化，美化环境。如筑坝使用的土石料不足，首先考虑从库盆内取料，这样可以同时扩大有效库容，即使天然库盆库容足够，也可降低挡水建筑物的高度，降低造价；如有弃料可堆放于水库死水位以下或坝后，尽可能做到挖填平衡，减少对环境的影响。

上水库的土石坝坝型应根据库盆内开挖土石料的具体情况确定。如果开挖土石料以土料为主可以采用土坝，以石料为主可以采用堆石坝。石料与土料量相近可以采用土石混合坝，即坝体前部采用堆石料，后部采用土料。

当上水库附近有足够的满足防渗要求的黏土料，而水库库盆本身防渗处理又比较简单时，黏土心墙土石坝是较为合适的选择。如美国的巴斯康蒂抽水蓄能电站上水库大坝为140m高的心墙堆石坝，日本的葛野川、神流川、喜撰山及奥吉野上水库大坝等也都是黏土心墙堆石坝。

如果水库库岸需要防渗，由于心墙坝与库岸防渗的连接较困难，为使坝体防渗体与库岸防渗体连成一体，斜墙坝防渗是较为合适的。而斜墙坝中又以沥青混凝土面板堆石坝应用最为广泛，这种防渗形式可以适应抽水蓄能电站上水库较大的水位变幅及地基的变形，在日本和西欧应用很广泛，尤其是日本，大多数抽水蓄能电站的上水库都选用沥青混凝土面板堆石坝。

混凝土坝型有时也可成为上水库大坝坝型。混凝土坝上游不侵占水库库容、易于布置泄水建筑物，地质条件较好时基础防渗处理简单，当地形地质条件合适、造价相差不大时，不失为一种可选择的坝型。如意大利的德里奥湖抽水蓄能电站，上水库由天然湖泊筑坝形成，改建时修筑了两座重力坝；昂特拉克抽水蓄能电站上水库大坝则为130m高的拱坝。宜兴抽水蓄能电站上水库副坝坝型研究中考虑到坝址下游为陡坡，而地层的层面倾向上游，副坝最大坝高仅30余m，因而采用碾压混凝土重力坝。采用此坝型，坝体断面小，可以适应地形条件且少侵占水库库容，见图6-1-5。

（二）工程实例

天荒坪抽水蓄能电站上水库主坝坝基为侏罗系流纹质熔凝灰岩、辉石安山岩、层凝灰岩、第四系全风化岩土（残积层）、坡洪积层等。沿山脊全风化岩（土）下限埋深12.12～37.12m，最厚达40.40m；主坝两岸坡全风化岩（土）下限埋深一般厚10～20m左右；沟底全风化岩（土）下限埋深5.0～16.0m。坡、洪积层层厚1.5～5.0m。

考虑到坝基地质条件和为充分利用库内开挖的土石料，主坝采用沥青混凝土面板土石坝。主坝分为四个区，从上游至下游分别为：垫层料、过渡料、主堆石料及全强风化土石料，见图6-1-6。通常堆石坝下游为次堆石区，坝坡为1∶1.4～1∶1.6，由于该工程上水库库底及西库岸的开挖量较大，全风化及强风化土石料弃料比例较大，而可以作为坝体堆石料的比例不大。经过分析计算，在满足主坝坝体稳定的基础上，在主坝下游侧835～840m高程以上设置了一个三角形区域的全强风化土石混合料区，允许全强风化土石开挖料填筑在这个区域，相应的坝体下游坡比放缓到1∶2.0～1∶2.2，仅此区域就填筑了约80万m^3的全强风化土石开挖料，大大减少了弃料的运输及处理费用，同时下游坝坡上种植了

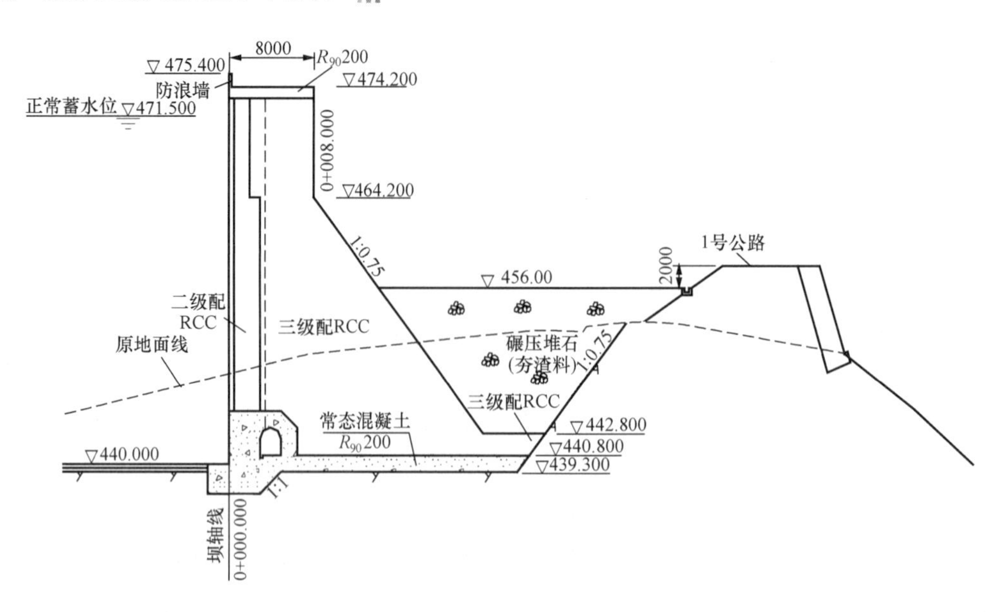

图 6-1-5　宜兴抽水蓄能电站上水库副坝剖面图

草皮，取得了美化环境的效果。

仙居抽水蓄能电站上水库，由于工程需要，库盆进行了一定规模的开挖，产生了较多的土石方开挖料，开挖料中又以全强风化土石料居多，因此大部分料难以满足面板堆石坝下游次堆石区的质量要求。设计时考虑尽量将这部分料用于大坝填筑，以达到较好的土石方平衡，同时也可少占地，以利于环境保护。为此，拟订了在主、副坝下游设置全强风化土石料区的方案。考虑到主堆石区与下游全强风化土石料区的压缩模量相差较大，主堆石区与下游全强风化土石料区的界线，采用向下游成1∶0.5的坡比。同时，为了解决上水库弃渣问题，坝体下游结合弃渣场设置坝后堆渣区，无需另找弃渣场，见图 6-1-7。另外，对坝后坡和弃渣场边坡种植草皮，进行坡面绿化，大坝、弃渣场和周围环境结合融洽，美化了环境。

德国金谷（Goldisthal，2003）抽水蓄能电站上水库建于 Farmdenkopf 高原上，采用 3370m 长的环形沥青混凝土面板堆石坝围成，总库容 1500 万 m^3。坝高在 10～40m 之间，坝轴线处最大坝高 40.5m。水库按挖填平衡设计，上水库仅挖除 60cm 腐殖土，直接将风化岩石作为坝基和沥青混凝土面板的基础，充分利用开挖料筑坝，开挖 588 万 m^3，就满足填筑 557 万 m^3 的需要，弃料极少。

日本葛野川抽水蓄能电站上水库坝址位于日川源头，坝址周围为角砾岩类及侵入的安山岩，坝基覆盖层平均厚度在 5m 左右，最大厚度约 10m。大坝坝址两岸都是缓坡，右岸地形可布置溢洪道，在坝址附近又有心墙材料，因此坝型选用黏土心墙堆石坝。大坝最大坝高 87m，坝顶长度 494m，坝体填筑方量 406.1 万 m^3，坝体材料分区为心墙、反滤层、内外坝壳等，见图 6-1-8。考虑环保及节省投资，料场尽量设在库区内，并贯彻挖填平衡的原则。1 号料场位于坝址上游 1km 处的库内，心墙材料主要使用上部 D 级风化角砾岩，反滤层、坝壳料使用下部较坚硬的角砾岩；2 号料场位于坝址上游 1.7km 处，内外坝壳堆石料使用下部坚硬的角砾岩，料场储量为 537.4 万 m^3。

泰国拉姆它昆抽水蓄能电站上水库位于拉姆它昆河右岸山顶台地，开挖填筑而成，全库盆采用沥青混凝土面板防渗。上水库大坝为沥青混凝土面板堆石混合坝，最大坝高 50m，坝顶长度 2170m。大坝上游坝坡为 1∶2.0，为了利用坝基与库盆较差的开挖料作为坝体下游部分的堆石料，下游坝坡放缓为 1∶2.5。坝体分为过渡层 2A 和 2B、主堆石区 3A（砂岩）、次堆石区 3B（黏土岩）、任意堆石区 3C（黏土岩或残积土），坝基设 1m 厚排水层，见图 6-1-9。坝体总填筑量为 536.4 万 m^3。

美国巴斯康蒂抽水蓄能电站上水库位于小贝壳溪上。上水库大坝采用土石混合坝，最大坝高 140m，坝顶高程 1015m，坝顶长 670m。不透水心墙用坡积料和强风化岩石填筑而成。

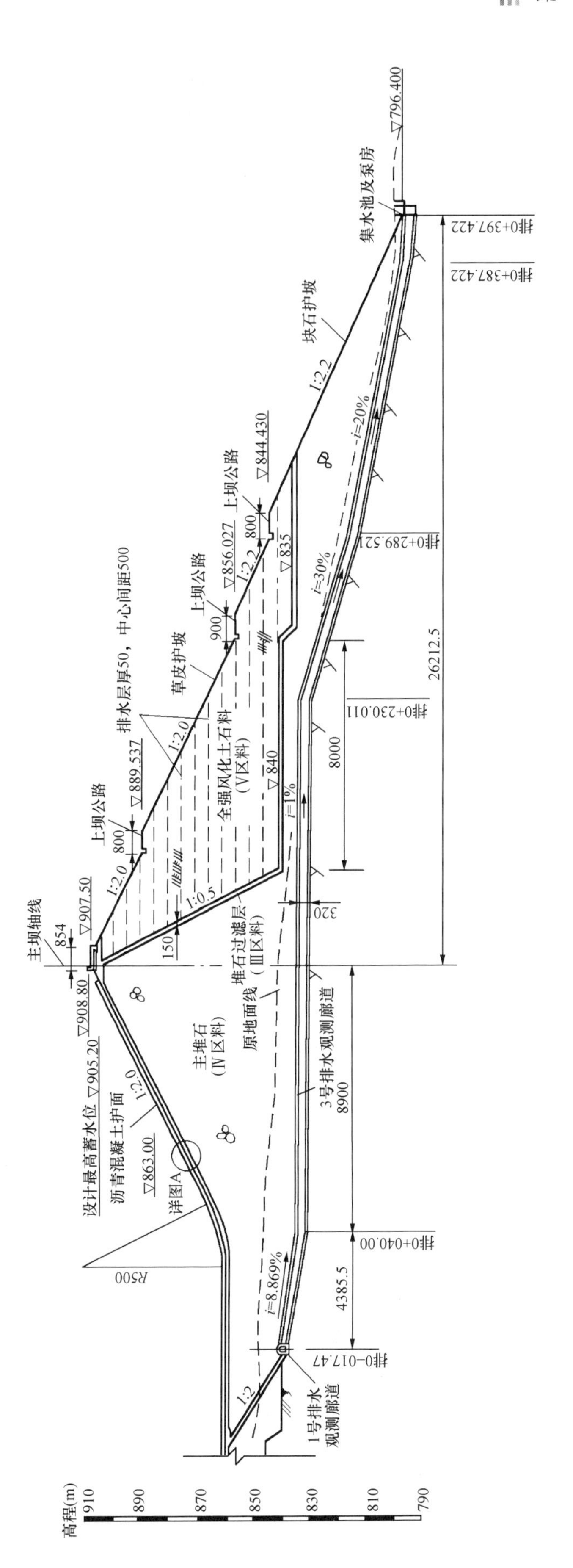

图 6-1-6　天荒坪抽水蓄能电站上水库主坝剖面图

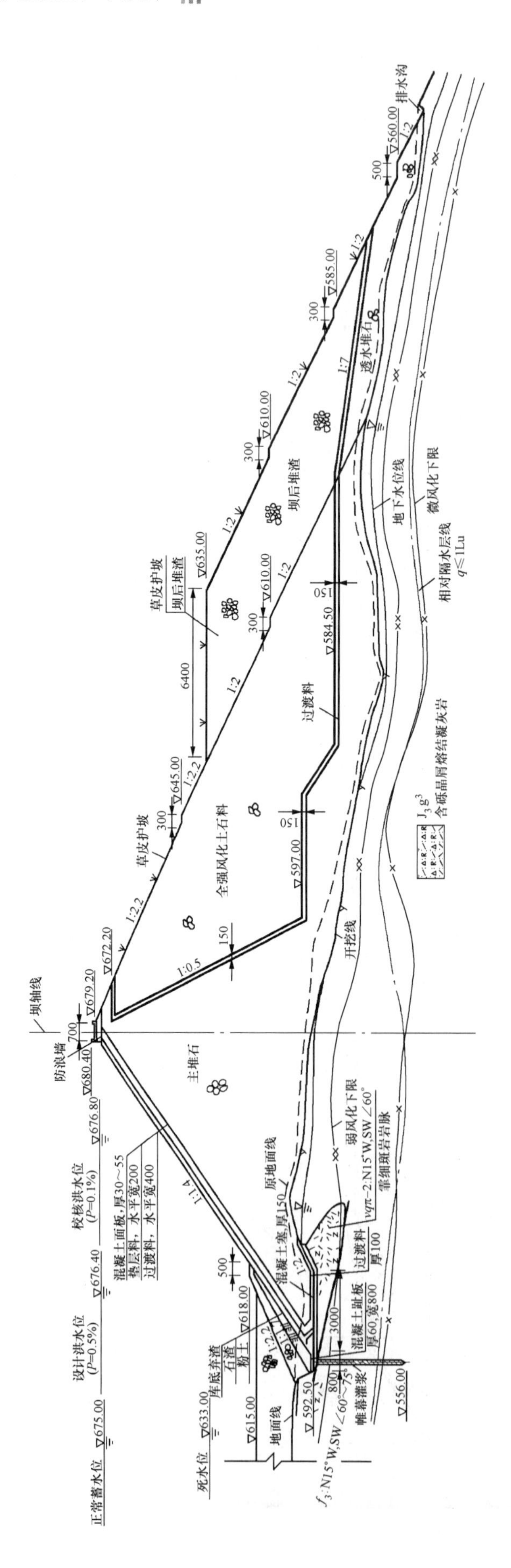

图 6-1-7　仙居抽水蓄能电站上水库主坝剖面图

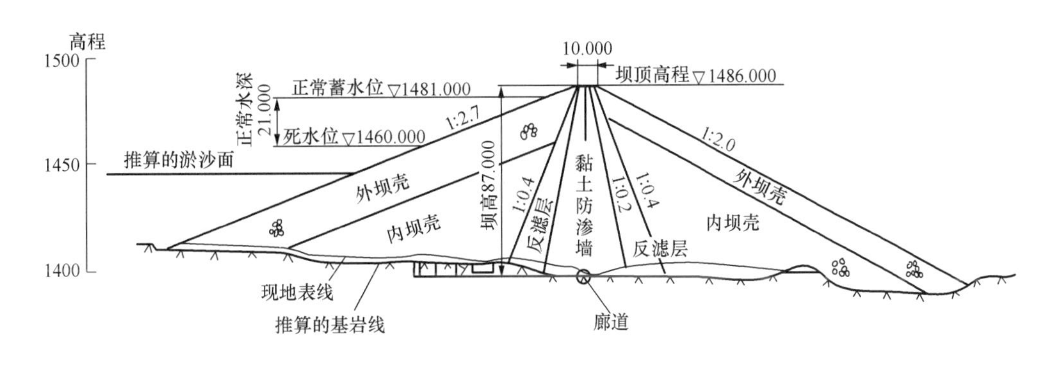

图 6-1-8　日本葛野川抽水蓄能电站上水库大坝剖面图

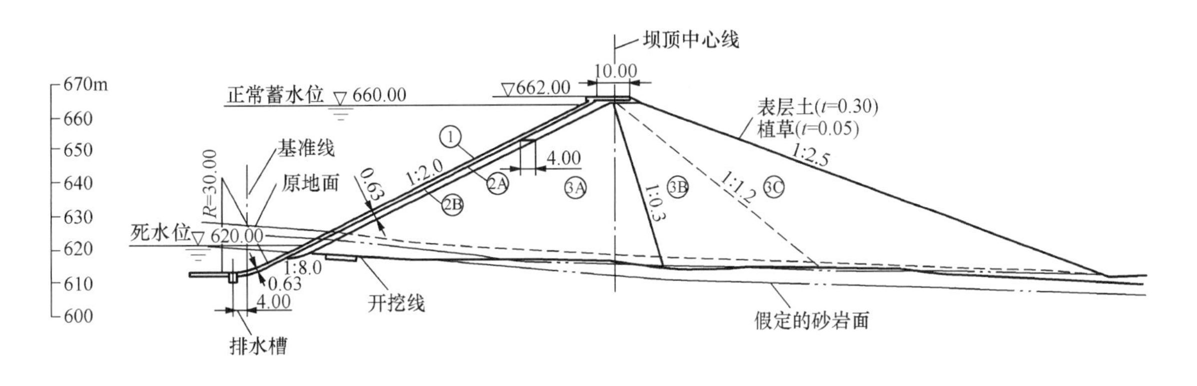

图 6-1-9　泰国拉姆它昆抽水蓄能电站上水库大坝剖面图

①—沥青混凝土面板

有些抽水蓄能电站发电最低水位远高于天然库底地面，为减少大量弃渣对工程区附近环境景观的影响，同时也有利于库底防渗体的维修、减少坝体防渗体的面积和减少初期蓄水量，常采用工程的弃料经适当碾压填筑于部分死库容区，但库内弃渣场对弃渣有一定要求，腐殖土不能弃于库内。另外，弃料也可填于坝后，一方面可以沿坝减少占地面积，同时对坝后坡的稳定有利，另一方面可以在坝后形成较大的弃渣平台，作为施工场地或运行期开发利用，如设置为景观或旅游开发用地，也可作为生产用地。泰安抽水蓄能电站上水库（图 6-1-10）和宝泉抽水蓄能电站上水库（图 6-1-11）均把大部分工程开挖弃渣料回填在堆石坝上游库盆的死库容内，另一部分弃渣填筑在堆石坝下游坝坡坡脚。

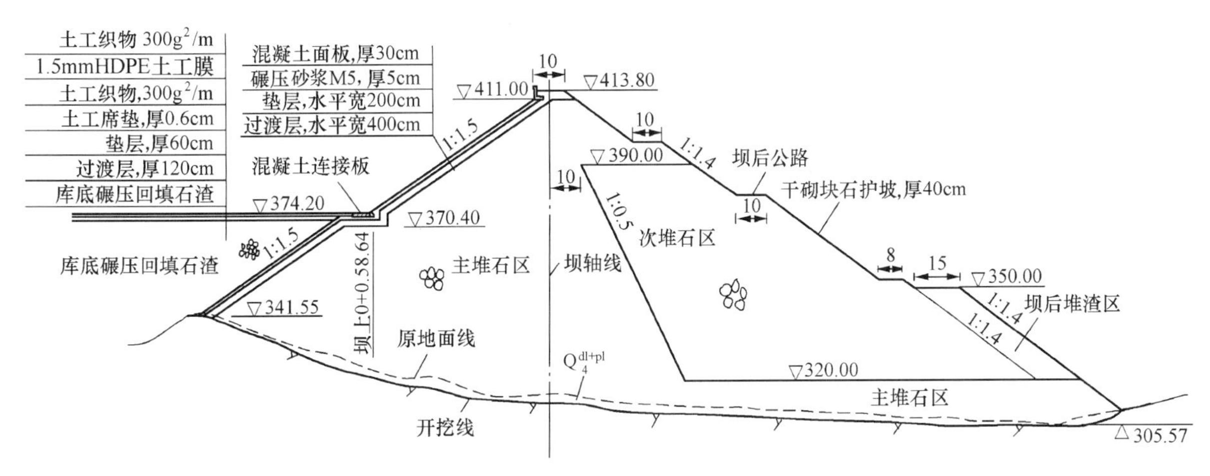

图 6-1-10　泰安抽水蓄能电站上水库主坝剖面图

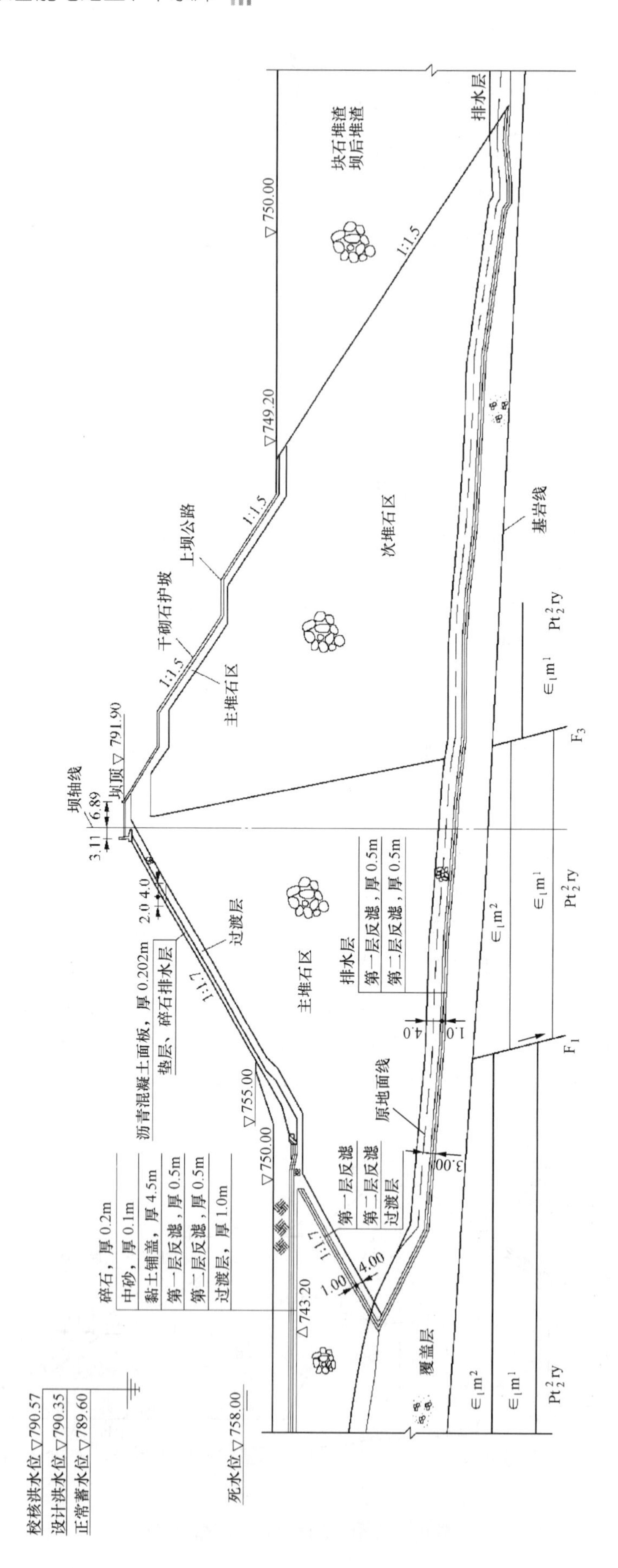

图 6-1-11 宝泉抽水蓄能电站上水库主坝剖面图

1.4　倾斜地基上的土石坝

抽水蓄能电站上水库通常布置在山顶洼地，常会遇到需要在较陡纵坡的沟谷地基上建坝的问题，而且由于要充分利用库盆的开挖料，筑坝材料包括了部分风化岩和软岩。我国已建和在建的抽水蓄能电站中，十三陵上水库主坝、天荒坪上水库主坝、宜兴上水库主坝、西龙池下水库大坝等都是在斜坡地基上建坝，其中宜兴上水库主坝基础面的倾角是同类工程中最大的。

在斜坡地基上筑坝，对坝体稳定和变形均不利，设计应对坝体稳定和变形作专门论证。应进行堆石料、堆石料沿倾斜地基接触面及地基下存在的软弱结构面的抗剪强度试验；研究施工期和蓄水期运行的稳定性及坝体变形，当筑坝材料软化系数较小时尤应重视。

（一）十三陵抽水蓄能电站上水库主坝

十三陵抽水蓄能电站上水库主坝坝址区有三条较大的NW～SE向展布的冲沟，地形起伏、沟梁相间，形成了与坝轴线接近正交的三沟二梁地貌，自然坡一般为30°左右。主坝填筑在倾向下游的斜坡上，基岩为侏罗纪安山岩，表层绝大部分为第四系残坡积碎石土、滚石等覆盖物，厚度一般为0.5～3m。岩体内发育有大量断层和裂隙。规模较大的断层有F_1、F_3和F_{118}等，断层带宽10～20cm，充填物为松散的碎裂岩、角砾岩和断层泥等。

为了减小坝体的不均匀沉降，提高坝体沿坝基向下游滑动的整体稳定性，对坝基开挖处理的原则是：① 坝基范围内全部清除表面植被根系发育的覆盖层及全风化岩体；② 中间的两道山梁全部挖除，使坝基沿坝轴线方向接近“U”形河谷，变化平顺，在垂直坝轴线方向以1∶4的坡向倾向下游；③ 断层范围全部下挖2m，并在坝体填筑之前填筑厚度不小于2m的粗砂。

由于主坝坝基为倾向下游的1∶4斜坡，坝体堆石与岩石基础面间的抗滑稳定问题是一个应重点研究的问题。决定其稳定性的关键因素之一是堆石体与基岩面间的抗剪强度。一般认为，当基础岩石的抗剪强度大于堆石料的抗剪强度时，其抗剪强度将取决于堆石料的内摩擦角和堆石与基岩界面的粗糙程度。根据奥地利芬斯特托尔坝的试验资料：堆石沿自然光滑岩面的摩擦角比堆石内摩擦角低8°，随着基岩面凿毛程度的加大，摩擦角逐步提高，在凿毛程度为50%时，摩擦角与堆石内摩擦角的差别不到2°。十三陵工程对此也进行了基岩面现场大型直剪试验，认为：除非岩体中存在软弱破碎带或断层带，否则堆石与岩体间的抗剪强度不会低于同类岩石堆石料的抗剪强度。一般情况下，堆石料沿基岩面抗剪强度应为堆石料的抗剪强度，为安全起见，也可取堆石料抗剪强度的90%～95%。

根据主坝坝基倾向下游的特殊形态，并结合库盆开挖料的实际情况，对坝体剖面进行了合理分区，将主坝分为5个区（图6-1-12），分别是垫层区、过渡区、Ⅰ区、Ⅱ区和Ⅲ区堆石。其中垫层区宽3m，

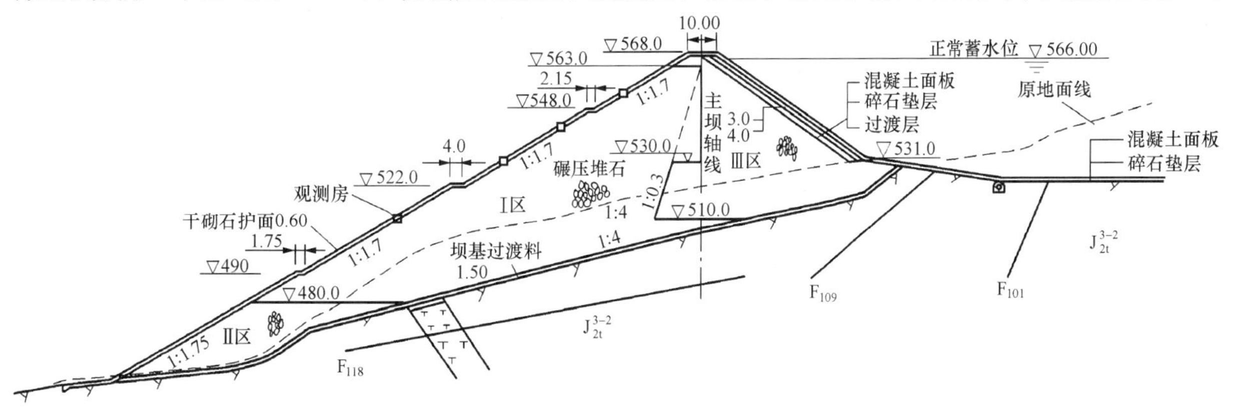

图6-1-12　十三陵抽水蓄能电站上水库主坝剖面图

采用库盆开挖的新鲜安山岩加工而成，最大粒径 15cm；过渡区宽 4m，采用库盆开挖的新鲜安山岩填筑，最大料径 30cm；Ⅲ区为主堆石区，位于坝轴线上游，采用库盆开挖的弱风化安山岩填筑，最大料径 60cm；Ⅰ区为次堆石区，位于坝轴线下游 480m 高程以上部位，采用库盆开挖的强风化安山岩填筑，最大料径 60cm；考虑到主坝坝基倾向下游、为提高坝体稳定性和加强排水能力，在下游 480m 高程以下坝脚处设置Ⅱ区，采用库盆开挖的弱风化安山岩填筑，其要求与Ⅲ区（主堆石区）一致。此外，为了坝体与坝基的良好接触和排水，在坝基填筑一层厚度不小于 1.5m 的排水过渡料，其石质和级配要求与坝体过渡料一致。

（二）宜兴抽水蓄能电站上水库主坝

宜兴抽水蓄能电站上水库位于江苏铜官山主峰北侧沟谷内，由主坝、副坝和库周山岭围成。上水库的地形、地质条件均不理想，库周分水岭不高，库岸外侧边坡陡峻，库岸山体较为单薄。主坝坝址区地形向下游呈喇叭状张开，为比较开阔的两沟一梁地形，主坝下游侧沟或梁均以较陡的纵坡向下游降低，平均地形坡度约 30°，主坝下游坝坡置于陡坡上。沟谷内没有明显的开阔台地可以作为库盆，水库天然库容仅 100 多万 m^3，为了获得 500 余万 m^3 的工作库容必须对库盆进行大量开挖。

上水库库盆和坝基的岩石主要为泥盆系五通组石英岩状砂岩夹粉砂质泥岩和茅山组岩屑石英砂岩夹粉砂质泥岩。沿层面发育 St9、St20、St21 等软弱岩层和泥化夹层，层面产状向下游缓倾，此外还有多条花岗斑岩脉侵入，风化很深，地形、地质条件对大坝和库岸稳定极为不利。上水库主坝堆石料源即为上水库库盆开挖的五通组石英岩状砂岩夹粉砂质泥岩和茅山组岩屑石英砂岩夹粉砂质泥岩。其中泥岩夹在砂岩中呈薄层状，难以分离，在上坝料中含量控制为 10%～15%。

可行性研究阶段通过研究，由于面板堆石坝基础处理简单、能充分利用开挖料、坝坡稳定和深层抗滑稳定容易满足，推荐采用沥青混凝土面板堆石坝。但由于坝轴线下游建基面的自然坡度很陡，下游坝体将延伸达 500 多 m，成为覆盖于倾斜建基面上的贴坡体。从上游防渗体底部至坝顶的高差计算的坝高为 55m，但从下游坝脚到坝顶的高差却达 285m。

为解除对下游长贴坡体的不均匀沉降和过大蠕变的担忧，在可行性研究补充阶段，对主坝坝型进行了进一步的优化，优化方向是缩短贴坡体的长度。推荐采用混凝土面板堆石坝，并在大坝下游设置混凝土重力挡墙，减小下游堆石体延伸长度。挡墙轴线位于坝轴线下游 135.5m，重力挡墙墙趾至坝顶最大高差为 138.2m。将可行性研究阶段沥青混凝土面板改为钢筋混凝土面板，加陡堆石上、下游坡度，主坝上游坝坡为 1∶1.3，下游“之”字形上坝道路之间的坡度为 1∶1.26，下游综合坝坡为1∶1.42,重力挡墙最大高度为 45.9m。实施阶段的上水库平面布置和混凝土面板堆石坝剖面见图 6-1-13、图 6-1-14。与原长贴坡堆石坝方案相比，大坝坝顶至下游坝脚的高差减少了约 145m，保留了一大片林地，且上水库库盆开挖料中的 270 万 m^3 石料与坝体填筑量相当，从而避免另外采石取料 100 万 m^3，故对环境的影响最小，并减少了上水库投资。

宜兴工程也对堆石料与基岩面间的抗剪强度开展了大量的研究，在现场进行了堆石料与原状岩石面间的大型直剪试验，以确定主坝底部过渡区堆石料与基岩面间的抗剪强度。先后进行了两次试验。第 1 次大型直剪试验的基岩面偏光滑（起伏差 1～3cm），岩面凿毛比例较小。由于施工开挖的基岩面通常比较粗糙，第 2 次又在较为粗糙（起伏差 4～8cm）的基岩面上进行试验，该次试验还研究了因暴雨和施工加水引起堆石料中的细颗粒淋滤沉积到基岩面上时，对堆石与基岩面抗滑稳定的影响。试验结果见表 6-1-1，相应的坝体堆石料与基岩面抗剪强度室内试验成果的代表值见表 6-1-2。

从表 6-1-1 和表 6-1-2 试验成果可以看出：各种堆石料与基岩面的抗剪强度均小于该种堆石料本身的抗剪强度，即使基岩抗剪强度高于堆石料抗剪强度时也是如此。这与国外有关研究成果及十三陵工程的试验成果有差别。基岩面经过加糙处理后，二者间的抗剪强度比岩面光滑时明显提高，但仍小于堆石

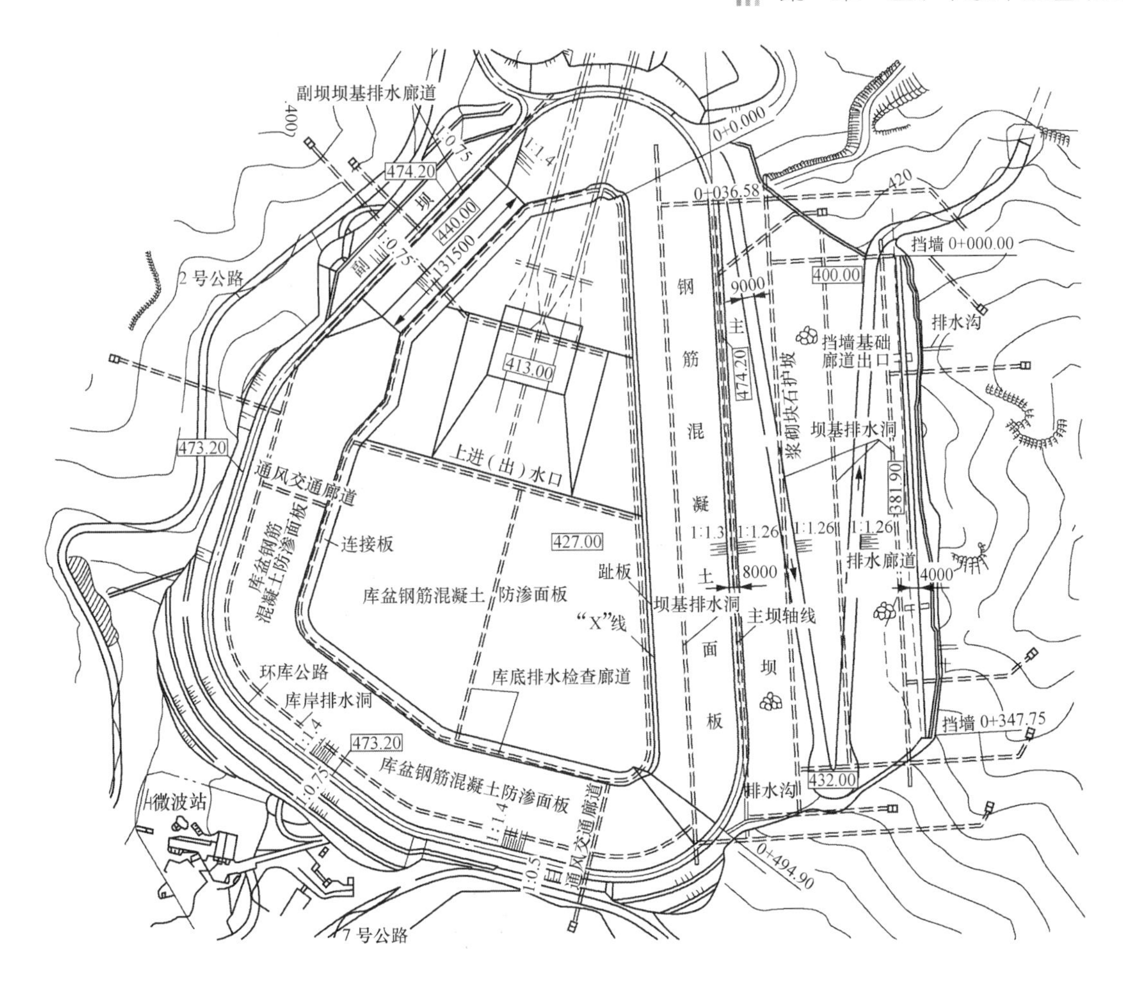

图 6-1-13 宜兴抽水蓄能电站上水库平面布置图

表 6-1-1　　宜兴抽水蓄能电站上水库堆石料与基岩面现场大型直剪强度指标

序号	试验项目（堆石料/基岩面）	抗剪断强度（光滑基岩）		抗剪断强度（粗糙基岩）	
		C（kPa）	ϕ（°）	C（kPa）	ϕ（°）
1	五通组砂岩夹泥岩/茅山组弱风化砂岩	20	37.5	84.2	40.5
2	五通组砂岩夹泥岩/五通组弱风化砂岩	60	35.0	23.7	38.1
3	五通组砂岩夹泥岩/强风化花岗斑岩	25	34.8	46.0	39.0
4	玉山—南坝灰岩/茅山组弱风化砂岩	—	—	49.1	39.7
5	玉山—南坝灰岩/五通组弱风化砂岩	48	33.1	20.1	37.6
6	玉山—南坝灰岩/强风化花岗斑岩	55	33.1	28.1	38.6
7	五通组砂岩夹泥岩/茅山组弱风化砂岩（模拟暴雨）	—	—	74.1	38.5
8	玉山—南坝灰岩/茅山组弱风化砂岩（模拟暴雨）	—	—	25.3	37.2

表 6-1-2　　宜兴抽水蓄能电站上水库堆石料与基岩面室内抗（直）剪强度指标

序号	试验项目（堆石料/基岩面）	抗剪断强度	
		C（kPa）	ϕ（°）
1	五通组石英岩状砂岩夹泥岩主堆石区料	92	41.52
2	茅山组岩屑石英砂岩夹泥岩主堆石区料	76	42.32
3	玉山—南坝灰岩主堆石区料	70	42.67

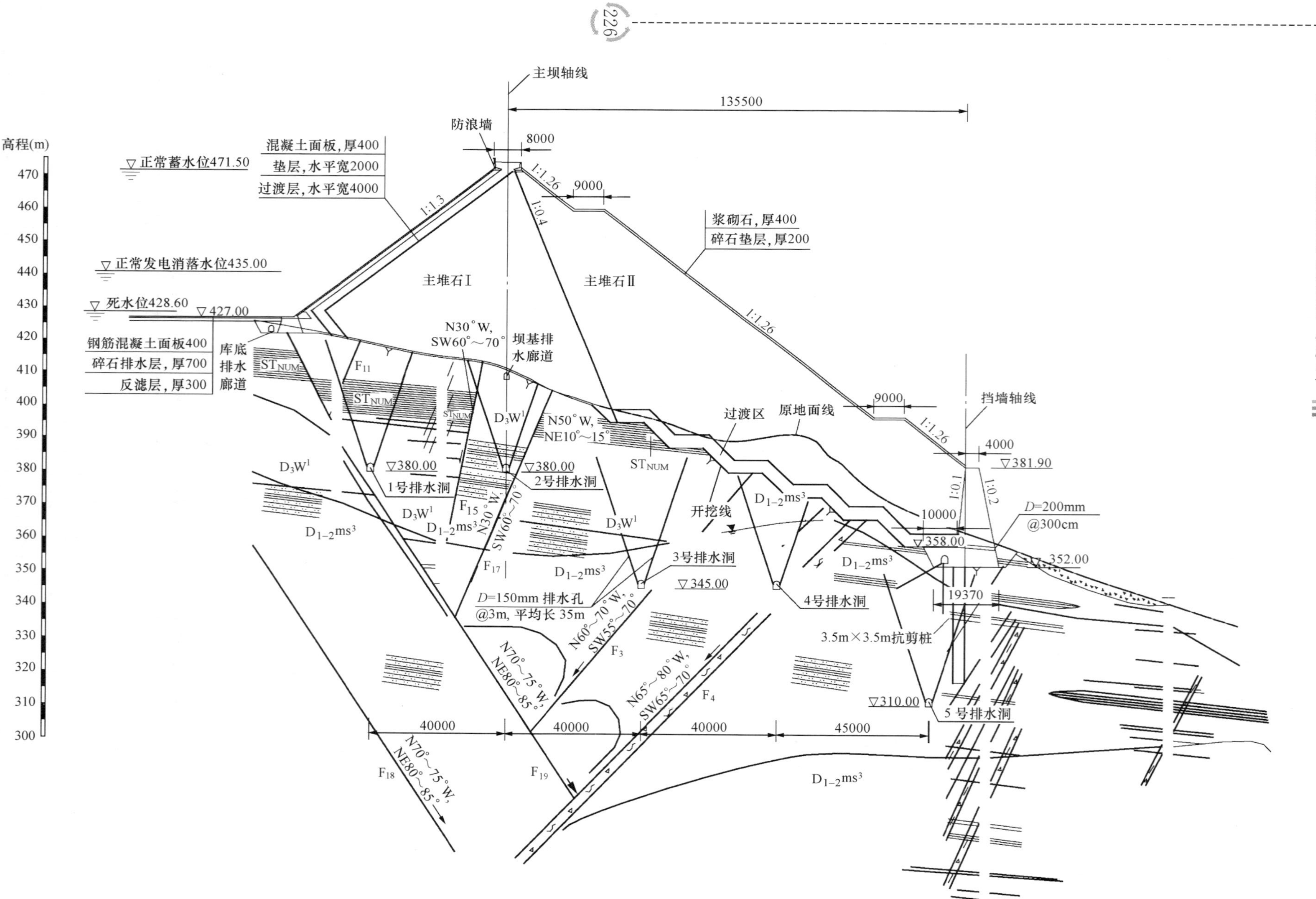

图 6-1-14 宜兴抽水蓄能电站上水库混凝土面板堆石坝剖面图

料本身。从模拟暴雨试验成果来看，粗糙基岩面上有细颗粒沉积时，堆石料与基岩面的抗剪强度会略有降低，但降低值并不大，不会构成对倾斜建基面上坝体稳定的控制因素。

在坝体设计和施工方面，根据宜兴混凝土面板混合坝的特点，采取了改进堆石分区、设置堆石预沉降时间及堆石预湿化等措施。

(1) 为减小堆石坝上、下游沉降差，改进了堆石的分区。在高程 426.50m 以下的堆石采用增模堆石区（增加压缩模量堆石区）。经试验，增模区采用层厚为 60cm 增加压实度（预计堆石孔隙率可降为 16%）；426.50m 高程以上的堆石体，全部采用层厚为 80cm 的主堆石区。

(2) 为了减轻徐变的影响以避免垫层料及面板的开裂，在增模区填筑完成后过 3 个月才开始主堆石区填筑，在主堆石区填筑完成 3 个月后才开始浇筑面板。估计 3 个月主堆石区预沉降可以使堆石顶部的沉降率下降为 1～3mm/月。

(3) 针对堆石软化系数低的特点，采取了保持含水量（预湿化）的措施。宜兴抽水蓄能电站主坝全部坝体填筑料利用库盆开挖料，库盆岩石为泥盆系地层，砂岩夹薄层泥岩，填筑料的泥岩含量将达到 10%～15%；砂岩饱和抗压强度 83～54MPa，属于硬岩，但软化系数偏低，仅 0.44～0.38。泥岩饱和抗压强度 22MPa，属于软岩，软化系数 0.35。工程所在地区雨量充沛，连续降雨可以超过一个月，因此运行期具有堆石湿化沉降的气候条件。为避免运行期的堆石湿化沉降，堆石的加水采取了料场保湿、车厢加水和坝面加水三道程序，以保证岩块内部的含水量。

由于上水库坝基沿层面发育软弱岩层和泥化夹层，层面缓倾向下游，一旦渗漏水进入软弱岩层和泥化夹层，软弱岩体中的亲水矿物在长期地下水的影响下会进一步软化和泥化，降低其抗剪强度，对坝基边坡甚至沿建基面的抗滑稳定都极其不利，除做好防渗外，坝基排水设计十分重要。除库底的排水管网和排水廊道外，西库岸和南库岸山体内开挖了排水廊道，主坝坝轴线下的建基面上也开挖了一条排水廊道，主坝坝基岩体内从上游到下游分别开挖了 5 条平行于坝轴线的排水洞，见图 6-1-14，加上相应的排水孔，目的都是为了降低地下水位，主坝下游坝面全部采用浆砌块石护坡，以防止雨水大量渗入坝内，这也是同类工程少见的措施。为增加堆石沿坝基的稳定性，坝基面开挖成台阶、在堆石与建基面间设置 4m 厚的微、弱风化石英砂岩过渡区。

1.5 泄洪建筑物布置

流域面积较小的纯抽水蓄能电站上水库，洪水汇流时间短，洪量小，可在环库公路边线以外设置排泄系统排除环库公路以上汇集的洪水；对在库面内降雨形成的洪量，可在坝顶和库岸的超高中加以解决。当水库集水面积较大，暴雨形成的洪峰流量需要泄洪时，上、下水库都应布置具有及时排泄天然洪水能力的泄洪建筑物，有的工程还考虑了放空设施。下水库天然洪峰流量和发电流量叠加将超过天然洪峰流量，加重下游河段的防洪负担，需在泄洪建筑物设计和洪水调度方式考虑其影响。详细内容将在第三章进行讨论。

第二章

库盆防渗与排水设计

2.1 渗流控制标准

抽水蓄能电站上水库由于所处高程较高，通常无水源补给或补给很少，抽上去的水来之不易，水量的渗漏损失也即意味着电量损失，并且渗漏还将影响周边建筑物基础、岸坡的安全和正常运行管理。所以抽水蓄能电站上水库的库盆防渗要求非常高，抽水蓄能电站从选择库址开始，就应注意库区的渗漏问题，做好库区的防渗设计。

一般抽水蓄能电站的库盆日渗流量按不超过库容的 1/2000 控制——这个控制标准较为粗糙，没有考虑到每个电站的具体特点，难以完全适应具体工程要求。依据国外已建成上水库无径流补给、全库防渗的渗流控制工程的实例，防渗做得好的工程，基本可控制在日渗流量不大于 0.2‰～0.5‰的总库容范围以内。日本、德国等国家的流流控制标准见表 6-2-1。一些工程实际达到渗流量见表 6-2-2 和表 6-2-3。

表 6-2-1　日本与德国沥青混凝土全面防渗的渗流控制标准

序号	名 称	控 制 标 准	备 注
1	日本水利沥青工程设计基准	日渗量不大于 0.5‰的总库容	
2	德国沥青防渗控制	日渗量不大于 0.2‰的总库容	习惯控制标准

表 6-2-2　国内、外部分沥青混凝土全面防渗实际达到的渗流量

序号	国别	工程名称	完建年份	总库容（万 m^3）	实际渗流量（L/s）	日渗量所占总库容（‰）	备 注
1	中国	天荒坪	2001	885	5.01	0.05	上水库多年平均值
2	日本	沼原	1974	433.6	无滴水	≪0.2	
3	德国	瑞本勒特	1994	150	无滴水≈0.1	≪0.2	上水库改造为沥青混凝土
4	爱尔兰	特洛夫山	1973	230（有效库容）	6	0.23	

表 6-2-3　国内外部分混凝土面板全面防渗实际达到的渗流量

序号	国别	工程名称	完建年份	总库容（万 m^3）	实际渗流量（L/s）	日渗量占总库容（‰）	备 注
1	德国	瑞本勒特	1955	150	37	2.13	未改建前
2	法国	拉古施	1975	220	100	4.32	
3	中国	十三陵	1995	445	14.16	0.28	冬季曾出现的最大值

抽水蓄能电站对水库有严格的防渗要求，应根据工程具体特点选用合适的设计标准。确定渗流控制

标准时要考虑的主要因素有：

（1）上水库库容大小、有无径流补给。一般来说上水库库容大、有一定的径流补给的，对库盆渗漏要求可适当降低一些。

（2）渗透稳定要求。抽水蓄能电站上水库建设的关键技术问题之一是渗流控制。所产生的渗流应不恶化原始水文地质条件，不影响库岸、坝基、水道系统、地下洞室围岩稳定性。渗漏对周边建筑物影响大的，其标准应从严，反之可适当降低。

（3）防渗型式。一般来说，采用垂直帷幕防渗时，其防渗设计标准可适当降低，采用沥青混凝土等表面防渗型式时，由于防渗结构较为可靠，且防渗体渗透系数较小，其标准可适当提高。

2.2　防渗方案选择

上水库防渗型式的选择关系到工程投资的大小。根据国内工程建设费用的统计，抽水蓄能电站上、下水库工程费用约占电站静态总投资的15%～24%，其下限为上、下水库地形地质条件优越，只需做一般防渗处理，上限是上、下水库均需做全面防渗处理。抽水蓄能电站上水库库盆防渗型式的选择，应根据地形、地质、水文气象、建材、施工等条件，通过技术经济比较，因地制宜选用库盆防渗型式。

2.2.1　影响防渗方案选择的因素

影响防渗方案选择的因素较多，主要有以下几个方面：

（1）上、下库水源条件、水库渗漏和蒸发。抽水蓄能电站利用水为能量转换介质，在上、下水库间反复运移而工作。水库渗漏和蒸发导致水介质的损耗，需予以补充，故对于水源缺乏的工程其防渗的要求更严格一些。

（2）上水库地形、地质条件对防渗方案选择的影响。上水库库盆的地形、地质条件与库盆防渗方案有着最直接的关系。一些地质条件好的上水库站址基本可不做专门防渗处理，仅在大坝、部分库岸处设局部垂直帷幕防渗；当站址地质条件较差，存在库水外渗，库盆集雨面积大，少量渗水不会影响电站运行，可采用沿库岸周边进行垂直防渗的方案；当站址地质条件较差，存在库水外渗，而库盆体积较小、形状较规则时采用全库盆表面防渗比较合适；根据站址的具体地形、地质条件也可采取半库盆防渗的方案。

（3）挡水建筑物型式与库盆防渗相互的影响。挡水建筑物一般建在上水库的垭口，其本身与常规水电站大坝一样有坝体和坝基的防渗系统，库盆防渗应该与大坝的防渗连成一个封闭的防渗系统。各个工程具体条件不一样，相互影响的程度也不一样。一般情况下，当大坝防渗系统位于上游面时，库盆采用表面防渗；当大坝防渗系统位于坝轴线时，库盆采用垂直防渗。这样的布置也正是考虑了库盆与坝体的防渗系统易于连接。

（4）地下厂房位置对上水库防渗的要求。地下厂房有防渗排水要求，如地下厂房离上水库较近，对上水库的防渗要求更严格，以免库水通过库底渗到厂房区，对厂房的运行产生影响。通常除了厂房本身需做好防渗排水设施外，上水库常需布置库底水平防渗，并与库岸防渗相连，以减小对厂房运行的影响。

（5）上水库库岸稳定对防渗方案选择的影响。抽水蓄能电站上水库水位的日变幅远大于常规水电站，短时间内水位大幅变动引起岸坡土体内孔隙水压力急剧变化，附加的渗透水压力会促使土质边坡失稳。对于土质或风化破碎的岩石边坡，为满足库岸稳定的要求，布置表面防渗是较好的选择，通常在表面防渗体下部还布置完善的排水系统，尽可能使原来土质边坡内的孔隙水压力不受水库水位急剧变动的影响，从而维持边坡的稳定。

(6) 当地建筑材料对防渗方案选择的影响。防渗方案选择时应考虑就地取材，尽量使用当地现有的建筑材料，以达到节省投资、经济合理的目的。同时也要考虑对环境等方面的影响。

2.2.2　库盆防渗方案选择

大部分抽水蓄能电站的上水库多少总存在一些库盆渗漏问题，需要采取一定的工程措施，也就形成了各种防渗方案。从国内外的工程实践来看，除现成的上水库外，新建上水库的防渗型式不外乎采用垂直防渗型式和表面防渗型式，或者两种防渗型式的组合。

(1) 垂直防渗。在抽水蓄能电站的建设中，垂直防渗是一种较为常用的库盆防渗型式。一般来说，当工程区地质条件相对优良，水库仅存在局部渗漏问题，渗漏问题不太突出，断层及构造带不太发育、且无严重的库岸稳定问题时，尽可能采用垂直防渗方案，以节省造价。

美国巴斯康蒂抽水蓄能电站上水库、法国大屋抽水蓄能电站上水库，我国琅琊山抽水蓄能电站上水库、桐柏抽水蓄能电站上水库、深圳抽水蓄能电站上水库、洪屏抽水蓄能电站上水库等工程均采用垂直防渗。

(2) 表面防渗。表面防渗适用于库盆地质条件较差，库岸地下水位低于水库正常蓄水位，断层、构造带发育，全库盆存在较严重渗漏问题的水库，防渗型式多种多样。表面防渗主要型式包括钢筋混凝土面板防渗、沥青混凝土面板防渗、土工膜防渗和黏土铺盖防渗等。

采用沥青混凝土面板防渗的有德国金谷抽水蓄能电站上水库、日本小丸川抽水蓄能电站上水库、意大利普列森扎诺抽水蓄能电站，我国天荒坪抽水蓄能电站上水库、西龙池抽水蓄能电站上水库、张河湾抽水蓄能电站上水库等。

采用钢筋混凝土面板防渗有德国瑞本勒特抽水蓄能电站上水库、法国拉古施抽水蓄能电站上水库，我国十三陵抽水蓄能电站上水库、宜兴抽水蓄能电站上水库、泰安抽水蓄能电站上水库大坝与部分库岸等。

采用土工膜防渗的有日本今市抽水蓄能电站上水库、冲绳抽水蓄能电站上水库，我国泰安抽水蓄能电站上水库库底、马山抽水蓄能电站上水库库底、溧阳抽水蓄能电站上水库库底等。

采用黏土铺盖防渗有美国拉丁顿抽水蓄能电站上水库库底、落基山抽水蓄能电站上水库库底，我国宝泉抽水蓄能电站上水库库底、琅琊山抽水蓄能电站上水库库底等。

(3) 综合防渗。一些抽水蓄能电站的库盆采取两种或两种以上的防渗型式的组合称为综合防渗型式。在选择综合防渗方案时应进行较全面地分析对比，对防渗方案是否可靠，施工设备、施工工序的不同、施工干扰对施工工期的影响，在防渗体系中不同材料的接合部位的防渗可靠性，工程投资合理性等进行仔细研究。通过分析对比，合理选择防渗方案。综合防渗方案主要有：库岸混凝土面板（含沥青混凝土）＋帷幕防渗体系；库岸混凝土面板＋库底土工膜防渗体系；库岸混凝土面板＋库底黏土铺盖防渗体系等型式。

日本蛇尾川抽水蓄能电站上水库大坝为坝高 90.5m 的堆石坝，上游面板采用沥青混凝土面板，坝趾廊道内进行岩石地基帷幕灌浆防渗，在库岸渗漏段加设局部帷幕灌浆，形成防渗体系。德国瑞本勒特抽水蓄能电站上水库，库岸和坝坡采用混凝土面板防渗，库底采用沥青混凝土面板防渗。泰安抽水蓄能电站上水库库盆的防渗型式为右岸横岭库岸采用混凝土面板防渗，库底采用土工膜防渗，左岸坝肩及右岸库尾采用帷幕防渗的防渗体系。美国的拉丁顿抽水蓄能电站、国内的河南宝泉抽水蓄能电站上水库库岸均采用沥青混凝土面板防渗，库底采用黏土铺盖防渗。洪屏抽水蓄能电站上水库南库岸采取钢筋混凝土面板防渗，主坝至西南副坝之间的库盆底部采用厚 2.0m 的黏土铺盖防渗，其余库岸采用帷幕灌浆防渗。

2.2.3 防渗方案比选实例

(1) 天荒坪抽水蓄能电站上水库。天荒坪抽水蓄能电站上水库位于山河港左岸山顶的一块沟源洼地，由一座主坝和四座副坝所围成。主坝和北副坝为土石坝，东副坝为堆石坝，西副坝及西南副坝为土坝。上水库为附近地形最高的洼地，除搁天岭一带局部的岩体相对隔水层顶板、山体地下水位高于水库蓄水位外，其他地段水库蓄水后将会产生向外渗漏；西库岸等地段断层、节理较发育，岩体风化剧烈，基本上属于土质边坡，水库蓄水后会失稳。

可行性研究阶段，对库岸防渗型式选择了钢筋混凝土面板、沥青混凝土面板两种防渗型式进行综合比较，主要比选意见包括以下几个方面：

1）由于库岸大部分为土质边坡，库岸的防渗面板一旦破损，将会导致土质边坡土体内孔隙水压力升高，引起边坡失稳。沥青混凝土面板属于柔性防渗材料，变形模量小，能较好适应水库蓄水后的基础变形和不均匀沉陷，不易产生裂缝；而钢筋混凝土面板属于刚性防渗，变形模量大，适应基础变形能力较差，易出现裂缝，加上结构缝多，易形成渗漏通道，可靠性低。从水库运行安全考虑，沥青混凝土面板要优于钢筋混凝土面板。

2）沥青混凝土面板防渗几乎不漏水，渗漏量小；而钢筋混凝土面板由于分缝多，渗漏量相对较大。国内外已建工程的统计资料表明，钢筋混凝土面板的渗漏量一般为沥青混凝土面板的数倍乃至数十倍之多。

3）沥青混凝土面板一旦产生裂缝较易修补，修补工艺相对简单，便于监测和维修；而钢筋混凝土面板产生裂缝后修补较为麻烦，运行维护难度大。

4）从施工条件方面分析，水工沥青材料对含蜡量的限制比道路沥青更严格，沥青混凝土面板对施工技术要求高，必须由专业队伍施工，面板不分缝，施工缝处理简单；钢筋混凝土面板可用专用滑模施工，但温控防裂要求高，结构缝多，施工处理困难。

5）钢筋混凝土面板投资低于沥青混凝土面板。

经综合比较，库岸防渗最终采用了沥青混凝土面板防渗型式。

库底防渗型式比较了沥青混凝土面板和黏土铺盖防渗型式。库底采用沥青混凝土防渗的优点在于库底与岸坡及坝坡沥青混凝土连成一片，无接头部位漏水之虞；且沥青混凝土下部设置了排水层，可以有效地隔绝库内蓄水与地下水的联系；即使有少量渗水也可以通过排水系统回收。该方案尽管投资高一些，但防渗效果可靠。黏土铺盖方案可就地取材，且可以与库底全风化土地基共同防渗，作为防渗方案也是成立的。美国的拉丁顿抽水蓄能电站上水库采用库岸沥青混凝土和库底黏土铺盖共同防渗型式，但运行初期黏土铺盖曾局部破坏。在天荒坪抽水蓄能电站工程具体条件下，其主要缺点是渗漏量比沥青混凝土方案大，可靠性也相对差一些，库底渗漏水不易收集，造成渗漏损失。

为了使防渗结构安全可靠，并简化施工，回收渗漏水，天荒坪抽水蓄能电站采用了库底沥青混凝土防渗方案，平面布置见图 6-1-3。

(2) 泰安抽水蓄能电站上水库。泰安抽水蓄能电站上水库右岸横岭山体单薄，NNE～NEE 向裂隙及裂隙密集带、断层破碎带发育，地下水位低于正常蓄水位，库水易外渗。由于地下厂房距上水库库底高差约 240m，水平距离仅 300m 左右。因而水库渗漏会对地下厂房造成不利影响；库底 F1 断裂沿樱桃园沟展布，F_1 下盘岩体相对透水性较弱，左库岸山体地下水位高于正常蓄水位。

在各设计阶段，针对上水库防渗设计进行了多方案反复比较，比较结果如下：

1）垂直防渗。库盆右岸及坝基均采用垂直灌浆帷幕防渗，右岸防渗帷幕深 160m，帷幕厚度 5～7m，库底及 F_1 断层采用覆盖 4～6m 厚的黏土防渗，其主要技术问题是垂直灌浆在陡倾角地质构造中效果差，防渗可靠性低，工程区缺少黏土料。方案投资估算约 5.4 亿元。

2）全库盆钢筋混凝土面板防渗。该方案全库岸采用钢筋混凝土面板衬护防渗，库底回填工程弃渣至 376m（死水位以下 10m），填渣上设置混凝土面板的表面防渗形式。该方案库底填渣体厚度为 0～50m，不均匀沉降问题易使面板开裂，库底维修困难。其工程投资为 5.73 亿～6.52 亿元。

3）综合防渗。综合防渗方案的特点是防渗范围为半库盆，左库岸不需要采取防渗，库底采用土工膜柔性材料防渗，以适应填渣的变形，右库岸采取混凝土面板防渗形式。面板下沿库岸设置排水观测廊道，库底采用土工膜防渗方式，沿土工膜防渗铺盖左边缘设置垂直灌浆帷幕，并与右岸垂直灌浆帷幕在横岭中段相接，库尾段采用垂直灌浆帷幕，方案投资为 5.1 亿元。

库底采用土工膜防渗适应变形能力强、防渗效果好，土工膜正常运行处于 11.8～37m 水深以下，防紫外线老化工作环境条件好；重点防渗库岸段采用面板，距地下建筑物相对较远的库尾段采用垂直灌浆帷幕，防渗重点突出，具有方案可靠、经济的特点。上水库防渗设计平面图见图 6-2-1。

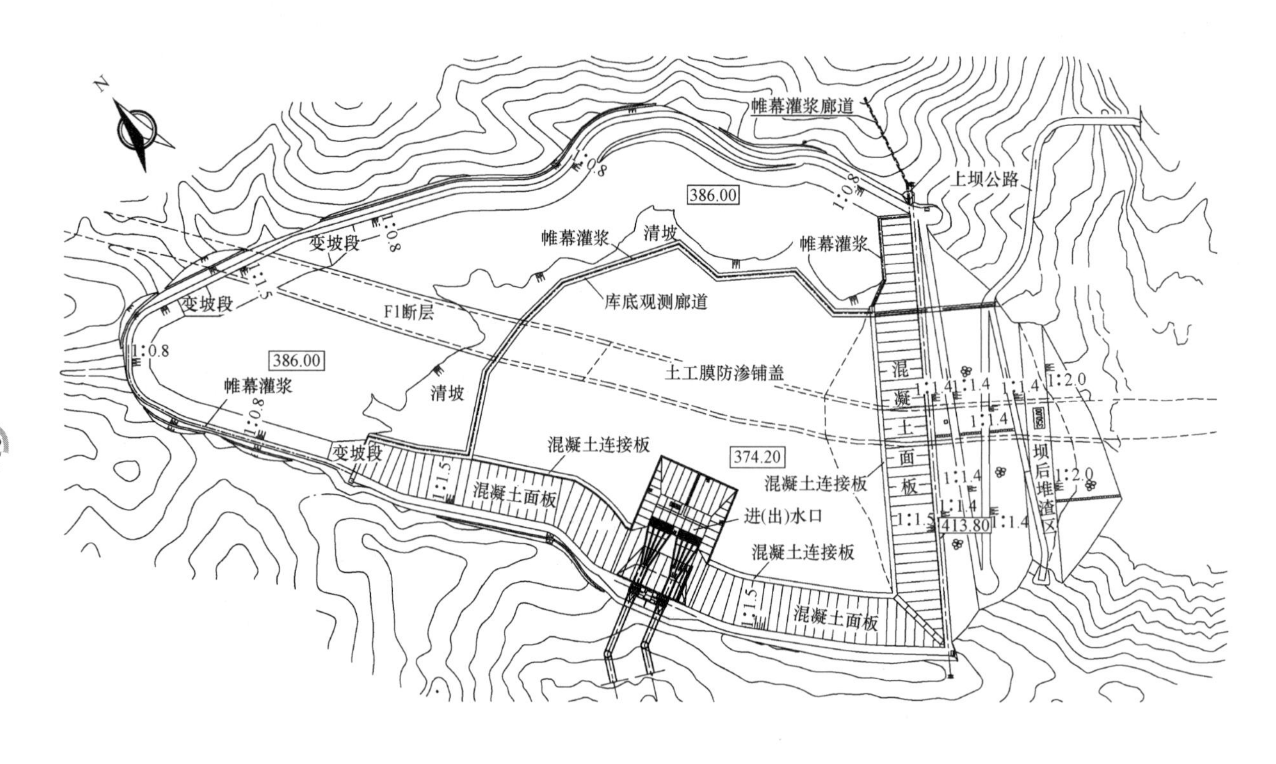

图 6-2-1　泰安抽水蓄能电站上水库防渗设计平面图

2.3　垂直帷幕防渗

2.3.1　垂直帷幕防渗的应用

垂直防渗方案通常指沿库周和坝址设置的灌浆帷幕或垂直防渗墙，在工程实践中，又以帷幕灌浆防渗居多，一般在工程地质和水文地质条件相对较好的工程中采用。水库周边山体雄厚，地质条件较好，地下水位较高的情况下，在坝址和部分地下水位或相对隔水层较低的区域设置灌浆帷幕或垂直防渗墙就可以解决水库渗漏问题。

采用帷幕灌浆防渗的工程有美国巴斯康蒂抽水蓄能电站上水库、法国大屋抽水蓄能电站上水库，我国浙江桐柏抽水蓄能电站上水库、江苏沙河抽水蓄能电站上水库、深圳抽水蓄能电站大坝及部分库岸等；也有部分抽水蓄能电站上水库采用了垂直帷幕防渗与表面防渗相结合的防渗型式，如安徽琅琊山抽水蓄能电站上水库大坝与部分库岸防渗、江西洪屏抽水蓄能电站上水库大坝与部分库岸防渗等，见表 6-2-4。

表 6-2-4　国内外垂直防渗工程案例统计表

序号	电站名称	阶段	坝　型		坝高（m）	水库防渗型式
1	美国巴斯康蒂	完建	大坝	上石混合坝	140.2	大坝及库岸垂直帷幕防渗
2	法国大屋	完建	大坝	心墙堆石坝	160.0	大坝心墙及库岸垂直帷幕防渗
3	浙江桐柏	完建	主坝	均质土坝	37.49	垂直防渗为主、水平黏土辅助防渗为辅
			副坝	均质土坝	10.0	
4	江苏沙河	完建	主坝	钢筋混凝土面板堆石坝	47.0	大坝及库岸垂直帷幕防渗
			东副坝		30.0	
5	浙江溪口	完建	大坝	钢筋混凝土面板堆石坝	48.5	大坝及库岸垂直帷幕防渗
6	湖北白莲河	完建	主坝	沥青混凝土面板堆石坝	59.4	大坝及库岸垂直帷幕防渗
			副坝 1	心墙土石坝	3.2	
			副坝 2		8.2	
			副坝 3		10.0	
7	深圳抽水蓄能	在建	主坝	碾压混凝土重力坝		大坝及库岸垂直帷幕防渗
			5 个副坝	黏土心墙坝		
8	福建仙游	在建	主坝	钢筋混凝土面板堆石坝	72.6	大坝及库岸垂直帷幕防渗
			虎歧隔副坝	分区土石坝	15.0	
			湾尾副坝		3.0	
9	浙江仙居	在建	主坝	钢筋混凝土面板堆石坝	86.7	大坝及库岸垂直帷幕防渗
			副坝		59.7	
10	安徽琅琊山	完建	主坝	钢筋混凝土面板堆石坝	64.5	垂直防渗为主、结合溶洞掏挖回填混凝土、水平黏土辅助防渗为辅
			副坝	混凝土重力坝	20.0	
11	江西洪屏	在建	主坝	混凝土重力坝	44.0	部分库岸钢筋混凝土面板＋部分库岸垂直帷幕＋库底黏土铺盖防渗
			西副坝	钢筋混凝土面板堆石坝	57.7	
			西南副坝		37.4	

与表面防渗方案相比，垂直帷幕防渗具有以下优点：

（1）垂直帷幕防渗为最常规的防渗型式，其施工工艺简单，施工技术成熟。

（2）一般来说，垂直帷幕防渗的工程造价较低。

（3）可以处理的深度大。

（4）对施工场地要求较小，能在廊道或隧洞中施工，与其他工序干扰较小。

（5）灌浆施工的过程同时也是对地质进行补充勘探的过程，能进一步摸清地质情况，使处理更有针对性。

垂直帷幕防渗的主要局限性有以下几个方面：

（1）垂直帷幕防渗属隐蔽工程，其施工质量较难控制且不易检修，可靠性较差；

（2）与表面防渗型式相比，垂直帷幕不能隔断库水与库岸的接触，对库岸边坡稳定无明显改善。

当具备以下条件时，可考虑采用垂直防渗型式：

（1）工程区地质条件优良，上水库仅存在局部渗漏问题，渗漏问题不太突出，库盆渗漏范围不大、断层及构造带不太发育时。

（2）上水库具有一定的流域面积及径流补给，水源补给条件良好时。

（3）当库盆防渗面积很大时，采用垂直防渗比表面防渗在投资上具有较大优势。

（4）无严重的库岸稳定问题或处理库岸稳定的投资不大时。

2.3.2　垂直帷幕防渗设计

（一）防渗标准

垂直帷幕的防渗标准以透水率表示，主要与大坝等级、渗控目的、岩体地质条件及幕体自身耐久性有关。在帷幕灌浆设计时，首先要确定防渗标准。《碾压式土石坝设计规范》SL 274—2001 中规定，灌浆帷幕的设计标准应按灌后基岩的透水率控制。1 级、2 级坝及高坝透水率宜为 3～5Lu，3 级及其以下的坝透水率宜为 5～10Lu，抽水蓄能电站的上水库可取低值。确定防渗标准时还要考虑基岩的渗透稳定和库水的经济价值等。如岩体的允许水力坡降低，或岩体具有较强的渗透性，此时防渗标准宜考虑适当提高。重力坝、拱坝设计规范对坝基灌浆帷幕的设计标准也基本相同，《混凝土重力坝设计规范》（SL 319—2005）中规定帷幕的防渗标准和岩体相对隔水层的透水率见表 6-2-5。

表 6-2-5　　帷幕的防渗标准和岩体相对隔水层的透水率

坝高（m）	透水率（Lu）	渗透系数 k（cm/s）
＞100	1～3	$1\times10^{-5}\sim6\times10^{-5}$
50～100	3～5	$6\times10^{-5}\sim1\times10^{-4}$
＜50	5	1×10^{-4}

根据以往的工程经验，抽水蓄能电站上水库帷幕灌浆防渗标准多为 1Lu 或 3Lu。

（二）帷幕厚度

我国已建的许多坝，帷幕厚度的确定沿用前苏联的方法，即考虑帷幕的允许水力坡降与帷幕承受的水头的关系。

$$T = H/J \tag{6-2-1}$$

式中　T——帷幕厚度，m；

H——最大设计水头，m；

J——帷幕允许水力坡降。

日本、美国等国家在帷幕设计时不考虑允许水力坡降问题，主要根据坝基岩体的渗透性，结合坝高因素确定。目前该做法已被国内规范接受并采纳，一般规定：帷幕排数在考虑帷幕上游区的固结灌浆对加强基础浅层的防渗作用后，坝高 100m 以上的坝可采用 2 排，坝高 100m 以下的坝可采用 1 排；对地质条件差、岩体裂隙特别发育或可能发生渗透变形的地段，或经研究认为有必要加强防渗帷幕时，可适当增加帷幕排数。

上述两种设计方法本质上要求是一致的，以帷幕不产生渗透破坏为条件，在达到防渗效果的前提下尽可能经济，前者采取允许水力坡降进行分析是一种判断方法，后者主要根据工程经验直接确定帷幕厚度。

在断层、构造带发育部位，应加强帷幕灌浆。水库的大断层、构造带等部位，往往是水库的集中渗漏区。为了保证垂直帷幕防渗质量，一般在此部位采取加密、加厚、加深帷幕的措施，也有采用截水墙、防渗墙或铺设黏土的设计方案。泰安抽水蓄能电站上水库防渗帷幕在 F_1 断层处加密了间距、增加了反滤处理，详见本篇 2.3.3 工程实例。

（三）防渗深度与范围

一般岩层的特性，通常是越向深部和两岸山体中延伸岩石的透水性越小。通常的做法是：当在不太深（远）的地方能找到相对隔水层（与要求的帷幕防渗标准相等的岩层）时，就将帷幕与此相衔接，做成所谓“封闭式”帷幕（当地下水位线低于相对隔水层线时，帷幕应延伸至与地下水位线相交），此种帷幕防渗效果最好。当相对隔水层较深、较远时，就将帷幕灌浆做到一个适当的位置为止，即做成“悬挂式”或“开口式”帷幕。此种帷幕虽然留下了一部分透水岩体，但是，通过那里的渗径已经很长，水力坡降很小，因而渗流量仍可满足要求。

在岩溶地基及其他可能存在大型通道的地基上建坝，不能按照一般岩层的标准进行处理。工程经验表明，往往从个别几条岩溶通道或其他大型通道中漏掉的水量，比从其余整个一般性裂隙岩体中漏掉的水量多得多，经常占全部漏水量的 90%以上。因此，库区内存在的这种通道，需要尽量地把它找到并予以封堵。帷幕线路应尽量选择岩溶发育较弱地带通过，如必须通过岩溶通道时，宜尽量与其垂直。对于帷幕线上的溶洞，应采用先回填高流态混凝土和水泥砂浆，再进行灌浆处理。琅琊山抽水蓄能电站是我国建于岩溶地区的电站，上水库设计中采用垂直灌浆帷幕防渗方案，并对溶洞和地质构造带进行专门处理，在岩溶处理方面提供了许多有益的经验。详见本篇 2.3.3 工程实例。

（四）灌浆孔布置

抽水蓄能电站上水库，由于坝的高度不大，灌浆帷幕一般布置 1 排就可以满足渗透梯度的要求，孔间距 2～3m；在遇断层或破碎带处，间距可加密至 1m 或更小、或增加帷幕排数。当采用 2 排帷幕时，宜将上游排作为主帷幕孔，下游排作为辅助孔，深度为主孔的 1/2～2/3，下游排先施工；当采用 3 排帷幕时，宜将中间排作为主帷幕孔，上、下游排作为辅助孔，深度为主孔的 1/2～2/3，下游排先施工，上游排次之，最后施工中间排。排与排之间的距离，一般为孔距的 0.7～0.8 倍。平面位置应错开排列，以便尽量多地封堵住裂隙。

帷幕灌浆的钻孔方向（角度）应本着便于施工，尽量多地穿过裂隙和有利于帷幕与基岩的稳定三条原则来确定。随着施工工艺和施工机械的发展，对钻孔的斜度要求逐渐放宽。但从施工空间、施工操作等方面出发，铅垂孔更易保证孔的方向。

（五）灌浆方法及压力

灌浆孔的基岩段长小于 6m 时，可采用全孔一次灌浆法；大于 6m 时，可采用自上而下分段灌浆法、自下而上分段灌浆法、综合灌浆法或孔口封闭灌浆法。

合适的灌浆压力既要保证使地层空隙得到更充分的灌注、又要不致给地层带来不利影响。这种适宜的灌浆压力，必须根据地基和建筑物的具体条件并结合所用浆液等情况来确定。确定灌浆压力时要与帷幕承受的水头相匹配，通常灌浆压力在帷幕第一段取 1.0～1.5 倍坝前静水头（或承受水头），在孔底段取 2～3 倍坝前静水头（或承受水头），但灌浆时不得抬动坝体混凝土和坝基等部位岩体。因此需要根据地质情况进行分析，必要时通过灌浆试验论证，也可通过公式计算或根据经验先行拟订，然后在灌浆施工过程中调整确定，必要时对地基抬动进行监测。总体来看，在不引起坝体和基岩抬动以及岩体受压致裂的情况下，宜采用较高的灌浆压力。

（六）化学灌浆、超细水泥灌浆

在基础灌浆中，当基岩裂隙宽度大于0.15～0.25mm，应采用水泥灌浆；裂隙宽度小于0.15mm时，应采用超细水泥灌浆或化学灌浆。

常用的水泥颗粒较粗，故一般用在灌注大于0.15～0.25mm的裂隙。近年来研制成功的超细水泥，其平均颗粒粒径为0.004mm，最大粒径约0.01mm，比表面积在$8000cm^2/g$以上，能灌注微小岩石裂隙，其可灌性与化学灌浆相似，而强度则大得多，是一种极有价值的浆材。

当水泥灌浆效果很小或无效时，常常采用化学灌浆。化学灌浆一般用于水泥灌浆后的加密灌浆，如水泥灌浆在两边排，中间用化学灌浆，以获得高质量的帷幕。在地下水流速较大和有涌水的地层中，化学灌浆常能得到良好的防渗效果。国内常采用的化学灌浆材料很多，有环氧树脂、水玻璃、聚氨酯、丙烯酸盐、甲凝等，可以在很大程度上调节胶凝时间，以适应不同情况要求。

我国长江三峡船闸F_{10966}断层宽2～5m，充填风化构造岩、糜棱岩，变形模量仅0.2～0.5GPa，采用改性水泥浆和CW改性环氧浆液进行复合灌浆，处理后断层变形模量达到了8GPa、透水率$q\leqslant$0.08Lu。江垭水电站大坝7号、8号坝基溶蚀带经多次灌浆处理后，透水率仍达2～7Lu，最后采用水泥化学复合灌浆，顺利达到设计要求（1Lu）。

2.3.3　工程实例

（一）桐柏抽水蓄能电站上水库

桐柏抽水蓄能电站位于浙江省天台县栖霞乡百丈村，利用已建的桐柏水电站水库，经加固处理后改建为抽水蓄能电站上水库。上水库库周山峦起伏，山体雄厚，山脊高程一般为500～700m。沿库岸山脊较低的垭口位于库区西侧琼台村附近，高程411.05m，其余垭口高程均在420m以上。

根据库周地下水位观测资料，水库东岸和北岸地下水位高于400m高程，地下水位长期向水库排泄，补给库水。西库岸琼台低垭口段尽管岩石相对隔水层埋藏较深，低于水库最高蓄水位396.21m，但地下水位高于水库正常蓄水位，不会产生水库渗漏；在西库岸其余库岸山体雄厚，地下水位高于库水位，无渗漏之虞。库底经多年运行，已淤积一层淤泥，形成天然防渗铺盖，不需另作处理。根据原水库的运行情况及地质资料显示，进/出水口、溢洪道地下水位低于水库正常蓄水位，两部位均存在不同程度的库水外渗。

考虑到该工程库盆渗漏问题不突出，采用帷幕灌浆经济上相对合理，适合上水库本身水文地质条件。库岸帷幕防渗方案技术上可行且施工工序少，施工简单，技术成熟。设计最终推荐帷幕灌浆垂直防渗方案。

上水库主要建筑物由主坝、副坝、进水口及库岸组成，现有主、副坝为均质土坝，主副坝相连，最大坝高37.15m，均质土坝运行至今正常。原已建开敞式溢洪道位于左岸垭口，堰首结构采用浆砌石衬护，现改建为闸门控制溢洪道，设为两孔6m×3m，堰顶高程394m。

(1) 主、副坝都为均质土坝，原大坝建于1958年，1977年曾加高。均质土坝运行至今正常，防渗效果良好，可以继续加以利用。

(2) 溢洪道部位及其与副坝之间的库岸，相对隔水层埋深高程为350.00～359.30m，低于正常蓄水位396.21m。结合溢洪道改建，在此段进行帷幕灌浆处理，溢洪道左右边墙、溢流堰部位帷幕设1排，孔距2m，灌浆至相对隔水层以下5m。

(3) 溢洪道帷幕线右侧延伸与副坝相接（至桩号0+400.00）。桩号0+400.00处以右为原状土坡，以左为强风化岩坡。由于水库防渗需要，在桩号坝 0＋400.00 处往左 10m 范围内的开挖边坡及底部铺设黏土层，厚 80cm，在其上铺筑反滤层及过渡层。这样，帷幕、副坝强风化岩坡范围内铺设的黏土层、原副坝的黏土心墙，形成了封闭的防渗体系。

（4）进/出水口部位地下水位高程 378.94～388.23m，低于正常蓄水位，发育 F_{22}、F_{28} 两条通向库外的压扭性断层，另一组 NEE 向高倾角节理与引水洞走向近平行，且为张性结构面，导水性强。故在闸门井平台设置了 1 排帷幕灌浆孔，左侧沿闸门井平台至右坝头公路（桩号 K0＋190m 止），孔距 2.0m，局部加密至 1.0m，灌注至相对隔水层（$q \leqslant 1$Lu）为止。

（二）琅琊山抽水蓄能电站上水库

琅琊山抽水蓄能电站位于安徽省滁州市，是我国第一座建于岩溶发育地区的抽水蓄能电站上水库。该电站装机容量 600MW，由上水库、输水系统、地下厂房、尾水明渠和下水库所组成，下水库利用已建的城西水库。

上水库位于琅琊山主峰小丰山（高程 317m）西北侧，控制流域面积 1.97km^2，由主坝（钢筋混凝土面板堆石坝）、副坝（混凝土重力坝）和库周山岭围成，水库总库容 1804 万 m^3，正常蓄水位水面面积约 73.7 万 m^2。若采用全库盆表面防渗则防渗面积达 80 万 m^2，不经济。上水库地层褶皱强烈，向斜与背斜的轴部岩体破碎，岩溶发育的程度高，其中车水桶组灰岩岩溶发育程度高于琅琊山组灰岩。地质勘察和试验资料表明除岩溶和构造带渗漏问题突出外，岩体本身的渗透性不强，采用了垂直水泥灌浆帷幕防渗方案，并对溶洞和地质构造带进行专门处理。

设计中针对上述的情况分别提出了帷幕灌浆的布置，见表 6-2-6。龙华寺—主坝区主要为琅琊山组地层，布置 2 排帷幕，排距 1.0m，孔距 2.5m，最大孔深 94.5m。主坝区位布置 2 排帷幕，排距 1.0m，孔距 2.5m，最大孔深 58.7m。上水库进/出水口区处于 F_{15} 断层及其影响带上，布置 2 排帷幕，排距 1.5m，孔距 2.5m，最大孔深 89.5m。副坝区下游地形陡峻，且为车水桶组地层，岩溶极其发育，在山体中设置了 3 层灌浆平洞，布置了 2～3 排水泥灌浆帷幕，孔距 2.5m，排距 1.5～0.75m，最大灌浆孔深 85m。小浪洼分水岭区也发育岩溶，布置了 2 排水泥灌浆帷幕，孔距 2.5m，排距 1.5m，最大灌浆孔深 54m。

表 6-2-6　　琅琊山抽水蓄能电站上水库工程区不同地段防渗帷幕的设置参数

部位		排数	排距（m）	孔距（m）	主孔深（m）	备注
龙华寺—主坝左坝头		2	1.0	2.5	94.5/34.5	琅琊山组，为主、副双排孔
主坝趾板段		2	1.0	2.5	33～58.7	主、副双排孔
上水库进/出水口段		2	1.5	2.5	58.7～89.5	帷幕底界穿过 F_{15} 断层
副坝基段	地表至 140m 高程灌浆洞	2/3	1.5/0.75	2.5	19～36.4	车水桶组 C_3C^2 地层三排孔，其余地段为双排孔
	140m 高程灌浆洞	2/3	1.5/0.75	2.5	30	
	115m 高程灌浆洞	2/3	1.5/0.75	2.5	30～85	
	90m 高程灌浆洞	2	1.5	2.5	60	试验Ⅴ区加密 1 排孔
小狼洼分水岭段		2	1.5	2.5	54	

由于岩体本身强度高、渗透性不大，灌浆主要封堵岩溶的孔洞和管道，具备孔口封闭法高压灌浆的条件，采用孔口封闭法高压灌浆的优点是在对后一孔段灌浆时又同时对上部已灌段的岩体进行复灌，从而提高了帷幕体的厚度和密实性，也有利岩溶孔洞和管道的封堵。在前期施工中最大灌浆压力为6.0MPa，产生岩体劈裂，后来改为视地质条件和盖重第一段段长2m，灌浆压力0.5～1.0MPa，第5段及其以下灌浆压力4.0～5.0MPa。详见表6-2-7。帷幕灌浆总孔深13.17万m，面积约14.72万m^2。

表6-2-7　　琅琊山抽水蓄能电站孔口封闭法灌浆分段及最大灌浆压力表

部位	项目	第一段	第二段	第三段	第四段	以下各段
主坝和副坝基础	分段长（m）	2.0	1.0	2.0	5.0	5.0
	灌浆压力（MPa）	1.0	1.5	2.0	3.0	4.0
龙华寺灌浆洞	分段长（m）	2.0	3.0	5.0	5.0	5.0
	灌浆压力（MPa）	0.5	1.5	2.5	3.5	5.0
龙华寺灌浆洞口—主坝、主坝—副坝段	分段长（m）	2.0	3.0	5.0	5.0	5.0
	灌浆压力（MPa）	0.5	1.0	2.0	3.0	4.0
140m和115m高程灌浆洞	分段长（m）	2.0	1.0	2.0	5.0	5.0
	灌浆压力（MPa）	1.0	2.0	3.0	4.0	5.0
90m高程灌浆洞	分段长（m）	2.0	1.0	2.0	5.0	5.0
	灌浆压力（MPa）	1.0	2.0	3.0	4.0	6.0
副坝—小浪洼段初期施工孔段	分段长（m）	2.0	1.0	2.0	5.0	5.0
	灌浆压力（MPa）	1.0	2.0	3.0	4.0	6.0

对于溶洞和大断层处理措施：在建筑物下面的溶洞，掏挖置换混凝土；在帷幕线上的空腔溶洞，先灌注水泥砂浆和高流态混凝土，再灌注水泥浆；有充填泥的溶洞，主要是通过高压水泥浆进行挤压充填处理。

岩溶发育和透水性强的车水桶组中段C_3C^2灰岩地层，穿过库区内的副坝和龙华寺部位，又采用了黏土铺填的辅助防渗措施。

琅琊山抽水蓄能电站上水库在岩溶的处理方面提供了许多有益的经验。但由于前期地质勘测工作量有限，在施工期发现，无论在溶洞的数量上和溶洞分布范围方面都大大超过了预期，且对于层面陡倾的沿层面发育的溶洞必须加密孔距才不会有漏洞，致使上水库垂直防渗帷幕工程量大幅增加。因此，对于岩溶发育的库盆处理方案要在充分了解岩溶成因和分布的基础上慎重抉择。

（三）泰安抽水蓄能电站上水库F_1断层处理

泰安抽水蓄能电站上水库采用综合防渗方案，即右岸与大坝横岭采用混凝土面板防渗；库底回填石渣区采用复合土工膜水平防渗；左岸坝肩、库底廊道和右岸库尾采用垂直帷幕防渗。

上水库库底发育F_1断裂带，顺沟走向，以F_1断裂带为界，库区左岸为斑纹状混合岩，右岸为混合花岗岩。F_1断裂带宽33～52m，两侧影响带各宽约10m，断裂带由断层泥、糜棱岩、角砾岩、碎裂岩组成，并有岩脉侵入，风化不均匀。物探弹性波速显示，断裂带低于2000m/s的占总长度的7.5%，大部分为波速在2000～3000m/s之间。

根据库盆开挖和清理揭示的F_1断层展布状态和断层特性，对库底廊道与F_1断层相交段，加深廊道基础、增设防渗齿墙，加强库底廊道与F_1断层相交段的帷幕灌浆，从间距3m加密至2m，以加强沿F_1断层的截渗效果。F_1断层区域上方铺设500g/m^{2}土工布，上面覆盖厚度50cm碎石料，对F_1断层进行渗透保护。

2.4　钢筋混凝土面板防渗

2.4.1　钢筋混凝土面板防渗的应用

混凝土面板防渗始于19世纪末的美国，早期为抛填式堆石坝，自20世纪50年代采用碾压堆石后，混凝土面板堆石坝得到了快速发展。由于钢筋混凝土面板施工简便、工期短、造价较低、具有良好的耐久性、足够的强度和可靠的防渗性，很快在大坝建设中得到了广泛的应用，截至2006年，已建和在建的50m以上的钢筋混凝土面板堆石坝已达300余座。

德国瑞本勒特（Rabenleite，1955）抽水蓄能电站于1955年完工，上水库库容150万m^3，防渗面积约7.68万m^2，坝面和库岸全部采用20cm厚的素混凝土面板，共分为750块7m×7m的板块，库底为沥青混凝土面板。设计允许渗漏量为10L/s，即日渗漏量约为总库容的0.576%，实测最大渗漏量达到37L/s，经过近20年运行后，混凝土面板出现了裂缝，面板和接缝都漏水，1974年在混凝土面板上面用沥青混凝土进行了大范围修复，但不久又发生渗漏，于1993年彻底改建为沥青混凝土面板。

法国拉古施（La Coche，1977）抽水蓄能电站上水库总库容200万m^3，采用全库盆钢筋混凝土面板防渗，衬砌总面积10万m^2，板厚30cm。

国内钢筋混凝土面板应用于抽水蓄能电站上水库开始于20世纪90年代初的十三陵抽水蓄能电站和广州抽水蓄能电站。到目前为止，又有多个已建和在建的抽水蓄能电站的上水库采用钢筋混凝土面板防渗，如泰安抽水蓄能上水库大坝和部分库岸、宜兴抽水蓄能上水库全库盆、马山抽水蓄能上水库库岸及大坝、琅琊山抽水蓄能上水库大坝等。国内、外钢筋混凝土面板防渗工程实例统计表见表6-2-8。

表6-2-8　　国内、外钢筋混凝土面板防渗工程实例统计表

序号	电站名称	阶段	坝高（m）	上游/下游坝坡	过渡层/垫层水平厚度（cm）	岸坡坡度	面板厚度（cm）
1	马山	招标	132.5	1∶1.4/1∶1.4	400/200	1∶1.4	30+0.3H
2	溧阳	在建	161	1∶1.4/1∶1.4	500/300	1∶1.4	30+0.3H
3	泰安	已建	99.8	1∶1.5/1∶1.4	400/200	1∶1.5	30
4	十三陵	已建	75	1∶1.5/1∶1.7～1.75	400/300	1∶1.5	30
5	呼和浩特	在建	46	1∶1.6/1∶1.6	400/300		30
6	广蓄	已建	43.3	1∶1.405/1∶1.4	400/200		30+0.003H

续表

序号	电站名称	阶段	坝高（m）	上游/下游坝坡	过渡层/垫层水平厚度（cm）	岸坡坡度	面板厚度（cm）
7	琅琊山	已建	64	1∶1.4/1∶1.4	300/300		40
8	宜 兴	已建	75	1∶1.3/1∶1.26	400/200	1∶1.4	40
9	德国瑞本勒特	已建	20				20（素混凝土）
10	法国拉古施	已建		1∶2.0		1∶2.0	30
11	伊朗锡亚比舍上水库	已建	85	1∶1.6/1∶1.6	400～600/400		30～55
12	伊朗锡亚比舍下水库	已建	128	1∶1.6/1∶1.55	400～600/400		30～65

对于抽水蓄能电站而言，钢筋混凝土面板防渗的主要优点为：

（1）能适应较陡的边坡。钢筋混凝土面板或面板坝的坡度可以较陡，通常可到1∶1.3～1∶1.4，它比沥青混凝土面板及黏土心墙或斜墙土石坝的坡度陡得多，因此对坝体来说，工程量是最小的，且较陡的边坡可以获得较多的有效库容。

（2）施工技术成熟。碾压式土石坝施工技术成熟，钢筋混凝土面板置于经碾压密实的垫层、过渡层和堆石体上，施工及运行期发生的沉降变形较小，可以被面板接受而不至于出现结构性破坏。

（3）抗冲、耐高温及防渗性能好。钢筋混凝土面板表面具有较强的抗冲击破坏能力、耐高温能力和可靠的防渗性能。

（4）施工速度快。钢筋混凝土面板坝的堆石体填筑不受防渗结构施工的影响，不受下雨等天气的影响，可以连续施工，非常方便，加之混凝土面板可以用滑模施工，可以一次性浇筑，也可以分期浇筑，施工速度快。

（5）投资较省。与沥青混凝土防渗相比，钢筋混凝土面板防渗投资要节省很多。山东泰安抽水蓄能电站上水库钢筋混凝土面板每平方米投资约327元（可行性研究，1998年价格水平），而一般沥青混凝土面板每平方米投资约500～600元。

钢筋混凝土面板防渗的主要局限性为：

（1）接缝设计复杂。为适应地基条件和环境变化，需对面板进行合理的分缝分块，以增加面板的整体柔性，在缝中设置止水设施，并进行配筋。这样，就使得面板设计和施工复杂，容易产生缺陷导致漏水。

（2）适应温度及地基变形能力差。钢筋混凝土面板为刚性薄板结构，适应温度及地基变形能力较差，易出现裂缝。对库岸来说，钢筋混凝土面板可以应用于岩质边坡和碾压密实的堆石，但不适用于变形较大的土质边坡。

（3）钢筋混凝土面板裂缝修补麻烦。面板较多的接缝止水及可能发生的裂缝，运行检修的要求较高，对上水库来说，放空水库进行裂缝的修补较为麻烦，这也限制了此防渗型式的广泛运用。

2.4.2　面板结构设计

（一）防渗结构组成

防渗结构由混凝土面板及下卧层组成。下卧层的主要作用是支承面板并传递其上的水荷载，同时满足面板下的排水等要求。

对于大坝而言，混凝土面板防渗结构通常由几部分组成，表面钢筋混凝土面板及以下依次为半透水垫层、过渡层和堆石体。

库岸的混凝土面板防渗结构包括钢筋混凝土面板、碎石垫层或无砂混凝土等。无砂混凝土排水垫层主要适用于建基面为岩基的库岸，见图 6-2-2。

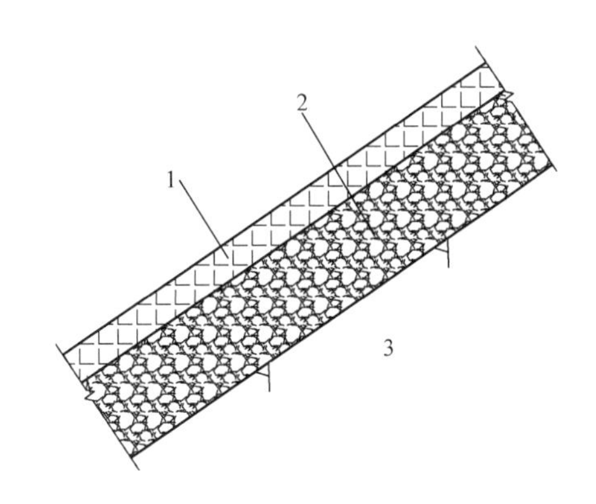

图 6-2-2　库岸混凝土面板防渗典型剖面图

1—钢筋混凝土面板；2—碎石垫层或无砂混凝土（排水层）；3—库岸

（二）面板厚度

混凝土面板厚度应满足以下要求：应能便于在其内布置钢筋和止水，其相应最小厚度为 30cm；控制渗透水力梯度不超过 200；在达到上述要求的前提下，应选用较薄的面板厚度，以提高面板柔性，降低造价。

混凝土面板的顶部厚度宜取 30cm，并向底部逐渐增加，在相应高度处的厚度可按下式确定：

$$T = 0.30 + (0.002 \sim 0.0035)H \qquad (6\text{-}2\text{-}2)$$

式中　T——面板厚度，m；

　　H——计算断面至面板顶部的垂直距离，m。

对于抽水蓄能电站的上水库，由于水头较小，一般可以采用 30～40cm 的等厚面板，以方便设计和施工。

泰安抽水蓄能电站上水库面板承受最大水头约 35m，采用 30cm 等厚度；江苏宜兴抽水蓄能电站上水库面板承受最大水头约 45m，库底面板和库岸面板厚度均为 40cm。

（三）面板坡度

混凝土面板坡度与下卧层的稳定坡度、边坡开挖坡度等密切相关。目前，面板下多采用垫层料或无砂混凝土作为其下卧层。填筑的垫层料一般采用 1∶1.3～1∶1.4 的设计坡比。

无论是坝体还是库岸边坡，钢筋混凝土面板多采用 1∶1.3～1∶1.4 的坡比，例如宜兴抽水蓄能电站上水库的坝体及库岸边坡采用 1∶1.3。

（四）分缝止水

抽水蓄能电站水库的面板止水构造型式与常规面板坝的型式略有区别，但仍可划分为周边缝、垂直缝等结构型式。

混凝土面板必须分缝并设止水，以适应面板一定程度的变形。混凝土面板的分缝尺寸应综合考虑施工条件、温度应力和基础条件等因素后确定。面板分缝一般只设垂直缝，垂直缝可分为压性缝与张性缝两种。受压区的面板一般垂直缝间距为12～18m；张性缝布置在坝肩及库坡曲面段，垂直缝间距适当减小，一般为受压区面板宽度的1/2～2/3。

由于采用混凝土面板全库防渗的抽水蓄能电站水库的作用水头一般不超过40～50m，可采用两道止水（底部铜止水＋顶部柔性填料表层止水）的构造型式，其表层止水柔性填料一般要求做成弧形凸体，凸体的截面积应不小于缝面拉开后缝面的横截面积。目前，我国的表面柔性填料主要为SR和GB系列。库岸混凝土面板张性缝止水典型剖面图见图6-2-3。坝体中部、库岸开挖区及库底混凝土面板的接缝均为压性缝，一般可采用底部铜止水＋顶部柔性填料的表层止水的构造型式。

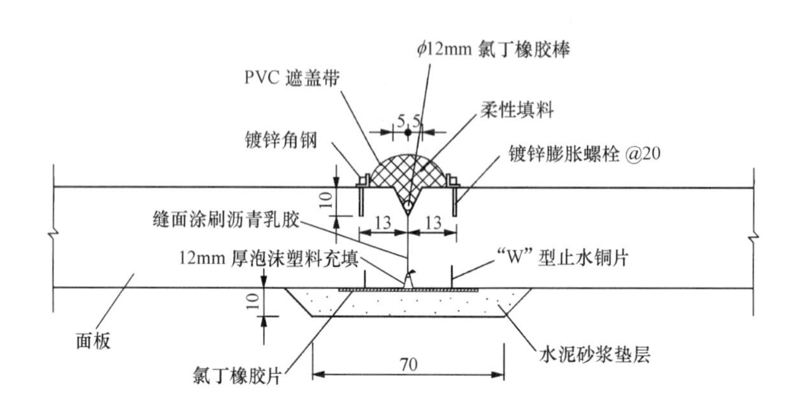

图6-2-3 库岸混凝土面板张性缝止水典型剖面图

面板与趾板之间需设置周边缝。周边缝一般设置两道止水，较高水头的周边缝中间可增加一道止水。库岸面板与库底连接板之间、库岸面板与库底观测廊道之间、面板与坝顶（或环库公路）防浪墙之间均应设结构缝，要求与周边缝相同，均按张性缝设计。缝底部设止水铜片，上部为塑性填料止水材料。

上水库库岸面板通常会有圆弧段，该段面板由许多近似梯形面板组成，侧模间为平面，相邻块不妨碍面板滑模施工，可以采用无轨滑模进行施工。变坡是利用滑模对两侧轨不在同一平面所产生的扭曲面的适应性来实现的。

十三陵抽水蓄能电站上水库全部面板采用滑模施工。库岸直段面板为16m等宽，滑模总长16.8m，由2节6m、1节2m、2节1m和2节端头组成，滑模底宽（滑板宽）1.2m，总重约8t。库底面板宽度为16m，滑模底宽0.6m。库岸圆弧段由一系列上宽下窄的倒梯形面板组成，要求将三块板布置在一个平面内，并保证底宽大于滑模宽度（16m），以保证滑模作业。滑模最大组合长度为16.4m。滑模一侧与不在同一平面上已浇面板的一节模板连接，以形成折角，避免错台。只要转角形成的相邻面板底板有一定宽度，顶部宽度不大于模板的长度，其转角就可以成立，因此一次转角角度主要决定于面板坡度及坝高。如图6-2-4所示，在采用工作长度为16m的滑模及采用单块面板底部最小宽度为4m时，根据施工要求梯形面板底部总宽度为18m（＞16m），顶部总宽度为42m，此时转角

$$\theta = 2 \times \tan^{-1} \frac{12}{mH} \tag{6-2-3}$$

式中 m——面板坡度比，如坡度为1∶1.4，则m＝1.4；

H——面板高度，m。

当坝坡为1∶1.4，面板高度为40m时，θ＝24.19°。从上式可知，θ值将随坝高增加而减小。

（五）面板配筋

根据国内、外面板坝应力应变的观测资料，除面板顶端和周边缝附近存在小面积、随时间消失的微小拉应变外，大部分面板处于双向受压状态，且面板混凝土通常不会被压坏。面板在法向水压力作用

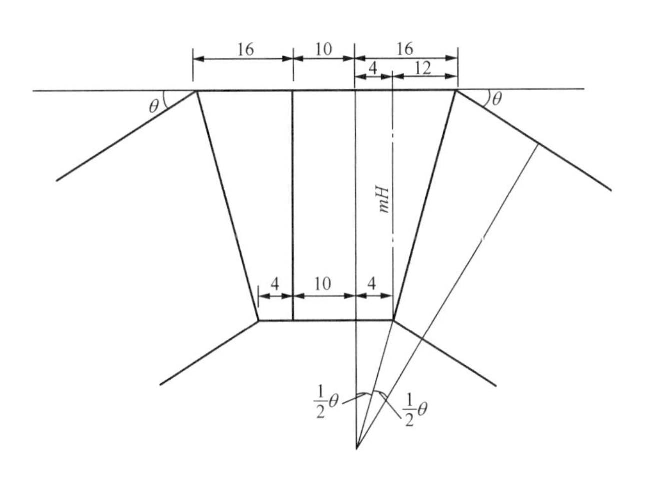

图 6-2-4 面板堆石坝坝轴线转折段面板布置平面示意图

下，由于基础不均匀沉陷，将产生拉应力。此外，混凝土散热降温、干缩以及外界温度变化均有可能使面板出现裂缝。面板配筋的主要作用为限制裂缝的宽度，将可能发生的条数较少而宽度较大的裂缝分散为条数较多而宽度较小的裂缝。

混凝土面板多采用单层双向钢筋，配筋率 0.3%～0.4%，有时水平筋略低于垂直向的钢筋，而采用 0.3%。钢筋一般布置在面板中部。

在受压区面板靠近垂直缝的边缘处经常设有包角钢筋，以提高面板边缘的抗挤压能力，防止边缘局部挤压破坏，周边缝处的面板边缘在施工期处于受压状态，也需要配置包角钢筋。

天荒坪抽水蓄能电站下水库面板混凝土的裂缝有很多是运行期发生的，有些是贯穿性裂缝。这表明在库水位反复升降的情况下，坝体堆石和面板的应力及变形情况远较常规水电站复杂，除了对坝体填筑密度提出更高的要求外，研究提高混凝土的韧性，是否需要配置双层双向钢筋是近年来抽水蓄能电站面板混凝土的新动向。

宜兴抽水蓄能电站上水库面板采用双层双向配筋，配筋采用小直径密间距，考虑施工时人工荷载需要，采用最小直径 $\phi16$。钢筋规格：面层 $\phi16$@160，底层 $\phi16$@200，保护层厚度均为 8cm。换算成每米宽度面板中每向钢筋面积为：面层 0.314%，底层 0.251%，合计每向含筋率 0.565%。湖南省黑麋峰抽水蓄能电站面板混凝土厚 0.4m，配置了双层双向钢筋，混凝土强度等级为 C25 或 C30，抗渗等级 W12，抗冻标号 F_{100}，水灰比不大于 0.45，坍落度 4～7cm，极限拉伸值不小于 1×10^{-4}。面板双层双向配筋示意图见图 6-2-5。

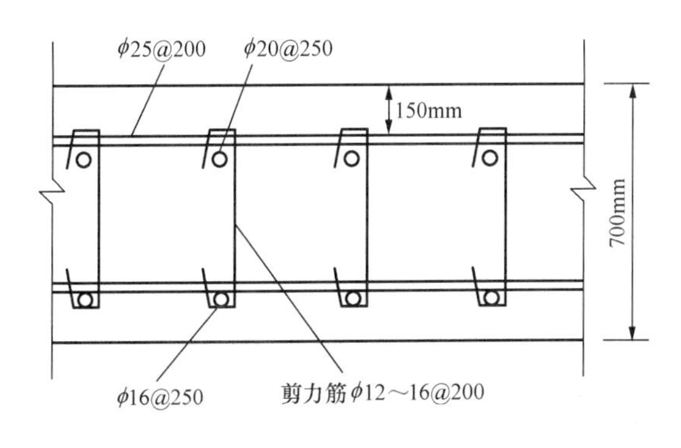

图 6-2-5 面板双层双向配筋示意图

2.4.3　面板混凝土

（一）面板混凝土一般性技术要求

混凝土面板是大坝或库岸的主体防渗结构，承受着较大的渗透坡降。面板混凝土应具有优良的和易性、抗裂性、抗渗性、抗冻性和耐久性。混凝土强度等级应不低于C25，以满足抗裂和耐久性方面的要求；抗渗等级应根据面板的作用水头大小确定，由于混凝土面板厚度较薄，承受的水力梯度大，一般抗渗等级应不低于W8；抗冻等级一般不低于F100，严寒地区抗冻等级为F300；混凝土的抗拉强度和极限拉伸率是面板抗裂的关键性指标，提高混凝土自身的抗裂能力，对防止或减少面板裂缝有十分重要的作用。

面板混凝土宜采用42.5硅酸盐水泥，同时掺用引气剂和高效减水剂。

面板混凝土骨料宜采用二级配，砂的吸水率不应大于3%，含泥量不应大于2%，细度模数在2.4～2.8范围内；石料的吸水率不应大于2%，含泥量不应大于1%。

面板混凝土水灰比一般小于0.5，寒冷和严寒地区不应大于0.45，出机口处的坍落度宜控制在5～7cm，入仓面为3～4cm，可根据气候适当调整，含气量控制在4%～6%。

国内部分抽水蓄能电站上水库面板混凝土技术要求见表6-2-9。

表6-2-9　国内部分抽水蓄能电站上水库面板混凝土技术要求

工程	部位	标号	最大水灰比	坍落度（cm）	抗渗性（90d）	抗冻性（90d）	骨料最大粒径（mm）
泰安	面板、连接板、趾板混凝土	C25	0.45～0.55	4～6	W8	F300	40
十三陵	防渗面板混凝土	C25	0.44	5～7	W8	F300	40
宜兴	库岸、大坝混凝土面板	C25	0.39	2～4	W8	F200	40

（二）寒冷地区混凝土面板抗冻设计

抽水蓄能电站水库水位每天一般存在1～2次水位升降循环，混凝土面板经受的冻融循环次数比常规水电站高得多，特别是寒冷和严寒地区抽水蓄能电站工程，抗冻等级从另一个侧面反映了混凝土材料的耐久性，往往是面板混凝土配合比设计的控制性指标。

考虑到抽水蓄能电站水库运行特点，按《水工建筑物抗冰冻设计规范》（DL/T 5082—1998）和《水工混凝土结构设计规范》（DL/T 5057—1996）确定的混凝土抗冻等级偏低。交通部一航局科研所同南京水利科学研究院根据多年的试验研究，总结出混凝土抗冻能力的估算公式。我国港工混凝土抗冻指标基本上是依据这种方法确定的，抽水蓄能电站水库面板混凝土的抗冻等级也可参考，其公式为：

$$F=\frac{NM}{S} \tag{6-2-4}$$

式中　F——混凝土抗冻等级；

N——混凝土使用年限，年；

M——混凝土一年中遭受的天然冻融循环次数；

S——室内一次冻融循环相当于天然条件下的冻融循环次数。

2.4.4　面板防裂措施及裂缝处理

混凝土面板裂缝可分为结构性裂缝和收缩裂缝两类。结构性裂缝是由于坝体（基础）不均匀变形

（沉降）而引起，一般裂缝宽度较大，且绝大多数为贯穿性裂缝；收缩裂缝是由于混凝土自身因素、施工因素而造成干燥收缩和降温冷缩，并受到底部垫层约束，当由此诱发的拉应力超过面板混凝土的抗拉强度或拉应变超过混凝土的极限拉伸值时所产生的裂缝。对于抽水蓄能电站工程的上、下水库，其坝高一般在100m以内，如按正常的设计和施工，混凝土面板产生结构性裂缝的可能性较少，但对于全库盆采用混凝土面板衬砌防渗的工程，如基础处理不当，也可能产生结构性裂缝。虽然通过面板裂缝的渗漏量是不大的，但裂缝对面板的主要危害是降低其耐久性，包括冻融、溶蚀及钢筋锈蚀等方面，防止面板产生裂缝是防渗面板的一个关键技术问题，需予以高度重视和认真对待。技术措施包括提高混凝土自身的抗裂性能和减少破坏力两个方面。

（一）提高混凝土抗裂性能

水泥品种和质量对混凝土极限拉伸和抗拉强度有很大影响，应尽量使用高标号硅酸盐水泥或普通硅酸盐水泥，以提高其抗拉性能。

在混凝土的原材料和配比方面，尽量采用热膨胀系数小的母岩制备的骨料。砂石骨料吸水率过大，含泥量过多，不仅会增加混凝土的收缩，而且会显著降低其抗拉性能，对面板抗裂性能特别有害。

混凝土配合比设计中，尽量减小水灰比和用水量，也有利于提高混凝土的抗拉性能。为此，宜使用高效减水剂及引气剂，控制水灰比不大于0.5或更小是有利的。

浙江白溪抽水蓄能电站面板堆石坝首先在混凝土面板中掺入了聚丙烯纤维，以提高面板混凝土的韧性和防裂效果。清江水布垭抽水蓄能电站面板堆石坝混凝土面板采用聚丙烯腈纤维，掺入量为0.8kg/m^3。宜兴抽水蓄能电站上水库主坝混凝土面板中掺入适量的聚丙烯腈纤维，2006年9月在现场对掺聚丙烯腈纤维面板混凝土和普通面板混凝土进行试验比较，确认掺聚丙烯腈纤维0.5kg/m^{3}的面板混凝土拉伸强度及拉应变高于未掺聚丙烯腈纤维的普通面板混凝土，因此能起到一定的阻裂作用。湖南省黑麋峰抽水蓄能电站大坝趾板混凝土中也掺加了0.9 kg/m^{3}聚丙烯纤维。

（二）减小对混凝土的破坏力

面板受到基础面约束的程度与面板裂缝有密切关系。面板下垫层料的施工期保护层有喷混凝土、低标号碾压砂浆、喷乳化沥青和挤压边墙等多种形式，提供的约束程度也有所不同。因此，垫层保护层应尽量光滑平整，尽可能减少对面板的约束。

应选择有利时机进行面板混凝土浇筑，以减轻温度应力的危害。如不可避免地要在高温季节浇筑，则应采取一定温控措施。

面板的保护和养护是防止温度、湿度变化引起裂缝的有效措施。采取适当措施进行新浇筑混凝土表面的保温、保湿、防风等保护和养护，是十分重要的。特别是新浇面板的越冬保温、避免外界气温骤降的温度冲击、防止大风对温度、湿度的不利影响尤为重要，养护时间以一直持续到水库蓄水为好。

一旦面板出现温度裂缝，可采用适当方法进行处理。对宽度小于0.2mm的裂缝，可采用直接涂刷环氧增厚涂料、化学灌浆处理以及贴防渗盖片等措施；如出现贯穿性裂缝，则需凿槽回填环氧砂浆、塑性止水材料以及化学灌浆处理。

江苏宜兴抽水蓄能电站上水库为了防止面板混凝土产生裂缝，采取了综合的温控措施。具体如下：

(1) 混凝土浇筑选择气温适宜、湿度较大的有利时段进行，避开高温、负温、多雨、大风季节。5月下旬至9月上旬内不得浇筑，在其他高温月份浇筑时，除采取必要的降温、养护措施外，浇筑温度不大于25℃。

(2) 在冬季施工最高气温高于3℃，混凝土浇筑温度大于5℃，并做好保暖工作。日平均气温连续5d稳定在5℃以下或最低气温连续5d稳定在−3℃以下时，停止浇筑混凝土。

(3) 气温降至5℃以下，停止洒水养护，并采取必要的保温措施。低温下施工时，采用蓄热、暖棚等方法养护。

(4) 脱模后混凝土及时用两层塑料薄膜遮盖。混凝土初凝后，及时铺盖麻袋或草袋，其外面覆盖保温被等材料，并及时不间断洒水养护。浇筑后 7d 为特别养护时期，7～28d 为重点养护时期，连续养护至水库蓄水或至少养护 90d。在养护期间麻袋、草袋处于湿润状态。

2.4.5　与其他建筑物的连接

混凝土面板与其他建筑物的接缝工作条件较差，因此也是混凝土面板结构中的薄弱环节，是可能产生渗漏的主要部位。混凝土面板与基础、岸坡和刚性建筑物的连接结构，应根据连接部位的相对变形及水头大小等条件进行设计，以保证连接部位不发生开裂、漏水。

混凝土面板与趾板、坝顶结构的接缝设计与一般面板堆石坝相同。对于全库盆采用钢筋混凝土面板防渗的工程，坝面面板、岸坡面板与库底面板的良好衔接是设计中应考虑的重要问题。一般在坝面面板、岸坡面板与库底防渗面板之间设置混凝土连接板，分别通过结构缝与两者进行连接，以吸收两者之间的不均匀变形。为了给库（坝）坡面板滑模施工提供一个起始工作面，连接板顺库（坝）坡面上翘一定距离，通常 80cm 左右，形成折线断面。连接板宽度可与库（坝）坡面板一致，这样可减少面板止水的“丁”字接头数量，库底部分面板长度为 10m 左右。已建成的十三陵抽水蓄能电站上水库混凝土面板即采用此种连接板，经多年监测，运行正常。十三陵抽水蓄能电站上水库面板与库底面板连接型式见图 6-2-6。

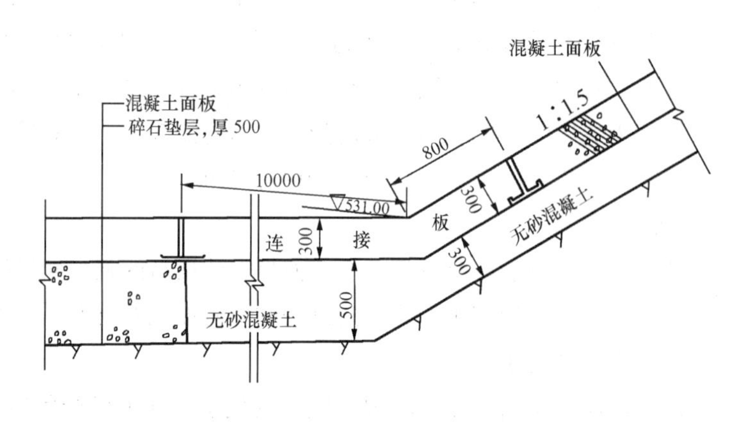

(a)

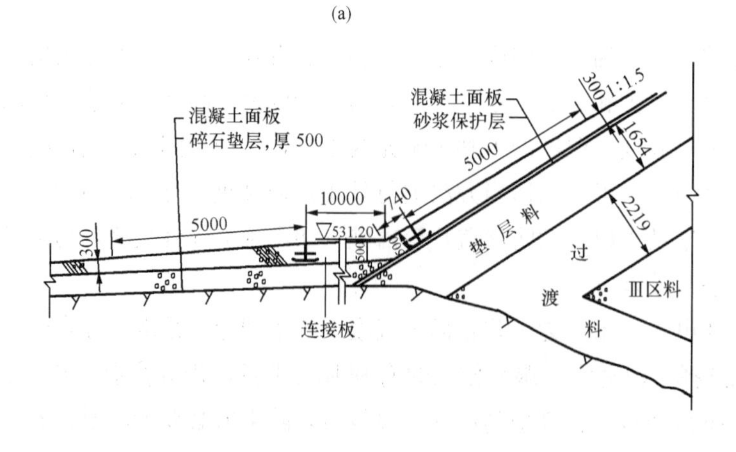

(b)

图 6-2-6　十三陵抽水蓄能电站上水库面板与库底面板连接型式

(a) 岩坡处连接板；(b) 坝坡处连接板

宜兴抽水蓄能电站上水库主要由开挖形成，趾板绝大部分建于弱风化砂岩基础上，少量建于强风化花岗斑岩脉上，因此其结构型式与常规面板堆石坝类似，趾板宽 5.0m，厚 0.6m，见图 6-2-7。

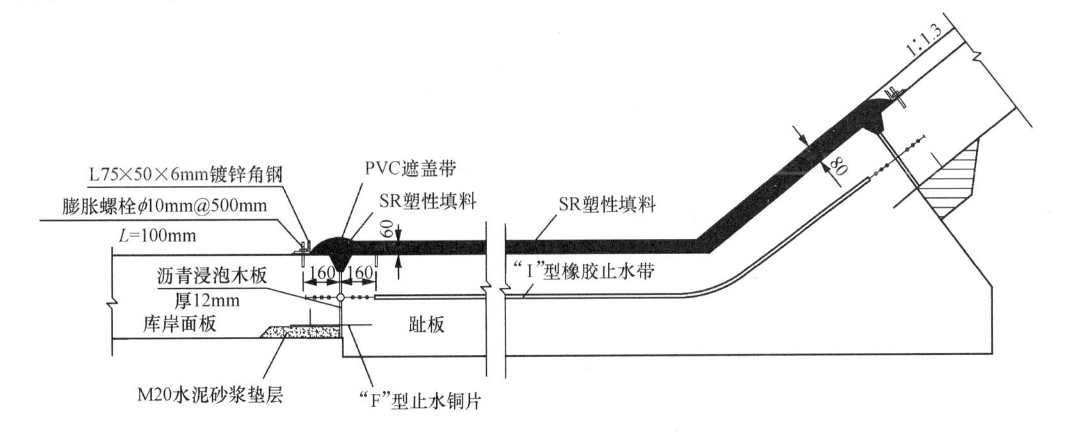

图 6-2-7　宜兴抽水蓄能电站上水库库岸面板与库底面板连接型式

另外由于主沟处自然地形较低，跨主沟地段为混凝土趾墙，趾墙长度 39.5m，趾板以下最大趾墙高 6.5m，趾墙上、下游坡均为 1∶2，趾墙顶宽与趾板相同，趾墙与趾板设施工缝，趾板为 0.6m 等厚，趾板每间隔 12～15m 设置一条伸缩缝。

2.4.6　基础排水

（一）基础排水垫层

抽水蓄能电站运行期，库水位不断频繁变化，发电工况时，库水位由正常蓄水位骤降至死水位，降落速度较快。若面板后渗漏水的水面降落速度小于库水位降速，在反向水压力作用下面板将失稳。为了使面板不受反向水压力作用，确保面板稳定安全，要求面板下的下卧层有足够的排水能力，因此做好排水设计非常关键。

混凝土面板的基础垫层，大坝面板以下一般依次为半透水垫层、过渡层和堆石体；库岸混凝土面板以下一般设碎石垫层或无砂混凝土等；库底混凝土面板以下一般采用碎石排水垫层。

基础排水垫层的厚度根据排水能力要求计算确定，并应满足施工最小厚度要求，可以参照相关的工程实践确定。一般大坝面板以下的碎石排水垫层水平宽度为 2～3m，过渡层水平宽度为 4～5m；库岸边坡面板下的无砂混凝土排水垫层厚度取 30～50cm，库岸碎石排水垫层厚度 60～90cm，库底碎石排水垫层厚度 50～60cm。

国内、外混凝土面板堆石坝垫层一般取用半透水性级配的石料，渗透系数一般取 $10^{-3}\sim10^{-4}$cm/s。抽水蓄能电站垫层渗透系数可较常规水电站稍大，天荒坪抽水蓄能电站下水库大坝垫层料渗透系数为 $5\times10^{-2}\sim5\times10^{-3}$cm/s。

由于抽水蓄能电站的上水库库水位变化频繁，且变幅较大，为防止面板在水位急剧下降时，板后出现较大的反向水压力，要求边坡面板后的碎石排水垫层或无砂混凝土排水垫层具有较强的排水能力，一般渗透系数不小于 1×10^{-2}cm/s。

坝坡区与库底区排水垫层应优先选用级配碎石填筑，级配设计时应充分考虑其渗透性，严格控制粒径小于 0.075mm 和小于 5mm 细颗粒含量。一般要求粒径小于 0.075mm 的颗粒含量不大于 5%，小于 5mm 的颗粒含量控制在 20%范围，使排水垫层的渗透系数大于 1×10^{-2}cm/s。

无砂混凝土是一种多孔的、强透水的混凝土材料，该材料具有一定的强度，可在较陡的斜坡上采用无轨滑模施工，施工工艺简单，通过合理的配合比设计，其渗透系数可大于 1×10^{-2}cm/s，是一种比较理想的排水垫层材料。无砂混凝土排水垫层对面板的约束作用较强，易引起面板开裂，需加强防裂措施。十三陵抽水蓄能电站上水库、宜兴抽水蓄能电站上水库库岸混凝土防渗面板下采用厚 30cm 的无砂混凝土。十三陵抽水蓄能电站上水库施工现场直接取样的两组无砂混凝土（用于库岸防渗面板下）试件，渗透系数为 1.18×10^{-2}cm/s。法国拉古施抽水蓄能电站上水库库岸防渗面板下采用 20～30cm 厚无砂混凝土，k=1cm/s，且在无砂混凝土中设置 ϕ60 聚氯乙烯排水管。泰安抽水蓄能电站上水库库岸混凝土防渗面板下采用厚 80cm 的碎石垫层，见图 6-2-8；为了减少面板因承受水头的增加而导致较大的变形，在靠近库底接缝部位采用小区料填筑。

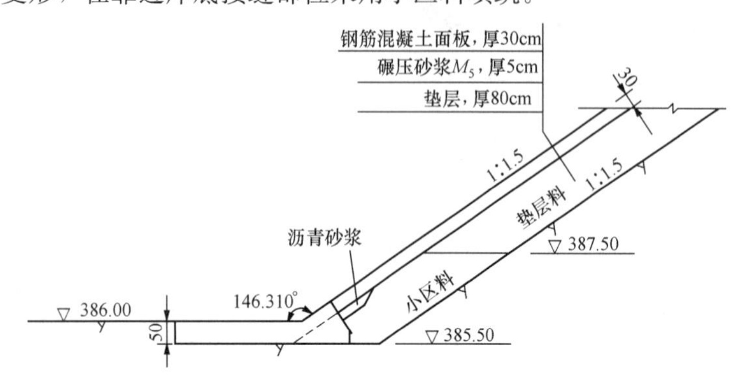

图 6-2-8　泰安抽水蓄能电站上水库库岸混凝土面板结构典型剖面图

碎石垫层料对面板变形具有较好的适应性，可减少面板混凝土由于变形约束而产生的裂缝。而无砂混凝土对面板自由变形会产生一定约束，因此大大增加了面板混凝土产生裂缝的可能。

十三陵抽水蓄能电站上水库蓄水前的面板混凝土裂缝普查结果表明，面板约束大小是产生裂缝的重要条件。岩坡上设有柔性基础层（两布六涂，布为无纺布，涂刷氯丁胶乳沥青）的面板裂缝较少，弯段面板及未设置柔性基础层的面板裂缝较多。

宜兴抽水蓄能电站上水库由于库岸开挖边坡较陡（1∶1.4），排水垫层铺筑有困难，因此库岸排水层采用 C10 无砂混凝土，厚度 30cm，要求渗透系数 $k=1\times10^{-2}$cm/s。无砂混凝土上部依次铺设乳化沥青、土工布与库岸面板连接。土工布规格 400g/m^2，其主要作用是减小面板与下卧层之间的约束，减少面板裂缝的产生。乳化沥青 1～1.5kg/m^2，位于土工布和无砂混凝土之间，作用是增加土工布与无砂混凝土垫层之间的黏结力。

（二）排水观测系统

为监测上水库库盆和面板基础的渗漏情况，对全库盆防渗的结构，通常沿库底一周布置排水观测廊道，库底面积较大的，在库底中间布置排水廊道分支以充分收集渗水。库底排水垫层中布置排水花管收集渗水到排水廊道，库岸边坡渗水通过排水廊道边墙上设置的排水管进入排水廊道，所有渗水集中后通过坝基下的排水观测廊道排往坝体下游集水池，有条件的工程可以用泵回收到上库。

在结构受力状态复杂和地质条件差的岸坡面板下可以布置渗压计以观测面板的防渗效果；在库底排水廊道内设测压管，以观测库盆渗透压力情况；在排水廊道内分区布置数个量水堰，在排水观测廊道出口处设置 1 个量水堰，以监测库盆面板总的渗漏情况。

法国拉古施抽水蓄能电站上水库采用全库盆钢筋混凝土面板防渗，板厚 30cm，下部设 20～30cm 的无砂混凝土排水层。为防止库水渗入岩层，基础面铺设了一层尼龙丝加筋的 PVC 防渗膜。面板分成 10～12m 宽，5～10m 长的板块，接缝中设一道橡胶止水。1975 年上水库初期蓄水时渗漏量高达 100L/s，从 1976～1978 年，每年放空水库进行处理，共处理裂缝长约 3300m，又在接缝表面增设一道止水，经过 3 年处理后，渗漏量降到 11.7L/s。面板底部排水系统由支管、主管及排水廊道构成。鉴于坝址和下游河谷地质特性，衬砌渗漏不允许渗入岩层。为了使全部漏水进入排水系统，基础面铺设了一层尼龙丝加筋的 PVC 防渗膜。廊道收集到渗漏水经测定漏水量后，再通过水泵抽回到水库。超过水泵容量的事故漏水，则通过隧洞排到邻谷。水库观测项目包括：漏水量、地下水位、面板变形、坝体变形及库区边坡变形，见图 6-2-9。

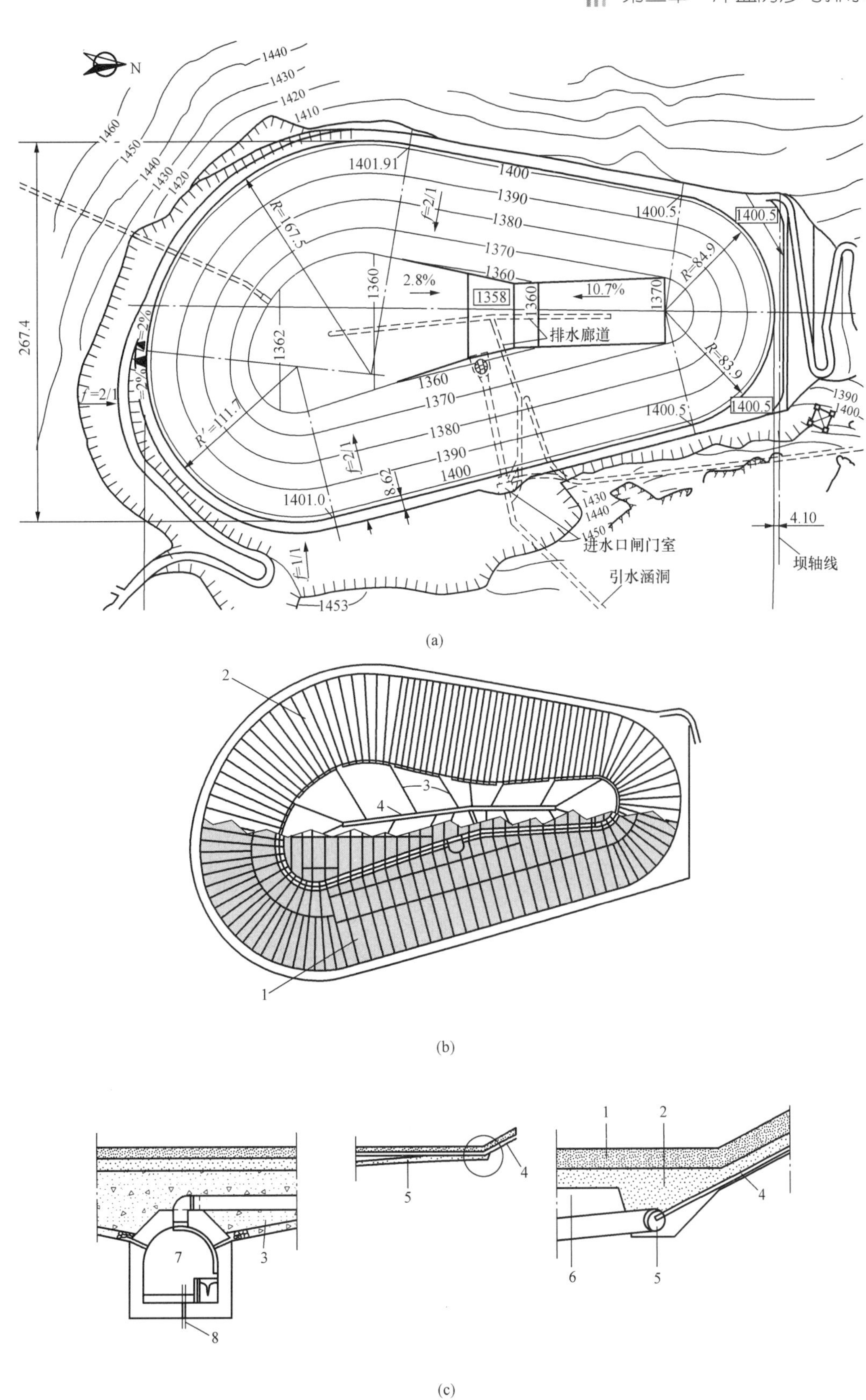

图 6-2-9　拉古施抽水蓄能电站上水库布置图

（a）平面布置图；（b）面板及排水系统布置图；（c）排水系统图

1—钢筋混凝土板，厚 30cm，配筋率 0.35%～0.5%；2—多孔混凝土垫层，斜坡 20cm，底板 30cm；3—排水料；4—排水支管 ϕ60mm；5—PVC 排水主管 ϕ224.2/250mm；6—尼龙丝加筋 PVC 膜；7—排水廊道；8—测压管

2.4.7　混凝土面板的施工

混凝土面板施工包括混凝土拌和、运输、钢筋绑扎、混凝土浇筑、养护等几个过程。混凝土面板一般采用滑模施工，由下而上连续浇筑。面板滑模施工具有连续作业的性质，一般情况下中途不得停歇。面板钢筋架设均采用现场绑扎和焊接方法，用人工或钢筋台车将钢筋送至坡面，然后用人工自下而上绑扎或焊接。

面板滑模机具主要包括滑动模板、侧模板、牵引机具等。我国现在面板浇筑均采用无轨滑模。无轨滑动模板（简称无轨滑模）是在有轨滑动模板基础上发展起来的。无轨滑动模板在使用上有以下优点：无轨滑模重量较轻；坝顶使用设备较少，一套滑模仅需 2 台卷扬机牵引；由于减少了架设轨道的工作量，浇筑前的准备工作简单；无轨滑模使用方便，浇筑速度快；起始板和主面板可以用滑模同时浇筑，不必先浇起始块后再用滑模浇筑；由于无轨滑模行走无侧向约束，对于不同坡角的岸坡混凝土板块，均可转向上升浇筑，甚为方便，见图 6-2-10。泰安抽水蓄能电站上水库岸坡面板无轨滑模浇筑见图 6-2-11。

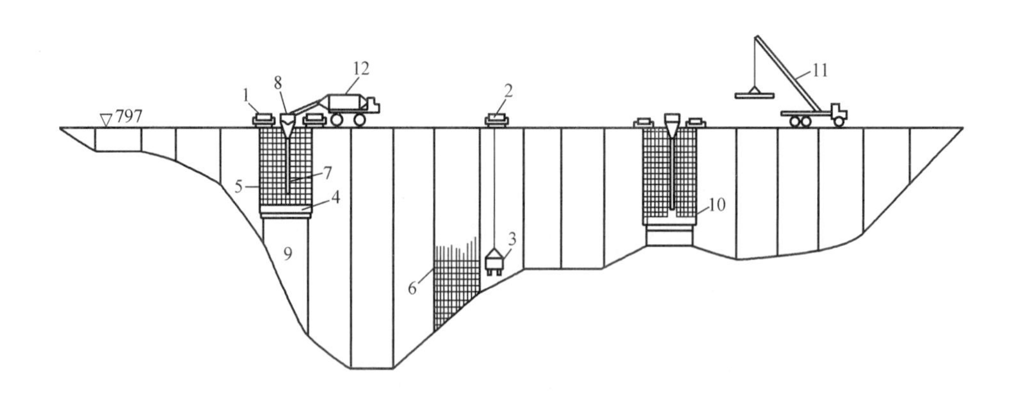

图 6-2-10　混凝土面板施工布置示意图

1—JM 卷扬机；2—2t 快速双筒卷扬机；3—运料台车；4—滑模；5—侧模；6—钢筋网；7—溜槽；8—集料斗；9—混凝土面板；10—碾压好的坝面；11—汽车吊；12—混凝土搅拌车

图 6-2-11　泰安抽水蓄能电站上水库岸坡面板无轨滑模浇筑

混凝土面板浇筑应选择气温适宜、湿度较大的有利时机进行，避开高温、低温、多雨季节，使面板混凝土达到高质量。如必须在特殊气候条件下施工，则需采取必要措施，以保证面板混凝土的质量要求。

混凝土浇筑应严格掌握分层浇筑程序，每层浇筑厚度为25～30cm。仓面振捣器采用直径不大于50mm的插入式振捣器，插入深度应达新浇筑混凝土的底部。振捣时间为15～25s，目视混凝土不显著下沉、不出现气泡，并开始泛浆为准。由于接缝止水处钢筋较密，并设有止水片，故接缝止水处宜选用小直径振捣器，一般不宜大于30mm。振捣时应使止水片周围填充密实。

每浇筑完一次混凝土模板滑升一次，一次滑升高度约为25～30cm。滑模滑升速度，取决于脱模时混凝土的坍落度、凝固状态和气温，一般凭经验确定。一般平均滑升速度以2m/h左右为宜。

面板滑模施工一旦开始应连续作业浇筑完成，如因故中止浇筑时间过长，而超过混凝土初凝时间，则必须停止浇筑，待混凝土强度达到2.5MPa时按施工缝处理。处理时要认真地进行凿毛、冲洗、清除污物和排除表面积水，然后在湿润的缝面上，先铺一层厚约2～3cm的水泥砂浆，其水灰比不得高于所浇筑混凝土。水泥砂浆应摊铺均匀，以利与先前浇筑的混凝土充分结合，然后在其上再浇筑混凝土。

由于面板厚度较薄，受温度变化和干缩影响较大，因此及时做好脱模后的混凝土养护工作是十分重要的。刚刚脱模的混凝土，因无强度，不能进行洒水养护，最好的办法是在滑模后拖一块长8～10m的塑料布保护，防止表面水分过快蒸发而产生干缩裂缝，特别是在炎热干燥气候条件下浇筑混凝土时，这一措施非常有效。

混凝土初凝以后，对混凝土面应进行不间断的洒水养护，并以淋湿的草袋或麻袋全面覆盖达到保温保湿，一直到蓄水为止，以防止裂缝的发生。

宜兴抽水蓄能电站上水库对面板混凝土施工提出的主要技术要求如下：

混凝土入仓坍落度：普通混凝土2～4cm，聚丙烯腈纤维混凝土3～5cm。

混凝土采用混凝土搅拌运输车运输，运输过程中确保不发生分离、漏浆、严重泌水等。入仓采用溜槽方式。

混凝土采用插入式振捣器配合软管振捣器进行捣实，不宜采用人工振捣。振捣做到内实外光，防止架空等，不漏振、欠振或过振。止水片周围的混凝土采用直径30mm小振捣器振捣，特别注意止水周围50cm范围混凝土的布料，剔除超粒径（$d>20$mm）骨料，使止水周围的混凝土充填、振捣密实。

浇筑采用无轨滑模，滑模平均滑升速度控制在1～2m/h，每次滑升的幅度控制在20～30cm内，滑升间隔时间不超过30min。

混凝土施工过程中，每4h测量一次混凝土原材料的温度、机口温度。

滑模的脱模时间，取决于混凝土的凝结状态，保持处于斜坡上的混凝土不蠕动，不变形。脱模后混凝土及时用塑料薄膜、麻袋或草袋覆盖隔热保温，并及时不间断洒水养护，连续养护至水库蓄水或至少养护90d。

面板混凝土浇筑时，在30m内不进行爆破作业。

2.4.8 工程实例

（一）十三陵抽水蓄能电站上水库

十三陵抽水蓄能电站位于北京市昌平县，距市中心40km。装机容量800MW，最大水头481m，上水库总库容445万m³。地层为沉积砾岩及火山熔岩火山碎屑岩，底部为寒武系灰岩，构造裂隙十分发育。

上水库用开挖和筑坝相结合的方式兴建，根据地形条件，上水库修建主、副坝各一座。全库盆采用钢筋混凝土面板防渗，上水库平面布置见图6-2-12。主坝位于库盆东南侧的上寺沟沟口，坝基斜向下游，坝轴线处最大坝高75m，最大填筑高差118m，坝顶长度550m，大坝断面设计见图6-1-12。副坝位于库盆西侧的垭口处，最大坝高10m，坝顶长度142m。

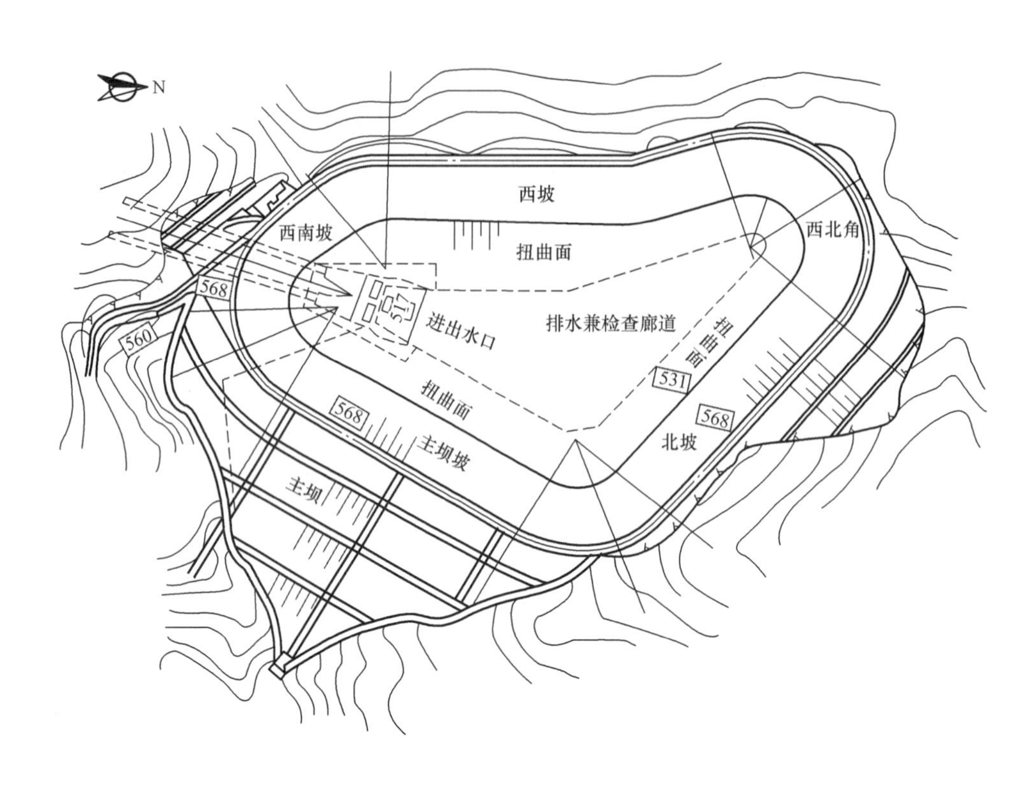

图 6-2-12　十三陵抽水蓄能电站上水库平面布置图

(1) 面板结构。

十三陵抽水蓄能电站上水库采用全库盆钢筋混凝土面板防渗。库岸及坝坡面板坡度均为 1∶1.5。全池混凝土面板厚度采用 30cm 等厚面板，主坝区为了保证周边缝三道止水的施工质量，与其相邻的面板厚度加厚到 50cm，并在 5m 范围内过渡回 30cm，进/出水口周边面板也由于止水的原因加厚到 50cm，并在 2m 范围内过渡回 30cm。

该地区极端最高气温 40.3℃，极端最低气温－19.6℃，气温变化很大，因此，除要求面板具有良好的防渗性外，抗冻融性也不容忽视。十三陵抽水蓄能电站工程结合当地气候和上水库运行等条件，参考国内、外实践经验，并经试验论证，面板混凝土标号采用 C25，抗渗性 W8，抗冻性 F300。面板采用单层双向配筋，配筋率 0.5%，位于距面板截面 1/3 位置处（距表面）；在主坝范围的库底连接板内采用双层双向配筋，配筋率达 1%。

(2) 面板防裂措施及裂缝处理。

十三陵抽水蓄能电站工程气温变化幅度大，抗冻性要求高，面板混凝土配合比主要取决于抗冻指标。设计时，通过合理的分缝设计、配筋设计以及在岩坡上（多孔混凝土垫层下）设置柔性基础层（两布六涂：布指无纺布，涂指氯丁胶乳沥青）减少基础约束来防裂。实际施工时，由于空气湿度大、混凝土找平层表面平整度不够等原因，两布六涂层出现了鼓泡、与混凝土黏结不牢等质量问题，难以保证设计要求，最后将大部分岩坡上的柔性基础层取消，仅保留已经施工的和边坡对水环境变化敏感的部分区域；实际施工时，要求最高气温不超过 35℃，混凝土出机口温度不高于 23℃，入仓温度低于 26℃，浇筑温度控制在 28℃以下，日平均气温稳定在 5℃以下或最低气温稳定在－3℃以下时，必须专门采取可靠的措施以满足设计提出的各项指标要求。同时，面板要求用草袋覆盖洒水养护至蓄水。

蓄水前，面板混凝土裂缝普查揭示两条规律：

1) 约束大小是产生裂缝的重要条件。岩坡上设有柔性基础层的面板裂缝较少，弯段面板及未设置柔性基础层的面板裂缝较多；池底面板裂缝很少。

2）凡洒水养护好的部位裂缝少，反之则裂缝较多。

对于出现的裂缝，处理时遵循以下两点原则：

1）处理裂缝是为了面板防渗、抗冻融性要求，并不是补强。

2）所有裂缝均要处理，但可根据缝宽大小区别对待。小于或等于 0.2mm 的裂缝仅在表面涂刷聚氨酯弹性防水材料；大于 0.2mm 的裂缝，先用改性环氧或聚氨酯灌浆，然后再在表面涂刷聚氨酯防水层。

（3）分缝止水。

库岸边坡面板每 16m 设一条垂直缝，靠近主坝两坝肩部位，分缝间距为 8m，库底面板分缝 16m×20m，在所有填筑和开挖的交界位置和大断层边界处均设永久缝，以适应基础的不均匀沉降。上水库面板布置及分缝见图 6-2-13。

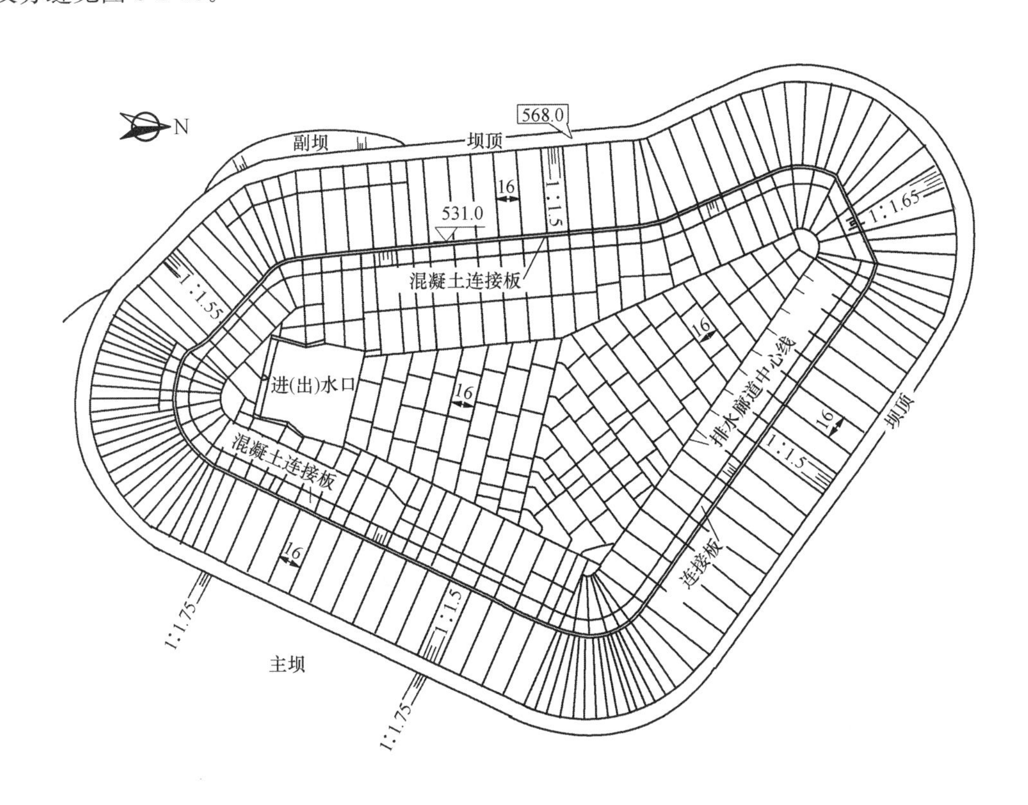

图 6-2-13　十三陵抽水蓄能电站上水库面板布置及分缝图

面板接缝总长 2 万 m，除主坝范围内的库岸边坡面板与连接板之间以及连接板与池底面板之间的接缝采用三道止水外，其他接缝（包括坝体范围的受拉缝）均采用两道止水，即底部设“W”型止水铜片，表面填塑性填料，三道止水的中间止水为橡胶止水带。

（4）基础排水。

坝坡面板下的排水垫层为坝体的上游碎石垫层，水平宽度为 3m；开挖库岸边坡面板下的排水垫层，采用无砂混凝土，厚度 30cm。强度 C10，渗透系数大于 1×10^{-2}cm/s；库底面板下的排水垫层同坝体一样，采用碎石垫层料，厚度 50cm。

为增加库底碎石排水垫层的排水能力，在库底周边位置和碎石垫层中设置了塑料排水花管，直径 15cm，直接与库底周边的排水观测廊道相连。渗漏水通过下游排水廊道出口处的泵站抽回到上水库。库底排水系统布置见图 6-2-14。

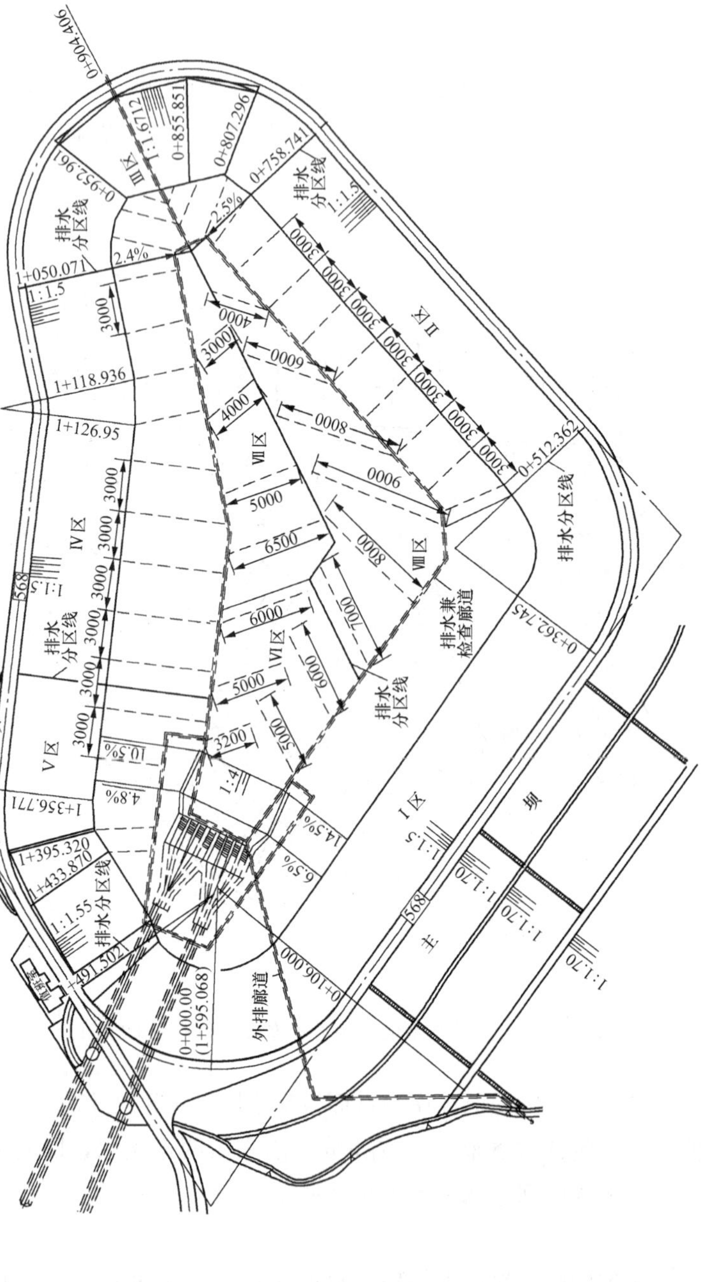

图 6-2-14 十三陵抽水蓄能电站上水库库底排水系统布置图

(5) 渗漏量。

由于接缝止水损坏等原因，曾对防渗系统作过修补，现在渗漏量很小。实测全库渗漏量，1998 年冬季为 14.16L/s，1999 年、2000 年冬季为 7～6 L/s，其他季节为 0.02L/s。

(二) 宜兴抽水蓄能电站上水库

江苏宜兴抽水蓄能电站上水库位于铜官山主峰北侧沟谷内，由主坝、副坝和库周山岭围成。水库正常蓄水位 471.0m，死水位 428.60m。

由于上水库地形、地质条件差，软弱岩层以及泥化夹层等发育，库岸稳定问题突出而且库岸存在严重的渗透问题。因此结合库容开挖最终推荐上水库全库盆采用钢筋混凝土面板防渗，上水库平面布置见图 6-1-13。

上水库主坝为钢筋混凝土面板堆石坝，位于库盆东侧，坝顶长度 494m，库底至坝顶的高度为 47.2m，大坝坝基斜向下游，最下面设混凝土挡墙，挡墙最低处到坝顶的最大填筑高差约为 117m。大坝布置和堆石分区设计详见本篇 1.4 节中的（二）。副坝为混凝土重力坝，坝高 44.2m，坝顶长 216m，见图 6-1-5。

(1) 面板结构。

库盆防渗面板由主坝面板和趾板、库岸面板和连接板、库底面板三大部分组成。

全库盆混凝土面板均采用 0.4m 等厚面板，为提高混凝土面板与趾板、面板与连接板之间接缝止水的可靠性，靠近趾板、连接板一侧混凝土面板厚度增加至 0.6m。大坝面板坡度为 1∶1.3，库岸面板坡度 1∶1.4。

(2) 混凝土及配筋。

面板混凝土强度等级为 C25，抗渗等级 W8，抗冻等级主坝面板和库岸面板为 F200，库底面板为 F150。防渗面板采用双层双向配筋，面层 ϕ16@160mm，底层 ϕ16@200mm，局部加强，合计每向含筋率 0.565%。保护层厚度均为 8cm。

(3) 分缝止水。

根据库盆地质条件，花岗斑岩脉及断层破碎带 F_3、F_4、F_{22} 等条带贯穿上水库库盆，库盆岩体软硬相间，对防渗面板的不均匀沉陷极为不利，面板的分缝位置和分块大小必须考虑上述地质因素。

库岸边坡面板每 16m 设一条垂直缝，靠近主坝两坝肩部位，分缝间距为 8m，库底面板分缝 16m×24m。趾板原则上每 12～15m 设一道伸缩缝，伸缩缝尽量设在地基条件及结构型式有变化处。连接板原则上每 16m 设一道伸缩缝，遇地基条件及结构型式有变化处增设伸缩缝。主坝及库岸防浪墙伸缩缝原则上每 16m 设一道伸缩缝，遇结构型式有变化处增设伸缩缝。上水库面板布置及分缝见图 6-2-15。

考虑该工程上水库库盆地质条件复杂，一旦止水失效且漏水量超过库盆排水系统的排水能力，将造成库盆山体地下水位的抬高，危及库岸边坡及主坝坝基稳定。因此除防浪墙分缝只在中部设一道铜止水以外，防渗面板其余接缝均设两道止水，即底部铜止水片和表面塑性填料止水。

(4) 基础排水。

为了能够及时排除通过防渗面板的渗水及整个库盆山体的地下水，上水库布置有三套排水系统：即库盆排水系统、主坝坝基排水系统和副坝坝基排水系统。

为增加库底排水垫层的排水能力，在库底周边位置设一圈排水检查廊道，库中间布置了纵、横各一道排水检查廊道，廊道尺寸为 1.5m×2.0m（宽×高）。库盆内混凝土防渗面板下设置排水垫层，排水垫层底部设 PVC 排水花管，花管直径 20cm，间距 20m，排水花管与库底环形排水检查廊道及库底排水检查廊道相连接，面板渗漏水流由 PVC 排水花管汇入排水廊道排出库外。

主坝坝坡面板下的排水垫层为坝体的上游碎石垫层和过渡层，水平宽度分别为 2m 和 4m；库岸边

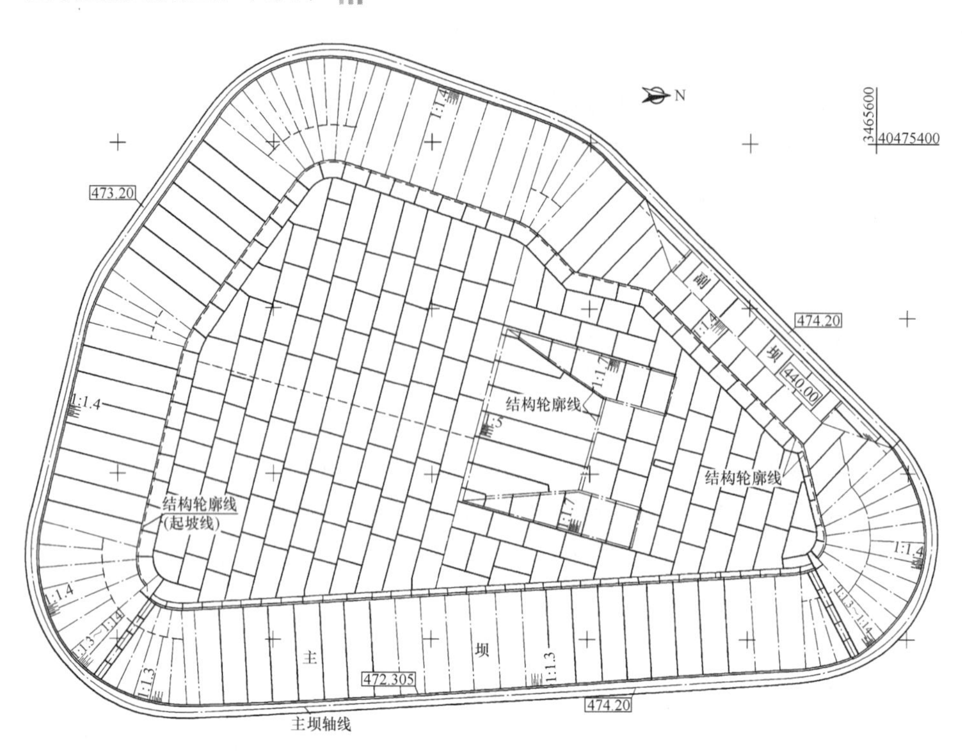

图 6-2-15　宜兴抽水蓄能电站上水库面板布置及分缝图

坡面板下的排水垫层为多孔混凝土垫层，厚度 30cm。库底面板下的排水垫层厚度 70cm。防渗面板下的水库渗水通过排水垫层或多孔混凝土垫层进入坝基排水系统或库底排水廊道。

主坝坝基排水系统包括：在堆石体及重力挡墙覆盖的坝基范围内，在平行坝轴线方向不同高程布置了 1 条坝基排水廊道和 5 条排水平洞。副坝区域共设置了 4 条排水廊道和排水洞。上水库主坝坝基排水系统布置见图 6-1-14。

2.5　沥青混凝土面板防渗

2.5.1　沥青混凝土面板的应用

20 世纪二、三十年代沥青混凝土开始作为防渗建筑物使用于土石坝上。目前世界上已建成的沥青混凝土心墙坝，最高的是奥地利的 Finstertal 坝，坝高 149m，其心墙垂直高度为 96m；挪威的 Storglomvatn 心墙坝，高度为 125m；我国冶勒沥青混凝土心墙坝高度为 125.5m。沥青混凝土面板防渗面积最大的是德国盖斯特（Gesste）水库，防渗护面面积达 185 万 m^2。据国际大坝委员会沥青混凝土面板坝工程的统计资料，截止到 1999 年，有近 300 座沥青混凝土面板坝工程登记在册，国内也已有 30 多座采用沥青混凝土面板防渗的大坝。

随着抽水蓄能电站的发展，沥青混凝土面板因其防渗性能好、适应变形能力强、能抵抗酸碱等侵蚀及对水质无污染等特点已被许多抽水蓄能电站工程上水库所采用。上水库采用沥青混凝土面板防渗越来越多，如美国的拉丁顿、德国的格兰姆、日本的沼原等。我国抽水蓄能电站上水库采用沥青混凝土面板防渗开始于 1997 年完工的天荒坪抽水蓄能电站工程上水库。2007 年施工完成的宝泉抽水蓄能电站工程上水库大坝及库岸、张河湾抽水蓄能电站上水库、西龙池抽水蓄能电站上水库和下水库大坝及库底也都采用了沥青混凝土面板防渗。

国内、外采用沥青混凝土面板防渗典型工程实例统计表见表 6-2-10。

表 6-2-10　国内、外采用沥青混凝土面板防渗典型工程实例统计表

序号	电站名称	国家	建成年份	坝高（m）	上（下）游坝坡	面板厚度（cm）**
1	菲安登（Vianden）	卢森堡	1963	19	1∶1.75（1∶1.5）	S：19（7+9） B：10（73）
2	沼 原	日本	1973	68	1∶2.5（1∶2.5）	S：30（10+8+4+8） B：25（8+7+5+5）
3	路丁顿（Ludington）	美国	1973	52	1∶2.5～1∶5 （1∶2.5）	S：19.2 B：0.9～150
4	圣菲拉诺*（S. Fiorano）	意大利	1974	10	1∶2.0（1∶2.0）	S：18（8+10）
5	勒万（Revin）	法国	1974	10～20	1∶3.0（1∶2.5）	S：19（9+10）
6	瓦尔德克Ⅱ（Waldeck）	德国	1974	42	1∶1.75（1∶1.75）	S：10（7+3）
7	维赫尔（Wehr）	德国	1975		1∶1.6（1∶1.6）	S：13（8+5） B：9（5+4）
8	奥多多良木*（Okutataragi）	日本	1975	64.5	1∶1.8（1∶1.75）	S：33 （12+8+5+8）
9	埃尔西伯里奥（El，Siberio）	西班牙	—	70	1∶1.75	防渗面层厚9～12cm， 排水层厚8cm， 防渗下层厚6cm
10	埃多洛*（Edolo）	意大利	1983	24	1∶2.5（1∶2.0）	S：16（6+10） B：相似
11	迪诺威克（Dinorwic）	英国	1983	69	1∶2.0（1∶2.0）	S：>14（8+6）
12	普列森扎诺*（Presenzano）	意大利	1987	20	1∶2.0（1∶1.5）	S：20（12+8） B：20（12+8）
13	天荒坪	中国	1997	72	1∶2.0～2.4 （1∶2.0～2.2）	S：20（10+10） B：18（10+8）
14	拉姆它昆（Lam Ta Khong）	泰国	2001	50	1∶2.0（1∶2.5）	S：25（10+8+7） B：17（7+10）
15	金 谷（Goldisthal）	德国	2003	40.5	1∶1.6（1∶1.6）	S：20（8+8+4） B：14（7+7）
16	金 谷*（Goldisthal）	德国	2003	67	1∶1.6（1∶1.6）	S：35（8+12+6+9）
17	京 极	日本	2007	22.2	1∶2.5（1∶2.5）	S：33（8+5+5+15）
18	张河湾	中国	2007	57	1∶1.75（1∶1.5）	S：26（10+8+8） B：28（10+10+8）
19	西龙池	中国	2007	50	1∶2（1∶1.7）	S：20（10+10） B：20（10+10）
20	西龙池*	中国	2007	97	1∶2（1∶1.7）	S：20（10+10）
21	宝 泉	中国	2007	72	1∶1.7（1∶1.5）	S：20（10+10） B：黏土铺盖

*　表示是下水库，其余均为上水库；S—边（坝）坡；B—库底。

**　面板厚度：*+*分别代表防渗面层和整平胶结层；*+*+*分别代表防渗面层、排水层、整平胶结层；*+*+*+*分别代表防渗面层、排水层、防渗底层、整平胶结层，包括简式、复式、上、下等。

沥青混凝土是一种非常复杂的材料，其特性取决于变形和温度条件。组成沥青混凝土的骨料和沥青是特性完全不同的两种材料。骨料主要呈弹性，沥青在高温状态下或长历时荷载作用下呈黏塑性，而在低温状态下或短历时荷载作用下呈弹性。因此沥青混凝土既具有塑性特性也有弹性特性，在高温和长历时荷载作用下呈塑性，在低温和短历时荷载作用下呈弹性。

对于抽水蓄能电站而言，沥青混凝土面板防渗的主要优点为：

(1) 沥青混凝土面板有良好的防渗性能，渗透系数小于 10^{-8}cm/s，渗漏量很小，且易于检测。

(2) 沥青混凝土面板有较强的适应基础变形和温度变形的能力，能够适应较差的地基地质条件和上水库较大的水位变幅，即使在严寒的气候下，沥青混凝土仍具有一定的变形能力。

(3) 外观见不到防渗面板有接缝，与周围环境协调，比较美观。

(4) 沥青混凝土面板施工速度快，与坝体的施工干扰少。

(5) 沥青混凝土面板缺陷能快速修补，修补完 24h 以后即可蓄水。

沥青混凝土面板防渗的主要局限性为：

(1) 沥青混凝土对所用的材料要求比较高，特别是粗骨料宜采用碱性岩石的碎石，质地应坚硬、新鲜、不因加热引起性质变化；同时沥青混凝土对沥青的要求也较高，而沥青供应厂家往往较远，运输成本高。

(2) 沥青混凝土面板与周边混凝土建筑物的连接处理较复杂。

(3) 沥青混凝土面板施工工序较多，生产及工艺复杂，对天气等施工条件也较为敏感，施工管理较复杂。

(4) 沥青混凝土面板造价相对较高。

2.5.2 沥青混凝土面板结构设计

(一) 结构组成

沥青混凝土面板有复式结构和简式结构两种结构形式。复式断面结构由表面封闭层、面层防渗层、中间排水层、底层防渗层和整平胶结层组成；简式断面结构由表面封闭层、面层防渗层、底层整平胶结层组成。在沥青混凝土下卧层基础不具备排水能力的条件下，还需设置排水层。见图 6-2-16。

《土石坝沥青混凝土面板和心墙设计规范》提示对防渗有特殊要求的工程可采用复式断面结构。复式结构和简式结构的主要区别在于复式结构中设有上、下两层防渗层，之间夹有排水层，简式结构则没有排水层，因此复式结构的面板总厚度较简式结构大，施工程序也较复杂，费用也相对较高。

复式结构及简式结构两种断面型式各有优缺点。复式断面在早期建成的工程中用得较多，而近期建成的工程采用简式断面的居多。复式断面形式结构层次多，施工复杂，造价高，用于有特殊要求的工程。复式结构只占已建成工程的 20%左右，特别是 80 年代以来复式结构已较少采用，说明沥青混凝土面板结构发展趋势是简式结构。现代化大生产对沥青混凝土面板结构形式的要求是简化结构层次而便于施工，简式结构与复式结构相比减少了防渗底层和排水层，这样不但能降低工程直接投资还可以缩短工期。国内工程中，采用复式结构断面型式的不多，且都为早期修建，几座已建和在建的抽水蓄能电站上水库的沥青混凝土防渗面板多采用简式结构（张河湾抽水蓄能电站工程为复式结构，但底部防渗层与整平胶结层合为一层）。

连接部位或反弧部位的沥青混凝土面板，在其一定范围内可增设加强层，以增强连接部位的抗变形能力。库盆防渗工程中，反弧部位、与混凝土建筑物连接部位、基础变形模量变化较大部位或基础条件复杂部位宜增设聚脂网。

天荒坪抽水蓄能电站上水库沥青混凝土面板防渗要求很高，因为上水库的水是从高程相差 600m 的

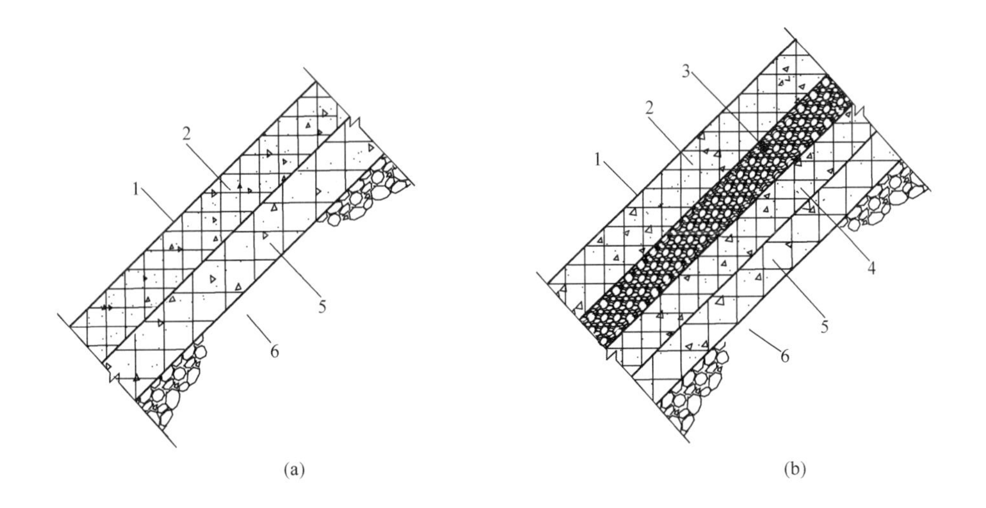

图 6-2-16　沥青混凝土面板断面的型式

（a）简式断面；（b）复式断面

1—封闭层；2—防渗面层；3—排水层；4—防渗底层；5—整平胶结层；6—垫层

下水库抽上来的，并且作为全库盆防渗工程，沥青混凝土面板与进出水口截水墙相接部位的最大水头达 51.2m，即使按库底高程 860.0m 计也有 45.2m 水头。在全库盆防渗的蓄水池工程中，天荒坪是水头最高的工程之一，但在面板结构选择中并没有选用复式结构，而是采用简式结构，由 8～10cm 厚的整平胶结层、10cm 厚的防渗层和 2mm 厚的封闭层组成；在某些可能出现较大变形的特殊部位设置有沥青混凝土加厚层及加筋材料—高分子聚脂网。见图 6-2-17 和图 6-2-18。

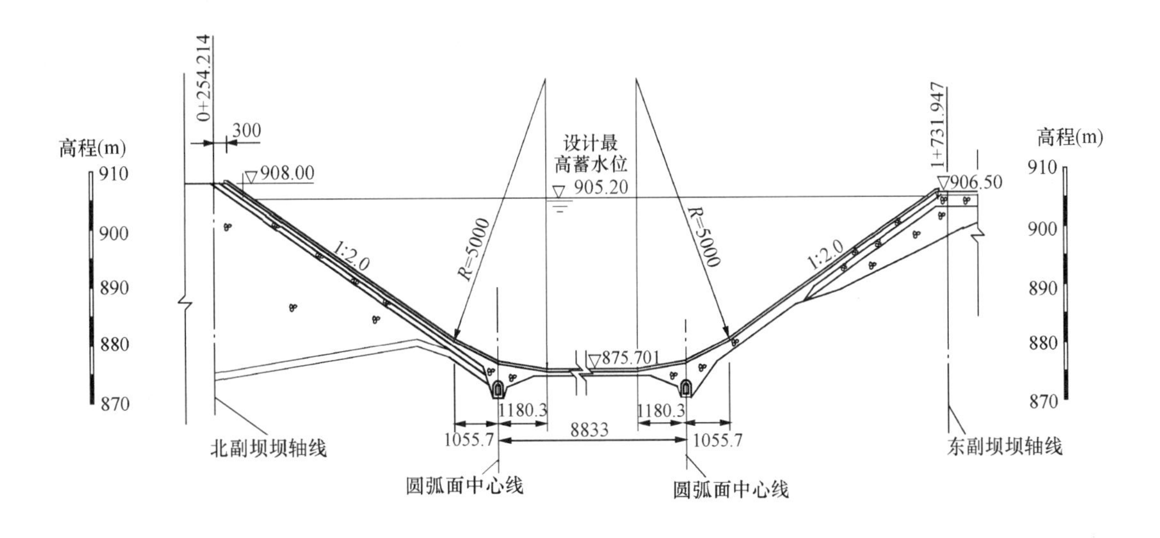

图 6-2-17　天荒坪抽水蓄能电站上水库沥青混凝土面板结构

天荒坪抽水蓄能电站工程根据地下水位高的特点，建库后须设置基础排水层来消除由于地下水位升高对面板造成的顶托；因此将面板排水与基础排水结合考虑，采用简式结构。

随着现代施工机械的发展，沥青混凝土的拌和、摊铺、碾压、接缝处理和检测设备都有了较大发展，沥青混凝土的配合比设计也日趋成熟，以前担心的单层面板防渗效果已可通过设计与施工措施予以解决。

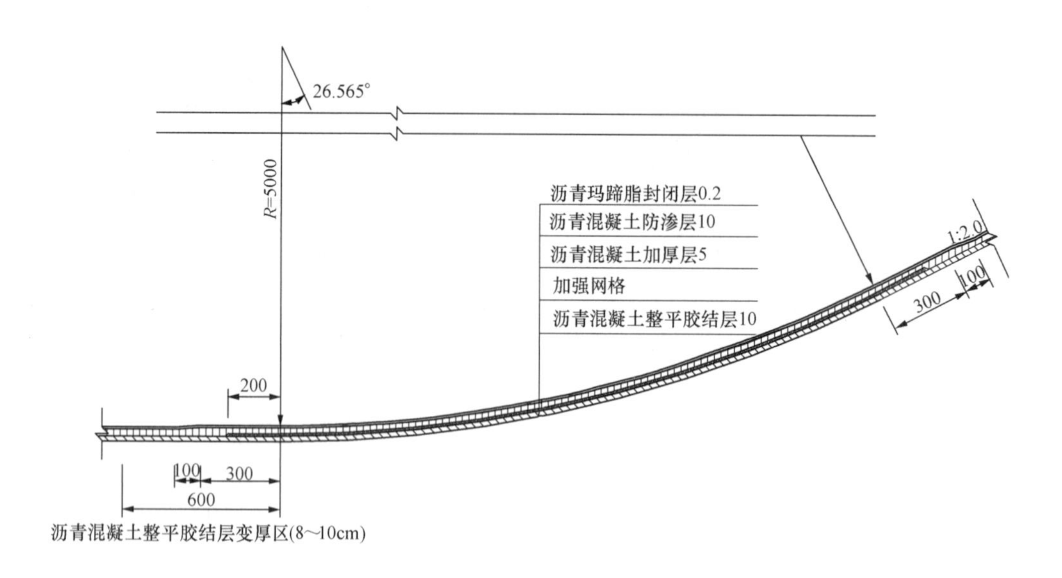

图 6-2-18 天荒坪抽水蓄能电站上水库沥青混凝土面板—库底与岸坡连接结构（单位：cm）

防渗层各铺筑条带间的接缝处理效果很关键，包括浇筑下一条沥青混凝土时接缝面的处理。早期沥青混凝土面板防渗工程有不少因接缝处理效果不好导致渗漏，因此要求防渗面层分层铺筑，并将接缝错开，可防止由于接缝开裂导致的渗漏。这也是《土石坝沥青混凝土面板和心墙设计准则》认为“防渗层厚度一般为 8～12cm，分二层或三层铺压”的原因。现阶段对接缝处理已有较为有效的手段，在先铺筑的面板边缘铺成斜面，并对冷缝进行必要的预热处理再进行铺筑，然后使用专用设备对接缝部位进行再加热压实处理，其效果可满足要求。用振动式找平铺设机浇筑单层较厚的防渗层沥青混凝土，用振动碾压实，可以消除薄层分层铺筑形成的气孔等缺陷。天荒坪抽水蓄能电站上水库沥青混凝土每层都是一次摊铺完成，不分层。这是根据沥青混凝土面板结构发展趋势和国外沥青混凝土咨询专家的意见和施工试验确定的。因此，《土石坝沥青混凝土面板和心墙设计规范》规定防渗层的厚度为 6～10cm，宜单层施工。

（二）面板厚度

防渗面板各层厚度，目前主要是参考已建的工程经验来确定。

表面沥青玛蒂脂封闭层的厚度不宜大于 2mm，它是沥青和填料的混合物。

防渗层是防渗面板的主体，厚度 6～10cm，宜单层施工。它属密级配沥青混凝土，渗透系数达 1×10^{-8}cm/s 以下，孔隙率小于 3%。

整平胶结层是防渗层的基础层，要求平整、密实，且有一定的排水能力，能排走从防渗层渗下去的渗水，厚度 5～10cm，宜单层施工。它是半开级配的沥青混凝土，渗透系数在 1×10^{-2}～1×10^{-4}cm/s 之间，孔隙率 10%～15%。

加强层相当于附加防渗层，厚度一般为 5cm。

简式结构的面板一般多选择一层 6～10cm 厚的整平胶结层和一层 8～10cm 厚的防渗层，防渗层在以往的设计中多采用两层 5～7cm 厚的防渗层。简式结构总厚度在 20cm 左右。防渗层采用两层时，推荐的基本厚度为 6cm，5cm 被视作最低值。低于此厚度会使沥青混合料摊铺时迅速冷却，难以有效压实。

复式结构的面板较厚，通常在 30～40cm。整平胶结层厚 6～8cm，防渗底层厚 5～6cm，排水层厚 8～10cm，防渗面层厚 6～10cm，防渗面层在以往的设计中多采用两层 5～7cm 厚的防渗层。

按水库水头确定防渗层厚度的计算公式：

$$h = c + H/25 \tag{6-2-5}$$

式中 h——防渗层厚度，cm；

c——与骨料质量及形状有关的常数，一般取 c=6～7cm；

H——面板承受水头，m。

此值对较好的材料和工艺可视为最小值，对复杂情况应有余地。

按水库允许日渗漏量来复核防渗层的厚度。对抽水蓄能电站水库，允许日渗漏量可取总库容的1/5000～1/10000。防渗层总渗漏量可用式（6-2-6）来估算：

$$Q = AtkH/h \tag{6-2-6}$$

式中 Q——防渗层总渗漏量，m^3；

A——防渗层防渗面积，m^2；

t——时间，取86400s；

k——防渗层渗透系数，m/s；

H——防渗层承受的平均水头，m；

h——防渗层厚度，m。

（三）面板坡度

随着施工机械的发展，填筑体的高密实性一方面使填筑体本身的稳定性大大增加，可以采用较陡的坡度，另一方面可以使沉降量控制在可接受的范围内；同时随着材料工艺的发展和施工水平的提高，高稳定性的沥青混凝土面板在技术上已没有大的问题，因此面板坡度的限制条件已大为减少。振动式摊铺机与振动碾的发展使得沥青混凝土面板的压实性可以达到很高水平，沥青混凝土内沥青含量在逐步减少，比如天荒坪抽水蓄能电站工程面板防渗层的沥青含量已降到6.8%，而以往通常为7.5%～8.5%，采用粗骨料高稳定性级配、低沥青含量可以使沥青混凝土面板在陡于1∶1.0的边坡上保持稳定。

但是，面板坡度的确定需要考虑很多因素，首先需确保填筑体本身的稳定，这与填筑体材料及基础条件直接相关，也要考虑坝高及建筑物级别等因素综合确定。采用沥青混凝土面板还要考虑沥青混凝土面板本身的斜坡热稳定性和施工安全性。表6-2-11是天荒坪抽水蓄能电站初步设计时调研的已施工的部分国内、外沥青混凝土面板防渗工程坡度统计资料。

表6-2-11　　部分国内、外沥青混凝土面板防渗工程坡度调研统计表

项目	坝		蓄水池	
坡度	数量	%	数量	%
>1∶1	3	2.8	—	—
1∶1.3	—	—	1	1.4
1∶1.5～1∶1.67	20	18.8	4	5.7
1∶1.7～1∶1.75	41	38.7	22	31.4
1∶1.8～1∶1.95	8	7.5	3	4.3
1∶2～1∶2.5	31	29.2	35	50
1∶2.75	1	1	—	—
1∶3	1	1	4	5.7
1∶4	1	1	1	1.5
总计	106	100	70	100

从表6-2-11中可以看出，蓄水池的坡度都不大于1∶1.3。大部分工程（100座坝和64座蓄水池）的坡度在1∶1.5～1∶2.5范围内。对于堆石坝多数坡度为1∶1.7～1∶1.75，对于填土坝多数坡度为

1∶2～1∶2.5。以往通常认为，适合沥青混凝土面板施工的最陡坡度是1∶1.5，这是热沥青拌和料压实前后在斜面上稳定的极限，并且也是在没有专门设备下，工人能安全立足的极限。一般情况下，沥青混凝土面板坡度不宜陡于1∶1.7。经统计常规水电站沥青混凝土面板坡度为1∶1.7居多，而抽水蓄能电站沥青混凝土面板坡度为1∶2.0居多。

（四）封闭层

封闭层的作用就是保护沥青混凝土防渗层。避免沥青混凝土防渗层受紫外线的作用，防止防渗层表面与空气、水等外界不良环境的接触，从而延缓沥青混凝土防渗层的老化过程，延长其使用寿命。

水工沥青混凝土的封闭层是沥青和填料的混合物，也称沥青玛蒂脂，有时为改善沥青玛蒂脂的性能指标，达到所需的性能要求需加入一些添加剂。

封闭层应在当地温度条件下在斜坡上保持稳定，可承受各种天气和水库荷载条件。

夏季气温较高，为避免岸坡表面封闭层沥青发生流淌，有的工程沿库周布置洒水降温系统，如国内的天荒坪抽水蓄能电站工程，夏季气温高达35～38℃，为避免流淌现象发生，在库周迎水面坡顶设置了喷淋降温保护系统，效果良好。

（五）防渗层

防渗层为密级配沥青混凝土，是防渗体的主体部分，要求有良好的防渗性、抗裂性、稳定性和耐久性。

《土石坝沥青混凝土面板和心墙设计规范》规定：碾压式沥青混凝土面板的防渗层孔隙率不大于3%，渗透系数不大于1×10^{-8}cm/s；水稳定系数不小于0.9；马歇尔试样斜坡流淌值不大于0.8mm。沥青含量一般为沥青混合料总重量的7.0%～8.5%，填料占矿料总重量的10%～16%，骨料的最大粒径不大于16～19mm。沥青采用低温不裂、高温不流、高质量的70号或90号水工沥青、道路沥青或改性沥青。

根据国内几个工程的实践经验，库底沥青混凝土的沥青含量可略高于岸坡，以增强适应基础变形的能力。

有关工程沥青混凝土面板防渗层沥青混凝土（碾压后）的技术指标见表6-2-12～表6-2-15。加厚层材料要求同防渗层材料，其粗骨料级配分组及最大粒径必须按上述规定，与层厚相适应。

表6-2-12　天荒坪抽水蓄能电站上水库防渗层的技术指标

序号	项　目	单位	技术指标	检测标准	备　注
1	密度（表干法）	g/cm³	>2.3	DIN 1996	
2	孔隙率	%	≤3.0		
3	渗透系数	cm/s	$\leq1\times10^{-8}$	Van Asbeck	
4	斜坡流淌值	mm	≤5	Van Asbeck	1∶2，70℃
			≤1.5	Van Asbeck	1∶2，60℃
5	马歇尔稳定度	N	≥90	DIN 1996	40℃
6	马歇尔流值	1/100cm	30～80		
7	柔性	%	≥10	Van Asbeck或小梁弯曲	25℃
			≥2.5		5℃
8	膨胀（单位体积）	%	≤1.0	DIN 1996	

表 6-2-13　　张河湾抽水蓄能电站上水库防渗层的技术指标

序号	项　目	单位	技术指标	检测标准	备　注
1	密度（表干法）	g/cm³	>2.30	JTJ T 0705—2000	
2	孔隙率	%	≤3.0		
3	渗透系数	cm/s	≤1×10⁻⁸	Van Asbeck	
4	斜坡流淌值	mm	≤2.0	Van Asbeck	马歇尔试件，1∶1.75，70℃，48h
5	水稳定性	%	≥90	ASTM D 1075—2000	试样孔隙率约 3%
6	柔性（圆盘挠度试验）	%	≥10（不漏水）	Van Asbeck	25℃
			≥2.5（不漏水）		2℃
7	冻断温度	℃	≤−35		
8	拉伸应变	%	≥0.8		2℃，拉伸速率 0.34mm/min
9	弯曲应变	%	≥2.0	JTJ T 0715—2000	2℃，试验速率 0.5mm/min
10	膨胀（单位体积）	%	≤1.0	DIN 1996—9—1981	

表 6-2-14　　西龙池抽水蓄能电站上水库防渗层的技术要求

序号	项　目		单位	技术指标		检测标准
				改性沥青混凝土	沥青混凝土	
1	毛体积密度（表干法）		g/cm³	>2.35	>2.35	JTJ 052 T 0705—2000
2	孔隙率		%	≤3	≤3	JTJ 052 T 0705—2000
3	渗透系数		cm/s	≤1×10⁻⁸	≤1×10⁻⁸	—
4	斜坡流淌值	1∶2，70℃，48h	mm	≤0.8	≤0.8	—
		1∶2，70℃，48h		≤2.0	≤2.0	Van Asbeck
5	水稳定性		%	≥90	≥90	ASTM D 1075—2000
6	柔性试验（圆盘试验）	25℃	%	≥10（不漏水）	≥10（不漏水）	Van Asbeck
		2℃		≥2.5（不漏水）	≥2.2（不漏水）	
7	弯曲应变，2℃变形速率 0.5mm/min		%	≥3	≥2.25	JTJ 052 T 0715—1993
8	拉伸应变，2℃变形速率 0.34mm/min		%	≥1.5	≥1.0	—
9	冻断温度		℃	低于−38	低于−35	—
10	膨胀		%	<1.0	<1.0	DIN 1996—9—1981

表 6-2-15　　宝泉抽水蓄能电站上水库防渗层的技术要求

序号	项　目	单位	技术指标	检测标准	备　注
1	密度（表干法）	g/cm³	>2.35	JTJ T 0705—2000	
2	孔隙率	%	≤3.0		
3	渗透系数	cm/s	$\leqslant 1\times10^{-8}$	Van Asbeck 或类似方法	
4	斜坡流淌值	mm	≤0.8	Van Asbeck 或类似方法	马歇尔试件，1∶1.7，70℃，48h
5	水稳定性	%	≥90	ASTM D 1075—2000	试样孔隙率约 3%
6	柔性	%	≥10（不漏水）	Van Asbeck 或类似方法	25℃
			≥2.5（不漏水）		2℃
7	冻断温度	℃	≤−30		
8	拉伸应变	%	≥0.8		2℃，拉伸速率 0.34mm/min
9	弯曲应变	%	≥2.0	JTJ T 0715—2000	2℃，试验速率 0.5mm/min
10	膨胀（单位体积）	%	≤1.0	DIN 1996—9—1981	

（六）整平胶结层

沥青混凝土护面结构设计中，整平胶结层就是在防渗层和下部的填筑料之间起整平胶结作用。一方面，沥青混凝土的下卧层，即土石填筑料的平整度受材料本身和其他方面如施工、造价等的限制，其平整度能控制在 5cm 以内已不容易，而沥青混凝土简式结构的总厚度一般也不超过 20cm，因此整平胶结层可以起整平下卧层的作用；另一方面，可提供防渗层施工时需要的施工工作面，以保证防渗层的最小厚度和施工质量。防渗层的渗透系数很小，而整平胶结层为半开级配沥青混凝土，具有一定的透水能力，在防渗层和排水层之间起过渡作用。整平胶结层厚度为 5～10cm，宜单层施工。

碾压式沥青混凝土面板整平胶结层的沥青混凝土，要求孔隙率 10%～15%；渗透系数 $1\times10^{-3}\sim1\times10^{-4}$cm/s；热稳定系数不大于 4.5，在可能产生的高温下能在斜坡上保持稳定；沥青含量为沥青混合料总重量的 4.0%～6.0%；骨料最大粒径不大于 19mm。整平胶结层作为沥青混凝土材料的一部分，也应有良好的抗裂性、稳定性和耐久性。

天荒坪抽水蓄能电站上水库工程在实际施工过程中，整平胶结层与《土石坝沥青混凝土面板和心墙设计准则》的规定有所出入，天荒坪抽水蓄能电站工程的主要指标为：

容重（t/m³）（DIN 1996）　　>2.1

孔隙率（%）（DIN 1996）　　10～15

渗透系数为（cm/s）　　$2.5\times10^{-2}\sim1\times10^{-4}$

斜坡流淌值（1∶2，70℃，mm）　　≤5

（1∶2，60℃，mm）　　≤1.5

最大粒径（mm，11.2～16mm 组）　　22

渗透系数为 $2.5\times10^{-2}\sim1\times10^{-4}$cm/s，不是 $1\times10^{-3}\sim1\times10^{-4}$cm/s

沥青含量为矿料总重的 4.3%～4.5%

在性能指标中，欧洲与日本采用的有所差异。骨料最大粒径欧洲通常不大于 15mm，而日本用到 30mm；欧洲不控制整平胶结层的渗透系数，主要用空隙率来控制，而日本对孔隙率和渗透系数均要求进行控制。

我国的设计规范，对沥青混凝土面板整平胶结层的沥青混凝土提出渗透系数的要求为 $k=1\times10^{-3}$ ～1×10^{-4}cm/s，而欧洲及美国对整平胶结层的要求是孔隙率 $n=10\%$～15%。天荒坪抽水蓄能电站工程合同文件技术规范中提出了双控，即要求孔隙率 $n=10\%$～15%，渗透系数 $k=1\times10^{-3}$～1×10^{-4} cm/s。

从天荒坪抽水蓄能电站工程施工中的实测结果来看，对沥青混凝土面板整平胶结层的沥青混凝土要达到指标双控，即要求孔隙率 $n=10\%$～15%，渗透系数 $k=1\times10^{-3}$～1×10^{-4}cm/s，是很困难的；实际施工中检测发现孔隙率与渗透系数二者之间的相关关系并不好，室内试验已发现孔隙率与渗透系数二者之间没有良好的相关关系，只是有一个总的趋势，即随着试件孔隙率的增大，渗透系数从总体上是增大的。

设计一个工程的目的是要有一个最佳的质效比，即以最佳的质量成本获得最大的效益；因此对渗透系数提出过高的要求在经济上是不合理的，况且渗透系数的试验存在较大误差，准确测定并不容易，而孔隙率试验的准确性要高得多，用孔隙率 $n=10\%$～15%来控制整平胶结层质量的合理性是显而易见的，不仅可以满足整平胶结层的功能要求，而且在经济上也是合理的。

2.5.3　沥青混凝土原材料及配合比

组成水工沥青混凝土的沥青、骨料、填料、掺料等原材料，应按照《土石坝沥青混凝土面板和心墙设计规范》中规定的要求进行选择。

沥青混凝土配合比应通过室内试验和现场铺设试验进行选择。所选配合比的各项技术指标应满足设计要求，并应有良好的施工性能，且经济上合理。在无试验资料时，可参照《土石坝沥青混凝土面板和心墙设计规范》附录初步选择沥青混凝土配合比，用作估算成本和施工准备。

国内已建几个工程的沥青混凝土配合比资料可参见《土石坝沥青混凝土面板和心墙设计规范》。

国内、外有关工程对沥青和填料的要求见表 6-2-16 和表 6-2-17。

表 6-2-16　　国内几个工程对沥青和填料的技术要求

项　目	天荒坪	西龙池	宝泉	张河湾	茅坪溪心墙
沥青类型	DIN 1995 标准，沙特壳牌 B45、B80	欢喜岭 B—90 沥青和掺加 SBS 添合料的改性沥青	辽河油田	克拉玛依和盘锦沥青	克拉玛依高级里面沥青、中海 36—1 水工沥青
加热前的特性					
针入度（25℃，1/10mm）	35～50	70～100	60～100	70～90	60～80
软化点（环球法,℃）	54～59	45～52	45～52	45～52	47～54
脆点（℃）	≤－6	≤－10	≤－10	≤－10	
延度（25℃，cm）	≥40	≥150（15℃）	≥150（15℃，5cm/min）	≥150（15℃，5cm/min）	>150（15℃）
含蜡量（蒸馏法,%）	≤2	≤2	≤2	≤2.0	<2

续表

项　目	天荒坪	西龙池	宝泉	张河湾	茅坪溪心墙
沥青类型	DIN 1995 标准，沙特壳牌 B45、B80	欢喜岭 B—90 沥青和掺加 SBS 添合料的改性沥青	辽河油田	克拉玛依和盘锦沥青	克拉玛依高级里面沥青、中海 36—1 水工沥青
密重（25℃，g/cm³）	1.0	实测	≥1.0	实测	1.01～1.05
溶解度（%）	>99	≥99	≥99	≥99	>99.5
含灰量（%）	≤0.5	≤0.5	≤0.5	≤0.5	
闪点（℃）	>230	≥230	>230	>230	>230
加热后的特性（中国规范：薄膜烘箱试验，163℃，5h；德国承包商：圆底烧瓶，165℃，5h）					
重量损失（%）	≤1.0	≤0.6	≤1.0	≤1.0	<0.5
软化点升高（℃）	≤5	≤5	≤5	≤5	
针入度比（%）	≥70	≥68	≥65	≥65	>70
脆点（℃）	≤−5	≤−7	≤−8	≤−8	<−8
延度（25℃，cm）	≥15	≥100（15℃）	≥100（15℃，5cm/min）	≥100（15℃，5cm/min）	>100（15℃）

表 6-2-17　　国外几个工程对沥青的技术要求

项　目		日本新高野山坝，大津歧坝	西班牙阿波诺坝	美国蒙哥马坝	日本蛇尾川	日本大门水库	美国水工沥青标准
针入度	25℃，10g，5s		60～70	50～60	60～80	70±5	70～100
	0℃，200g			最小 12			
软化点（℃）		50～60		>51.4	44～52	50±2	44～49
针入度指数（PI）		−0.5～0.5	−1～1			−0.5～0.5	
延度（25℃，cm）		>100		≥140	≥100（15℃）	≥100（15℃）	≥5（7℃）
闪点（℃）		280	200	236	>260	>260	
密重（25℃，g/cm³）		1.01～1.06	1～1.05		>1	>1	>1
溶解度（%）	溶于四氯化碳	>99.5	99		>99	>99	>99.5
	溶于二硫化碳		99.5				

续表

项　目		日本新高野山坝，大津歧坝	西班牙阿波诺坝	美国蒙哥马坝	日本蛇尾川	日本大门水库	美国水工沥青标准
脆点（弗拉斯，℃）		≤−12	≤−10			≤−12	≤−10
薄膜烘箱试验	残留针入度（25℃）%			>65	>55	>55	
	残留针入度（25℃）%			>70			
	延度（25℃）%			>80			>2（7℃）
	软化点增加（%）			≤10			65
	重量损失（%）			≤0.3	≤0.6	≤0.6	
蒸发后针入度比（%）		>80			>110	>110	
加热损失（5h）（%）			≤1			≤1	
加热后针入度比（25℃）（%）			>60			>60	

2.5.4　与其他建筑物的连接

沥青混凝土面板与基础、岸坡和刚性建筑物的连接部位，是整个面板防渗系统中的薄弱环节，在工程设计与施工中应予以高度重视。沥青混凝土与其他建筑物的接缝类型主要有与普通混凝土结构的接缝及与坝顶结构的接缝等。

沥青混凝土面板与基础、岸坡和刚性建筑物的连接结构，应根据连接部位的相对变形及水头大小等条件进行设计，以保证连接部位不发生开裂、漏水。连接部位的设计，主要是解决由于不均匀沉陷和相对位移而导致沥青混凝土面板的开裂破坏问题。根据已建工程经验，主要可采取以下措施：①减少齿墙、基础防渗墙、岸墩、刚性建筑物对面板边界的约束，允许面板滑移而不破坏防渗性能；②将集中的不均匀沉陷在一定范围内分散开，使沥青混凝土防渗层的变形与其相适应而不开裂；③在这些部位加厚沥青混凝土，铺设聚脂网加筋材料，提高其抗裂能力等。由于连接部位变形复杂，其构造和材料性能也各不相同，对于重要工程的连接结构形式应进行模型试验论证。特别要注意的是，与沥青混凝土相连接的刚性建筑物表面应采用渐变的圆弧面，以避免沥青混凝土表面由于应力集中出现裂缝。国内几座沥青混凝土面板工程的实施，已经为此类结构的设计积累了经验。接缝的结构形式主要在于接触面的长度与厚度，如果设置加筋材料则对整个结构强度，即抗破坏能力有较大幅度的提高，可减薄接触部位的厚度，但接触面的长度仍需保证。

（一）与普通混凝土结构的接缝

沥青混凝土周边通常是与普通混凝土进行连接。设计中一般不会考虑沥青混凝土与岩石基础直接相接，总是浇筑成一定型式常规混凝土结构，形成沥青混凝土与常规混凝土结构的接缝。一些工程沥青混凝土面板与混凝土结构连接详图见图 6-2-19～图 6-2-22。

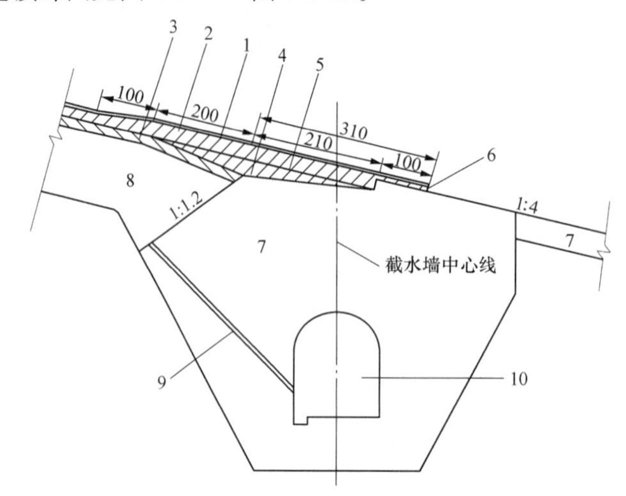

图 6-2-19　天荒坪抽水蓄能电站上水库沥青混凝土面板与斜坡截水墙连接详图（单位：cm）

1—玛蒂脂封闭层 2mm；2—防渗层 10cm；3—整平胶结层 8cm；4—加厚层；5—加强网格；6—角钢；7—混凝土；8—垫层料；9—排水管；10—排水廊道

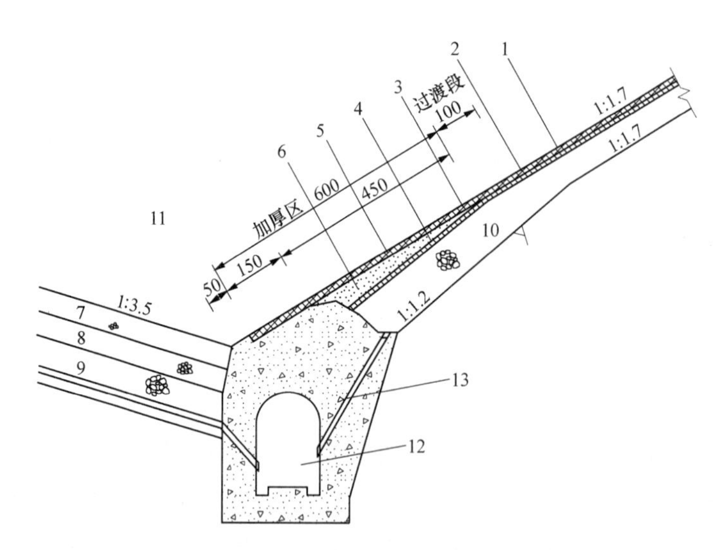

图 6-2-20　宝泉抽水蓄能电站上水库库底截水墙与岸坡沥青混凝土面板连接详图（单位：cm）

1—玛蒂脂封闭层 2mm；2—防渗层 10cm；3—加厚层 5cm；4—整平胶结层 10cm；5—加强网格；6—沥青砂浆楔形体；7—反滤一厚 50cm；8—反滤二厚 50cm；9—过渡层厚 100cm；10—碎石垫层厚 60cm；11—黏土料；12—排水观测廊道；13—排水管

（二）与坝顶结构的接缝

沥青混凝土与坝顶结构的接缝一般是指与防浪墙混凝土之间的接缝，与其他混凝土结构接缝的不同之处在于施工程序的不同，与其他混凝土结构的接缝总是沥青混凝土后施工，而与防浪墙混凝土之间的接缝须沥青混凝土先施工，再进行防浪墙混凝土的施工。坝顶部位的沥青混凝土面板在有防浪墙时要综合考虑，设置防浪墙的底高程宜高于正常蓄水位或设计洪水位，防浪墙与沥青混凝土面板之间的接缝可采用沥青玛蒂脂等柔性材料封闭，这样易于修补。

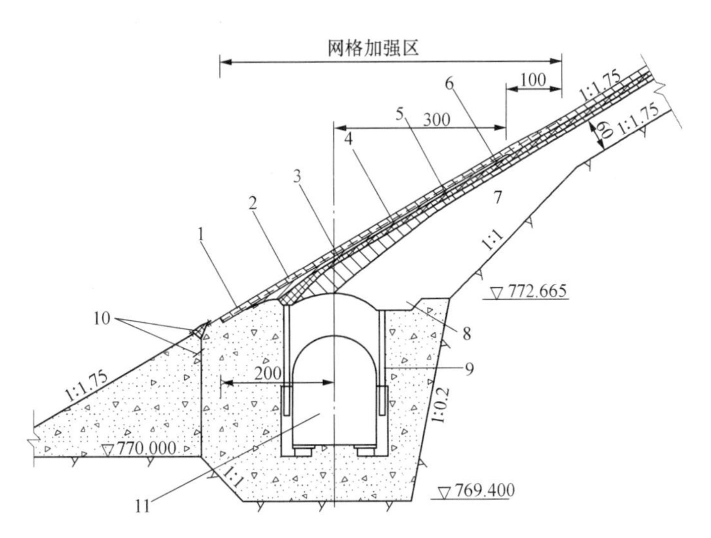

图 6-2-21　张河湾抽水蓄能电站上水库复式断面沥青混凝土面板与进水口上部廊道的连接详图（单位：cm）

1—沥青玛蒂脂封闭层；2—上防渗层；3—加强层；4—排水层；5—整平胶结防渗层；6—加强网格；7—碎石垫层；8—集水沟；9—塑料排水管；10—止水带；11—排水廊道

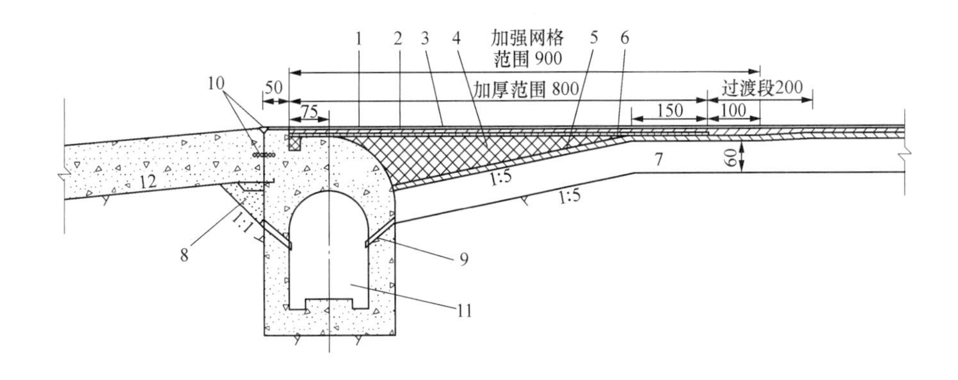

图 6-2-22　西龙池抽水蓄能电站下水库库底沥青混凝土面板与库坡混凝土面板的连接详图（单位：cm）

1—沥青玛蒂脂封闭层；2—防渗层；3—加强层；4—沥青砂浆楔形体；5—整平胶结层；6—加强网格；7—碎石垫层；8—无砂混凝土；9—塑料排水管；10—止水带；11—排水廊道；12—混凝土面板

图 6-2-23 和图 6-2-24 是天荒坪抽水蓄能电站工程采用的两种面板与防浪墙相接的结构形式。图 6-2-23所示的主坝坝顶结构是较为常规的方法，沥青混凝土面板与防浪墙的接缝采用沥青玛蒂脂封闭，这样检修较为简单。

图 6-2-25～图 6-2-27 分别是宝泉抽水蓄能电站上水库、张河湾抽水蓄能电站上水库和西龙池抽水蓄能电站下水库沥青混凝土面板与坝顶的连接详图。

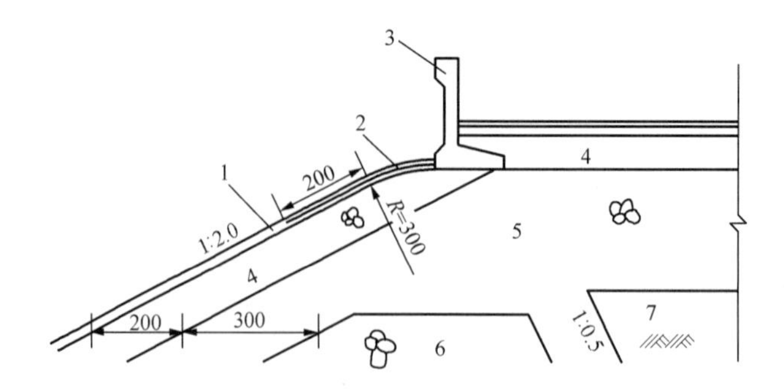

图 6-2-23　天荒坪抽水蓄能电站上水库沥青混凝土面板与主坝防浪墙连接详图（单位：cm）

1—沥青混凝土面板 20.2cm；2—聚脂网格；3—防浪墙；4—垫层料；5—过渡料；6—主堆石；7—全强风化土石料

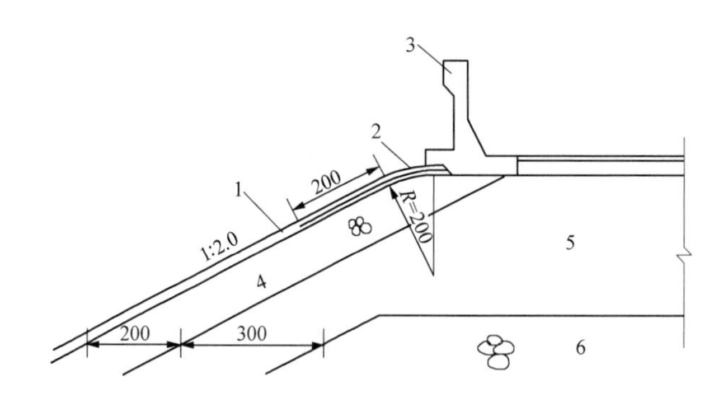

图 6-2-24　天荒坪抽水蓄能电站上水库东副坝顶面板与防浪墙连接详图（单位：cm）

1—沥青混凝土面板 20.2cm；2—加强网格；3—防浪墙；4—垫层料；5—过渡料；6—主堆石

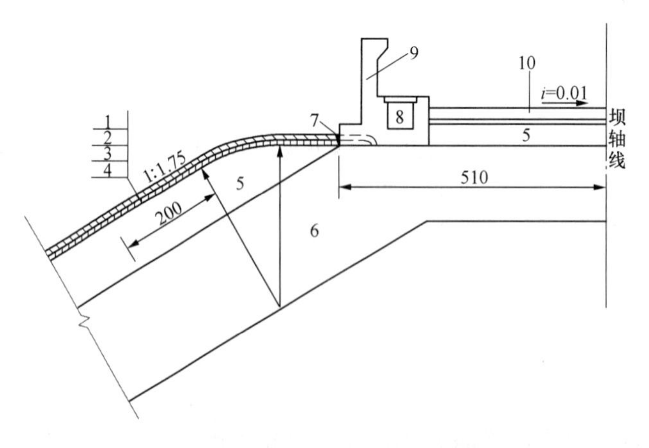

图 6-2-25　宝泉抽水蓄能电站上水库沥青混凝土面板与坝顶的连接详图（单位：cm）

1—沥青玛蒂脂封闭层；2—防渗层；3—加强网格；4—整平胶结防渗层；5—碎石垫层；6—过渡层；7—沥青玛蒂脂填缝；8—电缆沟；9—防浪墙；10—混凝土路面

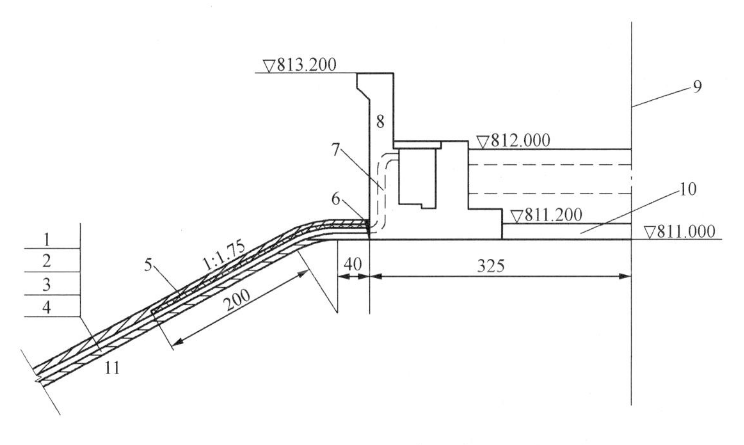

图 6-2-26　张河湾抽水蓄能电站复式断面沥青混凝土面板与坝顶的连接详图（单位：cm）

1—沥青玛蒂脂封闭层；2—上防渗层；3—排水层；4—整平胶结防渗层；5—加强网格；6—沥青玛蒂脂填缝；7—ϕ70mm 通气管；8—防浪墙；9—坝轴线；10—临时碎石路面；11—碎石垫层

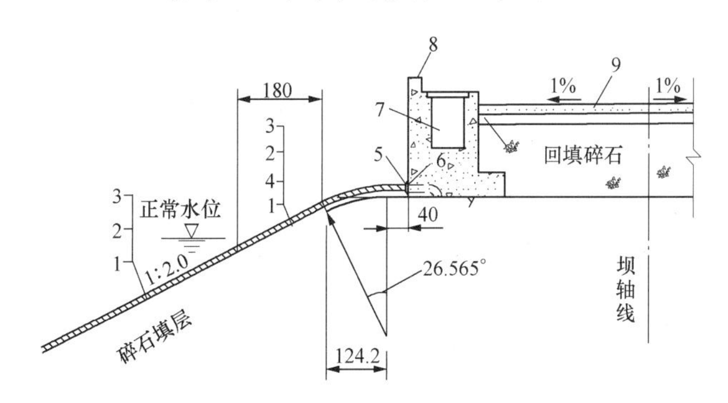

图 6-2-27　西龙池抽水蓄能电站下水库沥青混凝土面板与坝顶的连接详图（单位：cm）

1—整平胶结层；2—防渗层；3—封闭层；4—加强网格；5—改性沥青玛蒂脂封缝；6—止水带；7—电缆沟；8—栏杆基础；9—混凝土路面

2.5.5　基础排水

（一）排水垫层

早期兴建的沥青混凝土面板排水垫层多采用干砌石、水泥混凝土等。随着机械化施工的发展，多数工程采用碎石或卵砾石排水垫层，这样可调整坝体不均匀沉陷，便于机械化施工，施工速度较快。我国近期修建的沥青混凝土面板工程均采用碎石排水垫层。

基础排水垫层的厚度可以参照相关的工程实践确定，一般库岸采用 60～90cm，库底采用 50～60cm，基础较差部位宜适当加厚。

为防止面板在库水位急剧下降时，面板后出现较大的反向水压力，要求面板后的排水垫层具有较强的排水能力，一般渗透系数不小于 1×10^{-2}cm/s。为此，要求碎石或卵砾石垫层最大粒径不宜超过 80mm，小于 5mm 粒径含量为 25%～40%，小于 0.075mm 粒径含量不宜超过 5%。

沥青混凝土护面本身对下卧层变形模量的要求并不高，随水头的高低而定，重要的是变形的均匀性。沥青混凝土面板的施工机械一般较大，因此施工集中荷载也较大，对低水头水库就成为对下卧层的变形模量要求的控制因素，施工机械对下卧层表面的变形模量要求不小于 35MPa。国内所建工程如天荒坪、宝泉、西龙池、张河湾抽水蓄能电站等均按此标准控制，但实际变形模量一般可达50MPa以上。对于承受较高水头的沥青混凝土面板基础垫层，其施工压实后的变形模量宜适当提高。

（二）排水观测系统

沥青混凝土面板防渗工程的排水观测系统与混凝土面板防渗基本相同，采用排水管、排水廊道收集渗水，排往坝体下游集水池，有条件时可以用泵回收到上库。天荒坪抽水蓄能电站上水库的排水系统布置平面见图6-2-28。

2.5.6 沥青混凝土面板的施工

随着现代沥青混凝土的施工机具、检测设备和试验仪器的发展，沥青混凝土的设计与施工工艺也有了较大的发展。现代化的检测设备和试验仪器使沥青混凝土的各项性能指标准确地展现出来，为沥青混凝土防渗技术的应用打下良好基础。

沥青混凝土面板施工是一项专业性较强的作业，不论从施工机械的配备、作业技巧、现场技术管理、物料供应、工序衔接、施工检测、质量控制、安全措施等多个环节均有其特殊性，因此宜由专业承包商实施较为可靠，对于工程的进度控制、质量控制、成本控制及安全保证均较有利。

沥青混凝土摊铺工作面在未移交给沥青混凝土承包商之前，先由土建承包商作好准备，并在下卧层上喷洒了乳化沥青，因此沥青混凝土承包商接收后进行摊铺时不需要再做其他准备工作。如果要摊铺的工作面很脏，有其他杂物或灰尘，需要清理杂物，用水洗掉或用压缩空气吹掉尘埃。如果下卧层出现杂草应连根除掉，并喷洒除草剂，保持清洁的工作面。

下面以天荒坪抽水蓄能电站工程为例，简要介绍沥青混凝土面板简式结构的施工工艺。

（一）整平胶结层

整平胶结层的混合物是半开级配沥青混凝土，是下卧层和防渗层的过渡层，因此要求有一定的渗透性和孔隙率，一般要求孔隙率为10%～15%。整平胶结层在下卧层已喷好乳化沥青后施工。库底摊铺时，拌和楼拌和好的成品沥青混合物用20t自卸汽车运至摊铺区域，直接把料卸入摊铺机的料斗中，其温度在140～180℃范围，摊铺机以3m/min左右的速度自行摊铺，摊铺条幅宽度4～5m。

摊铺机装有高性能刮板将料刮平铺匀后，用自身的夯条和振动板预碾压，然后用一台静压重为4.5t的振动碾不振动碾压2～3遍（第一遍碾压温度要求高于120℃），再用一台5.5 t碾压机振动碾压2～3遍，有时还在局部部位进行补压，以达到技术规范要求的孔隙率为止。

另外在条幅边缘用机械碾压不到的地方利用手提式振动夯进行补压。在库底摊铺条幅末端用钢模板挡住混合料，待碾压完毕后，立即将模板移开，用手提式振动夯进行夯击，如果温度降低可用液化加热器边加热边夯击。

坝面或库岸施工采用20t自卸汽车把混合料运到坝顶或环库公路，分两次将料倒入主绞车门架上的料斗中（每斗8～10t），料斗沿门架轨道上升到顶部将料卸入门架内的喂料机，喂料机在主绞车钢绳的牵引下将料倒入摊铺机，因摊铺机料斗容量有限，自下而上铺筑一条幅需要喂料机不断向摊铺机供料，当摊铺到坝顶或环库公路时，将喂料机、摊铺机插入主绞车门架内，沿坝顶或环库公路移动一条幅宽度（一般情况下，摊铺机的最大摊铺宽度为5m），然后再开始下一条幅摊铺。

在摊铺过程中，首先用摊铺机自身预碾压，接着用牵拉在主绞车上的振动碾从下到上斜坡碾压，当碾压机上行时碾子才振动，碾压机在主绞车控制室人员的操作下，沿横向轨道自左向右移动牵拉碾压机进行碾压。见图6-2-29。

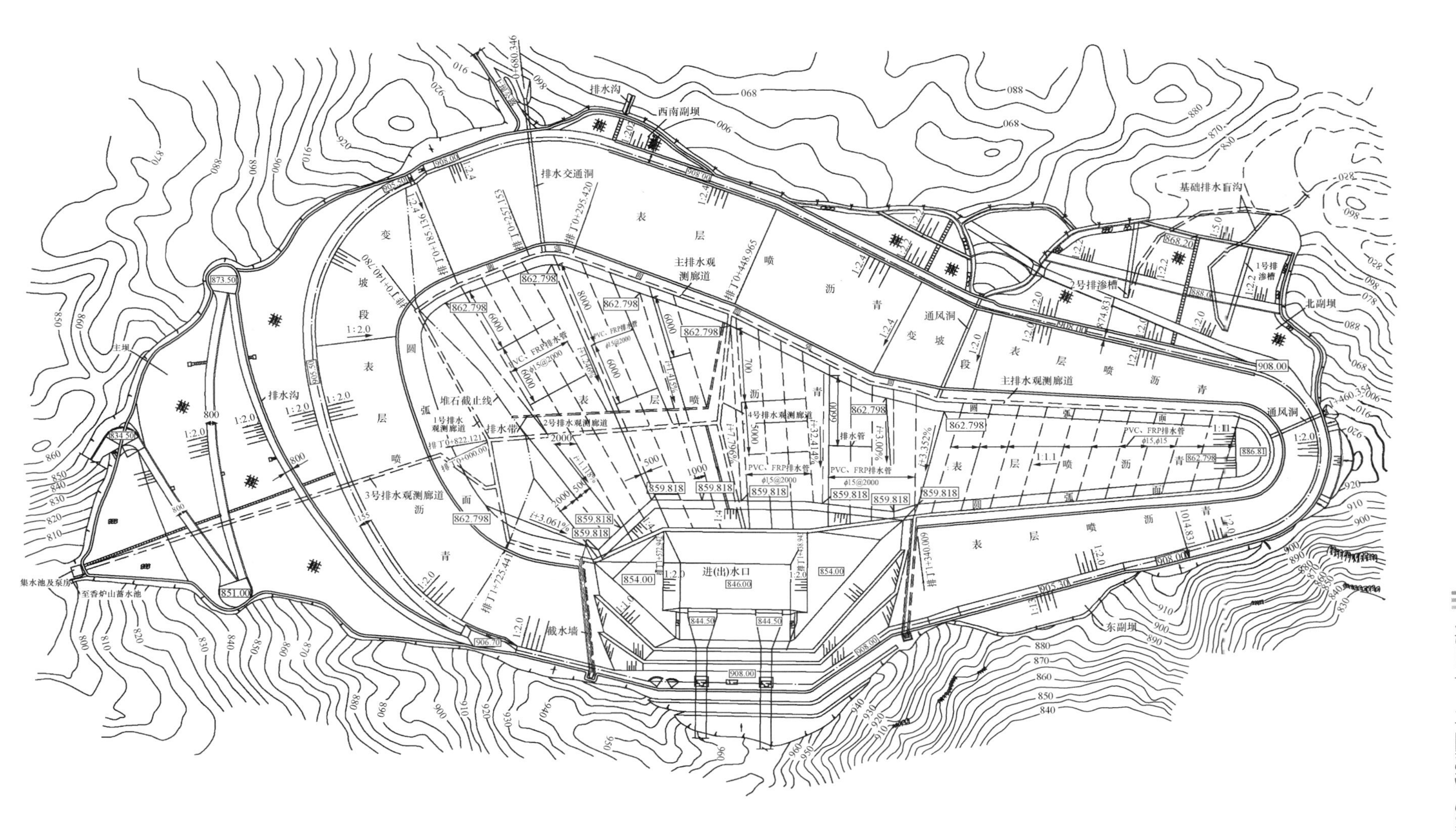

图 6-2-28　天荒坪抽水蓄能电站上水库排水系统布置平面图

图 6-2-29　天荒坪抽水蓄能电站沥青混凝土斜坡摊铺施工照片

再接着用另一台卷扬绞车牵引碾压机上下往返，不振动碾压，当碾压机到达坝顶时被拉入绞车一起沿坝顶移动一个碾子宽度，依次碾压完一个摊铺条幅，然后再开动绞车回到碾压起点，开始第二遍，但碾压条幅中心线错开以免漏碾。碾压遍数与库底基本相同。

在库岸斜坡碾压中不一定每条都通条碾压，可局部碾压或补压，一般情况下，初碾速度较慢，随着遍数增加，碾压速度可稍加快，不振动碾压比振动碾要快，向下碾压比向上碾压要快。

在坝顶边缘摊铺机摊不到，碾压机也压不到的地方用人工利用铁铲等工具将料摊平，并用振动夯夯击。

（二）防渗层

防渗层是沥青混凝土防渗护面工程中的关键部分，它不仅要防渗而且还要适应变形，有一定的斜坡稳定性，要求孔隙率不小于 3%。天荒坪抽水蓄能电站工程的合同要求全部防渗层的摊铺厚度不小于 10cm。

防渗层沥青混凝土备料岩性与整平胶结层一样，为灰岩，由同一个轧石筛分系统供给。

防渗层混合物与胶结层混合物在同一座拌和楼生产（但同时不能生产两种级配的料），用同样的运输、摊铺、碾压设备及施工方法，但需要在防渗层摊铺之前，对胶结层表面进行处理使其表面洁净并喷上乳化沥青，用量约为 0.1～0.2kg/m^2。

防渗层的碾压遍数比整平胶结层相应增加，一般振动碾压为 3～4 遍，不振动碾压为 4 遍，在保证满足技术规范规定的渗透系数和孔隙率的情况下，使之表面光滑。

为确保沥青混凝土摊铺质量，在现场设有专职人员对混合物温度进行跟踪控制，用电子温度计测量摊铺料斗中料的温度和摊铺好碾压时的温度和厚度，并作好记录（摊铺日期和来料时间）。

（三）加厚层

加厚层设在整平胶结层与防渗层之间，如果胶结层摊铺已久，表面已脏，应用水和压缩空气处理干净，为使上下层黏结良好，摊铺前在胶结层表面喷涂乳化沥青，用量为 0.2～0.4kg/m^2，加厚层的配合比和防渗层的配合比相同。加厚层在防渗层摊铺之前摊铺，在西库岸有块不大的面积采用一次性摊铺，试验证明其质量也满足合同技术规范的要求。

（四）聚脂网格

聚脂网格布置在圆弧段加固区域（库底与库岸过渡区）以及沥青混凝土护面与截水墙的连接部位等处。聚脂网格应铺设在整平胶结层上面，加厚层下面，用 5cm 厚的由防渗层材料组成的加厚层进行加固。

聚脂网格沿库岸垂直方向铺设，用乳化沥青和钢钉固定在整平胶结层上，相邻两条网格的边缘搭接 24cm。

施工过程中在刚铺的（新鲜的）整平胶结层上立即铺设聚脂网格时，不用喷乳化沥青，如果整平胶结层摊铺已久，铺设聚脂网格时应喷乳化沥青。

在摊铺5cm加厚层时，先将每幅聚脂网格的上下端用人工将其整平，以每幅5m的宽度，从库底开始向上垂直摊设，以便在铺设防渗层时能有平滑过渡。

（五）封闭层摊涂

封闭层主要是对防渗层起保护作用，用这种沥青含量很高的材料涂在防渗层表面免于沥青混凝土被氧化和紫外线辐射而老化。

封闭层玛蹄脂拌和通常有两种方法：一种先在拌和楼拌和再注入玛蹄脂搅拌器中拌和，另一种将料直接加到玛蹄脂搅拌器中拌和。天荒坪抽水蓄能电站工程采用后一种，首先加入热沥青B80或B45（B80用于库底、B45用于库岸），然后用装载机加入填料，其成份为沥青30%、填料70%，将两种材料一起搅拌，同时加温到180～220℃。

搅拌器中的材料经搅拌加热到规定的温度，用汽车拖到摊铺区域，打开搅拌器前端的阀门，热料通过溜槽自流到摊涂机的料斗里，在库底摊涂用碾压机拖拉着进行，在库岸或坝面则用环库公路或坝顶上卷扬绞车牵引在斜坡上自下而上进行摊涂，料斗的容量足以满足滩涂一条幅的用料，不需中途加料。

摊涂时液体材料（玛蹄脂）通过摊涂机料斗下面的出料管阀门控制，将料流到防渗层面上，并由安装在摊涂机前面的带有橡皮板的刮板将材料均匀分布开，摊涂宽度2.5～3m。

封闭层厚度为2mm，分两层摊铺，每次摊铺1mm，当第一条幅摊铺之后，紧接着摊铺第二条幅时，重复摊涂第一条幅宽度的一半，摊铺第三条幅时重复摊涂第二条幅宽度的一半，依次类推。每一个面上都摊涂两遍。摊涂机前面安装的橡皮刮板，可左右移动，在重复摊涂上条幅时，只要将橡皮刮板移向一侧（左或右）即可实现。见图6-2-30。

图6-2-30　天荒坪抽水蓄能电站沥青混凝土封闭层涂刷照片

封闭层玛蹄脂搅拌器装有电子温度控制器，将材料温度控制在规定的范围，即190～210℃，若低于规定温度，搅拌器上的燃气罐可自动加热保持着规定温度。

（六）特殊部位的施工技术

接缝：分整平胶结层和防渗层接缝，这两种接缝在处理方法及要求有所不同。

整平胶结层接缝。摊铺机在铺筑整平胶结层时，用自身的压板将接缝边界压成与下层面成45°角，而后再铺筑相邻条幅时不需作特殊处理。

防渗层接缝。摊铺防渗层时基本按技术规范要求进行，防渗层的接缝与整平胶结层的接缝错开至少0.5m，防渗层采用双层摊铺时（有加厚层时），上、下层接缝错开至少1.0m，防渗层与胶结层的接缝不重叠。按规定在库岸斜坡面和库底防渗层沥青混凝土不应有横接缝，但在施工过程有时不可避免，如突然下起阵雨或者不可预见的原因，不得不立刻停止摊铺，在这一条幅中途就留下横缝。横缝处理的方法、要求与纵缝相同。

热缝：所谓热缝是指在摊铺第二条幅时，相邻的第一条幅的混合物已经预压实，但温度仍处于80℃以上，适于碾压情况的接缝，摊铺机用料将接缝处摊满压平，两条幅之间的沥青混凝土不需要作特殊处理，两条幅接缝一起碾压。

有时因故障，摊铺的混合物来不及碾压，温度已降到低于规范要求，只好作报废处理，将废料挖除，重新摊铺。有时因气温低风力大，接缝的温度已降低到80℃以下，为了保证沥青混凝土质量，停止沥青混凝土摊铺，按照冷缝处理。

冷缝：一般指一天摊铺工作结束所形成的接缝，或者某个区域边缘需要日后进行摊铺所形成的缝，摊铺机在条幅边界压成与层面45°角，或者利用手提式振动锤将先摊铺的材料在接缝处夯击成与层面成45°角，日后再继续进行后处理施工。

所谓后处理就是在已摊铺碾压数日后的防渗层冷缝处用红外加热器进行加热达到规定的温度和深度之后再用小型电动振动锤振实，使之表面光滑，刚处理好时可以明显看出一条油光发亮的带。

根据不同的气候条件和工程不同区域部位，合理地选择红外加热器的长度和功率，对冷缝加热时间的长短及每次移动的距离等是保证冷缝处理的重要因素。

（七）沥青混合料低温与雨季的施工技术

一般情况下，在没有特殊的保护措施时，不得在如下情况下进行施工：环境气温低于5℃；浓雾或强风；遇雨或表面潮湿；夜间。

当摊铺防渗层过程中遇雨、雪时，应立即停止摊铺作业，并将已摊铺部分压实。已经离析或结成不能压碎的硬壳、团块或在运输车辆卸料时流于车上的混合物，以及低于规定铺筑温度或被雨水淋湿的混合物应废弃。不能完成压实的混合物不得再用于该工程。已拌和的质量合格的混合物若因某种原因没有用于该工程，应将混合物制成50cm×50cm×50cm的沥青混凝土块存放在指定场所。其他废弃的混合物应丢弃在指定的场所。在摊铺之前，必须对下层进行检查并取得批准后进行。

实际施工时，当环境温度低于5℃时不进行整平胶结层和防渗层摊铺。有时早晨气温低于5℃，并有霜冻，需等气温升高、霜冻熔化，用燃气加热器将要摊铺的表面进行烘干加热处理后，再进行局部的、小范围的摊铺。

施工中对刮风和大雾天气执行并不严格，没有确切的规定风力几级不能施工，有时在大雾能见度较低的情况下，仍在施工，但限于摊铺整平胶结层。

当日的天气情况主要根据气象预报，也注意观察天气变化，预测可能下雨的时间，控制沥青混凝土生产；如果突然遇到预料之外的雷阵雨时，拌和楼立即停止生产，将已拌和好的热混合料送到热料保温仓中，暂时保存，可保存1～2h，每小时温度降低1～2℃。若2h以上还不能摊铺，混合料温度低于规范规定的温度就作废料处理，或制作成标准块体保存。

如果混合料已运到坝顶（库底）还未来得及摊铺，突然下雨，可用帆布篷盖上，拉回到拌和楼附近的工棚下避雨等候时机，若天气很快好转，混合料温度虽有降低，但还在规范范围之内，仍可继续使用，若超过出规范规定则作废料处理。

2.5.7　沥青混凝土面板的修补

施工质量良好的致密的沥青混凝土面板几乎是不漏水的，最易出现面板裂缝和缺陷的时期是蓄水初期，过快的水位上升或下降极易引起过大的基础层变形，从而导致面板出现裂缝。

沥青混凝土面板的裂缝处理是比较方便和快速的。对深层裂缝，需把裂缝一定范围内的防渗层和整平胶结层挖除，如垫层料已有所流失，垫层料也宜置换，然后重新回填新拌的沥青混凝土，可以用防渗层沥青混凝土代替整平胶结层以方便施工。对于面板上的浅层细微裂缝，经过表面简单清理后，覆盖一层新拌的沥青混凝土加厚层即可。

为使沥青混凝土面板裂缝能够得到及时有效的处理，在面板施工完毕后必须储备一定数量的沥青和混凝土骨料，当运行期出现裂缝后就能及时处理。

（1）天荒坪抽水蓄能电站上水库沥青混凝土面板裂缝及处理。

天荒坪抽水蓄能电站上水库从1998年7月开始初期蓄水，在此后的3年多时间里，共出现4次裂缝处理情况，裂缝开度最大的有2cm，最大长度约5m。除第二次裂缝较深进行挖除处理外，其余几次均进行表面处理后就开始重新蓄水。

分析裂缝产生的主要原因有几个，包括地基不均匀沉降的影响、施工方法及施工道路的影响、蓄水速度的影响及沥青混凝土护面施工质量的影响。

（2）宝泉抽水蓄能电站上水库沥青混凝土面板裂缝及处理。

宝泉抽水蓄能电站上水库主坝沥青混凝土面板在施工期（2007年8月初）出现了局部沉降、塌陷、脱空、拉裂现象。经过对施工过程中沉降观测资料、地形地质条件、基础处理措施以及施工期气候条件等分析，认为主要原因是7月底暴雨造成的。

处理措施：经雷达检测，对脱空严重的区域，拆除沥青混凝土，对垫层进行检查后，拆除或重新碾压进行处理，再浇筑沥青混凝土；对轻微脱空区，采用斜坡碾静碾1～4遍即可；对主坝库底水平段防渗层表面出现的大面积网格状裂缝，由于仅为表面裂缝，在已产生裂缝区域上部加一层聚酯网格，然后加铺厚5cm，宽5m的附加防渗层。

2.5.8 工程实例

（一）天荒坪抽水蓄能电站上水库

天荒坪抽水蓄能电站上水库共布置有主坝、4座副坝、库岸和进水口。水库设计最高蓄水位905.2m，设计最低蓄水位863m。总库容919.2万m^3，有效库容881.23万m^3，水库工作深度42.20m，正常运行时水位日变幅28.42m。上水库工程平面布置见图6-1-3。

主坝和北副坝选用土石坝；东副坝为堆石坝；西副坝、西南副坝选用土坝，以便充分利用库内和坝基开挖出来的大量全风化、强风化料。主坝坝高72m，北、东、西、西南副坝坝高分别为35m、32.5m、17m及9.3m。

除进/出水口附近的东库岸岩质边坡用喷混凝土护面，进/出水口前池底部用混凝土护底外，上水库全库盆采用沥青混凝土面板防渗，坝体面板坡度1∶2.0，库岸面板坡度1∶2.0～1∶2.4，库底北高南低，并且倾向进水口。整个库盆防渗面积为28.5万m^2。

面板采用简式结构，表层封闭层厚度为2mm，防渗层厚度10cm，库底整平胶结层厚度为8cm，坝坡及岸坡整平胶结层厚度为10cm。

坝体面板后的碎石排水垫层水平宽度为2m，过渡层水平宽度为4m；库岸边坡面板下的排水垫层（包括反滤层）厚度为90cm，库底碎石排水垫层（包括反滤层）厚度为60cm，基础较差部位适当加厚。

排水垫层渗透系数大于5×10^{-2}cm/s。库底排水管为PVC/REP复合管，布置于排水垫层内，内径20cm，有直管、三通、四通，间距25m，直管两端接入排水观测廊道或截水墙廊道内。

整个上库的排水系统由以下几部分组成：坝坡、岸坡及库底的排水垫层；库底PVC/REP排水管；排水观测廊道和截水墙廊道。所有库内渗水和地下水将通过排水垫层、PVC/REP排水管、排水观测廊道、截水墙廊道，最后通过主坝坝下排水观测廊道将水排入主坝下游的香炉山集水池，并通过泵房将水抽至搁天岭高位水池作为夏天喷淋水源。

（二）宝泉抽水蓄能电站上水库

宝泉抽水蓄能电站上水库位于峪河左岸的东沟内，有效库容 634.8 万 m^3，主坝为沥青混凝土面板堆石坝，最大坝高 92.5m，上游坝坡 1∶1.7，下游局部坝坡 1∶1.5，在库尾建浆砌石副坝拦截库尾固体径流。除进水口外，库岸为沥青混凝土面板防渗，坡比 1∶1.7。上水库工程平面布置见图6-2-31。

上水库右岸山体雄厚，左岸山体相对单薄，临谷峪河深切，地形上具备向邻谷渗漏条件；构成库岸的地层近水平状，层内裂隙、溶隙发育，属于多层含水层结构，特殊的地层结构有利于库水向外渗漏；断层主要有 F_1～F_6 六条，透水性较强。针对其地形、地质特点，上水库库岸采用沥青混凝土面板防渗，库底采用黏土铺盖防渗。

库底黏土层厚 4.5m，上覆 10cm 厚的反滤层及 20cm 厚的碎石垫；黏土层下为 100cm 厚的反滤层（两层）和 100cm 厚过渡层。由于副坝基础高程已较高，副坝与黏土铺盖库底之间是 1∶4.5 的沥青混凝土斜坡，1∶4.5 的斜坡与库岸 1∶1.7 的边坡相接形成沥青混凝土库岸边坡。

沥青混凝土面板均采用简式结构，表层封闭层厚度为 2mm，防渗层厚度 10cm，整平胶结层厚度为 10cm。

坝体面板后的碎石排水垫层水平宽度为 1.5m，过渡层水平宽度为 4m；库岸边坡面板下的排水垫层厚度为 60cm。

沿库底一周设排水观测廊道，库岸边坡上的渗水通过碎石排水垫层的排水管汇入排水廊道，库底渗水通过库底的反滤层、过渡层和排水管汇入排水廊道。所有渗水集中后通过主坝坝基两侧的排水廊道排往下游。

（三）西龙池抽水蓄能电站上水库

西龙池抽水蓄能电站上水库库址位于滹沱河西河村河段左岸峰顶的西龙池村，西闪虎沟沟脑部位。上水库由 1 座主坝和 3 座副坝所围成，总库容 485.1 万 m^3。上水库设计中以尽量不破坏库周分水岭和不影响边坡稳定及可利用料挖填平衡为目的进行体形优化。上水库库区主要地层为上马家沟组第 2 组层，岩性为灰岩、白云岩、泥质灰岩等，呈互层状生成，岩溶相对发育，地下水位远低于库底，岩体渗透性比较大。上马家沟组第 2 组中的 O_2s^{2-2}、O_2s^{2-4}、O_2s^{2-6} 岩层以白云岩为主，且存在软弱夹层，为减少渗漏量和防止因渗水使软弱夹层强度指标降低而危及库岸边坡的稳定，确定上水库采用全库盆防渗措施，防渗面积 21.77 万 m^2。工程平面布置见图 6-2-32。

全库盆沥青混凝土防渗面板采用简式结构，表层封闭层厚度为 2mm，防渗层厚度 10cm，整平胶结层厚度为 10cm。

上水库主坝坝顶高程 1494.5m，坝顶轴线长度 401.16m，最大坝高 50m，坝顶宽度 10m，上游坝坡 1∶2，下游坝坡 1∶1.7，最大断面底宽约 200m。主坝填筑分区有碎石垫层、过渡层、主堆石、下游堆石、排水棱体、下游坝面干砌石护坡等。

主坝和两座副坝沥青面板后均设置水平宽度 3.0m 的碎石排水垫层，渗透系数大于 1×10^{-2} cm/s。大坝分区设计满足坝体排水要求，同时碎石排水垫层在坝脚处与库底排水垫层连接，可将渗水经排水垫层、排水花管排至库底排水廊道。

库岸开挖基础除 O_2s^{2-6} 层为全强风化岩外，其余均为弱风化灰岩或白云岩。经必要的基础处理后，在库岸和库底设置厚度 60cm 的碎石排水垫层，渗透系数大于 8×10^{-3} cm/s。库岸的碎石排水垫层和库底的排水垫层料连接，渗水经由库底排水垫层及排水花管排至库底排水廊道。

（四）张河湾抽水蓄能电站上水库

张河湾抽水蓄能电站上水库位于甘淘河左岸的老爷庙山顶，东、北、西三面受沟谷深切，相对高差 300～400m，地形狭长；库基为寒武系馒头组（灰岩、泥岩、泥灰岩、砂泥岩和粉砂岩）和长城系大红峪组（石英砂岩、铁质砂岩、长英砂岩）岩层，多层间夹泥软弱夹层，夹层抗剪强度低，饱水后则更

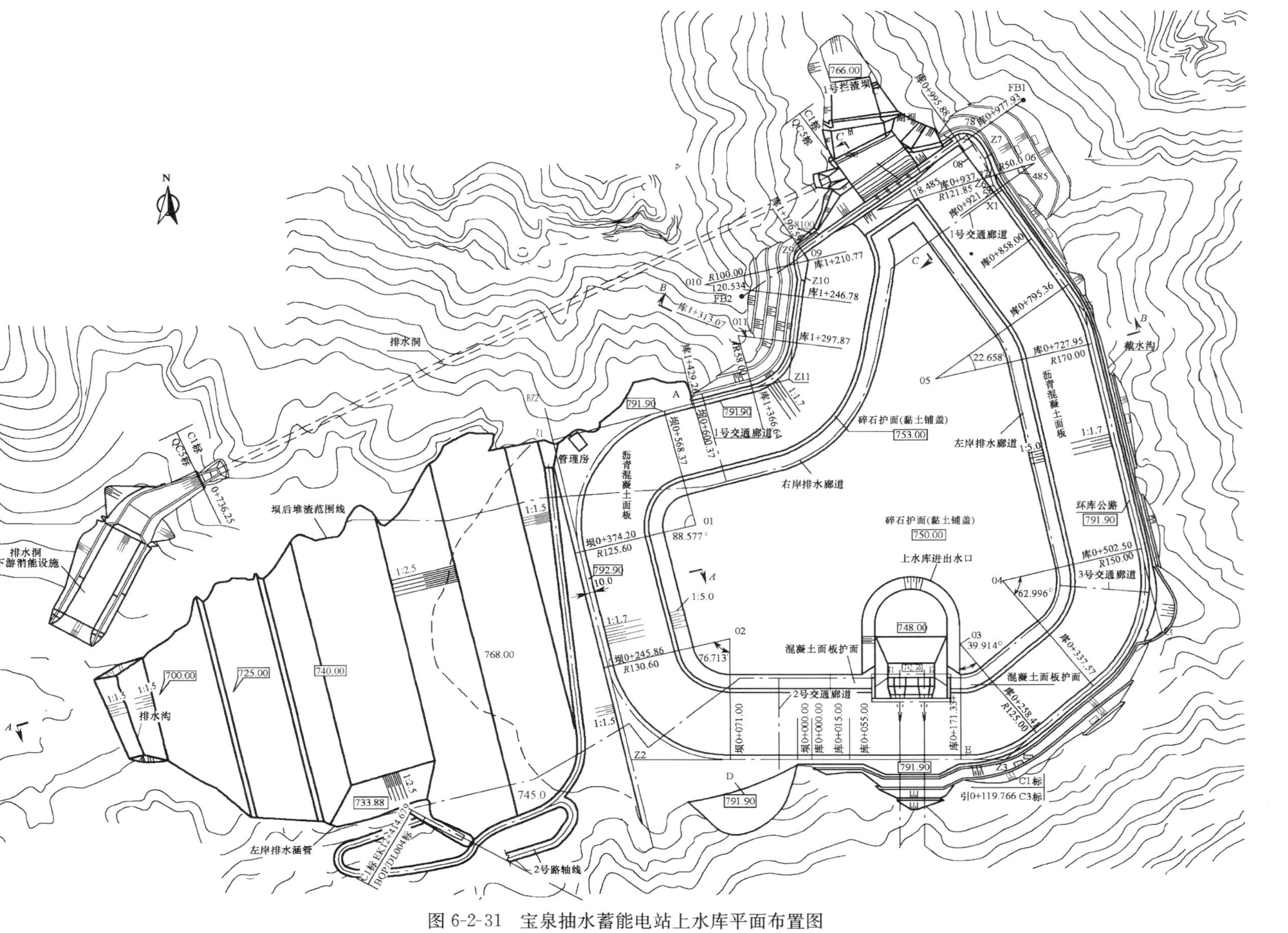

图 6-2-31　宝泉抽水蓄能电站上水库平面布置图

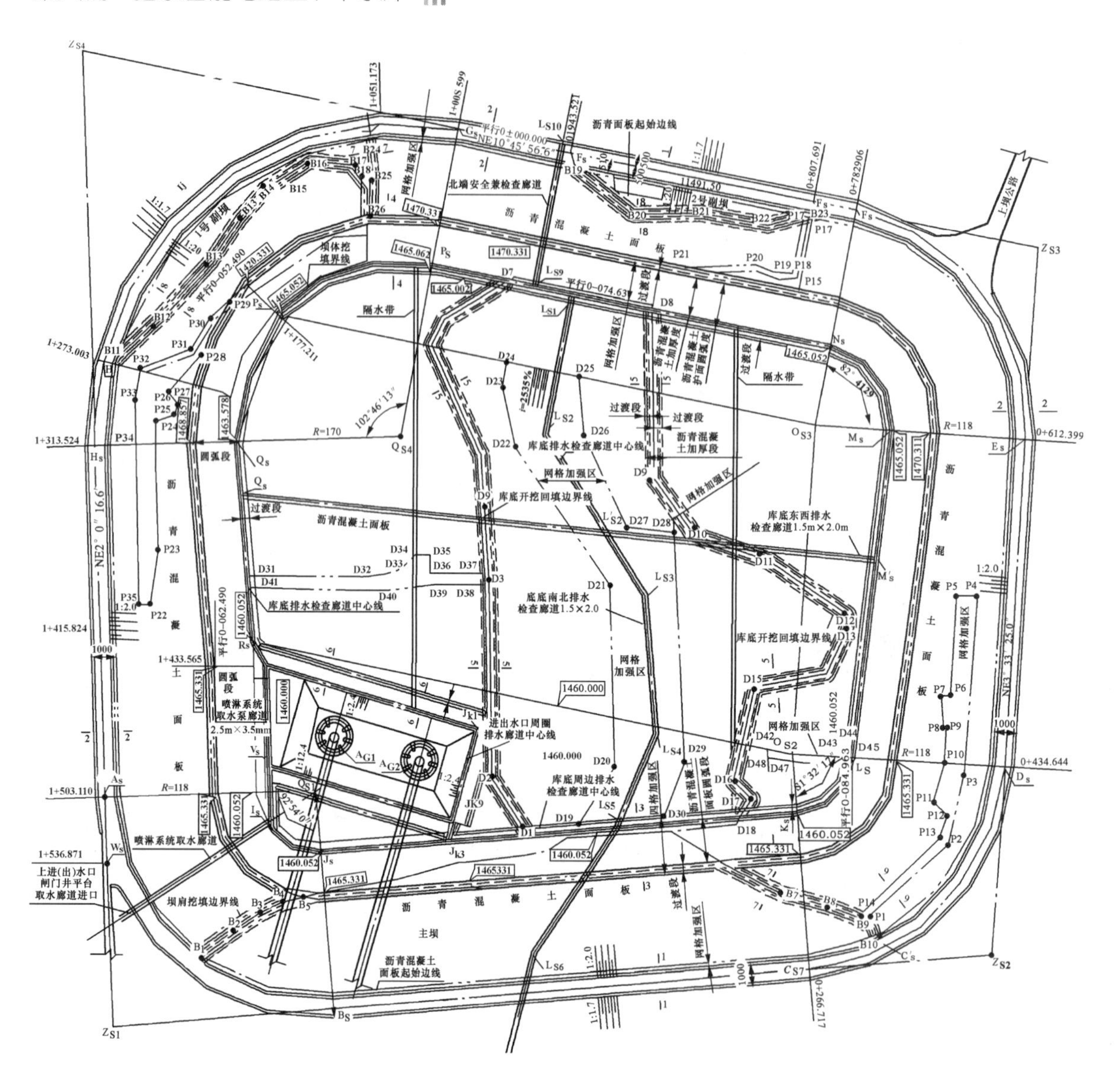

图 6-2-32　西龙池抽水蓄能电站上水库平面布置图

低；岩体普遍受强烈卸荷作用影响，裂隙发育，完整性较差；岩体透水性强且不均一，地下水位深埋达250m。为防止修库后恶化水文地质条件，避免软弱夹层饱水软化，保证库基抗滑稳定安全，采用全库盆沥青混凝土面板防渗。上水库库盆防渗总面积 33.7 万 m^2，其中，库坡 20 万 m^2，库底 13.7 万 m^2。上水库工程平面布置见图 6-2-33。

上水库通过开挖和填筑堆石坝围库而成，其中桩号 0＋600.00～1＋455.00 段库顶为开挖段，轴线长 855m，其余为堆石坝填筑段，坝轴线长 1987.907m。上游坝坡 1∶1.75，下游坝坡 1∶1.5。坝顶高程 812m，最大坝高（坝轴线处）57m，下游坡最大高差 70m。

堆石坝段沥青混凝土面板后设水平宽 2m 的碎石排水垫层，开挖库岸面板后的垫层垂直厚度为60cm，库底碎石垫层厚为 50cm。垫层料采用由青塬料场开采的新鲜灰岩人工加工而成。

沥青混凝土面板采用复式结构，表层封闭层厚度为 2mm，上防渗层厚度 10cm，排水层库坡 8cm，库底 10cm，下防渗层和整平胶结层合为一层，厚度为 10cm。

排水检查廊道系统由库底周边排水检查廊道、库底中间排水检查廊道、进/出水口周边排水检查廊道、外排廊道、北端及南端通风交通廊道组成，面板渗水直接排入廊道，可实时直观的监测沥青混凝土

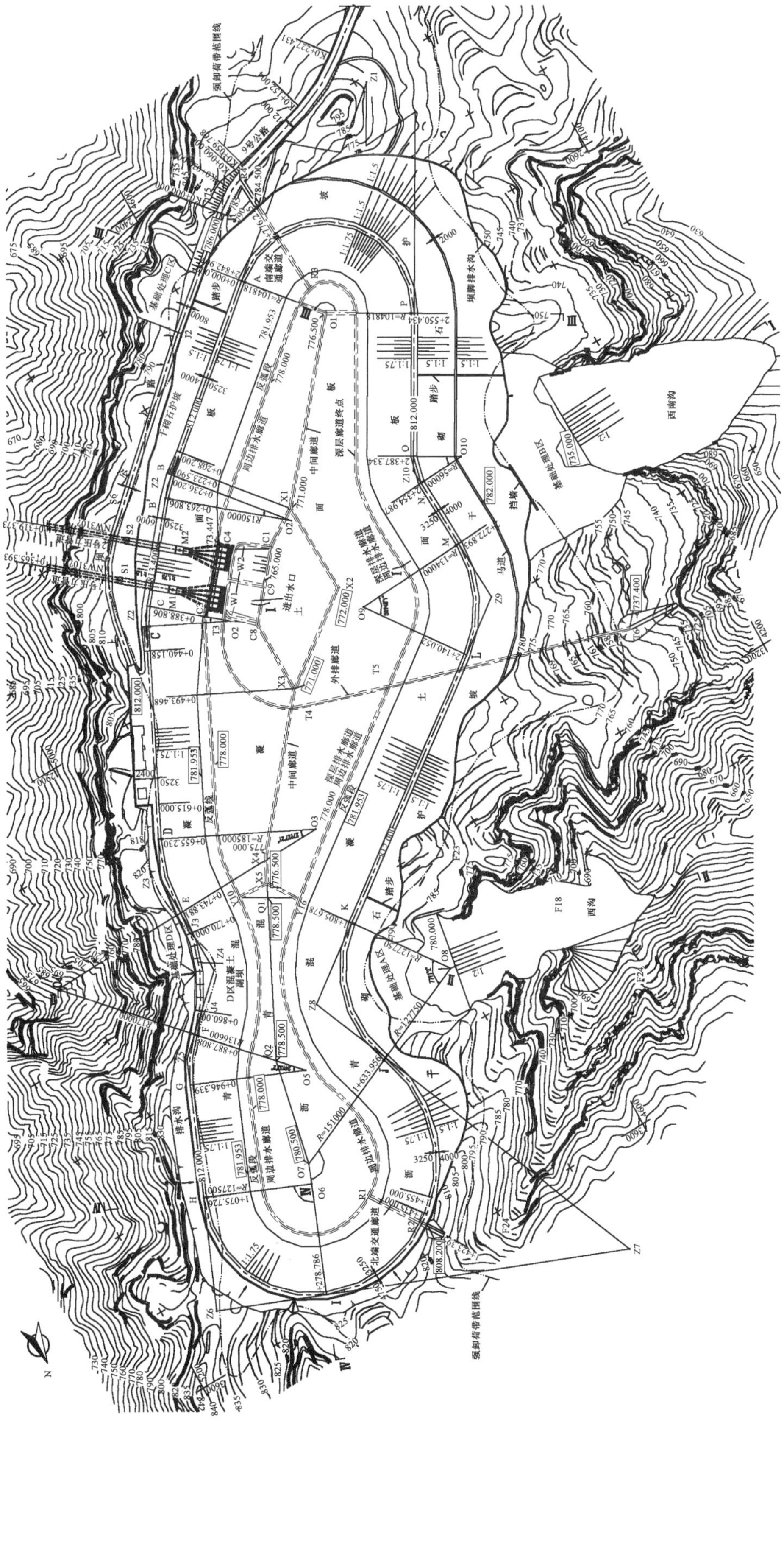

图 6-2-33　张河湾抽水蓄能电站上水库平面布置图

面板的渗漏情况。为解决软弱夹层的饱和问题，在西南侧周边廊道下又设置了深层排水廊道及排水孔。

2.6 土工膜防渗

2.6.1 土工膜防渗的应用

土工膜用于大坝防渗始于20世纪50年代末期，1959年意大利的Contrada Sobeta堆石坝使用聚异丁烯合成橡胶薄膜，1960年捷克的Dobsina堆石坝使用聚氯乙烯膜。土工膜被广泛应用于填筑坝防渗和碾压混凝土坝。根据国际大坝委员会（ICOLD）的统计，截至2003年，世界上共有232座大坝使用了土工膜防渗。土工膜现已成功应用于阿尔巴尼亚1996年新建的91m高的波维拉（Bovilla）堆石坝和哥伦比亚2002年新建的188m高的米尔1号（Miel 1）碾压混凝土重力坝等工程。

我国在堤坝上使用土工膜防渗也有30余年的历史，例如陕西西骆峪水库库盆防渗，1980年建成，均质土坝，坝高31m，采用3层0.06mm聚乙烯膜，共25.11万m^2；福建水口水电站围堰，堰高42.6m，1990年建成，土工膜置于围堰中央，采用0.8mm聚氯乙烯膜，双面热压300g/m^2的锦纶无纺布；江西钟吕水电站的土工膜防渗堆石坝坝高51m；陕西石砭峪水库加固工程，其土工膜防渗坝高62m；甘肃夹山子水库，1995年建成，其防渗面积为65万m^2，采用PE膜铺设，最大承压水头38.5m，PE膜的规格为厚度0.3～0.5mm单膜，多年运行情况良好，基本未发现渗漏的情况；湖北王甫洲水库库盆防渗，砂砾石堤围成水库，1999年建成，水利部示范项目，0.5mm厚聚乙烯双面热压200g/m^2的涤纶针刺无纺布，共107万m^2等。

抽水蓄能电站使用土工膜防渗的有：日本今市（Imaichi）抽水蓄能电站上水库；日本冲绳海水蓄能电站上水库及我国泰安抽水蓄能电站上水库库底等。

土工膜防渗的特点主要包括以下几个方面：

（1）当防渗结构地基为土基、变形较大的堆石或填渣时，其地基变形较大，采用混凝土面板、沥青混凝土面板等很难适应大的变形，可能会产生裂缝，破坏防渗结构。而土工膜具有很好的拉伸性能，对于下垫层的技术要求相对较低，能很好地适应地基变形。

（2）土工膜防渗层单位面积造价低，为混凝土防渗层的1/2.5～1/3，其经济性显著。以泰安抽水蓄能电站工程为例，土工膜防渗层单位面积造价约为121.5元/m^2（1998年价格），同比采用30cm厚钢筋混凝土面板防渗层单位造价约为327元/m^2。

（3）土工膜防渗层具有施工设备投入少、施工速度快的优点。泰安抽水蓄能电站工程16万m^2的土工膜防渗层施工工期约3个月，同样面积的混凝土面板施工工期约6～8个月。

日本今市抽水蓄能电站总装机容量1050MW。工程枢纽由上水库、引水发电系统和下水库组成，上、下库之间有效落差524m。上水库总库容689万m^3，库区面积0.32km^2，由1座主坝和4座副坝连接山包而成，主坝为黏土心墙坝，最大坝高97.5m，设自溢式溢洪道。由于上水库周边山体地下水位低，透水性强，因此采用全库盆防渗。其中对最大水深达40m、相对比较平坦的水库底部及边坡坡度小于1∶3的部位采用1.5mm的聚氯乙烯土工膜防渗，防渗面积19.5万m^2，在两岸边坡采用混凝土面板防渗，面板厚度10cm，坡度1∶1.5，防渗面积8.6万m^2，其余在堆渣区和边坡采用了喷沥青橡胶防渗，面积为3.8万m^2，上水库防渗平面布置见图6-2-34，土工膜防渗面积达到整个防渗面积的60%，并承受40m以上的水头压力。

日本冲绳海水蓄能电站位于日本冲绳岛北部，上水库与海平面（下水库）的水位差为136m，流量为26m^3/s，最大出力3万kW，为首次采用海水的试验性抽水蓄能电站。上水库有效库容为56.4万m^3，工作水深为20m，斜坡面防渗面积为4.17万m^2，底面防渗面积为0.94万m^2，采用2mm厚乙烯

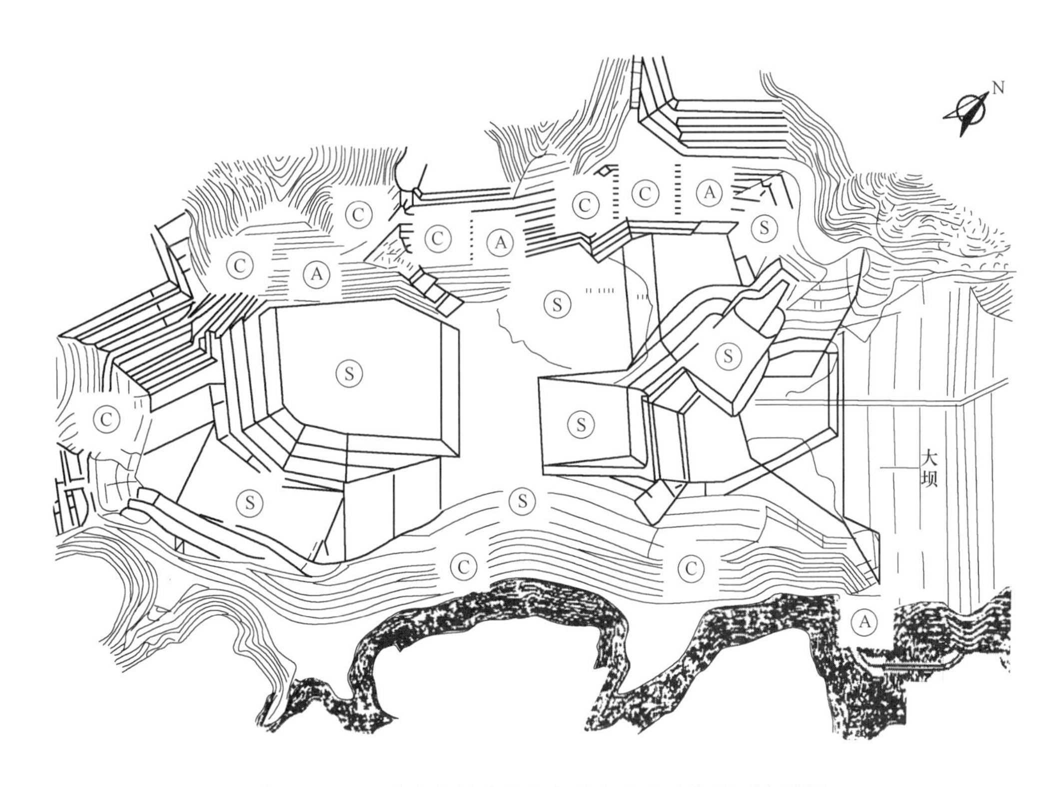

图 6-2-34 日本今市抽水蓄能电站上水库防渗平面布置图

S—土工膜；C—混凝土面板；A—橡胶沥青

—丙烯—二烯三聚物土工膜作为上水库防渗材料。工程总体布置见图 6-2-35。

泰安抽水蓄能电站上水库经多方案比较后，库盆防渗选择大坝和右岸混凝土面板、库底土工膜及周边垂直防渗帷幕相结合的综合防渗方案，上水库防渗设计平面图见图 6-2-1。库底采用 1.5mm 厚的高密

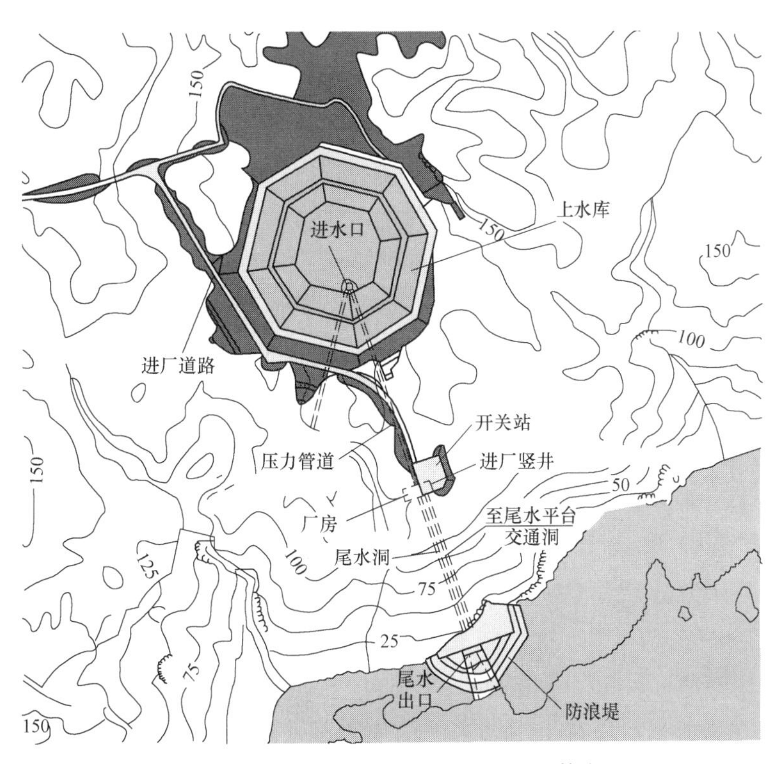

图 6-2-35 日本冲绳抽水蓄能电站工程总体布置图

度聚乙烯土工膜作为防渗材料，面积约16万m^2，土工膜承受最大工作水头约37m，最小工作水头约11.8m，日最大工作水头变幅为24m。

2.6.2　土工膜的选择

（一）土工膜的种类和性能

土工膜的原材料是高分子聚合物（polymer）。制造土工膜的聚合物主要有塑料类、合成橡胶类、塑料与合成橡胶混合类。在防渗工程中应用最广泛的为塑料类聚合物土工膜，其种类有：聚氯乙烯（PVC）、低密度聚乙烯（LDPE）、中密度聚乙烯（MDPE）、高密度聚乙烯（HDPE）、氯化聚乙烯（CPE）等；合成橡胶类有丁基橡胶等；混合类有氯磺化聚乙烯（CSPE）和乙烯—丙烯—二烯三聚物（EPDM）等。

土工膜的技术特性包括物理性能、力学性能、化学性能、热学性能和耐久性等。工程应用主要是注重其抗渗透性、抗变形的能力及耐久性。土工膜具有很好的不透水性；很好的弹性和适应变形的能力，能承受一定的工作应力；有良好的耐老化能力，处于水下或土中的土工膜的耐久性尤为突出。《聚乙烯（PE）土工膜防渗工程技术规范》（SL/T 231—1998）和《土工合成材料　聚氯乙烯土工膜》（GB/T 17688—1999）对土工膜的物理力学指标提出了要求，见表6-2-18 。

表6-2-18　　土工膜的物理力学性能

序　号	项　目	单　位	聚乙烯（SL/T 231—1998）	聚氯乙烯（GB/T 17688—1999）
1	密　度	g/cm^3	>0.9	1.25～1.35
2	拉伸强度	MPa	≥12	≥15/13（纵/横）
3	断裂伸长率	%	≥300	≥220/200（纵/横）
4	直角撕裂强度	N/mm	≥40	≥40
5	5℃时的弹性模量	MPa	≥70	
6	抗渗强度	MPa	1.05	1.00（膜厚1mm）
7	渗透系数	cm/s	$\leqslant 10^{-11}$	$\leqslant 10^{-11}$

土工薄膜应用于水工建筑物，其使用寿命一直是人们关心的问题。聚合物薄膜的损坏原因有以下几种：① 由于反聚合作用和分子断裂使聚合物分解，因而失去聚合物的物理性能和发生软化；② 由于失去增塑剂和辅助成分使聚合物硬化发脆；③ 由于液体浸渍而膨胀甚至溶解，因而降低力学性质，增大渗透性；④ 由于接缝应力过高而使接缝拉开；⑤由于施工期破损的小洞，在蓄水加载后应力集中造成破损范围扩大。

美国、南非和纳米比亚从20世纪60年代起就较为广泛地采用PVC和PE薄膜作衬砌和堤坝防渗层，并进行试验室研究和野外试验，并得到以下结论：不论在寒冷地区、干热地区，土工膜的强度和伸长率都变化甚微。研究认为恶劣大气中暴露HDPE土工膜使用寿命至少20年；又根据有关实测资料，埋设在坝内的PE土工膜在15年中，抗拉强度只降低5%，极限伸长率只降低15%，因而可以推估，土石保护下的薄膜使用寿命可达60年（按伸长率估算），或180年（按强度估算）。根据前苏联对PE土工膜的试验研究及观测成果，埋在土中和水下的土工膜使用寿命可达50年，现已将此结论采纳到《土石坝应用聚乙烯防渗结构须知》（BCH 07—74）的条文中。我国在土工合成材料应用中也有大量研究成果，中国水利水电科学研究院等研究机构均对土工合成材料的性能、耐久性等进行了系统研究。河海大学顾淦臣教授的研究成果指出：土工合成材料受拉时，高应力水平时老化快，低应力水平时老化慢；应力水平限制在20%以下，则使用寿命可达100年以上。

（二）常用土工膜的特点

据有关资料显示，北美1995年7500万m^2的土工膜销量中，HDPE土工膜销量为3000万m^2，占40%；VFPE（极柔聚乙烯）土工膜销量为1900万m^2，占25%；PVC土工膜销量为1500万m^2，占20%。日本的情况类似，而PVC土工膜用量略多。在前苏联的工程中，多用PE土工膜。我国用于防渗工程的土工膜材料主要是PE土工膜和PVC土工膜两种，PE土工膜略多。

从力学特性这一方面分析，PE土工膜和PVC土工膜的拉伸强度相差不大，在只用于防渗而不作为加筋材料使用情况下，拉伸强度不是选材的重要指标。但从另一方面来说，PVC土工膜因添加有增塑剂，柔性较好，可以方便地设置皱折，与砂粒接触时可使砂粒嵌入得更深一些而不破裂，从而增加二者之间的摩擦系数，对在斜坡上铺设的土工膜稳定有利。PE土工膜比较硬，较厚的PE膜皱折将很困难。

从PVC、PE、EPDM土工膜的使用多年后的物理性质变化试验资料中可以看出，只要采取适当的工程措施（覆盖或水下），如在制造过程中加炭黑或其他抗老化剂，可增强抵抗紫外线的能力，聚合物土工膜都具有较长的使用寿命。PVC土工膜的耐久性，取决于其增塑剂的稳定性和防渗结构层的设置。一般PVC土工膜中含有2/3的PVC和1/3的增塑剂。增塑剂的某些成分是挥发性的，并且可随着时间的推移从PVC土工膜逸出，从而使土工膜变硬。PE土工膜由于不含增塑剂，化学稳定性好，含炭黑的PE土工膜，使用寿命更长。

PVC土工膜及PE土工膜对温度敏感，可以采用焊接。PVC土工膜的容重大于PE土工膜，且熔点较高，致使焊接不如PE土工膜方便。PVC土工膜对某些溶剂敏感，可采用溶剂进行粘接。PE土工膜的化学阻抗性高，对溶剂不敏感，一般不能采用溶剂进行粘接。

PVC土工膜出厂时的幅宽一般为1.5～2.0m，PE土工膜幅宽可达5.0～6.0m。相应PE土工膜的接缝数量要比PVC膜的要少，因而搭接的用量少，现场接缝的工作量少。

（三）土工膜厚度的选择

土工膜厚度一般按水压力不被击破原则计算。通常理论计算的土工膜厚度较小，为0.1～0.2mm。但这样算出的结果，没有考虑施工荷载和抗老化问题。而土工膜在使用中下垫层总是存在尖角，且根据各项试验成果，土工膜厚则老化得慢，所以土工膜厚度的确定还应考虑这些因素，选用时需留有较大的安全系数。

美国、日本、欧洲土石坝工程防渗选用的土工膜一般在1mm以上，常用2～4mm，最厚可达5mm。《聚乙烯（PE）土工膜防渗工程技术规范》（SL/T 231—1998）规定，选用土工膜厚度不应小于0.5mm。

根据有关实践经验，铺在粗砂细砾土层上面的土工膜，其厚度按不同水头而定。低于25m水头，膜厚0.4mm；25～50m水头，膜厚0.8～1.0mm；50～75m水头，膜厚1.2～1.5mm；75～100m水头，膜厚1.8～2.0mm。

土工膜厚度增加一倍，土工膜的价格仅增加15%～20%，而土工膜的投资又仅占土工膜防渗层整个投资中的20%～40%。因此，在其他条件允许的情况下，采用较厚的土工膜，有利于提高防渗效果和耐久性。

泰安抽水蓄能电站上水库HDPE土工膜最大工作水头为37m。根据计算膜厚0.11mm，借鉴美国土工材料研究所（GSI）建议安全系数取10～15，并参考国外类似工程的经验，设计选择膜厚为 1.5mm。

日本今市抽水蓄能电站上水库 PVC 土工膜最大工作水头为 40m。通过对土工膜耐久性的试验，0.85mm 的土工膜 10 年后增塑剂流失量为 24.7%，1.2mm 的土工膜 10 年后增塑剂流失量为 10.6%，而通常认为在土工膜的设计寿命内增塑剂流失量不应超过 30%。土工膜耐久性试验成果见图 6-2-36。为改善耐久性能和提高抗穿刺性能，并使软膜的增塑剂流失量减少，选用 1.5mm 厚的 PVC 土工膜，认为可以满足 50 年的设计寿命内增塑剂损失不会超过 30%的要求。根据运行后的实测数据，10 年后增塑剂损失仅 5.5%。

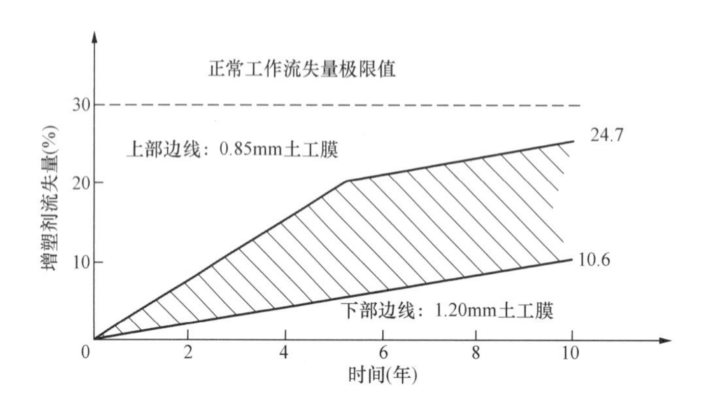

图 6-2-36　日本今市抽水蓄能电站上水库
PVC 土工膜耐久性试验成果

日本冲绳海水蓄能电站上水库最大动水深为 20m。在上水库底面及斜坡面防渗工程土工膜选择中，主要考虑了海水中的盐分浸透对防渗体防渗性能的影响，另外还考虑了当地气候为亚热带气候，温差大，台风天气比较频繁等因素。分别对 PVC 土工膜和 EPDM 土工膜进行了比较，经暴露试验及耐久性能、抗海水腐蚀性能、海生生物附着性能、耐热性能测试，并经水压反复、伸缩反复试验等，EPDM 土工膜的耐热性能和粘贴性能优于 PVC 土工膜，因此选用 EPDM 土工膜作为上水库防渗材料，膜厚 2mm。工程完成后，经历了瞬间最大风速约 60m/s 的台风，没有发现破损和漏水。

2.6.3　土工膜防渗体结构设计

土工膜防渗层结构设计的任务是研究土工膜防渗层及其下支持层的结构形式和布置，确定每层结构的技术参数指标，包括材质、级配、厚度、渗透性能、压实参数等设计指标，提出详细的施工工艺和施工技术要求。

根据《水利水电工程土工合成材料应用技术规范》（SL/T 225—1998），防渗土工膜应在其上设防护层、上垫层，在其下面设下垫层，在下垫层和坝体之间设置支持层。而在《聚乙烯（PE）土工膜防渗工程技术规范》（SL/T 231—1998）中，则将土工膜防渗结构表述为下部支持层、土工膜防渗层、上部保护层。

（一）下部支持层

土工膜防渗体下部支持层应满足以下功能：① 具有一定的承载能力，以满足施工期及运行期传递荷载的要求；② 有合适的粒径、形状和级配，限制其最大粒径，避免在高水压下土工膜被顶破；③ 保证土工膜下的排水通畅；④ 库底碾压石渣和土工膜之间的填筑料粒径应逐渐过渡，满足层间反滤关系，以保证渗透稳定。

根据以上要求，泰安抽水蓄能电站工程土工膜下部的支持层自下而上依次为：120cm 厚过渡层、60cm 厚垫层、6mm 厚土工席垫。过渡料采用上库区弱、微风化的开挖爆破料，要求级配良好，最大粒径 30cm，设计干密度 21.1kN/m^3，设计孔隙率 20%，渗透系数为 $8\times10^{-3}\sim2\times10^{-1}$cm/s；垫层料采用砂、小石、中石掺配而成，下部 40cm 厚最大粒径 4cm，上部 20cm 厚最大粒径 2cm，设计干密度 22kN/m^3，设计孔隙率 18%，渗透系数为 $5\times10^{-4}\sim5\times10^{-2}$cm/s；土工席垫为在热熔状态下塑料丝条自行黏接成的三维网状材料，它具有平整的表面，较高的抗压强度和耐久性。在土工膜和碎石垫层间设置土工席垫，可以明显改善土工膜的受力情况，有效防止下垫层料中的尖角碎石或异物刺破损伤土工膜。

为避免因土工膜下卧层沉降而使土工膜整体承受拉应力，根据对下卧层的整体沉降变形分析，采用增加过渡层厚度的方法，并在下部支持层填筑面顶高程预留沉降，最大为 45cm。

日本今市工程对土工膜支持层要求如下：①彻底挖除承载力低的地基土，基础要压实整平；② 基础表面大于 10mm 的砾石要拣走，以防止膜被刺破；③去除支持层内的植物，防止其腐烂后产生气体，对土工膜产生顶托。

冲绳工程土工膜支持层采用 50cm 厚透水性较强的砾石垫层。

（二）土工膜防渗层

膜下垫层中总是不可避免地存在一些碎石和异物。为减少垫层中碎石和异物刺破土工膜，通常在土工膜下铺设一层土工织物。土工织物还具有提高排水作用，可以排出膜背后的渗透水或孔隙水及气体，防止膜被水和气抬起而失稳，当地基为土基时还可加速下面的软土排水固结。在土工膜下设土工织物后，可以适当降低垫层的施工工艺要求。

对于厚度较大的 HDPE 土工膜（厚度大于 1mm），生产工艺的不同（压延法和吹塑法）膜材质量和技术性能表现的差异较大，压延法生产的膜材要优于吹塑法生产的土工膜。

一般抽水蓄能电站防渗要求较高，采用的土工膜厚度较大，若选用复合土工膜，在膜布热复合后，两侧未复合预留连接部位会有严重的折皱现象，从而影响土工膜的接缝焊接质量；而且复合土工膜中膜本身的质量也不如光膜，表面缺陷也多于光膜。因此，宜采用膜布分离式的方案。

当土工膜用于坝面或坡面防渗时，复合土工膜的土工织物与砂石料的摩擦系数比单膜大，能增加土工膜的稳定性，边坡坡度可比单膜陡，可经技术经济比较后选用。

泰安抽水蓄能电站工程土工膜膜下铺设 500g/m^2 的涤纶针刺无纺土工布，日本今市工程膜下铺设 800g/m^2 无纺土工布，日本冲绳工程膜下也铺设了无纺土工布。

（三）上部保护层

为使土工膜表面避免紫外线照射、高温低温破坏、冰冻破坏、生物破坏和机械损伤等，一般需在土工膜上设置上部保护层。

日本今市工程在保护层设计时考虑了以下因素：① 在保护层铺设过程中膜的安全问题。进行不同厚度的野外试验，采用不同的设备铺设，选择合适厚度和设备，以便膜在保护层铺设过程中不受损伤。②抗滑稳定性。测出 PVC 土工膜与土工织物之间的摩擦系数，进行抗滑分析，进而分析保护层的稳定性。③保护层受风浪作用时的稳定性。低水位以上的保护层，通过试验确定最佳的保护层结构，使之在风浪作用下稳定完好和防止细土粒的流失。

基于以上因素，在对土石材料、土工合成材料、混凝土预制块进行比较后，根据坡度以及保护层是否受到风浪作用，采用不同的保护层结构。其中斜坡保护层自下而上结构为先铺 800g/m^2 的无纺土工布，再铺设一层 40cm 的砂砾石（粒径 0～8cm）和一层 40cm（粒径 8～30cm）的块石。斜坡处土工膜保护层结构图见图 6-2-37。

泰安抽水蓄能电站工程在前期设计中，采用在土工膜上部先铺设土工布，其上再铺设 30cm 厚粗砂及 50cm 厚填渣保护层的方案。深入研究表明：由于土工膜上部保护层分层多、施工麻烦，施工过程中

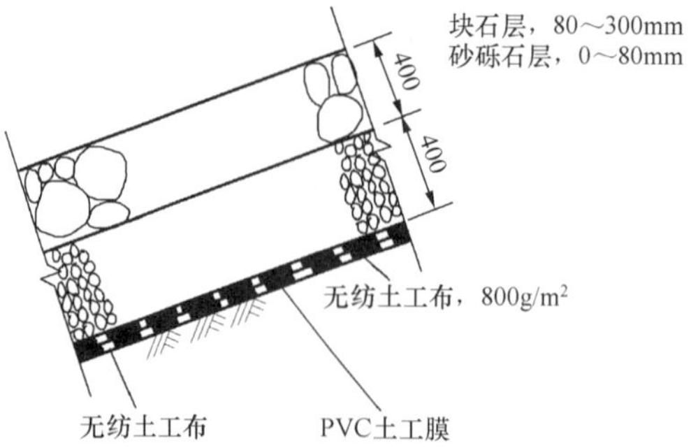

块石层，80～300mm
砂砾石层，0～80mm
400
400
无纺土工布，800g/m²
无纺土工布
PVC土工膜

图 6-2-37　日本今市抽水蓄能电站上水库斜坡处土工膜保护层结构图

的施工机械容易损伤下卧土工膜。根据 Nosko 对土工膜的研究，大多数的破损孔都是在有上部保护层覆盖的地方出现的（统计占 73%），而不是通常认为的在接缝处；更主要的是该工程土工膜位于不小于 11.80m 深水下，同时设计采用膜上铺设土工布（500g/m²）的方案，以加强施工期保护，土工膜上面再设上部保护层的意义不大。如上部采用了填渣类保护层，土工膜存在的渗漏点则难以寻找及修复。因此，设计确定在土工膜防渗层上不设粗砂及填渣类防护层，而仅用土工布覆盖。土工布上用单重 30 kg/只左右的土工布沙袋（间距 1.4m×1.4m）进行压覆，避免土工布及土工膜在施工期被风掀动以及在运行期受水浮力的影响漂动。

2.6.4　土工膜周边锚固

土工膜与周边结构锚固是土工膜防渗结构的重要部位，也是防渗结构研究的关键技术问题。应根据周边建筑物和地基条件的不同，采用不同的锚固型式。

（一）泰安抽水蓄能电站工程锚固型式

泰安抽水蓄能电站上水库土工膜周边锚固主要包括土工膜与右岸面板的连接、与大坝面板的连接、与库底观测廊道的连接三种类型。

大坝和右岸面板底部设置混凝土连接板与土工膜连接，右岸面板底部的连接板布置于基岩上，即相当于常规面板堆石坝的趾板，不设横缝。

大坝面板底部的连接板其基础条件与面板相当（下部为垫层料、过渡料、主堆石），所承受的水荷载均匀。根据有限元计算分析：基础最大沉降约为 34～45cm，且在施工期完成大部分沉降，填筑体上的连接板长约 400m，永久荷载作用后其最大挠度小于 1/800。为简化土工膜与连接板的连接型式，混凝土连接板不设结构缝，仅设钢筋穿缝的施工缝，施工缝分缝长度不超过 15m，分块浇筑，块与块之间设后浇带（宽 1m）。连接板与土工膜相连的混凝土结构边缘设计成椭圆弧，避免应力集中。土工膜和连接板之间的止水连接，与混凝土面板周边缝止水结构分开布置，土工膜与连接板采用机械连接，连接方案见图 6-2-38。

土工膜与库底观测廊道的连接。先将土工膜采用机械连接的方式锚固在廊道混凝土上，锚固后浇筑二期混凝土压覆形成封闭防渗体。为改善连接边界的受力状态，将一期混凝土的边角修圆，圆弧半径 5cm。

土工膜与混凝土通过机械锚固压紧进行止水。由于现浇混凝土面的平整度一般达不到防渗止漏的水平，需要有柔性垫层找平，并提供压缩余量。柔性垫层找平材料比选 SR 柔性填料、氯丁橡胶垫板以及 PVC 橡胶垫片，组合了多种分层结构形式进行现场试验，通过现场压水抗渗试验进行优化改进，寻求

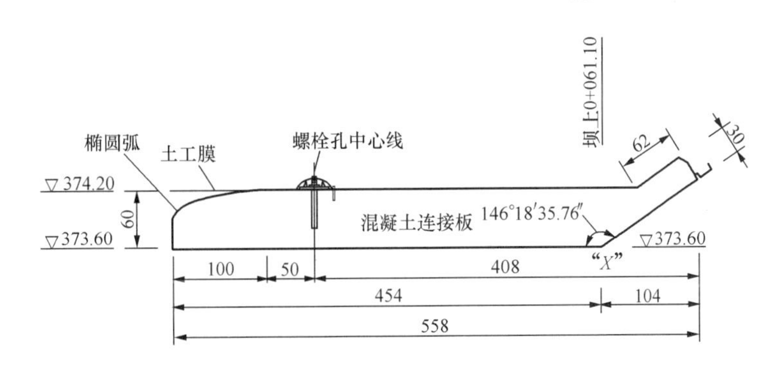

图 6-2-38　泰安抽水蓄能电站工程土工膜与混凝土连接板连接方案

最佳结构形式，最后确定的土工膜与混凝土的机械锚固连接方案为（自下而上，见图 6-2-39）：混凝土连接板→两道 SR 底胶→SR 柔性填料找平层→两道 SR 底胶→SR 防渗胶条→HDPE 土工膜→两道 SR 底胶→三元乙丙 SR 防渗盖片。防渗盖片一侧采用 SR 复合防渗胶带与土工膜黏接，另一侧通过弹性环氧（HK）封边剂黏结在混凝土上，作为土工膜锚固的辅助防渗措施。施工完成后的锚固见照片 6-2-40。

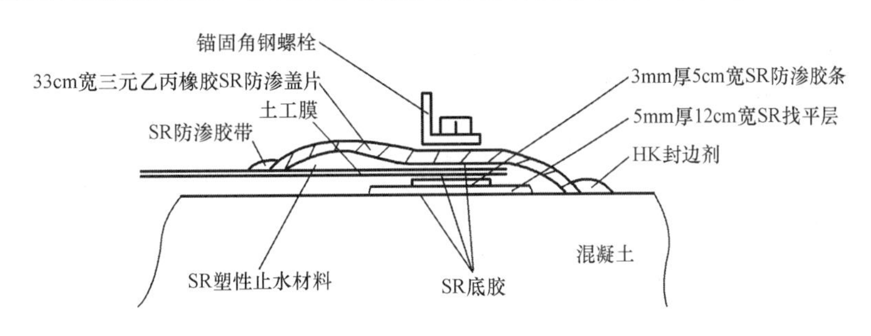

图 6-2-39　泰安抽水蓄能电站工程土工膜与混凝土的机械锚固连接方案

土工膜与连接板、廊道混凝土的机械连接，采用先浇筑混凝土，后期在混凝土中钻设锚固孔，在孔内放置锚固剂固定螺栓的设计方案。使用一组包含不锈钢螺栓、弹簧垫片和不锈钢螺母的紧固组件。通过紧固螺栓、不锈钢角钢压覆实现土工膜与混凝土连接板的机械连接。针对土工膜的机械连接设计方案，现场进行了各种钻机、锚固剂和螺杆的选择试验研究，确定机械连接钻孔机械采用 DDEC—1 钻机，成孔孔径为 18mm、孔深 130mm，锚固剂采用喜利得 RE500 化学锚固剂，螺栓规格为 $M16\times190$mm，锚固深度为 125mm。

图 6-2-40　泰安抽水蓄能电站工程土工膜与混凝土的机械锚固连接照片

泰安抽水蓄能电站工程土工膜与周边混凝土的机械连接，通过现场大量的方案比选试验，采用以机械连接为主，化学黏接为辅的双重防渗结构型式，通过现场 17 组承载和防渗检测试验及大面积施工后的质量检测，经过了高水头和水位反复升降的考验，其防渗效果安全可靠，连接型式获得了国家专利。

（二）日本今市抽水蓄能电站工程锚固型式

日本今市工程 PVC 土工膜的周边采用混凝土锚固槽锚固，将土工膜铺于预先浇筑好的锚固槽内浇筑混凝土进行锚固。为使锚固更加可靠，在土工膜锚固锚前 50cm 处在原土工膜上焊接一层土工膜，将其锚固于边坡混凝土面板上，详见图 6-2-41。

（三）日本冲绳抽水蓄能电站工程锚固型式

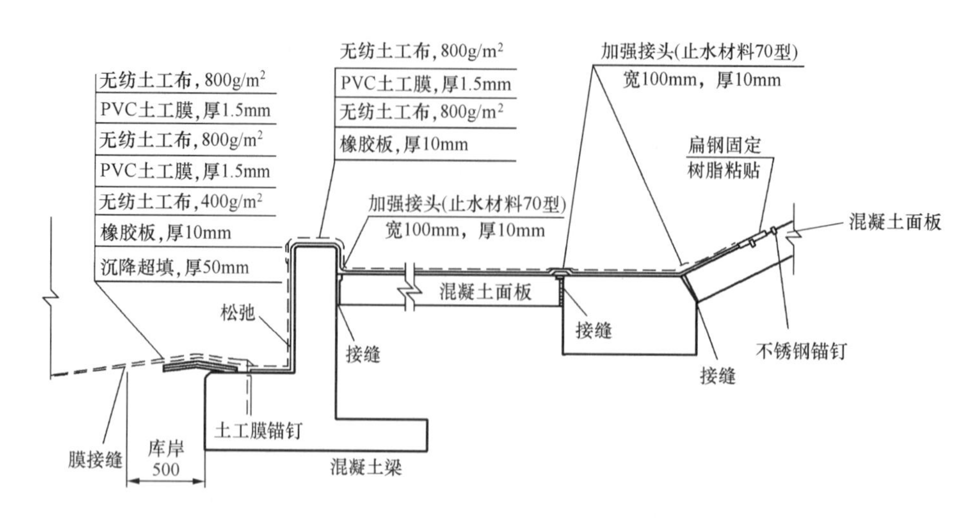

图 6-2-41 日本今市抽水蓄能电站工程土工膜周边锚固详图

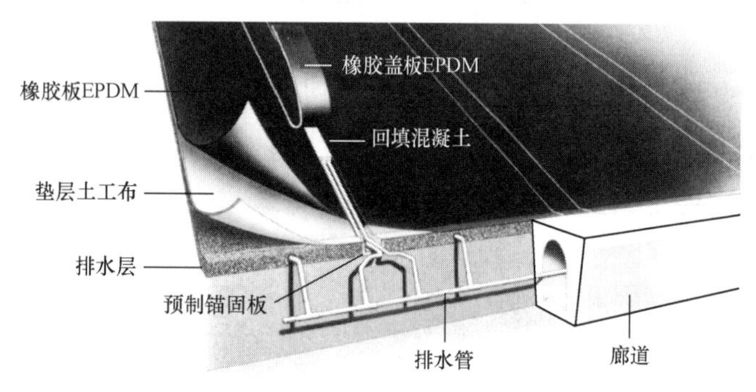

图 6-2-42 日本冲绳抽水蓄能电站工程土工膜锚固和排水结构图

日本冲绳抽水蓄能电站工程由于当地台风天气比较频繁，土工膜除顶部需要进行锚固外，库岸和库底斜坡面上的土工膜也需进行锚固，岸坡的坡度为 1∶2.5，通过计算确定垂直坡向的 EPDM 土工膜的锚固间距为 8.5m，水库底面锚固间距为 17.0m×17.5m。锚固结构采用预制混凝土构件，中间留槽，锚入防渗层后再进行混凝土回填的方式进行锚固，在锚固槽上方再粘贴长条状的 EPDM 土工膜以封闭整个防渗系统。锚固结构如图 6-2-42 和图 6-2-43 所示。

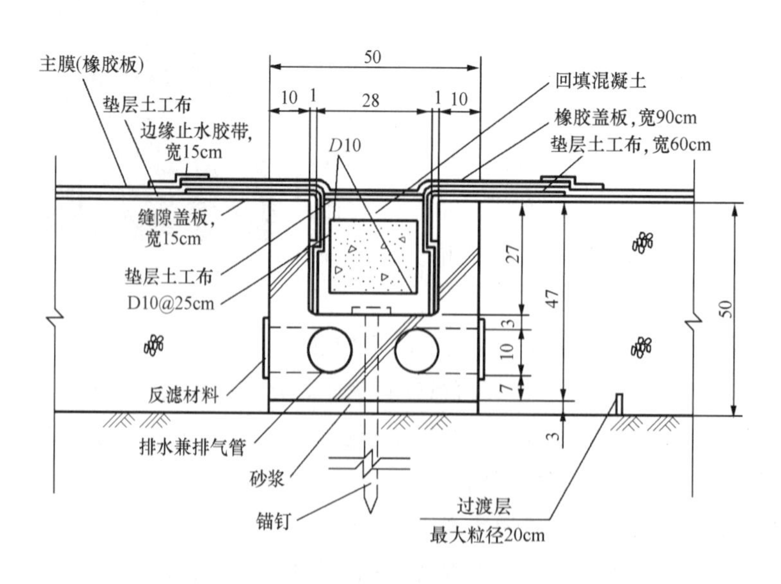

图 6-2-43 日本冲绳抽水蓄能电站工程锚固结构详图

2.6.5 基础排水

土工膜会产生渗漏，库底和库岸也会产生渗水，土层中的植物腐烂后也可能产生大量的气体，如果土工膜下垫层排水、排气不畅，在运行过程中，土工膜铺盖可能会受到下卧层中的反向水压力和气体的作用而受损。为此，我国 SL/T 225—1998 规范中提出为防止土工膜受水、气顶托破坏，应该采取排水、排气措施，可用土工织物复合土工膜，当预计有大量水、气作用时，应根据情况设专门排放措施。

（一）土工膜防渗层渗透量估算

土工膜防渗层的渗漏量由两部分组成：由于土工膜的渗透性产生的渗漏量和土工膜缺陷产生的渗漏量。

（1）土工膜的渗漏量。

土工膜属于非孔隙介质，目前对土工膜在水力梯度作用下的渗透机理的认识还不完全清楚。为了便于与孔隙介质比较和计算，目前仍沿用达西定律来描述在水力梯度作用下液体通过土工膜的渗透规律。

$$Q_g = k_g iA = k_g \frac{\Delta H}{T_g} A \tag{6-2-7}$$

式中 Q_g——土工膜的渗漏量，m^3/s；

k_g——土工膜的渗透系数，m/s；

i——水力梯度；

ΔH——土工膜上、下的水头差，m；

A——土工膜的渗透面积，m^2；

T_g——土工膜的厚度，m。

（2）缺陷渗漏量。

施工中产生的土工膜的缺陷包括以下几个方面：① 土工膜接缝焊接、黏结不实，成为具有一定长度的窄缝；② 施工搬运过程的损坏；③ 施工机械和工具的刺破；④ 基础不均匀沉降使土工膜撕裂；⑤ 水压将土工膜局部刺穿。合理的设计可基本不出现后两项缺陷，合理施工可减少前三项的缺陷，人力施工一般较机械施工缺陷少。

施工缺陷出现的偶然性很大，且不易发现。Giroud 根据国外六个工程渗漏量实测数据的统计分析得出，施工产生的缺陷，约 $4000m^2$ 出现一个。接缝不实形成的缺陷，尺寸的等效孔径一般为 1～3mm；对于特殊部位（与附属建筑物的连接处）可达 5mm。其他一些偶然因素产生的土工膜缺陷的等效直径为 10mm。并提出缺陷的等效直径为 2mm 孔称为小孔，可代表接缝缺陷所引起的；直径为 10mm 孔称为大孔，可代表一些偶然因素引起的。可见，孔的大小与施工条件密切相关。

Brown 等的试验结果表明，如果土工膜下面土层的 $k_s > 10^{-1}$ cm/s，可以假设为无限透水，对通过土工膜上孔的渗漏量的影响不明显。

土工膜上、下介质为无限透水时，由于孔尺寸大于土工膜的厚度，把通过孔的渗漏看成孔口自由出流，应用 Bernoulli 式，可得：

$$Q = \mu A \sqrt{2gH_W} \tag{6-2-8}$$

式中 Q——土工膜缺陷引起的渗漏量，m^3/s；

A——土工膜缺陷孔的面积总和，m^2；

g——重力加速度，m/s^2；

H_W——土工膜上下水头差，m；

μ——流量系数，一般 $\mu=0.60\sim0.70$。

(3) 泰安抽水蓄能电站上水库渗漏量计算。

泰安抽水蓄能电站工程在招标设计阶段计算了土工膜防渗层的渗漏量。HDPE 土工膜的厚度 $T_g=0.8$mm，土工膜的铺设面积 $A=150000\text{m}^2$，土工膜的等效渗透系数 $k_g=1.6\times10^{-13}$m/s，估算单层土工膜防渗层的渗漏量。计算成果为：

1）土工膜的渗透引起的渗漏量 $Q_1=90.72\text{m}^3/\text{d}$。

2）土工膜的施工缺陷引起的缺陷渗漏量。

泰安抽水蓄能电站上水库复合土工膜下面卵石排水层的 $k_s>10^{-3}$m/s，石渣 $k_s=10^{-2}\sim10^{-3}$m/s，可以假定为无限透水，对通过土工膜上孔的渗漏量影响不明显。

通过孔的渗漏看成孔口自由出流，缺陷的等效孔径为 10mm（大孔）占孔数量的 10%，缺陷的等效孔径为 2mm（小孔）占孔数量的 90%，应用 Bernoulli 式，缺陷渗漏量 $Q_2=589.15\text{m}^3/\text{d}$。

3）土工膜总渗漏量为土工膜渗漏量与缺陷渗漏量之和，$Q=679.87\text{m}^3/\text{d}$。

泰安抽水蓄能电站工程土工膜下卧垫层、过渡层和填渣体（堆石体），设计要求具有良好的渗透性。但是由于实际施工过程中填筑料的渗透不均一，以及考虑到该工程土工膜防渗层基本没有上覆压重的情况，为了更好地排出土工膜下渗漏水及气体，在土工膜下卧过渡层顶面高程 373.60m 处设置 30m×25m 外包土工布的 ϕ150mm 土工排水盲沟网，并与库底周边观测廊道、右岸排水观测洞的排水孔沟通，以快速排出渗水和气体，排水盲沟详图见图 6-2-44。

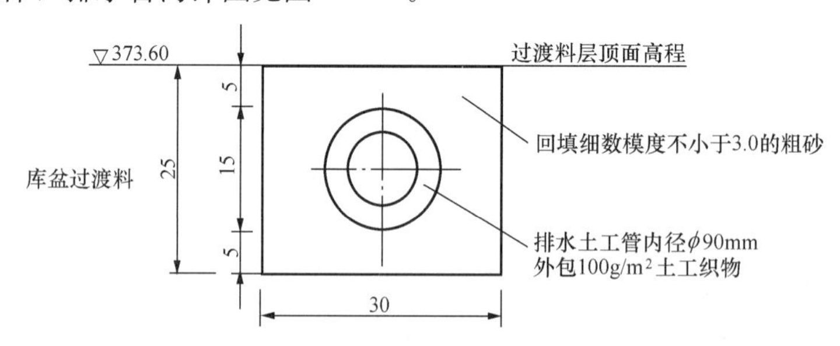

图 6-2-44 泰安抽水蓄能电站工程排水盲沟详图

日本今市抽水蓄能电站工程在土工膜下设置了排水系统，将排水管设在 50cm 厚的填土之下，使此处渗水与膜下排水系统中的水互不干涉。设置花管以汇集渗水并导入膜下的五个水箱中，然后再抽到水库中，花管埋在开挖渠道中，用碎石绕管回填。同时排水系统也要用填土遮盖。渠道中花管的埋设结构见图 6-2-45。

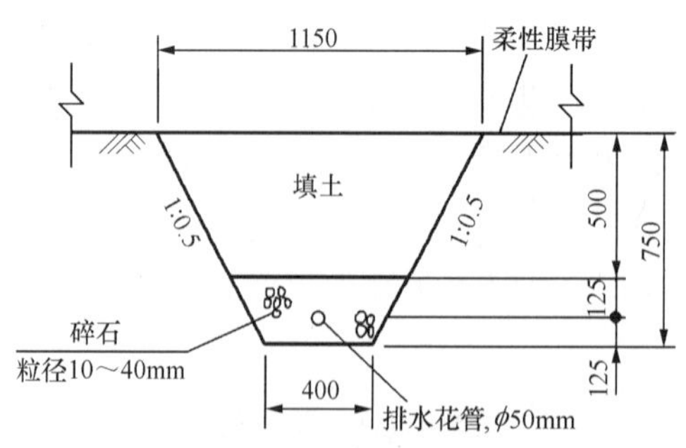

图 6-2-45 日本今市抽水蓄能电站工程渠道中花管的埋设结构图

日本冲绳抽水蓄能电站工程土工膜下 50cm 厚的垫层采用透水性较强的砾石层，并在其中埋入塑料管，一方面可排放蓄水过程中防渗层下的气体，还可以避免土工膜背面受地下水的水压力；另一方面是在防渗层破损的情况下，渗漏海水可以通过管子快速进入检测廊道，不至于渗漏地下对周边环境造成影响。在检测廊道中设置一台抽水泵，将渗入检测廊道的地下水抽回上水库。上水库剖面示意图见图6-2-46。

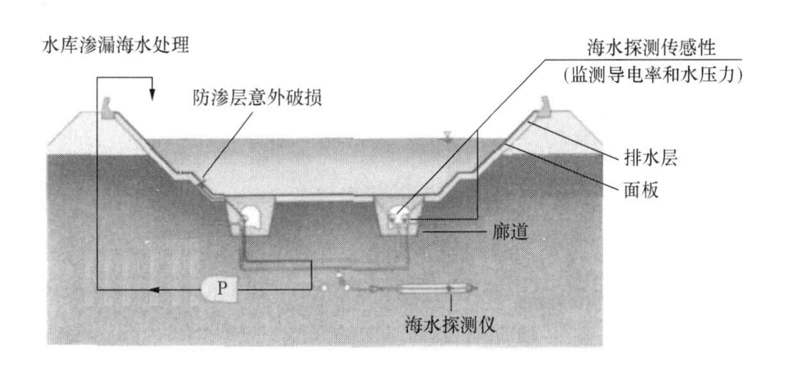

图6-2-46　日本冲绳抽水蓄能电站工程上水库剖面示意图

2.6.6　土工膜的施工

对于土工膜防渗体系，若在土工膜生产和施工过程中能够保证不对土工膜产生破损，则土工膜本身的防渗性是非常可靠的，而土工膜之间的接缝是土工膜防渗体系中较为薄弱的部位，尤其是焊接质量是关系到土工膜防渗成败的关键，土工膜焊接人员的素质、设备、焊接工序、工艺和方法的不同都对接缝质量有很大的影响。

泰安抽水蓄能电站工程通过现场大量的比较试验研究，取得了较理想的针对1.5mm厚HDPE土工膜的焊接、修补、检测的施工工艺和方法。土工膜幅宽5.1m，膜幅之间采用双焊缝连接，采用LEISTER Comet电热楔式自动焊机，并配套采用Triac-drive手持式半自动爬行热合熔焊接机、MUNSCH手持挤出式焊机对直焊缝和T型接头部位进行焊接施工和缺陷修补，并用真空检测法和充气检测法对土工膜焊接质量进行检测。简要介绍如下。

（一）施工条件

（1）气候及施工现场环境要求。

土工膜铺设及焊接应在现场环境温度5℃以上、35℃以下、风力3级以下并无雨、无雪的气候条件下进行。施工现场环境应能保证土工膜表面的清洁干燥并采取相应的防风、防尘措施，以防土工膜被阵风掀起或沙尘污染。若现场风力偶尔大于3级时，应采取挡风措施防止焊接温度波动，并加强对土工膜的防护和压覆。

（2）对现场人员的要求及规章制度。

参加土工膜铺设、焊接、检查、验收的技术人员和操作工人应接受专项培训，直接操作人员须经考核合格后方可进行现场施工。进入施工现场的所有人员严禁抽烟，也不得将火种带入现场；所有人员进入土工膜施工现场时，必须穿软底鞋或棉袜。

已完成铺设的土工膜需要及时采用土工布沙袋压重，以防止阵风吹翻损伤土工膜。土工膜铺设后应及时采用施工期临时覆盖，防止太阳紫外线照射损伤。

（3）对下支持层的要求。

土工席垫铺设施工前，施工单位应首先检查土工膜下支持垫层仓面，对超径块石及可能对土工膜产生顶破作用的其他杂物进行全面清理。然后由施工、监理、设计对垫层仓面的施工质量进行全面验收，确保无超径块石及可疑杂物，并全面检查铺设表面是否坚实、平整。焊接时基底面的表面应尽量干燥，含水率宜在15%以下。

(4) 土工膜质量检查。

土工膜铺设前，对采购并运抵工地的土工膜应根据设计规定的指标要求进行抽样检查，经检验质量不合格或不符合设计要求的同批次土工膜，不得投入使用。运至施工现场的土工膜应在当日用完。

(二) 土工膜摊铺

同向平行布置的卷幅长度要求错开一个幅宽，以避免形成"十"型焊缝，从而减小焊接难度，提高焊缝质量保证率。摊铺时应检查土工膜的外观质量，用醒目的记号笔标记已发现的机械损伤和生产创伤、孔洞、折损等缺陷的位置，并作记录。土工膜铺设要尽量平顺、舒缓，不得绷拉过紧，并按产品说明书要求，预留出温度变化引起的伸缩变形量。摊铺完成后，对正搭齐，相邻两幅土工膜搭接100mm，根据设计图纸要求裁剪土工膜，并在土工膜的边角处或接缝处每隔1.4～2.8m放置1个30kg的砂袋作为临时压重。

(三) 土工膜焊接

(1) 焊接准备。

土工膜的焊接设备采用LEISTER Comet电热楔式自动焊机，并配套采用Triac-drive手持式半自动爬行热合熔焊接机、MUNSCH手持挤出式焊机进行施工，应保证焊接机能对所有焊缝进行施工，包括T型接头部位。

每次焊接作业前，均应进行试焊以重新确定焊接工艺状态，试焊长度不小于1m。试焊完成后，进行现场撕拉测试，母材先于焊缝被撕裂方可认为合格，试焊结果经监理工程师认可后方可正式开始焊接。

土工膜摊铺完成后，整平土工膜和下垫层的接触面，以利于焊接机的爬行焊接施工。两土工膜焊接边应有100mm搭接，在焊接前的焊缝表面应用干纱布擦干擦净，做到无水、无尘、无垢等杂物，在施工焊接过程中或施工间隔过程中均须进行防护。

(2) 焊接施工。

焊机沿搭接缝面自动爬行，电热锲将搭接的上层膜和下层膜加热熔化，滚筒随即进行挤压，将搭接的两片膜熔接成一体，双焊缝总宽为5cm，单焊痕宽1.4cm。电热楔式自动焊机工作原理如图6-2-47所示。

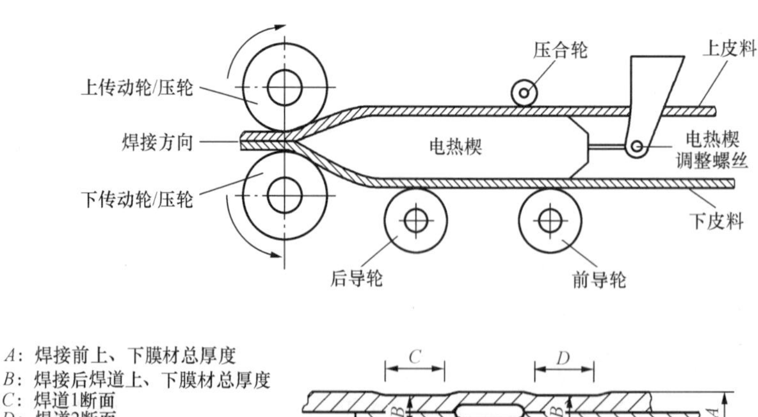

图6-2-47 电热楔式自动焊机工作原理图

每次开机焊接前，当现场实际施工温度与焊前试焊环境温度差别大于±5℃、风速变化超过3m/s、空气湿度变化大时，应补做焊接试验及现场拉伸试验，重新确定焊接施工工艺参数。焊接过程中，应随时根据施工现场的气温、风速等施工条件调整焊接参数。

每个焊接小组3人，其中机手2人、辅助人员1人，焊接工作时3人沿焊缝成一条直线，第一个人拿干净纱布擦膜、调整搭接宽度、清除障碍；第二个人控制焊接，并根据外侧焊缝距膜边缘不少于30mm的要求随时调整焊机走向；第三个人牵引电缆线，对焊缝质量进行目测检查，对有怀疑的焊缝用颜色鲜明的记号笔作出标志，刚焊接完的焊缝不能进行撕裂检查。

已焊接完成尚未进行覆盖处理的土工膜范围四周应设立警示标志，严禁车辆和施工人员入内。

（四）土工膜焊缝检测

检测工作开始前，应制订检测规划，要求对所有的焊缝和铺设区域划分编号、并建立不同标记号与存在缺陷问题的对应关系，以便现场检查时一目了然。

现场施工过程中使用目测方式、真空检测仪、充气检测仪检测所有现场的焊缝，焊缝检测均应在焊缝完全冷却以后方可进行。

在现场检查过程中，先采用目测法检查土工膜焊接接缝。目测法分看、摸、撕三道工序。看：先看有无熔点和明显漏焊之处，是否焊痕清晰、有明显的挤压痕迹、接缝是否烫损、有无褶皱、拼接是否均匀；摸：用手摸有无漏焊之处；撕：用力撕来检查焊缝焊接是否充分。

土工膜防渗层的所有T形接头、转折接头、破损和缺陷点修补、目测法有疑问处、漏焊和虚焊部位修补后以及长直焊缝的抽检均需用真空检测法检查质量。长直焊缝的常规抽检率为每100m抽检两段目测质量不佳处，每段长1m。若均不合格，则该段长直焊缝需进行充气法检测。

真空检测程序如下：将肥皂液沾湿需测试的土工膜范围内的焊缝，将真空罩放置在潮湿区，并确认真空罩周边已被压严，启动真空泵，调节真空压力大于或等于0.05MPa。保持30s后，由检查窗检查焊缝边缘的肥皂泡情况。所有出现肥皂泡的区域应作上明显标记并做好检测记录，根据缺陷修复要求进行处理。

充气检测为有损检测，主要检测目测法和真空检测法难以找到的焊缝缺陷部位，检验人员又对这些焊缝存在较大疑虑的情况下采用。正常焊缝检测应严格控制使用充气检测，尽量少用或不用充气检测，需充气检测的部位必须经多方讨论同意和监理批准才能实施。

充气检测应遵循以下程序：测试缝的长度约50m左右，测试前应封住测试缝的两端，将气针插入热熔焊接后产生的双缝中间，将气泵加压至0.15～0.2MPa，关闭进气阀门，5min后检查压力下降情况，若压力下降值小于0.02MPa，则表明此段焊缝为合格焊缝。若压力下降值大于或等于0.02MPa，则表明此段焊缝为不合格焊缝，应根据缺陷及修复要求进行处理。检测完毕后，应立即对检测时所做的充气打压孔进行挤压焊接法封堵，并用真空检测法检测。

（五）土工膜缺陷修复

（1）缺陷的确认和修复设备。

目测检查和撕裂检查发现的可疑缺陷位置均应用真空检测或充气检测方法进行试验，试验结果不合格的区域应作上标记并进行修复，修复所用材料性能应与铺设的土工膜相同。

对于经现场无损检测试验确认的土工膜焊缝或土工膜未焊区域存在的缺陷，采用MUNSCH手持挤出式塑料焊枪以及Triac-Drive手持式半自动爬行热合熔焊接机进行缺陷修补。用于修补作业的设备、材料及修补方案应由监理工程师确认，任何缺陷的修补均需监理现场旁站。

（2）表面缺陷修补工艺。

土工膜表面的凹坑深度小于土工膜设计厚度的1/3，则将凹坑部位打毛后用挤出式塑料焊枪挤出HDPE焊料修补，修补直径为30～50mm左右。

土工膜表面的凹坑深度大于等于土工膜设计厚度的1/3，则按孔洞修补工艺执行。

(3) 孔洞修补工艺。

将破损部位的土工膜用角磨机适度打毛，打磨范围稍大于用于修补的 HDPE 土工膜，并把表面清理干净、保持干燥。将修补用的 HDPE 土工膜黏结面用角磨机打毛并清理干净。

用手持式半自动爬行热合熔焊接机将上下层土工膜热熔黏结。冷却 1～2min 后，用手持挤出式塑料焊枪沿黏结面周边用焊料挤出黏结固定，焊料要均匀连续，焊缝宽度不少于 20mm。

(4) 焊缝虚焊漏焊修补工艺。

当虚焊漏焊长度不大于 50mm 时，则将漏焊部位前后 100mm 长范围的上层双焊缝搭接边裁剪至焊缝黏结处；将焊料黏结范围用角磨机打毛并清理干净，用手持挤出式塑料焊枪修补，焊缝宽度不少于 20mm。焊缝虚焊漏焊修补成果见图 6-2-48。

当虚焊漏焊长度超过 50mm 时，将漏焊部位前后 120mm 长范围的上层双焊缝搭接边裁剪至焊缝黏结处，然后采用孔洞修补工艺进行外贴 HDPE 土工膜修补。外贴 HDPE 土工膜膜片的尺寸为大于漏焊部位前后各 100mm。

(5) T 型接头缺陷修补工艺。

将土工膜 T 型接头用角磨机适度打毛，打磨范围稍大于用于修补的 HDPE 土工膜，并把表面清理干净、保持干燥。将直径为 350mm 的 HDPE 土工膜黏结面用角磨机打毛并清理干净。用手持式半自动爬行热合熔焊接机将上下层土工膜热熔黏结。冷却 1～2min 后，用手持挤出式塑料焊枪沿黏结面周边用焊料挤出黏结固定，焊料要均匀连续，焊缝宽度不少于 20mm。T 型接头缺陷修补成果见图 6-2-49。

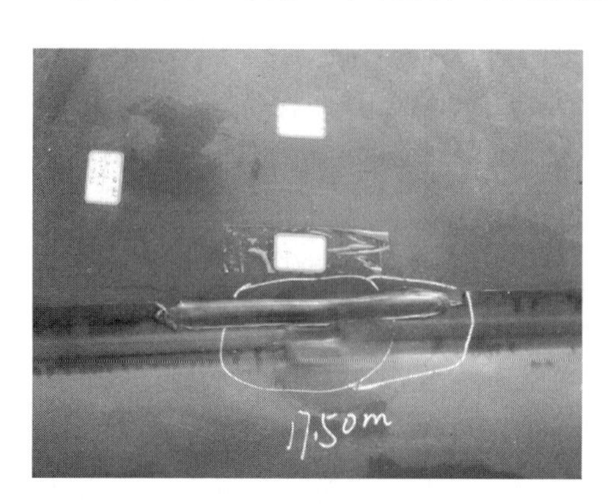

图 6-2-48　焊缝虚焊漏焊修补成果图

图 6-2-49　T 型接头缺陷修补成果图

(6) 土工膜防护。

土工膜在紫外线的照射下易老化，因此不宜长时间暴露在阳光下，在施工中应边铺土工膜边压盖保护层，并保持无污损状态。

土工膜焊接完成部分应进行及时的保护，防止损伤、位移等，保护层可以采用永久防护层 $500g/m^2$ 的涤纶针刺无纺土工布，并建议用棉被类物品压覆保温。

若土工膜在无深水覆盖条件下过冬，则需在冬季停止土工膜施工后采取有效措施，保证土工膜上下表面的温度不低于 0℃，并要保证土工膜表面的干燥，不受雨雪影响，并避免扰动。

2.7　黏土铺盖防渗

2.7.1　黏土铺盖防渗的应用

由于能充分利用当地材料、较易适应各种不同的地形地质条件等原因，黏土料作为防渗体自古以来就在土石坝修筑中得到了广泛采用。

由于黏土的强度指标较低，土体内的孔隙水压力不易消散，不能适应抽水蓄能电站水位大幅变动的工况，因此黏土防渗型式很少用于抽水蓄能电站库岸防渗，一般只在库底防渗中采用。

于1974年1月竣工的美国拉丁顿抽水蓄能电站上水库位于密欧根湖岸边山顶上，用土堤围成。由于库盆和堤基均为砂土层，堤体土料也是取自库内的砂土，因此防渗是一个关键技术问题。土堤采用沥青混凝土防渗，库底采用黏土铺盖防渗，黏土厚度2.44～3.05m。

美国落基山抽水蓄能电站上水库位于落基山顶浅盆形的台地上，用长3900m的环形黏土心墙堆石坝围成面积0.89km^{2}的水库。上水库位于一个向斜的轴部，基岩主要为页岩、砂岩等。库盆大部分区域出露厚的岩石，然而越靠近边缘，页岩逐渐变薄甚至缺失。地下水位高程在396.2～403.9m，低于上水库死水位。由于未风化岩的渗透性很弱，上水库未做全库盆防渗，仅在页岩很薄及缺失的区域铺设3m厚的黏土作为防渗层。

国内黏土铺盖防渗在抽水蓄能电站上水库的设计，早在20世纪80年代就已经开始了。直到21世纪初，才真正应用于实际施工。到目前为止，国内有多座已建和在建的抽水蓄能电站的上水库采用黏土铺盖防渗，如河南宝泉抽水蓄能电站上水库库底、安徽琅琊山抽水蓄能电站上水库库底等。

河南宝泉抽水蓄能电站上水库位于宝泉水库左岸峪河支流东沟内，控制流域面积6km^2，总库容870万m^3，由沥青混凝土面板堆石坝和库周山岭围成。上水库岩层多为寒武系灰岩地层，属中等透水岩层，库区存在5条张性断层，均切穿上水库库盆，存在较严重的渗漏问题，采用黏土铺盖护底＋沥青混凝土护坡相结合的防渗型式。

安徽琅琊山抽水蓄能电站上水库总库容1804万m^3，由主坝（钢筋混凝土面板堆石坝）、副坝（混凝土重力坝）和库周山岭围成。库区主要出露的地层为上寒武统琅琊山组及车水桶组灰岩，紧密褶皱和断裂构成了工程区的主要构造。工程区不同地层、不同构造部位喀斯特发育程度有很大差异性。根据上水库工程地质条件，库区防渗采用以垂直灌浆帷幕为主，库区、防渗线上溶洞掏挖回填混凝土、库区局部水平黏土铺盖为辅的综合处理措施。上水库自2005年7月1日开始试蓄水，2006年11月底蓄至正常蓄水位，从工程区不同部位布置的测压管和量水堰监测分析表明目前运行正常。国内黏土铺盖防渗工程实例统计表见表6-2-19。

表6-2-19　国内黏土铺盖防渗工程实例统计表

序号	电站名称	阶段	坝型		坝高（m）	水库防渗型式	黏土层厚度（m）
1	河南宝泉	已建	主坝	沥青混凝土面板堆石坝	93.9	库岸沥青混凝土面板＋库底黏土土工膜防渗	4.5
			副坝	浆砌石重力坝	42.9		
2	安徽琅琊山	已建	主坝	钢筋混凝土面板堆石坝	64.5	垂直防渗为主、结合溶洞掏挖回填混凝土、水平黏土辅助防渗为辅	0.6～3.0
			副坝	混凝土重力坝	20.0		
3	江西洪屏	在建	主坝	混凝土重力坝	44.0	垂直防渗＋部分库岸钢筋混凝土面板＋部分库底黏土铺盖防渗	2.0
			副坝1	钢筋混凝土面板堆石坝	57.7		
			副坝2		37.4		
4	江苏溧阳	在建	主坝	钢筋混凝土面板堆石坝	161.0	库岸钢筋混凝土面板＋库底黏土土工膜防渗	4.5

利用高山或台地上沉积的黏性土，采用挖、填方式形成水库，在这种地形、地质自然条件下，黏土铺盖是较好的防渗方案。

黏土防渗具有以下特点：

(1) 具有一定的适应地基变形能力。

(2) 就地取材，很多工程区附近就有大量符合设计要求的黏土料，防渗材料容易取得。

(3) 渗漏量小，黏土经碾压后渗透系数可达 $A\times10^{-6}$ cm/s，在黏土质量及厚度得到保证的前提下，土质防渗体可满足对库盆渗漏量的要求。

(4) 造价低廉，与沥青混凝土、钢筋混凝土面板相比，具有较明显的价格优势，节省工程投资。

(5) 施工简便，已经有了较成熟的施工经验和设备。

2.7.2 黏土铺盖结构设计

库盆黏土铺盖防渗设计与常规水电站黏土铺盖设计基本相同。结合抽水蓄能电站水库骤降的特点，设计中应注意解决以下问题：① 黏土防渗层应能满足防渗和渗透稳定要求；② 防渗黏土层底部应设置自由排水反滤层，改善防渗层的反向压力，提高防渗土料的渗透稳定性；③ 在黏土防渗层表面设置防冲、防冻、防干裂保护层。

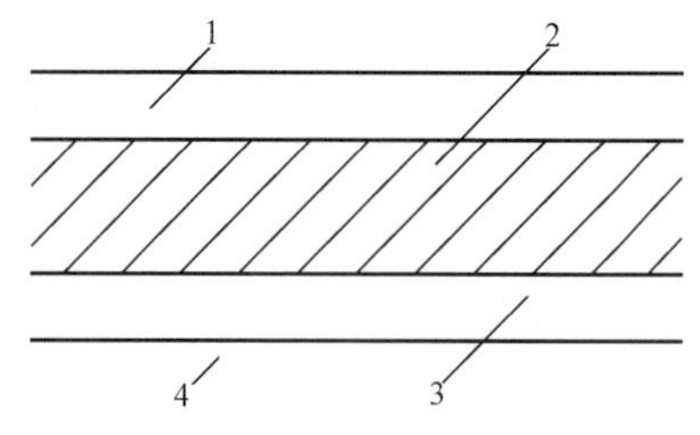

图 6-2-50 黏土铺盖防渗典型结构剖面图

1—黏土保护层；2—黏土层；3—反滤层；4—过渡层

用于库底的黏土防渗结构主要有以下几部分组成：黏土保护层，防渗黏土，反滤层，过渡层等。见图 6-2-50。

(一) 黏土保护层

用于黏土防渗层的上覆保护，起到防冲、防冻、防干裂、施工期防损坏等作用，在运行期可作为黏土铺盖的反滤及压重的作用，有利黏土铺盖适应库水位频繁升降。一般用石渣料等，颗粒粒径不宜太大；厚度一般为 0.3～1.0m。设置黏土保护层的缺点是，一旦黏土层发生渗漏，需拆除覆于其上的保护层才能进行检查维修。

(二) 防渗黏土

防渗黏土为防渗结构的主体。经碾压后的黏土料渗透系数一般应小于 $A\times10^{-6}$ cm/s，并要求有较好的塑性和渗透稳定性；厚度根据承受水头等因素确定。

《碾压式土石坝设计规范》(SL 274—2001) 中对防渗土料提出以下设计要求：水溶盐含量不大于 3%；有较好的塑性和渗透稳定性；浸水和失水时体积变化小；塑性指数大于 20 和液限大于 40%的冲积黏土、膨胀土、开挖及压实困难的干硬黏土、冻土、分散性黏土等不宜作为防渗土料；用于填筑防渗体的砾石土，粒径大于 5mm 的颗粒含量不宜超过 50%，最大粒径不宜大于 150mm 或铺土厚度的 2/3，0.075mm 以下的颗粒含量不应小于 15%。

防渗黏土铺盖厚度与其承受水头、允许水力坡降、黏土下是否设置反滤层等因素有关。黏土铺盖厚度一般可按照其承受水头的 1/10～1/20 来估算。

对黏土铺盖进行渗透变形试验是必要的，设计采用的允许渗透坡降安全系数一般为 2.0～3.0。黏土所承受的渗透坡降与黏土底部是否设置反滤层有着密切的关系。一般来说，黏土下设置反滤层，其允许渗透坡降会有较大提高。

宝泉抽水蓄能电站上水库正常蓄水位 789.60m，黏土铺盖顶高程 749.70m，黏土铺盖承受水头 39.9m。根据上水库黏土铺盖实际工作状态，允许水力坡降取 10，计算得厚度为 3.99m，设计选取黏土铺盖厚为 4.50m，压实度不小于 98%，渗透系数不大于 10^{-6} cm/s，全库盆黏土填筑量约为 65 万 m^3。黏土施工结束到下一年水库蓄水要经过一个冬季，同时为避免施工期运输机械对已铺筑黏土造成破坏，黏土铺盖上部设 0.3m 厚保护层，保护层利用现场料场（含库区）等开挖弃料。

琅琊山抽水蓄能电站上水库库底黏土防渗铺盖的最大作用水头约为 35m，可行性研究、招标及施工详图设计前期，黏土铺盖的厚度根据其所处部位的作用水头大小，按黏土允许水力坡降为 8～12 的要求确定，采用 1～3m，高水头部位采用较大的铺盖厚度。施工期因多方面原因造成下水库出口明渠开挖黏土料的严重不足，到上水库黏土铺盖施工前，可用于副坝上游铺盖区的黏土储量只有 4 万 m^3 左右。根据黏土料的实际储存量，设计对黏土铺填的要求作了适当调整：对黏土的允许水力坡降不作要求，允许黏土颗粒在渗水的作用下带入基岩裂隙，并充填裂隙，而导致黏土辅助防渗层沉降，形成局部塌陷。根据现有黏土料的储存量对黏土铺盖层的厚度进行调整，将位于岩基部位的辅助防渗铺盖黏土厚度由 1～3m 减薄至最小厚度为 60cm，但溶洞口部位的黏土厚度（含混凝土塞上填土）仍需满足水力坡降为 5～8 的铺盖要求。在黏土表面铺筑 50cm 的碎石保护层。

宜兴抽水蓄能电站下水库大坝采用黏土心墙坝，最大坝高 50.4m。坝体自上游向下游依次为上游堆石区、上游过渡层区、反滤层区，黏土心墙防渗区、下游反滤层区、过渡层区，下游混合料堆石区。黏土心墙顶部的水平宽度根据机械化施工的需要，确定为 3.0m。按心墙厚度不宜小于（1/3～1/4）H，确定上、下游边坡均为 1∶0.2，最大断面处心墙底部厚度为 21.76m。心墙防渗体采用东梅园土料场土料。填筑设计标准为：以细料控制干密度 $\rho_d \geqslant 1.61 kg/cm^3$，全料干密度 $\rho_d \geqslant 1.68 kg/cm^3$，渗透系数 $k \leqslant 5\times10^{-4} cm/s$，最大粒径 $D_{max} \leqslant 4mm$。

（三）反滤层

在黏土铺盖底部设置的反滤层具有以下几方面作用：

(1) 可以提高防渗土料的允许渗透坡降。根据洪屏抽水蓄能电站上水库可行性研究阶段土料渗透变形试验成果，在不设置反滤层条件下，上水库土料临界坡降在 17.1～28.3 之间，破坏坡降大于 40，破坏型式为流土。防渗土料在反滤保护下的临界坡降可达 50.2，在坡降达到 232 时土料仍未发生破坏。

(2) 对土料起到较好的保护作用，防止土料流失。

(3) 反滤层也可作为黏土底部排水层，将库底及水库渗水及时排出。反滤料与土料之间应满足反滤准则要求。反滤层厚度一般为 0.5～1.5m。宝泉抽水蓄能电站上水库库底防渗黏土下设置两层反滤层，每层厚度 0.5m。

库底黏土反滤是保证黏土铺盖不发生渗透破坏的重点，属于“关键性反滤”，也是施工质量控制重点，要求反滤层应满足以下条件：使被保护土不发生渗透变形；渗透性大于被保护土，能通畅的排出渗透水流；不致被细粒土淤塞失效；在防渗体出现裂缝的情况下，土颗粒不应被带出反滤层，裂缝可自行愈合。

反滤料应符合下列要求：质地致密、抗水性和抗风化性能满足工程运用条件的要求；具有要求的级配；具有要求的透水性；反滤料粒径中＜0.075mm 的颗粒含量应不超过 5%。

《碾压式土石坝设计规范》(SL 274—2001) 中规定，当被保护土为无黏性土，且不均匀系数 $C_u \leqslant$ 5～8 时，其第一层反滤的级配宜按下式确定：

$$D_{15} / d_{85} \leqslant 4 \sim 5 \tag{6-2-9}$$

$$D_{15} / d_{15} \geqslant 5$$

式中　D_{15}——反滤料的粒径，小于该粒径的土重占总土重的 15%；

d_{15}——被保护土的粒径，小于该粒径的土重占总土重的 15%；

d_{85}——被保护土的粒径，小于该粒径的土重占总土重的 85%。

对于不均匀系数 $C_u > 8$ 的被保护土，宜取 $C_u \leqslant 5\sim8$ 的细粒部分的 d_{85}、d_{15} 作为计算粒径。

当被保护土为黏性土时，其第一层反滤层的级配应考虑滤土要求、排水要求等确定。

（1）滤土要求。

根据被保护土小于 0.075mm 颗粒含量不同而采用不同的方法。且当被保护土含有大于 5mm 颗粒时，应按小于 5mm 颗粒级配确定小于 0.075mm 颗粒含量，及按小于 5mm 颗粒级配的 d_{85} 作为计算粒径。

对于小于 0.075mm 颗粒含量大于 85％的土，其反滤层可按下式确定：

$$D_{15} \leqslant 9d_{85} \tag{6-2-10}$$

当 $9d_{85}$ 小于 0.2mm 时，取 D_{15} 等于 0.2mm。

对于小于 0.075mm 颗粒含量为 40％～85％的土，其反滤层可按下式确定：

$$D_{15} \leqslant 0.7\text{mm} \tag{6-2-11}$$

对于小于 0.075mm 颗粒含量为 15％～39％的土，其反滤层可按下式确定：

$$D_{15} \leqslant 0.7\text{mm} + (40 - A) \times (4d_{85} - 0.7\text{mm})/25 \tag{6-2-12}$$

式中 A——小于 0.075mm 颗粒含量，％。

若上式中 $4d_{85}$＝0.7mm，应取 0.7mm。

（2）排水要求。

$$D_{15} \geqslant 4d_{15} \tag{6-2-13}$$

式（6-2-13）中 d_{15} 应为全料的 d_{15}，当 $4d_{15}$ 小于 0.1mm 时，应取 D_{15} 不小于 0.1mm。

（四）过渡层

在库底填筑区和反滤层之间，需设置过渡层，有一定的级配要求，对反滤层起整平支持作用，与反滤层之间满足反滤准则关系。对于库底开挖区，一般不设置此层，只铺设反滤层。过渡层厚度一般 1.0～2.0m。宝泉抽水蓄能电站上水库部分库底先回填石渣料，然后回填厚 1.0m 过渡层。

2.7.3 与周边建筑物的连接

黏土铺盖多被采用为库底防渗措施，一些抽水蓄能电站的上水库防渗型式采用库岸混凝土面板和库底黏土铺盖的组合防渗。因此，库底黏土铺盖需与库岸防渗面板进行连接。为防止库水沿混凝土面板、黏土两种材料的接触面产生渗漏，面板与黏土需要足够的搭接长度。最小搭接长度按下式计算：

$$L = H/[J] \tag{6-2-14}$$

式中 L——搭接长度，m；

H——黏土承受水头，m；

$[J]$——接触面允许渗透比降，一般取黏土铺盖与沥青混凝土、混凝土接触面允许比降按不大于 5～6 考虑。

宝泉抽水蓄能电站上水库整个防渗系统由沥青混凝土、混凝土、黏土三种材料组成，三种材料之间的搭接接头处理是上水库防渗整体设计中重要的一个环节。沥青混凝土与黏土接头部位主要分布在库岸坡脚和主、副坝前库底部位。搭接长度应以满足渗透坡降要求为准。黏土与沥青混凝土面板接触长度为 19.22～46.98m，两者以 1∶1.7～1∶5.0 坡比搭接。黏土与沥青混凝土面板接触段设 0.5m 厚高塑性黏土，利用黏土的高塑性适应变形，防止黏土开裂渗水。针对沥青混凝土和黏土接头进行了接头试验，根据试验结果并参照工程经验，在和黏土搭接的部位沥青混凝土表面应涂刷封闭层，使表面平整光滑，黏土采用高塑性黏土，含水量宜高于最优含水量 1％～3％，和沥青混凝土接触面不得含有砾石。

混凝土与黏土接头部位主要分布在进出水口前池段。进出水口前池段混凝土面板与黏土以 1∶0.5 坡度搭接，搭接长度 7.49m。最大水头 40.57m，不考虑水平段渗透比降 5.4，满足设计要求。混凝土与黏土接头也需要混凝土有光滑的表面，以确保结合紧密。黏土采用高塑性黏土。

宝泉抽水蓄能电站上水库黏土铺盖与沥青混凝土面板接头见图 6-2-51。

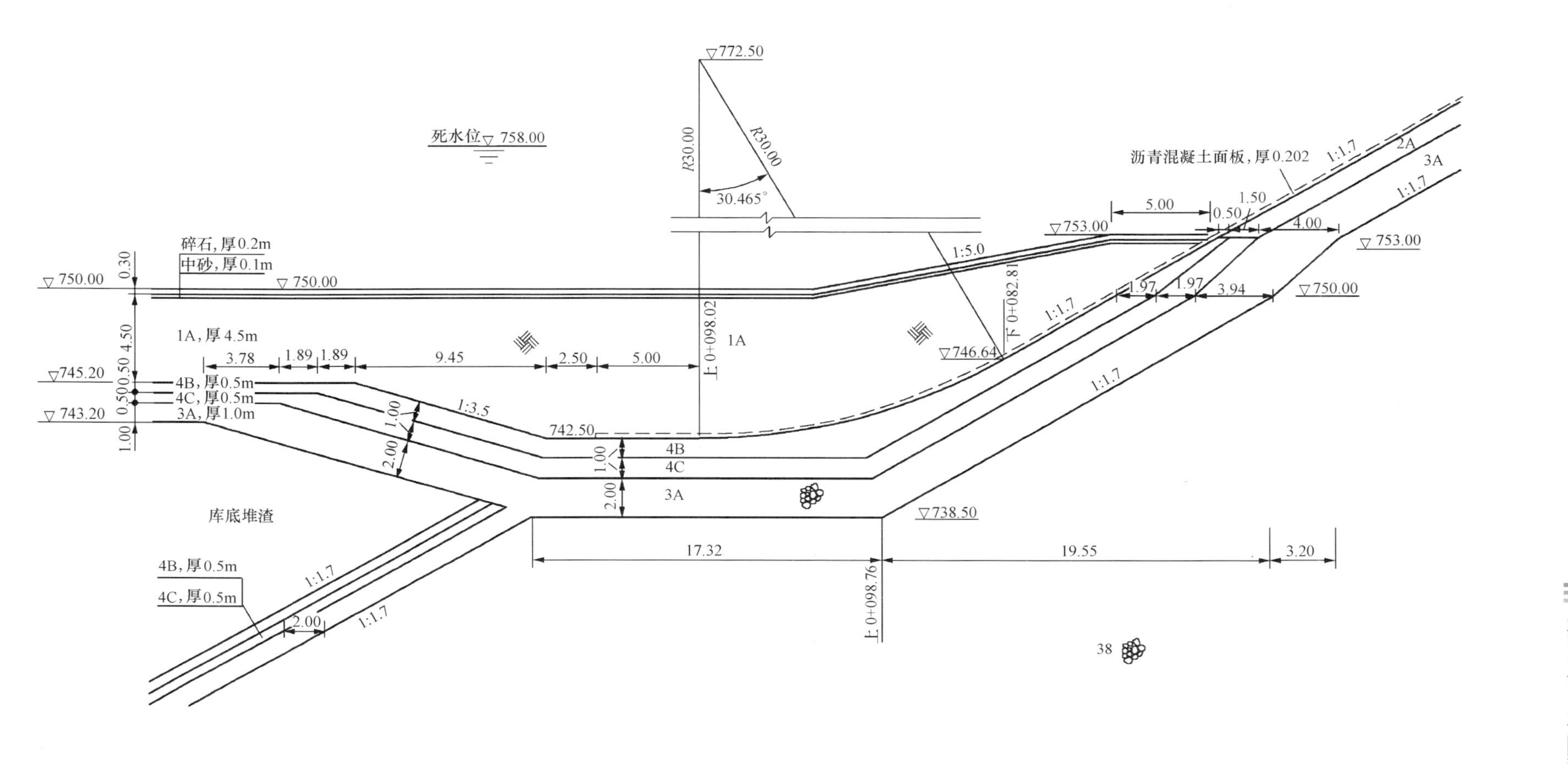

图 6-2-51　宝泉抽水蓄能电站上水库黏土铺盖与沥青混凝土面板接头图

2.7.4　黏土铺盖的施工

（一）开采运输

除在料场周围布置截水沟防止外水浸入外，应根据地形、取土面积及施工期间降雨强度在料场内布置完善的排水系统，及时排除地表径流。

当料场土料天然含水率接近或小于控制含水率下限时宜采用立面开挖，以减少含水率损失；如天然含水率偏大，宜采用平面开挖，分层取土。

雨季施工时，应优先选用含水率较低的料场，或储备足够数量的合格土料，加以覆盖保护，保证合格土料及时供应。

应根据开采运输条件和天气等因素，经常观测料场含水率的变化，并做适当调整。料场含水率的控制数值与填筑含水量之间的差值应通过试验确定。

黏土料的主要运输方式宜采用自卸汽车直接上坝。

（二）填筑

含砾的和不含砾的黏性土的填筑标准应以压实度和最优含水率控制。作为防渗使用的黏土压实度一般为98%～100%；黏性土的施工填筑含水率应根据土料性质、填筑部位、气候条件和施工机械等情况，控制在最优含水率的－2%～3%偏差范围以内。

黏土料应采用进占法卸料，汽车不应在已压实的土料面上行驶。土料宜采用羊足碾或凸块振动碾压实。振动碾工作重量宜大于10t，振动频率20～30Hz，行驶速度不应超过4km/h。

土料的碾压施工参数应通过碾压试验确定。一般黏土料的碾压厚度20～30cm。

加强雨季水文气象预报，提前做好防雨准备，把握好雨后复工时机。

（三）宝泉抽水蓄能电站上水库黏土铺盖施工

平甸黏土料场位于上水库以北约10km，有简易碎石公路可达。平甸料场以峪河为界，可分为左岸的打丝窑料场和右岸红土坡料场，打丝窑料场为主要料场，红土坡料场作为备用料场。

由于打丝窑料场黏土存在较多的砾石，如果采用纯黏土，将会造成大量弃料，导致黏土严重缺乏，同时剔除砾石也十分困难，但如果含有过多的砾石，将会导致黏土质量特别是渗透系数不能满足设计要求，根据料场的特性和黏土铺盖结构设计，结合对上水库黏土铺盖的原位渗透试验，将黏土铺盖（厚4.5m）划分为三个区域：

Ⅰ区：黏土与沥青混凝土面板接触带全断面厚0.5m高塑性黏土。

Ⅱ区：745.20（进出水口741m）～748.20m（进出水口746.20m）高程黏土。

Ⅲ区：748.20（进出水口746.20m）～749.70m（进出水口747.70m）高程黏土。

各区设计指标要求如下：

Ⅰ区：黏土含水量高于最优含水量宜为1%～3%，压实度宜为90%～95%左右；黏土不宜含砾，若含砾要求最大砾径小于50mm，5～50mm含量小于20%，要求现场施工时砾石不得集中，不得靠近沥青混凝土（混凝土）接触面；黏土与其他建筑物接触面间填筑前应洒水湿润并涂刷泥浆。

Ⅱ区：压实度不小于98%，最优含水率按20.8%控制，允许偏差－2～3%；黏土中最大砾径小于50mm，5～50mm含量小于20%，同时控制黏土中砾石分布均匀，不得集中；不含砾黏土最大干密度按1.66t/m^{3}控制；现场碾压参数：凸块碾动压8遍，并根据满足设计指标的现场碾压试验结果确定的参数执行。

Ⅲ区：固定压实度，浮动干容重，碾压后压实度要求不小于98%；黏土中最大砾径小于150mm，5～150mm含量小于30%，要求砾石不得集中。

黏土Ⅰ区、Ⅱ区干密度 1.66～1.79t/m^3，Ⅲ区干密度 1.66～1.87t/m^3。

根据黏土铺盖设计和填筑控制标准，现场检测以压实度控制，补充含石量（含粒径）检测、渗透试验检测，渗透系数不大于 10－6cm/s。

（四）琅琊山抽水蓄能电站上水库黏土铺盖施工

黏土铺盖填筑分为 3 个区施工，具体为：Q_1 区为高程 150m 以下部分，Q_2 区为铺盖区左岸部分，Q_3 区为铺盖区右岸部分。

黏土和石渣料填筑自下而上分层铺料、分层填筑。按两层黏土一层石渣平起作业，且按先黏土后石渣的顺序自下而上滚动施工。严格控制碾压层厚度。为保证设计断面内的黏土和石渣料压实，每层铺料时超出设计边坡线一定宽度，两层黏土逐层填筑施工完毕，及时进行黏土坡面修整及坡面碾压，再开始一层石渣填筑，最后进行石渣坡面修整及坡面碾压。

黏土和石渣料采用 10t 自卸汽车运输，进占法卸料。要求运输车辆不在已压实的土料面上行驶。加强黏土的天然含水量检测控制，确保填土的含水量接近最优含水量时才填筑。若黏土的天然含水量偏大或偏小，则进行晾晒或洒水处理。铺料过程中，严格控制黏土料的质量、含水量和铺土厚度，对不合格的土料清除后运出填筑工作面。

黏土铺盖碾压采用进退错距法压实，分段碾压，相邻两段交接带碾迹应彼此搭接，顺碾压方向应搭接不小于 0.3～0.5m；垂直碾压方向搭接宽度为 1～1.5m。

土料铺料与碾压工序连续进行。铺料前如果气候干燥或填土间隔时间过长，表面土含水量损失大于允许范围，压实表土经常洒水润湿，保持土料含水量在控制范围以内。如黏土压实表面形成光面时，铺土前洒水湿润并将光面刨毛。

黏土铺盖的填筑面略向沟内倾斜，以利排除积水。作好雨情预报，提前作好防雨准备，把握好复工时机。雨后复工首先人工排除黏土表层局部积水，并视未压实表土含水率情况，分别采用翻松、晾晒或清除处理。

对于黏土铺盖边缘、建筑结构周围特殊部位的黏土铺盖施工，减薄碾压层厚度，黏土料碾压层厚度减至 10～15cm，石渣料碾压层厚度减至 25～30cm，采取人工铺料、小型振动碾或振动冲击夯压实。对岸坡不平顺、振动碾碾压不到的部位采用手扶振动碾压实；副坝坝脚部位填槽时用手扶振动碾顺副坝坝轴线方向压实，个别场面狭窄部位采用打夯机夯实；排气管、断层处理和无纺布四周 50cm 范围内以及溶洞、落水洞洞口混凝土顶面以上 50cm 范围内黏土料采用打夯机夯实；其余的溶洞、落水洞洞口和断层槽内黏土填筑工作面大时采用手扶振动碾压实，边角部位采用打夯机夯实。

施工过程中，黏土的填筑质量以压实度和最优含水率作为控制指标，要求含水率控制在 20%±3%，压实度不小于 98%；石渣料的填筑质量以孔隙率和干密度控制，要求压实后的孔隙率不大于 28%，干密度不小于 1.95g/cm^3。

2.7.5 黏土铺盖的防裂措施及修补

在国、内外已完建的抽水蓄能电站工程中，美国拉丁顿抽水蓄能电站和河南宝泉抽水蓄能电站上水库库底的黏土铺盖在水库蓄水后均出现了一定范围的凹陷、局部坍塌及裂缝。初步分析其产生原因，主要有施工质量缺陷、基础不均匀沉降、初期蓄水速率过快以及黏土铺盖与沥青混凝土接触面连接结构不适应水位大幅变动等方面。为保证黏土铺盖正常发挥水库防渗功能，应从以下几方面考虑采取防裂措施：

（1）做好结构设计和施工组织安排，以尽量消除黏土料可能产生的不均匀沉降。黏土铺盖一般在开挖区和填筑区以及施工时先填区和后填区的交界面处、基础地质条件差异较大处等部位均存在一定的沉降梯度。水库蓄水后，在不断增加的水荷载作用下，这些部位可能产生有害的基础不均匀沉降，从而引起黏土铺盖的剪切、拉伸破坏。因此，做好细部结构设计和施工组织安排非常重要。

（2）精心施工，保证黏土铺盖的填筑质量。黏土铺盖的填筑要求较高，如要求薄层碾压、含水量应控制在最优含水量附近等。因此对不同天气、各部位、含水量差异的黏土均需严格控制含水量，按照设计参数施工，以保证填筑质量和黏土铺盖的碾压密实。

（3）控制水库初期蓄水速率不宜过快。工程经验表明，水库初期蓄水速率过快是黏土铺盖产生裂缝的原因之一。因此，水库初期蓄水时，速率不宜过快。特别是蓄至高水位时，宜慢速蓄水并维持一段时间后方可继续蓄高水位。

下面简要介绍美国拉丁顿抽水蓄能电站的黏土铺盖裂缝产生情况及修补措施。

拉丁顿抽水蓄能电站上水库于1972年12月5日开始蓄水。在首次蓄水的35d内，库水位明显下降，水库漏水量达680L/s。数月后地下水位抬升，致使几处下游坝趾出现渗流。1973年5月降低库水位，并对265.2m高程处沥青混凝土面板上的黏土铺盖进行检查。在铺盖上发现一条直线塌陷，一直延伸至水下4.6m。此次检查还发现了另一处沟槽凹陷。随后的两年中，在黏土铺盖上又发现了几处塌陷，并进行了修补。1979年在水库以北的野外露营地发现一处出水点，起始出水量为6.3L/s。对水库北端进行水下检查又发现一处塌陷，通过染料试验，确认野营地的出水与该处塌陷有关。由此又对水库黏土铺盖和库北端下游坝趾进行了检查，检查发现了几处沟槽凹陷。1988年潜水员又在水库南坡发现了沟槽凹陷，随后在1989～1990年的检查中发现，水库南半部遍布多处沟槽凹陷。

1989年对黏土铺盖中的沟槽凹陷进行回填灌浆，灌浆浆液为水泥、膨润土、砂和水拌制而成，灌浆量约为4740m^3。1989年秋季潜水员发现，回填灌浆部位出现几处裂缝和沉陷。1990年的潜水检查结果表明，对沟槽凹陷的回填灌浆并不成功，无法减小铺盖沟槽和裂缝的渗漏。由此使得业主对沟槽凹陷重新提出修补方案。

1992～1997年，连续5年对沟槽凹陷以及前期的灌浆裂缝缺陷进行修补。选择的修补材料为一种磨细的硅土砂岩岩粉（PMI Silica），要求有一定的颗粒级配，这种岩粉与水合成浆液，通过直径5～10cm的软管在水下浇筑。它无塑性，可在沟槽凹陷处形成透水性很小的岩塞，浇筑后可以不断流动充填各种空隙和缝隙，效果很好。由于水下能见度很低，水下浇筑在DGPS和USBL系统遥控导向定位下进行，由此降低修补造价，节省了工期。以后每过几年就用石英细砂进行灌填修补。

目前沥青混凝土面板渗漏量为0.6L/s，250台抽水泵中仅有1台经常工作，需每隔10～14d抽水一次。水泵在设定水位下可以自动启动，因此观察各水泵的工作时间就可以了解该部位的渗漏情况。上水库库底黏土覆盖的渗漏量从1972年的673L/s逐年减小至2006年的147L/s。

2.8　库区排水

抽水蓄能电站的水库不但防渗要求极高，而且要对渗入坝体、岸坡的水及时排出，特别是在水位骤降时，及时消除坝体高孔隙水压力，是保证坝体、库岸边坡稳定的重要条件。排渗设施可分为坝体排渗、岸坡排渗、坝基排渗、坝面排水等。抽水蓄能电站对排水设计有如下要求：

（1）抽水蓄能电站的上、下水库排水系统设计须能适应水位频繁升降，消除或有效控制坝体、岸坡、库底、防渗护面下的孔隙水压力，确保建筑物的稳定和安全。

（2）应按不同部位设置相应的排水措施，并根据地质、地形条件和水工布置，对各项渗漏量和周围山体的涌水量进行估算，确定设计排水能力，选择布置排水设施的尺寸。

（3）对全库盆防渗的水库，应设平铺排水、检查廊道，排水宜分区设置，集中排出。

由于有地下水，或由于防渗结构局部裂缝引起漏水等原因，防渗护面后的坝体或库岸的浸润线可能较高。在库水位骤降时，浸润线不会很快随之降低，此时防渗面板受到的反向压力可能使防渗面板抬起而损坏。设置完善的排水系统的目的在于降低浸润线；在排水设施充分有效时，可削减防渗护面所受的扬压力，从而确保防渗护面的安全。同时排水设施可以收集渗漏水和地下水，必要时可以回收并补给水库用水。此外，在寒冷地区的冬季，排水系统降低地下水位可以防止库水位下降时岸坡的冻胀破坏，保证库岸防渗结构的安全。

排水系统的排水能力应计入通过防渗层的渗流和不通过防渗层的地下涌水量。渗流量和涌水量应通过分析计算确定。考虑到地下涌水分析计算的难度，以及资料的可靠度，勘测设计及开挖施工中应做好现场测试工作，为设计或者补充完善设计提供可靠的资料。

排水系统各汇流断面的排水能力应按汇流叠加计算。排水一般应不使防渗面板产生反向压力，其排水料渗透系数为 10^{-1}～10^{-2}cm/s，通过计算确定排水纵坡、排水层厚度及透水花管的数量和布置等。对地下涌水引入排水系统的暗沟和管路，应设置透水性大且级配良好的反滤料过渡。排水系统排水量的安全系数，应考虑地形、地质、渗漏量分析的可靠性程度和排水淤堵的影响等确定，一般建议采用 2.0 以上。

2.9　库岸稳定

枢纽工程区近坝库岸和下游河道上的两岸边坡及滑坡体可能因枢纽工程建设而改变其稳定条件，或者天然状态下其稳定性本来就不能满足安全要求，威胁大坝和其他水工建筑物的安全，对此，必须予以高度重视，进行专门研究处理。

2.9.1　设计标准

上、下水库库区的边坡有三类：土坡、岩坡以及人工填筑的土石坝边坡。

抽水蓄能电站水库建成蓄水后，水位大幅度的提高，尤其是上、下水库运行水位周期性的大变动，库区水文地质条件将明显受到影响。水库蓄水后，大片干坡被库水淹没并饱和，饱和的岩土特别是软岩产生软化、膨胀，大大降低了岸坡岩（土）体的抗剪强度；被淹没的岩（土）体容重降低，孔隙水压力加大，有效应力减小，都将破坏原有岩（土）坡的稳定状态，一些原来已处于临界平衡状态或稳定性较差的岸坡可能失稳。

根据抽水蓄能电站水库运行特点，上、下水库蓄水运行后存在以下问题：

（1）水库蓄水后，由于库水位日变幅大，对边坡特别是土质边坡影响较大。一般来说，在库水位骤降工况下，土质库岸边坡可能发生中—浅层滑坡、塌岸。一旦近坝区、近进/出水口区岸坡失稳，将影响水库正常运行。

（2）近坝区、近进/出水口区岸坡若不进行适当防护，水库水位频繁涨落，必将冲蚀、冲刷坡残积土及全风化层，造成水库含沙量增加，进而加重水轮机的磨损。

（3）水库塌岸、滑坡将侵占水库有效库容，造成有效库容的减少。

《水电枢纽工程等级划分及设计安全标准》(DL 5180—2003）中，根据边坡所影响的建筑物级别及边坡失事的危害程度，按表 6-2-20 的规定将边坡划分为 3 级。边坡失事仅对建筑物运行有影响而不危害建筑物和人身安全的，经论证，边坡级别可降低一级。

表 6-2-20 水工建筑物边坡级别划分

边坡级别	所影响的水工建筑级别	边坡级别	所影响的水工建筑级别
1级	1级	3级	4、5级
2级	2、3级		

边坡抗滑稳定分析计算应根据边坡类型和滑移机制，合理选取计算模型、岩土参数和计算方法。极限平衡方法是边坡抗滑稳定安全系数计算的基本方法。对于1级、2级边坡，应采取两种或两种以上常用计算分析方法，包括有限元法等进行验算，综合分析评价边坡变形与稳定安全性。

水工建筑物边坡稳定计算分析应区分不同的荷载组合或适用状况。当采用平面刚体极限平衡方法中的下限解法进行计算时，抗滑稳定安全系数应不小于表 6-2-21 的规定。

表 6-2-21 水工建筑物边坡最小抗滑稳定安全系数

边坡级别	荷载组合或运用状况		
	基本组合	特殊组合1（非常运用）	特殊组合2（非常运用）
1级	1.30～1.25	1.20～1.15	1.10～1.05
2级	1.25～1.15	1.15～1.05	1.05
3级	1.15～1.05	1.10～1.05	1.00

土石坝坝坡设计计算工况可参照《碾压式土石坝设计规范》（SL 274—2001）进行：

（1）正常运用条件。

①水库位于正常蓄水位和设计洪水位与死水位之间的各种水位的稳定渗流期；②水库水位在上述范围内经常性的正常降落；③抽水蓄能电站的水库水位的经常性变化和降落。

（2）非常运用条件Ⅰ。

①施工期；②校核洪水位有可能形成稳定渗流的情况；③水库水位的非常降落，如自校核洪水位降落、降落至死水位以下，以及大流量快速泄空等。

（3）非常运用条件Ⅱ。

正常运用条件遇地震。土石坝坝坡抗滑稳定计算一般采用刚体极限平衡法。对于均质坝、厚斜墙坝和厚心墙坝，宜采用计入条块间作用力的简化毕肖普法；对于有软弱夹层、薄斜墙、薄心墙坝的坝坡稳定分析及任何坝型，可采用满足力和力矩平衡的摩根斯坦—普莱斯法等方法。

采用计入条块间作用力时，坝坡抗滑稳定的安全系数，应不小于表 6-2-22 规定的数值。

表 6-2-22 土石坝坝坡抗滑稳定最小安全系数

运用条件	工程等级			
	1	2	3	4、5
正常运用条件	1.5	1.35	1.30	1.25
非常运用条件Ⅰ	1.30	1.25	1.20	1.15
非常运用条件Ⅱ	1.20	1.15	1.15	1.10

采用不计条块间作用力的瑞典圆弧法计算坝坡抗滑稳定安全系数时，对1级坝正常运用条件最小安全系数应不小于1.30，其他情况应比表 6-2-22 规定的数值减小8%。

土石坝各种计算工况下，土体的抗剪强度均应采用有效应力法指标，堆石料一般采用非线性强度指标。

2.9.2　分析方法和工程实例

（一）土质边坡

对于库岸土质边坡，其滑动面一般为圆弧滑动面，因此多采用简化毕肖普法或瑞典圆弧法进行稳定分析。

（1）简化毕肖普法。

$$K=\frac{\sum\{[(W\pm V)\sec\alpha-ub\sec\alpha]\tan\varphi'+c'b\sec\alpha\}[1/(1+\tan\alpha\tan\varphi'/K)]}{\sum[(W\pm V)\sin\alpha+M_C/R]} \tag{6-2-15}$$

（2）瑞典圆弧法。

$$K=\frac{\sum\{[(W\pm V)\cos\alpha-ub\sec\alpha-Q\sin\alpha]\tan\varphi'+c'b\sec\alpha\}}{\sum[(W\pm V)\sin\alpha+M_C/R]} \tag{6-2-16}$$

以上两式中　W——土条重量；

Q、V——分别为水平和垂直地震惯性力（向上为负，向下为正）；

u——作用于土条底面的孔隙压力；

α——条块重力线与通过此条块底面中点的半径之间的夹角；

b——土条宽度；

c'、φ'——土条底面的有效应力抗剪强度指标；

M_C——水平地震惯性力对圆心的力矩；

R——圆弧半径。

非圆弧滑动稳定的摩根斯坦—普莱斯法可参见《碾压式土石坝设计规范》（SL 274—2001），此处不再详述。

宜兴抽水蓄能电站上水库西库岸主要由五通组石英岩状砂岩组成，伴有花岗斑岩脉条带穿过。西库岸第2、4段中（花岗斑岩脉段）由于花岗斑岩脉呈全强风化状，基本上为土质边坡，稳定性较差，故分析按土质边坡进行，取代表性地质剖面“库横9”对该段核算其稳定性，见图6-2-52。计算假定如下：将全、强风化花岗斑岩看作土质材料，而将弱风化花岗斑岩作为岩石；稳定计算时，滑弧将不进入弱风化花岗斑岩；假定滑裂面为圆弧滑动，计算采用毕肖普法。花岗斑岩岩体力学设计参数见表6-2-23。

表6-2-23　　花岗斑岩岩体力学设计参数

岩性＼参数	容重（kN/m³）		比重	孔隙率（%）	f（°）	C（kPa）
	湿	干				
全风化花岗斑岩	19.00	15.40	2.71	42.59	25.1	66.5
强风化花岗斑岩	22.06	20.19	2.71	24.04	26.57	100
弱风化花岗斑岩	25.14	24.84	2.61	3.07	40.36	750

计算表明，内侧坡在竣工期工况下安全系数为1.294～1.560（不同地下水位），水位从正常蓄水位471.50m消落至435.00m工况下安全系数为1.368～1.613（不同地下水位）。

（二）块体滑动

对于块体计算，块体沿两个滑动面的交线滑动时，计算采用公式如下：

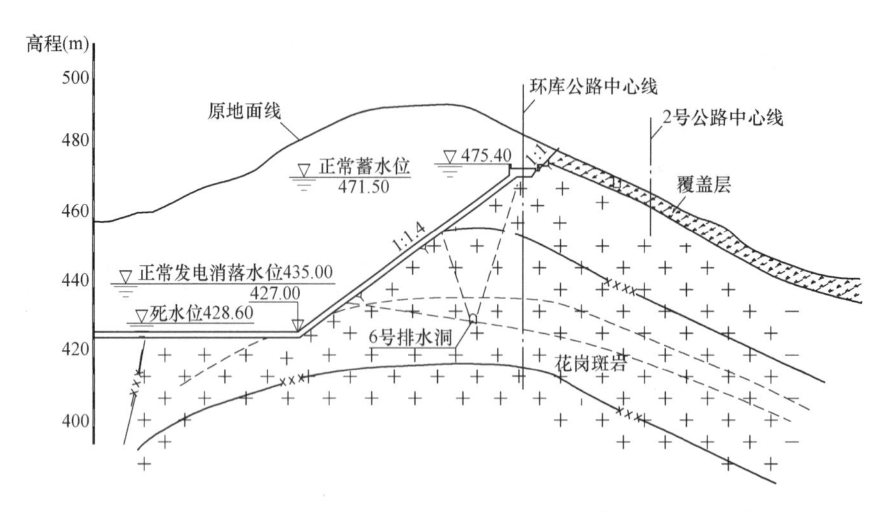

图 6-2-52　宜兴抽水蓄能电站上水库计算剖面“库横 9”（桩号环库公路 1+090.85）稳定分析简图

$$K' = \frac{\sum f'_i N_i + \sum C'_i A_i}{Q} \tag{6-2-17}$$

式中　K'——抗剪断安全系数；

f'——抗剪断摩擦系数；

C'——抗剪断黏聚力，kPa；

A——滑动面面积，m^2；

N、Q——滑动面上的正压力和下滑力，kN；

i——滑动面编号。

式中下滑力 Q 方向即交线方向，由向量叉乘公式计算：

$$\overline{r_1} \times \overline{r_2} = \overline{r_Q} \tag{6-2-18}$$

式中　$\overline{r_1}$、$\overline{r_2}$——滑动面一、滑动面二的法向量；

$\overline{r_Q}$——交线方向。

计算中考虑的荷载主要有岩块自重、坡面上水重，水推力、扬压力等。

（三）沿深层软弱面滑动

沿深层软弱岩层层面滑动的稳定分析可采用滑楔法，按下式计算：

$$P_i = \sec(\varphi'_{ei} - \alpha_i + \beta_i)[P'_{i-1}\cos(\varphi'_{ei} - \alpha_i + \beta_{i-1}) - (W_i \pm V_i)\sin(\varphi'_{ei} - \alpha_i) + u_i \sec\alpha_i \sin\varphi_{ei}{}' \Delta x - c_{ei}{}' \sec\alpha_i \cos\varphi'_{ei} \Delta x + Q_i \cos(\varphi'_{ei} - \alpha_i)] \tag{6-2-19}$$

$$c'_{ei} = \frac{c'_i}{K} \tag{6-2-20}$$

$$\tan\varphi'_{ei} = \frac{\tan\varphi'_i}{K} \tag{6-2-21}$$

以上三式中　P_i——土条一侧的抗滑力；

P_{i-1}——土条另一侧的抗滑力；

W_i——土条的重量；

u_i——作用于土条底部的孔隙压力；

Q_i、V_i——分别为水平和垂直地震惯性力（向上为负，向下为正）；

α_i——土条底面与水平面的夹角；

β_i——土条一侧的 P 与水平面的夹角；

β_{i-1}——土条另一侧的 P 与水平面的夹角。

宜兴抽水蓄能电站上水库南库岸主要由茅山组岩屑石英砂岩组成，第 7、8 段中①、②组结构面发育，F_{23}、F_{12} 等断层与边坡小角度交接，破坏型式为沿软弱夹层（缓倾角层面）的单面滑动，由于边坡与滑动方向基本一致，故采用平面刚体极限平衡法核算其稳定性，稳定计算公式分别采用纯摩公式和抗剪断公式。取代表性地质剖面"库横 10"对该段核算其稳定性，见图 6-2-53。抗剪参数取软弱夹层（岩屑夹泥型）指标，$f'=0.35$，$C'=30\text{kPa}$，$f=0.32$。

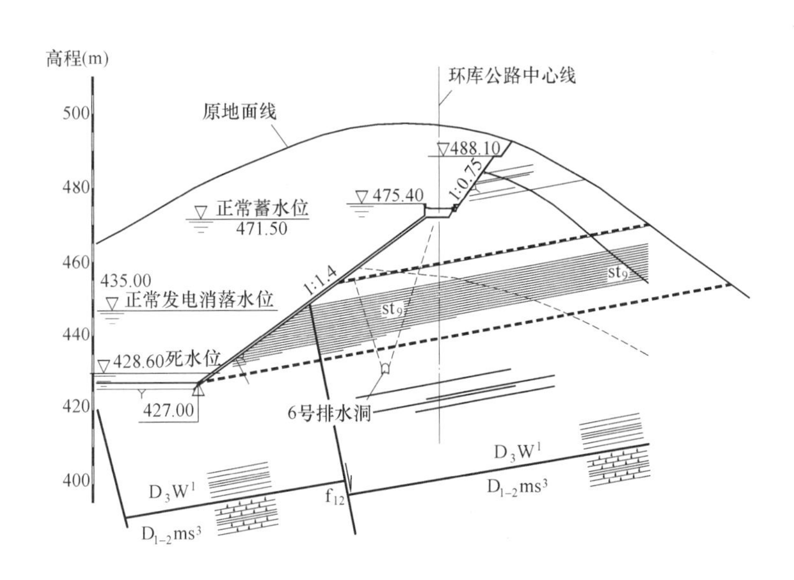

图 6-2-53　宜兴抽水蓄能电站上水库计算剖面"库横 10"（桩号环库公路 1+145.76）稳定分析简图

经分析，竣工期工况下抗剪断安全系数为 1.48～1.94（不同地下水位），抗剪安全系数为 0.97～1.37。正常蓄水位工况下抗剪断安全系数为 1.81～3.04（不同地下水位），抗剪安全系数为 2.12～2.80。需控制库岸地下水位，保证边坡安全。

张河湾抽水蓄能电站上水库大坝为沥青混凝土面板堆石坝，由于堆石坝坝基下存在多层软弱夹层，因此拟沿坝基软弱夹层进行深层抗滑稳定计算。计算采用刚体极限平衡法，以规模较大的 Rd3-1、Rd3-2、Rd3-3 作为滑动面进行计算。由于软弱夹层层面起伏差很小，充填度较大，因此不考虑层面起伏对抗剪所起的作用。计算选取西南沟 2+460、东侧北端 0+960 等剖面进行计算，见图 6-2-54 和图 6-2-55。地基软弱夹层取 $f=0.275$，$C=0\text{kPa}$。地震作用采用拟静力法计算。设计要求正常运用工况：$K\geqslant 1.3$，地震工况：$K\geqslant 1.1$。

经分析，西南沟 2+460 剖面沿 Rd3－1、Rd3－2、Rd3－3 软弱夹层在正常蓄水位工况下安全系数为 1.572～1.883，在正常蓄水位+地震工况下安全系数为 1.128～1.242。

东侧北端 0+960 剖面沿 Rd3－1、Rd3－2、Rd3－3 软弱夹层在正常蓄水位工况下安全系数为 2.374～2.652，在正常蓄水位+地震工况下安全系数为 1.367～1.588。

两个剖面正常工况下沿各软弱夹层的抗滑稳定安全系数均大于 1.3；非常工况下抗滑稳定安全系数均大于 1.1，均满足设计要求，且有一定的安全裕度。

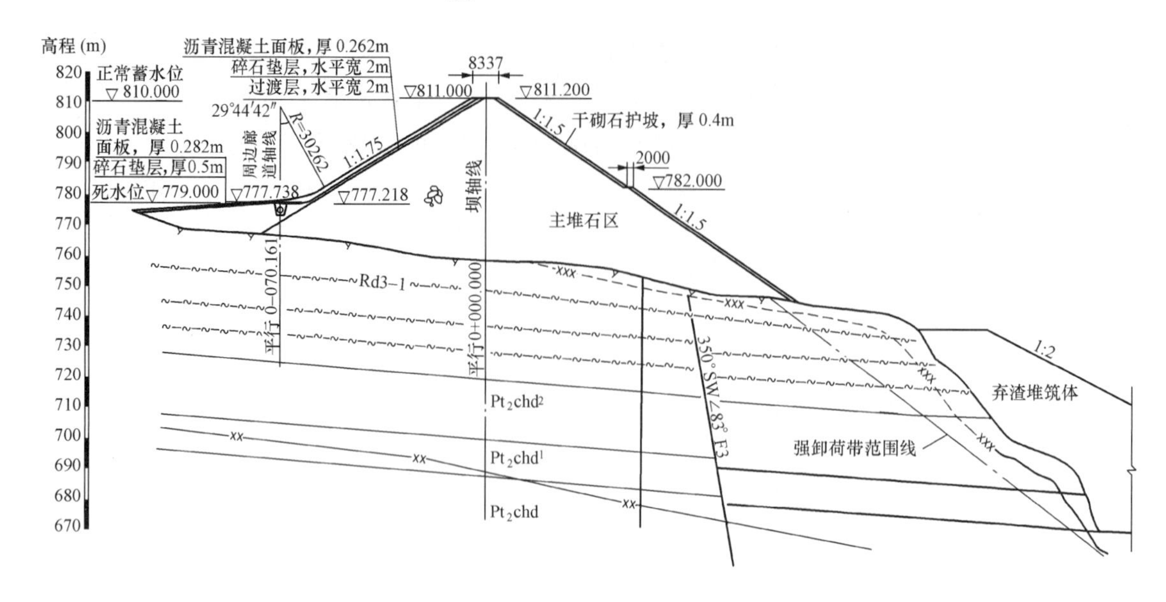

图 6-2-54　张河湾抽水蓄能电站上水库大坝西南沟 2+460 剖面（单位：mm）

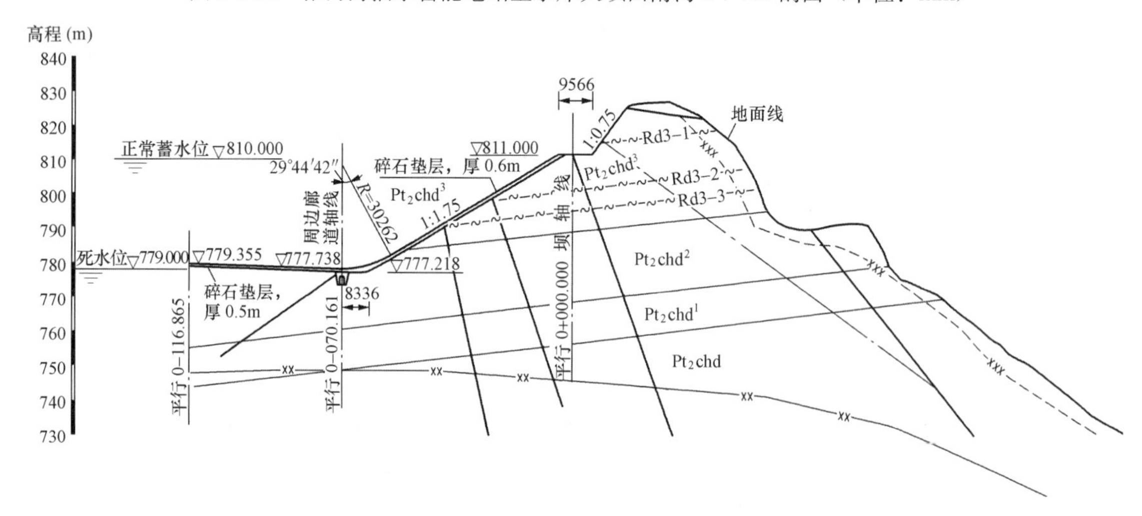

图 6-2-55　张河湾抽水蓄能电站上水库大坝东侧北端 0+960 剖面（单位：mm）

第三章 上、下水库的泄洪、放空

3.1 上水库泄洪设施

3.1.1 设置的必要性

抽水蓄能电站承担着电力系统的调峰填谷、调频调相和事故备用任务，根据负荷变化电站每天都做相应的运行。一般考虑到效率和蓄能等因素，用于事故备用的水量均存于上库。在没有洪水的情况下，电站完成抽水后，上库水位达到正常蓄水位；当发生设计洪水时，若电站仍按原计划抽水，完成抽水计划后，上库水位将高于正常蓄水位。

对于流域面积较小的纯抽水蓄能电站而言，洪水汇流时间短，洪水过程线显得瘦而尖。通常设计时将上水库的正常蓄水位加上抽水终止到发电工况开始时间段内的设计洪量所对应的水位取为上水库的特征洪水位，作为坝顶高程设计的依据，即正常蓄水位以上设有专门的防洪库容而不另设泄洪设施。

对于上水库集水面积较大的纯抽水蓄能电站，从以下几方面考虑，一般可设置泄洪设施：

首先，抽水蓄能电站一般库容较小，若把洪量全部蓄纳在水库内，则设计、校核洪水位将高出正常蓄水位较多，相应坝顶高程也会抬高，大坝坝体及库岸处理等土建工程量将会增加较多。因此，设置泄洪设施不但对工程来说较为稳妥安全，而且其设计、校核洪水位将会降低，相应土建投资减小，综合比较可能会更加经济合理。

其次，一般抽水蓄能电站的上水库处于高处，工程一旦失事，洪水下泄将会对位于其下的重要设施及人民生命财产造成较大损失。同时，从已建工程来看，上水库大坝所选择的坝型大部分为土石坝坝型，为安全起见，上水库设置泄洪设施较为可靠。

另外，在系统发生故障或电站非正常运行极端不利情况下，即上水库达正常蓄水位，而水泵水轮机继续往上库抽水，此时抽水流量与洪水流量叠加，可能造成大坝失事。规范规定，对于电站抽水运行工况可能造成上水库超蓄的问题，应在电站机电控制设计中解决，一般需要采用两套或以上互相独立的水位监测与机组关机的联动措施。

如美国落基山抽水蓄能电站设置了一套预防过量抽水的安全系统，该系统由三个互相独立的子系统组成。第一个是显示库水位的数字系统，在上水库水位过高时，会自动跳开机组并防止机组启动抽水，还可以向运行人员提供水位、流量、库容等实时信息；第二个是遥控的观测水位标尺的闭路电视系统；第三个是备用的水位信号开关系统，可以在给定的水位直接跳闸。这套系统高度可靠，运行人员也不能切除这一系统。

在条件适合时，也有少数电站在上水库采用非常措施以泄放抽水流量。美国拉丁顿抽水蓄能电站上水库离密执安湖只有不到 1km 距离，高差 100m 左右，中间无居民点。上水库未设溢洪道，只在库周堤顶面对密执安湖开辟一处非常溢洪道，一旦所有控制系统失灵时，可以冲开非常溢洪道排水，直接进入密执安湖，如图 6-3-1 所示。落基山、巴斯康蒂抽水蓄能电站上水库也设有自溃式非常溢洪道。表 6-3-1 列举了国内、外部分抽水蓄能电站上水库设置泄洪建筑物的情况。

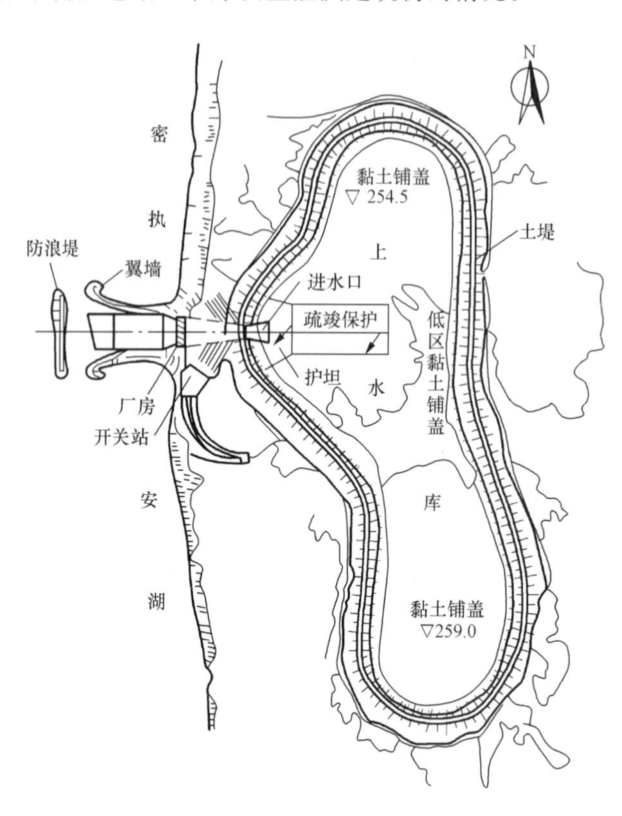

图 6-3-1　美国拉丁顿抽水蓄能电站上水库布置图

表 6-3-1　　国内、外部分抽水蓄能电站上水库设置泄洪建筑物的情况

序号	电站名称	国家	集水面积（km^2）	下泄流量（m^3/s）	泄洪建筑物
1	沼 原	日本	0.69	18.8	库顶以上集水设置泄洪暗渠，未设泄洪建筑物
2	迪诺威克	英国	0.8	5	泄洪管
3	普列森扎诺	意大利	3.9	84	溢洪道
4	大 屋	法国	50	50	溢洪道
5	广蓄一期	中国	5	150	溢洪道
6	十三陵	中国	0.163	11.8	未设泄洪建筑物，在坝顶超高中解决
7	天荒坪	中国	0.327		库顶以上集水、设置暗渠排泄，未设泄洪建筑物
8	宝 泉	中国	1.1		开敞式溢洪道
9	深 蓄	中国	0.62		开敞式溢洪道
10	桐 柏	中国	6.7	361	开敞式溢洪道
11	惠 蓄	中国	5.22	129.61	溢洪道

3.1.2 塔姆索克抽水蓄能电站溃坝事故

2005年12月14日凌晨5时20分左右，美国塔姆索克抽水蓄能电站上水库的环形堤坝在西北角发生了溃坝，决口呈V形，宽达600ft❶，见图6-3-2。据美联社报道，上水库的蓄水就像一澡盆水在12min内一泄而光，约有187 308 000ft^3（1740万m^3）的库水破坝而出，汹涌的库水冲下山坡，穿过州立约翰逊峡谷自然保护区和旅游营地，冲入下水库上游的黑河东叉河后涌进电站下水库。下水库大坝过坝溢流，但没有遭到破坏。水翻过大坝后，沿着黑河河道流向位于坝下游3.5mile处的莱斯特维尔镇，河水位被抬高了约2ft，但是没有造成漫堤。

图6-3-2 塔姆索克抽水蓄能电站上水库及溃坝决口照片

塔姆索克抽水蓄能电站位于美国密苏里州东南的雷诺兹县境内，距圣路易斯市南约100mile。该抽水蓄能水电工程是一座调峰电站，于1963年竣工。工程主要建筑物包括：环形混凝土面板堆石坝（堤坝）上水库；混凝土重力坝下水库，下水库大坝是溢流坝，没有闸门，可以安全度汛；一座装有2台可逆式水轮发电机组的发电厂房，最大发电容量470MW；一条7000ft长800ft水头落差的发电隧洞。

下水库是一个径流式水库，出库流量与天然入库流量基本持平。水库面积380acre❷，总库容为21亿gal。

上水库位于普洛福特山山顶，为花岗岩山体，山顶被削平，开挖石方600万t，利用开挖的土石方筑成了一个肾形的环形堤坝水库。环形堤坝采用钢筋混凝土面板防渗，最大坝高约94ft，坝顶还设置了10ft高的防浪墙，正常蓄水位超过坝顶高程8ft。面板每隔60ft设置垂直缝，不设水平缝，面板底部设一道截水墙。上水库库底采用沥青混凝土面板防渗，沥青混凝土面板与混凝土面板连接紧密。上水库面积为54.5acre，总库容为11.783亿gal，发电工作库容为6.928亿gal。

面板堆石坝坝基面倾向下游，坡度很大。为了避免过大的清基和堆石置换回填，下游堆石基础清理范围按下游堆石坡度为1∶1.0来控制。大坝为抛填堆石面板坝，除了坝顶4层4ft厚堆石外，整个大坝一次抛填而成。坝顶宽12ft。对堆石进行冲洗，冲洗用水量为堆石体积的2倍，并且每70lb水要监测一次。层厚4ft的堆石层采用摊铺和拖运设备进行压实，并充分洒水。抛填堆石的级配比普通抛填石小，并含有大量细颗粒级配。抛填堆石表面采用3.5t的斜坡振动碾碾压平整，上水库建筑物设计见图6-3-3。

---

❶ 1ft=0.30m；1ft^3=2.83×$10^{-2}m^3$；1mile=1609.34m。

❷ 1ft=0.30m；1acre=4046.86m^2；1gal=3.79L；1lb=0.45kg；1in=0.0254m。

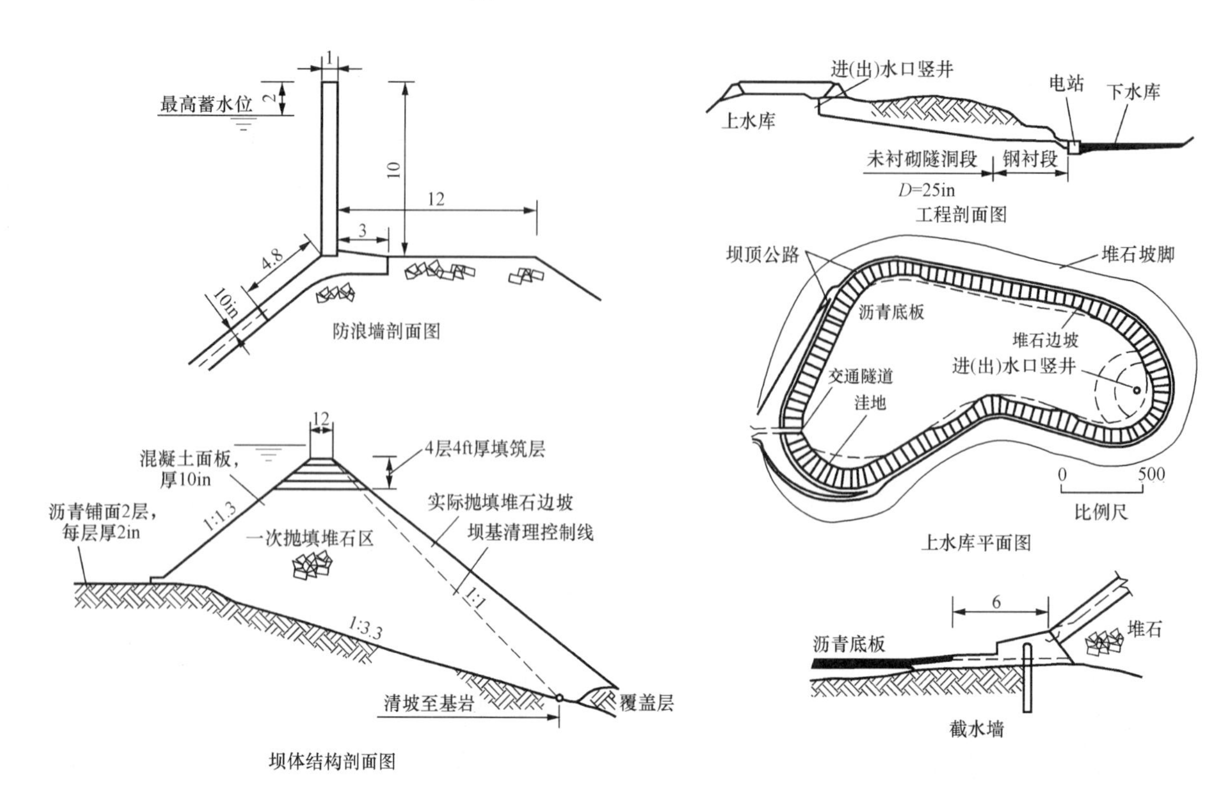

图 6-3-3 塔姆索克抽水蓄能电站上水库设计图

大坝运行 2 年半后的沉降介于 0.34%～0.61%之间。库盆渗漏量在 1967 年稳定，稳定渗漏量为 $8ft^3/s$（226L/s）。在 2004 年对上水库堤坝进行过维护，为了尽量减少堆石坝的渗漏，在堤坝迎水面又做了地膜衬砌，取得了很好的效果，上水库渗水量显著减少。

美国 RIZZO 公司应电站业主美国 AmerenUE 电力公司和美国联邦能源监管委员会的要求，组成调查组于 2006 年 1 月 2 日～2 月 28 日，对塔姆索克抽水蓄能电站上水库的溃坝原因进行了调查，并作出了溃坝调查结论。

调查组认为美国塔姆索克抽水蓄能电站上水库溃决的直接原因是电站的自动控制系统发生了故障，在上水库库水蓄满时没有动作，而备用系统也没有工作，电站运行继续向上水库抽水，因此造成溢流溃坝灾难。调查结果表明由于原设计和施工缺陷，也是大坝溃决的原因之一。堤坝失稳的主要原因有：① 由于防浪墙漫顶溢流，造成地下水位线和堤坝与基础界面的孔隙压力急剧上升；② 由于原设计和施工规范缺陷致使基础条件薄弱；③ 由于原设计和施工状况不符合要求致使堆石材料的抗剪强度低；④ 施工质量差，没有达到预定的设计标准。

3.1.3 泄洪建筑物设计

美国塔姆索克抽水蓄能电站溃坝的教训是非常深刻的，我们在抽水蓄能电站设计中应充分重视、考虑泄洪建筑物的设置问题。

目前，用于抽水蓄能电站上水库工程的泄洪建筑物主要有溢洪道、泄洪洞、泄水底孔、自溃溢洪道等。当具备合适的地形、地质条件时，经技术经济比较论证，溢洪道可布置为正常溢洪道和非常溢洪道。正常溢洪道可分为设闸门溢洪道和无闸门溢洪道。无闸门溢洪道采用自由溢流方式，堰顶高程一般与正常蓄水位持平，无闸门溢洪道运行管理较方便。

（一）无闸门溢洪道

惠州抽水蓄能电站位于广东省惠州市博罗县城郊，上水库为利用已建的范家田水库和东洞水库进行扩容，新建一座主坝和四座副坝，主坝为碾压混凝土重力坝，最大坝高 56.1m，坝顶长度 156m，坝顶高程 764.36m，中间设开敞式自由溢流堰，堰顶高程与正常蓄水位持平。溢洪道分为 3 孔，每孔净宽 10m，总净宽 30m。设计控制下泄流量不大于天然入库流量，设计洪水 500 年一遇的下泄量 129.61m^3/s，小于入库流量 174.00m^3/s，只有在校核洪水位时下泄量才等于天然来水量。另外，上水库大坝设有放水底孔，采用预埋内径 1.4m 的钢管，由锥形阀控制泄流，预泄大于调节库容的多余流量。这一工程措施进一步保证了一般情况下不制造人工洪水，避免与下游小型水库调度上的矛盾。

（二）设闸门溢洪道

由于设闸门溢洪道洪水调度灵活，某些工程根据自身工程特点，采用有闸门的溢洪道型式。桐柏抽水蓄能电站上水库正常蓄水位 396.21m，而水库移民安置高程为 396.28m。在水库水位达 396.21m 时遭遇洪水，或洪水期如机组因故不能如期发电参与泄洪，就有可能使库水位超过水库移民安置高程，危及岸边居民的安全。为保证库周居民的安全，有效控制水库水位，对原位于左岸垭口的溢洪道进行改建，改建为两孔设置闸门的溢洪道，每孔宽 6m，堰顶高程 394.0m，通过闸门控制上水库水位不高于 396.28m。

（三）非常溢洪道

非常溢洪道的泄流能力一般为校核洪水流量和设计洪水流量之差的一部分，这部分洪量与流量是很稀遇的。非常溢洪道的位置宜离大坝较远，泄洪时应不影响枢纽中的其他建筑物，一般建在垭口，地质条件较好、耐冲刷的地方。非常溢洪道有时允许在泄洪时溃决，在库水位降落后再行修复；非常溢洪道的泄洪槽和防冲消能设施可较为简易。

美国巴斯康蒂抽水蓄能电站位于美国弗吉尼亚州的西部山区，电站总装机容量 210 万 kW。上水库位于小贝克溪上，拦河坝为土石混合坝，最大坝高 140m，坝顶高程 1015m，上水库正常蓄水位 1012m，总库容 470.2 万 m^3。上水库设有自溃式非常溢洪道，是一座修建在高程为 1010.7m 的混凝土垫板上的小土石坝，高 3m，长 79m，坝顶高程 1013.6m。当上水库水位达到 1012.8m 时，水经钢管引入自溃坝内，引起坝体冲刷溃决而溢流。自溃坝上游还有叠梁和门槽，在溃坝后可用来恢复上水库的正常运行。

（四）溢流坝＋泄洪洞

宝泉抽水蓄能电站上水库位于峪河左岸东沟内，有效库容 634.8 万 m^3。主坝为沥青混凝土面板堆石坝，最大坝高 92.5m。在库尾建浆砌石副坝拦截库尾固体径流，副坝最大坝高 36.9m，坝顶长度 168m，坝顶宽 8m，坝顶高程 791.9m。

上水库在副坝中部设开敞式溢洪道，堰顶高程 789.6m，与正常蓄水位相同，堰顶宽度 81m。为了保证下泄洪水及时排走，上水库北侧设无压排水洞，排水洞进口位于副坝下游，洞长 719.7m，断面为城门洞型，尺寸为 5.0m×5.9m（宽×高）。见图 6-2-31。

（五）溢洪道＋泄水底孔

伊朗锡亚比舍（Siah Bishe）抽水蓄能电站位于伊朗高原厄尔布尔山分水岭北侧恰卢斯（Chalus）河上。上水库正常蓄水位 2406.3m，有效库容 390 万 m^3。上水库大坝坝基为粉砂质页岩夹砂岩。考虑该电站位于高地震区，地质条件复杂及地貌特征、气候条件等因素，挡水坝采用混凝土面板堆石坝，最大坝高 85m，坝顶长 295m，坝顶宽 15m，坝顶高程 2410.15m，上、下游坝坡均为 1∶1.6。坝体填筑方量 140 万 m^3。

在大坝左坝肩设置侧槽式溢洪道，泄槽长 455m，宽 7m，泄流量为 170 m^3/s。由于泄量小，明槽段不设置掺气设施。

上水库大坝右岸设1条直径2.95m的导流洞，按20年一遇洪水设计，洪峰流量为80m³/s。大坝建成后，导流洞改建为泄水底孔。

伊朗锡亚比舍抽水蓄能电站枢纽布置见图6-3-4。

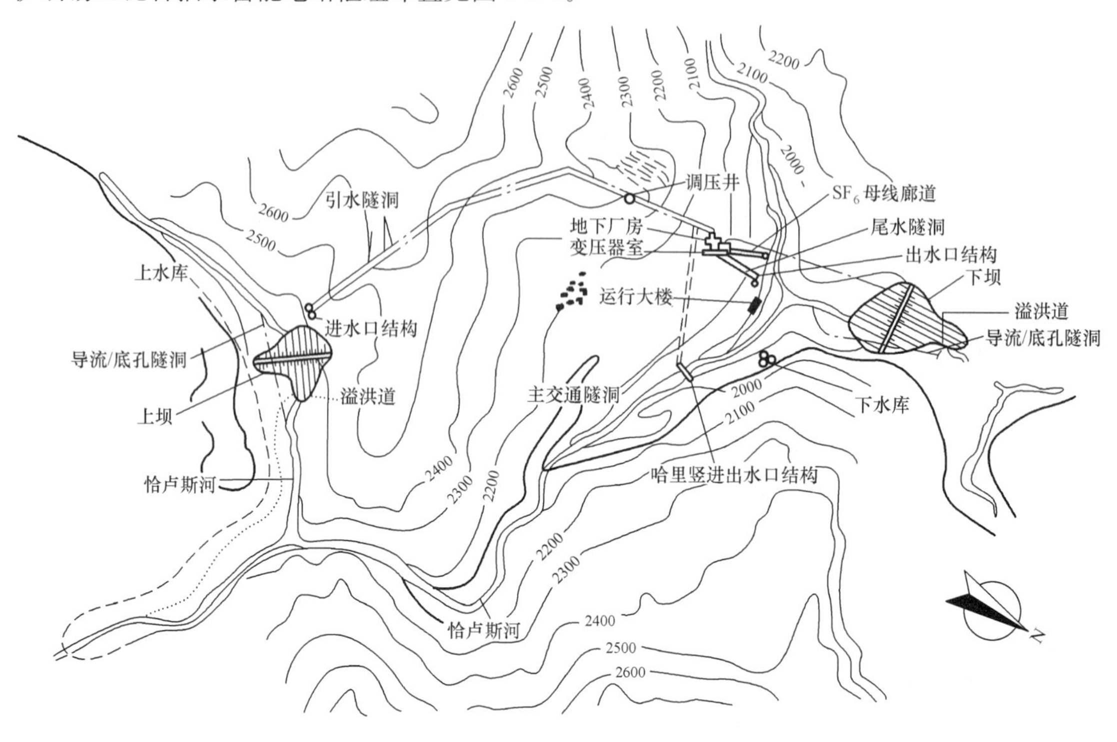

图6-3-4　伊朗锡亚比舍抽水蓄能电站枢纽布置图

3.2　上水库放空设施

3.2.1　设置的必要性

上水库由于地质条件较差，水位变幅大、变动频繁等方面原因，常会在防渗面板、防渗体接头等部位出现一定宽度和范围的裂缝。因此，对上水库进行放空修补一般是不可避免的。我国的天荒坪、宝泉、日本的沼原、美国的塞尼卡抽水蓄能电站（沥青混凝土面板），以及我国的十三陵、法国的拉古施抽水蓄能电站（钢筋混凝土面板）等均曾因上水库防渗面板裂缝而放空水库修补。

在库水位频繁升降作用下，库岸支护措施的作用也会逐渐削弱，随着时间的推移，挂网喷混凝土会慢慢剥落，失去作用，从而降低边坡稳定安全性。因此，对上水库在运行一定时间后放空，对库岸边坡进行检查维护也是必要的。

上水库设置的安全监测设施可对水库渗漏量的大小、渗漏变化趋势的情况进行有效监测。一旦发现异常情况（如渗漏量突然增加、渗漏水变浑浊、局部变形或渗漏情况反常等），需及时将水库放空，有效防止事故进一步扩大或恶化。特别是对于全库盆防渗工程，防渗面板下均设有垫层、过渡料等石料，若局部发生严重渗漏情况而不及时采取放空措施，会造成防渗面板下卧层的严重破坏，给修补造成较大困难。对于土石坝工程，发现异常现象不及时放空修补也会引起管涌、流土、冲刷甚至溃坝等严重工程事故。

抽水蓄能电站上水库的高坝，特别是地质条件复杂或位于高地震区的高坝，放空水库检查及针对发现问题及时处理修补是十分必要的。

3.2.2　放空设施设计

由于水库放空意味着发电效益的损失，对电网的稳定运行也有一定影响，因此只有在发生紧急情况时才考虑将水库放空。一般来说，上水库进/出水口是上水库最低位置，可利用发电将水库放空检修。如浙江天荒坪、山东泰安抽水蓄能电站等工程均属此类。大部分抽水蓄能电站的上水库库容不大，日调节水电站仅需几小时就可将上库放空。有的水电站在上水库设置了泄水底孔或泄洪洞等设施，也可在发生紧急情况时供水库放空使用。

3.3　下水库泄洪设施

3.3.1　下水库泄洪设施应考虑的特殊问题

(1) 由于抽水蓄能电站发电流量是排放至下水库，所以下水库洪水调节计算时必须考虑发电流量和天然洪水的叠加。

(2) 抽水蓄能电站在正常运行时，水量在上、下水库之间循环流动。死水位之上，两库的有效存水量之和等于任一库的调节库容，即其中一库为死水位时，另一库刚好达到正常蓄水位。必须使水库具有必要的泄洪能力，宣泄多余的天然径流，需要设置泄洪设施来平衡水库水量。

(3) 抽水蓄能电站下水库泄洪时一般按照以下原则：若上、下水库合计总蓄水量超过设计值时，则开启泄洪设施，泄放多余水量；为确保下游地区防洪安全，大坝下泄流量一般不能超过坝址天然洪峰流量。

(4) 可设置泄洪洞等深孔，以便下水库及时宣泄多余水量，可满足发电工况最小工作水头。这对于绝大多数抽水蓄能电站是重要的工程措施。泄洪隧洞还可根据水文预报提前预泄洪水，增加发电量。

3.3.2　泄洪建筑物设计

在土石坝枢纽中，泄洪建筑物一般采用岸边溢洪道的布置型式。正堰溢洪道是最常用的河岸泄洪建筑物，其水流条件平顺，结构简单可靠；侧堰溢洪道溢流前缘长，不设闸门，运行可靠，特别适合防洪库容小而又处于暴雨中心的地区，常用于山高坡陡的河岸。

由于现代碾压式堆石坝坝体密实而变形较小，且变形量大部分在施工期完成，竣工后剩余变形量小且在前几年即基本稳定，因此国内、外已有一些面板堆石坝工程设置了无闸门的坝身溢洪道。

有时为了满足泄洪和水库调度要求，需同时设置溢洪道和泄洪隧洞。在多沙河道上，枢纽中要有沉沙、冲沙建筑物。在汛期，河流含沙量大，应及时冲沙，同时也需要泄洪。由于冲沙也需要泄水，所以可二者兼顾，称之为泄洪冲沙建筑物。

混凝土坝枢纽中，泄洪建筑物尽可能布置在混凝土坝坝体上，成为溢流混凝土坝或坝身泄洪孔。

(一) 土石坝岸边正堰溢洪道

山东泰安抽水蓄能电站下水库溢洪道位于主坝西端，为正槽开敞式，呈折线布置。溢洪道泄槽为自然冲沟。闸室为开敞式低实用堰钢筋混凝土结构，堰顶高程 157.50m，共 5 孔，每孔净宽 7.5m，工作闸门为平板钢闸门，检修门为钢叠梁闸门。

放水洞布置在溢洪道右边墙内，作为灌溉供水之用。进口底高程 152.84m，放水洞内径 1.2m，洞前设拦污栅，闸室布置在溢洪道右边墩内。出口左右各设一处放水口，右侧入西干渠，左侧入溢洪道尾水渠。

下水库溢洪道平面布置见图 6-3-5。

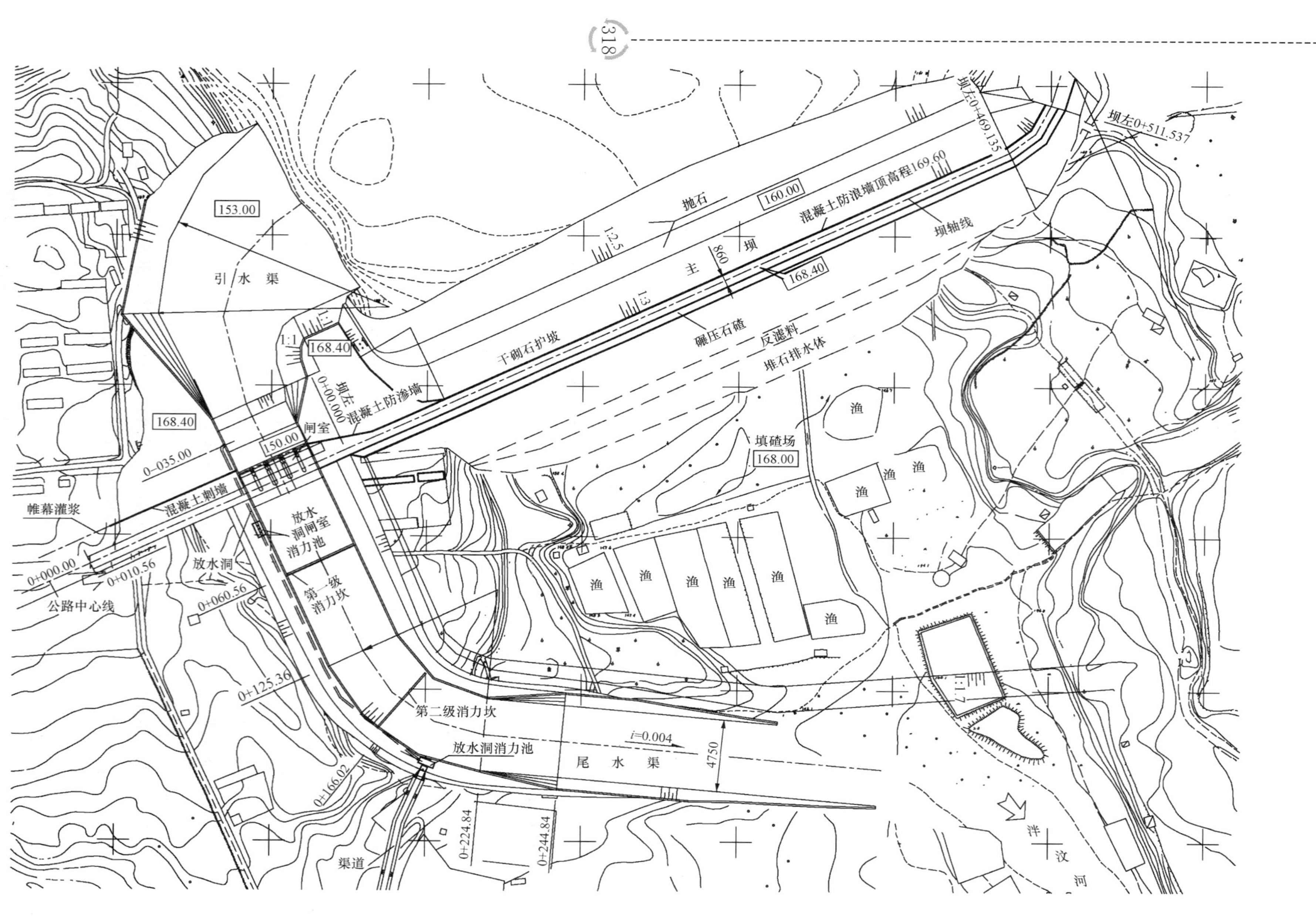

图 6-3-5　山东泰安抽水蓄能电站下水库溢洪道布置图

（二）岸边侧堰溢洪道

天荒坪抽水蓄能电站下水库山高坡陡，流域面积小，洪水具有暴涨暴落的特点，洪峰流量相对较小，溢洪道选择在地形相对较缓的左岸坝头，采用侧堰的布置型式。溢洪道轴线与坝轴线平面交角74°，由侧堰、侧槽、调整段、二级陡槽段和异型挑流鼻坎等结构组成，采用挑流消能方式。下水库面板堆石坝及溢洪道平面布置见图 6-3-6。侧堰长 60m，堰顶高程 344.5m（与设计最高蓄水位相同），堰面为 WES 曲线。溢洪道全长 450m，底宽 7.30～14.0m，轴线方向由 N10°E 折转至 N30°E。

（三）坝身溢洪道

桐柏抽水蓄能电站下水库大坝为钢筋混凝土面板堆石坝，坝身溢洪道位于坝体河床部位，为一级建筑物，设计洪水标准为 200 年一遇，设计洪水位 145.60m，总下泄流量 361m^3/s；校核洪水标准为 1000 年一遇，校核洪水位 146.60m，总下泄流量 496m^3/s。泄洪建筑由导流泄放洞及坝身溢洪道组成。在发生 200 年及 1000 年一遇洪水时，设计要求关闭泄放洞，洪水由坝身溢洪道通过。泄放洞的主要作用为预泄洪水，使天然洪水不侵占发电有效库容，保证水电站正常发电以及宣泄常遇洪水，减少坝身溢洪道应用频次。坝身溢洪道孔口净宽 26m，设计最大单宽流量 19.08m^3/（s·m）。下水库布置见图 6-3-7。

设计中布置坝身溢洪道考虑了以下因素：① 右岸存在全强风化泥岩，工程地质条件差，布置岸边溢洪道技术经济不合理；② 左岸地形条件差，布置岸边溢洪道出水不顺畅，并需占用大片生产生活管理区土地；③ 工程布置上已经有了右岸导流泄洪洞，在正常蓄水位时，隧洞可宣泄 30 年一遇洪水流量，坝身溢洪道在常遇洪水时通常不过水；④ 碾压堆石体竣工后沉降量小，承载能力大，具备布置水头不大及较小单宽流量的坝身溢洪道的条件；⑤ 国内外有克罗蒂、柯柯亚和榆树沟面板堆石坝坝身溢洪道的经验可以借鉴；⑥ 经过水工模型试验验证，并进一步完善了坝身溢洪道水力设计，技术上可行；⑦ 在吸取已有工程经验的基础上，根据该工程运用的条件，完善了结构设计，并进行了必要的现场试验，技术上也是可行的。

溢洪道主要由溢流堰进口段、泄槽、挑流鼻坎、护坦、预挖冲坑及出水渠组成，全长约 200 多 m。溢流堰采用驼峰堰，净宽 26m，共设两孔，每孔净宽 13m，中间设一宽为 1m 的中墩，布置交通桥。堰顶高程 141.90m，堰上不设闸门。堰底板高程 141.17m，与正常蓄水位齐平。

泄槽净宽 27m，设在堆石坝下游坝坡上，坡比 1∶1.5，布置了 4 道掺气槽兼横缝，泄槽底板混凝土厚 60cm，泄槽下设碎石垫层和过渡层，水平宽分别为 2.0m 和 4.0m。泄槽混凝土底板通过锚筋和钢筋混凝土锚固板与坝体堆石连成一体。泄槽与挑流鼻坎衔接，鼻坎建于基岩上，反弧半径 8.0m，坎顶高程 90.0m，挑射角 25°，鼻坎基础高程 80.0m，冲刷坑底部高程 73.5m，其下游与出水渠衔接，流入原河床。坝身溢洪道剖面见图 6-3-8。

桐柏抽水蓄能电站下水库坝身溢洪道于 2005 年 4 月建成，2005 年 5 月下闸蓄水。2008 年 6 月 12 日组织了第一次泄洪，以观测坝身溢洪道在泄洪时的性状。堰前水头达到 79cm，流量为 30m^3/s，历时 6 个多小时。观测资料表明，掺气情况良好，建筑物震动轻微，图 6-3-9 为泄洪时的情景。

（四）混凝土坝表、深孔泄洪

日本葛野川抽水蓄能电站下水库坝址位于土室川中游，流域面积 13.5km^2，河床坡度 1∶30。峡谷呈 V 形，两岸坡度约为 45°。坝址基岩为砂岩泥岩混合岩层，没有大的破碎带，岩层中有层理和节理，但大体上是坚硬的。右岸覆盖层最厚约 20m，左岸厚约 10m。

下水库大坝坝型为碾压混凝土重力坝，最大坝高 105m，坝顶长 263.5m，上游面坝坡 1∶0.1，下游面坝坡 1∶0.82。下水库设置了 4 套泄水系统：表孔溢流坝，设计泄流量为 480m^3/s；坝上泄水底孔，最大泄流量为 50m^3/s；分层取水管，最大泄流量为 2m^3/s；在水库右岸布置泄流量为 0.26m^3/s 的迂回水道。大坝剖面见图 6-3-10。

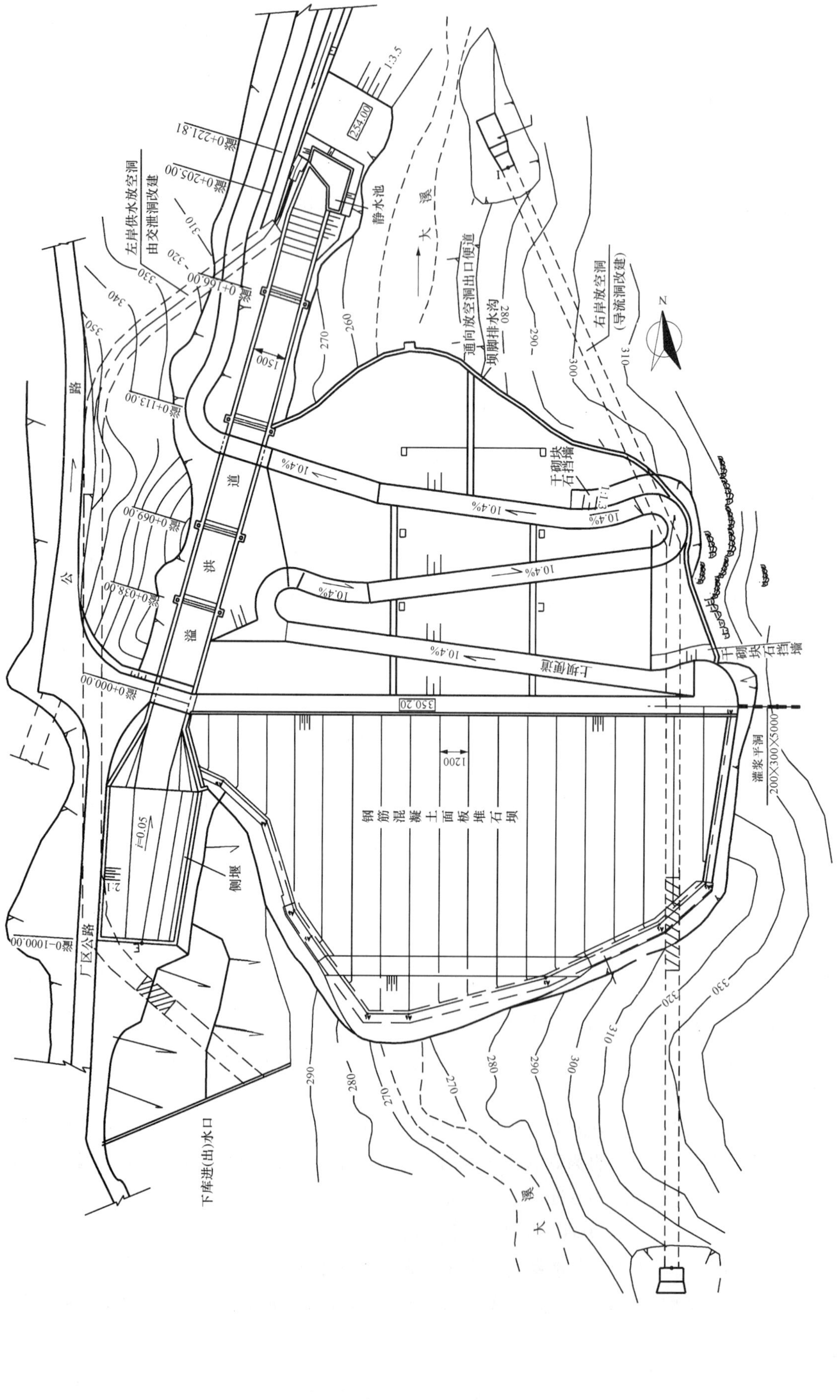

图 6-3-6　天荒坪抽水蓄能电站下水库面板堆石坝及溢洪道平面布置图

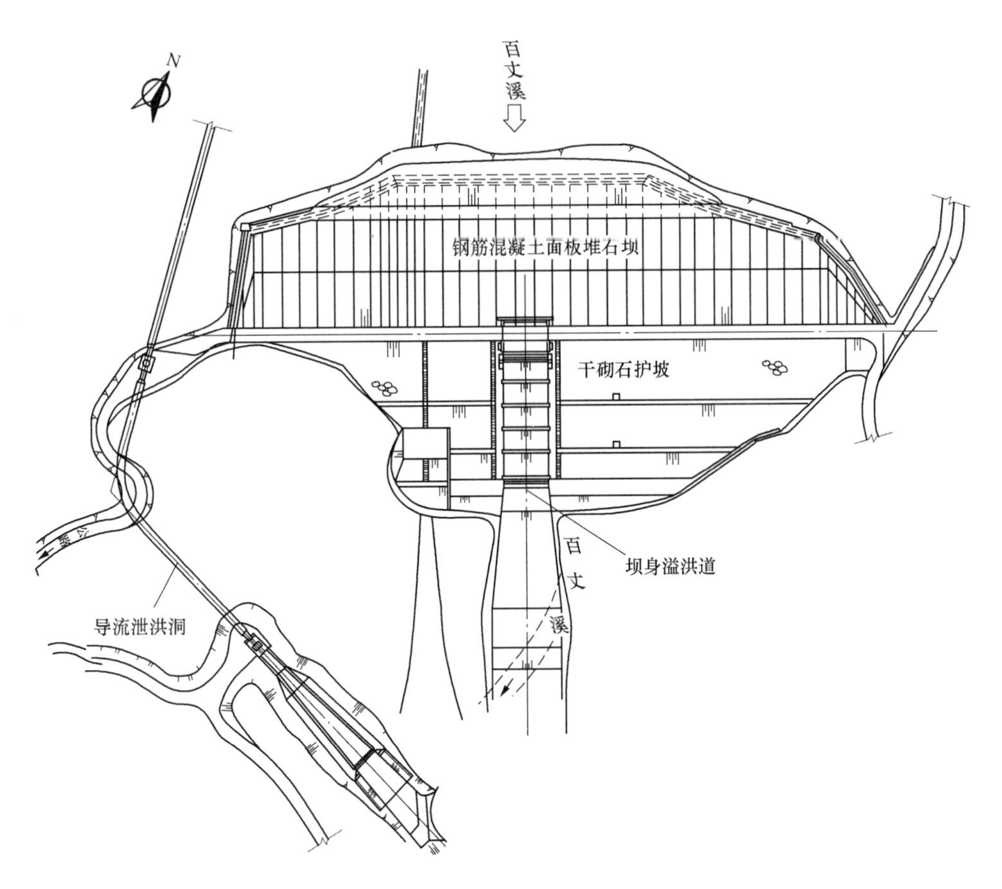

图 6-3-7 桐柏抽水蓄能电站下水库布置图

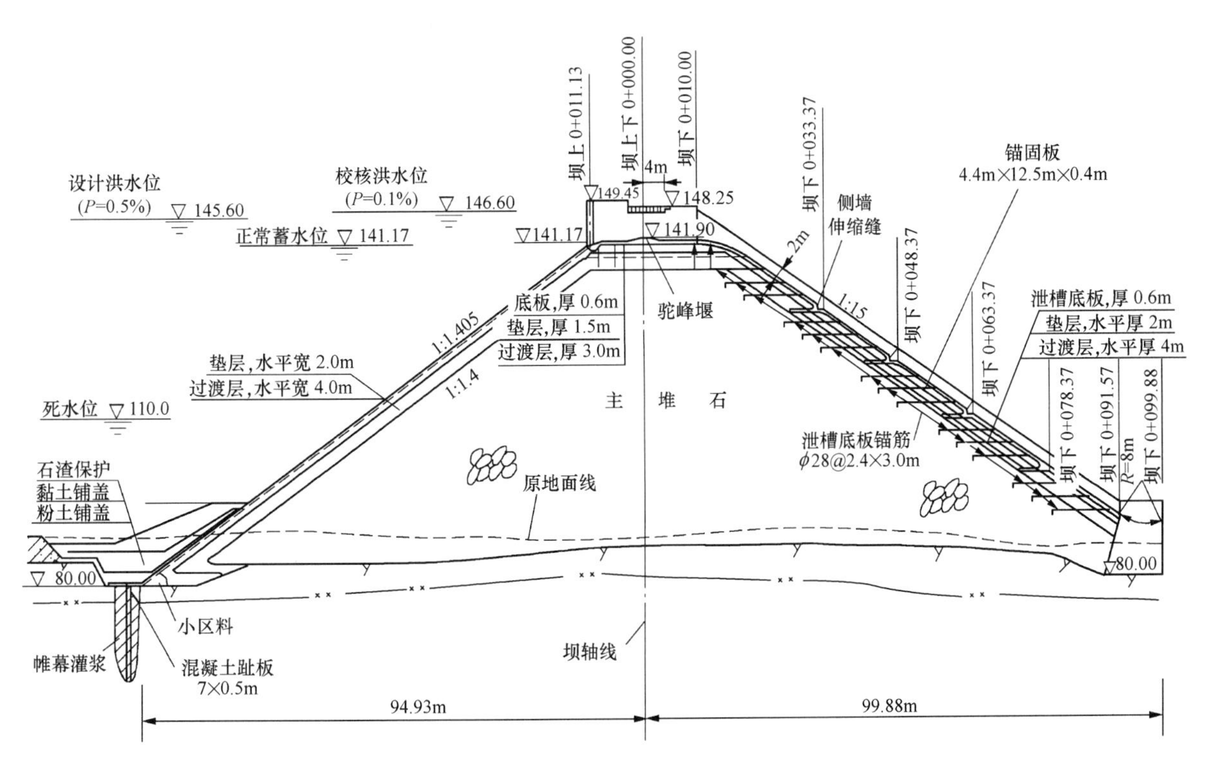

图 6-3-8 桐柏工程下水库坝身溢洪道剖面图

图 6-3-9　桐柏抽水蓄能电站下水库坝身溢洪道泄洪情景

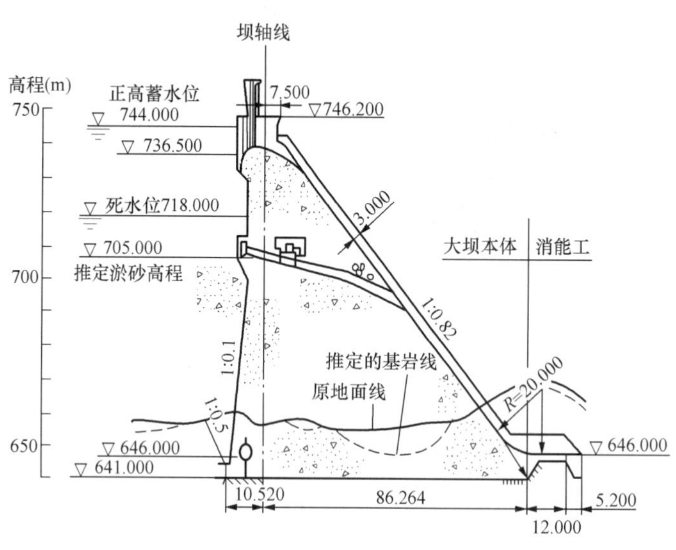

图 6-3-10　日本葛野川抽水蓄能电站下水库大坝剖面图

葛野川工程在日本抽水蓄能电站史上是首次全面贯彻“动态保护河流自然状态”的环境保护设计的工程。葛野川抽水蓄能电站是跨流域工程，为了保持各自流域径流总量不变，不允许为了增加发电量而将上水库的天然径流通过机组泄放到下水库。并且要求径流过程尽可能维持原状，亦即要维持其自然的动态平衡。为此，上、下水库均设置了 4 套泄水系统。下水库大坝上设置了可连续调节高度的伸缩式滑动取水口，可从任意选定水深处取水，控制下泄水流的水温，使下游河流水温保持筑坝前的天然状态。

（五）泄放洞

桐柏抽水蓄能电站导流泄放洞布置在下水库右岸，具有导流、泄洪和放空水库的功能。施工期间承担下水库的导流任务，导流完成后根据水电站运行需要将导流洞改建成永久泄放洞，参与泄洪和放空水库。导流泄放洞按遭遇 50 年一遇洪水时保证机组发电不受影响为原则进行设计，通过泄放洞使 50 年一遇洪水能按其天然形态顺利排放，以保证机组正常发电。

导流泄放洞由进口引水渠、进水口、事故检修门井、有压洞及出口消能工组成，隧洞中部设一道事故检修门，出口设一道工作弧门。建筑物全长 742.24m，其中进口引水渠长约 80m，有压洞长 525.01m，消能工长 137.23m，事故检修闸门井高 64.5m。

隧洞进口前缘底板高程 90.5m，隧洞内径 D=4.8m，断面为圆形，出口断面 2m×3m，此处设工作弧门，出口底高程82.6m。检修闸门井前隧洞段采用C30钢筋混凝土衬砌，近出口60m段采用钢板衬砌，内径$D=3.6$m，壁厚14mm。出口消能采用底流消能，消力池为深挖护坦与消力槛相结合形式，池深7m，池宽5.8～15.0m，池长63m，消力槛高1.0m。消力池出口下游布置长度55m的海漫段，避免出消力池后水流的剩余能量冲刷河床。

3.4 下水库放空设施

3.4.1 放空设施的基本功能

抽水蓄能电站下水库一般为水源的主要来源，集雨面积较大，较多工程设置了放空设施。当然，水库放空是以牺牲水电站发电效益为代价的，因此，很多工程安全运行多年也没有放空。当水库确实需要放空时，应研究确定合适的放空时间，争取以高效的维修措施以减少水库放空造成的发电损失。

放空设施主要有以下功能：

(1) 在短时间内放空水库，以对水工建筑物进行检查和维修。

水库蓄水后，为了及时对大坝、进出水口、库岸边坡等进行检查和维修，通常考虑设置放空设施。

(2) 根据水文预报，预泄洪水。

当下水库洪水较大，采用表孔泄流难以满足水库运行调度要求时，放空设施可根据水文预报，参与泄放下库多余水量。

有的抽水蓄能电站水库调节库容相对较小，而机组发电流量大，当洪水先于发电流量占据下水库，就有可能因下水库已满而不能正常发电，影响电网的正常调度。假如强行发电，就有可能使入库流量变成稀遇频率的出库流量，给下游造成洪灾。

(3) 必要时向下游供水。

近年来，随着社会的发展，抽水蓄能电站在设计中均考虑了下游环保生态流量及人民生产生活供水的要求。一般考虑结合放空设施进行布置，放空洞内设置供水管及阀门（或闸门）控制下泄流量。

(4) 排沙。

多沙河流上，放空设施可考虑结合排沙功能。

3.4.2 放空设施设计

常用的放空设施有新建泄洪洞、利用导流洞改建为泄洪放空洞等。对于混凝土坝，通常采用置于坝身的深孔泄洪放空。

（一）泄洪放空洞

天荒坪抽水蓄能电站下水库的放空设施较有特点。为了满足下游居民在枯水期供水和灌溉的需要，初步设计阶段在右岸布置了由导流洞改建的放空洞；施工图设计阶段，又将为处理下库区滑坡体而增设的左岸隧洞也改建为放空洞。为满足水工建筑物检修及洪水调节需要，下库水库放空按三档操作：当库水位高于溢洪道堰顶高程（344.50m）时，由溢洪道自由溢流；库水位344.50～288.536m，由左岸供水放空洞泄放；库水位（288.536m）以下，由右岸放空洞泄放。

右岸放空洞由导流洞（断面为5m×5.6m城门洞型）改建而成，由进口段、封堵段前引水隧洞、封堵段、闸阀段、延长段等组成，全长449.94m，其中钢管段全长34.2m（自封堵段始点至延长段末端），钢管直径1m，钢管段后水流由原导流洞断面宣泄。封堵段钢管为“龙抬头”布置，闸阀段为水平段，中心高程266.10m。

左岸供水放空洞由封堵段、闸阀段、洞身段（$D=1.0$m 明钢管）、出口阀室等组成，全长390.166m（自封堵段始点至出口阀室末端）。封堵段钢管为“龙抬头”布置，闸阀段为水平段，中心高程 284.706m，洞身段（明钢管）按一坡到底布置，底坡 $i=5.3\%$。

（二）混凝土坝孔口

惠州抽水蓄能电站下水库主坝为碾压混凝土重力坝，最大坝高 61.17m，坝顶长度 420m，坝顶高程234.96m，中间设置开敞式溢流堰，分为 3 孔，每孔净宽 10m，堰顶高程与正常蓄水位相同。在左岸坝段设放空底孔，放空底孔采用预埋内径 1.4m 钢管，由锥形阀控制泄流。下水库主坝剖面见图 6-3-11。

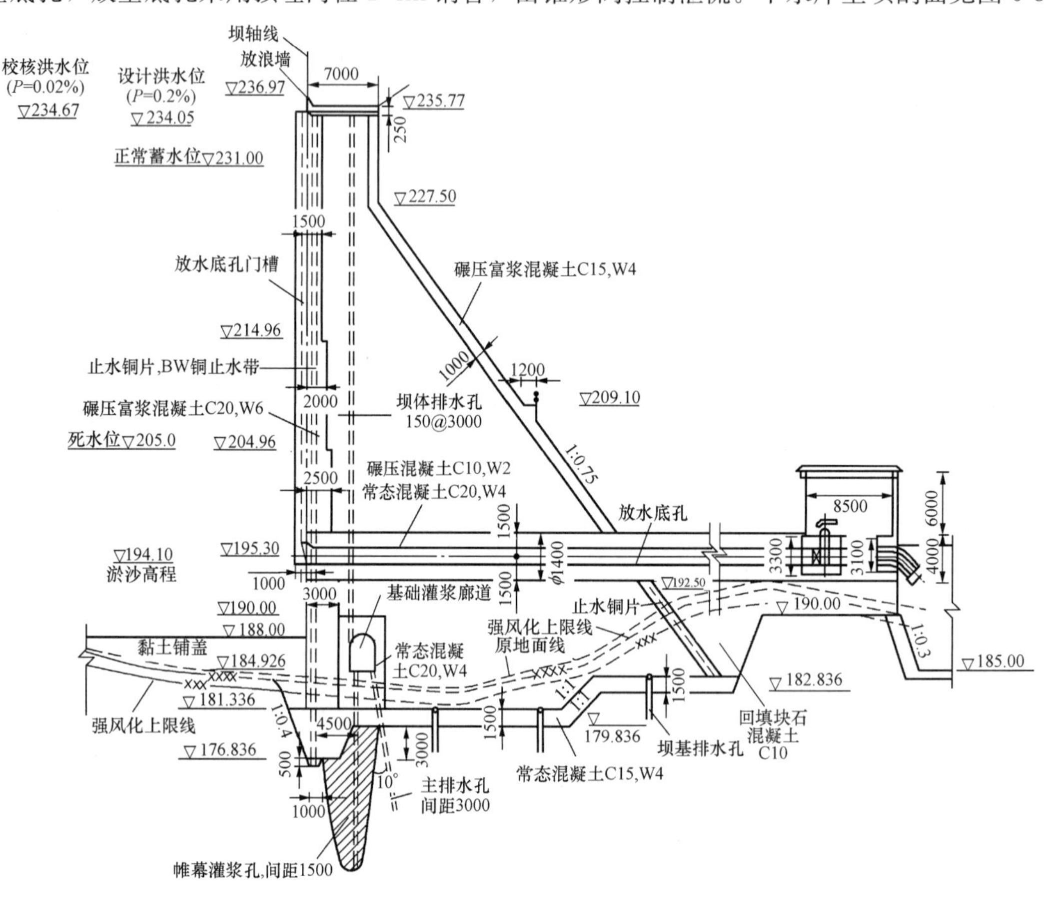

图 6-3-11　惠州抽水蓄能电站下水库主坝剖面图

第四章

拦沙排沙设施

4.1 设置拦沙排沙设施的必要性

由于抽水蓄能电站的水泵水轮机的相对流速大于常规机组，水泵水轮机对磨损的影响更为敏感。在含沙河川或溪流上修建上、下水库时，其工程布置应因地制宜采取拦沙、排沙处理措施，以控制进/出水口前淤积和过机含沙量，改善机组的磨损条件。

常规水轮机出口水流的线速度一般在42m/s左右，与水头的高低无明显的关系，而水泵水轮机水泵工况时，扬程越高，线速度越大。在200～500m水头范围内水泵水轮机出口线速度为70～105m/s，为常规水轮机的1.7～2.4倍。

试验表明，泥沙对转轮及过流部件的磨损量与线速度的2.5～3.5次方成正比，也有试验结果认为与线速度的6次方成正比。如果泥沙对转轮的磨损量按与线速度的3次方来计算，相同材质的转轮在200～500m水头范围、在相同的过机含沙量情况下，水泵水轮机水泵工况的磨损量是常规水轮机的4～14倍。

我国渔子溪一、二级水电站水头255.7～318m。汛期过机平均含沙量为0.15～0.2kg/m^3，运行11000～16500h水轮机就要大修。抽水蓄能机组，在相似水头情况下，估计水泵工况运行1300～1900h就要大修。

张河湾抽水蓄能电站下水库，多年平均年入库沙量116.3万t，多年平均含沙量达11.1kg/m^3，悬移质占82%；西龙池抽水蓄能电站，滹沱河多年平均年入库沙量786.5万t，多年平均含沙量达17.5kg/m^3，悬移质占90%；蒲石河抽水蓄能电站、北京板桥峪抽水蓄能电站下水库等都不同程度的存在类似问题。因此，均有必要采取拦沙、排沙措施，保证电站正常运行。

4.2 拦沙排沙工程设计

（一）泄洪排沙洞或明渠

张河湾抽水蓄能电站位于河北省石家庄市井陉县的甘陶河上，下水库坝址以上流域面积1834km^2，多年平均实测径流量1.04亿m^3。多年平均年入库沙量116.3万t，多年平均含沙量11.1kg/m^3，悬移质占82%；拦河坝为浆砌石重力坝，最大坝高为77.35m。由于甘陶河汛期含沙量较大，因此在下水库大坝上游1.8km处布置拦沙坝，并利用拦沙坝上游右岸垭口扩挖成过流明渠，汛期直接将含沙水流从垭口明渠导向拦河大坝前，减轻电站进/出水口的泥沙淤积和过机泥沙含量。

板桥峪抽水蓄能电站位于北京市密云县石城乡白河上，距北京市区约80km，电站总装机容量1000MW。下水库拦河坝采用混凝土拱坝。在拦河坝上游2.7km处布置拦沙坝，坝型为碾压混凝土重力坝，最大坝高47m，坝顶长度130m，上下游坝坡为1∶0.5；为全坝段开敞泄流。泄洪排沙洞布置于拦沙坝及拦河坝左岸山体中，由导流洞改建而成。进口位于拦沙坝上游约 250m 处，出口位于拦河坝下游约 220m。前段为引渠、进水塔及 30m 长明流隧洞，后接 5m×6m 导流洞。枢纽布置见图 6-4-1。

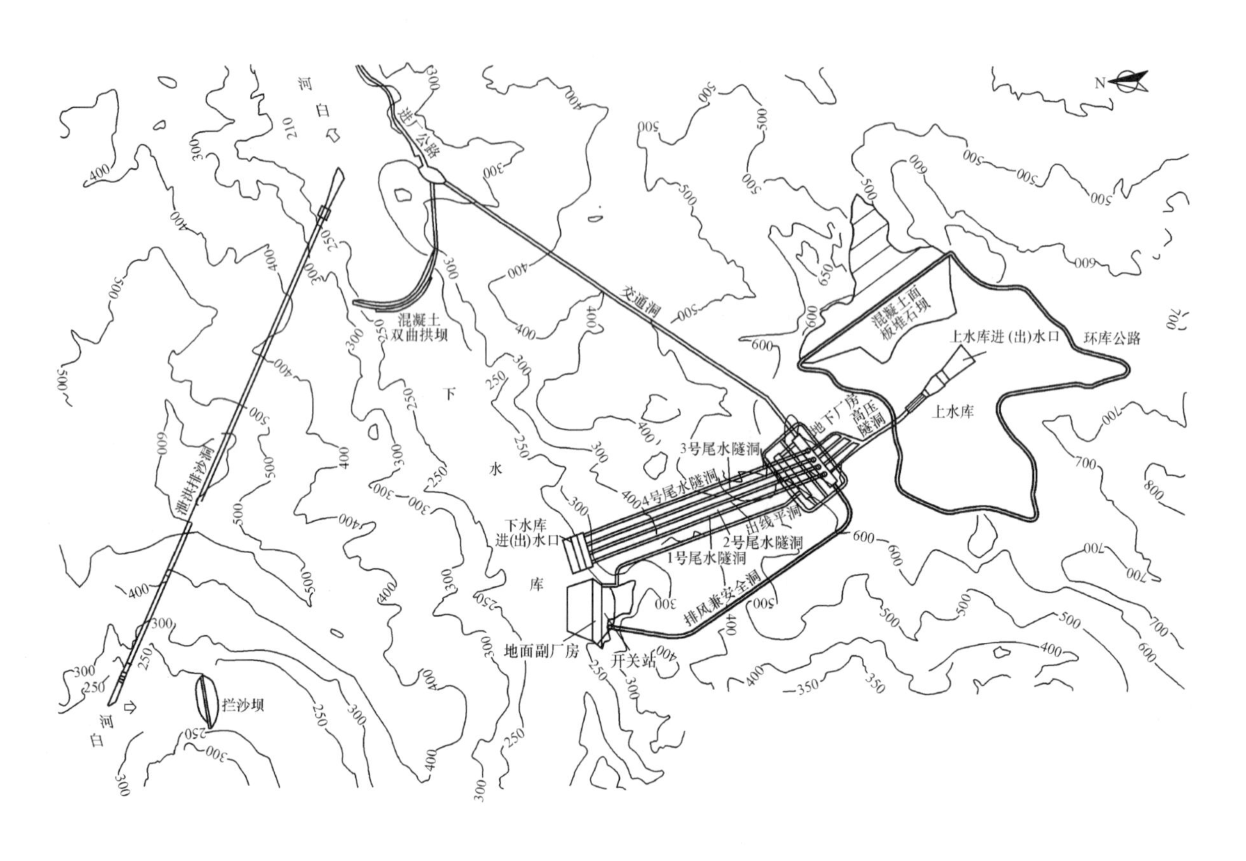

图 6-4-1 板桥峪抽水蓄能电站枢纽布置图

（二）库内设拦沙坝

天荒坪抽水蓄能电站拦沙坝建于下水库大坝上游约 2km 处，坝基开挖高程 349m，高于下水库的设计最高蓄水位高程 344.50m，不影响下水库有效库容。

拦沙坝为浆砌块石重力坝，坝顶高程 370m，最大坝高 21m，坝顶长 57m 。位于河床中的 30m 为溢流坝段，溢流堰顶高程 366m。

在工程施工期该坝兼作下水库施工蓄水池坝，最大蓄水量 4.8 万 m^3。运行期用以阻拦上游来的推移质泥沙。坝址多年平均推移质输沙量为 1407t，拦沙库容可供蓄沙 50 年以上。根据下游潘村水库拦沙坝运行经验，每至枯水期，拦沙坝库区所积沙石可供开采用作建筑材料。这样，其使用寿命还可延长。

该坝是天荒坪抽水蓄能电站下水库的配套防护工程，为防止垮坝后积沙进入下水库，设计时按三级建筑物的洪水标准（$P=1\%$洪水设计，$P=0.2\%$洪水校核）核算其安全性。

另外，工程施工时要求将下水库近库区的覆盖层、全风化岩（土）、部分破碎的强风化岩石和施工弃渣等尽量清除，并采取适当的边坡支护措施，以减少泥沙。

（三）设置外库

德国金谷抽水蓄能电站位于图林根（Thringia）州南部松纳贝格（Sonneberg）县。下水库由位于斯瓦察溪上的主坝（Goldisthal 坝）和主坝上游约 2.4km 处的副坝（Graftiegel 坝）两座坝形成。两坝之间为电站下水库，副坝上游为外库，见图 6-4-2。设外库的主要目的是拦沙和环境保护。由于水位变化区植被无法生长，而外库水位不受抽水蓄能电站日循环运行的影响，库水位相对稳定，有利于植被生长。

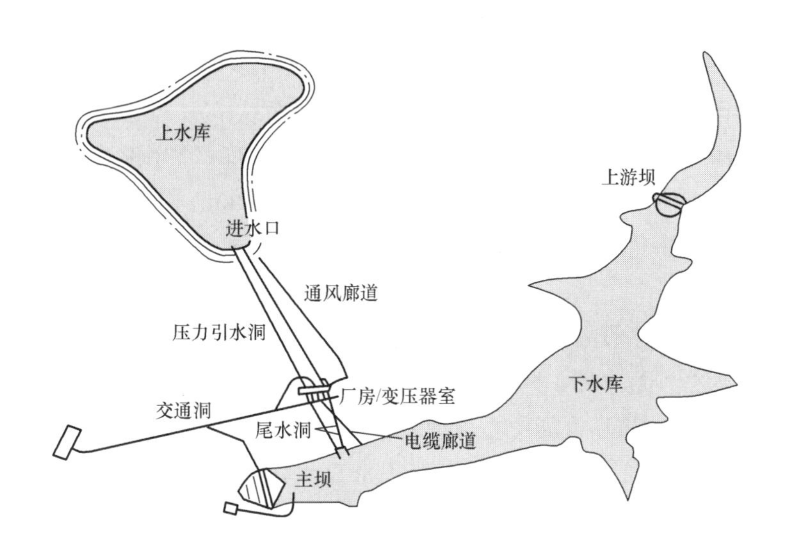

图 6-4-2 德国金谷抽水蓄能电站枢纽布置图

下水库正常蓄水位 568.6m，死水位 549.0m，极限死水位 540.0m，水位变幅 19.6m（极限水位变幅 28.6m）。总库容 1890 万 m^3，有效库容 1200 万 m^3。外库正常蓄水位 570.6m，总库容 70 万 m^3，水库长度 900m。

为适应两面挡水需要，副坝选用沥青混凝土心墙堆石坝。坝高 26m，坝顶长 120m，坝顶高程 572.6m，坝体填筑方量约 17 万 m^3。上下游坝坡分别为 1∶2 和 1∶3.5，均采用粒径 100～500mm 的抛石护坡。沥青混凝土心墙厚为 40cm，心墙两侧为粒径 11～32mm 的碎石过渡区，上下游坝壳堆石料采用坚硬的石英岩和斑岩。填筑料取自库区的两个采石场及地下工程开挖石渣。下水库副坝剖面见图 6-4-3。

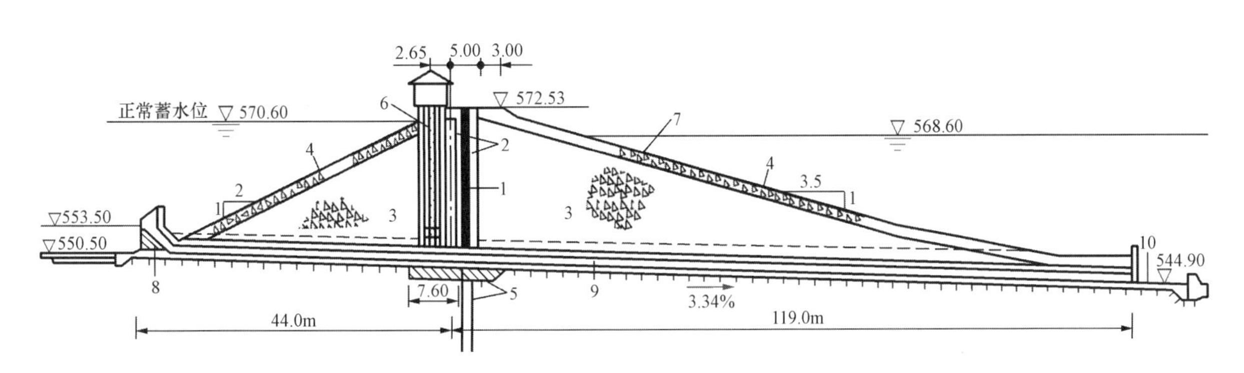

图 6-4-3 德国金谷抽水蓄能电站下水库副坝剖面图

1—沥青混凝土心墙；2—过渡区，粒径 11/32mm；3—地下系统开挖的上坝料；4—抛石护坡，粒径 100～500mm；5—灌浆帷幕；6—平板闸门；7—紧急溢洪道；8—底孔进口；9—底孔；10—消力池

在下游坝坡上设浆砌石溢洪道，堰顶高程与外库正常蓄水位相同，可宣泄大洪水，最大溢流水深 1m。

取水放空管为坝下埋管，直径1.4m，置于基岩上。进口底高程553.5m，出口高程545m，总长度163m，底坡3.34%。

（四）拦沙坝+泄洪排沙洞

呼和浩特抽水蓄能电站装机容量1200MW，位于呼和浩特市东北部的大青山区，距市中心约20km。大青山主峰料木山海拔高程2050m，上水库布置在主峰东侧，海拔高程1980m，主峰的西坡下是哈拉沁沟峡谷，电站的下水库就设置在该峡谷中，沟底高程1400m，电站厂房等地下洞室群布置在上、下水库之间的山体中。利用天然地形采用挖填筑坝修建上水库；利用哈拉沁沟的一个河曲，上下游筑坝围建下水库，上、下两水库天然高差近600m，水平距离约2km。

哈拉沁沟属多沙河流，多年平均悬移质含沙量26.8kg/m^3，多年平均悬移质年输沙量63.7万t，推移质约为悬移质的20%。

为了减少入库沙量，下水库设置两道坝，即上游拦沙坝和下游拦河坝，以保证水质的清洁，减少机组的磨损。拦沙坝上游为拦沙蓄水库，两道坝之间包围的是下水库，下水库左岸设泄洪排沙洞，库底设放空洞，见图6-4-4。两坝均为碾压混凝土重力坝，上游拦沙坝最大坝高53.5m，坝顶长度258m，下游拦河坝最大坝高69.5m，坝顶长度242m。下水库正常蓄水位1400m，死水位1355m，总库容679万m^3，最大工作水深45m。泄洪排沙洞断面尺寸7m×8m，洞长605m，校核洪水位时的泄量650m^3/s。泄洪排沙洞设有工作闸门和检修闸门各一道。放空洞洞径3m，洞长1300m，混凝土衬砌。上、下水库水量损失共计每年150万m^3，补水水源取自哈拉沁沟径流，在拦沙坝上设有充水管，坝前设有永久泵站，根据需要从拦沙蓄水库中抽水向下库补给。

（五）沉沙池

羊卓雍湖抽水蓄能电站上水库为天然高原封闭天然湖——羊卓雍湖，下库为天然的雅鲁藏布江。枢纽发电时，直接从羊卓雍湖取水，经隧洞、调压井、压力钢管至厂房，尾水泄入雅鲁藏布江；由于雅鲁藏布江含沙量较高，抽水运行时，由江边低扬程泵房抽水入人工修建的沉沙池，将江水沉沙后再进入主厂房多级蓄能泵，经输水系统抽入羊卓雍湖。

低扬程泵房布置在距江边取水口10m远的台地上，装5台泵，工作4台，备用1台；每台抽水流量2m^3/s，最大抽水扬程13.5m。沉沙池总长130m，宽24m，高8m，库容约2.5万m^3。池内以低隔墙分为3厢，定期采用水力冲沙，经试验，拦截粒径≥0.1mm的沉降保证率大于80%。江水经沉沙池沉淀后，进入主机蓄能泵前的进水钢管，其末端设有抽水系统调压井。该调压井为圆筒顶部溢流式，直径2m，高11.75m。

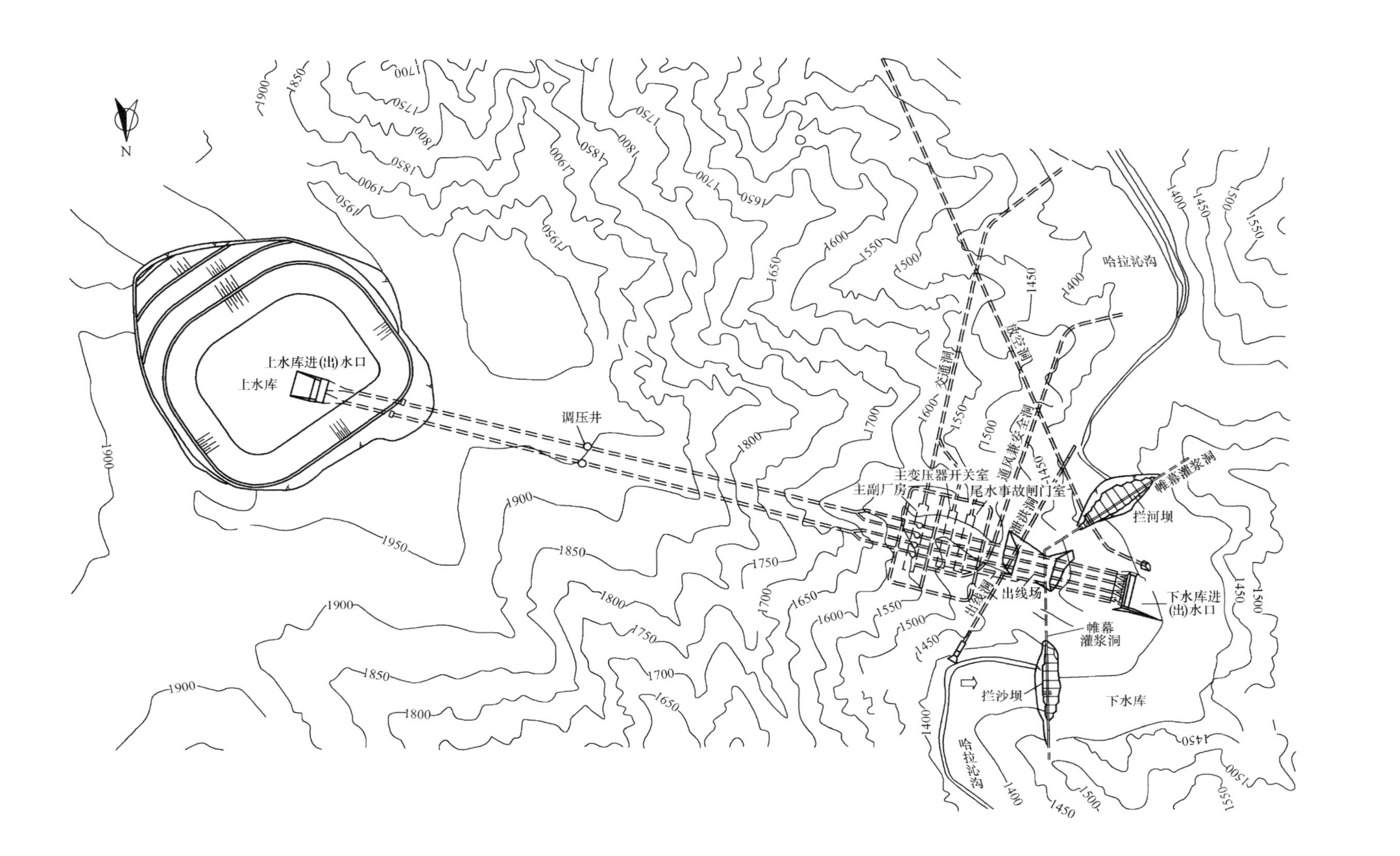

图 6-4-4　呼和浩特抽水蓄能电站枢纽布置图

第七篇

抽水蓄能电站输水系统

第一章 总体布置

1.1 输水系统的布置

由于抽水蓄能电站选择在上、下水库高差大的地方修建，为缩短输水系统的长度，减少工程投资，因此输水系统基本上是采用地下式布置。与常规水电站结合布置的抽水蓄能电站（如潘家口水电站）的布置不在本节讨论的范围。

在坝址位置、电站特征水位确定后，应该结合上、下水库库岸的地形地质条件选择合适的进（出）水口位置。位置的确定除了与常规水电站的进口位置选择相同外，由于抽水蓄能电站输水系统具有双向水流的特点，虽然进（出）水口处的流速不是很大，但在位置选择时还要注意进（出）水口进流和出流时对周边地形和建筑物的影响，避免在出流时对冲建筑物，这样也可减少进（出）水口的水头损失。在已建的水库中布置进（出）水口还应考虑施工条件，对于常规水电站，水流是单向的，有的水电站采用了水下岩塞爆破的方法进行施工，但由于抽水蓄能电站的进出水口是双向水流，所以还未看到此类施工方法的资料。

输水系统的线路布置与常规水电站的一样，需要综合考虑沿线的地形地质条件、施工条件、分期开发的条件等，目前已经有一套完整的行业规范，只要遵照执行即可。

随着对地下工程结构受力原理的认识不断加深和施工水平的提高，针对抽水蓄能电站的输水系统要

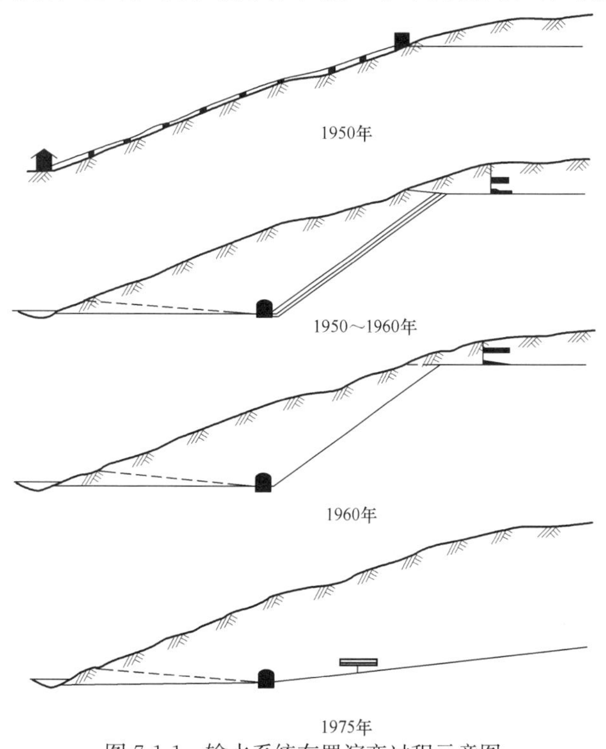

图 7-1-1　输水系统布置演变过程示意图

承受高水头的特点，如若地质条件许可应尽量将隧洞深埋，利用围岩承受内水压力。这样可缩短输水系统的长度，节省工程投资，减少水头损失。在高压隧洞混凝土衬砌段应满足挪威准则、最小地应力准则和水力渗透稳定。

按照挪威的经验，输水系统布置的演变过程示意图见图7-1-1。

国内、外部分抽水蓄能电站高压隧洞承受的静水头统计见表7-1-1。我国已建成的抽水蓄能电站中高压隧洞承受静水头最高的是天荒坪抽水蓄能电站，为680.2m，将要建设的天荒坪第二抽水蓄能电站的高压隧洞承受的静水头将更高，内水头将达848m。

输水系统布置时应根据水力学计算的初步结果，判断是否需要设置上（下）游调压室，判别条件在《水电站调压室设计规范》（DL/T 5058—1996）中已明确规定。上（下）游或上下游调压室布置应结合输水系统的地形地质条件以及地下厂房的位置，综合考虑选择。虽然抽水蓄能电站的装机规模大，但由于水头高，机组稳定运行的条件容易满足，所以有许多电站未设调压室。国内、外部分抽水蓄能电站调压室设置的统计见表7-1-2。但是像天荒坪、桐柏这样的抽水蓄能电站，虽然没有设置调压室，但上（下）游进（出）水口的闸门井还是起到了一定的调压室的作用。在确定闸门井平台的高程时也要考虑闸门井的涌浪高度，防止水流从闸门井口溢出。

表7-1-1　国内、外部分抽水蓄能电站高压隧洞承受的静水头统计表

电站名称	装机规模（MW）	隧洞最大静内水（m）	电站名称	装机规模（MW）	隧洞最大静内水（m）
天荒坪	1800	680.2	宝　泉	1200	640.4
天荒坪二	2100	848	溪　口	480	574.8
广蓄一期	1200	624	太平顶	1200	646.2
广蓄二期	1200	613.3	句　容	1200	235.1
仙　居	1500	546	蒙特齐克	900	469
仙　游	1200	540	迪诺威克	1800	602.4
桐　柏	1200	344	赫尔姆斯	1050	573
泰　安	1000	309.5	巴斯康蒂	2100	410
响水涧	1000	279.3	金　谷	1060	540
十三陵	800	537.3			

表7-1-2　国内、外部分抽水蓄能电站调压室设置的统计表

电站名称	装机规模（MW）	引水系统长度（km）	尾水系统长度（km）	调压室的设置
广蓄一期	1200	2952	1497	上下游均设置
广蓄二期	1200	2723	1672	上下游均设置
仙　游	1200	1149	1105	下游设置
宜　兴	1000	1242	1907	下游设置
泰　安	1000	572	1493	下游设置
羊卓雍湖	90	11218	—	上游设置
洪　屏	1200	1368	1277	上下游均设置
仙　居	1500	1219	1000	下游设置
十三陵	800	1236	1022	上下游均设置
琅琊山	600	404	1059	下游设置
西龙池	1200	1448	457	上下游均设置
溪　口	480	1538	888.6	下游设置
明　湖	1000	3081	233	上游设置

续表

电站名称	装机规模（MW）	引水系统长度（km）	尾水系统长度（km）	调压室的设置
明 潭	1600	3900	187	上游设置
太平顶	1200	1973	2039	下游设置
句 容	1200	1086	102.6	上游设置
葛野川	1600	3166	3203	上下游均设置
神流川	2820	2445	2078	上下游均设置
小丸川	1200	988	1346	下游设置
京 极	600	1079	2666	下游设置
奥津清二期	600	2064	889	上下游均设置
巴斯康蒂	2100	2895	—	上游设置
蒙特齐克	900	666	663	下游设置
迪诺威克	1800	2838	470	上游设置
锡亚比舍	1000	2740	230	上游设置
拉姆它昆	1000	842	1430	下游设置
新高濑川	1280	3056	295.8	上游设置
普列森扎诺	1000	3650	115	上游设置
奥美浓	1000	1770	794	上游设置
沼 原	675	2279	507	上游设置
奇奥塔斯	1184	9000	442	上下游均设置

为了充分发挥调压室的作用，调压室的位置应尽量靠近厂房。对设置下游调压室的电站，需要和厂房洞室群的围岩稳定综合起来考虑。有些电站若尾水调压室的设置处于可设可不设的范围，而设置尾调后给厂房洞室群的围岩稳定、尾水系统的施工带来了麻烦，则可以像宝泉抽水蓄能电站那样，经过技术经济比较后通过加大尾水隧洞的断面，从而减小尾水系统的水流惯性时间常数，达到取消尾水调压室的目的。

抽水蓄能电站在系统中承担调峰填谷、调频调相、事故备用等任务，电站跟踪负荷能力强，工况转换频繁，要求过渡过程应满足设计系统调节稳定性和电站快速响应功能。输水系统的纵剖面布置时，应满足无论是抽水还是发电工况输水道都不能出现负压的要求。

1.2 引水系统的布置

如前所述，由于抽水蓄能电站的装机规模大，设计水头高，所以引水系统在输水系统中占有很大的比重，在布置中显得尤为重要。

（一）引水隧洞的条数选择

目前国内、外规模较大的抽水蓄能电站中机组台数大都在 4 台及以上，因此引水隧洞就有“一管一机”到“一管四机”的可能。“一管几机”应根据电站总装机规模、电站在系统中所占的比重、地形地质条件、机组的制造水平、引水隧洞管径的大小以及引水系统的施工工期等来确定。通常来讲，引水线路越长、一根管道接的机组越多，投资就会越省。但这样布置会使引水隧洞的尺寸较大，而且如果引水隧洞需要检修，则同一引水隧洞上的机组都会停运，对电网的运行影响就会增大。因此引水系统“一管几机”的选择应综合上述有关条件权衡考虑。国内、外部分抽水蓄能电站的引水隧洞的条数统计见表7-1-3。从统计表中可以看出，电站大多采用两条引水管道连接电站所有机组的布置模式，如天荒坪抽水蓄能电站等；而葛野川、广蓄等抽水蓄能电站采用的是“一管四机”的布置模式。

表 7-1-3 国内、外部分抽水蓄能电站的引水、尾水隧洞的条数统计表

工程名称	引水系统的长度(m)	引水隧洞条数	机组台数	尾水隧洞条数	工程名称	引水系统的长度(m)	引水隧洞条数	机组台数	尾水隧洞条数
天荒坪	1160	2	6	6	迪诺威克	2838	1	6	3
广蓄一期	2952	1	4	2	巴斯康蒂	2895	3	6	6
广蓄二期	2723	1	4	2	蒙特齐克	666	2	4	1
仙居	1219	2	4	2	葛野川	3166	1	4	1
仙游	1149	2	4	2	神流川	2445	1	4	1
桐柏	748	2	4	4	小丸川	988	2	4	2
泰安	572	2	4	2	京极	1079	1	3	1
响水涧	476.7	4	4	4	奥清津二期	2064	1	2	1
宜兴	1242	2	4	2	锡亚比舍	2740	2	4	2
泰安	572	2	4	2	拉姆它昆	842	2	4	2
明湖	3081	2	4	4	新高赖川	3056	2	4	4
琅琊山	404	4	4	2	普列森扎诺	3650	2	4	4
溪口	1538	1	2	2	奥美浓	1770	1	4	2
明潭	3900	2	6	6	沼原	2279	1	3	3

（二）引水系统的平面布置

抽水蓄能电站的引水系统布置要求与常规水电站的布置相同。需要引起注意的是抽水蓄能电站的水头往往很高，对于采用钢筋混凝土衬砌的隧洞，引水系统在平面布置时需要关注两洞间的最小距离，保持足够的水力梯度。应重视相邻隧洞放空时一洞有水、邻洞无水时洞间岩壁的水力渗透稳定。考虑到上述因素，可将地下厂房的安装场布置在主厂房的中部，拉开两条高压隧洞间的距离，以达到保持两洞间岩壁的水力渗透稳定的目的。

（三）引水系统的立面布置

抽水蓄能电站的特点是从上水库进（出）水口到机组安装高程的高差很大，小则100～200m，大则约800m。如何进行上下平洞间的立面布置，当然要考虑地形地质条件、水力学条件、水工布置要求、工程投资和施工条件。从水工布置和工程投资的角度来看，采用斜井的方案线路短，工程投资省，但施工条件较差。目前国内采用陡倾角、长斜井的布置方式较多，主要有鲁布革、十三陵、天荒坪、宝泉、桐柏、西龙池、黑麋峰、惠州抽水蓄能电站等。导井施工中大多采用爬罐施工，少数也采用反井钻机施工。日本已有5座电站的斜井是采用全断面TBM开挖的，倾角从37°～52.5°，直径3.3～6.6m。采用竖井布置的有张河湾、宜兴、泰安抽水蓄能电站等。

1.3 尾水系统的布置

（一）尾水隧洞的条数

与引水隧洞的条数选择一样，根据地下厂房所处的位置不同，尾水隧洞也有条数的选择。一般而言，尾水系统承受的内水压力较低，造价也较低。而且抽水蓄能电站往往选择中部或尾部布置，尾水系

统相对较短，所以尾水隧洞的条数往往会等于或多于引水隧洞的条数。但蒙特齐克和我国的琅琊山水电站是两条引水隧洞对应一条尾水隧洞。

对于尾部开发的抽水蓄能电站，如尾水系统布置成单机单管，可以将尾闸事故门布置在下水库的进出水口处，既减少厂房地下洞室的布置难度，又减少闸门上的工作水头。

国内、外部分抽水蓄能电站尾水隧洞的条数统计见表 7-1-3。

有关尾水隧洞的平剖面布置同引水系统，不再赘述。

第二章

进(出)水 口

抽水蓄能电站的进水口与出水口是合一的。抽水蓄能电站的进（出）水口作为输水建筑物的重要组成部分，至少应具备四个方面的功能：

（1）按照电站机组需要向引水道或尾水道供水；

（2）阻止泥沙和污物，不使其带入进水口；

（3）按照需要向水库出水；

（4）能够中断水流。

2.1 进(出)水口型式及实例

2.1.1 进(出)水口型式和特点

抽水蓄能电站因调峰运行的特点，上、下水库都需要一定的调峰库容，一般布置成有压进（出）水口。进（出）水口的型式取决于电站总体布置和建筑物地区的地形、地质条件。按工程布置划分，分为整体式布置和独立布置。整体式布置与坝体相结合，则称坝式进（出）水口；与厂房相结合，则为厂房尾水管出口。独立布置进（出）水口则位于水库库岸。目前常见的抽水蓄能电站进（出）水口多为独立布置，其按水库水流与引水道的关系分为侧式进（出）水口和井式进（出）水口。侧式进（出）水口又可分为侧向竖井式、侧向岸坡式和侧向岸塔式；井式进（出）水口又可分为开敞井式、半开敞井式和盖板井式。

抽水蓄能电站进（出）水口既要适应水流双向流动，又要适应库水位骤降变化。与常规水电站进水口相比，它的构造和设计有其特点。

（1）由于水流是双向流动，因此体型轮廓设计要求更为严格。进水时，要逐渐收缩，出水时，应逐渐扩散，全断面上流速尽量均匀，不发生回流、脱离、吸气漩涡。

（2）由于发电和抽水时均要过水，因此水头损失要尽可能小，否则整个系统的总效率将降低。

（3）抽水蓄能电站的上水库和下水库一般库容不大，有时是人工填挖而成，为了尽量减少工程量，要求尽可能地利用库容，进水（出）口顶部的淹没水深均较小，出流时应避免水库环流和库底冲刷。

2.1.2 国内、外进(出)水口实例

（一）侧向竖井式进（出）水口

适用于引水道（尾水道）接近水平向进入水库，水库岸边地形、地质条件较好的进（出）水口。进水口闸门置于岸边开挖的竖井内。国内、外很多抽水蓄能电站采用此种型式，如我国十三陵、天荒坪、宜兴、泰安和日本奥清津二期等抽水蓄能电站的上水库进（出）水口；我国西龙池、日本神流川、泰国拉姆它昆等抽水蓄能电站的下水库进（出）水口；我国桐柏、琅琊山、宝泉、日本今市和日本葛野川的

上、下水库进（出）水口等。如图 7-2-1～图 7-2-11 所示。

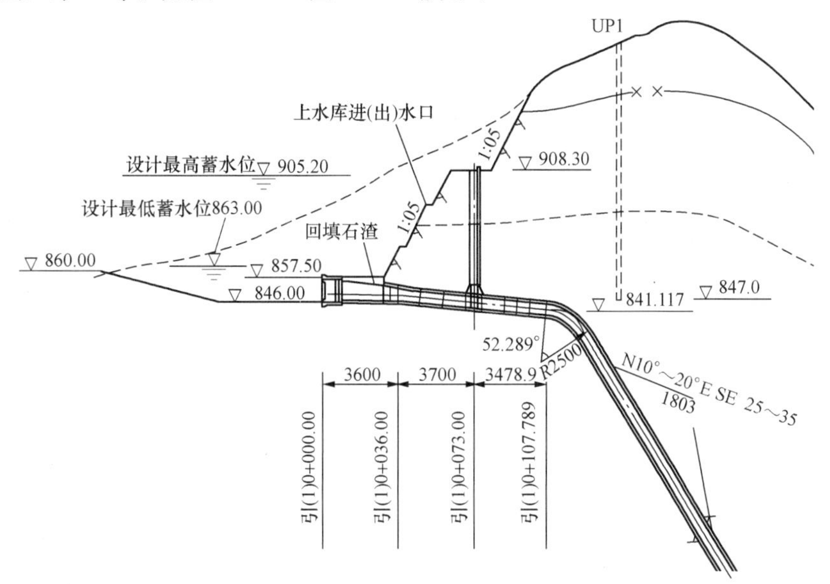

图 7-2-1　天荒坪抽水蓄能电站上水库进（出）水口

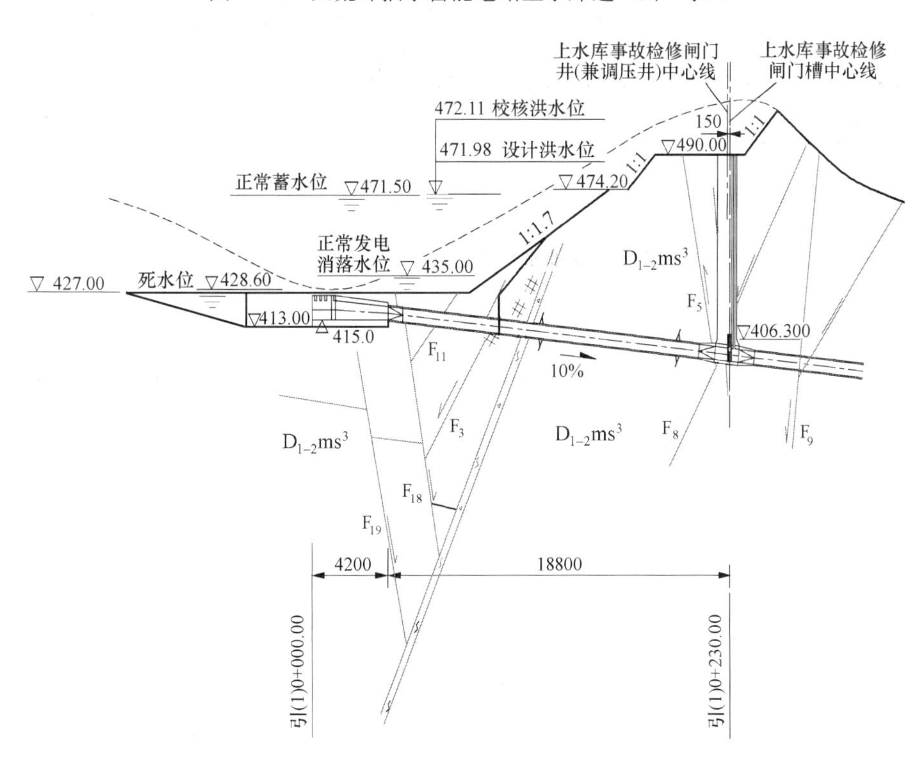

图 7-2-2　宜兴抽水蓄能电站上水库进（出）水口

（二）侧向岸坡式进（出）水口

适用于引水道接近水平向进入水库，水库岸边地形、地质条件较好的进（出）水口。进水口闸门门槽倾斜布置在岸坡上，闸门通过启闭机沿斜坡上的闸门槽上下滑动。由于进口宽度较大，拦污栅及进（出）水口扩散段布置在山坡外。天荒坪抽水蓄能电站下水库出（进）水口即为岸坡式进水口，如图 7-2-12 所示。日本的奥吉野抽水蓄能电站下水库出（进）水口也为该型式。

（三）侧向岸塔式进（出）水口

适用于引水道接近水平向进入水库，水库岸边地形较缓、地质条件较好的进（出）水口。进水口紧

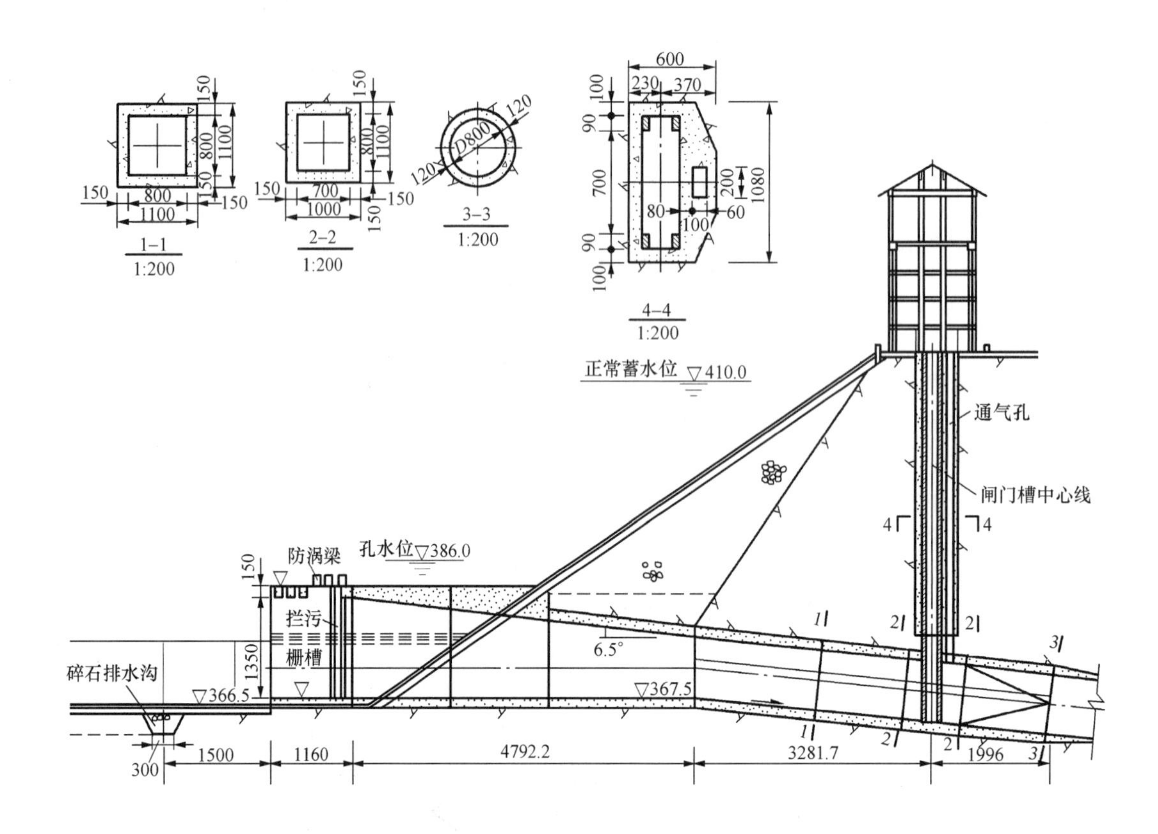

图 7-2-3　泰安抽水蓄能电站上水库进（出）水口

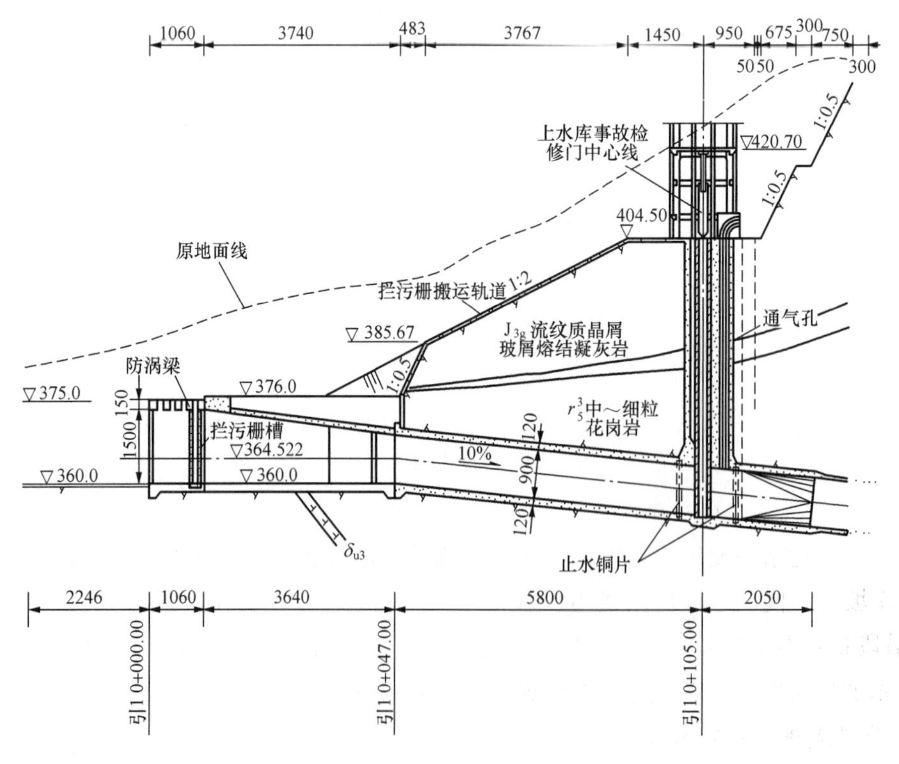

图 7-2-4　桐柏抽水蓄能电站上水库进（出）水口

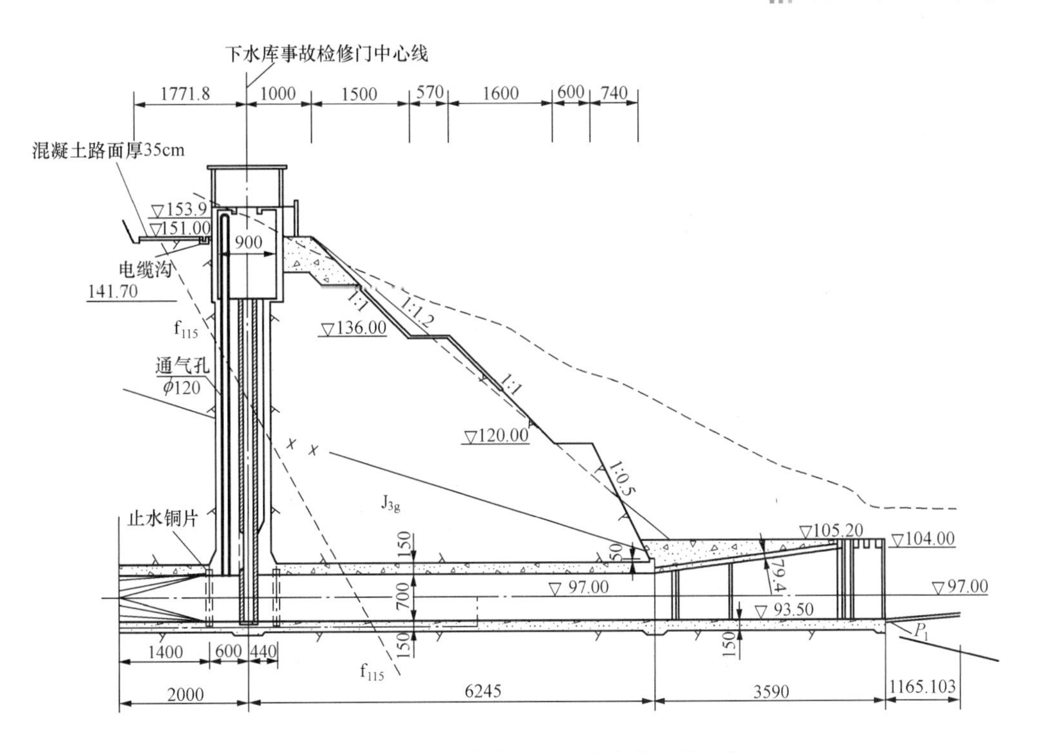

图 7-2-5　桐柏抽水蓄能电站下水库出（进）水口

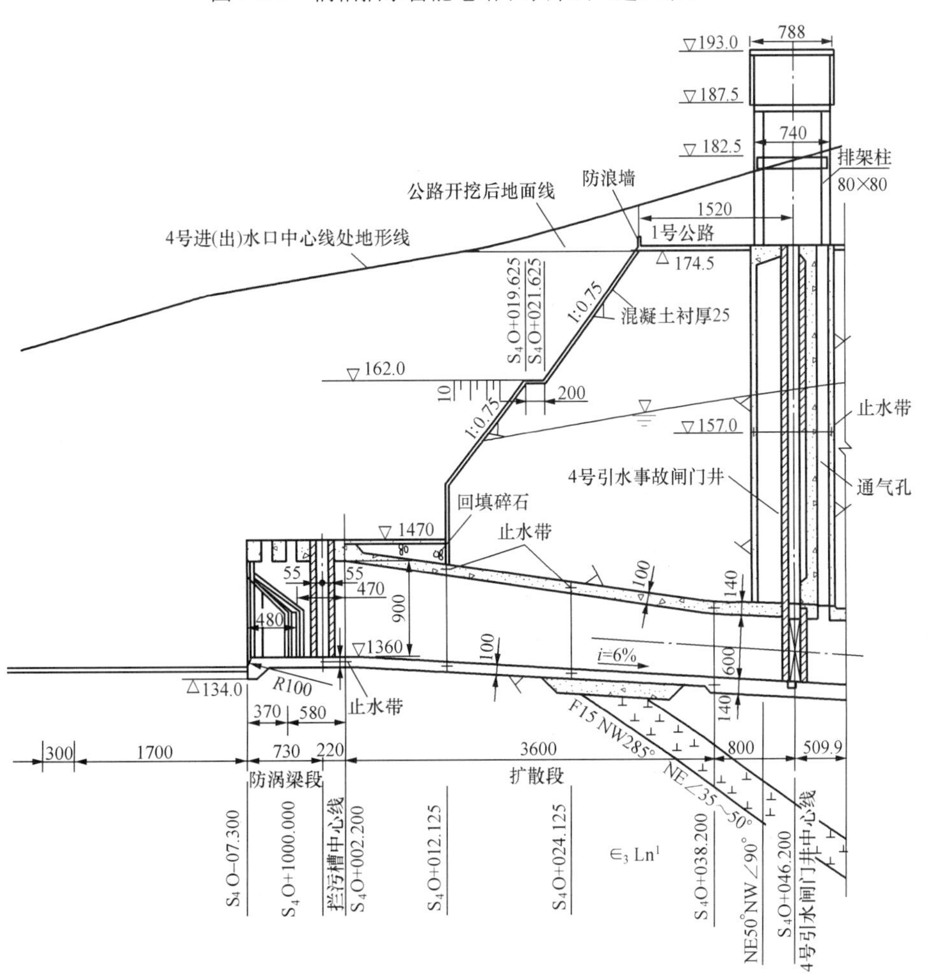

图 7-2-6　琅琊山抽水蓄能电站上水库 3、4 号进（出）水口

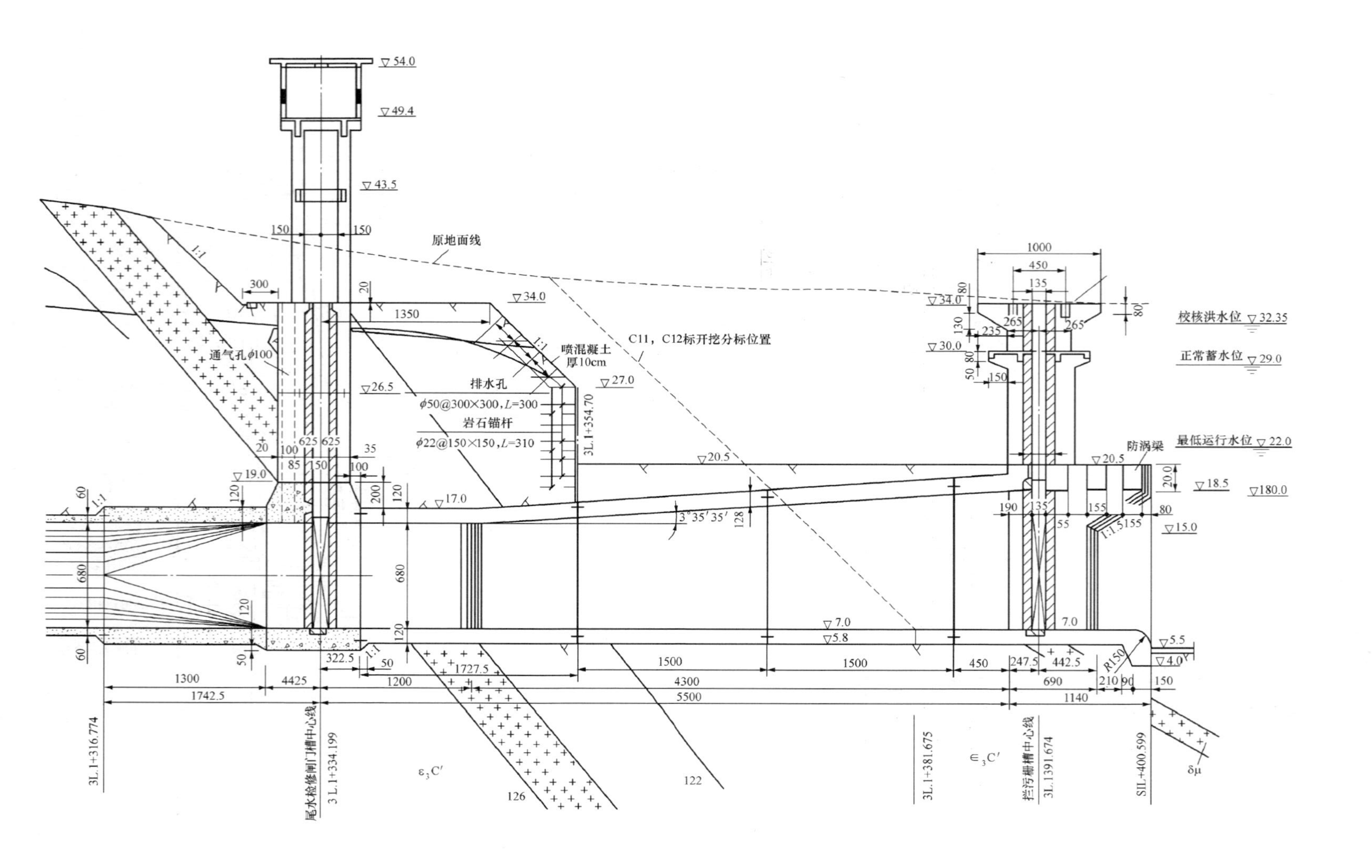

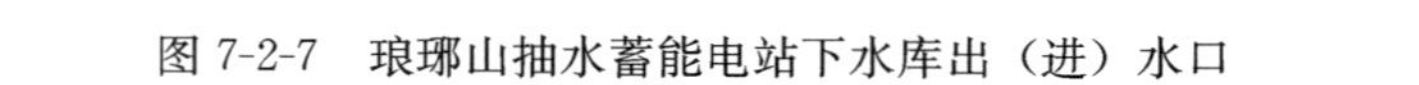
图 7-2-7　琅琊山抽水蓄能电站下水库出（进）水口

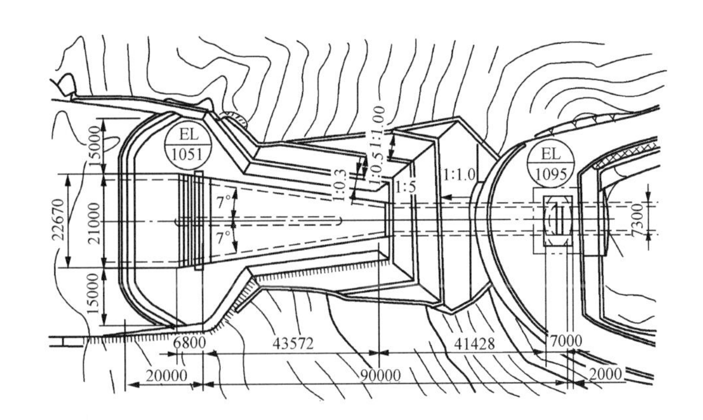

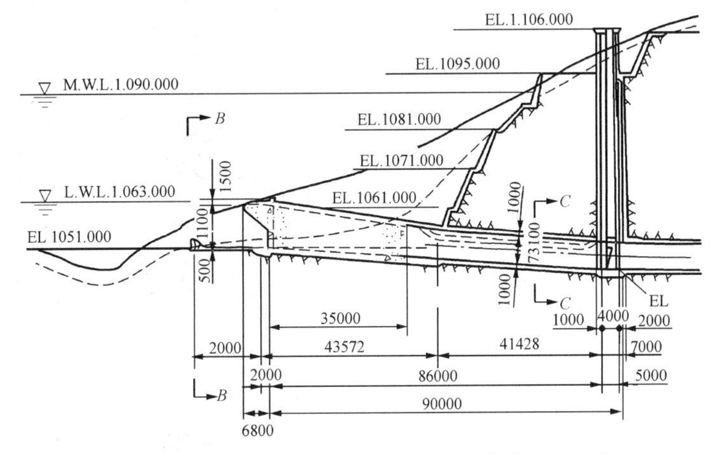

图 7-2-8 日本今市抽水蓄能电站上水库进（出）水口

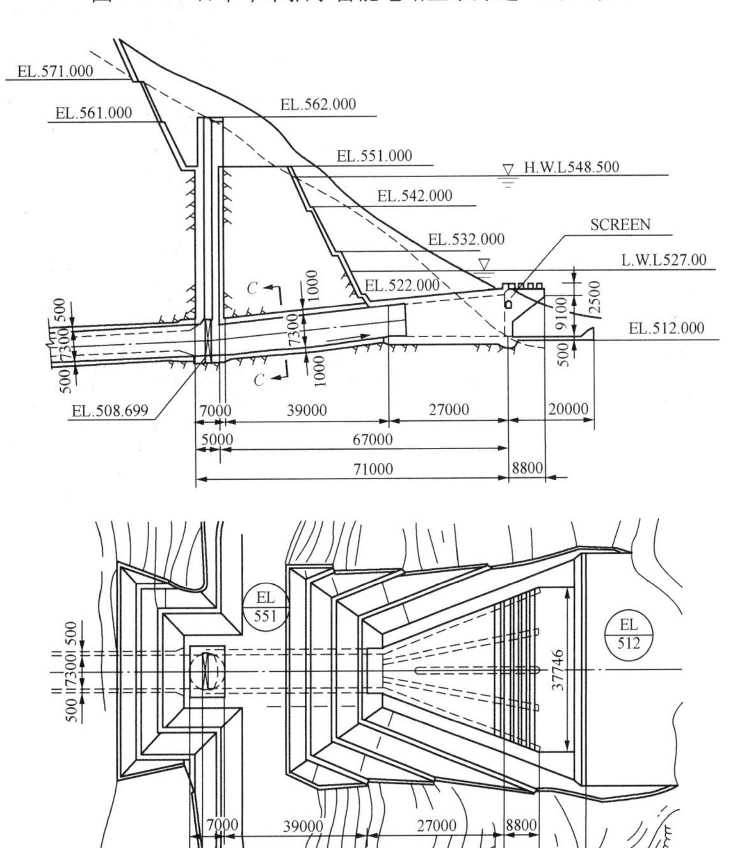

图 7-2-9 日本今市抽水蓄能电站下水库出（进）水口

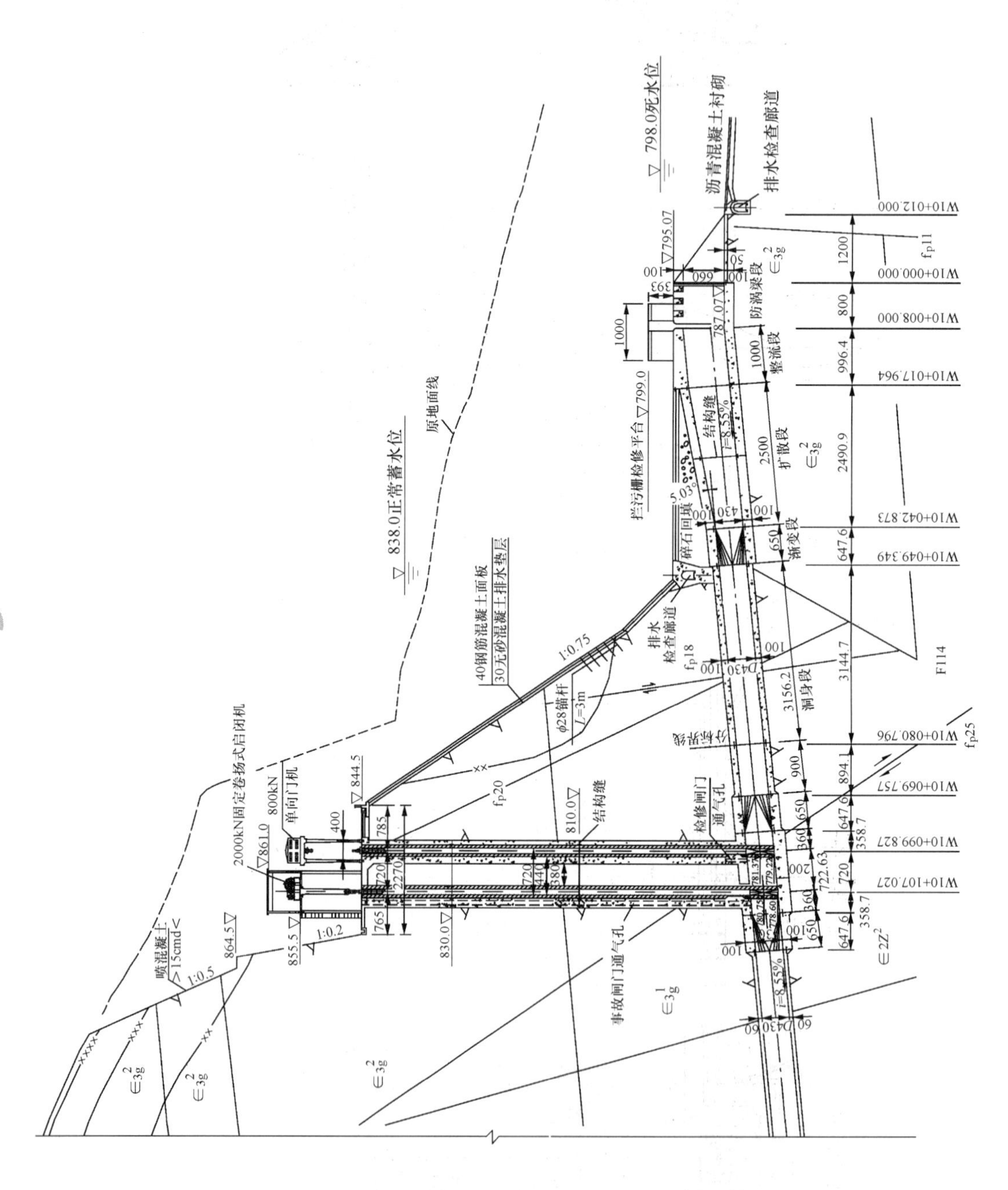

图 7-2-10　西龙池抽水蓄能电站下水库进（出）水口

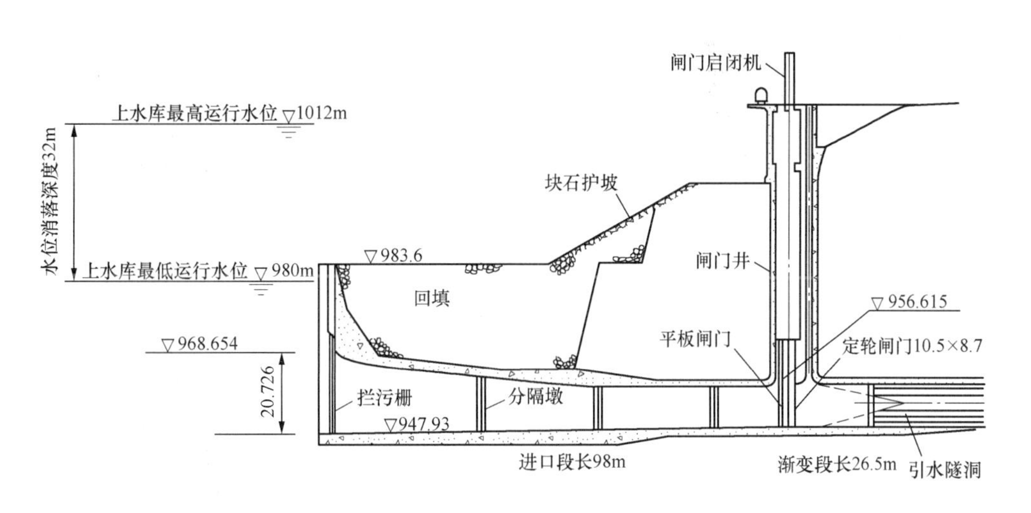

图 7-2-11 美国巴斯康蒂抽水蓄能电站上水库进（出）水口

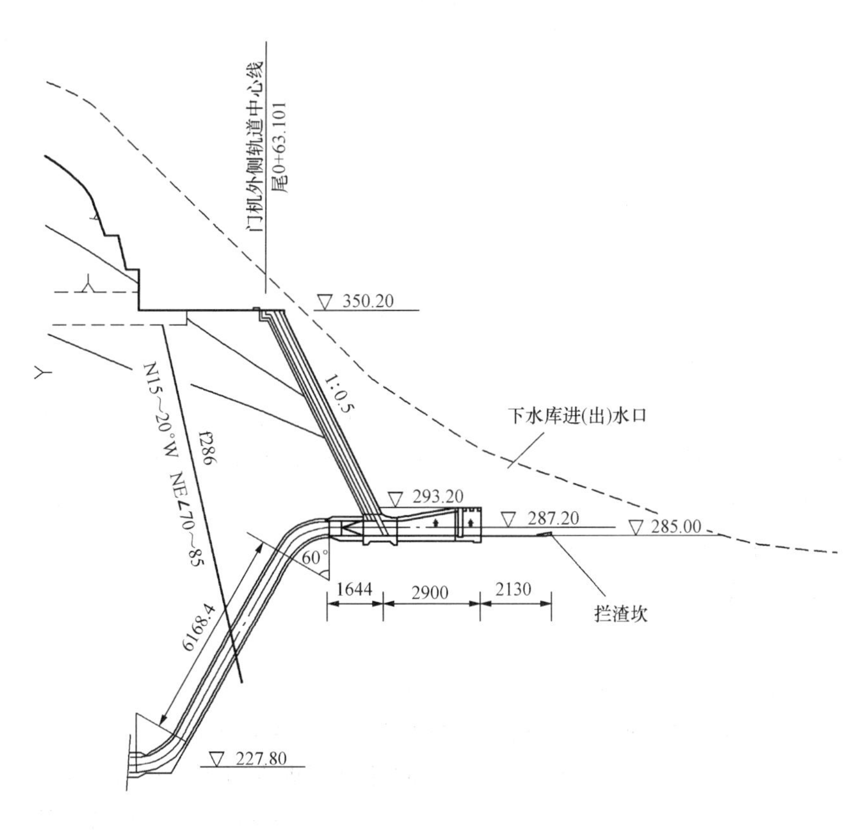

图 7-2-12 天荒坪抽水蓄能电站下水库出（进）水口

靠岸坡布置，进水口闸门布置于塔形的混凝土门井中，可作为岸坡挡护结构，扩散段和拦污栅段位于塔体以外，拦污栅的启闭检修设施可以根据水位变幅选定。广州抽水蓄能电站上、下库出（进）水口，十三陵、泰安和宜兴抽水蓄能电站下水库出（进）水口均属此种型式，见图 7-2-13～图 7-2-16。

（四）开敞井式进（出）水口

适用于引水道垂直向进入水库，水库岸边地形较缓、地质条件较差的进（出）水口，进口不设置闸门。我国目前有关规范规定进水口需设置事故或检修闸门，因此还未有此种型式的实例。国外如美国贝尔斯万普（Bear Swamp）、康瓦尔（Comwall）、托姆索克（Taum Sauk）等电站采用此种型式。

（五）半开敞井式进（出）水口

适用于引水道垂直向进入水库，水库岸边地形较缓、地质条件较差的进（出）水口。如进口设置圆

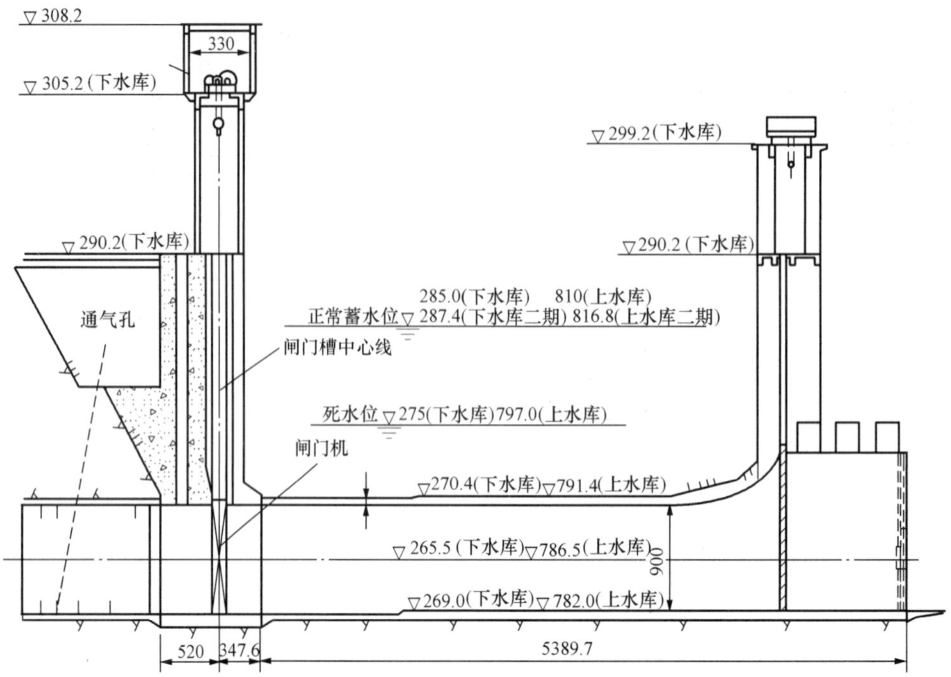

图 7-2-13 广蓄上（下）水库进（出）水口

筒形事故门，则需设置操作平台成为独立于水库中的塔形结构。塔顶操作平台与库岸需交通桥连接。抽水蓄能电站工况变化频繁，水流不断换向，对圆筒事故门停放在洞口不利，我国很少采用，但国外常有采用，如美国的腊孔山抽水蓄能电站上水库进（出）水口，德国的抽水蓄能电站这种布置用得较多，如科普柴韦尔克（Koepchenwerk）电站（见图 7-2-17）、荷尔别格电站（见图 7-2-18）。西班牙的瓦尔德卡那斯（Valdecanas）抽水蓄能电站在进（出）水口弯道后的引水道上设置闸门塔（见图 7-2-19）。法国的列文（Revin）抽水蓄能电站在进水口处设置检修叠梁槽（见图 7-2-20）。另外卢森堡的维昂登 I（Vianden I）、奥地利的库赫丹（Kuhtai）、比利时的柯图斯邦（Coo-Trois-Ponts）以及日本的矢木泽等抽水蓄能电站均采用此种型式。

（六）盖板井式进（出）水口

适用于引水道垂直向进入水库，水库岸边地形较缓、地质条件较差的进（出）水口。进水口闸门设置于水平引水道上，如我国山西西龙池抽水蓄能电站上水库进（出）水口只设置拦污栅，事故闸门离进（出）水口中心线水平距离约 210.0m，见图 7-2-21。此外还有进水口闸门设置于盖板之前，防涡梁之后，如我国无锡马山抽水蓄能电站，上水库进（出）水口不设拦污栅，检修闸门置于塔体内，利用水库水位变幅到低水位时对闸门进行检修，因此井塔高度较低，见图 7-2-22。国外如英国的卡姆洛（见图 7-2-23）、美国的巴德溪（Bad Creek）、卡宾溪（Cabin Creek）、马蒂朗（Muddy Run）、落基山（Rocky mountain）、日本的京极等抽水蓄能电站均为盖板井式。

（七）坝式进（出）水口

适用于坝后式电站，挡水建筑物为混凝土坝，厂房位于坝后，进（出）水口与坝结合布置。如我国的潘家口抽水蓄能电站（见图 7-2-24）和印度纳加尔朱纳萨加尔电站。进（出）水口布置和常规水电站相同，由于抽水蓄能电站安装高程较低，不大可能将坝后厂房建基面挖深太低，因而要求下水库的最低水位满足安装高程的要求。

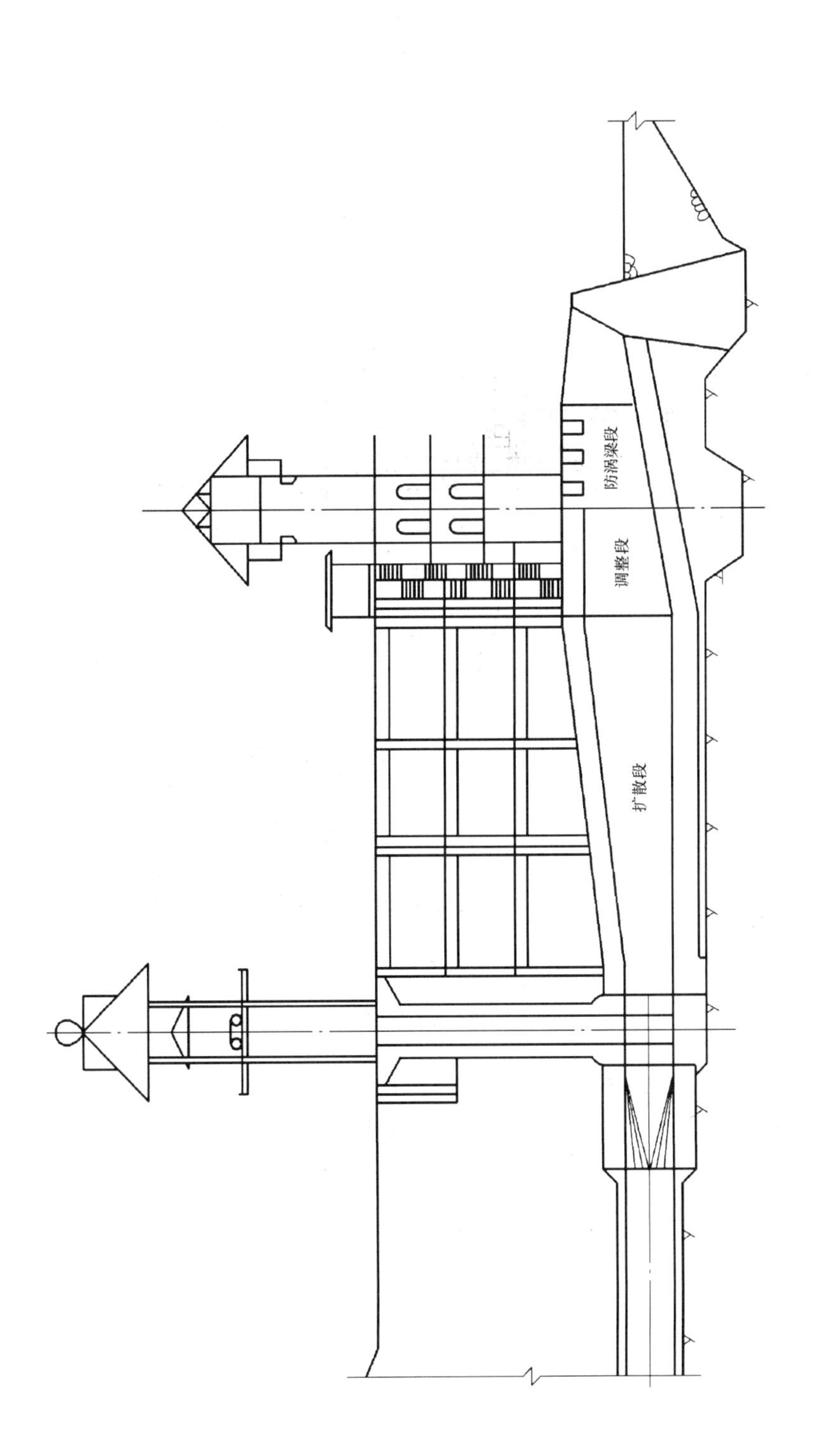

图 7-2-14 十三陵抽水蓄能电站下水库出（进）水口

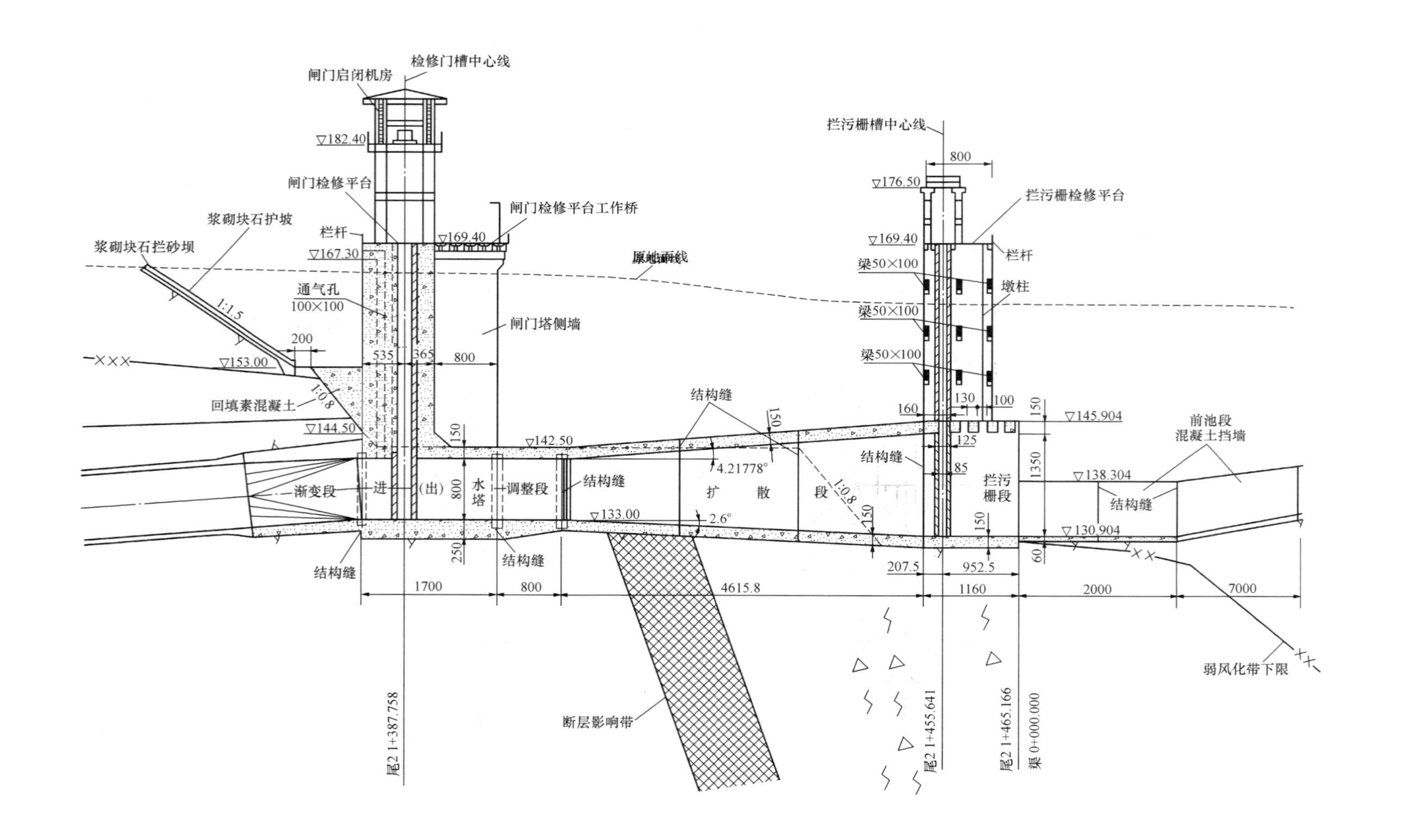

图 7-2-15 泰安抽水蓄能电站下水库出（进）水口

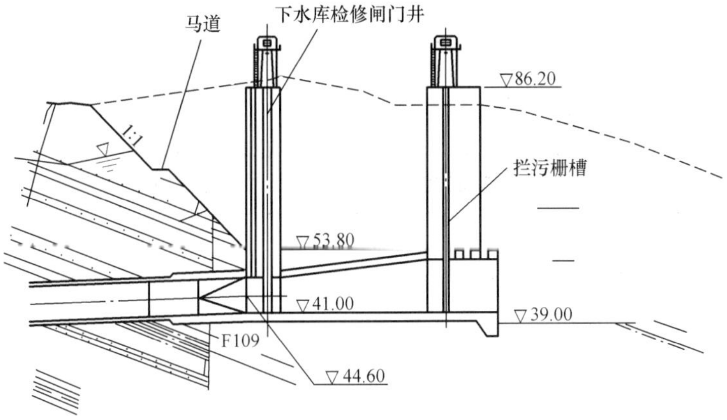

图 7-2-16 宜兴抽水蓄能电站下水库出（进）水口

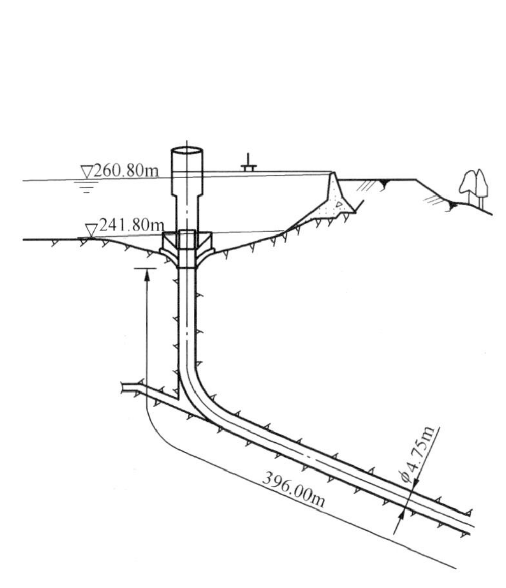

图 7-2-17 德国科普柴韦尔克抽水蓄能电站上水库进（出）水口

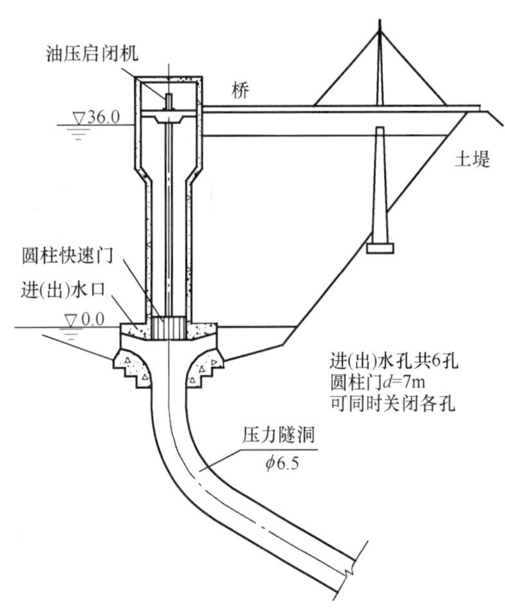

图 7-2-18 德国荷尔别格抽水蓄能电站上水库进（出）水口

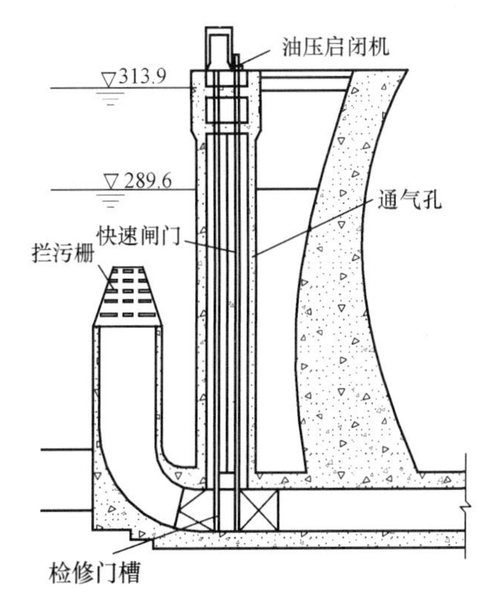

图 7-2-19 西班牙的瓦尔德卡那斯抽水蓄能电站上水库进（出）水口

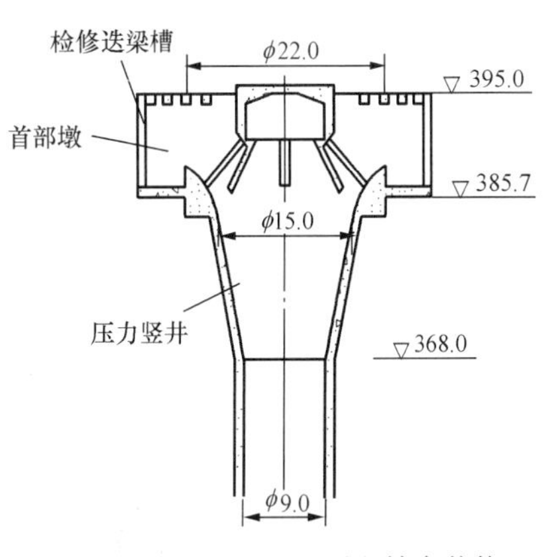

图 7-2-20 法国列文抽水蓄能电站上水库进（出）水口

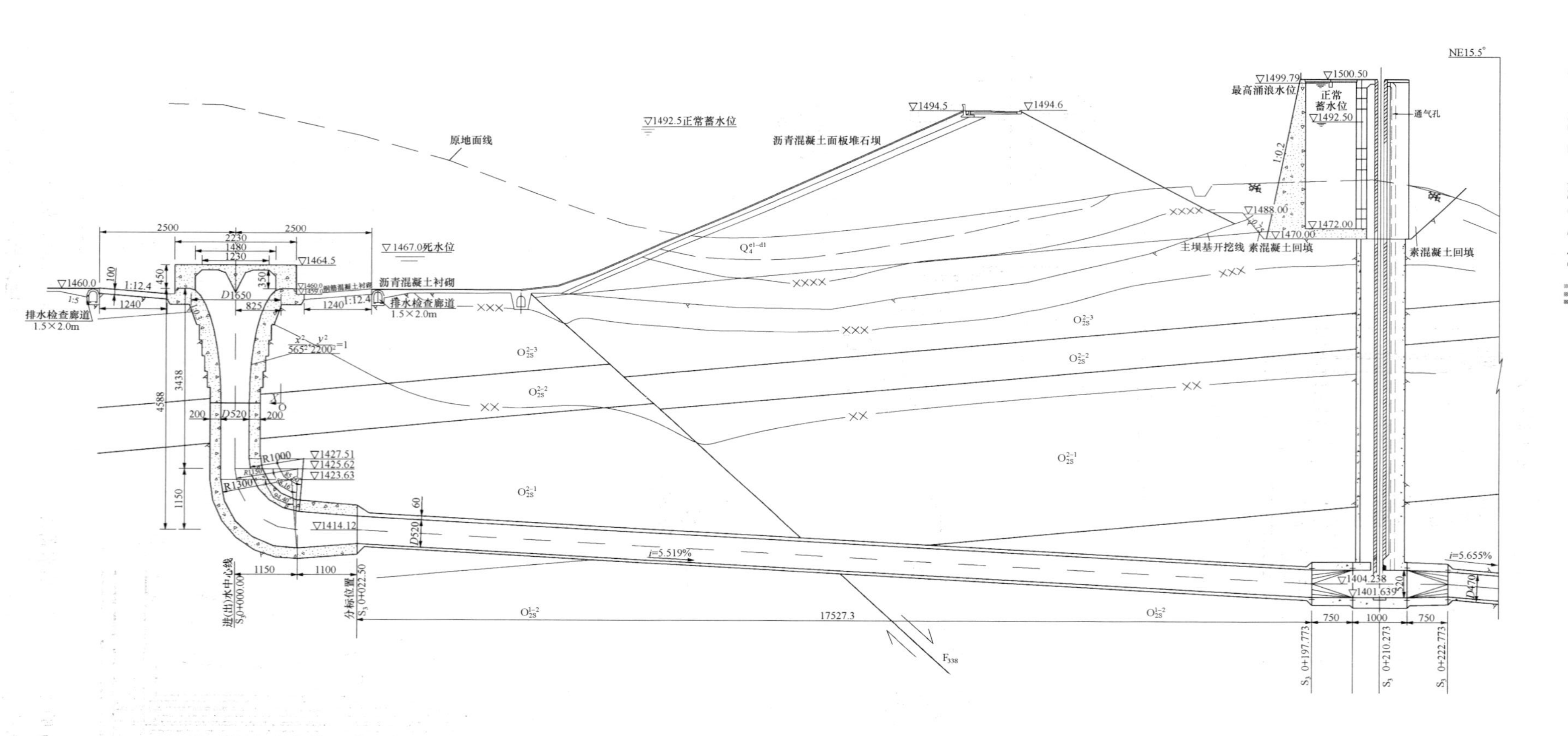

图 7-2-21　西龙池抽水蓄能电站上水库进（出）水口（单位:cm）

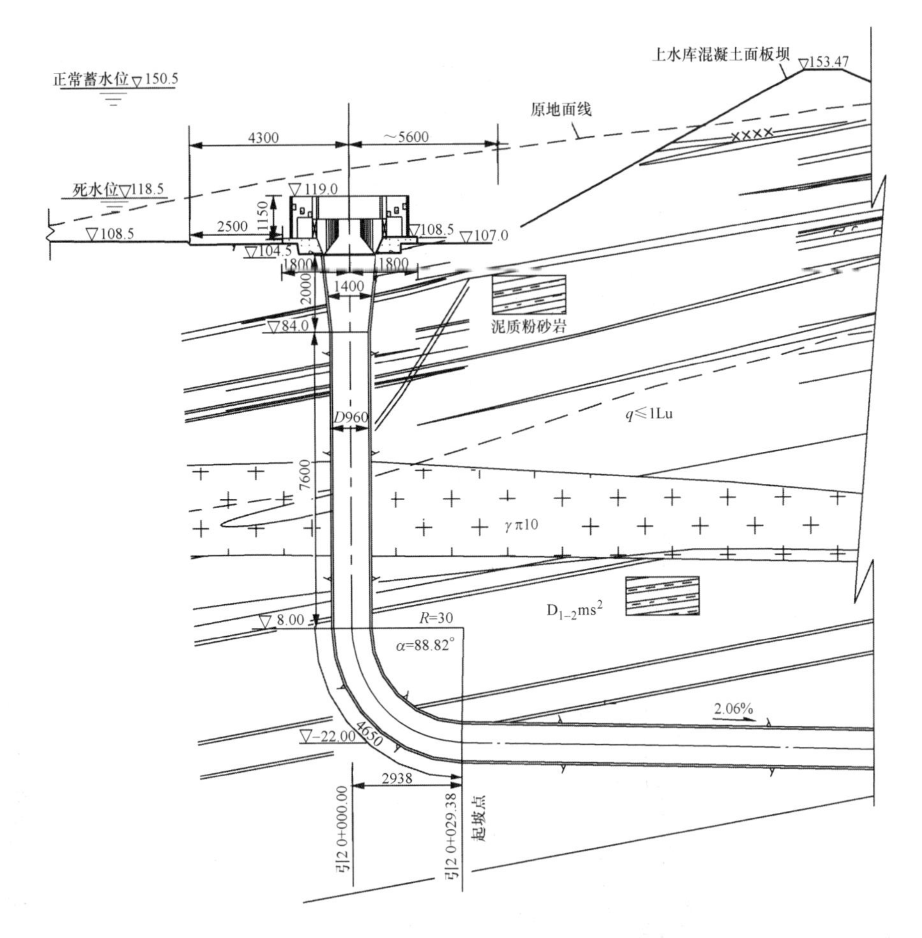

图 7-2-22 马山抽水蓄能电站上水库进（出）水口

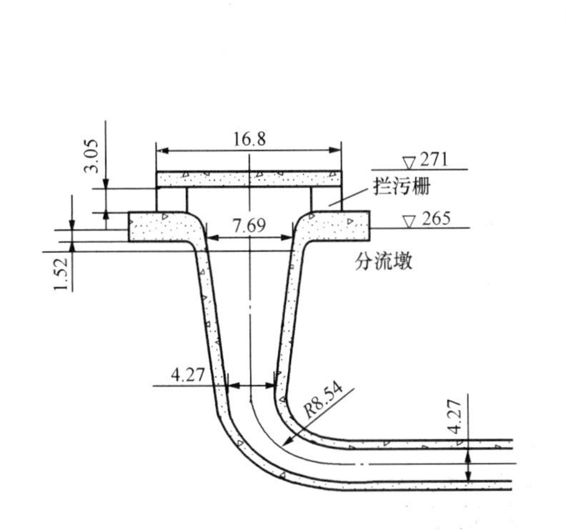

图 7-2-23 英国卡姆洛抽水蓄能电站上水库进（出）水口

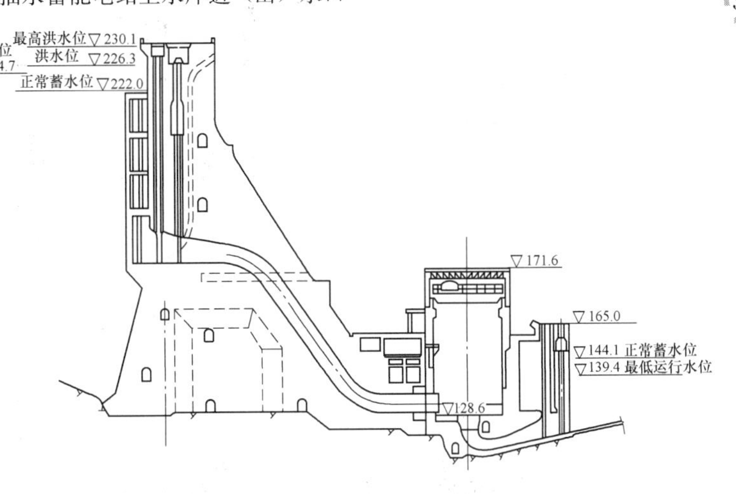

图 7-2-24 潘家口抽水蓄能电站坝式进（出）水口

（八）下水库进（出）口与厂房结合布置

适用于地面或竖井式地下厂房。下水库进（出）口为厂房的一部分，和尾水管相结合或尾水管适当延长。如我国无锡马山抽水蓄能电站，见图 7-2-25；国外如美国的巴斯康蒂，卢森堡的维昂登、日本的新成羽电站等。由于尾水管离机组较近，发电时机组在尾水出流时紊乱，过栅流速较大，分布极不均匀，容易导致拦污栅的破坏。美国和日本早期建设的抽水蓄能电站中许多拦污栅出现过振动破坏现象。如巴斯康蒂电站，厂房为地面式，尾水管拦污栅离机组很近，发电时出口流速很大（模型试验实测额定

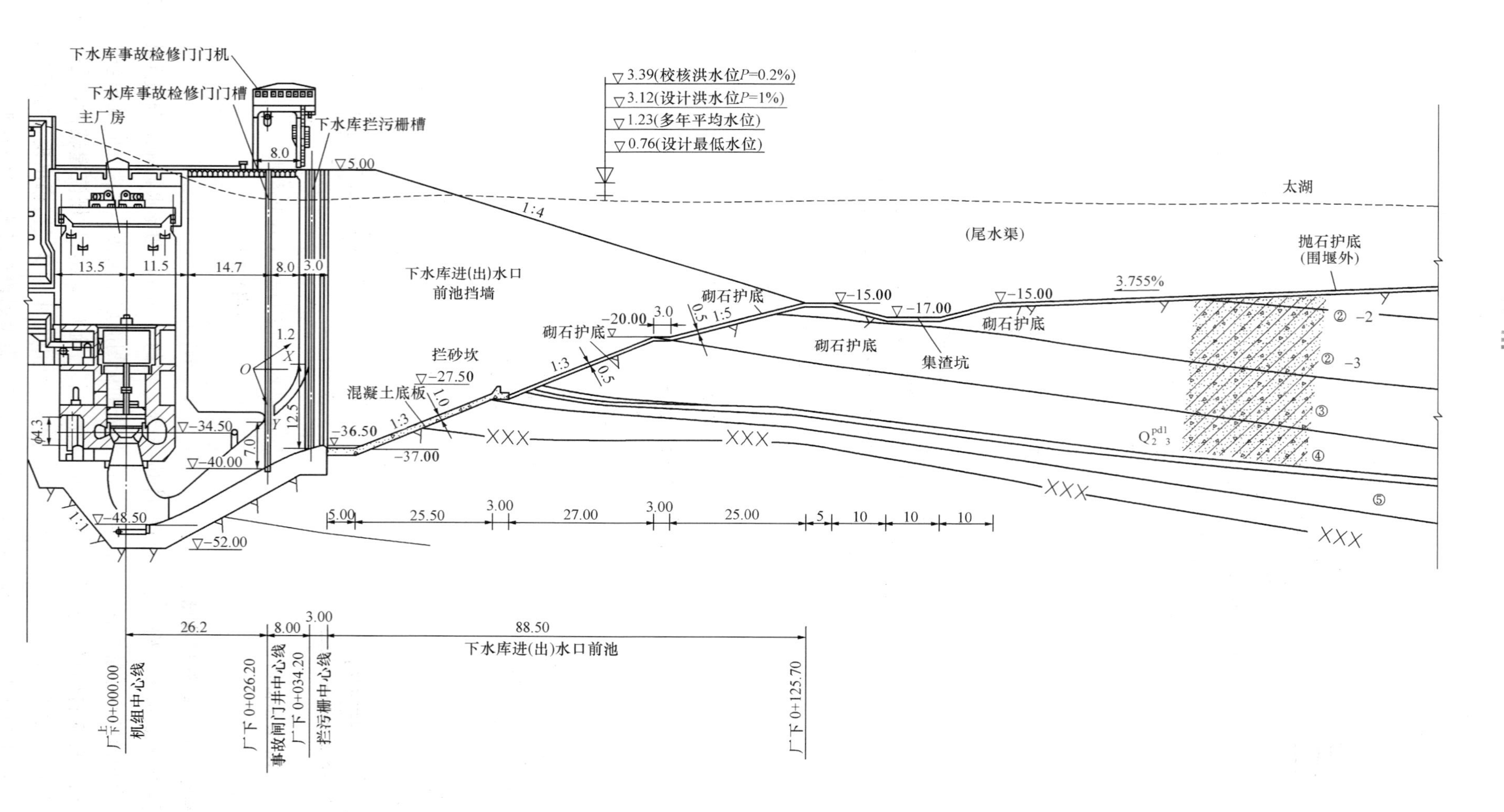

图 7-2-25　马山抽水蓄能电站下水库进（出）水口

流量时过栅流速最高达 4.7m/s，实际比试验过栅流速还大)，流态不好，拦污栅曾因此发生过严重的破坏。日本新成羽混合式抽水蓄能电站尾水管拦污栅，由于离机组近，水轮机的漩流使尾水管中的流速分布不均匀，设计流速 2～4m/s，但破坏部位实测最大流速达 8m/s。

2.2 进（出）水口布置设计

2.2.1 位置选择

进（出）水口设计首先要确定建在什么位置。需根据枢纽布置、水流流态、地形地质条件、施工条件和工程造价、运行管理等方面比较确定。

侧式进（出）水口位置选择时，最好能直接从水库取水，若通过引水渠取水，引水渠不宜太长，以减少水头损失和避免不稳定流影响；尽量选择来流平顺，地形均匀对称、河面开阔，以利于出/入流，岸边不至形成有害的回流和环流的位置。尽量选择地质条件较好的位置，避免高边坡开挖，以减少开挖量和工程处理，节省投资。

井式进（出）水口位置选择时，周围地形要开阔，以利均匀进流，保证良好的水流流态；应把进水口塔体置于具有足够承载力的岩基上，保证塔体的稳定。

坝式进（出）水口设在各类混凝土坝上，其位置依附于大坝，只要坝轴线确定，进（出）水口位置就基本确定。同样，与厂房结合布置的进（出）水口只要厂房位置确定，进（出）水口位置也基本确定。

2.2.2 底板高程设置

抽水蓄能电站库水位在工作深度内频繁地变化，一般都布置成有压进水口。进口高程按最低运行水位、体型布置确定的进水口高度、最小淹没水深要求和泥沙淤积等因素确定。保证最低运行水位下不进入空气和不产生漏斗状吸气漩涡；保证最低运行水位下，引水道（尾水道）最小压力及闸门井最低涌浪满足规范要求；保证在淤沙高程以上，必要时可在进口设置集渣坑、拦沙坎等设施。

2.2.3 最小淹没水深

最小淹没水深是指进水口上游最低运行水位与进水口后接引水管道顶部高程之差，这是保证进水口有压流态所必需的。否则，忽而满流忽而脱空，进水口将发生真空，引起流量的减小以及建筑物的振动。经过国内、外广大研究者的多年工作总结，提出下列几个有代表性的进（出）水口淹没水深经验表达式。

Gordon，J. L. 提出的不发生吸气漩涡的最小淹没水深为：

$$H = kv\sqrt{h} \tag{7-2-1}$$

式中 v——进口流速；

h——孔口高度。

其中系数 k 在来流对称时用 0.55，来流不对称时用 0.73。

Pennino，B. J. 认为在来流均匀、流态较好时，佛汝德数为：

$$F_r = \frac{v}{\sqrt{gh'}} < 0.23 \tag{7-2-2}$$

式中 g——重力加速度；

h'——进口中心线以上水深。

$F_r<0.23$时才不出现吸气漩涡。如设计不当，来流不均匀，即使满足上述要求也可能产生吸气漩涡；相反，如果采取一定的防涡吸气措施，即使淹没水深小于计算值，也还有可能不进气。

Gulliver，J.S. 认为侧式取水口在满足下列条件时，很少发生吸气漩涡。

$$F_r=\frac{v}{\sqrt{gh'}}<0.5\text{（侧式进口）} \tag{7-2-3}$$

福原华一认为不发生掺气漩涡的临界淹没度为：

$$\frac{H}{h}=\begin{cases}3.5\sim5.5 & \text{（垂直漩涡）}\\ 2.5 & \text{（水平漩涡）}\end{cases} \tag{7-2-4}$$

谭颖等对81个工程和试验的资料进行分析，得出：

$$F_r\leqslant0.5 \tag{7-2-5}$$

$F_r\leqslant0.5$时一般不产生吸气漩涡。

比较分析以上研究情况可知：对于不出现吸气漩涡临界淹没水深的要求，福原华一最高，谭颖和Gulliver，J.S. 最低。一般认为Gordon，J.L. 的经验公式较全面，我国进水口规范建议采用式（7-2-1）来估算。它包含了孔口流速和孔口尺寸因素，还考虑了进口的边界条件。由于是以实际工程原型和模型试验资料为基础来判断是否产生吸气漩涡，缺乏理论根据，只能作为可行性研究阶段的依据。

另外比较不同型式的进（出）水口，开敞竖井要比侧式或盖板竖井式进口漩涡问题更严重，上述一些经验公式和研究情况都没能反映具体进水口的边界条件千差万别的影响，而这种影响在很多情况下却具有决定性的意义。在工程设计中，一般都根据工程特点进行专门的水力学模型试验研究，最终决定进水口的型式、尺寸与各种水力参数。

2.2.4 过栅流速与拦污栅布置

发电引水系统不允许污物进入，一般均在进（出）水口装设拦污栅。拦污栅设计的原则：应能拦截有碍引水道和机组安全的污物，便于清理，减少水头损失，避免振动破坏。拦污栅孔口面积取决于过栅流速，而过栅流速直接涉及清污的难易和水头损失的大小以及拦污栅的振动强弱。根据国外对拦污栅破坏的研究，设计拦污栅时，需要有良好的扩散体形，使各分隔流道内断面流速分布均匀，不均匀系数（最大流速和平均流速之比）不宜大于1.5，并防止在扩散段扩散不充分、近乎向上的射流。我国抽水蓄能电站一般取平均过栅流速0.8～1.0m/s；美国的巴斯康蒂抽水蓄能电站上水库进（出）水口在抽水工况时限制水流流速不超过0.6m/s，意大利的抽水蓄能电站过栅流速最大、最小比例控制在1.5，采用的过栅流速比较小。根据意大利几个抽水蓄能电站的统计，抽水时过栅平均流速为0.54m/s，最大的达罗多抽水蓄能电站为0.76m/s。日本的神流川抽水蓄能电站上、下水库进（出）水口最大平均过栅流速1.7m/s，经模型试验验证水力条件能满足要求。

日本的奥清津抽水蓄能电站从1978年开始运行，分别在1985年10月、1988年5月和1990年10月三次对水库进（出）水口拦污栅进行检查。把拦污栅的损伤状况与水工模型资料加以对比，受损伤的部位正对模型试验中流速大的区域。由此可见，拦污栅的损伤是由于水流在进（出）口扩散不充分，近乎射流的主流直接冲击所致。

对于地面或竖井式厂房，下水库进（出）水口出流时，若设计不当，流速过大，容易发生振动，引起拦污栅的破坏。经过美国、日本等国的多年研究，采取使拦污栅距机组尽量远、减少弯段与渐变段等引起的过栅流速不均匀度、加强拦污栅刚度和连接强度、提高抗疲劳强度等措施，可基本消除破坏事故。

抽水蓄能电站上水库往往由人工开挖填筑而成，无径流补给，污物较少，可考虑不设拦污栅。对绝大部分抽水蓄能电站而言，为了尽量利用库容，常将进（出）水口的孔口做成宽度较大、高度较小的孔口，常设隔墩分成几孔；对井式进（出）水口沿井圈四周也设有多个隔墩。对于沿岸坡布置的进（出）水口，孔口宽度大很难将进（出）水口拦污栅段和扩散段放入洞内，常常伸出于山坡之外，有的设置拦污栅塔启闭拦污栅，有的利用库水位下降到某一高程（如死水位）后进行拦污栅的启闭和检修。

2.2.5 闸门设置

抽水蓄能电站进（出）水口的闸门与常规水电站相比没有重大差别。但抽水蓄能电站的进（出）水口要适应发电和抽水两种工况，而且工况变换频繁，因此闸门在选用和设计时要注意不同工况的影响。

同常规水电站一样，抽水蓄能电站进（出）水口的闸门按其工作性能分为三类：检修闸门、事故闸门和工作闸门。检修闸门是供输水建筑物及其设备正常检修之用，只能在静水中启闭；事故闸门用作意外事故之应急，允许在静水中开启，但必须在动水中关闭；工作闸门动水开启和关闭。

进（出）水口一般设置事故闸门。也可以只设检修门，或者将事故和检修两功能合为一体，设置事故检修闸门。国外有少数抽水蓄能电站不设闸门。

进水口闸门设置位置和闸门、启闭机的形式根据进（出）水口的形式和地形条件因地制宜地选择。各种闸门设置可参见本篇 2.1.2 国内、外进（出）水口实例。

2.3 水力设计及模型试验

2.3.1 进（出）水口水力设计要求及原则

进（出）水口的水力设计应满足下列要求：

(1) 进流时，各级运行水位下进（出）水口附近不产生有害的漩涡。

(2) 出流时，水流均匀扩散，避免对库底的冲刷，水头损失小。

(3) 进（出）水口附近库内水流流态良好，无有害的回流或环流出现，水面波动小。

(4) 防止漂浮物、泥沙等进入进（出）水口。

侧式进（出）水口的水力设计应遵循下列原则：

(1) 靠近进（出）水口的压力隧洞宜尽量避免弯道，或把弯道布置在离进（出）水口较远处，以期减小弯道水流对进（出）水口出流带来的不利影响。

(2) 扩散段的平面扩散角 α，应根据管道直径、布置条件、流量的大小、地形和地质条件、电站运行要求等，经技术经济比较确定。宜在 $25° \leqslant \alpha \leqslant 45°$ 范围选用。

(3) 为避免扩散段内水流在平面上产生分离，应采用分流墩将扩散段分成几孔流道，其末端与拦污栅断面相接。每孔流道的平面扩张角宜小于 10°。分流墩的布置，应使各孔流道的过流量基本均匀，相邻边、中孔道的流量不均匀程度以不超过 10%为宜。

(4) 平面上，在扩散段起始处，扩散段与上游直线段间应采用曲线连接，其半径可用（2～3）d（管径）。

(5) 扩散段的纵断面，宜采用顶板单侧扩张式，顶板扩张角 θ 宜在 3°～5°范围选用。当 $\theta > 5°$时，宜在扩散段末接一段平顶的调整段，其长度约相当于 0.4 倍的扩散段长度。

(6) 扩散段末端过水断面面积，应以满足过栅流速和布置要求确定。

(7) 水库最低水位应保证进水口有足够的淹没水深，为防止发生吸气漩涡，应在扩散段末端外部上方设防涡设施。

对地面或竖井式厂房布置，当下水库进（出）水口与尾水管结合布置时，应参照已建工程经验，研究抽水蓄能电站在不同运行工况下出流对拦污栅可能产生的影响。

井式进（出）水口的水力设计应遵循下列原则：

（1）进流时，水流由井孔四周均匀进入管道，不产生吸气漩涡，为防止发生吸气漩涡，在进水口外部上方设防涡设施。

（2）出流时孔口四周水流均匀扩散，出口处流速分布均匀，且不产生反向流速，弯管之上宜有适当长度的竖直管道，其上接渐扩式喇叭口，当竖直管道较短时，宜采用减缩式肘型弯管。

2.3.2　水力学研究

（一）进（出）水口水流运动特性

抽水蓄能电站有发电和抽水两种工况，其通过进（出）水口的水流方向在两种工况下是相反的，要求进（出）水口兼顾满足进流和出流的水力特性，这两种特性要求往往是矛盾的。许多抽水蓄能电站的蓄水水库（特别是在山峰中的上水库）是人工挖填而成，库容较小，因此在运行中水库水位变幅一般较大，如天荒坪抽水蓄能电站下水库水位变幅44.8m，奥地利的卡尔格布利赫抽水蓄能电站上水库水位变幅甚至达137m。水位在短期内剧烈变化，也使进（出）水口的水流运动频繁周期动荡，在各个水位条件下要始终保持水流均匀和流态稳定是比较困难的。

（二）水力学研究方法

进（出）水口水流属三维流动，水力特性比较复杂。入流时有可能产生有害的吸气漩涡；出流时各通道流速和流量分布不均匀。同时进（出）水口的水头损失的大小直接关系到抽水蓄能电站的经济效益。因此进（出）水口水力特性研究一直以来为设计者和研究人员所重视。进（出）水口水力学研究方法主要有数值计算和模型试验两种，目前对于大型和重要的工程模型试验仍占主导地位。

（1）数值计算。

近年来随着计算机技术的发展，数值计算模拟方法已经成为研究水力学各种物理现象的重要手段。大型通用商业应用软件（如Fluent软件）和各种不同计算模型软件的问世，使复杂边界进水口水力学数值分析计算成为可能。

（2）模型试验研究。

由一般设计原则确定的抽水蓄能电站上、下水库进（出）水口体形，因许多相关结构和水力学重要参数较难用计算确定，需要进行一系列水力学模型试验进行验证和不断优化，才能使过流建筑物体形设计满足抽水蓄能电站双向水流条件下的各种特殊技术要求，满足不同抽水蓄能电站所处的特定边界环境条件，从而保证设计符合实际工程情况。

近年来越来越多的体型设计依赖上述两种方法进行水力学研究。对于大型和重要的工程，往往两种方法共同进行。前者可对不同的设计体型进行数值分析，选择若干较优的体型作为物理模型试验的基础体型，大大缩短模型加工时间和试验时间。反过来，物理模型试验又能验证数值分析结果，两者相互验证。

2.4　结构设计

2.4.1　结构计算

进（出）水口建筑物的组成，一般包括拦污栅段、扩散段（或收缩段）、闸门段、渐变段和上部结构等。其建筑物级别与主体工程级别相同。

(一) 设计荷载

由于进（出）水口型式不同，作用的荷载并不相同，为叙述的方便，将所有可能的荷载一并列上，实际计算时可根据各工程的具体情况分析判断。

进（出）水口上的荷载可分为基本荷载及特殊荷载两类。

基本荷载：自重（结构重量及永久设备重）；设计洪水位或正常蓄水位时的静水压力；扬压力；浪压力；拦污栅前、后的设计水位差；泥沙压力；土压力；冰压力；雪荷载；风压力；活荷载；其他荷载。

特殊荷载：校核洪水位时的静水压力；扬压力；浪压力；温度荷载；地震荷载；其他荷载。

各荷载取值参照《水工建筑物荷载设计规范》(DL 5077—1997)。

(二) 计算方法

抽水蓄能电站的进（出）水口多独立布置于河岸，其拦污栅段和扩散段因其宽度较大，往往伸出于山坡之外，本节主要对侧式进（出）水口的拦污栅段和扩散段进行详细介绍，其他各组成部分及洞内结构与常规水电站进水口相同，可以参照常规水电站的进水口进行计算。

其计算方法一般均按平面结构处理，以垂直水流方向切取断面进行计算，进（出）水口布置如图7-2-26 所示。重要工程的进（出）水口也可同时进行整体结构有限元分析计算。

防涡梁旁的剖面Ⅰ-Ⅰ可以简化为弹性地基上的倒框架梁，两侧边墩及中间分隔墩顶端视作铰接。扩散段的断面Ⅱ-Ⅱ简化为弹性地基上的框架梁，如图 7-2-27 所示。

计算方法可按弹性地基上有关程序进行，如边墩两侧有岩石或开挖后回填混凝土，可按平面有限元进行计算。有些工程在拦污栅段顶部设有拦污栅起吊平台，例如广蓄上、下水库和琅琊山抽水蓄能电站下水库进（出）水口，视拦污栅段与起吊排架柱刚度之比，两者相差 10 倍以上可分别进行计算，上部拦污栅起吊排架作为固定在拦污栅分流墩上。

2.4.2 地基及基础

抽水蓄能电站进（出）水口目前大多建在岩基上，其基础稳定主要是伸出山坡外的拦污栅段、扩散段的稳定，其他型式及洞内结构均与常规水电站相同，稳定计算包括抗浮稳定、抗倾覆稳定和建基面应力。如果是位于土基上的建筑物，计算要复杂得多，还需计算沉陷差。

(一) 抗浮稳定

岩基上的抗浮稳定计算：

$$K=\frac{\sum V}{\sum U} \tag{7-2-6}$$

式中 K——抗浮稳定安全系数，见表 7-2-2；

$\sum V$——建基面上垂直力总和；

$\sum U$——建基面上扬压力总和。

水库水位骤降工况，计算时可以部分考虑底板混凝土和基岩的黏聚力、排水孔作用，底板锚筋可以作为安全储备。当采用全库盆防渗且进（出）水口也需防渗时，不能设置排水孔，考虑锚筋作用并计及底板和基岩黏聚力。

当进（出）水口建筑物从最高水位骤降至最低水位时，底板部分的浮托力来不及迅速消散，承受着较大的上浮力，致使进（出）水口抗浮稳定得不到满足，可采用挖槽方式，将整个伸入水库中的进（出）水口部分嵌入岩石中，并在底板上设减压孔（无防渗要求），并将底板与基础、墙身与两侧岩石锚

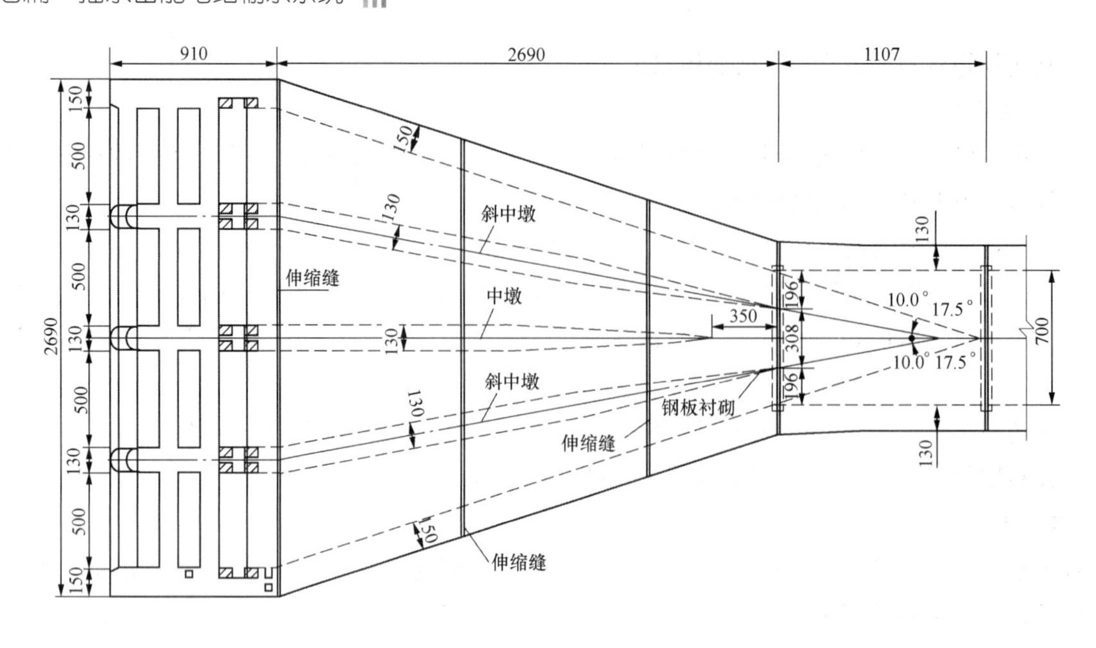

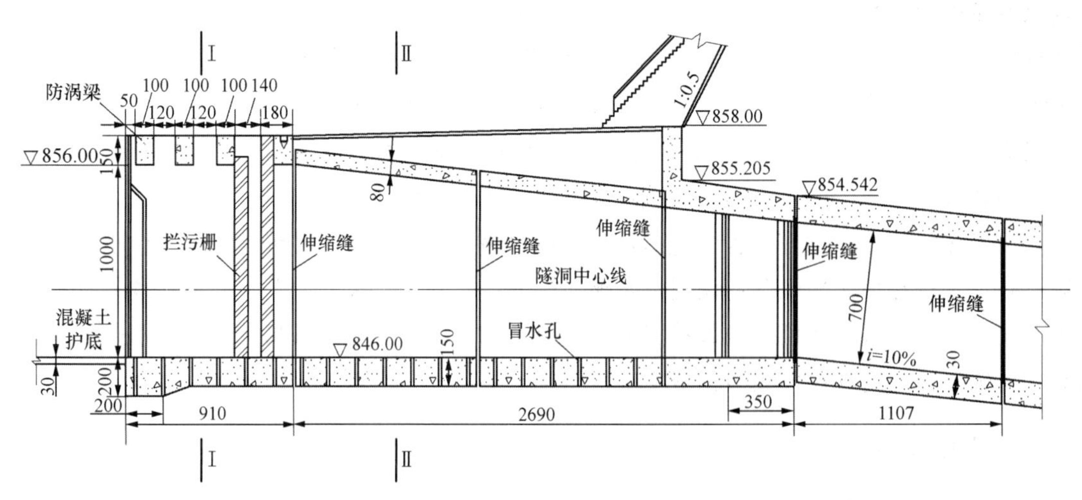

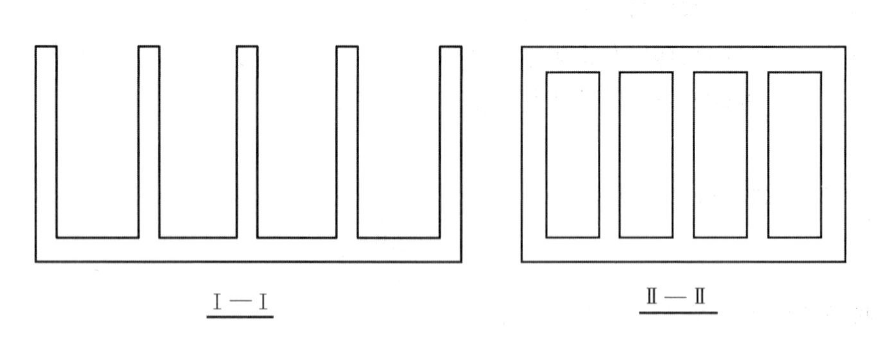

图 7-2-26　进（出）水口布置图

固成整体。

（二）基底应力

$$\sigma = \frac{\Sigma V}{A} \pm \frac{\Sigma M_x y}{J_x} \pm \frac{\Sigma M_y x}{J_y} \tag{7-2-7}$$

式中　　σ——建基面上垂直应力，其允许应力见表 7-2-1；

ΣV——建基面上垂直力总和；

ΣM_x、ΣM_y——分别为建基面以上荷载对建基面形心 x、y 轴的力矩；

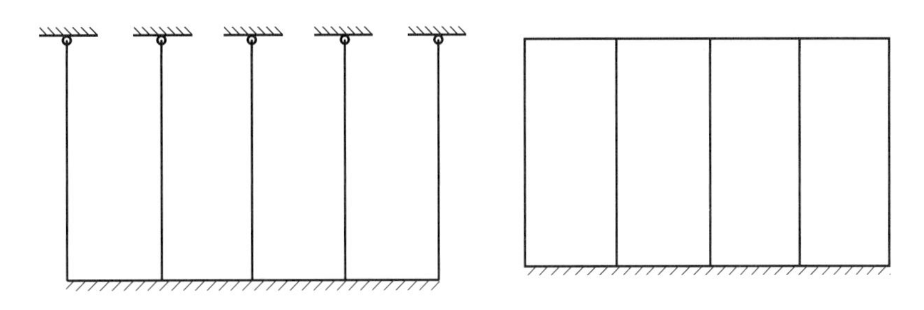

图 7-2-27　计算简图

x、y——分别为建基面上计算点至形心轴 y、x 轴的距离；

J_x、J_y——分别为建基面对形心轴 x、y 的惯性矩；

A——建基面面积。

（三）抗倾覆稳定

$$K=\frac{\sum M_s}{\sum M_o} \tag{7-2-8}$$

式中　K——抗倾覆稳定安全系数，见表 7-2-2；

$\sum M_s$——建基面上稳定力矩总和；

$\sum M_o$——建基面上倾覆力总和。

表 7-2-1　　进水口建基面允许应力　　MPa

建筑物级别	建基面最大压应力		建基面最大拉应力	
	基本组合	特殊组合	基本组合	特殊组合
1、2	小于地基允许压应力		不得出现	0.1
3、4、5	小于地基允许压应力		0.1	0.2

表 7-2-2　　进水口整体稳定安全标准

建筑物级别	抗倾覆稳定安全系数		抗浮稳定安全系数	
	基本组合	特殊组合	基本组合	特殊组合
1、2	1.35	1.2	1.1	1.05
3、4、5	1.3	1.15	1.1	1.05

拦污栅段和扩散段一般都不高，底板面积也较大，基底应力和倾覆稳定一般都不需核算，只有在拦污栅段上有较高排架，对拦污栅进行检修时才需核算。

抽水蓄能电站运行的特点，是每天都要从正常蓄水位骤降至低水位，当骤降水深较大时，基底扬压力是控制因素；当地质条件较好时，常在底板设置冒水孔（钻通底板的排水孔），以减小或消除高水位骤降时的扬压力；像桐柏、天荒坪抽水蓄能电站上、下水库进（出）水口底板的排水孔，桐柏抽水蓄能电站上水库底板排水孔布置如图 7-2-28 所示。

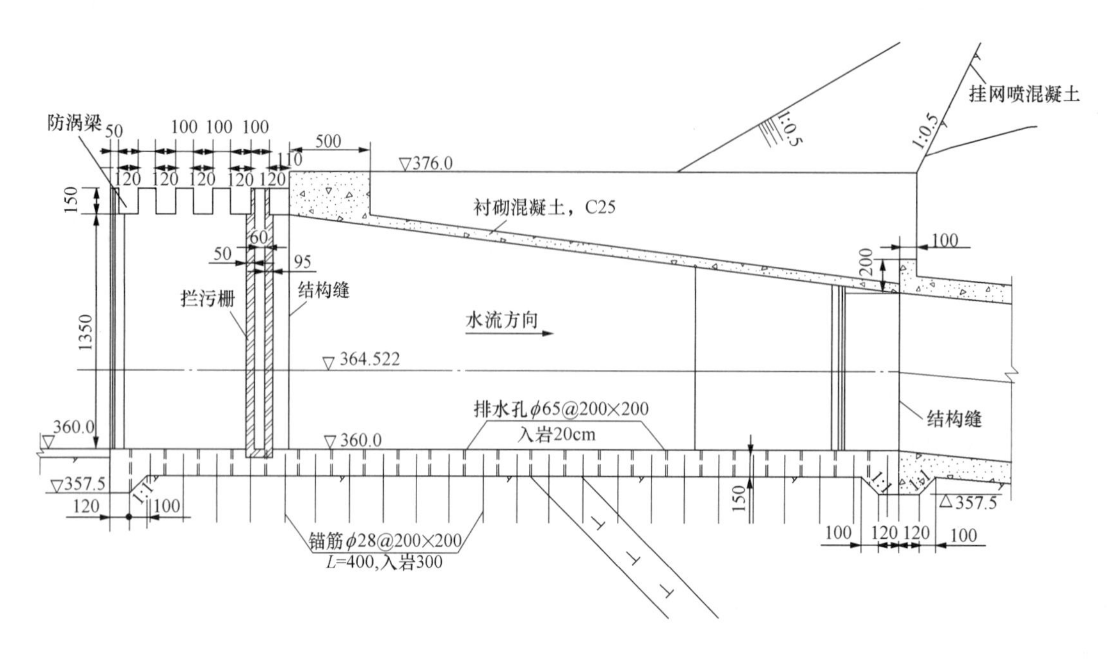

图 7-2-28　桐柏抽水蓄能电站上水库底板排水孔布置图

基础岩石较差时，或采用全库盆防渗，进（出）水口底板作为库盆防渗的一部分时，则可结合库底防渗排水，在基底建排水系统，将基底渗水排至库外，减小或消除基底扬压力；如十三陵、宜兴、泰安抽水蓄能电站上水库基底均建有排水设施。十三陵抽水蓄能电站上池进（出）水口基底排水布置见图 7-2-29，上池进（出）水口纵剖面见图 7-2-30。十三陵抽水蓄能电站底板的扬压力，假定在正常蓄水位运行时不计底板扬压力，因此骤降时底板也无扬压力。在放空检修时，底板扬压力按正常水位水头进行折减，折减系数为 0.25。

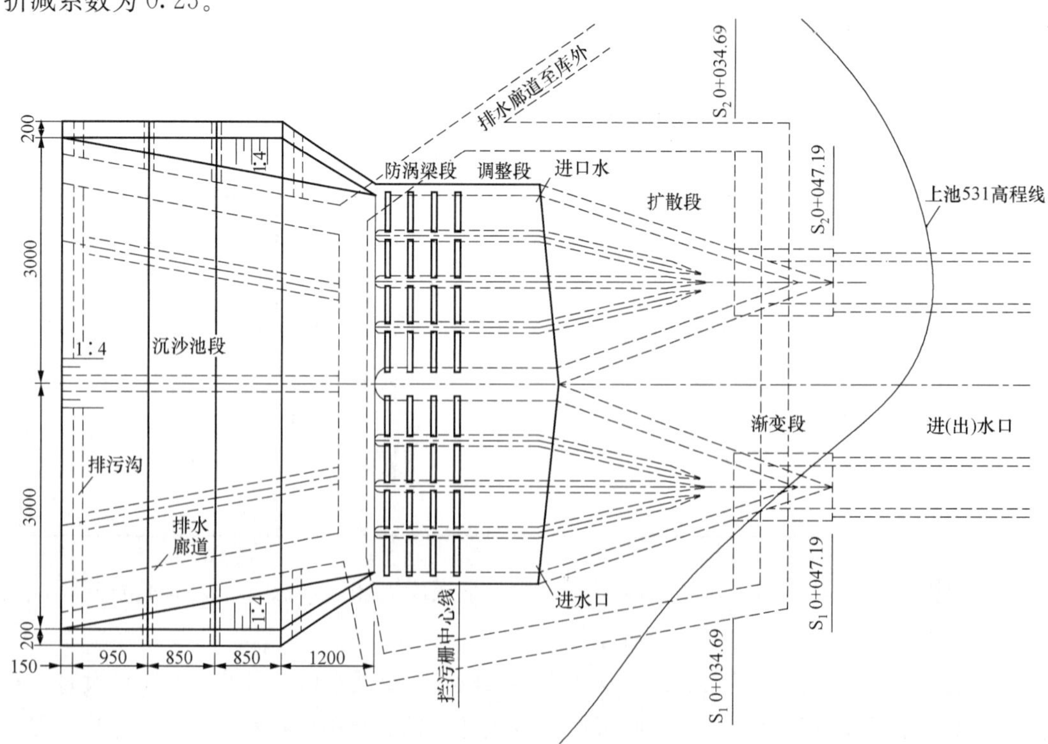

图 7-2-29　十三陵抽水蓄能电站上池进（出）水口基底排水布置图

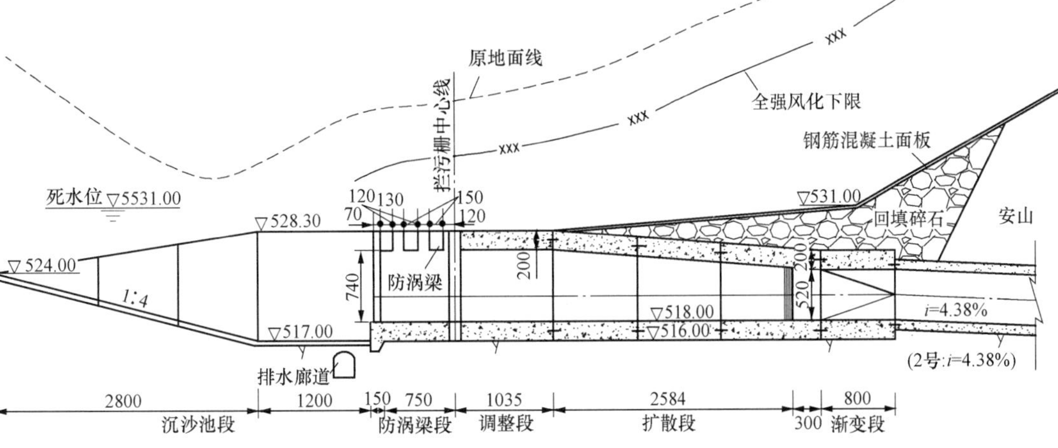

图 7-2-30　十三陵抽水蓄能电站上池进（出）水口纵剖面图

第三章

压力水道

3.1 压力水道的衬砌类型[1]

目前各国建设抽水蓄能电站的地下高压管道所用衬砌，就其数量来说，以钢衬砌、混凝土或钢筋混凝土衬砌（加或不加预应力）为多，也有用设有薄形止水层的混凝土衬砌以及少数不衬砌的。决定采用何种衬砌，主要根据管道所承受的内、外水压力，管道所在的工程地质条件、埋置深度、围岩地应力、施工条件以及各国的设计习惯而定。岩石好、埋藏深的压力管道，可以用混凝土衬砌或者不用衬砌；而岩石较差、埋藏较浅的地方用钢衬砌。从各国压力管道统计资料看，不同的国家有不同的习惯，不完全是采用同一模式来解决。例如日本的抽水蓄能电站高压管道主要用钢衬砌；美国和西欧的一些国家则以混凝土衬砌为主，但意大利是一个例外，它的地下压力管道基本上都用钢管。下面对几种衬砌类型分别叙述。

3.1.1 钢衬压力管道

钢衬是传统的地下高压管道的衬砌材料。常规的高水头水电站往往流量比较小，所需管道的直径也较小。一批高水头、大容量的抽水蓄能电站使用了高水头、大直径的压力钢管，使压力钢管的设计和施工技术达到了一个新的水平。

钢管的优点是可以做到完全不透水，而且可以完全靠自身结构来承受内水压力。在地质条件较差且埋藏深度浅的情况下，往往只有钢管才能够胜任。在一般情况下，地下埋管要通过回填的混凝土和灌浆，将内水压力的一部分以至大部分传至围岩，从而减少钢衬自身的壁厚。钢管的糙率小、耐久性强，可以经受较大的流速，而水头损失相对较小，这些都是钢衬砌的优点。一般地说，钢衬管道的工作情况是可以令人放心的，因此高压管道至今仍以用钢衬为多。但是钢衬管道造价较高，承受外水压力的能力较差，而且高强度的厚壁钢板在隧洞内的焊接也有一些特殊的问题，这使得工程界致力于寻找其他的衬砌材料来代替钢衬，优化设计，降低工程造价。

衡量钢管的规模，常用其内水压力 P（kg/cm^2）和直径 D（cm）的乘积 PD（kg/cm）和 PD^2（kg）来表示。水头不高的常规水电站的压力钢管，PD 值大于 5000kg/cm 就可以称大型，PD 值大于 12000kg/cm 就可称为巨型。但对高水头的抽水蓄能电站，PD 值大于 25000kg/cm 是很普遍的。目前该值最大的是日本今市抽水蓄能电站的压力钢管主管，PD 值为 45650kg/cm，PD^2 为 25.1×10^6kg。对 PD 值很大的压力钢管，尽管在大部分管段中，其承受的内水压力要有相当一部分传给围岩，但在接近厂房的段落，总是要设计成承受全部内水压力的。即使是采用混凝土衬砌的高压管道的水电站，在接近厂房的管段也总要用一段承受全部内水压力的钢管。

[1] 肖贡元．高水头抽水蓄能电站地下高压管道设计中的几个问题．华东水电技术，1987。

由于 PD 值过大，高水头、大容量的抽水蓄能电站的压力钢管使用 600MPa 级（极限强度）的钢材已很普遍。800MPa 级的高强度合金钢材（如日本的 HT-80，美国的 ASTM-A-517 等）也在一些水电站中使用，用得较多的是日本。天荒坪抽水蓄能电站对内水压力最大、靠近地下厂房的压力钢管段，也设计采用 800MPa 级高强度钢材。

承受特别高水压的钢管，还可以采用箍管。箍管是意大利高压钢管的主要型式，而在其他国家用得较少。所谓箍管，是在普通钢管外面套上高强钢锻制的钢箍，在工厂内制作时用热法或冷法将钢箍套上去，钢箍对钢管产生预压应力而本身承受预拉应力。在内水压力作用下，高强钢箍和钢管合理分担水压，二者都达到各自的容许应力。由于高强钢箍承受了相当一部分内水压力，普通钢制的钢管壁厚一般不大于 35mm。意大利奇奥达斯抽水蓄能电站压力钢管 PD 值为 43200kg/cm，采用箍管，钢管本身用容许应力 2200kg/cm^2 的普通低合金钢制作，最大壁厚 34mm。高压钢管采用箍管时，由于带钢箍的管节是在工厂制作的，工地只焊接普通钢管拼接的环缝，且管壁厚度相对较薄，这样避免了高强钢管工地焊接的困难，总的用钢量也大为节省。但是箍管承受外水压力的能力较差，故近年来意大利趋向采用隧洞内明放的箍管，以使箍管完全不受外水压力。

3.1.2 混凝土衬砌的高压管道

混凝土衬砌是低压隧洞常用的衬砌型式，以前很少用于高压隧洞的衬砌。由于混凝土衬砌在经济上的优点，现在高 PD 值的抽水蓄能电站高压管道用混凝土衬砌的也很多。例如英国的迪诺维克，美国的赫尔姆斯、巴斯康蒂，中国的广蓄一、二期以及天荒坪抽水蓄能电站等。

高压隧洞用混凝土衬砌时，内水压力主要由围岩承受。如果混凝土衬砌圈与围岩之间不采用高压预应力灌浆，则这种混凝土衬砌的高压隧洞在受力条件上与不衬砌隧洞类似，混凝土衬砌主要起减小糙率的作用。

选择这种型式的衬砌，必须满足下列条件：

首先是上覆岩体厚度要满足上抬理论，即内水压力不超过洞顶岩体覆盖的重量。当岩石容重为 2.5t/m^3 时，可以算出隧洞顶部的岩体覆盖厚度应大于或等于 0.4 倍的内水压力水头。当地表面为倾斜面时，根据挪威工程界对不衬砌隧洞的经验，洞顶至地表面的最短距离 L 应满足：

$$L > \frac{\gamma_{水} H}{\gamma_{岩} \cos\beta} \tag{7-3-1}$$

式中 $\gamma_{水}$、$\gamma_{岩}$——水和岩石的容重；

β——地表面的平均坡角；

H——内水压力水头。

上抬理论的公式仅反映几何关系，只能作为粗略的判断之用。仅满足上抬理论，并不能放心地采用混凝土衬砌。反过来，在某些情况下，即使不满足上抬理论，也可以成功地使用混凝土衬砌。这是因为上抬理论公式并没有考虑岩石本身的弹性（变形）模量、泊松比、强度和裂隙等情况。在地质条件较好的地区，用上抬理论来判断，不会有什么问题。当围岩的 E 值较小、裂隙发育时，即使满足上抬理论，在内水压力作用下，围岩也可能会有较大的变形。即使可以进行灌浆，但也不一定能够有足够大的地应力来平衡灌浆压力。因此，选用混凝土衬砌，还应该满足最小地应力条件，即围岩初始最小主应力应大于隧洞内的内水压力。满足此条件后，在内水压力作用下围岩不会开裂，尽管这并不等于说衬砌本身不会开裂。

混凝土衬砌的高压隧洞，由于混凝土浇筑后总会出现收缩，加上温度的影响，会使衬砌和围岩之间出现间隙。隧洞的爆破开挖施工也会使围岩出现一个松动圈。因此，为了使水压力能有效地传至围岩，灌浆总是需要的。当围岩的 E 值高、完整性好时，做一般的固结和接缝灌浆即可。但当围岩比较软弱，完整性不佳时，需要进行高压固结灌浆，高压固结灌浆也将同时给混凝土衬砌圈施加预压应力。根据岩石和混凝土的 E 值及设计内水压力的大小，考虑到岩石和混凝土都发生徐变从而造成预应力损失后，混凝土圈仍能保留一定的残留预压应力，可以计算出固结灌浆所需要的压力。如果围岩条件较差，计算出的灌浆压力可能达到很大的数值。例如南非的德雷肯斯堡抽水蓄能电站的两条高压隧洞，灌浆压力达8MPa（扣除灌浆管路的压力损失后，作用在混凝土和岩石缝隙上的压力约为 6.5MPa）。这样大的压力作用在混凝土圈上，所产生的灌浆应力接近于混凝土的极限强度。为了检验这样的设计是否合理可行，正式施工前，在现场开挖了一段试验洞，并按设计所选定的方式做了混凝土衬砌和高压固结灌浆，然后按设计要求加上内水压力。通过对混凝土衬砌、灌浆后的岩石圈和外层围岩的测试来判断内水压力是否有效地传至围岩，同时所产生的变形和渗漏是否在允许范围之内。在地质条件不很理想时，进行这样的水压试验是必要的，它可以为混凝土衬砌和灌浆的设计及施工提供比较可靠的依据。

采用混凝土衬砌的压力隧洞，做好灌浆非常重要。美国巴斯康蒂抽水蓄能电站的压力隧洞共三条，每条仅在厂房前的 305m 才用钢衬，其余都是混凝土衬砌。在 1 号隧洞充水时，发现 3 号洞的钢管产生了部分失稳的现象。事后发现围岩的渗透系数比原来设计估计的大得多，而原有的排水系统也没有起到排水减压的作用。最后采取了补充灌浆和排水等措施，共钻了固结灌浆和接触灌浆孔 11 万 m，并增加了排水孔 1.67 万 m，取得了很好的效果。由于这项处理工程，使该电站的投产日期推迟了约半年。

以往国外工程界认为高压隧洞的混凝土衬砌可以不配置钢筋，因为靠混凝土衬砌只能承受 0.3～0.5MPa 的内水压力，绝大部分内水压力都是靠围岩承受的，即使钢筋混凝土对衬砌本身的内水荷载承载能力也改善不了多少。但我国根据有压隧洞多年实际运行的情况与经验，认为隧洞混凝土衬砌配置钢筋或构造配筋还是需要的，在隧洞衬砌产生裂缝后不至于发生掉块剥落。此外，在弯管、岔管等空间结构与受力复杂的隧洞段，也常采用钢筋混凝土来保证隧洞衬砌的整体性。

在内水压力主要由围岩承担的隧洞中，隧洞混凝土衬砌的厚度一般受外水压力及灌浆压力控制的。如果外水压力不是控制因素，则衬砌可以尽量薄一些，通常最小厚度可以到 30～40cm。当外水压力比较高时，不但需要采用较厚的衬砌，而且混凝土的强度等级也需要比较高。如南非德雷肯斯堡抽水蓄能电站的高压隧洞，采用的混凝土 28d 最小立方体强度为 30MPa，灌浆时平均强度为 45MPa，衬砌平均厚度达 75cm。

3.1.3　加上防渗薄层的混凝土衬砌

从防渗的角度看，这种衬砌介于钢衬和混凝土衬砌之间。其受力的性质和混凝土衬砌基本相同，但在混凝土衬砌和围岩之间加上了一层薄钢衬（厚数毫米）或者聚氯乙烯（PVC）加聚丙烯织物的止水薄层，其止水效果可与钢衬媲美，而造价比钢衬便宜的多。这类衬砌在奥地利等国用得较多。它不仅用于抽水蓄能电站，也用于高水头的常规引水式电站的高压隧洞。例如奥地利库泰抽水蓄能电站的压力隧洞，最大静水压力 480m，最大动水压力约 740m，在斜井下弯道前后的共 400m 长度的隧洞段，采用了混凝土加止水薄膜的衬砌方式。该高压隧洞内径 4.0m，混凝土衬砌厚 40cm，止水薄膜由 3mm 的 PVC 加上 400g/m^2 的聚丙烯织物层组成。预应力灌浆压力为 3.5MPa。由于在斜井（特别是倾角较大时）中固定止水薄膜比较困难，所以高压隧洞采用这种衬砌方式的很少。但在西欧一些国家的低压隧洞中（一般接近于水平或倾角很小），还是有比较广泛的应用。

采用薄钢板—混凝土衬砌加预应力灌浆的例子有奥地利的霍斯林抽水蓄能电站的高压管道。该电站水头 744m，高压管道长约 900m，内径 3.70m，为倾角 42°的斜井。其高压管道用的是 6mm 厚的钢管，内侧有 18cm 厚的高强度混凝土。混凝土强度等级为 C40，90d 强度 40MPa。薄钢板—混凝土组合的管节是在工厂预制的，然后像安装钢管那样运入斜井安装。钢板外侧与岩壁间有5cm的间隙，用高强度砂浆回填，衬砌与围岩间施加高压预应力灌浆，灌浆压力为4MPa。水压试验的结果表明这种衬砌方式是成功的。薄钢板在衬砌结构中主要起止水作用，但也可以承担少量的内水压力。由于钢管内侧有混凝土圈，可以大大降低钢管外压失稳的风险。管节进入斜井的安装工序与厚壁钢衬的安装类似，在适当改造以后可以使用基本相同的安装设备。

3.1.4 预应力混凝土衬砌

自20世纪40年代以来，在德国、前南斯拉夫、法国、意大利、奥地利和瑞士等国，相继在许多工程中采用了预应力混凝土技术，形成了一套较成熟的技术和施工机具。在国外的实践基础上，我国近年来也进行了一系列的研究和应用。

当水工隧洞承受内水压力较高，而对衬砌结构有抗裂防渗要求时，可采用预应力混凝土衬砌。高压、圆形隧洞，采用预应力衬砌在结构上是十分适宜的，在经济上也是有利的，在施工进度及工程质量上也是可靠的。采用预应力混凝土衬砌，可以更充分地利用混凝土的抗压强度和钢筋的抗拉强度，在好的围岩中可使衬砌和围岩共同工作，在坏的围岩中，可以保证混凝土不裂缝，在高内水压力作用下正常工作。

衬砌中的预应力，按其施加形式可分为两大类：一类是高压灌浆方法，另一类是机械方法。高压灌浆方法又可分为内圈环形灌浆式、环形管灌浆式和钻孔灌浆式；机械方法中有环锚式、拉筋式、钢箍式、挤压式等多种方法。

（一）压浆式预应力衬砌

压浆式预应力衬砌利用混凝土和围岩之间缝隙进行高压灌浆，使衬砌事先形成一定的预压应力，用以抵抗隧洞运行时内水压力和温度影响衬砌中产生的拉应力，使拉压平衡，以保证混凝土不出现裂缝，达到抗裂的目的，与钢衬砌比较可节省投资约50%～70%。

压浆式预应力衬砌适用于岩性较坚硬或经过处理能承受预应力灌浆压力的围岩。隧洞上覆岩体厚度满足最小覆盖厚度要求。

压浆式预应力衬砌厚度应根据施加预应力时衬砌不被压坏为原则，一般可取隧洞内径的1/12～1/18，最小衬砌厚度不宜小于30cm，灌浆压力应根据在最大内水压力下衬砌中不出现拉力的原则确定，灌浆压力一般不小于最大内水压力的2倍，同时要确保灌浆过程中衬砌结构的内缘切向压应力小于混凝土轴心抗压设计强度的0.8倍，其结构计算可参照《水工隧洞设计规范》（SL 279—2002）有关内容。需要注意的是在进行高压灌浆前，需在围岩和混凝土衬砌之间灌注清水，使衬砌和围岩完全脱开，称为开环，开环压力一般为1.0～1.5MPa，以保证灌浆压力均匀作用于衬砌外表面上。因预应力灌浆压力值与混凝土的厚度密切相关，故施工阶段应根据隧洞实际开挖洞径对灌浆压力进行复核计算，以保证在衬砌中产生足够的压应力。当围岩裂隙较多时，应在预应力灌浆前先对围岩进行固结灌浆。

我国白山水电站和天生桥二级水电站引水隧洞均采用了压浆式预应力衬砌。白山水电站压力隧洞内径7.5m，衬砌厚度0.6m，混凝土强度等级C20，设计孔口灌浆压力0.9MPa，实际采用灌浆孔口压力2.0MPa；天生桥二级水电站引水隧洞内径8.7m，衬砌厚度0.6m，混凝土强度等级C20，设计所需孔口灌浆压力1.2MPa，实际灌浆孔口压力2.0MPa。从白山水电站和天生桥二级水电站实例可说明，实际采用的灌浆压力应大于设计需要值，保证隧洞结构在正常运行时仍处于受压状态，使隧洞结构不出现开裂。以上两工程均已运行多年，至今尚未发生任何问题。

（二）环锚式预应力衬砌

环锚式预应力衬砌充分利用混凝土的抗压强度较大的特点和围岩的承载能力。在施工过程中通过衬砌中布置一定数量的环形锚束，当混凝土达到设计强度后，对环形锚束施加张拉力，因而可使衬砌获得一定数值的预压应力，以抵消一部分或全部由内水压力产生的拉应力。根据国内、外工程应用统计经验，环锚式预应力混凝土衬砌投资可以比钢板衬砌方案节省20%～30%左右，但是受锚具布置的限制，能实现的 *PD* 值不高，一般在20000kg/cm以下。

环锚式预应力衬砌适用于各种围岩条件，在围岩不具备承担内水压力能力或局部不满足覆盖厚度要求的洞段都可应用。环锚式预应力混凝土衬砌分为有黏结后张预应力和无黏结后张预应力。根据工程实践经验，采用有黏结后张预应力技术，预埋波纹管堵塞现象严重，张拉时断丝和滑丝时有发生，施工程序复杂，结构应力不均匀，易引起混凝土裂缝。而无黏结后张预应力衬砌具有经济合理、可靠性高，施工简便等特点，宜优先采用。

我国小浪底排沙洞、山西西龙池引水上平洞采用后张法无黏结预应力衬砌、清江隔河岩引水洞和天生桥一级引水洞采用后张法有黏结预应力衬砌。小浪底工程每条排沙洞长约1105m，内径6.5m，衬厚0.6m，洞内最大静水头123m。采用无黏结预应力混凝土衬砌，减少张拉工作量，预应力分布更加均匀。清江隔河岩水电站四条引水隧洞内径9.5m，隧洞长446m，最大运行压力（含水锤）达0.94MPa，受力条件恶劣，并因穿越拱坝右肩下方和出口于厂房高边坡，防渗要求严格，为此采用预应力混凝土衬砌，通过张拉衬砌中钢绞线使衬砌混凝土保持预压应力状态，达到有效地防止隧洞衬砌裂缝和内水外渗，确保右拱座和厂房高边坡的安全。为优化预应力混凝土衬砌的设计和简化施工工艺，在我国首次研制成功无台座张拉的HM锚具，突破了传统的有台座张拉工艺。水电站运行几年来表明后张预应力混凝土衬砌结构运行正常。

3.1.5 不衬砌高压隧洞

从理论上说，不衬砌高压隧洞与混凝土衬砌高压隧洞对围岩地形地质条件的要求相近，抽水蓄能电站也可以像常规引水式电站一样，采用不衬砌的地下高压隧洞。有些国外专家对国外某些抽水蓄能电站也提出过这样的建议。事实上像挪威这样的大量使用不衬砌压力隧洞的国家，的确也是这样做的。但是有些专家认为，由于抽水蓄能电站输水道的流速比较高，而且要经受抽水和发电两个方向的水流和水头损失，因此，即使岩石条件比较好，也不宜采用不衬砌高压隧洞。

在相同的流量下，如果两种不同糙率的管道沿程损失相等，可以求出管道的直径与糙率的关系是：

$$\frac{D_1}{D_2} = \left\{\frac{n_1}{n_2}\right\}^{3/8} \qquad (7\text{-}3\text{-}2)$$

取不衬砌隧洞的糙率 $n=0.030$，混凝土衬砌 $n=0.014$，则不衬砌隧洞的直径要大1/3，面积要大80%左右。由于抽水蓄能电站高压隧洞的流速比常规水电站高，为了使不衬砌隧洞内的流速保持在较低的数值，隧洞的断面积还要进一步加大，这样就可能显得不经济。当采用隧洞掘进机开挖时，糙率将比用一般的钻爆法施工时小，从而可以减少不衬砌隧洞的断面面积。但如果隧洞不很长，使用隧洞掘进机也并不经济。

目前世界上已建的抽水蓄能电站采用不衬砌高压隧洞的数量很少。一方面是经济原因，另一方面也可能是由于各国有其各自的习惯做法。

3.2 隧洞围岩承载设计准则及结构设计理念

3.2.1 引言

水工压力隧洞作为引水发电系统中的主要水工建筑物，需要把流量和水头传递到水轮发电机组用于发电，因此往往必须承受较高的内水压力。当内水压力达到一定数值，水工压力隧洞的钢筋混凝土衬砌将无法承担，产生贯穿性开裂而成为透水衬砌，类似于不衬砌水工压力隧洞。根据水工压力隧洞设计规范计算，在Ⅰ、Ⅱ类围岩条件下，若内水压力按面力设计并考虑洞径大小，隧洞40～60cm厚混凝土衬砌按限裂所能承受的内外压差一般仅为40～70m水头。天荒坪工程和广蓄一、二期工程水工压力隧洞的实测资料显示，当隧洞内水压力大于120～150m水头时，受混凝土的极限拉伸应变限制，隧洞混凝土衬砌将完全开裂成为透水衬砌，衬砌内外的水压差很小，基本趋于平衡，而且受到围岩的约束，衬砌内的钢筋应力也很小，内水压力均直接以体力的方式传递到围岩上，使围岩成为隧洞内水压力的承载结构。

在高内水压力（大于100m水头）作用下，水工压力隧洞若采用混凝土衬砌，从承载与防渗的角度出发，围岩是主体，衬砌的作用主要是保护围岩表面、避免水流长期冲刷使围岩表层应力状态发生恶化掉块；减少过流糙率、降低水头损失；为隧洞高压固结灌浆提供表面封闭层。因此，在高内水压力作用下，混凝土衬砌无法成为承载内水压力的结构，只能起到传递径向应力的作用，切向应力为零，承载内水压力的主体是围岩。随着天荒坪工程（最大静水头达680m，动水头达880m）和广蓄一、二期工程（最大静水头约为542m，动水头约为770m）等一批高内水压力、混凝土衬砌隧洞工程的建成投产，使这一设计理论在国内有了成功实践。由于水工隧洞分岔部位一般洞室跨度和承受的内水压力最大，并且最靠近发电厂房和厂前压力钢管，因此以高压混凝土衬砌岔洞为例，更能说明水工压力隧洞围岩承载设计理论的实际运用，国内、外部分已建、在建抽水蓄能电站高压混凝土衬砌岔洞的工程特性参见表7-3-1。

表7-3-1　　国内、外部分已建、在建抽水蓄能电站高压混凝土衬砌岔洞的工程特性表

序号	电站名称	国家	装机容量（MW）	岔管静水头（m）	岔管设计水头（m）	分岔方式	分岔角α（°）	主/支洞内径（m）	衬砌厚（m）	围岩特征			
										岩石	最小埋深（m）	变形模量（GPa）	最小主应力（MPa）
1	Dinorwic	英国	6×300	542		1→6	46	9.5/3.8	1.0	板岩	400	50	9.0
2	Montezic	法国	4×20.5	423		2×1→2	90	5.3/3.8	0.4/0.75	花岗岩	400	30	14～20
3	Helms	美国	3×350	531		1→3		8.2/3.5	0.69	花岗岩	350	42	5.5
4	Bath County	美国	6×350	390		3×1→2	40	8.6/5.5	0.6	砂页岩	315	27.6	3.4
5	Rocky Mt	美国	3×280	213		1→3		10.7/5.8		灰岩			
6	Raccoon Mt	美国	4×350	310		1→2→4		11/7.4		砂岩	270		
7	Northfield Mt	美国	4×250	248		1→4		9.45		片麻岩	200		
8	广蓄	中国	8×300	542	770	2×1→4	60	8.0/3.5	0.6	花岗岩	410～440	25～40	6.8～7.5
9	惠州	中国	8×300	624	740	2×1→4	60	8.5/3.5	0.6	花岗岩	390～410	20	
10	天荒坪	中国	6×300	680	800	2×1→3	60	7.0/3.2	0.6	凝灰岩	500	59	9.5～11.1
11	泰安	中国	4×250	309	370	2×1→2	50	8.0/4.8	0.8	花岗岩	260	15	4.87～5
12	桐柏	中国	4×300	344	395	2×1→2	55	9.0/5.5	0.7	花岗岩	380	20.5	5.9
13	宝泉	中国	4×300	640	800	2×1→2	45	6.5/3.5	0.7	花岗片麻岩	580	27	6.8
14	仙游	中国	4×300	541.4	644	2×1→2	55	6.5/3.8		凝灰熔岩	410	13.5	7.2～7.8

水工压力隧洞的周边围岩由于地应力场的存在，实际上是一个预应力结构体，要使其成为一个安全承载结构，就必须要有足够的岩层覆盖厚度以及相应足够的地应力量值，而且还应具有足够的抗渗性能

和抗高压水侵蚀能力，使隧洞围岩有承受隧洞内水压力的能力。根据以挪威为代表的国外不衬砌压力隧洞设计经验，归纳总结出如下四个常用的不衬砌或混凝土透水衬砌隧洞围岩承载设计准则。

3.2.2　挪威准则

挪威准则是经验准则，其原理是要求不衬砌隧洞最小上覆岩体重量不小于洞内静水压力，再考虑1.3～1.5的安全系数，保证围岩在最大静内水压力作用下，不发生上抬。最初挪威准则只要求不衬砌隧洞的岩石垂直覆盖厚度 $h>CH$，其中 H 为内水压力（以水头计），C 为系数，一般取0.6。1968年Byrte电站303m水头的不衬砌水工斜隧洞失事后，该准则修正为：$h>\dfrac{\gamma_w \times H}{\gamma_r \times \cos\beta}$，其中 γ_w 为水的容重，γ_r 为岩体容重，β 为斜井倾角，即计入斜井倾角的影响。1970年Askora电站200m水头的斜井发生失事后，挪威准则又进一步修正，采用最薄埋厚代替岩体垂直覆盖厚度作为选择隧洞埋深的依据，见图7-3-1。该方法沿用至今，如下式：

$$L \geqslant \frac{\gamma_w \times H}{\gamma_r \times \cos\beta} \cdot F \tag{7-3-3}$$

式中　L——计算点到地面的最短距离，m（算至强风化岩石下限）；

β——山坡的平均坡角；

H——计算点的内水静水压力，m；

γ_w、γ_r——水容重、岩石容重；

F——安全系数（一般取1.3～1.5）。

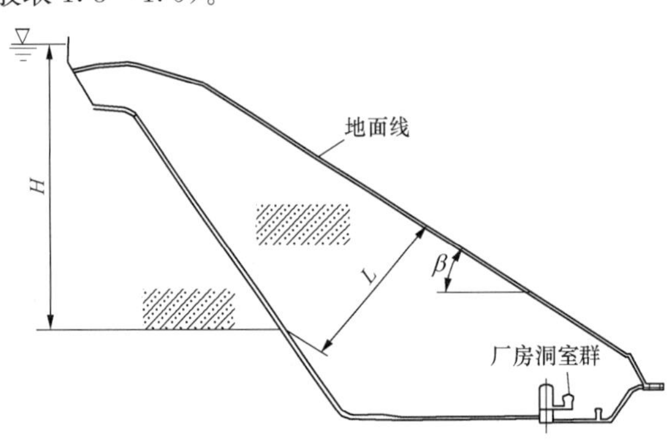

图7-3-1　挪威准则参数图

我国《水工隧洞设计规范》(DL/T 5195—2004)对有压隧洞洞身部位的岩体最小覆盖厚度也采用此式计算。在最小覆盖厚度 L 量取和坡角 β 量取过程中，需要对地形按总的趋势进行修正，去掉局部凸出的山体。因为这部分自重对整个山体抵挡渗漏、对区域地应力场的形成作用不大，而往往局部凸出山体使最小覆盖厚度 L 取值偏大，趋于不安全。因此，在应用挪威准则时，要对地形进行修正，修去凸出地形，求取平均坡度，同时要注意垂直洞线两侧山坡是否足够厚，这就引出下面的雪山准则判断。

3.2.3　雪山准则

对于比较陡峭的地形，特别是山坡坡角大于60°，且隧洞高程的水平向存在临空面的地形，水平侧向覆盖厚度常常起着控制作用，这时需要采用雪山准则作为补充判断。雪山准则规定混凝土衬砌高压隧洞的水平向（侧向）岩体覆盖厚度要满足按铅直上覆岩体厚度的2倍以上，即 $C_{RH}=2C_{RV}$。雪山准则实际上从弹性理论角度考虑了岩体铅直自重在水平向产生的侧向应力水平，按照弹性理论半空间体的求解，水平应力等于 $\frac{\mu}{1-\mu}\times$ 垂直应力，则水平应力大约为垂直应力的 1/2 左右，因此要得到足够的水平侧向岩体压重，其侧向岩层覆盖厚度应是铅直向厚度的 2 倍左右。雪山准则参数图参见图7-3-2。

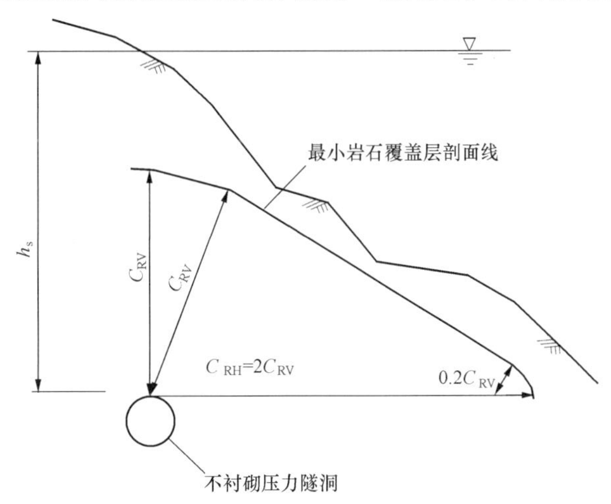

图 7-3-2 不衬砌压力隧洞覆盖范围的雪山准则参数图

3.2.4 最小地应力准则

最小地应力准则是建立在“岩体在地应力场中存在预应力”的概念基础上的，其原理是要求不衬砌高压隧洞沿线任一点的围岩最小初始地应力 σ_3 应大于该点洞内静水压力，并有 1.2～1.3 倍的安全系数，防止发生围岩水力劈裂破坏，具体见式（7-3-4）：

$$\sigma_3 \geqslant F\times\gamma_w\times H \tag{7-3-4}$$

式中 σ_3——最小初始地应力，MPa；

γ_w——水容重，$\gamma_w=0.01$MPa/m；

H——计算点的内水静水压力，m；

F——安全系数（一般取 1.2～1.3）。

该准则是在提出和修改挪威准则的同时，为了求得更合理、更通用的设计准则，由挪威德隆汉姆大学提出的，它需要通过地应力测试了解实测地应力分布规律，然后根据实测成果用有限元回归分析得出隧洞沿线的地应力分布，据此调整隧洞的埋深和结构布置。对于最小地应力准则中的安全系数的取值，国内、外看法很不一致，挪威一般取 $F=1.3$～1.5；法国电力公司取 $F=1.5$；美国认为 $F<1.3$ 时，应采用钢板衬砌[1]。国内一般取值为大于 1.2～1.3。

由于围岩内的最小地应力一般受岩体裂隙面上的法向应力所控制，可以通过现场高压渗透试验成果直观判断。高压渗透试验（High Pressure Permeability Test，简称 HPPT）是在拟订做透水衬砌的位置钻设主动、被动孔各 1 个，孔深由需要探测范围决定。在主动孔逐级施加水压，最大压力一般为 1.5 倍隧洞最大内水压力，试验测得围岩的 $P\sim Q$（压力—渗水量）关系曲线，并在被动孔内埋设渗压计，观测渗水压力及围岩抗冲蚀特性，确定渗压稳定梯度及灌浆参数，广蓄、天荒坪和泰安等抽水蓄能电站均做过这种试验。由于根据渗流立方定理可知，在一定水力梯度作用下，岩体内裂隙直线层流状态的渗流量 Q 与裂隙缝宽 Δ 的 3 次方成正比。若岩体裂隙处于临界水力劈裂张开阶段，则弹性张开裂隙的缝宽 Δ 与内水压力 P 的 1 次方成正比，即有 $Q\propto A\times P\times\Delta^3\Rightarrow Q\propto AP^4$，因此只要 $Q=AP^n$ 幂函数关系

[1] 张有天. 岩石水力学与工程. 北京：中国水利水电出版社，2005。

式中的 $n<4$，就说明岩体裂隙的缝宽是常数，内水压力没有使裂隙发生水力劈裂张开，裂缝的张合属于弹性阶段，围岩满足最小地应力准则，其中 $n=1$ 即为满足达西定律的稳定渗流。$n>4$ 表示裂隙开展宽度与压力间变化已不服从线性规律，渗透变形已不在弹性阶段，这种情况下限制渗透已不可能，即隧洞围岩条件已经不满足最小地应力准则，高压水道只能采用钢衬。

3.2.5 围岩渗透准则

由于岩体内存在节理裂隙，而裂隙中又往往有夹泥或碎屑物充填，当隧洞衬砌开裂，在一定压力的渗透水长期作用下，岩体有可能会产生渗透变形冲蚀破坏，若围岩节理裂隙间的充填物被渗流逐步带走后，围岩的承载能力会大大降低，因此渗透准则的原理是要求检验岩体及裂隙的渗透性能，是否满足渗透稳定要求，即内水外渗量不随时间持续增加或突然增加。渗透准则判别标准一般包括两个方面内容：一是根据水工隧洞规范以及法国常用准则规定，在设计内水压力作用下隧洞沿线围岩的平均透水率 $q\leqslant$ 2Lu，经灌浆后的围岩透水率 $q\leqslant1.0$Lu；二是根据以往工程经验，Ⅰ～Ⅱ类硬质围岩长期稳定渗透水力梯度一般控制不大于 10～15。

从理论上说，只要围岩区域最小地应力水平足够大，即使有局部低应力区和渗透性强的区域，通过不大于最小地应力的高压固结灌浆还是可以改善岩体抗渗性的，这个已为许多工程实践所证明。另外采用灌浆措施还是使用钢衬，可借鉴表 7-3-2 所示的法国常用准则。

表 7-3-2 围岩渗透性与采用工程措施准则

围岩透水率 q（Lu）	相关指数 n	渗透性随压力周期变化	工程处理要求
$q<0.5$	$n=1$	渗透性不增加	1. 不需要钢衬 2. 仅做低压接触灌浆
	$n=2\sim3$	渗透性不增加	1. 不需要钢衬 2. 做固结灌浆
	$n>4$		钢衬
	$1<n<4$	渗透性增加	1. 不需要钢衬 2. 高压灌浆，灌浆压力 $P>P_w$（该处所承水压力） 3. 查清渗漏通道，灌浆并作检查
$0.5<q<2$	$2<n<4$		高压防渗灌浆，灌浆压力 $P>P_w$，若灌浆后渗漏量仍不减少，采用钢衬
$q>2$			钢衬

根据表 7-3-2，当围岩的天然透水率大于 2Lu 时，高压管道宜采用钢衬。这是因为若围岩在很大区域的平均透水率>2Lu，说明该区域围岩普遍透水性很好，应用灌浆方式大范围改善围岩渗透性的费用很高，而采用钢衬则显经济。若隧洞沿线大部分区域的围岩天然透水率透水率<2Lu，只有局部区域围岩渗透性透水率>2Lu，且平均值不大于 2Lu 时，还要查清>2Lu 的区域围岩在隧洞运行水压下是否会发生非弹性范围的渗透变形，即是否满足最小地应力准则。若这种危险渗漏不会发生，可以通过高压灌浆来改善局部围岩渗透性和地质缺陷，而可以采用透水衬砌。法国的蒙特齐克（Mooteric）抽水蓄能电站、我国的天荒坪、泰安、桐柏等抽水蓄能电站都应用这一准则确定不衬砌或混凝土透水衬砌隧洞范围，运行情况良好。

当然对围岩渗透准则的理解和认识，还需随着对已建水工高压隧洞的长期运行监测以及出现现象的分析思考来逐步加深和提高。

3.2.6 围岩承载设计准则之间相互关系

（一）最小地应力准则是围岩承载的核心准则

大量的山体内地应力测量成果表明，地层和岩体初始地应力是由岩体的自重和地质构造作用的结果。初始地应力是引起各种地下工程围岩和支护变形、破坏的根本作用力，对于水工压力隧洞而言，隧洞沿线初始最小地应力的大小决定了围岩是否有足够的预压应力来承担内水压力、防止围岩发生水力劈裂，确保水工压力隧洞安全稳定运行。因此，围岩承载设计准则中最小地应力准则是最关键的判断准则，是对围岩这种预应力结构承载力的定量判断。重要工程必须进行工程区山体地应力测试，获得一定数量的地应力测量值，并配合地应力场有限元反演回归分析，确保压力隧洞沿线的围岩最小地应力大于最大静水压力，即保证围岩承载抗力大于内水作用力。

最小地应力准则对围岩渗透准则也将起到直接影响作用。最小地应力相对于内水压力的安全余地，可能直接影响到在考虑时间因素前提下，围岩长期渗透稳定性的安全可靠度，确保围岩的内水外渗总量长期稳定在一个较小数值，因此为了保证在设计基准期内，甚至更长的运行期内，具有足够的围岩长期渗透稳定性，围岩最小地应力相对于内水压力应有一定的安全余地，安全系数至少宜在1.2～1.3以上。

（二）挪威准则和雪山准则是对最小地应力准则的经验性判断

除地质构造作用特别强烈的地区以外，山体围岩地应力量值一般由岩层覆盖厚度对应的自重所决定，只要确保有足够的岩层覆盖厚度，一般就能有足够的最小地应力值，因此在工程的前期阶段或工程等级较低而没有进行地应力测试的情况下，可以采用挪威准则和雪山准则这两个与岩层覆盖厚度相关的经验性准则，对隧洞沿线的最小地应力作出基本判断。只要在工程区隧洞沿线岩体完整坚硬、节理裂隙不十分发育，不存在较大规模的地质构造，以及满足挪威准则和雪山准则，从经验上判断就可以认为大致满足最小地应力准则，特别是在隧洞岩层覆盖厚度足以满足挪威和雪山准则的情况下更是如此。因此，挪威准则和雪山准则实际上是从山体自重应力角度出发对最小地应力准则的一种经验性判断，三者的基本原理是一致的，并且使用简单易行，但是它只给出了一定的围岩上覆厚度要求，虽然对大多数工程运用结果表明按这一原则确定的隧洞衬砌型式是安全经济的，但是考虑到围岩最小地应力受岩体地质结构面上的最小法向应力所控制，而地质结构面上的法向应力在受隧洞走向、地质结构面的产状、地表地形、地质构造作用等因素的影响下，并不绝对与自重应力对应相关，有些工程即使满足了挪威准则所确定的岩层覆盖厚度，仍由于某些地质结构面上的最小地应力不足，而出现了渗透水力破坏现象。以下是一些工程实例[1]。

（1）哥伦比亚的Chivor引水隧洞，围岩为沉积岩，层面为陡倾角，地面坡度为25°，最大内水水头为310m，最小埋深为200m。按挪威准则式（7-3-3）计算安全系数有1.58。在斜井上弯段产生水力劈裂，形成渗漏水，衬砌也发生大量裂缝。

（2）美国的Rondout供水隧洞，围岩为石灰岩，有溶洞并为泥所充填，斜井混凝土衬砌在最小覆盖为100m处破坏，该处内水压力为200m，地面坡度为0°，按挪威准则式（7-3-3）计算安全系数有1.35。

（3）挪威贝尔卡（Bjerka）电站，L/H值达到0.8，远远超过了挪威准则要求的覆盖厚度，但是还是发生了严重的渗漏。分析其原因，主要是一组平行于河岸的陡倾角节理（倾角80°～90°）与另一组平行于河岸的缓倾角剪切面（倾角10°～20°）相互切割山坡，构成易滑动棱体，在渗水作用下山坡发生了严重的渗透变形，导致破坏。

---

[1] 张有天．论有压水工隧洞最小覆盖厚度．水利学报，2002（9）。

因此，对于等级较高工程的水工隧洞，仅用挪威准则和雪山准则进行判断是不够的，应按最小地应力准则进行复核判断，对隧洞沿线关键地质结构面，如走向与河流方向平行、倾向河谷的软弱构造或陡、缓倾角切割的棱体以及渗透性大的易透水条带等都应引起高度重视，认真分析论证，必要时还应专门进行高压渗透试验验证。

（三）围岩渗透准则是对最小地应力准则的补充完善

最小地应力准则是为了防止压力隧洞围岩发生水力劈裂现象的判别准则。所谓水力劈裂是原有岩体裂隙在高压水的作用下抬动张开，宽度比原来的增加而使渗水量突然增加或渗水量随时间而增大，由于这属于地质结构面的法向地应力无法抵抗高内水压力而造成的，无法通过灌浆充填裂隙进行修补。因此，不衬砌隧洞或高压混凝土隧洞围岩必须满足最小地应力准则。

无论是挪威准则还是最小地应力准则都是从受力角度考虑问题，而没有考虑围岩的抗渗性。虽然最小地应力水平与围岩的抗渗性关系密切，但是还不够全面。不同岩性的围岩抗渗性不同，即使是同一种岩性的围岩因节理、裂隙的发育程度不同，抗渗性也不相同。因此水工隧洞结构设计中还应注意虽然围岩满足最小地应力准则，但是因围岩裂隙内普遍有夹泥或碎屑物充填等，具有明显的水力冲蚀特性，在高压渗透水压力作用下可能发生围岩水力击穿现象，造成渗水量的持续或急剧增加，影响水电站效益和工程正常安全运行。所谓水力击穿就是原岩体裂隙内的充填物质随一定压力和流量的渗水带走、冲开，使得出渗水量持续或急剧增加，而岩体裂隙并没有抬动张开，这在一定程度上可以通过灌浆充填裂隙进行修补，但是存在时间效应问题。这与水力劈裂现象有所区别，但在考虑时间因素的前提下，造成的出水影响和情况有些类似，因此，不衬砌隧洞或高压混凝土隧洞结构设计也应充分考虑到这一点，需通过围岩渗透准则来对此作出规定，并作为对最小地应力准则的补充完善，共同确保水工压力隧洞结构的长期渗透稳定安全。

3.2.7 围岩承载设计准则的工程应用

（一）天荒坪抽水蓄能电站

天荒坪抽水蓄能电站引水高压钢筋混凝土衬砌隧洞的最大静内水压力值约为680.2m水头，岩体基本为Ⅰ～Ⅱ类围岩，岔管位于相对隔水层［$w\leqslant 0.01$L/（min·m·m）］顶板线以下167～352m，属相对不透水层，围岩透水率小于1Lu，满足围岩渗透准则。三维地应力测量的最小主地应力为8.2MPa，与隧洞静内水压力比值为1.23，水压致裂最小水平主地应力为8.3MPa，与隧洞静内水压力比值为1.24，均满足最小地应力准则，并有1.2倍以上的安全系数。

根据工程实际布置的最大静内水压力隧洞段—引水钢筋混凝土衬砌岔管，其对应的山坡平均坡角$\beta=40°$，最大内水静水压力$H=680.2$m，水容重$\gamma_w=1$t/m^3，岩石容重$\gamma_r=2.65$t/m^3；按挪威准则计算公式如下：

$$L\geqslant\frac{\gamma_w\times H}{\gamma_r\times\cos\beta}=\frac{1.0\times 680.2}{2.65\times\cos 40°}=335\text{m}$$

实际岔管位置覆盖厚度仅为330m，尽管这个位置按挪威准则安全系数仅0.985，然而这个位置在技术上是可行的，主要由于这个位置位于河谷底下60m。一般来说河谷底部均有应力集中现象出现，有限元准则和挪威准则确定的透水衬砌位置，在河谷底部差异较大，若钢筋混凝土岔管位置考虑有限元准则，一般有较大裕度，但最好用实测地应力数值来复核论证。多年来天荒坪抽水蓄能电站的实际运行情况良好。

（二）泰安抽水蓄能电站

泰安抽水蓄能电站引水高压钢筋混凝土衬砌隧洞的最大静内水压力约为309m水头，岩体基本为Ⅲ

类围岩，岩体平均透水率为0.45Lu，属微透水岩体，满足围岩渗透准则。三维地应力测量的最小主地应力为5.02MPa，与隧洞静内水压力比值为1.67，水压致裂最小水平主地应力为8.65MPa，与隧洞静内水压力比值为2.89，均满足最小地应力准则，并有1.2～1.5倍以上的安全系数。

根据工程实际布置的最大静内水压力隧洞段—引水钢筋混凝土衬砌岔管，其对应的山坡平均坡角$\beta=12°$，最大内水静水压力$H=309$m，水容重$\gamma_w=1t/m^3$，岩石容重$\gamma_r=2.67t/m^3$，安全系数取$F=1.5$；按挪威准则计算公式如下：

$$L \geqslant \frac{\gamma_w \times H}{\gamma_r \times \cos\beta} \cdot F = \frac{1.0 \times 309}{2.67 \times \cos 12°} \times 1.5 = 177.5\text{m}$$

工程中引水钢筋混凝土岔管距地面强风化基岩下限的最短距离约为260m，满足挪威准则对上覆岩体厚度的要求。如果按岔管中心对应的地面高程来判断，则为$111+\frac{188.2}{\cos 17°}=307.8$m，再考虑厚5m左右的覆土和全风化岩层，则地面高程应大于289.8m。实际引水岔管对应的地面高程为390m，满足挪威准则对上覆岩体厚度的要求。泰安抽水蓄能电站工程于2006年1月10～16日进行了充水试验，在整个充水试验过程中，引水隧洞的内水外渗量一直很小，通过充水水道的稳压监测，整个1号上游引水隧洞的内水外渗量基本稳定在大约2.5L/s左右。

（三）桐柏抽水蓄能电站

桐柏抽水蓄能电站引水岔管采用钢筋混凝土衬砌，最大静内水压力值约为345m水头。岔管部位上覆岩层厚度为380～385m，围岩为花岗岩及辉绿岩脉，微风化—新鲜，坚硬、完整，以Ⅱ类围岩为主。岔管段位于相对不透水层（$q \leqslant 1$Lu）顶板线以下278～363m，岩体完整，属相对不透水层，压水试验测得围岩平均透水率为0.6Lu，有足够的抗渗性，满足围岩渗透准则。经水压致裂地应力实测及地应力回归分析，二维地应力岔管位置处的最小主地应力为7.7MPa，与洞内静水压力比值为2.24；三维地应力岔管中心点的最大主应力为11.3MPa，最小主应力为5.9MPa，最小主应力与洞内静水压力比值为1.75。均满足最小地应力准则，并有1.5倍以上的安全系数。

钢筋混凝土岔管部位的山坡平均坡角$\beta=40°$，最大内水静水压力$H=345$m，水容重$\gamma_w=1t/m^3$，岩石容重$\gamma_r=2.57t/m^3$，安全系数取$F=1.5$；按挪威准则计算公式如下：

$$L \geqslant \frac{\gamma_w \times H}{\gamma_r \times \cos\beta} \cdot F = \frac{1.0 \times 345}{2.57 \times \cos 40°} \times 1.5 = 263\text{m}$$

钢筋混凝土岔管位置至山坡地表（算至弱风化岩石的上限）实际最小距离为305m，满足挪威准则对上覆岩体厚度的要求。根据PD03探洞揭示，没有大的倾向河谷的顺坡向不利构造面。因此从挪威准则看，岔管位置满足要求。

桐柏抽水蓄能电站工程于2005年6月14～28日进行了1号引水系统充水试验，由于地质结构面的组合以及高压内水外渗，在整个充水试验过程中，实测的1号引水系统总渗流水量约为38.3L/s；隧洞放空后根据充水过程中的渗水特点，对1号、2号引水系统进行了局部补充灌浆及封堵PD03部分探洞。2006年6月10～24日进行了2号引水系统充水试验，实测的1号、2号引水系统总渗流水量约为12L/s。截至2007年5月，1号、2号引水系统总渗水量基本稳定在20L/s左右，说明引水系统钢筋混凝土衬砌区域岩体渗透稳定性良好。

（四）宝泉抽水蓄能电站

宝泉抽水蓄能电站引水高压钢筋混凝土衬砌隧洞的最大静内水压力值约为640m水头，岩体基本为Ⅰ～Ⅱ类围岩，岩体平均透水率为1.65Lu，属弱透水岩体，基本满足围岩渗透准则。上平段、上斜井、中平段、下斜井段的最小地应力均大于内水压力的1.5倍，满足最小地应力准则的要求；下平段、岔管段及高压支管段的最小主应力8.20MPa，而其内水压力为6.4MPa，最小主应力与洞内静水压力比值为

1.28，满足最小地应力准则要求。引水上斜井所处汝阳群石英岩状砂岩及登封群花岗片麻岩的顶部存在古风化壳，其岩体风化程度较深，性状也较差，因此对两个古风化壳也采取了高压固结灌浆处理。

根据工程实际布置的最大静内水压力隧洞段——引水钢筋混凝土衬砌岔管，其对应的山坡平均坡角$\beta=24°$，最大内水静水压力$H=640$m，水容重$\gamma_w=1$t/m^3，岩石容重$\gamma_r=2.69$t/m^3，安全系数取$F=1.5$；按挪威准则计算公式如下：

$$L \geqslant \frac{\gamma_w \times H}{\gamma_r \times \cos\beta} \cdot F = \frac{1.0 \times 640}{2.69 \times \cos 24°} \times 1.5 = 390.7\text{m}$$

工程中引水钢筋混凝土岔管距地面强风化基岩下限的最短距离约为580m，满足挪威准则对上覆岩体厚度的要求。如果按岔管中心对应的地面高程来判断，则为$152.5+\frac{390.7}{\cos 24°}=580.2$m，再考虑5m厚度左右的覆土和全风化岩层，则地面高程应大于585.2m。实际引水岔管对应的地面高程为830m，满足挪威准则对上覆岩体厚度的要求。

（五）响水涧抽水蓄能电站

响水涧抽水蓄能电站引水高压钢筋混凝土衬砌隧洞的最大静内水压力值约为275m水头，岩体以Ⅱ类围岩为主，透水率小于1.0Lu，属于微弱透水，满足围岩渗透准则。水压致裂法三维地应力测量的最小主地应力为3.5MPa，与隧洞静内水压力比值为1.27，满足最小地应力准则，并有1.2～1.5倍以上的安全系数。

根据工程实际布置的最大静内水压力隧洞段—引水钢筋混凝土衬砌下平段，其对应的山坡平均坡角$\beta=22.5°$，最大内水静水压力$H=275$m，水容重$\gamma_w=1$t/m^3，岩石容重$\gamma_r=2.5$t/m^3，安全系数取$F=1.5$；按挪威准则计算公式如下：

$$L \geqslant \frac{\gamma_w \times H}{\gamma_r \times \cos\beta} \cdot F = \frac{1.0 \times 275}{2.5 \times \cos 22.5°} \times 1.5 = 178.6\text{m}$$

工程中引水钢筋混凝土岔管距地面强风化基岩下限的最短距离约为250m，满足挪威准则对上覆岩体厚度的要求。如果按下平洞中心线对应的地面高程来判断，则为$-51.15+\frac{178.6}{\cos 22.5°}=142.2$m，再考虑3～5m厚度左右的覆土和全风化岩层，则地面高程应大于147.2m。实际引水下平洞对应的地面高程约为200m，满足挪威准则对上覆岩体厚度的要求。

（六）仙游抽水蓄能电站

仙游抽水蓄能电站引水高压钢筋混凝土衬砌隧洞的最大静内水压力值约为540m水头，围岩以Ⅱ类为主，局部为Ⅲ类，岩体不透水或透水量很小，其吕荣值一般为0，最大为0.40Lu，满足围岩渗透准则。水压致裂法三维地应力测试的最小主地应力为7.2～7.8MPa，与隧洞静内水压力比值为1.33～1.44，满足最小地应力准则。

根据工程实际布置的最大静内水压力隧洞段——引水钢筋混凝土衬砌岔管，其对应的山坡平均坡角$\beta=44°$，最大内水静水压力$H=540$m，水容重$\gamma_w=1$t/m^3，岩石容重$\gamma_r=2.66$t/m^3，安全系数取$F=1.4$；按挪威准则计算公式如下：

$$L \geqslant \frac{\gamma_w \times H}{\gamma_r \times \cos\beta} \cdot F = \frac{1.0 \times 540}{2.66 \times \cos 44°} \times 1.4 = 395\text{m}$$

工程中引水钢筋混凝土岔管距地面强风化基岩下限的最短距离约为410m，安全系数为1.45，满足挪威准则对上覆岩体厚度的要求。

国内、外部分抽水蓄能电站围岩承载准则的应用见表7-3-3。

表 7-3-3　　国内、外部分抽水蓄能电站围岩承载准则的应用

编号	电站名称	地质条件	最大静水头 H（MPa）	最小地应力准则		围岩渗透准则		挪威准则			工程特性
				围岩实际最小地应力（MPa）	安全系数 F	围岩实际平均透水率（Lu）	渗透稳定标准（Lu）	实际最小埋深 L（m）	山坡平均坡角（°）	安全系数 F	
1	天荒坪	凝灰岩	6.67	8.2	1.23	<1	2	330	40	0.985	运行良好
2	泰安	混合花岗岩	3.1	5.02	1.67	0.45	2	260	12	2.2	运行良好
3	桐柏	花岗岩	3.38	5.9	1.75	0.6	2	305	40	1.74	运行良好
4	宝泉	花岗片麻岩	6.4	8.2	1.28	1.65	2	580	24	2.2	已建
5	响水涧	花岗岩	2.75	3.5	1.27	<1	2	250	22.5	2.1	在建
6	仙游	花岗斑岩	5.4	7～8	1.29～1.48	0.40	2	410	44	1.45	在建
7	广蓄一期	花岗岩	6.1	7.5	1.23	<1	2	400	23	1.6	运行良好
8	广蓄二期	花岗岩	6.1	7.3	1.2	<1	2	370	23	1.48	运行良好
9	美国 Rocky mountain	灰岩	2.38	—	—	—	—	105	27	1.06	运行良好

3.3　压力水道经济管径

压力水道洞径选取的影响因素很多，主要有：工程的设计输水流量、年运行时间、工程地质条件、隧洞衬砌厚度、水击压力以及电网对输水系统运行方式的要求等，但衡量一个工程可行与否最关键的指标是其安全、经济。压力水道洞径的合理与否对发电工程的造价和效益影响很大，从工程量和投资考虑，洞径越小，工程量就越少，投资也越省，但水头损失将越大，损失电能越多，影响电站的效益；如果选择较大洞径，虽然水头损失减小了，但会大量增加工程造价。因此，压力水道的洞径应作出充分的经济、技术比较后确定。

压力隧洞洞径的选取主要有经验公式法、工程类比法和费用现值最小法。这些方法都有各自的优缺点。前两种方法的优点是计算比较简便，但是得出的结果范围比较大，很难在给定范围内选出最优洞径。费用现值最小法确定经济洞径考虑了水头损失、工程地质、工程造价、工程运行、发电效益损失等综合因素，其结果更接近最优值，但计算工作量较大，尤其工程设计前期，由于存在许多不确定因素，采用费用现值最小法并不合适。

（一）经验公式法

目前大部分水工计算手册推荐压力水道经济洞径按下式初步确定：

$$D=\sqrt[7]{\frac{K\times Q_M^3}{H}} \tag{7-3-5}$$

式中　K——系数，约在 5～15 间，常取用 5.2（钢材较贵、电价较廉时 K 取较小值）；

H——设计水头，m；

Q_M——隧洞最大引用流量，m^3/s。

（二）工程类比法

表 7-3-4 列出了国内、外已建和在建抽水蓄能电站引水隧洞、引水压力管道、尾水压力管道和尾水隧洞的设计流速汇总表。从表中可以看出：引水隧洞（采用钢筋混凝土衬砌）设计流速取 4～6m/s，引

水压力钢管设计流速取7～9m/s，尾水压力钢管设计流速取4～5m/s，尾水隧洞（采用钢筋混凝土衬砌）设计流速取4～5m/s。

表7-3-4　　国内、外部分抽水蓄能电站的压力水道设计流速表

电站名称	发电流量 (m^3/s)	额定水头 (m)	引水隧洞		引水压力钢管		尾水压力钢管		尾水隧洞		备注
			洞径 (m)	流速 (m/s)	洞径 (m)	流速 (m/s)	洞径 (m)	流速 (m/s)	洞径 (m)	流速 (m/s)	
十三陵	53×2	430	5.2～3.8	4.99～9.35	2.7	9.47	5.2	4.99	5.2	4.99	引水钢衬
天荒坪	67.6×3	526	7.0	5.27	3.2	8.4	4.4	4.45	4.4	4.45	
桐柏	145×2	240	9.0	4.56	5.5	6.10	7.0	3.77	7.0	3.77	
宜兴	79×2	363	6.0～4.8	5.59～8.73	3.4	8.7	5.0	4.0	7.2	3.88	引水钢衬
泰安	132.2×2	225	8.0	5.26	4.8	7.31	6.0	4.67	8.5	4.67	
宝泉	70.25×2	540	6.5	4.23	3.5	7.30	4.4	4.62	8.2	2.66	
仙游	80.2×2	430	6.5	4.83	3.8	8.33	4.8	4.4	7.0	4.2	
仙居	99.2×2	437	7.0	5.16	4.2	7.16	5.2	4.67	7.4	4.62	
洪屏	63.85×2	540	6.0～4.4	4.52～8.4	3.0	9.04	4.4	4.2	6.5	3.85	引水钢衬
天二	57.71×3	702	6.8	4.77	3.0	8.16	4.0	4.59	4.0	4.59	
广蓄	62.88×4	510	9.0	3.95	3.5	6.54	9.0	3.94	9.0	3.94	
西龙池	55.88×2		4.7～3.5	6.44～11.62	2.5	11.39	4.2	3.82	4.2	3.82	引水钢衬
马山	158×2	127	9.6	4.37	5.6	6.42	7.5	3.58	7.5	3.58	
响水涧	150.5（单洞单机）	190	6.4	5.91	5.3	8.62	6.8	5.23	6.8	5.23	
琅琊山	135.9（单洞单机）	126	6.0	4.81	5.4	5.94	6.2	4.50	8.8	4.47	
明湖	95×2	316.5	7	4.93	4	7.56	5.5	4	5.5	4	
平均流速			3.95～5.91（去掉全钢衬）		5.94～9.47		3.77～5.23		3.77～5.23		

（三）费用现值最小法

与其他方法相比，费用现值最小法确定经济洞径时考虑了水头损失、工程地质、工程造价、工程运行、发电效益损失等综合因素，经济管径比较方案拟订应根据经验公式及类似工程经验初拟管径，并控制输水系统水头损失为电站设计水头的2%～5%，然后以此管径为基础，在其左右确定几组管径方案。在进行管径比较时，对不同方案的发电量和抽水用电量以替代火电予以补充后，计算各方案费用现值，费用现值最小方案为最优。为了使各比较方案具有可比性，各比较方案间发电量和抽水电量的差值均由火电增发补足，各方案的费用包括设计电站费用、电站固定运行费用、燃料费和替补电站建设费用，

其中：

（1）设计电站费用：即固定资产投资，包括与输水系统相关的工程投资。

（2）电站固定运行费：电站固定运行费按固定资产投资的1.5%计取。

（3）燃料费：各比较方案燃料费主要由各比较方案发电量和所需抽水电量的差额引起。在调节库容一定的前提下，水头损失大的方案发电量较少而所需抽水电量较大，故使网内火电发电量增加，从而增加电网耗煤量。设计电站各方案燃料消耗差额根据发电量和抽水电量的差额计算。

（4）替补电站建设费用：通过对电站水库运行过程模拟计算，当各月典型日最高负荷时（晚19～20时）工作水头均大于额定水头，各比较方案工作容量及机组的运行方式一致，故无需火电增补容量。但如果发生电网最高负荷时工作水头低于水轮机额定水头的情况或水轮机额定水头提高，就可能出现电站在负荷高峰时段容量受阻，则在对各方案进行经济比较时，还应进一步考虑受阻容量的影响。

另外，在总费用现值计算时还有一个重要因素，即费用计算年限越长，累计的电能损失就越大，严格来讲，这个计算年限应根据当地或该电力行业的电力发展规划来决定。

3.4 隧洞、斜（竖）井钢筋混凝土衬砌设计

抽水蓄能电站混凝土衬砌部位主要分布在引水、尾水隧洞及进（出）水口段。由于抽水蓄能电站特点之一是引水隧洞、斜（竖）井往往承受较高内水压力，因此本节主要介绍高压隧洞（大于100m水头）衬砌设计。

3.4.1 衬砌结构设计

近年来抽水蓄能电站向大容量、高水头发展，隧洞、斜（竖）井往往承受较高的内水压力。当内水压力达到一定数值，钢筋混凝土衬砌将无法承担，产生贯穿性开裂而成为透水衬砌，类似于不衬砌水工压力隧洞。天荒坪抽水蓄能电站工程和广蓄一、二期工程水工压力隧洞的实测资料显示，当隧洞内水压力大于120～150m水头时，受混凝土的极限拉伸应变限制，隧洞混凝土衬砌将完全开裂成为透水衬砌，衬砌内外的水压差很小，基本趋于平衡，衬砌内的钢筋应力也很小，内水压力均直接传递到围岩上，使围岩成为隧洞内水压力的承载结构。

因此，在高内水压力（大于100m水头）作用下，混凝土（钢筋混凝土）衬砌隧洞，围岩是承载与防渗的主体，衬砌的作用主要是保护围岩表面、避免水流长期冲刷使围岩表层应力状态发生恶化掉块，减少过流糙率、降低水头损失。由于内水压力由围岩承担，没有必要在假定的参数条件下，做大量计算，配大量钢筋，又使施工发生很多困难。衬砌按构造配筋，并限制裂缝宽度。表7-3-5是国内部分抽水蓄能电站工程引水隧洞钢筋混凝土衬砌参数统计。

表7-3-5　国内部分抽水蓄能电站工程引水隧洞钢筋混凝土衬砌参数统计表

工程名称	部　位	洞　径 (m)	衬砌厚度 (m)	最大静内水压力 (m)	主筋/分布筋
天荒坪	上平段	7.0	0.6	74.49	Φ25@20/Φ22@25
	斜井	7.0	0.5	665.948	Φ25@20 Φ25@20 Φ28@20 /Φ22@25
	下平段	7.0	0.5	677.7	Φ28@20/Φ22@25

续表

工程名称	部　位	洞　径 (m)	衬砌厚度 (m)	最大静内水压力 (m)	主筋/分布筋
桐柏	上平段	9.0	0.5	51.8	Φ22@15/Φ16@20
	斜井	9.0	0.5	330.5	Φ25@15/Φ16@20
	下平段	9.0	0.5	341.26	Φ25@15/Φ16@20
泰安	上平段	8.0	0.6	78.73/75.83	Φ25@20/Φ22@20
	竖井	8.0	0.6	277.7	Φ25@20/Φ22@20 Φ25@15/Φ22@20
	下平段	8.0	0.6	307.7	Φ25@15/Φ22@20
宝泉	上平段	6.5	0.5	57.2	Φ25@15/Φ22@20
	中平段	6.5	0.5	383.8	Φ25@20/Φ22@20
	下斜井	6.5	0.5	637.5	Φ25@20 Φ25@15/Φ22@20
	下平段	7.0	0.5	637.5	Φ25@15/Φ22@20

3.4.2 隧洞灌浆设计

抽水蓄能电站隧洞承受较大的内水压力，大部分内水压力将通过衬砌传递给围岩，围岩成为主要的承载结构。开挖爆破形成一定范围的松动圈、岩体内部裂隙和孔隙以及局部的不良地质构造等均对围岩的承载不利。为了加固隧洞围岩、封闭隧洞周边岩体裂隙，提高隧洞围岩的整体性和抗变形能力，增强围岩抗渗能力和长期稳定渗透比降，从而减免内水外渗，防止相邻水工建筑物发生水力渗透破坏，使围岩成为承载和防渗的主体，对隧洞围岩采用系统固结灌浆是一项重要措施。

水工隧洞固结灌浆措施应根据工程地质条件和水文地质条件、运用要求，通过技术经济比较决定。若确定要采用固结灌浆措施，设计应根据围岩承受的内水压力隧洞洞径，分段确定灌浆压力值和灌浆孔深，同时根据各部位的地质结构面情况，确定灌浆排距和灌浆钻孔角度，使钻孔尽可能多地与地质结构面相交，保证良好的灌浆效果。在完整围岩区域或经过普通水泥灌浆后的微细裂隙岩体改用超细水泥，确保结石抗压强度和抗渗性能。

(一) 灌浆压力的选择

灌浆压力对保证灌浆质量是一个最重要的灌浆参数之一。一般灌浆压力越高，浆液扩散范围越大，浆液能够注入的围岩缝隙宽度越小，灌浆效果越好。目前国内外灌浆的趋势是，在保证围岩不发生水力劈裂的前提下，应尽可能选用较高的灌浆压力，以便更有效地克服浆液自身黏滞阻力和在岩体裂隙中的流动阻力，以提高灌浆效果。水工隧洞固结灌浆压力取值一般按不小于1.5～2.0倍内水压力选取，并应小于围岩最小主应力。低压隧洞取高值，高压隧洞取低值，原则上既要达到浆液充分充填，又要防止采用过高的灌浆压力造成围岩劈裂或衬砌结构破坏。

广州和天荒坪抽水蓄能电站的引水隧洞承受最大内水静压水头分别为612m和680m，对围岩分别采用压力达 6.5MPa 和 9.0MPa 的高压固结灌浆，均取得了良好的效果。

（二）固结灌浆孔深和间距选择

根据理论分析和数值计算可知，一般Ⅲ、Ⅳ类围岩条件下的水工隧洞主要内压承载区约为隧洞开挖半径的 1.0～1.5 倍，这也是经济合理的隧洞围岩灌浆深度，应对该区域重点灌浆，以提高其力学和防渗性能并形成可靠的预压应力圈。因此，隧洞固结灌浆一般深入围岩 1.0～1.5 倍隧洞半径。

隧洞固结灌浆间排距一般为 2～4m，高压隧洞一般为 2～3m。由于水工隧洞承载内水压力，其围岩有效承载厚度约为隧洞开挖半径的 1.0～1.5 倍，因此，在相同的工程造价条件下，固结灌浆钻孔短而密布置的性价比优于长而稀布置。

（三）灌浆浆液性能要求

为了确保围岩固结灌浆质量，不仅要根据现场地质条件和内水压力，合理地确定灌浆压力、孔深、孔距、孔向等参数，控制灌浆浆液性能指标也是非常重要的环节。

（1）灌浆浆液类型的选择。

针对裂隙型围岩的固结灌浆浆液类型主要分两类：第一类是从稀到浓的多级水灰比浆液，浆液水灰比一般为 2∶1、1∶1、0.8∶1、0.6（0.5）∶1 等四级，配套自稀到浓的浆液变换控制灌浆施工工艺。第二类是添加少量膨润土等掺合料的稳定浆液，浆液水灰比一般为 0.6∶1～1∶1。稳定浆液是指具有较小析水率、较低凝聚力和良好流动性的中等浓度的浆体，具体的标准为 1000mL 的浆液，在 2h 内析出的清水量应小于 5%（水泥浆液的 Marsh 漏斗黏度在 20～40s 之间），配套采用单一水灰比灌浆施工工艺。这两种灌浆浆液类型的主要区别是开灌浆液水灰比与变浆施工工艺。

当采用多级水灰比浆液时，在选择浆液开灌水灰比时，应根据现场围岩地质条件，灵活选用开灌浆液浓度来实施灌浆，以求达到最佳效果。一般对宽大裂隙地层适用较浓浆液灌注，对细小裂隙地层则适用相对较稀浆液灌注。在地下水或存在渗流条件下，庆采用不分散型浓浆；在无地下水围岩，则可采用适当稀的浆液。一般开灌水灰比根据灌前压水试验确定：①当围岩渗透系数 $q \leqslant 5$Lu 时，可采用水灰比 2∶1 左右的浆液开灌；②当围岩渗透系数 $5 < q \leqslant 10$Lu 时，可采用水灰比 1∶1 左右的浆液开灌；③当围岩渗透系数 $q > 10$Lu 时，可采用水灰比 0.8∶1 左右的浆液开灌。

单一水灰比的稳定浆液常常与纯压式高压固结灌浆配套使用。一般当灌浆压力大于 3～4MPa 的高压灌浆，由于受孔口灌浆塞稳压能力的限制，一般较难实现在较大的灌浆塞内插入两个灌浆管（一个进浆管、一个出浆管）进行孔内循环式灌浆。即使在技术上能够实现高压孔内循环式灌浆，也由于施工工艺复杂、工效低、费用高而很难在大规模隧洞系统高压灌浆中推广应用，因此一般均采用在较小的灌浆塞内插入一个灌浆管的纯压式灌浆。在纯压式高压固结灌浆中，若围岩地质条件比较均一、可灌性较好，为了避免在长时间的纯压式灌浆过程中，浆液在钻孔中不循环流动，浆液泌水和离析后改变注入浆液实际的水灰比，影响灌浆浆液性能和灌浆效果，甚至造成浆液在钻孔和管路中沉淀而发生事故。这种情况下，灌浆浆液可考虑采用稳定浆液，这种稳定浆液具有水泥颗粒沉淀较少、稳定性好，可以以单一水灰比浆体代替多级水灰比的灌浆程序，简化了工艺，避免了浪费，施工工效得到提高，灌浆施工质量相对容易得到保证。

若围岩是可灌性较差的细微裂隙地层，则即使采用纯压式灌浆，低稠度、低黏度、低凝聚力的多级水灰比浆液也是优选方案之一，可以通过多级水灰比浆液与单一水灰比稳定浆液之间的现场灌浆试验来比选，要综合考虑包括施工工效、灌浆压力、设计扩散半径要求、灌浆效果、膨润土等掺合料采购方便性等各方面因素后合理选择。

（2）水泥细度的选择。

影响水泥浆液对围岩裂隙注入能力的主要因素之一是水泥颗粒粒径。水泥浆液由于颗粒粒径的限制，难以灌入一些细微裂隙，一般认为灌浆浆液颗粒的粒径应小于裂隙宽度的1/3～1/5才易奏效。普通硅酸盐水泥的平均粒径约为0.02mm，最大粒径在0.044～0.1mm之间，比表面积约为3000～4000cm^2/g左右。研究表明普通水泥颗粒不是堵塞细小缝隙，就是在细小缝隙周围构成桥链，阻碍其他颗粒进入，因此若采用比表面积在3000～4000cm^2/g普通水泥浆液灌浆，则难以灌入裂隙的宽度小于0.5mm的岩体。而超细水泥的平均粒径约为0.003～0.006mm，最大粒径约0.012mm，比表面积可以到7000～8000cm^2/g，对于裂隙宽度为0.05～0.2mm的细微裂隙岩层具有良好的可灌性和抗渗性，大大提高围岩裂隙的灌入度，增强了围岩灌浆防渗效果。所以，灌浆浆液中水泥细度是影响灌浆质量的主要因素之一，在经过Ⅰ序普通水泥灌浆后的细微裂隙岩体，若为了进一步增加其防渗性能，宜选择细水泥浆进行后序高压固结灌浆。

3.5 压力钢管设计

3.5.1 引言

由于抽水蓄能电站的机组安装位置一般较低，发电水头大多数在200m以上，为了保证在高压水头作用下，发电厂房的安全可靠运行，与发电厂房直接相连的上下游压力管道设计至关重要。采用钢管的优点是可以做到完全不透水，而且可以完全靠自身结构来承受内水压力，并具有过流糙率小、耐久性强、可以经受较大流速等优点，因此邻近发电厂房段的抽水蓄能电站压力管道，特别是上游压力管道至今均采用钢管。与常规引水式电站一样，抽水蓄能电站与厂房发电机组相接的压力管道也分为地下埋藏式钢管（简称地下埋管）和明管两种主要形式。由于抽水蓄能电站机组安装高程低，采用地下厂房的布置形式较多，因此入厂前压力管道采用地下埋管的国内、外工程实例较多，国内的有十三陵、广蓄一二期、天荒坪、泰安、桐柏、宜兴、宝泉、西龙池等抽水蓄能电站，国外著名的有美国的巴斯康蒂抽水蓄能电站、英国的迪诺威克抽水蓄能电站、日本的神流川、葛野川抽水蓄能电站等。采用明管的实例相对较少，比如西藏羊卓雍湖抽水蓄能电站、浙江宁波溪口抽水蓄能电站（局部明管）。

3.5.2 压力钢管材质选择原则

抽水蓄能电站不仅具有比常规水电站更高的内水压力，而且其频繁的工况转换带来频繁的水锤作用，因此作为抽水蓄能电站输水压力钢管的钢材，除考虑常规机械性能和化学成分外，还应具有良好的低温冲击韧性和焊缝裂纹敏感性，即良好的可焊性、低温稳定性、塑性和抗冲击韧性。用于压力钢管的材质主要有低合金钢和高强调质钢。调质是一种费工、费时、成本较高的热处理工艺，是高强钢冶炼生产过程中的一个重要手段，通过调质可以进一步提高高强钢的强度、改善韧性，并进一步降低焊缝敏感性系数，保证良好的可焊性。因此调质生产高强钢的目的在保证钢材高强的基础上，仍保证有良好的韧性和可焊性。我国抽水蓄能电站500MPa级低合金钢板一般采用16MnR，600MPa级或更高一级的高强调质钢板，2000年以前一般采用日本的HT（SM）系列或美国的ASTMA系列高强调质钢板，2000年以后我国武汉钢铁公司生产的WDL610钢板，其性能等同于日本同类型600MPa级调质CF高强钢，是一种高强焊接无裂纹钢，并均通过了中国钢铁工业协会的评审鉴定，在国标中属于07MnCrMoVR品种钢。

当钢板超过一定厚度后，不仅给钢管的加工制作带来困难，而且规范规定钢板焊接后还需要进行焊后消除应力热处理，该工序不仅容易引起高强钢板的回火脆化、硬化、裂缝等材质劣化现象，而且工艺复杂、耗费资金、影响工期。因此，为了免除焊后消应热处理的工序，需要通过提高钢板材质的强度等级来减少钢板厚度。压力钢管材质选择一般按照以下原则：通过结构计算，若500MPa级低合金钢板厚度超过38mm，则需要跳挡为600MPa级调质高强钢；若600MPa级调质高强钢厚度超过50mm时，则需要再向上一强度等级的调质高强钢跳档，而且钢板厚度也宜控制在50mm以内。国内、外部分抽水蓄能电站压力钢管设计主要参数见表7-3-6。

表7-3-6　国内、外部分抽水蓄能电站压力钢管设计主要参数统计表

国家	电站名称	设计水头（m）	主管/支管直径（m）	*HD*值（m^2）	埋管段		采用明管计算的埋管段		厂内明管段	
					钢材种类	钢板厚度（mm）	钢材种类	钢板厚度（mm）	钢材种类	钢板厚度（mm）
日本	葛野川	1198	2.85/2.1	3414/2516	HT80	42～58				
日本	神流川	653	4.6/2.3	3004/1502	1000MPa	62	1000MPa	75	1000MPa	75
中国	泰安	410	4.8/3.0	1968/1230	16MnR	30	600MPa	42	600MPa	42
中国	宜兴	650	3.4/2.4	2210/1560	600MPa	32	600MPa	48	600MPa	54
中国	桐柏	440	5.5/3.1	2420/1364	16MnR	26	600MPa	44	600MPa	46
中国	十三陵	685	3.8/2.7	2603/1850	600MPa	38	800MPa	42	800MPa	42
中国	广蓄二期	770	3.5/2.1	2695/1617	600MPa	32	600MPa	42	600MPa	42
中国	天荒坪	887	3.2/2.0	2838/1774	16MnR	32	800MPa	42	800MPa	42
中国	宝泉	864.5	3.5/2.3	3026/1988	16MnR	34	600MPa	48	800MPa	48

3.5.3 地下埋管设计

（一）地下埋管布置原则

按抽水蓄能电站地下厂房位置来划分，在厂房上游侧，与蜗壳进水阀相接的钢管为引水压力钢管；厂房下游侧，与机组尾水管相接的钢管为尾水压力钢管。一般引水压力钢管承受的内水压力高，尾水压力钢管承担的内水压力相对较小。

（1）引水压力钢管长度的确定。

由于与混凝土衬砌隧洞相接的引水压力钢管一般承受高内水压力，混凝土衬砌在高内水压力作用下不能有效地防止内水外渗，围岩是承载和防渗的主体，水在高压作用下，在围岩内部形成渗流场，位于枢纽布置中最低位置的地下厂房洞室就成为一个可能渗流排泄基面。因此，不透水衬砌（钢衬）的长度，对控制厂房的渗流量和防止岩体渗透破坏就非常关键。表7-3-7给出了国内、外若干抽水蓄能电站与混凝土衬砌隧洞相接引水压力钢管长度的一些指标参数值❶。

表7-3-7　国内外若干抽水蓄能电站与混凝土衬砌隧洞相接引水压力钢管长度参数

电站名称	国别	混凝土衬砌隧洞条数×直径（m）	钢衬起点静水头 *H*（m）	钢衬条数×直径（m）	钢衬起点铅直上覆围岩厚度 *Y*（m）	钢衬长度 *X*（m）	$\frac{Y}{H}$	$\frac{X}{H}$
迪诺威克（Dinovwic）	英国	1×9.5分岔为6×3.8	590	6×3.3	400	140～114	0.68	0.24～0.19

❶ 张秀丽．高水头、埋藏式钢管钢衬长度确定初探．华东水电技术，1996（4）。

续表

电站名称	国别	混凝土衬砌隧洞条数×直径(m)	钢衬起点静水头 H (m)	钢衬条数×直径(m)	钢衬起点铅直上覆围岩厚度 Y (m)	钢衬长度 X (m)	$\frac{Y}{H}$	$\frac{X}{H}$
赫尔姆斯(Helm)	美国	1×8.23 分岔为 3×3.81	576	6×3.81	350	152 120 50	0.61	0.26 0.21 0.09
腊孔山(Racoon Mountain)	美国	1×10.67 分岔为 4×5.34	350	4×5.34	270	30	0.77	0.09
北田山(Northfidd Mountain)	美国	1×9.3 分岔为 4×4.2	270	4×4.2	200	30	0.75	0.11
巴斯康蒂(Bath County)	美国	3×8.7 分岔为 6×5.5	407	6×5.5	315	191	0.78	0.47
蒙特齐克(Motezic)	法国	2×5.3 分岔为 4×3.8	430	4×2.7	400	80	0.93	0.19
列文(Revin)	法国	1×9.0 分岔为 2×7.0	277	2×5.2～4×2.64	176	282	0.63	1.02
拉瑞诺(Larino)	西班牙	2×5.0 分岔为 4×3.0	350	4×3.0	350	150	1.0	0.43
广蓄	中国	2×8.0 分岔为 4×3.5	542	4×3.5	465	135	0.86	0.25
天荒坪	中国	2×7.0 分岔为 6×3.2	680	6×3.2	460	185～233	0.68	0.27～0.34
泰安	中国	2×8.0 分岔为 4×4.8	310	4×4.8	270	73.6～85	0.87	0.24～0.27
桐柏	中国	2×9.0 分岔为 4×5.5	343	4×5.5	375	107.62～141.852	1.09	0.31～0.41
仙游	中国	2×6.5 分岔为 4×3.8	539.25	4×3.8	425	110～140	0.79	0.2～0.26
天荒坪二期	中国	2×6.8 分岔为 6×3.0	849.5	6×3.0	737	340～369	0.87	0.4～0.43
响水涧	中国	4×6.4～5.3(单洞单机)	273.2	4×5.3	251	85.96	0.92	0.31
宝泉	中国	2×6.5 分岔为 4×3.5	639	4×3.5	663	97～119.6	1.04	0.15～0.19

从表 7-3-7 中可以看到；钢衬起点处上覆岩体厚度变化较大，钢衬长度也相差甚多，钢衬长度与水头比值最小为 0.09，最大为 1.17。有些抽水蓄能电站甚至全洞线采用钢衬，比如我国的十三陵、宜兴、西龙池抽水蓄能电站，日本的小丸川抽水蓄能电站等。因此，钢衬长度最终的选择取决于上覆岩体厚度、地应力大小、围岩渗透性、地质构造等多方面因素，归纳与混凝土衬砌隧洞相接的埋藏式引水压力钢管的布置基本原则如下。

1）按照充分利用围岩承载的设计思想，结合工程枢纽布置和地形地质条件，根据挪威准则、最小地应力准则和围岩渗透准则确定围岩能安全承载的极限位置，确定为钢筋混凝土衬砌隧洞段的末端，以此作为引水压力钢管的起始位置，从而确定引水压力钢管的长度。

2）为了有效地控制渗流量，并考虑抽水蓄能电站发生频繁水锤作用的情况，根据围岩渗透允许水力梯度，并参考国外抽水蓄能电站压力钢管长度选择的经验，引水压力钢管段长度一般不小于静水头的0.1～0.3倍。

结合地下厂房上游段围岩的结构面分布情况以及地下水开挖出露情况，取由上述两个原则确定钢管长度的最大值。

（2）尾水压力钢管长度的确定。

由于与机组尾水管相接的尾水支管上方一般是由主厂房、母线道、主变洞等组成的地下洞室群，支管顶部上覆岩层厚度较小，常常不满足3倍支管洞径，为了防止尾水支管内水外渗影响地下厂房内机电设备的正常运行，保证发电厂房区成为一个干燥舒适的生产工作环境，一般在地下洞群区下方采用不透水钢衬，其长度根据地下洞室的外排水防渗系统布置来确定，最终要保证环地下厂房区防渗排水系统的封闭。

（二）地下埋管结构计算原则

引水压力钢管可分为厂内明管和埋藏式钢管两部分，厂房上游边墙和球阀之间钢管段为厂房内明管，厂房上游边墙的钢管段埋于岩体中为埋藏式钢管，尾水压力钢管则均埋于岩体中。压力钢管一般采用围岩分担内水压力设计，但下列地段除外：①厂房洞室的开挖影响区（松弛区）；②地层覆盖厚度较小的部位以及破碎带等岩体性质差的地段；③隧洞交汇点等地段；④需要固结灌浆等费用较高、采用围岩分担内水压力设计无优越性的地段。总结天荒坪、泰安、桐柏抽水蓄能电站等工程以及国内、外其他抽水蓄能电站压力钢管结构计算的一般原则如下。

（1）根据压力钢管设计规范规定，厂内明管内水压力全部由钢管承担，钢板抗力限值按明管抗力限值再降低20%取值，以策安全。此外，厂内明管除满足环拉力强度外，对与其上、下游端相连接管段处的局部应力应予以复核。

（2）厂房上游边墙上游3倍钢管直径范围段钢管按明管设计，其内水压力全部由钢管承担，钢板抗力限值取明管抗力限值。

（3）厂房上游边墙上游3倍钢管直径处—厂房边墙上游25m之间钢管段，按埋管设计，但不计围岩弹性抗力，即$K_0=0$，钢板抗力限值取地下埋管抗力限值。

（4）厂房上游边墙上游25m以外段钢管考虑与围岩联合承载，按埋管设计，合理的选择围岩弹抗值K_0，钢板抗力限值取地下埋管抗力限值。

（5）与施工支洞相交的压力钢管段，按埋管设计，但不计围岩弹性抗力，即$K_0=0$，钢板抗力限值取地下埋管抗力限值。

（6）考虑到尾水压力钢管顶部布置有主变洞、母线道等洞群，上覆岩体较薄，一般不满足规范规定的3倍开挖洞径的埋管计算要求，所以尾水钢管按明管设计，用明管抗力限值。

（7）钢衬壁厚以运行期的内水压力作为控制条件，以检修期的外水压力作为复核条件。一般抗外压屈服能力可以通过使用外加劲环、设置钢衬贴壁外排水系统与排水廊道系统等来得到保证。

（三）地下埋管设计荷载取值

（1）引水压力钢管设计荷载取值。

1）设计内水压力。

设计内水压力的确定是为了进行钢管的强度和壁厚计算。引水压力钢管的设计内水压力按钢管所承受的最大静水压力，即上水库最高蓄水位与蜗壳进口中心线高程的差值，再附加机组和输水道水力过渡过程产生的水锤作用力。水锤作用力的确定可采用不同工况下的水力过渡过程计算求得，但常常在压力钢管结构设计之时，电站机组还没有完成采购，影响水锤作用力值的机组全特性曲线、调速器参数以及机组 GD^2 值等重要参数均没有最终确定，再加上模型水轮机和原型机特性存在不可避免的差别以及计算模型、边界等影响，因此，计算所确定的水锤压力无法非常准确。结合几个抽水蓄能电站压力钢管设计内水压力取值与真机甩负荷/断电试验的经验，考虑到设计内水压力的略微提高，虽然将使钢管工程量及造价也随之提高，但与整个工程投资相比影响非常小，却能为将来机组到货可能存在的一些技术数据变动以及研究机组导叶最优关闭规律留有余地，由此也可以给设计和运行带来非常大的方便。所以，钢管设计内水压力在参考水力过渡过程计算成果的基础上，一般取不小于 1.3 倍最大静水压力，并再考虑机组甩负荷压力脉动影响而附加一个安全裕度（约 5%～8%），即设计内水压力取不小于 1.35～1.38 倍的最大静水压力。

2）设计外水压力。

设计外荷载的确定是为了进行钢管的抗外压稳定计算。对于地下埋管而言，钢管外荷载主要是施工期的围岩压力和灌浆荷载以及检修期的外水压力。压力钢管段的围岩压力应在隧洞开挖施工期，通过喷锚支护来使围岩完成自身承载，即埋藏式钢管结构设计中不考虑承担围岩压力荷载。而对于施工期灌浆荷载，因为灌浆荷载为临时荷载和点荷载，可以通过钢管内加内支撑以及合理布置灌浆孔塞、控制灌浆压力、调整灌浆程序等措施加以解决，所以施工期灌浆荷载可以不作为钢管外荷载设计值。

但是当上水库和引水系统充水运行后，由于上水库渗流边界和引水隧洞内水外渗对山体地下渗流场的影响，最终将形成一个平衡的山体地下渗流场。在上水库处于蓄水运行时，发电隧洞一洞放空检修的同时一洞充水运行或者两洞同时放空检修情况下，压力钢管将承受山体渗透过来的外水压力，该外水压力的取值对压力钢管的抗外压稳定计算有很大影响，需要结合排水设施可能起到的排水效果分析研究确定。总结国内已建抽水蓄能电站钢管检修期外水压力的取值方法，建议如下：①假定钢管运行期地下水位线接近极限——地表。考虑到高压管道顶部排水廊道的排水作用，排水廊道底高程至高压管道取全水头，排水廊道底高程至地面高程段的外水压力，可根据工程地质条件以及有关地下水活动状态，根据《水工隧洞设计规范》（DL/T 5195—2004）外水压力折减系数表选取折减系数，一般可选取 0.2～0.6 外水压力折减系数进行折减考虑，钢管的外水压力值为上述两值相加，总值保证不小于管道顶部覆盖厚度的 1/2，即以“即使地下水位抬升到地表，钢管的抗外压稳定安全系数仍大于 1”为原则。②根据广蓄和天荒坪抽水蓄能电站的实测资料显示：引水压力钢管外水压力与原勘探钻孔测得的地下水位线无明显联系，而与隧洞内水外渗直接相关，即隧洞的外水压力值可以由内水压力来确定，可根据实测或类比分析确定围岩渗流损失系数，考虑到内水外渗和外水内渗两次渗流损失，则钢管的外水压力值为最大静内水压力值×（1－围岩渗流损失系数）^{2}。③建立工程区的三维渗流场模型，岩体渗流模型一般采用等效连续介质分析，把工程区山体地下水位观测资料作为初始边界条件，对工程区内各层岩体、主要地质结构面的渗透特性进行尽可能真实的反演模拟，并通过渗流分析预测电站运行期的工程区渗流场特征，计算出引水压力钢管范围的外水压力。

综合分析上述三种方法确定的成果，最终确定合理的设计外水压力值。

如果由于工程布置的原因，引水压力钢管周边没有条件设置排水廊道系统，则鉴于钢衬的不透水密闭特性，无论其周边围岩的渗透系数多小，钢衬外水压力达到全荷载只是时间长短的问题，静水压力传递无折减可言，《水工隧洞设计规范》（DL/T 5195—2004）提供的外水压力折减系数表不适用于不透水钢衬隧洞。因此钢衬的外水压力设计值就应该取地下水位以下的全水头或内水水头的全水头压力中的较大值。

(2) 尾水压力钢管设计荷载取值。

1) 设计内水压力。

尾水压力钢管设计内水压力的计算方法与引水压力钢管基本相同。但由于其最大静水压力相对较小，若其值小于100m水头，则考虑水锤作用后的设计内水压力值建议取1.3～1.6倍最大静水压力。

2) 设计外水压力。

由于尾水压力钢管顶部不到2～3倍开挖洞径的范围内有庞大的厂房洞室群及其周围完备的排水系统，因此，来自山体的地下水压力基本上不可能会有效的传递到尾水压力钢管的外壁，形成外水压力。尾水压力钢管的外水压力主要来自钢管衬砌和混凝土衬砌交界面处，混凝土衬砌隧洞段的内水外渗对尾水压力钢管形成的外水压力。在考虑了钢管首段止水环、帷幕灌浆以及周围排水孔幕的防渗截排系统的作用，设计一般可以考虑取尾水隧洞最大静水压力值×（0.2～0.4）的折减系数作为尾水压力钢管的外水压力值。

（四）地下埋管结构计算分析要点

根据压力钢管设计规范和已建工程实际计算经验，抽水蓄能电站压力钢管的主要计算内容概述如下：

(1) 引水压力钢管。

1) 厂内明管。

a) 钢管壁厚计算，根据规范推荐公式与上述计算原则按明管计算。

b) 岩壁约束端局部应力复核，即通过对约束端三种假设（绝对刚性的约束条件假设、无限域线弹性的约束条件假设、有限域线弹性的约束条件假设）分别按明钢管非平面应变和平面应变进行的计算分析，得出以下结论，即绝对刚性的约束条件假设下的当量应力>无限域线弹性的约束条件假设下的当量应力>有限域线弹性的约束条件假设下的当量应力（当量应力 $\sigma_{eq}=\sqrt{\sigma_A^2+\sigma_\theta^2-\sigma_A\sigma_\theta}$）。明钢管在岩壁约束端处的管壁局部应力，可以按下式表达：

对于非平面应变情况：

$$\sigma_A=\pm 1.816\beta\frac{p_i\times r}{\delta}(\text{纵向弯曲应力,内壁}+,\text{外壁}-) \tag{7-3-6}$$

$$\sigma_\theta=(1-\beta)\frac{p_i\times r}{\delta}(\text{环向应力}) \tag{7-3-7}$$

其中，参数β对应不同的约束条件假设有不同的取值。

对于绝对刚性的约束条件假设：$\beta=1.0$。

对于无限域线弹性的约束条件假设：

$$\beta=\mu_s^2+(1-\mu_s^2)\frac{1-\dfrac{\delta\Delta_0}{1-\mu_s^2}\times\dfrac{E_s}{P_i}}{1+\dfrac{1+\mu_c}{1-\mu_s^2}\times\dfrac{\delta}{r}\times\dfrac{E_s}{E_c}} \tag{7-3-8}$$

对于有限域线弹性轴对称的约束条件假设：

$$\beta=\mu_s^2+\frac{(1-\mu_s^2)\left[1-\dfrac{\delta\Delta_0\times E_s}{(1-\mu_s^2)r^2P_i}\right]}{1+\dfrac{\left[1+\mu_c+\dfrac{2r^2}{h^2(1+2r/h)}\right]\delta E_s}{(1-\mu_s^2)r\times E_c}} \tag{7-3-9}$$

以上两式中

式中 Δ_0——初始缝隙；

E_s、μ_s——钢材弹模及泊松比；

E_c、μ_c——混凝土或围岩的弹模及泊松比；

h——混凝土厚度。

对于平面应变情况：

$$\sigma_A = \pm 1.652\beta' \frac{p_i \times r}{\delta}\text{（纵向弯曲应力，内壁+，外壁-）} \tag{7-3-10}$$

$$\sigma_\theta = (1-\beta')\frac{p_i \times r}{\delta}\text{（环向应力）} \tag{7-3-11}$$

其中，参数 β' 取值：对于绝对刚性的约束条件假设：$\beta'=1.0$。

对于无限域线弹性的约束条件假设：

$$\beta' = \frac{1 - \frac{\delta\Delta_0}{(1-\mu_s^2)r^2} \times \frac{E_s}{P_i}}{1 + \frac{1+\mu_c}{1-\mu_s^2} \times \frac{\delta}{r} \times \frac{E_s}{E_c}} \tag{7-3-12}$$

对于有限域线弹性轴对称的约束条件假设：

$$\beta' = \frac{1 - \frac{\delta\Delta_0 \times E_s}{(1-\mu_s^2)r^2 P_i}}{1 + \frac{\left[1+\mu_c + \frac{2r^2}{h^2(1+2r/h)}\right]\delta E_s}{(1-\mu_s^2)r \times E_c}} \tag{7-3-13}$$

比较参数 β 和 β'，有以下关系：

$$\beta = \mu_s^2 + (1-\mu_s^2)\beta' \tag{7-3-14}$$

要指出的是，上述约束条件假设成立的条件是：$\Delta_w > \Delta_0$，即钢管的总径向变形大于钢管外壁与混凝土内壁之间存在的初始间隙。即须满足下述表达式：

$$\frac{\delta \times \Delta_0}{(1-\mu_s^2)r^2} \times \frac{E_s}{P_i} < 1.0 \tag{7-3-15}$$

若 $\Delta_w < \Delta_0$，则说明钢管在内压作用下，其管壁的径向扩张不足以闭合 Δ_0，约束便不起作用，管壁应力与一般的明钢管相同。

按各种约束条件的假设，计算约束端处的管壁局部应力，并计算用以管壁强度校核的当量应力。岩壁约束端当量应力表达式为：

$$\sigma_{eq} = \sqrt{\sigma_A^2 + \sigma_\theta^2 - \sigma_A\sigma_\theta} \tag{7-3-16}$$

c）进水阀延伸段与钢管接头处局部应力复核计算。

2）近厂房段钢管。

a）近厂段钢管壁厚计算，根据规范推荐公式与上述计算原则按明管计算。

b）近厂段钢管止推环计算公式如下：

$$\tau_f = \frac{N}{h_c l_w} \leqslant \beta \times f_f^w \tag{7-3-17}$$

式中 N——轴向压力，$N=PA$=设计水压力×钢管横面积；

h_c——角焊缝的有效厚度，采用直角角焊缝 $h_c=0.7h_f$，h_f 为较小焊角尺寸；

l_w——角焊缝的计算长度，取实际长度减去 10mm；

β——正面角焊缝的强度设计增大系数，直接承受动荷载，则 $\beta=1.0$；

f_f^w——角焊缝的强度设计值。

c）近厂段钢管轴向拉伸应力复核计算。

d）锥管段壁厚计算（按埋管计算，但围岩弹性抗力为 0）。

在水道进入厂房前的一小段范围内，钢管直径减到与球阀尺寸接近的程度，以减薄钢板厚度和与球阀连接，而在其上游，钢管内径逐渐地适当放大，以减少水头损失。因此，压力钢管一般都设有渐缩段。渐缩段钢管壁厚计算规范中没有明确的计算公式，可以根据《小型水电站机电设计手册》中的锥管段壁厚估算公式进行初步估算，因锥管部位受力较为复杂，需要对锥管部位进行强度复核。

锥管段壁厚估算公式为：

$$\delta=\frac{K_2pD}{2[\sigma]\phi\cos\varphi}+c \tag{7-3-18}$$

式中 K_2——锥管及其他管节连接时，连接处应力集中系数，可近似取 1.1～1.25；

D——钢管平均直径，可近似取内径；

φ——锥管的半锥顶角，°；

c——锈蚀裕量。

锥管承受内水压力 P、轴向力 ΣA 及法向力引起的弯矩 M。计算时，因锥管较短，管两端弯矩 M 可取等值，法向力引起的剪力影响不大，可近似忽略。锥管段中，不同部位的管壁应力不同，受力最大的截面为图 7-3-3 中的Ⅰ—Ⅰ，Ⅱ—Ⅱ，此两断面上的应力。

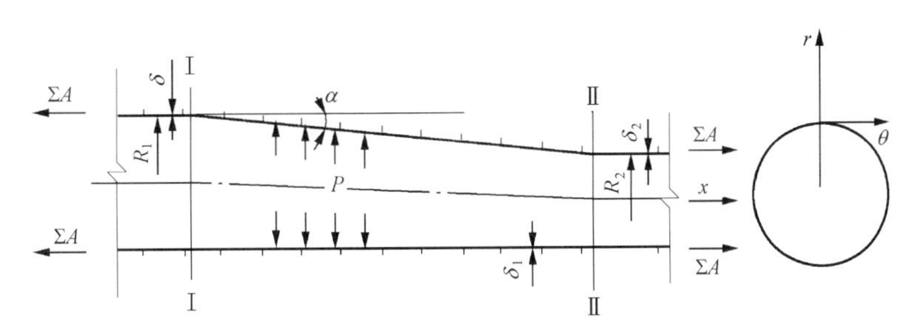

图 7-3-3 锥管强度复核简图

按第四强度理论，当量应力计算公式如下：

$$\sigma=\sqrt{\sigma_x^2+\sigma_\theta^2-\sigma_x\times\sigma_\theta+3\tau_{x\theta}^2} \tag{7-3-19}$$

计算结果须满足 $\sigma<\varphi[\sigma]$。

e）锥管段当量应力复核计算。

3）埋藏式钢管。

根据规范推荐公式与上述计算原则按埋管进行如下计算。

a）钢管外缝隙计算。

b）埋管段壁厚计算（按埋管计算）。

c）埋管段抗外压稳定复核。

光面管抗外压稳定复核；加劲环间管壁的抗外压稳定复核；加劲环的抗外压稳定复核。

d）加劲环的应力复核计算。

（2）尾水压力钢管。

1）钢管壁厚计算，根据规范推荐公式与上述计算原则按明管计算。

2）埋管段抗外压稳定复核，计算内容同引水压力钢管。

（五）地下埋管外排水设计

（1）地下埋管外排水廊道设计。

为了防止在与高压混凝土衬砌隧洞邻近的地下埋管外侧积累高外水压力，降低地下水位，最可靠的措施就是在地下埋管上方开挖断面不大的排水廊道体系，在排水廊道内再布置垂直或水平的排水孔以及防渗帷幕。排水廊道的防渗排水体系的设置主要防止钢衬的外压失稳及地下厂房防潮防水。防渗排水的设计原则应该是针对被保护建筑物实施远截近排，在不产生围岩渗透水力破坏的条件下，保护引水发电建筑物的安全或工作条件。

针对设计需要保护的引水钢衬和地下厂房，设计的原则应该是以引水钢衬起始点对应的顶部排水廊道为界，该界线为一条关键的防渗排水分界线，其上游侧为高压水围岩承载区，应该重点承载防渗，包括水工高压隧洞内的系统固结灌浆和钢衬顶部排水廊道下挂的帷幕灌浆等，尽可能确保高压水封闭在该界线的上游侧围岩内，因此该区域不宜采取排水措施或存在地质探洞，因为排水或地质探洞空腔将增加高压水承载区围岩的水力梯度，而对引水隧洞围岩承载不利，也与围岩承载设计准则不符。

引水钢衬起始点顶部的廊道一般既为排水廊道，也兼为帷幕灌浆廊道，该道帷幕灌浆是高压水围岩承载区与排水保护区的分隔帷幕，其作用是减小围岩渗透性及提高围岩的抗水力击穿能力，尽量使隧洞内水渗流经过帷幕，是渗流控制的重要组成部分。在廊道底高程和位置的选择上要注意其水力梯度，广蓄二期工程曾因该廊道位置过低而发生廊道沿节理面层状射水，而后作了堵塞处理。对于Ⅱ～Ⅲ类硬质围岩区，一般该廊道布置要与底部的引水下平段和上游侧的引水斜井或竖井段保持不大于10～15的水力梯度要求，并不应垂直向下或向上游侧布置排水孔，因此该廊道的布置不能迁就探洞，而且工程前期在布置勘测探洞的过程中也要考虑到这些因素，尽可能避免后期过大的探洞封堵工作量。

引水钢衬起始点顶部排水廊道的下游侧为排水保护区，应该重点排水保护，包括网状排水廊道系统本身以及系统排水孔，即在廊道上方设置“人”字形排水孔，排水孔间距3～6m，孔径ϕ65～90mm。高压水在经过围岩承载区的重重阻隔和渗透衰减后，剩余的漏网之水，应采取及时排走的措施，确保被保护建筑物（如地下厂房、引水钢管等）不承受过高的渗压或出漏过大的渗水。但是排水系统设置既要起排水减压作用，同时应控制合适的水力梯度，确保排水量是长期稳定的，且渗出水不夹带出围岩内的细小颗粒，其总量对电站发电效益影响也不大。另外还可以通过设置山体地下水位长期观测孔，以监测高压水道工程区在建前及建后的地下水位变化，为评估水工高压隧洞和覆盖山体的稳定安全提供判别依据。

（2）钢管贴壁外排水设计。

钢管贴壁外排水设计方案之一是在紧邻钢管外壁布置2根或4根纵向镀锌排水管，在完成钢管外混凝土衬砌回填和各种灌浆后，每隔一定距离通过钢管壁上预留的孔洞，钻孔沟通这些排水管，用来排除钢管外壁可能的渗水，降低直接作用在钢管外壁的外水压力，保证钢管的抗外压稳定，这种钢管外排水方法在日本抽水蓄能电站以及天荒坪、桐柏抽水蓄能电站中有所应用。但由于钢管外排水管可能被回填混凝土和围岩内灌浆结石的析出钙质堵塞失效，并需要定期清理，且清理很困难，其长期作用与效果存在问题和不确定性，因此设计常常把它作为抗外压附加的安全设施，不在钢管外压计算中给予考虑，即在外水水头的取值上一般不考虑钢管外排水管的降压作用。

为了保证钢管抗外压稳定，设计若已经采取了压力钢管顶部布置外排水廊道以及系统排水孔，钢管首节布置3～4道20cm左右高的止水环以增加渗水路径，并布置了首部帷幕灌浆，钢管沿线进行了回填、固结、接缝灌浆等措施，并根据外压稳定计算，在钢管外壁布置了加劲环，若再设置钢管外排水管系统可能过于保守。任何措施不是越多越好，只有有效才是最好。因为布置钢管外排水管系统，存在以下缺点：

1）增加工程投资和施工工期；

2）需要在钢管壁上多开设孔洞，后期又需要封堵，增加了一道损伤钢管的施工工序，同时也多了一道可能的施工质量纰漏；

3）钢管排水孔大间距的系统布置与钢管外壁施工缝隙以及地下水渗流裂隙随机分布的矛盾，使得钢管外排水管的有效性降低；

4）外排水管存在，使钢管外施工空间更小，可能影响钢管外回填混凝土施工质量，从而影响钢管与围岩的联合承载，降低钢管的安全性；

5）随着回填混凝土和围岩内灌浆结石钙质的析出，定期清理的困难，使得排水管作用的永久性存在疑问。

基于以上因素的分析，一般认为在布置了完备的钢管防渗排水系统后，再布置钢管外排水管的必要性不大。

当然对于高水头多管道电站，为了在一条压力管道放空检修，相邻压力管道充水发电过程中，给放空的引水压力钢管多增加一道抗外压保护措施，也有些抽水蓄能电站高压钢管首部一段仍旧布置了钢管贴壁外排水措施，但为了避免上述钢管外排水管措施对钢管管体开孔损伤等不利因素，而采用贴壁排水角钢＋工业肥皂临时封边的钢管外排水方案，如广蓄二期工程和泰安抽蓄工程等，这样既避免了钢管外排水管的开孔问题，又使钢管外排水管的点排水模式优化为贴壁排水角钢的线排水模式，改善钢管的外排水效果，而且相对增加了钢管外侧安装空间，方便施工。

钢管外壁排水系统由环向集水槽钢和纵向角钢共同组成，钢衬首部环向集水槽钢位于钢衬首部止水环后，数根角钢倒扣在钢管上，与钢管外壁点焊，非点焊部位以工业肥皂涂封，在钢管外壁均匀布置但避开灌浆孔，在钢管中部再设置环向集水槽钢，槽钢倒扣于钢管外壁，与外壁点焊，采用沥青麻绳外包并涂封工业肥皂，数根角钢插入首尾部集水槽钢内，在尾部集水槽钢底部接出两根纵向ϕ100镀锌排水管，镀锌排水管向下游引至厂房底层排水廊道或厂房内集水井。具体参见图7-3-4。

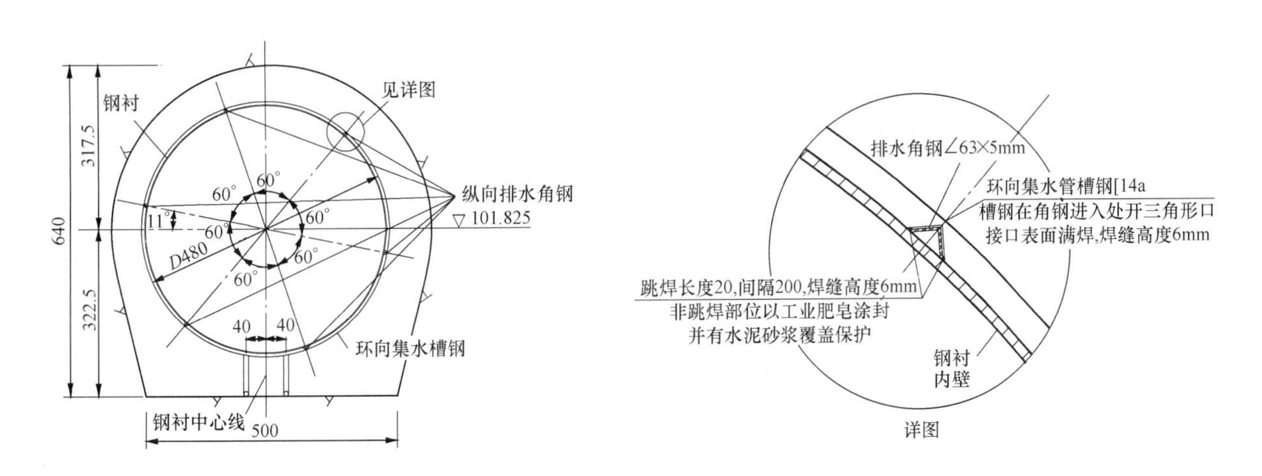

图7-3-4 管壁外排水典型断面图

与前述的排水系统一样，该钢管外排水系统仍必须考虑钙化和杂物引起的管道阻塞问题。减少阻塞的办法之一就是在钢管外排水系统出口设置阀门，使得钢管外排水系统仅在压力管道放空检修期间打开排水，而在绝大部分的电站运行期间内，钢管外排水系统出口阀门关闭，排水系统内没有水流流动，使其处于静止带压状态。

（六）地下埋管灌浆设计

（1）地下埋管灌浆开孔。

钢管开孔灌浆的目的是为了提高钢衬外回填混凝土和围岩的密实性，增加围岩弹性抗力，减少钢衬与回填混凝土以及回填混凝土与围岩间的缝隙，提高钢衬与围岩联合承载的能力，增加钢衬运行的安全性。但钢管开孔灌浆毕竟要在一定程度上损伤钢管管体，并增加后期封堵灌浆孔的施工工序，无论是螺塞胶结还是螺塞焊接，总是多了一道可能的施工质量纰漏和返工修补可能，并且也增加了施工工艺的复杂性、工程投资以及施工工期。其中焊接螺塞主要是焊接高温使钢管外侧已经回填的潮湿混凝土水分汽化，导致熔敷金属的扩散氢含量增大，而外侧混凝土和水分的存在，又加大了焊缝冷却速度，这些均容易产生焊接裂缝，而螺塞胶结的耐久性等问题均值得仔细考虑，因此，钢管设计开孔灌浆前，需要仔细研究省略开孔灌浆而适当增加钢管壁厚与钢管开孔灌浆的经济技术对比，以便得出最合理和安全的设计。

在围岩完整性较好的硬岩地区，考虑到围岩天然的高弹性抗力以及固结灌浆前后对围岩弹性抗力的影响较小等因素，压力钢管可以不进行开孔灌浆而采用管外预埋管回填、接触灌浆并研究膨胀混凝土的应用，或仅在钢管顶、底部开为数极少的孔进行顶拱回填和接触灌浆。若在竖井或斜井钢衬段，由于回填混凝土质量保证率较高，则可以取消钢管开孔灌浆。

在围岩完整性较差的硬岩地区，考虑到围岩天然的弹性抗力较低，是否需要开孔灌浆应专门研究，若增加钢管壁厚的经济代价不大，则应尽量避免开孔灌浆。若研究论证钢管开孔灌浆是非常有必要的，能较大幅度地提高围岩弹性抗力，那么在开孔灌浆的同时，必须充分考虑现场施工的各种情况，精心设计好灌浆孔塞结构，为施工提供方便，从而保证施工质量，避免高压内水通过灌浆孔塞可能的缝隙外渗，威胁钢管的安全。根据有关工程经验，钢管灌浆孔的封堵塞采用图 7-3-5 的封堵方法，经多个抽蓄工程的实际应用证实这样的灌浆孔封堵塞设计是安全可靠的。

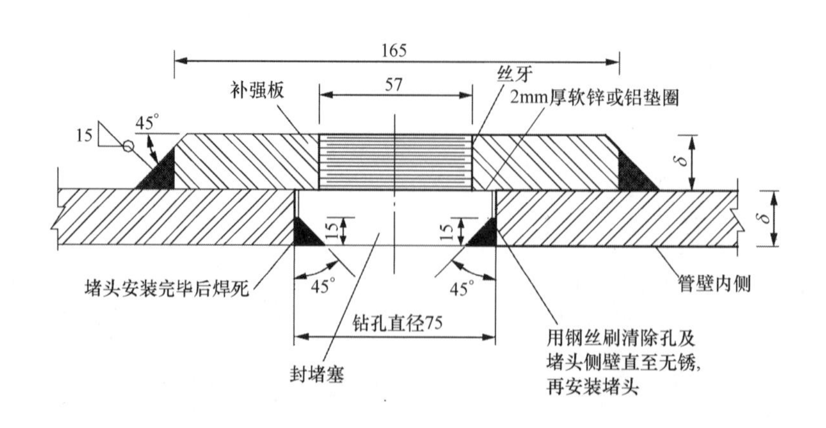

图 7-3-5　钢衬灌浆开孔及封堵详图（单位：mm）

钢管灌浆孔塞需要专门采购钢棒来加工，但是常常采购与钢衬母材相同材质的 Q345R 或 600MPa、800MPa 强度等级的钢棒较难。此时钢管灌浆孔塞选材问题就主要取决于对钢管灌浆孔塞作用的认识。

灌浆孔塞主要是堵塞止漏，不是结构补强，开口的结构补强由孔口的外补强板完成，因此钢管灌浆孔塞才可以采用胶结或焊接但不是熔透焊，因为它只需要防渗止漏即可，是堵塞止漏结构，不是承载受力结构。根据这样的认识，灌浆孔塞的钢棒材质不一定要等同于钢管结构主体钢管材质，包括冲击韧性以及强度，应该可以采用强度等级略低于钢衬母材的钢种，如 Q235B 钢材。

（2）地下埋管灌浆。

地下埋管段灌浆按照回填灌浆→固结灌浆（帷幕灌浆）→接触灌浆顺序进行。

1）回填灌浆：

地下埋管段顶拱衬砌 120°范围内难以浇筑密实，应在混凝土衬砌达到 70%设计强度以后，利用固结灌浆孔对钢管顶拱进行回填灌浆，灌浆压力 0.3～0.4MPa，浆液水灰比 0.5∶1，水泥浆中一般外掺 3%～4%的轻烧 MgO 微膨胀剂，以便尽可能地减少钢衬外包混凝土与围岩之间的缝隙。

2）固结灌浆：

地下埋管段经研究论证需要进行固结灌浆，则固结灌浆也主要针对隧洞周边围岩的爆破松动圈加固。根据日本研究，当用掘进机开挖时，受扰动区岩石区的厚度约为 0.3m 左右，若用钻爆法开挖，则大致为 0.5～1.3m。在钻爆法开挖的隧洞中，受扰动区岩石的变形模量实际上小于周围完整岩石的变形模量，固结灌浆就是为了提高隧洞近层围岩的变形模量，以便提高围岩荷载分担率，增加地下埋管的承载安全度。固结灌浆一般在回填灌浆完成 7d 和混凝土衬砌浇筑 28d 以后进行，灌浆压力一般为 2～3MPa，排距 3m，钻孔入岩深度不超过 3m，浆液水灰比 0.6∶1～1∶1。钻孔方向应根据围岩结构面产状研究确定，以期尽可能多穿越结构面，提高灌浆效果。

3）接触灌浆：

压力钢管段底部 60°～120°范围内浇筑不易密实，一般根据现场敲击脱空情况确定接触灌浆范围，接触灌浆钻孔宜采用磁座电钻，孔径一般为 10～12mm，灌浆压力 0.1～0.2MPa，浆液水灰比 0.5∶1～0.6∶1，接触灌浆完成 7d 后，可再用“敲击法”或钻孔法进行检查，凡经过灌浆使单独一个区的脱空面积不大于 1.0m^2 或 1.5m^2、缝隙厚度不超过 0.5mm 就可以定为合格，经验收合格后用 ϕ8～10mm 的圆钢打入钻孔封堵并在口部满焊。但是接触灌浆对于高强钢管应该慎用，因为灌浆孔补强、封孔容易引起钢管应力集中或焊缝裂纹，有的人认为宁可增加施工缝隙计算值，增加钢管壁厚，而避免接触灌浆工序。

4）帷幕灌浆：

压力钢管与钢筋混凝土隧洞相接部位，布置 2～3 排帷幕灌浆，灌浆孔深度为 6～10m，以各相邻钢管首端围岩形成完整、连续的防渗帷幕为准，排距 2～3m 左右，以阻隔钢筋混凝土衬砌段的高压渗透水对压力钢管段的渗透。

（七）地下埋管与混凝土衬砌隧洞接缝处结构及灌浆设计

钢筋混凝土衬砌隧洞和钢衬接缝处由于钢筋混凝土和钢衬刚度不同，在高内水压力作用下接缝容易被拉裂，可能会造成内水外渗现象，外渗水容易沿混凝土和围岩接缝、混凝土和钢衬接缝以及围岩裂隙等向引水钢衬段渗漏，威胁钢衬外压稳定的安全。设计对钢筋混凝土衬砌隧洞（如钢筋混凝土岔管）和钢衬接缝处的结构及施工分缝处理应重视，需要进行详细的细部设计。为尽量使混凝土衬砌和钢衬变形相容，接缝处岔管钢筋延伸入钢衬（40～50）d 长度（d 为钢筋直径），并配置双层钢筋（见图 7-3-6）。相应将钢筋混凝土衬砌隧洞和钢衬施工分缝设置于钢衬段内（40～50）d 处，钢管首部段（40～50）d 长度回填混凝土和钢筋混凝土衬砌隧洞段混凝土一起整体浇筑。为进一步保证引水钢筋混凝土衬砌隧洞段与钢衬相接段的防渗能力，引水钢筋混凝土衬砌隧洞侧的两排水泥帷幕灌浆完成 7d 后，在靠近钢衬处再增加两排化学灌浆，孔位与原帷幕灌浆孔错开，钻一个孔灌一个孔，化学灌浆孔入岩 3m，塞位距孔口 0.6m，化学灌浆材料采用 HK－G 系列环氧灌浆材料或以环氧树脂、酮脂肪胺为主要体系的 EAA 新型防渗补强材料，灌浆压力为 1.2～1.5 倍静内水压力。

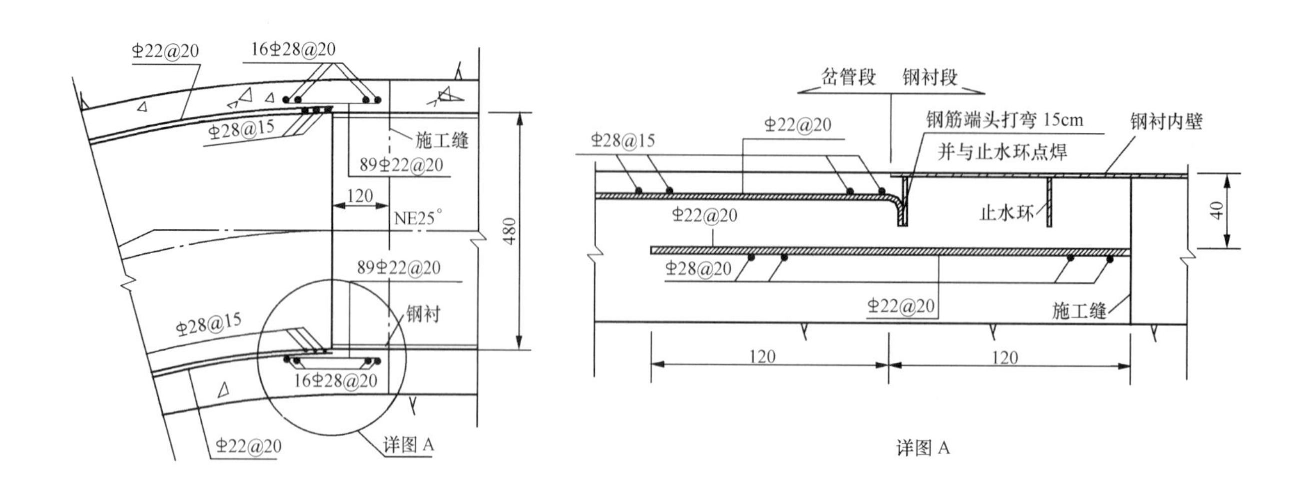

图 7-3-6　钢筋混凝土衬砌隧洞与地下埋管接缝平面图（单位：cm）

（八）钢管防腐设计

钢管防腐设计主要包括钢管表面预处理设计以及防腐涂料与厚度的选择。钢管表面预处理设计包括表面清洁度和表面粗糙度两项指标的拟订。钢管内壁和明管外壁经喷射或抛射除锈后，除锈等级（表面清洁度）应符合《涂装前钢材表面锈蚀等级和除锈等级》（GB 8923—1988）标准中规定的 Sa $2\frac{1}{2}$ 级，应用照片目视比较评定。表面粗糙度应达到 Ra40～70μm，用样板目视比较评定或仪器测定；对于与回填混凝土直接接触的埋管外表面，应清除浮锈、油渣和其他杂物，除锈等级达到标准中规定的 Sa1 级。钢管表面处理应采用喷射或抛射除锈，所用的磨料应清洁干燥，喷射用的压缩空气应经过滤，除去油水，磨料选用天然石英砂、人造金刚砂两种。

钢管防腐蚀措施主要有金属喷镀和涂料两大类。由于采用金属喷镀进度没有保证以及造价太高，因此抽水蓄能电站压力钢管一般均采用涂料防腐。涂料的选择一般应考虑面漆应能长期承受高压水的浸蚀，且短期暴露于大气中而不致损坏；底漆应适应于施涂面漆种类，且与钢管壁面应具有良好的黏结性能。

结合天荒坪、泰安、桐柏等抽水蓄能电站压力钢管防腐涂料的选择，一般压力钢管内壁表面防腐：采用涂料防腐，先涂环氧富锌防锈底漆，漆膜厚度（干）60～75μm；再涂厚浆型环氧煤沥青防腐面漆，总漆膜厚度（干）不小于 500μm，其中进厂段流速高于 10m/s 的厂内明管段内壁总漆膜厚度（干）不小于 700μm；压力钢管外壁表面防腐：①厂内明钢管外壁喷涂环氧富锌底漆，漆膜厚度（干）60～75μm；再涂厚浆型环氧沥青防腐面漆，总漆膜厚度（干）不小于 250μm。②埋管外壁喷含少量减水剂、防锈剂的水泥浆防腐，厚度不小于 2mm。

目前针对钢管的防腐涂料选择还存在另一种讨论，即水下钢结构防腐涂料底漆一般不推荐采用环氧富锌漆，而推荐采用环氧树脂漆，原因是环氧富锌漆与钢板的黏结力小于环氧树脂漆与钢板的黏结力，而且长期的水下环境，锌的电化学保护功能不能很好发挥，若涂料层有破损，有水条件会与锌发生反应，而使涂层迅速起泡破坏，另外环氧富锌漆的一次喷涂厚度一般只有 40～60μm，不像环氧树脂可以一次到 250μm，增加施工喷涂工序。表 7-3-8 为一些压力钢管防腐涂料建议方案，供参考。

表 7-3-8 压力钢管防腐涂料建议表

涂料种类＼项目	埋管内壁				厂内明管外壁	
	方案 A		方案 B		潮湿的地下室内环境	
	种 类	厚度（μm）	种 类	厚度（μm）	种 类	厚度（μm）
底漆	环氧煤焦油沥青漆	175	超强环氧树脂漆	250	厚浆环氧树脂漆	175
中间漆	环氧煤焦油沥青漆	175	—	—	—	—
面漆	环氧煤焦油沥青漆	150	超强环氧树脂漆	250	厚浆环氧树脂漆	175
厚度总计	500		500		350	

（九）地下埋管凑合节设计

钢管凑合节是用于连接两端已焊接固定好的两段钢管，钢管凑合节一般有两种形式：一种是直管凑合直接压入用两条对接焊缝焊接，参见图 7-3-7。这种凑合节钢管宽度较现场实际凑合节处的宽度大，安装时将事先加工好的凑合节钢管宽裕部分在现场划线割除，然后将其推入使之与两端钢管顺利凑合。这种凑合节设计安装方法简单，容易施工，但是其缺点是由于凑合节的最后一条环缝属于封闭焊缝，焊接时两端钢管已固定，无收缩余地，这条环缝在焊接时就存在较大的内应力，焊接过程中应进行预热和后热，并用机械锤击减少其残余应力。另外一种是套筒式凑合，参见图 7-3-8。这种凑合节的宽度短于实际凑合节宽度的 80～120mm，这短少的 80～120mm 空隙，就靠一节长约 400mm 的短套管来连接封闭，并在空隙中填塞钢板导流。该种凑合节连接方式制作安装难度较高，上下游侧钢管与套管的圆度要严格保持一致，短套管的周长应大于被套钢管周长 12mm，才能使其顺利套入，但是大大缓解钢管焊接应力。套筒式凑合节的最大优点是将直接压入式凑合节的环缝为对接焊缝，变为套筒和钢管之间的角焊接。由对接焊缝变成搭接角焊缝，焊接应力大大减少，焊接时不容易出现裂纹。中间钢板的填塞焊接主要起导流板的作用，并与灌浆孔塞起类似作用——防渗堵漏。实际安装过程中，套筒式外钢管先角焊缝焊接于上游侧钢管，当下游侧凑合节钢管安装推入套筒钢管内后，再焊接另一侧角焊缝，最后进行中间钢板的填塞焊接。这样在中间钢板的填塞焊接过程中产生的焊接内应力就不会传递到两侧的主钢管上，而只是传递到套筒钢管上，而且事先焊接定位的套筒钢管把中间钢板填塞焊接的空间尺寸事先固定，尽可能减少了对接焊接过程中热胀冷缩产生的内应力。

天荒坪和泰安抽水蓄能电站工程的引水钢管以及宜兴抽水蓄能电站工程的尾水钢管凑合节采用直管凑合直接压入用两条对接焊缝焊接，而桐柏抽水蓄能电站工程的引水钢管凑合节采用套筒式凑合。

（十）压力钢管加劲环设计

光面管一旦局部失稳，即使邻近管段的外水压力小于钢管失稳的临界压力，也会沿洞线方向迅速蔓延，引起大范围的失稳破坏，因此为了避免钢管外压失稳事故大范围扩大，即使抗外压稳定计算说明不需要设置加劲环，仍建议每隔 10～20m 距离设置一道加劲环。对钢管结构抗外压能力影响较大的是加劲环间距、钢衬厚度，加劲环高度和厚度对其影响相对较小，而减少加劲环间距显然比增加钢衬厚度要经济。研究表明设置低而密的加劲环，不仅可以提高钢管的抗外压能力，而且可以提高钢管的抗内压能

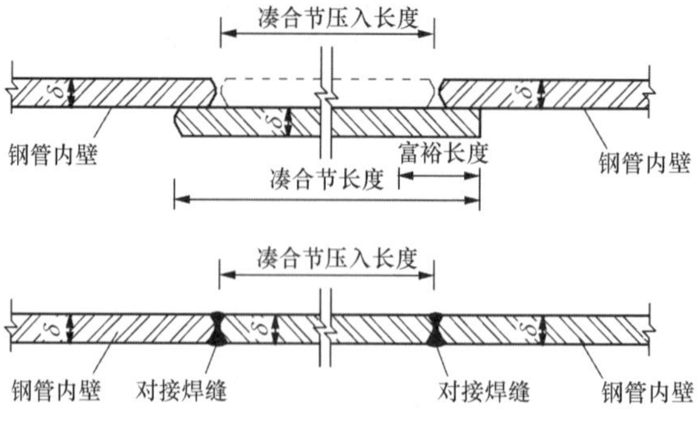

凑合节压入长度
钢管内壁
富裕长度
凑合节长度
钢管内壁
凑合节压入长度
钢管内壁　对接焊缝
对接焊缝　钢管内壁

图 7-3-7　直管压入式凑合节

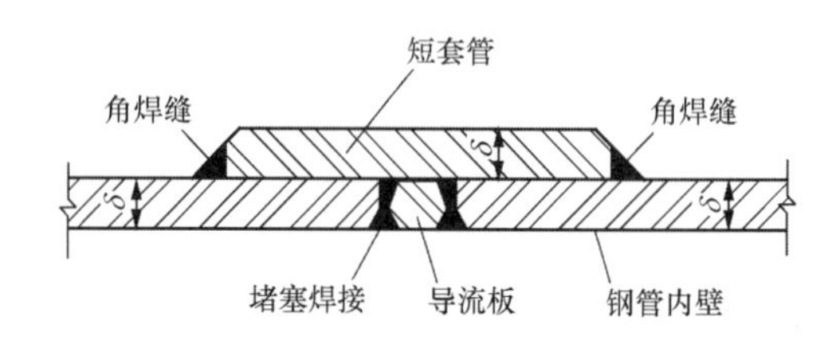

图 7-3-8　套筒式凑合节

力。加劲环间距较大时，钢衬在加劲环处往往会产生较大的局部应力，低而密的加劲环能有效地改善钢衬受力均匀性。若采用低而密的加劲环，则由于加劲环不高，也相对增大了现场安装作业的空间，有利于钢管底部混凝土浇筑。

钢管加劲环不仅被用来增强抗外压稳定，而且在钢管直径大于 5.0m 时，可作为施工期保证钢管椭圆度的辅助设施，方便钢管的运输、安装和回填管外混凝土，简化或省略钢管临时内支撑。因此，对于大直径钢管（直径大于 5.0m）即使从钢管自身结构刚度出发，设置加劲环也是很有必要的。

（十一）压力钢管其他构造要求

在进行压力钢管设计时，应该考虑以下一些因素：

（1）无论是钢管加工厂内焊接还是安装现场焊接，都应达到 100%有效性的全穿透对接焊缝。在钢管加工厂施焊的所有纵缝和环缝应采用自动埋弧焊，所有纵缝应采用俯焊，环缝应尽可能采用俯焊，在加工厂内焊接的环缝不得采用仰焊。

（2）钢管变厚段，不同管节间的壁厚级差宜取 2mm，若不同管节间的壁厚级差大于等于 4mm 时，应将较厚板的接口处刨成 1∶4 左右的坡度铲削至较薄钢板厚度后，再进行焊接。

（3）环向焊缝两侧的纵向焊缝应错开 60°角。纵焊缝不应布置在横断面的水平轴线和垂直轴线上，与其夹角应大于 10°，相应弧线距离大于 300mm。

（4）直管段管节间的环向焊缝间距不应小于 500mm。

（5）焊缝检验：无损探伤检验主要有超声波探伤和 X 射线探伤以及磁粉探伤。虽然规范上规定超声波探伤和射线探伤可任选一种，但由于前者方便、简单、费用低，实际多选用超声波探伤。考虑到超声波探伤的正确度和可靠性，主要依赖操作者的个人技术和责任心，不像 X 射线探伤有底片可校核，所以往往还要酌情增加少量的 X 射线探伤，特别是焊缝交叉部位，以便复核。规范规定：一类焊缝需要全长 100%的超声波探伤和 25%以上的 X 射线探伤复核；二类焊缝需要全长 100%的超声波探伤和 10%以上的 X 射线探伤复核。对于焊缝表面缺陷或近表面缺陷采用磁粉探伤或渗透探伤试验。不合格焊缝返修次数不应超过2次。

(6) 隧洞式钢管环缝需两面焊接，则钢管顶部和两侧与岩石之间的净空至少600mm，钢管底部净空至少700mm。单面焊接，则管外净空至少300mm。加劲环距岩壁至少300mm。

(7) 进厂前的钢管段布置2～4道20cm左右高的止推环，以减轻球阀关闭时巨大的轴向推力对钢管的影响。

(8) 为减小压力钢管在厂房出口岩壁约束处的局部应力，在钢管进厂房前一段范围内，钢管外壁涂刷1～2层沥青玛碲脂，厚度为0.5mm左右。

3.5.4 明管设计

(一) 明管布置

大多数抽水蓄能电站水头高，安装高程低，常采用地下压力管道，个别电站由于地形、地质条件和施工条件的原因采用明管布置。抽水蓄能电站明管布置原则基本同常规水电站。明管布置时应考虑以下几个方面：

(1) 明管线路布置宜选择在地形、地质条件优越的地段，并与进水口和主厂房等建筑物相协调。一般是上述两类建筑物先选好，再考虑管线位置，除非是管线有不可逾越的地形、地质不良地段，才另选方案。某些工程的厂址无多个位置比选，管线必须迁就厂址，不得不通过某些不良地段，须采取工程措施以策各方安全。如有的工程为了避开山洪、坠石等影响，作成洞内明管、地下埋管或外包混凝土的钢管等。布置明管线路时，一般由于山脊覆盖层浅而山坡覆盖层厚的地质条件，尽量将管线布置在山脊，这样既减少开挖量又降低管道内压；另外为减少镇墩工程量，可将管道平面转弯点和管径变化点尽量与下弯点结合。根据施工方案优化选择钢管倾角。

(2) 为避免钢管一旦发生意外事故时，危及电站设备和人员安全，线路布置时尽量结合地形布置事故排水设施和防冲设施。事故排水方向尽量避开厂区建筑物。

(3) 沿管线应设置交通道路，并宜设置照明设施。根据工程具体情况，可在交通道路沿线设置休息平台、扶手栏杆、越过钢管的爬梯或管底通道。

(4) 明管宜做成分段式，分段式明管转弯处设置镇墩。镇墩间设支墩以支承和架空钢管，并设置伸缩节。伸缩节宜设在镇墩下游侧。对于管轴线很陡的明管，伸缩节的位置应综合考虑钢管轴向应力、钢管轴向稳定及安装条件等因素确定。若直线管段长度在150m以上，宜在其间加设镇墩和伸缩节。若直线管段纵坡很缓且管段长度不超过200m，也可不加设中间镇墩，而将伸缩节置于管段中部。

(5) 镇墩、支墩基础应位于地质条件较好的地基上，对无法避免的基础缺陷应采用置换、固结灌浆等方法处理。

(二) 镇、支墩结构布置设计

(1) 镇、支墩布置。

根据钢管沿线地形起伏变化，在弯管处和管长超过150m的直段设置镇墩，两镇墩间设支墩，支墩间距与管径和壁厚有关，同时应考虑安装方便、所选支座的承载能力、地基沉陷变位等因素。在相邻两镇墩之间，宜按等距离布置。设有伸缩节的一跨，间距宜缩短，以保证伸缩节正常工作。我国一般每隔8～12m设一支墩，国外一些工程支墩间距远大于我国。对于地震多发区的压力管道，为了减小振幅和相应的地震应力，支墩间距可小一些。

镇墩型式有开敞式镇墩、半封闭式镇墩和封闭式镇墩。其型式选择取决于抗滑稳定需要的墩体体积量、墩体材料供应条件、钢管直径、锚固段长度、地基容许承载力及地质条件。抽水蓄能电站明管镇墩多选用封闭式镇墩。

支墩包括管体支承结构及墩体两部分。支墩型式随管径、支墩跨距、敷设角度而定。一般按工作方式分为滑动支座和滚动支座两大类。滑动支座支承结构比较简单，制作、安装比较方便，而滚动支座制作相对复杂，耗钢量大，重量重，制作和安装的技术要求较高，造价相对贵，投入运行后锈蚀严重，维护困难。近些年来，支座形式选用桥梁平面滑动支座居多，它具有体积小、重量轻、安装简单、承载能力大、摩擦系数小（0.05～0.08）、耐锈蚀及不需经常维护保养等优点。

支座应采取构造措施，保证钢管能适应温度变化时沿轴向自由伸缩，并能防止横向滑脱。

（2）镇、支墩结构设计。

镇墩主要依靠自身的重量保持稳定，达到固定压力钢管的作用；支墩用于支承钢管，把钢管自重和水重的法向分量（垂直管轴向）传给地基，并防止钢管向两侧变形。其结构设计主要是进行稳定计算和对地基应力进行校核。对高陡倾角的镇墩不仅进行抗滑稳定计算，还应进行抗倾覆稳定验算。镇、支墩若置于土基或软弱岩基，除应满足承载力和稳定要求外，还应考虑地基不均匀沉降对钢管应力的影响。

镇、支墩承受的荷载：①钢管自重及管内水重；②上、下游钢管轴向力（只计入镇墩计算）；③摩擦力（镇墩为伸缩节产生，支墩为支座产生）；④镇、支墩自重；⑤地震荷载（若需计算的话）。计算时应考虑各种不利的运行工况，包括温升和温降情况。在各种工况下，要求所设计的镇、支墩都具有抗滑稳定性及合理的地基应力。

（3）镇墩的构造措施。

①镇墩内钢管配置足够的刚性环，环与管壁间的焊缝承受全部滑动推力，同时限制钢管的径向变形，刚性环间管壁的上半圈设置柔性垫层以适应变形；②镇墩混凝土外圈宜配置钢筋；③各镇墩基础设置锚筋，以减少镇墩体积和提高抗倾覆力；④镇墩管轴腰线部位混凝土内应配置弯道转弯半径方向的环筋，以保持镇墩的整体性。上突形镇墩钢管管周配置钢筋，防止钢管腰线以上混凝土脱开掀起，上突的弯管设拉杆，拉杆焊在钢管管壁上，传递钢管受到的上抬力。

（三）明管结构分析

明管结构分析根据《水电站压力钢管设计规范》（DL/T 5141—2001）的有关公式进行。

（1）荷载计算及组合。

荷载包括内水压力、管内水重、管自重、温度变化引起的力及地震荷载等。

荷载组合可分为基本荷载组合和特殊荷载组合。

（2）应力分析。

对管壁和加劲环、支承环进行应力分析时分别包括以下几个方面：①跨中；②支承环旁膜应力区边缘；③加劲环及其旁管壁；④支承环及其旁管壁等的环向应力、轴向应力、局部弯曲应力、剪应力。

正常工作状态弯矩、剪力值根据规范按多跨连续梁计算。

地震作用状态弯矩、剪力值根据规范提供公式计算。

管壁抗外压稳定临界压力按规范公式计算。

根据第四强度理论验算各计算点是否满足强度条件。

（3）振动分析。

目前明管振动分析理论和实测资料都较缺乏。从以往的工程实践看，明管的振动一方面由于存在振动源，另一方面钢管本身的自振频率与振动源所产生的压力波的频率相接近。要解决钢管的振动问题，或是消除振动源，或是改变钢管的自振频率，或是两者兼用。分析发现，产生钢管振动的振动源主要有水流对水泵水轮机叶片的撞击、尾水管中的压力波动、机组运行时的机构振动等。钢管的自振频率计算公式可见相关文献。

设计时可做些研究工作，计算钢管的自振频率和干扰频率，力求避免发生共振。在实践中，一般通过实测管道振动的频率和振幅，若振动过大，应立即分析原因，采取措施减振。

（四）工程实例

（1）西藏羊卓雍湖抽水蓄能电站。

该电站引羊卓雍湖水至雅鲁藏布江边利用840m天然落差发电，抽取雅鲁藏布江水入湖蓄能。电站总装机容量112.5MW，单机容量22.5MW，其中4台立轴三机式蓄能发电机组，1台常规立轴冲击式机组。压力管道全长3044m，由埋管、明管及厂区岔支管系统组成。埋管段长754m，由上平段、斜井段和下平段组成，出口设蝴蝶阀。明管段总长2290m，沿蝶阀室至厂房间条形山脊敷设，沿线布置了20个镇墩，管道平均纵坡16.7°，最大纵坡33.6°；每个镇墩下游设双法兰套筒式伸缩节，每隔一个镇墩设一个进人孔，沿线共布置18个伸缩节和9个进人孔。明管外径自上而下由2.3m经2.0m缩至2.1m，最大设计内水压力10MPa，管内流速4～5.1m/s。中水头段钢管采用日本SPV355钢材制造，高水头段采用日本HS610U及HS610MOD钢材制造。明管管壁厚度首端20mm，末端54mm。

该电站地处高寒山区，羊卓雍湖平均水温7℃，最低水温−0.2℃，多年平均气温2.6℃，极端最低气温−25℃。冬季运行明管内小流速或停机时易结冰，轻则减少过流能力，重则冰层脱离堵塞喷嘴引起瞬间水击压力突升或机组转速不稳，影响电站安全稳定运行。为此进行了明管保温防冰设计。采用8cm厚聚氨酯泡沫保温材料外敷于明管外壁，外加玻璃钢保护壳。电站总体布置见图7-3-9。

（2）溪口抽水蓄能电站。

该电站位于浙江省宁波市溪口镇。电站总装机容量80MW，由2台单机容量为40MW竖轴混流可逆式水泵水轮发电机组成。电站发电最大、最小（净）水头分别为268m、229m，设计水头240m，发电最大引用流量69m³/s，水泵最大、最小扬程分别为276m和242m。输水系统由进口、引水隧洞、调压室、压力钢管和尾水洞等部分组成。压力钢管内径3.2m，长639.4m，在平面上为一直线，立面上顺坡布置。沿程设5个镇墩，在第5个镇墩后以斜洞降至水轮机组安装高程与月牙肋岔管连接。电站平面布置见图7-3-10；电站输水系统剖面布置见图7-3-11。

（3）明潭抽水蓄能电站。

该电站位于台湾中部的日月潭附近，以日月潭天然湖泊为上水库，下水库在水里河筑坝形成。电站总装机容量1600MW，单机容量267MW。电站布置见图7-3-12。输水系统包括上水库进（出）水口、两条直径7.5m的引水隧洞、阻抗式调压井、两条压力钢管和钢岔管、尾水洞、下水库进（出）水口组成。由于地形条件，隧洞洞线必须穿过淘石峡谷，跨河段采用管桥（即混凝土拱桥支撑每条钢管）穿过山谷。钢管两端埋入隧洞一定长度。暴露在外的钢管按明管设计，使用厚度35mm的SM53钢板，在钢管暴露部分也安装了普通套筒伸缩接头以适应温度变化。为保证钢管安全运行，设置以下附属设施：

1）通过安装闭路电视监测系统使人在距跨河段下游约2km的中控室里能清楚地观察输水管暴露部分的情况。因而运行人员可以在任何时候在中控室里监视输水管。

2）在输水管暴露部分安装超声波流量计测量输水管水流速度和流量。如果暴露部分发生断裂而导致大量水外流，报警系统将自动行使中控室内的运行人员报警的功能。同时警报系统将起动进水口处控制系统紧急关闭事故闸门避免水流进入隧洞。

3）因为输水管暴露部分位于整个隧洞线的最低高程，为了进行隧洞充水和排水，在输水管暴露部分设置排水和通风设施。

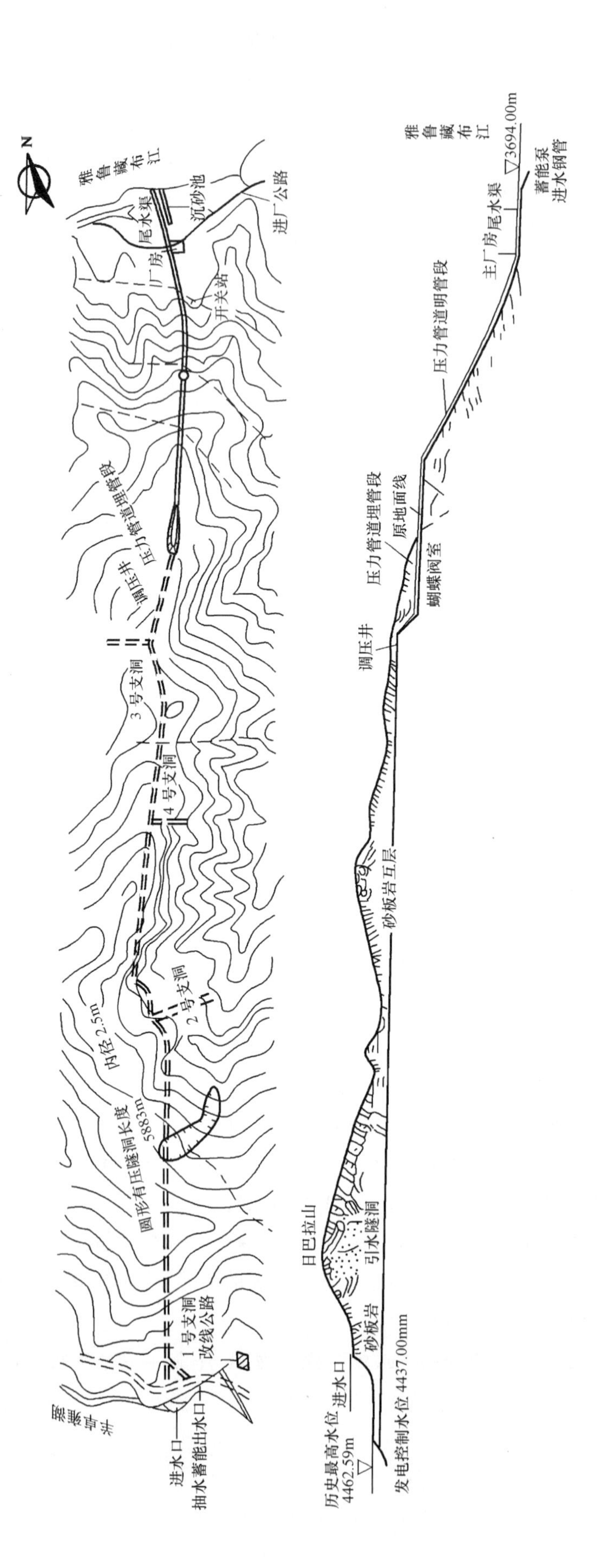

图 7-3-9　西藏羊卓雍湖抽水蓄能电站总体布置图

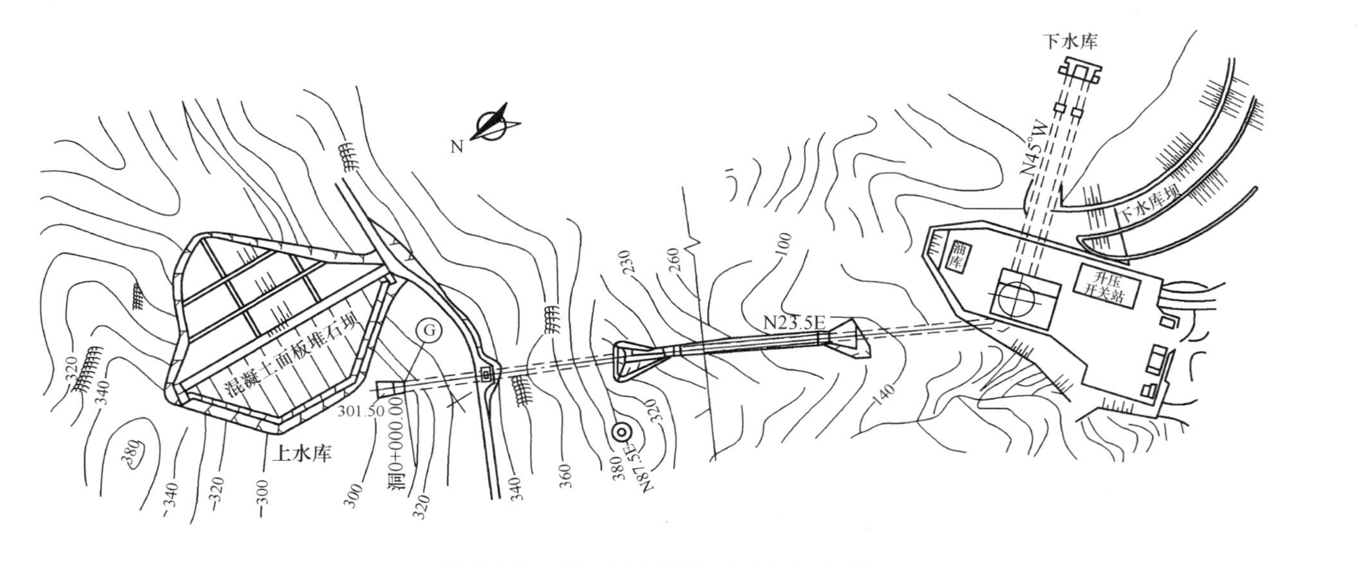

图 7-3-10 溪口抽水蓄能电站平面布置图

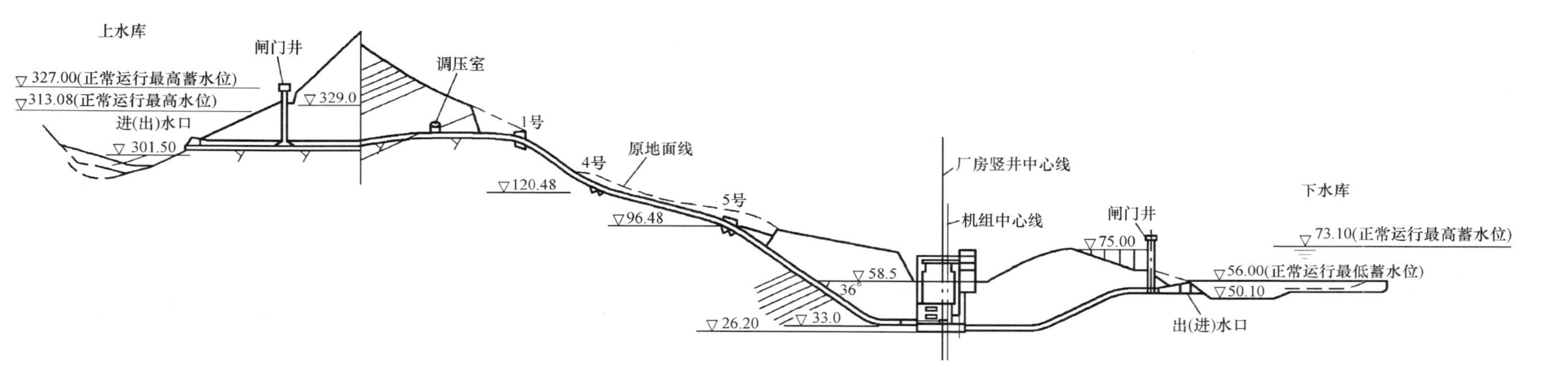

图 7-3-11 溪口抽水蓄能电站输水系统剖面布置图

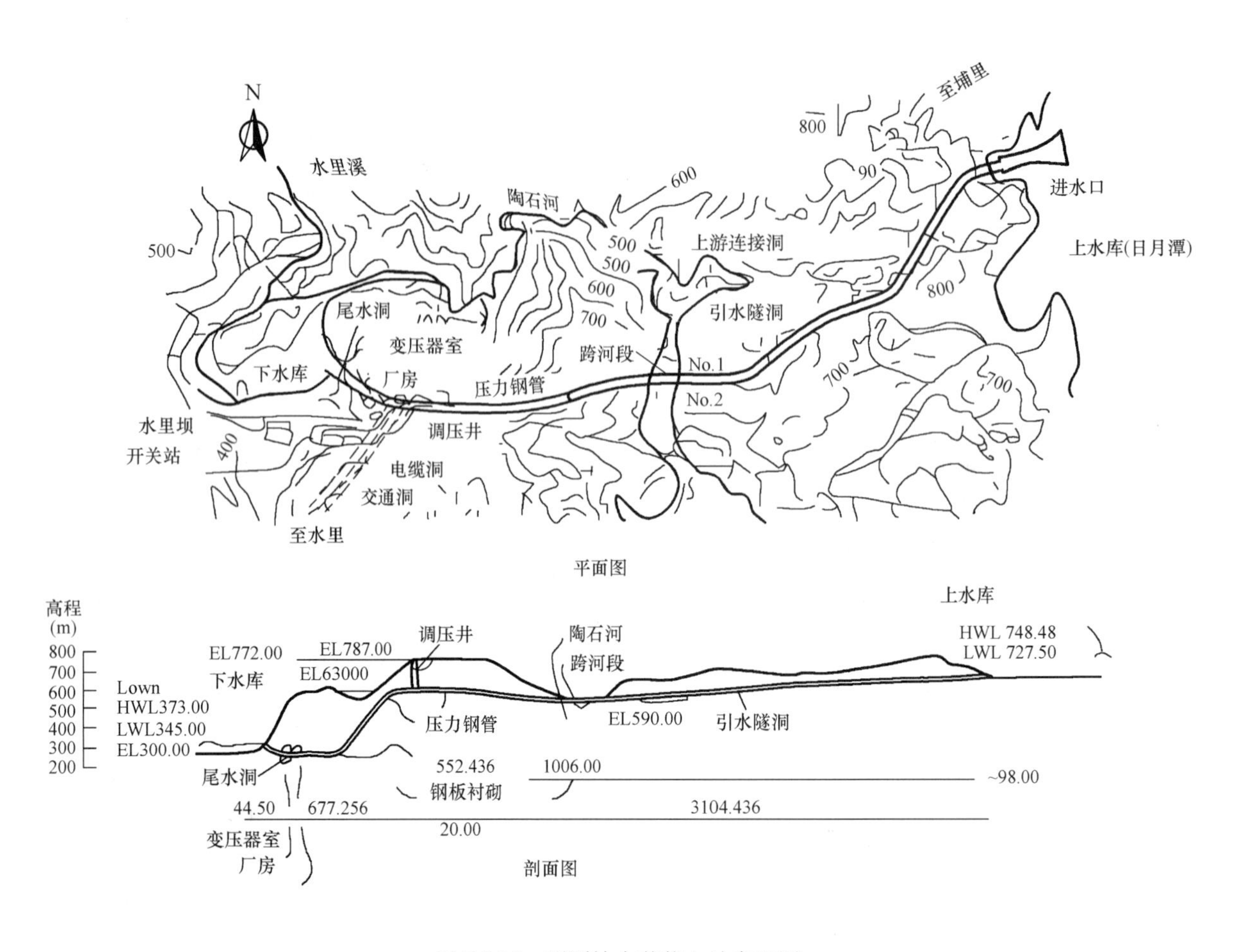

图 7-3-12　明潭抽水蓄能电站布置图

3.6　岔管

3.6.1　岔管类型

当抽水蓄能电站引水系统或尾水系统较长，引水系统或尾水系统布置为单洞单机就不经济了，常布置为一洞多机或多机一洞的形式，这时引水系统从主管到支管或尾水系统从支管到主管需设分岔管（洞），简称为岔管。工程上一般将位于厂房上游引水系统的岔管称为引水岔管，位于厂房下游尾水系统的岔管称为尾水岔管。当抽水蓄能电站输水系统较长，地下厂房采用首部或中部开发方式时，输水系统可能同时拥有引水岔管和尾水岔管，如广州抽水蓄能电站一期、二期工程、宜兴抽水蓄能电站工程；当地下厂房采用尾部开发方式时，由于尾水隧洞较短，常采用单机单洞的形式，即尾水系统不设岔管，如天荒坪、桐柏等抽水蓄能电站工程；也有的工程由于输水系统较短，引水系统和尾水系统均不设岔管，如在建的琅琊山抽水蓄能电站工程和拟建的桓仁抽水蓄能电站工程。

从岔管主洞与支洞数量关系来划分，有采用一分二的，即一条引水主洞分为两条引水支洞（或两条尾水支洞合并为一条尾水主洞），如桐柏、泰安、宜兴、宝泉等抽水蓄能电站工程；有一分三的，即一条主洞分为三条支洞，如天荒坪抽水蓄能电站工程；也有一分四的，即一条主洞分为四条支洞，如广州抽水蓄能电站一期、二期工程，惠州抽水蓄能电站。

由于水电站岔管结构复杂，距厂房近，失事后果较严重，为工程安全起见，早期的水电站工程常采用钢岔管分岔。现代的抽水蓄能电站具有水头高、流量大的特点，输水系统洞径及岔管规模相对大；抽水蓄能电站发电用水系利用电网电能从下水库抽水到上水库的，为提高电站效率，要求输水系统双向水流的水头损失均要尽量小；高水头抽水蓄能电站安装高程较低，当地形、地质具备条件时，将抽水蓄能电站厂房布置为地下厂房具有较大的优势，地下厂房需要适当的岩石覆盖厚度，导致引水岔管位置距外部的距离通常大于常规水电站。因此，抽水蓄能电站岔管选型需考虑的因素较常规水电站多。现代的抽水蓄能电站岔管 *HD* 值大，采用钢岔管时，如不考虑围岩分担内水压力，则钢岔管需要的钢板一般较厚，材料耗费量大，焊接工艺复杂，国内目前加工制造水平尚达不到要求。到目前为止，国内几个大型抽水蓄能电站工程的钢岔管均由国外承包商制作，存在成本高、运输困难等问题。即使如此，高水头大流量抽水蓄能电站引水系统布置时，往往还需在钢岔管前较大幅度降低引水主洞直径，从而将钢岔管几何尺寸缩小到可经济制作加工及运输的水平，这样将导致输水系统的水头损失明显增加。此外，为了将整体制作好的钢岔管运到厂房上游安放处，需较大程度上扩大用于岔管运输的洞室规模，增加投资。

在抽水蓄能电站输水系统设计中，若地形地质条件允许，采用钢筋混凝土岔管替代钢岔管，利用围岩来承担内水压力，可以达到方便施工、降低投资的目的。

引水岔管下游紧接压力钢支管，同一水力单元引水岔管下游多条压力钢支管单位长度合计造价通常高于引水岔管上游一条引水主管的单位长度造价，因此，无论对于钢筋混凝土岔管还是钢岔管，在满足岔管设计、运行要求的前提下，岔管的位置越接近厂房，则引水主管越长、引水支管越短，越经济。但钢筋混凝土岔管距厂房越近，则意味着围岩的渗透比降越大，引水系统的高压水渗入地下厂房的可能性越大。因此，钢筋混凝土岔管距地下厂房的距离，需结合地质条件进行详细的分析和技术经济比较。对于钢岔管，因岔管前后的引水主管和引水支管均为钢板衬砌，如钢岔管按明岔管设计，不考虑与围岩联合承担内水压力，则钢岔管应尽量靠近厂房布置较经济。目前国内已有的工程考虑钢岔管与围岩联合作用承担内水压力，来减少钢岔管管壁厚度，如宜兴抽水蓄能电站引水钢岔管。在这种情况下，对钢岔管区域围岩的有效埋深、围岩地质条件具有一定要求，钢岔管是否还要最大程度靠近厂房布置，则需作具体的分析。

尾水岔管由于承担的内外水压力相对较低，一般采用钢筋混凝土衬砌。

3.6.2 钢岔管

抽水蓄能电站由于水头较高，部分电站引水岔管区域围岩不能同时满足“三大准则”，即：最小覆盖准则、最小地应力准则和渗透稳定准则，引水岔管不能采用钢筋混凝土衬砌，而采用钢板衬砌岔管(即钢岔管)。水电站钢岔管按加强方式分，有三梁岔管、月牙肋岔管、贴边岔管、球形岔管、无梁分岔等多种结构型式。布置形式有：非对称 Y 形、对称 Y 形和三岔管。内加强月牙肋岔管也称 E-W 型岔管，是由瑞士 Escher Wyss 公司开发的，由于内加强月牙肋钢岔管具有受力明确合理、设计方便、在抽水发电双向水流流态好、水头损失小、结构可靠、制作安装容易等特点，在国内、外大中型常规和抽水蓄电站中得到广泛的应用，如：西藏羊湖、北京十三陵、江苏宜兴、山西西龙池、河北张河湾、江苏溧阳、内蒙古呼和浩特、江西洪屏等抽水蓄能电站。下面主要针对抽水蓄能电站埋藏式月牙肋钢岔管设计展开叙述。

目前国内已建成工程的钢岔管绝大多数按明岔管设计，即使类似十三陵抽水蓄能电站深埋在地下的钢岔管，设计时也按钢岔管单独承受全部内水压力设计。但十三陵抽水蓄能电站、日本的奥美浓、奥矢作等内加强月牙肋钢岔管原型观测资料证明钢岔管围岩分担内水压力的作用是明显的。近年来，若干已建和拟建的几个抽水蓄能电站采用了与围岩联合受力设计埋藏式钢岔管的设计理念，为国内与围岩联合受力埋藏式钢岔管设计开了先河。中国水电顾问集团华东勘测设计研究院设计的江苏宜兴抽水蓄能电站钢岔管为国内第一个已投入运行的采用与围岩联合受力设计的埋藏式钢岔管，并在工厂内完成了国内第一个超大型的原型钢岔管水压试验。国内已建和在建的大型钢岔管主要参数见表 7-3-9。

表 7-3-9　　国内已建和在建的大型钢岔管主要参数

工程名称	开始运行年份	布置	岔管型式	分岔角（°）	HD（m^2）	设计水头（m）	主管管径（m）	支管管径（m）	岔管壁厚（mm）	月牙肋板厚（mm）	设计状态
十三陵	1995	Y形	对称月牙肋	74	2600	686	3.8	2.7	62 SHY685NS	124 SUMITEN780	岔管单独受力设计
羊卓雍湖	1996	卜形	不对称月牙肋	64	2400	1000	1.856	1.61/1.2	60 HS610	150 HS610	明岔管
宜兴	2007	Y形	对称月牙肋	70	3120	650	4.8	3.4	60 P500M	100 P500M	与围岩联合受力设计
西龙池	2009	Y形	对称月牙肋	71	3552.5	1015	3.5	2.5	56 800MPa级	120 800MPa级	与围岩联合受力设计
张河湾	2008	Y形	对称月牙肋	70	2678	515	5.2	3.6	52 800MPa	120 800MPa	与围岩联合受力设计
洪屏	拟建	Y形	对称月牙肋	70	3740	850	4.4	3.0	54 800MPa	120 800MPa	与围岩联合受力设计
溧阳	在建	Y形	非对称月牙肋	70	3690	434	8.5	4.5	78 600MPa	156 800MPa	与围岩联合受力设计

（一）埋藏式内加强月牙肋钢岔管体形设计原则

（1）水电站压力钢管设计规范建议钢岔管分岔角宜取 55°～90°。根据西龙池抽水蓄能电站岔管试验研究成果，岔管局部水头损失系数随分岔角的增大而增加，当分岔角小于 75°时，分岔角对发电工况水头损失系数较小。综合考虑水力和结构特性的影响，在条件许可的情况下，建议分岔管在 65°～75°之间选择更为合适。

（2）钝角区腰线转折角 C_1 和支管腰线转折角 C_2 不宜大于 15°；若整个岔管壁厚相同，则较小直径的支管腰线转折角可适当放大，但不宜大于 18°；最大直径处腰线转折角 C_0 不宜大于 12°。

（3）最大公切球半径 R_i 宜取主管半径 r 的 1.1～1.2 倍。

（4）管节长度（或环缝焊缝间距）不宜小于下列各项之大值：①10 倍管壁厚度；②300mm；③$3.5\sqrt{rt}$，其中 r 为钢管内半径，t 为钢管壁厚。

（5）通过体形优化使管壳应力尽量减小，且各点应力分布尽量均匀；根据类似工程经验，最大直径处腰线转折角处管壳的应力最大，体形优化时应尽量减小其转折角。

（6）岔管主管、支管中心线宜布置在同一高程上。

（7）肋板肋宽比可按《水电站压力钢管设计规范》（DL/T 5141—2001）附图 F2 肋板宽度参考曲线，在初选分岔角的前提下查图确定。肋板厚度宜取壁厚的 2～2.5 倍。

（8）大型岔管管壁宜设计为变厚，相邻管节的壁厚之差不宜大于 4mm。

（9）重要工程岔管体形宜进行水力学模型试验验证，使其水流条件好，水头损失小。

（10）重要工程岔管宜进行三维有限元应力变形计算，优化体型，分析管壳及月牙肋的应力和变形。

（11）重要工程岔管宜进行水压试验，测试水压试验工况岔管应力分布规律，与原型观测应力计的测试成果相互印证，有利于消除钢岔管的尖端应力以及岔管施工附加变形，保证岔管安全运行。

（12）钢材用量最省。在初步确定岔管主管和支管直径、管壳和月牙肋壁厚、腰线转折角、最大公切球直径的前提下，可采用水电站钢岔管CAD程序进行体型优化、管壳展开。

图7-3-13～图7-3-15是几个抽水蓄能电站的钢岔管的体形图。

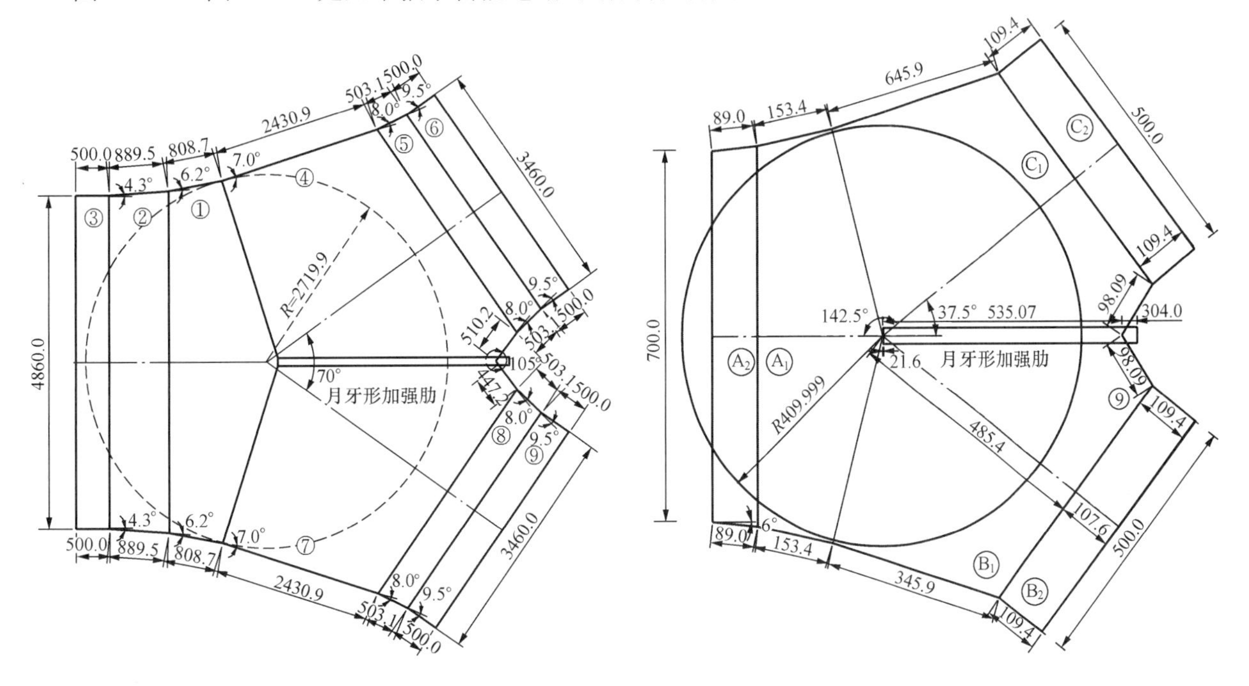

图7-3-13 宜兴抽水蓄能电站钢岔管体型图　　图7-3-14 西龙池抽水蓄能电站钢岔管体型图

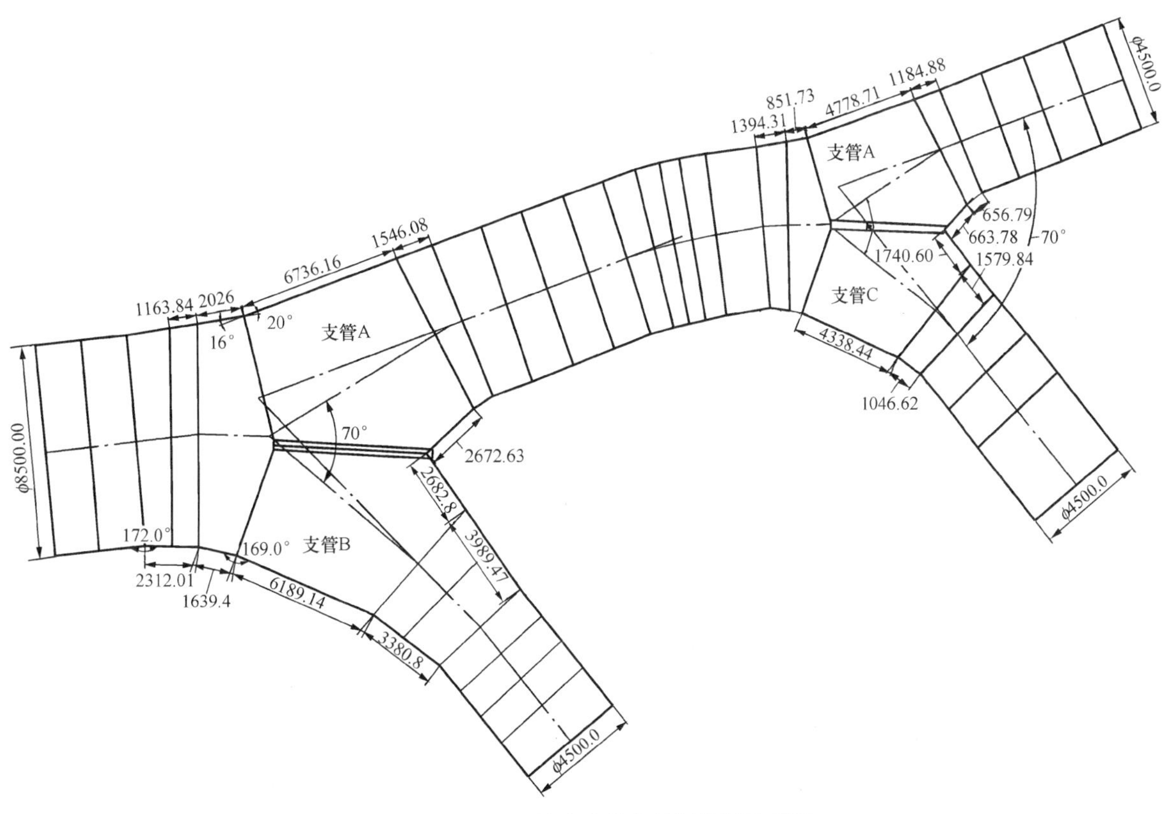

图7-3-15 溧阳抽水蓄能电站钢岔管体型图

（二）钢岔管允许应力确定

《水电站压力钢管设计规范》（SL 281—2003）表 7.2.2 规定了明岔管（包括完全露天的明岔管和埋在露天镇墩中的岔管）的允许应力值，对整体膜应力、局部膜应力（月牙肋两侧 3.5 $\sqrt{rt}$ 及转角点处管壁）和月牙肋应力取值做了比较明确的规定。但《水电站压力钢管设计规范》（DL/T 5141—2001）表 8.0.5 对埋藏式钢岔管结构系数的取值未有明确规定，规范印制本中提到“岔管的 γ_d 应按表列明管 γ_d 增加 10%采用”，后来在更正表中改为“岔管的 γ_d 应根据其主管按表列相应管型 γ_d 增加 10%采用”，按表 8.0.5 可查出明管整体膜应力、局部膜应力、局部膜应力＋弯曲应力对应的结构系数，分别为 1.6、1.3 和 1.1。但是按表 8.0.5 仅能查出地下埋管的整体膜应力对应的结构系数，取值为 1.3，局部膜应力和弯曲应力对应的结构系数无从推求。通过对两本规范进行对比分析，并根据类似工程岔管应力取值的经验，可以认为抽水蓄能电站埋藏式钢岔管各部位允许应力对应结构系数取值按明管增加 10%是合适的，具有较强的可操作性和安全性。当然钢岔管允许应力取值也同样应按“明管准则”限制围岩分担率。所谓“明管准则”是指即使不考虑围岩分担内水压力作用，岔管最大峰值应力也不超过材料的屈服强度。

按照《水电站压力钢管设计规范》（DL/T 5141—2001）表 8.0.5 明管结构系数的规定，埋藏式钢岔管的结构系数按明管的 γ_d 值增加 10%采用，以某抽水蓄能电站埋藏式钢岔管采用 800MPa 级钢板各部位的允许应力取值为例，计算步骤如下。

800MPa 级钢板力学性能指标见表 7-3-10。

表 7-3-10　　某抽水蓄能电站埋藏式钢岔管 800MPa 级钢板力学性能指标

钢　材	屈服强度 σ_s(MPa)	抗拉强度 σ_b(MPa)	屈强比
800MPa 级	655	760	0.86～0.67

强度设计值 f 取值：$\dfrac{0.75\times760}{1.111}=513\text{MPa}$。

考虑到焊接工作将在工地进行，有 100%超声波检测前提下，焊缝系数取 0.95。

结构重要系数一级建筑物取 1.1。

设计状况系数：运行工况取 1.0。

结构系数：整体膜应力取 1.6×(1＋10%)，按《水电站压力钢管设计规范》(DL/T 5141—2001) 中表 8.0.5 注 4 规定。

局部膜应力取 1.3×(1＋10%)。

局部膜应力＋弯曲应力取 1.1×(1＋10%)。

则运行工况下：

整体膜应力(管壳)：$\dfrac{513}{1.1\times1.0\times(1.6\times1.1)}=265.0\text{MPa}$；

局部膜应力(管壳)：$\dfrac{513}{1.1\times1.0\times(1.3\times1.1)}=326.1\text{MPa}$；

局部膜应力＋弯曲应力(肋板)：$\dfrac{513}{1.1\times1.0\times(1.1\times1.1)}=385.4\text{MPa}$。

（三）埋藏式钢岔管管壁厚度计算

钢岔管设计厚度取用与钢岔管体形设计同样重要，重要工程的钢岔管管壁厚度计算不仅应按 DL/T 5141—2001 附录 F 进行结构计算，还应进行三维有限元应力应变计算，故岔管管壁厚度宜综合考虑结构分析法和三维有限元的计算结果。

（1）结构分析法计算。

埋藏式月牙肋岔管管壁厚度计算可按《水电站压力钢管设计规范》(DL/T 5141—2001) 中 10.2.4-1 和 10.2.4-3 公式进行。岔管管壁厚度分别按整体膜应力估算的管壁厚度 t_{y1} 和按局部应力估算的管壁厚度 t_{y2}，并取其大者：

$$t_{y1} = \frac{pr}{\delta_{R1}\cos A} \tag{7-3-20}$$

$$t_{y2} = \frac{k_2 pr}{\delta_{R2}} \tag{7-3-21}$$

上述两式中 t_{y1}——按整体膜应力估算的壁厚，mm；

t_{y2}——按局部膜应力估算的壁厚，mm；

r——该节管壳计算点到旋转轴的旋转半径（即垂直距离），mm；

k_2——腰线转折角处应力集中系数，查规范图 10.2.4；

A——该节钢管半锥顶角，°；

δ_{R1}——按整体膜应力计的抗力限值，N/mm²；

δ_{R2}——按局部膜应力加弯曲应力计的抗力限值，N/mm²；

p——内水压力设计值，N/mm²。与围岩联合受力设计的埋藏式岔管，对围岩的地质条件要求并不高，围岩只要有一定的覆盖厚度，且离开厂房有一定的距离，通常是可以满足联合受力的要求。根据类似工程有限元分析成果，围岩弹性抗力不小于 2000MPa/m 时，总缝隙值不小于 1.5mm 时，围岩分担率可达到 20%～35%，甚至更高。在按结构分析法计算时，其内水压力可根据工程实际地质条件按 20%～35%进行折减。

(2) 埋藏式钢岔管三维有限元计算。

明岔管计算可以用多种现有的有限元通用程序进行，但埋藏式岔管计算通用程序会遇到一些问题。岔管计算要保证得到正确的结果，首先要在几何描述上能正确反映岔管板壳结构的特点。要达到满意的计算精度，网格形态要好，且网格和结点数宜多。计算模型应能反映岔管外的回填混凝土和围岩实体，不仅要考虑围岩弹性抗力各向同性和缝隙均匀分布，也应考虑围岩弹性抗力各向异性和缝隙不均匀分布的影响。

埋藏式钢岔管受到内水压力作用的机理是：岔管结构的不均匀变形使得钢岔管某些部位与回填混凝土相接触并通过开裂的混凝土将内水压力传递到围岩上，产生的接触反力作用在钢岔管上，并抵消部分内水压力，客观上起到了分担内水压力的作用，因钢岔管的不均匀变形，故钢岔管与围岩的接触区域难以确定。因此钢岔管与围岩联合受力属于非线性接触问题。钢岔管三维有限元计算应对围岩弹性抗力和缝隙进行敏感性分析，并应按“明管准则”复核和限制围岩分担率。

(四) 钢岔管加工制作

钢岔管加工制作、焊接施工非常重要。从已建和在建的几个抽水蓄能电站的钢岔管制作情况统计，十三陵、西龙池抽水蓄能电站，虽然 *HD* 值较高，岔管壁较厚，但岔管的本体尺寸较小，运输条件不受限制，建设方委托日本三菱重工株式会社神户造船厂进行钢岔管加工制作、焊接，并在工厂内进行水压试验，然后整体运到电站现场进行安装。

宜兴抽水蓄能电站，不仅 *HD* 值较高，岔管壁厚较厚，而且岔管本体尺寸较大，运输条件受到限制，建设方委托挪威 GE 公司负责完成钢岔管管节制作（包括月牙肋）、大节拼装、部件运输包装及临时内支撑等工作，并在 GE 工厂进行整体预组装、外形尺寸检查和出厂验收，钢岔管运到宜兴工地设备库后由国内承包商在 GE 公司督导下负责整体焊接组装、涂装前除锈、水压试验、有关测试工作及现场安装组焊，GE 公司负责提供钢岔管焊接工艺要求和组装技术要求等，并进行工地现场技术督导。张河湾抽水蓄能电站钢岔管制作的委托模式基本采纳了宜兴抽水蓄能电站工程的方式，委托日本三菱重工株式会社神户造船厂进行管节制作、大节拼装、整体预组装等。随着国内大型抽水蓄能电站建设，高压岔管向高水头大 *HD* 值发展，钢岔管壁也越来越厚，给钢岔管制作、焊接施工带来挑战，近年来虽然国内承包商在高强厚板加工、焊接方面有了较大的突破，但上述几个抽水蓄能钢岔管进行专项委托加工制造不失为一种很好借鉴模式。

（五）钢岔管水压试验

《水电站压力钢管设计规范》（DL/T 5141—2001）第 12.2.1 条明确规定钢岔管应进行水压试验（经论证亦可不作水压试验）。通过水压试验消除钢岔管的尖端应力以及岔管施工附加变形，并与结构力学、三维有限元计算的应力结果相互对照，为以后的其他类似工程提供技术依据和参考。规范同时规定："工厂水压试验的压力值应取正常运行情况最高内水压力设计值（含水锤）的 1.25 倍，且不小于特殊运行情况下的最高内水压力"，这主要针对明岔管提出的，对于按照与围岩联合受力设计的埋藏式钢岔管，其水压试验压力值如何确定没有规定，但显然不能套用规范对明岔管所作的规定。根据目前业内人士认为，水压试验对消除钢岔管的尖端应力有好处，所以在水压试验压力确定时宜尽量采用较高压力，最大试验压力的确定宜按照"结构任意一点的等效应力不超过材料的屈服强度"的原则控制，要求在钢岔管水压试验进程中应适当布置应力和变形测试点，以保证钢岔管水压试验的安全，同时又能最大限度地降低焊接残余应力。根据类似工程钢岔管水压试验的经验，水压试验应分级加载，缓慢增压，各级稳压时间及最大试验压力的保压时间不应短于 30min，水压试验水温不宜低于 5℃，环境温度不宜低于 10℃。

关于月牙形内加强肋钢岔管，过去曾对四川南桠河三级水电站、渔子溪耿达水电站和北京十三陵抽水蓄能电站等该类型的钢岔管结构模型进行了多次明管或埋管水压试验研究和计算分析，但从一些模型试验测试成果与计算成果比较的结果来看，仍有明显的差异，有必要进一步研究探讨。下面就北京十三陵抽水蓄能电站钢岔管结构模型、羊卓雍湖抽水蓄能电站原型钢岔管、西龙池抽水蓄能电站钢岔管结构模型和宜兴抽水蓄能电站原型钢岔管的水压试验研究一一简述。

（1）十三陵抽水蓄能电站钢岔管结构模型水压试验。

十三陵抽水蓄能电站修建于北京市昌平县十三陵水库左岸山体内，利用该水库为下水池，另在山上人工开挖上水库，最大水位落差 481m。该电站装设四台 200MW 单级混流可逆式水泵水轮机组。第一台机组于 1995 年末投产，第四台机组于 1997 年 7 月 1 日并网运行，迄今电站运行良好。电站采用双水道系统，采用一管两机布置方式，两根主管直径为 5.2～3.8m，长约为 850m，在距厂房上游边墙约 30m 处，各分岔为两根直径 2.7m 的支管，末端变径为 2.0m 与球阀前置节相连。管道最大设计水头为 686m，最大 *HD* 值达 $2600m^2$，由于管路沿线围岩地质条件不良，所以全线采用钢衬。钢岔管采用 SHY 685NS-F 钢（800MPa 钢），壳板厚度为 62mm，肋板厚度为 124mm。为进一步考察钢岔管的应力分布、变形及整体超载能力，并与有限元计算成果相互验证，以便改进设计，同时通过岔管模型的制作，摸索高强钢的焊接工艺和加工特性，特做了结构模型，比尺为 1∶3，并进行了结构模型水压试验；为了验证设计及明确钢板和焊接接头的可靠性和安全性，同时还可以消除某种程度的焊接残余应力，钢岔管还在工厂进行了原型水压试验；以便了解埋置状态下岔管工作状态，并为今后设计提供参考资料，在 2 号岔管外边缘关键部位设置了钢板计、渗压计及温度计，由电缆连至厂房观测间读值。该岔管深埋于地下，但设计不考虑围岩抗力分担的影响，经充水期原型观测表明，围岩实际具有分担内水压力的作用，如果设计上考虑 10%～15%的围岩分担率，是可以获得较好的经济效益，钢岔管的制作、焊接难度会减小许多。

（2）羊卓雍湖抽水蓄能电站原型钢岔管水压试验。

西藏羊卓雍湖抽水蓄能电站位于西藏南部，海拔高度 3600～4400m。该电站利用高原湖泊羊卓雍湖作为上水库，以雅鲁藏布江为下水库，上下水库落差达 840m。电站采用一条长度为 3045m 的主压力钢管供水，前段为地下埋藏管，后段为地面明管。压力钢管末端设有一个主岔管，将钢管分为上、下两条主支管，再经 7 个月牙形内加强肋钢岔管与水轮机和蓄能泵联接。压力钢管管径为 2.5～2.1m，最大设计压力为 10MPa。电站厂房内装设 4 台 22.5MW 主轴三机式抽水蓄能机组和 1 台 22.5MW 常规冲击式发电机组，总装机容量为 112.5MW。高压管系统中，除主岔管由奥地利供货外，其余 7 个月牙形内加强肋岔管均由中国水利水电第四工程局有限公司采用日本 HS610 高强度钢板制造。其中 4 号岔管 *PD* 值高达 $2400m^2$，最大壁厚 60mm，这种厚壁岔管在国内尚属首次制造，其卷板、焊接工艺均较复杂，制造难度亦大。该工程对 2 号、3 号、4 号 3 个高压原型岔管进行了系统的应力测试工作，取得了大量的数据。整个水压试验分两个阶段进行，第一阶段为设计压力阶段，最高压力为 10MPa；第二个阶段为试验压力阶段，最高压力为 12.5MPa。从实测成果和数值模拟计算成果比较表明，总体上看数值比较接近，变化趋势亦相同。从水压试验成果看，该工程岔管设计是成功的，在水压试验 12.5MPa（1.25 倍设计压力）工况下岔管各部位均处于弹性受力状态，并有较富裕的安全储备。

（3）西龙池抽水蓄能电站钢岔管结构模型水压试验。

山西西龙池抽水蓄能电站位于山西省五台县境内，总装机容量为 1200MW，安装 4 台单机容量为 300MW 的水泵水轮机组，电站额定水头为 640m。输水道引水系统采用一管两机的供水方式，在距厂房上游边墙 54m 左右布置高压岔管，岔管采用内加强月牙肋钢岔管，主管直径为 3.5m，支管直径为 2.5m，最大公切球直径 4.1m，分岔角为 75°，*HD* 值为 $3552.5m^2$，采用 800MPa 级高强调质钢制造，壳体最大厚度为 56mm，月牙肋板厚 120mm。西龙池抽水蓄能电站工程钢岔管在有限元结构计算分析的基础上，为进一步研究埋藏式钢岔管的受力特点，验证三维有限元结构分析成果，进行了岔管现场结构模型试验，通过对钢岔管实际工作状态进行模拟，合理选取设计参数，研究围岩分担规律，确定分担比例。岔管结构模型按几何相似原则设计，比尺为 1∶2.5，岔管模型主管直径为 1.4m，支管直径为 1.0m，最大公切球直径 1.64m，采用 16MnR 钢制造，壳体最大厚度为 22mm，月牙肋板厚 48mm。岔管模型由主管段、岔管段、支管段、主管端锥管段、人孔、支管段封头、阻滑环及附属管路系统组成。

岔管模型试验分别进行明管和埋管状态下的打压试验，通过岔管明管和埋管状态观测成果的对比分析，确定围岩分担内水压力效果。明管状态打压试验的目的，主要是对岔管应力状态进行观测，埋管状态试验除对岔管应力状态进行观测外，还对影响岔管与围岩联合作用的因素进行观测。主要观测项目有：内水压力及水温的测试、管壁应力和应变测试、岔管变形测试、缝隙值的观测、混凝土应变及温度观测、回填混凝土微膨胀效果的观测、各部分压力传递的观测、压力与进水量的测试等。通过该试验基本验证了内加强月牙肋钢岔管围岩分担内水压力规律，为西龙池抽水蓄能电站钢岔管设计提供更充分的依据。在埋管状态下，由于围岩的约束作用，使模型钢岔管管壳应力集中程度大为消减，且应力分布的均匀程度大为改善，内、外壁应力差值也大为减少；埋管状态下模型钢岔管围岩分担内水压力作用是很明显的，便于材料强度的充分发挥，有利于节约工程投资，减少钢岔管的制作安装难度。西龙池抽水蓄能电站钢岔管考虑围岩与岔管联合作用后，钢岔管管壳最大厚度可由按明管状设计的 68mm 减少到 56mm，肋板从 150mm 减少到 120mm，钢岔管用钢总量可减少 22%，大大降低了钢岔管的制作安装难度，并节约了工程投资，经济效益是比较明显的。

（4）宜兴抽水蓄能电站原型钢岔管水压试验。

宜兴抽水蓄能电站原型钢岔管水压试验是国内第一个超大型的原型钢岔管水压试验。由中国水利水电第六工程局有限公司和郑州机械设计研究所分别承担了水压试验及水压试验测试工作。在水压试验过程中，在钢岔管内、外管壁布置了一定数量的应变片、位移传感器等观测仪器进行水压试验测试工作。试验最大压力值的确定，按照“结构任意一点的应力峰值不超过材料的屈服极限”的原则控制。

水压试验工作段范围包括①、②、④、⑤、⑦、⑧六节管节（详见图 7-3-13），采用两钢岔管联合水压试验方式，两个钢岔管主管对接，四个支管采用锥管连接过渡与钢闷头对接，形成密闭容器，钢闷头为椭圆形闷头，管口直径为2.0m，水压试验后割除两端闷头，整体运至现场安装。水压试验过程中，整个钢岔管水平卧放于数个鞍形支架上，岔管底点离地600mm，支架植根于混凝土中，有足够的刚性。钢岔管水压试验状态照片见图7-3-16。

图7-3-16　宜兴抽水蓄能电站钢岔管水压试验状态

整个水压试验准备工作充分，测试点布置合理，应变片防潮和管内测试线防水密封理想，测试应变片成活率达到100%，各压力循环下测试数据规律性较好。水压试验过程中残余应力测试采用压痕法和盲孔法两种测试方法，两种方法测试结果基本一致，基本反映了所测部位的焊接残余应力的真实状况。比较水压试验前后岔管所测部位的残余应力测试结果，可以发现原始焊接残余应力较高的测点（超过500MPa）经水压试验后，应力峰值明显降低，最大降幅可达10%～40%，说明水压试验对消减钢岔管焊接残余应力峰值起到了一定的效果。水压试验过程中，进水量—压力、应力—压力和位移—压力均成良好的线性关系，说明在水压试验过程中，岔管整体处于弹性变形状态，整个测试系统的非线性误差得到了较好的控制。水压试验过程中，试验压力5.42MPa时，月牙肋板腰部内缘实测应力达488.3MPa，接近材料的标准屈服值下限（490MPa）。水压试验过程中未发生钢岔管本体渗漏和焊缝开裂现象，说明钢岔管结构及焊缝经受了水压试验的考验，质量较好。该次水压试验取得了较完整的试验数据和经验，为今后其他钢岔管的优化设计提供了科学依据，使钢岔管设计更加完善。

3.6.3　钢筋混凝土岔管

（一）钢筋混凝土岔管位置选择

高压输水管道设计过程中，若采用钢筋混凝土衬砌代替钢板衬砌，必须要求管道上方具有一定的岩石覆盖厚度作为钢筋混凝土岔管成立的基本条件，其目的是保证岔管区域具有一定的地应力，以避免高水头作用下围岩发生水力劈裂，产生严重渗漏。钢筋混凝土岔管对地形、围岩地质条件的要求与高压隧洞是一致的，需同时满足“三大准则”，即：挪威准则、最小地应力准则和围岩渗透准则，具体可见本篇3.2节相关内容。

由于引水岔管下游紧接引水支管，再下游即为地下厂房（国内只有极少数大型抽水蓄能电站工程布置为地面厂房，如拟建的马山抽水蓄能电站工程），因此岔管位置选择与地下厂房位置选择密切相关，引水岔管的位置选择往往与地下厂房位置结合在一起进行综合比选。可行性研究设计阶段，需布置地质长探洞到达地下厂房及岔管位置（长探洞布置在岔管上方一定高度之上），并测试岔管区域地应力，获得一定数量的地应力测量值，配合地应力场有限元反演回归分析，分析岔管区域地应力分布。必要时还需进行高压渗透试验，以验证岔管区域围岩抗高压渗透性能，详见本篇3.2.4节。这些勘测试验工作往往是和设计工作同步进行的。在设计方面，预可行性研究阶段通过综合比较后，应明确引水发电线路，并得到设计审查部门审查同意。可行性研究阶段在复核预可行性研究阶段选取的引水发电线路的基础上，通过技术经济综合比较后确定地下厂房和引水岔管位置。必要时，引水发电线路可进行小幅度调整，如超出地质长探洞控制范围，还需适当补充勘探工作，如加深探洞和开挖支探洞。按地下厂房在引水发电线路中的前后位置，一般可分为厂房首部开发、中部开发和尾部开发等方案，详见本书厂房设计部分。在拟订地下厂房比选各方案过程中，需仔细分析地形地质的特点，同时拟订出引水岔管形式，并优先考虑采用钢筋混凝土岔管。当受地形地质条件限制，钢筋混凝土岔管不成立时，才考虑布置钢岔管。

当承受高水头的引水岔管采用钢筋混凝土岔管形式时，岔管的钢筋混凝土衬砌结构在高内水压力作用下，衬砌混凝土将开裂，内水压力沿衬砌裂缝外渗，因此岔管部位的围岩将与混凝土衬砌一起承担内水压力。根据国内、外利用围岩承载相关工程的设计经验，要使围岩能够作为承担内水压力的结构物，岔管区域围岩应满足以下基本条件：

（1）岩质坚硬，为新鲜岩石，其变形模量不小于衬砌混凝土的弹性模量，在高内水压力作用下，围岩径向变位较小，混凝土衬砌出现的裂缝将受到围岩的约束限制。

（2）围岩的透水性微弱，钻孔压水试验的渗透率宜小于 1Lu，或者通过灌浆处理后能达到小于 1Lu 的要求。

（3）岔管区域内无成规模的断层或大裂隙穿过，断层内应无夹泥充填。

（4）岔管区域围岩内无节理密集带，裂隙不发育。

（5）具有足够的岩石覆盖厚度，围岩应具有一定的初始地应力场，以抵抗水力劈裂。

（6）围岩裂隙、节理或岩脉中的充填物质能够保证渗透稳定性，水力梯度小于允许值，在渗流水的作用下不产生溶出性侵蚀。

勘测设计过程中，对输水线路地形条件、引水岔管区域围岩的地应力、抗渗性能的试验和鉴别过程，详见本篇 3.2 节。尾水岔管内外水压力均较小，比较容易满足上述要求，对岔管位置选择要求相对较低。

国内、外部分已建、在建抽水蓄能电站高压混凝土衬砌岔洞的工程特性表（均为引水岔管）可见本篇 3.2 节的表 7-3-1。

（二）钢筋混凝土岔管体形设计

（1）岔管体形平面布置。

抽水蓄能电站输水系统岔管存在正、反流向水流分岔、合股的复杂运行工况，体形布置设计要求综合考虑机组不同运行台数组合情况下，选择局部水头损失相对较小的方案，同时还应考虑结构合理，施工和运行方便等因素。通常，岔管平面布置有“一管两机”正对称“Y”形分岔布置和“一管两机”或“一管多机”的不对称单侧“卜”形分岔布置两种。

当引水或尾水系统在岔管段平面布置对称、且岔管采用“一管两机”布置时，宜采用正对称“Y”形分岔布置，其优点为有利于水流分岔和合流、水头损失小，结构对称、受力均匀，施工也比较方便，图 7-3-17 为“Y”形对称布置的泰安抽水蓄能电站引水岔管。当引水或尾水系统在岔管段平面布置不对称，或引水系统采用“一管三机”布置，无法布置为“Y”形岔管时，可将岔管布置为不对称单侧“卜”形，图 7-3-18 和图 7-3-19 分别为“卜”形布置的桐柏抽水蓄能电站引水岔管和天荒坪抽水蓄能电站引水岔管。当输水系统采用“一管四机”布置时，理论上可以通过二次分岔，即将岔管设计为 1 大 2 小三个对称“Y”形岔管达到分流或合并水流的目的，见图 7-3-20，这种布置水流必须连续通过 2 个对称“Y”形岔管，水流经过二次偏折，条件较复杂，水头损失也随即增加；另一方面岔管段长度也显著增加，故工程上较少采用。美国 Rocky Mt 抽水蓄能电站引水岔管采用了“一管三机”不对称“Y”形的布置方式，见图 7-3-21，具有自身特色；“一管四机”岔管常布置为不对称单侧“卜”形，图 7-3-22 和图 7-3-23 分别为广州抽水蓄能电站和惠州抽水蓄能电站“一管四机”岔管平面布置。

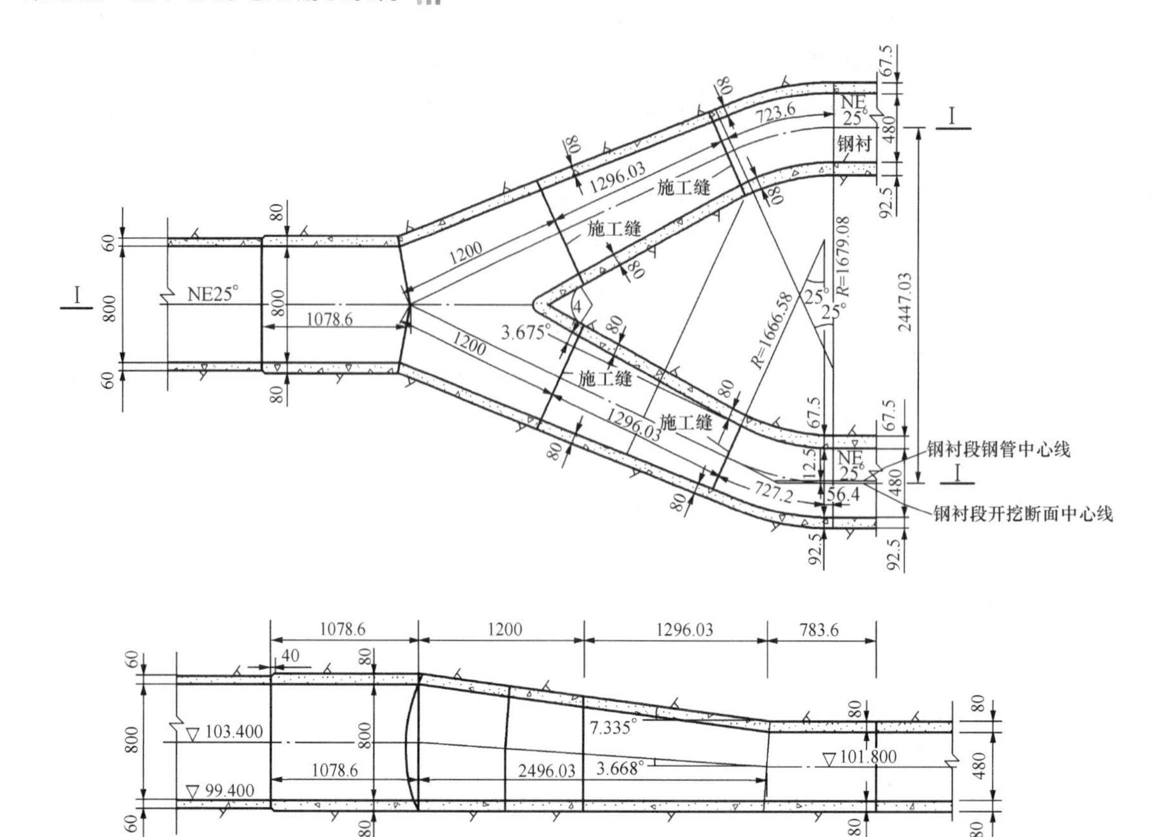

图 7-3-17 泰安抽水蓄能电站引水岔管布置图

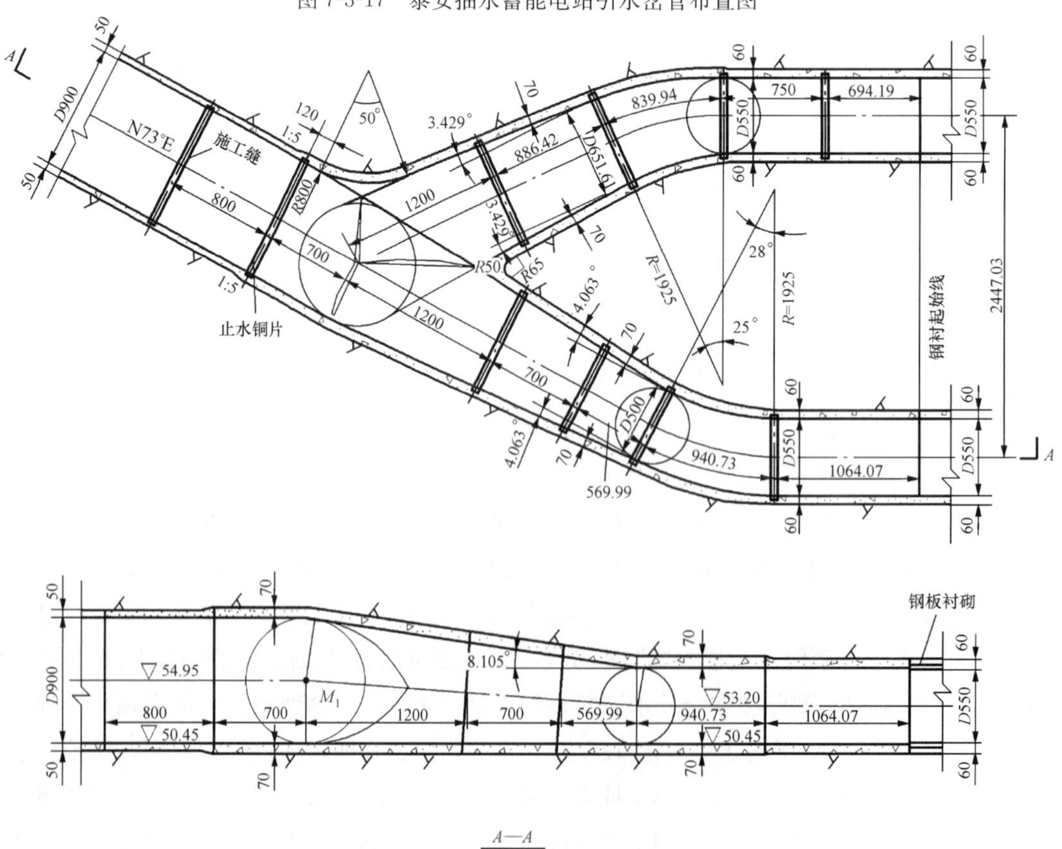

图 7-3-18 桐柏抽水蓄能电站引水岔管布置图

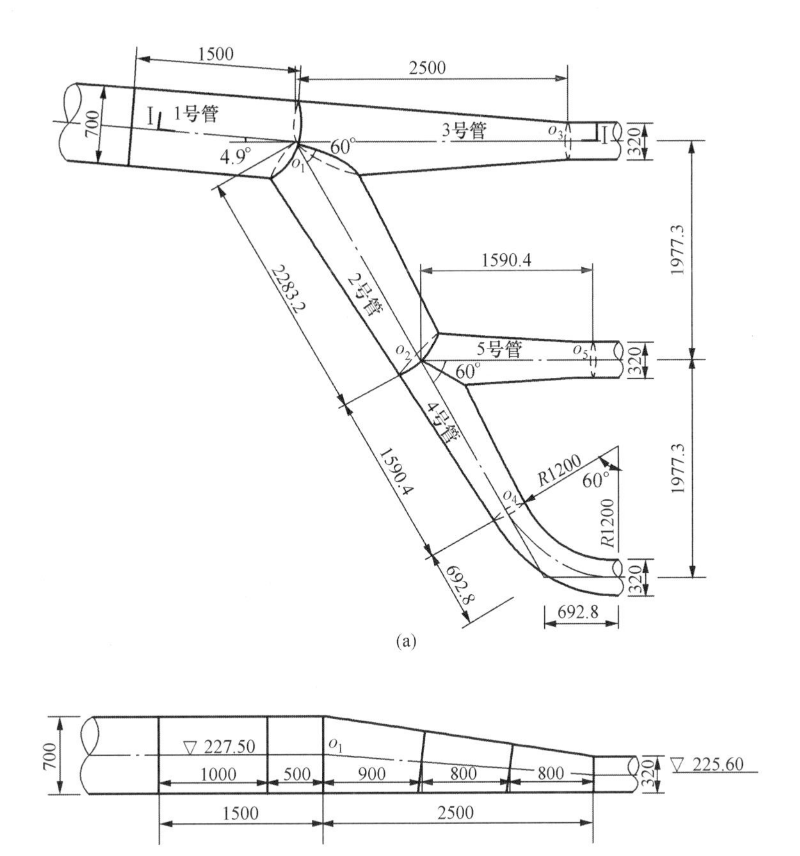

图 7-3-19 天荒坪抽水蓄能电站引水岔管体形图

(a) 形体平面图；(b) 剖面Ⅰ-Ⅰ

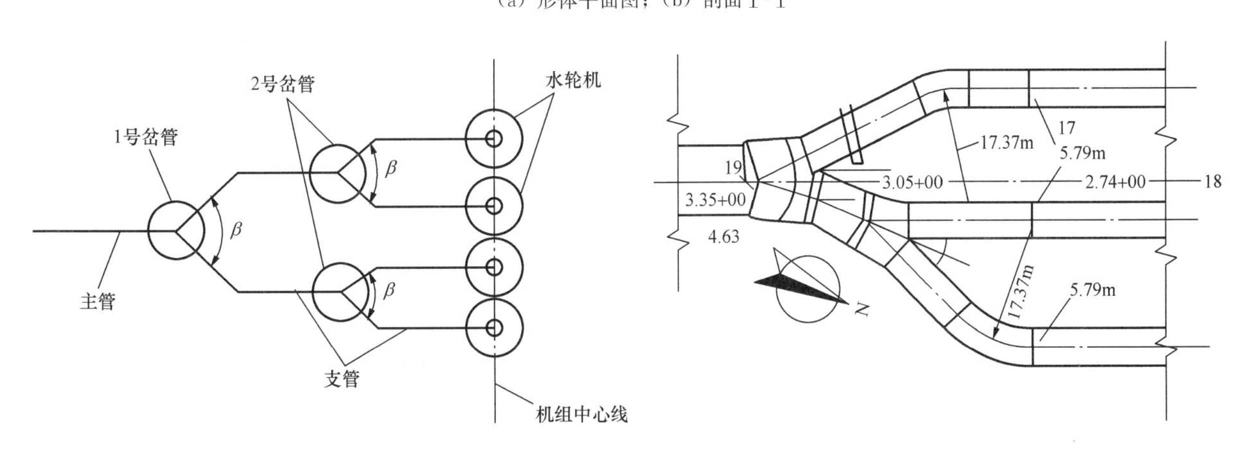

图 7-3-20 一洞四机 2 次分岔示意图

图 7-3-21 美国 Rocky Mt 抽水蓄能电站引水岔管平面布置图

(2) 岔管体形立面布置。

在岔管立面体形布置上，广州抽水蓄能电站一期工程岔管采取主、支管轴线同在一水平面的上、下对称布置，这种体形基本沿用了钢岔管的布置方式，见图 7-3-22 和图 7-3-24。由于主管最低点较支管底面低，不利于施工和运行检修时洞内排水，需抽水或另置一套布置于主管底部的专用排水管阀系统，用以排除支管底部高程以下的主管底部积水。天荒坪抽水蓄能电站岔管立面布置将主支管底部拉平在同一高程上（主、支管中心线在不同高程），形成立面体形不对称的平底岔管，见图 7-3-19 (b)，这样可以

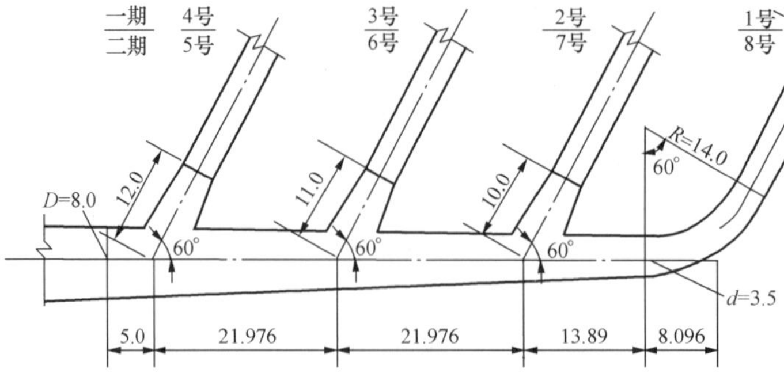

图 7-3-22　广州抽水蓄能电站引水岔管平面布置图

自流排水，无需另设一套专用排水管阀系统。此种平底岔管体形相对复杂一些，施工模板和布筋也稍添困难，但省掉一套排水系统，又方便施工和运行检修排水，尤其是运行期水道检修需要向电网调度申请停电将水道放空，而电网批准停电的时间又十分有限。平底岔管布置对缩短排水时间，增加检修的有效工时，更为有利，故随后建设的桐柏、泰安、宝泉及广蓄二期均采用了平底岔管。

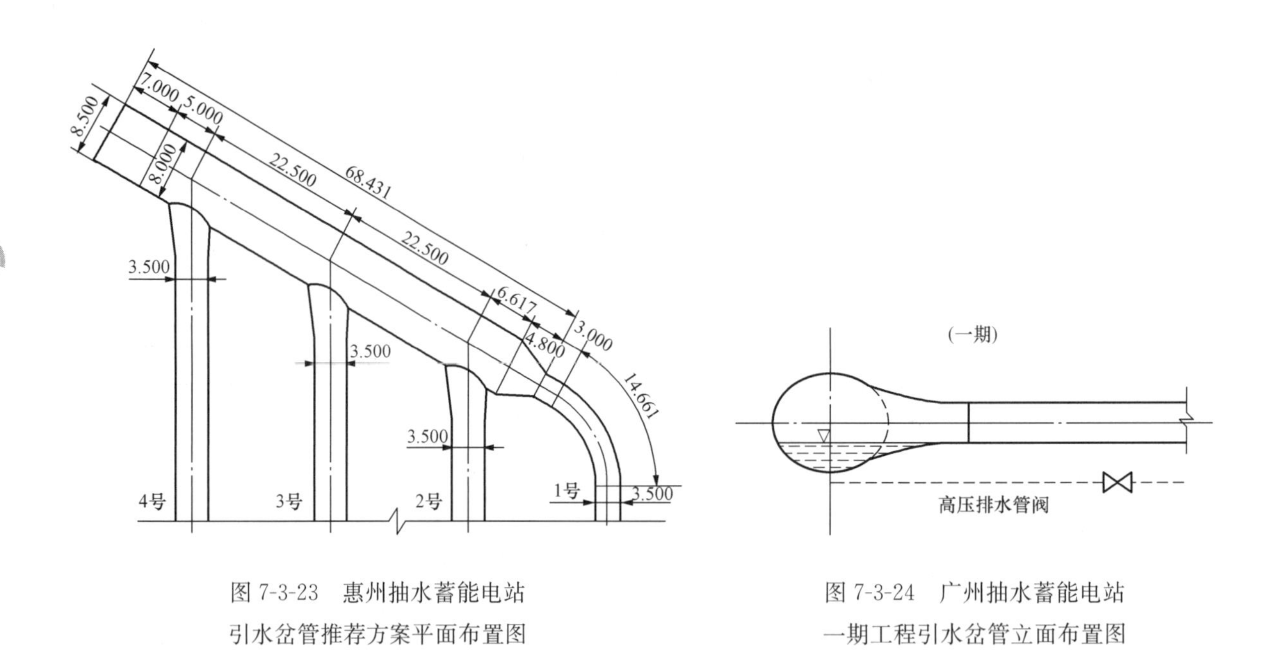

图 7-3-23　惠州抽水蓄能电站引水岔管推荐方案平面布置图

图 7-3-24　广州抽水蓄能电站一期工程引水岔管立面布置图

（3）岔管体形。

1）总体布置：钢岔管体形为了满足相邻管节的拼接要求，对岔管体形有比较严格的要求，如“卜”形钢岔管做成底平就难以实现。而混凝土岔管在现场立模板，局部可以现场调整体形。理论上，只要有利于水流平顺，混凝土岔管可以设计成任意体形。抽水蓄能电站岔管要考虑双向水流条件下都能做到较小的水头损失，因此对岔管的设计要求高于常规水电站单向水流的岔管。国内的抽水蓄能电站混凝土岔管，当采用一分二的方式时，基本采用类似月牙肋钢岔管的形式，即岔管采用一段圆柱管与主管相接、两段锥管与支管相接，可称之为“相贯线”型岔管，见图 7-3-17 和图 7-3-18；当岔管采用一分三或一分四的方式时，采用了类似贴边钢岔管的形式，即主锥管沿水流方向布置，分岔管利用支锥管与主锥管相接，见图 7-3-19 和图 7-3-22。此外，美国巴斯康蒂抽水蓄能电站引水岔管采用分岔处以“分流墩”分流，分流墩后以方变圆渐变段与分岔支管连接的方式，分流墩前部采用钢板护面，可称之为“分流墩”

型岔管。国内泰安抽水蓄能电站工程岔管设计时，设计人员曾研究过类似巴斯康蒂抽水蓄能电站岔管体形，“分流墩”位置比巴斯康蒂抽水蓄能电站更靠前，见图 7-3-25，并进行了水工模型试验。试验结果表明，“分流墩”型岔管水头损失稍大于“相贯线”型岔管。同时设计人员担心岔管承受内水压力作用时，“分流墩”型岔管的“分流墩”承受过大的拉应力，最终没有被采用。至今为止，也没有见到国内其他工程采用“分流墩”型岔管。

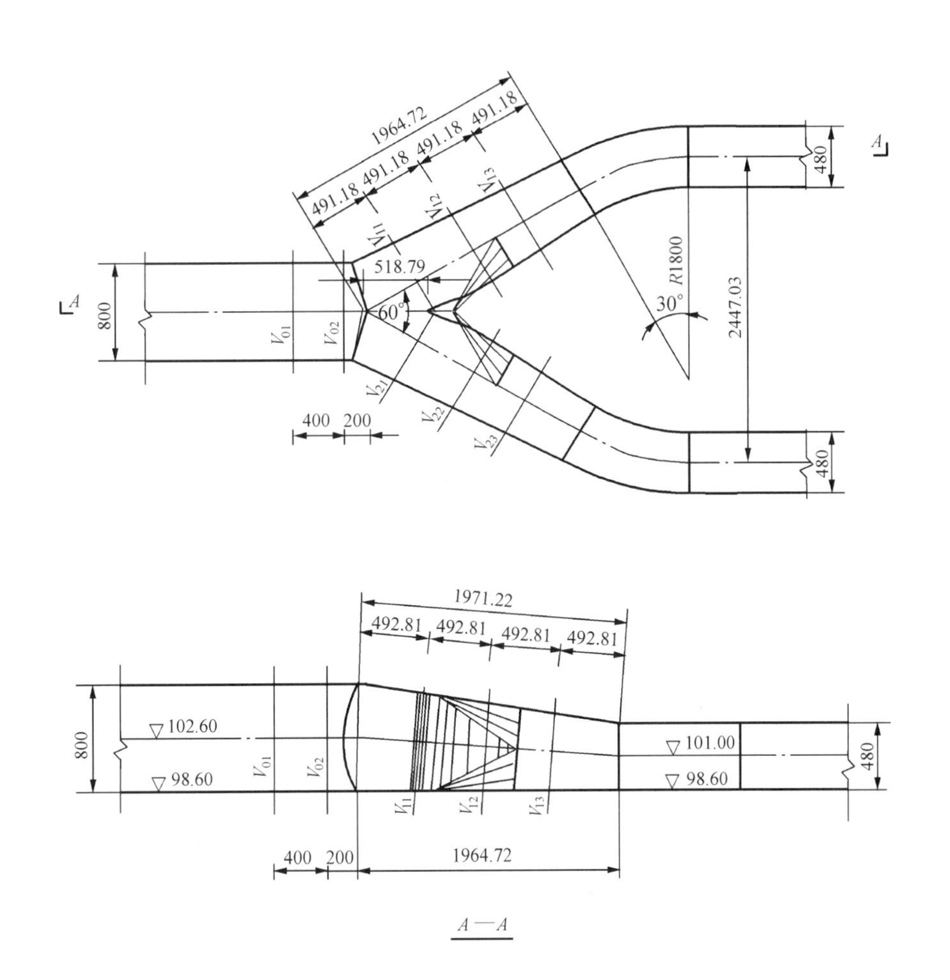

图 7-3-25 泰安抽水蓄能电站“分流墩”型引水岔管方案平面布置图

惠州抽水蓄能电站岔管设计中，经技术经济多方面的比较，推荐方案采用在引水主管圆柱体直接分岔出支锥管的方式，见图 7-3-23，即将常规布置的圆锥主管形式改为等径圆柱主管形式，与英国 20 世纪 90 年代建成的迪诺威克抽水蓄能电站引水岔管类似，值得借鉴和学习。由于新建的抽水蓄能电站都将混凝土岔管做成底平形式，实际体形与钢岔管体形已有了较大的区别，即使是“相贯线”型混凝土岔管，真正意义上的公切球并不存在。

2）分岔角：岔管水工模型试验表明，岔管水头损失随分岔角增大而增大，分岔角越小水头损失越小。但分岔角过小时会导致岔管锐角区过长。锐角区是岔管受力条件最差的区域，锐角区过长会导致开挖松动区过大，运行过程中易被破坏。根据工程经验，建议分岔角取 45°～60°较合理。当引水主管与引水支管的交角不在这个范围之内时，可以在岔管前的引水主管或岔管后的引水支管上适当调节方向，从而将岔管的分岔角调整在合理的范围内。宜兴抽水蓄能电站尾水主管和支管交角为 65°，通过合理调整支管布置，将岔管的分岔角调节为 52°，见图7-3-26。

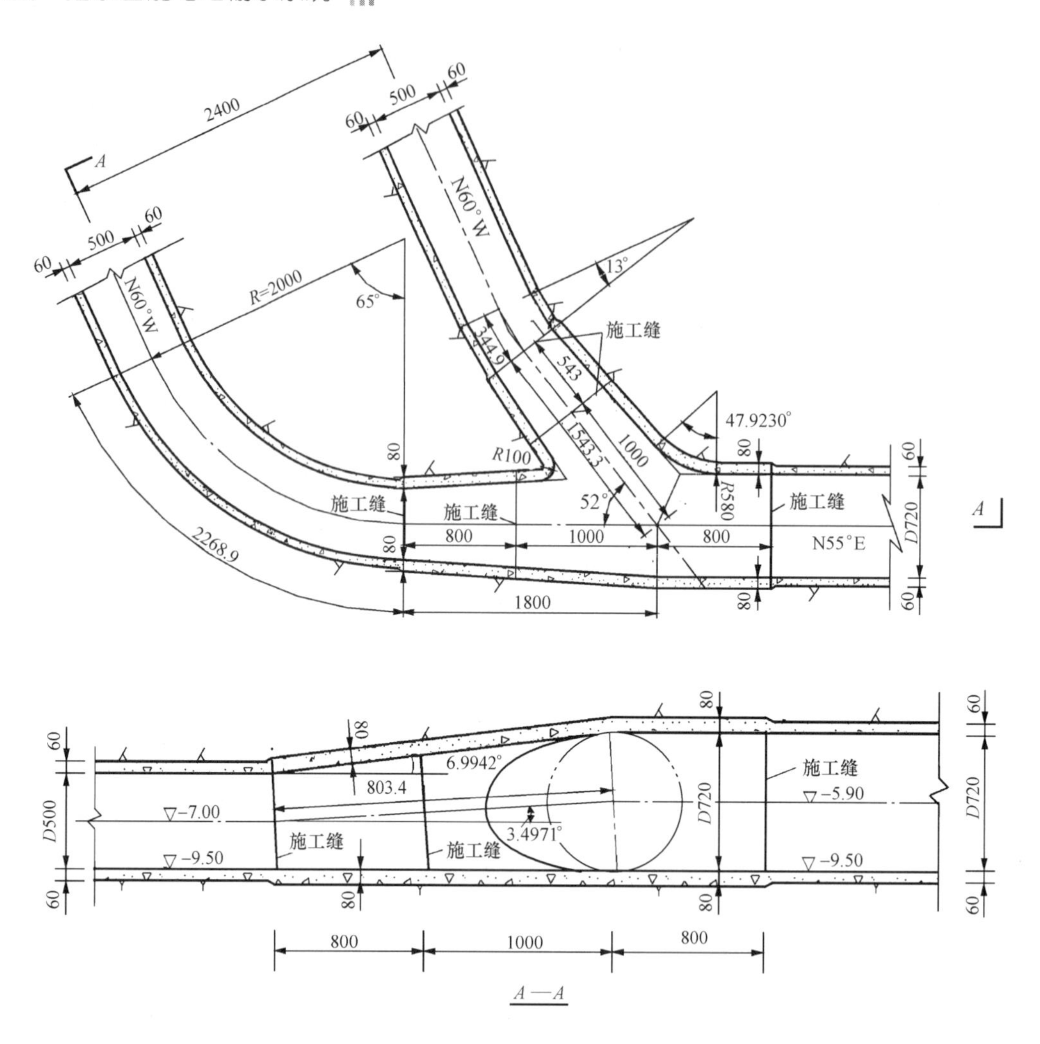

图 7-3-26　宜兴抽水蓄能电站尾水岔管布置图

3）锥顶角：锥顶角越大，岔管越短，锥顶角越小，岔管越长。锥顶角与通过岔管的水流方向和流速有关，锥顶角对水流从主管流向支管（即分流）不敏感，而对从支管流向主管的水流（即合流）比较敏感。试验表明，锥顶角大于 7°，水流从支管流向主管且超过一定流速时，易发生水流脱离边界的现象，同时主流与管壁之间会出现回流区，水头损失增大。因此，建议控制锥顶角在 5°～7°内比较合适。

4）相贯线：正对称“Y”形混凝土岔管主管和支管中心线在同一平面时，主管和支管的相贯线是平面曲线。对称“Y”形混凝土岔管变化为底平后，两支锥管之间的相贯线（锐角处）仍可保持平面曲线，但主管与支锥管之间的相贯线（钝角处）变为空间曲线；底平的不对称单侧“卜”形岔管，无论是两支锥管之间的相贯线还是主管与支锥管之间的相贯线均为空间曲线。这些相贯线的三维坐标均可以通过数值分析或三维作图方法求出，但从工程实际的应用角度考虑，其必要性不是很大。实际现场立模时，只要将主、支锥管的起点、方向、锥顶角准确确定，相贯线可以在现场近似获得，即使采用平面曲线替代空间曲线，对结构和水力条件造成的影响甚微，几乎可以忽略不计。

5）修圆处理：锐角和钝角相贯线处如果不修圆，会形成应力集中，长期水流冲刷，尖角处混凝土也容易剥落。因此，实际工程中，常采用修圆的措施改善局部应力，见图 7-3-18。因修圆半径随高程变化而变化，修圆后局部体形用准确的数值表示比较困难，需现场通过立模控制。天荒坪抽水蓄能电站引水岔管水工模型试验中对岔管是否修圆进行了对比试验，测得单机在运行水头时的损失系数修圆前后相差不多。因此，修圆对水流条件改善意义不大，主要对结构有利，但修圆半径不宜过大，应避免导致扩大锥管扩散角。

(4) 水工模型试验。

岔管处承受发电、抽水双向水流作用，水流流态较为复杂，为寻求在双向水流时流态和结构受力均较佳的体形，在可行性研究阶段可针对岔管作局部水工模型试验，以验证设计所选体形的合理性。水工模型试验一般要求如下：

1) 模型比尺：1∶20～1∶25。

2) 岔管上下游段模拟长度不得小于10倍相应管径。

3) 测定岔管各种工况组合的水头损失和流速，并提供双向的水头损失系数。

4) 测定岔管各种工况下岔管主要断面的流速分布及相对压差，并描述流态。

5) 观察岔管转角处的水流流态，有无水流分离现象以及产生负压气蚀的危险。

6) 根据岔管的流态及水头损失情况，判断设计提供的岔管分岔角、锥管的收缩角和锥管长度是否合适及如何改进提出意见，必要时需进行岔管优化体形的模型试验，供设计参考。

天荒坪抽水蓄能电站混凝土岔管水头损失系数见表7-3-11。

表7-3-11　天荒坪抽水蓄能电站混凝土岔管水头损失系数

运行方式		支管号	水头损失系数			备注
			0～1号	0～2号	0～3号	
发电	单机	1号	0.23			
		2号		0.18		
		3号			0.15	
	双机	1号、2号	0.33	0.40		
		1号、3号	0.30		0.15	
		2号、3号		0.25	0.15	
	三机	1号、2号、3号	0.31	0.40	0.17	
抽水	单机	1号	−0.26			
		2号		−0.35		
		3号			−0.19	
	双机	1号、2号	−0.40	−0.42		
		1号、3号	−0.15		−0.12	
		2号、3号		−0.33	−0.12	
	三机	1号、2号、3号	−0.39	−0.47	−0.18	

注　表中水头损失系数是对应主管流速。

试验表明，“卜”形岔管顺主流方向的支管水头损失小于另一水流需偏折的支管的水头损失，且水流方向不同水头损失也有差异。某工程“卜”形引水岔管水头损失系数试验结果见表7-3-12。

表 7-3-12　　某工程“卜”形引水岔管水头损失系数试验结果

工况		发电			抽水		
		1号机运行	2号机运行	双机运行	1号机运行	2号机运行	双机运行
水头损失系数	支管1	0.916		0.214	0.959		0.216
	支管2		1.327	0.364		1.977	0.375

注　1　支管1的方向与主管方向相同；
　　2　表中水头损失系数是对应主管流速。

(5) 三维数值模拟分析。

混凝土岔管体形比导流洞、泄洪洞体形复杂，但由于岔管内流速较低、压力较大，不存在高速水流、空蚀等问题。体形设计的主要问题是保证双向水流工况下有较好的流态，避免出现水流回旋区，尽量降低水头损失。随着国内一些大型抽水蓄能电站混凝土岔管的兴建，通过水工模型试验对岔管分流与汇流水力学研究日趋成熟，同时数值计算模拟方法也已经成为研究流体力学各种物理现象的重要手段。近年来，国内对岔管的数值模拟进行了深入的研究，在宜兴、马山、仙游抽水蓄能电站等工程中通过物理模型试验与数学模型计算进行对比，发现选用合适的数学模型和计算边界，数值计算反映的水流运动规律与物理模型吻合，数值计算水头损失的变化规律与物理模型试验相似，数值较物理模型试验略小，见表7-3-13。可见水头损失系数数值模型计算值较水工模型试验结果小10%～30%。因此，当采用数值模拟所得水头损失系数时，可将计算成果放大20%左右。可以认为在钢筋混凝土岔管这种特定的水力学问题上，数学模型已基本具备替代水工模型试验的可能性，计算软件可采用通用的大型流体计算软件如FLUENT等。图7-3-27为采用FLUENT软件计算所得仙居抽水蓄能电站引水岔管两台机发电时流速矢量图。

表 7-3-13　　岔管模型水工模型试验与数值模拟计算水头损失系数比较

电站名称 \ 岔管水头损失系数试验值(平均值)	运行方式	
	分流	汇流
仙游（引水岔管）	0.289（0.23）	0.295（0.24）
仙游（尾水岔管）	0.175（0.13）	0.173（0.13）
马山	0.398（0.313）	0.423（0.307）

注　括号内的数值为数值模拟结果。

(三) 钢筋混凝土岔管结构分析

钢筋混凝土岔管的结构设计目前尚无成熟的方法，主要采用结构常规方法和有限元法。

(1) 结构常规方法。

岔管结构常规分析假定岔管某一段为无限弹性体内的厚壁圆筒，再根据《水工隧洞设计规范》(DL/T 5195—2004) 附录G中的钢筋应力和衬砌裂缝宽度计算公式，验算在给定配筋数量的情况下，衬砌裂缝宽度是否满足预先规定的裂缝宽度。广蓄隧洞和岔管的衬砌“限裂”设计采用美国《钢筋混凝土建筑规范》(ACI 224.2R—1986) 中裂缝宽度计算公式如下。

最大裂缝宽度计算公式：

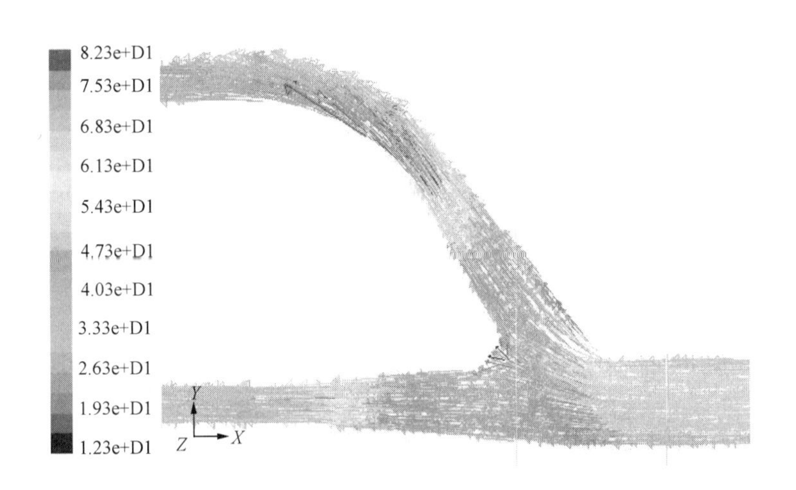

图 7-3-27　仙居抽水蓄能电站引水岔管两台机发电时流速矢量图

拉力裂缝　$$W_{max} = 0.0145 f_S \sqrt[3]{d_C A} \times 10^{-3} \tag{7-3-22}$$

弯曲裂缝　$$W_{max} = 0.011 f_S \sqrt[3]{d_C A} \times 10^{-3} \tag{7-3-23}$$

$$A = 2d_C \times S$$

$$d_C = \alpha + \phi/2$$

式中　W_{max}——最大裂缝宽度，m；

f_S——钢筋应力，MPa（MN/m^2）；

ϕ——钢筋直径，m；

α——保护层厚度，m；

S——钢筋间距，m。

该公式是根据大量试验研究并结合理论推导得出的半理论半经验公式，以钢筋应力和布筋参数作为控制最大裂缝宽度的因子，适合地下工程结构（包括隧洞在内）的（限裂）设计，从广蓄引水隧洞和岔管的几次放空检查观察，衬砌裂缝的扩展还是在该公式控制范围内，说明该公式有一定的实际应用价值。

（2）二维有限元方法。

美国哈扎公司担任广蓄设计咨询工作，在广蓄混凝土岔管设计中提出如下观点：

1）当岔管承受内水压力时，由于围岩与衬体共同承受内水压力，而岔管埋于良好的岩体中，围岩刚度远远大于衬体的刚度，所以围岩承受绝大部分内水压力。故岔管衬体的几何形状不连续性的影响是次要的，二维数学模型可以满足内水压力作用下的岔管分析。

2）当岔管放空对，将承受外压作用，岔管衬体的几何形状不连续性，使岔管在外压作用下的设计显得极为重要，故需用三维数学模型进行计算。

广蓄一期岔管采用二维有限元计算隧洞标准断面及岔管断面，其内水压力值 725m 水头，围岩容重 $2.6t/m^3$，水平与垂直地应力比值 0.57。分别计算内水压力和地应力作用下的有关量值，然后将两者叠加。计算中不考虑高压固结灌浆的残余有效预压应力的影响，这样处理是偏于安全的。计算内水压力作用，在岔管断面衬体内的切向主应力变化从 $2220kN/m^2$（压应力）到$12\ 000kN/m^2$（拉应力），故除主管、支管相交处外，混凝土均开裂。由内水压力与地应力所引起的应力叠加，其围岩的最大、最小主应力数值见表 7-3-14。混凝土岔管二维有限元分析成果见图 7-3-28。

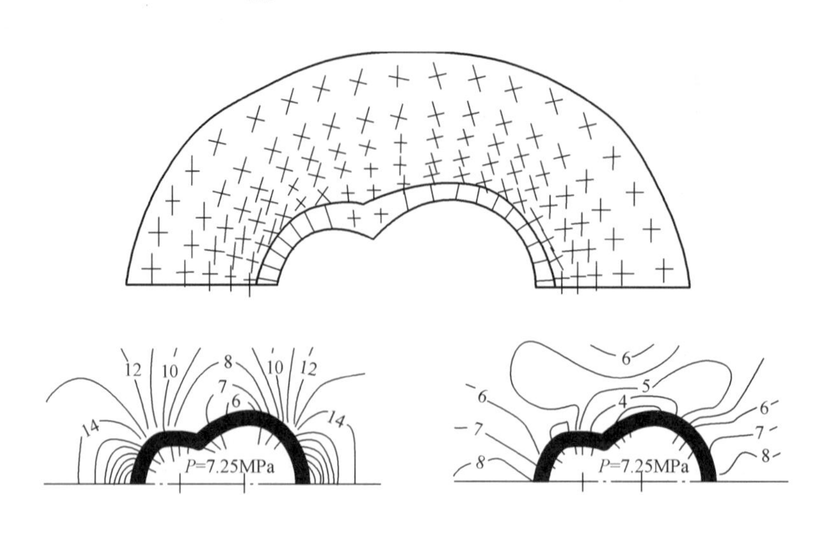

图 7-3-28　广蓄一期混凝土岔管二维有限元分析成果（内水压力+地应力）

表 7-3-14　　广蓄一期岔管围岩在内水压力作用下主应力　　kN/m²

荷载情况	最大主应力	最小主应力
内水压力	7140	−8530
地应力	31080	−250
内水压力+地应力	22550	2140

注　“−”拉应力。

计算结果还表明，采用二维有限元计算隧洞标准圆断面与岔管断面的在内水压力与地应力所引起的围岩应力值叠加后，两者最大围岩主应力值仅差 10%，地应力值大于内水压力产生的主拉应力数值，围岩具有足够的地应力来抵抗运行时可能产生的水力劈裂。

（3）三维有限元方法。

由于常规计算分析只能将岔管简化为平面问题处理，尤其承担外水压力时偏安全。岔管受力是较典型的三维应力问题，因此，重要的混凝土岔管常采用三维有限元作进一步分析。采用三维非线性有限元方法，能反映岔管的空间受力特性，又能较好地模拟材料的非线性性质及围岩与衬砌的联合受力情况。

1）计算软件与计算步骤。

目前用于钢筋混凝土岔管三维有限元计算采用软件有大型通用有限元计算分析软件 ABAQUS、ANSYS 等以及各科研单位、院校自行编制的计算软件。计算范围应取所关心的区域 5～6 倍左右，如主管内径 7～9m，衬砌厚度 0.6～0.8m，固结灌浆最大孔深 8m 左右，则计算范围应取约边长 100m 立方体。如岔管附近有较大的断层，也应在建模时尽可能模拟，参见图 7-3-29。

计算步骤应模拟实际施工过程，可分为原始地应力场计算、岔管开挖后形成的围岩二次应力场、岔管钢筋混凝土衬砌完成后承受内水压力后形成的三次应力场计算。有时还要分析输水系统放空后，混凝土岔管在外水作用下的应力场。岔管钢筋混凝土衬砌是在岔管开挖完成、围岩变形稳定后才施工完成的，不应考虑围岩对衬砌的变形压力。原始地应力并不作用在后期完成混凝土衬砌结构上。否则，原始地应力将对混凝土衬砌结构首先施加强大的预应力，最终造成承受内水压力时岔管的应力比实际应力小，计算结果偏不安全，无论采用通用有限元软件或自编有限元软件分析岔管应力时，都必须注意这个问题。

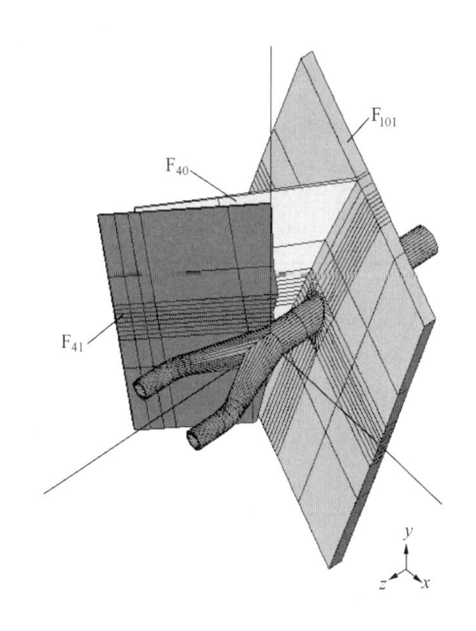

图 7-3-29 泰安抽水蓄能电站 2 号引水岔管和

F_{40}、F_{41}、F_{101}断层相互关系示意图

2）承担内水压力作用时的受力模型。

内水压力作用：对地下钢筋混凝土岔管设计中如何对待内水压力的问题，目前主要有面力理论和体力理论（透水衬砌理论）两种。面力理论假定衬砌不透水，将内水压力作为面力来计算衬砌和围岩应力，对开裂后的衬砌按限制裂缝宽度配置。工程实践表明，面力理论对中低压隧洞的设计是适宜的，当内水头大于 150 m 时，衬砌在高内压作用下必然开裂，内水通过裂缝外渗，成为体力作用在衬砌及围岩上。在体力理论中，钢筋混凝土岔管按体力理论进行设计，围岩成为内压的主要承担者，这就要求采用这种理论设计时，必须有良好的围岩条件，使其在高内水压力作用下不会发生大的水力劈裂，造成严重渗漏。如果工程不满足上述围岩条件，在高压岔管中便不能采用钢筋混凝土衬砌形式，而应采用钢板衬砌或其他衬砌形式。体力理论将内水压力以体力的形式作用于衬砌和围岩，能够考虑围岩应力场和渗流场的耦合作用，合理地反映了衬砌在内水外渗作用下的受力特点和开裂破坏规律。

泰安抽水蓄能电站引水岔管三维有限元分析结果表明，在内水压力作用下（按面力计算）混凝土衬体主拉应力远大于混凝土允许抗拉强度，混凝土将开裂，岔管围岩 σ_1 等值线见图 7-3-30，围岩均处于受压状态，故可以认为工程是安全的。

外水压力作用：外水压力是钢筋混凝土衬砌岔管的主要荷载之一，外水压力作用下岔管的稳定性是衬砌设计的控制条件之一。传统设计假定外压整圈均布作用于衬体外缘，不考虑围岩承担外水压力的作用，让衬砌独立承担外压，这是偏于安全考虑。考虑到混凝土和围岩间固结灌浆所引起的内锁效应和锚杆的锚固作用，围岩也应参与抵抗了一部分外水压力，衬砌受外水压力作用机理目前尚未有更合理的解答，广蓄工程岔管设计计算中在考虑岔管抵抗外水压力作用时，采用了如下的假定：经过对原混凝土与围岩接触面的接触灌浆及对应力释放区的高压固结灌浆后，混凝土衬砌被与非常粗糙的隧洞开挖面有效地内锁。因此，混凝土衬体不能单独作为厚壳处理。由于内锁效应的结果，作用在混凝土衬体上的外压力亦会传递到围岩上。这样，就可以假定相当于 50％的混凝土衬体厚度的岩圈参加抵抗外压力。考虑到超挖后混凝土衬体厚度的增加，最后确定抵抗外压力的围岩与混凝土衬体等厚，即相当于衬体等厚度围岩与衬体结合共同抵御外水压力作用。国内设计建设的其他一些抽水蓄能电站引水钢筋混凝土岔管计算外水压力时也应用了这个假定。

广蓄一期岔管，采用三维有限元分析外水压力作用下应力分布，当外压为 10×10^2 kN/m^{2}时，最大

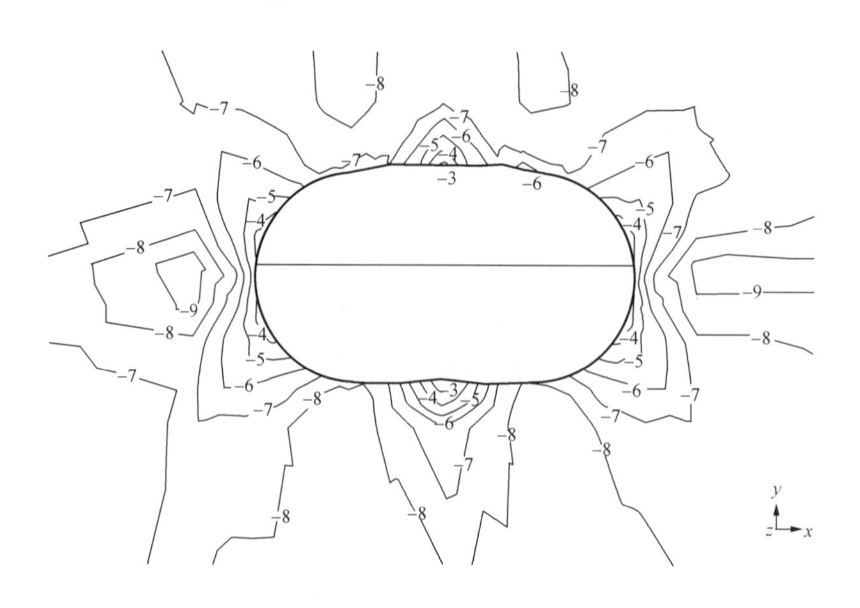

图 7-3-30　泰安抽水蓄能电站引水岔管内水压力作用下围岩 σ_1 等值线（"－"压应力，单位：MPa）

拉应力值不到 300kN/m²，小于 300 号混凝土允许抗拉强度。如超出混凝土允许抗拉强度，可考虑将超过 300 号混凝土极限强度 35×10^3 kN/m² 的部分应力，由钢筋承担，并考虑 1.7 的安全系数，最后确定配筋量。如有限元算得的钢筋量比公式法算得的大，则按有限元计算结果取用。广蓄一期岔管在外水压力作用下的静力分析模型见图 7-3-31。

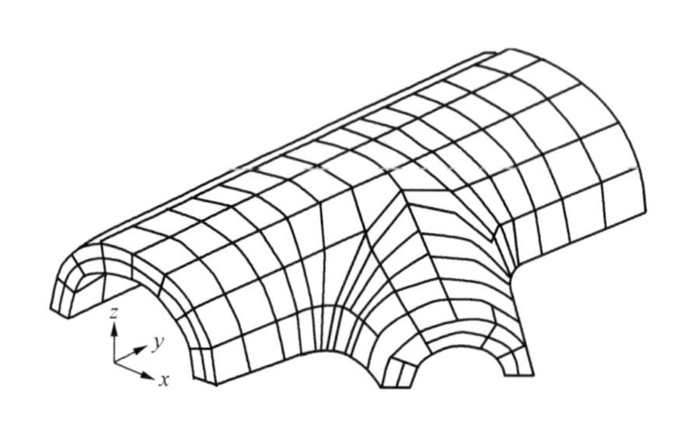

图 7-3-31　广蓄一期岔管在外水压力作用下的静力分析模型

泰安抽水蓄能电站引水混凝土岔管考虑衬砌与 80cm 厚围岩共同承担外水压力（130m 水头），岔管应力计算结果最大主拉应力仅约 0.4MPa。岔管最大主压应力为 7.14MPa，小于 C30 混凝土允许抗压强度。岔管计算采用的模型考虑了混凝土岔管四周有围岩嵌固作用，围岩向混凝土岔管提供弹性抗力，但不传递拉力。

无论采用面力理论还是体力理论，有限元分析关注的重点不应是混凝土岔管本身的应力，而是关注围岩拉应力深度范围。如果岔管围岩地应力场大于内水压力，尽管在内水压力作用下，岔管混凝土基本上处于受拉状态，且主应力将大大超过衬砌混凝土的抗拉强度，衬砌将开裂。但岔管外围围岩仍将处于受压状态，表明工程是安全的，不会出现岩石劈裂现象。围岩弹性模量越大，约束混凝土岔管变形的能力越强，则围岩拉应力深度越浅；反之，围岩拉应力深度越深。如果岔管围岩地应力场小于内水压力，随着内水压力增大，围岩拉应力深度将增加，岩石将出现劈裂现象，表明工程处于不安全状态。

（四）钢筋混凝土岔管配筋

承受高水头的钢筋混凝土岔管要和围岩共同承担内水压力，放空时独立承担外水压力。因此，岔管结构设计的主要任务是保证岔管洞室开挖施工期的安全和永久运行时衬砌与围岩结构紧密结合，防止内、外水压作用下衬砌掉块危及机组安全。为了达到这一目的，配置适量的钢筋是必要的。正如前文所述，配筋的主要日的是限制裂缝宽度，因此，通过结构计算在裂缝宽度满足要求的前提下，应尽量只配置单层钢筋，以利于钢筋绑扎、混凝土浇筑，特别是后期灌浆钻孔。虽然岔管的配筋计算到目前为止尚没有成熟的方法，但已有许多工程的成功经验可以借鉴。裂缝宽度允许可按 0.2～0.3mm 控制。天荒坪抽水蓄能电站岔管的配筋按限制裂缝宽度 0.2 mm 计算钢筋量，再通过工程类比最终确定配筋。岔管按单层配筋，局部加强配筋。主管配有Φ 32@15cm 的环向筋、Φ 22@25cm 的纵向筋，支管配有Φ 28@15cm的环向筋、Φ 22@25cm 的纵向筋。整个岔管区域内设有Φ 28@100cm×100cm 的锚杆兼做锚筋，以使衬砌和围岩能有机结合，共同抵抗外水压力。

天荒坪抽水蓄能电站高压岔管已投入运行近 10 年，曾数次放空检查。岔管工作状态基本正常，在主管和支管的腰线和岔裆部位虽出现成组裂缝，但符合有限元计算的结果和限裂设计的原则，未出现掉块等影响安全的现象。围岩渗透的稳定性也符合高压渗透试验的结论。泰安、桐柏抽水蓄能电站岔管均采用单层配筋，运行也很正常。但国内某抽水蓄能电站混凝土岔管，最大内水压力不超过 2.0MPa，引水隧洞下平段和岔管均配置了双层Φ 28@25cm 钢筋。围岩固结灌浆压力过低及其他一些原因，引水系统充水后，引水系统下平段及混凝土岔管内水外渗，造成厂房上游墙大量渗水。可见，混凝土岔管配置双层钢筋并不是工程安全运行的必要条件。

天荒坪抽水蓄能电站引水岔管配筋见图 7-3-32。

（五）钢筋混凝土岔管灌浆设计

（1）灌浆的作用。

在抽水蓄能电站引水系统中，混凝土岔管是最接近厂房（一般为地下厂房）的承受高水压的透水结构，因此岔管区域围岩的抗渗性能好坏至关重要，关系到渗透的稳定性，甚至于边坡和厂房等结构的安全。因此，需对高压引水岔管围岩进行认真的高压灌浆。此外，由于岔管处跨度较大，内水压力作用下变形较大且不均匀，为提高围岩可灌性和灌浆质量，岔管围岩宜采用超细水泥灌浆。

广蓄一期岔管最小的围岩变形模量为：松动区域 17×10^3 MPa，非松动区域为 25×10^3 MPa。经高压固结灌浆后，上述数值增至 $32\times10^3\sim35\times10^3$ MPa，或者更高一些。这样，围岩的变形模量能与混凝土弹性模量 31.8×10^3 MPa 相当。

《水工隧洞设计规范》（DL/T 5195—2004）明确规定："岔洞部位应进行高压固结灌浆。经灌浆后，应满足在设计压力作用下，围岩的透水率≤1.0Lu"，"固结灌浆的压力，可取岔洞处静水头的 1.2 倍"。

（2）灌浆深度。

主管段灌浆深度可与下平段相同；支管段灌浆深度可取 4～5m；主岔段灌浆深度可按其跨度作为洞径匡算，深度可控制在 8～9m 以内。如开挖过程中揭露有断层、节理密集带等不利的地质构造通过岔管，或在岔管附近通过，则应针对地质构造专门布置加强灌浆措施，如加密灌浆孔排距和孔距、加深灌浆孔、采用斜孔加大灌浆孔与不利结构面的交角，目的是封闭不利结构面，阻止内水外渗。

（3）灌浆孔布置。

灌浆孔排距和孔距可根据浆液在围岩中的扩散范围确定，一般认为浆液在围岩中扩散范围约为 3～4m，考虑部分重叠，灌浆孔孔距和排距可取 2.5～3m。每排灌浆孔数的确定方法并没有统一规定，实际操作中，有的工程按基岩面（即灌浆孔起点）孔距 2.5～3.0m 确定，也有的工程按灌浆孔

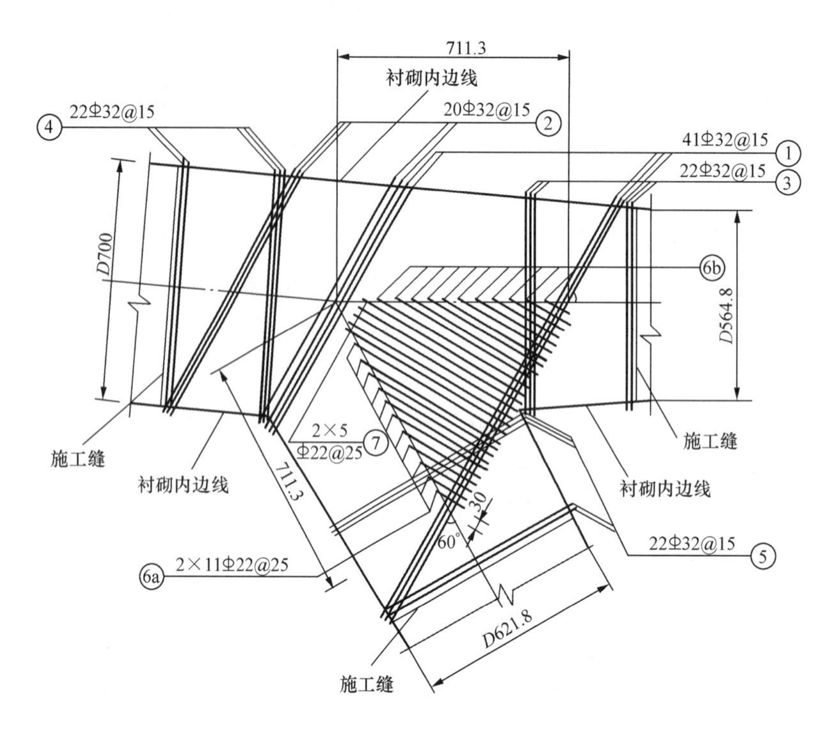

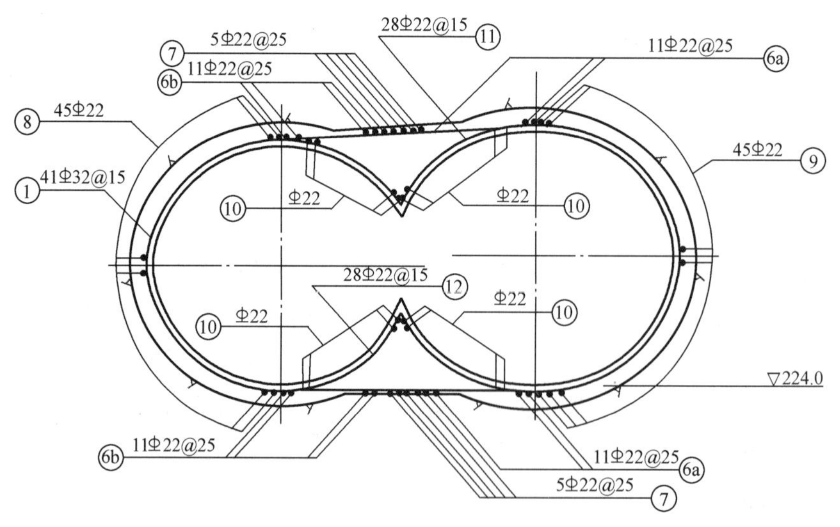

图 7-3-32　天荒坪抽水蓄能电站引水岔管配筋图

终点孔距 2.5～3.0m 确定，差异较大，有时孔数可相差一倍。建议基于如下原则确定灌浆孔数：即认为至少在灌浆深度的中部，应通过固结灌浆形成封闭的帷幕。以圆形断面为例，可用下式估算每环灌浆孔数：

$$N = \pi \times (D + 0.5L)/a \qquad (7\text{-}3\text{-}24)$$

式中　N——每环灌浆孔数；

D——为开挖洞径；

L——灌浆孔深；

a——浆液扩散范围，一般可取 2.5～3.0m。

主岔部位可根据上述原则，按每个断面的实际轮廓计算每环灌浆孔数，并绘制灌浆孔位图提交施工。

最终的灌浆孔排距和孔距，需通过生产性灌浆试验确定。

（4）灌浆压力。

《水工隧洞设计规范》（DL/T 5195—2004）建议“固结灌浆的压力，可取岔洞处静水头的1.2倍”。实际设计中，可根据具体情况调整，如岔管部位地应力较高，但节理裂隙较发育，建议采用较高的灌浆压力，但最大不超过静水头的1.5倍；如岔管承担的内水压力较高，围岩完整但最小地应力富裕不大，接近最小地应力的灌浆压力易发生岩体劈裂，灌浆压力应慎重选择，建议灌浆压力可采用岔管最大动水压力。

（5）天荒坪抽水蓄能电站岔管灌浆实例。

天荒坪抽水蓄能电站岔管进行了顶拱回填灌浆、浅层固结灌浆、高压环向帷幕和高压固结灌浆，均为水泥灌浆。回填灌浆及浅层固结灌浆采用525号普通硅酸盐水泥，高压环向帷幕及高压固结灌浆采用625号普通硅酸盐水泥。实际上，岔管灌浆前在天荒坪工地进行了高压灌浆试验，并对高压灌浆所用水泥品种进行对比试验。试验结果表明，采用625号普通硅酸盐改性水泥灌浆，其效果并不明显优于625号普通硅酸盐水泥。

岔管段灌浆孔排距为3m，在岔管段主洞和A岔部位（主洞与第一支管交叉部位）每断面布置10孔，孔深为8 m；在B岔部位（主洞与第二支管交叉部位）每断面布置8孔，孔深为6m；其余部位每断面布置6孔，孔深为6m；高压钢管上游端的帷幕灌浆孔为两排，孔深为10m，并根据各部位地质情况布置一定数量的加密孔。

岔管段灌浆顺序为6个段序：回填灌浆→浅层固结灌浆→灌前压水试验→高压环向帷幕灌浆→灌后压水检查→补灌浆孔。

回填灌浆：在顶拱120°范围内进行，灌浆压力0.2～0.4MPa。

浅层固结灌浆：孔深入岩面3m，压力为3MPa。

灌前压水试验：压水试验压力为7MPa。

高压环向帷幕与高压固结灌浆：孔深6～10m，压力为9MPa。

灌后压水检查：压力为7MPa。

补灌浆孔：在7MPa压力下，检查压水试验，透水率不得大于0.5 Lu，否则要补灌。

9MPa高压固结灌浆在国内还是第1次用于工程实践，在世界上这样的高压力灌浆也很少见，无论在灌浆工艺、灌浆设备到输浆管路、灌浆孔封堵，都存在着必须解决和值得探索的问题。为此，在天荒坪工地专门做了9MPa高压固结灌浆试验，并在岔管段高压灌浆前做了生产性试验。实践表明，天荒坪抽水蓄能电站岔管高压灌浆是基本成功的，但灌浆孔数按式（7-3-24）匡算，每环灌浆孔数偏少，如适当增加灌浆孔数，效果可能会更好。

（六）钢筋混凝土岔管水力劈裂实例

广蓄二期工程上游水道于1998年8月26日8时30分首次充水，8月28日15时充水结束，充水静水头606m，为设计静水头的98%。在水道充水完毕并稳压2h后，位于岔管正上方的S_5渗压计的压力较前一次（间隔7h）测得的压力升高了1倍。当时到渗径最短的探洞南支洞检查未发现异常。第二天凌晨5时许，也就是稳压了14h后，南支洞桩号0＋94m和0＋125m的裂隙出现大量漏水，水压力很高，呈喷射状，部分已汽化并发出阵阵呼啸声。渗水点不断增多，渗水量不断增大。1号排水廊道（参见图7-3-33）共设有24个底板排水孔，位于西洞段的20～24号孔开始出水，水量不大但压力不断增加。稳压72h后，S_5、S_8和S_3渗压计的压力比充水前分别增加了538m、320m和270m水头，1号排水廊道的所有排水孔普遍出水，该排水廊道上游边墙的岩石面的裂隙在水道稳压16h左右开始出现喷水，一些肉眼难以看清的裂隙也有雾状的水幕喷射出来。由这些现象判断，岩体节理面被高压水挤开，发生了水力劈裂。到充完水后的第 6 天，探洞渗水量才趋于稳定。由南支洞的三角堰测得总渗水量为 32L/s。S_5 渗压计水头达 765m 高程，离上水库水位只差 35m。

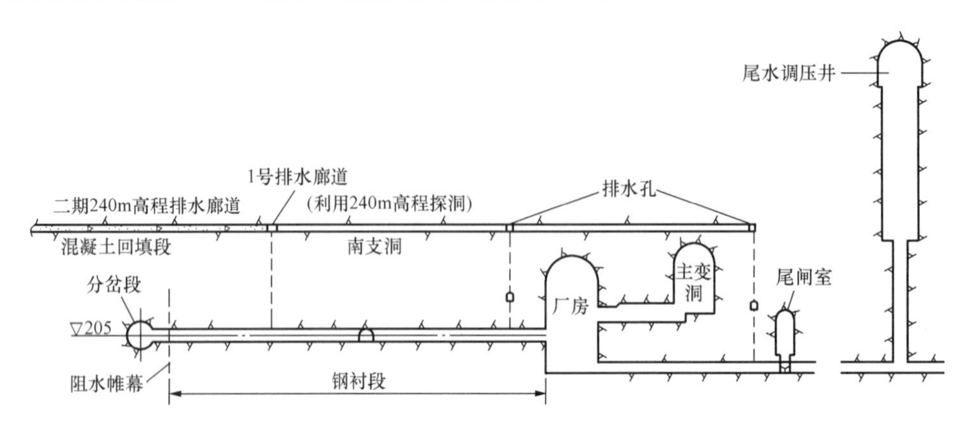

图 7-3-33　广蓄二期工程南支洞轴线剖面示意图

9 月 11 日开始排空上游水道。检查发现，高压岔管的主管段及各条支岔管混凝土衬砌均有不同程度的裂缝，小部分在充水前已出现，经充水后，这些裂缝的长度和宽度都有所发展，但大部分为充水后出现，呈不规则分布。最大的一条裂缝位于 8 号引支弯管段，宽 2mm，环向贯穿全断面。二期高压岔管的排水洞布置在 240m 高程（利用原探洞），至高压岔管之间的岩体的水力梯度为 19，是厂房至岔管之间岩体水力梯度的 4.5 倍。显然这一水力梯度过大，它提供了足够的势能将 NW 向构造劈裂，使得 NW 向构造成为通畅的排泄通道，导致该构造带在地质探洞出露处大量漏水。

处理方法：在高压岔管内进行化学灌浆，从源头封堵衬砌裂缝和围岩松动圈的裂隙。主要采用灌浆和塞缝两种方法来封堵。EAA 改性环氧以其穿透性强、后期强度高和防渗性能好等优点被首先选用。灌浆范围为所有原水泥灌浆孔和较宽的裂缝。对原灌浆孔施加高压化学灌浆，对于较宽的裂缝则采用塞缝和低压灌浆。8 号引支弯管段由于裂缝较多，缝宽较大，故采取逐排逐孔施灌；主管段裂缝相对较小，采取隔排隔孔施灌；支岔管段及其他部位则做随机化学灌浆。灌浆孔孔深 5m，最大压力 5MPa，共补灌 98 个孔。耗浆量共计 24392 L，平均耗浆量 49.8L/m，单孔吸浆量最大值为 2395L。这说明，高压岔管段围岩原来闭合的节理在充水期间被洞内的高压水压开了，被压开的范围和深度相当大。经处理后，探洞漏水量由 32L/s 减小至 5L/s，减幅达 84.4%。如果将 3 条支洞排水管关闭，探洞漏水量则只有 2.5L/s 左右，减幅达 90.6%，说明渗漏水处理措施得当，效果显著。

第四章

调 压 室

4.1 调压室的作用及工作原理

在抽水蓄能电站中，当电站出力或入力发生变化，水泵水轮机导叶自动启闭将引起管道流量和机组转速的变化，上述变化在短时间内发生时，管道末端流量急剧变化引起流速和压力随之变化，即在水道内发生水击现象。由于水击压力主要是由压力水道中水体惯性引起，水道越长，水击压力越大。因此，压力水道长度的减短能有效地减小水击压力。对于长输水系统的抽水蓄能电站，常在靠近厂房的引水道末端设置调压室。调压室实际上是一个具有自由水面的筒式或井式建筑物，调压室的设置可如水库一样造成水击波的反射，从而限制了水击压力继续向引水道传播，使引水道基本避免水击压力的影响。同时由于缩短了压力管道的长度，因而减小了压力管道的水击压力。对于尾水调压室来说，其一般应用于地下电站，设置在靠近机组尾水管位置，把尾水道分成两段，从而使尾水道避免发生液柱分离的现象。从机组运行的观点看，调压室的设置，水击值的减小以及对水击波的限制，可以满足机组调节保证的技术要求，同时将改善机组在负荷变化时的运行条件及供电质量。

根据以上分析，调压室的功用可归纳为以下三点：①防止过大的水击压力传播到压力输水道中去；②减小高压管道（尾水为压力管道）中的水击值；③当负荷变化时改善机组的运行条件。

国内、外部分抽水蓄能电站调压室统计见表 7-4-1。由表 7-4-1 可见：

（1）国内、外很多抽水蓄能电站根据其枢纽布置的需要，布置了上游调压室、下游调压室或者上、下游双调压室。国内的十三陵、广蓄一期二期、宜兴、惠州一期、二期等工程布置了上、下游双调压室系统；台湾明湖、西龙池、白莲河、呼和浩特等工程布置了上游调压室（西龙池为上游闸门室兼调压室）；琅琊山、泰安、蒲石河、溧阳等工程布置了下游（尾水）调压室；天荒坪、桐柏、张河湾、宝泉、响水涧等工程则未布置调压室。日本的今市、本川，意大利的埃多洛、奇奥塔斯等工程布置了上、下游双调压室系统；日本的沼原、奥美浓、新高濑川、奥吉野，意大利的普列森扎诺、洛维娜，法国的大屋、格兰德迈松，美国的巴斯康蒂，英国的迪诺威克等工程布置了上游调压室；法国的蒙特奇克，美国的腊孔山等工程布置了下游（尾水）调压室；西班牙的拉莫拉等工程则未布置调压室。

（2）绝大部分抽水蓄能电站的调压室采用阻抗式或阻抗和水室组合式。国内目前已建成和在建的抽水蓄能电站调压室均采用阻抗式或阻抗和水室组合式，国外工程也是以阻抗式或阻抗和水室组合式布置居多。由此可见，相对于简单式、水室式、溢流式、差动式和气垫式等型式，阻抗式或阻抗和水室组合式是当今抽水蓄能电站调压室型式设计的主流。

表 7-4-1 国内、外部分抽水蓄能电站调压室统计

国家	工程名称	装机容量（MW）	第一台机投运年份	调压室部位	调压室型式	有关尺寸、数据及说明
中国	北京十三陵	800	1995	上游调压室	双室阻抗式	引水道一洞两机布置，每个水力单元布置一个上游调压室。上室内径 10m，高 15m；下室内径 7～7.5m，长 23m；竖井内径 7m，高 82.5m；阻抗孔内径 3.7m，隧洞内径 5.2m
				下游调压室	单室阻抗式（上室）	尾水道两机一洞布置，每个水力单元布置一个下游调压室。竖井内径 8m，高 70.8m；上室断面 8.0m×9.2m（宽×高）
	广蓄一期	1200	1992	上游调压室	阻抗上室式	引水道一洞四机布置，布置一个上游调压室。引水隧洞内径 9.0m；竖井（大井）内径 14m，高 65.8m；上室内径 25m，高 10m；阻抗孔内径 6.3m；竖井与隧洞连接管（升管）内径 8.5m，长 15.5m
				下游调压室	阻抗上室式	尾水道四机合一洞布置，布置两个尾水调压室。调压室布置在尾水分管部位，四条尾水支管合并为两条尾水分管，再合并为一条尾水隧洞。尾水隧洞内径 8.0m；尾水支管内径 4.0m；尾水分管内径 5.6m；竖井内径 14m，高 58.5m；上室断面为 6.5m×5.5m，长 37m；竖井与隧洞连接管内径 5.6m，长 47.5m；阻抗孔内径 4.0m
	广蓄二期	1200	1998	上游调压室	阻抗式	引水隧洞内径 9.0m；竖井（大井）内径 14m，高 65.8m；上室内径 25m，高 10m；阻抗孔内径 6.3m；竖井与隧洞连接管（升管）内径 8.5m，长 15.5m
				下游调压室	阻抗式	一个尾水调压室布置在尾水隧洞部位。四条尾水支管合并为两条尾水分管，再合并为一条尾水隧洞。尾水隧洞内径 9.0m；尾水支管内径 4.0m；尾水分管内径 5.6m；竖井内径 18m，高 58.5m；上室断面为 6.5m×5.5m，长 37m；竖井与隧洞连接管内径 5.6m，长 47.5m；阻抗孔内径 4.0m
	安徽琅琊山	600	2006	下游调压室	阻抗式	尾水道两机一洞布置，每个水力单元布置一个下游调压室，布置于分岔部位。竖井内径 16m，高 68.5m；阻抗孔内径 5.0m（闸门槽和内径 3.2m 的阻抗孔合计）；尾水支管内径 7m；尾水隧洞内径 8.1m
	广东惠州（一期、二期）	2400	2008	上游调压室	阻抗上室式	一洞四机布置，引水隧洞内径 8.5m；上平段末端左侧 15m 处调压室上室、大井、连接管内径分别为 26m、22m、8.5m，高分别为 11m、70m、114.25m；阻抗孔直径 6.3m
				下游调压室	阻抗上室式	四机合一洞布置，调压室位于尾水隧洞左侧 15m 处。尾水支管直径 4m；尾水隧洞直径 8.5m；上室断面为 6.7m×8.5m（宽×高），长 20m；大井、连接管直径分别为 20m、8.5m，高分别为 80.74m、49m；阻抗孔直径 6.3m
	山西西龙池	1200	2007	上游调压室	阻抗式	一洞两机布置。距竖井式上水库进（出）水口约 210m 处布置闸门井兼调压井。引水隧洞内径 4.7m；闸门井底部门槽孔口（阻抗孔口）断面 5.7m×1.1m（长×宽）；井身截面面积 27.46m^2，高 69.98m；再往上到顶部截面面积为 85.08m^2
	河北张河湾	1000	2007			未设置调压室

续表

国家	工程名称	装机容量（MW）	第一台机投运年份	调压室部位	调压室型式	有关尺寸、数据及说明
中国	江苏宜兴	1000	2007	上游调压室	阻抗上室式	一洞两机中部厂房布置，尾水两机合一洞。引水隧洞内径6m、5.6m、5.2m；引水支管内径3.4m；调压室（闸门井兼）位于上水库进（出）水口下游约230m处；阻抗孔（闸门底部孔口）面积10.94m²；井身面积59.5m²
				下游调压室	阻抗上室式	尾水支管内径5.0m；尾水隧洞内径7.2m；调压室位于尾水岔管下游约35m处隧洞外侧15m处；阻抗孔为升管，内径4.6m，高25.9m；大井内径10.0m，高77m
	浙江桐柏	1200	2005			未设置调压室
	山东泰安	1000	2005	下游调压室	阻抗上室式	一洞两机首部厂房布置，尾水两机合一洞。支管内径6.0m；尾水隧洞内径8.5m；调压室位于尾水岔管下游约28m处；阻抗孔为升管，内径5m，高28.4m；大井内径17.0m，高62m
	湖北白莲河	1200	2008	上游调压室	阻抗式	一洞两机布置。调压室距上水库进（出）水口约1045m。引水隧洞内径9.0m；调压室升管直径9.0m，高约25m；阻抗孔设在升管顶部，直径5.0m；大井直径22.0m
	河南宝泉	1200	2008			未设置调压室
	内蒙古呼和浩特	1200	2009	上游调压室	阻抗上室式	一洞两机尾部厂房布置，尾水单机单洞。调压室距上水库进（出）水口约640m的引水隧洞上平段末端。引水隧洞内径6.2m；高压管道内径5.4m、4.6m、3.2m；阻抗孔直径4.3m；竖井内径9.0m，高74.72m；上室断面尺寸为25.5m×9.0m（长×宽），高10m，两上室间隔墙厚3m
	辽宁蒲石河	1200	2010	下游调压室	阻抗式	一洞两机中部厂房布置，尾水四机合一洞。支管内径5.0m；尾水隧洞内径11.5m；调压室位于尾水岔管下游约55m处；阻抗孔为升管，内径7.5m，高27.75m；大井内径20.0m，高84m
	安徽响水涧	1200	2011			未设置调压室
	江苏溧阳	1500	2012	下游调压室	阻抗式	一洞三机布置，尾水三机合一洞首部厂房布置。尾水支管内径6m，尾水隧洞内径10m；尾水调压室位于尾水岔管下游26m和52m处；调压室升管直径10.0m，高约38m；阻抗孔设在升管顶部，直径5.0m；大井直径20.0m
	台湾明湖	1000	1985	上游调压室	阻抗上室式	竖井内径12m，高86.5m；上室内径30m，高12.5m；阻抗孔内径3.2m；隧洞内径7m

续表

国家	工程名称	装机容量（MW）	第一台机投运年份	调压室部位	调压室型式	有关尺寸、数据及说明
日本	今市	1050	1988	上游调压室	阻抗水室式	引水一洞三机布置，尾水三机合一洞中偏尾部厂房布置。引水隧洞内径7.3m；隧洞后高压管道内径5.5m；竖井内径9m，高65m；上室宽7.3m，高12.3m，长84m；下室宽7.3m，长50m
				下游调压室	阻抗上室式	尾水调压室位于尾岔分叉点上；尾水支管内径4.2m；尾水隧洞内径7.3m；阻抗孔直径4.1m；大井直径8m，高85.11m；上室直径15.4m，高25.2m
	本川	614	1982	上游调压室	水室式	上室宽7m，高5.5～7.5m，长88m；竖井内径6～7.5m，高87m；下室宽7m，高5.5～7.5m，长35m；斜井内径6.0m，长44.77m，隧洞内径6m
				下游调压室	阻抗上室式	上室宽5m，高5～5.5m，长80m；竖井内径7.2m，高77.42m；阻抗孔内径3.2m，高42.33m；尾水隧洞内径6m
	沼原	690	1973	上游调压室	阻抗水室式	一洞三机布置，尾水单机单洞尾部厂房布置。调压井位于引水上平段末端，井下分岔。引水隧洞内径6.3m，分岔后钢管管径为3.6～2.4m；竖井内径7m，高95m；上室直径15m，高22m；下室直径7m，长60m
	奥美浓	1036	—	上游调压室	阻抗式	下部斜井内径7m，长82.03m；上部竖井内径11m，高58.45m，隧洞内径7m
	新高濑川	1280	1979	上游调压室	阻抗式	隧洞内径8m；竖井内径15m，高98m；阻抗孔内径4m，流量系数φ=0.8，进、出相同
	奥吉野	1242	1978	上游调压室	水室式	竖井内径5.3m，高82.3m；下室长60m，内径同竖井；隧洞内径5.3m
意大利	普列森扎诺	1000	1987	上游调压室	差动式	地面以下内径13.5m，高51m；地面以上内径18m，高25m；结构比较复杂，属于升管与大室分别与隧洞连接型式
	埃多洛	1000		上游调压室	阻抗上室式	竖井内径18m，高105m；上室断面宽8m，高9.7m，长67m；阻抗孔内径2.9m；隧洞内径5.4m
				下游调压室	简单式	竖井内径18m，高约45m；连接管内径5.5m，与尾水隧洞相同
	奇奥塔斯	1184	1981	上游调压室	差动水室式	两井中心距65m，升管内径6.1m（与隧洞同），大室内径13m，上室容积1000m^3，下室容积4200m^3
				下游调压室	双井水室式	两个竖井，各为内径5.8m，中心相聚70m，顶部上室容积1000m^3，中部下室容积2000m^3，上、下室与两竖井连通
	洛维娜	148	约1981	上游调压室	差动上室式	升管内径3.3m，大室内径10m，隧洞内径2.9m。与奇奥塔斯共厂房，共下游调压室

续表

国家	工程名称	装机容量（MW）	第一台机投运年份	调压室部位	调压室型式	有关尺寸、数据及说明
法国	大屋	1854	1986	上游调压室	阻抗式	竖井内径 10m，井高 200m；隧洞内径分段为 7.7m、6.9m 和 5.4m
	蒙特奇克	900	1982	下游调压室	双井上室式	尾水洞直径 8.5m；竖井内径 8m，高 81.5m；两竖井之间设公用上室，上室直径 9.1m，长 73m，容积 5000m³
	格兰德迈松	1200	1986	上游调压室	阻抗式	竖井内径 10m，高 200m；隧洞内径分别为 7.7m 和 6.9m
美国	巴斯康蒂	2100	1985	上游调压室	简单式	竖井内径 13.4m，高 103m；隧洞内径 8.6m
	腊孔山	1370	1978	下游调压室		断面 13.4m×27.4m，高 141m；尾水隧洞主管内径 10.6m
英国	迪诺威克	1728	1983	上游调压室	阻抗上室式	竖井内径 30m，高 65m；上室长 80m，宽 40m，深 14m；阻抗竖井内径 10m，高度 35m；隧洞内径 10.5m
西班牙	拉莫拉	630	1989			未设置调压室

4.2 调压室设置条件和位置选择

尽管调压室具有上述功用，但由于设置调压室增加了建造和维护费用，调压室投资有时几乎占输水系统投资的 1/4～1/6。因此，最终压力水道是否需要设置调压室，要根据电站压力水道系统布置及压力水道沿线的地形、地质条件，机组运行参数，由压力水道系统与机组联合的调节保证计算成果，并结合机组最大转速升高和蜗壳最大压力升高（或降低）的限值及电站稳定性综合比较最后确定。《水电站调压室设计规范》（DL/T 5058—1996）（以后简称《规范》）中提出的设置上、下游调压室的初步判断条件同样适用于抽水蓄能电站，可以作为抽水蓄能电站设置调压室简便的判断依据。

《规范》对设置上游调压室和下游调压室，分别提出了以下初步判断公式。

（一）设置上游调压室的初步判断

初步分析时，可用表征压力输水系统惯性大小的水流加速时间，也称作压力水道中的水流惯性时间常数（T_w），以之作为判断设置上游调压室的条件，其计算式为：

$$T_w = \frac{\sum L_i v_i}{g H_p} > [T_w] \tag{7-4-1}$$

式中 T_w——压力水道中水流惯性时间常数，s；

L_i——压力水道及蜗壳和尾水管（无下游调压室时应包括压力尾水道）各分段的长度，m；

v_i——各分段内相应的流速，m/s；

g——重力加速度，m/s^2；

H_p——设计水头，m；

$[T_w]$——T_w的允许值，一般取 2～4s。

T_w的物理意义是：在水头 H_p作用下，当不计水头损失时，管道内流速从零增大到 v 所需的时间。显然，T_w值越大，在同样条件下水击压力相对值也越大，对机组调节过程的影响也就越大。《规范》对 T_w的允许值取值进行了说明。根据我国已建水电站的设计、运行经验及国外有关规范与资料的分析论证，以压力水道中水流惯性时间常数 $T_w>[T_w]$（$[T_w]$ 取 2～4s）作为设置上游调压室的初步判别条件是可行的。当 $T_w<$2～4s 时，可以不设调压室，对于单独运行或在电力系统中比重超过 50%的水电站，宜采用 2s，在系统中的比重小于 10%～20%的水电站可取 4s。

随着电力系统的规模越来越大，目前单个抽水蓄能电站在电力系统中比重一般均小于 10%～20%。因此，当 $T_w<4$s 时初步判断即可以不设调压室。《规范》列举了长湖电站装机 35MW，占系统比重小于 10%，T_w达 4.3s，不设调压室运行一直正常。这说明 T_w允许值可以在 4s 基础上适当放宽，T_w小于 6s 仍有不设引水调压室的可能。

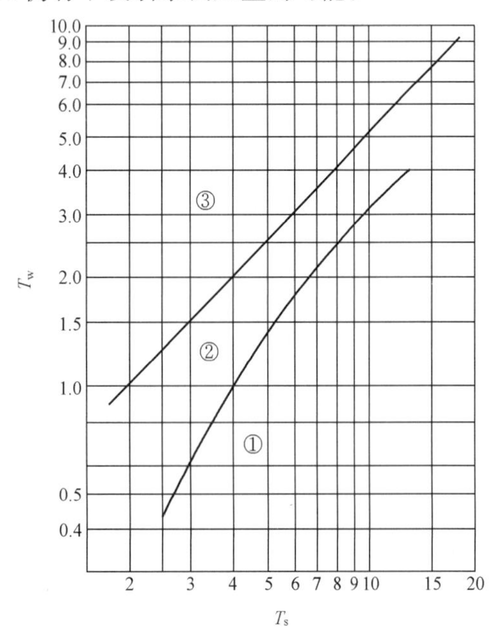

图 7-4-1 T_w、T_s 与调速性能关系图

①—调速性能好的区域，适用于占电力系统比重较大或孤立运行的电站；②—调速性能较好的区域，适用于占电力系统比重较小的电站；③—调速性能很差的区域，不适用于大、中型电站

计算 T_w时，应注意流量与水头相匹配。即计算采用最大流量时，应采用与它对应的额定水头；如计算采用最小水头，应采用与它相应的计算流量。

除上述水力学公式外，《规范》还提供了利用机电资料，根据 T_w、机组加速时间常数 T_a和调速性能关系图（见图 7-4-1）判断是否设置引水调压室。该图是美国垦务局和田纳西流域管理局使用的，按我国法定计量单位绘制。由该图可看出机组的调速性能与 T_w及 T_a有关。根据我国统计资料，一般大、中型机组的加速时间常数 T_a值多为 7～10s，据此从图可看出，在 T_w为 2～4s 范围内，均属调速性能良好的区域。

机组加速时间常数 T_a表达式为：

$$T_a=\frac{GD^2N^2}{365P} \tag{7-4-2}$$

式中 GD^2——机组的飞轮力矩，kg·m²；

N——机组的额定转速，r/min；

P——机组的额定出力，W。

（二）设置下游调压室的初步判断

根据《规范》，设置下游调压室的条件，以尾水管内不产生液柱分离为前提，其必要性可按下式作初步判断：

$$L_w>\frac{5T_s}{v_{w0}}\left(8-\frac{\nabla}{900}-\frac{v_{wj}^2}{2g}-H_s\right) \tag{7-4-3}$$

式中 L_w——压力尾水道实际长度，m；

T_s——水轮机导叶关闭时间，s；

v_{w0}——稳定运行时压力尾水道中流速，m/s；

v_{wj}——水轮机转轮后尾水管入口处的流速，m/s；

H_s——吸出高度，m；

∇——机组安装高程，m。

近年来，日本抽水蓄能工程界在探索高水头抽水蓄能电站长尾水隧洞取消尾水调压室的可能性，并进行了相应的试验研究，提出了以下初步判断公式：

$$T_{ws}=\frac{Lv}{g(-H_s)} \tag{7-4-4}$$

式中 T_{ws}——尾水隧洞时间参数，s；

L——尾水隧洞长度，m；

v——尾水隧洞流速，m/s；

H_s——吸出高度，m。

日本根据多座抽水蓄能电站的设计经验，认为 $T_{ws}\leqslant 4s$ 则可以不设尾水调压室；$T_{ws}\geqslant 6s$ 须设置尾水调压室；$4s<T_{ws}<6s$ 需要详细研究不设的可能性。

（三）工程实例

调压室的设与不设是一个很值得研究的问题，下面结合工程实际进一步了解调压室的设置问题。

实例1：宝泉抽水蓄能电站装机容量 1200MW，地下厂房采用中部开发方式。输水系统全长约 2380m。共分两个水力单元，每个水力单元的机组上游侧为“一洞两机”形式输水，机组下游侧为“两机一洞”形式输水，引水道长约 1488m，尾水道长约 892m。引水隧洞洞径 6.5m，引水支管管径 3.5m，尾水支管管径 4.4m，尾水隧洞洞径 8.2m。该抽水蓄能电站发电最大净水头为 567.1m，抽水最大扬程为 573.9m，额定水头 510m，水轮机额定流量 67.56m^3/s，水泵最大流量 58.13m^3/s。

该工程可行性研究阶段输水系统设置了上游调压室和尾水调压室（见图 7-4-2），相应引水、尾水隧洞洞径均为 6.5m。可行性研究补充阶段对宝泉输水系统设计作了进一步研究。根据《规范》中调压室的设置条件，计算得压力引水道水流惯性时间常数 $T_w\approx 1.5s<[T_w]$（2～4s）。根据当时初步的机组资料，计算得机组加速时间常数 $T_a\geqslant 8.5$。根据《规范》中“T_w、T_a 与调速性能关系图”可知机组处于调速性能好的区域。因此，根据 $T_w<[T_w]$ 和机组调速性能，并参考类似已建工程设计、运行经验，取消了输水系统上游调压室，但仍保留尾水调压室，相应引水、尾水隧洞洞径仍为 6.5m。调整后的输水系统布置见图 7-4-3。

根据调整后的输水系统布置（见图 7-4-3），采用类似水头和转速有关工程的全特性曲线，进行了各种可能工况的水力过渡过程计算。计算结果表明，在各种最不利工况下，尾水管进口最小压力 38.83m。可见在设置尾水调压室的情况下，尾水管最小压力有较大的裕度，且根据《规范》尾水调压室初步判别条件，式（7-4-3）右侧计算值为 1122m，左侧 L_w 为 892m，左侧 $L_w<$ 右侧计算值；同时根据日本研究公式，在尾水隧洞洞径由 6.5m 扩大到 8.2m 情况下，式（7-4-4）中 $T_{ws}=3.91s<4s$，因此该工程有取消尾水调压室的可能性。

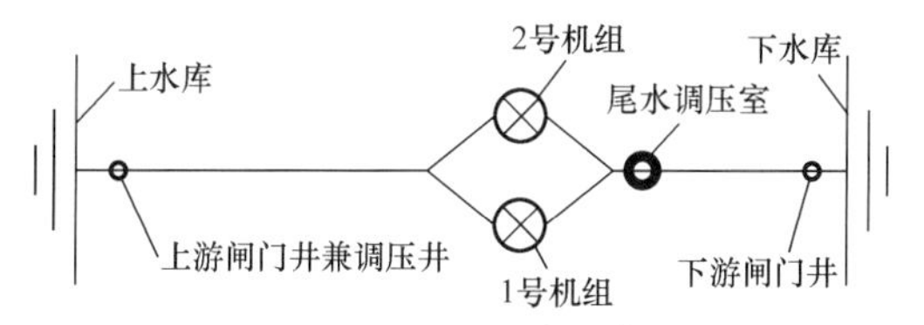

图 7-4-2 1号水力单元输水系统布置
（可行性研究阶段）

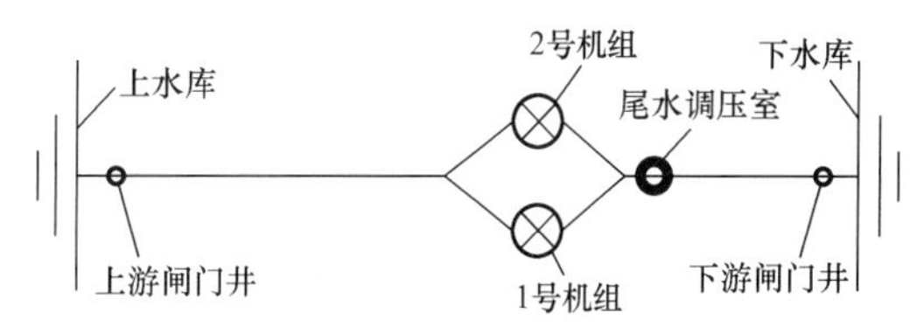

图 7-4-3 1号水力单元输水系统布置
（可行性研究补充阶段）

抽水蓄能电站考虑水泵运行工况，其安装高程较常规水电站低很多，而且一般水头较高，客观上具有取消尾水调压室的条件。根据国际工程界关于高水头抽水蓄能电站长尾水隧洞取消调压井的可能性研究的现状，以及日本奥美浓电站（尾水道长为764m，吸出高度 H_s 为−79.5m）未设尾水调压室的实际。宝泉工程（水轮机最大吸出高度 H_s 为−70m）在招标阶段后期根据真机模型曲线进行了详细的输水系统和机组过渡过程计算，通过加大尾水隧洞洞径，取消了尾水调压室。取消尾水调压室后，上游调压室设置判别条件 T_w 计算基本数据中需增加尾水道 Lv 值，复核计算得压力水道中水流惯性时间常数 T_w 为2.0s，并根据实际机电资料计算机组加速时间常数 T_a 为9.06s，机组仍处于调速性能好的区域。可见取消尾水调压室后，仍然满足不设上游调压室的初步判断条件。该工程输水发电系统1号水力单元最终布置简图见图7-4-4。

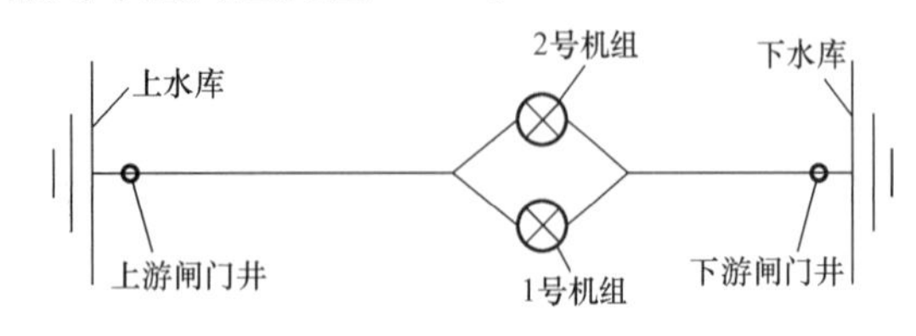

图7-4-4　1号水力单元输水系统布置（最终）

实例2： 白莲河抽水蓄能电站装机容量1200MW，地下厂房采用尾部开发方式。输水系统全长约1900m。共分两个水力单元，每个水力单元的机组上游侧为“一洞两机”形式输水，机组下游侧为“两机一洞”形式输水，引水道长约1480m，尾水道长约420m。引水隧洞洞径9.0m，引水支管管径5.6m，尾水支管管径7.4m，尾水隧洞洞径10.0m。该抽水蓄能电站额定水头195m，水轮机额定流量176.1m³/s，水泵最大流量150m³/s。压力水道中水流惯性时间常数 T_w 为6.283s，远大于规范允许值2～4s，设置了上游调压室。以尾水管内不产生液柱分离为条件，未设尾水调压室。

实例3： 泰安抽水蓄能电站装机容量1000MW，地下厂房采用首部开发方式。输水系统全长约2065m。共分两个水力单元，每个水力单元的机组上游侧为“一洞两机”形式输水，机组下游侧为“两机一洞”形式输水，引水道长约573m，尾水道长约1493m。引水隧洞洞径8.0m，引水支管管径4.8m，尾水支管管径6.0m，尾水隧洞洞径8.5m。该抽水蓄能电站额定水头225m，水轮机额定流量128.6m³/s，水泵最大流量112.2m³/s。压力水道中水流惯性时间常数 T_w 为1.99s，可不设上游调压室。据《规范》尾水调压室初步判别条件，式（7-4-3）右侧计算值为745m，左侧 L_w＝1483m，左侧 L_w＞右侧计算值；根据日本研究的式（7-4-4）计算 T_{ws}＝12.6s＞4s，因此该工程设置了尾水调压室。

4.3　调压室的基本布置方式和基本类型

（一）调压室的基本布置方式

调压室有以下几种基本布置方式（见图7-4-5）：

（1）上游调压室（引水调压室）。

调压室位于机组上游，一般位于上平段末端或引水道进口闸门处。在尾部地下厂房布置中较为常见，见图7-4-5（a）。国内山西西龙池、湖北白莲河、内蒙古呼和浩特、台湾明湖，国外日本沼原、奥美浓、新高濑川、奥吉野，意大利普列森扎诺、洛维娜，法国大屋，英国迪诺威克等抽水蓄能电站均布置了上游调压室。

（2）下游调压室（尾水调压室）。

调压室位于机组下游，一般尽量靠近机组布置。在有长尾水洞的首部地下厂房布置中较为常见，见图7-4-5（b）。国内安徽琅琊山、山东泰安、辽宁蒲石河、江苏溧阳，法国蒙特奇克，美国腊孔山等抽水蓄能电站均布置了尾水调压室。

（3）上、下游双调压室系统。

两个调压室串联在机组上下游的系统。在拥有长引水和长尾水输水道的中部地下厂房布置中较为常见，见图 7-4-5（c）。国内北京十三陵、广蓄一期、广蓄二期、江苏宜兴、广东惠州一期、广东惠州二期，日本今市、本川，意大利埃多洛、奇奥塔斯等抽水蓄能电站均布置了上、下游双调压室系统。

（4）上游双调压室系统。

两个调压室串联在机组上游的系统，见图 7-4-5（d）。这种布置方式一般应用于低水头电站，应用较少，抽水蓄能电站中的应用未见报道。

（5）其他布置方式。

其他布置方式还有并联和串、并联（混联）调压室系统等。应用较少，抽水蓄能电站中应用未见报道。意大利奇奥塔斯和洛维娜抽水蓄能电站共用一条尾水隧洞和尾水调压室，是比较特别的布置。

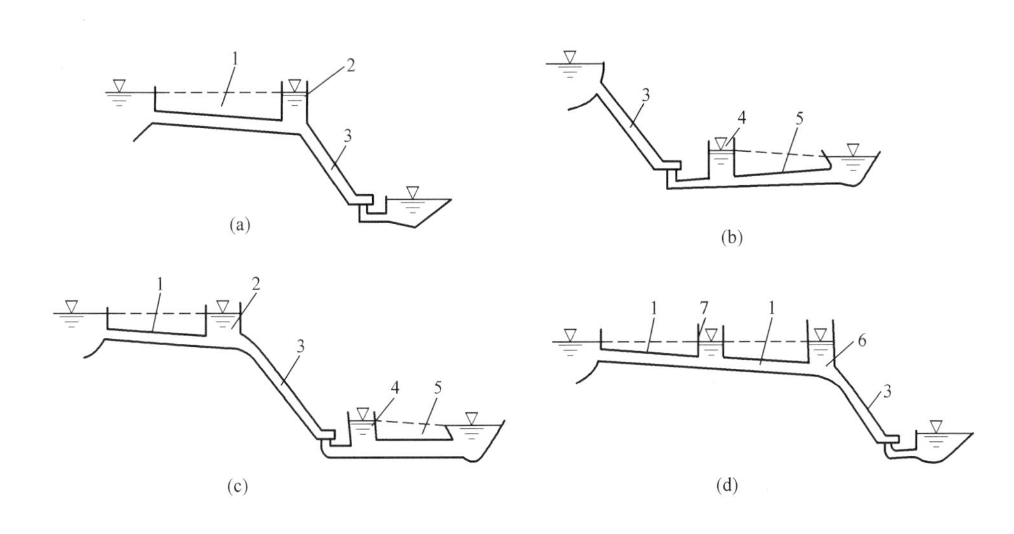

图 7-4-5 调压室的基本布置方式

（a）上游调压室；（b）下游调压室；（c）上、下游双阀压室；（d）上游双调压室

1—压力引水道；2—上游调压室；3—压力管道；4—下游调压室；

5—压力尾水道；6—主调压室；7—副调压室

（二）调压室的基本类型

根据工作特点和结构形式，调压室的基本型式有以下几种（见图 7-4-6）：

（1）简单式调压室。

其特点是自上而下具有相同的断面，见图 7-4-6（a）。结构简单，反射水锤波好，但正常运行时水流通过调压室底部的水头损失较大，故调压室底部常用连接管与引水道连接，以减少上述水头损失，见图 7-4-6（b）。连接管直径常与引水道的直径相同。

简单式调压室适用于水头较低的中、小型抽水蓄能电站。水头低，需要的稳定断面大，采用简单式调压室也不致出现过大的水位波动幅值，但由于波动衰减较慢，在国内、外抽水蓄能电站中应用较少。国内目前均没有采用简单式，国外意大利埃多洛抽蓄下游调压室和美国巴斯康蒂抽蓄上游调压室采用了简单式。

（2）阻抗式调压室。

底部有小于引水道断面的孔口或连接管的调压室，见图 7-4-6（c）、图 7-4-6（d）。阻抗式调压室与简单式调压室的区别在于阻抗式调压室底部孔口或连接管面积小于其下引水道的断面面积，而简单式调压室连接管的面积大于或等于其下引水道的断面面积。阻抗式调压室在同样条件下比简单式调压室的波动振幅小，衰减快，但对水锤波的反射效果不如简单式调压室。

阻抗式调压室在国内、外抽水蓄能电站中应用最多，国内建成和在建的抽水蓄能电站全部采用阻抗式，国外采用阻抗式的也很多，究其原因，主要是阻抗式调压室布置简单，造价低，相对于其他类型的调压室如溢流式、差动式等类型的调压室，阻抗式调压室设计、施工难度都不大，波动振幅小，衰减快，较好地满足了抽水蓄能电站负荷变化迅速，工况转换频繁的特点。

（3）水室式调压室（双室式调压室）。

由一个断面较小的竖井和上下两个断面扩大的储水室组成的调压室，见图 7-4-6（e）、图7-4-6（f）。上室供甩负荷时蓄水使用，下室供增加负荷和上游低水位甩负荷的第二振幅时补充水量使用。水室式调压室适用于水头较高、运行稳定面积要求较小、水库工作深度较大的水电站，并宜做成地下结构。水室式调压室往往和阻抗式、差动式等相结合。日本本川、奥吉野抽蓄上游调压室采用了水室式；北京十三陵抽蓄上游调压室采用了阻抗＋双室式；意大利奇奥塔斯抽蓄上、下游调压室分别采用了差动水室式和双井水室式；其他如广蓄一期、泰安、呼和浩特等较多的抽水蓄能电站均采用了阻抗上水室结构，未设置下室。

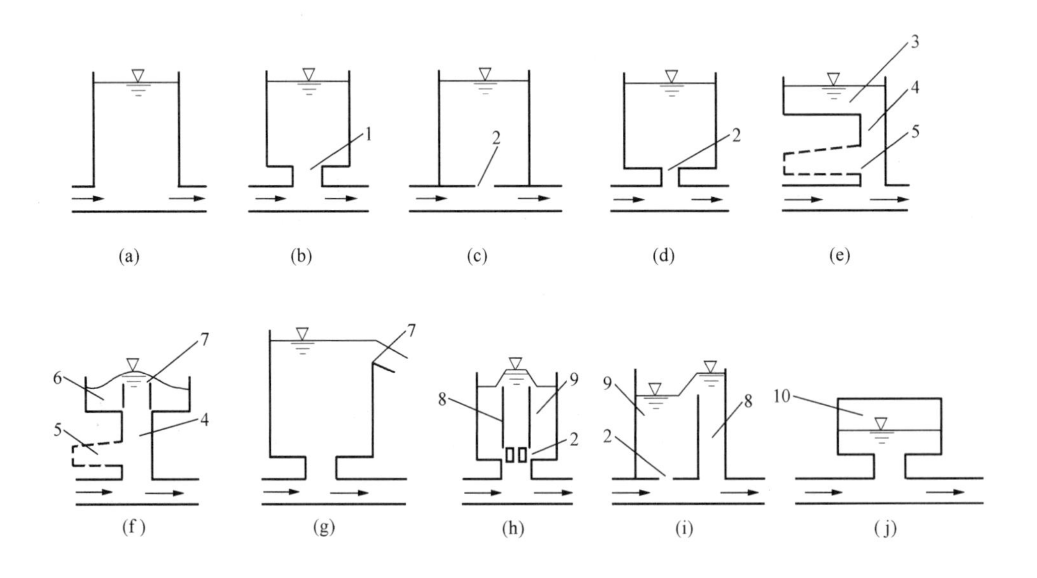

图 7-4-6　调压室的基本类型

（a）、（b）简单式；（c）、（d）阻抗式；（e）、（f）水室式；（g）溢流式；（h）、（i）差动式；（j）气垫式

1—连接管；2—阻抗孔；3—上室；4—竖井；5—下室；6—储水室；

7—溢流堰；8—升管；9—大室；10—压缩空气

（4）溢流式调压室。

溢流式调压室顶部有溢流堰，用以限制甩负荷时的最大水位升高，见图 7-4-6（g）。从溢流堰溢出的水量可排至山谷或下游河道，亦可设上室储存，待水位下降时经汇流孔返回竖井。溢流式调压室常由双室式调压室加溢流堰组成。国内抽水蓄能电站目前未采用这种型式，国外尚未见报道。

（5）差动式调压室。

差动式调压室由大、小两个竖井组成。两个竖井可以布置成同心结构，见图 7-4-6（h）。也可将小井置于大井的一侧或置于大井之外成双井式，见图 7-4-6（i）。同心结构的大小井间需设较多支撑，结构复杂，差动式调压室主要采用后者布置。差动式调压室在常规水电站中应用相对较多，国内抽水蓄能电站目前未采用这种型式。国外意大利采用差动式较多，普列森扎诺上游调压室采用了差动式，其升管和大井分别与隧洞连接；奇奥塔斯上游调压室采用差动水室式；洛维娜上游调压室亦采用差动上室式（奇奥塔斯和洛维娜共用下游调压室）。

（6）气垫式调压室。

气垫式调压室又称气压式、封闭式调压室，是一种利用封闭气室中的空气压力限制水位高度及其变幅的调压室，见图 7-4-6（j）。室内气压一般高于一个大气压，故能压低调压室内的稳定水位，降低调压室的高度。在调压室水位变化过程中，室内气压随水位的升降而增减，故气室的存在又能抑制水位波动的振幅。气垫式调压室适于做成深埋的地下结构。

挪威已成功修建了 10 座有气垫式调压室的引水式常规水电站。2001 年国家电力公司正式立项委托有关科研设计单位结合自一里水电站（常规水电站，130MW）进行气垫式调压室研究，研究成果应用到自一里水电站设计中，还推广应用到了小天都（240MW）、木座、金康等常规水电站中。国内有关科研设计单位对抽水蓄能电站引水系统设置气垫式调压室也进行了初步探讨，但目前国内、外抽水蓄能电站尚未有设置气垫式调压室的实践。

（7）组合式调压室。

组合式调压室是指根据水电站的具体情况，吸取上述两种或两种以上基本类型调压室的特点组成的调压室。组合式调压室综合了各种类型调压室的优点，目前应用较为广泛，阻抗上室式、阻抗双室式、差动上室式均属于组合式调压室。

4.4 调压室的稳定断面

根据《规范》第 5.1.1 条，上游调压室的稳定断面面积按托马（Thoma）准则计算并乘以系数 K 决定：

$$A = KA_{th} = K\frac{LA_1}{2g\left(\alpha+\frac{1}{2g}\right)(H_0-h_{w0}-3h_{wm})} \tag{7-4-5}$$

$$\alpha = h_{w0}/v^2$$

式中 A_{th}——托马临界稳定断面面积，m^2；

L——压力引水道长度，m；

A_1——压力引水道断面面积，m^2；

H_0——发电最小静水头，m；

α——自水库至调压井水头损失系数；

v——压力引水道流速，m/s；

h_{w0}——压力引水道水头损失，m；

h_{wm}——压力管道水头损失，m；

K——系数，一般可取 1.0～1.1。

上述部分参数说明：L 为调压井底部中心线至进水口之间引水隧洞长度；$A_1=\sum L_iA_i/L$；H_0 为上库死水位和下库正常蓄水位的差值；h_{w0} 和 h_{wm} 为在计算水头损失时，压力引水道宜用最小糙率，压力管道可用平均糙率，以策安全；计算水头损失时，取用的流量应与 H_0 值相对应。

式（7-4-5）同样适用于压力尾水道上单独设置的下游调压室，需要将压力引水道改为压力尾水道，压力管道改为尾水管后的延伸段（尾水管出口至下游调压室之间的压力水道）的长度、断面面积、水头损失系数等数值，用 α 代替 $\left(\alpha+\frac{1}{2g}\right)$。

式（7-4-5）除去系数 K 实际上是在单独运行的电站中，不考虑电力系统和水轮机效率变化等的影响，波动稳定所需要的调压室最小断面（也称托马临界断面）。在建立托马稳定条件时，做了如下一些假定：波动相当小；未考虑调压室底部流速水头的影响；水轮机效率为常数；电站单独运行等，这些假定都各有一定的近似性。对于大波动的稳定条件，由于波动振幅较大，运动的微分方程不再是线性的，对于非线性波动的稳定问题目前还得不出可供应用的严格的理论解答；对于有连接管的调压室，调压室底部流速水头对波动衰减有利；由于调压室临界断面决定于水电站在最低水头运行的工况，这时水轮机的效率变化存在对波动衰减不利的因素；电站投入电力系统运行，由于可由系统各电站的机组共同保证系统出力为常数，因而减少了抽水蓄能电站容量变化的幅度，有助于波动的衰减。

考虑以上的有利和不利因素，如果抽水蓄能电站水头较高，调压室位置地形地质条件比较有利，调压室断面不成为制约输水系统布置的因素，则可按照托马断面拟订调压室稳定断面，考虑控制涌波可以适当放大调压室断面；如果水头较低，或者调压室位置地形地质条件不利于设置大断面调压室，则可以从电力系统的条件及本电站担负的作用等，并结合水力机械过渡过程计算研究，适当减小调压室稳定断面。

对于上、下游均设有调压室，在负荷变化时，上、下游调压室波动方向相反，产生波动振幅的不利叠加。因此，各自所需的稳定断面面积较单独设置调压室时大，且彼此影响。上、下游稳定断面面积相近时尚需复核共振问题。

下面对有关抽水蓄能电站调压室断面设计举例进行说明。

呼和浩特抽水蓄能电站（见图 7-4-7）上游调压室：该电站采用尾部厂房布置，引水道一洞两机，尾水单机单洞，调压室位于距上水库进（出）水口约 640m 的引水隧洞上平段末端。引水隧洞内径 6.2m；调压井后压力钢管道内径 5.4m、4.6m，钢管道在厂房上游约 78m 处分叉，分叉后钢管内径 3.2m。发电最小静水头 H_0 为 503m，相应流量为 64.6m^3/s。计算得到的稳定断面直径为 4.3m，小于引水隧洞直径 6.2m，最终确定大井直径为 9.0m。

泰安抽水蓄能电站（见图 7-4-8）下游调压室：该电站采用首部厂房布置，引水道一洞两机，尾水两机合一洞，调压室位于尾水管后约 161m 处（尾水岔管下游 28m 处）的尾水隧洞首端。引水隧洞内径 8.0m，引水支管内径 4.8m，尾水支管内径 6.0m，尾水隧洞内径 8.5m。输水系统总长度为 2065.6m，其中上游引水系统总长 572.6m，下游尾水系统总长 1493.0m。发电最小静水头 H_0 为 221m，相应流量为 121.4m^3/s。计算得到的大井稳定断面直径约 13m，最终确定大井直径为 17.0m。

抽水蓄能电站水头较高，一般水头大于 150m，因此，调压室的稳定断面均不是很大，白莲河和惠州的上游调压室大井直径 22m，是目前已建成和在建的抽水蓄能电站中直径最大的。抽水蓄能电站调压室一般位于地下，为减少调压室的规模，降低施工难度和工程量，设计往往通过适当增加大井（或上、下室）断面来控制调压室的涌浪振幅，以此来降低调压室的整体高度。泰安抽水蓄能电站尾水调压室大井直径分别进行了 12、13、14、15、16、17、18、19、20、21m 情况下的比较，本着在满足机组小波动稳定要求的同时，适当加大大井直径，有利于改善电站运行条件和机组调节性能的原则，确定大井直径为 17m。呼和浩特和泰安抽水蓄能电站的过渡过程计算均表明，适当加大大井直径，对调压井最高涌浪水位影响不大，但能够有效提高调压井最低涌浪水位。因此，对于调压井大井断面是否加大，需要根据调压室所在位置的地形地质条件和建筑物布置综合分析。

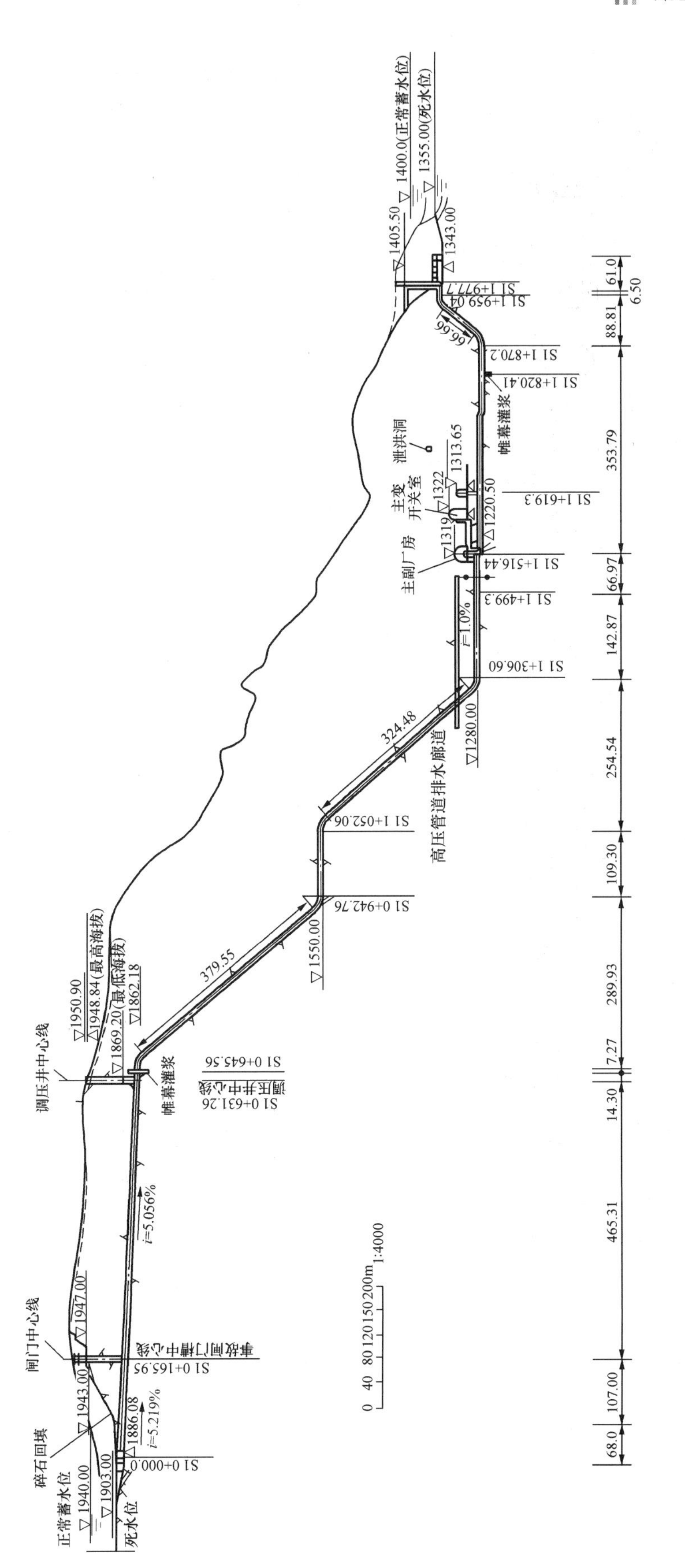

图 7-4-7 呼和浩特抽水蓄能电站水道系统纵剖面图

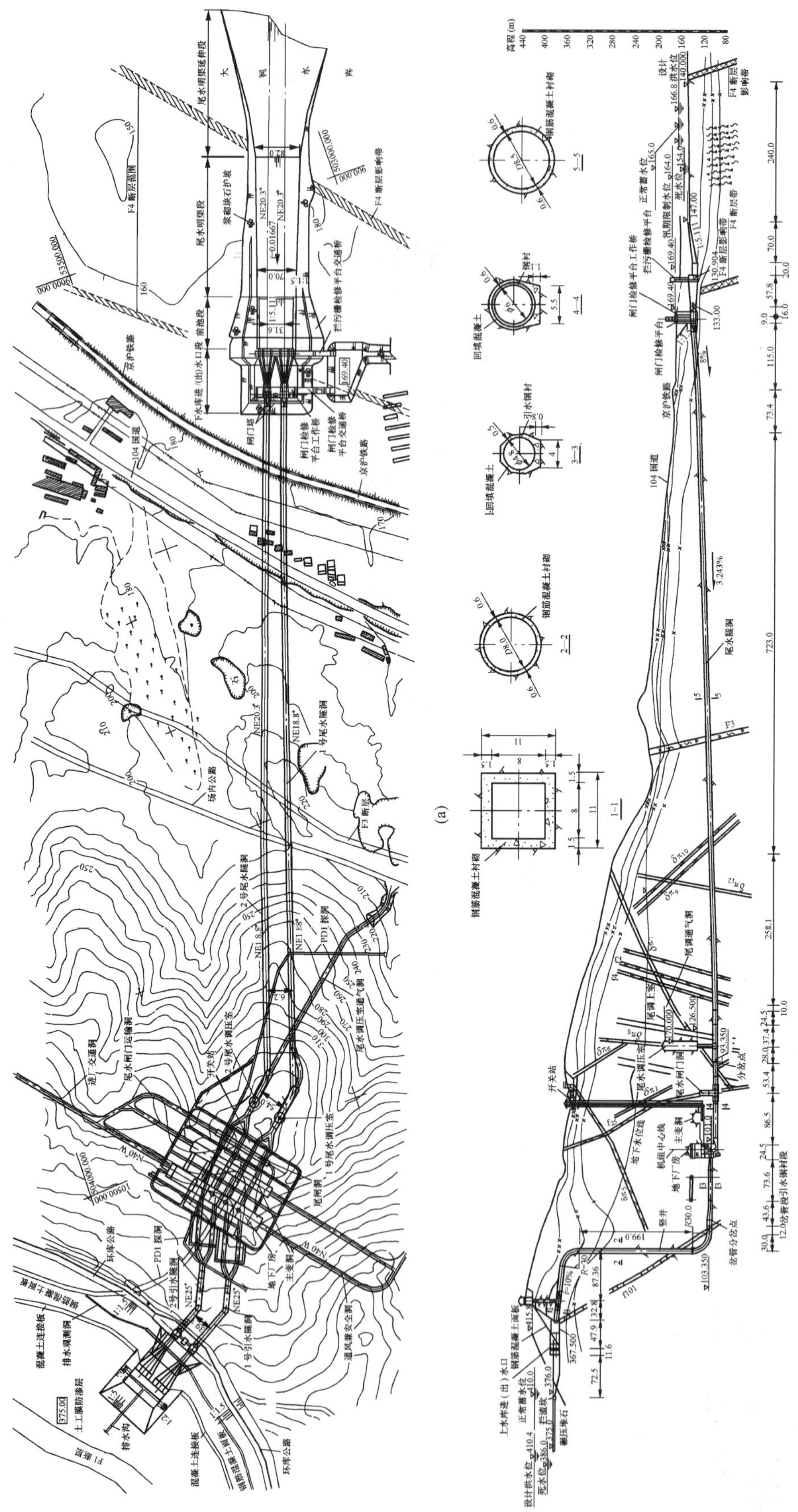

图 7-4-8 泰安抽水蓄能电站输水系统

(a) 平面布置图；(b) 剖面图（沿 1 号机组输水道）

4.5 调压室的涌波计算

抽水蓄能电站调压室的涌波计算工况多而复杂，除了应考虑相应于发电及抽水两种工况的丢弃负荷和水泵断电、导叶拒动情况外，还要考虑调压室涌波水位的动态组合问题。

抽水蓄能电站调压室最高涌波水位，由下列工况计算确定：

（1）上游调压室：上水库校核洪水位，共一调压室的所有发电机组在满负荷运行时，突然丢弃全部负荷，导叶紧急关闭；上水库正常蓄水位，共一调压室的发电机组启动，增至满负荷后，在进入调压室流量最大时丢弃全部负荷，导叶紧急关闭。

（2）下游调压室：下水库校核洪水位，共一调压室的抽水机组在扬程最小、抽水流量最大时，突然断电，导叶全部拒动；下水库正常蓄水位，共一调压室的抽水机组启动，达到最大流量后，在进入调压室流量最大时突然断电，导叶全部拒动。

呼和浩特抽水蓄能电站上游调压室最高水位工况为：上水库正常蓄水位 1940.0m；下水库死水位 1355.0m，两台机组同时启动增至满负荷后，当流入调压井流量最大时，突然同时甩负荷，导叶紧急关闭。相应最高水位计算值为 1948.84m。

泰安抽水蓄能电站下游调压室最高水位工况为：上水库死水位 386m，下水库校核洪水位 167.2m，一台机组正常抽水运行，另一台机组启动抽水，在流入尾水调压室流量最大时两台机组抽水断电，导叶拒动。相应最高水位计算值为 179.915m。

惠州抽水蓄能电站一期上游调压室最高水位工况为：上水库正常蓄水位 762.0m，下水库死水位 205.0m，四台机组同时启动，在流入上游调压井流量最大时同时甩负荷，导叶关闭，相应最高水位计算值为 780.41m；下游调压室最高水位工况为：上水库死水位 740.0m，下水库正常蓄水位 231.0m，四台水泵在最小扬程下启动，在流入尾水调压井流量最大时全部断电，导叶拒动，球阀关闭，相应最高水位计算值为 250.74m。

抽水蓄能电站调压室最低涌波水位，由下列工况计算确定：

（1）上游调压室：上水库最低水位，共一调压室的抽水机组在最大抽水流量时，突然断电，导叶全部拒动；上水库最低水位，共一调压室的抽水机组，最小扬程，机组启动，达到最大流量后，在流出调压室流量最大时，突然断电，导叶全部拒动。

（2）下游调压室：下水库最低水位，共一调压室的发电机组满负荷运行时，突然丢弃全部负荷，导叶紧急关闭；下水库最低水位，共一调压室的发电机组启动增至满负荷后，在流出下游调压室流量最大时，丢弃全部负荷，导叶紧急关闭。

呼和浩特抽水蓄能电站上游调压室最低水位工况为：上水库死水位 1903.0m；下水库正常蓄水位 1400.0m，两台机组在扬程最小时同时启动，当流出调压井流量最大时突然断电，两台机组导叶拒动，相应最低水位为 1869.20m（大井底板高程 1866.08m）。

泰安抽水蓄能电站下游调压室最低水位工况为：上水库死水位 386m，下水库校核洪水位 167.2m，一台机组正常抽水运行，另一台机组启动抽水，在流入尾水调压室流量最大时两台机组抽水断电，导叶拒动，相应最低水位计算值为 135.392m（大井底板高程 125.70m）。

惠州抽水蓄能电站一期上游调压室最低水位工况为：上水库死水位 740.0m，下水库正常蓄水位 231.0m，四台水泵在最小扬程下同时启动，在流出调压井流量最大时全部断电，导叶拒动，球阀关闭，相应最低水位计算值为 716.11m（大井底板高程 700.0m）。

从以上统计可以看出，各抽水蓄能电站调压室最高、最低涌波出现的工况均符合一般规律，且大部分抽水蓄能电站调压室最高、最低涌波由组合工况控制。需要注意的是，在对抽水蓄能电站运行工况分析研究后，认为不存在共一调压室的所有机组（或水泵）同时启动或同时甩负荷（或断电）时，亦可按机组（或水泵）逐台开启或部分机组（或水泵）丢弃负荷（或断电）考虑；如果机组调度在水库校核或设计洪水位时不再运行，可以考虑以正常蓄水位作为调压井涌波计算的高水位。

抽水蓄能电站调压室的涌波计算，发电工况可按照常规水电站调压室的涌波公式计算；抽水工况突然断电，导叶全部拒动时的涌波计算，在厂家已提供全特性曲线的情况下，可采用计算输水系统过渡过程的特征线法，亦可采用图解演算求得抽水工况机组突然断电、导叶拒动场合的水泵流量随时间变化的过程，并按此作为边界条件进行涌波计算。在厂家未提供机组全特性曲线的阶段，可采用简算法。《规范》附录C有较详细的计算说明。

调压室水力计算的解析法具有计算简单、节省时间的优点，但在公式推导中作的假定较多，因之精度较差，并且由于它不能求出调压室水位变化的过程，故只在预可行性设计阶段中应用。各种类型调压室解析法计算公式在有关书籍中均有描述。目前几个高校均开发拥有了较成熟的输水系统及机组过渡过程计算程序，各设计单位也引进了有关程序，调压室涌波大都通过程序计算拟订。需要注意的是，计算抽水蓄能电站调压室的最高、最低涌波水位时，发电工况压力水道的糙率取值同常规水电站的调压室；抽水工况，压力水道的糙率值经分析取用。

4.6 调压室基本尺寸的确定

调压室的各部分尺寸，由水力计算确定，它应满足以下要求：①调压室的断面应当满足机组调节稳定的要求，室中任何的水位波动都应当是衰减的；②除溢流式调压室外，任何运行条件下，不允许水从调压室上部溢出，即调压室顶部应在最高涌波水位以上并有一定裕度，或者水涌出上室后可以返回；③在任何条件下，不允许有空气进入压力管道，空气进入压力管道后，可能引起运转上的极大困难，甚至危及压力管道的安全。故压力管道顶部应在调压室最低涌波水位以下并有一定裕度。

目前抽水蓄能电站调压室类型以阻抗式以及阻抗和水室结合的调压室为主，现主要叙述该种调压室的基本尺寸确定。

（1）调压室稳定断面的确定。

调压室稳定断面的确定在本篇4.4节中已有较详细的说明，在此不再赘述。

（2）调压室阻抗孔尺寸的确定。

阻抗式调压室阻抗孔尺寸选择的基本要求是能有效抑制调压室的波动幅度和加速波动的衰减，同时能有效传导和反射水击波，不恶化压力水道的受力状态。较适宜的阻抗孔口直径，应使调压井底部隧洞的最大水锤压力，基本等于调压室出现最高涌浪水位时所产生的压力，同时调压井底部隧洞的最小水锤压力也不低于最低涌浪水位的压力。

根据有关统计和试验，当阻抗孔面积小于压力水道面积的15%时，压力水道末端及调压室底部的水击压力才会急剧恶化，而孔口面积大于压力水道面积的50%时，对抑制波动幅度与加速波动衰减的效果则不显著，在特长的压力水道中收效更微。

国内、外部分抽水蓄能电站阻抗式调压室阻抗孔取值见表7-4-2。从表中可以看出，绝大部分调压室阻抗孔和压力水道的面积比在0.2～0.5之间。

阻抗孔直径的选择需要进行专门的计算比较，一般可在面积比0.2～0.5之间选择3～4个阻抗孔直径进行分析计算比较。呼和浩特抽水蓄能电站在可行性研究阶段进行了引水调压井水工模型试验研究，拟订了3.5m、3.9m、4.3m三个阻抗孔直径方案进行模型试验，并结合模型试验得出的阻抗孔水头损

失系数 ξ_s（与阻尼系数 j_s 换算公式 $j_s \times Q^2 = \xi_s \times \frac{v^2}{2g}$）进行过渡过程计算。计算结果表明：当阻抗孔口直径采用 4.3m 时，分别对应于最高、最低涌浪控制工况，计算结果最接近孔口选择的控制条件，此时调压井底部节点的最大测压管水头最小，与调压井的最高涌浪水位最接近，即调压井反射水锤的效果最好，同时，作用在调压井底板上的双向压差最小。泰安抽水蓄能电站尾水调压室阻抗孔直径分别进行了 4.2、4.6、5、5.4、5.8、6.2m 情况下尾水调压室反射水锤波性能的比较，最终确定阻抗孔直径为 5m。

表 7-4-2　　国内、外部分抽水蓄能电站阻抗式调压室阻抗孔的取值

电站简称	隧洞直径(m)	阻抗孔直径(m)	阻抗孔与隧洞面积比
十三陵	5.2	3.7	0.51
广蓄一期	9.0(上游) 8.0(下游)	6.3(上游) 4.0(下游)	0.49(上游) 0.25(下游)
广蓄二期	9.0(上游) 9.0(下游)	6.3(上游) 4.0(下游)	0.49(上游) 0.20(下游)
琅琊山	8.1	5.0	0.38
惠州	8.5(上游) 8.5(下游)	6.3(上游) 6.3(下游)	0.55(上游) 0.55(下游)
西龙池	4.7	5.7×1.1(长×宽)	0.36
宜兴	7.2(下游)	4.6	0.41
泰安	8.5	5.0	0.35
白莲河	9.0	5.0	0.31
呼和浩特	6.2	4.3	0.48
蒲石河	11.5	7.5	0.43
溧阳	10.0	5.0	0.25
明湖	7.0	3.2	0.21
日本今市	7.3	4.1	0.32
日本本川	6.0	3.2	0.28
日本新高濑川	8.0	4.0	0.25
意大利埃多洛	5.4(上游)	2.9	0.29
意大利塔洛罗	5.5	3.5	0.41

（3）调压室上室尺寸的确定。

根据调压室所在位置的地形地质条件，调压室上室有的采用露天布置，有的采用地下布置。无论采用何种布置，都需要注意以下几点：

1）上室的平面形状以各边相差不大为好，这样的上室能较灵敏地适应水位的变化，长条形的上室对充水和放水的反应都不够灵敏，采用这样的上室，应对其水力现象作进一步研究。

2）上室的底部高程应不低于上游（或下游）最高设计水位，以充分发挥上室的作用，上室的位置越高所需容积越小，在一般情况下，上室宜做的大而浅。

3）上室底部应有不小于1%的纵坡倾向大井，便于顺利排空。

4）露天布置的上室应特别注意防渗，以免造成边坡失稳，危及调压室本身及相邻建筑物的安全。

5）建于地下的上室考虑洞室围岩稳定，宜做成长廊形，上室在最高涌浪水位以上的通气面积应不小于压力水道面积的10%。

泰安抽水蓄能电站尾水调压室上室最低高程170.0m，高于下水库校核洪水位167.20m。上室面积和底板高程分别进行了底板高程为170、171、172、173m情况下上室面积从350～700m^2的计算比较，最终确定上室底板高程为170m，上室面积为600m^2，上室断面为12m×12m城门洞形。

呼和浩特抽水蓄能电站引水调压室上室位于地表，调压室平台高程1939.0m，两个隧洞上室在平台上设置成一个高约10m的长方形水池，水池净宽9m，长54m，水池中间设置厚3m的隔墙。

（4）调压室下室尺寸的确定。

调压室的下室一般都具有细长的形状，断面为圆形或城门洞形，以城门洞形应用较多。设计下室时应注意以下问题：

1）下室的宽度一般等于竖井的直径，以便与竖井连接，下室的底部应有不小于1%纵坡倾向大井，以便在必要时排空下室；其顶部应有不小于1.5%的反坡，在下室充水时便于空气向大井逸出。因此下室与大井连接处的高度大于下室末端的高度。

2）下室的轴线和引水道的轴线在平面上尽可能垂直或成较大的交角，以保证下室和引水道间的围岩稳定。

3）下室的顶部应在最低静水位以下，底部应在最低涌浪水位以下，对下室的容积、高程和形状的设计应特别仔细，必要时应进行模型试验。

4）需要较大容量的下室时，下室一般较长，可以将下室分两部分对称于大井布置。

4.7　调压室结构、灌浆、排水等设计

抽水蓄能电站引水调压室一般采用露天布置，尾水调压室一般布置在地下靠近地下厂房处。为保证调压室整体稳定，调压室围岩自身的稳定非常重要，因此，调压室应尽量设置于具有良好地质条件的Ⅱ、Ⅲ类围岩中，围岩应有足够厚度，具有良好的整体稳定性。

Ⅱ、Ⅲ类围岩中调压室的主要荷载是内水压力。调压室放空时，衬砌外壁存在外水压力作用。调压室采用钢筋混凝土衬砌时，承受外水压力的能力较强，破坏的可能性不大。衬砌自重一般影响不大，特别是直井部分，常由衬砌与岩体的摩擦力所维持，计算时可忽略。此外尚有施工期的灌浆压力、混凝土收缩引起的应力，运行期的温度应力和地震力等。结构设计时应区分不同的荷载组合，如正常运行工况、施工工况、检修工况等。井筒、底板、升管可按潘家铮著的《调压井衬砌》计算薄壁圆筒和底板。露天的上室可按钢筋混凝土结构设计有关文献计算。

调压井结构计算采用如下计算假定：①将大井井壁衬砌视为与围岩紧密结合的等半径垂直圆筒，井底衬砌视为与基岩紧密结合的环形板，两者视为刚性连接。围岩作为弹性体，当衬砌受力后向围岩方向变形时，围岩产生弹性抗力作用在衬砌上。因此，大井计算采取的是衬砌与围岩分开考虑的结构力学方法。②圆筒衬砌为等厚的整体结构（不留永久缝），底板衬砌为等厚度的整块平板，与调压室断面尺寸相比，两者均属薄板结构，宜用薄壳或薄板理论求解，因底板具有相当的挠曲刚度，其挠度远小于它的厚度，故底板变形属“小挠度”问题。③底板受井壁圆筒传来的对称径向应力所产生的变形，与圆筒的扰曲变位相比可忽略不计，故底板只有垂直变形而无水平变位。④围岩弹性抗力与变形的关系采用文克尔假定。

阻抗孔和大井衬砌段衬砌厚度一般不小于60cm，衬砌混凝土应采用锚筋（兼锚杆）与围岩牢固连接，锚筋锚入岩石和混凝土均应有足够的长度。

调压室衬砌段沿全高应对围岩进行全面的固结灌浆处理，保证围岩的整体性。固结灌浆压力尽量采用较高的灌浆压力（不低于1MPa），灌浆孔入岩孔深根据围岩性状确定，但应不小于3m。在正常蓄水位以上井壁应设置排水孔，正常蓄水位和最低涌波水位之间一般不设排水孔。

调压井井口宜设检修观察平台，平台靠井口侧设一圈防护栏杆，调压井内可不设爬梯。阻抗孔（或升管）与尾水隧洞相交部位宜设置钢筋混凝土加强梁。

第五章

水力—机组过渡过程分析

5.1 抽水蓄能电站输水系统过渡过程特点

随着我国国民经济的发展，电力系统日趋复杂，电网安全日显重要，抽水蓄能电站在电网中已不仅仅起着削峰填谷的作用，而是逐步过渡为电网“保安工具”，在维系电网安全的同时，其自身的安全性必须得到充分保障，而抽水蓄能电站输水系统中发生的水力—机组过渡过程往往是影响电站稳定运行的关键因素，对其进行预测、控制是抽水蓄能电站输水系统布置设计中的首要问题。

抽水蓄能电站为了满足电力系统动态服务的要求，往往具有一机多用、工况转换迅速、启停频繁、压力变动大及压力脉动剧烈的特点，由此将导致输水系统中产生复杂的水力瞬变过程。巨大的水流惯性所带来的能量不平衡，将引起输水系统中内水压力及机组转速的剧烈变化，可能危及电站的稳定运行，影响机组的寿命。因此，需进行电站运行中各种工况的过渡过程计算，以对系统的稳定性及危险工况进行预测，为输水系统结构布置、机组及调速系统参数的选择、导叶关闭规律的优化等提供依据。不同于常规水电站及泵站的单向发电或抽水，抽水蓄能电站在水道设计、可逆机组转轮设计上需同时兼顾二者需要，保证双向过流运行的高效安全。该特点决定了抽水蓄能电站的水力过渡过程较常规水电站、泵站更为复杂，主要体现在以下几个方面：

(1) 机组过流特性曲线中存在严重的“倒S型”区域，而在“倒S型”区域内机组转速的变化对过流特性影响巨大，较小的转速变化，会引起较大的流量变化，从而在输水系统中产生较大的水锤，出现所谓的“阻滞效应”，由此导致抽水蓄能电站过渡过程中发生的水锤类型迥异于常规水电站机组，既非首相水锤，也非极限水锤，同时还伴随剧烈的压力脉动现象。常规低水头水电站水锤压力主要由导叶关闭引起，多发生极限水锤，控制值出现在导叶关闭终了的流量为0时刻附近，而对于抽水蓄能电站，由于过流特性不同于常规水轮机，在导叶关闭过程中，机组引用流量变化源于导叶关闭与转速上升两方面因素，流量减小很快，短时间内甚至会出现倒流现象；对于常规水电站水轮机关机时间越长，虽然机组转速上升越大，但水锤压力相对越小，而高水头可逆机组由于其转轮流道狭长，转轮直径一般比常规水轮机直径大30%～50%，相应的离心力就大，即使在水轮机方向旋转，也存在部分水泵作用，产生阻止水流进入转轮的作用力，当转速达到飞逸转速时，离心力急剧加大，尽管转速和接力器行程变化很小，流量也将产生很大变化，在产生较大水锤压力的同时，还伴随着剧烈的压力脉动。虽然压力脉动产生机理目前尚不十分清楚，没有精确计算方法，但现场实测资料表明：在导叶关闭所产生的水力过渡过程中，较高的转速常伴随较大的压力脉动，最高转速开度越大，脉动压力相应越大，持续时间约3～5s，而且当机组转速上升值达到飞逸转速时（力矩为0附近），意味着机组已进入了抽水蓄能电站可逆机组的“倒S型”水力不稳定区域，此时转速的微小变化均将导致流量的大幅变化，而关闭规律及水库端反射的减压波的影响相对而言较小，由此带来的大幅压力变化导致了该时刻附近蜗壳末端实测压力出现峰值。之所以是附近，主要是转速上升最大值可以较准确量测，而最大压力动态量测受压力脉动影响，难以准确得到，存在一定的区间范围。

（2）过渡过程计算工况多且复杂。该特点实际上是由抽水蓄能电站运行决定的，既要考虑发电工况事故甩负荷，又要考虑抽水工况事故断电；对于设置了上游或尾水调压室的输水系统还必须考虑各种最不利的水位、流量组合工况。抽水蓄能电站运行中包含5种基本工况：静止、发电、发电方向调相、抽水、抽水方向调相；12种基本工况转换：静止至发电、发电至静止、静止至发电方向调相、发电方向调相至静止、静止至抽水、抽水至静止、静止至抽水方向调相、抽水方向调相至静止、发电至发电方向调相、发电方向调相至发电、抽水至抽水方向调相、抽水方向调相至抽水。此外，还有两种极端转换方式，即抽水到发电的直接转换和发电到抽水的直接转换，但机组制造厂家为避免转换过程机组受到较大冲击，一般不建议采纳该方式。上述过渡工况均属于操作过程中的过渡工况，在正常情况下均是有控的，但在事故情况下，则可能出现部分是有控的，如水泵失电，导叶紧急关闭；部分是失控的，如水泵失电，导叶拒动；后两种也属于我们需要研究的过渡过程工况范围。

5.2　水道水力学与特征线法

目前关于抽水蓄能电站水力过渡过程的计算方法，仍以一维水锤基本微分方程为基础，以特征线法为计算工具，并结合特定的边界条件，对不同类型的水力过渡过程中的各种控制参数进行数值求解。其中：

水锤连续方程：

$$\frac{Q}{A}\frac{\partial H}{\partial x}+\frac{\partial H}{\partial t}+\frac{a^2}{gA}\frac{\partial Q}{\partial x}-\frac{Q}{A}\sin\beta=0 \tag{7-5-1}$$

水锤运动方程：

$$g\frac{\partial H}{\partial x}+\frac{Q}{A^2}\frac{\partial Q}{\partial x}+\frac{1}{A}\frac{\partial Q}{\partial t}+\frac{fQ\,|Q|}{2DA^2}=0 \tag{7-5-2}$$

以上两式中　H——测压管水头；

Q——流量；

D——管道直径；

A——管道面积；

t——时间变量；

a——水锤波速；

g——重力加速度；

x——沿管轴线的距离；

f——摩阻系数；

β——管轴线与水平面夹角。

以上水锤基本方程可简化为标准的双曲型偏微分方程，可利用特征线法将其转化成同解的管道水锤计算特征相容方程。对于长度 L 的管道 $A—B$，其两端点 A、B 边界在时刻 t 可建立如下特征相容方程：

C^-：
$$H_A(t)=C_M+R_MQ_A(t) \tag{7-5-3}$$

C^+：
$$H_B(t)=C_P-R_PQ_B(t) \tag{7-5-4}$$

$$C_M=H_B(t-k\Delta t)-(a/gA)Q_B(t-k\Delta t)$$

$$R_M=a/gA+R\,|Q_B(t-k\Delta t)|$$

$$C_P=H_A(t-k\Delta t)-(a/gA)Q_A(t-k\Delta t)$$

$$R_P = a/gA + R\,|Q_A(t-k\Delta t)|$$

式中　Δt——计算时间步长；

k——特征线网格管段数，$k = L/\Delta L$；

ΔL——特征线网格管段长度，$\Delta L = a\Delta t$（库朗条件）；

R——水头损失系数，$R = \Delta h/Q^2$。

其他符号意义同前。水力过渡过程计算一般从初始稳定状态开始，即取此时 $t=0.0$，因此当式中 $(t-k\Delta t)<0$ 时，则令 $(t-k\Delta t)=0$，即取为初始值。特征相容方程均只有流量、水头两个未知数，将其分别与 A、B 节点边界条件联立，即可求得 A、B 节点各自的瞬态参数。

需要说明的是，在对特征线方程的使用上，为了使恒定流计算与非恒定流计算吻合，略去了管道斜坡项的影响。针对该问题，20 世纪 80 年代，近代瞬变流奠基人密西根大学怀利（Wylie）教授在华东水利学院讲学时，曾经与刘启钊等教授探讨过非恒定流方程与恒定流方程之间的兼容性问题（Qizhao Liu，Private Communication，East China Technical University of Water Resources，Nanjing，China，1982），由此在国内展开了关于水锤基本方程的探讨，张洪楚、骆如蕴、刘启钊、索丽生、徐关泉、陈怀先、林方标等数位学者纷纷撰文，参与讨论；国外在 1984～1985 年间，在美国土木工程师学会期刊《水力工程》上也展开了该问题的探讨，先后有比利时、葡萄牙、美国、巴西等国十位作者参与，最终怀利（Wylie）教授对此问题进行了总结，在加深对水锤基本方程理解认识的同时，也解决了非恒定流方程与恒定流方程之间合理衔接问题，但在关于流速水头的影响以及在水力过渡过程中的压力回复问题至今仍没有取得统一认识，具体可参阅相关文献（如：Wylie E B，Streetr V L，Suo Lisheng. Fluid transient in systems）。

5.3　基本边界条件

抽水蓄能电站与常规水电站边界条件处理的主要区别在于机组特性曲线的处理上，其他边界条件的处理类似。分述如下：

（一）串联节点

假设 A、B 为不同管段的串联节点，在该节点上满足压力相等、流量连续，即：$H_A = H_B$；$Q_A = Q_B$，将其与正、负特征线方程联立，共四个方程求解四个未知量 H_A、H_B、Q_A、Q_B。

（二）分叉节点

在节点封闭且没有储存容积的情况下，节点在任一瞬间满足连续方程：$\Sigma \pm Q_{Pi} = 0$；当 Q_{Pi} 为流入节点时取正号，流出节点时取负号，在忽略流速水头及水头损失时：

$$H_{P1} = H_{P2} = H_{P3} = \cdots H_{Pi} \cdots = H_{PN} \tag{7-5-5}$$

将其对应的 N 个正、负特征线方程联立，共 $2N$ 个线性方程，可求解 $2N$ 个未知量 H_{P1}、H_{P2}、H_{P3}、…、H_{PN} 与 Q_{P1}、Q_{P2}、Q_{P3}、…、Q_{PN}。

（三）上、下水库进（出）水口节点

水库水位变化与压力管道水力瞬变相比非常缓慢，可忽略不计，因此，在瞬变分析中假设水库水位为常数，满足 $H_{res} = C$，其中 H_{res} 为水库水位，将其代入相容方程，即可得到时刻 t 的水库进口处流量 Q_{res}。

（四）阀门节点

一般情况下，出口阀门的过流方程为：

$$Q_P = C_d A_G \sqrt{2g\Delta H_p} = \tau \times (C_d A_G)_r \sqrt{2g\Delta H_p} \tag{7-5-6}$$

式中　Q_P——阀门流量；

C_d——流量系数；

A_G——阀门开启面积；

ΔH_p——阀门的水头损失，$\Delta H_p = H_{P1} - H_{P2}$，$H_{P1}$、$H_{P2}$ 分别为阀门前、后压力；

τ——无量纲阀门流量系数，关闭时为 0，全开时为 1，它是阀门开度的非线性函数，一般以离散数据或曲线表示，$\tau = \dfrac{C_d A_G}{(C_d A_G)_r}$。

考虑到流体瞬变过程中可能改变方向，结合正、负特征线方程可得：

$$Q_P = \frac{C_P - C_M}{R_P + R_M + \Delta H_r \left| Q_p \right| / (Q_r \tau)^2} \tag{7-5-7}$$

式中　r——阀门全开工况；

Q_r——阀门全开时的流量；

ΔH_r——阀门全开时的水头损失。

对式（7-5-7）可通过迭代求解得到下一时刻的流量 Q_P。

（五）不同类型调压室节点

抽水蓄能电站由于水头高，输水系统布置时，通常不采用圆筒式调压室，主要采用阻抗式、双室式、溢流式、气垫式等类型，其中气垫式调压室在国内常规水电站已有应用，但在抽水蓄能电站上的应用，除挪威外国内外尚无其他实例。

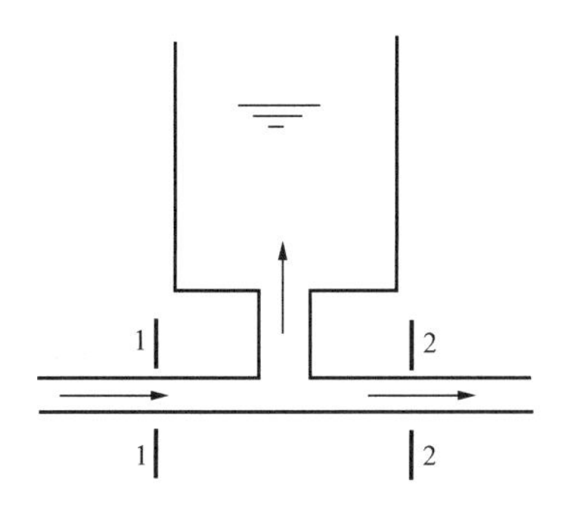

图 7-5-1　阻抗式调压室节点示意图

（1）阻抗式调压室（或上、下游闸门井）节点。

图 7-5-1 中，描述该节点各参数的控制方程为：

$$H_{P1} = H_{P2} = H_P \tag{7-5-8}$$

$$H_P = H_{PS} + R_S \left| Q_{PS} \right| Q_{PS} \tag{7-5-9}$$

$$H_{PS} = H_{PS0} + \frac{(Q_{PS} + Q_{PS0})\Delta t}{2A_S} \tag{7-5-10}$$

$$Q_{P1} = Q_{P2} + Q_{PS} \tag{7-5-11}$$

以上式中　H_P——调压室底部压力；

H_{PS}——调压室水深，即以管道中心线为基准的调压室水柱高度；

Q_{PS}——流入调压室的流量，流出时为负；

R_S——调压室的阻抗损失系数（对简单调压室 $R_S = 0$）；

A_S——调压室面积。

各参数带下标 0 者为其前一时步的值，将其与正、负特征线方程联立，即可求得 6 个未知量，H_{P1}、H_{P2}、H_{PS}、Q_{P1}、Q_{P2}、Q_{PS}。

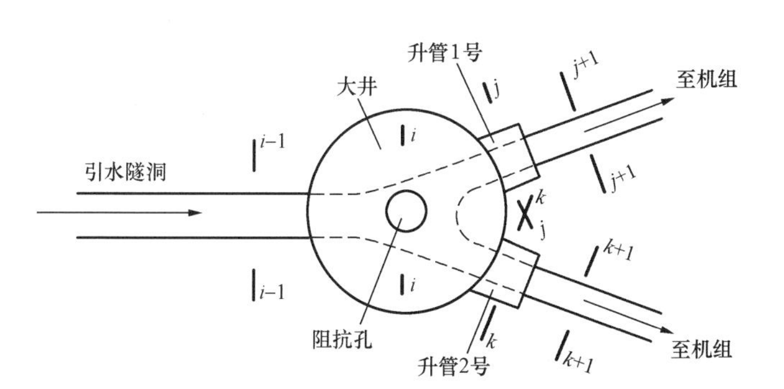

图 7-5-2　差动溢流式调压室节点示意图

（2）差动溢流式调压室节点。

图 7-5-2 中，设调压室大井节点和升管节点分别为 i、j 和 k，描述该节点各参数的控制方程与阻抗式调压室（或上、下游闸门井）节点基本相同，其中调压室水位波动方程为：

$$A_S \frac{\mathrm{d}H_{PS}}{\mathrm{d}t} = Q_{PS} \pm Q_w \tag{7-5-12}$$

式中　Q_w——总溢流量。

描述调压室大井和各升管之间的溢流方程为：

$$Q_{ij}=mB(\Delta H_{ij})^{1.5} \tag{7-5-13}$$

$$Q_{ik}=mB(\Delta H_{ik})^{1.5} \tag{7-5-14}$$

$$\Delta H_{ij}=|H_{ps,i}-H_{ps,j}| \text{ 或 } \Delta H_{ij}=\max(H_{ps,i},H_{ps,j})-\nabla \tag{7-5-15}$$

$$\Delta H_{ik}=|H_{ps,i}-H_{ps,k}| \text{ 或 } \Delta H_{ik}=\max(H_{ps,i},H_{ps,k})-\nabla \tag{7-5-16}$$

以上式中　Q_{ij}、Q_{ik}——表示大井和升管1号或升管2号之间的溢流量；

m——升管顶部的溢流系数，采用1.75～1.85；

B和∇——溢流前缘有效宽度和以管道中心体为零的堰顶高程；

ΔH_{ij}和ΔH_{ik}——大井和各升管之间的水位差或堰上水头。

联立求解调压室大井和升管的控制方程并考虑溢流关系，通过计算化简可得到包含溢流关系的非线性微分方程，状态量为调压室大井和各升管的瞬时水位，可采用龙格—库塔法求解。

（3）气垫调压室节点。

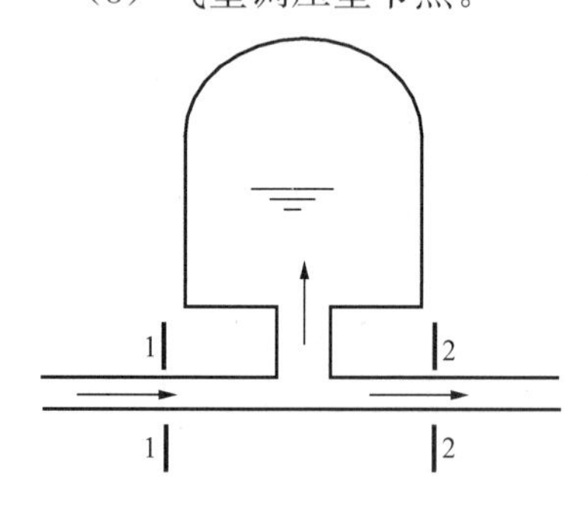

图7-5-3　气垫调压室节点示意图

图7-5-3中，描述该节点各参数的控制方程与阻抗式调压室（或上、下游闸门井）节点基本相同，其中：

气体状态方程：
$$P_S=P_{S0}\left(\frac{V_{a0}}{V_a}\right)^m \tag{7-5-17}$$

气体体积方程：

$$V_a=V_{a0}-(H_{PS}-H_{PS0})A_S \tag{7-5-18}$$

底部压力方程：

$$H_P=H_{PS}+R_S|Q_{PS}|Q_{PS}+(P_S-P_a) \tag{7-5-19}$$

以上式中　P_a——调压室外大气压力的绝对压力值，以m水柱计；

P_S——调压室内大气压力的绝对压力值，以m水柱计；

V_a——调压室内任一瞬时的气体体积；

m——气体多方指数；

P_{S0}、V_{a0}、H_{PS0}——前一计算时步的P_S、V_a、H_{PS}值。

其他符号意义同前，结合特征线方程，即可对气垫调压室节点进行求解。

（六）水泵水轮机节点

（1）全特性曲线处理。

考虑到水泵水轮机具有水轮机、水泵两种运行工况，并分水泵运行区、水泵制动区、水轮机区、水轮机制动区、反水泵区等五种可能运行区域，而抽水蓄能电站水力过渡过程计算时，计算参数将跨越不同区域，须将这两种工况进行统一求解，为了保证机组边界的可靠性，需要从制造商处得到如图7-5-4与图7-5-5所示的机组全特性曲线，两图中横坐标均为单位转速；纵坐标分别为单位流量、单位力矩；α为导叶开度。其中：单位转速：$n_{11}=\dfrac{nD_1}{\sqrt{H}}$；单位流量：$Q_{11}=\dfrac{Q}{D_1^2\sqrt{H}}$；单位力矩：$M_{11}=\dfrac{M}{D_1^3H}$。

图7-5-4和图7-5-5中的机组单位流量、力矩全特性曲线在水泵、水轮机制动工况区均不同程度的存在着“倒S型”区域，从计算的角度出发，直接在该区域计算，将不可避免的产生多值问题。可通过两种方法解决该问题：一种是对全特性曲线进行分区处理；一种是采用Suter转换。前者在进行图形处理时，不同区域衔接处的数据处理需要很谨慎，否则多值问题仍无法克服，后者是目前国际上的通用方

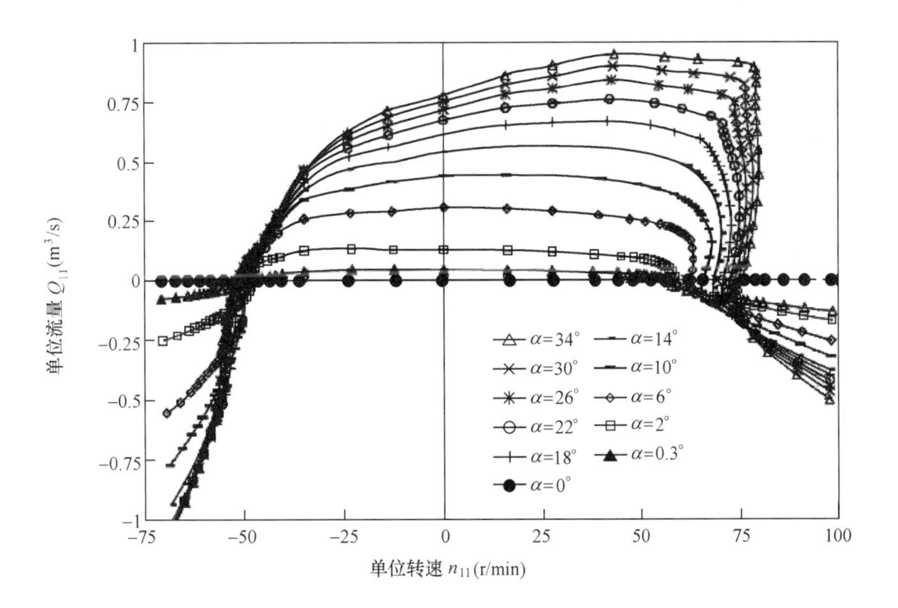

图 7-5-4 可逆机组单位转速—单位流量全特性曲线

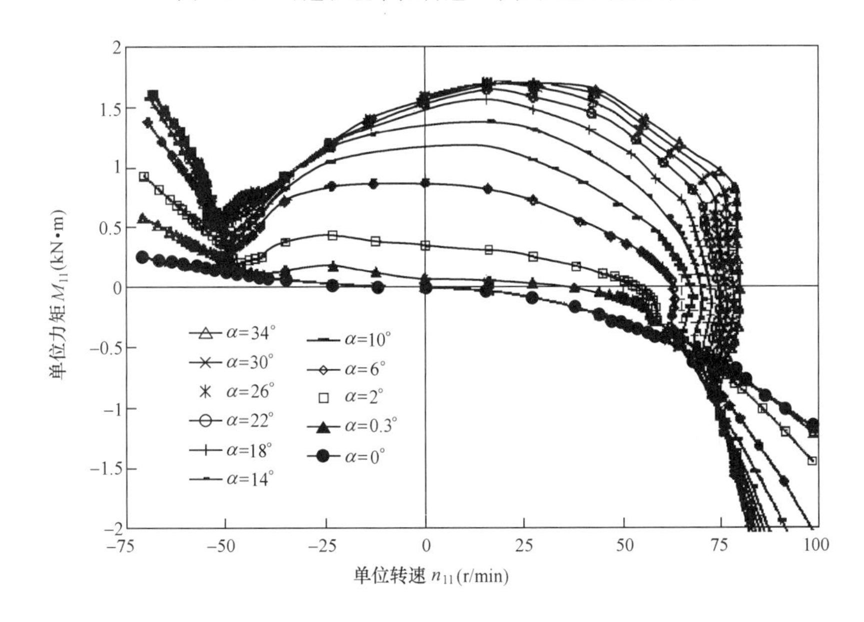

图 7-5-5 可逆机组的单位转速—单位力矩全特性曲线

法，借鉴了水泵全特性曲线的处理方式，通过直角坐标与极坐标的转换来克服多值问题，主要过程如下：

$$WH(x,y) = \frac{hy^2}{a^2 + q^2} \tag{7-5-20}$$

$$WB(x,y) = \left(\frac{\beta}{h} + \frac{k_1}{M'_{1r}}\right)y \tag{7-5-21}$$

$$x(y) = \arctan\left(\frac{q + k_2\sqrt{h}}{a}\right)(a \geqslant 0) \tag{7-5-22}$$

$$x(y) = \pi + \arctan\left(\frac{q + k_2\sqrt{h}}{a}\right)(a < 0) \tag{7-5-23}$$

以上式中 h、β、a、q——水头、力矩、转速和流量的无量纲值；

y——导叶开度；

M'_{1r} ——额定工况单位力矩，kN·m；

k_1、k_2 ——平移系数，取 $k_1 = 1.1 \sim 1.5$，$k_2 = 0.5$。

上述过程较常规的Suter转换略有差别，通过引入平移系数（即上文中 k_1、k_2）将坐标极点由原点平移到指定位置，避免了极角在大范围取值，最好能够通过限定平移系数的大小，将极角范围控制在 $(0, \pi)$ 内；通过引入拉伸系数［即式（7-5-21）中的导叶开度 y］将原来多条扭曲在一起的开度线分开，使数据处理更为直观方便。

需要说明的是，可逆机组全特性曲线上数据出现多值及交叉现象，是可逆机组过流特性的本身固有特点，进行数据处理的目的并不是将这些特点消除，而是需要在完全保证原来数据本来面目的基础上，将因这些复杂特性所带来的计算困难消除掉。在过渡过程计算中，厂家所给的全特性曲线上数据不可能完全连续，大部分需要进行插值预测，而将特性曲线按照上述方法进行处理后，可以很方便地进行数据预测，是基于原有数据特点的基础上进行的合理扩充，不会造成原有数据的遗漏，仍然保持了原有数据的特性。

（2）转轮边界水头平衡方程。

设转轮上、下边界节点编号为1、2，则利用特征线方程可得转轮边界水头平衡方程为：

$$h = (C_{P1} - C_{M2})/H_r - q(R_{P1} + R_{M2})Q_r/H_r \tag{7-5-24}$$

式中　H_r、Q_r ——额定工况转轮工作水头和流量。

其他符号意义同前。

（3）机组转动力矩平衡方程。

$$\alpha = \alpha_0 + [(\beta + \beta_0) - (\beta_g + \beta_{g0})]\Delta t/2T_\alpha \tag{7-5-25}$$

$$T_\alpha = \frac{GD^2\ |n_r|}{374.7M_r}$$

式中　T_α ——机组惯性时间常数；

GD^2 ——机组转动惯性力矩，$t \cdot m^2$；

n_r、M_r ——额定工况机组转速和动力矩；

β_g ——机组转动阻力矩无量纲值；

α_0、β_0、β_{g0} —— α、β、β_g 的前一计算时步的值。

其他符号意义同前。

联立以上方程并结合给定的导叶关闭规律，即可求出各种工况下的水泵水轮机节点的瞬态参数 h、β、α、q 等。

5.4　可逆机组大波动水力过渡过程

抽水蓄能电站输水系统布置较复杂、机组安装高程低并兼具双向过流特性，为输水系统大波动水力过渡过程带来了一些特殊问题。

（一）流速水头的考虑

由于输水系统中流速水头项在水锤基本方程中没有体现，如何正确考虑，至今还存在一定争议。水锤压力的产生来自于水体动量变化率及水体、衬砌、围岩的弹性"变形"，而流速水头所产生的压力回复与动量变化率大小无关，仅取决于动量变化大小，可以从下述情况来直观分析：通常可逆机组蜗壳、尾水管进口的流速在10m/s以上，相应的流速水头超过5m，通过控制导叶关闭规律及时间，总可以做到蜗壳、尾水管进口动量变化率很小，但无论多么小，最后蜗壳、尾水管进口压力至少要增加5m以上，这部分压力显然与蜗壳、尾水管进口动量变化率无关，只能来自流速水头所产生的压力回复，具体过程如图 7-5-6 所示。

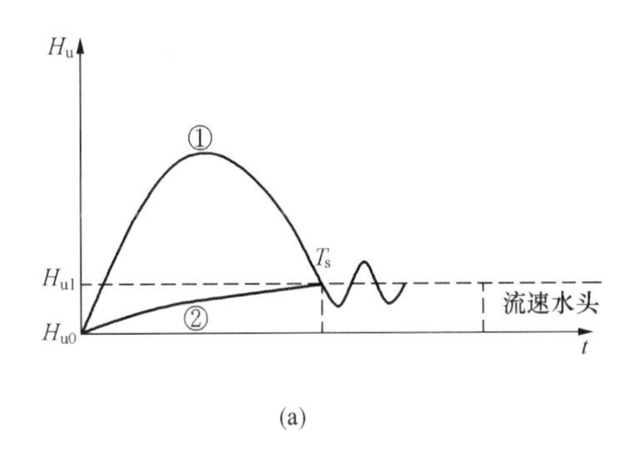

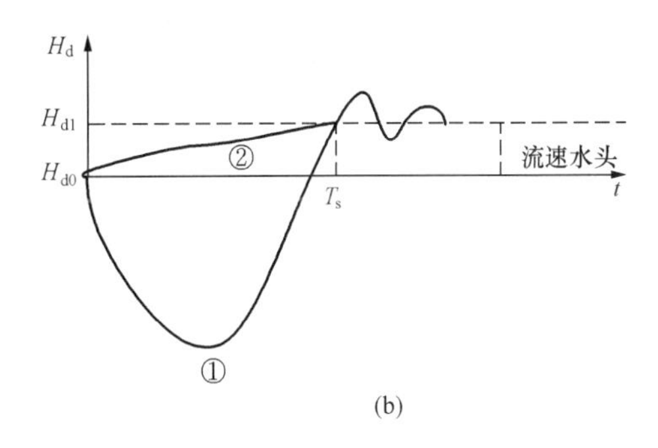

图 7-5-6 流速水头对蜗壳、尾水管进口压力的影响

（a）对蜗壳进口压力影响；（b）对尾水管进口压力影响

图 7-5-6 反映了流速水头在水力过渡过程中所发挥的作用，图 7-5-6（a）反映了流速水头回复对蜗壳进口压力的影响；图 7-5-6（b）反映了对尾水管进口压力的影响。图中①线为导叶关闭过程中实际压力过程线；②线为导叶关闭过程中流速水头压力回复过程线。从图中可知，由于流速水头总是正的，在导叶关闭过程中无论是蜗壳进口压力还是尾水管进口压力，流速水头压力回复均起着促进压力上升的作用。

由于流速水头的影响机理目前还不十分清楚，另外在进行蜗壳、尾水管的水力过渡过程计算时，均进行了当量化处理，计算存在一定误差，从满足抽水蓄能电站工程实际安全的角度出发，计算中忽略流速水头可能更方便。忽略流速水头意味着减少蜗壳进口最大压力与尾水管进口最小压力的计算结果，由此将导致蜗壳进口实际发生的压力上升可能将超出计算结果，由于抽水蓄能电站水头很高，多数在 300m 以上，机组安装高程又很低，流速水头的压力回复仅占蜗壳进口压力很小一部分，超出部分的影响很小，不会对计算结果产生颠覆性影响；而对于尾水管进口最小压力而言，流速水头的压力回复所占比例相对较大，将其忽略不计，实际上是相应增加了计算的安全裕量，目前无论是常规水电站还是抽水蓄能电站，在实际计算中均较难合理考虑流速水头的影响，而后者由于水力过渡过程中要经过水力不稳定区，情况将更为恶化，这样的计算结果虽偏于保守但更容易被工程接受。

（二）机组关闭规律及鲁棒性分析

由于水泵水轮机特性曲线中存在较陡的“倒 S 形”区域，较小的转速变化，会导致较大的流量变化，从而在输水系统中产生较大的水锤。对于常规水电站，特性曲线平缓，转速最大值一般出现在关闭过程后期，对输水系统中压力变化影响不大，较长的关闭时间理论上可以改善蜗壳及尾水管的压力。但对于可逆式机组而言，转速最大值出现在关闭过程初期，较长的关闭时间不仅意味着机组转速上升过大，也意味着机组将在较高的转速区内停留更长时间，对于高水头抽水蓄能电站该特点尤为明显，由此导致了可逆机组在过渡过程中转速变化的特点与常规机组显著不同，进一步影响到输水系统中压力的分布。不同关闭时间的高水头抽水蓄能电站可逆机组甩去负荷后机组转速及尾水管压力变化过程曲线如图 7-5-7 所示。

从图 7-5-7 可看出，采用直线关闭规律，在不同关闭时间下，对于抽水蓄能电站，快关机组与慢关机组的最大转速上升值相差并不大，慢关时间与快关时间分别为 30s 与 18s 时，二者的最大转速上升值相差只有 1%左右，但甩负荷后二者转速变化过程存在明显的差别：快关机组甩负荷后，转速升高达到最大值后就马上下降了，而慢关机组导叶接近关闭终了附近又出现了一波小幅上扬，该特点是可逆机组采用慢关规律时，发生在甩负荷过程中的独有特性。通常情况下，对于可逆机组，转速的首幅最大值对应于蜗壳进口最大压力发生时刻附近，通常由较大开度下可逆机组的“倒 S 型”过流特性引起；而转速

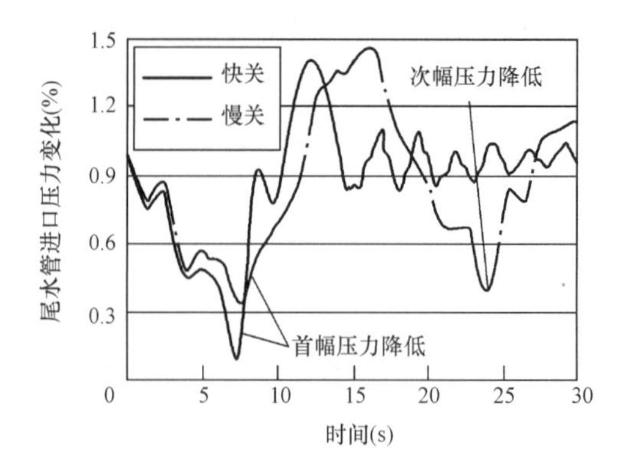

图 7-5-7　可逆机组不同关闭时间的转速及尾水管进口压力变化

的次幅最大值则是由较小开度下可逆机组“倒 S 型”过流特性引起。从图 7-5-7 还可以看出：对应于机组甩负荷后不同的转速变化曲线，尾水管进口压力变化过程也出现了相应的变化趋势，对应于转速第一波上升，转速达到最大值附近后，尾水管进口压力也达到了第一波的最小值，然后压力又开始回升，当转速开始第二波上升时，尾水管进口压力也随之减小，第二波转速达到最大时，尾水管进口压力降至最低。尾水管进口压力与转速的两波变化不同的是，后者差别较明显，转速的首幅极值较次幅极值大很多，主要是机组大开度下流量较大引起；而尾水管进口最小压力的次幅极值与首幅极值差别较小，甚至可能超过首幅极值，这是因为压力的变化主要取决于流量变化率，而非流量大小；相关计算表明：转速的第二波上升幅度越大，与之对应的尾水管进口压力第二波幅值下降幅度将越大。在关闭规律不变的情况下，如果电站发生相继甩负荷工况，虽然转速的第一波幅值减小很多，却会提高第二波幅值，由此恶化尾水管进口最小压力。

目前国内、外关于可逆机组转速变化及尾水管进口最小压力的研究，主要侧重于第一波的变化幅度，对于第二波的变化很少关注，该方面的实测资料几乎没有，只能通过相关文献从侧面了解得到。由于目前国内投入运营的高水头抽水蓄能电站并不多，对于天荒坪抽水蓄能电站，由于关闭时间较快（只有 15s 左右），导致流量很快减少至 0，转速没有出现第二波上扬；对于广州抽水蓄能电站，虽然缺乏相关实测资料，但根据 1991 年相关文献的计算结果（图 7-5-8 和图 7-5-9），在导叶 20s 关闭的情况下，采用日本东芝机组，在一定程度上出现了转速第二波上扬及尾水管压力的第二波下降，而且二者存在明显的一一对应关系，图 7-5-8 和图 7-5-9 中由于关闭时间相对较短，转速第二波上扬幅度较小，尾水管压力的第二波下降幅度并没有超过第一波。

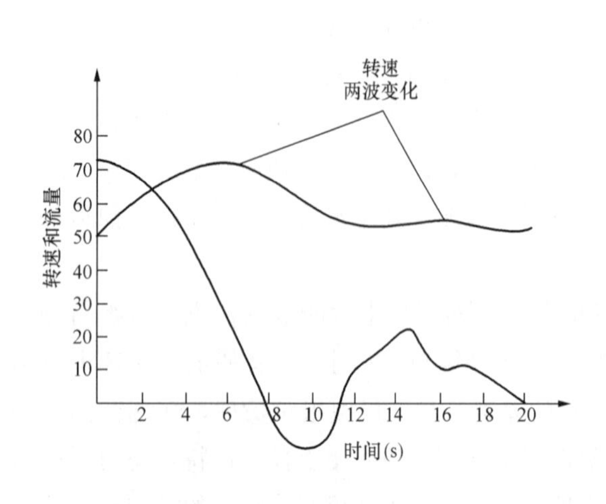

图 7-5-8　广蓄机组甩负荷工况下
转速及流量变化计算过程

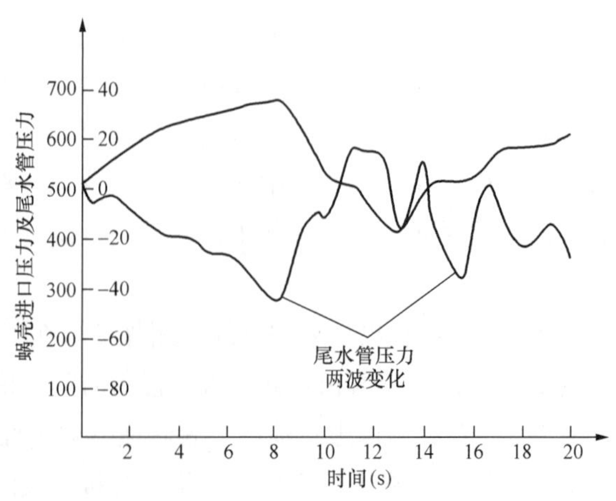

图 7-5-9　广蓄机组甩负荷工况下蜗壳
进口压力及尾水管压力变化计算过程

图 7-5-10 是国内某一在建抽水蓄能电站，采用一段直线关闭规律，在相继甩负荷与同时甩负荷工况下的转速及尾水管进口压力变化的计算过程。

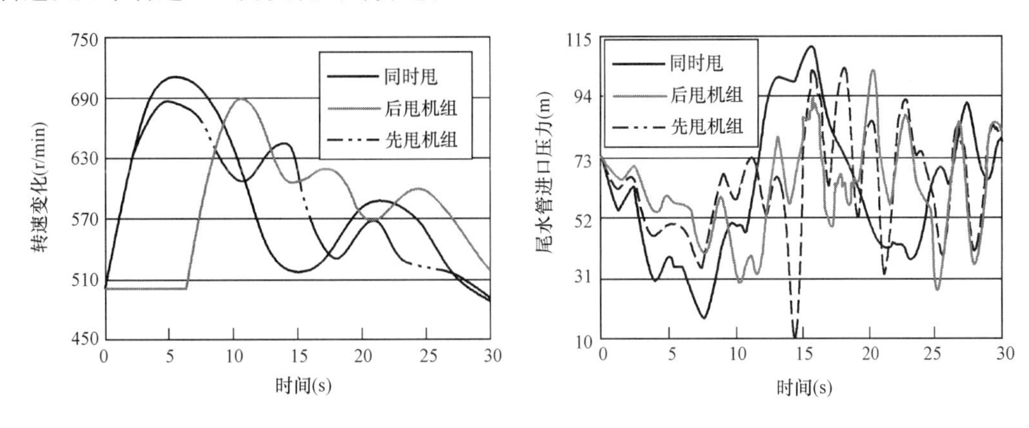

图 7-5-10　某一在建抽水蓄能电站不同工况下
转速及尾水管进口压力变化计算过程

由图 7-5-10 中可以看出，先甩机组受后甩机组影响，转速的第二波幅值较同时甩负荷增加了约 50r/min，由此导致尾水管进口最小压力发生位置由原来的第一波转移到第二波，与之对应的尾水管第二波压力幅值下降 20m 以上；较同时甩负荷，最小压力下降了近 10m。由于抽水蓄能电站工况转换频繁，相继甩负荷发生时间较难预测，对于该种情况只能通过减小关闭时间，降低第二波转速上升幅度进行控制，由此决定了可逆机组事故关闭时间不能太长；另外，水电站多采用先快后慢的折线关闭规律，将其套用到可逆机组上，其折点位置、慢关段折线斜率也必须慎重决定。

目前，针对常规水电站的导叶关闭规律开展了很多研究，但通常均围绕某一种或几种危险工况提出一条较优的规律，较少对其开展敏感性分析。受调速系统本身性能影响，关闭规律中实际整定的折点位置、折线斜率很可能与计算设定的不一致，另外输水系统与机组本身存在的某些不确定的时变因素，都可能使原优化得到的关闭规律偏离目标，给电站运行带来安全隐患。对于常规水电站，水轮机过流特性平缓，出现少许偏差对结果影响较小，但对于抽水蓄能电站，可逆机组的过流特性中存在“倒 S 型”区域，关闭规律的参数稍许变动均可能会对控制目标产生较大影响。较优的关闭规律除能够满足调保计算要求外，还必须具有良好的鲁棒性，即导叶优化关闭规律在不确定参数变化扰动下具有某种性能指标（输水道系统最大、最小水锤升降压、转速上升）不变的能力，也就是关闭规律对参数在设定范围内变化的不敏感性，这样优化得到的机组关闭规律才具有一定的实际应用价值。

图 7-5-11 中的实线部分为某抽水蓄能电站可逆机组的推荐关闭规律，与常规关闭规律不同的是，它并不单纯以压力或者转速的控制值达到最优为设置目标，而是以参数在设定的扰动范围（图中虚线）满足要求为目标，扰动范围的大小结合抽水蓄能电站机组、调速器的实际运行情况由厂家或设计单位给定，这样得到的关闭规律才能更符合实际，确保电站运行安全。

从以上分析可以看出，可逆机组的“倒 S 型”的过流特性为关闭规律优化带来两难选择：关闭时间太短，蜗壳进口压力及尾水管进口第一波压力幅值将出现较大幅度变化，关闭时间太长，除了增加机组压力脉动的危险外，一旦同一水力单元不同机组之间发生水力干扰，出现相继甩负荷事故时，又可能导致尾水管进口第二波的压力幅值出现较大下降，同时还必须满足鲁棒性要求。为避免不确定因素的影响，关闭规律的优化最好在电站即将投入运行，或者电站输水系统布置及机组供货商完全确定后进行，优化结果可为电站的实际运行调度提供理论依据，增加电站输水系统实际安全裕量，但如果在抽水蓄能电站的规划可行性研究阶段就将抽水蓄能电站输水系统布置方案的可行性论证寄托在关闭规律的优化

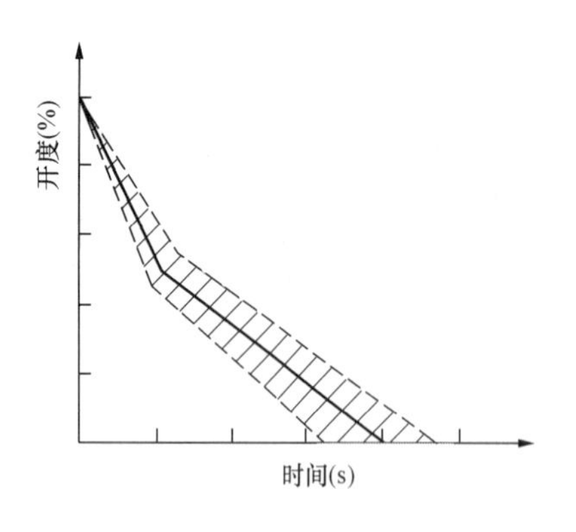

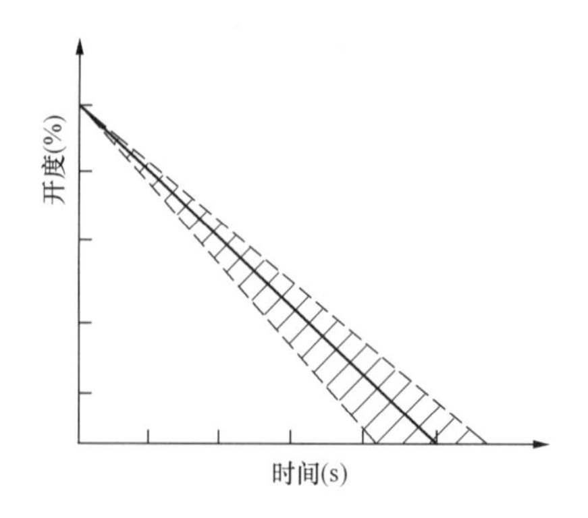

图 7-5-11 抽水蓄能电站的不同关闭规律及鲁棒性分析示意图

上，不仅理论上不容易实现，而且也会为将来运行管理造成困难。

（三）三段折线关闭规律

由于水锤的产生来自流量变化，对于抽水蓄能机组其流量变化取决于开度、转速的变化情况，即：

$$dQ=\frac{\partial Q}{\partial \tau}d\tau+\frac{\partial Q}{\partial n}dn \tag{7-5-26}$$

由于在机组导叶关闭初始，机组特性曲线较为平滑，机组转速对流量影响较小，即式（7-5-26）中第二项近似为0，水锤压力主要来自第一项中导叶关闭引起的流量变化，但随着过渡过程中转速加大，机组的工况点接近飞逸线，到达“倒S型”区域附近，转速对流量变化影响加大，这时水锤压力主要来自式（7-5-26）中两项的综合作用，水锤压力达到最大，为了限制该值，导叶关闭规律应尽可能的使两项的综合作用最小。按此原则，在机组的工况点尚未到达“倒S型”区域附近时，尽量快关导叶，一旦到达“倒S型”区域附近时，则设置3～5s的延时段，即接力器停止动作3～5s，这时，由于导叶不关，水锤压力来自式（7-5-26）中第二项的作用，避免了两段折线关闭规律中由于机组转速与导叶关闭过程中的相互作用而产生的过大水锤，并使水锤压力在延时段中达到最大，由于转速升高的影响，流量在延时段末已变得较小，再快关导叶，理论上将不会引起过大的水锤压力，由于延时段设置在导叶较小开度上，时间较短，理论上不会由于机组的“倒S型”特性再产生较大的压力脉动。该关闭规律的设计思路实际上是通过引入延时段，针对抽水蓄能机组过流特性，综合了两段折线规律中快关与慢关的各自优点。需要说明的是由于液压系统巨大的惯性，完全延时实际上是很难做到的，即设计中延时段斜率很难为0，可设置为1/100或1/80。

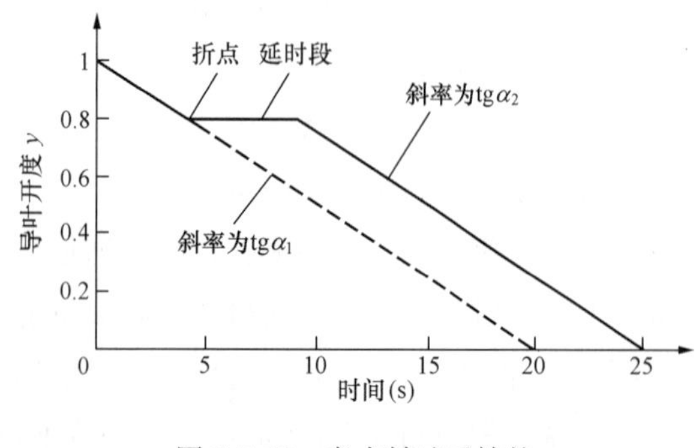

图 7-5-12 考虑转速反馈的三段折线关闭规律示意图

在上述的三段折线关闭规律基础上，兼顾到鲁棒性要求，还可引入关闭过程中的转速上升反馈信号进行修正，对于抽水蓄能电站可逆机组的转速变化情况在很大程度上可以对最终的最大水锤进行预测，而且过渡过程中转速变化信号相对平稳，测量准确性高，误差范围小，是一种理想的反馈信号，可通过可逆机组甩负荷过程中转速的变化情况自动调节折线关闭规律的折点位置及斜率，从而达到优化规律的目的，具体如图7-5-12所示。该三段折线关闭规律的不同之处在于折点位置是变动的，可更充分的体现三段折线关闭规律中延时段的作用。在机组甩负荷之初，导叶按照斜率为 $tg\alpha_1$ 的直线关闭规律关闭导叶，如机组转速超过阈值 N_c，则采用斜率为 1/100 的直线关闭规律关闭导叶，关闭时间为 3～5s（即延时 3～5s），5s 后再按照斜率为 $tg\alpha_2$ 的直线关闭规律关闭；如果关闭过程中，机组转速没有超过阈值 N_c，则采用斜率为 $tg\alpha_1$ 的一段直线关闭规律关闭导叶至结束。

考虑转速反馈的三段折线关闭规律已在江苏沙河抽水蓄能电站得到应用，但该规律最大缺点在于系统本身的可靠性，一旦转速测量信号发生故障，导叶可能按一段直线完成关闭动作，而如果一段直线关闭规律不满足调保要求，机组及输水系统的安全将得不到保证；另外，如果转速阈值设定过小，将会在大开度下出现延时，也有可能产生较大的脉动压力。

（四）特殊计算工况

抽水蓄能电站为满足系统安全运行需要，运行工况变化频繁，不可避免的会出现一些组合运行工况，机组及水道系统的调保参数除在常规计算工况中需要满足要求外，根据组合运行工况出现的几率大小，也应满足相应的规范规定要求。如果考虑所有运行中可能出现的组合运行工况，会导致水力过渡过程计算工作量剧增。目前，抽水蓄能电站输水系统水力过渡过程计算工况大都参照水电站的运行情况选取，往往会忽略相继甩负荷这一特殊工况。通常认为，同一水力单元的机组相继甩负荷与同时甩负荷相比，减缓了输水道的流速梯度，不会对输水系统造成较大威胁，该情形在大多数情况下对于水电站的输水系统而言是正确的，但对于抽水蓄能电站，尤其是尾水管进口最小压力，需要慎重分析。

图 7-5-13 为国内某一拟建抽水蓄能电站的两种布置方案，二者引水系统布置基本一致，主要差别在尾水系统，前者单洞单机布置，后者一洞三机布置。图 7-5-13（a）中尾水支管长约 650m，直径 4.2m；图 7-5-13（b）中尾水支管长约 150m，直径 4.2m，尾水主洞长约 520m，直径 7.0m。

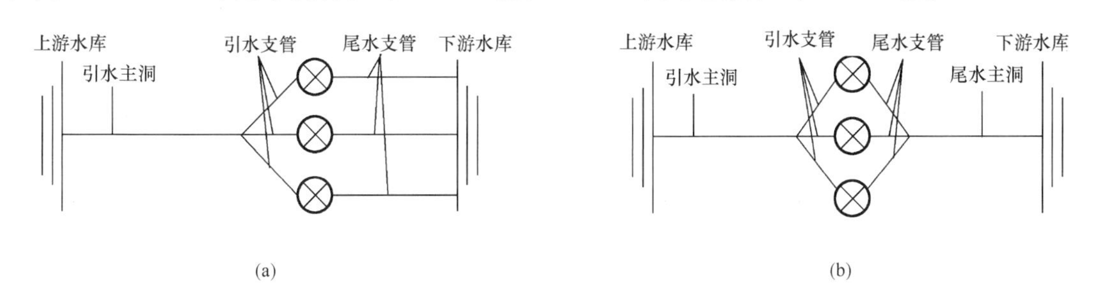

图 7-5-13　某拟建抽水蓄能电站的两种布置方案

（a）尾水道单洞单机布置；（b）尾水道一洞三机布置

图 7-5-14 给出了两种布置方案的不同间隔时间相继甩负荷时的尾水管进口压力的计算结果，与同时甩负荷相比差别显著。考虑到该抽水蓄能电站的实际运行情况，相继甩负荷计算工况拟订为电站同一水力单元的两台机组先同时丢弃负荷，间隔一定时间后第 3 台机组发生甩负荷。

从图 7-5-14 的计算结果可以看出：对于两种不同的布置方案，在同时甩负荷工况，尾水管进口最小压力差别不大，均在 30m 以上；在相继甩负荷工况时，布置（b）的尾水管进口最小压力随相继甩间隔时间不同产生的变化不明显，均存在 30m 以上的正压；布置（a）的尾水管进口最小压力随相继甩间隔时间不同差别显著，间隔 6s 时，第 3 台机组尾水管进口计算得到的最小压力达到了－10m，较同时甩负荷工况差别了 40m 以上，水流将产生液柱分离。对于布置（a），发生相继甩负荷时，先甩机组的流量将不同程度的进入后甩机组，导致后甩机组尾水支管流量加大，由于布置（a）没有尾水主洞调节，尾水管进口最小水锤压力将完全由尾水支管控制，后甩机组由于起始流速加大，在关闭时间一定情况下，流速梯度加大，由此导致后甩机组尾水管进口最小压力降低。

对于布置（a），相继甩负荷还改变了蜗壳进口与尾水管进口的压力分布，对于机组的水锤升压为：

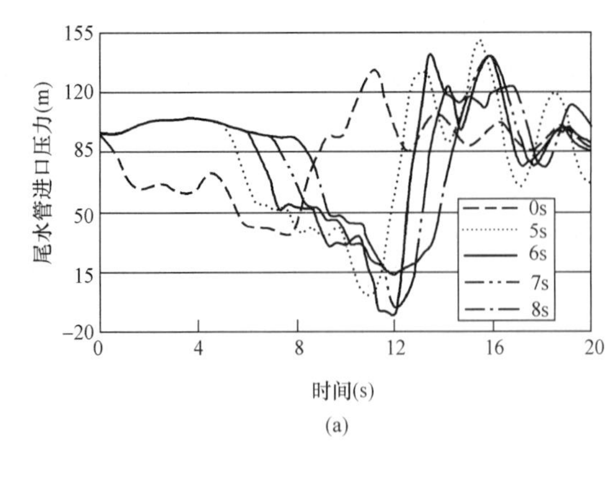

(a)

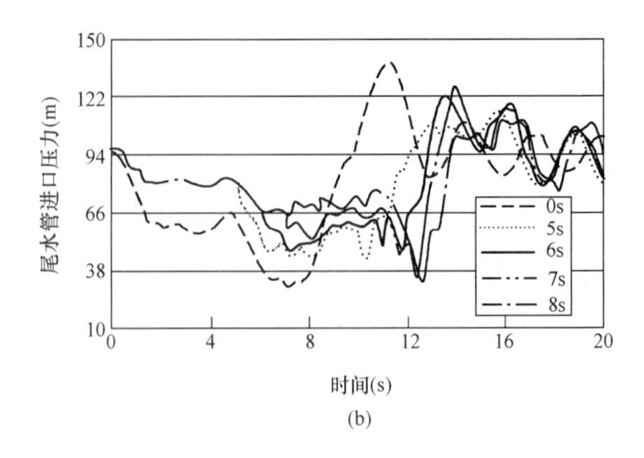

(b)

图 7-5-14 不同布置方案的第三台机组尾水管进口压力变化

（a）尾水道单洞单机布置；（b）尾水道一洞三机布置

$$\Delta H_{TURBINE} = \Delta H_{SPIRALCASE} + \Delta H_{DRAFTTUBE} \tag{7-5-27}$$

式（7-5-27）表明，如果每台机组的关闭时间确定，虽然机组的水锤升压在相继甩负荷过程中可能会有所减小，但并不意味着蜗壳进口最大压力会减小同时尾水管进口最小压力增大，很可能是降低了蜗壳进口最大压力的同时也减少了尾水管进口最小压力。在实际工程的方案比选中，经常可以发现某些电站的输水系统虽然在机组上游侧或下游侧设置了单调压室，但往往在没有设置调压室的一侧，机组的水锤压力反而比不设调压室时略有恶化，该特性在布置（a）体现得更为充分。当发生相继甩负荷时，后甩机组引用流量加大，意味着该机组前后总的水锤压力可能不降反升，而上游一方面存在引水主洞调节，另一方面，先甩机组不断向后甩机组传递减压波，使蜗壳进口压力得到缓解，这样势必导致尾水管进口最小压力出现一定程度的下降。

虽然常规水电站输水系统中也会发生类似情况，但由于可逆机组过流特性不同于水轮机，同时尾水道更长，发生相继甩负荷时所造成的尾水管进口压力降低幅度将远大于常规水电站，具体原因如下：由于水泵水轮机特性曲线中的“倒 S 型”区域内机组转速的变化对过流特性影响巨大，较小的转速变化，会导致较大的流量变化，甚至发生倒流，机组流量倒流或接近于 0 的时间虽然与导叶关闭规律有一定关系，但主要还是受转速变化控制，一般发生在甩负荷后 5s 左右、机组转速达到飞逸值附近，在该处流量急剧减小至 0，流速梯度很大，而之前下水库反射回来的增压波作用则相对较小，由此导致了尾水道中的流速梯度远大于常规水电站，同时布置（a）的尾水道当量面积又较布置（b）小很多，从而在输水系统中产生了更大的水锤，这也是在抽水蓄能电站输水系统布置方案比选中，必须考虑相继甩负荷计算工况的重要原因之一。

抽水蓄能电站由于机组安装高程很低，输水系统一般较长，往往设置了上游或下游调压室。《水电站调压室设计规范》（DL/T 5058—1996）针对抽水蓄能电站，规定在确定调压室最高和最低涌波时应计算可能的涌波叠加情况，并具体规定最不利叠加时刻为：共一调压室的发电机组启动增至满负荷时，流入（流出）调压室的流量最大时刻。

由于调压室涌波与水锤是两种不同性质的压力波，前者是质量波，后者是弹性波，二者的周期不在同一数量级上，在考虑调压室涌波时，可以近似忽略水击波的影响。这样，从能量转换的角度出发，在忽略压力钢管、尾水管内水体对调压室涌波的影响后（该部分水体对于含调压室的长输水系统而言，占输水道总比例较小），当调压室内水位波动达到极值，意味着隧洞水体的动能全部转化为了势能，也就是说隧洞水体的初始动能越大，调压室内水位波动的极值将越偏于危险，而隧洞水体的初始动能与其流量有关，流量越大，水体动能越大。根据连续方程：

$$Q_{TUNNEL}=Q_{TURBINE}+Q_{TANK} \tag{7-5-28}$$

如果认为机组过流量在增负荷完成后近似不变，则《水电站调压室设计规范》（DL/T 5058—1996）计算要求显然和能量转换要求是一致的，该计算时刻隧洞流量最大，隧洞的水体动能最大，相应的动能转换为势能后，调压室的涌波水位也将最低（高）。以上分析主要有两点缺陷：一是没有考虑实际出现组合工况时的概率因素；二是没有考虑调压室底部阻抗影响。

如果将调压室内的水位波动近似当作正弦波，那么从概率的角度出发，增负荷过程中的甩负荷最不可能出现的时刻恰恰就是当进出调压室流量最大的时刻，原因很简单，该时段持续时间最短，最有可能出现的时刻则是调压室内水位达到最高或最低的时段。

当仅考虑隧洞水力阻抗，或者调压室底部阻抗相对隧洞水力阻抗较小时，规范选取的组合工况时刻是正确的，即使存在偏差，偏差范围也不大，尤其对于单管单机，或一洞两机的水力系统，增负荷时额外得到的流量（水体动能）占主导地位，而额外得到的水体势能占次要地位，但对于一洞多机的水力系统，调压室底部阻抗相对尾水隧洞水力阻抗较大时，由于水力损失与流量的平方成比例，而且增负荷时所额外得到的流量占隧洞总流量较小，这样增负荷时所额外得到的水体势能将占较大比例，由此甚至会改变计算结论。抽水蓄能电站由于水头较高，一般多采用阻抗式调压室，而且阻抗孔口较小，其产生的水头损失相对隧洞产生的水头损失而言较大，故对于水轮机工况，调压室涌波组合工况需要考虑以下两种工况：

ZH1：最后一台机组增负荷后，在流入（出）调压室流量最大时刻，同一水力单元所有机组全甩负荷；

ZH2：最后一台机组增负荷后，在调压室水位最高（低）的时刻，同一水力单元所有机组全甩负荷。

ZH1 工况与《水电站调压室设计规范》（DL/T 5058—1996）要求一致，即通过增负荷，隧洞水体获得了最大的额外动能，ZH2 工况则通过增负荷，隧洞水体获得了最大的额外势能，即使该工况计算得到的调保参数较该 ZH1 工况安全，但该工况从概率角度而言是相对前者发生组合的可能性要大很多。

对于水泵工况，调压室涌波组合工况需要考虑以下两种工况：

ZP1：最后一台机组启动抽水后，在流入（出）调压室流量最大的时刻，同一水力单元所有机组抽水断电；

ZP2：最后一台机组启动抽水后，在调压室水位最高（低）的时刻，同一水力单元所有机组抽水断电。

ZP1 工况与《水电站调压室设计规范》（DL/T 5058—1996）要求一致，即通过水泵启动，隧洞水体获得了最大的额外动能，ZP2 工况则通过水泵启动，隧洞水体获得了最大的额外势能，这两个组合工况的计算结果均发生在导叶拒动情况，概率较低；另外，从抽水蓄能电站实际运行情况可以知道，一般不会出现两台机组同时启动抽水工况。

需要补充说明的是，以上基于能量转换的观点给出的抽水蓄能电站调压室涌波组合工况，并没有考虑可逆机组的过流特性，只是定性分析了调压室涌波组合的两个最危险时间点，具体到实际计算，可在两个时间点之间给定的范围进行试算，找到并确定最不利工况下的调压室设计参数值。

（五）压力脉动及尾水管最小压力计算成果的设计取值

抽水蓄能电站在水力过渡过程中出现压力脉动是不可避免的，但囿于计算手段限制，目前尚无法对其合理模拟，而压力脉动直接威胁输水系统及机组的运行安全，必须对其进行防范。

为确保抽水蓄能电站安全，目前主要通过两种方法考虑压力脉动对水力过渡过程的影响：一是通过近似公式修正计算结果来满足要求；二是提高计算控制值的压力标准，通过加大安全裕量来满足要求。

对于方法一，不同水泵水轮机制造厂家均有各自的近似经验公式，但由于不同的厂家对转轮特性的把握不同，有的厂家侧重效率，有的厂家侧重安全，导致各家的近似公式均不相同，很难有一个统一的评判标准，尤其在可行性研究阶段，输水系统布置需要确定，而机组招标尚未进行，供货厂商不明确，该方法较难实施；对于方法二，主要困难在于压力标准的制订，根据抽水蓄能电站的实际运行情况，目前规范给出－8m压力标准的计算安全裕量明显不足，我国在建的几个大型抽水蓄能电站如宝泉、宜兴等，在可行性研究设计阶段，均将尾水道－8m的计算压力标准直接提升至无负压出现，并以此确定输水系统布置，然后在机组招标设计阶段，根据水力过渡过程计算结果再对供货厂家提出相关合理的技术要求，确保压力脉动不会对输水系统造成危害。在当前人们对可逆机组压力脉动机制尚未完全清楚之前，该方法不失为行之有效的方法。

图7-5-15～图7-5-19为某抽水蓄能电站单机甩负荷实测与计算结果对比，图中1bar＝100kPa＝0.1MPa＝0.1/0.0981＝10.194m水头，表7-5-1为实测与调保计算结果对比。图7-5-20～图7-5-24为该抽水蓄能电站双机甩负荷实测与计算结果对比，表7-5-2为实测与调保计算结果对比。

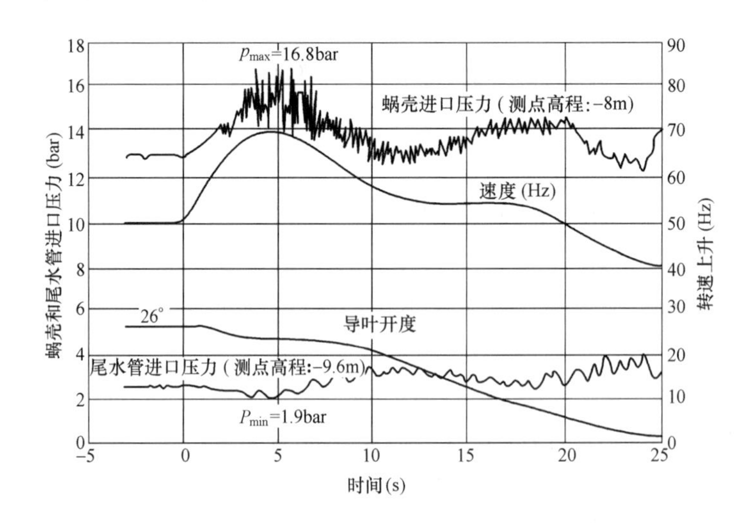

图7-5-15 某抽水蓄能电站单机甩满负荷的现场实测结果

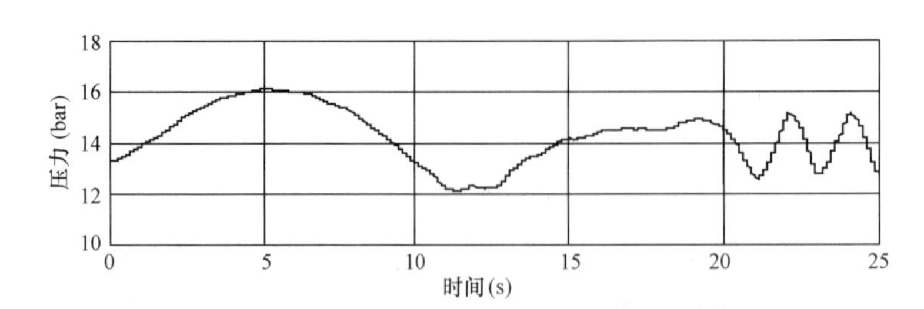

图7-5-16 某抽水蓄能电站单机甩负荷蜗壳进口压力计算结果

表7-5-1 某抽水蓄能电站单机甩负荷实测与调保计算结果对比

最大压力计算值及时间	最大压力实测均值与脉动压力及时间	最小压力计算值及时间	最小压力实测均值与脉动压力及时间	转速最大上升计算值及时间	转速最大上升实测值及时间
16.2×10^5Pa 5.2s	16.0×10^5Pa±0.8 4.5～5.5s	1.83×10^5Pa 4.2s	1.90×10^5Pa 4.1～4.3s	70.6Hz 4.8s	70.0Hz 4.8s

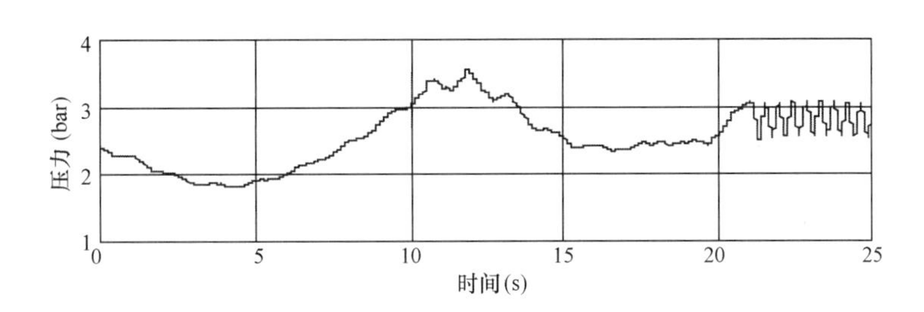

图 7-5-17 某抽水蓄能电站单机甩负荷尾水管进口压力计算结果

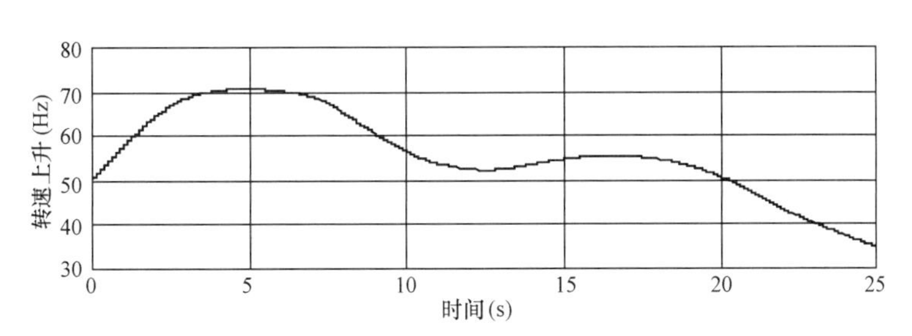

图 7-5-18 某抽水蓄能电站单机甩负荷转速变化计算结果

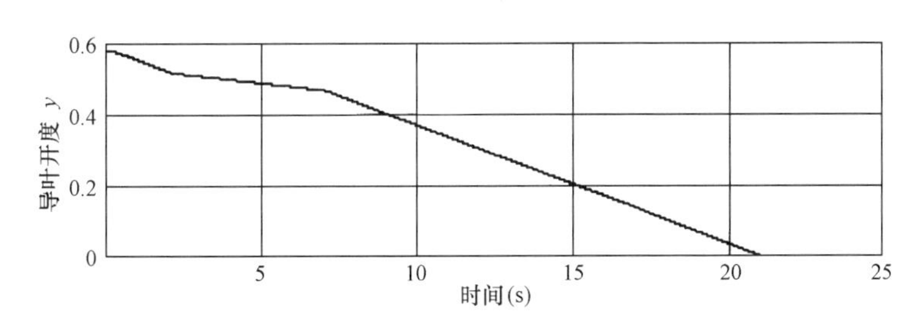

图 7-5-19 某抽水蓄能电站单机甩负荷导叶开度变化过程

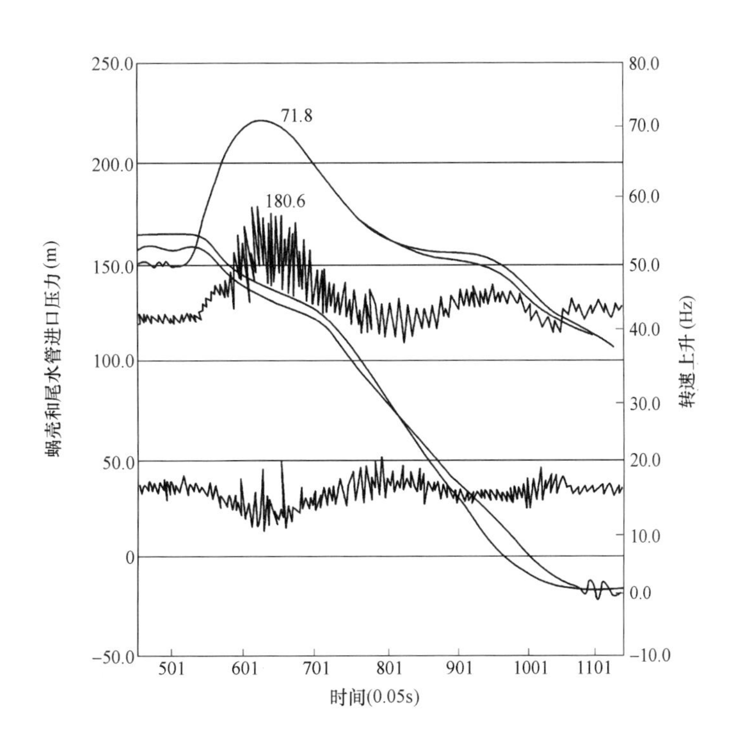

图 7-5-20 某抽水蓄能电站双机甩满负荷的现场实测结果

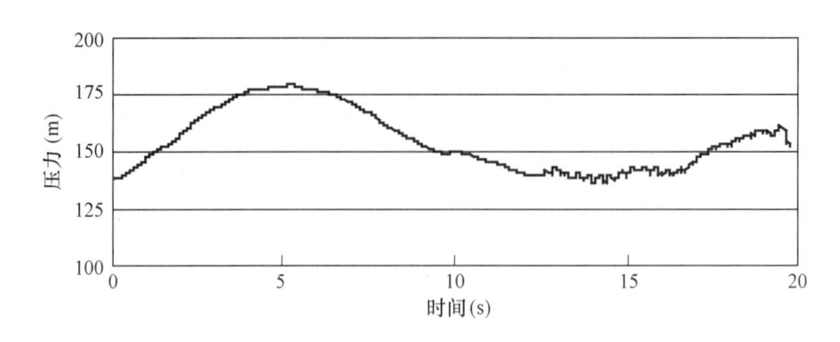

图 7-5-21　某抽水蓄能电站双机甩负荷蜗壳进口压力计算结果

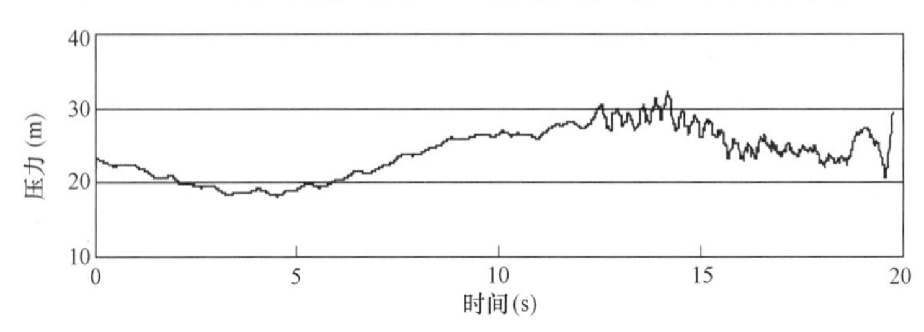

图 7-5-22　某抽水蓄能电站双机甩负荷尾水管进口压力计算结果

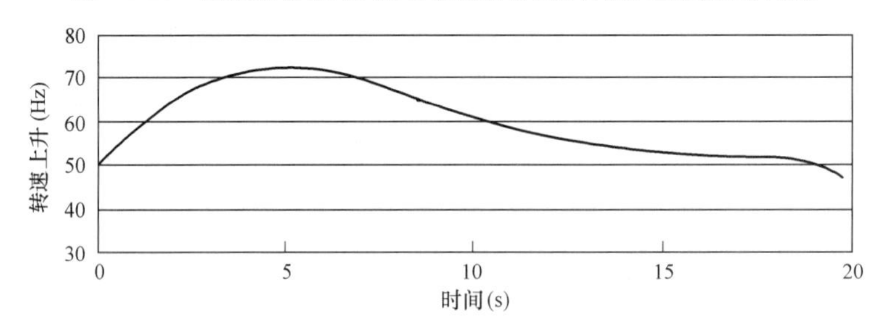

图 7-5-23　某抽水蓄能电站双机甩负荷转速变化计算结果

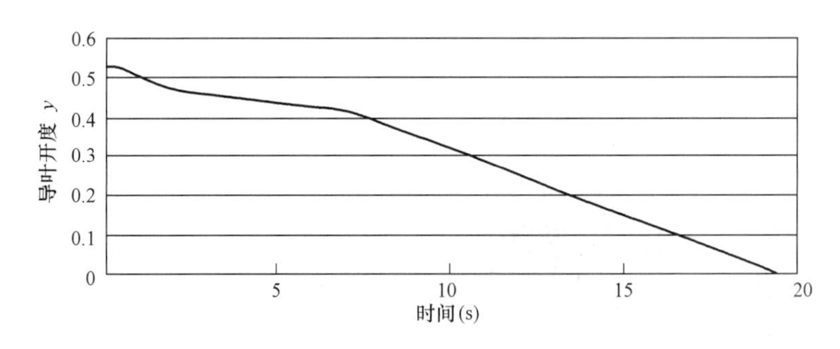

图 7-5-24　某抽水蓄能电站双机甩负荷导叶开度变化过程

表 7-5-2　　某抽水蓄能电站双机甩负荷实测与调保计算结果对比

最大压力 计算值及时间	最大压力 实测值及时间	最小压力 计算值及时间	最小压力 实测值及时间	转速最大上升 计算值及时间	转速最大上升 实测值及时间
181.25mWC 5.2s	180.6mWC 4.5～5.5s	18.1mWC 4.5s	13.5mWC 4.4～4.8s	7.243Hz 5.1s	7.180Hz 5.0s

需要说明的是，图 7-5-15～图 7-5-19 及表 7-5-1 中的单机甩负荷计算结果为计算复核，即根据实测结果率定并修正计算程序中的相关参数，而图 7-5-20～图 7-5-24 及表 7-5-2 中的双机甩负荷计算结果为计算预测，仿真预测早于现场实测，计算工况与实测工况存在少许差别，实测工况为上水库水位 135m，下水库 17m，而仿真预测工况为上水库水位 136m，下水库 19m，双机甩负荷时二者出力相同；由于仿

真计算工况上水库水位略高于实测工况（1m），毛水头小于实测工况 1m，其流量略大于实测工况，故所产生的蜗壳进口压力略大于实测工况；下水库水位二者差 2m，尾水管进口压力高于实测工况 4.6m，存在一定误差，可能与甩负荷过程中尾水管内流态紊乱有关，但波形基本吻合。

无论是计算复核，还是计算预测，从以上的某抽水蓄能电站实测与调保计算结果对比图表可以看出，蜗壳进口的实测值出现了一定的压力脉动，调保计算结果虽没有反映此点，但测量得到压力均值与调保计算结果几乎相同，误差不到 2m，即使按照压力脉动峰值考虑，误差也没有超过 5%。国家 2005 年颁布的《抽水蓄能电站设计导则》针对压力升高率的控制值，是指由于导叶关闭所造成的蜗壳最大压力升高率，不包括蜗壳压力脉动值，最终的保证值应考虑计算误差和压力脉动等因素后留有适当的裕度。针对输水系统最大压力，虽然压力脉动不属于水力过渡过程计算的考虑范畴，但根据目前的计算水平，从工程运行安全角度出发，建议在计算结果的基础上至少上浮 5%作为设计保证值。

相对而言，尾水管进口压力计算与实测的峰值出现了一定差别，考虑到下游计算尾水位与实际运行时的差别，虽然误差的绝对值并不大，但由于尾水管进口压力本身就不大，误差的相对值达到了 20% 左右，它从另一侧面反映了考虑尾水管压力脉动影响时，在计算结果的基础上乘以一安全系数作为设计取值，效果并不明显，而直接将尾水道－8m 压力计算标准提升至无负压出现所带来的安全裕量可能更大。

（六）尾水调压室设置条件

大型抽水蓄能电站的可逆机组需兼顾发电、抽水双向水流的运行安全，机组吸出高度往往负几十米甚至上百米，安装高程远低于常规水轮机，厂房多采用地下布置，尾水道较常规水电站长了很多，由此带来了抽水蓄能电站尾水调压室的设置标准问题。尾水调压室一方面可以缩短尾水道长度，防止尾水道出现液柱分离，保证输水系统安全和机组的安全运行；但另一方面，尾水调压室尺寸较大，施工难度高，工程造价较大，同时洞室靠近地下厂房，不利于围岩稳定，故在输水系统布置中，尾水调压室的设置与否历来是人们重视与研究的课题，尤其对于抽水蓄能电站，运行工况转换频繁，带来的水力过渡过程现象更加复杂，该问题显得尤为突出。

目前，我国尚没有专门针对抽水蓄能电站调压室的设计规范，但《水电站调压室设计规范》（DL/T 5058—1996）第 6.0.1 条明确指出：抽水蓄能电站调压室的设置条件与常规水电站调压室的设置条件相同。同时，第 3.1.3 条指出：尾水调压室设置条件为以尾水管内不产生液柱分离为前提，其必要性可按下式作初步判断：

$$L_{\mathrm{w}} > \frac{5T_{\mathrm{s}}}{v_{\mathrm{w0}}}\left(8-\frac{\nabla}{900}-\frac{v_{\mathrm{wj}}^{2}}{2g}-H_{\mathrm{s}}\right) \tag{7-5-29}$$

式中　L_{w}——压力尾水道长度，m；

T_{s}——水轮机导叶关闭时间，s；

v_{w0}——稳定运行时压力尾水道中流速，m/s；

v_{wj}——水轮机转轮后尾水管入口处的流速，m/s；

H_{s}——吸出高度，m；

∇——机组安装高程，m。

最终通过调节保证计算，当机组丢弃全部负荷时，尾水管内的最大真空度不宜大于 8m 水柱。高海拔地区应作高程修正：

$$H_{\mathrm{v}} = \Delta H - H_{\mathrm{s}} - \theta\frac{v_{\mathrm{wj}}^{2}}{2g} > -\left(8-\frac{\nabla}{900}\right) \tag{7-5-30}$$

式中　H_{v}——尾水管绝对压力水头，m；

ΔH——尾水管入口处的水击值，m；

θ——考虑最大水击真空与流速水头真空最大值之间相位差的系数，对末相水击 $\theta=0.5$，对于第一相水击 $\theta=1.0$。

根据我国的《水力发电厂机电设计技术规范（试行）》（SDJ 173—1985）规定，压力尾水道上设置下游调压室的条件，可按机组丢弃全部负荷时，尾水管内的最大真空度不大于 8m 水头（即绝对压力大于 2m）的要求决定，按混流机组极限（末相）水击计算公式反推，可得：

$$L_{\mathrm{w}}=(2-\sigma)K\frac{gT_{\mathrm{s}}}{2v_{\mathrm{w0}}}\left(8-\frac{\nabla}{900}-\frac{v_{\mathrm{wj}}^{2}}{2g}-H_{\mathrm{s}}\right) \tag{7-5-31}$$

其中：$\sigma=\dfrac{v_{\mathrm{w0}}L_{\mathrm{w}}}{gH_{0}T_{\mathrm{s}}}$；因高水头电站 σ 值较小，即使按低水头极限水击的上限考虑，σ 值约为 0.5。为安全计 $\sigma=0.5$，并取水流压力脉动和流速不均匀分布系数 $K=0.7$。同时，《水力发电厂机电设计技术规范（试行）》（SDJ 173—1985）分析了国内、外长压力尾水道抽水蓄能电站不设尾水调压室的工程实例，如日本奥美浓抽水蓄能电站，尾水洞长 764m，因吸出高度为－79.5m，按判别公式近似判断，仍属不设调压室之列，与实际情况相符。

由调压室设计规范的条文说明可知，式（7-5-29）主要是针对常规低水头电站尾水调压室设置条件而言的，该类型水电站发生的水锤类型主要为极限水锤，而对于抽水蓄能电站，如按水头上划分，大部分均为高水头电站，从常规水锤理论出发，首相水锤往往为该类型电站的主要特征；但抽水蓄能电站可逆机组的双向过流特性远较常规水电站机组复杂，机组的“阻滞效应”（转速变化引起的水锤效应）显著，过渡过程中发生的水锤类型迥异于常规水电站机组，既非首相水锤，也非极限水锤；另外，对于式（7-5-29）中的 T_{s}，《水电站调压室设计规范》（DL/T 5058—1996）中定义为机组导叶关闭时间，对于低水头水电站由于发生的多为极限水锤，控制值出现在导叶关闭终了，同时流量为 0，而对于抽水蓄能电站，由于流道特性不同于常规水轮机，机组过流量往往在关闭过程中流量就会变为 0，进入反水泵工况，即式（7-5-29）没有反映抽水蓄能电站实际发生的水锤特点。

抽水蓄能电站机组及输水系统在设计上需同时兼顾双向过流的水力效率，由此将在运行中带来较常规水电站更高的压力脉动风险。常规水轮机关机时间越长，机组转速上升越大，水锤压力越小，而抽水蓄能电站的可逆机组，如果关机时间过长，尽管平均压力可能会降低，但最大的转速上升值变化不大，而且还会导致可逆机组在高转速区域停留时间加长，运行工况点长时间的滞留在不稳定的“倒 S 区”，有可能诱发较常规水电站更剧烈的压力脉动，故对于抽水蓄能电站，通过加大关机时间，在实际效果上很难真正达到减小水锤压力的目的。由于目前的计算水平还无法考虑压力脉动的影响，《水电站调压室设计规范》（DL/T 5058—1996）通过设置水流压力脉动和流速不均匀分布系数 K，并令其取 0.7，由此减小式（7-5-29）右端设置尾水调压室所需要的临界长度，规避了压力脉动带来的运行风险。该方法在常规水电站中得到了广泛使用，并通过了实践检验。但由于式（7-5-29）套用到抽水蓄能电站，本身就不具备科学的基础，再乘以一系数，其可靠性将更难保障，即式（7-5-29）并没有充分考虑到抽水蓄能电站实际运行中可能出现的压力脉动较常规水电站更危险的特点。

《水电站调压室设计规范》（DL/T 5058—1996）指出，抽水蓄能电站水锤压力必须经调保计算得到，而调保计算结果主要受输水系统布置、水泵水轮机特性、机组关机规律、运行工况四方面影响，同时这四方面因素还互相制约。由于式（7-5-29）主要来源于极限水锤公式，而极限水锤隐含的计算运行工况是同一水力单元所有机组同时丢弃负荷的情况。抽水蓄能电站工况转换频繁，发生事故甩负荷时输水系统所引起的水力过渡过程较常规水电站更加复杂剧烈。通过结合抽水蓄能输水系统布置以及可逆机组的过流特性分析可以看出：如果可逆机组关闭规律设置不当，尾水道最小压力很可能出现在一些特殊的水力过渡过程中，如同一水力单元的机组相继丢弃负荷等工况，即式（7-5-29）无法反映抽水蓄能电站实际运行中可能出现的危险工况。

表 7-5-3 列出了目前国内已投入运行的设置尾水调压室抽水蓄能电站以及国外的部分工程实例，并参照国内规范进行了初步判断。

表 7-5-3　　国内、外部分设置尾水调压室的抽水蓄能电站水道特性

电站名称	装机容量（MW）	额定水头（m）	额定流量（m^3/s）	尾水隧洞长度 L_a(m)	最大吸出高度 H_S(m)	尾水隧洞临界长度 L_c(m)	长度比 L_c/L_a
泰安电站	4×250	225	132.2	1480	−53	1499.5	1.01
十三陵	4×20	450	58.0	1000(约)	−56	1347.0	1.35
广州蓄能	8×30	520	72.2	1503	−70	2143.6	1.43
日本本川	2×30	576	68.0	961	−64	1737.4	1.81
美国腊孔山	4×38.3	286	131.0	407	−39	881.4	2.17
法国蒙特齐克	4×22.5	423	62.8	763	−46	1379.8	1.81

注　计算采用的导叶关闭时间取 25s。据资料统计，广蓄一期实际关闭时间 35s，广蓄二期实际关闭时间 30s，十三陵在 20～25s 之间。

由表 7-5-3 可以看出，如果导叶关闭时间选取 25s，根据我国的《水电站调压室设计规范》（DL/T 5058—1996），目前国内仅有的 3 个设置了尾水调压室的大型抽水蓄能电站，均不满足式（7-5-29）所给的尾水调压室设置条件，其中泰安抽水蓄能电站近似满足，而广蓄和十三陵还存在较大裕量；国外的 3 个抽水蓄能电站的尾水隧洞临界长度与实际长度之比更是达到了 1.8 倍以上，规范中提及的日本奥美浓抽水蓄能电站，虽无尾水调压室，但参照规范计算得到的长度比超过了 2.5，它们从另一侧面说明了式（7-5-29）给出的初步设置条件判断并不合理，由于抽水蓄能电站吸出高度很小，根据该公式计算得到的设置尾水调压室所需要的临界长度很长，计算结论与抽水蓄能电站水力过渡过程实际值偏离较大。以上的工程实例从抽水蓄能电站工程的建设角度上反映了将水电站尾水调压室设置规范直接套用到抽水蓄能电站上，并没有真正起到指导工程实践的作用。

随着电网日趋庞大，大型抽水蓄能电站在电网中的作用已不仅仅局限于调峰填谷，更多的是作为电网的“保安工具”，其自身的安全性必须得到充分保证。尾水调压室作为抽水蓄能电站输水系统的一个重要组成部分，无论设置与否，均需慎之又慎。从上述分析可以看出，目前设计规范中将水电站尾水调压室的设置条件套用到抽水蓄能电站上，既没有充分考虑到抽水蓄能电站运行特点又无法反映可逆式水泵水轮机过流特性，已较难适应我国抽水蓄能电站建设发展的需要，建议尽早修订抽水蓄能电站尾水调压室的设置规范，为抽水蓄能电站输水系统优化布置提供依据，确保工程安全。

5.5　小波动水力过渡过程

为了保证抽水蓄能电站机组的稳定运行和供电品质，须对电站的水力—机械—调节系统（包括电网的影响）进行小波动稳定计算和分析，以判断小波动过渡过程的稳定性和调节品质，并初步整定调速器参数供机组招标设计参考。为偏安全，计算中不考虑电网的调节作用，研究各种计算工况下，当同一水力单元机组同时发生 5%～10%的负荷阶跃变化时，机组转速、导叶开度、调压室水位等参数的波动过程，通过比较分析，整定调速器的参数，以实现最佳的调节品质，评价指标的优劣应结合抽水蓄能电站输水系统的布置、在电网中的功用及实际运行情况，具体问题具体分析。其指标如下：

（1）调节时间 T_p：转速振荡峰值与稳定值 n_t 间的相对偏差不大于±0.4%的时间；

（2）振荡次数 x：振荡时间 T_p 内振荡波峰个数的一半；

（3）最大偏差 Δn_{max}：$\Delta n_{max}=n_{max}-n_t$；

（4）超调量 δ：$\delta=\Delta n_{max}/\Delta n_0(n_t\neq n_0)$ 或 $\delta=\Delta n_1/\Delta n_{max}(n_t=n_0)$；

（5）衰减度 ψ：$\psi=(\Delta n_{max}-\Delta n_2)/\Delta n_{max}$。

上述指标中 n_0 为转速初始值，n_t 为发生小波动过渡过程后的转速稳定值，n_{max} 为第一振荡波峰（或波谷）值，n_1 为第一振荡波谷（或波峰）值，n_2 为第二振荡波峰（或波谷）值，$\Delta n_0=n_t-n_0$，$\Delta n_1=n_1-n_t$，$\Delta n_2=n_2-n_t$。

小波动稳定计算和分析主要采用两种方法，一种是基于状态方程的刚性水锤分析方法；另外一种是基于特征线法考虑水体弹性的分析方法。两种方法在一定程度上可以互相验证，提高计算的可靠性；另外，在互相补充的基础上还各有侧重。基于状态方程的分析方法主要侧重系统稳定性分析，由于不受数值计算的精度限制，可以在理论层次上证明系统是否稳定；基于特征线法的分析方法则主要侧重系统调节品质分析，通过数值计算的成果来说明调节品质的好坏及调速器参数整定的合理性；基于状态方程的分析方法既可进行时域分析，又可进行频域分析，更着重于后者，可通过状态方程的特征值虚部的数据特征确定系统不同干扰源对稳定性影响，并找出解决措施及调速器参数的稳定域；基于特征线法的分析方法只能进行时域分析，在已得到的稳定域的基础上进一步整定调速器参数值，以达到最优。

（一）基于状态方程的小波动稳定性分析

引入刚性水锤假设，将水锤基本方程简化为常微分方程；引入小扰动假设，将常微分方程线性化；结合机组及调速器方程，引入 4 个描述机组运行工况点的常数，最终得到一阶常微分方程组以及相应的控制矩阵，通过对矩阵的特征值分析，即可进行系统的稳定性判断与方程组理论解分析。其中 4 个描述机组运行工况点的常数来源于机组特性曲线，分别为：$s_1=\dfrac{\partial Q'^*_1}{\partial n'^*_1}$；$s_2=\dfrac{\partial Q'^*_1}{\partial \tau^*}$；$s_3=\dfrac{\partial M'^*_1}{\partial n'^*_1}$；$s_4=\dfrac{\partial M'^*_1}{\partial \tau^*}$。

其中：$Q'^*_1=\dfrac{Q'_1}{Q'_{10}}$；$M'^*_1=\dfrac{M'_1}{M'_{10}}$；$n'^*_1=\dfrac{n'_1}{n'_{10}}$；$\tau^*=\dfrac{\tau}{\tau_0}$；下标 0 表示电站稳定运行时对应的参数值（下同）；下标 1 表示电站实际运行时对应的参数值；Q'_1、n'_1、M'_1、τ 分别为单位流量、单位转速、单位力矩、导叶开度。

（二）基于特征线法的小波动稳定性分析

与常规大波动计算相同，只是将机组事故关闭规律设定为正常运行时的调速器控制方程：

$$T_{di}b_{ti}\frac{d\mu_i}{dt}+b_{pi}\mu_i=-\varphi_i-T_{di}\frac{d\varphi_i}{dt} \tag{7-5-32}$$

$$\varphi=\frac{n-n_0}{n_0}$$

$$\mu=\frac{\tau-\tau_0}{\tau_0}$$

式中　i——第 i 台机组；

T_d——缓冲时间常数；

b_t——缓冲强度（暂态转差系数）；

b_p——残留不平衡度（永态转差系数）。

其余过程与大波动计算类似。

5.6 水力干扰

同一水力单元的水力机组，不可避免地会出现机组间的水力干扰问题，即同一单元均在正常运行的机组，若其中一台机组甩负荷引起的水头、流量变化，将导致另外一台仍在正常运行的机组的水头、出力、转速和导叶开度发生变化，从而影响电站的供电品质，同时，如果输水系统含有上游调压室或尾水调压室，由于调压室波动周期长，衰减慢，水力干扰问题可能较为复杂。因此，必须通过水力干扰计算分析，判断在发生水力干扰时，运行机组的运行稳定性和出力的摆动，以及调节品质是否满足要求。

在进行水力干扰分析时，考虑两种不同的运行模式：开度调节模式和频率调节模式。结合具体的水力干扰工况，受扰机组采用开度调节时进行出力摆动分析；受扰机组采用频率调节时进行水轮发电机出力的摆动分析及受扰机组转速的动态特性调节品质分析，其评价指标与小波动相同。

参　考　文　献

[1]　杨欣先，李彦硕．水电站进水口设计．大连：大连理工大学出版社，1990.
[2]　陆佑楣，潘家铮．抽水蓄能电站．北京：水利电力出版社，1992.
[3]　邱彬如．世界抽水蓄能电站新发展．北京：中国电力出版社，2005.
[4]　左东启，顾兆勋，王文修．水工设计手册．北京：水利电力出版社，1983.
[5]　段乐斋．水工隧洞设计规范(DL/T 5195—2004)解读．水电站设计，2005(9).
[6]　谷玲．预应力灌浆在高压隧洞中的应用．东北水利水电，2006(6).
[7]　张有天．中国水工地下结构建设50年(中)．西北水电，2000(1).
[8]　侯靖．论水工压力隧洞围岩承载设计准则及防渗排水设计．华东水电技术，2006(3).
[9]　侯靖．对水工隧洞固结灌浆设计有关问题的认识．华东水电技术，2006(3).
[10]　潘家铮，何璟．中国抽水蓄能电站建设．北京：水利出版社，1980.
[11]　李志武．溪口抽水蓄能电站及其技术创新．中国农村水电及电气化，2005(12).
[12]　陈依考．横跨淘石河的明潭引水隧洞．水电技术信息，1997(2).
[13]　DL/T 5058—1996　水电站调压室设计规范.
[14]　刘启钊，彭守拙．水电站调压室．北京：中国水利电力出版社，1995.
[15]　马善定，汪如泽．水电站建筑物．北京：中国水利电力出版社，1996.
[16]　肖贡元．日本抽水蓄能电站技术的新进展．水利水电科技进展，2003(2).
[17]　索丽生．国外有压瞬变流研究进展．河海科技进展，1991，11(2)：9～15.
[18]　索丽生．对美刊《水力工程》关于水锤基本方程讨论的综述．河海大学科技情报，1986(4)：1～7.
[19]　张洪楚．水电站调节保证计算．河海大学学报，1980(1)：91～103.
[20]　张洪楚，骆如蕴．对水击基本方程的探讨．华东水利学院学报，1982(1)：118～124.
[21]　陈怀先，林方标．水击基本方程中斜坡项的影响．河海大学学报，1987(6)：34～38.
[22]　徐关泉．关于“对《对水击基本方程的探讨》的讨论”一文中若干看法的商榷．华东水利学院学报，1985(9)：120～123.
[23]　刘启钊，索丽生，张洪楚．对《对水击基本方程的探讨》的讨论．华东水利学院学报，1983(1)：118～124.
[24]　[加]乔德里著．实用水力过渡过程．陈家远等译．四川省水力发电工程学会，1985.
[25]　王树人，刘天雄．水力非恒定流．北京：清华大学出版社，1986.
[26]　DL/T 5058—1996　水电站调压室设计规范.
[27]　DL/T 5208—2005　抽水蓄能电站设计导则.
[28]　DL/T 5172—2003　抽水蓄能电站选点规划编制规范.
[29]　陆佑楣，潘家铮．抽水蓄能电站．北京：中国水利水电出版社，1992.
[30]　潘家铮，何璟．中国抽水蓄能电站建设．北京：中国电力出版社，2001.
[31]　Л. Д. 格连柯，Н. И. 祖巴列夫．可逆式水力机械．北京：水利电力出版社，1987.
[32]　叶鲁卿．水力发电过程控制．武汉：华中科技大学出版社，2002.
[33]　李惕先，季云，刘启钊．抽水蓄能电站．北京：中国水利电力出版社，1998.
[34]　杨开林．电站与泵站中的水力瞬变及调节．北京：中国水利电力出版社，2000.
[35]　梅祖彦．抽水蓄能技术．北京：机械出版社，2000.
[36]　邱彬如．世界抽水蓄能电站新发展．北京：中国电力出版社，2006.
[37]　叶跃平，陈鉴治．水泵水轮机对调保特性的影响．武汉水利电力学院学报，1994，24(2).

[38] Wylie, E. B.. Fundamental Equations of Waterhammer. Journal of the Hydraulic Division, ASCE, 1984, 110(4).

[39] Berlamont J., and Wylie, E. B., et al.. Fundamental Equations of Waterhammer (Discussions and Closure), Journal of the Hydraulic engineering, ASCE, Hydraulic Division, 1985, 111(8).

[40] Wylie E B, Streetr V L, Suo Lisheng. Fluid transient in systems. PRENTICE HALL, Englewood Cliffs. New Jersey 07632, 1993.

第八篇

抽水蓄能电站发电厂房

第一章 抽水蓄能电站厂房的形式

1.1 抽水蓄能电站的厂房形式

抽水蓄能电站具有上、下两个水库，大型抽水蓄能电站上、下水库距离一般较远，厂房多布置在上、下水库之间，选择范围大，可根据枢纽建筑物的布置、地形地质条件及电站运行要求，灵活选择合适的厂房位置。

抽水蓄能电站厂房的形式按照结构和位置的不同，总体上可分为地下式、半地下式（竖井式）和地面式。

1.1.1 地下式厂房

地下厂房的位置选择灵活，厂房远离上、下水库等枢纽建筑物，施工基本不受其他建筑物干扰。引水发电系统的主要建筑物置于地下，可减小对地面植被的破坏。抽水蓄能电站机组安装高程低，地下厂房结构不直接承受下游水压力作用，可避免因厂房淹没深度较大所带来的整体稳定性差、挡水结构承受荷载大、进厂交通布置困难等一系列问题，优势较为明显。因此，在地形、地质条件许可的情况下，抽水蓄能电站优先考虑采用地下式厂房。

抽水蓄能电站的输水线路一般较长，按照地下厂房在输水系统中的位置，可以分为首部、中部和尾部三种布置方式。

（一）首部式布置

首部式布置的地下厂房位于输水系统上游段，在靠近上水库的山体内。

统计资料表明，集中方式开发的常规水电站，地下厂房大多采用首部式布置，而抽水蓄能电站采用首部式布置的较少。由于抽水蓄能电站运行水头较高、机组安装高程低、首部式布置厂房埋藏过深，从而增加了交通、通风、防渗排水和出线等附属工程的投资以及施工、运行难度。因此，首部式布置的厂房多用于中低水头的电站，一般情况下水头不超过400m。从表8-1-1可以看出，国内已建的大中型抽水蓄能电站仅有泰安、琅琊山抽水蓄能电站采用首部式布置。泰安装机容量1000MW，额定水头225m，输水线路长约2000m，由于输水线路的中、尾部山体覆盖厚度小，地质条件差，与公路、铁路有干扰，经比较采用了首部式布置。

表8-1-1　　国内外部分已建、在建抽水蓄能电站厂房形式

电站名称	国家	装机容量（MW）	水头/吸出高度（m）	厂房形式	厂房尺寸（长×宽×高，m）	投产（竣工）时间
天荒坪	中国	6×300	526/－70	地下尾部	198.7×21×47.73	1998.9
桐柏	中国	4×300	239/－58	地下尾部	182.7×24.5×52.9	2005.12

续表

电站名称	国家	装机容量（MW）	水头/吸出高度（m）	厂房形式	厂房尺寸（长×宽×高，m）	投产(竣工)时间
泰安	中国	4×250	225/－53	地下首部	180×24.5×54.275	2006
宜兴	中国	4×250	363/－60	地下中偏首部	155.3×22×52.4	2008
宝泉	中国	4×300	500/－70	地下中偏尾部	143×21.5×47.3	2008
白莲河	中国	4×300	196/－50	地下尾部	146.7×21.85×50.883	2009
十三陵	中国	4×200	430/－56	地下中部	145×23×46.6	1995.12
广蓄一期	中国	6×300	535/－70	地下中部	146.5×21×44.5	1993.6
广蓄二期	中国	4×300	535/－70	地下中部	152×21×48.5	1999.4
明湖	中国	4×250	309	地下尾部	127.2×21.2×45.5	1985
明潭	中国	6×275	380/－81	地下尾部	158.7×22.7×46.95	1992
张河湾	中国	4×250	305/－48	地下中部	151.55×23.8×50	2008
响洪甸	中国	2×40	64/－10	地下尾部	67×21.5×45.25	2001.6
琅琊山	中国	4×150	126/－32	地下首部	156.7×21.5×48.17	2007
蒲石河	中国	4×300	308/－64	地下中偏首部	165×23×55.4	在建
西龙池	中国	4×300	640/－75	地下尾部	149.3×22.25×49	在建
响水涧	中国	250	190/－54	地下中部	175×25×55.7	在建
仙游	中国	4×300	430/－65	地下中部	162×24×53.3	在建
惠州	中国	4×300	517.4/－70	地下中偏尾部	152/154.5×21.5×48.25（两个厂房）	在建
沙河	中国	2×50	97/－27	竖井半地下式	内径29；高40.5	2001
溪口	中国	2×40	240/－23	竖井半地下式	内径25.2；高31.5	1997.12
羊卓雍湖	中国	4×22.5(可逆)＋1×22.5(常规)	840	地面库内式	87.48×15.4×31.7	1997.6
潘家口（混合式电站）	中国	3×90(可逆)＋1×150(常规)	85/－9.4	坝后式	128.5×26.2×57.1	1991.7
密云（混合式电站）	中国	2×11(可逆)4×18.7(常规)	70(最大)/3.5	岸边式	90.6×16.2×31.3	1973
神流川Ⅰ	日本	4×470	653/－104	地下中部	215.9×33×52	2005.7
神流川Ⅱ	日本	2×470	653/－104	地下中部	139×34×55.3	2012.6
京极	日本	3×200	369	地下首部	142×24×46.3	在建
小丸川	日本	4×300	646.2/－75	地下中部	188×24×48.1	在建
沼原	日本	3×225	478/－46	地下尾部	131×22×45.5	1973.6
奥吉野	日本	6×201	505/－70	地下尾部	157.8×20.1×41.6	1978.6
新高濑川（混合式电站）	日本	4×320	229/－33	地下尾部	165×27×54.5	1979.6

续表

<table>
<tr><th>电站名称</th><th>国家</th><th>装机容量
(MW)</th><th>水头/吸出高度
(m)</th><th>厂房形式</th><th>厂房尺寸
(长×宽×高，m)</th><th>投产(竣工)
时间</th></tr>
<tr><td>玉原</td><td>日本</td><td>4×300</td><td>518/－65</td><td>地下尾部</td><td>116.3×26.6×49.5</td><td>1982.7</td></tr>
<tr><td>今市</td><td>日本</td><td>3×350</td><td>524/－70</td><td>地下尾部</td><td>160×33.5×51</td><td>1988.9</td></tr>
<tr><td>奥清津</td><td>日本</td><td>4×250</td><td>470/－53</td><td>地面库外</td><td>123×25×37</td><td>1978</td></tr>
<tr><td>奥清津Ⅱ</td><td>日本</td><td>2×300</td><td>470/－64</td><td>地面库外</td><td>93×31.5×49.5</td><td>1996.6</td></tr>
<tr><td>冲绳海水
抽水蓄能</td><td>日本</td><td>1×30</td><td></td><td>地下中部</td><td>41×17×32</td><td></td></tr>
<tr><td>葛野川</td><td>日本</td><td>4×400</td><td>714/－98</td><td>地下中部</td><td>210×34×54</td><td>在建</td></tr>
<tr><td>腊孔山</td><td>美国</td><td>4×382.5</td><td>287/－39</td><td>地下中部</td><td>149.4×22×47.9</td><td>1979</td></tr>
<tr><td>巴斯康蒂</td><td>美国</td><td>6×350</td><td>329/－19.83</td><td>地面库内</td><td>152×45×61</td><td>1985</td></tr>
<tr><td>落基山</td><td>美国</td><td>3×253.3</td><td>186.7</td><td>地面库内</td><td>106.1×47.5(74.4)×53.3</td><td>1995</td></tr>
<tr><td>普列生扎诺</td><td>意大利</td><td>4×250</td><td>489.4/－39.5</td><td>半地下竖井</td><td>4个ϕ21×71竖井</td><td>1990</td></tr>
<tr><td rowspan="2">大屋
(混合式电站)</td><td rowspan="2">法国</td><td>4×150
(常规机组)</td><td>920</td><td>地面</td><td>125×16.5×27.6</td><td rowspan="2">1985</td></tr>
<tr><td>8×150
(抽水蓄能机组)</td><td>949</td><td>地下</td><td>160×16×40</td></tr>
</table>

（二）中部式布置

中部式布置的地下厂房位于输水系统中部，上下游水道长度相差不大。对于输水道较长的电站，往往需要同时设置引水和尾水调压室。当输水道较短时，厂房应选择合适的位置，尽量避免同时设置引水和尾水调压室，通常将调压室布置在尾水系统较经济。已建的中国广蓄一期、广蓄二期，日本的葛野川、神流川抽水蓄能电站，输水道总长度均在4000m以上，采用中部式布置，同时设置引水和尾水调压室。中国宜兴、日本的小丸川抽水蓄能电站，输水道总长度分别为3150m和2300m，厂房布置在输水道的中偏首部，调压室设置在尾水系统。中国宝泉抽水蓄能电站，厂房采用中偏尾部布置，由于输水道较短，经过技术经济比较后，采用加大尾水隧洞的断面，取消调压室的方案。

（三）尾部式布置

尾部式布置的地下厂房靠近下水库一侧，厂区一般地势较低，厂房埋深较浅，进厂交通及出线方便，通风条件好，附属洞室及施工洞室短，施工、运行较方便。地下洞室群距上水库远，围岩渗水量少，厂房上游防渗、排水设施简单。当下水库附近山体地质条件较好时，尾部布置往往是首选方案。

尾部布置方案引水系统一般采用一管多机布置方式，输水道较短时可不设调压室。如天荒坪抽水蓄能电站输水道平均长度约1400m，额定水头526m，厂房布置在距尾水出口250m处，未设置调压室。当引水系统较长时，需要设置上游调压室。如中国台湾的明湖、明潭和日本的新高濑川抽水蓄能电站，输水道总长度均在3000m以上，厂房布置在输水道的尾部，均设置了规模较大的上游调压室。

1.1.2 半地下式厂房

当地质条件不佳或上覆岩体厚度不满足要求，不宜修建地下厂房时，可根据地形条件，考虑将主要设备布置在开挖于山体内的竖井之中，采用半地下式（竖井式）厂房。半地下式厂房通常布置在输水系统的尾部，与地下厂房相比，可省去较长的尾水洞、交通洞及其他辅助洞室，在一定条件下，可以节省投资，同时厂房的通风条件也优于地下厂房。20世纪90年代之前，在抽水蓄能电站发展较早的意大利、奥地利、法国等国家，有一部分抽水蓄能电站采用半地下式厂房。由于竖井直径不宜过大，单个竖井内只能装 1～2 台机组，多个竖井连在一起受力条件差、运行不便，因此半地下式厂房一般用于单机容量小、机组台数少的中小型抽水蓄能电站。我国溪口（2×40MW）、沙河（2×50MW）两座中型抽水蓄能电站采用半地下式厂房。

1.1.3 地面式厂房

按照厂房位置与上水库大坝的关系，抽水蓄能电站地面厂房的形式可分为坝后式（坝内式）和引水式。地面厂房的位置和形式，需要按照因地制宜的原则，结合电站功能、机组特性等条件确定。

（一）坝后式（坝内式）厂房

对于采用混凝土坝集中水头开发的抽水蓄能电站，可采用坝后式厂房。抽水蓄能电站坝后式厂房布置与常规电站相似，厂房布置在大坝下游，采用单机单管供水，厂内不需设置进水阀，厂房跨度小，枢纽布置紧凑。

坝内式厂房布置在混凝土坝体空腔内，当混凝土坝较高、机组尺寸不大时，将厂房布置在坝内可能是经济的。但由于坝内式厂房对坝体的高度、宽度都有一定的要求，厂房布置在坝内施工干扰较大，影响施工进度，因此近年来较少采用。日本畑薙第一混合抽水蓄能电站采用坝内厂房。

（二）引水式厂房

引水式电站由上、下游水库高差和上水库大坝共同集中水头，可利用的水头较高。抽水蓄能电站引水式地面厂房一般布置在下水库附近，按照厂房和下水库位置的关系，可分为库内和库外两种形式。

库内厂房布置在下水库岸边，厂房下游直接承受下水库水压力作用，适用于水头不高、厂房埋置深度不大的抽水蓄能电站。例如美国巴斯康蒂抽水蓄能电站就采用了该种布置形式。

库外厂房布置在下水库以外，不承受下水库水压力作用，但要求下水库外有合适的地形布置厂房。例如日本的奥清津电站，下水库大坝下游有低洼的地形，采用库外厂房布置。

1.2 国内外部分已建、在建抽水蓄能电站厂房形式

国内外部分已建、在建抽水蓄能电站厂房形式见表 8-1-1。

第二章 抽水蓄能电站地面厂房的布置与设计

2.1 地面厂房的布置

2.1.1 地面厂房布置原则

抽水蓄能电站厂区布置与常规水电站基本相同，厂区建筑物由主副厂房、变电站、开关站、中控楼和附属建筑物组成。

抽水蓄能电站地面厂房一般不兼做挡水建筑物，为非壅水厂房，应按其工程等级，依据有关规范确定相应的防洪标准。厂区及厂房布置应遵循以下原则：

（1）应选择合适的场地布置主厂房、副厂房、变电站、开关站、进厂交通等建筑物，使厂区布置紧凑、合理，运行管理安全、方便。

（2）抽水蓄能电站尾水位通常高于发电机层，有些甚至与厂顶同高，应根据厂房下游水位、发电机层高程，结合厂区地形地质条件以及厂区建筑物布置条件研究合适的进厂方式。若进厂公路高程低于下游水位，则厂前区需布置可靠的防洪和抽排设施，避免厂区地表汇水进入厂房，保证电站正常运行。

（3）由于抽水蓄能电站安装高程底，自然通风、采光条件较差，厂内需布置完善的防潮及通风设施，并采取合适的照明措施。

2.1.2 厂区和厂房布置

（一）坝后式厂房

抽水蓄能电站坝后式厂房的厂区布置与常规电站基本相同，需综合考虑河道地形、地质条件，泄洪建筑物、导流建筑物的布置等因素。一般将厂房、泄洪设施分别布置在河床两侧。厂房多与溢流坝段相邻，二者之间需布置一定高度的导流隔墙，以免大坝泄洪干扰机组出流以及泄流雾化而影响电站正常运行。

一般纯抽水蓄能电站安装高程较低，采用坝后式厂房布置时，厂房下游水位较高，需要采取合适的挡水措施。

坝后式厂房上部与坝体之间的空间较大，可用来布置主变压器和上游副厂房，开关站一般布置在变电站附近。

坝后式厂房对外交通便利，其进厂交通的设计与常规地面厂房基本相同，一般可采用公路直接进厂。

我国潘家口水电站为混合式抽水蓄能电站，电站有 3 台单机 90MW 的可逆式机组与 1 台单机 150MW 的常规机组，采用坝后式厂房布置。电站最大静水头为 86m，4 台机组安装在同一厂房内，为了运行方便，两种机组发电机层楼板采用同高布置。可逆式机组采用斜流式，其安装高程较常规机组低 4.5m。

厂房布置与常规的坝后式地面厂房基本相同，利用厂坝间平台及安装间侧面空间布置主变压器和副厂房，中控楼布置在安装间的下游，开关站布置在右岸台地上。

该电站采用公路进厂，进厂高程为 150.0m，较下游最高水位低 3.9m，沿河布置混凝土导墙，导墙顶高程为 154.0m。

潘家口水利枢纽工程平面布置见图 8-2-1。

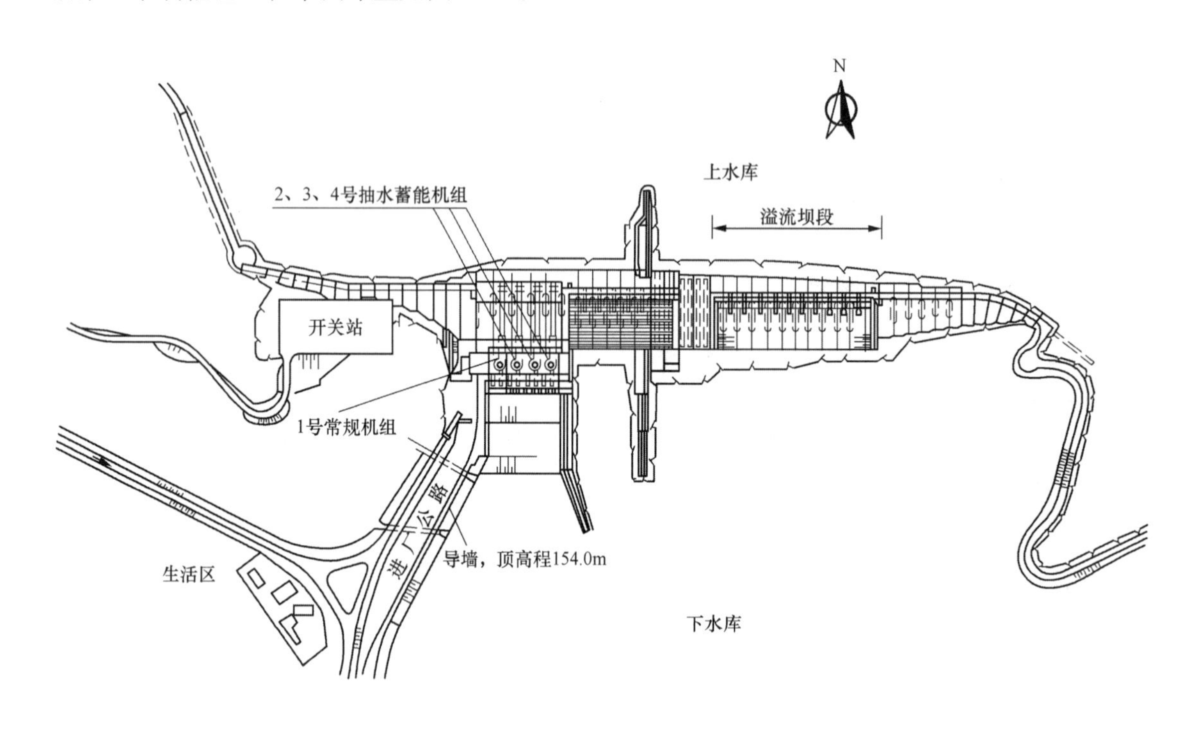

图 8-2-1　潘家口水利枢纽工程平面布置示意图

西班牙瓦德干那斯（Valdecanas）抽水蓄能电站采用颇具特点的坝后式厂房，见图 8-2-2。电站装有 3 台单机 80MW 的可逆式机组，最大工作水头 78m，吸出高度－23m，电站厂房布置在上水库双曲拱坝脚下，进水口和闸门设在坝前。由于全部厂房结构都在最高尾水位之下，为了满足厂房挡水要求，电站下游侧修建了一个和主坝曲率相反的小型双曲拱坝。主变压器和副厂房布置在上水库大坝和厂房之间的平台上。

（二）库外地面厂房

抽水蓄能电站库外地面厂房布置在下水库大坝以外，不承受下水库水压力作用。

为便于运行管理，库外厂房一般将主变压器和开关站集中布置在厂房附近。由于厂房下游不直接挡水，因此可采用公路水平进厂。

当下水库采用混凝土重力坝或拱坝时，库外地面厂房可以直接布置在下水库坝后。如瑞士奥瓦斯平电站，下水库大坝采用双曲拱坝，厂房布置在拱坝坝后表孔泄水道的下面，尾水管穿过大坝底部进入下水库。副厂房和主变压器布置在厂坝间尾水管上部的空间内。其剖面见图 8-2-3。

当下水库采用土石坝时，库外厂房通常布置在坝下游的河道岸边。受机组安装高程的限制，厂房建基面较低，周围往往形成较高的开挖边坡，边坡稳定问题应充分重视。与常规电站岸边式地面厂房不同的是，抽水蓄能电站库外地面厂房的尾水需要引入下水库，尾水系统的布置较为复杂。如日本奥清津电站（一期）发电厂房为库外地面厂房，引水管路和尾水管布置在厂房的同一侧，尾水管末端接尾水隧

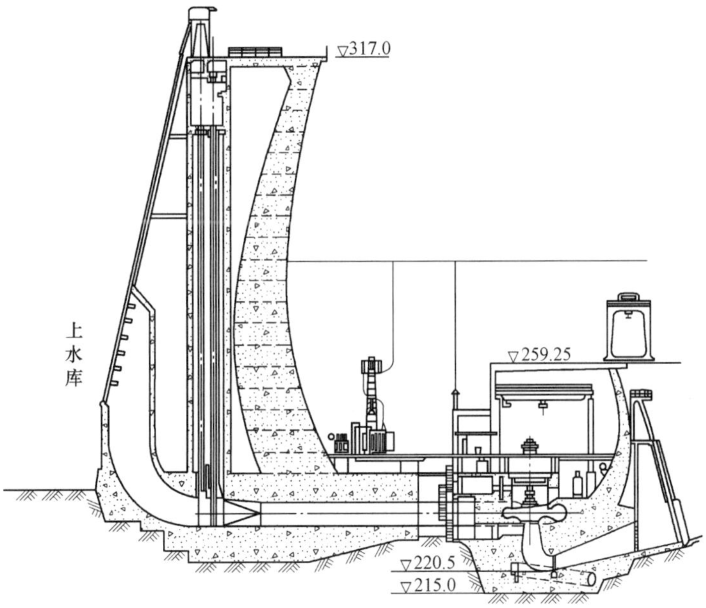

图 8-2-2　西班牙瓦德干那斯（Valdecanas）抽水蓄能电站剖面图

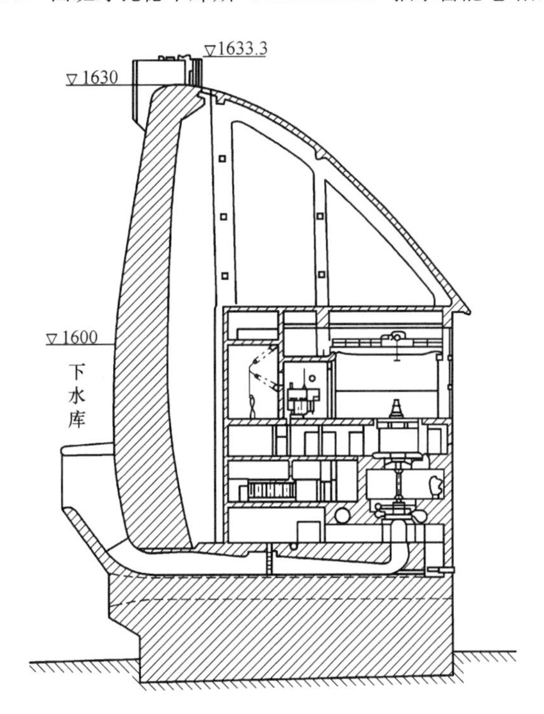

图 8-2-3　瑞士奥瓦斯平电站剖面图

洞，隧洞绕过下水库大坝进入下水库，厂房及输水系统布置示意见图 8-2-4。

（三）库内地面厂房

库内地面厂房位于下水库边，厂房结构直接挡水，与库外厂房相比，库内厂房尾水线路较短，输水线路布置顺畅。

下水库周边的地势一般较开阔，厂顶和厂房上游与山体间的平台可布置主变压器和开关站，主变压器和开关站场地一般高于下水库水位。

库内厂房下游水位一般接近厂顶，若将安装间地面高程抬高至尾水位以上、利用公路直接进厂，则安装间与发电机层高差将会很大，厂房上部结构会过高。为了降低主厂房的高度，改善上部结构的受力

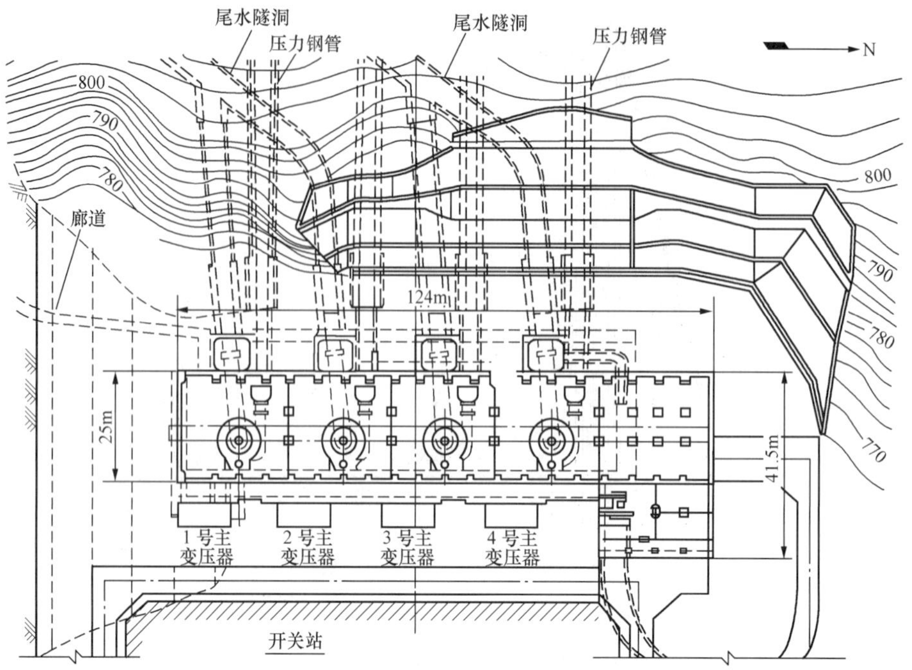

图 8-2-4　奥清津电站厂房及输水系统布置示意图

条件，安装间地面一般与发电机层同高或略高，进厂交通主要采用以下两种方式：

（1）利用装卸间垂直进厂。在安装间端头布置装卸间，装卸间地面高程高于下水库最高水位，进厂公路直接进入装卸间。装卸场内布置起重机械，机电设备经装卸间通过安装间顶板开设的吊物孔垂直吊运至安装间。垂直进厂方式进厂公路高于下水库水位，运行安全、可靠。但该方式需增设装卸间，并增加一台桥机，机电设备需二次吊运进入厂房。例如美国已建的巴斯康蒂抽水蓄能电站采用了该种进厂方式。

（2）利用廊道或隧洞水平进厂。在安装间一侧布置进厂廊道或隧洞，机电设备由进厂交通廊道（隧洞）直接运入安装间。进厂廊道（隧洞）进口高于下水库最高水位，与进厂公路相连。进厂廊道（隧洞）坡向厂房，其纵坡不宜大于8%，厂前应设有平直段。由于进厂廊道一般位于水下，因此需要注意防水、抗渗处理。

2.1.3　厂房防渗、排水和通风、防潮设计

多数抽水蓄能电站地面厂房深埋水下，防渗、排水设施直接关系到电站的安全，通风、防潮效果直接影响厂房的运行环境，必须充分重视厂房防渗、排水和通风、防潮问题。结构缝应采取可靠的止水措施，一般情况下，需设置二道止水片。厂房四周挡水墙混凝土应进行抗渗、防潮处理，重要部位可在挡水墙后设置防潮隔墙。渗漏集水井的容积应满足厂房排水要求，并留有足够的裕度。厂房内应设置可靠的通风设施，有条件的电站可以在厂房上部开设通风、采光孔。

2.2　厂房整体稳定、地基应力

（一）厂房整体稳定和地基应力

由于抽水蓄能电站机组安装高程低，下游水位较高，厂房承受较大的水压力，尤其是岸边库内厂房，上游和侧墙有可能还承受山岩压力或填土压力，需要对厂房整体稳定和地基应力进行深入分析。分

析计算应分别以中间机组段、边机组段和安装间段作为独立体，依据各种工况下的荷载组合进行计算。

计算工况为：正常运行（下游设计洪水位）、机组检修、机组未安装（厂房二期混凝土未浇筑）、非常运行（下游校核洪水位或地震）。

一般情况下，采用材料力学法，对于复杂地基上的大型厂房，还可采用有限元或其他合适的方法进行复核计算。

（二）提高厂房整体稳定性的工程措施

由于抽水蓄能电站厂房埋深大，承受的水压、土压力较大，整体稳定和地基应力通常难以满足规范要求，可采取下列工程措施，提高厂房的整体稳定性。

(1) 加大厂房尺寸，增加厂房自重，或加大基础板尺寸，利用基础板上部回填石渣的重量，可提高厂房抗浮、抗滑力，改善地基应力。

(2) 厂房基础布置防渗帷幕和抽排水系统，降低基础扬压力。

(3) 当边机组段或安装间地基出现较大拉应力时，可提高结构缝水平止水片的布置高程，利用缝内水压抵消部分水压力，或经论证可将两个或多个机组段下部混凝土结构连为整体，改善建筑物的受力条件。

(4) 坝后式厂房厂坝之间一般设置永久结构缝，厂坝各自独立承受荷载。抽水蓄能电站坝后式厂房的尾水位较高，若按常规在厂坝之间设置永久结构缝，厂房独立承受荷载，其抗滑稳定和基础应力较难满足规范要求，这时可采用厂坝连接方式，利用大坝的推力抵消下游水压力。

2.3　抽水蓄能电站地面厂房结构设计

地面厂房结构按部位可划分为上部结构、下部结构和二期混凝土结构。抽水蓄能电站地面厂房结构设计原则与常规电站基本相同，应根据使用要求，对受力结构进行承载力、变形、抗裂或裂缝宽度验算。

（一）上部结构

上部结构包括屋面系统、吊车梁、厂房构架和各层板梁等结构，结构除应满足承载要求外，还应满足变形及裂缝控制要求。通常各个独立体可简化为平面结构进行分析计算，对大型工程宜考虑空间作用，进行三维有限元分析。

钢网架自重轻，安装便捷，被越来越多的地面厂房用来做屋面系统。但钢网架构件单薄，刚度较小，适用于下游水位较低的地面厂房。抽水蓄能库内地面厂房深埋水下，厂房周边承受较大的水压力和土压力，需要通过屋面系统将上下游结构连为整体以改善受力条件，屋面多采用混凝土板梁或厚板结构。

厂房构架可采用立柱或实体墙结构。由于压力钢管、母线等需穿越厂房墙体，发电机层以下上下游宜采用实体墙结构。发电机层以上可根据结构受力条件选择合适的结构形式。库内厂房四周承受较大的水压力，构架一般采用实体墙，并通过屋面结构、各层板梁将构架连为整体箱形结构。为了进一步加强上下游结构的连接刚度，一些电站还在主厂房发电机层以上增设一层厚板。

（二）下部结构

下部结构包括尾水管、挡水墙和基础底板等，一般可分为几个独立部分进行设计，但应考虑相互间力的传递及变形协调。对大型工程宜考虑空间作用，进行三维有限元分析。

抽水蓄能电站厂房尾水管底板宜采用整体式。一般情况下，由于厂房下游水位较高，运行工况下尾水管承受较大的内水压力，顶、底板的拉应力值较大，配筋量大且裂缝宽度难以控制。可将机组段之间结构缝的止水布置在尾水管顶板以上，使下游河水进入结构缝，内外水压平衡，可有效地改善结构的应力状态。

（三）二期混凝土结构

抽水蓄能电站一般采用混流式机组，二期混凝土结构包括蜗壳、机墩和风罩。

由于抽水蓄能电站水头较高，大多采用金属蜗壳，金属蜗壳与外围混凝土之间一般不设垫层，在蜗壳充水并保持一定水压下浇筑混凝土，蜗壳外围混凝土承担一部分内水压力。充水加压值根据电站水头、蜗壳外围混凝土结构受力情况等分析研究确定，参见地下厂房蜗壳结构设计部分。

抽水蓄能电站的二期混凝土结构除进行静力分析外，还应进行整体动力计算。机墩结构应满足正常运行、短路和飞逸时的强度和刚度要求，可按规范规定验算共振、振幅和动力系数。高水头大型抽水蓄能电站机组振动较大，应根据机组参数，进行整体有限元计算或其他动力学方法复核。另外，发电机和水轮机的混凝土基础应满足机组制造厂家提出的结构刚度要求。

2.4　地面厂房工程实例

（一）奥清津抽水蓄能电站（日本）

奥清津电站距东京约200km，电站下水库位于清津川干流上，上水库位于清津川支流源头，下水库大坝为心墙堆石坝。电站运行最大水头为490m，设计水头为470m，机组吸出高度为－53.0m。一期电站装机容量为1000MW，安装4台250MW可逆机组，建于1978年；二期电站装机容量为600MW，安装2台300MW可逆机组，建于1996年。

下水库大坝下游地形开阔，地势较低，具备布置地面厂房的条件，一、二期电站地面厂房均布置在堆石坝下游左岸岸边。电站枢纽总布置见图8-2-5。

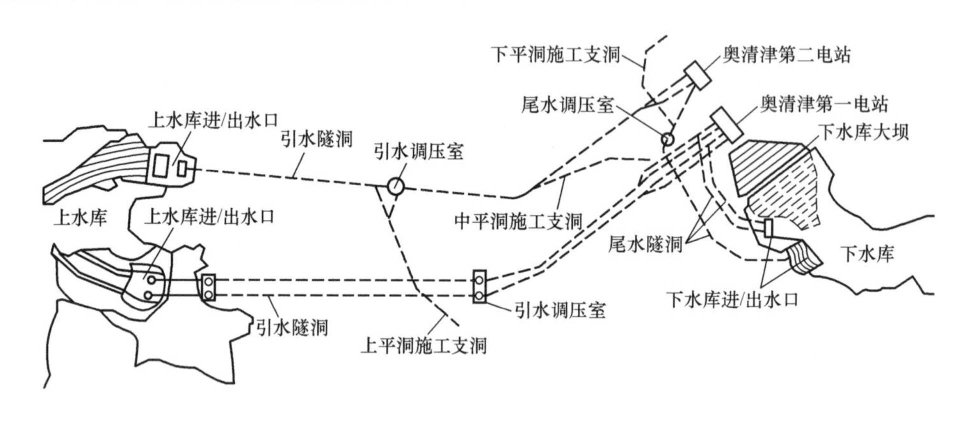

图8-2-5　奥清津抽水蓄能电站枢纽总布置图

一期厂内布置4台可逆式机组，厂房尺寸为123m×25m×37m。安装间布置在主厂房的左端，地面与发电机层同高，进厂公路直接进入安装间，电站运行方便。主变压器和开关站布置在厂房旁边较开阔的平台上。厂房上部排架采用轻型钢结构，厂内整洁、明亮。图8-2-6为奥清津抽水蓄能电站一期厂房发电机层以上照片。

一期电站引水（尾水）隧洞采用二机一洞布置格局，厂房尾水管转向厂房上游（山体内），从压力管道下面穿过。尾水隧洞经左岸山体绕过坝肩进入下水库。尾水隧洞较短，不设下游尾水调压室，出水（进水）口布置在下水库左岸。

二期厂房内布置两台可逆式机组，厂房置于一期厂房下游，布置与一期厂房相似。厂房尾水管也是转向厂房上游（山体内），从压力管道下面穿过，接尾水隧洞，尾水隧洞经左岸山体绕过坝肩进入下水库。由于尾水隧洞较长，因此设置了下游尾水调压室。图8-2-7为一、二期厂房布置鸟瞰图。图8-2-8

图 8-2-6 奥清津抽水蓄能电站一期厂房

为奥清津抽水蓄能电站二期厂房横剖面图。

图 8-2-7 奥清津抽水蓄能电站一（前）、二期（后）厂房布置鸟瞰图

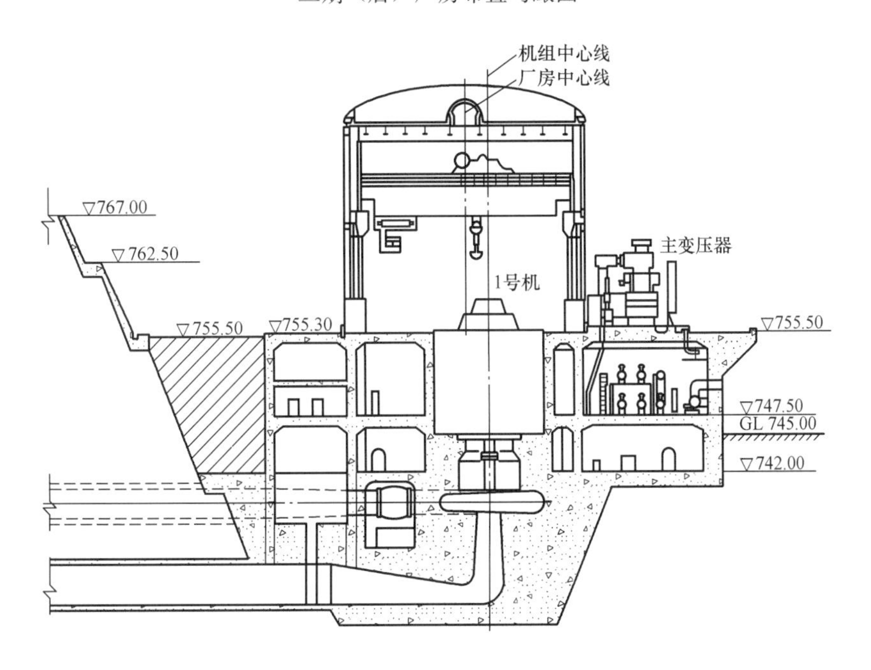

图 8-2-8 奥清津抽水蓄能电站二期厂房横剖面图

（二）巴斯康蒂抽水蓄能电站（美国）

巴斯康蒂抽水蓄能电站位于美国弗吉尼亚州的西部山区，装有 6 台 350MW 可逆机组，总装机容量为 2100MW，首台机于 1985 年发电；上、下水库相距约 2000m；电站运行最大水头为 384m，机组吸出

高度为－19.83m。

电站上、下水库为土石坝。厂房布置在下水库岸边，为库内地面厂房。电站枢纽布置平面和引水发电系统剖面见图 8-2-9 和图 8-2-10。

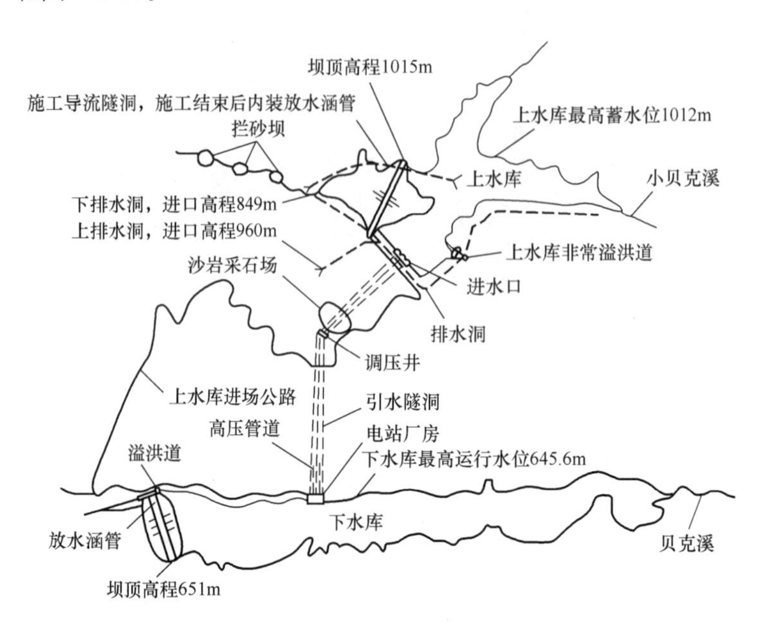

图 8-2-9　巴斯康蒂抽水蓄能电站枢纽布置平面图

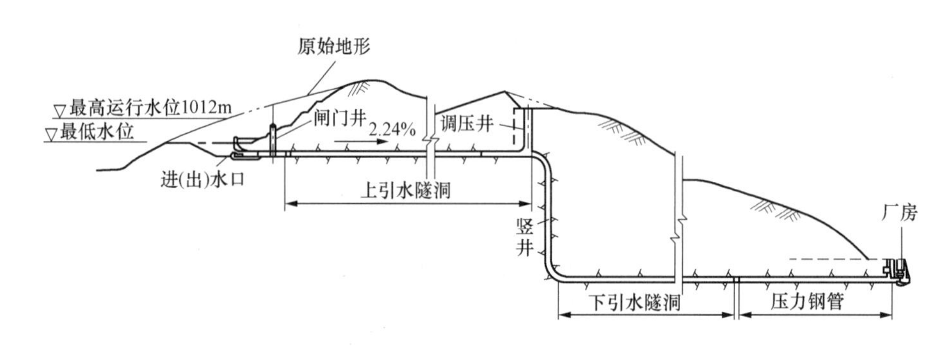

图 8-2-10　巴斯康蒂抽水蓄能电站引水发电系统剖面图

由于机组安装高程和发电机层高程远低于下水库最高运行水位，因此厂房采用全封闭的结构。厂房长 152m、宽 45m、高 61m，其内安装有 700t 主桥机和 40t 辅助桥机，分上下两层布置。主厂房上游侧布置副厂房，球阀廊道布置在上游副厂房底层，廊道内装有 200t 桥机。主厂房横剖面详见图 8-2-11。

由于厂房几乎全部处于水下，厂房基础承受的浮托力和四周结构承受的水压、土压力很大，厂房结构整体稳定和受力条件较差。该电站厂房上、下游均采用较厚的实体墙结构，上游开挖空间用大量混凝土回填，以增加结构的自重，满足整体稳定要求。为改善上、下游结构的受力条件，主厂房屋面采用混凝土结构，发电机层以上增设运行层，通过刚度较大的屋面板、发电机层和增设的运行层，将上、下游结构连为整体。

该电站采用垂直进厂方式布置。安装间布置在 1 号机组段右端，安装间地面高程低于下水库水位。在安装间和 1 号机组段屋顶设置装卸间，装卸间地面与屋顶同高，在下水库水位之上，设备可以通过进厂公路直接进入装卸间。装卸间内布置一台桥机，底板上设有吊物孔，机电设备经装卸间吊运至安装间地面。

装卸间剖面布置见图 8-2-12。

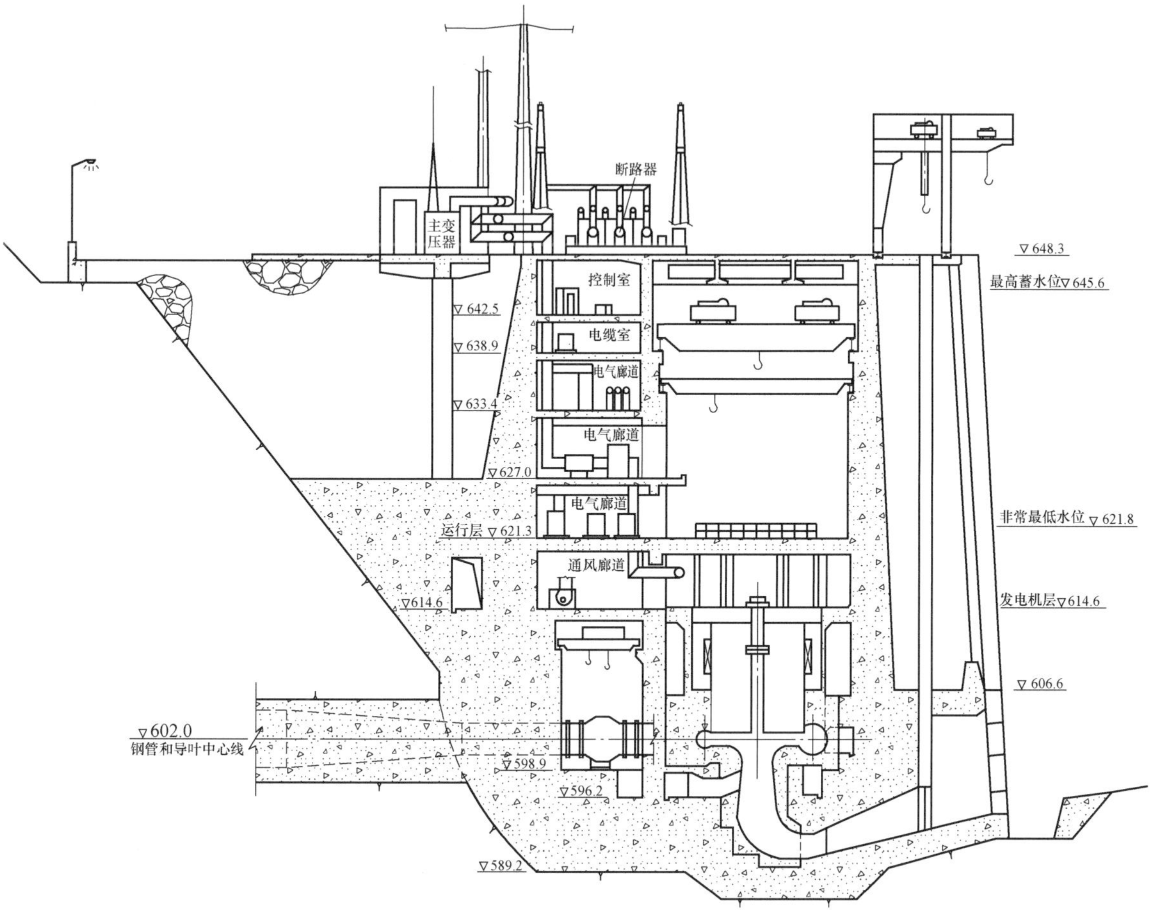

图 8-2-11　巴斯康蒂抽水蓄能电站主厂房横剖面图

该电站利用厂房上游开挖空间布置副厂房，主变压器和开关站布置在厂房上游石渣回填的平台和厂房屋顶上。

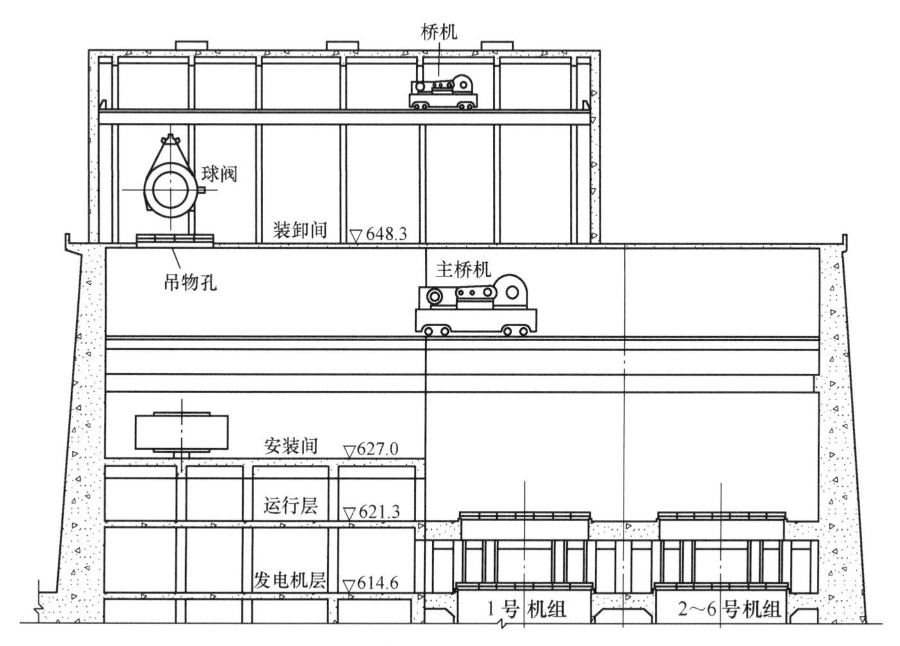

图 8-2-12　巴斯康蒂抽水蓄能电站装卸间剖面布置图

第三章 半地下式厂房布置与设计

3.1 半地下式厂房的布置形式

半地下式厂房部分置于地下或全部置于地下而顶部开敞。当地质条件不佳或上覆岩体厚度不满足要求，不宜修建地下厂房时，可采用半地下式厂房。当地形条件合适时，采用半地下式厂房，可以避免地面厂房存在的挡水、抗浮和基坑开挖边坡等问题。20世纪90年代之前，在抽水蓄能电站发展较早的意大利、法国等国家，有一部分抽水蓄能电站，采用半地下式厂房。由于半地下式厂房机组布置在各个竖井中，运行不便，随着地下工程设计和施工水平的提高，近几年大型抽水蓄能电站基本上采用地下式厂房，半地下式厂房很少采用。

国内外部分已建抽水蓄能电站半地下式厂房的尺寸见表8-3-1。

表8-3-1　　国内外部分已建抽水蓄能电站半地下式厂房尺寸

序号	电站名称	国家	水头(m)	机组			厂房尺寸(直径×高，m)	投运年份
				单机容量(MW)	台数	H_s(m)		
1	溪口	中国	240.0	40	2	−23.0	27.2×31.5	1998
2	沙河	中国	97	50	2	−27.0	29×40.5	2001
3	伦克豪森	西德	263.0	70	2	−16.0	30×36	1968
4	罗东德Ⅱ	奥地利	348.0	270	1	−36.0	22×55.75	
5	柯达依	奥地利	440	231	2	−48.0	30×82	1981
6	普列森扎诺	意大利	489.4	250	4	−39.5	21×71	1986
7	切拉斯	法国	256	252	2	−39.0	26.6×66	
8	菲安登(10号机)	卢森堡	292	196	1	−26	24.2×48.8	1973
9	卡拉亚纳(Ⅰ、Ⅱ期)	菲律宾	282	150	4	−24.5	长轴38×42.5 短轴33	1982
10	卡拉亚纳(Ⅳ、Ⅴ、Ⅵ期)	菲律宾	282	300	4		长轴38×42.5 短轴33	1982

由于半地下式厂房接近地表，岩体往往较风化破碎，为改善受力条件，半地下式厂房一般采用竖井式，竖井的断面一般为圆形或椭圆形钢筋混凝土井筒结构。竖井直径一般 20～30m，井深 40～90m。半地下式厂房一般把机组布置在混凝土竖井中，吊运、安装和检修在地面进行。根据机组台数和尺寸的不同，布置的形式也不同，比较常见的有以下两种布置形式：

(1) 单机单井：在一个竖井中安装一台可逆机组。图 8-3-1 所示卢森堡的菲安登电站（10 号机），竖井直径为 24.2m、高 48.8m。井内布置一台 196MW 混流式可逆机组，最大水头为 292m，进水阀和副厂房也布置在井内。竖井顶部布置一台门机，用于机电设备吊运、安装和检修。

(2) 两机一井：两台机组安装在一个竖井内。例如奥地利的柯达依电站，装机容量为 460MW。两台机组及进水阀、尾水闸门均布置在一个竖井内，竖井为圆形，安装间布置在地下两台机组之间。具体布置见图 8-3-2。

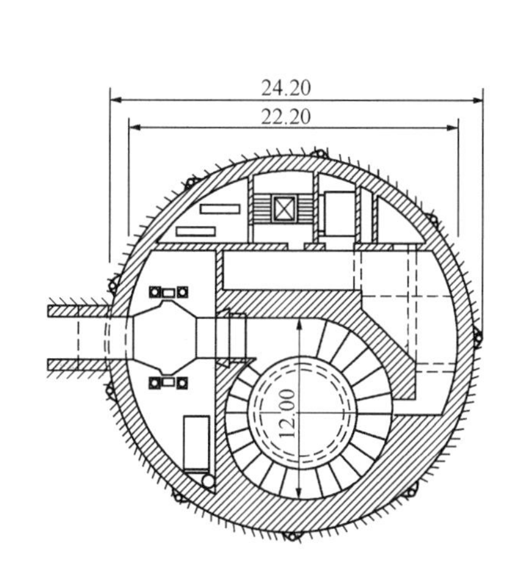

图 8-3-1　卢森堡菲安登电站（10 号机）横断面图（单位：m）

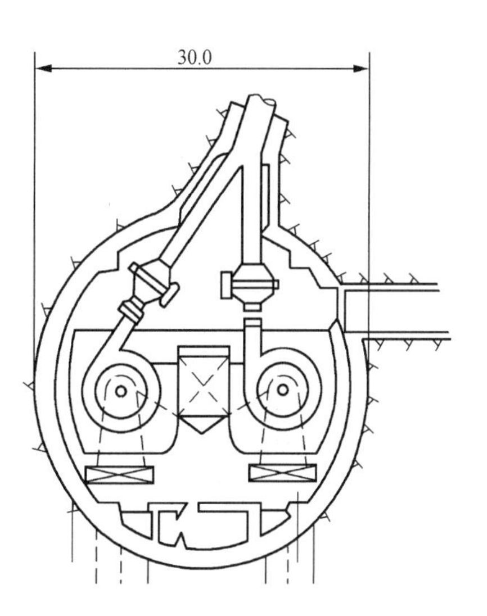

图 8-3-2　奥地利柯达依抽水蓄能电站厂房横断面图（单位：m）

3.2　工程实例

（一）溪口抽水蓄能电站

我国浙江省溪口抽水蓄能电站，装机容量为 2×40MW，发电最大水头 270.9m，1992 年开工，1998 年 5 月第一台机组发电。电站厂房采用半地下竖井式，竖井直径为 27.2m，深 31.5m，地下竖井内布置两台可逆式机组、母线廊道、高压空压机房和通风机室。地面为不等高排架结构，安装间和副厂房布置在地面，厂内布置一台 100 / 20t 桥式起重机。安装间地面高于下游尾水位，采用公路直接进厂。溪口电站厂房横剖面及纵剖面见图 8-3-3 和图 8-3-4。

（二）意大利普列森扎诺抽水蓄能电站

普列森扎诺抽水蓄能电站位于意大利中南部，总装机 1000MW，共装 4 台混流式可逆机组，发电最大水头为 489.4m，吸出高度为－39.5m。

电站采用半地下井式厂房，4 台机组分别布置在 4 个竖井内。竖井间距 40m，内径 21m，井深 71m。竖井顶部 167.5m 高程连接为一体，形成一片空旷场地，布置两台 250t 吊车、电站辅助设备、管理机构等。电站厂房平面及剖面布置见图 8-3-5 和图 8-3-6。

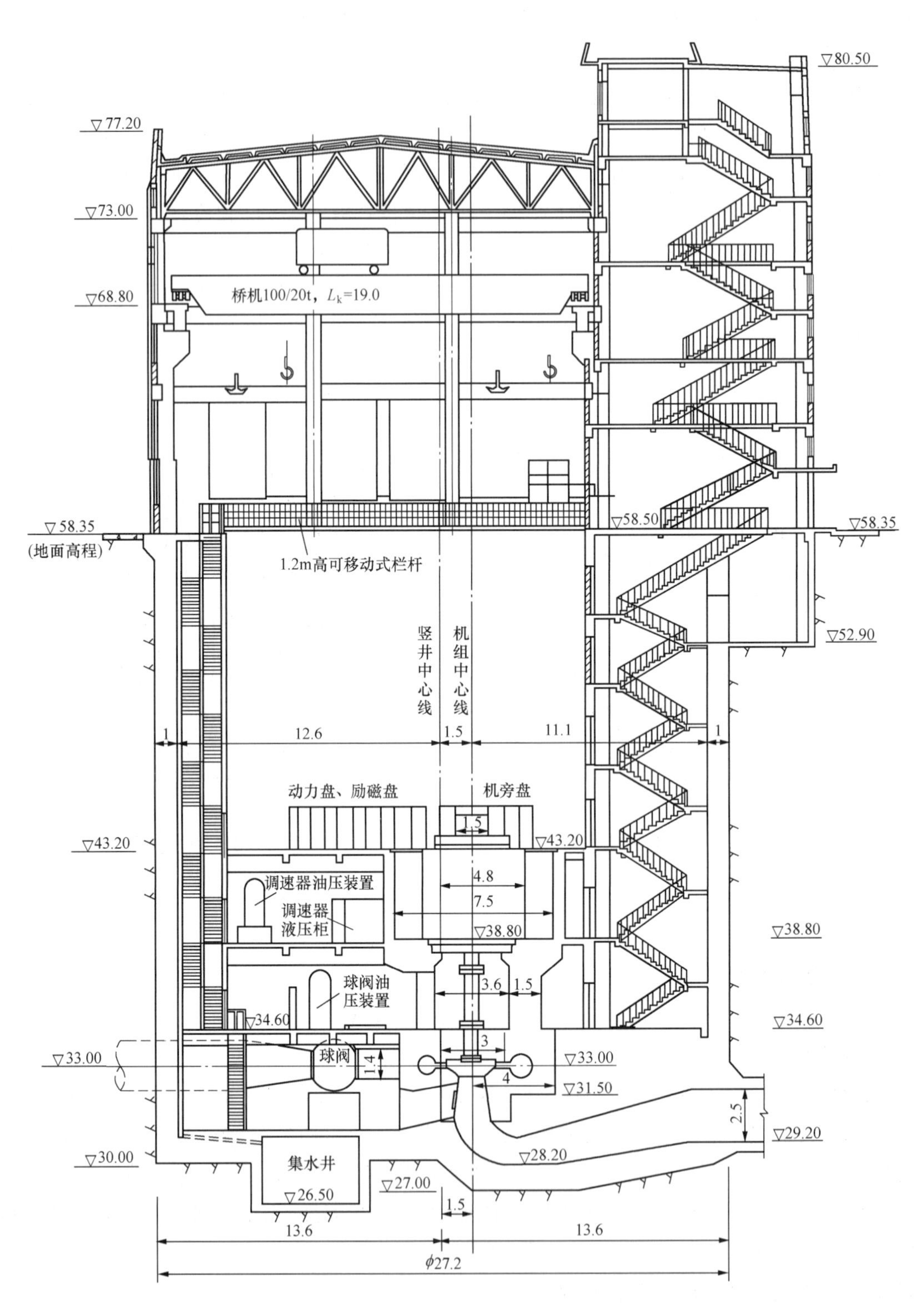

图 8-3-3　溪口抽水蓄能电站厂房横剖面图（单位：m）

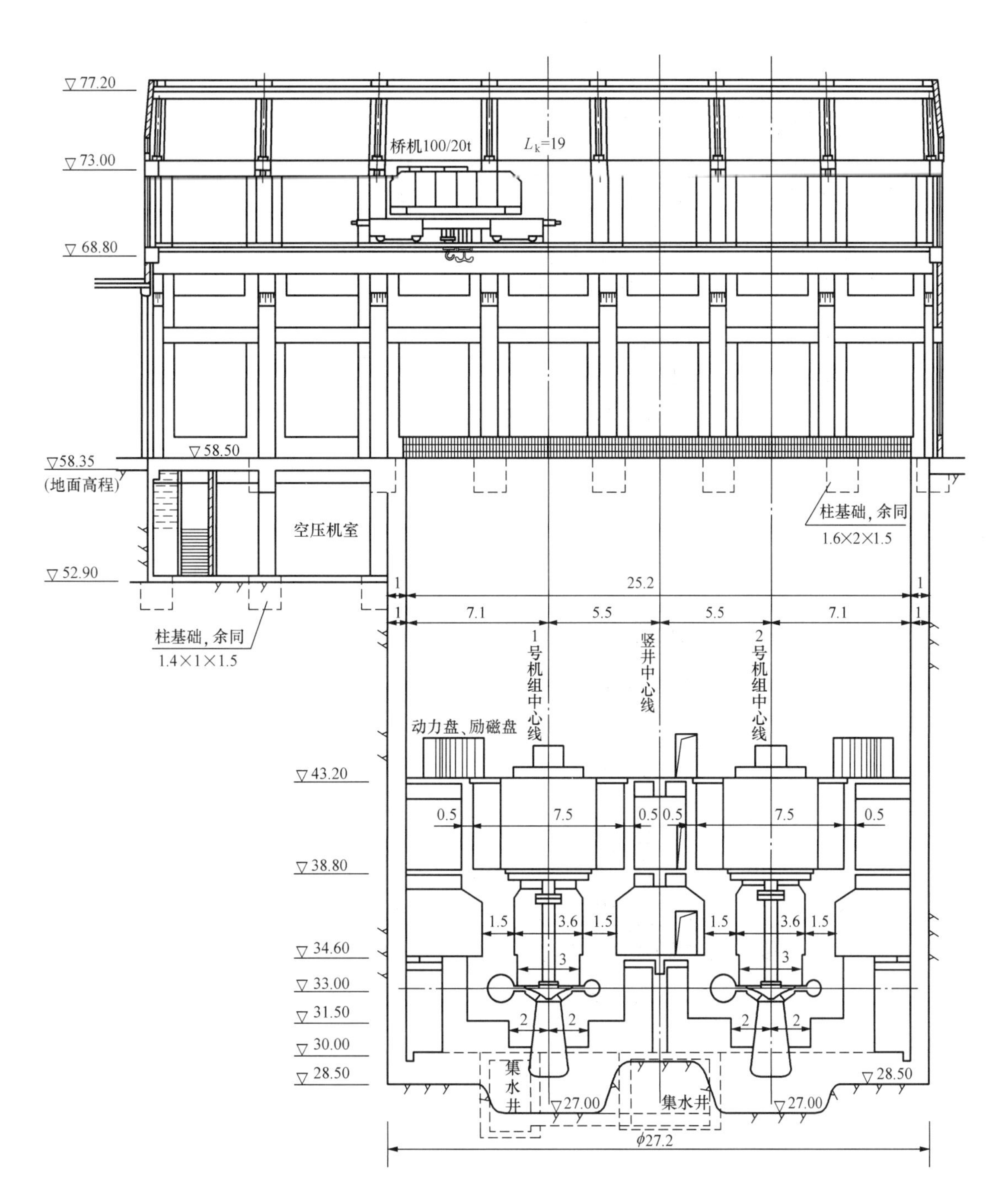

图 8-3-4　溪口抽水蓄能电站厂房纵剖面图（单位：m）

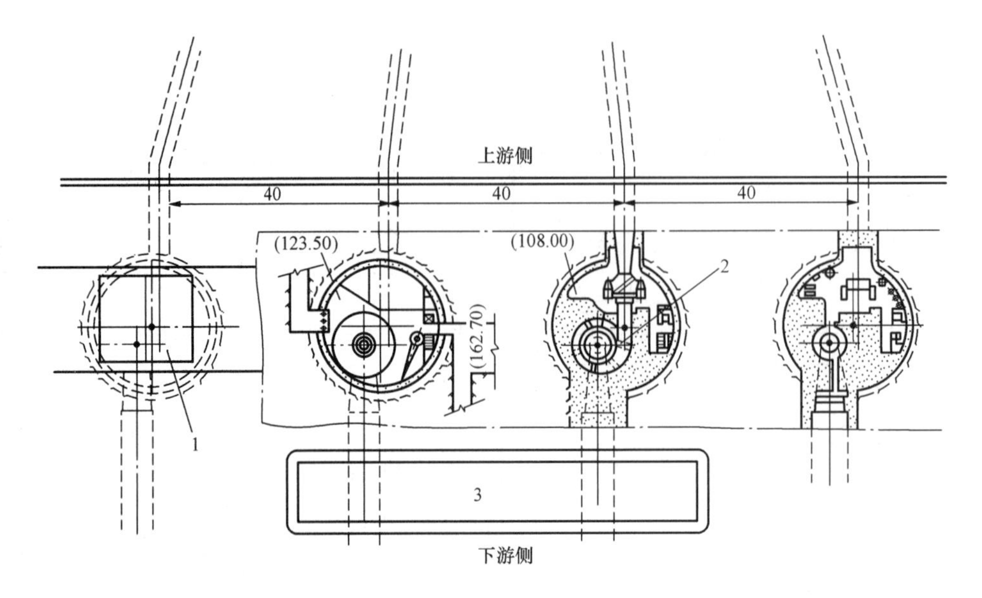

图 8-3-5 普列森扎诺抽水蓄能电站平面图

1—滑动盖板；2—机组（4 台）；3—中央控制室

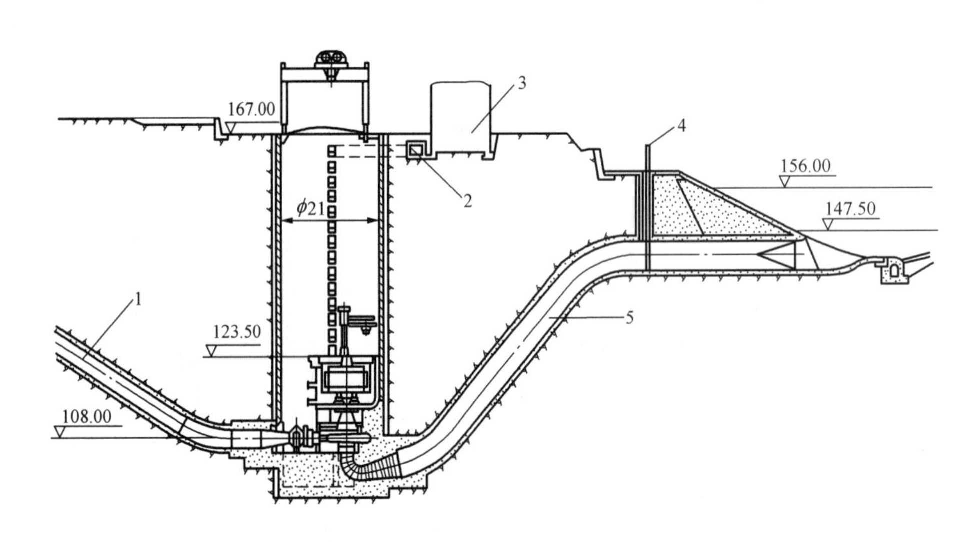

图 8-3-6 普列森扎诺抽水蓄能电站剖面图

1—压力钢管（3.6m）；2—交通洞；3—中央控制室；4—闸门；5—尾水管隧洞（5.5m）

第四章 地下厂房的布置与设计

4.1 地下厂房的位置、轴线选择

4.1.1 地下厂房位置、轴线选择的原则

地下厂房是引水发电系统中的主要建筑物，其位置、轴线选择关系到输水建筑物的形式和布置，对电站运行和工程造价影响较大，应综合考虑地质条件、枢纽建筑物布置、施工条件等各种因素合理选择。

（一）厂房位置选择的原则

（1）力求将厂房洞室群布置在新鲜、完整的岩体中，尽量避开大的断层和破碎带，并使洞室有一定的埋深。地下水对厂房的围岩稳定、施工和运行都非常不利，故厂房位置应尽量选在岩体裂隙水不发育的地区。

（2）尽量缩短高压引水隧洞的长度，尽可能避免上下游同时设置调压室，使输水系统布置协调、顺畅。

（3）抽水蓄能电站地下厂房一般埋深较大，厂房位置的选择应综合考虑交通、出线、施工支洞及开关站的布置。厂区对外交通应便捷，方便运行、管理及施工支洞的布置；厂房附近应该有合适的场地布置开关站，尽量缩短出线洞长度。

（4）当厂房上游压力管道采用钢筋混凝土衬砌时，应满足其埋藏深度的要求（挪威准则，见第七篇），尤其当采用一洞多机布置时，尚需兼顾钢筋混凝土岔管的位置选择。

（二）厂房轴线方向选择的原则

（1）厂房轴线方向宜尽量垂直于地质主要结构面，或具有较大的交角，一般不宜小于30°（整体块状岩体）和45°（层状岩体），同时要兼顾次要结构面对洞室稳定的影响。

（2）最大主应力水平投影方向与厂房轴线方向夹角越大，洞室开挖时的卸荷作用越大，不利于围岩稳定。因此在中、高地应力区，厂房轴线方向与最大主应力水平投影方向的夹角不宜过大。

（3）厂房轴线应考虑水道系统和辅助洞室的布置，使总体枢纽布置协调合理、流道顺畅。

（4）抽水蓄能电站厂房内一般设有进水阀，如有可能调整轴线方向，使引水管路斜向进厂，可以缩小厂房宽度，对围岩稳定有利。

实际工程在确定厂房位置、轴线时，需要依据上述原则，结合具体工程的情况，注意分析各种因素的影响程度，尤其是各种因素不能同时兼顾时，应抓住主要矛盾。对于低地应力区，厂区不利地质构造带发育时，应主要考虑地质构造的影响；而在高地应力区，则应尽可能使主厂房轴线与最大主应力水平投影方向有较小的夹角。

4.1.2　地下厂房位置、轴线选择工程实例

（一）桐柏抽水蓄能电站

浙江桐柏抽水蓄能电站装机容量为 1200MW，枢纽由上水库、下水库、输水系统、地下厂房洞室群、地面开关站等建筑物组成。主副厂房洞的开挖尺寸为 182.7m×24.5m×52.9m（长×宽×高）。

可行性研究阶段对厂房位置和形式进行了地面库内竖井式厂房、地面库外明厂房、首部地下厂房、尾部地下厂房四种方案的比较。尾部地下厂房方案总投资最省，运行管理方便，通风条件较好，对外交通便利，经综合比较确定采用地下尾部布置方案。

厂房的布置方式确定以后，对尾部厂房的位置、轴线进行了详细的分析比较。厂区实测最大主应力值为 10.15～12.19MPa，方位角为 N50°～77°W，倾角 7°～18°，属中等偏低地应力区，因此厂房轴线方向的选择主要考虑与优势结构面形成有利交角，并兼顾输水系统的布置。根据厂区及输水系统地质探洞（总长为 1100m）揭示的资料，地下厂房上覆岩层厚度约 160m，围岩为微风化～新鲜的花岗岩，属Ⅱ类围岩。厂房及主变压器洞附近有规模较大的断层 F_2、F_{10}、F_{12}、F_{13} 及节理带 J_{330}、J_{326} 等。厂区节理较发育，主要为 NE 和 NWW 向两组，均陡倾～直立。厂房部位岩体节理发育玫瑰图见图 8-4-1。

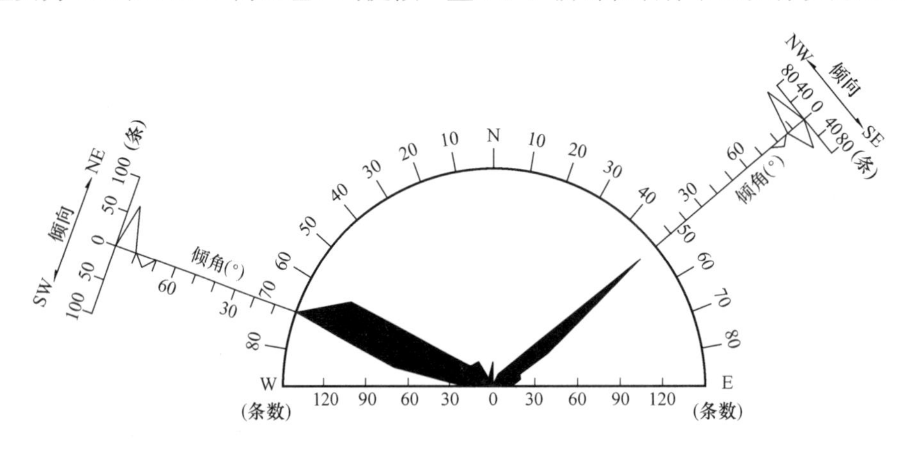

图 8-4-1　桐柏电站地下厂房部位岩体节理发育玫瑰图

厂房位置选择首先考虑避开规模较大的断层和较大的节理带。F_2 产状为 N65°W、SW∠85°、宽 1.5～2m，与主变压器洞的左上角相距约 20m；F_{12} 产状为 N60°E、SE（或 NW）∠80°～90°、宽 2～3m，F_{13} 产状为 N60°～65°E、SE∠85°～90°、宽 0.3～0.5m，两条断层从厂区的北侧通过，与厂房相距约 40m 和 20m；主厂房和主变压器洞难以避开断层 F_{10}，F_{10} 产状 N50°～65°E、⊥、宽 0.1～0.2m。厂房纵轴线经综合考虑选择 N20°W，与 F_{10} 夹角较大，接近垂直，因此尽管 F_{10} 贯穿厂房和主变压器洞，但影响范围较小，同时厂房纵轴线与 NE 和 NWW 向两组主要优势节理夹角均较大，利于边墙的围岩稳定。

为进一步优化地下厂房位置及轴线方向，招标设计阶段又做了一些补充勘探工作，进一步查明了岔管及厂房区域的地质情况。根据补充的地质资料，厂房位置及轴线方向的选择结合输水系统的布置比较了五个方案，对各方案进行了顶拱、上下游边墙块体分析，并综合分析与输水系统、主要结构面的关系，最终确定厂房轴线仍为 N20°W，高压钢管进厂角度为 65°，尾水管垂直出厂方案。对选定方案厂房进行了顶拱、上下游边墙块体赤平投影分析，无大的不稳定块体，同时通过三维有限元分析，论证了洞室围岩整体稳定。

（二）宜兴抽水蓄能电站

江苏宜兴抽水蓄能电站装机容量为 1000MW，电站枢纽由上水库、下水库、输水系统、地下厂房

洞室群、地面开关站等建筑物组成，主副厂房洞开挖尺寸为155.3m×22m×52.4m（长×宽×高）。

可研阶段对厂房位置进行了尾部、中部、首部三种布置方案的比较。该电站输水发电系统线路较长（约3000m），尾部布置方案须设置断面较大的上游调压室，才能满足机组过渡过程的要求。由于引水隧洞上部山体无合适的地形设置上游调压室，同时由于输水系统整体地质条件较差，引水道须采用全断面钢衬，引水钢管投资大；首部布置方案（以不设上游调压井为条件）上游输水道短，但地下厂房距离下水库在1700m以上，进厂交通洞和厂顶施工支洞过长，电缆出线也较长。因此，着重对中部布置方案进行了比较论证，通过对中偏首部、中偏尾部两方案的详细比较，选择了中偏首部方案。

厂房的布置方式确定以后，对厂房的位置、轴线进行了详细的分析比较。三维地应力测试表明，厂房部位最大主应力为16.01MPa、方向为N66.13°E，最小主应力为4.92MPa、方向为S17.85°E，属中等地应力区。该电站输水发电系统沿线总体上为一单斜构造，岩性为岩屑砂岩夹泥质粉砂岩，地层产状为N40°～75°W，NE∠15°～30°，厂房围岩以Ⅳ～Ⅲ类为主。厂区F_{220}、F_{204}两条断层较宽，其中F_{204}断层分布于厂房北端，产状为N65°～75°W、SW∠50°～55°、宽7～15m；F_{220}断层分布在厂房南端，产状为N70°～85°W、SW∠45°～58°、宽1.7～7m。两断层的水平间距为220～230m。厂房部位节理有以下6组：

（1）N50°～70°W，NE∠15°～30°，层面，面平直，延伸长，局部充填岩屑及泥质。

（2）N70°～90°E，SE∠65°～85°，面较平，延伸长，局部张开，铁锰质渲染，渗水。

（3）N70°～90°W，SW或NE∠70°～90°，面较平，充填少量岩屑及泥膜。

（4）近SN，W∠65°～75°，面平直，延伸较长，局部渗水。

（5）N30°～60°W，SW或NE∠70°～90°，面较平，充填少量岩屑及泥膜。

（6）EW，S∠50°～60°，面较平，充填少量岩屑，局部渗水。

地下厂房的位置首先考虑避开较大规模断层F_{220}、F_{204}，厂房南端墙距离F_{220}为24.0m，厂房北端墙距离F_{204}为6.4～9.6m，见图8-4-2。厂房轴线选择主要考虑岩层层面及地应力的影响，选定厂房轴线方向为N30°E，与岩层层面走向基本垂直，最大主地应力交角较小（约36°），有利于围岩稳定。

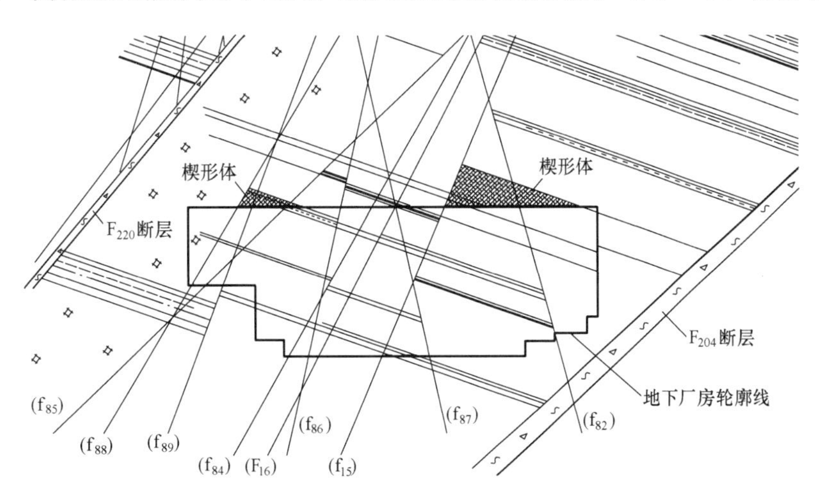

图8-4-2 宜兴地下厂房地质纵剖面图

招标、技施设计阶段又对地下厂房位置及轴线方向进行了复核。由于地下厂房位于F_{220}与F_{204}两大断层之间，厂房位置及轴线方向调整余地不大，通过对地下厂房围岩稳定的整体分析和对顶拱、边墙的不稳定块体分析，仍选择了可研阶段所确定的位置及轴线。实际施工过程中，规模较大的F_{220}、F_{204}两条断层对厂房洞室的围岩稳定没有构成大的威胁，但厂房纵轴线与穿越厂房的小规模断层f_{15}的夹角较小，对地下厂房的围岩稳定有一定的影响，在顶拱与其他结构面组合形成了大型不稳定的楔形体，见图8-4-3。在厂房开挖过程中，断层 f_{15} 在上下游边墙出露，锚杆应力和边墙变位均较大，后经过锁边预应力锚杆加固，有效地控制了锚杆应力及边墙变位现象。

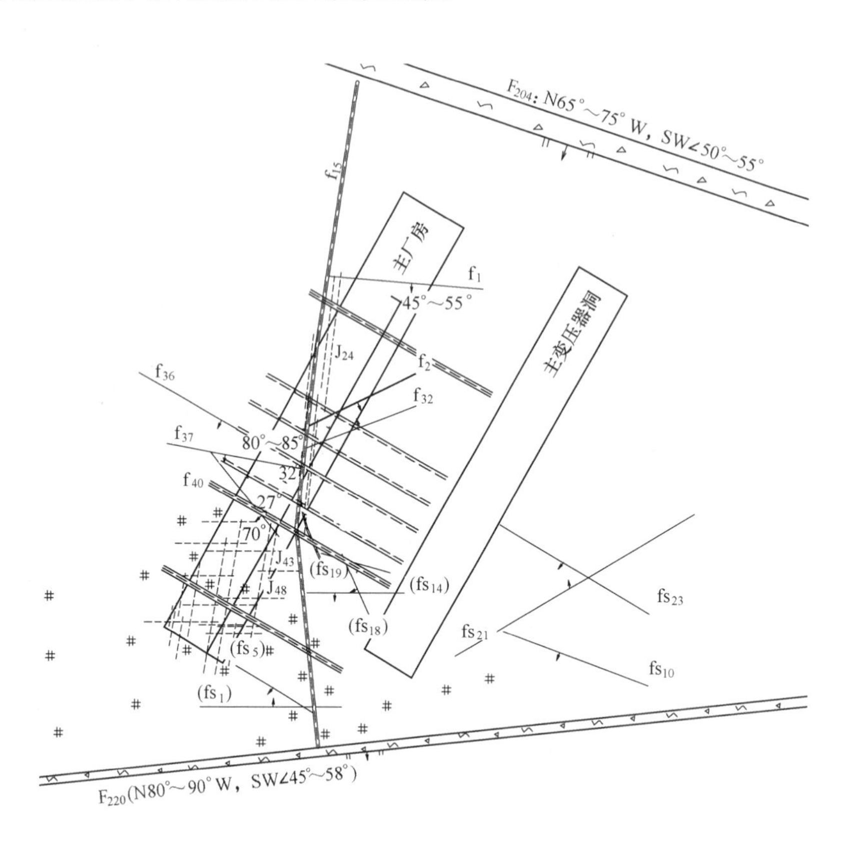

图 8-4-3　宜兴地下厂房顶拱地质平切图

4.2　地下厂房的厂区布置

抽水蓄能电站地下厂房的主要洞室和厂区建筑物一般包括主副厂房洞、主变压器洞、尾水事故闸门洞（简称尾闸洞）、开关站以及出线洞、进厂交通洞、通风洞、排水洞等。图 8-4-4 是宜兴抽水蓄能电站地下厂房主要洞室布置图。

地下厂房的位置轴线选定后，厂区布置的主要内容是选择主变压器的位置，确定主要洞室，即主副厂房洞、主变压器洞、尾闸洞的布置方式、洞室之间的间距及开关站、出线场地、出线洞、进厂交通洞、通风洞等附属建筑物和洞室的布置。

4.2.1　主变压器的位置和布置方式

抽水蓄能电站主变压器一般布置在地下洞室内，以避免低压母线过长而造成较大的电能损失。

根据主副厂房洞、主变压器洞的相对位置关系，可分为两洞式布置方式和一洞式布置方式。

（一）两洞式布置方式

主厂房水泵水轮机组、主变压器分别布置在独立洞室内。因为主副厂房洞的上游侧布置有高压引水道，多数电站将主变压器洞布置在主副厂房洞的下游侧，两大洞室平行布置。该布置方式的优点是布置紧凑，每台机组的母线都较短，电能损失小，出线方便。在地质条件较好的条件下，这种布置是合理

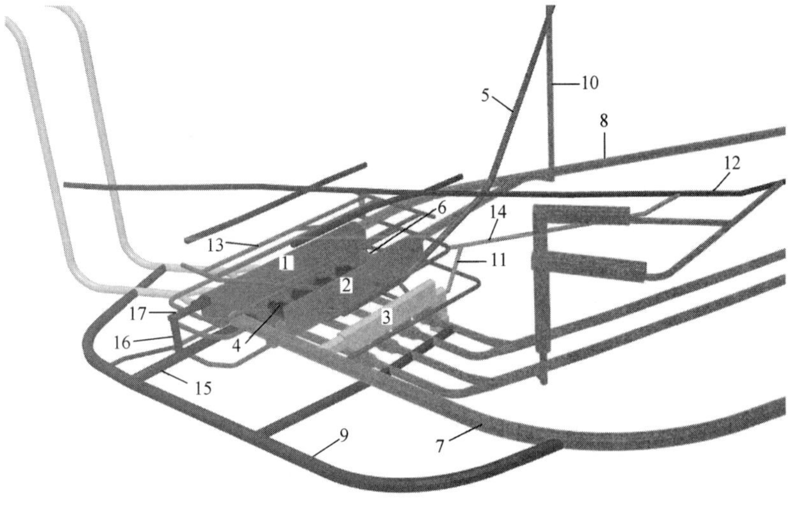

图 8-4-4　宜兴抽水蓄能电站地下厂房主要洞室布置图

1—主副厂房洞；2—主变压器洞；3—尾闸洞；4—母线洞（共 4 条）；5—500kV 出线洞；6—电缆交通洞；7—进厂交通洞；8—通风兼安全洞；9—主厂房进风洞；10—排风竖井；11—排水管道斜井；12—通气兼自流排水洞；13—排水廊道（共 4 层）；14—施工斜井；15—施工支洞；16—进风竖井；17—主厂房进风平洞

的。国内外大中型电站，一般均采用该种布置形式。

主变压器洞与主副厂房洞平行布置，两洞室之间布置有母线洞，洞室数量多，且纵横交错，对围岩稳定不利。当厂区地质条件较差，电站机组台数较少时，将主变压器洞与主厂房洞室垂直布置，可提高洞室围岩的稳定性。例如日本的奥多多良木、奥吉野电站均采用两洞垂直布置。

（二）一洞式布置方式

为了减少洞室数量，一些电站将主变压器与水泵水轮机组布置在一个洞室内。主变压器布置在主厂房一端或两端。这种布置方式厂房洞室跨度小，边墙上不开设母线洞，有利于洞室围岩稳定。但当机组台数较多时，变压器离机组较远，导致母线较长，因此这种布置方式多用于机组台数较少的电站。目前国外的工程实例中见到 3 台机以下（包括 3 台机）电站采取一端布置方式，如日本的沼原、今市、京极电站，西德的瓦尔德克-Ⅱ电站、意大利的达洛罗电站。

4 台机组电站一般采取两端布置方式。日本的葛野川抽水蓄能电站装机容量为 4×400MW，采用二机一变主接线设计。地下厂房埋深约 500m，围岩为砂岩、泥岩混合层，地质条件较差。将安装间布置在主厂房中间，主变压器室布置在主副厂房洞的两端。葛野川抽水蓄能电站厂房纵剖面见图 8-4-5。我国琅琊山抽水蓄能电站装机容量为 4×150MW，主变压器的布置方式与葛野川抽水蓄能电站相似，主接线也采用二机一变方案，两台主变压器室与机组布置在一洞室内，放置在洞室的两端。

4.2.2　主洞室间距

主副厂房洞和主变压器洞采用两个独立洞室平行布置时，两大洞室之间的距离是影响围岩稳定和工程造价的重要因素。为了减少母线的长度和电能损失，在满足围岩稳定和设备布置要求的前提下，应尽量缩小主副厂房洞和主变压器洞的间距。

两洞净距选择以工程经验与工程类比为主，辅以数值分析补充论证。关于洞室间净距的规定，各国与各行业的标准及地质条件的差异有所不同，具体见表 8-4-1。

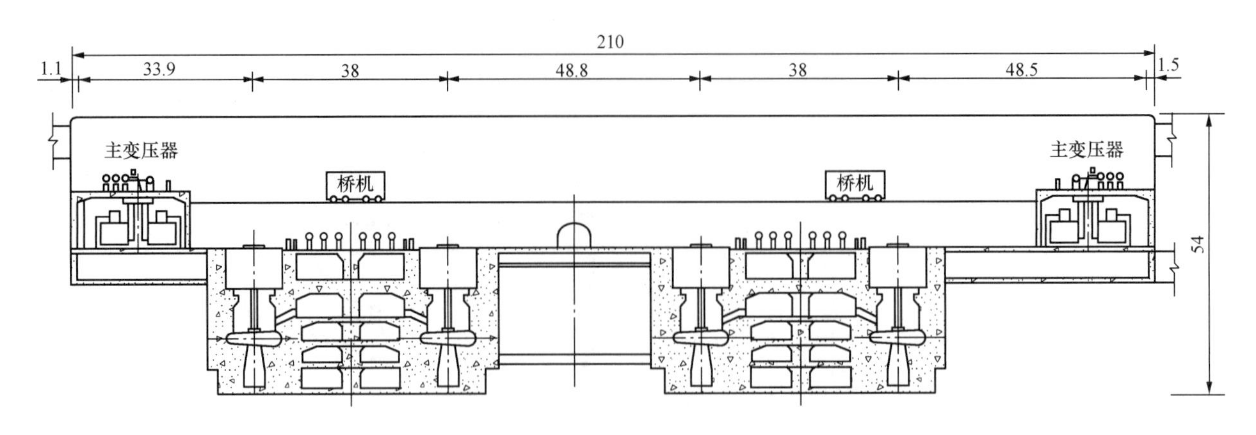

图 8-4-5 葛野川抽水蓄能电站厂房纵剖面图（单位：m）

表 8-4-1 各国及各行业洞室间净距标准汇总表

洞室间距			说　明	资料来源
整体硬岩	中等岩石	较差岩石		
2	2.5～3	3.5	洞室毛跨的倍数	中华人民共和国铁道部
1～1.5	1.5～2	2～2.3	洞室毛跨的倍数	中国，湖北省电力勘察设计院
1～1.5	1.5～2	2～2.3	洞室毛跨的倍数	中国人民解放军工程兵司令部
1～1.5 倍			相邻洞室平均跨度的倍数	中国，《水电站厂房设计规范》(SL 266—2001)
与洞高相同				挪　威
大于洞高			矿山巷道的情况	英国，E. HOCK
大于洞毛跨或高				美　国
大于两洞室宽度总和的 0.5～1 倍				印度，水电手册
大于洞室松弛区的范围				日本，电力中央研究所

对部分国内外已（在）建的项目统计（见表 8-4-2），大中型抽水蓄能电站的主副厂房洞和主变压器洞之间的净距与两洞室平均跨度之比大部分在 1.5～2.0 之间，净距一般取 35～40m。

当主变压器洞下游平行布置有尾水事故闸门洞时，两洞之间的净距一般取 25～35m，天荒坪、宜兴、泰安抽水蓄能电站的两洞室间净距分别为 26.4、29.5、29.9m。

表 8-4-2 洞室净距与平均跨度的相互关系统计表

电站名称	国　家	围　岩	主副厂房洞开挖跨度(m)	主变压器洞开挖跨度(m)	间　距(m)	间距/平均开挖跨度倍数
天荒坪	中国	凝灰岩	21.0	18.0	33.5	1.7
广蓄一期	中国	花岗岩	21.0	17.24	35.0	1.8
桐柏	中国	花岗岩	24.5	18	38	1.8
泰安	中国	花岗岩	24.5	17.5	35	1.7
宝泉	中国	花岗片麻岩	21.5	18	35	1.8
新高濑川	日本	花岗岩	27.0	20	28.5	1.6
宜兴	中国	砂岩	22.0	17.5	40	2.0
仙游	中国	凝灰熔岩	24	19.5	39.25	1.8

4.2.3　开关站及出线洞的布置

（一）开关设备的类型

抽水蓄能电站的开关设备类型有敞开式和 GIS 组合式两大类。敞开式开关站一般布置在地面，设备投资较少，但占地面积大、可靠性差，近几年建造的大中型抽水蓄能电站很少采用。早期建造的混合式和中小型抽水蓄能电站有采用敞开式开关设备布置的，我国响洪甸、潘家口、白山三座混合式抽水蓄能电站和沙河、溪口（2×40MW）两座小型纯抽水蓄能电站均采用该种布置方式。

GIS 组合式配电装置所占的空间远小于敞开式配电装置，并且其安全性能也比较可靠。因此，尽管 GIS 开关设备的投资较贵，但近几年建造的大中型抽水蓄能电站大多采用这种开关设备。

（二）开关站的位置选择

敞开式开关站占地面积较大，一般布置在地面。GIS 开关设备体积小，一般放置在户内，可以布置在地面，也可以布置在地下。

地面开关站运行条件较好，可以减少洞挖量，厂区地形较平缓时，一般采用地面户内 GIS 开关站。我国的大中型抽水蓄能电站采用该种形式布置的较多，如天荒坪、桐柏、泰安、广蓄二期、宜兴、宝泉、响水涧、仙游、黑麋峰、白莲河、惠州、蒲石河、西龙池等。

地面开关站（或出线场）位置的选择应综合考虑地形地质条件、枢纽建筑物布置、出线洞的布置方式和防洪标准等因素。地面开关站（或出线场）的防洪标准应与厂房洪水标准相同，当其周边发育有冲沟时，还应复核暴雨工况下的防洪要求。地面开关站（或出线场）宜选择在交通便捷的位置，并尽量靠近主变压器洞，以缩短电缆长度。日本的沼原、奥吉野、新丰根、中国的天荒坪、桐柏、响水涧等电站，厂房采用尾部布置方式，将开关站布置在下水库岸边；日本的玉原，法国的雷文，中国的宜兴、仙游、洪屏等电站，厂房采用中部布置方式，开关站布置在半山坡上；日本的喜撰山电站、西德的萨欣根、中国的泰安电站，厂房采用首部布置方式，开关站布置在地下厂房顶部的地面上。

当地面边坡较陡或无合适的场地布置地面 GIS 时，可以将 GIS 布置在地下主变压器室的上层，地面仅布置出线场。国内采用这种布置的抽水蓄能电站有广蓄一期、十三陵、张河湾等。也有少数电站将开关站与主变压器分开布置，如法国的蒙特奇克电站将开关站布置在厂房内发电机层的下游侧，美国的腊孔山电站将开关站布置在单独的洞室内。

（三）出线洞的布置

抽水蓄能电站主变压器一般布置在地下主变压器洞内，出线洞（井）内布置高压电缆，连接主变压器洞和地面开关站（或出线场）。出线洞的断面尺寸应满足电缆布置、交通、通风等要求。

根据主变压器洞和地面开关站（或出线场）位置的相对关系，出线洞（井）的布置方式可采用平洞、竖井、斜井或平洞加竖井几种形式。

平洞（一般坡度不大于 12%）布置，交通、施工、运行均较方便，当地面开关站（或出线场）与地下主变压器洞高差较小时，可以优先考虑采用平洞。仙游电站采用平洞出线。

当地下主变压器洞与开关站（或出线场）的高差较大时，一般采用竖井、斜井（或斜井加平洞）出线。当竖井高度超过 250m 时，宜分为二级布置。

当主变压器洞与地面开关站（或出线场）之间有较长的水平距离时，可采用单一斜井。为便于巡视人员行走和电缆敷设，斜井坡度不宜太大，已建工程统计，斜井的坡度一般为 24%～32%。上述坡度无法满足施工溜渣的坡度要求，需要采用卷扬机出渣，施工工期相对较长。有些电站采用陡坡斜井加平洞，以满足施工要求。如宝泉电站 500kV 出线洞长约 670m，平均坡度约 16%，出线洞断面开挖尺寸为 4.5m×6.4m。洞口至洞深 500m 段采用平洞加陡坡斜井布置，平洞坡度为 10%～12%，陡坡斜井长

60m、坡度为78%（倾角38°）。施工期平洞段可以汽车出渣，斜井采用溜渣开挖，该种布置方式与一坡到底的缓坡度斜井相比，开挖施工进度可以加快。

我国天荒坪、泰安、琅琊山抽水蓄能电站采用竖井（或竖井加短平洞）出线，电缆竖井的参数见表8-4-3。

表 8-4-3　　电缆竖井参数统计表　　m

工程	机组台数	竖井高度	开挖断面	净断面	电梯井尺寸
天荒坪	6	132.67	ϕ8.2	ϕ8	2.15×2.5
泰安	4	230.6	10.1×10.4	8.3×8.6	2.3×2.45
琅琊山	4	139.45	ϕ11	ϕ7.0	2.2×2.2

我国桐柏、响水涧、宜兴电站采用斜井出线，斜井参数见表8-4-4。

表 8-4-4　　电缆斜井参数统计表

工　程	斜井长度（m）	开挖断面（m）	平均坡度（%）
桐柏	350	4.0×5.7	24
响水涧	250.8	3.6×5.5	19（局部32）
宜兴	620	5.8×4.45	31

（四）开关站及出线洞布置工程实例

开关站和出线洞的布置是厂区枢纽布置的一项重要内容，需要综合考虑厂区的地形地质条件、厂区建筑物及电气设备的布置。大型电站在可行性研究阶段，一般需要进行专题研究。

（1）宜兴抽水蓄能电站。

宜兴抽水蓄能电站地下厂房上覆岩体厚度为310～370m，主变压器布置在地下，500kV开关站采用地面户内GIS设备，开关站占地面积为134.00m×40.00m。在可行性研究设计阶段，500kV地面开关站布置在主变压器洞上方山脊1号公路北侧的山坡上，与地下主变压器洞室高差约300m，通过200m高的下电缆竖井、120m高的上电缆竖井连接，见图8-4-6。开关站位置地形陡峭，开挖后边坡高，断层等结构面发育，岩体破碎，对边坡稳定不利；开关站后边坡上方山脊有1号公路通过，可能产生的滚石或其他人为因素将对开关站运行构成安全隐患；另外由于出线电缆竖井高差大，无论竖井洞挖、混凝土施工以及500kV电缆敷设安装，均存在较大的难度。因此，从降低工程潜在风险，节省工程投资的原则考虑，在招标设计阶段结合工程区地形地质条件，对开关站位置重新进行了比较。

经现场勘查，地下厂房北东侧，与可行性研究阶段地面开关站的水平距离约550m处有一山坳，地势相对平缓，与2号弃渣场相邻，交通方便，可作为新开关站的位置。调整后开关站建基高程比可研阶段降低了115m，与地下主变压器洞高差约175m，具备采用一级竖井加平洞或直接采用斜井的布置条件，见图8-4-7。

竖井加平洞方案：500kV电缆通过高134.3m的竖井及长547.2m的平洞，从地下主变压器洞引至地面开关站GIS室。出线总长726.5m，出线平洞平均坡度约8.5%，见图8-4-8。

斜井方案：500kV电缆通过斜井直接从地下主变压器洞引至开关站中部的GIS室。500kV出线洞长620m，坡度约31.33%（倾斜角约17.4°），出线洞断面开挖尺寸为5.8m×4.45m，为城门洞型，见图

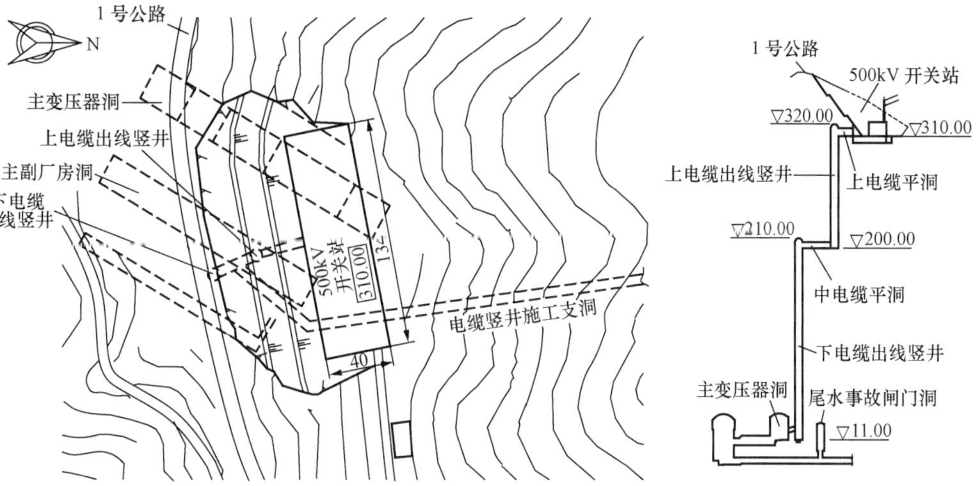

图 8-4-6　宜兴抽水蓄能电站可研阶段开关站布置图（单位：m）

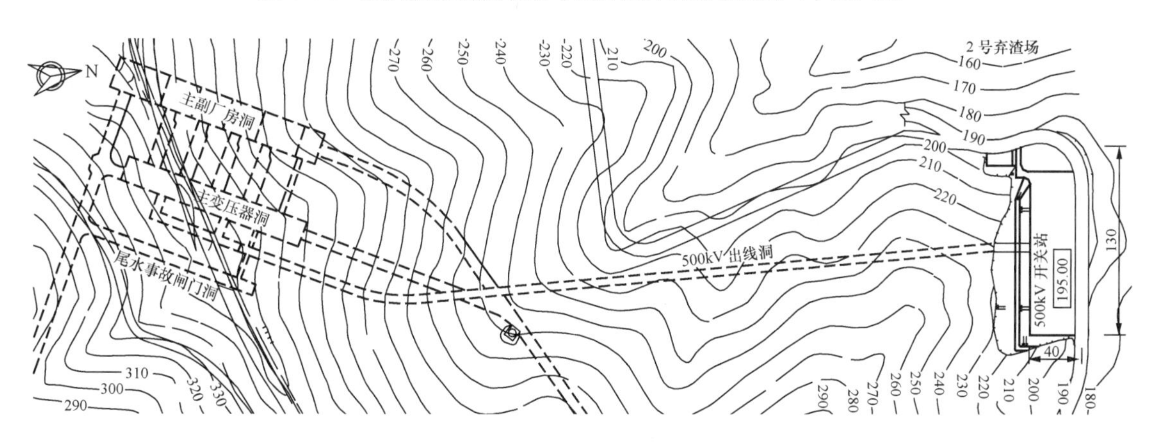

图 8-4-7　宜兴抽水蓄能电站新开关站位置（单位：m）

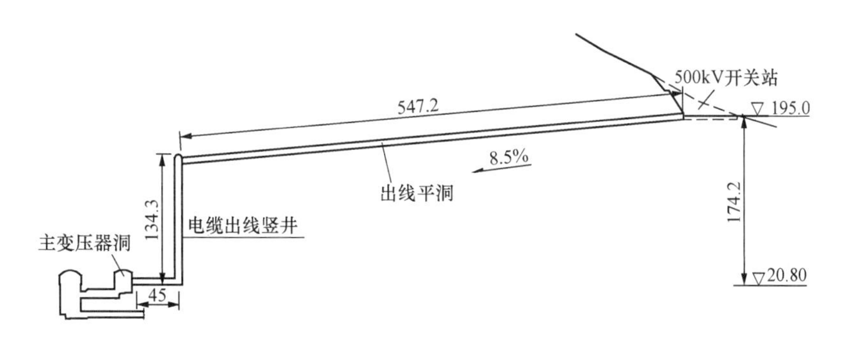

图 8-4-8　宜兴抽水蓄能电站竖井＋平洞方案（单位：m）

8-4-9。

竖井加平洞方案由于竖井内布置有电梯，运行人员巡视、检修较方便，但其洞线比斜井方案长106.5m，工程造价较高，综合考虑各方面因素，采用斜井方案出线。

实践表明，优化方案开关站所处地形相对平缓，边坡处理难度和工程量相对较小；建基高程降低，与主变压器洞高差减小，取消了电缆竖井及其施工支洞，减少了开挖、支护等工程量，虽然电缆较长，投资有所增加，但土建投资相应减少，总投资略有减少。斜井坡度适宜，电缆敷设方便。虽然出线斜井需要采用卷扬机出渣，施工进度较慢，但从施工组织看，由于出线洞可以提前施工，因此不受其他洞室施工干扰，不会影响发电工期。

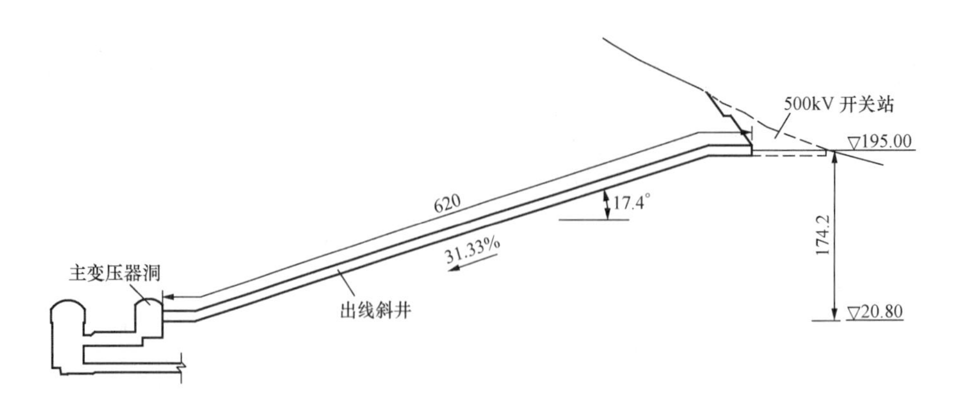

图 8-4-9　宜兴抽水蓄能电站斜井方案（单位：m）

（2）仙游抽水蓄能电站。

福建仙游抽水蓄能电站地下厂房采用中部布置方式，上覆岩体厚度约 350m，主变压器布置在地下，500kV 开关站采用户内 GIS 设备。在可行性研究和招标设计阶段，对地面开关站位置和出线洞的布置进行了多方案比较。由于厂房埋深较大，厂房上方山体边坡陡峻，交通不便，没有合适的地形布置开关站，经比较最终确定将开关站布置在下水库进/出水口上游山坡上，电缆出线平洞水平长度 956m，平均纵坡为 8%，开关站对外交通利用库岸公路。

开关站位置选定后，对地面 GIS 和地下 GIS 两种布置方案作了进一步的技术经济比较。

地面 GIS 与出线场设备一起组成地面 GIS 开关站，运行管理方便。GIS 居中布置，两回出线设备布置在两侧，有利于减少场地宽度，降低开挖边坡高度，出线采用 800mm^2 的 XLPE 电缆。主变压器洞尺寸为 135m×19.5m×20.5m，开关站的平面尺寸 130m×33m（不含公路）。

地下 GIS 布置在主变压器洞的上层，主变压器洞尺寸为 135m×19.5m×30m，出线采用大截面（1600mm^2）的 XLPE 电缆，地面则仅布置出线场，出线场平面尺寸为 82m×36m（不含公路）。

经比较，虽然地下 GIS 方案的出线场长度比地面 GIS 方案短 50m 左右，但主变压器洞需增设 GIS 层，相应的洞高（边墙）比地面 GIS 方案高 10m 左右，增加了较多的洞挖工程量及支护工程量。另外，地下 GIS 方案出线要采用大截面（1600mm^2）的 XLPE 电缆，电缆及配电设备投资增幅较大，地下 GIS 方案造价较高。由于地面 GIS 方案运行管理方便且投资较少，仙游抽水蓄能电站推荐采用地面户内 GIS 开关站方案。

4.2.4　进厂交通及通风洞布置

（一）进厂交通洞布置

进厂交通洞是地下厂房与外界联系的主要通道。水平进厂交通洞，车辆可以直接进厂，设备运输、对外交通方便，国内外大多数电站的进厂交通都采用这种方式。当进厂交通洞两端高差大且洞线较短时，或受地形、地质条件限制，进厂交通可采用斜井或洞井结合的布置方式。瑞典的朱克坦电站、日本的城山电站采用斜井交通洞；日本的本川电站采用平洞与竖井结合的交通方式。另外，还有少数电站采用竖井作为地下厂房的主要运输道，如日本的高根电站和新丰根电站。

进厂交通洞洞口应避开冲沟、滑坡体、崩塌体及不稳定的陡崖，洞线选择应兼顾洞线长度和地质条件，尽量避开水文地质条件复杂及严重不良地质段。抽水蓄能电站由于吸出高度 H_s 负值很大、厂房埋深大，进厂交通洞的布置受下游水位、运输坡度等条件的限制，一般都较长。如果下水库下游有合适的位置进洞，洞口的高程不受下水库水位控制，可以有效降低洞口高程。为便于交通运输，进厂交通洞最大坡度不宜大于8%，厂前应设有平直段。

根据进厂交通洞洞口位置，并结合枢纽建筑物布置，进行洞线设计。交通洞可从安装间的端部或侧墙直接入厂。

进厂交通洞从安装间端部进厂，可以减少与其他洞室的交叉，对围岩稳定和岩壁吊车梁布置有利，同时也便于布置通风设备和施工支洞。从侧墙进厂可以避免进厂车轴制动失灵而直冲主厂房，厂前段还可兼做主变压器运输道，由于进厂交通洞与岩壁吊车梁交叉，削弱了岩壁吊车梁下的围岩，必要时需采取适当的工程措施，保证岩壁吊车梁的结构安全。进厂交通洞直通厂外，多数电站用来兼做通风洞，侧向进厂，受岩壁吊车梁阻挡，无法将新风送至顶拱，需另设进风洞。图8-4-4所示宜兴抽水蓄能电站，其进厂交通洞从主厂房下游侧进厂，在厂房右端墙另设了一条厂房通风平洞，另外为保证交通洞入口处岩壁吊车梁结构安全，在洞口两侧布置了立柱，以加强支撑。

进厂交通洞应尽可能一洞多用。除兼做施工通道、与进风洞结合外，有时也与排风洞相结合。排风道可设在交通洞上部，其出口应远离交通洞口。

进厂交通洞洞口离开关站较近时，也可与出线洞结合。出线廊道与交通道之间应设混凝土隔墙，以满足运行和消防要求。

进厂交通洞断面一般由大件运输尺寸控制，如主变压器、蜗壳、桥机大梁、转子均有可能成为控制尺寸。当引水系统采用钢岔管结构时，进厂交通洞要承担钢岔管的运输，结构尺寸可能由运输钢岔管的尺寸来控制。

表8-4-5为几个抽水蓄能电站进厂交通洞的主要参数。

表8-4-5　　进厂交通洞参数统计表

项目	开挖尺寸(m)	净尺寸(m)	洞长(m)	平均坡度(%)	最大坡度(%)	转弯处的最大坡度(%)	岔洞处的最大坡度(%)	最小转弯半径(m)
天荒坪	8.2×8.45	8.0×8.0	695.678	5.13	7	3	2.2	35
桐柏	8.8×8.65	8.5×8.15	570.518	3.4	6	2	1.98	80
泰安	8.2×8.2	8.0×7.75	1018.96	7.262	8	8	5	80
宜兴	8.6×8.75	7.80×8.0	1628.165	4.5	6.487	3.502	0.2	180
宝泉	8.0×7.9	7.8×7.45	2150	0.442	0.5	—	0.5	—
响水涧	8.4×8.45	8.2×8.0	1032.566	5	6.732	4	3	60
仙游	8.2×8.45	8.0×8.0	1186.2	4.95	6.73	3	3	180

（二）通风洞布置

大型抽水蓄能电站厂房一般布置两条进风道和一条排风道。进厂交通洞通常兼做进风通道，还需另设一条进风和排风道。另设的进风和排风道布置在同一个通风洞内，两者之间设有隔断，通风洞从副厂房端部进入厂房。排风通道的出口需远离进风口，通常在通风洞的出口至主变排风洞岔洞口之间布置排风竖井及风机房。排风竖井的高度取决于竖井的位置及其地形条件，竖井的高度宜控制在250m以下，以便采用反井钻施工。宜兴抽水蓄能电站的排风竖井设置在主变排风洞岔洞口附近，见图 8-4-4，高度约为 230m，采用反井钻施工，钻通后大大改善了施工期地下洞室的通风排烟效果。

为了满足厂房安全疏散的要求，通风洞可兼做安全疏散通道。

通风洞的断面尺寸需综合考虑施工、通风、交通等要求确定，见表 8-4-6。施工期该洞室常常用做施工通道，一般情况下按施工要求控制断面尺寸。通风洞洞口高程应满足厂房防洪要求。

表 8-4-6　　抽水蓄能电站通风洞主要参数统计表　　m

工　程		泰　安	宝　泉	宜　兴	桐　柏	响水涧	仙　游
通风洞	洞长	831.672	1276.758	1358.199	532.685	670.559	1144.497
	净断面（宽×高）	7.3×6.9	7.3×6.9	7.5×7.0	7.7×6.8	7.7×6.9	7.3×6.9

4.2.5　地下厂房防渗排水设计

抽水蓄能电站地下厂房深埋在地下，渗水源主要包括原有山体地下水及其补给源、上/下水库渗漏水、输水系统及调压室渗漏水等。针对具体工程，需要根据不同的水文地质条件和厂区枢纽建筑物布置，合理设计地下厂房防渗排水系统。

地下厂房防渗排水设计宜遵循“先堵后排，以排为主，堵排结合，高水自流、低水抽排”的原则；一般采用防渗帷幕、厂房外围排水系统和洞内排水系统相结合的排水方案，对集中渗水通道需采取适当的工程措施，如局部混凝土置换、增设防渗帷幕及排水设施等进行专门处理。

（一）防渗帷幕的布置

地下厂房周围防渗帷幕的布置应根据地质情况、厂房位置、引水隧洞衬砌方式等因素综合考虑，重点封堵及延长水源与厂房洞室之间的渗漏通道。采用首部厂房布置时，厂房距离上水库较近，为减少上水库渗漏水渗入厂房，一般在厂房上游设置防渗帷幕，厂房下游若距下水库及尾水调压室较远可不设防渗帷幕，仅需对可能存在的集中渗水通道进行灌浆封堵；采用中部厂房布置时，一般厂房离上、下水库均较远，当岩石渗透率较低时，可不设防渗帷幕，地下水丰富、岩石透水率高时，对高压引水隧洞、尾水洞、尾调室等渗水通道需要适当进行灌浆封堵。采用尾部厂房布置时，一般在尾闸洞下游或主变压器洞下游（无尾闸洞时）设置防渗帷幕，主厂房上游侧可根据引水隧洞衬砌形式和地质情况考虑是否需要设置防渗帷幕。目前多数电站引水隧洞（竖井）采用钢筋混凝土衬砌，混凝土衬砌按限裂设计，在高压水作用下将引起内水外渗，岩石透水率高时，需对厂房与引水系统之间的渗水通道进行防渗处理。厂房与引水系统之间的防渗帷幕一般设置在引水高压管道钢衬与混凝土衬砌交界处。

（二）厂区排水系统

厂房外围排水具有降低地下水位、截断外围来水的功能。一般视厂区洞室规模及地下水情况，围绕主厂房、主变压器洞布置 3～4 层排水廊道。当布置有防渗帷幕时，排水孔幕应设置在防渗帷幕后，先堵后排。

上层排水廊道一般设在主厂房洞室拱脚高程附近，底层排水廊道设在压力管道以下。若厂区地下水丰富，为了保证厂房洞室干燥，可在主厂房及主变压器洞顶拱以上增设顶层排水廊道。顶层排水廊道必要时还可兼做预固结灌浆和预埋观测仪器的通道。排水洞与主洞室边墙间距一般为 15～20m，视洞室规模及地质情况确定。

为了在厂区洞室周边形成连续的排水系统，在上下层排水廊道之间设置系统排水孔，形成排水孔幕，主厂房及主变压器洞顶拱布置“人”字形交叉排水孔。系统排水孔参数一般可取 ϕ65～90@3～6m；对于渗水较多的节理密集带，应加密排水孔的布置；对于岩石完整、透水率较低的地段，可适当加大排水孔间距，以节省工程投资。

各工程的地形及水文地质条件不同，厂区渗漏水排至厂外的方式也不同，主要有下列三种方式：

（1）大部分电站将厂区渗漏水汇集至厂内集水井，抽排至厂外。由于厂区渗水量难以精确估算，因此集水井的容量应留有足够的裕度。

（2）厂区渗漏水由排水洞自流排至厂外。自流排水方式设施简单，运行费用低，安全可靠。如果在下水库外具有较低的地势，就能够使地下厂房的渗水自流排出，电站应优先考虑采用自流排水洞。近几年设计的抽水蓄能电站，如天荒坪、宝泉、西龙池、惠州电站，均设置自流排水洞，其中宝泉电站的自流排水洞长 2.5km，惠州电站的自流排水洞长达 4km 以上。

（3）“高水自流、低水抽排”布置方式，即高程较高的渗水通过自流排水洞排放，低高程的渗水汇集到厂内集水井后抽排至厂外。

自流排水洞出口高程规范没有明确规定，根据已建几个电站排水洞洞口高程统计分析，自流排水洞洞口高程可低于厂房防洪标准，但与厂房连接处高程应满足厂房防洪要求，并校核排水不畅时引起水位的壅高。自流排水洞纵坡不宜小于 0.3%。

（三）厂区防渗排水系统设计工程实例

（1）泰安抽水蓄能电站。泰安抽水蓄能电站地下洞室群埋深约 200m，采用首部厂房布置方式，洞室群岩性为混合花岗岩，其间穿插闪长岩脉、辉绿岩脉及石英岩脉，除裂隙密集带为中等透水外，其他均为微弱透水。

地下厂房距上水库约 330m，厂区主要渗水水源为上水库库水及输水道、高压岔管、尾水调压室的渗漏水。

为有效阻截上述渗水源渗入地下洞室，厂区上游侧设置防渗帷幕，在厂房拱肩高程和边墙中部高程各布置一层帷幕灌浆廊道，廊道距厂房上游边墙 30m。灌浆孔间距 3.0m，孔深 20m 左右，与压力钢管上游端灌浆帷幕相接。由于引水钢管斜向厂房右侧，厂房上游防渗帷幕在厂房右端向下游延伸 38m。

厂区共设 3 层排水廊道，上游侧的排水廊道与帷幕灌浆廊道结合，排水孔幕设在灌浆帷幕后。上层排水廊道沿主副厂房、主变压器洞周围布置。考虑到厂区下游尾水调压室水位较高，最高涌浪为 177.0m 左右，高于尾闸室顶 54m，为了防止调压室内的水沿裂隙、破碎带渗入尾闸洞及主变压器洞，环绕主副厂房和尾闸洞布置中层排水廊道。下层排水廊道沿主副厂房和主变压器洞周围布置。排水系统布置见图 8-4-10。

上层排水廊道内布置斜向上方的排水孔分别在主副厂房和主变压器洞顶部交汇，中层排水廊道内的排水孔斜向尾闸洞的顶拱，以截断拱顶的入渗路径，有利于拱顶围岩稳定和洞室干燥。排水孔布置参数为 ϕ65@3m。

泰安抽水蓄能电站无合适的地形设置自流排水洞，厂内外渗漏水最终全部汇集至渗漏集水井内，抽排至厂外。

泰安抽水蓄能电站运行期，主厂房及主变压器洞均比较干燥，仅副厂房底板、边墙节理密集带在试运行初期有少许渗水，通过在副厂房底板下增设排水孔及下层排水廊道增设向下的排水幕，解决了局部渗水问题。

（2）广州抽水蓄能电站（以下简称广蓄）二期工程。广蓄二期工程地下洞室群埋深为 350～380m，采用中部厂房布置方式。地下厂房围岩透水性微弱，仅在一些断层裂隙中，地下水活动较强烈。

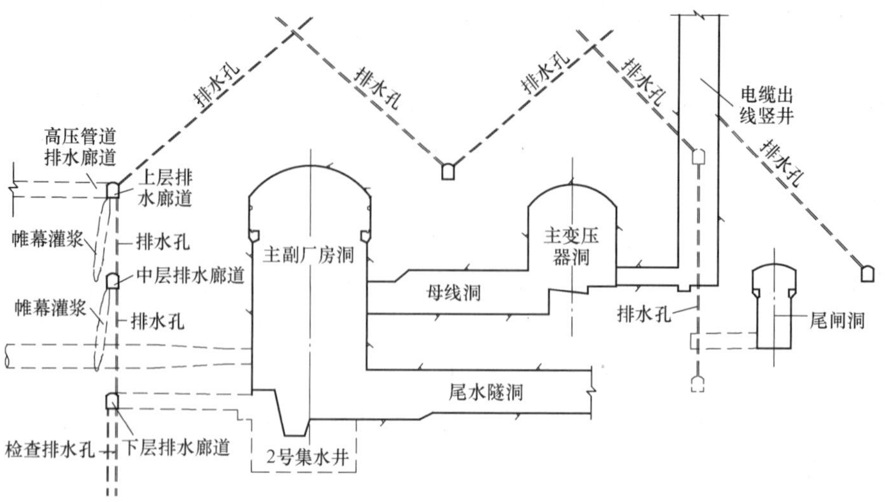

排水孔
排水孔
排水孔
排水孔
电缆出线竖井
排水孔
高压管道排水廊道
上层排水廊道
帷幕灌浆
排水孔
中层排水廊道
主副厂房洞
主变压器洞
母线洞
帷幕灌浆
排水孔
排水孔
尾闸洞
尾水隧洞
检查排水孔
下层排水廊道
2号集水井

图 8-4-10　泰安地下洞室群防渗排水系统布置剖面图

厂区防渗排水系统设计原则以排为主，未布置防渗帷幕。厂房排水系统围绕主副厂房洞和主变压器洞设置了上、下两层排水廊道，每层环绕主副厂房洞和主变压器洞呈矩形闭合。排水系统布置见图 8-4-11和图 8-4-12。

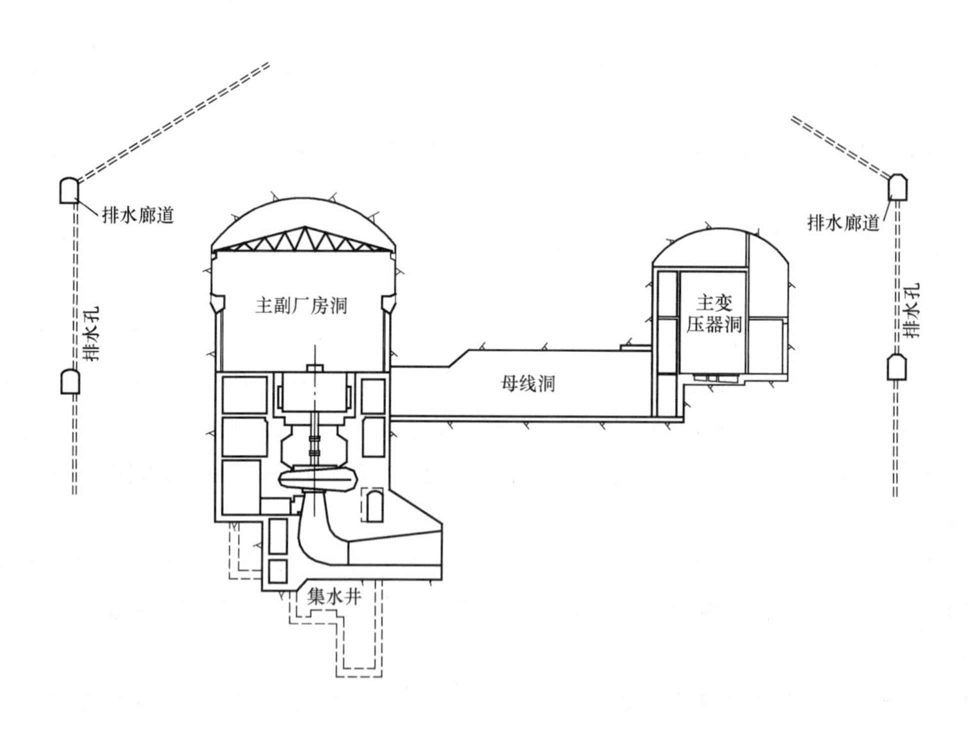

图 8-4-11　广蓄二期地下洞室群排水系统布置剖面图

上、下层排水廊道内布设了系统排水孔，以形成包围主副厂房洞和主变压器洞的排水孔幕，施工初期参数为 ϕ50@3m。上层排水廊道拱顶倾斜向上布孔，仰角 45°，深 20m，罩住主副厂房洞和主变压器洞拱顶，底板向下布孔，与下层排水廊道连通，下层排水廊道也设置向下排水孔幕，以降低渗透水头。

开挖结束后主副厂房洞和主变压器洞拱顶及边墙出水点较多，针对这一情况，根据地下水来源、成

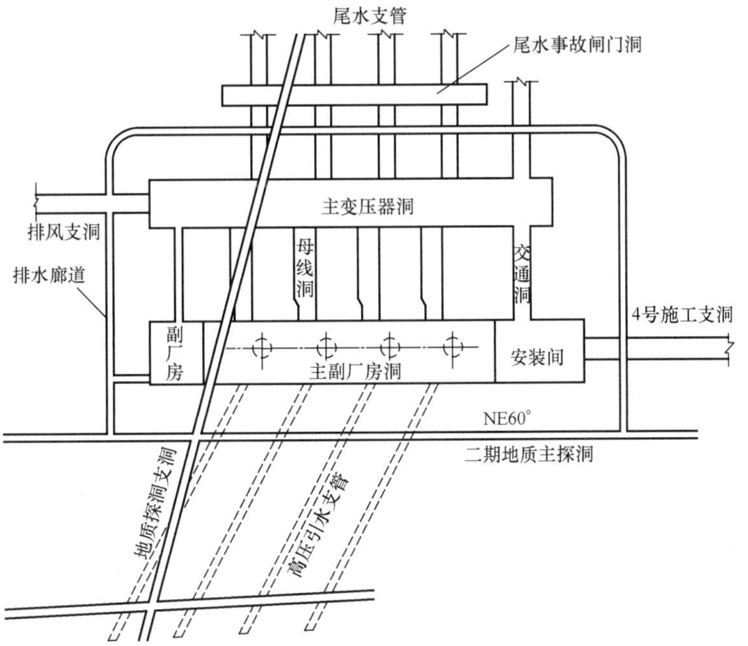

图 8-4-12　广蓄二期地下洞室群排水系统布置平面图

因，采取了对某些部位加密排水孔的处理措施，效果良好。

(3) 宜兴抽水蓄能电站。宜兴电站厂房布置于中部偏首部，埋深 310～370m。厂区主要洞室主副厂房洞、主变压器洞、尾闸洞位于 F_{220} 与 F_{204} 两大断层之间。地下洞室群围岩为中～厚层岩屑砂岩夹薄层泥质粉砂岩，以微风化为主，地下水较丰富，厂房部位断层、节理较发育～发育，裂隙连通性较好，岩体较破碎，厂区断层、裂隙构成地下水渗流网络，岩体赋水性好。厂房部位钻孔在不同孔深（高程）均有不同程度的涌水现象，其中有一只钻孔总涌水量达 150L/min，最大涌水压力为 0.27MPa。厂房勘探平硐 PD6 内出水点有 30 余处，以渗滴水、线状流水及涌水为主。预计在洞室开挖时，洞壁会出现渗滴水、线状流水，局部还会出现暂时性的裂隙性承压水及涌水现象，出水量较大。同时，下游尾水调压室水位高出厂房洞室群，均将增加运行期厂房主要洞室的渗水量。因此，为减少施工和运行期厂房主要洞室的渗水量，保证工程安全，需设置完善的地下厂房排水系统。

宜兴地下厂房防渗排水系统由防渗帷幕、外围排水廊道、排水孔幕组成。

由于引水隧道全段采用钢衬，不存在内水外渗的情况，且地下厂房距上水库较远，厂房上游侧渗水量较少。厂房南端位于 F_{220} 下盘，岩体破碎，是可能的集中渗水通道，下游尾水调压室水位高于厂房洞室群。针对上述情况，在厂房南端 F_{220} 下盘和尾水调室与尾闸室之间的中层排水廊道内布置了灌浆帷幕，帷幕灌浆孔间距为 1m，最大灌浆压力为 2.5MPa。

地下厂房外围共设置了 4 层排水廊道。各层排水廊道的布置尽量避开厂房两端的 F_{220} 和 F_{204} 断层，在各层排水廊道内设置了 ϕ65@3m 排水孔幕。

由于地下水丰富，为改善施工条件，利于围岩稳定，宜兴电站施工期采用超前排水措施，即排水廊道先于主洞室的施工。

宜兴抽水蓄能电站受到地形条件的限制，厂区渗漏水不能完全自流排出，为减小抽排量，厂区渗水采用高水自流、低水抽排的方案，即厂区 PD6 探洞以上的渗水，利用 PD6 及支洞 PD6-2、PD6-3 形成排水网，通过 PD6 探洞自流排至下水库，见图 8-4-13 和图 8-4-14。PD6 探洞以下的渗水通过深井泵抽排，经由管道廊道及 PD6 探洞排至厂外。

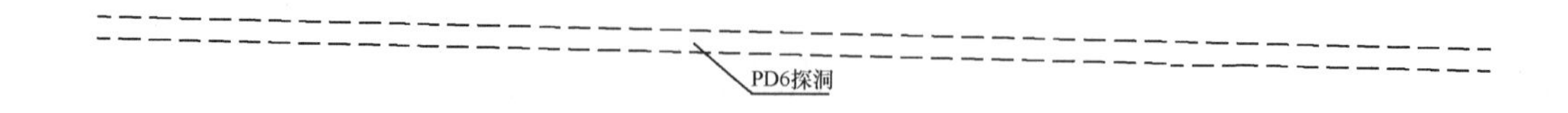

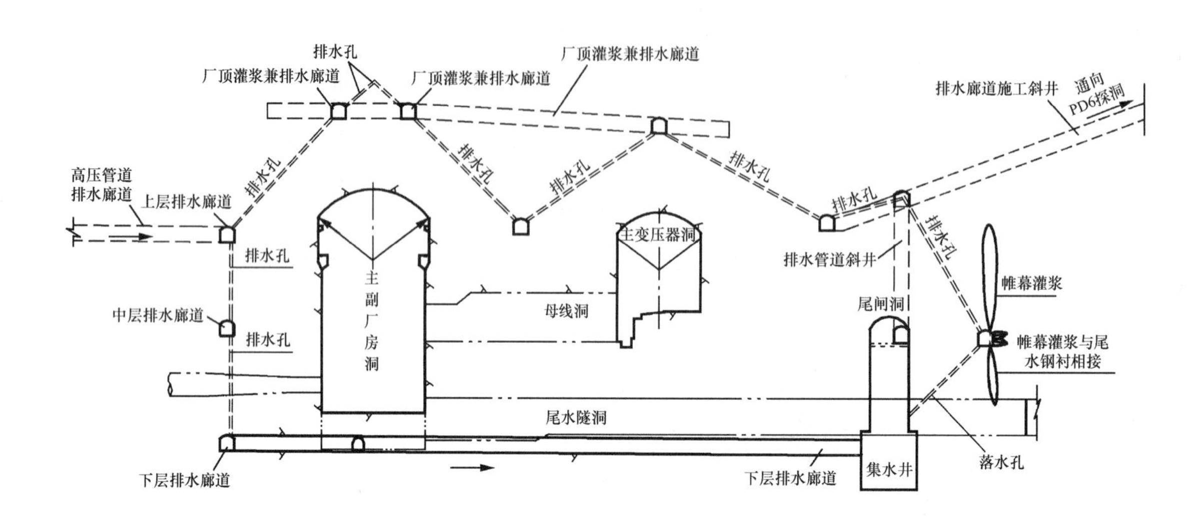

图 8-4-13　宜兴工程排水系统布置横剖面图

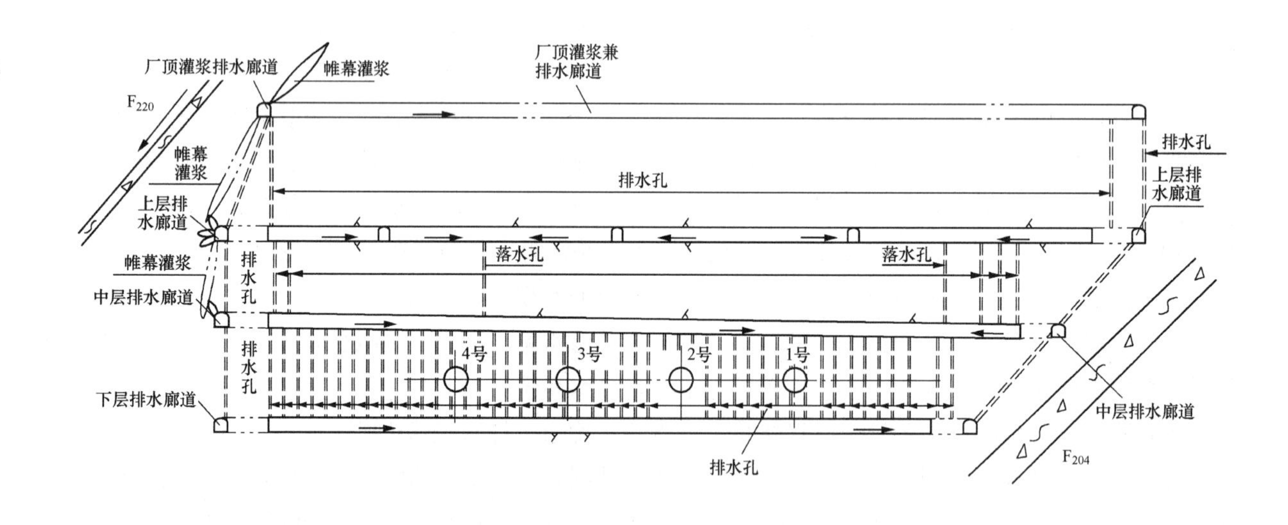

图 8-4-14　宜兴工程排水系统布置纵剖面图

4.3　厂房内部布置

厂房内部布置工作的主要内容是协调机电设备、土建结构、运行所需的空间要求，进行合理布局。在满足设备布置、电站运行、机组安装检修及交通、消防要求的前提下，尽可能减小厂房尺寸，有利于洞室围岩稳定，降低工程造价。抽水蓄能电站厂内安装可逆机组，需要双向运行，厂房内部布置与常规电站有一定的区别。

4.3.1　主厂房布置

厂房的控制尺寸主要由机组形式、部件起吊高度、设备布置、运行空间要求和机组拆卸方式确定。

（一）机组拆卸方式对厂房布置的影响

抽水蓄能电站一般采用单级混流式可逆式机组。水泵水轮机的转轮检修拆卸方式有上拆、中拆和下拆三种。国内人型抽水蓄能电站机组的拆卸方式见表 8-4-7。

表 8-4-7　　国内大型抽水蓄能电站机组拆卸方式

电站名称	装机台数×单机容量（MW）	额定水头（m）	额定转速（r/min）	拆卸方式	备　注
广蓄一期	4×300	496	500	下拆	
广蓄二期	4×300	512	500	中拆	
十三陵	4×200	430	500	上拆	
天荒坪	6×300	526	500	中拆＋不完全下拆	尾水锥管可下拆
桐柏	4×300	244	300	上拆	
泰安	4×250	225	300	上拆	
宜兴	4×250	363	375	上拆＋不完全下拆	尾水锥管可下拆
琅琊山	4×150	126	230.8	上拆	整体顶盖
西龙池	4×300	640	500	上拆	
惠州	8×300	517	500	中拆	
宝泉	4×300	510	500	中拆	
白莲河	4×300	190	250	上拆	
呼和浩特	4×300	521	500	上拆	
张河湾	4×250	305	333	上拆	
黑麋峰	4×300	295	300	上拆	
响水涧	4×250	190	250	上拆	
仙游	4×300	430	428.6	上拆	

(1) 上拆方式。上拆方式是指水泵水轮机转轮在拆除发电机的机架和转子后从上部吊出。国内常规水轮发电机组基本采用上拆方式，日本的抽水蓄能电站以及我国的十三陵、泰安、桐柏等多座抽水蓄能电站采用上拆方式。采用上拆方式，机墩、尾水管外包混凝土结构完整，对厂房的布置和结构有利，但在转轮检修时需要拆卸发电机组，拆除顶盖，检修周期较长。对于水头 300m 以下的可逆式机组，发电机的定子直径一般大于水轮机顶盖，顶盖可以由上部整体吊出。但高水头、高转速的抽水蓄能电站机组，其发电机的定子直径较小，顶盖一般需要分瓣安装，影响其整体性。

(2) 中拆方式。中拆方式是指在水轮机层机墩上开设一个搬运道，顶盖和转轮拆卸后由此搬运道运至水轮机层，机组检修时发电机转子可不拆除。国内的天荒坪、广蓄二期、宝泉、惠州抽水蓄能电站均采用该拆卸方式。采用中拆方式，水泵水轮机和发电电动机安装或检修时相互干扰较小，但机墩中要开较大通道，削弱了结构刚度。水轮机层需留出转轮搬运通道，楼板对应转轮搬运位置需开设吊物孔。图 8-4-15 为天荒坪抽水蓄能电站水轮层布置图，其拆卸通道布置在水轮机层上游侧。

(3) 下拆方式。下拆方式是指在尾水管锥管段开设一个搬运道，转轮拆卸后由尾水管搬运道运出，机组检修时水轮机顶盖和发电机转子可不拆除。广蓄一期采用“下拆”方式，其底环和尾水管锥管为明管，见图 8-4-16。

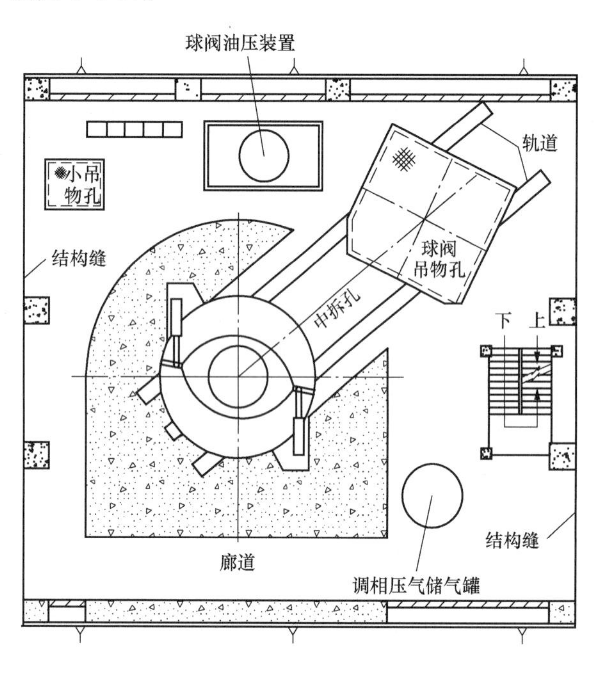

图 8-4-15　天荒坪抽水蓄能电站水轮层布置图

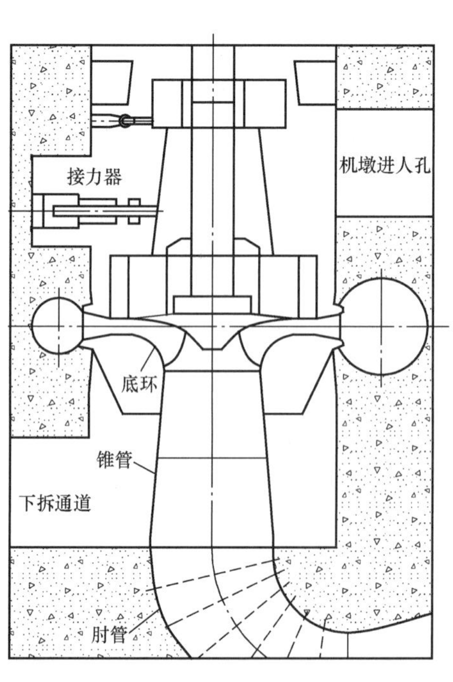

图 8-4-16　广蓄一期下拆方式尾水管锥管布置

（二）主厂房内部布置

抽水蓄能电站主厂房一般设有发电机层、水轮机层、蜗壳和尾水管层。有些抽水蓄能电站发电机层与水轮机层之间层高较大，可在其间设置中间层，以利于设备布置并提高厂房结构的抗振性能。水机和电气设备宜分层或分别布置在上、下游两侧，避免相互干扰。图 8-4-17 为某抽水蓄能电站厂房横剖面布置图。

根据水泵水轮机组运行要求，蜗壳进口前需设进水阀，抽水蓄能电站运行水头高，国内已建的工程均采用球阀。一些电站的引水管道斜向进厂，可减小厂房的开挖跨度。

抽水蓄能电站厂房内部布置总体相近。但是，由于各个电站的规模、工程布置、设备形式、运行方式有所不同，因此厂房内部布置也存在一定差别。下面以某工程为例，分层阐明厂房内部布置设计。

(1) 发电机层布置。发电机层布置有球阀吊物孔、小吊物孔、发电机外露部分、机旁盘等主要设备，上部布置桥式起重机。发电机层典型布置见图 8-4-18。

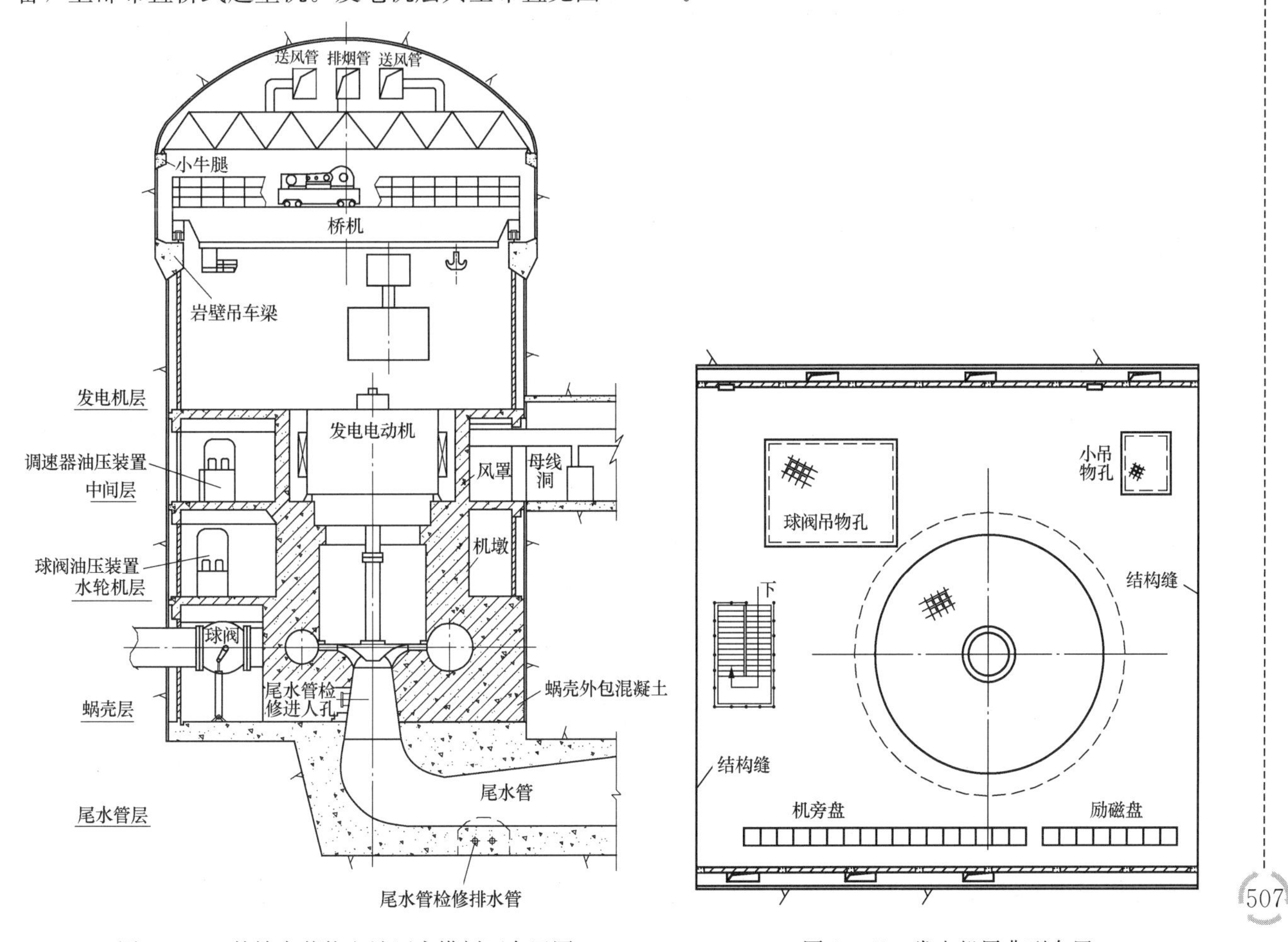

图 8-4-17 某抽水蓄能电站厂房横剖面布置图

图 8-4-18 发电机层典型布置

(2) 中间层布置。中间层主要布置有风罩、球阀吊物孔、中性点设备、主母线、调速器油压装置、配电盘等。风罩外形根据机组要求确定，一般为圆形或多边形。主母线引出线一般向下游母线洞方向，引出角度一般与厂房轴线成 30°～55°；中性点设备一般与主母线对称布置在风罩边；机组自用变压器及机组自用盘柜一般垂直于厂房纵轴线靠一侧布置。中间层下游侧布置有大量的电缆、管路及风管，由于下游侧为主母线引出方向，母线所占楼层空间较大，因此一般将风管布置在厂房上游侧，下游侧布置空调水管。中间层上下游均留有检修巡视通道，主要搬运通道布置于下游侧。中间层典型布置见图 8-4-19。

(3) 水轮机层布置。水轮机层主要布置有机墩、球阀吊物孔、球阀油压装置、压水气罐、推力轴承外循环冷却装置、动力及控制柜等。抽水蓄能电站水轮机层上下游均留有通道。机墩外形一般为圆形，也有多边形机墩，机墩上需要布置进人门，门宽根据接力器及水轮机导轴承拆出检修的需要确定，一般为 1.2～2.0m。除球阀吊物孔外，水轮机层还布置有一个小吊物孔，起吊水泵及检修设备等一些较小的物件。

水轮机层机墩外主要设备有球阀油压装置，布置在机墩上游侧，压水气罐一般布置在机墩下游。另外环机墩布置有技术供水管路、推力轴承外循环冷却器、外加泵、测量及控制盘柜等。水轮机层典型布置见图 8-4-20。

(4) 蜗壳层布置。抽水蓄能电站蜗壳层均布置有球阀，蜗壳层布置的主要设备一般有技术供水设备及控制柜、主轴密封装置、滤水器、漏油装置等。全厂公用供水管一般布置在上游墙，技术供水泵也靠上游墙布置。

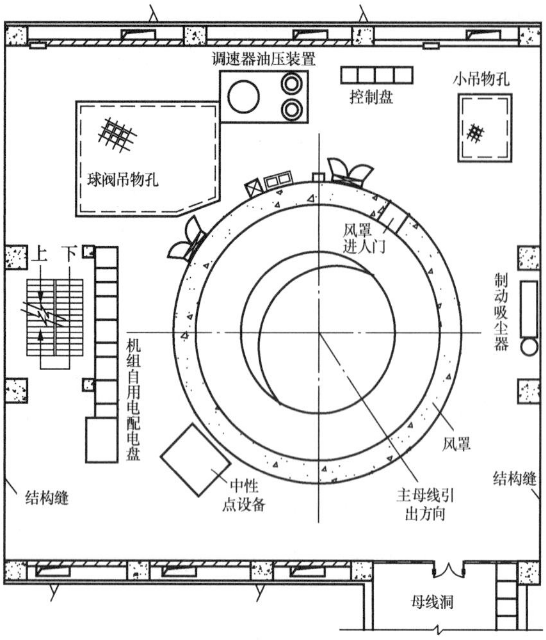

图 8-4-19 中间层典型布置

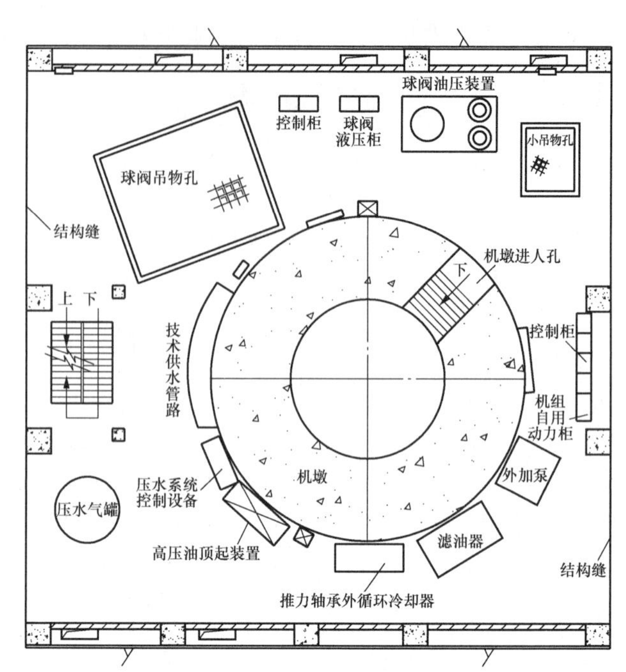

图 8-4-20 水轮机层典型布置

当上水库没有径流补给时，抽水蓄能电站厂房内还需设置专门的上水库充水泵，用于初期上水库充水及上水库、引水系统放空检修后充水，一般一个引水水力系统单元设置一套，布置在蜗壳层。蜗壳层典型布置见图 8-4-21。

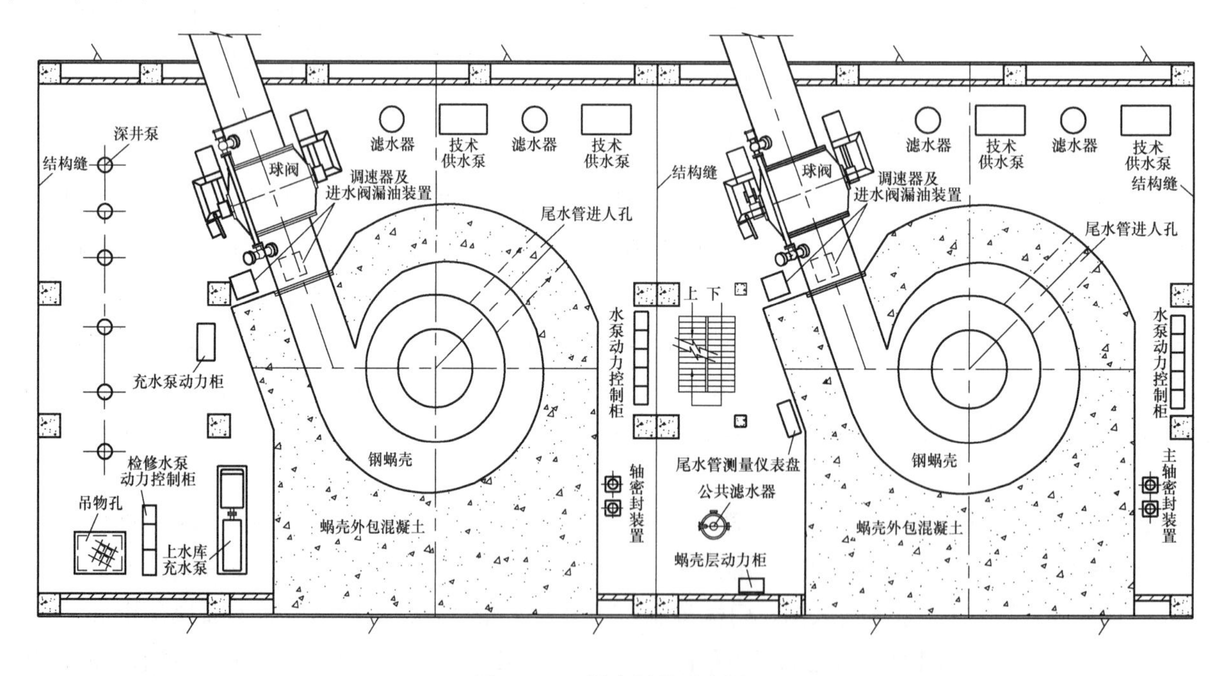

图 8-4-21 蜗壳层典型布置

4.3.2 安装间布置

安装间一般有两种布置形式：一种是中部安装间布置；另一种是端部安装间布置。

大中型抽水蓄能电站一般安装 4～6 台机组，安装间布置在厂房中部可以减少厂房高边墙的连续长度，约束主厂房边墙变形，利于围岩稳定，适用于围岩条件较差的工程。另外，对于高水头的抽水蓄能电站，当水道系统采用两个水力单元布置（两洞四机或两洞六机布置方式）时，安装间布置在厂房中部可以加大两个水力单元引水管道之间的距离，降低水力坡度。日本采用该方式布置的电站较多，如新高濑川、奥吉野、奥多多良木等抽水蓄能电站。我国十三陵、琅琊山、西龙池抽水蓄能电站地下厂房也采用这种布置方式。日本奥多多良木抽水蓄能电站曾对安装间下是否保留岩体进行了三维有限元分析计算，结果认为有岩体支撑与没有岩体支撑相比，侧墙位移减少30%左右，松弛深度减少20%左右。但这种布置方式机组布置在安装间两侧，需要在安装间的下部岩体设置管线廊道，由于廊道的存在削弱了岩体的支撑作用，因此不能完全达到预期效果。安装间布置在厂房中部时，进厂交通洞需要从厂房中部进入，这对厂区其他洞室的布置干扰较大。

安装间布置在主厂房的一端，电站运行管理方便，洞室空间交汇少，线路布置顺畅。国内较多工程，如广蓄、泰安、天荒坪、宜兴等电站采用这种布置方式。

抽水蓄能电站安装间轮廓尺寸的确定原则同常规电站。因机组检修时所需安装间的面积小于机组安装期，安装间端部可设置规模较小的端副厂房，初期可作为安装间的一部分，后期改建为副厂房。安装间的典型布置见图8-4-22。机组安装期安装间长度与机组间距的比值一般在1.5～2.0之间，见表8-4-8。

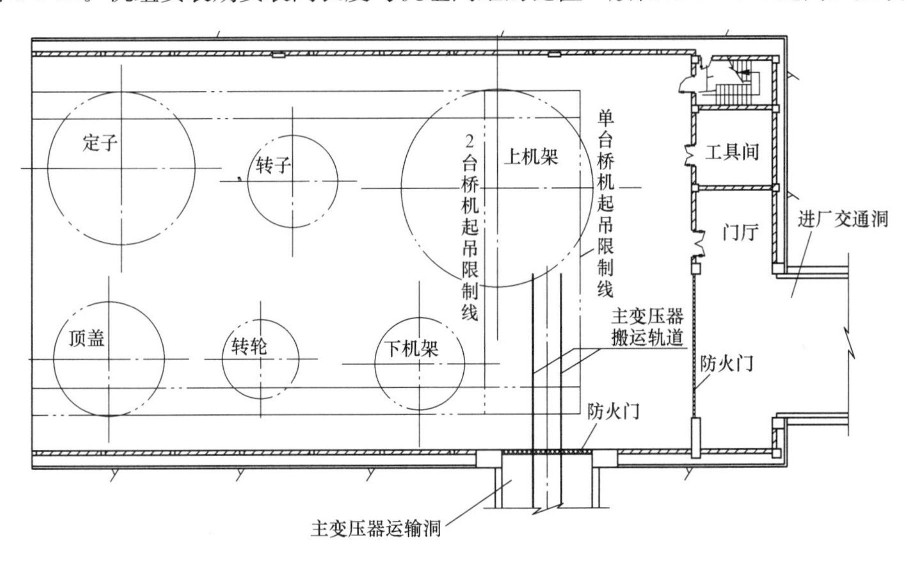

图8-4-22　安装间典型布置图

表8-4-8　部分抽水蓄能电站安装间控制参数

控制参数＼工程名称	天荒坪	桐　柏	泰　安	宜　兴	宝　泉
机组台数	6	4	4	4	4
机组额定容量（MVA）	333	333	278	278	333
机组额定转速（r/min）	500	300	300	375	500
厂房跨度（m）	21.0	34.5	24.5	22.0	21.5
机组间距（m）	22.0	27.0	27.0	24.0	22.0
安装期安装间长度（m）	44.0	52.4	47.0	38.1	38.0
永久期安装间长度（m）	34.0	40.0	37.0	37.1	30.0
安装期安装间长度/机组间距	2.0	1.94	1.74	1.59	1.73
永久期安装间长度/机组间距	1.55	1.48	1.37	1.55	1.36
改建副厂房尺寸（m）	10	12.4	10.0	—	8.0

4.3.3 副厂房布置

与常规电站类似，抽水蓄能电站的副厂房一般布置在主厂房端部。

抽水蓄能电站多采用“无人值班，少人值守”的运行方式，中控楼是值班人员主要的工作场所，对运行环境要求较高，多数电站将其布置在地面，地下副厂房内仅设简易控制室。

副厂房的宽度与主厂房一致，已建大型抽水蓄能电站副厂房的长度通常为18～20m，单层面积通常为350～500m^2。

为满足机组工况转换和控制的需要，抽水蓄能电站的电气辅助设备较多。副厂房通常分8～10层布置。副厂房底层一般与蜗壳层同高程，主要布置污水处理设备。第二层一般与水轮机层同高程，主要布置中、低压压气机。由于中压压气机为活塞往复式，存在不平衡力，因此宜布置在实体基础上，以避免振动。第三层一般与中间层同高程，主要布置冷冻机、冷却水泵等设备。第四层一般与发电机层同高程，通常主要布置控制柜、LCU及直流配电盘等。第五层一般为电缆层。第六层通常为公用及保安配电设备层。第七层通常主要布置蓄电池室，并与通风洞出口相接。副厂房顶层通常主要布置空调、风机、电梯机房。

4.3.4 母线洞布置

为了满足抽水蓄能电站调相功能和水泵工况启动要求，母线洞除布置低压母线、发电机断路器、TV柜等与常规电站相同的设备外，还布置有换相隔离开关和启动母线，以及启动母线隔离开关等电气设备。由于电气设备较多，大型抽水蓄能电站母线洞的长度一般为35～40m。某抽水蓄能电站母线洞的布置见图8-4-23。

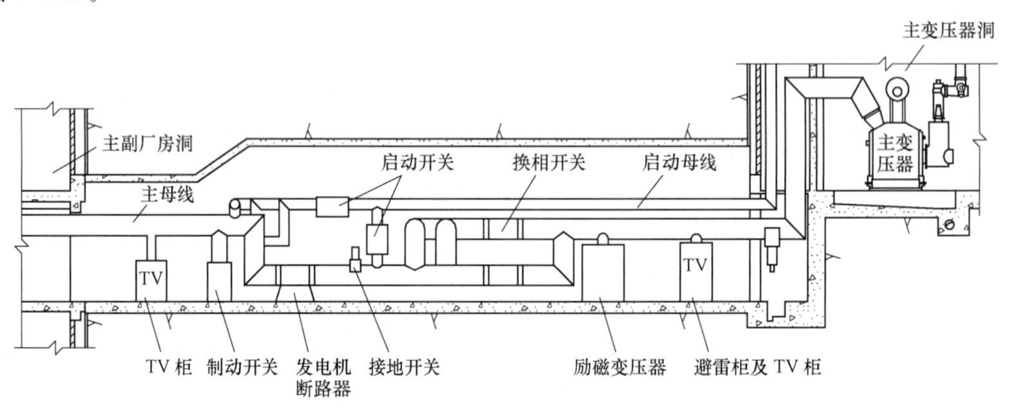

图 8-4-23 某抽水蓄能电站母线洞布置图

4.3.5 主变压器洞布置

抽水蓄能电站主变压器洞除布置有与常规电站相同的主变压器、主变压器运输道、厂用变压器、地下GIS等设备外，为了满足机组水泵工况电动机启动要求，还需布置启动母线及静态变频启动装置（以下简称SFC系统）。

SFC系统主要包括SFC输入/输出变压器、功率柜等设备。多数电站将SFC系统布置在主变压器洞的一端，通常分以下三层布置：底层布置SFC输入/输出变压器，层高由SFC输入/输出变压器高度决定；功率柜等设备布置在上层；中间层布置电缆。某抽水蓄能电站主变压器洞SFC系统的纵剖面布置见图8-4-24。

启动母线与SFC系统相连，一般布置在主变压器洞上游专设的启动母线廊道内，见图8-4-25。

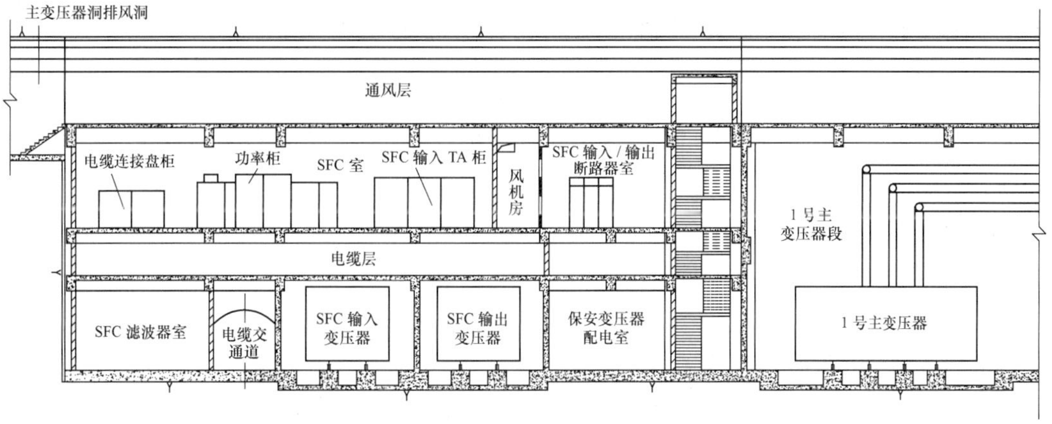

图 8-4-24　某抽水蓄能电站主变压器洞 SFC 系统纵剖面布置图

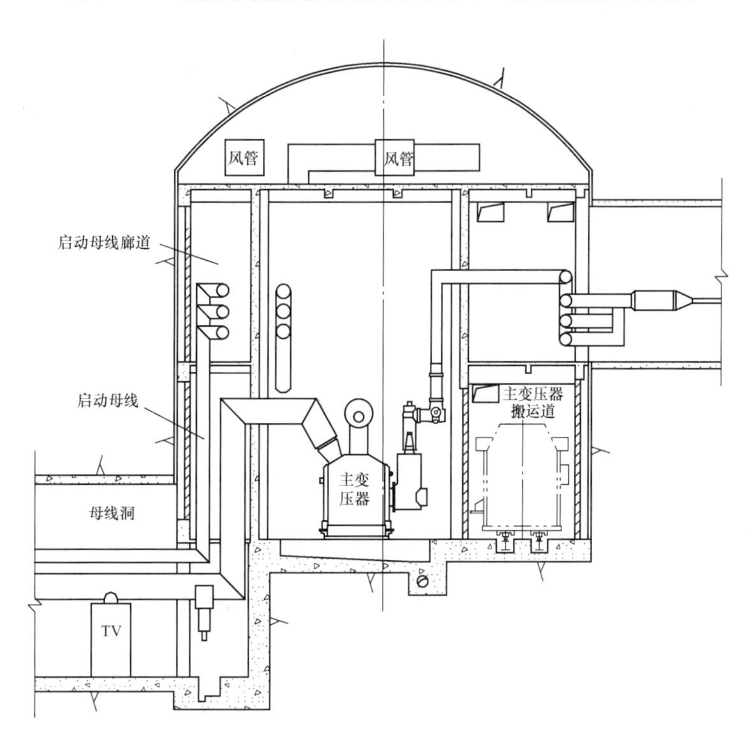

图 8-4-25　某电站主变压器洞横剖面布置图

主变压器洞跨度应满足主变压器室、主变压器搬运通道以及启动母线廊道布置要求，层高由主变压器室高度控制。当开关站布置在主变压器洞上层时，还应满足 GIS 设备布置和安装要求。

为了保证主变压器洞的消防安全，主变压器洞内布置有公共事故油池、消防供水系统等。事故油池的容积需不小于 1 台主变压器的总油量加上消火时间内水喷雾系统喷射出的总水量的体积。

4.4　地下厂房洞室群围岩稳定分析与支护设计

大型抽水蓄能电站主厂房洞室规模较大，主厂房洞室附近一般布置有主变压器洞、母线洞、电缆出线洞、进厂交通及通风洞、引水及尾水洞，有的电站还布置有尾水事故闸门洞、尾水调压室，在地下形成纵横交错的洞室群。正确分析评价地下厂房洞室群的围岩稳定情况，确定合理的支护方案和施工技术措施是地下厂房设计的关键技术问题之一。

4.4.1　地下厂房洞室群稳定分析与支护设计所需的基本资料

地下厂房洞室群的围岩稳定与地下洞室所处的围岩岩性、岩体的物理力学参数、结构面及地应力、地下水情况等密切相关。在进行地下厂房稳定分析与支护设计之前，需进行地质勘查工作，一般通过区域地质调查、钻孔、槽坑探、地质探洞及各种试验，查明工程区域、厂区的地质构造和水文地质条件，取得岩体的物理力学参数、地应力、地下水等资料。

地下厂房围岩稳定分析和支护设计所需的基本资料如下：

(1) 地层岩性和岩体结构情况。地下厂房洞室群围岩岩性及岩体结构特征，节理、裂隙、断层等结构面性质、走向、倾角和发育程度等。

(2) 地应力情况。地应力是影响洞室围岩整体稳定的主要因素之一，抽水蓄能电站的地下厂房一般埋藏较深，地应力往往较大，应对厂区地应力的量级、主应力的方向等进行分析研究等。

地应力的大小和方向一般在厂房区地质探洞内通过采用应力解除法或水压致裂法进行测试获得。

(3) 水文地质条件。地下水的作用会降低岩体及结构面的力学参数，与断层、节理带的耦合作用对围岩稳定影响较大，应查明厂区地下洞室群的地下水情况，包括地下水位、水压、涌水量丰富的含水层、强透水带等。

(4) 岩体物理力学特性。岩石物理力学指标包括容重、抗压强度、变形模量和弹性模量，软弱结构面抗剪强度 f_c 值和混凝土/岩石抗剪强度值等，一般通过现场原位试验和室内试验等手段获得。

(5) 围岩分级。综合考虑岩石坚硬性、岩体完整性、结构面特征、地下水和地应力等因素，将厂房区围岩级别由好到差划分为Ⅰ～Ⅴ级。大型地下厂房洞室围岩一般要求Ⅰ～Ⅳ级。

近几年，除采用以上方法对围岩进行定性分级外，大型工程一般还采用国际上较常用的巴顿 Q 系统评分法对岩体进行定量评价。岩体的 Q 值范围在 0.001～1000 之间，与岩体质量指标、节理组数、节理粗糙程度、节理充填情况、地下水及地应力有关，围岩越完整，Q 值越高。

4.4.2　地下厂房洞室的主要支护措施

地下厂房洞室一般修建在地质条件相对较好的岩体中，常用的支护手段有锚杆、锚索、喷射混凝土等。

(1) 锚喷支护。采用锚杆（锚索）和混凝土喷层支护，既能充分发挥围岩的自稳能力，又可限制围岩出现过大的变形，是一种可靠、经济的支护措施。该支护方式施工方便，可以及时实施，广泛用于各类地下工程。

地下厂房洞室规模较大，一般在边墙和顶拱部位布置系统锚杆（锚索）。系统锚杆主要对围岩起整体加固作用，为了使深度的围岩形成承载拱，锚杆的间距应不大于锚杆长度的 1/2。地下厂房洞室系统锚杆的间距一般为 1.2～2m，系统锚索的吨位一般为 1000～2000kN，间距一般为 3～6m。

喷射混凝土可以及时覆盖开挖面，提高围岩开挖面的整体性。当围岩的完整性较差时，混凝土喷层内可以设置钢筋网，也可采用钢纤维或聚丙烯纤维混凝土喷层。

(2) 格栅钢架、钢筋拱肋。格栅钢架、钢筋拱肋是以型钢或钢筋作为骨架，与喷混凝土结合组成的支护结构。当洞室围岩较破碎，仅采用锚喷支护不能有效控制围岩变形时，往往采用格栅钢架或钢筋拱肋与锚喷支护联合支护，钢筋拱肋主要用于顶拱。

(3) 钢筋混凝土衬砌。现浇钢筋混凝土衬砌刚度较大，但浇筑工期长，不能及时提供支护力，工程中很少单独采用。对于破碎的围岩，一般初期采用柔性支护，后期局部浇注钢筋混凝土衬砌，形成复合支护结构。

4.4.3 地下厂房洞室围岩群稳定分析与支护设计

洞室围岩支护分为系统支护和局部加强支护。系统支护设计的目的是提高洞室的整体稳定性。对于不利地质构造带，包括主要断层、结构面、不稳定块体等，需采取有针对性的局部加强支护设计，保证其围岩稳定。

地下洞室围岩稳定分析和支护设计的主要方法有工程类比法、理论计算法、模型实验方法、数值计算法、信息化设计法等。由于岩体结构复杂，理论计算法和模型实验方法都较难模拟实际岩体，而地下工程的发展主要是基于工程的实践，因此大型地下厂房洞室群稳定分析与支护设计的主要方法是以工程类比法为主，以理论分析为辅。对于大型、复杂的地下洞室，必要时可进行模型实验验证。在大型地下洞室开挖过程中，进行现场跟踪监测，依据监测数据判断围岩稳定性，及时修正支护参数，保证围岩稳定。这种与工程实际密切结合，较为安全可靠的信息化设计方法，近年来得到普遍的应用。

目前，大型地下厂房洞室围岩稳定分析和支护设计一般按以下程序进行：

（1）根据地质条件和洞室尺寸等，采用工程类比法，初步拟定大型地下洞室之间的距离、支护形式及参数、施工措施等。

（2）利用数值分析方法，分析、验证初拟方案的可行性、合理性，根据计算结果，适当调整设计方案。对大型、复杂的地下洞室，必要时可进行模型实验，评价、验证地下洞室围岩稳定性和支护方案的合理性。

（3）进行局部加强支护设计。根据结构面情况，进行几何分析，找出厂区主厂房洞、主变压器洞主要的不稳定块体，根据分析计算结果确定不稳定块体的处理措施；另外对边墙上母线洞、引水支管、尾水管洞等交叉洞口及局部不利地质构造进行加强支护设计。

（4）制订合适的施工程序及施工技术措施。

（5）开挖过程中结合现场监测资料修正设计。

（一）工程类比法

工程类比法主要是根据拟建工程的围岩岩性、强度、完整性、地应力、围岩等级和工程尺寸等各种因素，参照相关规程规范和已建类似工程的资料，直接拟定大型地下洞室之间的距离、支护形式及参数、施工措施。

地下厂房洞室规模较大，地质条件复杂，超出了《锚杆喷射混凝土支护技术规范》（GB 50086—2001）的适用范围，目前还无针对水电站地下厂房支护的规程规范。主副厂房不仅跨度大，高跨比值也较大，一般接近 2，高边墙的稳定问题尤为突出，边墙与顶拱一般取不同的支护参数，主要类比相似的水电工程拟定。

另外一种比较常用的工程类比法是巴顿（Baton）*Q* 系统法。它根据影响岩体质量的六项因素，即 RQD（岩石质量指标）、Jn（节理组数系数）、Jr（节理面粗糙度系数）、Ja（节理蚀变或充填情况系数）、Jw（节理渗水折减系数）及 SRF（应力折减系数），计算出围岩岩体质量指标 *Q* 值。然后根据 *Q* 值、ESR（开挖支护比，用来表示和洞室用途有关的安全性要求，地下厂房一般取 1）和洞室规模选择相应的支护类型。

Q 系统分类法的 *Q* 值与支护参数的关系见图 8-4-26。

部分地下厂房洞室支护见表 8-4-9。

图 8-4-26 中支护分类如下：

1)——不支护。

2)——随机锚杆，sb。

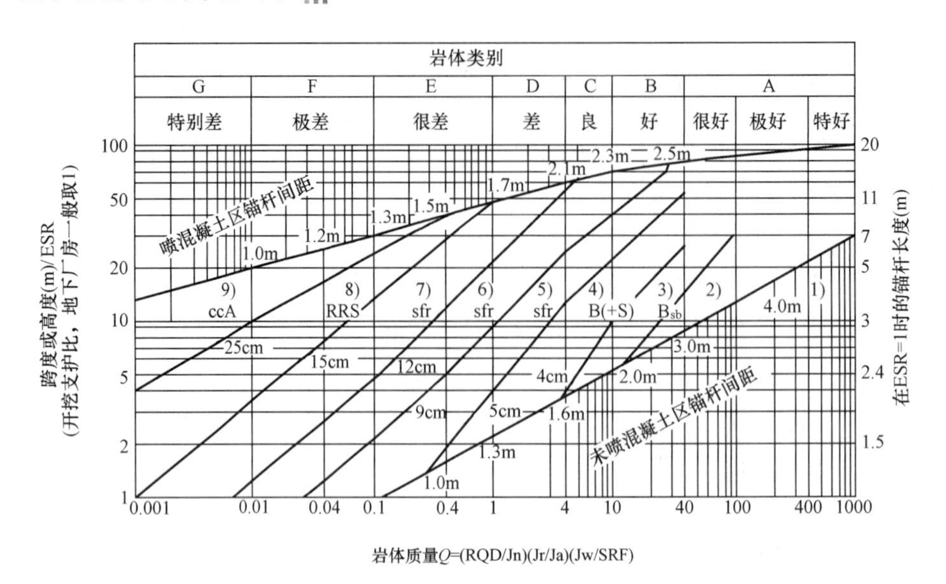

图 8-4-26　Q 系统分类图

3)——系统锚杆，B。

4)——系统锚杆（无钢筋网喷混凝土，厚 4～5cm），B（+S）。

5)——喷钢纤维混凝土加锚杆，喷层厚 5～9cm，Sfr+B。

6)——喷钢纤维混凝土加锚杆，喷层厚 9～12cm，Sfr+B。

7)——喷钢纤维混凝土加锚杆，喷层厚 12～15cm，Sfr+B。

8)——喷钢纤维混凝土加锚杆及钢筋肋拱，喷层厚>15cm，Sfr，RRS+B。

9)——现浇混凝土衬砌，CCA。

表 8-4-9　　部分地下厂房洞室支护表

工程名称	厂房尺寸（长×宽×高，m）	岩　性	锚喷支护类型参数						
			部位	类型	锚杆长度（m）	间距（m）	锚杆直径（mm）	预应力锚索	喷层厚（cm）
广蓄一期	146.5×21×44.5	花岗岩	顶拱	普通锚杆	3.7～4.7	1.5	25		
			边墙		4.3～7.0	1.5	25		
天荒坪	198.7×21×47.7	凝灰岩 Q=24.9～75	顶拱	普通锚杆	4.6、7.1 下游补强 6.0	1.5 下游补强 1.0×1.0	25、28		
			边墙		4～7	1.5	25		
十三陵	145×23×46.6	砾岩	顶拱	混凝土衬砌，锚杆	3～5	1.5	22、28	上、下游边墙 3 排锚索，间距 3m，预应力 60t	顶拱钢筋混凝土衬砌厚 1.5m
			边墙	锚杆、锚索	5～8	1.5	22、28		
泰安	180×24.5×54.3	混合花岗岩	顶拱	锚杆	6.1、8.1	1.5	25、28		顶拱喷钢纤维混凝土厚 15，边墙素混凝土厚 15，随机喷钢纤维混凝土
			边墙		6.1、8.1	1.5	25、28		
				预应力锚杆，12t	8.5	1.2	36	随机设置	

续表

工程名称	厂房尺寸（长×宽×高，m）	岩　性	锚喷支护类型参数						
			部位	类型	锚杆长度（m）	间距（m）	锚杆直径（mm）	预应力锚索	喷层厚（cm）
明潭	158.7×22.7×46.95	厂房75%位于砂岩中，其余位于砂岩粉砂岩互层中，岩层倾角30°	顶拱	预应力锚索	10～12	2	25	长12m，50t	钢纤维混凝土厚20
				锚杆	5	2		@2m×2m	
			边墙	预应力锚索	8～16	2.4×2 4.8×3 2×3	25	长8～16m，30～60t	钢纤维混凝土厚3～20
				锚杆	6～10			@2.4m×2m @4.8m×3m	
明湖	127.2×21.2×45.5	砂岩夹有少量页岩和黏土页岩	顶拱 边墙	锚索加锚杆	7.5～15	2		10～60t	顶拱混凝土衬砌
宜兴	155.3×22×52.4	砂岩夹泥质粉砂岩 Q=0.5～6	顶拱	锚杆、锚索	6、8	1.2×1.5 1.5×1.5		安装场段4排，长16m，100t对穿锚索@4.8m	20厚钢纤维混凝土＋40拱肋@2.4/3m
			上游边墙	锚杆	6、10	1.5×1.5			钢纤维混凝土厚15
			下游边墙	锚杆、锚索	6、10	1.5×1.5		长40m，100t对穿锚索@6m×6m	钢纤维混凝土厚15
宝泉	143×21.5×47.3	黑云母斜长片麻岩 Q=10.44～31.67	顶拱	锚杆	4.5	2.0×2.0			钢纤维混凝土厚10
			边墙		4.5、8	2.0×2.0			钢纤维混凝土厚10

注　锚杆采用Ⅱ级钢。

（二）理论分析法

对于地质条件比较复杂的大型工程，单凭工程类比法不足以保证设计的可靠性和合理性，还需进行理论计算，分析内容包括洞室围岩整体稳定和局部稳定。

（1）洞室围岩整体稳定性分析。依据围岩岩性、拟定的支护参数、开挖步骤，采用数值分析方法求出洞室围岩的松动范围、塑性区、围岩应力和变形、支护结构的应力等。

对于洞室围岩整体稳定性分析，目前一般是依托计算机技术和大型计算软件，采用数值分析计算的手段，常用的方法有有限元法、离散元法、边界元法等，目前应用最广泛的是三维有限元法。除了上述常用的方法外，其他一些理论和方法也开始用于地下结构稳定分析，如断裂及损伤力学方法、反分析法、模糊数学和神经网络结合的模糊神经网络方法等。

目前，随着计算机技术的发展，数值分析计算的手段越来越成熟，已成为地下洞室群围岩的整体稳定性分析的一个主要手段。利用数值分析方法，可以总体分析、判断地下洞室群围岩的整体稳定性，验证支护参数的合理性。但是，由于地下工程岩体结构复杂，岩体参数和地应力场本身很难全面测定，各种地质构造和锚杆、喷层等支护结构也难以精确用数值手段模拟，不同的模拟方式往往导致计算结果有较大的差异。国内外关于围岩整体稳定分析计算还没有统一的理论依据，虽然目前多数人认为以弹塑性理论为依据的有限元法较能真实地反映围岩的变形特性，但还没有针对这一分析方法制定出统一的标准。因此，目前数值分析计算的成果一般作为一种参考，尚不能完全套用。

利用三维有限元法进行洞室围岩整体稳定性分析的计算程序和内容如下：

1）首先根据地下洞室群的布置、地形、地质条件建立合适的计算模型。计算模型应包括洞室群范围的主要地质构造，计算范围选取应合理。

2）根据工程区地应力测试资料，反演计算地下洞室群区域的初始地应力场。在地应力和地下水位较高，同时岩体节理裂隙发育的情况下，还应考虑渗流和应力的耦合作用。

3）分别对毛洞和拟定的不同支护方案进行计算，验证洞群布置的合理性，提出相对合适的洞室间距，根据计算塑性区范围、不同部位的变形量及洞周围岩支护结构的应力值，验证支护参数的合理性。

4）比较不同开挖步骤下洞室围岩的稳定性，提出相对合理的开挖、支护方式与程序。

5）对不同的地质参数进行计算，分析地质参数对地下洞室群围岩稳定的敏感性。由于围岩地质条件复杂，各项物理力学指标很难准确确定，利用数值分析手段可以很方便地调整参数，分析评价各项参数对地下洞室群围岩稳定性的影响。

（2）局部围岩块体稳定性。

地下厂房洞室规模较大，洞室群范围内一般存在小规模的断层、节理、裂隙等构造，结构面相互切割有可能在顶拱或边墙这些临空部位形成不稳定块体。

《锚杆喷射混凝土支护技术规范》（GB 50086—2001）推荐采用块体极限平衡方法进行局部稳定性验算，荷载一般只考虑不稳定块体的自重，顶拱部位不稳定块体一般呈塌落的失稳形式，不计结构面上的黏结力，而边墙、端墙部位的不稳定块体一般呈滑落的失稳形式，应计自重引起的摩擦力作用，有时还需要考虑结构面上的黏结力。

在不稳定块体的分析计算中，以往常用的是赤平投影法，赤平投影分析方法是一种图解方法，通过对地下厂房顶拱、边墙和端墙构造及其组合关系分析，找出顶拱及边墙、端墙上的不稳定块体，根据其质量、切割面面积，确定支护形式及施工方法。但赤平投影法比较复杂，也不够直观，随着计算机技术的发展，可利用三维技术直接在模型上切割出块体，并显示块体的几何特性，方便计算，见图 8-4-27。

图 8-4-27　三维块体切割示意图

（三）模型实验方法

目前，国内外有些特大型或者地质条件复杂的地下洞室尝试过进行模型实验，评价、验证地下洞室围岩稳定性和支护方案的合理性。利用模型实验可以模拟开挖施工步骤和支护过程，直接监测到变形、应力等，并且可以通过超载法得到围岩稳定的安全系数。但模型实验费用高、实际操作复杂，模型与实际工程相似性这一关键问题也较难解决，因此难以普及。

（四）信息化设计法

大型地下洞室一般在施工时布置系统的监测仪器、设备，监测内容包括围岩变形、围岩及支护结构的应力等。信息化设计法是在施工过程中通过对这些监测数据及时跟踪分析，对围岩稳定状态和支护效果做出判断，并根据反馈信息及时调整施工程序和支护参数，预防事故及险情，指导安全施工。

目前重要工程在施工过程中还将现场监测数据与反演分析的理论方法结合起来，建立厂房洞室群整体三维模型，利用洞室原位监测得到的数据，反分析得出较真实的围岩参数及初始地应力，进而预测下一步开挖时地下厂房洞室群围岩的稳定性。

随着监测技术的发展，利用多点位移计、锚杆、锚索应力计等监测到的围岩变位、支护结构的应力数据等一般比较可靠，信息化设计法已成为施工、运行期判断洞室围岩稳定及优化、调整支护参数的重要依据。

目前国内外对水电站地下厂房围岩稳定的各项指标还没有统一的控制标准。一般来讲，完整、坚硬、变形模量高的整体状、块状结构的围岩，洞室顶拱和边墙的变位均较小，而完整性差、变形模量低的层状结构、破碎结构等围岩，变位相对较大，尤其是围岩存在层状缓倾角软弱夹层时，顶拱变位会明显加大。国内外几座已建抽水蓄能电站的观测资料表明，一般情况下，以Ⅰ～Ⅱ类围岩为主的地下厂房洞室，顶拱最大变位在10mm之内，边墙最大变位在30mm以内；而以Ⅲ～Ⅳ类围岩为主的地下厂房洞室，顶拱最大变位在15～70mm之间，边墙最大变位在20～100mm之间。由于一些工程观测仪器埋设不及时，仪器埋设前围岩的变位没有记录，导致实测变位较小（上述统计数据仅供参考）。

变形速率评价标准，可参照《锚杆喷射混凝土支护技术规范》规定执行，周边水平收敛速度小于0.2mm/d，顶拱、底板垂直位移速度小于0.1mm/d。洞周的变形速率与开挖进尺等有较大关系，掌子面开挖时，其周边的围岩一般在短时间内产生较大的变形，远离掌子面时，围岩位移速度一般会随时间明显下降，位移与时间的关系曲线趋于平缓时可认为围岩趋于稳定。

锚杆及锚索的实测应力值也可以作为评价围岩稳定及支护效果的依据。一般情况下，锚杆及锚索的实测应力值应小于其应力允许值，但实际工程中，经常有些锚杆测点的应力会超过其应力允许值。如果仅仅是个别测点存在这种情况，而其附近多数锚杆应力正常，则可能是由于岩体内的裂隙等导致围岩局部较大应变引起的超应力情况，一般不需要加强支护。当一个区域有较多的测点存在超应力时，则需要分析原因，采取相应的工程措施。

4.4.4 施工方法及施工技术措施

合理的施工方法及施工技术措施不仅可加快施工进度，同时也是保证地下洞室围岩稳定的主要措施。施工方法及施工技术措施应根据具体工程的地质条件、洞室规模及施工通道的布置等因素确定，一般包括以下几方面的内容。

（一）开挖分层及开挖步序

大型抽水蓄能电站地下厂房洞室一般高45～55m，主变压器洞高约25m，均需要分层开挖施工，地下厂房洞室一般分6～7层，主变压器洞分4层左右，每层高度一般取5～10m，综合考虑洞室形体、施工通道及施工机械作业要求等确定。

对于地质条件较差、地下水丰富的工程，需进行开挖前的预处理，主要包括地下水处理及软弱围岩预支护处理。

由于地下厂房洞室群纵横交错，各洞室之间的开挖步序对洞室群的围岩稳定有一定的影响。对于距离较近且平行布置的洞室，如主厂房和主变压器洞及几个相互平行的母线洞等，同高程的岩体宜错时开挖，在开挖相邻洞室前，应做好已挖洞室的支护；对于相互交叉的洞室，一般应先开挖小断面的洞室，做好交叉口的加强支护后，再进行大洞室的开挖。

支护时机对围岩的变形和支护结构的受力状态影响较大。在坚硬岩石的开挖过程中，围岩应力很快释放，采用及时支护可有效控制洞室围岩变形。在膨胀性岩体洞室的开挖过程中，围岩应力释放较缓慢，采用适时支护可充分利用岩体自身承载力，是一种经济合理的工程措施。应综合多种设计方法确定支护时机，并依据现场监测数据进行调整。

（二）爆破工艺

爆破应控制质点振动速率及开挖面的不平整度。过大的装药量会引起过度的爆破震动，加大对围岩的扰动，破坏已有支护；开挖面的不平整会引起洞室围岩应力集中，影响洞室安全。在较差的地质条件下或高地应力地区尤其应注意爆破震动影响及开挖面不平整的影响。

4.4.5 宜兴抽水蓄能电站地下洞室设计与施工

宜兴抽水蓄能电站地下厂房的主要洞室有主副厂房、主变压器洞、尾闸洞、母线洞等，主副厂房洞开挖尺寸为155.30m×22.00m×52.40m（长×宽×高）。该工程枢纽区地质条件较差，设计与施工采取了相应的工程措施，顺利完成洞室群的开挖及土建工程施工。

（一）采用工程类比及 Q 系统法初拟支护参数

宜兴工程地下厂房围岩为层状岩屑砂岩夹泥质粉砂岩，属Ⅲ～Ⅳ类围岩，Q 值为0.5～6.0，岩性与明潭、明湖、小浪底等相近，Q 值与大朝山Ⅳ类围岩段相近。参照以上几个工程的支护经验，初拟宜兴地下厂房洞室采用以系统锚杆和喷钢纤维混凝土为主的柔性支护形式，局部较差部位增设预应力锚索和喷混凝土钢筋肋拱。系统锚杆直径为32mm，长度为6～10m，间距为1.5m×1.5m，喷钢纤维混凝土厚15～20cm，拱肋部位厚35～50cm。

根据图8-4-23，考虑到地下水发育、围岩呈层状等不利因素，支护类别按所查结果提高一级考虑，得到主副厂房洞相应支护类别及支护参数见表8-4-10。

表8-4-10　宜兴主副厂房洞相应支护类别及支护参数（Q 系统法）

分区号	桩号（m）	Q值	围岩类别	支护类别	支护参数
ZF1	厂左0+029.5～厂右0+029.0	4.3～6	良	6	钢纤维喷混凝土厚9～12cm 锚杆间距约为2.1m，长约6m
ZF2	厂右0+029.0～厂右0+87.0	1.5～4.3	差	7	钢纤维喷混凝土厚12～15cm 锚杆间距约为1.7m，长约6m
ZF3	厂右0+87.0～厂右0+125.8	0.6～1.5	很差	8	喷钢纤维混凝土厚15～25cm+钢筋肋拱 锚杆间距为1.2～1.3m，长约6m

注　锚杆采用Ⅱ级钢。

综合工程类比法和 Q 系统法拟定的宜兴主副厂房洞主要支护参数见表8-4-11。

表 8-4-11 宜兴主副厂房洞主要支护参数

支护参数 / 部位	支护结构	参数 间距（m）	参数 长度（m）	参数 备注	喷钢纤维混凝土厚（cm）
顶拱（ZF1 区）	砂浆锚杆 φ32	1.5×1.5	6、8	间隔布置	20
		1.5	8	拱座部位两排	
	拱肋断面 50cm×40cm	3.0			
顶拱（ZF2 区）	砂浆锚杆 φ32	1.5×1.5	6、8	间隔布置	20
		1.5	8	拱座部位两排	
	随机预应力锚索 1000kN			断层部位	
	拱肋断面 50cm×40cm	3.0			
顶拱（ZF3 区）	砂浆锚杆 φ32（自进式）	1.2×1.5	6、8	间隔布置	20
		1.2	8	拱座部位两排	
	300kN，预应力锚杆	2.4	12	拱座部位三排	
	对穿锚索 1000kN	2.4×4.5	15.8、16.7		
	拱肋断面 50cm×40cm	2.4			
边墙（ZF1、ZF2 区）	砂浆锚杆 φ32	1.5×1.5	6、10	间隔布置	15
	1000kN 锚索	6.0×6.0	40	与主变压器洞对穿	
边墙（ZF3 区）	砂浆锚杆 φ32	1.5×1.5	6、10	间隔布置	15
	钢筋混凝土衬砌厚 85cm			岩壁吊车梁部位以下	
南（右）端墙	砂浆锚杆 φ32	1.5×1.5	8、12	间隔布置	15
	对穿锚索 1000kN	4.8	9～13m	与排水廊道对穿	
	钢筋混凝土衬砌厚 100cm				
北（左）端墙	砂浆锚杆 φ32	1.5×1.5	6、10	间隔布置	15

注 锚杆采用Ⅱ级钢。

（二）洞室群围岩稳定数值分析

宜兴地下厂房围岩稳定分析采用非线性三维有限元计算软件。洞室采用锚喷支护，即喷钢纤维混凝土+锚杆+预应力锚索，洞室群自上而下分六级开挖，模拟支护时机为每级开挖后岩体应力释放 50%时进行支护。

计算成果表明，经锚喷支护后洞室群围岩基本稳定，主厂房边墙位移小于 60mm，顶拱最大位移为 24.1mm，各部位的位移均控制在正常范围内；最大环向压应力为 24.7MPa，出现在主厂房上游墙，塑性区和开裂区在正常范围内。

（三）局部加强支护设计

宜兴地下厂房北端存在大型断层 F_{204}，前期勘探阶段根据探洞内揭示的宽度达 7～15m，距厂房北端墙最小距离为 6.4～9.6m。厂房开挖后，在断层与厂房之间的狭窄区域将产生应力集中，可能导致北端墙下部与 F_{204} 断层之间的岩埂损坏，危及断层上方岩石的整体稳定。有限元计算结果也表明此区域产生大的变形和应力。因此，对此区域采取混凝土置换处理，待置换完成后才可以进行副厂房底部围岩的开挖。置换处理分两步进行，首先利用中层排水廊道进行上部置换，然后向下开挖 3 个竖井穿过 F_{204} 断层进行置换，见图 8-4-28。

在进行上层混凝土塞置换时，发现 F_{204} 断层厚度远小于预测值，仅为 3～4m，断层上下盘围岩岩性相对完整，在 1 号及 3 号竖井置换完成后，监测结果表明此区域岩体稳定，因此取消了 2 号竖井的开挖

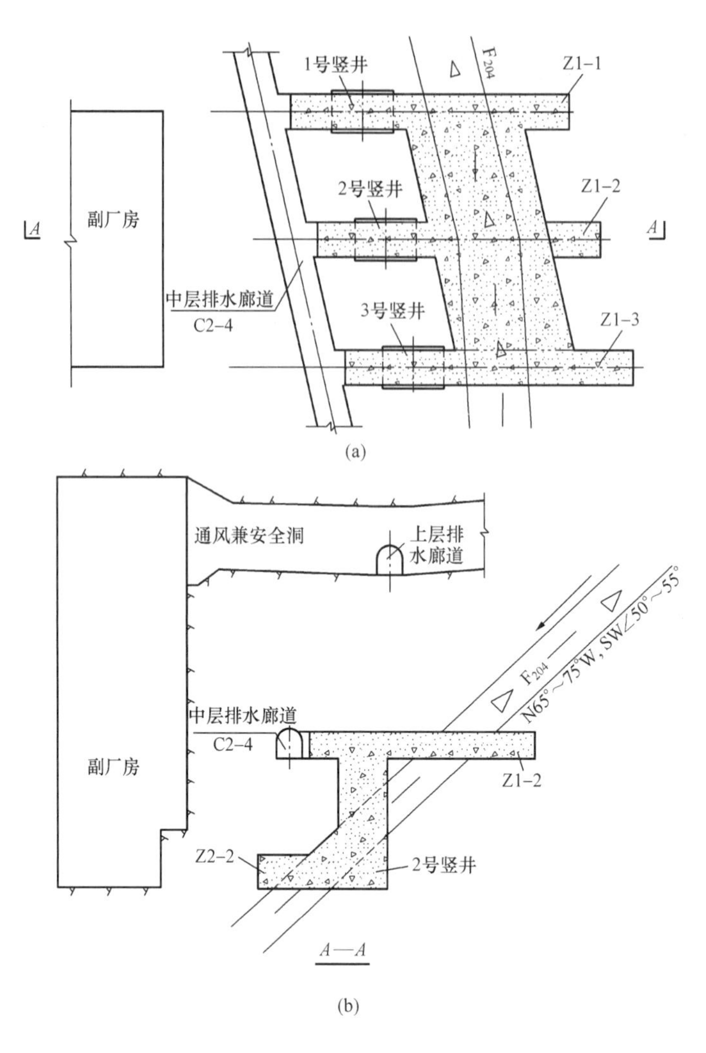

图 8-4-28 F_{204}断层处理平面及剖面图

（a）平面图；（b）剖面图

及置换。

（四）现场监测及修正设计

宜兴工程高边墙开挖过程中，上下游边墙上预埋的 kf8-1、kf21-1 锚杆应力计持续增长，达到 300MPa 左右，经过对该两处地质资料的分析，均是受 F_{15} 断层影响所致，同时岩壁吊车梁锚杆在 f_{15} 断层附近也出现超设计值现象。根据对观测数据的分析，判定 F_{15} 断层对上下游边墙的稳定非常不利，在向下开挖过程中有可能出现失稳，为保证边墙稳定与施工安全，沿 f_{15} 断层出露面增加了 2 排 300kN 高强预应力锚杆进行锁边处理，同时布置了观测锚杆。补强措施完成后，kf8-1、kf21-1 锚杆应力增长变缓，新增设的锚杆应力也没有出现大的增长，在以后各层开挖过程中，均未出现应力增长过快现象。

（五）洞室开挖措施

宜兴地下厂房安装间段属 F_{220} 断层影响带范围，围岩类别为Ⅳ类，局部Ⅴ类，岩体为碎裂结构，地下水丰富，前期探洞稳定出水量为 2016m^3/d，局部以承压水形式出现，最大涌水压力为 0.27MPa。

针对厂区地下水丰富、岩体透水性好、安装间段地质条件差、节理裂隙发育的特点，采取了“排水先行”的施工方法，即排水廊道先于主洞室开挖，利用排水廊道作为排水基面，先行降低地下水位。为进一步减少安装间施工期顶拱掉块和岩面渗水，提高顶拱围岩整体性和抗变形能力，顶拱开挖前利用厂顶灌浆兼排水廊道对顶拱围岩进行了预固结灌浆处理。因顶拱围岩的稳定性较差，为Ⅳ类，顶拱开挖采用“边导洞先进，中岩柱跟进”的开挖方法，支护工作尽可能紧随掘进工作面，然后进行中间岩柱开挖，开挖爆破遵循“短进尺、小药量”的原则，断面掘进示意见图 8-4-29。

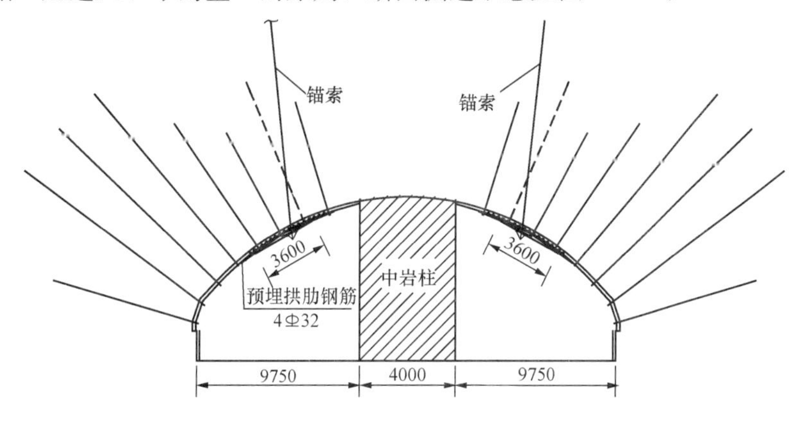

图 8-4-29　宜兴厂房断面掘进示意图（单位：mm）

采取排水先行、预固结灌浆、边导洞开挖等一系列工程措施后，主厂房顶拱开挖过程中没有出现涌水现象，只是局部出现线流，掌子面及开挖壁面以点滴～潮湿状为主。在边导洞开挖过程中发现了大型楔形体，利用两侧边导洞进行处理后再进行中岩柱的开挖，保证了施工安全。实践证明这些施工措施保证了Ⅳ类围岩下大型洞室顶拱开挖的安全。

4.5　厂房主要结构

抽水蓄能电站地下厂房的主要结构有岩壁吊车梁、楼板、风罩、机墩、蜗壳外围混凝土、尾水管等，见图 8-4-30。

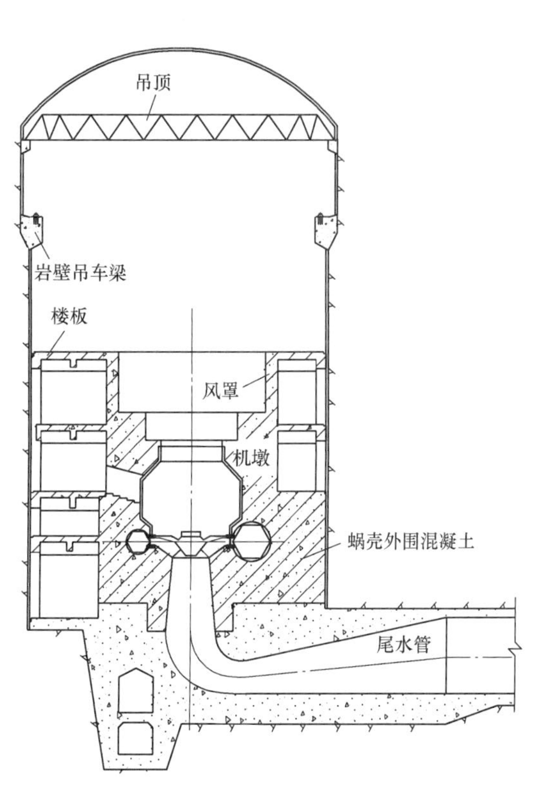

图 8-4-30　抽水蓄能电站地下厂房结构组成

4.5.1　尾水管结构

（一）结构特点与结构形式

抽水蓄能电站的尾水管结构与常规电站相比，具有三个显著的特点：一是抽水蓄能电站一般水头较高，尾水管尺寸相对较小；二是由于双向运行的要求，尾水管在水泵工况兼有进水管道功能；三是抽水蓄能电站吸出高度绝对值大，机组安装高程低，尾水管的内水压力一般在1MPa以上，远大于常规电站。

尾水管由锥管段、肘管段和扩散段三部分组成，其内部轮廓由制造厂家确定。尾水管断面一般在扩散段渐变为圆形，与尾水隧洞相接。图8-4-31为某抽水蓄能电站地下厂房尾水管单线图。

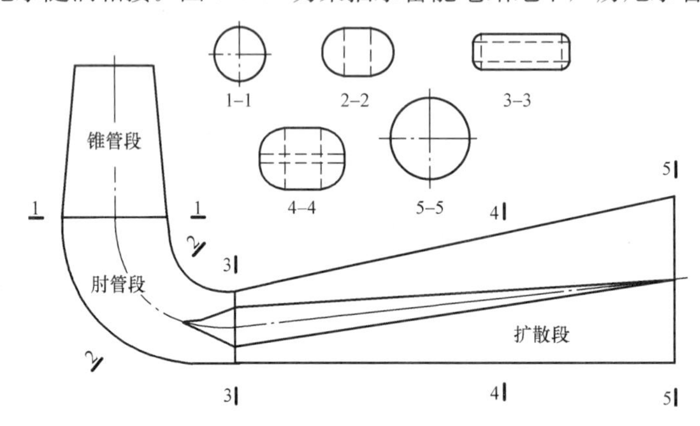

图8-4-31　某抽水蓄能电站地下厂房尾水管单线图

由于抽水蓄能电站尾水管的内水压力较大，为了防止尾水管内水外渗，尾水管内侧均设置钢衬，钢衬由机组制造厂提供，可单独承受全部内水压力。机组检修时为了避免钢衬失稳破坏，应布置适量锚筋，将钢衬与外围混凝土结构连为整体，共同承担外水压力。

地下厂房的尾水管往往兼做地下厂房下层开挖施工通道，尾水管钢衬外包混凝土的厚度一般由厂房施工及钢衬安装需要确定。根据多个抽水蓄能电站厂房结构的统计资料，尾水管钢衬外围混凝土结构的厚度为：底板1.5～2.5m，两侧1.5～2m，顶板与尾水隧洞相接处最薄为0.6m左右。表8-4-12列出了近期兴建抽水蓄能电站尾水管外包混凝土结构的尺寸。

表8-4-12　　抽水蓄能电站尾水管外包混凝土结构尺寸统计表

工程名称	装机容量（MW）	尾水管最大内水压力（MPa）	尾水管底板混凝土总厚（m）	侧墙厚度（m）	尾水管钢衬厚（mm）	尾水管开挖形状
天荒坪	300×6	1.7	1.48	0.5～3.2	18	多边形
桐柏	300×4	1.3	2.0	1.5	16～20	城门洞形
泰安	250×4	1.16	2.5	1.7～2.0	22	城门洞形
宜兴	250×4	1.5	1.7	2.0～1.6	20	马蹄形

为了保证钢衬与外围混凝土紧密结合，尾水管钢衬底板应预留接触灌浆孔。

（二）尾水管外围混凝土结构静力分析

抽水蓄能电站尾水管结构体型复杂，内水压力较大，钢衬、外围混凝土以及围岩共同受力，难以采用结构力学方法求得结构内力，一般采用有限元法进行外围混凝土结构分析。

尾水管在运行期的受力情况由内水压力控制，在检修期（尾水管放空）由外水压力控制。

钢衬、外围混凝土以及围岩共同受力，结构计算工作量较大。几个工程对钢衬与外围混凝土结构完全联合受力（不考虑之间的缝隙）和不考虑钢衬作用两种情况进行过分析对比，结果表明：不考虑钢衬作用时混凝土结构环向拉应力值的增大幅度一般不超过20%（见表8-4-13）。因此，结构计算时，可不考虑钢衬作用，尾水管外围混凝土结构单独受力，计算结果偏于安全。

表 8-4-13　　部分电站尾水管结构分析成果统计表　　MPa

电　站	计　算　工　况	内水压力	混凝土结构环向应力		
			锥管段	肘管段	出口段
宝泉	钢衬与混凝土联合	2.0	1.58	2.20	2.20
	混凝土单独受力		1.80	2.50	2.60
桐柏	钢衬与混凝土联合	1.3	1.30	1.60	1.80
	混凝土单独受力		1.50	1.90	2.00
宜兴	钢衬与混凝土联合	1.5	1.32	1.58	1.72
	混凝土单独受力		1.7	1.84	1.92

（三）配筋设计

采用有限元分析方法对尾水管外围混凝土结构进行分析，得出的结果是各典型断面的应力分布图形，线弹性阶段的配筋可参照《水工混凝土结构设计规范》（DL/T 5057—1996）中附录H非杆件体系钢筋混凝土结构的配筋计算原则进行。

表8-4-14列出了五座抽水蓄能电站尾水管外包混凝土的配筋情况。

表 8-4-14　　五座抽水蓄能电站尾水管外包混凝土配筋表

工程名称	天荒坪	桐柏	泰安	宜兴	宝泉
内侧环向钢筋	Φ32	Φ32	Φ32	Φ32	二层Φ32
内侧纵向钢筋	Φ25	Φ28	Φ28	Φ25	二层Φ25
外侧环向钢筋	Φ32	Φ32	Φ32	Φ32	Φ32
外侧纵向钢筋	Φ25	Φ25	Φ25	Φ25	Φ25

注　表中钢筋采用Ⅱ级钢，间距为20cm。

4.5.2　蜗壳外围混凝土结构

（一）蜗壳结构布置及蜗壳保压值

抽水蓄能电站水头高、蜗壳承受的内水压力大，均采用钢蜗壳。蜗壳外围混凝土作为上部结构的基础，其尺寸应满足结构受力和机组运行稳定的要求，根据已建电站的工程经验，厚度一般不小于1.5m，局部最小厚度不应小于0.5倍蜗壳直径。外围混凝土结构一侧宜紧靠围岩布置，以提高其结构刚度，已建的天荒坪、泰安、桐柏、宜兴、宝泉电站均采用这种布置方式，图8-4-32为天荒坪电站蜗壳结构布置平面图。

抽水蓄能电站蜗壳外围混凝土与金属蜗壳一般采用联合受力的方式。在蜗壳充水并保持一定压力的情况下，浇筑外围混凝土。通过调整蜗壳保压值控制运行期外围混凝土与蜗壳分担内水压力的比例，在保证外围混凝土结构安全的条件下，使其与蜗壳联合承担内水压力，提高蜗壳结构的整体刚度。抽水蓄

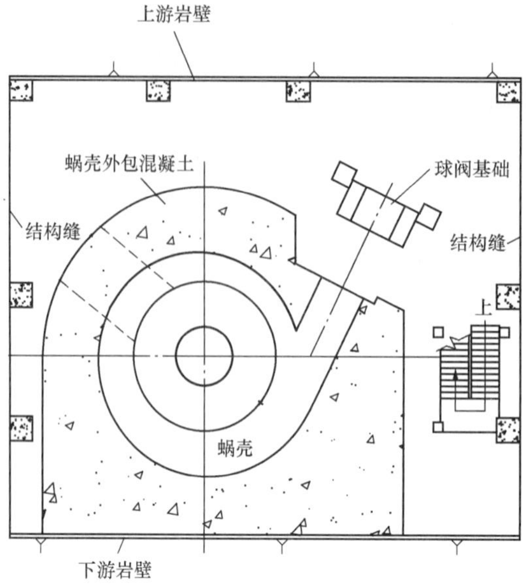

图 8-4-32　天荒坪电站蜗壳层平面布置图

能电站与常规电站相比，蜗壳尺寸较小，同时在厂房内布置有进水阀，具有设置保压闷头的空间，采用保压蜗壳施工较为方便。我国的大型抽水蓄能电站均采用保压蜗壳。

《水电站厂房设计规范》（SL 266—2001）建议蜗壳充水加压的压力控制在机组最大静水头的 0.5～0.8 倍。华东勘测设计研究院在《抽水蓄能电站厂房结构振动研究》科技项目中进行过深入研究，认为充水加压的压力不应大于最小水头，与最小水头的比值宜控制在 85%以下，以保证在最小水头运行时外围混凝土对钢蜗壳仍有嵌固作用；同时，为防止混凝土配筋量过大、裂缝过多，影响结构的整体性和耐久性，外围混凝土承担的水头不宜过高，充水压力不宜过低，建议充水压力与最大内水压力（含水锤压力）的比值宜控制在 50%左右，表 8-4-15 列出了国内几座抽水蓄能电站的蜗壳保压值。

一般情况下，蜗壳保压周期为 28 天，在此期间完成外围混凝土浇筑和灌浆处理，待混凝土达到预期强度后卸压。为了加快施工进度，经论证可适当缩短蜗壳的保压周期，但不得少于 14 天，即混凝土浇筑后不少于 1 周方可进行回填灌浆，灌浆处理完 1 周后才可卸压。

表 8-4-15　　国内抽水蓄能电站蜗壳保压值统计表　　MPa

电　站	装机容量（MW）	最大内水压力	静水压力		蜗壳保压值			
			最大	最小	保压值	与最大内水压力比值（%）	与最大静水压力比值（%）	与最小静水压力比值（%）
广蓄一期	300	7.75	6.11	5.92	2.70	35	44	46
天荒坪	300	8.7	6.80	6.38	5.40	62	79	85
广蓄二期	300	7.75	6.11	5.92	4.50	58	74	76
桐　柏	300	4.2	3.45	3.24	2.10	50	61	65
泰　安	250	3.9	3.10	2.85	1.95	50	63	68
琅琊山	150	2.35	1.82	1.60	0.85	36	47	53
宜　兴	250	6.3	4.75	4.316	3.325	53	70	77
宝　泉	300	8.35	6.41	6.08	4.00	48	62	66

注　蜗壳静水压力指上水库水位与蜗壳中心线之差；最大内水压力包含水锤压力。

（二）蜗壳外围混凝土结构静力分析

抽水蓄能电站采用蜗壳保压浇筑外围混凝土，金属蜗壳与外围混凝土结构之间存在初始间隙。当内水压力小于保压值时，金属蜗壳单独受力；当内水压力超过保压值时，两者联合受力。由于结构受力复杂，一般采用三维有限元方法进行结构计算。计算范围通常取标准机组段发电机层以下整体结构进行分析。由于在内水压力作用下，受力影响范围较小，计算范围也可取蜗壳层至机墩结构。图 8-4-33 为某抽水蓄能电站厂房整体结构计算模型剖面图，图 8-4-34 蜗壳结构有限元网格图。

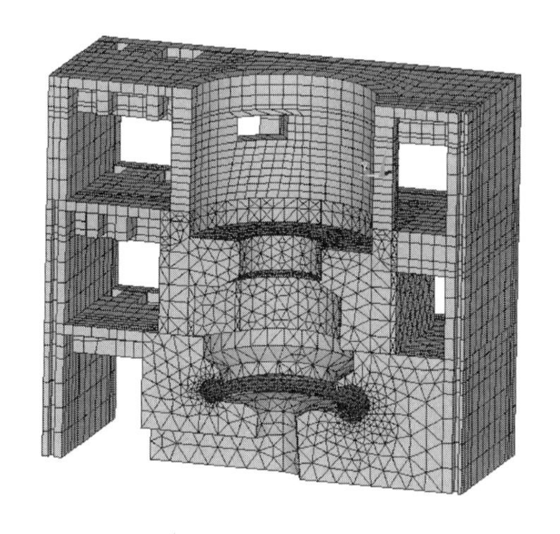

图 8-4-33　某抽水蓄能电站厂房整体结构计算模型剖面图

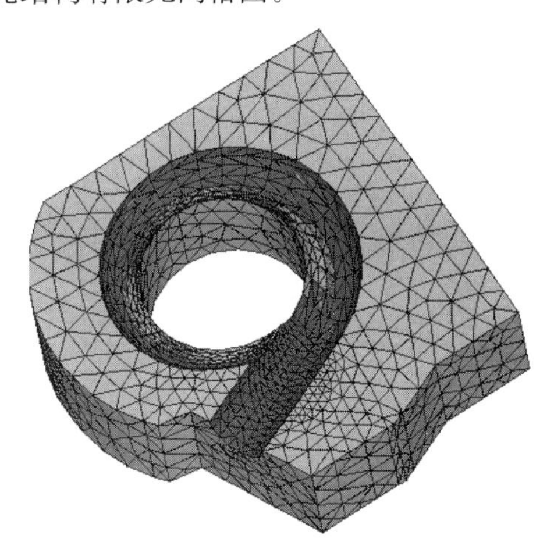

图 8-4-34　某抽水蓄能电站蜗壳结构有限元网格图

正常运行工况一般取蜗壳承受最大静水压力和最大内水压力（含水锤压力）两种情况，计算荷载除内水压力以外，还应计入结构自重、机架和定子机座荷载、座环垂直力。计算时一般不考虑混凝土的干缩作用，认为该工况下外围混凝土与钢蜗壳之间没有间隙。

抽水蓄能电站水头高，蜗壳尺寸较小，进口直径一般在 2～3m 左右，内水压力是蜗壳结构的主要荷载。检修工况蜗壳无水，金属蜗壳与外围混凝土结构之间存在一定的间隙，外荷载全部由混凝土结构承担，不计钢蜗壳的作用，内力计算可简化为平面问题，沿蜗壳中心线径向切取若干单位宽度的截面，按平面“┏”形框架进行计算，与常规电站计算方法相同。

（三）配筋设计

目前多数电站蜗壳结构分析均采用线弹性三维有限元法，将混凝土结构假定为不开裂的连续体，按照应力图形进行配筋计算，配筋时不考虑混凝土的抗拉强度，受拉荷载全部由钢筋承担。

广蓄一/二期、天荒坪、桐柏等电站蜗壳混凝土内层均配置了 5 层钢筋，宜兴电站配置了 4 层。表 8-4-16 列举了近期投产的部分抽水蓄能电站蜗壳外围混凝土结构配筋量，图 8-4-35 为宜兴电站蜗壳外围混凝土典型断面钢筋图。

表 8-4-16　　近期投产的部分抽水蓄能电站蜗壳外围混凝土结构配筋汇总表

电　站	进口直径（m）	金属蜗壳板厚（mm）	外围混凝土断面（垂直水流方向）内侧配筋量		
			层数	直径（mm）	间距（mm）
广蓄一期	2.10	80/35	5	32/32/20/20/20	200
天荒坪	2.00	70/25	5	32/32/32/20/20	200
桐　柏	3.10	46/25	5	32/32/32/32/32	200
泰　安	3.15	38/18	3	32/32/32	200
宜　兴	2.4	80/35	4	32/28/25/22	200

续表

电站	进口直径（m）	金属蜗壳板厚（mm）	外围混凝土断面（垂直水流方向）内侧配筋量		
			层数	直径（mm）	间距（mm）
琅琊山	4.1	52/15	3	32/32/32	150
张河湾	2.70	45/15	3	36/36/36	150

注 钢筋采用Ⅱ级钢。

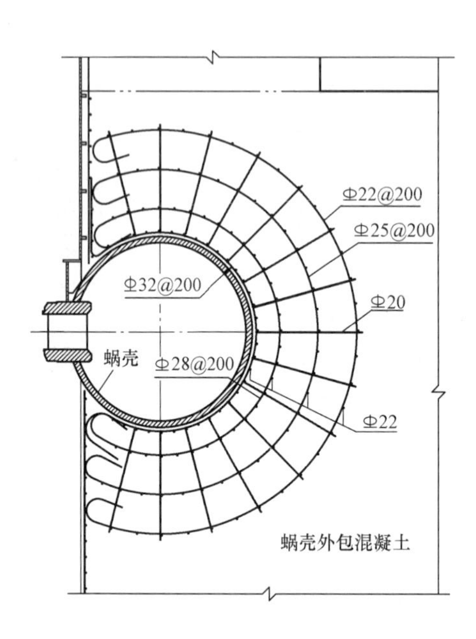

图 8-4-35 宜兴抽水蓄能电站蜗壳外围混凝土典型断面钢筋图

桐柏、泰安、宜兴等电站投产后的观测资料表明，蜗壳外围混凝土顶部内层钢筋的拉应力值很小，最大不超过30MPa。腰部内层钢筋呈现压应力，压应力为40MPa左右，外层钢筋一般呈受拉状态，拉应力值不超过20MPa，钢筋的实测应力远小于钢筋的设计强度，见表8-4-17。上述现象说明，蜗壳外围混凝土结构的实际受力状态与线弹性有限元的计算假定存在一定的差距，大中型电站进行蜗壳结构分析时宜计入混凝土开裂的影响，有条件时可模拟混凝土开裂情况，采用非线性有限元对蜗壳外围混凝土结构进行分析。

表 8-4-17 **蜗壳钢筋应力监测成果表** MPa

电站		最大内水压力	充水保压值	蜗壳环向钢筋应力				
				顶部内层	腰部（蜗壳中心线）			底部内层
					内层	中间层	外层	
泰安	1-1断面	3.90	1.95	27.60	−30.73	−5.86	9.20	−8.88
	2-2断面			−5.00	−37.50	−9.96	3.17	−18.94
桐柏	1-1断面	4.20	2.10	—	−28.52	18.67	16.60	—
	2-2断面			—	−45.07	5.31	15.25	—
宜兴	1-1断面	6.3	3.325	9.54	−2.80	—	—	0.22
	2-2断面			5.11	−20.89	—	−15.74	—
	3-3断面			−6.38	−12.84	—	—	—

注 1 泰安电站蜗壳钢筋应力为1号机组段监测成果。

2 桐柏电站蜗壳钢筋应力为4号机组段监测成果。

图 8-4-36 为蜗壳监测断面的位置。

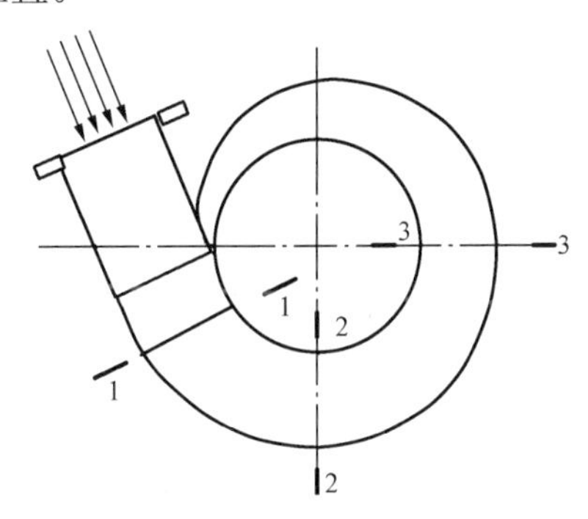

图 8-4-36 蜗壳监测断面位置图

4.5.3 机墩及风罩结构

（一）机墩及风罩结构布置

抽水蓄能电站水头高、机组转速大，为了满足机组运行要求，机墩结构需要有足够的强度和刚度，结构尺寸较大，机墩厚度一般在 3m 左右，机墩和风罩的形状一般选用圆筒形或多边形。图 8-4-37 为一采用圆筒形机墩的电站水轮机层典型结构布置图。采用中拆方式的机组，在机墩结构上需开设一个较大的搬运道，对机墩结构的刚度削弱较大，因此需要采取工程措施，以提高结构刚度和抗振性能。天荒坪抽水蓄能电站的主机由 KVAERNER-GE 公司制造，采用中拆方式，机墩上开有一个 5.9m×2.44m 的转轮顶盖搬运道。为了提高机墩的整体刚度，将机墩紧贴下游岩壁布置，见图 8-4-38。另外如宜兴工程，其机墩内部为圆形，外部为八角形。

多数电站风罩厚度采用 0.8～1m。风罩墙主要开有两个孔洞，一个为进人孔，另一个为主母线引出线孔，有的工程还开有中性点设备引出孔，其余开孔尺寸均较小。为满足风罩的整体刚度要求，抽水蓄能电站的风罩下部固结在机墩上，顶部同发电机层楼板整体浇筑。

图 8-4-38 为天荒坪电站厂房机墩及风罩结构布置平面图。表 8-4-18 列出了国内几座大型抽水蓄能电站机墩及风罩的形状与尺寸。

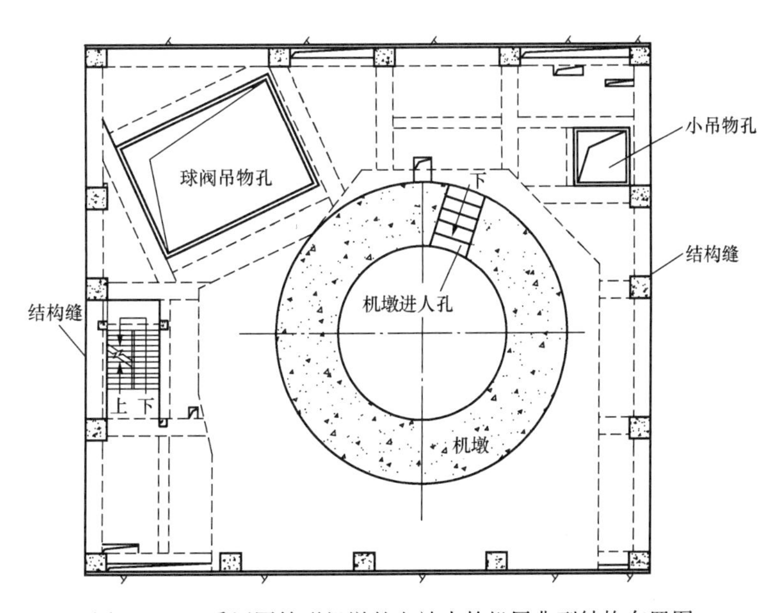

图 8-4-37 采用圆筒形机墩的电站水轮机层典型结构布置图

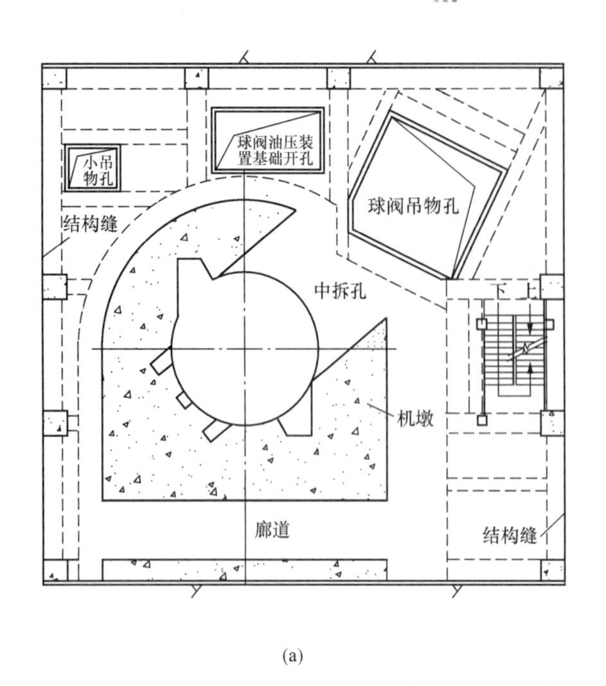

(a)

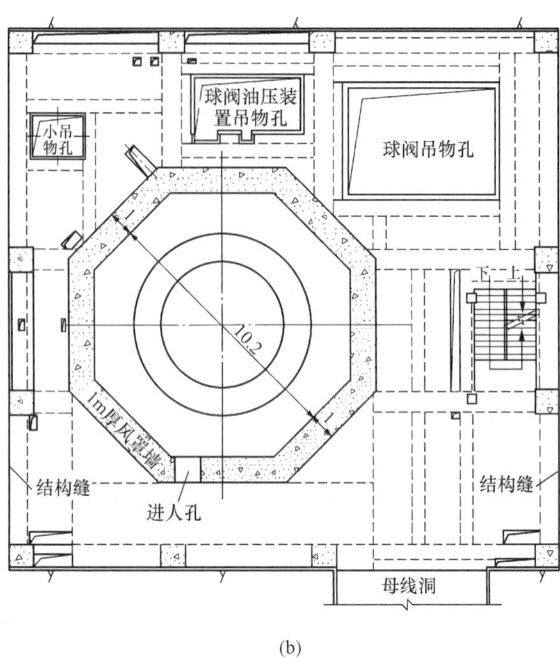

(b)

图 8-4-38 天荒坪电站厂房机墩及风罩结构布置平面图

（a）机墩结构布置平面；（b）风罩结构布置平面

表 8-4-18　　国内几座大型抽水蓄能电站的机墩风罩外形、尺寸　　m

工程名称	机墩形状	机墩内径	机墩最小厚度	风罩形状	风罩内径	风罩厚度
天荒坪	圆形，下游贴墙布置	6.2	2.9	内外均为八角形	10.2	1.0
桐　柏	圆形	6.96	3.0	圆形	12.0	0.8
泰　安	圆形	8.11	2.945	圆形	12.0	1.0
宜　兴	内部为圆形，外部为八角形	6.5	2.75	内外均为八角形	10.0	1.0
宝　泉	圆形，下游贴墙布置	7.7	2.35	圆形	9.4	1.0
琅琊山	内部为圆形，外部为八角形	7.0	2.5	内圆，外为八角形	11.5	最薄处 0.5
十三陵	圆形	5.525	2.84	圆形	9.2	1.0
西龙池	圆形，下游贴墙布置	6.8	2.9	圆形	10.6	1.0

（二）机墩、风罩结构静力分析及配筋

机墩和风罩底部为固端，上部和发电机层板梁结构整体连接。静力分析方法、计算工况、计算简图及荷载与常规电站相同。

机墩和风罩的配筋，主要根据静力计算结果，参照以往工程的配筋情况确定。根据已建工程的计算成果，机墩风罩的应力较小，只有在基础部位和开孔部位出现应力集中，建议配筋时在基础部位和开孔处放置加强钢筋。表 8-4-19 列出了部分国内已建工程的机墩风罩钢筋表。

表 8-4-19　　国内几座抽水蓄能电站的机墩风罩配筋表

工程名称	机墩钢筋				风罩钢筋			
	竖向钢筋		环向钢筋		竖向钢筋		环向钢筋	
	内侧	外侧	内侧	外侧	内侧	外侧	内侧	外侧
广蓄一期	Φ25	Φ22	Φ25	Φ20	Φ22	Φ22	Φ20	Φ20

续表

工程名称	机墩钢筋				风罩钢筋			
	竖向钢筋		环向钢筋		竖向钢筋		环向钢筋	
	内侧	外侧	内侧	外侧	内侧	外侧	内侧	外侧
天荒坪	Φ32	Φ32	Φ28	Φ25	Φ32	Φ32	Φ25	Φ25
桐　柏	Φ32	Φ32	Φ28	Φ28	Φ28	Φ28	Φ25	Φ25
泰　安	Φ32	2Φ28	Φ25	Φ28+25	Φ28	Φ28	Φ25	Φ25
琅琊山	2Φ28	2Φ28	2Φ28	2Φ28	(Φ28+22)@150	(Φ28+22)@150	Φ25+22	Φ25+22
宜　兴	Φ32	Φ32	Φ28	Φ28	Φ32	Φ32	Φ25	Φ25
十三陵	Φ30	Φ30	Φ25@300		2Φ28	Φ28	2Φ22	Φ22
西龙池	2Φ28	2Φ28	2Φ28	2Φ28	Φ28+22@150	Φ28+22@150	Φ28+22@150	Φ28+22@150

注 1 钢筋采用Ⅱ级钢，间距除注明外均为200mm。

2 “2Φ28”表示采用两排钢筋；“Φ28+22”表示一排为Φ28，另一排为Φ22。

4.5.4 岩壁吊车梁结构

（一）吊车梁的形式

地下厂房内的吊车梁形式有常规吊车梁、悬挂式吊车梁、岩壁吊车梁、岩台吊车梁，见图8-4-39。

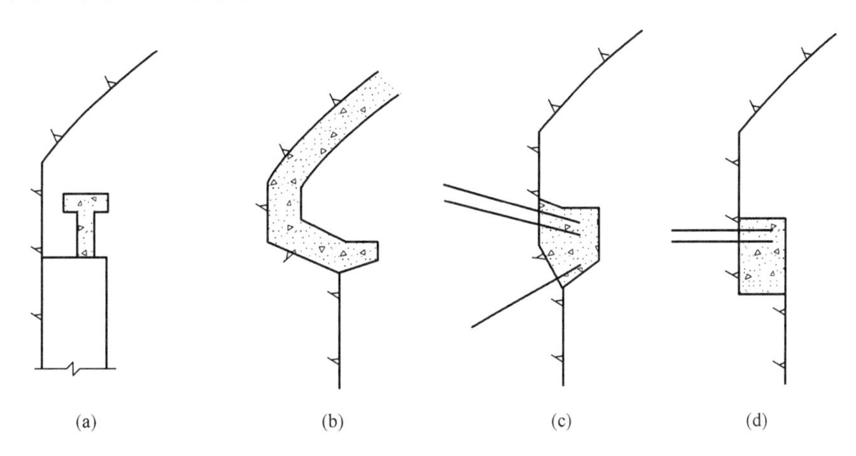

图8-4-39 吊车梁形式

(a) 常规吊车梁；(b) 悬挂式吊车梁；(c) 岩壁吊车梁；(d) 岩台吊车梁

下部设有支撑柱的常规吊车梁，具有结构简单、受力明确、安全可靠的优点，一般用于地面、半地面式厂房。当地下厂房围岩条件差，无法采用岩壁吊车梁时，也可选用这种形式的吊车梁。但是，常规吊车梁应用在地下厂房中，不仅增加了厂房顶拱跨度，不利于洞室稳定，而且由于吊车梁支撑受到下部结构施工进度的控制，吊车不能提早投入运行，影响整个地下厂房的施工工期。

当地下厂房顶拱设有钢筋混凝土衬砌时，吊车梁可悬挂在顶拱衬砌上，称为悬挂式吊车梁。由于目前顶拱多采用柔性支护，悬挂式吊车梁已极少采用。

岩台吊车梁结构直接将吊车荷载传至下部岩台，受力条件较好，但是岩台开挖成型困难，并增加了顶拱的跨度，因此逐渐被岩壁吊车梁所取代。

岩壁吊车梁也称做岩锚梁，是利用一定长度的锚杆或锚索将钢筋混凝土吊车梁固定在岩壁上，吊车荷载通过梁体和锚杆传递给围岩。采用岩壁吊车梁可减小厂房开挖跨度，降低工程造价；桥机吊车可提前投入运行，为机电安装提供方便，缩短工期。近几年，当围岩条件允许时，地下厂房均采用以锚喷支护为主的柔性支护形式和岩壁吊车梁。随着岩壁吊车梁的设计和施工技术日益成熟，其适用范围更加广泛，Ⅲ类及Ⅲ类以上围岩采用岩壁吊车梁已不存在技术难点，局部Ⅳ、Ⅴ类地带通过工程措施加固后也可采用。下面重点介绍岩壁吊车梁的设计与施工。

（二）岩壁吊车梁的型体

表 8-4-20 统计了国内部分地下厂房岩壁吊车梁的工程特性参数，岩壁吊车梁主要参数示意见图 8-4-40。

表 8-4-20　　国内地下厂房岩壁吊车梁工程特性统计表

工程名称	围岩岩性	桥机最大起重量（t）	最大垂直轮压（kN）	岩壁吊车梁顶宽 b（m）	岩壁吊车梁高 h_1（m）	岩壁吊车梁总高度 h（m）	岩壁壁座角 α（°）	扩挖宽度 a（m）	上排锚杆角度 β_1（°）	下排锚杆角度 β_2（°）	受拉锚杆直径（mm）	锚杆间距（m）
鲁布革	灰岩夹灰质白云岩	2×160/30	485	1.75	1.6	2.23	20	0.5	25	20	32	0.75
广蓄一期	花岗岩	2×200/50	550	1.6	1.8	2.3	20	0.5	25	20	36	0.7
天荒坪	凝灰岩	2×250/30	450	1.95	1.8	2.4	22.5	0.7	27.5	22.5	36	0.75
东风	层状石灰岩	2×250	680	2.1	1.7	2.7	30	0.85	20	15	36	0.66
棉花滩	花岗岩	2×250	450	1.95	1.8	2.5	20	0.5	25	20	36	0.75
桐柏	花岗岩	2×300/50	550	1.9	1.9	2.7	30	0.7	27.5	22.5	36	0.75
泰安	花岗岩	2×250/50	750	1.8	2	2.6	27	0.7	27	22	36	0.7
宜兴	泥质粉砂岩	2×250/50	450	1.95	1.85	2.5	27.2	0.75	27.5	20	36	0.7
宝泉	黑云母斜长片麻岩	2×250/50	450	1.95	1.8	2.4	25	0.7	27.5	22.5	36	0.75
琅琊山	薄层夹中厚层灰岩	180+180/25−20.5	530	1.75	1.8	2.341	25	0.669	25	20	36	0.75
西龙池	石英粉砂岩、灰岩	2×250/50	460	1.75	1.75	2.25	27.5	0.625	25	20	36	0.75
小湾	片麻岩	2×800/160/10	840	2.8	2.08	3.58	29.5	1.3	25	20	36	0.5
龙滩	砂岩、粉砂岩	2×2×500	925	2.1	1.6	2.8	33	0.9	10	5	36（Ⅳ级）	0.75

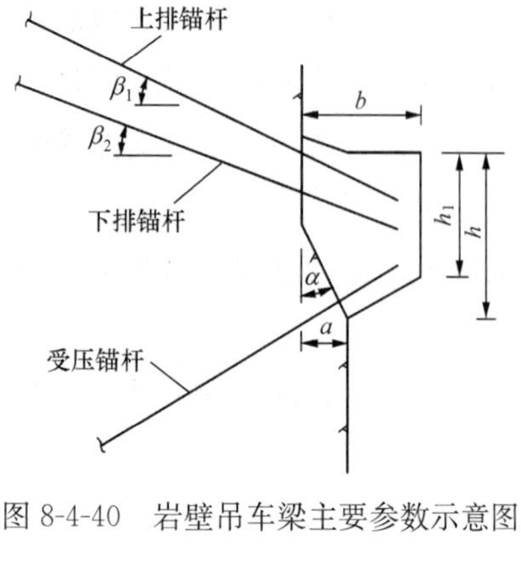

图 8-4-40　岩壁吊车梁主要参数示意图

（三）岩壁吊车梁的设计方法

虽然岩壁吊车梁在国内外得到广泛的应用，但是对其受力的机理还缺乏统一的认识，对其结构的分析计算也没有完全合理的方法。目前，岩壁吊车梁的设计一般是依据工程经验初拟吊车梁的型体及锚杆等参数，然后采用刚体平衡法、有限单元法等进行分析计算，最终综合考虑地质条件、吊车轮压等因素，确定吊车梁的型体及锚杆参数。

刚体平衡法是目前应用最为广泛的一种结构计算方法。该方法将岩壁吊车梁视为一个以锚杆固定在岩壁上的刚体，取单位长度吊车梁按平面问题进行结构计算，吊车轮压简化为均布荷载。该方法以下排锚杆与岩壁的交点作为原点建立外力矩的平衡方程，不考虑岩壁吊车梁混凝土与岩壁之间的黏结力，由于刚体平衡法没有考虑围岩变形荷载，受拉锚杆一般采用 2.0～2.5 的安全系数。

刚体平衡法主要存在以下两个问题：一是未考虑厂房向下开挖后受拉锚杆承受的围岩变形荷载，而这部分荷载实际上是岩壁吊车梁锚杆的主要荷载；二是由于忽略了岩壁吊车梁与岩壁间的黏结力，人为假定支座反力合力点为下排锚杆处，导致采用刚体平衡法计算出来的锚杆应力远大于桥机荷载引起的锚杆应力的实测值。尽管刚体平衡法的计算假定与岩壁吊车梁的受力条件存在一定差距，但由于计算简单，成果偏于安全，因此仍是工程中应用较广泛的计算方法。

实际上，大型地下厂房下部开挖时，岩壁吊车梁锚杆起到对岩壁的支护作用，在吊车投入使用前锚杆应力已达到一定量值。因此，大中型电站地下厂房岩壁吊车梁的设计，一般采用三维有限元法进行分析。

对于特别重要的工程，在无工程经验的情况下，还可进行原位模型试验，验证岩壁吊车梁结构的安全性。

（四）岩壁吊车梁的配筋

岩壁吊车梁梁体配筋计算目前按《水工混凝土结构设计规范》（DL/T 5057—1996）中 10.8 条规定的壁式连续牛腿配筋计算方法进行，其配筋构造要求也可参照壁式连续牛腿的配筋构造要求执行。

由于岩壁吊车梁高度较高，一般情况下，尽管水平受力钢筋按构造设置，其配筋量仍然较大，一般达到Φ 28～32@150，有的工程还设置弯起抗剪钢筋，造成岩壁吊车梁顶部钢筋非常密集，给埋管埋件及浇捣混凝土带来一定困难。根据几个工程实测结果，水平受力钢筋应力较小，甚至有的为压应力，而纵向钢筋承受围岩的不规则变形影响，钢筋应力反而较大，因此可以适当减小水平受力筋的配筋量，加大纵向钢筋的配筋量。

（五）岩壁吊车梁构造及施工技术要求

除地质条件和结构形式变化较大的部位外，通常岩壁吊车梁的长度方向不设结构缝。但为了避免产生温度裂缝，需设施工缝。施工缝的间距为 12～16m，缝面需设键槽。岩壁吊车梁轨道宜在厂房开挖完成后进行安装，避免轨道在施工期随边墙变位而使吊车轨距变小。

岩壁吊车梁施工应按照《水电水利工程岩壁梁施工规程》（DL/T 5198—2004）要求进行。为防止岩壁吊车梁混凝土产生裂缝，应注意控制混凝土浇筑温度，多数工程混凝土浇筑温度取为 18～20℃。混凝土施工后应及时进行流水养护，保持混凝土表面为湿润状态，养护时间为 14～28 天。结构内外温差大于 20℃时，应采取合适的保温措施，如塑料薄膜或棉被覆盖等。

（六）岩壁吊车梁观测

岩壁吊车梁受力情况比较复杂，目前计算方法没有完全反映岩壁吊车梁的实际受力状态，因此原型观测非常必要，观测数据直接反映岩壁吊车梁的安全状况。

岩壁吊车梁的观测仪器主要有多点变位计、锚杆应力计、钢筋应力计、测缝计、压应力计、应变计等，用来观测岩壁吊车梁处的岩壁变位、锚杆应力、钢筋应力及梁体与岩壁间的黏结状况，重点监测岩性较弱、构造发育地带的应力和变形。

根据实际运行及试验观测结果，桥机荷载引起锚杆应力增值一般在 10MPa 以下。国内部分已建及在建工程岩壁吊车梁锚杆应力增值见表 8-4-21。

岩壁吊车梁锚杆在承受桥机荷载之前即承受了较大的围岩变形荷载，岩壁与岩壁吊车梁之间存在预压应力，施加桥机荷载后首先将引起预压应力的释放，这也是岩壁吊车梁锚杆应力在桥机荷载作用下增长较小的原因之一。

表 8-4-21 岩壁吊车梁锚杆应力增值 MPa

工 程	75%额定荷载	100%额定荷载	125%额定荷载
天荒坪	—	5.11	—
桐 柏	2.922	3.996	4.219(110%)
泰 安	4.52(85%)	6.45	8.2
鲁布革	1.38	—	—
大朝山	—	5.84(吊转子)	15.95
广蓄一期	—	5.12(吊转子)	13.65(120%)
广蓄二期	—	9.88	10.38(120%)
棉花滩	—	—	7～15
东 风	—	—	5.3

（七）宜兴抽水蓄能电站岩壁吊车梁设计与施工

(1) 工程概况。宜兴抽水蓄能电站地下厂房围岩为中～厚层岩屑砂岩夹薄层泥质粉砂岩，厂区岩石层理、裂隙和节理面比较发育，岩石完整性差，洞室围岩属Ⅲ～Ⅳ类，局部为Ⅴ类。主厂房内安装 2 台 250t/50t 单小车桥机，轨距为 20.5m，最大吊装件为 420t 的转子，桥机最大轮压为 450kN。

(2) 岩壁吊车梁设计。由于宜兴地下厂房围岩较差，岩壁吊车梁的总体设计思路是在保证边墙稳定的前提下，在常规岩壁吊车梁设计基础上增加一些构造措施，达到桥机提前投入使用以及岩壁吊车梁安全、耐久的目的。

安装间段位于 F_{220} 断层影响带范围内，整体属Ⅳ类围岩，不适合采用岩壁吊车梁，鉴于安装间边墙低，采用常规吊车梁，不会对桥机提前投入运行产生影响，因此安装间段整体采用连续壁式牛腿结构。

主机段长 102.2m，围岩为Ⅲ～Ⅳ类，主机段在施工期全部采用岩壁吊车梁结构。由于地下厂房围岩节理发育，节理的错动可能会造成岩壁吊车梁锚杆局部点应力超出设计值，地下厂房开挖完成后将在较长时间内产生蠕变，这些因素都会造成岩壁吊车梁锚杆应力在机电安装、运行期持续缓慢地增长，并且宜兴工程地下水丰富且有一定的腐蚀性。为了增加岩壁吊车梁的安全裕度及耐久性，后期结合砖墙构造柱布置，在岩壁吊车梁下部设置支撑柱，支撑柱坐落在上下游混凝土墙上。根据工期安排，安装期支撑柱还不能施工，施工期需要岩壁吊车梁单独承受吊运转子荷载。

(3) 岩壁吊车梁计算。宜兴岩壁吊车梁采用工程上应用最广泛的刚体平衡法进行计算，根据宜兴工程地质情况，确定设计原则及基本假定如下：

1) 岩壁吊车梁锚杆应力仅考虑桥机荷载产生的应力。

2) 不考虑岩壁吊车梁混凝土与岩壁间的黏结力。

3) 桥机轮压及横向水平刹车力换算成作用在每米岩壁吊车梁上的单宽荷载。

4) 竖向动力系数采用 1.1，横向取 1.0。

5) 考虑宜兴岩石较差，可能会出现普遍超挖现象，因此将超挖 20cm 作为设计工况，超挖 40cm 作为校核工况。

6) 岩壁吊车梁稳定条件：静摩擦系数 $\mu<0.67$ ($\mathrm{tg}\varphi$)（根据岩体试验确定）；锚杆强度安全系数，设计工况 $K_u>2.5$，校核工况 $K_u>2.0$。

参照国内外水电站岩壁吊车梁的设计经验，初拟断面，改变梁高及壁座角、锚杆角度试算，最终确定岩壁吊车梁断面，见图 8-4-37。

该断面下岩壁吊车梁锚杆安全系数 K_u 及静摩擦系数 μ 如表 8-4-22 所示。

表 8-4-22　初拟断面下岩梁锚杆安全系数 K_u 及静摩擦系数 μ

工　况	K_u	μ	控制值（K_u/μ）
设　计	2.58	0.654	2.5/0.67
校　核	2.1	0.567	2.0/0.67

宜兴岩壁吊车梁梁体水平钢筋按构造配置，水平受力筋参数为Φ 25@150。由于岩壁吊车梁后期有柱子支撑，因此纵向钢筋配置按简支在支撑柱上的连续梁计算。

岩壁吊车梁配筋如图 8-4-41 所示。

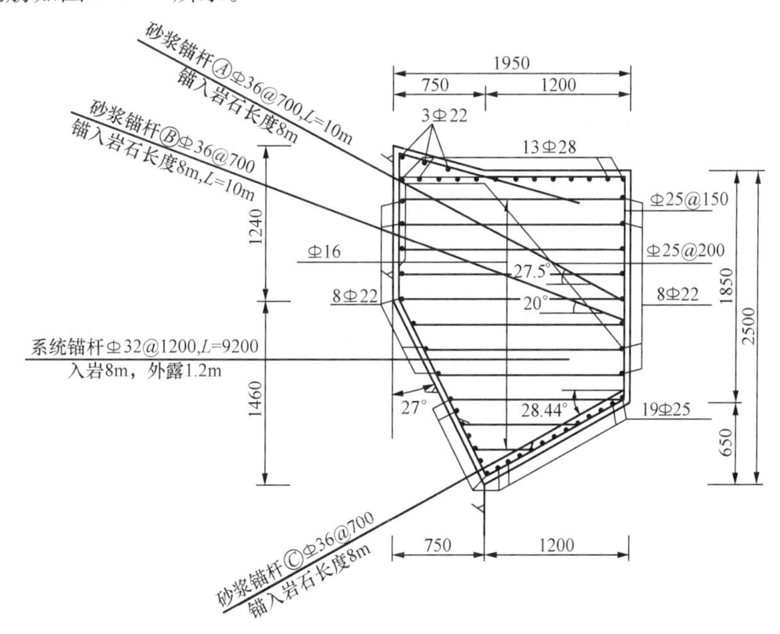

图 8-4-41　宜兴抽水蓄能电站地下厂房岩壁吊车梁结构及配筋图（单位：mm）

（4）岩壁吊车梁的构造措施。宜兴岩壁吊车梁锚杆采用全长黏结锚杆，孔口段并未涂沥青或包裹塑料布，主要考虑到本工程围岩稳定性差，需要及时支护，孔口涂沥青后锚杆与岩石脱开，容易造成岩壁吊车梁处表层围岩性状的恶化，不利于维持岩壁吊车梁与岩壁间的黏结力。受拉锚杆入岩长度以不小于边墙系统锚杆入岩长度来控制，并类比其他工程，确定入岩长度为 8m，下倾锚杆入岩长度也为 8m。

（5）岩壁吊车梁的施工措施。由于岩壁吊车梁部位岩石质量差，为保证开挖成型率，在第一层开挖结束后需对岩壁吊车梁部位进行预固结灌浆，如图 8-4-42 所示。

岩壁吊车梁开挖结合保护层开挖进行，在厂房开挖至高程 23.65m 后，两侧预留 5m 厚的保护层，中间拉槽开挖至高程 15.56m，然后分层开挖保护层Ⅰ、Ⅱ块，Ⅰ、Ⅱ块保护层开挖后，在岩壁吊车梁下拐点以下初喷钢纤维混凝土，完成系统锚杆施工，并在下拐点以下 30cm 处设置一排Φ 22、$L=2.5$m 的预加固短锚杆，最后再开挖Ⅲ块。其开挖方法见图 8-4-43。

通过以上开挖措施，岩壁梁开挖成型良好，平均半孔率达 87%，质量优良。

（6）岩壁吊车梁的观测资料及运行情况。宜兴主机段岩壁吊车梁共布置了 8 个观测断面，截至 2006 年 2 月 28 日（厂房开挖完成约 7 个月后），各断面锚杆应力的最大观测值见图 8-4-44 所示。

由图 8-4-44 可知，在主机段常规岩壁梁的 8 个观测断面上，上下游各有 3 个断面锚杆应力观测值在 311.7～568.2MPa 之间，超过仪器量程 300MPa，岩壁吊车梁锚杆在未承受桥机荷载之前即承担了较大的围岩变位产生的应力。

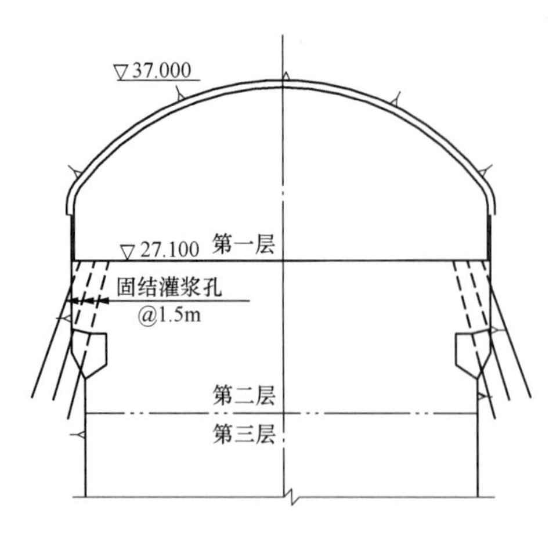

图 8-4-42　宜兴抽水蓄能电站地下厂房岩壁吊车梁预固结灌浆图

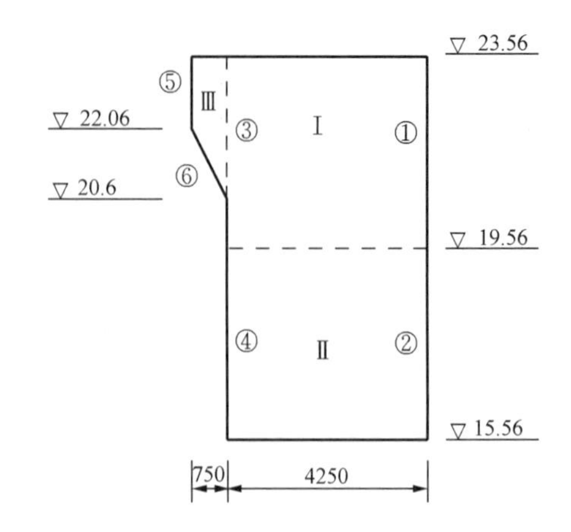

图 8-4-43　宜兴抽水蓄能电站地下厂房岩壁吊车梁壁座开挖图

注：Ⅰ～Ⅲ为分块编号，①～⑥为钻孔编号。

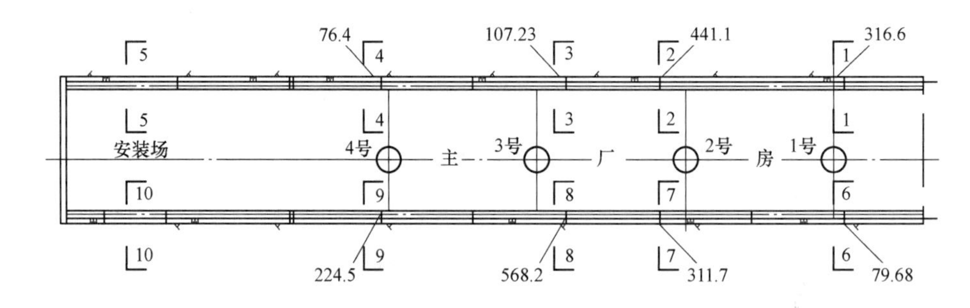

图 8-4-44　宜兴抽水蓄能电站地下厂房岩壁吊车梁锚杆最大应力（单位：MPa）

2006 年 11 月 30 日进行了岩壁吊车梁动负荷试验，结合吊运转子的重量，决定在吊转子之前先进行 60%、85%额定荷载试验，并控制主钩范围在机组中心线上下游 1m 范围内。

在 85%额定荷载试验中，锚杆应力最大增长发生在 1 号机 6-6 断面上，增加 3.74MPa；岩壁吊车梁上倾锚杆应力增加，下倾锚杆应力减小，符合一般规律；量程范围以内锚杆应力在试验结束卸荷后基本恢复原位，但超量程锚杆应力则没能完全恢复原位，表现为塑性变形。测缝计最大变位发生在 8-8 断面 J8—1 处，增加 0.1124mm，并在卸荷后恢复原位。其余钢筋应力计、多点变位计读数基本未发生变化。荷载试验结果表明虽然部分锚杆应力值在未承受桥机荷载前已经超标，但桥机荷载对岩壁吊车梁锚杆应力增长影响很小，岩壁吊车梁整体仍处于弹性工作状态下。

2007 年 5 月 6 日成功进行了 1 号机转子吊运，观测成果反映无异常。目前，宜兴岩壁吊车梁已安全运行近 5 年，实践证明即使在较差的地质条件下，通过采取合适的工程措施，只要保证边墙稳定，岩壁吊车梁也是适用的。

4.6　厂房结构动力分析

抽水蓄能电站水头高、容量大、机组转速高，机组运行工况转换频繁，往往产生较强烈的振动。强烈的机组振动和噪声，不仅导致机组和水工建筑物受力状态恶化、可靠度降低，还会影响运行人员的工作效率和身体健康，因此对高水头大型抽水蓄能电站厂房结构的抗振性能需进行深入分析。

4.6.1　振源和频率分析

抽水蓄能电站厂房振动主要由机组转动和水力冲击引起，频率分量较多，从低频到高频分布很广，机组的主要振源和频率特性可以归纳如下。

（一）机械振动

机械不平衡现象是普遍存在的，机械振动是机组的主要振源之一，主要由机组制造缺陷和安装误差引起，其振动频率多为转频或者其倍数。机组转速有正常转速 n（r/min）和飞逸转速 n_p（r/min），相对应的机械振动频率为 $n_1=kn$（或 kn_p），其中 $k=1$，2，3，…。

（二）电磁振动

电磁振动分为转频振动和极频振动。转频振动主要由转子磁极形状变异或定子、转子不同心等导致磁场引力不均匀而引起，其频率为转动频率或者其倍数；极频振动主要由定子铁芯松动等引起，其频率为电源频率的倍数，如 50、100Hz 等。

（三）水力振动

（1）尾水管内低、中频涡带。低频涡带水压脉动是混流式和轴流式水轮机普遍存在的振源之一，多发生在 30%～60%导叶开度范围内，因为在部分负荷时，水轮机叶片出口产生较大的切向分速度，再加之存在其他一些不利条件，在尾水管锥管段形成螺旋状涡带，产生较大的脉动压力，造成机组水力振动、结构振动或功率摆动，其频率为机械振动主频率 f_n 的 1/4～1/3。

中频涡带水压脉动的频率接近机组的转动频率，其在导水叶任何开度下均可能存在，在一定的单位转速下频率基本不变。中频涡带的脉动频率在转频附近波动，根据国内外几座电站的实测结果，为 $(0.8\sim1.2)f_n$。

（2）水力冲击引起的振动。水力冲击引起的振动频率主要由导叶、转轮叶片和转轮转频率叠加组成，可按下式计算，即

$$n_2=\frac{nx_1x_2}{a} \tag{8-4-1}$$

式中　n——发电机正常转速（r/min）；

x_1、x_2——导叶叶片数和转轮叶片数；

a——x_1 与 x_2 两数的最大公约数。

抽水蓄能电站的主要振源和频率特性可归纳为上述三类，其中机械振动和水力冲击引起的振动是厂房的主要振源，发生的概率高，是厂房结构动力分析复核的重点。电磁振动主要由设备缺陷和安装精度不足引起，可通过检修，消除机组缺陷，降低振动影响。尾水管内涡带可采用补气或改变尾水管形体参数等工程措施，降低其影响。

4.6.2　厂房结构振动控制标准

我国《水电站厂房设计规范》（SL 266—2001）中，对水电站厂房机墩结构提出了共振复核和振幅的控制标准，常规电站一般依据该规范提出的标准对机墩结构进行复核。但该标准只提出了对机墩结构的要求，对于水电站厂房结构的总体振动控制标准，目前还没有统一明确的规定。2001～2004 年，华东勘测设计研究院结合国家电力公司科研项目对抽水蓄能电站厂房振动控制标准和结构减振措施进行了专题研究，研究报告将人体保健要求引入到厂房结构的抗振评估指标中。由于厂房结构既是设备的基础，又是运行人员的工作场所，目前多数抽水蓄能电站对厂房结构的振动主要从结构安全要求、设备基础要求及人体保健要求三方面加以评估。

（一）结构安全要求

按照我国《水电站厂房设计规范》，水电站厂房机墩设计应满足以下要求：

（1）结构自振频率与激振频率之差和自振频率之比，或激振频率与结构自振频率之差和激振频率之

比，应大于20%～30%，以防共振。

（2）振幅值应限制在垂直振幅长期组合不大于0.1mm，短期组合不大于0.15mm，水平横向与扭转振幅之和长期组合不大于0.15mm，短期组合不大于0.2mm。当机组转速大于500r/min时，建议振幅控制值相应减小。

（3）当不考虑阻尼影响时，动力系数的计算按《水电站厂房设计规范》附录C中的计算公式，即

$$\eta=\frac{1}{1-\frac{f_i^2}{f_{0i}}} \tag{8-4-2}$$

式中 f_i——强迫振动频率，Hz；

f_{0i}——自振频率，Hz。

根据相关资料及以往设计经验，动力系数η取值应不大于1.5。

（二）设备基础要求

厂房结构是水轮发电机设备的基础，目前水电行业对水轮发电机组设备基础振动控制标准还未具体规定，可参照《动力机器基础设计规范》（GB 50040—1996）的相关规定，评估厂房结构的抗振性。该规范关于低转速（机器工作转速1000r/min及以下）动力计算的规定见表8-4-23。

表8-4-23 扰力、允许振动线位移及当量荷载表

机器工作转速（r/min）		<500	500～750	750～1000
计算横向振动线位移的扰力（kN）		$0.10w_g$	$0.15w_g$	$0.20w_g$
允许振动线位移（mm）		0.16	0.12	0.08
当量荷载（kN）	竖 向	$4w_{gi}$	$8w_{gi}$	
	横 向	$2w_{gi}$	$2w_{gi}$	

注 1 表中当量荷载包括材料的疲劳影响系数2.0。
2 w_g为机器转子重（kN）。

为了保证机组正常运行的稳定，抽水蓄能机组制造厂家往往对设备基础的刚度（即设备基础发生单位位移时所施加的力）提出控制要求。不同机型，不同厂家提出的要求不同，表8-4-24列出了国内几座抽水蓄能电站设备基础的刚度要求。

表8-4-24 国内几座抽水蓄能电站设备基础的刚度要求

工程名称	刚度要求（$\times10^6$N/mm）	工程名称	刚度要求（$\times10^6$N/mm）
天荒坪	12	琅琊山	20
广蓄二期	上机架17.5，下机架20	宜 兴	5
桐 柏	6	宝 泉	10
泰 安	7		

（三）人体保健要求

人体保健要求对振动的控制标准分为听觉和触觉两个方面。关于听觉，水电行业在《水利水电工程劳动安全与工业卫生设计规范》（DL 5061—1996）中，提出了水电站工作场所的噪声限制值，规定发电机层、水轮机层、蜗壳层等设备房间的噪声限制值为85dB，中央控制室及主要办公场所的噪声限制值为60～70dB；关于触觉，目前水电行业还未制定人体保健要求的控制标准。国家电力公司在《抽水蓄能电站厂房振动控制标准和结构减振措施研究》专题报告中，提出了参照《人体全身振动暴露的舒适

性降低界限和评价标准》（GB/T 13442—1992）及国际标准 ISO 2631-1，建立厂房结构抗振的评估指标。

（1）振动参数界限。GB/T 13442—1992 及国际标准 ISO 2631-1 给出人体全身振动、暴露时，保持人体舒适的振动参数界限和评价准则。舒适度降低界限（以加速度均方根值表示）与振动频率（或 1/3 倍频程的中心频率）、暴露时间以及振动作用方向有关，垂直和水平向振动加速度的舒适性降低界限数值与振动频率、暴露时间的关系见图 8-4-45 和图 8-4-46。

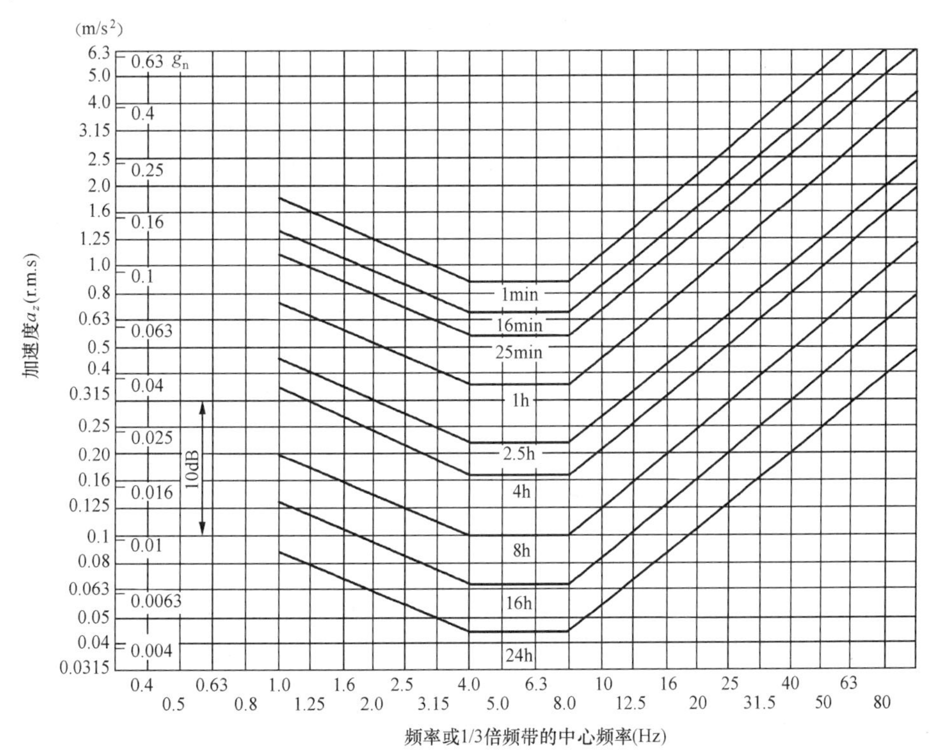

图 8-4-45 z 向加速度界限—舒适性降低限（横坐标为频率，以暴露时间为参数）

注：a_z 是加速度的均方根值。

从图 8-4-46 中可以看出：在人体最敏感频率范围，界限最低，对于 z 向振动，其范围为 4～8Hz，对于 x、y 向振动为 1～2Hz。加速度的限值与暴露时间的长短有关，暴露时间越长，加速度的限值越低。

（2）厂房结构的评估指标。根据抽水蓄能电站的运行特点，目前多数抽水蓄能电站按正常运行和飞逸工况分别确定人体保健要求的评估指标。一般情况下，运行人员连续工作时间不超过 8h，因此正常运行工况，发电机层楼板等部位可采用正常转速频率对应的暴露时间 8h 的舒适感降低界限值；飞逸工况采用飞逸转速频率对应的舒适感降低界限值，由于飞逸工况持续时间较短，因此暴露时间可根据电站的情况选用 16min 或 25min。

天荒坪抽水蓄能电站正常转速 500r/min（8.33Hz），查图 8-4-45 对应的暴露时间 8h 的舒适感降低界限值 a_z 为 0.104m/s^2；飞逸转速 720r/min（12Hz），对应的暴露时间 16min 的舒适感降低界限值 a_z 为 0.854m/s^2。实际工程计算时，正常工况采用限值 a_z 为 0.102m/s^2，飞逸工况采用限值 a_z 为 0.571～0.953m/s^2。

宜兴抽水蓄能电站正常转速 375r/min（6.25Hz），对应的暴露时间 8h 的舒适感降低界限值 a_z 为 0.1m/s^2；飞逸转速 562r/min（9.367Hz），对应的暴露时间 16min 的舒适感降低界限值 a_z 为 0.786m/s^2。实际工程计算时，正常工况采用限值 a_z 为 0.098m/s^2，飞逸工况采用限值 a_z 为 0.794m/s^2。

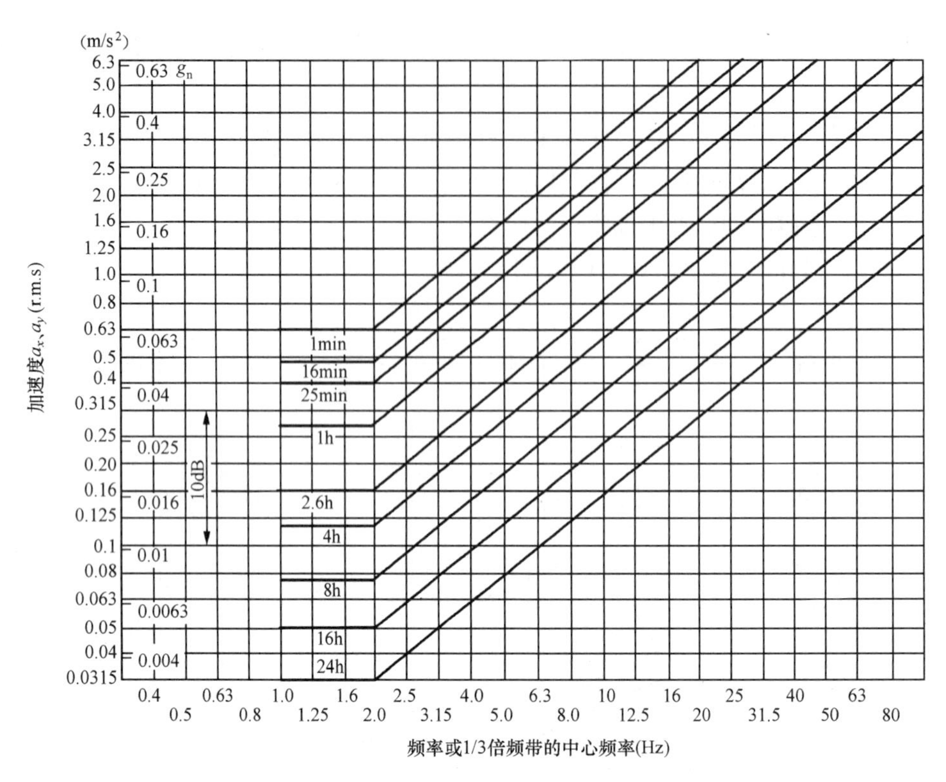

图 8-4-46　x、y 向加速度界限—舒适性降低限（横坐标为频率，以暴露时间为参数）

注：a_x、a_y 是加速度的均方根值。

多数抽水蓄能电站的正常转速在 4～8Hz 之间，发电机层楼板等部位可采用正常转速频率对应的暴露时间 8h 的舒适感降低界限值 a_z 为 0.1m/s^2。飞逸和其他工况宜根据具体情况确定评估指标。

4.6.3　结构动力分析

（一）计算方法

在我国《水电站厂房设计规范》的附录中，对水电站厂房机墩结构共振复核和振幅计算推荐了单自由度振动体系的计算方法，计算简图是单独取机墩、风罩和蜗壳外围混凝土结构，切取单宽按拟静力法进行计算。由于该计算方法比较粗略，国内已建大型抽水蓄能电站一般采用有限元计算方法进行动力分析，根据计算结果，对照振动评估标准，评估结构的抗振性能，采取合理的结构措施，解决厂房振动问题。

（二）计算模型

有限元计算模型的范围和边界的约束选取对动力分析成果有一定的影响。一般电站左右方向取一个机组段，两机一缝时取两个机组段，左右侧的伸缩缝一般按自由界面考虑；上下游方向取至洞室围岩边界，结构与岩壁接触面可视工程的处理措施按自由、设水平弹性支撑或固定约束几种情况考虑，约束越强，结构的自振频率越高；高度方向一般取发电机层到尾水管底板，也有的电站下部取至蜗壳底部或机墩底部，高度取值越小，计算出的结构自振频率越高，取发电机层到尾水管底板计算结果与实际测试结果比较相符。

（三）计算工况

计算工况主要包括正常运行工况和飞逸工况，根据电站的规模和机组运行工况，必要时进行三相短路、半数磁极断路等工况的动力响应分析。

（四）结构动力分析实例

目前，对采用有限元计算方法进行厂房结构动力分析还没有统一的规范和标准，各电站的计算方法和模型等有所不同，以下给出宜兴抽水蓄能电站厂房结构动力分析的实例：

（1）宜兴抽水蓄能电站厂房结构的布置概况。宜兴抽水蓄能电站装机容量1000MW，安装4台单机250MW竖轴单级混流可逆式水泵水轮发电机组。主厂房混凝土结构采用一机一缝布置，每个机组段长24m、宽22m。主机段自上而下布置3层楼板，发电机层高程为12.8m，中间层高程为6.8m，水轮机层高程为0.10m，各层结构采用现浇板梁柱体系。金属蜗壳与外包混凝土之间不设垫层，采用充水保压浇筑方式，保压压力为最大内水压力的53%，蜗壳外包混凝土最小厚度为2m，紧贴下游岩壁布置，机墩和风罩均为“八角形”结构，机墩内径为6.5m，厚度为2.75m，风罩内切圆直径为10m，厚度为1m，见图8-4-47。

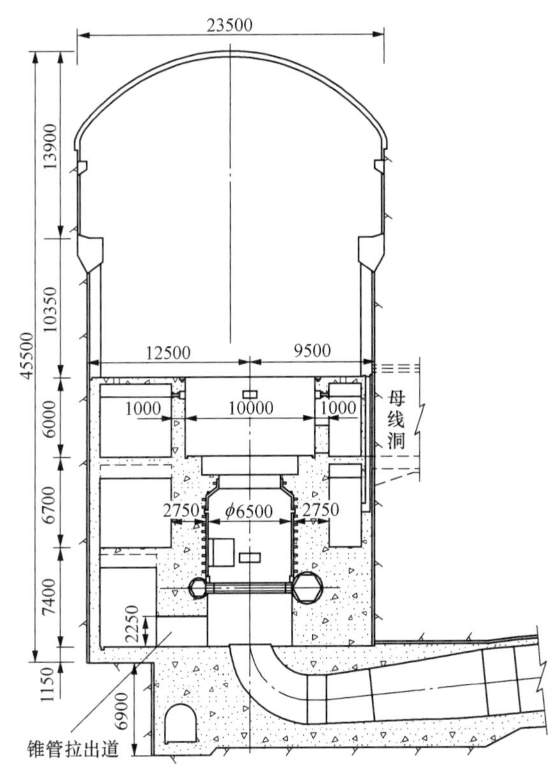

图8-4-47　宜兴抽水蓄能电站主厂房结构图（单位：mm）

（2）机组主要参数和荷载。电站机组采用GE公司的悬式发电机，水轮机转轮拆卸方式为“上拆”。机组主要参数为额定转速375r/min、飞逸转速562r/min、导叶叶片数26个、转轮叶片数9个。

（3）结构抗振性能的评估标准。按照我国《水电站厂房设计规范》规定的机墩结构的共振、振幅控制标准，并根据宜兴电站振动频率的特点，参照《人体全身振动暴露的舒适性降低界限和评价标准》提出的舒适性的降低界限值，建立宜兴电站的振动控制标准，见表8-4-25。

表8-4-25　宜兴厂房结构振动控制标准

评估项目	允许标准	评估项目	允许标准
正常转速（Hz）	6.25	最大水平位移（mm）	0.15（长期组合）
飞逸转速（Hz）	9.367		0.2（短期组合）
最低自振频率控制值（Hz）	12.2	正常运行期均方加速度（mm/s²）	z轴98.0
最大垂直位移（mm）	0.1（长期组合）		
	0.15（短期组合）	飞逸期均方加速度（mm/s²）	z轴794.0

注　正常运行期均方加速度的允许值取与正常转速375r/min（6.25Hz）对应的暴露时间8h的舒适感降低界限值a_z；飞逸期的取值与飞逸转速562r/min（9.367Hz）对应的暴露时间约16min的舒适感降低界限值a_z。

（4）结构关键部位刚度复核。机组制造厂家要求在发电机上机架、定子基础、下机架基础荷载作用部位，径向和切向刚度不小于 5MN/mm。

本电站采用结构分析软件 ANSYS，对发电机上机架、定子基础、下机架基础分别作用 5MN 的径向或切向荷载，计算相应位移量。有限元数值计算表明：各工况下结构的位移均不大于 1mm，厂房结构关键部位的整体刚度均满足厂家要求。由于结构布置和边界约束条件的不对称，各方向和各位置的刚度存在一定的差异，总体上是机墩的纵向刚度小于横向刚度，且蜗壳下游侧紧靠岩壁布置，下游侧的横向刚度大于上游侧，由于圆筒的作用，机墩的切向刚度大于径向刚度。

（5）厂房结构的动力分析计算。

1）计算模型研究。结构自振频率计算采用整体三维有限元模型，计算模型取一个机组段的混凝土结构，包括尾水管、蜗壳、机墩、风罩及各层板梁柱结构。相邻机组段之间设结构缝，不设约束。

宜兴电站地下厂房洞室围岩的水平变形模量为 4.5～7GPa。为了分析围岩约束情况对计算结果的影响，计算了以下 4 种情况：

模型一：在上、下游边墙与围岩之间的边界节点上加弹性水平约束，围岩变形模量取 E_0＝4GPa。

模型二：在上、下游边墙与围岩之间的边界节点上加弹性水平约束，围岩变形模量取 E_0＝6GPa。

模型三：在上、下游边墙与围岩之间的边界节点上加三向固定约束，围岩变形模量取 E_0＝6GPa。

模型四：计算模型中考虑洞室围岩参振情况，周围岩体每侧的计算宽度至少取 3 倍的厂房开挖跨度，即不小于 66m。围岩变形模量取 E_0＝6GPa。

采用 ANSYS 程序对本电站厂房结构各模型的模态进行计算，结论如下：

模型一～模型四的最小自振频率分别为 16.88、16.94、17.23、6.59。一、二两个模型相比，相同振型下对应的结构频率均随着围岩变形模量的增加而增大，但增大的幅度较小；模型三由于其上、下游边界条件均为固定约束，即假定岩石是刚性体，各阶自振频率均大于模型二中相对应的频率，说明约束越强，结构的自振频率越高；模型四，第 1 阶振型表现为整体竖向振动，第 2 阶和第 3 阶振型表现为整体纵向和横向振动，第 4～6 阶振型则为整体的扭转振型，说明考虑了围岩的弹性耦联作用后，出现了较多阶振型为厂房结构在围岩中的整体振动，导致计算出的结构自振频率偏低。综合分析采用模型二进行动力计算。

2）共振复核。模型二的前 5 阶自振频率分别为 16.94、20.71、22.99、24.85、28.2，机组正常转速对应的频率 n 为 6.25Hz，飞逸转速对应的频率为 9.375Hz，水力冲击引起的振动频率 $n_2=\frac{nx_1x_2}{a}=26\times9\times6.25=1462.5$，自振频率与各种激振频率的错开度均大于 20％～30％。

按第 1 阶自振频率复核动力系数 η，正常运行工况为 1.16，飞逸工况为 1.44，均小于 1.5。

3）厂房结构动力响应分析。根据机组制造厂家提供的各工况的荷载资料，按照计算模型二，采用谐响应法进行计算。各工况的振幅和振动加速度均方根计算值和允许值列于表 8-4-26 中。

表 8-4-26　　宜兴抽水蓄能电站厂房结构振幅和振动加速度均方根计算值和允许值

计算工况	水平振幅（mm）		竖向振幅（mm）		振动加速度 a_z 均方根值（mm/s^2）	
	计算值	允许值	计算值	允许值	计算值	允许值
正常工况	0.032	0.15	0.060	0.10	65	98
飞逸工况	0.033		0.013		69	794
三相短路	0.20	0.20	0.079	0.15	—	—
半数磁极短路	0.094		0.071		—	—

可以看出，除三相短路工况的水平振幅较大接近于控制标准外，其他工况的振幅均远小于规范限制值，并且各工况下的振动加速度均方根值均满足人体保健要求，因而厂房结构具有足够的抗振安全性，结构的动力设计是合理的。本电站于 2008 年 11 月投入运行，厂房结构抗振性能良好。

4.6.4 厂房结构减振措施

厂房结构的抗振性能与机组转轮的拆卸方式和厂房结构布置等因素有关。在结构设计时，常用的减振措施如下：

（1）机墩结构。机墩结构是厂房支承结构的关键部位，机墩刚度的大小直接影响厂房的抗振性能。转轮采用中拆方式时，需要在机墩部位开设较大的孔洞，对结构刚度削弱较大，有条件时应尽量避免中拆方式。另外，将机墩结构一侧紧靠围岩布置，如天荒坪电站，可以提高机墩结构的抗振性能。

（2）蜗壳外包混凝土结构。蜗壳外包混凝土结构既是机墩的基础，又是嵌固钢蜗壳的结构，其设计对厂房结构的抗振性能有一定的影响。外围混凝土结构一侧紧靠围岩布置，可提高其结构刚度，已建的天荒坪、泰安、桐柏、宜兴、宝泉电站均采用这种布置型式，取得较好的效果。另外，采用保压浇筑外围混凝土，金属蜗壳与外围混凝土联合受力，可提高蜗壳结构的整体刚度。

（3）楼板结构。由于楼板与梁柱结构的刚度远小于风罩、机墩和蜗壳外包混凝土等主体结构的刚度，因此其动力响应较为明显。一些电站的结构振动模态分析计算和现场测试均表明，孔洞周围是楼板抗振的薄弱部位，厂房楼板的竖向振动和柱子的弯曲振动对结构较为不利，因此结构设计时在主要孔洞周围宜增设较大断面的梁系结构，尽量减少框架柱的长细比。桐柏电站厂房动力计算结果表明前 15 阶振型都表现为楼板与梁柱结构的振型位移，图 8-4-48 为该电站厂房结构第 1 阶振型图。另外，由于该电站水轮机层至蜗壳层高差为 10m，立柱的长细比较大，为此在水轮机层和蜗壳层之间增设了夹层，见图 8-4-49。计算结果表明，增设夹层可有效改善厂房结构的抗振性能，当夹层板梁和立柱断面的尺寸较大时，效果更明显。

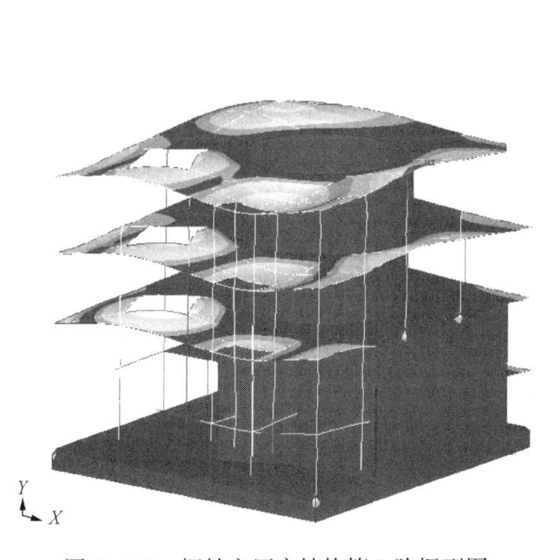

图 8-4-48 桐柏主厂房结构第 1 阶振型图

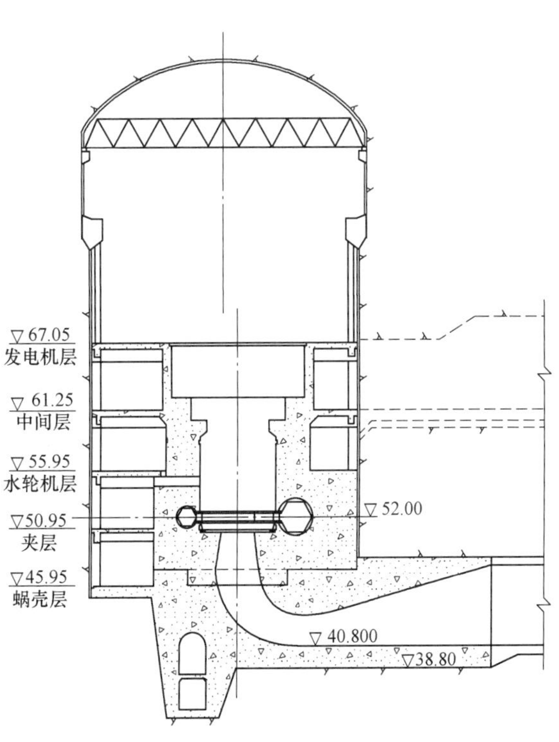

图 8-4-49 桐柏主厂房结构横剖面图

关于楼板的结构形式，分析计算表明：同等混凝土质量的情况下，板梁结构的刚度和抗振性能好于厚板结构。如桐柏电站发电机层楼板采用板梁形式布置，楼板厚500～700mm，主梁断面为800mm×1500mm，按混凝土质量等效与厚度为891mm的厚板相当，但其抗振性能相当于厚度为1130mm的厚板。

楼板结构的边界约束条件对结构的抗振性能影响较大，约束越强，结构的抗振性能越好，一般工程采取的措施是在与围岩接触的板梁以及支撑柱、墙范围内增设锚筋。如天荒坪工程采取上下游柱与围岩用锚筋连接，并增加了楼板上下游梁的断面尺寸，采取以上措施后，第1阶振型的自振频率由10.02提高到34.14，使厂房结构的动力特性得到优化。

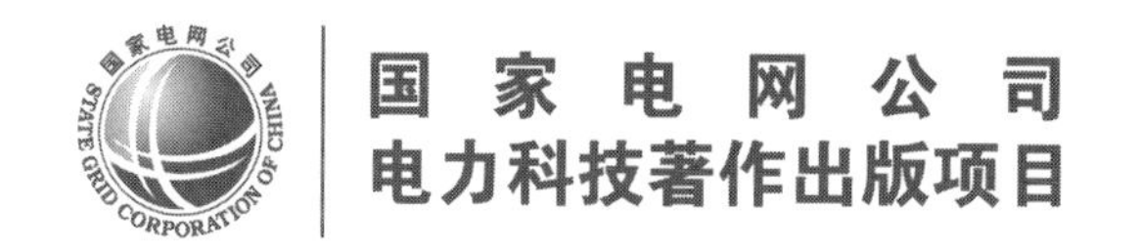

CHOUSHUI XUNENG DIANZHAN SHEJI

抽水蓄能电站设计

（下 册）

中国水电顾问集团华东勘测设计研究院
张春生　姜忠见　主编

中国电力出版社
CHINA ELECTRIC POWER PRESS

图书在版编目（CIP）数据

抽水蓄能电站设计：全2册/张春生，姜忠见主编．—北京：中国电力出版社，2012.3（2022.10重印）

ISBN 978-7-5123-2744-3

Ⅰ.①抽…　Ⅱ.①张…②姜…　Ⅲ.①抽水蓄能水电站-设计　Ⅳ.①TV743

中国版本图书馆CIP数据核字（2012）第028495号

中国电力出版社出版、发行
（北京市东城区北京站西街19号　100005　http://www.cepp.sgcc.com.cn）
三河市万龙印装有限公司印刷
各地新华书店经售

*

2012年3月第一版　2022年10月北京第三次印刷
889毫米×1194毫米　16开本　70印张　1961千字　1插页
印数3001—4000册　定价**480.00**元（上、下册）

目 录

第三篇 抽水蓄能电站枢纽布置

第四篇 抽水蓄能电站水文气象条件

第五篇 抽水蓄能电站工程地质问题

第六篇 抽水蓄能电站上、下水库

第七篇 抽水蓄能电站输水系统

第八篇 抽水蓄能电站发电厂房

下　　册

第九篇　抽水蓄能电站施工组织设计

第十篇 抽水蓄能电站工程安全监测

第十一篇 抽水蓄能电站机电及金属结构

第十二篇 抽水蓄能电站建设征地移民安置

第十三篇　抽水蓄能电站环境保护与水土保持

第十四篇 抽水蓄能电站水库蓄水与机组调试

第十五篇 抽水蓄能电站运行设计

第十六篇 抽水蓄能电站经济效益和经济评价

第九篇

抽水蓄能电站施工组织设计

第一章
抽水蓄能电站施工组织设计的主要任务

施工组织设计是水电工程设计文件的重要组成部分，是编制工程投资估算、概算及招、投标文件的基础和重要依据，是工程建设和施工管理的指导性文件，认真做好施工组织设计，对合理选择抽水蓄能电站站址、枢纽布置及水库（库盆）形式（包括防渗），优化设计方案，合理组织工程施工，保证工程施工质量与安全，满足环境保护和水土保持、节能要求，合理利用土地资源，缩短建设周期和降低工程造价都有十分重要的作用。

与常规水电枢纽工程相比，抽水蓄能电站挡水和泄洪建筑物的规模小、施工导流简单；引水隧洞和地下厂房洞室群规模大、水头高，受地质条件制约，是控制工程工期的关键项目；库盆防渗要求高、结构形式多样；枢纽建筑物施工技术成熟，施工布置受环境制约因素多，施工组织设计工作重点与常规电站有所不同。

抽水蓄能电站施工组织设计的主要任务包括：

（1）分析研究工程施工条件。深入了解、分析工程施工条件，为编制技术可行与经济合理，满足安全、环境保护与水土保持、节能要求的施工组织设计提供依据。

抽水蓄能电站水库小，不涉及大量移民，但抽水蓄能电站站址一般位于电力负荷中心，靠近城镇，自然景观好，人口稠密，施工区社会条件较复杂，占地和移民对工程所在地产生的影响等问题比较突出。在进行工程区建设条件调查时应区别于一般地区的常规水电工程，对于营地、交通运输、供水、供电、通信及当地市场供应等，应根据当地社会化服务的条件和业主的管理模式，在设计初期明确工作方向，或与工程相关部门达成协议，有针对性地开展施工规划和临时设施布置工作。

（2）施工导流设计。合理确定导流建筑物级别和设计洪水标准，根据地形及地质条件、水文特性、枢纽布置等，选择施工导流方式，并进行导流建筑物设计。

抽水蓄能电站上、下水库集水面积一般较小，特别是对于采用开挖和围填形成的上、下水库，应在掌握小集水面积水文特性的基础上，将施工导流设计的重点放在场地排洪上，而不是针对某一建筑物（如大坝）的导流挡水、泄水建筑物的设计。除上、下水库外，对弃渣场地的排洪设计也应引起足够重视。

抽水蓄能电站一般采用地下式厂房，即使采用地面厂房，其设置高程也较低，需要特别注意厂房施工期的度汛问题，应结合施工进度选择合理的度汛标准和措施。

位于已建水库中的进/出水口采用围堰挡水施工或降低库水位枯水期施工，以及预留岩塞水下爆破施工等方案，设计时需要对原水库的运行情况进行详细了解。围堰的结构形式应充分考虑水库运行情况。

抽水蓄能电站水库泄洪引起的下游原河道防洪标准不足问题，是抽水蓄能电站设计和运行时需要重视的问题，施工期也存在因泄洪通道改变而引起的天然沟（谷）、河道集水面积及排水量增加引起的冲刷和泥石流问题，在天然沟（谷）、河道附近有建筑物时更应引起重视。

（3）料源选择与开采方式。应优先研究论证工程开挖料作为砂石料料源的可行性和合理性，具备商品砂石料供应条件的应将采购商品砂石料作为比选料源的方案。

对于采用沥青混凝土作为防渗材料的工程，应对沥青混凝土骨料进行专门研究。

（4）主体工程施工设计。抽水蓄能电站主体工程施工设计和研究的内容与常规水电站基本相似，详细的施工方法设计是进行施工布置、安排施工进度、控制投资的基础，具有重要意义。施工组织设计应重点研究库盆挖填料平衡、库盆防渗处理、高压管道和地下洞室群施工、进/出水口施工等，重视地下工程通道布置和工程土石方平衡的研究。

对于影响工程质量的关键问题，可研阶段及招标设计阶段应提出切实可行的技术措施和要求，如地下厂房岩锚梁、长斜（竖）井混凝土运输、特殊防渗结构等。

（5）施工交通运输设计。施工交通运输设计包括选择对外交通运输方案（包括超限运输），配合施工总布置做好场内交通规划设计。

抽水蓄能电站站址一般地形较陡，上、下水库之间的距离较长，而上水库的施工运输量不大，因此在上、下水库连接公路设计时，不宜一味追求高等级，但施工期及运行期施工道路的安全问题应在设计时充分考虑。

（6）施工工厂设施设计。施工工厂包括砂石料加工、混凝土生产、供水、供电、压缩空气、通信、机械修配系统和加工厂等。

抽水蓄能电站上水库一般需要设置专门的施工供水系统，供水系统方案应可靠，并考虑水库初期充水的需要。

抽水蓄能电站距离城镇较近，通信基础设施相对完善，通信系统可结合当地电信部门规划统一考虑。

（7）施工总布置设计。施工总布置是施工组织设计的重点之一。

土石方平衡规划是施工总布置设计的重要内容，对于抽水蓄能电站，应考虑利用水库死库容填渣的方案，由于水库集水面积一般较小，因此泄洪问题不突出，利用坝后场地弃渣也是抽水蓄能电站的一大特点。

施工总布置设计应充分重视环保、水保因素，考虑工程分标段实施的因素。

（8）施工总进度设计。抽水蓄能电站施工工期一般控制在地下厂房工程，不同地区的抽水蓄能电站施工周期基本相当，所以在进行方案比较时不必过分强调进度上的差别。

第二章

施工期水流控制

抽水蓄能电站的上水库一般修建在山顶沟源洼地，下水库一般修建在小溪沟或小河上，也有一些工程利用已建好的水库或对原有水库进行改建作为上、下水库。一般来说，抽水蓄能电站的水库具有集水面积较小、无实测洪水资料、施工期间的来流主要是小流域雨洪、导流工程相对较简单及规模较小等特点，部分建筑物水流控制具有场地防洪、排洪的特点，但涉及需进行水流控制的建筑物较多，没有一个合理的水流控制设计，将对工程施工造成影响，或造成不必要的浪费。因此，应重视抽水蓄能电站的施工期水流控制设计。在进行施工导流设计前，应全面收集、熟悉设计所需的基本资料，其内容主要包括水文、气象、地形、地质、水工枢纽布置等。

2.1 上、下水库施工导流标准

上、下水库需进行水流控制的主要建筑物有上、下水库挡水坝（包括副坝），上、下水库进/出水口，库盆等。

抽水蓄能电站导流建筑物级别划分和设计洪水标准应执行《水电工程施工组织设计规范》（DL/T 5397—2007）的规定，并结合风险度综合分析，使所选取的标准既安全可靠，又经济合理。开挖围成的上、下水库，其集水面积较小，一般在 $1km^2$ 左右，其施工期间的来流主要是小流域雨洪，施工导流设计洪水标准的确定应与水文气象条件及集水面积结合考虑。目前国内已建、在建的抽水蓄能电站，其施工导流设计标准一般采用全年 10～20 年洪水重现期流量设计，对于集水面积在 $0.5km^2$ 以下的，可考虑采用 24h 洪量设计。宜兴、张河湾的上水库及西龙池的上、下水库施工期导流采用洪水重现期 20 年的 24h 洪量设计，蒲石河的上水库施工期导流采用洪水重现期 5 年的 3d 洪量设计。国内部分抽水蓄能电站集水面积见表 9-2-1。

对于利用原有水库大坝加高或改建作为抽水蓄能电站的上水库或下水库，加高或改建后的大坝建筑物级别往往比原水库大坝级别要高，应按加高或改建后的大坝建筑物级别确定导流建筑物的级别，如宜兴下水库、张河湾下水库等。

表 9-2-1　　国内部分抽水蓄能电站集水面积

序号	工程名称	水　库	集水面积（km^2）	备　注
1	十三陵抽水蓄能电站	上水库	0.163	
2	天荒坪抽水蓄能电站	上水库	0.327	
3	宜兴抽水蓄能电站	上水库	0.21	
		下水库	1.87	

续表

序号	工程名称	水　库	集水面积（km^2）	备　注
4	张河湾抽水蓄能电站	上水库	0.369	
5	西龙池抽水蓄能电站	上水库	0.232	
		下水库	0.15	库盆面积
6	泰安抽水蓄能电站	上水库	1.432	
7	琅琊山抽水蓄能电站	上水库	1.97	
8	蒲石河抽水蓄能电站	上水库	1.12	

2.2　施工导流（排水）方式与布置

抽水蓄能电站施工导流（排水）方式应根据地形、水文条件，结合枢纽布置综合分析，统筹考虑挡水坝、进/出水口、库盆施工期的水流控制，尽量利用、结合永久排水通道（如库底排水系统通道、永久放空洞等），选择合理的施工导流（排水）方式。目前已建、在建和已完成可研设计的工程常采用的主要施工导流（排水）方式有库底（坝底）排水通道排水方式、利用永久放空洞（泄水通道）导流方式、机械抽排方式、涵洞（管）导流方式、隧洞导流方式等。个别工程也有采用明渠导流方式时，如响水涧抽水蓄能电站下水库和洪屏抽水蓄能电站上水库等。

2.2.1　库底（坝底）排水通道排水方式

该类导流方式一般用于库底（坝底）设有永久排水通道系统、集水面积及洪量较小的上水库。利用库底（坝底）的排水通道作为施工期排水通道，一般采用竖井接排水通道方式，当完成库盆施工，且挡水坝已满足度汛要求时，封堵通道口。由于该导流方式不需另设专门的导流泄水建筑物，因此有适用条件的应优先采用。国内已建和在建的许多抽水蓄能电站的上水库都采用了该导流方式，如天荒坪、宜兴、宝泉、张河湾抽水蓄能电站的上水库。

2.2.2　利用永久放空洞（泄水通道）导流方式

该导流方式一般用于设有永久放空洞（泄水通道）、集水面积及洪量较小的水库，先建永久泄水通道作为施工期导流通道，如宜兴抽水蓄能电站下水库，集水面积为1.87km^2，利用永久泄水管导流；西龙池抽水蓄能电站下水库的后期导流利用放空洞。

2.2.3　机械抽排方式

机械抽排方式适用于集水面积及洪量很小的水库，其径流主要为雨洪，无可利用的其他排水通道（如库底排水廊道），经分析采用水泵抽排可满足工程施工及度汛要求的封闭库盆，如西龙池抽水蓄能电站下水库的施工期导流，库盆面积为0.15km^2，前期采用了机械抽排方式，后期利用放空洞导流。

2.2.4　涵洞（管）导流方式

涵洞（管）导流方式适用于集水面积及洪量较小、无可利用的其他排水通道（如库底排水廊道），而机械抽排方式又不能满足工程施工和度汛要求的水库。采用此种导流方式时，应考虑与永久放空洞结合。如琅琊山抽水蓄能电站上水库，集水面积为1.97km^2，采用涵洞导流方式，涵洞与永久放空洞结合，涵洞设在左岸靠近沟底部位的坝体（钢筋混凝土面板堆石坝）下，采用城门洞形，断面尺寸为1.6m×1.8m。

2.2.5　隧洞导流方式

对于汇流面积及洪量相对较大，有适合的地形、地质条件布置导流隧洞，其他导流方式已不太适用的水库，可采用隧洞导流方式。采用隧洞导流时宜采用全年导流方案，尽量考虑与永久放空洞相结合，对于没有条件围入基坑内施工的进/出水口，围堰堰顶高程不宜超过进/出水口平台的高程，这样位于水库内的进/出水口可在不需另修围堰的条件下全年施工。另外，对于坡降较陡、水流急、泥沙含量高的河道，在隧洞设计中需考虑防止施工期上游石渣冲入洞内造成破坏的措施。

天荒坪抽水蓄能电站下水库位于大溪村至潘村间的山涧峡谷中，坝址以上集水面积为24.2km^2，采用隧洞导流方式，隧洞全长449.49m，隧洞设计底坡i=4.22%，断面采用5m×5.6m城门洞形，全洞均采用了钢筋混凝土衬砌，后期改建为放空洞。隧洞经汛后检查，发现导流隧洞大部分底板表面约5cm厚的混凝土被冲掉，被冲表面较平整（局部有小冲坑），底板钢筋被拉出，但边墙完好。分析破坏主要由以下两方面原因造成：一是混凝土浇筑时水灰比偏大（一般达0.55以上，规范值有抗冲要求的水灰比≤0.5），且振捣后表面层骨料偏少，大部分为水泥浆层，降低了抗冲能力；二是其河道坡降大，水流急，洪水期水中含有大量泥沙，且导流洞进口上游堆有大量开挖的石渣，在洪水期内冲入洞内，造成底板破坏。因此，对于坡降较陡、水流急、泥沙含量高的河道，在设计、施工中应注意以下几点：

（1）确保混凝土施工质量。

（2）合理确定导流隧洞进口高程，导流洞进口上游禁止堆渣，必要时可设置拦渣坎。

（3）对于类似的小规模导流隧洞工程，隧洞衬砌结构宜采用底板与边顶拱分开的形式，底板可采用素混凝土抹平结构。

国内已建、在建工程采用隧洞导流的工程有天荒坪下水库、泰安上水库、桐柏下水库，后期均改建为永久放空洞（泄放洞）。

国内已建、在建和已完成可研设计的部分抽水蓄能电站的导流方式见表9-2-2。

表9-2-2　国内已建、在建和已完成可研设计的部分抽水蓄能电站导流方式

序号	工程名称	水　库	集水面积（km^2）	导　流　方　式	备　注
1	天荒坪	上水库	0.327	库底排水通道排水方式	已建
		下水库	24.20	隧洞导流方式，后期改建为永久放空洞	已建
2	桐柏	下水库	21.40	隧洞导流方式，后期改建为永久泄放洞	已建
3	泰安	上水库	1.432	隧洞导流方式，后期改建为永久泄放洞	已建
4	张河湾	上水库	0.369	库底排水通道排水方式	已建
5	宜兴	上水库	0.21	库底排水通道排水方式	已建
6	宝泉	上水库	6.00	库底排水通道排水方式	已建
7	西龙池	上水库	0.232	库底排水通道排水方式	已建
		下水库	0.15	前期采用机械抽排，后期利用放空洞导流	已建

续表

序号	工程名称	水　库	集水面积（km^2）	导　流　方　式	备　　注
8	响水涧	上水库	1.12	坝底排水通道排水方式	在建
		下水库	14.13	明渠导流	在建
9	仙居	上水库	1.21	隧洞导流方式	在建
10	仙游	上水库	4.00	隧洞导流方式	在建
		下水库	17.4	隧洞导流方式，后期改建为永久泄放洞	在建
11	天荒坪二	上水库	0.405	机械抽排，结合主坝底埋设直径 30cm 的排水钢管	可研设计
		下水库	30.50	隧洞导流方式，后期改建为永久泄放洞	可研设计
12	洪屏	上水库	6.67	隧洞导流方式	在建
		下水库	258.00	隧洞导流方式	在建

2.3　利用或改建水库施工导流

有一些抽水蓄能电站的水库利用已建水库或对已建水库进行改建，也存在施工导流问题，如库内进/出水口、大坝改建施工等。

2.3.1　进/出水口施工导流

目前已建、在建工程一般采取修建围堰或降低库水位干地施工方案，如十三陵下水库进/出水口、桐柏上水库进/出水口、泰安下水库进/出水口采取了修建围堰干地施工方案，围堰均采用了土石围堰形式；宝泉下水库进/出水口采取降低库水位枯水期干地施工方案；也有工程采用水下岩塞爆破方案，如响洪甸抽水蓄能电站下水库进/出水口，塞底洞径 9.0m，爆破水深约 26m。

2.3.2　大坝改建施工导流

大坝改建工程应根据大坝枢纽布置，并结合水文条件及工程特点，尽量利用原有的永久泄流通道，选择合理的导流方案。

宝泉抽水蓄能电站下水库大坝工程利用原宝泉水库改扩建后作为下水库，原大坝为一座浆砌石重力坝，最大坝高 91.1m，坝顶总长 411.0m，坝址控制流域面积 538.4km^2，总库容 4458.0 万 m^3；大坝分左、右岸挡水坝段和中间溢流坝段，挡水坝段坝顶高程为 252.1m，溢流坝段长 109m，溢流堰顶高程为 244.0m。为满足下游农业灌溉用水，左岸挡水坝段布置有一、二级灌溉洞，一级灌溉洞径为 1.4m，底高程为 190.0m；二级灌溉洞径为 1.8m，底高程为 221.0m。

改建采用将原大坝加高方案，大坝加高后维持原总体布置不变。坝顶设计高程为 268.5m，相应加高 16.4m；溢流坝设计堰顶高程为 257.5m，相应加高 13.5m；坝体防渗采用现浇钢筋混凝土面板防渗。坝体改建施工分两期：第一期为 244.0m 高程以下部分坝体砌筑和坝体上游面混凝土面板浇筑；第二期为 244.0m 高程以上部分坝体浆砌块石砌筑和坝体上游面混凝土面板、溢流坝段溢流面混凝土浇筑施工。二期坝体施工期导流问题较容易解决，采用了利用灌溉洞泄放控制库水位的施工方案。一期坝体上游面混凝土面板位于水下，为创造干地施工条件，施工导流方式进行了机械抽排、打开原导流底孔导流、新建导流隧洞导流三个方案的比较。导流隧洞方案考虑到进口需岩塞爆破，风险较大，且投资大；导流底孔方案考虑到经过多年淤积，现场情况比较复杂，存在打开困难、打开不成功等诸多风险，同时还有大量水下作业工程（如清淤、打开导流底孔闸门等），将使工程费用增加。因此，两方案均不宜采用。而机械抽排没有上述方案的缺点，虽存在抽排水量较大的缺点，但可通过优化工期，错开来流量较大的10月，解决抽排水量较大、机械设备数量多的问题。最终采用了机械抽排方案，其施工导流程序为：在10月初打开灌溉洞放水至190.75m高程，10月下旬开始抽水，11月中旬抽空水库，即开始进行基坑开挖，基坑排水，进行174.00～191.55m防渗面板施工，并在次年汛前完成一期坝体上游面混凝土面板。

2.4　施工期度汛

施工期内需度汛的建筑物主要有上、下水库的挡水坝和上、下水库进/出水口。

2.4.1　施工期度汛标准

当坝体高程超过围堰和泄排水建筑物下闸封堵后，坝体度汛标准可按《水电工程施工组织设计规范》（DL/T 5397—2007）选用，对于洪量较小的水库，也可采用相应标准的24h洪量作为度汛标准。如宜兴抽水蓄能电站上水库，集水面积为0.21km^2，采用库底排水洞排水导流方案，库底排水洞未封堵前，坝体临时挡水度汛标准采用了50年一遇24h暴雨洪量设计，来水由库底排水洞排出；库底排水洞封堵后的坝体（已填筑至设计高程）度汛标准采用了1000年一遇24h暴雨洪量设计。对于进/出水口度汛标准，目前还没有明确的规范规定，上、下水库的进/出水口位于水库内，与输水系统及地下厂房相通，在输水系统贯通后，为确保地下厂房正常施工及机电安装，进/出水口的度汛应引起重视，应满足厂房施工要求，考虑到厂房施工的重要性，度汛标准一般要求较高。国内已建工程度汛标准一般采用50～100年一遇洪水重现期标准，极个别工程也有采用20年一遇洪水重现期标准，如十三陵抽水蓄能电站的下水库（利用十三陵水库作为下水库），进/出水口位于十三陵水库内，采用围堰挡水度汛，由于水库管理部门采取措施调整库水位予以保证，因此采用了20年一遇洪水重现期标准。

2.4.2　施工期度汛方案

坝体临时度汛一般采用坝体挡水度汛方案，在导排水建筑物未封堵前，来水可利用导排水建筑物下泄，如利用涵洞、库底排水通道、放空洞、导流隧洞等。汛前将坝体施工至度汛水位以上，以确保坝体度汛安全。在导排水建筑物下闸封堵后坝体度汛，对于设有永久泄放设施的水库，来水可由永久泄放设施下泄，大坝可安全度汛。但许多抽水蓄能电站的水库由于集水面积较小，未设永久泄放设施，如天荒坪、宜兴等抽水蓄能电站的上水库，导排水建筑物下闸封堵后，已无其他排水通道，水库开始蓄水，对于蓄水期的坝体度汛问题应重视，一般采用相应度汛标准的24h洪量作为度汛标准，当临时坝体拦洪库容大于相应标准24h洪量时，大坝可安全度汛。但由于无其他泄洪设施的通道，因此应校核度汛期相应标准的来水总量是否会超过坝体拦洪库容，如不能满足要求，则应在蓄水期间，采用机械抽排控制水库蓄水位，以确保大坝度汛安全。

进/出水口度汛：当进/出水口与地下厂房贯通后，由于度汛标准较高，国内工程一般采用利用进/出水口闸门挡水度汛，也有工程采用围堰或预留岩坎挡水度汛。国内已建和在建的部分抽水蓄能电站进/出水口度汛标准及度汛方式见表9-2-3。利用进/出水口闸门挡水度汛，具有可抵挡及防御超标准洪水、可靠性高的优点，在进行施工程序及进度安排时应优先考虑采用。

表 9-2-3　　国内部分抽水蓄能电站进/出水口度汛标准及度汛方式

序号	工程名称	进/出水口	度汛标准（洪水重现期，年）	度汛方式
1	十三陵	下水库	20	围堰挡水，水管部门采取措施调整库水位予以保证
2	桐柏	上水库	100	第一个汛期在闸门井前预留岩塞挡水度汛，其余汛期由闸门挡水度汛
		下水库	100	采用在引水渠部位预留岩坎挡水度汛
3	泰安	下水库	100	围堰挡水度汛
4	张河湾	下水库	50	尾水洞预留岩塞挡水度汛，尾水洞贯通后由闸门挡水度汛
5	宜兴	下水库	100	进/出水口与厂房贯通后由闸门挡水度汛
6	宝泉	下水库	50	尾水洞预留岩塞挡水度汛，尾水洞贯通后由闸门挡水度汛
7	西龙池	上水库	100	围堰挡水度汛
		下水库	100	围堰挡水度汛
8	琅琊山	下水库	100	尾水洞预留岩塞挡水度汛，尾水洞贯通后由闸门挡水度汛

第三章

库盆防渗工程施工

在抽水蓄能电站中，上水库地势较高，周边山体较单薄、构造发育，且上水库大都无天然径流，上水库水量宝贵。同时抽水蓄能电站的厂房一般以地下厂房为主，因此上水库渗漏问题对地下厂房系统的安全运行存在着潜在威胁，其防渗要求较高，故上水库库盆多需要采取全库盆或较大范围的防渗处理。

从目前国内已建的抽水蓄能电站情况看，其防渗形式主要有土工膜、钢筋混凝土面板、沥青混凝土面板、黏土铺盖及上述防渗形式的组合。如泰安、溧阳均采用库岸钢筋混凝土面板，库底土工膜防渗；宝泉采用库岸沥青混凝土面板，库底黏土铺盖防渗；宜兴采用全库盆混凝土面板防渗；天荒坪、西龙池采用全库盆沥青混凝土面板防渗。

3.1 土工膜施工

3.1.1 土工膜的特性及选用

通常所说的土工膜有聚氯乙烯膜（即 PVC 膜）和聚乙烯膜（即 PE 膜）两大类，采用吹塑法、挤塑法辊轧制成。土工膜的渗透系数一般为 10^{-11}～10^{-13}cm/s，是一种很好的防渗材料，并具有较好的弹性、适应变形和耐老化能力，能承受不同的施工条件和工作压力，易整体连接。工程中为防止土工膜被损坏，多采用复合膜，它是聚合物膜与针刺土工织物加热压合或用胶黏剂黏合后的产物，一般有一布一膜与两布一膜。由于聚乙烯土工膜可以制成较大宽度，因此在性能上也有渗透率较低、断裂伸长率和低温脆性较优等优点。而聚乙烯比聚氯乙烯更加环保、安全、无污染。所以国际上土工膜主要以聚乙烯类材料制造，同时也是我国土工膜发展的大方向。

为了在工程设计施工中正确选择使用土工合成材料产品指标，不至于因盲目选材，造成设计指标不足或浪费，需要经过设计计算，并通过试验比较，选取适合各工程的土工膜。

泰安抽水蓄能电站上水库土工膜通过设计和试验研究，防渗层采用 1.5mm 厚高密度聚乙烯（HDPE）土工膜，并相应确定了膜下和膜上各层的结构形式和主要技术参数。

土工膜下支持层包括下支持过渡层、下支持垫层、土工席垫和土工织物。土工席垫是一种高密度聚乙烯（HDPE）塑料丝条在热熔状态下自行黏结成的三维网状材料，设计厚度为 0.6cm，其主要作用是保护土工膜，防止土工膜下卧垫层中超径块石、尖角块石对其造成刺破损伤。在土工席垫上铺设 500g/m^2 的涤纶针刺无纺土工织物，作为与土工膜直接接触的下部垫

图 9-3-1　土工席垫

层，见图 9-3-1。

3.1.2　土工膜施工

（一）土工膜施工前的准备

抽水蓄能电站库盆防渗施工面积相对较大，因此在土工膜施工前必须做好准备工作。重点要做好场内的杂物清除，防止土工膜被杂物刺破。对每一批到达工地的材料，都应抽样并进行检测，防止不合格材料进场。另外，土工膜在运输、装卸及存放时要注意防晒、防潮和防雨，宜存放到不受阳光照射的仓库中或用遮光材料覆盖。

（二）土工膜的施工

土工膜的施工工序概括为：清理基层→土工膜剪裁→土工膜铺设→土工膜拼接→施工过程控制→施工质量检查→保护层施工。

泰安抽水蓄能电站上水库右岸岸坡采用钢筋混凝土面板防渗，库底采用土工膜防渗，在堆石坝混凝土面板和右岸混凝土面板的底部设置连接板与库底土工膜相连接，在土工膜左边界和库尾边界，通过库底观测洞与基岩相连接，沿库底观测洞实施 20～60m 深的帷幕灌浆。库底土工膜水平防渗的总面积约 16 万 m^2，具体防渗平面布置见图 9-3-2。

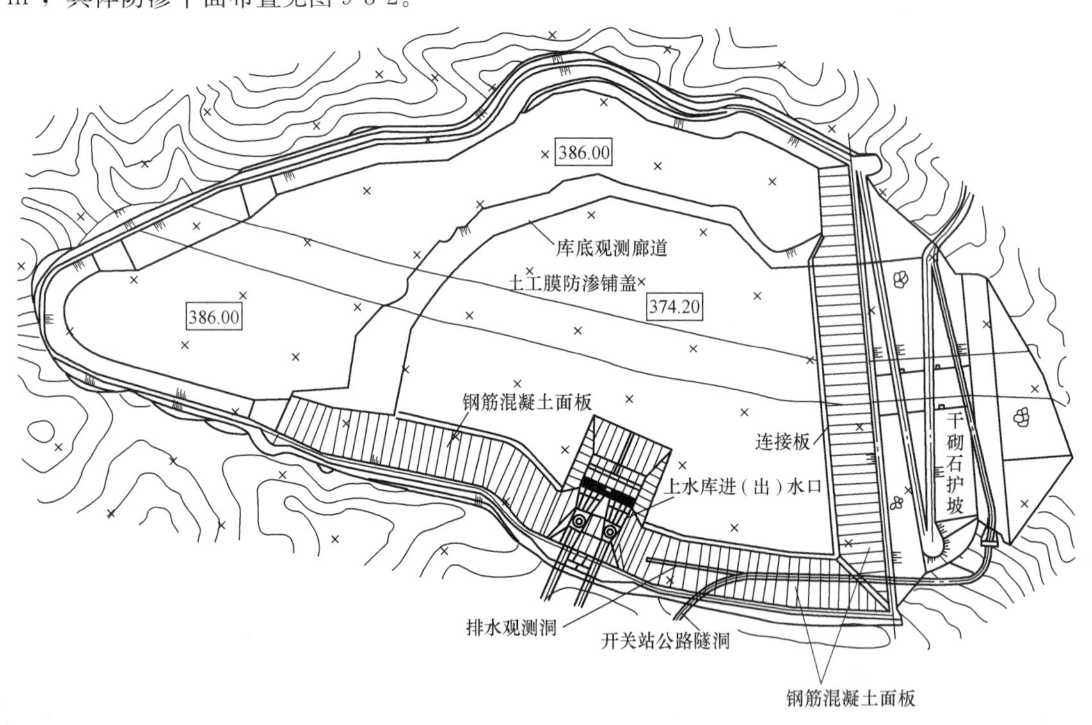

图 9-3-2　泰安抽水蓄能电站上水库防渗平面布置

（1）清理基层。泰安抽水蓄能电站的上水库因受地形条件的限制，需要通过扩挖库盆得到有效库容，同时为减少上水库弃渣外运，节省工程投资，结合库底土工膜防渗形式，对上水库库底的死库容进行了填筑。土工膜防渗布置在库底填筑的石渣之上，当上水库库底石渣碾压检查验收合格后，进行找平层施工。找平层中的碎石采用粒径 5～20mm 的级配碎石和粗砂掺配，掺配完成后采用 5t 自卸汽车直接运料至工作面，人工摊铺，并用刮板或滚筒整平、3t 轻型平碾碾压密实，使表面平整，同时采用人工彻底清除表面一切尖角硬物。

（2）土工膜剪裁。碎石找平层施工完毕并经验收合格后，即可进行土工膜的铺设施工。土工膜采用 5t 自卸汽车运输、8t 汽车吊机装卸。在土工膜铺设前，先进行下料分析，画出土工膜铺设顺序和裁剪图，检查土工膜的外观质量，每个作业区块旁边按设计要求的规格和数量备足土工垫席、土工织物及土工膜，并在各区块之间留出运输道路，并进行现场铺设试验，确定施工工艺参数。为了施工方便，并保证拼接质量，土工膜应尽量采用宽幅，减少现场拼接量。施工前根据土工膜幅宽、现场长度需要，进行土工膜剪裁。

（3）土工膜铺设。泰安抽水蓄能电站采用的土工膜幅面规格为5m×100m。在土工膜铺设前通过反复的现场试验，选取较为合适的焊接设备、缺陷修补方法及检测手段。土工膜铺设前，先在碎石找平层上铺设土工垫席，垫席的铺设由中间向两边，采用人工滚放，两垫席之间的纵横缝由人工法用涤纶线缝接，使之接缝平整吻合。在土工席垫铺设形成较大面积后，可进行土工席垫上的土工织物铺设，其施工方法与土工垫席铺设基本相同，土工织物纵横缝搭接处留足搭接宽度约25cm，实际施工见图9-3-3和图9-3-4。

图9-3-3 土工垫席纵横缝连接

图9-3-4 土工织物铺设

土工膜按照规定的顺序和方向进行分区、分块铺设，一般在室外气温5℃以上、风力4级以下，并无雨、无雪的干燥、暖和天气中进行，铺设方法与土工布基本相同，采用人工滚放。在土工膜铺开后，用人工抻平找正。铺设时松紧应适度，留足富裕度约2%，以免出现应力集中，也有利于拼接。土工膜与基底应压平贴紧，清除气泡，避免架空。在铺设过程中，作业人员不得穿硬底皮鞋及带钉的鞋，防止可能引起的土工膜损坏。

（4）土工膜连接。土工膜连接质量的好坏是土工膜防渗性能成败的关键，如果接缝不好，不仅起不到防水作用，反而使水渗到膜后，带来严重后果。

土工膜的连接方法有热熔焊法和黏接法两种。

热熔焊法的原理是通过焊接机把热量传到接缝处的土工膜表面使其熔化，在熔化范围内产生分子渗透和交换，并熔成一体，然后通过滚轮加压，使焊接部件的熔合区达到无明显界面。此法使用方便，容易掌握，非常适合于直线长缝，对热塑性防渗材料都适用。

黏接法是把化学溶剂涂在防渗膜的搭接面上，黏接宽度为5～10cm，形成一定厚度的均质黏合层，采用胶质滚子用力滚压直至黏牢。黏接法存在的主要问题是：首先一般需人工完成，有时还需要对接缝面进行适当处理，黏合剂的黏接时间受气温影响较大；其次大多数化学溶剂和黏合剂具有刺激性气味，会对施工人员的健康带来一定的伤害。同时黏接缝的抗剪强度、抗老化能力和适应水环境能力方面还存在问题，所以这种方法一般只适用于小型工程。

泰安工程土工膜的连接通过对两种焊接机械进行对比实验，最后选用了电热楔式自动焊机。焊缝搭接宽度为10cm，焊缝为两道，每道宽10mm，两道焊缝间有12mm宽的空腔。焊接前必须清除膜面上的砂子、泥土等脏物，保证膜面干净。如膜面潮湿，需用电吹风吹干膜面才能焊接。正式焊接前，根据施工现场的气候特点进行试焊，确定行走速度和焊接温度，防止出现虚焊、漏焊或超量焊。通过试验，焊接应在5℃以上进行，对于气温接近5℃时的焊接应采取适当的保温措施，以防焊接后温度速冷，最佳焊接环境温度为10～30℃。在此条件下控制焊接速度为2～2.5m/min，焊接温度在270～350℃之间调节，焊接压力选择800N左右。影响土工膜焊接质量的因素有很多，主要包括焊接设备、焊接技术参数、人员技术熟练程度等。

（5）周边缝施工。库盆土工膜周边与库岸及坝体连接板、库底廊道及进/出水口拦渣坎底座混凝土连接的周边缝是土工膜周边缝施工的重点，设计中采用槽钢或角钢及锚栓锚固、混凝土回填固端等方法。在进行库底周边下层混凝土浇筑时，严格按照施工详图放样，确定镀锌膨胀螺栓的位置。土工膜铺设前，清除接触面杂质，力求使混凝土表面平整、光滑，坡面弯曲处使膜与接缝紧帖坡面，使之与土工膜结合密实、不留空隙。连接处的锚固要求紧密而不损伤土工膜，铺设稍松弛以适应结构物的变形。土工膜周边缝连接采用目测法检测，如发现褶皱或烫伤等应及时修补。土工膜周边缝固定好后，立即浇筑二期混凝土进行封固。另外，还可以考虑在周边缝处涂一层乳化沥青用以加强防渗。

（6）焊缝检查。土工膜焊接后，应及时进行焊接质量检测，包括全部焊缝、焊缝结点、破损修补部位、漏焊和虚焊的补焊部位、前次检验未合格再次补焊部位等。焊缝质量检查方法有以下两种：①外观目测：首先对接缝进行目测，观察铺设的土工膜是否平顺，有无隆起及褶皱，有无漏焊、烫伤等缺陷，对目测结果做好详细的记录和标记，以便及时处理。②充气检查：由于土工膜的焊缝为双焊缝，因此中间要留出空隙，以便充气检查，检查方法是用气针和压力表相接。检漏时，用气针插入两条接缝中间的空腔处，然后密封针孔四周，再将土工膜接缝空腔两头堵住，对空腔打气，使其压力升至0.15～0.20MPa，然后保持该压力1～5min，压力无明显下降的即为合格，否则说明有漏气之处。用肥皂水涂在焊缝上进行检查，对产生气泡的地方要进行补焊，直到不漏气为止。检测完毕后，应对检测时所做的充气打压穿孔用挤压焊接法补堵。

（7）保护层施工。复合土工膜的防渗效果取决于施工和运行过程中的完好程度。由于土工膜为高分子聚合物，应特别避免阳光直接照射，以免影响其耐久性，因此应在铺设好的土工膜上部及时进行保护，同时防止土工膜破坏。土工膜上层保护通常采用的有压实黏土、砂砾石、预制或现浇混凝土板等，浇混凝土板与土工膜之间需要设砂浆、泡沫塑料片材或针刺土工织物等垫层。泰安工程由于土工膜铺设面积大，正常运行时土工膜位于至少11.8m深水以下。考虑到为方便检修、简化施工，最终放弃了复杂的砂保护层方案，仅采用膜上铺设500g/m的土工织物以加强施工期保护。为避免土工膜及土工织物在施工期被风掀动以及在运行期受水浮力的影响而漂动，应在其上部采用质量为30kg左右的土工织物沙袋进行压覆，见图9-3-5。

图9-3-5　土工膜上部保护

3.1.3　土工膜施工进度

土工膜具有施工速度快、防渗效果好、适应地基变形能力强及经济性显著等突出优点。泰安工程采用的土工膜幅宽5m，一台焊机正常工作每小时可完成土工膜焊接600m^{2}左右，而面板混凝土正常施工每小时仅能完成60m^{2}左右。泰安工程土工膜施工从2004年11月11日～2005年4月24日，期间冬季暂停施工，直接施工工期仅约3个月，共铺设土工膜约160800m^2，完成周边缝1884m，焊缝812条、缝长34270m。

3.2　钢筋混凝土面板施工

3.2.1　混凝土面板防渗形式的选择

采用混凝土面板防渗一般对基础的要求相对较高，如堆石坝面板混凝土需要适应后期大坝的沉降变形。抽水蓄能电站库盆可采用全库盆面板混凝土防渗，与面板堆石坝形成统一的防渗体系，如江苏宜兴抽水蓄能电站；也可采用库岸混凝土面板防渗，库底黏土或土工膜防渗衔接的方式，如泰安抽水蓄能电站（库底土工膜防渗）、宝泉抽水蓄能电站（库底黏土防渗）等。

3.2.2　钢筋混凝土面板施工

采用全库盆混凝土面板防渗，通常防渗面板分布面积大，防渗面板薄，大坝面板混凝土浇筑需要在大坝基本完成沉降后再进行施工。

（一）坝体趾板施工

（1）施工程序。对于面板堆石坝，其趾板混凝土的浇筑顺序是先从大坝底部最低处开始向两岸延伸，超前于填筑施工。根据具体的工程施工情况，既可顺序浇筑，也可跳段浇筑，分段浇筑长度一般控制为15～25m，段间不设伸缩缝。趾板混凝土施工主要包括基岩面清理、锚筋埋设、侧模及止水片安装、钢筋绑扎、混凝土浇筑及养护（含止水片保护）等。

（2）施工方法。

清基：趾板底部基岩面在浇筑混凝土之前，采用人工清除残渣浮土及松动的岩石，并用压力水冲洗干净。

锚杆施工：趾板锚杆可作架立筋使用，锚筋孔直径比锚杆直径大5mm，采用手风钻造孔，人工安插锚杆，水泥砂浆填塞紧密。

钢筋制作与安装：钢筋在加工厂加工好后，用载重汽车运输至现场，人工布置、绑扎、焊接。

模板架立：对河床趾板混凝土采用小钢模配1.5in钢管架设，对转角处采用定型木模，模板采用撑拉结合方式固定。

浇筑混凝土时，应经常观察模板、支架、钢筋、预埋件和止水设施的情况，如发现有变形、移位时，应立即停止浇筑，并在已浇筑混凝土凝结前修整完好。

止水安装：铜止水预先用模具加工成型，现场分段焊接，或采用现场加工成型技术；橡胶止水带现场熔接，并用夹具固定牢固。

混凝土浇筑及振捣：混凝土由拌和楼拌制，混凝土搅拌车运输，通过各施工道路及上坝道路到达工作面附近或填筑坝面，采用负压溜槽入仓或局部采用泵送入仓。混凝土浇筑分块进行，12～15m为一块，每块混凝土浇筑应连续进行，采用人工手提插入式振捣器振捣。止水部位既要保证止水与混凝土紧密结合，又要防止止水变形。

混凝土养护：趾板混凝土浇筑完毕，在终凝后6h内加以覆盖和洒水养护，保持湿润状态。在炎热、干燥气候条件下，应对其提前进行养护，并适当延长养护时间。

（二）坝体及库岸岸坡混凝土面板施工

（1）施工程序。面板混凝土浇筑应选择在适宜的气候条件下浇筑，其浇筑程序见图9-3-6。

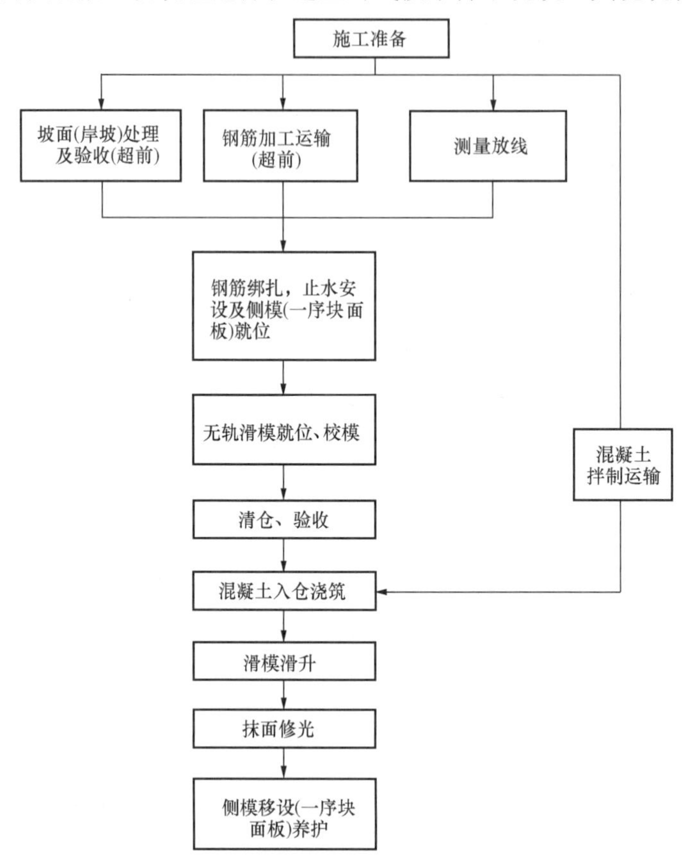

图9-3-6　面板混凝土浇筑程序图

（2）施工方法。

1）坡面处理。坝体坡面处理是指大坝迎水面垫层料平整度的处理，一般在大坝填筑的同时滞后进行。当坝体面板浇筑前检查其坡面平整度时，在待浇面上布置3m×3m的网格进行平整度测量，对不平整的部位进行修整，采用补填水泥砂浆或凿除的办法，对凿除部分用水泥砂浆抹平。

2）止水安装及侧模架设。砂浆垫层找平后，在垫层上刷一层沥青，铺好平板塑料片，在铜止水鼻头内嵌入氯丁橡胶棒及海绵片，再放上铜止水，之后安装侧模，并打插筋固定。铜止水在坝面现场分段压制成型，人工送到安装位置在直线段焊接。

3）绑扎钢筋。在仓面内按3m×3m间距打$\phi22$、$L=60$cm（锚深30cm）的插筋，然后架设钢筋样架，钢筋由钢筋加工厂制作，汽车运至工作面附近，人工传递，现场绑扎。

4）清仓验收：清理仓位内的杂物，并且冲洗干净，排除积水，提交有关验收资料进行仓位验收，同时做好浇筑准备。

5）滑模安装与混凝土浇筑。面板一般采用无轨滑模浇筑，每套滑模用两台10t慢速卷扬机牵引，卷扬机固定在坝上。在坝面组装好无轨滑模后，用汽车吊把模板吊至坡上，并与卷扬机连接后，通过行走装置滑至底部，将滑模置于侧模上（一序施工块），当浇筑二序施工块时，将滑模置于已浇一序施工块上（在滑模行驶的面上铺设铁皮保护）。浇筑块铺设有半圆形精加工的双溜槽，顶部安装有受料斗，由溜槽入仓分层浇筑，用插入式振捣器振捣密实。在进入正常浇筑阶段后，振捣器在模板前沿 30～50cm 提前振捣好，然后由布置在坝面的 2 台 10t 卷扬机拖动，保持平稳、均匀、同步上升，平均滑升速度为 1～2m/h，最大滑升速度不超过 3m/h。

6）抹面、修光。滑模滑升后，由人工在滑模平台上及时修整、抹光，压实混凝土表面。

（三）库底面板混凝土浇筑

库底面板混凝土浇筑施工较坝坡及库岸简单，施工条件也较好，采用从中间向库岸跳仓的方式，其浇筑方法与公路路面混凝土浇筑相同。

3.3　黏土铺盖施工

3.3.1　黏土铺盖防渗形式的选择

抽水蓄能电站库底利用石渣填筑形成或半挖半填，库底采用黏土铺盖防渗具有适应基础不均匀沉降的能力更强、造价低廉等特点。如宝泉抽水蓄能电站、洪屏抽水蓄能电站及琅琊山抽水蓄能电站等，都采用了库底黏土防渗或局部黏土防渗方案。

3.3.2　黏土铺盖防渗施工

库盆底部采用黏土铺盖防渗，通常防渗分布面积较大，适合大型机械化施工。但黏土施工碾压时，为方便施工及满足防渗要求，往往对黏土含水量要求较高，同时黏土施工受天气因素影响较大。

（一）施工程序

对于库盆底部黏土铺盖防渗施工，根据具体的工程施工情况，一般采用从中心向四周的施工程序，如图 9-3-7 所示。

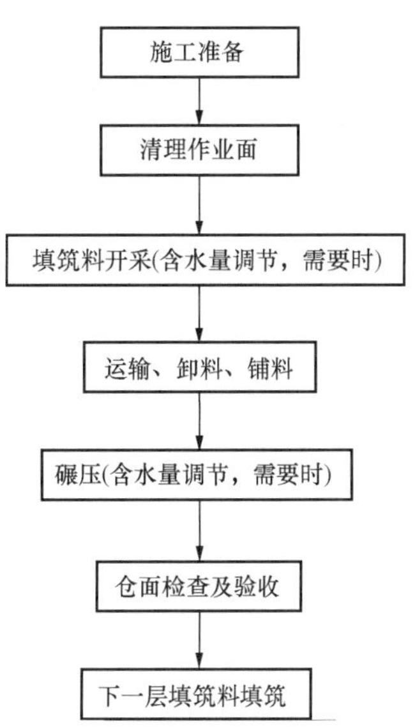

图 9-3-7　库底黏土铺盖防渗施工程序图

（二）施工方法

库底黏土防渗填筑作业的特点是工作面广阔，施工时应统一管理、严密组织，保证工序衔接，分段流水作业。现以宝泉工程为例进行说明。

（1）库底基础清理。库底黏土填筑前，首先必须进行库底基础清理，一般选用推土机或挖掘机清除库底表层的粉土、淤泥、腐殖土、草皮、树根、乱石等。完成库底基础清理后，再根据黏土填筑区域范围，结合施工强度、施工机械配置及施工工序划分工段作业区。为保证各工序同时工作，划分的工段数目至少应等于工序数目。

宝泉电站库底为石渣回填，黏土填筑是在石渣回填基本完成后再进行，黏土回填工程量约为 60 万 m^3。

（2）填筑料开采。土料开采应自上而下分层开挖，分层时尽量减少对开采区的扰动，以防雨水干扰土料的天然含水量，使含水量波动变化范围增大，增加含水量控制难度。一般土料分层开挖高度取为 3～5m，反铲挖土配自卸汽车运输进行开采。当料场土料含水量不能满足设计要求时，需要进行土料含水量调整。

（3）土料铺填。铺料分为卸料与平料两道工序。库底一般采用自卸汽车铺料，推土机平料。保持填土表面平整是保证铺料均匀、防止超厚的关键环节。同时在自卸汽车上坝时，为减少对已压实合格面的土质过度碾压，形成弹簧土，库底填筑时应在库内规划多条施工道路，以形成多点进料。宝泉电站库底黏土铺盖设计厚度为 4.5m，每层铺料厚度为 35cm。

（4）碾压。防渗体土料压实的施工机械主要有羊足碾、气胎碾、凸块振动碾等，国内黏土填筑碾压一般采用自行式凸块碾。库底碾压沿填筑方向按进退错距法进行碾压，碾压遍数、碾压速度经碾压试验后确定。

黏土填筑施工的碾压试验是库底填筑施工前期的一项重要工作。碾压试验目的是：

1）通过试验校核设计确定的有关技术指标。

2）选择合适的施工机具。

3）确定有关的施工方法和各种参数。

4）提出有关质量控制的技术要求和检验方法。

5）制订有关的施工技术措施。

黏土料碾压试验应对铺土方式、铺土厚度、振动碾规格型号、碾压遍数、填筑含水量、压实土的干密度、压缩系数以及抗剪强度等内容进行试验。根据填筑料技术指标和选用的机械设备，以及针对不同区域的铺料方式、铺料厚度、振动碾规格型号、碾压遍数、行车速度、铺料过程中的加水量等，分别对填筑料进行碾压试验，并对碾压前后的压实厚度、干密度、加水量等进行试验、统计、分析，提出试验成果。宝泉电站通过碾压试验，其黏土最优含水量约 18.8%，最优碾压厚度为 35cm。

（5）结合部位的施工。库底黏土与库岸四周相结合，当库底黏土与库岸岩石直接结合时，应清扫岩面上的泥土、污物、松动岩石等，并做好岩面处理才能填土。当库底黏土与混凝土防渗体系相结合时，应对混凝土表面进行洒水湿润后才能填土。库底土料在与库周岸坡接合处，在 1.5～2.0m 范围内，应采用小型手推式夯实机碾压。

（三）冬雨季施工措施

冬季影响黏土填筑的因素主要为下雪及冻土。冬雨季的黏土填筑施工一般采取以下措施：

（1）负温下的填筑施工措施。

1）在负温下施工，应特别加强气温、土温、风速的测量，气象预报及质量控制工作。

2）负温下填筑要求黏性土含水率不应大于塑限的 90%。

3）负温下填筑，应做好压实土层的防冻保温工作，避免土层冻结。土层一旦冻结，必须将冻结部分挖除。

4）负温下停止填筑时，黏土填筑表面应加以保护。

5）填土中严禁夹有冰雪，不得含有冻块。如因下雪停工，应清理填筑面积雪，检查合格后方能施工。

（2）雨季施工措施。

1）分析当地水文气象资料，确定雨季施工天数，合理选择施工机械设备的数量，以满足铺盖填筑强度的要求。

2）加强雨季水文气象预报，提前做好防雨准备，把握好雨后复工时机。

3）在雨季填筑时，应适当缩短流水作业段长度，土料应及时平整、压实。

4）降雨来临之前，应将已平整尚未碾压的松土用振动平碾快速碾压形成光面。

5）机械设备雨前应撤离填筑面。

6）做好填筑面的保护工作，下雨至复工前，严禁施工机械和人员穿越填筑面。

7）雨后复工处理要彻底，首先人工排除黏土表层的局部积水，并视未压实表土含水率情况，可分别采用翻松、晾晒或清除处理。严禁在有积水、泥泞和运输车辆走过的填筑面上填土。

8）为保持土料正常的填筑含水量，日降雨量大于5mm时，应停止填筑。

9）填筑施工作业面做成中央凸起向两侧微斜，呈拱状，以利于排水。

宝泉电站上水库库底黏土铺盖填筑为非关键线路，且电站属于北方地区，施工期间根据天气情况进行调控，冬季暂停施工，夏季当遇到较大的降雨时也暂停施工。工程从2006年11月4日开始库底黏土填筑，至2007年11月20日完成，共历时约1年时间，黏土填筑平均强度约5万m^3/月，最大高峰填筑强度为18万m^3/月。

3.4 沥青混凝土面板施工

沥青混凝土的防渗技术在世界各国的水利工程中已有广泛的应用，近20年来在我国的水电工程中，尤其是在抽水蓄能电站工程中也采用了沥青混凝土作为大坝、库底及库岸的面板，防渗效果得到了广泛的肯定。沥青混凝土面板的施工涉及原材料准备、设备配置、材料加工、成品运输、摊铺及碾压等多个环节，施工工艺较复杂。

3.4.1 原材料选择

原材料的选择是沥青混凝土面板施工质量的重要保证，主要包括沥青、骨料、填充料、掺和料等材料的选择。在面板的不同层面，各种组成材料作用各不相同。

（1）沥青材料。沥青材料是沥青混凝土的胶凝剂，同时又是发挥混凝土抗渗作用的主要材料。水工沥青混凝土所用的沥青属于高等级沥青。材料的选择必须进行充分地调研、检测及相应的试验，保证沥青混凝土的各项物理力学性能指标满足设计要求。应该注意沥青材料的密度、蜡含量，特别是沥青材料薄膜烘箱试验后的15℃延伸度及针入度比等对沥青混凝土老化性能有影响的技术指标。在条件具备的情况下，应安排一些满足设计技术要求的不同品牌、不同标号的沥青材料进行沥青混凝土性能的对比试验，最终根据工程的要求，选择一种最合适的产品，作为工程的选定材料。

（2）骨料的选择。骨料的选择包括粗骨料、细骨料、填充料等。在水工沥青混凝土中，粗骨料粒径一般划分为20～10、10～5、5～2.5mm等几档，要求骨料级配连续，岩质坚硬、在加热条件下不致引起性质变化等。详细的骨料质量要求见表9-3-1。

细骨料通常由矿料加工获取，在经过试验后，可以选用一定比例的天然砂。细骨料的粒径一般分为2.5～0.6、0.6～0.074mm两级，同样要求级配连续、岩质坚硬，在加热条件下不致引起性质变化等。

表 9-3-1　　　　　　　　　　　　沥青混凝土骨料质量要求一览表

粗骨料			细骨料		
项　目		要　求	项　目		要　求
针片状含量		<10%	人工砂石粉含量		<5%
含泥量		<0.3%	含泥量（天然砂）		<0.3%
磨耗损失	20～10mm	<35%	有机质含量	人工砂	不允许含有
	10～2.5mm	<40%		天然砂	浅于标准色
吸水率		<2.5%	吸水率		<3%
超径量		<5%	超径量		<5%
逊径量		<10%	逊径量		<5%
耐久性		<12%	坚固性		<15%
与沥青黏附力		大于四级	水稳定等级		大于四级

（3）填充料是粒径在0.074mm以下的矿粉，一般要求其亲水系数不大于1，含水率小于0.5%，不得含有泥土、有机物等杂质和结块。当矿粉料的数量或因其他原因无法满足生产要求时，在经过充分的试验论证后，可以选择一些活性材料，如消石灰、石棉及木炭纤维等部分或全部替代加工的填充料。

（4）掺和料又称为添加剂，以小剂量掺入沥青混凝土中，以提高沥青混凝土的性能，但目前国内的碾压式沥青混凝土面板基本不使用掺和料。

砾石或者碎石主要用于沥青混凝土面板下的找平层或垫层，以天然砾石为好，也可以用人工碎石。无论采取天然砾石还是人工碎石，都必须保持材料致密、坚硬，具有很强的抗风化能力，材料的级配又必须具有较强的透水性能。

对于复式结构中的排水胶结垫层，宜采用人工加工的天然碎石料，以确保其透水性能。

3.4.2　沥青混凝土生产系统的布置

沥青混凝土生产包括矿料（骨料）加工、骨料筛分、细骨料和填充料分选、沥青脱桶脱水、拌和等。在进行系统布置前，首先需要分析研究沥青混凝土的总量、高峰浇筑强度、平均浇筑强度等，拟定沥青混凝土的生产拌和流程及设备。

由于应用于水电工程防渗面板的沥青混凝土通常所需要的总量较小，沥青混凝土的摊铺施工高峰强度也较低，因此与水泥混凝土骨料生产系统及拌和系统相比较，沥青混凝土的骨料生产系统及拌和系统的规模较小。

沥青混凝土骨料加工系统一般设置有原矿堆场、粗碎车间、细碎车间、筛分车间、分选车间、粉磨车间及成品堆场。粗碎车间可以根据原矿的粒径确定是否设置，可以设在骨料加工系统内，也可以设在原矿开采地。若采用半成品骨料，在工地进行二次加工，就可以免去骨料加工系统中的原矿堆场和粗碎车间，只设细碎、筛分、分选、粉磨及堆场。若场地条件许可，宜将骨料生产系统尽可能靠近拌和系统，以便成品骨料的运输。

沥青混凝土系统包括拌和楼、沥青库、骨料配料仓、沥青脱水加热设备等。由于沥青混凝土的整个制备过程为易燃、易爆作业，因此系统应尽量远离生活办公区布置，并尽量靠近摊铺现场；系统内的柴油、沥青等材料均为易燃物品，应充分考虑消防安全措施；系统应具有良好的交通条件，且不受洪涝等自然灾害的威胁。

3.4.3　沥青混凝土摊铺试验

场外沥青混凝土摊铺试验的主要目的是：复核室内试验推荐的沥青混凝土配合比及施工控制参数，选定用于生产的配合比，明确适宜于进行生产的各种施工工艺参数。

摊铺试验的主要内容包括过渡层、排水层、整平层、乳化沥青层、整平胶结层、沥青混凝土防渗底层、沥青材料排水层、防渗面层及封闭层的施工工艺及参数的试验验证。

摊铺试验的步骤如下：

（1）编制详细的试验大纲，合理安排试验进度，同时选择能够充分模拟施工实际情况的摊铺施工场地。

（2）原材料检测，内容包括沥青、粗骨料、细骨料、填充料及垫层料等相关技术指标。

（3）分析室内沥青混凝土配合比试验数据。拟定两组试验参数，选定其中一组用于摊铺试验，另一组作为备用。当一组试验参数不能满足生产要求时，启用备用参数。

（4）在完成原材料检测后，根据摊铺试验后获得的参数及设计配合比，考虑一定的超逊径比例，确定用于生产的沥青混凝土配合比，然后进行沥青混凝土拌和。

（5）沥青混合料运输试验应尽量模拟实际施工时的情况，重点是观测和记录运输过程中沥青混合料的温度损失及骨料分离状况。例如发生温度损失过大而不能保证入仓温度的要求，就要从减少运输时间、加强运输设备的保温性能等方面入手，采取有效措施；又如产生骨料分离现象，则需改善运输条件和环境，如运输工具或路面等。

（6）摊铺碾压试验必须按照试验大纲规定的内容，在事先选定的场地上进行。摊铺场地的坡度、摊铺施工程序、摊铺工艺、碾压遍数等应尽量模拟施工的实际情况，包括在沥青混凝土与水泥混凝土结构接触面上涂洒沥青、敷设塑性止水材料等特殊部位的施工工艺等。

（7）在进行沥青混凝土现场摊铺的同时，检测项目也随之进行，内容包括马歇尔稳定度、马歇尔流值、小梁弯曲、入仓温度、摊铺温度、碾压温度、孔隙率、渗透系数等试验检测。施工检测项目要系统、全面，包括检测频率在内，均应按设计要求进行，并达到设计技术指标要求。如果其中的某一项或几项指标不能满足设计要求，就必须重新调整设定的配合比及施工工艺参数，重新进行场外摊铺试验。

（8）场外摊铺的最后一个步骤就是在完成现场摊铺试验后，对摊铺试验的整个过程、施工工艺、试验检测成果进行全面、系统的总结，最终推荐适合于生产的施工配合比。

由于受到现场摊铺试验的性质及现场条件的限制，通常情况下很少做沥青混凝土斜坡摊铺试验，因此应根据工程的实际情况，结合水平摊铺的试验成果，对斜坡摊铺的有关控制参数进行必要的分析与预计，保证在实际应用中具有相当的可调整空间。

3.4.4　生产性摊铺试验

为进一步验证场外摊铺试验推荐的沥青混凝土配合比、摊铺施工程序及施工工艺等，确定用于生产的配合比及工艺参数，掌握沥青混凝土的制备、储存、拌和、运输、摊铺、碾压及检测等完整的工艺流程，同时也为了积累大规模施工的经验，需进行生产性摊铺试验。

生产性摊铺试验的步骤基本和场外摊铺试验相同，但试验的要求高于场外摊铺试验，是结合施工进行的，一旦试验失败就必须进行返工。

3.4.5　沥青混凝土护面的施工

沥青混凝土的护面形式分为水平护面和斜坡护面两种。

水平护面的摊铺和碾压相对于斜坡护面施工要简单、容易些。为了减少施工接缝，提高护面的抗渗性和整体性，要尽量加大护面的摊铺宽度。

斜坡护面通常按照垂直于坝轴线摊铺，也要尽量加大摊铺宽度。斜坡摊铺需要有专用的可移动绞车牵引沥青混凝土摊铺机，并配置喂料车。振动碾需由绞车牵引，以保证其在斜坡上的碾压。

沥青混凝土护面的结构形式一般分为两种，即复式断面结构和简式断面结构。每种结构形式都由多层不同作用的层面组成，如垫层（过渡层、排水层及整平层）、乳化沥青层、整平胶结层、防渗底层（复式断面）、沥青材料排水层（复式结构）、防渗面层及封闭层等。由于各层在护面结构中所起的作用不同，因此施工要求及质量控制重点也有所不同，各结构层面的施工要求分述如下。

（一）垫层（也称下卧层）

垫层包括了过渡层、排水层及整平层，位于整个结构层的最底层，具有整平、支撑、排水、粒径过渡及防止冻胀等功能，无论是简式结构还是复式结构，都是必不可少的。垫层宜采用级配良好的砂砾石料或人工加工的碎石铺设，并要求质地坚硬、无污染、具有较强的抗风化能力。

针对坡面的垫层施工而言，首先要整修坡面，保证坡面的平整度及压实度满足设计要求。若坡面为土质基础，在垫层（反滤料）填筑之前，坡面须喷洒除草剂。为保证坡面的填筑密度，通常在坡面填筑时超出设计线约 50cm，在过渡层施工之前，用人工或者机械进行削坡整修，必要时再用振动碾补充碾压。

垫层料应按设计要求和场外摊铺试验确定的施工参数进行施工，要控制铺筑层厚度、碾压遍数及平整度。

（二）乳化沥青层

喷涂乳化沥青层主要是为保证垫层表面的稳定，增加垫层与整平胶结层之间的胶结能力。一般采用阳离子乳化沥青，特殊情况下也可以使用稀释沥青。喷涂厚度、用量应按现场试验的结果和设计技术要求而定，用量过大会导致层间易于滑动。喷涂方法有人工涂刷和机械洒布两种，大型工程宜采用沥青洒布机进行喷洒，斜坡喷洒应分条自下而上进行。喷涂施工需要特别注意的事项如下：

(1) 喷涂前，垫层表面应保持清洁、干燥。

(2) 下雨前不得喷涂，以免被雨水冲刷。

(3) 喷涂后，需待干燥后，方可在上面铺筑沥青混凝土，因此要根据干燥所需要的时间提前安排喷涂工作。

(4) 一次喷涂面积不宜过大，避免因暴露时间过长而遭污染。一般一次喷涂面积与沥青混凝土的一天铺筑面积相当。

(5) 喷涂后禁止非施工人员在涂面上行走。

（三）整平胶结层

整平胶结层的主要作用是保证防渗层和垫层具有良好的黏结，在防渗层和垫层之间的变形和渗透方面起较好的过渡作用，具有一定的透水性。

通常整平胶结层的厚度为 5～10mm，施工时分 1～2 层碾压。

（四）防渗底层

防渗底层仅在沥青混凝土护面的复式断面结构中采用，作用与防渗面层基本一样，目的是将防渗面层的渗水再次隔断，迫使其从排水层排走。

防渗底层一般厚度为5～10cm，分1～2层碾压。

（五）沥青材料排水层

沥青材料排水层也只是在复式断面结构中采用，其作用就是排水。

排水层厚度一般为7～15cm，使用的最大粒径可达35mm，沥青用量为3%～5%。

一般沿排水层轴线方向每隔10～15m设一条1m或相当于一次摊铺机摊铺宽度的隔水带。先用开级配沥青混凝土铺筑，留出隔水带的位置，然后用密级配沥青混凝土铺筑隔水带，使隔水带混凝土受两侧排水层混凝土的约束，压实质量得到较好保证。当隔水带宽度小于摊铺宽度时，隔水带的铺筑就只能用人工进行。

（六）防渗面层

防渗面层是整个沥青混凝土护面的核心，其作用就是防渗，厚度一般为8～12cm。

施工时1～2层进行摊铺和碾压，在层间喷涂乳化沥青或稀释沥青结合层，以提高防渗面层的整体性。

沥青混凝土摊铺后要及时碾压，一般先使用振动碾压采用错位碾压的方式，每次错位约半碾的宽度，依次碾压。斜坡碾压自下而上进行。最后采用静碾的方式再碾压1～2遍，以达到沥青混凝土表面平整、无错台现象。碾压遍数应根据摊铺试验的结果确定，不得随意增减。碾压遍数过多会造成沥青混凝土中的游离沥青析出表面。

防渗层的接缝处理是防渗层整体施工质量的关键之一。接缝是指铺筑条幅间的施工缝，有冷、热缝之分，即下一条幅施工时，前一条幅的表面温度高于80℃为热缝，低于80℃为冷缝。对冷缝，尤其是隔天或较长时间后继续摊铺的施工缝，必须进行特别处理。

冷缝的处理一般有两种方式：一种称为前处理方式，就是在下一条幅施工前先对冷缝进行加热至120℃以上，涂上热沥青，再进行下一条幅的施工；另一种称为后处理方式，就是不进行接缝的加热，直接进行摊铺碾压，待以后对接缝部位加热碾压处理。从目前国内外的施工实例看，后处理方式的效果较好。

碾压过程中机械设备碾压不到的边角，必须辅以人工夯实或打夯机夯实。

碾压过程中应对碾轮定期洒水，以防沥青及细料黏在碾轮上。振动碾上的黏附物应及时清理，以防“陷碾”。如果发生“陷碾”，应将“陷碾”部位的沥青混合料全部清理，并回填新的沥青混合料。

（七）沥青玛蹄脂封闭层

沥青玛蹄脂封闭层是对沥青混凝土防渗面层的结构保护层，可使防渗面层免于被氧化和紫外线直射，从而延缓沥青混凝土的老化。施工时必须做到在当地的气候及环境条件下，材料在斜坡面上的稳定。

实际工程中封闭层多采用沥青玛蹄脂，也可选用沥青胶或橡胶沥青胶作为其组成材料。为增加用于坡面上沥青玛蹄脂的稳定性，可以添加纤维、橡胶等掺和料。

涂刷封闭层前，防渗层的表面应该干净、干燥，涂刷要求层薄、均匀，填满防渗层的表面孔隙。由于沥青玛蹄脂黏度大，因此常需采用涂刷机或橡胶刮板涂刷的方法。通常要求涂刷作业的气温在10℃以上，涂刷玛蹄脂的温度在170℃以上，否则可能发生涂刷困难。

涂刷后如发现鼓包或起皮等现象时，必须及时清理。

封闭层涂刷不均匀或者材料配比不当，均会发生流淌。一般情况下，这种现象不会影响下面的防渗层结构，因此也不会影响防渗效果。

3.4.6　特殊部位的施工

特殊部位是指面板的周边、顶部曲面、死角、施工冷缝、狭窄位置等其他不规则部位等，尤其是面板岸坡或与刚性建筑物的连接部位，形状复杂、构造特殊、铺筑困难，无法使用大型机械施工，需采用人工铺筑。对特殊部位的施工简述如下。

（一）曲面铺筑

面板曲面部位的铺筑可以采用下述四种方法，即梯形条幅方案、条幅平行棱线方案、条幅平行中线方案、条幅穿越棱线方案。

曲面铺筑四种方案如图 9-3-8 所示，表 9-3-2 为其优缺点比较。

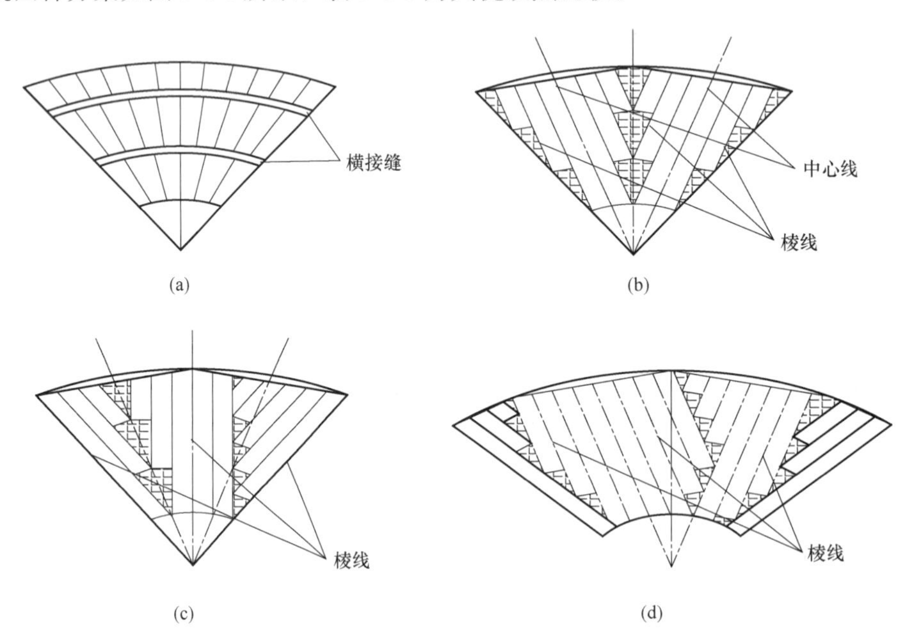

图 9-3-8　曲面铺筑的四种方案

（a）梯形条幅方案；（b）条幅平行棱线方案；（c）条幅平行中线方案；（d）条幅穿越棱线方案

表 9-3-2　四种曲面铺筑方案的优缺点比较

方　案	梯形条幅方案	条幅平行棱线方案	条幅平行中线方案	条幅穿越棱线方案
铺设宽度	不等宽	等宽	等宽	等宽
横缝	有	无	无	无
机械铺筑	较困难	有可能	有可能	有可能
三角部分面积	无	较大	较小	较小
各层三角部分		可避免重复	集中重合于棱线	可避免重复
可移式卷扬台车移动		折线	直线	直线

图 9-3-8（a）中上下条幅宽度不一，机械铺筑困难，且对较长坡面需设横向接缝；图 9-3-8（b）～（d）中均可以采用机械铺筑，但均会有部分三角形的铺筑面，需由人工铺筑。

当护面上、下坡度不同时，在变坡部位需用圆弧连接，以改善面板受力条件。通过设计，根据摊铺机的前后轮轴距，以及后轮至平整器尾部的距离确定变坡曲率半径与圆心角，使摊铺机通过变坡曲线段时，前、后轮都能触及护面。

（二）接头部位的施工

坝体与岸坡、基础及其他刚性建筑物的连接部位易发生不均匀沉降，是坝体防渗系统的薄弱环节，故需对这些部位进行专门的处理。

首先，对原材料、配比和配制工艺必须根据设计规定的技术要求，经室内或现场试验确认满足要求后方可使用。

一般先进行面板施工，再进行面板和刚性建筑物连接部位的施工。但先铺的面板各层不能在同一断面，以满足各铺筑层相互错缝的施工要求。

应清除沥青护面和混凝土结构间的连接面上所有的附着物，使混凝土表面完好、平整、凹凸度小于2cm；然后均匀涂刷一层沥青涂料，所有止水材料接触的混凝土表面都应完全涂刷热沥青涂料；干燥后，按图纸要求的范围均匀铺一层2～4mm厚的止水材料；最后用防渗层材料补平止水槽，并压实。

（三）加筋部位施工

常规施工时，通常在需要加筋的部位加入聚酯网格，以改善沥青混凝土的机械性能，特别是抗拉和抗弯性能。聚酯网格弹性模量高，收缩率较低，是目前最常用的网格材料。在铺设聚酯网格前，首先在胶结层上均匀地涂一层乳化沥青，然后将聚酯网格铺上、拉平，网格搭接宽度为24cm，再均匀地涂一层乳化沥青，最后摊铺防渗层和加厚层沥青混凝土，整个铺设过程要注意保持施工面的干燥。

（四）裂缝与取芯孔的修补

沥青混凝土修补主要应用于沥青混凝土在施工或运行期间可能出现的局部破坏及现场取芯后产生的孔洞。

对于沥青混凝土自身产生的微小裂缝，可以采用处理沥青混凝土施工冷缝的方法进行修补；对于贯穿性裂缝，必须沿裂缝方向开槽，槽宽视裂缝宽度决定，一般为50～100cm，裂缝两侧延长1m以上，四周为45°的斜坡。将过渡层按原设计处理后，先均匀地涂一层乳化沥青，然后用远红外线设备或其他加热器将槽的四周充分加热，随后在四周刷一层玛蹄脂，按原设计分层铺设、整平胶结层和防渗层，每次铺设厚度小于4cm，然后用小型振动碾压实，直至与周边沥青混凝土表面齐平。

填补现场取芯后留下的孔洞，应先将孔洞周边加热，并将其上部周边加工成45°左右的圆台形，四周涂抹沥青胶，然后用配比相同的沥青混合料逐层填塞并捣实。

第四章

斜（竖）井施工

4.1 引水系统斜井、竖井施工

抽水蓄能电站引水系统布置在两个较大落差的上、下水库之间，通常采用斜井式或竖井式布置。由于抽水蓄能电站引水系统斜井（竖井）高差大，且断面尺寸较大，斜井（竖井）开挖通常采用导井法开挖方案。导井开挖采用反导井或反导井与正导井同时开挖，开挖设备一般选用爬罐、反井钻机及掘进机等。斜井（竖井）混凝土衬砌一般采用滑模进行。

4.2 斜井、竖井施工程序

斜井（竖井）施工程序见图 9-4-1。

4.2.1 施工通道布置

（1）引水系统施工支洞布置应根据地形和地质条件、引水隧洞的布置、施工期限、施工总布置、施

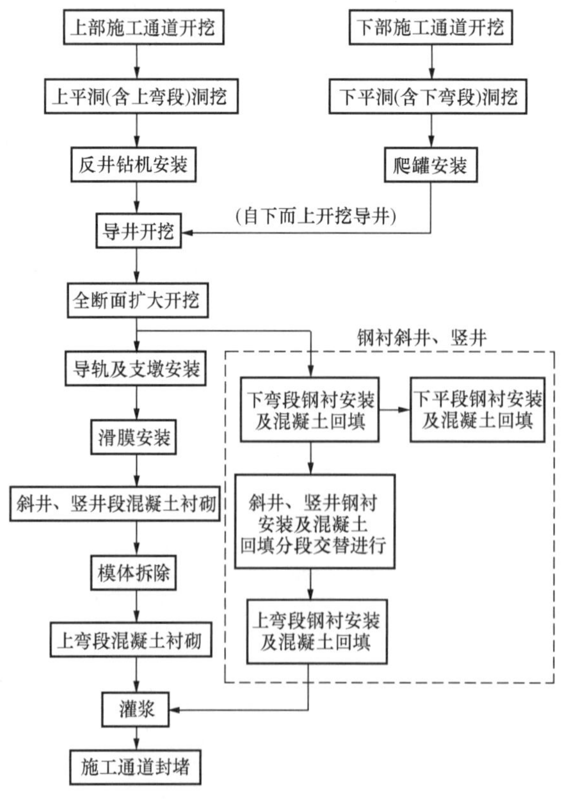

图 9-4-1　斜井（竖井）施工程序框图

工方法和施工机械化程度等条件，经综合分析研究确定。

(2) 引水系统是抽水蓄能电站取得落差的部位，且多在山体内开挖修建，因此必须选择布置好施工支洞的位置，使之形成良好的施工条件和环境，以利提高施工效率。

(3) 施工支洞断面形式及尺寸选定应满足支护形式、运输方式、运输强度（包括开挖设备、混凝土衬砌设备、钢管和钢岔管等）的要求，并有空间设置管线、排水沟和人行通道等。

(4) 引水斜井（竖井）一般考虑在斜井（竖井）的上部和下部布置施工通道，并尽量创造从井底出渣的条件。在高差大时，可在斜井（竖井）的中部增设“两岔一塞”施工支洞。

(5) 在进行两条或两条以上引水斜井（竖井）施工支洞的布置时，应考虑从同一方向进入，施工支洞封堵时可以退出，确保一条引水系统完工且不受另一条引水系统施工的影响。

(6) 条件许可时，施工支洞的底坡宜按坡度3%左右的反坡布置，即支洞进口处的高程较主洞底板高程略低，但纵坡坡度不宜小于0.3%。

图9-4-2为斜井“两岔一塞”施工支洞布置的示意图。

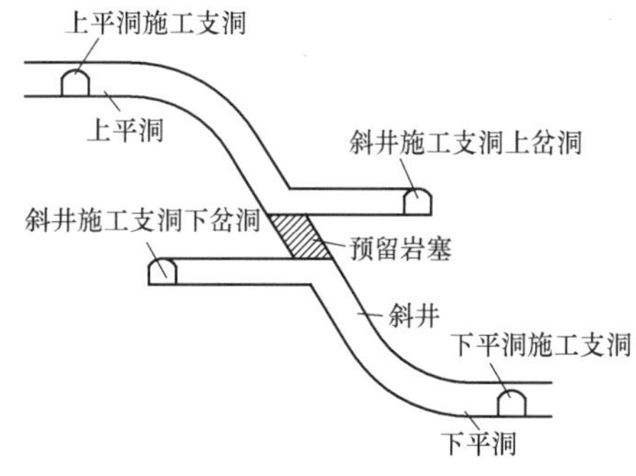

图9-4-2 “两岔一塞”施工支洞布置示意图

4.2.2 斜井、竖井的开挖

鉴于引水斜井（竖井）直径较大、长度长，一次开挖成型非常困难，因此引水斜井（竖井）宜采用先开挖导井，再扩大开挖成型的方法。导井不仅为引水斜井（竖井）扩大开挖增加了自由面，而且为由上而下开挖提供了溜渣通道，避免了大量石渣向上提升或斜坡式轨道运输。导井开挖技术是斜井（竖井）开挖技术的关键。

（一）反井钻机导井开挖

反井钻机施工必须具备上井口和下井口两个工作面，其施工关键在于导向孔的钻孔质量。在导向孔钻进过程中加设、拆卸钻杆时要特别注意施工方法，钻机压力应适中、均匀，以防钻杆脱落，并需特别注意导向孔偏斜率的控制。根据导井高度及竖井直径，导向孔的偏斜率应控制在0.8%～1.0%范围内。

反井钻机反导井开挖包括导向孔钻进和扩孔钻进两大程序。其施工程序为：上部通道开挖→反井钻机安装→导向孔钻孔施工→扩孔钻头安装平台（下弯段）施工→扩孔钻头安装→安装平台撤出→扩孔施工→扩孔钻头拆卸→反井钻机撤除。

在上部通道开挖结束后，进行反井钻机基础平台施工及钻机的安装。首先用反井钻机在竖井（斜井）中心自上而下钻设直径为200～300mm的导向孔；导向孔形成后，在竖井（斜井）底部安装直径为1.2～1.4m的扩孔钻头，沿着导向孔进行反向扩孔形成导井。一般情况下，第一次导井扩孔完成后，需换成直径为2.0m的扩孔钻头，进行导井的第二次扩孔（或采用钻爆法进行第二次扩挖）。反井钻机导向孔、导井开挖方法如图9-4-3所示。

（二）爬罐导井开挖

爬罐法施工导井一般采用正井与爬罐相结合的施工方案。在上部通道形成后，采用人工法自上而下开挖正导井，导井尺寸与反导井相同，正导井开挖深度宜控制在80m内；在下部通道形成后，采用爬罐自下而上开挖反导井，反导井的断面一般为矩形，其断面面积应大于4.5m²，以满足扩挖出渣的需要，防止渣料堵井；爬罐轨道安装前，应先在反导井井口开挖导井，使爬罐能进入斜井段。

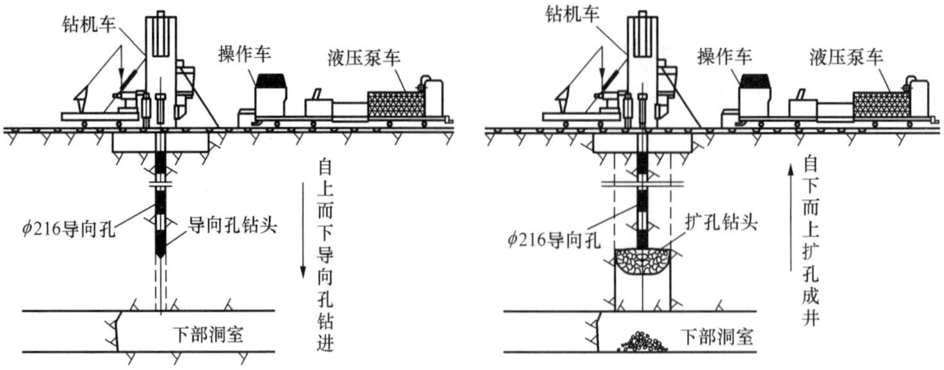

图 9-4-3　反井钻机导向孔、导井开挖方法

在正、反导井作业面之间距离不小于 2 倍洞径时，采用上下双向开挖施工，但爆破时需要避炮；在正、反导井作业面之间距离小于 2 倍洞径时，反导井停止开挖施工，只进行正导井开挖爆破作业施工，即采用正导井贯通法。

爬罐反导井开挖施工程序为：下部通道开挖→搭设爬罐安装平台→爬罐轨道安装→爬罐安装→造孔、装药→爬罐下放至安装平台→爆破→爬罐运行安全清撬→接轨→测量放样→出渣→下一循环→导井开挖结束后拆除轨道、爬罐→拆除爬罐安装平台。爬罐反导井开挖方法如图 9-4-4 所示。

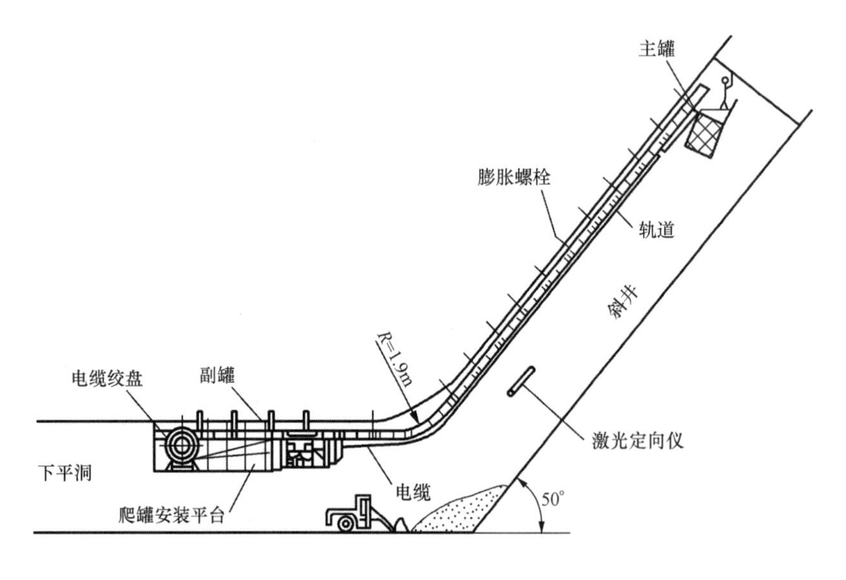

图 9-4-4　爬罐反导井开挖方法

（三）斜井、竖井扩挖

导井贯通后，对导井进行清理，并拆除反井钻机（或爬罐和导井内的轨道），然后自上而下进行扩挖。斜井上部 30m 段，采用人工手风钻钻孔爆破扩挖，然后在已扩挖段安装斜井（竖井）扩挖台车，再由布置在上平洞的卷扬机牵引扩挖台车，用扩挖台车自上而下进行斜井（竖井）全断面扩挖（钻爆法）。扩挖掌子面垂直于斜井（竖井）轴线，扩挖石渣由导井溜至斜井（竖井）底部。在竖井扩挖前，应对竖井的顶部（上弯段）进行扩挖，以便安设提升装置（包括桥机、天锚、行走桁车等），以承担竖井扩挖、支护材料、设备、人员的运输和钢管的吊装。斜井（竖井）扩挖过程中根据围岩情况，采用系统锚杆和随机锚杆对斜井（竖井）进行喷锚支护，确保围岩稳定和施工安全。

4.2.3 斜井、竖井的混凝土施工

陡倾角、长斜井（竖井）是抽水蓄能电站引水系统特有的建筑物，其混凝土衬砌施工也是一项技术复杂、施工难度较大的项目。

斜井一般采用有轨运输，轨道的安装宜自下而上进行，轨道基础有钢结构、墩式结构和条形混凝土结构等。竖井物料采用垂直提升方式输送，因此需在井口上部设置提升装置。斜井、竖井混凝土衬砌的施工方法分间断式和连续式。间断式为分段衬砌，浇筑一次移动一次模板，在钢衬斜井、竖井中，钢管安装和混凝土回填分段交替进行；连续式为采用连续式滑模，自下而上连续浇筑，一次成型。

混凝土衬砌施工工艺见表 9-4-1。

表 9-4-1　　混凝土衬砌施工工艺

工程类别	混凝土运输方式		混凝土浇筑方式及施工工艺
	水平运输	垂直运输	
竖井混凝土衬砌	混凝土搅拌运输车	（1）吊罐，容量由施工强度确定。 （2）溜管，其形式有以下几种：①钢管，底部带缓冲器，一般直径为 150～250mm；②塑料软管，一次安装，随浇筑面上升，逐步割除；③溜管带缓降器，缓降器间距以 9～15m 为宜	混凝土浇筑一般自下而上进行；混凝土、材料由上往下输送；井底段也可用混凝土泵泵送入仓。 混凝土运至上部井口，卸入吊罐，由卷扬机吊入，或卸入井口受料斗，经溜管下卸至浇筑平台配料斗，再经溜槽转送入仓
斜井混凝土衬砌	混凝土搅拌运输车	（1）溜管。 （2）运料小车，容量由施工强度确定	混凝土运至上部井口，经溜管下卸至浇筑平台配料斗，再经溜槽转送入仓；或混凝土运至上部井口，卸入运料小车，由卷扬机牵引运至浇筑平台配料斗，再经溜槽转送入仓

斜井（竖井）滑模施工的特点是钢筋绑扎、混凝土浇筑、滑模滑升平行作业、连续进行，各工序间需紧密配合。滑模施工按以下顺序进行：下料→平仓振捣→滑升→钢筋绑扎→下料。滑模施工要求对称、均匀下料，每层厚度控制在 20～30cm 之间，滑升速度取决于混凝土初凝时间、下料速度、施工环境温度等因素。通常混凝土脱模强度控制在 0.15～0.3MPa 左右，过早脱模容易造成滑出的混凝土坍落，延迟脱模容易将混凝土拉裂。斜井（竖井）的混凝土入仓手段需引起足够的重视，提升系统需配置中速卷扬机，以缩短混凝土及施工材料在井内的运输时间。当混凝土脱模后，须立即进行混凝土表面的修整和养护。

在模体滑升过程中，由于各种因素的影响，常会出现不正常滑升现象，如模体上外加荷载（人或钢筋摆布及下料不均匀等）过于集中，将会导致模体产生一定程度的倾斜或扭转，因此在滑模施工过程中，应"勤观察、勤调整"，逐步、缓慢地进行纠偏调整，避免偏差积累过大。在浇筑过程中，模板向先浇筑混凝土的方向倾斜，应改变混凝土的浇筑顺序，逐渐纠正其偏移；施工过程中，由于其他原因或施工需要而不能连续滑升时，应采取停滑措施，但是混凝土的浇筑高度应控制在同一个水平面上。

斜井（竖井）滑模从底部滑升至一定高度后，开始下弯段、下平段钢筋混凝土衬砌施工；斜井（竖井）混凝土衬砌施工完毕，并在模体拆除后，开始上弯段、上平段混凝土施工。

斜井连续滑模施工见图 9-4-5。

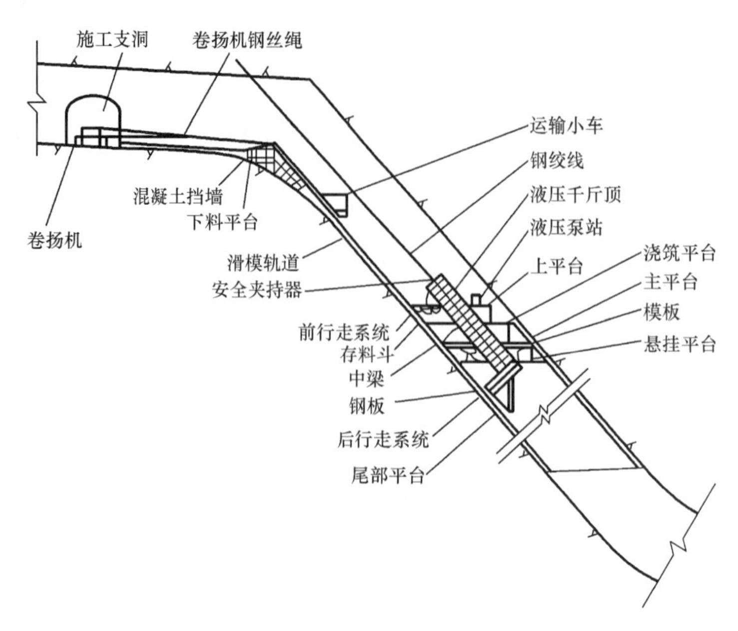

图 9-4-5　斜井连续滑模施工示意图

抽水蓄能电站的水头一般高达数百米，相应引水斜井长度较长，第一代卷扬机牵引斜井滑模系统已不适应长斜井施工。1990年前后施工的广州抽水蓄能电站斜井混凝土衬砌采用间断式滑模系统（XDM斜井滑模系统），该滑模系统每次滑升12.5m，系统不能连续滑升；20世纪末施工的天荒坪抽水蓄能电站斜井混凝土衬砌采用沿轨道爬升的液压爬钳牵引模体（XHM斜井滑模系统），该系统可以连续滑升（天荒坪抽水蓄能日平均滑升3.74m），不足之处是模体偏心受力，容易发生模体偏斜、上浮及轨道变形等故障；在桐柏抽水蓄能电站斜井混凝土衬砌施工中，研发了连续拉伸式液压千斤顶—钢绞线斜井滑模系统（LSD斜井滑模系统），该系统适用于各种角度、直径和长度的斜井混凝土衬砌施工，系统结构可靠、受力合理、运行稳定，可连续滑升（日平均滑升4.52m）。

4.3　斜井、竖井施工实例

4.3.1　爬罐导井施工

目前在抽水蓄能电站中陡倾角、长斜井的开挖项目较多，主要有十三陵、广蓄、天荒坪、宝泉、桐柏、西龙池、惠州和黑麋峰等，导井施工大多采用爬罐施工，少数也采用反井钻机施工。大直径、长竖井导井施工大多采用反井钻机施工，主要有泰安、宜兴、张河湾、琅琊山等。导井施工实例见表9-4-2、表9-4-3。

表 9-4-2　　国内爬罐导井施工实例

工程名称	广蓄一期	天荒坪	桐柏	西龙池	宝泉
斜井段数	2	1“两岔一塞”	1	2	2
斜井长（m）	上斜井234， 下斜井283	上斜井339， 下斜井320	364	上斜井515， 下斜井242	上斜井404， 下斜井298
开挖断面（m）	ϕ9.7	ϕ8.0	ϕ10.0	ϕ6.4、ϕ5.9、ϕ5.4	ϕ7.5
倾角（°）	50	58	50	上斜井56， 下斜井60	50

续表

工程名称	广蓄一期	天荒坪	桐柏	西龙池	宝泉
岩石类型	花岗岩	熔凝灰岩	花岗岩	白云岩、灰岩	花岗片麻岩、砂岩
导井断面（m）	2.4×2.0	2.6×2.6	2.5×2.7	2.4×2.4	2.6×2.6
平均月进尺（m）	—	90	93	上斜井 85， 下斜井 82	106
最高月进尺（m）	94	127	120	—	—
爬罐型号	STH-5D、 STH-5EE	STH-5D	STH-5EE	STH-5DD	STH-5DD

注 西龙池上斜井总长约 515m，上斜井上部的 133m 导井采用反井钻施工，下部的 382m 导井采用爬罐施工。

表 9-4-3　　反井钻机导井施工实例

工程名称	泰安	宜兴	张河湾	二滩电缆斜井
竖井长（m）	250	上竖井 105，下竖井 176	386（反井钻施工 302）	斜井 274（倾角 37°58′）
开挖断面（m）	ϕ9.2	上竖井 ϕ6.8 下竖井 ϕ6.4	ϕ7.8	6.6×4.85
岩石类型	花岗岩	泥质砂板岩	砂岩	玄武岩
导向孔直径（mm）	216	—	270	300
导井直径（m）	1.2	—	1.4	1.5
平均月进尺（m）	83	—	89	240
反井钻机型号	LM-200	LM-200	ZFY2.0/400	RAISER 250

（一）广州抽水蓄能电站（一期）

广州抽水蓄能电站引水斜井由上下两段组成，单条斜井总长 517m，倾角均为 50°，开挖直径为 9.7m。斜井埋深于黑云母花岗岩中，大部分岩石坚硬、致密，整体性较好，小部分洞段断层和蚀变岩发育，整体性差。斜井内断层共有 17 条，宽度一般为 30～40cm，其中下斜井的 F_2 和上斜井的 F_{145} 断层最大宽度分别为 2m 和 4m，普遍发育有高岭石化夹蒙脱石化蚀变岩，遇水膨胀，继而崩解为松散砂状，极易产生掉块、塌方现象，给开挖带来很大困难。

引水斜井的导井开挖采用了 STH-5D 型（柴油型）和 STH-5EE 型（电动型）爬罐施工，导井设于底拱，断面尺寸为 2.4m×2.0m。为满足总体进度要求，上下斜井的导井开挖均采用正、反井同时掘进的方法。上口采用传统的下山法，人工手风钻钻孔爆破，铺设轨道，卷扬机提升斗车出渣；下口采用上山法，用爬罐打反导井，反导井最高月进尺 94.0m。斜井全断面扩挖采用自制扩挖平台车和送料小车自上而下，导井溜渣，最高月进尺 80.5m。从广州抽水蓄能电站斜井的施工总结来看，测量放线是斜井施工的难点之一，洞内气候受外界温度的影响，洞内也凝结起雾，使测量放线受到影响；斜井开挖期间的通风散烟问题是其施工的又一难点。

斜井混凝土衬砌采用间断式滑模系统（XDM 斜井滑模系统），每次可滑升 12.5m。系统不能连续滑升，斜井最高日滑升 9.5m，最高周滑升 42.5m，最高月滑升 149.0m。

（二）天荒坪抽水蓄能电站

天荒坪抽水蓄能电站布置有两条斜井，单条斜井长约 697m，倾角为 58°，开挖直径为 8.0m，采用钢筋混凝土衬砌，衬砌厚度为0.5m。斜井深埋于流纹质角砾熔凝灰岩、少量流纹质火山集块岩、后期倾入的花岗斑岩、煌斑岩脉与围岩为融熔紧密接触。引水系统无大的结构面通过，Ⅲ级结构面不发育。破碎带宽一般5～25cm不等，多由角砾石、糜棱石、压碎岩及断层泥等组成，胶结较差。由于引水斜井较长，为方便施工，在斜井中部布置了中部施工支洞（“两岔一塞”），利用其预留的岩塞将斜井分为上下两段施工，其中上斜井长339m，下斜井长320m。斜井开挖采用正、反导井上下相向开挖，导井断面尺寸为2.6m×2.6m，布置在底拱部位。导井开挖采用了2台STH-5D型柴油发动机驱动型爬罐。反导井施工中平均进尺约90.0m/月，最高进尺为127.0m/月。正导井采用传统的下山法施工，为施工安全，每30m设置一避人洞；正导井平均进尺约25.0m/月。整个引水斜井施工中主要存在的问题是柴油机排放的废气不易排除，对人员健康影响比较大，另外测量放样也较为困难。

斜井混凝土衬砌采用沿轨道爬升的液压爬钳牵引模体（XHM斜井滑模系统），可以连续滑升，平均滑升速度为3.74m/d，最高日滑升12.1m，最高月滑升231.0m。

（三）泰安抽水蓄能电站

泰安抽水蓄能电站引水系统采用竖井布置，引水竖井高约250m，断面尺寸为圆形，直径为9.2m，岩性为太古界泰山群的混合花岗岩，其间穿插闪长岩脉、辉绿岩脉和石英岩脉，岩石坚硬，饱和单轴抗压强度大于160MPa。竖井大部分围岩为Ⅱ～Ⅲ类。在引水竖井的导井施工中采用LM-200型反井钻机，导向孔直径为216mm，导井直径为1.2m，导向孔日平均钻进速度为7.39m，导井日平均钻进速度为4.62m。竖井扩挖自上而下分两次进行，第一次扩挖至ϕ3.2m，日平均扩挖速度为3.73m；第二次扩挖至设计断面，日平均扩挖速度为2.29m。

（四）张河湾抽水蓄能电站

张河湾抽水蓄能电站引水系统采用竖井布置，竖井直段长386m，开挖直径为7.8m。竖井上段为砂岩，属Ⅲ类围岩；竖井中段上部为细砂岩和石英粗砂岩，岩体较稳定，属Ⅲ类围岩；竖井中段下部为砾岩、页岩，包含不整合带，岩石破碎，属Ⅳ类围岩；竖井下段为变质的安山岩，围岩较稳定，属Ⅲ类围岩。

鉴于竖井高度较大，为保证反井钻施工导井的精度，避免因导孔偏差而引起竖井较大的扩挖，同时为减轻引水下平洞的施工压力，利用勘探时期的PD1探洞经扩挖延伸至竖井处，作为施工通道，将导井施工以500m高程为界，分上下两段进行。上段采用反井钻施工，开挖渣料从PD1探洞出渣，下部采用人工反导井进行施工，渣料由下平洞出渣。反井钻选型为ZFY2.0/400型，导井直径为1.4m。导井形成后，为防止扩挖过程中导井堵塞，竖井扩挖分两次进行，第一次扩挖采用人工反吊篮法自下而上扩挖至ϕ3.2m，第二次扩挖采用全断面自上而下扩挖至设计断面。

4.3.2　斜井TBM开挖

将TBM应用于抽水蓄能电站引水斜井开挖在国内尚无先例，但将TBM应用于50°左右的陡倾角斜井开挖是日本抽水蓄能电站建设的一大特点，至今已有5座抽水蓄能电站采用TBM施工。1979年首先在下乡抽水蓄能电站倾角37°、长485m的上斜井段成功地使用TBM由下往上开挖了ϕ3.3m的导洞，然后由上向下用TBM扩挖成ϕ5.8m的断面；1989年1～6月使用TBM完成了盐原抽水蓄能电站倾角52.5°、长462m、直径2.3m的导洞开挖；1996年1～7月完成了葛野川抽水蓄能电站倾角52.5°、长771m、直径2.7m的导洞开挖，随之在1997年5月～1998年1月完成了直径7.0m的断面扩挖；1999年11月～2001年4月完成了神流川抽水蓄能电站倾角48°、长961m、直径6.6m的全断面TBM开挖；小丸川抽水蓄能电站倾角48°、长889m的上斜井，ϕ2.7m的导井和ϕ6.1m断面的扩挖采用TBM施工。

日本引水斜井 TBM 开挖工程见表 9-4-4。

表 9-4-4　　日本引水斜井 TBM 开挖工程

工程名称		金市	盐原	葛野川	神流川
斜井段数		3（“两岔一塞”）	1	1	1
斜井长（m）		765	462	771	961
倾角		48°	52.5°	52.5°	48°
开挖断面（m）		ϕ6.7	ϕ7.5	ϕ7.0	ϕ6.6
导井断面（m）		2.2×2.2	ϕ2.3	ϕ2.7	—
开挖方法	导井	爬罐法	自下而上 TBM 法	自下而上 TBM 法	自下而上全断面 TBM 法
	扩大	全断面扩挖（钻爆法）	全断面扩挖（钻爆法）	自上而下 TBM 法	
月进尺（m）	导井	73（最大 91）	68（最大 104）	115（最大 166）	71（最大 115.5）
	扩大	53（最大 79）	38（最大 71）	9（最大 173）	

日本引水斜井开挖选用 TBM 的主要原因是：①考虑工人作业的安全及良好的作业环境；②由于斜井不用分段开挖，可省去中间施工支洞，经济上有利；③施工进度比常规钻爆法快。

第五章 地下厂房系统施工

抽水蓄能电站地下厂房系统由多个关联的地下洞室群组成，主要有主副厂房洞、主变压器洞、尾闸洞三大洞室，另外还包括压力管道（引水隧洞）、母线洞、出线洞（井）、排水洞、通风洞（井）、交通洞、尾水隧洞和其他辅助通道。

5.1 地下厂房系统工程施工特点

抽水蓄能电站地下厂房系统的特征是埋藏深、跨度大、边墙高，洞室断面大小不一，断面形状各异，多洞并列或纵横交错，相互贯通，空间形态较为复杂。其施工特点为：

（1）由于地质条件的不可预见性，施工程序、施工方法直接受到工程地质、水文地质和施工条件的制约，因此施工中强调随机应变的能力。

（2）地下厂房系统工程具有规模大、地下洞室多、大跨度、大洞径、高边墙等特点；同时施工的工作点多、面广，施工强度高，具有持续高强度施工特征，对施工资源的要求高。

（3）地下洞室群布置紧凑，洞室纵横交错，大小相贯，平、竖相接，且相邻洞室间间距较小，在施工的时间和空间、施工程序、洞室围岩的变形及稳定、施工通道等各方面都相互联系、相互制约，各洞室间施工干扰大。

（4）一次支护的工程量大、类型多、工艺复杂，施工技术含量高。地下洞室群在开挖过程中，围岩应力和变形在不断地调整和变化，需重视围岩原型观测资料的收集、分析，及时对支护措施进行调整。

（5）大型地下洞室群的高强度施工，施工工作面多，通风风流组织复杂，通风散烟问题必须引起足够的重视。

5.2 施工程序及开挖分层原则

5.2.1 施工程序

（一）总体施工程序

地下厂房系统工程施工前必须制订总体施工方案，并在实施过程中不断优化。地下厂房系统工程施工程序如图 9-5-1 所示。

（二）主副厂房洞、主变压器洞及尾闸洞三大洞室开挖程序

大跨度的顶拱层和高边墙围岩稳定问题突出，为最大限度减小和限制变形，必须采取合理的开挖程序和方式，确保洞室群开挖围岩稳定。三大洞室的开挖顺序主要有三种方式：①先挖主副厂房洞，主变压器洞及尾闸洞滞后跟进；②先挖主变压器洞，再进行主副厂房洞和尾闸洞的开挖；③主副厂房洞和主

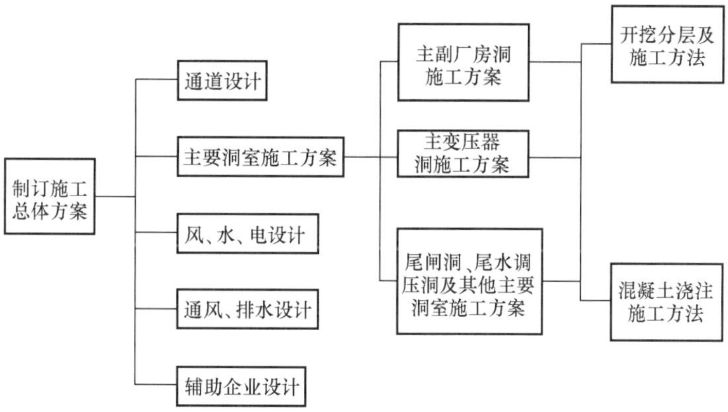

制订施工总体方案
通道设计
主要洞室施工方案
风、水、电设计
通风、排水设计
辅助企业设计
主副厂房洞施工方案
主变压器洞施工方案
尾闸洞、尾水调压洞及其他主要洞室施工方案
开挖分层及施工方法
混凝土浇注施工方法

图 9-5-1　地下厂房系统工程施工程序框图

变压器洞两大洞室同步分层下挖。

根据施工总进度安排原则，地下厂房洞室群施工是以关键线路上的项目主副厂房洞施工为主线，统筹兼顾其他洞室的施工，因此在一般情况下不可能将工程规模小的主变压器洞先开挖，而将工程规模大、工序繁多的主副厂房洞滞后开挖，造成关键线路的工期延长；也不可能安排主副厂房洞、主变压器洞两大洞室齐头并进，人为地形成过高的施工强度，增加过大的资源投入，造成不必要的浪费。另外，两大洞室齐头并进，对围岩稳定也是极为不利的。因此抽水蓄能电站三大洞室开挖顺序一般为先挖主副厂房洞，主变压器洞及尾闸洞滞后跟进。

（三）高边墙开洞口的“先洞后墙”原则

洞与室的交叉一般应采用小洞贯大洞（室），即小洞提前进入大洞（室），贯通前应加强锚喷支护，然后在厂房内进行锁口。

从厂房高边墙开洞口，则先用超前锚杆进行锁口，然后采用短进尺弱爆破、浅孔多循环或先导洞后扩挖的方式。

5.2.2　开挖分层原则

地下厂房洞室群结构复杂、开挖及喷锚支护工程量大、开挖分层多及工序繁琐，因此需根据主副厂房洞的结构特点、施工通道布置和施工机械的性能，并兼顾吊顶小牛腿混凝土施工、岩壁吊车梁混凝土施工，以及母线洞、压力管道（引水支管）的开挖、支护等需要，通常分层高度在 5～10m 范围内，各层又分区、分块进行开挖、支护。

主副厂房洞通常分六～七层施工，主要分为：顶拱层（以有利于吊顶小牛腿施工和多臂钻发挥最佳效率确定）、岩壁吊车梁层（以岩台下拐点以下 1.5～2.0m 高程确定）、安装场层（以安装场底板高程作为控制高程）、母线洞层（以母线洞底板或副厂房底板高程确定）、压力管道层（以引水支管底板或主机段上游岩台的底高确定）、尾水锥管（肘管）层。主变压器洞通常分三～四层施工。

某抽水蓄能电站主副厂房洞、主变压器洞开挖分层见图 9-5-2。

5.3　施工通道规划与布置

5.3.1　布置原则

地下厂房系统工程施工通道的布置是否合理，直接影响工程的施工程序、施工安全和施工进度。在

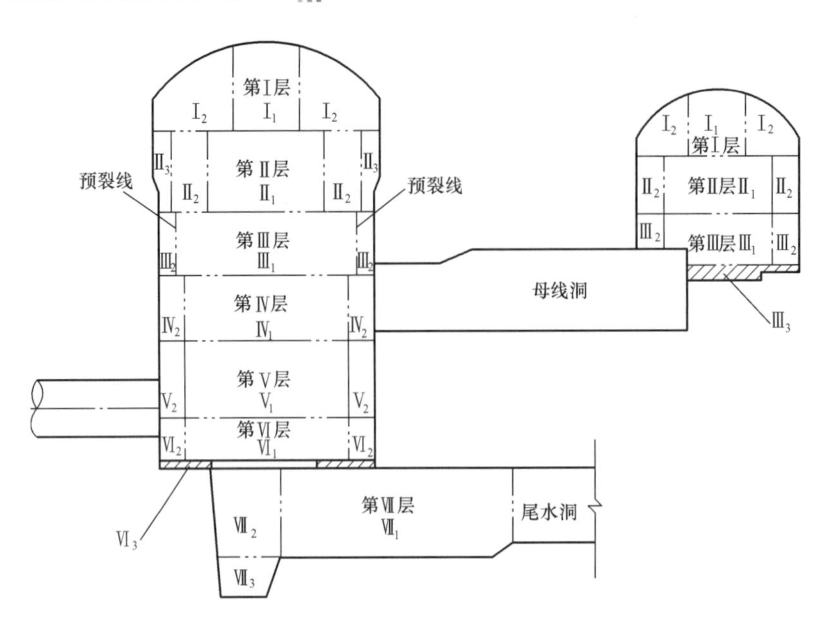

图 9-5-2 某抽水蓄能电站主副厂房洞、主变压器洞开挖分层示意图

施工通道规划与布置中，一方面应充分利用永久洞室作为施工通道，另一方面应合理布置临时施工通道，将永久和临时通道统筹考虑，为实现多方位、多层次的平行、交叉作业创造条件。根据地下厂房系统布置特点和施工总布置规划情况，按以下原则进行施工通道布置：

（1）有利于保证和加快工程的施工进度。

（2）在满足永久洞室稳定的前提下，根据施工程序安排，结合永久洞室的布置，尽量利用永久洞室作为施工通道，以减少临建工程量。

（3）施工支洞按“平面多工序、立体多层次”的施工组织要求布置，满足施工高峰期交通运输的需要；在地下厂房的上部、中部、下部都应布设永久隧洞或施工支洞，为地下厂房的分层施工提供施工通道。

（4）施工支洞布置需满足各工作面施工的相对独立性，为各主要洞室施工平行作业创造条件，以保证工程施工均衡、有序地进行。

（5）根据施工强度合理布置通道数量。主副厂房洞的施工为厂区枢纽工程施工的关键线路，其跨度大、洞室长，为尽量缩短其开挖、支护工序时间，保证施工进度的先进性，以及加快厂房的施工进度，在有条件的情况下，地下厂房中上部可布置双通道，形成双工作面施工。

（6）施工支洞与主洞轴线的交角不宜小于 45°。

5.3.2 施工支洞断面尺寸确定原则

（1）施工支洞的断面尺寸需满足施工高峰期间各工作面的运输强度和运输尺寸要求。

（2）满足开挖出渣、混凝土浇筑及其他各种运输设备、钢管通过所需净空尺寸，并考虑风、水、电管线布置所占空间。

（3）根据会车、布置变电设备和排水泵站的需要，对施工支洞进行局部加宽。

（4）开挖出渣设备以 2～3m^3 装载机配 15～20t 自卸汽车为主，一般净断面尺寸布置为 7.0m×6.5m（宽×高），施工支洞的最大纵坡原则上控制在 8%以内，最大不超过 12%。

5.3.3 施工通道布置

（1）上部施工通道。以通风兼安全洞或增设的厂顶施工支洞作为主副厂房洞、主变压器洞的上部施工通道。必要时，可通过进厂交通洞开设施工支洞进入厂房上部，与通风兼安全洞或增设的厂顶施工支洞在厂房的上部形成双工作面施工。

（2）中部施工通道。在地下厂房系统施工中，进厂交通洞是最主要的施工通道，是主副厂房洞、主变压器洞和尾闸洞三大洞室的中部施工通道。在进厂交通洞适当位置开设施工支洞也可形成主副厂房洞中下部施工通道，此外也可通过压力管道（引水支管）施工支洞经引水支管进入主副厂房洞的中下部。

（3）下部施工通道。以尾水施工支洞经尾水隧洞进入厂房下部，作为主副厂房洞和尾闸洞下部施工通道。

一般情况下，压力管道（引水支管）施工支洞和尾水施工支洞多是在进厂交通洞的适当位置分叉布设。

某抽水蓄能电站地下厂房系统施工通道布置见图 9-5-3。

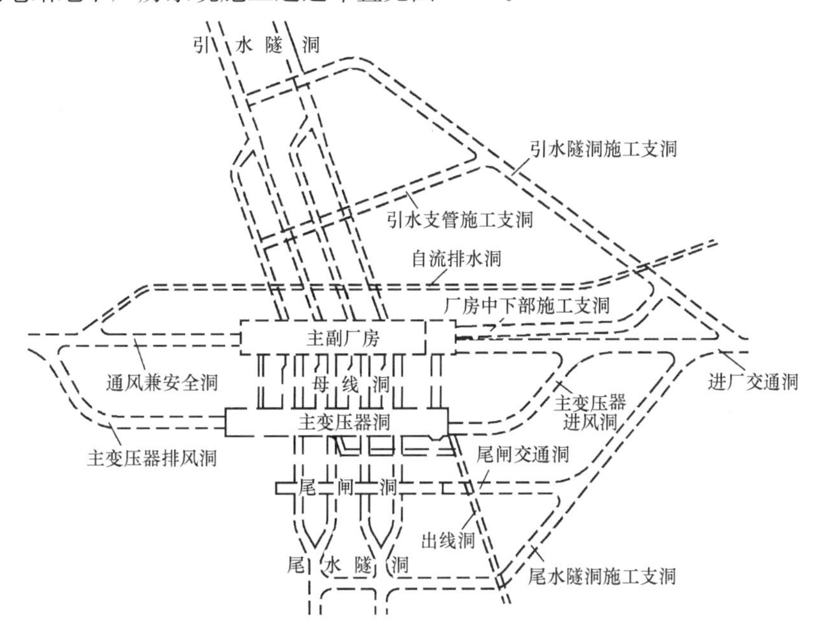

图 9-5-3　某抽水蓄能电站地下厂房系统施工通道布置示意图

5.4　地下厂房洞室群开挖与支护

5.4.1　开挖与支护程序安排原则

地下洞室群不同的开挖方式和开挖程序，对围岩产生的应力和边墙产生的位移不同，相应围岩的稳定性也就不一样，地下空间的开挖过程也是围岩应力重分布的过程。因此，开挖方式和开挖顺序在某种程度上决定了施工的优劣。一般情况下，顶拱层采用中（边）导洞超前全断面扩挖跟进的开挖方法，第二层以下采用梯段开挖，两侧预留保护层，中间梯段爆破，或边墙预裂，中间梯段爆破。

（1）地下厂房洞室群按“平面多工序，立体多层次”的原则安排施工程序，围绕主副厂房洞施工进度适时开展附属洞室的施工，尽量减小对主副厂房洞的施工干扰，缩短工期；洞室群的开挖分层、分区及施工程序应有利于围岩稳定。

（2）优先安排排风排烟洞（井）等辅助通风设施的施工，以形成自然通风条件。

（3）优先施工地下厂房上部排水廊道，排水系统超前完成，以降低围岩裂隙水压力，提高主体洞室围岩稳定性。

(4) 主副厂房洞、主变压器洞、尾闸洞等较大断面洞室需根据施工通道的具体布置、施工机械特性，特别是主要机械设备的工作环境等合理安排分层、分区开挖程序。

(5) 地下洞室纵横交错，洞与洞之间的岩墙厚度有限，在安排开挖程序时应充分考虑爆破震动对洞室稳定的影响，并加以避免。压力管道（引水支管）、母线洞、尾水隧洞开挖时，相邻洞室段开挖尽量错开施工；当相邻洞室段必须同时开挖时，相邻洞室段的开挖掌子面错开30～40m。

(6) 在洞与洞、洞与井等交叉部位应力集中，稳定性差，应优先保证“锁口”工作的进行。洞室的支护紧跟开挖进行，以确保下序施工安全。

(7) 加强地下洞室群开挖过程中围岩变形的监测，对开挖过程中洞室的稳定性进行评判，指导并修正开挖、支护施工程序，并根据量测信息反馈结果，调整各单项工序的施工参数，以策安全。

5.4.2 主副厂房洞开挖与支护方法

主副厂房洞一般分六～七层开挖，开挖步骤如下：①利用通风兼安全洞（厂顶施工支洞）进入进行厂房顶拱层开挖、支护；②完成顶拱层开挖、支护及吊顶小牛腿施工后，从通风兼安全洞（厂顶施工支洞）降坡开挖第二层，并进行岩壁吊车梁施工；③从进厂交通洞进入第三层开挖、支护，同样从进厂交通洞降坡开挖第四层，并进行母线洞的开挖，在厂房第三层开挖的同时，从压力管道（引水支管）施工支洞经引水支管进入厂房上游侧，并做好锁口，为加速中下部开挖创造条件；④从增设的施工支洞（或从引水支管）进入进行厂房第五层开挖，并提前从尾水隧洞进入开挖厂房机坑；⑤爆通机坑层，从尾水隧洞出渣。每层开挖时，锚喷支护作业滞后跟进。

(1) 顶拱层开挖与支护。厂房顶拱层轮廓开挖质量要求高，喷锚支护和观测仪器埋设量大。顶拱层采用凿岩台车造水平孔，开挖高度一般在7～10m范围内。在地质条件较好的地下厂房，顶拱开挖采用中导洞超前、两侧扩挖跟进的方法，平面上呈“品”字形推进。中导洞尺寸不易过大，一般以一台三臂凿岩台车可开挖的断面为宜，通常采用7m×6.5m断面，中导洞超前两侧扩挖15～20m。在围岩稳定性差的地下厂房顶拱，一般采用两侧边导洞超前或分块开挖，拉开开挖距离，及时进行锚喷支护或混凝土衬砌，然后再开挖中间岩柱。

(2) 岩壁吊车梁层开挖与支护。岩壁吊车梁的岩台开挖精度要求高，是地下厂房施工的难点。为保证岩壁梁岩台成型，开挖时采用控制爆破技术、预留保护层的开挖方式，保护层与中部槽挖采取预裂爆破分开，超前两侧保护层开挖20～30m，保护层厚度宜为2.0～4.0m，保护层以浅孔多循环爆破推进。岩壁吊车梁保护层开挖有以下两种方式：

1) 方式一。保护层开挖分为3区依次进行，开挖顺序按①区光爆→②区光爆→③区光爆进行，见图9-5-4。开挖前应进行专门的爆破设计，并进行爆破试验，取得最佳爆破参数。岩壁吊车梁岩台开挖成型实物图片见图9-5-5。

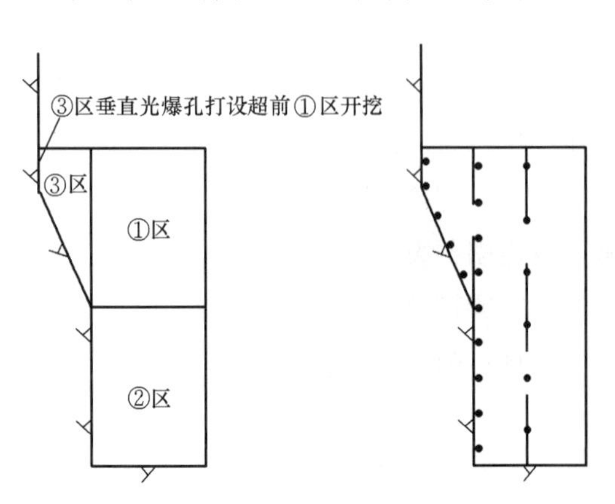

图9-5-4 岩壁吊车梁开挖分区图

在进行①区光爆前，先完成③区垂直光爆孔的钻孔（手风钻造孔），①区垂直光爆超前于③区光爆10m左右距离。为防止在①区光爆时对先形成的③区垂直光爆孔造成影响并塌孔，在③区垂直光爆孔内插入PVC管进行保护。为避免②区开挖后下拐点以下岩台基础围岩因应力释放而松弛、剥落，在②区开挖后，对下拐点以下边墙增设两排预应力锚杆，预应力

图 9-5-5　某抽水蓄能电站岩壁吊车梁岩台开挖成型实物图片

锚杆完成后再进行③区光爆。

2）方式二。保护层岩台边线采用水平密孔、小药量，隔孔装药进行光面爆破的方法，保护层内其他孔也采用水平造孔；靠近设计开挖边线的第二排爆破孔可根据围岩的设计情况设计为准光爆孔，以提高边线孔的爆破效果。其开挖方式见图 9-5-4。

在岩壁吊车梁施工前，必须对厂房第三层轮廓线进行预裂爆破，并在第三层爆破中控制最大单响装药量，以减小第三层开挖对岩壁吊车梁（锚杆）的扰动；为防止第三层开挖飞石对岩壁吊车梁造成破坏，岩壁吊车梁底面及侧面模板在第三层开挖作业时不拆除，必要时在模板外侧进行保护，防止飞石损伤岩壁吊车梁混凝土。

（3）母线洞层开挖与支护。根据母线洞的布置特点，母线洞位于厂房高边墙中部，上有岩壁吊车梁，下有尾水隧洞，应力较为集中，开挖时将给厂房高边墙的稳定带来不利影响。其开挖程序和方式主要有以下三种：

方式一。在开挖厂房第四层时，从厂房进入进行母线洞的开挖。

方式二。母线洞分两序开挖。首先利用主变压器进风洞从主变压器洞底部开挖施工通道至各条母线洞，在岩壁吊车梁施工前完成母线洞上部开挖；然后在开挖厂房第四层时，从厂房进入进行母线洞下部开挖。

方式三。利用主变压器进风洞从主变压器洞底部开挖施工通道至各条母线洞，在岩壁吊车梁施工前完成母线洞开挖，并完成母线洞的锁口工作。上述三个方案在施工技术及施工工艺上均可行，并都有成功的先例。

目前抽水蓄能电站地下厂房系统通常采用方式一进行母线洞的开挖，即厂房第四层采取中部潜孔钻钻孔、梯段爆破，两侧预留保护层。当母线洞位置出露时，先进行母线洞周围系统锚杆及锁口的施工，然后采取下导洞先行掘进，再进行扩挖。

厂房高边墙开挖时，首先应充分考虑到爆破震动对洞室围岩稳定的影响，并尽量减少这种影响，因此在高边墙上开洞口时，应尽可能采用小洞贯大洞的方式，并预先做好母线洞的锁口工作，这样可减轻母线洞开挖对厂房高边墙围岩稳定带来的不利影响；其次，从施工进度上考虑，从厂房进入母线洞进行开挖，母线洞的施工通道是利用厂房第三～四层的下卧道，厂房第五层的开挖需在母线洞开挖完成后进行，母线洞的开挖工序时间将占厂房开挖的直线工期。另外，根据母线洞的断面尺寸及施工机械的性能，母线洞开挖采用全断面钻爆、一次成型更为有利，可减少母线洞开挖在工序间的转换。因此，在西部一些大型地下厂房施工中，也采用方式三进行母线洞的开挖。

（4）压力管道层开挖与支护。压力管道层一般在开挖厂房第三层时，从压力管道（引水支管）施工支洞经引水支管先行进入厂房上游侧，并做好引水支管的锁口。压力管道层施工通道既可以利用引水支管（如广蓄电站），也可利用新增设的施工支洞（如天荒坪电站的 4 号施工支洞，布置在安装场下部）。

（5）机坑层开挖与支护。上游边墙轮廓线用手风钻预裂，机坑左、右两侧用潜孔钻进行预裂。为保证机坑间岩柱的稳定，机坑层采取分组间隔开挖。导井贯通后，中部用潜孔钻辅以手风钻扩挖，机坑下游轮廓光面爆破，开挖石渣经溜渣井溜渣至尾水管后由尾水隧洞出渣。

（6）支护。地下洞室群支护施工滞后于开挖作业进行，支护与开挖工序间交替流水作业。各开挖层面上的典型支护施工程序为：施工准备⟶初喷 3～5cm 厚混凝土⟶锚杆施工⟶挂网或钢格栅⟶喷射混凝土⟶预应力锚索施工。若遇不良地质段，则在掌子面组织开挖与支护交叉作业，做到及时支护，并通过原型观测数据分析结果，对开挖过程中的洞室稳定性进行评判，进而及时指导或调整支护形式。

5.4.3　调压井的开挖与支护

调压井顶拱采用“伞面开挖法”，首先从调压室交通洞进入顶拱中部，采用手风钻向上短进尺，逐步扩大开挖成 ϕ5m 的竖井（“伞柄”）至中心拱顶，然后通过手风钻水平钻孔，导爆管毫秒微差光面爆破进行球冠（“伞面”）开挖，短锚杆和喷混凝土临时支护及时跟进。顶拱开挖完成，且工作面往下降到一定高度后，再由凿岩台车和喷混凝土台车进行永久支护。顶拱及上部开挖、支护结束后，在顶拱布置一组提升设施（天锚及行走桁车），主要承担井筒开挖、支护材料、小型设备及人员的运输。

在上部开挖结束后，进行反井钻基础平台施工及钻机的安装。首先用反井钻机在井筒中心钻设 ϕ216mm 导向孔，然后在竖井底部安装 ϕ1.4m 的扩孔钻头，沿着导向孔进行反向扩孔。由于井筒开挖直径大，溜渣量大，为保证开挖的石渣顺利从导井落入调压井底部，采用人工手风钻由上至下对导井进行二次扩挖，扩挖成 ϕ6.0m 的溜渣竖井，二次扩挖时根据开挖揭露的实际地质情况，对岩层破碎带进行随机锚杆和喷混凝土临时支护。

在 ϕ6.0m 的溜渣竖井开挖、支护完成后，进行井筒的扩挖施工。井筒每层扩挖分成两半圆、3 个台阶共 6 个区依次开挖，开挖顺序见图 9-5-6。井筒扩挖的内圈、中圈和外圈呈台阶状分布，由内向外依次超前 1 排炮。采用轻型潜孔钻和手风钻造孔，由上至下分层开挖，外台阶设计轮廓线实施光面爆破，分层进尺 2.0～3.0m。爆破后的石渣由推土机集料，人工配小型反铲扒渣，石渣经溜渣竖井下落到底部隧洞内出渣。在井筒中上部开挖爆破时，轻型潜孔钻、推土机和小型反铲吊入调压井交通洞内避炮，在井筒下部开挖爆破时，轻型潜孔钻和小型反铲进入保护罩内避炮。在扩挖钻孔施工时，需在溜渣竖井上部加盖钢筋网保护装置，防止人员坠落。

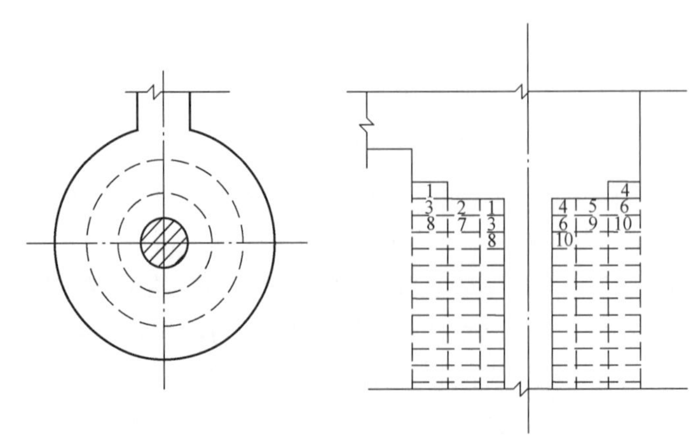

图 9-5-6　调压井井筒扩挖示意图

5.4.4　其他主要洞室开挖

地下厂房洞室群除主副厂房洞、调压井外，较大的洞室还有主变洞、尾闸洞。其开挖程序和方法与主副厂房洞大同小异，一般围绕主副厂房洞的开挖进度安排。主变洞一般分三～四层进行开挖、支护，并滞后厂房顶拱层开挖；尾闸洞的开挖由于距主副厂房洞较远、干扰少，相对简单一些，仅闸门井需等尾水支洞井挖完后，才有条件对闸门井进行开挖，开挖中应及时做好洞、井交接部位的支护。

5.5　地下厂房混凝土施工

地下厂房系统混凝土工程主要包含主副厂房洞（包括机组段、安装场、副厂房）、主变洞、母线洞、出线洞、进厂交通洞及附属洞室等建筑物的混凝土施工。其混凝土施工有以下特点：

（1）混凝土工程量大，施工强度高，施工工期紧。

（2）蜗壳外围结构混凝土采用充水保压浇筑。

（3）机组段混凝土体型复杂，混凝土的成型及外观质量、施工工艺要求高，温控问题突出。

（4）混凝土施工与开挖及支护、金属结构设备安装、机电设备安装交错进行，施工干扰大，施工环境要求高。

5.5.1　混凝土分层、分块

（1）机组段混凝土施工按机组分缝线分块，从下到上分层为尾水管层、蜗壳层、水轮机层、中间层和发电机层，见图 9-5-7。

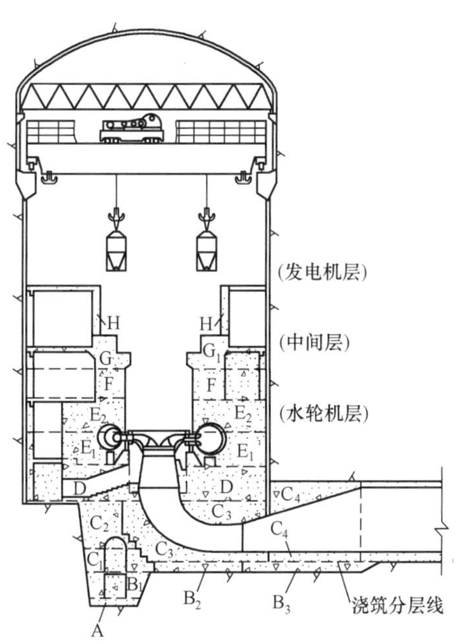

图 9-5-7　机组段混凝土浇筑分层示意图

（2）副厂房混凝土为板、梁、柱结构，其分层原则为：基础混凝土为一层，柱子从柱底到梁底分一～二层施工（视柱高而定），梁板作为一层施工。

（3）岩壁吊车梁混凝土按 12～15m 分块进行浇筑。

（4）母线洞混凝土分底板、边墙及顶拱三次浇筑，浇筑方向由厂房向主变压器洞进行。

5.5.2　混凝土运输通道布置

（1）地下厂房混凝土浇筑施工中，桥机配 6m³ 卧罐入仓浇筑为主要混凝土垂直运输手段，混凝土水平运输由混凝土搅拌车从进厂交通洞运至安装场。

（2）在母线洞及主变压器洞电气设备安装之前，利用母线洞作为机组段混凝土施工的辅助通道，在母线洞内布置胶带机，混凝土经主变压器进风洞运入，卸料后由胶带机输送混凝土至厂房溜管配短溜槽入仓。

（3）在压力管道（引水支管）钢管安装前（蜗壳层以下），利用引水支管作为机组段混凝土施工的辅助通道，混凝土经压力管道（引水支管）和引水支管运入，卸料后经溜管配短溜槽入仓。

（4）厂房肘管层混凝土由混凝土搅拌车经尾水隧洞运入，泵送入仓。

（5）副厂房混凝土由通风兼安全洞（厂顶施工支洞）运输，经设置在副厂房顶部的提升装置垂直吊运入仓。

（6）在厂房上游侧从安装场至副厂房间设置临时钢栈桥（高程与安装场底板或发电机楼板相适应），作为联系安装场至副厂房及各机组段的人行通道。

5.5.3　混凝土施工程序和施工方法概述

（1）吊顶小牛腿混凝土、岩壁吊车梁混凝土及安装间混凝土施工穿插在开挖阶段完成，岩壁吊车梁由厂房左、右端墙两侧相向按 15m 一块跳块进行浇筑。模板采用组合式专用镜面模板、钢管支撑、拉筋固定，混凝土由 6m³ 搅拌运输车运输，泵送入仓。

（2）厂房开挖结束后，进行机组段混凝土浇筑及机电设备安装，根据机组发电要求及机电设备安装的需要，机组段混凝土按发电顺序呈阶梯式浇筑上升。

（3）混凝土采用混凝土搅拌车运至施工现场，根据不同的施工部位和施工强度情况采用不同的入仓方式，桥机配卧罐入仓、胶带机配短溜槽入仓（设缓降器）、溜管配短溜槽入仓（设缓降器）、混凝土泵送入仓四种方式。

（4）蜗壳安装前，先浇筑蜗壳层基础，蜗壳基础混凝土仓面与蜗壳之间保留适当的安装操作空间；蜗壳和水轮机机坑里衬周围混凝土浇筑应采用水平薄层浇筑，上升速度不宜超过 300mm/h。浇筑蜗壳层混凝土时，对蜗壳阴角处不易入仓部位埋设混凝土导管，泵送一级配细石混凝土进行浇筑，并埋设回填灌浆管，浇筑后进行回填灌浆。

（5）浇筑蜗壳混凝土时，蜗壳内应按设备供货商的要求进行保压，并在座环上装设千分表观察蜗壳位移情况，以便控制混凝土浇筑速度和顺序。蜗壳外包混凝土浇完后至少 21d 再卸压。

（6）浇筑厂房二期混凝土时，将结合面的老混凝土凿毛，冲洗干净，保持湿润。控制模板的安装误差，保证模板有足够的强度。浇筑过程中，采用小型振捣机械捣实，避免漏振，保证钢筋和金属埋件不移位，模板不走样。

（7）厂房系统附属洞室数量较多，各洞室断面尺寸大小不一。隧洞混凝土衬砌长度较短而无法采用钢模台车浇筑的，分边墙、顶拱两次浇筑。其边墙采用组合小钢模，模板表面铺层板，采用拉筋固定于边墙锚杆上，并在不影响交通的情况下，设置数排对撑和斜撑；顶拱均采用定型钢管拱架上架立组合小钢模，模板表面铺层板，拱架支撑在边墙承重钢管脚手架上。如边墙、顶拱一次浇筑，则采用满堂钢管架承重和对撑，混凝土泵送入仓。

（8）隧洞混凝土衬砌长度较长时，尽量放在隧洞贯通后用定型钢模台车浇筑。

5.6　施工通风

地下厂房洞室群施工时的通风散烟是制约地下厂房洞室群快速施工的重要因素之一。施工通风一般分三期设置：前期地下厂房系统、引水系统、尾水系统三大块互不相关，所有洞（室）均为独头掘进，施工通风主要在与大气相通的通道口及交叉洞口设置轴流风机接力进行强制性负压通风；中期所设置的通风洞（井）及主体工程的一些斜、竖井基本贯通，主要洞室具备下进上排的通风条件，已达到部分自然通风与强制通风相结合的目的，原设置的风机可部分拆除，或改为正压通风；后期地下洞室群开挖基本结束，进入混凝土浇筑和机电设备安装阶段，地下厂房系统、引水系统、尾水系统三大系统贯通连成一片，上部与大气相通的通道、斜井（竖井）将会排出废气，进厂交通洞及底部施工支洞进新鲜空气，大部分风机拆除，以自然通风为主，保留部分风机给予辅助通风。

5.7　施工排水

地下厂房洞室群施工期排水主要为地下渗水及施工废水的排放，其排水具有历时长、排水量较大等特点。在地下厂房系统施工前，尽可能完成厂房外围排水廊道及自流排水洞的施工，并从排水廊道钻设排水孔引排山体内地下水，形成地下厂房洞室群排水系统，以达到尽可能截排地下水的效果。另外，在地下洞室群施工过程中，根据施工通道的特点，在各施工通道与主洞或洞与洞岔口处设置集中排水泵站，采取集中抽排方式排至洞外，或结合永久排水设施，以自流的方式排放至洞外。

第六章 场内交通设计及施工总布置

抽水蓄能电站由上下水库、输水系统及发电厂房等建筑物组成，一般具有水头高、施工支洞多、施工工作面分散及弃渣量较大等特点。场内交通的工程规模往往较大，所占投资比例较高，且场内交通设计与施工总布置的关系极为密切，与常规水电站相比较，抽水蓄能电站的场内交通和施工总体布置设计具有独特性。

6.1 场内施工道路设计

抽水蓄能电站通常建在当地电网负荷中心附近，距离当地骨干路网较近，一般而言其对外交通条件较好。但鉴于抽水蓄能电站具有上下水库间高差大，输水系统线路长、高差大、施工支洞多，施工工作面分散及弃渣量较大等特点，致使场内交通具有工程规模大、施工难度大、制约因素多等特点，且环境保护、水土保持及景观要求均较高。根据枢纽布置和施工总布置，各电站场内交通布置各有特点，但由于各抽水蓄能电站枢纽建筑物的组成和施工分区大体相同，因此场内交通一般都由上下水库连接公路、进厂公路、开关站公路、渣场道路和其他施工道路等组成。

6.1.1 建设标准

公路等级一般根据预测的年平均日交通量来确定，二、三级公路按 15 年预测，路基、路面宽度根据公路等级和主导车型确定。根据《公路工程技术标准》（JTG B01—2003）的规定，公路等级和交通量、设计速度、路面宽度的关系如表 9-6-1 所示，场内道路参照执行。电站场内道路的等级可根据施工高峰年的日平均交通量（需折算成小客车）确定，采用电站建成后的社会交通进行复核，与公路等级密切相关的是设计速度。

表 9-6-1　　公路等级及主要技术参数

公路等级	设计速度（km/h）	路面宽度（m）	适应的年平均日交通量（pcu/d）
二级	80	3.75×2	5000～15000
	60	3.50×2	
三级	40	3.50×2	2000～6000
	30	3.25×2	
四级	20	3.00×2	<2000

由于抽水蓄能电站均建在地形较陡的山岭重丘区，公路等级对道路的工程投资极为敏感，公路等级的提升将大大增加工程投资。除进厂道路等少数道路在电站运营期内仍频繁使用外，场内道路主要是为

电站施工服务的，电站运营期交通量将骤减，公路等级按就低原则设置。为了节省投资，目前抽水蓄能电站场内道路的公路等级以设计车速30km/h的三级为主，对局部难度较大的路段降低标准，如浙江天荒坪、江苏宜兴、山东泰安、浙江仙居、天荒坪二及福建仙游等抽水蓄能电站等。部分电站将进厂道路的设计车速设为40km/h，而渣场道路的设计车速设为20km/h。

路面宽度一般根据主导车型确定，交通规范中的路、路面宽度是基于车辆宽度2.5m为标准确定的（一般社会车辆都不超过此尺寸），而电站施工期间需根据施工强度和施工方法，确定运输强度和主导车型，由于电站施工车辆的载重量往往较大，其宽度往往大于2.5m，为此需按《厂矿道路设计规范》（GBJ 22—1987）中的车辆横向布置确定路面宽度和路基宽度。在山区地形较陡的情况下，路基宽度对工程投资极为敏感，路基宽度的变化与路基土石方、挡墙圬工、边坡支护等项目工程量的增减均近乎二次函数关系，而上述三项约占山区道路工程投资的70%。因此，施工车型选择时应充分考虑其对路宽及工程投资的影响。主导车型与路基、路面宽度的关系见表9-6-2。

表9-6-2　主导车型与路基、路面宽度的关系　m

主导车型	车宽	余宽	车间距	最小路面宽度	路面宽度	路基宽度
汽—30	2.5	0.35	0.8	6.5	6.5	8.0
汽—40	3.0	0.35	1.0	7.7	8.0	9.5
汽—60	3.5	0.45	1.2	9.1	9.5	11.0
汽—80	4.0	0.50	1.4	10.4	10.5	12.0

注　考虑到防撞护栏、标志牌等设施的设置，计算路基宽度时，路肩按0.75m设置。

6.1.2　路线

与常规水电站的场内道路相比，抽水蓄能电站场内道路最突出的特点是，电站一般有上下水库连接公路，因上下水库间的高差大，上下水库连接公路的长度往往长达10～20km，是抽水蓄能电站场内道路中规模最大、涉及面最广、与施工总布置和水工枢纽布置关系最为密切的道路。

场内公路的布置除了起、终点受控制外，根据水工枢纽结构物和施工总布置的需要，沿线可能还有若干个控制点，这些控制点往往对路线走向、高程和纵坡都起约束作用，是路线布置必须考虑的节点。经过多年来抽水蓄能电站场内道路布置的实践，主要经验如下：

为了加快抽水蓄能电站输水系统的施工，需要布置中平洞施工支洞，其洞口多位于半山腰之处，是上下水库连接公路的重要控制点之一，如天荒坪抽水蓄能电站，受支洞口的控制，上下库连接公路甚至不得不从陡崖上经过。这样往往造成道路投资增加较多，为了降低工程总投资，需将中平洞施工支洞的投资与上下水库连接公路的投资合计后，进行多方案比较，以寻求最佳方案。

上下水库连接公路的纵坡设置需满足《公路路线设计规范》或《厂矿道路设计规范》的要求，路线的平均纵坡为5.0%～5.5%，连接公路的长度由上下水库间的高差决定。为了节省投资，可将上水库的坝后公路作为上下水库连接公路的一部分，从而大大缩短上下水库连接公路的长度，按此布置的有山东泰安、天荒坪二和浙江仙居等抽水蓄能电站。

为了克服高差，路线布置时难免会遇到是否在同一坡面上进行"之"字形展线的问题。从施工安全、运营安全、工期安排和减少上下线施工干扰方面考虑，应尽量避免采用"之"字形展线；而从环境保护和水土保持方面考虑，采用"之"字形展线更有利，主要原因是公路工程施工时的爆破开挖难免会产生石渣抛洒现象，对公路下方的山体植被造成一定的破坏，"之"字形展线往往可将工程和环境影响范围压缩在较小的范围内。另外，“之”字形展线时，回头曲线的工程量往往较大，宜选择地形相对平缓的沟谷或山脊设回头曲线，以减少开挖和支挡的工程量。因此，应根据地形的陡缓、沟谷和山脊的分布、工期的长短和山体植被情况综合考虑，进行抉择。

路线纵坡布置时，公路的平均纵坡和最大纵坡一般都能执行路线设计规范的规定，但限坡坡长和隧道纵坡常突破规范的限制。电站施工期内交通量较大，但车辆的性能较佳，对不同路况的适应性强，驾乘人员对路况较熟悉。由于地形条件的制约，限坡坡长往往会轻微超越规范的要求，但对工程车辆的安全基本没有影响。

随着环境保护和水土保持要求的日趋提高，桥梁和隧道所占路线总长度的比例越来越高，而规范对桥梁和隧道的纵坡要求甚严，即隧道的最大纵坡应不大于3.0%，桥梁的最大纵坡应不大于4.0%。若严格按规范要求执行，电站场内道路的工程投资将成倍增加。根据场内道路的特点和隧道纵坡要求甚严的原因，隧道的最大纵坡可适当增加。规范对隧道纵坡做出较严格的规定主要是基于通风和照明方面考虑，因而若采取加强通风和照明的措施，并增设减速条（带）、轮廓标等安全设置后，适当增加隧道纵坡也是可以接受的，如天荒坪的“520”改线隧道，天荒坪二上下水库连接公路沿线的多座隧道。另外，结合场内道路交通在电站施工期交通量大、电站运营期交通量骤降的特点，只需电站施工期内加强通风和照明即可，电站运营期可恢复至正常状态，因而运营成本的增加较为有限。

6.1.3 桥梁与隧道

随着人民生活水平和经济能力的提高，对生态环境的要求越来越高，桥梁和隧道所占路线总长的比例已大幅提高，这是近年来抽水蓄能电站场内公路设计中最显著的变化。地形和地质条件相差无几的天荒坪和天荒坪二两座抽水蓄能电站的对比最具代表性，1992年开工建设的天荒坪抽水蓄能电站场内道路全长20.96km，其中隧道总长1.60km，桥隧所占的比例仅为7.6%；而即将开工的天荒坪二抽水蓄能电站场内道路全长24.69km，其中隧道总长11.50km，桥梁总长0.08km，桥隧所占的比例达46.9%。随着时间的推移，这种趋势越加明显，究其原因主要是明线除了投资较省外，还存在以下诸多缺点：

（1）路基开挖时的爆破抛洒对路线高程以下的植被易造成大面积破坏，虽然对于雨量充沛、气候湿润的地区，植被能在数年内基本得到恢复，但对于降雨量小、气候寒冷的地区，其生态较脆弱，植被被破坏后需要很长的时间才能得到恢复。

（2）路基开挖后边坡支护工程量较大。

（3）强降雨时易出现边坡或路基失稳，造成道路中断，影响电站的施工。

桥梁和隧道除了工程造价明显高于明线外，还存在下列优点：

（1）道路的保通性好、安全性高。

（2）工程投资的可控性较好。

虽然布设桥梁和隧道均能减少对环境的影响，但两者之间又区别明显，在路线布置时，偏重于布设桥梁还是设置隧道是一个值得探讨的问题。

桥梁工程的特点是需要大量的钢筋、水泥等外来物资，若采用预制混凝土结构，则需要大面积的预制场地和大型吊装设备；若采用现浇混凝土结构，又往往需要大量的支架。工程区往往地形较陡，高程较高，施工材料的运输、较大面积的施工场地和大型吊装设备的运输都极为困难，甚至由于钢筋、水泥等施工物料运输困难、供应不及时，影响工程质量和造成工期延误。另外，由于电站场内道路的设计荷载往往为非标准荷载，造成梁、板的截面不同于一般的桥梁，需定制专用钢模板，且很难将模板用于其他桥梁的施工。总体而言，电站场内道路沿线桥梁的施工难度将远大于交通条件较好的一般地区，只有遇到深切沟谷或因洪水流量大而无法采用涵洞代替时，才不得不采用桥梁跨越。

相对桥梁而言，隧道工程对外来物资的需求量低得多，施工设备依靠装载机、挖掘机、凿岩机、喷浆机等设备即可；隧道工程对环境的影响更小，仅隧道进出口对环境有一定的影响，洞身段对环境的影响极为有限；由于抽水蓄能电站选址时已充分考虑工程地质条件，工程区的地质条件往往较好，如天荒坪、泰安、天荒坪二、仙居等电站，隧道内采用较弱的支护措施即可，隧道单位长度的造价一般低于桥梁，投资控制较容易；目前，隧道的施工技术已得到长足发展，施工进度较快，即使采用较经济的掘进速度，其月进尺也可达 100～150m，中长隧道的贯通工期仅需要 0.5～1 年。隧道的不足之处主要体现在运营成本上，运营期绝大部分隧道需要照明，部分隧道需要设置通风、消防和监控设置，运营成本较高。但电站建成后，可采用厂用电供电，运营成本高的缺点也是可接受的。因此，在路线布置时，可适当增加隧道的比例。

隧道的安全防护等级是由交通量和单座隧道长度的乘积决定的，与交通路网中骨干公路的交通量相比，电站场内道路的交通量并不大，但如果单座隧道长度较长，两者的乘积达到一定的数值，将需要提高隧道的安全防护等级，需配置通风、消防、监控设备，甚至需要设置应急逃生通道，这样就会大大增加工程造价和运营成本，因而单座隧道长度不宜过长。如果单座隧道长度过短，则会出现洞挖设备利用率过低的问题，也不利于降低造价。

在隧道支护方面，根据电站场内外交通一般不面向社会开放交通的特点，Ⅰ～Ⅲ类围岩洞段采用锚喷支护作为隧道永久支护即可，Ⅳ～Ⅴ类围岩采用混凝土衬砌作为永久支护。采用混凝土衬砌作为永久支护的洞段，可在初衬和二衬之间设置 EVA 防水板，防排水技术已较成熟，效果良好。但采用锚喷支护作为永久支护的洞段，防排水效果较差，若冬天当地气温较低，则易发生路面结冰、洞顶挂冰凌现象，严重影响行车安全；即使不会发生路面结冰、洞顶挂冰凌现象的气温较高地区，由于雨水的滴渗，也会加速路面的损毁，同时湿润的路面将降低路面的摩擦系数，不利于行车安全。因此，对锚喷支护作为永久支护的洞段需进行专门的防水处理，如天荒坪抽水蓄能电站的大溪隧道和“520”改线隧道均进行了防水处理，效果良好。

6.1.4　路面

一般而言，沥青混凝土路面具有造价较低、施工快捷、平整度高、噪声低、摩擦系数高、修复容易等众多优点，被广泛用于高等级公路和城市道路，但在电站场内外道路的路面选择时，除部分场外交通采用沥青路面外，场内道路均采用水泥混凝土路面。其主要原因是：①电站施工期间以载重量较大的大型工程车辆为主；②道路的纵坡较陡（>5.0%）。

关于最大纵坡大于 5.0%的问题，《厂矿道路设计规范》（GBJ 22—1987）中规定，沥青路面的适用条件之一是道路纵坡不大于 5.0%，而电站场内道路的最大纵坡往往达到 8.0%，甚至达 9.0%。另外，施工期间在场内道路上通行的车辆以运输石渣、骨料等散粒料为主，常发生散粒料沿线散落现象，若采用沥青混凝土路面，散落的散粒料经过往车辆碾压后，将严重损坏路面，而采用水泥混凝土路面时，对路面的损毁要轻得多，因此电站场内道路一般采用水泥混凝土路面。电站运营期，从提高安全、增加舒适性和降低噪声方面考虑，可在水泥混凝土表面加铺沥青混凝土，如天荒坪抽水蓄能电站的场内道路。

6.1.5　安全设施

随着安全防范意识的增加，以人为本设计理念的深入，以及环境保护和美化要求的提高，对道路的安全设施设置和公路沿线的绿化提出了更高的要求。

抽水蓄能电站的场内道路多为傍山道路，沿线地形较陡，发生交通事故后易引发后果更严重的二次事故，如车辆驶出路基，在平原微丘区时此后果并不严重，而在傍山道路上则往往造成车毁人亡的重大交通事故。20 世纪 90 年代初设计的天荒坪抽水蓄能电站场内道路，沿线仅设置了防撞墩等安全设施，在标志标线的设置上仅设计了标线，公路投入运营后，沿线逐步增设了防撞钢护栏、减速道钉、减速条、指路和警示标志。增设防撞钢护栏后，电站施工期内多次避免了施工车辆冲出路基的事故，效果良好。较迟开工建设的抽水蓄能电站的场内道路，其安全设施设置齐全，从人性化交通考虑，将部分市政道路常用的标志、标线、交叉口的渠化设计、可变情报板和监控设施等措施均已引入到场内道路的设计中。

在安全设施设置时，需要注意的问题是：①护栏的防撞等级需根据主导车型、设计车速和车辆驶出路外可能造成的交通事故等级综合确定；②防撞等级较高护栏的横断面尺寸较大，需要适当加宽路肩宽度才不至于侵占公路的建筑限界；③傍山道路坡陡、弯急，需设置较完善的安全设置。

6.2 施工总布置

抽水蓄能电站由上水库、下水库、输水系统及发电厂房等建筑物组成，一般具有水头高、施工工作面分散及弃渣量较大等特点。就其地理位置而言，抽水蓄能电站均靠近当地电网负荷中心，交通方便，运输条件较好，工程施工期可充分利用当地资源，减少工程临时设施的投入。与常规水电站相比较，抽水蓄能电站一般距离城镇较近，施工总体布置设计具有独特性。

6.2.1 施工总体布置的共性

（1）工程施工分区。根据枢纽布置、施工条件及抽水蓄能电站的工程特点，电站的工程施工区一般由两部分组成，即上水库施工区和下水库施工区。施工总体布置主要围绕这两大施工区域进行布设。上水库施工区工作项目相对较少，主要有上水库工程、上水库进/出水口、引水上平洞及上斜井（或竖井）等；下水库区施工的项目较多，主要有下水库工程、下水库进/出水口、地下厂房洞室群及机电设备安装工程等，施工场地占用的面积往往较大，需要根据工程分标情况进行统筹考虑布置。

（2）生活区布置。抽水蓄能电站施工区域距城镇较近，环境保护要求较高，施工场地布置要兼顾当地环境及环保要求。一般而言，整个工程的施工生活区多集中布置在下水库区，便于生活污水的处理及安全管理，如宜兴、马山、响水涧等抽水蓄能电站。但当上下水库高差较大，距离较远时，也可考虑将上下水库施工区的生活设施分别布置，如仙游、天荒坪、宝泉等抽水蓄能电站。另外，施工生活区应远离噪声较大的施工工厂区，如人工骨料系统、混凝土生产系统及钢管加工厂等。

（3）施工工厂及仓库区布置。工厂及仓库区布置服务于施工、方便施工，因此其场地的布置应根据各工程地形及场地条件，采用分散与集中相结合的原则。一般在各施工通道的洞口布置供风系统、钢筋加工堆放场及简易的管理房建等设施。对于大规模的钢筋加工厂、机械修配厂、钢管加工厂及施工仓库设施应集中布设。钢管加工车间对地基的要求较高，因此在选择钢管加工厂场地时，尽量布设在场地地质条件较好的区域，同时还要考虑交通运输要求。抽水蓄能电站机电设备库的布设宜与电站的永久设备库相结合，永久设备库主要由保温库和封闭仓库组成，其建筑面积一般在 1500～2000m^2 之间。国内部分工程永久设备库的面积见表 9-6-3。由于机电设备运至工地后，往往难以达到零库存的要求，需要在机电设备临时堆放场临时堆放。根据已建的工程情况看，机电设备临时堆放场需要布设的面积较大，一般为 8000～10000m^2，场地要求地形较为平缓，场内道路条件较好。

表 9-6-3　　国内部分工程永久设备库面积一览表　　m²

工程项目	保温库	封闭仓库	合计
天荒坪			3500（另外电厂备品备件库 800）
桐柏	300	1000	1300
宜兴	1034	1323	2357
响水涧	300	1500	1800

（4）人工骨料及混凝土系统。抽水蓄能电站的上水库较多采用当地材料坝，上水库区的混凝土及骨料用量相对较少，混凝土量主要用于地下工程项目。结合洞挖料的出渣通道，人工骨料系统大都布置在下水库施工区。上水库区的混凝土骨料大都由下水库人工骨料系统供应，如国内已建的泰安、宜兴、响水涧、琅琊山等工程。但当上下水库运输距离较远，且对骨料有特殊要求时，也可在上下水库分别单独布设。如宝泉、天荒坪抽水蓄能电站，上水库均为沥青混凝土防渗，需要特殊的灰岩骨料，因此在上水库区单独布置了人工骨料生产系统。仙游工程由于上下水库运输距离远（运距约 32km），为方便施工，也在上水库区单独布置了人工骨料生产系统。

抽水蓄能电站输水系统一般较长，施工点较分散，为保证混凝土浇筑质量，混凝土生产系统分上下水库单独布设。当上下水库高差大、运输距离较远时，在引水中平洞洞口单独布置一规模较小的混凝土搅拌站，为引水中平洞及引水下斜井（下竖井）的混凝土供料，如宝泉、宜兴抽水蓄能电站。

6.2.2　施工总体布置的特点

由于各抽水蓄能电站的枢纽布置、地形地质及施工条件不同，在施工总体布置中对工程弃渣场选择及中转料场布置需要单独研究。抽水蓄能电站的上水库一般建在地势较高、周边山体较单薄的山峰上，为取得较大的库容，上水库一般开挖量远大于填筑量，且开挖的石渣中有较大部分质量相对较差，难以满足筑坝要求，需要做弃渣处理。国内部分工程上水库土石方开挖、填筑量利用及弃渣量对照见表 9-6-4。

表 9-6-4　　国内部分工程上水库土石方开挖、填筑量利用及弃渣量对照表

工程项目	上水库开挖量（自然方）（万 m³）	填筑量利用（自然方）（万 m³）	上水库弃渣量（松方）（万 m³）	上水库坝型
泰安（已建）	562	474	103	混凝土面板堆石坝
宝泉（在建）	418	148	270	沥青混凝土面板堆石坝
宜兴（已建）	804	308	909	混凝土面板堆石坝
响水涧（在建）	457	321	184	
仙游（在建）	412	32	510	
天荒坪二（可研）	475	305	225	

（1）弃渣场规划。从表 9-6-4 看出，抽水蓄能电站的上水库开挖量普遍较大。为减少工程弃渣，上水库大坝一般采用当地材料坝，即混凝土土面板堆石坝或沥青混凝土面板堆石坝，但上水库仍有较大的弃渣量，因此在施工总布置规划中需要对上水库弃渣场进行规划。弃渣场选择可从以下几个方面考虑：① 选择近距离弃渣场；② 减少弃渣高度及渣场维护工作量；③ 渣场对周边环境影响小，渣场尽可能集

中布置，防止造成新的水土流失；④ 减少渣场占地面积。上水库一般地形较陡、较高，周边近距离缺乏大的冲沟，且上水库集水面积较小，坝身基本没有泄洪设施。为确保上水库弃渣集中堆放，方便渣场防护及减少对周边环境的影响，在地形条件允许的情况下，可结合大坝填筑要求，把弃渣场布置在大坝坝下，从而缩短弃渣距离，减少弃渣运距，并且渣场与坝体结合可增加坝体稳定性。由于渣场与坝体相结合，为保证坝身的排水畅通，需要在渣场底部做好排水设施。目前国内抽水蓄能电站工程中，利用坝后作为弃渣的工程较多。

泰安工程位于泰山脚下，环境保护要求较高，为此整个工程只设了一个弃渣场，渣场位于下水库的大河水库坝后，弃渣高程与坝顶齐平，总弃渣面积约 13 万 m^2，弃渣规划结合城市建设形成广场花园。宝泉、响水洞及仙游工程的上水库区弃渣场均布置在坝后，形成坝后弃渣场，并利用坝后形成的渣场平台作为施工期临时场地，工程后期结合旅游规划，进行渣场绿化。响水洞工程上水库坝后弃渣场布置见图 9-6-1。

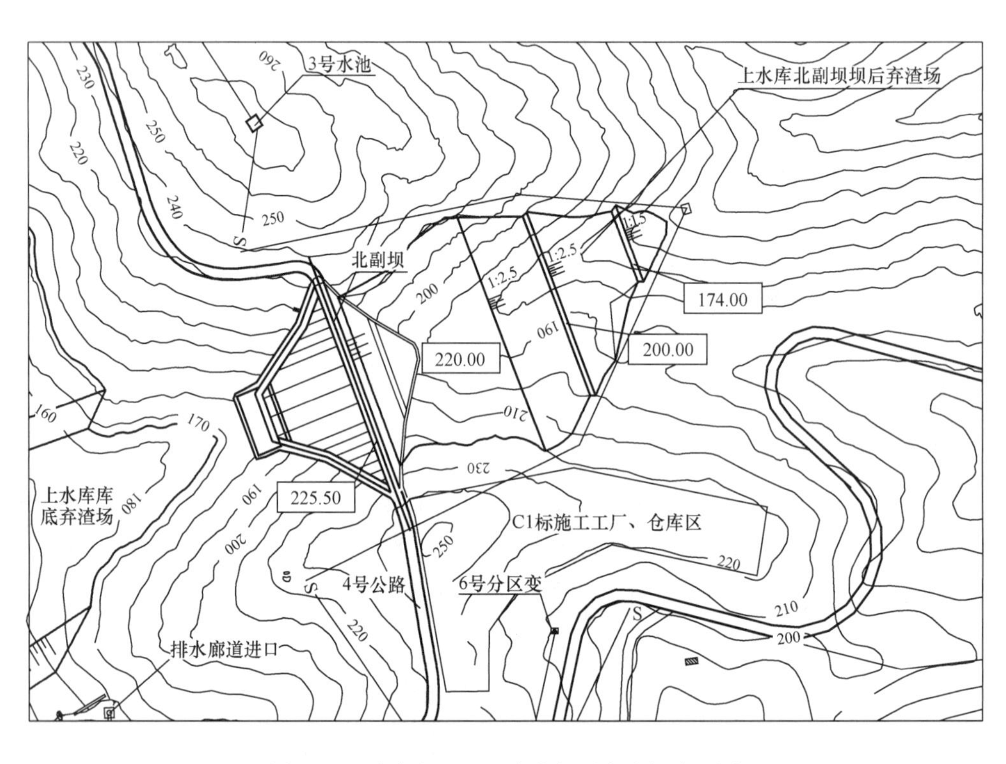

图 9-6-1 响水洞工程上水库坝后弃渣场布置图

（2）中转料场布置规划。上水库工程开挖量一般较大，而上水库流域面积较小，考虑到首台机组采用常规的水轮机工况为启动工况，要求上水库工程提前完成并进行初期蓄水，因此上水库库盆开挖与大坝填筑不能按填筑强度要求完全同步，会有部分开挖料需要二次中转再进行上坝，这样就需要设置中转料场。中转料场一般选择在距坝较近、回采容易及道路布置较好的山凹中。例如当上水库库盆较大时，为减少施工占地、节省工程投资，应首先考虑在库盆内布设中转料场。当中转料场较小时，可考虑与弃渣场结合布置，利用前期弃渣进行料场底部填筑，再在其上部进行料源堆放。根据已建、在建工程的情况看，中转料场的容渣量一般选择在 20 万～60 万 m^3 之间。

第七章

施工期供水

7.1　抽水蓄能电站施工供水的水源条件和供水特点

抽水蓄能电站上、下水库之间高差大，为施工服务的工厂企业等主要用水户一般均围绕上、下水库两地分别布置，因此形成高差大、距离较远的两个集中用水区域。

两个集中用水的区域通常不会各自都有理想的水源存在，无水源的区域一般都从有水源区域取水。如天荒坪电站拦截溪水形成下水库，上水库区用水从下水库提升；桐柏电站的上水库利用当地已有水库改建而成，下水库区通过管道从上水库引出自流供水。泰安、宜兴、宝泉、天二等电站类似。

当提取下水库水源向上水库区供水时，由于地形高差大，需要采用多级泵站提升，或者为了减少提升级数而采用高压水泵。采用高压水泵时，防止水锤保护管道十分重要。当上水库水源向下水库区自流供水时，也因为高差较大而必须采取降压措施，使管道出口水压和流速达到适合使用的范围。

利用已有水库、湖泊建造抽水蓄能电站时，这些库、泊无论是从水量、水质还是地理位置等条件考虑，都是施工用水理想的水源，因此往往选择直接从库、泊中取水。水库或湖泊平时水面平稳，可人工控制水位，受枯、洪季节影响较小，但较大的库、泊有一定风浪，寒冷地区还有冰棱影响。电站利用水库时，在水库改造和引水洞进出口施工过程中，需要在一段时期内降低水库水位，且降幅较大，因此要求取水构筑物适应库、泊特征的同时还要适应较大的水位变化。

抽水蓄能电站在土建工程完成后，要对机组进行充水调试，对上水库无径流来源的电站，或者径流较小无法满足充水要求时，通常需要从下水库或其他水源地用水泵向水库初次充水。这种情况下施工供水设计时，应结合考虑充水的需求。

7.2　抽水蓄能电站的施工供水实例

7.2.1　天荒坪电站施工供水

天荒坪电站的下水库由筑坝拦截大溪径流形成，上水库为在径流很小的一个山涧洼地上用主、副坝围截而成。上、下水库两个主要用水工区的地形高差约达600m，下水库的大溪是施工用水的主要水源。上、下水库工区施工用水量分别为10000m^3/d和5000m^3/d。砂石系统用水，由承包商另外自建系统解决。

取水泵站位于下水库库尾拦沙坝左岸的坝后，泵站内设置两组水泵，分两路分别向上、下水库工区供水（一路管线沿公路敷设至下水库工区的高位水池；另一路管线沿山坡向上水库工区敷设）。

为了减少运行费用和便于管理，取水泵站至上水库工区采用两级提升。管线去上水库途中的香炉山地形适合布置较大容量的调蓄水库，所以确定第一级从拦沙坝提升至香炉山水库，并在干管出口附近，用支管同时向设置在坝后的生活调蓄水池供水，干管进、出口高差达 401m。第二级提升为香炉山至上水库工区，二级泵站设置在香炉山水库的坝后，内设两组水泵分别向上水库工区的生产和生活高位水池供水，提升高度约 202m。天荒坪电站供水系统工艺流程见图 9-7-1。

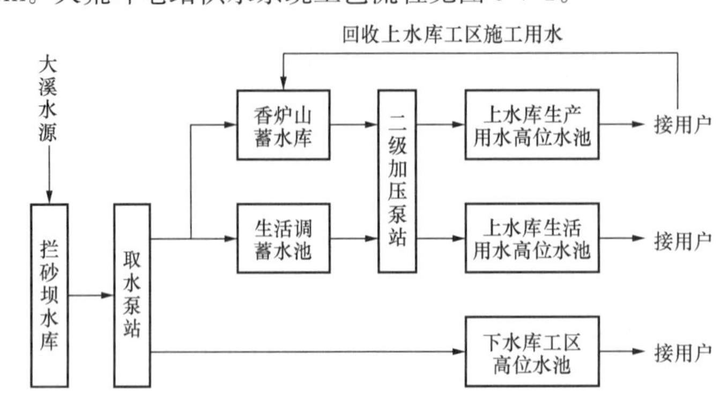

图 9-7-1　天荒坪电站供水系统工艺流程

由于香炉山水库位于沟源在上水库的一条小支沟上，库盆内所有施工用水使用后均可回流到香炉山水库，因此回水可重复使用，形成循环用水。通过香炉山水库调节后，取水泵站向香炉山的输水量按 4000m³/d 计，其中 500m³/d 水量通过支管直接进入坝后的生活调蓄水池。实际运行时，香炉山水库受施工用水淤积和污染，未能发挥应有作用。

（一）拦沙坝及取水泵站

拦沙坝所在的大溪最枯月平均流量仅为 0.05m³/s，不能满足施工供水需要，因此拦沙坝设计时结合供水调节需要，容量定为 50000m³，其溢流顶面高程为 366m，库内水深约 15m。

取水泵站位于坝后 359m 高程上。站内设不同供水压力的两组水泵：一组选用 D85-67×7 型水泵 3 台（其中 1 台备用），向香炉山水库供水；另一组选用 D125-25×3 型水泵 3 台（其中 1 台备用）向下水库工区 380m 高程的 500m³ 高位水池供水，设计供水量分别为 170m³/h 和 200m³/h。

水泵通过预埋在坝体内的 3 根（其中 1 根备用）DN250 钢管吸水。大溪河水含砂率较高，库底高程随淤积不断抬高，枯、洪季节水位变化又较大，为了使预埋的吸水管进口不被泥沙埋没和适应水位变化，采用了浮式活动取水头部。取水头部用两只容积为 1.3m³ 的钢质浮筒连接在一起，将两只取水口托在水面，并通过两条橡胶软管与预埋管连接，然后一条预埋管再与上水库 3 台水泵的吸水管连接，另一条预埋管与下水库 3 台水泵的吸水管连接，预埋管的高程为 356.71m。高水位时水泵通过自罐充水启动，低水位时水泵自吸启动，同时为了防止漂浮树杈吸入，吸水口安装了底阀。

当时受橡胶管供货最大尺寸限制，预埋管采用 3 根 DN250 钢管，橡胶管与预埋管接在一起相对较长，管内有一定阻力，3 台水泵在同一根管道内吸水，容易造成相互串气而影响运行，为此在泵房内设置了密闭水箱，防止停运水泵内的空气进入吸水管。

泵房采用砖混结构，由跨距 6m、长 18m 的主厂房和跨距 3.6m、长 12m 的副厂房组成。主厂房内配备 2t 手动桥式起重机一台。

（二）香炉山水库和二级加压泵站

香炉山水库是专为供水设置的调蓄水库，浆砌石重力坝挡水，最大坝高为 18.5m，溢流面高程为 759m，可蓄水 30000m³。设置此库的主导思想是：上水库工区用水量较大，利用香炉山水库回收施工用水重复使用，以弥补枯水期大溪水源不足。上水库生产用水大部分是大坝填筑用水，对水质要求不高，因此对回水作简单沉淀处理后即可重新使用。根据施工进度，在库盆开挖后首先建成库底的排水廊道，库盆内的施工用水主要通过廊道排出，回流到香炉山水库。设计时考虑了在廊道出口附近设置初级沉淀池，然后将香炉山水库的上游段用作二级沉淀，再流到坝前供坝后的泵站取水。但在实际施工中由于受各种条件限制，排出的污水直接流入了水库之中，因此水库淤积严重。上水库生活用水对水质要求较高，因此在水库的坝后另设 500m^3 生活调蓄水池一座，在取水泵站的输水干管出口附近用支管供应大溪原水。

二级泵站设置在坝后 755m 高程开挖出的平台上，按不同用途设置了两组水泵，一组选用 D150-30×8 型水泵 4 台（其中 1 台备用），向上水库工区 944m 高程的 1000m^3 生产高位水池供水；另一组选用 D46-30×7 型水泵 2 台（其中 1 台备用），向上水库工区 925.3m 高程的 200m^3 生活高位水池供水。供水量分别为 570m^3/h 和 46m^3/h。

二级泵站生产用水的水泵机组从香炉山水库吸水，由于回收的水中也含有大量泥沙，考虑库底淤积，同样在坝内预埋吸水管，并采用与取水泵站相同的浮式活动取水头部取水。生活水泵机组从坝后 751m 高程的 500t 生活调蓄水池吸水，该池位置高于泵房，水泵可自灌充水启动。

泵房采用砖混结构，由跨距 6m、长 21m 的主厂房和跨距 3.6m、长 12m 的副厂房组成。主厂房内配备 2t 手动桥式起重机一台。

（三）输水管道

取水泵站通往香炉山上水库的输水干管为一条 DN200 的高压管道，长约 1350m，计算工作压力为 4.6MPa，所选用水泵在高效运行区内的最大扬程为 518m，选用 6.4MPa 压力级钢管，即选用 ϕ219×10mm，材料为 20 钢的无缝钢管。为节省投资，其中靠近香炉山水库长约 650m 的管段，因压力较小，选用 ϕ219×6mm 无缝钢管。

管道沿山坡着地明敷，穿越公路管段埋地并加套管保护。钢管的连接，除与设备、阀门、特殊管件以及检修需要等采用法兰连接外，其他均采用焊接。浙江地区季节性温度变化较大，但向上水库沿线山坡地形复杂，敷设的管道弯曲较多，管段的热伸缩可通过这些弯曲得到自然补偿，因此设计仅规定两个固定支墩之间的直线管段或一端的直线管段长度超过 100m 时，要设置热补偿装置。但管道施工时实际上没有出现这种情况，所以并没有设置补偿装置。

高压管道立面走向的形态，在整体上是下部陡峭、上部平缓，容易在水泵开、停机时产生水锤压力，特别在停电等事故停机时产生的水锤压力很大，高压管道一旦破裂，可能产生严重后果。为此采取了以下措施：在取水泵站的出水总管（即输水干管起端）上，接出 4 根短支管，其中第 1、3 两根安装了两支弹簧安全阀，开启压力分别调整到 5MPa 和 6MPa；第 2 根支管出口安装了一支爆破膜，膜片用 ϕ87×1.8mm 铝板，设计爆破压力为 8.0MPa；第 4 根支管安装放空阀。把它们组装在一起形成一套管道保护装置。安全阀和爆破膜的出口均面向对岸山坡，防止动作时伤及行人。此外，考虑到输水管道从陡峭到平缓的转折点附近，突然停泵时可能产生水柱断裂而形成较大水锤压力，在此设置了一个 2m^3 单相调压水箱，管道正常运行时向水箱充水，出现水柱断裂发生真空时箱内的水迅速自动返回填充。同时还在输水管道的中间部位设置了一支止回阀，以减少停泵时倒流冲击。在上述多种措施的联合保护下，保证了管道和水泵的安全运行。

二级泵站向生产高位水池供水选用 DN300 无缝钢管，长约 950m，工作压力为 2.3MPa；向生活高位水池供水选用 DN125 无缝钢管，长约 1200m，工作压力为 2.1MPa。管道上各安装了一套管道保护装置。

取水泵站至下水库工区的输水管道，采用 DN250 焊接钢管，长约 1600m，工作压力较低。

供水系统的各种水池，均为敞开式钢筋混凝土矩形水池，池内均设有远传式液位计，向各自的供水泵房传送最高和最低水位信息，以便及时开、停水泵。水池设置了一根或数根出水管，供各承包商接用。供水系统主要技术指标见表 9-7-1。

表 9-7-1　　供水系统主要技术指标

项　　目	技　术　指　标
上、下水库工区高峰用水量	分别为 10000m^3/d 和 5000m^3/d
取水泵站设计供水量	上水库 170m^3/h，下水库 200m^3/h，地面高程 359m
二级泵站设计供水量	生产 570m^3/h，生活 46m^3/h，地面高程 755m
拦沙坝水库容量	50000m^3，溢流面高程 366m
香炉山水库容量	30000m^3，溢流面高程 759m
香炉山生活调蓄水池容量	500m^3，池底高程 751m
上水库生产高位生产容量	1000m^3，池底高程 944m
上水库生活高位生产容量	200m^3，池底高程 925.3m
下水库工区高位生产容量	500m^3，池底高程 380m
取水泵站至香炉山输水管道	DN200，工作压力 4.6MPa，长约 1350m
二级泵站至上水库生产高位水池输水管道	DN300，工作压力 2.3MPa，长约 950m
二级泵站至上水库生活高位水池输水管道	DN125，工作压力 2.1MPa，长约 1200m
取水泵站至下水库工区高位水池输水管道	DN250，工作压力 1.0MPa，长约 1600m

（四）结语

天荒坪电站上、下水库两个用水工区地形高差超过 600m，下水库水源向上水库输送采用了两级高扬程泵站，单级最大工作扬程达 460m，在国内同行业中尚属首例，设计技术难度较高。但减少泵站级数可减少建设投资和运行成本，同时便于管理和提高供水的可靠性。

根据水源泥沙含量高，库底不断升高的特殊条件，采用浮式活动取水头部可以减少水泵吸入泥沙，同时不受泥沙沉积后底板升高的影响。香炉山水库回收水中的含泥量很高，库内淤积严重，淤泥面超过了坝体中预埋的吸水管高程，还没有影响吸水，供水系统仍能正常运行。

向上水库的输水管道工作压力较高，上升线形易产生水锤，采取多项措施进行联合保护后，经受住了多年运行考验，在多次突然断电停泵时，安全阀均能首先放水泄压，压力再大时爆破膜动作，对保护管道非常有效。因此，泵站和管道在多年运行中基本没有出现故障，现场测试泵站供水量达到设计要求。

供水系统中采用的浮式活动取水头部、密闭水箱、弹簧安全阀、爆破膜、单相调压水箱等，在同行业的施工供水中较少采用，有的还属首次使用。它们在运行中均取得较好效果。

但香炉山水库的回水，因入库前未做沉淀处理，库内淤积严重，致使后来香炉山水库基本被淤满，迫使坝后的 500m^3 生活调蓄水池改做转载水池，把取水泵站的来水全部送入该水池，再由二级泵站转送至上水库工区。

在施工后期，向上水库的供水系统参与了上水库初次充水。电站发电数年后，以香炉山水库为水源，在坝后原址新建了一座永久性泵站，用于电站维修后充水。

7.2.2　泰安抽水蓄能电站施工供水

泰安电站的下水库由已有的大河水库改建而成，上水库由山间洼地筑坝形成。上水库基本无径流水源，因此大河水库是施工用水的主要水源。上、下水库地形高差约 250m，相应的主要用水工区地形高差约200m。上、下水库高峰用水量分别为8100m³/d和6340m³/d，总用水量13500m³/d。

大河水库至上水库工区采用两级提升。取水建（构）筑物采用泵船形式，设置在大河水库北岸的下水库进、出水口上游侧。泵船出水通过一级输水管道向位于地下厂房西北侧的下水库工区一级高位水池供水。池旁设置二级泵站一座，从高位水池中吸水。站内设高、低水压两组水泵，高压泵组的出水通过二级输水管道向上水库坝头附近的二级高位水池供水，低压泵组的出水管上仅设置数个接口，供厂房施工承包商接用。

下水库进、出水口施工用水量不多，但离一级高位水池较远，而一级输水管道前段在它的区域内经过，因此可就近接出支管供水。为了使取水泵站停泵时也能供水，将一级高位水池的一根出水管安装止回阀后与输水管道末段连通，停泵时池水通过输水管道回流供水。泰安电站供水系统工艺流程见图9-7-2。

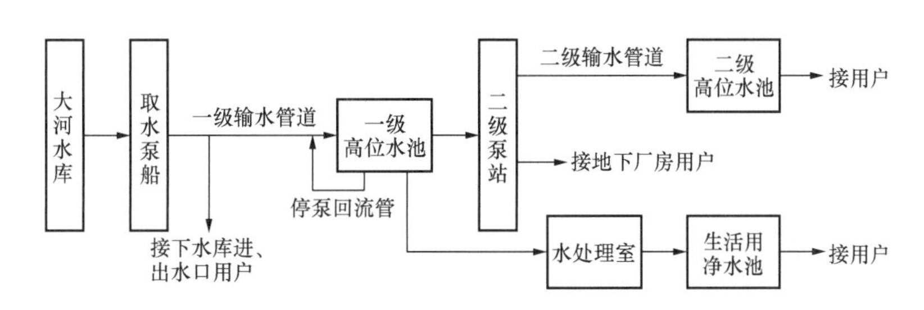

图9-7-2 泰安电站供水系统工艺流程

（一）取水泵船

改建大河水库时，把已有的拦水坝加固、加高，及下水库进、出水口施工均需降低水位，会造成电站施工期间较大的库水位变化。为了适应这种变化，取水泵站采用钢桁架摇臂联络管式泵船形式。泵船主要由趸船、摇臂（包括撑杆和联络管）、立架、引桥、挡墩、系缆墩以及水泵机组等组成。联络管共设两条，通过3个一组串联的4组可曲挠橡胶接头，将联络管与泵船及岸边的输水管道连接。泵船正常运行水位在155～164m高程范围内，摇臂摆角为向下28°。趸船平面尺寸为16m×7m，形深1.1m，内设IS125-100-135A型水泵4台（其中一台备用），设计供水量为687.6m³/h。为了少占趸船空间，配电房、充水水箱等设置在岸边。

（二）二级泵站

一级高位水池和二级泵站均设置在厂房西北侧的一个小山丘顶部平台上。一级高位水池容量为1000m³，池底高程为204.4m；二级泵站地面高程为203m，在一级高位水池内取水时可实现水泵自灌充水启动。

站内设置高、低压两组水泵：高压泵组选用150D30×8型水泵3台（其中一台备用），设计供水量为330m³/h，通过二级输水管道将水送至上水库坝头附近高程为423m的800m³二级高位水池；低压泵组选用6SH－9型水泵3台（其中一台备用），设计供水量为360m³/h，水泵出水管供地下厂房施工承包商接用。

泵房采用砖混结构，跨距6m，柱距3m，主厂房8间共151.6m²，副厂房1间双层加外楼梯共48.4m²；主厂房设有2t手动桥式起重机1台。

水池南侧设有水处理室1座，建造面积145.7m²，也从水池取水；配备25t/h接触式过滤器2台、加氯机1台和加矾机1台，消毒采用漂白粉；另配2台7.5kW水泵向主要生活区压送净水。

（三）输水管道和高位水池

取水泵站至下水库工区的一级输水管道长约1700m，工作压力为1.1MPa，采用ϕ377×7mm螺旋缝焊接钢管。二级泵站至上水库高位水池的二级输水管道长约 1004m，工作压力为 2.4MPa，采用 ϕ325×9mm 无缝钢管。

管道均用矮支墩和活动支架沿地明敷，一级输水管道穿越铁路和公路利用已有的排水涵洞通过，二级输水管道穿越公路采用架空方式。管道沿线上坡均比较平缓，压力不高，仅在二级输水管道的始端安装了一支弹簧安全阀进行保护。

泰安地区冬季气温较低，最低可达－22℃，管道和露天闸阀需采用聚苯乙烯泡沫管瓦进行保温。

一级和二级高位水池均为钢筋混凝土矩形水池，上面加盖保温层：水处理室的净水池为 100m^3 标准水池。供水系统主要技术指标见表 9-7-2。

表 9-7-2　　供水系统主要技术指标

项　目		技　术　指　标
高峰用水量		13500m^3/d
取水泵船供水量		687.6m^3/h，泵船吸水高程范围为 155～164m
二级泵站供水量	高压泵组向上水库供水量	330m^3/h，水泵扬程 224.0～261.5m
	低压泵组向下水库供水量	360m^3/h，水泵扬程 38～52m
	生活用水供水量	50m^3/h，水泵扬程 20m
一级高位水池容量		1000m^3，池底高程 204.4m
二级高位水池容量		800m^3，池底高程 423m
生活净水池容量		100m^3，池底高程 203m
一级输水管道		DN350，工作压力为 1.1MPa，长约 1700m
二级输水管道		DN300，工作压力为 2.4MPa，长约 1004m
供水系统运行电动机额定总容量		833kW，未计备用水泵容量

（四）上水库充水及供水系统改造

泰安电站第一台机组首次启动带负荷发电调试，要求上水库蓄水 260.4 万 m^3，相应水位为 386m。蓄水采用天然来水＋利用施工供水系统供水＋上水库充水泵补充充水的方法。经计算，在规定时间内满足充水量时，要求施工供水系统的供水量必须在 600m^3/h 以上。

已有的施工供水系统运行正常，其中取水泵船向一级高位水池的供水量为 690m^3/h，可以满足充水要求。而二级泵站内 3 台 150D-30×8 型水泵（2 主、1 备）向上水库的二级高位水池送水，设计供水量为 330m^3/h（后期实测约 280m^3/h），远小于 600m^3/h 的要求，因此需对二级泵站进行改造。

二级泵站的改造，若增加一台原型号水泵，与备用泵一起（共 4 台）同时运行，则由于流量加大，加大后的管道阻力将超过水泵最大扬程，因此不可取。为此，对原供水系统做以下改造：

（1）一级系统供水流量可满足上水库蓄水要求，根据现场情况，仅对部分老化或损坏的部件进行更新。

（2）二级泵站向厂房系统供水的 3 台 6SH-9 型水泵，因后期厂房内用水位置较低，已实现自流供水而闲置不用，所以予以拆除腾出位置，在此位置上安装 2 台 D280-43×6 型水泵，并利用原有的二级输水管道向上水库供水。保留原有 3 台 150D-30×8 型水泵，作为备用。

（3）在二级输水管道末端附近，接出一根相同直径的管道，并延伸到上水库库内。

（4）入库管道的设计。为防止管道出口水流对库壁的冲刷，在管道进入库盆时，将管道沿库壁向库底继续延伸，直至出口离开库底 6m 为止。并在管道出口安装了一只 0.5m^3 的消能水箱。大坝顶高程为

413.8m，管道向下延伸，可获得约34m的重力下降水头，使水泵流量增加。但考虑下降管段的坡度较陡（约24°），水流进入该管段时可能突然加速冲向出口，不能保证管段满流产生虹吸，因此在下降管段的387m高程（比蓄水位高1m）处设置闸阀一支，并在管段上端设置放气闸阀一支。供水时，逐步关闭下面的闸阀，待管道内空气排完后逐步打开。

供水系统改造主要技术指标如下：

新装2台水泵设计供水量：620m³/h。

新增DN300输水干管长度：210m（加原管道总长1214m）。

供水系统改造后的管道工作压力：2.7MPa。

新装水泵电动机总功率：630kW（电压10kV）。

（五）结语

泰安电站施工供水采用摇臂式泵船从下水库取水，很好地适应了水库较大的水位变化，长期运行正常。泵船的联络管采用串联的可曲挠橡胶管接头与岸边的输水管道连接，在供水工程中是首次采用，经4年运转仍能正常工作。

泵船甲板采用5mm钢板，为减少水泵运行时产生震动，在水泵基座下设置了橡胶隔振垫，并在进、出水管上设置了橡胶接头。在泵站试运行阶段发生水泵偏移、轴承发烫等现象，但经调整后，运转平稳，在感观上与在地面安装同样平稳。

选用的二级输水管道，在输水能力上留有了余地，因此后期上水库充水加大流量时，仍能满足需要，成功完成了充水任务。

一般情况下，多数电站的上水库充水流量远大于施工供水流量，施工供水若按充水需要进行设计，投资和运行费用都会较大增加，是不经济的。但按施工用水量设计时，应考虑后期充水需要改建的可能性，在费用增加不多的情况下适当留有余地。泰安电站在设计时考虑了这个因素，但不充分，以致改动较大。

7.2.3 桐柏抽水蓄能电站施工供水

桐柏电站的上水库是利用原桐柏小水电的水库进行改建形成，下水库是在百丈溪上筑坝形成，两库地形高差约260m。高峰施工用水量约为5600m³/d（不计地处偏远的砂石系统用水），其中上水库高峰约1800m³/d，下水库高峰约4000m³/d。

百丈溪多年最枯月的平均流量为0.026m³/s，不能满足工程需求。若在库尾上游建库蓄水调节，受地形条件限制，不仅工程量大，且位置较远。上水库水量充足，库容大，多年最枯月的平均流量为0.314m³/s，因此库水是施工用水的主要水源。

取用库水地点可以从原小水电的尾水中取用，或它的引水管道预留在中段的接口中取水，但这样不能利用库水重力自流的能量，同时受小水电运行的制约，因此确定在库盆内取水。小水电发电流量较大，施工用水仅占发电流量的0.8%左右，对施工期的发电不会带来严重影响。

上水库底板向南倾斜，低水位时库水集中在南侧，取水建（构）筑物设置在水库南侧的大坝与进、出水口之间的地块，设置泵船。输水管道沿库岸向南上升至425m高程处，设置300m³上水库高位水池一座，该池设3根出水管，其中两根供上水库施工承包商接用，另一根接输水管道沿山坡下降，向设置在170m高程处的800m³下水库高位水池自流供水。下水库高位水池设置了多根出水管，供下水库各承包商接用，其中一根接管道引向120m高程的水处理室。

上水库改建后坝顶高程为400.43m，正常蓄水位为396.21m。根据上水库改建过程中降低库水位的需要，库内取水的最低吸水位定为371m，最高吸水位为396m，水位变化达25m。为此采用浮船形式取水，并用浮管与岸边输水管道连接。桐柏电站供水系统工艺流程见图 9-7-3。

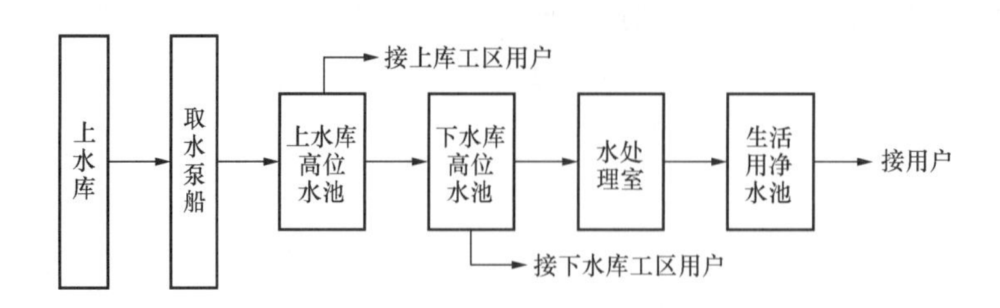

图 9-7-3 桐柏电站供水系统工艺流程

（一）取水泵船与浮管

泵船平面尺寸为 9.6m×5.0m，形深 1.3m，排水量为 30t，内设 IS100-65-250 型水泵 3 台，设计供水量为 254m^3/h。其中上水库工区最大供水量为 94m^3/h，下水库工区最大供水量为 200m^3/h。浮船用 4 只质量为 500kg 的四爪锚固定，移动时用船上的 4 台 1.5t 手摇卷扬机起锚。

为了避开大坝与进、出水口施工时产生的浑浊水体，也使低水位时泵船下面具有一定水深，泵船的位置需深入库内远离岸边达 240m 以上。根据水库流速小、风浪大、水位变化大的特点，从泵船到岸边的输水管道采用了浮管。浮管由许多短钢管、橡胶接头和浮筒组成。钢管每节长 6m，直径 250mm，两端各安装一只可曲挠双球橡胶接头，然后用 4 只浮筒把它们托在水面，形成单节浮管。将多节浮管连接在一起形成总长 170m、带有柔性的输水浮管。浮筒长 1.4m，直径 0.62m，用 2mm 钢板焊接而成，上部装有通气管和充水管，可以充水调整浮力和将管道沉入库底。

最高和最低水位之间的库边地形较缓，沿此段岸边敷设的输水管道上设置了不同高程的 4 个固定接口，最低的接口高程为 379m，最高为 396m。如此在不同水位时，浮管末端均可与水面以上的接口连接。

（二）输水管道和水处理室

岸边管道的最低接口至上水库高位水池的输水管道长 320m，采用 ϕ273×6mm 螺旋缝焊接钢管。

上水库高位水池至下水库高位水池为重力自流管道，长约 852m，其中前段 805m 采用 ϕ159×6mm 无缝钢管，后 47m 采用 ϕ273×6mm 无缝钢管。两池高差为 254m，为了控制流量和防止出口水流对池壁的冲刷，除了用管道直径控制外，还在管道上安装了一支流量控制阀，同时在管道进口附近设置了电动闸阀和一套远传式液位仪，自动控制水池的最高和最低水位。

下水库高位水池至水处理室输水管道长约 422m，采用 DN150 镀锌钢管。

输水管道均采用矮支墩沿地面敷设，穿越上水库临时公路时直埋。

水处理室配备 22t/h 接触式过滤器 2 台、加氯机 1 台、加矾机 1 台，净水池的容量为 100m^3。

（三）结语

桐柏电站从上水库取水后通过自流向下水库供水，水源可靠，能耗小，水质也较清澈。

取水泵站采用浮船加浮管形式，很好地适应了水库流速小、风浪大和水位变化大的特点，这种形式的泵船可以较方便地在水面移动。浮管较多应用于湖泊疏浚排泥工程，桐柏用于供水工程，并且钢管之间用双球橡胶接头替代传统的橡胶管进行连接，取得了成功，但这种做法的管道阻力较大。

高水头的重力自流管道采用流量调节阀替代减压阀是正确的，它在控制流量的同时也降低了出口压力。采用电动闸阀和液位仪自动控制水池水位，可免去人员值守。

第八章

施 工 总 进 度

抽水蓄能电站工程建设一般划分为四个阶段，即工程筹建期、工程准备期、主体工程施工期、工程完建期。工程总工期为工程准备期、主体工程施工期及工程完建期三者之和，工程筹建期不计入总工期。工程建设的四个阶段并不能截然分开，某些阶段的工作也可交错进行，抽水蓄能电站一般从厂房顶拱开挖起计算首台机组发电工期和总工期。

8.1 施工总进度编制原则

（1）严格执行基本建设程序，遵照国家政策、法令和有关规程规范。

（2）施工总进度编制应考虑工程的建设条件和要求，合理安排施工程序。

（3）力求缩短工程施工总工期，分析关键线路，对控制工程总工期的关键项目应重点研究，并采取有效的技术和安全措施。

（4）对非关键线路上的施工项目，其施工程序应前后兼顾、衔接合理、减少干扰，力求施工均衡。

（5）采用近期类似工程的平均先进水平，对施工条件或地质条件复杂的工程，应充分考虑施工条件的多变性和施工期的安全风险，适当留有余地。

（6）施工强度安排应与施工水平、施工机械配备、施工条件、施工人员及施工管理水平等相适应。

8.2 施工总进度编制

抽水蓄能电站的建设是通过一系列合同（筹建期工程施工合同、主体工程施工合同、设备采购合同等）组织实施的。施工总进度编制应根据工程建设特点、各单项工程的施工方法及所需的工序时间分别安排其进度，并充分考虑各单项工程间的逻辑关系、一些控制性项目的要求、主体工程施工合同间的衔接关系及主体工程与机电设备采购合同间的相互关系，分析计算相应的关键线路。确定关键线路后，在满足第一台机组发电工期要求及考虑施工度汛、土石方平衡、引水斜井（竖井）施工特点等因素的基础上，对各单项工程施工进度进行优化调整，以期使施工总进度计划具有较好的施工连续性、资源需求均衡性和施工水平的平均先进性，从而使工程施工达到经济、合理的效果。

施工总进度计划（网络图）的编制应以下列各项数据和内容来表述全部工程的施工作业与各单位工程的相互关系。

（1）作业和相应节点编号。

（2）持续时间。

（3）最早开工及最早完工日期。

（4）最迟开工及最迟完工日期。

（5）附需要资源和说明。

8.2.1　施工关键线路

抽水蓄能电站控制总工期的关键线路一般为：通风兼安全洞（厂顶施工支洞）施工→厂房上部开挖、支护→岩壁吊车梁施工→厂房中下部开挖、支护→桥机安装及调试→肘管安装→肘管、蜗壳基础混凝土→座环/蜗壳安装及水压试验→蜗壳、机墩、电机层混凝土→水轮机安装、转子组装→机组安装→机组调试、试运行。

由于机电设备安装工程与厂房系统土建工程施工交接面多、干扰大，并受与主机设备制造商联合设计的影响，尤其是受主机设备采购合同执行进度的制约，因此需对主机设备采购招标文件发售→投标文件编制→评标、决标→合同审批→主机设备采购合同生效→第一次设计联络会→机电设备安装工程招标设计→机电设备安装工程招标文件编制、审查→招标文件发售→投标文件编制→评标、决标→机电设备安装工程承包人进点→机电设备安装→机组调试、试运行这条次关键线路上的项目引起足够的重视，避免由于组织安排、设备供货等原因转为影响总工期的关键线路。

除此以外，抽水蓄能工程还需注意的施工线路为：引水下平洞施工支洞开挖→1号斜井（竖井）导井开挖→1号斜井（竖井）扩挖→1号斜井（竖井）混凝土衬砌→1号斜井（竖井）灌浆→支洞封堵→充（排）水试验。引水斜井（竖井）洞线长，工程量及施工难度大，虽可通过布置施工支洞，将其分段，并增加资源配置形成多个工作面同时施工，从而使之不成为控制总工期的关键施工项目，但也要引起足够的重视。

施工总进度计划应综合反映工程建设各阶段的主要施工项目及其进度安排，并充分体现首台机组发电工期和总工期的目标要求。

8.2.2　工程筹建期

为了给主体工程承包人提供方便的施工条件，以便使其进场后尽快开工，在工程筹建期内由业主采用招标的方式兴建一些涉及全局性的施工准备工程项目，目前一些已建或在建的抽水蓄能电站一般将通风兼安全洞（厂顶施工支洞）、进厂交通洞、场内干线公路（上、下水库连接公路）、施工中心变电站、施工给水系统等纳入工程筹建期内施工。在安排工程筹建期进度计划时，应避免主体承包人进场时及进场后施工受到干扰，筹建期工程的施工项目在主体工程承包人进场前基本结束或仅剩一些尾工工作。工程筹建期一般以通风兼安全洞（厂顶施工支洞）施工工期或政策处理（移民征地）作为控制性进度安排，工程筹建期一般安排为12～18个月。

已建抽水蓄能电站工程实践已证明，在未完成必要的工程筹建期项目情况下，主体工程就仓促开工，不但不能加快电站的建设速度，反而会扰乱施工规划，影响工程质量，耗费工程投资，延滞首台机组发电工期和总工期。

8.2.3　工程准备期

经筹建期工程施工准备后，电站的场内外交通及一些涉及全局性施工的辅助设施等也已建设完成，因此主体工程承包人进场后只需进行一些必要的施工准备工作便可进行主体工程的施工。为主体工程开工所需的准备工序时间应根据主体工程施工合同的工作内容、范围，施工辅助设施规模的大小和使用时间，以及与筹建期工程项目的衔接关系等来确定，工程准备期一般安排为6～8个月。

8.2.4 主体工程施工期

抽水蓄能电站枢纽建筑物主要由上水库工程、输水系统工程、厂房系统工程、下水库工程组成。抽水蓄能电站首台机组发电工期和总工期一般控制在厂房土建工程和机电设备安装工程，不同地区的抽水蓄能电站首台机组发电工期和总工期基本相同。

（一）主体工程施工控制性进度分析

抽水蓄能电站地下厂房开挖及支护施工期一般为18～24个月，其中厂房上部（厂房顶拱层、岩壁吊车梁层）开挖及支护施工期为10～12个月（含岩壁吊车梁施工2～3个月），厂房中下部开挖及支护工期为8～12个月；厂房一期混凝土开始浇筑至第一台机组发电施工期一般为26～30个月；首台机组发电工期为44～54个月（从厂房顶拱开挖起计算）。第一台机组发电后，以后每台机组相继投产的间隔时间一般为3～4个月。部分抽水蓄能电站施工控制性工期见表9-8-1。

表9-8-1 部分抽水蓄能电站施工控制性工期一览表

电站名称	机组台数	装机容量（MW）	厂房开挖尺寸（长×宽×高，m）	工 期 月					备 注
				顶拱开挖至第一台机组发电	厂房开挖	厂房顶拱开挖及支护	厂房一期混凝土至第一台机组发电	完建期	
广蓄一期	4	1200	146.5×21×44.5	49	20	9.5	29	20	已完工
广蓄二期	4	1200	152×21×48.7	56	20		36	14	已完工
十三陵	4	800	145×23×46.6	53	27	11	26	18	已完工
天荒坪	6	1800	200.7×22.4×47.73	54	23	8	32	27	已完工
桐柏	4	1200	182.7×24.5×52.95	57	27	11	30	12	已完工
泰安	4	1000	180×24.5×53.675	52	26	10	26	12	已完工
宜兴	4	1000	155.3×22×52.4	51	24	6.5	27	12	已完工
宝泉	4	1200	147×21.5×47.525	48	20		28	12	已完工

（二）制约工程项目施工进度分析及施工进度控制要点

(1) 主副厂房的开挖与支护进度。主副厂房洞洞室跨度大、边墙高，多洞室、多交叉，在施工的时间和空间、施工程序、施工工艺、施工设备的配置、洞室围岩的变形及稳定、施工通道等各方面都相互联系、相互制约，尤其是厂房上部的顶拱开挖轮廓质量要求高，喷锚支护和观测仪器埋设量大，以及岩壁吊车梁层岩台开挖精度和锚杆施工要求高，因此在安排主副厂房洞开挖进度时应进行统筹分析，为实现多方位、多层次的平行、交叉作业创造条件，加快厂房施工进度，满足首台机组发电工期的要求。

(2) 引水系统施工进度。引水系统洞线长，工程量大。其中的引水斜井（竖井）直径较大、长度长，一次开挖成型非常困难，其混凝土衬砌施工也是一项技术复杂、施工难度较大的项目；另外引水岔管段开挖、混凝土衬砌，高压钢管段的钢管安装、高压固结灌浆等施工项目难度大，质量要求高，所需工序时间长。但引水系统施工可通过增设施工支洞将其分段，必要时增设导井开挖设备和滑模本体，形成多个工作面同时施工以缩短工序时间，从而使引水系统不成为控制总工期的关键施工项目。引水系统施工进度控制的要点是在机组调试试运行3～4个月前具备充（排）水试验条件。

（3）上下水库工程施工进度。就抽水蓄能电站而言，上、下水库库容小，大坝的工程规模不大。进度安排时，在满足导流和大坝度汛要求的前提下，坝基、库盆的开挖和大坝的填筑尽量统筹安排，力求开挖料尽可能多的直接上坝填筑，最大限度地减少二次倒运。此外还需注意混凝土面板和沥青混凝土面板的施工时段、黏土防渗体施工有效工日分析以及水库蓄水、引水系统充（排）水试验所需的工序时间和相互间的逻辑关系。上下水库工程施工进度控制的要点是在引水系统充（排）水试验前水库具备蓄水条件，并充分考虑水库蓄水所需的时间或往上水库充水所需的时间。

第十篇

抽水蓄能电站工程安全监测

第一章

上、下水库大坝安全监测

抽水蓄能电站上、下水库在建筑物布置、工程条件和运行特点等方面均有别于常规电站水库。上水库（包括一些下水库）多为由筑环形坝或沟（垭）口筑坝、库盆开挖形成，其天然条件使得坝体可能具有坝基深覆盖层、坝基为倾向下游的斜坡面和全强风化料筑坝等特点，并根据库区地形、地质、水文气象、施工、建材等条件而采用垂直防渗形式或表面防渗形式，或者几种防渗形式的组合。下水库工程多数利用天然河流建坝成库，或利用已建水库，或在岸边、洼地筑环形坝或半环形坝及开挖等形成库盆作为下水库，其坝型、布置、防渗和运行特点等与上水库类同。

抽水蓄能电站上、下水库的运行特点是水位升降变幅及单位时间内的水位变幅均很大，且频繁重复，水位的快速升降对坝体、库岸、防渗体的变形、应力应变和渗流均有一定程度的影响。抽水蓄能电站上水库防渗要求较高，水量的损失即是电能的损失，与常规电站相比，不仅要监控渗流的渗透压力及渗透梯度，而且在一定意义上是不允许出现集中渗漏及较大渗流量的。渗流量是综合表征水库防渗结构工作性态的重要指标，因此抽水蓄能电站除与常规电站一样要注重变形、渗流监测外，还要特别关注渗流量，渗流量监测布置时宜结合排水分区进行。另外，在北方寒冷地区修建电站的上、下水库，其冬季待机和运行使气温与上、下水库水体的热平衡交换，以及水位的频繁变化对防渗结构的冻融循环和可能形成的冰盖及附着冰屑等冰冻问题有其特殊的规律，其冰冻影响与巡视检查应为工程安全的特殊监测项目。

1.1 监测项目的选定

上、下水库工程监测项目的选择和布置是由工程的具体特点、库区水文和工程地质条件、建筑物布置和结构特性、理论计算分析成果，以及有针对性的目的要求等所决定的。

对于堆石坝，最能反映其工作状态和安全状况的是：①渗流，包括坝基坝体和绕坝渗流的各个项目，在蓄水期尤为重要；②变形，包括堆石坝防渗体和堆石坝变形的各个项目，这在施工期显得很突出，蓄水和运行期更为重要；③应力，包括结构内部的应力和接触面的土压力监测项目，它对于某些特殊部位，如与心墙连接的陡岸坡也是需要考虑的。

对于均质土坝，安全监测项目的选择以确保工程安全为前提，以渗流监测和外部变形监测为重点，辅之对一些特定项目的监测。

对于混凝土坝，根据建筑物等级、坝型、坝高以及安全监控的需要选定监测项目，其监测项目的选择与常规水电站拦河坝相同，满足规范规定即可，不再赘述。

本章重点叙述抽水蓄能电站中应用较多的土石坝的监测设计。

1.2　变形

变形监测项目主要有坝的表面变形、内部变形、裂缝及接缝、混凝土面板变形及库岸位移等。

1.2.1　表面变形

上下水库表面变形一般采用视准线法和交会法进行观测，建立变形控制网以作为上下水库各建筑物变形监测的基准点，变形控制网包括平面控制网和水准控制网，网点的具体位置应通过现场勘查后选定。目前大部分抽水蓄能电站上下水库均建有控制网，如天荒坪抽水蓄能电站、泰安抽水蓄能电站、桐柏抽水蓄能电站等。以泰安抽水蓄能电站上水库表面变形监测为例，工程具有建立变形监测控制网的条件，该工程建立三角测量和水准测量的一等控制网，上水库变形监测控制网布置见图 10-1-1。其上水库共布置 9 个平面基准点，基准点用来校核工作基点的稳定性；布置高程基准点 2 组，工作基点 10 个，基准点、工作基点组成水准闭合环，按一等水准要求观测。

表面变形监测断面的选择，一般根据坝的长短和地质条件选定，通常需要选择两个以上监测横断面。沿河谷的坝体最大横断面常选作主监测断面，根据坝基的地质变化或者河谷的地形变化，选取另一个代表性的断面作为监测横断面。对于坝轴线长度超过 300m 的，通常布置 3 个以上监测横断面，除最大横断面作为主监测断面外，在其两岸各选一个具有代表性的断面作为辅助监测断面。高坝或左右岸岸坡有特殊的地形或地质缺陷时，还应增设监测断面。

监测纵断面一般不少于 4 个。

测点间距，一般坝长不大于 300m 的，取 20～50m；坝长大于 300m 的，取 50～100m。

实例 1：泰安抽水蓄能电站上水库坝体外部变形监测布置见图 10-1-2，其上水库共布置了 6 个监测横断面。

实例 2：天荒坪抽水蓄能电站上水库主副坝外部变形监测布置见图 10-1-3。

对于库周地质条件差、地形平坦的上水库工程，由于无法找到稳定的有利制高控制位置，因此难以建立表面变形监测控制网，已有工程采用 GPS 全球卫星定位自动测量。抽水蓄能电站上水库区通常地形较开阔、平坦，GPS 卫星信号的遮挡物相对较少，具有良好的对空条件，可以保证 GPS 接收机能够收集到高质量的观测数据，同时在距上水库一定范围内可以容易地找到稳定基准。例如在张河湾、西龙池抽水蓄能电站上水库表面变形监测中均采用了全球卫星定位系统自动监测。

实例 3：西龙池抽水蓄能电站上水库位于工程区最高点，采用开挖筑坝成库，由 1 座主坝和 2 座副坝组成。库区地形开阔，库岸为软硬相间的缓倾角层状岩体，地质条件较差，采用常规的建网、视准线和交会法观测，实施比较困难，因此采用了全球卫星定位系统（GPS）进行上水库表面变形监测，其布置见图 10-1-4。将设置在上水库东南岸和东北岸岩坡上的两个基准点（TN1、TN2）作为上水库表面变形监测的基准，每个基准点均设置坚固、稳定的混凝土观测墩，墩顶设置不锈钢强制对中装置，固定安装 GPS 接收机（天线）进行全天候连续监测，并设有 GPS 天线保护罩等。上水库工程共设置表面变形测点 63 个，其中在坝体和库岸变形重点监控部位共设置 5 个连续运行监测点（LD2-2、LD13-2、ST7-1、ST17-1、ST19-1），均位于库顶部位，并设置观测墩固定安装 GPS 接收机进行全天候连续不间断监测；除 5 个连续运行测点外的其余测点利用 3 台 GPS 接收机人工定期搬站，进行间断性定期监测。

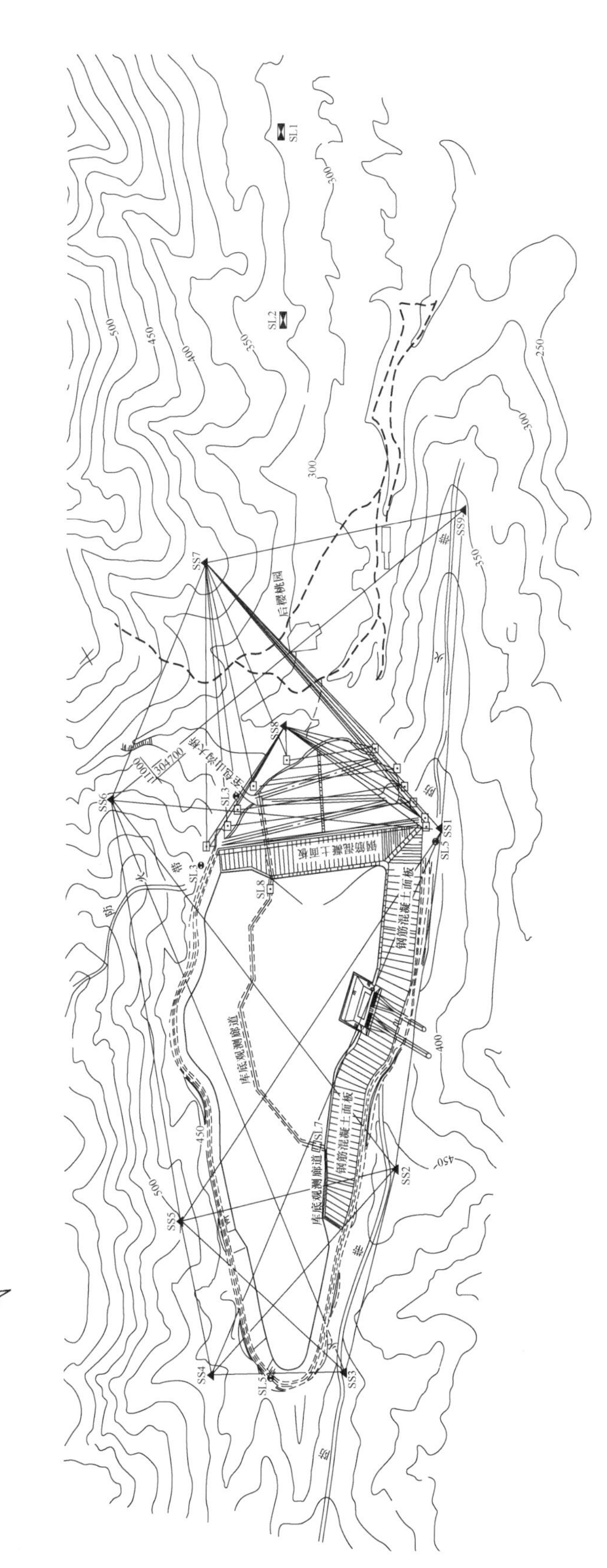

图 10-1-1　泰安抽水蓄能电站上水库变形监测网布置图（1：5000）

SS—基准点

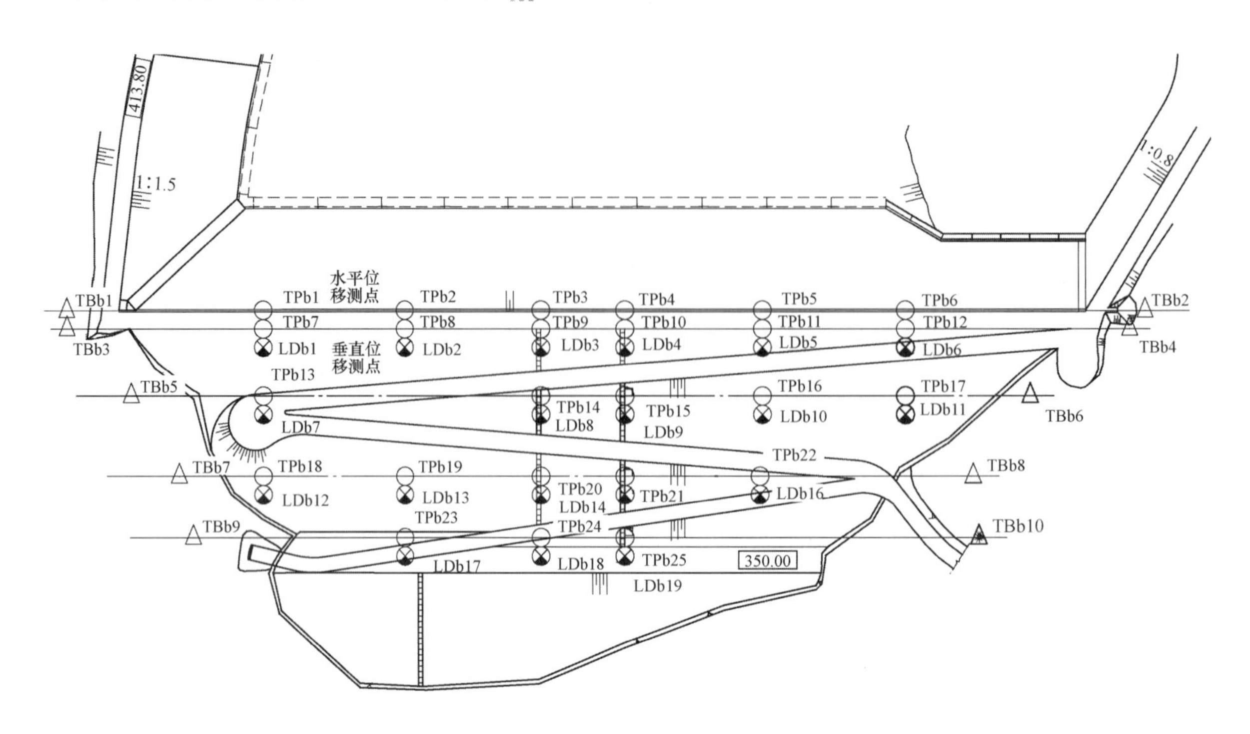

图 10-1-2　泰安抽水蓄能电站上水库坝体外部变形监测布置图

1.2.2　内部变形

（一）坝体及坝基变形测点布置

监测断面应布置在最大横断面及其他特征断面（原河床、合龙段、地质及地形复杂段、结构及施工薄弱段等）上，一般可设 1～3 个断面。

每个监测断面上布设 1～3 条监测垂线，其中一条宜布设在坝轴线附近。垂线上的测点间距应根据坝高、结构形式、坝料特性及施工方法等确定。

（二）监测方法

土石坝坝体内部位移宜采用水管式沉降仪和引张线式水平位移计进行监测，一般成组布置联合构成水平垂直位移计，在坝体内部分层布置应尽量使测点在同一垂线上，以便计算其间的压缩变形模量。该监测方式的优点是可将位移测点置于坝轴线上游侧，并直至面板基础垫层；缺点是随坝体填筑进行安装埋设，在一定层厚条件下会丢失部分观测位移，并由于其测点绝对位移要通过表面变形控制网测得观测房的位移来求取，因此测点的观测精度受控于表面变形的观测精度。

对于坝后布置有堆渣场的工程，为监测随堆石体填筑整个施工碾压过程坝体及坝基的位移，宜结合水平垂直位移计，在坝顶下游侧设置沉降管，其测管自坝基直至坝顶，在坝基垫层填筑前钻孔进行测管的安装，并随坝体填筑进行测管的接长连接和观测，由于测管深入基岩一定深度，其观测和位移计算均始于坝基，因此可采用沉降仪直接进行坝体及坝基的绝对位移监测。该监测方式的优点是测管随坝体填筑同步，可以完整地观测施工期，直至运行期坝体及坝基的位移变形；缺点是无法进行坝体上游主堆石区的位移变形监测，并存在一定施工干扰，测管周围人工填筑施工较复杂，如何保证施工质量，使测量管及管外沉降板与管周围坝体填筑料同步位移是该监测方式关键技术问题。仙游上水库大坝坝体内部变形监测布置见图 10-1-5。

实例 4：桐柏抽水蓄能电站下水库深厚覆盖层软基筑坝坝体内部变形监测布置和坝基变形监测布置见图 10-1-6 和图 10-1-7。

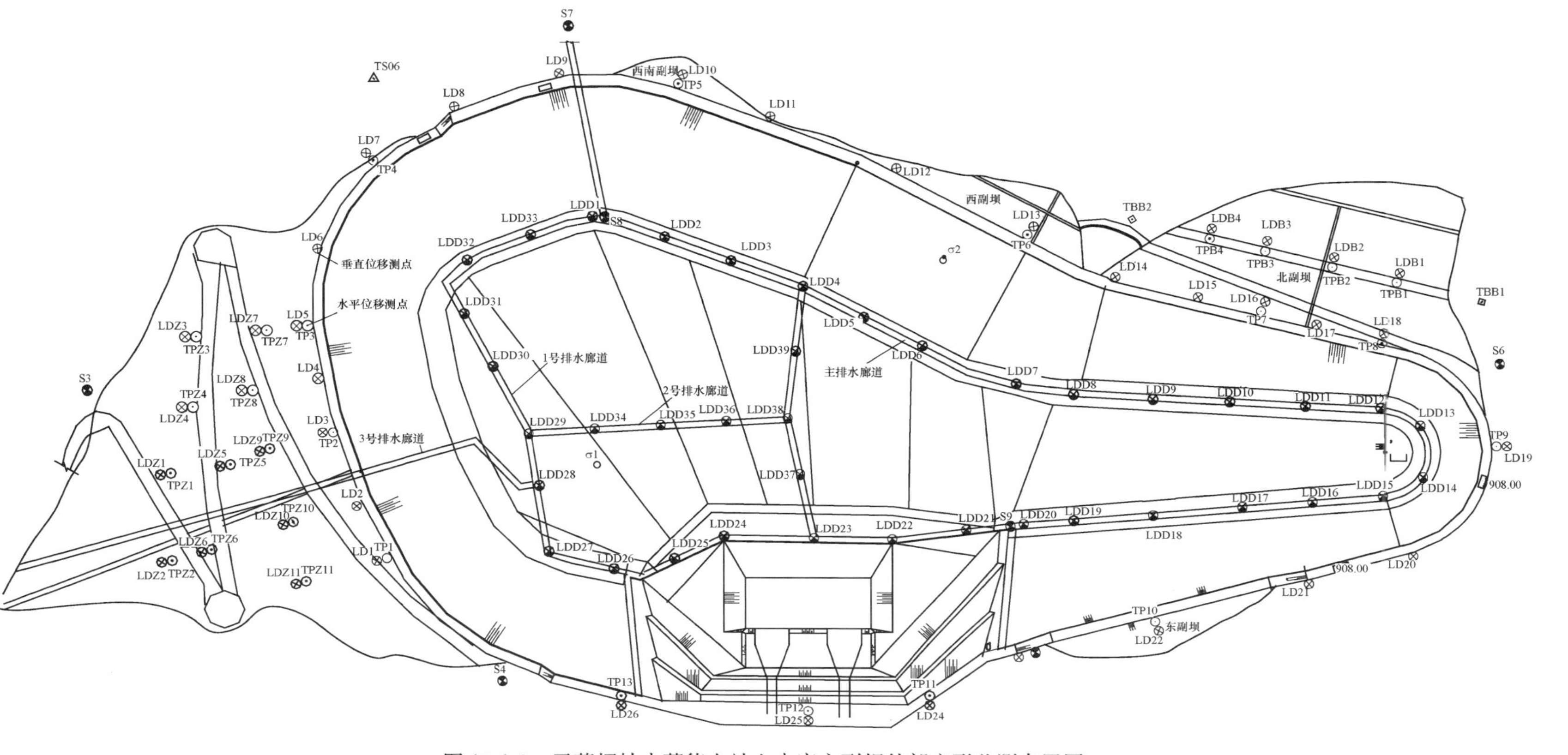

图 10-1-3　天荒坪抽水蓄能电站上水库主副坝外部变形监测布置图

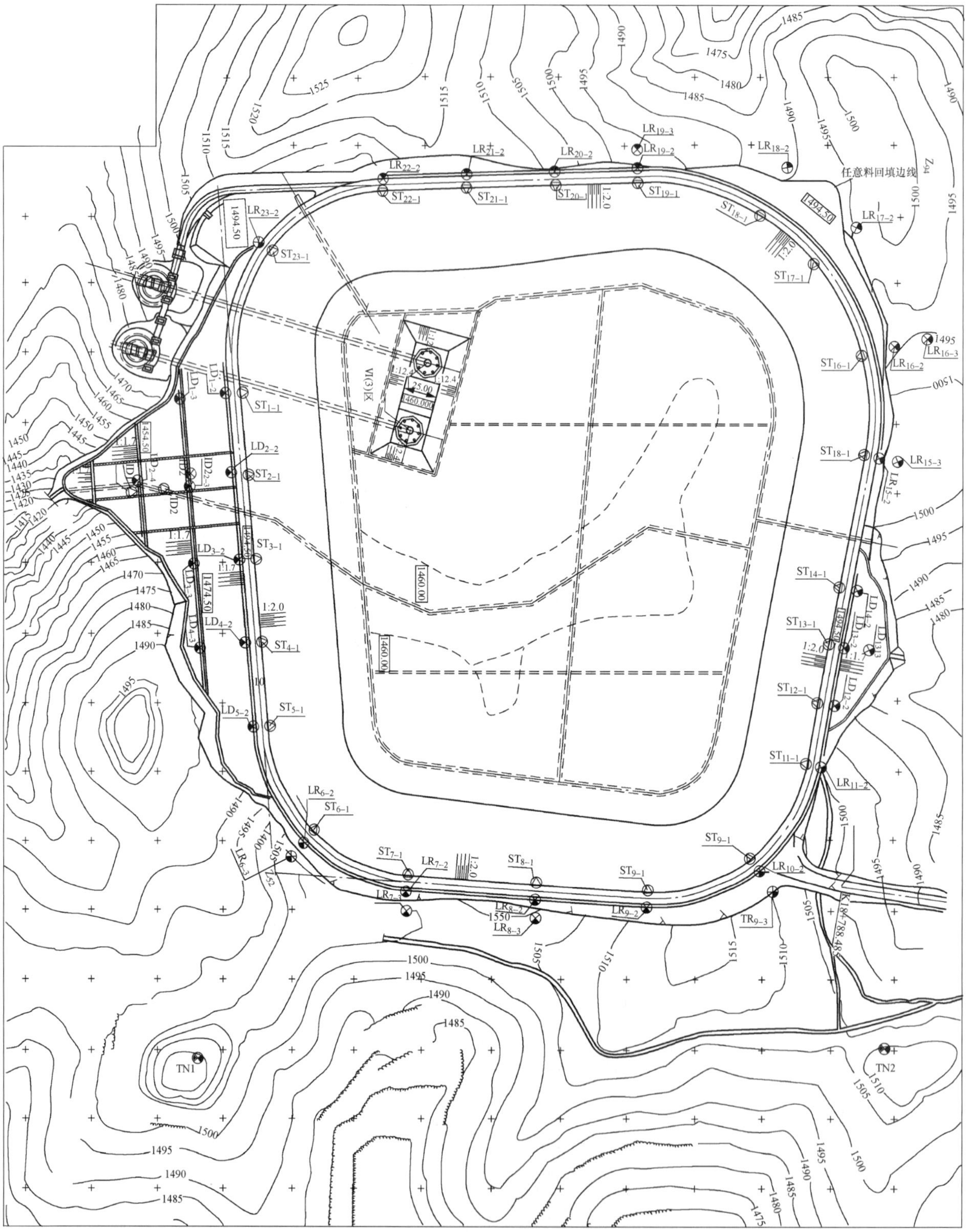

图 10-1-4 西龙池抽水蓄能电站上水库 GPS 表面变形监测布置图

TN—基准点

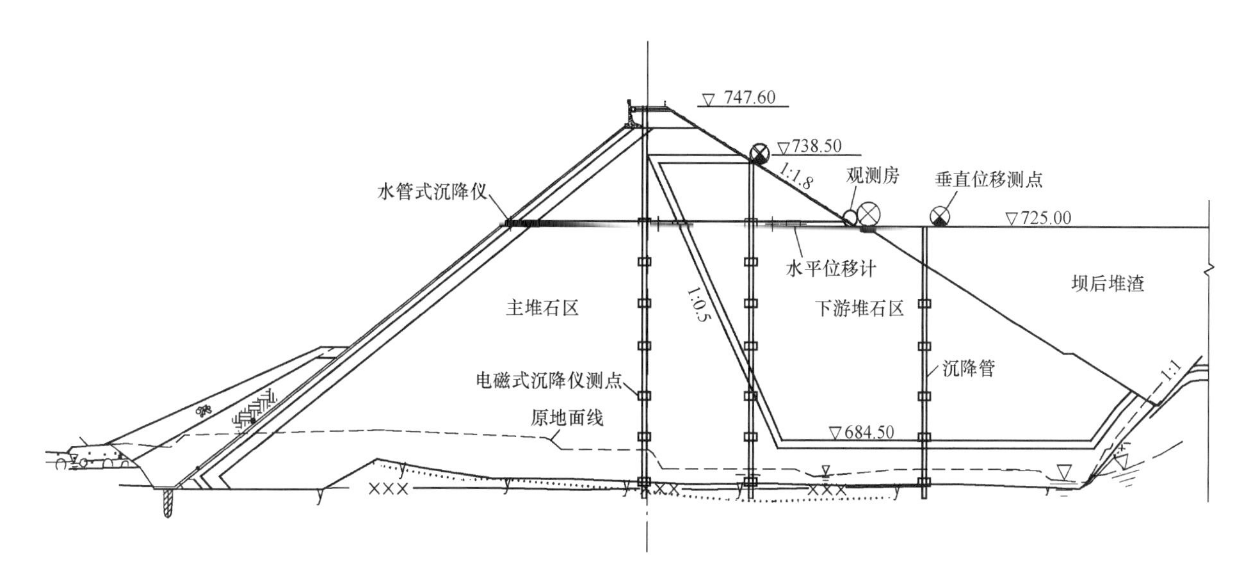

图 10-1-5　仙游抽水蓄能电站上水库大坝坝体内部变形监测布置图

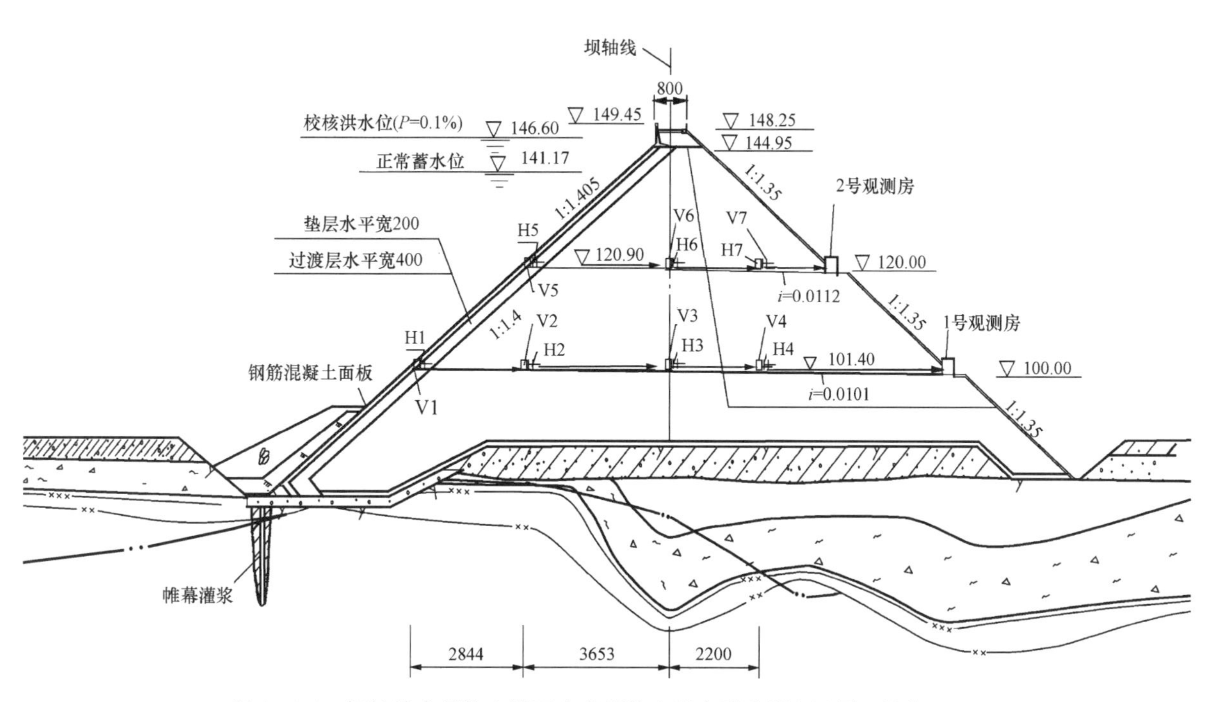

图 10-1-6　桐柏抽水蓄能电站下水库坝体内部变形监测布置图（单位：cm）

V—沉降测点；H—水平位移测点

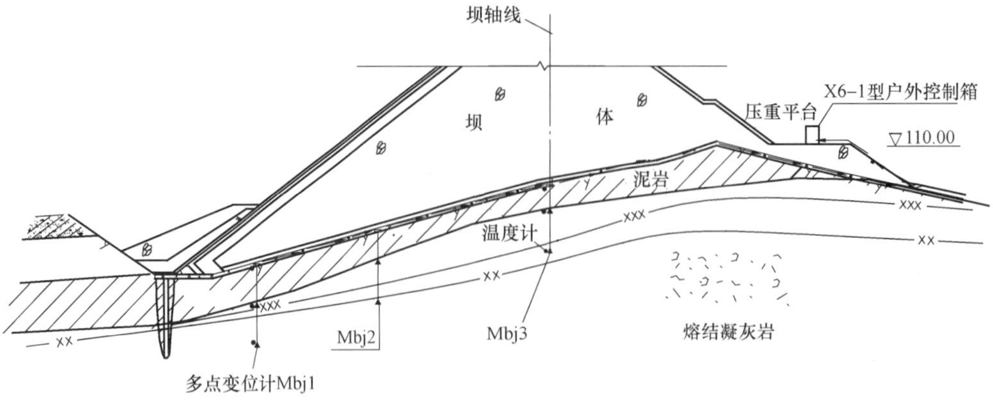

图 10-1-7　桐柏抽水蓄能电站下水库大坝基础变形监测布置图

对于坝基为倾向下游的斜坡面筑坝，需进行坝体沿坝基面的相对位移监测，一般采用大量程位移计进行监测，至少应选择坝体最大横断面在岩基与坝基过渡层之间设置测点，沿上、下游方向构成监测断面，每断面不应少于 3 个测点。

对于“V”形山谷左、右岸边坡陡峻的高坝，坝体变形使得靠两岸部位堆石体沿坝轴线方向和竖向的剪切位移较大，此类工程宜进行坝体沿岸坡基岩面的相对位移监测，其监测方式与坝基斜坡面一致，一般沿纵向（坝轴线方向）坝基面设置监测断面，其测点沿坡面布置，进行相对位移监测。

1.2.3　库岸边坡变形

库岸边坡的变形与稳定主要取决于其工程地质和水文地质条件，与开挖坡比、地质构造、岩石物理力学性能和潜在滑裂面的抗剪指标、地下水环境等有关，除在边坡表面设置表面变形监测点外，常规是采用多点位移计和测斜仪等进行边坡变形监测，同时结合边坡加固处理措施，相应进行锚索锚固力、锚杆应力及抗滑桩结构受力监测，并辅以测压管地下水监测等。对于多点位移计最深锚点和测斜管底均深入潜滑动面以下一定深度，多点变位计与锚索测力计配套布置时，最深锚固点应比锚索测力计锚固点深。

对于变形、稳定可能危及工程正常安全运行的重点边坡，以及已有成型探洞、边坡后缘拉裂缝的库岸边坡，可考虑采用铟钢丝位移计、滑动测微计及在裂缝两侧设置位移计的方式进行边坡的位移监测。铟钢丝位移计在有成型探洞穿过滑坡体的特定工程条件下，可在洞内结合地质构造，对潜在滑裂面位移进行直接监测。采用滑动测微计监测方式的优点是监测精度高、敏感性强；而在已有拉裂缝两侧设置位移计是较直观、简便的库岸边坡变形监测方式之一。

1.2.4　混凝土面板变形监测

混凝土面板变形包括钢筋混凝土面板挠曲变形、面板与其下垫层料之间的脱空及面板接缝位移监测。对于沥青混凝土面板，鉴于其材料特性及适应变形的能力等，一般难以直接进行面板变形监测，但需加强面板下方垫层的位移变形监测。

测点布置：监测断面的选择同坝体外部变形；沿高程布设 3～5 排，一般在正常高水位以上设 1～2 排，以及在 1/3、1/2、2/3 坝高上各设一排。

（一）面板挠曲变形

钢筋混凝土面板挠曲变形应用较多的是测斜管、电平仪、倾斜仪、倾角计等，或结合坝体内部水平垂直位移计靠近面板基础垫层的水平、竖向测点进行监测。工程经验表明，采用面板下测斜管，利用活动测斜仪观测的方式存在一定的技术缺陷，主要是因为受到埋设工艺和测斜仪观测误差等影响，很难取得准确、完整、可靠的监测成果。较为可靠的面板挠曲变形监测，是在面板上设置位移标杆，采用视准线和交会法观测，这种方法一般只有在施工期可行，蓄水发电后无法观测，蓄水后的面板变形可依据坝体应力变形分析结果，通过靠近面板基础垫层的坝体内部水平垂直位移计测点推算。天荒坪抽水蓄能电站下水库大坝和泰安抽水蓄能电站上水库大坝在面板上都安装有测斜管，均未取得较为完整的资料。后期设计的面板堆石坝均在面板上布置有位移标杆，图 10-1-8 为仙游抽水蓄能电站下水库大坝面板施工期变形监测布置图。

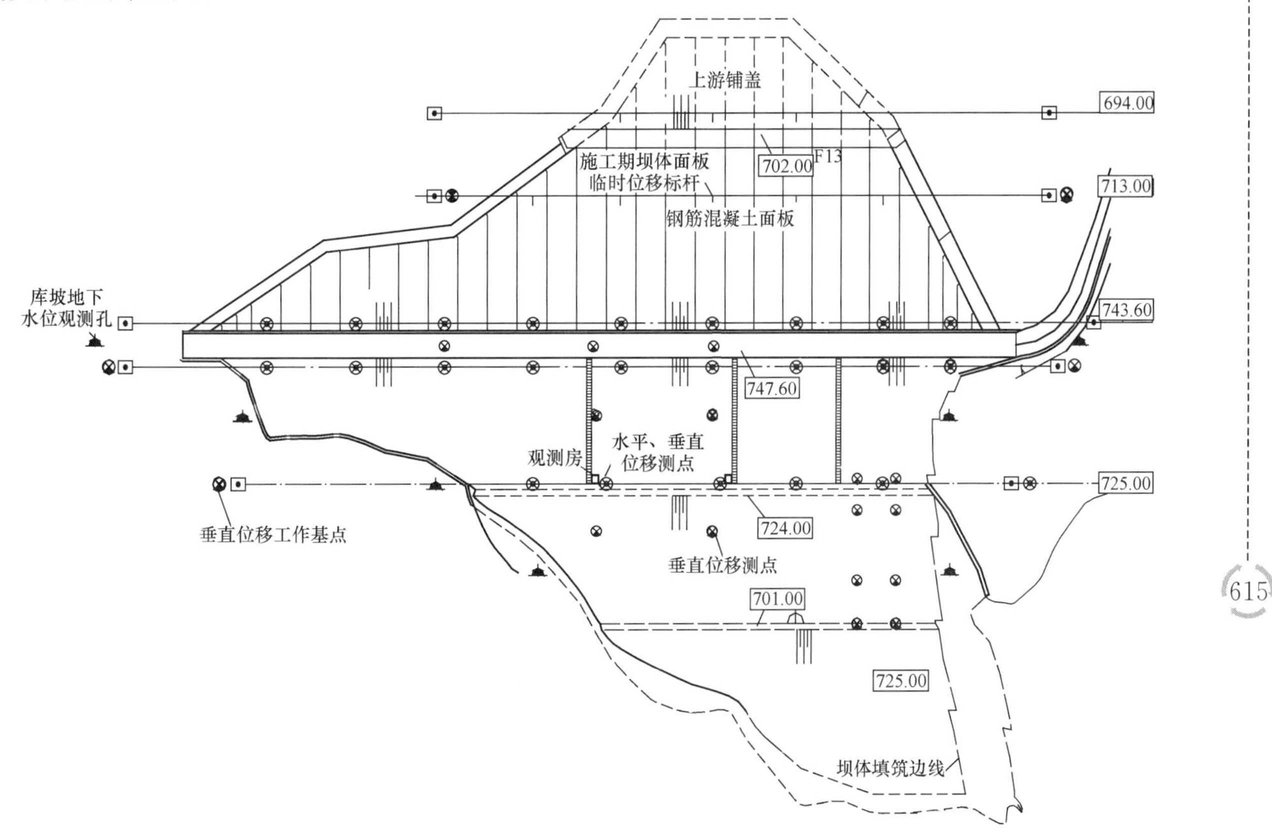

图 10-1-8　仙游抽水蓄能电站下水库大坝面板施工期变形监测布置图

实例 5：天荒坪抽水蓄能电站下水库大坝面板表面测斜管布置见图 10-1-9。

（二）面板脱空变形

一般高坝由于坝体堆石体变形较大，面板作为防渗与传力结构，不能与堆石体位移协调一致，易导致面板下脱空，如天生桥一级水电站钢筋混凝土面板堆石坝在施工期发现面板脱空变形。面板脱空监测一般在面板与其下垫层料之间布置脱空计，选择坝体面板最大板块或其他必要的面板在面板混凝土与垫层料之间沿坡向布置测点，进行面板脱空位移监测。

图 10-1-10 为桐柏抽水蓄能电站下水库大坝面板脱空监测埋设详图。

（三）面板接缝位移

面板接缝包括垂直缝、周边缝，钢筋混凝土面板全库防渗工程存在库底面板结构缝，以及面板与电站进/出水口结构的接缝。面板接缝位移根据其方向，大多采用单向和三向测缝计进行监测。

坝体面板垂直缝一般在坝中部位为压性缝，靠两坝肩区域为张性缝，为监测其缝间开合度，以及水库蓄水随水位升降张性缝和压性缝的开合度变化，在不同高程张性缝和压性缝部位布置单向测

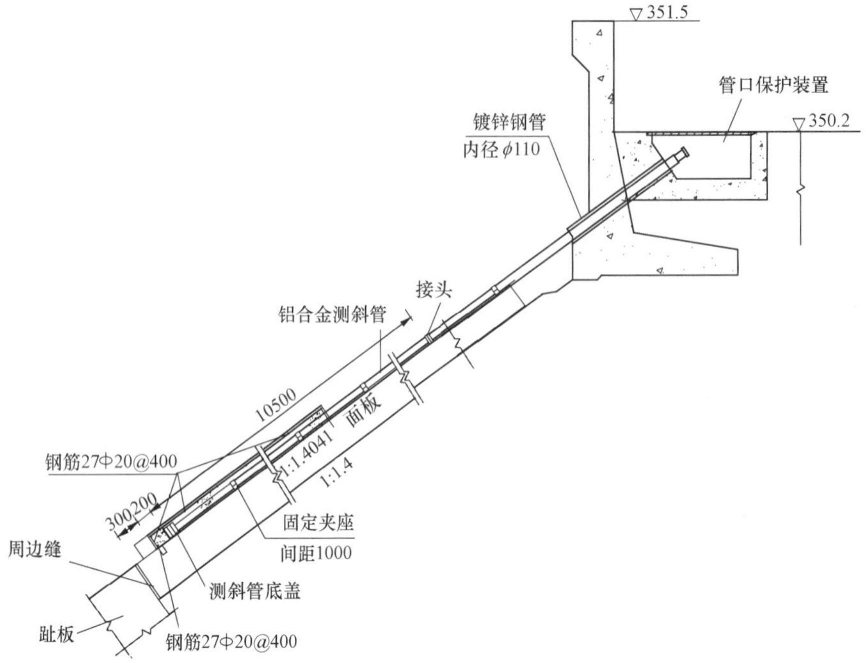

▽351.5
管口保护装置
▽350.2
镀锌钢管
内径ϕ110
接头
铝合金测斜管
10500
面板
1:1.4041
1:1.4
钢筋27Φ20@400
300
200
固定夹座
间距1000
周边缝
测斜管底盖
趾板
钢筋27Φ20@400

图 10-1-9 天荒坪抽水蓄能电站下水库大坝面板表面测斜管布置图

面板锚杆
90
面板
固定底座
90
传递杆
传感器
传感器
传感器
电缆
仪器安装高程
万向节
回填垫层料
砂浆垫
垫层料
垫层料锚头
焊接在锚杆上
锚筋l=4m

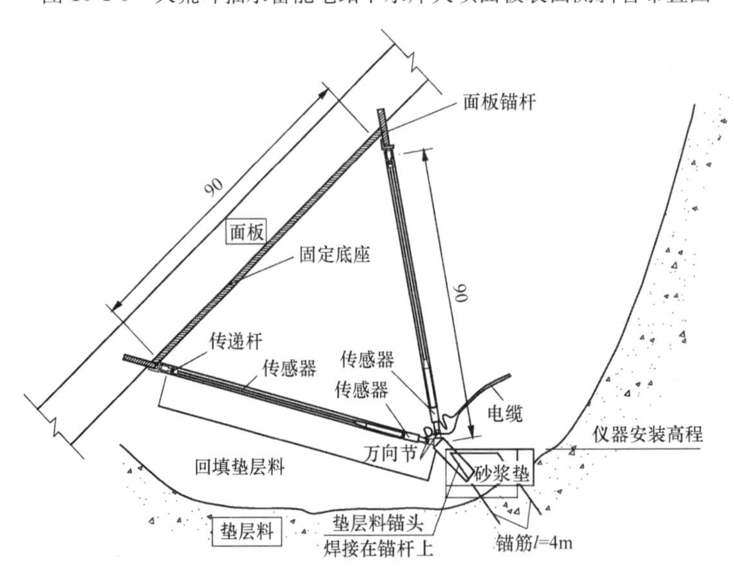

图 10-1-10 桐柏抽水蓄能电站下水库大坝面板脱空监测埋设详图

缝计，按高程布置，形成断面，以便进行对比分析和相互验证。抽水蓄能电站上下水库大坝大多为中型坝，面板中部挤压破坏的几率较小，垂直缝监测布置应依据坝体应力及面板接缝变形等有限元计算分析成果；对于压性缝应选择一条或一个面板条块的两侧缝沿高程设置单向测缝计，并根据坝高在一条垂直缝上布置 3～5 个测点；对于张性缝以及张性缝与压性缝变化区域，应选择数条缝监测接缝的变化情况。

面板周边缝大多采用三向测缝计进行监测，当部分结构受力与变形条件明确时，也可采用二向或单向测缝计进行监测。周边缝三向测缝计布置应选择最大坝高、两岸坡约 1/3、1/2、2/3 坝高处，以及岸坡较陡、坡度突变和地质条件差的部位，以监测不同部位面板周边缝的开合度、垂直面板方向的相对沉降和沿缝向的剪切位移。

图 10-1-11 为桐柏抽水蓄能电站下水库面板接缝监测布置图。

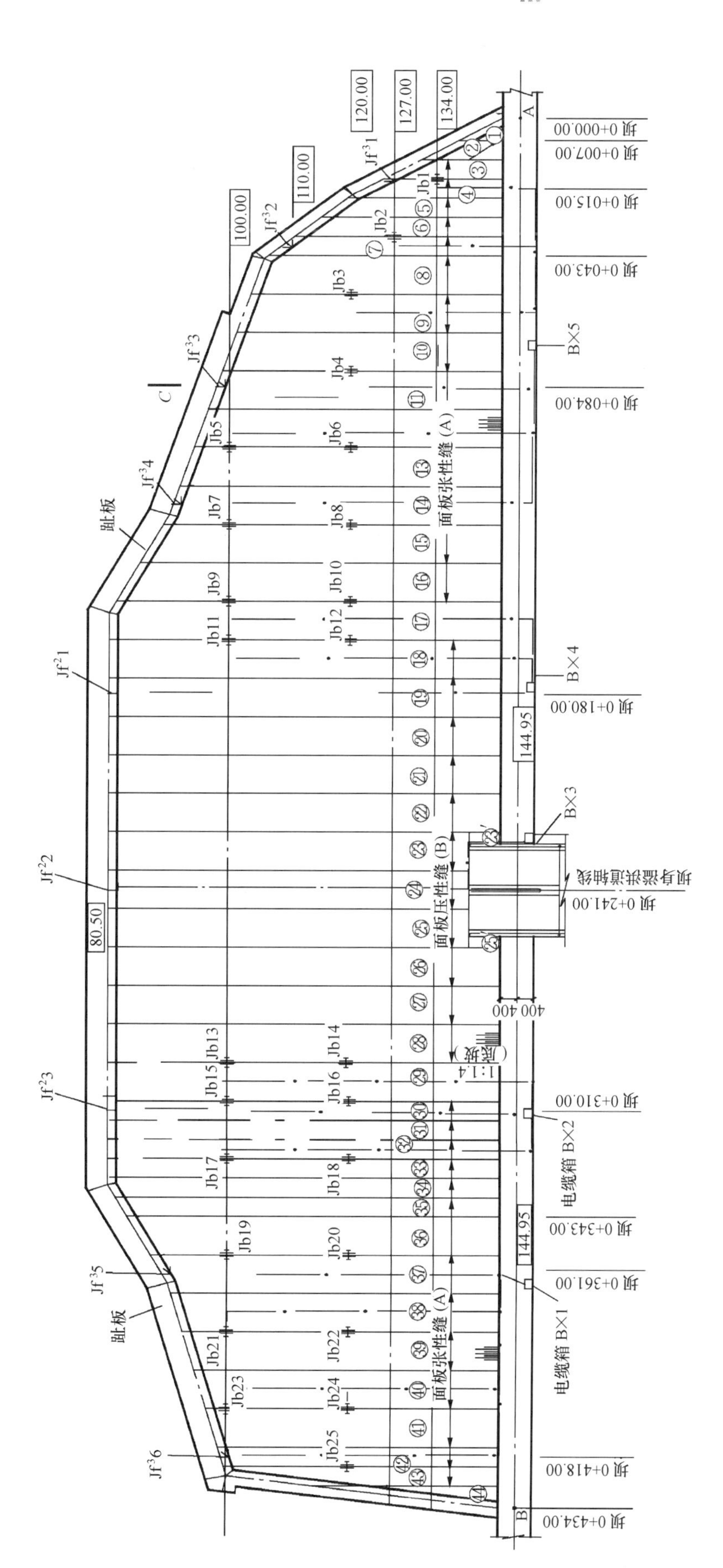

图 10-1-11　桐柏抽水蓄能电站下水库面板接缝监测布置图

1.3　渗流监测

抽水蓄能电站对上水库的库盆防渗要求较高，一般抽水蓄能电站的库盆日渗漏量按不大于0.2‰～0.5‰的总库容范围控制，因此渗流监测对于抽水蓄能电站非常重要。

1.3.1　坝体及坝基渗流

坝基渗流监测可根据坝基开挖体形沿坝基沟底上、下游方向布置渗压计，考虑到坝基渗流监测的重要性和永久性，一般需要设置2～3个监测断面，或可沿面板防渗体周边埋设测温光纤，通过光缆温度变化确定坝基渗漏点。图10-1-12、图10-1-13为桐柏抽水蓄能电站坝基渗流监测布置图和下水库大坝面板周边缝下光纤布置图。

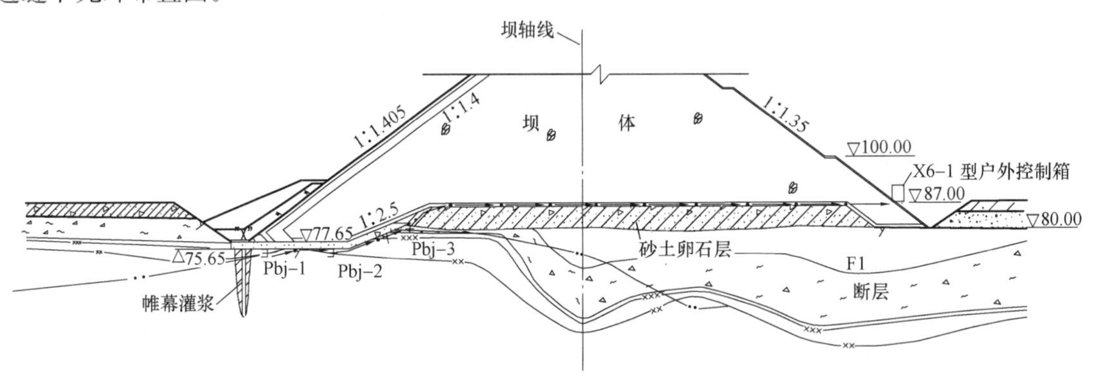

图10-1-12　桐柏抽水蓄能电站坝基渗流监测布置图

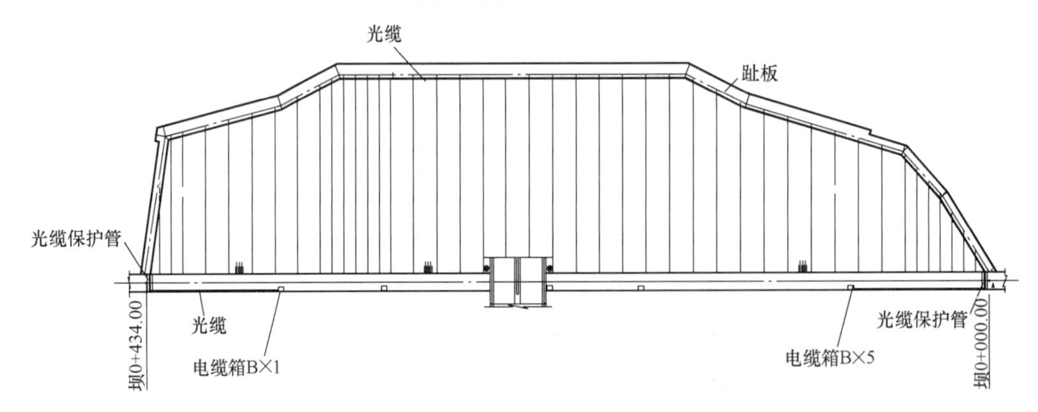

图10-1-13　桐柏抽水蓄能电站下水库大坝面板周边缝下光纤布置图

由于抽水蓄能电站上、下水库大都为当地材料坝，有可能次堆石区采用全、强风化等软岩料填筑，当坝体水面线高于坝基过渡层顶面，浸入上部的次堆石区中时，可能降低堆石体的强度和抗剪指标，从而使坝体变形增大，影响坝体稳定，因此应在次堆石区坝基过渡层基面沿上、下游方向断面上设置3个以上渗流测点，有针对性地监测坝体渗流情况。

1.3.2　库盆渗流监测

在库盆防渗体与库岸接触面上布置渗压计，在库底廊道布置测压管，测点沿库盆四周布置，测点间距30～50m。

实例6：天荒坪抽水蓄能电站上水库库盆渗流监测布置见图10-1-14。

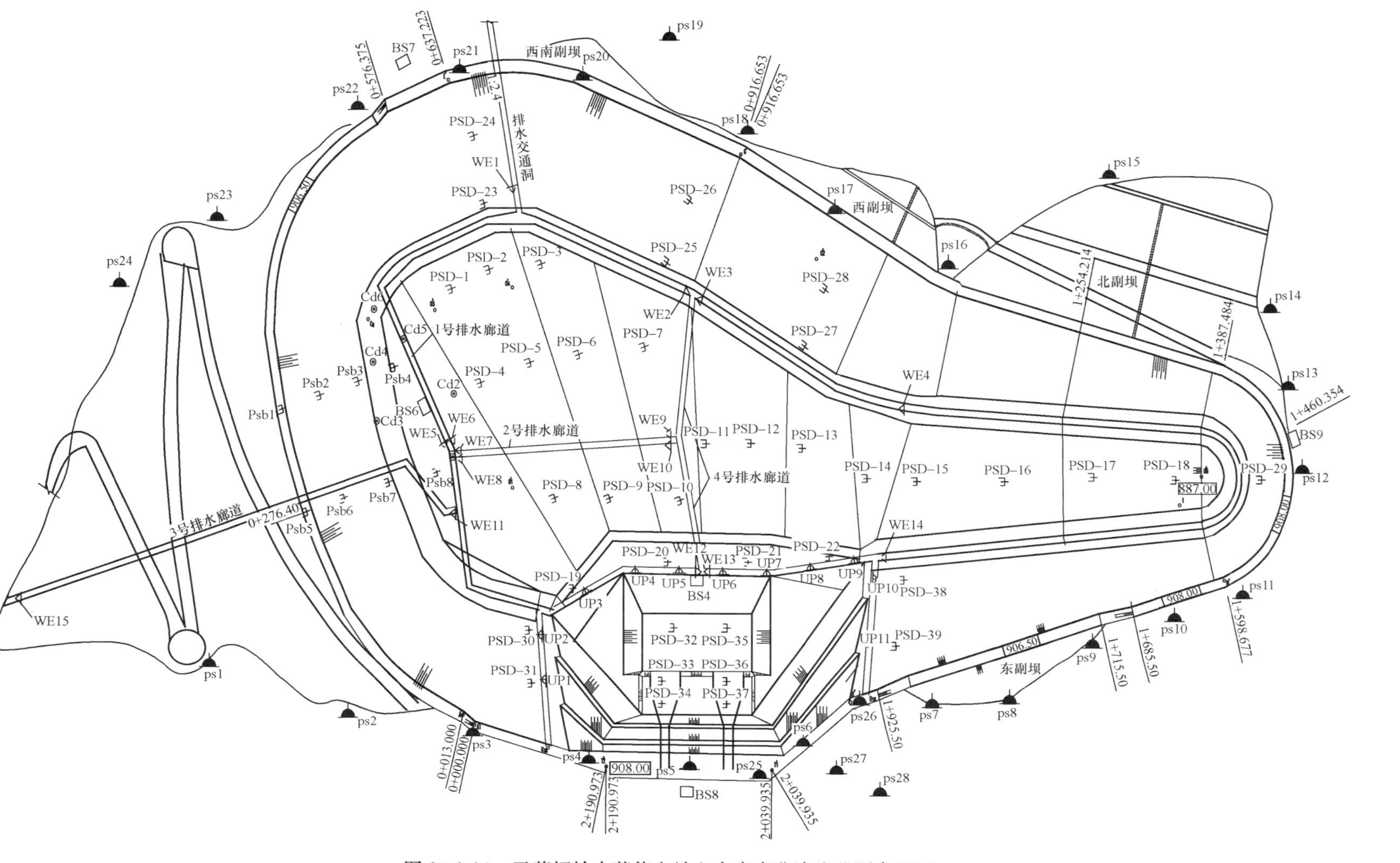

图 10-1-14　天荒坪抽水蓄能电站上水库库盆渗流监测布置图

实例 7：泰安抽水蓄能电站上水库库底渗流监测布置见图 10-1-15。

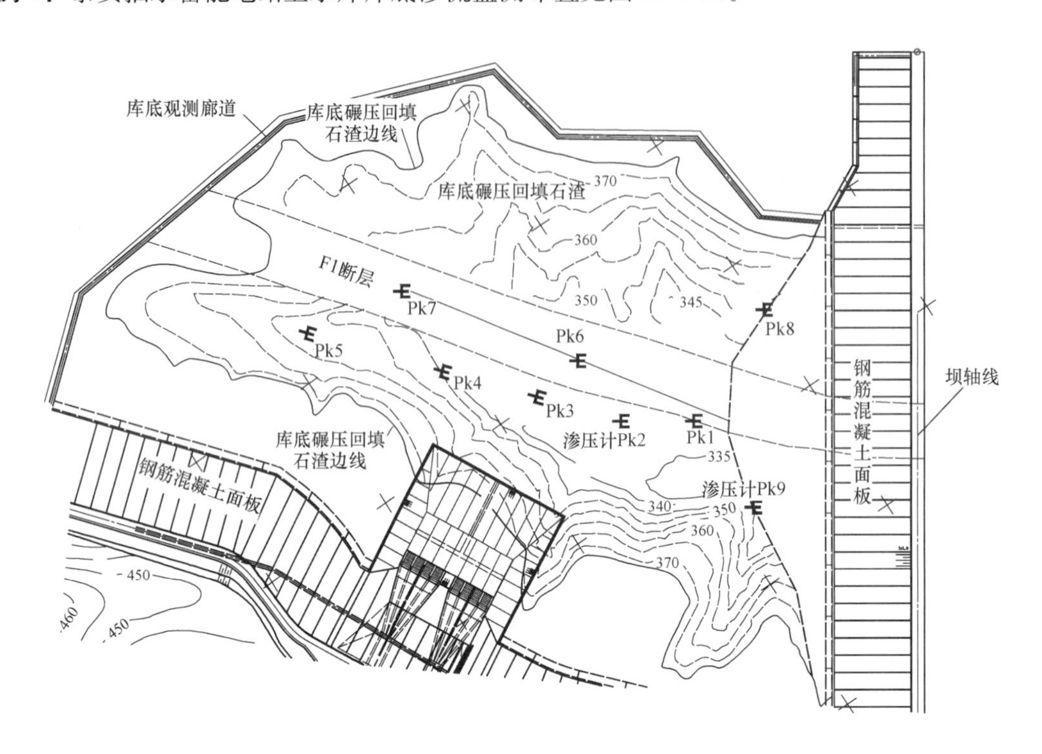

图 10-1-15　泰安抽水蓄能电站上水库库底渗流监测布置图

实例 8：马山抽水蓄能电站上水库库底渗流监测布置见图 10-1-16。

1.3.3　库岸渗流

库岸边坡渗流将对岩体软弱夹层、边坡变形与稳定产生不利影响，结合面板基础渗流监测，在库盆外侧设置测压管，其进水管段应深入死水位以及库底高程以下，监测库岸边坡岩体渗流和地下水分布。图 10-1-17 为泰安上水库库岸渗流监测布置图，在左右岸及库尾不同高程处布置 26 个测压管。

1.3.4　渗流量

渗流量是综合表征挡水建筑物及基础防渗工作性态的重要指标，是检验大坝防渗建筑物的防渗效果和地基处理是否满足要求的一项重要依据，也是判断大坝安全的重要依据。

对于局部防渗的上、下水库工程，其渗流途径主要包括坝体下游坡脚汇集渗流引渠、可能存在的趾墙内灌浆排水廊道排水沟以及库周边出水涌泉排水渠等，一般均结合其排水汇集设施设置量水堰，监测渗流汇集流量及变化过程，从而判断挡水建筑物及基础、地质体挡水的防渗工作性态、渗透流量以及可能存在的渗透破坏等。

全库混凝土面板防渗工程渗流量监测，应在坝体下游坡脚和排水检查廊道出口排水沟内设置量水堰，监测坝体及坝基、库岸和库底面板渗流汇集的总渗漏量。同时，为监测不同区域面板的渗漏情况，在库底排水检查廊道各排水分区排水沟末端，分别设置量水堰，监测不同区域面板渗流的汇集渗流量。

对于在坝后布置有弃渣场的大坝，直接在坝后布置量水堰有一定的困难，可以考虑采用坡降法和在堆渣体下游坡脚设置量水堰两种方法观测渗漏量。坡降法是通过在后设置测压管，观测坝基排水带的渗

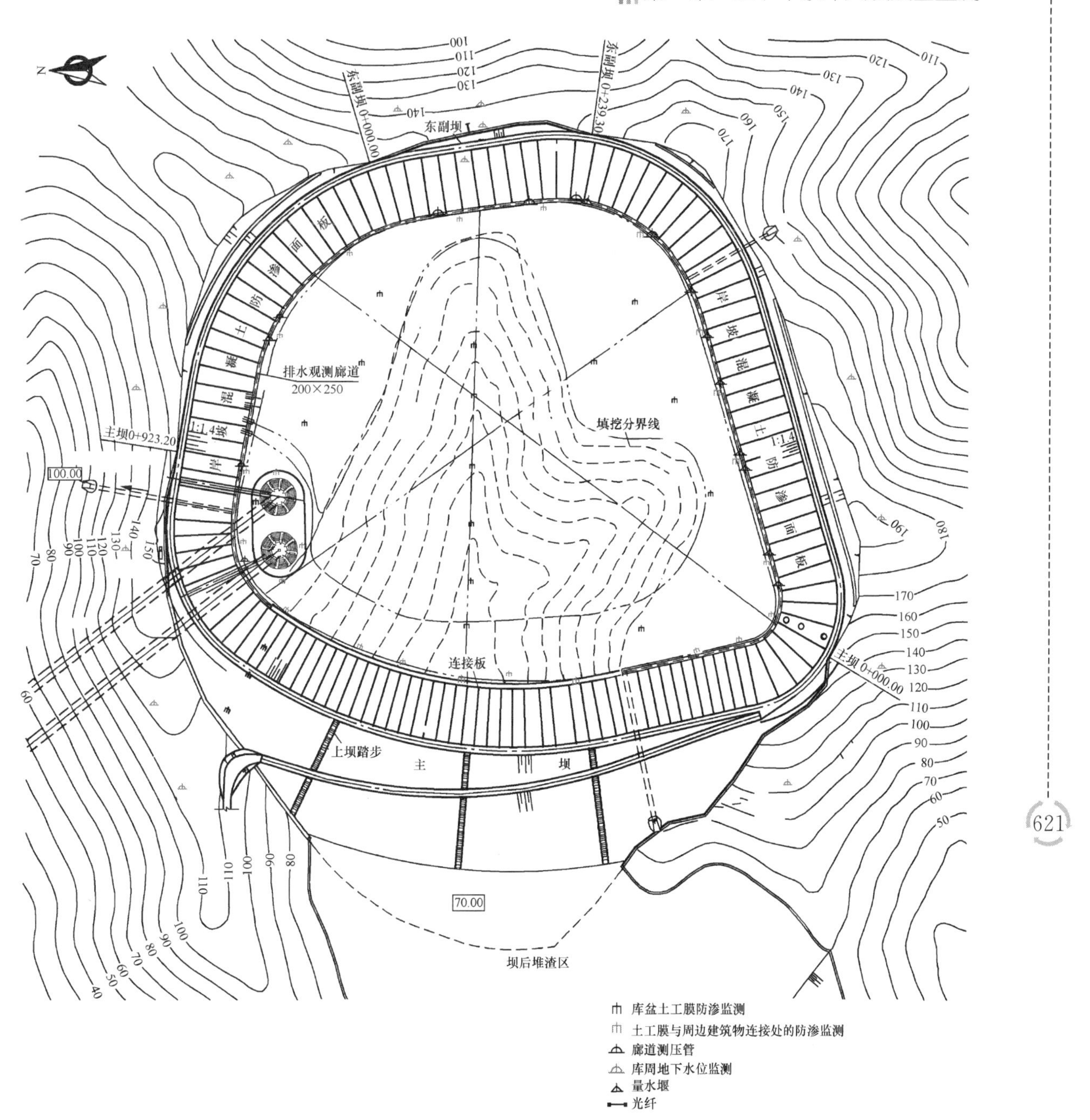

图 10-1-16　马山抽水蓄能电站上水库库底渗流监测布置图

流坡降，结合坝基河床过水断面面积及排水层的渗透系数估算出渗漏量。

图 10-1-18 与图 10-1-19 分别为仙游和马山两座抽水蓄能电站下水库大坝渗流监测布置图。

1.4　应力、应变及温度监测

坝体应力、应变及温度监测主要包括土压力、混凝土面板应力应变及面板温度。

1.4.1　土压力

土压力一般根据计算成果，在最大土压力、受力情况复杂、地质条件差或结构薄弱等部位设置测点进行监测。

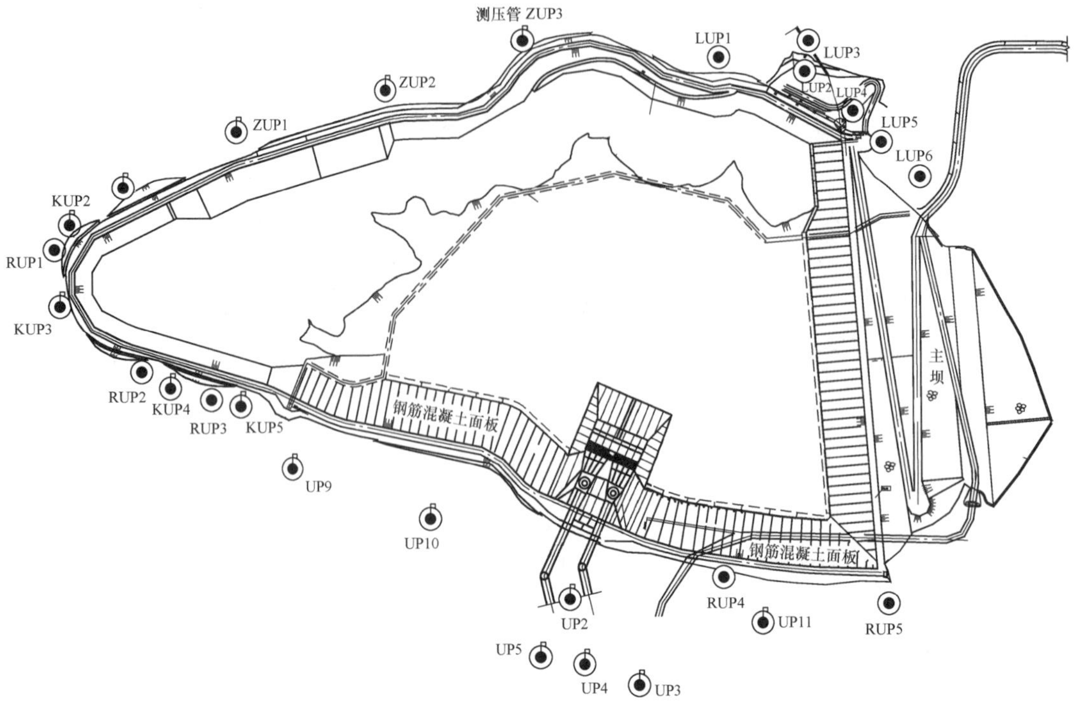

图 10-1-17　泰安抽水蓄能电站上水库库岸渗流监测布置图

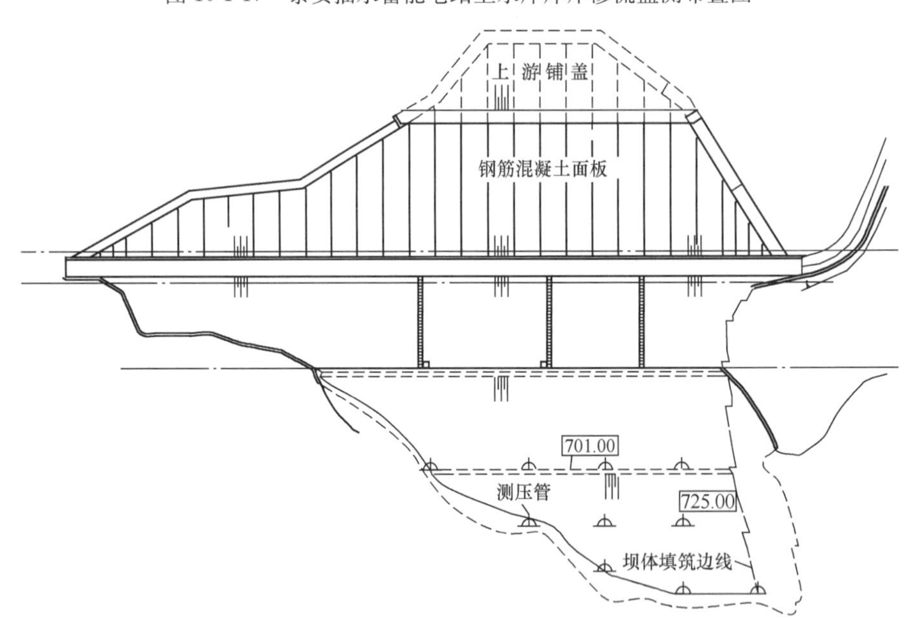

图 10-1-18　仙游抽水蓄能电站下水库大坝渗流监测布置图

1.4.2　混凝土面板应力

混凝土面板应力监测包括混凝土应力应变和钢筋应力及温度。

（1）面板混凝土应力、应变。根据坝体应力、变形计算结果，选择面板结构受力复杂的控制部位，有针对性地进行监测，其测点应按面板条块布置，并宜布置在面板条块宽度的中心线上。无应力计的测点高程，应与相应应变计测点一致。面板混凝土应力应变监测，一般布置两向应变计组，根据计算分析及工程需要布置三向应变计组。两向应变计中的一支为顺坡方向，另一支为水平方向，两者的夹角为90°；三向应变计组即三支组成一个平面，在顺坡向和水平向之间加一支45°向，构成应变丛。不同的监

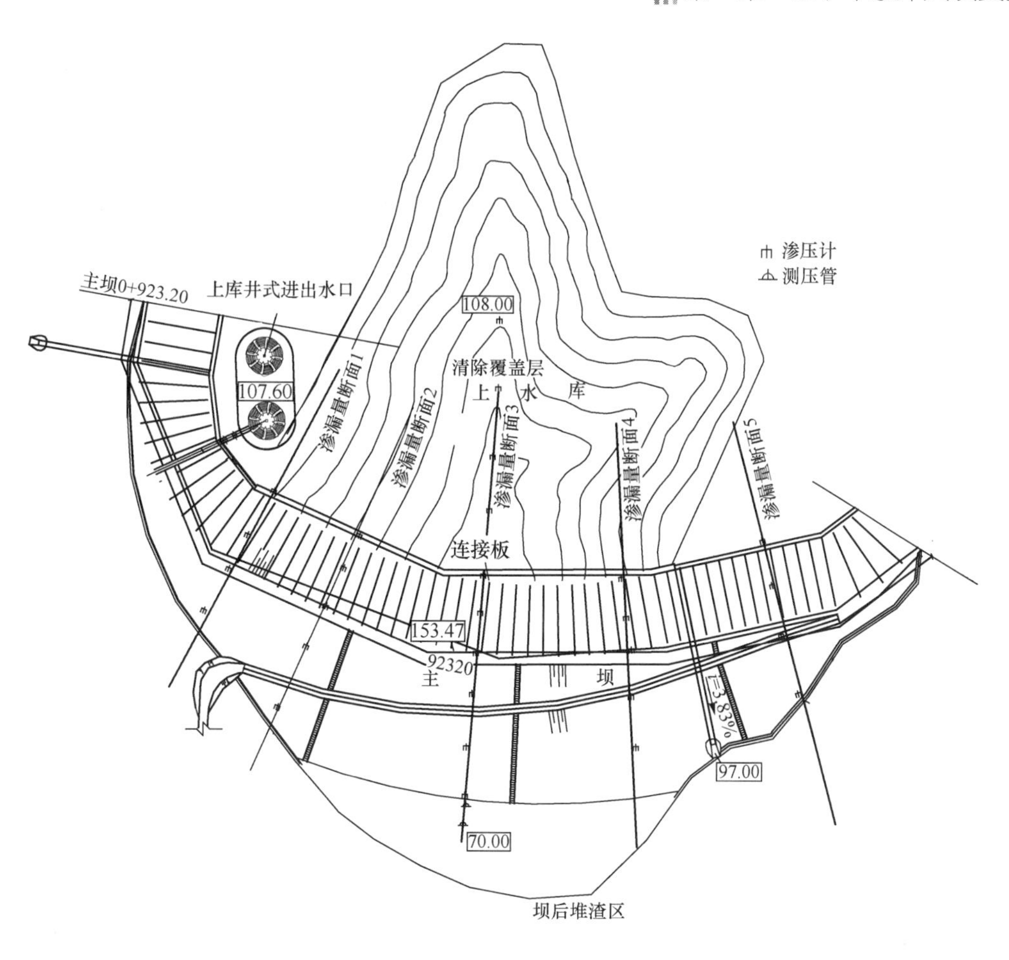

图 10-1-19　马山抽水蓄能电站下水库大坝渗流监测布置图

测断面，其测点宜沿高程形成纵断面。

(2) 面板钢筋应力。面板钢筋应力断面选择同混凝土应力应变监测断面，在面板条块顺面板坡向和水平向设置钢筋应力测点，结合面板挠曲、岸坡变形及应力应变进行监测，测点宜靠近面板条块的中心线与混凝土应变计等高程布置。水平向钢筋计一般布置在高高程面板上，主要通过水平向钢筋计监测成果，了解面板之间横向缝的挤压变形受力。

(3) 面板温度。抽水蓄能电站需加强面板温度监测，应结合库水位运行特点布置测点，温度监测断面选择在主坝最大断面处，从坝基至坝顶间隔 5m 布置温度计。

图 10-1-20 为桐柏抽水蓄能电站下水库面板混凝土应力应变监测布置图。

1.5　环境量监测

抽水蓄能电站环境量监测项目主要包括库水位、气温及降雨量等。

在库盆靠近主坝部位水流平稳处设置自记水位计，观测上水库的水位。另在面板上设置一套水尺，以资校测。

气温、降雨观测站设在上水库区通风处，气温监测采用自记温度计，自记温度计安装在专用气象观测百叶箱内。

降雨采用自记雨量计进行监测，雨量计宜布置在开阔地带。

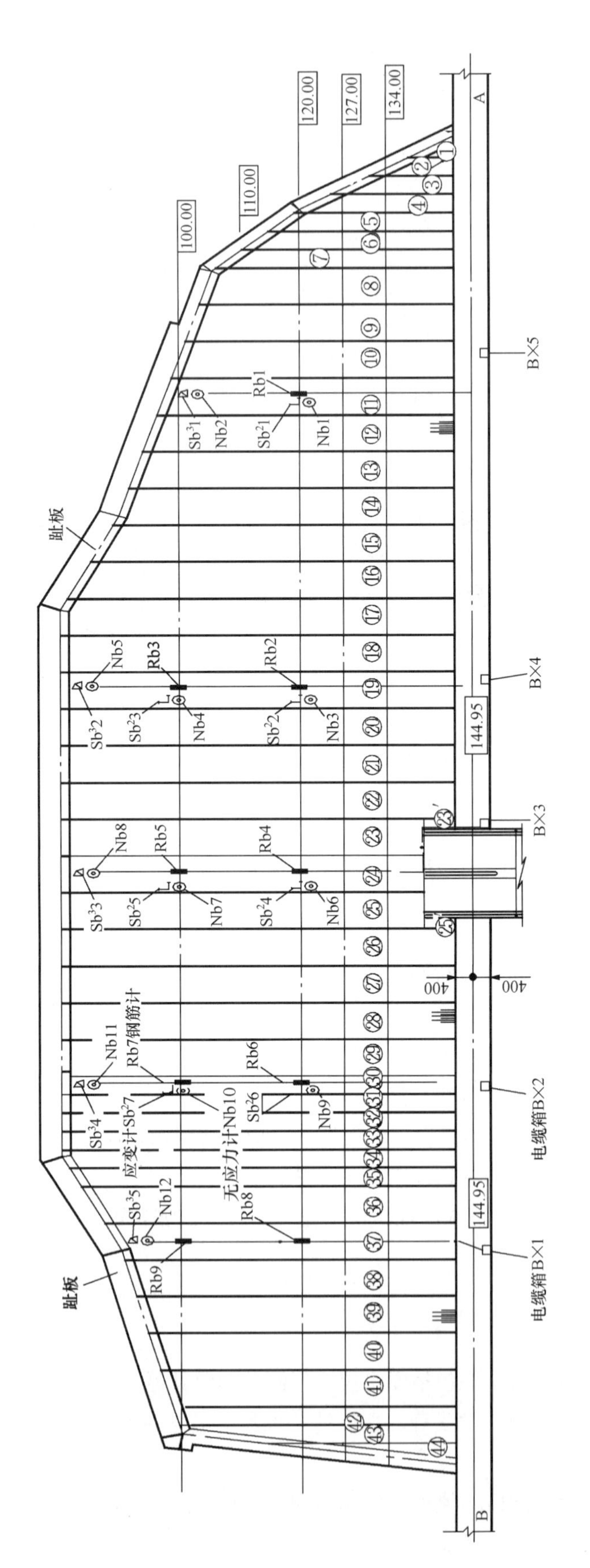

图 10-1-20　桐柏抽水蓄能电站下水库面板混凝土应力应变监测布置图

第二章

输水系统安全监测

输水系统是抽水蓄能电站的重要组成部分，主要包括进/出水口、引水隧洞、高压钢管、引水调压室、尾水调压室及尾水隧洞等。抽水蓄能电站输水系统的特点是承受高内水压力，在结构布置时，根据地形、地质情况设计成隧洞或高压明管或两者结合等多种形式，隧洞又需根据围岩特性、地应力、工程造价等因素设计成混凝土、钢管等衬砌类型。

抽水蓄能电站输水系统各建筑物多埋藏于地下，这些建筑物除需满足水力要求外，还受围岩工程地质、水文地质条件的制约。尽管设计阶段通过收集资料及必要的地质勘探、试验手段获得客观实际的初步信息，据以开展设计，但这些设计尚需通过工程的施工与运行实践，并不断完善，因此需在输水系统中布设必要的监测仪器、设备，尽可能如实地获取新的客观信息。

抽水蓄能电站输水系统的安全监测重点除了与常规电站输水系统一样的施工期围岩稳定监测外，还需特别重视运行期隧洞沿线渗流场、地下水位、围岩和支护结构受力状况监测。

2.1 进/出水口

进/出水口的监测设计取决于进/出水口的布置和结构形式。目前常见的抽水蓄能电站进/出水口多为独立进/出水口，可按水库水流与引水道的关系分为侧式进/出水口和井式进/出水口。进/出水口的监测重点为进/出水口边坡和结构受力，有必要进行科学试验时，可设一些水力学监测仪器。

由于抽水蓄能电站日水位变幅大、变化频繁，对进/出水口边坡稳定影响较大，应根据边坡规模、地质结构、工程加固措施等，有针对性地选择对边坡安全稳定最敏感的断面或部位布置监测项目，布置原则同常规工程边坡，但对不便于建立表面变形工作基点或开挖坡度陡的岩质边坡或在库水位变幅范围内，宜采用多点变位计作为主要的边坡变形监测仪器，同时需加强库水位对边坡地下水、渗流场和护坡稳定的影响。

侧式岸坡式和侧向岸塔式进/出水口由于设计成熟、结构简单，一般不对其应力应变进行监测。但抽水蓄能电站进/出水口为了适应双向水流和库水位大幅变化，与常规电站进水口相比，其拦污栅段和扩散段宽度较大，往往伸出山坡之外，外伸部分的底板浮托力计算值与基础的防渗、排水系统工作状态、底板与基岩的结合情况是设计中的不确定因数，宜采用渗压计对底板的渗透压力进行监测。

对较复杂的井式进/出水口可根据结构有限元计算分析成果，在薄弱部位布置应力应变和钢筋应力监测点。必要时可根据水力学模型分析成果，在竖井段靠喇叭口及竖井弯段后，设置超声波测流监测断面，进行流量和过水断面流速度分布监测。

实例1：天荒坪二级上水库进/出水口岩体较完整，但上水库进/出水口边坡有断层 f_{017} 通过，断层上盘岩体厚度较薄，对边坡稳定有一定影响。考虑上水库进/出水口边坡布置多点位移计，监测边坡的稳定情况；在进/出水口底板布置渗压计，以了解进/出水口底板的渗透压力情况。其具体布置见图10-2-1。

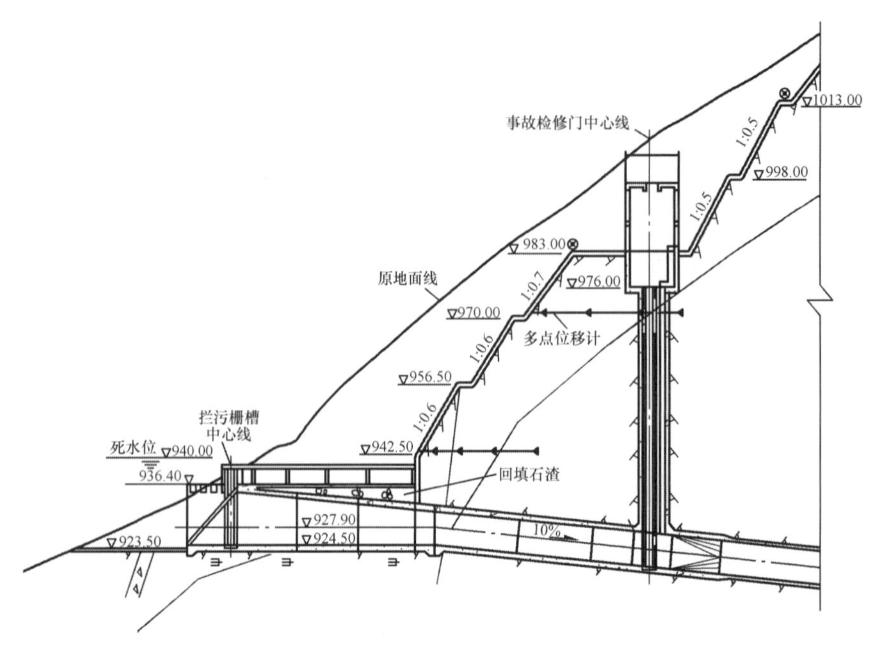

图 10-2-1　天荒坪二级抽水蓄能电站上水库进/出水口监测仪器布置图

实例 2：马山上水库进/出水口布置在库盆右侧的库底，采用带顶盖的井式进/出水口。根据三维有限元的计算结果，部分区域存在着拉、压应力集中区，如墩柱与顶盖底部处尖端部分有较大的压应力集中区域，墩柱与顶盖上部连接处尖端部分出现了拉应力集中区，渐变段的末端处出现了拉应力集中的情况。对这些部位进行了混凝土应力和钢筋应力监测。

上水库进/出水口承受水头高，而垂直渐缩段地质条件较差，在竖井顶部外壁分缝附近，沿程布置渗压计，观测由竖井内水外渗引起的渗流压力。上水库进/出水口以自重抗浮，在最不利的扬压力作用下，底板和地基边缘的较小区域会出现拉应力，故考虑在底板边缘布置两排岩石锚杆进行加固，作为抗浮稳定的安全储备。为反馈设计，在库底土工膜与混凝土连接处沿着进/出水口周圈布置渗压计，观测土工膜连接处的防渗效果。同时选择部分锚杆进行应力监测，检验锚杆受力情况。其具体布置见图 10-2-2。

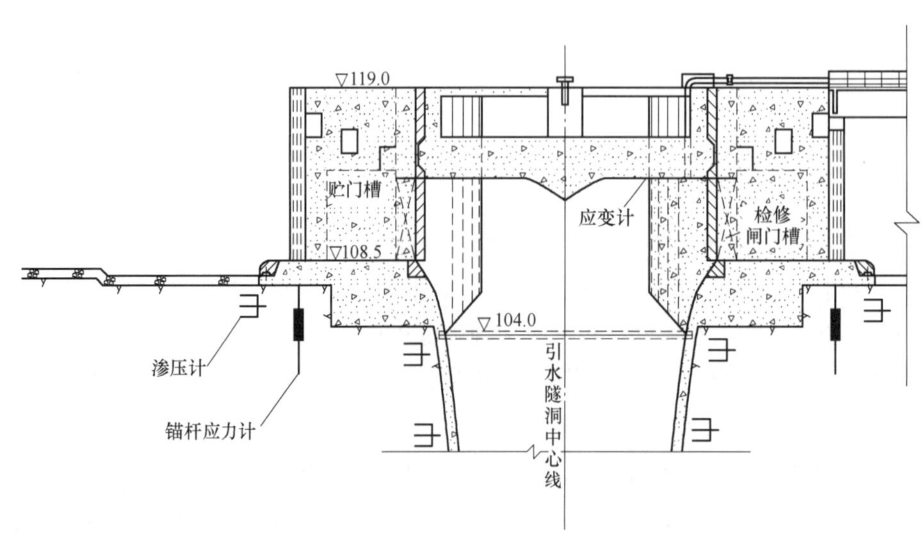

图 10-2-2　马山抽水蓄能电站上水库进/出水口监测布置图

2.2　引水隧洞

抽水蓄能电站引水隧洞多为有压隧洞，综合《水工隧洞设计规范》（DL/T 5195—2004）和《水电站压力钢管设计规范》（DL/T 5141—2001）对隧洞安全监测的要求，抽水蓄能电站的引水隧洞由于承受的内水压力高，因此应进行监测设计，设计时除了与常规隧洞一样重视施工期围岩稳定、柔性支护受力等监测外，还需要特别关注运行期高内水压力对衬砌、围岩及山体结构和稳定的影响。

2.2.1　围岩变形监测

常规隧洞围岩变形监测的目的主要是监测施工期围岩的稳定性，以表面收敛变形监测为主，围岩深部变形监测为辅。抽水蓄能电站因运行期受高压内水压力的作用，施工期和运行期的围岩变形监测应统筹考虑，在内水压力超过 150m、并含特殊结构面或断层的洞段，宜对围岩内部变形进行监测。

围岩内部变形监测布置可与围岩松动圈监测相结合。抽水蓄能电站围岩内部变形监测的仪器主要有多点变位计，需采用钻孔埋设仪器进行观测，对浅埋隧洞或邻近有可利用的洞室，则可采取在邻近洞室钻孔预埋方式，否则应在开挖到监测断面后尽快钻孔埋设。断面内测孔一般布置在隧洞的顶拱、一侧或两侧岩壁，可与收敛测点配套布置。测孔深度一般大于 1 倍洞径或超出卸荷范围，对于围岩中有预应力锚固的部位，钻孔深度应超过锚固影响深度。

多点变位计一般为 2～5 点，根据岩体结构、洞室大小、有限元计算成果、结构支护设施（锚杆、锚索深度）确定点数和点位，锚头应避开裂隙、断层和夹层，锚固于较坚硬、完整的岩石内，大断层两侧宜各布置一个锚头。

宜兴抽水蓄能电站引水隧洞围岩变形监测布置见图 10-2-3。

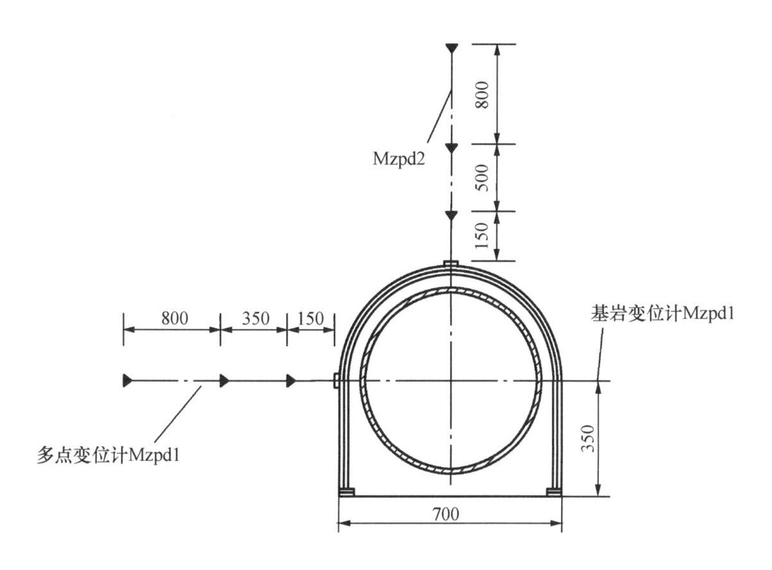

图 10-2-3　宜兴抽水蓄能电站引水隧洞围岩变形监测布置图

2.2.2　围岩锚杆应力监测

抽水蓄能电站隧洞的锚杆应力监测与常规隧洞相同。采用锚杆应力计监测支护锚杆的轴向受力情况时，一般监测锚杆既要起支护作用，又能监测锚杆随岩体变形而产生的应力。为保证监测的真实性，锚杆应力计的材质、截面面积都应与待测锚杆相同。监测断面位置选择要求与多点变位计类似，断面内测点布置一般与变形测点一致。在施工过程中，也可按需要，在变形最大部位随机布置或在加强（增设）锚杆部位选择典型锚杆进行监测。

对砂浆锚杆，因砂浆的黏结作用，同一根锚杆不同深度的应力不尽相同，因此需根据锚杆长度、围岩特性、地质结构等因数布置单点或多点锚杆应力计，一般 4m 以下锚杆布置单点，4～8m 布置 2～3 点，8m 以上锚杆布置 3～4 点。其典型布置见图 10-2-4。

2.2.3　围岩渗透压力监测

对采用限裂设计的钢筋混凝土衬砌的高压隧洞，通过高压灌浆加固围岩，使其成为承载和防渗阻水的主要结构。为了解围岩防渗阻水的效果，研究渗透压力的分布情况，需根据隧洞沿线的水文地质情况，选择一些具有代表性的监测断面，在围岩内钻孔埋设渗压计，钻孔位置同外水压力监测点布置，钻孔深度至少深入围岩固结圈以外，可沿不同孔深布置 2～4 支渗压计。天荒坪二级、仙游抽水蓄能电站引水隧洞围岩渗透压力监测布置见图 10-2-5、图 10-2-6。

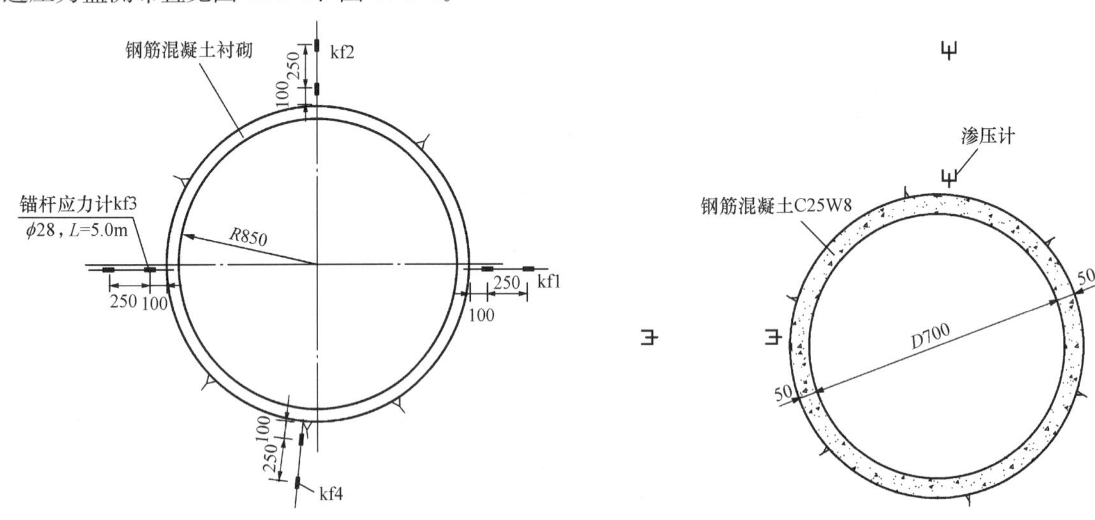

图 10-2-4　泰安抽水蓄能电站尾水隧洞锚杆应力计监测布置图

图 10-2-5　天荒坪二级抽水蓄能电站引水隧洞围岩渗透压力监测布置图

2.2.4　山体地下水位监测

引水隧洞穿过的山体地下水位，在设计阶段通常由地质勘察确定，但是在隧洞开挖施工过程中可能造成一些裂隙和隧洞贯通，使地下水通过洞室排出，造成地下水位降低，而在上水库和引水系统充水运行后，由于上水库渗流边界和引水隧洞内水外渗对山体地下渗流场的影响，原始地下水位又会有所改变。为了解隧洞固结灌浆的效果、施工开挖和输水系统充水对山体地下水的影响以及最终平衡形成的山体地下渗流场，应对山体地下水位进行监测。

山体地下水位观测孔一般沿隧洞沿线布置，主要分布在引水隧洞、岔管及地下厂房区域。条件允许时，可在隧洞开挖前就形成，具体实施过程中应尽可能利用部分未经劈裂试验的地质勘探孔。若引水隧洞下部设有排水廊道的，则应尽可能利用排水廊道布置测压管。为了避免地下水位孔距隧洞太近，造成渗漏通道，地下水位监测孔的钻孔底部距引隧洞的最短距离宜按水力坡降不超过 8 确定。

实例 3：为了解天荒坪抽水蓄能电站上水库蓄水运行后山体地下水位的变化情况及对边坡稳定性的影响，在输水系统沿线山体内布置 12 个地下水位长期观测孔，位于斜井段 UP2、UP3、UP5、UP6、

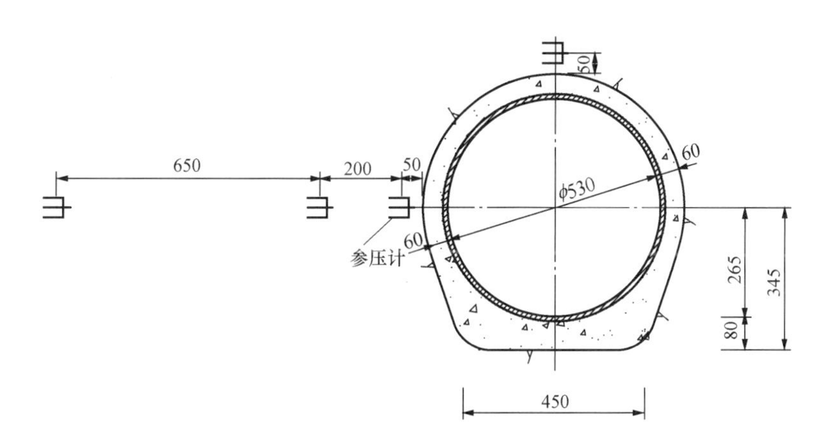

图 10-2-6 仙游抽水蓄能电站引水隧洞围岩渗透压力监测布置图

UP8 等测孔与隧洞的直线距离较短，上水库蓄水，隧洞运行以后，山体地下水位明显比蓄水前高，并与上水库水位（斜井水位）密切相关，水库水位升高或斜井充水时，地下水位明显升高，上水库水位下降或斜管放空后，地下水位回落。为了避免地下水位孔底与引水洞之间形成渗漏通道，造成渗透破坏，2008 年对原地下水位孔进行了改造，在孔底埋设渗压计，监测渗透压力，并将测压管的透水段底部抬高，监测地下水位的变化情况，见图 10-2-7。

629

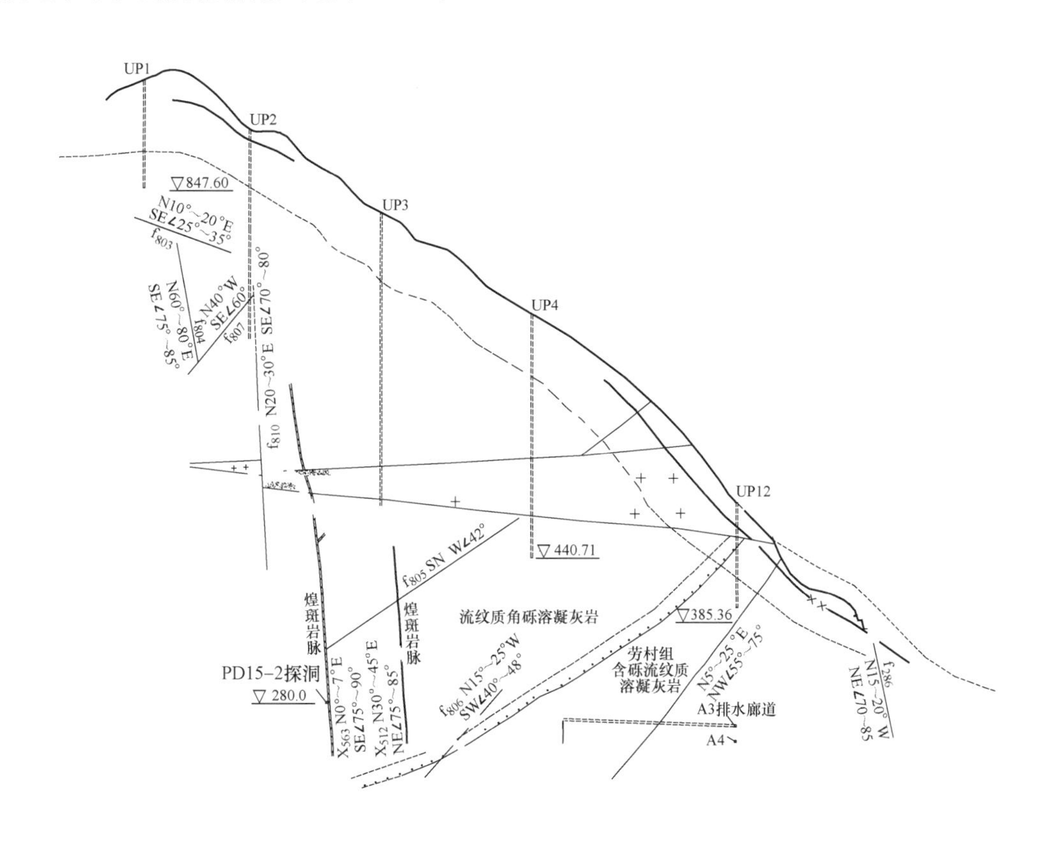

图 10-2-7 天荒坪抽水蓄能电站输水系统山体地下水位监测布置图

实例 4： 桐柏抽水蓄能电站输水系统位于百丈溪左侧，沿线山体雄厚，峰顶高程为 504.82m，山脚高程约 90m，地形相对高差约 400m，山坡较陡，有悬崖和小冲沟分布。为了解在输水系统和地下厂房开挖及充水过程中山体地下水位的变化情况，在输水系统布置范围内，设置了 12 个地下水位观测孔，见图 10-2-8。

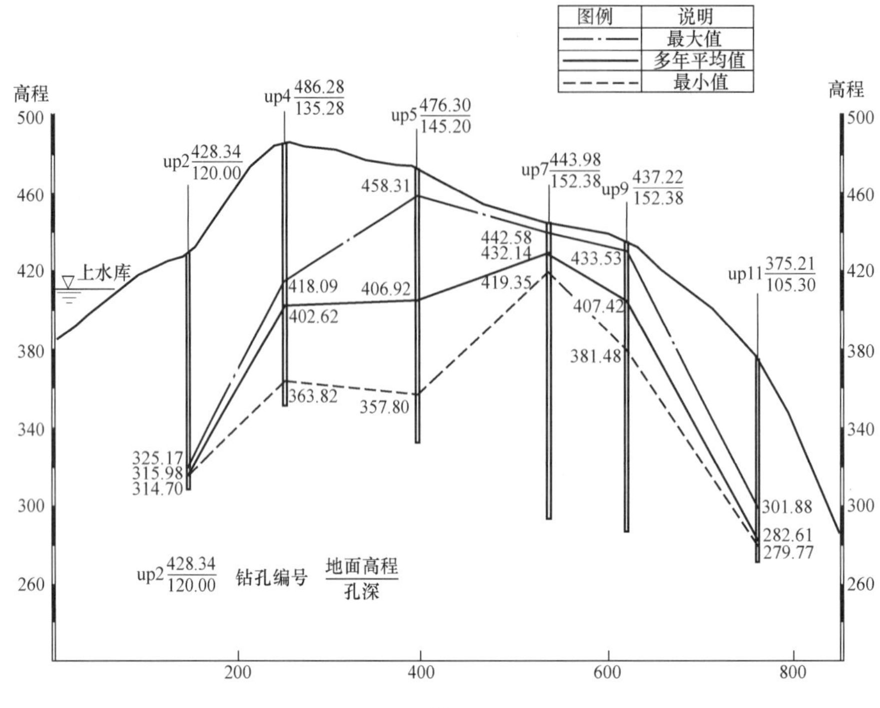

(a)

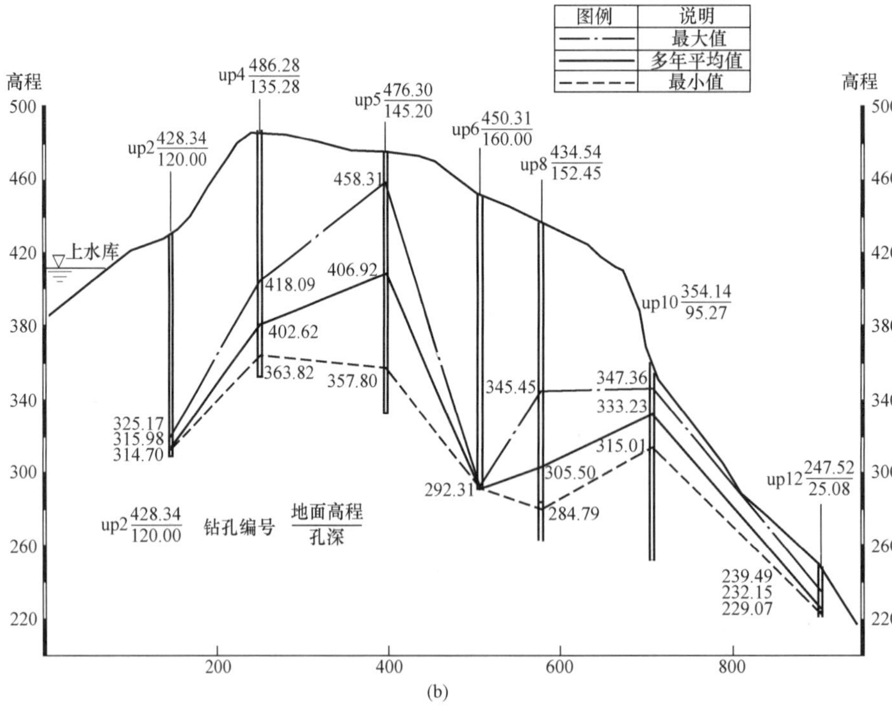

(b)

图 10-2-8　桐柏抽水蓄能电站输水系统山体地下水位监测布置图（比例尺：纵 1∶2000；横 1∶4000）
（a）*A-B* 剖面；（b）*A-A* 剖面

2.2.5　混凝土衬砌结构监测

当高压引水隧洞围岩满足“挪威准则”、最小初始地应力理论及抗渗要求时，可将围岩视为承载架构，经论证，可能采用钢筋混凝土衬砌或预应力钢筋混凝土衬砌。

在高内水压力（大于 100m 水头）作用下，钢筋混凝土衬砌将开裂，所配置的钢筋只起限裂作用。混凝土衬砌的作用主要是保护围岩表面，避免水流长期冲刷而发生掉块；减少过流糙率，降低水头损失；为隧洞高压固结灌浆提供表面封闭层。因此国内也有一些同行认为，没有必要对普通混凝土衬砌进行监测。但是由于地下隧洞地质构造、岩体力学参数的复杂多样性，衬砌支护时间、围岩收缩变形、高压灌浆、放空检查等均会改变衬砌结构的受力状态，为了验证围岩承载设计理论，了解围岩、衬砌在施工期、运行期及放空检查过程中的工作状态，还需对普通混凝土衬砌结构的受力和工作状态进行监测。

预应力混凝土衬砌由于设计要求承担部分或全部内水压力和满足防渗的要求，一般均需对其结构受力状态和防渗能力进行监测。

混凝土衬砌结构的监测项目主要包括混凝土应力应变监测、钢筋应力监测、外水压力监测、衬砌与围岩结合情况监测等。

（一）应力应变监测

由于隧洞沿洞轴线方向的尺寸远大于断面尺寸，而且衬砌的厚度也远小于洞径，因此以衬砌横断面环向应力监测为主，考虑隧洞衬砌应力分布的不均匀性，一般在断面上对称布置 4～6 组应变计，处于均匀岩石、结构受力对称的洞段可以减少 2～3 组，混凝土应变计和环向钢筋计联合布置，布置位置也可与受力钢筋对应。在岩石特性沿洞轴分布不均匀的洞段，可能受轴向不均匀变形的影响，破坏衬砌的整体性，可在钢筋混凝土应力监测断面布置 1～2 支轴向应变计或轴向钢筋计。其典型断面监测布置见图 10-2-9。

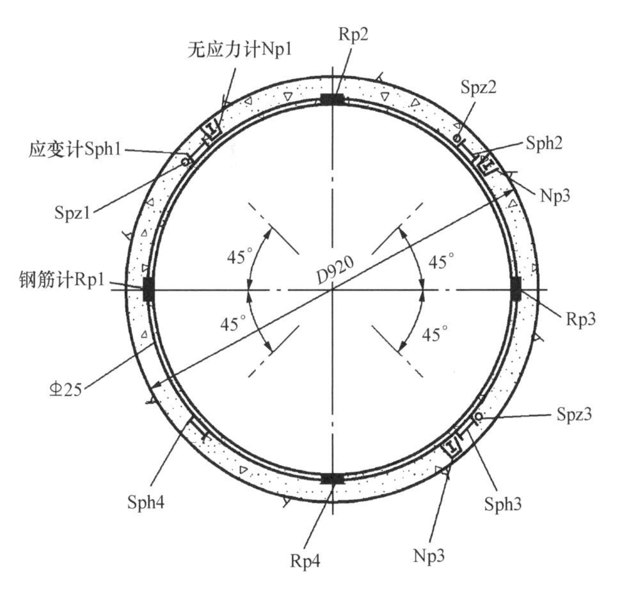

图 10-2-9 钢筋计、混凝土应变计典型断面监测布置图

灌浆式预应力衬砌应力应变监测设计与普通混凝土衬砌相同。对于混凝土环锚衬砌结构，还需进行预应力锚索钢绞线的应力应变分布监测，监测仪器采用钢索计，并通过锚索钢绞线的应力来计算锚索锚固力。因环锚衬砌的预应力锚索是对钢绞线环形两端进行张紧锚固，相临锚束体锚固点交错，其测点布置需考虑相对锚固点的轴对称性，以及相邻群锚效应的作用与影响。其典型断面监测布置见图 10-2-10。

（二）外水压力监测

水工隧洞衬砌承受的静内水压力即为该部位承受的库水压力，在不需考虑动水压力、不研究水头损失的情况下，可以不在隧洞内设内水压力监测仪器。

对有防渗要求的预应力混凝土衬砌，应设外水压力监测仪器，以了解衬砌的防渗阻水效果。对不承担防渗阻水作用的高内水压隧洞的混凝土衬砌，也应在衬砌外设渗压计，监测隧洞放空检查时外水压力的变化，以便控制放空速度，避免外水压力没有与内水压力同步消落而损坏衬砌结构，同时还可以了解普通混凝土衬砌内水压力击穿水头。

由于受地质构造的影响，断面上的外水压力是不均匀的，渗压计一般可对称布置在管道的顶部、腰部及底部，也可根据地质构造非对称布置，其典型监测布置见图 10-2-11。

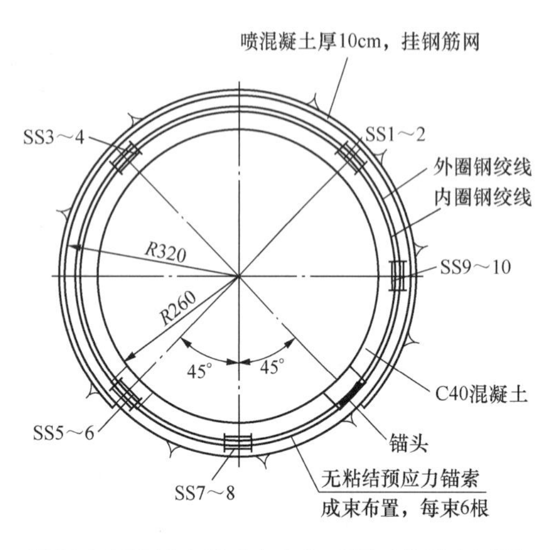

图 10-2-10　混凝土环锚衬砌锚索应力典型断面监测布置图（单位：cm）
SS—钢索计

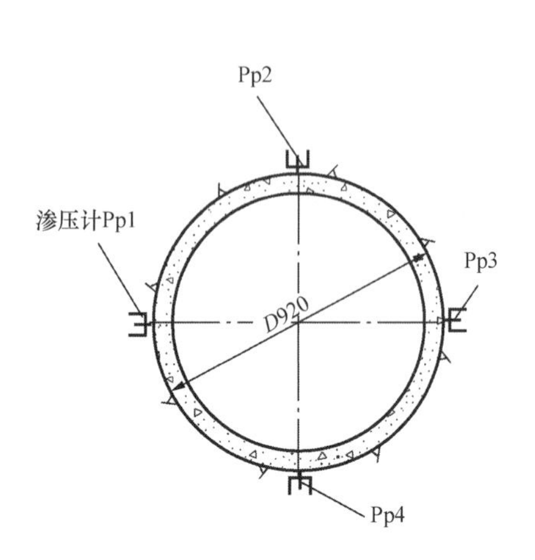

图 10-2-11　衬砌外水压力监测典型布置图

（三）衬砌与围岩缝隙监测

混凝土衬砌浇筑后总会出现收缩，加上温度的影响，会使衬砌与围岩之间出现间隙（对一期有喷锚支护的围岩，可认为一期喷锚支护与围岩结合紧密，此时的缝隙实际上是一期喷混凝土与衬砌之间的缝隙），而由于高压灌浆、围岩收缩变形或内水压力作用初期，则有可能减少缝隙的开度，甚至可能使衬砌与围岩之间产生挤压力。为了解围岩与衬砌之间缝隙的开合度，选定高压灌浆时机，分析判断衬砌和围岩各自承担的内、外水压力情况，宜对混凝土衬砌与围岩之间的缝隙进行监测。

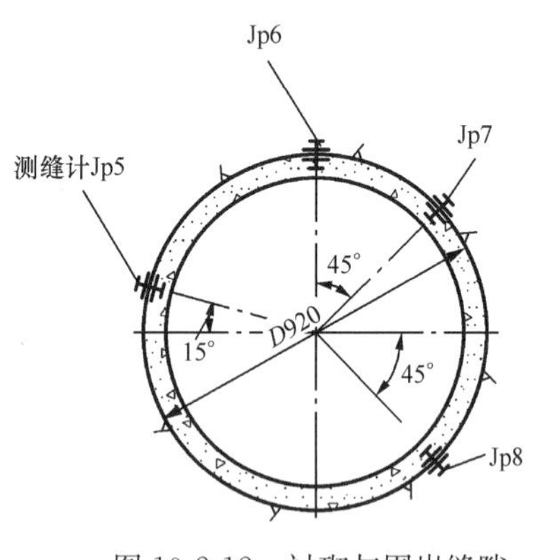

图 10-2-12　衬砌与围岩缝隙监测典型布置图

在高地应力区，或在围岩变形较大部位可能对衬砌造成挤压，或使用灌浆式预应力衬砌时，为了解围岩向临空面变形是否超过设计范围，是否对衬砌结构产生压力，可考虑在衬砌与围岩之间布置压应力计。

监测横断面内缝隙开合度和压应力的测点应布置在中上部，一般布设 3～5 个测点，其典型布置见图 10-2-12。

2.2.6　钢管衬砌结构受力监测

钢管是抽水蓄能电站高压管道的传统衬砌材料。钢管可以完全靠自身结构来承受内水压力，也可通过回填的混凝土和灌浆，将内水压力的一部分以至大部分传至围岩。对钢管衬砌需进行钢板应力、钢板与回填混凝土及混凝土与围岩缝隙、回填混凝土应力应变、围岩压应力、外水压力及排水效果监测。

钢衬钢板应力采用钢板应力计进行监测；钢衬与回填混凝土、回填混凝土与围岩之间的缝隙值采用测缝计进行监测；回填混凝土接触围岩压应力采用压应力计进行监测；钢衬外水压力采用渗压计进行监测；排水效果采用在自流排水管设流量计，并结合外水压力情况进行监测。

在监测横断面上钢板应力计、回填混凝土内应力应变计、测缝计和压应力计测点宜按轴对称布置，以环向应力监测为主。钢板衬砌的渗压计宜直接设置在钢衬与回填混凝土接触位置，以取得钢衬承受的外水压力。回填混凝土虽然不是钢衬隧洞的主要受力结构，但适当布置一些二向（环向和轴向）应变计测点有利于高压管道回填混凝土裂缝、缝隙值及外水压力分析。压力管道钢衬结构受力和接缝典型断面监测布置见图 10-2-13 和图 10-2-14。

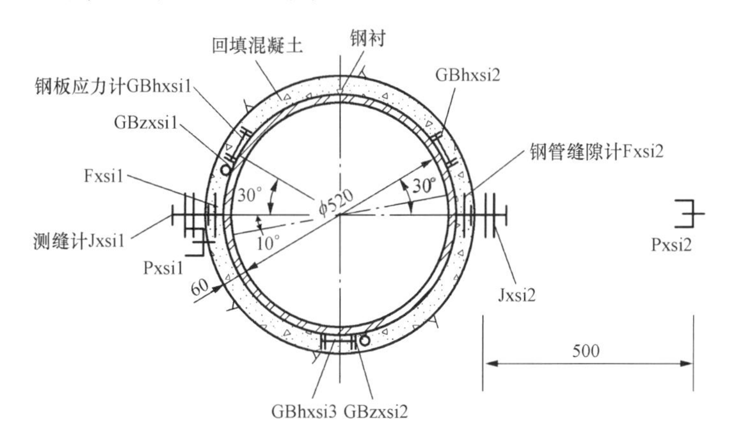

图 10-2-13 钢管衬砌结构受力典型断面监测布置图

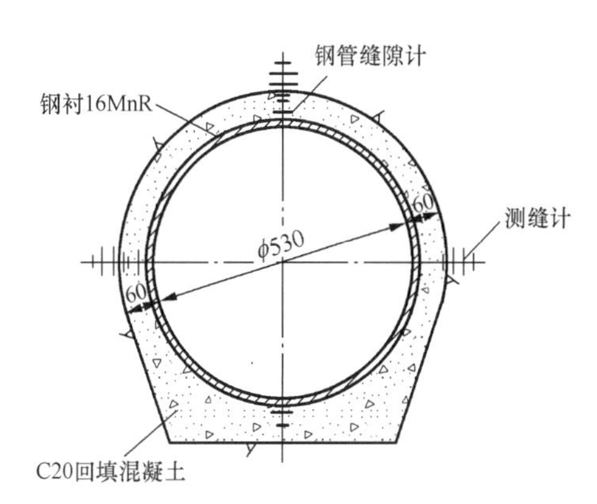

图 10-2-14 钢管衬砌接缝典型断面监测布置图

2.3 高压明管

大多数抽水蓄能电站水头高，安装高程低，常采用地下压力管道，个别电站由于地形、地质条件和施工条件的原因采用明管布置，如西藏羊卓雍湖抽水蓄能电站、浙江宁波溪口抽水蓄能电站（局部明管）。

明管的材料都采用钢管，需承担所有的内水压力。明管转弯处设置镇墩，镇墩主要依靠自身的重量保持稳定，达到固定压力钢管的作用。镇墩间设支墩以支承和架空钢管，把钢管自重和水重的法向分量（垂直管轴向）传给地基，并防止钢管向两侧变形。因此除了需要对压力钢管本身采用钢板应力计进行应力应变监测外，还需根据山体地形、地质条件和镇墩结构，对镇墩与山体和钢管的结合情况，以及镇墩结构的受力进行监测。

镇墩结构受力采用应变计组和钢筋计监测；镇墩与钢管的结合情况采用测缝计进行监测；镇墩与山体的结合情况及山体稳定分别采用测缝计和/或多点变位计进行监测，必要时可在镇墩和支墩上设表面水平、垂直位移测点。

2.4 高压岔管

抽水蓄能电站的岔管包括引水岔管和尾水岔管。当引水岔管区域围岩能同时满足“三大准则”，即最小覆盖准则、最小地应力准则和渗透稳定准则时，一般采用钢筋混凝土衬砌，否则需采用钢岔管。抽水蓄能电站水头较高，岔管结构复杂，距厂房近，失事后果较严重，无论采用何种形式的岔管都要进行监测设计。

对于钢筋混凝土岔管，应根据结构设计理念和计算分析成果，主要进行钢筋混凝土衬砌结构应力应变、衬砌与围岩接缝位移及渗透压力监测。其监测断面一般选择在主管、支管及分岔部位最大横断面处，断面内应力应变监测仪器布置以环向为主，轴向为辅。

对于按明管准则设计的钢岔管，重点监测钢板应力和外水压力，为便于反馈设计，可适当进行一些缝隙值、回填混凝土应力、应变监测；对于按围岩分担内水压力设计的钢岔管段结构，除了重点监测钢板应力和外水压力外，还应加强缝隙值和围岩压应力监测，适当进行回填混凝土环向和径向应变监测。

钢岔管的应力应变监测点应根据结构计算成果，在计算应力大或突变部位布设钢板应力计。对需要在工厂完成原型水压试验的钢岔管，钢板应力计的布置应尽量与试验应变片测点位置相一致，一般在岔管的肋板、岔管进口、主支锥相贯线、岔管出口部位布置监测点。有条件的可在工厂试验时，将钢板应力计安装就位，以便与试验应变片的测值相互对比分析，同时可了解压力钢岔管在试验、施工、运行全过程的应力变化情况。

对埋入式钢岔管，测缝计、压应力计及监测回填混凝土应力应变的应变计组测点宜布置在岔管腰线及顶部围岩表面；渗压计测点的设置原则与压力钢管一致。

实例 5：江苏宜兴抽水蓄能电站钢岔管为国内第一个投入运行的与围岩联合受力设计的埋藏式钢岔管，其岔管部位的监测仪器布置见图 10-2-15，钢岔管的应力应变监测布置见图 10-2-16。

实例 6：桐柏抽水蓄能电站钢筋混凝土岔管监测仪器布置见图 10-2-17。

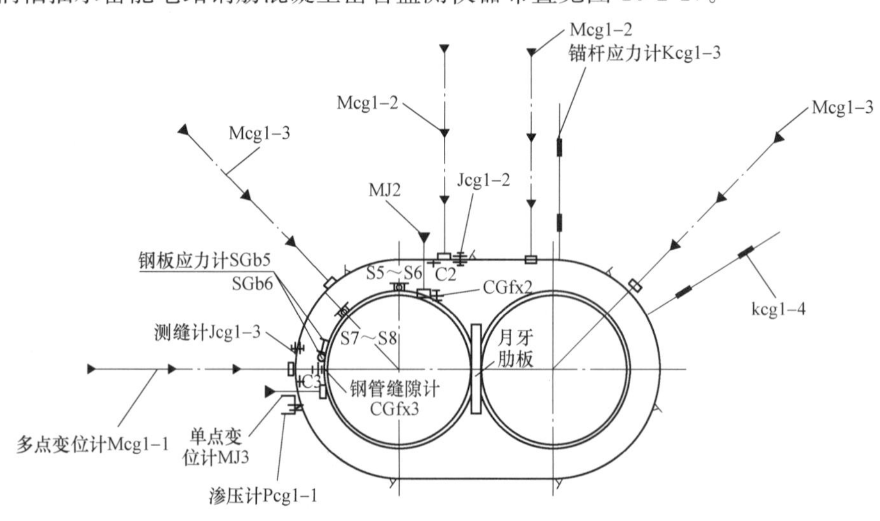

图 10-2-15　宜兴抽水蓄能电站钢岔管部位监测仪器布置图

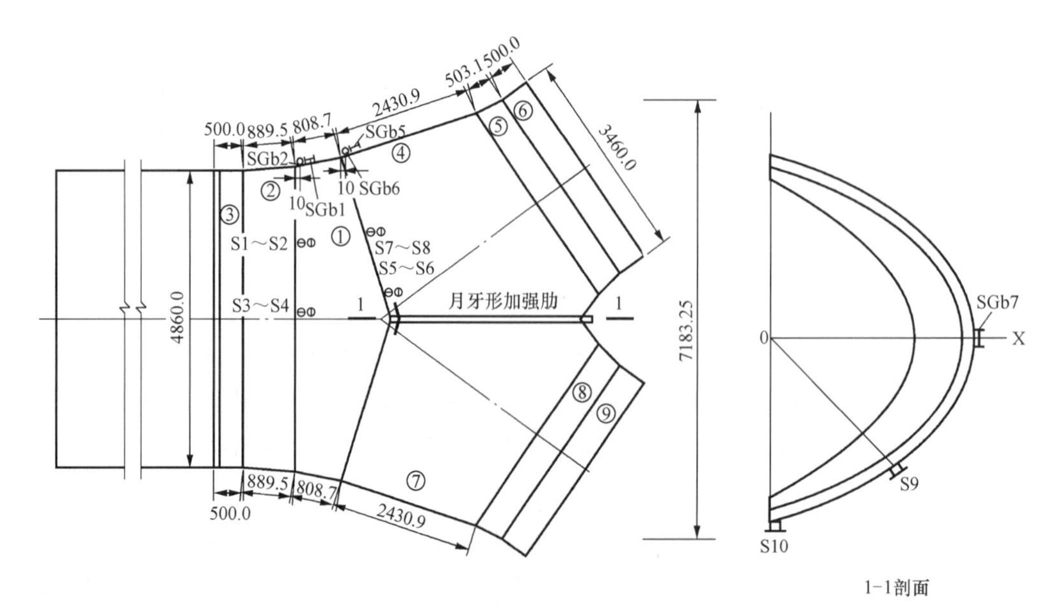

图 10-2-16　宜兴抽水蓄能电站钢岔管应力应变监测布置图

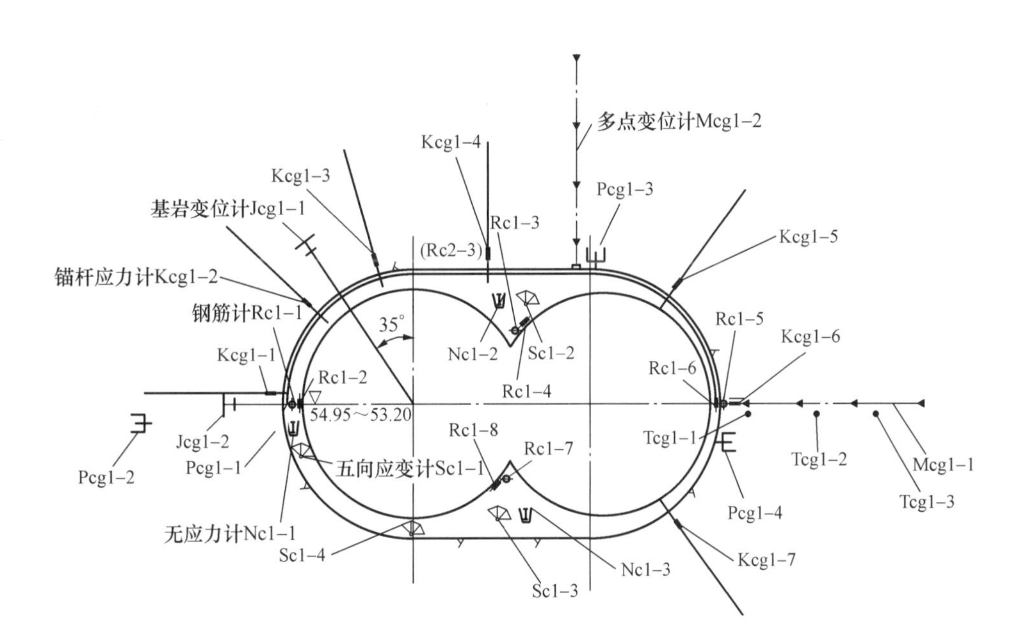

图 10-2-17　桐柏抽水蓄能电站钢筋混凝土岔管监测仪器布置图

2.5　调压室

对于中高水头长输水道的抽水蓄能电站，为减小高压管道的水击压力，改善机组在负荷变化时的运行条件，需设置调压室。国内目前已建成和在建的抽水蓄能电站的调压室均采用阻抗式或阻抗和水室组合式。为保证调压室整体稳定，抽水蓄能电站的调压室一般位于具有良好地质条件的Ⅱ、Ⅲ类围岩中。调压室的主要荷载是内水压力，调压室放空时，衬砌外壁存在外水压力作用。

调压室围岩与支护结构的监测同一般地下工程围岩稳定和支护结构的受力监测，监测断面应根据有限元计算分析成果和围岩的地质构造条件进行选择。衬砌外侧一般应设置锚杆应力计和监测外水压力的渗压计，必要时可设置监测衬砌结构受力状态的应变计、钢筋计，以及监测衬砌与围岩缝隙情况的测缝计。

抽水蓄能电站承受的水头高，调压室的涌浪水位变幅大，一般需要在大井内沿不同高程设 2～3 个渗压计，对涌浪水位进行监测，必要时可在调压室下部设动水压力计，监测涌浪水压力。若阻抗孔结构特殊，为了反馈设计和科学研究，可在特殊部位布设一些结构应力应变监测仪器。

对于塔式调压室结构，除对地面以上部分根据结构计算成果设置必要的监测仪器外，还可根据结构动力分析成果，在地震烈度 7 度以上的地区设强震反应监测点，测点一般布置在近调压室地面、顶部和塔身结构表面，每个测点设置不少于 3 个分向的振动加速度计，进行其结构动力反应监测。

第三章

电站厂房监测

与常规水电站相比，抽水蓄能电站厂房布置最主要的特点是机组吸出高度负值大，机组安装高程低。在地质地形条件允许的情况下，常将抽水蓄能电站厂房布置在地下。与常规水电站的地下厂房相比，抽水蓄能电站具有以下安全隐患：一是高压引水系统的渗水可能影响厂房的安全；二是机组转速高，运行工况转换频繁，可能致使机组产生较大振动。因此，抽水蓄能电站厂房的监测还需特别关注渗压和振动对厂房结构安全的影响。

3.1 围岩稳定监测

抽水蓄能电站地下厂房的围岩稳定监测设计与常规的地下厂房相同，工程安全在很大程度上取决于围岩本身的力学特性与自稳能力，以及其支护后的综合特性。地下厂房工程监测应建立在洞室围岩地质条件、开挖方式及步序、相关结构有限元与渗流计算等基础上，以施工期安全监测为主，施工期监测又应以洞室围岩的变形与稳定和支护结构的工作状态为重点。

施工期地下厂房安全监测主要包括围岩变形、支护结构的工作性态、地下水环境、围岩松动范围、爆破影响等，监测目的主要围绕施工过程和施工期间的工程安全，并应随工程施工进展及时反馈，以便根据工程具体情况调整及修改设计支护参数，服务施工。

在运行期厂房围岩收敛变形、围岩松动范围、爆破影响等施工期的监测项目可以停测，但围岩变形、支护结构和岩壁吊车梁应力应变等监测项目还需继续保留。响水涧抽水蓄能电站地下厂房围岩变形监测布置见图 10-3-1。

由于围岩大部分变形都发生在开挖初期，因此为掌握围岩变形的整个过程，开挖后应尽早埋设监测设备，有条件的可利用厂房邻近的洞室预埋。

实例 1：桐柏抽水蓄能电站地下厂房洞室群位于下水库左岸山体内，深埋于地下水位以下，上覆岩体厚 140～180m，洞室围岩为燕山晚期花岗岩(γ_5^3)，以微风化～新鲜岩石为主，局部构造带部位为弱风化，地下厂房洞室群由主副厂房洞、主变压器洞、进厂交通洞、500kV 出线洞、排风兼交通竖井及排风交通电缆洞等洞室组成。厂房共安装 4 台单机容量为 300MW 的单级可逆式水泵水轮电动发电机，总装机容量为 1200MW。厂房总高度为 52.95m，洞室总长为 182.70m，其中机组段长 110.3m，副厂房位于机组段右侧，长 20.0m，安装场位于机组段左侧，长 52.4m(其中端部 12.4m 段前期作为安装场用，后期改建为左端副厂房)。主厂房宽度为 24.5m，顶拱跨度为 25.9m，中心夹角为 88.915°，半径为 17.634m，采用岩壁吊车梁结构。

桐柏在地下厂房设 3 个主观测断面，1 号机组附近厂右 0+005.00、F_{10}断层穿过部位厂左 0+044.00、安装场厂左 0+093.00，布置多点变位计，并在各主观测断面附近 1m 处设置一个副观测断面，布置锚杆应力计和渗压计。在主变压器洞也各设二个主副观测断面，分别在厂左 0+044.00、厂左 0+093.00，布置多点变位计和锚杆应力计、渗压计。该电站地下厂房围岩变形监测布置见图 10-3-2、图 10-3-3。

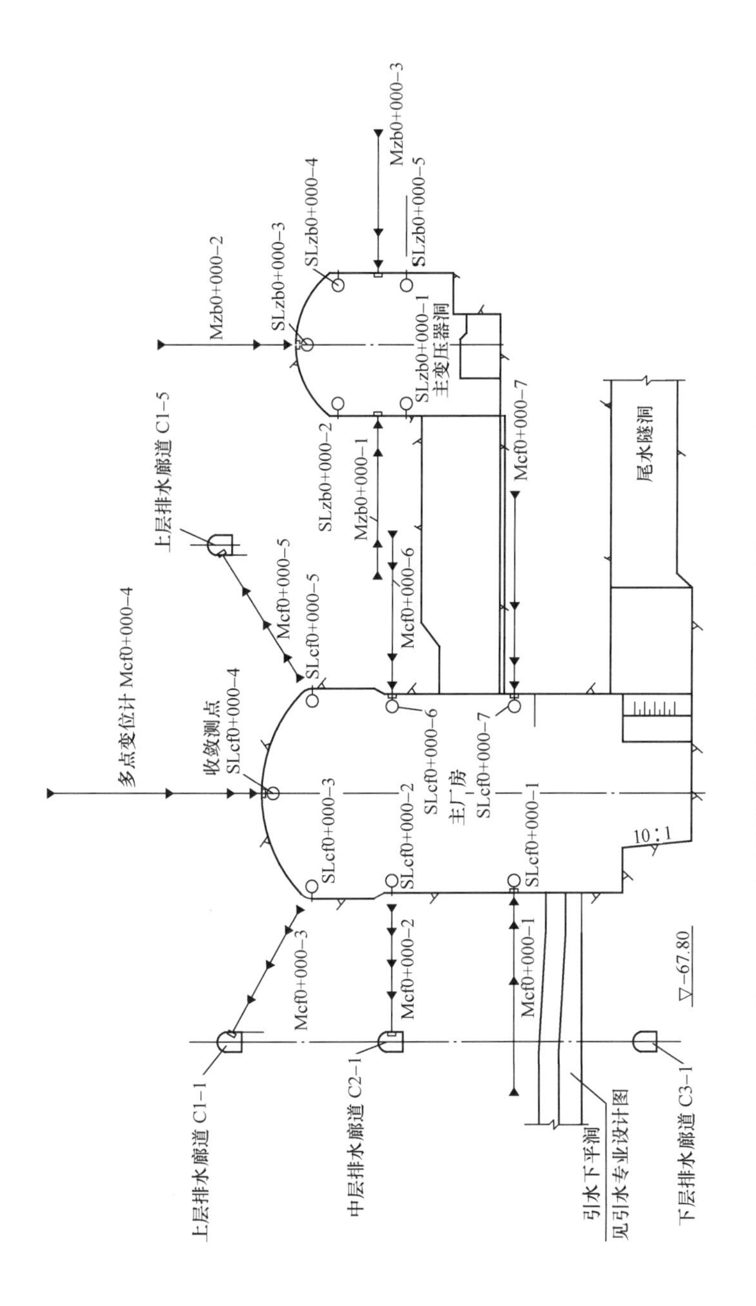

图 10-3-1　响水涧抽水蓄能电站地下厂房围岩变形监测布置横剖面图

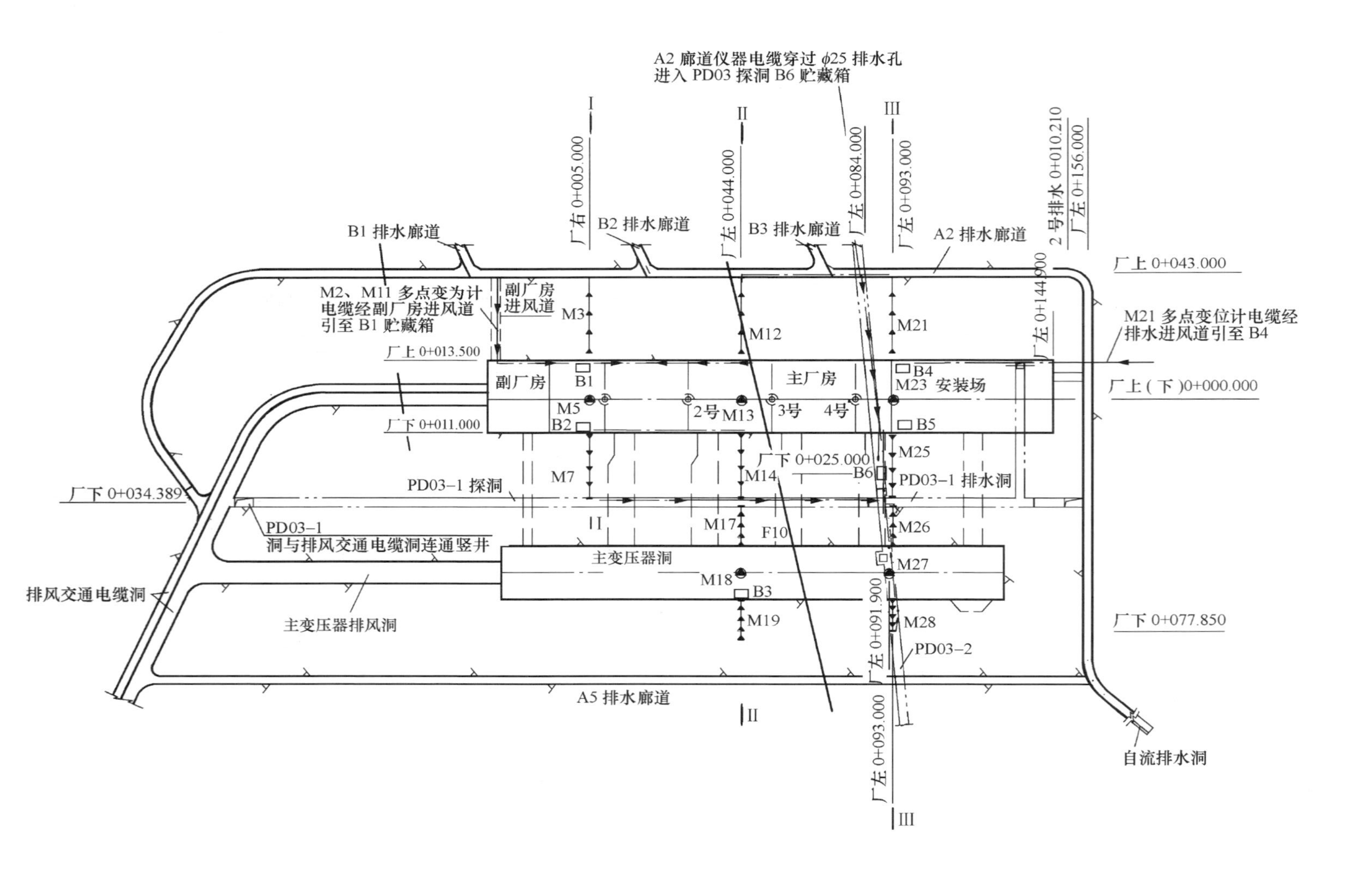

图 10-3-2　桐柏抽水蓄能电站地下厂房围岩变形监测布置平面图

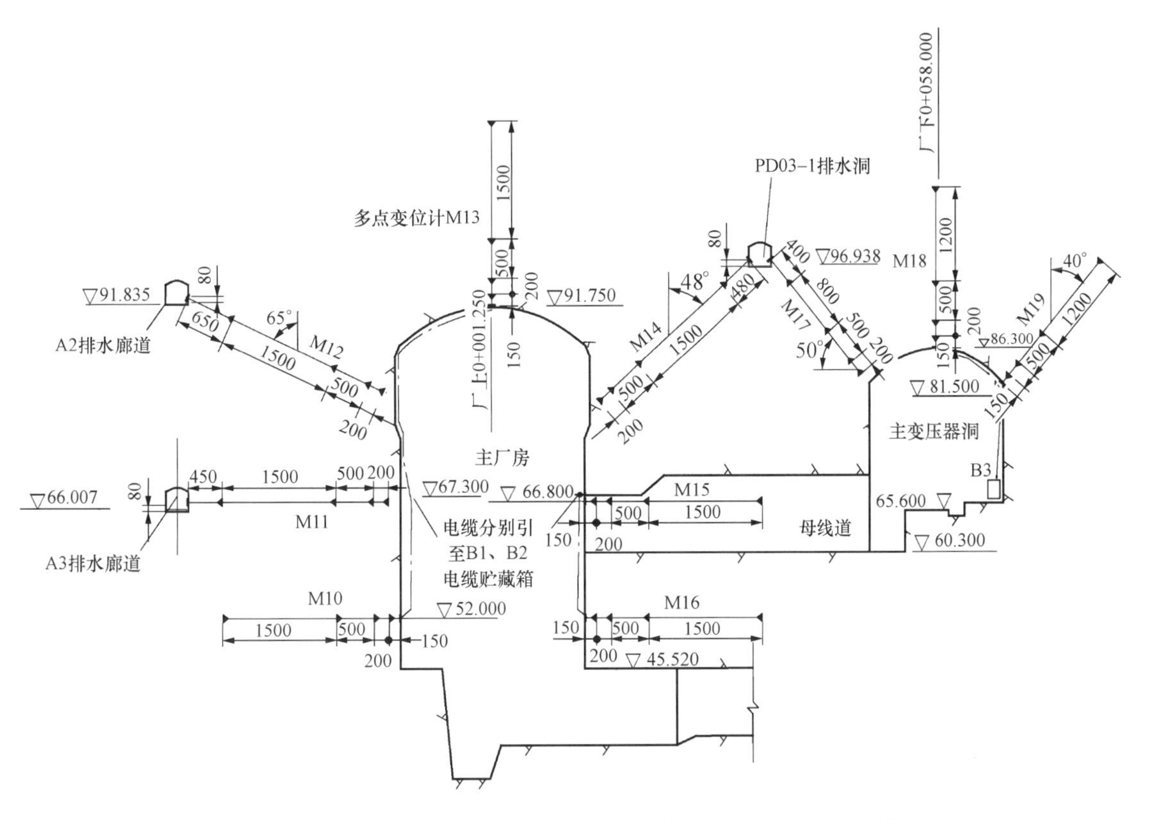

图 10-3-3 桐柏抽水蓄能电站地下厂房围岩变形监测布置横剖面图

实例 2：天荒坪二级地下厂房位于上水库左岸～下水库右岸间的山体内，地下厂房尺寸（长×宽×高）为 222.5m×24.5m×54.0m，岩梁高程为 154.0m。地下厂房所在山坡地面高程为 500～675m，上覆岩体厚度为 430～500m，走向近南北，地形坡度为 35°～45°，地表覆盖层浅薄，基岩大多裸露，以弱风化岩石为主。地下厂房围岩岩性为流纹质角砾熔结凝灰岩(J_3L^{1-1})～流纹质含球泡熔结凝灰岩(J_3L^{1-4})。在厂房洞室群的 1、3、5 号机及安装场位置各布设一个监测断面，在洞室的顶拱、拱座及侧墙周边布置了多点位移计，以监测围岩变形。该电站地下厂房围岩变形监测布置见图 10-3-4、图 10-3-5。

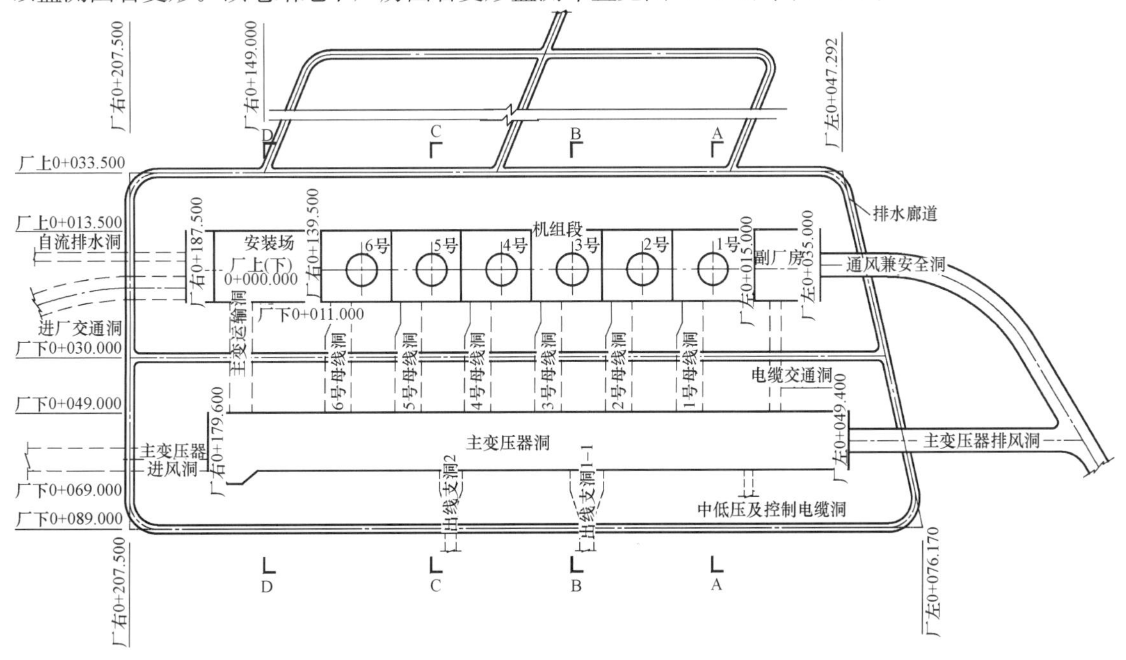

图 10-3-4 天荒坪二级抽水蓄能电站地下厂房围岩变形监测布置平面图

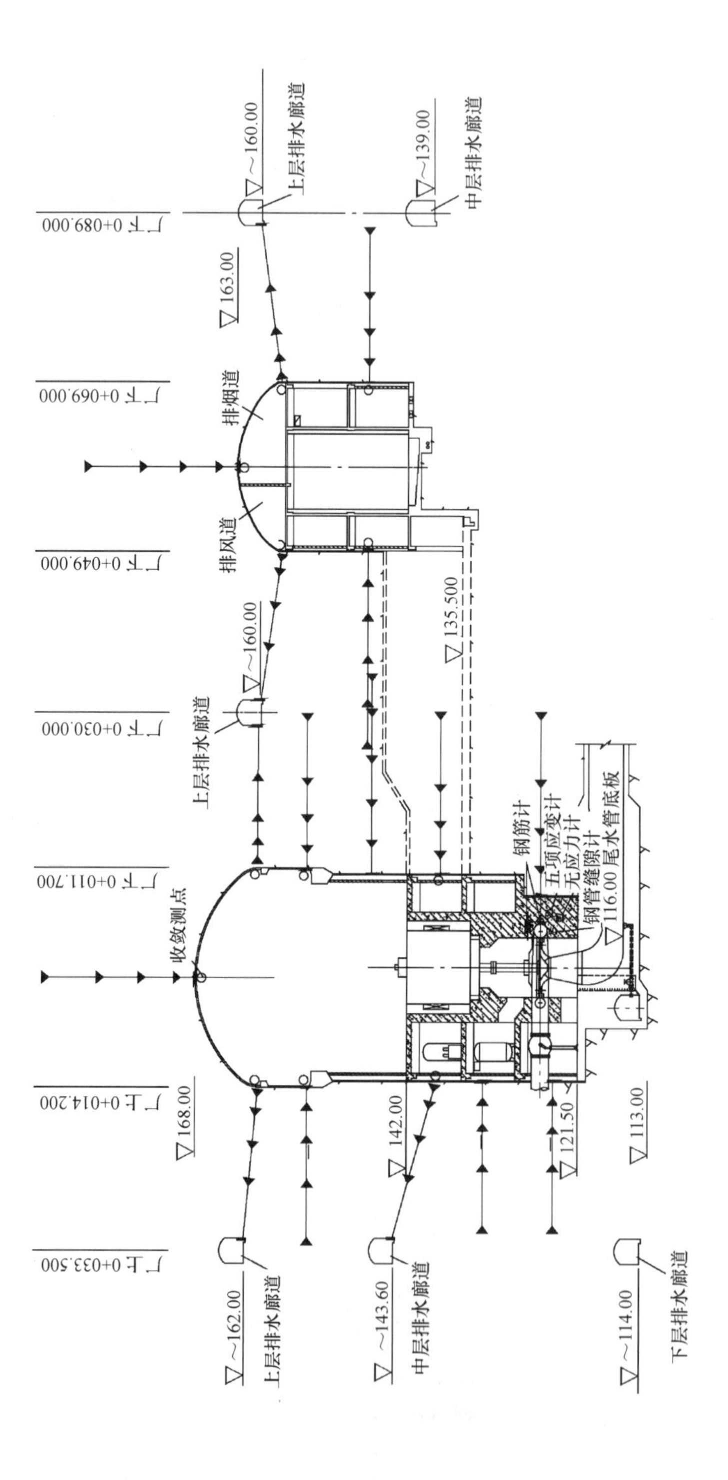

图 10-3-5 天荒坪二级抽水蓄能电站地下厂房围岩变形监测布置剖面图

实例 3：日本葛野川抽水蓄能电站地下厂房主监测断面布置见图 10-3-6，其主监测断面间距在 20m 左右，期间布置仅设预应力锚索测力计等少量仪器的辅助监测断面，另外在地质条件可能恶化和关键不稳定块体处局部设监测仪器。

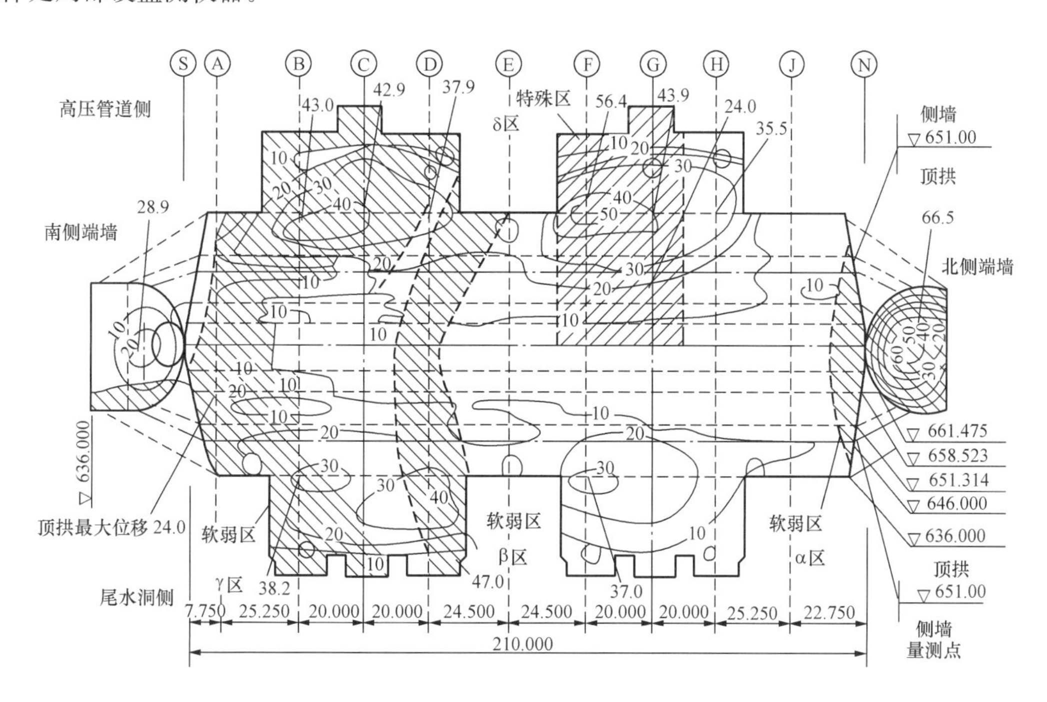

图 10-3-6 日本葛野川抽水蓄能电站地下厂房主监测断面布置图(单位：mm)

实例 4：日本神流川抽水蓄能电站地下厂房监测断面内多点变位计监测布置见图 10-3-7，可见布置的仪器比国内多，共布置 16 套多点变位计，其中顶拱 7 套，上游边墙 5 套，下游边墙 4 套，每套设 4～8 个测点。

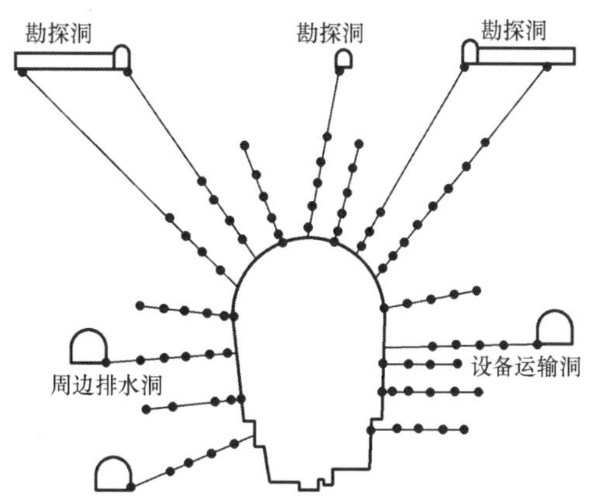

图 10-3-7 日本神流川抽水蓄能电站地下厂房监测断面布置图

3.2 围岩渗流监测

地下厂房渗水源主要包括原有山体地下水及其补给源、上下水库渗漏水、引水系统渗漏水等。根据不同的水文地质条件和厂区枢纽建筑物的布置，地下厂房一般采用防渗帷幕、厂房外围排水系统和洞内排水系统相结合的防渗排水方案，对集中渗水通道则采取适当的工程措施(局部混凝土置换，增设防渗帷幕及排水设施等)进行专门处理。为了监测防渗排水效果，需要对洞室围岩的渗透压力和排水流量进行监测。

地下厂房围岩的渗透压力一般可采用钻孔埋设渗压计的方法进行监测，测点宜布置在距钻孔底部50～100cm的位置，必要时可沿钻孔深度布置2～3支渗压计。此外，还应该充分利用厂房外围排水廊道布设测压管，以监测帷幕防渗及排水廊道的排水效果。

地下厂房汇集流量主要包括围岩和机组渗水及机组检修排水。一般需对围岩和机组渗水进行监测，应尽可能分别设置量水堰。对设有排水系统的，应根据排水系统布置及结构，在上、中、下层排水廊道排水沟、落水管及集水井布置渗流量监测点。对设有自流排水管的引水钢管段和蜗壳，可在其排水管出口或渗流汇集处设渗流量监测点。

典型的渗流监测布置见图10-3-8、图10-3-9。

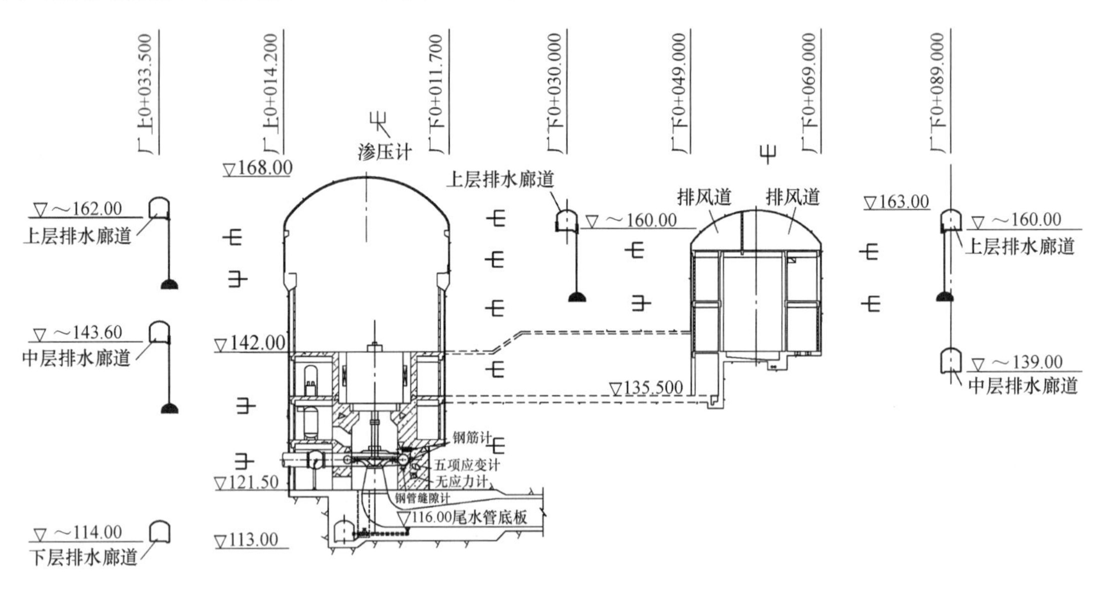

图10-3-8 天荒坪二级抽水蓄能电站主厂房渗流监测横剖面图

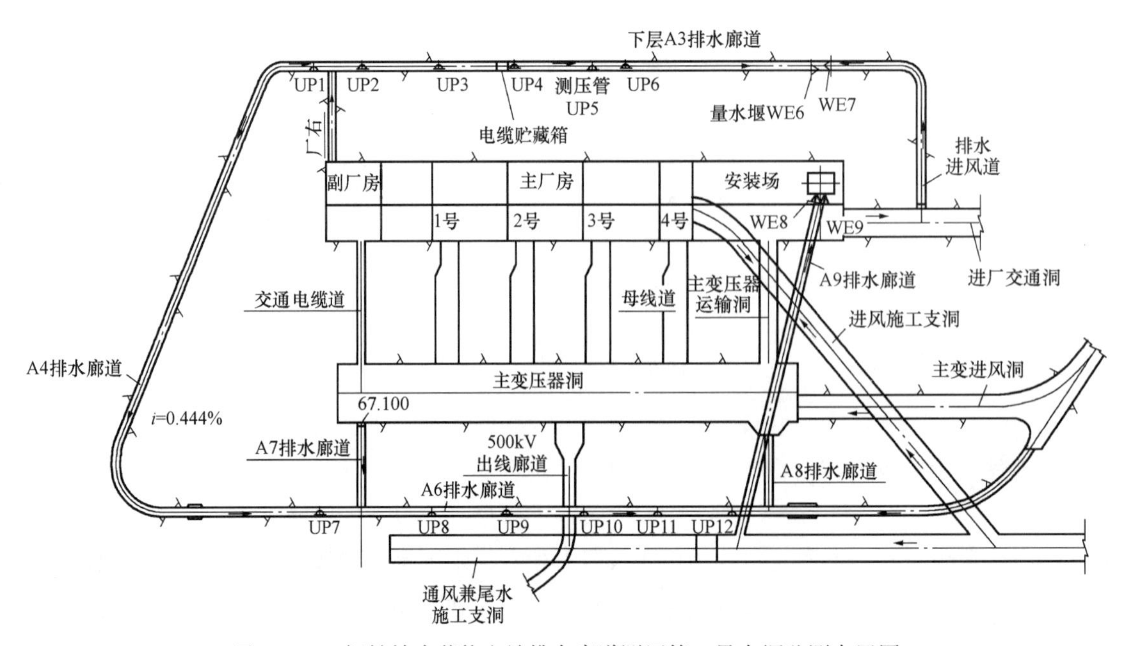

图10-3-9 桐柏抽水蓄能电站排水廊道测压管、量水堰监测布置图

3.3　蜗壳应力应变监测

抽水蓄能电站蜗壳承受的内水压力大、机组转速高、运行工况转换频繁，一般均采用金属蜗壳。尽管金属蜗壳可承受全部内水压力，但为了提高机组运行的稳定性，多数厂家仍然要求蜗壳外围混凝土与金属蜗壳联合受力，以增加蜗壳结构的刚度，有效控制机组振动。因此，应对金属蜗壳、外围混凝土的应力应变，以及蜗壳与外围混凝土的结合情况进行监测。

蜗壳的应力应变采用钢板应力计进行监测，蜗壳与外围混凝土的缝隙值采用测缝计进行监测，一般选 2～3 个监测断面，断面内测点应结合计算和试验成果按轴对称设置。

蜗壳外围混凝土结构体形复杂，承受的荷载类型多，除承受结构自重和上部外荷载外，还与金属蜗壳联合共同承受部分内水压力，同时蜗壳内低温水对结构也有影响。可采用应变计组对外围混凝土的应力应变进行监测，采用钢筋计对外围混凝土内的钢筋应力进行监测，测点应根据有限元计算和结构模型试验成果进行布置。

实例 5：桐柏抽水蓄能电站 1 号机组蜗壳应力应变监测横剖面见图 10-3-10。

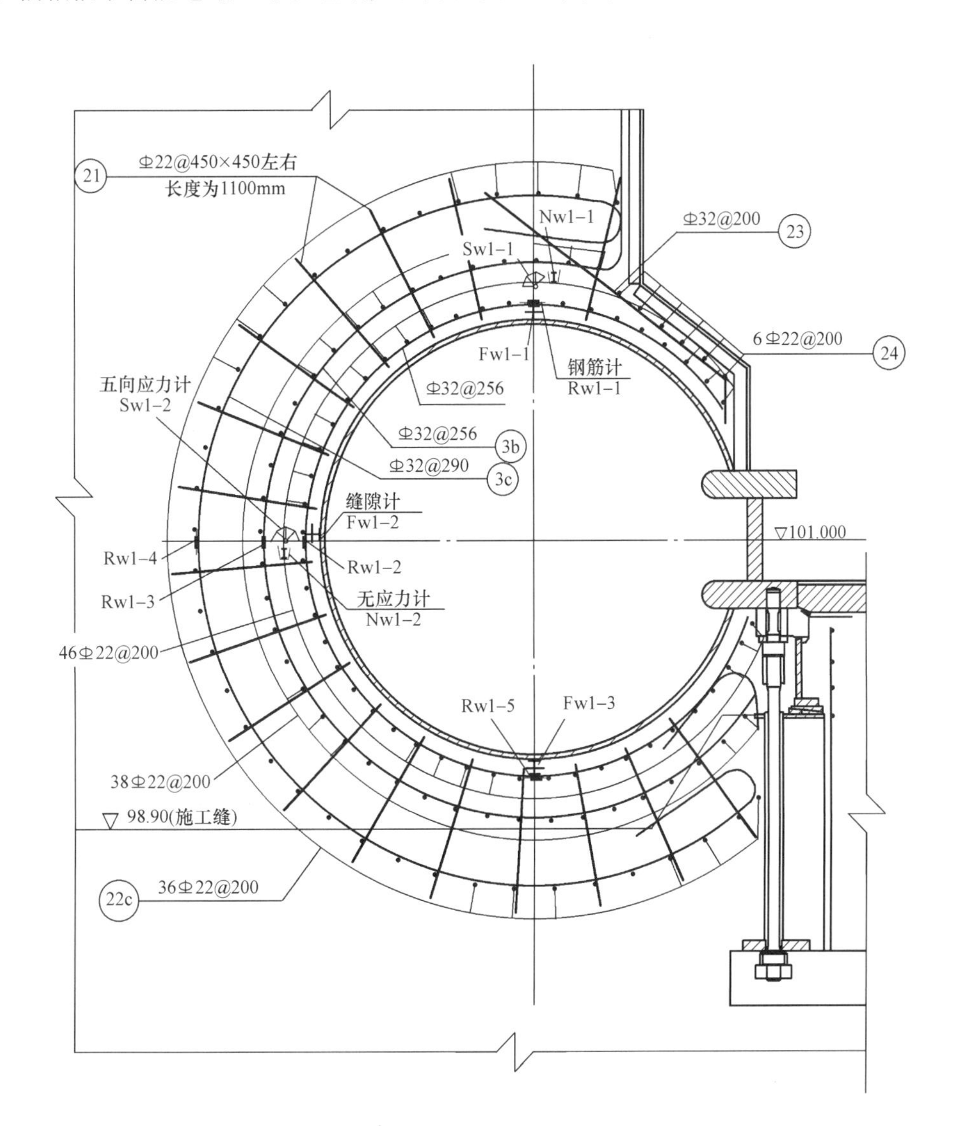

图 10-3-10　桐柏抽水蓄能电站 1 号机组蜗壳应力应变监测横剖面图

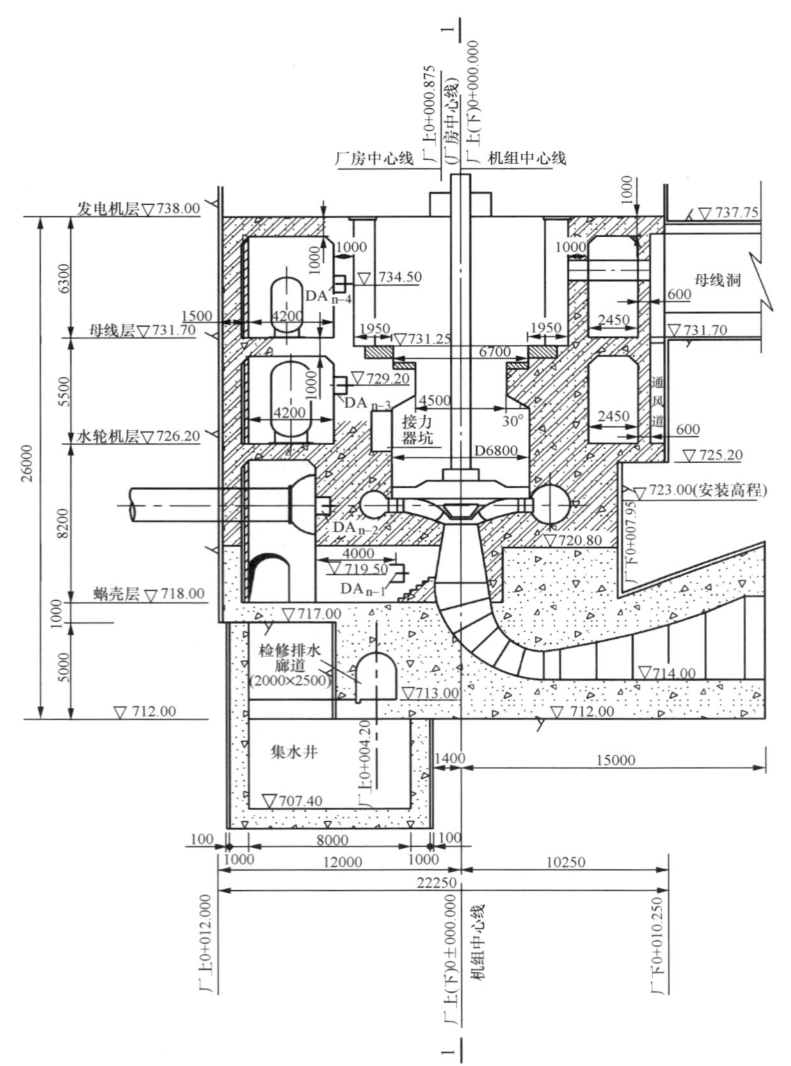

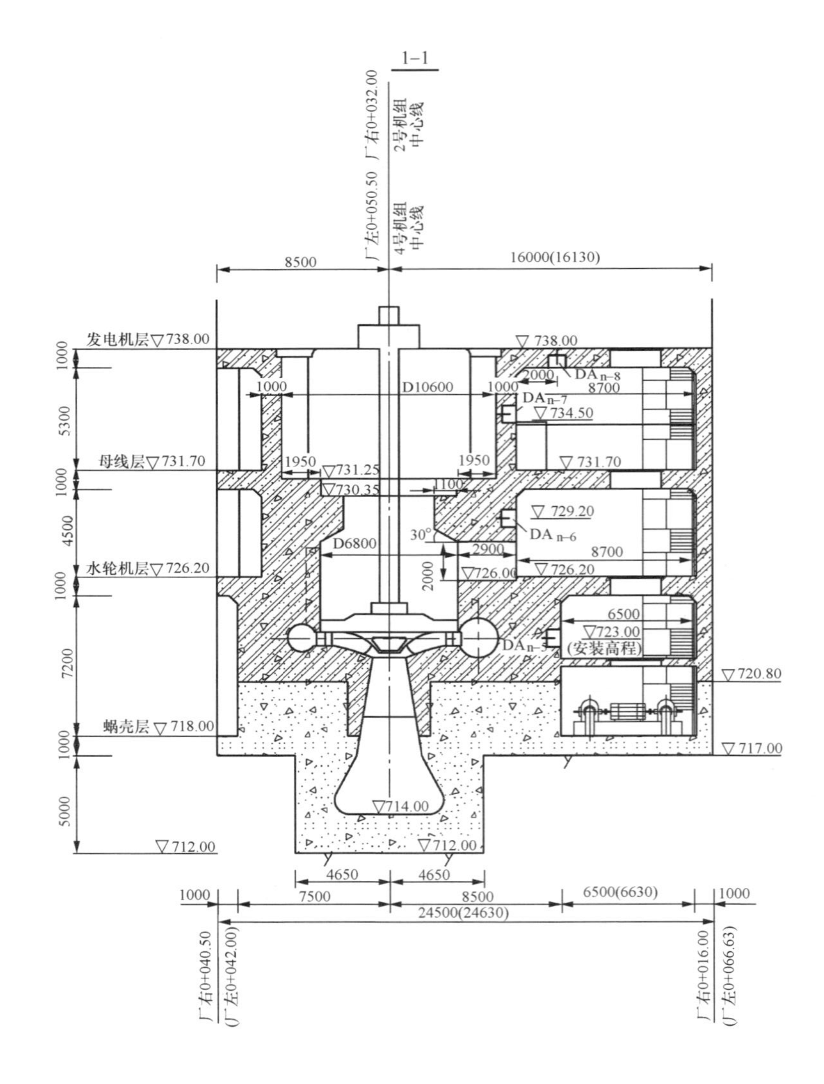

图 10-3-11　西龙池抽水蓄能电站厂房机组结构振动监测布置图

3.4　结构振动监测

抽水蓄能电站水头高、容量大、机组转速高、运行工况转换频繁，往往产生较强烈的振动，虽然结构设计大多对厂房的动力特性进行分析，并采取相应的防振、抗振措施，但由于厂房机组支撑结构振动的复杂性，目前还无法提出较准确、可靠的工程技术措施，因此宜对厂房结构的振动反应进行监测，以便反馈设计，提高设计水平。

抽水蓄能电站厂房机组支撑结构振动监测点应根据动力分析成果，在振动加速度大的部位布置，一般宜布置在靠机组结构底部、水轮机层、机墩、风罩或发电机层楼板结构表面，并采用空间三分向拾振器监测振动加速度，由此推算振动位移、速度及振幅、频率等，必要时可在布置拾振器的部位同时布置监测结构受力状态的钢筋计和应变计。另外，为配合厂房结构振动监测及理论分析并作为其边界条件之一，应在厂房机组支撑结构与围岩接触缝间，沿上、下游侧壁及基础设置测缝计测点，在机组段结构缝间沿高程设置测点，进行其相应接缝位移监测。西龙池抽水蓄能电站厂房机组结构振动监测布置见图10-3-11。

第四章 监测仪器设备

抽水蓄能电站的监测仪器除了输水系统有耐高压要求外，其余部位监测仪器设备的选型和埋设与常规电站相同。应用于高压输水系统的监测仪器主要有两类，即国产差动电阻式耐高水压仪器和进口振弦式耐高水压仪器。

4.1 耐高压仪器的现状

普通的内观仪器，如弦式、差阻式仪器均不耐高水压，仅满足0.5MPa的耐水压要求；而抽蓄电站高压输水系统，特别是埋设在限裂设计的钢筋混凝土衬砌内部的仪器基本要承受与内水压力相同的水头。

最早在广州抽水蓄能电站埋设的普通差阻式仪器，虽然在埋设中采取了各种保护措施，但一经蓄水，几乎全部损坏或失灵。天荒坪抽水蓄能电站监测设计时接受了广州抽水蓄能电站的教训，请南京某自动化设备厂专门研究了耐高压差阻式仪器，并要求仪器自带电缆(无接头)，实际应用时没有在现场对仪器和电缆进行耐高压检验，并且由于电缆较长，一个传感器带大捆电缆不利于施工操作，每支传感器的电缆上还是有接头，蓄水后不久还是有大部分仪器损坏或失灵。同时埋设的进口弦式渗压计虽也存在电缆芯线渗水的现象，但测值基本正常，可见弦式仪器对电缆的绝缘要求较低。

桐柏抽水蓄能电站监测设计时，请美国基康公司专门设计制作了耐5MPa水压的弦式仪器用于需要较长电缆牵引的部位(1000m)，在电缆牵引长度小于200m的部位还是采用国产耐高压差阻式仪器，并要求采用耐高压电缆和接头，在安装埋设前进行仪器和电缆的耐高压试验，不合格的仪器不准埋入。从几批到货的弦式仪器现场耐高压试验及率定效果看，进口弦式耐高压仪器合格率在90%以上；国产耐高压差阻式仪器到货后的现场检定中合格率约在70%以上，而且各批次仪器的耐高压性能不一致。可见仪器是否耐高压与仪器的工作原理、防水密封工艺性能有关。桐柏抽水蓄能电站经现场检验合格后安装埋设的仪器经高压蓄水考验，总体工作状态较好。

4.2 电缆的防水密封

工程实践表明内观仪器失效大部分是由于电缆进水，仪器电缆进水对仪器测值的影响无论是差阻式还是钢弦式都是不可避免的。设计时必须对电缆及其接头提出耐高压要求，安装埋设前对电缆和接头也需通过耐高水压试验。

目前常用的电缆连接法有热缩管连接法和硫化连接法。由于硫化连接法工艺复杂，一个接头花费时间较长，目前已很少使用。基康公司有一种专用高压接头采用在电缆接头外套以专用夹套，内部再灌注进口环氧胶，这种接头使得电缆芯线接头也达到了防水密封效果。桐柏抽水蓄能电站国产水工电缆和进口弦式仪器屏蔽电缆都采用基康专用高压热缩接头及施工工艺，进行过长达 7～15d 的 7MPa 高水压试验，结果表明接头防水性能良好。

4.3 耐高压仪器的埋设

监测仪器的埋设施工工作决定着整个安全监测系统的质量，仪器埋设一旦失败便难以补救或无法补救，在高水压隧洞中埋设的监测仪器除了必须达到常规水电工程的仪器安装埋设要求外，还需特别注意以下几点：

(1) 对于由围岩承担部分或全部内水压力的隧洞，一般都需要进行高压灌浆。埋设在高压灌浆圈内、外的渗压计和岩石应力计，若在灌浆后钻孔埋设，可能因封堵不严而形成渗漏通道；若在高压灌浆前钻孔埋设，则应离开高压灌浆孔 1.5m 以上，并需承受一定的灌浆压力，对渗压计还要采用土工布保护，以免浆液堵塞渗压计感应头。

(2) 为了防止电缆集中牵引部位成为渗漏通道，埋入衬砌内的电缆应穿钢管保护，钢管接头应密封，钢管两端应灌环氧砂浆，为了使钢管与衬砌混凝土结合牢固，可在钢管外设钢环；或采用每根电缆分开埋设，并设止水环等其他能够有效保证衬砌不产生渗透破坏的形式。

第五章
主要监测项目的监测频次

抽水蓄能电站监测项目施工期、蓄水期、运行期的监测频次可参照有关规范要求进行，蓄水初期、输水系统冲排水试验期，相关部位的监测项目应按特殊期间的监测频次要求进行。

5.1 蓄水初期

5.1.1 主要监测项目

蓄水初期的主要监测项目有上、下水库大坝的变形、渗流、环境量、巡视检查。

（1）变形。变形监测项目主要有大坝的表面变形、内部变形、防渗体变形、裂缝及接缝、混凝土面板变形及库岸位移、变形控制网。

（2）渗流。渗流监测项目主要有坝体及坝基渗透压力、防渗体渗透压力、库盆渗流、库岸渗流、绕坝渗流、渗流量。

（3）环境量。环境量监测项目主要有库水位、库水温、气温、降雨量。

（4）巡视检查。

5.1.2 监测频次

监测频次见表10-5-1。

表10-5-1　监测频次一览表

序　号	监　测　项　目	蓄　水　期
1	变形	
1.1	表面变形	10～4次/月
1.2	坝体内部变形	30～10次/月
1.3	防渗体变形	30～10次/月
1.4	接缝及裂缝	30～10次/月
1.5	面板变形	30～10次/月
1.6	近坝库岸位移	10～4次/月
1.7	坝区平面监测网	1次/季
1.8	坝区垂直位移监测网	1次/季
2	渗流	

续表

序号	监测项目	蓄水期
2.1	渗流量	30次/月
2.2	坝体渗透压力	30次/月
2.3	坝基渗透压力	30次/月
2.4	防渗体渗透压力	30次/月
2.5	绕坝渗流(地下水位)	30～10次/月
3	环境量	
3.1	库水位	4～2次/d
3.2	库水温	1次/d～1次/旬
3.3	气温	逐日量
3.4	降雨量	逐日量
4	巡视检查	1次/d

表10-5-1中，蓄水期监测频次可根据水位上升速度，按水位上升高度和监测需要的特征高程确定频次，若水位上升速度较慢，则按时间段和监测需要的特征高程确定频次。水位特征高程监测频次建议如下：

(1) 当水位达到1/4坝高时，进行一次观测。

(2) 当水位达到1/2坝高时，进行一次观测。

(3) 当水位为1/2坝高～3/4坝高时，每升高1/10坝高，观测一次。

(4) 当水位为3/4坝高～坝顶时，每升高2m观测一次。

在蓄水过程中的几天间歇期的始末均观测一次。

5.2　输水系统冲排水试验期

5.2.1　监测项目

输水系统冲排水试验期的主要监测项目有：

(1) 进/出水口底板渗透压力。

(2) 引水隧洞衬砌混凝土钢筋应力、混凝土应力、外水压力、混凝土衬砌和围岩间缝隙、围岩变形、锚杆应力。

(3) 高压明管钢板应力、外水压力。

(4) 高压岔管衬砌混凝土钢筋应力、混凝土应力、钢板应力、外水压力、混凝土衬砌与围岩间缝隙、围岩变形、锚杆应力。

(5) 调压室内/外水压力。

(6) 渗水量。

(7) 山体地下水位。

(8) 厂内明钢管巡视检查。

5.2.2　监测频次

(1) 输水系统充水之前，输水系统所有内外观测仪器均应测读一次。

(2) 渗水量、山体地下水位等，在充排水过程中每天观测 3 次，稳压后每天观测 2 次，每级稳压水位的起始和终了时间均应测得读数，对山坡地表及冲沟中的渗水(如果有)也按上述要求执行。

(3) 应力、应变、缝隙宽度、围岩变形、锚杆应力等每天观测 1 次，每级稳压水位的起始和终了时间均应测得读数。

(4) 如有两个以上水力单元，则在先投产的水力单元充水过程中，应对尚未投产的水力单元进行巡视检查，每天 3 次。

(5) 充排水结束后需对隧洞及钢管进行全面检查。

第十一篇

抽水蓄能电站机电及金属结构

概　　述

抽水蓄能电站的机电和金属结构设备是电站的核心部分，机电设备的合理选择和配置以及机电和金属结构设计，应保证实现抽水蓄能电站调峰、填谷、调频、调相和紧急事故备用的基本功能，同时需具备机组快速地启动、灵活迅速地转换工况、强大的负荷跟踪能力、宽广的负荷适应范围、灵活的调度运用和自动控制功能。

国内抽水蓄能电站机电和金属结构设计进步和抽水蓄能电站的发展是同步的。机电设备从全部进口、分包或联合制造，技术引进、转让和消化吸收，到目前自行研发制造，是典型的抽水蓄能电站机电设备发展过程。同样，机电设计技术的发展和进步，也经历了学习参考国外同类电站、和国外有经验的公司进行技术交流、国外咨询公司的技术咨询、和同行的经验交流和技术总结的过程，通过 10 多座大型抽水蓄能电站的设计实践，从学习和借鉴到编制导则、规程，逐步形成了具有中国特色的、体系完整的设计技术和方法。

（一）水泵水轮机—发电电动机组设计

水泵水轮机、发电电动机的选型设计和招标设计，从采用经验公式估算开始，逐步过渡到采用统计公式估算、类比和参数计算选择并举，互相验证的选型技术和方法。针对抽水蓄能机组的技术特点，开展了额定水头和额定转速的选择、模型试验验收方法、额定电压选择、SFC 谐波分析、机组拆卸方式、机组稳定性分析、机组结构和尺寸等方面专项技术研究，并成功地运用于电站设计实践。

（二）电气设备设计

在高电压、大容量电气设备的应用方面，首次在国内 500kV 系统中应用了 500kV XLPE 干式电缆，同时通过多座抽水蓄能电站的实际应用，在长垂直、长倾斜大电流离相封闭母线的设计，高落差 220kV 和 500kV XLPE 干式电缆竖井设计，500kV 地下 GIS 设计等方面，积累了一套从接入系统出发，特别是接入系统设计往往滞后于工程设计的困难条件下，充分考虑到运行单位的运行经验，结合抽水蓄能电站的实际条件，从技术水平、可靠性和经济性等方面进行综合分析比较，从而顺利开展各设计阶段的电气设计工作的方法。

（三）监控系统设计

抽水蓄能电站由于机组运行工况多变、水泵启动方式复杂等因素，其监控系统较常规水电站要复杂得多。通过天荒坪、桐柏、泰安、宜兴、宝泉等大型抽水蓄能电站监控系统的设计，以及对监控系统的设备配置、冗余程度、功能要求，必要的硬布线控制功能的设置，机组工况转换、水泵启动过程中各相关设备单元之间的安全闭锁与联动控制、监控系统与现地控制设备的接口方式，上、下水库信息的传送方式等方面的细致研究，使蓄能电站监控系统水平始终处于当代技术前列。

（四）电站辅助系统设计

在水力机械辅助系统和电气辅助系统设计方面，经过近 20 年的设计实践，形成了我国自己的技术特色。技术供水系统设计，在充分比较各方案优缺点的基础上，形成了以单元供水为主的可靠的供水系统，通过对热短路效应的研究和实践，在合理设置取、排水口的位置上取得了丰富的经验。对地下厂房排水、防止水淹厂房设计方面，形成了一套完整的设计路线。在厂用电和接地设计方面，首先采用了经济合理的简化接线方式，并对接地系统的布网、降阻方法、局部关键部位采用铜网以增加有效面积、增强效果方面进行了有效的设计实践。在电站综合通信网络设计方面进行了创新和尝试，将以往各自独立的通信和控制系统进行整合，用于收集和传输电站分布在各生产建筑物内的各类语音、数据和图像信息，并为实现电站远程监控提供基础平台。

（五）机电设备布置设计

机电设备合理、紧凑布置是机电设计的重点。除了考虑安装、运行和检修维护等方面的需要，还要兼顾设备的特性以及厂房洞室围岩稳定的要求和地质条件的限制，系统地处理整个电站的设备布置和总体设计。在总结经验和科学研究的基础上，已形成百万级抽水蓄能电站机电设备典型布置标准化系列设计成果，实际应用于抽水蓄能电站的可视化厂房布置三维设计。

（六）金属结构设计

针对抽水蓄能电站金属结构具有闸门挡水水头高，运行工况复杂；进/出水口拦污栅承受双向水流，流态复杂等设计难点，在上、下水库进/出水口拦污栅的防振设计、高水头闸门设计、尾闸洞事故闸门设计几个主要方面进行了研究和实践，并获得成功的经验；对各类启闭设备，如卷扬机、门式起重机、液压启闭机的设计、布置和选型均积累了丰富的经验，特别是液压启闭机的设计，已形成有自主知识产权的系列产品。

（七）机电设备采购招标

天荒坪抽水蓄能电站主机招标文件是我国抽水蓄能电站主机设备采购中按照世界银行采购导则要求和国际惯例编制的第一份正式的国际公开招标文件。桐柏抽水蓄能电站主机设备标是国内第一个采用世行采购导则中单一责任制合同模式，进行完整的资格预审、设备监造的招标项目。而宝泉抽水蓄能电站主机标是按照国家发展和改革委员会的要求，和惠州/白莲河抽水蓄能电站一起，为我国引进抽水蓄能机组设计制造技术进行的第一批统一（打捆）招标项目。响水涧和仙游抽水蓄能电站主机标则是打捆招标后续项目第一批在国内两厂之间议标采购并采用国产设备的抽水蓄能项目。

招标设计的关键技术，主要包括根据当前设计和制造工艺水平编制先进、合理和完整的招标文件；确定合理的分标及界定供货范围；确定投标资格条件；选择合理的技术评标因子、违约罚金；充分的合同准备和严密、细致的合同谈判技巧等，既能有效地控制设备价格又能采购到质量可靠、技术一流的设备。掌握合同的起草主动权是一个重要环节，谁掌握起草权，谁就在合同谈判中掌握主动权。同时，提前起草合同文本，能够对各种可能出现的问题做到心中有数，并准备不同的预案，设置争取的目标上限、下限和让步的底线，对提高合同谈判效率，争取更大效益带来极大的方便。

第一章

水泵水轮机及其附属设备

1.1 序言

抽水蓄能机组按其发展过程和实际应用，可分为早期的分体式(泵组和水轮机发电机组分开设置)和一体式机组(水泵和水轮机共用发电电动机)两大类。随着科学技术的进步，一体式机组明显具有较大的优越性，因而得到广泛的应用和发展。一体式机组可大致分为组合式机组(三机式)、多级式水泵水轮机和单级式水泵水轮机三类，其中单级式水泵水轮机以其结构简单、控制便利、经济有效、适用性强而广受欢迎，应用最广，发展最快。单级式水泵水轮机分为斜流式和混流式(双向潮汐机组除外)，斜流式机组早期用于较低的水头段，如岗南和密云电站等，现已基本不再采用。因此，本章主要介绍目前作为主流抽水蓄能电站主机设备的单级混流式水泵水轮机及其附属设备的工程设计经验、技术要点和设计方法。

和常规水电机组类似，水泵水轮机、调速系统、进水阀构成抽水蓄能电站水机设备三大件。然而，由于水泵水轮机的特殊作用，作为抽水蓄能电站的能量转换核心，在抽水时将电能转换而来的机械能作用于水体以水泵运行方式抽水入上水库蓄能，在发电时将水能转换为机械能驱动电机发电而重新获得电能，从而具有水泵和水轮机的双重功能，双向运转。而水泵工况远比水轮机工况具有更严格的空化要求，同时需要满足两者的能量和运行稳定性指标，故水泵水轮机的运行条件远比常规水轮机苛刻，与之配套的附属设备调速系统和进水阀也需同时满足双向水流和双向控制的需要，因而其工程设计更为复杂。又由于抽水蓄能机组的高速性，其对空化、泥沙等条件更为敏感，在形式选择、性能参数、结构、试验、工况转换等方面需要进行针对性的设计研究。

1.2 水泵水轮机机型选择

水泵水轮机机型应根据电站水头/扬程、运行特点及机组设计制造水平等方面的因素，经技术经济比较后选定，可采用的机型有组合式机组(三机式)、多级式水泵水轮机、单级式水泵水轮机。

高水头段的抽水蓄能机组可以选择三机式机组，即水轮机、水泵和电机组合，多级式混流式水泵水轮机，以及单级混流式水泵水轮机等三种机型。随着抽水蓄能机组设计制造水平的发展，各种类型的机组在超高水头电站中得到了应用，具有不同的适应性和优缺点，主要特点比较见表 11-1-1。各种机型的单机容量较大的代表性机组分别见表 11-1-2～表 11-1-4。

根据目前的设计制造水平，电站工作水头在 100～800m 之间一般选择单级混流式水泵水轮机，具有适用范围宽、结构简单、造价低、运行维护方便等优点，在国内外得到了广泛应用。当电站工作水头低于 100m 以下时，可选择的机型有混流式、斜流式、轴流式、贯流式水泵水轮机，一般低水头抽水蓄能电站机组单机容量小，机组尺寸相对较大，经济性较差。电站工作水头在 800m 以上时，可选择多级式水泵水轮机或三机式机组，但机组结构相对复杂，机组造价较高、土建投资大。

我国幅员辽阔，电网容量大，可选择的抽水蓄能电站站址多，作为电力系统调峰填谷手段的抽水蓄能电站建设要充分考虑经济性，因此，除混流式外的其他水泵水轮机机型一般很少使用。随着抽水蓄能机组设计制造技术的发展，单机容量和工作水头得到了较大的提升，高水头、大容量和高转速机组的经济性得到充分发挥。今后我国建设的抽水蓄能电站水泵水轮机机型将以单级混流式水泵水轮机为主。文中提到的水泵水轮机主要是指单级混流式水泵水轮机。

表 11-1-1 高水头水泵水轮机组特点比较表

序号	机型	优点	缺点
1	三机组合式水泵水轮机	(1)水泵、水轮机分别设计，发电工况和抽水工况相对效率高； (2)水泵和水轮机旋转方向相同，不需要换相开关，工况切换迅速，调节能力强； (3)启动设备可简化	(1)增加了一套水泵，水轮机和水泵都需要单独的蜗壳、尾水管和进水阀，增加了机械设备，主机整体尺寸大，投资高； (2)土建的投资增加较多； (3)三机式机组的容量一般相对较小
2	多级式水泵水轮机	(1)水泵水轮机水头由两级或多级转轮分担，受力减小，应力降低； (2)比转速高，效率高； (3)部分负荷稳定性好； (4)电站吸出高度相对单级机组少很多，厂房埋深小	(1)机组结构复杂，造价高； (2)厂房高度增加，土建投资高； (3)当叶轮级数大于2时，一般只能采用固定式导叶，不利于机组的启动并且无法进行功率的调节
3	单级混流式水泵水轮机	(1)机组结构简单，设备造价低； (2)土建工程量小； (3)适应水头范围广，混流式可用于100～800m水头段	(1)水轮机工况水力效率相对低，但随着技术进步，差别已逐步缩小； (2)转轮叶片压力偏高，流道尺寸相对小； (3)应用水头一般不超过800m

表 11-1-2 部分三机组合式机组参数统计表

序号	电站名称	单机容量(MW)	最大水头(m)	备注
1	羊卓雍湖抽水蓄能电站	22.5	850	中国西藏
2	Luenersee 蓄能电站	46	970	奥地利
3	圣·菲奥拉诺电站	140	1439	意大利，最大单机容量

表 11-1-3 部分多级式水泵水轮机参数统计表

序号	电站名称	单机输出/输入容量(MW)	最大水头/扬程(m)	级数	备注
1	奇奥塔斯(Chiotas)	170/155	1070/1069	4	意大利
2	大屋(Grand Maision)	152.5/157	826/905	4	法国
3	比索尔特(Bissort)	153	1194	5	
4	埃多罗(Edolo)	127	1266	5	意大利
5	Le Truel	37.7	460	2级可调式	法国
6	杨扬(Yang yang)	250/270	830/832.4	2级可调式	韩国

表 11-1-4 600m以上部分高水头单级水泵水轮机参数统计表

序号	电站	国家	装机容量（MW）	最高扬程（m）	水轮机最大输出功率（MW）	额定转速（r/min）	投运年份（1号机组）
1	希望山	美国	2000	810	340	600	推迟建设
2	葛野川	日本	1600	778	412	500（480～520）	1999
3	神流川		2820	728	482	500	2005
4	小丸川		1200	714	310	600（576～624）	已建
5	西龙池	中国	1200	704	306	500	已建
6	茶拉	保加利亚	816	701	216	600	1994
7	巴吉那·巴斯塔	南斯拉夫	600	621.3	315	428.6	1983
8	天荒坪	中国	1800	614	336.6	500	1998
9	天山	日本	600	602	308	400	1986
10	木洲	韩国	600	601	336	450	1995

1.3 水泵水轮机主要技术参数选择

水泵水轮机主要技术参数选择包括水轮机额定水头、水泵比转速和额定转速、电站吸出高度以及其他主要性能参数和结构参数。水泵水轮机主要技术参数与电站运行效率、运行稳定性、机组可用率以及投资经济性密切相关，需进行技术经济比选确定。

1.3.1 单机容量选择

根据抽水蓄能电站所服务的区域电网在电站设计水平年的负荷曲线、电力电量需求和电站建设条件，通过动能经济分析和综合比较，确定抽水蓄能电站装机容量。电站装机容量确定后，选择单机容量时需考虑的因素包括电力系统技术要求、电站建设条件、枢纽布置、大件运输条件、机组设计制造可行性、电气设备选择、施工工期和经济性等因素，经技术经济综合比较确定，其中：

（1）电力系统技术要求主要包括机组在电网中的地位、机组运行方式、事故备用要求、黑启动要求、机组检修备用率、接入系统要求、运行调度灵活性等，对区域电网要考虑电站单机容量占电网的比重。

（2）电站建设条件需考虑水库调节特性和水位变幅、有无天然来水、泥沙特性、地形地质条件、对外交通等方面。

（3）枢纽布置主要考虑进/出水口、引水系统、厂房布置的可行性、适当的地形地质条件以及施工便利。

（4）大件运输条件要综合考虑水泵水轮机转轮、顶盖/底环、进水阀、主变压器、转子等部件、设备的运输重量和尺寸，其中水泵水轮机转轮和发电电动机转子中心体应按整体运输考虑。

（5）机组设计制造可行性包括水力设计难度、水泵水轮机综合制造难度、发电电动机综合制造难度和通风冷却难度（极容量）的评估，一般以不超过现行机组难度为宜，可以适当提高难度以促进技术进步，但需要进行设计制造可行性专题论证。

（6）应比较同等强度下的不同单机容量/台数方案首机发电工期和总工期。

（7）对以上因素，可以进行量化的，需进行量化经济性比较，然后经综合技术经济比较后，确定单机容量和机组台数。

我国已建设的多座抽水蓄能电站机组均采用国外引进方式，目前正逐步实现抽水蓄能电站机组设备国产化。国内外已投运大单机容量抽水蓄能机组统计见表 11-1-5。我国目前已投运的大型抽水蓄能电站的单机容量以 250MW 和 300MW 为主，这是经过国内外实践经验验证过的、技术成熟、投资适当、运用灵活的单机容量。随着社会的发展和技术进步，我国电网快速发展，对抽水蓄能机组的容纳能力逐步增强，抽水蓄能机组的单机容量也在逐步加大。一些抽水蓄能电站的单机容量选择已从 300MW 向 350、375MW 甚至 400MW 发展。如浙江仙居抽水蓄能电站设计推荐单机容量 375MW；天荒坪二抽水蓄能电站设计推荐单机容量 350MW。

表 11-1-5　　单机容量 300MW 以上抽水蓄能机组水泵水轮机主要参数表

序号	电站名称	额定水头(m)	水轮机工况最大输出功率(MW)	制造厂	投运年份
1	Kannagawa(神流川)	653	482 (最大输入功率 464)	Toshiba	2005
2	Sanchong(三冲)	392.5	360.8	Alstom	2001
3	Kazunogawa(葛野川)	714	412 (最大输入功率 438)	Hitachi Mitsubishi Toshiba	1999
4	广蓄二期	512	338	Voith	1999
5	天荒坪	526	336.6	GE	1998
6	Bath County(巴斯康底)	329	415	Voith	1985
7	Imaichi(今市)	524	360	Toshiba	1984
8	Helms(赫尔姆斯)	457	414	Hitachi	1984
9	Samrangjin(三浪津)	315	370	Hitachi	1982
10	Racoon Mountain(腊孔山)	286	399	Hitachi	1979

必须指出，所选择单级定转速可逆式机组单机容量大小对电网运行有一定影响，一般发电工况机组负荷可按照电网要求，投入自动发电控制(AGC)逐步增加或逐步减少负荷，对电网影响不大，但机组投入抽水运行和水泵停机时，由于水泵工况负荷不能调节，大容量机组投入运行对电网有一定的影响。如天荒坪抽水蓄能电站初期运行时，在水泵启动时尽管电网事先将频率调高，但由于负荷增加速度快，一般 3min 内机组输入功率从 0MW 增加到 320MW，电网频率还是短时跌落到 49.90Hz，同样水泵停机时电网频率短时冲高到 50.10Hz。因此电站单机容量的选择与电网特性和调度方式要结合考虑，不能一味追求大单机容量。

目前世界最大单机容量为 482MW 的日本神流川抽水蓄能电站，部分单机容量大于 300MW 的抽水蓄能电站水泵水轮机主要参数见表 11-1-5。

1.3.2　额定水头选择

一般情况下，水泵水轮机的水轮机工况额定水头选择应根据电站的特征水头、机组特性、电站运行方式、电力电量平衡以及抽水、发电工况容量平衡等综合分析确定。

合理选择水轮机工况额定水头涉及多个方面的综合比较，需要考虑以下因素：

(1) 电站的运行条件，如库容曲线和水头变幅。

(2) 根据电网对电站的运行调度要求和电站运行条件确定加权平均水头，以确定机组的主要运行范围。

(3) 根据电网要求和电网设计水平年典型负荷特性分析成果，计算合适的输出功率受阻容量。

(4) 考虑不同的额定水头下的水头损失影响。

(5) 考虑不同的额定水头下的机组造价影响。

(6) 在正常运行范围内，水泵水轮机要有较高的效率。

(7) 根据受阻容量的不同和效率的差异采用替代容量法进行经济分析。

(8) 水泵水轮机在其全部运行范围能够稳定运行，包括水轮机工况低水头稳定并网和部分负荷条件下的稳定运行；水泵工况在高扬程区的稳定运行，不产生回流现象。

(9) 水轮机与水泵工况参数匹配较为合理，在设计的特征水头及运行方式下，一个工作周期内的发电流量和抽水流量应达到水量平衡。

水泵水轮机需作双向运行，设计时应兼顾两种运行工况。因水泵工况不能通过控制导水叶开度大小来调节流量和输入功率，且高效率区窄，所以在水力设计中一般先按水泵工况设计，再按水轮机工况校核。水轮机工况总是偏离最优区运行，即处于最优区以下的水头范围运行。一般来说，额定水头选得越高，水轮机工况的运行范围就越靠近最优效率区，越有利于机组参数的优化和机组的稳定运行。但是选择过高的额定水头也存在输出功率受阻的问题。电站工作容量在电网中所占比例越小，受阻容量的影响越小，因而可以选择高一些的额定水头。反之，应按照合理的计算结果来确定电网可以承受的受阻容量，进而确定额定水头。

电站的运用方式也是重要的因素。对于日调节电站，晚峰容量受阻的影响必须予以重视。而对于周调节甚至季调节电站，则可以通过电站的合理调度运用，使低水头运行区避开负荷高峰区，适当的受阻容量则较易接受。

混流式水泵水轮机对水头和扬程的变幅较敏感，过大的 H_{pmax}/H_{tmin} 值可能会造成某些运行工况不稳定，空蚀、振动、噪声等情况加重。对于这样自然条件的电站，尽可能提高水轮机额定水头就很有必要。

我国首批建设的抽水蓄能电站水轮机额定水头基本靠近最小水头，之后建设的电站水轮机工况额定水头选择有了一定程度的提高，具体见表 11-1-6，适当提高额定水头有利于水泵水轮机水力设计，提高机组运行的稳定性和效率。

表 11-1-6　　国内部分已建、在建和前期抽水蓄能电站水头参数表

电站名称	最大水头 (m)	最小水头 (m)	算术平均水头 (m)	额定水头 (m)	$\frac{H_r-H_{tmin}}{H_{tmax}-H_{tmin}}$(%)	投运年份
广蓄一期	537.18	494	515.6	496	4.6	1993
十三陵	474.8	427.2	451	430	5.9	1996
天荒坪	603.7	520	561.85	526	7.2	1998
广蓄二期	536	494	515	512	42.9	1999
桐柏	285.7	230.5	258.1	244	24.5	2006
泰安	253.1	212.5	232.8	225	30.8	2006
宜兴	410.7	344	377.35	363	28.5	2008
琅琊山	145.3	113.4	129.35	126	39.5	2007
宝泉	566.0	487.0	526.5	510	29.1	2009
张河湾	342.4	284	313.2	315	53.1	2008
西龙池	687	629	658	640	19.0	2009
响水涧	217.4	172.2	194.8	190	39.4	在建
仙游	472.6	413.4	443	430	28	在建
仙居	493.35	416	454.67	437	27.1	在建
天荒坪二	746.94	682.31	714.63	702	30.5	拟建
洪屏	565	521.6	543.3	540	42.4	在建

1.3.3　比转速和额定转速选择

比转速是水泵水轮机的一个重要参数，它综合反映了转轮的尺寸、形状、流道过流能力和空化性能。比转速统计数据反映了不同时代不同国家的水泵水轮机、设计和制造水平。选择较高的比转速就意味着机组转速加大，一般来说这对于提高机组综合效率、减小厂房尺寸、降低工程造价有利，但选择过高的比转速也会使机组空化性能变坏，要求加大吸出高度，加大了厂房开挖深度，同时也对机组的稳定性带来不利的影响。因此，不同水头段的比转速均有技术限制。

基于比转速和水头(扬程)是反映水泵水轮机高速性的综合参数比速系数，也是判断水泵水轮机发展水平和趋势的常用数据。据统计，已建、在建水泵水轮机水泵工况 $K_p(K_p=n_{sp}H_p^{0.75})$值在 2000～4000 之间，水轮机工况 $K_t(K_t=n_{st}H_t^{0.5})$值在 2000～2800 之间。随着水泵水轮机水力设计和制造水平的提高，总的来说水泵水轮机的比转速趋于提高。不过，比转速的提高也受到水泵水轮机制造、埋深等各种因素的相互制约。国内外部分抽水蓄能电站水泵水轮机参数水平范围统计参见图 11-1-1 和图 11-1-2。

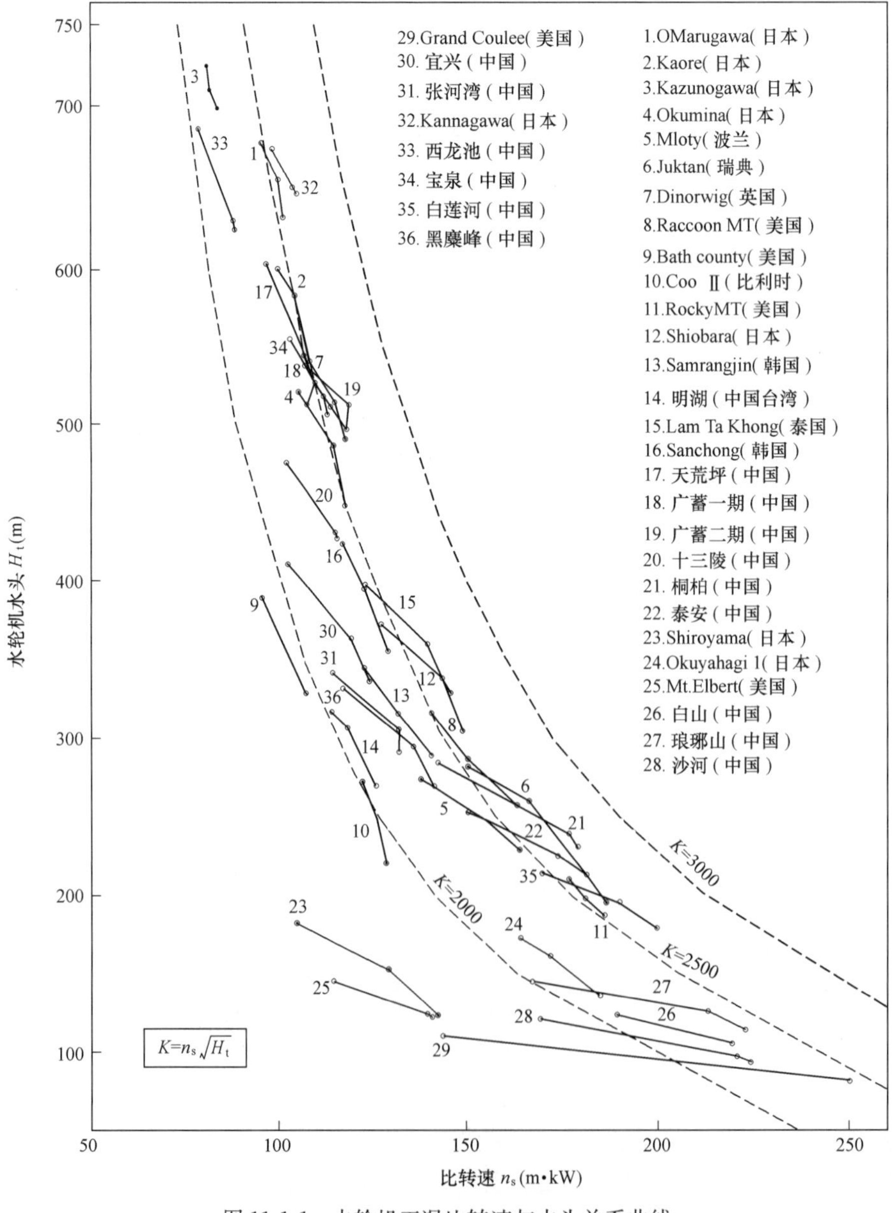

图 11-1-1　水轮机工况比转速与水头关系曲线

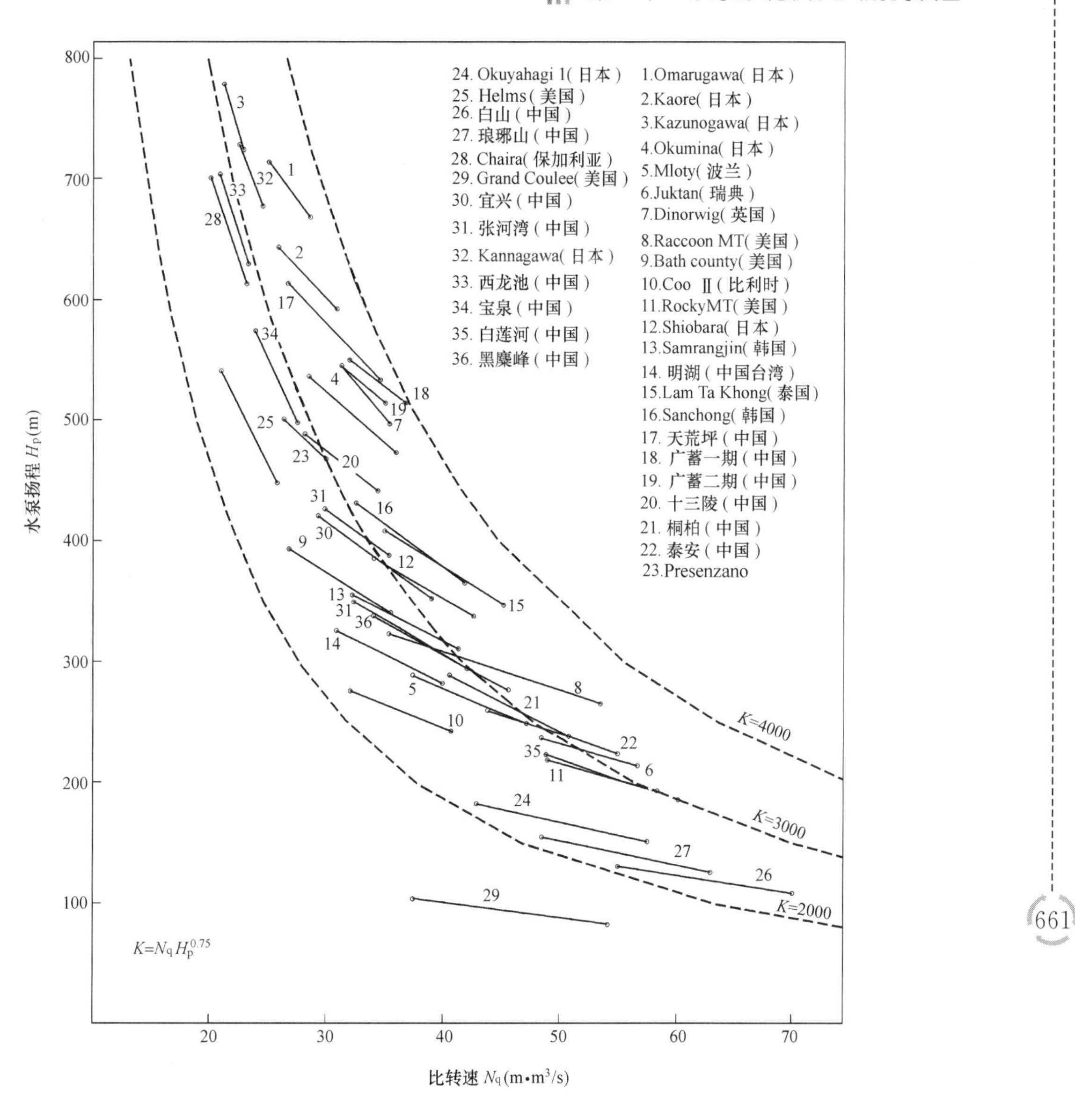

图 11-1-2 水泵工况比转速与扬程关系曲线

比转速是水泵水轮机设计关键的参数之一，确定了比转速，机组的额定转速也相应确定，机组的参数和尺寸、安装高度、厂房尺寸以及电站总体效率水平也能基本确定。比转速（比速系数）的确定步骤一般为：使用不同年代的统计公式进行计算，确定比转速可选范围；参照类似水头/扬程范围抽水蓄能电站参数进行对比分析；采用近似水泵水轮机特性曲线进行模拟计算；与有关制造企业合作进行比转速选择；使用多种统计曲线进行比转速范围校核。

（1）统计公式法计算比转速。在机组参数初步选择时，设计较多地采用统计公式分别计算水泵工况和水轮机工况的比转速，有国内外制造厂、咨询公司和设计单位等所作的不同统计公式，水泵工况和水轮机工况比转速计算详见表 11-1-7 和表 11-1-8，其中水泵工况可用平均最小扬程进行计算，水轮机工况可用额定水头进行计算。在使用这些统计公式时应考虑到公式的时效，一般其代表了较早年份投运的水泵水轮机参数平均水平，比转速计算结果总体偏保守。

（2）工程类比法选择参数。水泵水轮机比转速的选择应更多地参考近期国内外投运的相近水头段的水泵水轮机设计制造水平，并结合电机的同步转速来选择，可参照同类工程类比。经过近年国内抽水蓄能电站的建设，已基本涵盖从 100m 到 700m 水头段的多组水头段混流式水泵水轮机模型参数，工作水头从低到高分别有琅琊山、白莲河、泰安、桐柏、张河湾、宜兴、十三陵、广蓄、宝泉、天荒坪、西龙池等。这些模型参数总体上具有较好的效率、空化特性，可参考使用到新建抽水蓄能电站水泵水轮机主要参数指标。国内部分大型抽水蓄能电站水泵水轮机转轮模型主要参数详见表 11-1-9。另外，随着抽水蓄能电站的建设，模型转轮将越加丰富，使用工程类比法进行水泵水轮机参数选型设计将更加准确。

表 11-1-7　　用统计公式计算的水泵工况比转速 n_q

序号	计算公式	公式来源
1	$n_q=1714H_p^{-0.6565}$	中国水电顾问集团北京勘测设计研究院（1978～1985 年）
2	$n_q=\frac{171-0.128H_p}{3.56}$	清华大学（1954～1984 年）
3	$n_q=3000H_p^{-0.75}$	东芝公司
4	$n_q=856H_p^{-0.5}$	富士公司（最大）
5	$n_q=564.5H_p^{-0.48}$	塞而沃（意大利）
6	$n_q=750/H_p^{1/2}$	美　国
7	$n_q=905.75H_p^{-0.526607}$	中国水电工程顾问集团公司

表 11-1-8　　用统计公式计算的水轮机工况比转速 n_s

序号	计算公式	公式来源
1	$n_s=6860H_t^{-0.6874}$	中国水电顾问集团北京勘测设计研究院（1978～1985 年）
2	$n_s=\frac{16000}{(H_t+20)}+50$	清华大学
3	$n_s=20000/(H_t+20)+50$	东芝公司
4	$n_s=1825H_t^{-0.481}$	塞而沃（意大利）
5	$n_s=28158H_t^{-0.938107}$	咨询公司（1985 年～20 世纪 90 年代）

水泵水轮机水力特性一般按照水泵工况进行设计、水轮机工况进行校核，因此按照工程类比法进行参数选择应从水泵工况开始，基本步骤如下：

1）根据单机容量、功率因数、初拟的电机效率，按照输出功率和输入功率匹配原则，计算水泵最大输入功率。

2）按照预留 3%～5%最大输入功率，计算最小扬程 H_p 下水泵工况输入功率，初拟水泵效率，计算最小扬程下的水泵工况流量 Q_p。

3）按照同类模型水泵工况最优比转速 n_q，计算水泵转速 $n=n_qH_p^{0.75}/Q_p^{0.5}$。

4）选择同步转速 n，计算最小扬程下的比转速 $n_p=n\,Q_p^{0.5}/H_p^{0.75}$，最小扬程下的比速系数 $K_p=nQ_p^{0.5}$，按照图 11-1-1 中的统计曲线，评判所选择同步转速 n 的合理性。

5）按照模型水泵工况最优单位流量 Q_{11} 计算转轮直径 D，$D^2=Q_pH_p^{-0.5}/Q_{11}$，需注意模型转轮使用的标称直径的一致性，即为水泵进口直径或出口直径，一般使用水泵进口直径，即 D_2。

6）根据单机容量、初拟电机效率、水轮机效率，计算额定水头 H_t 下的流量 Q_t。

7）计算额定水头下的单位转速 $n_{11}=nD/H_t^{0.5}$、单位流量 $Q_{11}=Q_tH_t^{-0.5}/D^2$ 和比转速 $n_s=nP_t^{0.5}/H_t^{1.25}$ 及比速系数 $K_t=n_sH_t^{0.5}$，结合模型参数和经验统计曲线（见图 11-1-2）评判合理性。

表 11-1-9

水泵水轮机模型参数统计表

序号	电站名称	装机容量(MW)	水头(m)	扬程(m)	额定转速(r/min)	吸出高度 H_s(m)	模型参数									
							水轮机工况额定点			水泵工况最优点			初生空化(最大扬程)	初生空化(最小扬程)	模型台及模型	
							n_{11}(r/min)	Q_{11}(m³/min)	η	n_{110P}(r/min)	Q_{110P1}(m³/min)	η	σ_i	σ_i	综合误差(%)	D_1/D_2(m)
1	琅琊山	4×150	147.0～126～115.6	152.8～124.6	230.8	−32	67.5	1.1241	89.24	62.95	0.7977	92.23	0.271	0.379	±0.214	0.346.45/0.242
2	白莲河	4×300	213.7～195～178.3	222.7～191	250	−42	59.35	1.1476		56.09	0.8004	92.25	0.233	0.351	±0.229	0.44195/0.3
3	泰安	4×250	253～225～212.4	259.6～223.6	300	−53	60.24	0.945	89.79	57.15	0.6706	92.2	0.2	0.275	±0.207	0.4530/0.3
4	桐柏	4×300	283.7～244～230.2	288.3～237.5	300	−58	60.56	0.9241	90.64	56.47	0.5537	92.4	0.1583	0.3287	±0.226	0.403212/0.26424
5	张河湾	4×250	341.8～305～282.8	350.1～295	333.3	−50	50.87	0.7587		49.1	0.5471			0.273	±0.3	0.4324/0.25
6	宜兴	4×250	413.5～363～335.2	420～352.3	375	−60	51.17	0.6242	88.42	49.89	0.483	90.22	0.12	0.264	±0.213	0.52061/0.305
7	十三陵	4×200	474.8～430～418.2	488.6～440.4	500	−56	46.99	0.683	87.5	44.98	0.4796	90.2	0.1132	0.1092	±0.205	0.4939/0.263
8	广蓄一期	4×300	537.2～496～496	550～514.5	500	−70	50.65	0.607	89.24	49.93	0.5239	90.87				0.4046/0.2349
9	广蓄二期	4×300	536～512～494	550～514.5	500	−70	46.18	0.6667	91.01	46.11	0.5778	91.42			±0.268	0.4967/0.273
10	宝泉	4×300	566～510～487	573.9～497.9	500	−70	44.28	0.7616	88.68	46.16	0.4561	91.39	0.113	0.238	±0.22(T)/±0.23(P)	0.4775/0.24
11	天荒坪	6×300	607～526～511	614～524.5	500	−70	44.58	0.7058	85.715	43.1	0.5271	89.84	0.114	0.244	±0.216	0.5605/0.28015
12	西龙池	4×300	687.7～640～611.6	703～629.9	500	−75	38.34	0.5682	89.62	38.52	0.4865	90.64	0.115	0.163	±0.234	0.5567/0.25

注 表中 n_{11} 和 Q_{11} 都是按照转轮出口直径 D_2 来计算的。

8）视需要修正转轮直径，调整水泵水轮机选型参数。

（3）与制造企业的合作交流。在确定抽水蓄能电站的水头特征参数、装机容量后，可以邀请有关制造企业进行技术合作和技术交流，充分利用制造企业的经验，通过对水泵水轮机和发电电动机的特性参数和结构进行模拟分析，提出单机容量和台数、比转速和额定转速等基本参数的建议。这样的合作和交流应贯穿抽水蓄能电站的各个阶段，使电站设计水平具有广泛的代表性，并能体现最新的技术发展水平。

（4）利用统计曲线对特征参数进行校核。可以利用各种统计曲线对水泵水轮机的特征参数进行校核，以判别设计参数是否在现有经验范围之内。如果超出现有经验范围，则需明确要进行专题研究的课题和技术路线。图 11-1-1 和图 11-1-2 反映了比转速和比速系数的经验范围。

1.3.4　吸出高度选择

水泵水轮机选型设计时，通过对其空化性能的预测，来确定其吸出高度和安装高程。水泵水轮机需要兼顾水泵和水轮机两个运行工况的性能，按水泵工况设计，水轮机工况校核。通常情况下，水泵工况的空化性能比水轮机工况差，在高扬程、小流量区域，叶片的背面负压区容易出现气泡产生空化；在低扬程、大流量区域，叶片的正面正压区容易出现气泡产生空化。水泵工况的空化系数一般比较大，且水泵工况比转速增高使转轮空化性能下降。特别是高水头水泵水轮机其空化的侵蚀趋势发展很快，应确保水泵水轮机在整个运行范围（包括频率变化）不发生空化，在设计中须留有足够的淹没深度。水泵水轮机吸出高度一般按照以下步骤确定：应用不同的统计公式计算电站装置空化系数，确定吸出高度范围；参照相近水头段电站吸出高度的经验取值进行修正；和有关制造企业合作进行吸出高度选择；使用多种统计曲线进行校核；最终确定的吸出高度需考虑一定的裕度并复核尾水管进口真空度。

国内外一些科研机构和制造厂根据已建电站设计和运行数据做了统计，并做了回归统计公式，详见表 11-1-10，分别计算最高和最低扬程点，可应用到电站吸出高度选择计算上，最终结果应留有一定裕度。

表 11-1-10　　用统计公式计算的空化系数 σ_P 及吸出高度 H_S

序号	统计公式	公式来源
1	$\sigma_p=0.01467n_q^{0.6153}$	中国水电顾问集团北京勘测设计研究院（1978～1985 年）
2	$H_s=9.5-(0.0017n_s^{0.955}-0.008)H_{tmax}$	《抽水蓄能电站设计导则》(DL/T 5208—2005)
3	$H_s=10-(1+H_{pmax}/1200)(K_p^{4/3}/1000)$	东芝公司
4	$\sigma_0=0.00137n_q^{4/3}$（初生）	R. S. Stelzer（美国）
5	$\sigma_p=0.00121n_q^{4/3}$	斯捷潘诺夫（苏联）
6	$\sigma_p=0.00524n_q^{0.918}$	水电工程咨询公司
7	$\sigma_p=0.1\times(3.65\times n_q/100)^{4/3}$	Voith-Siemens

注　1　$H_s=9.5-\sigma_P H$ (m)。

2　H_s 设计计算时取 $\sigma_P=\sigma_0$。

同时利用工程类比法，利用国内已完成模型试验的相似水头段水泵水轮机模型空化系数，系数选择可参照表 11-1-9，进行新建抽水蓄能电站水泵水轮机最高扬程和最小扬程下的埋深复核计算。

吸出高度是抽水蓄能电站参数选择设计的一项重要内容，应关注以下三个方面：

（1）一定的余量。抽水蓄能电站一般为地下厂房，考虑吸出高度增加其经济性不敏感，裕度可相对留大一些。另外，应考虑一定的电网频率变化，频率变化将造成机组转速变化和在特性曲线上运行区域的变化。国内部分电站模型试验表明，极端频率变化下的转轮空化特性保证相对比较困难。如泰安、桐柏等抽水蓄能电站模型水泵工况在50Hz频率下试验成果表明，所选择的电站吸出高度具有10m左右的余量，但在50.5～51.0Hz极端频率下1台机组低扬程运行为空化发生区域。如果过分追求全部频率变化范围的空化必须满足要求，可能会造成水泵水轮机水力设计困难，不能兼顾性能和稳定性，与实际运行情况也不相符。因此，对于抽水蓄能机组的运行频率变化范围，应根据电网的发展状况和运行状况进行适当的约定。通过调查实际投运抽水蓄能电站的情况，建议机组正常运行时抽水工况频率变化范围按49.8～50.5Hz，发电工况按49.5～50.2Hz考虑。如有特殊要求，可另行规定。

（2）防止过渡过程水柱分离。对高水头抽水蓄能电站来说，为防止在机组过渡过程时可能发生的水泵水轮机尾水管水柱分离现象，水泵水轮机一般需要考虑一定的淹没埋深余量。根据国外现场实测和统计，尾水管涡流引起的压力降低约为3%～3.5%的机组净水头。

（3）下水库水位变幅小的电站吸出高度选择要重视最小扬程埋深复核。大部分纯抽水蓄能电站上、下水库具有库容小、水位变幅大的特点，电站吸出高度一般由最高扬程下的电站空化系数确定。但对下水库水位变幅小的电站，电站的吸出高度选择必须复核最小扬程下的空化特性，应保证机组运行全范围无空化。

1.3.5 水泵工况最大输入功率

水泵水轮机的设计除要求达到最优的水力性能外，同时还要与电机的容量相匹配，以充分经济利用发电电动机的容量。在水泵工况最低扬程时输入功率最大，最大输入功率值取决于转轮特性，一旦转轮设计制造完成，其最大输入功率及相应的流量就确定了，采用导叶的开度来进行调整，可能会造成运行不稳定，振动、空化等性能恶化。如果做到发电机视在功率和电动机视在功率相等，则可获得最高的机组综合效率。这可以对发电和电动工况采用不同的功率因数（国内一般为分别为0.9和0.975）进行绝大部分调整，在此基础上考虑以下因素来确定水泵工况最大输入功率的裕度：真机和模型的换算误差和制造误差的影响；水量平衡要求；电网频率偏差；上水库天然径流大小；电站事故备用输出功率要求；发电电动机和配套电气设备的容量等。

其中真机水泵工况最大输入功率的计算是按模型试验相似律换算的，实测输入功率与换算输入功率有偏差，主要是制造误差引起的，故在确定电机容量时需要留有裕度，通常采用±5%，法国电力公司（EDF）在天荒坪电站咨询中曾建议对有经验的厂商可取±3%。桐柏、泰安等电站取裕度±3%，经现场实际调试，证明可满足要求。例如，泰安抽水蓄能电站主机合同规定水泵最大输入功率取3%裕度为274MW，转轮模型验收试验表明，水泵工况在频率50.2Hz、最小扬程223.82m时，水泵输入功率约为267.73MW，小于合同保证值274MW，裕度为2.34%，略小于3%。真机启动调试试验表明，水泵工况在频率50Hz、扬程约229m处，水泵输入功率约为268.6MW，预计最小扬程对应的水泵最大输入功率将超过模型试验数据。从模型换算到原型，还要考虑水泵工况的流量漂移特性，该漂移有时会发生，IEC 60193标准对此问题进行了解释。一般认为，输入功率的偏移为（$1-\eta_M/\eta_P$），即2.0%左右。因此，综合考虑制造误差和特性漂移，最大输入功率取不低于3%的裕度是必要的，这种漂移对效率基本没有影响。

1.3.6　机组水力振动

抽水蓄能机组需要分析并防止各系统、结构的共振。一般来说，对于长引水道的电站，需要分析压力管道的自激振动，机组转频和固定部件、卡门涡和结构部件、压力脉动和结构部件、转动部分的转速和固定部件、电气频率和结构部件、转动部件和厂房系统的共振，采取措施以避免水力激振和共振。

（一）压力管道自激振动

高水头抽水蓄能电站一般在压力管道和机组之间装设了可移动密封的球阀，该工作密封故障可能会发生由于水压变化而产生间歇的动作，可能造成管道内水压的振荡。若该振荡周期和管道系统的主振周期或某谐振周期重合或接近，会引起管道系统内大范围的共振。据报道，欧美有几座抽水蓄能电站相继发生过管道自激振动，广州抽水蓄能电站6号机组也曾发生过自激振动情况。由于球阀工作密封磨损，即密封环某处发生损坏，导致水压操作腔与压力水连通，引起操作腔压力不稳定，进一步导致密封环发生间歇的前后摆动，从而引起局部的水压振荡。

自激振动是在管道系统特定的边界条件下发生并扩大的，一般对边界条件进行一定的改变，则振荡就会减弱或消失。根据有关电站经验，可采取以下工程措施：

(1) 球阀密封环操作水源必须经严格过滤清洁，并设置可靠的备用旁路，防止液压操作系统压力变化造成密封环磨损。

(2) 设置球阀旁通管，改善工作密封的操作条件，延长使用寿命，在必要时可进行水力干扰。

(3) 增加对球阀的刚度、强度、抗疲劳设计要求，选择合理、可靠的技术参数，可考虑将球阀阀体和旁通管强度试验压力从1.5倍设计压力改为2.0倍最大静水压力，以进一步提高球阀刚度和强度。

(4) 适当增加压力钢管刚度和强度设计余度。

（二）机组自激振动

引发机组振动甚至共振的原因涉及水力、机械和电气等方面，卡门涡、叶栅干涉、转频、涡带和压力脉动、电气频率等均可能引发机组振动。同时，机组转动部分的转速变化可能引起固定部分的振动，以及引起土建结构的振动。比如，某电站250MW机组在水泵工况导叶小开度区域发生水力激振，引起导水机构的强烈振动，导致破坏。因结构设计错频不够，十三陵抽水蓄能电站机组引发厂房楼板振动。为避免发生共振，一般各频率值应错开一定的数值。同时为保证机组稳定运行，以下各方面的严格控制是必要的：合理的水力参数和优良的水力开发，合适的固定导叶、活动导叶、转轮叶片数匹配关系，原型/模型严格相似；合理的机组结构形式，足够的刚强度设计，止漏环结构和间隙控制，压力平衡管设计，尾水管形状和高度，导叶节圆的适当放大和合理的导叶叶型等。土建结构错频率建议在30%以上，机械部分一阶固有频率与卡门涡、叶栅干涉、导叶和转轮之间的水力激振频率之间的错频率建议在40%以上，机组自振频率与涡带和压力脉动频率的错频率建议在20%以上。后者较难拉大差距，但可以通过合理的水力设计和结构设计解决。前者一般比较隐蔽，事前不易发现，事后处理困难，需要在设计之初就予以重视，且特别依赖于实践经验和大量的实验研究。

某抽水蓄能电站，机组单机容量170MW，推荐额定转速200r/min，对可能发生的机组自激振动进行初步估算，机组转频为3.3Hz，尾水管压力脉动频率一般为转频的1/4～1/3，即约为0.83～1.1Hz，按照初步确定的机组质量、GD^2以及结构尺寸，计算机组自振频率约为1.2Hz。机组自振频率和水力振动频率比较接近，若重视不够、机组设计不当，可能引起机组较大振动或共振。实际招标采购时，应对该问题进行特别要求。

1.3.7 水泵水轮机参数选择应注意的问题

（一）稳定性指标

随着大型、特大型水电机组的相继投运，以及一系列抽水蓄能电站的建成投产，我国对水电机组和抽水蓄能机组的性能要求更趋全面。改革开放以来，通过设备引进、技术引进和技术合作以及合作制造等方式，水电机组的能量和效率性能的发展很快，目前已经处于国际先进水平，进一步发展的空间不大。同时，已投产的机组在稳定性方面的问题逐步暴露，在《水轮机基本技术条件》（GB/T 15468—2006）中，甚至提出避振运行的建议。因此，水泵水轮机的性能指标应该兼顾能量和效率指标和稳定性、可用率指标的平衡发展。水泵水轮机稳定性指标主要包括压力脉动、机组噪声、振动、摆度、水轮机工况低水头空载稳定性、水泵工况高扬程运行稳定性等方面。

（1）压力脉动。压力脉动是衡量水泵水轮机性能的一个重要指标，特别对于大型机组，由于其刚度相对较低，压力脉动对机组影响更大。压力脉动与水力设计有关，可进行模型试验评估，但模型和原型在压力脉动特性方面不具完全相似性，最大差别可达30%以上。水泵水轮机模型压力脉动指标不能完全反映真机的压力脉动特性，但可以作为趋势评估依据，因此，模型试验时控制压力脉动指标在经验范围内是必要的。根据已建抽水蓄能电站的水泵水轮机运行情况和模型试验资料，水泵水轮机容易产生压力脉动工况，主要表现为水轮机工况部分负荷时尾水管涡带引起的压力脉动，以及水泵工况的转轮出口和导叶进口之间因水流撞击产生的压力脉动。一般在水轮机工况的小负荷和超负荷区域，由于导叶开度减小或增大，转轮出口水流方向的改变，形成较大的旋涡，在尾水管产生涡带，导致压力脉动值上升；水泵工况的高扬程小流量和低扬程大流量时，转轮出口水流对导叶的撞击会加剧，可能产生脱流，引起压力脉动的增大。一般压力脉动大小取决于水泵水轮机比速系数的高低以及运行负荷大小。

大型水泵水轮机压力脉动可按以下指标进行控制（置信度不小于97%）：

1）尾水管锥管管壁的水压脉动值（$\Delta H/H$，其中 ΔH 为混频、峰—峰双振幅）应：水轮机最优工况，<2%；水轮机额定工况，<4%；水轮机部分负荷，<7%；水泵工况（所有正常运行范围），<2%。

2）导叶和转轮之间压力脉动值（$\Delta H/H$，其中 ΔH 为混频、峰—峰双振幅）应：水泵工况（所有正常运行范围），<7%；水泵最优工况，<5%；水泵工况零流量，<20%；水轮机额定工况，<7%；水轮机部分负荷，<10%。

（2）噪声。一直以来，水泵水轮机机坑和尾水管处的噪声限值，一般在招标文件和合同文件中的规定分别为：水轮机机坑踏板上方1m处，不大于95dB（A）；距尾水管进人门1m处，不大于98dB（A）。从进口机组的运行情况看，这一指标均难以达到。考虑到抽水蓄能机组的国产化进程，建议噪声限值适当放宽，分别设为98dB（A）和105 dB（A）。

（3）振动和摆度。机组振动和摆度属于机械特性指标，尽管其振动源仍然来自水力和电气的激发。而模型试验基于水力相似性原则，水泵水轮机的振动和主轴摆度（相对振动）不可能通过模型试验来检验验证。目前，关于振动和摆度的控制指标，执行《水轮发电机组安装技术规范》（GB/T 8564—2003）和《可逆式抽水蓄能机组启动试运行规程》（GB/T 18482—2010）。振动的测量可以参照《水力机械（水轮机、蓄能泵和水泵水轮机）振动和压力脉动现场测试规程》（GB/T 17189—2007）以及《在非旋转部件上测量和评价机器的机械振动 第5部分：水力发电厂和泵站机组》（GB/T 6075.5—2002），轴的径向振动（摆度）的测量和评估可以参照和执行《旋转机械转轴径向振动的测量和评定 第5部分：水力发电厂和泵站机组》（GB/T 11348.5—2008/ISO 7919—5：2005）。

水泵水轮机顶盖振动限值参照《可逆式抽水蓄能机组启动试运行规程》（GB/T 18482—2010）的允

许值见表 11-1-11。

表 11-1-11　　顶盖垂直和水平方向振动允许值（双振幅）　　μm

项　目	额定转速（r/min）	
	$n<375$	$n\geqslant375$
立式机组顶盖水平振动	50	40
立式机组顶盖垂直振动	60	50

水轮机主轴摆度的盘车限值参考 GB/T 8564，见表 11-1-12。

表 11-1-12　　水轮机主轴摆度的盘车限值（双振幅）

测量部位及摆度类型	轴转速 n（r/min）					
	$n<250$	$250\leqslant n<300$	$300\leqslant n<500$	$500\leqslant n<600$	$600\leqslant n<750$	$n\geqslant750$
导轴承轴颈处相对摆度（μm/m）	50	50	40	30	30	20
导轴承轴颈处绝对摆度（μm）	350	250	250	250	200	200

水轮机主轴摆度（相对振动）的评价，在 GB/T 11348.5 中给出了评价区域，如图 11-1-3 和图 11-1-4 所示。

此外，可以通过在非旋转部件的振动测量来评价机组的机械振动特性。对于轴承处的振动，可采用

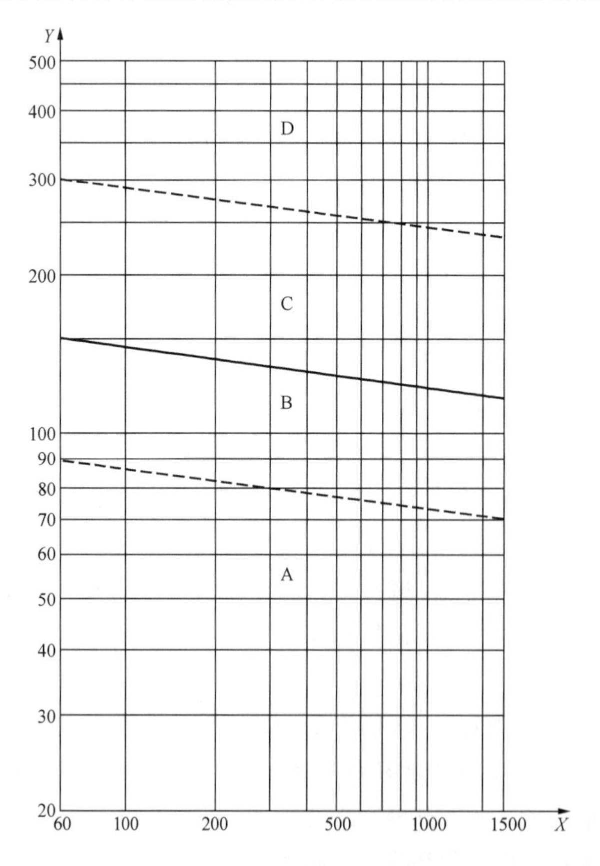

图 11-1-3　机组转轴相对振动位移最大值推荐评价区域

注：X 为最大工作转速，r/min；Y 为转轴相对振动位移最大值，S_{max}，μm。

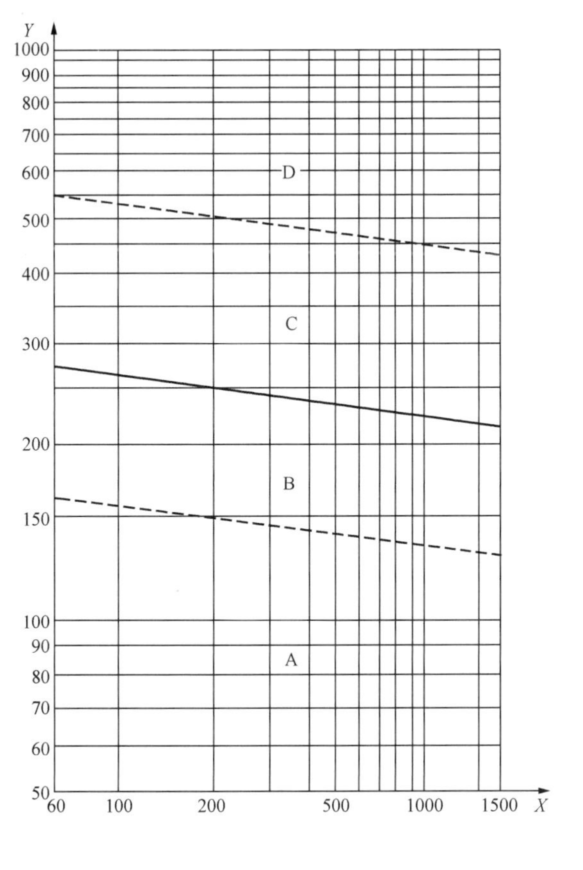

图 11-1-4 机组转轴相对振动位移峰—峰值推荐评价区域

注：X 为最大工作转速，r/min；Y 为转轴相对振动位移峰—峰值，S_{p-p}，μm。

GB/T 6075.5 给出的评价区域限值，见表 11-1-13。

表 11-1-13　　机组轴承处振动评价区域边界值

评价区域边界	机组所有主要轴承处振动指标	
	位移峰—峰值（μm）	速度均方根值（mm/s）
A/B	30	1.6
B/C	50	2.5
C/D	80	4.0

注　机组工作转速范围 60～1800r/min。

部分抽水蓄能电站机组调试、运行振动实测值见表 11-1-14，部分实测值超过 GB/T 18482 规定的振动限值。

对于水泵水轮机振动和摆度的技术要求和评价标准，建议采用 GB/T 11348.5、GB/T 6075.5 区域评价法对机组运行时的振动和摆度进行评价和报警值设定：

1）区域按标准划分为 A、B、C、D 四区。A 区适用于新机组，即招标文件给出的保证值要求按此提出，质保期内的验收按此执行；振动指标处于 B 区的机组，可以无限制长期运行，即机组运行一段时间（比如质保期过后），振动指标超越 A 区限值，但在 B 区范围内，仍然认为振动指标为良好状态；C 区指标表明机组不宜长期持续运行，需要采取相应措施；D 区表明机组振动已非常严重，足以导致机组损坏。

表 11-1-14　　部分大型抽水蓄能电站振动摆度实测值

<table>
<tr><th rowspan="2">电站</th><th>单机(MW)</th><th rowspan="2">主轴摆度(上导处)</th><th rowspan="2">主轴摆度(推力处)</th><th rowspan="2">主轴摆度(水导处)</th><th colspan="2">水导轴承/顶盖</th><th colspan="2">上/下机架</th><th colspan="2">上导/下导</th><th rowspan="2">备注</th></tr>
<tr><th>转速(r/min)</th><th>水平</th><th>垂直</th><th>水平</th><th>垂直</th><th>水平</th><th>垂直</th></tr>
<tr><td rowspan="2">天荒坪①</td><td>300</td><td></td><td></td><td></td><td>1.41/1.21</td><td>1.53/1.18</td><td>—</td><td>—</td><td>—</td><td>—</td><td>速度</td></tr>
<tr><td>500</td><td>132.7</td><td>120</td><td>182</td><td>/87.7</td><td>/29.3</td><td>20.5/</td><td>32.7/</td><td colspan="2"></td><td>位移</td></tr>
<tr><td rowspan="2">广蓄②</td><td>300</td><td>—</td><td>—</td><td>—</td><td>12.1</td><td>6.4</td><td>—</td><td>—</td><td colspan="2">0.9～1.2</td><td>速度</td></tr>
<tr><td>500</td><td>85</td><td>—</td><td>140</td><td>31</td><td>18</td><td>—</td><td>—</td><td colspan="2">—</td><td>位移</td></tr>
<tr><td rowspan="2">桐柏③</td><td>300</td><td>—</td><td>—</td><td>—</td><td>1.32</td><td>3.04</td><td>1.97</td><td>2.60</td><td>0.86</td><td>0.77</td><td>速度</td></tr>
<tr><td>300</td><td>128.5</td><td>160.5</td><td>101.3</td><td>/50</td><td>—</td><td>—</td><td>—</td><td>—</td><td>—</td><td>位移</td></tr>
<tr><td rowspan="2">泰安④</td><td>250</td><td>—</td><td>—</td><td>—</td><td>—</td><td>—</td><td>—</td><td>—</td><td>—</td><td>—</td><td>速度</td></tr>
<tr><td>300</td><td>100</td><td>80～150</td><td>100</td><td colspan="2">15</td><td colspan="2">20</td><td colspan="2">5～20</td><td>位移</td></tr>
<tr><td rowspan="2">琅琊山⑤</td><td>150</td><td>—</td><td>—</td><td>—</td><td colspan="2">0.4～0.6</td><td>0.5</td><td>0.7</td><td>0.5</td><td>0.5</td><td>速度</td></tr>
<tr><td>230.8</td><td>98.2/81.7</td><td>43.6/45.9</td><td>42.8</td><td>—</td><td>—</td><td>—</td><td>—</td><td>—</td><td>—</td><td>位移</td></tr>
</table>

注　位移（峰—峰值）单位为 μm，速度（均方根值）单位为 mm/s。

①　速度数据采用天荒坪达标投产自查报告 1 号机组数据，水轮机工况和水泵工况最大值。位移数据采用 2005 年 9 月 1、2 号机组稳定性试验报告数据。

②　数据采用最大值（魏炳漳．广蓄二期抽水蓄能机组的振动评估．水力发电，2001.11）。

③　数据采集自 1 号机组试运行调试报告，机组下导和推力为组合轴承，测量振动数值包括（x，y，z）3 个方向，取最大值。

④　数据采用电站 3 号机组启动调试报告和机组启动验收会议材料。

⑤　数据取自 2007 年 1 月 29 日 1 号机组运行日志，位移为稳态运行时最大峰—峰值。

2）对于主轴轴线摆度的限值，盘车值执行 GB/T 8564，运行值按照 GB/T 11348.5 进行评价和报警值设定。

3）对于整机机械振动水平的评价和报警值设定，建议采用 GB/T 6075.5 要求。

4）报警值的设定，对新机组，可按不超过 B 区上限设置临时限值，经过一段时间的运行后，得出振动基线值，再以基线值为基准，设置报警值。不管基线值如何变化，报警值不得超出 B 区上限。

（4）水轮机工况低水头稳定性。水泵水轮机模型四象限全特性曲线在高单位转速区存在 S 特性（见图 11-1-5），特别对于高水头低比转速水泵水轮机，S 特性更为明显，在转矩 $T=0$ 飞逸线附近很容易越过水轮机制动区进入反水泵区，可能对机组启动运行造成影响：水轮机工况启动时，导叶处于空载开度，可能出现空载转速不稳定造成无法并网；水轮机工况低水头区极小负荷运行时出现从电网吸收功率；从水轮机方向调相转换到发电过程出现从电网吸收功率；发电工况甩负荷过程容易产生很大的压力脉动和甩负荷至导叶空载开度时转速振荡不收敛。可研究通过以下措施以改善 S 特性：合理选择额定水头来改善空载稳定性；对电站水头运行变幅进行适当优化；从转轮水力设计方面，研究适当增加导叶等开度线与飞逸线之间的夹角，尽量避免出现正斜率（$dQ_{11}/dn_{11}>0$）或让运行区避开正斜率区。

在前期设计和水力设计中全力避免出现水轮机工况低水头不稳定现象，是抽水蓄能机组选型和水力设计的首要目标。但在实际的电站设计、机组选型设计和水泵水轮机水力设计的各个环节，均有可能受各种因素影响，出现低水头不稳定的情况。一旦发生，则需要采取合适的措施进行处理。其中针对低水头空载不稳定的情况，有关厂家和电站进行了试验研究，总结出以下三种可行的处理方案：

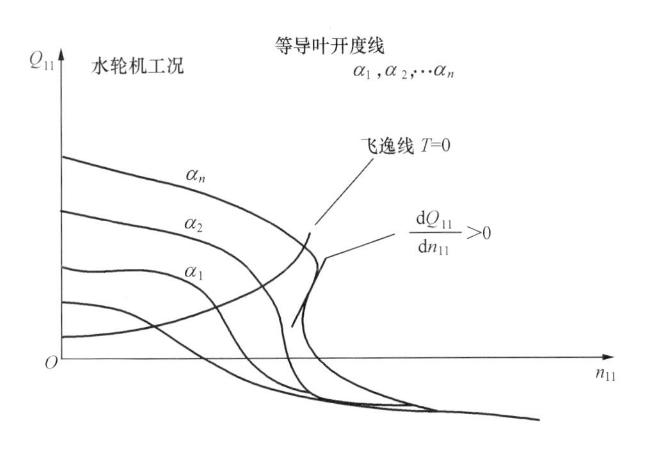

图 11-1-5　S 特性示意

1）在调速器控制回路中增加水压力反馈回路（pressure feedback loop）。压力取自压力钢管，以改善低频摆动稳定性。调速器转速对中频摆动的速动性难以满足要求，因此如果发生空载转速中频摆动，则压力反馈方式无效。法国蒙特奇克（Montezic）机组出现空载不稳定，采用压力反馈方式解决。印度比拉（Bhira）电站的空载不稳定具有低频和中频两种特性，低频段采用压力反馈、中频段采用进水阀节流方式来改善空载特性。

2）进水阀节流控制。在水轮机工况空载状态，进水阀局部开启，增加损失，改变流道 H-Q 特性，同时加大导叶开度，使空载转速趋于稳定。实际上是进水阀和导叶联合控制方案。该方案将导致流道水力状况恶化，进水阀局部开启振动较大，过流表面可能出现空蚀，应用前应进行 CFD 分析，找到合适的进水阀开启开度、速率后在现场试验调整后确定。如印度比拉（Bhira）电站进水阀的开启位置是通过一系列现场试验的模拟及优化反复而确定的，从而防止出现进水阀和导叶的振动。

3）不同步导叶控制。采取预开两个或更多个导叶的办法，使机组快速通过或避开不稳定区，以改善空载不稳定性能。比利时库Ⅱ（COO-Ⅱ）电站首先采用两个不同步导叶，投运后改善了空载不稳定性能，满足并网要求。但是需要事先进行转轮模型试验，优选不同步导叶的部位、预开开度、数量，国内几个抽水蓄能电站转轮模型试验结果表明：采用不同步导叶措施后，同样的导叶开度其单位流量大大增加，相对增大了 n_{11} 的应用范围，即增大过流能力改善 S 特性；空载工况投运不同步导叶期间，对转轮流道水力特性带来不利影响，但对水轮机、水泵工况正常运行的特性不会产生任何影响。

综上所述，方案 1）具有一定的局限性；方案 2）可能带来流道水力特性的恶化，且进水阀工作条件变差；方案 3）应用较多，天荒坪电站机组在低水头应用对称的两个不同步导叶，实践证明改善低水头空载不稳定性，解决了低水头无法并网问题；在甩负荷过程中投入不同步导叶，解决了导叶空载开度的转速稳定问题，但是不同步导叶投运期间，顶盖、水导轴承振动噪声加大。国内已有多座相继投运的电站采用不同步导叶，为改善不同步导叶投运期间机组的振动和噪声，采取了相应措施，如琅琊山电站采用非对称的一对（2 个）不同步导叶，张河湾、惠州、宝泉电站采用两对（4 个）不同步导叶，黑麋峰电站采用全水头分别投运 3 对（6 个）和 2 对（4 个）不同步导叶；目前在建的蒲石河、响水涧、仙游电站的机组设计也采用不同步导叶。

需要强调说明：不同步导叶等措施改善低水头空载稳定性是在不得已的情况下采取的补救措施，尽管这些措施对解决空载不稳定有效，但不应形成一种工程惯例，而应从根本上优化转轮的水力开发着手。此外，在不同步导叶投运期间，往往引起机组较大的振动和噪声，增加了运行和维护成本，一定程度上也降低了机组的抗疲劳强度。

（5）水泵高扬程运行稳定性。水泵水轮机水泵工况高扬程区往往会出现驼峰现象，即同一个扬程下可能出现两个以上的流量，标准称为正斜率区（$dH_p/dQ_p>0$），也有称为二次回流区。在此区域运行，水泵会出现流量摆动，进而造成输入功率摆动。此时水力特性出现紊乱，产生压力脉动、振动，甚至加剧空化发展趋势。因此，水泵工况高扬程运行稳定性需予以关注，水泵工况运行范围，包括频率变化范围，应与驼峰区有一定的安全裕度，如图 11-1-6 所示。

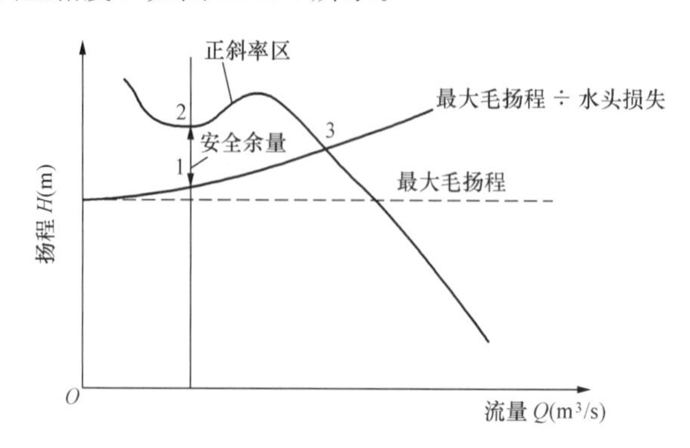

图 11-1-6　水泵工况最大扬程裕度示意

对于水泵工况驼峰区的安全余量目前尚无明确规定。一般使用驼峰区低点扬程最小值与水泵运行工况最高扬程的比值留有一定安全余量来进行预防，裕度范围为 2%～4%。考虑到频率变化后的扬程增加情况，裕度太大不易满足，且实际运行情况下，高扬程启动水泵的情况极少，如有发生，也可以采取改变导叶开度，避开驼峰区的低点运行，故建议驼峰区裕度以不小于 2%为宜。水泵工况开机和运行的稳定性，与开机流程、电网频率变化以及不同导叶开度下的水泵特性均有关系，不同工况下水泵运行具有不同的驼峰区。为安全起见，建议该区域的模型试验宜尽量完整，数据点足够反映其真实特性和趋势，以便确定选择所有水泵运行工况下的正斜率区扬程最小值，从而便于对该区域的裕度和运行特性进行评估和分析。

水泵水轮机选型设计时，最大扬程和最小水头的比值应控制在合适的经验范围内，且尽可能小；以便于水泵工况和水轮机工况水力设计更好匹配，不至于因转轮流道采用高流速、高单位流量而影响稳定性。

（二）能量指标

能量指标的高低直接反映了抽水蓄能电站的投资效益，历来为投资方所重视。作为电站的设计者，重要的是提出平衡能量指标和稳定性指标的思路和方法，并在设计过程中予以贯彻和实施，贯穿设计工作的整个过程。

前面已叙述了能量指标相关方面的选择方法，如单机容量、额定水头、最大输入功率以及涉及制造经济性的转速等方面，综合起来，最终归结于水泵水轮机的效率。制定合理的效率考核指标和加权平均效率考核指标，以及合理的加权因子，是水泵水轮机选型设计的重要工作之一。根据电站的任务，以典型日负荷曲线和运行时段、水量平衡为基准，测算和评价机组的运行方式权重，提出复合实际运行情况的加权因子。同时，应研究运行时段的水位、水头和扬程组合，做到稳定性和高效率并重，为电站的合理调度设计打下科学的技术指标基础，高效率应建立在稳定性和可用率基础之上。

和稳定性指标一样，能量指标的考核权重，即评标因子和违约罚金因子的合理计算和选择，是保证机组的水力和结构设计按照上述意图进行的有效手段。应该说明，能量指标和稳定性指标的考核应该以电站真机运行情况为准，但真机测试条件会受到较多的限制，因此，效率指标的验证可以模型验收试验为主，现场试验作为辅。稳定性指标以及流量、水头、扬程、输入输出功率等指标可以现场测试验证为主，模型验收试验为辅。尽管模型试验不能完全反映真机的情况，但可以清楚地表明其趋势，因此模型试验时切不可放松考核要求。

（三）电站吸出高度和空蚀性能指标

对于抽水蓄能电站水泵水轮机的空蚀性能，已有明确的标准，即《水轮机、蓄能泵和水泵水轮机空蚀评定 第2部分：蓄能泵和水泵水轮机的空蚀评定》（GB/T 15469.2—2007），该标准等效采用IEC相关标准。其中，对空蚀的考核指标要求比以前的标准提高3～5倍，因此不管是电站设计、机组选型设计还是水泵水轮机水力设计，均需采取切实可行的措施，以达到该标准的要求，主要措施如下：

（1）电站设计应保证水泵水轮机具有足够的吸出高度。

（2）水泵水轮机应按照无空化运行进行设计。基本准则是$\sigma_c<\sigma_0<\sigma_i<\sigma_p$，其中初生空化（$\sigma_i$）一般采用在2～3个转轮叶片上附着可见气泡来判断，临界空化（σ_c）一般采用效率下降0.2%来判断，其核心是必须满足基本准则。裕度的大小是一个需要研究的问题。目前采用在水泵工况全部运行范围内，考虑电网规定的频率变化之后，初生空化系数必须小于电站空化系数的判断标准，尽管没有进行量化，实际操作中是比较实用的办法。

（3）泥沙研究和防治，也是预防机组破坏的重要内容。泥沙磨损和空蚀的联合作用对水力机械的破坏作用将产生互相促进的效果，这一点已为大量的研究和实践所证明。因此，对于有较多泥沙的抽水蓄能电站，一方面要进行泥沙防治，另一方面要在机组选型时适当降低参数，比如大容量高转速水泵水轮机转轮水泵出口线速度已达约105m/s，水轮机出口相对速度已达约61m/s，对过机泥沙含量大的电站，要研究降低水泵出口线速度和水轮机出口相对速度的措施。对于泥沙特别严重，且季节性较强的电站，可采取避沙运行方式以保护机组，如日本新高濑川。

全国水轮机标准化技术委员会曾组织对国内已投运抽水蓄能电站进行了泥沙磨损和空蚀情况调查，以作为编制GB/T 15469.2的参考依据，调查的结果见表11-1-15。

（四）水头/扬程变幅

定转速单级混流式水泵水轮机的水力设计要兼顾水泵工况和水轮机工况的优化组合，其最优转速对水头和扬程的变幅较敏感，过大的H_{pmax}/H_{tmin}值可能造成机组运行中出现水轮机工况空载不稳定、并网困难，空化、振动、噪声等情况加重，造成水泵水轮机水力性能设计困难和运行不稳定。

H_{pmax}/H_{tmin}值和水头段有关，关系如图11-1-7和图11-1-8所示。抽水蓄能电站的水头/扬程变幅主

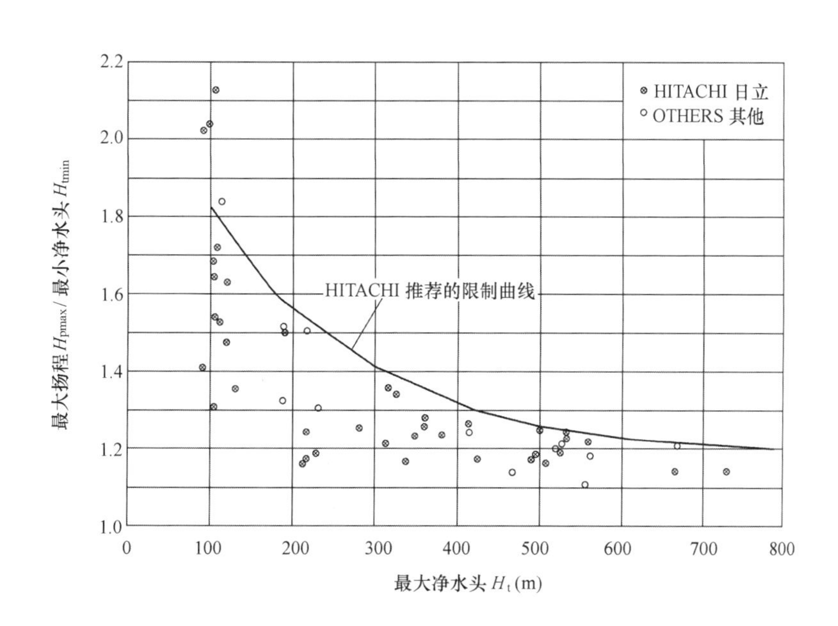

图11-1-7 日立（HITACHI）公司提供的水泵水轮机H_{pmax}/H_{tmin}使用限制曲线

表 11-1-15　　我国部分抽水蓄能电站空蚀磨损情况调查表(2006 年 6～8 月)

项目/电站名称	广蓄 8 号机	十三陵	天荒坪 1/2/3/4/5/6 号	溪　口	响洪甸 5 号机	沙　河	天　堂
投运年月	2000.3	1996.6.18	1998.9/1998.12/2000.3/1999.10/1999.12/2000.12	1998.3.12	2000.3	2002.6.14	2001.5
检查时总运行时间(h)	3780(2004.6.8～2005.6.7)	20727h	2005.3.15(16455h)/2003.2.7(12289 h)/2005.4(16203h)/2003.11(13601h)/2003.11(8821h)/—	35640(截至 2006.4.28)	机组启停 4 次/天，年均运行时数 1800h(P)	15500h(截止 2006 年 1 月 C 级检修)	年均运行时数 1251h(P)、1518h(T)
其中水泵运行时间(h)	1808(2004.6.8～2005.6.7)	9799h	8830/6310/8700/7141/4650/—	17556(截至 2006.4.28)		7880	
主要磨蚀部位	泵工况进水负压面蜂窝状空蚀	转轮叶片、固定导叶、导叶	水泵进口空蚀，为蜂窝状	叶片出水与下环连接处，空蚀为主，每个叶片基本相同	轻微空蚀	底环(转轮出水处)固定导叶均为蜂窝状空蚀	未发现空蚀磨损
各部位磨蚀面积 S、深度 h	$\overline{S}$=190mm²；S_{max}=360mm²；$\overline{h}$<0.5mm；h_{max}≈3mm(近似值，深度多为目测估计)	固定导叶气蚀深 3.5mm，宽 100mm	最大面积小于 3900mm²，深度小于 6mm	120mm×100mm×2mm		底环磨蚀面积 2.1m²，最大深度 1cm，平均深度 0.5 cm；固定导叶磨蚀面积 0.06m²，最大深度 1cm，平均深度 0.5 cm	
检修周期	大修 10 年，小修 1 年	大修 10 年，小修 1 年	小修每年 2 次	10 年 1 次	6 年 1 次	1 次/年	预计 10 年检修 1 次
检修耗用的焊条数	约 100g(φ2.4，900mm 长的不锈钢焊丝 3 根左右)	基本不用焊条，打磨处理	4.2kg/4kg/4.2kg/2.5kg/4.2kg/—	约 2kg	依部位不同使用相应的普通、不锈钢或奥氏体不锈钢焊条修补	20kg(累计)	

要受电站建设条件和综合效益决定，但在特征水头优化选择时，必须综合考虑固定转速水泵水轮机的特性，H_{pmax}/H_{tmin}值不宜超过设计制造的经验界限并留有适当裕度。

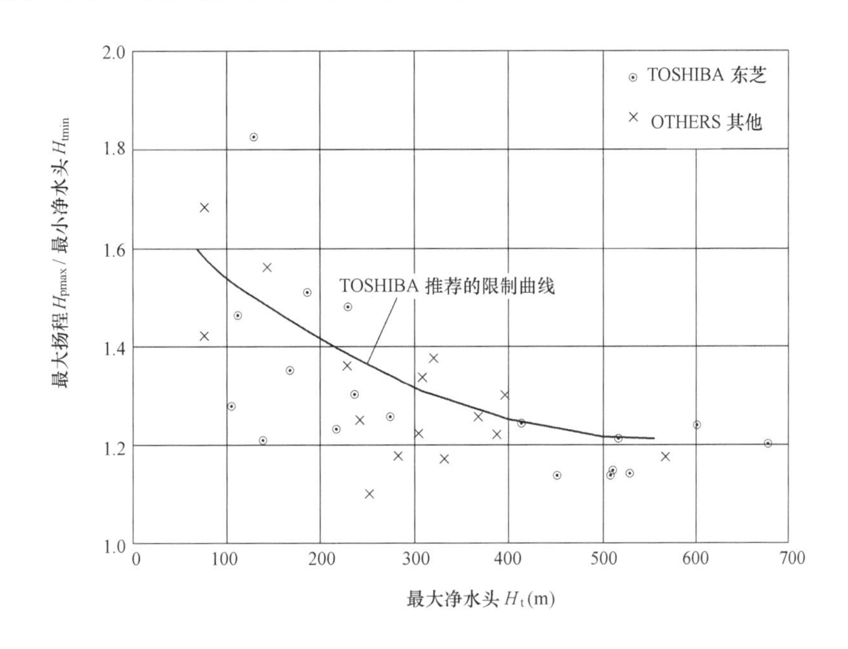

图 11-1-8　东芝（TOSHIBA）公司提供的水泵水轮机 H_{pmax}/H_{tmin} 使用限制曲线

1.4　水泵水轮机模型试验

1.4.1　模型试验目的

水泵水轮机流道内实际水流复杂，依靠单纯的数学模拟方法不能完全真实地反映水泵水轮机的水力特性。目前，采用先进的 CFD 方法进行水力特性模拟，还是有一定的误差。CFD 预估的水轮机综合特性曲线，国内目前能达到的相对精度一般为±(1%～2%)，绝对精度一般为±(2%～3%)；国外某公司采用 CFD 进行预估时，在±20%额定负荷范围内，绝对平均估算误差可限制在 0.7%以内，最大误差在 1.5%以内。与模型试验的精度（0.2%～0.3%）相比，还有较大的差距。因此需要通过试验的方法对计算方法的合理性以及计算结果的准确性进行验证和预测。通过模型试验，可对水泵水轮机的能量特性、空化特性、力特性、飞逸特性、稳定性指标进行验证，同时也为真机的设计、制造提供依据。

1.4.2　模型试验基本步骤

水泵水轮机模型开发一般经历 CFD（计算机流体动力学分析）、依据经验数据库的调整和改进、模型制作、模型试验和调整、模型验收试验、形成最终模型试验成果。

水泵水轮机 CFD 分析，首先基于大量的数据库对给定水头、上/下游组合水位、尾水位参数、容量、输入功率等基本要求，进行计算机流体动力学分析，一般考虑 2～3 个月左右的时间。对于模型制作，大多数厂商采用五轴联动数控车床加工，模型转轮材料一般以金属材料制作，如铜质模型转轮。完整的模型制作约需 1～2 个月时间，模型试验约需 2～3 个月时间，加上模型验收试验以及形成最终模型试验成果，正常周期在 9 个月左右。

1.4.3　模型试验台

（一）模型试验台的组成

模型试验台主要由模型机组、供水泵、压力水箱、尾水箱、循环管道、阀门、流量计、控制和数据采集处理系统以及其他仪器、仪表、测量管道等构成。

（二）水力模型试验台的试验水头和模型转轮直径

试验水头和模型转轮直径是试验台的主要参数，关系到试验的精度以及试验台本身的容量。一般认为，试验水头过低，不易保证试验结果的精度和试验台的稳定性要求。为了达到水力相似的目的，水泵水轮机模型试验要求相对较高的试验水头和不能太小的转轮直径，一般经验为能量试验水头在50～60m水头及以上，空化试验水头和飞逸试验水头一般在20～30m。IEC 60193 建议的水泵水轮机模型转轮直径（D_2）一般不小于250mm。

（三）水力模型试验台简介

（1）国内外部分水力模型试验台主要参数。国内外部分可用于水泵水轮机模型试验的主流水力模型试验台参数，见表 11-1-16。

表 11-1-16　　部分水力模型试验台参数

试验台参数		制造厂及试验台										
		东芝1号	日立M-3	Voith UHD	Alstom TP3	Kvaener	Andritz vevey 通用试验台	三菱	中国水利水电科学研究院TP1	哈尔滨大电机研究所高Ⅱ台	东方电机DF-100	瑞士洛桑理工学院PF3
水轮机工况	最大水头（m）	80	50	220	150	150	70	100	150	150	100	100
	最大流量（m^3/s）	1		1.25	0.9	1.5	0.9	1	1.5	2.0	1.5	1.4
水泵工况	最大扬程（m）	150	60		150			100	150			
	最大流量（m^3/s）	0.8		0.5	0.9			1	1.5			
模型转轮直径（mm）		200～400		300～500	300～500		300～400	250～400	250～500	300～500	350～500	350～400
测功电机	最大功率（kW）	600	220	1000/910	360	320	300	750	540	500	500	340
	最高转速（r/min）	2500	2500	2000	2400	1900	2000	1800	2500	2500	3000	2500
流量率定		质量法		质量法	质量法	质量法	容积法	质量法	质量法	容积法	容积法	容积法
试验台综合误差（%）		±0.3	±0.207	±0.3	±0.17	±0.216	±0.224	±0.3	±0.25	±0.2	±0.25	±0.216

（2）国内外部分水力模型试验台系统，如图 11-1-9～图 11-1-14 所示。

（3）水泵水轮机真水头水力模型试验台。当水泵水轮机比转速很低时，即达到超高扬程、水头，转轮叶片与活动导叶间因叶栅干涉而产生压力脉动，转轮在水中固有振动频率及其加振模式下产生共振，这就有可能降低强度可靠性。在一般试验水头下，将不能同时满足叶栅干涉、加振力、频率等流体力学

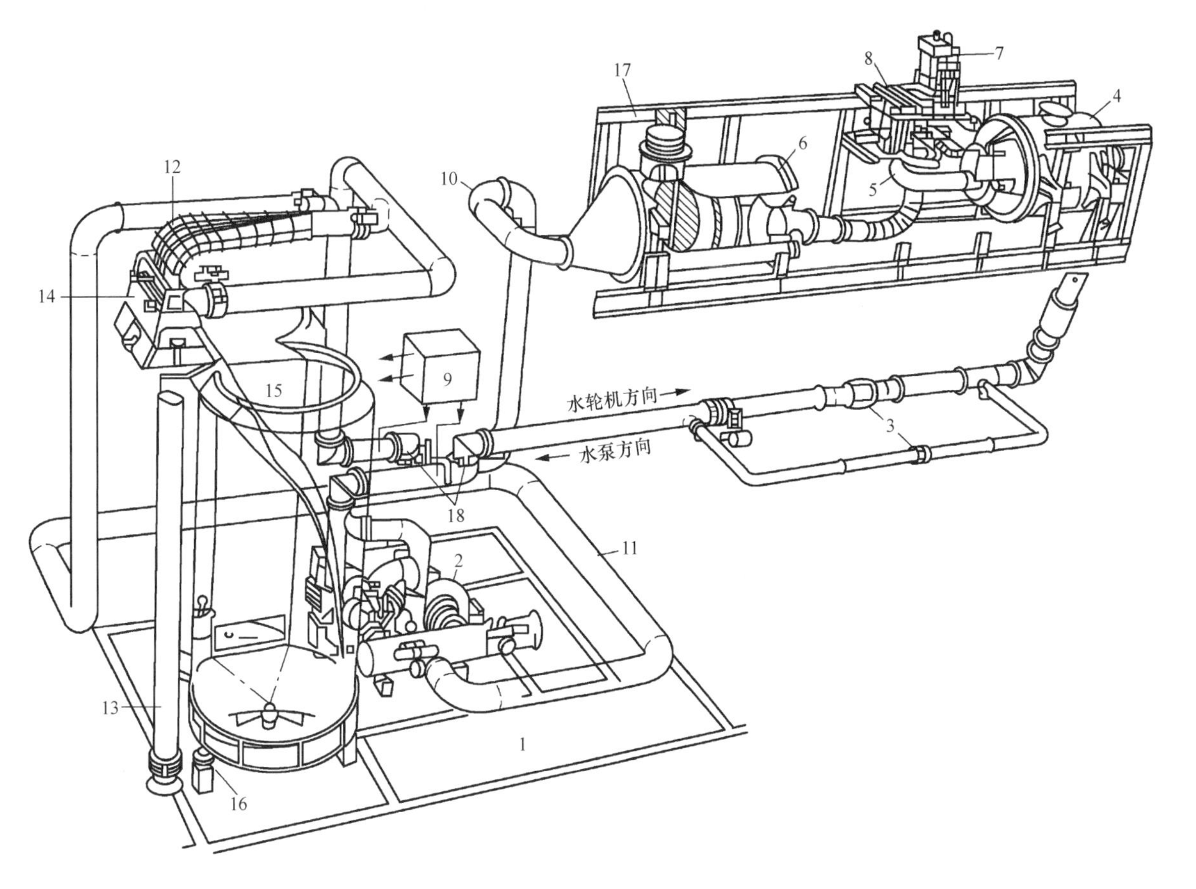

图 11-1-9 挪威特隆赫姆水力模型试验台（原 Kavaner 试验台）

1—水库；2—可逆水泵水轮机；3—流量计；4—高压箱；5—模型机组；6—低压箱；7—测功电机；8—扭矩测量系统；9—水冷却系统；10—弯管；11—封闭系统回水管；12—喷嘴；13—开系统回水管；14—偏流器；15—称重桶；16—称重传感器；17—支架；18—换向管路

特性的相似条件，以及水中振动物体的附加质量、水中共振等振动力学特性的相似条件。因此，为了满足超高扬程水泵水轮机的性能试验，部分厂商建立了真水头大功率试验台。如 1978 年，东芝水力研究试验室内完成了 1 号真水头试验台的安装。该试验台单级水泵最大扬程可达 1200m，多级水泵扬程可达 2000m。在与原型相同的水头/扬程和转轮周速条件下，进行真水头/扬程模型试验，以验证超高水头/扬程水泵水轮机的性能、强度可靠性及耐久性。主要解决导叶和转轮叶片间因叶栅干涉引起的压力脉动、加振模式、频率等因素带来的共振、交变应力疲劳强度、水力动态稳定等问题，以确定转轮上冠、下环刚度，与顶盖、底环的间隙，以及允许的转轮缺陷尺寸等，同时也可验证轴系振动的振型和加振模式。该试验台主要参数见表 11-1-17。

表 11-1-17　　东芝（TOSHIBA）1 号真水头试验台主要参数

项　目	单级水泵水轮机	多级水泵水轮机
试验水头/扬程（m）	1200	2000
试验转速（r/min）	8000	5000
转轮最大直径（mm）	500	450
最大输入功率（kW）	7000	5000

试验台系统布置如图 11-1-15 所示。

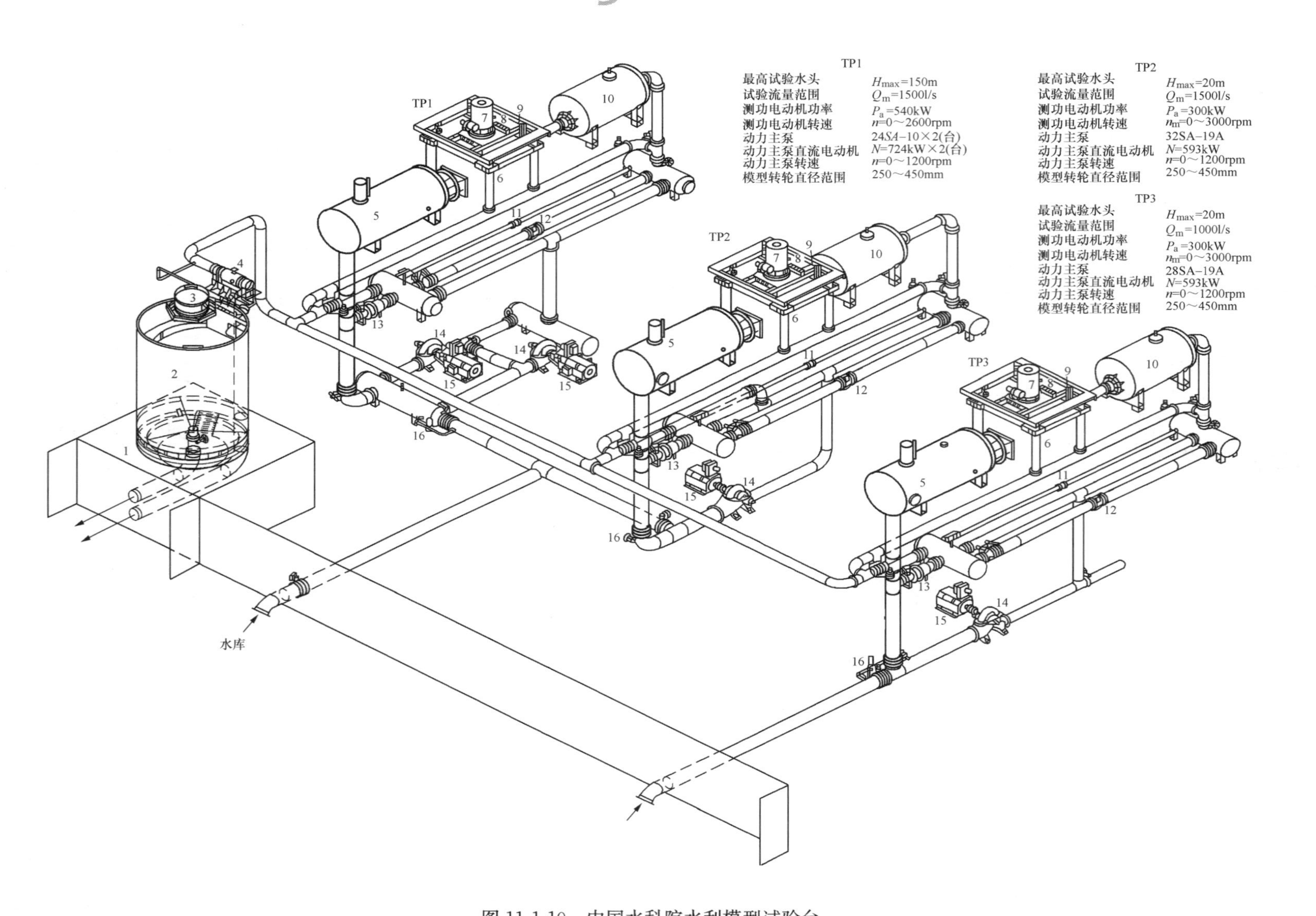

图 11-1-10　中国水科院水利模型试验台

1—称重传感器；2—150t 称重桶；3—2.5t 标定桶；4—偏流器；5—低压水箱；6—机组架；7—测功电机；8—主力矩传感器；9—力口轴承；10—高压水箱；11—小流量计；12—大流量计；13—流量调节阀；14—主水泵；15—直流电动机；16—充水泵

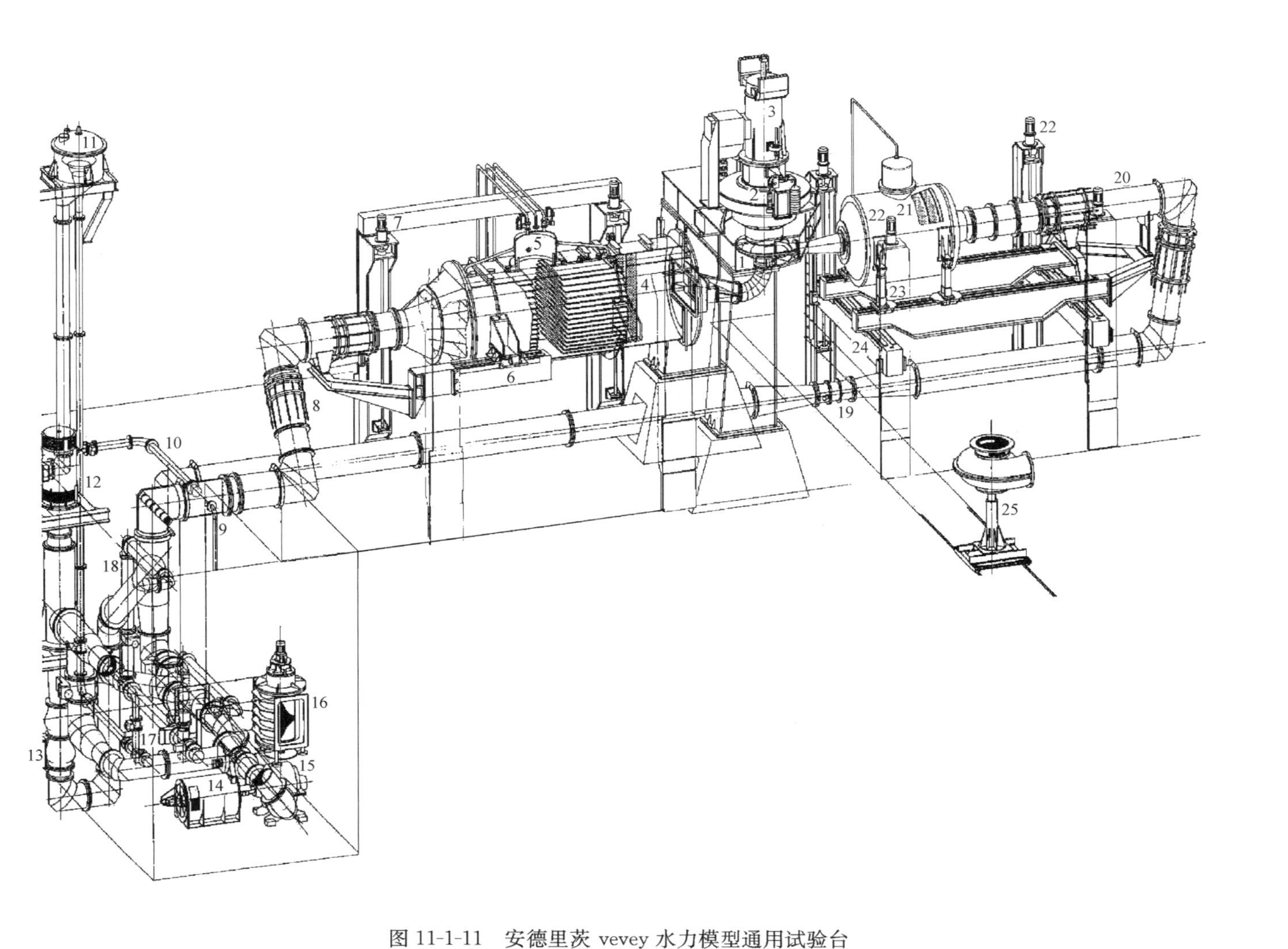

图 11-1-11　安德里茨 vevey 水力模型通用试验台

1—试验模型；2—静力平衡装置；3—试验模型耦合直流电动机；4—下游气罐；5—排气室——下游水位调节；6—下游罐水平位置调整装置；7—下游罐垂直位置调整装置；8—伸缩管；9—新水添加管；10—过量新水排放装置(下游侧)；11—溢流管；12—水泵驱动异步电机；13—双级离心泵；14—水泵—水轮机耦合直流电机；15—双入口水泵—水轮机；16—阻尼阀；17—过量新水排放装置(上游侧)；18—旁通管；19—电磁流量计；20—伸缩管；21—上游罐；22、23、24—上游罐位置调整装置；25—气液千斤顶

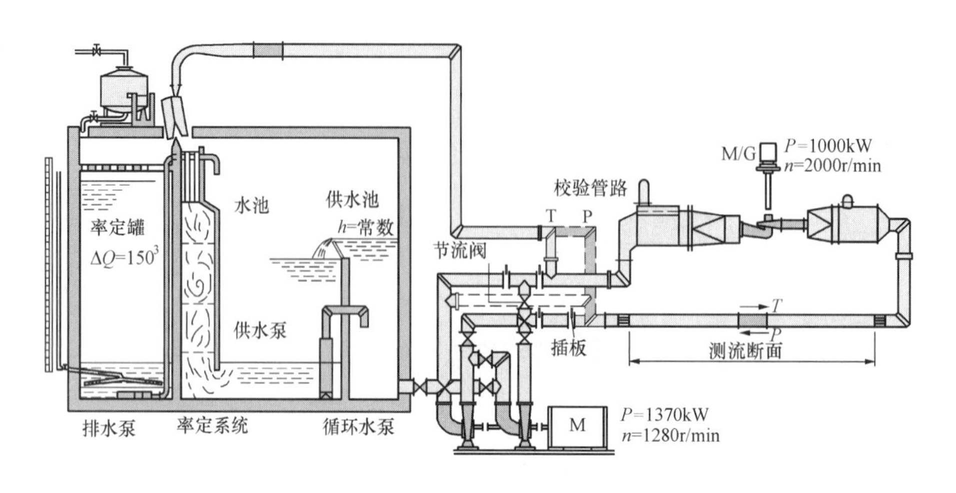

图 11-1-12　Voith 海德海姆水力试验室高水头通用试验台

注：T 表示水轮机方向，P 表示水泵方向。

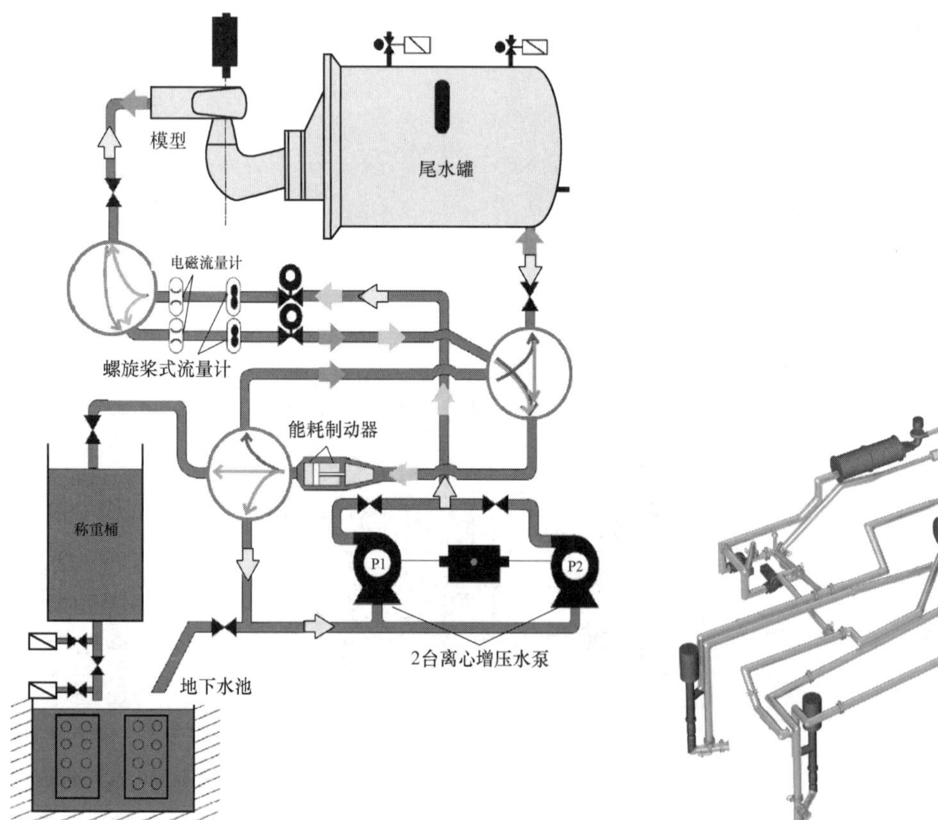

图 11-1-13　Alstom TP3 水力试验台

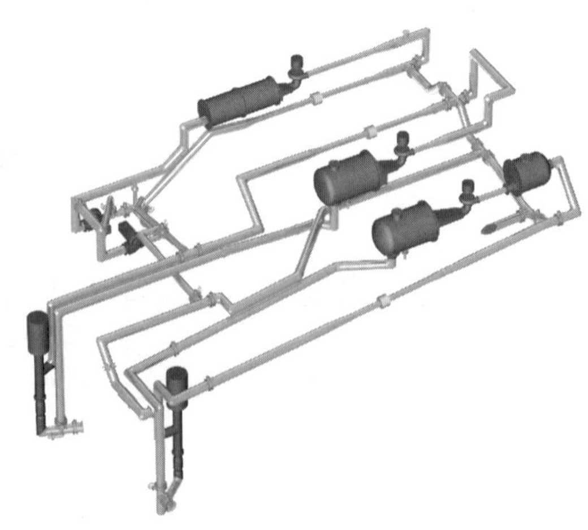

图 11-1-14　洛桑 LMH 水力试验台（从左到右 PF3、PF2、PF1）

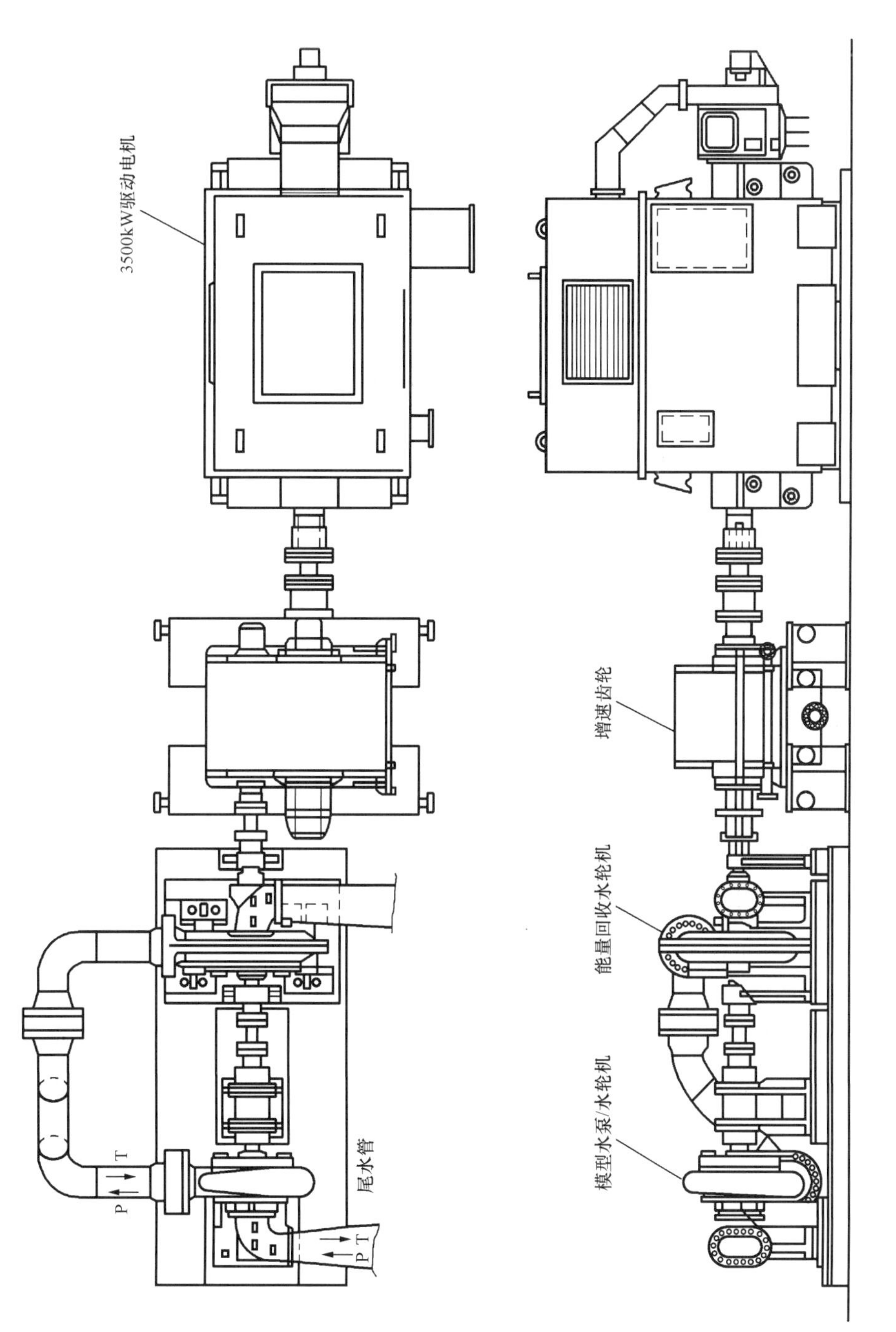

图 11-1-15　东芝（TOSHIBA）1 号真水头试验台系统布置图

注：P 表示水泵方向；T 表示水轮机方向。

其后，东芝公司又建立了2号真水头试验台，该试验台主要参数见表11-1-18，系统布置如图11-1-16所示。

表11-1-18　　东芝（TOSHIBA）2号真水头试验台主要参数

项　　目		水泵工况	水轮机工况
试验水头/扬程（m）		200	170
最大试验流量（m^3/s）		0.8	0.8
吸出高度范围（m）		+40～-9	
试验转速（r/min）		8000	5000
转轮直径（mm）		200～400	
测功电机	功率（kW）	1000	
	转速（r/min）	3000	
	转速控制精度	±0.1%	
试验台形式		开式或闭式	

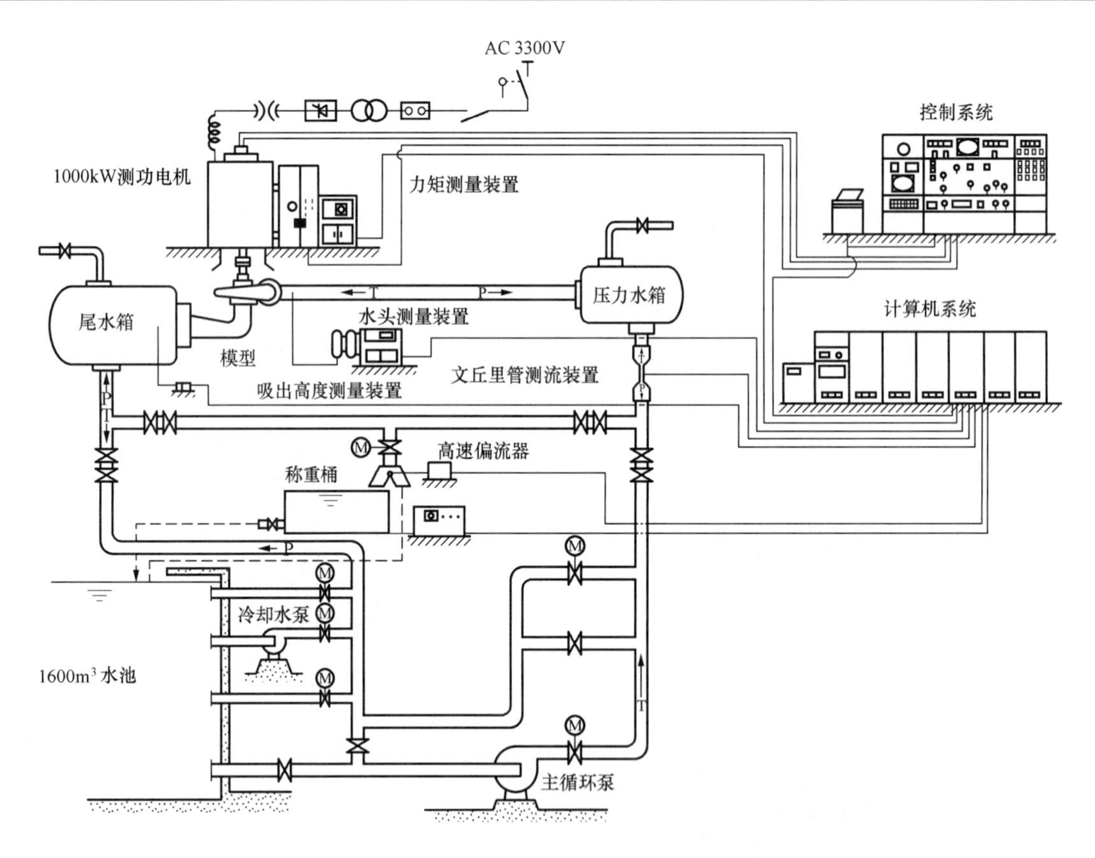

图11-1-16　东芝（TOSHIBA）2号真水头试验台系统布置图

1.4.4　模型试验

（一）模型试验内容

模型试验内容主要有以下项目，实际试验时，可根据需要予以调整。

（1）测试仪器仪表的标定。

（2）水泵水轮机效率试验。

（3）水泵水轮机空化试验。

（4）水轮机输出功率与水泵输入功率试验。

（5）水泵水轮机压力脉动试验。

（6）水泵工况零流量试验。

（7）水泵工况异常低扬程试验。

（8）飞逸转速试验。

（9）全特性试验。

（10）导叶水力矩试验。

（11）轴向水推力试验。

（12）径向水推力试验。

（13）顶盖静压测试。

（14）蜗壳压差与吸入管压差试验（Winter-Kennedy 试验）。

（15）模型通流部件的几何尺寸检查。

（16）模型试验报告。

完整的初步模型试验报告，是模型验收试验顺利完成的重要基础。在进行模型验收试验之前，对初步模型试验报告进行认真审查，提前解决可能出现的问题，充分沟通使双方的理解达成一致，可以节省模型验收试验时间。同时，在模型验收试验期间，还需要进行真机水力动态模拟分析，如主要过渡过程模拟、开停机过程模拟、水轮机工况空载稳定性分析、水泵工况高扬程稳定性分析，以便对模型试验结果进行同步验证，确定是否修改模型或采取/预留其他措施以满足真机运行稳定性和可靠性。

（二）测试仪器仪表标定

每次模型试验起始，均需要对试验过程中使用的仪器仪表进行标定或检查。对于水泵水轮机模型试验中流量、水头和力矩等重要测量参数的仪器仪表都在效率试验的前、后均进行原位标定，标定结果均须在误差范围之内。

确认原级校准设备的法定计量单位证明，对于长度、质量、时间的测定仪表需核对该仪表的法定计量单位证明。

对于次级测量设备，要求采用原级校准设备对其进行原位标定。

水力模型试验最重要的 4 个参数——流量、水头、转速和力矩的标定非常关键，需要进行严格的标定操作。试验台的稳定性是首要问题，在标定过程中必须予以高度关注。

（1）流量的标定。流量的测量目前主要采用次级方法测量，常用的测量仪表有差压计法（如文丘里管测流）和流量计法（如采用流量计）等。而对于这些次级测流设备均需要通过原级方法进行原位标定，主要采用的有质量法和容积法（部分试验台的流量标定见表 11-1-16）。流量测量仪表不易稳定，因此，现在通常用一标准曲线进行测量换算，而不采用试验前标定的曲线（前提是标定时不超差），以保持试验数据的可比性。

（2）压力设备的标定。对于测压设备常用的有水银压力计、压力传感器、压力表等。对于压力传感器、压力表等均需要通过原级仪器，如水银压力计、活塞式压力计等进行标定。

（3）力矩的标定。力矩测量可采用扭矩仪，扭矩仪的标定可采用平衡梁和砝码进行，而对于摩擦力矩可采用测量模型机空载摩擦力矩的方法。

（三）模型试验必须满足的条件

IEC 60193《水轮机、蓄能泵和水泵水轮机模型试验规程》的水力相似性基准是以雷诺数作为主要的判别因素。为了使模型试验结果能够更好地反映真机的状况，使模型和原型的换算符合相似性准则，IEC 60193 对模型尺寸和试验参数给出了限制条件：雷诺数 $Re \geqslant 4\times10^6$，每级的水力比能 $E\geqslant 100\text{J/kg}$，转轮出口直径 $D_2\geqslant 250\text{mm}$。

水力比能最易满足，对于水泵水轮机一般不成问题。对于转轮直径的限制，IEC 60193 也进行了说明：对于低比转速水泵水轮机，如果其模型转轮进口直径 $D_1\geqslant 500\text{mm}$，则 $200\text{mm}\leqslant D_2\leqslant 250\text{mm}$ 也是可以接受的。这样，对于高扬程水泵水轮机的模型转轮的加工制造和试验装置的制作会带来方便。

但是，必须注意两个问题：一是在技术要求中，不能对转轮进/出口直径同时进行限制，以便进行模型转轮修型或调整；二是对转轮直径的开放点应放在出口（D_2 处），以便在需要对转轮进行调整时，可以基本保持蜗壳和导水机构不变或极小变动，这样可以最大限度地减少模型装置的制作成本，加快试验进度。但是，经常出现将 D_2 设置为 250mm 临界值，试验过程中，一旦要调整转轮，总是以进度或成本等理由要求调整 D_2，往往造成 $D_2<250\text{mm}$。因此，对模型转轮直径的限制需要兼顾 D_1 和 D_2 的比例关系，同时事前要对同类转轮进行统计，基本确定 D_1、D_2 的范围，做到心中有数。

雷诺数是流体惯性力与黏滞力的比值，会影响到效率、功率和空化性能。雷诺数（$Re=Du/\nu$）与转轮直径、转速和温度有关。因此，如果在模型试验时，达不到规定的雷诺数，可以采取提高试验转速（提高试验水头）和/或提高水温的办法。增大转轮直径的办法会造成模型装置的浪费，一般不予采用，最为方便的是提高水温。

（四）计算机数据采集系统的校验

试验台一般具有两套数据采集系统，一套为计算机自动采集系统；另一套为人工目测系统。两套系统相互校对，同时目测系统还作为调节工况点的参考。在模型试验开始前，通过人工采集系统，对计算机数据采集系统进行复核。正式开始试验后，模型试验过程中的数据采集均采用计算机自动采集系统。建议对水轮机和水泵最优效率点的人工数据采集计算结果和计算机自动数据采集输出结果进行验算。

1.4.5　水力模型试验需要注意的问题

（一）水泵—水轮机效率换算

效率换算根据 IEC 60193 的规定，采用二步法将模型试验的效率试验结果换算到真机。一般情况下，模型装置雷诺数小于原型雷诺数。为了将不同雷诺数试验条件下的效率值进行归算，首先，将模型试验的效率值换算到某一基准雷诺数下的效率，再将此基准雷诺数下的效率换算到原型机组对应雷诺数下的效率值，一般可以取最优效率点的雷诺数作为基准雷诺数。转换后的模型特性曲线上需要标明效率曲线对应的雷诺数，同时事先需要给定原型机组的雷诺数值。因此，为明确原型机组的雷诺数，可在水泵水轮机模型试验技术条件中明确真机运行的水温和机组转轮安装地的重力加速度值。

水泵水轮机的效率换算中的效率修正值以模型试验中水轮机、水泵工况最优点的效率差分别作为水轮机、水泵效率修正值。

效率换算的核心是准确的找出水轮机和水泵工况的最优效率点。试验中要精确找到真正的最优效率点，会浪费较多时间，也没有实际的工程意义。一般采用逼近的方法，取一个合同各方均认可的数据即可。

（二）流量、功率换算

在招标文件中会明确水泵抽水流量的保证，以满足抽水蓄能电站水量平衡要求，同时需要满足水泵最大输入功率限制要求。由于真机的试验条件相对复杂，真机试验的误差较大，一般达到±1.5%以上，真机的实测数据若作为罚款条款则偏差较大。因此模型试验的流量如何换算到真机很重要。输入功率的换算、流量的换算以及水头/扬程的换算都是相关的，IEC 60193—1999（第2版）正文提出的换算公式如下：

（1）原型水泵水轮机工况和水泵工况流量 Q_p

$$Q_P = Q_M\left(\frac{n_P}{n_M}\right)\left(\frac{D_P}{D_M}\right)^3$$

（2）原型水泵水轮机工况和水泵工况水头（扬程）H_p

$$H_P = H_M\left(\frac{g_M}{g_P}\right)\left(\frac{n_P D_P}{n_M D_M}\right)^2$$

（3）原型水泵水轮机功率 P_p。

1）水轮机工况

$$P_{mP} = P_{mM}(\rho_{1P}/\rho_{1M})\left(\frac{n_P}{n_M}\right)^3\left(\frac{D_P}{D_M}\right)^5(\eta_{hP}/\eta_{hM})$$

2）水泵工况

$$P_{mP} = P_{mM}(\rho_{1P}/\rho_{1M})\left(\frac{n_P}{n_M}\right)^3\left(\frac{D_P}{D_M}\right)^5(\eta_{hM}/\eta_{hP})$$

考虑到模型换算到原型时，对于水泵水轮机水泵工况参数换算存在另一种观点，即水泵水轮机水泵工况的流量和相应的输入功率会发生漂移效应，在IEC 60193—1999（第2版）相关备注中也有相应的说明。根据有关国外公司的介绍，该种漂移特性在很多实际的电站测试中被观测到。

VATECH公司对于这种漂移特性经过试验和实际电站的调查，总结出修正经验公式（见表11-1-19），与IEC 60193标准的对比如图11-1-17所示。其对输入功率的漂移理解与IEC 60193标准的角注，即日本JSMES008技术文件中给出的经验公式是一致的。

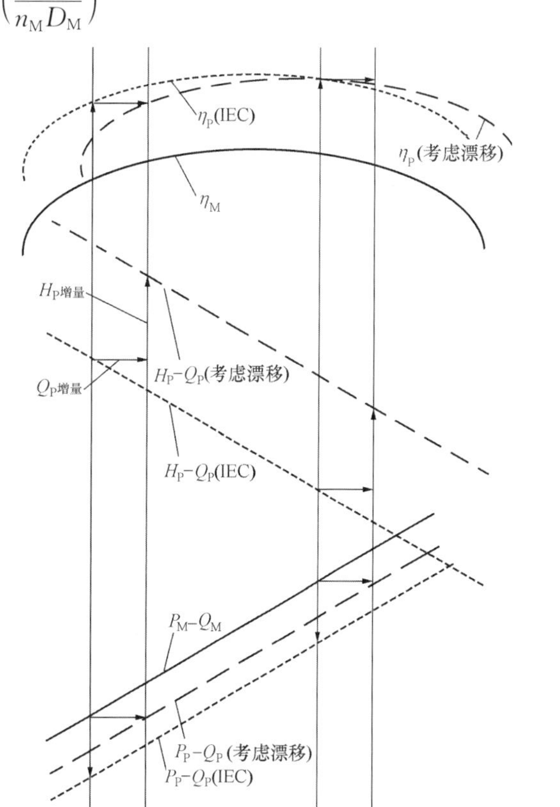

图11-1-17　水泵特性换算漂移示意

注：图中IEC即IEC 60193标准。

表11-1-19　　水泵水轮机水泵特性漂移

项　目	IEC 60193	特　性　漂　移
效率	$\eta_P=\eta_M+\Delta\eta$	$\eta_P=\eta_M+\Delta\eta$
扬程	$\psi_P=\psi_M$	$\psi_P=\psi_M\ (\eta_P/\eta_M)^{0.5}$
流量	$\varphi_P=\varphi_M$	$\varphi_P=\varphi_M\ (\eta_P/\eta_M)^{0.5}$
输入功率	$\lambda_P=\lambda_M\ (\eta_M/\eta_P)$	$\lambda_P=\lambda_M$

注　1　下标P表示原型，下标M表示模型。

2　压力系数 $\psi=\frac{2\times60^2\times gH}{(D\pi n)^2}$；流量系数 $\phi=\frac{Q\times4\times60}{D^3\pi^2 n}$；输入功率系数 $\lambda=\frac{P\times2\times4\times60^3}{\rho D^5 n^3\pi^4}$。

3　η 为效率；$\Delta\eta$ 为效率修正；g 为重力加速度；H 为扬程；D 为转轮直径；Q 为流量；P 为输入功率；n 为转速；ρ 为水的密度。

VATECH 对部分电站进行了实测研究。研究结果证实水泵独特性漂移现象确实存在。这些电站的实测数据和曲线如图 11-1-18～图 11-1-26 所示（这些测试曲线均为 VATECH 所有，图中 IEC 即 IEC 60193或当时的相应有效规范；图中仅仅注明保证值且未注明模型换算到 IEC 的曲线等价于根据 IEC 要求换算的保证值），但是否所有的抽水蓄能机组都会发生水泵特性漂移，并未取得完全一致意见。但从已投运机组的数量分析，这样的漂移特性是可以确定的，不能确定的是漂移的程度。部分单级水泵水轮机主要参数见表 11-1-20。

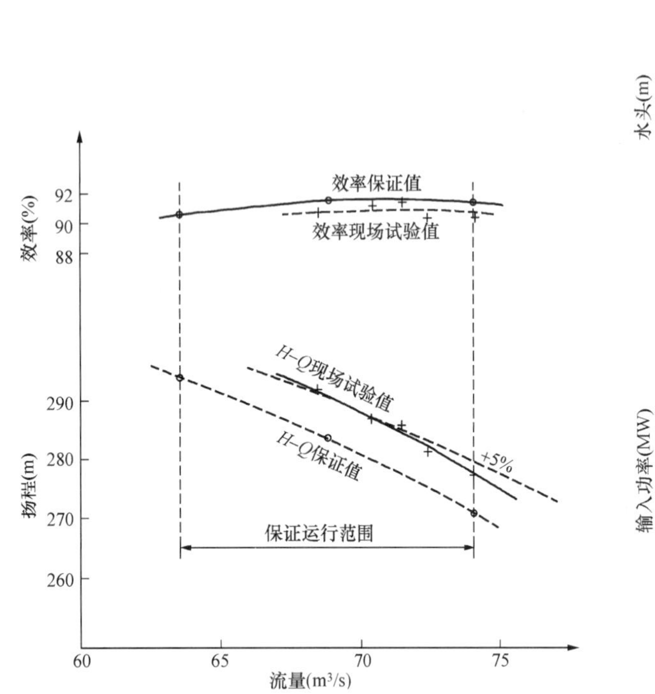

图 11-1-18　卢森堡 Vianden 10 电站现场水泵工况试验曲线

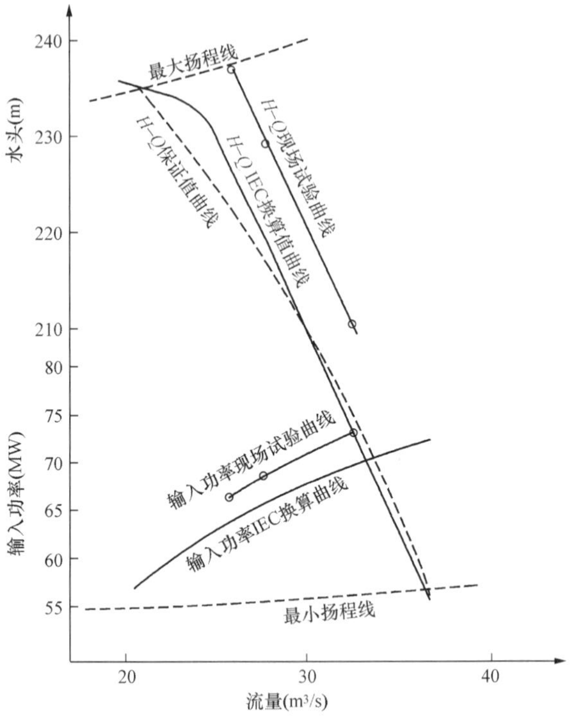

图 11-1-19　西班牙 Conso 电站现场水泵工况试验曲线

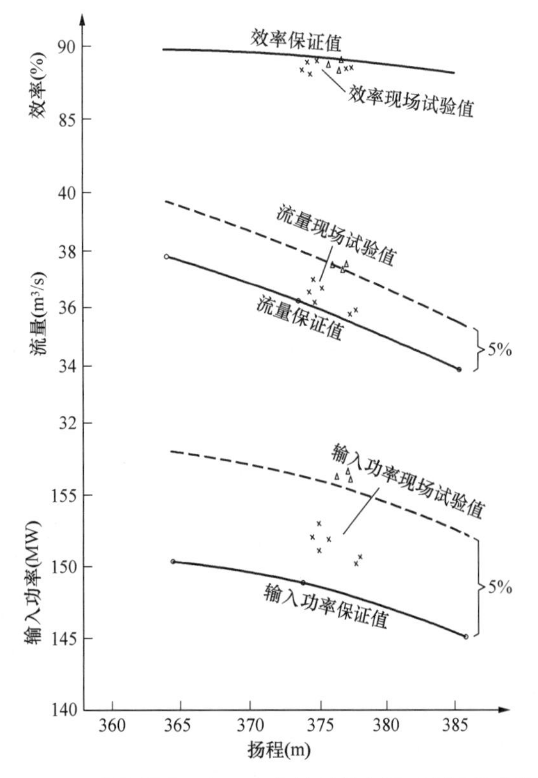

图 11-1-20　意大利 Brasimone 电站现场水泵工况试验曲线

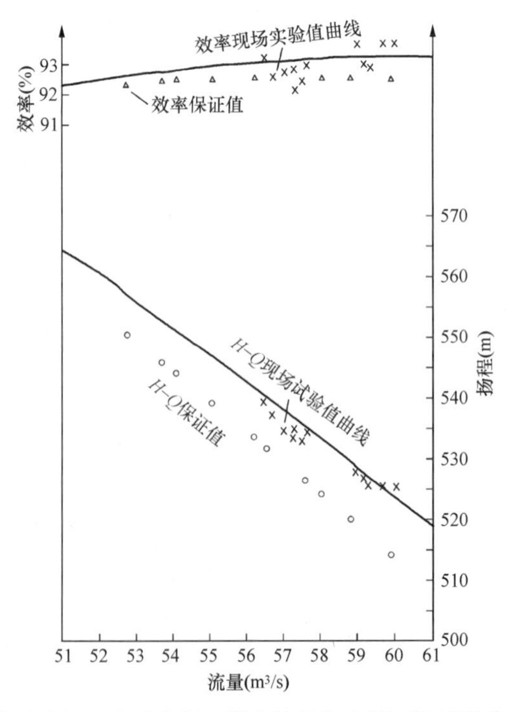

图 11-1-21　中国广州一期电站现场水泵工况试验曲线

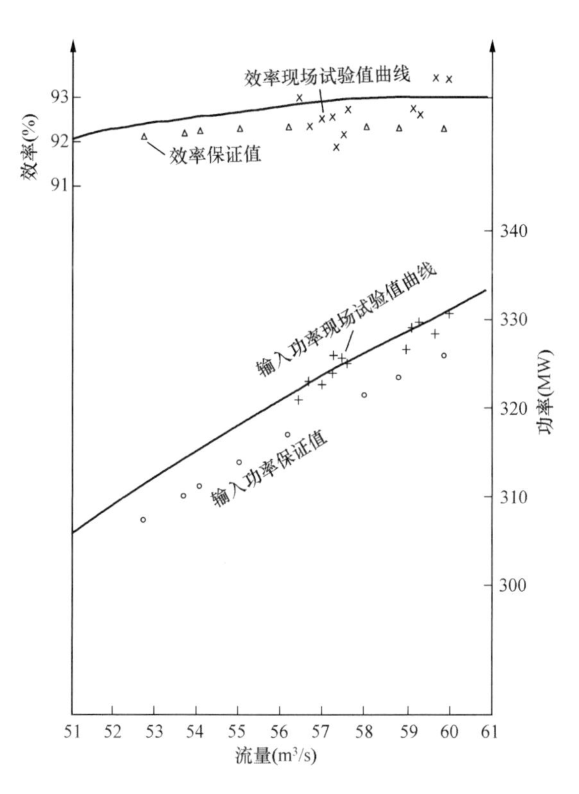

图11-1-22　中国广州一期电站现场水泵工况试验曲线

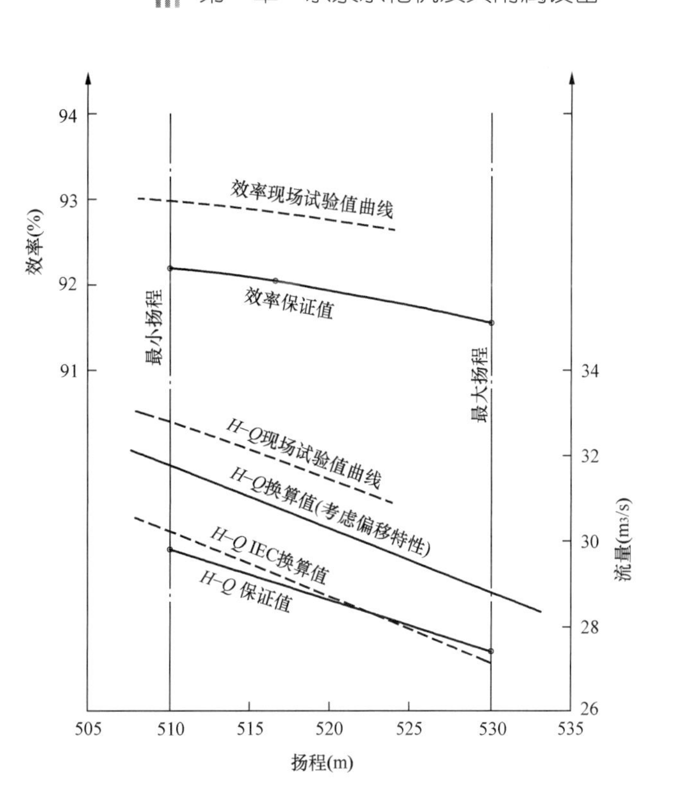

图 11-1-23　印度 Bhira 电站现场水泵工况试验曲线

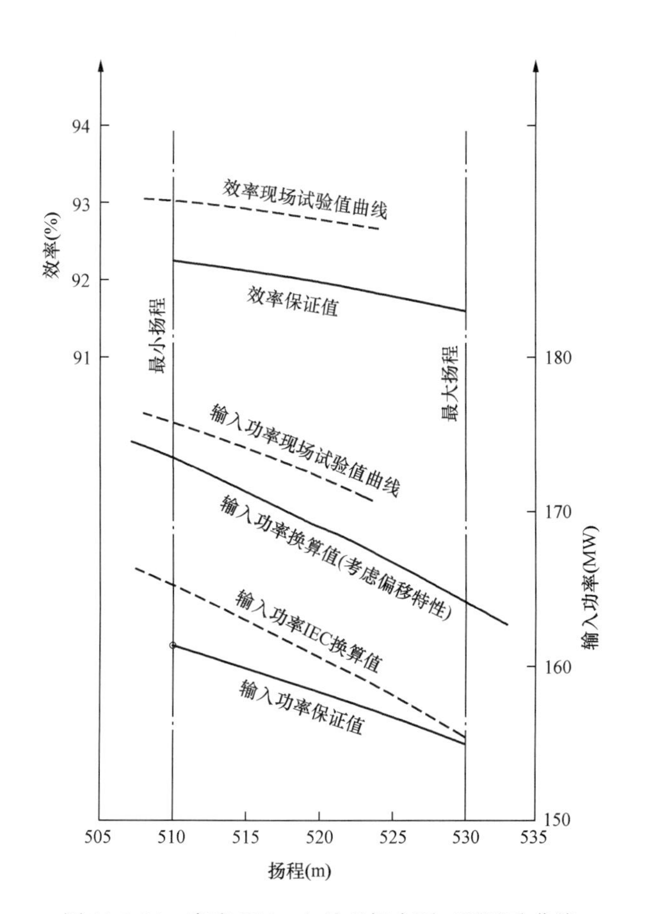

图 11-1-24　印度 Bhira 电站现场水泵工况试验曲线

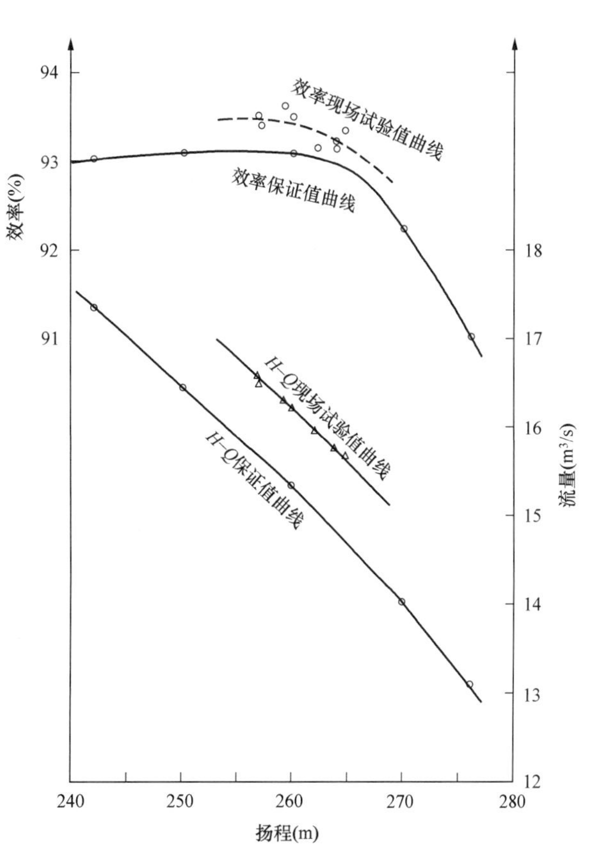

图 11-1-25　中国溪口电站现场水泵工况试验曲线

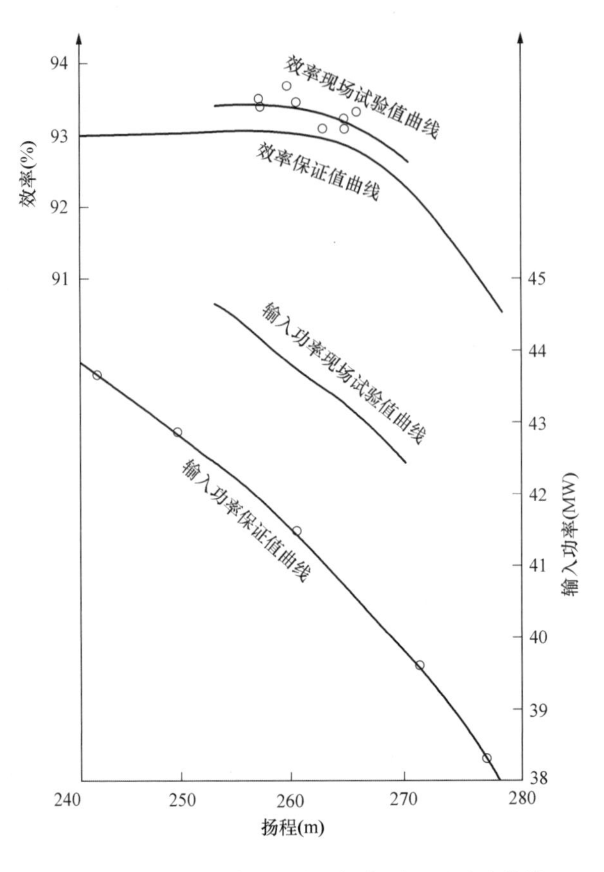

图 11-1-26　中国溪口电站现场水泵工况试验曲线

表 11-1-20　　部分单级水泵水轮机主要参数表

电站	国家	年份	机组编号	转轮直径（mm）	功率（MW）	扬程（m）	转速（r/min）
Vianden 10	卢森堡	1970	1	4390	215.0	294.7	333.3
Conso	西班牙	1971	3	3325	110.8	235.5	375.0
Brasimo-ne	意大利	1989	1	4238	169.7	385.9	375.0
广蓄一期	中　国	1989	4	3886	326.1	550.0	500.0
Bhira	印　度	1992	1	3761	161.4	530.0	500.0
溪 口	中　国	1993	2	2248	44.1	276.3	600.0

2007 年 5～6 月，浙江桐柏抽水蓄能电站 2 号机组进行了性能试验。水泵效率典型水头试验结果汇总见表 11-1-21。

表 11-1-21　　水泵效率典型水头试验结果汇总表

试验水头（m）	245	250	264	270	277
水泵试验效率（%）	93.83	93.82	93.93	93.93	94.21
水泵保证效率（%）	93.58 (238m)	93.87 (250m)	93.94 (263m)	93.77 (276m)	93.48 (285m)
水泵试验流量（m^3/s）	119.17	116.47	108.00	104.13	100.44
水泵试验输入功率（MW）	304.67	303.37	296.84	293.07	288.91

与模型试验中通过换算得到的真机对照参数见表 11-1-22。

表 11-1-22　　水泵输入功率、流量试验结果对照表

试验水头（m）	245	250	264	270	277
水泵试验流量（m^3/s）	119.17	116.47	108.00	104.13	100.44
按照 IEC 60193 模型试验成果换算到真机的流量（m^3/s）	115.3	112.5	104.8	101.1	97.0
流量偏差（1～2）（m^3/s）	+3.87	+3.97	+3.20	+2.93	+3.44
水泵试验输入功率（MW）	304.67	303.37	296.84	293.07	288.91
按照 IEC 60193 模型试验成果换算到真机的水泵输入功率（MW）	287.5	286.5	283.8	282.5	280.2
输入功率偏差（4～5）（MW）	+17.17	+16.87	+12.94	+10.57	+8.71

水泵输入功率、流量试验结果对照曲线如图 11-1-27 所示。

由上述电站的实测值可见，相对 IEC 60193—1999（第 2 版）中所列水泵流量、输入功率的换算而言，存在漂移特性。在工厂进行模型验收试验前，供需双方需要进行事先沟通，达成一致，同时，对于电站的设计而言，需要考虑在漂移条件下，电站的设备仍需满足安全可靠运行的要求。

（三）水泵水轮机正斜率区

水泵水轮机特性中有两个正斜率区，水轮机工况的正斜率区就是全特性曲线中的 S 特性区，在飞逸线附近如果出现 $dQ_{11}/dn_{11}>0$ 的情况，就可能发生空载不稳定或停机不稳定情况。模型特性应尽可能避免这样的现象，如果出现，应按照要求进行计算机模拟分析。

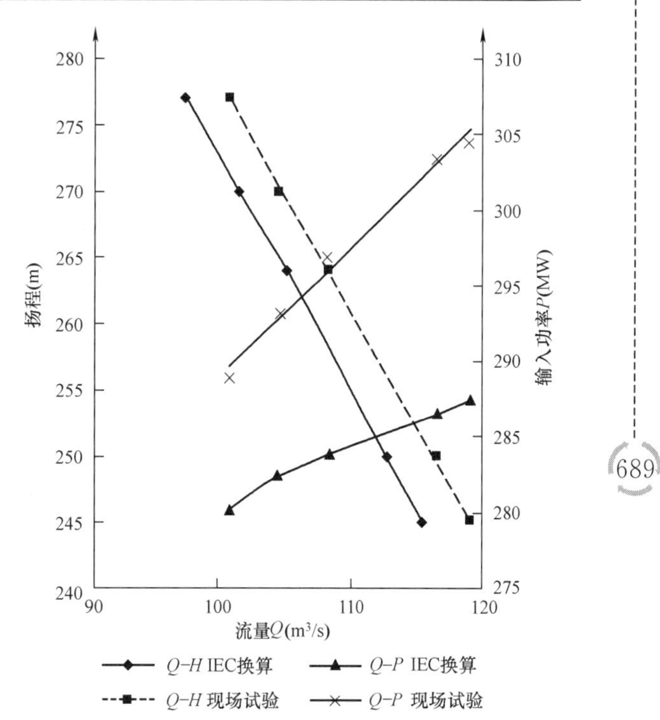

图 11-1-27　中国桐柏电站现场水泵工况试验曲线

水泵工况特性中的正斜率区就是通常所说的驼峰区和二次回流区，进入该区域，可导致扬程陡增，同时流量增加，水泵的输入功率增加，水泵振动加剧，运行工况不稳定，这是水泵的固有特性。模型试验时，校验该安全余量是必须进行的工作。除了满足最高扬程安全余量以外，还应校核此时的导叶协联开度是否会进入驼峰区，对高扬程区的启动过程进行必要的模拟。这是一个两难问题：如果该安全余量大，则转轮直径会增大，导致水轮机工况效率下降，匹配困难，同时增加造价。根据实践经验，建议该安全余量以不小于 2%最高扬程为妥。具体考虑频率偏差时，建议按正常运行范围 49.8～50.5Hz 考核。如果出现微小超出安全余量的情况，则可依据以下原则处理：

首先判断是否在最大频率变化处，是否可以通过有限改变导叶起动开度来避免，如果采取措施可以使得水泵运行始终可以保证不进入正斜率区，可以适当放宽，程度的掌握应该是正常运行频率变化范围要有足够的余量。

（四）空化试验

空化试验的目的是为在规定的运行水头、输出功率范围和给定的频率变化条件下对水泵水轮机的空化特性进行验证，以确定每个不同工况点的初生空化系数和临界空化系数，并保证在正常运行条件下，

满足电站装置空化系数大于初生空化系数的要求。

空化试验是通过观测模型试验，利用闪频仪、光导纤维、内窥镜等对所有空化现象包括气泡、旋涡等进行观测，同时对可能引起机组运行不稳定的叶道涡、卡门涡等进行观测，并拍成照片和录像等进行记录。空化试验时，需要关注以下问题：

（1）临界空化系数指效率指标发生变化的时刻对应的空化系数，比较明确。目前一般设定效率下降0.2%的对应点处空化系数为临界空化系数。由于初生空化系数没有量化的指标，因此模型试验中观测确定该值具有一定的不确定性。一般定义为随着吸出水头的减小，在转轮3个叶片表面开始出现目测可见气泡时所对应的空化系数。规定3个叶片是为了尽可能消除个别叶片翼型的偏差导致结果的不确定性。即便如此，由于空化时气泡的产生不一定是逐个由少到多的方式出现的，有时是成片出现的，因此在目测观察时有一定的难度，这就需要试验室的试验装置和观察窗口清晰、工况稳定、调整灵活。在观察水泵工况空化现象时，需要事先对转轮叶片进行抛光处理，便于进行镜面观察。

（2）初生空化系数与电站装置空化系数之间的裕度如何设定，到目前为止没有明确的标准。可采取以下原则：在正常频率变化范围内，水泵水轮机必须无空化运行，即全部正常运行范围内，初生空化系数必须小于电站装置空化系数。在短时非常频率变化范围内，允许个别极限频率点初生空化系数超过装置空化系数，但临界空化系数必须小于装置空化系数。

（3）水泵工况空化试验点在频率变化范围内的特性，可能会出现重复。可将事先确定的试验点描绘在PSI=f（PHI）曲线上，对于重复的试验点予以取舍，以减少工作量，如图11-1-28所示。

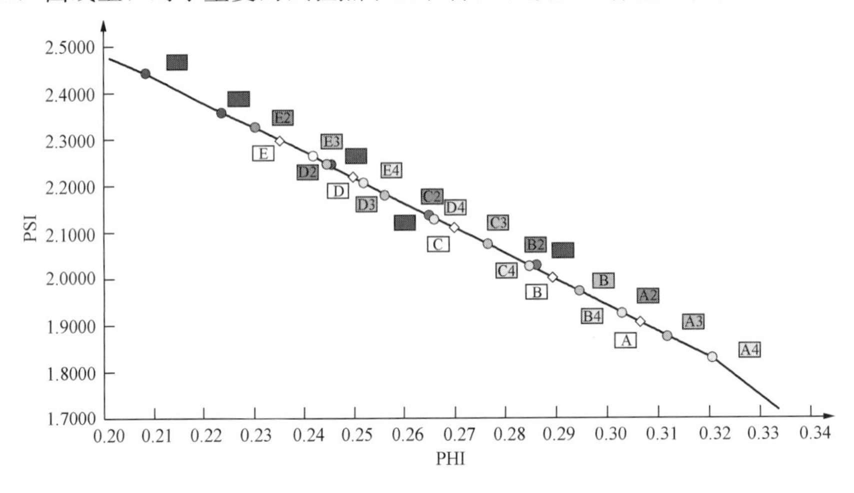

图11-1-28　水泵工况PSI=f（PHI）特征点重复示意

（五）径向、轴向力试验

通过径向力和轴向水推力的测量可以确定不同工况下力和力矩的大小与方向，为真机的转动部分和轴承设计提供基础资料，测量方法有静压轴承法、测压力分布等。对于水泵水轮机，除了正常工况和过渡过程工况外，需要重视水泵零流量工况下的轴向力问题。此外，顶盖与尾水管之间的平衡管是否投入对轴向力影响较大，需要针对真机实际运行情况进行针对性试验。径向力测试比较复杂，且不少试验室没有测量用的径向推力轴承，该试验一般不做。径向力的实际工程意义也不大，与真机的相似性较差，一般采用经验估算。

（六）导叶水力矩

通过导叶水力矩的测量可以确认水力负荷的极值以及导叶开启关闭水力特性，为导叶安全装置和力矩控制的设计提供验证资料。一般导叶水力矩测量导叶数不少于3个，建议4个以上为好。如果每相隔一个导叶设置导叶破断保护装置，为了检验导叶失步对其他导叶的影响，可测量相隔导叶的水力矩特性。为此，可以将测量导叶集中布置，分别满足水轮机工况和水泵工况的导叶水力矩测量。

（七）全特性曲线

全特性曲线也叫四象限特性曲线，包括流量—转速关系曲线和力矩—转速关系曲线。全特性曲线试验是水泵水轮机特有的重要试验，其试验成果直接反映了机组的运行特性。

从模型试验的角度，对于水轮机制动工况到反水泵工况区，由于可能出现同一转速对应几个不同流量的不稳定工况，因此模型试验中有可能无法稳定模拟该区域的水泵水轮机特性。一般可以在模型试验循环系统中设置阻尼装置，通过改变循环系统的水道损失，调整水道特性，以避开可能出现的S区不稳定运行的工况点，如图 11-1-29 所示。

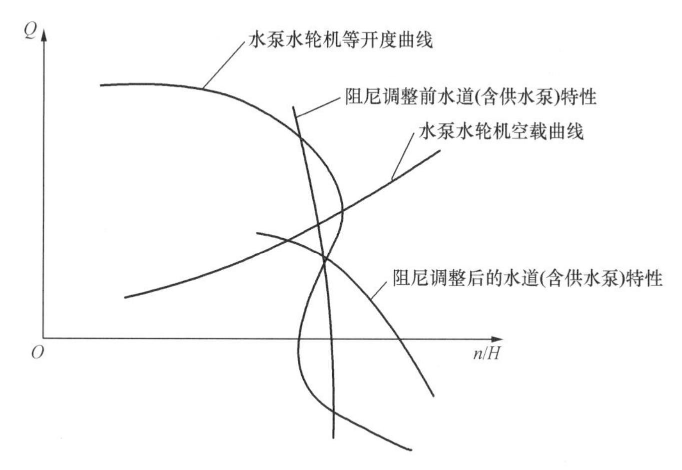

图 11-1-29　水道特性对水泵水轮机 S 区稳定运行试验影响

全特性特性曲线试验中，对有和没有阻尼调整装置试验台得出的水泵水轮机制动工况和反水泵工况特性曲线存在着一些差异，如图 11-1-30 和图 11-1-31 所示。

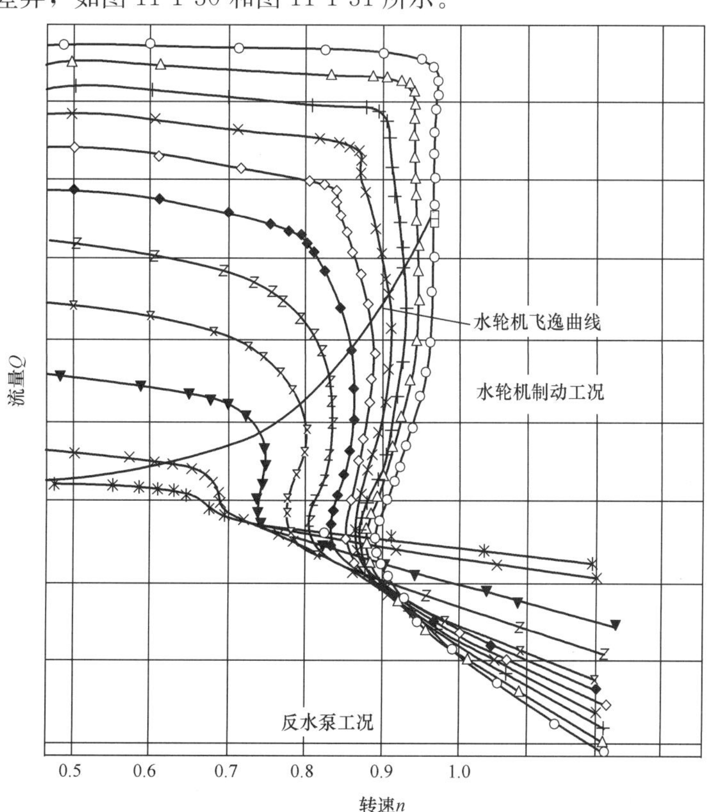

图 11-1-30　由有阻尼装置试验台得出的水泵水轮机制动工况和反水泵工况特性曲线及试验点

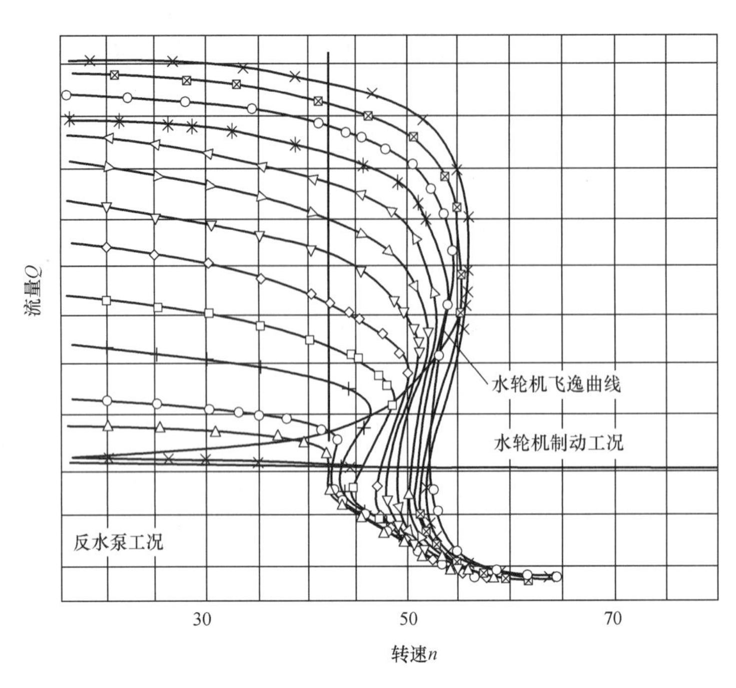

图 11-1-31 由无阻尼装置试验台得出的水泵水轮机制动工况和反水泵工况特性曲线及试验点

（八）过渡过程计算机模拟分析

随着计算机技术的发展，对水泵水轮机的一些典型过渡过程进行同步动态模拟已经较为成熟和方便。可以在模型试验进行到一定阶段时，进行典型过渡过程的模拟分析，从而发现问题并找到解决的办法，其主要模拟分析项目如下：

(1) 开停机过程模拟。主要针对S特性区和高扬程区特性，以便确定合理的开机导叶开度，检验停机过程是否进入反水泵区以及是否能够顺利退出。如果发现问题，则制定避开水泵工况驼峰区或水轮机工况低水头空载不稳定区的应对措施。如果问题严重，需要重新进行水力设计和模型试验。

(2) 典型大波动过渡过程模拟。以检验水泵水轮机特性能否满足现有输水系统和机组参数的设定工况的要求，避免出现输水系统或机组其他部件特别是发电电动机设计的较大修改，以及及时采取补救措施。

（九）水泵工况零流量和异常低扬程试验

水泵工况零流量试验时，在10%以下的导叶开度内，试验点要尽可能密集，特别是0～4%导叶开度范围，这是水泵启动时最恶劣的运行区，可能诱发水力激振或导叶自激振荡。尽管模型试验不能完全反映真机情况，但可以反映此时导叶受力情况，进行趋势分析。

一般要求水泵水轮机可以在上水库无水情况下，以低于电站正常最低扬程启动，向上水库充水。该工况很实用，合理运用能节省投资，缩短投运工期。模型试验时，必须找出可行的异常低扬程限制值，可以压力脉动和空化指标作为判据，要求在水泵特性曲线上标出按初生和临界空化系数小于电站空化系数的限制线，便于现场根据实际情况进行组合和选择。

1.5 水泵水轮机结构选型

我国已建、在建大型抽水蓄能电站均采用混流式水泵水轮机—发电电动机组合方式，具有机组结构简单、土建工程量少、投资低、机组机型技术成熟可靠等优点。相对于常规混流式水轮机，水泵水轮机在结构设计方面有其特殊性。本节针对定转速、单级混流式水泵水轮机结构选型设计需要重点关注的几个问题进行讨论。

1.5.1　水泵水轮机拆卸方式统计

水泵水轮机的可拆卸部件包括转轮、主轴、水导轴承、顶盖、导水机构和主轴密封等。水泵水轮机的蜗壳、座环、尾水锥管以下的尾水里衬一般均埋入混凝土中，泄流环/底环和尾水锥管则根据可拆部件的拆卸方式和制造厂的习惯有埋入或出露两种情况。顶盖结构形式和分瓣数对发电电动机以及机坑结构和尺寸影响较大，水泵水轮机的拆卸方式通常可分为上拆、中拆和下拆等 3 种方式，我国大型抽水蓄能电站拆卸方式统计见表 11-1-23。

表 11-1-23　　我国已建、在建抽水蓄能电站拆卸方式统计

电站名称	装机台数×单机容量（MW）	额定水头（m）	额定转速（r/min）	拆卸方式	备　注
广蓄一期	4×300	496	500	下拆	噪声和振动较大
广蓄二期	4×300	512	500	中拆	
十三陵	4×200	430	500	上拆	
天荒坪	6×300	526	500	中拆	尾水锥管可拆
桐柏	4×300	244	300	上拆	尾水锥管上部出露
泰安	4×250	225	300	上拆	
宜兴	4×250	363	375	上拆＋不完全下拆	尾水锥管可拆
琅琊山	4×150	126	230.8	上拆	尾水锥管上部出露，整体顶盖
西龙池	4×300	640	500	上拆	已建
惠州	8×300	517	500	中拆	已建
宝泉	4×300	510	500	中拆	已建
白莲河	4×300	190	250	上拆	
呼和浩特	4×300	521	500	上拆	在建
张河湾	4×250	305	333	上拆	
黑麋峰	4×300	295	300	上拆	
响水涧	4×250	190	250	上拆	在建

（一）上拆方式

水泵水轮机可拆部件的检修需要通过发电电动机定子内径上拆，国内常规水电站混流式水轮发电机机组基本上采用上拆方式，日本所有抽水蓄能电站以及国内已建和在建的十三陵、泰安、桐柏等多座抽水蓄能电站也采用上拆方式。上拆方式具有以下特点：

（1）机组轴线短，轴系稳定性好。

（2）布置紧凑，厂房结构相对简单。

（3）水泵水轮机部件装拆时间较长，即使在发电电动机转子无需检修时也要吊出机坑。

（4）顶盖一般需分瓣以满足上拆方式，如桐柏、泰安、西龙池等电站，也有采用整体顶盖的，如琅琊山等电站。

（二）中拆方式

水泵水轮机可拆部件通过布置在水轮机层的机墩通道中拆，即不需拆除发电电动机部件就可拆卸水泵水轮机部件。国内已建的天荒坪、广蓄二期、宁波溪口、宝泉、惠州等高水头高转速抽水蓄能电站采用了中拆方式。中拆方式具有以下特点：

（1）水泵水轮机部分和发电电动机部分部件相对独立，安装或检修相互干扰较小。

（2）安装检修周期相对较短。

（3）需增加中间轴，机组轴线加长，增加主轴轴线调整的难度。

（4）土建结构较为复杂，在机墩中要开较大通道。

如天荒坪抽水蓄能电站考虑顶盖整体运出，在水轮机层机墩侧开一通道（尺寸为高 2.4m×宽 5.9m），由于机墩中开了较大通道，为改善土建结构的强度和刚度，机墩下游侧与岩体联成一整体，仅留有 3.6m×2.4m（高×宽）的通道。

（三）下拆方式

水泵水轮机可拆部件通过尾水锥管处的下部通道拆出，称为下拆法，广蓄一期采用下拆法。下拆法具有以下特点：

（1）无中间轴，部件拆装时间短，如水泵水轮机顶盖等大部件在大多数情况下无需拆卸。

（2）厂房尾水管部分要设通道，土建结构较复杂。

（3）尾水管底部保留拆卸通道，蜗壳层噪声较大。

在选择水泵水轮机拆卸方式时，应考虑工程特点（如泥沙含量、水头变幅等）、厂房布置、厂家经验、机组运行与检修概率、运行单位的检修习惯等因素，研究拆卸方式对土建结构和机电安装进度等方面的影响，以及不同水头段和转速的机组，其固定部分的埋设安装方式对机组振动、噪声、尾水管压力脉动的影响，设置合理的检修周期，选择合适的拆卸方式。从已投运机组的运行和大修实践经验来看，建议水泵水轮机以上拆和中拆方式为主。不完全下拆方式也不失为一种可用的选择，如天荒坪、宜兴电站使用情况也是令人满意的。

1.5.2　水泵水轮机水推力和抬机

作用在水轮发电机组转动部分的轴向力包括转动部件的重力、电磁力和轴向水推力。电磁力只有在转子和定子轴向不对中时产生，即转子偏低时电磁力向上，偏高时向下。作用在水泵水轮机转轮上的轴向水推力比较复杂，一般作用在转轮上的水推力向下，即水推力增加了推力轴承的载荷，加大了轴承的功率损耗。转轮设计时通常采取适当措施，如设置平衡管等措施来降低水推力的大小。若措施不当，可能造成轴向水推力方向向上，若超过了转动部分重量，可能造成机组抬机现象，影响机组安全运行。

天荒坪电站模型试验后制造方修正原型稳态轴向水推力：水轮机工况在正常运行范围内，当净水头 520m 时，轴向水推力为－50t（向上），净水头 600m 时，轴向水推力为 0；水泵工况在正常运行范围内，轴向水推力为为＋62t（向下）。从模型试验情况来看，顶盖平衡管打开可减少水推力 40%左右，即可减少转轮上方的压力，上冠减压孔也可降低轴向水推力，但对水泵工况效率有影响；上部迷宫间隙范围 2～3.5mm、下部迷宫间隙范围 0.5～2.0mm。泰安抽水蓄能电站水泵水轮机工况水推力范围－30～75t，水泵工况最大向下水推力为 170t。上部迷宫间隙范围 1.2～1.5mm、下部迷宫间隙范围 1.5～1.8mm。运行中发生迷宫磨损后间隙变大，可能造成水推力的巨大变化。

在转轮的水力设计和模型试验中应充分重视轴向水推力的测量，但由于模型和真机难以做到完全的力学相似，必须留有一定裕度。同时转轮和转轮上下迷宫环以外的承压面积较大，水流的压力也很高，作用在转轮上下两个承压面上的轴向力绝对值很大，只要在结构设计、安装以及运行中发生少量的变化（如迷宫间隙磨损加大等），就足以造成水推力的很大变化。若变化的结果为向下的作用力减少或向上的水推力增加，超过一定程度就可能造成抬机；反之，则造成推力轴承载荷和功率损耗加大。

从已投运机组的运行情况看，设计中采用顶盖、底环平衡法降低向下水推力以减少轴承损耗，提高机组效率的机组，可能出现抬机现象，如天荒坪机组。这些抬机现象出现的时机没有规律，较难找到针对性措施。考虑到抽水蓄能机组的推力负荷一般在400～900t，推力轴承设计受其影响并不大，建议在水力设计中尽量避免或减少向上水推力，同时设置合适的上下迷宫环间隙和结构形式，避免抬机现象发生。

1.5.3　主轴密封结构

水泵水轮机主轴密封压力高，运行工况多，机组启停频繁，发电和抽水运行时，主轴密封的密封腔内介质为水，而水泵工况启动和机组调相运行时，介质为压缩空气，主轴密封设计要满足不漏气、不漏水的较高要求。国内近年来投入运行的大型抽水蓄能电站一个主要特点是上下水库水位变幅大、水头高、电站埋深大，因此机组在运行或停机时，主轴密封都必须投入运行，且要适应不同的工作压力。高水头、高转速、大容量抽水蓄能机组主轴密封的密封水压和密封面滑动速度增加，使用条件会变得恶劣。主轴密封故障可能导致水溢出顶盖、机组调相运行失败等后果，是个非常关键且易发生故障的部件。

国内大型抽水蓄能主轴密封主要采用自平衡式和非平衡式轴向平面密封结构，应根据制造厂家经验、水源条件、上下游压力特性、检修难易程度上加以选择，同时强调结构强度、制造和安装精度要求。对于下水库水位变幅大的抽水蓄能电站机组，推荐采用自平衡式结构。

目前，高水头蓄能电站主要有径向密封和端面密封两种形式，分别如图11-1-32和图11-1-33所示。

日本制造厂在抽水蓄能机组中主要使用径向密封，高水头水泵水轮机一般使用3段式径向密封，包括1段树脂密封和2段碳精密封，在机械弹簧等作用下沿径向与主轴上的抗磨衬套形成密封面，密封磨损后可在弹簧力作用下进行径向移动。但其结构比较复杂，安装检修比较困难，弹簧性能要求高，漏水量相对大。该形式主轴密封

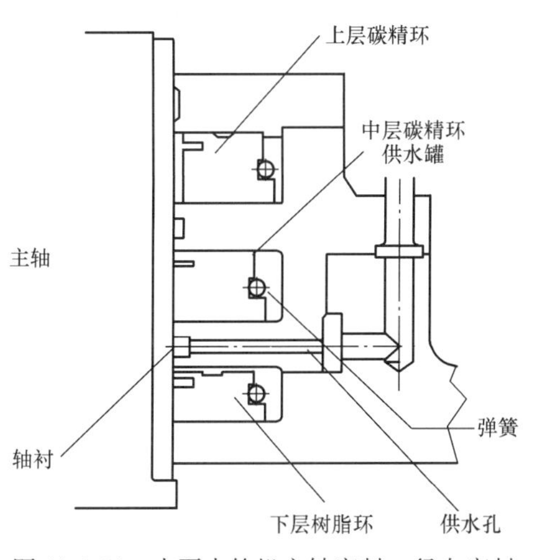

图11-1-32　水泵水轮机主轴密封—径向密封

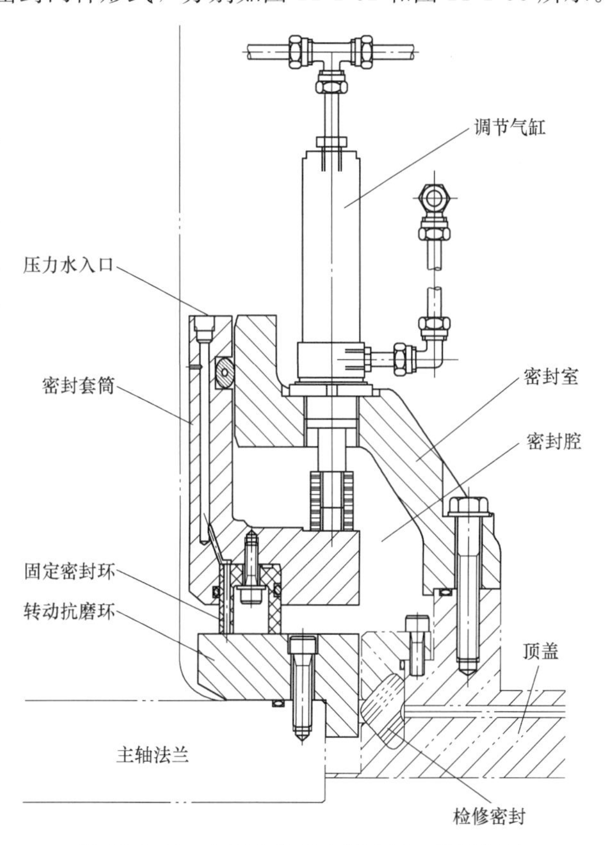

图11-1-33　水泵水轮机主轴密封—端面密封

在700m水头段的葛野川、神流川、柴拉等抽水蓄能电站中得到了成功的使用，西龙池电站也使用了该结构。

欧美制造厂在抽水蓄能电站主轴密封中主要使用端面密封，使用弹簧、压力水或压缩空气等进行自平衡调节。高水头电站一般使用压力水或压缩空气进行自平衡调节，可适应电站大的下游水位变幅。我国已投运的天荒坪电站（最高扬程614m）、韩国Yang yang二级式水泵水轮机（最高扬程825m）等均采用了该形式主轴密封。对主轴密封来说，最重要的难度因素为尾水系统的最大压力和主轴密封转动面的圆周速度。在天荒坪二抽水蓄能电站可研设计时，与天荒坪电站主轴密封正常工作条件进行对比分析，电站尾水压力约为94～117m，最高压力略低于天荒坪电站70～120m（以水泵水轮机中心线为基准），尾水压力变幅也相对较小；机组额定转速500r/min和天荒坪电站一致，水轮机主轴尺寸也基本相当，主轴密封转动部分圆周速度也应基本相当。

主轴密封形式选择要考虑不同制造厂经验；主轴密封设计要适应下游水位变化要求，同时强调结构强度、制造与安装精度、水质、漏水量、漏气量以及温度变化等要求。

1.5.4 调相压水

抽水蓄能电站需要在水泵工况启动和机组调相运行时将转轮室水面下压一定水位，以降低水泵工况启动电流和减少损耗。抽水蓄能电站一般工作扬程高，机组埋深大，设置可靠的调相压水系统非常重要，根据相似电站经验，需要在以下方面充分重视：

（1）足够的压气机容量。以保证储气罐压力的及时恢复和保证通过尾水管和主轴密封的漏气及时补充。

（2）合理的尾水管形状和高度。以保证相对少的尾水管漏气，减低转轮调相运行的功率消耗。

（3）按照单元模式设置储气罐，在实际运行中可调整为联合方式。

（4）安全可靠的充气、补气和排气液压阀设备。

在水泵压水启动和调相压水时，转轮在空气中高速旋转，上下迷宫环处会因空气摩擦产生高温，因此需要对上下迷宫环供水冷却。冷却水的排除有两种办法：一种是在底环上开排水孔直接排至尾水管；另一种是通过转轮旋转产生的离心作用，将水压入蜗壳。后者要求导叶端、立面间隙不能太小，且会增加一定的输入功率。在水泵水轮机国产化进程中，建议保留设置排水孔的方式，对直接压水进入蜗壳的方式进行试验论证后再予以实施。这样的结构也不会带来技术或费用上的变化，是目前积累经验阶段的积极主动的办法。

1.5.5 水推力减压装置

为减少水泵水轮机在稳定工况和过渡过程工况下的轴向水推力，高水头机组必须设置合理的均压平衡管，同时要综合考虑防止机组抬机。常规一般在转轮上冠和下环之间设置一种均压管，还可在超高水头蓄能机组上采用内外双均压管方式，如日本某些公司。外均压管连接转轮上冠外缘和下环空腔相连，在不增加漏损情况下显著降低轴向水推力；内均压管将转轮上冠内圈与尾水管上部相连，设置调节阀来调节水推力的大小以及调整主轴密封前的压力。

必须在水泵水轮机模型试验时进行水推力减压装置试验，以确定设置位置、数量、尺寸以及减压效果等。

均压管工作条件差，是抽水蓄能电站比较容易产生故障的部件，必须在材料选择、强度设计、防振设计等特别注意。

1.5.6　顶盖底环等部件

国内已建抽水蓄能电站水头高、容量大，为适应机组拆卸方式和运输需要，顶盖和底环一般需要分瓣，承压高的分瓣结构特别需要重视强度和刚度要求。整体顶盖和底环结构显然对刚强度和变形有利，但需要一定的经济代价（运输成本和土建结构），实际上较少采用。顶盖和底环振动、变形以及分瓣结合面漏水等需要重视，特别关注设计应力和变形情况，变形量应与上、下迷宫间隙值进行校核，同时对顶盖、底环和导水机构应进行疲劳分析校验。真正发生在顶盖、底环本体上的振动并不多，因为是其上部安装有刚度更小一些的导水机构，一般均是导水机构一部分如导叶或控制环先发生振动。除了合理设置导叶节圆直径，加强导水机构自身刚度外，顶盖和底环是导水机构的约束部件，其刚度的大小将对导水机构的振动产生直接的影响。

1.5.7　蜗壳

水泵水轮机蜗壳需结合工程特点对以下几个方面予以研究。

（1）蜗壳设计。执行标准按 ASME《锅炉和压力容器规范》第Ⅷ节或类似标准。设计压力应考虑可能出现的过渡过程最大压力并适当留有裕度，该设计压力值最好能予以事先规定，耐压试验采用 1.5 倍设计压力，同时应对蜗壳进行疲劳分析。

（2）蜗壳埋设方式。目前一般采用保压、设置弹性垫层和直接埋设三种方式。直接埋设方式一般应用于中低水头机组（如 100m 水头以下），混凝土结构承受蜗壳压力比较容易接受。保压浇筑混凝土的方式，实际上是直接埋设和弹性垫层两种方式的妥协，蜗壳金属和混凝土按比例分担内水压力。尽管蜗壳一直要求按无保护层全压设计，保压浇筑后对蜗壳和混凝土均有较大的安全余量。目前国内大型抽水蓄能机组基本上采用保压浇筑蜗壳混凝土方式，可增加机组刚性，减少振动，混凝土结构设计和防裂设计效果较好。国内部分抽水蓄能电站蜗壳现场保压进行混凝土浇筑的情况见表 11-1-24。除早期的广蓄一期、十三陵以及低水头琅琊山抽水蓄能电站外，基本处于 50%～62%。根据经验和土建设计要求，保压压力以不低于 50%设计压力为宜。

表 11-1-24　　国内部分抽水蓄能电站蜗壳混凝土浇筑保压参数

工程名称	装机容量（MW）	最大水压力（MPa）	保压值（MPa）	保压百分比（%）	保压时间
广蓄一期	4×300	7.75	2.7	34.84	
十三陵	4×200	6.9	2	28.96	
天荒坪	6×300	8.7	5.4	62.07	14 天
广蓄二期	4×300	7.25	4.5	62.07	
桐柏	4×300	4.2	2.1	50	35 天
泰安	4×250	3.9	1.95	50	28 天
琅琊山	4×150	2.35	0.85	36.17	22 天
宜兴	4×250	6.3	3.325	52.78	20 天 混凝土浇筑完 7 天后方可进行灌浆处理，灌浆结束 7 天后可泄压
宝泉	4×300	8.35	4	47.9	35 天

（3）分瓣组装。水泵水轮机水头扬程高，蜗壳钢板较厚，现场挂装调整较为困难，特别是变形后校正困难。因此，一般将蜗壳在工厂和座环分段组焊后，分瓣运至现场，完成其余部分和分瓣面的焊接工作。按照当地运输条件，分瓣数越少越好。

1.6　调速系统

1.6.1　概述

水泵水轮机调速系统是机组实现规定任务的控制系统，负责完成机组启停、工况转换、运行调节、事故保护操作功能。系统由调速器、油压装置和执行机构导叶接力器组成，与常规水电机组的调速系统基本一致，但由于水泵水轮机双向运行，其调速器比常规水电机组调速器增加了控制和调节功能。由于水泵工况的调节功能和水轮机工况的调节模式不同，相应增加控制功能的复杂性。目前国内已建在建的抽水蓄能电站，除少数机组如白山、响洪甸、天堂外，基本采用进口的调速器，国内设计的大型调速器正式在抽水蓄能电站运用始于白山抽水蓄能机组（2×150MW），部分主要调速器生产厂家正在研制大型抽水蓄能机组调速器，并应用于响水涧、呼和浩特等抽水蓄能电站。本节主要介绍水泵水轮机调速系统控制功能的特点和需要注意的问题。

1.6.2　调速器形式和参数

用于水泵水轮机控制的调速系统的形式和参数，与常规水电工程的调速系统并没有实质性的区别。由于抽水蓄能机组承担调峰、填谷、调频、调相和事故备用等功能，其速动性和快速相应性的要求更为严格。控制逻辑和功能要考虑水轮机和水泵两种工况的启停、运行调节和事故保护要求。

（一）调速器形式

目前用于水泵水轮机的调速器均采用比例、积分、微分调节规律(PID)为基础的数字式电液调速器。

（二）调速器主要参数

调速器参数调节范围应满足机组和输水系统稳定运行要求并在设定范围内连续可调。参数整定范围和常规调速器基本一致。典型的调节参数示例如下：

比例增益 K_P，≥0.5～100；

积分时间常数 K_I，1～50s；

微分时间常数 K_d，0～10s；

永态转差率 b_p，0～10%；

人工失灵区调节范围，1%；

接力器全行程关闭时间，8～100s；

接力器全行程开启时间，15～100s；

转速调节范围，90%～110%；

输出功率调节范围，0～115%；

开度限制整定范围，0～105%。

其中，人工失灵区是我国特有的调节特性要求，常用于常规水电站，主要目的是在电网容量不足的情况下保证足够的发电量，把调节品质放在第二位。针对抽水蓄能电站在电网中安全、稳定、提高供电品质、优化电网运行、降低系统总体能耗的作用，人工失灵区的作用并不是必须的功能。因此，水泵水轮机调速器可以不设置人工失灵区。如果机组不考虑设置最大输出功率，或者过负荷运行，其导叶开限整定范围一般比常规水电机组调速器要小一些，设置为0～105%，而不是0～110%。

1.6.3 调速器主要结构和功能

（一）调速器系统组成和主要结构

水泵水轮机调速器系统组成和结构与常规水轮机调速器相似，调速器一般由电气部分和机械液压部分组成。电气部分和机械液压部分通常分开设置，中小型机组也有机械部分和电气部分组合成一个柜设置的，数量较少。水泵水轮机调速器容量一般不大，机械液压部分现在基本采取设置于油压装置回油箱上的布置方案，以节约空间、缩短管路。

（1）调速器电气部分。调速器电气部分主要由控制器、各功能模块、信号、指示、保护和操作元件组成。集成于电气控制柜内，控制柜采用标准柜。

鉴于抽水蓄能机组的可靠性要求较高，控制器一般采取冗余设置，由触摸屏及冗余的数字式控制器组成。控制器通常采用PLC、PCC或专用的模块式PLC，包括控制模块、数字量输入/输出模块、模拟量输入/输出模块、信号模块、电源模块、通信模块。

电气柜上通常设置转速表、导叶位置指示器、开限表、净水头指示器、有功功率表、永差系数表等数字表计。

电气柜上通常设置开限升、开限降、开度升、开度降、紧急事故停机、事故停机、正常停机、手动/自动选择开关等按钮。

（2）调速器机械液压部分。调速器机械液压部分在采用先进的伺服比例阀作为电液转换器后，取消中间放大和机械反馈机构，结构简单，一般不再组柜，直接布置在回油箱上。还有部分厂家，如Voith Siemens、ALSTOM，有时采用其传统的旋转式流量或位移输出型电液转换器，有的甚至将主配和事故配压阀（过速限制器）组合在一起，需要组成一个简易的机械液压柜。机械部分的布置以放置在回油箱上为主，管路应避免出现空气聚集点，便于初始运行时的排气。

机械液压部分主要由电液转换器、主配、分段关闭装置以及相应的先导控制电磁阀和测量反馈元件组成，其组成特点如下：

1）电液转换器除了采用传统的旋转式流量或位移输出型之外，现在主流配置一般采用速动性好、操作容量大、线性度高的伺服比例阀为主。伺服比例阀便于冗余配置，其对油质要求高，供油回路上设置冗余过滤器，可以实现无扰动自动切换。

2）分段关闭装置包括机械分段和电气分段关闭装置，按照机组过渡过程计算结果的需要设置。采用电气分段关闭装置可以对关闭规律进行任意调整和优化，现场调试方便；采用机械分段关闭装置可在电源完全失去的情况下仍实现预定分段关闭规律。

3）水泵水轮机一般均设有进水阀，目前进口调速器均未设置事故配压阀（过速限制器），机械过速直接动作于主配及进水阀。

4）对于采用单独控制导叶接力器的机组，可在单导叶操作油路上设置分段关闭装置或采用电气分段（软件分段）控制。如设过速限制器，也可同样原则处理。

5）进口调速器一般不设置纯机械手动操作机构，调速器初期安装调试直接采用电手动。

（3）调速器通常配置的冗余信号。建议调速器至少配置以下冗余信号：

1）导叶位置反馈。调速器装设两个导叶位置（接力器行程）传感器，调节器同时采集。当一个传感器故障时，自动选择一个正确的信号作为导叶反馈。该反馈信号宜与CSCS监测信号独立设置。

2）主配位置反馈。主配位设置两个位置反馈传感器，与导叶位置反馈传感器一样，当一个传感器损坏时，调节器应自动选择一个正确的信号。

3）转速测量(测频)系统。调速器转速测量采用齿盘测速和残压测频，齿盘测速采用冗余的测频模块，建议探头冗余。初期调试运行时采用齿盘测速为主，正常运行采用残压测频为主，主备用切换或监测应自动无扰动进行。建议调速器测速信号和CSCS测速信号宜独立设置。动作于转速继电器的转速信号，如供制动、励磁、同期装置、进水阀、进/出水口事故闸门等设备使用以及CSCS显示和记录的转速信号，由CSCS测量。

4）冗余比例伺服阀的信号。如果采用两个比例伺服阀作为电液转换器，则其切花信号由其独立的位置信号来判断。如果一个比例伺服阀堵塞或损坏，调速器应选择正确的一个继续工作。比例伺服阀是否正常基于以下原则进行检测：

a. 每个比例伺服阀设有位置反馈，调节器比较命令信号和比例伺服阀的实际位置，如果偏差超差，就自动切换到另一伺服阀。在比较时考虑最小开度和关闭时间。

b. 如果比例伺服阀的反馈损坏将引起切换。在一次运行过程中只能切换一次（只有复位切换信号后，才可以再次切换）。

（4）调速器配置建议。

1）电气部分。调节器采用工控机级触摸屏加冗余数字式调节器，CPU字长不小于32位。建议以主流PLC、PCC为主。建议其时钟信号由CSCS提供，以统一时钟基准。冗余的调节器与CSCS的通信采用独立的通道。

2）机械部分。电液转换器建议冗余配置数字式比例伺服阀为主，阀前配置冗余的自动切换的过滤器。建议国产调速器配置纯机械手动操作机构（带自复中），同时具备失电保护功能，实现导叶的得电关闭和失电关闭双回路冗余控制，以保证安全。建议国产调速器配置过速限制器。

（二）调速器的主要功能

目前尚无专门的水泵水轮机调速器的技术标准，其静态和动态特性基本按照常规调速器技术标准《水轮机控制系统技术条件》（GB/T 9652.1—2007）的要求。与常规水轮机调速器相比，水泵水轮机调速器具有以下特点：

（1）因抽水蓄能电站一般地处负荷中心，线路或电网全线故障，可能需要承担黑启动或独立运行的任务，调速器应能满足孤立网运行要求。

（2）水泵水轮机每天按水轮机和水泵工况启动和运行，调速器应能满足两种运行模式的控制功能。

（3）和常规机组一样，水轮机工况运行时，可根据净水头自动调整给定导叶开机开度，可根据净水头和功率整定值控制导叶开度，以加快开机和负荷跟踪的速度。调速器在控制水泵工况启动时，也应能根据扬程和水泵特性进行导叶启动开度优化以及稳定开度优化，以提高开机速度。在连续运行期间，调速器应控制机组按扬程和导叶开度协联关系运行（最优工况包络线），协联关系曲线数据库由水泵水轮机制造厂提供。实际控制结果与包络线的差值应优于−0.2%。

（4）当频率在正常范围以外时，水泵工况运行应根据扬程和电网频率控制导叶开度，以避开不稳定区，并将空蚀损坏减到最小。导叶开度、扬程和频率关系的数据库由水泵水轮机制造厂提供。

（5）水泵水轮机可能会发生空载不稳定的情况，调速器应具有应对万一发生空载不稳定工况的功能，如控制不同步导叶或引入压力钢管水压反馈，以改善水泵水轮机空载稳定性。

（6）水泵水轮机调速器应能满足机组同步启动（背靠背）的要求。

（7）水泵水轮机调速器应能满足水轮机、水泵工况运行和暂态工况之间快速转换的要求。

1.6.4 油压装置

（一）油压装置配置

（1）油压装置容量按《水轮机控制系统技术条件》（GB/T 9652.1—2007）及有关设计手册进行计

算选择。设备供货合同签订后应与制造厂计算结果进行校核对照。

(2) 抽水蓄能电站的水头扬程一般较高，容量基本在400MW以下，调速系统容量不大。因此，调速系统油压装置设置一个压力油气罐。

(3) 考虑到抽水蓄能机组启停较为频繁，设置主油泵两台、辅助（增压）泵一台。和常规水轮机调速系统不同，油压装置主油泵容量按大泵小罐的原则设置，每台主油泵每分钟的供油量不应小于导叶接力器总有效容量的2倍，增压泵的容量不应小于系统计算总漏油量的2倍。

(4) 由于抽水蓄能机组启停、调节频繁，油压装置运行时间长，油温会升高。除了水头较低（一般低于200m）且容量较大（250MW及以上）电站的调速器油压装置容量较大，自然散热可能会满足要求，一般均应在油压装置回油箱中设置油冷却器。如果不设，应有散热分析报告。油冷却器可以设置在回油箱外部，另设油泵进行循环冷却，可以设置油过滤器或静电吸附式过滤器。

(5) 油泵出口阀组建议采用集成阀组。

(6) 抽水蓄能机组一般安装在地下厂房，空气潮湿，回油箱可能设有冷却器，因此，回油箱应配置油混水信号装置。

(7) 回油箱的容量应能容纳机组调速系统全部油量的1.1倍。

部分抽水蓄能电站的压油罐和回油箱参数统计，见表11-1-25。

表11-1-25　　压油罐和回油箱参数统计表

项　目	数　据			
电站名	TB	TA	YX	BQ
单机容量（MW）	300	250	250	300
最大操作油压（MPa）	6.4	6.4	6.4	6.4
正常操作压力（MPa）	6.0	6.0	6.0	6.0
最低事故停机油压（MPa）	4.5		4.6	5.12
主配直径（mm）	65	22×25	100	20×25
油压装置总容积（m^3）	10	5.5	4.6	6.6
回油箱总容积（m^3）	6.4	5.28	11	9
调速器液压系统布置方式	分散在回油箱上	液压柜在回油箱上	液压柜在回油箱上	分散在回油箱上
压油罐布置方式	与回油箱分离	与回油箱分离	在回油箱上	与回油箱分离
油压装置冷却水量（m^3/h）	6	2	7.2	0.76

（二）油泵的控制

如前所述，油压装置配置2台主泵、1台辅助泵。一般的控制逻辑如下：机组收到开机命令，增压泵就启动，连续运行；当压油罐压力略不足，向油罐补油，平时通过卸压阀排回回油箱。2台主泵根据油压装置上的压力开关整定值启停，一主一备。

辅助泵有连续运行和间断运行两种运行模式。连续运行不仅可以补充少量漏油，同时对油质改善有利（经过滤油器），对使用比例阀的调速器很有必要，有利于延长设备寿命。个别电站辅助泵设置为间断运行，其节约的厂用电有限，不如不设辅助泵。建议辅助泵运行方式采用在开机后连续运行，停机后停止。

此外，主油泵的启动方式是否采用软启动值得讨论，一般认为容量大（通常75kW左右）要设软启动。实际上，油泵启动是卸载启动的过程，负荷慢慢增加，启动电流不大，有的制造厂通常建议不设软启动，认为采用星/三角启动即可，但为了满足合同要求而设置软启动，且要求满载启动，引起设计复杂化，该问题需要研究和注意。

（三）油压装置监测仪表配制

油压装置的压油罐和回油箱上有不少监测仪表，其配置各有差异。如有的制造厂习惯用压力开关控制和保护，但有些制造厂认为用压力传感器整定更方便。表 11-1-26 所列是 4 个抽水蓄能电站油压装置监测仪表的配置情况，可供设计研究和参考。

表 11-1-26　油压装置监测仪表配置

电站名	TB（Vetach）	TA（Voith-simens）	YX（GE）	BQ（Alstom）
压油罐压力	压力表一个 压力开关一套 （1 个接点） 压力传感器 2 套	压力表一个 压力开关一套 （1 个接点） 压力传感器一个	压力表一个 压力开关一套 （6 个接点） 压力传感器一个	压力表一个 压力传感器一个
压油罐油位	油位指示一个 油位开关一套 （6 个接点） 过低浮球油位计一套 油位传感器一套	油位指示一个 油位开关一套 （3 个接点）	油位指示一个 油位开关一套 （6 个接点）	油位指示一个 油位传感器一套 油位开关两套
压油罐自动补气装置	一套	一套	一套	一套
回油箱油位	油位指示一个 油位开关一套 （1 个接点） 浮球油位开关一套	油位指示一个 油位开关一套 油位传感器一套	油位指示一个 油位开关一套 （4 个接点）	油位指示一个 油位开关一套 （2 个接点）
回油箱温度	温度计、温度传感器各一套	温度计、温度传感器各一套	温度传感器 1 套	温度计、温度传感器各一套
回油箱其他元件	油呼吸器一套	油混水装置一套 油呼吸器一套	油混水装置一套 油呼吸器一套 压力开关 （3 接点）	油混水装置一套 油呼吸器一套

1.7　进水阀及其附属设备

1.7.1　概述

水泵水轮机进水阀具有鲜明的特性。由于抽水蓄能电站上水库的水是水泵工况抽上去的，水的泄漏必须由进水阀来控制到最小，以节省能源，故进水阀在停机时均需关闭。同时进水阀还可能参与机组开停机调节、过渡过程调节，操作频繁，可靠性要求高，必须具有动水关闭或开启的能力，是抽水蓄能电站非常重要的设备。

常用的水轮机进水阀有蝶阀和球阀，一般最大水头 250m 及以下时选择蝶阀，高于 250m 时宜选用球阀。结合水泵水轮机具体情况，在 200～250m 最大水头的机组容量不是很大，故国内工作水头大于 200m 的已建在建抽水蓄能电站水泵水轮机进水阀均采用球阀，具体参数见表 11-1-27。目前白莲河抽水蓄能电站球阀通径为3.5m，为国内之最；美国 Racoon Mountain（腊孔山）抽水蓄能电站，水泵水轮机球阀通径为ϕ4.88，是世界上最大的球阀。蝶阀也在国内外部分工作水头较低的抽水蓄能电站中使用，蝶阀视密封形式不同，有单、双密封之分，具体参数见表11-1-28。

表11-1-27 国内部分已建在建抽水蓄能电站应用球阀参数统计表

电站	广蓄一期	十三陵	天荒坪	广蓄二期	桐柏	泰安	宜兴	张河湾	西龙池	宝泉	白莲河	蒲石河	惠蓄	响水涧	仙游
地点	广东	北京	浙江	广东	浙江	山东	江苏	河北	山西	河南	湖北	辽宁	广东	安徽	福建
通径（m）	2.21	1.75	2.0	2.1	3.1	3.15	2.4	2.45	2.0	2.0	3.5	3.0	2.0	3.3	2.3
投运年份	1993	1996	1998	1999	2005	2005	2008	2008	2009	2009	2009	已建	已建	在建	在建

表11-1-28 国内外部分抽水蓄能电站应用蝶阀参数统计表

电站	通径（m）	压力（m）	密封形式	生产厂家	备注
Purulia	约DN3500	214.5（电站最大水头）	单密封、橡胶	TOSHIBA	2001年，印度
Kymmen	DN2800	$H_{pmax}=85$		GE	1984年，瑞典
Bhumibol	DN4500	$H_{pmax}=107$		GE	1993年，泰国
沙河	DN2800	$H_{pmax}=125$	双密封、橡胶	Alstom	2002
天堂	DN4600	$H_{pmax}=51.6$		克瓦纳杭发	2000
响洪甸	DN4500	120		东电/奥钢联	2005
琅琊山	DN4100	$H_{pmax}=147.0$	单密封、橡胶	Vatech	2007
白山	DN4100	$H_{pmax}=123.9$		哈电	2007

1.7.2 进水阀主要作用

水泵水轮机进水阀的主要作用如下：

（1）机组停机时截断水流，防止上水库水量泄漏，同时兼作机组检修或一管多机枢纽布置时的机组初期调试、发电时挡水，以节省能源或保障机组安装进度。

（2）机组作调相运行时，进水阀关闭挡水，防止水泵水轮机压水时，压缩空气随水流逃逸。

（3）水泵工况启动压水及造压时挡水。如果水泵工况启动时出现意外水力激振，进水阀可配合导叶在造压完成时提前或延后以适当速率打开，来破坏水力激振条件，达到稳定启动的目的。

（4）部分水泵水轮机，特别是调速器没有设置分段关闭的水泵水轮机，可能需要进水阀在机组甩负荷或断电时，参与关机调节，以满足蜗壳压力上升、尾水管压力下降和机组转速上升的限制要求。

（5）在调速系统事故时，代替过速限制器，动水关闭截断水流，防止机组飞逸，以保护机组设备。

（6）在机组或供水系统等有水部件发生泄漏时，球阀截断水流，以防止上水库水流进厂及便于机组排水检修。

1.7.3　进水阀结构和布置

（一）进水阀密封

近年来的进水阀，不管是球阀还是蝶阀，鉴于其所起的作用，以及便于进水阀本身的检修和减少工作密封的工作时间，延长使用寿命，一般均设置双密封。对于一管多机输水系统布置方式，进水阀应为双密封形式；对单管单机且上游设置进水事故闸门枢纽布置方式，采用蝶阀时可采用单密封形式。活动式工作密封和检修密封的操作宜采用上游压力钢管压力水操作。

（二）进水阀结构

进水阀安装在引水压力钢管和水泵水轮机蜗壳之间，蜗壳与进水阀之间一般设置伸缩节，以防止水锤轴向力传递到蜗壳和厂房混凝土，由压力钢管承受进水阀关闭时的轴向力。同时，进水阀底座一般为滑动式，在承受轴向压力时，可以适当移动，配合伸缩节的使用，使进水阀不会受到扭转应力。

球阀可以分为整体式、大小头分瓣式、对称分瓣式、协向分瓣式等种类，一般为卧轴布置。受运输条件限制时需要分瓣，分瓣方式视各制造厂的习惯和经验而定。蝶阀同样有分瓣和整体结构形式，一般采用卧轴布置方式。

阀体和活门可以采用铸造结构，也可以是焊接结构，如泰安、宝泉、惠州抽水蓄能电站即为焊接结构。焊接结构的加工质量较铸造结构易于控制，但铸造结构有利于防振，各有优缺点。

大中型水电站进水阀的启闭一般采用液压操作机构，一般有摇摆式直缸接力器、套筒式直缸接力器、环形接力器和刮板接力器等 4 种形式。摇摆式直缸接力器结构简单，适用于卧轴布置，目前国内的大型抽水蓄能电站都采用这种形式的接力器，根据制造厂家习惯，设置单接力器或双接力器。此外，为了提高进水阀事故关闭的可靠性，某些电站设置的进水阀在轴端设置重锤机构，以便在液压系统或电源故障时，可由重锤机构使进水阀自行关闭，如天荒坪、宜兴、琅琊山电站设置了重锤机构，但重锤需要较大的布置空间，结构相对比较笨重。除广蓄一、二期外，国内抽水蓄能电站进水阀液压操作系统基本采用油压系统。

（三）进水阀布置

国内抽水蓄能电站进水阀一般布置在主厂房内，进水阀尺寸涉及厂房尺寸和引水支洞尺寸和布置，需要优化确定进水阀控制尺寸。如球阀中心线至机组中心线距离对蜗壳层厂房布置影响较大，同时对引水系统压力钢岔管布置和开挖影响较大，是厂房设计的控制数据。伸缩节为一活动部件，法兰位置不能有渗漏，管口圆度、平面度和安装精度要求高，设计强度刚度必须有保证，必须高度重视伸缩节的材料、材料厚度、长度设计。

进水阀吊物孔布置与压力钢管进厂方位、进水阀及其辅助部件结构及尺寸有关。地下厂房受地质条件和经济性影响，一般压力钢管斜向进厂。应根据实际条件，尽量将进水阀吊物孔中心线方向布置成与厂房轴线一致；蜗壳进口段伸出机墩一段，以减少伸缩节的长度，加强伸缩节的刚强度，减少吊物孔尺寸；水轮机层吊物孔尽量覆盖整个进水阀本体和伸缩节，伸缩节可在进水阀不拆卸情况下、直接吊运到安装场检修。蜗壳进口闷头的安装和拆卸要考虑可能的临时吊点。若蜗壳尺寸较大，运输条件限制需要分瓣，蜗壳进口段现场焊接的焊缝应尽量远离蜗壳进口法兰，同时控制混凝土浇筑对蜗壳变形的影响，要保证蜗壳进口法兰的平面度要求。

1.7.4　泰安抽水蓄能电站进水阀简介

泰安抽水蓄能电站于 2007 年全部投运，进水阀为卧轴球阀，通径 3.15m，其设计、制造、运输、安装和试验经验值得借鉴和总结。该球阀采用单缸接力器油压操作，设置工作密封和检修密封各一道，开启前采用工作密封打开向蜗壳充水平压方式。工作密封设置在球阀下游侧，检修密封设置在球阀上游侧，检修密封设置机械锁锭装置，两道密封均采用水压操作，每台质量约为180t。

该球阀采用钢板焊接结构，沿轴线方向分两瓣制成，两瓣阀体采用法兰连接。阀体两侧各有一个水平轴承支承座来支撑活门和枢轴。进水阀的活门采用优质铸钢与枢轴一起整铸而成，轴承为自润滑结构。进水阀检修密封和工作密封装置为可拆卸式结构，动密封环和固定密封环用不锈钢材料制造。阀体带有连接上游侧延伸段和下游侧伸缩节的法兰。伸缩节通过压兰与球阀以螺栓相连，球阀前设置延伸段，压力钢管和球阀延伸段通过一段长约1.5m的压力钢管凑合节焊接。伸缩节能适应由于温度变化和作用在进水阀上的水推力变化引起的进水阀沿轴线方向的位移，可在伸缩节拆除后对进水阀下游工作密封进行维修。

每台球阀设置1个线性双作用活塞型接力器，接力器内径为640mm，接力器最大行程为2495mm，活塞杆外径200mm。相对而言，单接力器尺寸较大，但布置简单，部件少。

球阀油压操作系统设计压力为7.0MPa，正常工作压力5.0～6.0MPa。压力油罐容积为15m^3，压力油罐容积可保证在供油泵不启动的条件下进水阀接力器在正常下限工作油压下全行程动作3次后，油压仍高于允许的最小操作油压（即事故油压）。进水阀油压装置布置在水轮机层机墩侧边，机组调相压水用的2个单元压水气罐布置在机墩上游侧，有利于压水气罐接近尾水管压水充气接口，同时球阀油压系统操作控制管路布置比较紧凑，油管也没有发生和电缆桥架相互干扰现象。

一般球阀前后压力平衡系统采用旁通管路方式。泰安电站水质较好，制造厂推荐采用其业绩较多的工作密封平压方式（当时国内仅广蓄二期和泰安采用）；对抽水蓄能机组，考虑到球阀重要性和使用频繁，建议还是尽量设置球阀旁通管，以改善工作密封的操作条件，延长工作密封使用寿命。

进水阀和尾水事故闸门之间应设置闭锁装置。闭锁装置有电气闭锁和液压闭锁两种，在国内抽水蓄能电站都得到了应用。如果从安全可靠性出发，采用电气＋液压双重闭锁方式是最可靠的，但考虑到泰安电站进水阀和尾水事故闸门分别位于地下主厂房和尾水闸门洞，安装位置较远，若采用液压闭锁，需要设置专门通道，容量也较大。如果能够保证自动化元件的质量性能，电气闭锁方案可以安全可靠地实现进水阀和尾水事故闸门的闭锁。最终设计采用了冗余电气闭锁装置。

泰安电站进水阀下游伸缩节与蜗壳连接时发现下游伸缩节管口尺寸变形较大，进行了现场处理，经历了机组启动调试和几年的运行，通过了机组甩负荷考验，球阀外漏为零、内漏基本为零，总体较好，但还需要电站长期运行考验。

1.8　机组运行工况及工况转换

1.8.1　概述

抽水蓄能机组状态分为停机状态和运行状态。运行工况即按照其功能要求，抽水蓄能机组在运行时所处的稳定状态。根据我国抽水蓄能机组承担的任务要求，运行工况可分为主要运行工况、辅助运行工况和过渡运行工况3种，主要运行工况反映了抽水蓄能机组的主要作用或任务，共发电、发电调相（进相）、抽水、抽水调相和旋转备用5种。辅助工况是指这些工况处于辅助备用的地位，可以在其他方式不能或不便于达成目的时，起到备用或协助的作用，即水泵拖动、线路充电（零起升压）、黑启动。其中黑启动并非一种工况，而是一个功能，反映了机组在无外来电源的情况下启动发电的整个过程，该功能并非必备，而是由抽水蓄能电站在电网中的地位所决定，若电站地处负荷中心，具有该功能对电网极为有利，且抽水蓄能电站的特性使得实现这一功能较为便利。过渡工况即暂态工况，是进入或退出部分主要工况时必须要经过的一个阶段，一般把发电空载定义为过渡工况。工况转换即机组在停机和运行状态之间以及运行状态的各工况之间的变化或过渡。

通常情况下，几乎所有国外厂家均把停机（STOP）和静止（STANDSTILL）设定为两个工况，前者为停机稳态，后者为停机暂态，即过渡工况。停机工况指通常所理解的机组停止状态，即机组及其运行相关的辅助设备全部退出运行或处于隔离状态，所有保护投入，如导叶锁定、检修密封、进水阀工作密封等装置投入，严格来讲应称为停机状态较为确切。静止（停机暂态）是指开机指令发出后，完成必要的附属或辅助设备启动，退出有关保护装置，在正式启动主机之前一个过渡暂态[1]，此时机组并没有转动，但启动程序已经运行。这样的划分有其合理性，顺序控制程序编程时会带来方便，但负面影响是工况转换时间的计时开始时刻从停机稳态（停机）开始还是从停机暂态（静止）开始，有较大争议，目前并未有明确的标准或规范来对此进行定义。

通常所见的抽水蓄能机组状态和运行工况及其附属、辅助设备的运行状态见表 11-1-29。

表 11-1-29　　机组状态和运行工况及其附属和辅助设备状态

项　目	停机	静止	发电空载	发电	发电调相	抽水	抽水调相	旋转备用	水泵拖动	线路充电
冷却和润滑系统	停止	运行	运行	运行	运行	运行	运行	运行	运行	运行
调速器油压装置	停止	运行	运行	运行	运行	运行	运行	运行	运行	运行
调速器	停止模式	停止模式	水轮机运行模式	水轮机运行模式	调相运行模式	水泵运行模式	调相运行模式	水轮机运行模式	水轮机运行模式	线路充电模式
进水阀油压装置	停止	运行	运行	运行	运行	运行	运行	运行	运行	运行
导叶接力器锁定	投入	退出	退出	退出	退出	退出	退出	退出	退出	退出
水导轴承外循环冷却油泵（若有）	停止	运行	运行	运行	运行	运行	运行	运行	运行	运行
推力轴承外循环冷却油泵（若有）	停止	运行	运行	运行	运行	运行	运行	运行	运行	运行
推力轴承高压油顶起油泵	停止	运行	停止	停止	停止	停止	停止	停止	运行/停止	停止
发电电动机机械制动装置	退出	投入	退出	退出	退出	退出	退出	退出	退出	退出
进水阀	全关	全关	全开	全开	全关	全开	全关	全开	全开	全开
导叶	全关	全关	打开	打开	关闭	打开	关闭	打开	打开	打开
压水主供气阀	全关	全关	全关	全关	全关	全关	全关	全关	全关	全关
压水补气阀	全关	全关	全关	全关	全开/全关	全关	全开/全关	全关	全关	全关
压水排气阀	全关	全关	全关	全关	全关	全关	全关	全关	全关	全关
蜗壳泄压阀	全关	全关	全关	全关	全开	全关	全开	全关	全关	全关
换相隔离开关	打开	打开	发电方向闭合	发电方向闭合	发电方向闭合	水泵方向闭合	水泵方向闭合	发电方向闭合	打开	发电方向闭合

[1] ALSTOM 在宝泉抽水蓄能电站定义 STOP 或 STANDSTILL 为停机稳态，而将停机暂态定义为 TRANSIENTSTOP，与以往及其他厂家不同，更符合实际情况。

续表

项　目	停机	静止	发电空载	发电	发电调相	抽水	抽水调相	旋转备用	水泵拖动	线路充电
发电机断路器	打开	打开	闭合	闭合	闭合	闭合	闭合	打开	闭合	闭合
中性点隔离开关	闭合	闭合	闭合	闭合	闭合	闭合	闭合	闭合	打开	闭合
电气制动开关①	打开	打开	打开	打开	打开	打开	打开	打开	打开	打开
励磁系统	退出	退出	投入	投入	投入	投入	投入	退出	投入	投入
机组转速②	0	0	$+n_r$	$+n_r$	$+n_r$	$-n_r$	$-n_r$	$+n_r$	$0\rightarrow+n_r$	$+n_r$
机端电压	0	0	>90%	>90%	>90%	>90%	>90%	>90%	0→>90%	0→>90%
有功功率	0	0	0	发出	吸收③	吸收	吸收	0	0	0
无功功率	0	0	0	发出	发出	发出	发出	0	0	0

① 使用开关是可行的，但实际上国内大部分抽水蓄能电站使用断路器。

② $+n_r$ 表示正向额定转速，$-n_r$ 表示反向额定转速。

③ 发电机作进相运行时，在吸收系统无功功率的同时又发出有功功率。

1.8.2 工况转换分类

工况是指机组的工作状态，严格地说，开、停机并不是工况转换。按照目前约定俗成的定义，工况转换是指抽水蓄能机组停机和工作状态之间的变化或过渡过程。经过几十年的工程实践，根据抽水蓄能机组的功能和作用，总结出了较为完整的工况转换模式。这些工况转换模式可能并未在某台抽水蓄能机组上完整地实现过，部分工况转换只是理论上可以实现或具备这种功能，并不一定具有实际的工程意义。因此，有必要在总结我国抽水蓄能电站实践经验的基础上，对工况转换进行分类，以针对具体电站的功能要求，选择合适的工况转换模式。通常所谓的工况转换模式见表 11-1-30。

表 11-1-30　　抽水蓄能机组常用工况转换模式

序号	工　况　转　换	备　　注
一	水轮机方向	
1	停机→发电空载	发电空载指并网后空载
2	发电空载→停机	
3	发电空载→发电满载	
4	发电满载→发电空载	
5	停机→发电调相	
6	发电调相→停机	
7	发电调相→发电空载	
8	发电空载→发电调相	
9	停机→旋转备用	不并网空载
10	旋转备用→停机	
11	旋转备用→发电空载	
12	发电空载→旋转备用	

续表

序号	工 况 转 换	备 注
13	停机→黑启动运行	我国一般指从柴油发电机启动至带上厂用电
14	停机→线路充电（零起升压）	
二	水泵方向	
15	停机→抽水（SFC）	静止变频装置启动
16	停机→抽水（B. T. B）	一般不计拖动机组启动时间
17	抽水→停机	
18	停机→抽水调相（SFC）	
19	停机→抽水调相（B. T. B）	背靠背启动（Back to Back）
20	抽水调相→停机	
21	抽水调相→抽水	
22	抽水→抽水调相	
三	水泵方向转水轮机方向	
23	抽水→发电空载	正常转换，经过停机状态
24	抽水→发电空载	紧急转换，不经过停机状态

表11-1-30中，机组停止状态使用了停机（停机稳态，STOP）而不是通常所用的静止（停机暂态，STANDSTILL），这涉及工况转换时间从何时计时开始的问题。对于机组停机动作过程，从某个工况如发电空载到停机或静止，其定义或理解基本一致，即到机组停止转动为止，不会产生歧义。而机组开机过程，从停止或静止到某个运行工况，则有较大差异。如前所述，停机状态有稳态和暂态之分，静止一般指停机暂态，即从接到启动命令起，到机组启动必须具备的条件如附属或辅助系统已启动运行正常，闭锁保护已解开等为止的状态，这些动作是需要时间来完成的。但根据各自的经验，每个制造厂家对机组启动前所需要具备的条件均有差别，再加上个附属或辅助系统的设计差异，同样水头段和容量的机组从停机稳态到停机暂态所需要的时间是不同的，这造成了工况转换时间的不确定性。这些附属或辅助设备系统的启动时间一般不会有详细要求，故这段时间将变成无约束状态。

建议工况转换应从计算机监控系统（CSCS）发出指令开始，到工况转换目标达成为止，来计算工况转换时间。这段时间可以清晰地从CSCS得到，对所有工况而言，起点和终点均十分明确。具体到机组启动的工况，从CSCS发出指令时，机组应处于停机稳态，即附属和辅助设备系统等尚未投入。对于从某工况到停机，则可定义为到机组转速为零。有的观点认为应到附属或辅助设备全部退出，保护或锁定投入为止，也是一种思路，但因其中有的工况比如从抽水到发电空载的转换，附属或辅助设备在停机时并不需要退出，保护锁定也不需要投入，可能会有误解，还是以转速为零来判别可以适用所有情况。实际上，附属或辅助设备系统、保护锁定的退出、投入对于将要处于停机稳态的机组而言，其投入时间是否计算并没有实际意义，目前的工况转换基本采用这种方式。

对于抽水蓄能机组，有些工况的实际应用价值并不大。抽水蓄能机组启动速度很快，旋转备用工况实际作用有限。从抽水到满载发电的紧急转换，运行条件恶劣，对机组的寿命有影响，建议尽量不要采用。还有一些工况转换，比如发电调相到发电空载、抽水转抽水调相、黑启动、线路充电等，可视系统需要决定设置与否。

1.8.3 各种工况间转换时间

抽水蓄能机组的特点是对电力系统的需求迅速响应，启停快，工况转换和增减负荷迅速，运行灵活可靠，跟踪负荷能力强，在电力系统中一般承担调峰、调频、调相以及事故备用等任务。因此，其启动和工况转换时间对其能否满足电力系统的快速响应要求，尤其是事故快速处理要求起着重要的作用。表11-1-31列举了已经投运的部分电站在电力系统中其他机组发生事故或电网异常时的快速响应实例。

表 11-1-31 抽水蓄能电站快速响应实例

序号	电站名称	对电网事故或异常的响应情况
1	广州抽水蓄能电站	2001年3月8日15：58时西电机组跳闸，电网频率降至49.38Hz，机组输出功率从300 MW迅速增加至800MW，从而使得电网频率在16：04时恢复至50Hz
		2001年3月22日10：59时广东大亚湾核电机组跳机，电网频率降至49.6Hz，机组输出功率从840MW迅速增加至2107MW，从而使得电网频率在11：06时恢复至49.9Hz
2	天荒坪抽水蓄能电站	1998年11月29日500kV电网频率突然下降0.16Hz，1号机组在2min内由水泵工况转为抽水调相工况，使得电网频率回至49.96Hz
		2001年2月10日16：23时北仑港1号联变压器和3台600MW机组跳闸，电网频率降至49.65Hz，电站在16：26、16：28、16：29时分别启动3台机组，恢复了电网周波

对于1.8.2所述的各工况转换的过程或过渡时间，是衡量机组快速响应能力的重要指标。我国已投运抽水蓄能电站机组的工况转换时间统计见表11-1-32。由于部分工况并未在实际机组中运行，其工况转换的实测时间缺失。此前所有机组工况转换的停机状态采用了静止（STANDSTILL），为了不至于混淆，表11-1-32仍采用原来的术语静止。由于前述原因，对从静止开始的工况转换时间，因起始计时时间的不同，只能作为大致参考。对于从停机开始或至停机终止的工况转换时间，需要进行统计分析工作后确定合理的范围。

表 11-1-32 部分已投运抽水蓄能电站机组的工况转换时间

序号	工况转换	工况转换时间（s）									
		天荒坪		桐柏		泰安		琅琊山		广蓄二期	某厂家
		合同值	实测值	合同值	实测值	合同值	实测值	合同值	实测值	实测值[①]	推荐值[②]
1	静止→发电空载		90		76		—		94		—
2	发电空载→发电满载		30		75		—		62		—
3	静止→发电满载	120	125	90	151	120	125	120	156	120	165
4	发电满载→发电空载		—		36		—		48		—
5	发电空载→静止		280		312		—		260		—
6	发电满载→静止		—	250	348	240	254	240	308	420	240
7	静止→抽水调相（SFC）	300	270	340	313	340	305		391		360
8	静止→抽水调相（B.T.B）		290		—		316		—		270
9	抽水调相→抽水		—	79	—		71		—	80	150

续表

序号	工　况　转　换	工况转换时间（s）									
		天荒坪		桐柏		泰安		琅琊山		广蓄二期	某厂家
		合同值	实测值	合同值	实测值	合同值	实测值	合同值	实测值	实测值①	推荐值②
10	静止→抽水（SFC）	385	386	460	392	460	382	390	585	320	510
11	静止→抽水（B. T. B）		—	300	—	360	—	360			390
12	抽水→抽水调相		110		—		76		—	70	150
13	抽水调相→静止		—		—		258		—		240
14	抽水→静止		240	200	227	240	258	200	305	320	210
15	发电空载→发电调相		—		—		47		—	—	
16	静止→发电调相	180	265	180	184	180	120		—	145	220
17	发电调相→发电空载		30		—		43		—		—
18	发电调相→静止		310		—		280		—		240
19	抽水→发电空载		—		—		—		420		—
20	抽水→满载发电	490	—	360	465	480	243	360	494		375
21	抽水→发电空载（紧急）		—		112	120	160		—		—
22	抽水→满载发电（紧急）	310	350*	90	129	120	126	120	—		—
23	柴油发电机机启动→带上厂用电（黑启动）		—		—		—		—		—
24	静止→线路充电（零起升压）		—		—		—		—		—

① 表中的实测值为某次测量的结果，仅供参考。

② 表中某厂家的推荐值为该厂标准设计值，可以根据实际机组情况适当缩短。

* 天荒坪抽水蓄能电站考虑输水系统和机组安全，在机组从满载抽水紧急转为满载发电时，先关闭球阀、导叶，当导叶接近全关时跳开断路器，当水泵方向转速下降至 100r/min 时，打开球阀、导叶，靠水流反冲转轮加快减速至零并反转，进而转为发电工况。因此，从满载抽水紧急转为满载发电的过程耗时较长。

1.8.4　工况转换时间影响因素

每一个工况转换都由很多步序组成，所以要想加快工况转换的过程，首先，必须缩短每个步序的时间；其次，在电站输水系统和机组及其附属设备系统的允许下，提高各个步序间的并列性。抽水蓄能机组基本工况转换时间的主要影响因素见表 11-1-33。

表 11-1-33　　基本工况转换时间影响因素

工况转换	影　响　因　素	备　　注
停机→发电满载	附属和辅助设备系统启动速度 进水阀开启速度 导叶开启速度 同期速度 调速器响应速度	冷却、润滑、操作系统启动速度和并列性 导叶开机开度优化 机组稳定性 爬坡性能

续表

工况转换	影 响 因 素	备 注
发电→停机	调速器响应速度	卸荷性能
	导叶关闭速度	输水系统稳定性
	GD^2	减速性能
	转速	
	制动系统（电气制动、机械制动）	制动投入时机和容量
停机→抽水（SFC）	附属和辅助设备系统启动速度	
	压水系统容量及充、排气控制阀	冷却、润滑、操作系统启动速度和并列性
	动作时间	压水系统方案和储气罐容量、台数，机组漏气量
	SFC 容量（加速时间）	机组稳定性
	同期速度	加速性能
	GD^2	
	转速	导叶开机开度优化和协联开度优化
	导叶开启速度	
	调速器和励磁响应速度	
抽水→停机	导叶关闭速度	输水系统稳定性
	GD^2	减速性能
	转速	
	制动系统（电气制动、机械制动）	制动投入时机和容量
抽水调相→停机	转轮室排气速度	
	GD^2	减速性能
	转速	
	制动系统（电气制动、机械制动）	制动投入时机和容量
抽水→满载发电	导叶动作速度	
	制动系统（电气制动、机械制动）	附属和辅助系统可以不停止或退出
	同期速度	
	GD^2	减速和加速性能
	转速	
	调速器和励磁响应速度	导叶开机开度优化和爬坡性能
		可以不关闭进水阀
	进水阀动作速度	

由表 11-1-33 可见，影响工况转换时间的因素很多。也可以说，工况转换时间综合反映了抽水蓄能机组及其附属和辅助设备系统以及输水系统的性能和可靠性。归纳起来，有以下几方面的主要影响因素：

(1) 输水系统和水泵水轮机的稳定性，直接影响导叶开启和关闭速度的设定，以及增减负荷的速度，即爬坡和卸荷性能。因此，优化输水系统设计和水泵水轮机水力设计，改善其性能和稳定性，是缩短工况转换时间的基础。

(2) 辅助和附属设备系统的启动投入速度是工况转换的直线时间，优选附属和辅助设备系统，提高其启动速度和可靠性是十分重要的。同时，合理进行附属和辅助设备系统投入的并列性安排，也可有效缩短机组启动时间，如：冷却、润滑水系统，调速系统和进水阀油压装置，高压油顶起装置等可以同时并列启动。导叶锁定、进水阀检修密封和发电机风闸（机械制动装置）可以同时退出等。

(3) 导叶开机开度优化。根据上下游水位组合和水泵水轮机综合特性曲线，实时优化导叶开机开度，缩短开机时间。

(4) 机组增负荷和水泵工况协联优化。在发电工况，可以根据水头和输出功率要求给出目标导叶开度，实施快速逼近和精确调整的增荷策略。在水泵工况，根据事先给定的协联曲线，优化计算协联导叶开度，快速达到合适的导叶开度。

(5) 压水供气系统容量和充、排气管路的管径、控制阀的动作速度也是一个重要因素。建议采用单元供气方式，适当加大储气罐容量和管径，合理布置进、排气口位置，减少漏气和空气逃逸量。

(6) 选择合适的静止变频装置（SFC）容量，并留有适当裕度。

第二章 水力机械辅助设备系统

抽水蓄能电站水力机械辅助设备系统的主要任务，是保障抽水蓄能电站主机设备安全、稳定运行，以及为设备的安装、维护、检修提供保障和条件。

水力机械辅助设备系统主要包括技术供水系统、渗漏及检修排水系统、机组压水供气系统、透平和绝缘油系统、上水库和上游水道充水设备等。

2.1 技术供水系统

2.1.1 供水对象

抽水蓄能电站技术供水系统按取水水源和用户性质两方面的因素一般可分为机组供水系统和公共供水系统两大部分。

机组供水系统需满足机组启动运行时机组和有关设备的用水需要，供水对象主要包括发电电动机空气冷却器、机组上导（悬式、半伞式机组）、推力、下导轴承冷却器、水泵水轮机导轴承冷却器、主轴密封冷却及润滑用水、转轮止漏环（上、下迷宫环）冷却及润滑用水、调速器油压装置冷却器及主变压器冷却器（有载）等。

公共供水系统水源取自全厂供水总管，保证水源不间断，不受机组的启停影响，供水对象主要包括发电电动机消防、SFC 输入输出变压器消防和冷却（油浸式变压器，也有不供冷却水）、SFC 功率柜冷却、中压压气机冷却、深井泵润滑、主变压器空载冷却、主变压器消防、通风空调系统、建筑消防用水、生活用水等。

根据抽水蓄能电站特性，技术供水系统取水不推荐采用上水库水源减压供水方式。由于抽水蓄能机组埋深大、尾水位高，从尾水和下水库取水是较为经济合理的方式。机组供水系统的用水量占整个技术供水系统的绝大部分，水量必须循环使用，一般采取尾水取水、水泵加压单元供水方式，再排回尾水（主轴密封供水除外）。公共供水系统一般采用从尾水自流供水方式（用于吸出高度绝对值较大时），其中压力要求较高的机电设备消防供水和主变空载供水一般需采用水泵加压，然后排入厂内排水系统排出（含油机电设备消防水需处理后排放）。

2.1.2 技术供水系统

（1）机组供水系统。机组供水系统为水泵加压单元供水方式，一般每个机组单元设置两台水泵和滤水器，两条支路可相互切换，一主一备；从尾水取水，经过滤水器过滤和水泵加压后供至机组各用户及主变压器，然后再排回尾水。实践证明，这是经济、方便、可靠、成熟的机组供水系统方案。在机组供水系统设计和布置方面，考虑到抽水蓄能机组的特殊性，有如下问题需要予以关注：

1）取水口和排水口的布置。机组单元供水系统取水口可设置在本台机尾水隧洞内或直接取自下水库（尾水隧洞较短的尾部开发方式），排水口一般设在尾水管出口附近。需要注意的是，取水口需设置在远离机组侧，排水口设置在近机组侧，同时需进行热容量计算，以合理确定取水口和排水口的距离，防止机组调相运行时冷却水热短路。从实际运行经验看，取水口不宜设在尾水管的肘管上（调相要漏气）。十三陵抽水蓄能电站机组供水系统取水和排水口距离 4.8m，向本机尾水管排水时，调相时间仅 20min，需排至其他机组；广蓄一、二期机组取水口与排水口间距约 70m，天荒坪约为 80m，泰安 61.5m，桐柏 60m，在长期调相运行中未发现问题。为了防止悬浮物和进气，取水口宜设在尾水隧洞的侧面或侧下方，此外，取水口需设置拦污栅，栅条与水流方向平行，拦污栅清污设计采用压缩空气吹扫方式。

2）与尾水相连的第一道阀门。机组单元供水总管上与下游尾水相连的第一个阀门和排水总管上与下游尾水相连的最后一个阀门需选用高质量、全不锈钢球阀，以保证系统检修时与尾水的安全隔离。

3）水泵和滤水器。供水泵的形式有立式单级离心泵、卧式离心泵和双吸离心泵。卧式泵安装位置较大，但噪声小；立式泵安装占位小，噪声相对大（依产品不同而异）；双吸泵管路布置复杂，一般不推荐。每台泵设置 1 台自动反冲洗滤水器，滤水器可设置于泵前或泵后，前者可保护水泵，但排污必须到集水井或自流排水洞，如宜兴、宝泉；后者可排污至尾水，可减少集水井清污量，如天荒坪、桐柏、泰安。若滤水器设置在泵后，且排污至集水井或自流排水洞，需注意滤网的承压问题。

机组冷却供水泵的流量较大，一般采用软启动。也有抽水蓄能电站在技术供水泵出口的供水总管上设置电动阀，在水泵启动时造压，以实现减小水泵启动负荷的目的。但是，阀门的开启时间可能较长，如琅琊山技术供水总管的电动阀与泵同时开启，全开启时间约 90s，这样会延长机组启动的时间。

4）转轮止漏环供水。转轮止漏环（上、下迷宫环）冷却及润滑供水只有在水泵启动和调相工况时才投入，所以在该供水支路上需设置自动操作的阀门，一般为电动球阀或电磁液压阀或气动阀，为保证开启速度，最好选用液压阀或气动阀。此外，根据主机厂的供水精度要求，可在该支路上设置过滤精度更高的过滤器。因为该供水支路与转轮上冠顶部、下环底部空腔相连通，接口处压力较高，故为了防止自动操作阀门失灵导致转轮室高压水进入供水系统破坏管路，需在该供水支管与转轮室相连处设置高压止回阀。另外，在止回阀与自动操作阀门之间的管路上设置安全阀，以防止回阀失灵时高压水破坏管路。

5）主轴密封供水。主轴密封供水主要起润滑、冷却作用及压水时封气作用，有些结构的主轴密封也需要操作水。由于主轴密封对供水压力要求较高，当主供水泵压力不够时，一般在该供水支路上设置增压泵，一主一备；或者从压力钢管自流减压供水的方式，该方式也可作为备用。

若采用从压力钢管自流减压供水，可采用设置蛇形管或减压阀等措施减压，为了确保安全，可在蛇形管或减压阀后设置安全阀。为了自动控制水流的通断，在蛇形管或减压阀高压侧需设置液压球阀。

另外，因为主轴密封对供水水质要求很高，故在该供水支路上需设置精密过滤器（已建抽水蓄能电站中过滤精度在 0.025～0.08mm 之间），一主一备；若水流中含沙量较大，还需增设旋流除砂器。

主轴密封供水压力对其密封性能影响较大，一般需比尾水位高出 0.3～0.5MPa 左右，并且最好能够跟踪尾水的压力，以确保密封面润滑水膜的稳定。不同的主轴密封结构形式对供水压力的要求可能不同。因此，若下游水位变幅较大，则优先考虑从压力钢管自流减压供水方式。此外，若电站有黑启动功能且未设置交流事故保安电源（如柴油机），则主轴密封供水中必须包含压力钢管自流减压供水方式。

推荐采用压力钢管自流减压供水和水泵供水互为备用的方式。

6）调速器油压装置冷却。调速器油压装置冷却水根据需要设置。对于高水头/扬程的抽水蓄能电站，导叶操作力小，油压装置容量小，发热快，散热面积小，一般需要设置。对于 200m 及以下水头或容量较小的电站，油压装置可以不设冷却器（如琅琊山）。可以根据操作频次和油压装置油泵的工作方式决定是否需要设置冷却器。调速器油压装置冷却器进口一般只设置手动阀门，由温度控制阀来控制通断。

7）主变压器有载和空载冷却水的切换。主变压器有载冷却水供水管上需设置电动阀、止回阀来控制主变有载供水和空载供水的切换。天荒坪、桐柏、泰安、宝泉、琅琊山、张河湾、宜兴设置了止回阀，广蓄二期设置了三通阀、止回阀。

（2）公共供水系统。抽水蓄能电站公共供水系统一般设置两个取水口，分别引自首末两台机组尾水隧洞或下水库。对于设置尾水事故闸门的电站，为避免在机组检修、尾水事故闸门关闭时水源不中断，公共供水系统取水口需要布置在尾水事故闸门下水库侧或直接引自下水库。从两个取水口引出的水分别通过公用滤水器过滤后汇总成一根贯穿全厂的公共供水总管，然后供至各用户。各用户根据自身对供水精度的要求可以考虑增设过滤器对冷却水进行进一步净化。各用户设备配置和注意事项如下：

1）中压压气机冷却用水引自公共供水总管，经过空气压缩机冷却器后排至渗漏集水井。空气压缩机供水为断续供水，需设置自动操作的阀门。有些空气压缩机排水管路上自带温控阀，可以根据空气压缩机的内部温度自动调节冷却水量，以获得最佳的冷却效果。如果排水管路上设有流量开关，可能会出现空气压缩机所需的流量低于流量开关的低流量设定值而发生报警，所以对于空气压缩机自带温控阀的场合，可以用流量计或示流器代替流量开关。

此外，对于淹没深度大的电站，因为供水压力较高，需要在空气压缩机供水总管上设置减压阀，以使得供水压力不超过空气压缩机冷却器的最大承压，同时为了防止减压阀失效，可在减压阀后设置安全阀。

2）SFC 输入输出变压器、功率柜冷却用水引自公共供水总管，供水管上需设置电动阀，为了进一步的调节水量，可以在供水管路或排水管路上设置节流孔板。冷却水经过冷却器后排至集水井。

3）主变压器空载冷却供水目前主要有水泵加压供水和自流供水两种方式。水泵加压供水的水源取自公共供水总管，经水泵加压后供至各主变压器冷却器，然后排水至各机组尾水管。自流供水的水源也取自公共供水总管，经过各主变压器冷却器后排水至渗漏集水井。主变压器空载供水管路上通过设置电动阀和止回阀来实现与主变压器有载供水之间的切换。

在水泵供水方式中，也分为集中供水和单元供水方式。例如，桐柏采用 5 台水泵（其中 1 台为备用）向 4 台主变压器集中供水；泰安、宝泉采用 4 台水泵向 4 台主变压器单元供水，另设 1 台备用泵通过一根主变压器空载备用供水总管与各主变压器供水管相连。对于水泵供水方式，考虑机组检修，而主变压器仍在空载中，故主变压器空载排水宜设置备用排水总管，即把各主变压器空载排水管联络起来，以便某台机组检修时把该台机组主变压器空载冷却水排至另外一台机组尾水管中。

4）主变压器消防供水、空调系统冷却用水、消火栓、生活用水、深井泵润滑用水、上水库充水泵取水等一般都取自全厂公共供水总管，空调系统冷却水排回尾水，其他排至渗漏集水井或经处理后排放。

5）每台机组单元技术供水管与公共供水总管之间设置连通管和常闭阀门，公共供水系统作为机组技术供水系统的备用水源。

6）对于供水量较大，供水时间较长的自流供水用户，若其排水不能返回下水库，则应该进行上、下水库的水量平衡计算，即上、下水库的天然来水量在扣除水库蒸发及渗漏损失后，需大于自流供水水量。

7）取水管上与下游尾水相连的第一个阀门和有关用户排水总管上与下游尾水相连的最后一个阀门需选用高质量、全不锈钢球阀，以保证系统检修时与尾水的安全隔离。

2.1.3 供水设备压力等级的选择

由于抽水蓄能电站淹没深度较大，因此供水设备所承受的背压（尾水反压）就比较大，其中，还需考虑到机组过渡过程中管道系统出现的最大压力上升和水泵断电供水管路中的局部水锤对供水设备的影响。因此，供水设备的设计压力按实际工况中可能出现的最大压力并留一定的裕量选取。

供水管路及设备的设计压力等级对电站的安全极其重要，如响洪甸抽水蓄能电站由于试验时调速器故障引起尾水管水锤压力异常升高，导致机组的水环排水回路的闸阀和液压阀爆裂，从而引起水淹厂房事故。

2.1.4　已建、在建部分抽水蓄能电站机组技术供水量统计

已建、在建部分抽水蓄能电站机组技术供水量，见表11-2-1。

表11-2-1　　已建、在建部分抽水蓄能电站机组技术供水量

<table>
<tr><th colspan="2" rowspan="2">用户名称</th><th colspan="10">用　水　量　（m³/h）</th></tr>
<tr><th>广蓄一期</th><th>广蓄二期</th><th>天荒坪</th><th>桐柏</th><th>泰安</th><th>宜兴</th><th>宝泉</th><th>张河湾</th><th>琅琊山</th><th>西龙池</th></tr>
<tr><td rowspan="11">机组供水系统</td><td>水导轴承冷却器</td><td>30</td><td>17.1</td><td>14.4</td><td>9</td><td>9</td><td>5.8</td><td>34</td><td>20</td><td>9</td><td>36</td></tr>
<tr><td>主轴密封</td><td>15</td><td>8.4</td><td>14.4</td><td>6</td><td>9.3</td><td>5.8</td><td>18</td><td>18</td><td>3</td><td>21</td></tr>
<tr><td>转轮上迷宫环</td><td rowspan="2">100</td><td>28.8</td><td>30</td><td>6</td><td>33</td><td>36</td><td>22</td><td>36</td><td>6</td><td rowspan="2">51</td></tr>
<tr><td>转轮下迷宫环</td><td>32.4</td><td>30</td><td>6</td><td>37</td><td>36</td><td>22</td><td>36</td><td>6</td></tr>
<tr><td>上导轴承冷却器</td><td>15</td><td rowspan="2">183</td><td>79.2</td><td>8.6</td><td>6</td><td rowspan="2">32.4</td><td rowspan="2">165</td><td>7.2</td><td>3.2</td><td>42</td></tr>
<tr><td>推力轴承冷却器</td><td>162</td><td>32.4</td><td rowspan="2">206.4</td><td rowspan="2">144</td><td rowspan="2">106</td><td rowspan="2">75</td><td rowspan="2">204</td></tr>
<tr><td>下导轴承冷却器</td><td>15</td><td>34.6</td><td>7.92</td><td>8.1</td><td>17</td></tr>
<tr><td>空气冷却器</td><td>700</td><td>905</td><td>252</td><td>691.5</td><td>456</td><td>252</td><td>441</td><td>410</td><td>369</td><td>468</td></tr>
<tr><td>调速器油压装置冷却器</td><td>1.8</td><td>0.9</td><td>6</td><td>6</td><td>2</td><td>7.2</td><td>1</td><td>3.6</td><td>4.5</td><td>6</td></tr>
<tr><td>进水阀油压装置冷却器</td><td></td><td></td><td></td><td></td><td></td><td></td><td></td><td></td><td></td><td>6</td></tr>
<tr><td>主变压器冷却器（有载）</td><td>125</td><td>165.6</td><td>126</td><td>120</td><td>135</td><td>81</td><td>135</td><td>120</td><td>88</td><td>—</td></tr>
<tr><td rowspan="11">公共供水系统</td><td>主变压器冷却器（空载）</td><td>25</td><td>—</td><td>30</td><td>12</td><td>45</td><td>27</td><td>—</td><td>50</td><td>44</td><td>—</td></tr>
<tr><td>SFC功率柜</td><td>35</td><td>18.6</td><td>4.5</td><td>27</td><td></td><td></td><td>32</td><td>27</td><td>27</td><td></td></tr>
<tr><td>SFC输入/输出变压器冷却器</td><td>30/30</td><td></td><td>13.38</td><td>30/24</td><td>22.5/22.5</td><td>14.5/14.5</td><td>30/30</td><td></td><td></td><td></td></tr>
<tr><td>中压空气压缩机冷却器</td><td>—</td><td>27.12</td><td>8.4×5</td><td>42</td><td>5×11</td><td>42</td><td>5×11</td><td>10.8×5</td><td>4.2×11</td><td>5×15</td></tr>
<tr><td>发电电动机消防</td><td>—</td><td>—</td><td>46.1</td><td>93.6</td><td>90</td><td>68.4</td><td>32.4</td><td>108</td><td>37.5</td><td>18</td></tr>
<tr><td>主变压器消防</td><td>—</td><td>—</td><td>264</td><td>320</td><td>343.2</td><td>288.2</td><td>228</td><td>380</td><td>303</td><td></td></tr>
<tr><td>SFC输入/输出变压器消防</td><td>—</td><td></td><td>34.6</td><td>65</td><td>61.32</td><td>72</td><td>28</td><td></td><td></td><td></td></tr>
<tr><td>地下厂房消防</td><td>—</td><td>—</td><td>—</td><td>150</td><td>150</td><td>90</td><td>90</td><td>—</td><td>—</td><td>—</td></tr>
<tr><td>深井泵润滑水</td><td>—</td><td>—</td><td>—</td><td>15</td><td>1</td><td>—</td><td>—</td><td>—</td><td>15</td><td>—</td></tr>
<tr><td>地下厂房生活用水</td><td>—</td><td>—</td><td>—</td><td>1</td><td>1</td><td>1</td><td>1</td><td>—</td><td>—</td><td>—</td></tr>
<tr><td>空调系统冷却水</td><td>—</td><td>495</td><td>800</td><td>150</td><td>250</td><td>350</td><td>500</td><td>—</td><td>—</td><td>—</td></tr>
</table>

注　表中西龙池设备供水量为合同值。

2.2 渗漏及检修排水系统

2.2.1 概述

抽水蓄能电站厂房基本设置在地下或半地下，为排出建筑物或设备的渗漏积水以及机组检修时的排放水量，确保电站安全，均需设置渗漏排水系统和检修排水系统，且两个排水系统应按其功能的不同分开设置。个别电站，也有将检修和渗漏排水系统的部分设施合用，将检修水泵作为渗漏水泵的备用，如广蓄电站，此种情况下应对水泵的选型和集水井的隔离墙的设置进行可靠性论证，防止检修水进入渗漏集水井，以确保电站的安全运行。

2.2.2 检修排水系统

（1）排水对象。检修排水系统的主要排水对象有水轮机进水阀前压力钢管检修排水、尾水管及尾水隧洞检修排水、球阀检修底部积水排水、蜗壳检修排水、上水库进水口闸门漏水、下水库进水口闸门或尾水隧洞事故闸门漏水等。检修排水系统排水方式宜优先采用直接排水方式（厂房内不设检修集水井）。如果抽水蓄能电站地形条件允许，可在主厂房内布置自流排水洞（与渗漏排水系统共用）。检修排水系统宜按手动操作设置。

（2）系统配置。检修排水系统为全厂共用系统，排水口设置于机组流道最低点附近，连通各机组尾水管的排水管直径应满足排水泵排水量的要求，并应设置清淤吹扫管路接口，各机组段之间应可靠隔离。

一般设置大小两套排水泵，大泵用于初始排水，小泵用于排除闸门渗漏水。对直接排水方式，排水泵选用离心泵或潜水泵；对间接排水方式，宜采用深井泵。深井泵可布置在高处，采取有效措施后，可作为渗漏泵的备用。大泵台数不少于两台，不设置备用泵。排水泵设计流量应按排出一台机组检修排水量及所需排水时间确定，排水时间宜取 4～6h，对于长尾水隧洞的排水可以考虑延长排水时间，如 7～10h。两台小泵用于排闸门渗漏水，可设置为自动启动或有人监视手动启动。对于设置自流排水洞的电站不设置检修排水泵。

压力钢管检修排水阀（或水轮机蜗壳排水阀）的直径宜按压力钢管与进水阀连接段直径（或蜗壳进口直径）的 1/15～1/10 估算。压力钢管排水阀宜采用手动操作流量/压力可调的针型阀消能，针型阀前宜设置隔离阀。当抽水蓄能电站上游水压较高时，与压力钢管连接的第一个阀门宜设置旁路，用于阀门开启前平压。进水阀、蜗壳排水可与压力钢管排水共用管路。检修排水泵前后宜设置压力表，检修排水泵出口宜采用性能可靠、优越的多功能水力控制阀或缓闭止回阀并设置示流信号器。为避免刚开始排水时，因下游水位和尾水管中的压力相同，造成零扬程启动，在出口管路上可设造压阀，如电动阀、水力控制阀等，当有一定的压差（扬程）后，再打开主排水管上的阀门。部分已建、在建抽水蓄能电站的检修排水系统配置，见表 11-2-2。

表 11-2-2　　部分已建、在建抽水蓄能电站检修排水系统配置

序号	电站名称	系统配置			
		检修排水泵	压力钢管检修排水阀	蜗壳检修排水阀	尾水管检修排水阀
1	天荒坪（6×300MW）	电站设置自流排水洞，不设置检修排水泵	针形阀，前面设置隔离阀	电动阀 1 个	电动阀 1 个

续表

序号	电站名称	系统配置			
		检修排水泵	压力钢管检修排水阀	蜗壳检修排水阀	尾水管检修排水阀
2	桐柏（4×300MW）	多级单吸离心清水泵2台，$Q=900m^3/h$，$H=80m$，$P=315kW$；另设2台单级单吸离心清水泵（一主一备），$Q=100m^3/h$，$H=80m$，$P=45kW$	针形阀，前面设置隔离阀	手动阀1个	手动阀1个
3	泰安（4×250MW）	多级单吸离心清水泵2台，$Q=540m^3/h$，$H=164m$，$P=355kW$；另设2台单级单吸离心清水泵（一主一备），$Q=50.4m^3/h$，$H=140m$，$P=37kW$	消能装置，前面设置2个隔离阀，后面设置1个隔离阀	手动阀2个	手动阀1个
4	宜兴（4×250MW）	多级单吸离心清水泵3台，$Q=240m^3/h$，$H=114m$，$P=110kW$；另设2台单级单吸离心清水泵（一主一备），$Q=40m^3/h$，$H=115m$，$P=37kW$	针形阀，前面设置隔离阀	液动阀1个	液动阀1个
5	宝泉（4×300MW）	设置自流排水洞，不设置检修排水泵	针形阀，前面设置隔离阀	电动阀1个，前面设置隔离阀	电动阀1个，前面设置隔离阀
6	琅琊山（4×150MW）	多级单吸卧式离心清水泵4台，$Q=300m^3/h$，$H=80m$，$P=110kW$	针形阀，前面设置隔离阀	手动阀1个	电动阀1个
7	广蓄二期（6×300MW）	多级单吸卧式离心清水泵4台，$Q=438m^3/h$，$H=134m$ 检修排水泵作为厂房事故排水泵	消能装置，前面设置2个隔离阀，后面设置1个隔离阀	蜗壳释放阀，前后设置隔离阀	手动阀1个

2.2.3　渗漏排水系统

（1）排水对象。渗漏排水系统为全厂共用系统，主要排水对象有水工建筑渗漏水、水轮机顶盖排水、水轮机压水后排水气、压力钢管伸缩节漏水、供排水管道上阀门漏水、空气冷却器的冷凝水和检修放水、水冷式空气压缩机的冷却排水、水冷式变频器的冷却排水、汽水分离器和储气罐的排污水、厂房和发电机的消防排水、水泵和管路漏水及结露水、空调器冷却排水及其他必须排入集水井的水等。含油设备的排水和消防水应经过处理后排放。厂内的渗漏水经排水管和排水沟，引至渗漏集水井，有些电站经油水分离后，由渗漏排水泵排至下游。如果抽水蓄能电站地形条件允许，尽量考虑厂区布置自流排水洞（与检修排水系统共用）。渗漏排水系统按自动操作设置。

（2）系统配置。渗漏排水系统除自流排水外，为间接排水，选用较多的是离心泵、潜水泵、深井泵。为厂房安全计，水泵及其配电装置尽量布置于高位，尽量选用潜水泵和深井泵。工作泵台数根据排水量确定，应至少设置一台备用泵。

集水井内应设置两套液位信号器，一套开关量输出用于控制渗漏排水泵的启停；另一套模拟量输出用于在线监测集水井水位。设置自流排水洞的电站不再设置渗漏排水泵。渗漏排水系统采用的阀门应密封性能好、经久耐用、质量可靠。渗漏排水泵前后宜设置压力表，出口宜采用性能可靠优越的多功能水力控制阀并设置示流信号器或压力开关，排至厂外的渗漏排水总管上可设置压力变送器。

部分已建、在建抽水蓄能电站的渗漏排水系统配置，见表11-2-3。

表 11-2-3 部分已建、在建抽水蓄能电站渗漏排水系统配置

序号	电站名称	系统配置		
		渗漏排水泵	自动化元件	其他
1	天荒坪（6×300MW）	设置自流排水洞，不设置渗漏排水泵	无	无
2	桐柏（4×300MW）	立式长轴深井泵 6 台，2 台备用，$Q=300m^3/h$，$H=90m$，$P=90kW$	水泵出口设置压力表，流量开关，排至厂外的渗漏排水总管上设置压力表，集水井设置浮球式液位开关和液位传感器	设置 1 个集水井
3	泰安（4×250MW）	立式长轴深井泵 6 台，2 台备用，$Q=220m^3/h$，$H=148m$	水泵出口设置压力表，流量开关，集水井设置浮球式液位开关和液位传感器	设置 2 个集水井
4	宜兴（4×250MW）	立式长轴深井泵 6 台，2 台备用，$Q=440m^3/h$，$H=127.4m$，$P=250kW$。其中 2 台备用	水泵出口设置压力表，流量开关，集水井设置浮球式液位开关和液位传感器	设置 1 个渗漏集水井
5	宝泉（4×300MW）	设置自流排水洞，不设置渗漏排水泵	无	无
6	琅琊山（4×150MW）	立式长轴深井泵 6 台，2 台备用，$Q=300m^3/h$，$H=90m$，$P=110kW$	水泵出口设置压力表，集水井设置浮球式液位开关和液位传感器	设置 2 个集水井，集水井设置临时排污泵 1 台，排入尾水管
7	广蓄二期（6×300MW）	潜水泵 8 台，2 台备用，$Q=400m^3/h$，$H=131m$，$P=150kW$，与检修排水系统相连	水泵出口设置压力表和电接点压力表，集水井设置液位传感器	设置 2 个集水井

2.3 机组压水供气系统

2.3.1 概述

水泵水轮机压水调相和水泵启动过程中保证压水用气，是实现机组调相和抽水功能，保证机组启动成功率的关键环节。一些抽水蓄能电站在水泵水轮机在水泵启动和机组调相运行时压水过程中，相继出现过调相压水压缩空气容量不足的问题，有的抽水蓄能电站已经进行了压水系统局部改造。

2.3.2 压水供气系统

（一）系统配置方式

压水用压缩空气系统可分为单元方式、共用方式以及组合方式。单元方式为每台机组设置一套压水供气系统，投资、布置空间、维护工作量相对较大，一般不采用。对于多台机组的电站，一般采用共用方式或组合方式来进行系统配置。其中共用方式为多台水泵水轮机设置一套共用的压缩空气系统；而组合方式一般为多台水泵水轮机设置共用的空气压缩机，储气罐为每台水泵水轮机单独设置。

（二）系统组成

压缩空气系统一般由空气压缩机、储气罐、管路系统和控制装置等组成。从压水开始至尾水管内的

水体降到规定水位为止的1次压水操作过程，由储气罐供气（应有足够的气量压低水面，使水体尽量迅速脱离转轮）；空气压缩机则负担转轮室漏气补给和在一定时间内恢复储气罐压力。

1次压水操作的时间宜取1min。

（三）储气罐总容积选择规定

(1) 计算转轮室和尾水管内的实际充气体积 V_d（m^3）。

(2) 压水水位最优距离为转轮以下0.7～1.0倍尾水管进口直径 D_e。

(3) 压低水面到规定水位时，尾水管内的最大压力 p_d（MPa）按照可能的最高尾水位确定。

(4) 储气罐内允许最低压力取 $p'_r=p_d+0.3$（MPa）。

(5) 储气罐总容积 V_r 按照空气压缩机不启动，储气罐压力保持在正常工作压力下限值 p_r 到允许最低压力值 p'_r 之间能够完成规定的压水操作次数时的容积。

(6)《水力发电厂水力机械辅助设备系统设计技术规定》(DL/T 5066—1996) 条文说明中推荐储气罐容积 V_r 计算公式为

$$V_r=\frac{(p_d+1)^{\frac{1}{n}}}{(p_r+1)^{\frac{1}{n}}-(p'_r+1)^{\frac{1}{n}}}V_d\ (N+\alpha)$$

式中　n——多变指数，$n=1.2$（根据真机实测，$n=1.0\sim1.18$，已将所有因素包括漏气量产生的状态变化作为整体考虑而采用的多变指数值；由于1次压水操作期间，供气装置关闭方式、所配管路粗细、水位检测装置动作灵敏程度不同，n 值必然有偏差，推荐取1.2可满足要求）；

p_d、p_r、p'_r——压力，bar（kgf/cm^2 表压）；

N——需压水的水泵水轮机台数，对于单元方式和没有连通阀的组合方式 $N=1$，对于共用方式和加连通阀的组合方式 N 为水泵水轮机总台数；

α——备用的压水操作次数，取 $\alpha\leqslant1$。

（四）空气压缩机总容量选择

(1) 空气压缩机总容量按照压缩空气系统的配置方式比较下列两种情况取大值：

1) 1台（单元方式）或全部水泵水轮机完成1次压水操作后，在规定的时间内，能够使储气罐压力恢复到正常工作压力下限值时所需要的容量；

2) 能补给1台（单元方式）或全部水泵水轮机在压水操作完成后空转的漏气量所需要的容量。

(2) 储气罐压力恢复时间取60～120min，对单元方式取小值，对共用方式取大值。

(3) 根据主轴密封形式，按照表11-2-4选取漏气量的平均值。

表11-2-4　　不同密封形式漏气量系数

密封形式	漏气量平均值（大气压下，m^3/min）
盘根箱	取压水充气容积的 (1～2)%V_d (p_d+0.1)
填料箱	取压水充气容积的 (4～5)%V_d (p_d+0.1)

(4) 对单元方式，宜设置备用压气机；对共用或组合方式，宜省去备用空气压缩机。

(5) 空气压缩机总容量计算按照满足漏气的补气量 Q_1 或规定时间内恢复储气罐压力的容量 Q'_c 大值来选择，其中

$$Q_1=\beta V_d\ (p_d+1)\ N$$

$$Q'_c=\frac{V_r\ (p_r-p'_m)}{T}$$

$$p'_m=\left[(p_r+1)^{\frac{1}{n}}-(p_d+1)^{\frac{1}{n}}\frac{NV_d}{V_r}\right]^n-1$$

式中 Q_1——换算到大气压下的漏气量，m^3/min；

β——漏气量所占压低水面后转轮室和尾水管内充气容积 V_d 的百分比，盘根箱主轴密封形式 $\beta=1\%\sim2\%$，填料箱主轴密封形式 $\beta=4\%\sim5\%$；

N——需要压水操作的水泵水轮机台数，单元方式 $N=1$，共用方式和组合方式 N 为实际水泵水轮机台数；

T——完成全部水泵水轮机压水操作后，全部储气罐恢复下次压水操作所需压力的时间，min；

p'_m——全部水泵水轮机完成压水操作后储气罐的压力，bar（kgf/cm^2 表压）；

V_r——全部水泵水轮机储气罐总容积。

（五）压水操作总次数

压水操作总次数，包括备用的压水操作次数，宜按照下列情况选取：

（1）单元方式。取（$1+\alpha$）次（$\alpha=0.5\sim1$）。当水泵水轮机首次压水操作不成功到第 2 次压水操作的允许间隔时间短时，取 $\alpha=1$；允许时间长时，取 $\alpha=0.5$。

（2）共用方式。对全部 N 台水泵水轮机，压水操作次数取（$N+\alpha$）次，$\alpha\leqslant1$。当到再次压水操作允许间隔时间短时，取 $\alpha=1$；允许时间长时，取 $\alpha<1$。

（3）组合方式。储气罐间没有装设连通阀时，同单元方式，装设有连通阀时，同共用方式。

3.3.3 已建、在建部分电站压水供气系统主要参数

国内部分已建、在建大型抽水蓄能电站的压水供气系统主要参数统计见表 11-2-5。

表 11-2-5 部分已建、在建抽水蓄能电站压水供气系统主要参数表

电站名称	电站/水泵水轮机参数					调相压水压缩空气系统参数			
	容量（MW）	额定水头（m）	转轮直径（m）	额定转速（r/min）	吸出高度（m）	压水系统设置方式	压气机台数/容量/压力（m³/min/MPa）	平压气罐容量/压力（m³/MPa）	单元储气罐容量/压力（m³/MPa）
广蓄一期	4×300	496	3.886/2.256	500	−70	组合方式无连通	3+1/3.92/7.4	4 7.4	2×4 7.4
十三陵	4×200	430	3.679/1.959	500	−56	组合方式无连通	4+1/4.12/8.0	无	1×7.9 7.0
天荒坪	6×300	526	4.192/2.045	500	−70	组合方式加连通	5+1*/5.2/6.4	无	1×16 5.9
广蓄二期	4×300	512	3.865/2.09	500	−70	组合方式无连通	3+1/3.17/7.4	4 7.4	2×4 7.4
桐柏	4×300	244	4.802/3.1525	300	−58	组合方式无连通	6+1/10.0/8.0	无	2×12 8.0
泰安	4×250	225	4.548/3.012	300	−53	组合方式无连通	4+1/5.2/8.0	7.5 7.4	3×7.5** 7.4
琅琊山	4×150	126	4.62/3.23	238.5	−32	组合方式无连通	4+1/5.5/7.2	无	1×14 7.0

续表

电站名称	电站/水泵水轮机参数					调相压水压缩空气系统参数			
	容量（MW）	额定水头（m）	转轮直径（m）	额定转速（r/min）	吸出高度（m）	压水系统设置方式	压气机台数/容量/压力（m^3/min/MPa）	平压气罐容量/压力（m^3/MPa）	单元储气罐容量/压力（m^3/MPa）
宜兴	4×250	363	4.39/2.61	375	−60	组合方式无连通	4+1/4.8/8.0	5.0 6.5～7.0	1×18 6.5～7.0
张河湾	4×250	305	4.61/	333.3	−50	组合方式无连通	4+1/4.75/8.0	5.0 8.0	1×14 7～8.0
宝泉	4×300	510	3.86/2.016	500	−70	组合方式无连通	4+1/3.7/8.0	5.0 8.0	1×11 7.0
西龙池	4×300	640	4.27/1.94	500	−75	组合方式无连通	4+1/7.42/8.0	无	2×7.0 6.4

*　其中1台压气机为运行单位自己后期增加。

**　后期每台机组各增加一个7.5m^3储气罐，单元机组储气罐3×7.5m^3。

2.3.4　制造厂家设计方法

目前国内已投运的几座抽水蓄能电站，压水气系统均是由国外制造厂商负责设计。各厂家设计计算理论均基于理想气体状态方程（绝热状态），各公式涉及的变量以及计算方式见表11-2-6，计算参考附图如图11-2-1所示。

表11-2-6　　　制造厂调相压水气系统设计方式比较

制造厂家	GE Hydro	TOSHIBA	其他厂家
转轮室体积 V_t(m^3)	对应最大压水位	对应最大压水位	对应最大压水位
尾水位压力 p_{dt}(bar)	最高尾水位	最高尾水位	最高尾水位
转轮室内温度 T_{dt}	压水前后假定不变，取30℃，即303°K	综合考虑在多变指数中	
气体多变指数 n	1.4	1.2	1.2
环境参考温度 T_{ref}(°K)	常温，取20℃，即293°K	—	—
压水前气罐温度 T_1(°K)	起始温度，可同 T_{ref}	—	—
压水后气罐温度 T_2(°K)	$T_2=T_1(p_2/p_1)^{(n-1)/n}$	—	—
压水前气罐压力 p_1(bar)	最高工作压力	最高工作压力	最高工作压力
压水后气罐压力 p_2	最高尾水位+0.5MPa	最高尾水位+0.3MPa	
单元气罐体积 V_{ve}(m^3)	$V_{ve}=V_t/[(p_1/T_1-p_2/T_2)(T_{dt}/p_{dt})]$	$V_{ve}=V_t p_{dt}^{(1/n)}/[p_1^{(1/n)}-p_2^{(1/n)}]$	
压水前气罐体积 V_{1free}(m^3)	$V_{1free}=V_{ve}(p_1/0.981)(T_{ref}/T_1)$	$V_{1free}=V_{ve}(p_1/0.1)^{(1/n)}$	
压水后气罐体积 V_{2free}(m^3)	$V_{2free}=V_{ve}(p_2/0.981)(T_{ref}/T_2)$	$V_{2free}=V_{ve}(p_2/0.1)^{(1/n)}$	
压水后转轮室内自由空气 V_{tfree}(m^3)	$V_{tfree}=V_t(p_{dt}/0.981)(T_{ref}/T_{dt})$	$V_{tfree}=V_t(p_{dt}/0.1)^{(1/n)}$	

续表

制造厂家	GE Hydro	TOSHIBA	其他厂家
质量守恒方程	$V_{tfree}=V_{1free}-V_{2free}$	$V_{tfree}=V_{1free}-V_{2free}$	
空气压缩机恢复时间 T_k(min)	120	90	60～120
调相机组台数	N	N	N
压水次数	α	α	α
机组旋转备用 15min 补气两次	所有机组补气两次，补气量为机组漏气量 V_r，1 次漏气量按照尾水管补气体积计算	所有调相运行机组漏气量 V_r，并考虑 n_c 台机组兼补气	—
空气压缩机总容量 p_rT_k(m^3)	$p_rT_k=NV_{tfree}+2NV_r(p_{dt}/0.981)(T_{ref}/T_{dt})$	$p_rT_k=V_{ve}(p_1-p_2)+2NV_r(p_{dt}/0.1)\times15/90+n_cV_r$	$p_rT_k=V_{ve}(p_1-p_2)$ 或 $p_rT_k=\beta NV_r(p_{dt}/0.1)$ 取大值

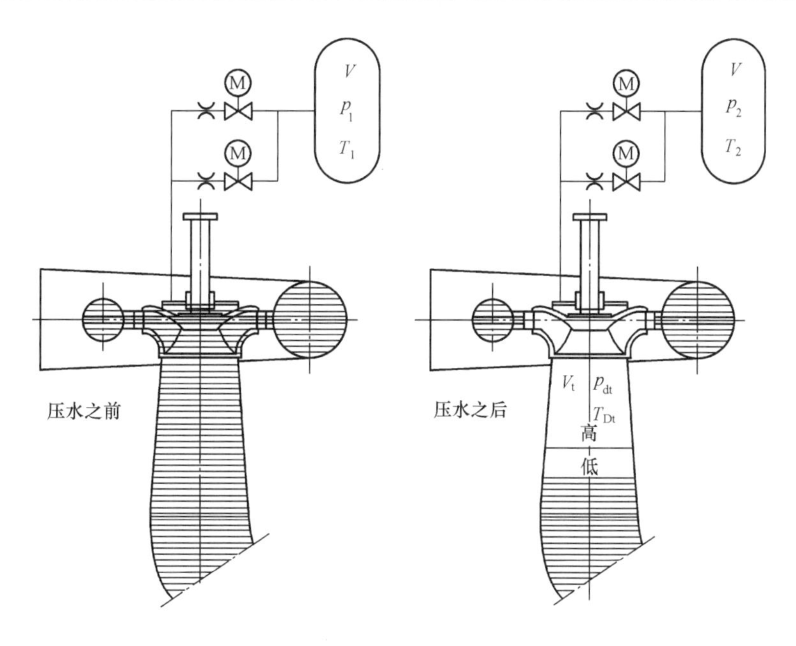

图 11-2-1　计算参考附图

由表 11-2-6 可见，除了 GE 公司，VOITH-SIEMENS、TOSHIBA、ALSTOM 的计算方式是基本相同的，尤其在计算调相压水储气罐的容积时，均将储气罐的高压气体假定为释放至大气压下的气体，而转轮室内的气体也假定为释放至自然大气压下的气体。在压水前后，保证两个容器内的气体释放至自然大气的体积容积保持不变。根据这一原则，将储气罐的压力和体积参数以及尾水管的压力和体积联系起来建立模型，在计算储气罐容量的时候均考虑储气罐容量能保证转轮室调相时，保证二次压水（在此过程中，空气压缩机不启动）。在此变化过程中，储气罐的温度变化以及调相压水过程中转轮室各处的漏气则主要通过调整理想气体状态方程中的多变指数来修正。根据制造厂本身经验和已建电站实际情况，多数厂家取值为 1.2。

部分厂家在调相压水过程中考虑了温度的变化，如天荒坪、宜兴电站，温度多变指数取 1.4。在调相压水过程中对温度的考虑主要有两方面影响：一是储气罐内气体的温度变化；二是压至转轮室内的气体的温度变化。温度变量侧重于储气罐内气体的温度变化。在压水过程中，储气罐温度变化较大，如天荒坪电站根据绝热理想状态 $T_2=T_1\ (p_2/p_1)^{(n-1)/n}$，按照组合设置连通阀方式压水一次，储气罐压力从7.5MPa降低到5.0MPa，储气罐温度则可从常温20℃（293°K）降低到−12℃（261°K）。各电站现场压水管路上也能看到结霜现象。而转轮室内气体的温度变化相应没有这么大变化，转轮室内空气的温度取值为30℃。

空气压缩机容量的选取不考虑多变指数，仅假定为在规定时间内恢复储气罐气体压力或满足压水时转轮室自由空气漏气量进行考虑。需要特别说明的是，不同电站不同厂家因各自经验、机组尺寸、设备埋深等因素而漏气量差别较大。东芝公司计入了在旋转15min时所有机组的漏气量，以及在此过程中一半调相压水机组的漏气量，应该是根据主机合同规定的设计计算原则。

2.3.5　实测数据分析

（一）电站调相压水实测结果分析

2006～2007年，对部分大型抽水蓄能电站水泵水轮机压水供气系统运行情况进行了运行测试工作。根据实测压水前后储气罐压力，尾水位差以及储气罐基本资料，并根据DL/T 5066，取多变指数 $n=1.2$，将各电站储气罐的实际供气体积和转轮室实际空气体积均换算到自由空气的体积，结果偏差见表11-2-7。

表11-2-7　电站调相压水实测与理论计算对比

电站名称	广蓄二期	广蓄一期	泰　安	桐　柏	天荒坪
测试时下水库水位（m）	277.66	277.66	163	135.5	333.5
转轮室内气体压力（表压，MPa）	0.75	0.77	0.65	0.87	1.11
单元气罐数量	2	2	2	2	6（公用）
每个气罐容积（m^3）	4	4	7.5	12	16
压水前压力（MPa）	7.5	7.5	7.21	8.04	5.865
压水后压力（MPa）	4.9	4.9	4.84	5.76	5.464
公用气罐	1	1	1	—	—
气体多变指数	1.2	1.2	1.2	1.2	1.2
压水前气罐内气体折算至大气压下气体（m^3）	443	443	804.3	938.4	2897
压水后气罐内气体折算至大气压下气体（m^3）	312.6	312.6	580.3	713.6	2733.7
压水后气罐提供自由空气（m^3）	130.4	130.4	224.0	224.8	163.3
压水后转轮室内气体大气压下体积（m^3）	110.1	115.3	195.4	275.6	147.7
气罐提供气体与转轮室内气体偏差（%）	18.4	13.1	14.6	−18.4	10.56

根据表11-2-7的计算结果，多变指数 $n=1.2$ 时，除桐柏电站外，实际储气罐提供的自由空气量均大于转轮室的自由空气量，并且偏差基本在10%～20%之间，表11-2-7计算中没有计入部分电站的空气压缩机的补气量（因时间短，该数量较小）。

从广蓄二期电站来看，计算的气罐提供自由空气体积计算结果为130.4m^3，一次压水完成时转轮室所需要的空气自由体积为110.1m^3，前者大于后者容积。表明在调相压水过程中，实际气量损失大于按照多变指数下的计算的气量。对大多数电站来说，多变指数1.2偏小。

（二）补气过程实测数据分析比较

以广蓄二期电站为例分析补气过程参数，并据此综合分析其他电站。

储气罐和尾水位下的转轮室空气体积在各个压力下换算到自由空气状态。可通过两种思路来计算漏气量：①从尾水管水位变化进行推算，机组作调相运行一段时间后，尾水管内水位上移，根据尾水位补气容积来估算调相过程中的漏气量；②根据储气罐在补气前后的压力差，来估算补气过程中由气罐补给的自由空气量（大气压力下），储气罐上的压力都可以实测得到，根据水力机械辅助设备规范的公式，核算储气罐压降过程中补给转轮室的自由空气量。对比两种思路得到的调相压水转轮室总体漏气量，显然从尾水管补气容积得到的漏气量更为贴近实际。

（1）按照广蓄二期电站实测数据，取不同的多变指数进行大气压下的空气体积和漏气量计算，详见表 11-2-8。

表 11-2-8　　广蓄二期电站调相运行补气计算列表

<table>
<tr><td>广 蓄 二 期 电 站</td><td colspan="2">第一次补气</td><td colspan="2">第二次补气</td><td colspan="2">第三次补气</td></tr>
<tr><td>补气前/后尾水位（m）</td><td colspan="2">203.4/202.9</td><td colspan="2">203.4/202.9</td><td colspan="2">203.4/202.9</td></tr>
<tr><td>压水充气容积（m³）</td><td colspan="2">18.5</td><td colspan="2">18.5</td><td colspan="2">18.5</td></tr>
<tr><td>补气容积（m³）</td><td colspan="2">2.1</td><td colspan="2">2.1</td><td colspan="2">2.1</td></tr>
<tr><td>补气压力（表压，MPa）</td><td colspan="2">0.75</td><td colspan="2">0.75</td><td colspan="2">0.75</td></tr>
<tr><td>储气罐总容积（m³）</td><td colspan="2">4×3</td><td colspan="2">4×3</td><td colspan="2">4×3</td></tr>
<tr><td>储气罐起始/工作后压力（表压，MPa）</td><td colspan="2">5.85/5.7</td><td colspan="2">5.75/5.6</td><td colspan="2">5.7/5.55</td></tr>
<tr><td>补气时间（s）</td><td colspan="2">23</td><td colspan="2">25</td><td colspan="2">21</td></tr>
<tr><td>补气间隔时间</td><td colspan="2">15min4s</td><td colspan="2">2min6s</td><td colspan="2">2min51s</td></tr>
<tr><td>补气期间 2 台压气机工作补气量（自由空气，m³/min）</td><td colspan="6">2×3.17</td></tr>
<tr><td>气体多变指数 n</td><td colspan="3">1.2</td><td colspan="3">1.0</td></tr>
<tr><td>气罐压水前换算到大气压气体体积（m³）</td><td>361.4</td><td>356.3</td><td>353.8</td><td>714</td><td>702</td><td>696</td></tr>
<tr><td>气罐压水后换算到大气压气体体积（m³）</td><td>353.8</td><td>348.6</td><td>346.1</td><td>696</td><td>684</td><td>678</td></tr>
<tr><td>气罐补充的大气压下气体体积（m³）</td><td>7.6</td><td>7.7</td><td>7.7</td><td>18</td><td>18</td><td>18</td></tr>
<tr><td>压气机补充的大气压下气体体积（m³）</td><td>—</td><td>2.6</td><td>2.2</td><td>—</td><td>2.6</td><td>2.2</td></tr>
<tr><td>压水结束后转轮室补充的空气换算到大气压体积（m³）</td><td>12.5</td><td>12.5</td><td>12.5</td><td>17.9</td><td>17.9</td><td>17.9</td></tr>
<tr><td>总漏气量（自由空气，平均值，m³/min）</td><td colspan="3">4.45</td><td colspan="3">6.38</td></tr>
</table>

从表 11-2-8 可知，对于水泵水轮机转轮在空气中旋转，通过压气机及储气罐进行补气。若采用多变指数 $n=1.2$，从气罐补充的大气压下气体加上补气时压气机补充的大气压下气体总体积小于转轮室补充的空气大气压体积，供气小于用气显然是不合理的。另计算的总漏气量小于工作的压气机总供气量，则储气罐的压力应上升，实际根据现场测量，储气罐压力是下降的，因此在补气时取多变指数 1.2 是不合理的。

若不考虑多变指数（$n=1.0$），从气罐补充的大气压下气体加上补气时压气机补充的大气压下气体总体积略大于转轮室需补充的空气大气压体积，另计算的总漏气量略大于工作的压气机总供气量，则储气罐的压力应下降。实际根据现场测量并考虑一定误差，是符合实际情况的。

因此从广蓄电站实测情况来看，补气运行不宜考虑多变指数。

(2) 其他电站压水补气实测情况见表 11-2-9，不考虑多变指数。

表 11-2-9　部分电站实测调相运行补气实测列表

电 站	广蓄一期	桐柏一	桐柏二	天荒坪	琅琊山
下水库尾水位（m）	277.66	135.5	131.19	333.56	27.08
补气前水位（m）	200.8	—	—	222.4	−12.7
补气后水位（m）	200.6	—	—	222.3	−13.0
压水充气容积（m^3）	19	41.5	41.5	16.5	12.7
补气容积（m^3）	1.5	4	4	0.4	2.54
补气压力（表压，MPa）	0.77	0.81	0.77	1.11	0.49
储气罐起始压力（表压，MPa）	5.6	5.7	7.51		
储气罐总容积（m^3）	4×3	24	24	6×16	
储气罐工作后压力（表压，MPa）	5.4	5.32	7.56		
补气时间	46min	2min2s	58s	35s	约 3s
补气间隔时间	4min55s	53s	4min53s	3～4min	约 30min
补气期间压气机工作总补气量（m^3/min）	2×3.92	0	6×10		
气罐压水前换算到大气压气体体积（m^3）	684	1392	1826.4		
气罐压水后换算到大气压气体体积（m^3）	660	1301	1838.4		
气罐补充的大气压下气体体积（m^3）	24	91	−12		
压气机补充的大气压下气体体积（m^3）	6	0	58		
转轮室补充的空气换算到大气压体积（m^3）	13.1	36.4	34.8		15
总漏气量（自由空气，平均值，m^3/min）	2.3	0.66	5.95	2.11	0.5

（三）调相压水所用时间统计

根据各电站实测，调相压水所用时间统计见表 11-2-10。

表 11-2-10　实测调相压水所用时间统计表

电 站	第一次压水		第二次压水	
	起止时刻	时间（s）	起止时刻	时间（s）
桐 柏	20：08：36～20：08：53	16～18	22：44：58～20：45：23	25
泰 安		9～18		
广蓄一期	11：59：28～11：59：45	17		
广蓄二期	11：34：02～11：34：13	11		
天荒坪		约 25		
琅琊山	09：27：14～09：27：36	22		

DL/T 5066 规定压水时间一般为 1min。通过表 11-2-10 的统计发现，抽水蓄能电站在抽水工况调相压水时，一次压水操作时间基本不超过 30s。电站压水管路的设置主要分为两部分，一路为主管路，主

要为机组水泵工况启动以及调相时压水用；另一路为补气管路，主要为机组在调相过程中为转轮室漏气进行补气。不同的电站在压水过程中，二路阀门的动作次序不相同：一种为开始压水时，补气管路始终关闭，仅通过主管路阀门动作压水，如桐柏、泰安等电站；另一种为在压水过程中，旁管路始终打开，主管路阀门动作压水，如天荒坪电站。设计选型时要特别注意所选择阀门的快速响应性。

（四）调相压水水位统计

根据各电站实测，压水水位统计见表 11-2-11。

表 11-2-11　　电站调相压水水位统计表

电 站	液面水位（距离转轮出口，m）	转轮出口直径 D_e（m）	液面水位/转轮出口直径	补气液面水位变化（mm）	补气时间（s）	排气时间（s）
桐 柏	2.0	3.153	0.63	500	60～120	134
泰 安	1.95	3.012	0.65	200	～21	
广蓄一期	2.5	2.259	1.1	200	46	62
广蓄二期	1.25	2.09	0.6	500	21～25	29
天荒坪	1.84	2.045	0.9	100	29～44	
琅琊山	1.5			300	～3	76

压水水位到转轮底面的最优距离为 0.7～1.0 倍的尾水管进口直径。从已投运电站的实际压水水位统计表中可以看出，各电站的压水水位均不一致，从液面水位位置距离转轮底部的距离与转轮出口直径的比值处于 0.6～1.1，比值的变化范围也比较大。从实际取值来看，取 0.6D_e 的较多。

2.3.6　气体多变指数分析

（一）实测数据与规范气体多变指数对比分析

在水泵水轮机调相压水过程中，气罐内气体不断的膨胀做功，气体传输至转轮室内，推动水体运动。根据实测情况，这一过程通常仅持续很短时间，一般不超过 30s。气体在运动传输，减压膨胀过程中，伴随着能量的巨大耗散，气罐气体温度显著下降；这一过程不是等温绝热过程。转轮室不是一个密闭容器，在气体推动水体运动时，不时泄漏至大气和水体中。因此，DL/T 5066 中给出的多变指数包括了所有因素含漏气量产生的状态变化作为整体考虑而采用的多变指数值。当多变指数取用 1.2 时，从表 11-2-9 可看出，从几个电站的实测压力计算出来提供的空气量（尾水压力下）与转轮室的实际压水后的空腔体积相比，基本上要大 10%～20%（除桐柏外）。总体上讲，$n=1.2$ 略偏小。

（二）气体多变指数的优化

根据实测资料，取多变指数在 1.25～1.3 之间进行试算，实测压力值与转轮室理论计算值的计算对比见表 11-2-12。除桐柏电站计算多变指数为 1.11 外，其他电站气体多变指数基本在 1.25～1.28。因此在设计调相压水储气罐容量时，气体多变指数建议从 1.2 适当放大，设计时适当留有余量取 1.28。

表 11-2-12　　压水供气系统实测与理论计算对比

电　站	广蓄二期	广蓄一期	泰 安	桐 柏	天荒坪
测试时下水库水位（m）	277.66	277.66	163	135.5	333.5
转轮室内气体压力（表压，MPa）	0.75	0.77	0.65	0.87	1.11
压水前压力（表压，MPa）	7.5	7.5	7.21	8.04	5.865

续表

电　站	广蓄二期	广蓄一期	泰　安	桐　柏	天荒坪
压水后压力（表压，MPa）	4.9	4.9	4.84	5.76	5.464
气体多变指数试算结果 n	1.28	1.26	1.262	1.11	1.25
压水前气罐内气体折算至大气压下气体（m^3）	353.6	373.2	674.8	1263.3	2527.9
压水后气罐内气体折算至大气压下气体（m^3）	255	267.6	494.6	939.5	2391
压水后气罐提供自由空气（m^3）	98.6	105.6	180.2	323.8	136.9
转轮室内空腔体积	18.5	19.00	36.45	41.5	18.5
压水后转轮室内气体大气压下体积（m^3）	98.5	105.8	180.0	321.4	136.0
气罐提供气体与转轮室内气体偏差	0.1%	−0.2%	0.1%	0.7%	0.66%

2.3.7 推荐简化的压水储气罐计算公式和方法

对水泵水轮机压水储气罐容量设计计算，除了对 DL/T 5066 推荐公式中多变指数的修正计算外，还可以将调相压水过程中的温度变化、能量耗散以及漏气量等采用综合系数 K 来表示。根据实测成果，储气罐容量计算定义如下经验公式

$$(p_1-p_2)\ V_1=KNp_dV_d \tag{11-2-1}$$

式中 p_1——储气罐起始工作压力最小值，MPa；

p_2——允许的压水后的储气罐最小压力，取 $p_d+0.3$，MPa；

p_d——最高尾水位对应的尾水管内水压力，MPa；

V_1——储气罐容积，m^3；

V_d——转轮室压水容积，m^3；

N——压水操作总次数，建议取 2 次。

根据实测情况，统计计算 K 系数结果见表 11-2-13。

表 11-2-13　　实测电站压水供气系统经验系数 *K* 值统计表

电　站	广蓄二期	广蓄一期	泰　安	桐　柏	天荒坪
测试时间	2006-10-25	2006-10-26	2006-6-15～16	2006-4-10	2006-9-8
机组安装高度（m）	205	205	101	52	225
尾水管压水水位（m）	202.9	200.6	97.9	48.55	222.19
测试时下水库水位（m）	277.66	277.66	163	135.5	333.5
转轮室内气体压力（MPa）	0.75	0.77	0.65	0.87	1.11
单元气罐数量	2	2	2	2	6（公用）
每个气罐容积（m^3）	4	4	7.5	12	16
压水前压力（MPa）	7.5	7.5	7.21	8.04	5.865
压水后压力（MPa）	4.9	4.9	4.84	5.76	5.464
公用气罐数量	1	1	1	—	—

续表

电　站	广蓄二期	广蓄一期	泰　安	桐　柏	天荒坪
公用气罐容积（m^3）	4	4	7.5	—	—
压水前压力（MPa）	7.5	7.5	7.21	—	—
压水后压力（MPa）	4.9	4.9	4.84	—	—
压水总次数 N	1	1	1	1	1
气体多变指数 n	1	1	1	1	1
压水前气罐内气体折算至大气压下气体（m^3）	912.00	912	1644.8	1953.60	5726.4
压水后气罐内气体折算至大气压下气体（m^3）	600	600	1111.5	1406.40	5341.4
压水后气罐提供自由空气	312.00	312.00	533.3	547.20	385
压水后气罐提供尾水压水下气体（m^3）	36.7	35.9	71.1	56.40	31.82
转轮室内空腔体积	18.5	19.00	36.45	41.5	18.5
气罐提供气体与转轮室内气体比值 K	1.984	1.89	1.95	1.36	1.72

采用经验系数 K 值对系统进行验算，计算结果与实测电站的原设计值进行对比后，发现按照修正后的经验系数 $K=1.8$ 和采用多变指数 $n=1.28$ 进行储气罐容量计算，两者比较接近。因此建议在此后的调相压水空气系统计算储气罐容量时，可按式（11-2-1）进行计算，经验系数 K 值可取 1.8。

2.3.8　漏气量分析

（一）漏气量主要因素

根据设计运行经验，水泵水轮机压水供气系统中压气机所需要的总容量除与电力调度系统所要求的机组调相运行是否频繁相关外，还和机组压水状态下的漏气量直接相关，主要包括水泵水轮机主轴密封形式，此外与流道设计、压水投入时间等也有一定关系。

（1）主轴密封形式。根据《水力发电厂水力机械辅助设备系统设计技术规定》（DL/T 5066—1996），调相压水时，转轮室内的气体主要从主轴密封中漏出，且随密封结构形式不同，漏气量不同。该规定对于不同主轴密封形式漏气量按照经验进行选取，如对于盘根箱密封，漏气量所占转轮室内和尾水管内充气容积的百分比为1%～2%；对填料箱密封为4%～5%。

目前抽水蓄能机组实际使用的主轴密封形式已经发生了变化。目前，高水头抽水蓄能电站主要有径向密封和端面密封两种形式。日本制造厂家在抽水蓄能机组中主要使用3段径向密封，包括1段树脂密封和2段碳精密封，在机械弹簧等作用下沿径向与主轴上的抗磨衬套形成密封面，密封磨损后可在弹簧力作用下进行径向移动。欧美制造厂在抽水蓄能电站主轴密封中主要使用端面密封，使用弹簧、压力水或压缩空气等进行自平衡调节，相对而言漏气量较少。因此根据抽水蓄能电站的密封式，再采用以前的经验公式进行估算，显然不妥当。宜根据目前的密封结构形式进行估算主轴密封的漏气量。

（2）流道（尾水管）设计。对于转轮流道的设计，各制造厂商首要的出发点是满足机组运行的能量、空化、稳定性要求，最后才会兼顾调相压水的需要。如日本某制造厂商，采用漏气量模型试验的方法来确定最合理的压水位置，将尾水管肘部设计成不易漏气的形状。

（3）调相压水转速对压水的影响。根据调研情况，在水泵工况启动时调相压水情况，成功率比较高，原因是在水泵工况下压水时，水泵水轮机由SFC拖动，启动过程中，转速较低。很多电站都在水泵启动机组处于静止情况下（广蓄一期、广蓄二期、泰安等）或水泵工况低转速如10%～15%额定转速下（天荒坪、桐柏、宜兴等）运行，水泵水轮机的离心作用较小，在压水过程中，转轮室水体下压的过程中，水流携带的空气量较小，压水比较容易成功。

在水泵工况转水泵调相运行时或水轮机工况转发电调相运行时需要压水操作。机组保持同步转速，水泵水轮机需在额定转速下旋转，在旋转过程中产生的离心力作用大，在尾水水体下压过程中，水流产生的漩涡较强，旋转水流带走的气体量比较大，因此在水轮机工况发电转发电调相运行时，压水使用气量一般更大，相对成功率略低。抽水蓄能机组具有发电转发电调相、抽水转抽水调相功能，但运行很少。如根据天荒坪2005年运行统计，全年机组启动共6808次，总体成功率达99.94%，其中发电调相仅为3次，抽水调相为49次。

（4）其他漏气因素。高水头抽水蓄能电站，一般需在顶盖上开孔设置压力平衡管来排除顶盖高压水，在调相压水过程中，部分压缩空气随水体从顶盖溢出排至尾水管，随尾水管溢出。

抽水蓄能机组一般利用水头较高，机组转速都比较高，在调相过程中，转轮室内的气体在高压尾水作用下，黏滞力增加，转轮高速运转，拖动转轮室气体同时选转，气水界面形成漩涡，在运行过程中，涡流掺气随尾水管溢出，导致转轮室内气体减少。

电站尾水位较高，在电站运行过程中，转轮室内气体在高压作用下不断溶解至水体当中，这种因素所占比重较小。

（二）调相压水过程中漏气量分析

DL/T 5066条文说明中给出的主轴密封漏气量，盘根箱密封漏气系数为1%～2%，填料箱密封漏气系数为4%～5%。由表11-2-14可以看出，实测数据推算出来的漏气系数基本在2%以下，比较接近盘根箱主轴密封经验数据。

表11-2-14　压水过程中的漏气量

电　站	广蓄一期	广蓄二期	桐柏	天荒坪
转轮室充气体积（m^3）	19	18.5	41.5	18.5
尾水管内压力（MPa）	0.77	0.75	0.77	1.1
实测总漏气量（自由空气，平均值，m^3/min）	2.3	6.38	5.95	2.11
实测漏气系数（%）	1.2	3.4	1.43	0.95
盘根箱主轴密封推算（自由空气，漏气系数1%～2%，m^3/min）	1.65～3.3	1.57～3.15	3.61～7.22	2.22～4.44
填料箱主轴密封推算（自由空气，漏气系数4%～5%，m^3/min）	6.6～8.25	6.28～7.85	14.44～18.1	8.9～11.1

另外，泰安厂家经验取每分钟漏气量为转轮出口处的气体波动0.1m的气体体积，也就是说在调相或者压水时的最大漏气量为5.3m^3/min（自由空气），和桐柏、广蓄二期电站比较接近。

2.3.9　建议

根据多个电站的设计和运行经验，考虑到机组压水供气系统在抽水蓄能电站中的重要作用，建议根据电站情况，压水供气系统设计时做适当优化。

（1）为提高压水可靠性，建议压水供气系统设计时可按照组合方式设置，宜将压水单元储气罐使用截止阀连接起来，机组按组合方式压水。可根据现场调试需要，若储气罐压力在规定时间内不能恢复至工作压力，则可将连接管路的阀门打开，调整为公用方式，电站全部储气罐一同压水操作。

DL/T 5066 规定压水水位在 0.7～1.0 倍尾水管进口直径，从实际设置来看基本在 0.6～1.1 倍尾水管进口直径。建议进行压气系统设计时根据机组尺寸和额定转速适当取大值。

(2) 建议气体多变指数 n 适当放大到 1.28。转轮室补气量计算建议采用转轮室液位变化进行计算，可不考虑气体多变指数影响。

(3) 可对单元压水储气罐容量的计算公式进行简化，以表征压水前后储气罐的压力、容积与转轮室压水容积、尾水压力的关系，简化经验公式推荐为 $(p_1 \quad p_2)V_1-KNp_dV_d$，其中：压水总次数 N 建议取 2 次；统计计算表明目前的大多数电站压水综合系数 K 值为 1.7～1.98，计算时 K 值可取 1.8。从确保机组压水成功、提高机组启动成功率出发，建议设置 1 台公用储气罐，工作压力同单元压水储气罐，容量取单元储气罐的 1/2，该储气罐容量不计入单元机组的压水储气罐工作容量中，作为提高机组压水成功率的备用容量。

(4) 建议空气压缩机容量的选择按照全部机组一次压水后恢复储气罐压力所需要的容量，包括机组旋转备用 15min 漏气量，以及电站一半机组调相补气量来考虑。考虑到压气机容量主要影响压水后的储气罐的恢复时间，而不影响机组压水成功率和机组启动成功率，恢复时间可按 120min 考虑。建议设置 1 台参数相同的备用空气压缩机。

(5) DL/T 5066 规定一般压水时间为 1min，实测时间基本在 30s 以内。抽水蓄能机组有快速工况转换要求。若条件允许，排气应尽量快速，有利于缩短机组工况转换时间，也有利于在机组水泵启动时可尽快打开导叶，避开振动区。

(6) 从国外厂家经验来看，压水管路规格和布置影响储气罐的供气压力，影响气流速度，应适当加大管径。从快速有效压水出发，储气罐应尽量布置在靠近压水接口（尾水管）。尾水管的形状影响压气效果，尾水管高度低，压水时气体容易顺着水体从下游溢走。尾水管形状主要满足水力设计需要，还需要制造厂家考虑尽量减少压水漏气。

2.4　透平、绝缘油系统

抽水蓄能电站可设置透平油系统和绝缘油系统。油系统的任务主要是接受新油、储备净油、给设备供排油、向运行设备添油、油的监督维护和取样化验、油的净化处理、废油的收集及处理等。透平油系统又可设置为厂内透平油系统和厂外透平油系统。此外，透平油系统和绝缘油系统还应设置油化验设备，油化验设备宜按简化设备分析化验项目配置。

2.4.1　透平油系统

透平油系统主要用于机组轴承润滑、调速系统和进水阀、液压阀等设备操作用油。抽水蓄能电站多为地下厂房，为检修方便，可在厂内设置厂内透平油系统。

目前多数抽水蓄能电站设置了厂内透平油系统和厂外透平油系统，但也有部分电站靠近城市，油务处理方便，只设一个厂内检修存储用透平油系统。

厂内透平油系统主要设置净油罐、运行油罐、油泵、压力滤油机及透平油过滤机等。净油罐主要用于储备净油及备用油，其容量按机组最大一个用油部件的用油量来考虑。

厂外透平油系统主要设置净油罐、运行油罐、油泵、压力滤油机及透平油过滤机等。净油罐主要用于储备净油及备用油，其容量按最大一台机组用油用油量的 110％来确定。净油罐宜设置一个，当油罐容积较大不易布置时，可以设置两个。

部分已建、在建抽水蓄能电站的厂内透平油系统配置见表 11-2-15，厂外透平油系统配置见表 11-2-16。

表 11-2-15　　部分已建、在建抽水蓄能电站厂内透平油系统配置

序号	电 站	系统配置		
		油罐	油处理设备	其他
1	天荒坪 (6×300MW)	$10m^3$ 净油罐一个；$10m^3$ 运行油罐一个	净油泵2台，$Q=3.3m^3/h$，排出压力0.33MPa；污油泵两台，$Q=3.3m^3/h$，排出压力0.33MPa；压力滤油机一台，$Q\geqslant150L/min$；电热烘箱一台，DX-1.2	该系统只考虑机组和油压装置的添加用油，储油及油处理在厂外。机组最大用油部件为进水阀油压装置，用油量为 $7.14m^3$
2	桐柏 (4×300MW)	$15m^3$ 净油罐一个；$15m^3$ 运行油罐一个	净油泵1台，$Q=5.0m^3/h$，排出压力0.33MPa；污油泵1台，$Q=5.0m^3/h$，排出压力0.33MPa；压力滤油机一台，$Q\geqslant150L/min$；电热烘箱一台，DX-1.2	机组最大用油部件为进水阀油压装置，用油量为 $12m^3$
3	泰安 (4×250MW)	$10m^3$ 净油罐一个；$10m^3$ 运行油罐一个	净油泵1台，$Q=5.0m^3/h$，排出压力0.32MPa；污油泵1台，$Q=5.0m^3/h$，排出压力0.32MPa；压力滤油机一台，$Q\geqslant100L/min$；电热烘箱一台，DX-1.2；真空滤油机一台，$Q\geqslant50L/min$	机组最大用油部件为进水阀油压装置，用油量为 $8m^3$
4	宜兴 (4×250MW)	$10m^3$ 净油罐一个；$10m^3$ 运行油罐一个	净油泵1台，$Q=3.3m^3/h$，排出压力0.33MPa；污油泵1台，$Q=3.3m^3/h$，排出压力0.33MPa；压力滤油机一台，$Q\geqslant100L/min$；电热烘箱一台，DX-1.2；透平油滤油机一台，$Q\geqslant100L/min$	机组最大用油部件为进水阀油压装置，用油量为 $8.99m^3$
5	宝泉 (4×300MW)	$15m^3$ 净油罐一个；$15m^3$ 运行油罐一个	净油泵1台，$Q=3.3m^3/h$，排出压力0.33MPa；污油泵1台，$Q=3.3m^3/h$，排出压力0.33MPa；电热烘箱一台，DX-1.2；透平油滤油机一台，$Q\geqslant100L/min$；	油泵与厂外透平油系统共用。机组最大用油部件为发电机上导及推力轴承，用油量为 $11.5m^3$
6	琅琊山 (4×150MW)	无	无	不设置厂内透平油系统
7	广蓄二期 (4×300MW)	$5m^3$ 移动油罐	有	设置厂内透平油系统固定管路，但基本没有用，而是将滤油机放在机组边上过滤。机组检修时用油槽车将油从厂外油库运至安装场，再用移动式油泵输送至各轴承或调速器油压装置集油箱

表 11-2-16 部分已建、在建抽水蓄能电站厂外透平油系统配置

序号	电 站	系统配置		
		油 罐	油处理设备	其 他
1	天荒坪 (6×300MW)	$20m^3$ 净油罐 2 个； $20m^3$ 运行油罐 2 个	净油泵 1 台，$Q=18m^3/h$，排出压力 0.35MPa；污油泵 1 台，$Q=18m^3/h$，排出压力 0.35MPa；压力滤油机 2 台，$Q\geqslant150L/min$；真空滤油机 1 台，$Q=6000L/h$；电热烘箱一台，DX-1.2	最大一台机组用油量约为 $18.39m^3$
2	桐柏 (4×300MW)	$25m^3$ 净油罐 2 个； $25m^3$ 运行油罐 2 个	净油泵 1 台，$Q=18m^3/h$，排出压力 0.35MPa；污油泵 1 台，$Q=18m^3/h$，排出压力 0.35MPa；压力滤油机 2 台，$Q\geqslant100L/min$；真空滤油机 1 台（透平油专用），$Q=6000L/h$；电热烘箱一台，DX-1.2	最大一台机组用油量约为 $33.58m^3$
3	泰安 (4×250MW)	无	无	最大一台机组用油量约为 $20.6m^3$。因为距离电站不远处有油处理及化验中心，故不设置厂外透平油系统
4	宜兴 (4×250MW)	$25m^3$ 净油罐 1 个； $25m^3$ 运行油罐 1 个	油泵 1 台，$Q=3.3m^3/h$，排出压力 0.33MPa；压力滤油机 1 台，$Q\geqslant100L/min$；透平油滤油机 1 台，$Q=6000L/h$；电热烘箱一台，DX-1.2	最大一台机组用油量约为 $20.16m^3$
5	宝泉 (4×300MW)	$25m^3$ 净油罐 1 个； $25m^3$ 运行油罐 1 个	压力滤油机 1 台，$Q\geqslant150L/min$；透平油滤油机一台，$Q\geqslant100L/min$；压力滤油机 1 台，$Q\geqslant150L/min$；电热烘箱一台，DX-1.2	最大一台机组用油量约为 $22.6m^3$
6	琅琊山 (4×150MW)	$10m^3$ 油罐 2 个	油泵 2 台，$Q=3.3m^3/h$，排出压力 0.1MPa，一台用于绝缘油，一台用于透平油；移动式透平油滤油机一台，$Q\geqslant100L/min$；移动式高真空滤油机一台，$Q\geqslant100L/min$	设置 10t 油槽车 2 辆，$1m^3$ 移动油罐 1 个。最大一台机组用油量约为 $15m^3$，一台机组最大用油部件为发电机推力及下导轴承，用油量为 $9.3m^3$，主变压器用油 $50m^3$
7	广蓄二期 (6×300MW)			净化设备和油化验设备与广蓄一期工程共用

2.4.2 绝缘油系统

绝缘油系统主要供变压器、油断路器等电气设备用油，绝缘油设备多布置在厂外。

厂外绝缘油系统主要设置净油罐、运行油罐、油泵、压力滤油机及真空净油机等。净油罐主要用于储备净油及备用油，其容量按机组最大一台变压器用油量的 110%来确定。净油罐宜设置一个；当油罐容积较大不易布置时，可以设置两个或两个以上的净油罐，其总容积不变。运行油罐容积与净油罐相同。运行油罐宜设置两个（可使运行油净化方便，提高效率），每个运行油罐容积为总容积的一半（当油罐容积较大不易布置时，可以设置两个以上的运行油罐，其总容积不变）。厂外绝缘油系统设计参照 DL/T 5066 执行。

统计的部分在建或已投运的抽水蓄能电站的厂外绝缘油系统配置见表11-2-17。

表11-2-17　　在建或已投运的抽水蓄能电站厂外绝缘油系统配置

序号	电　站	系统配置		
		油罐	油处理设备	其他
1	天荒坪（6×300MW）	$40m^3$净油罐2个；$40m^3$运行油罐2个；$40m^3$备用油罐1个；针对SFC输入输出变设置$10m^3$净油罐1个；$10m^3$运行油罐1个	净油泵1台，$Q=18m^3/h$，排出压力0.35MPa；污油泵1台，$Q=18m^3/h$，排出压力0.35MPa；压力滤油机2台，$Q\geqslant150L/min$；电热烘箱1台，DX-1.2	一台主压器用油约$59.5m^3$，SFC输入变压器用油约为$6.74m^3$。主变压器厂家配套供应了真空滤油机1台，$Q=6000L/h$，2个$25m^3$的橡胶油桶
2	桐柏（4×300MW）	$40m^3$净油罐2个；$40m^3$运行油罐2个	净油泵1台，$Q=18m^3/h$，排出压力0.35MPa；污油泵1台，$Q=18m^3/h$，排出压力0.35MPa；压力滤油机2台，$Q\geqslant200L/min$；真空滤油机1台，$Q=12000L/h$，电热烘箱一台，DX-1.2	一台主压器用油约$64m^3$，SFC输入变压器用油约为$12m^3$。主变压器厂家配套供应了移动式真空滤油机1台，$Q=12000L/h$，用于主变压器及SFC现场加油
3	泰安（4×250MW）	无	无	一台主压器用油约$54m^3$，因为距离电站不远处有油处理及化验中心，故不设置厂外透平油系统
4	宜兴（4×250MW）	$30m^3$净油罐1个；$30m^3$运行油罐1个	油泵1台，$Q=18m^3/h$，排出压力0.36MPa	一台主压器用油约$50m^3$，主变压器厂家配套供应了真空滤油机1台，$Q=10000\sim12000L/h$
5	宝泉（4×300MW）	$50m^3$净油罐1个；$50m^3$运行油罐1个	无	一台主压器用油约$70m^3$，主变压器厂家配套供应了真空滤油机1台，$Q=10000\sim12000L/h$，真空油泵1台
6	琅琊山（4×150MW）	无	无	因为电站距离城市较近，交通运输方便，故没有设置厂外绝缘油系统
7	广蓄二期（6×300MW）			净化设备和油化验设备与广蓄一期工程共用

透平油系统和绝缘油系统利用率均不是很高，由于一些抽水蓄能电站离大中型城市较近，交通便利，采购、处理方便，还可以实行区域或流域性集中处理，故可对透平油系统和绝缘油系统简化设计（有的甚至取消设置透平油系统和绝缘油系统），以节约电站投资。

2.5　上水库和上游水道充水设备

抽水蓄能电站的上水库一般没有天然来水或天然来水较少，施工期上水库蓄水往往不能满足首台水泵水轮机启动要求，同时考虑电站运行后上水库水工建筑物检修需要放空进水口底板以上水体，水泵水轮机以水泵工况启动往上水库充水前需将上游水道（引水隧洞）内水位充至允许运行的最小扬程，因此，电站一般需设置上水库和上游水道充水设备，以满足上述情况上水库和上游水道充水要求。

（1）充水设备的选择。充水设备由充水泵、止回阀、闸阀等组成。由于抽水蓄能电站上、下水库落差大，充水泵扬程变幅也大，因此一般采用多级、节段式离心泵。

考虑到充水泵一般为高扬程离心泵，需解决零扬程启动时振动和噪声问题，通常在泵启动时需要增加出口阻力。根据天荒坪、十三陵、泰安等电站经验，可在泵后增加两个安全可靠的正齿轮传动楔式闸阀，通过调节其开度来改变水头损失，使水泵扬程在允许范围内变化，控制流量和电动机启动电流在允许范围内，两个闸阀前后的压力由现地压力表监视。

考虑充水泵运行中可能因停电等异常情况而在管路中产生水锤和倒流，充水泵后需设置可靠的微阻缓闭止回阀，且止回阀压力等级应根据充水压力留有一定裕量，以保护管路安全，避免水淹厂房。

（2）充水泵连接方式。充水泵的水源一般来自下水库，因充水泵仅为短期使用且使用频率低，取水口一般设在全厂供水总管上，该供水总管通过阀门直接与下水库相连。

充水泵出水应引至进水阀前压力钢管，为减少在压力钢管开孔，充水泵出口一般与压力钢管排水管相结合。充水泵工作前，检查压力钢管排水阀处于关闭状态。

（3）国内部分抽水蓄能电站上水库和上游水道充水泵设置。国内部分抽水蓄能电站上水库和上游水道充水泵设置情况见表 11-2-18。

表 11-2-18　　国内部分抽水蓄能电站充水泵设置情况表

抽水蓄能电站名称	充水泵主要参数	充水泵台数	上游水道描述	备　注
天荒坪（已投运）	H=603m Q=155m^3/h	2	1 洞 3 机，共 2 个上游水道系统	考虑上水库检修放空而设充水泵
十三陵（已投运）	H=434～476m Q=360～200m^3/h	2	1 洞 2 机，共 2 个上游水道系统	首次用充水泵将上游水道充至一定水位后用主机水泵工况向上水库充水
泰安（已投运）	H=258m Q=280m^3/h	2	1 洞 2 机，共 2 个上游水道系统	考虑上水库检修放空而设充水泵
宜兴（技施）	H=387m Q=280m^3/h	2	1 洞 2 机，共 2 个上游水道系统	用于上游压力钢管充水试验和上水库放空后的水道充水
宝泉（技施）	H=530m Q=280m^3/h	2	1 洞 2 机，共 2 个上游水道系统	用于上游压力钢管充水试验和上水库放空后的水道充水
响水涧（招标）	H=202.8～165m Q=180～324m^3/h	2	1 洞 1 机，共 4 个上游水道系统	考虑上水库检修放空而设充水泵

对上水库无天然来水或来水较少的纯抽水蓄能电站，为尽早蓄水发电，上水库初次充水宜采用充水泵和水泵水轮机低扬程启动相结合，可减小水泵水轮机超低扬程启动结机组的不利，又可缩短上水库充水时间；充水泵使用频率低，可根据电站水道系统数量设置充水泵数量，一般不超过 2 台；根据抽水蓄能电站特点，一般选择单吸多组长节段式离心泵作为充水泵，其流量、扬程应满足水道充水要求；充水泵布置应与技术供水系统相结合；在充水泵后宜利用可靠阀门增加损失的方法解决零扬程启动问题，这在十三陵、天荒坪等电站已证明可行；泵后应设止回阀以防水锤。

第三章
接入系统和电气主接线

3.1 接入系统

抽水蓄能电站接入系统设计，要考虑其运行特性和在电网中的作用。抽水蓄能电站不是一个纯粹的电源电站，在电网中起着特殊的调节作用，其接入系统除了满足基本的电站接入系统功能外，应根据其调峰、填谷、调频、调相和事故备用等功能，确定其简明、安全、可靠、经济的设计原则。

3.1.1 抽水蓄能电站的运行特点

抽水蓄能电站的运行方式，与电网的需求紧密相连。它是电网或电力系统发展到一定阶段后，为了更好地提高电网运行效率、供电品质、安全可靠性、调度灵活性、服务质量、经济效益，可替代其他电源的电网调节电站。抽水蓄能电站具有以下特点。

(1) 抽水蓄能电站的地理位置选择一般距负荷中心较近，输电距离较短。

(2) 抽水蓄能电站不管具有日调节、周调节还是季、年调节水库，其动能设计均以电网日负荷特性为设计基础。除了上水库有天然径流的抽水蓄能电站，其本身并不能产生电能，只是把电网中的低谷电能转换为高峰电能，起到调节电网电能分配和提高运行品质的作用。

3.1.2 抽水蓄能电站接入系统的设计原则

根据抽水蓄能电站的功能和运行方式及其接入电网的地理位置特点，其接入系统设计一般应遵循下列原则：

(1) 规范原则。抽水蓄能电站接入系统设计应符合国家和电网公司有关政策、程序和相关技术规范的规定，并适度考虑项目特点、投资方的要求和电网强度。

(2) 简化原则。抽水蓄能电站不是单纯的电源点，故宜尽量以单一的高电压等级，在满足输送容量前提下以较少的线路回路数成辐射状接入邻近的电网主环网枢纽变电站。避免有穿越功率通过抽水蓄能电站，并且不考虑向近区负荷供电。

(3) 潮流畅通原则。确保用电高峰发电工况能够安全送出电力，低谷抽水工况能够有保障地接收电网抽水电能，潮流流向畅通合理，充分发挥抽水蓄能电站在电网的作用。

(4) 安全可靠原则。确保电网主环网和电站的安全可靠运行，电站接入后不对电网结构和参数造成不利影响，发生故障时不影响电网的稳定。

(5) 经济原则。接入系统方案应综合考虑抽水蓄能电站和输变电送出工程及其他配套系统的费用，使设备投资、年运行费用和总费用较为经济合理。

3.1.3 抽水蓄能电站接入系统设计

抽水蓄能电站接入系统设计要遵循电网规划设计、输电系统规划设计、接入系统设计、电力系统安全稳定、电网运行等规程、规范和管理条例的要求。

（一）预可行性研究设计阶段接入系统设计主要任务

设计阶段的设计内容和深度要求，是根据电网的发展规划和电站设计水平年，初步确定电站接入系统轮廓方案，主要有：

(1) 电力市场消纳初步分析。

(2) 接入系统初步方案，包括电站出线电压等级、回路数、线路长度、接入点等。

(3) 对电站电气主接线形式的初步要求。

(4) 对电站调度方式，控制、保护、通信方案设计的原则要求。

（二）可行性研究设计阶段接入系统设计主要任务

可行性研究设计阶段应对电站接入系统进行专门论证和设计，主要包括以下几方面：

(1) 电力市场消纳分析。包括电力系统现况、负荷增长预测、电源和电网发展规划、电站建设的必要性及其在系统中的地位、送（受）电方向、电力电量平衡和电力电量消纳范围等。

(2) 电站在电网中的作用和运行方式。根据电站及其电力市场消纳情况，初步确定电站的运行方式。

(3) 接入系统方案。一般应选 3 个及以上方案进行比选，进行必要的电气计算和技术经济综合比较，提出推荐方案，包括出线电压等级、回路数、接入变电站名称、线路长度、送电容量、导地线型号和截面。

(4) 电气计算分析。各种典型运行方式的潮流计算分析，校验相关运行方式故障情况下电网稳定水平的稳定计算，最大运行方式下（必要时可增加计算最小运行方式）的三相和单相短路电流计算。对推荐方案，尤其是超高压接入系统，必要时还应进行工频过电压、潜供电流和操作过电压的计算，并提出限制措施。

(5) 对电站电气主接线形式选择的意见。根据接入系统推荐方案，结合电站的特点，从系统安全运行对电站的要求和调度方式的角度，对电站电气主接线形式提出意见，包括发电电动机—变压器组合方式和高压侧接线方式。

(6) 对主要电气设备配置和参数的要求。

1) 发电电动机：包括发电电动机的功率因素、暂态电抗、机端电压范围、短路比、转动惯量等及对机组调相、进相的要求，必要时提出励磁特性、启动特性和工况转换的要求。

2) 主变压器：包括主变压器的调压方式、额定电压及分接头位置、阻抗电压和中性点接地方式等。抽水蓄能电站应力争不采用有载调压方式。

3) 高压并联电抗器：电站内是否装设高压并联电抗器，如需要装设，提出容量、台数及中性点小电抗的要求。一般情况下，抽水蓄能电站出线较短，可不装高压并联电抗器。如趋于边界状态的要求，应与系统设计单位协调，力争不在电站内装设高压并联电抗器。

4) 断路器：从系统发展角度和短路电流计算成果，对断路器额定短路开断电流值提出要求或建议。

(7) 对电站调度控制方式的要求。

(8) 对电站继电保护配置的要求。

(9) 对电能计量装置配置和计费关口的要求。

(10) 对系统通信的方式和要求。

(11) 给出接入系统设计主要结论和推荐意见，并提出存在的问题和下一步工作的建议。

（三）招标设计阶段接入系统设计的主要任务

在电站接入系统审定方案的基础上，对电站设计和设备选择中的专题问题，如设备配置和专门参数等，进行专题分析和研究，确定其解决方案和技术措施，主要有以下几个方面：

(1) 发电电动机。开展详细的调压专题计算研究，合理确定发电电动机机端电压范围。

(2) 主变压器。最终确定主变压器的额定电压及分接头位置；可能的话主变压器采用中性点直接接地方式，以节省地下厂房布置空间。

(3) 短路电流。考虑电网规划设计的变化，进一步核算电力系统提供的短路电流值，为电站设备选择提供依据。

(4) 系统的频率范围。落实系统频率变化范围，对电站有关设备的参数考核提出要求，包括正常和短时频率变化范围等。

(5) 内部过电压。对电站及其接入系统相关部分的内部过电压进行计算分析，包括工频过电压、潜供电流、操作过电压、谐振过电压等，为电站过电压保护方案确定、高压侧电气设备绝缘水平选择和绝缘配合提供依据。

(6) 出线线路的设计配合。与线路设计单位配合设计出线第一基终端塔和第一挡线段，确定开关站出线门架的布置；取得线路设计的有关参数资料，为雷电过电压计算分析和其他电气计算提供基础数据。

(7) 明确电站调度控制、继电保护、电能计量和系统通信等。

3.2　电气主接线

3.2.1　抽水蓄能电站电气主接线的设计原则

抽水蓄能电站的电气主接线设计需适应抽水蓄能电站的运行特点，选择简单清晰、满足可靠性设计要求、适合运行工况变化而且操作方便、运行灵活、投资合理的接线方案作为电站的电气主接线。

抽水蓄能电站一般地处深山峡谷，大多为地下式厂房，具有主变压器布置在地下洞室和高压引出方式的特点，因此发电电动机—主变压器组合应尽可能减少高压引出线的回路数，简化地下厂房布置。为了减少地面开关站土建开挖量，降低高边坡风险，适应电站“无人值班，少人值守”的管理方式和环境保护的要求，抽水蓄能电站高压配电装置普遍采用气体绝缘全封闭组合电器GIS。GIS设备元件可靠性高，其整体运行可靠性比敞开式设备高得多，相应的电气主接线可以设当简化。

抽水蓄能电站电气主接线选择的主要原则如下：

（一）可靠性要求

(1) 故障时尽量减少切除机组或线路的几率和停运时间。

(2) 任一元件故障不应长时间中断向系统供电；若发生全厂停电，应能经切换迅速恢复送电。

(3) 任一元件检修，切除容量不超过全厂容量的1/2。

(4) 本回路元件检修，不影响其他回路正常运行。

(5) 继电保护及控制、信号回路简单可靠，保护装置维修不影响正常运行。

（二）灵活性要求

接线应清晰，调度灵活，操作简便，容易实现自动化。

（三）经济性要求

在满足可靠性、灵活性要求的前提下，尽可能简化接线和布置，选用投资合理的电气主接线。

3.2.2　发电电动机—主变压器组合方式的比选

（一）比选主要问题

发电电动机—主变压器组合方式有单元接线方式、联合单元接线方式和扩大单元接线方式三种方式。目前的电网装机容量规模已足够大，抽水蓄能电站机组单机容量一般也不大于400MW，联合单元组和扩大单元组的容量的切除不会对系统稳定造成大的影响，因此发电电动机—主变压器组合方式主要从电站运行的可靠性和灵活性，相关设备的选择、布置、运输因素及总体经济性来确定。

（二）实例分析

下面以工程实例来说明发电电动机—主变压器组合方式的比选：某抽水蓄能电站装机4×300MW，地下式厂房，发电电动机布置在地下主机洞，主变压器布置在地下主变压器洞，采用地面GIS开关站和500kV挤包绝缘电缆引出方式。

（1）技术比较。对发电电动机与主变压器的组合采用单元接线、联合单元接线、扩大单元接线（因主变压器低压侧双分裂变，其短路电流很大，不考虑）三方案进行技术经济比较，如图11-3-1所示。

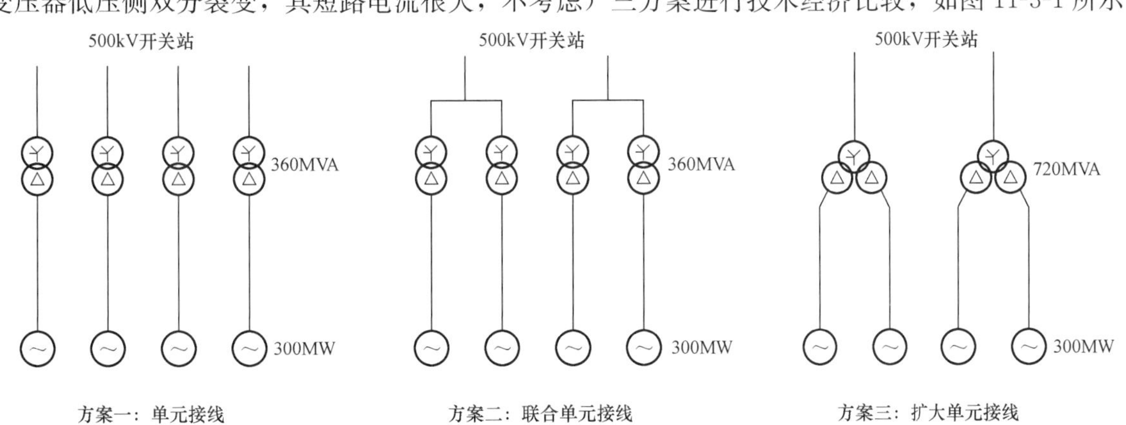

图11-3-1　发电电动机与主变压器组合方案

三种组合接线方案技术比较汇总见表11-3-1。

表11-3-1　三种组合接线方案技术比较汇总表

组合接线形式	方案一	方案二	方案三
	单元接线	联合单元接线	扩大单元接线
技术性能比较	主变压器故障或检修，停一台发电电动机	主变压器故障或检修，停一台发电电动机（短时停两台）	主变压器故障或检修，停两台发电电动机
	可靠性最高	可靠较高	可靠性稍差
	运行方式灵活	运行方式较灵活	运行灵活性较差
	机组分期投运方便	机组分期投运略为复杂	机组分期投运略为复杂
	主变压器检修与维护工作量小	主变压器检修与维护工作量小	主变压器检修与维护工作量较大（采用单相或组合变压器）
	高、低压侧布置清晰简单	低压侧布置清晰简单，高压侧布置稍复杂	低压侧母线布置复杂，高压侧布置简单
	开关站占地面积较大	开关站占地面积较小	开关站占地面积较小
	主变压器运输重200t，公路和铁路运输均可	主变压器运输重200t，公路和铁路运输均可	低压侧双分裂三相变压器运输超限，采用单相或三相组合式公路和铁路运输均可

(2) 经济比较。对各组合接线方案的主要电气设备可比投资及经济指标进行比较，价格采用同期类似电站或设备的合同价格或进行询价分析，参与比较的主要设备有主变压器、500kV 交联电缆、500kV 开关站进线间隔（土建费用)、主变压器高压侧母线设备、发电电动机电压设备等。一般来说，单元接线方案价格最高，扩大单元接线次之，联合单元接线价格最低。

(3) 方案选定。综合分析，方案一（单元接线）可靠性、灵活性较优，但投资最大；方案三（扩大单元接线）可靠性、灵活性稍差，投资也较高；所以推荐采用可靠性、灵活性均满足要求，投资最低的方案二（联合单元接线)。

抽水蓄能电站发电电动机—主变压器采用联合单元组合方式是合适的。目前，国内装机 4～6 台的抽水蓄能电站大多采用 2 机联合单元接线方式，对于机组单机容量不大于 200MW 且装机 6 台的抽水蓄能电站，可考虑采用 3 机联合单元接线方式。

3.2.3 高压侧接线方案比选

高压侧接线按照进出线回路拟出比选方案，根据各地电网的实际情况和电站本身的任务的不同，目前遇到较多的进出线回路数方式有二进二出、三进二出，及二进一出和二进三出。

对于这几类进出线回路数方式，确定其接线方案时，用于进行技术经济比选的接线方案各有特点。应根据进出线回路数、电站的特点和任务、当地电网运行管理要求和习惯等因素选择合适的比选方案，不宜列出所有可行的接线方案，以减少工作量。下面列出 4 种进出线回路数的几组典型的比选方案，设计时可根据具体工程的实际情况进行调整或增删。

(1) 二进二出。如图 11-3-2 所示，二进二出高压侧接线方案有以下几种：

1) 内桥接线。

2) 四角形接线。

3) 单母线接线。

4) 单母线分段接线。

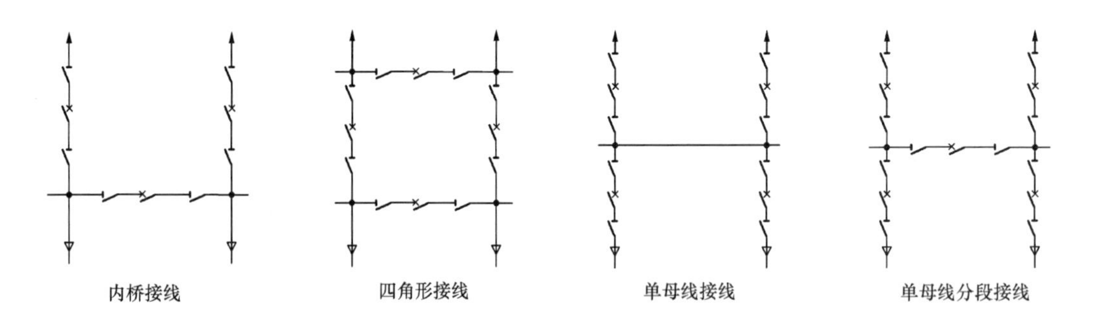

图 11-3-2 二进二出高压侧接线方案

(2) 三进二出。如图 11-3-3 所示，三进二出高压侧接线方案有以下几种：

1) 双内桥接线。

2) 五角形接线。

3) 双母线接线。

4) 单母线三分段接线。

5) 不完全单母线分段接线。

6) 3/2 断路器接线。

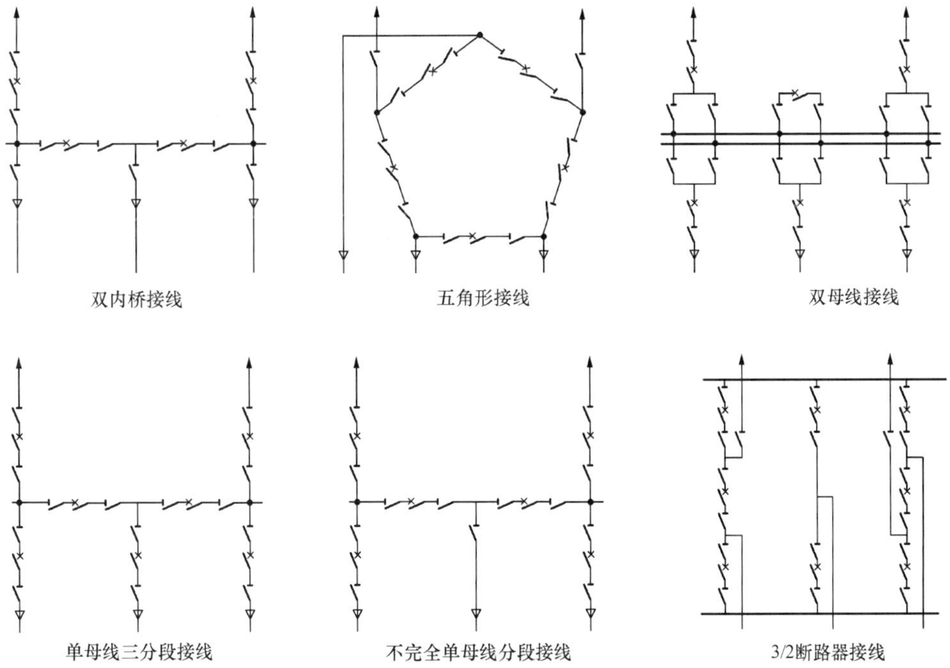

双内桥接线　　五角形接线　　双母线接线

单母线三分段接线　　不完全单母线分段接线　　3/2断路器接线

图 11-3-3　三进二出高压侧接线方案

(3) 二进一出。如图 11-3-4 所示，二进一出高压侧接线方案有以下几种：

1) 三角形接线。

2) 单母线接线。

3) 不完全单母线接线。

4) 不完全单母线加跨条接线。

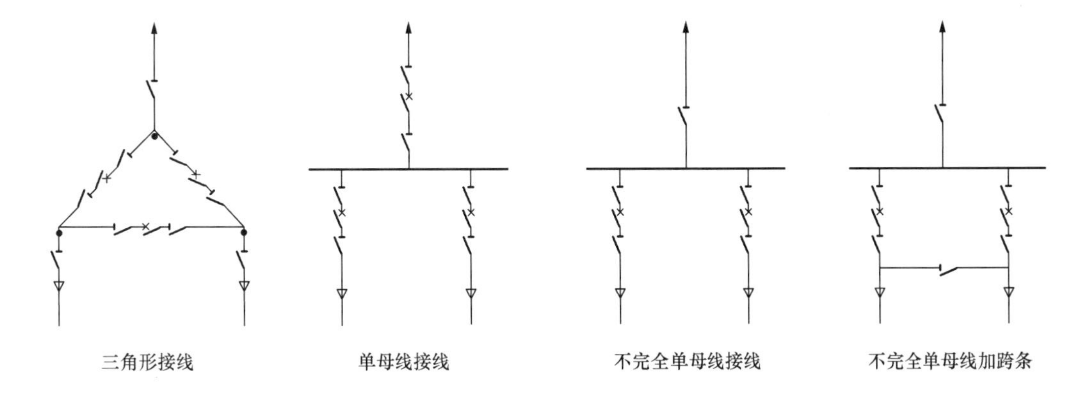

图 11-3-4　二进一出高压侧接线方案

(4) 二进三出。如图 11-3-5 所示，二进三出高压侧接线方案有以下几种：

1) 桥形接线。

2) 五角形接线。

3) 双母线接线。

4) 单母线三分段接线。

5) 均衡母线接线。

6) 3/2 断路器接线。

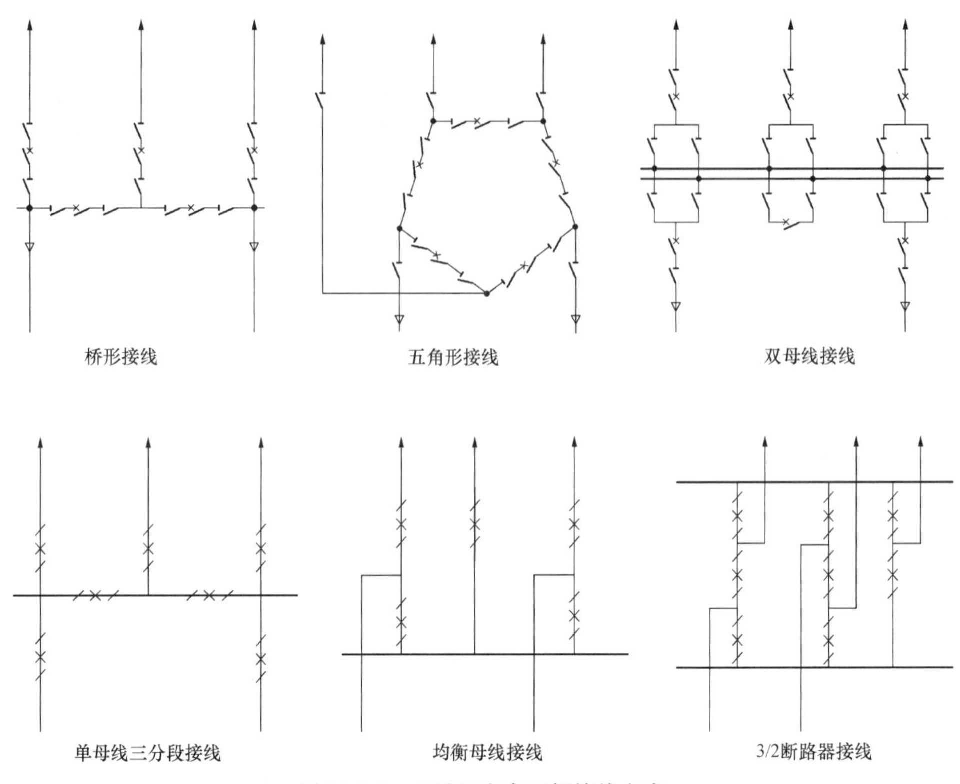

图 11-3-5 二进三出高压侧接线方案

3.2.4 可靠性计算评估

(一) 适用范围

按照规定，装机容量在750MW及以上的水电厂设计中应对电气主接线可靠性进行计算，为电气主接线方案比较提供定量化的评估。

值得注意的是：电气主接线可靠性最主要的衡量标准是运行实践的检验，在国内外长期运行经验的基础上进行定性分析仍是重要的评估方法。可靠性定量计算分析由于基础数据和计算方法并不十分完善，不能完全反映运行工况，计算结果准确度受到影响，因而一般只作为参考依据。

(二) 计算软件

目前较实用的电气主接线可靠性计算评估软件主要有西安交通大学研发的REBUS软件、重庆大学研发的STATION软件和清华大学研发的SSRE-TH软件，这三种软件的功能和主要方法基本类似，只是状态模型、算法和指标体系有些不同，但基本都能满足发电厂、变电站电气主接线可靠性计算评估的要求。

(三) 电气设备元件可靠性指标

我国20世纪80年代中期开始重视电气主接线可靠性的定量计算，原水利电力部昆明勘测设计研究院于1990年提出了《水电厂电气主接线可靠性计算导则》(送审稿)，该送审稿对水电厂电气主接线可靠性计算仍有一定的指导意义，但其中的电气设备可靠性指标数据太旧且设备品种形式较少，特别是500kV设备的数据，主要取自国外20世纪70～80年代的数据，而目前高压电气设备月新年异，这些数据已不适用。至于抽水蓄能电站发电电动机和气体绝缘全封闭组合电器，当时没有统计入列。从1999年开始，中国电力企业联合会可靠性中心，每年通过新闻发布会发布前一年的全国电力设备可靠性统计数据。尽管统计过程相关体制还不相当完备，但我国电网规模名列世界前列，统计样本量已相当大，建立了较严格的考核制度，因此其发布的统计数据仍具有相当的实用意义。通过收集国内各工程采用的数据，结合可靠性中心历年发布的统计数据的平均值，华东勘测设计研究院对电气设备元件可靠性指标进行了综合分析，整编了一整套数据，在相应的工程计算中采用，内容包括常规水电站和抽水蓄能电站、敞开式开关站方案和GIS开关站方案的电气设备元件可靠性指标等，取得了较好的效果。

3.2.5　电气主接线方案综合比选和实例

电气主接线最终方案的选定应综合考虑方案的可靠性、灵活性和经济性，不能偏颇其一，必要时还要兼顾运行调度经验和电网管理制度。尤其是灵活性，其产生的结果就体现了可靠性和经济性，应予以足够的重视。电气主接线方案综合比选的要点是：可靠性满足要求，运行操作灵活，经济合理。

（一）二进二出电气主接线方案综合比选

对二进二出电气主接线方案，综合比较见表11-3-2。

这4种方案可结合电站的实际情况选取。如偏重可靠性，可选择方案A2（四角形接线）；如偏重灵活性，可选择方案A3（单母线接线）或A4（单母线分段接线）；如偏重经济性，可选择方案A1（内桥接线）。

表11-3-2　二进二出电气主接线方案综合比较表

方案		方案A1 桥形接线	方案A2 四角形接线	方案A3 单母线接线	方案A4 单母线分段
接线示意					
优点		（1）接线简单、清晰。 （2）高压断路器数量较少、设备投资较省。 （3）继电保护及二次回路配置较简单	（1）正常运行可靠性高，任何一台断路器故障或检修不影响电站的连续运行。 （2）正常操作由断路器进行，不产生误操作	（1）开关站布置简单。 （2）继电保护及二次回路配置简单。 （3）断路器操作次数少，无并联开断要求	（1）继电保护及二次回路配置简单。 （2）断路器操作次数少，无并联开断要求。 （3）可靠性较高，灵活性高
缺点		（1）桥断路器故障，全厂短时停电。 （2）一台变压器故障，须同时断开两台断路器并切除一回线路。经短时切换后可恢复另三台变压器运行。 （3）断路器需满足并联开断要求	（1）继保和控制设备回路相对复杂。 （2）断路器需满足并联开断要求。 （3）设备布置复杂。 （4）一台断路器故障，将开环运行，影响供电可靠性。 （5）断路器数量多，设备投资高	（1）母线故障或检修将使全厂停运。 （2）任何一台进线断路器故障将造成电站一半容量停运。 （3）断路器数量多，设备投资较高	（1）分段断路器故障，将造成全厂短时停电，拉开隔离开关后，解列运行。 （2）任何一台进线断路器故障将造成电站一半容量停运。 （3）断路器数量多，设备投资高
500kV断路器数量		3	4	4	5
运行可靠性		适中	较高	稍低	适中
运行灵活性		稍差	适中	较高	高
经济性	静态总投资差值	0	次高	次高	最高
	年费用差值	0	次高	较高	最高

目前国内工程多采用方案A2（四角形接线）和方案A1（内桥接线），其中方案A2（四角形接线）的优点是可靠性较高，有一定的灵活性，经济性也适中，缺点是继电保护复杂，有些地方缺少运行经验；A1（内桥接线）的优点是经济性较高，有一定的可靠性，缺点是由于没有装设进线侧断路器，出线侧（电网侧）受到进线侧的影响，与现行电网考核制度不协调，不利于电站的运行管理。

如果二回出线不是接至同一个变电站，方案A1（内桥接线）显然是不适用的；A2（四角形接线）继电保护更加复杂，也应慎用。此时可优先考虑采用方案A3（单母线接线）或A4（单母线分段接线）。

今后应及时总结这些接线的运行经验，以利做出恰当的选择。

（二）三进二出电气主接线方案综合比选

对三进二出电气主接线方案，综合比较见表11-3-3。

表 11-3-3 三进二出电气主接线方案综合比较表

方案	方案 B1 双内桥接线	方案 B2 五角形接线	方案 B3 双母线接线（三进二出）	方案 B4-1 单母线三分段	方案 B4-2 单母线不完全分段	方案 B5 3/2 接线
接线示意	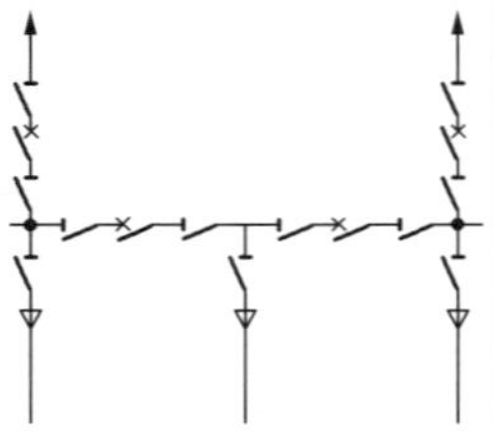	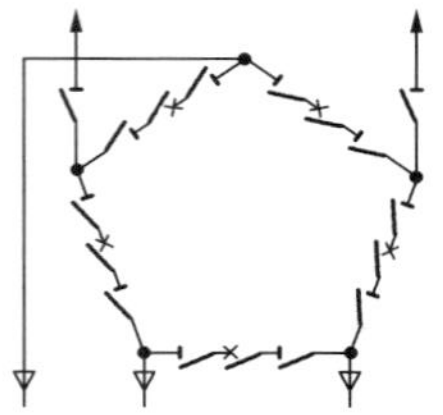	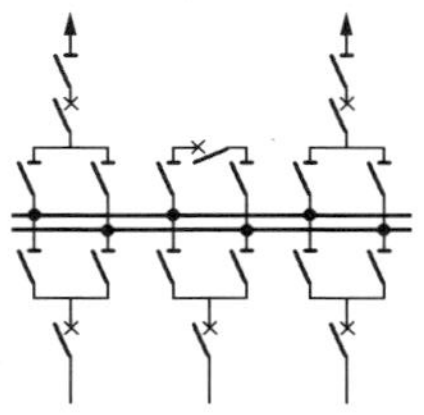	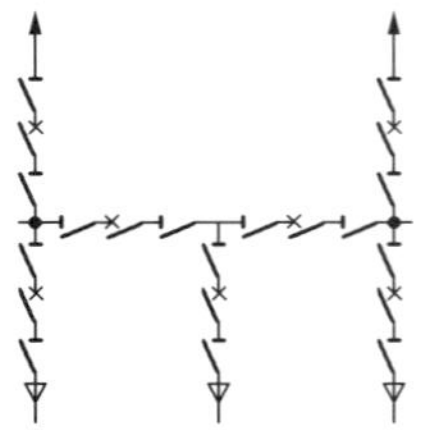	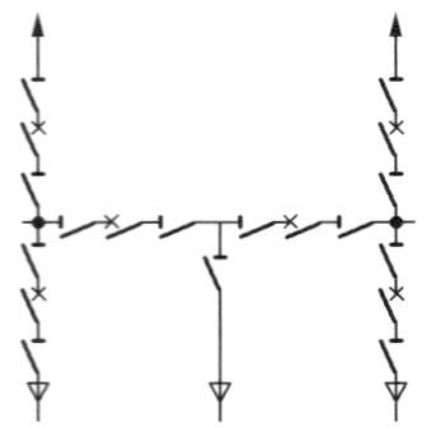	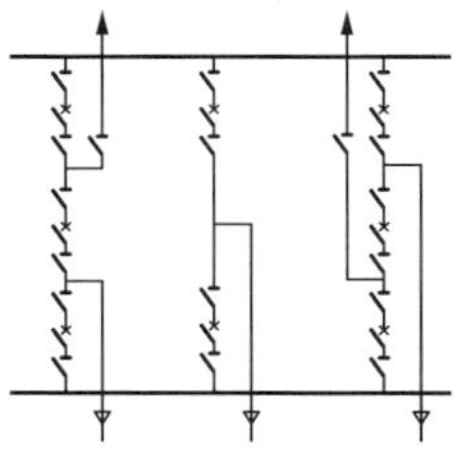
优点	（1）接线简单、清晰，继电保护及二次接线配置较简单。 （2）该接线当一回出线线路发生故障或检修时，不会影响电站机组的正常运行。 （3）高压断路器数量最少、设备投资最省	（1）接线成闭合环形，任何一台断路器检修，不影响回路连续供电，闭环运行时可靠性高。 （2）出线故障不影响电站机组的正常运行。 （3）高压断路器数量较少、设备投资较省	（1）进出线均有独立的断路器，接线简单、清晰，易于操作维护。 （2）线路或主变压器故障各个回路互不影响。母线故障可通过倒母线操作，不会造成供电中断，可靠性较高。 （3）运行调度灵活，进出线回路互不影响，各个电源和回路负荷可以分配到各段母线上	（1）接线简单、清晰，进出线均有独立断路器，运行可靠性高。易于操作维护，任一元件故障均不会造成全厂停运。 （2）灵活性较高，运行方式切换方便	（1）接线简单、清晰，进出线均有独立断路器（除中间单元进线外），运行可靠性较高。易于操作维护，任一元件故障均不会造成全厂停运。 （2）灵活性较高，运行方式切换方便。 （3）较单母线三双分段节省一组断路器	（1）可靠性最高，任一台断路器检修，不影响电站的连续运行。 （2）一切操作只通过断路器，不需隔离开关倒闸操作，可减少事故发生，保证供电安全
缺点	（1）联合单元进线侧操作均需操作两组断路器，影响断路器寿命。 （2）进线回路故障将使二组断路器跳闸，造成一回出线退出运行或两回出线解列运行，影响运行调度灵活性，对电网和电厂运行管理不利	（1）进出线故障需同时动作 2 组断路器，断路器应满足并联开断的要求，切故障电流的次数相对增加，检修周期缩短。 （2）开环运行后可靠性降低。 （3）继电保护及二次接线配置较复杂	（1）任一断路器检修都将造成相应进线/出线停电。 （2）母联断路器故障将使全厂短时停运。 （3）高压断路器数量较多，设备投资较高	高压断路器数量较多，设备投资较高	中间单元检修或故障需要短时间切除二侧分段断路器。并引起一段母线失电，不适应电网的运行管理制度	（1）断路器数量多，设备投资高。 （2）二次设备配置多，保护跳闸回路、失灵保护等比较复杂，同期回路切换复杂。 （3）进出线为三进二出，其中一串为两组断路器，与另外两串不一样，运行不方便。 （4）串数偏少
500kV 断路器数量	4	5	6	7	6	8
运行可靠性	稍差	较高	适中	较高	较高	高
运行灵活性	较差	适中	高	高	较高	较高
静态可比总投资差值排序	0	1	2	3	2	4
设备及运行年费用差值排序	0	1	2	4	3	5

这组方案间的差别较二进二出组的略大，方案B1（双内桥接线）经济性虽好，但可靠性较低，且有上述内桥接线的缺陷；方案B5（3/2断路器接线）可靠性虽高，但断路器数量多，经济性较差，进出线回路数达不到有关规范规定的要求；方案B2（五角形接线）、方案B3（双母线接线）、方案B4-2（不完全单母线分段接线）均是可以考虑的接线。如偏重经济性和可靠性，可选择方案方案B2（五角形接线）；B3（双母线接线）和方案B4-2（不完全单母线分段接线）可靠性适中和较高，经济性均适中，且灵活性较好。方案B4-2（不完全单母线分段接线）进一步提高灵活性，可演化到方案B4-1（单母线三分段接线）。

3.2.6　机组水泵工况启动方式选择

抽水蓄能电站的水泵—电动机工况启动方式主要有异步启动方式（全压异步和降压异步）、同步启动方式（背靠背启动）、半同步启动方式、同轴小电机启动方式和静止变频器启动方式5种。这5种机组水泵工况启动方式的特点和优缺点比较，见表11-3-4。

表11-3-4　　机组水泵工况启动方式比较表

启动方式	异步启动		同步启动	半同步启动	同轴小电机	静止变频器
	全压异步	降压异步				
特点	直接由电网带动启动，启动力矩大，启动时间短，对系统影响大	通过电抗器或变压器降压启动，减小启动电流，增加启动时间	由本电站或相邻电站机组作为启动电源，在电气上连接起来，进行背靠背启动	异步启动和同步启动的组合方式，先异步后同步	在每台发电电动机顶部装设1台同轴小容量电机进行启动	采用晶闸管变频启动装置产生零到额定频率的变频电源，启动电动机并将之拖入同步转速
对系统影响	影响大	有些影响	没有影响	没有影响	影响较小	影响较小
配套设备	基本不需要	需要降压设备	需要启动母线及开关设备，启动用励磁设备	需要启动母线及开关设备	需要启动小电机及变阻器和配电装置	需要变频启动装置，启动母线及开关设备，启动用励磁设备
投资	很省	较小	如具备启动电机，较小		较高	高
适用范围	小容量机组	中、小容量机组	大、中、小容量机组		中、大容量机组	

机组水泵工况启动方式的选择原则有：①机组额定容量为50MW以下，如果电网和设备允许，宜选用全压异步或降压异步启动方式；如厂内或附近有常规水电机组可供利用时，也可选用同步启动（背靠背）方式。②机组额定容量较大，宜选用变频启动方式，机组台数不超过6台的抽水蓄能电厂宜只装设1套变频启动装置。③大型抽水蓄能电厂宜采用变频启动为主、背靠背同步启动为辅的方式。

静止变频装置SFC（Static Frequency Converter）具有启动容量大、启动速度快、工作可靠性高、维护工作量小、对系统影响小等优越性。随着现代电力电子技术、自动控制技术和计算机技术的进步，SFC的技术先进性和经济性也更明显。20世纪80年代以来，大型抽水蓄能电站广泛应用SFC，作为水泵—电动机工况的主选启动方式。而且SFC的应用范围正不断扩大，许多中、小容量的抽水蓄能电站也开始采用静止变频器启动方式。

我国溪口抽水蓄能电站（装机2×40MW）原采用半压异步启动方式，后改造为变频启动方式；沙河抽水蓄能电站（装机2×5.3MW）、天堂抽水蓄能电站（装机2×35MW）、响洪甸抽水蓄能电站（装机2×40MW）均采用变频启动方式。现在的发展趋势是异步启动和同轴小电机启动方式的应用越来越少，新建的抽水蓄能电站基本上都采用变频启动为主、背靠背同步启动为辅的启动方式。

英国迪诺威克抽水蓄能电站、日本奥吉野抽水蓄能电站、我国台湾明潭抽水蓄能电站和浙江天荒坪抽水蓄能电站均装机6台，也都设置了2套SFC。运行经验表明，SFC装置可用率高，启动成功率高，再辅以背靠背启动，设置1套SFC可以满足装机6台的抽水蓄能电站启动的需要；也可采用设置2套SFC而不配套背靠背启动的方案。

3.2.7　换相和同期方式选择

抽水蓄能电站发电和电动工况的相序需要换位，换相点可以设置在发电电动机电压回路，也可设置在主变压器高压侧。换相点设置在发电电动机电压回路，则同期由发电机断路器操作；换相点设置在主变压器高压侧，则同期由高压断路器操作。两种换相方式的比较见表11-3-5。

表11-3-5　两种换相方式比较表

换相方式	高压换相方式	低压换相方式
换相点	升高电压侧	发电电动机电压回路
同期操作	高压断路器操作	发电机断路器操作
换相开关	高压隔离开关	中压隔离开关
厂用电和启动电源引接	从高压侧设置专用的降压启动变压器	直接从发电机断路器外侧的主变压器低压侧引接
专用配套设备	高压启动变压器及开关设备	发电机断路器
布置场地	开关站复杂，地下母线洞简单	地下母线洞复杂，开关站简单
适用范围	中、小型抽水蓄能电站	大型抽水蓄能电站

发电电动机出口装设有断路器或升高电压侧为500kV，换相开关应装在发电机电压侧；发电电动机出口未装设断路器、升高电压侧电压为220kV及以下且升高电压侧选用GIS时，换相开关可装在升高电压侧。简言之，在工程设计方案选择时，对升高电压侧为500kV的电站，可直接采用发电机电压侧换相和同期方式；对升高电压侧为220kV及以下的电站，则需根据工程的实际情况，进行技术经济比选后确定。

在一些工程技术方案研究时发现，当升高电压侧为220kV及以下时，采用高压换相和同期方式有可能较为经济。近年来，随着发电机断路器技术和产品的成熟，装设发电机断路器，对提高厂用电引接灵活性和运行可靠性及发电机—变压器保护的可靠性大有益处，其技术优势相当明显。

我国十三陵抽水蓄能电站（装机4×220MW），升高电压侧电压为220kV，采用高压侧换相同期方式，换相开关装在220kV电压侧；而沙河抽水蓄能电站（装机2×5.3MW）和天堂抽水蓄能电站（装机2×35MW）装机容量虽不大，升高电压侧电压为220kV，却采用低压侧换相同期方式。因此，换相和同期方式的选择不应仅由设备投资来确定，还要综合考虑电站运行等其他情况。

第四章

发电电动机及其附属和辅助设备

抽水蓄能电站实质上就是一个能源转换中心，它通过水泵水轮机—发电电动机组将电能转换为水能进行能量储存，然后通过将水能转换为电能重新予以利用。如果说水泵水轮机是机械能和水能的转换核心，则发电电动机就是电能与机械能的转换核心。根据抽水蓄能电站的运行方式，这种能量转换是交替进行的。因此，发电电动机必须具备电动机和发电机双重功能，双向旋转，冷热交替频繁，带负荷速率快，特别是电动工况需短时即带满功率运行。此外，由于抽水蓄能电站主要在电网中承担改善运行品质和安全稳定装置的作用，需要具备较大的调压范围和调相、进相能力以及频率调节能力，而其附属和辅助设备的功能均需与其特点配套。本章将根据发电电动机及其附属和辅助设备的这些特点介绍其设计方法、技术要点和工程经验。

4.1 发电电动机技术参数和结构选择

4.1.1 发电电动机设计、制造和运行特点

（一）发电电动机运行特点

抽水蓄能电站使用的电机在发电时作为发电机运行，在抽水时作为电动机运行，故称为发电电动机，也可称为电动发电机。其运行特点如下：

(1) 电机的旋转方向。由于可逆式水泵水轮机作水泵运行的旋转方向与作水轮机的运行方向相反，因此，发电电动机也相应地需要双向运行。双向旋转在可逆电机的通风冷却和轴承等其他机械方面带来许多与常规水轮发电机不同的特点。由于频繁的双向旋转，还可能引起转子结构件的疲劳和松动。

(2) 电动机的启动。发电电动机和常规的水轮发电机一样是同步电机，在作电动机运行时没有启动转矩，必须依靠其他启动方法将机组从静止状态加速到同步转速附近，并网后产生同步转矩使机组进入同步电动机运行。现大、中型发电电动机基本采用静止变频启动装置用于电动工况启动。

(3) 启动停机频繁，工况转换迅速。抽水蓄能电站在电力系统中担任调峰填谷的任务，还经常作调频、调相和进相运行，启动频繁。同时，机组还应能够迅速增减负荷，如英国的迪诺威克机组，发电工况时一般要求有带 10MW/s 负荷的能力。因此，发电电动机工况转化频繁，电机内部温度变化剧烈，电机的线棒会产生温度应力和变形。

(4) 多种复杂的过渡过程。抽水蓄能可逆机组，在工况转换过程中发生各种复杂的水力过渡过程、机电暂态过程。在这些过程中机组会发生比常规水轮发电机组大而复杂得多的振动，这对机组的轴承设计提出更严格的要求。

（二）发电电动机设计、制造要求

基于发电电动机启动和运行方式的特殊性，构成了发电电动机结构及参数选择的独特性，如机组存

在两种运行工况，有机组容量的匹配问题；与常规机组相比，由于发电电动机额定转速通常较高，高转速区比选的转速级差较大，涉及转速、电压、槽电流等的匹配及避免机组共振等问题。

在电机设计中，常采用 CAD 和 FEM 等计算机辅助设计手段解决发电电动机因上述运行特性所带来的特殊问题，如发电电动机的频繁启动问题、正反向旋转的运行稳定性问题、转子磁轭径向通风系统设计问题、推力轴承安全可靠运行问题、绝缘系统的机械和电气性能及可靠性问题、结构部件的刚强度及疲劳问题、轴系振动及稳定性问题、机组启动及工况转换等。

由于计算机模拟技术和新材料的发展，使机组电磁及结构设计的精确性进一步提高，在电机设计中，可以通过反复进行计算以及与试验值的对比，使设计得到进一步优化和完善。在机组设计中通过采用高磁通密度化及高电流密度化技术，发电电动机体积得以进一步减小，350MVA、300r/min 级空冷发电电动机的利用系数已达 11.6。随着电力电子技术的发展及应用，变频调速技术在抽水蓄能机组上的应用范围得以进一步的拓宽，从原有的变频技术应用在电动工况的启动，逐步发展到变频机组的应用。迄今为止，已制造出 475MVA、480～520r/min 级的变速机组。

国内外大型发电电动机主要参数，见表 11-4-1。

4.1.2　发电电动机主要参数选择

（一）额定容量

发电电动机的额定容量是电机设计的一项基本技术数据。在一定的额定转速下，额定容量直接关系到电机的主要尺寸和主要材料的用量。

发电电动机发电工况的额定输出功率应与水泵水轮机工况额定输出功率相匹配，即

$$P_{GN} = S_{GN}\cos\phi_{GN} = P_{TN}\eta_{GN} \tag{11-4-1}$$

式中　P_{GN}——发电电动机发电工况的有功功率，kW 或 MW；

S_{GN}——发电电动机发电工况的视在功率，kVA 或 MVA；

$\cos\phi_{GN}$——发电电动机发电工况的额定功率因数；

P_{TN}——水泵水轮机在水轮机工况的额定出力，kW 或 MW；

η_{GN}——发电电动机发电工况的额定效率。

发电电动机电动工况额定输入功率选择时，应考虑与水泵水轮机水泵工况最大输入功率相匹配，即

$$P_{MN} \geqslant P_{PN}$$

式中　P_{MN}——发电电动机电动工况输出的轴功率，kW 或 MW；

P_{PN}——水泵水轮机水泵工况输入的轴功率，kW 或 MW。

发电电动机电动工况的额定容量为

$$S_{MN} = P_{MN}/\eta_{MN}\cos\phi_{MN} \tag{11-4-2}$$

式中　$\cos\phi_{MN}$——发电电动机电动工况的额定功率因数；

η_{MN}——发电电动机电动工况的额定效率。

发电电动机的设计容量，需综合两种工况，最终，发电电动机的设计容量为

$$S_N = \max\{S_{GN}, S_{MN}\}$$

为了充分发挥发电电动机在两种工况下的效益，设计中尽可能满足

$$S_{GN} = S_{MN}$$

将式（11-4-1）和式（11-4-2）代入，则有

$$P_{TN}\eta_{GN}/\cos\phi_{GN} = P_{PN}/\eta_{MN}\cos\phi_{MN} \tag{11-4-3}$$

式（11-4-3）能否满足或接近，主要取决于以下因素：

表 11-4-1 近期国内外大型发电电动机主要参数统计

序号	电站名称	S_N/S_{max} (MVA)	P_{NM} (MW)	U_N (kV)	$\cos\phi_{NG}/\cos\phi_{NM}$	n_N (r/min)	冷却方式	结构形式	短路比	装机台数	首台机投运年份	制造厂（公司）	备注
1	响洪甸	45.7/56.4	55	10.5	0.875/1.0	150～166.7	空冷	悬式	1.0	2	2000	东电（DFEM）	
2	回龙	67	65.6	10.5	0.9/1.0	750	空冷	悬式	1.2	2	2005	哈电（HEC）	
3	白山	165	168	13.8	0.88/0.91	200	空冷	半伞	1.05/1.14	2	2006	HEC	
4	十三陵	222	218	13.8	0.9/1.0	500	空冷	半伞	0.9	4	1995	VA-TECH HEC	VA-TECH 为主包方、哈电分包并提供3、4号机主要部件
5	泰安	278	274	15.75	0.9/0.975	300	空冷	半伞	0.9	4	2005	V0ITH FUJI	
6	宜兴	278	275	15.75	0.9/0.98	375	空冷	悬式	0.9	4	2007	GE	
7	张河湾	278	268	15.75	0.9/0.98	333.3	空冷	半伞	1.0	4	2007	FUJI	
8	Lam Ta Khong	282	268	16.5	0.9/0.95	428.6	空冷	半伞	1.0	2	1996	ALSTOM	
9	广蓄一期	334	334	18	0.9/0.975	500	空冷	半伞	0.9	4	1992	ALSTOM	
10	广蓄二期	334/380	312	18	0.9/0.975	500	空冷	悬式	1.0	4	1998	SIEMENS	
11	天荒坪	334/350	336	18	0.9/0.975	500	空冷	悬式	0.93	6	1997	GE	
12	桐柏	334	336	18	0.9/0.975	300	空冷	半伞	0.9	4	2005	VA-TECH	
13	西龙池	334	320	18	0.9/0.975	500	空冷	半伞	1.0	4	2008	TOSHIBA MITSUBISHI	
14	惠州/宝泉	334/360	330	18	0.9/0.95	500	空冷	悬式	0.9	8/4	2008	ALSTOM HEC、DFEM	ALSTOM 为主包方、HEC 和 DFEM 为分包方，并分别制造宝泉4号机和惠州4号机
15	白莲河	334	325	15.75	0.9/0.975	250	空冷	半伞	0.9	4	2008	ALSTOM HEC DFFM	ALSTOM 为主包方、HEC 和 DFEM 为分包方，并分别制造4号机的水泵水轮机和发电电动机

续表

序号	电站名称	S_N/S_{max} (MVA)	P_{NM} (MW)	U_N (KV)	$\cos\phi_{NG}/\cos\phi_{NM}$	n_N (r/min)	冷却方式	结构形式	短路比	装机台数	首台机投运年份	制造厂(公司)	备注
16	蒲石河	334	322	18	0.9/0.98	333.3	空冷	半伞	1.05	4	2010	HEC ALSTOM	HEC 为主包方、ALSTOM 为分包方并予以技术支持
17	黑麋峰	334	325	18	0.9/0.975	300	空冷	半伞	1.0	4	2009	DFEM ALSTOM	DFEM 为主包方、ALSTOM 为分包方并予以技术支持
18	呼和浩特	334	320	18	0.9/0.975	500	空冷	悬式	1.0	4	2009	DFEM ALSTOM	DFEM 为主包方、ALSTOM 为分包方并予以技术支持
19	响水涧	278	277	15.75	0.9/0.98	250	空冷	半伞	0.977	4	2012		
20	玉原(Tamahara)	335	310	13.2	0.9/0.95	428.6	空冷	半伞	0.8	2	1981	TOSHIBA HITACHI	
21	奥清津 2(Okukiyotsu2)	355	320	16.5	0.9/0.95	428.6	空冷	半伞		2	1995	TOSHIBA HITACHI	
22	木舟(Muju)	343/373	365	18	0.9/0.98	450	空冷	半伞	1.1	2	1991	ALSTOM	
23	今市(Imachi)	390	361	15.4	0.9/0.95	428.6	外加风机	半伞	0.9	3	1986	TOSHIBA	
24	三冲(San Chong)	438	429	18	0.9/0.98	360	空冷	半伞	1.1	2	1994	ALSTOM	
25	迪诺威克	330	314	18	0.95/0.95	500	外加风机	悬式		6	1983		
26	葛野川(Kazunogawa)	475	460	18	0.8/1.0	500	空冷	半伞	0.8	1+1+2	1999/2007	HITACHI MITSUBISHI TOSHIBA	HITACHI 和 MITSUBISHI 分别提供恒速的 1 号、2 号机。TOSHIBA 提供可调速的 3、4 号机
27	神流川(Kannagawa)	525	464	18	0.9/0.95	500	空冷	半伞		2	2005	HITACHI	
28	小丸川	310 (340/360)*	297 (330)*	16.5		600	空冷	半伞		2+1+1	2007	MITSUBISHI	

（1）水轮机输出轴功率和水泵输入的轴功率。根据抽水蓄能电站的水量平衡、发电和抽水的工作小时、水头、扬程等因素，这两者是接近的，通常 P_{PN} 略大于 P_{TN}。

（2）发电电动机在两种额定工况下的效率。两者相近，通常 η_{MN} 略大于 η_{GN}。

（3）发电电动机的额定功率因数。通常 $\cos\phi_{MN}$ 略大于 $\cos\phi_{GN}$。

发电电动机电动工况额定输入功率选择时，应与水泵水轮机水泵工况最大输入功率相匹配，此时应考虑水泵水轮机模型换算到真机时水泵入力的可能偏差和电网频率变化对水泵入力的影响等因素。

（二）额定转速

通常发电电动机额定转速根据水泵水轮机的额定转速确定。在水泵水轮机进行额定转速比选时，应根据水泵水轮机转速拟定相应的发电电动机额定转速，分别就发电电动机的设计和制造的合理性进行比较，在满足发电电动机电磁设计及结构布置需要的前提下，经技术经济比较确定发电电动机额定转速。

额定转速选取可从以下几点考虑：

（1）合理的机组额定电压和槽电流。机组额定电压的选取，详见下面（三）项的内容。

在一定的绝缘耐热等级下，槽电流与发电机容量、电压、并联支路数及绕组形式等有关。槽电流太小，表明发电机有效材料的利用率差，不经济；槽电流太大，将导致铜损及附加损耗增加，从而使槽绝缘温差增大，在工艺上由于线圈截面增大，使制造复杂化。图 11-4-1 所示是槽电流与每极容量的近似关系。

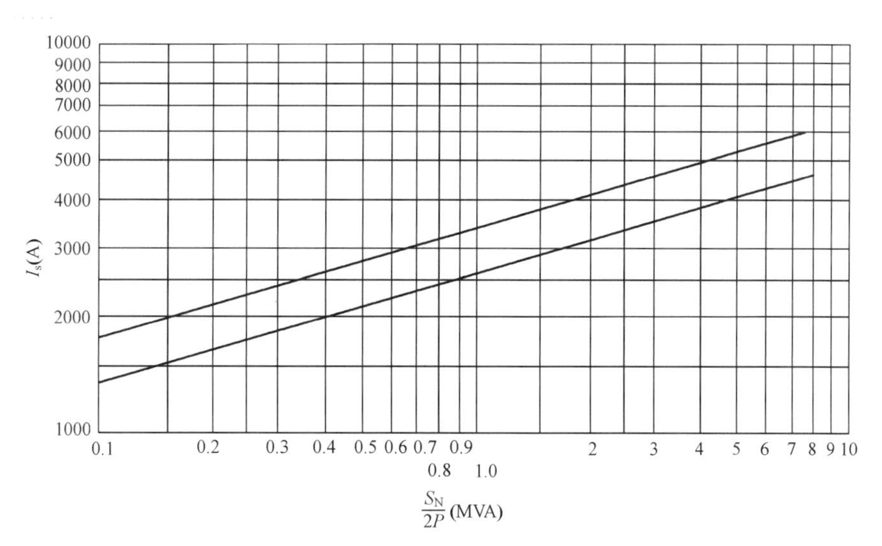

图 11-4-1　槽电流与每极容量的近似关系

对于 F 级绝缘的空冷机组，随着绝缘技术和水平提高以及线圈散热性能的改善，当具有良好的通风条件时，大容量的发电电动机的槽电流可达 6000～7500A，如国内广蓄一期、宝泉、惠州、蒲石河和呼和浩特等电站发电电动机槽电流为 7142A，日本葛野川等电站发电电动机槽电流为 7618A。

（2）特定转速机组。对于一些特定转速（如 272.7r/min 或 428.6r/min 等）的电机，当定子绕组采用对称绕组设计时可选的并联支路数很少，因此在一定的机组容量情况下，难以选取合适（经济）的槽电流使电机达到理想的设计要求。为了求得最佳的槽电流，通常可采用降低或提高额定电压的方法来解决。当定子绕组采用非对称绕组设计时，则需对其电动势和电流的不对称度、各支路间环流引起的损耗和温升、高次谐波和振动、绕组结构、布置和接线及保护等进行全面分析和计算，并注意制造厂的设计、制造经验等。

对于一定容量、一定水头范围的机组，在选取额定转速时，还应特别注意机组电气自振频率与尾水管的压力脉动频率发生共振问题。根据资料，美国洛基山抽水蓄能电站机组转速为 225r/min，因发电电动机的自振频率为 1.1Hz，非常接近尾水管压力脉动频率（1.01～1.07Hz），为了避免共振，将转子惯性矩增加 16%，转子直径自 7.65m 增至 8.05m，将发电电动机的自振频率减到 0.9Hz，使发电电动机的自振频率与尾水管压力脉动频率差值大于 10%。

（3）机组造价。机组额定转速高的机组，其机组造价相对低一些，机组转速比较中可按机组造价（或质量）与额定转速 2/3 次方成反比进行估算。

（三）额定电压及调压范围

发电电动机额定电压的选取，应符合国家标准及相应行业标准的规定。交流发电机额定电压一般取 6.3、10.5、13.8、15.75、18、20kV 等。

机组的额定电压是一个综合性的参数，它的选取首先应考虑发电机的技术经济指标，其次再考虑主变压器及发电机电压设备选取。

已运行及正在设计、制造、安装的水轮发电机最佳电压范围与额定容量的关系，已投产的水轮发电机电压、容量、转速关系如图 11-4-2 和图 11-4-3 所示，可依据机组的容量和转速初步选定机组的额定电压。

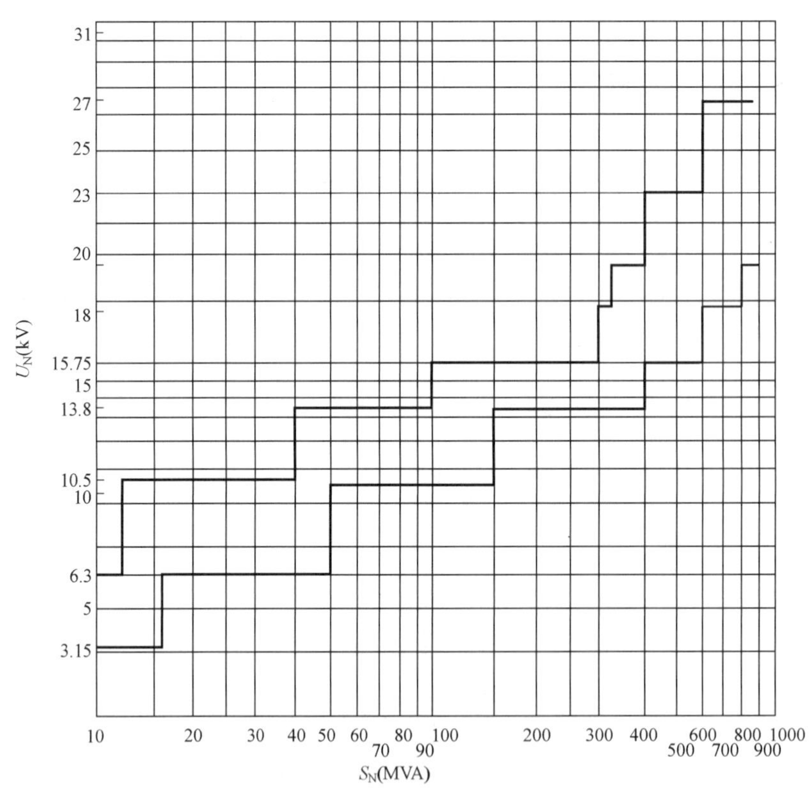

图 11-4-2　最佳电压范围与容量的关系

机组额定电压的选择可从以下方面考虑：

（1）对机组技术参数的影响。机组额定电压的选取，将对机组技术参数有所影响，额定电压的不同，将影响定子绕组并联支路数、槽电流、X'_d、效率、铜和铁用量、绝缘材料用量、通风性能等。机组定子绕组槽电流应在制造厂经验取值范围，并取得理想的槽满率。

（2）对发电机断路器选型的影响。按照机组的额定容量［机组最大容量（如果有）］计算机组不同额定电压下的定子电流值和三相短路电流值。机组额定电压比选时尽可能不引起发电机断路器选型的跳档，并有多家断路器制造商的产品可供选择。

（3）对发电机电压回路封闭母线（IPB）选取的影响。发电机电压回路 IPB 的额定电流选取与机组

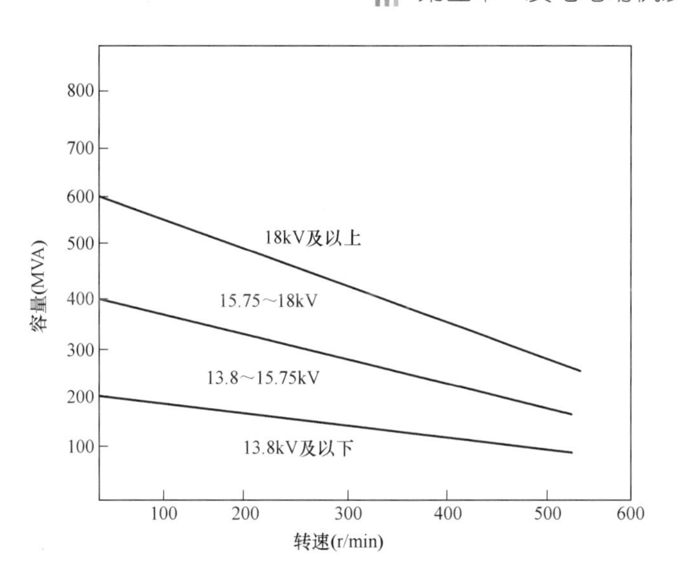

图 11-4-3 已投产的水轮发电机电压与容量、转速关系

额定电压有直接关系。通常 IPB 价格取决于额定电流，因此机组容量确定后，机组额定电压高的方案，IPB 造价相应略低一些。

考虑机组额定电压不同，对 IPB 运行费用的影响，其机组额定电压高的方案与低方案相比，年运行费用略有降低。选用高一级电压具有一定的优势。

(4) 对主变压器的影响。机组额定电压对主变压器低压侧绕组及电压套管的额定电压和额定电流及其设计和选型有一定的影响。

(5) 各制造厂的推荐值。由于各制造商的设计、制造经验（有时可套用现有机组资料）等诸多方面的差异，其对额定电压的取值有一定的倾向性，通常不同机组制造商提供的机组额定电压具有一定的离散性。

关于机组调压范围，在接入系统设计确定主变压器调压范围时，应充分考虑机组的调压能力，尽量避免在厂内选择有载调压变压器；确需设置时，应对适当加大发电电动机调压范围和采用有载调压变压器两种调压方式进行技术经济比较，从而选定调压方式。但变压器布置在地下洞室时，优先采用适当加大发电电动机调压范围的方式。

就机组调压范围的变化与机组造价的关系，通常考虑：机组调压范围由－5%～5%分别增至－7.5%～7.5%或－10%～10%，机组造价将分别增加 0.5%～2%或 1.5%～4%。

（四）额定功率因数

额定功率因数是发电电动机的重要参数之一，它对发电电动机本体造价、系统无功平衡、发电机过负荷能力及发电机相关电气设备选型等均有一定的影响。额定功率因数的选取应从以下几个方面加以考虑：

(1) 有关标准规范。按照《水轮发电机基本技术条件》（GB/T 7894—2009）、《进口水轮发电机（发电电动机）设备技术规范》（DL/T 730—2000）、《中大型水轮发电机基本技术条件》（SL 321—2005）等的规定，依据一定的机组容量，初步确定机组功率因数。

(2) 系统要求。抽水蓄能电站一般处于负荷中心，对电力系统电压水平会有影响。机组功率因数需要根据潮流计算确定。

(3) 对机组调相及充电容量的影响。发电机额定功率因数提高，将会使其调相容量、充电容量有所降低。通常机组调相容量的大小与它的额定功率因数和短路比 K_c 有关。在一定的功率因数时，短路比小调相容量大，反之亦然。调相容量 Q_p 与额定功率因数 $\cos\phi_n$ 的关系可表示为 $Q_p = K_p S_n = K_p P_n / \cos\phi_n$。

图 11-4-4 所示的是 K_p-K_c 调相容量关系曲线。设计时可由 K_p-K_c 曲线以及制造厂提供的数据来确定。通常机组 K_p 一般在 0.7 左右（$\cos\phi_n=0.9$，$K_c=0.9\sim0.95$），因此，机组的调相容量一般能满足系统对机组调相容量的要求。

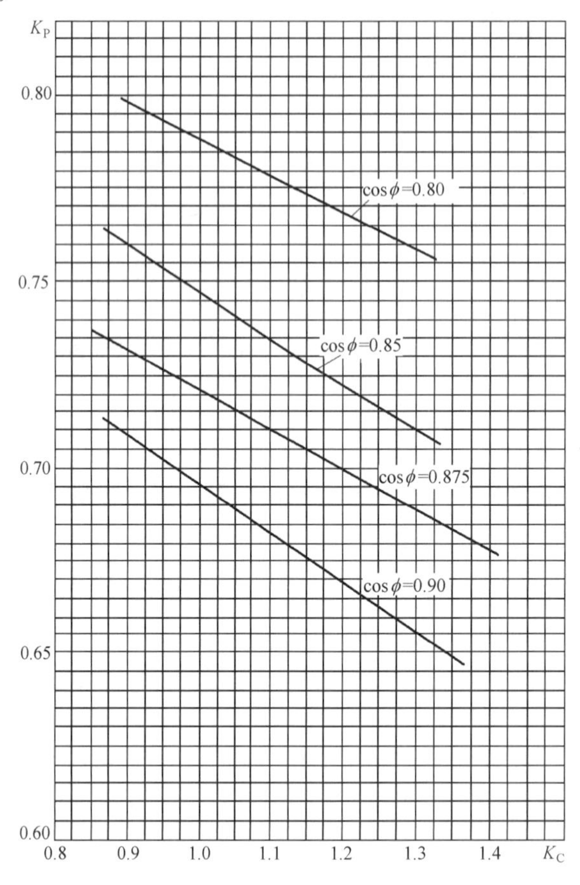

图 11-4-4　调相容量估算曲线

机组充电容量 Q_c 可表示为

$$Q_c = K_c \frac{1}{X_d} \frac{P_n}{\cos\phi_n} \quad (\text{MVar})$$

对抽水蓄能电站一般距系统 500kV 或 220kV 变电站距离较近，线路充电容量较小，机组的充电容量通常大于线路所要求充电容量。

图 11-4-5 所示是某一发电电动机运行极限图。

(4) 对机组最大容量、机组本体造价、发电机电压设备等的影响。

1) 功率因数的选取对机组造价的影响可采用机组造价 $\$ \propto (\cos\phi)^{-2/3}$。

2) 抽水蓄能机组设置最大容量时，其功率因数取值可高于额定功率因数。机组设置最大容量时造价增量 $\Delta\$$ 按 $\left(\sqrt{\frac{S_{max}}{S_n}}-1\right)$ 计。

3) 功率因数选取对发电机、主变压器以及配套发电机断路器、离相封闭母线等选型，应尽可能不跳挡，不造成影响。

(5) 电动机工况的功率因数。发电电动机在电动机工况时，机组是作为电力系统的负荷，处于电力系统的负荷低谷情况下，一般系统对机组的无功功率要求不大，所以该状态下电动机的功率因数可取得高一些，这样可减少电动机的设计容量，并可尽量发挥发电电动机在两种工况下的效益，尽可能满足发

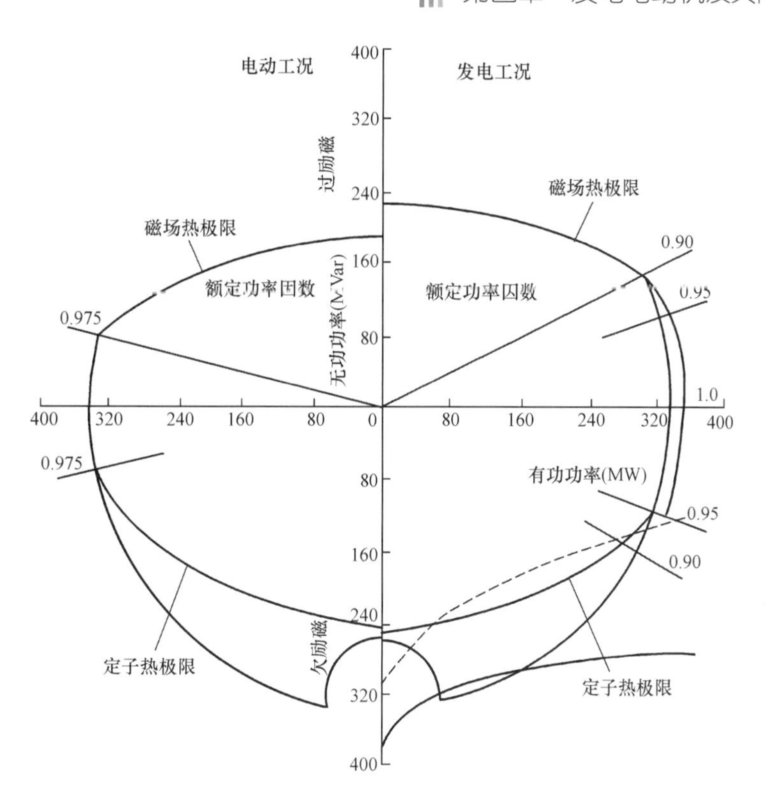

图 11-4-5　发电电动机运行极限图

电容量 S_{GN} 与电动机设计容量 S_{MN} 相等，即 $\frac{P_{TN}\eta_{GN}}{\cos\phi_{GN}}=\frac{P_{PN}}{\eta_{MN}\cos\phi_{MN}}$。机组设置发电最大容量时需考虑发电工况最大容量与电动工况额定容量相匹配。

(6) 机组经济功率因数选择。发电电动机额定功率因数的变化，会对发电电动机造价、主变压器造价、电气设备选型、调相能力、线路电能损失等产生影响。为了更为准确、有效地确定电站供电范围内发电—变电—输电—变电系统年计算费用最低的发电电动机功率因数，提出了经济功率因数的概念。经济功率因数涉及诸多技术、经济因素，与电压质量、系统无功分配及其储备、系统稳定要求、变压器及线路有功、无功损耗、补充装机投资以及系统无功补偿设备投资等有关。用经济功率因数来评估，使用经济分析法对发电电动机及相应线路功率因数的改变引起年费用的变化做一全面的定量分析计算。利用上述方法确定的功率因数，应征得系统设计部门同意。

（五）机组短路比

机组的短路比是机组的重要参数之一，是关系到机组和系统的稳定、机组的经济性的参数。短路比大，静态稳定极限高，电压变化率小，但发电机造价提高；反之，则静态稳定极限低，电压变化率大，发电机造价降低；短路比的选择，要合理地统筹兼顾运行性能和电机造价这两方面的要求。可从以下几方面考虑：

(1) 蓄能电站机组短路比参考值。一般常规水电站，因远离负荷中心，长距离输电，为增加输电稳态稳定，水轮发电机采用比较高的短路比。而抽水蓄能电站大都距负荷中心不远，为降低机组的造价，常选择较小的短路比。通常发电电动机的短路比在 0.9～1.0 左右，详见表 11-4-1。

(2) 系统的要求。近年来，随着科技的发展，一般水轮发电机都采用快速自动调节励磁系统、自动系统稳定器，快速继电保护、自动按周减载等技术和装置，以更小的经济代价来达到确保系统稳定的同样目的。故在对机组短路比选择时，一般已不特殊考虑系统静态稳定性要求，并有进一步降低该值的趋势，以提高电机的经济指标。

(3) 短路比选择对发电机成本的影响。短路比选择对发电机成本有较大影响，通常认为短路比若由0.9提到1.0，则成本将上升大约2%。

(六) 机组飞轮力矩GD^2

机组的飞轮力矩GD^2主要由发电电动机的GD^2决定。它直接影响到发电机在甩负荷时的速度上升率和系统负荷突变时发电机的运行稳定性，所以，它对电力系统的暂态过程和动态稳定也有很大影响。通常，GD^2的确定需满足电站输水系统的调保计算要求和机组断电时水力过渡过程的要求。GD^2的确定可从以下几方面考虑：

(1) 发电机GD^2的估算值及各制造商提供初步数值。从发电机设计的角度估算电站发电电动机的GD^2，参考国外一些制造厂资料中给出的估算GD^2的经验公式，可以求得GD^2值。日本《电气工程学手册》提供的公式为

$$GD^2 = 0.6S_n^{1.25} \times 10^6 / n^{1.98} (T-m^2)$$

有的厂家提出如下算式

$$GD^2 = 310000\left(\frac{S_n}{n^{1.5}}\right)^{1.25} (T-m^2)$$

式中，S_n的单位为MVA；n的单位为r/min。

(2) 电站输水系统的调保计算要求。

4.1.3　发电电动机主要结构形式

(一) 伞、悬式的确定

立式水轮发电机有悬式和伞式结构之分。悬式和伞式结构分别具有以下的优缺点：悬式结构的稳定性比伞式好，推力轴承直径小，轴承损耗小，推力轴承安装、维护、检修方便。对于低转速大容量的水轮发电机，推力负荷很大，若制成悬式，上机架的金属消耗量将很大，若制成伞式，由于下机架跨度小，刚度易满足要求，机架钢材耗量减少很多。伞式机组总高度低，从而可降低厂房高度。通常，中低速大容量机组采用伞式，而高速机则制成悬式。

以前，国内制造厂常采用$\frac{D_i}{l_t n_N}$(其中D_i为定子铁芯内径，m；l_t为定子铁芯高，m；n_N为发电机额定转速，r/min)来初选机组的结构形式。

近年来，由于广泛采用了所谓的无轴结构(分上端轴、发电机转子中心体和下端轴三部分)和抽屉式油冷却器。使伞式机组可以在吊转子时不拆推力轴承、不吊转子可以检修推力轴承以及轴承采用外循环冷却等一系列便于维护检修的措施，伞式结构的应用范围不断扩大。据资料，已有$\frac{D_i}{l_t n_N}$为0.0034的机组采用半伞式结构，如广蓄一期、十三陵、西龙池等电站的发电电动机。

据资料统计，当今极大部分高转速大容量发电电动机采用半伞结构，详见表11-4-1。

以上两种结构形式对机组推力轴承的设计也有一定的影响，如某一抽水蓄能电站采用悬式与半伞结构相比，推力轴承pv值之比达1.6倍，推力轴承制造难度增加。对于个别制造厂而言，由于其独特的转轮设计，与其他制造厂相比，推力负荷可减少很多，再考虑轴承损耗及冷却方式等因素，在选型过程中常选用悬式。悬式机组运行稳定性好，检修方便，推力轴承位于转子上部，此转轴不传递扭矩，轴径比主轴小，可降低推力轴承损耗。

机组选型时还应注意机组结构形式不同对厂房高度的影响，并注意机组招标与土建进度的配合，避免产生机组下陷情况。

（二）推力轴承的布置位置

对于半伞式机组，其推力轴承布置方式通常有布置在水轮机顶盖上和布置在下机架上两种，这两种布置方式各有利弊。

（1）推力轴承布置在水泵水轮机顶盖上的优缺点：

1）上导和下导可布置在离发电机转子最近处，从而增加轴系的稳定性。

2）容易从上部或下部进入发电机进行检查和维护。

3）轴承轴向负荷有助于限制顶盖的变形和挠度。

4）轴承支架以最小的部件质量和造价提供高的轴向刚性部件。

5）水泵水轮机的轴向水推力可内部平衡而不传给厂房基础。

6）结合采用中间轴和利用专门工具，推力轴承和轴承支架可从机坑拆出。

7）轴承不需电气绝缘。

8）当机坑直径不大（<10m），推力轴承布置在顶盖上，机坑内显得比较拥挤。

9）由于水轮机水力振动引起的顶盖振动，对推力轴承有一定影响。

（2）推力轴承布置在发电机下机架上的优缺点：

1）上导轴承可布置在靠近发电机中心，这样可增加临界转速。

2）可以直接从上部进入发电机。

3）有可能取消发电机上导轴承。

4）机组轴向力可由下机加直接传至厂房基础，对水轮机的设计制造影响不大，如水轮机和发电机分属两个集团制造，也易于协调。

5）由水力振动引起的水轮机顶盖振动，对发电机运行影响较小。

6）由于推力轴承布置有发电机机坑内，为避免油槽油雾逸出，污染损坏定子绕组，因此，对于油槽的密封性能要求较高。

7）机组轴增长，高度增加，相应增加厂房高度，机组和土建工程投资有所增加。

以上两种布置方式，对厂房总高度的影响，从某一电站200MW机组外商提供的资料来看，约相差1.2m。

（3）电站推力轴承布置位置的建议。通常，日本厂家习惯把推力轴承布置在下机架上，而欧洲一些厂家通常把推力轴承布置在水轮机顶盖上，主要与生产组织和检修方式有关。欧洲各厂家为独立水泵水轮机（或发电电动机）制造厂，因此，把推力轴承放在水轮机顶盖上（或下机架上），减少相互干扰和配合，便于生产组织。日本各公司都是制造水泵水轮机、发电电动机的综合公司，习惯于采用推力布置于下机架上的方案。表11-4-2所列的是推力轴承布置位置的综合比较。

表11-4-2　　推力轴承布置位置综合比较表

位　置	上机架	下机架	顶　盖
推力轴承造价	3	2	2
推力轴承损耗	3	2	2
发电机机架造价	1	2	3
水轮机顶盖造价	2	2	3
至推力轴承通道	3	1	2
至水轮机轴承和轴封的通道	3	3	2

注　表中取分方式：3表示高；2表示平均；1表示低。

机组推力轴承布置在水轮机顶盖上或布置在下机架上，技术上都是可行的，各有利弊。现多倾向于推力轴承放在下机架上。

（三）推力轴承冷却方式

推力轴承的冷却方式通常可分为内循环和外循环两种。

内循环，即油冷却器和推力轴承安置在同一油槽内，依靠轴承旋转部件的黏滞泵作用和冷热油的对流，形成循环油路。

外循环，其油冷却器布置在推力轴承油槽外，用油管和一些装置将它与油槽连接形成回路。外循环有外加泵外循环和自身泵外循环。前者利用独立油泵使油循环，后者利用轴承本体自身提供动力的润滑系统。自身泵外循环包括镜板泵外循环和导瓦自泵（也称导瓦间隙泵）外循环两种。镜板泵外循环是在镜板上开径向孔，形成简易离心泵；导瓦自泵（也称导瓦间隙泵）外循环是将导瓦进油侧加宽，作为间隙泵的泵体。轴承运转时，油带入其表面与滑转子的间隙，油流受阻压力增高，形成自泵功能。

三种方式的布置示意、系统配置、优缺点以及适用范围比较对照，见表 11-4-3。

从表 11-4-3 可以看出，内循环主要用于中小容量，中低转速的机组，这种冷却方式，结构较为简单，且油槽内具有一定的空间放置油冷却器。对于大容量、高转速机组，由于推力负荷较大，轴承损耗增加，油槽内没有足够的空间安置油冷却器，所以通常采用外循环。

表 11-4-3　　　　推力轴承冷却系统比较对照表

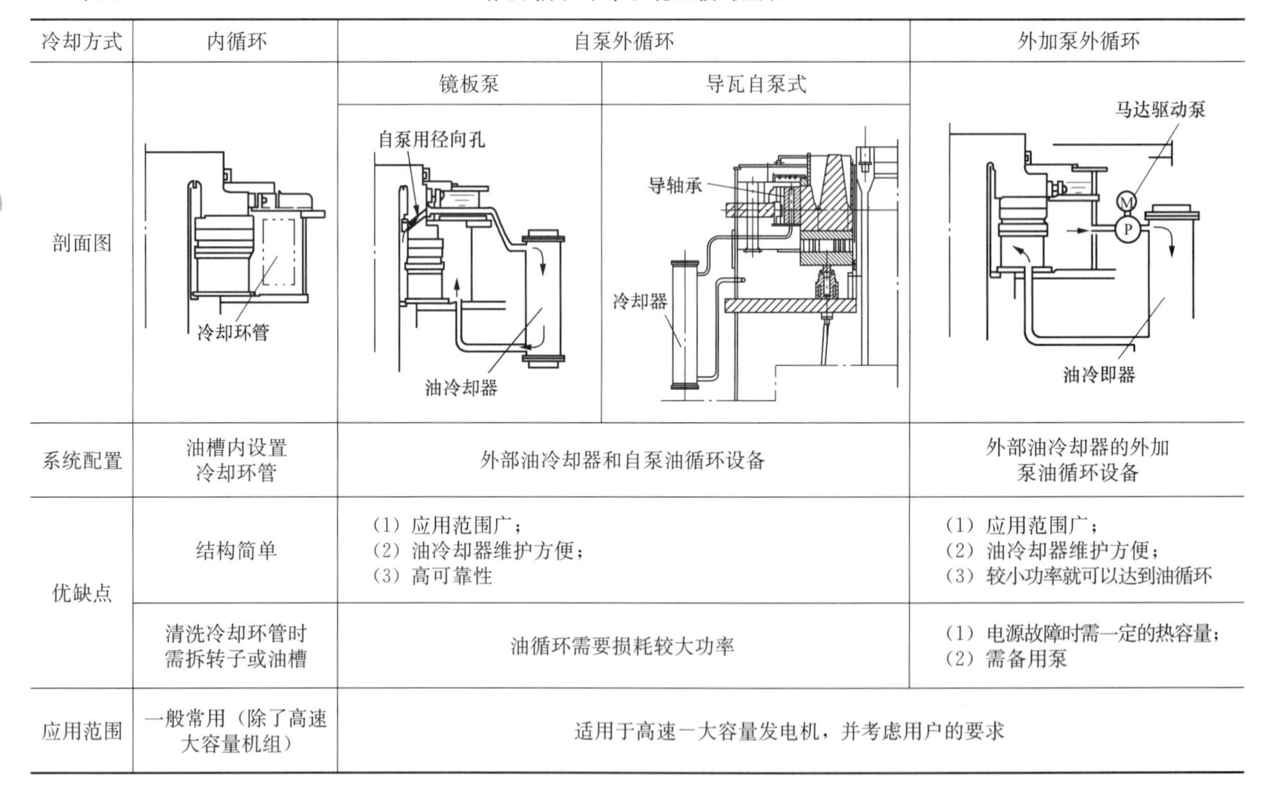

冷却方式	内循环	自泵外循环		外加泵外循环
		镜板泵	导瓦自泵式	
剖面图				
系统配置	油槽内设置冷却环管	外部油冷却器和自泵油循环设备		外部油冷却器的外加泵油循环设备
优缺点	结构简单	（1）应用范围广； （2）油冷却器维护方便； （3）高可靠性		（1）应用范围广； （2）油冷却器维护方便； （3）较小功率就可以达到油循环
	清洗冷却环管时需拆转子或油槽	油循环需要损耗较大功率		（1）电源故障时需一定的热容量； （2）需备用泵
应用范围	一般常用（除了高速大容量机组）	适用于高速一大容量发电机，并考虑用户的要求		

就外循环方式而言，有的采用自泵（镜板泵或导瓦自泵），有的采用外加泵，两种方式各有利弊。前者外围设备相对来讲少些，轴承运行可靠性高些，但据资料介绍，自泵损耗较外加泵的大些。自泵在低转速区冷却润滑效果差些。由于抽水蓄能机组通常配有高压油顶起装置，机组启停时高顶均会投入，因此，自泵低转速区冷却润滑效果差的弊端将被高顶的使用而抵消一些。对外加泵外循环方式，附属设备相对多些，对电源有一定的要求。

由于各个制造商发电电动机推力轴承的经验和业绩不同，在国内已建在建抽水蓄能电站中，十三陵、广蓄二期、桐柏、泰安等推力轴承采用镜板泵外循环方式；由GE公司提供的天荒坪、宜兴等采用镜板泵内循环方式；白莲河、响水涧等采用导瓦自泵外循环方式；广蓄一期、西龙池、惠州、宝泉等采用外加泵外循环方式。

对于外加泵外循环冷却方式，应考虑油泵及冷却器的布置位置。通常上述设备可布置在中间层或水轮机层下游侧。设备布置时应考虑布置空间、检修通道以及与机组类型（半伞或悬式结构）的协调。

（四）机组通风冷却方式

机组通风冷却方式通常可采用空冷或水冷机组。水冷发电机与空冷发电机相比具有独有的特点：电磁负荷可以取得较高，材料利用率较高，可以提高机组的极限容量，X'_d 约为空冷机组的1.5倍，GD^2 约为空冷机组的2/3等。据国际大电网会议11-02工作组1994年发表的水冷发电机运行调查报告，水冷发电机与空冷发电机相比，可用率低5%。由于当今发电电动机的容量—转速范围一般能满足空冷机组的要求，考虑到水冷机组冷却水系统的复杂性、绕组防腐、水渗漏及对电力系统稳定带来的影响等诸多因素，所以绝大多数发电电动机都采用空冷机组。空冷机组通常采用的方式有外加风机或转子磁轭径向通风。采用外加风机，噪声、振动、厂用电耗能较大（如广蓄一期，电站外加风机噪声达113dB），尚存在外加风机的可靠性问题，因此发电电动机尽量不采用外加风机通风冷却方式。机组通风冷却方式的发展方向是采用转子磁轭径向通风方式。

对于抽水蓄能电站的大容量长铁芯发电电动机，尤其应特别关注定转子绕组端部温度及其轴向温度发布。发电电动机通风冷却系统应满足各部分的风量分配合理，风速沿轴向分布均匀。

国内已投运的发电电动机中，GE公司在工厂对天荒坪发电电动机进行了通风模型试验并现场真机通风风量测试，基本满足要求。

2003年以来，通过宝泉、惠州和白莲河抽水蓄能（打捆）项目为依托，哈电公司承接了ALSTOM公司惠州通风模型的设计及试验工作。惠州发电电动机单机额定容量为334MVA、每极容量为27.83MVA，槽电流为7142A，采用全空气径、轴向冷却方式。惠州发电电动机通风模型系统采用了相似通风模型的研究方法。通风模型与真机的比例1∶2.5。通风模型测试的总风量折算至真机时，发电机工况的总风量为126.74m^3/s，电动机工况的总风量为124.4m^3/s，真机风量的设计计算结果为115m^3/s。惠州电站发电电动机的设计计算风量比电机需要的风量高，通风系统设计留有一定的裕量。

（五）风洞混凝土壁受力问题

机组结构选择时，应充分考虑机组上机架与风洞混凝土壁的连接方式，尽可能地将机组单边磁拉力这一径向力转变为切向力传至发电机风洞混凝土壁，如天荒坪、宜兴、惠州、宝泉等电站，或采用联合受力的方法，这样既保证机组稳定又尽可能少地将径向力全部传至风洞混凝土壁，以利于风洞混凝土设计，如十三陵、泰安、张河湾等电站。基于机组制造厂的设计风格不同，有的制造厂并未采用上机架与风洞混凝土壁相连的传力机构，而是采用经定子机座传力的结构，此类结构对定子机座刚度的要求较高，如桐柏等电站。

（六）定子铁芯现场叠片

（1）定子铁芯现场叠片问题。大中型发电电动机定子装配方式通常有两种，一是在制造厂分瓣叠片，下线，工地现场拼装，合缝处绕组连接；二是整个定子在工地进行整圆拼装，叠片下线。

（2）定子铁芯现场叠片优点。采用定子现场整圆和叠片能提高大容量机组的整体性，改善铁芯的圆度，减少铁芯的瓢曲，可进一步提高定子铁芯的运行可靠性和使用寿命。因此，国内外不少机组采用了定子铁芯现场叠片，见表11-4-4。若采用定子铁芯现场叠片，应考虑现场叠片可能会造成现场施工工期延长，安装场面积加大，现场安装工作量的增加以及现场不利的施工条件等诸种因素，且针对各个电站的不同情况，经综合比较后确定。

表 11-4-4　　国内外在工地整圆叠装定子铁芯的发电电动机

序号	电　站	单机容量 (MVA)	额定转速 (r/min)	铁芯内径 (m)	铁芯长度 (m)	台数	制造厂名称	投产年份
1	潘家口	91	125	8.0	2.05	3	意大利 TIBB	1990
2	天荒坪	333.33	500	4.75	3.05	6	加拿大 CGE	1998
3	广蓄一期	333.33	500	4.4	3.35	4	阿尔斯通	1992
4	广蓄二期	334	500	4.5	3.274	4	西门子	1999
5	宝　泉	334	500	4.7	2.92	4	阿尔斯通	2009
6	桐　柏	334	300	6.5	2.63	4	VATHEC	2005
7	泰　安	278	300	6	2.395	4	VSFK	2006
8	宜　兴	278	375	5.45	2.49	4	GE	2007
9	西龙池	334	500	4.8	2.8	4	东芝—三菱	2008
10	白莲河	334	250	7.5	2.262	4	阿尔斯通—东电	2009
11	黑麋峰	334	300	6.5	2.29	4	东电—阿尔斯通	2010
12	玉原（日本）	335	428.6	5.3	3.0	2	日立	1982
13	迪诺威克（英国）	330	500	4.6	3.6	6	英国 GEC	1982

(3) 定子铁芯现场叠片实施方案。机组采用现场叠片，可考虑以下几种方案：

1) 每台机组在安装场进行定子铁芯叠片，在机坑下线，该方案增加了机坑工作面，对水泵水轮机安装有干扰。

2) 每台机组在安装场进行定子叠片、下线。然后整体吊入机坑，该方案占用安装场时间较长。

3) 每台机组在机坑中叠片、下线。关键是要求土建进度提前。对水泵水轮机安装有干扰。

4) 每台机组在安装场叠片，在另一台机组机坑中下线，然后整体吊入最终位置，该方案关键是土建进度是否能提前。

5) 在安装场同时进行 2 台机组定子的叠片、下线（每台机错开 4～5 个月时间），然后整体吊入。采用该方案，能够较好地满足总进度要求，与水泵/水轮机的安装干扰较少，但安装场面积要增大。

(4) 定子铁芯现场叠片推荐方案。经安装场面积、安装工期、进度等技术经济比较，在电站地质条件允许的前提下，建议机组采用 2 台定子在安装场进行现场整圆叠片下线方案。

（七）与水泵水轮机结构、参数的匹配

抽水蓄能电站水泵水轮机既要做水泵运行又要做水轮机运行，设计时要兼顾两种运行工况，因此设计及制造均有较大的难度。一般以水泵工况为主（因水泵无法随导叶来调节流量和入力，高效率区窄），再用水轮机工况来复核，故水轮机工况往往偏离最优效率区，因此水泵水轮机运行时易产生振动及不稳定。水泵水轮机设计时不仅要考虑其自身设计的复杂性还应考虑与发电电动机的设计协调。通常水泵水轮机与发电电动机的设计协调项目有额定功率的匹配、额定转速的选取、推力轴承负荷、安装场布置尺寸及吊高、轴系飞逸转速和临界转速、半伞结构推力轴承的布置位置（下机架上或水轮机顶盖上）、机组拆卸方式、机组电气自振频率及尾水管压力脉动频率（DTPP）的关系、GD^2 的合理选择等。

（八）与厂房结构的设计协调

机组参数及结构的选择还与电站厂房结构设计相关，如机组拆卸方式、机组结构形式（伞、悬式）、飞逸转速及临界转速的选取、厂房设计对机组结构的要求（刚度及强度）、GD^2 的合理选择、机组基础荷载等都将与厂房设计配合。工程实践中要求机组设计时注意上述诸多因素，避免共振的发生。基于实践经验及计算程序，进行多种方案的分析比较，在机组参数、结构的选择时，力图规避共振区。同时在厂房设计时，结合土建厂房结构静、动力分析研究，进行厂房动力分析。动力分析主要计算结构自振频率、振型、振幅、应力和各特征点的加速度等。预测机组可能产生的强迫振动频率，进行共振校核并核算动力系数，对结构的合理性做出评价并给出优化措施。

（九）重视水泵水轮机调试、运行方式对发电电动机的影响

机组运行是水泵水轮机、发电电动机运行的统一体。调试、运行中应特别重视水泵水轮机调试、运行方式对发电电动机的影响。如甩负荷对发电电动机的影响、首机首次电动工况启动时发电电动机在水泵最低扬程时突然承受最大荷载的不利影响、水轮机工况低水头启动空载工况运行不稳定、并网困难对发电电动机振动及受力的影响、尾水管压力脉动频率与发电电动机电气自振频率共振等问题。同时还应注意在优化导叶关闭规律过程中，避免出现某电站机组现场多次甩负荷试验对发电电动机产生的恶劣影响。

4.1.4 发电电动机事故/故障案例

（一）国内H电站机组事故

(1) 事故简介。2008年10月10日12时46分，国内H抽水蓄能电站1号机组在动态调试中发生重大事故。

事故发生时现场最初观察到的情况为：机组过速转动；金属碰撞声很大；碳刷和上盖板内有火星，上盖板被顶起，板间橡胶密封被拔出；厂房内有烟雾；进入发电机机坑的门被炸开；火球从发电机部位下落并弥漫水轮机坑数秒钟；下导瓦散落在水轮机层；下导油盖板被分成两部分悬挂在发电机下部；水轮机层地面全是油。

此前卖方调试人员已完成机组动平衡试验，发电机短路特性，空载特性试验，保护校验和联动试验，励磁系统和调速器系统相关试验，机组甩25%、50%、75%、100%负荷试验以及SFC拖动机组试验。故障前机组正在进行满负荷温度稳定试验。

(2) 设备损坏情况。

1) 经检查10号磁极下部的横向绕组已消失，绕组在转角处被切断。其他磁极绕组已产生严重塑性变形。绕组两侧长边向外弯曲，与固定磁极通风槽橡皮条的金属件间距很小，部分地方有放电痕迹。

2) 10号磁极绝缘框已破损，外缘残缺，部分丢失。框架平面有多处裂痕，其他绝缘框也有裂痕，框架上的通风槽一侧大部分被压扁。

3) 转子上部磁极键压板（24个）及锁紧螺栓大部分外露部分延逆时针弯曲或被剪断。

4) 转子引出线和磁极连线，从集流环到磁极绕组的引线被切断；极间连线及阻尼条连线普遍受损变形，个别阻尼条脱落。

5) 定子铁芯受到异物的强烈摩擦，一些铜块被嵌在铁芯上，线棒对地短路。

6) 定子绕组上部受到大量异物撞击，外绑扎带严重破损，部分线棒烧损。定子绕组下部端部绕组严重烧损和破损散开。

7) 上机架和定子机座间的大部分螺栓和销钉被切断并散落在发电机层地面上，机架相对定子机座顺时针位移22～32mm，上机架基础板附近部分二期混凝土结构破坏掉落。

8) 下机架地脚固定螺栓断裂，螺栓上部随同锥形销钉被拔出，销钉扭曲变形。下机架沿逆时针方向旋转与基础板错位255mm。

9) 上导轴承的所有楔形条被拔出70～80mm；轴承盖板的固定螺栓脱出；轴承上部气密封的分瓣组合焊缝螺栓脱落；轴承下部气密封呈两瓣解体掉落在发电机内挡风板上；瓶颈轴上部、转子上部风

扇、内挡风板被刮伤。

10）下导轴承全部损坏，油盆掉落并悬挂在中间轴上部的油管及过速装置横梁上；下导内冷却器分解散落在水车室内；下导瓦及瓦托等支撑件散落、瓦面损坏严重，调整间隙的楔形板变形，轴瓦抗顶块碎裂。

11）水轮机部分除水导瓦和迷宫环有损伤外其他基本完好。

（3）事故原因分析。从机组损坏情况看，轴系已完全失稳破坏。但因整个事故是在机组甩100%负荷后4s内发生的，还难以准确界定是轴系失稳振动急剧加大致使磁极绕组甩出；还是甩负荷过速时磁极绕组先行甩出造成定子、转子激烈碰撞，发电机三相短路和轴系破坏。

（4）设计改进及计算复核。事故后的检查发现，几乎所有磁极的绝缘托板外边缘通风槽已压坏，内边缘表面出现层状裂缝。为了改进绝缘托板设计，采用了杨式模量更高的扁钢作为通风槽，使得绝缘托板厚度从16mm减至8mm。

此外，为了确保励磁绕组和绝缘托板间的摩擦力小于绝缘托板与金属板间摩擦力以及金属框与铁芯间的摩擦力，在励磁绕组（绝缘托板与励磁绕组接触的表面）上喷涂了聚四氧乙烯，以提供低摩擦力。这一措施可防止绕组热膨胀时带动金属框脱离铁芯上的销孔。

（5）其他设计复核及改进工作。

1）重新进行磁极绕组的变形和应力计算。

2）增设磁极间的V形支撑。

3）磁极修改对通风和温升影响的分析。

4）磁极绕组极间U形连线电流设计和疲劳设计复核。

5）增设磁极锁定装置。

6）增加磁极绕组背部固定。

（二）国内X电站机组事故

（1）事故简介。2009年10月16日10时25分，国内X抽水蓄能电站按主机设备采购合同要求进行1、2号机组一管双机甩100%负荷调试试验时，发生设备严重损坏事故。

同日10时25分，调试人员按指令按下1、2号机组出口开关手动分闸按钮，发电工况双机甩100%负荷试验开始，约3s后，机组振动噪声明显增大，几乎同时，滑环罩排风口出现烟雾及火花（有人听到爆炸声），从发电电动机传来的振动较大，此时水泵水轮机未出现异常，现场人员开始迅速撤离。在撤离的过程中发现母线层有烟雾，1号机侧母线层楼梯栏杆未损坏。距甩负荷约2min，1、2号机组全部停机。距甩负荷约5～8min后，1号机组再次发出较大响声。

（2）设备损坏情况。两台机组磁极绕组甩出，将定子绕组、汇流环、引出铜排等砸坏，定子基础螺栓拔出，二期混凝土振塌，空气冷却器振开，水管漏水，上导油盆脱落，导电环撞掉。1号发电电动机盖板被掀开。

1号机组至少有5个磁极绕组侧边甩出，2号机组至少有6个磁极绕组侧边甩出。1号机阻尼环断裂；磁极引出线被刮断；1号机组中性点柜被冲击倒地；机组测温端子箱烧毁；1号发电机楼梯被中性点盘柜撞坏；1号发电机上部顶棚损坏。

（3）事故原因分析。采用的向心磁极虽然消除了磁极绕组的侧向分力，但由于磁极极靴宽度不足，支撑磁极离心力的面积过小，又由于磁极绕组在绕制成形和组装上的误差，使得绕组实际重心离极靴肩部外端的距离余量变得更小。磁极绕组铜排未受支撑部分出现变形翻边，铜排受力状况发生变化，侧向分力产生并迅速增大，磁极绕组翻边扫膛定子铁芯。同时，也不排除磁极绕组的材质缺陷而导致其变形翻边。

（4）处理对策措施。

1）增大磁极极靴的宽度尺寸，增加磁极绕组断面重心与极靴肩部外端面的距离，从而增加磁极绕组反倾倒的距离余量。

2）增设磁极绕组的极间支撑。

（三）国内B电站机组故障

（1）事故简介。国内B抽水蓄能电站4号机组所有分部试验完成后，于2009年10月23日抽水调相工况并网，所有先前的试验未发现任何异常，10月27日在进行空载特性试验升压至22kV（额定电压18kV）时有异味和火光，随即紧急停机。

（2）设备损坏情况。现场检查发现发电机下挡风板处有金属颗粒，监控显示147线槽内测得的铁芯温度偏高（达到116℃，报警温度120℃），随即进行了吊出磁极、移除发电机空冷器、测量定子拉紧螺杆绝缘等一系列检查，发现定子铁芯局部（31号拉紧螺杆附近）有烧灼熔化现象，19根拉紧螺杆（共57根）存在绝缘电阻降低或接地情况。

（3）事故原因分析。原制造厂设计的定子铁芯的拉紧螺杆采用的是分段绝缘套管的结构（共16个），每两个绝缘套管之间存在几个通风槽段。若机组在安装过程中有少量的金属杂质等残留在转子内（如在磁轭热打键、磁极挂装以及螺杆拉伸过程中均有可能因金属之间的摩擦产生一些铁屑等），在机组运行中，异物随着循环空气经定子通风槽径向吹出的时候，就有可能堆积在绝缘套管上部螺杆与定子铁芯之间的空隙内，从而造成螺杆的绝缘降低或接地。

（4）处理对策措施。增加螺杆表面绝缘烤漆、定子铁芯螺孔内喷绝缘漆、采用连续型绝缘套管、增加螺杆绝缘电阻在线监测装置等。

4.2　励磁系统

4.2.1　概述

抽水蓄能机组在电网中主要担负调峰、填谷和事故备用作用，具有发电和电动两种工况，因此其励磁系统不但需满足机组发电工况的运行要求，还需满足电动工况的运行要求，与常规水电机组励磁系统相比有其特殊性。本节主要分析抽水蓄能机组励磁系统的接线方案选择和控制调节特点。

4.2.2　励磁系统的接线方式选择

常规水电机组转子励磁电流电源一般由接于发电机机端的励磁变压器提供，经晶闸管整流器向发电机转子提供励磁电流；起励方式可采用机组残压起励和外部辅助电源起励两种方式，开始初励后，待发电机建压至自动调节装置进入正常工作后，起励装置自动复归；称为自并励晶闸管静止整流励磁系统。抽水蓄能机组也采用自并励静止励磁接线方式，但由于在电动工况启动时，要求励磁系统在机组处于静止状态和启动过程时向转子回路提供励磁电流，并且抽水蓄能机组在每次停机时一般采用电气制动来缩短停机时间，也需向转子回路提供励磁电流，因此抽水蓄能机组的励磁电源与常规水电机组不同，通常有两种励磁的接线方式可供选择：

方案一：厂用电经启（制）动变压器提供励磁电源。在抽水蓄能机组的电动工况启动和电气制动时励磁电源由厂用电经启（制）动变压器提供交流电源，再经过晶闸管整流器向发电电动机转子提供励磁电流，在机组电动工况启动完成后，将励磁电源切换，由接在机端的励磁变压器供电，与常规励磁系统相同。在抽水蓄能机组发电工况启动运行时，其励磁系统与常规励磁系统相同，由接在机端的励磁变压器提供励磁功率电源。

方案二：电网经主变压器低压侧向励磁变提供励磁电源。励磁电源取自发电机断路器和主变压器之间的离相封闭母线，励磁变压器与系统相连，始终带电，机组除黑启动外的正常启动无需投入初始励磁回路设备，机组励磁系统由电网经励磁变供电。

由以上分析可知，方案一为了满足电动工况启动和停机电制动要求，需另设置一个它励电源，这种方式的优点是机组并网后励磁系统接线与常规励磁系统相同，机端断路器跳闸后励磁系统与电网隔离，因而励磁系统故障不会影响本机组以外的设备运行，励磁变压器的停电检修也较方便；缺点是增加了启（制）动变压器和整流器，结线及控制较为复杂。方案二主回路结线简单，设备少，启停和工况转换过程中不需切换励磁电源，操作控制及维护方便，简化了设备布置；缺点是励磁系统故障有可能影响到本机组以外设备的安全运行，但总体上来说是一种优选的接线方案。

目前国内的抽水蓄能电站均采用方案二接线。

4.2.3　抽水蓄能机组励磁调节的特点

大型抽水蓄能机组电动工况一般采用静止变频装置（SFC）或背靠背启动方式，机组停机时设有电气制动。因此励磁系统除要具备一般常规励磁系统的功能外，还要满足机组电动工况的同步启动、电动工况运行和停机电制动的要求。

（1）电动工况同步启动。在SFC或背靠背启动期间，励磁调节器运行在电流调节模式中，按照SFC或背靠背的启动要求控制励磁电流的输出，在机组转速大于额定转速的90%时，励磁调节器控制模式切换到电压调节模式。

（2）电动工况。抽水蓄能机组在电力系统中以水泵负载方式运行时，为了减少线路无功损失，应尽可能使机组功率因数保持在$\cos\phi=1$，因此励磁系统可投入功率因数调节器功能，使机组在设定的恒功率因数$\cos\phi=1$状态下运行，从而减少电力系统因输送无功而造成的损失。

（3）起励回路。机组正常起励时，起励电流直接由整流器提供，为了使机组在电网失电时能紧急开机发电，励磁系统仍设有由厂用直流电源供电的备用直流起励回路，起励电流按不大于20%空载励磁电流设计。

（4）停机电制动。在正常停机时，当转速降到50%额定转速后，电站计算机监控系统的机组LCU发出电气制动命令至励磁系统，机组电气制动短路开关闭合，励磁系统提供相应的转子电流来感应定子电流至设定值，由此发生的电力损耗产生了制动力矩。由于在励磁系统的控制下发电电动机的定子电流几乎独立于转子转速，制动力矩因此随着速度的下降而增加。当转速降到5%额定转速以下时，电气制动停止，机械制动投入。

4.3　发电电动机电压设备

发电电动机电压回路电气设备包括发电电动机出口至主变压器低压侧及发电电动机中性点的所有设备。由于发电与抽水工况机组的旋转方向相反，因此机组出线需经换相设备与系统连接。换相设备以设在主变压器低压侧为主，也有220kV及以下出线的电站，换相设备设置在高压侧。

4.3.1　设备选择主要原则

发电机电压设备选择时，除应按照常规水电站一般电气设备选择规定外，应考虑抽水蓄能电站机组的运行特点，即机组具有发电、抽水工况，抽水工况启动，机组启停频繁和迅速，工况转换的过渡过程等。发电机电压设备选择应着重注意如下几点：

（1）导体和设备工作制。采用长期工作制和/或反复短时工作制校核。

（2）短路电流计算。应考虑系统源和发电电动机源故障，以及发电和抽水工况两种情况，抽水工况应包括 SFC 装置和背靠背启动过程的短路电流。

（3）发电机断路器满足发电和抽水工况投切要求。

（4）开关设备满足频繁操作特性要求。

（5）发电机电压设备应能承受抽水工况 SFC 装置和背靠背启动过程时，可能产生的谐波干扰和过电压、铁磁谐振的影响。

4.3.2　设备选择范围

按照电气主接线，通常应对发电机电压各设备进行选择。下面着重对发电机断路器（GCB）、换相隔离开关（PRD）、离相封闭母线（IPB）和电制动开关等主要电气设备选择进行介绍。

（一）发电机断路器（GCB）

（1）发电机断路器参数选择。发电机断路器参数选择应满足相应的标准，如 GB/T 14824—2008《高压交流发电机断路器》、IEEE C37.013《以对称电流为基础的交流高压发电机断路器》等。对抽水蓄能电站的发电机断路器应特别考虑以下几点：

1）发电机断路器开断电流能力。应分别计算系统源和发电机源的对称和非对称短路电流值，并应计算主回路和启动回路包括正常运行和采用 SFC（背靠背）启动过程的最大短路电流值。

2）发电机断路器分断短路电流直流分量能力。由于发电机断路器靠近机组，在短路时短路电流直流分量衰减更慢，交流分量衰减的更快，导致短路电流在几个周波内都不能过零，使发电机回路短路电流的直流分量远高于其他地点短路电流的直流分量。当系统故障时可使直流分量达到 75%，发电机源故障时可使直流分量超过 100%，因此必须校核分断短路电流能力。

3）发电机断路器失步开断能力。通常发电机断路器应能耐受操作时断口间 3 倍最高相电压的工频恢复电压，并能失步对称合分 60%的额定短路开断电流（交流分量有效值）。设计应计算最大失步角（若要求失步角 180°）对称和非对称开断电流值（交直流分量）、首开极工频恢复电压、预期瞬态恢复电压（TRV）和瞬态恢复电压上升率（RRRV）值等，并应提出要求。

4）发电机断路器合分空载升压变压器和电缆能力。当发电机断路器连接有升压变压器和电缆时，应具有合分最高工作电压下额定容量的空载升压变压器和 500（220）kV 长电缆段的能力，产生的最高过电压不应超过 2.5 倍最高相电压。

5）发电机断路器低频开断性能。发电机断路器在机组背靠背启动过程，发生短路时需在低频条件下可靠地开断。目前市场上能够提供的产品 0～20Hz 无开断能力，在 20～45Hz 时能开断 50kA 短路电流，在大于 45Hz 时具有额定开断短路电流能力。在 0～25Hz 短路情况时，电站可以采用在机组背靠背启动过程中 0～25Hz 或在整个背靠背启动过程 0～50Hz 中先逆变灭磁，断开磁场回路，发电机断路器延时开断的方法弥补发电机断路器低频开断能力不足的问题。

6）发电机断路器操作次数和寿命。发电机断路器应满足频繁操作特性要求，包括电寿命和机械寿命。断路器触头应具有连续分合额定负荷电流大于 500 次，或分合额定短路开断电流大于 5 次，而无需维修、更换部件，触头不应有可见的明显烧伤痕迹和缺陷。断路器触头应能连续不小于 10000 次空载合分操作循环（合—分为一次操作循环）而不需检修、润滑或更换部件。

（2）水泵工况停机过程中发电机断路器特殊问题。抽水蓄能电站水泵水轮机在水泵工况停机过程中，为了避开零流量扬程的短时工况，减少转轮出口压力脉动，避免异常声音及振动的出现，导叶开度不能减小，使得输入功率较大，发电机断路器将带较大负荷跳开，这样势必影响发电机断路器的寿命。不同电站水泵工况停机过程中发电机断路器跳开的负荷值是不同的，因此，设计中应规定抽水工况正常停机或正常工况转换时的停机，发电机断路器开断时电动机的负荷不得超过33%最大输入功率。

（二）换向隔离开关（PRD）

换向隔离开关可以采用两组常规的隔离开关通过连接导体交叉连接组成，也可以用专用的三相五极换向开关。前者所需布置空间较大，后者较为紧凑。抽水蓄能机组所用的换向隔离开关宜采用三相五极换向开关。

换向隔离开关参数选择应按照相关规范的要求进行。

根据抽水蓄能电站工况转换频繁的特点，应规定其机械寿命不少于10000次。

（三）离相封闭母线（IPB）

大型发电电动机电压回路和启动回路母线宜采用离相封闭母线，使之提高设备可靠性。

(1) 离相封闭母线选择应满足相关标准要求。

(2) 当发电电动机与主变压器采用联合单元接线时，发电电动机电压回路通过离相封闭母线的最大电流值，应考虑主变压器低压侧带厂用变压器、励磁变压器、SFC以及本单元机组电动工况满负荷运行时主变压器低压侧的电流值。

(3) 基于当今抽水蓄能机组的容量水平，离相封闭母线采用三相全连、自然冷却。

(4) 离相封闭母线防结露措施。由于蓄能电站大多为地下厂房，抽水蓄能机组启停频繁，当运行条件或气候变化时，离相封闭母线内部易结露，从而降低母线的绝缘性能，严重时可引发单相接地事故，给安全运行带来隐患。离相封闭母线防结露措施有热风保养、电加热、空气循环干燥和微正压充气。

从可靠性、实用性、制造成本和运行成本、自动控制与简化管理等方面进行综合对比和分析，建议采用向封闭母线充入空气循环干燥或微正压干燥空气方案。

（四）电气制动开关

由于抽水蓄能机组工况转换频繁，频繁的启停机以及工况转换时间的限制，发电电动机均需配置电气制动装置。

(1) 电气制动开关运行要求。

1) 电气制动时的定子绕组电流值应按定子绕组温升和制动停机时间的要求确定，电气制动开关工作电流一般为1.0～1.1倍额定电流。由于电气制动电流作用时间短，应按短时工作制选择开关。

2) 电气制动开关应适应频繁操作。

3) 具有自动分合闸功能。

4) 三相合闸时间满足工况转换时间的限制。

(2) 电气制动开关配置接线。抽水蓄能机组的电气制动装置应包括定子三相短路开关和逻辑控制装置、制动励磁装置等，其中逻辑控制装置、制动励磁装置由励磁系统提供。电制动停机时励磁电源取自励磁变压器，如图11-4-6所示。

(3) 电气制动开关选型。目前，国内水电机组电制动开关可采用隔离开关或断路器等。由于机组停机时，机组转子仍在旋转，发电机定子存在一定的残压，当机组制动合上短路开关时会产生跨越电弧冲击和出现残余短路电流。用作制动短路的隔离开关应具有一定的合闸短路电流能力，并配置有抗电弧触头和辅助触头。采用断路器具有良好的灭弧作用，引弧触头分合闸时间短，操作次数和寿命较隔离开关长，运行可靠性较高，能较好地满足操作要求。电气制动开关操动结构都应选用三相机械联动的驱动方式。

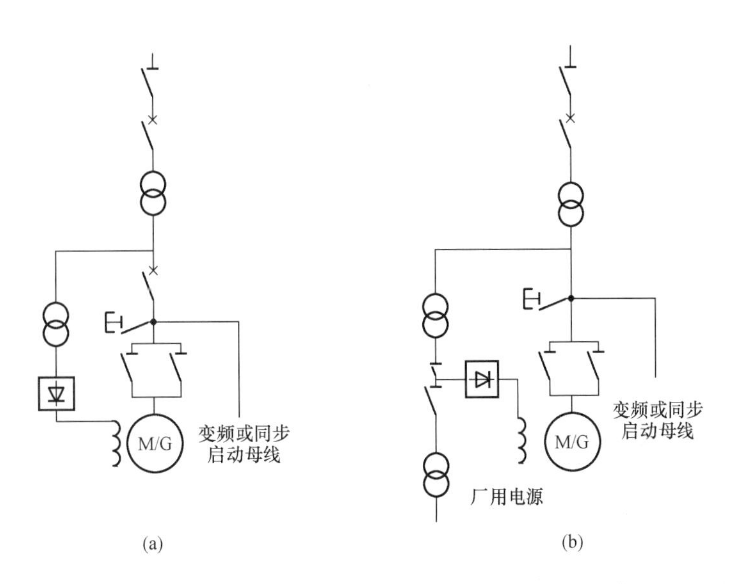

图 11-4-6　励磁电源及制动开关的引接方式

（a）发电机电压设断路器；（b）发电机电压不设断路器

制动用隔离开关比断路器价格便宜，但常易发生引弧触头烧损事故。由于国内各运行单位的要求不尽相同，现有抽水蓄能电站既有采用断路器如广蓄二期、宜兴等，也有采用隔离开关如天荒坪、桐柏、广蓄一期、十三陵、泰安、张河湾等。当采用制动用隔离开关时，其备品备件可适当增加主触头和/或引弧触头的数量。

4.4　变频启动装置

4.4.1　概述

变频启动装置（static frequency converter，SFC）启动平稳，对电网影响小，随着现代电力电子技术、自动控制技术和计算机技术的发展、变频启动装置可用率和可靠性的不断提高，设备价格也不断下降，已积累了较为丰富的运行经验，在大型抽水蓄能电站中得到了广泛的应用。目前，国内外已投运或在建的大型抽水蓄能电站几乎都采用以 SFC 启动为主、背靠背启动为辅的启动方式。

变频启动方式是利用晶闸管变频器产生频率可变的交流电源对发电电动机进行启动。变频启动装置（SFC）包括两组三相桥式晶闸管，其中一组用于整流，一组用于逆变，通过转子位置传感器输出转速及位置信号，由变频器控制装置调整晶闸管的导通角，用此来进行转速和整流控制。

4.4.2　SFC 基本要求

抽水蓄能电站 SFC 最基本的要求是在规定的加速时间内将发电电动机带至同步转速，满足工况转换的要求。SFC 选择时应考虑以下的基本要求：

（1）加速时间。根据工况转换要求，一般要求 SFC 的加速时间为 3.5～5min，如果系统无特殊需要，加速时间 4min 已能满足要求。

（2）SFC 容量。SFC 一般在水泵水轮机转轮压水条件下启动，其设备容量与机组的额定转速、转动惯量、启动加速时间、机组损耗等有关。

（3）工作周期。SFC 应能满足抽水蓄能电站机组频繁启停的要求，能够连续逐台启动电站所有机组。考虑到其他因素，应适当留有启动失败再启动的安全裕度。

通常对工作周期的要求如下（以4台机组为例）：以1h为一个工作周期，连续逐一启动4台机组，并留有2次启动失败的裕度，即具有连续启动6次的能力，工作周期为：6×（4+1）min连续启动＋30min间隔时间。

（4）谐波。SFC产生的谐波可能影响电站其他电气设备的正常运行。抽水蓄能电站SFC谐波的影响可从SFC接线及设备的配置、谐波控制点、谐波控制指标等加以考虑。

（5）可靠性指标目前SFC较有可操作性的可靠性指标为启动成功率，通常要求启动成功率等于98.5%。

4.4.3　SFC接线方案和设备配置

SFC装置整套系统的主要设备有输入电抗器、输入断路器、输入变压器、晶闸管整流器、直流电抗器、晶闸管逆变器、输出变压器、输出断路器、输出电抗器以及隔离开关、过电压保护装置、控制保护和监测装置等，如需要，有些电站的SFC还配置滤波器。

（1）SFC的接线方案。抽水蓄能电站SFC典型的接线方案见表11-4-5。

根据我国有关部门和专家的研究成果和意见，表11-4-5SFC的典型接线方案中的方案一不宜推荐采用。在设备采购时应明确SFC必须配置输入变压器的前提下，不必限定选用哪种接线方式，由制造厂商根据其产品特点、制造水平和业绩来确定。如能满足各方面要求（主要是谐波要求），尽可能考虑采用较为简单的6脉装置。

（2）设备配置的有关问题。

1）输入/输出变压器的类型。抽水蓄能电站大部分为地下式厂房，SFC的输入(出)变压器采用OF(D)WF类型的居多，还需要配置冷却水系统和消防设备，附属设备较多。随着干式变压器技术和冷却技术的发展，干式变压器容量大为提高，已有厂商推荐采用干式变压器作为SFC的输入（出）变压器，这对电站运行维护是有好处的。但对于采用干式变压器，需了解它的运行业绩，校核其参数及性能，以符合SFC的运行特点和要求。

2）功率柜冷却方式。SFC功率柜冷却方式有强迫水冷和风冷方式，SFC功率柜产生的热量由气—水热交换器带走或强迫排走。前者维护简单一些，后者则需要较复杂的排热风系统，冷却系统和设备布置空间都较大。强迫水冷方式，功率柜中的主要发热元件由一次去离子水冷却，去离子水的热量再由二次冷却水带走。水冷方式冷却效率高，只需1组冷却柜，冷却设备布置空间较小。我国广蓄一二期、十三陵、天荒坪、桐柏等电站的SFC均采用强迫水冷方式；泰安、宜兴等电站采用强迫风冷方式。

据一些制造商介绍，其SFC功率柜强迫风冷容量可做到60MW。当抽水蓄能电站厂房布置在地下时，SFC装置采用强迫风冷方式，应考虑对其地下厂房空间的散热。

3）输入断路器开断能力。为减少输入变压器的空载持续时间和损耗，输入断路器（尤其是真空断路器）应具有操作空载输入变压器的能力，不产生危险过电压。

4）输出断路器低频开断能力。SFC输出回路的工作频率是0～52.5Hz，输出断路器应具有适当的低频开断能力，具体要求视输出回路短路电流和继电保护动作设置而确定。

5）输入电抗器配置。输入电抗器用于限制输入端的短路电流和SFC产生的谐波电压，SFC一般情况下均需配置输入电抗器，为减少设备布置空间，可以考虑与厂用回路限流电抗器合用一组电抗器。如有条件，也可单独构成引接回路，配置专用的输入电抗器，这种情况对整个连接回路的谐波抑制比较有利。

电抗器布置，应考虑各相电抗器间的距离以及电抗器与周围钢构件（或钢筋混凝土柱）间的距离，以避免钢构发热。

表 11-4-5　　SFC 的典型接线方案

方　案	方案一	方案二	方案三	方案四	方案五	方案六
典型接线图	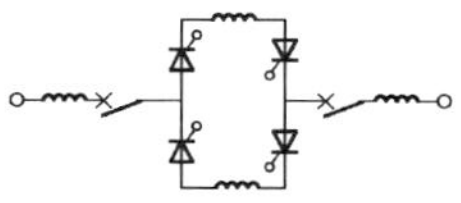	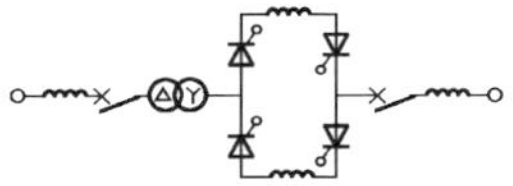	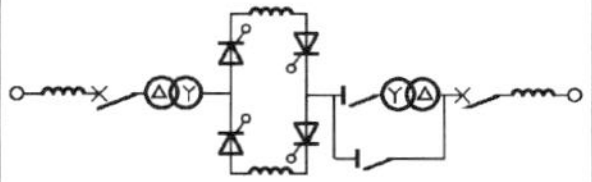	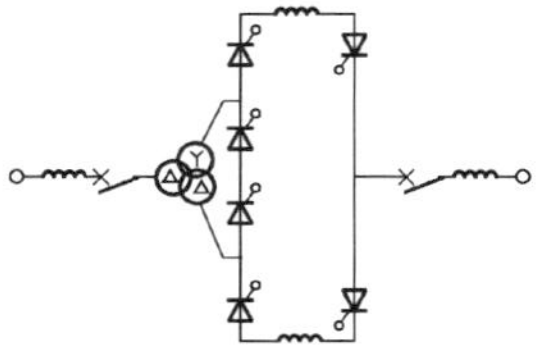	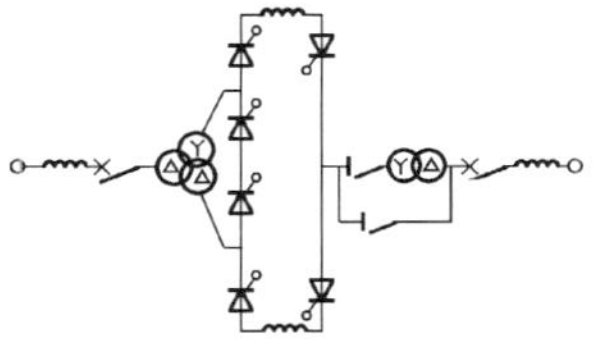	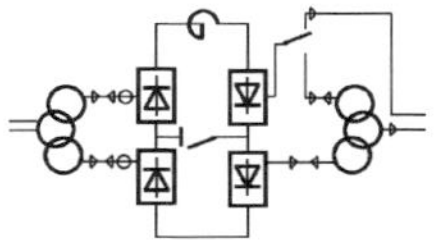
设备	设备主体即为 6 脉整流器和逆变器	输入端配置变比 1∶1 的隔离变压器，6 脉的高压整流器和逆变器	输入端配置降压变压器，输出端配置升压变压器，6 脉的降压整流器和逆变器	输入端配置变比 1∶1 的分裂隔离变压器，12 脉的高压整流器和 6 脉高压逆变器	输入端配置降压的分裂变压器，输出端配置升压变压器，12 脉的降压整流器和 6 脉的降压逆变器	输入/输出端分别配置降压/升压的分裂变压器，12 脉的降压整流器和 12 脉的降压逆变器
范例	十三陵工程和广蓄二期 SFC 初期	天荒坪和广蓄二期	广蓄一期和泰安	该方案应用实例较少	桐柏工程	宜兴工程
优缺点	配置简单，但它的谐波抑制作用最差，一般情况下需配置一套复杂的滤波装置，整体性能和可靠性欠佳			12 脉方案基本消除了 5、7 次谐波，谐波抑制效果较好，但配置较为复杂		
备注						

6）输出电抗器配置。输出电抗器是否配置，与输出回路其他设备如发电电动机等参数及短路电流等因素有关，可由设备供货厂商根据输出回路具体情况计算比较后确定。电抗器的布置要求同 5）。

7）滤波器。滤波器一般根据谐波限制要求来确定是否配置。滤波器由电阻、电容、电抗等元件组成，运行中滤波器的投入可能会引起危险的操作过电压，发生低频阶段继电保护误动作，甚至引起并联谐振等，对 SFC 的可靠性和电站安全运行带来一定的影响。

滤波器的采用可能会带来以下问题：

1）设备费用增加。谐波滤波器如随同变压器一起由国外进口，价格可能增加 10%。

2）设备占地增加。谐波滤波器一般设 5、7、11、13 次谐波滤波器，占地面积较大，为厂房布置带来一定的困难。

3）产生过电压。谐波滤波器在合闸瞬间，将产生暂态过电压和合闸后稳态下的电压升高，因此需另采取措施限制过电压。

据了解，国外大型抽水蓄能电站 SFC 一般不配置滤波器。因此，可采取其他行之有效的谐波抑制措施来满足谐波限制要求，尽量避免采用滤波器。

4.4.4　SFC 谐波

SFC 的核心部分为相控变流整流器和逆变器组成的晶闸管无换向电机调速系统，通过对具有非线性特性的半导体功率器件的开关控制，实现功率或频率控制。SFC 运行时，从电网吸收基波电流，同时还吸收谐波电流。SFC 产生的谐波，影响相关系统及设备的正常运行。

谐波的主要危害有以下几点：

（1）对旋转电机和变压器，引起附加损耗和过热，产生机械振动、噪声和谐波过电压；

（2）对电网和电力线路，引起电网线路损耗的增大；

（3）对继电保护装置、自动控制装置和测量仪器产生干扰，影响精度并引起误动作；

（4）对通信系统产生干扰；

（5）引起谐振和谐波电流放大，造成电容器和电抗器等设备的事故；

（6）影响其他敏感的电气设备的正常工作。

典型接线谐波限制问题具体论述如下：

（1）谐波控制点。抽水蓄能电站 SFC 在电站接线的引接点，大部分从发电电动机母线上引接，典型的有 3 种方式，如图 11-4-7 所示。

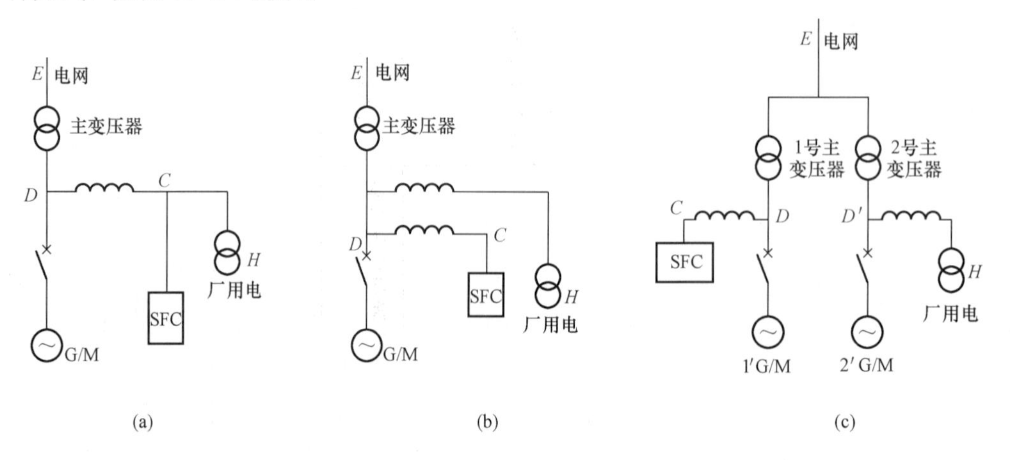

图 11-4-7　SFC 在电站接线的三种方式

抽水蓄能电站的最大谐波源是SFC设备，按电压等级分类，它产生的谐波直接传递影响有三个部分，即发电电动机电压设备、厂用电系统和接入系统侧电网。对于谐波控制点，图11-4-7（a）中的关键点是C点，图11-4-7（b）和（c）中的关键点是D点，这两点也是SFC谐波电流注入点，只要控制了关键点的谐波量，其他位置的谐波就可容易得到控制。接入系统侧电网，尤其是500kV电网，其短路容量很大，SFC产生的谐波对500kV电网的谐波含量的影响极其有限。根据谐波传递原理，低一级电压电网向高一级电压电网传递的谐波基本可以忽略，因此不必对500kV侧提出SFC对它的谐波限制要求。谐波控制点可确定在上述关键点，并同时校验一下有影响的其他位置，如厂用电系统的H点。

（2）谐波控制指标。SFC谐波控制指标通常可按电压总畸变率来考核。从理论分析和物理概念均可得出，电压畸变检验点的电压总畸变率THD_u与SFC容量成正比，与该点的系统短路容量成反比，即

$$THD_u = HF \times S_{SFC}/S_K$$

式中　S_{SFC}——SFC额定容量，MVA；

S_K——电压畸变检验点的系统短路容量，为求得最严重的情况，应取系统的最小短路容量，MVA；

HF——谐波因子，与SFC的整流桥接线方式及工作状态有关，根据经验，对于6脉冲整流桥，HF可取1.93，对于12脉冲整流桥，HF可取1.33。

（3）接线方式对谐波限制的影响。计算研究表明，对于SFC，除配置输入隔离变压器外，谐波限制比较彻底的解决方法是SFC输入电抗器单独引接。如果布置条件限制，输入电抗器无法单独引接而与厂用电系统的限流电抗器公用，可采取提高接入点输入电抗器（限流电抗器）短路容量的方法。

4.4.5　SFC容量估算

对于SFC装置，首要应确定其容量。选择一个合适的容量，既能满足机组启动时间的要求，又不至于容量太大。因为SFC容量的大小直接与其价格及厂房布置、设备散热等有关。

（一）SFC容量估算方法

SFC装置输出的只是电功率，经由发电电动机才能转换成拖动机组的机械功率。所以要确定SFC的容量，实质上是要确定拖动机组所需的机械功率。下面将机组的启动过程作为研究对象进行分析。

机组的启动过程可分为以下两个阶段：

（1）从静止到开始转动；

（2）从零转速加速到额定转速。

在上述（1）阶段，启动力矩主要是克服机组的启动阻力矩。当前的大型抽水蓄能机组为了改善机组的启动过程，减小启动阻力矩，普遍采用了如下措施：第一，在电动工况启动时向水泵转轮室压入压缩空气，使转轮脱离水面（即压水启动）；第二，同时用高压油顶启装置向推力轴承注入高压油。这样，可使机组刚开始转动的启动阻力矩从20％～30％的额定转矩减少到可以略去不计。因此，在这个阶段，克服启动阻力矩所需的功率一般都很小，因此SFC的容量取决于机组启动的上述（2）阶段。下面就上述（2）阶段进行详细的分析。

在上述（2）阶段，根据转动力学中的牛顿第二定律，有

$$a = \frac{\Sigma T}{J} = \frac{T_{SFC} - T_L}{J} \tag{11-4-4}$$

$$J = \frac{GD^2}{4} \tag{11-4-5}$$

$$a = \frac{d\omega}{dt} \tag{11-4-6}$$

$$\omega = \frac{n}{60} \times 2\pi \tag{11-4-7}$$

式中　a——启动角加速度，rad/s²；

T_{SFC}——由SFC装置输出功率产生的启动力矩，N·m；

T_L——启动过程中的各种阻力矩之和，N·m；

J——机组的转动惯量，kg·m²；

ω——角速度，rad/s；

n——转速，r/min。

经数学推导及计算，并经合理的工程简化，得SFC容量为

$$P_{SFC} = f(P_L, GD^2, T_a, n_N) \tag{11-4-8}$$

式中　P_{SFC}——所需的SFC装置的容量，kW；

P_L——机组额定转速时无水情况下的总损耗，kW；

T_a——机组加速时间，s；

GD^2——机组的飞轮力矩，tf·m²；

n_N——机组的额定转速，r/min。

从式（11-4-8）可以看出，决定SFC容量的有四个因素，其中机组损耗、飞轮力矩、机组额定转速三个因素是机组固有的，而机组加速时间可以选择。

（二）机组加速时间 T_a 变化对SFC容量取值的分析

在抽水蓄能电站机组的设计实践中，P_L、GD^2、n_N 通常为机组的固有参数，其由机组的容量及转速等决定。T_a 需结合电网要求，对机组SFC容量—加速时间曲线加以分析比较，并综合考虑电站全部机组启动总时间的要求后确定。

经对多台抽水蓄能机组的SFC容量—加速时间曲线研究分析后发现，尽管不同电站机组容量与转速有所不同，但机组启动所需的SFC容量与加速时间之间存在极为相似的关联曲线，如图11-4-8所示，从图中可以看出，当加速时间小于某一数值后，加速时间略为减少，所需的SFC容量增加很多。当加速时间大于一定数值后，曲线很缓，SFC容量略为减少，加速时间增加很多。因此，机组加速时间的应结合机组SFC容量—加速时间曲线，尽可能选 dP_{SFC}/dT_a 较小时的 T_a 值，并综合考虑电网对工况转换的时间要求以及电站全部机组启动总时间的要求后确定。

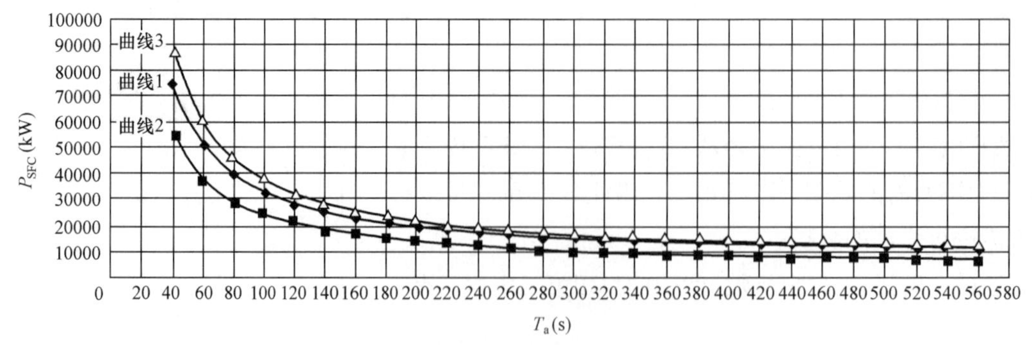

图11-4-8　机组加速时间 T_a-P_{SFC} 容量关系曲线

注：曲线1机组为额定容量300MW、额定转速500r/min；

曲线2机组为额定容量250MW、额定转速375r/min；

曲线3机组为额定容量300MW、额定转速250r/min。

（三）机组 GD^2 变化对 SFC 容量取值的分析

对于一定容量的机组，在其转速确定以后，经调节保证计算，可确定机组 GD^2 相应的取值范围。通常，GD^2 取值不仅与机组造价有关（据资料，GD^2 每增加 5%，机组造价将增加 0.5%～1%），同时还与 SFC 容量有关。GD^2 的变化对 SFC 容量取值的分析曲线如图 11-4-9 所示。

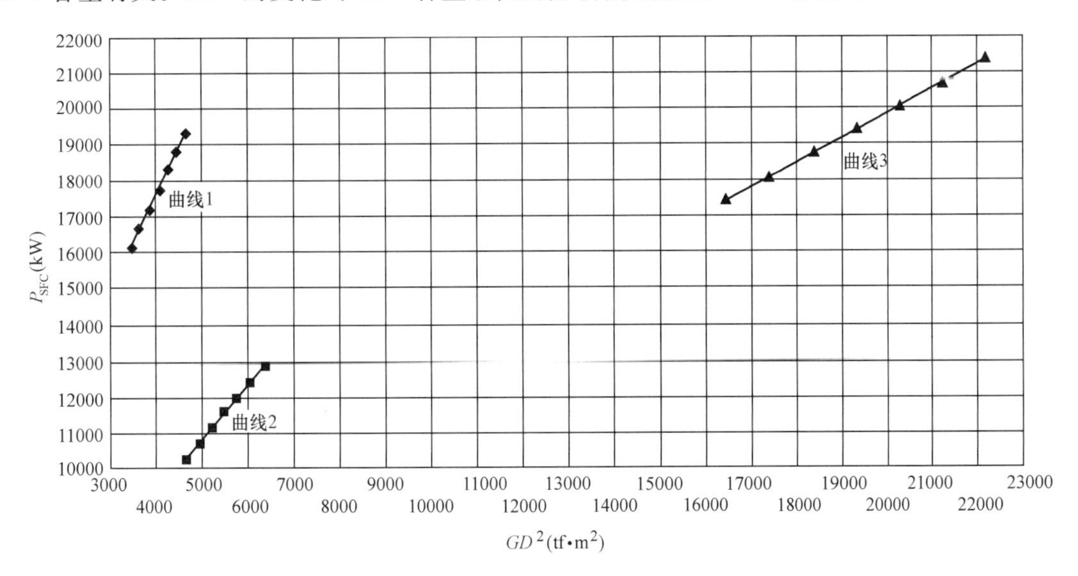

图 11-4-9　机组 GD^2-P_{SFC} 容量关系曲线

注：曲线代表机组同图 11-4-8。

（四）机组 P_L 的变化对 SFC 容量取值的分析

P_L 为机组额定转速时无水情况下的损耗值，对于一定容量及转速的机组，由于转轮特性及通风特性略有不同，因此 P_L 的取值略有不同。图 11-4-10 表示的是 P_L 的变化对 SFC 容量取值的分析曲线。

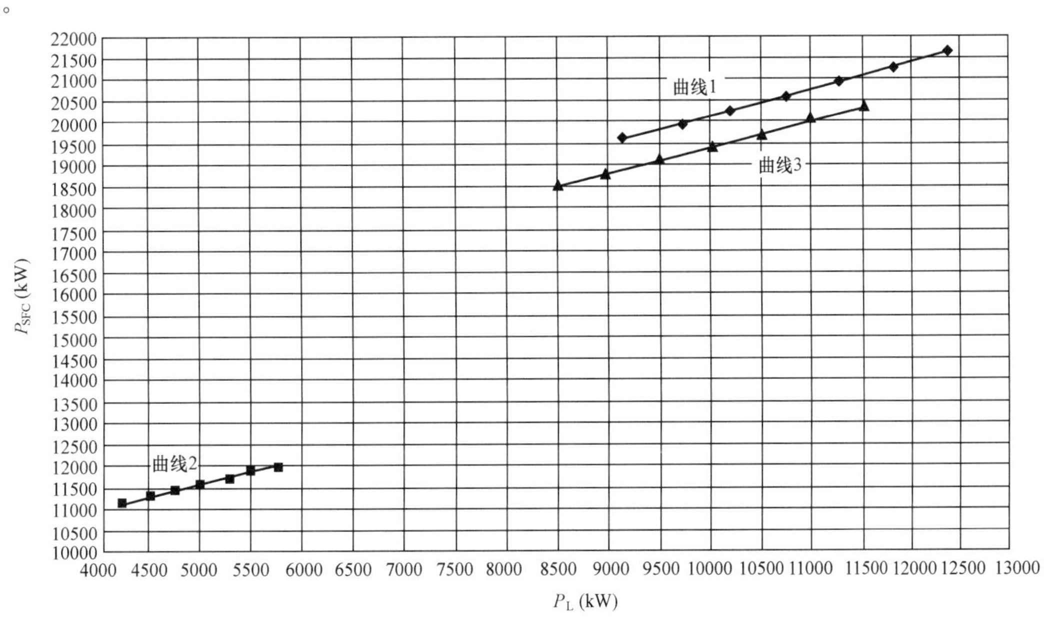

图 11-4-10　机组 P_L-P_{SFC} 容量关系曲线

注：曲线代表机组同图 11-4-8。

4.4.6　SFC控制、保护系统

（一）概述

SFC控制、保护、测量、动力系统主要由SFC控制柜、辅助设备配电柜、整流桥柜、冷却单元、逆变桥柜和隔离开关柜等构成，集中布置在SFC盘柜室内。

目前国内抽水蓄能电站SFC系统较普遍采用高—低—高型静止变频器主回路，在输入侧采用降压变压器，输出侧采用升压变压器；变频器本身采用交—直—交型电流源变频器，由晶闸管、平波电抗器等构成。SFC系统的控制、保护范围一般包括输入端断路器、输入端滤波器及断路器、输入变压器、整流桥（NB1、NB2）、直流电抗器、逆变桥（MB）、输出变压器、输出断路器及隔离开关、输出电抗器、SFC辅助装置等设备。

SFC系统的控制、保护系统负责完成SFC及其辅助设备的逻辑控制，转速控制，SFC输入变压器、谐波滤波器、SFC输出变压器、电力电子元件等电气设备的保护。

鉴于SFC的控制和保护与SFC装置的联系十分紧密，SFC的控制、保护设备一般由SFC制造厂商成套提供。

（二）SFC控制系统

（1）SFC控制特点。SFC控制系统的功能主要包括各种变量的测量、晶闸管的触发监视及设备的顺序控制等，数字式可编程控制器是SFC控制保护系统的核心。

SFC的主要控制对象是功率部分，它由6脉冲的多个晶闸管桥组成，其中与输入变压器的两个二次绕组分别相连的晶闸管桥称为整流桥NB1和NB2，它们运行在不变的电压和频率下，提供有功功率给直流环形成整流电压和电流，NB1和NB2串行连接，滞后30°，形成了12脉冲的配置，大大降低了有害谐波电流对电网的影响；与隔离开关柜相连的称为逆变桥MB，它运行在变化的电压和频率下，通过交流电流将有功功率从直流环馈送到同步机。

测量单元由可编程控制器的交流采样模块和模拟量模块构成，用于测量SFC控制保护所需的各种变量，如整流桥侧、逆变桥侧的电压电流信号，输入、输出变压器高低压侧电流信号以及转子位置信号等。

晶闸管的触发系统由SFC的可编程控制器通过光纤对每一晶闸管的监视模块发出触发信号，该模块进一步考虑阴阳极之间的直接电压，产生一个电脉冲触发晶闸管。晶闸管的监视由SFC可编程控制器通过光纤接收每一晶闸管的门电流信号，并且诊断这一晶闸管是否故障；晶闸管故障将引起SFC的报警或跳闸。

为实现SFC逆变桥（MB）在低电压低速启动条件下的换相，首先必须测量转子的位置和确定启动转矩的方向，启动转矩的方向由SFC的速度闭环控制装置确定。转子的位置测量目前有两种不同方式，一种方式是通过安装于轴端的转子位置传感器实现的；另一种方式无需传感器而仅依靠电气量的测量实现，即通过从机组定子电压中获得的磁通信号，分析计算出转子位置，目前基本上均采用这一方式实现转子位置的测量。转子的初始位置的确定同样也是在启动命令下达后，相应机组的励磁系统对转子绕组施加电压，产生转子电流，由磁通的变化感应出定子电压，通过分析计算定子电压确定转子的初始位置。

SFC启动分低速运行（脉冲耦合工作方式）和高速运行（同步工作方式）两个阶段。低速运行阶段的特点是定子交流电压低，需对晶闸管桥强制换相，也称为脉冲耦合，依靠转子位置来触发晶闸管桥；高速运行阶段的特点是定子交流电压高，晶闸管桥可自然换相，不需依靠转子位置来触发晶闸管桥；两种工作方式切换频率信号来自于相应机组调速器的测速模块，经电站计算机监控系统转接后输出至SFC。速度升和速度降的信号来自于各机组同步装置，经电站计算机监控系统转接后输出至SFC。

SFC控制系统与电站计算机监控系统、励磁系统之间是紧密联系相互配合的关系，当机组选择用

SFC 进行电动工况启动时，电站计算机监控系统是 SFC 和励磁系统的共同界面，三者需进行协调控制，最终实现机组的同期并网。

（2）SFC 方式启动机组流程概述。当 SFC 方式启动机组时，电站计算机监控系统首先启动相应机组的辅助设备，合启动母线隔离开关，合换相隔离开关在电动机模式，打开 SFC 冷却水阀，当 SFC 有效信号存在时，电站计算机监控系统将发出 SFC 合电源的命令，并给相应机组的励磁系统发出选择 SFC 模式的命令；SFC 控制系统收到命令后启动辅助设备，合输入端断路器和输出端断路器，机组励磁系统收到命令后合灭磁开关。当以上条件满足时，SFC 和机组励磁系统分别给电站计算机监控系统发出启动准备好信号，电站计算机监控系统将发出 SFC 运行的持续命令给 SFC（当该命令为 0，SFC 停止），然后由 SFC 发出励磁释放的持续命令给相应机组的励磁（当该命令为 0，停励磁，此信号在发电电动机断路器合闸前一直有效），励磁也给出励磁在 SFC 模式下释放的持续命令给 SFC（当该命令为 0，SFC 停止），随后励磁系统加压至转子绕组，转子电流出现，SFC 根据转子的位置触发相应的整流桥和逆变桥，发电电动机转子开始转动并以脉冲耦合模式加速。当速度达到同步工作模式的切换频率时，SFC 控制闭锁，启动电流消失，SFC 逆变桥侧隔离开关进行转换；随后 SFC 控制再次释放，电流建立，发电电动机转子保持速度上升，这时 SFC 工作在同步模式；当速度大于 99% N_n，SFC 发出“SFC 速度 > 99%”信号给电站计算机监控系统，电站计算机监控系统也将“同步装置投入”信号以及“加速”和“减速”命令给 SFC，当机组的频率、电压及相位与电网的相同，就合上对应机组的发电电动机断路器，同时电站计算机监控系统发出“发电电动机断路器已合上”信号给 SFC，SFC 立即闭锁控制，避免在电网和 SFC 之间产生环流；至此，SFC 完成启动。

（三）SFC 保护系统

（1）SFC 保护的特点。SFC 保护装置用来检查 SFC 的电气和机械装置是否在正常运行状态，监视运行参数是否超过正常的变化范围，并按照故障的性质，保护将立即动作或延时动作。保护装置的动作将导致：或者仅是报警，报警显示，程序依然执行下去；或者是故障，故障显示，通过 SFC 的完全逆变和脉冲闭锁命令以及输入断路器的跳闸来消除故障。由于保护动作是一个完整的控制和监视程序，设备的切除将按照一定的命令，孤立或草率的切除将可能造成设备的额外损坏。

SFC 的数字式可编程控制器具有两种功能，一是驱动控制器的功能；二是变频器和机组保护的功能。由于 SFC 是一个电流发生器，同样的电流沿串行回路流过输入变压器低压线圈到发电电动机定子（或输出变压器低压线圈），因此，从保护的角度来看，每一晶闸管桥都是串行回路中的电子开关。

SFC 可编程控制器通过对所测量的电流和电压量进行数字化处理，得出直流电流和电压、单极电压、电流的上升速率、机组的频率、磁场等参数，并将测量计算结果与门槛值相比较，若越限，将发出报警或变频装置闭锁及断路器跳闸命令。由于从断路器跳闸线圈激磁到断路器真正断开需要 40～60ms，因此在大多数情况下故障电流都在 5～7ms 内被 SFC 的晶闸管桥取消，所以一般断路器总是在空载情况下跳闸，除了故障发生在输入变或整流桥范围。由上述分析可知：SFC 可编程控制器的控制保护一体化设计，符合设备本身的特点，具有快速切除故障，延长断路器使用寿命，控制保护装置效率高等优点。

（2）保护配置。SFC 保护装置通常由各制造商根据自己的产品特点和合同要求配置相应的保护，为了确保 SFC 装置安全可靠运行，SFC 及其辅助设备通常设有下列保护和自诊断功能：

1）输入变压器、输出变压器及其连接设备：电流差动保护、重瓦斯和轻瓦斯保护、过电流保护、过电压保护、低电压保护、油位和温度保护、油箱压力升高保护、冷却系统故障保护。

2）各次谐波滤波器保护：电流速断、过电流保护。

3）晶闸管整流桥、逆变桥、直流电抗器及其连接设备：电流差动保护、过电流保护、电流变化率保护、过电压保护、绝缘故障保护、转子的初始位置故障保护、晶闸管元件脉冲故障保护、冷却系统故障保护。

4）机组保护：机组分离故障保护、过速保护、磁通故障保护、过载保护、电源故障保护、紧急停机。

5）SFC 控制系统自诊断。

6）SFC 的紧急停机和系统“看门狗”发出的故障信号通常由硬布线和常规继电器处理，具体为：正常情况下处理单元的输出保持为 1，当 CPU 故障时，“看门狗”输出为 0，“看门狗”继电器失磁，使得 SFC 输入断路器跳闸。

SFC 控制系统将根据上述保护动作的性质分别用于发信号、事故停机、紧急事故停机。

第五章 主变压器和高压配电装置

5.1 主变压器

5.1.1 概述

抽水蓄能电站的主变压器在发电工况下通过升高电压向电网输送电能，在电动工况下通过降压从电网吸收电能驱动水泵抽水。目前国内已建和在建的多数大型抽水蓄能电站，主变压器与机组设备一起布置在深埋地下的洞群内。因此合理地选择主变压器在抽水蓄能电站设计中显得尤其重要。

5.1.2 抽水蓄能电站主变压器运行特点

与常规水电站相比，抽水蓄能电站的主变压器具有以下特点：

（1）主变压器在电力系统中的运行位置既是供电端也是受点端，既作升压变压器（对应发电机工况），也作降压变压器（对应电动机工况）。

（2）主变压器各侧额定电压及调压选择应根据系统在各种运行工况下的调压计算合理性。

（3）主变压器容量选择应考虑发电、抽水等各种运行工况的输出/输入容量。

（4）抽水蓄能电站的运行往往使其变压器满载运行时间不多，轻载或空载运行设计较多。

（5）电站水泵工况采用静止变频（SFC）启动方式，变压器应考虑静止变频启动（SFC）装置在启动过程中所产生的谐波以及所消耗功率影响。

（6）电站主变压器的高压侧若与GIS设备相连，在GIS内因隔离开关操作而产生的快速瞬变过电压（VFTO）对主变压器不利影响。

（7）若抽水蓄能电站处于直流换流站的附近时，应考虑高压直流系统单极运行地电流对中心点接地主变压器影响。

（8）电站主变压器布置及变压器的冷却方式选择。

5.1.3 主变压器的额定容量

抽水蓄能电站主变压器的容量应根据发电工况的额定容量，或电动机工况最大输入功率以及相连的启动SFC变压器容量、厂用电变压器容量和励磁变压器等消耗的容量之和确定。

根据以往的经验，一般情况下应按电动工况进行计算，以发电工况进行复核。

容量计算公式为

$$S_T \geqslant S_M + S_{SFC变压器} + S_{厂用变压器} + S_{励磁变压器}$$

按 $S_T \geqslant S_G$ 进行复核。

式中　S_T——变压器容量；

S_G——发电电动机发电工况额定容量；

S_M——电动机工况机组最大输入容量。

在电动工况（抽水运行）机组最大输入容量计算

$$S_M = P_{pmax}/\eta_M \cos\phi$$

式中　P_{pmax}——在水泵工况时，在规定的运行范围内，所需最大的水泵功率；

η_M——电动机工况下电动机效率；

$\cos\phi$——电动机功率因数。

在主变压器标称容量的选择时应按照相应的标准，尽量采用《优先数和优先数系》（GB/T 321—2005）中的R10优先数系。当选择变压器所需的容量相对标称容量所超部分不大时，可考虑电动工况SFC启动过程较短，变压器允许的正常过负荷的前提下确定变压器的额定容量。

5.1.4　主变压器额定电压及调压范围

（1）额定电压。低压侧应按发电机机端电压进行选定；高压侧的额定电压应按接入系统设计要求确定，分接范围按系统要求。

（2）变压器调压方式。根据目前国内的抽水蓄能运行情况及有关规范，在接入系统设计确定主变压器调压范围时，应充分考虑机组的调压能力，尽量避免在厂内选择有载调压变压器；需要的调压范围较大时，应对适当加大机组调压范围和采用有载调压变压器两种调压方式进行技术经济比较后选定。当主变压器布置在地下洞室时，宜优先选用加大发电电动机调压范围的方式。根据《电力变压器选用导则》（GB/T 17468—2008）的要求，主变压器无励磁分接开关应尽量减少分接数目，可根据电压变动范围只设最大、最小和额定分接。

5.1.5　主变压器主要参数选择

变压器技术参数应以变压器的整体可靠性为基础，综合技术参数的先进性、合理性和经济性，结合运行方式和损耗评价，并考虑可能对系统安全运行、环保、节材、运输和安装条件等影响提出技术要求。

（1）短路阻抗。变压器的短路阻抗的选择主要受以下情况的影响：

1）电力系统稳定性要求。

2）电站主接线电气设备选择中应考虑电力系统短路容量和断路器开断能力。

3）短路阻抗对变压器尺寸和质量的影响。

与正常短路比相比，短路阻抗取较大值时，需要增加线圈匝数，即增加了导线质量或增大了漏磁面积，从而增加了铁芯质量，相应增加了变压器尺寸和制造成本。

4）短路阻抗对变压器短路时电动力、负载损耗的影响。

由于短路阻抗与短路电流倍数成反比，短路阻抗增大，变压器短路时电动力会相应减少一些，对绕组的破坏力和产生的短路温升相应减少。但随着短路阻抗增大，负载损耗也相应增大。

因此，选择短路阻抗时应作技术经济比较，兼顾以上各方面确定合理的数值。

（2）空载损耗和负载损耗。抽水蓄能电站的运行特点，使得变压器满载运行时间不多，轻载或空载运行设计较多。因此在选择变压器空载损耗、负载损耗时应作技术经济分析，一般应降低空载损耗。

5.1.6　冷却方式选择

油浸变压器冷却方式与容量、布置环境等有关。在满足温升限值的情况下，油浸变压器冷却方式尽量采用自冷、风冷，冷却装置尽量采用片式散热器。变压器冷却方式根据GB/T 17468的规定：

油浸自冷（ONAN），75000kVA 及以下；

油浸风冷（ONAF），180000kVA 及以下；

强迫油循环风冷（OFAF），90000kVA 及以下；

强迫油循环水冷（OFWF），一般水电厂 75000kVA 及以上的升压变压器；

强迫导向油循环风冷或水冷（ODAF 或 ODWF），120000kVA 及以上。

抽水蓄能电站变压器冷却方式通常也应按照此规定进行选择。

对于多数抽水蓄能电站而言，主变压器布置安装在地下厂房（或地面密闭的空间内），因其受散热条件、噪声和布置场地的限制等影响，所以变压器冷却方式应采用强迫循环水冷却方式即 WF，如天荒坪、广蓄、西龙池等电站。当主变压器敞开布置在地面，则外部冷却方式可采用强迫风冷方式即 AF，如巴斯康蒂、普列森扎诺、洛基山等电站。

变压器采用强迫循环水（或风）冷却方式时，其油的循环有强迫油循环（OF）和强迫导向油循环（OD）冷却方式两种方式，其中 OF 方式是变压器油经在冷却器冷却后，由油泵输入油箱中循环冷却，在绕组及铁芯内部的油流是热对流循环，内部油流速度与负载成正比，而且油流速度相对 OD 方式比较慢。OD 方式是变压器油在冷却器冷却后，由油泵输入油箱内的油路中，并按照各绕组及铁芯损耗比例控制进入各绕组和铁芯导向冷却结构中去的油量。

变压器如油流速度超过某一数值，就会产生静电带电。根据有关资料，通常芯式变压器的油道中油流平均速度超过 1m/s 变压器泄漏电流将陡增。目前各制造商对芯式变压器油道中油流平均速度限值不同，因此变压器冷却方式采用强迫（导向）油循环时应关注变压器油流平均速度，尤其对在导向结构的油路中要防止产生油流带电现象。

因为各制造厂家对油浸变压器采用强迫油循环（OF）或强迫导向油循环（OD）冷却方式各有专长和侧重，所以应由制造厂家根据其专长进行推荐，不可强求。

5.1.7　其他

（一）VFTO 对变压器的影响

当主变压器的高压侧与 GIS 相连时，在 GIS 内因隔离开关操作而产生的快速瞬变过电压（very fast transient overvoltage，VFTO），对主变压器的绝缘产生不利影响。在变压器绕组的首端数段内，由于电压的高度非线性分布，段间最大梯度电压可为雷电冲击梯度电压值的两倍以上。VFTO 的低频部分将引起绕组内部的谐振，在绕组的某些部位会产生峰值很高，频率更高的谐振过电压，将会危及变压器的绝缘。因此在工程设计中，应要求变压器制造厂对与 GIS 连接的变压器采取以下适当措施：

（1）高压绕组的首端数段的匝绝缘和段间绝缘应适当加强。

（2）调压绕组的各分接线段的绝缘应适当加强。

（3）与高压绕组首端加强屏蔽。

同时，应针对电站的实际情况，具体分析，必要时请科研单位配合分析计算 VFTO 对主变压器的影响。在运行中，根据不同的主接线对操作程序应作慎重规定，如尽可能避免全电压下操作 GIS 隔离开关，以避免 VFTO 的产生等。

（二）高压直流分量对变压器的影响

高压直流输电线路采用单极、大地运行方式时，直流将经过直流换流站接地极附近中性点接地的变压器。流入其变压器的直流将使变压器磁化强度达到励磁特性曲线拐点以上时，变压器将会直流偏磁而导致磁饱和，使变压器噪声和振动增大、铁芯及其连接件过热，过电压，严重造成局部变形损伤（坏）变压器绝缘。

鉴于国内一些直流换流站附近变压器已出现上述情况，对于抽水蓄能电站位于直流换流站附近时，对此应引起重视并应考虑高压直流系统单极运行地电流对中心点接地主变压器影响。设计中应委托有资质的单位进行研究和计算，通过对经电站中性点流入变压器绕组直流干扰电流的研究，为电站500kV主变压器等设备的设计选型、参数及结构选择和安全稳定运行的措施提供依据。对提出的直流分量值作为主变压器的一项特别要求，变压器制造厂在设计、制造过程应给予满足。同时，应针对电站的实际情况，通过现场测量可能流入电站变压器的直流值，结合变压器特性曲线，确定变压器受影响程度和采取的措施。

5.1.8　主变压器控制系统

主变压器的控制与常规电站变压器并无太大区别。因抽水蓄能电站的主变压器通常布置于地下，冷却系统相对复杂。这里主要对抽水蓄能电站主变压器的冷却水控制系统进行介绍和分析。

(1) 主变压器的冷却水水源切换控制。抽水蓄能电站的主变压器通常布置在地下厂房的洞室内，一般采用油循环水冷却方式。抽水蓄能电站主变压器冷却器的冷却水通常有两个不同的来源：在变压器负载运行时，冷却器的冷却水由变压器有载冷却水系统供给，有载冷却水取自各台机组的单元供水系统，每台变压器各自独立；在变压器空载运行时，冷却器的冷却水由变压器空载水系统供给，全厂集中设一个变压器空载冷却水系统。根据变压器不同的工作状态，由电站计算机监控系统控制投切相应的冷却水阀。

(2) 主变压器的冷却器控制。主变压器一般具有多组油水热交换器，其中一组作备用。在正常有载情况下，冷却器的工作方式为：轻负载和重负载不同组数油水热交换器投入运行，顶层油温或绕组平均温度过高所有油水热交换器投入运行；在变压器空载运行时，一般仅有一组冷却器投入运行。

目前冷却器一般采用PLC控制，设有现地控制柜，柜内配有PLC、直流配电开关、直流电源自动切换装置、交流配电开关、交流电源自动切换装置、油泵配电开关及启动器、冷却水阀门配电开关及启动器，以及冷却器油流量、冷却水流量、冷却水温度、冷却水压力、冷却器渗漏水监视、油泵状态、冷却水阀门状态等信号采集模块。通过现地控制柜上的触摸屏可发出冷却器控制“现地/远方”命令、“投入/退出”命令等，并可详细显示变压器的冷却器系统的工作状态和故障信息。在正常情况下，冷却器由PLC进行自动控制，为了电机防潮及使各组冷却器均衡工作，一般通过在PLC内设计冷却器的轮回运行程序，可使各组冷却器的工作实现自动轮换。主变压器冷却器PLC与机组LCU之间的信息交换可采用光纤通信方式，重要信号通过硬接线传送。

5.2　高压配电装置

5.2.1　概述

高压配电装置设备类型的选择和布置设计，不仅直接关系到电气主接线的设计，而且对枢纽布置、厂房布置、电站投入运行后的运行维护管理、环境保护和水土保持等都有着较大的影响。同时，高压配电装置作为与电网直接相连的一个接口，也是电力系统的一个重要组成部分，它的类型选择与布置设计不仅对电站本身而且对电力系统的安全、可靠、经济运行也起着十分重要的作用。

5.2.2　类型选择

高压配电装置类型的选择应配合电站主接线设计原则及电站的接入系统方式和电站运行的特点，结合接线形式、开关站可选位置、环境条件、地形地貌、枢纽布置、进出线数量、设备制造情况、土建投资等，通过综合的技术经济比较，择优选用。

目前高压配电装置主要有敞开式即空气绝缘开关设备（AIS)、混合式（也称为紧凑型组合式高压开关设备）(HGIS）和气体绝缘金属封闭开关设备（GIS）三种类型，对35kV及以下电压等级的配电装置还可以考虑采用金属封闭式开关装置（开关柜）类型。

其中，混合式开关设备HGIS与敞开式开关设备相比，占地面积仅为敞开式的45%左右，且提高了设备可靠性；与GIS设备相比，价格为GIS的65%左右。在进出线回路较少的情况下，采用GIS更具优势，只有当进线线回路较多时采用HGIS相对与GIS才具有一定的优势。

5.2.3 选择原则

目前国内已建和在建的绝大多数抽水蓄能电站采用了GIS配电装置。主要原因是抽水蓄能电站的开关站可选位置常常不理想，采用敞开式往往会出现高边坡，土建投资较大；采用GIS配电装置优点是布置紧凑占地少，运行可靠，维护工作量少。而且近年来，随着技术引进和消化，国产GIS的产品质量已经上到了一个较高的水平，为用户提供的更多的选择，GIS的价格已经随着技术的进步、国产程度不断提高而渐趋合理；同时抽水蓄能电站装机台数一般不会太多，出线回路也较少，结合土建方面的投资比较来看，经济上敞开式及HGIS均不占优。总之，通过技术经济比较，采用GIS配电装置在抽水蓄能电站已经是一个非常通用的选择。

鉴于GIS在抽水蓄能电站中的广泛应用，以下仅就GIS设计中应注意的问题进行论述。

5.2.4 GIS内快速瞬变过电压

国际上，随着GIS在超高压输变电系统中广泛应用，在GIS内因隔离开关操作而产生的快速瞬变过电压（VFTO）对国内外各种高压电器设备，尤其对与GIS直接连接的变压器造成一些事故。抽水蓄能电站采用GIS直接连接的变压器时，应重视VFTO的问题。

5.2.5 现场耐压试验设备配置

抽水蓄能电站与常规水电站GIS配电装置的现场耐压试验配置基本相同。

GIS配电装置用SF_6/空气套管与架空线连接时，一般将试验设备布置在套管附近，可将SF_6/空气套管作为连接点，由于场地限制也可用第一挡架空进（或出）线作为连接点，但需要校核试验设备所能承受的电容电流。

GIS配电装置与电缆连接时，耐压试验的连接点通常采用试验套管。

在抽水蓄能电站中，当采用发电机—变压器联合单元接线时，对于布置地下的联合单元的GIS配电装置与电缆、变压器连接，耐压试验点采用专用的试验套管，如广蓄、惠州等电站。由于试验套管及试验设备空间受限，也可配置绝缘试验专用的互感器，如天荒坪、桐柏、宜兴等电站。

5.3 高压电缆

5.3.1 概述

高压电缆主要用于连接地下升压站与地面开关站（出线场）的高压电能输送通道。由于其布置、敷设方便，投资相对较省，目前在国内的大型抽水蓄能电站应用较多。

5.3.2 高压电缆绝缘类型选择

110～500kV电力电缆有自容式充油绝缘和挤包绝缘电缆，挤包绝缘电缆又有低密度聚乙烯电缆（LDPE电缆）和交联聚乙烯绝缘（XLPE电缆）。充油绝缘用在110kV及以上电缆，其附件大而复杂，运行维护工作量大，存在火灾隐患，故目前新建的水电工程也用得不多。低密度聚乙烯电缆近年已不发展。而近年来XLPE电缆发展迅速，已具有生产规模并有成熟的运行经验，国内几家大型电缆厂也已具备生产500kV电缆的能力。抽水蓄能电站的高压电缆（110～550kV）应采用交联聚乙烯绝缘电缆。

5.3.3 导体材料及截面选择

导体材料应采用纯度大于99.9%的退火软铜。导体结构宜采用分割结构组合导体，分割结构导体间采用半导电性化合物纤维层。

导体截面的选择应满足最大工作电流的要求，并应经载流量的温度、敷设方式、热稳定等校验，并从标准截面系列中选取或向制造厂提出特殊要求的订货。

5.3.4 主要参数选择

(1) 电压的选择。电缆及附件的电压值应包括：U_0，导体与金属护套之间的额定电压（有效值）；U，导体之间的额定工频电压（有效值）；U_m，导体之间的工频最高电压（有效值）。

根据《火力发电厂交流110kV～500kV电力电缆工程设计规范》(DL/T 5228—2005)，其相应的取值见表11-5-1。

表11-5-1　电缆及附件的电压值　kV

U	110	220	330	500
U_m	126	252	363	550
U_0	64	127	190	300

(2) 绝缘水平的选择。根据DL/T 5228要求，电缆的绝缘水平宜比连接的电器设备的绝缘水平提高一级。

雷电冲击耐压U_{p1}应通过计算确定，并不应低于表11-5-2的水平。

表11-5-2　雷电冲击耐压U_{p1}的要求　kV

U_0/U	64/110	127/220	190/330	300/500
U_{p1}	550	1050	1175 1300	1550 1670

对于190/330kV及以上的电缆，还应考虑操作冲击绝缘水平U_{p2}（kV），见表11-5-3。

表11-5-3　操作冲击绝缘水平U_{p2}的要求

电缆额定电压U_0/U（U_m）	190/330（363）	300/500（550）
操作冲击耐受电压U_{p2}	950	1175

对于高压单芯电缆，当采用金属套一端互联接地或三相金属护套交叉接地时，在不接地一端需装设保护器。作用在外护套上的过电压取决于保护器的残压，绝缘耐受电压（kV）按表11-5-4取值，必要时按DL/T 5228进行验算。

表 11-5-4　　绝缘耐受电压取值　　kV

电缆额定电压 U_0/U（U_m）	直流耐压	额定短时工频耐受电压（有效值）	雷电冲击耐受电压（峰值）
64/110（126）	30	25	37.5
127/220（252）	30	25	47.5
190/330（363）	30	25	62.5
300/500（550）	30	25	72.5

5.3.5　高压电缆附件及配置

（一）高压电缆终端及中间接头

电缆终端可分为气体绝缘（SF_6）终端、油浸终端、户外终端。电缆与 GIS 相连采用 SF_6 终端；与变压器相连可采用油浸终端也可采用 SF_6 终端；与架空线相连采用户外终端。

电缆中间接头分为直通接头和绝缘接头。由于电缆接头本体比电缆故障率高、价格贵，因此对接头的绝缘水平要求应等于或高于所连接电缆的绝缘水平。

（二）金属护套的接地

金属护套有一端接地、两端接地和交叉互联接地三种方式。应根据电缆线路长度、传输容量或利用率以及电缆金属套上任一点正常感应电压不大于 50V 的要求等进行选择合适的电缆金属护套接地方式。

目前国内已建在建的抽水蓄能电站 500kV XLPE 电力电缆的单回长度不大于 1000m，通常单芯高压电缆的金属护套采用一端直接接地，另一端通过护层保护器接地。根据两端所连接的设备的不同，确定接地点：

（1）当电缆一端接变压器另一端接架空线，接地点应在架空线一侧，并三相互联接地。

（2）电缆一端接 GIS，另一端接架空线，接地点应在架空线一侧，并三相互联接地。

（3）当一端接 GIS 另一端接主变压器时，接地点应设在 GIS 侧，并三相互联接地。

（4）当一端接地下 GIS 另一端接地面 GIS 时，接地点应设在地面 GIS 侧，并三相互联接地。

护层保护器应采用非线性金属氧化物电阻阀片。

（三）接地回流导线

为降低 220kV 及以上电缆金属护层感应电压和工频过电压，抑制其对相邻的弱电回路及设备的电磁干扰，应沿电缆线路敷设平行的回流线。在三相电缆之间按“三七开”布置并两端接地。接地回流导线应采用绝缘的铜芯电缆线，其绝缘水平应与外护套相同。接地回流导线应尽可能靠近主电缆敷设。

（四）金属护套感应电压

正常运行的电缆上的金属护套的感应电压，在不接地端不应大于 50V。超过 50V 时应采取安全措施，如所有金属护套及与其相连的金属件均应外包绝缘等。

5.3.6　布置和敷设

电缆通道可采用平洞、斜井或竖井的形式，如采用斜井，其倾斜角度不宜大于 35°。当竖井高度超过 20m 时应设置电梯。

电缆应采用蛇形布置在支架上。电缆层间应设防火隔板，穿越墙、楼板的孔洞处应用阻火包、防火堵料进行封堵。

在适当的位置应预留足够做一到两次电缆头的长度。在订货时，电缆长度应根据蛇形布置及预留长度等进行详细的计算。在合同执行阶段，相关通道土建工作已经具备测量时，应要求制造厂现场进行测量复核电缆长度，并以此为基础进行生产。

第六章
电气辅助和公用设备系统

6.1 厂用电系统

6.1.1 抽水蓄能电站厂用电系统主要特点

抽水蓄能电站运行工况多、工况转换复杂，机组启、停频繁。

抽水蓄能电站厂用电供电范围广，供电范围包括上水库、地下厂房、下水库（包括下水库坝区）、地面开关站、地面中控楼、地面绝缘透平油罐室、运行管理营地等地下、地面建筑，布置较为分散。

抽水蓄能电站多为地下厂房，主要机电设备布置在地下洞室内，其地下厂房内辅助机械、通风空调、供排水、消防、照明等厂用负荷较常规水电站大，其中通风空调、排水、照明等负荷占其中较大比例。

6.1.2 抽水蓄能电站厂用电电源要求

根据相关规范和抽水蓄能电站的特点，厂用电源的数量应满足下列要求：

(1) 大型抽水蓄能电站正常运行时，应有 3 个厂用电电源，部分机组停运时至少应有 2 个厂用电电源。全厂停运时，应有 2 个厂用电电源。

(2) 中型抽水蓄能电站正常运行时，应不少于 2 个厂用电电源，部分机组停运时也应有 2 个厂用电电源。全厂机组停运时应有 1 个厂用电电源。

6.1.3 抽水蓄能电站厂用电电源取得方式

厂用电电源取得方式主要是以下几种方式：

(1) 本厂机组（从发电机电压回路换相开关外侧引接）。

(2) 外来电源。

1) 通过主变压器倒送电；

2) 地区电网包括与电力系统连接的地方电网或永临结合的施工变电所；

3) 地方小水电或邻近水电厂；

4) 本电厂高压母线（当无可靠供电电源时）。

(3) 事故保安电源。

1) 柴油发电机；

2) 地方小水电或邻近水电厂；

3) 逆变电源装置。

抽水蓄能电站一般为低压同期及换相，每台发电电动机均配有发电机断路器，引自发电机电压侧的电源当机组发电时可从机组获取电源；当机组抽水或停机时均可从系统经主变压器倒送获取电源。

6.1.4　厂用电压选择

抽水蓄能电站厂用电供电范围广，厂用电供电范围包括地下、地面建筑，布置分散，厂用电输送的距离长。为了保证安全、经济地供电和提高电能质量，一般采用二级厂用电压供电方式，设置高压厂用电压等级，高压厂用电压应根据发电电动机电压、厂用电动机电压、地区电源电压、施工电电电压及负荷分布等情况综合比较确定，一般采用 10kV（或 6kV）如桐柏、泰安、宜兴、宝泉等电站采用 10kV，广蓄一期、天荒坪等电站采用 6kV；低压厂用电压按常规选用 380/220V。

6.1.5　高压厂用电接线

抽水蓄能电站高压厂用电系统接线方式，应在满足厂用电电源要求的情况下，通过技术经济比较，确定电源引接点、分段数及接线方式。高压厂用电系统一般采用单母线分段或分段环形接线方式。

国内已投运或在建的抽水蓄能电站厂用电接线简图如图 11-6-1～图 11-6-6 所示。

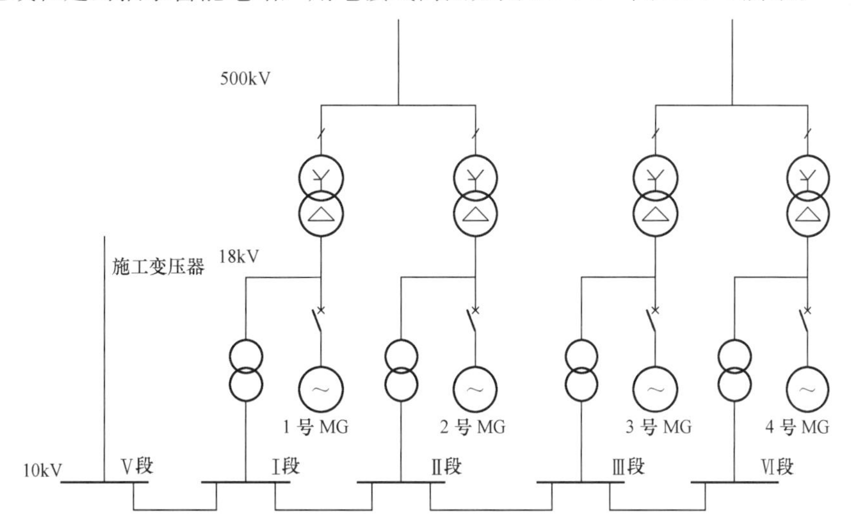

图 11-6-1　宜兴抽水蓄能电站高压厂用电接线简图

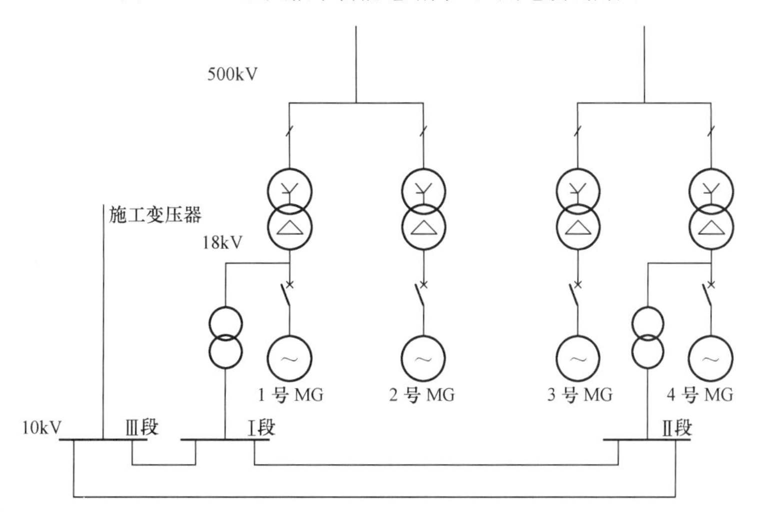

图 11-6-2　宝泉抽水蓄能电站高压厂用电接线简图

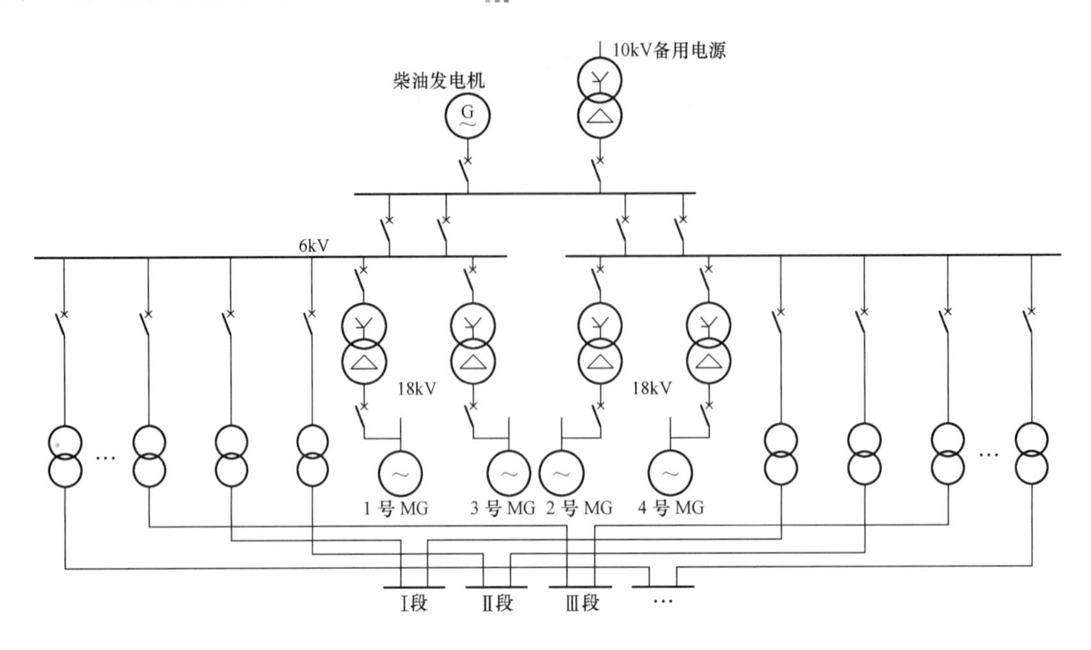

图 11-6-3　广蓄一期抽水蓄能电站高压厂用电接线简图

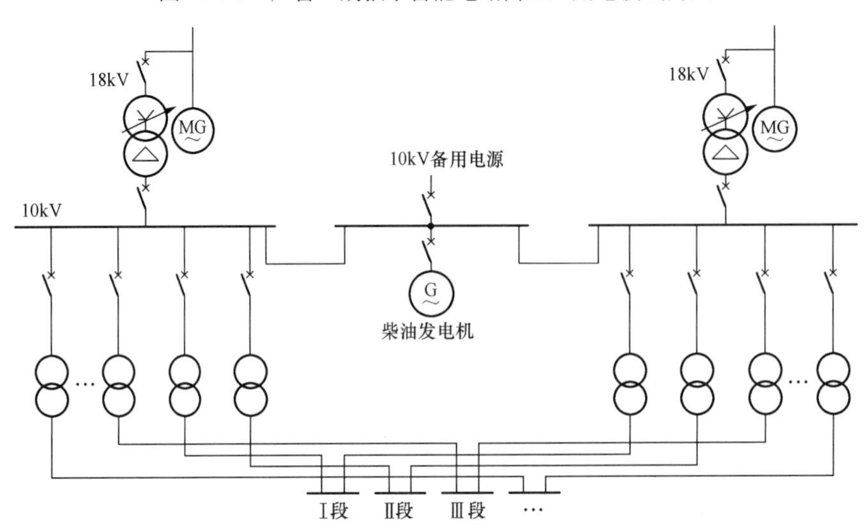

图 11-6-4　西龙池抽水蓄能电站高压厂用电接线方案简图

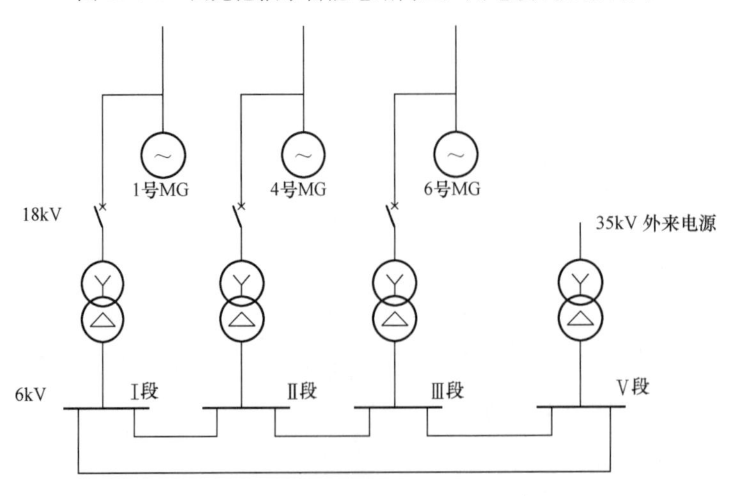

图 11-6-5　天荒坪抽水蓄能电站高压厂用电接线简图

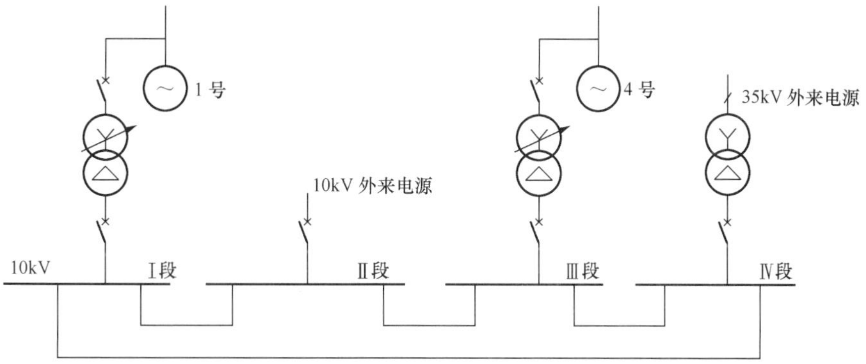

图 11-6-6　琅琊山抽水蓄能电站高压厂用电接线简图

6.1.6　低压厂用接线

（一）机组自用电

抽水蓄能电站机组自用电负荷的正常供电是机组安全运行必须具备的条件之一，供电要求高。抽水蓄能电站机组自用电引接方式应分别对以下方面通过技术经济比较确定：

（1）自用电独立供电或与公用电混合供电；

（2）设置机组自用电变压器集中供电或采用每台机组设置自用电变压器供电方式；

（3）自用电电源及备用电源引接方式；

（4）自用电接线分段数及接线方式等。

抽水蓄能电站机组自用电通常自成配电系统独立供电，机组自用电系统一般采用采用单母线分段接线方式。国内已投运或在建的抽水蓄能电站机组自用接线方式各有所长，应根据具体工程的机组用电负荷、运行可靠性、灵活性、布置等具体分析。

国内抽水蓄能电站机组自用电接线方式，如图 11-6-7～图 11-6-10 所示。

（二）其他低压厂用电

抽水蓄能电站规模大，厂用电负荷点多、容量大，且布置分散。为了缩短低压配电距离、减少电压损失、提高供电可靠性，按不同区域不同特性的负荷分别设置独立低压配电系统。

6.1.7　厂用电系统有关问题

（一）柴油发电机设置

《水力发电厂厂用电设计规程》（DL/T 5164—2002）5.1.5 规定："对担任系统峰荷、经常全厂停机的特别重要的大型水电厂或抽水蓄能电厂，如有可能与系统失去联系，又无其他可靠的厂用电外来电源，致使机组无法启动，影响大坝度汛安全或厂房可能被淹及人身或设备安全时，经技术经济比较论证，可设置柴油发电机组或逆变电源装置作应急电源（包括黑启动电源）。"

国内已建抽水蓄能电站中，大多数电站设置了柴油发电机，以用于黑启动电源或厂内渗漏排水泵电源和/或直流、消防保安电源。

采用直流电源，其需要的容量非常大，所需的投资要远高于柴油机组。只要配置和运行维护得当，柴油发电机组更可靠，柴油发电机缺点是需维护运行较为麻烦，需定期运行及检查。

根据相关规程及实际应用情况，建议柴油机设置条件如下：

（1）系统明确有黑启动要求（逆变电源装置如可以启动机组除外）。

（2）系统无黑启动要求，考虑水淹地下厂房无法实现自流排水。

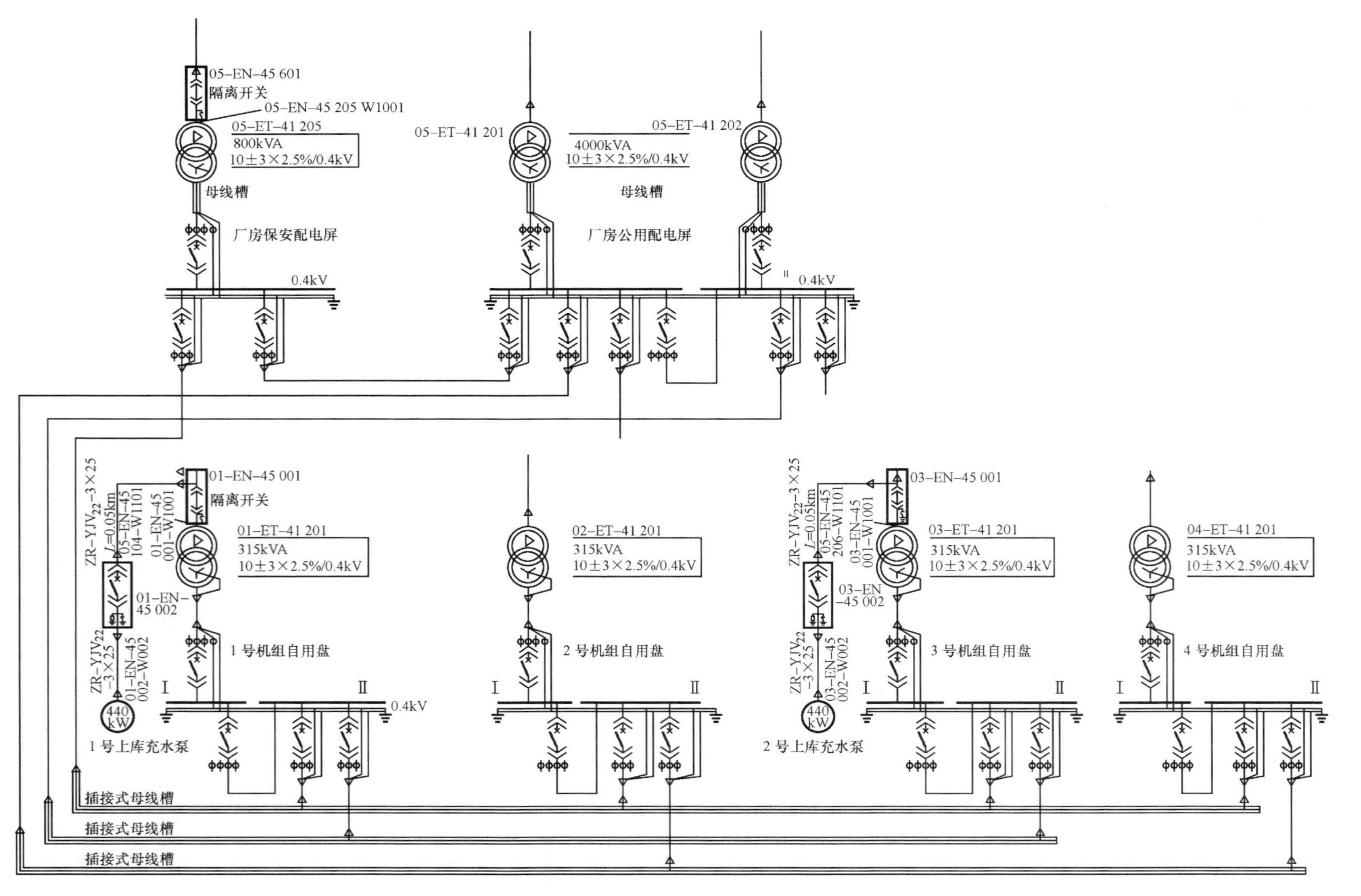

图 11-6-7 宝泉抽水蓄能电站机组自用电接线图

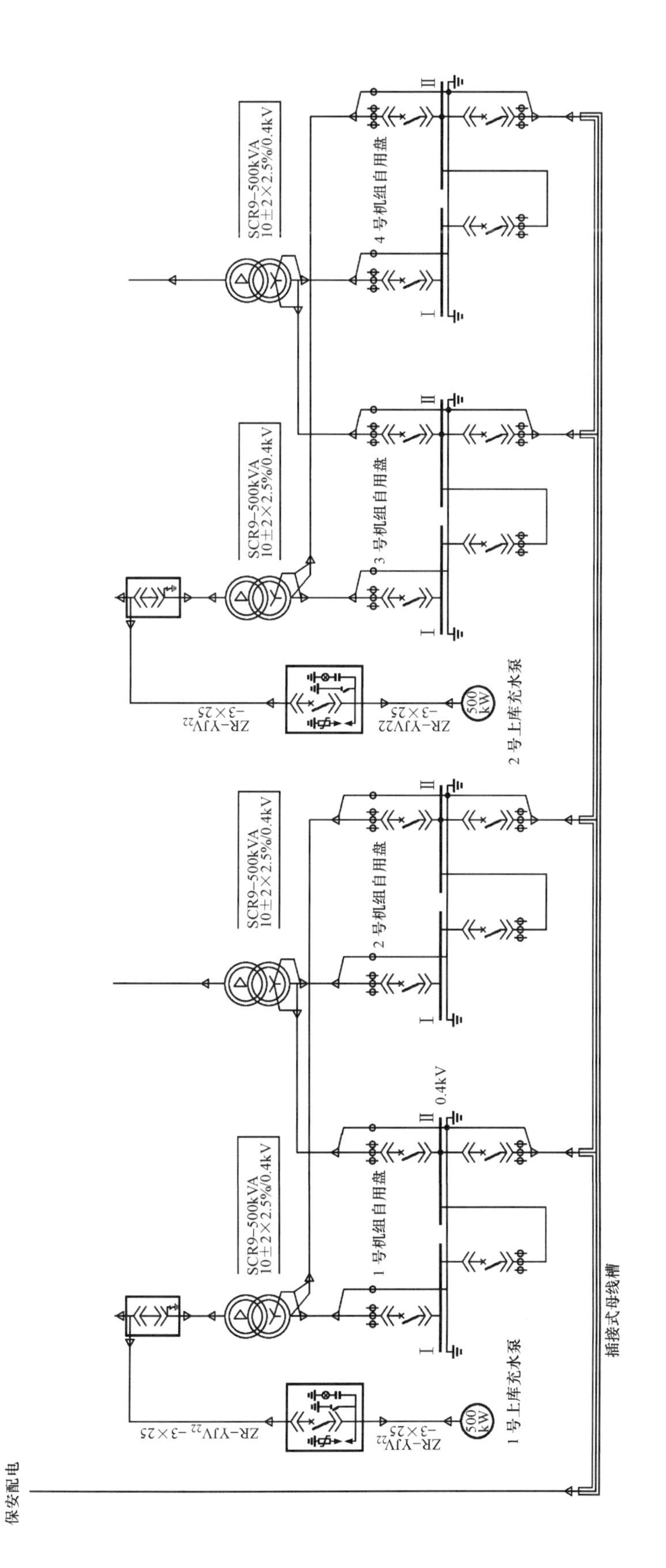

图 11-6-8 泰安抽水蓄能电站机组自用电接线图

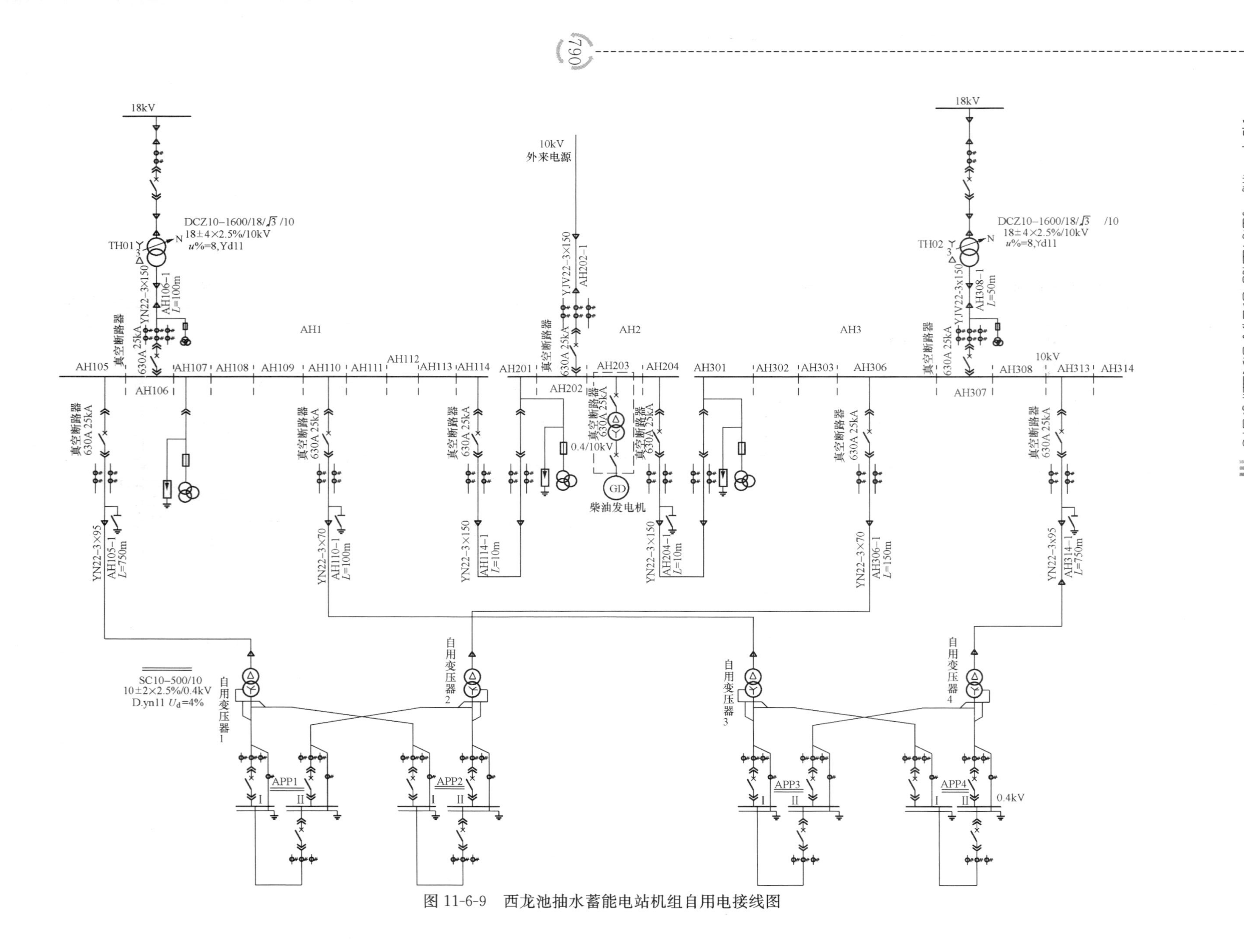

图 11-6-9　西龙池抽水蓄能电站机组自用电接线图

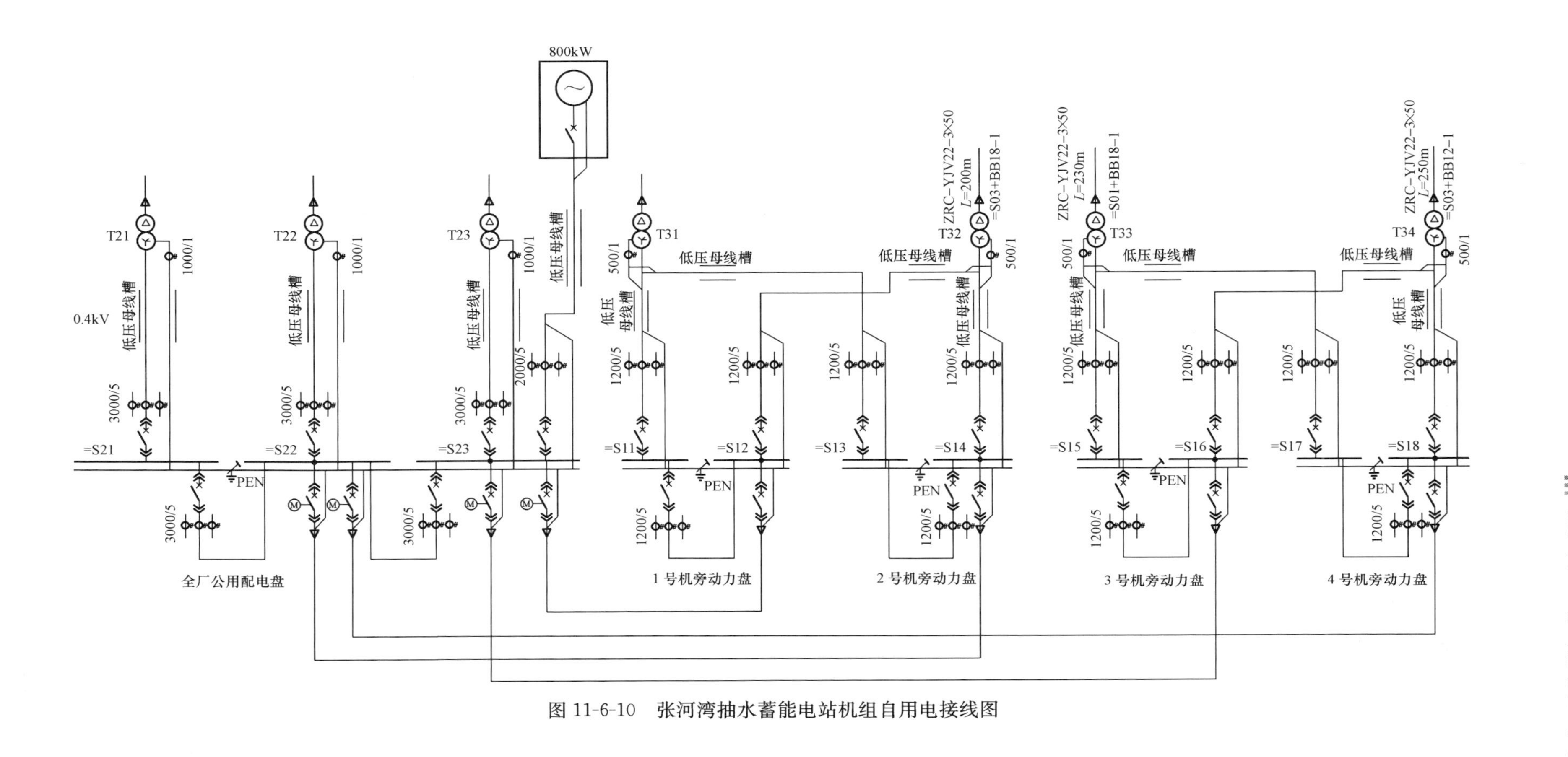

图 11-6-10 张河湾抽水蓄能电站机组自用电接线图

(3) 影响大坝渡讯安全。

(4) 抗震需要。

也可优先考虑地方小水电或邻近的水电厂替代柴油发电机（小水电应能首先自启动）。

(二) 大坝泄洪设施电源要求

根据水库防洪和抗震安全要求及地方反措要求，大坝泄洪设施配电电源往往除正常双回路电源供电外，还需独立于厂房系统的电源供电。有泄洪设施的水库，需设置独立的柴油发电机组，容量以保证大坝泄放设施的动力电源、应急照明和通信需要为原则。该柴油发电机是否和前述厂用电系统柴油发电机组共用，按照就近方便为原则来区分，如距离较远，则需单独设置。

6.2　过电压保护和接地系统

过电压保护和接地系统事关电站的安全运行，也是电站安鉴电气部分的主要内容，应进行规范设计，必要时对工程中的一些问题开展专题分析和研究，提出解决方案。

6.2.1　过电压保护

(一) 过电压保护和绝缘配合设计原则

抽水蓄能电站过电压保护和绝缘配合设计原则如下：

(1) 根据抽水蓄能电站及接入系统的实际情况，配置适当的过电压保护装置。

(2) 电气设备的绝缘水平均应高于该处在各种情况下产生的过电压水平，并留有适当的安全裕度，绝缘配合满足要求。

(3) 电站电气设备外绝缘略高于线路绝缘水平，且适当考虑污秽和高海拔的影响。

(二) 中性点接地方式

(1) 发电电动机中性点接地方式。在保证机组安全可靠运行方面，高电阻接地方式比消弧线圈接地方式更具优越性。目前，国内外大部分大型发电电动机中性点均采用高电阻接地方式，把保证机组安全可靠运行放在首位。为此，推荐大型抽水蓄能电站发电电动机中性点采用高电阻接地方式，即连接接地变压器经二次负荷电阻接地。

(2) 主变压器中性点接地方式。220kV 主变压器的中性点采用非直接接地方式，并配置放电间隙进行保护。500kV 主变压器的中性点可采用直接接地方式或采用经小电抗接地方式，一般情况下根据系统设计单位提出的接入系统设计要求确定采用那种接地方式；抽水蓄能电站通常不环入电网主网架，有条件采用直接接地方式，应尽可能争取采用直接接地方式，可简化电站设计。

(三) 直击雷保护

(1) 抽水蓄能电站大部分建筑物位于地下洞室，无需进行专门的直击雷保护设计。

(2) 户外开关站电气设备一般采用避雷针、避雷线联合保护，使之处于保护范围之中。

(3) 洞外建筑物屋顶均应敷设避雷带（网），根据情况可采用暗装或明装避雷带（网）；有条件时控制楼或继保楼可考虑采用独立避雷针保护。

(4) 洞外单独布置的油罐室一般情况下应设置独立避雷针保护，无法设置独立避雷针时可根据实际情况考虑敷设避雷带（网）保护。

(四) 感应雷防护

抽水蓄能电站户外和与户外有联系的控制装置或控制线路，是防护感应雷的重点部位，如上水库监控装置和水池水位控制装置等。设计的主要措施有：

(1) 采取各种屏蔽措施并妥善接地，如建筑物屏蔽网和电缆屏蔽层接地等。

(2) 各处可能感应雷侵入的设备端口装设多级浪涌保护器。

由于感应雷防护的复杂性，采取这些措施只可大为减少感应雷损坏设备的故障率。

(五) 雷电侵入波保护

(1) 一般考虑。抽水蓄能电站采用气体绝缘全封闭组合电器 GIS 和高压引出电缆，从架空线路到主变压器，设备品种多，变电站的雷电侵入波波过程非常复杂。需要建模对雷电侵入波过电压进行数值解析计算和分析，以确定避雷器的配置，为雷电过电压绝缘配合提供依据。

(2) 计算软件和计算方法。目前雷电侵入波过电压的计算软件主要有国际上通用的电磁暂态程序 EMTP 和清华大学研发的 FLFX 程序。

计算根据电站主接线和设备布置特点建立合适的计算模型，计算模型应将线路与变电站内部整体考虑，按照我国相关规范的要求输入计算条件，计算各种运行方式下和保护接线方案的过电压水平，并分析比较雷击点、杆塔接地电阻等因素对计算结果的影响，列出最严重情况下的过电压进行绝缘配合。

(3) 其他。

1) 发电机电压回路对主变压器高压侧传递过电压的保护，通常采用氧化锌避雷器和电容器的组合进行保护。

2) 厂用电系统回路一般在引外电缆终端和各段母线处装设避雷器进行保护。

(六) 内部过电压保护

内部过电压保护设计主要有以下几个方面：

(1) 工频过电压保护。工频过电压是由于线路的电容效应、突然甩负荷、发生不对称接地故障等原因造成的。工频过电压的大小与线路长度、线路参数、电网结构、电源容量、系统运行方式、故障方式和操作方式有关，按照《交流电气装置的过电压保护和绝缘配合》(DL/T 620—1997) 的规定，对于 U_m>252kV 的系统，系统的工频过电压水平一般不超过下列数值：线路断路器的变电站侧，1.3p.u.；线路断路器的线路侧，1.4p.u.。

抽水蓄能电站接入系统的线路长度通常较短，无需装设高压并联电抗器，工频过电压一般情况都能满足上述要求。

(2) 操作过电压保护。应对接入系统相关线路的合闸操作过电压和重合闸操作过电压进行计算分析，如果统计操作过电压不超过 2.0p.u.，则断路器无需装设合闸电阻，可仅由氧化锌避雷器来限制操作过电压。

采用性能优良的 SF_6 断路器，线路分闸操作过电压和空载变压器操作过电压可以满足要求。

(3) 谐振过电压保护。根据电站实际情况和相关规范要求，对几种可能的谐振过电压进行校验，如自励磁过电压、非全相运行谐振过电压、电磁式电压互感器谐振过电压等，如发生谐振或过电压幅值较高，则应设法避免运行操作方式或采取相关限制措施。

(4) GIS 高频暂态过电压保护。GIS 中隔离开关操作产生的高频暂态过电压 (VFTO)，尽管幅值不高，但等值频率高、陡度大，可能对变压器类设备的纵绝缘造成危害，应予以必要的关注，在设计中宜进行计算和复核。

(七) 绝缘配合

综合以上几方面过电压保护，选择电气设备的绝缘水平，校验绝缘配合符合 DL/T 620 的要求。

6.2.2　接地系统

(一) 抽水蓄能电站接地设计难点

(1) 抽水蓄能电站一般位于峻山峡谷，地质情况良好，但土壤电阻率很高。

(2) 抽水蓄能电站接入电网枢纽变电站，短路电流较大，流过接地网的入地电流也较大。

(3) 抽水蓄能电站通常采用地下厂房，水库库盆小，水深浅，接地网布置难以施展，水中接地网面积较小。

(二) 设计原则

根据抽水蓄能电站的特点，接地系统的设计原则如下：

(1) 根据工程的实际情况和条件，结合电站总布置，因地制宜布置接地网。

(2) 充分利用电站的自然接地体，如洞室锚杆、高压钢管和门槽等。

(3) 发挥水作为低电阻率介质的作用，敷设尽可能大的库底水下接地网。

(4) 采用各种技术手段和方法，尽可能降低接地网的接地电阻值，如埋设引外接地体、深井接地极和采用铜导体接地体等。

(5) 切实加强接地网的均压布置和措施。

(6) 在地电位升高较大的情况下，做好各项高电位隔离措施。

(三) 接地设计一些技术措施

抽水蓄能电站地处高阻率地区，接地网的接地电阻往往偏高，且入地短路电流较大，势必造成地网的地电位升高值也大。为此，需要针对问题进行专题研究，采取一些可行的技术措施和对策，以保证电站接地网的安全可靠运行。

以前，水电站接地网的计算方法比较粗糙，研究手段比较落后，影响了设计计算的准确度。目前，国内有些科研单位和高校引进开发了能较好模拟水电站接地网边界的计算软件，如从加拿大引进的CDGES软件，将使设计研究水平大为提高。

(1) 降阻措施。

1) 引外接地。如果电站周围存在低电阻率的构造区域，如分支河流、摊地等，在可能的情况下，合理地敷设引外接地体，可以增大接地网的散流范围和散流作用，降低电站接地网的接地电阻值。

2) 深井接地极。如果电站地表深处存在低电阻率的构造区域，如断层、地下水等，可通过埋设深井接地极，与水平接地网一起构筑立体接地网，使散流向大地深层渗透，来降低接地网的接地电阻值。

为充分发挥深井接地极的作用，使用适当的降阻剂作为充填剂，消减深井接地极与井孔壁的接触电阻，以达到降低接地电阻的目的。施工时采用压力灌注法灌注降阻剂，充分挤实深井接地极和井壁间隙，有些深孔还要求进行底孔爆裂，以进一步扩大散流效果来降低接地电阻。

3) 增大接地网有效面积。采用铜导体接地网可增大接地网的有效散流面积，来进一步降低接地网的接地电阻值。有些电站的研究表明，可降低20%～30%。

(2) 均压措施。在电站接地网内做好均压措施，改善接地网的地电位分布，把网内电位差降低到允许水平，可以保证人身安全和设备安全，可靠运行。

从运行人员人身安全方面考虑，应使地面的接触电位差和跨步电位差限制在允许范围内。对故障出现几率相对较高且可能危及人身安全的地方，特别是开关站敞开设备布置区域的边角网孔位置和地下主变压器室周围，集中敷设较密的均压接地带和集中接地极。从设备的安全运行角度考虑，接地网局部布置和设备的接地连接，要以均压方法来设计布局，以免形成危险的反击电位差。主接地网和主连接线采用铜接地体，可以大大降低接地网网内电位差。

(3) 隔离措施。电站接地网地电位升高超过允许限值，要采取有关措施，使其与外界进行隔离，以防止接地网高电位传递到厂外或零电位引进厂内而产生高电位差，以致危及人身和设备安全。根据《交流电气装置的接地》(DL/T 621—1997) 中5.1.1及《水力发电厂接地设计技术导则》(DL/T 5091—1999) 中5.1.1和5.1.3的要求，大接地短路电流系统的水电厂接地装置的接地电阻宜符合 $R \leqslant 2000/I$

（I 为入地短路电流），而在高土壤电阻率地区，技术、经济上难以做到时，接地电阻值可以放宽，但需满足均压要求（主要是接触电位差和跨步电位差满足要求）并采取地电位隔离措施。

需要实施的隔离措施主要有以下几点：

1）对外联系的通信通道和线路，需接入隔离变压器及有关保护装置或采用光缆连接，目前大都采用光缆连接通道。如有其他对外连接的监控、保护、信号通道和线路，也应采用光缆连接通道。

2）引向厂外的电缆线路，应在适当位置隔断外皮接地回路；引向厂外的低压线路，不管是电缆线路还是架空线路，都应隔断中性线回路和接地回路。

3）架空引出电站接地网外的金属管路，如供水管路，在接地网边缘外处设置一段绝缘管段，或采用绝缘法兰（不少于3处）。

第七章

抽水蓄能电站控制系统

抽水蓄能电站运行工况复杂，要求电站工况转换及负荷响应迅速、运行安全可靠，对电站的综合自动化水平提出了更高的要求。本章结合抽水蓄能电站的特点，对电站设备的控制系统的结构、设备配置、设计特点等问题进行探讨。

7.1 抽水蓄能电站运行控制方式

7.1.1 概述

抽水蓄能电站控制系统以电站计算机监控系统为主体，电站运行控制方式主要有调度中心远方控制、电站中控室控制以及现地控制三种方式，与一般常规水电站类似。近几年，随着计算机控制和通信技术的进步，为了便于运行和管理，一些抽水蓄能电站还设有电站远方控制中心，在中心城市对电站进行集中控制，属于电站控制级控制，与电站中控室控制地位相同。

7.1.2 调度中心远方控制

当电站计算机监控系统设置成远方控制时，可由调度员通过调度中心的计算机对电站实现远方控制。电站计算机监控系统通过调度通信工作站向调度中心发送上行遥测、遥信信息，接收调度中心下行的遥控、遥调信息。调度中心对抽水蓄能电站的控制范围通常是电站主变压器高压侧电压等级的断路器控制，以及电站的自动发电控制（AGC）和自动电压控制（AVC）。

7.1.3 电站中控室或电站远方控制中心集中控制

当电站计算机监控系统设置为现地控制方式时，调度中心远方控制无效，运行人员可在电站中控室或电站远方控制中心（控制权相互闭锁）操作员工作站上对全厂设备进行集中监视和控制。

在操作员工作站上进行机组控制时，可有以下三种控制方式：

（1）自动方式。电站计算机监控系统根据成组控制方式，控制参与成组控制机组的启/停、调整有功/无功负荷、将母线电压控制在允许范围内。

（2）操作员指导方式。电站计算机监控系统的功能基本上与自动方式相同，只是成组控制系统将负荷/电压定值和机组的启停命令显示在操作员站上，操作员确认后才生效执行。这种控制模式只适用电站控制权在电站中控室或电站远控中心处。

（3）远方监控方式。电站计算机监控系统退出成组控制模式，对被控设备进行跟踪和监视，投“远方控制”的被控机组，其操作、调整均由操作员在操作员站上手动执行。

7.1.4　现地控制

当电站计算机监控系统的现地控制单元（LCU）柜上现地/远方控制开关切至“现地”时，电站控制级的集中控制无效，运行人员可使用LCU柜上的触摸屏对本LCU所管辖的设备进行控制。对于自成体系的辅助设备或公用系统设备，计算机监控系统原则上只进行监视，不进行控制。运行人员可在相应的现地控制装置上进行控制。

在机组LCU处于“现地”控制方式时，机组的控制有以下选择：

（1）现地自动控制。在机组LCU柜上，通过触摸屏，按选择的工况进行操作，整个过程一步实现。

（2）现地分步控制。在机组LCU柜上，通过触摸屏，按选择的工况，分步进行操作，一般在调试时采用。

7.1.5　国内抽水蓄能电站运行控制方式举例

（1）天荒坪抽水蓄能电站。在地面建有中控楼，在中控楼内设有中控室、计算机室、培训室、通信设备室等，地下厂房的电缆通过电缆竖井引至中控楼，在模拟屏上设置有上水库闸门及机组紧急控制开关、机组及主变压器消防控制开关，中控室内设置消防联动控制柜和全厂工业电视监视系统；地面中控楼为电站生产、行政管理中心。

（2）十三陵抽水蓄能电站。十三陵抽水蓄能电站初期设置地下中控室，后移简易的中控室至地面。在地下厂房保留原来中控室及计算机室、通信室的设备及主要功能，在地面中控室增设计算机监控系统设备和全厂工业电视监视系统分控主机。在厂房内保留巡视人员，在地面中控室进行值班。电站另设行政管理办公楼。

（3）广州抽水蓄能电站。广蓄一、二期电站均设地下中控室，在两个电站建成稳定运行后，在电站之外设置地面中控室。地面中控室与两个电站的信息交换均采用光纤，不设置硬布线控制，在晚上两个电站可实现无人值班，但白天保留巡视人员。

（4）桐柏抽水蓄能电站。桐柏抽水蓄能电站在离地下厂房约2km的运行管理单位营地内建有地面中控楼，中控室、计算机室、培训室、通信设备室等均设在地面中控楼内，地面中控楼与地下厂房、上水库、下水库、500kV开关站等处的信息交换主要采用光纤通信网，但仍保留部分消防设备控制的硬布线。另外，在杭州办公楼内设有电站远方控制中心，布置有计算机监控系统设备、全厂工业电视监视系统终端设备、通信系统设备等。电站远方控制中心与运行管理单位营地中控室的信息交换采用电力系统专用光纤通信网。在机组稳定运行后，电站将实现“无人值班、少人值守”的运行方式。

7.2　电站计算机监控系统

随着计算机技术和网络信息技术的迅速发展，20世纪90年代后设计投产的抽水蓄能电站，均采用以计算机系统为基础的全厂集中监控方式，并按“无人值班（少人值守）”原则进行设计。对于新建的抽水蓄能电站，计算机监控系统的设计在“无人值班（少人值守）”的基础上，可参考《水电厂无人值班的若干规定》（试行）的要求，在设计时为实行无人值班做好必要的考虑和设置，以适应新的管理体制，减少后期改造的工作量。

7.2.1　抽水蓄能电站特点对监控系统设计的影响

抽水蓄能电站的计算机监控系统与常规水电站类似，采用开放的分布式结构，但由于抽水蓄能电站运行工况复杂，对计算机监控系统的依赖更多，且电站枢纽布置与常规电站差别较大，故抽水蓄能电站的计算机监控系统设计时需特别注意下面几个问题。

（一）计算机监控系统的网络结构

计算机监控系统的网络一般分为以下几种结构，不同网络结构在可靠性、快速性、可扩展性等方面都有较大的差别。

(1) 按拓扑结构分类。按拓扑结构分，可选择的网络有星形网、环形网和总线形网。

1）星形网。所有站点都连接到一个中心点。在星形网中，任意两个节点要交换信息必须经过中心节点转接，因此控制介质访问的方法很简单，访问协议也十分简单，并且容易检测和隔离故障。星形拓扑的主要缺点是中心节点负荷重，需要线缆多。

2）环形网。每个节点均可作为主计算机向其他节点存取信息，属于有源的点到点连接。优点是：传输速率较高，数据交换量较大，特别是交换式快速以太网，当出现网络通道及链路故障时，将按最短路径进行无扰动切换，具有自愈性，可靠性高。缺点是：设置交换机较多。

3）总线形网。将全部站点通过相应的硬件接口连接到一条共享的总线上，属于无源的多点连接。优点是：结构简单，入网灵活、某个站点失效不影响其他站点通信；网上站点地位平等，协议标准化程度较高，网络可扩性强。缺点是：用户增加时，造成线路竞争，通信速率下降，分支节点故障查找难。但由于该结构布线要求简单，扩充容易，某个站点失效、增删不影响全网工作，所以是 LAN 技术中使用最普遍的一种。

另外，还有星状总线等拓扑结构，是对以上基本结构的逻辑扩展，但管理成本高，故障诊断、隔离困难。

(2) 按访问控制协议分类。按访问控制协议分，可选择的网络有令牌网、以太网。

1）令牌网分令牌环网和令牌总线网。由于令牌网数据传送方法复杂，目前已逐渐淘汰。

2）以太网技术利用载波监听多路访问/碰撞检测（CSMA/CD）技术成功地提高了局域网络共享信道的传输利用率，从而得以发展和流行，是目前计算机控制领域使用最普遍的网络，有众多软硬件支持，适用于多种拓扑结构，开放性最好。

(3) 抽水蓄能电站计算机监控网络结构分析。抽水蓄能机组为可逆双向运行机组，运行工况较复杂；特别是水泵启动工况时，有大量的实时信息在各 LCU 之间传送，必须多个 LCU 配合才能完成正常的启、停，因此，抽水蓄能电站计算机监控系统网络的可靠性要求比常规电站的要求高，在监控系统的设计上宜选用可靠性相对较高的网络结构形式。

因为星形拓扑结构的网络对中心站点的依赖很高，所以一般采用双星形网络结构来解决网络交换机故障、网络总线断线等问题，增加网络可靠性。为了与电站控制级设备通信方便，一般将中心站点设在电站控制级设备所在的地面中控室或计算机室，各现地控制单元则通过网络总线接入中心站点，与电站控制级设备或其他单元控制级进行信息交换。由于各现地控制单元布置在地下厂房、开关站、上水库、下水库等处，距离中控室较远，为缩短各现地控制单元与中心站点的网络总线距离，可在地下厂房再设置一组网络交换机，采用交换机接联的方式与电站控制级通信。宜兴抽水蓄能电站由 ABB 供货的计算机监控系统采用的就是此种网络结构。

近年来，环网结构的交换式快速以太网发展迅速，采用全双工通信，可以完全避免 CSMA/CD 中的碰撞，并且可以方便地实现优先级机制，保证网络带宽的最大利用率和最好的实时性能，且环网结构具有自愈性，可靠性高。因为抽水蓄能电站被控对象的地理分布范围广，有比较好的条件可以形成由不同物理路由构成的环形网拓扑结构的监控系统，对于电站的安全、可靠运行可以起到很好的保证作用，所以国内新建的抽水蓄能电站中，如桐柏、泰安、琅琊山、宝泉、白莲河、惠州等电站均采用了环网结构的监控系统。随着网络交换机和通信光缆的价格逐渐降低，在投资增加不大的情况下，建议抽水蓄能电站的监控系统网络结构设计首选光纤双环网结构，网速不小于100Mb/s。

网络结构的选择一般只做推荐，具体使用时应考虑供货商的实际应用业绩。网络交换设备一般选择工业级以太网交换机，以满足现场较为恶劣的环境，网络交换机之间通过光纤互联。

（二）监控系统现地控制单元设置

监控系统现地控制单元（LCU）的设置一般根据电站各被控对象的地理位置分布、被控对象的信息量及其重要性等因素综合确定。因为抽水蓄能电站的枢纽布置与常规电站有较大区别，所以除常规电站一般设有的机组LCU、厂房公用LCU、开关站LCU、坝区LCU外，抽水蓄能电站一般还设有主变压器洞公用LCU、中控楼LCU和或地面公用LCU，并将坝区LCU分为上水库LCU和下水库LCU。

当然，由于每个抽水蓄能电站的布置各不相同，LCU的设置并不是一成不变的，应根据每个电站的特点灵活掌握以下几条：

（1）由于上水库和下水库需要监控的信息不多，可不设置独立的LCU，根据布置位置，可以与附近的LCU合用，也可在上水库或下水库设置远程I/O模块，监控被控对象。如天荒坪、桐柏、宜兴、宝泉等电站，均未设单独的下水库LCU，下水库信息直接输入至附近的地面公用LCU、中控楼LCU或开关站LCU。而泰安电站，也未设单独的上、下水库LCU，而在上、下水库分别设置远程I/O模块，接入地面公用LCU和中控楼LCU。

（2）主变压器洞公用LCU也可命名为SFC启动用LCU或地下GIS LCU，用于监控SFC及启动回路设备、地下GIS设备及其他布置在主变压器洞的厂用电设备，可与地下厂房公用LCU合一。分开设置的有泰安、宜兴、惠州等电站，合用的有天荒坪、桐柏、宝泉等电站，设计人员应根据实际情况自由抉择。

（3）当中控室没有模拟屏或大屏幕，可不设单独的中控楼LCU。根据布置位置，中控楼LCU也可以与地面公用LCU合用，如天荒坪和桐柏电站。设计人员应根据实际情况自由抉择。

（三）计算机监控系统主要功能

抽水蓄能电站监控系统的主要功能与常规电站基本一致，应具有对监控对象进行监控、数据采集与处理、运行计算和数据交换、操作培训等多方面功能，同时能够接收调度指令，并将所需数据传送到调度，以便对整个系统进行有效的监控。但因为抽水蓄能电站的机组多了水泵和水泵调相两种工况，所以功能要求中也需相应增加一些内容，主要有以下几方面：

（1）增加SFC水泵启动和背靠背启动流程。

（2）增加多种工况的转换流程，特别是体现抽水蓄能电站调峰迅速而要求的从水泵满抽至满负荷发电的紧急工况转换，即机组不经过正常停机过程，在机组和电网解列后，导水叶不关闭而直接由水泵工况转为发电工况，利用水流反冲转轮使机组减速并使其反转。

（3）机组的联合控制除自动发电控制（AGC）外，还有抽水联合控制。由电站计算机监控系统根据调度中心的抽水命令或自身的决策，在保证电站安全运行的条件下，进行全站的抽水联合控制，确定需投入抽水的机组台数、机组号，并自动进行机组运行控制。

（4）由于抽水蓄能电站上、下水库库容有限，在发电和抽水时，都需对上、下水库水位进行实时监视，防止过发和过抽。并根据水位限定要求，对机组运行时间做出预判断，供运行调度人员决策。

（四）监控系统硬件设备的冗余配置

抽水蓄能电站计算机监控系统电站控制级设备的配置与常规水电站基本一致，根据各设备在系统中的重要程度，可配置成单机、双机或多机系统，因为主计算机、操作人员工作站、网络交换机等设备故障时，会引起电站计算机监控系统的瘫痪，而负责与调度通信的通信工作站故障时，无法与调度端交换信息，后果严重，所以上述设备一般配置成双机热备用，双机切换时间应保证实时任务不中断。

现地控制单元是实现电厂计算机监控的关键设备，因为抽水蓄能电站在电网中的作用非常突出，且运行工况复杂，所以采集和处理的信息量可靠性要求很高，数量较常规水电站多得多，采用完全双重化冗余结构还是局部双重化冗余结构值得探讨。在天荒坪电站初步设计时，采用局部双重化结构，即现地控制单元除电源及CPU冗余配置外，输入/输出（I/O）模块等设备不冗余。在招标文件审查时，专家组提出天荒坪电站总装机1800MW，在华东电网中地位很重要，且当时设备的可靠性不是太高，所以要求与主要机电设备的I/O接口完全冗余配置。在天荒坪电站投产后进行设计总结时认为：输入/输出模块采用冗余配置，电站计算机监控系统的可利用率略有提高，但模块及电缆投资增加很多，且屏柜数量众多，厂房布置困难，现场接线复杂，施工周期长。故在桐柏、泰安等后续电站设计时，仅对现地控制单元的CPU、通信模块和电源模块进行冗余配置，I/O接口则大大简化，不做冗余配置。从目前的运行情况看，没有出现由于I/O接口引起的故障。随着计算机技术的飞速发展，串口通信技术越来越完善，大量信号通过通信总线传至计算机监控系统，仅对一些特别重要的信息仍然要求采用输入/输出模块传输，现地控制单元输入/输出模块的配置得到了进一步的简化。

7.2.2　计算机监控系统软硬件选择

计算机监控系统的软硬件发展很快，在编制计算机监控系统招标文件时，需要注意合同硬件设备采购的冻结时间，即在保证合同价格不变的情况下，采购最新或尽可能是最新的设备，设备采购时间只要控制在系统集成之前即可。

（一）监控系统主计算机选择

作为计算机监控系统的核心，电站主计算机的选择尤为关键。从所采用的CPU（中央处理器）来看，通常把服务器主要分为两类构架：一是IA（Intel Architecture，Intel）架构服务器，又称CISC（Complex Instruction Set Computer，复杂指令集）架构服务器，即所谓的PC服务器，它是基于PC机体系结构，使用Intel或与其兼容的处理器芯片的服务器；二是比IA服务器性能更高的服务器，即RISC（Reduced Instruction Set Computing，精简指令集）架构服务器，这种RISC型号的CPU采用了与普通CPU不同的结构，主要采用UNIX操作系统。采用RISC架构服务器的优点在于其高速的运算能力、强大的外部数据吞吐能力，但价格昂贵；而IA架构则具有小、巧、稳的优点，凭借可靠的性能、低廉的价格，得到了广泛的应用。综上所述，一般抽水蓄能电站主计算机，推荐采用运行可靠、数据处理能力强的RISC架构服务器，其他电站控制级的设备，如操作人员工作站、工程师站、通信工作站等，则可选用灵活方便、图形处理能力强的IA架构工作站。无论采用何种硬件设备，电站控制级计算机（或处理器）的CPU字长应大于等于32位。

（二）现地控制单元处理装置选择

现地控制单元一般可选用高性能的可编程控制器、过程控制器、工业控制微机加可编程控制器。从20世纪60年代可编程控制器问世以来，曾涌现了上千个品牌，目前工程中应用较多的有美国GE公司的90系列、德国Siemens公司的S7系列、法国Schneider公司的Quantum系列中的高端产品，另外，也采用一些类似于PLC的过程控制器，如桐柏电站用到的VATECH公司AK1703系列和宜兴电站用到的ABB公司的AC800M系列产品。目前的高端PLC产品均能方便地与以太网连接，不必再经过工控机接入以太网，所以现地控制单元很少采用工业控制微机加可编程控制器的方式。由于计算机监控系统的现地控制单元为保证高可靠性，一般要求采用双CPU，则双CPU热备的实时性、可靠性、灵活组态能力显得尤为重要，选择不同厂家产品时应注意区别。

（三）监控系统软件选择

计算机监控系统的软件包括系统软件、支持软件、应用软件及软件的开发管理等几个方面。

系统软件主要指操作系统，广泛应用的有UNIX和WINDOWS两种类型。UNIX系统经过多年的发展，具有处理能力强、性能可靠、安全性高等优点，较多地用于服务器中。WINDOWS系统是应用面极广的操作系统，其技术更新快，软件管理成本较低，工具软件和应用软件的支持厂商较多，界面熟悉，使用方便，但它在安全性上不如UNIX操作系统。为了最大限度地满足安全可靠和使用方便的要求，近年来，一种新的思路是采用UNIX和WINDOWS的跨平台系统，即主计算机采用UNIX操作系统，保证其安全可靠，其他节点的计算机、工作站则采用WINDOWS操作系统，方便获得更多的工具软件和应用软件。

计算机监控系统的应用软件是在操作系统规定的环境下，为了完成最终用户某些特定的功能而研制的专用程序，如数据采集程序、显示打印程序、顺序控制程序、自动发电控制程序和自动电压控制程序等。应用软件的好坏和水平对计算机监控系统的功能实现和性能指标具有举足轻重的作用。目前，应用软件一般由计算机监控厂家自行编制，采用的编程语言各不相同。

7.2.3　抽水蓄能电站监控系统设计探讨

（一）电站监控系统与其他系统互联方式

计算机监控系统与其他系统的互联，最常规的方式就是通过各种输入/输出模块，采集并输出各种开关量和模拟量至其他系统。这种方式的优点是信号点对点传输，可靠性高，缺点是需要使用大量电缆，接线工作量大。

随着计算机技术的飞速发展，越来越多的工程采用了现场总线式的串口通信方式，用于传输大量的信息。目前世界上现场总线种类繁多，在水电厂中应用最多的有Modbus、Profibus和WordFIP等。工程实践中，这几种规约均有使用，如桐柏、宜兴电站采用的是ModbusRTU规约，泰安电站采用的是Profibus-DP规约，宝泉电站采用的是WordFIP规约。这三种规约各有优缺，其中ModbusRTU规约传输速率慢，但国内和国际上大多数智能设备或微机控制系统均支持该规约；Profibus-DP规约传输速率较快，但在国内电力行业应用不是很广泛；而Wordfip规约，目前仅在Alstom公司产品中使用。

由于近年来电站励磁系统、调速系统、继电保护系统、SFC装置、辅助设备控制系统、直流系统、厂用电保护测控装置均采用微机调节或智能控制设备，使得现场总线式的串口通信方式得到越来越广泛的应用，但因为通信系统故障原因难以查找，除了适当采用冗余来提高通信接口和通信通道的可靠性，重要的信息除串口通信外，还应采用输入/输出模块进行备用。

（二）常规表计和模拟线设置

由于计算机技术的飞速发展，近期投产或设计的抽水蓄能电站，无一例外地采用以计算机监控系统为基础的全厂集中监控方式。由于抽水蓄能电站对电站计算机监控系统的可靠性要求较高，主要设备和网络结构多采用冗余配置，系统的可用率已达到99.9%或更高。

基于上述情况，如在中控室设置模拟屏，一般不需要在模拟屏中设置由常规回路构成的操作开关（按钮）和直接来自于TA/TV的表计。在天荒坪工程中，出于对计算机监控系统可用率的担心，在模拟屏中设有由常规回路构成的操作开关（按钮）和直接来自于TA/TV的表计，可以对500kV断路器及机组断路器在模拟屏上进行远方手动操作，接线较为复杂。在桐柏等新建工程中，除机组紧急停机外，已不设由常规回路构成的操作开关（按钮）和直接来自于TA/TV的表计，接线进一步简化。

随着多功能电测量表计的精度不断提高，运用越来越成熟，在机组、开关站或其他LCU等需要显示电测量信号的柜上，可不设或简化直接来自于TA/TV的表计，而采用多功能电测量表计代替。随着各LCU的人机接口不断完善，画面显示的内容越来越丰富，在LCU上可不设置由常规回路构成的操作开关（按钮）和模拟线，手动操作可通过LCU上的人机接口（触摸屏）来完成，模拟线也能在画面中清晰显示。

（三）硬布线回路设置

在已建的抽水蓄能电站中，中控室的模拟屏或控制柜上设有紧急停机和紧急关闭上、下水库（尾水）事故闸门按钮，以及在发电机层合适位置上设置一个水淹厂房按钮，作用于紧急停机、关上/下水库闸门，如天荒坪、桐柏、泰安等电站。这些按钮用于值班人员手动操作以保证电站安全。

对于按钮布线回路的设置，传统的方法是采用硬布线，由于目前中控室一般在地面运行管理单位营地，中控室、地下厂房及上、下水库闸门之间相距较远，直接通过长电缆传送信号，误动率高，安全性差。近年来，由于计算机网络技术的进步，冗余网络的应用，给控制带来了便捷可靠的方式，对于线路较长、采用硬布线较困难、容易误动的控制信号，宜通过冗余的计算机光纤网络来实现控制，其冗余程度和可靠性容易得到保证。

（四）水淹厂房动作回路设置

由于抽水蓄能电站一般为地下厂房，为保证地下厂房的安全，都设置有水淹厂房保护动作回路，在出现水淹厂房信号后能及时动作于机组紧急停机以及紧急关闭上水库进出水口闸门和机组尾水闸门。上游侧高压压力钢管、进人门、压力钢管上的取、排水管为上游发生水淹厂房事故的主要故障点；尾水管上发生水淹厂房的故障点主要为尾水管进人门、调相压水进气口、地下厂房技术供水总管取水口、机组单元冷却水取水和排水管、机组压力平衡管、通风空调系统排水总管以及机组检修排水管等。

水淹厂房报警装置采用感应型水位计或浮子水位计，设置在地下主厂房较低处，为防止水位开关的误动和拒动，宜设置3个水位开关，采用三取二的逻辑。在任意两个水淹厂房开关动作或水淹厂房手动按钮动作后，应作用于所有机组的紧急停机矩阵，并紧急关闭上下游水道的事故闸门。

（五）尾水闸门与球阀、导叶的控制闭锁逻辑

抽水蓄能机组上游侧一般设有可动水启、闭，采用双面密封的机组球阀，下游侧设有动水关闭、静水开启的尾水事故闸门。在机组正常停机时，导叶关闭后球阀关闭，尾水闸门保持在开启状态。

尾水闸门与球阀、导叶的闭锁条件是：球阀和导叶在关闭位置时才可进行尾水事故闸门的关闭操作；只有当尾水事故闸门处于全开位置时，球阀和导叶才能开启。当机组运行时，尾水事故闸门意外下落，机组应紧急停机，球阀和导叶需紧急关闭。尾水闸门与球阀、导叶之间的闭锁一般均采用电气硬接线闭锁。

由于尾水闸门长期开启，为避免闸门因液压系统泄漏或联结零部件失效意外坠落关闭孔口，导致事故，在机组尾水事故闸门液压系统中一般需设置有自动提升回路及机械锁定装置。

7.2.4　抽水蓄能电站监控系统典型实例

图11-7-1所示（见文后插页）是国内某一抽水蓄能电站的计算机监控系统配置实例，各工程根据实际情况可进行配置调整，说明如下：

（1）历史数据库工作站可与主计算机合用，也可单独设置，由计算机监控系统厂家根据主计算机的性能进行选择。一般采用高性能服务器的主计算机可兼做历史数据库工作站。

（2）如设置电站远方控制中心，则在远方控制中心至少应布置2套操作人员工作站、2台打印机、1套UPS电源及与电站计算机监控局域网络进行通信的接口设备（如路由器等），通信路由根据工程实际情况考虑。

（3）工程师站和培训站可分开设置，也可合并使用，从已建工程的实际应用来看，建议合用一套设备，工程师站在投运初期兼做培训站使用。

（4）中控室大屏幕显示设备一般分为马赛克模拟返回屏、等离子或液晶投影设备、背投式 DLP 屏幕显示墙三种。其中马赛克模拟返回屏和背投式 DLP 屏幕显示墙各有优缺点，均有较多的应用实例；等离子或液晶投影设备目前尺寸小、价格昂贵，不做推荐；从无人值班的发展角度考虑，中控室可不设投影设备。

7.2.5　抽水蓄能电站计算机监控系统的国产化

由于抽水蓄能电站的运行工况复杂，抽水蓄能电站的计算机监控系统在 20 世纪基本上都是国外引进的，包括广蓄、十三陵、天荒坪等电站。到 2000 年，南瑞自控公司生产的监控系统开始用于安徽响洪甸和江苏沙河抽水蓄能电站。

国家电网公司为促进大型抽水蓄能电站机电设备的国产化进程，于 2004 年作为科研项目，委托华北电网公司、国电自动化研究院和北京十三陵抽水蓄能电站共同完成针对十三陵抽水蓄能电站的大型抽水蓄能电站计算机监控系统的国产化研究。2005 年 12 月，研制的十三陵抽水蓄能电站 4 号机组现地控制单元和部分电站控制层设备通过了出厂验收，并于 2006 年 1 月进行了现场安装调试，在 1 月底投入试运行；经对试运行中出现的问题进行进一步的完善，于 2006 年 6 月正式投入运行，并在 2006 年 10 月底通过了国家电网公司的鉴定，标志着我国大型抽水蓄能电站计算机监控系统国产化取得了历史性的突破。

7.3　机组和辅机控制

7.3.1　概述

与常规水电站机组相比，抽水蓄能机组的运行工况要复杂得多，机组除能完成常规机组的发电和发电调相功能外，还具有抽水和抽水调相的功能，同时，抽水蓄能机组的运行工况转换比较频繁，因而对机组和辅机的控制系统也提出了更高的要求。

7.3.2　抽水蓄能机组工况和工况转换

抽水蓄能机组的运行工况分稳定工况和过渡工况。机组稳定工况包括静止、旋转备用、发电、发电调相、线路充电、黑启动、抽水、抽水调相；机组过渡工况包括静止过渡和背靠背拖动两种。其中，静止过渡是指机组处于静止状态，但其辅助设备均已处于运行状态；背靠背拖动是指在背靠背启动时，作为拖动的机组，将被拖动的机组启动并网后，拖动的机组自动返回静止状态。

抽水蓄能机组各种工况的转换，如图 11-7-2 所示。

图 11-7-2 中的虚线表明该工况是属于过渡工况、实线表明是稳定工况，图 11-7-2 中的工况转换包括正常情况下的工况转换和事故情况下的工况转换。

因为线路充电和黑启动两种控制方式对于机组控制流程来说是相同的，故在图 11-7-2 中将线路充电模式和黑启动放在一起。

7.3.3　抽水蓄能机组控制特点

（一）*抽水蓄能机组抽水工况启动*

抽水蓄能机组抽水工况启动方式有异步启动、静止变频器（SFC）启动、背靠背同步启动和与主机同轴的辅助电动机启动。目前，大型抽水蓄能电站一般采用 SFC 启动为主要方式，背靠背启动为备用

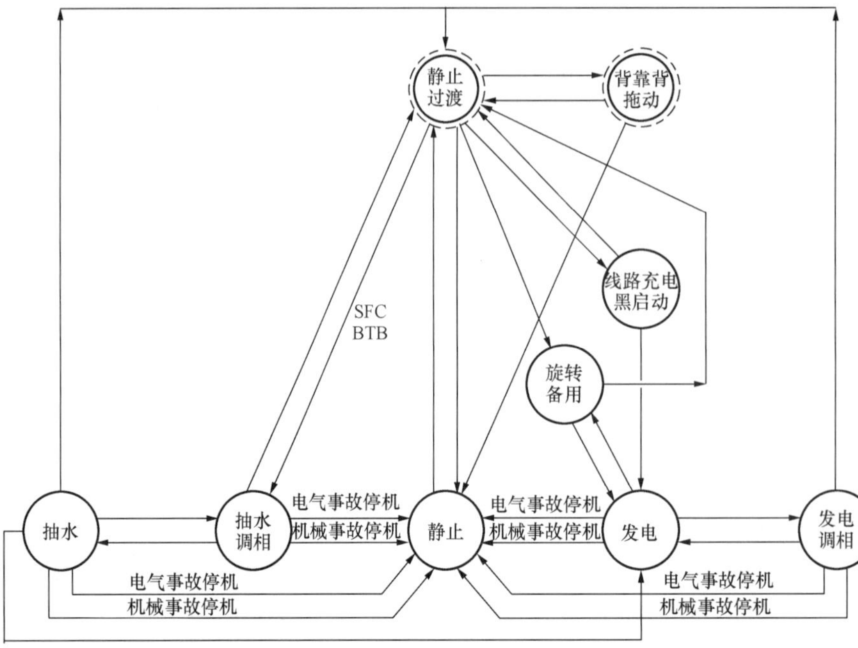

图 11-7-2 抽水蓄能机组工况转换示意

方式，如天荒坪、桐柏、泰安、白莲河、宝泉等国内已建和在建的大型抽水蓄能电站均采用这种方式。整个电厂的 SFC 配置一般是按不超过 6 台机组的情况下配置 1 台 SFC（水力发电厂机电设计规范）。

对于混流式水泵水轮机，在水泵工况启动时，要通过压缩空气将转轮室水位压下，让转轮在空气中开始旋转，可以大大减小启动力矩，待压水完成后再通过 SFC 或背靠背同步启动机组，这样可以减小启动电流和加快启动时间。因此，当机组从静止至抽水的工况转换中，必定要经过抽水调相这一工况，与之相反的是，当机组从静止至发电调相工况转换时，必定要先经过发电这一工况。

当机组背靠背抽水工况启动时，为了减小在拖动过程中两台机组之间发生接地故障时的短路电流，需要将拖动机组的中性点隔离开关分闸，拖动机组暂时处于中性点不接地运行状态，待拖动完成且拖动机组自动停机并返回到静止状态后，再恢复合上拖动机组的中性点隔离开关。

（二）抽水蓄能机组同期

由于采用低压（发电电动机出口）换相方式的抽水蓄能机组，其发电电动机机端电压互感器和主变压器低压侧电压互感器之间存在换相开关，当机端同期电压采用 U_{ab}时，在发电工况同期时主变压器低压侧的同期电压应该取 U_{ab}，但在电动工况同期时，主变压器低压侧的同期电压应该取 U_{cb}。解决这一问题最直接简单的办法是在采集主变压器低压侧电压互感器同期电压时，依靠换相开关在发电工况和电动工况时的辅助位置触点，接入相应的同期电压，而机端同期电压 U_{ab}保持不变。

不论是 SFC 启动或背靠背启动，待被拖动机组转速达到 90％额定转速时，均需要通过同期装置将机组并入电网，使被拖动机组实现抽水调相运行，但对于同期调节来说，SFC 启动和背靠背启动之间具有一定的差别。

在背靠背启动过程中，当转速达到 90％额定转速后，两台机组的励磁系统均自动切换至自动电压调节模式，被拖动机组的同期装置投入后，根据电网和被拖动机组之间的频率和电压信号发出频率调节脉冲和电压调节脉冲，频率调节脉冲信号发送至拖动机组的调速器，通过调节拖动机组的调速器来调节被拖动机组的频率；电压调节脉冲信号送至被拖动机组的励磁系统，通过调节被拖动机组的励磁系统来调节电压。

在 SFC 启动过程中，当转速达到 90％额定转速后，被启动机组的励磁系统自动切换至自动电压调节模式，被启动机组的同期装置投入后，频率调节脉冲信号发送至 SFC，通过调节 SFC 的频率来调节启动机组的频率；电压调节脉冲信号直接发送至被启动机组的励磁系统通过调节被启动机组的励磁系统来调节电压。

（三）抽水蓄能电站各 LCU 控制特点

抽水蓄能电站计算机监控系统对 SFC 的监控功能一般由主变压器洞（或副厂房公用）LCU 来完成。抽水蓄能机组发电方向稳定工况的转换与常规机组相同，仅由机组 LCU 就可以独立完成。但是对于抽水蓄能机组特有的一些工况转换如抽水工况启动和背靠背拖动时，单凭机组 LCU 就不能完成这些工况转换，需要由机组 LCU 和主变压器洞（或副厂房公用）LCU 配合共同完成，机组 LCU 主要完成机组范围内的设备的自动控制，主变压器洞（或副厂房公用）LCU 主要完成在背靠背启动和 SFC 启动时对拖动机组与被拖动机组之间、启动机组与 SFC 之间的协调控制。

由于抽水蓄能机组发电电动机电气保护配置上的特殊性，有些保护是专门针对某一种特殊工况设置的。因此，当机组在不同的工况之间切换时，需要对不同的保护功能进行投退。但是有些保护不能简单地通过换相开关、发电电动机断路器等的辅助触点组合来投退这些保护功能，这种情况下，投退不同工况下的保护功能就需要由机组 LCU 完成，机组 LCU 需要将机组的工况以电接点的形式实时地送至保护装置开关量输入口，保护装置根据收到的信号自动地投退相应的保护功能。

（四）上、下水库水位对机组控制的影响

抽水蓄能机组发电工况时是水流方向是从上水库至下水库，抽水工况时是将下水库的水抽往上水库。对于上水库来说，若水位过高，则机组不能继续向上水库抽水，若水位过低，则不允许机组继续发电运行；对于下水库来说，若水位过高，则不允许机组发电运行，若水位过低，则不允许机组继续向上水库抽水。

当电站在发电运行时，若上水库水位过低或下水库水位过高，需作用于发电运行机组停机；当电站在抽水运行时，若上水库水位过高或下水库水位过低，需作用于抽水运行机组停机。

（五）抽水蓄能机组事故停机的设计

与常规机组一样，抽水蓄能机组的紧急停机也分为机械事故停机、电气事故停机和紧急停机。紧急停机不依赖于机组 LCU 的 PLC，而是通过专门的电气硬布线回路完成的。机械事故停机和电气事故停机的区别主要在于：当发生机械事故时，机组需要先减负荷，减完负荷后再作用于发电电动机断路器（GCB）跳闸和灭磁开关（FCB）跳闸，并停机；当发生电气事故时，不需要减负荷直接作用于发电电动机断路器（GCB）跳闸和灭磁开关（FCB）跳闸，并停机。

7.3.4　抽水蓄能机组的工况转换流程实例

与常规水电机组相比，抽水蓄能机组的具有一些特殊的工况转换流程，下面以国内某大型抽水蓄能电站的工况转换流程为例介绍，对于与常规水电站相同或相类似的工况转换流程，这里不再赘述。需要指出的是，由于不同的主机生产商在具体设计上的差别，在细节上控制流程会略有所不同。

（一）从“静止过渡”工况至“背靠背拖动”工况

从“静止过渡”状态至“背靠背拖动”状态的工况转换流程如下：

（1）打开换相隔离开关 PRD。

（2）判断换相隔离开关 PRD 已分闸，打开机组中性点隔离开关，按背靠背拖动模式投退发电电动机保护，合启动隔离开关。

（3）判断启动隔离开关已合闸、机组换相隔离开关 PRD 已分闸、机组中性点隔离开关已分闸，合发电电动机断路器。

(4) 判断发电电动机断路器已合闸，发送启动隔离开关和发电电动机断路器均已处于合位信号至主变压器洞 LCU。

(5) 等待并接收来自主变压器洞 LCU 的背靠背拖动和被拖动机组的电气连接已建立的信号，然后开启进水阀。

(6) 判断进水阀正在开启，释放机械刹车。

(7) 判断机械刹车已释放、进水阀正在开启或已全开状态、导叶锁定已释放、机组冷却水已投入、推力轴承顶起油泵已启动、主轴密封水已投入，同时收到来自主变压器洞 LCU 的启动励磁系统的命令，设定励磁系统为背靠背模式。

(8) 收到励磁系统为背靠背模式已设定完成的反馈后，启动励磁系统。

(9) 判断励磁系统已投入，然后发送励磁已投入信息至主变压器洞 LCU。

(10) 等待并接收来自主变压器洞 LCU 发出的被拖动机组励磁系统已投入的信息后，设定调速器为背靠背拖动模式，启动机组。

(11) 判断机组转速大于等于 $90\%N_e$，关闭推力轴承顶起油泵，励磁切换至自动通道。

(12) 等待并接收来自主变压器洞 LCU 的被拖动机组已并网信号，跳发电电动机断路器。

(13) 判断发电电动机断路器已分闸，分启动隔离开关。

(14) 判断启动隔离开关已分闸，进入“背靠背拖动”至“静止”工况的停机流程。

（二）从“静止过渡”工况至“抽水调相”工况（背靠背启动）

从“静止过渡”状态至“抽水调相”状态（背靠背启动）的工况转换流程如下：

(1) 等待并收到自主变压器洞 LCU 发出的与拖动机组建立水泵启动电气连接的指令。

(2) 合换相隔离开关 PRD 使其处于水泵运行方向、合启动隔离开关、按背靠背被拖动模式投退发电电动机保护。

(3) 确认换相隔离开关 PRD 处于水泵运行方向合位和发电运行方向分位、启动隔离开关处于合位后，发送启动隔离开关已合的信息至主变压器洞 LCU。

(4) 等待并收到自主变压器洞 LCU 发出的与拖动机组的电气连接已建立的信号后，释放机械刹车、启动转轮室压水程序。

(5) 判断转轮室压水已到位、机械刹车已释放、推力轴承顶起油泵已启动、机组冷却水已投入、主轴密封水已投入后，发送转轮室压水已完成信息至主变压器洞 LCU，设置调速器为抽水调相运行模式。

(6) 判断机械制动已释放、且收到主变压器洞 LCU 发出的启动励磁系统的指令后，设定励磁系统为背靠背启动模式、发送机械制动已释放信息至主变压器洞 LCU。

(7) 等待并收到励磁系统返回的已经设定为背靠背启动模式的信号后，启动励磁系统。

(8) 励磁系统投入后，发送励磁系统已投入的信息至主变压器洞 LCU。

(9) 当机组转速大于 $25\%N_e$ 后，打开蜗壳至尾水循环管阀门。

(10) 当机组转速大于 $90\%N_e$ 后，停止推力轴承顶起油泵。

(11) 确认推力轴承顶起油泵已停止、并检测同期装置及回路正常、收到来自主变压器洞 LCU 关于拖动机组励磁系统处于自动通道运行信号后，发送同期准备好的信息至主变压器洞 LCU。

(12) 等待并接收来自主变压器洞 LCU 启动同期的指令，投入同期装置进行调节，满足同期要求后发出合发电电动机断路器的命令。

(13) 发电电动机断路器合闸后，发送机组已并网的信息至主变压器洞 LCU，按水泵运行模式投退发电电动机保护。

(14) 等待并接收来自主变压器洞 LCU 关于拖动机组发电电动机断路器已分闸的信息，打开启动隔离开关。

(15) 判断启动隔离开关已打开，结束本流程。

(三) 从“静止过渡”工况至“抽水调相”工况（SFC 启动）

从“静止过渡”状态至“抽水调相”工况（SFC 启动）状态的工况转换流程如下：

(1) 等待并收到自主变压器洞 LCU 发出的与 SFC 建立水泵启动电气连接的指令。

(2) 合换相隔离开关 PRD 使其处于水泵运行方向、合启动隔离开关、按背靠背被拖动模式投退发电电动机保护。

(3) 确认换相隔离开关 PRD 处于水泵运行方向合位和发电运行方向分位、启动隔离开关处于合位后，发送启动隔离开关已合的信息至主变压器洞 LCU。

(4) 等待并收到自主变压器洞 LCU 发出的 SFC 辅助设备已启动、与 SFC 的电气连接已建立的信号后，释放机械刹车、启动转轮室压水程序。

(5) 确认转轮室压水已到位、机械刹车已释放、推力轴承顶起油泵已启动、机组冷却水已投入、主轴密封水已投入后，发送转轮室压水已完成信息至主变压器洞 LCU，设置调速器为抽水调相运行模式。

(6) 收到主变压器洞 LCU 发出的启动励磁系统的指令后，设定励磁系统为 SFC 启动模式。

(7) 确认机组冷却水已投入并收到励磁系统返回的已经设定为 SFC 启动模式的信号后，启动励磁系统。

(8) 励磁系统投入后，发送励磁系统已投入的信息至主变压器洞 LCU。

(9) 当机组转速大于 25%N_e 后，打开蜗壳至尾水循环管阀门。

(10) 当机组转速大于 90%N_e 后，停止推力轴承顶起油泵。

(11) 确认推力轴承顶起油泵已停止，并检测同期装置及回路正常后，发送同期准备好的信息至主变压器洞 LCU。

(12) 等待并接收来自主变压器洞 LCU 启动同期的指令，投入同期装置进行调节，满足同期要求后发出合发电电动机断路器的命令。

(13) 发电电动机断路器合闸后，发送机组已并网的信息至主变压器洞 LCU，按水泵运行模式投退发电电动机保护。

(14) 等待并接收来自主变压器洞 LCU 断开与 SFC 的电气连接指令，打开启动隔离开关。

(15) 确认启动隔离开关已打开，结束本流程。

(四) 转轮室压水程序和回水程序

抽水蓄能机组在“发电”状态至“发电调相”状态的工况转换、“抽水”状态至“抽水调相”状态的工况转换以及“静止过渡”状态至“抽水调相”状态的工况转换时，需进行转轮室压水程序。区别在于当“发电”状态至“发电调相”状态工况转换和“抽水”状态至“抽水调相”状态工况转换时，转轮是在运转的情况下进行压水；而从“静止过渡”状态至“抽水调相”状态工况转换时，转轮是在静止的状态下进行压水。机组的尾水管安装有水位信号传感器，根据尾水管水位信号来判断压水是否完成，转轮室压水完成后，根据尾水管水位信号进行补气程序。

转轮室回水程序分为两种情况：一种是指机组在“发电调相”状态至“发电”状态工况转换和“抽水调相”状态至“抽水”状态工况转换时的回水程序；另一种是指机组从“发电调相”或“抽水调相”直接至机组停机工况时的回水程序。比较特殊的是“抽水调相”状态至“抽水”状态工况转换，转轮室需回水排气造压至一定压力，才能打开导叶抽水。另外，第一种情况下，需打开球阀；第二种情况，需保持球阀关闭。

（五）“抽水调相”状态与“抽水”状态两种工况之间的转换程序

“抽水调相”状态至“抽水”状态的工况转换程序：首先启动转轮室回水程序；确认转轮已处于回水状态、且进水阀正在打开，动作于开导叶、设置调速器处于水泵工况运行模式；当导叶打开且进水阀已全开时，结束本流程。

“抽水”状态至“抽水调相”状态的工况转换程序：首先设置调速器处于抽水调相运行模式，关进水阀和导叶；当导叶已全关、进水阀全关且工作密封已投入后，打开蜗壳至尾水循环管阀门，启动转轮室压水程序；确认蜗壳至尾水循环管阀门已打开且转轮室已处于压水状态，结束本流程。

（六）从“抽水”状态至“发电”状态的紧急转换程序

抽水蓄能机组在调峰的过程中，有时需要进行“抽水”至“发电”工况的紧急转换。在紧急转换过程中，机组不经过停机的阶段直接从抽水方向至发电方向转换，以期快速地向系统输出电能。

从“抽水”状态至“发电”状态的工况转换流程如下：

(1) 设置调速器处于停止水泵运行模式。

(2) 当导叶关闭至20%开度时，跳发电电动机断路器。

(3) 确认发电电动机断路器已跳闸后，停励磁系统，启动推力轴承高压油顶起油泵，打开换相隔离开关PRD。

(4) 当机组转速小于20%N_e且换相隔离开关PRD已分闸时，合换相隔离开关PRD处于发电模式，设置调速器处于启动水轮机运行模式，开启导叶。

(5) 在水力的作用下，当机组从抽水方向旋转转换至发电方向旋转且转速大于90%N_e，确认换相隔离开关PRD处于发电方向合位且水泵方向分位，停推力轴承高压油顶起油泵。

(6) 确认推力轴承高压油顶起油泵已停止，设定励磁系统为发电模式。

(7) 确认励磁系统已切至发电模式后，启动励磁系统。

(8) 当励磁系统已投入、机端电压大于90%、转速等于100%N_e时，转到“旋转备用”工况至“发电”工况的流程。

7.3.5 机组辅助设备控制

大部分的辅机控制设备，如推力轴承高压油顶起装置、轴承外循环冷却油泵、水泵水轮机顶盖排水系统、机组技术供水系统等的控制，均属于机组开停机顺控流程的一部分，因而可通过机组LCU来完成。辅机设备本身自带启动柜，可进行现地手动操作，远方控制时交给机组LCU进行控制，但是对于一些控制较为复杂且其控制不属于机组顺控流程环节的系统，如机组尾水闸门的控制等，一般采用独立的PLC控制系统。

在有些情况下，根据招标设计中的具体情况，如机组冷却水泵的自动控制也可以自成体系采用独立的PLC控制，机组LCU仅发送启动和停止控制信号，具体的冷却水泵自动轮换运行或主、备水泵切换等由冷却水泵控制系统来完成。这样做的优点是既可以减轻机组LCU的负担，又可以使其不过分依赖于机组LCU。

7.4 机组状态监测系统

7.4.1 机组状态监测系统设置的必要性

为提高水轮发电机组的安全经济运行水平，目前越来越多的大、中型水轮发电机组开始装设机组状态监测系统。通过机组状态监测系统，能够及时发现故障早期征兆，同时对故障原因、故障严重程度、故障的发展趋势作出判断，从而可以较早地发现故障隐患，避免破坏性事故发生。

抽水蓄能机组一般为高水头、高转速机组，而且具有双向运行、开停机和工况转换频繁等特点，机组的安全可靠性要求显得尤为突出，大型抽水蓄能机组装设机组状态监测系统是十分必要的。目前国内已建和在建的抽水蓄能机组中，北京十三陵抽水蓄能电站 3 号机组率先实施了机组状态监测系统，其他如浙江桐柏抽水蓄能电站、河南宝泉抽水蓄能电站、山西西龙池抽水蓄能电站等均设置了机组状态监测系统。

7.4.2　机组状态监测系统的结构和功能

机组状态监测系统一般由传感器、数据采集单元、网络设备和后台机系统、监测软件等组成，每台机组配一个数据采集单元（包括数据采集箱、显示器、传感器电源等），全厂共用一套后台机系统。机组状态监测系统宜采用基于分布式的在线监测网络结构。

机组状态监测系统数据采集单元主要用于负责各种信号的采集、存储和预处理，并进行实时监测和分析，数据采集单元柜一般布置于发电机层机旁。

传感器是状态监测的基础，传感器的可靠准确与否，将直接影响到状态监测系统的整体性能。根据不同的测量要求传感器可分为以下几种：

（1）用于测量大轴键相、大轴轴向位移和大轴摆度的涡流传感器。

（2）用于测量机架和顶盖振动的速度传感器。

（3）用于测量定子铁芯和线棒振动的加速度传感器。

（4）用于测量水轮机水力系统的各种压力（脉动）传感器。

（5）另外，还有发电机气隙传感器、发电机局放传感器、发电机磁场强度传感器、水轮机空化传感器等。

需要指出的是，机组状态监测系统所采用的压力传感器应具有比电站计算机监控系统采用的普通压力传感器具有更快的频响速度，能够测出压力脉动信号。

除上述传感器测量信号外，为了使机组状态监测系统获得足够的信息，对机组的稳定性和发电机状态进行全面的分析，机组状态监测系统还需要采集其他信号，如机组有功功率和无功功率、导叶接力器行程、励磁电压和励磁电流、发电电动机出口断路器位置信号、上/下水库水位、定子三相电流电压、机组流量、各轴承温度和油位等。

机组状态监测系统除能够进行实时地监测机组的各种运行状态信息外，最主要的功能是机组状态的分析，通过分析各种原始数据并形成各种图表，并经专家系统软件对机组稳态运行时和过渡工程中的运行状态变化进行深入分析和趋势判断，对机组的状态作出评价，同时对机组的运行维护提供指导和解决方案。

机组状态监测系统的一般具有的功能包括振动摆度监测分析、压力脉动监测分析、发电机气隙监测分析、发电机局部放电监测分析、能量特性监测分析、报警和预警功能、数据管理和事故追忆、机组故障诊断、机组性能评估、机组优化运行等。

7.4.3　机组状态监测系统传感器配置以及其他信号采集实例

机组状态监测系统的传感器测点和数量可根据不同电站的实际需求来进行配置，除传感器以外的其他电量和非电量信号可通过模拟量或与计算机监控系统通信的方式来获得，在设计时应充分予以考虑。表 11-7-1 和表 11-7-2 分别是某大型抽水蓄能电站的机组状态监测系统单台机的传感器测点配置和除传感器以外状态监测系统采集的信号量。

表 11-7-1　　某大型抽水蓄能电站机组状态监测系统单台机组的传感器测点配置

序　号	测 点 名 称	单机数量	传感器类型
1	键相信号	1	涡流传感器
2	上导轴承 X、Y 向摆度	2	涡流传感器
3	下导轴承 X、Y 向摆度	2	涡流传感器
4	水导轴承 X、Y 向摆度	2	涡流传感器
5	大轴轴向位移	1	涡流传感器
6	上机架 X、Y 径向水平振动	2	速度传感器
7	上机架 Z 向垂直振动	1	速度传感器
8	下机架 X、Y 径向水平振动	2	速度传感器
9	下机架 Z 向垂直振动	1	速度传感器
10	顶盖 X、Y 径向水平振动	2	速度传感器
11	顶盖 Z 向垂直振动	1	速度传感器
12	定子铁芯振动	6	加速度传感器
13	定子线棒振动	6	光纤加速度传感器
14	发电机空气间隙	8	平板电容传感器
15	蜗壳进口压力（脉动）	1	压力变送器
16	转轮与顶盖间压力（脉动）	2	压力变送器
17	尾水管进口压力（脉动）	1	压力变送器
18	导叶与转轮进口间压力（脉动）	2	压力变送器
19	转轮与泄流环间压力（脉动）	1	压力变送器
20	尾水管压力脉动	2	压力变送器
21	发电电动机局部放电	6	电容耦合器
22	空化监测	1	超声传感器

表 11-7-2　　某大型抽水蓄能电站机组状态监测系统单台机组采集的其他信号量

序　号	通道名称	测点数量	信号来源
1	有功功率	1	变送器 4～20mA
2	无功功率	1	变送器 4～20mA
3	接力器行程	1	变送器 4～20mA
4	励磁电流	1	变送器 4～20mA
5	励磁电压	1	变送器 4～20mA
6	发电机出口开关	1	开关量
7	上游水位	1	与监控系统通信
8	下游水位	1	与监控系统通信
9	机组流量	1	与监控系统通信
10	定子三相电流	3	与监控系统通信
11	定子三相电压	3	与监控系统通信
12	各轴承瓦温	若干	与监控系统通信
13	各轴承冷却水温	若干	与监控系统通信
14	各轴承润滑油温	若干	与监控系统通信
15	油位信号	若干	与监控系统通信

7.5　公用设备控制

7.5.1　概述

公用设备主要是指气、水系统及闸门等设备，它们的控制系统设计应充分考虑相关设备的特点和控制要求以及在全厂控制系统中的地位等因素，力求接线简单、可靠、便于运行。

7.5.2　高压压气系统的控制特点

由于抽水蓄能电站对高压气的用量较大，因此高压压气系统一般配置多台高压空气压缩机，同时整个电站的高压储气罐数量也较多。

一般情况下，控制高压空气压缩机的压力反馈信号可取自高压平衡储气罐上的压力变送器，但这种方法不能比较准确地反映整个高压储气系统的压力面貌，因为高压储气罐通常包括平衡储气罐、调速器油压装置补气储气罐、进水阀油压装置补气储气罐、每台机组的压水储气罐等，在正常情况下，所有的压力气罐的压力值是相同的，但当某台机组的压水气罐正在给机组压水供气时，该压水气罐此时的压力与平衡气罐以及其他的高压储气罐的压力肯定会有差别。为了更好地反映高压储气罐的实时压力值，可通过配置在各个高压储气罐上的压力变送器经模拟量采样后，再根据各个气罐的容积经加权计算后获得，计算结果反映的是所有压力储气罐的加权值，这样做还有一个好处是避免测量的压力模拟量信号有较大的突变，能更好地为空气压缩机联合控制提供反馈信号。

由于高压空气压缩机容量较大，因此空气压缩机的启动应错开，以避免多台空气压缩机同时启动。以下介绍高压空气压缩机自动轮换运行的一种典型控制方式（假设共有5台高压空气压缩机）：

（1）控制方式切换开关位置共设6挡，挡1表明空气压缩机启动优先顺序为空气压缩机1—空气压缩机2—空气压缩机3—空气压缩机4，空气压缩机5作为备用；挡2表明空气压缩机启动优先顺序为空气压缩机2—空气压缩机3—空气压缩机4—空气压缩机5，空气压缩机1作为备用，依次循环类推。

（2）挡6表明空气压缩机启动优先顺序由空气压缩机控制PLC在软件中自动实现上述轮换。

（3）当控制方式切换开关位置1时的控制逻辑如下：

1）气罐气压1级低报警，启动空气压缩机1。

2）气罐气压2级低报警或气罐气压1级低报警且空气压缩机1故障，启动空气压缩机2。

3）气罐气压3级低报警或气罐气压2级低报警且空气压缩机2故障，启动空气压缩机3。

4）气罐气压4级低报警或气罐气压3级低报警且空气压缩机3故障，启动空气压缩机4。

5）气罐气压4级低报警且空气压缩机4故障，启动备用空气压缩机5。

6）当任何一个气罐压力达到高限设定值后，停止所的空气压缩机。

另外，每个储气罐还配置一个电接点压力表，当任一电接点压力表压力过高报警时，必须强制停止所有压气机，以防由于压力传感器的故障而使得空气压缩机不能停止而发生事故。

7.5.3　全厂渗漏排水系统集水井水位的检测

全厂渗漏排水系统集水井水位的检测通常有浮球式液位控制器、压阻式液位变送器、超声波液位传感器等种类。

浮球式液位控制器结构简单，可靠性高，安装调试方便，缺点是当要求有多个水泵控制阈值时，只能通过增加硬件的方法，且不能反映集水井的实时值；压阻式液位变送器安装调试方便，其模拟量信号经采样后可通过软件任意设定控制阈值，缺点是当变送器感应部位有脏物堵塞时，测量信号容易产生偏差；超声波液位传感器可靠性高，输出模拟量水位信号，缺点是价格较贵，安装调试比较复杂。

考虑到全厂渗漏排水的重要性，通常采用两种不同的方法检测集水井的水位，一种采用浮球式液位控制器，另一种采用压阻式液位变送器或超声波液位传感器，根据需要将其中一个作为控制，另一个作为水位过高报警并启动所有排水泵。

7.5.4 上水库、下水库闸门的控制

抽水蓄能电站上水库、下水库进/出水口闸门一般采用固定卷扬式启闭机，电动机一般选择为绕线式异步电动机，它具有启动转矩大、启动功率因数高的优点。卷扬式启闭机采用 PLC 控制，其电动机的启动控制方法通常有两种，采用变频器控制和传统的使用绕线式电动机串接电阻启动；相比较而言，采用变频器控制闸门运行平稳，定位准确，机械冲击小，但变频器价格较贵；采用电阻串调节是通过切换不同的电阻串来控制电机的启动转矩和速度，不是连续调节，故运行平稳度和控制精度较差，但其造价便宜，控制简单。

闸门分事故闸门和检修闸门，一般情况下，上水库闸门为事故闸门，下水库闸门根据实际情况确定。事故闸门应采用现地启、闭操作和远方自动启、闭操作，并具有急停控制，现地和远方均应有可靠的闸门位置显示。检修闸门一般采用现地控制，不需要远方控制。

闸门的充水平压装置必须安全、可靠、操作灵活，差压信号一般由闸门前后差压测量装置产生，差压信号应能现地显示以便于人工监视，并输出控制接点至闸门现地控制单元；闸门现地控制单元在闸门开启时应能够自动进行充水控制并根据闸门前后平压信号自动将闸门开启至全开位置。

闸门的启闭设备应设置各种闸门位置控制开关，其控制系统和机组的控制系统之间应进行安全闭锁。

第八章 继电保护

继电保护的配置与抽水蓄能电站主接线形式密切相关，本章根据目前国内抽水蓄能电站常用的主接线形式，结合抽水蓄能电站的特点，对抽水蓄能机组继电保护的配置、选型等问题进行了探讨，与常规水电站相同的安全自动装置配置不再赘述。

8.1 抽水蓄能机组特点对继电保护的影响

抽水蓄能机组与常规水电机组主要的区别在于：抽水蓄能机组存在正向、反向两个方向的旋转，机组运行方式多，且工况转换频繁，同时为了实现工况转换，在一次回路上增加了换相开关、水泵工况启动装置（SFC）和启动母线设备等，这些都直接影响了抽水蓄能电站的发电电动机和主变压器的保护配置。

8.1.1 换相对保护的影响

（1）换相开关位置对纵差保护的影响。在我国已建和在建的抽水蓄能电站中，只有十三陵电站采用高压换相方式，其他抽水蓄能电站均采用低压（发电电动机出口）换相方式，下面以低压换相方式论述。

低压换相时，换相开关布置在主变压器的低压侧。这种方式时，发电电动机和主变压器的纵差保护有两种配置方案：① 发电电动机和主变压器纵差保护至少各有一套需要跨过换相开关，将换相开关置于保护范围内，这一纵差保护配置方案均存在换相的问题；② 发电电动机和主变压器纵差保护均不跨过换相开关，但单独设置换相开关纵差保护，此时，虽然发电电动机和主变压器纵差保护不存在换相的问题，但是换相开关的纵差保护依然存在换相的问题。因此抽水蓄能电站宜采用方案①。

为了解决换相对纵差保护的影响，纵差保护可以采取如下方案：

1）由保护装置实现换相。保护装置主要是在保护的软件编程中实现换相，根据表示工况的接点信号，将采集的电流与工况下该电流的相别对应，从而各相的差流与相别对应。但由于不同厂家的微机保护装置在软硬件设计上各有不同，其实现的方法也不一样，目前，在保护装置中换相，主要有以下两种方法：

一是需要换相的相电流，在硬件回路里不进行区分，而只在软件中区分。如发电工况的 A 相电流（对应电动工况的 C 相电流）只接入保护装置的一个模拟量通道（如通道 1，见图 11-8-1），在软件编程中根据不同的工况信号将通道 1 的电流视作相对应的相电流（即在发电工况时，将通道 1 采集的电流视作 A 相电流；在电动工况时，将通道 1 采集的电流视作 C 相电流）。

二是需要换相的相电流，在硬件回路里进行区分。如发电工况的 A 相电流（对应电动工况的 C 相电流）串联接入保护装置的两个模拟量通道（如通道 1、2，见图 11-8-2），在软件编程中根据不同的工况信号分别采集通道 1、2 中的电流（即在发电工况时，将通道 1 采集的电流视作 A 相电流，通道 2 采集的电流不使用；在电动工况时，将通道 2 采集的电流视作 C 相电流，通道 1 采集的电流不使用）。

图 11-8-1　单模拟量通道

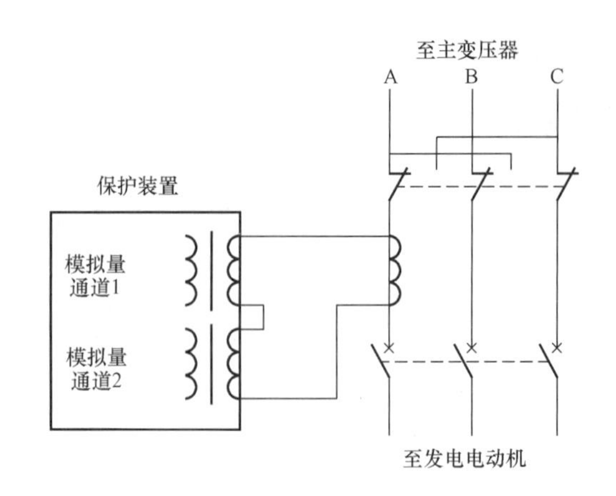

图 11-8-2　双模拟量通道

这两种方法对于软件编程而言并无大的区别，但是硬件回路要求不一样。特别是对于主变压器保护，纵差保护有多侧电流，如主变压器高压侧、主变压器低压侧 SFC 回路、高压厂用变压器回路和换相开关回路，保护装置需要的模拟量通道已较多，若采用方法二，则可能会出现通道不够用的情况，一般来说，建议此时采用方法一。

2）在 TA 回路中实现换相。在换相开关侧装设 5 个 TA，如图 11-8-3 所示，将 TA 并联后直接接入保护的模拟量通道。当换相开关处于发电工况时，并联 TA 中只有发电方向的 TA 有电流流出，电动工况时，并联 TA 中只有电动方向的 TA 有电流流出，这种配置，无论机组在何工况，保护同一模拟量通道的电流始终是同一相的相电流，因此在保护的软件中不需要作换相处理。

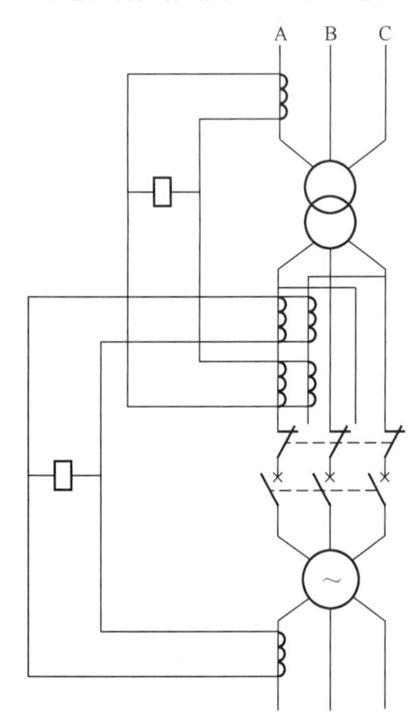

图 11-8-3　TA 回路换相

3）设计选择。对于主变压器保护，换相只对纵差保护有影响。采用方案①时，保护需要引入表示换相开关状态的接点；采用方案②，则无需引入表示换相开关状态的接点，避免了由于接点的不可靠而导致保护不能正确动作，但这种方案需要在换相隔离开关内装设 5 相式 TA。且若主变压器两套纵差保护均采用这种方案，那么在换相开关至断路器间故障时，虽然发电电动机纵差保护可跳开机端断路器，但显然无法切除故障，而主变压器纵差保护则由于故障不在保护区内而无法动作，只能依靠主变压器后备保护切除故障保护，导致主变压器纵差保护与发电电动机纵差保护间存在死区。因此主变压器纵差保护建议采用方案①。

对于发电电动机保护，换相除对纵差保护有影响外，对其他保护也有影响，即采用方案②并不能完全解决换相的问题，且增加了一次设备，因此发电电动机的纵差保护建议采用方案①。

（2）换相对后备保护的影响。主变压器只有纵差保护的 TA 由于要跨过换相开关，从而保护受到影响，其他的后备保护 TA 均取自主变压器的高压侧，不存在换相的问题。

发电电动机保护功能中，除纵差保护外，后备保护中与相序有关的保护均会受到影响。根据保护的类型可分为以下几种：

1）阻抗型保护。当保护采用 0°接线时，不受换相影响；当保护采用 90°接线时，保护必须在工况转换时进行换相的连锁切换，一般为安全考虑，在电压二次回路切换。因此建议采用 0°接线，以避免换相。

2）功率型保护。由于功率型保护一般均为 90°接线，因此该保护必须进行换相的连锁切换。

3）负序元件型保护。包括负序电流元件和负序功率元件，保护均必须进行换相的连锁切换。

（3）建议。

1）综合考虑发电电动机保护、主变压器保护的需求，结合目前保护技术的发展，推荐采用方案①解决换相对发电电动机和主变压器纵差保护的影响。

2）对阻抗型保护，建议采用0°接线，以避免换相。

3）为了解决换相的影响，对于需进行换相连锁切换的保护均配置两套，分别用于发电工况和电动工况，并通过工况状态信号来实现保护在非使用工况下的闭锁。

8.1.2 频率变化对保护的影响

发电电动机的电动工况启动过程是一个频率从0～50Hz变化的过程。不论是拖动机组还是被拖动机组，由于在启动过程中已加有励磁，定子电流的频率和幅值随频率的升高而变化。这是与常规水电机组的不同之处，需要在以下几方面考虑频率变化对保护的影响：

（1）在频率较低的阶段，由于受到TA、TV的性能限制或影响，保护装置可能误动或拒动；因此，对于抽水蓄能机组，应选择低频特性好的TA、TV和保护装置。

（2）应在保护的配置上，对于在低频阶段易误动的保护予以闭锁。

（3）为低频阶段配置相应的保护功能。

8.1.3 运行工况的识别

抽水蓄能机组保护系统可靠性的一个重要条件就是运行工况的识别要可靠。由于运行工况较多，单纯地依靠换相开关辅助触点的位置来识别是不够的，而且也不可靠，通过以下方式可以正确地进行机组运行工况的识别：

（1）换相开关的辅助触点采用三取二的表决方式，以确保准确性。

（2）综合考虑相关运行设备的状态位置，如电制动开关、启动母线隔离开关、发电电动机出口断路器、灭磁开关等。

通过以上开关的状态进行逻辑组合，可以准确的判定机组的大部分运行工况。如保护装置需要更详细的机组运行工况（如调相工况）信息，则还需通过电站计算机监控系统取得表示该工况的触点。

保护装置在引入机组运行状态识别信号时，可以直接将相关开关触点引至保护装置，由保护装置自身进行逻辑判断；也可以要求由计算机监控系统对上述触点进行逻辑组合，提供出机组的运行状态信息给保护装置。前一种方式的开关触点直接来自于现场，与计算机监控系统的关系不大；但由于开关较多，任何一个开关的位置触点出现错误均有可能导致保护的误动或拒动；而且保护装置需要的开入量较多。后一种方式保护取得的机组运行信息是间接的，依赖于计算机监控系统，在进行监控系统与保护装置设计时需更紧密地配合。

上述两种方法都是可行的，可根据工程需要确定。

8.2 主要机电设备继电保护的基本配置

抽水蓄能电站在发电电动机和主变压器间一般都设有断路器，而且由于发电电动机的运行工况较多，发电电动机和主变压器的继电保护系统应分开设置。

本节介绍较常规水电站有差异的发电电动机、主变压器、高压母线及SFC装置的一般保护配置。与常规水电站相同的厂用电部分的保护配置不作描述。

8.2.1　发电电动机继电保护配置

发电电动机的保护配置一般可按如下考虑：

（1）主保护。

1）完全纵差保护。保护可采用带比率制动特性或标积制动特性的差动继电器构成。作为发电机定子绕组内部及其引出线相间故障、定子绕组内部匝间故障和分支断线的主保护。保护在电动工况被启动过程中宜投入使用，因此对保护的低频特性应较好，以防止保护误动；如在现场调试中发现保护误动，则在启动过程中应将该保护闭锁。

2）不完全纵差保护。保护可采用带比率制动特性或标积制动特性的差动继电器构成。作为发电机定子绕组内部及其引出线相间故障、定子绕组内部匝间故障和分支断线的主保护。保护在电动工况被起动过程中宜投入使用，因此对保护的低频特性应较好，以防止保护误动；如在现场调试中发现保护误动，则在启动过程中应将该保护闭锁。由于不完全纵差在中性点侧接入的是部分电流，为解决换相的影响，保护在中性点侧宜接入B相电流。

3）单元件横差保护。保护装设在发电机两个中性点连线上，作为发电机定子绕组内部相间故障、匝间故障和分支断线的主保护。该保护的灵敏度主要取决于发电电动机中性点的不平衡电流；有研究表明，水轮发电机组的中性点流入保护的不平衡电流主要为三次谐波，因此，保护应具有较高的三次谐波滤过比，一般应不小于80。同时，减小中性点保护电流互感器的变比也能提高保护的灵敏度，一般电流互感器的变比可选择为额定电流的1/4～1/3。

4）裂相横差保护。保护可采用带比率制动特性或标积制动特性的差动继电器构成。作为发电机定子绕组内部相间故障、匝间故障和分支断线的主保护。

一套保护系统的主保护可采取“一纵＋一横”的配置，即配置一套纵差保护加一套横差保护，至于具体配置何种保护可综合发电电动机结构（并联分支数）、中性点侧TA的选择及布置等因素来考虑。近年来，清华大学的多回路分析法已在常规大型水电机组的主保护配置中得到了广泛的应用，并取得了良好的效果，因此在抽水蓄能机组的保护配置中可根据需要采用该方法来确定主保护的配置。

（2）常规的后备保护。

1）95％定子绕组接地保护。保护可采用检测机端基波零序电压的电压继电器构成，并具有较大的三次谐波滤过比。由于在电动工况启动过程中，频率是个渐变的过程，导致电压在低频率时三次谐波值可能和基波零序电压相近，可能会导致保护误动，因此现场调试时若保护定值无法躲开三次谐波的干扰，应在启动过程中闭锁该保护。

2）100％定子绕组接地保护。保护可采用三次谐波电压型接地保护或外加非工频交流电源接地保护。目前抽水蓄能机组中广泛采用的是外加非工频交流电源接地保护，该保护不受运行工况影响，即使在停机状态也有效，这对于停机时间较多的抽水蓄能电站极为有利。目前非工频交流电源可采用12.5Hz交流电源或20Hz交流电源，可由保护厂家根据其经验自行决定采用何种电源。

3）带电流记忆的低电压过电流保护。作为发电电动机及其相邻元件的后备保护。

4）低阻抗保护。作为发电电动机及其相邻元件的后备保护。保护应采用0°接线，以消除不同工况下换相的影响。

5）负序过电流保护。作为发电电动机转子表面过热保护，并作为发电电动机不对称短路后备保护。由于负序电流受到换相的影响，因此可将发电工况和电动工况分开设置负序电流保护。转子承受负序电流的能力以$I_2^2t\leqslant A$为判据，其中A为发电机负序转子发热的允许常数，由于抽水蓄能机组多为空冷水轮发电电动机$A=40$，在原先的设计中，一般都采用了定时限＋反时限的保护配置，实际上由于A值较大，没有必要采用较复杂的反时限过电流保护，只需设置定时限负序过电流保护即可。

6）过电压保护。

7）定子绕组过负荷。保护有定时限和反时限两部分组成，保护的电流元件可以接在不需换相的一相上，一般为B相。

8）失磁保护。保护装置由阻抗或导纳、励磁电压和母线低电压等启动元件和闭锁元件组成，失磁故障的主要判断依据可由阻抗元件、导纳元件或励磁低电压元件构成，母线低电压元件监视母线电压作为辅助判断依据。其中阻抗或导纳元件可按静稳边界或异步边界整定。同时，励磁低电压元件还可作为闭锁，防止在外部短路、系统振荡以及电压回路断线等情况下防止保护装置误动。保护应采用0°接线，以消除不同工况下换相对保护的影响。

9）失步保护。保护可采用多阻抗元件构成，保护应采用0°接线，以消除不同工况下换相对保护的影响。

10）过激磁保护。保护由U/f继电器构成。

11）转子一点接地保护。保护应通过监视转子的绝缘水平，来检测转子一点接地故障。保护可采用外加非工频交流电源接地保护，该保护不受发电电动机运行工况的影响。非工频电源可与100%定子接地保护共用一个电源，也可采用不同的电源。

12）轴电流保护。保护应采用套于大轴上的专用电流互感器作为测量元件，保护的配置与发电电动机的结构有关，应根据具体工程特点来设置电流互感器的位置及保护的配置。

13）断路器失灵保护。为防止保护动作而开关拒动造成机组损伤，机组应装设断路器失灵保护。

（3）抽水蓄能机组特殊的保护。

1）次同步过电流保护。目前厂商大都能保证频率高于10Hz左右时，所有的保护都正确动作。在未达到此频率以前，在机组作为拖动机组或被拖动机组时，采用设置一个低频特性更佳的次同步过电流保护来保证机组的安全。

2）逆功率保护。由于抽水蓄能机组特有的S形特性区，在机组发电工况并入电网后，若运行在S区，容易进入反水泵工况，造成机组从电网吸收有功，因此，需设置该保护，并在电动工况和调相工况时闭锁。

3）低功率保护。在电动工况时，若机组突然失电，压力钢管的水会反向迫使机组由电动方向向发电方向运转，造成机组损伤，因此，需设置该保护，并在发电工况时闭锁。

4）低频保护。保护作为机组调相和电动工况下突然失去电源的保护，保护应在机组并网后才能投入。

5）电压相序保护。为了防止换相隔离开关监视机组转向的正确性，应装设该保护，包括发电工况电压相序检测元件和电动工况电压相序检测元件，当发电电动机组启动频率升至90%的额定频率后按运行工况投入相应的检测元件进行检查，如不符合要求时，保护动作闭锁启动回路并发信号，当机组并入电网后，保护装置即切除。

8.2.2 主变压器继电保护配置

（1）主保护。纵差保护作为主变压器内部及引出线短路故障的主保护。保护装置采用具有躲避励磁涌流和外部短路时所产生的不平衡电流的能力，过励磁时应闭锁；当内部短路电流特别大时，应解除制动，瞬时动作。

对于保护范围包括起动母线的差动保护，由于在作拖动机组时，机组启动电流（机组额定电流的5%～10%）的存在，可能会导致主变压器保护误动作。可采取三种方法：① 适当提高保护整定值以躲过机组的启动电流；② 在背靠背启动时将该保护闭锁；③ 在背靠背启动时将该用换相开关和启动母线隔离开关的辅助接点将该分支回路闭锁。

(2) 后备保护。抽水蓄能电站多采用发电电动机—变压器组单元接线，在发电工况时，主变压器的近后备保护可由能够反应外部短路故障的发电机的后备保护承担，在主变压器低压侧不需装设其他后备保护，在电动工况启动过程中以及主变压器倒送电运行，则需要配置主变压器及低压侧外部短路故障的后备保护。

1）过电流保护。作为主变压器及其低压侧连接设备的后备保护。在发电电动机机出口断路器投入时退出，发电机电动机出口断路器退出时投入。

2）复压方向过电流保护。作为主变压器及其低压侧连接设备的后备保护。该保护的 TA 取自主变压器高压侧，TV 取自主变压器低压侧，方向从主变压器高压侧指向主变压器，由于该保护具有方向性，可以在任何时候都投入运行，但是为了避免保护在发电电动机内部短路时误动，其保护的时限应与发电电动机后备保护时限相配合。

3）零序电流保护。作为主变压器高压侧及高压线路单相接地故障的后备保护。

4）过激磁保护。采用两段式定时限 U/f 继电器构成，作为主变压器因铁芯饱和引起过热的保护，保护装置的设定应与变压器的磁通特性相配合。

5）主变压器低压侧单相接地保护。保护电压取自主变压器低压侧 TV 开口三角。

6）励磁变压器过电流保护。抽水蓄能电站的励磁变压器一般直接接在主变压器低压侧，并将其纳入主变压器差动保护范围内；因此励磁变压器不需要配置单独的主保护，只需要配置后备过电流保护，该保护一般与主变压器保护布置在同一面屏上。

7）主变压器本体保护。包括主变压器瓦斯保护、压力释放保护、温度保护、油位保护和冷却器保护等。

8.2.3　高压母线保护

抽水蓄能电站多采用地下厂房，地面开关站的方式。高压母线保护应包含地下厂房高压设备（一般为 GIS)、高压电缆短线、地面开关站设备。

近年来，各大保护厂家分别推出了分布式的母线保护，这种保护的优点在于将信号采集单元和出口动作单元分散布置，并将各分布单元与中央单元通过光纤连接，这样避免了长电缆的使用，提高了保护的可靠性。因此，今后抽水蓄能电站的母线保护应尽量采用这种分布式的光纤母线保护。

8.3　保护装置选型及保护跳闸方式选择

8.3.1　保护装置选型

目前应用在抽水蓄能电站发电电动机和主变压器的保护装置主要有以下三种类型：

(1) 由多个保护装置组合构成完整的保护系统。即一套完整的保护系统由多个独立的保护装置组成，每个保护装置完成一些保护功能。这种配置方式下，每个保护装置由于只完成一些特定的保护功能，可以减少单个保护装置的负荷，而且可以将主保护与后备保护分开设置，也可以将发电工况的保护与电动工况的保护分开设置，提高了保护的可靠性。但这种配置方式，需要引入的工况接点较多，如果接点不可靠容易引起误动，且保护跳闸出口回路需要配置硬件跳闸矩阵，接线较复杂。

(2) 由多个保护模块构成保护系统。该保护系统一般由几个具有特定保护功能的保护模块、模拟量输入模块、开关量输入/输出模块等组成，各模块通过总线相连。这种配置同样具有第 1 种类型的优点，同时由于输入接点由公用的输入模块负责，减少了外界因素导致的保护误动，保护跳闸出口回路既可配置硬件跳闸矩阵，也可在保护装置内配置软件跳闸矩阵。

(3) 单个保护系统。该保护系统与第2种类型较类似，不同的是所有的保护功能都集中在一个保护模块中，保护功能可根据工程的实际需要增减。配置方式相对比较简单，但由于所有保护均在一个模块中，为满足抽水蓄能机组工况较多、保护配置复杂的特点，对保护模块的CPU要求较高。由于主、后备保护均在同一模块中，为提高保护的可靠性，可要求对保护模块进行冗余配置。

通过对上述各保护装置的特点分析可以发现，抽水蓄能机组的保护装置宜优先采用第2种类型。但由于保护装置的形式没有统一的标准，在实际工程中，设计无法要求厂家一定按照第2种类型配置，但在保护厂家的产品可提供不同方案时，应尽量采用第2种或第3种类型的保护装置。

8.3.2 保护跳闸方式

大中型抽水蓄能机组电站的发电电动机、主变压器、高压母线、高压线路保护均按双重化配置，而发电电动机出口断路器、开关站各高压断路器均为双跳闸线圈配置；针对这种配置方式，电力系统调度部门对保护的跳闸方式均作有明确的规定，但是各个区域电力系统调度部门的规定不完全一致，因此，具体的工程应参照工程所在地电力系统调度部门的规定进行设计。一般来说保护跳闸方式有如下两种：

(1) 每组保护各动作于一个跳闸绕组；

(2) 每组保护均同时动作于两个跳闸绕组。

抽水蓄能电站多采用地下厂房、地面开关站的方式，两者相距较远，有些甚至接近1km。这么远的距离若保护动作直接采用长电缆直接跳闸，其可靠性较低；采用光缆进行信号传递，可解决电缆的抗干扰问题。

利用光缆作为传输介质，有以下两个方法：

(1) 利用分布式光纤母线保护的通道，可以将发电电动机保护、主变压器保护的跳闸接点作为开入量，接入母线保护地下厂房现地单元，并经保护的光纤通道传输到开关站侧现地单元，由该单元开出引至开关站相应开关的跳闸回路。由于保护各现地单元间没有联系，需要通过中央单元来转发信号，且现地单元与中央单元间传递的保护数据量较大，保护会优先保证本装置保护数据的传输，可能影响跳闸信号传输的时间，不能保证保护动作速动性的要求。

(2) 设置独立的远方跳闸装置。远方跳闸装置已经在高压线路保护中得到了广泛的采用，国际上和国内均有成熟的产品。抽水蓄能电站的地下厂房与地面开关站间也可看作是一条短的线路，因此可借鉴高压线路保护的这种配置，在地下厂房侧与地面开关站侧分别配置远方跳闸装置，两者之间通过光缆连接。这种装置只用作跳闸信号的传输，减少了外界因素的干扰，既能保证保护动作的速动性，又可提高可靠性。抽水蓄能电站宜采用这种配置方式。为了与保护的双重化相适应，远方跳闸装置应双重化配置。

8.4 电流互感器（TA）和电压互感器（TV）配置及选择

8.4.1 频率对TA、TV性能的影响

在背靠背启动过程中作为拖动机组的保护装置，以及在电动工况（无论是SFC或背靠背）启动过程中的机组保护装置需要投入运行，因此要求用于机组保护的TA、TV应具有良好的频率特性。

TV的频率特性极好，在低频时不存在问题。

TA在频率很低时，由于励磁阻抗减小，励磁电流增大，导致铁芯易饱和，造成TA二次电流误差较多。在早期的工程中由于生产厂家不能确定TA的频率特性，通常会在启动过程中闭锁部分保护。

近年来，通过与生产厂家交流，厂家大都能保证TA的频率特性，表11-8-1为某工程生产厂家提

供的TA、TV精度、容量和频率的关系。

表 11-8-1　　TA、TV精度、容量和频率的关系

互感器 \ 容量（VA） \ 频率（Hz）	50	40	30	20	10	5
TA1（5P20）	30	24	18	12	6	3
TA2（0.5FS5）	30	25	15	10	5	2.5
TV1（3P）	50	40	30	20	10	5
TV2（6P）	50	40	30	20	10	5
TV3（0.5）	50	40	30	20	10	5

8.4.2　配置中应注意事项

在选择TA、TV参数时，需考虑低频对其性能参数的影响，以额定频率作为计算依据，以低频参数作为复核条件。此外，还需在以下几方面加以注意：

（1）发电电动机和主变压器差动保护用TA布置位置的选择。由于抽水蓄能机组运行工况多，变化频繁，造成了保护的投、切随运行工况的变化而非常频繁，因此需特别注意合理选择TA的布置位置，适当保证发电电动机和主变压器差动保护的重叠范围，同时有能确保机组或主变压器在任何情况下都有一组差动保护不退出运行。

（2）厂用电和SFC回路的TA配置。按照现有的抽水蓄能电站设计，厂用电和SFC回路都分别设有电抗器，在经过电抗器后，回路的短路电流很小（一般在20kA左右），因此用于主变压器差动保护回路的TA变比可以不与主回路一致；如按照300MW、18kV电压的抽水蓄能机组，一般SFC的容量为20MW左右，厂用变压器的容量为6.3MW，据此，厂用电和SFC回路的TA变比选择1000/1A即可。但需注意的是，如主变压器差动保护用TA是TPY型的，则在厂用电和SFC回路用于主变压器差动保护的TA也应该是TPY型，不能是5P型。

（3）TA的选型。按照以往工程的经验，对于发电电动机保护回路的TA，建议30万MW及以下的机组保护选用5P型，更大容量的机组差动保护选用TPY型，后备保护选用5P型；高压侧为500kV电压等级的变压器差动保护选用TPY型，后备保护选用5P型；高压侧为220kV电压等级的变压器差动保护和后备保护TA均选用5P型。当主变压器差动保护选用TPY型TA时，主变压器各侧TA均应采用TPY型。

（4）高压母线侧TA选型。由于电磁式TV存在电磁谐振问题，而目前电容式TV以往存在的质量不稳定、二次绕组容量不够等方面的问题都已经解决；因此对于高压侧为敞开式设备，建议出线回路TV和母线TV都可以选用电容式TV。

对于高侧是GIS设备的，则母线TV只能选用电磁型TV，出线则两种都可选用。在高压侧部分设备为GIS（母线及断路器）、部分是敞开式设备（出线TV等）时，应注意两者TV变比的一致性；因为GIS设备的额定电压即最高电压（分别为550kV和242kV）。一般不论是GIS设备或敞开式设备，TV的变比都可以按$500(220)/\sqrt{3}/100/\sqrt{3}$kV选择。

8.5　典型配置

某300MW抽水蓄能电站发电电动机和主变压器的继电保护典型配置及电流互感器和电压互感器典型配置如图11-8-4所示。

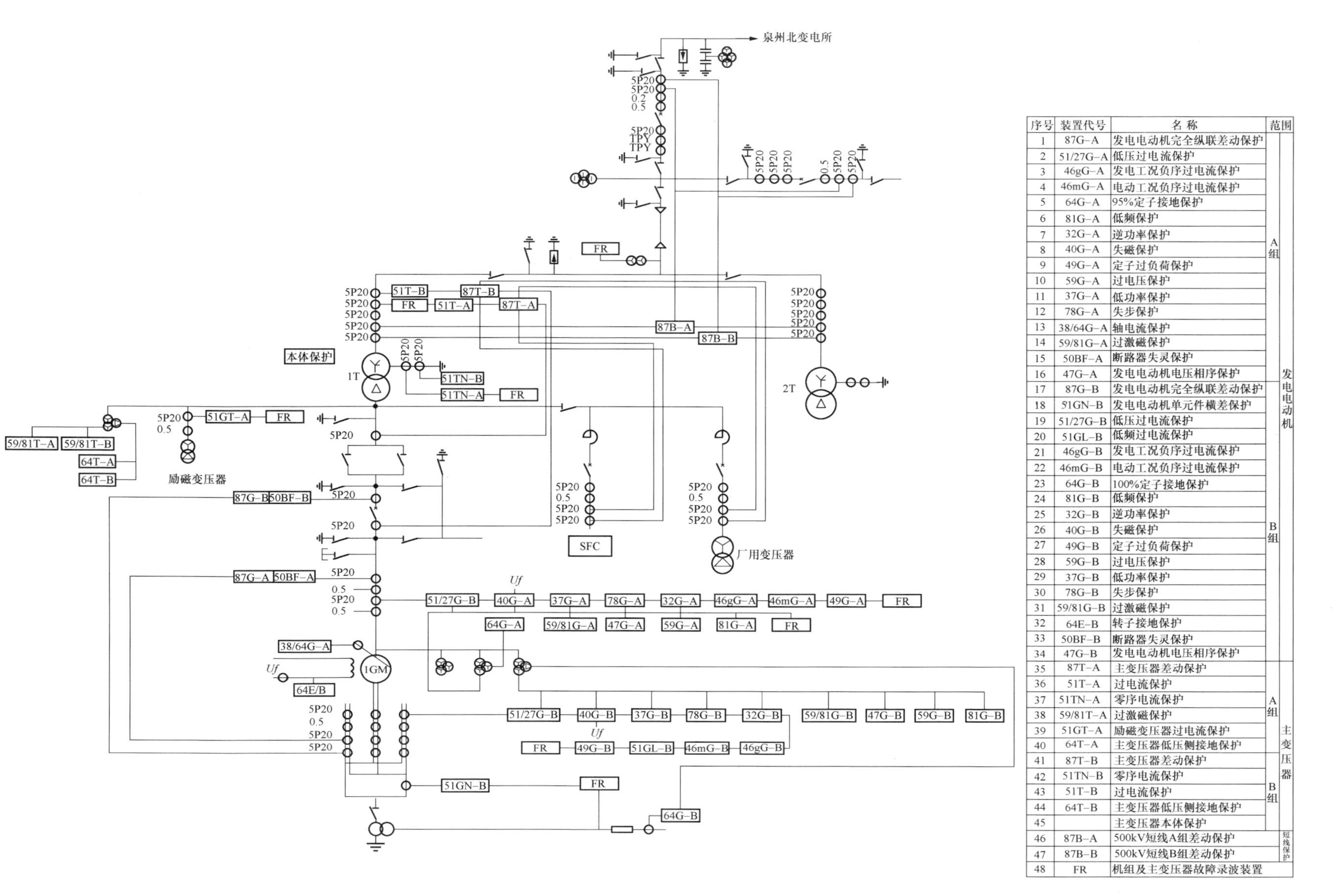

序号	装置代号	名称	范围	
1	87G-A	发电电动机完全纵联差动保护	A组	发电电动机
2	51/27G-A	低压过电流保护		
3	46gG-A	发电工况负序过电流保护		
4	46mG-A	电动工况负序过电流保护		
5	64G-A	95%定子接地保护		
6	81G-A	低频保护		
7	32G-A	逆功率保护		
8	40G-A	失磁保护		
9	49G-A	定子过负荷保护		
10	59G-A	过电压保护		
11	37G-A	低功率保护		
12	78G-A	失步保护		
13	38/64G-A	轴电流保护		
14	59/81G-A	过激磁保护		
15	50BF-A	断路器失灵保护		
16	47G-A	发电电动机电压相序保护		
17	87G-B	发电电动机完全纵联差动保护	B组	
18	51GN-B	发电电动机单元件横差保护		
19	51/27G-B	低压过电流保护		
20	51GL-B	低频过电流保护		
21	46gG-B	发电工况负序过电流保护		
22	46mG-B	电动工况负序过电流保护		
23	64G-B	100%定子接地保护		
24	81G-B	低频保护		
25	32G-B	逆功率保护		
26	40G-B	失磁保护		
27	49G-B	定子过负荷保护		
28	59G-B	过电压保护		
29	37G-B	低功率保护		
30	78G-B	失步保护		
31	59/81G-B	过激磁保护		
32	64E-B	转子接地保护		
33	50BF-B	断路器失灵保护		
34	47G-B	发电电动机电压相序保护		
35	87T-A	主变压器差动保护	A组	主变压器
36	51T-A	过电流保护		
37	51TN-A	零序电流保护		
38	59/81T-A	过激磁保护		
39	51GT-A	励磁变压器过电流保护		
40	64T-A	主变压器低压侧接地保护		
41	87T-B	主变压器差动保护	B组	
42	51TN-B	零序电流保护		
43	51T-B	过电流保护		
44	64T-B	主变压器低压侧接地保护		
45		主变压器本体保护		
46	87B-A	500kV短线A组差动保护	短线保护	
47	87B-B	500kV短线B组差动保护		
48	FR	机组及主变压器故障录波装置		

图 11-8-4 某 300MW 抽水蓄能电站发电电动机和主变压器的继电保护典型配置及电流互感器和电压互感器典型配置图

第九章 直流电源、通信和工业电视系统

由于抽水蓄能电站枢纽范围大，建筑物分布范围较广，既有地面建筑，又有地下厂房洞群，对电气二次公用设备系统设计提出了新的要求，本章结合抽水蓄能电站的特点，对抽水蓄能电站电气二次公用设备系统设计进行探讨。

9.1 直流电源系统

9.1.1 概述

直流电源系统是抽水蓄能电站的一个重要系统，它主要作为控制系统、继电保护系统、信号系统、断路器、直流电动机的工作电源和控制电源，还兼做电站事故照明电源。

由于抽水蓄能电站各生产场所相对比较分散，直流电源系统必须根据设备的布置情况，负荷类型和大小，因地制宜的设置。

9.1.2 直流电源系统设置地点

（一）直流负荷主要分布

抽水蓄能电站需要直流电源的场所主要如下：

（1）地下厂房主机洞（含母线洞）。主要负荷是机组及其辅助设备、发电电动机电压回路设备。

（2）地下厂房主机洞副厂房。主要负荷是电站主机洞公用系统设备。

（3）地下厂房主变压器洞（含主变压器洞副厂房）。主要负荷是主变压器、地下 GIS、SFC 和主变压器洞公用系统设备。

（4）地面开关站。主要负荷是地面 GIS、线路保护、电力系统设备。

（5）上水库。主要负荷是上水库闸门控制系统、上水库水力测量系统、上水库监控系统设备。

（6）下水库。主要负荷是下水库闸门控制系统、下水库水力测量系统、下水库监控系统设备。

（7）中控楼。主要是电站监控系统设备。

（二）直流电源主要设置原则

由于每个工程的枢纽布置不同，上述各场所的位置及相对距离也不同，而且各场所的负荷性质和大小也根据各个工程的特点有所不同，因此直流电源系统都应该结合自身的工程特点来设置。直流电源的主要设置原则为：

（1）在负荷较大的区域分别设置直流电源系统。

（2）负荷较小的区域，根据负荷的大小及该区域距大负荷区域的相对距离，来选择单独设置直流系统或作为大负荷区域直流系统的一部分（分系统）。

（3）对于负荷非常小的区域可不设置直流系统，而是设置 UPS 和电源模块。

相对距离的远近主要是由距离，以及根据距离、负荷大小和规程规范上允许的电压降计算得出的电缆截面的大小来判断，计算公式为

$$S=\frac{\rho\times 2LI_{ca}}{\Delta U_{p}}$$

式中 S——电缆的计算截面，mm^2；

I_{ca}——负荷较小区域的计算电流，A；

ρ——电阻率，一般直流电缆为铜芯电缆，其电阻率为 $0.0184\Omega\cdot mm^2/m$；

L——电缆长度（两区域间距离）；

ΔU_p——允许电压降，一般为 0.5%～1%的额定电压。

由此可见，距离越长，电缆截面越大，负荷越大，电缆截面也越大。大截面电缆会给电缆敷设和安装增加难度。根据天荒坪、桐柏、泰安等工程的经验，建议在距离不大于 400m，且计算得到的电缆截面不大于 $300mm^2$ 的情况下，可考虑在负荷较小区域设置直流分系统，否则宜分别设置各自独立的直流电源系统。

（三）直流电源一般配置方式

抽水蓄能电站的主要负荷主要集中在地下厂房和地面开关站，其他区域的负荷通常较小，地下厂房和地面开关站应分别设置单独的直流电源系统。上水库由于其闸门是事故闸门，电站计算机监控系统设有现地控制单元或控制模块，水力监视测量系统也需直流电源，该区域宜单独设置直流电源系统。下水库区域若闸门为事故闸门，也宜按上水库直流电源的设置原则设置，但还需考虑下水库启闭机楼的位置，由于所需容量不大，如离地面开关站较近，可由地面开关站直流电源系统供电。

地下厂房直流电源系统由于包括了整个地下厂房的直流负荷，根据直流负荷的性质和布置位置，一般需在主变压器洞副厂房、每台机组和主机洞副厂房分别设置分配电柜。

近几年，大型水电站直流系统的设计中，有些电站已将机组的直流电源从全厂公用直流系统中分离出来，单独设置直流系统。这种设置通常是 2～3 台机组的负荷共设置一套直流系统，在相关机组之间的某个合适位置设置直流系统的蓄电池柜（架）、充电柜和主配电柜，并在每台机组机旁设置机组分配电柜；这样的设置虽增加了电源系统的套数，但同时减少了相应的设备的容量，且减少了馈线回路多带来的不明干扰，有利于查找故障点，提高了运行的安全性。

这种直流电源系统的设置方式目前并不适合于抽水蓄能电站，因为：①在一个地下厂房内，机组数量一般为 4～6 台，而且是高水头机组，机组段的厂房尺寸相对较小，通过上述在某些地点设置分配电柜的方式，已能很好地解决上面提到的问题；②抽水蓄能电站多采用的是地下厂房结构，下游侧没有副厂房，主机洞各层、母线洞和主变压器洞设备布置都较紧凑，很难有适合分散布置直流系统的空间。

9.1.3 直流电源系统电压等级确定

抽水蓄能电站设备的直流电源主要有 DC220V、DC110V、DC48V 和 DC24V4 种电压等级。

抽水蓄能电站地下厂房直流系统由于负荷较大，一般均采用 220V 直流系统。开关站区域的直流系统由于负荷不大，可以选用 220V 或 110V 直流系统；但为了方便电站管理，减少设备种类，直流系统电压等级宜和地下厂房一致。上水库和下水库区域由于负荷很小，如需设置直流系统时，DC220V、DC110V、DC48V 均可采用，可经过技术经济比较来选定最终电压等级；但是对于闸门是事故闸门，且在紧急情况下需要关门的电站，宜采用 220V 直流系统，因为上水库一般离地下厂房较远，当设有硬布线紧急关闸门回路时，采用高等级的直流系统有利于减少压降，提高可靠性。

电站一般均不设置独立的24V直流系统，设备需要的24V直流电源，一般由相关系统配置的开关电源模块供电。

9.2 通信系统

电站厂内通信系统包括厂内生产调度通信、厂内生产管理通信、综合通信网络和厂内其他信息传输通信。由于抽水蓄能电站的厂内生产调度通信、厂内生产管理通信设计与常规电站相同，本节不再赘述。本节根据目前国内抽水蓄能电站枢纽布置特点，结合各系统信息通信需求，对适合抽水蓄能电站的综合通信网络系统方案进行探讨总结。

9.2.1 综合通信网络产生的背景

随着抽水蓄能电站自动化水平的日益提高，数字化技术的运用日益广泛，如数字化的控制与保护、数字化的图像监视和数字化的语音传输。具体到抽水蓄能电站的实际应用领域，一般可分为计算机监控系统、火灾报警和消防控制系统、通风空调监控系统、企业管理信息系统（MIS）、水情自动测报系统、电站安全监测系统、工业电视系统、视频会议系统、门禁系统、生产调度通信系统、生产管理通信系统、消防电话和广播系统等。

以前，由于受技术条件和设计观念的限制，这些系统在大多数抽水蓄能电站中，基本上是先各自独立组网，然后系统间再根据需要进行计算机通信，这种做法不免造成网络构建的重复。如果能采用新技术，在设计阶段就考虑搭建一种通信网络，尽量将上述系统在网络层进行整合，那么将较大程度地简化整个抽水蓄能电站的网络布线，既简化设计，减少网络节点，减少故障点，减轻施工和维护工作量，也节省了投资。目前，随着通信技术的迅猛发展，集数据、图像和语音传输为一体的通信设备在研发和实际运用上日益成熟和广泛，为抽水蓄能电站的数据、图像和语音实现同网传输创造了条件。

9.2.2 综合通信网络的覆盖范围

综合通信网络的任务是实现抽水蓄能电站“无人值班”（少人值守）的设计标准，提高经济效益，在电站中控室通信中心站和厂区各主要生产区域之间搭建一个进行信息传输、信息共享的宽带网络，并为实现电站远程监控提供基础平台。系统建成后，利用先进的综合通信网络，能够及时、准确、可靠地收集传输电站所需各类信息。

从技术上讲，综合通信网络可以传输数据、图像和语音信息，它可以覆盖抽水蓄能电站的所有智能化弱电系统。抽水蓄能电站一般除计算机监控系统、火灾报警和消防控制系统、消防广播系统外，其他系统的信息传输可全部纳入综合通信网络范畴。

目前计算机监控系统的传输未纳入综合通信网络，主要考虑到：计算机监控系统数据传输的实时性、可用率和可靠性要求极高；计算机监控系统一般由主设备制造商配套或监控系统厂商单独供货，系统性能整体考核便于责任的界定，与电站的调度运行直接相关，通信链接需要得到调度部门的许可。综合通信网络可以作为计算机监控系统的数据传输备用通道。对于条件成熟的工程，电站综合通信网络的光缆路由可考虑计算机监控系统的组网要求，提供独立的光缆纤芯供计算机监控系统使用，充分合理地利用光缆线路资源。对于设立远控或集控中心的电站，电站综合通信网络设备能为计算机监控系统提供符合要求的通信通道。

火灾报警和消防控制系统、消防广播系统的信息传输未纳入综合通信网络，主要考虑到消防系统通常作为一个独立系统由消防主管部门审查、验收。在与当地消防主管部门协商并征得其同意后，消防电话系统可包含在电站生产调度通信系统中，不作为独立的系统考虑。综合通信网络可以作为火灾报警和控制系统的数据传输备用通道。

9.2.3　综合通信网络形式选择

随着计算机和通信网络技术的发展，交换式以太网、交换式快速以太网、千兆位以太网、光同步数字传送网组网（SDH/SONET）、异步传输模式（ATM）、开放传输网（OTN）等网络技术相继出现。以太网、快速以太网和千兆位以太网在数据交换上占有巨大优势，但对于语音等多媒体信息不能方便地接入和传输。而ATM网、SDH/SONET网、OTN网均能满足数据、图像和语音信号同网传输的要求。

（1）异步传输模式组网。异步传输模式（ATM）是在ITU-T宽带综合业务数字网（BISDN）标准基础上发展起来的，其优势最早体现在构造骨干网上，是一种在公共和专用网络中传输语音、图像和数据的快速传输技术，它可以提供从Mbit/s级到Gbit/s级的可变带宽。ATM网络的建设和使用成本较高，且其使用信元封装的方式使得在传输数据信息时带宽利用率不高。

为了满足水电站通信综合网络对各种信息的传输要求，需要配置外围信号转换接口设备，以满足ATM交换机所提供标准接口的要求，从而使组网复杂，且新增接口不灵活，所以电站一般不采用ATM交换机组网。

（2）光同步数字传送网。有源光网络按设备体制来分，可分为准同步体系（PDH）和同步数字体系（SDH/SONET）两大类。SDH/SONET由一些网元组成，有统一的网络节点接口和标准化的信息结构等级，具有强大的网络管理功能，容错性能较佳。

SDH设备配置灵活，具有分级式控制、管理、集中监控等特点。采用SDH设备组成通信综合网络时，将两条不同路由的通信光缆接入SDH设备，形成SDH自愈环网，主备通道组成环形的通信综合网络，大大提高了网络抵御灾害的能力，具有很好的开放性和可扩展性。该网络形式广泛应用于电力、交通、电信等领域，能方便地实现网络互连，是电站优先选择的通信综合网络形式。

（3）开放传输网。开放传输网设备对工业电视等模拟视频的传输无需经过外围设备进行转换处理，视频信号接口的使用比较灵活，能通过网管对每路信号的带宽进行设置，满足静止和运动图像不同的带宽需求。开放传输网缺少与SDH类似的高度标准化的技术体制，在接入SDH网络时，需通过SDH网络板卡相连。

开放传输网设备利用光缆连接成环形，主备通道自动切换，是接入网络和传输网络的结合，凭借较少的硬件即提供了灵活的接入和可靠的传输，在对图像传输质量要求较高的情况下，是电站优先选择的通信综合网络形式。

9.3　工业电视系统

工业电视系统对电站运行设备进行安全监视和定期巡察，以获取电站关键设备的运行状态，便于发现异常状态和事故隐患，提高电站设备的运行质量和可靠性。本节着重结合目前国内抽水蓄能电站枢纽布置特点，对适合抽水蓄能电站的工业电视系统方案进行探讨总结，对于与常规水电站相同的工业电视系统功能、设备技术指标等，不再赘述。

9.3.1　系统组成

抽水蓄能电站工业电视系统主要由主控站、转换站、摄像机以及连接它们的光缆和电缆组成。

主控站主要由工业电视工作站、网络硬盘录像机、主控矩阵切换控制器、视频数据光端机、快速以太网交换机和不间断电源等设备组成。转换站是在电站各摄像机相对集中处设立的信号转接设备，由网络硬盘录像机、分控矩阵切换控制器、视频数据光端机、快速以太网交换机和不间断电源等设备组成。根据电站厂房布置和摄像机分布情况，在电站的地下厂房、开关站继保楼、上水库、下水库、厂外绝缘油罐室等处设立工业电视信号转换站。

9.3.2　摄像机类型选择

要根据不同的使用环境选择合适类型的摄像机，这样才能获取较高的图像质量，达到理想的监视效果。对于环境照度较低的场所，选择黑白CCD摄像机，因为黑白CCD图像传感器对最低照度的要求较低，在照度较低的环境下，黑白CCD摄像机的图像质量更清晰；对于需要监视信号颜色变化的场所，选择彩色CCD摄像机，能获得更多的图像信息；对于安装在室外，环境照度变化较大的场所，可以选择彩色黑白自转换摄像机，白天采取彩色模式，夜晚采取黑白模式；对于需要监视设备发热情况时，可以选择红外热像仪，作为电气设备接点过热红外预警使用，能实时测温、实时传送红外图片及红外数据以供分析，并通过与可见光摄像机的图像比较，加强对现场目标的监控；对于监视目标较为单一固定的场所，可以选择自动光圈手动变焦镜头，兼顾了降低造价和日后调整的便利性；对于监视范围较大、目标较多的场所，可以选择自动光圈电动变焦镜头，还可配带预置功能的云台。

9.3.3　网络结构和信号传输

对于中控楼主控站和地下厂房、开关站继保楼、上水库转换站，可利用快速以太网交换机，以自带光纤接口和光缆，或利用电站综合通信网络光纤通信设备提供的10/100M自适应以太网接口组成电站工业电视系统网。对于厂外绝缘油罐室、下水库等摄像机数量较少、距离较远的区域，宜利用视频数据光端机和光缆接入就近的某个转换站，再传输至主控站。主控站、转换站与管辖范围内的各前端摄像机间可采用电缆传输视频信号和控制信号。

若中控室设有多个工业电视监视器的监视器墙，为具有较高的图像质量，可利用视频数据光端机和综合通信网光缆中的独立纤芯选择数路图像由各转换站传输至主控站显示。

主控站区域摄像机视频信号接入主控矩阵切换控制器和网络硬盘录像机，主控矩阵切换控制器输出视频信号至监视器墙。网络硬盘录像机将图像数字化后通过快速以太网交换机接入工业电视网络。主控矩阵切换控制器能实现对各分控矩阵切换控制器的联网控制，并能与工业电视工作站联合控制前端摄像机。

各转换站前端摄像机的信号接入各自的分控矩阵切换控制器和网络硬盘录像机，分控矩阵切换控制器输出几路重点监视区域的视频信号，通过视频数据光端机和专用光缆纤芯接入主控矩阵切换控制器，用于图像在监视器墙上的显示以及主控矩阵切换控制器和分控矩阵切换控制器的联网。网络硬盘录像机将图像数字化后通过快速以太网交换机接入工业电视网络。

第十章 金属结构

抽水蓄能电站上、下水库的运用方式与常规水电站水库的不同之处主要在于蓄水位的周期性频繁变化和调洪方式，而泄洪和/或放空设施等与常规水电站水库的设置方式基本相同。本章以纯抽水蓄能电站金属结构工程的布置和设计特点为讨论对象，重点论述符合纯抽水蓄能电站周期性调节运用方式特点的金属结构工程功能配置和布置方式。

10.1 金属结构工程布置

10.1.1 概述

抽水蓄能电站机组埋深大，多为地下厂房和地下输水系统，同时输水流道需承受抽水与发电双向水流，流速较常规电站大，且工况变换频繁，因此输水系统内的金属结构工程应根据抽水蓄能电站的运行特点进行布置设计。

典型的抽水蓄能电站输水系统一般有上水库进/出水口金属结构工程和尾水系统金属结构工程两部分。这些金属结构工程的设置目的和原则，决定了其布置方式和特征。

10.1.2 上、下水库进/出水口拦污栅及启闭机的布置

抽水蓄能电站上、下水库进/出水口拦污栅的作用是阻挡水库污物进入流道，以避免损坏水泵水轮机组。

抽水蓄能电站上水库大多数为利用天然沟谷人工围筑或开挖形成，无自然来流，且库容相对不大，库区只要在工程蓄水前清理干净，基本上没有污物，如果能排除水库周边山体的滑移和冲刷物，理论上上水库进/出水口可以不设拦污栅。但在我国已建和在建的14座大中型纯抽水蓄能电站（见表11-10-1）和国外的抽水蓄能电站中，除少数抽水蓄能电站外，上水库进/出水口基本上均设置了拦污栅，推测也是从万无一失的角度考虑，毕竟水泵水轮机的造价比拦污栅高出许多。正因为实际上上水库污物极少，库水清洁，故拦污栅检修周期可相对较长，国内外大多数的抽水蓄能电站的上水库进/出水口拦污栅均未设置永久的启闭设备。国内多将检修平台设在上水库死水位以上，拦污栅的检修和清污（如果需要）在上水库水位降至死水位附近时进行，采用临时启闭设备起吊，拦污栅槽的检修可结合上水库放空检查时进行，有的电站还设置了从临时起吊平台至库岸的搬运轨道甚至公路，以备拦污栅需要更换时方便搬运。

抽水蓄能电站的下水库有利用天然河道、沟谷人工填筑，利用已建水库扩建或利用已有湖泊等几种建设方式。若采用后两种方式修建，则由于水库存在大量自然来流，库内有污物的可能性相对较大，故一般在下水库进/出水口均设有拦污栅，并设有永久的启闭设备，以方便提栅检修或清污。国内已建、

在建14座大中型纯抽水蓄能电站（见表11-10-1）中，8座设置了永久启闭设备的下水库均为兼有其他功能的已建水库或湖泊；在已建、在建抽水蓄能电站中很少看到有设专用清污设施的报道。

表11-10-1　国内部分已建在建抽水蓄能电站上、下水库进/出水口拦污栅布置

序号	工程名称	电站类型	装机容量（MW）	水库特点		拦污栅		启闭机		运行情况	投运日期	备注
				上水库	下水库	上水库进/出水口	下水库进/出水口	上水库	下水库			
1	广州抽水蓄能电站	纯蓄能	8×300	天然库盆	天然库盆	活动式	活动式	台车	台车		1993年	
2	天荒坪抽水蓄能电站	纯蓄能	6×300	天然洼地	峡谷	活动式	活动式	无	无		1998年	
3	十三陵抽水蓄能电站	纯蓄能	4×200	人工开挖	已建水库	活动式	活动式	无	台车		1995年	上水库拦污栅槽兼作检修门槽
4	桐柏抽水蓄能电站	纯蓄能	4×300	已建水库	百丈溪	活动式	活动式	无	无		2006年	
5	泰安抽水蓄能电站	纯蓄能	4×250	天然山谷	已建水库扩容	活动式	活动式	无	台车		2006年	
6	宜兴抽水蓄能电站	纯蓄能	4×250	人工开挖	新建水库+补水工程	活动式	活动式	无	门式起重机		已建	
7	宝泉抽水蓄能电站	纯蓄能	4×300	天然山沟	已建水库扩容	活动式	活动式	无	无		已建	
8	西龙池抽水蓄能电站	纯蓄能	4×300	天然山沟	天然山沟	固定式	活动式	无	无		已建	上水库为井式进水口
9	琅琊山抽水蓄能电站	纯蓄能	4×150	天然山沟	已建水库	活动式	活动式	无	门式起重机		2006年	
10	张河湾抽水蓄能电站	纯蓄能	4×250	人工开挖	未完建水库扩容	活动式	活动式	无	门式起重机		已建	
11	白莲河抽水蓄能电站	纯蓄能	2×300	新建水库	已建水库	活动式	活动式	门式起重机	门式起重机		已建	
12	惠州抽水蓄能电站	纯蓄能	8×300	天然山沟	溪流筑坝	活动式	活动式	无	无		已建	
13	黑麋峰抽水蓄能电站	纯蓄能	4×300	新建水库	新建水库	活动式	活动式	无	无		已建	
14	马山抽水蓄能电站	纯蓄能	4×175	人工围筑	太湖	无	活动式	无	门式起重机		缓建	

综上所述，上、下水库进/出水口拦污栅及其启闭设备的设置，有3个需要研究的问题：是否需要设置拦污栅；是否需要设置永久启闭设备；是否需要设置清污设备。总结已建在建抽水蓄能电站的实际情况，对上述问题分述如下。

（1）上、下水库进/出水口拦污栅设置原则。《水力发电厂机电设计规范》（DL/T 5186—2004）条文说明7.8.7“抽水蓄能电站的上池（或下池）为人工池，若无污物来源，从安全考虑，在电站进、出水口仍宜设置拦污栅，栅条间的净距可适当加大。”《抽水蓄能电站设计导则》（DL/T 5208—

2005）12.1.1“……当上、下水库由人工开挖筑坝而成又无污物源（包括高坡滚石、泥石流等）的情况下，其进/出水口可不设置拦污栅。”从规范的执行优先次序而言，不论何种情况，电站进/出水口宜设置拦污栅。但从抽水蓄能电站的实际设计和运行情况来看，这样的要求确有不甚合理之处，值得商榷。

因此，建议进、出水口拦污栅设置原则为：因拦污栅过栅流速的限制，其设置位置往往距离库岸较远；除非设置便利的启闭设备，否则拦污栅的检修、更换非常困难且不经济。拦污栅本身的破坏，也可能造成机组的损坏，且在初期蓄水检查验收时，阻塞进人通道，给进/出水口验收检查带来困难。因此，在确有必要时，才设置拦污栅。

对于上水库，如果无天然来流，采用全库盆防渗，地形地质上不存在滑坡、泥石流等潜在危险源，流域面积基本为水库面积，建议可在进行必要分析论证的基础上，不设置拦污栅。

下水库一般有一定的流域面积，宜设置拦污栅。

对于有旅游功能的抽水蓄能电站，必须加强管理。人为的污物一般个体较小或没有足够的硬度，对机组设备不会造成损坏，不宜作为设置拦污栅的理由。

（2）拦污栅启闭设备设置原则。对于上水库拦污栅，由于库水一般较清洁，拦污栅检修周期可相对较长，综合考虑拦污栅位置往往距离库岸较远，设置固定式启闭设备的代价较高，一般上水库不建议设固定式启闭设备。

对于下水库拦污栅，如下水库是天然河道、湖泊或兼有其他功能，其库水位下降的时机可能受限制，不方便拦污栅检修时间的安排，则宜设置固定式启闭设备，否则可参考上水库拦污栅启闭机的设置原则。若能采用宜兴电站模式结合检修闸门台车予以兼顾，是较为经济可行的方式。

（3）清污设备设置原则。从国内外已投运的抽水蓄能电站实际情况分析，一般不设置拦污栅清污设备。原因是抽水蓄能电站水库控制流域较小，污物来源较少。如果在大流域河流上兴建下水库，则需对是否设置清污设备进行专门调查论证。

10.1.3 上水库进/出水口闸门及启闭机的布置

上水库进/出水口主要有岸边侧式（见图 11-10-1）和井式（见图 11-10-2）两种形式。该处是否设置闸门、设置何种形式闸门，由输水系统及地下厂房和机组设备的保护和检修需求决定。

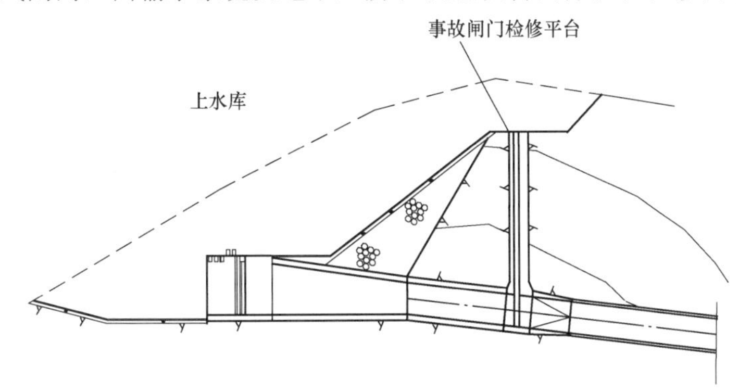

图 11-10-1 上水库侧式进/出水口典型图（泰安）

根据抽水蓄能电站首部、中部和尾部开发方式的不同，其引水隧洞分为一管一机和一管多机等布置方式。因为抽水蓄能机组具有发电和抽水两个方向的运行工况和工况之间的频繁改变，故机组蜗壳前需设置进水阀配合其复杂工况的运行和转换，同时作为机组停机时挡水以减少漏水和机组调速系统事故时的保护措施以及机组检修时挡水。因此，上水库进/出水口闸门的作用主要如下：

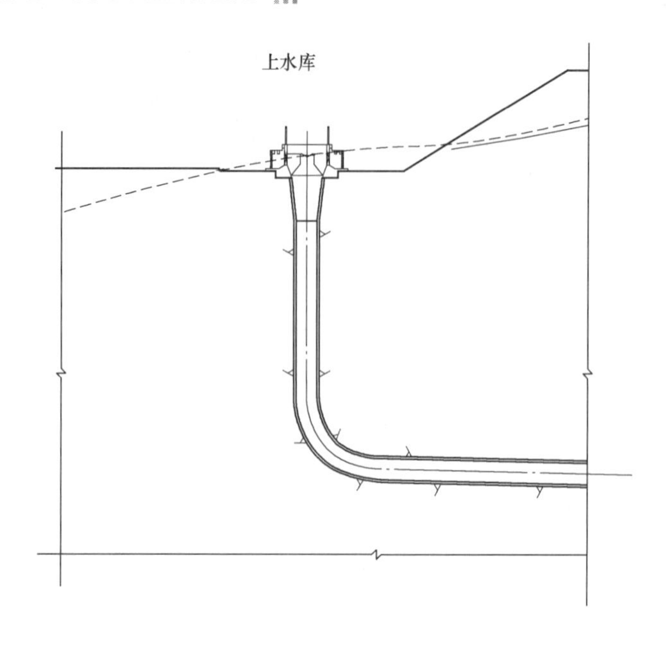

图 11-10-2　上水库井式进/出水口典型图（马山）

（1）引水隧洞和/或机组进水阀检修时挡水。

（2）引水隧洞或机组进水阀出现渗漏或破裂情况时挡水，避免事故扩大以及利于随后的检修和恢复生产。

（3）出现极端情况，即机组调速系统和进水阀均失效时，用于截断水流，停机和检修。

由于引水隧洞大多为埋入式，其事故扩大速度相对较缓，对闸门没有快速关闭要求，同时无论是首部开发、中部开发或是尾部开发，其每台机组前一般均设有一道进水阀，能满足每台机组的保护和单独检修的要求，因此，在引水隧洞进/出水口设置一道事故闸门即可。14 座国内已建、在建大中型纯抽水蓄能电站（见表 11-10-2）中，12 座电站只在进/出水口设置了一道事故闸门，有两座电站只设置了一道检修闸门。国外抽水蓄能电站中，多数只在进/出水口附近设置一道事故闸门，少数电站事故闸门前还设有一道检修闸门，也有个别电站不设闸门。值得一提的是，对高水头抽水蓄能电站，由于事故危害较大，尽管没有必要设快速闸门，但采取措施尽可能提高事故闸门的闭门速度还是应该的。

由于侧式进/出水口一般离库岸有一定的距离，事故闸门常设在距进/出水口不远的下游侧，闸门井伸出地面，启闭机安装在高于上水库校核洪水位的检修平台以上（见图 11-10-1）。事故闸门启闭机可以是卷扬式启闭机也可以采用液压启闭机，采用卷扬式启闭机的优点是闸门平时可提至检修平台存放（见图 11-10-3），不受机组工况频繁变化时，闸门槽中涌浪波动的影响，缺点是启闭扬程往往较高，启闭时间较长，但可采用变频电动机，两挡减速器或双速电动机等措施减少启闭时间，其基本原理是利用事故闸门闭门过程中荷载变化大的特点，轻载时高速运行，重载时低速运行，从而在不加大电动机功率的情况下大大缩短启闭时间，一般扬程越高，效果越明显。若采用液压启闭机，则闸门平时必须悬挂在孔口上方（见图 11-10-4），闸门和液压缸之间采用拉杆相联，其优缺点正好与卷扬式启闭机相反，另外闸门检修时拉杆的拆装工作量较大。只要采取措施保证闸门停放的安全，液压启闭机也不失为一种值得推荐的布置方案，特别是当引水隧洞埋深很深时，为减少开挖，以及保护地面植被，闸门井可不露出地面，而以闸门洞室代替，此时由于洞室高程低于上水库蓄水位，必须采用液压启闭机。

表 11-10-2 国内部分已建在建抽水蓄能电站输水系统闸门设置

序号	工程名称	机组位置	引水隧洞	上水库进/出水口闸门			尾水道	尾水系统闸门									
								尾水闸门				下水库进/出水口闸门					
				闸门	数量	启闭机		闸门	设置位置	数量	启闭机	闸门	数量	启闭机	闸门	数量	启闭机
1	广州抽水蓄能电站	中部开发	一洞四机	事故闸门	一孔两门	固定卷扬机	四机一洞	事故闸门	尾水闸门洞	一孔一门	液压启闭机	事故闸门	一孔两门	固定卷扬机	—	—	—
2	天荒坪抽水蓄能电站	尾部开发	一洞三机	事故闸门	一孔一门	液压启闭机	一机一洞	事故闸门	尾水闸门洞	一孔一门	液压启闭机	—	—	—	检修闸门	六孔二扇	斜拉门式起重机
3	十三陵抽水蓄能电站	中部开发	一洞两机	事故闸门	一孔一门	固定卷扬机	两机一洞	事故闸门	尾水闸门洞	一孔一门	液压启闭机	—	—	—	检修闸门	一孔一门	固定卷扬机
4	桐柏抽水蓄能电站	尾部开发	一洞两机	事故闸门	一孔一门	固定卷扬机	一机一洞	—	—	—	—	事故闸门	一孔一门	固定卷扬机	—	—	—
5	泰安抽水蓄能电站	首部开发	一洞两机	事故闸门	一孔一门	固定卷扬机	两机一洞	事故闸门	尾水闸门洞	一孔一门	液压启闭机				检修闸门	一孔一门	固定卷扬机
6	宜兴抽水蓄能电站	首部开发	一洞两机	事故闸门	一孔一门	固定卷扬机	两机一洞	事故闸门	尾水闸门洞	一孔一门	液压启闭机				检修闸门	一孔一门	门式起重机
7	宝泉抽水蓄能电站	中部开发	一洞两机	事故闸门	一孔一门	固定卷扬机	两机一洞	事故闸门	尾水闸门洞	一孔一门	液压启闭机				检修闸门	一孔一门	固定卷扬机
8	西龙池抽水蓄能电站	尾部开发	一洞两机	事故闸门	一孔一门	固定卷扬机	一机一洞	—	—	—	—	事故闸门	一孔一门	固定卷扬机	检修闸门	四孔一门	门式起重机
9	琅琊山抽水蓄能电站	首部开发	一洞一机	检修闸门	一孔一门	固定卷扬机	两机一洞	事故闸门	尾水调压室	一孔一门	固定卷扬机	—	—	—	检修闸门	一孔一门	固定卷扬机
10	张河湾抽水蓄能电站	尾部开发	一洞两机	事故闸门	一孔一门	固定卷扬机	一机一洞	—	—	—	—	事故闸门	一孔一门	固定卷扬机	检修闸门	四孔一门	门式起重机
11	白莲河抽水蓄能电站	尾部开发	一洞两机	事故闸门①	一孔一门	固定卷扬机	两机一洞	事故闸门	尾水闸门洞	一孔一门	液压启闭机	—	—	—	检修闸门	一孔一门	固定卷扬机
12	惠州抽水蓄能电站	尾部开发	一洞四机	事故闸门	一孔一门	固定卷扬机	四机一洞	事故闸门	尾水闸门洞	一孔一门	固定卷扬机	—	—	—	检修闸门	一孔一门	固定卷扬机
13	黑麋峰抽水蓄能电站	尾部开发	一洞两机	事故闸门	一孔一门	固定卷扬机	一机一洞	—	—	—	—	事故闸门	一孔一门	固定卷扬机	检修闸门	四孔一门	门式起重机
14	江苏无锡马山抽水蓄能电站	尾部开发	一洞两机	检修闸门	*	临时设备	一机一洞	—	—	—	—	事故闸门	八孔四门	门式起重机	—	—	—

① 白莲河抽水蓄能电站上水库进/出水口事故闸门前还设有一道检修闸门，一孔一门，采用固定卷扬式启闭机操作。

* 江苏无锡马山抽水蓄能电站为井式进水口，进水口沿圆周设 8 扇检修闸门。

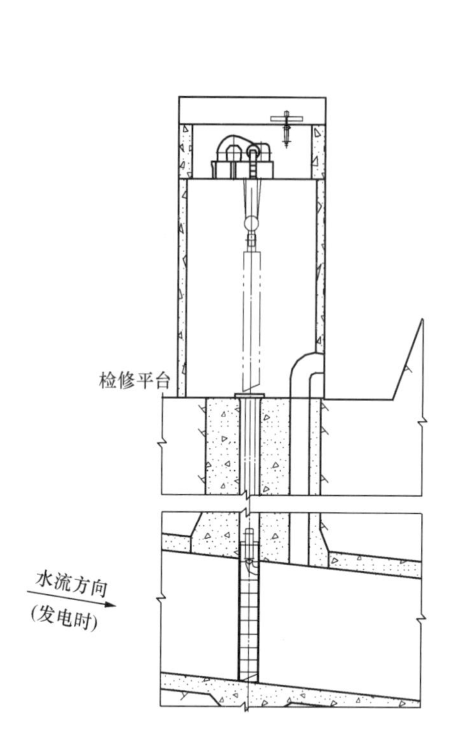

图 11-10-3 上水库进/出水口事故闸门及其卷扬式启闭机典型图（桐柏）

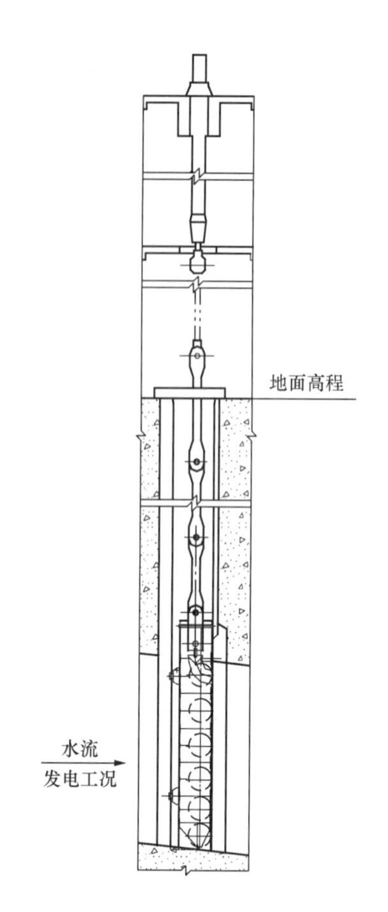

图 11-10-4 上水库进/出水口事故闸门及其液压启闭机典型图（天荒坪）

对于井式进/出水口，当库水位不是很深时，可在进/出水口直接设置事故闸门，此时需相应地设置圆柱形进水塔，闸门则为圆筒式。圆筒式闸门国内实践较少，德国抽水蓄能电站运用较多。同时，根据现行掌握的资料，存在一些电站受地形、水深等因素的限制，既无法在竖井下游隧洞布置闸门井，又不适宜设高进水塔，使事故闸门无法布置或代价过高，如江苏无锡马山抽水蓄能电站，法国的勒万（Revin）抽水蓄能电站等。如果通过经济技术比较论证，能采用其他措施（如放空上水库）满足机组进水阀和引水隧洞事故保护的要求，则可只设检修闸门，以保证电站一台机检修时，另外的机组仍能发电；甚至不设闸门（如日本冲绳抽水蓄能电站）。

综上所述，无论哪种形式的进/出水口，一般情况下，在进/出水口或附近均需设置闸门，且一般设置事故闸门。由于机组本身设有进水阀保护，一般事故闸门的启闭时间没有特定限制。在当前适用的技术条件下，尽可能快地关闭是今后的趋势，加快卷扬机的启闭速度或采用液压启闭机布置方式，需要进行综合比较选择。当采用压力钢管引水且为明管时，可考虑采用快速闸门。对单台机组电站，上水库进/出水口则可以不设闸门。

至于上水库进/出水口事故闸门前是否需要设置检修闸门，分析如下：设置检修闸门的主要目的是事故闸门门槽检修时挡水，因为门叶可提出地面进行检修。气蚀、泥沙磨蚀、锈蚀是门槽破坏的主要原因，对引水隧洞的闸门门槽而言，由于其设计流速较低，如果门槽几何形状设计合理，发生空蚀的可能性极小。抽水蓄能电站上、下水库流域面积一般不大，泥沙含量相对不高，对门槽的冲刷磨蚀常可忽略，必要时可采用耐磨材料制作门槽外表面。可见锈蚀是抽水蓄能电站引水隧洞门槽破坏的主要原因，国外门槽与水接触面一般均采用不锈钢材料，受造价控制，目前国内门槽仅水封座板或滑道的支承座板等关键部位采用不锈钢，其余部分多采用碳钢外涂防腐涂料，即便如此，门槽的检修间隔周期也相对较长。因此，除非门槽施工出现质量问题，事故闸门门槽完全可以与进/出水口建筑物同步安排检修，设置检修闸门的必要性不大。国内外大多数抽水蓄能电站闸门的设置方式也与此结论吻合。当然，如果遇到泥沙含量特别大的情况，则可专门论证其设置的必要性。

10.1.4 尾水系统闸门及启闭机布置

尾水系统闸门的设置，和尾水系统长度及布置方式有关。从国内外工程实例来看，分为以下两种情况：

（1）对于长尾水系统（一般为首部或中部开发方式），机组尾水管后的尾水隧洞为节省投资，需进行合并，一般为两机、三机或四机一洞布置方式。每个尾水支管上需设置闸门，以方便机组检修及事故保护。另外，为了检修该尾水闸门以及尾水隧洞，在下水库进/出水口与尾水隧洞之间的适当位置，需设置检修闸门。

（2）对于短尾水系统（一般为尾部开发方式），尾水隧洞的合并所带来的经济效益不明显，且带来施工方面的难度，故基本采用一机一洞布置方式。在下水库进/出水口与尾水隧洞之间的适当位置，需设置闸门。为方便描述，以下分别称呼这两种位置的闸门为尾水闸门和下水库进/出水口闸门。

（一）尾水闸门

（1）尾水闸门的作用和性质。尾水闸门的作用主要有以下几方面：

1）在机组检修时挡水，便于机组检修及不影响相邻机组的正常运行。

2）减少机组检修时的排水量，缩短检修时间。

3）兼作出现水淹厂房危险时挡水，防止事故扩大。

前两条为尾水闸门的必备功能，第三条为附带功能。之所以如此，和尾水闸门的布置位置、机组技术供水系统和公用供水系统取水口的设置位置以及厂房是否具有自流排水洞有关。因此，首先要讨论的是尾水闸门的工作性质问题。

根据尾水闸门的前两条必备功能要求，尾水闸门采用检修闸门，即可满足其静水启闭的要求，国外一些电站即是如此。考虑到抽水蓄能电站厂房深埋地下，机组技术供水取水口一般设置在尾水隧洞内，为防止因操作失误或产品质量缺陷可能造成的与尾水管相通的水管路系统的破坏，或者机组本身流道或密封出现漏水事故，从而带来水淹厂房的危险，需要尾水闸门较快地实现动水关闭，以减轻厂房排水系统压力。因此，一般情况下，尾水闸门宜采用事故闸门。对于有自流排水洞的厂房，是否设置事故闸门有一些意见分歧。为了方便、快速地截断水流，排除故障，缩短检修时间，还是统一设置事故闸门为好。

为达到这一目的，机组技术供水系统取水口和排水口的设置，应在满足调相工况热短路计算的条件下，尽可能布置在尾水闸门靠近机组一侧。公用供水系统因考虑消防供水和主变压器空载冷却供水的特殊要求，不能设置在尾水闸门内靠机组侧，尾水闸门对其无保护作用。

（2）尾水闸门的布置。尾水闸门的布置主要有以下三种形式：①布置在机组尾水管出口处，启闭机设置在厂房内或主变压器洞内；②布置在尾水支管中，专门设置一条尾水闸门洞，用于布置尾水闸门和启闭设备；③尾水闸门布置在尾水支管出口处尾水调压室内。

第一种方案的优点是尾水闸门离厂房近，一旦出现事故，动水关闭闸门后进入厂房的水量最少，机组试验、检修时充排水量少，对厂房排水系统的压力也较小；缺点是闸门门槽离机组太近，尾水管圆变方再方变圆，对机组的出流效率会产生一定影响，机组发电时的不稳定出流将降低闸门在门槽中停放的安全性。同时，增加了厂房或主变压器洞室的结构复杂性和设备布置难度。尾水闸门也有采用拍门的，同样需要液压启闭机的布置空间，且尺寸不能太大。该方式对机组供排水系统事故保护将无效，仅可对机组本身渗漏事故起保护作用。这种方案国外抽水蓄能电站运用较多，国内目前尚未运用。

第二种方案是专门开设一条尾水闸门洞，闸门采用闸阀式，每台机组尾水管设一扇闸门，闸门检修平台同时也是启闭机平台。因机组埋深需要，尾闸洞在下水库正常蓄水位以下，门槽顶部设压盖封水，采用液压启闭机操作，同时在洞中安装一台桥式起重机以满足闸门及启闭机的安装和检修维护（见图 11-10-5）。该布置方案只要设一段短廊道与厂房或变压器洞相通，可方便地解决运输交通问题。同时，独立的闸门井给闸门的检修、起吊设备的布置也带来了方便，并减小了闸门与机组出流间的相互干扰。由于洞室与流道隔离，便于启闭机等设备防潮等环境措施的实现，启闭时间较短。由于需专设尾闸洞，土建投资相对较大，有的工程根据具体情况可与施工支洞结合，或与尾水调压室交通洞结合；同时也可将厂房渗漏集水井及排水泵设备布置在尾闸洞内，尽量减少土建工程量（如宜兴工程）。由于闸门停放在孔口上方，需采取措施，避免机组工况频繁变化时对闸门停放安全的影响，同时应有闸门停靠位置的监控，以便与主机进水阀间实现闭锁。这是国内外均使用最多的布置方式。

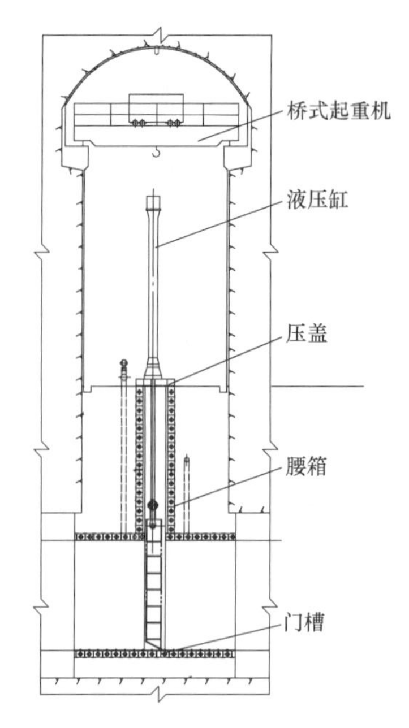

图 11-10-5　尾水闸门洞事故闸门及启闭机典型布置（泰安）

第三种方案是将事故闸门设在尾水支管出口处的调压室内，启闭机平台设在调压室最高涌浪水位以上，闸门必须停放在调压室中较高位置，以避免机组甩负荷等事故工况产生的涌浪对闸门安全停放的影响（见图 11-10-6）。该布置方式的优点是避免了闸门井的高压密封，不必单独开挖尾闸洞室或占用厂房或主变压器洞室空间，综合投资低于第二种方案。

但是其缺点也很明显：①由于调压室布置在离机组较远的尾水隧洞岔管段，机组检修时需要排除的水量大大增加；②启闭机一般采用卷扬类的启闭设备，尽管可采用变频电动机等措施提高启闭速度，但启闭时间相对较长；③由于卷扬类启闭机必须留有钢丝绳运行的孔口，启闭机室与流道间无法完全隔离，不利于启闭机电气设施的除湿防潮；④调压室内空间狭小，土建和设备安装施工不便；⑤该方案仅适用于两机一洞布置方式，如三机或四机一洞，则与尾闸洞相比毫无优势；⑥该方案适用于容量不大的机组，尾水支管和隧洞尺寸相对较小。同时机组吸出高度也不可太大，不然竖井高度太大，也将得不偿失。该布置方案国内外运用均不多，国内工程运用实例为琅琊山抽水蓄能电站。

综上所述，方案二尽管专设一条尾水闸门洞，土建、机电工程稍有增加，但胜在布置灵活，土建及设备安装施工便利，且与其他部分独立，水流也较为平顺，闸门本身受水流激振冲击较小，对工程安全有利，因此，该方案在国内外工程实例中得到普遍应用。一般情况下，尾水闸门洞方案应为首选方案，建议只有在地形地质条件等方面受到限制，或者机组容量不大（如小于 150MW）、尾水支管尺寸较小时，可考虑经方案比较后使用其他两种布置方式。

（二）下水库进/出水口闸门

对长尾水隧洞，为了检修尾水闸门（事故闸门）和尾水隧洞，需要在下水库进/出水口与尾水隧洞之间的适当位置设置一道检修闸门。就电站正常运行而言，闸门数量无需一洞一门，但兼顾施工期隧洞挡水的需要，国内抽水蓄能电站多按每洞一门设置，如果闸门能布置在一条直线上，且孔数较多，仍可采用门机或台车启闭。这种布置和常规水电站检修闸门的布置类似，这里不作专门讨论。

对尾部开发的短尾水隧洞，一般采用一机一洞布置，事故闸门直接设在接近下水库进/出水口处，

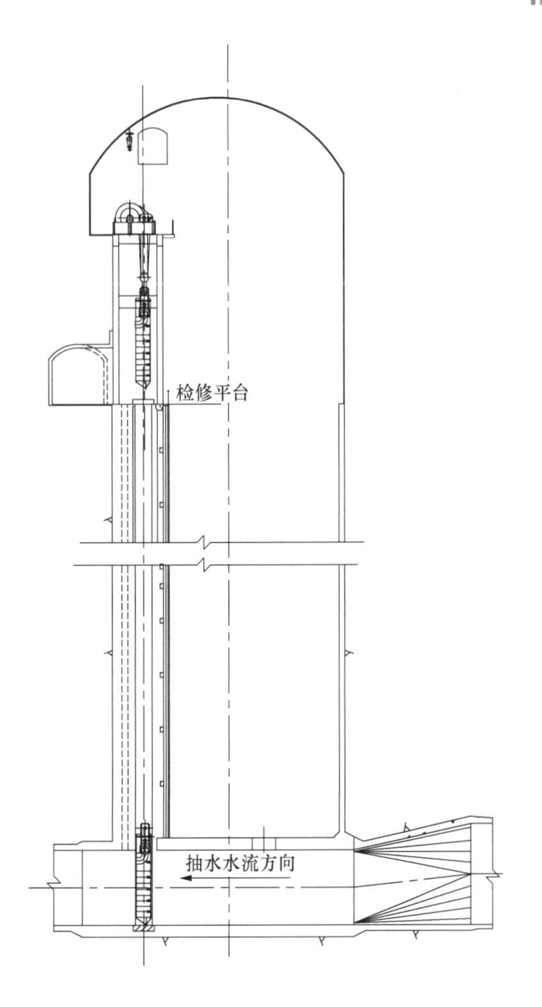

图 11-10-6 调压室事故闸门及
启闭机典型布置（琅琊山）

可满足每台机组单独检修的要求，同时由于离机组距离不远，机组试验、检修时的充排水量也可以接受，土建及机电工程量合理，这种布置方案基本上是唯一选择。

和上水库进/出水口事故闸门一样，此处设置检修闸门的必要性不大。

10.2 抽水蓄能电站上、下水库拦污栅

10.2.1 抽水蓄能电站拦污栅运行特点

从国内外许多工程拦污栅破坏的实例分析，破坏原因主要有两个：一是由于河流污物较多，拦污栅被污物堵塞而被压垮；二是由于水流激发振动而破坏。被污物堵塞的情况一般发生在水头小、库容小而径流大的河床式电站。而抽水蓄能电站拦污栅由于双向水流的作用，污物一般不会长期滞留在栅叶上，其破坏主要是由水流激振产生的疲劳或共振引起。由于抽水蓄能电站具有抽水和发电两种工况，虽然在进/出水口体型设计时尽可能使水流分布均匀，但实际上流速分布的不均匀性总是存在的，尤其是发电工况时的下水库出水口和抽水工况时的上水库出水口，其出流扩散的不均匀程度更高。一般以水流经过拦污栅的平均流速（未扣除拦污栅结构断面）不大于 0.8～1m/s 为原则来确定进/出水口断面面积，但实际经过拦污栅的流速将大很多，如天荒坪抽水蓄能电站下水库进/出水口拦污栅模型试验测得拦污栅断面的平均流速是 0.972m/s，而顺水流方向时均最大流速达 3.08m/s，国外实测甚至有达 8m/s 的。从

国外早期建设的一些抽水蓄能电站拦污栅破坏的原因分析，流速过大可能导致拦污栅振动，以致破坏。另外，如果拦污栅离机组很近，从机组出来的紊流也可能引起振动，所以抽水蓄能电站拦污栅的设计应特别予以重视，除进行静力设计计算外，还应进行结构动力复核。

10.2.2　拦污栅的振动分析

鉴于抽水蓄能电站拦污栅的特殊性，避免其发生有害振动往往成为拦污栅设计的控制条件。近年来，国内科研和设计人员在调查、研究国外抽水蓄能电站拦污栅设计运行经验的基础上，对拦污栅振动问题从过栅水流流态、拦污栅结构特性到计算方法等进行了不同程度的试验研究和实践，随着抽水蓄能电站拦污栅流激振动原型观测的完成，将进一步为国内同行对这一问题的认识积累一定的经验。目前行业内对拦污栅振动问题的主要研究成果如下：

（1）国外工程拦污栅损坏的特点。总结美国、日本、奥地利、比利时、德国及苏联等国的抽水蓄能电站拦污栅破坏的报导，其破坏的情况特征主要有：①水平或垂直栅条损坏或遗失，损坏部位许多在栅条焊接处及邻近位置；②整扇拦污栅振动以致固定螺栓松动直至栅叶断裂；③损坏前运行时间有的仅数小时，有的1～2年，也有的达7年；④拦污栅损坏部位测得流速均较大。

（2）损坏原因分析。拦污栅损坏的主要原因是水流激振，而栅后尾流是主要振源之一。水流经过拦污栅，当雷诺数较低时，栅后尾流为层流；随着雷诺数的增加，尾流在栅后形成漩涡并有规律地脱落；雷诺数进一步提高，漩涡脱落凌乱，脱落频率形成一个频带，变成强紊流。周期性的漩涡脱落频率与拦污栅栅条或栅叶的固有频率接近时，结构就会产生共振，甚至破坏，前述在运行较短时间内即破坏的拦污栅，主要应由共振引起；在强紊流的脉动频率作用下，拦污栅也可能产生疲劳破坏，前述运行7年后破坏的拦污栅很可能由于紊流引起。

此外，如果拦污栅距离机组很近，从机组出来的水流的干扰频率如果与拦污栅固有频率耦合，也会诱发共振。

（3）拦污栅固有频率的计算。拦污栅由栅条和栅架组成，各构件通过焊接连接在一起，其整体刚度相对较小。单根栅条的固有频率 f_n（Hz）可由式（11-10-1）进行计算

$$f_n=\frac{\alpha}{2\pi}\sqrt{\frac{EIg}{WL^3}} \tag{11-10-1}$$

式中　α——与栅条两端固定方式相关的系数，当栅条两端简支时，α 取9.87；当栅条两端固定时，α 取22.4；当栅条两端焊接在支撑梁上时，α 取16～20；

E——为栅条材料的弹性模量，kg/cm^2；

I——栅条横截面惯性矩，应注意计算垂直于水流和顺水流两个不同方向的固有频率时应采用对应方向的惯性矩，cm^4；

g——重力加速度，cm/s^2；

W——栅条在水中有效质量，kg；

L——栅条支撑跨度，cm。

栅条在水中有效质量 W，是指栅条本身质量加上振动流体的附加质量，常用式（11-10-2）近似计算

$$W=LA\left(\gamma+\frac{B}{D}\gamma_w\right) \tag{11-10-2}$$

式中　L——栅条支撑跨度，cm；

A——栅条横截面面积，cm^2；

B——栅条净间距，cm；

D——栅条垂直水流流向的厚度，cm；

γ——栅条的比重，kg/cm^3；

γ_w——水的比重，kg/cm^3。

显然，式（11-10-1）中的固有频率是将栅条作为一个独立的结构时计算的，而实际上，栅条作为整扇拦污栅的一部分，其固有频率必然受拦污栅整体振动频率的影响而有所下降，天荒坪抽水蓄能电站下水库拦污栅模型试验时，单根栅条的频率是其在栅架中频率的2.35倍。

拦污栅整体的固有频率一般低于单根栅条的固有频率，必要时可借助有限元分析法进行计算或通过试验获得。有一点需要特别指出的是，拦污栅栅叶在栅槽中的支承状况对其固有频率影响很大，栅叶越接近刚性支承，其固有频率越高，这对避免栅叶整体振动意义很大。

（4）干扰频率计算。

1）由尾流漩涡脱落引起的垂直于水流方向的干扰频率 f_{s1}（Hz）可由斯特罗哈方程计算

$$f_{s1}=\frac{St\nu}{D} \tag{11-10-3}$$

式中 St——斯特罗哈尔数，与栅条形状有关，在一定的雷诺数范围内为常数，随着雷诺数增大，St 值略有增加，同时，如果水流和栅条轴线成一角度，则入射角越大，St 也越大，表11-10-3是 St 的部分试验数据，其雷诺数均在 10^4 左右，与实际情况较接近，可参照选用；

ν——过栅流速，宜采用峰值流速，由模型试验确定。无试验资料可参考时，可取平均过栅净流速的2.25～3倍，cm/s；

D——栅条垂直水流流向的厚度，cm。

表 11-10-3　　斯特罗哈数的部分试验数据

斯特罗哈数 St	雷诺数 Re	流速（试验工况，m/s）	断面形状（mm）
0.2	1.51×10^4	0.76	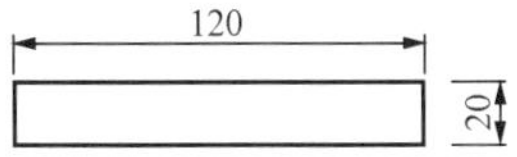 120 20
0.2	1.46×10^4	0.73	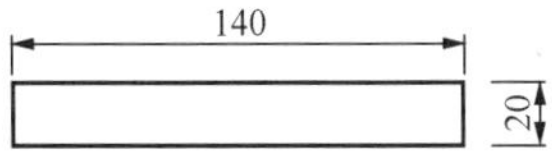 140 20
0.21	1.49×10^4	0.75	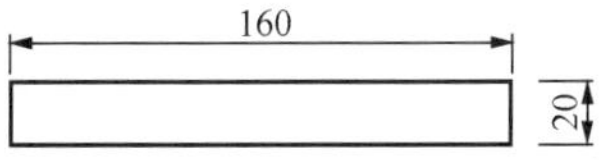 160 20

续表

斯特罗哈数 St	雷诺数 Re	流速（试验工况，m/s）	断面形状（mm）
0.22	1.51×10^{4}	0.76	200；20
0.24	1.5×10^{4}	0.75	140；20；R10
0.23	$2.9\sim3.1\times10^{4}$	1.43～1.57	120；20；10；10

2）由尾流漩涡脱落引起的顺水流方向的干扰频率 f_{s2}（Hz）为斯特罗哈方程计算值的两倍，即

$$f_{s2}=2\frac{St\nu}{D} \tag{11-10-4}$$

3）水泵水轮机产生的干扰频率 f_{s3}（Hz）为机组转速和转轮叶片数之积，即

$$f_{s3}=nN_{b} \tag{11-10-5}$$

式中　n——机组转速，r/s；

　N_{b}——转轮叶片数。

4）水流对整扇拦污栅的干扰频率及紊流产生的干扰频率目前尚未见有成熟的计算方法论述，必要时可采用模型试验的方法获得。

（5）共振分析。当将栅条作为一个独立结构按式（11-10-1）计算固有频率时，一般认为 $f_{n}/f_{si}=0.85\sim1.54$ 时为共振区，因此，设计时应避开这个共振区，尽可能使栅条固有频率 f_{n} 远离干扰频率 f_{si}，即结构动力设计应满足的条件为

$$f_{n}/f_{si}\geqslant2.3\sim2.5 \tag{11-10-6}$$

当采用有限元分析或模型试验，可直接获得栅条在整扇栅叶中时的固有频率时，是否还需要满足式（11-10-6）的要求，值得商榷。

整扇拦污栅的振动判断，如前所述必要时可通过模型试验和有限元分析进行。尽管国外有整扇拦污栅振坏的报道，但国内抽水蓄能电站拦污栅无论栅条还是栅叶到目前为止均未有振动或破坏的报道，这与国内设计时已比较充分地了解并总结了国外的经验有关。以天荒坪抽水蓄能电站下水库拦污栅设计为例，栅架结构按5m水位差设计，同时栅叶通过压缩橡胶垫块撑紧在栅槽中，试验测得的其固有频率虽然远低于栅条的固有频率，但其干扰频率更低，两者之比达3.75倍。由此是否可以推断，栅架的固有频率虽远低于栅条，但由于栅架（包括主横梁和纵梁）的断面比栅条大很多，其干扰频率必然也低，故如果栅架采用较大的水位差进行强度设计，并采取措施使其在栅槽中尽量接近刚性支承，其抗振性能就基本上可以得到保障。当然这还需要更多的工程实践或试验来证明。

10.2.3 拦污栅防振措施

从上述分析可以看出，降低栅条尾流漩涡脱体干扰频率 f 或提高单根栅条固有频率 f_n，使固有频率 f_n 远大于尾流漩涡脱体干扰频率 f，可避免共振破坏。因此，在拦污栅的设计时，可以从以下几个方面采取措施：

（1）减小过栅流速，以降低水流雷诺数，从而避免尾流进入前述的紊流状态，并减低漩涡脱落的干扰频率。在水工布置时选用合理的进/出水口体型，尽量使孔口断面的流速分布均匀，以降低最大过栅流速。天荒坪电站上、下水库拦污栅断面（未考虑拦污栅）的平均过栅流速分别为 0.98m/s 和 0.972m/s，水工模型试验（未设拦污栅）测得的上、下水库死水位时的最大流速是 2m/s 和 2.27m/s，拦污栅模型试验测得的下水库拦污栅最大流速是 3.08m/s。

（2）优化栅条、栅架断面，有关试验研究表明，栅条断面的前后缘形状和长宽比是影响栅叶振动强弱的主要因素：对断面宽度为 20mm 的栅条，当断面前后翼缘是方形，长宽比大于 7 时，或断面前后翼缘是半圆形，长宽比大于 12 时，或断面前后翼缘是流线形（倒角大于 1∶6），长宽比在 8 左右时，试验结果均无共振现象；但相对而言，断面前后翼缘是流线型的栅条振动最小，方形次之，半圆形最大；此外，从阻力系数的角度分析，断面前后翼缘是方形时相对较大，半圆形次之，流线型最小。因此理论上流线型是最佳的栅条断面，但实际应用时还需结合结构、工艺综合考虑后确定。需要特别指出的是，栅条断面前后翼缘若采用介于方形和流线型之间的小倒角时，试验结果表明反而易引起共振，应予以重视。

（3）适当加大栅条、栅架截面尺寸，加强栅条与栅架结构的连接，提高结构的整体刚度。常规水电站拦污栅的设计水位差一般按 2～4m 设计，抽水蓄能电站拦污栅可适当提高，若干座抽水蓄能电站拦污栅均采用了 5m 水位差。栅条应与主梁直接焊接，为降低栅条的支承跨度，在栅条的支承主梁间设置水平支撑次梁，水平支撑梁的两端分别与边梁和纵梁焊接，从而大大提高了栅条的刚度。鉴于国外许多拦污栅均在栅条焊接处破坏，应对焊接质量和焊接残余应力的消除提出要求。

（4）强化拦污栅栅架的支承结构。天荒坪抽水蓄能电站下水库拦污栅模型试验结果显示，支承越强，整体结构的基频值越大，做成刚性支承最好。但是，刚性支承方式不利于栅叶吊出栅槽进行清污和检修，水下拆装非常困难，因此，目前行业内多采用了活动式支承结构，同时采用橡胶垫块支承、楔形门槽等各种措施将栅叶挤紧在栅槽中，以不影响栅叶的正常起吊为度。

（5）拦污栅在正反双向水流作用下的振动特性是一个极为复杂的问题，虽然通过一些模型试验研究已积累了一定的规律，但模型和实际仍然存在差异。为了充分了解抽水蓄能电站拦污栅的工作特性，对宝泉抽水蓄能电站上水库进/出水口拦污栅进行了原型试验，并结合已有的模型试验成果，力图弥补试验数据的空白。尽管模型/原型试验成果和运行实践表明目前国内拦污栅抗振设计方法是有效并安全的，仍希望能通过更多的研究为将来抽水蓄能电站拦污栅的设计提供更多的依据，进一步提高和完善设计水平。

10.3 输水系统闸门及启闭机

10.3.1 上水库进/出水口事故闸门及其启闭机

上水库进/出水口事故闸门一般采用平面闸门，采用卷扬式启闭机或液压式启闭机操作，其布置和结构设计原则与常规电站基本相同，但需注意以下几点：

（1）抽水蓄能电站上水库蓄水时，因流域面积有限，往往需要利用施工水泵或专设水泵将水从下水库或其他水源抽上去，成本很高，水量宝贵。而这时大部分机组尚在安装中，必须利用事故闸门挡水。由于水库的水位上升较慢，要求闸门在空载状态下即保证水封与座板接触良好，不漏水。这比常规水电站下游封水的闸门要求更严格。

（2）对高水头抽水蓄能电站，由于水头高达数百米，引水隧洞或进水阀发生事故的后果较严重。万一发生事故，一般希望流道事故闸门能尽快关闭，因此，事故闸门往往没有常规电站常用的托梁支承，而是处于悬挂持住状态，万一引水隧洞或进水阀发生事故，事故闸门能远方控制及时关闭，避免事故扩大。为防止远方操作时，闸门不能顺利入槽，在保证闸门底缘位于最高运行水位（包括涌浪）以上的条件下，闸门下部应有适当长度在闸门槽内。

（3）由于上水库进/出水口事故闸门不参与机组正常运行时流道流量的控制，闸门的正常运行程序为先关闭机组导叶和进水阀，再关闭闸门。如果事故闸门意外坠落，将影响机组或流道的运行安全。防止闸门意外关闭措施可从以下两个方面着手：

一是从控制系统逻辑上避免误操作，即闸门的启闭操作应与机组及其进水阀的操作相互闭锁，事故闸门与机组间的闭锁关系如下：

1）闸门开启后，机组才能启动；机组启动或正常运行期间，闸门不得关闭。

2）闸门意外关闭时，机组应同时停机。

二是通过结构设计、闸门位置检测等措施避免闸门意外关闭，或即使关闭，能及时给出信号，保证闭锁的实现：

1）提高闸门全开位持住机构或零部件的安全系数。

2）闸门全开位指示信号当结构布置可行时，应尽量直接取自门叶，以提高闸门位置检测的可靠性。

3）若采用卷扬式启闭机，可采用双制动器制动以提高持住闸门的可靠性，双制动器可都设在高速轴，也可将其中一个设在卷筒上，设在卷筒上时一般采用盘式制动器。

4）若采用液压启闭机，需设有自动回复回路，以恢复液压泄漏引起的闸门下滑。因闸门离孔口距离很近，同时需设置下滑位置报警及紧急停机位置信号点。

5）前述闭锁要求具备双传输通道，以提高其可靠性。一般上水库进/出水口距离厂房和中控室较远，硬布线或液压闭锁不易实现或代价过高。

（4）采用液压启闭机，闸门宜靠近进/出水口孔口布置，应考虑水道涌浪对闸门的影响。此时需进行过渡过程分析，以研究涌浪的影响程度，或者采用模型试验进行验证。

（5）若采用卷扬式启闭机，为提高其闭门速度，可采用变频电动机，通过恒功率变频，在不加大电机容量的情况下减少闭门时间。

10.3.2 尾水事故闸门及其启闭机

如前所述，地下厂房尾水事故闸门可布置在厂房、主变压器室或专设的尾水闸门洞室内，也可布置在调压室内，前三种布置尽管位置不同，但闸门及启闭机的布置形式基本相同，由于深埋在地下，闸门一般采用闸阀式结构，门槽顶部设压盖密封，启闭机则采用液压式，液压缸直接座在压盖上。如闸门布置在调压室内，则较适宜采用卷扬式启闭机。

（一）闸阀式事故闸门

尾水闸阀式事故闸门具有如下特点：

（1）各部件设计水头。由于长尾水隧洞是多台机组的尾水支管合并到同一条尾水隧洞，因此闸门门叶结构的设计水头及事故工况启闭机的持住力计算应考虑邻近机组甩负荷（断电）时产生的涌浪水头。

闸门门槽除承受与门叶一样的内水压力外，尚应考虑隧洞放空时，门槽外部可能出现的渗透水压力和施工时混凝土浇筑压力或灌浆压力。需要特别注意门槽顶盖的设计水头应考虑共用尾水隧洞所有机组甩负荷所产生的压力上升。

（2）门叶结构。由于闸门平时由液压缸持住停放在孔口上方的门槽腰箱内，为减少机组换向时以及过渡过程工况时水流波动对闸门的冲击影响，闸门以采用滑动式，并与门槽间有一定预紧力为宜。门叶与启闭机的连接销轴除按强度进行计算外，还应考虑振动的影响，安全系数应适当加大，有资料建议许用应力采用屈服极限的1/3，实际上闸门全开时，销轴上的基本荷载仅为闸门自重，远远小于其闭门时的持住力，安全系数已足够大。但要防止门上附件的疲劳损坏掉落。

（3）门槽结构。为满足密封要求，门槽采用全钢衬箱形结构，由门槽、腰箱和顶盖三大部分组成，密封设置在腰箱和顶盖之间。

（4）充水及充排气系统。由于闸门为密闭式，为满足提门前闸门充水平压的要求，在闸门前后设置一条旁通管，旁通管上设阀控制，阀的数量至少应设两套，上游侧为工作阀，下游侧为备用兼检修阀。为满足闸门上游侧充水时排气和排水时进气的要求，在闸门上游侧还需埋设进排气管，此进排气管管口若要高于上、下水库水位，管路必然很长，效果也会受影响。目前常用的一种方法是将进排气管引至闸门检修平台，在管口上方设置一自动的高速进排气阀。为满足高速进排气阀检修的需要，在进排气阀下方还需设置一检修阀。设置进排气管系统时，还应注意考虑门槽腰箱顶部的充排气。充水及充排气管路系统及阀门建议尽可能采用不锈钢制作。

（5）闸门安全设施。由于此闸门用于挡下水库水位，不允许承受上水库的高压水头，为减轻万一承受上水库水压时可能造成的损失，此闸门上还设置有安全卸压设施。泄压设施有多种形式，这里介绍三种常用的形式：①在闸门上安装一扇小拍门，当闸门承受反向水压时，拍门开启，从而使闸门上、下游两侧连通，起到卸荷的作用；②闸门的反向支承采用可压缩装置如板弹簧，当闸门承受反向水压时，闸门即可向下游推移，闸门水封脱开座板，使闸门上、下游连通卸载；③可在充水管路上设置一止回阀，当闸门承受反向水压时，止回阀开启，闸门上、下游连通卸压。

（二）尾水闸门液压启闭机

液压启闭机液压缸一般均直接座在门槽密封压盖上，活塞杆通过一段短拉杆与闸门相联，并持住闸门悬挂在孔口上方。由于尾水闸门一般都可利用闸门自重和水柱压力关闭，与电站进水口液压启闭机工况有许多相似的情况，如都可以采用差动回路，利用液压缸下腔出口节流阀调节闭门速度，都利用自动回复回路恢复因油液泄漏造成的闸门下滑，多数电站都采用多孔闸门液压缸共用一套液压泵站的布置方式，但仍有许多自己的特点：

（1）由于尾水闸门室空间有限，孔数较多时会导致液压管路过长，过多，增加管路布置的难度，同时也加大了维护工作量，有条件时可考虑2～3孔液压缸共用1套液压泵站的布置方案。

（2）液压缸安装位置远远高于液压泵站的安装位置，在闸门关闭时无法利用主油箱自流补油，通常采用高位补油箱或液压泵补油。采用高位补油箱方式时，补油箱需安装在很高的排架上，补油箱的维护、检修不甚方便；同时由于油缸的排油速度一般都大于补油箱往主油箱的排油速度，补油箱及其附件需承受一定的压力，目前能承受1MPa以上的油箱附件较难找到，所以现在多采用液压泵补油的方式。采用液压泵补油方式时，液压泵输出流量应根据情况满足一孔或多孔闸门同时关闭的补油要求。一旦出现厂房内水位升高，有水淹厂房危险时，可能需要全部闸门同时关闭（在球阀已关闭的情况下），故补油泵容量应根据泵站布置满足该需要为原则。

（3）当液压系统或液压缸出现故障，自动回复系统失效时，为避免闸门继续下滑，在液压缸顶部设有机械锁定装置。锁定装置建议按平时处于待命状态，只有自动回复系统失效时才会发挥锁定作用的原理设置，以简化操作程序。

（4）由于尾水闸门室埋深较深，门槽压盖承受的水压很大，因此液压缸下盖与门槽压盖间应可靠密封。同理，由于液压缸下端一直浸泡在水中，且承受较大的压力，活塞杆与缸体下盖间应专门设置防水密封圈。

（5）为避免尾水闸门坠落，使尾水管和闸门意外承受上水库水压造成破坏，闸门与机组进水阀间必须进行闭锁，闭锁关系如下：

1）机组进水阀关闭后，尾水闸门才能关闭；

2）尾水闸门开启后，机组进水阀才能开启；

3）尾水闸门意外关闭时，机组应紧急停机，同时关闭进水阀；

4）关闭尾水闸门所需时间应比关闭机组进水阀时间长。

同时，与上水库进/出水口事故闸门启闭机相同，应采取措施避免闸门意外关闭，或即使关闭，能及时给出信号，保证闭锁的实现。闸阀式闸门启闭机一般均设有直接取自门叶的全开位置指示信号，以提高闸门位置检测的可靠性。

（三）布置在调压室和下水库进/出水口事故闸门及其启闭机

布置在调压室内的闸门不必采用封闭的门槽，其门叶结构及充水、补气设施与常规电站闸门相同。但由于其位置仍在岔管之前，其设计水头仍应注意邻近机组甩负荷或启动时产生的涌浪压力的作用，与机组进水阀的闭锁要求与闸阀式闸门相同。另外，应注意门叶停放在闸门井足够高的位置，并做必要的固定措施，因为调压室的涌浪比尾水管附近大很多。

短尾水隧洞设置的下水库进/出水口事故闸门除挡水方向与上水库事故闸门相反外，闸门和启闭机的布置及结构基本相同，而与机组进水阀的闭锁要求与闸阀式闸门相同，区别是上水库事故闸门可能是一门多机，而下水库事故闸门则一般为一机一门，其闭锁方式稍有区别，此处不再赘述。

参 考 文 献

[1] 曾光祺．天荒坪抽水蓄能电站的调度运行原则//本书编委会．天荒坪抽水蓄能电站技术总结．北京：中国电力出版社，2007.

[2] 陈顺义．过渡过程计算结果的修正和裕度．华东水电技术，2004，(4).

[3] 梅祖彦．抽水蓄能电站发电技术．北京：机械工业出版社，2000.

[4] 谈进昌，刘玉斌．广州蓄能电厂B厂主球阀引发水力振荡的分析及处理//本书编委会．抽水蓄能电站运行技术文集．郑州：黄河水利出版社，2006.

[5] (加拿大)Thi C VU. 对当前用于预估水轮机效率曲线的CFD方法精确性的评价．国外大电机，2003，(3).

[6] 陈金霞，赵越，覃大清. 哈电高水头试验台(Ⅱ)测试系统的特点．大电机技术，2002，(4)：47-50.

[7] 温国珍．DF-100水力机械通用试验台. 东方电机，1991，(2)：1-13.

[8] (日) 新仓和夫，佐藤让之良．葛野川电站超高扬程水泵水轮机．水利水电技术，2001，(7).

[9] 李胜兵．水泵水轮机模型验收试验的几点体会．水力发电，2002，(1)：37-39.

[10] 袁波．非对称不同步开启导叶在琅琊山电站的应用//本书编委会．抽水蓄能技术论文集2010. 北京：中国电力出版社，2011.

[11] 张洋，等．非同步导叶在张河湾抽水蓄能电站的应用．水电站机电技术，2011，(1).

[12] 陆佑楣，潘家铮. 抽水蓄能电站. 北京：水利电力出版社，1992.

[13] 白延年. 水轮发电机设计与计算. 北京：水利水电出版社，1982.

[14] 梁见诚，杨梅. 蓄能机组变频启动过程的谐波限制. 水电站机电技术，2004，(6)，1-4.

[15] 郁哲民，赵政. 关于大型抽水蓄能电站SFC装置的容量计算. 水电电气，2000，(4)，32-37.

[16] 孔令华. 高水头水泵水轮机工况转换期瞬间异常声音分析. 水电站机电技术，2004，(6)：12-14.

[17] 梁洪军. 浅谈离相封闭母线运行与维护中隐患的解决措施. 东北电力技术，2006，(5)：8-11.

[18] 桂林，王祥珩，王维俭. 三峡电站发电机内部故障计算及保护灵敏度分析. 电力设备，2000，3：30-36.

[19] 王祥珩，孙宇光，桂林，王维俭. 发电机内部故障分析软件的理论基础——多回路分析法. 水电自动化与大坝监测，2003，4：72-78.

[20] 姜树德. 抽水蓄能电站电气二次设备和接线的特点. 电力设备，2004，12：27-30.

[21] 皮仙槎．抽水蓄能电站水道系统闸门(栅)、启闭机的合理配置．水利发电学报，1989.2.

[22] 皮仙槎，丁力．抽水蓄能电站拦污栅设计．水力发电学报，总31.

[23] 陈文学，吴一红，等．抽水蓄能电站拦污栅体型优化研究．中国水利水电科学研究院学报，2003，4.

[24] 才君眉，马俊，陈鹦．天荒坪抽水蓄能电站拦污栅旋涡脱落模型试验研究．水力发电学报，1996，3.

第十二篇

抽水蓄能电站建设征地移民设置

第一章 建设征地处理范围的拟定

抽水蓄能电站建设征地范围包括上、下水库淹没影响区和枢纽工程建设区。抽水蓄能电站虽有两个水库，但由于水库相对较小，有的是利用天然湖泊或已有水库，故枢纽工程建设区占工程建设征地范围的比重远大于常规水电站。有的枢纽工程建设区甚至大于水库淹没影响区，如江苏宜兴抽水蓄能电站枢纽工程建设区的范围为1.48km^2，大于水库淹没影响区的0.28km^2；桐柏抽水蓄能电站枢纽工程建设区的范围为0.74km^2，大于水库淹没影响区的0.46km^2。

建设征地处理范围需根据上、下水库特征水位、水库回水、库岸稳定影响、风浪和船行波影响以及施工总布置等设计成果予以确定。抽水蓄能电站建设征地一般不会涉及城市集镇整体搬迁，但可能涉及占用城市、集镇规划区或建成区部分建设用地、拆迁部分房屋和设施、搬迁安置部分城市集镇人口和机关企事业单位。城市、集镇迁建新址用地，是否纳入建设征地处理范围，根据工程所在地省级人民政府规定处理。抽水蓄能电站建设征地涉及的交通等专业项目处理工程用地是否纳入建设征地处理范围，也根据工程所在地省级人民政府规定处理。

1.1 水库淹没影响区

水库淹没影响区包括水库淹没区和因水库蓄水而引起的影响区。

1.1.1 水库类型

（一）利用天然湖泊、已建水库或改建已建水库作为上水库或下水库

利用天然湖泊、已建水库或改建已建水库作为上水库或下水库，是抽水蓄能电站建设较为普遍的选择。桐柏抽水蓄能电站利用已建桐柏水库作为上水库；马山抽水蓄能电站利用太湖作为下水库；宝泉抽水蓄能电站改建（将原水库正常蓄水位244m加高至260m）已建原宝泉水库作为下水库；泰安抽水蓄能电站利用已建成的大河水库作为上水库；仙居抽水蓄能电站利用已建的下岸水库作为下水库；羊卓雍湖（1996）抽水蓄能电站利用天然高原封闭天然湖——羊卓雍湖作为上水库，利用雅鲁藏布江作为下水库。

对于这类水库，如果不抬高正常蓄水位，一般不改变水库原有的淹没范围，由于成为抽水蓄能电站的水库，水位变幅可能增大、变化频率可能加快，水库运行工况的变化，可能新增滑坡、塌岸等影响区，需要开展相应地勘工作，界定影响范围。

（二）在山顶洼地或山坡沟谷以及河流上新建水库作为上水库或下水库

在山顶洼地或山坡沟谷以及河流上新建水库作为上水库或下水库，就涉及征地和移民。如广州抽水蓄能电站、天荒坪抽水蓄能电站、张河湾抽水蓄能电站等均在河流上新建下水库；如仙居抽水蓄能电站、广州抽水蓄能电站、泰安抽水蓄能电站在山顶洼地或山坡沟谷筑一座或多座坝封闭沟口或垭口形成上水库。

这类水库，淹没影响范围全部是新增的，需要按照技术标准规定进行界定。

1.1.2 水库淹没区

水库淹没区包括水库正常蓄水位以下的区域和水库正常蓄水位以上受水库洪水回水、风浪和船行波等临时受淹没的区域。水库淹没区按水库正常蓄水位以下的淹没区域、水库洪水回水区域以及风浪和船行波影响区域（含安全超高区域）的外包范围确定。利用天然湖泊、已建水库或改建已建水库作为上水库或下水库，如果不抬高正常蓄水位，其淹没区范围一般不会增加。

（一）水库正常蓄水位以下的淹没区域

按照正常蓄水位高程，以坝轴线为起始断面，水平延伸至与天然河道多年平均流量水面线相交处。

（二）水库洪水回水区域

根据不同淹没对象设计洪水标准，计算设计洪水回水水面线，分析回水终止末端，综合确定。

水库淹没处理的设计洪水标准，应根据淹没对象的重要性和耐淹程度，结合河道洪水特性和水库调节运用方式，在安全、经济和考虑其原有防洪标准的原则下分析选择。耕地、园地、农村居民点、一般城镇、一般工矿区淹没对象的设计洪水标准详见表 12-1-1。在抽水蓄能电站水库淹没处理规划设计中通常均按表 12-1-1 所列设计洪水重现期的上限标准选取，但也有取下限标准选取的，如福建省仙游抽水蓄能电站水库淹没耕地、园地设计洪水重现期为 2 年。

公路、电力、电信、水利设施、文物古迹等淹没对象，其设计洪水标准按照《防洪标准》（GB 50201—1994）和相关行业技术标准的规定确定。GB 50201 和行业技术标准无规定的，参照其服务对象的设计洪水标准确定。

不同淹没对象设计洪水标准详见表 12-1-1，架空电力线路与河流、水面最小垂直距离要求详见表 12-1-2。

表 12-1-1　　不同淹没对象设计洪水标准表

淹没对象	洪水标准（频率，%）	重现期（年）
1. 耕地、园地	50～20	2～5
2. 林地、牧草地、未利用土地	正常蓄水位	—
3. 农村居民点、一般城镇和一般工矿区	10～5	10～20
4. 高速公路路基	1	100
5. 一级公路路基	1	100
6. 二级公路路基	2	50
7. 三级公路路基	4	25
8. 四级公路路基	5	20
9. 高速公路和一级公路特大桥	0.3	300
10. 高速公路和一级公路大、中、小桥及涵洞、排水构造物；二级公路特大桥、大桥、中桥；三级公路和四级公路特大桥	1	100
11. 二级公路小桥及涵洞、排水构造物；三级公路和四级公路大桥、中桥	2	50
12. 三级公路小桥及涵洞、排水构造物；四级公路小桥	4	25
13. 骨干铁路和准高速铁路路基、桥梁；次要骨干铁路和联络铁路路基、桥梁	1	100

续表

淹 没 对 象	洪水标准（频率，%）	重现期（年）
14. 骨干铁路和准高速铁路、次要骨干铁路和联络铁路技术复杂、修复困难或重要的大桥和特大桥	0.3	300
15. 骨干铁路和准高速铁路、次要骨干铁路和联络铁路涵洞，地区（包括地方）铁路路基、桥梁、涵洞	2	50
16. 地区（包括地方）铁路技术复杂、修复困难或重要的大桥和特大桥	1	100
17. 35～110kV 变电站站区	2	50
18. 220kV 枢纽变电站及 220kV 以上电压等级的变电站	1	100
19. 国际干线通信线路，首都至各省会（首府、直辖市）的通信线路，省会（首府、直辖市）之间的通信线路	1	100
20. 省会（首府、直辖市）至各地（市）的通信线路，各地（市）之间的重要通信线路	2	50
21. 各地（市）之间的一般通信线路，地（市）至各县的线路，各县之间的通信线路	3.3	30
22. 不耐淹的国家级文物保护单位	1	100
23. 不耐淹的省（自治区、直辖市）级文物保护单位	1～2	100～50
24. 不耐淹的县（市）级文物保护单位	2～5	50～20

表 12-1-2　　架空电力线路与河流、水面最小垂直距离要求

项目	电压（kV）	通航河道		不通航河道	
		至五年一遇洪水位	至最高航行水位的最高船桅顶	至百年一遇洪水位	冬季至冰面
最小垂直距离（m）	500	9.5	6	6.5	10.5（三角） 11（水平）
	330	8.0	4	5	7.5
	220	7.0	3	4	6.5
	110	6.0	2	3	6
		至常年高水位		至最高洪水位	
	35～66	6	2	3	6
	3～10	6	1.5	3	5
	3	6	1	3	5

（三）风浪和船行波影响区域

有航运要求的抽水蓄能电站水库是少见的，目前还不能完全排除抽水蓄能电站水库有航运要求的可能性，因此，在下面内容中，还是介绍了船行波影响区域的确定方法。

风浪和船行波影响区域则根据风浪、船行波计算成果予以确定。

（1）风浪爬高。如果岸坡在45°以下，波浪垂直吹程在30km以下和风速在7级以下（风速在14～17m/s），按下列经验公式计算风浪爬高

$$h_p = 3.2Kh\tan\alpha$$

$$h = 0.0208V^{5/4}D^{1/3}$$

式中 h_p——风浪爬高，m；

h——岸坡前波浪高度，m；

α——岸坡坡度（即坡面与水平面所成角度）；

V——岸坡垂向库面风速，可参照当地气象站的观测资料，m/s；

D——岸坡迎风面波浪吹程，一般按岸坡此岸垂直到彼岸的最大直线距离，km；

K——与岸坡粗糙情况有关的系数（对于光滑均匀的人工坡面，如块石或混凝土板坡面，$K=0.77\sim1.0$；对于农田坎高小于0.5m者，$K=0.5\sim0.7$）。

（2）船行波最大波高。根据1987年国际航运协会常设技术委员会秘书处颁布的《*Guidelies for the Design and Construction of Flexible Revements Incorporation Geotextiles for Inland Waterways*》57号通报中建议的最大波高值（H_m）计算公式为

$$H_m = d(s/d)^{-0.33}[v_s/(gd)^{0.5}]^4$$

式中 H_m——最大波高值；

d——水深，m；

s——要求测定波高处距船舷距离，m；

v_s——船速，m/s。

（四）安全超高

与常规水电站相比，大部分抽水蓄能电站的库容较小，水库的水位变幅及单位时间内的水位变幅均很大，而且这种水位的变化每天都要重复进行，水库水位日变幅10～40m是经常发生的。在机组满发或抽水时，水库水位变化速率经常在5m/h以上，甚至可达8～10m/h。例如，天荒坪抽水蓄能电站下水库水位总变幅49.5，其中日循环的水位变幅43.5m，抽水时最大水位变化速率8.85m/h。

由于水位大幅度骤升骤降，水库库岸边坡的稳定容易出现问题。坝前正常蓄水位回水不显著地段安全超高，应从安全角度考虑，分析库周耕地和居民点淹没影响程度，根据风浪、船行波影响计算取值，分别按不低于0.5、1.0m合理确定安全超高值。如桐柏抽水蓄能电站下水库的正常蓄水位为141.17m，5年一遇和20年一遇洪水调洪的坝前水位分别为143.20m和144.20m，考虑抽水蓄能电站运行时水位变幅大，在5年一遇和20年一遇洪水调洪的坝前水位以上各加1m的安全超高，即144.20m和145.20m高程分别作为下水库耕园地和居民点淹没处理的范围。

（五）水库洪水回水末端的设计终点位置

以设计洪水回水水面线与同频率天然水面线差值等于0.3m的计算断面为水库回水末端断面，按该断面水库洪水回水位水平延伸至与同频率天然水面线相交处。河段内有重要对象的，应水平延伸至天然河道多年平均流量水面线相交处。当大频率洪水回水设计终点位置高程高于小频率洪水回水设计终点位置高程时，应取其外包线确定小频率洪水回水范围。

1.1.3 水库影响区

水库影响区按其危害性及影响对象的重要性划分为影响处理区和影响待观区。列为影响处理区的，需对影响对象提出相应的处理方案；列为影响待观区的，需在水库运行期进行观测、巡视，并根据其影

响情况进行处理。水库影响区应通过地质勘察，结合地面实物影响程度，分人口、土地和其他影响对象等类别，分类划定影响处理区和影响待观区。大部分抽水蓄能电站水库库容较小，一般不允许库周存在潜在的滑坡、塌岸，对于预测到的滑坡、塌岸，均会进行处理，避免滑坡、塌岸滑入水库。因此，抽水蓄能电站水库影响范围中一般没有待观区。

库岸滑坡、坍岸、浸没等影响区域，应按正常蓄水位和库周工程地质及水文地质条件，考虑水库蓄水过程和运行的水位变化，分析预测正常蓄水位以上滑坡、坍岸、浸没的影响界线予以确定。如泰安抽水蓄能电站下水库库尾地形平坦，当正常蓄水位达165m高程时，库区产生浸没影响的范围包括：北大辛庄村西农田表面为0.5m的砂土，下伏砂砾石层，产生浸没范围为高程165～166m间耕地；北大辛庄村东南地层为含砂砾壤土，产生浸没范围为高程165～168m间耕地；小官庄至常家庄耕地为含砂砾壤土，此段产生浸没范围为高程165～168m间耕地。其他影响区域，包括因水库蓄水致使岩溶发育地区库周岩溶洼地出现库水倒灌、滞洪而造成影响的区域；因减水造成的影响区域；水库蓄水后，失去基本生产、生活条件而必须采取处理措施的库周及孤岛上的区域，应按不同的影响成因，结合移民安置规划方案，预测影响损失，分析研究予以确定。

1.2　枢纽工程建设区

枢纽工程建设区包括枢纽工程建筑物及工程永久管理区、料场、渣场、作业场、施工企业、场内施工道路、工程建设管理区等区域。枢纽工程建设区范围应根据施工组织设计选定的施工总布置方案确定。水库淹没影响区与枢纽工程建设区的重叠部分应计入枢纽工程建设区。

枢纽工程建设区根据各地块的用途确定用地性质，分为临时用地区和永久占地区。工程建设临时使用且可以恢复原用途的土地纳入临时用地的范围；工程建设永久使用的土地以及虽属临时使用但不能恢复原用途的土地纳入永久占地的范围。

第二章 建设征地影响实物指标的调查

实物指标是指建设征地处理范围内的人口、土地、建筑物、构筑物、其他附着物、矿产资源、文物古迹、具有社会人文性和民族习俗性的场所等的数量、质量、权属和其他属性等指标。

实物指标分为农村、城市集镇、专业项目三部分。农村部分包括从事大农业（农业、林业、牧业、渔业）为主的村民委员会、农村集体经济组织和个体经营的农、林、牧、渔场，城市集镇驻地所辖的郊区农村，以及分散在城市集镇外的个体工商户和分散在农村的行政事业单位；城市是指县级以上（含县级）政府驻地的城市和城镇，其范围以建成区范围为界，建成区是指该城市集镇行政区内实际已成片开发建设、市政公用设施和公共设施基本具备的地区；集镇是指县级以下的建制镇，乡级人民政府驻地，经县级以上人民政府确认由集市发展而成的作为农村一定区域经济、文化和生活服务中心的非建制镇；专业项目是指独立于城市集镇之外的企业、乡级以上的事业单位（含国有农、林、牧、渔场），交通（铁路、公路、航运）、水利水电、电力、通信、广播电视、水文（气象）站、文物古迹、矿产资源及其他项目；其他项目是指军事设施、测量标志、标识性构筑设施、宗教设施、风景名胜设施等。

实物指标调查工作要遵循合法、客观、公正、公开、公平的原则。实物指标应通过调查和分析计算取得，要真实、准确地反映调查时的现状，调查成果应以省级人民政府发布实物指标调查通告时间为统计基准时间。在实物指标调查中，采用同样调查方法所得的抽样检查（复核）数据与原调查数据相比的允许误差，应满足表12-2-1所规定的精度要求。

表 12-2-1　　主要实物指标调查允许误差

主要项目	预可行性研究	可行性研究	主要项目	预可行性研究	可行性研究
1. 人口	±10	±3	4. 耕地、园地	±10	±3
2. 房屋	±10	±3	5. 林地、牧草地、未利用地	±15	±5
3. 主要专业项目	±10	±3			

2.1 实物指标分类

（1）人口。人口按户籍册分为农业人口和非农业人口两类。

（2）房屋建筑。按结构材料分为钢筋混凝土结构、混合结构（砖混结构）、砖（石）木结构、土木结构、木（竹）结构等；按所有权分为公房（包括国有和集体所有）和私房；按用途分为正房、杂房、烤烟房及田房等。

（3）附属建筑物。包括炉灶、晒场（地坪）、厕（粪）坑、晒台、围墙、门楼、生活水池（水井、水管）、水柜、地窖、沼气池等，可按结构进行划分。

（4）土地。按照《土地利用现状分类》（GB/T 21010—2007）的规定，土地利用现状分类采用一级、二级两个层次的分类体系，共分12个一级类、56个二级分类。

（5）文化宗教设施。指用于宗教活动的庙宇、寺院、道观、教堂等场所和设施，以及个人所有的祠堂、经堂、神堂等设施。

（6）农副业设施。包括水车、水磨、水碓、水碾、石灰窑、砖瓦窑等。

（7）零星树木。分为果树、经济树、用材树和景观树木。

（8）专业项目。包括工矿企业、乡级以上的事业单位（含国有农、林、牧、渔场），交通（铁路、公路、航运）、水利水电、电力、通信、广播电视、水文（气象）站、文物古迹、矿产资源及其他项目。

2.2　调查组织与程序

调查工作由项目主管部门或者项目法人组织协调，并由其委托的设计单位具体负责，会同建设征地涉及区的地方人民政府，在项目主管部门或者项目法人参与下开展调查。

实物指标调查前应做好必要的准备工作，包括调查任务的接受、资料收集、编制调查细则、布置勘测任务及调查组织协调工作。在省级人民政府发布实物指标调查通告后，方可组织现场调查。

调查程序和成果认定：预可行性研究报告阶段，实物指标由设计单位提出调查技术要求，由项目主管部门或者项目法人向省级移民主管部门或者地方人民政府提出开展实物指标调查申请，地方人民政府根据调查要求，对实物指标调查工作作出安排。必要时，实物指标调查成果征求地方政府的意见；可行性研究报告阶段，实物指标调查工作开始前，应由项目法人向工程占地和淹没区所在地的省级人民政府提出实物指标调查申请，省级人民政府同意后，由其发布禁止在工程占地和淹没区新增建设项目和迁入人口的通告，并对实物指标调查工作作出安排，实物调查应全面准确。对于建设征地迁移线外影响扩迁对象，应在落实移民搬迁户并经县级以上人民政府确认后，再开展调查工作。实物指标调查成果应经调查者和被调查者签字，并按有关规定公示后，由有关地方人民政府签署意见。

2.3　调查方法和要求

预可行性研究报告阶段的实物指标采用收集现有的资料结合典型调查分析确定。对于各类土地面积，利用不小于1/10000比例尺地形图进行量算，结合典型调查分析确定；对于房屋、附属建筑物、零星果木树等个人财产通过典型调查分析确定，典型调查的样本数应不低于总数的20%，必要时对建设征地迁移线外扩迁房屋、附属建筑物、零星树木等个人财产进行典型调查；对于人口、农副业设施、专业项目等，通过向有关单位收集资料分析确定，必要时对重要的项目进行现场核实。对水库正常蓄水位选择有制约作用的重要淹没对象应调查其分布高程。可行性研究报告阶段的实物指标应在实地测量设置建设征地移民界线临时标志前提下，进行全面调查确定。移民安置实施阶段如需要对实物指标进行复核调查时，按可行性研究报告阶段的调查方法进行调查。

（1）农村调查。对建设征地居民迁移线内的人口、房屋、附属建筑物、零星树木、农副业及个人所有文化宗教设施设备，以户为单位实地全面调查；对建设征地居民迁移线外扩迁人口，应逐户调查，对移民搬迁后，在建设征地居民迁移线外本农村集体经济组织地域之内无法使用和管理的房屋、附属建筑物、零星树木等进行调查；对土地面积，应利用不小于1/2000比例尺土地利用现状地形图或同等精度的航片、卫片等解译成果，在国土和林业部门的参加下实地确定地类、行政界限，以集体经济组织为单位调查计算各类土地面积，必要时，由县级人民政府将承包耕地、园地、林地等指标分解到户，同时应与林业和农业等相关部门对地类划分要求相衔接；农村中的其他项目，逐项全面调查统计。

（2）城市和集镇调查。向有关部门和单位收集调查城市集镇的行政区划、辖区范围、行政管理机构设置、自然条件、性质和功能、总体规划和发展规划、建成区情况、社会经济状况、人口规模（含流动人口、通勤人口）、人口增长（自然增长和机械增长）、市政基础设施、公共建筑设施等基本情况；对建成区面积、抽水蓄能电站工程建设占地范围利用现状和规划情况进行调查，抽水蓄能电站工程建设占地范围内各单位用地面积可通过收集统计和分析利用现状等资料得到，必要时现场核实；对人口、房屋及附属建筑物、设施设备等，分别按行政事业单位、企业和居民，现场进行逐户全面调查。由于抽水蓄能电站征地范围内不可能涉及城市整体搬迁，一般也不会涉及集镇整体搬迁，因此，对抽水蓄能电站占用城市、集镇部分的功能分析至关重要，调查时需要全面收集相关资料。

（3）专业项目调查。按专业类别、分单位或按项目全面调查，并明确各调查项目的权属关系，建设征地影响程度。专项设施可向主管部门收集有关统计、设计、工程竣工报告等资料，并实地逐项核实；企事业单位可收集财务、统计等资料并实地核实；矿产资源可向主管部门收集有关资料进行分析或委托有资质的地质矿产勘探单位进行调查；文物古迹委托省级文物管理部门授权的专业单位进行调查。对军事单位等保密机构可不进行现场调查，由有关部门提供资料。对其他需要调查的项目进行全面调查统计。

第三章 移民安置总体规划

3.1 规划依据和原则

3.1.1 规划依据

（1）建设征地处理范围确定成果；
（2）省级人民政府发布的通告；
（3）实物指标调查成果；
（4）县级人民政府关于移民安置方案的意见；
（5）有关地方人民政府的批复文件；
（6）安置区的自然资源和环境现状资料；
（7）安置区的社会经济和规划发展资料；
（8）枢纽工程建设进度计划。

3.1.2 规划原则

（1）移民安置总体规划的编制应当以资源环境承载能力为基础，遵循本地安置与异地安置、集中安置与分散安置、政府安置与移民自找门路安置相结合的原则，尊重少数民族的生产、生活方式和风俗习惯，考虑与国民经济和社会发展规划以及土地利用总体规划、城市总体规划、居民点和集镇规划的衔接。

（2）移民居民点选址应遵循因地制宜、有利生产、方便生活、保护生态、节约用地、经济合理的原则，选择交通方便、水源有保障，水质满足饮用水卫生标准，地质整体稳定，便于排水、通风和向阳的地方。有条件的，可以结合小城镇建设进行规划。

（3）农村移民安置规划应贯彻开发性移民方针，以农业安置为主，通过开发、整理和调剂土地，发展种植业和养殖业，使移民拥有与移民安置区居民基本相当的土地等农业生产资料，具备恢复原有生产生活水平必要的生产条件。有条件的，可以结合小城镇建设进行安置，或研究其他移民安置方式。

（4）建设征地影响的专业项目处理一般分为迁建、货币补偿、防护等三种处理方式。对具备工程防护条件的项目应尽可能采取工程防护措施。

（5）建设征地影响的专业项目，应按照原规模、原标准或者恢复原功能的原则和国家有关强制性规定，进行恢复或改建；不需要或难以恢复的，应根据其受征地影响的具体情况，分析确定是否给予合理补偿。对需要结合地方发展规划，扩大规模，提高标准（等级）或改变功能的项目，应由省级主管部门和项目法人协商一致，并明确投资分摊方案。

3.2　移民安置任务

3.2.1　基准年和规划水平年

抽水蓄能电站通常以省级人民政府发布通告的当年为基准年，以水库下闸蓄水的当年作为规划设计水平年。枢纽工程建设区移民安置人口推算宜结合实际搬迁年确定截止时间。

由于部分抽水蓄能电站的水库比较特殊，是通过开挖或部分开挖而成的，故库区移民通常需要提前搬迁。因此，此类水库影响移民安置人口推算宜结合实际搬迁年确定截止时间。

3.2.2　人口增长率

人口增长率应根据工程建设征地影响区人口自然增长率和机械增长情况结合当地实际综合分析予以确定。

3.2.3　安置人口

移民安置人口包括农村移民安置人口、城市移民安置人口和集镇移民安置人口。因抽水蓄能电站一般不涉及城市、集镇整体搬迁，仅需搬迁安置受工程建设征地影响的部分城市集镇人口和机关企事业单位，安置人口以调查年人口推算至规划设计水平年即可确定，故这里不作重点讨论，下面主要讨论农村移民安置人口。

农村移民安置人口指因水电工程建设征地需恢复生产和生活条件的农村人口，包括生产安置人口和搬迁安置人口，以现状经济统计资料为依据，分析淹没原有生产、生活资料的拥有情况，结合移民安置方案确定。

（1）生产安置人口。生产安置人口，是因建设征地失去了赖以生存的生产资料，而要重新安排生产生活出路的农业人口，一般以主要农业收入来源受水电工程建设征地影响的程度为依据计算确定。

对以耕（园）地为主要收入来源者，按建设征地处理范围涉及计算单元的耕（园）地面积除以该计算单元征地前平均每人占有的耕（园）地数量计算。必要时还需考虑征地处理范围内与征地处理范围外土地质量级差因素。生产安置人口的确定，应以设计基准年的资料为计算基础，按计算单元，考虑自然增长人口计算至规划设计水平年，计算公式为

$$R=\sum R_i(1+k)^{(n_1-n_2)}$$

$$R_i=\frac{S_{i,\mathrm{z}}+S_{\mathrm{q}}}{S_{i,\mathrm{zq}}/R_{i,\mathrm{j}}}\times N_{i,n}$$

式中　R——规划设计水平年生产安置总人口数；

R_i——计算单元设计基准年的生产安置人口数；

$S_{i,\mathrm{z}}$——计算单元设计基准年征占的耕（园）地面积；

S_{q}——其他原因造成原有土地资源不能使用的耕（园）地面积；

$S_{i,\mathrm{zq}}$——计算单元设计基准年征地前的耕（园）地总面积；

$R_{i,\mathrm{j}}$——计算单元设计基准年农业人口数；

i——计算单元数量；

k——人口增长率；

n_1——移民安置规划设计水平年；

n_2——移民安置规划设计基准年；

$N_{i,n}$——该计算单元征地处理范围内耕（园）地质量与该计算单元耕（园）地质量的级差系数，可采用亩产值差异进行分析计算。

但根据上述方法计算出的规划设计水平年生产安置人口必须满足下列条件，即

$$R \leqslant R_0(1+k)^{(n_1-n_2)}$$

式中　R_0——设计基准年农业人口总数。

对于耕地（水田、旱地）不是主要的生活经济来源的村组，可参照耕地的计算方法计算，以其主要的生活经济来源的项目计算生产安置人口。

（2）搬迁安置人口。搬迁安置人口包括居住在居民迁移线内的人口以及居民迁移线外因建设征地影响需要搬迁的扩迁人口。

扩迁人口是指居住在居民迁移线外，丧失生产资料，因生产安置等原因需要改变居住地的人口。

搬迁安置人口应按人口自然增长率预测至规划设计水平年，计算公式为

$$Q = \sum Q_i(1+k)^{(n_1-n_2)}$$

$$Q_i = A_i + B_i$$

式中　Q——规划设计水平年搬迁安置总人口数；

Q_i——计算单元设计基准年搬迁安置人口数；

A_i——计算单元设计基准年居民迁移线内的人口数；

B_i——计算单元设计基准年扩迁人口数，包括受土地资源的限制在原计算单元内不能解决生产安置的生产安置人口、丧失生产生活条件的人口等。

3.2.4　农村移民安置

农村移民安置任务主要是对抽水蓄能电站建设征地影响的农村移民进行妥善安置，移民人口包括生产安置人口和搬迁安置人口。

3.2.5　城市（集镇）迁建

由于抽水蓄能电站建设征地不可能涉及城市整体搬迁，一般也不会涉及集镇整体搬迁，但需根据抽水蓄能电站建设征地影响城市、集镇的情况，分析确定需要搬迁的城镇移民人口、机关企事业单位以及城镇基础设施等。

3.2.6　专业项目处理

根据抽水蓄能电站建设征地对铁路、公路、水运、电力、电信、广播电视、水利水电设施及企事业单位、文物古迹、矿产资源等专业项目的影响情况及其基本情况，分析确定需要处理的各专业项目名称、影响程度。

3.3　规划目标和安置标准

移民安置规划目标和安置标准应本着达到或超过原有生产生活水平的原则，以移民生产生活现状为基础，结合安置区的资源情况、开发条件和社会经济发展规划，以县为单位具体分析拟定，并预测到规划水平年。农村移民生产安置土地资源的配置标准，应结合移民安置方式以移民安置区农村集体经济组织或村民委员会为单位分析确定。

3.3.1　规划目标

规划目标包括人均纯收入、居住环境条件等社会经济目标，对移民生产生活直接影响的目标值应细化和分解，深入调查分析，结合安置区经济发展规划合理确定。

3.3.2　安置标准

安置标准包括生产安置标准和搬迁安置标准。生产安置标准指农村移民恢复因土地损失而影响的生产能力所需生产资料的配置标准或获得主要收入来源的市场资源的配置标准，应在保证基本生产条件下，根据安置区资源量合理确定。搬迁安置标准主要包括建设用地、供水、电力、道路、能源等指标，应根据移民区现状、国家的相关规定和不同安置区（农村、城市集镇）的实际条件，综合协调确定。

3.3.3　工程建设规模和标准

移民工程建设规模和标准，应当按照其原规模、原标准或者恢复原功能的原则，考虑现状情况，按照国家有关规定拟订。现状情况低于国家标准低限的，应按国家标准低限执行；现状情况高于国家标准高限的，应按国家标准高限执行。

3.4　移民环境容量

3.4.1　安置区选择

为使移民在搬迁安置后的生产生活不低于原有水平，并为移民生活水平的不断提高创造条件，移民安置区的选择需满足以下条件：

（1）气候条件、地理环境等自然条件较优或与原居住地相近。

（2）有较丰富的可开发土地或可调整的耕园地资源。

（3）交通较便利，水、电条件较好，或通过搬迁安置建设较易解决水、电、路等基础设施条件。

（4）现有或预期的经济发展和收入水平不低于移民原居住地区。

（5）尽可能照顾移民原有的生产、生活习惯。

3.4.2　移民环境容量

移民环境容量是指在一定的范围和时期内，按照拟定的规划目标和安置标准，通过对该区域自然资源的综合开发利用后，可接纳生产安置人口的数量。因此，移民环境容量的核心是解决农村移民的生产安置。它主要与该地区的土地资源、气候条件、移民和安置区居民意愿、经济发展水平、生产关系、生产生活习惯、基础设施、宗教信仰、生产水平、民族习俗等因素有关，是一个与多种因素有关的因变量。环境容量可分现实容量和潜在容量两类，但通过对国土资源的合理规划，并以一定数量的资金、技术、劳力投入，潜在容量有可能转变为现实容量。

移民环境容量分析应遵循保障移民基本的生产条件、社会经济可持续发展、生态环境良性循环的原则进行。结合移民安置资源条件移民环境容量可分为农业安置移民环境容量、第二产业安置移民环境容量、第三产业安置移民环境容量、其他方式安置移民环境容量等类型。

（1）农业安置移民环境容量应在安置区土地利用规划、种植业规划以及经济社会预测的基础上，分析土地资源可接纳生产安置人口数量。

（2）第二产业安置移民环境容量应在拟开发工业项目可行性论证，尤其是经济评价的基础上，分析确定工业开发项目可接纳的生产安置人口的数量。

（3）第三产业安置移民环境容量应在当地第三产业现状调查和发展水平预测的基础上，分析确定第三产业可接纳的生产安置人口的数量。

（4）其他方式安置移民环境容量应分析其他移民安置方式的条件，分析确定其他方式安置可接纳的生产安置人口的数量。

3.5 移民安置总体方案

3.5.1 农村移民安置

农村移民安置方案是抽水蓄能电站移民安置总体规划的核心，是开展农村移民安置规划设计的基础，应根据国家及省级人民政府出台的移民安置政策以及安置区实际情况，结合移民环境容量分析成果，分析研究影响移民安置方式、去向和资源配置等的主导因素，拟定两种以上可能的移民安置方案，并从技术可行性、实施可操作性、经济合理性等方面进行比较分析后加以确定。

生产安置方案依据拟定的生产安置方式、标准等，结合安置区实际情况和环境容量分析成果，合理确定生产资料来源、方式、数量、措施、投资等。

搬迁安置方案应结合移民生产安置方案，本着有利生产、方便生活、节约用地、确保安全的原则，分析确定搬迁地点、搬迁安置人口、基础设施配置的项目、规模、投资等。

3.5.2 城市（集镇）迁建

由于抽水蓄能电站建设征地不可能涉及城市整体搬迁，一般也不会涉及集镇整体搬迁，但需根据抽水蓄能电站建设征地对城市、集镇居民、机关企事业单位以及城镇基础设施的影响情况，分析确定城镇移民的搬迁方案、机关企事业单位搬迁或补偿方案以及城镇基础设施的恢复方案等。

3.5.3 专业项目处理

专业项目处理需根据抽水蓄能电站建设征地的影响情况及其基本情况，在征求专业项目主管部门或单位意见的基础上，分析确定需要处理的各专业项目的处理方案。

（1）对抽水蓄能电站建设征地影响的铁路、公路、水运、电力、电信、广播电视等设施，需要恢复的，应根据影响程度，按原规模、原标准（等级）、恢复原功能的原则，并结合项目所在地的地形、地质条件等，选择经济合理的复建方案。

（2）对抽水蓄能电站建设征地影响的抽水站、水库、闸坝、渠道等水利设施，应根据影响的程度和具体情况，结合移民安置规划，提出经济合理的复建或货币补偿处理方案。

（3）受抽水蓄能电站建设征地影响而必须保护的文物古迹，应根据其文物保护单位的级别和影响程度，提出搬迁、发掘、防护或其他保护措施。

（4）对具备防护条件的大片农田、人口密集的农村居民点、集镇、城市、工业企业、铁路、公路、文物等重要影响对象，应选择不低于相应水库淹没处理标准或现状防洪标准，并结合地形、地质条件进行防护方案比较，选择技术经济合理的防护方案。

（5）对需要迁建的企业，应当符合国家的产业政策，结合技术改造和结构调整进行，应按原规模、原标准、恢复原有生产能力的原则进行规划设计；对技术落后、浪费资源、产品质量低劣、污染严重、不具备安全生产条件的企业，应依法关闭，进行适当补偿。

3.6 后期扶持

根据《大中型水利水电工程移民安置条例》（国务院令第471号），我国实行的是开发性移民方针，即采取“前期补偿、补助与后期扶持”相结合的办法，使大中型水利水电工程建设征地移民的生产生活达到或超过原有水平。按照《国务院关于完善大中型水库移民后期扶持政策的意见》（国发〔2006〕17号）以及各省、自治区、直辖市人民政府的相关政策，结合工程建设征地移民安置的实际情况，并在充分尊重移民意愿并听取移民意见的基础上，编制切实可行的建设征地移民后期扶持规划。

3.7 移民生产生活水平预测总体评价

移民生产生活水平预测以县为单元，根据国民经济统计资料和移民区、移民安置区具体情况，对移民生活现状进行分析，进行生活水平评价。对移民安置规划确定的资源配置情况、生产条件、生活条件进行分析，对规划水平年安置效果进行预测评价。

第四章

农村移民安置规划设计

根据抽水蓄能电站建设征地影响的特点，农村移民安置规划设计是抽水蓄能电站建设征地移民安置规划设计的重点。农村移民安置规划设计是为恢复农村移民的生产生活条件，妥善安置农村移民而进行的规划设计工作，是农村移民重建家园、恢复和发展生产的蓝图，也是保证移民安居乐业，达到项目影响区长治久安、构建和谐社会的重要环节。

农村移民安置规划设计主要依据经省级人民政府审批通过的移民安置规划大纲和确定的移民安置总体规划开展相应的规划设计工作，主要任务是进行生产安置规划设计、搬迁安置规划设计；移民生活水平预测评价；提出移民后期扶持措施等。

编制农村移民安置规划必须严格遵守国家现行法规，深入调查研究项目影响区和移民安置区的实际情况，运用科学方法优化规划设计方案，这对妥善安置农村移民具有重大的现实意义。

4.1 农村移民安置规划设计原则

（1）严格执行国家和省级人民政府发布的法律、法规和政策，维护移民的合法权益，使移民生活达到或者超过原有水平。

（2）贯彻开发性移民方针，以农业安置为主，通过开发、整理和调剂土地，发展种植业和养殖业，使移民拥有与移民安置区居民基本相当的土地等农业生产资料，具备恢复原有生产生活水平必要的生产条件。有条件的，可以结合小城镇建设进行安置，或研究其他移民安置方式。

（3）移民安置规划应与地方国民经济和社会发展规划以及土地利用总体规划、城镇体系规划、城市总体规划、集镇和居民点规划相衔接。

（4）以资源环境承载能力为基础，本地安置与异地安置、集中安置与分散安置、政府安置与移民自找门路安置相结合。

（5）考虑移民居民点的安全、基础设施配套经济合理。

（6）尊重少数民族的生产、生活方式和风俗习惯。

4.2 生产安置规划设计

生产安置规划是对因建设征地失去了原有的生产资料的农村移民，重新安排生产生活出路的规划。生产安置规划设计包括农业安置项目、第二产业安置项目、第三产业安置项目以及其他途径安置项目的规划设计。

4.2.1　规划原则

（1）贯彻开发性移民方针，把移民安置的重点放在帮助移民开发生产门路上。

（2）移民安置以农业安置为基础。通过开发利用安置区土地资源，建设稳产高产耕园地，使每户农村移民拥有一份可耕作的土地，综合发展种植业、畜牧业、渔业、副业。根据当地资源优势，发展二、三产业，采用多产业、多渠道、多形式妥善安置移民的生产和生活，使移民的生活达到或超过原有水平，并为当地区域经济发展和移民生活水平提高创造条件。

（3）合理开发土地资源，控制水土流失，改善生态环境。

（4）尽可能在本村组、本乡（镇）、本县（市、区）就近就地安置。

（5）重视移民的教育和智力开发，提高劳动力素质，引进和吸收先进的科技成果，提高移民生产力水平。

（6）正确处理移民安置区新老居民的关系，不能因移民安置而损害老居民的利益。努力促进移民安置区的新老居民的融合及共同发展。

4.2.2　农业安置项目规划设计

农业安置项目规划设计项目包括土地资源筹措、土地开发与整理设计。

（1）土地资源筹措。土地资源筹措的主要途径包括：开发整宜农荒山、荒坡，建成高标准的耕园地安置移民；改造现有坡耕地、中低产田，提高土地的产量产值，可利用产值的增长部分安置移民；在土地容量相对充裕的村组，通过调整（有偿流转）一部分耕园地安置移民。

抽水蓄能电站一般选择在山区建库，耕园资源相对较小，要使移民在这有限的耕园地上，生活达到或超过原有水平，必须采取有效措施，提高耕园地单位面积的产值。主要措施有：

1）调整种植业结构，适当提高经济作物种植比例。如在城镇郊区以发展优质蔬菜为主的粮菜种植模式；在中等高度山区发展林果、粮油种植模式；在高山区，大力发展土、特、药产品。实行多层次、多类型的种植结构模式。

2）增加科技投入，扩大良种种植面积，提高作物的产量和质量。

3）大力进行农田基本建设，兴建和完善农田节水灌溉设施，保障作物的高产稳产。

4）坚持种养结合，发展生态农业。增施有机肥，改善土壤结构，提高土壤的保水保肥能力，从而提高农作物产量，保持生态平衡。

（2）土地开发与整理设计。对于集中成片的土地开发项目，其中面积超过 200 亩的安置区应测设 1∶2000地类地形图，编制生产安置规划，进行生产开发、土地整治设计，包括安置区土地利用现状调查、种植制度规划、土地利用总体规划、土地利用细部规划、水利规划等内容，并提出主要工程量；对 200 亩以下的安置区应提出处理措施和主要工程量。

1）土地利用现状调查：利用实测的地类地形图结合安置区土地详查成果，按《国土资源部关于印发试行〈土地分类〉的通知》（国土资发〔2001〕255 号）规定的土地分类标准现场核定地类并进行土地平衡分析。

2）水文地质评价：应委托相关地质部门对集中成片的生产开发区进行地质勘查工作，并提出水文及工程地质评价报告。

3）土壤适宜性评价：现场调查或通过文献资料分析研究安置区土壤的理化性状，并结合安置区气候特征，对安置区土壤适宜性作出评价，并提交评价报告。

4）土地利用总体规划：在安置区土地利用现状调查的基础上，通过土壤适宜性评价，结合安置区气候条件和适宜的种植模式，提出安置区土地利用总体规划，明确农用地（耕地、园地、林地、牧草地等）、建设用地（公共设施用地、公共建筑用地、住宅用地、交通运输用地、水利设施用地等）和未利用地的配置和布局规划。

5）种植模式研究和耕作制度规划：根据安置区的气候、土壤、水资源等自然条件，结合移民和安置区居民的种植业习惯，研究分析安置区适宜的主要种植模式。在土地利用总体规划的基础上，结合安置区适宜的种植模式，进行耕作制度和农田管理制度规划。耕作制度规划应包括作物品种选择、作物布局、耕作方式等，农田管理制度应包括灌溉、施肥、除草等。

6）土地利用细部规划：包括农业生产用地内部规划和土地整治规划，应提出土地开发、整理的技术标准和要求，需采取的工程和生物措施，分析计算土地开发、整理的工程量。

7）水利规划：在土地利用总体规划和种植业规划的基础上，进一步复核安置区农业灌溉需水量、移民生活用水量，安置区需水总量。进一步复核各安置区供水水源和可供水量，通过水量平衡分析，确定供水方案并进行规划设计，其中小Ⅱ型以上的水库工程、装机容量在100kW以上的泵站工程应补充必要的勘测设计工作，完成初步设计报告。

对于调整土地安置移民的项目，应包括安置区土地利用现状调查、产业结构调整规划、土地利用细部规划、水利规划等内容。

4.2.3 二、三产业安置规划

二、三产业安置移民开发项目的选择应结合项目影响区和移民安置区的经济发展要求、农村移民劳动力资源素质及可用于发展二、三产业的资金来源等因素，筛选一批具有资源优势突出、建设周期短、投资省、效益好的项目，特别应对资源条件、技术水平和市场供求水平等进行分析研究，应注意产业发展的持续性和移民安置的稳定性。

4.2.4 其他方式安置规划

其他方式安置主要包括自谋职业、自谋出路、投亲靠友和养老保障安置等，通过这些途径安置的移民，应明确需满足的条件、范围、标准及其操作程序和方法。采取此种方式安置的移民应根据移民意愿调查结果，由移民提出申请，地方政府调查核准后落实到户、到人。

对于补偿金安置方式，应根据移民安置的规划目标和补偿年限，动态分析补偿水平，确定补偿方案，报经省级政府批准落实。

4.2.5 资金平衡分析

投资平衡分析是指在分析单元内，生产安置规划所需投资与土地征收费中用于移民生产安置的费用之间的平衡关系分析。

生产安置规划所需的投资主要包括土地开发投资、获得土地经营权投资、配套基础设施投资、其他途径安置方式（社会保障安置、投亲靠友、自谋职业和自谋出路）投资等。

土地征收费中用于移民生产安置的费用主要包括集体所有的耕地、园地、林地、牧草地、其他农用地等农用地以及荒草地、滩涂等未利用地的土地征收费。

生产安置投资的来源量应大于或等于生产安置所需费用，否则，应提出解决资金缺口的办法或优化安置方案，直至两者基本吻合。

4.3　搬迁安置规划设计

移民搬迁指因工程建设造成原有居住房屋拆迁，或因生产安置造成原有居住房屋不方便居住，需重新建房或解决居住条件而进行迁移的行为。应以户为单位落实搬迁安置方案，明确移民搬迁安置去向，开展移民村庄迁建建设规划设计工作，编制规划投资概算。

4.3.1　移民居民点选址原则

移民居民点选址应遵循以下基本原则：

（1）应综合考虑地理位置和自然条件、占地的数量和质量、现有建筑和工程设施的拆迁和利用、交通运输条件、建设投资和经营费用、环境质量和社会效益等因素，经过技术经济比较，择优确定。

（2）宜选择在水源充足，水质良好，便于排水，通风向阳和地质条件适宜的地段。

（3）移民村庄选址应与生产安置规划结合，坚持有利于生产、方便生活、注重环境保护和节约用地的原则。

（4）移民村庄选址应进行必要的地质评价工作，避免布设在山洪、风口、滑坡、泥石流、洪水淹没、地震断裂带等存在地质问题和有防洪需要的区域，在库边后靠安置的移民，居民点应布设在居民迁移线以上的安全地区。

（5）应避开自然保护区、有开采价值的地下资源和地下采空区。

（6）避免被铁路、重要公路和高压输电线路所穿越。

（7）新址的选择应注意水电路基础设施的布局和配置，以农业安置的村庄应考虑耕作半径。

（8）应充分利用原有用地调整挖潜，同基本农田保护区规划相协调。当需要扩大用地规模时，宜选择荒地、薄地，不占或少占耕地、林地和人工牧场。

4.3.2　移民居民点规划设计

移民居民点的建设标准应符合国家和省、自治区、直辖市有关规定。移民居民点规划设计的内容主要包括场地平整、道路、供水、排水、供电、能源、文化、教育、卫生、通信、广播电视、环保和防灾等建设项目。

（1）确定人口规模。规划的村庄人口主要包括移民安置人口，即规划的常住人口，必要时应计及村庄的通勤人口。为使移民村庄留有一定的发展余地，应考虑一定的人口增长。按下式预测移民村庄的人口规模

$$Q=Q_1(1+K_1)^n+Q_2(1+K_2)^n$$

式中　Q——规划期内总人口，人；

Q_1——常住人口，人；

K_1——规划期内人口自然增长率，‰；

Q_2——通勤人口，人；

K_2——规划期内人口机械增长率，‰；

n——规划期限，年。

（2）村庄规划规模分级。村庄按其在村镇体系中的地位和职能宜分为基层村和中心村。村庄规模分级应按不同层次及规划常住人口数量分别划分为大、中、小型三级，见表 12-4-1。

(3) 村庄用地控制标准。村庄用地应按土地使用的主要性质划分为居住建筑用地(R)、公共建筑用地(C)、生产建筑用地(M)、仓储用地(W)、对外交通用地(T)、道路广场用地(S)、公用工程设施用地(U)、绿化用地(G)、水域(E)和其他用地(E)9大类、28小类。村庄建设用地标准应包括人均建设用地指标、建设用地构成比例。人均建设用地指标共分五级,见表12-4-2,中心村各类建设用地构成比例参见表12-4-3。

表12-4-1　村庄规模分级

村庄规模分级 \ 常住人口数量(人) \ 村庄层次	基层村	中心村
大型	>300	>1000
中型	100～300	300～1000
小型	<100	<300

表12-4-2　人均建设用地指标分级

级　别	一	二	三	四	五
人均建设用地指标 A (m^2/人)	$50<A\leqslant60$	$60<A\leqslant80$	$80<A\leqslant100$	$100<A\leqslant120$	$120<A\leqslant150$

表12-4-3　中心村建设用地构成比例

类别代码	用地类别	占建设用地比例(%)	类别代码	用地类别	占建设用地比例(%)
R	居住建筑用地	55～70	G_1	公共绿地	2～4
C	公共建筑用地	6～12	四类用地之和		72～92
S	道路广场用地	9～16			

注　基层村各类用地构成比例参照执行。

(4) 居民点用地评价和用地规模。应对居民点开展必要的地质勘察工作,对安置区的地质稳定性和适宜性作出评价。根据地质评价结论,对安置区划分不同的区块,说明各区块建筑物的限制条件。

根据移民村庄人口规模和人均建设用地控制指标确定总用地规模,划出红线范围。

(5) 居民点总体布局。按照圈定的红线范围,根据地质评价结论确定道路、居住用地、公用建筑用地、生产用地、公共设施用地和绿化用地等总体布局。

(6) 居住建筑规划设计。移民宅基地规模应根据所在省、自治区、直辖市政府规定的用地面积指标进行确定。

居住建筑用地的选址,应有利生产,方便生活,具有适宜的卫生条件和建设条件,并应符合下列规定:

1) 应布置在大气污染源的常年最小风向频率的下风侧以及水污染源的上游。

2) 应与生产劳动地点联系方便,又不相互干扰。居住建筑用地位于丘陵和山区时,应优先选用向阳坡,并避开风口和窝风地段。

3) 应具有适合建设的工程地质与水文地质条件。

居住建筑用地的规划，应符合下列规定：

1）应符合村镇用地布局的要求，并应综合考虑相邻用地的功能、道路交通等因素进行规划。

2）应根据不同住户的需求，选定不同的住宅类型，相对集中地进行布置。

居住建筑的布置，应根据气候、用地条件和使用要求，确定居住建筑的类型、朝向、层数、间距和组合方式，并应符合下列规定：

1）应符合所在省、自治区、直辖市政府规定的居住建筑的朝向和日照间距系数。

2）居住建筑的平面类型应满足通风要求。在《建筑气候区划标准》（GB 50178—1993）规定的Ⅱ、Ⅲ、Ⅳ气候区，居住建筑的朝向应使夏季最大频率风向入射角大于15°；在其他气候区，应使夏季最大频率风向入射角大于0°。

3）建筑的间距和通道的设置应符合村镇防灾的要求。

4）宅院宜缩小沿巷路一侧的边长；宅院组合宜采用一条巷路服务两侧住户的组合形式。

本阶段应对住宅结构进行设计，住宅结构设计应充分考虑当地居民的居住习俗。

（7）对外交通及村镇道路规划设计。道路交通规划应根据村镇之间的联系和村镇各项用地的功能、交通流量，结合自然条件与现状特点，确定道路交通系统，并有利于建筑布置和管线敷设。村镇所辖地域范围内的道路，按主要功能和使用特点应划分为公路和村镇道路两类，公路的规划设计应符合《公路工程技术标准》（JTG B 01—2003）的有关规定。村庄道路系统组成见表12-4-4，村庄道路规划设计标准见表12-4-5。

表12-4-4　村庄道路系统组成

村庄层次	规划规模分级	道路分级			
		一	二	三	四
中心村	大型	—	○	●	●
	中型	—	—	●	●
	小型	—	—	●	●
基层村	大型	—	—	●	●
	中型	—	—	○	●
	小型	—	—	—	●

注　●表示应设的级别；○表示可设的级别。

表12-4-5　村庄道路规划设计标准

规划技术指标	村镇道路级别			
	一	二	三	四
计算行车速度（km/h）	40	30	20	—
道路红线宽度（m）	24～32	16～24	10～14	—
车行道宽度（m）	14～20	10～14	6～7	3.5
每侧人行道宽度（m）	4～6	3～5	0～2	0
道路间距（m）	=500	250～500	120～300	60～150

（8）竖向规划设计。村庄建设用地的竖向规划，应包括下列内容：

1）确定建筑物、构筑物、场地、道路、排水沟等的规划标高；

2）确定地面排水方式及排水构筑物；

3）进行土方平衡及挖方、填方的合理调配，确定取土和弃土的地点。

在竖向规划设计过程中，应充分考虑以下因素：

1）充分利用自然地形，保留原有绿地和水面；

2）有利于地面水排除；

3）符合道路、广场的设计坡度要求；

4）减少土方工程量；

5）建筑用地的标高应与道路标高相协调，高于或等于邻近道路的中心标高；

6）村镇建设用地的地面排水，应根据地形特点、降水量和汇水面积等因素，划分排水区域，确定坡向，坡度和管沟系统。

（9）供水工程规划设计。村庄供水方式可分为集中供水和分散供水。供水工程规划设计中，集中供水应包括确定用水量、水质标准、水源及卫生防护、水质净化、供水设施、管网布置；分散式给水应包括确定用水量、水质标准、水源及卫生防护、取水设施。

用水量计算应包括生活、生产、消防、浇洒道路和绿化、管网漏水量和未预见水量等，其中：①生活用水量包括居住建筑的生活用水量和公共建筑的生活用水量，应符合《建筑给水排水设计规范》（GB 50015—2003）的有关规定，公共建筑的生活用水量也可按居住建筑生活用水量的8%～25%进行估算；②生产用水量应包括乡镇工业用水量、畜禽饲养用水量和农业机械用水量，可按所在省、自治区、直辖市政府的有关规定进行计算；③消防用水量应符合《农村防火规范》（GB 50039—2010）的有关规定；④浇洒道路和绿地的用水量，可根据当地条件确定；⑤管网漏失水量及未预见水量，可按最高日用水量的15%～25%计算。

生活饮用水的水质应符合相关标准的规定。

水源的选择应符合：①水量充足，水源卫生条件好、便于卫生防护；②原水水质符合要求，优先选用地下水；③取水、净水、输配水设施安全经济，具备施工条件；④选择地下水作为供水水源时，不得超量开采；⑤选择地表水作为供水水源时，其枯水期的保证率不得低于90%。

供水管网系统的布置，干管的方向应与供水的主要流向一致，并应以最短距离向用水大户供水。供水干管最不利点的最小服务水头，单层建筑物可按5～10m计算，建筑物每增加一层应增压3m。

分散式给水应符合相关标准的规定。

（10）排水工程规划设计。排水工程规划设计应包括确定排水量、排水体制、排放标准、排水系统布置、污水处理方式。

1）排水量计算：排水量应包括污水量、雨水量。污水量包括生活污水量和生产污水量，其中生活污水量可按生活用水量的75%～90%进行计算；生产污水量及变化系数应按产品种类、生产工艺特点和用水量确定，也可按生产用水量的75%～90%进行计算。雨水量宜按邻近城市的标准计算。

2）排水体制选择：排水体制分为雨污分流制和雨污合流制，一般选择分流制，条件不具备的小型村庄可选择合流制，但在污水排入系统前，应采用化粪池、生活污水净化沼气池等方法进行预处理。

3）污水排放，应符合有关规定；污水用于农田灌溉，应符合有关规定。

4）排水管渠布设：雨水应充分利用地面径流和沟渠排除；污水应通过管道或暗渠排放，雨水、污水的管、渠均应按重力流设计。

5）污水处理方式：分散式与合流制中的生活污水，宜采用净化沼气池、双层沉淀池或化粪池等进行处理；集中式生活污水，宜采用活性污泥法、生物膜法等技术处理。生产污水的处理设施，应与生产设施建设同步进行。污水采用集中处理时，污水处理厂的位置应选在村镇的下游，靠近受纳水体或农田灌溉区。

（11）电力工程规划设计。供电工程规划应包括预测村庄所辖地域范围内的供电负荷、确定电源和电压等级，布置供电线路、配置供电设施。

供电负荷的计算，应包括生活用电、乡村企业用电和农业用电的负荷。

供电电源和变电站站址的选择应以县域供电规划为依据，并符合建站的建设条件，线路进出方便和接近负荷中心。

变电站出线电压等级应按所在地区规定的电压标准确定。

供电线路的布置原则：①宜沿公路、村镇道路布置；②宜采用同杆并架的架设方式；③线路走廊不应穿过村镇住宅、森林、危险品仓库等地段；④应减少交叉、跨越、避免对弱电的干扰；⑤变电站出线宜将工业线路和农业线路分开设置。

供电变压器容量的选择，应根据生活用电、乡村企业用电和农业用电的负荷确定。

重要公用设施、医疗单位或用电大户应单独设置变压设备或供电电源。

（12）通信工程规划设计。通信工程设施设计主要确定其通信设备容量和移民安置区内通信线路布设，设备及线型的选用应由地方通信主管部门根据当地的通信发展规划确定。

通信设备容量应结合当地经济和社会发展需要合理确定。

移民安置区内通信线路布置，应符合的要求有：①应避开易受洪水淹没、河岸塌陷、土坡塌方以及有严重污染等地区；②应便于架设、巡察和检修；③宜设在电力线走向的道路另一侧。

（13）广播电视工程规划设计。广播设施规划，一般采取无线广播方案进行设计，设备的选用应根据当地主管部门的有关规定确定。

有线电视设施的规划设计，主要对移民安置区内的线路布设进行规划设计，设备及线型的选用应按当地广电部门有关规定确定。

（14）绿化及环保工程规划设计。根据居民点空间布局及环境景观的需要进行绿化规划设计，包括居民点范围内绿地的布置及主要街道两侧树木的选择。

居民点范围内的环保工程设计主要包括公共厕所、生活垃圾处理、生活污水处理等设施的布局和设备的选用等进行规划设计。

（15）防洪工程规划设计。村镇所辖地域范围的防洪规划，应按 GB 50201 的有关规定执行。邻近大型工矿企业、交通运输设施、文物古迹和风景区等防护对象的村镇，当不能分别进行防护时，应按就高不就低的原则，按 GB 50201 的有关规定执行。村镇的防洪规划，应与当地江河流域、农田水利建设、水土保持、绿化造林等的规划相结合，统一整治河道，修建堤坝、圩垸和蓄、滞洪区等防洪工程设施。

（16）文教卫规划设计。对移民居民点的文化、教育、卫生等设施，考虑原有的水平和安置区的具体条件，进行经济合理地配置。如果安置区现有设施能满足移民安置的需要，可仅考虑部分增容费；如果安置区现有设施不能满足移民安置的需要，则应按国家有关规定采取扩容等措施对相应设施进行规划设计。

4.3.3　搬迁安置规划投资

搬迁安置规划投资包括人口搬迁、物资搬迁、新址建设征地、场地平整、道路等基础设施工程建设、新增临时工程及新增列的公共建筑、环保、防灾设施等费用。

4.4　后期扶持措施

按照《国务院关于完善大中型水库移民后期扶持政策的意见》（国发〔2006〕17号）以及各省、自治区、直辖市人民政府的相关政策，结合工程建设征地移民安置的实际情况，并在充分尊重移民意愿并听取移民意见的基础上，拟定移民后期扶持措施。

4.5　移民生产生活水平预测

根据国民经济统计资料和移民区、移民安置区具体情况，对移民生活现状进行分析，对生活水平及居住环境进行评价。

移民生活水平评价预测指标与制定的移民安置标准相对应，包含生产、生活和居住环境三类。

（1）生产包括移民的人均耕地、人均粮食、人均纯收入等。

（2）生活和居住环境包括人均建设用地面积、人均生活用电标准、人均生活用水标准，居民点交通条件，居民点的自然和社会环境（居民点的绿化率、就学条件、医疗卫生条件、广播电视条件等）等。

第五章

城市集镇迁建规划设计

城市集镇迁建规划设计的主要任务是依据水电工程建设征地补偿政策，按照移民安置规划设计阶段的要求，进行城市集镇新址以及建设用地范围内的用地布局、场地平整、基础设施、移民搬迁安置和城市集镇功能恢复的规划设计，计算相应的迁建补偿费用，编制移民安置规划水平年的迁建规划设计文件。城市集镇迁建规划设计由水电工程移民安置规划编制单位负责，地方政府负责履行城市集镇迁建的有关法律程序。

水电工程预可行性研究报告阶段，进行城市集镇迁建新址初步选择及其初步规划。可行性研究报告阶段，选定城市集镇新址，编制城市迁建总体规划及其详细规划设计文件，编制集镇迁建总体规划及其建设规划设计文件。移民安置实施阶段，进行城市集镇迁建基础设施工程施工图设计。经批准的城市集镇迁建规划设计是组织实施的基本依据，应当严格执行，不得随意变更或者修改；确需调整或修改的，应按程序重新报批。

抽水蓄能电站建设征地一般不会影响城市集镇的整体功能而涉及整体搬迁，但可能涉及占用城市、集镇规划区或建成区部分建设用地、拆迁部分房屋和设施、搬迁安置部分城市集镇人口和机关企事业单位，从而需要人口安置和设施恢复。

5.1　城市集镇人口和机关企事业单位搬迁安置

建设征地影响城市集镇机关企事业单位的迁建和人口的安置应根据当地城市或集镇拆迁管理实施办法的要求进行，一般可采取货币或搬迁的方式进行妥善安置。移民搬迁和和机关企事业单位迁建选址应符合城市集镇的总体规划，并开展相应的地质勘察工作，包括查明新址所在区域的地质环境；预测建设和运行过程中可能出现的环境地质问题，以便预先采取工程措施加以防范。

5.2　城市集镇设施复建规划设计

城市集镇设施复建一般按原规模、原标准、恢复原功能的要求进行恢复建设，主要包括道路、给排水、电力、燃气、通信和环卫等。

(1) 道路工程。根据城市集镇现有道路工程情况和项目影响情况，复建规划设计工作通常包括拟定道路布局、道路等级等，开展道路规划设计，计算工程量等。

(2) 给水工程。根据城市集镇现有的给水工程情况和项目影响情况，复建规划设计工作通常包括拟定加压泵站、高位水池、水塔规模和位置、设备规格，同时进行配水管网布置，拟定管网的管径、管材以及敷设方式，计算工程量等。

(3) 排水工程。根据城市集镇现有的排水系统、出水口位置和项目影响情况，复建规划设计工作通常包括确定排水系统的布局及敷设方式，计算管径、排水渠道断面以及相应的工程量。

（4）电力工程。根据城市集镇现有的变电所、开关站的位置和容量、进出线路回数等基本情况，复建规划设计工作通常包括确定线路回数及其线材、线径，确定线路走向，计算电力设施的工程量，提出主要设备清单。

（5）燃气工程。根据城市集镇现有的燃气气源和储备站的位置和容量，复建规划设计工作通常包括拟定输配管网，选择管径、管材以及敷设方式，提出主要工程量和主要设备清单。

（6）通信工程。根据城市集镇现有的邮政、电信局所、基站、广播电视机房的位置及其规模及服务范围，复建规划设计工作通常包括选择邮政、电信局所、基站、广播电视机房的迁建新址，确定建设规模和标准，选定线材、线径及其敷设方式等，计算工程量，提出主要设备清单。

（7）环卫工程。根据项目影响情况，复建规划设计工作通常包括布置集镇内公共厕所、化粪池、废物箱、垃圾容器和环境卫生等设施，提出设施名称和数量。

第六章 专业项目处理规划设计

6.1 规划设计的主要内容

根据抽水蓄能电站建设征地“施工区大、水库区小、移民量少且相对集中”的特点，受抽水蓄能电站建设征地影响需复建的专业项目主要包括交通、电力、电信、广播电视、水利水电设施及企业、事业单位、文物古迹等。移民专业项目规划设计的主要任务是依据国家有关政策规定，结合农村移民安置规划、城市集镇迁建规划，对受建设征地影响的和因移民安置需要而新增的专业项目提出处理方式、确定规模和标准、开展勘测设计、计算投资，编制规划设计文件。

6.2 专业项目处理方式

抽水蓄能电站专业项目的处理方式应根据其原服务范围、对象，结合移民安置总体方案和当地行业发展规划成果合理确定，大体分为复建、改造、补偿等几种，其中：

（1）对受建设征地影响的交通、电力、电信、广播电视等专业项目，如移民外迁安置后，服务对象消失的，可不进行复建，其补偿投资可随服务对象的迁移用于移民安置区本行业专业项目的新建或增容。如其服务对象处于建设征地范围以外的，应根据项目所在地的地形、地质条件等，选择经济合理的复建方案。

（2）对受建设征地影响的抽水站、水库、闸坝、渠道等水利设施，如建设征地和移民安置后，服务对象消失的，可不进行复建，如其服务对象处于建设征地范围以外的，应根据项目所在地的地形、地质条件等，选择经济合理的复建、改造和补偿方案。其补偿投资可随服务对象的迁移用于移民安置区农业生产开发。

（3）对受建设征地影响的小水电站，应根据项目所在地的地形、地质条件等，选择经济合理的改造和补偿方案。

（4）对受建设征地影响的企业，应根据生产资源情况，在符合国家的产业政策前提下合理确定处理方式，需要迁建的企业，应按原规模、原标准、恢复原有生产能力的原则，结合技术改造和结构调整进行规划设计；对技术落后、浪费资源、产品质量低劣、污染严重、不具备安全生产条件的企业，应依法关闭，进行适当补偿。

6.3 专业项目处理原则

对受抽水蓄能电站建设征地影响需复建或移民安置需要而新建的专业项目，应当按照其原规模、原标准或者恢复原功能的原则和国家有关强制性规定，进行恢复或改建，其中：

（1）对原标准、原规模低于国家规定范围的下限的复建项目，应当按国家规定范围的下限确定建设标准或规模。

（2）对原标准、原规模高于国家规定范围的上限的复建项目，应当按国家规定范围的上限确定建设标准或规模。

（3）对原标准、原规模在国家规定范围内的复建项目，应当按照其原有标准、原有规模进行建设。

（4）对国家没有具体规定的复建项目，应当根据受影响项目实际情况确定建设标准或规模。

（5）对因移民安置需要而新建的专业项目，应当根据移民安置点的建设规模和国家的有关政策规定，结合原有专业项目和移民安置区专业项目现状水平，按照有利生产、方便生活、经济合理、满足移民安置需要的原则，在国家规定范围内合理确定建设标准或规模。

各专业项目处理投资，按原规模、原标准或者恢复原功能复建所需费用列入抽水蓄能电站建设征地和移民安置补偿投资。因扩大规模、提高标准增加的费用，由有关地方人民政府或者有关单位自行解决，不列入抽水蓄能电站建设征地和移民安置补偿投资。

6.4　专业项目处理规划设计工作深度

抽水蓄能电站移民安置规划设计一般分预可、可研和实施三个阶段，在不同的阶段，专业项目处理规划设计深度可根据相关行业的规划设计规范的要求拟定，在预可研阶段，专业项目处理工程规划设计可按相关行业可行性研究深度（电力工程为预可研）开展，可研阶段，专业项目处理工程规划设计可按相关行业初步设计深度（电力工程为可研）开展，移民实施阶段，专业项目处理工程设计按相关行业施工图设计深度开展。

6.5　专业项目处理规划设计工作思路

受抽水蓄能电站影响或移民安置需要而复建的专业项目包括交通、电力、电信、广播电视、水利水电设施及企业、事业单位、文物古迹等。移民实施时，一般按交通工程复建—电力工程复建—水利水电设计复建—移民点建设（包括集镇）—企事业单位复建—电信、广播电视工程复建的顺序逐步进行。但在规划设计的工作思路却与移民实施不同，其工作思路（步骤）可按移民点拟订（包括集镇新址）—企事业单位复建方案确定—水利水电设计复建方案拟订—交通工程复建方案拟订—电力、电信、广播电视工程复建拟订的顺序逐步进行。

第七章 水库库底清理设计

水电工程水库库底清理是水库淹没处理和移民工作的重要组成部分，也是水电工程建设必不可少的工作和程序。做好水库库底清理工作，对防止水库水质污染，保护库区及下游生态环境和人群健康，保证枢纽工程及水库安全运行，促进水库防洪、发电、航运、供水、旅游等综合开发利用，促进社会经济可持续发展，具有十分重要的意义。

由于水库运行方式的特殊性，抽水蓄能电站与常规水电站相比有不同的特点，其水库库底清理范围、内容和要求也有其特殊性。

7.1 抽水蓄能电站水库特点

（1）水库面积和库容较小。多数抽水蓄能电站只进行日调节或周调节运行，故不需要很大容量的水库。抽水蓄能电站对水头利用的要求较高，其形式往往是装机容量大、水头高，但水库面积小、库容小。例如，浙江天荒坪抽水蓄能电站装机容量 180 万 kW，利用水头 570m，上水库面积 0.283km^2，库容 855m^3，下水库面积 0.21km^2，库容 877m^3。国内部分已建、在建抽水蓄能电站装机容量、水库面积和库容资料详见表 12-7-1。

表 12-7-1　国内部分已建、在建抽水蓄能电站装机容量、水库面积和库容一览表

序号	工程名称	装机容量（万 kW）	水库位置	水库面积（km^2）	库容（万 m^3）
1	浙江天荒坪抽水蓄能电站	180	上水库	0.283	855
			下水库	0.210	877
2	河南宝泉抽水蓄能电站	120	上水库	0.254	635
			下水库	1.539	6750
3	山东泰安抽水蓄能电站	100	上水库	0.352	1125
			下水库	3.533	2993
4	浙江桐柏抽水蓄能电站	120	上水库	—	1147
			下水库	0.920	1284
5	江苏宜兴抽水蓄能电站	100	上水库	0.180	530
			下水库	0.100	572

（2）大多利用已建水库或天然湖泊作为上水库或下水库，水库工程量较小。从国内已建或在建的抽水蓄能电站来看，大多利用当地的地形条件、结合当地的已有的水库资源来满足蓄水条件，大大减小了建造水库的工程量。利用已有水库作为下水库的抽水蓄能电站，仅需在山顶开挖库盘、修建上水库；利用已有水库作为上水库的抽水蓄能电站，仅需利用天然河道修建下水库。例如，浙江桐柏抽水蓄能电站上水库利用已有的桐柏水电站水库，下水库新建所得。国内部分已建、在建抽水蓄能电站上、下水库情况详见表 12-7-2。

表 12-7-2　　国内部分已建、在建抽水蓄能电站上、下水库情况一览表

序号	工程名称	上水库情况	下水库情况
1	浙江天荒坪抽水蓄能电站	开挖、新建	新建
2	河南宝泉抽水蓄能电站	开挖、新建	新建
3	山东泰安抽水蓄能电站	开挖、新建	已有大河水库
4	浙江桐柏抽水蓄能电站	已有桐柏水库	新建
5	江苏宜兴抽水蓄能电站	开挖、新建	原会坞水库加高
6	江苏马山抽水蓄能电站	部分开挖、新建	太湖

（3）上水库大多对防渗的要求较高。抽水蓄能电站的水库水位变化频繁，上（水）库很多是在山顶开挖出来的，原有岩土的防渗性并不好，蓄水后渗漏趋势较大，且上水库库存的水是消耗电能抽上去的，故在工程上必须有可靠的防渗措施。例如，泰安抽水蓄能电站上水库就采用土工膜、混凝土面板、帷幕灌浆相结合的综合防渗措施，其他很多上水库为开挖、新建的抽水蓄能电站，均考虑了一定的防渗措施。

7.2　抽水蓄能电站清库特点

与常规水电项目相比，抽水蓄能电站水库有其不同的特点，这些特点已在前面内容已经进行了叙述。水库的特殊性决定了抽水蓄能电站库底清理的范围、内容、要求等与常规水电项目相比也有不同的特点，其主要体现在以下几方面：

（1）清库工程量较小。抽水蓄能电站水库大多规模较小，清库的范围和工程量均较小。而且，很多抽水蓄能电站利用已有水库作为上水库或下水库，由于已有水库已运行多年，其水库淹没区早已进行处理，故不需要重新进行处理和库底清理，大大减小了清库的工程量。对于部分开挖、新建完成的上水库或下水库，由于工程上安全可靠的防渗要求，其库盘大多考虑防渗措施，也不存在库底清理的要求，如天荒坪抽水蓄能电站上水库，全库铺设了沥青混凝土。

（2）大多没有特殊清理项目。水库库底清理范围根据水库淹没处理范围、清理对象、水库运行方式和水库综合利用要求，分为一般清理和特殊清理两部分。由于抽水蓄能电站水库规模较小，库周范围和库面面积较小，加上很多挖、新建的水库对于安全运行的要求较高，水库库周和库面范围内大多没有新建开发项目，也就不存在特殊清理的要求。

7.3　水库库底清理设计

7.3.1　库底清理范围

（1）一般清理范围。根据《水电工程水库库底清理设计规范》（DL/T 5381—2007）对水库库底清理对象的要求，拟定水库库底清理对象的一般清理范围见表 12-7-3。

表 12-7-3　　抽水蓄能电站水库库底清理一般清理范围一览表

清理项目	清理范围	清理项目	清理范围
卫生清理范围	居民迁移线以下，不含影响区	大体积建（构）筑物清理	正常蓄水位至死水位（含极限死水位）以下 3m
一般建（构）筑物清理	居民迁移线以下	林木清理	正常蓄水位以下

（2）特殊清理范围。特殊清理的范围是水库淹没处理范围内选定的水产养殖场、捕捞场、游泳场、水上运动场、航道、港口、码头、泊位、供水工程取水口、疗养区等所在地的水域。

抽水蓄能电站大多没有特殊清理的要求。假如有，需根据“谁经营，谁投资，谁得益”的原则，由有关主管部门提出特殊清理方案。

7.3.2　库底清理项目

库底清理项目根据水库运行方式和水库综合利用的要求，分为一般清理项目和特殊清理项目两部分。一般清理项目分为卫生清理、建（构）筑物清理、林木清理等三类。特殊清理项目是指特殊清理范围内为开发水域各项事业而需要进行特殊清理的项目。各类库底清理的对象、方法等详见 DL/T 5381。

7.3.3　一般清理技术要求

（1）卫生清理。

1）对库区内的污染源地均应进行卫生防疫清理，对厕所、粪坑（堆）、畜圈（栏）、垃圾堆等，应将其污物运出库外指定的集肥池，并加盖密封以防污染。对其坑穴每平方米用 0.5～1kg 生石灰（或其他新型消毒剂）消毒处理。污水坑需用净土填塞。

2）对埋葬 15 年以内的坟墓，必须迁出库外或就地处理，迁后的坟穴每一坑穴用 0.5～1kg 漂白粉（或其他新型消毒杀菌剂）消毒处理。对埋葬 15 年以上的坟墓，是否迁移，视当地习惯处理。对埋葬传染病死亡者的坟地和病畜埋葬场，应在卫生部门指导下进行清理或处理。

3）对具有堆放农药、化肥等有毒的场所和仓库，应在环境卫生部门指导下，按有关规定进行清理和处理。

4）对施工单位在水库区布置建筑物及其附属设备、污物、垃圾、油污等，由各有关部门自行负责按上述清理的要求进行清理并运出库外。

（2）建（构）筑物清理。

1）拆除清理范围内的房屋，墙壁（除土质者外）推倒摊平，对无用且易漂浮的废旧材料就地烧毁。

2）焚烧要特别注意防火安全，需有专人负责与看管，要有灭火设备和灭火措施。焚烧点与林区或建筑物距离一般不得少于 50m 消防规定的安全距离，并应选择风速小于二级的天气进行。

3）清理范围内的输电线路等设施，凡妨碍水库运行安全和开发利用的必须拆除，设备和旧料应运出库外。对确难清理的较大障碍物，应设置蓄水后可见的明显标志，并在水库区地形图上注明其位置与标高。

（3）林木清理。

1）森林及零星树木，应尽可能齐地面砍伐并清理外运，残留树（竹）桩不超过地面0.3m。

2）迹地及林木砍伐残余的枝桠、枯木、灌木林（丛）以及农作物秸秆、泥炭等易漂浮的物质，在水库蓄水前，应就地烧毁或采取防漂措施。

3）焚烧要特别注意防火安全，需有专人负责与看管，要有灭火设备和灭火措施。焚烧点与林区或建筑物距离一般不得少于50m消防规定的安全距离，并应选择风速小于二级的天气进行。

第八章 利用已建水库的处理

在国内已建或在建的抽水蓄能电站中，由于好多抽水蓄能电站是利用已建水库或改造已建水库作为抽水蓄能电站的上水库或下水库，虽然可以减少征地和移民，但同时也会给原有水库功能的正常发挥带来不同程度的影响，因此需要对已建水库进行处理，通常采用经济补偿或工程措施予以解决。

如浙江桐柏抽水蓄能电站利用已建桐柏水库作为上水库，但已建桐柏水库具有发电、供水等功能，抽水蓄能电站的建设影响了其原有功能特别是潜在的供水功能，最后经双方协商采用经济补偿的方式予以处理，由抽水蓄能电站项目业主买断了已建桐柏水库的产权，已建桐柏水库权属单位利用原水库补偿费用择址新建一个电站，以恢复原有水库的相应功能。另外，河南宝泉抽水蓄能电站改建（将原水库正常蓄水位 244m 加高至 260m）原宝泉水库作为下水库以及浙江仙居抽水蓄能电站利用已建的下岸水库作为下水库，均因影响了原有水库功能的正常发挥，在不买断原水库产权的前提下，对受影响的原水库部分功能作出合理的经济补偿。

第九章 建设征地移民安置补偿费用概算编制

水电工程建设因水库蓄水和枢纽工程建设，需要征收（用）一定数量的土地，影响土地的正常使用及影响区内居民正常的生产生活，需按照有关法律法规对建设征地及其影响范围内的土地及地面附着物、设施设备搬迁迁建、移民搬迁安置等作补偿。在项目可行性研究报告阶段的建设征地移民安置规划设计工作中，编制建设征地移民安置补偿费用概算是一项非常重要的工作，既关系到项目的投资和效益，同样关系到移民损失的财产能否获得合理补偿、生产生活水平能否恢复。水电工程设计概算分为枢纽建筑物和建设征地移民安置两大部分，是可行性研究报告的重要组成部分，是水电工程进行项目国民经济评价及财务评价的依据，也是国家宏观调整和控制固定资产投资规模、政府有关部门对工程项目进行稽查、项目法人筹措建设资金和控制管理工程造价的依据。

我国是个以公有制为主体的社会主义国家，土地等自然资源和重要的基础设施都是公有。大中型水电工程开发建设也是在国家统筹计划下进行的，水电工程的投资主体目前居多是国家或者国有企业。作为地方人民政府，对国家基础性的水电工程建设是积极支持的。因为水电工程的水库移民问题涉及面广、社会性和政策性都强，所以，对于水库淹没补偿标准和移民安置去向的确定，土地的征用和安置区的土地调整，移民安置的实施，都需要各级地方人民政府进行协调、督办或执行。我国对水电工程水库移民实行政府负责制度，实行开发性移民方针，采取前期补偿、补助与后期扶持相结合的办法，为规范建设征地移民安置工作，国家出台了一系列法律法规和规程规范，在建设征地移民安置补偿费用概算编制过程中应严格遵守。

（1）土地补偿政策。土地补偿政策根据新土地法有关规定，征用耕地补偿投资由耕地的土地补偿费和安置补助费两部分组成。其费用主要用于移民生产开发、落实生产措施。征用其他土地的土地补偿费和安置补助费标准，由省、自治区、直辖市参照征用耕地的土地补偿费和安置补助费标准规定。

（2）房屋及其他私有财产补偿政策。水电工程水库移民房屋补偿按照该房屋在移民安置地当年的重置价进行补偿，移民其他私有财产如房屋附属建筑等一些不能搬迁的物品根据其价值进行补偿。

（3）水库涉及的基础设施为专业项目补偿政策。对于水库移民安置中涉及的有关交通、电力、电信、广播等有关专业项目，水库规范规定根据“原规模、原标准、恢复原功能”原则，并结合移民安置规划的要求进行搬迁、复建，其相应的投资列入水库工程投资中。

9.1 抽水蓄能电站特点

（1）抽水蓄能电站大多只进行日调节或周调节运行，故不需要很大容量的水库，水库淹没影响范围和淹没损失较小；地下工程相对较多，枢纽工程建设区占地较常规电站少，建设征地补偿费用占总投资比重不大。

（2）抽水蓄能电站位于电网负荷中心附近，多数项目位于经济发达地区，作物附加值、农用地产值较高。

（3）水库水位变化频繁，上水库很多是在山顶开挖出来的，原有岩土的防渗性不好，蓄水后渗漏趋势较大，故在工程设计上需采取防渗措施，有些项目上水库的库底清理工作在施工防渗阶段就已完成，费用已列入枢纽工程概算，补偿费用概估算将根据实际情况不再计列或部分计列库底清理费用。

（4）抽水蓄能电站淹没影响范围小，一般不涉及城集镇的搬迁；所处的区位特点也为多途径安置移民创造了条件。

9.2　基础价格和项目单价的编制

（1）按照编制年国家和有关省、自治区、直辖市的政策、规定和价格水平，按补偿补助费用和工程建设费用分别编制。

（2）补偿补助费用的基础价格，可根据县级以上人民政府或其行政主管部门公布的当地就近批发市场交易价为基础，结合建设征地移民安置区的实际情况分析确定或自行采集。县级以上人民政府及其行政主管部门没有公布的，通过现场采集的办法确定。项目区特有农产品的价格，需实地调查采集，测算平均价格和产量，计算土地补偿基础单价。

（3）交通、电力、电信等工程建设费用的基础单价按照所属行业的规定编制。

（4）征收耕地补偿单价根据土地法的有关规定，按设计年亩产值和补偿补助倍数计算；房屋补偿费用单价按照典型设计重置成本的成果分析编制；附属建筑物及其他补偿费单价结合实物指标的分类按重置价的原则编制；其他补偿补助费单价，按照建设征地区的价格水平结合移民安置规划设计成果编制。

（5）工程建设费用单价编制，按照国家有关行业主管部门、省、自治区、直辖市对建筑工程和安装工程的单价编制规定执行。

9.3　概算编制

（1）按照国家和省、自治区、直辖市的法律、法规以及有关规定，依据实物指标调查和移民安置规划设计成果，计算补偿概算实物指标和补偿概算移民工程量。

（2）根据补偿实物指标和编制的项目单价计算补偿补助费用、移民工程建设费用、独立费用、预备费用和总费用等内容。

（3）建设征地移民安置补偿费用根据影响对象分为农村部分补偿费用、城市集镇部分补偿费用、专业项目处理补偿费用、库底清理费用、环境保护和水土保持费用。建设征地移民安置补偿费用概算由建设征地移民安置补偿项目费用、独立费用、预备费等三部分费用构成。分水库淹没影响区和枢纽工程建设区两部分进行计算汇总。

（4）征收的土地及附着物按原用途、补偿实物量，省级以上人民政府颁布的法规和有关规程规范规定补偿。

（5）专业项目根据规划设计成果，按“原规模、原标准、恢复原功能”的“三原”原则计列复建补偿投资。不需要或难以恢复、改建的项目，合理补偿。

（6）独立费用包括项目建设管理费、移民安置实施阶段科研和综合设计（综合设代）费以及其他税费等。具体项目和取费标准按相关法律法规、规程规范的要求结合项目实际分析确定。

9.4　其他

编制概算时，直接利用县级以上人民政府或者其主管部门公布的统计、价格等资料时，应在概算编制报告中说明；由县级以上人民政府或者其主管部门提供的资料，应附提供资料的单位的意见和签章；概算编制单位自行采集资料的，应经县级以上人民政府或者其主管部门同意并签署意见。

第十章 建设征地移民安置规划设计工作程序

可行性研究阶段抽水蓄能电站建设征地移民安置规划设计工作主要包括建设征地范围的确定、建设征地实物指标调查及确认、移民安置规划大纲编制及审批、移民安置规划编制及审核。《大中型水利水电工程建设征地补偿和移民安置条例》（国务院第471号令，以下简称移民条例）对建设征地移民安置规划设计工作程序作出了明确的规定，部分省（自治区、直辖市）为贯彻移民条例也出台了相应的规定，主要内容为：

（1）根据审定的《施工总布置规划专题报告》和《正常蓄水位选择专题报告》，确定建设征地范围。

（2）实物指标调查工作开始前，由枢纽工程建设区和水库淹没影响区所在地的省级人民政府发布通告（简称封库令），禁止在工程占地和淹没区新增建设项目和迁入人口，并对实物调查工作作出安排。

（3）实物调查应当全面准确，调查结果经调查者和被调查者签字认可并公示后，由地方人民政府签署意见。

（4）移民安置规划大纲由项目法人（项目主管部门会同移民区和移民安置区县级以上地方人民政府）编制，按照审批权限报省、自治区、直辖市人民政府或国务院移民管理机构审批；省、自治区、直辖市人民政府或国务院移民管理机构在审批前应当征求移民区和移民安置区县级以上地方人民政府的意见。编制移民安置规划大纲应当广泛听取移民和移民安置区居民的意见；必要时，应当采取听证的方式。

（5）经批准的移民安置规划大纲是编制移民安置规划的基本依据，应当严格执行，不得随意调整或者修改；确需调整或者修改的，应当报原批准机关批准。

（6）移民安置规划由项目法人（项目主管部门会同移民区和移民安置区县级以上地方人民政府）根据经批准的移民安置规划大纲编制，按照审批权限报省、自治区、直辖市人民政府移民管理机构或国务院移民管理机构审核后，由项目法人或者项目主管部门报项目审批或者核准部门，与可行性研究报告或者项目申请报告一并审批或者核准。省、自治区、直辖市人民政府移民管理机构或者国务院移民管理机构审核移民安置规划，应当征求本级人民政府有关部门以及移民区和移民安置区县级以上地方人民政府的意见。编制移民安置规划应当广泛听取移民和移民安置区居民的意见；必要时，应当采取听证的方式。

（7）经批准的移民安置规划是组织实施移民安置工作的基本依据，应当严格执行，不得随意调整或者修改；确需调整或者修改的，应当依照移民条例第十条的规定重新报批。

第十三篇

抽水蓄能电站环境保护与水土保持

第一章
环境保护概述

1.1 基本概念

《中华人民共和国环境保护法》指出，“环境，是指影响人类生存和发展的各种天然的和经过人工改造的自然因素的总体，包括大气、水、海洋、土地、矿藏、森林、草原、野生生物、自然遗迹、人文遗迹、自然保护区、风景名胜区、城市和乡村等”。这一定义基本概括了现阶段人类对环境的认识及关注的重点。

生态环境是指由生物群落及非生物自然因素组成的各种生态系统所构成的整体。生物与环境是相互联系和相互作用的。在给定的区域内，所有的生物（即生物群落）同它们的理化环境相互作用，使得能量的流动在内部形成一定的营养结构、生物多样性和物质循环，这样的一个单元就是“生态系统”。简而言之，生态系统是指生物群落与非生物环境相互作用，通过物质和能量流共同构成的生物—环境统一体。

环境影响是指人类活动（经济活动和社会活动）对环境的作用和导致的环境变化，以及由此引起的对人类社会和经济的效应。按影响源可分为直接影响、间接影响、累积影响，按影响效果可分为有利影响、不利影响，按影响性质可分为可逆影响和不可逆影响

环境影响评价是指对规划和建设项目实施后可能造成的环境影响进行分析、预测和评估，提出预防或者减轻不良环境影响的对策和措施，以及进行跟踪监测的方法与制度。

环境保护是指运用现代环境科学理论和方法、技术，采取行政的、法律的、经济的、科学技术的多方面措施，合理开发利用自然资源，防止和治理环境污染和破坏，综合整治环境，保护人体健康，促进社会经济与环境协调、持续发展。这一概念明确了环境保护的指导理论、目的、内容和应采取的措施，尤其是将合理开发利用自然资源纳入环境保护。这就要求人们在合理利用自然资源的同时，深入认识并掌握环境污染和破坏的根源与危害，有计划地保护环境，防止环境质量恶化；控制环境污染与破坏，保护人体健康，维护和发展生态平衡，保障人类社会的发展。

环境涵盖了人类所认知的、直接或间接影响人类生存和发展的物理世界的所有事物及其相互关系。因此，随着人类社会的发展和认识的提高，环境的概念与内涵也在不断变化。环境并不仅是各单个物理要素的简单组合，还存在各种要素间的相互作用关系；某一方面的行动，有可能会给其他方面引起意想不到的影响。而环境要素则是指组成环境整体的各个独立的、性质各异而又服从总体演化规律的基本物质组分。对于抽水蓄能电站，这些要素主要涉及地表水、气、声、土壤、固体废物、生态、水土保持、人群健康、社会经济等，部分工程也可能涉及地下水、海水、电磁、放射性等。

环境影响评价是一项复杂而又艰巨的研究工作，涉及的专业与范围十分广泛。环境评价的着眼点不仅是可能影响项目成立的问题、矛盾或自然资源的限制，同时也要论证项目建设对周围环境和附近其他项目可能产生的危害，亦即环境对项目的影响和项目对环境的影响。对可能产生的问题作出预测后，环

境评价要明确这些问题的减免措施，并提出优化项目设计的途径，以使其更适合于当地的环境。其目的是协调好工程建设与环境保护的关系，尽可能避免或减轻工程建设对环境可能造成的影响，并减少工程建设和运行中的不可预见费用。如同经济分析和工程可行性研究一样，环境评价是对重大开发项目进行决策的管理手段之一。

环境保护的概念中明确了环境保护的指导理论、目的、内容和应采取的措施，尤其是将合理开发利用自然资源纳入环境保护。这就要求人们在开发利用自然资源的同时，必须深入认识并掌握环境污染和破坏的根源与危害，有计划地保护环境，防止环境质量恶化；控制环境污染与破坏，保护人体健康，维护和发展生态平衡，保障人类社会的可持续发展。

水电工程作为一种重要的经济活动，其对环境产生的影响应引起高度重视。只有充分地分析、评价工程将对环境产生的影响，根据这些影响的性质与程度采取有针对性的预防、减免及补偿措施，最大限度地控制对环境的不利影响，才能更好地实现水电作为清洁能源的可持续发展。抽水蓄能电站作为水电开发的一种特殊形式，其所产生的环境影响既有常规水电站的普遍性，又有其自身的特殊性。

1.2　抽水蓄能电站主要环境影响及其对策

常规水电站环境影响主要由于大坝阻隔、水库淹没、移民搬迁与安置、工程运行及施工等活动产生。如大坝及水工建筑物对鱼类上下洄游通道的阻隔，水库蓄水可能引起的库岸失稳、诱发地震，淹没森林草地等导致陆生生物资源的损失并对土地利用方式产生影响，水位上升也可能带来土地的盐碱化、沼泽化，水动力条件的变化及其周边污染源的影响可能对水库水质带来影响并存在富营养化问题，库区生态环境的变化会导致库区水生生物种群结构的变化，水库水体的形成会影响库周的小气候特征并导致水库水温发生分层现象从而引起下泄低温水等；水库蓄丰调枯及电站调峰发电的运行方式也将改变大坝下游水量时空分配，从而改变下游河道的水文情势，引起泥沙冲淤、生态环境变化，并可能影响下游地区工农业生产及生活用水等；大规模移民搬迁与安置则会带来一些社会环境影响以及对安置区环境产生影响；施工期所产生的“三废”、噪声等会对工程区域的水环境、大气环境、声环境以及生态环境、人群健康等造成不利影响。

抽水蓄能电站与常规水电站在建设地点、工程组成、运行方式等方面都有明显的差异，从而使得在环境的影响机理、影响要素、影响程度上也存在显著的区别。

1.2.1　对水文情势的影响

抽水蓄能电站通常都有上、下水库。由于位置的不同，水库控制的流域面积差异很大，对水文情势的影响也相应有较大的区别。

对于上水库，可以归纳为三种情形：一种是位于水系的源头，甚至其库容是通过库盆开挖形成，如天荒坪上水库，这种情况下上水库对河流水文情势基本没有影响；一种是利用原有水库改造而成，如桐柏上水库，虽然其并不对原有水库下游的水文情势产生大的影响，但对原水库的功能将产生较大的影响；还有一种是具有较大的集水面积，如仙游上水库，由于阻隔了河流的通道，且上水库集水区的水量用于发电，因此将改变原有河道的水量分配，对下游河道的水文情势产生较大的影响。

与上水库相类似，下水库也存在上述三种情形，不过其集水面积通常较上水库大，但也有例外。如宜兴下水库，其集水面积很小，电站运行的水量需要通过补水工程来补水，因此其对下游的影响是有限的；第二种也是利用现有水库，如仙居抽水蓄能电站、宝泉抽水蓄能电站，由于抽水蓄能运行对库容的要求，使原有水库功能受到影响；第三种集水面积较大，如洪屏抽水蓄能电站，建库后对下游的水文情势影响较大。

需要指出的是，尽管抽水蓄能电站的建设地点一般在河流的上游或源头地区，但往往会涉及一些小型水利水电设施，工程建设中需要在库容设置中满足原有用水要求或采取补偿性措施。当河流具有一定规模时，需要在水库坝体设置必要的泄水设施，保障下游河道的生态用水。虽然抽水蓄能电站运行除蒸发渗漏外并不消耗水量，但因上游来水较少，为满足运行库容的要求，蓄水初期会导致下游水量急剧减少，影响下游用水与生态环境，因此需制订合理的初期蓄水计划。

1.2.2 对水环境的影响

尽管抽水蓄能电站上、下水库库容与年径流的比值较大，但由于上、下水库的频繁交换，抽水蓄能电站的上、下水库通常不会产生水温的分层现象，水温结构为混合型，因此抽水蓄能电站一般不会产生低温水影响。

抽水蓄能电站的上下水库库容均较小，且其水量频繁交换，因此上下水库的水质是均一的；由于位于河流上游或源头，来水水质通常较好，因此不会对水库水质产生不利影响，也不会导致水体富营养化。但有些工程可能由于集水区生活污染源的影响而使水质变差，如天荒坪水库运行初期，其上游旅游开发导致大量生活污水的排放，对水库的水质造成了较大的影响，并一度造成了水体中度富营养化。

施工期水质影响则是由于施工活动产生的污废水排放造成的污染影响，尽管仅发生在施工期，影响范围相对有限，但抽水蓄能电站的施工强度较大，并且河流水量较小，生产废水排放对水体的影响程度较大，施工期易造成局部河流水体浑浊，影响下游水体功能及利用。

运行期水环境保护的主要目的是防止水库水质污染与富营养化，保障下游河道的水环境功能要求，主要保护措施有控制流域污染负荷——包括对点源污染的防治、城镇污水治理、面源污染的控制、库底清理、建设流域水源涵养林等，调整电站调度运行方式，保障河道基本环境流量，以满足水环境容量的需求。

1.2.3 对生态环境的影响

通常，抽水蓄能电站对生态系统的影响分为陆域与水域，虽然两者并非完全孤立。

陆生生态影响由水库淹没与工程占地所致。由于抽水蓄能电站大多位于高山峡谷地区，受人为干扰较少，区域内植被覆盖度高、生态环境质量较好、动植物资源丰富；尽管水库淹没与工程占地面积较小，一般不会对生态系统的功能、结构、稳定性及生物多样性产生严重影响，但由于生态环境质量良好的特殊性，其对生物资源，尤其是珍稀保护动植物可能产生较大的影响。特别是抽水蓄能电站库盆与地下洞室开挖产生的弃渣量相对较大，因此除对淹没区的生态环境进行详细调查并采取保护措施外，对抽水蓄能电站施工用地（特别是弃渣场）的选址尤需加以重视。

相对而言，由于水域规模较小，水生生物种类及资源量均较少，渔业资源价值较低，一般也不涉及洄游性鱼类及珍稀保护鱼类，因此抽水蓄能电站的建设与运行对水生生态系统的影响较小。尽管如此，大坝修建也会造成上下游水生生态环境的隔断，影响原有种群的交流，使水生生态系统的多样性、稳定性受到一定影响。

1.2.4 对大气环境、声环境的影响及固体废物的影响

抽水蓄能电站施工期产生的扬尘、噪声对施工区附近的大气环境和声环境会产生一定的影响，这些

影响的范围较小，但由于施工强度大，其影响程度较大。

大气环境保护措施包括合理布局、控制与治理污染源等。针对工程区及其附近环境空气敏感目标的分布情况，合理布置施工辅助企业、场内交通、弃渣场等，尽可能远离敏感点；控制措施包括采取路面硬化、清扫洒水、合理堆放等手段控制尘源，通过设备维护使设备使用过程中排放的污染源达到相关标准要求，以控制面源污染；治理措施包括砂石料系统安装除尘设备、生活油烟安装净化装置等治理点污染源。

施工期噪声防治措施包括声源控制与削减、传播途径控制、受声点保护等。声源控制可采取合理布局，使噪声源远离环境敏感目标，以及通过改进工艺、减震、吸声、封闭声源等措施削减噪声源强度。传播途径控制则可以利用地形或修建隔声屏障等方法减缓对受声点的影响。受声点的保护则包括搬迁、安装隔声门窗等措施。

固体废物包括施工产生的生活垃圾、建筑垃圾、生产废料等，需要重点关注生活垃圾的处理。若处置不当，易使工区产生环境卫生问题，造成疾病爆发，影响参建人员及当地居民的健康。

固体废弃物处置的重点为生活垃圾，其处理工艺传统上分为填埋、堆肥利用与焚烧三种，各种处置方式各有利弊，应根据实际情况通过技术经济比较确定。通常，填埋法较为常用且简便易行，但存在选址、垃圾渗滤液处理难度大、后期封闭等问题；堆肥工艺复杂，管理难度大，且受垃圾组分影响较大，通常水电工程施工期不宜采用；焚烧则存在一次性投资较大且运行技术要求较高的问题。若工程区邻近地区有地方已建的垃圾处理设施，利用其处理能力可以较为彻底地解决施工期生活垃圾污染环境问题，在有条件的地区应为优选的方法。

1.2.5　对移民环境的影响

由于水库面积较小，抽水蓄能电站淹没耕地及移民搬迁数量相对较小，通常在数百人左右，安置难度较小。从环境保护的角度，需要注意移民安置过程及安置后由于其生产生活活动对安置区的环境影响，分析安置区的环境适宜性以及对安置区（包括专项设施复建）水环境、大气环境、生态环境等方面的影响。根据安置区环境影响程度，实施相关的污染防治与生态保护措施。

1.3　抽水蓄能电站各阶段环境保护工作要求

抽水蓄能电站从设计角度通常分为选点规划、预可行性研究、可行性研究、招标设计、技施设计和竣工验收等。

1.3.1　选点规划

常规水电规划主要为河流规划。规划时，应贯彻全面规划、统筹兼顾、综合利用、讲求效益的原则，正确处理需要与可能、近期与远景、整体与局部、干流与支流、上、中、下游、资源利用与环境保护等方面的关系。在拟订规划方案时，首先考虑要尽可能避开流域上环境敏感的地区；在规划方案比选时，把环境影响作为方案选择的重要因素。根据《中华人民共和国环境影响评价法》，河流水电开发规划需编制规划环境影响报告书。

抽水蓄能电站规划并不是河流规划，而是一种选点规划，是在某一区域范围内对具备建设条件的站址进行多目标的比选，确定优先开发的站点。这些站点在地理上并无任何联系，并且从开发性质上是排他的，因此其不存在整体与局部、干流与支流、上、中、下游的关系，也不存在累积与叠加环境影响，因此选点规划应从宏观的角度判断环境敏感性，从环境保护的角度提出推荐站址。

1.3.2 预可行性研究阶段

预可行性研究阶段阶段着重阐述工程主要有利影响与不利影响，从环境保护的角度给出工程建设是否可行的结论，并对下阶段需重点关注的问题及工作要点提出建议。

根据《水电工程预可行性研究报告编制规程》（DL/T 5206—2005），预可行性研究阶段环境保护篇章由以下部分组成：概述、环境现状、环境影响初步评价、对策措施、投资估算、评价结论和建议。

预可行性研究阶段必须开展现场环境调查，了解区域的自然环境与社会环境特征。环境现状以收集资料为主，必要时应开展监测。在此基础上初步分析和评价工程建设的主要环境影响，特别需要明确工程建设是否涉及重大环境敏感问题，如自然保护区、风景名胜区、水源保护区等；如有涉及，应对此进行重点分析评价，并宜征求有关部门的意见。

根据工程可能产生的环境影响，初拟工程建设的环境保护对策措施。在预可行性研究阶段一般采用常规的预防、治理和保护措施；对重大环境保护措施，宜进行技术经济论证，并给出工程量、提出工程环境保护投资估算。

1.3.3 可行性研究阶段

抽水蓄能电站的可行性研究要求达到初步设计的深度，需要开展环境影响评价，编制环境影响报告书，并开展相应深度的环境保护设计。

（一）环境影响评价

首先应对工程进行分析，识别和筛选工程的主要环境影响，明确环境保护目标、评价范围、评价等级、评价标准、评价内容及重点、预测评价方法等，指导环境影响评价工作的开展。

必须对区域的环境现状，特别是生态环境进行详细的调查，并开展相关的环境监测，掌握区域环境现状特征。在此基础上，结合工程特点开展工程环境影响预测评价和环境风险评价，根据预测评价结果提出减缓工程环境影响的对策措施，全面、系统地从环境保护的角度论证工程的可行性。

（二）环境保护设计

落实环境影响报告书及环保部门对报告书批复意见的要求，开展环境保护工程措施设计，对污染防治、生态保护等提出设计方案，制订工程环境管理方案，编制工程环境保护投资概算。

根据抽水蓄能工程的特点，环境保护设计的内容主要包括水环境保护、大气环境保护、声环境保护、固体废物处置、陆生生态保护、水生生态保护、水土保持、人群健康保护、景观及文物保护等预防与保护措施等。

应对环境监测内容进行规划，说明监测设计原则及任务。明确工程施工期水环境、大气环境、声环境、水土保持等监测方案及技术要求；明确工程运行期水环境、水生生物、陆生生物、人群健康等监测方案及技术要求；明确移民安置区环境监测规划方案及要求。

在环境管理规划中，应明确施工期环境管理任务、职责和环境监理要求，明确运行期环境管理任务及要求。

在环境保护设计中，还应提出环境保护措施实施计划。

1.3.4 招标设计阶段

环境保护的有关内容应作为工程标招标设计报告中的一部分。在招标设计报告中，应反映工程施工中环境保护的技术要求。

对独立的环境保护工程开展招标设计。通常，独立的环境保护工程包括污废水处理工程、生态保护工程、噪声防治工程、环境监测工程等。

为统筹安排工程施工阶段的环境保护工作，需要编制工程环境保护实施规划报告与环境监测实施规划报告，根据工程分标安排与招标阶段确定的施工布置、进度计划安排环境保护工程与环境监测的实施。

第二章 主要环境影响及评价

2.1 水环境影响

抽水蓄能电站的特点之一是上、下水库必须具有一定的落差，因此，大多数抽水蓄能电站都位于山区；上水库一般在河流的源头，由于是源头水，水功能要求类别较高，一般都在Ⅲ类以上，敏感程度相对较高。

抽水蓄能电站对水环境的影响主要是由于筑坝建库、大流量抽水发电运行改变水文情势而产生的影响，包括对进、出水口附近水域水文情势和水库水质的影响，以及对上、下水库坝址下游水环境的影响。抽水蓄能电站的水库开发方式主要包括以下几种情况：上、下水库均为新建，利用已建上水库（或改扩建）和新建下水库，利用已建下水库（或改扩建）和新建上水库。不同的开发方式，其影响又有所不同。

根据抽水蓄能电站的运行特点，上、下水库水体循环利用，在满足水库初期蓄水及运行期蒸发、渗漏的前提下，基本上能够保证水库天然来水全部下泄。但由于工程设计一般不能满足水库多余来水按天然状况下泄，从而改变坝址下游水文情势，将对下游水环境造成影响。同时，在工程设计中，由于考虑发电效益，因此，一般情况上水库天然来水大多通过发电机组发电后至下水库后再下泄。

2.1.1 生态需水量

工程建设必须维持生态系统稳定，特别是河流生态健康，必要时上、下水库均应下泄一定的生态需水量。河流的生态需水量主要包括河道外生态需水量和河道内生态需水量。

河道外生态需水量主要为工农业生产、生活、灌溉需水量等，一般根据区域实际需水计算。

河道内生态需水量主要为：①维持水生生物生态系统稳定所需要的水量；②维持河流水环境质量的最小稀释净化水量；③调节气候所损耗的蒸散量；④维持地下水位动态平衡所需要的补给水量；⑤航运、景观和水上娱乐环境需水量等。这五方面水量相互重叠、相互补充。

由于大多数抽水蓄能电站都位于山区河流源头，一般不存在工业污染源，农业污染源和生活污染源也较少，水环境质量现状较好，同时一般情况下没有航运要求，而维持水生生态系统稳定所需要的水量一般均能满足维持河流水环境质量的最小稀释净化水量和调节气候所损耗的蒸散量，以及维持地下水位动态平衡所需要的补给水量，因此，抽水蓄能电站河道内生态用水一般可只考虑维持水生生态系统稳定所需要的水量和景观（如瀑布景观）或水上娱乐（如漂流）需水量。

（一）维持水生生态系统稳定所需要的水量

根据《水电水利建设项目河道生态用水、低温水和过鱼设施环境影响评价技术指南（试行）》，维持水生生态系统稳定所需水量的计算方法主要有水文学法、水力学法、组合法、生态环境模拟法、综合法及生态水力学法。

由于抽水蓄能电站工程所在上、下水库河流流量一般均很小，水生生态系统结构较简单，因此，一般情况下可采用水文学法研究河流基本需水量。

水文学法是以历史流量为基础，根据简单的水文指标确定河道生态环境用水。常用的方法有Tennant法及河流最小月平均径流法。

Tennant法根据水文资料以年平均径流量百分数来描述河道内的流量状态，确定的最小下泄流量要求丰、枯期均达到多年平均流量的10%，如常年下泄流量达到多年平均流量的20%，则能使河道在枯水期达到“良好”状态。Tennant法适用于作为河流进行最初目标管理、战略性管理方法使用。

河流最小月平均径流法以最小月平均实测径流量的多年平均值作为河流基本生态环境需水量，在该水量下，可满足下游需水要求，保证河道不断流。河流最小月平均径流法适合于干旱、半干旱区域，生态环境目标复杂的河流、对生态环境目标相对单一的地区结果偏大。

对于集水面积较小、坝下游有较大汇水，且无其他用水要求的工程，也可不考虑下泄生态流量。

（二）景观（瀑布景观）需水量

由于位于山区，且上、下水库具有一定的落差，上水库主冲沟常具有瀑布景观功能，因此，对已规划为景点的上水库，除泄放维持水生生态系统稳定所需要的水量外，还必须结合当地旅游景观规划泄放一定量的瀑布景观用水。瀑布景观用水可结合当地旅游时段泄放，泄放水量以满足瀑布景观为佳，但总的泄放水量以不大于上水库天然来水扣除水库蒸发渗漏后的多余水量为限。

（三）水上娱乐（漂流）需水量

山区河流具有一定的坡降，使得河流常具有水上娱乐（漂流）功能。因此，对坝址下游已规划漂流景点的河段，除泄放维持水生生态系统稳定所需要的水量外，还必须结合当地旅游景观规划泄放一定量的水上娱乐用水量。由于河流的水上娱乐（漂流）功能主要在汛期或水量较大的时段，而抽水蓄能电站除蒸发渗漏外基本不消耗水量，多余水量将全部下泄，因此，主要可通过工程设计中泄放孔的设置以及泄放时段的控制满足水上娱乐用水要求，通常可结合当地旅游时段均匀泄放。

2.1.2　水文情势影响

对上、下水库库区和上、下水库坝址下游的水文情势变化分别进行影响分析。

（一）库区水文情势影响

由于大多数抽水蓄能电站位于山区，上、下水库均以河道型水库为主，因此，库区水文情势影响分析应结合抽水蓄能电站运行规律，分析水库水位变化规律；对利用已建上、下水库（或改扩建）的抽水蓄能电站，应重点分析水库水位变化对原有水库功能的影响。

对于河道型水库而言，由于进、出水口位置较低，大流量抽水发电对进、出水口附近水域流态的变化相对较小，一般可根据地形，进、出水口的位置和进、出水口的流速进行定性分析。而对于利用湖泊作为上、下水库之一的抽水蓄能电站，则应对大流量抽水发电对进、出水口附近水域流态的变化产生的影响进行定量分析。

例如，马山抽水蓄能电站利用太湖作为下水库。太湖为一浅水湖泊，平均水深为1.89m左右，通常情况下水流运动较缓，在有风的条件下表层出现风生流，但流速较小。太湖作为下水库后，由于抽水蓄能电站的运行特点，其局部湖区流态、流速、水位等将发生较大变化，从而对底泥产生扰动，底泥中的污染物释放污染水质，因此需要预测抽水与发电对局部湖区水流的影响。实践中采用风应力作用下的垂线平均二维浅水波方程计算太湖的湖流运动，具体方程式如下

$$\begin{cases}\dfrac{\partial Z}{\partial t}+\dfrac{\partial U}{\partial x}+\dfrac{\partial V}{\partial y}=q\\ \dfrac{\partial U}{\partial t}+\dfrac{\partial uU}{\partial x}+\dfrac{\partial vU}{\partial y}+gh\dfrac{\partial Z}{\partial x}=-g\dfrac{|\vec{V}|}{c^2h^2}U+fV+\dfrac{1}{\rho}\tau_{wx}\\ \dfrac{\partial V}{\partial t}+\dfrac{\partial uV}{\partial x}+\dfrac{\partial vV}{\partial y}+gh\dfrac{\partial Z}{\partial y}=-g\dfrac{|\vec{V}|}{c^2h^2}V-fU+\dfrac{1}{\rho}\tau_{wy}\end{cases}$$

式中　Z——水位；

U、V——x 与 y 方向上的单宽流量；

u、v——x 与 y 方向上的流速；

q——考虑降雨等因素的源项；

$\vec{V}$——单宽流量的矢量；

$|\vec{V}|$——$\vec{V}$ 的模，$|\vec{V}|=\sqrt{U^2+V^2}$；

g——重力加速度；

c——谢才系数；

f——柯氏力系数；

τ_{wx}、τ_{wy}——风应力沿 x 和 y 方向的分量。

可采用如下公式计算，即

$$\begin{cases}\tau_{wx}=\rho_a c_D|\vec{W}|W_x\\ \tau_{wy}=\rho_a c_D|\vec{W}|W_y\end{cases}$$

式中　ρ_a——空气密度；

c_D——阻力系数；

$\vec{W}$——离水面10m高处的风速矢量。

上述方程采用破开算子加控制体积法进行数值离散，可以获得垂线平均流速 u、v。

（二）坝下游水文情势影响

坝下游水文情势影响分析包括施工期、水库初期蓄水和运行期三个时段。

施工期影响分析应结合施工导流方法和施工用水规划进行。水库初期蓄水影响分析应结合初期蓄水计划进行。运行期结合水库泄放设施和泄放原则运行。坝下游水文情势影响分析重点为水库初期蓄水和运行期两个时段。

对坝下游水文情势的影响分析应通过对天然状况、现状和各时段的流量变化情况进行分析，并列表表示。对有不同保护要求的河段，应进行分段分析。

2.1.3　水质影响

2.1.3.1　库区水质影响预测

库区水质影响预测包括初期蓄水和运行期两个时段。

（一）初期蓄水

水库蓄水初期，上、下水库淹没区残留的腐烂物质、土壤均会分解释放出有机质、营养物质等而影响水库水质。影响预测可通过对库区单位面积的土壤和可能残留的腐烂物质进行浸泡实验，或收集其他实验成果，得到有机质和营养物质的淹没浸出率，再根据上游来水水质、水库初期蓄水时间、淹没面积等预测水库蓄水初期水质。

（二）运行期

（1）河道型水库。在水库初期蓄水水质预测的基础上，结合上游来水水质，根据抽水蓄能电站上、下水库水体循环利用的运行特点，河道型水库水质（有机质指标）可采用《环境影响评价技术导则　地面水环境》（HJ/T 2.3—1993）中部分混合水质模式（循环利用湖水的小湖库）进行预测，公式如下

$$c=\frac{c_pR_c}{(R_c+1)\exp\left[\frac{K_1V}{86400Q_c(R_c+1)}\right]+1}+c_h$$

$$R_c=Q_p/Q_c$$

式中　c——湖库内污染物平均浓度，mg/L；

c_p——污水的污染物浓度，mg/L；

V——湖库体积，m^3；

Q_p——污水量，m^3/s；

Q_c——循环水量，m^3/s；

c_h——湖库污染物本底浓度，mg/L；

K_1——湖库污染物降解系数，L/d。

水库富营养化指标可根据《湖泊（水库）富营养化评价方法及分级技术规定》，采用综合营养状态指数法对蓄水后的水质进行评价，计算公式如下

$$TLI(\Sigma)=\sum_{j=1}^{m}W_jTLI(j)$$

式中　$TLI(\Sigma)$——综合营养状态指数；

W_j——第 j 种参数的营养状态指数的相关权重；

$TLI(j)$——第 j 种参数的营养状态指数。

以 chla 作为基准参数，则第 j 种参数的归一化的相关权重计算公式为

$$W_j=\frac{r_{ij}^2}{\sum_{j=1}^{m}r_{ij}^2}$$

式中　r_{ij}——第 j 种参数与基准参数 chla 的相关系数；

m——评价参数的个数。

湖泊（水库）营养状态分级如下：

$TLI(\Sigma)<30$　　贫营养（Oligotropher）

$30\leqslant TLI(\Sigma)\leqslant 50$　　中营养（Mesotropher）

$TLI(\Sigma)>50$　　富营养（Eutropher）

$50<TLI(\Sigma)\leqslant 60$　　轻度富营养（Light eutropher）

$60<TLI(\Sigma)\leqslant 70$　　中度富营养（Middle eutropher）

$TLI(\Sigma)>70$　　重度富营养（Hyper eutropher）

在同一营养状态下，指数值越高，其营养程度越重。

（2）湖泊型水库。对于利用大型湖泊（特别是浅水湖泊）作为上、下水库之一的抽水蓄能电站，应结合水文情势影响分析及湖泊水质现状对水质影响进行定量分析。湖区水质模型通用方程如下

$$\frac{\partial(hC)}{\partial t}+\frac{\partial(hUC)}{\partial x}+\frac{\partial(hVC)}{\partial y}=\frac{\partial}{\partial x}(hE_x\frac{\partial C}{\partial x})+\frac{\partial}{\partial y}(hE_y\frac{\partial C}{\partial y})+\frac{hS}{86400}$$

式中　C——某种水质参数的浓度，mg/L；

U——x 方向沿垂向的平均流速，m/s；

V——y 方向沿垂向的平均流速，m/s；

t——时间，s；

E_x——x 方向的扩散系数，m^2/s；

E_y——y 方向的扩散系数，m^2/s；

S——某种水质参数的源汇项，g/（m^3·d）；

h——水深，m。

对于不同的水质指标和条件，水质模型的源汇项各不相同：

1）COD（化学需氧量）

$$S=-k_c C_c+\frac{S_c}{h}$$

式中　k_c——COD 的降解系数，1/d；

C_c——COD 的浓度，mg/L；

S_c——COD 的底泥释放系数，g/(m^2·d)；

h——水深，m。

2）NH_3-N（氨氮）

$$S=k_m C_n-G_{p1}\alpha_{NC}C_{chl\text{-}a}P_{NH_3}-k_n C_n+\frac{S_n}{h}$$

式中　k_m——NH_3-N 的矿化速率，1/d；

G_{p1}——藻类生长速率，1/d；

α_{NC}——藻类氮碳含量比；

$C_{chl\text{-}a}$——叶绿素 a 的浓度，mg/L；

P_{NH_3}——藻类吸收 NH_3-N 的量在总吸收氮量中的比例；

k_n——NH_3-N 的硝化速率，1/d；

C_n——NH_3-N 的浓度，mg/L；

S_n——NH_3-N 的底泥释放系数，g/(m^2·d)。

3）DO（溶解氧）

$$S=k_o(C_{os}-C_o)-k_b C_b-\frac{64}{14}k_n C_n-\frac{32}{12}k_{1R}C_{chl\text{-}a}+G_{p1}C_{chl\text{-}a}\left[\frac{32}{12}-\frac{48}{14}\alpha_{NC}(1-P_{NH_3})\right]-\frac{S_o}{h}$$

式中　k_o——复氧系数，1/d；

C_{os}——饱和溶解氧的浓度，mg/L；

C_o——溶解氧的浓度，mg/L；

k_{1R}——藻类呼吸速率，1/d；

G_{p1}——藻类生长速率，1/d；

h——水深，m；

S_o——底泥耗氧系数，g/(m^2·d)。

其中，饱和溶解氧的浓度由下式计算得到，即

$$C_{os}=14.652-0.4102T+0.007999T^2-0.0000777T^3$$

式中　T——水温,℃。

4）TN（总氮）

$$S = -k_{tn}C_{tn} + \frac{S_{tn}}{h}$$

式中　k_{tn}——TN 的综合沉降系数，1/d；

C_{tn}——TN 的浓度，mg/L；

S_{tn}——TN 的底泥释放系数，g/(m²·d)；

h——水深，m。

5）TP（总磷）

$$S = -k_{p}C_{p} + \frac{S_{p}}{h}$$

式中　k_p——TP 的综合沉降系数，1/d；

C_p——TP 的浓度，mg/L；

S_p——TP 的底泥释放系数，g/(m³·d)；

h——水深，m。

水质模型的求解方法与湖流模型相似，也采用控制体积法进行数值离散计算。

2.1.3.2　坝下游水质影响

坝下游水质包括施工期、水库初期蓄水和运行期三个时段。

（一）施工期

施工期对下游水质的影响主要为施工生产、生活污废水排放的影响。对下游有水环境保护目标（如取水口或水源保护区等）的河流，重点应进行事故排放影响预测；对下游有水库的河段，水质影响预测应采取不同的预测模型分段进行。预测因子包括 SS、BOD_5、COD_{Cr}，预测工况包括废水未处理前、废水经处理后两种工况。

河道内的水质可采用近似托马斯模式，由于河道较窄，可假设废水排入后完全稀释混合，预测公式如下

$$c = c_0 \exp\left[-(K_1 + K_3)\frac{x}{86400u}\right]$$

$$c_0 = (c_pQ_p + c_bQ_b)/(Q_p + Q_b)$$

式中　c——完全混合后的污染物浓度，mg/L；

c_p——废水污染物浓度，mg/L；

Q_p——废水排放量，m³/s；

c_b——河水污染物浓度，mg/L；

Q_b——河水流量，m³/s；

K_1——耗氧系数，1/d；

K_3——沉降系数，1/d；

x——距完全混合断面的距离，m；

u——水流流速，m/s。

下游水库的水质可采用顶端入口附近排入废水的狭长湖（库）模式，公式如下

$$c_l = \frac{c_pQ_p}{Q_h}\exp\left(-K_1\frac{V}{86400O_h}\right) + c_h$$

式中　c_l——狭长湖出口污染物平均浓度，mg/L；

c_p——污水中污染物的浓度，mg/L；

Q_p——污水流量，m^3/s；

Q_h——湖库水出流量，m^3/s；

c_h——湖库水中污染物的本底浓度，mg/L；

V——湖库的有效容积，m^3。

（二）初期蓄水

水库蓄水初期对下游河流水质的影响主要因蓄水初期基本无水量下泄而造成下游河段环境容量减少而引起，可通过对下游河段两岸污染源的调查进行分析预测。

（三）运行期

由于工程运行的要求，设计中通常不考虑将多余来水按天然状况下泄，从而改变了坝下游水文情势，不仅会对下游用水、生态产生不利影响，也将对下游河道水环境容量产生影响，因此需要对下游河段两岸污染源进行调查，结合水库泄水规划进行水质预测。从可持续发展的角度出发，工程建设及运行中应尽可能模拟天然径流过程下泄多余水量，因此预测水质时需要重新考虑径流的下泄过程。

2.2　生态环境影响

为便于叙述，本部分分陆生生态影响与水生生态影响进行介绍。在工程设计过程中，应对区域的生态系统结构、功能、生态价值等进行详细的调查，以保障工程建设与生态环境的协调。

2.2.1　陆生生态影响

（一）现状调查

（1）调查内容。调查区域内的植物区系组成、植被群落类型，包括各种植被类型的面积、水平、垂直分布规律；开展典型植物群落样方调查，以了解不同类型植被的生长特征，如覆盖度、生物量和生产力等；调查区域内植物多样性现状，包括区域植物种类、区系特征以及珍稀保护物种（国家级保护、省级保护、中国珍稀植物红皮书物种等）、古树名木的分布、数量、生长环境、保护类型和等级等，重点调查水库淹没和工程占地范围内的珍稀保护植物。

调查野生动物的区系组成、种类和特点，不同生态环境类型、地理分布与栖息地类型，珍稀保护动物（国家级保护、省级保护、中国濒危动物红皮书物种等）的种类、种群规模、生态习性、种群结构、生态环境条件、分布范围、保护级别与保护状况等，特别是水库淹没和工程占地范围内是否有珍稀动物的相对固定栖息地、觅食地、迁徙通道等。

调查评价区域的生态景观拼块类型、分区、面积等情况。

如涉及自然保护区、风景名胜区森林公园等，需调查其位置、范围、面积、级别、类型、保护对象、动植物资源、分区规划、工程与其关系等情况。

（2）调查方法。植物调查可采用有关部门历史资料收集与研究分析、遥感技术和实地考察校对、野外现场样方调查、样线调查等方法。珍稀植物和古树名木调查采用历史资料结合现场验证法，水库淹没和工程占地范围内植物调查采用现场调查法。现场调查应根据区域植被类型、群落特征及分布，选择代表性样地，依次测定样地全部乔木的种类、数量、高度、胸径，草本及灌木的种类、高度、盖度、频度等，并按不同植物类型确定现状生物量。其中，一级评价的项目要进行评价区生物量实测、物种多样性调查和生物群落异质状况调查；二、三级项目可以依据已有信息判断，或实测 3～5 个点位予以验证。

动物调查方法有历史资料收集和研究分析调查、现场访问、实地采点调查和样线调查等，对于不同动物类型的特点采用不同的调查方法。

生态景观调查主要收集区域的地形图、土地利用现状图、植被图、土壤侵蚀图和遥感图片等，在区域植被类型分布现状调查成果的基础上，同时采用“3S”（遥感技术 RS、地理信息系统 GIS、全球定位系统 GPS）技术分析。

（二）现状评价

（1）评价内容。通过对调查区域陆生植物调查资料的系统整理，统计评价区域内植物的科、属、种；根据群落的特征，按级、植被型和群系划分出不同的植被类型，描述植被群落结构、种群特点、优势种、覆盖度、分布范围、样地的自然特征、群落的人工干扰现状以及植被演替规律等；根据实地调查成果，结合类比资料，分析计算各种植被类型的生物量和生产力；描述调查区域内的珍稀保护植物和古树名木的种类、位置、数量、保护级别、生长和保护现状等。

阐明野生动物生态环境现状、历史变化情况及原因、破坏与干扰，野生动物的种类、数量、分布范围、生活习性等，珍稀保护动物的种类、资源现状、保护级别和价值、特征、栖息环境、生活习性等。

在生态系统现状调查的基础上，分析影响区域内生态系统存在的主要问题及其原因，评价生态系统的结构与功能状况、生态系统面临的压力及总体变化趋势。

分析工程建设与周边自然保护区等敏感对象的关系，重点关注对自然保护区等敏感对象的占用及其功能、结构的影响。

现状评价需提供下述有关基础图片：土地利用现状图、植被类型图、珍稀保护植物分布图、珍稀保护动物分布示意图、特殊生态敏感区和重要生态敏感区空间分布图。

（2）评价方法。生态现状评价要有大量数据支持评价结果，通常应用定性与定量相结合的方法进行。常用的方法有图形叠置法、系统分析法、生态机理分析法、景观生态学法、类比分析法、生物多样性评价方法等。对于现状评价的要求一般有：在区域生态环境基本特征调查的基础上，对区域生态环境功能状况进行评价；二级评价以上项目的生态现状评价要在生态制图的基础上进行，三级评价项目的生态现状评价必须配有土地利用现状图等基本图件；评价生态现状时，应选用植被覆盖率、频率、密度、生物量、土壤侵蚀程度、荒漠化面积、物种数量等基本参数描述生态特征。

生态影响评价的图件需由比例适当的基础图件和评价成果图件组成；三级评价项目要完成土地利用现状图和关键评价因子的评价成果图；二级评价项目要完成土地利用现状图、植被分布图、资源分布图等基础图件和主要评价因子的评价和预测成果图，且上述图件要通过计算机完成，并可以在地理信息系统上显示；一级评价项目除完成上述图件和达到上述要求以外，要用图形、图像显示评价区域全方位的评价和预测成果。

（三）影响评价

（1）评价内容。对植物的影响评价在对评价区陆生植物种类、分布、生长现状调查成果的基础上，对照工程临时占地、永久占地和水库淹没的范围，分析工程建设对评价区植物资源的影响，包括将减少和损失的植物种类和资源量。分析水库淹没和工程占地是否会造成调查区植物的消失或者数量明显减少、分布频度明显降低，评价对区域植物多样性的影响。评价对珍稀植物和古树名木的影响，包括受影响的种类、保护等级、生态重要性、数量及分布地点等。其中，三级评价项目要对关键评价因子进行预测；二级评价项目要对所有重要评价因子均进行单项预测；一级评价项目除进行单项预测外，还要对区域性全方位的影响进行预测。

动物影响评价采用生态机理分析法，分析工程建设对区域动物的影响，包括淹没和占地造成栖息地面积减少、阻隔迁徙通道、影响繁殖场所、施工活动干扰等。特别注意对珍稀保护动物的影响。

生态景观影响评价在区域陆生生态现状调查的基础上，根据工程占地和水库淹没情况，对区域景观的功能和稳定性进行分析，包括生物恢复力分析、异质性分析、种群源的持久性和可达性分析、景观组织的开放性分析。

自然保护区影响评价包括对保护区的结构、植被多样性、植物物种多样性、珍稀保护植物、古树名木、动物物种多样性、珍稀保护动物的影响等。

（2）评价方法。生态影响预测一般采取类比分析、生态机理分析、景观生态学的方法进行文字分析与定性描述，也可以辅之以数学模拟进行预测。

生态稳定性预测包括对自然系统生产能力和稳定状况的测定。生产能力的测定可通过对生物生产力的度量来进行；稳定状况的度量通过对生物生产力的测定和植被异质化程度的测定来进行，也可通过景观系统内的优势度值来估测。

敏感生态问题包括生物多样性受损（珍稀濒危、特有物种）、湿地退化、荒漠化、土地退化等。影响预测方法可采用生态机理法、图形叠置法、类比法、列表清单法等。生态机理法应根据动植物及其生态条件的分析，预测工程对动植物分布、栖息地、种群、群落、区系的影响。预测中可根据实际情况进行相应的生态环境模拟、生物习性模拟、生物毒理学试验、实地栽培试验或放养试验等，可与计算机模拟生态环境技术、生物数学模型等结合运用。图形叠置法应把工程影响的作用因素和环境特征重叠在同一张底图上构成复合图，在复合图上作用因素和环境特征有重叠的视为有影响。类比法可根据已建工程对生态敏感问题的影响，预测拟建工程对生态敏感问题的影响。列表清单法应将工程对环境的作用因素（施工、占地、淹没、移民等）和受影响的生态敏感问题列表，珍稀濒危物种可按物种具体列出。用不同符号表示每项工程活动对生态敏感问题的影响。

2.2.2　水生生态影响

（一）现状调查

（1）调查内容。

调查现有水域浮游植物、浮游动物、底栖动物、水生高等植物的种类、生物量和密度。

调查区域鱼类种类、区系组成、资源量、分布特点，包括珍稀保护鱼类（国家级保护、省级保护、中国濒危动物红皮书、当地特有鱼类等）和经济鱼类的种类、种群、资源量情况、分布特点、洄游及其他生物学特征。调查区域渔业现状、渔获量及其组成。

调查区域内鱼类产卵场、索饵场、越冬场（简称“三场”）的分布情况，包括范围、位置、规模，涉及的产卵鱼类的名称、习性，对生态环境的要求等，重点为珍稀保护鱼类的“三场”。

水生生物自然保护区需了解其位置、范围、级别、主要保护对象、保护要求，以及与工程的相对位置等。

（2）调查方法。

浮游植物、浮游动物、底栖动物、水生高等植物的采样和分析方法按照《水库渔业资源调查规范》（SL167—1996）、《内陆水域渔业自然资源调查手册》、《淡水浮游生物研究方法》等进行采样和检测。

鱼类采取调查点位的现场拖网，并结合沿岸居民、餐馆调查和渔业人员、渔政技术人员访问。

“三场”调查通过现场访问，并结合鱼类生物学特性和水文学特征分析确定。

水生生物自然保护区调查可向其管理部门进行资料收集。

（二）现状评价

描述浮游植物、浮游动物、底栖动物、水生高等植物的种类、生物量和密度在不同河段的分布特点和规律，以及不同断面的生物多样性指数值。

描述调查区域和工程涉及河段的鱼类区系组成、生态类群划分、资源量，在数量上和种类上的优势种群和优势种，以及珍稀保护鱼类和经济鱼类的资源量、流域分布特点、生物学特性等。

描述调查范围内的“三场”分布情况，包括范围、位置、规模，以及涉及的产卵鱼类的名称、习性。

对于水生生物自然保护区，需说明其位置、范围、级别、生态环境条件、主要保护对象、保护要求，以及与工程的相对位置等。

（三）影响评价

根据各电站工程技术参数和运行调度模式，利用水质模型预测分析结果，预测评价工程建设后库区和坝下水域的水文情势、水质等水生生态环境的变化。

评价对浮游植物、浮游动物、底栖生物、水生高等植物等的区系组成、种群数量的影响。

评价因大坝阻隔、水文情势改变、水质变化等影响因素对鱼类资源造成的直接和间接影响。

评价水生生态环境变化对鱼类“三场”变化和洄游通道的影响。

评价对珍稀特有鱼类的区系组成、资源量、分布变化的影响等。

2.2.3 陆生生态影响典型案例

洪屏抽水蓄能电站位于江西省靖安县境内，上水库在三爪仑乡洪屏村一带，由拦截两条小支沟构成；下水库位于秀峰河干流，坝址位于宝峰镇丁坑口村附近。电站分两期开发，一期装机容量1200MW，上水库总库容3077万m^3，下水库总库容6316万m^3。

工程位于九岭山省级自然保护区的北侧，下水库库区南侧、大坝和进场道路将占用原实验区0.8487hm^2用地。经江西省人民政府同意，已将工程涉及的占地调出保护区，再在工程区外增补了0.86hm^2的用地；同时在设计中进行优化调整，不直接占用保护区用地。

（一）生态环境特征

该工程陆生生态环境调查范围包括评价范围（下水库和上水库周围第一道山脊线以内，该范围涵盖了部分九岭山省级自然保护区的实验区）以及整个九岭山省级自然保护区。

工程区域植被特征调查采用样方调查法进行调查，样方调查包括背景样方调查和工程区域样方调查。乔木层样地面积为400m^2，灌丛取样面积为25～100m^2，草本植被取样面积为25m^2，共采集25个样方数据；分别测定物种数、物种高度（m）、胸径（cm）、株数、覆盖度、生长情况及总覆盖度。样方设置选取高、中、低密度的代表性地段设置主样方，香樟样方面积为20m×20m（永瓣藤为5m×5m），在主样方四个对角线方向上间隔20m（永瓣藤为5m）处设置4个副样方，其形状和大小与主样方相同。其中，樟树共设置主、副样方35个（7个主样方、28个副样方），永瓣藤共设置主、副样方30个（6个主样方、24个副样方）。在主样方内，对大树（胸径大于等于5cm）的胸径、树高等进行每木调查；对幼树（胸径小于5cm）进行株数统计。在副样方中调查目的物种有或无，不计数量，分别大树、幼树、幼苗记录出现的副样方数。

陆生动物调查根据不同陆生脊椎动物的生态习性，针对不同的生态环境类型进行典型调查；此外，在早、晚进行鸟类鸣叫识别和定点数量调查。野外调查记录主要有栖息地生态环境类型、种类及其他信息。

淹没区和施工占地区中零星分布的保护植物数量采用单株计数法进行调查统计。对于香樟和永瓣藤成片分布的数量调查，参照国家林业局规定的《全国重点保护野生植物资源调查技术规程》（林业部〔1997〕79号）中的典型样方法进行调查。

资料收集以林业调查的林班资料、九岭山自然保护区科学考察资料为主，结合收集相关调查研究资料，通过访问林业工人和技术人员了解珍稀动植物的分布和数量。

收集了九岭山省级自然保护区规划报告，在保护区调整阶段进行了综合科学调查，完成了科学考察报告。

根据调查，整个评价区主要森林植被类型有2个植被型组、5个植被型、17个群系组、23个群系、32个群丛组，主要植被类型为常绿阔叶林，优势树种以壳斗科、樟科、山茶科、木兰科、金缕梅科等科属的树种为主，具有典型的亚热带性质。

在评价区内分布有种子植物157科513属1035种（裸子植物5科6属7种，被子植物152科507属1028种），蕨类植物28科39属43种。珍稀保护植物16种，隶属于13科15属，其中国家Ⅰ级重点保护野生植物2种，国家Ⅱ级7种，省级保护7种。水库淹没和工程占地区内分布有樟树、永瓣藤、南方红豆杉、花榈木、白玉兰、三尖杉共6种。

评价区域内共有陆生脊椎动物56种，包括两栖类5种、爬行类7种、鸟类33种、兽类11种。其中有12种国家Ⅱ级保护动物，包括虎纹蛙、赤腹鹰、松雀鹰、普通狂鸟、小隼、白鹇、勺鸡、小鸦鹃、短耳鸮、领鸺鹠、小灵猫和河麂；2种省级保护动物，为棕背伯劳和三宝鸟。

评价区面积共7818.0hm^2，其景观生态类型由常绿阔叶林、毛竹林、杉木林针阔混交林、常绿—落叶阔叶林等景观类型组成，共有景观生态类型14个，斑块583个。以常绿阔叶林斑块最多，为133个；面积也最大，有2006.7hm^2。

经景观密度、频率、比例以及优势度值统计，常绿阔叶林最大，分别为22.81%、77.55%、25.67%和37.93%。

该工程建设涉及江西省九岭山省级自然保护区，因此对保护区的范围进行了调整。

新增区的动植物资源相对于调减区而言更为丰富，其面积略大于调减区，受人为干扰更小，栖息环境更好，从对保护区结构、森林植被多样性、植物物种多样性、珍稀保护植物、动物物种多样性和珍稀保护动物等方面看，调整对保护区总体影响不大。

（二）生态环境影响

工程涉及的南方红豆杉、花榈木、三尖杉和白玉兰数量较少，胸径较小，较易移植，移栽到水库周边后不会对其产生较大的影响。樟树和永瓣藤涉及数量较多，但目前移栽技术较为成熟。

工程建设将破坏动物的栖息地，施工期爆破和各类机械运行噪声也将惊扰兽类，使施工区附近区域兽类栖息适宜度降低。水库淹没和工程占地区内分布有保护动物14种，其活动能力较强，周边适宜栖息的空间也较大，施工期野生动物将会自动迁移到周边适宜环境中，但施工期需要加强管理，禁止人为捕杀。

水库淹没及工程占地造成的生物量损失为41584.95t，生产力损失约5672.12t/年，约占评价区的6.75%和7.83%，对评价区生态系统生物量影响不大。工程建设对区域景观生态系统有一定的干扰，其中林地和农田优势度值减少较多，而水域和建设用地增加较多。总体上看，对整个生态系统的稳定性影响甚微，区域的自然景观系统可以承受。

调整后，工程水库淹没和占地均不涉及保护区用地，电站下水库水面的南侧为保护区实验区，距离缓冲区和核心区较远，对保护区无影响。

2.2.4　水生生态影响典型案例

仙居抽水蓄能电站位于浙江省仙居县境内永安溪流域，上水库坝址位于永安溪支流茶园坑支沟，总库容1294万m^3；下水库利用永安溪干流上已建的下岸水库，总库容13504万m^3；上、下水库高差500m，水平距离约2000m。电站装机规模1500MW，为日调节纯抽水蓄能电站，工程建成后将作为华东、浙江电网主力调峰电源之一。

（一）生态调查方案

为了解工程所在的下岸水库及坝下永安溪和上水库支流茶园坑水生生态现状，对浮游生物、底栖动物、水生维管束植物和鱼类进行现场监测调查。其中，浮游生物在下水库设置2个断面，上水库设置1个断面，样品调查按《内陆水域渔业自然资源调查试行规范》进行。鱼类调查在上水库库内、下水库库内及下水库坝下设置4个采样点，通过刺网、地笼及市场采集等方法进行采样，并经现场固定标本带回室内鉴定。调查布点详见图13-2-1。

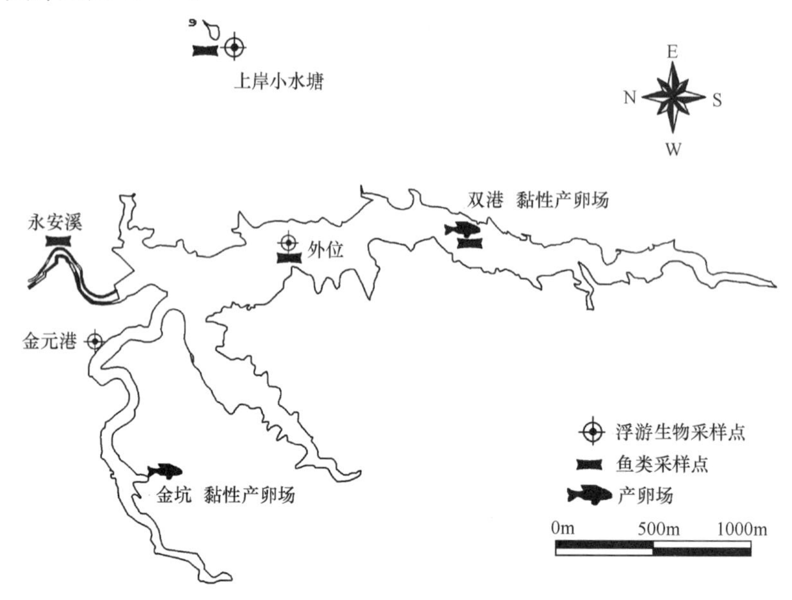

图13-2-1　仙居抽水蓄能电站水生生态现状调查点位图

（二）现状调查结果

根据调查，上、下水库所在水域共有浮游植物8门56种。下水库浮游植物生物量平均为3.468mg/L，以硅藻门最高，优势种有小环藻、直链藻、隐藻、微囊藻、束丝藻等。上水库浮游植物生物量平均为80.573mg/L，以绿藻门占绝对优势，占生物量的51%。

上、下水库所在水域共有浮游动物4类28种。下水库浮游动物生物量为1.4767mg/L，以枝角类最多，优势种类有剑水蚤、象鼻蚤、无节幼体等。上水库浮游动物生物量为1.037mg/L，以轮虫占绝对优势。

底栖动物共6科11种，其中田螺科5种，占45%；甲壳类2种，占18%；螺科、黑螺科、椎实螺科、蚬科各1种，分别占9%。

水生维管束植物采集到3种，包括蓼科2种，眼子菜科1种。

下岸水库及下游永安溪鱼类共有30种，分属于5目17科，以鲤形目为主。其中主要为人工放养的鱼种、定居性鱼类和半定居性鱼类，如草鱼、白鲢、鳙鱼等。

下水库坝下鱼的种类也较为丰富，调查中共采集的鱼类有26种，包括许多溪涧性鱼类、定居性鱼类、半洄游性鱼类及洄游性鱼类，如黄鳝、泥鳅、乌鳢、鲤、鲫等。

上水库面积较小，主要为鲫鱼、草鱼等放养种类和餐条鱼、麦穗鱼等。

工程区域的鱼类主要为经济鱼类，不涉及国家珍稀保护鱼类以及《中国濒危动物红皮书》和《中国物种红色名录》中所列鱼类。未发现溯河洄游的种类，库区河流的鱼类，除黄鳝、泥鳅、乌鳢等少数种类为定居性鱼类外，其他大多属于半洄游性鱼类，如鲤、鲫、唇鱼骨、黄颡鱼等种类。

库区内有卵石滩上产卵型产卵场分布，位于下岸水库库区支流双港滩和干流金坑等处，位置详见图13-2-1。无静水草上产卵和漂浮性卵产卵场分布。

通过刺网、地笼和电瓶捕鱼抽样，共采集标本500余尾，各种鱼类的比例为：宽鳍鱲77.9%，南方马口鱼15.3%，其余种类仅6.8%，因此鱼类多样性简单。根据以上水库鱼种放养和捕捞情况分析可知，下岸水库的鱼类主要是人工放养的鱼种、定居性鱼类和半定居性鱼类。

（三）影响评价

根据该工程的运行特点，预测建库后浮游植物优势种变化将与目前的下岸水库类似，为小环藻、直链藻、隐藻、微囊藻、束丝藻、鱼腥藻等，生物量以硅藻门最高，绿藻门次之。浮游动物优势种变化将与目前的下岸水库类似，以剑水蚤、象鼻蚤、无节幼体等为优势种类。由于下水库为已建水库，因此水库底栖动物将维持现状，主要以软体动物为主，其他种类不多。

对下岸水库鱼类种类和规模影响不大，主要影响下库进/出水口附近水域鱼类的栖息生态环境。下岸水库建成后，坝址下游设有放水管，工程建设后对坝下河道水文情势无影响，不会对坝下鱼类的种群结构、生态环境等产生影响。

下岸水库坝下建有拦水堰，阻隔了江河洄游鱼类的通道。库区和坝下鱼类大多属于半洄游性鱼类，对其影响不大。

下岸水库库区支流双港滩和干流金坑分布的产卵场产卵季节在4～6月，下水库日变化幅度约为2.66m，对产卵场将造成较大的影响。环境影响报告书中对于鱼类保护拟订了在两处产卵场设置人工鱼巢和进/出水口电栅拦鱼的保护措施。

2.3　景观影响

景观是指在距离上能产生一种视觉效果的地形及地表物，包括自然的和人造的，具有由形状、线条、颜色和结构等基本要素与景观特性的多样性和强度所决定的景观特征，具有满足人类审美要求的客观意义。

20世纪60年代以来，美国的一些景观设计师和心理学家建立和发展了评价景观和城市景观感观特征的程序，并通过一些法令和法规的实行推动了这种程序的发展，如1965年的公路美化法要求在政府决策中考虑风景的价值。1969年的国家环境政策法同样侧重于环境的感观状况。该法令要求联邦机构在决策时，运用适当的衡量美学价值的技术。我国的景观影响评价起步较晚，景观及视觉影响评价是环境影响评价中一个新的领域。

抽水蓄能电站的环境影响评价，其主要目的和作用是评价工程建设对区域视觉景观的影响，包括对地形地貌和地表覆盖的影响以及涉及景区、景点的影响评价，通过进行工程建设区域的景观规划和景观设计，以减缓工程建设对区域视觉景观的影响，同时起到改善和优化区域视觉景观的作用。目前，借助"3S"技术和逐步完善的视觉影响评价指标体系，抽水蓄能电站视觉景观影响的评价技术和方法日臻成熟和完善。

2.3.1　影响特征及评价基本要求

（一）影响特征

景观影响是指在已有的空间格局上进行的开发活动，或由于土地利用方式的改变而给人们造成视觉上的变化。

通过工程前期的景观影响评价，以及景观规划设计，并采取景观保护与修复措施后，使抽水蓄能电站成为一种新的旅游景观，如天荒坪抽水蓄能电站（见图13-2-2）、广州抽水蓄能电站（见图13-2-3）等。

可见，工程前期的景观影响评价不仅是环境影响评价的需要，也是发挥抽水蓄能电站景观功能的要

图 13-2-2　天荒坪抽水蓄能电站景观图

图 13-2-3　广州抽水蓄能电站景观图

求。抽水蓄能电站的景观影响体现在：

（1）抽水蓄能电站的选址对地形有一定的要求，一般都需要有一定高差的地形进行抽水蓄能发电，位于山区丘陵、切割较深的河谷地带。因此，工程建设对当地的地形地貌及地表覆盖的景观影响，是抽水蓄能电站景观影响的主要特征。

（2）当工程建设涉及部分旅游景区时，对旅游景区的景观质量影响则是抽水蓄能电站景观影响评价的重中之重。

（二）影响评价内容

景观影响以人的视觉为基础，在评价过程中，首先要确定观景的视点。根据抽水蓄能电站工程的组成特点，工程一般由上、下水库组成，并附有两库之间的连接道路和进场公路。对工程建设的地形地貌及覆盖影响主要以上、下水库连接道路及进场公路为观景线，从中选取可视性较好的点作为观景点进行视觉影响评价；对旅游景区的影响，除了上面提到的观景点外，在景区内的各景点也是视觉评价的观景点，用以分析评价工程是否对景点产生视觉影响。

（三）影响评价的程序

抽水蓄能电站景观影响评价主要包括景观现状调查、景观现状评价、评价范围与重点的确定和影响评价四个步骤。

（1）景观现状调查包括对区域地形地貌的调查；地形图的收集，数字高程模型的生成；区域旅游情况，特别是风景名胜区、旅游景点的调查。

（2）景观现状评价主要是评价区域内的景观现状，主要采用核查表法，对区域景观现状进行定性或半定量的评价。

（3）评价范围和评价重点的确定是在景观现状调查和景观现状评价的基础上，利用地理信息系统的可视性分析技术确定景观影响的范围，并根据区域涉及的景点或者特殊的地形地貌等因素确定评价重点。

（4）影响评价采用VMS（风景资源管理系统）景观质量评价法或者景观敏感度评价法，利用“3S”技术进行。

2.3.2　景观影响评价技术方法

（一）核查表法

核查表法是将景观影响评价中必须考虑的因子一一列出，然后逐项对这些因子进行核查并作出判断，对核查结果给出定性或半定量的结论。核查表法常用于对工程所在区域的景观现状进行总体评价，也可用于有无景观保护措施对区域景观影响的比较分析。

核查表的内容结合工程及周围环境特点予以确定。景观现状评价采用的核查表内容及计分原则详见表13-2-1。

表13-2-1　　景观现状评价核查表

序号	问　题	回　答		分　值
		是	否	
1	项目位置周围能识别出的条目有	在以下范围内		
		<0.4km	0.4～1.6km	
1.1	森林覆盖区			
1.2	农业区			
1.3	市郊居住区			
1.4	河、湖、塘			
1.5	标明的开放空间			
1.6	平原			
1.7	丘陵			
1.8	山地			
2	在以下距离内是否有类似的项目	是	否	
2.1	0～1.6km			
2.2	1.6～3.2km			
2.3	3.2～4.8km			
2.4	>4.8km			
总分值				

区域视觉质量现状评价标准：计分时先定出各单项的评价基准分值，然后以总分值反映区域景观的视觉质量。总分值大于15的视觉质量为良好，总分值为8～15之间的视觉质量为中等，总分值小于8的视觉质量为差。

表13-2-1中各项的计分原则如下：

（1）“1. 项目位置周围能识别出的条目有”：1.1～1.8所列各项在拟建项目周围0.4km范围内的计2分，在0.4～1.6km范围内的计1分。

（2）“2. 在以下距离内是否有类似的项目”，如果邻近工程区域（相距0～1.6km以内）有视觉上相似的项目（如水电站、水库等），计1分；如果在1.6～3.2km以外有上述相似的项目，计2分；如果在3.2～4.8km之间，计3分；4.8km以外的，计4分。

（二）VMS景观质量评价法

系统评分法是将拟建项目所产生的景观影响与其他环境影响，如空气质量、地貌或水质的变化以及经济和社会影响综合起来进行分析和评价的方法。它不仅可用于评价景观资源现状，也可用于拟议行动的景观影响评价。美国林务局的“风景资源管理系统”即是一种典型的系统分析法。

VMS的应用范围包括以下三个方面：

（1）对需要景观规划的大型景区做景观资源清单和分析。

（2）界定可能产生的景观影响的内容和范围，同时确定景观影响的阈值。

（3）进行详细的景观影响评估。

VMS主要由6部分组成，即对评价区的景观属性分类、确定评价区域的利用量、识别景观资源的灵敏度水平、在地图上标注不同距离处的各个区域、确定景观资源管理目标和确定“景观吸收能力”（即景观阈值）。

（1）对评价区的景观属性分类。表13-2-2中的5种景观多样性水平分级原本是反映美国太平洋西岸洛基山脉一带的区域特征的指标。该指标设置具有较强的代表性，抽水蓄能电站项目评价可以参考此表格进行编制。

表13-2-2　　风景管理系统中的景观属性（多样性等级）

土地形貌	A级	B级	C级
	丰富的“多样性”	一般的“多样性”	很少“多样性”
地貌	有60%是斜坡，且是被切割的、不平的、险陡的山脊或大而高耸的地形	有30%～60%是斜坡，且是中度被切割或起伏的	有0～30%是斜坡，很少变化，没有被切割和高耸的地形
岩貌	在地形上很突出，有不寻常或突出的塌陷斜道、碎石坡、岩石露头等，尺寸大小、形状和地点都不一样	岩貌很显著但不突出，有常见的不突出崩塌斜道、碎石坡、圆砾和岩石露头	小的和不明显的岩貌，无崩塌斜道、碎石坡、圆砾和岩石露头
植被	高质量的植被类型，大量古代生长的林木，不寻常或突出的植物种类多样性	具有类型交替的连续植被覆盖；成年但非古生长的林木；植物种类多样性一般	没有或有很少固定类型的连续植被，没有地面下的、地面的或地上的覆盖

续表

土地形貌	A级	B级	C级
	丰富的“多样性”	一般的“多样性”	很少“多样性”
水体形式：湖泊	S（面积）≥20hm² 以上应具有以下一点或多点特色： （1）不寻常或突出的岸线形廓； （2）能反映重要的形貌； （3）岛屿； （4）有A级的岸线植被或岩貌	$2hm^2 \leqslant S < 20hm^2$，部分岸线不规则，没有大的特色，岸线植被为B级	$S < 2hm^2$，无不规则岸线或特色
水体形式：河流	河水的流态、形状多变，有瀑布、急流、滞水区、大范围的曲流	水流具有一般的曲流和流态	间歇流或小的常流河，有小的或无波动的流量或瀑布，流速快，弯曲少

（2）确定评价区域的利用量。评价区域内各种资源和景观资源的利用量越大或利用频率越高，其重要性越大，对干扰作用产生的影响敏感性也较大。表 13-2-3 给出了确定通行路线、使用的区域和水体重要性的准则。

表 13-2-3　　确定通行路线、使用的区域和水体重要性的准则

类　别	首　要　的	次　要　的
通行路线	国家重要通行路线	地方性重要通行路线
	通行量大	通行量小
	使用期长	使用期短
	通向林区的道路	项目专用道路
使用区域	国家的重要区域	地方性重要区域
	使用量大	使用量小
	使用时间长	使用时间短
	规模大	规模小
水体	国家的重要水体	地方性重要水体
	渔业和钓鱼使用率高	渔业和钓鱼利用率低
	驾船使用率高	驾船利用率低
	游泳使用率高	游泳利用率低

（3）识别景观资源的灵敏度水平。在 VMS 中，景观资源的灵敏度水平是反映景观对观察者感觉灵敏度的一项指标，是以其可视性（即是否能被许多人看到）、使用的重要性或强度，或者人们对所研究的景观的实际感受所做的解释来表达的。表 13-2-4 给出了景观资源的灵敏度水平。

表 13-2-4　　景观资源的灵敏度水平

效　用	灵敏度水平		
	1	2	3
首要的通行路线、使用的区域和水体	至少有 1/8 的用户非常关心景观质量	少于 1/8 的用户非常关心景观质量	—
次要的通行路线、使用的区域和水体	至少有 1/4 的用户非常关心景观质量	至少有 1/8～1/4 的用户非常关心景观质量	少于 1/8 的用户非常关心景观质量

（4）在地图上标注不同距离处的各个区域。人眼识别物体的分辨率与视觉距离（d）和物体大小有关，VMS 还包括在地图上画出不同距离的区域。这些区域表示离开适宜的观察点或经常通行并进行观察的各个廊道与景观点的距离。按不同距离，区域可划分为前景区，中景区和背景区，见表 13-2-5。

表 13-2-5　　工程所涉区域分区原则

区　域	分　区　原　则	区　域	分　区　原　则
前景	d≤200m 的可见区域	背景	400m≤d≤1000m 的可见区域
中景	200m≤d≤400m 的可见区域		

（5）确定景观资源管理目标。VMS 将各景观属性分级，并将不同等级、不同灵敏度水平和不同距离区域的信息置于一个矩阵内，该矩阵表示一种管理分类法，详见表 13-2-6。

表 13-2-6　　VMS 多样性分类矩阵

多样性分类级别	敏　感　性　水　平						
	Fg1	Mg1	Bg1	Fg2	Mg2	Bg2	3
A 级	R	R	R	PR	PR	PR	PR
B 级	R	PR	PR	PR	M	M	M
C 级	PR	PR	M	M	M	MM	MM

注　1　表中符号含义分别为：Fg—前景区；Mg—中景区；Bg—背景区；R—保留；PR—部分保留；M—修改；MM—最大程度修改。
2　“多样性分类级别”指表 13-2-2 中陈述的景观属性及其分级。
3　“敏感性水平”指表 13-2-4 中给出的“灵敏度水平”（如 1、2 或 3）。

矩阵中对应于不同景观质量目标给以不同符号。这些目标可作为评估拟建项目景观影响的目标，也可作为提出适宜的削减措施所要达到的目标，还可用以确定一个特定景观区域所允许的不同程度的修正与改善所应达到的目标。

（6）确定景观吸收能力（VAC）。VMS 最后一个组成部分是提供一种评价景观影响严重性或具体景观地点吸收影响的能力，即确定景观吸收能力，或称景观阈值。

通过确定景观吸收能力，可计算出在不超越一个景观点的视觉吸收能力范围内，容许拟建项目开展活动的范围和强度。VAC 将现有景观的物质性因子（如空气质量、水体等）、高度可变的感觉因子、现有的景观质量因子（形状、线条、色彩和结构），以及拟建的行动因子等综合起来，作为变量来确定具体景观的吸收能力评分值。表 13-2-7 列出了视觉吸收能力的分级系统。然后用表 13-2-8 所示矩阵来比较有拟建项目的评级值与现有的该区域的视觉质量管理目标的评级值。

根据总分值判定各景观的视觉吸收能力。视觉吸收能力由低到高的分值范围分别为5～13分（低）、14～16分（中等）、17～23分（高）。

景观吸收能力分值低，表示允许开展的活动范围非常有限；分值高，表示能容纳更多的活动。通常用表13-2-9所示矩阵判断拟建项目应采取的消减景观影响的措施。

表13-2-7　视觉吸收能力的分级系统

因　子	情　况	变量值	级别	各景观分值				
				景观一	景观二	景观三	…	景观 N
观察者位置（m）	高位	＋90～＋150	1					
		＋30～＋90	2					
	正常	±30	3					
	低位	－90～－30	4					
		－150～－90	5					
观察者距离（m）	前景	0～100	1					
		100～200	2					
	中景	200～400	3					
	背景	400～800	4					
		＞800	5					
观察延续的时间（s）	长	＞30	1					
		10～30	2					
	短	5～10	3					
	一瞥	3～5	4					
		0～3	5					
景观的描述		特定的	1					
		集中的	2					
		闭合范围的	3					
		扫描性的	4					
		其他	5					
坡度（%）	很陡	＞45	1					
	陡	30～45	2					
	中等	20～30	3					
	缓	10～20	4					
	很缓	0～10	5					
合计								

表 13-2-8　　指导恰当的景观管理的矩阵

视觉吸收能力	视觉质量目标			
	保留（R）	部分保留（PR）	修改（M）	最大限度修改（MM）
低	Ⅰ	Ⅱ	Ⅲ	Ⅴ
中等	Ⅰ	Ⅲ	Ⅳ	Ⅴ
高	Ⅱ	Ⅲ	Ⅳ	Ⅴ

注　评级Ⅰ表示受限制最大，Ⅴ表示受限制最小。

表 13-2-9　　各景观新建项目的受限制程度

景　观	工程所涉区域	景观吸收能力	视觉质量目标	受限制程度
景观一				
景观二				
景观三				
⋮				
景观 N				

（三）景观敏感度评价法

景观敏感度即指景观被注意到的程度，是景观醒目程度的综合反映。景观敏感度越高的区域部位，如上、下水库连接公路（一般抽水项目的上、下水库连接公路景观敏感度较高），对视觉造成的冲击越大，因而应作为重点景观保护区域。影响景观敏感度的因素，即预测景观敏感度的指标主要有相对坡度、相对距离、景观视觉几率和景观奇异性。

（1）相对坡度（S_α）。景观表面相对于观景者的视线的坡度（$0\leqslant\alpha\leqslant90°$）越大，景观被看到的部分和被注意到的可能性也越大；或者说，要想遮去景观（如通过绿化或其他掩饰途径）就越不容易。同理，在这样的区域内人为活动给原景观带来的冲击也就越大。因此，采用景观表面沿视线方向的投影面积来衡量景观的敏感度。设景观表面积为1，则投影面积（即景观敏感度）为

$$S_\alpha = \sin\alpha \quad (0° \leqslant \alpha \leqslant 90°) \tag{13-2-1}$$

S_α 的最大值为1，当投影面积越大，即 S_α 越大时，景观的敏感度越大。在一般的仰视和平视情况下，α 角实际上就是地形的坡度，则敏感度为

$$S_\alpha = \sin(\arctan H/W) \tag{13-2-2}$$

式中　H——等高距；

W——等高线间距。

根据上述方法，可以进行各景观的 S_α 敏感度划分等级。

（2）相对距离（S_d）。景观与观景者的距离越近，景观的易见性和清晰度就越高，人为活动带来的视觉冲击也越大。

设能较清楚地观察某种景观元素、质量或成分的最大距离为 D，景观相对于观景者的实际距离 $d=D$ 时，该景观元素、质量或成分都能清楚地分辨，则这一范围内的景观敏感度（S_d）为1；当 $d>D$ 时，S_d 值在0～1范围内。可表示为

$$S_d = \begin{cases} 1 & (d \leqslant D) \\ D/d & (d > D) \end{cases} \tag{13-2-3}$$

景观敏感度的相对距离分量 S_d 越大，该景观的敏感度越高。

在实际评价过程中，D 的取值根据评价对象来确定。

（3）景观视觉几率（S_t）。景观在观景者视野中出现的几率越大或者持续的时间越长，景观敏感度就越高。假设观景者在风景区观景的总时间为 T，而某一景观在视觉中停留的累计时间为 t，则 S_t 可表示为

$$S_t = t/T \tag{13-2-4}$$

当某景观在观景者整个观景过程中都在其视域中出现时，可确定这类景观的敏感度 S_t =1，其他情况下的景观敏感度都在 0～1 之间。理论上 t 和 T 值都可以通过统计得到，在此利用可视区域分析的方法，将 M 个观景点看到的次数加以统计，景观对象在观景者视域中出现的次数越多，景观对象的可见性越高，景观敏感度就越高。由此，式（13-2-4）可转化为

$$S_t = N/M \tag{13-2-5}$$

式中　N——景观对象在 M 个观景点可视区域中出现的次数。

（4）景观奇异性（S_c）。影响景观敏感度的另一类很重要的因素是景观醒目程度，即景观奇异性。这主要由景观与环境的对比度决定，包括形体、线条、色彩、质地及动静的对比。景观与环境的对比度越高，则景观越敏感。

未采取景观保护措施的工程设施，与工程所在区域自然景观对比明显。S_c 均以 1 计，而距离村镇较近或者周边有相似工程时，由于与周边环境对比度相对较低，可以根据工程设施与周围景观的对比取值 0.5 或者 0.75，以此来表示景观醒目程度值 S_c。

（5）景观敏感度综合评价。在分析评价得到上述分项指标后，对各分项指标进行归一化处理，得到工程区域景观综合敏感度值 S。

$$S = f(S_\alpha, S_d, S_t, S_c) \tag{13-2-6}$$

（四）“3S”技术在景观影响评价中的应用

景观影响评价中，“3S”技术的应用为影响评价的科学定量分析提供了有力支持，能够有效辅助确定景观影响评价范围和影响程度。

（1）遥感影像与数字高程模型的应用。工程区域的遥感影像能为影响评价提供准确的景观空间信息，包括景观的地理坐标和高程；较高精度的影像还能较全面地提供评价区域的景观质地特征和位置关系等。

数字高程模型是景观视觉评价的基础，可以利用遥感影像获取，也可以通过测量的数字化地形图，利用“3S”软件获得。

（2）可视性分析模块的应用。GIS 软件的可视性模块是景观影响评价的重要工具，各类“3S”软件都具有类似的功能，如 ARC/INFO、ERDAS、Geomap、Mapinfo 等。Mapinfo 软件的可视性分析工具在 Vertical Mapper 模块下，ARC/INFO 的可视性分析工具在 3D Spatial Analysis 模块下（见图 13-2-4）。

（3）GIS 在景观影响评价中的应用。

1）在确定景观影响范围中的应用。景观影响评价范围及重点的确定主要利用可视性分析中的可视区和通视性分析工具（见图 13-2-4）。

利用通视性分析工具可确定观景点。从地形和工程布置的角度选取若干备选观景点，利用通视性工具（见图 13-2-5），以每个观景点能尽可能多地看见观景对象为原则，甄选出若干观景点。并利用可视区分析工具确定每个观景点的可视范围，结合施工布置图，便可分析得到各评价对象的可视性情况（见图 13-2-6）。

若工程涉及风景名胜区，则应将临近工程的景点及地势较高的景点作为观景点，进行可视区分析，

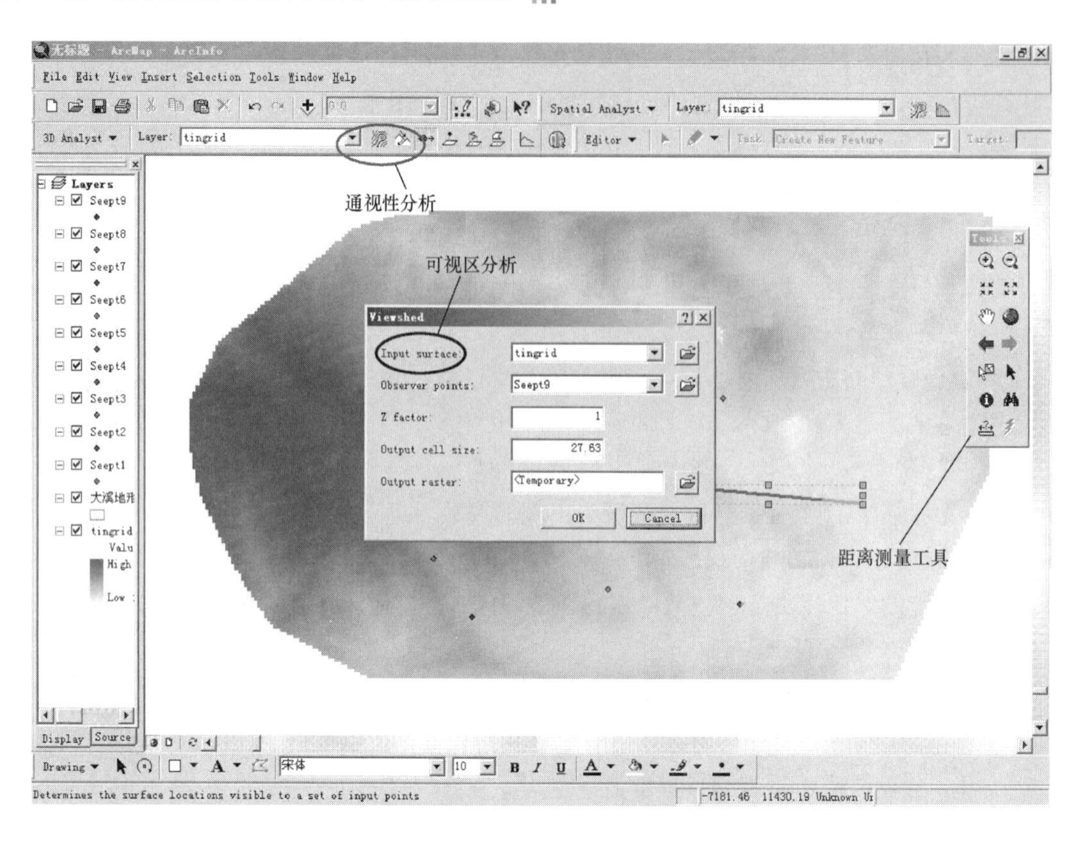

图 13-2-4　ARC/INFO 下的可视性分析模块

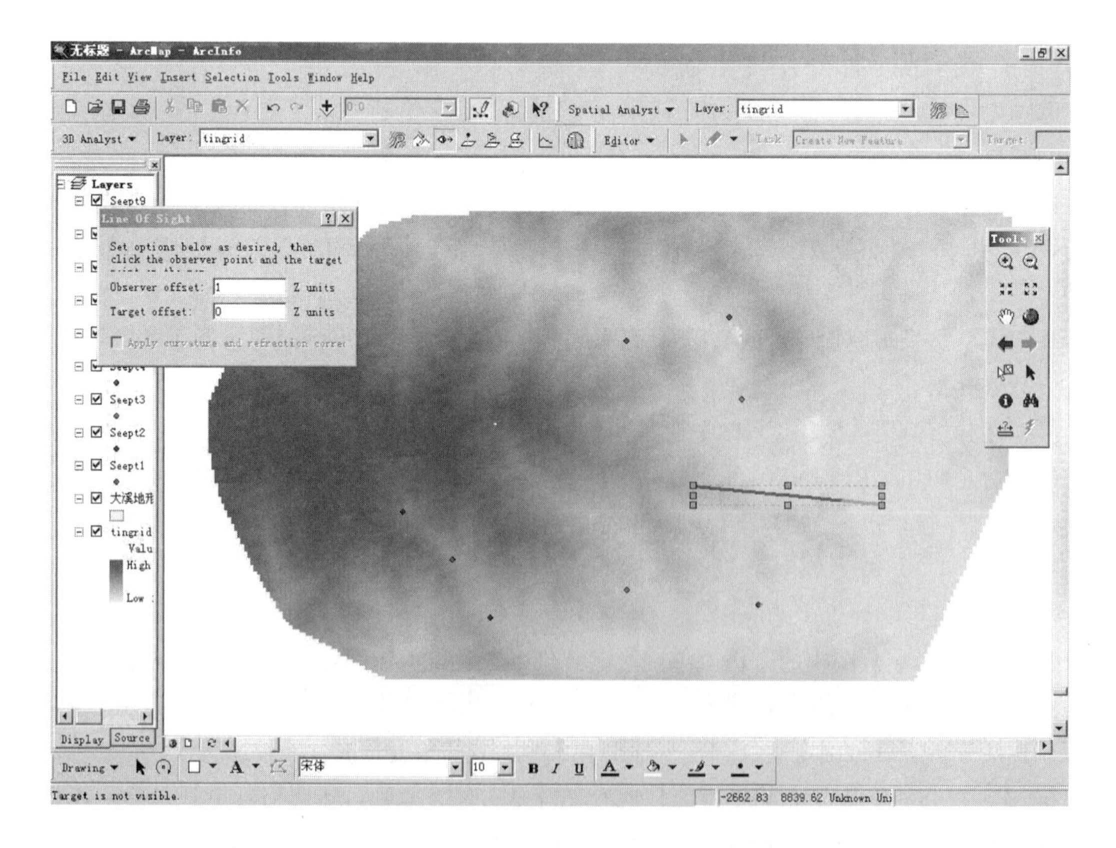

图 13-2-5　通视性分析

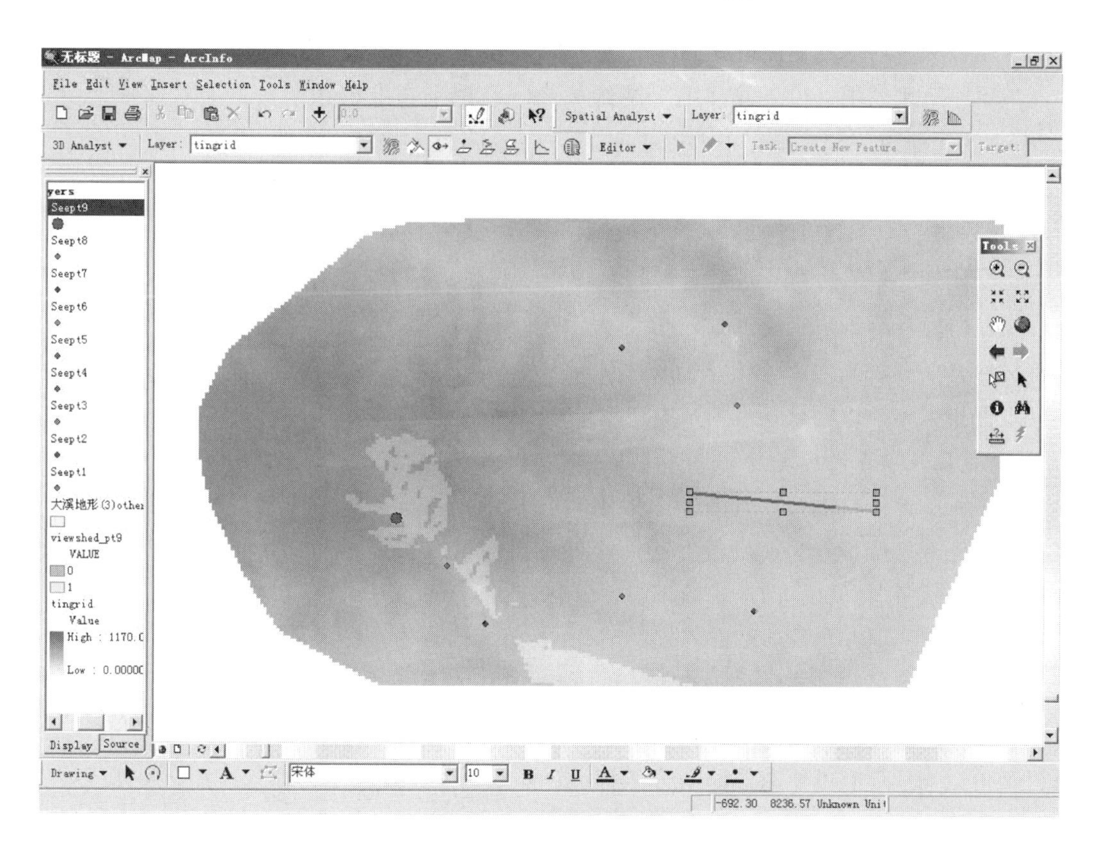

图 13-2-6 可视区分析

确定工程是否在各景点的观景范围内，从而确定工程对景区的影响范围及评价重点。

2）在景观敏感度评价中的应用。GIS 可视性分析工具在景观敏感度评价中的应用，量化了敏感度的各项指标，极大地提高了景观敏感度评价的客观性和科学性。

在相对坡度（S_α）的评价中，利用通视性分析工具，可以较准确地确定相对高度[1]和相对距离，从而确定 S_α 值。

同样，在相对距离的评价中，在确定 D 值后，可以利用距离测量工具确定 S_d 值。

利用可视区分析工具能够确定景观视觉几率（S_t）值：对各观景点的可视区进行分析，叠加工程施工布置图后，可以统计得到各景观对象在各观景点可视区域中出现的次数，从而得到 S_t 值。

2.3.3 实例分析

天荒坪抽水蓄能电站建成后，围绕其上、下水库形成了省级风景名胜区，成为浙江省内知名的旅游区。天荒坪二抽水蓄能电站临近天荒坪一抽水蓄能电站，工程建设中需要保护与建设景观资源。为此，专门对该工程进行了景观影响评价。

2.3.3.1 项目概况

天荒坪二抽水蓄能电站工程位于浙江省安吉县天荒坪镇许溪上游一支流山河港的中游，其下水库位于已建天荒坪抽水蓄能电站工程下库的下游；上水库坝址位于山河港支流横坑坞支沟，与天荒坪一抽水蓄能电站上水库隔溪相望。上、下水库高差 710m，水平距离约 2200m。电站装机规模 2100MW，为日调节纯抽水蓄能电站。

[1] 在相对高度的确定中，对数字高程模型中涉及工程建设区域的高程，必须根据工程设计参数进行高程修正，得到工程建设后的该区域的数字高程模型。

该工程位于以天荒坪抽水蓄能电站为龙头的天荒坪省级风景名胜区边缘地带，部分位于外围保护地带。其中，该工程下水库坝址位于龙潭湖下游约 2.2km，尾水与上游相衔接；上水库坝址位于白茶谷（九龙峡）中心区北面约 1km，工程不占用任何景点。

2.3.3.2　景观影响评价

（一）现状评价

该工程也采用核查表法进行景观综合性现状评价（评价方法略）。现状评价结论：天荒坪二抽水蓄能电站工程所在区域现有景观视觉质量总分值大于 15，景观视觉质量良好。该区域内有山有水，地形起伏，既有林区，又有农业生产区和农居区，且该工程与天荒坪一抽水蓄能电站工程交相辉映，通过采取合理的景观保护措施，该区域景观与水电工程能较好地融合。

（二）评价范围及重点的确定

该项目景观影响评价范围及重点的确定采用 GIS 技术的三维分析功能对评价范围内的临时和永久设施，以观景线路和旅游景点为观景点进行通视性和可视区分析，从而评价工程对区域景观的视觉影响。由于工程涉及风景名胜区，因此，除了评价工程建设对地形地貌及覆盖的影响外，还重点评价对旅游景区的影响。

首先，确定工程建设对地形地貌及覆盖的影响范围及重点——以旅游线路为视点进行景观可视性分析。

该项目评价以当地现有的旅游线路结合工程设计的永久道路规划作为观景线路，在观景线路上利用 GIS 软件的可视性分析工具（Viewshed），以每个观景点能尽可能多地看见观景对象为原则，甄选出 11 个观景点进行通视性分析，如图 13-2-7 所示。

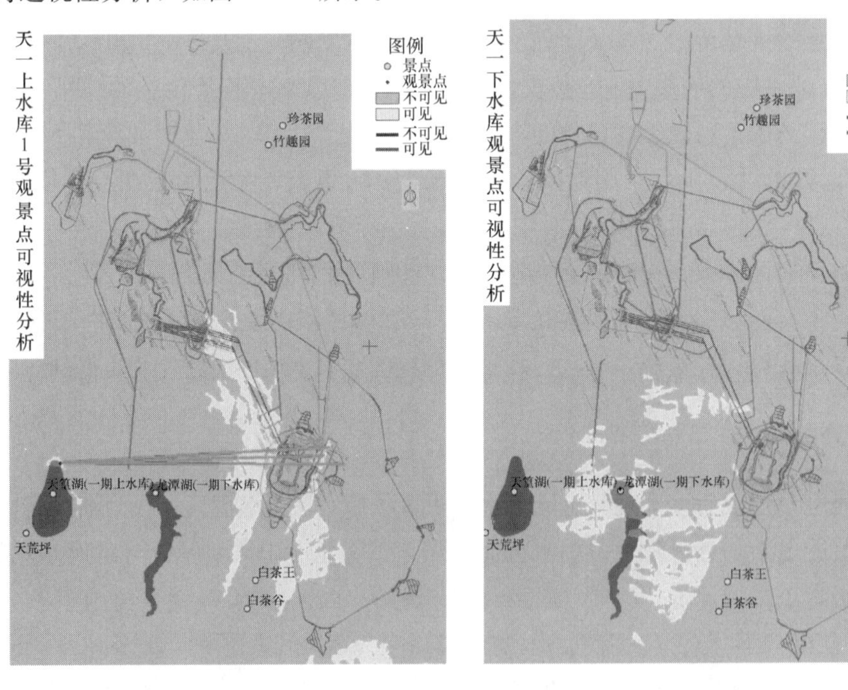

图 13-2-7　旅游景点为视点的景观可视区和通视性分析结果图

根据可视性分析的结果，在旅游线路上，下水库弃渣场和下水库施工工厂是不可见的，其他观景点和观景对象情况见表 13-2-10。

其次，以旅游景点为视点的景观可视性分析。

从图 13-2-7 可以看出，工程区域周边的主要景点有位于下水库中转料场和 1、2 号生活区旁的竹趣园，银坑影视基地景点和珍茶园，上水库西面的天荒坪抽水蓄能电站上、下水库及南面的白茶王和白茶谷景点。

表 13-2-10　　观景点位置一览表

观景点	观景对象（工程设施）	观景点	观景对象（工程设施）
1	油料库、天荒坪二抽水蓄能电站业主营地	7	9 号公路弃渣场、8 号公路弃渣场
2	钢管加工厂	8	爆破材料库
3	1 号工厂仓库区、交通洞口、排风竖井洞口、通风洞口	9	上水库坝后弃渣场
4	下水库大坝	10	1 号公路弃渣场
5	地面开关站、公路隧洞进口	11	3 号生活区、2 号工厂仓库
6	下水库中转料场，1、2 号生活区，上、下水库连接公路		

以上述景点为观景点，进行景观的可视区和通视性分析，分析结果如图 13-2-7 所示。

（三）影响评价

（1）工程建设对旅游景点的影响。工程建设对旅游景点的影响，可以从可视距离分析确定对景点的影响程度。根据该工程建筑设施大小和肉眼视觉特点，利用 2.3.2 节所述的方法，将观景点和观景对象之间的距离区域划分为表 13-2-11 中所示的“前景”、“中景”和“背景”三个区域。

表 13-2-11　　工程所涉区域分区原则

区　域	分　区　原　则	区　域	分　区　原　则
前景	$d \leqslant 400$m 的可见区域	背景	$d \geqslant 1000$m 的可见区域
中景	$400\text{m} \leqslant d \leqslant 1000$m 的可见区域		

根据上述原则，结合图 13-2-7 的景观可视区和通视性分析结果得到旅游景点为视点的景观可视性分析结果见表 13-2-12。

表 13-2-12　　旅游景点为视点的景观可视性分析结果

景点	观景点	可视工程景观对象	距离（m）	视觉范围	视距分区
天荒坪抽水蓄能电站上水库（天篁湖）	1 号	3 号生活区、2 号工厂仓库	2570	局部	背景区
		上、下水库连接公路上库盆西侧段（约 50m）	3251	局部	背景区
	2 号	3 号生活区、2 号工厂仓库	3029	局部	背景区
		上、下水库连接公路上库盆西侧段（约 50m）	2363	局部	背景区
		天荒坪二抽水蓄能电站业主营地	4563	局部	背景区
天荒坪抽水蓄能电站下水库（龙潭湖）		—	—	—	—
白茶王		上水库坝后弃渣场	1000	局部	背景区
竹趣园（银坑）		上、下水库连接公路	1320	局部	背景区

根据 VMS 法所述，视距是反映视觉吸收能力的重要指标，视距越大，视觉吸收能力越高。结合表 13-2-12 分析可知，以各旅游景点为观景点，可见该工程设施的景点为三处，分别是天荒坪抽水蓄能电站上水库、白茶王和竹趣园（银坑）。可见的工程设施主要为五项，分别是 3 号生活区，2 号工厂仓库，上、下水库连接公路上库盆西侧段（约 50m），天荒坪二抽水蓄能电站业主营地，上水库坝后弃渣场和

上、下水库连接公路。从视距分析来看，在上述三处景点可见的工程设施均处于背景区，视觉吸收能力高，观景点距离工程设施较远，均在1km以上。其中，天荒坪二抽水蓄能电站业主营地距离天荒坪一抽水蓄能电站上水库观景点4563m，只有在能见度好，且没有任何遮挡的条件下才能看见该设施区域的局部。该设施位于天荒坪镇区，其景观与周边景观异质性低，同为房屋建筑景观，视觉敏感度不高；白茶王景点距离上水库坝后弃渣场1km，从图13-2-7可知，在该景点所见为坝后弃渣场上部极小部分区域；工程所见的上、下水库连接公路共两段，距离可视长度为50m以下；可见的上水库3号生活区、2号工厂仓库区与天荒坪一抽水蓄能电站上水库观景点距离在2.5km以上，且从通视性分析看，天荒坪一抽水蓄能电站上水库可见区域仅天荒坪一抽水蓄能电站上水库环库公路1号观景点和2号观景点两处，天荒坪一抽水蓄能电站上水库其余区域均无法看见上述区域。

从上述分析可见，五处可见的工程景观对象距离三处景点距离较远，均处于视觉背景区，视觉吸收能力高，且上述景观对象可见的均为局部区域，可视范围小，只有在能见度较好的气象条件下才可见，视觉影响小。

（2）工程建设对区域地形地貌和地表覆盖的景观影响——景观敏感度分析。根据该实例第二部分所确定的观景点为视点对其进行景观敏感度分析，预测景观敏感度的相对坡度、相对距离、景观视觉几率和景观奇异性指标。

1）相对坡度（S_α）。景观敏感度公式为

$$S_\alpha = \sin(\arctan H/W)$$

式中　H——等高距；

　　　W——等高线间距。

各景观相对坡度敏感度值S_α分别见表13-2-13。

由表13-2-13可看出，由于9号公路弃渣场，1号公路弃渣场，爆破材料库，3号生活区、2号工厂仓库，地面开关站，上、下水库连接公路和上水库坝后弃渣场的相对坡度均较高，其S_α值均较大，分别为0.5613、0.5355、0.4254、0.4961、0.3429、0.3343和0.3221；其次为中转料场、交通洞口、排风竖井洞口、通风洞口、8号公路弃渣场等，分别为0.2475、0.2038、0.1840、0.1035、0.1560；1号工厂仓库，油料库，下水库大坝和1、2号生活区和交通隧洞进口，下水库混凝土系统最低的S_α相对较小，分别为0.0610、0.0967、0.0748、0.0463、0.0379和0.0199；天荒坪二抽水蓄能电站业主营地、钢管加工厂的相对坡度分别为0.0099、0.0029。

表13-2-13　　各景观相对坡度敏感度值（S_α）

序　号	工程设施	S_α	序　号	工程设施	S_α
1	油料库	0.0967	11	公路隧洞进口	0.0379
2	天荒坪二抽水蓄能电站业主营地	0.0099	12	中转料场	0.2475
3	钢管加工厂	0.0029	13	1、2号生活区	0.0463
4	下水库混凝土系统	0.0199	14	上、下水库连接公路	0.3343
5	1号工厂仓库区	0.0610	15	9号公路弃渣场	0.5613
6	交通洞口	0.2038	16	8号公路弃渣场	0.1560
7	排风竖井洞口	0.1840	17	爆破材料库	0.4254
8	通风洞口	0.1035	18	坝后弃渣场	0.3221
9	下水库大坝	0.0748	19	1号公路弃渣场	0.5355
10	地面开关站	0.3429	20	3号生活区、2号工厂仓库	0.4961

2）相对距离（S_d）。根据视距分析，该工程范围内能较清楚地观察某种景观元素、质量或成分的最大距离 $D=1km$，景观相对于观景者的实际距离 $d=D$，即

$$S_d=\begin{cases}1 & (d\leqslant D)\\ D/d & (d>D)\end{cases}$$

由上式可知，该工程各评价在视线方向上的投影面积较大，$d<D$。因此，以上区块的相对距离敏感度值 $S_d=1$，均较为敏感❶。

3）景观视觉几率（S_t）。景观视觉几率 S_t 可表示为

$$S_t=t/T$$

式中　t——某一景观者视觉中停留的累计时间；

T——观景者在风景区观景的总时间。

理论上 t 和 T 值都可以通过统计得到，在此利用可视区域分析的方法，将该项目前述的 10 个观景点看到工程设施的次数加以统计，景观对象在观景者视域中出现的次数越多，景观对象的可见性越高，景观敏感度就越高。由此，上式可转化为

$$S_t=N/10$$

式中，N 为景观对象在 10 个观景点可视区域中出现的次数。各景观对象景观视觉几率见表 13-2-14。可见，上、下水库连接公路的景观视觉几率最高为 0.7273，其次为距离观景线路较近的下水库混凝土系统 0.2950、通风洞口 0.2439、交通洞口 0.2395，其余工程设施景观几率均在 0.09～0.2 之间。

4）景观奇异性（S_c）。影响景观敏感度的另一类很重要的因素是景观醒目程度，即景观奇异性。未采取景观保护措施的工程设施，与工程所在区域的自然景观对比明显。S_c 均以 1 计，而业主营地、钢管加工厂及 1、2 号生活区距离村镇较近，与周边环境的对比度相对较低，分别为 0.5、0.5 和 0.75。

5）景观敏感度综合评价。根据以上分析，各景观的不同景观敏感度综合值见表 13-2-14。

表 13-2-14　　各景观的不同景观敏感度综合值

序　号	工　程　设　施	S_α	S_d	S_t	S_c
1	油料库	0.0967	1	0.1364	1
2	天荒坪二抽水蓄能电站业主营地	0.0099	1	0.1719	0.5
3	钢管加工厂	0.0029	1	0.0909	0.5
4	下水库混凝土系统	0.0199	1	0.295	1
5	1 号工厂仓库区	0.0610	1	0.1818	1
6	交通洞口	0.2038	1	0.2395	1
7	排风竖井洞口	0.1840	1	0.0909	1
8	通风洞口	0.1035	1	0.2439	1
9	下水库大坝	0.0748	1	0.1818	1

❶ 尽管该工程部分评价对象位于各观景点视平线以下，但由于距离观景线路上的观景点较近，比可视最大距离 D 值小，因此其值也为 1。

续表

序　号	工　程　设　施	$S_α$	S_d	S_t	S_c
10	地面开关站	0.3429	1	0.1818	1
11	公路隧洞进口	0.0379	1	0.2395	1
12	中转料场	0.2475	1	0.0909	1
13	1、2号生活区	0.0463	1	0.0909	0.75
14	上、下水库连接公路	0.3343	1	0.7273	1
15	9号公路弃渣场	0.5613	1	0.0909	1
16	8号公路弃渣场	0.156	1	0.0909	1
17	爆破材料库	0.4254	1	0.0909	1
18	坝后弃渣场	0.3221	1	0.0909	1
19	1号公路弃渣场	0.5355	1	0.0909	1
20	3号生活区、2号工厂仓库	0.4961	1	0.0909	1

为比较各景观的综合景观敏感程度，假定钢管加工厂的各景观分量值均为1，分别计算其他景观区块敏感度分量的当量值，其计算结果见表13-2-15。

表 13-2-15　　各景观的不同景观敏感度分量级别

序　号	工　程　设　施	$S_α$	S_d	S_t	S_c	小　计
1	油料库	33.345	1.000	1.501	2.000	37.845
2	天荒坪二抽水蓄能电站业主营地	3.414	1.000	1.891	1.000	7.305
3	钢管加工厂	1.000	1.000	1.000	1.000	4.000
4	下水库混凝土系统	6.862	1.000	3.245	2.000	13.107
5	1号工厂仓库区	21.034	1.000	2.000	2.000	26.034
6	交通洞口	70.276	1.000	2.635	2.000	75.911
7	排风竖井洞口	63.448	1.000	1.000	2.000	67.448
8	通风洞口	35.690	1.000	2.683	2.000	41.373
9	下水库大坝	25.793	1.000	2.000	2.000	30.793
10	地面开关站	118.241	1.000	2.000	2.000	123.241
11	公路隧洞进口	13.069	1.000	2.635	2.000	18.704
12	中转料场	85.345	1.000	1.000	2.000	89.345
13	1、2号生活区	15.966	1.000	1.000	1.500	19.466
14	上、下水库连接公路	115.276	1.000	8.001	2.000	126.277
15	9号公路弃渣场	193.552	1.000	1.000	2.000	197.552

续表

序 号	工 程 设 施	$S_α$	S_d	S_t	S_c	小 计
16	8 号公路弃渣场	53.793	1.000	1.000	2.000	57.793
17	爆破材料库	146.690	1.000	1.000	2.000	150.690
18	坝后弃渣场	111.069	1.000	1.000	2.000	115.069
19	1 号公路弃渣场	184.655	1.000	1.000	2.000	188.655
20	3 号生活区、2 号工厂仓库	171.069	1.000	1.000	2.000	175.069

由表 13-2-15 可以看出，9 号公路弃渣场、1 号公路弃渣场、3 号生活区和 2 号工厂仓库敏感度最高，其次为爆破材料库；上、下水库连接公路、地面开关站、坝后弃渣场也相对较高；中转料场、交通洞口、排风竖井洞口有一定的敏感度；其余设施敏感度不高，其中天荒坪二抽水蓄能电站业主营地和钢管加工厂的敏感度最低。

根据以上预测结果，在进行景观设计时，需重点关注 9 号公路弃渣场，1 号公路弃渣场，3 号生活区和 2 号工厂仓库，爆破材料库，上、下水库连接公路，地面开关站，坝后弃渣场等景观敏感度高的区域，通过景观设计进行合理布局，与周围环境有机融合，从而消除或减缓工程建设对天荒坪风景名胜区的不利影响；同时，在设计过程中体现当地景观特色，为发展景区旅游业提供一个良好的平台，进一步促进该地区旅游业的发展。

2.3.3.3 项目特点

天荒坪二抽水蓄能电站的景观影响评价具有以下四个特点：

(1) 采用 GIS 软件的可视性分析工具确定评价范围和评价重点，比较科学和客观。

(2) 利用 GIS 的可视区分析工具结合修正的 VMS 法进行工程对景区内景点影响的分析，较客观、完善地分析了工程建设对风景区景点的影响。

(3) 利用 GIS 的可视性分析工具进行景观敏感度的分析，特别修正了 S_t 值的评价方法。

(4) 该项目景观影响评价从区域地形地貌和地表覆盖景观的影响、区域旅游景点的影响两个方面进行评价，完善了景观影响的评价内容和方法。

第三章

环境保护设计

3.1 选址与布局优化

3.1.1 总体要求

(一) 选址

抽水蓄能电站的开发运行方式决定其上、下水库不仅要有较大的落差，而且其水平距离应尽可能小，从而多位于高山峡谷或地形陡峻之处；相对而言，这些区域受人为活动影响程度低，生态环境质量较好。因此，抽水蓄能电站在选址时，除了从动能经济方面考虑外，需要关注可选站址在生态环境方面的差异，尽量减小对生态环境的不利影响；尤其应注意是否存在自然保护区、风景名胜区、水源保护区等重大环境敏感区。当确实无法避开时，应征求其主管部门对电站建设的意见。

(二) 正常蓄水位选择

正常蓄水位选择是可行性研究阶段的重要工作内容，除了从水库淹没造成的生态损失、是否涉及重大环境敏感对象、是否有珍稀保护植物或古树名木分布、是否涉及重要生态环境等方面进行比选外，还宜结合坝下河道生态需水量，对水库是否需要增加环保调节库容提出要求。

(三) 施工布置

施工总布置规划研究应遵循因地制宜、有利于生产、方便生活、环境友好、资源节约、经济合理的原则。

施工布置应节约土地资源，减少对地表的破坏，控制施工期的水土流失，尽量利用荒地、河滩地以及拟建水库淹没土地，少占耕地与林地。

应对拟征用的施工用地区开展环境敏感对象的调查，对发现的文物古迹、古树名木或保护植物应优先采取就地保护措施，调整施工布局。

料场、弃渣场的选取应考虑生态景观保护要求，避免对重要的动物栖息地及珍稀植物分布区造成破坏；应对渣料场周边是否存在居民点进行调查，保障居民安全。

业主和承包商营地、施工工厂仓库、场内外交通、渣料场等的总体布局，应充分考虑周围各种环境敏感目标的分布，从保护区域水环境、大气环境、声环境和生态环境的角度综合分析拟订。

3.1.2 站址和蓄水位的合理选择

(一) 与相关规划相符合和协调

抽水蓄能电站选址和正常蓄水位选择应与区域相关规划相符合、协调，这些相关规划通常包括主体功能区划、环境保护规划、水环境功能区划、生态规划、城市/城镇体系规划、土地利用规划、基本农田保护规划、供水规划、旅游开发规划、矿产开发规划等，当遇有重大环境敏感区域时，需要分析与专项规划，如风景名胜区规划、自然保护区规划、饮用水水源保护规划、森林公园规划等的相容性。应重点分析工程选址或水库淹没是否涉及全国主体功能区划及有关法律所规定的禁止开发区域与限制开发区域。

（二）禁止开发与限制开发区域

国家“十一五”规划基于不同区域的资源环境承载能力、现有开发密度和开发潜力，提出将国土空间划分为优化开发、重点开发、限制开发和禁止开发等四类主体功能区，其中限制开发区和禁止开发区的功能主要是生态保护与生态恢复，因此对这类地区的开发活动将受到极大的影响。

根据主体功能区划，禁止开发区和限制开发区大多属于生物多样性保护区、环境脆弱区、国家级自然保护区、世界文化自然遗产、国家重点风景名胜区、国家森林公园、国家地质公园、饮用水源保护区等对保护自然和人文资源、维护生态安全具有重要意义的区域。

原则上，各类自然保护区、风景名胜区的核心区、缓冲区和饮用水水源一级保护区等属于禁止开发区，而一些特殊保护与特征敏感区则属于限制开发区。抽水蓄能电站应避开禁止开发区，对限制开发区也应尽量避让；确实不能避让时，应充分研究主体功能区划对区域功能保护的要求，在开发的同时做好保护，维持区域生态功能。

特殊保护区：风景名胜区、自然保护区的实验区和外围保护地带、饮用水水源二级保护区和准保护区、文物保护单位的保护范围，以及世界自然、文化遗产保护区。

特征敏感区：基本农田保护区、基本草原、沙化土地封禁保护区；森林公园、地质公园；自然湿地、珍稀动物栖息地、珍稀植物分布区；鱼类等重要水生生物的产卵场、索饵场、越冬场、洄游通道，天然渔场，水产增殖养殖区；天然林、热带雨林等。

（三）工程实例

（1）浙江临安千顷塘抽水蓄能电站。规划的浙江临安千顷塘抽水蓄能电站，由于上水库位于浙江临安清凉峰省级自然保护区的核心区，上水库水位的抬高以及电站建设过程甚至工程的外业地质勘察，均将对野生梅花鹿的生存与繁殖带来重大不利影响，因此选址规划过程中认为该电站选址不可行。

（2）无锡马山抽水蓄能电站。马山抽水蓄能电站位于江苏省无锡市境内太湖北侧，距无锡市城区约30km，装机容量70万kW。电站位于太湖国家重点风景名胜区马山景区的三级保护区，景区以88m高的灵山大佛为主体，与电站上水库副坝的直线距离约420m，因此该工程所处区域环境敏感、景观保护要求高。

可行性研究阶段对该工程建设的环保可行性经过反复论证后，专门编制了《马山抽水蓄能电站景观概念规划》，并对《太湖国家重点风景名胜区马山景区规划》进行了修编。工程设计也作了相应调整，副坝向西后退30m至山脊线之后（见图13-3-1），利用弃渣对主坝坝后地形进行重塑和模拟自然山体绿化，并将整个电站规划设计为“天池”景点。在开展了大量的景观保护工作，使建设与周边景观相协调的情况下，建设部以建城函〔2006〕169号文下达了《关于对太湖风景名胜区无锡马山抽水蓄能电站建设项目选址意见的复函》，同意无锡马山抽水蓄能电站项目选址。

3.1.3　合理施工布置

电站施工是产生环境影响的重要方面，合理施工布置使不利的环境影响程度降到最低，是重要的环境保护措施之一。

（一）生态和社会环境保护

优化设计，合理施工布置，减少施工占地面积（特别是耕地和高生态质量的林地），避让自然保护区、风景名胜区、文物保护单位、基本农田、森林公园、地质公园、重要湿地、热带雨林等环境敏感区域，可以最大限度地达到保护生态和社会环境目的。

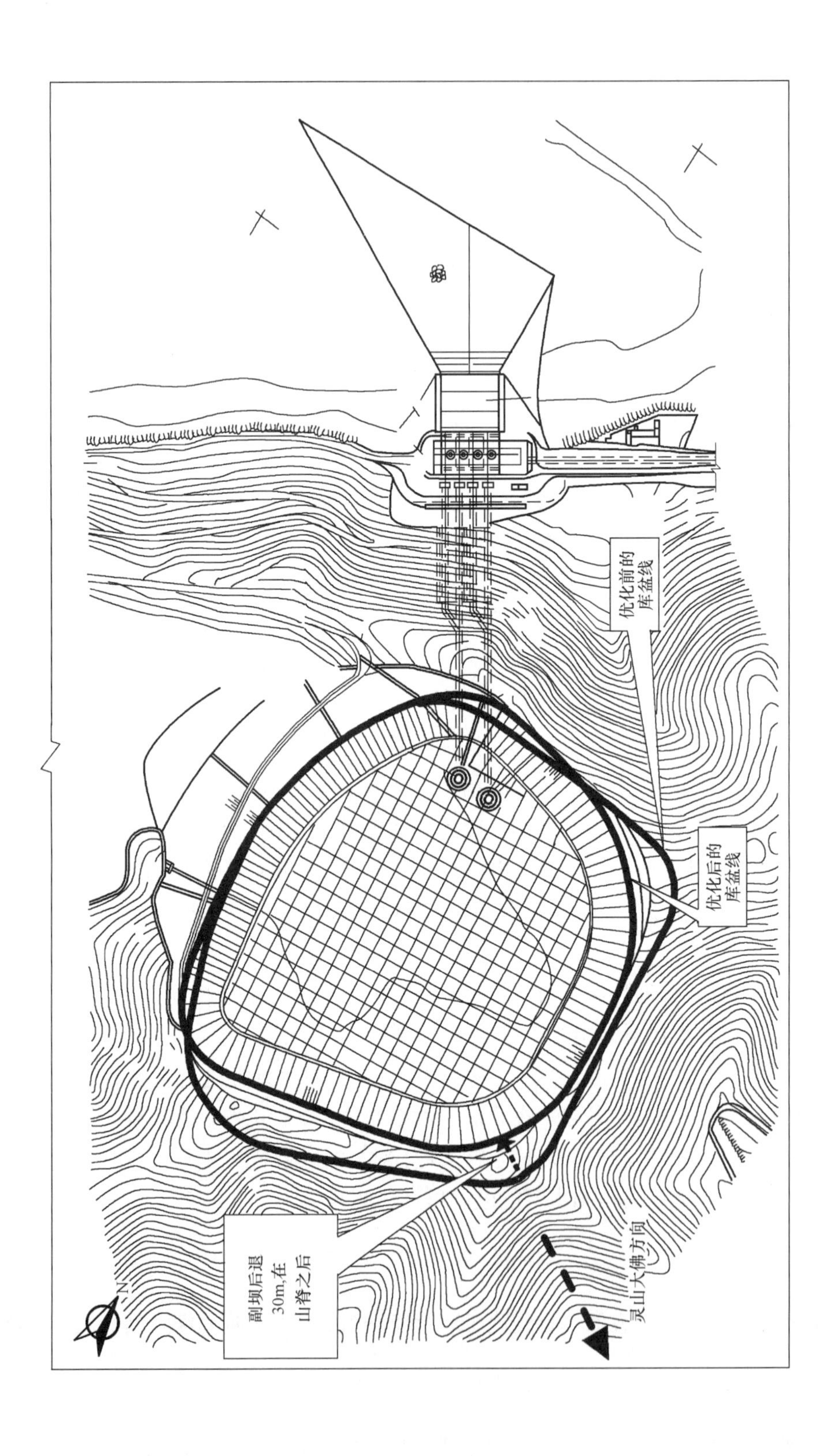

图 13-3-1 副坝向远离视线方向后退 30m 至山脊线之后

施工布置时应遵守《中华人民共和国自然保护区条例》、《中华人民共和国风景名胜区条例》《中华人民共和国文物保护法》等法律规定，规范施工行为。

（1）自然保护区对施工的限制要求。当工程占地不得不涉及自然保护区的实验区时，应尽量使料场、弃渣场、施工辅助企业、施工人员生活区等临时设施布置在保护区之外，并严格控制保护区的占地规模，禁止在保护区范围内设置料场、弃渣场。

施工布置应避让并尽量远离自然保护区的保护对象，包括国家和地方重点保护的野生植物、古树名木、高覆盖度的天然林、国家和地方重点保护野生动物的重要生态环境等。

（2）风景名胜区对施工的限制要求。当涉及风景名胜区时，不得在风景名胜区管理范围内设置石料场、土料场；不能破坏风景名胜区的景观资源，妨碍旅游活动的正常开展；工程布置应与周边景观相协调，并采取有效措施保护好周围景物、水体、林草植被、野生动物资源和地形地貌。

（3）文物保护单位对施工的限制要求。根据法律规定，在文物保护单位的保护范围内不得进行其他建设工程，如有特殊需要，必须经人民政府和上一级文化行政管理部门同意。此外，在文物保护单位周围的建设控制地带内修建新建筑和构筑物时，不得破坏文物保护单位的环境风貌，其设计方案须征得文化行政管理部门的同意。

（4）基本农田保护区对施工的限制要求。国家实行严格的基本农田保护政策，当工程建设必须占用基本农田时，应占补平衡，维持基本农田数量。为减少对基本农田的影响，根据基本农田保护条例的要求，在施工布置时禁止将土料场、石料场、弃渣场等设置在基本农田保护区范围内。

（5）其他。施工道路是破坏植被和造成水土流失的重要影响源之一，特别是在一些施工布置条件较差的山区。合理布线，以隧代路，一些连通施工支洞和调压井的出渣道路可以考虑以索道、缆车替代，以有效减少占地和生态破坏。

抽水蓄能电站地下开挖工程量大，产生弃渣多，合理利用洞挖渣料用于大坝填筑，可减少弃渣场和料场占地。

（二）水环境保护

当工程占地涉及饮用水水源地和饮用水水源保护区时，施工行为将受到严格的限制，不准新建、扩建向水体排放污染物的建设项目，因此砂石料加工系统、混凝土加工系统、汽车冲洗场、机修工厂、施工营地等容易产生污废水和油污的施工临时设施均应布置在饮用水水源保护区以外，并不得向这些水域排放污废水。

（三）环境空气和声环境保护

当涉及村镇居民点、医院、学校等各种对环境空气与声环境有较高要求的区域时，应将砂石料加工系统、混凝土拌和系统、钢筋木材加工厂等容易产生扬尘和高噪声的施工辅助企业远离布置。当无法远离这些敏感目标时，应考虑将施工仓库、生活营地等布置在高噪声施工辅助企业与敏感目标之间，起到阻隔噪声的作用。

（四）工程实例

洪屏抽水蓄能电站位于江西省靖安县三爪仑乡境内，距南昌公路里程 124km，装机容量 120 万 kW。该电站下水库右岸紧靠九岭山省级自然保护区的实验区，同时又位于三爪仑国家森林公园的骆家坪景区，为此施工布置优化设计如下：

（1）优化施工道路布置，将线路从右岸改为左岸，避开了九岭山省级自然保护区的实验区。

（2）取消了上水库区西副坝外 1 号弃渣场，将弃渣堆置于上水库库内和石料场，避开了 640 余株国家Ⅱ级重点保护植物——永瓣藤。

3.2　污染防治技术

抽水蓄能电站施工期持续时间较长、建设工程量大、机械设备多，工程施工过程中会产生大量的废水、废气、噪声污染及固体废弃物。这些污染物若不经妥善处理而直接外排，将会对当地水环境、环境空气、声环境、生态系统等造成影响或破坏。

应根据国家、地方的相关法律及法规，妥善处理电站施工期间产生的各类污染物，对电站施工区域的环境进行保护。

针对抽水蓄能电站工程施工期污染物的特性、源强及浓度，本章将具体通过实例及对在建、已建等抽水蓄能电站的实际调查结果，论述污染防治技术措施。

3.2.1　水污染防治

工程施工期间的水污染源包括生产废水和生活污水。生产废水主要有砂石料加工系统的悬浮物冲洗废水、混凝土系统冲洗碱性废水、含油废水、基坑废水等；生活污水来自于施工人员洗涤、冲厕等日常用水。

生产废水的主要污染物为悬浮物（以下简称 SS）及油类物质；生活污水中的主要污染物为 BOD_5、COD、总磷、氨氮和悬浮物。

3.2.1.1　废水防治技术

施工期间常用的废水防治技术有自然沉淀、絮凝沉淀、自然干化、机械脱水、隔油气浮及成套污水处理设备等。

（一）砂石料加工系统废水治理

（1）废水特性。砂石料系统加工过程中会产生大量的冲洗废水，废水中 SS 含量较高，废水中所含的颗粒物以细沙和粉沙为主，同时含一定量黏土性质的悬浮物，颗粒粒径分布十分不均匀。

（2）废水处理工艺。

1）技术一：采用自然沉淀法，处理工艺流程见图 13-3-2。

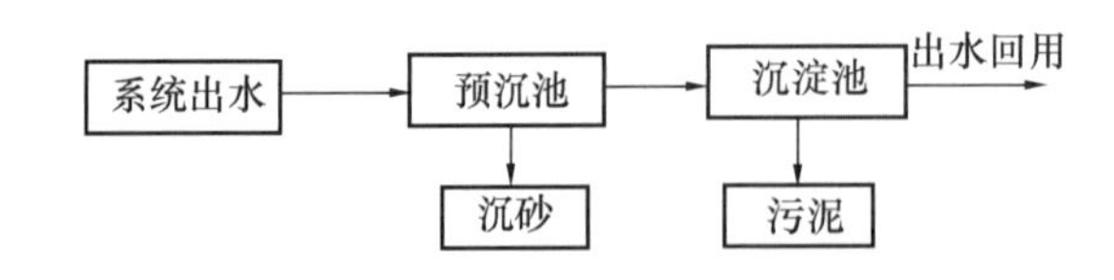

图 13-3-2　自然沉淀法处理工艺流程图

高悬浮物废水从筛分楼流出，进入预沉池，以除去大颗粒悬浮物，然后在沉淀池中进行自然沉淀，上清液回用。该处理技术的特点是工艺流程简单、基建技术要求不高、运行操作简单、运行费用少，但为达到较好的处理效果，沉淀池的规模需很大；此外，系统的沉砂量较大，泥渣处理的压力较大，将给生产带来一定风险。

2）技术二：采用预沉＋混凝＋机械脱水沉淀法，处理工艺流程见图 13-3-3。

废水从筛分楼流出，先经预沉池去除粒径较大的颗粒悬浮物，骨料冲洗废水中的石粉颗粒相对较细，预沉池出水后需采取投加混凝剂使其形成较大的絮凝体，而后进入沉淀池快速沉淀，从而实现固液分离，预沉池和沉淀池的泥渣均进行机械脱水处理。该处理技术占地面积较小、工艺成熟、处理效果好，不足的是增加了设备和运行管理费用，提高了运行维护管理要求。

（3）泥渣处置。由于砂石料系统废水量大、SS 浓度高，废水处理过程中的泥渣处理是系统正常运

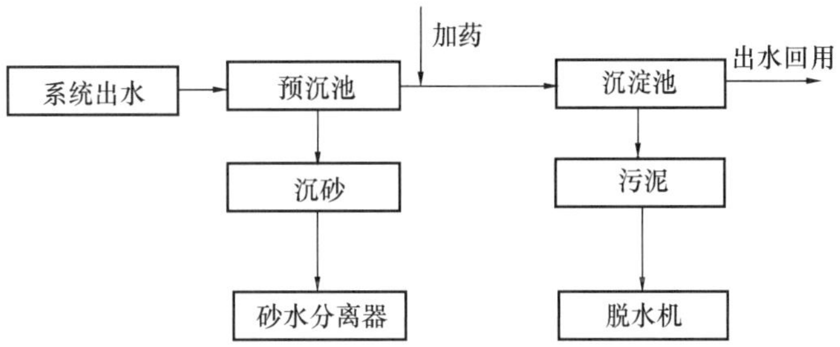

系统出水
预沉池
加药
沉淀池
出水回用
沉砂
污泥
砂水分离器
脱水机

图 13-3-3 预沉+混凝+机械脱水沉淀法处理工艺流程图

行的关键。砂石料系统泥渣处理技术主要有自然干化技术和机械脱水技术两种。

1）自然干化：利用堆放自然脱水干化，主要是利用太阳晒、风吹加速其自然干燥，干化后的泥渣外运至弃渣场。该技术工艺简单、处理费用低，缺点是占用场地相对较大、劳动强度较大，且容易受天气的影响。

2）机械脱水：采用螺旋式砂水分离器将沉砂脱水，脱水后的泥渣运至弃渣场。该技术占地小、管理方便、泥渣脱水后含水率较低、处理效果可以保证，但投资及运行费用较大。

（二）混凝土系统废水处理

针对混凝土冲洗废水水量少、废水排放不连续、悬浮物浓度高、pH 值较高等特点，混凝土系统废水防治技术主要采用自然沉淀砂滤技术。该方法占地面积小，采用沉淀池与清水池合建，排泥简单，但需定期更换滤料；土建施工简单，造价低，对冲击负荷的适应性能力较好，沉淀池泥渣采用人工定期清理。

（三）含油废水处理

汽车冲洗废水的主要污染物为石油类和 SS，机械修配系统废水主要含油，目前抽水蓄能电站施工期含油废水的防治技术主要采用隔油气浮技术。

汽车冲洗废水和机械修配系统废水先由小型隔油池进行除油预处理，而后进一步进行气浮处理，以进一步去除乳化油和悬浮颗粒。废水经处理后达到《城市污水再生利用城市杂用水水质》（GB/T 18920—2002）标准，用于汽车冲洗。根据杂用水水质指标中有关微生物等指标的要求，拟采取二氧化氯消毒处理，以满足其要求，其废水处理流程见图 13-3-4。

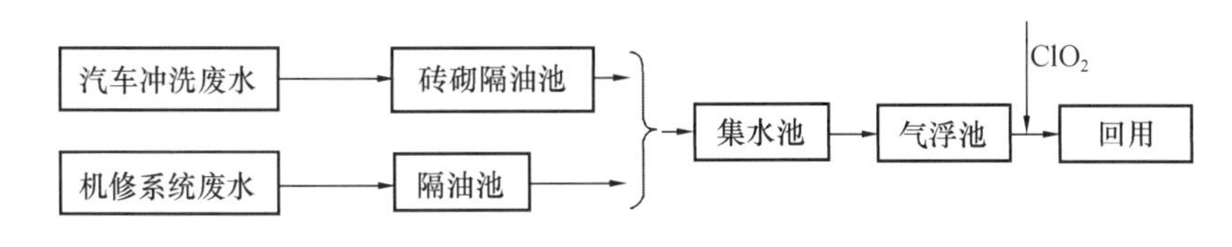

图 13-3-4 废水处理流程图

（四）生活污水处理技术

针对抽水蓄能电站施工期上、下水库施工人员相对集中的特点，生活污水处理可采用成套污水处理设备或建小型污水处理站技术。

（1）成套设备处理技术：该技术先进、成熟，对水质变化的适应性强，出水达标且稳定性高，污泥易于处理，而且其经济节能、耗电少、造价低、占地面积小，仅需设置 1 人进行日常检查，操作管理方便，较为适合污水处理量在 5～15m^3/h 的工程。

（2）小型污水处理站技术：该技术以生物氧化技术为主体，集污水沉淀、生物降解和污水消毒为一体，是一种高效污水处理工艺，具有污染物去除率高、投资较小、占地面积小、运行方便等特点，操作管理方便，较为适合污水处理量在 20～50m^3/h 的工程。

废水经处理后达到《城市污水再生利用城市杂用水水质》（GB/T 18920—2002）标准和相关污水排放标准一级标准。处理后的水流入自建的蓄水池，用二氧化氯消毒处理后，用于营地内景观绿化用水、营地内外公路两侧绿化用水及施工区施工道路洒水。

临时生活区污水处理流程见图 13-3-5。

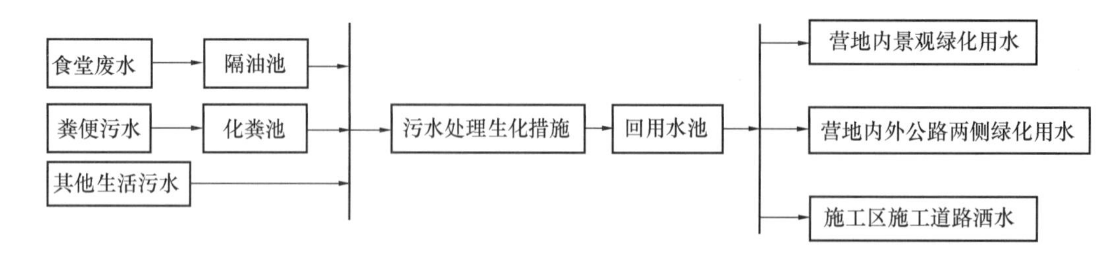

图 13-3-5　临时生活区污水处理流程图

3.2.1.2　水污染防治实例

（一）*砂石料废水处理实例*

宜兴抽水蓄能电站西梅园砂石料加工系统的最大废水排放量为 600m^3/h，废水中 SS 含量为 38000mg/L，废水处理后回用于砂石料加工系统。

该系统废水处理采用自然沉淀技术，其工艺流程见图 13-3-6。

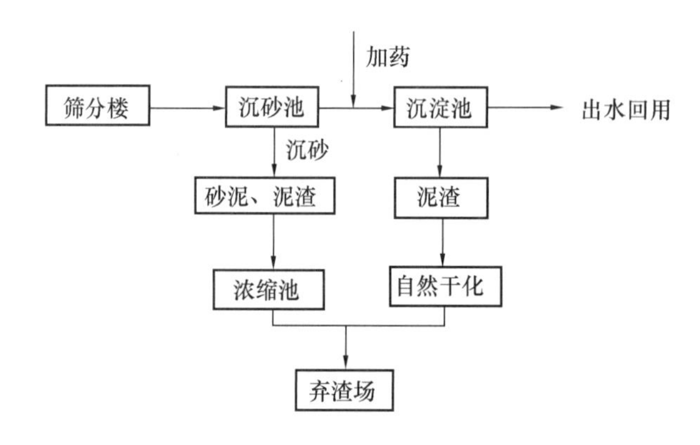

图 13-3-6　砂石料废水处理工艺流程图

砂石料冲洗废水从筛分楼直接进入平流式沉砂池。沉砂池采用 2 组 4 格平流式，絮凝沉淀池采用 2 组 2 格平流式。絮凝沉淀池中的絮凝剂选用聚丙烯酰胺（PAM），沉砂池中的砂泥、泥渣由吸砂泵抽置泥渣浓缩池，浓缩后抽至弃渣场进行自然干化。沉淀池中的泥渣定期由挖泥机清挖，挖出的泥渣自然干化后就近送至弃渣场。

自然沉淀技术处理效果好，砂泥和泥浆去除率较高，构筑物占地面积较大，对场地较大且废水量较小的工程较为合适。废水处理运行效果见图 13-3-7。

（二）*混凝土废水处理实例*

宜兴抽水蓄能电站 C3 标混凝土加工废水处理采用自然沉淀砂滤技术。该处理系统主要由沉淀池、砂滤沟、回用水池三部分组成，处理量为 20m^3/d，高峰处理量达 25m^3/d，滤池滤速为 7.7mm/s，出水回用，泥渣定期由挖泥机清挖，挖后的泥渣自然干化后就近送至弃渣场。

该系统处理效果好，沉淀池采用廊道式布置，砂滤沟铺设砂石料系统的碎石，整个系统大大提升了沉淀效果，系统出水水质较好，满足冲洗要求。

具体工艺参数见表 13-3-1，废水处理系统工艺流程见图 13-3-8，混凝土废水处理现状见图 13-3-9。

(a)　(b)　(c)　(d)

图 13-3-7　废水处理运行效果图

(a) 沉砂池；(b) 二级沉砂池；(c) 沉淀池；(d) 系统出水

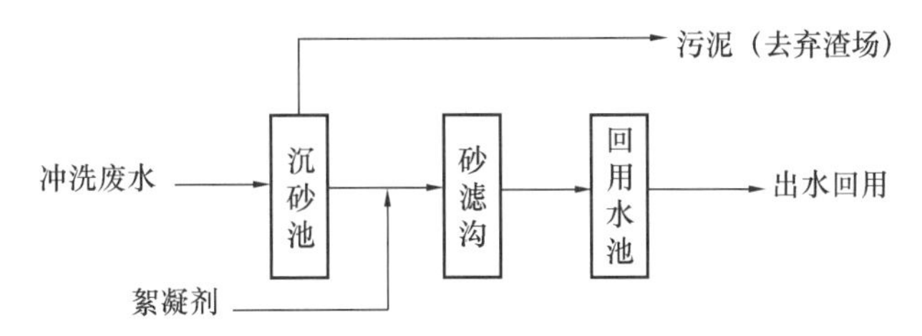

图 13-3-8　废水处理系统工艺流程图

图 13-3-9　混凝土废水处理现状图

表 13-3-1 C3 标混凝土加工废水处理系统工艺参数

构筑物名称	构筑物尺寸（长×宽×高，m）	其他设计参数	备 注
沉淀池	4×4×2	停留时间 80min	沉淀、人工清泥
砂滤沟	20×1×0.9	停留时间 40min	絮凝、沉淀、过滤
回用水池	3×4×2		

（三）含油废水处理实例

针对宜兴抽水蓄能电站下水库施工区布置集中的特点，业主统一在下水库施工区内修建了含油废水处理系统。该系统主要采用隔油气浮技术。系统由初沉隔油池、高效气浮池、污泥浓缩池、回用水池四部分组成，系统处理能力为 300m^3/d，出水用于道路洒水及汽车冲洗用水。

该系统处理效果好，能满足施工高峰期含油废水的处理需要，初沉隔油池中配备行车刮泥撇油机，污泥和浮油焚烧后送至弃渣场，系统出水水质较好，满足回用水水质要求。

具体工艺参数见表 13-3-2，工艺流程见图 13-3-10，含油废水处理系统现状见图 13-3-11。

表 13-3-2 含油废水处理系统工艺参数

构筑物名称	构筑物尺寸（长×宽×高，m）	其他设计参数	备 注
初沉隔油池	3.7×3×2	停留时间 1.8h	行车刮泥撇油分 2 组
高效气浮池			成套设备
污泥浓缩池	4×5×3	停留时间 2.4h	
回用水池	7×6×3	停留时间 10h	

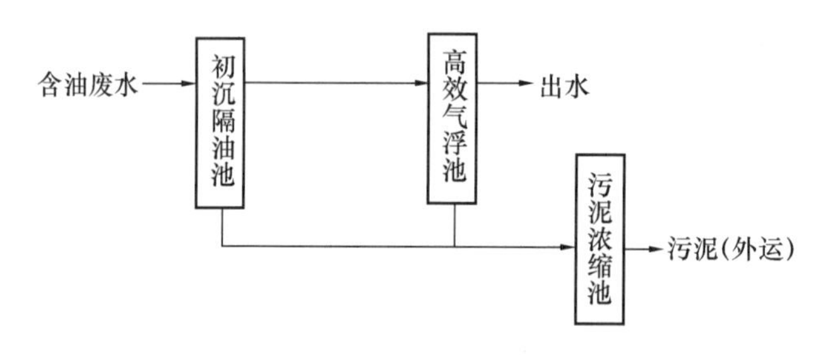

图 13-3-10 含油废水处理系统工艺流程图

图 13-3-11 含油废水处理系统现状

（四）生活污水防治实例

采用自建污水处理站和成套污水处理设备防治施工区生活污水是一种经济、实用的新技术。在对宜兴抽水蓄能电站施工区生活污水的防治中，采用该处理技术后，生活污水出水均达到污水综合排放一级标准。

（1）自建污水处理站。针对宜兴抽水蓄能电站下水库承包商较为集中的特点，对生活污水处理采取统一修建污水处理站的措施。该处理站采用接触氧化工艺，由调节池、生化池、二沉池、污泥浓缩池、消毒水池五部分组成，处理能力为500m^3/d。根据宜兴环境监测站2005、2006年对该处理系统的水质监测，出水均满足污水综合排放一级标准要求。

该技术处理效果好，能满足施工高峰期污水处理量，污泥经机械压缩后送至弃渣场。

具体工艺参数见表13-3-3，工艺流程见图13-3-12，生活污水处理系统现状见图13-3-13。

表13-3-3　施工营地生活污水处理系统工艺参数

构筑物名称	构筑物尺寸（长×宽×高，m）	其他设计参数	备　注
调节池	6.6×3×2.3	停留时间1h	
生化池	10×5.2×3.8	停留时间8h	接触氧化、弹性立体填料，分2组
二沉池	6.5×4×2.5	停留时间2.5h	斜管沉淀、穿孔管排泥，分2组
消毒池	3.4×3×2	停留时间1h	4廊道
污泥浓缩池	4×5×3	停留时间2d	污泥定期外运

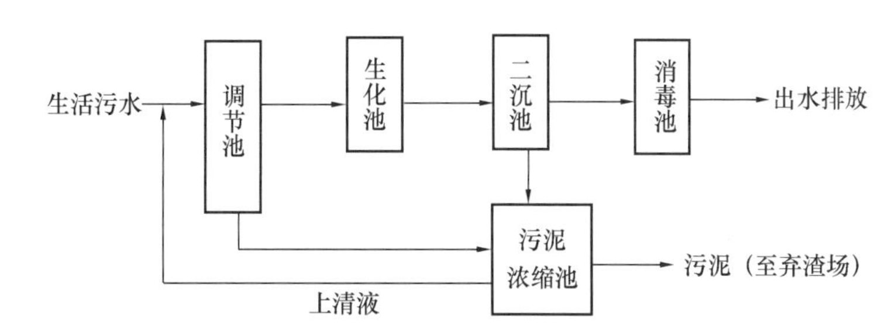

图13-3-12　下水库施工营地生活污水处理系统工艺流程图

图13-3-13　生活污水处理系统现状

（2）成套污水处理技术。宜兴抽水蓄能电站上水库仅有1个标段承包商，由于施工人数较少，生活污水处理采用成套设备处理。该设备采用接触氧化法，系统处理能力为24m^3/d，根据宜兴环境监测站

2005、2006年对该处理系统的水质监测，出水均满足污水综合排放一级标准要求。

该技术处理效果好，污泥定期经机械压缩后送至弃渣场。工艺流程见图13-3-14，处理系统现状见图13-3-15。

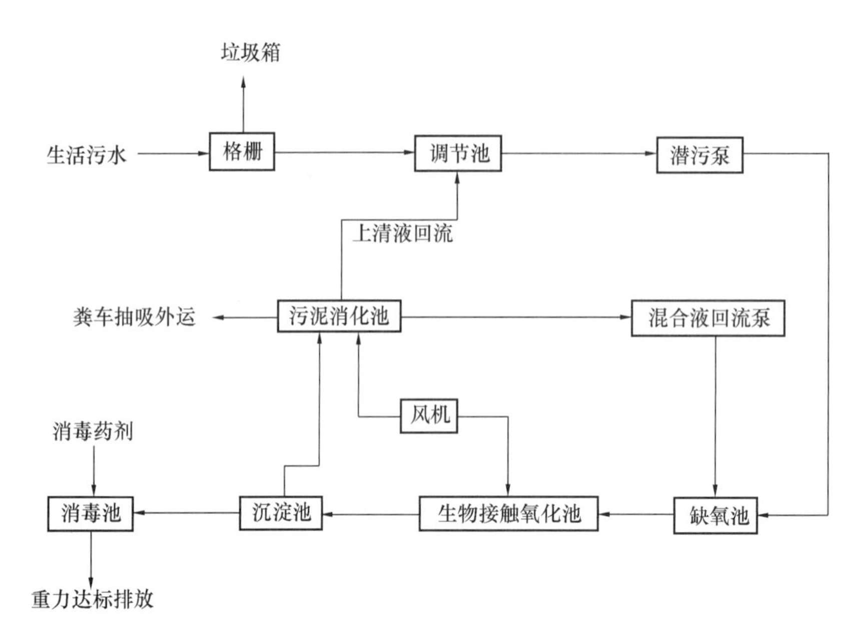

图13-3-14　成套生活污水处理装置工艺流程图

图13-3-15　污水处理系统现状

3.2.2　大气污染防治

（一）施工期主要大气污染源

施工期大气污染主要来自施工作业面粉尘、机动车辆和施工机械排放的燃油尾气、炸药爆破废气、砂石料加工厂粉尘及施工交通道路扬尘等，主要污染物有SO_2、NO_x及粉尘（TSP）等。

针对施工期不同的大气污染源类型，应有针对性地采用污染物收集、消减等防治技术。

（二）施工粉尘防治

（1）施工弃土、弃渣等及时清运至弃渣场堆放处理。

（2）在大坝、库盆、隧洞口、开关站、采石场和土料场等多粉尘作业面配备人员及设备定期洒水。

（3）地下系统洞室群开挖采用湿钻工艺。

（4）地下工程采取增设通风设施、加强通风、在各工作面喷水和装捕尘器等措施，在出风口设置除尘袋。

（三）机械燃油废气及附属工厂产生的废气防治

(1) 施工现场的机械及运输车辆使用国家规定的标准燃油。

(2) 执行《在用汽车报废标准》，推行强制更新报废制度，对发动机耗油多、效率低、排放尾气超标的老、旧车辆，应及时更新。

(3) 机械及运输车辆要定时保养，调整到最佳状态运行。

（四）爆破废气和粉尘防治

(1) 结合爆破减震要求，工程爆破优先选择凿裂爆破、预裂爆破、光面爆破和缓冲爆破等技术，凿裂、钻孔、爆破提倡湿法作业，减少粉尘产生量。

(2) 地下系统洞群开挖爆破时需注意洞内通风，保持空气流畅；同时，施工人员根据需要佩戴防尘口罩或防毒面具。

(3) 爆破钻孔设备要选用带除尘器的钻机，爆破时应尽量采用草袋覆盖爆破面，减少粉尘的排放量。

（五）道路扬尘防治

(1) 施工车辆途经村庄附近的地方设置限速标志，防止车速过快产生扬尘污染环境，影响居民健康和正常生活。

(2) 施工阶段对汽车行驶路面勤洒水，每天 3～4 次，这样可以使空气中粉尘量减少 70%左右，从而收到很好的降尘效果。在施工区配备洒水车 1 辆，在无雨日 1 天洒水 3～4 次，在干燥大风的天气条件下洒水频率加密。重点洒水路段为进场公路路段。

(3) 做好运输车辆的密封和车辆保洁，减少因弃渣、砂、土的外泄造成的扬尘污染。

3.2.3 噪声污染防治技术与防治实例

施工区内噪声源主要来自场内运输车辆产生的交通噪声，大坝、厂房、隧洞等施工作业面开挖产生的爆破噪声，以及施工工厂企业、施工作业区产生的施工机械噪声。

（一）场内道路噪声防治

针对沿线受影响村庄，主要采取设立限速标志和禁鸣标志的措施；对噪声影响大的村庄，需修建隔声墙。

（二）爆破噪声防治

(1) 减少单孔最大炸药量，减少预裂或光面爆破导爆索的用量。

(2) 对于深孔台阶爆破，注意爆破投掷方向，尽量使投掷的正方向避开受影响的村庄等。

(3) 禁止夜间爆破。

（三）施工机械噪声防治

(1) 对受影响较大的最近户居民进行环保拆迁。

(2) 选用低噪声机械设备和工艺，对振动大的机械设备使用减振机座或减振垫，可从根本上降低噪声源强，如砂石料筛分系统采用橡胶筛网、塑料钢板、涂阻尼材料。

(3) 运用吸声、消声、隔声等技术措施降低施工噪声；对使用中的一些噪声较高的机械，施工过程中要合理布置其位置。

(4) 加强施工设备的维护和保养，保持机械润滑，减少运行噪声。

(5) 合理安排施工时间，控制夜间施工，尽量避免高噪声施工活动在夜间（22：00～次日 7：00）进行，尤其是夜间的交通运输，以减小对周围生活区的影响。

(6) 在封闭施工区的施工场界设置简易围墙。

3.2.4 固体废弃物防治技术与防治实例

施工期产生的固体废弃物主要包括生活垃圾和生产垃圾，主要防治技术有垃圾外运、卫生填埋和焚烧三种。

(一) 垃圾外运

外运技术是目前在建抽水蓄能电站最常用的一种垃圾处置方式。选择离施工区较近且有一定规模的垃圾填埋厂处置整个施工区的生活垃圾，对整个电站而言，具有节约土地、无环境污染等优点，最大限度地保护了区域自然环境。

(二) 卫生填埋

卫生填埋是垃圾处理必不可少的最终处理手段。

卫生填埋的规划、设计、建设、运行和管理应严格按照《生活垃圾卫生填埋技术规范》(CJJ 17—2004)、《生活垃圾填埋场污染控制标准》(GB 16889—2008) 和《生活垃圾填埋场环境监测技术要求》(GB/T 18772—2002) 等要求执行。

科学、合理地选择卫生填埋场场地，以利于减少卫生填埋对环境的影响。

场址的自然条件符合标准要求，可采用天然的防渗方式；不具备天然防渗条件的，应采用人工防渗技术措施。

场内应实行雨水与污水分流，以减少运行过程中的渗沥水（渗滤液）产生量。

设置渗沥水收集系统，鼓励将经过适当处理的垃圾渗沥水排入城市污水处理系统。不具备上述条件的，应单独建设处理设施，达到排放标准后方可排入水体。渗沥水也可以进行回流处理，以减少处理量，降低处理负荷，加快卫生填埋稳定化。

应设置填埋气体导排系统，采取工程措施，防止填埋气体侧向迁移而引发安全事故。尽可能对填埋气体进行回收和利用；对难以回收和无利用价值的，可将其导出处理后排放。

填埋时应实行单元分层作业，做好压实和每日覆盖工作。

填埋终止后，要进行封场处理和生态恢复，继续引导和处理渗沥水、填埋气体。在卫生填埋场稳定以前，应定期监测地下水、地表水、大气。

卫生填埋场稳定后，经监测、论证和有关部门审定后，可以对土地进行适宜的开发利用，但不宜用作建设用地。

(三) 焚烧

焚烧适用于进炉垃圾平均低位热值高于 5000kJ/kg、卫生填埋场地缺乏的地区。

垃圾焚烧目前宜采用以炉排炉为基础的成熟技术，审慎采用其他炉型的焚烧炉，禁止使用不能达到控制标准的焚烧炉。

垃圾应在焚烧炉内充分燃烧，烟气在后燃室应在不低于 850℃的条件下停留不少于 2s。

垃圾焚烧应严格按照《生活垃圾焚烧污染控制标准》(GB 18485—2001) 等有关标准要求，对烟气、污水、炉渣、飞灰、臭气和噪声等进行控制和处理，防止对环境产生污染。

应采用先进和可靠的技术及设备，严格控制垃圾焚烧的烟气排放。烟气处理宜采用半干法加布袋除尘工艺。

应对垃圾储坑内的渗滤液和生产过程的废水进行预处理和单独处理，达到排放标准后方可排放。垃圾焚烧产生的炉渣经鉴别不属于危险废物的，可回收利用或直接填埋；属危险废物的炉渣和飞灰，必须作为危险废物处置。

3.3 生态环境保护措施

3.3.1 陆生生态保护

（一）珍稀保护植物和古树名木

抽水蓄能电站对珍稀保护植物和古树名木的影响主要来自水库淹没、永久占地以及临时占地。根据受影响的方式，可采取就地保护和迁地保护措施进行保护。其中，就地保护主要针对临时占地区内珍稀保护植物和古树名木，通过设计护栏、加强施工期管理等措施进行保护；迁地保护主要对水库淹没和永久占地内珍稀保护植物和古树名木，主要采取移植、种群繁殖以及建立珍稀植物园等措施进行保护。

（1）移植。移植主要针对水库淹没区和永久占地区内珍稀保护植物和古树名木，且这些保护植物的移栽成活率高。

在保护植物移植前应详细调查，要保证移植成功，移植地必须选择气候、土壤等因素相同或相似，光、热、水、肥条件优于或类似于原生地的适生地；移植的最佳时间一般选择早春季节，这时树液开始流动并开始发芽、生长，受到损伤的根系容易再生，成活率高；在植物移植过程中需进行缩坨断根、平衡修剪、移植前的准备、吊运、栽植等措施，并且在移植后进行养护管理，确保移植后的成活率。

（2）种群繁殖。种群繁殖主要针对水库淹没区和永久占地区内珍稀保护植物。这些保护植物采取移植措施的成活率低，难以保证种群繁衍，需从受影响植株上进行引种繁殖，保证种群的遗传多样性，其繁殖途径可根据受影响保护植物的生物学特性，采取有性繁殖或无性繁殖方式进行种群繁殖。

（3）建立珍稀植物园。建立珍稀植物园主要针对受工程影响的珍稀保护植物数量较多，如洪屏抽水蓄能电站，工程建设对珍稀保护植物种群产生一定的影响，需配套建立珍稀植物园工程，保护受影响的珍稀保护植物。

（二）珍稀保护动物

珍稀保护动物保护需根据工程影响特征和保护动物的生物学特性，主要采取人工驯养繁殖、设置防护网以及野生动物通道（上、下水库连接公路）等措施进行保护。

（1）人工驯养繁殖。人工驯养繁殖是保护、发展珍稀保护动物的一条有效途径。发展人工繁殖种群，既可有效减缓工程建设对有关珍稀保护动物的影响，又可防止有关物种的灭绝，重建或壮大有关物种的种群。目前，国家和地方建立了不少濒危动物繁育、救护中心，对一些珍稀保护动物已掌握了比较成熟的技术方法。

人工驯养繁殖主要针对受工程影响数量较多的珍稀保护动物，或工程建设对珍稀保护动物影响较大（如两栖类和爬行类，迁移能力较弱），需采取人工驯养繁殖措施增加种群数量，如阳江抽水蓄能电站、洪屏抽水蓄能电站涉及的虎纹蛙。

（2）设置防护网以及野生生物通道。设置防护网以及野生生物通道主要针对抽水蓄能电站上、下水库连接公路。如果上、下水库连接公路周边有珍稀保护动物，为了防止公路两侧珍稀保护野生动物进入公路，需在野生生物经常出没的区域设置防护网，以防野生动物上路而发生交通事故受到伤害；由于公路阻隔了野生动物的迁徙，产生明显的公路廊道效应，如一些两栖动物和兽类动物难以穿越公路，为了维护野生动物的正常繁衍，一些公路保留了下穿的“兽通”或专门设置的上行野生动物通道，保证两侧野生动物正常交流。

（三）植被恢复

对抽水蓄能电站弃渣场地、临时施工场地等临时占地区需进行植被恢复，具体可采取植被工程、岩土工程等技术方法，利用自然演替的“天然力量”，恢复与该区域气候、土壤和地形相适应的地带性森林植被，建立稳定的自然生态系统。植被恢复设计主要采取如下方法：

（1）植被工程。根据植被工程中群落学原理和植被演替原理，明确具体地点的潜在植被类型，为电站临时占地区植被恢复模式提供参考依据。针对工程各临时占地生态环境类型的具体情况，与潜在植被类型中对应的群落组成和分布状况相对照，制定出不同的植被恢复模式。一般情况下，各植被恢复地点植被恢复模式的选择要根据该地区潜在植被的分布规律，结合具体地点的海拔、地貌类型来确定。

（2）岩土工程。抽水蓄能电站弃渣场多为废弃块石、碎石和覆盖层风化物的混合体，堆积物通常粒径较大，且水分、养分不易保存，适宜植物生长的土壤层被破坏，植物在很短的时期内很难在这种表土上重建，需采用客土法和表土改良方法对表层土壤进行改造。

对于施工开挖边坡植被的恢复，需采用岩土工程措施和植被工程相结合的方法，包括三维土工网垫、土工格栅、浆砌片石框架、生态袋等。

3.3.2　水生生态保护

抽水蓄能电站建设往往利用已有水域作为电站库区，电站建设对水生生态的影响主要为电站运行对已有水域及下游水生生态的影响，采取的主要环境保护措施包括下泄生态流量、设置人工拦鱼设施等。下泄生态流量方法在本章3.3.3节中详细介绍，本节重点介绍人工拦鱼设施技术方法。

人工拦鱼设施主要设置在电站进/出水口，以防鱼类进入电站水道系统。目前采用的拦鱼设施主要为乙烯钢绳拦鱼网和电栅等形式，其中电栅拦鱼法是近年来国内开始使用的一种新型驱鱼方法。

电栅拦鱼是由脉冲电发生器、电极及导线组成，其原理是由脉冲电流通过电栅在水中形成一个无形的网，利用鱼类具有洄游、逃避、集群等生活习性，当鱼靠近电极3m处时就感觉到微弱的电流，越靠近电极，电流越强。鱼受刺激后，将本能地向电场较弱的方向逃游，从而达到防逃的目的。这种拦鱼法拦阻断面处的平均流速对于体长在30cm以上的成鱼，流速不应超过0.7m/s；对于体长在10cm以上的鱼种，流速不应超过0.5m/s。电栅电极阵采用单排式不等距排列和不等压供电。根据库内电导率和拦截鱼类的大小确定电极间距和电极的长度，电极材料首选镀锌管，间距根据情况取1.5～4m，壁厚不小于3mm。管内壁宜浸涂柏油或灌水泥浆防腐，一般情况下，当水深小于20m时，采用埋插式；超过20m时，可采用悬挂式。对电栅的主要结构构件，还应进行钢管强度和管座强度等的复核计算。施工时，应注意配备防雷设施，电极接线不能错接，电极与输出线之间应通过外绝缘软导线进行连接等。

3.3.3　生态流量

生态需水量是特定区域内生态系统需水量的总称，包括生物体自身的需水量和生物体赖以生存的环境需水量。生态流量就是维持生态系统生物群落和栖息环境动态稳定所需的用水量。

抽水蓄能电站建设主要对拟建水库下游河道水生生态产生一系列的不利影响，为了维护下游河道的基本生态需水要求，工程建设过程中必须考虑下泄一定的生态流量，将其纳入工程水资源配置中统筹考虑。生态需水量计算的主要依据为《水电水利建设项目河道生态用水、低温水和过鱼设施环境影响评价技术指南（试行）》和《建设项目水资源论证导则（试行）》。维持水生生态系统稳定所需水量的计算方法主要有水文学法、水力学法、组合法、生态环境模拟法、综合法及生态水力学法。

3.3.4 生态保护案例

3.3.4.1 珍稀保护植物

（一）护栏维护

护栏维护主要针对施工临时占地区受影响的珍稀保护植物和古树名木，防止施工占地及施工过程中对其产生影响。可采用浆砌石或防腐木进行防护，一般高度约 1m，并且根据周围条件，尽量考虑一定距离的防护空间，以保护树木生长和根系发育。

仙居抽水蓄能电站对施工场地中的 7 株珍稀保护植物进行就地保护；围栏采用浆砌石，高度为 1m 左右，并尽量考虑一定距离的防护空间；围栏距离树基至少 1m，以保护树木生长和根系发育。

（二）移植

移植主要针对水库淹没区和永久占地内珍稀保护植物和古树名木进行。例如，仙居抽水蓄能电站上水库淹没区内有 2 株枫香，树龄分别为 135 年和 130 年，属古树，由于位于上水库淹没区，必须采取移植措施。主要移植技术方法如下：

（1）移植地选择。为了保证移植成活率，对古树实施就近移植，经过对移植地实际勘察，建议移至上水库永久管理处，与原生长地生态环境条件较为相似。

（2）移植技术。随着城市绿化的发展，大树（古树）移植技术已逐渐成熟，古树移植主要包括：

1）移植的前期准备。

调查记录：掌握被移大树的生物学特性、生态习性，记录原种植地的地形、土壤、水分、光照等立地环境因子，以及树冠、干形、分叉等特点，并在树干上做好树木的朝向标记，以便栽植时保持树木的原朝向。

起运准备：由于是大树移植，人工不能搬运，因而要准备好必需的机械设施（如起重机、平板运输车等）、人力及辅助材料，并实地勘测行走路线。

截干修枝：为减少树木的蒸腾作用，移栽前必须对树木进行截干修枝。截干高度应不小于树高的 1/2。同时，应对树干伤口进行处理，用白胶封剪截口。

树干包扎：用草绳密绕树干，以减少移植后树体水分蒸发和日灼害。

预挖定植穴：种植穴除考虑土球大小外，还要预留出人工坑内作业空间。土球至坑边保留 40～50cm，种植穴基部土壤保持水平。

2）起运栽植工作。

起挖前浇水：起挖前 2～3d，在被移大树周围开环状沟，沿沟浇足水，使得根系与土壤紧密接触，以利带好土球。

起运：移栽时必须带土球。土球直径为 4～5m，厚 2～2.5m。用角铁网状固定土球，用起重机吊树。

栽植：栽植时要保持树木直立及方位正确，种植穴要略大于土球直径，深度则要使土球略高于地面。穴内栽植土厚至少为 50cm，要求疏松、肥沃。大树入穴后，用浓度为 20mg/kg 的 3 号 ABT 生根粉喷施土球，用人工配制的营养土填土，每 40cm 夯实。

树木固定：为防止树木风吹摇动，确保树木发根和成活率，树木栽好后必须用竹木支撑加固。

3）养护管理。新移植大树由于根系受损，吸收水分的能力下降，因此保证水分充足是确保树木成活的关键。种植完毕后，树穴边做“酒酿潭”，埯埂高 20～25cm，浇透水后，即中耕、松土、平埯。以后除适时浇水外（土球部位不能过湿），还要注意排水，以防涝害。

（三）种群繁殖

种群繁殖主要针对受影响数量较多，且采用移植措施难以保证种群数量的植物。例如，洪屏抽水蓄能电站下水库淹没区内涉及永瓣藤数量较多，根据永瓣藤的生物学特性，认为永瓣藤天然繁殖方式主要为无性营养繁殖，有性繁殖能力较差。其引种结果初步表明，永瓣藤迁移和扦插是种群资源保存既经济又有效的方法之一，成活率也较高。洪屏抽水蓄能电站拟采用扦插无性繁殖方法保护受影响的永瓣藤种群。采取的主要保护措施为：

(1) 生态环境构建。由于永瓣藤为左旋缠绕或匍匐状木质藤本，常缠绕于常绿阔叶林、落叶阔叶林以及针叶林等中、幼龄林木上，也可生长于毛竹林、杂灌木等不同类型的群落中。首先必须构建适宜永瓣藤生长的生态环境条件，根据该区域永瓣藤生长的生态环境条件，需种植毛竹或灌木，形成永瓣藤适宜的生态环境条件。

(2) 移植和繁殖技术。选择在 3～4 月进行，此间雨水较多、湿度大、成活率高。移植前对永瓣藤进行截干起根，截干高度为 50cm，并去除枝干上的叶片，根部从枝干周围 5cm 处向下挖土，根系与土壤一起用塑料薄膜包装。同时，截取永瓣藤主干上部的枝条，可用于珍稀植物繁育区内进行扦插和繁育。

永瓣藤在偏酸性土壤和半阴性的环境条件下生长发育最好，选择种植于业主营地和移栽基地的樟树、花榈木和其他植物下，郁闭度在 0.3～0.8 之间，避免强光照射，种植密度不宜过大，土壤应选用肥沃的红壤，有利于永瓣藤移植后生长，成活率较高。

（四）建立珍稀植物园

对于水库淹没和工程占地区涉及较多的珍稀保护植物，必须采取迁地保护措施，需建立珍稀植物园，将各类珍稀保护植物迁移至珍稀植物园内进行保护。

洪屏抽水蓄能电站水库淹没区内有数量较多的香樟和永瓣藤，均为国家Ⅱ级保护植物，另有少量的花榈木、南方红豆杉、三尖杉和白玉兰。为了保护工程建设区的珍稀保护植物，对水库淹没和工程占地区内的珍稀保护植物进行移植。

(1) 建设场地选择。植物园建设场地应选择交通便利、气候条件与受影响区域相似，并且水源、土壤均适宜建园的场地。根据现状调查，毗炉村阳山组、阴山组搬迁后，业主营地周边植被状况良好，附近有樟树和永瓣藤分布，且没有居民分布，可结合业主营地建设珍稀植物园，并由建设单位负责珍稀植物园的建设、保护和日常管理工作。

(2) 功能分区。该工程业主营地面积 4.3hm²，内部绿地面积约 1.8hm²，可利用其绿地进行淹没区一部分珍稀植物的移栽，同时作为主要的科普功能区。

业主营地的东侧设置移栽基地，面积为 3.6hm²，可收集其余部分的珍稀保护植物。

珍稀植物园平面布置如图 13-3-16 所示。

3.3.4.2 珍稀保护动物

由于抽水蓄能电站涉及范围较小，而且选址过程中避开珍稀保护动物集中分布区，因此一般不会对珍稀保护动物种群产生较大的影响。目前尚未发现抽水蓄能电站涉及珍稀保护动物集中分布区。

对于涉及少量珍稀保护动物的，可委托当地科研机构进行人工繁殖。例如，阳江、洪屏抽水蓄能电站上水库涉及部分虎纹蛙，由于虎纹蛙对生态环境条件要求不高，且近年来许多地方进行人工养殖，已掌握成熟的人工养殖技术，因此虎纹蛙可采用人工繁殖进行放养，在夏季水库蓄水前组织人员进行一次虎纹蛙蝌蚪的集中收集工作，将收集的蝌蚪装于容器内运送至当地水产养殖机构进行人工放养，待虎纹蛙为成蛙后放入该流域适应的生态环境中。

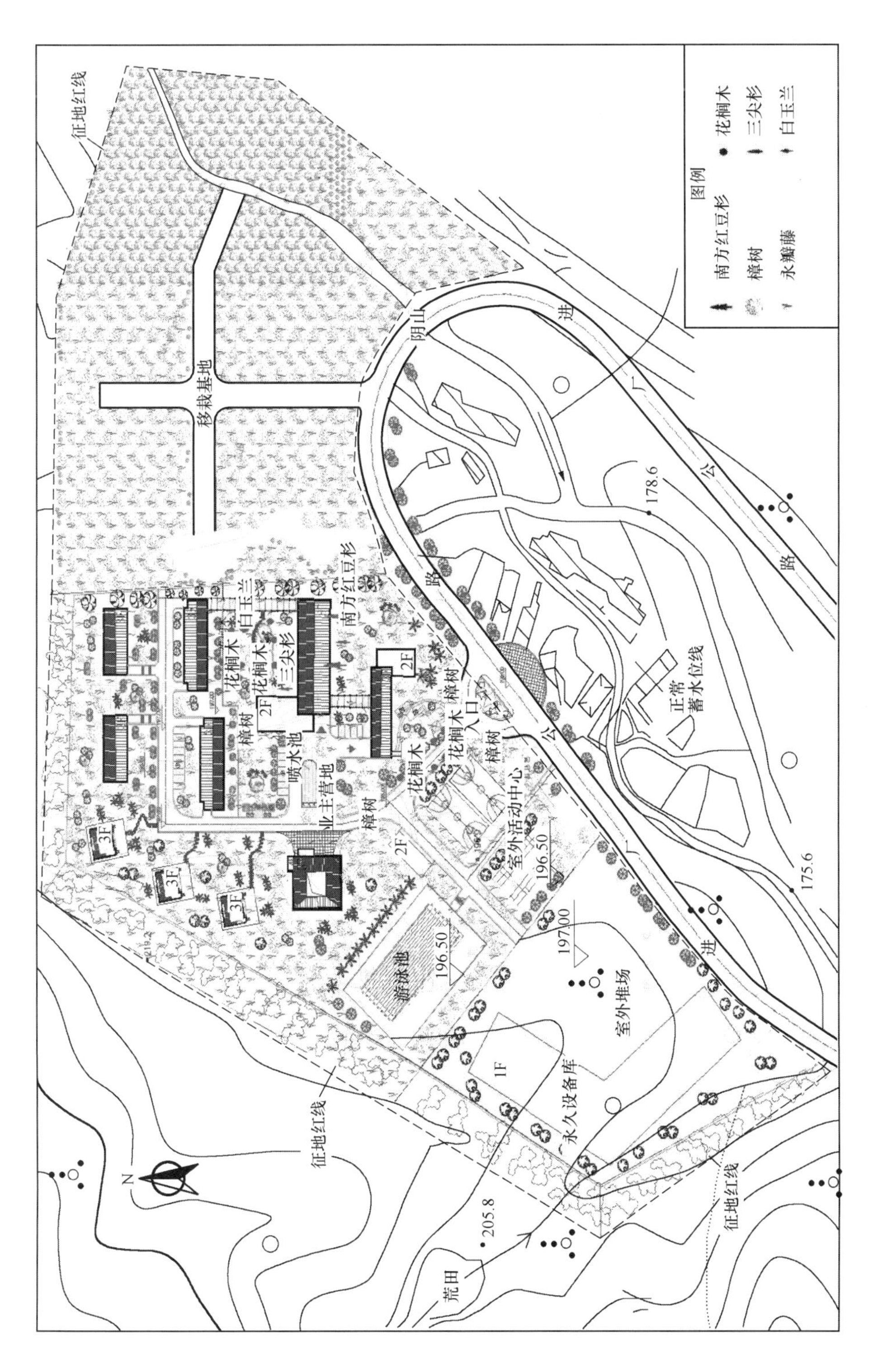

图 13-3-16 珍稀植物园平面布置图

3.3.4.3　植被恢复

以仙居抽水蓄能电站建设为例具体加以叙述。

（一）确定植被恢复目标

仙居抽水蓄能电站植被恢复的目标，是在人工严重干扰退化植物群落的基础上，采取人为促进措施，结合自然演替的“天然力量”，使这些临时施工场地尽快恢复为该地区顶级的地带性植被，在电站周边区域建立稳定的自然生态系统，促进电站的可持续发展。

（二）植被恢复群落模式的选择

地带性植被是区域尺度上的自然植被类型，在自然界中，其植物群落的组成、结构和分布都受环境条件，如土壤、地形等的制约，从而形成了小生态环境条件下的不同植物群落类型，而要落实具体地点的天然植物群落类型，则必须依靠当地的潜在植被类型来判定。

根据现状调查，仙居工程下库区及周围长期受到人为干扰，植被退化较为严重，已没有天然植被存在，其植被主要以草本植被、灌丛及针叶林为主，而上水库区周围受到人为干扰相对较轻，植被保存较为完好，保留了该地区潜在的植被类型。根据现状植被群落的分布状况、生态环境条件以及植被群落的演替规律，可以确定该地区潜在的植被类型有3种：分布在坡面上的甜槠（*Castanopsis eyrei*）—木荷（*Schima superba*）群落、苦槠（*Castanopsis sclerophylla*）—甜槠（*Castanopsis eyrei*）群落，以及分布在沟谷两侧的青冈（*Cyclobalanopsis glauca*）—石栎（*Lithocarpus glaber*）群落。

根据仙居抽水蓄能电站所在区域的植被分布规律，结合各恢复地点的海拔、地貌类型以及生态环境特征，植被恢复模式可确定为4种：甜槠（*Castanopsis eyrei*）—木荷（*Schima superba*）群落、青冈（*Cyclobalanopsis glauca*）—苦槠（*Castanopsis sclerophylla*）群落、青冈（*Cyclobalanopsis glauca*）—枫香（*Liquidambar formosana*）群落、苦槠（*Castanopsis sclerophylla*）—甜槠（*Castanopsis eyrei*）群落。

（三）确定植被恢复的群落结构

在确定植被恢复的相应模式后，就要具体确定不同模式中目标群落的结构。植被恢复模式群落结构的确定主要是借鉴该地区天然群落的特征，如种类组成、优势度等，以同样生态环境条件下的潜在植被为依据，从而确定相应植物群落的种类组成和物种配比。仙居抽水蓄能电站临时占地区植被恢复模式的确定是以该地区天然植物群落类型为基础构件，模式中的主要种类组成和配比是依照天然植物群落的特征来确定。各植被恢复模式群落结构的主要内容、天然植物群落的群落学特征如下：

（1）甜槠—木荷群落模式。根据各临时场地的生境现状调查，该群落模式适合于上水库施工场地、施工生活区以及上水库坝后弃渣场等山体坡面植被恢复。该群落优势种的配比大体为：甜槠50%，木荷20%。根据对拟建上水库周边同类天然植被群落的种类组成，还可适当引入苦槠、麻栎（*Quercus acutissima*）、红果钓樟（*Lindere rubronervia*）、狗骨柴（*Tricalysia dubia*）等种类。

自然界中各植物成群地生长在一起，并不是杂乱无章的堆积，而是形成具有一定结构、执行一定功能的植物群落。各植物群落由一定的植物种类组成，各种植物之间具有一定的相互关系。在自然状态下，甜槠—木荷群落是该区域代表性的常绿阔叶林，优势树种为甜槠和木荷，主要伴生树种有苦槠、麻栎、红果钓樟等。组成灌木层的种类除乔木层以外，主要有马银花（*Rhododendron ovatum*）、赤楠（*Syzygium buxifolirm*）、鹿角杜鹃（*Rhododendron latoucheae*）、窄基红褐柃（*Eurya rubiginosa*）等。

（2）青冈—苦槠群落模式。该群落模式适合于沟谷区域的上、下水库连接公路弃渣场以及上水库2号弃渣场。该群落优势种的配比大体为：青冈50%，苦槠20%。根据对拟建上水库周边同类天然植被群落的种类组成，还可适当引入石栎（*Lithocarpus glaber*）、香樟（*Cladratis wilsonii*）、杨梅叶蚊母树（*Distylium myricoides*）等种类。

在该区域天然植物群落中，该群落乔木层以青冈和苦槠为优势种类，伴生种类有石栎、香樟、杨梅叶蚊母树等。灌木层除上述乔木层外，还有矩形叶鼠刺（*Itea chinensis*）、毛花连蕊茶（*Camellia fraterna*）、栀子（*Gardenia jasminoides*）等。

(3) 苦槠—甜槠群落模式。该群落种植模式适合于上、下水库连接公路缓坡地带两侧以及上水库施工场地。该群落优势种的配比大体为：苦槠40%、甜槠20%。根据对拟建上水库周边同类天然植被群落的种类组成，还可适当引入木荷、浙江柿（*Diospyros glaucifolia*）、石栎等种类。

在天然植物群落中，群落乔木层以苦槠为优势种类，伴生种类有甜槠、石栎、浙江柿等。灌木层除上述乔木层外，还有窄基红褐柃、毛花连蕊茶等。

(4) 青冈—枫香群落模式。该群落模式适合于上水库环库公路两侧以及下水库临时施工场地、生活区。该群落优势种的配比大体为：青冈40%、枫香30%。为了提高该群落的物种组成和景观特色，还可引入红楠、杜英、小果冬青等色叶树种，提升电站的整体景观效果。

（四）立地条件改造

(1) 收集工程开挖区表层土。由于部分场地立地条件较差，如弃渣场、临时施工场地等，生态恢复需对土壤系统进行恢复，需部分土源，因此，在工程施工之前，先把表层（0～30cm）及亚层（30～60cm）土壤收集起来，并认真加以保存，用于生态恢复中土壤系统恢复。

(2) 土壤系统恢复。弃渣场弃渣多为废弃块石、碎石和覆盖层风化物的混合体，不同于以往较平整、致密等的生态环境，堆积物通常粒径较大，且水分养分不易保存，适宜植物生长的土壤层被完全破坏，植物在很短时期内很难在这种表土上重建。可将收集的表层土掺入表层渣料中，并将表层土与绿化基材混合，减少表层土的使用量。

(3) 坡面立地条件改造。对于施工开挖边坡立地条件的改造，需采取一定的工程措施，可结合水土保持措施进行，主要包括三维土工网垫、土工格栅、浆砌片石框架、生态袋等。

3.3.4.4 鱼类保护

下面以马山抽水蓄能电站为例进行介绍。

马山抽水蓄能电站下水库进/出水口附近具有水深大（尾水渠进口最大水深约18.39m）、流速偏高（尾水渠进口流速约0.5m/s，出口流速不大于0.3m/s）、跨度大（800～1000m，且必须呈折线形布置）、双向水流、工程等级高等特点。

太湖水域内鱼类繁多，其中以鲚鱼、银鱼等为主。根据电气专业提供太湖水质电导率为495μS/cm。这些都决定了尾水渠内的拦鱼工程必须具有安全可靠、水头损失小（即不影响电站工作效率）、拦鱼效果好的特点，在此基础上还要做到施工简易、维修方便和投资节省。特别是由于下水库进水口前堆积的泥沙需要定期采用吸泥船抽取，因此拦鱼栅此时应能够给吸泥船让出足够的空位。

根据调查并结合工程实际情况拟订了以下两个方案：

(1) 方案一：乙烯钢绳拦鱼网法。平面布置见图13-3-17。LY1和LY4布置在两岸，为坚固的岸墩；LY2和LY3为水中混凝土墩，用于支撑拦鱼栅网。混凝土墩顶高程为1.2m，使得拦鱼网基本为水下结构。LY1-LY2跨最大可能流速阻力按动量守恒计算约5.1×10^{6}N；LY2-LY3最大可能流速阻力约1.6×10^{7}N；LY3-LY4跨最大可能流速阻力约4.9×10^{6}N，则水中混凝土墩承受的最大可能拉力约为1.1×10^{7}N。网线采用乙纶材料制成，网目尺寸根据太湖内生长的鱼类尺寸确定。拦网采用钢索连接，下纲比上纲长30%，在水下呈波浪形曲线状，以提高拦鱼效果。

(2) 方案二：电栅拦鱼法。平面布置见图13-3-17。LY1和LY4布置在两岸，为坚固的岸墩；LY2和LY3为水中混凝土墩，用于支撑拦鱼栅网。混凝土墩顶高程同样为1.2m，其上布置脉冲电动机房。混凝土墩之间采用主索连接，它承受全部电极阵的荷载。主索下方设置一水平索，并通过吊索和水平索

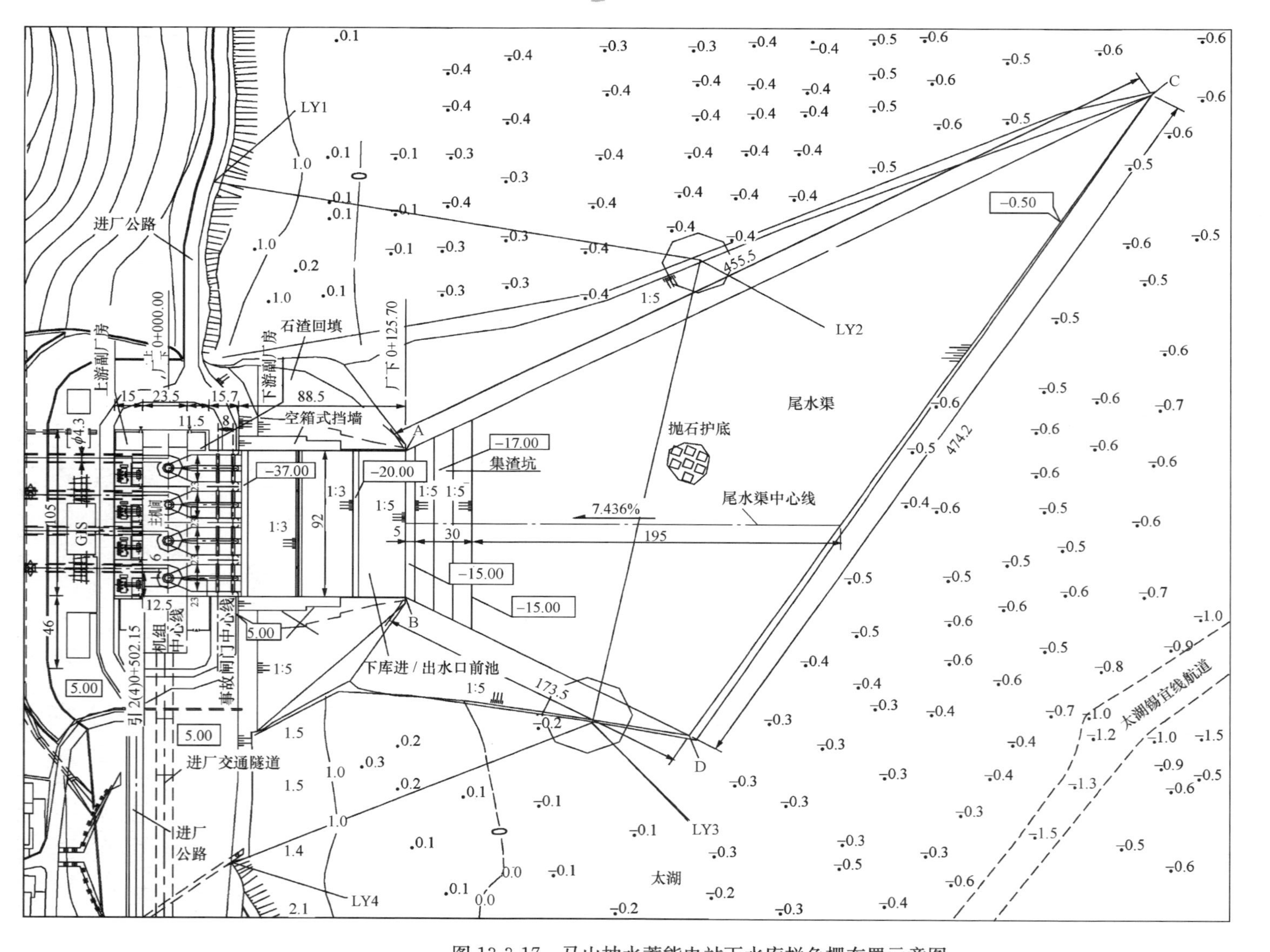

图 13-3-17　马山抽水蓄能电站下水库拦鱼栅布置示意图

注：LY1-LY2 线长约 260m，最大水深约 1.7m；LY2-LY3 线长约 300m，最大水深约 10m；LY3-LY4 线长约 250m，最大水深约 1.7m。最大流速为 0.3～0.5m/s。

连接。吊索间距为10m。电极总成件吊挂在水平索上，其所受的各种力由水平索传至吊索再传至主索，最后到各混凝土墩架上，确保整个工程的牢固性。

电极总成件由三脚架、电极、定位钢绳和定位墩等构成。三脚架上端夹定在水平索上，下端吊挂钢丝绳和电极管，并在三脚架上段敷设输电线，定位钢丝绳下端与旱地施工完成的混凝土定位墩连接。电极管拟采用薄壁镀锌管（直径为5cm），长度根据水深确定，最长约9m。管间间距根据水库电导率确定为3.5m。拦鱼栅使用的电动机容量及电动机数量也通过电导率推算得出。

以下是两个方案的比较汇总，见表13-3-4。

表13-3-4　马山抽水蓄能电站下水库拦鱼网两个方案的比较

项　目	方案一（乙烯钢绳拦鱼网法）	方案二（电栅拦鱼法）	比较结论
拦鱼效果	对于大于网目尺寸的鱼为100%	对所有鱼最多达90%～95%	如果鱼体较小，方案二较优
对电站的影响	过密的渔网会降低电站抽水、发电效益	对电站没有任何影响	方案二较优
对吸泥船的干扰	有，但可能会小些	由于电缆的影响，可能较大	方案一较优
施工	施工方便	施工稍复杂，需要建若干个脉冲电动机房	方案一较优
检修维护	很难，基本上没有检修能力	使用期间不用检修，但需要通电，必要时应根据电极附近的鱼群调节脉冲输出频率	方案二较优
使用寿命	应根据水库污物情况拟订，一般很短	15～20年	方案二较优
结构设计	混凝土墩结构较大	混凝土墩结构相对较小	方案二较优
投资	一次性投资约35万元	一次性投资约95万元	方案一较优

3.3.4.5 生态流量

下面以洪屏抽水蓄能电站为例，介绍生态流量的计算和下泄设计技术方法。

洪屏抽水蓄能电站建设主要对下游狮子口溪及秀峰河水文情势产生一定的影响。

（一）生态需水量计算

（1）狮子口溪。按照《水电水利建设项目河道生态用水、低温水和过鱼设施环境影响评价技术指南（试行）》的有关计算方法选择Tennant法，由于河段生态需水量要求不高，取坝址处多年平均流量的10%。上水库狮子口溪（主坝处）为0.14m^3/s，其10%为0.014m^3/s，即为狮子口溪日常的最小下泄流量。

按照《建设项目水资源论证导则（试行）》（SL/Z 322—2005），下游生态需水量原则上按多年平均流量的10%～20%确定，一般汛期取多年平均流量的10%，枯期取枯期平均流量的20%。按照该法，狮子口溪的生态流量分别为：汛期（3～10月）0.014m^3/s，枯期（10月～次年2月）0.011m^3/s（狮子口溪枯期多年平均流量为0.058m^3/s）。该法确定的汛期生态需水量与Tennant法确定的最小下泄流量一致，而枯期生态需水量较Tennant法小，因此取两者中较大者，即0.014m^3/s。

（2）秀峰河。依照Tennant法取坝址处多年平均流量的10%，则水库最小下泄流量为0.83m^3/s。而按照《建设项目水资源论证导则（试行）》，下水库枯期多年平均流量为3.36m^3/s，枯期（10月～次年2月）生态需水量取枯期平均流量的20%，为0.67m^3/s。下水库汛期（3～10月）生态需水量取多年平均流量的10%，为0.83m^3/s。因此，取两者中较大者，即水库最小下泄流量为0.83m^3/s。

（二）生态需水量下泄措施

（1）狮子口溪。狮子口溪位于洪屏抽水蓄能电站上水库，为了满足狮子口溪最小生态需水量的要求，上水库主坝处设置放水管，下泄一定的流量，最大下泄流量为 1.0m³/s。电站蓄水初期下放 0.014m³/s 的流量，满足下游生态用水的需要。

放水管位于主坝 2 号坝段内，为直径达 0.4m 的无缝钢管。其进口高程为 703.00m，出口高程约 699.00m。立面呈 Z 形布置，前 7.5m 段水平布置，高于坝内基础灌浆排水廊道顶部 0.96m。放水管于主坝基础灌浆排水廊道下游转弯接入排水交通廊道内，并引向坝体下游，沿程设置混凝土镇和支墩。在排水交通廊道接近出口处设工作及检修闸阀。

上水库放水管布置见图 13-3-18。

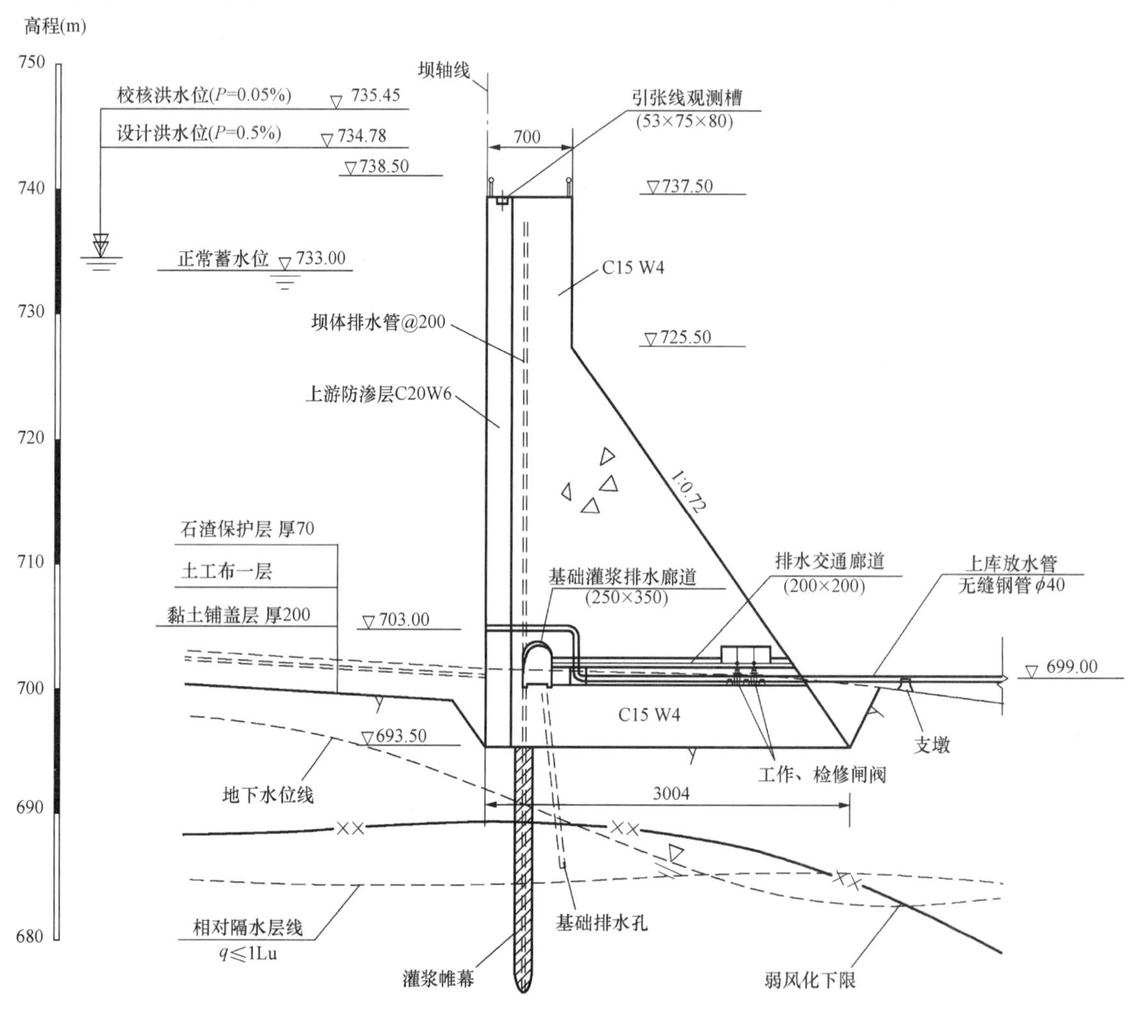

图 13-3-18　上水库放水管布置图（纵剖面）

（2）秀峰河。秀峰河位于洪屏抽水蓄能电站下水库区，为了满足秀峰河最小生态需水量 0.8m³/s 的要求，在下水库主坝处设置放水管。放水管布置在碾压混凝土重力坝 4 号坝段内，由进水口段、压力钢管段、弧形闸门室、出口消能工等组成。放水管全长 81.161m，其中钢管段长 69.211m；钢管直径为 2.5m，按 3 级建筑物设计下放一定的流量；在弧门上游钢管开孔另设一直径为 0.3m 的放水钢管，接至弧门下游，并设控制阀泄放水流；控制阀位于弧门室内，其中心高程为 131.2m。

下水库放水管布置见图 13-3-19。

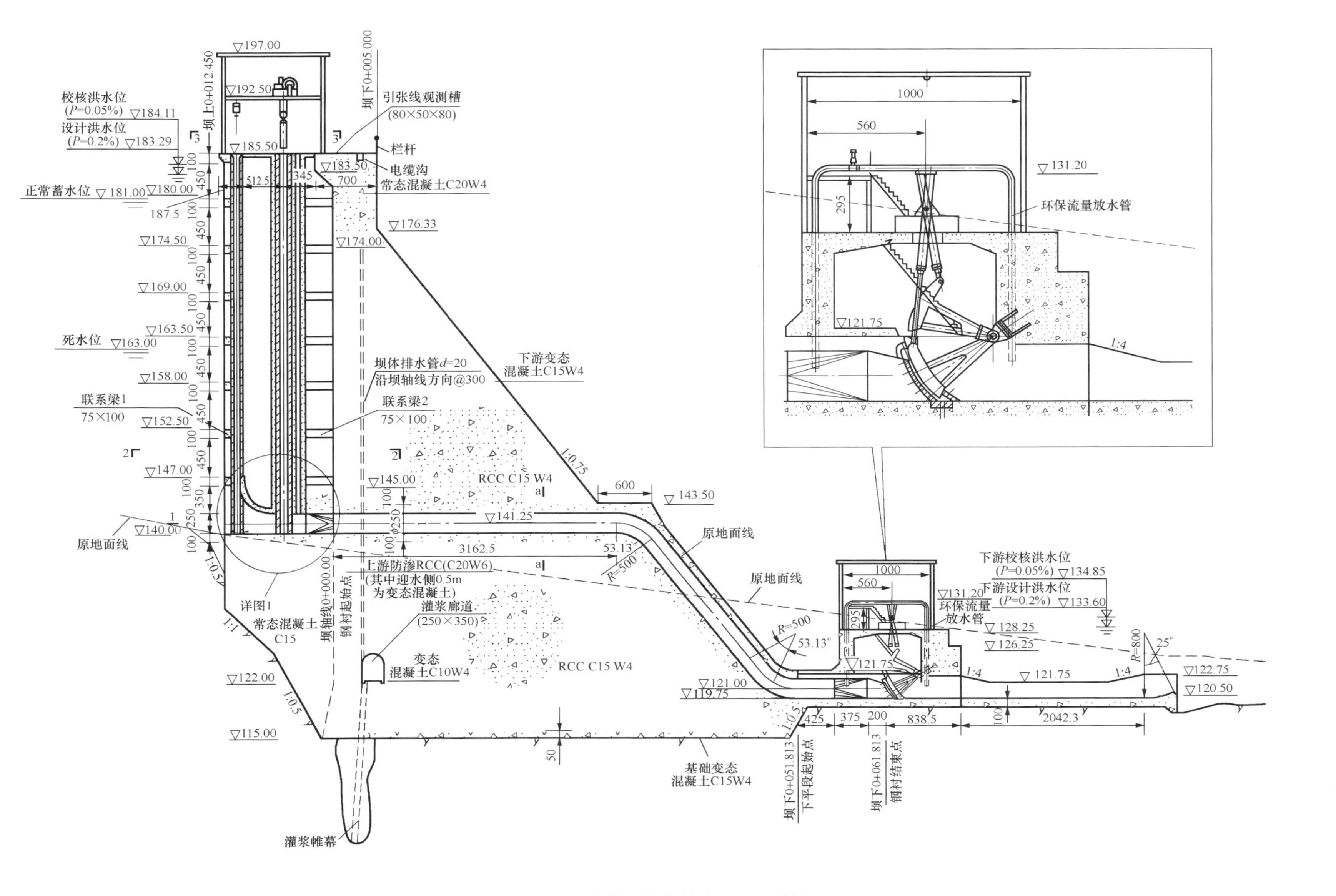

图 13-3-19　下水库放水管布置图（纵剖面）

3.4　环境管理

3.4.1　施工期环境管理

（一）环境管理的目的

环境管理是工程管理的一部分，是工程环境保护工作有效实施的重要环节。抽水蓄能电站施工期时间较长、环境问题较多，需要开展有效的环境管理。环境管理的目的在于保证工程各项环境保护措施的顺利实施，使工程施工和运行产生的不利环境影响得到减免，以实现工程建设与生态环境保护、经济发展相协调。

（二）环境管理的原则

（1）预防为主、防治结合的原则：电站施工过程中，环境管理要预先采取防范措施，防止环境污染和生态破坏的现象发生，并把预防作为环境管理的重要原则。

（2）分级管理原则：工程建设和运行应接受各级环境保护行政主管部门的监督，而在内部则实行分级管理制，层层负责，责任明确。

（3）相对独立性原则：环境管理是工程管理的一部分，需要满足整个工程管理的要求。但同时环境管理又具有一定的独立性，必须依据我国的环境保护法律法规体系，从环境保护的角度对工程进行监督管理，协调工程建设与环境保护的关系。

（4）针对性原则：工程建设的不同时期和不同区域可能会出现不同的环境问题，应通过建立合理的环境管理结构和管理制度，针对性地解决出现的问题。

（三）环境管理体系

抽水蓄能电站环境管理分为外部管理和内部管理两部分。

（1）外部管理是指国家及地方环境保护行政主管部门，依据国家相关法律、法规和政策，按照工程需达到的环境标准与要求，依法对各工程建设阶段进行不定期监督、检查及环境保护竣工验收等活动。

（2）内部管理是指建设单位执行国家和地方有关环境保护的法律、法规、政策，贯彻环境保护标准，落实环境保护措施，并按环保要求对工程的过程和活动进行管理。

施工期内部管理由建设单位负责，对工程施工期环境保护措施进行优化、组织和实施，保证达到国家建设项目环境保护要求与地方环保部门要求。施工期内部环境管理体系由建设单位、施工单位、设计单位和监理单位共同组成，通过各自成立的相应机构对工程建设的环境保护负责。

（四）环境管理机构设置及其职责

一般情况下，建设单位应设置环境管理专门机构，配置专职环境管理人员，统一领导和组织施工期的环境保护工作，其主要职责如下：

（1）通过开展调查研究，确定适合本工程的环境保护方针和经济技术政策，确立环境保护目标，并结合工程施工方案予以分解。

（2）制定、贯彻工程环境保护的有关规定、办法、细则，并处理执行过程中的有关事宜。

（3）组织编制工程环境保护总体规划和年度计划，组织规划和计划的全面实施，做好环境保护年度预决算，配合财务部门对环境保护资金进行计划管理。

（4）委托进行环境保护专项设计，检查设计进度，组织设计成果的验收和审查，并保证各项环境保护措施的有效实施。

（5）依照法律、规定和方法，对整个工程各项环境保护措施的实施情况进行监督和管理，实施环境质量一票否决制。

(6) 协调各有关部门之间的关系，听取和处理各环境管理机构提交的有关事宜和汇报，不定期向上级环境保护行政主管部门汇报工作。

(7) 督促承包商环境管理机构的工作，内部处理环境违法、违规行为，表彰先进事迹。

(8) 检查督促接受委托的环境监测部门监测工作的正常实施，加强环境信息统计，建立环境资料数据库。

(9) 组织编写工程环境保护月报、季度及年度报告，并向有关主管部门汇报。定期编写环境保护简报，及时公布环境保护动态和环境监测结果。

(10) 组织鉴定和推广环境保护先进技术和经验，开展技术交流和研讨。

(11) 做好环境保护宣传工作，组织必要的普及教育，提高有关人员的环境保护意识。

(12) 完善内部规章制度，搞好环境管理的日常工作，做好档案、资料的收集和整理等工作。

(13) 组织开展工程竣工验收环境保护调查，提交环境保护验收申请。

各施工承包单位也应在进场后设置环境管理机构，设专职或兼职人员，负责企业和所从事的建设生产活动中的环境保护管理工作，具体包括以下内容：

(1) 制订环境保护年度工作计划和编写环境保护工作月、季度及年度工作报告。

(2) 检查所承担的环境保护设施的建设进度、质量及运行、检测情况，处理实施过程中的有关问题。

(3) 核算年度环境保护经费的使用情况。

(4) 接受建设单位环境管理机构和环境监理单位的监督，报告承包合同中环保条款的执行情况。

(五) 环境管理制度

(1) 环境保护责任制。在环境保护管理体系中，建立环境保护责任制，明确各环境管理机构的环境保护责任。

(2) 分级管理制度。在施工招标文件、承包合同中，明确污染防治设施与措施条款，由各施工承包单位负责组织实施。建设单位环境管理机构负责定期检查，并将检查结果上报。环境监理单位受业主委托，在受权范围内实施环境管理，监督施工承包单位的各项环境保护工作。

(3) 书面制度。日常环境管理中所有要求、通报、整改通知及评议等，均采取书面文件或函件形式来往。

(4) 报告制度。施工承包商定期向建设单位环境管理机构和环境监理机构提交环境月报、半年报及年报，以及涉及环境保护各项内容的实施执行情况及所发生问题的改正方案和处理结果，阶段性总结。环境监理机构定期向建设单位环境管理机构报告施工区环境保护状况和监理工作进展，提交监理月、半年及年报。

3.4.2 施工期环境监理

(一) 环境监理的目的

在工程施工期间，应根据环境保护设计要求，开展施工期环境监理。全面监督和检查各施工单位环境保护措施的实施和效果，及时处理和解决施工过程中出现的环境问题。使环境管理工作融入整个工程实施过程中，变事后管理为过程管理，变单纯的强制性管理为强制性和指导性相结合，从而使环境保护由被动治理污染和破坏变为主动预防和过程治理。

(二) 环境监理的作用

施工期环境监理的作用主要有：

(1) 预防功能。预测工程实施过程中可能出现的环境问题，预先采取措施进行防范，以达到减少环境污染、保护生态环境的目的。

（2）制约功能。工程建设涉及的环境保护工作受到各种因素的影响，对此需要对各单位、各环节的工作进行及时检查、牵制和调节，以保证整个过程的平衡协调。

（3）参与功能。环境监理单位作为经济独立的、公正的第三方，参与工程建设全过程的环境保护工作，同时参与并决策与工程有关的重大环境问题。

（4）反馈功能。监理单位在对监理对象的监督、检查过程中可以及时发现被监理单位和被监理事项中存在的问题，收集大量的信息，并随时进行反馈，为有关单位提供改进工作的科学依据。

（5）促进功能。环境监理的约束机制不仅有限制功能，而且有促进功能，可以促进环境保护工作向规范化方向发展，更好地完成防治环境污染和生态破坏的任务。

（三）环境监理工作的依据

（1）环境监理合同。

（2）发包人与施工承包人签订的正式合同或协议。

（3）工程的施工图纸与文件。

（4）水电水利工程施工监理规范。

（5）国家的法律、行政法规，水电工程建设监理及水电建设的部门规章和技术标准及工程所在地的地方法规。

（6）国家或国家授权部门与机构批准的工程项目建设文件。

（7）发包人指定使用的与本工程有关的制度、办法和规定。

（8）环保行政主管部门审批的环境影响报告书、水行政主管部门审批的水土保持方案报告书。

（四）环境监理的目标

（1）进度目标：环境保护措施制定与执行进度保持与工程进度同步。

（2）质量目标：环境保护工程措施质量满足设计要求。

（3）投资目标：工程措施的费用控制在施工合同规定的相应额度内，环保措施费的使用按业主的有关规定执行。

（4）环境保护目标：污染治理、生态保护、环境质量达到环保行政主管部门审批的环境影响报告书的相关要求。

（五）环境监理的职能和工作内容

（1）环境监理的主要职能包括：

1）监督、检查、评估职能。监督、检查承包商环境保护工作的执行与措施落实情况，评估、评价环境保护工作。

2）发现、指导职能。发现承包商环境保护工作的不足，指导承包商进行有效改正。

3）帮助、协助职能。对承包商环境保护工作提供必要的帮助，协助业主做好环境管理工作。

4）沟通与反馈职能。在业主和承包商之间进行信息沟通，及时反馈工作信息。

5）协调职能。协调业主与承包商之间的关系，协调环境与工程之间的关系。

（2）环境监理的主要工作内容包括：

1）根据国家有关环保的法律法规，依据合同开展环境保护监理工作。

2）协助业主进行有关环保专项的招标工作，向业主提供咨询服务意见。

3）监督检查施工过程中环保设施的安装、运行情况，对不合格的设施，按业主授权进行直接处理或给出相应意见提交业主处理。

4）在授权范围内，以合同中的环保条款作为依据，独立、公正、公平地开展工作，监督、检查、评估承包商环境保护职责的落实与环境保护措施的实施。

5）为承包商的环保工作提供必要的帮助。按照环境影响报告书的要求，协助业主做好环境管理工作。

6）业主和承包商之间进行信息沟通与反馈，就有关环境问题协调业主和承包商之间的关系。

7）处理施工过程中的有关环保违约事件。按合同程序，公正地处理环保方面的索赔。

8）按合同要求，以巡视、旁站等方式及时检查施工现场的环保工作情况，做好巡视记录，按时提交月报、季报和年报等相关资料。

9）做好环保资料整理工作和建立环保资料档案。

10）参与环境管理的总结工作，协助业主做好环境保护设施竣工验收工作和工程竣工验收。

（六）环境监理工作方法

环境监理工作方法主要有以下几种：

（1）进行日常的监理巡视检查。

（2）出现异常现象时委托环境监测单位进行必要的监测。

（3）下发指令性文件，如整改通知等。

（4）组织召开环境例会。

（5）提交工程环境月报及其他报告。

（6）审查承包商环境月报和考评承包商的环境保护工作等。

（七）环境监理工作制度

（1）工作记录制度。环境监理工程师每天根据工作情况做好工作记录（监理日志），重点描述现场环境保护工作的巡视检查情况、当时发生的主要环境问题、问题发生的责任单位、产生问题的主要原因，以及监理工程师对问题的处理意见。

（2）报告制度。监理部每月向锦屏建设管理局环保管理中心提交一份环境监理月报，概述该月的环境监理工作情况，说明施工区的环境状况，指出主要的环境问题，提出处理意见，检查与监督处理结果。每半年提交阶段性评估报告，对半年的环境监理工作进行总结。

（3）函件来往制度。环境监理工程师与承包商双方需要办理的事宜都是通过函件进行传递或确认的。监理工程师在现场检查过程中发现的环境问题，都是通过下发问题通知单的形式，通知承包商需要采取的纠正或处理措施。

（4）环境例会制度。环境监理部定期会同锦屏建设管理局环保管理中心、设计单位、承包商环境保护管理办公室召开环境例会。通过环境例会，承包商对本标的环境保护工作进行回顾总结，监理工程师对该月各标的环境保护工作进行全面评议，肯定工作中的成绩，提出存在的问题及整改要求。每次会议都要形成会议纪要。

3.4.3　竣工环保验收

（一）法规要求

《建设项目竣工环境保护验收管理办法》（国家环保总局）第九条规定，建设项目竣工后，建设单位应当向有审批权的环境保护行政主管部门申请该建设项目竣工环境保护验收。

第十二条规定，对主要对生态环境产生影响的建设项目，建设单位应提交环境保护验收调查报告（表）。

第四条规定，建设项目竣工环境保护验收范围包括：与建设项目有关的各项环境保护设施，包括为防治污染和保护环境所建成或配备的工程、设备、装置和监测手段，各项生态保护设施；环境影响报告书（表）或者环境影响登记表和有关项目设计文件规定应采取的其他各项环境保护措施。

（二）竣工环保验收程序

抽水蓄能电站申请竣工环境保护验收之前，需经相应资质单位编制工程竣工环境保护验收调查报告，其编制程序如图 13-3-20 所示。

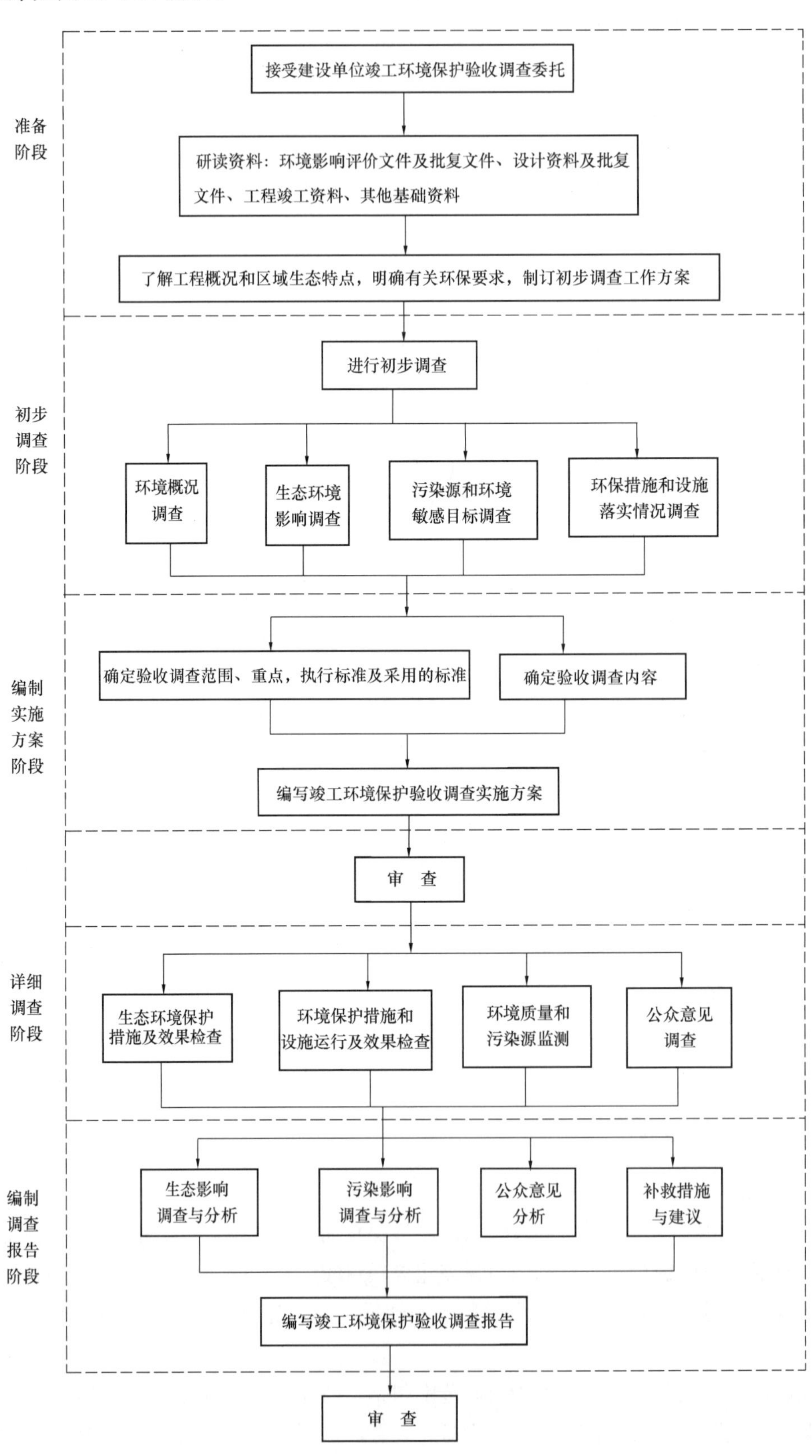

图 13-3-20　验收调查工作程序

（三）竣工环保调查内容

抽水蓄能电站竣工环保调查内容主要有：

（1）建设项目核准情况、建设情况及其变更情况。

（2）环评文件、环评批复文件的主要内容及其在设计、施工、运营等阶段的落实情况调查。

（3）工程影响区域环境质量和生态状况调查，环境保护目标数量、类型、分布调查。

（4）工程概况及其施工期和运行期污染源、生态影响源调查。

（5）水环境、生态、环境地质、土壤环境、景观、文物古迹、人群健康、移民安置区、施工期环境污染等方面影响、保护措施及其效果调查。

（6）环境管理状况和环境监控计划落实情况调查。

（7）风险事故防范、应急措施及其有效性调查等。

（8）公众有关环境保护方面的意见调查。

（9）工程环保投资情况。

（四）环保措施调查重点

抽水蓄能电站竣工重点调查的环保措施主要有：

（1）施工期各类污废水处理措施及效果。

（2）上、下水库下泄生态流量的设施及效果。

（3）厂房内部和办公生活基地的污废水处理措施及效果。

（4）施工迹地的植被恢复措施及效果。

（5）国家及地方重点保护野生植物、古树名木的就地和异地保护措施及效果。

（6）涉及珍稀保护陆生、水生动物的，还应调查动物的保护措施及效果。

3.5 环境监测

由于抽水蓄能电站建设周期较长、施工强度较大、对局部地区的环境扰动剧烈，为有效控制施工活动对环境的破坏，使施工期间的污染物排放符合国家和地方的标准，减轻对环境的不利影响，需要对施工期各种污染物的排放情况及对环境的影响程度进行监测。开展环境监测是工程环境管理的需要，也是环境监理的重要手段。

电站的运行也会带来一些环境影响，因此有必要对由于电站运行而会产生影响的环境要素进行监测，以恰当地评估工程的实际影响，指导工程的运行，以保护环境。

由于工程规模、所处环境不同，工程建设与运行产生的环境影响也不一样，需要根据工程的实际情况制订合理的监测计划。本书仅就抽水蓄能电站水、气、声及生态监测的一般原则进行说明。

3.5.1 水环境监测

（一）水污染源监测

（1）监测布点。水污染源监测的目的是为了监督污染防治设施的运行，确保污废水经处理后达标排放，保护水环境。监测点设定为污水处理设施排放口，原则上每个污废水排放口均应设置监测点。电站运行期除独立的雨水排放口外，项目厂界的外排口也为必测点位。

具体布点方法参照相关污水排放标准执行，给出水污染源监测点位图，注明监测点位与污染源的相对位置关系。监测点的标识应采用规范用法。

（2）监测因子。生产废水一般为 pH 值、悬浮物（SS）、石油类。生活污水一般为 pH 值、悬浮物

(SS)、生化需氧量（BOD_5）、COD_{cr}、高锰酸盐指数、氨氮（NH_3-N)、动植物油、石油类和阴离子表面活性剂（LAS）。

（3）监测频率、采样与分析方法。按照国家污染物排放标准和环境质量标准的相关要求进行。

（二）水环境质量监测

（1）监测布点。监测布点原则为：

1）调查范围内不同环境功能区划处分别设点。

2）调查范围内水环境敏感保护目标处必须设点。

3）项目污水排放口附近可设点。

4）调查范围内水动力条件有明显区别的水域应分别设点。

5）尽量利用地方水质控制点位，当以上点位不能满足调查要求时，可根据实际情况选择合适的背景监测点。

一般情况下，施工期上、下水库施工区的上、下游各布设1点，运行期在上、下水库库尾、库中（或坝前）各布设1点。另外，在涉及水环境敏感保护目标处（如取水口或水源保护区）必须设点。同时应提供水环境质量监测点位图，注明监测点位与项目污废水排放口的相对位置关系。

（2）监测因子。常规水质监测项目为：水温、pH值、SS、溶解氧（DO）、BOD_5、COD_{cr}、高锰酸盐指数、氨氮、总氮、总磷、石油类和阴离子表面活性剂等，水库增加叶绿素。

（3）监测频率、采样与分析方法。按照《地表水和污水监测技术规范》（HJ/T 91—2002）等国家相关规范和环境质量标准及其他相关要求进行。

3.5.2 声环境和环境空气质量监测

（一）监测布点

声环境和环境空气质量监测主要在施工期，监测布点按施工区、施工临时生活区和环境敏感点进行布设，重点为施工区周边和施工道路两侧的环境敏感点。

（二）监测因子

（1）声环境：Leq（A）。

（2）环境空气质量：TSP、SO_2、NO_2，一般情况下可仅监测TSP。

（三）监测方法

按照《环境监测技术规范（噪声和环境空气部分）》中规定的方法执行。

3.5.3 生态监测

在工程施工前、施工期间、施工结束后各进行一期全面的生态调查，包括植被类型，群落特征，珍稀植物和陆生动物的种类、数量、分布等情况及主要生态因子，并且在施工结束后第三年对可能涉及珍稀保护植物和古树名木移栽、生态修复效果及对水保措施的效果进行调查。

第四章

水土保持设计

4.1 设计内容与特点

4.1.1 设计内容

根据抽水蓄能电站的建设特点，结合各设计阶段对水土保持的要求，抽水蓄能电站水土保持设计的重点应包括以下几个方面。

（一）水土流失防治责任范围、防治目标

（1）确定抽水蓄能电站项目建设区和直接影响区的范围、面积及分属区域。

（2）确定抽水蓄能电站各水土流失防治分区及水土流失防治目标。水土流失防治目标包括扰动土地整治率、水土流失总治理度、土壤流失控制比、拦渣率、林草植被恢复率、林草覆盖率等6项指标。

（二）水土流失防治措施设计

通过对主体工程水土保持的分析与评价，提出抽水蓄能电站的水土流失防治措施总体布局，进行各防治分区的工程措施设计、植物措施设计和施工临时措施设计等。抽水蓄能电站水土流失防治的重点为弃渣场与上、下水库连接公路。

（三）水土保持监测设计

根据抽水蓄能电站的特点，明确水土保持监测布局、水土保持监测分区、主要监测内容和方法，监测时段和频次。

4.1.2 设计特点

抽水蓄能电站的特点决定了其水土保持设计特点，主要包括：

（1）点、线结合。抽水蓄能电站一般由上水库，下水库，上、下水库连接公路组成，其中上、下水库属点型工程，上、下水库连接公路为线型工程，因此，进行水土保持设计时，既要考虑点型工程，又要兼顾线型工程的水土流失防治特点。

（2）防治难度大。抽水蓄能电站建设包括上、下水库进/出水口，输水道及地下厂房等开挖，除填筑利用、轧制混凝土骨料外，还将产生数百万立方米的弃渣。

抽水蓄能电站一般需新建连接相对高差较大的上、下水库的公路，其一般具有原地形坡度大、施工交通条件差、弃渣量大、弃渣场选址难、弃渣防护难度大等特点。

（3）景观要求较高。抽水蓄能电站上、下水库一般具有数百米的高差，原植被覆盖度较高，工程建成后可形成新的旅游景观（如浙江天荒坪抽水蓄能电站已成为浙江省著名的工业旅游点），若水土保持措施不到位，极易形成“青山挂白”现象，与周围自然景观极不协调。因此，水土保持设计时，需考虑景观要求。

4.1.3 水土流失防治责任范围

水土流失防治责任范围分项目建设区和直接影响区两部分。

抽水蓄能电站的项目建设区一般包括主体工程永久征（占）地和临时征（占）地范围，或工程建设单位直接使用和管辖的范围，以及移民安置区和专项设施迁建区。永久征（占）地一般包括上、下水库电站永久建筑物，生产生活区，永久公路（上、下水库连接公路，进厂公路），水库淹没征地范围等；临时征（占）用地一般包括施工临时企业和生活区、施工临时道路、弃渣场、料场等工程建设期占用地范围。

直接影响区是指项目建设区以外，由于开发建设及生产活动，若不采取防治措施，可能造成水土流失危害的范围，一般包括开挖区下边坡、道路两侧、库岸坍塌影响区、工程建设引发的滑坡、泥石流、崩塌区等。

界定直接影响区时，应根据工程施工生产可能对周边环境造成的影响，按最不利的情况进行估计，主要包括以下几个方面：

（1）道路工程。如上、下水库连接公路及施工便道施工时，施工机械或人员进入周边区域可能造成新的水土流失，甚至出现整个坡面被压盖的情况，因此应将下边坡一定范围划为直接影响区，影响范围可根据地形坡度确定，一般为5～30m。

（2）人工边坡。工程建设产生的人工边坡（建筑边坡、取土、弃渣形成的边坡）的直接影响范围，参见表13-4-1确定。

表13-4-1 人工边坡可能影响范围估算 m

边坡高度	<8	8～15	15～20	20～30
土质开挖	5～8	8～12	20	
石质开挖	3～5	5～8	8～12	12～15
堆弃边坡	5～8	8～15	15～20	20～30

注 表中的数值为从边坡的下边界起外扩的范围，直接影响区可用表中的数值减去放坡（含马道）占用的范围得到。

（3）桥梁工程。上、下水库连接公路及施工便道等工程区桥梁施工时，对在河道（水体）布置围堰或大开挖的断面，一般上游10～50m、下游50～200m的河道范围列入直接影响区。

（4）改移河道、沟道。工程建设中，河道、沟道裁弯取直或改道时，将对新形成的河道两侧产生一定的冲刷并产生相应的冲淤变化，因此需在两侧和上、下游确定相应的直接影响区。

（5）截排水工程。工程修建将导致项目区汇水面积、汇流的流路等水文条件发生变化，因此考虑截排水沟的顺接区和导流区周边10～20m。

4.2 水土流失防治目标

抽水蓄能电站水土流失防治目标根据《开发建设项目水土流失防治标准》（GB 50434—2008）确定，包括扰动土地整治率、水土流失总治理度、土壤流失控制比、拦渣率、林草植被恢复率、林草覆盖率等6项指标。

4.2.1 防治等级

防治目标确定前，需先确定项目的水土流失防治标准等级。

（1）按项目所处水土流失防治区确定水土流失防治标准执行等级：

1）一级标准：依法划定的国家级水土流失重点预防保护区、重点监督区和重点治理区及省级重点预防保护区。

2）二级标准：依法划定的省级水土流失重点治理区和重点监督区。

3）三级标准：一级标准和二级标准未涉及的其他区域。

（2）按项目所处地理位置、水系、河道、水资源及水功能、防洪功能等划分：

1）一级标准：项目建设活动对国家和省级人民政府依法确定的重要江河、湖泊的防洪河段、水源保护区、水库周边、生态功能保护区、景观保护区、经济开发区等直接产生重大水土流失影响，并经水土保持方案论证确认作为一级标准防治的区域。

2）二级标准：项目建设活动对国家、省、地级人民政府依法确定的重要江河、湖泊的防洪河段、水源保护区、水库周边、生态功能保护区、景观保护区、经济开发区等直接产生较大水土流失影响，并经水土保持方案论证确认作为二级标准防治的区域。

3）三级标准：一、二级标准未涉及的区域。

同一项目所处区域出现两个标准时，采用高一级标准。

4.2.2 防治标准

根据前述防治等级，确定施工建设期和试运行期的防治标准，指标值由表13-4-2确定。

表13-4-2 水土流失防治标准

防治等级时段	一级标准		二级标准		三级标准	
	施工期	试运行期	施工期	试运行期	施工期	试运行期
扰动土地整治率（%）	*	95	*	95	*	90
水土流失总治理度（%）	*	95	*	85	*	80
土壤流失控制比	0.7	0.8	0.5	0.7	0.4	0.4
拦渣率（%）	95	95	90	95	85	90
林草植被恢复率（%）	*	97	*	95	*	90
林草覆盖率（%）	*	25	*	20	*	15

注 1 表中“*”表示指标值应根据批准的水土保持方案措施实施进度，通过动态监测获得。

2 水域面积均属于防治责任面积，但不包括在总防治面积内。

3 表中水土流失总治理度（%）、林草植被覆盖率（%）、植被恢复率（%），以400～600mm多年平均年降水量为基准，可根据降水量大小适当增减：300mm以下地区，可根据降水量与有无灌溉条件及当地生产实践经验分析确定；300～400mm降水量，表中的值可降低3～5；600～800nm降水量，表中的值可增加1～2；800mm降水量以上，表中的值可增加2以上。

4 表中土壤流失控制比以中度侵蚀为基准，可根据项目区平均土壤流失量的背景值大小增减。轻度侵蚀区原则上应大于或等于1，中度以上减小0.1～0.2，但最小不得低于0.3。

案例1：天荒坪二抽水蓄能电站水土流失防治。

天荒坪二抽水蓄能电站位于浙江省湖州市安吉县，工程所在地区未列入国家级水土流失重点防治区，属浙江省水土流失重点预防保护区，因此按项目所处的水土流失防治区确定防治标准应执行一级标准。

天荒坪二抽水蓄能电站附近分布有省级风景名胜区——安吉天荒坪景区，工程可能造成的水土流失将对景区产生较大的水土流失影响，因此按项目所处的区域水土保持生态功能重要性确定防治标准应执行二级标准。

同一项目所处区域出现两个标准时，采用高一级标准。因此，天荒坪二抽水蓄能电站水土流失防治标准执行建设类项目一级标准，并根据降水量、土壤侵蚀强度和地形修正防治目标值（见表13-4-3）。

（1）降水影响：工程区降水量1850mm，为年降水量在800mm以上的地区，按标准要求，水土流失总治理度、林草植被恢复率、林草覆盖率的绝对值均应提高2以上。

（2）现状侵蚀程度影响：工程区现状土壤侵蚀强度属微度，土壤流失控制比相应提高至1.0或以上，但由于项目区为中低山区，施工期控制比提高至0.8，至设计水平年，土壤流失控制比确定提高至1.0以上，并以土壤侵蚀程度降低到工程区现状400t/(km^2·a)为原则。

（3）地形地貌因素影响：工程区地形属中低山区，除道路工程为线形外，其余均为点状工程，因此工程枢纽区、料场区等拦渣率不修正，道路工程拦渣率减少5。

表13-4-3 天荒坪二抽水蓄能电站水土流失防治目标

分区	项目指标	防治目标							
		施工期		设计水平年					
		土壤流失控制比	拦渣率（%）	扰动土地整治率（%）	水土流失总治理度（%）	土壤流失控制比	拦渣率（%）	林草植被恢复率（%）	林草覆盖率（%）
枢纽工程区	基准值	0.7	95	95	95	0.8	95	97	25
	调整值	0.1	0	0	2	0.45	0	2	−15
	目标值	0.8	95	95	97	1.25	95	99	10
道路工程区	基准值	0.7	95	95	95	0.8	95	97	25
	调整值	0.1	−5	0	2	0.45	−5	2	5
	目标值	0.8	90	95	97	1.25	90	99	30
料场区	基准值	0.7	95	95	95	0.8	95	97	25
	调整值	0.1	0	0	2	0.45	0	2	−10
	目标值	0.8	95	95	97	1.25	95	99	15
弃渣场及中转料场区	基准值	0.7	95	95	95	0.8	95	97	25
	调整值	0.1	0	0	2	0.45	0	2	50
	目标值	0.8	95	95	97	1.25	95	99	75
施工临时设施区	基准值	0.7	95	95	95	0.8	95	97	25
	调整值	0.1	0	0	2	0.45	0	2	50
	目标值	0.8	95	95	97	1.25	95	99	75
工程区	目标值	0.8	90	95	97	1.25	95	99	27

4.3 水土流失防治分区

为了有针对性地开展工程水土流失治理、合理布设防治措施、分片集中实施水土保持工程，特设立水土流失防治分区。

防治分区划分应根据主体工程总体布置和施工布置，结合施工扰动特点、建设时序，针对水土流失特点和危害进行。

防治分区划分应按以下原则进行：

（1）各分区主体工程布置、自然条件和水土流失特点具有显著差异。

（2）分区内水土流失的主导因子相近或相似。

（3）分区划分可按多级划分，一级分区应具有控制性、整体性和全局性，二级及以下分区应结合工程布局或施工布置进行逐级分区。

抽水蓄能电站水土流失防治分区一般可划分为枢纽工程区、弃渣场区、交通设施区、料场区、施工生产生活区、移民安置区等，具体见表 13-4-4。

表 13-4-4　某工程水土流失防治分区　hm^2

分区名称	项目建设区面积	直接影响区面积	主 要 范 围
Ⅰ区枢纽工程区			包括上水库库盆、上水库主坝、上水库副坝、输水系统、业主营地
Ⅱ区弃渣场区			上水库主坝弃渣场、下水库弃渣场、公路弃渣场、上水库库底弃渣场
Ⅲ区交通设施区			上、下水库连接公路，厂内临时道路
Ⅳ区料场区			下水库土料场、石料场
Ⅴ区施工生产生活区			砂石料系统、混凝土系统、施工工厂、仓库、生活办公区及供水、供电等
Ⅵ移民安置区			移民安置区
合计			

4.4　防治措施设计

抽水蓄能电站水土流失防治措施包括工程措施、植物措施、施工临时措施三类。通过工程措施、植物措施和施工临时措施相结合，可形成综合防治措施；与土地开发利用相结合，可形成土地整治措施。

防治措施设计应收集工程区气象、水文、地形地貌、地质等基本资料，并与当地的社会经济状况、生态环境相协调。

防治措施设计应贯彻因地制宜、就地取材的原则；技术标准的确定，除应遵循相关规范外，还应遵循国家、行业的相关规定。

根据抽水蓄能电站的建设特点，一般涉及的防治措施包括弃渣场防护工程、防洪排水工程、护坡工程、土地整治工程、植被恢复工程和临时防护工程。

4.4.1　弃渣场防护

弃渣场是抽水蓄能电站水土流失防治的重点区域，其水土保持设计内容包括弃渣场选址和防护工程设计。

（一）弃渣场选址

抽水蓄能电站上、下水库库盆，输水系统，上、下水库连接公路等开挖会产生大量的弃土石渣，必须设置专门的弃渣场堆放，并修建完整的防护工程。

弃渣堆放场地应根据地形地质、降雨及产汇流条件等特点科学规划，弃渣场选址应满足如下原则：

（1）场址选择在就近、集中堆放的基础上，宜选择坑凹、山谷沟道或荒滩地内，不占或少占耕地。

（2）弃渣场不宜设置在集中居民点、厂矿企业、基本农田保护区等设施上游或周边，应避免设置在高等级公路两侧可视范围、自然保护区、一级或二级水源保护区、风景名胜区等敏感区域内。

（3）结合抽水蓄能电站的建设特点，可采取库内堆渣、坝后堆渣等特殊的堆渣方式，减少占地和对景观等的影响。

案例 2：仙居抽水蓄能电站弃渣场防护。

仙居抽水蓄能电站位于浙江省仙居县湫山乡境内，工程区植被良好，上、下水库连接公路长 10.35km，开挖总量 660 万 m^3，弃渣总量达 500 万 m^3。

工程区冲沟发育，一般集水面积均达数公顷，若分散布置，则需分别考虑各弃渣场的排水、拦挡等防护措施，同时影响工程区景观，因此多途径考虑弃渣的去向：

首先，考虑弃渣的综合利用，如将 30 万 m^3 弃渣用于官里村营地场地平整；其次，结合景观要求，为尽量减少上水库区弃渣场数量、占地，在上水库区库盆内利用死库容设上水库库底弃渣场堆渣 35 万 m^3，既不影响工程安全运行，又可减少工程投资；另外，将 130 万 m^3 弃渣结合上水库主坝堆筑，堆置在上水库主坝坝后，形成上水库坝后弃渣场，其防护结合上水库主坝防护措施进行设计，既可减少征占地面积，又可减轻对景观的影响。此外，根据上、下水库连接公路较长及不易调运等特点，沿线弃渣规划弃置至公路 1、2 号弃渣场和下水库弃渣场。

弃渣场选址时，同时结合主体工程施工总布置及水土保持要求，从四个方面进行弃渣场合理性分析：与主体工程相结合布置，防护措施经济、合理，弃渣的水土流失影响小，弃渣场设置和堆渣需符合河道防洪等法律法规的要求。

1. 与主体工程施工相结合

弃渣产生位置与弃渣场距离短、运距小，施工及交通运输便利。弃渣场与主体工程施工结合布置分析见表 13-4-5。

表 13-4-5　　弃渣场与主体工程施工结合布置分析

项目	上水库坝后弃渣场	上水库库底弃渣场	下水库弃渣场	公路 1 号弃渣场	公路 2 号弃渣场
弃渣场位置	位于上水库主坝坝后	位于上水库库盆	位于下水库官里村东，永安溪右岸	位于上、下水库连接公路 K5 右侧下方冲沟	位于上、下水库连接公路 K3 左侧冲沟
渣量来源	上水库及上、下水库连接公路靠近上水库部分产生的弃渣	上水库产生的弃渣	下水库，上、下水库连接公路以及进厂交通洞公路产生的弃渣	2 号施工支洞以及上、下水库连接公路产生的弃渣	上、下水库连接公路产生的弃渣
最大运距（km）	3.0	1.0	4.0	3.0	4.0
平均运距（km）	2.0	0.5	3.0	1.0	2.0
运输道路	上水库环库公路和上、下水库连接公路	上水库环库公路	下水库已有永安溪右岸公路及场内施工道路	上、下水库连接公路	上、下水库连接公路

2. 防护措施经济性的分析

弃渣场容渣量满足弃渣量要求，渣场周围无重大敏感保护目标，渣场范围无地质灾害发生，渣场防护标准满足水土保持要求；渣场拦挡措施及排水措施经济、合理，后期植被恢复容易。

弃渣场防护措施布设情况见表13-4-6。

表13-4-6　弃渣场防护措施布设情况

项目		上水库坝后弃渣场	上水库库底弃渣场	下水库弃渣场	公路1号弃渣场	公路2号弃渣场
容渣量（万 m^3）		150	40	300	38	15
拟堆渣量（万 m^3）		130	35	265	34	12
是否满足弃渣要求		是	是	是	是	是
防护标准	敏感保护目标	无	无	下方为上、下水库连接公路	下方为上、下水库连接公路	下方为上、下水库连接公路
	地质灾害	无	无	无	无	无
	防护时间	永久弃渣场	永久弃渣场	永久弃渣场	永久弃渣场	永久弃渣场
	防护标准	无特殊要求	无特殊要求	避免影响公路	避免影响公路	避免影响公路
防护类型	弃渣场类型	沟谷型	平地型	沟谷型	沟谷型	沟谷型
	地形坡度	两侧山坡平均坡比为1∶2.0，沟底坡比为1∶10.0～1∶2.0	平坦	两侧山坡平均坡比为1∶1.8，沟底坡比为1∶8.6～1∶4.4	两侧山坡平均坡比为1∶1.3，沟底坡比为1∶3.6～1∶2.4	两侧山坡平均坡比为1∶1.0，沟底坡比为1∶4.6～1∶1.0
	拦挡形式	永久挡渣墙	临时挡渣墙	永久挡渣墙	永久挡渣墙	永久挡渣墙
	排水形式	排水沟、盲沟	借助库底施工道路排水	排水沟、盲沟	排水沟、盲沟	排水沟、盲沟
植被恢复		复林、复耕	水下，无须恢复植被	复林、复耕	复林	复林

3. 弃渣场堆渣的水土流失影响分析

渣场占地面积小，尽量利用已征土地（水库淹没区征地），减少新增占地；渣场扰动原地貌面积、损坏水土保持设施少，占地类型以未利用地为主，尽量少占耕地，避免占用基本农田。

4. 对河道防洪等的影响分析

弃渣场堆渣及位置选择符合现有国家、地方的法律法规要求，渣场设置不得影响周边的公共设施、工业企业、居民点等的安全；避免占用河道，若占用河道，则需进行行洪论证，并报水行政主管部门审批，同时弃渣场要有完善的征占地审批手续。

弃渣场防护工程由拦渣工程、排洪工程、排（蓄）水工程、植被恢复工程四部分组成。下面重点介绍弃渣场常用的几种拦渣工程，如拦渣坝、挡渣墙、防洪拦渣堤等。而弃渣场防护时采取的排洪工程、排（蓄）水工程、植被恢复工程与其他地块防治分区的措施设计相同，其设计方法在后述相应章节中介绍。

弃渣场防护设计需注意下述问题：

1）弃渣总量超过10万 m^3 的弃渣场或有重要防护对象的弃渣场，在进行渣场防护设计时，需进行必要的地质勘探，避免在不良地质区域布设弃渣场。

2）弃渣场应避免布置在上、下水库的消落区内。

3）弃渣应采用“先拦后弃”的施工方法，各种级配的土渣、石渣宜分区堆存，并为本项目后续或其他项目的综合利用创造条件；对表层耕植土等土壤资源应加以保护并充分利用，一般可用于渣场和施工场地的后期土地整治覆土土源。

4）渣体堆放形式一般由地形及施工弃渣情况确定，渣体堆放应确保长期稳定，稳定分析应进行各种可能不利因素的组合分析。

5）弃渣场防护工程由拦渣工程、排洪工程、排（蓄）水工程、植被恢复工程四部分组成，各项子工程应相互协调、合理布设。

6）拦渣工程的结构形式主要有拦渣坝、挡渣墙、拦渣堤（导洪堤）等，可根据弃渣场的规模、运行功能、弃渣场水文地质条件、地形地貌特征及堆渣形式的差异选择使用，建筑物设计应充分考虑排水或采用透水结构。

（二）拦渣坝

当弃渣场位于山谷沟道中，堆放量及堆渣高度较大，渣场失事或发生土石渣流失危害较大时，下游侧应结合地质、地形条件修建拦渣坝工程。

（1）坝址选择应考虑的因素。

1）坝址应位于渣源附近，其上游集水面积不宜过大。

2）坝址地形要口小肚大、沟道平缓、工程量小、库容大。

3）坝址要选择岔沟、沟道和跌水的上方，坝端不能有集流洼地或冲沟。

4）坝基为新鲜岩石或紧密的土基，无断层破碎带，无地下水出露。

5）两岸岸坡不能有疏松的坍塌和陷穴、泉眼等隐患。

（2）拦渣坝坝型。一般采用重力式，根据筑坝材料，可分为浆砌石坝、干砌石坝、土石坝、混凝土坝、钢丝笼坝、堆石坝等形式，主要根据拦渣的规模和建筑材料的来源、地质、地形及施工条件确定，选择时应结合地形、地质、上游洪水等因素，按安全、经济的原则比选。

拦渣坝宜采用低坝型，如果弃渣量较大或弃渣堆放高度较高，可考虑修建多级拦渣坝。

（3）拦渣坝排水设计。根据上游洪水情况，可配套布设排水沟、泄洪洞等排水设施。排水设施应纳入渣场排洪工程综合确定设计标准，按《水电建设项目水土保持方案技术规范》（DL/T 5419—2009），根据渣场防洪特性确定防洪标准。其中，弃渣场防洪特性见表 13-4-7，弃渣场防洪参考设计标准见表 13-4-8。

表 13-4-7　　弃渣场防洪特性

序号	重要性分类	特大型	大　型	中　型	小　型
1	渣场规模	堆渣总量大于 300 万 m^3，或堆渣体最大高度大于 150m	100 万～300 万 m^3，或堆渣体最大高度大于 100m	10 万～100 万 m^3，或堆渣体最大高度大于 50m	10 万 m^3 以下，或堆渣体最大高度小于 50m
2	渣场位置	渣场位于冲沟主沟道，上游集水面积大于 $20km^2$	渣场位于冲沟沟道，上游集水面积小于 $20km^2$	渣场位于山坡、河滩、坑凹	渣场位于坡度小于 5° 的平坦荒地或坑凹地

续表

序号	重要性分类	特大型	大　型	中　型	小　型
3	渣场失事环境风险程度	对城镇、大型工矿企业、干线交通等有明显影响	对乡村、一般交通、中型企业等有较大影响	渣体流失，对环境有一定的影响	渣体流失，对环境的影响较小
4	渣场失事对主体工程风险程度	对主体工程施工和运行有重大影响	对主体工程施工和运行有明显影响	对主体工程施工和运行有影响	对主体工程施工和运行没有影响

注　弃渣场防洪特性按表中1～4项中任一项的最大值确定。

表 13-4-8　　弃渣场防洪参考设计标准

渣场类别	特　大　型	大　　型	中　　型	小　　型
渣场防洪设计标准 P（%）	1～2	2～5	5～10	10～20

注　水库蓄水后，全部设置在水库淹没范围内的永久弃渣场，防洪标准不超过20年一遇。因工程施工需要，在施工过程设置的临时弃渣场，防洪标准不超过5年一遇。

案例3：浙江桐柏抽水蓄能电站拦渣坝排水设计。

浙江桐柏抽水蓄能电站位于浙江省天台县境内，工程弃渣总量约150万 m^3，上、下水库区各设1座弃渣场，其中上水库弃渣场选址于上水库进/出水口上游1.5km山岙内，占地约5.00hm^2，堆放弃渣约50万 m^3；下水库弃渣场选址于下水库副坝西侧山岙内，堆放弃渣100万 m^3，占地约11.00hm^2，弃渣土石比为2∶3。

考虑到两弃渣场属山谷沟道型，堆置弃渣方量大、高度高，且弃渣中石料能利用于拦挡工程，因此均在渣场下方设计碾压堆石挡渣坝拦挡（见图13-4-1和图13-4-2），具体情况见表13-4-9。根据渣场防洪特性，确定上水库弃渣场洪水标准取20年一遇，下水库弃渣场洪水标准取30年一遇。

图13-4-1　桐柏抽水蓄能电站上水库弃渣场（挡渣坝）

图13-4-2　桐柏抽水蓄能电站下水库弃渣场（挡渣坝）

表 13-4-9　　浙江桐柏抽水蓄能电站碾压堆石拦渣坝概况

序号	设计要点	桐柏抽水蓄能电站上水库弃渣场	桐柏抽水蓄能电站下水库弃渣场
一	坝体基础	坝基开挖至相对较好的基岩面	坝基开挖至相对较好的基岩面
二	坝 体		
1	堆石料的级配要求	选用较新鲜、级配相对较好的工程弃石料	选用较新鲜、级配相对较好的工程弃石料
2	碾压施工要求	分层碾压，铺料厚度为 60～80cm，采用 10t 振动碾碾压	分层碾压，铺料厚度 60～80cm，采用 10t 振动碾碾压
3	填筑边坡	最大坝高约 15m，顶宽 3m，两侧边坡坡比为 1∶1.5	最大坝高约 9m，顶宽 5m，两侧边坡坡比为 1∶1.5
三	坝后堆渣设计		
1	坝后堆渣坡比	坝顶以上堆渣总高度 30m，堆渣坡比为 1∶2.0，每隔 20m 设一道宽 10m 的马道，共一级马道	坝顶以上堆渣总高度 35m，堆渣坡比为 1∶2.0，每隔 20m 设一道宽 10m 的马道，共一级马道
2	渣场排水	渣场四周设排水沟，设计标准取 20 年一遇	渣场四周设排水沟，设计标准取 30 年一遇
3	坝后堆料要求	坝后弃土、弃石分区堆放，距离堆渣边坡表面 20m 范围内禁止弃土堆置，同时弃渣堆置过程中分层压实	坝后弃土、弃石分区堆放，距离堆渣边坡表面 20m 范围内禁止弃土堆置，同时弃渣堆置过程中分层压实

（三）挡渣墙

若弃土、弃石、弃渣等堆置物易发生表层塌滑，或堆置在坡顶及斜坡面时，应修建挡渣墙。

(1) 墙址及走向选择的规定。沿弃土、弃石、弃渣坡脚或相对较高的坡面上布置挡渣墙，有效降低挡渣墙的高度，地基应为新鲜不易风化的岩石或密实土层。

挡渣墙沿线地基土层中的含水量和密度应均匀单一，避免地基不均匀沉陷引起墙基和墙体断裂等形式的变形。

挡渣墙的展布尽量与水流方向一致，避免截断沟谷和水流。若无法避免，则应修建导水建筑物。

挡渣墙线应尽量顺直，转折处采用平滑曲线连接。

(2) 墙型选择。挡渣墙主要有重力式、半重力式、衡重式、悬臂式、扶臂式、空箱式、板桩式等，可根据不同地质、水文、墙高等条件选用。

选择墙型应在防治水土流失、保证墙体安全的基础上，按照经济、可靠、合理、美观的原则，进行多种设计方案分析比较，选择确定最佳墙型。

重力式挡渣墙用浆砌石砌筑或混凝土浇筑而成，依靠自重与基底摩擦力维持墙身的稳定，适用于墙高小于 5m、地基土质较好的情况。

当墙高超高 5m，地基土质较差，当地石料缺乏，在堆渣体下游有重要工程时，采用悬臂式钢筋混凝土挡墙。

扶臂式挡渣墙适用于防护要求高、墙高大于 10m 的情况。其主体是悬臂式挡渣墙，沿墙长度方向每隔 0.8～1.0m 布置一与墙高等高的扶臂，以保持挡渣墙的整体性，增加挡渣量。

挡渣墙的基础处理、结构计算、排水及细部结构设计，可按《水工挡土墙设计规范》(SL 379—2007) 进行。

(3) 挡渣墙稳定计算要求。挡渣墙稳定计算包括抗滑稳定系数 (K_c)、抗倾覆稳定系数 (K_o)、地基承载力等分析，其安全系数可分别采用 1.3、1.5、1.2。

1) 抗滑稳定计算公式

$$K_c = \frac{f\sum N}{\sum P} \tag{13-4-1}$$

式中 K_c——抗滑稳定安全系数；

N——墙体受到的铅直向力（向下为正，向上为负），kN；

P——墙体受到的水平向力（向下游为正，向上游为负），kN；

f——墙体基础摩擦系数，详见表13-4-10。

表13-4-10　　拦渣工程建筑物基础摩擦系数 f 值

土的类别		摩擦系数	土的类别	摩擦系数
黏性土	可　塑	0.25～0.30	中砂、粗砂、砾砂	0.40～0.50
	硬　塑	0.30～0.35	碎石土	0.40～0.50
	坚　硬	0.35～0.45	软质岩石	0.40～0.55
粉　土	$Sr \leqslant 0.50$	0.30～0.40	表面粗糙的硬质岩石	0.60～0.70

注　表中 Sr 是与基础形状有关的形状系数，$Sr=1-0.4B/L$（B、L 分别为基础宽度、长度，m）。

2）抗倾覆稳定计算公式

$$K_o = \frac{\sum M(+)}{\sum M(-)} \tag{13-4-2}$$

式中 K_o——抗倾覆稳定安全系数；

$M(+)$——作用于墙体的稳定力矩，km/m；

$M(-)$——作用于墙体的倾覆力矩，kN/m。

3）基底应力计算公式

$$Q_1 = \frac{\sum N}{B(1-6e/B)} \tag{13-4-3}$$

$$Q_2 = \frac{\sum N}{B(1+6e/B)} \tag{13-4-4}$$

式中 Q_1、Q_2——上、下游面地基应力，kg/cm^2；

B——墙底宽度，m；

e——合力作用点至墙底中心点的距离，m。

其余符号含义同前。

（4）挡墙基础处理及其他。

1）基础埋置深度。根据地质条件确定基础埋置深度，一般应在冻土层深度以下，且不小于0.25m。当地质条件复杂时，通过挖探或钻探确定基础埋置深度。重力式挡渣墙基础最小埋置深度见表13-4-11。

表13-4-11　　重力式挡渣墙基础最小埋置深度　　m

地层类别	埋入深度	距斜坡地面的水平距离
较完整的硬质岩层	0.25	0.25～0.5
一般硬质岩层	0.6	0.6～1.5
软质岩层	1.0	1.0～2.0
土　层	≥1.0	1.5～2.5

2）伸缩沉陷缝。根据地形地质条件、气候条件、墙高及断面尺寸等设置伸缩缝和沉陷缝，防止因地基不均匀沉陷和温度变化而引起墙体裂缝。设计和施工时，一般沿墙线方向每隔10～15m设置一道缝宽2～3cm的伸缩缝，缝内填塞沥青麻絮、胶泥或其他止水材料。

3）墙后排水。当墙后水位较高时，应设置排水孔等排水设施。排水孔径为5～10cm，间距为2～3m，排水孔出口应高于墙前水位。

（四）防洪拦渣堤

拦渣堤修建于沟岸或河岸，用以拦挡弃渣的建筑物，兼具拦渣和防洪功能，应同时满足拦渣和防洪建筑物的设计要求。抽水蓄能电站开挖产生的弃土、弃石堆置在山谷、沟道或河道旁，应按防洪治导线设置拦渣堤或导洪堤。如同时兼具有防洪功能，应结合防洪要求进行布设。

（1）拦渣堤的类型。根据拦渣堤修筑的位置不同，主要有以下两种：

1）沟岸拦渣堤：弃土、弃石、弃渣堆放于沟道岸边的，其建筑物防洪要求相对较低。

2）河岸拦渣堤：弃土、弃石、弃渣堆放于河滩及河岸的，其建筑物防洪要求相对较高。

（2）拦渣堤设计。

1）防洪标准。拦渣堤一般可根据乡村防护区的等级确定防洪标准，见表13-4-12。

表13-4-12　乡村防护区的等级和防洪标准

等级	防护区人口（万人）	防护区耕地（万亩）	防洪标准［重现期（年）］
Ⅰ	≥150	≥300	100～50
Ⅱ	150～50	300～100	50～30
Ⅲ	50～20	100～30	30～20
Ⅳ	≤20	≤30	20～10

2）建筑材料。拦渣堤按建筑材料分为土坝、堆石坝、浆砌石坝和混凝土坝等。

3）堤顶高程的确定。堤顶高程须同时满足防洪与拦渣要求。防洪堤高根据设计洪水、风浪爬高、安全超高、拦渣量等综合确定。按拦渣要求确定堤高的步骤为：①根据项目基建施工与生产运行中弃土、弃石、弃渣的数量，确定在设计时段内拦渣堤的拦渣总量；②由堆渣总量和堤防长度计算确定堆渣高程，再加上预留的覆土厚度和爬高即为堤顶高程。

4）拦渣堤的断面设计。根据拟建拦渣堤区段内的地形、地质、水文、筑堤材料、施工、堆渣量、堆渣岩性等因素，选择确定拦渣堤的断面形式及尺寸。

5）其他构造要求。对堤基范围内的地形地质、水文地质条件进行详细的勘察，将风化岩石、软弱夹层、淤泥、腐殖土等加以清除。

（3）稳定性分析。拦渣堤的稳定性分析主要包括抗滑、抗倾覆、地基承载力稳定性分析，其安全系数分别采用1.3、1.5、1.2。

天荒坪抽水蓄能电站半山凉亭沿河渣场改造如图13-4-3所示，图13-4-4所示则为桐柏抽水蓄能电站安置区防洪堤。

图13-4-3　天荒坪抽水蓄能电站半山凉亭沿河渣场改造

图13-4-4　桐柏抽水蓄能电站安置区防洪堤

4.4.2　防洪排水工程

抽水蓄能电站排水建筑物宜选用排水明渠形式。当坡面或沟道洪水与项目区的道路、建筑物、堆渣体等发生交叉，以及由于地形限制布置排水明渠有困难时，可采用排洪涵洞。

排水渠的平面布置及设计纵坡主要根据地形地质条件、截排洪范围及与山洪汇入口的位置确定，当纵坡大于1∶20或局部高差较大时，需设置跌水等消能设施。

为满足排水渠基础稳定要求，排水渠一般应采用挖方渠道。若修建填方渠道时，填方段应结合当地情况选用适宜的防冲、防渗材料填筑。

排水涵洞横断面的确定分为无压流和有压流两种情况，为便于涵洞内淤积物的排除，坡降一般选择在1∶100～1∶500范围内。

（一）排水沟尺寸的确定

明确排水沟采用的设计标准，选择适当的断面形式，选择适用的材料，选择适合当地条件的底坡降，断面尺寸的初定，断面的合理性分析（水深、流速、超高等），排水沟纵断面的确定等。

（二）设计标准

（1）防洪标准。截排水设施的防洪标准根据《水电枢纽工程等级划分及设计安全标准》(DL 5180—2003)确定。

（2）设计流量的确定。

1）清水洪峰流量。根据《水文手册》中的有关参数计算，即

$$Q_B = 0.278kiF \tag{13-4-5}$$

式中　Q_B——最大清水流量，m^3/s；

k——径流系数；

i——设计频率的平均降雨强度，mm/h；

F——山坡的集雨面积，km^2。

2）高含沙洪峰流量，洪水容重1.1～1.5t/m^3，采用下式计算

$$Q_s = Q_B(1+\varphi) \tag{13-4-6}$$

$$\varphi = (\gamma_c - 1)/(\gamma_h - \gamma_c) \tag{13-4-7}$$

式中　Q_s——高含沙洪峰流量，m^3/s；

Q_B——径流系数，取0.65～0.7；

φ——修正系数；

γ_c——高含沙洪水容重；

γ_h——高含沙洪水中固体物质的容重。

（三）截排水沟断面尺寸确定

排水沟断面计算一般按照明渠均匀流公式计算，即

$$A = \frac{Q}{C\sqrt{Ri}} \tag{13-4-8}$$

式中　A——排水沟断面面积，m^2；

Q——设计坡面的最大径流量，m^3/s；

C——谢才系数；

R——水力半径，m；

i——排水沟比降。

案例 4： 桐柏抽水蓄能电站防洪排水设计。

桐柏抽水蓄能电站上、下水库弃渣场的弃渣量在 50 万 m^3、100 万 m^3 以上，排水沟设计洪水标准按 20 年、30 年一遇设计。

根据弃渣场地形及下垫面情况，径流系数取 0.7，两渣场集水面积分别为 0.12、0.10km^2。查《浙江省水文图集》，该地区设计 1h 雨量 H_1=40mm，变差系数 C_v=0.5，偏态系数 C_s=3.5C_v；暴雨强度衰减指数 n=0.62，计算出工程区 20 年、30 年一遇的设计暴雨强度为 78.0、89.2mm。

根据清水洪峰流量计算公式，计算出两渣场设计洪峰流量为 1.82、1.74m^3/s。

根据明渠均匀流计算公式，计算得到两渣场排水沟的断面尺寸，均采用底宽 50cm、深 50cm、边坡为 1∶1、厚 30cm 的 M5.0 浆砌片石梯形排水沟，如图 13-4-5、图 13-4-6 所示。

图 13-4-5　桐柏抽水蓄能电站上水库弃渣场排水沟

图 13-4-6　桐柏抽水蓄能电站下水库弃渣场排水沟

4.4.3　护坡工程

抽水蓄能电站的护坡工程一般包括取土场、采石场、施工场地等区域形成的各类不稳定及易造成水土流失的边坡防护。

护坡常用的工程类型主要有削坡开级、砌石护坡、混凝土护坡、喷混凝土护坡、植物护坡、削坡减载、抗滑桩或多种形式组成的综合护坡。

（一）削坡开级

应根据边坡工程地质条件，确定人工开挖边坡的最优开挖坡形和坡角，人工填筑边坡在满足自然休止角的情况下，需考虑其不同运行工况下的稳定要求，见表 13-4-13 和表 13-4-14。

表 13-4-13　各种土类填土土坡的稳定坡度（高度∶水平距离）

填土高度（m）	黏 土	粉 砂	细 砂	中砂至碎石	风化岩屑
<6	1∶1.5	1∶1.75	1∶1.75	1∶1.5	1∶1.5～1∶1.75
6～12	1∶1.75	1∶2.0	1∶2.0	1∶1.5	1∶1.75～1∶2.0
12～20	1∶2.0	1∶2.5	1∶2.0	1∶1.75	1∶2.0～1∶2.25

续表

填土高度（m）	黏 土	粉 砂	细 砂	中砂至碎石	风化岩屑
20～30	1∶2.0	—	—	1∶2.0	—
30～40	1∶2.0	—	—	1∶2.0	—

表 13-4-14　　碎石土边坡总坡比（高度∶水平距离）参考值

土体结合密实度		边坡高度（m）		
		<10	10～20	20～30
胶结的		1∶0.3	1∶0.3～1∶0.5	1∶0.5
密实的		1∶0.5	1∶0.5～1∶0.75	1∶0.75～1∶1
中等密实的		1∶0.75～1∶1.0	1∶1	1∶1.25～1∶1.5
松散的	大多数块径大于40cm	1∶0.5	1∶0.75	1∶0.75～1∶1
	大多数块径大于25cm	1∶0.75	1∶1.0	1∶1～1∶1.35
	块径一般小于25cm	1∶1.25	1∶1.5	1∶1.5～1∶1.75

（二）干砌石护坡

干砌石护坡适用于坡面较缓（1∶2.5～1∶3）、受水流冲刷较轻的土质或软质岩石坡面，采用单层干砌石护坡或双层干砌石护坡。

干砌石护坡的坡度应与防护对象的坡度一致，根据土体的结构性质而定。土质坚实的砌石坡度可陡些；反之减缓。

（三）浆砌石护坡

浆砌石护坡适用于坡度在1∶1～1∶2之间，或坡面位于沟岸、河岸，下部可能遭受水流冲刷，且洪水冲击力强的防护地段。

浆砌石护坡由面层和起反滤作用的垫层组成，原坡面如为砂、砾、卵石，可不设垫层；对长度较大的浆砌石护坡，应沿纵向设置伸缩缝，并用沥青砂浆或沥青木条填塞，如图13-4-7和图13-4-8所示。

图13-4-7　泰安抽水蓄能电站公路浆砌石护坡及排水设施

图13-4-8　泰安抽水蓄能电站公路浆砌石护坡

（四）混凝土护坡

在边坡坡脚可能遭受强烈洪水冲刷的陡坡段，采用混凝土（或钢筋混凝土）护坡，必要时需加锚固定。

边坡坡比介于1∶1～1∶0.5之间、高度小于3m的坡面，采用现浇混凝土或混凝土预制块护坡；边坡陡于1∶0.5的，采用钢筋混凝土护坡，如图13-4-9和图13-4-10所示。

坡面有涌水现象时，用粗砂、碎石或砂砾等设置反滤层并设排水管。涌水量较大时，修筑盲沟排水。

图13-4-9　泰安抽水蓄能电站交通口边坡混凝土护坡

图13-4-10　天荒坪抽水蓄能电站混凝土护坡

4.4.4　土地整治工程

抽水蓄能电站建设项目土地整治工程主要有施工场地的坑凹回填平整、弃渣场改造及利用等。

土地整治工程应与整治排水系统、蓄水保土耕作相结合，宜和工程项目所在地的具体经济状况、生态环境相协调，改善生态环境，防治水土污染。可改造成农林牧业用地或其他用地，以及公共用地（公园、旅游和休息场所、广场、停车场、集贸市场等）、居民生活用地。

对工程建设形成的坑凹地，及时利用废弃土石料回填平整，表层覆熟化土恢复成为可利用地。一般铺土厚度为：农地0.5～0.8m、林地0.5m、草地0.3m。在土料缺乏的地区，可先铺一层风化岩石碎屑，改造为林草用地，如图13-4-11和图13-4-12所示。

图13-4-11　桐柏抽水蓄能电站施工场地绿化

图13-4-12　泰安抽水蓄能电站下水库弃渣改造为公园

4.4.5　植被恢复工程

植物措施宜建立乔灌草结合、多林种、多层次的立体防护体系，充分发挥生态系统自然修复和良性循环演替的功能，保障工程建设和运行。设计时，宜根据项目所处区域和项目布置，综合考虑生态、景观、水土保持等各项需要，合理确定各分区植被建设目标，避免重复建设。

（一）植物措施规划配置

（1）植物措施规划配置时，应在立地类型划分的基础上，根据项目区水土流失情况、植物措施功能和地形条件，进行水土保持植物措施防治体系的总体布局。

（2）固渣防蚀林：主要配置在弃渣场、料场及松散堆垫场地坡度在1%～2%的表面，起到配合水土保持工程措施，进一步固持渣体的作用。

（3）道路防护林：结合路基防护工程和排水工程，配置在施工道路路基两侧的单（多）行乔（灌）木林，对于挖方段，林木应栽植在开挖线外侧1m左右的地段；对于填方段，林木应栽植在路肩（路堤）外侧，距离视道路征地范围而定；半填半挖段可参照挖方段和填方段相应要求执行。

（4）施工迹地水土保持林：根据不同的立地条件，配置相应的林种。

（5）植物护坡：包括造林护坡、种草护坡、灌草护坡、工程植物护坡和攀缘植物护坡等。

造林护坡用于坡度在10°～20°、坡面平整难度较大的土质或砂质坡面。对于砂质坡面，造林前应进行细致的局部整地，种植穴内应覆一定厚度的表土，并有一定数量的有机肥料和防渗材料；对于土质坡面，应注意种植穴表土回填时先填表土湿土，后填生土干土。护坡造林应采用深根性与浅根性相结合的乔、灌木混交方式，在坡面的坡度、坡向、土质复杂的地方，应将造林护坡与种草护坡结合起来，实行乔、灌、草相结合的植物或攀援植物护坡，如图13-4-13和图13-4-14所示。

种草护坡用于坡比小于1∶1.5、坡面平整难度相对较小的土质坡面。种草护坡时，宜选用生长快、低匍伏型草种。一般土质坡面采用直接播种法，密实的土质边坡上采取坑植法。

灌草护坡用于坡度在1∶1.5～1∶1.1之间、坡面平整难度相对较小的土质或砂质坡面，具体可在坡脚栽植3～5行灌木，然后沿等高线每隔5～10m栽植1～3行灌木，灌木之间种植草本植物。

攀援植物护坡用于坡度大于1∶1.5、坡面平整难度较大的石质坡面，具体可根据实际情况，在坡脚每隔2.0～3.0m布置预制混凝土或砌石槽，槽内覆土种植攀援植物。

工程植物护坡用于坡度大于1∶1.5、土层较薄的砂质或土质坡面，具体可采用浆砌石或预制混凝土砌成网格，网格内覆表土，栽植草皮，如图13-4-15和图3-4-16所示。

图13-4-13　泰安抽水蓄能电站公路边坡

图13-4-14　桐柏抽水蓄能电站上水库弃渣场边坡造林

抽水蓄能电站一般对景观有一定的要求，因此厚层基材生态护坡技术（TBS植被护坡技术）常用于抽水蓄能电站石质开挖边坡的植被恢复。厚层基材生态护坡技术适用于坡度小于1∶0.3的稳定的硬质岩边坡，包括瘠薄土质、酸性土质等劣质土坡，以及混凝土面及浆砌片石面人工绿化。

该技术是使用经改进后的混凝土喷射机，将拌和均匀的厚层基材混合物按设计厚度喷射到岩石坡面上的植被护坡工程新技术，基本构造由工具式锚钉或锚杆、复合材料网、厚层基材三大部分组成。锚钉用于深层稳定的边坡，其主要作用是将复合材料网锚固在坡面上，根据岩石坡面破碎状况，长度为30～60cm不等；锚杆用于深层不稳定的边坡，其作用首先是加固不稳定边坡，其次是锚固复合材料网，依据受力分析设计造型。复合材料网：根据坡面局部稳定情况及厚层基材的设计厚度确定网的强度，对于坡比小于1∶1的边坡，网仅起临时作用，选用一般的机编镀锌铁丝网即可；对于小于1∶1的边坡，选用有一定抗腐蚀能力的网，如高强的土工网等。厚度基材由GBM绿化基材、结构改良剂、BPR混合草种三部分组成，如图13-4-17和图13-4-18所示。

图13-4-15 泰安抽水蓄能电站出水渠边坡

图13-4-16 天荒坪抽水蓄能电站上水库框格植草护坡

图13-4-17 桐柏抽水蓄能电站开关站生态护坡

图13-4-18 天荒坪抽水蓄能电站边坡生态护坡

（二）树（草）种选择

(1) 基本原则。所选的树草种，除应遵循适地适生等一般原则外，还应具有较强的适应能力；有固氮等土壤改良能力；根系发达，有较高的生长速度；适宜当地生态环境特点，栽植播种较容易，成活率高；干旱地区不应选择耗水量大的树（草）种。

树草种尽量采用乡土树（草）种，如浙江天荒坪抽水蓄能电站大量采用了当地乡土树草种，如香樟、竹类、狗牙根、白三叶、葛藤等；同时也针对上水库海拔相对较高、气温较低的特点，铺植冷季草马尼拉草皮；针对工程景观要求较高的特点，种植樱花、木槿等观赏树种，效果良好。

（2）选择要点。

1）固渣防蚀林：耐瘠薄，耐干旱，根系发达，生长迅速。

2）施工道路防护林：抗尾气污染，抗病虫害，树冠高大，枝叶繁茂，耐修剪。

3）施工迹地水土保持林：对于水土保持薪炭林，要求萌芽、萌蘖力强，耐平茬；对于水土保持护坡林和水土保持水源涵养林，要求耐干旱、抗逆性强；对于水土保持经济林，要求具有一定的经济价值，易于管理、加工。

4）植物护坡：根系发达，固土作用强，枝叶茂密，抗雨滴击溅能力强，生长迅速，郁闭度快，栽植容易，成活率高。

（3）种植技术措施。

1）种植密度。与生态林种植密度相比，水土保持植物措施种植密度可适当加大。

对于立地条件相对较好的地段，种植密度可大些。对于立地条件相对较差的地段，根据林种分两种情况考虑，如果栽植水土保持护坡林或水土保持水源涵养林，种植密度可小些；如果栽植水土保持薪炭林，种植密度可大些。

2）种植前土地整治。种植前土地整治包括场地平整和覆土两项主要内容。

场地平整：对于工程建设过程中形成的坑凹地，应利用废弃土石料回填整平；渣（料）场场地平整应做到坑平渣尽，充分利用废弃土石料；施工迹地场地平整应做到工程结束后，拆除临时房屋等设施，并清除场地营地内碎石、砖块、施工残留物及各种不利于植物生长的杂物。

覆土：覆土包括局部覆土和全面覆土。局部覆土适用于土料缺乏的地区和渣（料）场边坡，具体为种植穴内覆土。覆土前先在穴内铺一层黏土，碾压密实后作为防渗层，然后再覆表土。全面覆土适用于土料相对充裕的地区和渣（料）场顶部。覆土前应铺一层岩石，再次整平后覆土，覆土时有次序地卸土，排土后不碾压，堆成呈蜂窝状的土堆，自然沉降稳定后推平，再经人工整治后即可。覆土时应遵循上土下岩、粗下细上，酸碱在下、中性在上，不易风化的在下、易风化的在上，不肥沃的在下、肥沃的在上的原则。

3）种植前整地工程。抽水蓄能电站整地方法主要包括穴状整地（鱼鳞坑整地）和带状整地（水平阶整地）等方法，如图 13-4-19 和图 13-4-20 所示。

抽水蓄能电站的施工场地、覆土后的弃渣场顶面地形等一般比较完整、土层较厚，一般采取带状整地（水平阶整地）。水平阶阶面宽 1.0～1.5m，具有 3°～5°的反坡，上下两阶间的水平距离以设计的造林行距为准。树苗植于距阶边 0.3～0.5m 处。

抽水蓄能电站弃渣场坡面等地形破碎、土层较薄处，不能采取带状整地的地方，可采取穴状整地（鱼鳞坑整地）。鱼鳞坑每坑平面呈半圆形，长径为 0.8～1.5m，短径为 0.5～0.8m，坑深 0.3～0.5m，坑内取土在下沿做成弧状土埂，高 0.2～0.3m（中部较高、两端较低）。各坑在坡面基本上沿等高线布设，上下两行坑口呈“品”字形错开排列。根据设计造林的行距和株距确定坑的行距和穴距，树苗栽植在坑内距下沿 0.2～0.3m 的位置。坑的两端开挖宽深各 0.2～0.3m、呈倒八字形的截水沟。

整地时间应与主体工程施工进度相协调，不同种植区域的整地时间为：渣（料）场——场地平整后结合覆土、栽植进行，随栽随整；施工道路——道路排水工程修建完成后进行，一般应在造林前 1 个月完成；施工迹地——一般在造林前 1 年的秋冬季进行，有利于容蓄雨雪，促进生土熟化。

4）种植。种植方法包括植苗造林、播种造林、分殖造林、直播种草、混播种草等方法，如图 13-4-19 和图 13-4-20 所示。

种植时间与主体工程施工进度相协调，并根据整地时间确定，一般包括春季种植、雨季种植和秋季种植。

植林后必须对幼林进行抚育管理。造林初年，苗木以个体状态存在，树体矮小，根系分布浅，生长比较缓慢，抵抗力弱，适应性差，因此需加强苗木的初期管理，采取松土、灌溉、施肥等措施进行管理。对于自然灾害和人为损坏的苗木，应采取一定的补植措施。幼林补植需采用同一树种的大苗或同龄苗，造林1年后，在规定的抽样范围内，成活率（或出苗率）在85%以上，低于40%则重新进行造林绿化，避免“只造不管”和“重造轻管”，提高造林的实际成效，及早发挥水土保持功能。

在抚育管理年限方面，对于立地条件较好或种植时采用大苗的植物措施用地，抚育管理年限可缩短，一般为1～3年；对于立地条件较差或种植时采用1～2年生小苗的植物措施用地，抚育管理年限应根据工程实际情况，一般在3年以上。

图13-4-19　泰安抽水蓄能电站上水库公路弃渣场造林

图13-4-20　桐柏抽水蓄能电站上水库弃渣场顶面复耕

4.4.6　临时防护工程

临时防护工程主要适用于抽水蓄能电站的筹建期和施工期，防护的主要对象是各类施工场地扰动区（含压占区）的水土流失。

抽水蓄能电站水土流失临时防护工程采用五级建筑物设计标准，对重要防护对象，可提高到四级建筑物设计标准。

临时防护工程一般包括：

（1）工程施工过程中，各类临时堆放的土、石、砂、砾石等，在中转堆放过程中必须指定堆放场地，集中堆放，并采取有效的拦挡、覆盖、截排水等措施。

（2）工程建设应做好土壤资源的保护和利用，在场地施工前，应剥离表层土，并设置集中堆放场地，用于施工区绿化和土地复垦，或用于周边其他项目。

（3）位于生态环境敏感区、脆弱区以及其他植被稀少、自然恢复困难地区的水电项目，宜将施工场地内原地表草皮等植被集中移栽假植，用于施工结束后回植。

（4）施工场地应布设完整的截排水临时设施，可采用排水沟、渠、涵、洞、管等设施，或直接利用机械抽排水，并配套设置沉砂设施，防止施工期间地表径流直接冲刷，减免水力侵蚀。

（5）对闲置时间较长的裸露场地，应布设防治水力侵蚀、风力侵蚀的临时设施，闲置时间超过半年的，宜进行临时植草防护。

（6）临时施工道路、施工场地、开挖回填区等区域施工过程中形成的边坡，应在边坡下侧修建临时护坡工程，材料选用干砌块石、浆砌块石、混凝土等，也可采用填土草包围护。

4.5　水土保持监测

4.5.1　抽水蓄能电站水土保持监测的内容

抽水蓄能电站水土保持监测属于微观监测，主要监测内容包括以下两个方面：

（1）土壤侵蚀面积、强度、程度、侵蚀量、土壤养分和污染物质的流失与运移、土体的位移和微地貌变化等与侵蚀有关的内容。

（2）扰动土地整治率、水土流失总治理度、林草覆盖率、拦渣率、土壤流失控制比等与水土保持效果相关的内容。

根据抽水蓄能电站水土流失影响因素分析和工程布局，以及水土流失防治分区，水土保持监测分区一般可分为枢纽工程、道路工程、弃渣场、施工临时设施区、移民安置区等。

各监测分区的监测内容、监测方法可参见表 13-4-15。

表 13-4-15　　抽水蓄能电站水土保持监测的内容及方法

监测区	监测点	监 测 内 容	监 测 方 法
枢纽工程	进/出水口、开关站等开挖边坡	进/出水口、开关站等开挖边坡的稳定、防护效果及危害等	调查监测为主，辅以场地巡查
道路工程	上、下水库连接公路，厂内交通道路等	扰动情况、弃渣量、水土流失量、边坡稳定、防护效果及林草植被生长情况等	地面观测（设简易观测小区）和调查监测为主，辅以场地巡查
弃渣场	上、下水库区各选择一处弃渣场	弃渣场拦挡设施及渣体稳定、渣体侵蚀及危害、林草植被生长状况、排水及对堆渣坡脚下游的冲刷等情况	地面观测（监测小区、简易观测场及沉砂池）和调查监测为主，辅以场地巡查
施工临时设施区	上、下水库区各选择一处施工场地	扰动情况、水土流失量、防护效果和林草植被生长状况等	地面观测（利用沉砂池）和调查监测为主，辅以场地巡查
移民安置区	在集中安置点可设置一处	安置点扰动情况、林草植被覆盖率、保水保土效益等情况	调查监测为主，辅以场地巡查

4.5.2　抽水蓄能电站水土保持监测的方法

抽水蓄能电站常用的几种监测方法如下。

（一）径流小区观测

主要应用于水土流失量的观测。

结合开发建设项目特点、用地等因素，抽水蓄能电站可参考标准径流小区（见图 13-4-21）布设非标准的径流小区，一般可设置原状坡面小区、土质（或土石质）、石质三种类型小区。

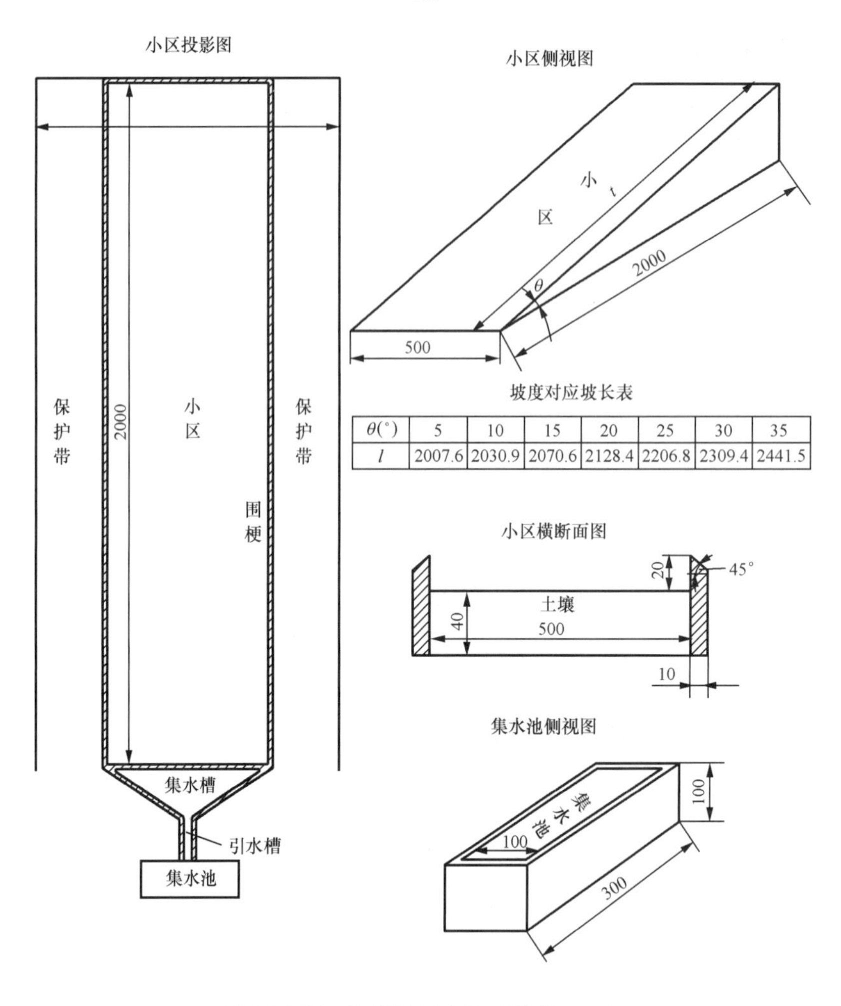

图 13-4-21　标准径流小区（单位：cm）

小区规格可设置为 20m×5m，其中宽度方向应与等高线平行；水平投影长度应为 20m，坡度可根据当地地形设置为 5°的整数倍，方向垂直于等高线，如图 13-4-22 所示。

径流池宜采用宽浅式浆砌石，容量以不小于小区内一次降雨总径流量为宜。

径流小区边墙宜采用混凝土或砖砌筑而成，边墙应高出地面 20cm，上缘向小区外呈 60°倾斜。

（二）简易水土流失观测场

主要用于项目区内类型复杂、分散、暂不受干扰或干扰少的弃土弃渣流失的监测。选址时，尽量排除弃土场外围来水的影响。

观测场建设选择在汛期前将直径为 0.5～1cm、长 50～100cm（弃土渣堆沉降量大时可加长，防止沉降的影响）类似钉子状的钢钎，视坡面面积，按一定距离分上、中、下和左、中、右纵横 3 排（共 9 根）打入地下，钉帽与地面齐平，并在钉帽上涂上红漆，编号登记注册，如图 13-4-23 所示。

（三）简易坡面测量（侵蚀沟样方法）

简易坡面测量是指通过测定样方内侵蚀沟的数量和大小来确定侵蚀量，适用于暂不被开挖的自然坡面或堆土坡面。

在已经发生侵蚀的地方，选定 5～10m 宽的坡面，侵蚀沟按大（沟宽大于 100cm）、中（沟宽介于 30～100cm 之间）、小（沟宽小于 30cm）分三类统计，每条沟测定沟长和上、中上、中下、下等各部位的沟顶宽、底宽、沟深，推算流失量。

图 13-4-22 桐柏抽水蓄能电站水土保持监测小区

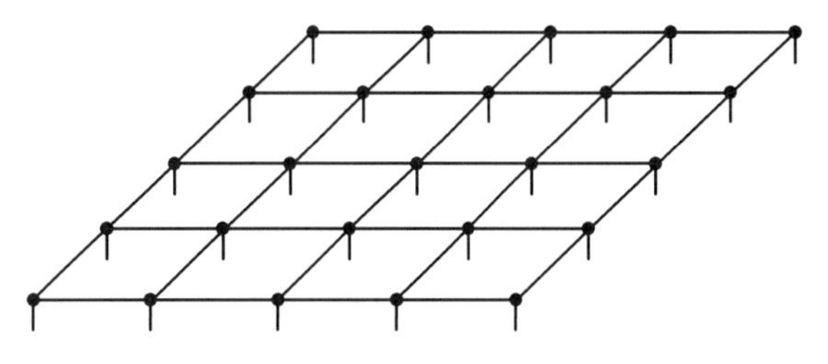

图 13-4-23 测钎布设示意图

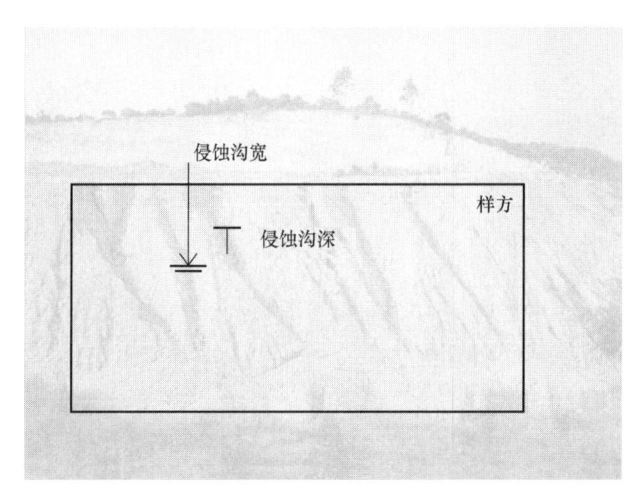

图 13-4-24 侵蚀沟样方图

侵蚀沟样方方法通过调查实际出现的水土流失情况推算侵蚀强度，重点是侵蚀历时和外部干扰。必须及时了解工程进展和施工状况，通过照相、录像等方式记录，确认水土流失的实际发生过程。不规则或过小的沟可采用细沙回填的方法确定容积。

侵蚀沟样方图如图 13-4-24 所示。

4.5.3 监测时段和频次

建设期：地面观测两月一次，在汛期增加到每月一次；调查监测为不定期巡查，发现异常情况，及时采取对策措施。

运行初期：地面观测两月一次，在汛期增加到每月一次；调查监测为不定期巡查，发现异常情况，及时采取对策措施。

参考文献

［1］ 赵永军．开发建设项目水土保持方案编制技术．北京：中国大地出版社，2007.
［2］ 李智广．开发建设项目水土保持监测．北京：中国水利水电出版社，2008.

第十四篇

抽水蓄能电站水库蓄水与机组调试

第一章

水库蓄水的程序与条件

水库蓄水是指截断通过导流建筑物的水流，拦河大坝开始挡水。水库蓄水标志着主体工程即将发挥效益。抽水蓄能电站水库蓄水的程序和条件与常规水电站基本相同，但是，抽水蓄能电站存在上、下水库，上、下水库蓄水可以根据工程施工进度情况分别进行。工程蓄水前应进行验收，工程蓄水验收由项目审批部门委托有资质单位与省级政府主管部门共同组织工程蓄水验收委员会进行。

1.1 水库蓄水程序

水库蓄水的步骤包括工程蓄水库区移民初步验收、工程蓄水安全鉴定、工程蓄水质量监督、工程蓄水验收。

（一）工程蓄水库区移民初步验收

库区移民初步验收一般由项目所在地的省（区、市）政府负责进行，库区移民初步验收单位提交工程蓄水库区移民初步验收报告，需要有库区移民不影响工程蓄水的明确结论。

（二）工程蓄水安全鉴定

蓄水安全鉴定是水库蓄水验收的必要依据，水库蓄水验收前必须进行蓄水安全鉴定。工程安全鉴定工作由项目法人委托有资格的单位承担。蓄水安全鉴定工作宜安排在蓄水验收前3个月开始进行。

蓄水安全鉴定的范围是以大坝为重点和与蓄水安全有关的工程项目，抽水蓄能电站一般包括上、下水库挡水建筑物，泄水建筑物，上、下水库库盆工程，上、下水库进/出水口工程，涉及工程安全的库岸边坡及下游消能防护工程，以及上、下水库各建筑物的内外安全监测系统，金属结构及启闭机设备，电源及通信系统等。

（三）工程蓄水质量监督

工程蓄水阶段需进行工程蓄水阶段质量监督。电力建设工程质量监督机构受国家发展和改革委员会的委托，代表政府行使工程质量监督职能，负责对工程建设各责任主体的质量行为和工程实体质量，按照国家法律、法规、工程建设标准强制性条文及国家标准、行业标准等进行监督检查，提出工程蓄水阶段质量监督报告。

对蓄水安全鉴定报告中提出的影响工程安全的重大问题，质量监督认为有必要时，应进行跟踪检查。

（四）工程蓄水验收

工程蓄水验收单位接受国家发展和改革委员会的委托，与工程所涉及的省（区、市）发展和改革委员会协商组成工程蓄水验收委员会，由验收委员会具体组织开展工程蓄水验收工作。目前，我国多数大型抽水蓄能电站的蓄水验收均委托水电水利规划设计总院作为工程蓄水验收单位。根据《水电站建设工程蓄水验收管理办法（试行）》（水电规计〔2007〕0009号），蓄水验收程序如下：

（1）项目法人负责工程蓄水验收的各项准备工作，统一组织和协调各有关单位提供验收所需的基本资料，负责验收资料的整理。

（2）工程蓄水验收单位负责组织成立专家组，对工程蓄水验收准备情况进行现场检查，以及对项目法人提交的验收资料进行预审。未通过预审的，及时通知项目法人补充、完善验收资料，并重新进行预审。

（3）工程蓄水验收单位与工程所涉及的省（区、市）发展和改革委员会协商组成工程蓄水验收委员会。

（4）验收委员会制定水电工程蓄水验收工作大纲，明确验收工作的具体要求和安排。

（5）根据验收工作大纲和专家组预审意见，在水电工程具备蓄水验收条件时，验收委员会组织工程蓄水验收会议。

1.2　水库蓄水条件

抽水蓄能电站工程水库蓄水验收应具备的条件如下：

（1）上、下水库大坝基础处理和防渗工程，大坝及其他挡水建筑物，坝体接缝灌浆等形象面貌已能满足水库初期蓄水的要求，工程质量符合合同文件的规定，且水库蓄水后不会影响工程的继续施工及安全度汛。

（2）上、下水库输水系统建筑物进/出口施工基本完成，可以挡水。

（3）上、下水库蓄水后需要投入运行的泄水建筑物已基本建成，蓄水、泄水所需的闸门、拦污栅及其启闭机已安装调试完毕，电源可靠，可正常运行，并验收合格。

（4）上、下水库各建筑物的内外安全监测仪器、设备已按设计要求埋设和调试，并已测得初始值。

（5）导流建筑物的封堵门、门槽及其启闭设备经检查正常、完好，可满足下闸封堵要求。

（6）水库蓄水后影响工程安全运行的地质灾害等已按设计要求进行处理。

（7）已编制下闸蓄水施工组织设计，并做好各项准备工作，包括组织、人员、道路、通信、堵漏和应急措施等。

（8）已制订水库调度和度汛规划，水情测报系统已能满足初期蓄水要求，可以投入运行；上、下水库蓄水期间下游因断流或流量减少而产生的问题，已得到妥善解决。

（9）运行单位的准备工作已就绪，已配备合格的操作运行人员，并已制定各项控制设备的操作规程，生产、生活建筑设施已能满足初期运行的要求。

（10）已提交工程蓄水安全鉴定报告，并有可以下闸蓄水的明确结论。

（11）已提交工程蓄水库区移民初步验收报告，并有不影响工程蓄水的明确结论。

（12）已进行工程蓄水阶段质量监督，并有可以下闸蓄水的明确结论。

（13）已制订蓄水期事故应急救援预案，并已备案。

（14）有关验收的文件、资料齐全。

1.3　水库蓄水有关文件、资料

水库蓄水需要的有关文件、资料有：

（1）工程蓄水建设报告。

（2）工程蓄水设计报告。

（3）工程蓄水施工报告。

（4）工程蓄水监理报告。

（5）工程蓄水金属结构工程安装、监理和监造报告。

（6）工程蓄水生产准备、运行报告。

（7）蓄水前库区建设征地移民安置专项验收报告。

（8）蓄水期应急预案。

（9）其他监测、试验等备查资料。

第二章 水库蓄水保证率

2.1 基本要求

抽水蓄能电站发电用水是在上、下水库中循环使用，特别是纯抽水蓄能电站。电站正常运行时，一般仅需补充蒸发、渗漏等水量，故在选择站址时，对水源径流主要考虑水库初期蓄水的需要。为了制订合理可行的蓄水方案，需根据施工进度和施工方法，对上、下水库控制流域以及引水区的径流、用水情况、蒸发渗漏损失等进行分析计算，分别提出上、下水库蓄水保证率。需要时，施工供水系统的供水能力也考虑在内。

水库初期蓄水主要研究的内容包括水库及引水区域径流计算、研究区域用水要求调查、水量损失计算、库区及引水区可供水量计算等。

2.2 水库蓄水计算

（一）径流资料

收集水库及引水区流域内水文测站有关降雨、流量等实测资料，分析计算水库及引水区各年月平均流量。

（二）用水要求调查

用水要求包括工程建设本身的用水、下游河道生态用水和流域内其他用户的用水要求，如天荒坪下水库下游有潘村水库和天荒坪镇，对于天荒坪镇，有工业用水、农业用水和居民生活用水；潘村水库主要用于下游灌溉和工业用水，在进行水库蓄水计算时，考虑首先满足潘村水库蓄水和下游用水要求。

（三）水量损失资料

对于上、下水库流域面积较小的纯抽水蓄能电站，在进行初期蓄水计算时，需考虑水库的蒸发和渗漏损失。

（1）水库蒸发损失。上、下水库区的各月蒸发水量损失采用如下公式计算

$$\Delta W_{蒸发} = [kE_{水}(P_0 - y_0)]F_{水面}/1000 = \Delta eF_{水面}/1000 \qquad (14\text{-}2\text{-}1)$$

式中 $\Delta W_{蒸发}$——库区陆面变成水面引起的蒸发量，即蒸发损失，m^3；

$kE_{水}$——水库坝址以上流域的水面蒸发量，mm；

$E_{水}$——水库附近根据蒸发器测得的水面蒸发量，mm；

k——由蒸发器数字推算为大面积蒸发值的换算系数；

P_0——坝址以上控制面积多年平均降雨量，mm；

y_0——坝址径流深，mm；

$F_{水面}$——水库水面面积，取计算时段的内的平均值，根据计算时段的可蓄水量，通过水库水

位—库容—面积关系曲线查得，m^2；

Δe——水库水面与陆面蒸发的差值，mm。

（2）水库和引水系统渗漏损失。水库和引水系统渗漏与地形地质条件、建筑物形式、各类建材材质等有关，对抽水蓄能电站而言，水库渗漏主要集中在上、下水库拦水坝，溢洪道和进/出水口，一般需通过有关试验结合理论计算而得。

（四）选择计算时段

抽水蓄能电站蓄水计算时段的选择与工程施工进度和机组安装程序相关，一般以水库下闸蓄水至全部机组投产所需的时间作为蓄水计算时段，上、下水库根据不同下闸时间，可选择不同的计算时段。

（五）水库蓄水过程

根据选择的计算时段，采用设计代表年或全系列水文资料，按下式逐月进行水库蓄水计算，求得各月水库可蓄水量，即

$$W_{月末}=W_{月初}+W_{入库}-W_{用水}-\Delta W_{蒸发}-\Delta W_{渗漏} \qquad (14\text{-}2\text{-}2)$$

$$\Delta W_{蒸发}=f(F_{水面})$$

$$F_{水面}=f(Z)$$

式中　$W_{月末}$——水库月末蓄水量；

$W_{月初}$——水库月初蓄水量；

$W_{入库}$——水库入库径流量，含引水区引入径流；

$W_{用水}$——库区及引水区各类用水量，包括工程建设本身用水、下游河道生态用水和流域内其他用户的用水；

$\Delta W_{渗漏}$——水库渗漏损失水量；

Z——水库平均水位。

2.3　水库蓄水保证率

（一）蓄水要求

抽水蓄能电站的蓄水要求主要由初期蓄水方式和机组调试要求决定。初期蓄水方式是控制水位上升速度，决定水库蓄水时段最基本的要素；机组调试要求是计算水库蓄水保证率的先决条件。

首选要确定初期启动运行是以水泵方式还是水轮机方式。首台机组启动水位应在土建引水系统所需要的进/出水口淹没水深和设备厂家要求的最低水位基础上增加有效调试水量来确定所对应的上水库水位。

通常抽水蓄能电站首台机组调试时，需对上、下水库分别提出蓄水要求；首台机组投运后，对后续机组的调试和运行，一般根据发电运行要求提出对总蓄水量的要求。

（二）水库蓄水保证率

根据全系列蓄水时段各月末可蓄水量计算成果，对各蓄水节点可蓄水量进行排频计算，求得保证各蓄水节点所需水量的蓄水保证率。

2.4　工程实践

2.4.1　桐柏抽水蓄能电站上水库初期蓄水

桐柏抽水蓄能电站为纯抽水蓄能电站，上水库集雨面积 6.7km^2，正常蓄水位 396.21m，相应库容

1231.63 万 m^3；下水库坝址以上集水面积 21.4km^2，水库正常蓄水位 141.17m，相应库容 1289.73 万 m^3。工程于 2001 年开工，根据施工进度安排下水库于 2005 年 4 月 1 日下闸蓄水，上水库于 2005 年 4 月 15 日下闸蓄水；2005 年 5 月 31 日进行充水试验；首台机组调试时间为 2005 年 8 月 23 日，发电时间为 12 月 16 日；此后每隔 5、4、3 个月，第二、三、四台机组相继投产发电。

（一）径流资料

1967～1998 年 32 年的月平均流量。

（二）用水要求调查

桐柏抽水蓄能电站上、下水库无其他用水要求，工程施工期用水按 0.14m^3/s、24h 运行计。

（三）水量损失资料

水库蒸发量，采用 1967～1992 年水库水面蒸发资料计算；水库及输水道渗漏水量按上水库 9.4 万 m^3/年、下库 41.0 万 m^3/年、输水道 0.08m^3/s 计。

（四）选择计算时段

根据施工进度和机组调试要求，下水库和上水库分别于 2005 年 4 月 1 日和 4 月 15 日下闸蓄水，全部机组投产时间为次年 12 月 16 日，故初期蓄水计算时段为 4 月至下一年 12 月，历时约 1.5 年。

（五）水库初期蓄水要求

根据首台机组水轮机启动方式，首先上水库水量应满足机组水轮机工况空载调试需要，考虑留有适当余量，则上水库有效蓄水量应达到 200 万 m^3，加上上水库死库容 169 万 m^3，则相应上水库蓄水位应达到 382m 以上。下水库的蓄水位应结合上、下水库的实际蓄水位组合应满足机组的运行特性，为使得机组调试运行期间的水头/扬程在机组正常运行范围之内，当上水库蓄水位达到 382m 时，下水库的蓄水位应不低于 95m，同时考虑到进/出水口淹没的需要，蓄水位应高于下水库进/出水口顶部并留有适当余量，即不低于 106m 高程。各台机组投入运行时的正常工作水位，按电站调峰运行 5h 计算。

根据上述施工计划和机组调试要求，桐柏工程施工期和初期运行期各时期需要水库蓄水量及上、下水库相应水位见表 14-2-1。

表 14-2-1　　铜柏工程初期运行期各阶段所需水量及相应水位

日　期	运行机组台数（台）	需蓄水量（万 m^3）	上水库相应水位（m）	下水库相应水位（m）
2005 年 5 月 31 日	充水试验	12		
2005 年 8 月 23 日	机组调试	515.7	382	106
2005 年 12 月 16 日	1	660.8	385.24	110
2006 年 5 月 16 日	2	926.5	389.98	110
2006 年 9 月 16 日	3	1192.3	393.86	110
2006 年 12 月 16 日	4	1458.6	396.21	110

（六）水库初期蓄水计算及蓄水保证率

根据 1967～1998 年 32 年径流系列（4 月～次年 12 月）的来水量及相应蒸发量，在满足施工用水的前提下再扣除水库及输水道渗漏水量，进行上、下水库蓄水计算。蓄水计算仅考虑上、下水库本流域地面径流（集雨面积 28.1km^2），由于首台机组调试要求，上水库蓄水量大于下水库蓄水量，而上水库流域面积相对较小，为此，考虑利用原桐柏水库引水工程将下水库流域的部分径流引入上水库。下水库上游 15.5km^2 的流域为原桐柏水库引水区，径流可通过引水渠道引入上水库，引水渠道最大过流能力约为 10m^3/s。由于该引水工程无调节水库，径流无法全部引入上水库，通过对本流域平水年和丰水年逐日径流和洪水特性进行综合分析，该引水工程引水率初步取值为：枯水期（10 月～次年 3 月）100%、梅汛期（4～6 月）70%、主汛期（7～9 月）55%。

蓄水计算结果表明，该工程区径流充沛，上、下水库可蓄水量能满足电站蓄水要求。当上水库只考虑本流域径流时，虽上水库满足电站充水试验的保证率大于 95%，但 8 月 23 日第一台机组调试时，电站上水库蓄水保证率为 53%，采用将下水库流域部分径流引入上水库的措施后，机组调试时，上水库蓄水保证率为 97%；至 12 月 16 日，第一台机组发电，满足电站正常发电的蓄水保证率为 93%，至次年 5 月 16 日第二台机组发电时，水库蓄满（上、下水库合计蓄水量 1458.6 万 m^3）的保证率为 97%。由此可见，该电站初期蓄水条件非常好，完全能满足每台机组调试和投运的需要。电站初期运行期蓄水计算成果见表 14-2-2。

表 14-2-2　电站初期运行期各阶段需蓄水量及蓄水保证率

（下水库 15.5km^2 径流引入上水库）

日　期	运行机组台数（台）	需蓄水量（万 m^3）		蓄水保证率（%）	
		上水库	下水库	上水库	下水库
2005 年 5 月 31 日	充水试验	12		97	
2005 年 8 月 23 日	机组调试	369	146.7	97	97
2005 年 12 月 16 日	1	660.8		93	
2006 年 5 月 16 日	2	926.5		97	
2006 年 9 月 16 日	3	1192.3		97	
2006 年 12 月 16 日	4	1458.6		97	

（七）实际蓄水情况

桐柏工程上水库于 5 月 10 日下闸蓄水，下水库于 5 月 12 日下闸蓄水；到 6 月 30 日，上、下水库水位分别蓄至 377.8m 和 105.7m。8 月 6 日的“麦莎”和 9 月 11 日的“卡努”台风使上、下水库水位暴涨，特别是 9 月 11 日的“卡努”台风的影响使下水库水位在一天时间内上涨 13m，使上水库开闸泄洪。11 月 27 日首台机组调试时，上、下水库水位分别蓄至 394m 和 136m，下水库水位高于调试水位，经相关部门研究决定，11 月 15 日下水库导流洞开闸放水，到 11 月 21 日放水结束，水位由原先的 135.80m 下降到 118.75m，下降了 17.05m。至 2005 年底，桐柏抽水蓄能电站上水库水位约为 392m，下水库水位约为 125m，电站上、下水库死水位以上库容合计约 1500 万 m^3，已经能满足电站 4 台机组正常发电的需要。

2.4.2　泰安抽水蓄能电站上水库初期蓄水

泰安抽水蓄能电站为纯抽水蓄能电站，上水库集雨面积为 1.432km^2，河长 1.956km，河流为雨源型山溪性河流，正常蓄水位 410.0m，相应库容 1127.6 万 m^3；下水库正常蓄水位 165.0m，相应库容 2234.7 万 m^3，为不完全多年调节水库。根据工程进度安排，上水库安排在 2005 年 5 月 1 日开始初次蓄水，同年 10 月底蓄水完成。上水库流域面积小，除上水库天然降雨外，尚需利用施工供水系统或其他措施对上水库进行蓄水，以满足首台机组首次启动的水位和蓄水量要求。

（一）上水库最低充水位

在机组调试阶段，上水库、上水库进/出水口和引水系统宜在水位约 377.0m 以上的条件下运行。

其中，377m 为上水库进/出水口后闸门前的扩散段顶高程，为防止机组运行中吸气引入引水道，留有 1.5m 的余量，377m（对应库容为 43.51 万 m^3）到死水位 386m（对应库容为 212.49 万 m^3）为正常发电所需要的进出水口淹没水深。

主机厂家确认在 377m 以上水位进行水轮机空载工况启动调试试验（超低水头下运行），水泵水轮机转轮进口压力边有空蚀现象，但因运行历时较短，是可以接受的。

（二）首台机组首次启动方式及调试时间

泰安抽水蓄能电站推荐的首台机组启动方式将在确认机组水轮机空载工况（正向转动）和水泵调相工况（逆向转动）调试完成的前提下，再交替进行机组水泵工况和水轮机工况启动调试。根据主机厂家技术资料，完成所有水轮机空载运行用水试验所需时间约为 20h。按照广蓄、天荒坪、十三陵等 3 座抽水蓄能电站的调试经验来看，在完成部分调试项目的情况下，可按照 10h 水轮机空载运行时间来进行初期蓄水。

（三）蓄水量和水位

水轮机空载运行时间和上水库库容、水位的关系见表 14-2-3。

表 14-2-3　　水轮机空载运行时间和上水库库容、水位的关系

水轮机空载运行时间（h）	所需上水库有效库容（万 m^3）	上水库总库容（万 m^3）	对应库水位（m）
0	0	43.51	377.0
6	45.4	88.9	379.5
8	60.5	104.0	380.2
10	75.6	119.1	381.2
20	151.2	194.7	385.1
24	181.44	224.95	386.4

若考虑在水轮机空载试验和水泵工况调相完成后，进行 1h 的水轮机工况发电试验，初估在水轮机工况低水头下发电 1h 所需的上库蓄水量为 44 万 m^3。

考虑 1 号引水系统一次充水水量约为 2.4 万 m^3，考虑充水—排水—再充水要求，总水量约为 4.8 万 m^3。

综上所述，若初期蓄水按照最有利条件下进行初期首台机组启动调试运行，则上水库初期总蓄水量约为 194.7＋44＋4.8＝243.5 万 m^3，相应上水库水位为 386.9m。综合考虑各种因素，初期蓄水量可为 119.1 万～243.5 万 m^3。

（四）蓄水分析

结合该工程天然条件、施工供水系统、厂房永久上水库充水系统等可利用的上库蓄水设施，上水库初期蓄水情况分析如下：

（1）天然蓄水量。根据上水库多年水文资料统计结果分析，5～10 月上水库流域天然径流量 30.89 万 m^3，在不计库内渗漏损失，只考虑蒸发等原因的条件下，上水库只能蓄水 6.36 万 m^3。

（2）施工供水系统。现施工供水系统从 2005 年 5 月开始蓄水至同年 10 月底首台机组调试前，可蓄水 120 万 m^3。因此，对上水库临时供水系统进行改造，更换水泵及增加管线。改建后，施工供水系统向上水库蓄水的水量为 600m^3/h，按每天 21h 抽蓄计算，每天可蓄水 1.26 万 m^3。从 2005 年 5 月初开始抽蓄，至同年 10 月底首台机组调试前，考虑天然蓄水并扣除各种损耗外，施工临时供水系统可抽蓄

约 219 万 m^3。加上厂房内的永久充水泵对上水库进行 2 个月的补充蓄水量 36.46 万 m^3，其总蓄水量 255.4 万 m^3，满足上水库蓄水量 243.5 万 m^3 的要求。

在上水库实际蓄水中，因蓄水时间长、蓄水临时设备多且可靠性差、天然降水不定因素多、上水库防渗系统需要考验和处理，总的要求是在设置临时、永久蓄水设施的条件下加强维护，尽可能多地蓄水；同时，机组启动调试时间短，应为电站首台机组启动创造尽可能好的条件。

第三章

上、下水库蓄水

3.1 上、下水库蓄水的面貌要求

抽水蓄能电站的初期蓄水包括上、下两个水库的初期蓄水。

（一）上水库

上水库的初期蓄水是抽水蓄能电站建设过程中的一个重要环节，上水库可以进行初期蓄水的条件包括：土建部分，包括水库库盆及防渗处理、输水系统、进/出水口的边坡支护结构、钢筋混凝土结构及相关的观测设施施工完毕；进/出水口的金属结构及启闭机系统均施工完毕；闸门及启闭机系统处于可运行状态。

（二）下水库

无论是新建或是改建的抽水蓄能电站下水库，初期蓄水需达到的面貌要求与常规电站的水库初期要求并无太大的区别，主要包括：土建工程面貌，包括大坝、基础处理防渗工程满足水库初期蓄水的要求；进/出水口、泄水建筑物已基本建成，蓄水、泄水所需的闸门、启闭机安装完毕，处于可运行状态；各建筑物的内外安全监测仪器、设备已按设计要求埋设和调试，并已测得初始值；导流建筑物的封堵门、门槽及其启闭设备安装完好，可满足下闸封堵要求；库区工程和移民安置达到工程蓄水阶段性目标。其他，如蓄水计划、防洪度汛措施、应急预案及运行人员等应全部安排妥当。

3.2 初期蓄水的方式

抽水蓄能电站下水库一般有一定的径流量，蓄水设施与常规水电站基本相同，导流洞或是放空洞下闸即可开始蓄高下水库水位。也有少部分电站，如宜兴电站下水库天然径流不能满足初期蓄水要求，需利用补水泵站进行补水。

上水库的初期蓄水包含两个阶段。第一阶段是指初期蓄水的前期，蓄水量应满足上游输水系统充排水试验及机组水泵工况启动调试所需用水要求。如果上水库本身有一定的补给水源，那第一阶段的初期蓄水基本上可以靠补给水源来解决；多数电站上水库流域面积很小、天然降水量很少，基本上都利用施工泵站或场外专门设置的泵站向上水库充水，根据泵站充水流量的大小和上水库的库容特性，通常要求在带水调试前4～6个月开始充水，也就是要求上水库应在带水调试前4～6个月建好，在制订施工计划时需予以考虑。第二阶段也即初期蓄水的后期，机组以水泵工况方式启动，通过输水道从下水库向上水库充水，直到蓄满上水库。

3.3　初期充排水的水位控制

上水库通常地质条件较差，采用土石坝也较广泛，应有足够的时间使坝体、库盆沉降固结，调整变形，故对水库运行初期的蓄水和降水有一定的要求，以避免库岸或坝体出异常变形，如防渗体开裂、边坡塌滑等。

上水库初期蓄水的第一阶段，由于采用施工供水系统蓄水的过程很缓慢，且水位较低，所以原则上不存在水位控制的问题，完全能够满足上水库首次充水时水工建筑物对水位上升速度和进/出水口冲刷等方面的要求。但如果天然来水量较大，则应根据库盆的防渗形式制定逐步蓄高水位的方法。

上水库初期蓄水的第二阶段，需控制水位上升和降低的速率。在库盆防渗和排水系统正常运行的情况下，蓄水上升速率通常不宜大于0.5～1.0m/d，蓄水过程宜划分成几个台阶，水位每到一个台阶，宜暂停稳压一段时间，并且对水库进行监测，确认水库处于正常运行状态后，才可继续蓄高水位。该阶段水库蓄水和机组启动调试、试运行有关，上水库初期蓄水期间水位控制必须严格按照上水库工程蓄水验收报告和有关上水库安全鉴定报告的有关要求进行。当上、下水库水位超出正常运行范围时，应密切注意水头/扬程的组合，应保证在机组允许的运行范围内，并满足机组运行空化性能的要求。

天荒坪上水库采用沥青混凝土护面全库盆防渗，初期充排水时没有严格按照设计要求的充排水速率进行蓄水，过快地放空和蓄高水位，是几次出现沥青混凝土护面开裂的主要原因之一。天荒坪工程实践表明，在上水库地基全风化岩（土）排水固结完成、沥青混凝土防渗护面基础沉降稳定前，严格限制水位上升和下降的速率，以及严格限制加大水位变幅的增量、保证足够的稳压时间、密切注意蓄高水位时和加大水位变幅增量时的水温变化等都是十分重要的。

综上所述，抽水蓄能电站上水库初次蓄水时应根据国内外工程的蓄水经验，结合具体工程水库库盆的地质条件和防渗结构形式，制订合理的蓄水、放水方法和程序，规定不同水位时的水位上升、下降速率和停顿天数，并配以相应的监测措施，发现情况后及时处理，保证初次蓄水成功。

3.4　工程实践

目前已投入运行或即将投入运行的抽水蓄能电站，其上水库初期蓄水第一阶段的蓄水方式主要有两种：一种是已有上水库或有补给水源，水量充沛，能满足机组水泵工况启动前各种调试试验的用水需求，如广州抽水蓄能电站二期、桐柏上水库等；另一种情况是通过用施工用水系统抽水，满足机组水泵工况启动前各种调试试验完成的用水要求，如泰安抽水蓄能电站上水库等。

国内外已投入运行或调试的几个抽水蓄能电站上水库初期充排水方案实例简介如下。

（一）广州抽水蓄能电站

该电站分两期开发。上水库总库容约2400万m^3，发电库容1400万m^3，死库容700万m^3，每年天然来水约660万m^3，1992年底已蓄水400万m^3，1993年6月开始一期首台机组发电试运行，水库蓄水已满足首台机组启动调试的要求。主机合同要求制造厂家提出首台机组启动所需的上库水位和水量要求。合同规定，在低水头条件下采用水泵工况试运行向上水库充水，并要求在模型试验中加以证实，因这在模型试验中比较困难而未做。因此，一期工程主机首台机组启动采用水轮机空载工况调试后，转入水泵调相工况、水泵抽水工况、水轮机发电工况调试。由于上水库储备的水量大，水轮机空载工况试验与天荒坪电站和十三陵电站比较，试验比较全面。二期工程因上水库已完全蓄水，机组启动调试试验方式比较灵活。

（二）十三陵抽水蓄能电站

该电站上水库总库容约 400 万 m^3，有效库容 380 万 m^3，无天然来水。合同规定，任何一台水泵水轮机有可能被选作承担向上水库初次充水任务，机组在所需的最低水位条件下，机组向上水库充水。在实际机组首次启动前，该电站利用施工供水泵系统向上水库充水，上水库提前蓄水至死水位以上约 2m（死库容以上约 40 万 m^3）。机组首次启动实际采用水轮机工况，在流道充水检查后，为节约上水库用水，经过水轮机空载工况启动调试几个小时后，停机处理调试中出现的问题，并按照机组制造厂家启动试验程序，进行水泵调相工况调试、水泵抽水工况、水轮机发电工况等试验。

（三）天荒坪抽水蓄能电站

天荒坪电站实际施工中，上水库早于下水库完工，具备提前蓄水条件，利用设在上水库主坝坝脚的临时施工用水蓄水池向上水库充水，充水持续约 3 个月，加上当年的降雨，上水库水位超过死水位 863.00m，蓄水量超过 35 万 m^3，已具备首台机组启动采用水轮机工况空载运行的条件，1 号机组可以开始动态调试，但因上水库蓄水有限，只进行了机组动平衡试验和部分电气试验。随后机组转入水泵工况启动试验和水泵工况，向上水库充水。

天荒坪上水库第一次从死水位 863m 蓄高到 890m 时，历时 45d，平均水位上升速率为 0.609m/d，水库未见异常。1997 年 9 月底快速放空（水位下降速率 19.36m/d）时，库底发现一条细小裂缝，长 20cm、深 5cm，修补后蓄水。

但是，这次蓄水上升到 889.50m 仅用了 3d 时间，水位上升速率达 15.32m/d，大大超过设计许可值，随后导致最大规模的一次库底裂缝，多达 9 条，且裂缝的范围及深度均较大。本次修补从放空、处理到蓄水历时 1 个月。

随后的水位上升速率控制在低水位时不超过 1m/d，在 880m 以上不超过 0.5m/d。

（四）日本沼原抽水蓄能电站

沼原抽水蓄能电站上水库初期蓄水时水位上升要求为：死水位以下每天 2m，水位 1198～1222m（有水调试水位）每天 1m，1222～1226m 每两天 1m，1198～1238m（满水位）每四天 1m。

（五）泰安抽水蓄能电站

泰安抽水蓄能电站下水库为已建水库，水量充沛；上水库流域面积仅为 1.432km^2，来水量很少；因此，对施工供水系统进行扩容改造来完成初期蓄水的要求。按照主机设备厂家要求，电站上水库有效调试水量按照满足首台机组水轮机工况 20h 空载流量要求进行初期蓄水，对应蓄水位约 386.9m，蓄水量为 243.5 万 m^3。

第一阶段：蓄水由改造后的施工供水系统充水，水库水位上升速率不超过 3～5m/d。

第二阶段：首台机组启动调试期，水轮机工况空载调试流量较小，水库水位平均下降速率将控制在不超过 3m/d，调试完成后的上水库最低水位不小于 377.0m。

第三阶段：机组首次启动调试经水轮机工况空载调试后转入水泵工况调试和水轮机工况调试（交替进行）。将由机组按水泵工况启动向上水库充水，机组各项启动调试试验需要根据库水位变化（上水库最低水位 377m 至正常蓄水位 410m）要求交替进行。各台机组启动调试完成、投运前的上水库各阶段稳压水位下的循环运行时间一般不少于 1～1.5 个月；在上水库各阶段稳压水位下，机组可进行启动调试试验，水位变幅以不超过±1m 为宜。初期蓄水水位升降控制见表 14-3-1。

2005 年 6 月开始蓄水，施工供水系统每天 24h 满负荷运行，加上蓄水时实际降雨量多于多年平均值。到 2005 年 12 月，实际蓄水位已到 390m，对应水量约 350 万 m^3。

（六）宜兴抽水蓄能电站

上水库为钢筋混凝土面板全库盆防渗，库盆防渗面板由主坝面板和趾板、库岸面板和连接板、库底面板三大部分组成。

表 14-3-1　　　　初期蓄水水位升降控制

序号	水位（m）	上升速率（m/d）	稳压时间/水位（d/m）	排水速率（m/d）	备　注
1	377～386	2.0	3/386	3.0	
	381.2～386.9	3.0			
2	386～392	1.5	3/392	3	
3	392～398	1.0	3/398	2	日变幅 6m（运行不少于 14d）＋日变幅 12m（运行不少于 14d）
4	398～404	1.0	3/404	2	日变幅 6m（运行不少于 14d）＋日变幅 12m（运行不少于 14d）＋日变幅 18m 运行
5	404～410	1.0	3/410	2	日变幅 6m（运行不少于 14d）＋日变幅 12m（运行不少于 14d）＋日变幅 18m 运行（运行不少于 14d）＋变幅 24m（包括事故备用）运行

（1）首次蓄水的水位控制。为控制坝体和岸坡蓄水时的受力变形，需限制水位上升速度，要求如下：

1）首次蓄水水位上升速度控制在 1m/d 以内。但达到一定高程后，因机组调试需要水位下降，在不突破该高程且观测数据正常，重新上升速度在经过 2、3m/d 两个台阶后，不再限制上升速率。

2）首次蓄水允许水位下降速率控制在 1.5m/d 以内，同时降落速率应小于 0.5m/h。但水位重新上升达到一定高程后，因机组调试需要水位下降，在不突破该高程且观测数据正常，重新下降速率在经过 3m/d 一个台阶后，不再限制下降速度。

3）首次蓄水水位停顿控制。在死水位（高程 428.6m）以上，分为 4 个高程，即高程 435.0m（正常发电消落水位）、440.0m（副坝前平台）、452.0m（主坝上、下游坝体填筑同时上升高程）及 460.0m，每个高程处水位停顿 4～6d，经监测分析无异常的情况下可以继续上升。

（2）初期蓄水方式。宜兴上、下水库集水面积小，上水库仅 0.21km^2，下水库 1.89km^2，天然径流量难以满足初期蓄水量要求。需利用施工供水系统，通过潢潼河引取“三氿”（东氿、团氿、西氿）水入下水库。

首台机组启动方式采用水轮机工况首次启动，上水库首次蓄水采用施工供水系统加厂房内充水泵联合充水的方案。利用施工供水系统和厂内充水泵向上水库充水到一定水位，先进行水轮机动平衡试验和空载调试试验，然后进行水泵工况调试，再向水库充水到一定水位，继续进行发电工况试验。

机组段充水泵流量为 288m^3/（h·台）。施工供水系统由一级泵站、调节池、二级泵站系统等组成。一级泵站抽水至二级泵站的调节池（2476m^3），设计流量为 0.42m^3/s（含补偿原会坞水库灌区灌溉流量 0.24m^3/s）；然后通过二级泵站分别向上水库施工区、地下工程施工区和下水库工程施工区提供施工用水。上水库供水系统通过二级泵站、加压泵站和水池、上水库高位水池向上水库沿线的施工工作面供水，其加压泵站设计流量为 570m^3/h，现场试验供水流量为 440m^3/h；地下工程供水系统通过设在二级泵站内的水泵和地下工程蓄水池向地下厂房、下水库进/出水口及尾水系统施工作业面供水，设计流量为 110m^3/h；下水库供水系统通过设在二级泵站内的水泵和下水库蓄水池供水，设计供水流量为

225m^3/h。二级泵站在施工后期改造为电站水库蓄补水泵站。二级泵站经改造，作为电站永久二级蓄补水泵站。

（七）张河湾抽水蓄能电站

张河湾抽水蓄能电站上水库采用沥青混凝土面板全库盆防渗，总防渗面积33.7万m^2，其中库坡为20万m2，库底为13.7万m^2。沥青混凝土面板采用复式结构。上水库的来水全部取自下水库。因此，从工程安全的角度考虑，电站上水库蓄水分为以下三个阶段：

（1）有水调试前的充水。该阶段利用施工供水系统和专门建设的上水库充水系统为上水库充水。两套系统的设计供水能力均为280m^3/s，其中施工供水系统每月扣除施工用水外，可向上水库充水15万m^3，上水库充水系统每月可向上水库充水17万m^3。据此计算，2007年8月1日到首台机有水调试前的10月31日，上水库可充水（扣除渗漏和蒸发）87.3万m^3，相应的库水位是781m，扣除779m以下的死库容55万m^3和压力管道759m高程以上部分所需的0.6万m^3充水，剩余调试库容约32万m^3，基本可满足初次水泵有水调试的水量要求。

（2）首台机有水调试和投运阶段的初次蓄水。考虑到在第二台机具备有水调试前，可能出现首台机无法启动运行的异常现象，且上水库工程又出现需放空检查的情况，这时将无法放空检查，因此，从工程的安全考虑，上水库最多蓄水至满足首台机组连续发电运行5h的水量，相应的水位为789m。

（3）后期上水库初次蓄水。待第二台机组具备有水调试条件后，上水库水位由789m高程开始按1m/d的上升速度继续蓄水，蓄至满足两台机组连续发电运行5h的水量，相应的水位为797m时停止水位抬高，库水位保持稳定7d；工程检查无异常继续蓄水，蓄至满足3台机组连续发电运行5h的水量，相应的水位为805m时停止水位抬高，库水位保持稳定7d；工程检查无异常则继续蓄水，蓄至该工程的正常蓄水位810m，库水位保持稳定7d。

第四章 输水系统充排水试验

输水系统分为引水系统和尾水系统。引水系统主要结构物有：上水库进/出水口（闸门及启闭机）、引水隧洞［上平段、上弯段、引水竖（斜）井、下弯段、下平段、引水岔管及高压支管］及引水调压井等；尾水系统主要结构物有：下水库进/出水口（闸门及启闭机）、尾水隧洞（尾水平洞及尾水岔管）、尾水调压室及尾水事故闸门洞（闸门及启闭机）。根据工期安排，引水系统充排水试验一般安排在尾水系统充排水试验之后进行。

根据《抽水蓄能电站设计导则》（DL/T 5028—2005）第 8.3.8 条，水道系统充水和放空设计中指出，高水头大型抽水蓄能电站的水道系统，应参照已建工程经验，制订可行的充水、放水设计方案。输水系统初次充水的目的是通过试验检查工程质量，查找输水系统可能存在的问题，进行上、下库进/出水口闸门及尾水事故闸门静水调试，以便及时采取措施处理，消除隐患，保障电站安全运行。通过试验主要可检验和观测以下几个方面的情况：

（1）检验和观测整个输水系统及施工支洞堵头的工程质量和运行情况。

（2）观测输水系统所处部位围岩的工程地质及水文地质变化情况。

（3）检验各项预埋监测仪器的运行情况并取得监测成果。

（4）检验输水系统放空排水设备的操作程序及运行情况。

（5）进行上、下库进/出水口闸门及尾水事故闸门静水调试，检查开关、调节及联锁功能的正确性，与计算机监控系统 LCU 远方联动调试；调速器、活动导叶静水调试。

（6）检查机组尾水管、导水机构、蜗壳、相关密封及测压系统管路的渗漏水情况。

4.1 引水系统充排水试验

4.1.1 引水系统充排水方式

（一）充水方式

当上水库有天然来水时或上水库能提前蓄水时，引水系统可利用上水库进/出水口闸门充水阀充水；当上水库不具备充水条件时，则可利用设置在厂房内的上水库充水泵充水；在实际充排水试验时，也可采用闸门充水阀和上水库充水泵相结合的充水方式。

（1）利用上水库进/出水口闸门充水阀充水。

抽水蓄能电站在上水库进/出水口处一般设有事故闸门，闸门操作方式为动水关门、静水提门，其主要功能是在隧道和球阀发生偶然性事故的情况下，闸门可以动水关闭，截断水流，以防事故扩大；在正常情况下，为进水阀或隧洞检修时下闸挡水。闸门门顶设置充水阀，主要用于闸门提门前进行门后充水平压。当上水库有天然来水或上水库能提前蓄水时，引水系统可利用上水库进/出水口闸门充水阀充水。引水系统充水前，同一单元机组球阀必须处于关闭状态并投入锁定，检修密封操作临时压力水系统必须可靠投入。

DL/T 5208—2005 中第 8.3.8 条规定："水道系统充水，尤其钢筋混凝土衬砌隧洞的初期充水，必须严格控制充水速率，并划分水头段分级进行。每级充水达到预定水位后，应稳定一定时间，待监测系统确认后，方可进行下一水头段的充水"。从围岩渗透的角度来说，水电站的建设周期一般较长，在长达几年的建设期内，山体地下水流失较严重，地下水位下降较多，为了让岩石在充水过程中缓慢适应，限制渗流坡降突然增加太大，以免冲刷破坏各种结构面上的充填物，充水速率不宜过快；从受力角度考虑，严格意义上讲，混凝土衬砌和围岩都属于弹塑性体，在所受荷载过程中需要逐渐调整和适应。考虑到充水过程中渗流场能缓慢稳定形成，钢筋混凝土衬砌引水隧洞的充水速率应较全洞段钢衬引水隧洞严格得多。总结国内几个抽水蓄能电站引水隧洞的充水速率，钢筋混凝土衬砌引水隧洞的充水速率各个工程相差较大，一般可取 5～10m/h，钢衬引水隧洞的充水速率一般为 10～15m/h。充水过程中划分水头段分级进行，钢筋混凝土衬砌引水隧洞每级水头宜取 80～120m，钢衬引水隧洞每级水头宜取 120～150m，每级稳压时间宜取 48～72h（具体稳压时间可根据渗漏监测成果具体确定）。

上水库进/出水口闸门充水阀全开度打开时的设计流量一般较大，利用充水阀向引水系统（尾水系统类似）充水时，对其开度的控制有两种说法。从金属结构设计的角度考虑，为防止充水阀小开度运行时出现振动、啸叫等不利现象，往往不希望采用小开度运行；但开度较大，其充水流量大于引水系统的充水速率时，则需要采用充水阀间歇运行方式，充水阀频繁操作。江苏宜兴抽水蓄能电站上水库进/出水口闸门充水阀直径为 300mm，充水阀全开位行程为 200mm，对应上水库初期蓄水位的充水流量约 $3600m^3/h$，远大于引水系统充水速率 15m/h（对应充水量为 $320\sim370m^3/h$）的要求。为此，设计要求引水系统充水时充水阀开度约 100mm，每小时按充水 5～6min 间歇充水（即充水阀每小时打开 5～6min），以控制充水速率不超过 15m/h。为了避免充水阀频繁操作，在广州抽水蓄能电站二期引水系统充水时采用连续式，严格控制充水阀开度，以控制水位上升速度，并确定最大开度不得超过 5cm；为准确控制充水阀开度，提升充水阀的动装置由电动卷扬机改为手拉倒链，并将提升阀门的柔性钢缆换成刚性拉杆。

（2）利用厂房上水库充水泵充水。

根据国内已建抽水蓄能电站的实际情况，考虑上水库检修放空后，需从下水库向上水库充水，在主厂房内均布置了上水库充水泵。充水泵吸水管接在全厂供水总管上，出口与压力钢管排水阀的支管相连。因此，引水系统充水时可以利用厂房上水库充水泵充水，如十三陵抽水蓄能电站、桐柏抽水蓄能电站和宜兴抽水蓄能电站等。根据上水库充水泵设计流量，确定上水库充水泵向引水系统充水控制条件，以满足引水系统充水速率要求；充水时应严密监视水位，并专人控制水泵的启停。

（二）排水方式

引水系统充水稳压完成后，需按要求的放空速率放空。在引水系统充水试验过程和稳压时间段内，通过监测引水隧洞水位渗漏下降情况，确定充水试验是否继续进行。若上游引水系统出现异常渗漏，则需要暂停引水系统充水试验，研究确定是否继续充水。若发生外渗水量突增的情况，需立即按要求的放空速率放空引水系统，并控制引水系统最大外水压力与水道内水压力差在一定的范围内，然后进行检查和原因分析。引水系统充水放空后，应对平洞段进行全面检查，如检查洞身结构、外观状况、交叉封堵堵头、排水设施、金属结构启闭状况及监测系统等方面。目前，对引水斜井或引水竖井的放空检查缺乏有效手段，在天荒坪抽水蓄能电站工程引水系统放空后，曾采用 4 台录像机组通过卷扬小车下到斜井内进行检查，但由于洞内光线较弱，录像机镜头积雾，录像效果不理想，无法达到检查的目的。

引水系统放空路径按机组是否具备过水条件分别考虑，在机组具备过水条件时，可首先通过引水压力钢管排水管采用平压方式经压力钢管排水阀、尾水管和尾水隧洞将水排至下水库（引水系统水位高于下水库水位时）。在此过程中，通过控制压力钢管排水管上的针阀开度来控制引水系统的放空速率；机组不具备过水条件时，则应采用临时排水方案，需要在全厂供水总管与压力钢管排水管之间安装临时排水管路，将引水系统的水通过压力钢管排水阀、供水总管和尾水隧洞平压排至下水库。待引水系统水位与下水库水位齐平后，将引水系统内的剩余水量通过机组检修排水泵分别按上述两条途径抽排；对布置有自流排水洞的电站，可通过自流排水洞自排。

引水系统放空时应分水头段进行，放空速率按 DL/T 5028—2005 的建议一般为 2～4m/h，同时应控制最大外水压力与引水隧洞内水的压力差小于高压隧洞的抗外压能力。

4.1.2 引水系统充排水试验的必备条件

（1）上水库进/出水口、引水隧洞及施工支洞工程混凝土及灌浆完成，并达到 28 天设计强度；隧洞清理完成。

（2）尾水事故闸门及液压启闭机安装调试完毕，能投入正常运行。

（3）各建筑物的内外安全监测仪器、设备已按设计要求埋设和调试，并已测得初始值。

（4）水泵水轮机转轮、主轴及检修密封（含气源）已安装完成调试。

（5）球阀密封和液压操作系统、高压压气系统已完成安装调试，具备挡水条件。

（6）引水系统压力钢管、球阀及蜗壳的排水管路阀门、机组尾水管排水管及排水阀调试完成。

（7）检修排水系统及机组段渗漏排水系统完成，上水库充水泵系统完成并安装旁通管阀，全厂供水总管首台机组段完成，与其他机组段可靠隔断。

（8）电源可靠、接地网连接良好。

（9）蓄水计划、应急预案及运行人员等全部安排就位。

4.1.3 引水系统充水试验工程实践

以下为国内部分大型抽水蓄能电站引水系统充水方案。

（一）广州抽水蓄能电站

广州抽水蓄能电站（简称广蓄）上水库每年天然来水约 660 万 m^3，在引水系统充水前上水库已蓄水 400 万 m^3。广蓄一期水道系统充水过程为：引水系统一次充水至下水库水位 275.55m，平压后稳定 72h 以上。引水系统按 5 级间断与连续相结合的充水方式，间断充水（3h 左右）上升 60～80m，连续充水时斜井充水速率为 1～1.5m/h，每级稳压 48h 以上，最后一级与上水库水位平压稳定 72h 以上。广蓄一期引水系统第一次充水因缺乏经验，又特别重要，因此非常谨慎，采取的措施显得比较保守。

广蓄二期下平洞及引水支管的充水阀开度控制在 4cm，充水速率为 1.4m/h；上、下斜井计划按 15m/h 的速率充水，实际充水时水阀开度控制在 1.5cm，实际充水速率为 20m/h；中平洞和上平洞充水时充水阀开度保持为 1.5cm，充水速率分别为 1.2m/h 和 3.2m/h。

（二）浙江天荒坪抽水蓄能电站

浙江天荒坪抽水蓄能电站在上水库库盆验收完成的条件下，利用施工供水系统从下水库拦沙坝取水抽往上水库，引水系统充水由上水库供水，通过上水库进/出水口事故检修闸门上设置的 ϕ500 充水阀门充水。充水试验分 7 级（EL.400、EL.550、EL.650、EL.700、EL.750、EL.800、EL.825m 和 EL.859.4m），第 1～5 级充水速率为 10m/h，第 6、7 级因水头已很高，充水速率降为 5m/h，分级段长减半。充水试验稳定时间：第 1～3 级稳定 48h，第 4～7 级稳定 72h。

（三）浙江桐柏抽水蓄能电站

浙江桐柏抽水蓄能电站上水库有天然来水，在引水系统充水前，上水库已蓄水到接近正常蓄水位。1号引水系统充水试验采用上水库闸门充水阀充水，充水过程分为4级（EL.200、EL.280、EL.340m和EL.377.9m），前3级稳压48h，最后1级（与上水库水位齐平）稳压72h。第1级的充水速率为10m/h，第2～4级的充水速率为5m/h。整个充水过程为2005年6月16～28日，历时307h，约12.8d。

2号引水系统原计划也采用上水库闸门充水阀充水，但在充水阀充水调试过程中，充水阀出现故障不能进行正常充水，之后改用厂房上水库充水泵充水。充水过程分为4级（EL.150、EL.250、EL.350m和EL.382m），第1级稳压24h，第2～3级稳压48h，第4级稳压72h。第1～2级的充水速率为10m/h，第3～4级的充水速率为5m/h。整个充水过程为2006年6月12～30日，历时435h，约18.1d。

（四）山东泰安抽水蓄能电站

山东泰安抽水蓄能电站为日调节的纯抽水蓄能电站，上水库为樱桃沟水库，坝址以上控制流域面积为1.432km^2，基本上没有天然地表径流补给。上水库多年平均径流深为231mm，多年平均径流量为33.1万m^3，多年平均流量为0.0105m^3/s。上水库库盆验收完成的条件下，利用施工供水系统抽取大河水库（下水库）的天然河水向上水库充水。引水系统充水时先采用尾水隧洞平压自流充水，中间阶段采用上水库充水泵充水，在充水至上水库闸门顶后打开闸门旁通管从上水库平压充水。充水过程分3级（EL.201、EL.301m和EL.372m），第1级充水速率为10m/h，第2级为5～10m/h，第3级为5m/h；第1～2级稳压48h，最后一级稳压72h。

（五）江苏宜兴抽水蓄能电站

江苏宜兴抽水蓄能电站上水库集水面积较小，仅为0.21km^2，多年平均年径流量为30.3万m^3；上水库库盆验收完成的条件下，利用施工供水系统从下水库2号泵站取水抽往上水库。引水隧洞采用全洞段钢衬。根据工程施工实际进度，引水系统充水计划先采用尾水隧洞平压自流充水，然后采用厂房上水库充水泵充水。在1号引水系统实际充水时，上水库前池已蓄水至EL.420m（水量约3.0万m^3），但由于库底排水廊道漏水，漏水量约9L/s，需要放空前池处理，故1号引水系统充水采用了上水库充水阀和上水库充水泵相结合的方法。充水过程分4级（EL.130、EL.240、EL.310m和EL.427m），第1～2级采用上水库充水阀充水，充水阀显示开度为0.26m（实际开度估计为0.06～0.07m），每小时开启充水阀约25min，竖井水位上升速率为14.5～21m/h（充水速率要求为15m/h）。第3级充水时，前池已没水，故改用上水库充水泵连续充水，充水速率为14.88m/h。第4级充水时，由于连降暴雨，前池水位上升，故又改用上水库充水阀充水，最终充水至408m高程。原要求第1～3级稳压48h，最后一级稳压72h。实际充水过程中的监测成果表明，钢板应力计增加较小，渗压计读数也较小，故第1～3级稳压改为24h。

（六）北京十三陵抽水蓄能电站

北京十三陵抽水蓄能电站引水隧洞采用全洞段钢板衬砌，具有较高的可靠性，充水速率为13m/h，主要利用在厂房内上水库充水泵充水。

4.1.4　引水系统排水试验工程实践

以下为国内部分大型抽水蓄能电站的排水方案。

（一）广州抽水蓄能二期电站

广蓄二期根据工程特点，分五个阶段进行，所确定的排水原则为：①斜井排水速率控制在5m/h以内；②最大外水压力与水道内水压力之差不得大于200m水头，小于外压设计水头。

（1）第一阶段：排水范围为上平洞及调压室，水道内水位为810～736m，平均排水速率为10m/h以内。

（2）第二阶段：排水范围为斜井和中平洞，水道内水位为736～450m，平均排水速率约5m/h。

（3）第三阶段：排水范围为450m高程至下斜井285.0m高程，平均排水速率约4m/h。

（4）第四阶段：排水范围为下斜井285.0m高程以下段水道，平均排水速率约4m/h。

（5）第五阶段：排水范围为下平洞及引水支管（204m高程/212m高程），经5号机组钢管排水管（拆除消能片）直接进入肘管，再经集水井排至下水库。

（二）浙江天荒坪抽水蓄能电站

浙江天荒坪抽水蓄能电站的引水系统排水分以下三阶段进行：

（1）第一阶段：水道水位在859.45～840m高程，打开1号机组针阀排水。

（2）第二阶段：水道内水位在840～734.5m高程，依靠水道内水量自然外渗排水，水位下降速率变化为1.75～1.0m/h。

（3）第三阶段：水道内水位在734.5～224m高程，采用每50m一台阶，分五次排水，水位下降速率为2m/h，每50m台阶排水完成后稳压24h。

（三）浙江桐柏抽水蓄能电站

浙江桐柏抽水蓄能电站引水系统充水试验在最高水位稳压72h后进入排水阶段，由于上平洞水量较大，排水速度相对较慢，平均下降速率为0.4m/h；进入斜井直线段后，调整排水针阀开度，水位下降平均速率控制在2～3m/h。1号引水系统整个放空排水过程为2005年6月28日～7月6日，历时185h，约7.7d。2号引水系统整个放空排水过程历时182h，与1号引水系统放空排水时间基本一致。

（四）江苏宜兴抽水蓄能电站

江苏宜兴抽水蓄能电站引水系统采用全洞段钢板衬砌，引水系统排水原则为：

（1）排水速率控制在每小时下降水位6～8m。

（2）最大外水压力与水道内水压力之差不得大于120m。

（3）在310.0、240.0、130.0m高程三个台阶分别停止稳压24h，以便观测和记录相关数据。

实际放空时，考虑到钢板外渗压计读数较小，表明外水压力较低，故每级稳压时间改为4h左右，以便观测和记录相关数据。

4.2 尾水系统充排水试验

抽水蓄能电站的特点是下水库一般较早提前蓄水，尾水系统利用下水库进/出水口闸门充水阀充水，充水速率一般为3～5m/h；充水过程可分两级进行，每级稳压时间宜为48～72h，具体可根据隧洞渗漏监测成果作调整。

国内几个已建抽水蓄能电站中，除浙江桐柏因为尾水洞较短，且采用一洞一机，未设置尾水事故闸门外，其余几个抽水蓄能电站均在厂房下游侧布置了尾水事故闸门。在机组具备过水条件，下游水道充水完成后，可通过机组检修排水泵排水，若设有自流排水洞，则可通过自流排水洞自排；在机组不具备过水条件，下游水道往往先进行尾水事故闸门下游段充水试验时，放空排水需在全厂供水总管与检修排水泵取水管之间安装临时排水管路，通过临时管路采用机组检修排水泵进行排水放空。

4.2.1 尾水系统充排水方式

当机组设备未完成安装及干调试前，机组不具备过流条件，此时可先进行尾水事故闸门下游侧尾水系统的充排水试验，充水方式采用下水库进/出水口闸门充水阀充水。该段充排水试验时间一般为1.5个月，包括充水、排水、检查处理及再充水。

当机组具备过流条件时，再进行尾水事故闸门到机组流道段（尾水管段）的充排水试验，充水方式采用尾水事故闸门充水阀向尾水管及蜗壳自流充水。该段充排水试验时间一般为1个月，包括充水、排水、检查处理及再充水。

4.2.2　尾水系统充排水试验的必备条件

（1）下水库进/出水口、尾水隧洞及施工支洞工程混凝土及灌浆完成，并达到28d设计强度；隧洞清理完成。

（2）下水库进/出水口闸门和充水阀、尾水事故闸门及液压启闭机安装调试完毕，能投入正常运行。

（3）各建筑物的内外安全监测仪器已按设计要求埋设和调试，并已测得初始值。

（4）机组的水泵水轮机必须安装完成，并通过无水干调试。

（5）尾水管底部设置的排水管、排水阀，以及机组检修排水系统安装调试完成，并通过验收；与其他机组段可靠隔断。

（6）电源可靠、接地网连接良好。

（7）蓄水计划、应急预案及运行人员等全部安排妥当。

4.2.3　尾水系统充排水试验工程实践

（一）山东泰安抽水蓄能电站尾水系统充排水试验

泰安电站尾水系统充排水试验时，机组还不具备过流条件，故尾水系统充排水试验按尾水事故闸门下游侧和上游侧分别进行。

（1）尾水事故闸门下游尾水系统（至下水库进/出水口方向）充排水试验。

尾水系统充水量各约8.95万m^3，充排水试验采用下水库进/出水口闸门充水阀弃水。分两级充水：第一级充水到EL.126.5m，稳压48h；第二级充水到下库蓄水位，稳压72h。充水速率按不大于1000m^3/h控制，则完成一个下游尾水系统充水试验约需210h，折合约9d。

下游尾水系统充水试验结束后开始放空排水，由于机组不具备过水条件，故采取临时排水措施，在全厂供水总管与检修排水泵取水管之间安装临时排水管路，通过临时管路采用机组检修排水泵进行放空排水，将尾水隧洞内的水位排到92.6m高程；接着再打开小开度尾水闸门，通过检修排水系统排空尾水隧洞剩余水体。排水速度约为1000m^3/h，水位下降速率约0.8m/h，该速率为机组检修排水泵的设计抽排水能力，完成下游尾水系统排水试验约需要90h，折合为4～5d。

（2）尾水事故闸门到机组流道段（机组尾水系统及蜗壳）充排水试验。

尾水事故闸门到机组段流道总长约为90m，充水水量约为0.25万m^3，充排水试验将在机组具备过流条件时进行。

充水前打开尾水管和蜗壳排气阀，导叶开度为5%。充水通过尾水事故闸门上的充水阀进行，排水通过机组检修排水系统进行。

充水过程中，随时检查尾水管进人门、导水机构及空气围带、水轮机顶盖、蜗壳进人门、蜗壳排水管、球阀伸缩节、测压系统管路等处有无渗漏，并记录测压表计的读数。充水完成后，进行尾水事故闸门的现地及远方静水启闭试验及闸门位置校验，记录充水时间及闸门全开、全关时间等。

（二）江苏宜兴抽水蓄能电站下游尾水系统充排水试验

江苏宜兴抽水蓄能电站下水库于2006年7月8日通过蓄水验收，至2007年6月9日1号下游尾水系统充排水试验时，下水库水位已蓄至 EL. 71.0m（正常蓄水位为 EL. 78.9m）。尾水隧洞长 1840.21～1907.68m，洞径为 5.2～7.2m，水道充满水量为 6.92 万～7.19 万 m^3，利用下水库进/出水口闸门充水阀充水。充水试验分两级充水：第一级充水从 EL. 7.0m 到 EL. 41.0m，计划稳压 48h，在各个支洞渗漏量和尾水隧洞总渗漏量监测结果基本稳定的前提下，实际稳压时间为 24h；第二级充水到当时下水库水位（EL. 71.0m），计划稳压 72h，在各个支洞渗漏量和尾水隧洞总渗漏量监测结果基本稳定的前提下，实际稳压时间为 48h。实际充水阀开度为 13cm，充水速率为 3.5～3.7m/h。整个充水过程为 2007 年 6 月 8～12 日，历时 102h，约 4.25d。

宜兴抽水蓄能电站下游尾水系统放空时，机组还不具备过水条件，放空排水时也同样采取了安设临时管路措施，通过临时管路采用机组检修排水泵进行排水放空。检修排水系统设 3 台单机流量为 240m^3/h 的单吸多级离心泵（检修大泵）及 2 台 40m^3/h 的小水泵。实际放空排水时，启动 3 台检修大泵，高水位时对应的排水流量约为 930m^3/h，排水速率为 0.725m/h；低水位时对应的排水流量约为 650m^3/h，排水速率为 0.50m/h。整个放空排水过程为 2007 年 6 月 12～17 日，历时 102h，约 4.25d。

4.3　输水系统渗透水量计算依据

关于抽水蓄能电站输水系统渗透水量大小的判断标准，世界各国没有规定统一的标准，主要是根据工程实际情况，视渗漏水量是否影响发电效益和渗漏稳定性两方面来确定。各国根据各自的工程经验总结出了一些计算公式和评价依据，可供参考。

4.3.1　渗流率标准

渗流率是国外某些工程引用的衡量水道内水外渗量级的指标，其物理概念是指通过每 1000m^2 水道内表面积的内水外渗量，亦即

$$q=\frac{1000Q}{S}$$

式中　q——渗流率，L/s；

Q——总渗流量，L/s；

S——水道总表面积，m^2。

国内外一些工程水道渗流率测算数据，见表 14-4-1。

表 14-4-1　国内外一些工程水道渗流率测算数据

工程名称	所在国家	渗流率
工程 1	瑞　典	0.34 和 0.6，半年后降为 0.4
工程 2	瑞　典	0.32，几个月后降为 0.16
工程 3	瑞　典	0.76、2.4（沿洞线） 0.81（沿裂缝）
BATHCOUNTY	美　国	2.5（渗流量 151.5L/s）
HELMS	美　国	2.8（渗流量 166.7L/s）
广蓄一期	中　国	0.09（渗流量 4.57L/s），1 个月后降为 0.05（渗流量 2.58L/s）
天荒坪	中　国	1.34（充水初期渗流量 29L/s，运行后稳定渗流量 38L/s）
桐　柏	中　国	1.97（充水初期渗流量 38L/s）

4.3.2　压水渗漏标准

法国 EDF 公司高压渗透试验所根据试验总结经验，认为钻孔压水与隧洞充水之间基本不存在尺寸

效应，钻孔与隧洞之间可以互为代替。若抽水蓄能电站输水道要求围岩灌浆以后钻孔压水检查要达到小于1Lu，则把隧洞看成压水钻孔，隧洞围岩透水率也应小于1Lu，即隧洞围岩透水率为1L/(min·m·MPa)＝0.0167 L/(s·m·MPa)，按0.5～1.0Lu围岩透水率折算，输水道容许渗漏标准值即为0.008～0.017 L/(s·m·MPa)，泰安和桐柏抽水蓄能电站《输水系统充排水试验要求》提出了输水系统渗漏标准为0.01～0.012 L/(s·m·MPa)，折合透水率为0.6～0.72Lu。

天荒坪抽水蓄能电站1号引水系统充水初期渗漏量为29L/s，折算后约为0.008L/(s·m·MPa)；运行期最大渗漏量约19L/s(1、2号总共约38L/s)，折算后约为0.005L/(s·m·MPa)。

桐柏抽水蓄能电站1号引水系统充水初期渗漏量为38.3L/s，折算后约为0.0186L/(s·m·MPa)。

由于水道内水外渗与内水压力、围岩特性（透水率、地质结构面）和混凝土衬砌质量有关，实际渗流极可能是沿某些衬砌裂缝和缺陷以及围岩地质条件差的洞段相对集中外渗，而渗流率和压水渗漏标准所反映的都是平均均布的内水外渗概念，只能作为宏观相对比较参考，并不能代替局部集中渗漏的情况，所以还不能被普遍接受，也很难确定出量级控制标准。

4.3.3　挪威标准

挪威根据实测的漏水量采用下式估算围岩渗透系数，即

$$Q=\frac{2\pi k_{m}Lgp_{r}}{\mu\ln\left(\frac{2D}{r}\right)} \tag{14-4-1}$$

式中　Q——渗漏水量；

k_{m}——围岩渗透系数；

L——隧洞长度；

g——加速度；

p_{r}——内外水压差；

μ——水的黏度；

D——隧洞中心线埋深；

r——隧洞半径。

根据挪威6个工程的实测资料，围岩渗透系数$k_{m}=1\times10^{-7}\sim5\times10^{-6}$cm/s（0.01～0.5Lu）。

抽水蓄能电站输水道围岩经固结灌浆后透水率一般要求达到0.5Lu，则根据挪威标准公式可以计算出输水道允许的渗漏量。

4.3.4　苏联规范公式

《苏联水工隧洞设计规范》（CHЦH2.06，09—1984）中关于隧洞渗漏量计算的公式及步骤如下。

（一）许可渗漏量的计算

许可的渗漏量Q以L/（s·cm）计，当内、外水头差为10m时，按下式确定，即

$$Q=\frac{1}{\frac{h_{k}}{K_{crc}n_{crc}}+\frac{1}{KM_{f}}}\leqslant Q_{adm}2\pi r_{e}\,10^{-7}=[Q] \tag{14-4-2}$$

$$K_{crc}=a_{crc}^{3}$$

$$u=\frac{A_{s}}{bh}$$

$$M_{f}=\frac{2\pi}{\ln\left(\frac{r_{f}}{r_{e}}\right)}$$

式中　h_k——钢筋混凝土衬砌厚度，cm；

K_{crc}——衬砌中裂隙的透水系数（在水头梯度等于1的情况下1cm裂隙的渗漏量）；

a_{crc}——裂缝开展宽度，cm，取 $a_{crc}=0.02$cm；

n_{crc}——衬砌中裂隙的数量，钢筋混凝土衬砌情况下，$n_{crc}=2\pi r_e \frac{8u}{d}$；

u——衬砌断面配筋系数；

d——钢筋直径，cm；

r_e——衬砌的外部半径，cm；

K——岩体的渗透系数，cm/s；

M_f——表示渗水带构件间几何关系的形状模数；

r_f——渗水区半径，根据不同岩层的地质条件，分别取 $r_f=20r_e$ 和 $r_f=15r_e$；

Q_{adm}——内外压力差为1时渗水量的允许流量值。

初步设计阶段 Q_{adm} 可采用：内外水头差小于100m时，每10m水头差的1000m^2 隧洞面 $Q=1$L/s；内外水头差大于等于100m时，每10m水头差的1000m^2 隧洞表面 $Q=0.3$L/s。

（二）隧洞渗漏计算

$$Q_{abs}=\frac{QL\Delta H}{10} \tag{14-4-3}$$

式中　Q_{abs}——隧洞渗漏水量，L/s；

L——隧洞长度，cm；

ΔH——内外水头差，m，近似取内水压力值。

关于输水道漏水量大小标准，判断方法不同，判断结果也不同，即使用同一种方法判断，其数值也相差很大，很难有一个统一的标准。

瑞典能源（SWEDPOWER）专家介绍，他们了解到的一些高水头水道工程，其充水初期的渗漏量一般都会达到20～50L/s。

美国哈扎公司（HARZA）专家认为：对于水道渗流率指标，很难确定其控制标准。一般对于高水头压力水道的内水外渗情况，判断标准是渗流稳定性，如果渗流量不出现突然变化现象，而且渗出的水不混浊、不夹带围岩内的细小颗粒，就认为是安全的，渗流量的大小不是控制因素，若渗流量很大，水量损失已经影响发电效益，则应放空检查处理。

第五章

无水调试与倒送电

机电设备完成安装后，在机组并网发电之前应按照相关规定以及设备合同文件的要求，进行机组充水试验、安装调试现场试验（包括各种启动方式试验和各种工况试验）、试运行，并按照规程要求进行机组启动验收。

机电设备的现场试验包括现场安装试验、分部调试试验、整组启动调试试验、试运行及特性试验。通过现场试验，以验证设备的适用性、有效性和保证值。一般安排机组无水模拟联调试验 30d，机组整组启动调试试验 90d，试运行 30d。

无水调试包括现场安装试验及分部调试两个阶段。一般无水调试在设备制造商的督导下，由机电安装标负责完成。

5.1 现场安装试验

在机电设备安装过程中或安装完成后，对设备进行现场安装试验，包括设备装配前的单体部件、现场安装预调试试验，以确定各设备及系统已正确安装或组装。单项调试完成并经全面检查落实后，可投入系统启动调试。

全厂公用系统调试包括消防及火灾报警系统、通风空调系统、全厂通信系统、厂用电系统、直流系统、厂房渗漏排水系统，以及机组检修排水系统、技术供水系统、压缩空气系统、水力量测系统、全厂接地系统、全厂照明系统等公用系统的调试。

（一）全厂公用系统调试前必须具备的条件

(1) 设备就位，完成对外电缆接线及必需的安全屏蔽，仪表及开关操作正常，绝缘及接地检查满足要求。

(2) 全电站接地网（除地下厂房土建结构未完成部分）均应敷设完成，并进行全电站接地网的测量和验收。

（二）全厂公用系统调试试验主要项目

(1) 消防及火灾报警系统：设备及系统联动功能调试；按照规定应进行主变压器喷淋系统喷淋试验、发电电动机喷淋系统模拟动作试验、气体灭火模拟动作试验、高倍数泡沫灭火系统喷泡试验（如采用）、水喷雾灭火模拟动作试验。

(2) 厂用电系统：分为施工电源供给、地区备用电源供给、主电源与备用电源同时供给三个阶段及时进行厂用电供电方式的调整，同时应及时进行厂用电备自投保护的调试，以保证供电可靠性。

(3) 直流系统：回路绝缘试验、表计校验及模拟故障试验、蓄电池核对性充放电试验。

(4) 全厂通信系统：系统通信和行政通信系统的设备及功能调试、数据库整理及通信设备系统联合调试。

（5）厂房渗漏排水系统和机组检修排水系统：排水泵自动启停试验、备用泵自动启停试验等。

（6）技术供水系统：技术供水部分的充水调试、备用泵自动启停试验、滤水器自动清污试验、分期发电的安全隔离措施等。

（7）压缩空气系统：空气压缩系统及储气罐的安装调试、空气压缩机逐台自动启停试验、自动补气阀检测试验等、压力容量的检测及验收等。

（8）水力量测系统：结合上水库、下水库、尾水事故闸门、机组等相关部位的施工进度和实际情况及时进行水力量测系统的调试，包括现地量测元件、现地显示与集成单元、与监控系统的通信等。

（9）全厂接地系统：全厂接地系统连通性、接地电阻、跨步电压、接触电势测试，检测应满足设计要求。

（10）全厂照明系统：正常照明、事故照明及疏散指示等。

（11）通风空调系统：设备单机调试及空载联动调试。

（12）上水库供水泵：上水库供水泵完成调试，满足机组初期启动的水量要求。

（13）工业电视系统：设备调整及图像传送。

（14）消防及火灾报警系统与通风空调系统、工业电视系统、电梯等相关系统和设备在具备条件后应进行联合调试。

5.2　分部调试试验

（一）单体调试

设备、元件安装后所进行的机械和电气的调整、就地操作、设备本身的机械和电气保护校验以及常规的电气试验，使设备具备正常工作状态。

（二）分系统调试

由单个或多个设备组成的子系统，完成某个相对独立任务的回路试验。分系统调试必须在单体调试合格、验收后进行。

分部调试试验主要包括下述各项目：

（1）主进水阀：主进水阀接力器及锁定装置、密封装置及控制系统、液压控制系统、压气罐补气装置、漏油装置、旁通阀、与尾水事故闸门的闭锁操作等功能试验。记录无水状况下全行程开启和关闭时间，引水系统充排水试验期间检查主进水阀漏水量并记录。

（2）调速器系统初步调试：调速器控制系统及油压装置调试，接力器及导叶操作模拟。记录导叶关闭时间及导叶关闭特性，以及接力器行程与导叶开度关系曲线。如采用单导叶接力器的机组，则测试并记录单导叶的同步性。

（3）继电保护系统静态调试：保护系统设备、继电保护管理器及故障录波装置等测试，电源、信号和跳闸回路测试，保护干扰测试等。

（4）励磁系统静态调试：励磁系统各设备功能测试、通信及逻辑测试、励磁系统静态调试，记录测试检查数据。功率柜冷却风扇试验及联动试验情况。

（5）静止变频启动装置（SFC）：SFC 系统各设备功能检查与试验，断路器与刀闸操作试验检查、通信及逻辑测试，保护参数设置。

（6）计算机监控系统（CSCS）：电站控制单元、现地控制单元及系统通信测试，数据库 I/O 点检查、报警、跳闸矩阵检查、控制逻辑、操作流程与显示画面检查，控制功能、联锁功能检查测试。

（7）高压主变压器、GIS 设备及高压电缆：完成设备功能性试验、操作及表计、保护、通信回路测试。联锁功能检查测试。

（8）机组附属设备：

1）高压油顶起装置：高压顶起油泵及电动机运行，控制及测量回路测试，记录转子顶起行程，交、直流顶起泵自动切换及自动启停程序调试。

2）润滑系统：润滑系统泵启动调试、自动化元件及表计测试。

3）冷却系统：介质泵调试、观察冷却器冷却效果及表计测试。

4）机械制动系统：压气系统压力测试、投退制动器及启停集尘器，记录风闸投退时间。

5）机组自动监测系统：整定自动化元件，检测现地集成装置，对与监控系统的接口和通信进行测试。

6）机组状态监测系统：整定自动化元件，检测现地集成装置，对与专家诊断系统的接口和通信进行测试。

7）发电电动机电压设备：发电电动机出口主回路封闭母线及电气设备、发电电动机启动回路母线及电气设备的操作机构动作情况，断路器和刀闸动作时间，设备间联锁试验情况。

5.3　电站接入系统试验（倒送电）

（一）倒送电的目的

（1）系统电源倒送入电站，为SFC调试提供动力电源。

（2）尽快形成厂用电永久供电电源，为机组整体调试提供电源保证。

（3）高压设备采用全电压冲击的方式直接受电，检查一、二次设备安装调试质量。

（4）检查继电保护及同期装置的功能、测量母线电压相位及数值，进行TV核相。

（二）电站倒送电调试前必须具备的条件

（1）高压设备（主变压器、GIS、电缆）和线路继电保护装置，以及故障录波器、保护管理子站、计算机监控系统与倒送电有关的LCU、电量计费系统、火灾报警及消防控制系统等在系统倒送电前应完成所有调试工作。

（2）线路保护通道对调结束，双侧调试完成。保护定值已按照调度要求设定。

（3）试验安全保证措施到位。

（三）电站倒送电试验项目及任务

电站倒送电试验分五个阶段完成：输电线路与地面开关站受电，高压电缆与地下GIS受电，主变压器冲击试验，发电机电压设备IPB、启动母线及SFC受电，10kV厂用电Ⅰ段受电。

（1）输电线路与地面开关站受电：线路与开关站冲击三次。检查线路侧GIS设备及同期装置和线路保护装置的工作情况，测量各段母线电压相位及数值，进行各组TV核相。

（2）高压电缆与地下GIS受电：利用桥开关对第一回高压电缆及第一套地下GIS联合单元进行三次全电压冲击，检查线路有无异常情况。第一回高压电缆与第一套地下GIS联合单元空载运行24h。

（3）主变压器冲击试验：利用桥开关对主变压器进行五次全电压冲击合闸。检查主变压器在冲击合闸情况下的机械强度与绝缘性能，检查主变压器差动保护对励磁涌流的闭锁情况，录制主变压器激磁涌流波形。

（4）发电机电压设备IPB、启动母线及SFC受电：进行IPB前半部分（发电机断路器以外）及厂用电分支母线、启动母线、励磁变压器受电试验，进行SFC输入、输出变压器冲击试验。

（5）10kV厂用电Ⅰ段受电：进行高压厂用变压器冲击试验，进行系统电源倒送至10kV厂用电Ⅰ

段母线试验，校核 10kV 母线相位，10kV 母线以两回独立电源运行，提高调试期间电源的安全可靠性。

（四）工程实践

泰安抽水蓄能电站安装 4 台机组，水泵方式启动共用 1 套 SFC 装置。发电电动机与主变压器之间采用 IPB 连接，中间设换相开关与发电机断路器。发电电动机和主变压器采用单元接线。每两台主变压器高压侧接入一套地下 220kV GIS 联合单元，经 220kV 干式高压电缆接入地面 220kV GIS。地面 GIS 共两回进线、两回出线，采用内桥接线。

由于球阀交货推迟、不能较早挡水，机组首次启动改为水泵方式启动；需要系统电源倒送，为机组以 SFC 方式首次启动创造条件。由于电站电气一次设备不能按照通常分别零起升流、升压的方式进行检查，只能采用全电压冲击的方式直接受电，故对一、二次设备安装调试质量的要求更高。为最大限度地降低风险，在系统倒送电前，所有高压配电设备安装调试完成后，采用升流试验变压器进行升流试验，以检查保护系统电流回路的正确性。升流试验分五部分进行：第一部分为地面开关站 GIS，第二部分为地下 1、2 号联合单元，第三部分为发电电动机封闭母线及电压配电设备，第四部分为 SFC、厂用变部分，第五部分为发电电动机中性点。

泰安抽水蓄能电站倒送电受电（全电压冲击方式）试验项目见表 14-5-1。

表 14-5-1　　泰安抽水蓄能电站倒送电受电（全电压冲击方式）试验项目

时间	工作内容	试验项目
第 1 天	线路与地面开关站受电	线路与开关站冲击三次、线路电压与母线电压测量、线路保护检查
第 2 天	高压电缆与地下 GIS 受电	高压电缆与地下 GIS 三次冲击、高压电缆空载运行 24h
第 4 天	1 号主变压器受电	主变压器五次冲击、主变压器保护测量
第 6 天	IPB 前半段、分支母线、启动母线及 SFC 受电	IPB、分支及启动母线受电，SFC 设备受电
第 7 天	10kV 厂用受电	10kV 厂用 Ⅰ 段受电、厂用电切换

第六章 首台机组启动调试

6.1 首台机组首次启动模式的选择

6.1.1 概述

首台机组首次启动方式按机组运行方式可分为以下两种：

（1）水轮机工况启动：机组启动前上水库已经提前蓄水至满足水轮机工况启动的要求，机组以水轮机工况方向完成首次转动及调试，然后进行水泵工况调试试验。根据首次启动前蓄水量的多少，上述启动方式又分为两种情况：一是初次启动前上水库蓄水量仅满足机组完成水轮机方向动平衡及部分必需的空载调试项目的要求，随即机组进入水泵工况的调试并向上水库抽水，然后交替进行水轮机工况和水泵工况的调试试验；二是首次启动前上水库已蓄有足够的水量，在完成水轮机工况的所有调试项目后再转入水泵工况的调试。

（2）水泵工况启动：首先通过系统倒送电，利用SFC拖动机组进行首次转动，完成水泵方向的动平衡以及并网、调相等试验；同时，利用外加充水泵向引水系统及上水库充水至满足机组水泵工况异常低扬程启动的水位，然后机组以水泵抽水工况运行向上水库继续充水，至上水库水位满足水轮机工况调试试验要求水量后再进行水轮机工况调试试验。

6.1.2 国内抽水蓄能电站首台机组首次启动方式

我国目前已建的抽水蓄能电站首台机组首次启动基本采用水轮机工况启动方式，但根据初期蓄水的水量不同，首次水轮机工况启动时所完成的调试试验项目也各不相同。宝泉和琅琊山抽水蓄能电站则采用首台机组首次水泵工况启动方式。

（一）广州抽水蓄能电站

广州抽水蓄能电站分两期开发，输水系统和地下厂房独立，共用上、下水库，上水库总库容约2400万m^3，发电库容1400万m^3，死库容700万m^3，每年天然来水约660万m^3。一期工程开始首台机组首次启动前，上水库已蓄水至满足按水轮机工况启动调试的需要水位。由于上水库自然条件优越、初期蓄水量充裕，该电站一期水轮机空载工况调试试验比较全面。首台机组首次启动方式采用水轮机工况启动，机组经过水轮机工况启动调试几小时后转入水泵调相工况调试、水泵抽水工况调试、水轮机发电工况调试等。二期工程因上水库已完全蓄水，首台机组首次启动方式采用的是水轮机工况启动。

（二）天荒坪抽水蓄能电站

天荒坪抽水蓄能电站上水库无天然地表径流补给，主机合同规定的首台机组首次启动方式是采用水泵工况启动。在天荒坪电站实际施工中，上水库早于下水库完工，提前具备蓄水条件，电站利用临时施工供水系统向上水库持续充水约3个月，加上当年的降雨，在首台机组首次启动前，上水库水位已超过死水位 EL. 863.0m，蓄水量超过 35 万 m^3，因此实际采用的是水轮机工况的启动方式。首台机组首次以水轮机工况启动后，转速逐级上升至额定转速，进行了动平衡试验和部分电气试验。由于机组在低水头区出现水轮机工况空载不稳定、机组额定转速摆度较大的现象，故中止了水轮机工况的调试，随后转入水泵工况启动调试和以水泵工况向上水库充水。水泵工况启动运行时，上、下水库水位差为 518m，略低于水泵最小扬程（524.5m），但略高于模型试验给出的水泵异常低扬程（510m）。

（三）十三陵抽水蓄能电站

十三陵抽水蓄能电站上水库总库容约为 400 万 m^3，有效库容 380 万 m^3，无天然地表径流补给。主机合同规定，任何一台水泵水轮机都有可能被选作在所需的最低水位条件下向上水库初次充水。实际上，在首台机组首次启动前，该电站已利用施工供水系统将上水库充水至死水位以上约 2m（有效库容约 40 万 m^3），首次启动方式实际上采用的是水轮机工况启动。为节约上水库用水，机组经过水轮机工况启动（转速逐级上升至额定转速，没有并网）空载调试几个小时，进行了动平衡试验及其他一些电气试验，随后按照启动试验程序进行水泵调相工况调试、水泵抽水工况调试及水轮机发电工况调试等。

（四）泰安抽水蓄能电站

泰安抽水蓄能电站上水库无天然地表径流补给。在首台机组首次启动前，因上水库形成较早，电站利用临时施工供水系统和上水库充水泵向上水库持续充水，机组启动前上水库水位已达到 EL. 390m（上水库死水位为 386m），蓄水量超过 350 万 m^3。后因 2 号球阀到货延误，输水系统不能按时投入使用，于是首先利用 SFC 对机组进行拖动，完成了动平衡、主变压器差动保护 TA 极性测量及空载并网试验；在球阀安装调试完成后，转为进行水轮机工况启动调试试验。

（五）桐柏抽水蓄能电站

桐柏抽水蓄能电站上水库有天然地表径流补给。在电站首台机组首次启动前，上水库已蓄水至接近正常蓄水位，满足机组按照水轮机工况启动调试的要求。首台机组首次启动方式采用的是水轮机工况启动，在基本完成水轮机工况所有的调试试验项目后，再转入水泵工况调试。

（六）琅琊山抽水蓄能电站

琅琊山抽水蓄能电站上水库无天然地表径流补给，主机合同规定的首台机组首次启动方式是采用水泵工况启动。在首台机组首次启动前，电站利用施工供水泵系统和上水库充水泵将上水库充水至 139.81m（上水库死水位为 150m），此时下水库水位为 28.8m（下水库正常蓄水位为 29m）。机组首次以水轮机工况较低转速旋转，检查和确认机组转动与静止部件之间有无摩擦和碰撞情况，有无异常声响；随后，机组又有两次开机，转速分别上升至 75%额定转速和 94%额定转速，上水库水量已用完；之后机组转入水泵调相以及抽水工况调试。机组以泵工况向上水库充水历时 5d，每天抽水 2h 左右。机组首次水泵工况向上水库充水时，上、下水库水位差为 111m，略低于水泵最小扬程（124.6m），但略高于模型试验给出的水泵异常低扬程（107m）。模型试验报告中，机组泵工况异常低扬程运行时导叶开度应控制在 9.6%～14.5%。但实际机组水泵工况低扬程首次启动时，由于机组振动较大，导叶开度调整到 40%～43.8%，远远高于模型试验报告中给出的导叶开度控制范围，从而引起机组泵工况超入力等问题。机组水轮机工况调试过程中机组转速波动大、并网困难，后增加两套导叶小接力器装置，采用导叶预开启方法改善机组稳定性。

（七）宜兴抽水蓄能电站

宜兴抽水蓄能电站上水库无天然地表径流补给。在首台机组首次启动前，电站利用临时施工供水系统和厂内上水库充水泵向上水库持续充水至 EL. 434.85m（上水库死水位 428.6m），蓄水量超过 70 万 m^3，机组首次采用水轮机工况启动。在机组完成大部分水轮机工况调试试验项目（实现并网发电 20min，出力 10MW）后，再转入水泵工况调试。

(八) 张河湾抽水蓄能电站

张河湾抽水蓄能电站上水库无天然地表径流补给。在首台机组首次启动前,电站利用施工供水泵系统和上水库充水泵将上水库充水至782m(上水库死水位为779m)。首台机组首次启动方式采用的是水轮机工况启动。机组完成部分水轮机工况调试项目(完成并网试验)后,转入水泵工况调试。

(九) 宝泉抽水蓄能电站

宝泉抽水蓄能电站上水库无天然地表径流补给,主机合同规定的首台机组首次启动方式是采用水泵工况启动。在首台机组首次启动前,电站利用施工供水泵系统和上水库充水泵将上水库充水至751m,高于上水库进/出水口前池拦沙坎顶部高程749.2m;下库水位为252.75m,毛水头为498.25m,加上流道损失,启动扬程满足水泵水轮机模型试验确定的水泵工况异常低扬程470m的要求。机组启动调试时,先小开度打开导叶,使得机组以较低转速短时在发电方向旋转,以检查和确认机组转动与静止部件之间有无摩擦和碰撞情况,有无异常声响;然后正式进行启动调试,即先进行静止变频启动试验及水泵工况动平衡校验,然后进行泵工况的调相并网试验、抽水试验,再进行发电工况空载及负荷试验等。

6.1.3 国外抽水蓄能电站首台机组首次启动方式

国外已投运的抽水蓄能电站中,首台机组首次采用水轮机工况启动的占大多数;首台机组首次采用水泵工况启动的也有不少应用实例,主要在日本、美国应用较多,详见表14-6-1。

表14-6-1 国外部分首台机组首次采用水泵工况启动的抽水蓄能电站

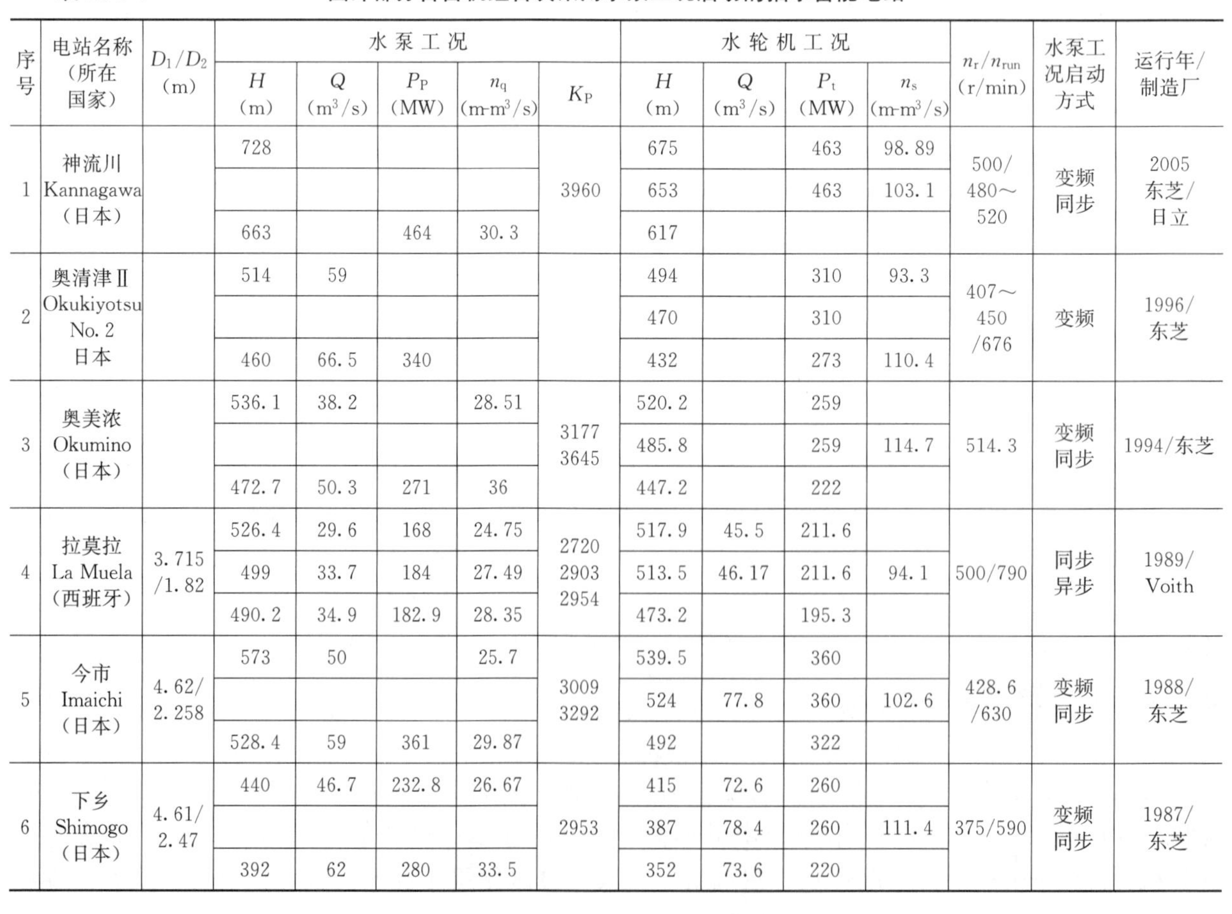

序号	电站名称(所在国家)	D_1/D_2 (m)	水泵工况					水轮机工况				n_r/n_{run} (r/min)	水泵工况启动方式	运行年/制造厂
			H (m)	Q (m³/s)	P_P (MW)	n_q (m·m³/s)	K_P	H (m)	Q (m³/s)	P_t (MW)	n_s (m·m³/s)			
1	神流川 Kannagawa (日本)		728				3960	675		463	98.89	500/480~520	变频同步	2005 东芝/日立
								653		463	103.1			
			663		464	30.3		617						
2	奥清津Ⅱ Okukiyotsu No.2 日本		514	59				494		310	93.3	407~450/676	变频	1996/东芝
								470		310				
			460	66.5	340			432		273	110.4			
3	奥美浓 Okumino (日本)		536.1	38.2		28.51	3177 3645	520.2		259		514.3	变频同步	1994/东芝
								485.8		259	114.7			
			472.7	50.3	271	36		447.2		222				
4	拉莫拉 La Muela (西班牙)	3.715/1.82	526.4	29.6	168	24.75	2720 2903 2954	517.9	45.5	211.6		500/790	同步异步	1989/Voith
			499	33.7	184	27.49		513.5	46.17	211.6	94.1			
			490.2	34.9	182.9	28.35		473.2		195.3				
5	今市 Imaichi (日本)	4.62/2.258	573	50		25.7	3009 3292	539.5		360		428.6/630	变频同步	1988/东芝
								524	77.8	360	102.6			
			528.4	59	361	29.87		492		322				
6	下乡 Shimogo (日本)	4.61/2.47	440	46.7	232.8	26.67	2953	415	72.6	260		375/590	变频同步	1987/东芝
								387	78.4	260	111.4			
			392	62	280	33.5		352	73.6	220				

续表

序号	电站名称（所在国家）	D_1/D_2 (m)	水泵工况					水轮机工况				n_r/n_{run} (r/min)	水泵工况启动方式	运行年/制造厂
			H (m)	Q (m³/s)	P_P (MW)	n_q (m·m³/s)	K_P	H (m)	Q (m³/s)	P_t (MW)	n_s (m·m³/s)			
7	巴斯塔 BAJINA BASTA（南斯拉夫）	4.828/2.18	621.3	36.7		20.86	2596 3054	600.3		315		428.6/650	同步邻近电站100MW	1980/东芝
								554	60.1	294	86.46			
			532	50.8	310	27.58		498		243				
8	奥吉野 Okuyoshino（日本）	3.76/1.834	539	28	176	24.31	3175	526	43.4	195		514.3/812	变频	1978/东芝
			474	38.1	204			475	46.7	187	100.2			
			468	39.4	214	32.06		443	44.4	163				
9	南原 Nabara（日本）	5.95 3.30	340	74	290	28	2631	317.5	115.5	318		257/373	小电动机	1976/日立
			300	99.5	339	36.5		294	120	318	119.1			
			280.5	110	350	39.5		250.5	112.6	235				
10	奥多多良木 Okutataragi（日本）	5.638 2.8	423.9	56.8	277	24.2	2574	406	87.9	310		300/460	小电动机二期变频1997	1975/三菱
			378.2	72.7	307	29.84		383.4	94	310	98.5			
			366.8	76.7	314	31.3		337.7	86.4	247				
11	卡斯泰克 Castaic（美国）	5.84	381				2123	328		261		257.1/406	小电动机同步	1973/日立
			324			27.8		274	89.3	205	104.4			
			265	91		37.33		274						
12	库Ⅰ CooⅠ（比利时）	4.496 2.212	274			(30)	2198	270	167.9			300	小电动机	1972/A.C
			(245)	(53.7)		(35.5)		269.7	62.8	146	104.9			
			239		150	(37)		235						
13	布伦汉姆-吉尔博（美国）				272					278		257/388	小电动机	1972/日立
14	路丁顿 Ludington（美国）		114			57.4	1815	97.5		308	204	112.5	小电动机同步	1972/日立
15	喜撰山 Kisenyama（日本）	5.7 3.38	230	86	223	35.3	2278	220	124	240		225/345	小电动机	1970/东芝/日立
			210	102.5		41.3		206		216	134			
			197	110	245	44.8		185	113	177				

由表14-6-1可以看出，首台机组首次采用水泵工况启动的抽水蓄能电站，贯穿其发展史，启动方式从小电动机、同步、异步，一直到现在普遍采用的变频加同步启动方式，均有应用实例。其中，西班牙拉莫拉抽水蓄能电站首台机组以水泵启动，连续抽水52h充满上水库，甚至采用了发电电动机全压启动方式。

6.1.4　首台机组首次水轮机工况及水泵工况启动的差异分析

抽水蓄能机组水轮机工况启动方式与常规水电站相同，都是通过水力来推动实现机组的首次转动；而对于水泵水轮机的水泵工况启动通常采用静止变频启动装置（SFC）向定子绕组输入产生频率可变的电流，通过定子及转子之间电磁场的相互作用来实现对机组的拖动。因此，两种启动方式在水库蓄水量、土建施工进度、机电设备安装调试进度、首台机组启动前的必备条件及首台机组启动时完成的试验项目方面都存在一定的差异。

（一）上水库及输水系统施工进度、上水库最低蓄水位

首次以水轮机工况启动时所需上水库水位一般应考虑机组调试阶段的运行安全，防止机组运行中吸气进入引水道。因此，通常以淹没进水口防涡梁以上一定高度为基准，再加上满足机组水轮机空载工况调试水量来确定上水库初期水位，该水位往往高于上水库死水位。因此，采用水轮机方式启动要求上水库及输水系统施工应尽早完成，早日利用外加充水系统向上水库进行初期蓄水，以满足水轮机工况启动水位的要求。

首次以水泵工况启动时，一般应考虑满足机组模型试验报告中所要求的水泵异常低启动扬程来确定上水库初期水位，该水位一般均低于采用水轮机工况启动时所需的上水库水位。因此，在上水库及输水系统施工工期相同的情况下，采用水泵工况启动方式可使机组有水调试的时间提前，从而缩短整个工程的工期。

（二）下水库水位

为尽量避免首次在水轮机工况下启动时，水头偏离正常运行水头范围较多而可能出现机组低水头空载不稳定的现象，以及出于尽可能使首次水泵工况启动时的启动扬程高于机组的异常低扬程考虑，无论采用哪种方式启动，均要求下水库尽量运行在较低水位。

（三）水工建筑物

首次以水轮机工况启动时空载运行流量较小，输水系统流道内水体流速相对较低，所以初期调试阶段对水工建筑物的考验相对较小。首次水轮机工况空载运行的用水速率不应超过上水库初期蓄水水位下降速率的规定。

首次以水泵工况启动时，由于水泵特性的原因，机组在抽水工况运行时必须运行在满负荷的状态，因此输水系统流道内水体流速较大，对输水系统及上水库进/出水口等水工建筑物冲刷的考验较大。由于此时上水库还处于初次蓄水状态，对水位的升降速率有着明确的要求；而抽水工况运行时流量大，水位上升速率也大，因此在进行初期水泵抽水工况运行时，应根据上水库水位上升速率的规定来确定运行时间。此外，应对库岸或库底防渗层进行分析，避免出现冲刷方面的风险。

（四）上水库进/出水口拦污栅

采用水泵工况首次启动时，上水库进/出水口拦污栅要在一侧无压的条件下承受最大流速水流的冲击。因此，需要对拦污栅的设计进行校核，同时对安装固定措施进行认真检查，以免造成破坏。

（五）机组启动稳定性

考虑到建设工期及经济性的原因，首次启动前上水库的蓄水量一般无法达到机组正常运行时的水头（扬程）范围。如果机组首次以水轮机工况启动，由于水泵水轮机在低水头下空载开度相对较大，大开度线的“S”形趋势更强，因此机组极易进入反水泵区。如果机组此时并网，则会从电网吸入功率更深地进入反水泵区，或者机组转速在空载附近波动使机组并网十分困难。因此，应重点要求厂家对初期调试阶段水轮机运行在实际较低水头范围内的空载稳定性作出论证。

如果首次以水泵工况启动，由于启动时机组的扬程往往低于水泵水轮机的最小扬程，机组振动、轴承温升等稳定性指标更应引起重视，应要求主机厂对初期调试阶段水泵异常低扬程启动机组的稳定性作出论证。

（六）轴承负荷影响

水轮机工况首次启动，可以逐步增加机组负荷，相应地逐步增加轴承负荷，对于轴承的温升和轴系摆度进行全过程监测，避免因不可预知的原因造成轴承或转动部分的突然损坏。

水泵工况首次启动，尽管可以在空载或调相工况下进行轴承温升和轴系摆度检查，在溅水和造压过程中也可进行部分负荷下的相关监测，但一旦进入抽水运行，机组入力短时增加到接近最大入力，个别

情况下可能会超入力运行，轴承和轴系没有经过逐步增加负荷的考核，可能存在突然损坏的风险。这样就要求在水泵首次启动时，对振动、摆度、轴承温升进行严密监视，一旦发现异常，立即中止运行，查找原因并进行消缺。

（七）动平衡试验和过速试验

水泵工况动平衡试验由于不包含水力部分的影响，对转动部分试验结果比较精确，但水力不平衡要在后续水轮机工况试验中进行校核。两者各有优劣，差别并不大。

水轮机工况机组过速试验利用导叶开度控制，机组转速上升范围较大，可以进行完整的过速试验；水泵工况机组过速利用 SFC 拖动，由于受 SFC 性能参数限制，机组过速试验一般仅能做到 110%以下（取决于 SFC 的工作频率范围），不能全面完成。过速保护的校验要到水轮机工况进行完成，因此以水泵工况首台机组启动时需要严密监视水泵工况的运行，防止过速事故的发生，同时进行及时处置。

6.2　首台机组启动前应具备的条件

6.2.1　以水轮机工况启动的必备条件

根据有关规范的规定，并结合已投运电站的实际情况，首台机组首次以水轮机工况启动的必备条件主要有以下几个方面：

（1）上、下水库通过蓄水验收且水位满足机组启动要求，上、下水库水力监测系统安装调试完成。

（2）引水系统及尾水系统充排水试验完成。

（3）全厂公用系统及机组完成无水调试阶段的现场安装试验及分部调试。

（4）与机组发电及送出有关主变压器、GIS 及高压电缆已安装试验完毕，电站完成接入系统倒送电。

（5）机组励磁装置与 SFC、保护和监控的信号及控制及保护回路检查完成。

（6）调速器电气部分与调速器液压控制、球阀、转速，以及监控系统的信号及控制和保护回路检查完成。

（7）机组 LCU 与机组各系统之间的监视和控制及闭锁回路功能检查完成，画面显示正确。

（8）机组机械跳闸矩阵功能验证正常，机械保护动作正确、可靠。

（9）机组同期装置及交流采样装置功能校验正常。

（10）与首台机组启动相关的通风空调系统、消防及火灾报警系统安装调试完成。

（11）启动调试用计量器具已经过相关部门检验合格，可投入使用。

（12）调试现场的通信、照明、交通、通风、安全隔离等条件满足相关要求；事故安全通道畅通，相关人员通过培训。

6.2.2　以水泵工况启动的必备条件

由于在首台机组首次启动调试阶段，机组的水轮机工况和水泵工况试验项目往往是交替进行的，因此首台机组首次以水泵工况启动前所需的必备条件与以水轮机工况启动前所需的必备条件和有关技术措施基本相似。

首台机组首次以水泵工况启动时的电站，必须完成下述系统的调试。

（一）中压气系统

考虑到 SFC 装置容量的限制，机组水泵工况启动时，一般均需要采用中压压缩空气将转轮室内的水排出，使得转轮在空气中转动；在水泵工况并网后准备抽水时，又需要将转轮室内的压缩空气排出，使转轮室内回充水。因此，在首台机组以水泵工况启动前，用于转轮室压气及排气的中压气系统应全部调试试验完成。而采用水轮机工况启动时是通过水力来推动机组旋转，无须对转轮室进行压气排水。

（二）SFC 系统与启动回路设备的检查与调试

由于水泵工况下的机组需要依靠变频启动装置（SFC）来拖动机组，因此在水泵工况启动前必须完成 SFC 系统设备及启动回路设备的检查与调试，应完成 SFC 拖动并网及水泵调相工况下的动平衡试验，完成发电机—变压器组保护方向校验。而在首台机组采用水轮机工况启动的情况下，SFC 及启动回路设备的检查与调试可以与机组水轮机工况试验项目同步进行。

首次水泵抽水启动时上水库水位如果属于异常低扬程，机组制造厂应根据水泵水轮机模型试验结果提供调试、监控的具体措施。

（三）系统倒送电

由于厂用电系统容量无法满足 SFC 调试试验的要求，因此电站必须完成相应的系统倒送电的各项试验工作。

第七章

整 组 启 动 调 试

整组启动调试是对整台机组的各单体设备和分系统所进行的各种运行方式下的联合调试，一般以机组正式充水或机组转动（盘车除外）为起点，至30天试运行开始而终止。

整组启动调试应满足《水轮发电机组启动试验规程》（DL/T 507—2002）的规定，必须完成的试验项目包括机组充水试验、水轮发电机组空载试验、水轮发电机组并列及负荷试验，同时也应满足《可逆式抽水蓄能机组启动试验规程》规定，必须完成的试验项目包括各种启动方式试验，水泵工况空载试验，水泵工况抽水试验，水泵工况停机试验，现地控制单元自动开、停机及运行工况转换试验，电站监控系统自动开、停机及运行工况转换试验。

根据机组整组启动试运行首次启动方式的不同，机组整组启动调试试验项目见表14-7-1。

表14-7-1　　机组整组启动调试试验项目一览表

水轮机工况首次启动	水泵工况首次启动
（1）机组尾水管、蜗壳及引水系统充水试验； （2）尾水闸门、导叶、主进水阀、上水库进出水口闸门静水试验； （3）机组辅机自动开启试验； （4）水淹厂房模拟试验； （5）机组空载试运行试验； （6）机组滑动试验，包括机组手动开机试验、机组手动停机试验、机组动平衡试验、调速器空载试验、机组过速试验、机组无励磁自动开机试验、机组无励磁自动停机试验； （7）发电电动机升流试验； （8）发电电动机升压试验； （9）主变压器升流试验； （10）主变压器升压试验（励磁变压器由临时电源供电）； （11）主变压器冲击试验； （12）励磁空载试验； （13）发电机空载特性试验； （14）电制动试验； （15）水轮机方式自动开、停机试验； （16）机组并列试验及负荷试验，包括机组并列试验、机组负荷试验、调速器及励磁系统的负载试验、机组带负荷及甩负荷试验、低油压满负荷停机试验； （17）调相压水试验； （18）SFC分步与自动开、停机试验及动平衡校验； （19）发电调相及连续热稳定运行试验； （20）机组抽水试验，连续稳定运行、正常停机及断电试验； （21）工况转换试验	（1）机组尾水管、蜗壳及引水系统充水试验； （2）尾水闸门、导叶、主进水阀、上水库进出水口闸门静水试验； （3）倒送电试验； （4）机组辅机开启试验； （5）调相压水试验； （6）SFC分步与自动开、停机试验及动平衡试验； （7）SFC开机并网及水泵调相工况连续运行试验（校核发电机—变压器组保护）； （8）水淹厂房模拟试验； （9）主变压器冲击试验； （10）机组抽水试验、连续稳定运行及正常停机试验； （11）机组水轮机启动及动平衡校验、调速器空载扰动试验、空载瓦温考核试验； （12）机组过速试验及检查； （13）水轮机方式自动开、停机及并网试验； （14）调速器及励磁系统的负载试验； （15）电制动试验； （16）机组带负荷、连续满载发电及甩负荷试验； （17）机组低油压满负荷停机试验； （18）发电调相及连续热稳定运行试验； （19）工况转换试验； （20）水泵工况运行断电试验

注　背靠背启动试验：至少在两台机组完成整组启动调试试验后，进行两台机组背靠背启动试验。

第八章 试运行与特性试验

8.1 机组30天试运行条件

（1）完成整组调试中的所有试验项目。

（2）试运行机组与其他机组电气、机械系统已可靠隔离。

（3）按照规程、规定和本电站主辅机合同要求的有关试验全部结束，并由试运行指挥部提供调试报告及初步结论。

（4）机组缺陷处理完成。

（5）文件资料及图纸能够满足30天试运行的要求。

（6）运行人员已配备，满足试运行需求。

（7）运行规程已编制完成并审核。

（8）试运行机组有关参数记录表编制完成，满足试运行使用要求。

（9）试运行必要的通信联系工具准备到位，满足试运行使用要求。

（10）试运行所需安全和电气等工器具准备齐全。

（11）调度通信及调度信息系统正常投运，具备使用条件。

（12）电网调度机构已经批复同意上报的试运行计划。

（13）启动委员会批准并签署机组许可进入30天试运行的决议。

8.2 机组30天试运行要求

（1）对于上水库需进行初充水的电站，30天试运行必须与上水库的充水相结合，必须满足上水库初充水的要求。

（2）30天试运行期间，由于机组及附属设备的制造或安装质量原因引起中断时，应及时检查处理，合格后继续进行30天试运行，中断前后的运行时间可以累加计算。但出现以下情况之一者，中断前后的运行时间不得累加计算，机组应重新开始30天试运行：①一次中断运行时间超过24h；②中断累计次数超过3次；③发电工况启动成功率低于95%，水泵工况启动成功率低于90%；④有关合同规定的中断30天试运行条款。

1）机组30天试运行期间应每日编制“试运行日报”，日报内容一般应包括抽水耗电量，发电量，抽水启动次数，发电启动次数，抽水及发电启动成功次数，累计启动成功率，上、下水库水位，水工监测及重大事项等内容。

2）在机组30天试运行结束的3个工作日内，试运行指挥部应编制出《机组30天试运行可靠性、经济性指标报告》，并报送至启动委员会。

(3) 30天试运行是对机组及监控系统设计、安装、调试质量的全面验证，在此期间，机组的发电和抽水的负荷条件应服从电网调度要求，进行各种工况的正常启停和可靠性运行检验。

(4) 30天试运行期间，机组运行温升和振动应符合设计要求，且在发电和抽水两种运行工况下应无明显差别。此外，对于上水库还需初次蓄水的电站，机组的试运行应和上水库初次充水相结合，机组发电和抽水同时，必须满足有关上水库初次蓄水的有关要求。

(5) 机组试运行期间，应对包括运行时间，上、下水库水位，机组水头/扬程，转速，输出/输入功率，导叶开度，流量，机组各部分温升，振动摆度噪声，各部位压力和压力脉动，各轴承冷却系统的流量、压力、温度、轴电压等进行详细的记录；若有异常，则停机检查处理。试验结果和机组各保证值进行初步分析比较。

8.3　机组30天试运行后交接

(1) 30天试运行完成后，应停机进行机组30天试运行后的消缺，一般分为例行检查项目、缺陷消除项目和功能完善项目。例行检查项目至少应包括水工建筑物的宏观检查，水泵水轮机尾水管、蜗壳、转轮及过流部件的检查，发电机本体及其衍生部位的宏观检查及清扫，电气及控制系统接线紧固等。

(2) 30天试运行应记录所有试验参数、调整值及试验结果，并提交试验报告。

(3) 考核机组的所有例行检查消缺项目结束，设备系统和机组性能满足合同规定的有关要求后，由设计、厂家、施工、监理和项目单位分别出具机组试运行等有关工作的评价报告，并提交启动委员会审查。

(4) 启动委员会确定机组是否满足签署验收鉴定书和投入商业运行的条件。

(5) 申请办理机组交接，签署机组初步验收证书，并开始计算设备保证期。

8.4　机组投运（投入商业运行）

(1) 根据《水电站基本建设工程验收规程》(DL/T 5123—2000) 规定，新建机组试运行调试合格，相关技术指标具备商业运行条件。同时，通过电力监管机构组织的并网安全性评价和按照电力监管机构的规定已办理电力业务许可证，经启动委员会验收后签署机组启动验收鉴定书。

(2) 根据国家电力监管委员会《新建发电机组进入商业运营管理办法（试行）》的规定，机组启动验收鉴定书签署后，由项目建设管理单位向相关电网企业办理机组进入商业运行的申请。

(3) 要求正式投入商业运行的设备或机组，应向电网主管部门提出正式申请，提交设备的《启动验收鉴定书》备案。

(4) 电网主管部门在接到申请后，由调度中心及其他有关部门对机组并网条件进行核查，确认电站交接验收工作已完成，并网调度协议、购售电合同均已签署，在满足并网的条件下发出同意机组商业运行的批复。

(5) 申请正式投入运行的设备或机组，在通过各项审查并收到电网主管部门同意并网的批复后，按照所属调度中心的调度指令并网投入商业运行。

8.5　特性试验

一般根据主机设备标合同规定，在主机设备保证期内，任选一台机组进行特性验收试验，但水泵水轮机的空蚀损失测量，每台机组均要进行。特性验收试验的目的是检验其合同设备能否达到合同规定的所有技术特性和保证值。性能试验由买方指定的第三方有资质的单位进行，卖方进行现场见证，试验仪器由买方准备，并由合格的检测机构进行率定。

特性验收试验项目一般包括水轮机能量指标试验、水轮机和水泵效率试验、飞逸转速试验、水泵工况抽水流量试验、水泵最大输入功率试验、空蚀损坏检测及其他必要的试验。除非合同另有规定，一般情况下特性验收试验应按《水轮机蓄能泵和水泵水轮机水力性能现场验收试验规程》（GB/T 20043—2005）的有关规定进行。

8.5.1　水泵水轮机特性试验项目

（一）水轮机容量指标试验

4台水泵水轮机中应有1台做容量指标试验，以检验水轮机出力是否满足合同规定的保证值，同时测定出力特性曲线。

试验应规定在额定净水头和其他有代表性的水头及相应的导叶开度条件下进行，以便将规定的全部运行范围包括进去。确定净水头时，在修正测量净水头截面上的速度水头时，可使用卖方提供的预想特性曲线得出流量。水泵水轮机的出力应通过发电电动机出力电气测量和发电电动机的损耗来确定。发电电动机出力测量应由在这方面有经验的电气工程师进行，使用发电电动机卖方提供的校验过的试验仪器来测定。卖方应根据测定结果对水泵水轮机进行必要的、切合实际的调整，以便获得最佳特性。

（二）效率试验

在机组保证期内，卖方将选定1台或几台水泵水轮机进行效率试验，以验证水泵水轮机的效率、加权平均效率是否达到保证值。机组流量测定和其他试验应按IEC规定的方法或双方商定的方法测定。进行效率试验的同时，应率定蜗壳差压系数 K 值。对此，卖方应提出必要的项目内容和方法，以及相应的试验进度计划。

（三）飞逸转速试验

在保证期内，买方任意选择1台机组做飞逸转速试验，以检验机组是否满足飞逸转速的保证条件（该项试验是否进行，根据买方意见最终确定）。

试验应在最大运行水头、导叶最大开度、发电电动机只有风阻与摩擦损耗的条件下进行，从机组达到最大转速开始，持续时间不超过5min。

（四）水泵抽水量试验

在机组保证期内，买方选择1台或几台机组进行水泵抽水量试验，以检验水泵抽水量是否满足合同规定。

（五）水泵最大入力试验

在机组保证期内，每台机组均应进行入力试验，以检验水泵水轮机泵入力是否超过保证值。

（六）振动和压力脉动测量

水泵水轮机振动和压力脉动特性试验参照《水力机械振动与压力脉动的现场测量导则》（IEC 60994）进行，对水泵水轮机顶盖、水导轴承及轴的振动和尾水管及转轮和导叶间的压力脉动进行测量。

（七）空蚀损坏检测

在机组投入商业运行2年内，或在机组作水泵运行时间达到3000h时，应由供、买双方协商在适当的时间排干转轮室中的水，共同进行水泵水轮机空蚀损坏检测，以检查空蚀损坏是否超过保证值。

8.5.2　进水阀特性试验项目

密封性能试验：机组作有水调试时，以及在保证期内应分别对工作和检修密封进行密封性能试验。

试验压力为进水阀的最大静水压力，漏水量测量可采用合适的方法。漏水量应小于保证值。

8.5.3　发电电动机特性试验项目

（1）出力试验。

（2）损耗及效率试验。

（3）温升试验。

（4）阻抗及时间常数测量。

（5）调相及进相试验。

（6）短时过电流试验（定子和转子）。

（7）负序电流试验。

（8）三相突然短路试验（根据用户需要定）。

（9）飞逸转速试验（根据用户需要定）。

（10）GD^2 测量。

8.5.4　SFC 特性试验项目

SFC 启动成功率考核试验：考核 SFC 设备启动成功率 A 的计算表达式为

$$A=设备成功启动次数/设备启动总次数$$

设备考核试验在 SFC 投入商业运行后的头 6 个月进行，即设备考核试验时间为 180d。

SFC 启动不成功是指考核期间因 SFC 系统设备（包括主设备及其控制、保护、测量、冷却等配套设备）故障造成不能正常启动。若以上所指的 SFC 系统设备故障能在 12h 内修复，则该次故障不应计算在不成功启动次数之内。

8.5.5　CSCS 可用率试验

（1）在最后一台机组试运行成功后进行的可用率测试将持续 90d，用于说明所安装的电站计算机监控系统满足所规定的可用率。由于系统部件的故障引起系统的可利用率低于规定值时，卖方应按照要求复核设计并完成修改工作，因此可利用率应重新开始考核。

（2）可利用率试验至少应为电站控制级设备，调度级控制系统，单元控制级包括两个机组 LCU 及公用 LCU 及其软件一同进行试验与考核。

（3）该试验应在全部机组投入商业运行后进行。如果试验中断不是归咎于卖方设备或缺陷（或卖方的软件），则中断前后的运行时间可以累加计算。

（4）卖方应证明系统的连续可利用率不小于合同规定值。

（5）在试验过程中，卖方应修正或修理任何设备的故障或失灵，并承担费用。随后将开始另一个 90d 的可利用率试验。进行试验、设备修改和修理，以及提供备品备件的费用由卖方承担。如仍未能符合可利用率要求，则将按商务条款违约罚金处理。

8.6　其他特殊试验

在设备采购合同及设备安装合同中，对有关设备的工厂试验、水泵水轮机模型试验、现场试验作了明确的规定。根据现场条件，建议进行下述现场特殊试验。

8.6.1　主机设备现场试验

(1) 调速器系统最低动作油压试验。

(2) 进水阀操作系统最低动作油压试验。

(3) 进水阀动水关闭试验。

(4) 机组飞逸特性试验（特性试验时进行)。

(5) 高顶油装置电源失去情况下的开、停机试验。

(6) 发电和水泵的电力系统稳定器（PSS）试验（若有)。

(7) 励磁的调相和进相试验。

(8) 机组的自动电压控制（AVC）试验。

(9) 机组的自动发电控制（AGC）试验（若有)。

(10) 调速器的一次调频试验。

(11) 柴油发电机带负荷启动试验（若有)。

(12) 机组在失去厂用电的情况下黑启动及线路充电试验。

(13) 一洞两（多）机模式下的双（多）机甩负荷试验（若有)。

(14) 启动过程中的谐波测试等。

8.6.2　事故闸门动水关闭现场试验

该电站设置的上水库进出水口事故闸门，其主要功能是在引水系统和球阀发生偶然性事故的情况下，闸门可以动水关闭，截断水流，以防事故扩大；设置的尾水事故闸门，其主要功能是在机组或引水系统发生偶然性事故的情况下，闸门可以动水关闭，截断下水库向厂房的水流，以防事故扩大。为了保证电站安全，建议在1号机组投运之前对上述事故闸门进行动水关闭功能试验。

8.6.3　高压设备GIS特殊现场试验

为了验证高压GIS设备是否达到制造厂的保证值和满足合同规定的技术要求，建议在现场试验后系统调试时进行下列特殊现场试验：

(1) 断路器切空载变压器能力试验。

(2) 断路器切合空载线路能力试验。

(3) 断路器合分线路出口短路故障试验。

(4) 断路器切电缆充电电流试验。

8.6.4　电站黑启动试验

电站黑启动是指整个系统因故障停运后，通过系统中具有自启动能力机组的启动，或取得外部电网的电力，启动无自启动能力的机组，逐步扩大系统恢复范围，最终实现整个系统的恢复。

一般抽水蓄能电站均设置厂内紧急备用电源（柴油发电机)，以备失去厂用电时渗漏水泵运行之需。抽水蓄能机组的黑启动，首先是为了尽快恢复厂用电。厂用电恢复后，机组能正常发电，对系统恢复正常运行也很有帮助。所以，一般抽水蓄能电站的机组控制都设有黑启动的流程。

系统失电及外来电源失电时，先启动柴油发电机恢复机组启动必需的厂用电源，使机组达到额定转速，并建立正常电压，有步骤地恢复电网运行和用户供电。

如电站无紧急备用电源（柴油发电机)，则成为全黑启动，需要充分考虑无厂用电的情况下各设备运行的特殊性，完善组织、技术和安全措施，制定完善的机组全黑启动流程。黑启动过程中遇到的励磁电源（直流起励）、调速器动力能源（油压装置容量）、事故照明和操作控制电源（直流电源）、机械部分各导轴承的发热（无冷却水的情况下）、推力轴承润滑油膜的形成（高压顶起油泵直流备用泵）、机组孤网运行的稳定性、机组及闸门各控制系统的 UPS 电源等问题，都必须得到解决。

广州抽水蓄能电站除有 2 台柴油发电机作为备用厂用电外，机组还能黑启动。电厂第一台机组于 1999 年 4 月 6 日投产，2000 年 6 月 26 日竣工。2000 年 11 月 25 日，在厂用电备用母线带电的情况下进行机组黑启动试验，7 号机组从发出黑启动命令到机组发电带上自身厂用电时间仅用时 86s。2005 年 11 月 6 日成功进行了全黑启动试验。

十三陵抽水蓄能电站于 1997 年 6 月竣工投产，2000 年 5 月 5 日成功进行了黑启动试验（与 91km 以远的石景山热电厂实现“电网黑启动”）。天荒坪抽水蓄能电站 1998 年 1 月第一台机组投产，于 2000 年 12 月底全部竣工投产，1999 年进行电网接入变电站带小负荷（带瓶窑主变压器 2 组电抗器及厂用电）的黑启动试验，2003 年明确为华东电网首选黑启动电源。山东泰山抽水蓄能电站 2007 年 3 月 4 台机组全部竣工投产，2007 年 1 月 6 日进行站内黑启动试验，2009 年 3 月成功地通过柴油机启动进行电站黑启动试验［与石横电厂（110km 以远）1 台火电机组联合进行电网黑启动试验］，成为山东电网首选黑启动电源。

第九章 调试过程中的主要技术问题及关键性试验

9.1 空载不稳定

水轮机低水头空载运行不稳定是由于水泵水轮机所具有的固有水力特性引起的。因此，采用水轮机工况进行首台机组首次启动实施调试时，如果由于蓄水不足导致机组在空载并网时水头处于最低水头以下，则对于“S”特性比较明显或严重的水泵水轮机，发生空载不稳定的风险更大。如果采用水泵工况首次启动，则可利用机组抽水使上水库水位上升到一定高程，在满足水轮机正常运行最低水头以后，再进行水轮机工况空载试验。

9.2 水泵工况异常低扬程启动稳定性

首台机组以水泵方式启动而可能存在水泵工况低扬程启动时，导叶小开度机组压力脉动较大，有可能出现有害振动或空化破坏、机组过负荷，以及在异常低扬程抽水的工况下电动机突然断电时可能出现的输水系统压力异常变化等问题。

首台机组首次水泵工况启动起始扬程主要根据发电电动机特性和水泵水轮机模型试验结果确定，越接近机组正常工作情况最低毛扬程，机组工作情况越佳。一般希望不低于0.8倍的最低毛扬程。因此，在机组招标的技术规范中就应明确要求主机应能在异常低扬程的情况下以水泵工况首次启动向上水库充水，并要求在模型试验中进行水泵异常低扬程试验。在水力过渡过程计算中，充分考虑机组在异常低扬程下抽水时突然断电对机组及输水系统结构安全的影响等问题，提出在该工况下的推荐导叶开度控制范围，将机组振动、空化破坏、压力脉动等控制在保证值以内，确保机组启动安全。

国内已建和在建抽水蓄能电站机组水泵工况超低扬程模型试验成果见表14-9-1。

表14-9-1　国内已建和在建抽水蓄能电站机组水泵工况超低扬程模型试验成果

电站名称	最高/最低扬程（m）	超低扬程（m）	推荐导叶开度	超低扬程/最低扬程的比值
天荒坪	614/532.5	510	24°～30°（75%～90%）	0.974
泰安	259.6/223.6	200	12°	0.894
宜兴	420.5/352.1	276	7.2°	0.784
宝泉	573.9/497.9	470	13°	0.946
琅琊山	152.8/124.6	107	2°	0.860
西龙池	703/634	540	12mm	0.852

续表

电站名称	最高/最低扬程（m）	超低扬程（m）	推荐导叶开度	超低扬程/最低扬程的比值
黑麋峰	339.2/275.3	266	18°	0.966
白莲河	217/187	165.6	18°	0.886

从表14-9-1中统计可知，水泵工况启动超低扬程为最低扬程的0.784～0.974倍。

9.3　紧急工况转换试验

目前，大部分主机合同规定机组要具备从满载抽水至满载发电紧急工况转换的功能。该转换是指机组不经过正常停机过程，即在机组和电网解列后导叶不关，利用水流反冲转轮使机组减速并使其反转，直接从水泵工况转换为发电工况。该试验对输水系统和机组要求较高，因此电站实际调试时，应根据机组调试情况决定如何进行该流程转换。此外，即使机组具备快速转换的功能，但从电站输水系统和机组安全的角度考虑，运行中是否采用这种工况转换应十分慎重，以不采用为宜。

天荒坪抽水蓄能电站调试时，为了考虑输水系统和机组安全，在机组从满载抽水紧急转为满载发电时，先关闭球阀、导叶，当导叶接近全关时跳开断路器；当水泵方向转速下降至100r/min时，打开球阀、导叶，靠水流反冲转轮加快减速至零并反转，进而转为发电工况，从满载抽水紧急转为满载发电的过程耗时350s。

桐柏抽水蓄能电站在主机合同中规定，满载抽水→满载发电（紧急）的转换时间为90s。该工况转换实际调试时，球阀不关，先关导叶至一定小开度后跳开断路器，然后继续关至空载开度附近保持，待机组转速降至零并开始正向旋转时，再次打开导叶至启动开度，直至机组并网进入发电工况。该转换历时120s。

泰安抽水蓄能电站在主机合同中规定，满载抽水→满载发电（紧急）的转换时间为120s，该工况转换实际调试时，球阀不关，先跳开断路器，并关导叶至一定小开度保持，待机组转速降至零并开始正向旋转时，再次打开导叶至启动开度，直至机组并网进入发电工况。该转换实际历时152s。

9.4　球阀动水关闭试验

目前，主机合同一般规定，进水阀能在最不利的运行条件下和不关闭导叶的情况下可靠地切断水泵水轮机流量。因此，一般需要进行球阀动水关闭试验。该试验也可根据电站具体条件在特性试验期间进行。

桐柏抽水蓄能电站于2006年2月14日进行了1号机组满负荷球阀动水关闭试验。球阀动水关闭时间约为42s，试验前上游压力钢管的压力表读数约为3.2MPa（32bar），试验中该压力表最高压力读数约为3.5MPa（35bar）。试验过程中球阀关闭，运行平稳。球阀动水关闭过程曲线如图14-9-1所示。

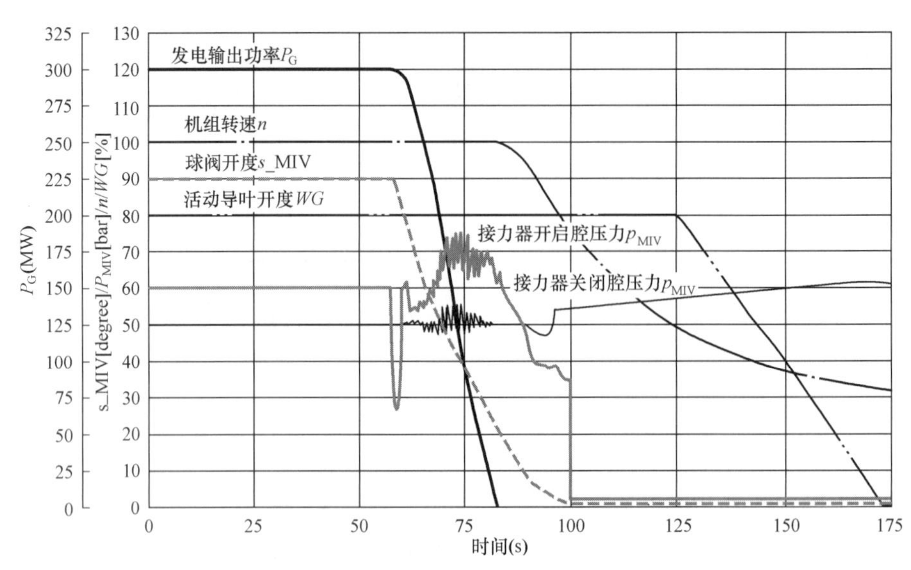

图 14-9-1　球阀动水关闭过程曲线

注：1bar＝0.1MPa。

第十五篇

抽水蓄能电站运行设计

第一章 概　述

1.1　抽水蓄能电站运行任务

抽水蓄能电站是一种调峰填谷、满足电力系统各种需求的特殊电源，其灵活的站址选择，抽水、发电、调频、调相和备用等多种运行手段，能为电网安全运行提供充分的保障。目前，国内大部分抽水蓄能电站主要的运行任务是调峰填谷，其次是担任紧急事故备用及负荷备用，有时调相任务也很繁重。抽水蓄能电站的运行任务取决于电力系统的需要和电站本身所具备的条件。

电力系统的需要主要取决于用电负荷特性和电源结构及各类电源的技术经济特性。通常是在系统调峰电源不足的情况下决定建设抽水蓄能电站的，因此满足电网调峰需要是拟建抽水蓄能电站的首要任务，而在实际运行中，抽水蓄能电站在担负调峰任务之余，尚可补充承担旋转备用任务（包括紧急事故备用和负荷备用）。尤其是随着经济发展和人民生活水平的提高，社会对电力供应质量的要求也越来越高，特别是在特殊时刻，为确保电网供电可靠、安全，旋转备用显得尤其重要，如十三陵抽水蓄能电站甚至在负荷高峰时段安排部分机组作抽水工况运行，以便为电网提供更多的备用容量，一旦电网出现事故，可立即停止抽水，必要时还可在短时间内转为发电，充分发挥了电站的调频及备用作用。天荒坪抽水蓄能电站自 1998 年 9 月 30 日第一台机组正式投产至今，已运行了将近 10 多年。截至 2006 年底，共完成发电量 172.5 亿 kW·h、抽水电量 215.6 亿 kW·h，2004～2006 年装机发电利用小时为 1382h，接近设计值，特别是在电力供需矛盾突出的情况下，积极配合调度方式安排，增加下午腰荷发电和腰荷抽水等特殊手段，缓解了部分省市用电紧张的局面，在电网调峰、调频及事故备用等方面起到了应有的作用。广州抽水蓄能电站自投产以来，机组启动台次逐年增加，2004～2005 年每年启动 15000 台次左右，年发电装机利用小时在 1300h 左右，为电网的安全运行作出了重大的贡献。

用电负荷特性与系统中用户的组成有关，不同用户，其用电特性不同。工业用户的用电特性随企业的类别、生产规模、工艺流程而有所不同。在工业用户中，有一班制、二班制、三班制生产等不同企业。不同班制，其日负荷特性亦不同，三班制企业日用电负荷较均匀，其次是二班制企业，最不均匀的是一班制企业。电力系统中一班制企业比重大，日负荷曲线变化剧烈，峰谷差大，对电力系统运行最为不利。农业用户受季节、气候影响的随机性较大，有明显的季节变化，日负荷日变化也较大。电气化铁路用电随运输量的增减而变，一般年变化和日变化都不大，但城市电气化交通用电日变化较大。市政公用事业及居民生活用户用电多数日变化大，其中照明、电视、商店、机关、学校用电尤为突出。特别是家用空调大量增加，使我国夏季空调负荷急剧增长，空调负荷的日变化相当剧烈。冰箱负荷随季节略有变化，日变化不大。

电源结构主要是指电网中燃煤火电、燃油火电、燃气轮机发电、核电、水电等所占的比重。由于不同电源的技术经济特性不同，因此在电力系统中发挥的作用也不同。一般核电适合带基荷运行，燃气轮机适合带尖峰负荷运行，有调节性能的水电适合跟踪负荷运行，油电、煤电适合带腰荷运行。从技术性能上说，各种电源都能承担系统旋转备用，但从运行经济性考虑，应尽量减少火电压负荷运行，让有调节性能的水电多承担系统旋转备用。当电网中有调节性能的水电比重很小时，系统就会要求抽水蓄能电站承担调频、旋转备用及跟踪负荷等运行任务。

抽水蓄能电站的自身条件，包括在电网中的地理位置、库容大小、引水系统长短、工况转换速度、机组可用率及辅助设备（如压气装备、黑启动辅助动力设备）等。一般远离负荷中心、库容不足、引水线路过长的水电站因存在电力损耗过大、水量储备不足及反应迟缓等弱点，难以承担电网调峰并有效发挥旋转备用及调相的任务。故抽水蓄能电站需根据电力系统结构、社会用电特性等，提出拟建抽水蓄能电站的运行要求，并结合站点的自然条件和建设规模，研究不同运行方式的经济合理性。

1.2　抽水蓄能电站运行工况

由于抽水蓄能电站都有水泵和水轮机两种运行工况，目前大部分抽水蓄能电站都安装了可逆式水泵水轮机，故可以根据需要在水泵、水轮机、停机、调频、调相等状态间组成很多的运行工况。抽水蓄能电站设计中一般考虑以下 14 种运行工况：

（1）停机转水泵。停机—向转轮室压气—启动水泵—进入水泵零流量状—转速增到额定值并网—开主阀转轮室排气充水形成水压—打开导水叶进入水泵工况。

（2）停机转水泵调相转水泵。停机—水泵调相状态—水泵工况。

（3）停机转发电。停机—空载—同期并网—导叶开大—发电工况。

（4）水泵转发电。水泵工况—停机—发电工况。此工况可为系统承担事故备用。

（5）发电转水泵。发电工况—停机—水泵工况。

（6）水泵转水泵调相。水泵工况—水泵调相。

（7）发电转发电调相。发电—发电调相。

（8）发电调相转发电。发电调相—发电。此工况可为系统热备用。

（9）水泵转停机。水泵工况—停机。

（10）发电转停机。发电—卸负荷—与系统解列—空载—停机。

（11）水泵调相转停机。水泵调相—减无功负荷后与系统解列—进入水泵零流量状态—打开排气孔使转轮室充水并停机。

（12）发电调相转停机。发电调相—停机。

（13）发电调相转水泵。发电调相工况—水泵工况。

（14）水泵调相转发电。水泵调相工况—发电工况。

华东电网的天荒坪抽水蓄能电站具备上述前 12 种运行工况，另两种运行工况如下：

（1）停机转发电调相。停机—空载—同期并网—关闭导叶—转轮室压气将水位压至转轮以下—进入发电调相状态。

（2）水泵调相转水泵。水泵调相工况—水泵工况。

每种工况都是在完成系统特定任务时所必需的，同时工况转换速度很快。混流可逆式水泵水轮机运行工况转换关系见图 15-1-1，抽水蓄能电站运行工况转换时间如表 15-1-1 所示。

以上情况也反映出抽水蓄能电站适应负荷变化的独特性能。

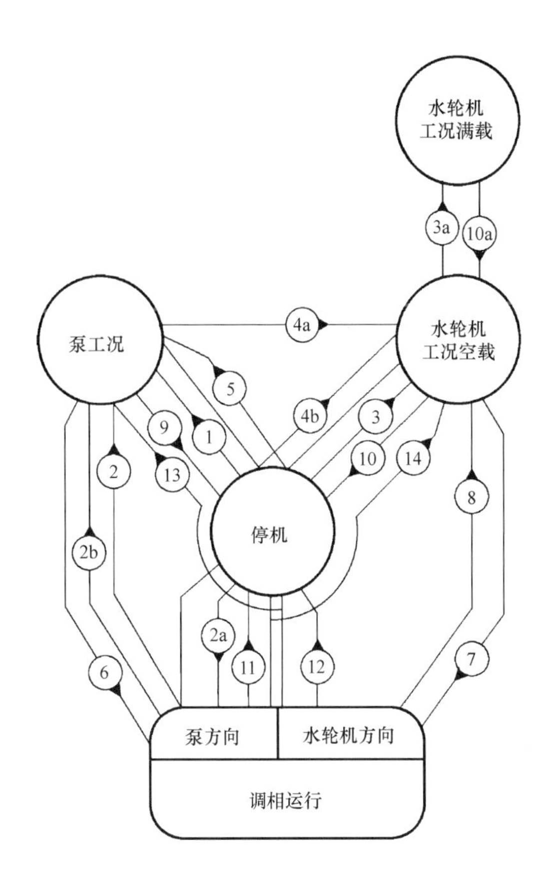

图 15-1-1 混流可逆式水泵水轮机
运行工况转换关系

表 15-1-1　　　　抽水蓄能电站运行工况转换时间

电站名称	所在国家	容量（万 kW）		工况转换时间（s）												
				2	1	6	9	4a	4b	3	7	8	10	5		
		P_T	P_P	0→P	0→P	P→SCT	P→0	P→T	P→T	0→T	T→SCT	SCT→T	T→0	T→P	0→T_{SCT}	0→P_{SCT}
布拉西蒙内	意大利	16.97	15.03	600	240		210			200			210			
基奥塔斯	意大利	14.96	15.17		330	150				247			260			
埃多洛	意大利	13.03	13.00							80			350			
圣菲拉洛	意大利	14.00	10.58		425		430	600		180	135	160	700	1180		
维昂登 10	卢森堡	19.64	21.50	240		110	180	65		65	80	55	180	240		
维昂登 1	卢森堡	10.50	6.83			45		50		80	40	50	600	70		
罗当德 2	奥地利	27.10	25.60	170		150	140		233	63		38	190	345		
马尔他	奥地利	8.30	4.67					278		263				197		
罗斯哈格	奥地利	5.84	5.70		180	60	212	95		80	80	80	210	100		
豪斯林	奥地利	18.00			140	45	200	90		50	65	55	150	90		
瓦尔德克 2	德国	23.9	23.40		130			140		70		60		50		
萨欣根	德国	9.3	4.07		85	22		40		60	25	26	180	40		
霍恩堡	德国	26.2	25.0		75			40		50		30		40		
马普拉格	瑞士	11.3	5.31							140			270			
格里姆赛尔 2	瑞士	10.6	9.18	510			800	210		230	260	135	1350	175		

续表

电站名称	所在国家	容量（万 kW）		工况转换时间（s）												
				2	1	6	9	4a	4b	3	7	8	10	5		
		P_T	P_P	0→P	0→P	P→SCT	P→0	P→T	P→T	0→T	T→SCT	SCT→T	T→0	T→P	0→T_{SCT}	0→P_{SCT}
天荒坪	中国				385	180		310～490		120					120	300
十三陵	中国				130～450		240		260～390	150			140	740		
广 州	中国				340			120	220～360	120						
泰 安	中国				460				120～480	120					180	340

注　P_T、P_P—发电、抽水容量，0—停机，P—满抽，T—满发，P_{SCT}—抽水工况调相，T_{SCT}—发电工况调相，SCT—调相，其余符号见图 15-1-10。

1.3　运行设计基本任务

在抽水蓄能电站前期设计中，需根据上、下水库地形地质条件，水文特性及供电区的用电需求，对拟建抽水蓄能电站的运行方式进行初步分析，并根据分析结果选择相应的工程参数。当抽水蓄能电站建设进行到一定阶段，业主单位建立了电站运行管理机构，明确了电站经营模式，并着手进行电站并网发电的各项准备工作后，运行设计将成为最重要的一环。甚至在电站运行若干年后，随着网内电源组成和用电结构的变化，对抽水蓄能电站的运行方式也需作相应调整。运行设计的基本任务如下：

（1）调查研究本电站投入运行期内电力系统的负荷水平及负荷特性、电源组成及其技术经济特性，分析电力系统对本电站的运行要求。

（2）分析上、下水库基本条件，主要是库容匹配、库周及坝下游居民以及专项设施的分布，挡水建筑物的泄洪能力，下游河道防洪标准，发电、抽水设备运行工况等。

（3）根据电网需求和电站实际条件，拟订切实可行的电力调度方案，经技术经济比较，提出电站电力调度规则。

（4）根据水库上、下游防护对象的防洪标准以及挡水建筑物泄洪能力，协调电站发电与防洪的关系，提出抽水蓄能电站汛期水库调度规则。

第二章 运行设计方法

2.1 电力调度

2.1.1 设计水平年选择

根据《水利水电工程动能设计规范》，水电站设计水平年一般采用第一台机组投产后的5～10年。运行设计阶段一般需从第一台机组的投产年份开始分析。当设计水平年电站装机不能被电网完全消纳时，尚需根据电网负荷预测成果，推算能完全消纳电站电力电量的年份作为设计水平年。此外，业主或调度部门根据电网规划提出的研究时段也需列为设计水平年。

2.1.2 负荷预测

收集系统资料，预测各水平年的负荷水平及负荷特性、电源组成等，以电站所在电力系统用电统计资料和规划目标为依据，编制典型日及年负荷曲线。

2.1.3 运行方案拟订

抽水蓄能电站抽水过程使下水库由库满至库空，发电工况则使上水库由库满至库空（见图15-2-1），完成一个抽水—发电循环历时一昼夜则称日调节抽水蓄能电站，如历时一周则称周调节抽水蓄能电站。纯抽水蓄能电站大多为日调节和周调节，只有上水库库容较大且有较大径流汇入的混合式抽水蓄能电站有时可进行季调节。

由于抽水蓄能电站选址主要侧重地理位置、地形地质条件，对来水量要求相对较低，且发电设备具有水电机组的启停快、调节灵活等优势，因此在电网中主要承担调峰、调频、调相、事故备用等任务。抽水蓄能电站在电网中的作用归结起来主要有以下几个方面：

（1）对火电为主的电网可以利用负荷低谷时火电或核电富裕电能抽水，替代火电机组承担系统调峰，在电网中“调峰填谷”，改善火电或核电运行条件，降低其运行费用。

（2）对一些综合利用水电站和径流式常规水电站，装设部分抽水蓄能电站使之成为混合式抽水蓄能电站，可在丰水季节集中利用天然径流发电，在水库供水期或枯水期则可根据各部门用水需求进行抽水蓄能发电，可提高水能资源的利用率。

（3）对于水电比重较大的电网，为满足系统调峰需求，丰水期往往要强迫弃水，水能资源不能合理利用，而枯水期又出力不足。如有条件修建季节性抽水蓄能电站，可利用汛期丰富的季节性电能抽水蓄能，在枯水期为电网提供调峰电力，起到“蓄洪补枯”的作用。

从抽水蓄能电站的运行特性和具有作用来看，抽水蓄能电站的运行方式与所处电网的需求、电站自身条件、其他电源的运行条件及电网发展的前景密切相关，抽水蓄能电站的运行设计也将随着上述条件

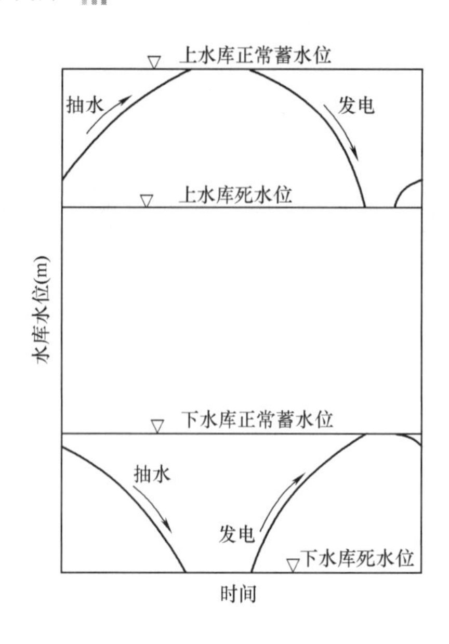

图 15-2-1　纯抽水蓄能电站上、下水库水位变化过程

的变化而进行相应调整。

根据研究确定的水平年、抽水蓄能电站所在地区的电源组成及电网提出的任务要求，结合设计电站具体条件，本着现实可行的原则，拟订运行方案。

运行方案的拟订主要是调峰容量和旋转备用容量的分配及蓄能发电库容和事故备用库容的分配两大部分。其他运行方式，如调频和跟踪负荷、调相等运行方式的运行时间不长，一般都根据电网需求可随时安排，主要分析电网有无此要求，以及抽水蓄能电站承担此任务的经济合理性，为电站设备配制提供依据。

2.1.4　运行方案比较

运行方案比较准则是满足电力系统需求的前提下系统运行费用最小，因此，如何合理计算不同运行方案的系统年运行费十分重要。由于抽水蓄能电站投入调峰容量和备用容量不同，系统内其他电源的开机容量随之变化，由此造成其运行费用发生变化，而要准确计算各类电站的年运行费用，涉及机组可用容量计算、系统负荷经济分配及相应分时段发电量计算、燃料消耗计算等，即涉及系统优化运行计算。其目标为在满足电力系统需求的前提下，抽水蓄能电站优化运行方式的目标函数为：在一个调节周期内，使电力系统的运行费用最小，即

$$Y_F = \min_{\{P_{PS}(t)\}} \sum_{t=1}^{T} (F_t + R_t) \tag{15-2-1}$$

式中　Y_F——经过优化的系统年运行费用。

F_t——第 t 时段的经营费用，在不考虑输电部分经营费用的情况下，电力系统的经营费用主要是系统所属各电源的经营费用之和。一般为简化计算，抽水蓄能电站优化运行方式的研究是在除可调火电站外，系统中其他各类电站（水电、燃气轮机、热电等）的运行方式已预先确定的情况下进行的，因此 F_t 实际上是抽水蓄能电站及与其联合运行的系统中所有可调火电机组的经营费用。

R_t——第 t 时段系统燃料费用，包括发电燃料费和启停机组的启停费。对于火电机组来说，发电燃料费是其承担系统负荷及旋转备用所消耗的燃料费用，启停费是以启停方式参与系统

运行的火电机组（一般是 10 万 kW 及以下机组）的启停附加费用。

$P_{PS}(t)$——第 t 时段抽水蓄能电站的出力，也是数学模型中的决策变量。

2.2 水库洪水调度

2.2.1 抽水蓄能电站水库洪水调度的特点

抽水蓄能电站与常规水电站的不同之处在于，抽水蓄能电站为了完成其能量转换的任务，需建设上、下两个水库，并通过输水系统和蓄能机组建立水力电力联系，水体在上、下水库中往复运行。其与常规水电站相同的是，因水库大多建在天然河道上，不可避免地受自然条件的影响，更因为蓄能机组的加入，过坝洪水形态有别于入库天然洪水。如果上、下水库有径流或洪水侵入，水库又无有效的预泄手段，在水库蓄满后，机组发电流量可能成为下水库的洪水，抽水流量可能成为上水库的洪水。

由于抽水蓄能电站选址时侧重点不同，每个蓄能电站具备的基本条件也不同，其泄洪建筑物的选择和洪水调度的方法也会相差甚远。浙江天荒坪电站下水库流域面积 24.2km^2，100 年一遇洪峰流量 536m^3/s，且水库调节库容非常有限，电站 6 台机组总发电流量近 400m^3/s，与下水库 100 年一遇洪峰流量接近，水库下游又有一定的防洪要求，所以下水库洪水调度必须考虑发电流量和天然洪水的叠加，在调度手段上还要考虑预泄或停机避（洪）峰等方法。北京十三陵抽水蓄能电站，下水库利用已建的十三陵水库。十三陵水库是综合性水利工程，流域面积 223km^2，水库库容较大（总库容 8100 万 m^3），电站 4 台机组的总发电流量约 200m^3/s，对下水库水位和下游河道的影响较小，机组运行对调洪成果影响不大。浙江桐柏抽水蓄能电站上、下水库都有需要防护的对象，均需设置泄洪设施，洪水调度则需分别考虑电站抽水发电运行对上、下水库入库洪水的影响。

抽水蓄能电站水库的调洪演算因“库”而异，除了和常规水库一样需要考虑工程的设计标准、水库所在流域的洪水特性、下游河道的防洪要求等因素外，还需考虑协调水库安全行洪和满足电网供电需求等关系。

2.2.2 抽水蓄能电站水库泄洪设施选择需要考虑的问题

（一）上、下水库的洪水特性和水库调蓄能力

天然河道的洪水特性是泄洪设施布置最重要的依据，抽水蓄能电站上、下水库也不例外。为了获得较高的水头，很多抽水蓄能电站的上水库都选在高山盆地，如北京十三陵、浙江天荒坪、江苏宜兴、山东泰安等，上水库集水面积都很小，均未设溢洪道，仅根据日降雨量在上水库设置一定的蓄洪库容。而抽水蓄能电站下水库选择就较为多样化，有的利用已建水库，如北京十三陵、山东泰安；有的利用山间支沟筑坝而成，如浙江天荒坪、桐柏。不同的洪水过程与水库调蓄能力都直接影响水库泄洪设施的选择，水库库容大，调蓄洪水能力强，机组发电流量对调洪影响较小，泄洪设施布置以运行简单方便为准则；水库库容小，机组发电流量相对较大，水库调蓄能力差，应考虑设置较低高程泄洪设施的必要性，以防前期洪水占用有效库容机组流量叠加后对工程本身防洪及下游防洪造成不利影响。

（二）抽水蓄能电站运行工况

抽水蓄能电站发电用水是在上、下水库中循环运动，电站运行工况和机组过流量是导致过坝洪水形态变化的直接因素。抽水或发电流量集中抽放，会使过坝洪峰大幅增加，汛期减小出力运行，可有效降低水库防洪压力；如水库天然洪峰流量远大于机组发电流量，则可考虑在水库设置滞洪库容，简化泄洪建筑物布置，使之操作简便；反之，如电站发电流量大于或相当于天然洪峰流量，电站抽水发电流量对

过坝洪水影响较大，如要考虑最大限度地满足电网需求，则需考虑设置预泄洪水功能，当有洪水进入水库时，能及时通过位置较低的泄洪设施排放洪水，使洪水尽量少侵占发电调节库容。预泄洪水的主要手段有：设置泄洪底孔或中孔；降低溢洪道堰顶高程，设置闸门控制；利用放空底孔提前腾空库容等。

（三）水库库周及下游防洪对象的防洪标准

上、下水库库周和下游河道是否有防洪对象，也是泄洪设施选择和洪水调度需要考虑的因素，选定的方案必须保证过坝洪水不能使下游河道行洪条件和库周分布居民生产生活条件恶化。如库周分布较多居民和农田，且水库洪水位有所限制，水库蓄洪能力减低，则需设置有相当排洪能力的泄洪设施。例如，浙江桐柏抽水蓄能电站上水库是利用已建桐柏常规水电站水库加固加高而成的，若抬高洪水位，库周居民将面临二次移民。为维护库周居民利益并保证他们生产生活的安全，桐柏抽水蓄能电站上水库设置了开敞式溢洪道，并设有闸门控制库水位。

如水库下游有重要的防洪对象，则在泄洪设施选择和洪水调度时需要考虑如何能让入库洪水均匀排放，同时尽量少影响电站发电抽水运行工况。像浙江天荒坪电站，下水库下游村庄集中，人口密集，河道防洪标准左岸为25年一遇洪水标准，右岸为10年一遇洪水标准。电站6台机组的总发电流量近400m^3/s，在与2年一遇洪水的洪峰流量（64.1m^3/s）叠加电站发电流量后，溢洪道下泄流量达464.1m^3/s，比50年一遇洪水的洪峰流量还大。如不在运行调度和工程措施上加以处理，将给水库下游河道防洪安全带来影响。经过多方案比较分析，最终天荒坪抽水蓄能电站采用提高下游河道防洪标准的工程措施与洪水期有计划控制发电流量的调度手段相结合的方法，使电站在遭遇10一遇以下常遇洪水时电站运行基本不受影响。

（四）坝址地形地质条件

坝址地形地质条件是水工建筑物布置需考虑的重要因素，因地制宜地选择水库泄洪建筑物，是水库和电站安全运行的基本保障。

2.2.3　抽水蓄能电站水库洪水调度应遵循的基本原则

（1）抽水蓄能电站在电力系统中具有既定的运行任务，在站址各种条件允许的情况下，当遭遇设计标准及以下洪水时，应尽量使电站正常运行，否则需通过技术经济比较，提出满足电站正常发电的洪水标准。

（2）在遭遇下游河道防洪标准以上洪水时，为了不加大下游防洪负担，水库下泄流量应不大于坝址同频率天然洪峰流量。

（3）抽水工况时，上水库水位达到正常蓄水位，电站停止抽水。

2.2.4　抽水蓄能电站水库洪水调度设计方法和步骤

（1）收集电站相关资料，包括上、下水库竣工地形图，泄洪设备泄流能力，输水系统水头损失关系，电站下游河道安全泄量，天然洪水特性，电力系统有关资料等。

（2）根据电网用电情况和电力调度研究成果，计算电站日发电，抽水流量过程和上、下水库水位关系。

（3）根据电站入库洪水情况，考虑发电、抽水流量的与洪水流量的不同组合进行洪水调节计算，以充分了解洪水可能给水库、电站运行和水库下游造成的影响，从而研究相应的对策。上、下水库调洪计算都需满足下列水量平衡关系，即

$$\frac{Q_1+Q_2}{2}+Q_j-\frac{q_1+q_2}{2}=\frac{V_2-V_1}{\Delta t} \tag{15-2-2}$$

$$q=f(Z)$$

式中 Q_1、Q_2——时段初、时段末的入库洪水流量；

Q_j——机组发电（抽水）流量，对下水库而言，发电工况为正值，抽水工况为负值；对上水库而言，发电工况为负值，抽水工况为正值；

q_1、q_2——时段初、时段末出库流量；

V_1、V_2——时段初、时段末库容；

Δt——计算时段长；

Z——水库水位。

计算过程中需满足如下条件：

1）上水库水位达到正常蓄水位，电站停止抽水。

2）如有条件，根据入库洪水监测结果，及时排放入库洪水。

3）根据防洪要求，必要时限制电站发电流量，以保证水库泄流量满足下游防洪要求。

4）在遭遇下游河道防洪标准以上洪水时，水库下泄流量不大于同频率天然洪峰流量。

（4）根据计算结果，按照严格控制便于操作的原则，制定电站洪水期调度规则。

2.3 初期运行调度

大型抽水蓄能电站机组台数较多、机组安装时间跨度较长，存在先期安装的机组在电站建设期内初期运行的安排问题，以期尽早发挥工程效益。初期运行设计主要包括水库初期蓄水、初期运行期洪水调度及初期电力调度三部分。

（1）首先摸清以下边界条件：

1）上、下水库的蓄水条件，包括允许蓄水高程、入库径流量、水库蒸发渗漏损失、施工用水要求及初期蓄水计划等。

2）机组调试情况，包括投产机组台数、最小工作水头及并网要求等。

3）水库下游河道安全泄量及防洪要求。

（2）初期蓄水及蓄能量。根据工程进度、水库特性及施工期用水情况制订初期蓄水计划，并按投产机组容量及水库蓄水情况，考虑系统低谷允许抽水时间，通过能量转换计算，推求电站初期运行的发电量和抽水电量。

（3）进行调洪计算及水库初期运行期洪水调度，以保证施工安全为主要依据，电力调度首先要服从工程防洪要求，需按照工程的施工面貌，通过调洪计算拟订水库初期洪水调度方式。

2.4 运行调度设计的特殊注意事项

（1）抽水蓄能电站不同于常规水电站，机组发电流量通过输水系统后进入下水库；抽水蓄能电站泄洪设备选择，除考虑库容、洪水、水库淹没限制等条件外，必须充分重视机组发电给下水库造成的不利影响，尤其是控制流域较小、发电流量相对较大且水库下游防洪能力较低的抽水蓄能电站。

（2）制定洪水调度原则时，不仅要考虑工程本身的安全要求，还需顾及库周及下游河道居民和公共设施的安全、电网对电站的发电要求等因素。

（3）抽水蓄能电站水库控制流域面积较小、机组发电流量相对较大，设置泄放洞尽早预泄洪水，可有效避免天然洪水和发电流量叠加过坝，不仅可减少汛期对机组发电的限制，增加水库调度的灵活性，还能有效减轻水库防洪压力，对保证下游河道的行洪安全有着积极作用。

2.5　浙江天荒坪抽水蓄能电站的运行方式

2.5.1　电站概况

天荒坪抽水蓄能电站位于浙江省安吉县境内，电站主体工程于1994年3月动工，1998年9月30日第一台机组（1号机组）正式投产，至2000年12月25日电站6台机组全部投入运行，装机达到设计容量1800MW（6×300MW），总工期为8年。电站建成后，高峰发电能力为1800MW，低谷填谷能力为1890MW，最大调峰填谷能力达3690MW，电站设计年发电电量（调峰电量）30.14亿kW·h，发电利用小时数为1674h，抽水电量（填谷电量）41.04亿kW·h，为日调节纯抽水蓄能电站。

电站枢纽包括上水库、下水库、输水系统、开关站、地下厂房洞室群等部分。上水库由一山顶盆地围建而成，水库面积仅0.29km^2，基本无天然径流注入水库；水库设计最高蓄水位905.2m，最低蓄水位863.0m，有效库容881.23万m^3（其中含下游供水备用库容30万m^3）。下水库集水面积为24.2km^2，水库设计最高蓄水位344.5m，最低蓄水位295.0m，效库容802.02万m^3，多年平均年径流量2760万m^3。

2.5.2　电力调度

（一）设计成果

由于天荒坪抽水蓄能电站上、下水库发电有效库容仅为800万m^{3}左右，电站日蓄能量约1080万kW·h，初步设计阶段根据当时华东电网负荷预测成果，考虑华东电网不同季节用电低谷时间的长短，将天荒坪抽水蓄能电站发电有效库容划分为发电调节库容（约650万m^3）和事故备用库容（约150万m^3）。由于当时电站利润全部来自电厂发电量，故当时未考虑设置备用容量，电站可利用未满负荷发电时的闲置机组为电网提供紧急事故备用。

抽水蓄能电站除满足电网调峰填谷的需求外，其工况转换迅速、调度灵敏的特性还可为电网提供调频、调相等功能。1987年3月，华东勘测设计研究院和合肥工业大学合作，对定量评估抽水蓄能电站动态效益的方法进行了专题研究。

抽水蓄能电站动态效益的大小与电站所在电力系统的电源组成有关，同一电站，处在不同的电力系统中，其动态效益的大小也不一样；其次，动态效益的大小还与电站容量在承担静态、动态两种功能之间的划分有关。考虑到天荒坪抽水蓄能电站是以调峰填谷为主要任务，未专门设置一项或几项动态功能的实际情况，利用其承担静态功能之后的空闲容量来承担某一项或某几项动态功能，并产生相应的动态效益。根据天荒坪电站的具体情况，在不影响其静态效益的前提下，采用工程经济学中的“等效替代法”，对天荒坪抽水蓄能电站旋转备用效益进行研究；用解析法和模拟法对抽水蓄能电站提供补充事故备用以提高系统运行可靠性的效益进行评估，其设计成果见表15-2-1。

表15-2-1　浙江天荒坪抽水蓄能电站电力调度设计成果

电站承担的任务	解析法	模拟法	等效替代法
提供补充事故备用	14.16～15.61元/（kW·a）	14.5元/（kW·a）	

续表

电站承担的任务	解析法	模拟法	等效替代法
提供补充负荷备用			6.47～9.7 元/（kW·a）
满足负荷曲线陡坡变化			13.71 元/（kW·a）

由表 15-2-1 可以看出，抽水蓄能电站动态效益无疑是存在的，但鉴于当时电站运营模式尚不明确，故推荐天荒坪抽水蓄能电站的运行方式仍以“调峰填谷”为主。其他动态效益在目前的市场环境下难以量化并回收，而被视为潜在的效益。

（二）运行实际

天荒坪抽水蓄能电站由华东电网调度通信中心负责调度。自 1998 年投产以来，天荒坪电站的典型运行方式是“一抽二发”，即每天早、晚两次发电顶峰（早峰 08：00～12：00，晚峰 17：00～22：00）；夜间抽水填谷（23：00 至次日 06：00），日运行曲线如图 15-2-2（a）所示。在系统负荷特别紧张时，适当采取了“二抽三发”的运行方式，即在中午负荷较低时增加 2～3 台机组抽水，从而增加晚峰发电可用库容，日运行曲线如图 15-2-2（b）所示。

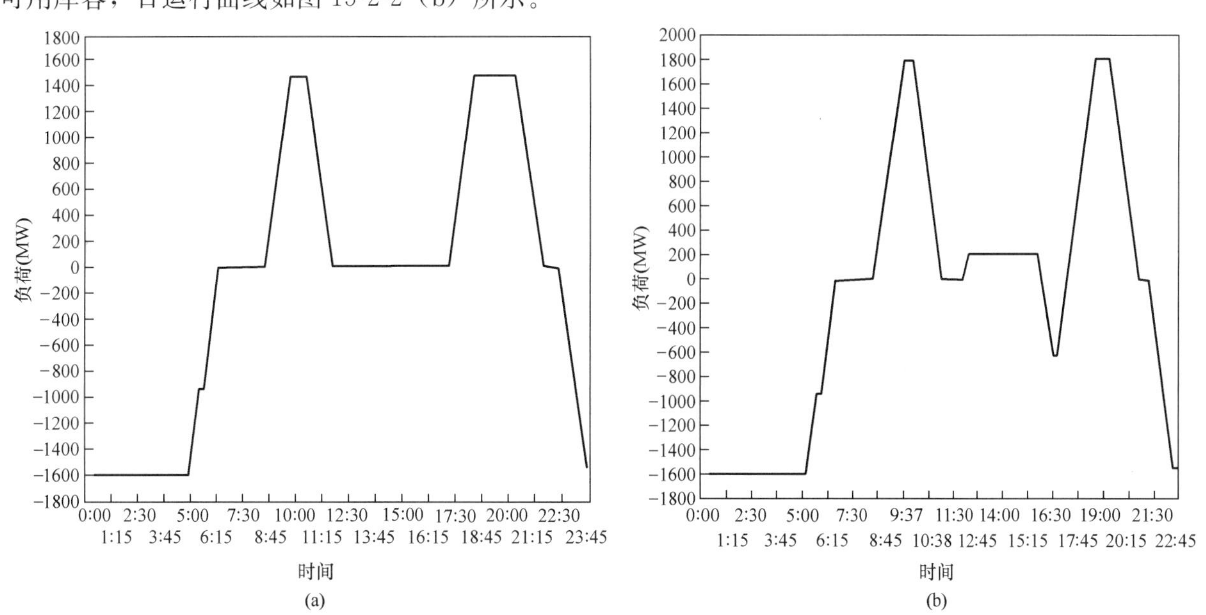

图 15-2-2　天荒坪抽水蓄能电站典型日运行曲线

（a）一抽二发；（b）二抽三发

天荒坪抽水蓄能电站自 1998 年 9 月 30 日第一台机组（1 号机组）正式投产至今，已运行 10 多年。截至 2006 年底，共完成发电量 172.5 亿 kW·h、抽水电量 215.6 亿 kW·h，年平均发电利用小时为 1400h 左右，见表 15-2-2 和图 15-2-3。

表 15-2-2　　2004～2006 年天荒坪发电上网、抽水受网电量

年　份	发电上网电量（亿 kW·h）	抽水受网电量（亿 kW·h）	发电利用小时（h）
2004	24.9	31.4	1383
2005	26.20	33.15	1456
2006	23.54	29.80	1308
平均发抽比（%）	0.7911		

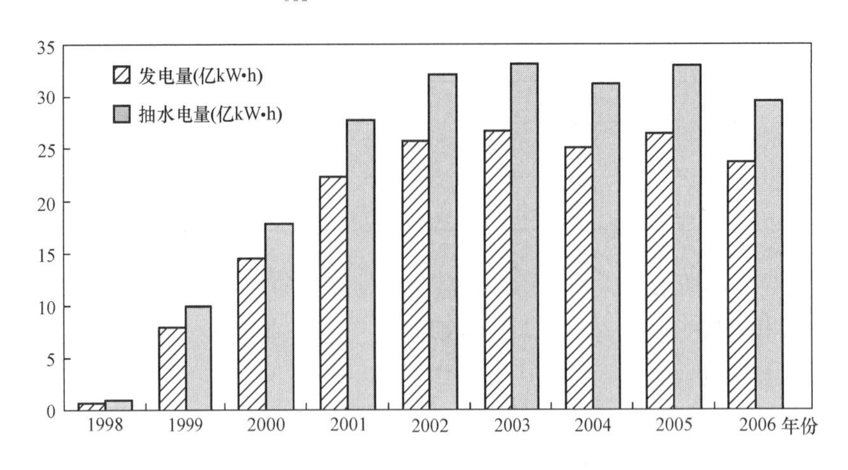

图 15-2-3　天荒坪抽水蓄能电站历年发电、抽水电量图

天荒坪抽水蓄能电站投产以来，统计至 2005 年底，为系统应急调频、事故备用共 43 次（见表 15-2-3），为确保华东电网安全稳定运行发挥了重要作用。

表 15-2-3　　天荒坪抽水蓄能电站为电网应急调频、事故备用的次数

年 份	2000 及以前	2001	2002	2003	2004	2005
应急开机、工况转换快速调节负荷次数	6	11	9	18	2	5

（三）运行效益

天荒坪抽水蓄能电站投产初期，由于水电工程建设的特殊性，固定资产投入量与初期生产能力不匹配，加上电价未到位，一度存在亏损现象。2000 年，国家发展计划委员会批准的两部制电价（不含税）正式出台，其中容量电价 470 元/（kW·a），电量电价 0.264 元/（kW·h），抽水电价 0.189 元/（kW·h）。2005 年国家发展和改革委员会进行煤电价格联动时，根据抽水电量供应省（市）的平均上网电价调整了天荒坪电站的抽水和发电电价，调整后的抽水电价为 0.3453 元/（kW·h），发电电价为 0.4915 元/（kW·h），容量电价维持 470 元/（kW·a）不变。

天荒坪抽水蓄能电站改变了华东电网基本由火电机组调峰的状况，也改善了电网火电机组运行的条件，减少了火电机组调停次数，在电网调峰、调频及事故备用等方面起到了应有的作用。特别是在电力供需矛盾突出的情况下，积极配合调度方式安排，增加下午腰荷发电和腰荷抽水等特殊手段，缓解了部分省市用电紧张的局面，同时发挥了机组容量大、启停快的特点，对华东电网的调峰填谷、改善电源结构、提高供电质量、避免大面积停电，甚至系统瓦解事故和推动地区的经济发展均作出了重要贡献。

抽水蓄能机组的运行方式与所在电网负荷的峰谷差有较大关系，根据国外经验，抽水蓄能电站年发电利用小时一般在 800～1000h，而天荒坪抽水蓄能电站年平均发电利用小时为 1400h 左右，基本达到设计标准。今后随着电网中其他抽水蓄能电站的投入、电力供需矛盾的缓解、用户对供用电质量的要求越来越高以及两部制电价为调频、调相等提供的保障，抽水蓄能电站的动态效益应逐步被重视，电网内抽水蓄能电站的运行方式亦将越来越多样化。

2.5.3　天荒坪抽水蓄能电站洪水调度

（一）天荒坪抽水蓄能电站发电流量对下水库洪水的影响

天荒坪抽水蓄能电站下水库位于太湖流域西苕溪的支流大溪上，电站发电流量不像常规电站一样排入下游河道，而是注入下水库，由此，下水库过坝洪水可能由于发电流量的加入而发生变化。天荒坪抽水蓄能电站下水库流域面积和库容（相当于10年一遇洪水总量）都不大，而电站装机容量大，发电流量相对较大，发电流量和洪水流量叠加带来的问题比较突出。电站6台机组的总发电流量近400m^3/s，与50年一遇洪峰流量相当。100年一遇洪水的洪峰流量（536m^3/s）叠加电站发电流量后，溢洪道下泄流量达926m^3/s，比0.1%峰流量大很多；2年一遇洪水的洪峰流量（64.1m^3/s）叠加电站发电流量后，溢洪道下泄流量达464.1m^3/s，比50年一遇洪水的洪峰流量还大。如果水库没有预先泄放洪水的途径，电站在洪水期正常发电，势必造成溢洪道下泄流量超过入库洪峰流量，并抬高水库洪水位。这对天荒坪抽水蓄能电站本身和下游河道的防洪安全都有影响。

（二）下游河道防洪标准及天荒坪抽水蓄能电站水库洪水调度所面临的问题

天荒坪抽水蓄能电站下水库坝址下游约3.5km处有一座1971年建成的潘村水库，为重要小（1）型水库，主要用于灌溉和工业用水。该水库校核标准为可能最大洪水（PMF），水库坝顶高程148.0m，防浪墙高149.2m，水库最高洪水位147.63m时相应的库容为169万m^3，大坝右侧设置一开敞式溢洪道，为全超高自由溢流。潘村水库坝下村庄集中，人口密集，下游3km是天荒坪镇。自潘村水库溢洪道出口至白水湾为长约8.5km的河段，属山溪性河道，河床纵坡大（16‰～4.5‰），河道宽度为20～50m不等，河道左岸邻天荒坪公路，河道防洪标准较低。经过十多年的治理，下游河道防洪标准有所提高，防洪工程左岸按25年一遇洪水标准设计，右岸按10年一遇防洪标准设计。据调查分析，与上述标准相应的天荒坪抽水蓄能电站下水库坝址洪峰流量为230～300m^3/s。

由于天荒坪抽水蓄能电站是日调节抽水蓄能电站，发电水量每天在上、下水库中循环，洪水进入下水库后不能按照天然形态通过溢洪道。下水库水位超过溢洪道堰顶高程后，在溢洪道泄洪的同时，如果机组仍正常发电，电站发电流量转化成下水库的过坝洪水，会增加水库下泄流量，将加重下游的防洪负担。因此，如何减轻并解决因天荒坪抽水蓄能电站机组发电对下游防洪的负面影响，是设计和运行中需解决的问题。

（三）天荒坪抽水蓄能电站上、下水库泄洪设施选择

天荒坪抽水蓄能电站上水库集雨面积很小，仅0.327km^2，水库面积0.29km^2，故上水库未设置泄洪设施，仅考虑一定的超高，以确定坝顶高程。

下水库专用泄洪设施为一位于左岸的开敞式溢洪道。溢洪道侧堰长60m，堰顶高程为344.5m，下水库水位超过堰顶高程后自由溢流。

另外，下水库坝体左右岸各埋设有一直径为1m的钢管，又称左岸供水放空洞和右岸供水放空洞。左岸放空洞中心高程为288.9m，其主要功能是向下游供水，也可排放多余的入库径流，发生洪水时可启用该放空洞预泄洪水。右岸放空洞中心高程为284m，主要用于水库放空。该放空洞只有当水库水位降至288.9m时才能开启工作闸门放水，故不能用于泄放洪水。

对于天荒坪抽水蓄能电站下水库洪水调度所面临的问题，根据水库运行特性及洪水特性，可以考虑采取工程和调度措施予以解决：

（1）降低溢洪道堰顶高程，增设控制闸门。该方法可以在水库水位达到正常蓄水位之前，开启闸门提前泄放洪水，使洪水尽量少侵占有效库容，并且利用正常蓄水位和设计洪水位之间的库容作为滞洪库容，使电站运行少受影响。

（2）提高右岸放空洞泄洪能力，预泄部分洪水。该方法可以通过右岸放空洞随时排放入库洪水，使洪水尽量不侵占有效库容，保证电站在洪水期能正常运行。

（3）对下游河道进行整治，提高下游河道防洪标准，结合水库水位分级控制发电流量。

对水库下游河道进行疏浚和河岸整治，使下游河道整体防洪标准提高到15年一遇，增大下游河道安全泄量，从而有效减少洪水期对天荒坪抽水蓄能电站发电的限制，提高电站运行灵活性，使电站在遭遇小洪水时能正常运行，减少电站静态和动态效益的损失。

在对上述三个方案从洪水期机组利用率、电量损失、建设费用等方面进行分析后，天荒坪抽水蓄能电站选择了对下游河道进行整治、提高下游河道防洪标准及结合水库水位分级控制发电流量的调度手段。该方案可使天荒坪抽水蓄能电站在遭遇5年一遇常遇洪水时，机组运行基本不受影响，洪水期多年平均电量损失仅为电站设计年发电量的0.06%。各方案洪水期电量损失情况见表15-2-4，经济比较结果见表15-2-5。

表15-2-4　各方案洪水期电量损失汇总　万kW·h

方案 \ 洪水频率	每场洪水造成的电量损失						多年平均电量损失
	50%	20%	10%	5%	1%	0.1%	
溢洪道设闸门控制	0	45	150	195	450	540	42.48
扩大右岸放空洞	0	0	0	270	450	450	25.2
下游河道整治（河道防洪标准达到15年一遇）	0	90.3	265.8	446.5	548.6	647	74.44

表15-2-5　各方案经济指标汇总　万元

方　　案	溢洪道设闸门控制	扩大右岸放空洞	下游河道整治
投资	694	2465	1000
电站多年平均效益	56.82	62.89	45.60
下游河道防洪效益分摊	0	0	40
建设期电站效益损失	−323	−14215	0
经济内部收益率（%）	3	<0	7

（四）天荒坪抽水蓄能电站上、下水库洪水调节计算

天荒坪抽水蓄能电站上水库集雨面积很小，未设置泄洪设施，抽水工况时，当上水库水位达到正常蓄水位905.2m时，电站停止抽水。汛期降雨暂存于库中，待发电时排放至下水库。

由于地形条件的限制，天荒坪抽水蓄能电站下水库库容较小，不具备为下游削减洪峰的能力。为了提高天荒坪抽水蓄能电站洪水期利用率，结合下游河道防洪要求，已将下游河道防洪标准提高到15年一遇标准，使天荒坪抽水蓄能电站相应的安全泄量增加到287m³/s，相应水库防洪高水位为346.38m。为保证天荒坪抽水蓄能电站发电时下水库溢洪道泄量不超过下游河道安全泄量，在洪水期天荒坪抽水蓄能电站的发电工况应视洪水大小加以限制。在充分考虑下游行洪能力及设计阶段已确定的设计洪水位等诸多因素后，制定天荒坪抽水蓄能电站洪水调度原则如下：

（1）水库水位低于堰顶高程344.5m时，利用现有的左岸供水放空洞预泄洪水。

（2）水库水位在344.5m至防洪高水位346.38m之间时，根据库水位分级控制发电流量。

（3）机组发电时的下水库水位不得超过防洪高水位（保证电站发电时，溢洪道下泄流量不大于下游河道安全泄量287m³/s），水位超过防洪高水位电站停止发电。

（4）设计工况和校核工况的洪水流量不得超过天然洪峰流量。

（5）洪水期下水库备用库容作为调洪备用库容。

天荒坪抽水蓄能电站是日调节纯抽水蓄能电站，发电水量通过机组抽水、发电运行，在上、下水库中循环，在无径流进入下水库的情况下，上、下水库水位可保持一个相对稳定的关系。因此，通过上、下水库水位关系的变化，可以了解下水库的入库径流（入库洪量V）。天荒坪抽水蓄能电站上、下水库水位和入库洪量的关系见图 15-2-4。

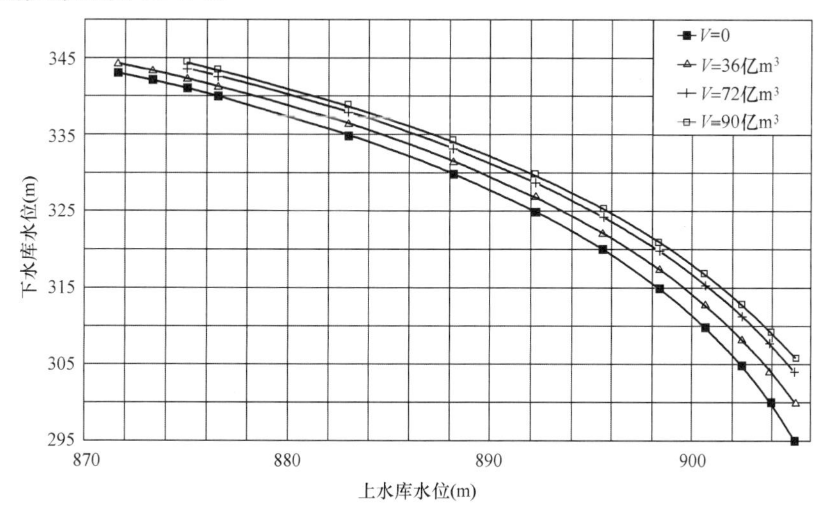

图 15-2-4 天荒坪抽水蓄能电站上、下水库水位和入库洪量的关系图

水库运行时可通过放空洞的调节，使上、下水库水位关系尽量保持无洪水侵入时的正常关系。当下水库水位高于正常水位时，需开启左岸供水放空洞预泄洪水，直到上、下水库水位恢复正常关系后，方可关闭左岸供水放空洞。当入库洪水大于放空洞过流能力时，洪水侵占有效库容，水库水位超过正常蓄水位后，发电流量可能和天然洪水叠加成过坝洪水，为保证下游安全，电站此时要对发电流量加以限制。

天荒坪抽水蓄能电站下水库洪水调节计算成果见表 15-2-6。

表 15-2-6　　天荒坪抽水蓄能电站下水库洪水调节计算成果

项目		频率（%）			
		50	10	1	0.1
洪峰流量（m³/s）		64.3	230	537	860
招标设计阶段	最高库水位（m）	345.26	346.19	347.31	348.25
	最大下泄流量（m³/s）	64.1	230	536	859
最高库水位（m）		344.82	346.2	347.15	348.06
最大下泄流量（m³/s）		38.81	230	497.4	804.99
其中：溢洪道		27.77	218.86	486.19	793.73
放空洞		11.04	11.14	11.21	11.28
参与调洪的机组台数		2	2.5	6	6
洪水造成的电量损失（万 kW·h）		0	265.8	548.6	647

图 15-2-5 所示为天荒坪抽水蓄能电站下水库洪水调节过程和机组运行过程。由于左岸供水放空洞预泄洪水能力有限，大部分洪水仍需通过溢洪道泄放；实施上述调度方式，在遭遇 5 年一遇（$P=20\%$）以下的洪水时，洪水基本能通过调洪备用库容和放空洞得以调蓄，通过实施提高下游河道防洪标准的工程措施，使天荒坪电站发电基本不受洪水影响；在遭遇 5 年一遇以上洪水时，为了保证下游河道

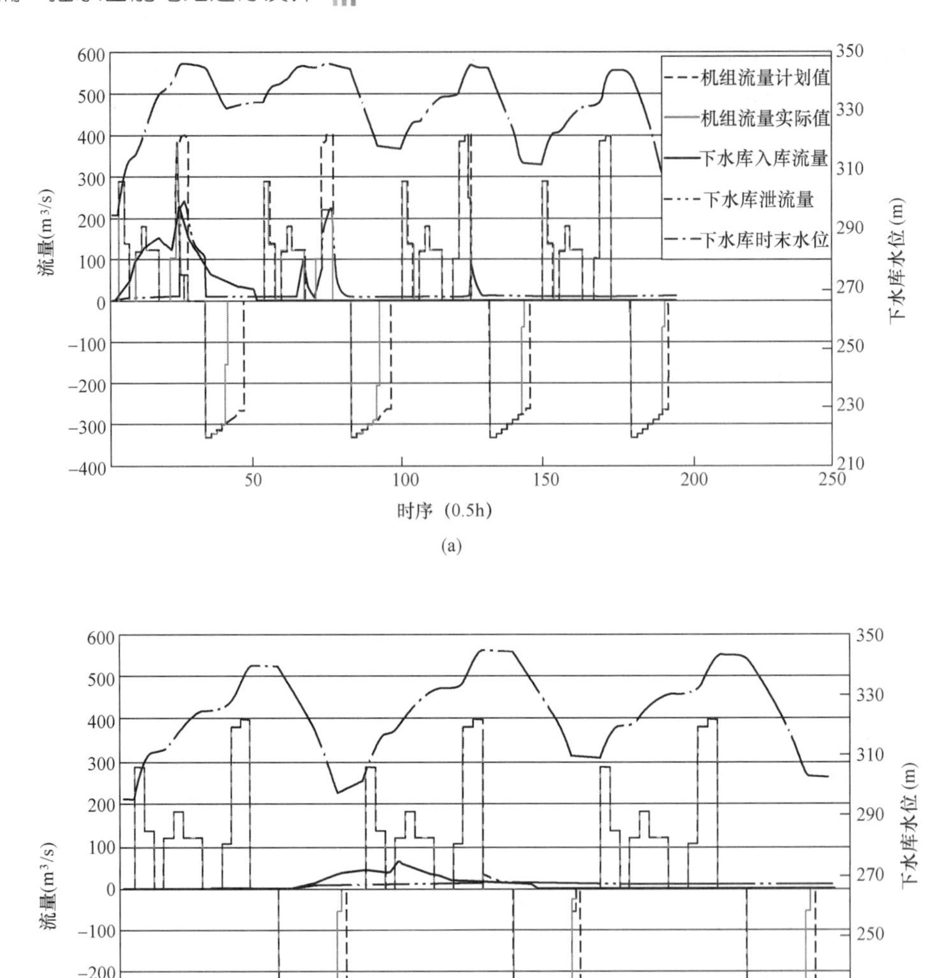

图 15-2-5　天荒坪抽水蓄能电站下水库洪水调节过程和机组运行过程

(a) 主汛期 P=10%；(b) 主汛期 P=50%

安全行洪，电站发电需服从水库洪水调度，机组发电将受到不同程度的限制，下游河道安全泄量越小，这种限制越大。

2.6　浙江桐柏抽水蓄能电站上、下水库洪水调度

2.6.1　电站概况

桐柏抽水蓄能电站装机规模为 4×300MW，年平均发电量 21.18 亿 kW·h，年平均抽水耗电量 28.13 亿 kW·h。电站以 500kV 电压接入华东电网，在系统中承担调峰填谷、调频、调相、事故备用等任务。电站已于 2006 年投产发电。

电站上水库利用已建的桐柏水电站水库，总库容 1230.63 万 m^3；下水库建于灵江上游始丰溪支流山茅溪的支沟百丈溪上，坝址以上河长 12.7km，集水面积 21.4km^2，其中上游一段河长 7.68km，集水面积为 15.5km^2 的地面径流被截入其他水库。洪水时引水洞渠关闸，所以洪水仍进入下水库。下水

库设计洪水洪峰流量为 $361m^3/s$（$P=0.5\%$），校核洪水洪峰流量为 $496m^3/s$（$P=0.1\%$）。

上水库正常蓄水位 396.21m，有效库容 1041.9 万 m^3，主要建筑物有均质土坝和大坝左侧有闸开敞式溢洪道；下水库正常蓄水位 141.17m，有效库容 1069.3 万 m^3，主要建筑物有钢筋混凝土面板堆石坝、坝身开敞式溢洪道和导流泄放洞。

2.6.2　桐柏抽水蓄能电站水库洪水调度所面临的问题

桐柏水库于 1960 年建成，1977 年又进行了加高处理。现有水库正常蓄水位为 395.28m，库区移民安置高程按 396.28m 考虑。将桐柏水库改建成桐柏抽水蓄能电站上水库，电站运用功能改变，水库每天都可能出现库满状态，如同时遭遇洪水，库区居民生活生产将受到影响。

下水库坝址下游河道两岸分布大量农田，防洪标准较低。通过调查计算，水库下游河道的安全泄量为 $50m^3/s$，流量超过 $50m^3/s$，洪水将漫过河岸，淹没农田。

桐柏抽水蓄能电站上水库流域面积 $6.7km^2$，设计洪水洪峰流量 $150m^3/s$（$P=0.5\%$），校核洪水流量 $208m^3/s$（$P=0.1\%$）。蓄能电站运行时，上水库水位达到正常蓄水位，电站停止抽水。如上水库入库洪水侵占有效库容，电站从下水库上抽的水量减少，无形之中上水库洪水被转入下水库，加重了下水库的防洪负担。

桐柏抽水蓄能电站 4 台机组满发流量约 $570m^3/s$，大于下水库坝址 1000 年一遇洪峰流量，而桐柏电站下水库库容有限、调蓄洪水的能力较弱，发生洪水时，如没有相应的预泄洪水措施，发电有效库容会被洪水侵占；当水位超过溢洪道堰顶高程后，如果机组仍在发电，则发电流量将转化成下水库的过坝洪水，入库天然洪水与机组发电流量共同影响，将对下游形成冲击。

在保证电站安全运行的同时，如何保证上水库库区居民和下水库下游河道的安全，是桐柏抽水蓄能电站洪水调度面临的主要问题。

可行性研究阶段和技施阶段对泄洪设施及运行方式进行了多方案研究，考虑到抽水蓄能电站运行的特殊性，调洪计算采用了两种方法：①洪水与机组流量叠加的动态法；②不考虑机组发电及底孔泄洪，按常规遇洪水时从正常蓄水位起调。计算取其不利情况作为采用成果。电站运行设计阶段以已确定的上、下水库各级洪水位为控制条件制订电站的运行调度方案。

2.6.3　桐柏上水库洪水调度

（一）上水库泄洪设施比选

桐柏抽水蓄能电站上水库系利用已建的桐柏水库改建而成。原水库设有一开敞式溢洪道，堰宽 20m，堰顶高程 395.28m，为自由溢流。水库运行至今溢洪道实际最大下泄流量为 $30.73m^3/s$。

桐柏抽水蓄能电站上水库淹没限制水位按 396.28m 考虑，由于正常蓄水位已接近桐柏水库移民安置高程 396.28m，在水库水位达正常蓄水位 396.21m 时遭遇洪水就有可能使库水位超过水库移民安置高程，危及岸边居民的安全。为保证库周居民的安全，需从桐柏抽水蓄能电站的运行情况、洪水特性等方面考虑，研究设置合理的泄洪设施和水库调度方案。其比选方案如下：

（1）方案 1：上水库设置开敞式无闸溢洪道，堰顶高程为正常蓄水位 396.21m，堰宽 20m，水库水位超过正常蓄水位后，洪水自由溢流。由于该方案水库正常蓄水位与移民淹没限制水位很接近，当水库蓄满而遭遇洪水时，水库水位很容易超过移民限制水位。如采用该方案，水库需设置汛期限制水位。从电网负荷特性分析，机组抽水工况向发电工况转换过程中一般有 2h 左右的停运时间，考虑设置部分库容以容纳电站从停止抽水到早峰发电 2h 间的洪峰洪量，以此确定上水库洪水期限制水位。表 15-2-7 给出了汛期限制水位方案的拦蓄洪量和发电量（假设电站在停止抽水 2h 后转为发电工况）。

从表 15-2-7 中计算结果可知，降低上水库汛期限制水位，可以适当增加水库的蓄洪能力，减少洪水期库水位超过淹没限制水位的几率，但要以牺牲电站的蓄能量为代价。如遇非常情况，电站在停止抽水 2h 后不能按计划转为发电工况，水库则无其他控制手段控制库水位，以保证库周居民安全。

表 15-2-7　　汛期限制水位方案的拦蓄洪量和发电量

方　案	不设洪水期限制水位	设洪水期限制水位		
洪水期限制水位（m）		395.5	395.3	395.0
拦蓄洪量（万 m^3）	0	55.85	71.53	94.87
拦蓄 $P=5\%$洪峰的时间（h）		2	2.5	3.4
电站日蓄能量（万 kW·h）	630.6	606.72	600	590
水库洪水位（m）	397.79	396.21	396.00	395.69

（2）方案 2：溢洪道设置闸门方案，取消洪水期限制水位，通过闸门控制上水库水位不高于 396.28m。综合考虑洪水流量、淹没限制、水工建筑结构和闸门及启闭设备的布置等因素，对上水库设置闸门的方案考虑如下 3 种布置形式：

1）布置方式 1：溢洪道净宽 16.4m，堰顶高程 394.71m。

2）布置方式 2：溢洪道 2 孔，单孔净宽 6m，堰顶高程 394m。

3）布置方式 3：考虑缩小闸门控制范围以保证流态的稳定，拟订在溢洪道中部降低堰顶高程，设置一扇闸门，闸门宽 7m、堰顶高程 394m，两边仍为开敞式溢洪道，堰宽 10m，堰顶高程 396.21m。

3 种不同布置形式洪水调节计算成果见表 15-2-8。

表 15-2-8　　桐柏上水库不同溢洪道布置形式的洪水调节计算成果（$P=5\%$）

项　　目	布置方式 1	布置方式 2	布置方式 3
	堰宽 16.4m、堰顶高程 394.71m	堰宽 2×6m、堰顶高程 394m	堰宽 7m、堰顶高程 394m
起调水位（m）	396.21	396.21	396
入库洪峰（m^3/s）	73	73	73
最高库水位（m）	396.27	396.21	396.27
最大泄流量（m^3/s）	59.24	72.3	45.13

表 15-2-8 中计算结果表明，溢洪道全部设置闸门布置形式（布置方式 1、布置方式 2），在水库起调水位不降低的前提下，可以保证 $P=5\%$洪水位不超过水库淹没限制水位 396.28m，不会影响电站的蓄能量指标；溢洪道部分设置闸门布置形式（布置方式 3），为满足不超过水库淹没限制水位 396.28m 的要求，水库水位需降至 396m，洪水期电站蓄能量将受到影响。

从上水库洪水调度灵活性及最大限度地保证电厂正常运行和库区居民安全等方面考虑，综合比较工程量、水库调度、水工布置及金属结构布置等各方面因素，桐柏抽水蓄能电站选择上水库溢洪道设闸门控制，孔口尺寸为 2×6m，堰顶高程为 394m。

（二）桐柏上水库洪水调度

根据库区防洪对象的防洪要求和选择的泄洪设施，通过洪水调节计算，拟订上水库调洪原则如下：

（1）上水库起调水位为 396.21m，防洪库容全部置于正常蓄水位 396.21m 以上。

（2）当水库入库流量小于 72.2m^3/s（396.21m 库水位相应的溢洪道泄量）时，控制闸门开度使水库下泄流量等于入库流量，维持库水位在396.21m。

(3) 当水库入库流量大于72.2m³/s时，闸门全部开启泄洪。

按上述原则进行上水库洪水调节计算，其计算成果见表15-2-9。

表15-2-9　　桐柏抽水蓄能电站上水库洪水调节计算成果

正常蓄水位（m）	396.21			
溢洪道宽度（m）	12			
溢洪道堰顶高程（m）	394			
洪水频率 P（%）	0.1	0.5	5	20
天然洪峰流量（m³/s）	208	150	73	32.3
最高库水位（m）	397.20	396.71	396.21	396.21
相应库容（万m³）	1309.5	1270.96	1231.63	1231.63
最大泄流量（m³/s）	136.7	102.75	72.3	32.3

2.6.4 桐柏下水库洪水调度

(一) 桐柏下水库过坝洪水形态分析

桐柏抽水蓄能电站为一日调节纯抽水蓄能电站，正常情况下，上、下水库死水位以上蓄水量合计则为电站发电调节水量，上、下水库库空库满状态在一日内交替出现。对下水库而言，抽水工况下，下水库水量逐步被提至上水库，水库处于腾空过程，如在此时遭遇洪水，洪水会暂时滞留在库中，如水库在低高程位置设有泄洪设施，可及时逐步排放洪水，腾空库容，以容纳发电时上水库的发电水量；否则，即使发电工况避开与洪水叠加，由于下水库调节库容被洪水侵占，电站发电流量也变为下水库过坝洪水流量。

桐柏工程下水库坝址下游河道防洪标准较低，原状态防洪标准不到5年一遇，安全泄量仅50m³/s，而电站4台机组满发时的流量为541.3m³/s，设计洪水（P=0.5%）天然洪峰流量361m³/s，如不及时排放入库洪水，电站发电使洪水形态发生变化必然给下游造成不利影响。如何解决电站发电和下游防洪的矛盾，是桐柏下水库泄洪设施设计的重要问题。

(二) 桐柏下水库泄洪设施比选

要解决桐柏电站洪水期发电和下游防洪的矛盾，可以采用两种工程措施：①增加水库蓄洪能力，将不能及时排放的洪水暂存于水库中，并通过闸门控制过坝洪水不超过天然洪峰流量；②及时排放入库洪水，保持水库调节库容不被洪水侵占，避免天然洪水与发电流量叠加形成过坝洪水。根据桐柏下水库地形条件、洪水特性和发电过程，对下列两种泄洪建筑物形式进行了比较：

(1) 方案1：设置岸边有闸开敞式溢洪道，堰顶高程低于正常蓄水。库水位超过堰顶高程后，可根据入库洪水，由闸门控制下泄流量；当发生发电流量与洪水叠加的情况时，闸门可控制下泄流量不超过入库天然洪峰流量，剩余水量仍留在库中。

该方案的优点在于布置简单，但预泄洪水作用不明显，库水位超过堰顶高程后方可排放洪水，坝顶高程因堰顶高程的不同而有所不同，电站发电流量和下游河道安全泄量的关系也是确定大坝超高的关键因素。桐柏下水库下游安全泄量仅约50m³/s，而电站满发流量为570m³/s，该方案堰顶以下水库容约1000万m³，相当于设计洪水一日洪量，如在电站发电工况前，洪水侵占这部分库容，电站如按电网要求发电，上水库发电调节水量则变成过坝洪水，在按下游安全泄量排放部分水量后，剩余水量需叠加在这部分库容之上，由此使大坝加高约7m，增加了工程投资，而平时这部分库容又闲置不用，从经济上考虑不甚合理。

（2）方案2：采用坝身无闸开敞式溢洪道结合泄放洞泄流方案。泄放洞由导流洞改建而成，布置在右岸，底板高程为82.5m。由于泄放洞高程较低，天然洪水可及时排放，使洪水尽量不侵占或少侵占发电有效库容，因此可有效避免天然洪水与发电流量叠加对下游和发电的影响，同时也可节约工程投资。

通过对上述两个方案从工程建设条件、运行调度手段和技术经济等方面进行综合比较，桐柏下水库泄洪设施选择坝身无闸开敞式溢洪道结合泄放洞泄流方案。

（三）桐柏下水库洪水调度

（1）泄洪设施。

1）坝身开敞式溢洪道：溢洪道设在大坝中部，无闸门控制，堰宽为2×13m，堰顶高程为141.9m。

2）泄放洞：由导流洞改建而成，其主要任务是在洪水到来时随时将入库洪水排至下游，使之不侵占有效库容，同时最大限度地使下泄洪水形态和天然洪水保持一致。泄放洞出口断面尺寸为2m×3m，底板高程为82.6m。

（2）泄放洞预泄原则。桐柏抽水蓄能电站是日调节纯抽水蓄能电站，无其他综合利用功能。在无径流进入上、下水库的情况下，上、下水库水位保持一个相对稳定的关系，如图15-2-6所示。通过监测上、下水库水位关系的变化，可以测算上、下水库的入库洪量，当上、下水库水位的交点落在上、下水库水位关系曲线上部区域时，表示有洪水入库；当上、下水库水位的交点落在上、下水库水位关系曲线下部区域时，表示入库径流无法补足水库的蒸发渗漏损失。

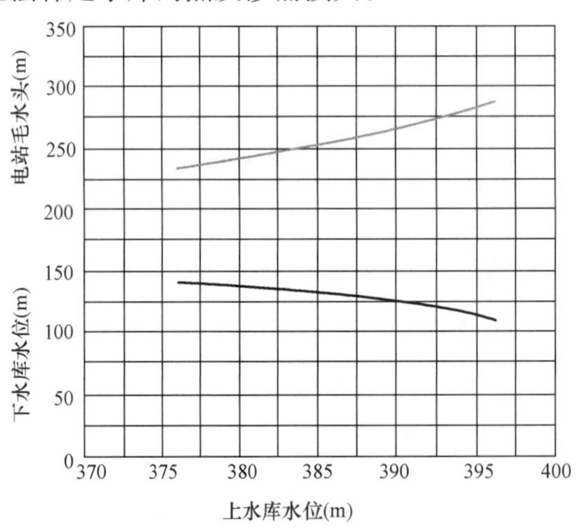

图15-2-6　上、下水库水位及电站毛水头之间的关系图

无论从水工建筑物安全还是保证电站正常运行的角度来看，洪水尽早排放都是非常有利的，但由于桐柏下水库流域面积较小，洪水暴涨暴落，预报预泄非常困难，而利用桐柏上、下水库固有的水位关系，测算前一时段的入库洪水则是一个较为可靠的手段。桐柏下水库泄放洞可根据测算所得的前一时段入库洪水，制定洪水预泄原则。

（3）桐柏下水库洪水调节计算原则。

1）下水库水位低于141.9m（目前堰顶高程）时，电站正常发电；入库洪水通过泄放洞排放，泄放洞排放流量为前一时段入库洪水流量。

2）下水库水位高于141.9m且低于145.6m（P=0.5%洪水位）时，水泵水轮机、泄放洞、溢洪道共同参与调洪。

3）下水库水位高于 145.6m 时，电站停止发电，关闭泄放洞，洪水通过溢洪道排放。

4）在遭遇下游河道防洪标准以上洪水时，水库下泄流量不大于同频率天然洪峰流量。

桐柏抽水蓄能电站下水库洪水调节过程如图 15-2-7 所示，洪水调节计算成果见表 15-2-10。

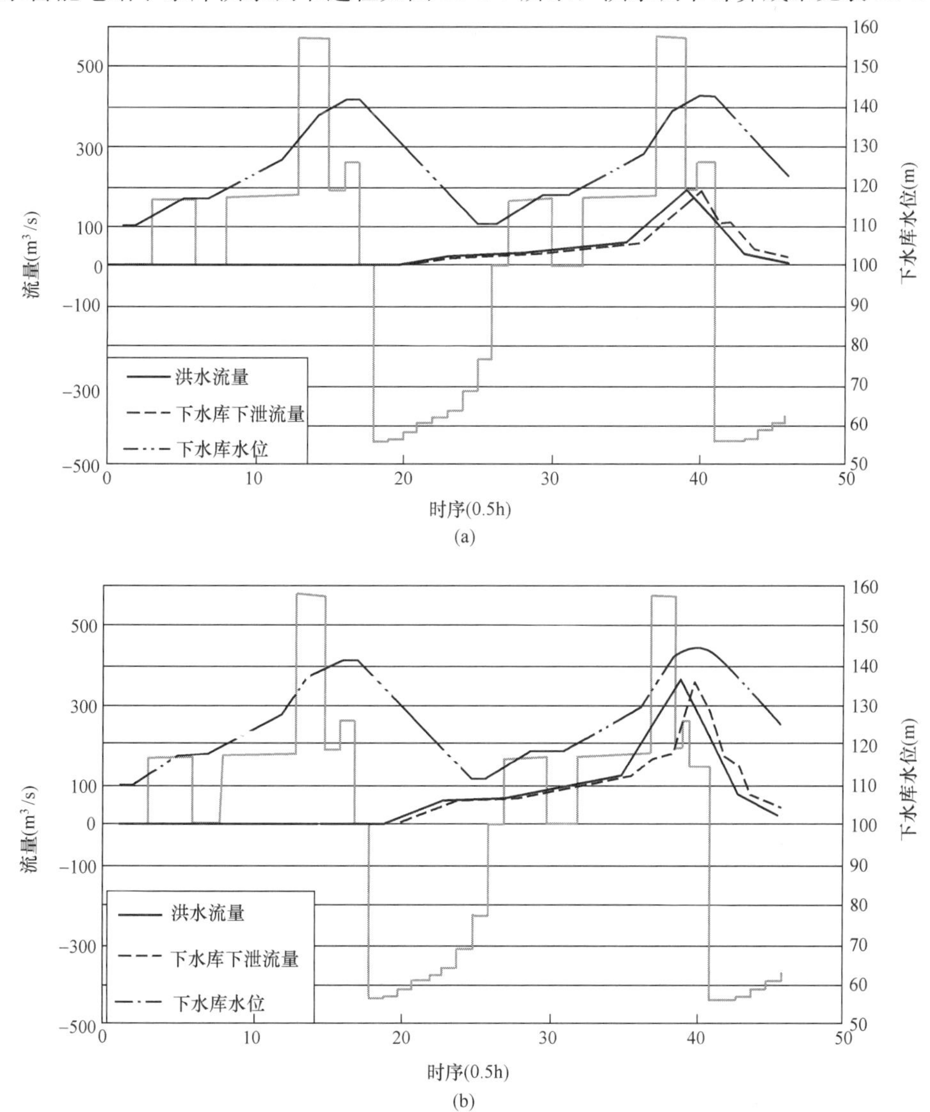

图 15-2-7　桐柏抽水蓄能电站下水库洪水调节过程

（a）$P=5\%$；（b）$P=0.5\%$

表 15-2-10　　桐柏抽水蓄能电站下水库洪水调节计算成果

项　　目	频率（%）				
	0.1	0.5	2	5	20
入库洪峰（m^3/s）	496	361	256	190	95
电站最大发电流量（m^3/s）	572	572	572	572	572
最大出库流量（m^3/s）	486.22	336.77	242.88	190	95
其中：泄放洞泄量（m^3/s）	178.47	176.75	175.35	174.25	95
库水位（m）	145.24	144.07	143.14	142.41	141.9
影响发电容量（MW）	900	900	600	600	0
影响发电时间（h）	2.5	1.5	0.6	0.2	0

参 考 文 献

[1] 陆佑楣，潘家铮．抽水蓄能电站．北京：水利电力出版社，1992.

[2] 刘连希. 十三陵抽水蓄能电站的正常运行及其优化调度的探讨. 抽水蓄能专业委员会学术年会文集，2000.

[3] 北京勘测设计研究院，合肥工业大学，十三陵抽水蓄能电站筹建处. 十三陵抽水蓄能电站在京津唐电力系统中的优化调度及经营核算研究报告，1995.

第十六篇

抽水蓄能电站经济效益和经济评价

第一章 抽水蓄能电站经济效益

1.1 抽水蓄能电站静态效益分析

1.1.1 抽水蓄能电站容量效益

抽水蓄能电站在电网负荷高峰时段作发电工况运行，可以替代火电机组承担高峰负荷，满足系统用电负荷容量需求，节省系统火电机组建设投资及运行费用，从而产生容量效益。

抽水蓄能电站容量效益的计算方法是：在同等满足电力系统负荷需求的条件下，计算有、无抽水蓄能电站两个系统电源组合方案的建设投资（换算成年金）和运行费用（除燃料费），无抽水蓄能电站方案的年费用减去有抽水蓄能电站方案的年费用，所得差值即为抽水蓄能电站的容量效益。

1.1.2 抽水蓄能电站电量转换效益

抽水蓄能电站在电网负荷低谷时作抽水工况运行，待到电网需要时转为发电工况运行，将电网低谷剩余电能转换为高峰电能，减少系统火电机组压负荷运行频度和深度，提高火电机组的运行效率，节省火电机组的燃料消耗，从而获得节煤效益。

抽水蓄能电站节煤效益的计算方法是：进行有、无抽水蓄能电站两个电力系统方案的燃料消耗量计算，所得差值即为抽水蓄能电站的节煤效益。

1.1.3 抽水蓄能电站静态效益计算案例

1.1.3.1 天荒坪抽水蓄能电站的静态效益计算

在天荒坪抽水蓄能电站可行性研究阶段，为了论证天荒坪抽水蓄能电站的经济效益，华东勘测设计研究院与相关研究单位共同进行了“华东电力系统有关天荒坪抽水蓄能电站的生产费用及燃料消耗计算”，以2000年水平年两种负荷水平、三个电源组合方案：基本方案（有天荒坪抽水蓄能电站）、替代方案1（无天荒坪抽水蓄能电站，由8台100MW、8台125MW火电机组组成，简称TD100方案）、替代方案2（无天荒坪抽水蓄能电站，由3台600MW火电机组组成，简称TD600方案）为例，运用从美国田纳西流域管理局（TVA）引进的随机生产模拟程序，得出各方案系统的燃料消耗及生产费用（包括燃料费用和运行维修费用）。

计算成果见表16-1-1～表16-1-3。

由上述结果可以看出：

（1）有天荒坪抽水蓄能电站的电力系统耗煤量较小，节煤效益为38.3万～41.6万t/年。

（2）有天荒坪抽水蓄能电站的基本方案的系统运行总费用，比无天荒坪抽水蓄能电站的火电方案的系统运行总费用小，建设天荒坪抽水蓄能电站是经济的。

表 16-1-1 **各方案计算成果**

方案		指标				
		耗煤量（万 t）	年燃煤费用（万元）	总费用（万元）	不可供电量（百万 kW·h）	系统电力不足概率（%）
枯水年	基本方案	7944.3	910730	1068249	5.7	0.1069
	TD100 方案	7982.6	914452	1074987	6.1	0.1141
	TD600 方案	7956.4	911556	1070534	9.9	0.1770
平水年	基本方案	7873.0	902215	1059733	5.7	0.1069
	TD100 方案	7911.4	905939	1065807	6.1	0.1140
	TD600 方案	7885.5	903073	1061709	9.9	0.1770
丰水年	基本方案	7765.9	889588	1047096	5.5	0.1044
	TD100 方案	7807.5	893551	1053410	5.9	0.1104
	TD600 方案	7782.4	890770	1049392	9.6	0.1720

表 16-1-2 **基本方案比替代方案节省的煤量** 万 t/a

	比 TD100 方案节省的耗煤量	比 TD600 方案节省的耗煤量
枯水年	38.3	12.1
平水年	38.4	12.5
丰水年	41.6	16.5

表 16-1-3 **基本方案比替代方案节省的总费用** 万元/a

	比 TD100 方案节省的总费用	比 TD600 方案节省的总费用
枯水年	6738	2285
平水年	6074	1976
丰水年	6314	2296

（3）有天荒坪抽水蓄能电站的基本方案的系统不可供电量，比无天荒坪抽水蓄能电站的火电方案的系统不可供电量小，供电可靠性高。

（4）有天荒坪抽水蓄能电站的基本方案的系统电力不足概率（LOLP）比无天荒坪抽水蓄能电站的火电方案的系统电力不足概率小，系统可靠性高。

1.1.3.2 十三陵抽水蓄能电站的静态效益计算

北京勘测设计研究院、合肥工业大学土木工程系及十三陵抽水蓄能电站筹建处，曾联合对十三陵抽水蓄能电站的静态效益和动态效益进行了深入的研究和计算，现简单介绍静态效益的计算如下。

（一）容量效益

在同等程度满足电力系统要求的前提下，经系统电力电量平衡，得出有、无十三陵抽水蓄能电站电力系统两个电源组合方案，计算这两个方案的基建投资及运行费用，两方案的基建投资及运行费用之差即为十三陵抽水蓄能电站的容量效益。

（1）基本方案：十三陵抽水蓄能电站装机容量 800MW。

（2）替代方案：火电机组容量 880MW。

由此计算得到十三陵抽水蓄能电站的容量效益，如表 16-1-4 所示。

表 16-1-4　　十三陵抽水蓄能电站容量效益计算成果

项　目	方　案	
	基本方案	替代方案
装机容量（MW）	800	880
投资（万元）	217311	316800
运行费用（万元）	4346	10556
节省电源建设投资（万元）	99489	
折合年节省投资费用（万元/a）	13319	
年节省运行费用（万元/a）	6210	
容量效益合计（万元/a）	19529	

注　折合年节省投资费用＝节省电源建设投资×（A/P，i，n），其中 i=12%，n=20 年。

（二）节煤效益

建立电力系统优化运行模型，分别进行有、无十三陵抽水蓄能电站电力系统两个电源组合方案各电源承担的负荷的优化分配，算出各个机组的逐时出力过程，并由此计算各类火电机组的煤耗量（包括提供蓄能电站抽水电力的耗煤量）。两个电源组合方案的燃料费用之差，即为十三陵抽水蓄能电站的节煤效益。

由于十三陵抽水蓄能电站的投入，改变了系统中火电机组的运行方式，使原来在峰腰荷运行的机组改为基荷运行，从而达到节煤的目的。通过对有、无十三陵抽水蓄能电站系统两个方案的燃料平衡计算，得出：

（1）有十三陵抽水蓄能电站的电力系统年耗煤量为 3563.1 万 t。

（2）无十三陵抽水蓄能电站的电力系统年煤耗量为 3578.4 万 t。

两方案年耗煤量之差为 15.3 万 t，取标准煤价格为 180 元/t，则十三陵抽水蓄能电站的节煤效益为 2754 万元/a。

静态效益合计：将容量效益和节煤效益合计得十三陵抽水蓄能电站的静态效益为 22283 万元/a，按装机容量计为 278.5 元/(kW·a)。

1.2　抽水蓄能电站动态效益分析

1.2.1　抽水蓄能电站动态效益基本概念

电力系统的用电负荷是不断变化的，电力系统的发电出力也因发、输电设备随时可能发生故障而减少，由此可能引起系统有功功率及无功功率失去平衡，造成系统频率、电压的波动。当这种波动幅度超过允许范围后，将给系统运行安全带来严重后果。因而必须有适应上述变化的手段，使电力系统具有一定的调节能力，亦即设置可随时改变有功出力的发电设备和可随时双向调节无功功率的调相设备，来及时调整系统的频率、电压等运行参数。这就产生了一种客观需求，这种客观需求是由于系统负荷及出力动态变化引起的，因而叫做动态需求。抽水蓄能电站具有快速调整有功出力和双向调整无功功率的独特性能，用它来承担电力系统的调频、调相、负荷备用、事故备用等任务，可以避免造成巨大损失，并且与其他手段相比，具有技术经济比较优势，由此给电力系统带来的经济效益和社会效益即为抽水蓄能电站的动态效益。

1.2.2　国内外抽水蓄能电站动态效益计算技术发展状况

随着经济的快速发展，电力系统规模逐渐增大，电源组成和用电结构日趋复杂，用电负荷和发电出力的动态变化更加剧烈，电网运行面临的调峰、调频、调相、事故备用等问题更加突出。同时，随着抽水蓄能电站的发展，投入系统运行的抽水蓄能电站越来越多，逐渐积累了丰富的建设和运行经验，抽水蓄能电站在电力系统中的作用日趋明显，特别是其适应系统用电负荷和发电出力动态变化的能力逐渐受到普遍关注。

抽水蓄能电站的动态效益是客观存在的，但以往多偏重于静态效益的计算，而忽略了对动态效益的计算。20 世纪 60 年代中期以来，发达国家对抽水蓄能电站的动态效益进行了较多的研究，不少国家成功开发了模拟计算软件，如美国的 POWRSYM 和 DYNATORE、英国的 GOAL 及南非的 ESP。这些软件的应用，使动态效益的分析从定性分析进入定量分析阶段。

1984 年 5 月在美国波士顿召开了“蓄能电站运行动态效益”学术讨论会。会上，由美国电力研究院（EPRI）的常务顾问 A. 费留拉和麻省理工学院（MIT）的 C. E. 卡弗合写的论文《利用抽水蓄能电站动态效益的重要性》中提出了以下研究成果：抽水蓄能电站除了提供峰荷容量和电量而产生的经济效益以外，还可以提供以下动态效益：

（1）调频。抽水蓄能机组具有迅速而灵敏的开、停机性能，能够替代火电机组适应变化迅速的系统负荷，使系统节省的费用按蓄能电站的装机容量计，不少于 10 美元/kW。

（2）负荷调整。可逆式抽水蓄能机组可以迅速在额定出力的 50%～105%范围内调整其出力，而一般凝汽式火电机组的增负荷速率每分钟不超过额定出力的 3%。利用抽水蓄能电站来完成负荷调整任务，可以避免系统启动燃气轮机，由此节省系统的运行费用约为 10 美元/kW。

（3）同步调相运行。抽水蓄能机组在抽水工况和发电工况下都能进行调相运行，替代其他调相措施（安装调相机），约可节省系统运行费用 5 美元/kW。

（4）满足负荷曲线陡坡部分需求。抽水蓄能机组可以快速跟踪负荷运行，减少火电机组变出力运行次数，系统由此获得的经济效益约为 10 美元/kW。

（5）同期备用（旋转备用）。电力系统一般需设置 20%以上的备用容量，其中 5%～6%为旋转备用容量。抽水蓄能机组代替火电机组承担同期备用，可以节省系统运行费用约 45 美元/kW。这是抽水蓄能电站最重要的动态效益。

（6）增加系统运行可靠性。抽水蓄能机组具有高度运行可靠性和快速启动、快速带负荷和快速中断抽水的能力，可以减少系统中其他机组强迫停运的次数和停运时间，对系统的可靠性起着重大作用，由此节省系统运行费用约 5 美元/kW。

抽水蓄能电站的效益或作用，取决于电站所在的地理位置、布局及电力系统的特性，上述动态效益并不是说每个电站都能获得，也不是说某个具体电站都能获得各方面的动态效益。

国内以往在评价水电站的经济效益时，基本没有进行动态效益的定量分析，实际上也没有统一的动态效益定量分析方法。改革开放以后，随着《建设项目经济评价方法与参数》（1987 年）和《水电建设项目经济评价实施细则（试行）》（1990 年）的颁布施行，水电建设项目的经济评价逐步走上正轨，但至今尚未形成统一的水力发电站（包括常规水电和抽水蓄能）动态效益计算方法，然而国内有关科研、设计单位对于水电站动态效益的研究却从未停止过。

华东勘测设计研究院和合肥工业大学在评价天荒坪抽水蓄能电站的动态效益时，采用等效替代法进行计算，得出：天荒坪抽水蓄能电站在不影响其既定的静态功能发挥的前提下，提供补充事故备用的效益为 15.61 元/（kW·a），补充负荷备用的效益为 9.7 元/（kW·a）。

北京勘测设计研究院采用分项计算方法提出了十三陵抽水蓄能电站的动态效益为：调峰填谷效益 30.3 元/（kW·a）、旋转备用效益 12.6 元/（kW·a）、负荷备用及调频效益 16.2 元/（kW·a）、同步调相效益 1.8 元/（kW·a）、增加系统可靠性效益 8.7 元/（kW·a）。

1.2.3　国内现有抽水蓄能电站动态效益主要计算方法

动态效益计算方法和数学模型可分为分项计算模型和总体分析模型，概述如下。

（一）分项计算模型

根据抽水蓄能电站在电力系统中可能起的作用，分项计算每项作用的效益。

（1）抽水蓄能电站旋转备用效益的计算方法。该方法由合肥工业大学徐得潜、刘新建、韩志刚提出，其原理是：抽水蓄能电站向系统提供补充旋转备用容量（基本方案），使系统减少电量不足期望值（$EENS$），提高了系统供电可靠性，其效益为系统为了获得同样的效果（减少同等电量不足期望值 $EENS$）采用其他替代措施（替代方案）所付出的代价。为此，可以先计算抽水蓄能电站能够提供的补充旋转备用电量 $PSEN_{\mathrm{Y}}$，然后逐步增加火电旋转备用容量及其系统电量不足期望值 $EENS'_{\mathrm{Y}}$，直至求出的 $EENS'_{\mathrm{Y}}=EENS_{\mathrm{Y}}$ 时，则认为达到了等效替代作用，此时火电旋转备用容量增加值 ΔC_{SRT} 即为等效替代需要的旋转备用容量。有了 $PSEN_{\mathrm{Y}}$ 和 ΔC_{SRT}，再计算相应的基本方案和替代方案费用，替代方案费用与基本方案费用之差即为抽水蓄能电站向系统提供补充旋转备用的效益。

同样，也可用等效替代法分别计算抽水蓄能电站事故备用效益和负荷备用效益。

（2）抽水蓄能电站提高可靠性效益计算方法。此法也由上述合肥工业大学三位教授提出，其原理是：分别计算有抽水蓄能电站（基本方案）和无抽水蓄能电站（替代方案）的系统期望强迫停运电量 $EEFO_{\mathrm{DPS}}$ 和 $EEFO_{\mathrm{DT}}$，则抽水蓄能电站提高可靠性效益 RB 为

$$RB=\beta\Delta EEFO_{\mathrm{D}}$$

$$\Delta EEFO_{\mathrm{D}}=EEFO_{\mathrm{DT}}-EEFO_{\mathrm{DPS}}$$

式中　β——单位电能的旋转备用费用。

（3）水电机组调相动态效益计算方法。该算法由天津大学季云教授提出，其原理是：用水电机组调相运行向系统提供无功电力，从而可以减少系统调相机设备费用和运行费用。水电机组的调相效益 AB 为

$$AB=(K_1-K_2)(A/P,i,n)+(u_1-u_2)$$

式中　K_1——调相机设备费用；

K_2——水电站压水设备费用；

$(A/P,i,n)$——等额资金回收系数；

u_1——调相机年运行费；

u_2——水电站调相年运行费。

（二）总体分析模型

从系统整体出发，通盘考虑抽水蓄能电站的各项动态效益。

合肥工业大学刘友翔、丁明两位教授提出，将系统对爬坡速率和爬坡容量的要求、事故旋转备用要求和负荷备用要求统一在一个数学模型中。在负荷模型中考虑了日峰荷预测的不确定性、小时负荷的随

机波动和负荷的平均增长速率；在机组模型中考虑了由于负荷变化和其他机组状态改变所导致的机组状态转移和冷、热备用机组的差异；在生产模拟模型中综合考虑了静态、爬坡、负荷和事故备用系统需满足的所有约束条件。

1.2.4　抽水蓄能电站动态效益计算实例

1.2.4.1　天荒坪抽水蓄能电站提供补充事故热备用效益计算[1]

在天荒坪抽水蓄能电站初步设计阶段，为了论证电站的经济效益，华东勘测设计研究院与合肥工业大学对天荒坪电站投入华东电网运行后，为电网提供补充事故备用效益、补充负荷备用效益及满足负荷曲线陡坡部分需要的效益进行了分析计算。

（一）基本思路

（1）抽水蓄能电站承担动态任务时以不影响其既定的静态功能的发挥为前提，即利用抽水蓄能电站承担静态任务空余的容量及备用水量来承担动态任务。

设某时刻系统中突然发生运行机组强迫停运事故，其停运容量为 X_i，为使系统功率迅速恢复平衡，必须立即投入旋转备用。假设系统已设的水电备用容量为 C_{SRH}，火电的旋转备用容量为 C_{SRT}。当 $X_i >(C_{SRH}+C_{SRT})$ 时，如没有抽水蓄能电站投入，系统将只有靠拉负荷来恢复功率平衡。图 16-1-1 所示为系统遇到强迫停运投入旋转备用的情况，其中图（a）和（c）表示 $C_{SRH} < X_i < (C_{SRH}+C_{SRT})$ 的情况，图（b）和（d）表示 $X_i > (C_{SRH}+C_{SRT})$ 的情况。设 t_0 为水电机组由停机到带满负荷所需的时间，t_1 为系统功率恢复平衡所需的时间。台阶线表示火电机组的增荷过程，图（b）中的空白部分为拉负荷损失电量 ENS_i，拉去的负荷 $N_L = X_i - (C_{SRH}+C_{SRT})$。

假设此时段（假定为 1h）抽水蓄能电站有空余容量可以用作补充的旋转备用容量 C_{SRPt}，将其立即投入，如图 16-1-1（c）和（d）所示。为了节省顶事故耗水量，蓄能电站投入的补充旋转备用容量随火电旋转备用容量带负荷过程逐渐减少，如图（c）所示，阴影部分为蓄能电站提供的事故电量 E_{SRPt}。图（d）表示蓄能电站顶事故一直到时段末。

（2）由于有抽水蓄能电站补充备用容量的投入，收到了以下效果：

1）系统恢复功率平衡历时由图 16-1-1（a）中的 t_1 缩短为图（c）中 t_0，由图（b）中的 1h 缩短为图（d）中的 t_2。

2）系统负荷最大功率损失减少了 C_{SRPt}。

3）系统损失电量减小了 E_{SRPt}。

（3）为了定量计算抽水蓄能电站向系统提供补充旋转备用的经济效益，采用"等效替代法"进行估算，即先计算抽水蓄能电站向系统提供补充旋转备用的情况下（基本方案）的系统年负荷损失电量期望值 $EENS_Y(C_{SRH}+C_{SRT}+C_{SRP})$，然后再计算用增加火电旋转备用容量来替代蓄能电站的情况下（替代方案）的系统年负荷损失电量期望值 $EENS_Y(C_{SRH}+C_{SRT}+\Delta C_{SRT})$，并逐渐加大 ΔC_{SRT}，计算相应的 $EENS_Y(C_{SRH}+C_{SRT}+\Delta C_{SRT})$，当 $EENS_Y(C_{SRH}+C_{SRT}+C_{SRP}) = EENS_Y(C_{SRH}+C_{SRT}+\Delta C_{SRT})$ 时，即认为基本方案与替代方案在减小系统年负荷损失电量期望值方面所起的作用是一致的（未考虑两方案在增荷速度方面的差异）。

（4）计算基本方案和替代方案的年费用，并进行比较。替代方案年费用比基本方案年费用多出的部分即为蓄能电站提供补充旋转备用的效益。

（二）计算成果

---

[1] 合肥工业大学，华东勘测设计院．抽水蓄能电站动态效益评估方法研究。

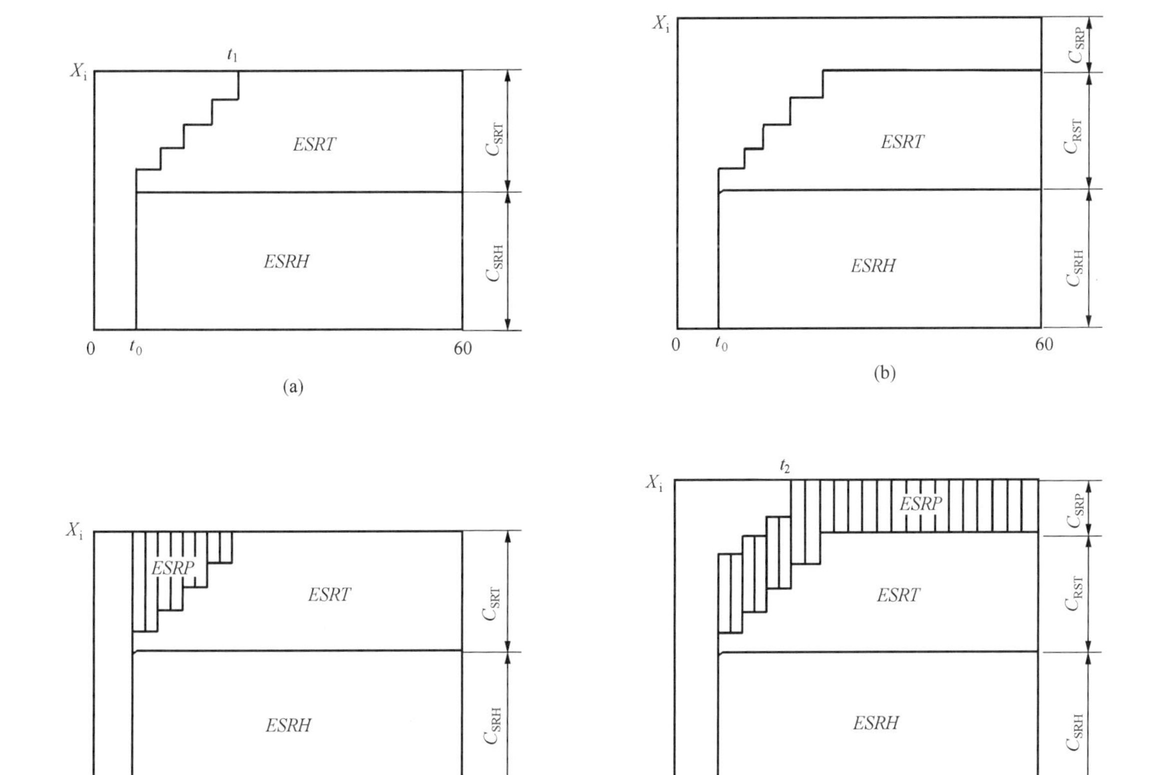

图 16-1-1　系统遇到强迫停运投入旋转备用的情况

（1）基本方案费用计算。

1）年运行费增加。设抽水蓄能电站由于承担补充事故旋转备用任务，使运行费率增加 0.5%，则年运行费增加值为 692.4 万元/a（按 1986 年天荒坪蓄能电站设计数据计算，下同）。

2）事故电量燃料费。取电站综合效率为 0.7，则此项费用为 3.13 万元/a，计算时天荒坪蓄能电站事故响应年发电量取 91.97 万 kW·h，标准煤价为 70 元/t，基荷煤耗率为 0.340kg/（kW·h）。

（2）替代方案费用计算。

1）增加容量投资。火电投资按 1000 元/kW 计，并考虑重复投因素，则此项费用为 2312.2 万元/a，计算时等效的火电旋转备用增量 ΔC_{SRT}取 21.0 万 kW。

2）增加容量年运行费。设火电机组承担事故旋转备用运行，使运行费率增加 0.5%，则此项费用为 735 万元/a。

3）强迫基荷燃料费增加。按所增加的 6 台 T125 机组，每台以 90 MW 带强迫基荷运行，并考虑每台机组每年有 1 个月检修期，则其年发电量为 433620 万 kW·h。

若不增加这批机组，则这些电量可由稳定运行的基荷机组供给，故增加了燃料费用，其数值为 455.3 万元/a。计算时调峰煤耗率取 0.355kg/（kW·h）。

4）增加的 T125 机组事故响应电量燃料费。取其事故响应年电量与抽水蓄能电站相同，则此项费用为 2.29 万元/a。

（3）效益值计算。按天荒坪抽水蓄能电站装机容量计算，其补充旋转备用效益为 15.61 元/（kW·a）。

1.2.4.2　天荒坪抽水蓄能电站提供补充负荷备用效益计算[1]

电力系统的负荷备用，是指为调整系统中短时的负荷波动并承担计划外负荷增加而设置的备用。当某小时系统计划外负荷增加的值，超过了系统已设负荷备用容量中可用于调整计划外负荷的容量，而系统此时又没有别的容量可以投入时，就会出现系统负荷的电量损失。假设在这一小时抽水蓄能电站有空闲容量，那么这部分容量在优先用于补充系统事故备用的条件下，还可以以一定的概率向系统提供补充的负荷备用，承担计划外的负荷增加，减少因负荷预测不确定性带来的负荷电量损失，提高系统供电可靠性。

（一）提供补充负荷备用效益计算

仍采用等效替代法，以逐步增加燃煤火电承担的补充负荷备用容量为等效替代方案，分别计算基本方案和替代方案的电量不足期望值 $EENS_Y$。当两方案的不足电量期望值相等时，即可定出替代方案需要增加的补充负荷备用容量。再用与本章 1.2.4.1 同样的方法计算抽水蓄能电站提供补充负荷备用效益。

（二）计算成果

对于平水年，系统由于预测误差而产生的不足电量期望值为 396 万 kW·h，当天荒坪抽水蓄能电站提供补充负荷备用容量时，可提供的电量为 328 万 kW·h。如果天荒坪抽水蓄能电站不提供此负荷备用电量，系统需要在已设负荷备用容量的基础上再增加 78.75MW 的火电负荷备用容量，据此算得天荒坪抽水蓄能电站提供补充负荷备用效益为 6.47 元/（kW·a）。

1.2.4.3　十三陵抽水蓄能电站动态效益计算[2]

抽水蓄能电站的动态效益，是指其在满足系统调频、调相、旋转备用及提高系统运行可靠性等时所产生的经济效益，其中旋转备用效益占的比重最大，是最重要的动态效益。1995 年 6 月，北京勘测设计研究院、合肥工业大学土木工程系、十三陵抽水蓄能电站筹备处等单位，根据十三陵抽水蓄能电站在京津唐电力系统的运行方式，着重研究了十三陵抽水蓄能电站在不同工况下利用承担静态任务之外的空闲容量提供旋转备用所产生的动态效益。

（一）计算方法

采用概率方法定量分析抽水蓄能电站为系统提供的旋转备用效益。

（1）抽水蓄能电站提供旋转备用的方式。

1）抽水蓄能电站的可用容量优先承担静态任务，当某一时段可用容量承担静态任务有余，即有空闲容量时，便可用来发挥旋转备用效应，产生旋转备用效益。

2）在抽水蓄能电站的全部可用容量中划出一部分用于承担旋转备用，即电站已设有备用容量。这种情况下可以只计算已设备用容量的动态效益，也可既计算已设备用容量的动态效益，又计算空闲容量的旋转备用效益。

研究报告按方式 1）计算电站的旋转备用效益。

（2）用等效替代法计算旋转备用效益。

1）基本方案：利用抽水蓄能电站承担系统静态任务后的空闲容量，以及系统已设其他旋转备用容量。

2）等效替代方案：系统已设旋转备用容量及新增燃煤火电承担旋转备用容量。

首先计算基本方案的系统电量不足期望值 $EENS_Y$ 及抽水蓄能电站所提供的旋转备用电能期望值

---

[1] 合肥工业大学，华东勘测设计院．抽水蓄能电站动态效益评估方法研究。

[2] 北京勘测设计研究院等．十三陵抽水蓄能电站在京津唐电力系统中的优化调芳及经营核算研究报告。

$EEPS_{Y}$，然后用逐步增加火电旋转备用容量的方法计算替代方案的系统电量不足期望值 $EENS'_{Y}$，直至（$EENS'_{Y}-EENS_{Y}$）的绝对值小于或等于允许误差为止，求出火电旋转备用容量增加值 ΔC_{SRT}。由 $EENS_{Y}$ 和 ΔC_{SRT} 分别计算基本方案和替代方案的费用。其中，基本方案费用包括抽水蓄能电站提供旋转备用增加的年运行费及增加的抽水电量燃料费，替代方案费用包括增加火电容量的投资、增加的年运行费、增加的强迫基荷燃料费及增加火电旋转备用年发电量燃料费。

抽水蓄能电站单位千瓦年旋转备用效益为

$$DB_{SRPS}=(\text{替代方案年费用}-\text{基本方案年费用})/NPS$$

式中　DB_{SRPS}——抽水蓄能电站单位千瓦旋转备用效益；

NPS——抽水蓄能电站的装机容量。

（二）计算成果

经计算，各项数据如下：

（1）基本方案

$$EEPS_{Y}=187.6\text{ 万 kW}\cdot\text{h/a}$$

$$EENS_{Y}=1569.9\text{ 万 kW}\cdot\text{h/a}$$

$$\text{年费用}=1103.4\text{ 万元 /a}$$

（2）替代方案

$$EENS'_{Y}=1583.9\text{ 万 kW}\cdot\text{h/a}$$

$$\Delta C_{SRT}=78\text{MW}$$

$$\text{年费用}=5523.4\text{ 万元 /a}$$

十三陵抽水蓄能电站旋转备用效益为 4420 万元/a，按装机容量计为 55 元/（kW・a)。

第二章 抽水蓄能电站经济评价

目前，抽水蓄能电站经济评价主要按照1998年电力工业部颁发的《抽水蓄能电站经济评价暂行办法》（以下简称《办法》）、1999年国家电力公司颁发的《国家电力公司抽水蓄能电站经济评价暂行办法实施细则》（以下简称《细则》）和国家颁发的有关财税政策的要求进行。

2.1 抽水蓄能电站经济评价基本规定

（一）物价体系

（1）国民经济评价。国民经济评价采用现行价格，不考虑物价总水平上涨因素，固定资产投资采用设计概（估）算中的静态投资。

（2）财务评价。分两种情况：当价格水平年为概算编制年时，采用设计编制的概（估）算中的价格，不计价差预备费，固定资产投资采用设计概（估）算中的静态投资；当价格水平年为设计电站建成的年份时，考虑编制年至电站建成年的物价变动，固定资产投资为设计概（估）算中的静态投资与价差预备费之和。

（二）电价体系

采用两部制电价，即电站的发电收入包括容量收入和电量收入，容量收入按容量价格和上网容量计算，电量收入按电量价格和上网电量计算。

（三）计算期

经济评价计算期包括工程建设期和生产期（初期运行期包括在建设期内）。生产期按项目的经济使用年限计。考虑到按折现法计算，20～50年后的净收益折现值较小，一般对经济评价结论不会产生关键性影响，因此规定生产期采用20～50年，建设期和还贷期长的生产期取大值，建设期和还贷期短的生产期取小值。折现基准年采用建设期第一年初。

需要注意的是，在计算期内，如设备使用寿命到期，应安排设备更新投资；当计算期末仍未到达使用寿命时，应计算固定资产余值，将其作为最后一年的项目现金流入处理。

（四）社会折现率

社会折现率是衡量项目经济内部收益率的基准值，是判断项目经济可行性和方案比较的主要依据。其数值由国家定期发布，用以引导投资方向，调控投资规模，促进资金的合理配置，是国民经济评价的重要参数。《办法》和《细则》规定社会折现率采用12%。

（五）电力工业财务基准收益率

电力工业财务基准收益率是衡量项目财务内部收益率的基准值，是判断项目财务可行性的主要依据。《办法》规定，当时电力行业财务基准收益率暂定为：全部投资采用12%，资本金采用15%。在《办法》发布之后，银行贷款利率两次下调，至《细则》发布时，中国人民银行贷款期5年及以上的电力建设贷款年利率已调整为7.56%。因此，《细则》规定电力行业财务基准收益率暂为：全部投资采用10%，资本金采用12%。

（六）费用和效益的计算口径

《办法》和《细则》规定，应遵循费用与效益、收入与支出的计算口径相对应的原则。国民经济评价原则上应计算抽水蓄能电站的全部效益和费用，财务评价只计算抽水蓄能电站的效益和费用中的实际收入和支出。

2006年7月3日，国家发展和改革委员会、建设部印发了《建设项目经济评价方法与参数》(第三版)，公布了新的参数，上述各类内部基准收益率等应按新的参数采用。

以下各节主要根据《办法》和《细则》，以工程实例介绍天荒坪二抽水蓄能电站经济评价的基本内容和方法。

天荒坪二抽水蓄能电站位于浙江省安吉县境内，地处华东电网负荷中心，地理位置优越。电站建成后承担华东电网的调峰、调频、调相、事故备用等任务。电站装机容量2100MW，装设6台单机容量为350MW的混流式水泵水轮发电机组，年发电量35.18亿kW·h，年抽水电量48.86亿kW·h。根据2004年初的价格水平编制项目投资估算，电站静态总投资为559552万元。电站固定资产投资及分年度投资见表16-2-1。

表16-2-1　　天荒坪二抽水蓄能电站固定资产投资及分年度投资

名称＼年度	筹建期	第1年	第2年	第3年	第4年	第5年	第6年	第7年	合计
电站固定资产投资（万元）	25237	61173	66380	106716	117576	98336	71794	12340	559552

2.2　可避免电源方案选择

2.2.1　概述

按照《办法》和《细则》规定，国民经评价评价可采用替代方案法，为此，需要进行替代方案选择；财务评价按两部制电价计算，设计电站的容量价格和电量价格以可避免电源方案的费用为计算依据，为此，需要进行可避免电源方案选择。

可避免电源方案是根据电站所在电力系统电力发展规划确定的负荷水平、负荷特性及电源结构，在同等程度满足设计水平年电力电量和调峰需求的基础上，通过系统电源优化规划选定的替代方案。该替代方案应是除设计方案以外的最优方案。

可避免电源方案的费用是指电网因购置设计电站的容量和电量，从而可避免另建其他电站获得同等容量和电量所支付的费用。

2.2.2　可避免电源方案拟订

为了进行设计水平年调峰电源比较，根据所在电力系统能源资源条件，拟订了抽水蓄能电站(C1)、燃煤电站(M1)、燃气轮机电站(R1)三个比较方案，各方案装机规模采用电站建设必要性及建设规模论证数据，如表16-2-2所示。

表 16-2-2 各方案装机规模 MW

方案	蓄能总装机容量	蓄能新增容量	燃气总装机容量	燃气新增容量	煤电总装机容量
M1	5860	0	19178	0	105566
C1	7960	2100	19178	0	103366
R1	5860	0	21278	2100	103426

2.2.3 比较方法和原则

通过各方案电力系统生产模拟，计算各方案逐年各月典型日运行费和燃料费，进而求出各方案逐年运行费及燃料费，并计算各方案电源投资及其建设期年内分配，最终计算各方案年费用现值，以年费用现值最小为原则优选方案。

2.2.4 计算采用的基本资料

（1）各类电源单位投资，见表 16-2-3。

表 16-2-3 各类电源单位投资及分年投资比例

电 源	单位投资（元/kW）	分年投资比例（%）
抽水蓄能	3000	14、18、18、20、15、15
燃气轮机	3700	10、45、45
煤 电	4100	10、30、40、20

（2）各类电源运行费率等指标，见表 16-2-4。

表 16-2-4 各类电源运行费率等指标

电 源	厂用电率（%）	运行费率（%）	燃料耗率	燃料价格
抽水蓄能	0.4	2.0		
燃气轮机	2.0	3.5	0.202m^3/（kW·h）	1.35 元/m^3
煤 电	6.0	4.0		400 元/t（标准煤）

（3）煤电煤耗指标，见表 16-2-5。

表 16-2-5 煤电煤耗指标

机组单机容量(MW)	基荷煤耗[g/(kW·h)]	微增煤耗[g/(kW·h)]	技术最小出力(%)
600	310	291	60
300	320	296	65
200	353	332	80
100	352	331	70
100 以下	450	423	90

2.2.5　各方案年费用现值

经计算，各方案年费用现值如表 16-2-6 所示。

表 16-2-6　　各方案年费用现值

方　案	年费用现值（亿元）	火电综合调峰幅度（%）	
		8 月	12 月
M1	2885.41	49.16	43.20
C1	2866.70	45.72	39.62
R1	2913.57	48.74	42.59

由表 16-2-6 可知，抽水蓄能方案年费用现值最小，其次是煤电，燃气轮机最大，故选择煤电方案为可避免电源方案。

2.3　国民经济评价

2.3.1　基本原则

（1）国民经济评价应按照资源合理配置的原则，从国家整体利益的角度考察项目的效益和费用，计算分析项目给国民经济带来的净效益，评价建设抽水蓄能电站的经济合理性。

（2）从电力系统整体出发，全面反映抽水蓄能电站在电力系统中的作用和其他各类电站的技术经济特性，充分反映不同类型电站在运行特性（包括技术、经济两方面特性）上的区别。

（3）直接与抽水蓄能电站有关的税金、国内贷款利息和补贴等，均属于国民经济内部的转移支付，不计为项目的费用和效益。国外贷款利息的支付，造成国内资源外流，应计为项目的费用。在财务评价基础上进行国民经济评价时，应剔除在财务评价中已计为效益或费用的转移支付，增加财务评价中未计算的效益和费用。

（4）社会折现率反映国家对资金时间价值的估量，是衡量经济内部收益率的基准，同时也是计算经济净现值等指标的依据。

2.3.2　效益计算

抽水蓄能电站效益计算以替代方案法为主，有条件时也可采用投入产出法。

采用替代方案法计算项目的效益。

设计电站的效益为替代方案的费用，包括替代方案所含电源的投资、运行费用（含燃料费等）。分别计算如下：

（1）替代方案投资。根据可避免电源方案选择结论，替代方案选用煤电电源组合方案，替代方案煤电装机 2200MW（扣除替代方案电源组合中各方案相同的部分），煤电单位投资取 4100 元/kW，静态总投资为 902000 万元。建设期 4 年，分年投资比例为 10%、30%、40%和 20%，分年投资为 90200 万、270600 万、360800 万元和 180400 万元。

（2）替代方案运行费。运行费率取 4.0%，其中固定运行费率占 55%，可变运行费率占 45%。

经计算，替代方案与设计方案相比，系统多耗煤 18.7 万 t/年，在进行国民经济评价时未考虑此项节煤效益。

2.3.3　费用计算

设计方案的费用包括设计方案所含电源的投资、运行费用（含燃料费）等。

（1）投资。采用设计概算成果，电站静态总投资 559552 万元，分年度投资见表 16-2-1。

（2）运行费。运行费包括固定运行费和可变运行费两部分，运行费率取 2.5%。经测算，固定运行费占 75%，可变运行费占 25%。

2.3.4　国民经济评价指标计算

经济内部收益率（EIRR）和经济净现值（ENPV）是国民经济评价的主要评价指标。经济内部收益率等于或大于社会折现率的项目认为是经济的。经济净现值等于或大于零的项目认为是经济的。

经计算，该项目经济内部收益率为 40.61%，大于社会折现率，经济净现值 220464 万元，大于零，因此建设该项目是经济的。国民经济评价指标计算见表 16-2-7。

表 16-2-7　　国民经济评价指标计算（全部投资）　　万元

序号	项目	建设期（含初期运行期）								经营期				合计
		第 1 年	第 2 年	第 3 年	第 4 年	第 5 年	第 6 年	第 7 年	第 8 年	第 9 年	第 10 年	第 11～37 年	第 38 年	
	年末装机容量（MW）	0	0	0	0	0	350	1750	2100	2100	2100	2100	2100	0
	年发电量（万 kW·h）	0	0	0	0	0	15960	159600	341005	351750	351750	351750	351750	11069065
	出厂电量（万 kW·h）	0	0	0	0	0	15641	156408	334185	344715	344715	344715	344715	10847684
1	效益流量（替代方案费用）	0	0	0	0	0	0	0		0	0	0	0	0
1.1	固定资产投资	0	0	0	90200	270600	360800	180400	0		0	0	0	902000
1.2	运行费用	0	0	0	0	0	1637	16371	34978	36080	36080	36080	36080	1135386
1.2.1	固定运行费用	0	0	0	0	0	900	9004	19238	19844	19844	19844	19844	624462
1.2.2	可变运行费用	0	0	0	0	0	737	7367	15740	16236	16236	16236	16236	510924
1.3	燃料费	0	0	0	0	0	0	0		0	0	0	0	0
	小计	0	0	0	90200	270600	362437	196771	34978	36080	36080	36080	36080	2037386
2	费用流量（设计方案）	0	0	0	0	0	0	0		0	0	0	0	0
2.1	全部投资	25237	61173	66380	106716	117576	98336	71794	12340		0	0	0	559552
2.2	运行费用	0	0	0	0	0	635	6347	13561	13989	13989	13989	13989	440213

续表

序号	项目	建设期（含初期运行期）								经营期				合计
		第1年	第2年	第3年	第4年	第5年	第6年	第7年	第8年	第9年	第10年	第11～37年	第38年	
2.2.1	固定运行费用	0	0	0	0	0	476	4760	10171	10492	10492	10492	10492	330167
2.2.2	可变运行费用	0	0	0	0	0	159	1587	3390	3497	3497	3497	3497	110046
	小计	25237	61173	66380	106716	117576	98971	78141	25901	13989	13989	13989	13989	999765
3	净现金流量	−25237	−61173	−66380	−16516	153024	263466	118630	9077	22091	22091	22091	22091	1037621

注　经济内部收益率为40.61%，经济净现值为220464万元。

2.3.5　不确定性分析

国民经济评价中可能变化的主要因素为设计电站及替代电站投资。现对上述因素变化时的影响进行分析，计算成果见表16-2-8。

表16-2-8　　国民经济评价不确定性分析

项　　目		国民经济评价指标	
		经济内部收益率（%）	经济净现值（万元）
基本方案		40.61	220464
敏感性方案	设计电站投资增加10%	34.10	181009
	设计电站投资增加20%	28.25	141554
	替代电站投资减少10%	33.42	158963
	替代电站投资减少20%	25.55	97463
	设计电站投资增加10%、替代电站投资减少10%	27.03	119508

2.4　财务评价

2.4.1　基本原则

（1）财务评价以动态分析为主、静态分析为辅。

（2）财务评价采用现行价格体系为基础的预测价格，当价格水平年为概算编制年时，项目的固定资产投资即为设计投资概算中的静态投资；当价格水平年为设计电站建成年份时，项目的固定资产投资为设计投资概算中的静态投资与价差预备费之和。

（3）上网电价合理体现抽水蓄能电站的容量和电量效益，该电站采用电力市场预测的两部制电价，价格水平年与投资概算一致。

（4）上网电价可按所在电网发布的预测电价计算，当电网未发布预测电价时，可按边际理论采用电力系统的可避免容量成本和电量成本测算设计电站的容量价格和电量价格，该电站采用后者。

2.4.2　资金筹措

该工程建设资金暂由自筹资金及贷款两部分组成，其融资条件如下：

（1）自筹资金占项目总投资的20%，作为资本金参股分红，资本金回报率为8%。

（2）国内银行贷款434075万元，年利率5.76%，贷款偿还期20年。

投资计划与资金筹措详见表16-2-9。

表16-2-9　　**投资计划与资金筹措**　　万元

序号	项　目	1	2	3	4	5	6	7	8	合计
1	总投资	25815	63757	72004	116563	133013	118278	86174	13880	629484
1.1	固定资产投资	25237	61173	66380	106716	117576	98336	71794	12340	559552
1.1.1	电站	25237	61173	66380	106716	117576	98336	71794	12340	559552
1.1.2	专用配套输变电工程投资	0	0	0	0	0	0	0	0	0
1.2	建设期利息（含初期运行期）	578	2584	5624	9847	15437	19592	12980	1190	67832
1.2.1	电站	578	2584	5624	9847	15437	19592	12980	1190	67832
1.2.2	专用配套输变电工程投资	0	0	0	0	0	0	0	0	0
1.3	流动资金	0	0	0	0	0	350	1400	350	2100
2	资金筹措	25815	63757	72004	116563	133013	118278	86174	13880	629484
2.1	资本金	5163	12751	14401	23313	26603	23655	17235	2776	125897
2.1.1	用于流动资金	0	0	0	0	0	70	280	70	420
2.1.2	用于固定资产投资	5163	12751	14401	23313	26603	23585	16955	2706	125477
2.2	借款	20652	51006	57603	93250	106410	94623	68939	11104	503587
2.2.1	长期借款	20652	51006	57603	93250	106410	94343	67819	10824	501907
	其中：本金	20074	48422	51979	83403	90973	74751	54839	9634	434075
	利息	578	2584	5624	9847	15437	19592	12980	1190	67832
2.2.2	流动资金借款	0	0	0	0	0	280	1120	280	1680
2.3	其他短期借款	0	0	0	0	0	0	0	0	0

2.4.3　基础数据

（1）基准收益率。全部投资的财务基准收益率均采用8%，资本金财务基准收益率均采用10%。

（2）计算期。该电站建设期8年（含筹建期，下同），经营期30年，故计算期为38年。

（3）初期运行容量和电量。根据施工总进度安排，第一台机组于建设期第六年9月底投产，第二台机组于第七年2月底投产，第三台机组于第七年6月底投产，以后每隔3个月投入1台机组，至建设期第八年3月底6台机组全部投入运行，其投产容量和电量见表16-2-10，表中厂用电率取2%。

表16-2-10　　初期运行投产容量和电量

项　目	初期运行期			经营期
	第6年	第7年	第8年	第9年
投产容量（MW）	350	1750	2100	2100
投产发电量（亿kW·h）	1.60	15.96	34.10	35.18
厂供电量（亿kW·h）	1.56	15.64	33.42	34.47
抽水电量（亿kW·h）	2.13	21.28	45.47	46.90

2.4.4 费用计算

项目费用主要包括总投资、发电经营成本和各项应纳税金等。

2.4.4.1 总投资

总投资＝固定资产投资＋建设期利息＋流动资金

（1）固定资产投资。固定资产投资采用静态总投资，见表16-2-1。

（2）建设期利息。借款当年按半年计息，其后年份按全年计息，即

本年利息＝（年初借款本息累计＋本年借款本金/2）×年利率

初期运行建设期利息应根据各项水工建筑物及各台机组的投产时间分别计算。

外资和其他借款的建设期利息及承诺费按借款协议规定计算。

经计算，该项目建设期利息为67832万元，详见表16-2-9。

（3）流动资金。可采用已建电站统计资料估算，缺乏资料时可暂按10元/kW估算。

该工程暂按10元/kW估算，为2100万元。其中，自有流动资金占20%，流动资金借款占80%，年利率为5.31%。

2.4.4.2 总成本费用

发电总成本＝发电经营成本＋折旧费＋摊销费（无形资产摊销费＋递延资产摊销费）＋财务费用

经营成本＝修理费＋工资福利及劳保统筹费和住房基金＋保险费＋材料费
＋库区维护费＋库区移民后期扶持基金＋抽水电费＋其他费用

按固定成本和可变成本对电站发电成本进行划分。

固定成本＝折旧费＋摊销费＋财务费用＋固定修理费＋工资福利及劳保统筹费和住房基金
＋保险费＋材料费＋其他费用

可变成本＝可变修理费＋库区维护费＋库区移民后期扶持基金＋抽水电费

（一）固定成本

（1）固定资产折旧费

固定资产折旧费＝固定资产价值×折旧率

固定资产价值＝固定资产投资＋建设期利息－无形资产价值－递延资产价值

折旧率根据《工业企业财务制度》中的固定资产分类折旧年限表分项加权计算，亦可由企业根据需要自行确定。该项目根据电站各项建筑物和机电设备的折旧年限，综合折旧率取5%。无形资产价值和递延资产价值暂不计。

（2）固定修理费

固定修理费＝固定资产价值×固定修理费率

修理费率取 1.5%，其中固定修理费率取 1.2%。

（3）工资、福利、劳保和住房基金等

工资总额＝工资标准×电站编制人数

工资标准为 3.2 万元/（人·a）。电站编制人数按 40 人/台机组，计 240 人，即

职工福利费＝工资总额×14%

劳保统筹费＝工资总额×17%

住房基金＝工资总额×12%

（4）保险费

保险费＝固定资产价值×0.25%

（5）材料费

材料费＝装机容量×材料费定额

材料费定额取 2 元/kW。

（6）其他费用

其他费用＝装机容量×其他费用定额

其中，其他费用定额采用 12 元/kW。

（7）财务费用。主要为生产期内固定资产投资借款和流动借款的利息，即

当年应计利息＝(年初借款本息累计＋当年借款/2)×年利率

（8）摊销费。摊销费为无形资产和递延资产分期摊销，设计阶段可暂不计。

（二）可变成本

（1）可变修理费

可变修理费＝固定资产价值×可变修理费率

可变修理费率取 0.3%。

（2）库区维护费

库区维护费＝厂供电量×0.001 元/（kW·h）

考虑到该工程项目没有库区移民，库区移民后期扶持基金不计。

（3）抽水燃料费

抽水燃料费＝抽水电量×抽水用电煤耗率×标准煤价格

抽水用电煤耗率为 310g/（kW·h），标准煤价格为 400 元/t，按此计算抽水电价约 0.124 元/（kW·h）。

2.4.4.3　税金

项目税金包括增值税、销售税金附加和所得税，其中增值税为价外税。

（一）销售税金附加

销售税金附加包括城市维护建设税和教育费附加，以增值税为基础计征。其中，城市维护建设税税率根据纳税人所在地不同相应选取，教育费附加税率为 3%。该项目这两项税率分别采用 5%和 3%，增值税率为 17%。

计算增值税时，应扣除材料费及修理费中的进项税额，修理费中的进项税额按修理费的 70%计征，即

销售税金附加＝(销售收入×增值税率－进项税额)

×(城市建设维护税率＋教育费附加税率)

(二) 所得税

所得税＝应纳税所得额×所得税率

应纳税所得额＝销售收入－总成本费用－销售税金附加

所得税率为33％。

2.4.5　效益计算

2.4.5.1　上网容量和电量

电网对各电站的财务收入均应按电站实际上网容量和电量结算。

(一) 上网容量

年上网容量＝装机容量×(1－厂用电率)×(1－年检修天数/365)×(1－强迫停运率)

设计电站厂用电容量按装机容量的0.4％考虑，检修容量为6台·月，强迫停运率取3％，则

年上网容量＝2100×(1－0.4％)×(1－30.4/365)×(1－3％)＝1860(MW)

(二) 年上网电量

年上网电量＝优化运行年发电量×(1－厂用电率)

优化运行年发电量为35.18亿kW·h。

2.4.5.2　容量价格测算

电网因购买设计电站上网容量，从而可避免自己为取得峰荷单位容量所必要的费用（可避免容量成本），可作为确定容量价格的依据，以替代方案的固定成本、固定税金和投资利润作为电站容量价值的计算基础。该项目可避免电源方案经电源方案比较，确定为煤电方案。

(一) 替代电站固定资产投资

可避免电源方案煤电装机容量为2200MW，静态总投资为902000万元。固定资产投资也不计价差预备费。

(二) 建设期利息

资本金按总投资的20％计，其余为长期借款，借款年利率为5.76％，据此计算建设期利息。

(三) 流动资金

按固定资产投资的3.5％计，即

可避免电源方案总投资＝固定资产投资＋建设期利息＋流动资金

(四) 替代电站固定成本

固定成本包括折旧费、摊销费、固定修理费、保险费、职工工资及福利劳保住房基金等，各项费率取值如下：

(1) 折旧费。

1) 折旧费＝固定资产价值×折旧率，折旧率为5.5％。

2) 固定资产价值＝固定资产投资＋建设期利息。

(2) 摊销费暂不计。

(3) 固定修理费。固定修理费＝固定资产价值×固定修理费率，固定修理费率为1.25％。

(4) 职工工资福利及劳保统筹和住房基金。

1) 职工工资＝装机容量×职工定员定额×工资定额，职工定员定额为5人/（万kW），工资定额为3.2万元/（人·a）。

2) 福利劳保和住房基金＝职工工资×（福利费率＋劳保统筹费率＋住房基金费率），福利费率为

14%，劳保统筹费率为17%，住房基金费率为12%。

(5) 保险费。保险费=固定资产价值×保险费率，保险费率为0.25%。

（五）替代方案固定税金

固定税金主要为以增值税为基数计算的销售税金附加，主要为城市维护建设税和教育费附加。城市维护建设税率取5%，教育费附加税率取3%。

（六）替代方案投资利润

(1) 投资利润按替代方案的总投资及基准投资利润率计算。

(2) 投资利润=总投资×资金利润率，资金利润率取8%。

（七）容量价格

(1) 容量价值=替代方案容量费用×调价系数。

(2) 考虑蓄能电站与替代电站在厂用电，开、停机灵活性及增荷速率等方面的差别，调价系数一般取1.1。

(3) 容量价格=容量价值/设计电站上网容量。

经计算，以可避免电源方案容量总成本为计算依据的容量价格为840元/kW，详见表16-2-11。考虑火电站与蓄能电站在厂用电，开、停机，跟踪负荷变化及强迫停运等方面的差别，取调价系数$K=1.1$，据此容量价格调整为924元/kW。

2.4.5.3 电量价格测算

电网因购买设计电站上网电量，从而可避免自己为取得峰荷单位电量所必要的费用（可避免电量成本），可作为确定电量价格的依据。以替代电站的可变经营成本、与发电量有关的燃料费、可变税金作为设计电站的电量价值。电量价值与抽水蓄能电站上网电量的比值即为其电量价格。

（一）替代方案可变成本

可变成本包括可变修理费、材料费、其他费用、水费、燃料费等。

可变修理费=固定资产价值×可变修理费率

可变修理费率为1.25%。

材料费=材料费定额×设计电站发电量×(1-设计电站厂用电率)/(1-火电站厂用电率)

材料费定额取3.33元/(MW·h)，设计电站厂用电率取2%，火电站厂用电率取6%。

其他费用=其他费用定额×设计电站发电量×(1-设计电站厂用电率)/(1-火电站厂用电率)

其他费用定额取5.5元/(MW·h)。

水费=水费定额×设计电站发电量×(1-设计电站厂用电率)/(1-火电站厂用电率)

水费定额取0.72元/(MW·h)。

燃料费=可避免电源方案系统燃料费-设计电源方案系统燃料费+设计电站燃料费

设计电站燃料费=设计电站抽水电量×抽水用电煤耗率×标准煤单价

抽水用电煤耗率取310g/(kW·h)，标准煤价格取400元/t。

（二）附加税

增值税额=电量销售收入×增值税率-进项税额

进项税额=(材料费+可变修理费×70%)×增值税率/(1+增值税率)

计算增值税时，应扣除燃料费材料费及可变修理费的进项税额，修理费中的进项税额按修理费的70%计征，即

附加税额=增值税额×(5%+3%)

（三）电量价格

电量价值＝可变成本＋附加税

电量价格＝电量价值/设计电站年出厂电量

经计算，电量价格为 0.222 元/（kW·h），详见表 16-2-11。

表 16-2-11　　容量价格、电量价格计算

序号	项　目	单　位	数　值	备　注
1	替代方案指标			
1.1	装机容量	MW	2200	
1.2	静态投资	万元	902000	
1.3	价差预备费	万元	0	
1.4	固定资产投资	万元	902000	
1.5	建设期利息	万元	76219	
1.6	固定资产价值	万元	978219	
1.7	流动资金	万元	31570	
1.8	总投资	万元	1009789	
2	容量价格测算			
2.1	固定成本	万元	73509	
2.1.1	折旧费	万元	53802	
2.1.2	固定修理费	万元	12228	
2.1.3	职工工资	万元	3520	
2.1.4	劳保福利等	万元	1514	
2.1.5	保险费	万元	2446	
2.1.6	摊销费	万元	0	
2.2	投资利润	万元	80783	
2.3	固定税金	万元	2026	
2.3.1	附加税	万元	2026	
2.4	容量价值	万元	156318	
	容量价值（调价后）	万元	171950	
2.5	设计电站上网容量	MW	1860	
2.6	容量价格	元/（kW·a）	840	
	容量价格（调整后）	元/（kW·a）	924	
3	电量价格测算			
3.1	可变成本	万元	76309	
3.1.1	可变修理费	万元	12228	
3.1.2	材料费	万元	1221	
3.1.3	燃料费	万元	60579	

续表

序号	项　　目	单　位	数　值	备　注
3.1.4	水费	万元	264	
3.1.5	其他费用	万元	2017	
3.2	可变税金	万元	223	
3.2.1	附加税	万元	223	
3.3	电量价值	万元	76532	
3.4	设计电站出厂电量	万 kW·h	344715	
3.5	电量价格	元/（kW·h）	0.222	

2.4.5.4　年发电收入

以测算的容量价格和电量价格为基础，根据电站不同经营方式计算电站年发电收入。

（1）租赁方式。电站由租赁者租赁，租赁者以租赁的方式支付电站全部发电收入。电站按调度安排发电和抽水，其年收入为租赁费。

（2）定费结算方式。电网每年固定支付电站容量收入，电量收入按协议的电量价格和每年实际的运行记录结算。电站根据电网调度命令安排发电和抽水。抽水电费按上网协议确定的价格支付。电站年收入分两部分：固定收入按容量价格计，变动收入按电量价格计。

（3）电量竞争上网方式。电网每年固定支付电站容量收入，电量收入按竞争上网的电量价格和实际的运行记录结算。电站的电力按协议上网，而电量竞争上网。抽水安排和抽水电价由电网和电站在运行当天协商。电站年收入分两部分：固定收入按容量价格计，变动收入按竞争上网的电量价格计。

（4）协议结算方式。电站电力和电量都按协议议定的数量和价格上网。可以用两部制电价，也可用电量一部制电价结算。

（5）电网统一经营方式。电站完全由电网调度和经营，电网负责电站的还贷、运行成本、税金等各项支出，并支付电站投资方一定的利润回报，电站只相当于电网的运行车间。

（6）其他方式。

本案例采用定费结算方式计算电站年发电收入，即

固定收入＝容量价格×上网容量

变动收入＝电量价格×出厂电量

经前述计算，容量价格取 924 元/kW，电量价格取 0.222 元/（kW·h）。以此作为以下各项财务评价计算的依据。

正常运行后设计电站年发电收入为 248391 万元。

2.4.6　清偿能力分析

2.4.6.1　还贷资金

项目的还贷资金主要为还贷利润、还贷折旧费和摊销费。

（1）还贷利润

还贷利润＝税后利润－盈余公积金－公益金－应付利润

税后利润＝利润总额－所得税

利润总额＝发电销售收入－发电总成本－销售附加税

盈余公积金、公益金分别按税后利润的10%和5%计算。

应付利润为支付给投资者的红利、股息等。本项目按年末资本金累计的8%计。

（2）还贷折旧

还贷折旧＝折旧费×折旧还贷比例

本项目折旧还贷比例取100%。

（3）摊销费用于还贷的比例同折旧，本项目暂不计。

2.4.6.2　借款还本付息计算

借款偿还期＝借款偿还开始出现盈余年份－开始借款年份
＋当年偿还借款额/当年可用于还款的资金额

《抽水蓄能电站经济评价暂行办法》提出了借款偿还的3种方式，即等本金偿还（等额还本，利息照付）、等本息偿还和按能力偿还。本项目按等本金偿还（等额还本、利息照付）方式进行还本付息计算，详见表16-2-12。借款偿还期为20年。

表16-2-12　　财务指标汇总

序号	项　　目	单　位	指　标	备　注
1	总投资	万元	629484	
1.1	固定资产投资	万元	559552	
1.2	建设期利息	万元	67832	
1.3	流动资金	万元	2100	
2	上网综合电价		0.714	
2.1	上网容量价格	元/kW	924	
2.2	上网电量价格	元/（kW·h）	0.215	
3	发电销售收入总额	万元	7740710	
4	总成本费用总额	万元	3175072	
5	销售税金附加总额	万元	105265	
6	发电利润总额	万元	4460373	
7	盈利能力指标			
7.1	投资利润率	%	21.87	
7.2	投资利税率	%	29.04	
7.3	资本金利润率	%	109.34	
7.4	全部投资财务内部收益率	%	16.44	所得税后
7.5	全部投资财务净现值	万元	476003	i_c=8%
7.6	资本金财务内部收益率	%	33.41	所得税后
7.7	资本金财务净现值	万元	358345	i_c=10%
7.8	投资回收期	年	10.77	所得税后
8	清偿能力指标			
8.1	借款偿还期	年	20	
8.2	资产负债率	%	80.00	最大值

2.4.6.3　资金平衡分析

计算表明，该项目第一台机组投产后，每年均有盈余资金。整个计算期累计盈余资金为 2788615 万元。

2.4.6.4　资产负债分析

$$资产负债率 = 负债合计/资产合计$$

$$资产合计 = 负债合计 + 权益合计$$

计算表明，该项目负债率最高为 80%，但机组投产后资产负债率很快下降，还清固定资产投资借款本息后资产负债率很低，约为 0.1%。

2.4.7　盈利能力分析

盈利能力分析主要计算指标为财务内部收益率和投资回收期；同时，根据项目的实际需要，也可计算财务净现值、投资利润率、投资利税率和资本金财务内部收益率。

（一）财务内部收益率

财务内部收益率（*FIRR*）是衡量项目财务是否可行的主要动态指标，是在计算期内各年净现金流量现值累计等于零时的折现率，分财务内部收益率全部投资财务内部收益率和资本金财务内部收益率，按下列公式计算，即

$$\sum_{t=1}^{n}(CI-CO)_t(1+FIRR)^{-t}=0$$

$$\sum_{t=1}^{n}(CI'-CO')_t(1+FIRR')^{-t}=0$$

式中　$FIRR$——全部投资的财务内部收益率；

CI——现金流入量（包括销售收入、回收固定资产余值、回收流动资金等）；

CO——现金流出量（包括固定资产投资、流动资金、经营成本、销售附加税等）；

$(CI-CO)_t$——第 t 年全部投资的净现金流量；

n——计算期；

$FIRR'$——资本金的财务内部收益率；

CI'——现金流入量，同 CI；

CO'——现金流出量（包括资本金、借款本金偿还、借款利息支付、经营成本、销售税金附加税等）；

$(CI'-CO')_t$——第 t 年资本金的净现金流量。

（二）投资回收期

投资回收期是指项目的净收益抵偿全部投资（固定资产投资、经营成本、税金和流动资金）所需的时间，为静态指标，按下式计算

$$投资回收期(P_t)=累计净现金流量开始出现正值的年份-1+\frac{上年累计净现金流量绝对值}{当年净现金流量}$$

（三）财务净现值

财务净现值（*FNPV*）是衡量项目盈利能力的动态指标，是按行业基准收益率计算的计算期内各年净现金流量折现到建设期初的现值之和，按下式计算

$$FNPV=\sum_{t=1}^{n}(CI-CO)_t(1+i_c)^{-t}$$

$$FNPV'=\sum_{t=1}^{n}(CI'-CO')_t(1+i_z)^{-t}$$

式中 $FNPV$、$FNPV'$——全部投资和资本金财务净现值；

i_c、i_z——行业基准财务收益率和资本金回报率。

（四）投资利润率

投资利润率是衡量项目盈利能力的静态指标，是项目达到设计生产能力后正常生产年份的年利润额与项目投资的比率，即

$$投资利润率=\frac{年利润总额(或年平均利润总额)}{项目总投资}\times 100\%$$

（五）投资利税率

投资利税率是项目达到设计生产能力后正常生产年份的年利税额与项目投资的比率，即

$$投资利税率=\frac{年利税总额(或年平均利税总额)}{项目总投资}\times 100\%$$

（六）资本金利润率

资本金利润率是项目达到设计生产能力后正常生产年份的年利润总额与项目资本金的比率，是衡量资本金盈利能力的指标，即

$$资本金利润率=\frac{年利润总额(或年平均利润税总额)}{资本金}\times 100\%$$

经计算，本项目全部投资财务内部收益率为16.44%，大于财务基准收益率；全部投资财务净现值为475804万元；投资回收期为10.77年，小于贷款偿还期；资本金财务内部收益率为33.40%，资本金财务净现值为358197万元。项目财务评价可行。

该项目投资利润率为21.86%，投资利税率为29.11%。

2.4.8 财务报表编制

财务评价涉及9张报表，分别为：

(1) 固定资产投资估算表。

(2) 投资计划和资金筹措表。

(3) 发电成本估算表。

(4) 损益表。

(5) 借款还款付息计算表。

(6) 资金来源与运用表。

(7) 财务现金流量表（全部投资）。

(8) 财务现金流量表（资本金）。

(9) 资产负债表。

为了节省篇幅，该案例略掉上述表格，有兴趣者可参阅有关电站的财务评价。

2.4.9 不确定性分析

该项目的不确定因素主要有电站的固定资产投资、上网容量、容量价格、电量价格、全部投资财务

内部收益率、抽水电价等，对可能出现的各种因素变化进行不确定性分析，以评估该项目的抗风险能力。财务评价不确定性分析成果见表16-2-13。

表16-2-13　财务评价不确定性分析

项目		财务内部收益率（%）		抽水电价[元/(kW·h)]	上网电价		
		全部投资	资本金		容量价格(元/kW)	电量价格[元/(kW·h)]	综合电价[元/(kW·h)]
基本方案		16.44	33.40	0.124	924	0.222	0.721
敏感性方案	电站投资增加10%	15.33	30.38	0.124	924	0.222	0.721
	上网容量减少10%	15.27	30.37	0.124	924	0.222	0.671
	容量价格降低10%	15.27	30.37	0.124	832	0.222	0.671
	抽水电价提高至0.20元/（kW·h）	13.80	26.38	0.200	924	0.222	0.721
	全部投资财务内部收益率8%	8.00	10.52	0.124	365	0.222	0.419
	全部投资财务内部收益率8%、抽水电价0.2元/（kW·h）	8.00	10.41	0.200	565	0.222	0.527
	全部投资财务内部收益率10%	10.00	15.75	0.124	475	0.222	0.478
	全部投资财务内部收益率10%、抽水电价0.2元/（kW·h）	10.00	15.64	0.200	675	0.222	0.586
	按天荒坪蓄能电站价格	8.53	11.77	0.183	470	0.264	0.518

注　表中上网电价和抽水电价均不含增值税。

2.5　综合评价

2.5.1　国民经济评价指标优越

该项目工程单位静态总投资仅为2665元/kW，投资指标较好，与煤电相比可节约电源建设投资342448万元（静态），替代系统煤电装机容量2200MW，并可为电网节省一定运行费用。

根据国民经济评价结果，项目经济内部收益率达40.61%，远大于社会折现率12%；经济净现值220464万元，远大于0。

项目的不确定性分析结果表明，即使发生项目投资增加10%或20%、替代煤电投资减少10%或20%、项目投资增加10%同时替代煤电投资减少10%这些不利因素，项目的经济内部收益率仍大于12%，表明该项目的抗风险能力较强，建设该工程在经济上是可行的。

2.5.2　财务评价指标可行

按可避免电源方案的费用定价，该蓄能电站的容量价格为924元/kW，电量价格为0.222元/(kW·h)，折算成一部制上网电价则为0.721元/(kW·h)(不含税)。据此计算，项目全部投资财务内部收益率和资本金财务内部收益率分别为16.44%和33.40%；贷款偿还期20年，满足还贷要求；投资回收期10.77年，投资利润率21.86%，投资利税率29.11%，资本金利润率109.31%。资产负债率很低，财务指标优越。

按全部投资财务内部收益率为8.0%进行测算，当抽水电价为0.124元/（kW·h）时，该电站的一部制上网电价为0.419元/（kW·h）；当抽水电价为0.20元/（kW·h）时，该电站一部制上网电价为0.527元/（kW·h）（均不含税）。若按某蓄能电站现行抽水电价0.183元/（kW·h）、容量价格470元/kW及电量价格0.264元/（kW·h）的条件来定价，则该电站的一部制上网电价为0.518元/（kW·h）（不含税），均低于该电站所在电网现行大工业用户和普通工业用户的尖峰电价［0.869～1.239元/（kW·h）］和高峰电价［0.627～0.858元/（kW·h）］，表明该电站的上网电价完全可以被市场接受。

不确定性分析表明，该项目具有较强的财务竞争能力、清偿能力及抗风险能力。财务评价指标表明，该项目在财务上也是可行的。

2.5.3　社会效益显著

（1）该抽水蓄能电站建成后将承担所在电网的调峰、调频、调相及旋转备用等任务，在提高电网的供电质量、保障电网运行安全等方面将起到重要的作用。

（2）该抽水蓄能电站装机容量2100MW，每年可为电网提供35.18亿kW·h尖峰及高峰电量，节省系统燃煤消耗18.7万t，从而减少火电的废气、烟尘排放量，减轻环境污染，具有一定的环境效益。

（3）兴建该项目可促进当地建筑业、建材业和第三产业的发展，促进地方基础设施建设，活跃地区商品市场，增加地方就业机会，对地区国民经济发展作出贡献。

综上所述，该抽水蓄能电站在经济上是合理的，财务上是可行的，且具有一定的社会效益，是一个好的大型调峰电源点。它的兴建，将对促进地区经济发展起到积极的推进作用。

第三章

抽水蓄能电站经营模式

3.1 国内外抽水蓄能电站经营核算方式

3.1.1 国外抽水蓄能电站经营核算方式

国外抽水蓄能电站经营核算方式主要有电网公司统一经营核算方式和电源公司独立经营核算方式，其中电源公司独立核算经营方式还可分为租赁经营核算方式和独立经营核算方式。

3.1.1.1 电网公司统一经营核算方式

由电网公司投资建设，电站建成后由电网公司统一调度、统一经营。电站资产属于电网公司，电站本身不具备企业法人资格，不对外开展经营活动。如法国的大屋（Grand Maison）抽水蓄能电站，装机容量1800MW，由法国电力公司投资建设，1987年建成投产，其产权属法国电力公司（EDF）。该电站没有独立经营权，完全按照EDF的调度要求进行抽水、发电运行，EDF也统一负责电站的成本、还本付息、利润和税收等开支以及对电站的运行进行考核。

扎肯斯堡抽水蓄能电站，电站产权属于Eskom电力公司。该公司为南非最大的一家电力企业，可满足南非所需电量的97%。为了打破市场的垄断局面，Eskom近年决定增收过网费，秉着经济调度的原则，把发电、变电、供电各生产环节推向市场。扎肯斯堡电站同网内其他电厂一样参与市场竞争，但无独立经营权，不设企业法人。扎肯斯堡抽水蓄能电站装机容量1000MW，由于电网容量过剩，其主要作用是事故备用并为水利部门抽水，很少参与调峰。

电网调度秉着经济性原则，发电成本低的电厂优先调度。电厂根据自己的年度生产计划，每天向电网呈报第二天的计投容量。电网对电厂付费包括容量和电量费两种。电站的容量收入（固定容量收入和约定容量收入）用于折旧和资产收益开支，电量收入（固定电量收入和浮动电量收入）用于运行维修和利润开支。扎肯斯堡抽水用电不计电费，水利部门除每月向电网支付46.8万兰特的供水费用以外，还要按0.148兰特/（kW·h）的标准计缴电费。机组调相运行收入等于其约定容量收入的15%。

日本由十个电力公司所建的抽水蓄能电站采用内部核算模式，日本十个电力公司均是发、输、配、售一体的体系结构，其拥有大量发电资产，包括抽水蓄能电站。由于已按总资产核定了电力公司总收入，电站作为电力公司内部下属单位，实行的是内部核算模式。

美国的大部分抽水蓄能电站也是由电网公司投资建设，由电网公司统一调度运行及经营核算。

3.1.1.2 电源公司独立经营核算方式

由电源公司投资建设，电站建成后由电源公司进行经营管理。通常组建股份制企业，负责筹集建设资金及电站建设，电站建成后的运营核算方式有以下两种。

（一）竞价上网

电站建成后参与电力市场竞争，按竞争规则上网运行，收取竞价电费。电站的贷款偿还、运行成本支付、税金缴纳和利润分配均由电源公司负责。电源公司具有法人地位，是电力市场的独立经营企业。

国外采用独立核算方式竞价上网的典型例子为英国迪诺威克抽水蓄能电站。该电站1984年投运，装机容量1800MW，系国家投资兴建，资产隶属国家电力局（CEGB）。1991年英国电力实行私有化后，该电站作价12亿英镑由私营的国家电网公司进行管理。迪诺威克抽水蓄能电站以承担电网的调峰填谷与动态服务为主。英国的电厂实行统调竞争机制，根据各电厂（包括法国送电）电价的高低和机组保证率来决定每天由哪些机组投运，担任基荷的电厂只能报一个电价，而调峰电厂除电价外还可增报启动价与空载价。在电力供大于求的情况下，只有优质低价电厂才有发电机会。而蓄能电厂由于其价格低廉和性能优越，常在竞争调峰运行机会中获胜。1993年，迪诺威克抽水蓄能电站发电量为10亿kW·h，连同动态服务，营业收入1.6亿英镑，减去抽水电费8000万英镑和运行成本后，盈利4400万英镑。

1995年，该电站被美国EDSION公司收购，收购价格为6亿英镑。抽水蓄能电站的主要作用为调峰、填谷并为电网提供调频、调相及备用等辅助服务。抽水蓄能电站的收益来自以下三个方面：

（1）调峰：在新的电力市场（NETA）中实行竞价上网。目前，迪诺威克电站竞价上网的成功率高达80%，调峰电力销售收入占整个电站收入的1/3左右。

（2）辅助服务：收入占整个电站收入的1/3左右，包括黑启动每年收入100万英镑。

（3）填谷：对夜间低负荷时段进行抽水填谷，减少其他电站的启停次数，保证电网的安全、稳定、经济运行。抽水蓄能电站的填谷效益占整个电站收入的1/3左右。

经介绍，迪诺威克抽水蓄能电站年盈利额为1亿英镑，效益可观。

（二）租赁经营

电源公司将电站租给电网公司调度使用，向电网公司收取租赁费，电网公司对电站进行运行指标考核。电站的贷款偿还、运行成本支付、税金缴纳和利润分配由电源公司负责。

租赁核算方式在国外也比较普遍。例如，日本电源开发公司建设和经营的抽水蓄能电站，全部采用租赁经营模式。电力公司在租赁协议中，明确租赁费用、电站运行责任、电网调度要求等，租赁费的支付与考核挂钩。租赁费作为电力公司购电费的一部分，在销售价格中明确。抽水蓄能电站的利润率为6%。

再如卢森堡万丹抽水蓄能电站（装机容量1000MW），该抽水蓄能电站由组建于1951年的奥沃电力公司（SEO）负责建设和经营。电站的股东有三家，即卢森堡、德国RWE及其余小股东，分别拥有40.3%、40.3%和19.4%的股份。三方协议规定，万丹电站并入RWE电网，RWE保证通过220kV输电线路向卢森堡提供其所需电量的95%，协议有效期为99年。RWE是德国最大的一家电力公司，实行发、供电一条龙服务，其电网覆盖德国本土面积的20%，市场占有率超过30%。

德国几乎没有独立经营的抽水蓄能电站，这类电站由电网调度使用，电站的各项开支由电网根据协议每年预付，预付金额中包含电站的包干利润和备用金，与实发电量无关。1993年，万丹电站调峰发电3.938亿kW·h，抽水用电5.49亿kW·h，调相用电0.501亿kW·h，电站自用0.098亿kW·h，提供无功11.224亿kvar·h，吸收无功0.324亿kvar·h。

卢森堡全国所需电量几乎全部经SEO从德国RWE购入，RWE每年应付SEO的租赁费，除满足电站的运行维修、建设资金还贷、股东分红、资本开支和纳税外，还保证SEO每年有一定的盈余。

其他的再如德国南部的斯洛施贝克（Schluchseewerk AG）公司的抽水蓄能电站（装机容量1840MW）等，也采取租赁核算方式，均取得良好的经济效益。

由于国外的电力市场比较完善，运行调度比较合理，不仅使抽水蓄能电站的各项功能得到较好发挥，而且在财务收益上能得到相应回报，上述几种运营模式均取得了成功。

国外抽水蓄能电站经营核算方式统计见表16-3-1。

表16-3-1　　国外抽水蓄能电站经营核算方式统计

方式 典型代表	发电企业独立经营		电网统一经营	备　注
	卖电	租赁		
英国迪诺威克	√			1. 发电企业独立经营 1.1　卖电（含容量、电量及服务） （1）法人身份——电站拥有者； （2）参与市场竞争——竞价上网； （3）经营者——电站拥有者； （4）调度者——电网； （5）建设者——电源公司。 1.2　租赁 （1）法人身份——电站拥有者； （2）不参与市场竞争； （3）经营者——电站拥有者； （4）调度者——电网； （5）建设者——电源公司。 2. 电网公司统一经营 （1）法人身份——电网公司； （2）不参与市场竞争； （3）经营者——电网公司； （4）调度者——电网公司； （5）建设者——电网公司
日本（10个电力公司）			√	
日本（独立电源开发商）		√		
卢森堡万丹		√		
德国各电站			√	
法国大屋、扎肯斯堡			√	
美国小部分	√			
美国大部分（91.33%）			√	

3.1.2 国内已建抽水蓄能电站经营核算方式

3.1.2.1 抽水蓄能电站经营核算方式类型

从目前的实际情况看，我国抽水蓄能电站主要有电网公司独资建设、电网公司控股建设及其他投资方投资建设三种建设体制。抽水蓄能电站主要有电网统一经营和电站独立经营两种经营核算方式，其中电站独立经营核算方式有租赁经营、委托经营和自主经营三种模式。

（一）电网统一经营核算方式

电网独资建设的抽水蓄能电站作只为电网公司的一个“车间”来运行和管理。在这种管理模式下，抽水蓄能电站只是电网公司的一个分公司，没有独立的法人资格，没有独立的财产，不独立享受权利和承担义务。其经营所得归属电网公司，在运行上完全按电网调度进行，在财务上完全由电网公司控制和监督，其经营风险与责任也完全由电网公司承担，抽水蓄能电站可在电网公司授权的范围内以自己的名义进行业务活动。

电网主要通过启动成功率、等效可用系数和电压稳定等指标对抽水蓄能电站进行考核与管理。抽水蓄能电站的主要任务就是满足电网的运行需求，如调峰、填谷、调频、事故备用及黑启动等；电站工作的主要职责就是做好机组的运行、检修及维护等工作；同时按照电网的财务考核办法，管理用好所有费用。十三陵抽水蓄能电站就是采用这种经营核算方式。

（二）电站独立经营核算方式

按照国家《公司法》的要求，成立独立的抽水蓄能电站有限责任公司，由集资各方组建董事会，集资各方按照出资金额的比例分享权利与义务。抽水蓄能电站公司为项目法人，负责建设和建成后的经营管理与还贷。电站按照每年为电网提供的电力电量和核定的上网电价，核算电站的财务收入。

电站独立经营核算方式有租赁经营、委托经营和自主经营三种模式。

（1）租赁经营模式。抽水蓄能电站公司为项目法人，负责建设和建成后的经营管理与还贷。电站建成后租赁给电网公司运营，电网公司支付给抽水蓄能公司租赁费，电站的所有权和经营权分离。抽水蓄能电站由电网统一调度，其租赁费进入电网公司成本，由电网公司承担。蓄能电站和电网公司的关系为租赁合同关系。广州抽水蓄能电站就是采用租赁经营的模式。

（2）委托经营模式。抽水蓄能电站经公司权力机关决定，委托给电网企业经营。抽水蓄能公司一般将蓄能电站的有关电价方案、电能购销、生产经营等事务全权委托给电网经营企业负责。受委托的电网经营企业可根据电网运行情况统一安排抽水蓄能电站的发电计划，并按国家批准的电价（含容量电价、电量电价），向电网提供可用容量、电量服务并获得收益。天荒坪抽水蓄能电站采用的是两部制电价，委托电网企业经营。

（3）自主经营模式。抽水蓄能电站公司为项目法人，负责建设和建成后的经营管理与还贷。电站建成后根据电网要求安排发电，并按主管部门批准的电价进行结算。例如，宁波溪口和响洪甸抽水蓄能电站均采用单一电量定价方式。

3.1.2.2　国内抽水蓄能电站经营核算方式现状

如前所述，我国十三陵抽水蓄能电站采用的是电网统一经营核算方式，广州、天荒坪等抽水蓄能电站采用的是电站独立经营核算方式，下面具体介绍上述三座大型抽水蓄能电站的经营核算方式现状。

（一）十三陵抽水蓄能电站

十三陵抽水蓄能电站装机容量为4×200MW。电站4台机组已分别于1995年12月、1996年6月、1996年12月、1997年6月投入运行。电站供电范围主要为北京地区，是京津唐电网已建成的第一座大型纯抽水蓄能电站。

十三陵抽水蓄能电站是由北京市和华北电网共同出资兴建，当时没有资本金的规定，电站建设资金全部为贷款。十三陵抽水蓄能电站总投资37.37亿元，其中内资28.85亿元，由北京市和华北电网各承担50%；外资130亿日元。目前，北京市政府投资按贷款处理，内资约在2008年全部还清，外资预计在2021年全部还清。十三陵抽水蓄能电站年运行总成本在4亿～4.5亿元，包括材料费、检修维护费、管理费、折旧费、财务费用、职工工资和更新改造等费用，不含抽水电费。目前，十三陵抽水蓄能电站上网电价为原国家发展计划委员会批复的0.8元/（kW·h）。十三陵抽水蓄能电站的经营模式为电网统一经营，即由华北电网对电站进行统一调度的同时，也对电站的财务核算进行统一管理，电站的成本、还贷付息和税收等，由电网统一支付。

十三陵抽水蓄能电站就是华北电网中的一个生产车间，其一切均纳入华北电网统一管理。目前，华北电网对十三陵抽水蓄能电站的财务管理主要体现在对材料费、检修维护费、管理费等几个关键指标的考核上。以前考核的指标还包括发电量，但由于抽水蓄能电站的特殊功用，电站在电网中的发电量变化较大，因此现不作为考核指标。在运行方面，电网对电站的管理主要体现在机组可用率、等效可用系数、电压稳定等指标的考核上。

（二）广州抽水蓄能电站

广州抽水蓄能电站为日调节运行的纯抽水蓄能电站，总装机容量为8×300MW，分两期建设。电站一期装机容量1200MW，有4台机组，单机容量300MW，全部机组于1994年3月投产发电；二期首台机组于1998年4月6日并网运行，2000年3月14日两期工程（8×300MW）全部竣工。该电站的主要任务是调峰及配合大亚湾核电站安全、经济运行，以保证系统供电质量。电站除调峰、填谷外，还承担系统的事故备用、稳定系统电压以及作特殊负荷运行。

广东蓄能发电有限公司的股东方为中国南方电网有限公司（股份为54%）、国投电力公司（股份为

23%)、广东核电集团有限公司（股份为23%）。该公司负责广州抽水蓄能电站的筹资、工程建设、生产营运和还贷等工作。电站一、二期总投资66亿元，其中资本金8.3亿元。

根据原国家发展计划委员会的批示，一期电站与香港中华电力公司合作建设，中华电力有限公司参股的香港抽水蓄能发展公司以投资购买方式与中方合作，享有600MW容量使用权。

广州抽水蓄能电站采用独立经营核算方式，其经营管理模式采用租赁经营的管理模式。一期工程中方享有的600MW容量由广东电网公司和广东核电集团公司各支付1000万美元的租赁费，蓄能电站交给广东电网公司调度使用，并配合大亚湾核电站运行，公司不再根据发电量结算。电网公司对电站实行运行指标考核。考核指标包括发电启动成功率、抽水启动成功率、等效可用率、强迫停运率、跳机次数、非计划检修率等。

广州抽水蓄能电站（一期）投产已有十多年，2000万美元的租赁费一直维持不变，而蓄能电站的运行维护费逐年上升。特别是近几年来，由于电网调峰任务繁重，蓄能机组启动频繁（比国外蓄能机组启动次数高出1倍），使机组磨损加速，技术改造和修理费用大幅增加。

2000年，广州抽水蓄能电站（二期）投入商业运行，继续采用上述经营模式（改名为加工服务费），每年加工服务费约5亿元人民币，由广东电网公司承担。

广州抽水蓄能电站的租赁费是根据个别成本计算的，租赁费由贷款本息偿还、发电成本、税金及合理利润等部分组成。单位装机容量每年的租赁费为：一期为277元/(kW·年)(含营业税)，二期为442～413元/(kW·年)(含营业税)。

广东蓄能发电有限公司过去5年的收益率见表16-3-2。

表16-3-2　　广东蓄能发电有限公司过去5年的收益率　　%

年　份	2001	2002	2003	2004	2005
净资产收益率	3.21	3.92	3.68	4.27	2.92
总资产报酬率	4.87	4.81	4.77	4.35	3.97

（三）天荒坪抽水蓄能电站

天荒坪抽水蓄能电站地处华东负荷中心，1998年9月30日第一台机组正式投产，2000年12月25日电站6台机组全部投入运行，装机容量为1800MW。

天荒坪抽水蓄能电站是按照国家关于鼓励多家办电、集资办电的精神，由原华东电力集团公司、上海申能股份有限公司、江苏省投资公司、浙江省电力开发公司、安徽省投资公司按5/12、1/4、1/6、1/9、1/18的投资比例共同投资建设的华东地区第一座大型抽水蓄能电站。1998年7月成立华东天荒坪抽水蓄能有限责任公司，负责生产经营。

根据最新的竣工结算资料，天荒坪抽水蓄能电站的建设总投资共62.76亿元，比总概算73.76亿元节约11亿元。

天荒坪抽水蓄能电站采用独立核算方式。电站采用委托电网公司经营管理的模式，由华东电网公司根据电网运行情况统一安排电站的抽水和发电计划。此种模式对于电网来说，可以根据电网运行情况统一安排抽水蓄能电站的运行方式，根据电网的要求运行维护，合理安排检修计划，充分发挥它们为电网调峰、填谷、调频、调压等服务功能，维护电网安全稳定运行，提高供电质量，保证其在系统中发挥整体效益。而对于电站来说，通过向电网提供可用容量、电量服务并获得收益，且经营风险较小。当然，电网也对电站进行考核。

天荒坪抽水蓄能电站电价采用的是两部制电价形式，即容量电价加电量电价。容量电价回收大部分固定发电成本、还本付息、合理利润和应计税费；电量电价则考虑了抽水电费和小部分固定成本及部分利润。两部制电价将容量电价与电量电价分开计费，即体现了抽水蓄能电站的成本特性和抽水蓄能电站的容量作用，保证了经营者的投资成本的合理回收，又体现了风险的合理分担，激发了电站的积极性。

天荒坪抽水蓄能电站的抽水电量和发电电量由上海、江苏、浙江和安徽三省一市按 6∶5∶5∶2 的分电比例提供和消化。抽水电费、发电电费和容量电费的结算皆通过华东电网公司进行。

天荒坪抽水蓄能电站电价最初在 1999 年由原国家发展计划委员会审批确认，当时核定的抽水电价为 0.1829 元/(kW·h)(不含增值税)，发电电量电价为 0.264 元/(kW·h)，容量电价为 470 元/(kW·a)。2005 年国家发改委进行煤电价格联动时，根据抽水电量供应省(市)的平均上网电价调整了天荒坪电站的抽水和发电电价，调整后的抽水电价为 0.3453 元/(kW·h)，发电电价为 0.4915 元/(kW·h)，容量电价维持 470 元/(kW·a)不变。

3.2　在建和待建抽水蓄能电站经营核算方式

《国家发展改革委关于抽水蓄能电站建设管理有关问题的通知》（发改能源〔2004〕71 号）指出，抽水蓄能电站主要服务于电网，为了充分发挥其作用和效益，抽水蓄能电站原则上由电网经营企业建设和管理，具体规模、投资与建设条件由国务院投资主管部门严格审查，其建设和运行成本纳入电网运行费用统一核定。发电企业投资建设的抽水蓄能电站要服从于电力发展规划，作为独立电厂参与电力市场竞争。

《国家发展改革委关于桐柏、泰安抽水蓄能电站电价问题的通知》（发改价格〔2007〕1517 号）指出，《国家发展改革委关于抽水蓄能电站建设管理有关问题的通知》（发改能源〔2004〕71 号）下发后审批的抽水蓄能电站，由电网经营企业全资建设，不再核定电价，其成本纳入当地电网运行费用统一核定；发改能源〔2004〕71 号文下发前审批但未定价的抽水蓄能电站，作为遗留问题由电网企业租赁经营，租赁费由国务院价格主管部门按照补偿固定成本和合理收益的原则确定。

根据发改能源〔2004〕71 号文，桐柏和泰安抽水蓄能电站实行租赁核算经营方式。

《国家发展改革委关于福建仙游抽水蓄能电站项目核准的批复》（发改能源〔2008〕759 号）指出，仙游抽水蓄能电站不单独核定电价，成本纳入当地电网运行费用。

第四章 抽水蓄能电站效益实现机制探讨

4.1 抽水蓄能电站效益受益主体

抽水蓄能电站具有调峰、填谷、调频、调相、紧急事故备用和黑启动等多种功能，其效益包括静态效益和动态效益两个方面。静态效益主要是调峰、填谷产生的效益。动态效益是提供调频、调相、紧急事故备用和黑启动等多种动态服务所产生的效益。有关的受益主体为发电侧（主要为煤电和核电企业）、电网及电力用户，主要表现如下。

（一）发电侧

电力系统中新增抽水蓄能电站后，可有效替代火电装机，减少系统火电装机容量，也可增加已有火电机组的利用小时，增加发电量，从而增加发电效益。

抽水蓄能电站在低谷时段抽水，在高峰时段发电，起到了削峰填谷的作用。抽水电量主要由煤电机组或核电机组提供，可增加这部分机组的发电量，且在电量增加的同时还可降低电力系统总的燃料费用，给电厂带来直接经济效益；同时可使火电和核电机组以较平稳的出力运行，缓解这些机组低谷时段深度压负荷、频繁调整负荷，甚至启停调峰的困难，可以节约维修成本。

（二）电网

抽水蓄能电站的投入，为电网的安全稳定运行提供了有力保障；另外，电网通过经济调度，还可以获得较好的经济效益。

（三）电力用户

抽水蓄能电站投产后，一方面满足了用户对电力需求增长的需要；另一方面，提高了供电质量，减小了电网出现安全事故时有可能给用户带来巨大经济损失的风险。

4.2 抽水蓄能电站效益补偿原则

抽水蓄能电站的动态效益主要是通过为电力系统提供辅助服务来实现的，而目前我国电力辅助服务市场还没有建立，抽水蓄能电站提供的辅助服务尚无法通过市场获取合理的回报。在目前的电力体制和市场环境下，抽水蓄能电站还不具备参与市场竞争的条件。

有关测算表明，只要抽水蓄能电站投资控制在适当水平，在只考虑静态效益的情况下，电力系统总费用会有所下降，即抽水蓄能电站投产后，会降低系统发电综合成本。

抽水蓄能电站动态效益显著，但该效益，尤其是供电质量提高产生的社会经济效益难以量化，国内外都没有成熟的理论和方法可以借鉴。抽水蓄能电站静态效益也存在“算得出、看得见、拿不着”的问题。目前国内抽水蓄能电站电价机制不能反映抽水蓄能电站的作用和效益。

按照“谁受益、谁分担”的市场经济原则，可考虑由发电侧、电网侧和用户三者对抽水蓄能电站进行效益补偿。但用户对使用高质量电力的补偿采取涨价并不是唯一的方式，还可研究采取峰谷电价、分类电价等措施予以解决。下面仅分析发电侧和电网侧由于新增抽水蓄能电站后带来的增量效益以及对抽水蓄能电站效益补偿的可能性。

4.3　发电侧增量效益及电网侧增量效益分析

4.3.1　发电侧增量效益分析

电力系统通过兴建一定规模的抽水蓄能电站，可有效替代火电装机，减少系统火电装机容量，可以增加已有火电机组的利用小时，增加发电量，从而增加发电效益。

按纯火电系统分析，系统总装机 $N_{总装机}$、有蓄能电站后的火电装机 $N_{火有蓄}$ 及蓄能电站装机 $N_{蓄}$ 的关系为

$$N_{总装机}=N_{火有蓄}+N_{蓄}$$

$$N_{蓄}=K_{蓄比重}N_{总装机}$$

$$H_{火有蓄}=(N_{总装机}H_{火无蓄}-N_{蓄}H_{蓄}+N_{蓄}H_{蓄}/\eta)/N_{火有蓄}$$

式中　$H_{火有蓄}$——有抽水蓄能电站时火电装机利用小时数；

$H_{火无蓄}$——无抽水蓄能电站时火电装机利用小时数；

$H_{蓄}$——抽水蓄能电站装机利用小时数；

η——抽水蓄能电站综合效率。

建设抽水蓄能电站后，有抽水蓄能电站后的火电装机增加的发电利用小时为

$$\Delta H=H_{火有蓄}-H_{火无蓄}=\{K_{蓄比重}[H_{火无蓄}+H_{蓄}(1-\eta)/\eta]\}/(1-K_{蓄比重}) \qquad (16\text{-}4\text{-}1)$$

$$火电增量效益=N_{火有蓄}(H_{火有蓄}-H_{火无蓄})(火电上网电价-增发电量单位变动成本) \qquad (16\text{-}4\text{-}2)$$

实例：某纯火电系统设计水平年系统总装机需求为 1000 万 kW（$N_{总装机}$），需电量 500 亿 kW·h，无蓄能电站时火电装机利用小时为 5000h（$H_{火无蓄}$）；假如系统建设 5%（$K_{蓄比重}$）规模的抽水蓄能电站 50 万 kW（$N_{蓄}$）后，火电装机减少为 950 万 kW（$N_{火有蓄}$），抽水蓄能电站装机利用小时为 1000h（$H_{蓄}$），抽水蓄能电站综合效率为 75%（η），则建设抽水蓄能电站后的火电装机（$N_{火有蓄}$）年利用小时增加值 ΔH 按式（16-4-1）计算，得 281h。

某电网目前新投产未安装脱硫设备的燃煤机组（含热电联产机组）上网电价为 0.4045 元/(kW·h)（含税），标准煤价约为 550 元/t，平均煤耗约 320g/(kW·h)，发电平均燃料成本约 0.17 元/(kW·h)，火电增量效益按式（16-4-2）计算，得 43717 万元，抽水蓄能电站产生的火电侧增量效益为 874 元/kW。

4.3.2　电网侧增量效益分析

抽水蓄能电站的投入，为电网的安全稳定运行提供了有力保障；另外，电网通过经济调度，通过低收高卖，可从中获得一定的收益。

高峰售电收入扣除输配电成本、抽水购电成本及增值税后，即为电网的净收益。

抽水蓄能电站上网电量＝蓄能装机容量×发电利用小时数×(1－发电厂用电率)

发电销售收入＝上网电量×(1－网损)×(销售电价－输配电价)

抽水蓄能电站受电量＝上网电量/抽水蓄能电站综合效率

购电成本＝受网电量×抽水电价

净效益＝发电销售收入－购电成本

接上例，设某抽水蓄能电站发电厂用电率为0.7％，所在电网一次网损为1.76％，高峰销售电价为0.8元/(kW·h)(含税)，输配电价为0.11152元/(kW·h)(含税)，抽水电价为0.367元/(kW·h)(含税)，则按上述公式计算，可得抽水蓄能电站产生的电网侧增量效益为186元/kW(含税)和159元/kW(不含税)。

4.4　发电侧和电网侧对抽水蓄能电站效益补偿的可能性

抽水蓄能电站产生的火电侧增量效益为874元/kW（不含税），电网侧增量效益为159元/kW（不含税）。

经对抽水蓄能电站单位千瓦投资为2500～4500元，抽水蓄能电站年利用小时数1000h，电站综合效率75％，流动资金年利率7.02％，长期贷款年利率7.56％，资本金比例20％，按全部投资税后内部收益率8％测算，得到相应的抽水蓄能电站租赁价为360～630元/（kW·a)。

抽水蓄能电站单位千瓦产生的火电侧和电网增量效益大于抽水蓄能电站维持正常运行所需的收益要求。抽水蓄能电站投入后大部分增量效益反映在火电侧增量效益上。从电网侧盈利能力分析，电网盈利能力不能满足抽水蓄能电站的年收益要求。

因此，在协调好各方利益的基础上，由发电侧和电网对抽水蓄能电站进行合理补偿是可能的。

附录　抽水蓄能电站工程项目核准工作程序

抽水蓄能工程建设项目应符合选点规划要求，工程建设必须履行基本建设程序。根据国务院关于投资体制改革的决定，企业投资建设抽水蓄能工程实行项目核准制，投资企业需向国家发展和改革委员会提交项目核准申请报告，抽水蓄能工程可行性研究报告是项目申请报告编制的主要依据。项目核准前期工作主要包括预可行性研究、可行性研究两个阶段。

根据国家能源局2011年7月的通知精神："要按照国家电力体制改革和电价市场化形成机制改革的有关规定，原则上由电网经营企业有序开发、全资建设抽水蓄能电站，建设运行成本纳入电网运行费用；杜绝电网企业与发电企业（或潜在的发电企业）合资建设抽水蓄能电站项目；严格审核发电企业投资建设抽水蓄能电站项目"。因此，目前抽水蓄能电站的主要投资主体为电网经营企业。

各级政府投资行政主管部门负责制定水电开发利用中长期总量目标，负责水电开发项目的立项、审批（核准）；水行政主管部门负责水电开发项目前期勘测设计各阶段的技术审查和建设施工全过程的安全质量监督管理；环境保护行政主管部门负责水电开发项目环境影响评价审批和工程区域内环境保护的监管；安全生产监督行政主管部门负责水电开发项目建设过程中和投入运行后的安全监管；国土资源、建设（规划）、移民、物价、林业、电监等相关行政主管部门在各自的职责范围内负责有关管理工作。

各级人民政府投资行政主管部门按照《国务院关于投资体制改革的决定》（国发〔2004〕20号）及各省具体要求，负责水电开发项目的审批（核准）工作。抽水蓄能项目申请政府投资主管部门核准时，必须附送以下文件：取得水能资源使用权的有关材料；水行政主管部门的水工程建设规划同意书、电站技术方案审查意见、水资源论证及取水许可申请批文、水土保持方案批文及从公共安全角度对工程的技术审查意见；国土资源行政主管部门的建设项目用地预审批文、地质灾害危险性评估报告备案表；林业行政主管部门对建设项目使用林地的审核同意书、林木采伐许可证；移民行政主管部门对水库淹没及工程永久占地移民安置规划的审核意见以及地方人民政府的承诺函、项目法人与移民区和移民安置区所在的县级以上人民政府签订的移民安置协议；环境保护行政主管部门的环境影响评价批文；项目法人组建方案、招标投标方案；银行贷款承诺函等。严禁无规划盲目开发抽水蓄能项目。凡涉及水库大坝及溢洪设施、总体布置、建设规模、特征水位等重大设计变更的，项目法人应及时以书面形式报原审查、审批（核准）部门批准。原项目审查、审批（核准）部门应根据项目调整的具体情况，出具书面确认意见或要求其重新办理审查、审批（核准）手续。

1　预可行性研究阶段

1.1　抽水蓄能工程项目预可行性研究应根据国民经济和社会发展中长期规划，按照国家产业政策和有关建设投资建设方针，在经批准（审查）的抽水蓄能选点规划报告中提出的站址的基础上选择站址提出开发目标和任务，对拟建设的项目进行初步论证。

1.2　预可行性研究报告由项目业主（原则上为电网经营企业）委托具有相应资格的水利水电勘测设计部门，按照《水电工程预可行性研究报告编制规程》（DL/T 5206—2005）编制。项目业主应承担报告书所需的编制费用，并提供必要的外部条件。

1.3　预可行性研究报告按要求编制完成后，报送国家或省投资（项目）主管部门，由主管部门会同技术单位对报告进行技术审查。主管部门主要根据国家中长期规划要求，着重从资金来源、建设布局、资源合理利用、经济合理性、技术政策等方面对建设项目进行技术审查。预可行性研究报告的技术审查权限：由国家发展和改革委员会委托水电水利规划设计总院组织技术审查。

1.4 预可行性研究阶段应进行工程项目地震安定性评价，提出专题论证报告并报省级主管部门审查，报国家主管部门备案。

水电工程预可行性研究阶段主要成果见附表1。

附表1　　水电工程预可行性研究阶段主要成果

序号	内　　容
1	论证工程建设的必要性
2	基本确定综合利用要求，提出工程开发任务
3	基本确定主要水文参数和成果
4	评价本工程区域构造稳定性；初步查明并分析各比较坝址和厂址的主要地质条件，对影响工程方案成立的重大地质问题作出初步评价
5	初选代表性坝址和厂址
6	初选水库正常蓄水位，初拟其他特征水位
7	初选电站装机容量，初拟机组额定水头、引水系统经济洞径和电站运行方式
8	初步确定工程等级和主要建筑物级别。初选代表性坝（闸）型、枢纽布置及主要建筑形式
9	初步比较拟订机型、装机台数、机组主要参数、电气主接线及其他主要机电设备和布置
10	初拟金属结构及过坝设备的规模、形式和布置
11	初选对外交通方案，初步比较拟订施工导流方式和筑坝材料，初拟主体工程施工方法和施工总布置，提出控制性工期
12	初拟建设征地范围，初步调查建设征地实物指标，提出移民安置初步规划，估算建设征地移民安置补偿费用
13	初步评价工程建设对环境的影响，从环境角度初步论证工程建设的可行性
14	提出主要的建筑安装工程量和设备数量
15	估算工程投资
16	进行初步经济评价
17	综合工程技术条件，提出综合评价意见
18（主要附表）	工程地理位置图
	工程地质平面图、主要工程地质剖面图
	工程总布置图
	建设征地（含水库淹没区及枢纽工程区建设施工征地）范围示意图
	工程特性表
	工程施工总进度表
	工程投资总估算表

2　可行性研究阶段

2.1 可行性研究应对项目建设的必要性、可行性、建设条件等进行论证，并对项目的建设方案进行全面比较，作出项目建设在技术上是否可行、在经济上是否合理的科学结论。经批准的可行性研究报告是项目最终决策和进行招标设计的依据。

2.2 可行性研究报告应按照《水电工程可行性研究报告编制规程》（DL/T 5020—2007）的规定，由项目法人委托有相应资质的设计、咨询单位编制。

2.3 可行性研究报告编制完成后，应按相关规定组织进行技术审查。可行性研究报告的技术审查权限：由国家发改委委托水电水利规划设计总院会同省发展和改革委员会组织技术审查。

2.4 可行性研究报告通过技术审查后，由项目法人按照国家投资管理机构的有关要求，编制项目申请报告。项目申请报告的主要内容包括：

（1）申报单位及项目概况。主要内容包括项目名称、建设地点、申报单位、设计单位，项目申报单位情况，项目设计单位情况，项目申请报告编制依据，项目概况。

（2）发展规划、产业政策和行业准入分析。主要内容包括发展规划分析、产业政策分析、行业准入分析、项目建设必要性分析。

（3）资源开发及综合利用分析。主要内容包括资源开发、资源利用。

（4）建设条件。主要内容包括水文气象、工程地质、施工条件、主体工程及工程安全评价。

（5）主体工程及工程安全评价。主要内容包括主体工程方案、工程安全评价、劳动安全与工业卫生评价。

（6）节能方案分析。主要内容包括合理用能标准及节能设计规范、能耗状况和能耗指标分析、主要节能降耗措施、节能降耗效益分析。

（7）建设用地、征地拆迁及移民安置分析。主要内容包括概述、建设征地区社会经济概况、建设征地处理范围与用地合理性分析、建设征地影响实物指标、农村移民安置规划、专业项目处理规划、水库库底清理设计、临时用地复垦规划、移民后期扶持、建设征地移民安置补偿费用概算、移民安置规划征求意见。

（8）环境和生态影响分析。主要内容包括工作过程概述、环境影响报告书与水土保持方案的批复意见、工程区域生态环境现状、生态环境影响评价、生态环境保护措施、水土保持、特殊环境影响。

（9）经济影响分析。主要内容包括设计概算、经济影响分析、区域经济影响分析、财务评价。

（10）社会影响分析。主要内容包括社会影响效果分析、社会适应性分析、社会风险及对策分析、有关建议。

（11）主要风险分析及对策措施。主要内容包括申报单位及项目概况、工程技术风险及对策措施、移民安置方案变化风险及对策措施、环境影响风险分析、电力市场风险及对策措施、工程投资风险及对策措施。

（12）结论与建议。

（13）附表、附图。

1）附表：工程特性表、建设期资金流量表。

2）附图：电站规划站址位置示意图、电站地理位置图、电站接入系统地理位置接线图、枢纽总布置图、绩溪抽水蓄能电站对外交通示意图、施工总布置规划图、施工总进度表、施工征地范围图、环境保护措施总体布局图、水土保持防治分区及措施布局图。

水电工程可行性研究阶段主要成果见附表2。

附表2　　水电工程可行性研究阶段主要成果

序号	内　　容
1	确定工程任务及具体要求，论证工程建设的必要性
2	确定水文参数和水文成果
3	复核工程区域构造稳定性，查明水库工程地质条件，进行坝址、坝线及枢纽布置工程地质条件比较，查明选定方案各建筑物的工程地质条件，提出相应的评价意见和结论；开展天然建筑材料详查。地质勘察按《水力发电工程地质勘察规范》（GB 50287）的具体要求进行
4	选定工程建设场址、坝址、厂址等
5	选定水库正常蓄水位及其他特征水位，明确工程运行要求和方式

续表

序号	内　　容
6	复核工程的等级和设计标准，确定工程总体布置，主要建筑物的轴线、结构形式和布置、控制尺寸、高程和工程量
7	选定电站装机容量，选定机组机型、单机容量、额定水头、单机流量及台数，确定接入电力系统的方式、电气主接线及主要机电设备的选型和布置，选定开关站的形式，选定控制、保护及通信的设计方案，确定建筑物的闸门和启闭机等的形式和布置
8	提出消防设计方案和主要设施
9	选定对外交通运输方案，确定导流方式、导流标准和导流方案，提出料源选择及料场开采规划、主体工程施工方法、场内交通运输、主要施工工厂设施、施工总布置等方案，安排施工总进度
10	确定建设征地范围，全面调查建设征地范围内的实物指标，提出建设征地和移民安置规划设计，编制补偿费用概算
11	提出环境保护和水土保持措施设计，提出环境监测和水土保持规划和环境管理规定
12	提出劳动安全与工业卫生设计方案
13	进行施工期和运行期节能降耗分析论证，评价能源利用效率
14	编制可行性研究设计概算，利用外资的工程还应编制外资概算
15	进行国民经济评价和财务评价，提出经济评价结论意见
16（主要附件）	预可行性研究报告的审查意见
	可行性研究阶段专题报告审查意见、重要会议纪要等
	有关工程综合利用、建设征地实物指标和移民安置方案、铁路公路等专业项目及其他设施改建、设备制造等方面的协议书及主要有关资料
	水电工程水资源论证报告书
	水文分析复核有关报告
	水电工程防洪评价报告
	水情自动测报系统总体设计报告
	工程地质勘测报告
	水工模型试验报告及其他试验研究报告
	机电、金属结构设备专题报告
	施工组织设计专题报告和试验报告
	建设征地和移民安置规划设计报告
	环境影响报告书
	水土保持方案报告书
	劳动卫生与工业卫生预评价报告

3　工程项目申请报告

3.1　项目申请报告编制完成后，应按相关规定报送投资主管部门进行评估。抽水蓄能工程项目由国家发展和改革委员会托中咨公司进行评估。

3.2　项目申请报告的报批程序

项目申请报告由项目业主报省发展和改革委员会，由省发展和改革委员会进行初审，并报省政府审定同意后，再由省发展和改革委员会报国家发展和改革委员会。国家发展和改革委员会在综合工程咨询机构评估意见及国家有关部门意见的基础上，按国家现行规定核准。

申报项目申请报告时，项目法人应提交省政府批准的《移民规划大纲》批复，政府国土资源部门出具的土地预审报告书和对地质灾害危险性评估报告的认定意见、水利部门出具的水土保持方案批复、环保部门出具的环境影响评价审查意见、地震部门对地震安全性评价报告的审查意见；涉及风景名胜区、自然保护区及文物保护等，应提交有关部门的审查意见。

核准需要提交政府及有关部门审批的各项专题报告见附表3。

附表3　　核准需要提交政府及有关部门审批的各项专题报告

序号	需要提交政府审批的各项专题报告	审批机关
1	省（或区域）抽水蓄能选点规划报告	国家发展和改革委员会、水电水利规划设计总院
2	地震安全性评价报告书	地震部门
3	同意开展前期工作的通知	国家发展和改革委员会
4	林地可行性报告书（项目核准前）	林业部门
5	建设工程征占用林地审核（项目核准后）	林业部门
6	建设用地预审报告	国土部门
7	矿产压覆报告及地质灾害危险性评估报告书	国土部门
8	建设征地与移民安置规划大纲及报告	移民部门、水电水利规划设计总院
9	环境影响报告书	省环保局
10	水土保持方案报告书	水利部门
11	水工程规划同意书	水利部门
12	水资源论证报告	水利流域管理部门
13	取水许可申请书	水利部门
14	防洪评价报告	水利部门
15	电站接入系统设计	电力部门
16	劳动安全卫生预评价大纲及预评价报告	安全监督部门
17	文物保护报告书	文化厅、文物部门
18	节能评估报告	国家发展和改革委员会
19	银行贷款承诺书	银行